Walter J. Moore · Dieter O. Hummel
Physikalische Chemie

WALTER J. MOORE *ist Professor für Chemie an der Indiana University in Bloomington und ständiger Gastprofessor für Biochemie an der University of Queensland, St. Lucia. Er erhielt den Bachelor of Science von der New York University; 1949 promovierte er als Schüler von Hugh S. Taylor in Princeton. Nach Forschungsarbeiten am California Institute of Technology und Mitarbeit am Manhattan Project lehrte er an der Catholic University in Washington, D.C., wo er auch die erste Fassung seines Buches schrieb. 1952 folgte er einem Ruf an die Indiana University, wo er sich zuerst mit Festkörperchemie befaßte und seit 1964 über die Biochemie und Biophysik des Zentralnervensystems arbeitet. Er war Gastprofessor in Harvard, Paris und Rio de Janeiro. Im Jahre 1965 erhielt er den Norris Award für Lehre und Ausbildung in Chemie von der North Eastern Section der American Chemical Society.*

Walter J. Moore

Physikalische Chemie

Nach der 4. Auflage bearbeitet und erweitert von

Dieter O. Hummel

o. Professor für Physikalische Chemie
Universität Köln

Walter de Gruyter · Berlin · New York · 1973

Dieses Buch enthält 411 Abbildungen und 132 Tabellen.
Titel der Originalausgabe *Physical Chemistry*, Fourth Edition. © 1972 Prentice Hall, Inc., Englewood Cliffs, New Jersey, USA.

ISBN 3 11 003501 4

© Copyright 1973 by Walter de Gruyter & Co., vormals G. J. Göschen'sche Verlagshandlung, J. Guttentag, Verlagsbuchhandlung Georg Reimer, Karl J. Trübner, Veit & Comp., Berlin 30. Alle Rechte, insbesondere das Recht der Vervielfältigung und Verbreitung sowie der Übersetzung, vorbehalten. Kein Teil des Werkes darf in irgendeiner Form (durch Photokopie, Mikrofilm oder ein anderes Verfahren) ohne schriftliche Genehmigung des Verlages reproduziert oder unter Verwendung elektronischer Systeme verarbeitet, vervielfältigt oder verbreitet werden. Printed in the German Democratic Republic.
Satz und Druck: Offizin Andersen Nexö, Graphischer Großbetrieb, Betriebsteil 5.

Vorwort zur 4. englischen Auflage

> *Oor universe is like an e'e / Turned in, man's benmaist hert to see, /*
> *And swamped in subjectivity.*
> *But whether it can use its sicht / To bring what lies withoot to licht /*
> *To answer's still ayont my micht.*   Hugh MacDiarmid 1926[1]

Wie die vorhergehende ist auch die vierte Auflage dieses Lehrbuches für physikalische Chemie das Ergebnis einer gründlichen Neufassung des gesamten Textes. Vor etwa 22 Jahren sagte ich im Vorwort zur ersten Auflage, daß es nicht meine Absicht gewesen sei, eine Sammlung von Tatsachen, viel eher hingegen eine Anleitung zu geben, über diese Welt nachzudenken. Das damalige Buch hatte den Titel *Grundlagen der physikalischen Chemie*, und dieser Titel drückte die eigentliche Absicht des Buches recht gut aus. Ich habe versucht, besonderen Wert auf die kritische Diskussion von Definitionen, Postulaten und logischen Denkvorgängen zu legen. Die heutigen Vorstellungen der physikalischen Chemie sind Übergangsstadien im Fortschritt der Wissenschaft. Der historische Hintergrund in diesem Buch soll dem Studenten zu dem Verständnis verhelfen, ohne welches jede Wissenschaft statisch und vergleichsweise uninteressant wird.

Für einige Studenten der physikalischen Chemie bleibt die Mathematik immer noch eine Hauptschwierigkeit. Wir versuchen, die Studenten davon zu überzeugen, daß ein Wissenschaftler während seines Studiums Mathematik lernen muß. Es ist weder notwendig noch wünschenswert, erst einmal »reine Mathematik« zu lernen und diese hernach auf wissenschaftliche Probleme anzuwenden. Das mathematische Niveau ist in dieser Auflage etwas höher als zuvor; als Kompensation wurde jedoch eine noch sorgfältigere Diskussion der mathematischen Details gegeben. Dennoch dürfte es für viele Studenten der Mühe wert sein, eines von mehreren ausgezeichneten Büchern über Mathematik für die physikalischen Wissenschaften zu erwerben; Hinweise hierauf finden sich im Text.

In dieser Auflage wurde die Anordnung des Stoffes in der Weise geändert, daß die statistische Mechanik so früh wie möglich erscheint; ihre Methoden werden dann in den folgenden Diskussionen verwendet. Die Prüfung der gegenwärtigen Lehrbücher der allgemeinen Chemie und Physik (eine notwendige Voraussetzung für das Studium der physikalischen Chemie) lehrt uns, daß fast alle diese Bücher so viel Atomphysik und elementare Quantentheorie bringen, daß sie als angemessene Grundlage für die statistische Mechanik, wie sie im 5. Kapitel behandelt wird, gelten dürfen.

Ich habe versucht, den Empfehlungen der International Union of Pure and Applied Chemistry über Nomenklatur und Einheiten in der physikalischen Chemie zu folgen; eine Ausnahme habe ich nur bei der *Atmosphäre* als Druckeinheit gemacht –

---

[1] Aus »The Great Wheel« von Hugh MacDiarmid (C. M. Grieve) in *A Drunk Man Looks at the Thistle*; Wm. Blackwood Sons, Edinburgh 1926.

einem Relikt aus der Zahl der nichtsystematischen Einheiten, welches im Laufe der Zeit ebenfalls verschwinden sollte. Innerhalb eines Jahrzehnts dürfte das internationale Maßsystem wohl von allen Wissenschaftlern verwendet werden[2].

Im eigentlichen Text finden sich nicht viele ausgearbeitete numerische Probleme; die Professoren WILLIAM BUNGER der Indiana State University und THEODORE SAKANO des Rose-Hulman Polytechnic Institute haben jedoch ein Handbuch für die Lösungen all der Probleme am Ende jedes Kapitels geschrieben. Nach meiner Erfahrung lernen Studenten am schnellsten, wenn sie dieses Handbuch zusammen mit dem Lehrbuch verwenden.

Es ist stets eine erfreuliche Pflicht, all den Mitstreitern zu danken, welche in so großzügiger Weise durch Abbildungen, Korrekturen und Anregungen dazu beigetragen haben, dieses Buch zu verbessern. Es haben so viele Menschen geholfen, daß ich sicher bin, einige aus Vergeßlichkeit nicht erwähnt zu haben; aber auch diesen gilt mein Dank. Der Verleger tat weise daran, THOMAS DUNN mit einer allgemeinen Analyse des Buches und JEFF STEINFELD mit der kritischen Lektüre des Manuskripts zu beauftragen. WALTER KAUZMANN war eine beständige Quelle der Hilfe sowohl in den eingehenden Kommentaren, die er mir gesandt hat, als auch in dem ausgezeichneten Material, das ich in seinen so klar geschriebenen Büchern gefunden habe. Auf Nebenwegen stieß ich auf eine Exegese von GEORG KISTIAKOWSKY der dritten Auflage dieses Buches, die mir viele wertvolle Klarstellungen lieferte.

Abgesehen von diesen Anstrengungen um das gesamte Buch wurde viel Arbeit an einzelnen Kapiteln getan von PETER LANGHOFF, EDWARD BAIR, DONALD MCQUARRIE, ROBERT MORTIMER, JOHN BOCKRIS, DONALD SANDS, EDWARD HUGHES, JOHN RICCI, JOHN GRIFFITH, DENNIS PETERS, LUDVIK BASS, ALBERT ZETTLEMOYER und DIETER HUMMEL (der auch die Übertragung ins Deutsche besorgt hat). Ein Autor darf sich glücklich schätzen, der solch gute Nachbarn wie diese hat. All jene Autoren, die mit Abbildungen beigetragen haben, sind im Text erwähnt. Beim Verlag Prentice-Hall war der Herausgeber für Chemie, ALBERT BELSKIE, eine zuverlässige Quelle für jede Untersützung und guten Rat.

Schaut man sich all diese hilfreichen Geister an, mag man sich wundern, warum dieses Buch immer noch so weit entfernt ist von einem idealen Zustand. Die Antwort hierauf muß mit der Tatsache zusammenhängen, daß wir noch nicht näher am absoluten Nullpunkt gearbeitet haben[3].

Wie immer, würde ich mich auch jetzt über Kommentare von Lesern freuen; ebenso werde ich versuchen, alle die Fehler zu korrigieren, die sie finden werden.

WALTER J. MOORE

---

[2] M. A. PAUL, *The International System of Units (SI) – Development and Progress*. J. Chem. Doc. 11 (1971) 3.

[3] Eine erschöpfende Zusammenfassung der Thermodynamik lautet:
(1) Der I. Hauptsatz sagt, daß wir nichts gewinnen können; im günstigsten Falle bekommen wir heraus, was wir hineingesteckt haben.
(2) Der II. Hauptsatz sagt, daß wir auch dies nur am absoluten Nullpunkt schaffen.
(3) Der III. Hauptsatz sagt, daß der absolute Nullpunkt unerreichbar ist.

Vorwort zur 1. deutschen Auflage

Der »Moore« erfreut sich auch in deutschsprachigen Ländern beträchtlicher Beliebtheit, und so schien eine Übertragung ins Deutsche gerechtfertigt. Diese geschah zunächst nach der 3. englischen Auflage zum eigenen Gebrauch. Dem freundlichen Entgegenkommen des Autors und des englischen Verlags verdanke ich nicht nur den frühzeitigen Hinweis auf das Entstehen einer eingehend bearbeiteten und erweiterten (4.) englischen Fassung, sondern auch die Zustimmung zu freizügiger Arbeit bei der Erstellung der deutschen Fassung. Hiervon habe ich bei der Bearbeitung einiger Kapitel gerne Gebrauch gemacht in der Hoffnung, das Manuskript da und dort um einige mir wichtig erscheinende Gegenstände bereichert, vielleicht gelegentlich auch leichter eingängig gemacht zu haben. Hierbei bin ich mir wohl bewußt, daß es sehr schwierig, wenn nicht unmöglich ist, bei einer Übertragung die Qualität des Originals zu bewahren. Wohl die stärkste Überarbeitung erfuhren die Kapitel 9, 13 (durch J. BESTGEN), 17 und 18 (im englischen Original 17) und 23. Neu hinzugekommen sind Kapitel über Strahlenchemie (19), magnetische Eigenschaften (20, durch G. SIELAFF und J. BESTGEN) sowie ein Auszug aus dem Internationalen Maßsystem (24). Auf die Wiedergabe der zu jedem Kapitel gehörenden Rechen- und Denkaufgaben wurde zunächst verzichtet; sie seien einem besonderen Band vorbehalten, in dem auch der Weg zu den Lösungen gezeigt werden soll.

Viele wohlgesinnte Menschen haben zu dieser deutschen Auflage beigetragen. Zuvörderst möchte ich JOCHEN BESTGEN nennen, der bei der wiederholten Überarbeitung des Manuskripts und hernach beim Korrekturlesen ein überreiches Maß an Zeit und Mühe aufgewandt hat. Wertvolle Ratschläge verdanke ich CHRISTEL SCHNEIDER (4., 9. und 23. Kapitel), E. W. FISCHER, L. JAENICKE, E. LANGE, D. BRÜCK, K. HOLLAND-MORITZ, G. SIELAFF und G. TRAFARA. E. ZEHENDER hat Wesentliches zum Abschnitt über Elektronenbeugung beigetragen. Viel Geduld haben CHRISTEL BÖRSCH und HILDE DERENBACH beim Schreiben des Manuskripts sowie BARBARA RUMPF und KARIN HÜBEL vom Verlag Walter de Gruyter gezeigt. Es sei gestattet, auch die große Sorgfalt und die Langmut des Setzers zu rühmen.

Einige Fehler im englischen Text konnten wir finden und verbessern. Andere mögen uns entgangen sein, und sicherlich haben wir selbst welche gemacht. Hinweise und Kommentare würde ich – wie W. J. MOORE – mit Dankbarkeit entgegennehmen.

Der geneigte Leser wird das Vergnügen des Autors an Prolegomena – das ich teile – mit Humor hinnehmen. Einige Mottos wurden ausgetauscht, einige kamen hinzu. Ich hoffe, daß es dem strapazierten Studenten nach dem Durcharbeiten dieses Buches nicht zumute ist wie dem Fuchs in LASSWITZENS *Fausttragödie* (dieses Zitat verdanke ich H. KRACKE):

Ich bin von alledem so consterniert,
als würde mir ein Kreis im Kopf quadriert.

DIETER HUMMEL

Inhalt

1 Physikochemische Systeme

1. Was ist Wissenschaft? 2
2. Das Lehr- und Forschungsgebiet der Physikalischen Chemie 3
3. Mechanik: Die Kraft 4
4. Mechanische Arbeit 5
5. Mechanische Energie 7
6. Gleichgewicht 9
7. Die thermischen Eigenschaften der Materie 11
8. Die Temperatur als mechanische Eigenschaft 14
9. »Springfeder der Luft«, das BOYLEsche Gesetz 14
10. Das Gesetz von GAY-LUSSAC 16
11. Definition des Mols 18
12. Zustandsgleichung eines idealen Gases 19
13. Zustandsgleichung und PVT-Beziehungen 20
14. Das PVT-Verhalten realer Gase 23
15. Das Gesetz der korrespondierenden Zustände 24
16. Zustandsgleichungen für reale Gase . 27
17. Der kritische Bereich 27
18. Die VAN-DER-WAALSsche Gleichung und die Verflüssigung von Gasen ... 29
19. Andere Zustandsgleichungen 30
20. Mischungen idealer Gase 32
21. Mischungen nichtidealer Gase 33
22. Wärme und Wärmekapazität 34
23. Arbeit bei der Veränderung des Volumens 35
24. Allgemeiner Begriff der Arbeit 38
25. Reversible Vorgänge 39

2 Chemische Energetik; der I. Hauptsatz der Thermodynamik

1. Die Geschichte des I. Hauptsatzes .. 41
2. Die JOULEschen Arbeiten 44
3. Die Formulierung des I. Hauptsatzes 45
4. Die Natur der inneren Energie 46
5. Eine mechanische Definition der Wärme 47
6. Eigenschaften vollständiger Differentiale 48
7. Adiabatische und isotherme Vorgänge 49
8. Die Enthalpie 50
9. Molwärmen 51
10. Das JOULEsche Experiment 52
11. Das JOULE-THOMSONsche Experiment 53
12. Anwendung des I. Hauptsatzes auf ideale Gase 55
13. Rechenbeispiele für ideale Gase 58
14. Thermochemie, Reaktionswärmen . 60
15. Bildungswärmen 62
16. Experimentelle Thermochemie 64
17. Wärmeleitungskalorimeter 68
18. Lösungs- und Verdünnungswärmen . 71
19. Temperaturabhängigkeit der Reaktionsenthalpie 73
20. Bindungsenergien 76
21. Die chemische Affinität 81

3 Entropie und freie Energie; der II. Hauptsatz der Thermodynamik

1. Der CARNOTsche Kreisprozeß 83
2. Der II. Hauptsatz der Thermodynamik 86
3. Die thermodynamische Temperaturskala 87
4. Anwendung auf ideale Gase 89
5. Die Entropie 90
6. Die Kombination des I. und II. Hauptsatzes der Thermodynamik .. 92
7. Die Ungleichung von CLAUSIUS 93
8. Entropieänderungen in einem idealen Gas 94
9. Entropieänderungen bei Zustandsänderungen 95
10. Entropieänderungen in isolierten Systemen 96
11. Entropie und Gleichgewicht 98
12. Thermodynamik und Leben 100
13. Gleichgewichtsbedingungen für abgeschlossene Systeme 101
14. Die HELMHOLTZsche Funktion; Gleichgewicht bei konstantem T und V 102
15. Die GIBBSsche Funktion, Gleichgewicht bei konstantem T und P ... 103
16. Isotherme Änderungen in A und G, maximale Arbeit 104
17. Thermodynamische Potentiale 106

18. Legendre-Transformationen 106
19. Die Maxwellschen Beziehungen .. 107
20. Die Druck- und Temperaturabhängigkeit der freien Enthalpie 109
21. Druck- und Temperaturabhängigkeit der Entropie 111
22. Einige Anwendungen für thermodynamische Beziehungen 113
23. Die Annäherung an den absoluten Nullpunkt der Temperatur 114
24. Der III. Hauptsatz der Thermodynamik 120
25. Erläuterung des III. Hauptsatzes der Thermodynamik 121
26. Die Bestimmung absoluter Entropien nach dem III. Hauptsatz 122

4 Die kinetische Energie

1. Atome 126
2. Molekeln 127
3. Die kinetische Theorie der Wärme .. 129
4. Der Gasdruck 130
5. Gasmischungen und Partialdrücke .. 132
6. Kinetische Energie und Temperatur 133
7. Molekelgeschwindigkeiten 134
8. Molekulare Effusion 135
9. Imperfekte Gase, die van-der-Waalssche Gleichung 137
10. Zwischenmolekulare Kräfte, die Zustandsgleichung 138
11. Vektorielle Geschwindigkeit 141
12. Wandstöße von Gasmolekeln 144
13. Verteilung der Molekelgeschwindigkeiten 145
14. Eindimensionale Geschwindigkeitsverteilung 151
15. Geschwindigkeitsverteilung in zwei Dimensionen 152
16. Geschwindigkeitsverteilung in drei Dimensionen 154
17. Experimentelle Bestimmung von Molekelgeschwindigkeiten 156
18. Die Gleichverteilung der Energie ... 157
19. Rotation und Schwingung zweiatomiger Molekeln 158
20. Innere Freiheitsgrade polyatomiger Molekeln 161
21. Gleichverteilungssatz und Wärmekapazitäten 162
22. Zusammenstöße zwischen Molekeln 164
23. Strenge Ableitung der Stoßhäufigkeit 166
24. Die Viskosität eines Gases 169
25. Kinetische Theorie der Gasviskosität 171
26. Molekeldurchmesser und zwischenmolekulare Kraftkonstanten 174
27. Thermische Leitfähigkeit 176
28. Diffusion 177
29. Lösungen der Diffusionsgleichung .. 180

5 Statistische Mechanik

1. Die statistische Methode 183
2. Entropie und Unordnung 185
3. Entropie und Information 188
4. Die Stirling-Gleichung für $N!$ 189
5. Ludwig Boltzmann 191
6. Definitionen für den Zustand eines Systems 192
7. Gesamtheiten 194
8. Lagrange-Multiplikatoren 197
9. Das Boltzmannsche Verteilungsgesetz 199
10. Statistische Thermodynamik 206
11. Die Entropie in der statistischen Mechanik 209
12. Der III. Hauptsatz in der statistischen Thermodynamik 211
13. Berechnung von Z für unabhängige Teilchen 213
14. Verteilungsfunktion der Translation 216
15. Verteilungsfunktionen für innere Molekularbewegungen (Rotationen und Schwingungen) 219
16. Die klassische Verteilungsfunktion . 221

6 Phasengleichgewichte

1. Phasen 223
2. Komponenten 224
3. Freiheitsgrade 226
4. Allgemeine Theorie des Gleichgewichts: Das chemische Potential . 227
5. Bedingungen für das Gleichgewicht zwischen Phasen 229
6. Das Phasengesetz 230
7. Das Phasendiagramm für Einkomponentensysteme 232
8. Thermodynamische Analyse eines PT-Diagramms 234
9. Umwandlungen zweiter Art; Helium-I und Helium-II 237
10. Dampfdruck und äußerer Druck ... 239
11. Statistische Theorie der Phasenumwandlungen 241
12. Umwandlungen in Festkörpern: Der Schwefel 245
13. Untersuchungen bei hohen Drücken 247

Inhalt XI

7 Lösungen

1. Konzentrationsmaße *253*
2. Partielle molare Größen: Partielles Molvolumen *255*
3. Aktivitäten und Aktivitätskoeffizienten *258*
4. Die Bestimmung partieller molarer Größen *258*
5. Die ideale Lösung: Das RAOULTsche Gesetz *261*
6. Thermodynamik idealer Lösungen .. *264*
7. Die Löslichkeit von Gasen in Flüssigkeiten: Das HENRYsche Gesetz *265*
8. Mechanismus der Anästhesie *266*
9. Zweikomponentensysteme *269*
10. Abhängigkeit des Dampfdrucks von der Zusammensetzung eines Systems *269*
11. Abhängigkeit der Siede- und Kondensationstemperatur von der Zusammensetzung *271*
12. Fraktionierte Destillation *272*
13. Flüssige Lösungen von Festkörpern *274*
14. Der osmotische Druck *278*
15. Osmotischer Druck und Dampfdruck *281*
16. Abweichungen vom Idealverhalten . *282*
17. Siedepunktskurven *284*
18. Gegenseitige Löslichkeit von Flüssigkeiten, partielle Mischbarkeit *285*
19. Thermodynamische Bedingung für eine Phasentrennung *287*
20. Thermodynamik nichtidealer Lösungen *289*
21. Gleichgewichte zwischen Festkörper und Flüssigkeit: Einfache eutektische Diagramme *291*
22. Verbindungsbildung *293*
23. Feste Lösungen *295*
24. Das Eisen-Kohlenstoff-Diagramm .. *298*
25. Statistische Mechanik von Lösungen *300*
26. Das Modell von BRAGG-WILLIAMS .. *304*

8 Chemische Affinität

1. Das dynamische Gleichgewicht *308*
2. Freie Enthalpie und chemische Affinität *310*
3. Bedingung für das chemische Gleichgewicht *311*
4. Standardwerte für freie Reaktionsenthalpien: Normalaffinitäten *313*
5. Freie Enthalpie und Gleichgewicht bei Reaktionen idealer Gase *316*
6. Die in Konzentrationen ausgedrückte Gleichgewichtskonstante . *318*
7. Die Messung homogener Gasgleichgewichte *319*
8. Das Prinzip von LE CHATELIER und BRAUN *321*
9. Die Druckabhängigkeit der Gleichgewichtskonstanten *322*
10. Die Temperaturabhängigkeit der Gleichgewichtskonstanten *324*
11. Gleichgewichtskonstanten aus Wärmekapazitäten und dem III. Hauptsatz *327*
12. Statistische Thermodynamik der Gleichgewichtskonstanten *327*
13. Beispiel einer statistischen Berechnung von K_P *330*
14. Gleichgewichte in nichtidealen Systemen: Fugazität und Aktivität . *331*
15. Nichtideale Gase: Fugazität und Standardzustand *332*
16. Verwendung der Fugazität in Gleichgewichtsberechnungen *336*
17. Standardzustände für Komponenten in Lösungen *338*
18. Bestimmung der Aktivitäten eines Solvens und eines nichtflüchtigen Solvendums aus dem Dampfdruck einer Lösung *340*
19. Gleichgewichtskonstanten in Lösungen *343*
20. Thermodynamik biochemischer Reaktionen *345*
21. Die freie Bildungsenthalpie biochemischer Stoffe in wäßriger Lösung .. *347*
22. Die Druckabhängigkeit der Gleichgewichtskonstanten in Lösungen ... *351*
23. Der Einfluß des Drucks auf die Aktivität *353*
24. Chemische Gleichgewichte in heterogenen Systemen mit fester Phase .. *354*

9 Die Geschwindigkeit chemischer Reaktionen

1. Die Geschwindigkeit einer chemischen Veränderung *356*
2. Experimentelle Methoden der chemischen Kinetik *358*
3. Reaktionsordnung *363*
4. Reaktionsmolekularität *364*
5. Reaktionsmechanismen *367*
6. Gleichungen f. Reaktionen 1. Ordnung *368*
7. Gleichungen f. Reaktionen 2. Ordnung *370*
8. Gleichungen f. Reaktionen 3. Ordnung *372*
9. Die Bestimmung der Reaktionsordnung *373*

10. Umkehrbare Reaktionen 375
11. Das Prinzip des »Detailed Balancing« 377
12. Geschwindigkeits- und Gleichgewichtskonstanten 379
13. Aufeinanderfolgende Reaktionen ... 381
14. Parallelreaktionen 384
15. Kettenreaktionen mit niedermolekularen Produkten 385
16. Erzeugung von Radikalen, Radikalketten 389
17. Kettenverzweigung, Explosionen .. 392
18. Detonationen, Stoßwellen 395
19. Kettenreaktionen mit makromolekularen Produkten: Polymerisationen . 396
20. Dreierstöße 397
21. Messung sehr schneller Reaktionen: Chemische Relaxation, Blitzlicht- und Pulsradiolyse 399
22. Reaktionen in Fließsystemen 405
23. Der stationäre Zustand in Fließsystemen, Dissipationsvorgänge ... 408
24. Ungleichgewichtsthermodynamik .. 412
25. Die ONSAGERsche Methode 415
26. Entropievermehrung in Ungleichgewichtssystemen 418
27. Stationäre Zustände 419
28. Einfluß der Temperatur auf die Reaktionsgeschwindigkeit 420
29. Stoßtheorie der Gasreaktionen 422
30. Reaktionsgeschwindigkeiten und Reaktionsquerschnitte 425
31. Berechnung von Geschwindigkeitskonstanten aus der Stoßtheorie 427
32. Experimentelle Nachprüfung der einfachen Stoßtheorie 430
33. Die Reaktion zwischen H-Atomen und H_2-Molekeln 432
34. Die Potentialfläche für das System $H + H_2$ 435
35. Die Theorie des Übergangszustandes 440
36. Thermodynamisch formulierte Theorie des Übergangszustandes 445
37. Chemische Dynamik, Monte-Carlo-Methoden 447
38. Reaktionen in Molekularstrahlen ... 449
39. Theorie der unimolekularen Reaktionen 452
40. Reaktionen in Lösung 458
41. Nichtkatalysierte Reaktionen in heterogenen Systemen, Grenzflächenprozesse 461
42. Reaktionen an der Grenzfläche zwischen fester und flüssiger Phase, Kinetik der diffusionskontrollierten Auflösung 461
43. Reaktionen an der Grenzfläche zwischen fester und Gasphase 464
44. Katalyse 466
45. Homogenkatalyse 467
46. Enzymatische Katalyse 469
47. Kinetik der enzymatischen Reaktionen 471
48. Hemmung der enzymatischen Wirkung 475
49. Die Acetylcholinesterase als typisches Beispiel für eine Enzymreaktion 476

10 Elektrochemie I: Ionen

1. Elektrizität 479
2. Die FARADAYschen Gesetze und das elektrochemische Äquivalent 481
3. Coulometer 482
4. Messung der elektrolytischen Leitfähigkeit 483
5. Äquivalentleitfähigkeit 485
6. Die Theorie der elektrolytischen Dissoziation von ARRHENIUS 487
7. Die Solvatisierung von Ionen 490
8. Überführungszahlen und Beweglichkeiten 491
9. Messung der Überführungszahlen nach HITTORF 492
10. Die Bestimmung von Überführungszahlen aus der Verschiebung von Grenzflächen 493
11. Ergebnisse von Überführungsversuchen 495
12. Beweglichkeiten des solvatisierten Protons und des Hydroxylions 496
13. Diffusion und Ionenbeweglichkeit .. 498
14. Unzulänglichkeiten der ARRHENIUSschen Theorie 499
15. Aktivitäten und Standardzustände .. 500
16. Ionenaktivitäten 502
17. Bestimmung der Aktivitätskoeffizienten von Elektrolyten aus der Gefrierpunktserniedrigung 504
18. Die Ionenstärke 505
19. Experimentell bestimmte Aktivitätskoeffizienten 506
20. Einige Grundprinzipien der Elektrostatik 507
21. Die DEBYE-HÜCKEL-Theorie 512
22. Die POISSON-BOLTZMANN-Gleichung 513
23. Das Grenzgesetz von DEBYE-HÜCKEL 518
24. Theorie der Leitfähigkeit 521
25. Ionenassoziation 522
26. Effekte hoher Feldstärken in Elektrolytlösungen 526
27. Kinetik der Ionenreaktionen 528
28. Der Einfluß von Salzen auf die Kinetik von Ionenreaktionen 529
29. Säure-Base-Katalyse (acidalkalische Katalyse) 532
30. Allgemeine Gesichtspunkte der Säure-Base-Katalyse 534

Inhalt

11 Grenzflächen

1. Oberflächen- oder Grenzflächenspannung *538*
2. Die Gleichung von YOUNG und LAPLACE *539*
3. Mechanische Arbeit in einem Kapillarsystem *541*
4. Kapillareffekte *542*
5. Erhöhter Dampfdruck kleiner Tröpfchen, die KELVINsche Gleichung ... *544*
6. Oberflächenspannung von Lösungen *546*
7. Thermodynamik von Grenzflächen; die GIBBSsche Adsorptionsisotherme *548*
8. Relative Adsorptionen *550*
9. Unlösliche Oberflächenfilme *552*
10. Struktur von Oberflächenfilmen ... *554*
11. Dynamische Eigenschaften von Grenzflächen *557*
12. Adsorption von Gasen an Festkörpern *559*
13. Die LANGMUIRsche Adsorptionsisotherme *562*
14. Adsorption an uneinheitlichen Oberflächen *564*
15. Grenzflächenkatalyse (heterogene Katalyse) *566*
16. Aktivierte Adsorption *568*
17. Statistische Mechanik der Adsorption *569*
18. Elektrokapillareffekte *575*
19. Struktur der elektrischen Doppelschicht *577*
20. Kolloidale Verteilungen *580*
21. Elektrokinetische Effekte *582*

12 Elektrochemie II: Elektroden und Elektrodenreaktionen

1. Definition für Potentiale *586*
2. Die Differenz der elektrischen Potentiale einer galvanischen Zelle *589*
3. Die elektromotorische Kraft (EMK) und ihre Messung *591*
4. Die Polarität einer Elektrode *593*
5. Reversible Zellen *594*
6. Freie Energie und reversible EMK .. *595*
7. Entropie und Enthalpie von Zellenreaktionen *596*
8. Verschiedene Arten von Halbzellen (Elektroden) *597*
9. Einteilung elektrochemischer Zellen *599*
10. Die Normalspannung von Zellen ... *600*
11. Normalpotentiale (Standard-Elektroden-Potentiale) *602*
12. Berechnung der EMK einer Zelle ... *605*
13. Berechnung von Löslichkeitsprodukten *606*
14. Standardwerte der Entropie und der freien Enthalpie von Ionen in wäßriger Lösung *606*
15. Elektrodenkonzentrationszellen *608*
16. Elektrolytkonzentrationszellen *609*
17. Nichtosmotisches Membrangleichgewicht *611*
18. Osmotische Membrangleichgewichte *613*
19. Membranpotentiale bei stationären Zuständen *615*
20. Nervenleitfähigkeit *619*
21. Elektrodenkinetik *622*
22. Polarisation *623*
23. Diffusionsüberspannung *625*
24. Diffusion ohne stationären Zustand: Polarographie *627*
25. Aktivierungsüberspannung *631*
26. Kinetik der Entladung von Wasserstoffionen *635*

13 Teilchen und Wellen

1. Einfache harmonische Bewegung ... *639*
2. Die Wellenbewegung *642*
3. Stehende Wellen *644*
4. Interferenz und Beugung *647*
5. Strahlung eines schwarzen Körpers . *649*
6. Das Energiequantum *651*
7. Das PLANCKsche Verteilungsgesetz . *653*
8. Der photoelektrische Effekt *654*
9. Spektroskopie *656*
10. Die Deutung von Spektren *659*
11. Die Arbeit von BOHR über Atomspektren *660*
12. Das BOHRsche Modell am Beispiel des Wasserstoffatoms; Ionisationspotentiale *661*
13. Welle und Korpuskel *667*
14. Elektronenbeugung *670*
15. Die HEISENBERGsche Unschärferelation *673*
16. Die Nullpunktsenergie *675*
17. Wellenmechanik, die SCHRÖDINGER-Gleichung *676*
18. Interpretation der ψ-Funktionen ... *678*
19. Lösung der SCHRÖDINGER-Gleichung *679*
20. Lösung der Wellengleichung: Das Teilchen im Kasten *680*
21. Durchwanderung eines Potentialwalls *684*

14 Quantenmechanik und Atomstruktur

1. Postulate der Quantenmechanik ... 688
2. Diskussion der Operatoren 691
3. Erweiterung auf drei Dimensionen .. 693
4. Der harmonische Oszillator 694
5. Wellenfunktionen des harmonischen Oszillators 699
6. Verteilungsfunktion und Thermodynamik des harmonischen Oszillators 701
7. Der starre, zweiatomige Rotor 703
8. Verteilungsfunktion und Thermodynamik des zweiatomigen, starren Rotors 706
9. Das Wasserstoffatom 707
10. Der Drehimpuls 712
11. Drehimpuls und magnetisches Moment 714
12. Die Quantenzahlen 715
13. Die radialen Wellenfunktionen 718
14. Winkelabhängigkeit der Wasserstofforbitale 720
15. Der Elektronenspin 725
16. Spinpotentiale 727
17. Das PAULIsche Ausschließungsprinzip (PAULI-Verbot) 728
18. Spin-Bahn-Wechselwirkung 730
19. Das Spektrum des Heliums 731
20. Vektormodell des Atoms 736
21. Atomorbitale und Energieniveaus: Die Variationsmethode 739
22. Das Heliumatom 742
23. Schwerere Atome, das selbstkonsistente Feld 743
24. Energieniveaus der Atome, das Periodensystem 747
25. Die Störungstheorie 750
26. Störung eines entarteten Zustandes . 751

15 Die chemische Bindung

1. Die Valenztheorie 753
2. Ionische Bindung und Ionenbeziehung 755
3. Das Wasserstoff-Molekelion 757
4. Einfache Variationstheorie des H_2^+-Molekelions 760
5. Die kovalente Bindung 763
6. Die Valenz-Bindungs-Methode 768
7. Der Einfluß des Elektronenspins ... 769
8. Ergebnisse der Methode von HEITLER und LONDON 771
9. Vergleich der MO- und der VB-Methode 772
10. Chemie und Mechanik 773
11. Molekelorbitale für homonukleare zweiatomige Molekeln 775
12. Das Zuordnungsdiagramm 779
13. Heteronukleare zweiatomige Molekeln 782
14. Elektronegativität 784
15. Dipolmomente 786
16. Dielektrische Polarisation 787
17. Die induzierte Polarisation 789
18. Die Bestimmung von Dipolmomenten 790
19. Dipolmomente und Molekelstruktur 794
20. Polyatomige Molekeln 796
21. Bindungsabstände, Bindungswinkel und Elektronendichten 802
22. Elektronenbeugung an Gasen 803
23. Deutung der Elektronenbeugungsdiagramme 807
24. Delokalisierte Molekelorbitale 809
25. Die Ligandenfeldtheorie 812
26. Andere Symmetrien 815
27. Elektronenüberschußverbindungen . 817
28. Die Wasserstoffbrückenbindung ... 818

16 Symmetrie und Gruppentheorie

1. Symmetrieoperationen und Symmetrieelemente 821
2. Definition einer Gruppe 823
3. Weitere Symmetrieoperationen 824
4. Molekulare Punktgruppen 826
5. Die Transformation von Vektoren durch Symmetrieoperationen 830
6. Nichtreduzierbare Darstellungen ... 832

17 Molekelspektroskopie

1. Molekelspektren 837
2. Lichtabsorption 840
3. Quantenmechanik d. Lichtabsorption 841
4. Die Einsteinkoeffizienten 844
5. Rotationsniveaus, Spektren im fernen Infrarot 847
6. Bestimmung von Kernabständen aus Rotationsspektren 850

Inhalt   XV

7. Rotationsspektren polyatomiger Molekeln 850
8. Mikrowellenspektroskopie 853
9. Innere Rotationen 856
10. Rotationsschwingungsspektren und Schwingungsniveaus 859
11. Rotationsschwingungsspektren zweiatomiger Molekeln 861
12. Schwingungsspektrum des Kohlendioxids 863
13. Laser 865
14. Normalschwingungen (normal modes) 868
15. Molekelsymmetrie und Normalschwingungen 870
16. Ramanspektren 874
17. Auswahlregeln für Ramanspektren . 880
18. Die Berechnung von Molekelkonstanten aus spektroskopischen Daten 881
19. Elektronische Bandenspektren 882

18 Photochemie

1. Reaktionswege elektronisch angeregter Molekeln 887
2. Grundlagen der Photochemie 888
3. Aufteilung der Anregungsenergie in einer Molekel 890
4. Lumineszenz 893
5. Photochemisch ausgelöste Kettenreaktionen 896
6. Blitzlichtphotolyse 897
7. Photolyse in Flüssigkeiten 899
8. Energieübertragung in kondensierten Systemen 901
9. Photosynthese in Pflanzen (Assimilation) 901

19 Strahlenchemie

1. Einführung 907
2. Arten der Wechselwirkung zwischen ionisierender Strahlung und Materie 908
3. Physikalisch-chemische und chemische Folgeprozesse 911
4. Strahlenchemische Ausbeute und Dosimetrie 912
5. Wasser und wäßrige Lösungen 912
6. Reine organische Stoffe 915
7. Kettenreaktionen 918

20 Magnetismus und magnetische Resonanzspektroskopie

1. Magnetismus und Elektrizität in Materie 920
2. Phänomenologie des Dia- und Paramagnetismus 921
3. Atomtheoretische Deutung des Dia- und Paramagnetismus 923
4. Kernmomente 925
5. Paramagnetismus der Kerne 926
6. Verhalten eines Kerns im Magnetfeld 927
7. Übergang zum makroskopischen System 930
8. Relaxation und Linienbreite 934
9. Resonanzspektroskopie 937
10. Elektronenspinresonanz (ESR) 939
11. Kernspinresonanz (NMR) 943
12. Hochauflösende Kernspinresonanz . 943
13. Chemische Verschiebung und Spin-Spin-Kopplung 945
14. Austauschphänomene 957
15. Mikrostrukturanalyse von Polymeren 959

21 Der feste Zustand

1. Wachstum und Form der Kristalle .. 964
2. Kristallebenen und ihre Orientierung 966
3. Kristallsysteme 968
4. Geometrische Gitter und Kristallstrukturen 969
5. Symmetrieeigenschaften 971
6. Raumgruppen 974
7. Kristallographie durch Röntgenbeugungsdiagramme 975
8. Die BRAGGsche Methode 976
9. Beweis der BRAGGschen Beziehung und ihrer Grundannahme 978
10. FOURIER-Transformation und reziproke Gitter 980
11. Kristallstrukturen des NaCl und KCl 982
12. Die Pulvermethode 988
13. Die Methode des rotierenden Kristalls 991
14. Die Bestimmung von Kristallstrukturen 993

15. FOURIER-Synthese einer Kristallstruktur 996
16. Neutronenbeugung 1000
17. Dichteste Kugelpackungen 1002
18. Bindung in Kristallen 1004
19. Das Bindungsmodell 1005
20. Elektronengastheorie der Metalle .. 1010
21. Quantenstatistik 1011
22. Kohäsionsenergie der Metalle 1013
23. Wellenfunktionen für Elektronen in Festkörpern 1016
24. Halbleiter 1019
25. Dotierung von Halbleitern 1020
26. Nichtstöchiometrische Verbindungen 1022
27. Punktdefekte 1022
28. Lineare Defekte: Versetzungen ... 1024
29. Auf Versetzungen zurückzuführende Effekte 1026
30. Ionenkristalle 1030
31. Kohäsionsenergie (Gitterenergie) von Ionenkristallen 1033
32. Der BORN-HABERsche Kreislauf .. 1037
33. Statistische Thermodynamik der Kristalle: Das EINSTEINsche Modell 1038
34. Das DEBYEsche Modell 1039

22 Zwischenmolekulare Kräfte und der flüssige Zustand

1. Ordnung und Unordnung im flüssigen Zustand 1044
2. Röntgenbeugung durch Flüssigkeiten 1045
3. Flüssige Kristalle 1049
4. Gläser 1052
5. Der Schmelzvorgang 1053
6. Kohäsionskräfte in Flüssigkeiten, der Binnendruck 1054
7. Zwischenmolekulare Kräfte 1056
8. Zustandsgleichung und zwischenmolekulare Kräfte 1059
9. Theorie der Flüssigkeiten 1061
10. Fließeigenschaften v. Flüssigkeiten 1066

23 Kolloidchemie, Makromolekeln

1. Kolloide 1071
2. Geschichtliche Entwicklung der Makromolekularchemie 1073
3. Polymere, Makromolekeln und Polyreaktionen 1076
4. Konfiguration und Konformation . 1078
5. Die Makromolekel in Lösung 1083
6. Mittelwerte des Molekulargewichts 1086
7. Der osmotische Druck von Polymerlösungen 1089
8. Das RAYLEIGHsche Gesetz der Lichtstreuung 1091
9. Lichtstreuung durch Makromolekeln 1092
10. Sedimentationsmethoden: Die Ultrazentrifuge 1096
11. Viskosität 1103
12. Gummielastizität 1108
13. Kristallinität bei Hochpolymeren . 1111

24 Anhang

1. Internationale physikalische Einheiten (Auszug) 1117
2. Physikalische Konstanten in SI-Einheiten 1119

Sachregister 1121

1. Kapitel
Physikochemische Systeme

> *Nosotros (la indivisa divinidad que opera en nosotros) hemos soñado el mundo. Lo hemos soñado resistente, misterioso, visible, ubicuo en el espacio y firme en el tiempo; pero hemos consentido en su arquitectura tenues y eternos intersticios de sinracón, para saber que es falso.*
>
> JORGE LUIS BORGES 1932*

Auf unserem Planeten Erde haben die Mechanismen der Evolution komplizierte Netzwerke von Nervenzellen in höheren Organismen geschaffen, die wir *Gehirn* nennen. Dieses Organ ruft elektrische Phänomene in Raum und Zeit hervor, die wir *Bewußtsein, Willenskraft* und *Gedächtnis* nennen. Das Gehirn in einem höheren Primaten, dem *Homo sapiens*, schuf ein Medium zur gegenseitigen *Verständigung* und zum Sammeln von *Information*, das wir Sprache nennen. Einige menschliche Gehirne waren beständig bestrebt, die Eingangssignale aus ihrer Umwelt zu analysieren. Eine Art der Analyse, die wir *Wissenschaft* nennen, erwies sich als besonders erfolgreich bei der Deutung, Korrelation, Abwandlung und Kontrolle der von den Sinnesorganen wahrgenommenen Reize.

Der größte Teil der Gehirnstruktur war durch die Information festgelegt, die in den Basensequenzen der DNA-Molekeln des genetischen Materials verschlüsselt ist. Eine weitere Strukturierung des Gehirns wurde durch den Druck einer nahezu gleichförmigen Erfahrung während der Perioden des Wachstums und der Reifung verursacht. So trugen Vererbung und früher Umwelteinfluß dazu bei, hochentwickelte Gehirne mit ziemlich gleichartiger Befähigung zu Analyse und Verständigung zu erzeugen.

Die Sprache eignete sich zwar sehr gut für Mitteilungen, die sich mit dem Inhalt von Sinneswahrnehmungen befaßten; sie erlaubte dem Gehirn jedoch nicht, über sich selbst oder über seine Beziehung zur Welt zu sprechen, ohne in Paradoxien oder Widersprüche zu verfallen. So gibt es zwar unzählige Bücher, gefüllt mit den Ergebnissen der Wissenschaft, unzählige Menschen, die sich mit Wissenschaft beschäftigen, und endlich haben wir selbst die welterschütternden Auswirkungen der Wissenschaft erlebt, – dennoch ist es nicht möglich, in Worten zu erklären, was Wissenschaft eigentlich sei, oder gar den Mechanismus zu erklären, der durch Forschung zur Wissenschaft führt. Dennoch wurden von Zeit zu Zeit verschiedene Ansichten über diese Fragen mit großer Eloquenz verfochten.

---

* Aus *La Perpetua Carrera de Achilles e la Tortuga*, in *Discusion* (M. Gleizer, Buenos Aires 1932): Wir (die ungeteilte Gottheit, die in uns wirkt) haben die Welt geträumt. Wir haben geträumt, sie sei fest, geheimnisvoll, sichtbar, überall im Raum und dauerhaft in der Zeit; in ihrer Architektur haben wir jedoch feine, immerwährende Sprünge der Unvernunft geduldet, die uns sagen, daß unser Traum falsch war.

1. Was ist Wissenschaft?

Eines dieser Denkmodelle heißt *Konventionalismus*. Hiernach schuf oder erfand das menschliche Gehirn bestimmte logische Strukturen, die man *Naturgesetze* nennt, und entwickelte sodann besondere Methoden, die man *Experimente* nennt, mit denen sich die Sinneswahrnehmungen so auswählen lassen, daß sie in das von den Naturgesetzen geschaffene Bild passen. Nach Ansicht der Konventionalisten ist der Wissenschaftler einem schaffenden Künstler zu vergleichen, der sich statt der Farbe oder des Marmors der unorganisierten Signale einer chaotischen Welt bedient. Wichtige Vertreter dieser Philosophie der Wissenschaften waren POINCARÉ, DUHEM und EDDINGTON[1].

Ein zweites philosophisches System, der *Induktivismus*, betrachtet als Grundprozedur der Wissenschaft die Sammlung und Klassifizierung der Sinneswahrnehmungen in der Weise, daß *beobachtbare Tatsachen* entstehen. Aus diesen Fakten kann der Wissenschaftler durch die Methode der *induktiven Logik* allgemeine Schlüsse ziehen, die man Naturgesetze nennt. In seinem Werk *Novum organum* (1620) bezeichnete FRANCIS BACON diese Methode als einzig angemessene wissenschaftliche Methode; seine starke Betonung beobachtbarer Tatsachen war zu jener Zeit ein wichtiges philosophisches Antidotum gegen die mittelalterliche Neigung, sich auf eine formale Logik mit all ihren Beschränktheiten zu stützen. Die Baconsche Definition der wissenschaftlichen Methode entspricht wohl am ehesten dem, was sich ein Laie unter wissenschaftlicher Tätigkeit vorstellt, und in der Tat haben auch kompetente Philosophen unserer Zeit, vor allem RUSSEL und REICHENBACH[2], den Induktivismus in seinen wesentlichsten Elementen unterstützt.

Eine dritte Philosophie der Wissenschaft, der *Deduktivismus*, hebt die primäre Bedeutung der Theorie hervor. Was hierunter zu verstehen ist, hat POPPER[3] folgendermaßen formuliert: Theorien sind Netze, in denen wir das fangen, was wir »die Welt« nennen; mit ihnen machen wir die Welt unserem Verstand zugänglich, erklären und meistern sie. Dabei bemühen wir uns, die Maschen des Netzes feiner und feiner zu machen.

Nach der Auffassung der Deduktivisten gibt es keine beweiskräftige induktive Logik, da man allgemeine Feststellungen niemals aus irgendwelchen besonderen Ereignissen beweisen kann. Umgekehrt läßt sich eine allgemeine Behauptung durch eine einzige konträre Beobachtung am Einzelfall widerlegen. Eine wissenschaftliche Theorie läßt sich daher grundsätzlich nicht beweisen, sehr wohl hingegen widerlegen, – sofern sie auf falschen Voraussetzungen beruht. Das Kriterium hierfür ist das Experiment.

Die hier kurz skizzierten philosophischen Modelle geben nur einen kleinen Aus-

---

[1] HENRI POINCARÉ, *Science and Hypothesis*, Dover Publications, New York 1952; PIERRE DUHEM, *The System of the World*, Librarie Scientifique Hermann et Cie., Paris 1954; ARTHUR STANLEY EDDINGTON, *The Philosophy of Physical Science*, Univ. of Michigan Press, Ann Arbor, Mich., 1958.
[2] BERTRAND RUSSEL, *Human Knowledge, Its Scope and Limits*, Simon and Schuster, New York 1948; HANS REICHENBACH, *The Rise of Scientific Philosophy*, Univ. of California Press, Berkeley 1963.
[3] KARL R. POPPER, *The Logic of Scientific Discovery*, Harper Torchbooks, New York 1965.

schnitt aus der Vielzahl der Bemühungen, die wissenschaftliche Methode sprachlich zu fassen. Wir selbst wenden uns nun jenem Teil der Wissenschaft zu, der *Physikalische Chemie* genannt wird. Bei diesem Studium wollen wir wenigstens dann und wann innehalten und uns fragen, welcher philosophischen Schule wir angehören.

2. Das Lehr- und Forschungsgebiet der Physikalischen Chemie

Die Physikalische Chemie ist eine noch verhältnismäßig junge Wissenschaft. Sie ist 100 bis 150 Jahre alt, je nachdem, ob man Gay-Lussac und Avogadro, oder Carnot oder Joule, oder erst van't Hoff und seine Zeitgenossen an ihren Anfang stellen will. Nicht ganz einfach ist die Abgrenzung des Lehrgebietes der Physikalischen Chemie. Wie ihr Name sagt, hat sie sich auf dem Grenzgebiet der Chemie und Physik angesiedelt. Ihre Aufgabe ist es, die physikalischen Gesetze der Chemie zu finden und zu erläutern und damit die beiden klassischen Forschungsrichtungen zu verknüpfen. Ins Gebiet der Physik hinein ragen z.B. die Teilgebiete der Atomistik, der Quantentheorie und der Wellenmechanik. Der Chemie eng benachbart sind die Teilgebiete der Thermochemie, der Elektrochemie sowie der Photo- und Strahlenchemie. Kernstücke der Physikalischen Chemie sind nach wie vor die Thermodynamik und die Kinetik.

Es scheint zwei gleichermaßen logische Wege zum Studium eines Zweiges der Wissenschaften wie der Physikalischen Chemie zu geben. Beim synthetischen Weg beginnen wir zum Beispiel mit der Struktur und dem Verhalten der Materie im Zustand ihrer feinsten Verteilung und schreiten allmählich von Elektronen zu Atomen und Molekeln bis zu höheren Aggregatzuständen und chemischen Reaktionen fort. Umgekehrt können wir einen analytischen Weg beschreiben und mit Materie – chemischen Elementen oder Verbindungen – beginnen, wie wir sie im Laboratorium vorfinden. Von da aus gehen wir den Weg zu so feinen Unterteilungen der Materie, als wir sie zur Erklärung unserer experimentellen Ergebnisse benötigen. Diese letztere Methode entspricht eher der historischen Entwicklung; allerdings ist bei einem so weitläufigen Gebiet, dessen verschiedene Zweige sich unterschiedlich rasch entwickelten, eine strenge Anlehnung an die geschichtliche Entwicklung nicht möglich.

Zwei Hauptprobleme haben die Physikochemiker lange Zeit beschäftigt: die Lage des chemischen Gleichgewichts (der wichtigste Gegenstand der chemischen Thermodynamik) und die Geschwindigkeit chemischer Reaktionen (das Gebiet der chemischen Kinetik). Diese Probleme sind letztlich mit den Wechselwirkungen der Molekeln verknüpft; ihre Lösung sollte daher in der Mechanik der Molekeln und der Molekelaggregate enthalten sein. Das Problem der Molekelstruktur ist daher ein wichtiger Teil der Physikalischen Chemie. Die statistische Mechanik endlich ist die Disziplin, die es uns erlaubt, unsere Kenntnisse über die Molekelstruktur auf den Gebieten des Gleichgewichts und der Kinetik fruchtbar werden zu lassen. Der nun folgenden Schilderung des Wissensgebietes der Thermodynamik wollen wir ein Wort voranstellen, das der bekannte Physikochemiker Hinshel-

WOOD seinem Buch »The structure of physical chemistry«[4] vorangestellt hat und das auch für uns seine Gültigkeit haben dürfte:

> ... *Außer der Aufgabe, einen Gegenstand als Ganzes zu sehen, haben wir noch die, ihn mit nüchternem Urteil zu sehen. Bei der modernen Physikalischen Chemie scheint es mir besonders wichtig, klar und redlich in bezug auf die Grundlagen zu sein. Das ist nicht so einfach wie es klingt. Einige der geläufigen Arbeitshypothesen und Konzeptionen werden in Worten ausgedrückt, denen man sehr leicht einen stärker deskriptiven Charakter verleiht als sie verdienen, und viele junge Chemiker – dies ist mindestens mein Eindruck – werden zu der Vorstellung verführt, sie verstünden Dinge, die sie in Wirklichkeit nicht verstehen. So scheinen Worte wie »Resonanz« oder »Aktivität« einfache und direkte Begriffe auszudrücken, was sie in der Tat gar nicht tun. Auch wird man durch bestimmte Beschreibungen, die leicht von der Hand gehen, an Alice (im Wunderland) erinnert: »Dies scheint meinen Kopf irgendwie mit Ideen zu erfüllen, – ich weiß nur nicht genau, von welcher Art sie sind.« Viele der mathematischen Gleichungen, welche wichtigen technischen Zwecken dienen, sind in der modernen Form der theoretischen Chemie von einer höchst abstrakten Art, zugleich jedoch sehr verführerisch, indem sie sich recht leicht in Metaphern kleiden lassen. Gelegentlich ist es heilsam, diese metaphorische Gewandung mit den Augen des Kindes zu betrachten, das des Kaisers neue Kleider erblickte ...*

3. Mechanik: Die Kraft

Die Bezeichnung *Thermodynamik* leitet sich ab von der *Dynamik*; diese stellt den Teil der *Mechanik* dar, der sich mit bewegter Materie befaßt. Die Wissenschaft der Mechanik beruht vor allem auf den Arbeiten von ISAAC NEWTON (1643–1727). Die Diskussion der Gesetze der Mechanik beginnt meist mit der Formulierung der folgenden Grundgleichung:

$$F = m\,b \qquad [1.1]$$

Hierin ist

$$b = \mathrm{d}v/\mathrm{d}t = \mathrm{d}^2 r/\mathrm{d}t^2$$

Diese Gleichung drückt die Proportionalität zwischen einer vektoriellen Größe F, nämlich die auf einen Gegenstand wirkende *Kraft*, und der *Beschleunigung* b des Körpers aus. Der Vektor b liegt in derselben Richtung wie der Vektor der Kraft. Der Proportionalitätsfaktor in dieser Gleichung ist die *Masse m*. (Ein Vektor hat sowohl eine bestimmte Richtung als auch eine bestimmte Größe. Wenn bei einer Betrachtung alle Vektoren dieselbe Richtung haben, soll im folgenden auf die vektorielle Schreibweise – halbfett – verzichtet werden.) [1.1] kann man auch folgendermaßen schreiben:

$$F = \frac{\mathrm{d}(m\,v)}{\mathrm{d}t} \qquad [1.2]$$

Oxford University Press, Oxford 1951.

Das Produkt aus Masse und Geschwindigkeit nennt man den *Impuls*; dieser ist eine vektorielle Größe.

Im Internationalen Maßsystem (SI) ist die Einheit der Masse das Kilogramm[5] (kg), die Einheit der Zeit die Sekunde[6] (s) und die Einheit der Länge das Meter[7] (m). Die Einheit der Kraft im SI ist das Newton (N).

Im früher üblichen cgs-System wird die Masse in Gramm (g), die Zeit in Sekunden (s) und die Länge in Zentimetern (cm) gemessen. Die Einheit der Kraft ist in diesem System das dyn. Demnach ist $1\,N = 10^5$ dyn.

Das NEWTONsche Gravitationsgesetz lautet:

$$F = \frac{\mu\, m_1 m_2}{r_{12}^2} \cdot \frac{\boldsymbol{r}}{|\boldsymbol{r}|}$$

Hiernach herrscht zwischen zwei Massen m_1 und m_2 eine Anziehungskraft, die proportional dem Massenprodukt und umgekehrt proportional dem Quadrat der Entfernung ist. Wenn die Gravitationsmasse und die träge Masse in [1.1] identisch sind, dann ist die Proportionalitätskonstante

$$\mu = 6{,}670 \cdot 10^{-11}\, m^3\, s^{-2}\, kg^{-1}$$

Das Gewicht G eines Körpers ist die Kraft, mit der dieser von der Erde angezogen wird. Es ändert sich geringfügig mit der geographischen Lage, da die Erde keine vollkommene Kugel ist, deren effektive Masse (Dichte unter dem Beobachtungspunkt) zudem etwas schwanken kann. Es ist:

$$G = m \cdot g$$

Hierin ist g die Beschleunigung beim freien Fall im Vakuum. Für g kann meist ein Mittelwert von $9{,}81\,m\,s^{-2}$ eingesetzt werden. (Stark abweichende Werte haben Spitzbergen mit $9{,}82899\,m\,s^{-2}$ und Panama mit $9{,}78243\,m\,s^{-2}$.) In der Praxis mißt man die Masse eines Körpers durch den Vergleich seines Gewichts mit dem eines bekannten Standards (Waage); es ist

$$\frac{m_1}{m_2} = \frac{G_1}{G_2}$$

4. Mechanische Arbeit

Wenn sich der Angriffspunkt einer Kraft F bewegt, dann wird Arbeit verrichtet. Wenn sich der Angriffspunkt in Richtung der Kraft um eine Entfernung dr ändert, dann verrichtet die Kraft F einen Arbeitsbetrag von

$$dw = F\, dr \qquad [1.3]$$

---

[5] Definiert durch die Masse des internationalen Prototyps, eines Platinzylinders beim Internationalen Büro für Gewichte und Maße in Sèvres bei Paris.

[6] Definiert als die Dauer von 9 192 631 770 Perioden der Strahlung, die dem Übergang zwischen zwei Hyperfeinniveaus im Grundzustand des atomaren ^{133}Cs entspricht.

[7] Definiert als die Länge von 1 650 763,73 Wellenlängen der Strahlung, die dem Übergang zwischen den $^2p_{10}$- und $^5d_5$-Niveaus des ^{86}Kr entspricht.

Wenn sich die Angriffsstelle der Kraft nicht in derselben Richtung bewegt wie die Kraft selbst, sondern in einem Winkel θ zu dieser, dann haben wir die in Abb. 1.1 gezeigte Situation. Der Betrag der Kraftkomponente in Richtung der Bewegung ist $F\cos\theta$; für das Arbeitsdifferential gilt dann:

$$\mathrm{d}w = F\cos\theta\,\mathrm{d}r \qquad [1.4]$$

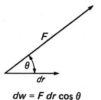

Abb. 1.1   Definition eines Arbeitsdifferentials.

Für ein kartesisches Achsensystem XYZ mit den Kraftkomponenten F_x, F_y und F_z gilt:

$$\mathrm{d}w = F_x\,\mathrm{d}x + F_y\,\mathrm{d}y + F_z\,\mathrm{d}z \qquad [1.5]$$

Wenn eine Kraft in Richtung und Größe gleich bleibt, läßt sich [1.3] integrieren:

$$w = \int_{r_0}^{r_1} F\,\mathrm{d}r = F\,(r_1 - r_0)$$

Als Beispiel betrachten wir die Kraft, die auf einen Körper der Masse m im Gravitationsfeld der Erde wirkt. Für Abstände, die klein sind im Vergleich zum Durchmesser der Erde, gilt:

$$F = mg$$

Um einen Körper aus dem Gravitationsfeld der Erde zu heben, müssen wir eine äußere Kraft der Größe mg anwenden. Wenn wir eine Masse von einem Kilogramm um einen Meter heben, wird die folgende Arbeit verrichtet:

$$\begin{aligned} w = mgr_1 &= (1)\,(9{,}80665)\,(1)\text{ kg m s}^{-2}\text{ m} \\ &= 9{,}80665 \text{ kg m}^2\text{ s}^{-2} \\ &= 9{,}80665 \text{ N}\cdot\text{m} = 9{,}80665\text{ J} \end{aligned}$$

Ein Anwendungsbeispiel für [1.3] bei nichtkonstanter Kraft ist das Dehnen einer vollständig elastischen Feder. In Übereinstimmung mit dem Gesetz von HOOKE (1660), *ut tensio sic vis*, ist die rücktreibende Kraft direkt proportional der Dehnung:

$$F = -kr \qquad [1.6]$$

Hierin bedeutet k die *Kraftkonstante* der Feder. Die bei der Dehnung der Feder um die Strecke $\mathrm{d}r$ verrichtete Arbeit $\mathrm{d}w$ ist dann:

$$\mathrm{d}w = kr\,\mathrm{d}r$$

Durch eine Konvention wurde festgelegt, daß die an der Feder verrichtete Arbeit das positive Vorzeichen erhält.

Wenn die Feder um einen Betrag r_1 gedehnt wird, gilt:

$$w = \int_0^{r_1} k\, r\, \mathrm{d}r = \frac{k}{2} r_1^2$$

Für den allgemeinen Fall können wir [1.5] folgendermaßen integrieren:

$$w = \int_a^b (F_x \mathrm{d}x + F_y \mathrm{d}y + F_z \mathrm{d}z) \qquad [1.7]$$

Die Kraftkomponenten können sich entlang der Kurve, die der Massenpunkt beschreibt, von Stelle zu Stelle ändern. Sie sind Funktionen der Raumkoordinaten x, y, z:

$$F_x(x, y, z), \quad F_y(x, y, z) \quad \text{und} \quad F_z(x, y, z)$$

Es ist evident, daß der Wert des *Kurvenintegrals* vom genauen Weg zwischen den zwei Grenzen a und b abhängt.

5. Mechanische Energie

RENÉ DESCARTES erklärte 1644, *daß Gott bei der Schöpfung der Welt dem Universum einen bestimmten Betrag an Bewegung in der Form wirbelnder Flüssigkeiten* (vortices) *mitteilte, und diese Bewegung solle ewig anhalten und weder größer noch kleiner werden.* Nach dem Tode von DESCARTES tobte noch fast ein Jahrhundert lang eine große Kontroverse zwischen seinen Schülern und denen von LEIBNIZ über die Frage der Erhaltung von Bewegung. Und wie es oft geschieht: Das Fehlen präziser Definitionen der verwendeten Ausdrücke verhinderte eine Übereinstimmung der Geister. Damals bezeichnete das Wort *Bewegung* üblicherweise das, was wir heute *Impuls* nennen. In der Tat wird der in eine bestimmte Richtung gehende Impuls bei Zusammenstößen zwischen elastischen Körpern erhalten.

HUYGENS entdeckte 1669, daß bei allen Zusammenstößen zwischen elastischen Körpern die Summe der Produkte aus der Masse und dem Quadrat der Geschwindigkeit der jeweils beteiligten Körper (Σmv^2) konstant bleibt. LEIBNIZ nannte das Produkt mv^2 *vis viva*, die Lebenskraft. JEAN BERNOULLI fragte sich um 1735, was mit der *vis viva* bei inelastischen Kollisionen geschehe. Er kam zu dem Schluß, daß ein Teil davon als eine Art von *vis mortua* verlorenging. Bei allen mechanischen Systemen, die ohne Reibung arbeiten, blieb die Summe von vis viva und vis mortua konstant. Diese Idee wurde 1742 auch von EMILIE DU CHÂTELET, der Geliebten Voltaires, klar ausgedrückt. Sie sagte, es sei zwar schwierig, den Weg der *vis viva* bei einer inelastischen Kollision zu verfolgen, dennoch müsse sie in irgendeiner Weise erhalten bleiben.

Der erste, der das Wort *Energie* verwendete, war offenbar D'ALEMBERT in der französischen »Encyclopédie« von 1785:

In einem bewegten Körper steckt eine Anstrengung oder Energie, die in einem ruhenden Körper durchaus nicht enthalten ist. 1787 nannte THOMAS YOUNG die *vis viva* die »wirkliche Energie« und die *vis mortua* die *potentielle Energie*. Der Ausdruck *kinetische Energie* für $1/2\ mv^2$ wurde viel später durch WILLIAM THOMSON eingeführt. Wir können diesen Entwicklungen eine mathematische Formulierung geben; hierbei beginnen wir mit [1.3]. Wir wollen auf einen Körper in der Lage r_0 eine Kraft $F(r)$ wirken lassen, die nur von der Lage des Körpers abhängt. In Abwesenheit irgendwelcher anderen Kräfte besteht die an dem Körper verrichtete Arbeit in einer endlichen Versetzung des Körpers von r_0 nach r_1:

$$w = \int_{r_0}^{r_1} F(r)\,dr \qquad [1.8]$$

Das Wegintegral kann in ein Zeitintegral verwandelt werden:

$$w = \int_{t_0}^{t_1} F(r)\frac{dr}{dt}\,dt = \int_{t_0}^{t_1} F(r)\,v\,dt$$

Durch Einführung des NEWTONschen Kraftgesetzes [1.1] erhalten wir:

$$w = \int_{t_0}^{t_1} m\frac{dv}{dt}\,v\,dt = m\int_{v_0}^{v_1} v\,dv$$

Die Integration liefert

$$w = \frac{1}{2}\,m\,v_1^2 - \frac{1}{2}\,m\,v_0^2 \qquad [1.9]$$

Die kinetische Energie ist definiert durch $E_{kin} = 1/2\,mv^2$. (Im folgenden wird anstelle von E_{kin} nur E verwendet.) Es ist daher:

$$w = \int_{r_0}^{r_1} F(r)\,dr = E_1 - E_0 \qquad [1.10]$$

Die an dem Körper verrichtete Arbeit ist gleich der Differenz zwischen den kinetischen Energien im End- und im Anfangszustand.

Da die Kraft in [1.10] nur eine Funktion von r ist, definiert das Integral eine andere Funktion von r, die wir folgendermaßen schreiben können:

$$F(r)\,dr = -dU(r)$$

$$F(r) = -\frac{dU(r)}{dr} \qquad [1.11]$$

Aus [1.10] wird nun:

$$\int_{r_0}^{r_1} F(r)\,dr = U(r_0) - U(r_1) = E_1 - E_0$$

oder

$$U_0 + E_0 = U_1 + E_1 \qquad [1.12]$$

Die neue Funktion $U(r)$ bedeutet die *potentielle Energie*. Die Summe der potentiellen und der kinetischen Energie, $U + E$, ist die *gesamte mechanische Energie* des Körpers, und diese Summe bleibt offensichtlich konstant während der Bewegung. [1.12] hat die typische Form eines *Erhaltungssatzes*. Sie ist ein Ausdruck des mechanischen Prinzips der *Erhaltung der Energie*. So wird zum Beispiel der Zuwachs an kinetischer Energie eines im Vakuum fallenden Körpers genau ausgeglichen durch einen entsprechenden Verlust an potentieller Energie.

Wenn eine Kraft sowohl von der Geschwindigkeit als auch von der Lage eines Körpers abhängt, ist die Situation etwas komplizierter. Dies wäre z.B. der Fall, wenn der Körper nicht im Vakuum, sondern in einem viskosen Medium wie Luft oder Wasser fallen würde. Je höher die Geschwindigkeit des fallenden Körpers ist, desto größer ist auch der Reibungs- oder Zähigkeitswiderstand, der der Schwerkraft entgegenwirkt. Wir können nun nicht länger schreiben $F(r) = -dU/dr$, und wir können auch nicht erwarten, daß eine Gleichung wie [1.12] noch erfüllt wird, da die mechanische Energie nicht mehr erhalten bleibt. Von Anbeginn der Menschheitsgeschichte war es bekannt, daß die »Vernichtung« von Energie durch Reibung von der Entwicklung eines Etwas begleitet ist, das man *Wärme* nennt. Wir werden später sehen, wie es möglich wurde, die Wärme bei der Betrachtung der verschiedenen Möglichkeiten der Energieverwandlung zu berücksichtigen und auf diese Weise eine neues und allgemeineres Prinzip der Erhaltung der Energie zu gewinnen.

Es sei noch erwähnt, daß man für einen (im Koordinatensystem) ruhenden Körper angeben kann, er habe keine kinetische Energie mehr ($E_{kin} = 0$); andererseits gibt es jedoch keinen natürlich definierten Nullpunkt der potentiellen Energie. Wir können nur Differenzen der potentiellen Energie messen. Für bestimmte Fälle definiert man jedoch einen Nullpunkt der potentiellen Energie durch Konvention. Ein Beispiel ist die Wahl von $U(r) = 0$ für die potentielle Energie der Gravitation, wenn zwei Körper unendlich weit voneinander entfernt sind.

6. Gleichgewicht

Der Chemiker experimentiert üblicherweise nicht mit individuellen Teilchen irgendwelcher Art, sondern mit komplexeren *Systemen*, die feste Stoffe, Flüssigkeiten und Gase enthalten können. Ein System ist ein Teil der Welt, der vom Rest der Welt durch definierte Grenzen abgetrennt ist. Die Welt außerhalb dieser Grenzen nennen wir die *Umgebung* des Systems. Wenn die Grenzen von der Art sind, daß keinerlei Wechselwirkung zwischen der Umgebung und dem System selbst stattfinden kann, dann sprechen wir von einem *isolierten System*.

Wir sagen, daß wir mit den Experimenten, die wir an einem bestimmten System durchführen, seine *Eigenschaften* messen; diese wiederum sind die Attribute, die uns eine Beschreibung des Systems mit aller nötigen Vollständigkeit ermöglichen. Diese vollständige Beschreibung nennt man die Definition des *Zustandes* eines Systems.

Hier begegnet uns die Vorstellung der Vorhersagbarkeit. Haben wir einmal die Eigenschaften eines Systems gemessen, dann erwarten wir auch, das Verhalten eines zweiten Systems mit denselben Eigenschaften aus unserer Kenntnis des Verhaltens des ursprünglichen Systems vorhersagen zu können. Im allgemeinen ist dies nur möglich, wenn das System einen Zustand erreicht hat, den wir als Gleichgewicht bezeichnen. Man sagt, ein System habe diesen *Gleichgewichtszustand* erreicht, wenn es keine weitere Neigung mehr zeigt, seine Eigenschaften mit der Zeit zu verändern. Die Gleichgewichtsbedingungen eines Systems sind reproduzierbar und lassen sich durch bestimmte Eigenschaften definieren, die wir *Zustandseigenschaften (Zustandsfunktionen)* nennen. Diese hängen definitionsgemäß nicht von der Vorgeschichte des Systems vor Erreichung des Gleichgewichtszustandes ab[8].

Ein einfaches mechanisches Bild soll das Konzept des Gleichgewichts erklären. Abb. 1.2a zeigt drei verschiedene Gleichgewichtslagen einer Schachtel, die auf einem Tisch liegt. In den Positionen A und C liegt der Schwerpunkt niedriger

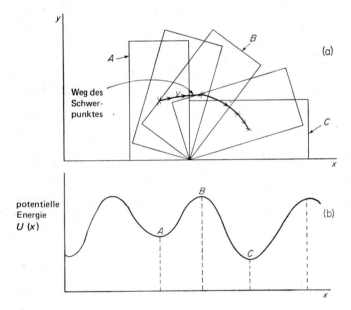

Abb. 1.2 Schematische Darstellung des mechanischen Gleichgewichts.

als in Lagen, die man durch leichtes Kippen der Schachtel erhält. Stellt man also, ausgehend von den Lagen A oder C, die Schachtel ein wenig auf die Kante, dann neigt sie dazu, spontan in ihre ursprüngliche Stellung zurückzukehren. Die potentielle Gravitationsenergie der Schachtel in den Positionen A oder C befindet sich in einem Minimum, und beide Lagen stellen ein stabiles Gleichgewicht dar. Dennoch ist C offenbar stabiler als A; hinreichend starkes Kippen der Schachtel aus Position A wird ein Umfallen nach C hervorrufen. Man sagt daher, die Schachtel befinde sich bei A in einem metastabilen Gleichgewicht.

[8] Ein bestimmter Ungleichgewichtszustand eines Systems läßt sich, wenn überhaupt, wesentlich schwieriger definieren.

Position B ist ebenfalls eine Gleichgewichtslage, aber eine instabile. Dies wird jeder bestätigen können, der einmal versucht hat, auf zwei Beinen eines Stuhls zu balancieren. Der Schwerpunkt der Schachtel in Position B liegt höher als in jeder anderen, durch Kippen auf der Kante erreichbaren Lage. Auch die kleinste Kippbewegung wird die Schachtel entweder in die Position A oder in die Position C fallen lassen. Die potentielle Energie nimmt bei der Annäherung eines Systems an ein instabiles Gleichgewicht ein Maximum an, und solch eine Position kann nur realisiert werden, wenn alle störenden Kräfte ferngehalten werden.

Diese Beziehung kann man in eine etwas mathematischere Form bringen, indem man die potentielle Energie des Systems als Funktion der horizontalen Lage des Schwerpunkts abträgt (Abb. 1.2b). Stabile Gleichgewichtslagen sind durch Minima in der Kurve gekennzeichnet, zum instabilen Gleichgewicht gehört das Maximum B der Kurve. In jedem System wechseln stabile und instabile Gleichgewichtslagen in dieser Weise ab. Für eine Gleichgewichtslage ist die erste Ableitung der Kurvenfunktion (Steigung) gleich null; wir können also die Gleichgewichtsbedingung folgendermaßen schreiben:

$$\left(\frac{dU}{dr}\right)_{r=r_0} = 0$$

Die Untersuchung der zweiten Ableitung zeigt, ob das Gleichgewicht stabil oder instabil ist:

$$\left(\frac{\partial^2 U}{\partial r^2}\right)_{r=r_0} > 0 \quad \text{stabil}$$

$$\left(\frac{\partial^2 U}{\partial r^2}\right)_{r=r_0} < 0 \quad \text{instabil}$$

Diese Gleichgewichtsbetrachtungen wurden an einem sehr einfachen mechanischen Modell angestellt. Es ist jedoch möglich, auch für kompliziertere physikochemische Systeme, die wir noch studieren wollen, ähnliche Prinzipien zu finden. Solche Systeme können zusätzlich zu den rein mechanischen Änderungen noch Temperatur- und Zustandsänderungen erleiden oder auch chemischen Reaktionen unterliegen. Die Aufgabe der Thermodynamik ist es, neue Funktionen zu entdecken oder zu erfinden, die in diesen allgemeineren Systemen die Rolle übernehmen, die die potentielle Energie in der Mechanik spielt.

7. Die thermischen Eigenschaften der Materie

Um den Zustand einer Substanz genau festzulegen, die wir im Laboratorium untersucht haben, müssen wir die Zahlenwerte bestimmter gemessener Eigenschaften angeben. Da es Gleichungen gibt, die Beziehungen zwischen verschiedenen Eigenschaften deutlich machen, ist es für eine genaue Definierung des Zustandes einer Substanz nicht notwendig, die Werte für alle möglichen Eigenschaften anzugeben. Wenn wir z.B. ein Gas oder eine Flüssigkeit als Versuchssubstanz wählen und äußere Kraftfelder (Gravitations- und elektromagnetische Felder) vernachlässigen, dann benötigt man für die genaue Beschreibung des Zustandes nur einige wenige Größen. (Eigenschaften und Zustand von Festkörpern lassen sich wesentlich schwieriger definieren; sie können z.B. in komplizierter Weise von der Richtung abhängen.) Für den Augenblick wollen wir das Problem auf individuelle, reine Substanzen beschränken, für die wir die Zusammensetzung als konstant ansehen können. Um den Zustand eines reinen Gases oder einer reinen Flüssigkeit zu spezifizieren, geben wir vor allem die Masse m der Substanz an. Außerdem gibt es drei Variable, von denen wir zwei in beliebiger Paarung festlegen müssen. Diese sind der Druck P, das Volumen V und die Temperatur T. Wegen einer strengen Wechselbeziehung zwischen diesen Variablen ist durch die Festlegung der Zahlenwerte für zwei dieser Größen auch die dritte festgelegt. In anderen Worten: Von den drei Zustandsgrößen P, V und T sind nur zwei unabhängig variierbar. Es sei besonders hervorgehoben, daß wir den Zustand einer Substanz vollständig durch die zwei mechanischen Variablen P und V beschreiben und auf die Verwendung der thermischen Variablen T verzichten können.

Bei der Verwendung des Druckes P als einer Variablen zur Beschreibung des Zustandes einer Substanz ist etwas Vorsicht am Platze. Dies sei am Beispiel eines

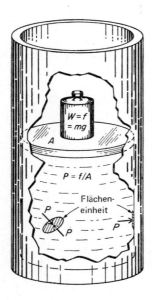

Abb. 1.3 Definition des Drucks in einer Flüssigkeit oder in einem Gas unter Vernachlässigung des Gravitationsfeldes in der Flüssigkeit.

zylindrischen Gefäßes geschildert, das eine Flüssigkeit enthält, die nach oben hin durch einen reibungslos beweglichen, völlig dicht schließenden Stempel abgedeckt wird (Abb. 1.3). Wir können den Druck auf die Flüssigkeit berechnen, indem wir die auf den Stempel wirkende Kraft durch dessen Fläche dividieren ($P = F/\mathscr{A}$). Die durch das Gewicht dargestellt Kraft F schließt auch die Kraft mit ein, die von der Erdatmosphäre ausgeübt wird.

Bei dieser Untersuchung haben wir das Eigengewicht der Flüssigkeit oder des Gases vernachlässigt. Würden wir das Eigengewicht berücksichtigen, dann müßte eine zusätzliche Kraft pro Flächeneinheit angegeben werden, die mit der Tiefe der Meßstelle im Gefäß zunimmt und die jeweils gleich dem Gewicht der Flüssigkeitssäule über der betrachteten Fläche ist. In den nun folgenden Untersuchungen soll dieser Einfluß des Gewichtes vernachlässigt werden; wir wollen also den Druck auf ein bestimmtes Flüssigkeits- oder Gasvolumen für das gesamte System als konstant ansehen.

Wenn die Flüssigkeit oder das Gas sich nicht im Gleichgewicht befinden, können wir nur einen äußeren Druck P_{ex} auf dem Stempel definieren; dieser ist aber eindeutig nicht eine Zustandseigenschaft des Systems selbst. Solange das Gleichgewicht nicht hergestellt ist, kann der Druck von Meßstelle zu Meßstelle im System verschieden sein, wir können also seinen Zustand nicht durch einen bestimmten Druck P definieren.

Man kann die Eigenschaften eines Systems als *extensiv* oder *intensiv* klassifizieren. *Extensive Eigenschaften sind additiv*; ihr Wert für das gesamte System ist gleich der Summe der Einzelwerte für individuelle Teile des Systems. Man nennt sie manchmal auch Kapazitätsfaktoren. Beispiele sind das Volumen und die Masse. *Intensive Eigenschaften*, oder Intensitätsfaktoren, *sind nicht additiv*. Beispiele hierfür sind die Temperatur und der Druck. Die Temperatur irgendeines kleinen Teiles eines Systems, das sich im Gleichgewicht befindet, ist dieselbe wie die des Gesamtsystems. Bevor wir die Temperatur θ als eine physikalische Größe benützen, wollen wir betrachten, wie sie genau gemessen werden kann. Der Begriff der Temperatur entwickelte sich aus Sinneswahrnehmungen der Hitze und Kälte. Man hat gefunden, daß diese Wahrnehmungen mit den Ablesungen auf Flüssigkeitsthermometern in Verbindung gebracht werden können. Der französische Arzt JEAN REY benützte 1631 eine Glaskugel mit eingesetzter Kapillare, die teilweise mit Wasser gefüllt war, als Fieberthermometer. FERDINAND II., Großherzog von Toskanien, Landesfürst GALILEIS und Gründer der Accademia del Cimento de Firenze, erfand 1641 ein »Thermoskop«. Dieses bestand aus einem Glasbehälter mit verjüngter Steigsäule und einer Alkoholfüllung. Auf einer gleichmäßig geteilten Skala wurden als »Fixpunkte« die Volumina bei »strengster Winterkälte« und »größter Sommerhitze« angegeben. Genauere Fixpunkte führte 1688 DALENCÉ ein, der den Schmelzpunkt des Schnees mit $-10°$ und den Schmelzpunkt der Butter mit $+10°$ bezeichnete. Schon 1694 benützte RENALDI den Siedepunkt des Wassers als den oberen Fixpunkt und den Schmelzpunkt des Eises als den unteren. Um die Angaben dieser Fixpunkte wirklich genau zu machen, müssen wir hinzufügen, daß der Luftdruck eine Atmosphäre betragen soll und daß das mit Eis in Gleichgewicht stehende Wasser mit Luft gesättigt sei. Es war offenbar der Schwede ELVIUS, der 1710 zum ersten Mal empfahl, diesen beiden Fixpunkten die Werte $0°$ und $100°$ beizugeben. Diese definieren die $100°$-Skala, die man nach einem schwedischen Astronomen, der ein ähnliches System benützte, offiziell die CELSIUS-Einteilung nennt.

8. Die Temperatur als mechanische Eigenschaft

Die Möglichkeit der Aufstellung einer Temperaturskala mit Hilfe einer Temperaturfunktion kann aus der Tatsache begründet werden, daß zwei Körper, die man getrennt mit einem dritten Körper (»Thermometer«) ins Gleichgewicht bringt, anschließend auch untereinander im Gleichgewicht stehen.
Wir können den Zustand eines beliebigen Körpers kennzeichnen, indem wir seinen Druck P und sein Volumen V angeben. Wir können zum Beispiel einen bestimmten Körper (1) wählen und ihn ein Thermometer nennen; dann benützen wir eine Zustandseigenschaft dieses Körpers (P_1, V_1), um eine Temperaturskala zu definieren. Wenn irgendein zweiter Körper mit dem Thermometer ins Gleichgewicht gebracht wird, dann ist der Gleichgewichtswert $\theta_1(P_1, V_1)$ ein Maß für die Temperatur dieses zweiten Körpers:

$$\theta_2 = \theta_1(P_1, V_1) \qquad [1.13]$$

Es ist zu beachten, daß die auf diese Weise definierte und gemessene Temperatur ausschließlich durch mechanische Eigenschaften, nämlich Druck und Volumen, definiert ist. Wir haben also unsere Sinneswahrnehmungen der Hitze und Kälte verlassen und uns auf das Konzept der Temperatur als einer mechanischen Größe zurückgezogen.
Ein einfaches Beispiel für [1.13] ist ein Flüssigkeitsthermometer, in welchem P_1 konstant gehalten wird und das Volumen V_1 als Maß für die Temperatur dient. Alternativ können auch elektrische, magnetische oder optische Eigenschaften zur Festlegung der Temperaturskala verwendet werden, da man in jedem Falle die Eigenschaft θ_1 eines Körpers ausdrücken kann als eine Funktion seines Zustandes, festgelegt durch die Wahl von P_1 und V_1.

9. »Springfeder der Luft«, das BOYLEsche Gesetz

Das Quecksilberbarometer wurde 1643 von EVANGELISTA TORRICELLI erfunden, einem Mathematiker, der mit GALILEO GALILEI in Florenz studierte. Die Höhe der Quecksilbersäule unter Atmosphärendruck kann sich von Tag zu Tag innerhalb eines Bereiches von mehreren Zentimetern ändern. Man hat jedoch einen Standardatmosphärendruck definiert, der einer Höhe der Quecksilbersäule von 76,00 cm bei 0 °C, in Seehöhe und unter einer Breite von 45° entspricht. Im internationalen Maßsystem (SI) ist dies ein Druck von 101 325 N m^{-2} [9]. Bei Arbeiten auf dem Hochdruckgebiet wird meist das Kilobar benützt; es ist 1 kb = 10^8 N m^{-2}. Bei niedrigen Drücken benutzt man oft das Torr (atm/760) oder das bar; letzteres entspricht 10^6·dyn cm^{-2}, ist also etwas kleiner als 1 atm.
ROBERT BOYLE und seine Zeitgenossen bezeichneten den Gasdruck oft als »spring of the air«. Sie wußten, daß sich ein bestimmtes abgeschlossenes Gasvolumen

---

[9] Die Einheit von 1 N m^{-2} nennt man 1 Pascal.

mechanisch wie eine elastische Feder verhält. Wenn man ein beliebiges Gas in einem Zylinder mit einem Stempel komprimiert, dann springt der Stempel zurück, wenn man die Kraft entfernt. BOYLE versuchte, die Elastizität der Luft durch die zu seiner Zeit populäre Korpuskulartheorie zu erklären. *Man stelle sich, sagte er, die Luft als einen Haufen kleiner Körperchen vor, von denen eines über dem anderen liegt, wie etwa bei einem Wollehaufen. Dieser besteht ja aus vielen dünnen und biegsamen Haaren, von denen jedes, wie eine kleine Springfeder, die Neigung hat, sich auszudehnen.* BOYLE vermutete also, daß sich die Teilchen der Luft in unmittelbarem Kontakt befänden und daß diese bei der Kompression der Luft auch zusammengedrückt würden. Dieser Schluß war bekanntlich falsch.

1660 publizierte BOYLE sein Buch »New Experiments, Physico-Mechanical, Touching the Spring of the Air, and its Effects«, in welchem er die Beobachtungen mit einer neuen Vakuumpumpe beschrieb, die er konstruiert hatte. Er beobachtete, daß die Quecksilbersäule eines TORRICELLIschen Barometers fiel, wenn er die Luft, die das Barometer umgab, herauspumpte. Dieses Experiment schien ihm schlüssig zu beweisen, daß die Quecksilbersäule durch den Luftdruck gehalten wurde. Dennoch wurden gleich darauf zwei Angriffe auf die BOYLEsche Arbeit publiziert, der eine von THOMAS HOBBES, dem berühmten politischen Philosophen und Autor des »Leviathan«, der andere durch einen verschworenen Anhänger des Aristoteles, FRANCISCUS LINUS. HOBBES begründete seine Kritik mit der »philosophischen Unmöglichkeit eines Vakuums«. (»*Ein Vakuum ist nichts, und ein Nichts kann nicht*

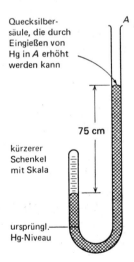

Abb. 1.4 Das BOYLEsche U-Rohr. Es wird gezeigt, daß sich das Volumen eines Gases auf die Hälfte verringert, wenn der Druck auf das Doppelte erhöht wird.

existieren.«) LINUS machte geltend, daß die Quecksilbersäule gewissermaßen durch einen unsichtbaren Faden hochgehalten würde, der seinerseits am oberen Ende der Röhre befestigt sei. Diese Theorie scheine recht vernünftig, sagte er, da jedermann leicht den Zug des Fadens fühlen könne, wenn er das obere Ende des Barometerrohres mit seinem Finger verschließe.

Als Antwort auf diese Einwendungen beschrieb BOYLE in einem Anhang der zweiten Ausgabe seines Buches, publiziert im Jahre 1662, ein wichtiges neues Experiment. Er benützte im wesentlichen den Apparat, der in Abb. 1.4 gezeigt ist. Durch Einfüllen von Quecksilber in das offene Ende des U-Rohrs konnte der Gasdruck im geschlossenen Ende erhöht werden. BOYLE beobachtete, daß das Volumen des eingeschlossenen Gases im gleichen Maße abnahm, wie andererseits der Quecksilberdruck zunahm. Während dieser Experimente war die Temperatur des Gases nahezu konstant. Modern ausgedrückt, würden wir die BOYLEschen Ergebnisse daher folgendermaßen formulieren:

> *Das Volumen einer gegebenen Gasmenge ist umgekehrt proportional dem Gasdruck.*

In mathematischen Ausdrücken heißt dies: $P \sim 1/V$ oder $P = C/V$, wobei C eine Proportionalitätskonstante ist. Wir können also schreiben:

$$PV = C \text{ (bei konstanter Temperatur)} \qquad [1.14]$$

Diese Gleichung ist bekannt als das BOYLEsche *Gesetz*. Es wird bei mäßigen Drücken von vielen Gasen recht genau befolgt.

10. Das Gesetz von GAY-LUSSAC

Die ersten eingehenden Experimente über die Änderung des Volumens eines Gases mit der Temperatur bei konstantem Druck wurden von JOSEPH GAY-LUSSAC zwischen 1802 und 1808 veröffentlicht. Dieser arbeitete mit »permanenten« Gasen wie Stickstoff, Sauerstoff und Wasserstoff und fand, daß das Volumen all dieser Gase dieselbe Abhängigkeit von der Temperatur zeigte.

Seine Ergebnisse können folgendermaßen in eine mathematische Form gebracht werden. Zunächst definieren wir eine Gastemperaturskala durch die Annahme, daß das Volumen V linear mit der Temperatur θ ansteigt. Wenn V_0 das Volumen einer Gasmenge bei 0 °C ist, dann gilt:

$$V = V_0 (1 + \alpha_0 \theta) \qquad [1.15]$$

Den Koeffizienten α_0 nennt man die *thermische Expansivität* oder den *thermischen Ausdehnungskoeffizienten*[10]. GAY-LUSSAC fand für α_0 einen Wert von 1/267. Den genaueren Wert von 1/273 fand REGNAULT 1847 mit einer verbesserten Versuchsanordnung. Wir können nun [1.15] folgendermaßen schreiben:

$$V = V_0 \left(1 + \frac{\theta}{273}\right)$$

Diese Beziehung nennt man das Gesetz von GAY-LUSSAC. Es gibt an, daß sich ein Gas bei konstantem Druck um 1/273 seines Volumens bei 0 °C ausdehnt, wenn es um 1 °C erwärmt wird.

---

[10] In Abschnitt 1-11 wird ein etwas verschiedener thermischer Ausdehnungskoeffizient α definiert.

Sorgfältige Messungen ergaben, daß *reale Gase* die Gesetze von BOYLE und GAY-LUSSAC nicht streng erfüllen. Die Abweichungen sind am kleinsten, wenn das untersuchte Gas eine hohe Temperatur und einen niederen Druck hat. Die Abweichungen sind zudem von Gas zu Gas verschieden; so verhält sich Helium zum Beispiel ziemlich »vorschriftsmäßig«, Kohlendioxid jedoch nicht. Hier erweist es sich schon als nützlich, die Vorstellung des *idealen Gases* einzuführen; ein solches Gas gehorcht diesen Gesetzen genau. Wir haben schon gehört, daß Gase bei niederem Druck, also bei niederer Dichte, die Gasgesetze am genauesten erfüllen. Wir können also die Eigenschaften eines idealen Gases oft dadurch bestimmen, daß wir die Meßergebnisse an realen Gasen auf den Gasdruck null extrapolieren.

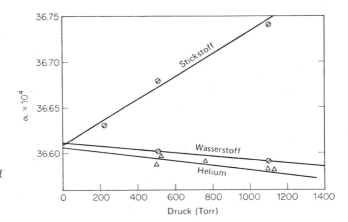

Abb. 1.5 Extrapolation der thermischen Ausdehnungskoeffizienten auf den Druck null

Abb. 1.5 zeigt die Ergebnisse der Bestimmung von α_0 bei verschiedenen Gasen mit abnehmendem Druck. Hierbei ist zu beachten, daß die Ordinate stark gedehnt wurde; die Abweichungen überschreiten nicht einen Wert von 0,5%. Innerhalb der Meßgenauigkeit ist der durch Extrapolation auf den Druck null gefundene Wert für alle diese Gase gleich. Aus den besten Messungen erhalten wir für ideale Gase:

$$\alpha_0 = 36{,}610 \cdot 10^{-4}\,°C^{-1}$$
$$1/\alpha_0 = 273{,}15\,°C + 0{,}02\,°C = T_0$$

Das Gesetz von GAY-LUSSAC für ein ideales Gas erhält hiermit die folgende Form:

$$V = V_0 \left(1 + \frac{\theta}{T_0}\right) \qquad [1.16]$$

Wir können nun eine neue und sehr bequeme Temperaturskala definieren, und zwar für die *absolute Temperatur* T. Die Temperaturwerte auf dieser Skala nennt man »Grade KELVIN«, K. Es ist also: $T = \theta + T_0$ und

$$V = V_0 \left(1 + \frac{T - T_0}{T_0}\right), \quad V = \frac{V_0 T}{T_0} \qquad [1.17]$$

Aus genauen Untersuchungen im Bereich sehr tiefer Temperaturen zwischen nahe 0 K und 20 K wurde es klar, daß die Festlegung einer Temperaturskala durch zwei Fixpunkte schwere Nachteile mit sich bringt. Die Schwierigkeit war nämlich, daß es trotz der ernsthaftesten Versuche offensichtlich unmöglich war, den Schmelzpunkt des Eises genauer als innerhalb einer Fehlergrenze von einigen hundertstel Grad zu bestimmen. Viele Jahre mühseliger Arbeit durch die geschicktesten Wissenschaftler auf diesem Gebiet führten zu Werten zwischen 273,13 K und 273,17 K.

Die 10. Konferenz des internationalen Komitees über Gewichte und Maße in Paris entschied daher 1954, eine Temperaturskala mit nur einem Fixpunkt und mit willkürlicher Wahl einer universellen Konstante für die Temperatur bei diesem Punkt zu definieren. Dieser Punkt wurde gewählt als der *Tripelpunkt des Wassers*; dies ist die Temperatur, bei der flüssiges Wasser, Eis und Wasserdampf in einem Gleichgewicht stehen (s. Abb. S. 233 u. 251). Die Konferenz wählte eine Temperatur von 273,16 K für diesen Punkt. Der Schmelzpunkt des Wassers ergab sich hieraus zu 273,15 K. Der Vorteil dieser Definition liegt darin, daß sie die große Unsicherheit über die Messungen bei tiefen Temperaturen beseitigte. Nehmen wir einmal an, eine bestimmte Untersuchung würde bei 5,13 K durchgeführt. Je nach dem in verschiedenen Laboratorien bevorzugten Wert für den Schmelzpunkt des Wassers würde diese Temperatur nach dem alten System irgendwo zwischen 5,13 K und 5,17 K liegen, also eine Unsicherheit von fast 1% mit sich bringen. Nach dem neuen System wäre der mitgeteilte Wert unwiderruflich und eindeutig, da er sich auf den festgelegten Fixpunkt bezieht. Selbstverständlich würde nach dem neuen System der Siedepunkt des Wassers lediglich ein anderer experimenteller Wert, den man mit der maximal möglichen Genauigkeit bestimmen müßte, nicht aber ein durch Konvention festgelegter Temperaturpunkt.

11. Definition des Mols

In Übereinstimmung mit den jüngsten Empfehlungen der »International Union of Pure and Applied Chemistry« (IUPAC) wollen wir die Stoffmenge n als eine der grundlegenden physikochemischen Größen betrachten. Die SI-Einheit der Stoffmenge ist das Mol. Dies ist die Stoffmenge eines Systems, welches ebenso viele elementare Einheiten enthält, wie es Kohlenstoffatome in 0,012 kg ^{12}C gibt. Die Art der elementaren Einheit muß dann noch angegeben werden: ein Atom, eine Molekel, ein Ion, ein Elektron, ein Photon oder eine bestimmte Gruppe, die aus solchen Einheiten besteht.

Beispiele:

1 mol Hg_2Cl_2 hat eine Masse von 0,47208 kg.
1 mol Hg hat eine Masse von 0,20059 kg.
1 mol $Cu_{0,5}Zn_{0,5}$ hat eine Masse von 0,06446 kg.
1 mol $Fe_{0,91}S$ hat eine Masse von 0,08288 kg.
1 mol e^- hat eine Masse von $5,4860 \cdot 10^{-7}$ kg.
1 mol Luft mit einem Gehalt von 78,09 mol-% N_2, 20,95 mol-% O_2, 0,93 mol-% Ar und 0,03 mol-% CO_2 hat eine Masse von 0,028964 kg.

12. Zustandsgleichung eines idealen Gases[11]

Jeweils zwei der drei Variablen P, V und T genügen, um den Zustand einer gegebenen Gasmenge anzugeben und den Zahlenwert der dritten Variablen zu fixieren. In [1.14] haben wir einen Ausdruck für die Änderung von P mit V bei konstanter Temperatur T; andererseits haben wir in [1.17] einen Ausdruck für die Änderung von V mit T bei einem konstanten Druck P. Es ist für eine gegebene Menge:

$PV = $ const (bei konstantem T) und
$V/T = $ const (bei konstantem P).

Wir können diese beiden Beziehungen leicht zu einer neuen kombinieren:

$$\frac{PV}{T} = \text{const} \qquad [1.18]$$

Es ist augenscheinlich, daß dieser Ausdruck die beiden anderen Beziehungen als besondere Fälle enthält.

Das nächste Problem ist die Bestimmung der Konstanten in [1.18]. Die Gleichung besagt, daß das Produkt PV, dividiert durch T, für einen beliebigen Zustand einer Gasmenge stets denselben Wert hat. Wenn wir also die Zahlenwerte für die drei Variablen für einen bestimmten Zustand des Gases kennen, dann können wir den Wert für die Konstante berechnen. Als Bezugszustand wollen wir den eines idealen Gases bei 1 atm Druck und einer Temperatur von 273,15 K wählen. Unter diesen Bedingungen beträgt das Volumen eines Mols 22414 cm³. Nach dem AVOGADRO-schen Gesetz (S. 128) haben alle idealen Gase dieses Molvolumen. Für eine Gasmenge von n Molen können wir zur Bestimmung der Konstanten in [1.18] schreiben:

$$\frac{PV}{T} = \frac{P_0 V_0}{T_0} = \frac{(1\,\text{atm})\,(n)\,(22414\,\text{cm}^3)}{273,15\,\text{K}} = 82{,}057\,n\,\frac{\text{cm}^3\,\text{atm}}{\text{K}}$$

Aus [1.18] wird also die folgende Beziehung:

$$\frac{PV}{T} = 82{,}057\,n = nR$$

Die Konstante R nennt man die *Universelle Gaskonstante*; sie bezieht sich auf ein Mol. Meist wird [1.18] in der folgenden Form geschrieben:

$$PV = nRT \qquad [1.19]$$

[1.19] nennt man die *Zustandsgleichung eines idealen Gases*; sie ist eine der nützlichsten Beziehungen in der Physikalischen Chemie und enthält die drei Gasgesetze von BOYLE, GAY-LUSSAC und AVOGADRO. Wir erhielten die universelle Gaskonstante R zunächst in der Einheit cm³ atm K^{-1} mol^{-1}. Hierbei ist zu be-

---

[11] Das Wort »Gas« ist eine Erfindung des Chemikers VAN HELMONT von Brüssel – abgeleitet von $\chi\alpha o\sigma$, Durcheinander, Unordnung.

achten, daß die Größe cm³ atm die Dimension einer Energie hat. Tab. 1.1 zeigt einige gebräuchliche Werte von R in verschiedenen Einheiten.

Einheiten	R
J K^{-1} mol^{-1} (SI)	8,31431
cal K^{-1} mol^{-1}	1,98717
cm³ atm K^{-1} mol^{-1}	82,0575
l atm K^{-1} mol^{-1}	0,0820575

Tab. 1.1 Werte der universellen Gaskonstante R in verschiedenen Einheiten

[1.19] erlaubt uns die Berechnung der Molmasse M (»Molekulargewicht«, g mol^{-1}) eines Gases aus Messungen seiner Dichte. Die Masse m eines Gases läßt sich durch Wägen eines gasgefüllten Kolbens mit dem Volumen V bestimmen. Die Dichte ist dann $\varrho = m/V$; für die Molzahl gilt $n = m/M$. Aus [1.19] ergibt sich daher:

$$M = RT\varrho/P$$

13. Zustandsgleichung und PVT-Beziehungen

Wenn wir P und V als unabhängige Variable wählen, dann ist die Temperatur einer vorgegebenen Menge n einer reinen Substanz irgendeine Funktion von P und V. Setzt man $V_m = V/n$, dann ist:

$$T = f(P, V_m) \qquad [1.20]$$

Diese Gleichung definiert für irgendeinen festgelegten Wert von T eine *Isotherme* der betrachteten Substanz. Der Zustand einer Substanz, die sich im thermischen Gleichgewicht befindet, kann durch die Angabe zweier der drei Variablen P, V und T festgelegt werden. Den Wert für die dritte Größe findet man dann durch Lösung von [1.20]. Diese Gleichung ist eine allgemeine Form der *Zustandsgleichung*. Wenn man keine bestimmte Variable hervorheben möchte, dann läßt sie sich in der folgenden Form schreiben:

$$g(P, V_m, T) = 0; \quad \text{z.B.} \quad (PV - nRT) = 0$$

Der Zustand eines Gases im Gleichgewicht kann geometrisch durch einen Punkt auf einer dreidimensionalen Oberfläche repräsentiert werden; diese Oberfläche wird durch die Variablen P, V und T beschrieben. Die Abb. 1.6a zeigt solch eine PVT-Oberfläche für ein ideales Gas. Abb. 1.6b zeigt die Projektion der Isothermen, die Punkte konstanter Temperatur verbinden, auf die PV-Ebene. Die Projektion der Linien konstanten Volumens auf die PT-Ebene nennt man *Isochoren* oder isometrische Linien (Abb. 1.6c). Diese würden bei einem nichtidealen Gas natürlich keine geraden Linien darstellen. Die Linien konstanten Druckes nennt man auch *Isobaren*.

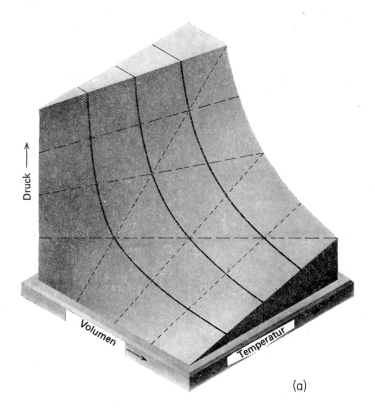
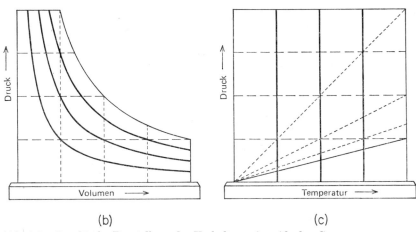

Abb. 1.6 Graphische Darstellung des Verhaltens eines idealen Gases.
a) PVT-Oberfläche. Die durchgezogenen Linien sind Isothermen, die gestrichelten Isobaren, die punktierten Isochoren
b) Projektion der PVT-Oberfläche auf eine PV-Ebene: Isothermen.
c) Projektion der PVT-Oberfläche auf die PT-Ebene: Isochoren
Nach F. W. SEARS, *An Introduction to Thermodynamics*, Addison-Wesley, Cambridge, Mass. 1950.

Die Steigung einer Isobaren gibt das Ausmaß der Volumenänderung einer Gasmasse mit der Temperatur bei dem gewählten konstanten Druck wieder. Diese Steigung schreibt man daher $(\partial V/\partial T)_P$. Dieser Ausdruck ist ein partielles Differential, da V eine Funktion der zwei Variablen T und P ist. Die Änderung von V mit T relativ zu einem Standard $V = V_0$ – üblicherweise das Volumen bei 0 °C und 1 atm Druck – nennt man den *thermischen Ausdehnungskoeffizienten* α:

$$\alpha = \frac{1}{V_0}\left(\frac{\partial V}{\partial T}\right)_P \qquad [1.21]$$

α hat die Dimension einer reziproken Temperatur; die Einheit ist T^{-1}.
In ähnlicher Weise gibt die Steigung einer Isothermen die Änderung des Volumens mit dem Druck bei konstanter Temperatur wieder. Die *Kompressibilität* β einer Substanz ist folgendermaßen definiert:

$$\beta = \frac{-1}{V_0}\left(\frac{\partial V}{\partial P}\right)_T \qquad [1.22]$$

Das negative Vorzeichen ergibt sich aus der Tatsache, daß sich bei zunehmendem Druck das Volumen verringert; der Ausdruck $(\partial V/\partial P)_T$ wird also negativ. Die Größe β hat die Dimension eines reziproken Druckes (P^{-1}).
Da das Volumen eine Funktion sowohl von T als auch von P ist, können wir eine differentielle Änderung des Volumens folgendermaßen schreiben:

$$dV = \left(\frac{\partial V}{\partial T}\right)_P dT + \left(\frac{\partial V}{\partial P}\right)_T dP \qquad [1.23]$$

Diese Gleichung wird durch Abb. 1.7 erläutert, die einen Ausschnitt aus der PVT-Fläche mit V als vertikaler Achse zeigt. Der Ausschnitt $abcd$ stellt ein unendlich

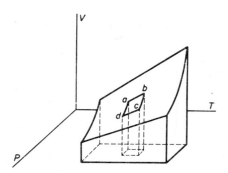

Abb. 1.7 Erläuterung der partiellen Ableitungen $\left(\dfrac{\partial V}{\partial T}\right)_P$ und $\left(\dfrac{\partial V}{\partial P}\right)_T$ am Beispiel der Oberfläche $V(P,T)$.

kleines Flächenelement dar, das durch Ebenen parallel zur V-T- und V-P-Ebene aus der Gesamtfläche herausgeschnitten wird. Wir wollen nun annehmen, daß wir mit einem Gaszustand beginnen, der durch den Punkt a gekennzeichnet ist, also von den Zustandsvariablen V_a, P_a und T_a bestimmt wird. Weiterhin wollen wir sowohl P als auch T um infinitesimale Beträge ändern, nach $P + dP$ und $T + dT$. Der neue Zustand des Systems wird durch den Punkt c dargestellt. Die

Änderung von V beträgt dann:

$$dV = V_c - V_a = (V_b - V_a) + (V_c - V_b)$$

Der Ausdruck $V_b - V_a$ bedeutet die Änderung von V, wenn P konstant gehalten wird und sich nur die Temperatur ändert. Die Steigung der Kurve ab beträgt daher

$$\lim_{\substack{T \to 0 \\ (P=\text{const})}} \frac{V_b - V_a}{T_b - T_a} = \left(\frac{\partial V}{\partial T}\right)_P$$

Die infinitesimale Änderung $V_b - V_a$ ist daher $\left(\frac{\partial V}{\partial T}\right)_P dT$. In derselben Weise kann man sehen, daß $V_c - V_b = \left(\frac{\partial V}{\partial P}\right)_T dP$ ist.

Hieraus ergibt sich die gesamte Änderung von V als die Summe dieser beiden Teiländerungen, wie in [1.23] gezeigt ist. Wie aus Abb. 1.7 ersichtlich ist, macht es keinen Unterschied, welche Teiländerung zuerst betrachtet wird.

Mit [1.23] können wir eine interessante Beziehung zwischen den partiellen Differentialkoeffizienten herleiten. Es ist:

$$dP = \frac{1}{(\partial V/\partial P)_T} dV - \frac{(\partial V/\partial T)_P}{(\partial V/\partial P)_T} dT$$

Durch eine Analogiebetrachtung erhält man aus [1.23] auch die folgende allgemeine Beziehung:

$$dP = \left(\frac{\partial P}{\partial V}\right)_T dV + \left(\frac{\partial P}{\partial T}\right)_V dT$$

Die Koeffizienten von dT müssen gleich sein; es gilt daher:

$$\left(\frac{\partial P}{\partial T}\right)_V = - \frac{(\partial V/\partial T)_P}{(\partial V/\partial P)_T} = \frac{\alpha}{\beta} \qquad [1.24]$$

Die Änderung von P mit T für eine beliebige Substanz können wir daher leicht berechnen, wenn wir die Werte für α und β kennen. Ein recht üblicher Laboratoriumsunfall, nämlich das Bersten eines Quecksilberthermometers durch Überhitzen, liefert ein interessantes Beispiel. Nehmen wir an, bei 50 °C würde die Quecksilbersäule anstoßen. Welcher Druck würde sich im Thermometer entwickeln, wenn wir es auf 52 °C weiter erhitzen? Für Quecksilber ist $\alpha = 1{,}8 \cdot 10^{-4}$ K^{-1}, $\beta = 3{,}9 \cdot 10^{-6}$ atm^{-1}. Es ist also $(\partial P/\partial T)_v = \alpha/\beta = 46$ atm K^{-1}. Für $T = 2$ °C ist $P = 92$ atm. Dieses Ergebnis spiegelt die Tatsache wider, daß Flüssigkeiten sehr wenig kompressibel sind; beim Versuch einer Kompression entstehen also rasch hohe Drücke. Dadurch wird verständlich, daß auch eine geringfügige Überhitzung eines Thermometers gewöhnlich zu dessen Zerstörung führt.

14. Das PVT-Verhalten realer Gase

Das PVT-Verhalten von Stoffen in allen Zuständen, also für Gase, Flüssigkeiten und Festkörper, ließe sich am besten in Form von Zustandsgleichungen der allgemeinen Form [1.20] beschreiben. Ein beträchtlicher Fortschritt in der Entwicklung dieser Zustandsgleichungen hat sich bis jetzt jedoch nur für Gase ergeben. Diese Beziehungen erhält man nicht nur durch die Korrelation empirischer PVT-Werte, sondern auch aus theoretischen Betrachtungen, die auf der Atom- und Molekelstruktur beruhen. Diese Theorien sind für Gase am weitesten fortgeschritten; neuere Entwicklungen in der Theorie der Flüssigkeiten und Festkörper versprechen jedoch, daß in Zukunft geeignete Gleichungen auch für diese Zustände zur Verfügung stehen werden.

Die Gleichung für ideale Gase, $PV = nRT$, beschreibt das PVT-Verhalten realer Gase nur in erster Näherung. Ein gebräuchlicher Weg, die Abweichungen von der Idealität zu zeigen, ist eine Modifizierung der Gasgleichung in folgender Weise:

$$PV = znRT \qquad [1.25]$$

Den Faktor z nennt man *Kompressibilitätsfaktor*. Er berechnet sich zu PV/nRT. Für ein ideales Gas ist $z = 1$; bei jeder Abweichung von der Idealität ist $z \neq 1$. Das Ausmaß dieser Abweichungen von der Idealität hängt von der Temperatur und vom Druck ab; z ist also eine Funktion von T und P.

Abb. 1.8 zeigt die Druckabhängigkeit des Kompressibilitätsfaktors für eine Anzahl von Gasen; die Werte wurden aus den Volumina der Substanzen bei verschiedenen Drücken bestimmt. (Die Werte für NH_3 und C_2H_4 bei höheren Drücken gehören zu den flüssigen Stoffen; vgl. Tab. 1.2.)

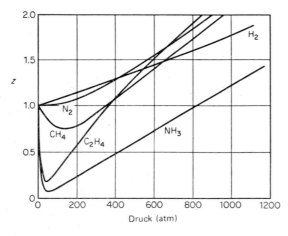

Abb. 1.8 Kompressibilitätsfaktor $z = PV/nRT$.

15. Das Gesetz der korrespondierenden Zustände

Eine Flüssigkeit stehe mit ihrem Dampf im Gleichgewicht. Den Gleichgewichtsdruck nennen wir den *Dampfdruck der Flüssigkeit* bei der jeweiligen Temperatur. Die Flüssigkeit ist dichter als der Dampf; wenn wir sie zusammen mit der Dampfphase in einem durchsichtigen Röhrchen eingeschlossen haben, dann können wir einen Meniskus zwischen den beiden Phasen sehen. Mit zunehmender Temperatur nimmt die Dichte der Flüssigkeit ab, während die Dichte der Dampfphase zu-

Das Gesetz der korrespondierenden Zustände

nimmt; gleichzeitig nimmt natürlich auch der Dampfdruck zu. Allmählich erreichen wir eine Temperatur, bei der die beiden Dichten gleich werden und der Meniskus zwischen den beiden Phasen verschwindet. Oberhalb dieser Temperatur können wir Flüssigkeit und Gas nicht mehr voneinander unterscheiden.
Die Temperatur, bei der der Meniskus verschwindet, nennen wir die *kritische Temperatur* T_c der Substanz. Den Dampfdruck bei der Temperatur T_c nennen wir den *kritischen Druck* P_c. Das Volumen, das ein Mol einer Substanz unter kritischen Bedingungen einnimmt, also zum Beispiel kurz vor dem Verschwinden der Phasengrenzfläche, nennt man das *kritische Volumen* V_c. Tab. 1.2 zeigt die kritischen Konstanten für eine Anzahl von Substanzen.

Formel	T_c(K)	P_c(atm)	V_c(cm^3/mol)	a (l^{2}atm/mol)^2	b (cm^3/mol)
He	5,3	2,26	61,6	0,0341	23,7
H$_2$	33,3	12,8	69,7	0,244	26,6
N$_2$	126,1	33,5	90,0	1,39	39,1
CO	134,0	34,6	90,0	1,49	39,9
O$_2$	154,3	49,7	74,4	1,36	31,8
C$_2$H$_4$	282,9	50,9	127,5	4,47	57,1
CO$_2$	304,2	72,8	94,2	3,59	42,7
NH$_3$	405,6	112,2	72,0	4,17	37,1
H$_2$O	647,2	217,7	554,4	5,46	30,5
Hg	1735,0	1036,0	40,1	8,09	17,0

Tab. 1.2 Kritische Daten und VAN-DER-WAALS-Konstanten

Das Verhältnis der *PVT*-Meßdaten zu den kritischen Werten nennt man die »reduzierten« Werte: *reduzierter Druck, reduziertes Volumen* und *reduzierte Temperatur*. Die Definitionsgleichungen sind:

$$P_r = \frac{P}{P_c}; \quad V_r = \frac{V}{V_c}; \quad T_r = \frac{T}{T_c} \qquad [1.26]$$

Die Verwendung dieser reduzierten Größen bietet beträchtliche Vorteile. VAN DER WAALS zeigte 1881, daß alle Gase in recht guter Näherung derselben Zustandsgleichung gehorchen, wenn man anstelle der üblichen Variablen P, V und T die reduzierten Größen P_r, V_r und T_r einsetzt. Es gilt also $V_r = f(P_r, T_r)$. Wenn zwei verschiedene Gase die gleichen Werte für zwei reduzierte Variable zeigen, haben sie auch annähernd gleiche Werte für die dritte: $V_r = f(P_r, T_r)$. Diese Regel nennt man nach VAN DER WAALS das *»Gesetz der korrespondierenden Zustände«*. Wenn dieses »Gesetz« zuträfe, dann hätte das *kritische Verhältnis* $P_c V_c/RT_c$ für alle Gase denselben Wert. Aus Tab. 1.2 können wir entnehmen, daß dieses Verhältnis für die üblichen Gase in Wirklichkeit einen Wert zwischen 3 und 5 besitzt.
Für die Untersuchung von Gasen bei hohen Drücken wurden Kurvenscharen für die Änderung des Kompressibilitätsfaktors z [1.25] mit P und T bestimmt. Es zeigte sich, daß z eine universelle Funktion von P_r und T_r ist:

$$z = f(P_r, T_r) \qquad [1.27]$$

Abb. 1.9 erläutert diese Regel für eine Anzahl verschiedener Gase, wobei $z = PV/nRT$ für verschiedene reduzierte Temperaturen gegen den reduzierten Druck abgetragen ist. Die Werte für die verschiedenen Gase liegen jeweils innerhalb von etwa 1% auf einer Isothermen, selbst bei Drücken, die das Mehrfache des kritischen Druckes betragen.

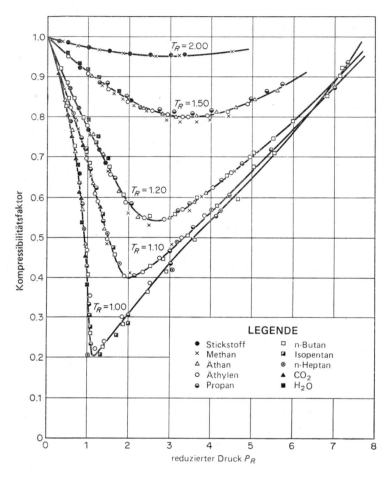

Abb. 1.9 Der Kompressibilitätsfaktor z als Funktion der reduzierten Größen. [GOUQ-JEN SU, *Ind. Eng. Chem.* 38 (1946) 803.]

Das Gesetz der korrespondierenden Zustände bedeutet eine beträchtliche Vereinfachung der Behandlung nichtidealer Gase. Das – bei Formulierung in reduzierten Größen – gleichartige Verhalten von Gasen sollte jedoch nicht die Tatsache verdunkeln, daß die für die jeweilige Natur der Molekeln charakteristischen kritischen Daten implizit schon in den reduzierten Größen stecken. Eine solche »ideale«

Der kritische Bereich

Verallgemeinerung wie $PV = nRT$ ist natürlich nicht mehr möglich, wenn man das Verhalten der Gase sehr genau oder über einen weiten Bereich der Drücke und Temperaturen studiert.

16. Zustandsgleichungen für reale Gase

Wenn man die Zustandsgleichung mit reduzierten Größen schreibt, also etwa $f(P_r, V_r) = T_r$, dann enthält sie offenbar mindestens zwei unabhängige Konstanten, die für das jeweilige Gas charakteristisch sind, zum Beispiel P_c und V_c. Viele halbempirische Zustandsgleichungen können die PVT-Werte genauer angeben, als dies die ideale Gasgleichung tut. Einige der besten unter diesen enthalten noch zwei zusätzliche Konstanten. Dies sind zum Beispiel die

$$\text{van-der-Waalssche Gleichung:} \quad \left(P + \frac{n^2 a}{V^2}\right)(V - nb) = nRT \quad [1.28]$$

$$\text{und die Gleichung von Berthelot:} \quad \left(P + \frac{n^2 A}{TV^2}\right)(V - nB) = nRT \quad [1.29]$$

Die van-der-Waalssche Gleichung repräsentiert recht gut die PVT-Werte von Gasen im Bereich mäßiger Abweichungen von der Idealität. Dies zeigt die folgende Zusammenstellung der Werte für das Produkt PV in Literatmosphären für ein Mol CO_2 bei 40 °C; es sind dabei für verschiedene Drücke jeweils die beobachteten und berechneten Werte gegenübergestellt. Die Größe $V_m = V/n$ bedeutet dabei das Molvolumen.

P, atm	1	10	50	100	200	500	1100
PV_m, beob.	25,57	24,49	19,00	6,93	10,50	22,00	40,00
PV_m, ber.	25,60	24,71	19,75	8,89	14,10	29,70	54,20

Die Konstanten a und b wurden empirisch durch Anpassung der Gleichung an die experimentellen PVT-Bestimmungen oder auch aus den kritischen Konstanten ermittelt. Einige Werte für die van-der-Waalsschen Konstanten a und b finden sich auch in Tab. 1.2. Die Berthelotsche Gleichung ist für Drücke, die 1 atm nicht wesentlich übersteigen, besser geeignet als die von van der Waals und wird daher in diesem Bereich bevorzugt.

17. Der kritische Bereich

Das Verhalten eines Gases in der Umgebung seines kritischen Bereiches wurde zuerst von Thomas Andrews 1869 in einer klassischen Reihe von Messungen an Kohlendioxid studiert. Neuere Ergebnisse stammen von A. Michels; die von ihm bestimmten PV-Isothermen im Bereich der kritischen Temperatur von 31,01 °C sind in Abb. 1.10 gezeigt.

Wir betrachten zunächst die Isotherme bei 30,4 °C, also unterhalb von T_c. Beim Komprimieren des Dampfes folgt die PV-Kurve zunächst der Linie AB, die nahezu einer BOYLEschen Isothermen entspricht. Am Punkt B scheidet sich flüssige Phase aus, und es bildet sich ein Meniskus. Weitere Volumenverringerung ist ohne

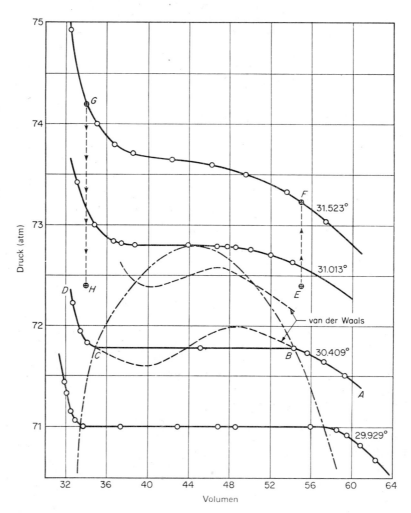

Abb. 1.10 Isothermen des CO_2 im kritischen Bereich.
[MICHELS, BLAISSE und MICHELS, Proc. Roy. Soc. *A 160* (1937) 367.]

Drucksteigerung möglich, bis der Punkt C erreicht ist; hier hat sich die gesamte Dampfphase als Flüssigkeit niedergeschlagen. Die Kurve CD ist die Isotherme des flüssigen Kohlendioxids; ihre Steilheit zeigt die geringe Kompressibilität der Flüssigkeit an.

Bestimmt man nun die Isothermen bei zunehmend höheren Temperaturen, dann rücken die Punkte der Diskontinuität B und C allmählich aufeinander zu, bis sie bei 31,01 °C zusammenfallen und keine Bildung einer zweiten Phase mehr zu beobachten ist. Diese Isotherme entspricht der kritischen Temperatur des Kohlendioxids. Auch die Isothermen oberhalb dieser Temperatur deuten keine Bildung einer zweiten Phase mehr an, wie hoch auch der angewandte Druck sein möge. Oberhalb der kritischen Temperatur besteht kein Grund mehr zur Unterscheidung zwischen flüssiger und Dampfphase, da hier eine vollständige *Kontinuität der Zustände* herrscht. Dies kann demonstriert werden, indem man zunächst der Isochore von E nach F, dann der Isothermen von F nach G und zum Schluß wiederum einer Isochoren von G nach H folgt. Der Dampf wird zunächst beim Punkt E bei einer Temperatur unterhalb von T_c bei konstantem Volumen bis F erwärmt, also über die kritische Temperatur. Er wird anschließend entlang der Isothermen FG komprimiert und endlich wieder bei konstantem Volumen entlang GH abgekühlt. Am Punkt H, unterhalb von T_c, existiert das Kohlendioxid als eine Flüssigkeit, obwohl an keinem Punkt entlang dieses Weges zwei Phasen, also Flüssigkeit und Dampf, nebeneinander existieren. Man muß daraus schließen, daß die Umwandlung vom Dampf in die Flüssigkeit allmählich und kontinuierlich geschieht.

18. Die van-der-Waalssche Gleichung und die Verflüssigung von Gasen

Die van-der-Waalssche Gleichung gibt das PVT-Verhalten von Gasen, die nicht zu weit von der Idealität abweichen, recht genau wieder. Wenden wir die Gleichung auf Gase in Zuständen an, die stark von der Idealität abweichen, erhalten wir zwar keine quantitative Wiedergabe der Verhältnisse mehr, immerhin jedoch noch ein interessantes qualitatives Bild. Ein typisches Beispiel zeigt die Abb. 1.10, in der die van-der-Waalsschen Isothermen (gestrichelte Linien) mit den experimentellen Isothermen für Kohlendioxid im kritischen Bereich verglichen werden. Wie man sieht, gibt die van-der-Waalssche Gleichung die Isothermen für den homogenen Dampf und selbst für die homogene Flüssigkeit noch recht genau an. Erwartungsgemäß kann die Gleichung die Diskontinuität während der Verflüssigung nicht beschreiben. Statt der experimentell bestimmten geraden Linie zeigen die van-der-Waalsschen Kurven ein Maximum und ein Minimum innerhalb des Bereiches der zwei koexistenten Phasen, die sich bei Annäherung der Temperatur an den kritischen Wert einander nähern. Beim kritischen Punkt selbst sind sie identisch geworden und bilden nun einen Sattelpunkt in der PV-Kurve. Die mathematische Bedingung für ein Maximum ist, daß $(\partial P/\partial V)_T = 0$ und $(\partial^2 P/\partial V^2)_T < 0$ sind; für ein Minimum wird verlangt, daß $(\partial P/\partial V)_T = 0$ und $(\partial^2 P/\partial V^2)_T > 0$ sind. An einem Sattelpunkt verschwinden sowohl die erste als auch die zweite Ableitung, es ist dann $(\partial P/\partial V)_T = 0 = (\partial^2 P/\partial V^2)_T$.

Nach der van-der-Waalsschen Gleichung müssen also beim kritischen Punkt für ein Mol eines Gases die folgenden drei Gleichungen erfüllt sein ($T = T_c$,

$V = V_c$, $P = P_c$, $n = 1$):

$$P_c = \frac{RT_c}{V_c - b} - \frac{a}{V_c^2}$$

$$\left(\frac{\partial P}{\partial V}\right)_T = 0 = \frac{-RT_c}{(V_c - b)^2} + \frac{2a}{V_c^3}$$

$$\left(\frac{\partial^2 P}{\partial V^2}\right)_T = 0 = \frac{2RT_c}{(V_c - b)^3} - \frac{6a}{V_c^4}$$

Bei der Auflösung dieser Gleichungen für die kinetischen Konstanten erhalten wir:

$$T_c = \frac{8a}{27bR}; \quad V_c = 3b; \quad P_c = \frac{a}{27b^2} \qquad [1.30]$$

Aus diesen Gleichungen können die Werte für die VAN-DER-WAALSschen Konstanten und für R berechnet werden. Wir wollen jedoch lieber R als universelle Konstante betrachten und deshalb a und b so wählen, daß die Gleichungen am besten erfüllt sind. Dann erhalten wir aus dem Gleichungssystem [1.30] die folgende, für alle Gase gültige Beziehung:

$$\frac{P_c V_c}{T_c} = \frac{3}{8} R$$

Wenn wir die Ausdrücke für die reduzierten Zustandsvariablen P_r, V_r und T_r [1.26] in das Gleichungssystem [1.30] einsetzen, dann erhalten wir:

$$P = \frac{a}{27b^2} P_r; \quad V = 3b V_r; \quad T = \frac{8a}{27Rb} T_r$$

Die VAN-DER-WAALSsche Gleichung erhält dann die folgende einfache Form:

$$\left(P_r + \frac{3}{V_r^2}\right)\left(V_r - \frac{1}{3}\right) = \frac{8}{3} T_r \qquad [1.31]$$

Eine reduzierte Zustandsgleichung ähnlich [1.31] kann man auch aus einer anderen Zustandsgleichung erhalten, sofern diese nicht mehr als drei willkürliche Konstanten enthält (also zum Beispiel wieder a, b und R), vorausgesetzt, daß die Gleichung eine algebraische Form hat, die einen Wendepunkt ermöglicht. Die BERTHELOTsche Gleichung wird oft in der folgenden Form verwendet; sie ist bei Drücken im Bereich von einer Atmosphäre anwendbar:

$$P_r V_r = n R' T_r \left[1 + \frac{9}{128} \frac{P_r}{T_r}\left(1 - \frac{6}{T_r^2}\right)\right] \qquad [1.32]$$

Hierin ist

$$R' = R \frac{T_c}{P_c V_c}$$

19. Andere Zustandsgleichungen

Um das Verhalten von Gasen bei hohen Drücken oder in der Nähe ihrer Kondensationstemperaturen mit größerer Genauigkeit wiederzugeben, muß man mathematische Ausdrücke mit mehr als zwei anpassungsfähigen Parametern benützen.

Typisch für solche Ausdrücke ist eine *Virialgleichung* ähnlich der, die 1901 von KAMMERLINGH-ONNES aufgestellt wurde:

$$PV_m = A + BP + CP^2 + DP^3 + \cdots \qquad [1.33]$$

Hierin sind A, B, C usw. Funktionen der Temperatur; man nennt sie den 1., 2., 3. usw. *Virialkoeffizienten*. Wenn V_m das Molvolumen ist, dann muß $A = RT$ sein. Abb. 1.11 zeigt den zweiten Virialkoeffizienten B verschiedener Gase in Abhängigkeit von der Temperatur.

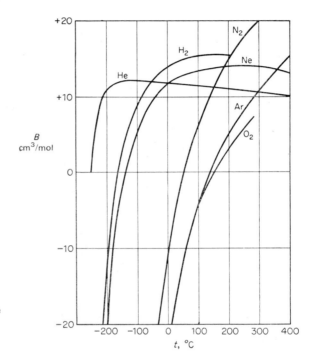

Abb. 1.11 Der zweite Virialkoeffizient B für verschiedene Gase als Funktion der Temperatur.

Diese Größe B ist sehr wichtig bei theoretischen Berechnungen an imperfekten Gasen.

Die Virialgleichung kann um so viele Glieder verlängert werden, als nötig ist, um die experimentell bestimmten PVT-Daten mit jeder gewünschten Genauigkeit wiederzugeben. Sie könnte auch auf Gasmischungen ausgedehnt werden und gibt in solchen Fällen wichtige Daten über die Effekte der intermolekularen Kräfte zwischen gleichen und verschiedenen Molekeln. In einer beispielhaften Untersuchung dieser Art[12] wurden fundamentale Gaseigenschaften am Beispiel der PVT-Beziehungen im System Methan–Tetrafluormethan studiert.

Eine der besten empirischen Gleichungen ist die von BEATTIE und BRIDGEMAN vorgeschlagene[13]. Sie enthält außer R noch weitere fünf Konstanten und gibt die PVT-

[12] D. R. DOULIN, R. H. HARRISON, R. T. MOORE, *J. Phys. Chem.* 71 (1967) 3477.
[13] J. A. BEATTIE und O. C. BRIDGEMAN, *Proc. Am. Acad. Arts Sci.* 63 (1928) 229–308.

Werte über einen weiten Bereich von Drücken und Temperaturen, sogar in der Nähe des kritischen Zustandes, mit einer Genauigkeit von 0,5% an. Es wurde sogar eine Gleichung mit acht Konstanten entwickelt, die auch die Isothermen im flüssigen Bereich recht gut wiedergibt.

20. Mischungen idealer Gase

Eine Mischung kann durch die Angabe der Molzahlen $n_1, n_2 \ldots n_c$ der Komponenten in dieser Mischung bestimmt werden. Die Gesamtmenge aller Komponenten beträgt

$$n = \sum_{j=1}^{c} n_j$$

Die Zusammensetzung der Mischung wird dann üblicherweise durch die Angabe des Molenbruchs X_j jeder Komponente beschrieben:

$$X_j = n_j/n = n_j/\sum n_j \qquad [1.34]$$

Die Zusammensetzung einer Mischung wird häufig auch durch Angabe der molaren Konzentrationen angegeben:

$$c_j = n_j/V \qquad [1.35]$$

Die SI-Einheit der Konzentration ist das mol m^{-3}; sehr viel häufiger wird jedoch die Konzentrationseinheit des mol l^{-1} verwendet.
Wenn das betrachtete System eine Gasmischung ist, können wir den Partialdruck P_j irgendeiner Gaskomponente als den Druck definieren, den dieses Gas ausüben würde, wenn es das gesamte Volumen alleine einnähme. Wenn wir die Konzentration dieser Komponente in der Mischung kennen, können wir ihren Partialdruck aus den PVT-Daten oder der Zustandsgleichung ermitteln. Bei nichtidealen Gasen kann nicht erwartet werden, daß die Summe der Partialdrücke gleich dem Gesamtdruck der Mischung ist. Selbst wenn sich jede Komponente in reinem Zustand ideal verhält, also der Beziehung

$$P_j = c_j RT \qquad [1.36]$$

gehorcht, ist es dennoch möglich, daß spezifische Wechselwirkungen zwischen den ungleichen Gasen in der Mischung bestehen und $\sum P_j \neq P$ ist. Wir brauchen also eine unabhängige Definition für eine ideale Gasmischung; sie lautet:

$$P = P_1 + P_2 + \cdots + P_c = \sum P_j \qquad [1.37]$$

Dies ist das DALTONsche *Gesetz der Partialdrücke*. Es stellt einfach eine besondere Art einer Gasmischung dar, wird aber ein *Gesetz* genannt, da viele Gasmischungen ihm bei gewöhnlichen Werten von T und P etwa so gut gehorchen, wie die individuellen Gase dem *Gesetz* für ideale Gase gehorchen.

Verhält sich außerdem noch jedes Gas individuell wie ein ideales Gas, dann nennen wir das System eine *ideale Mischung idealer Gase*:

$$P = RT(c_1 + c_2 + \cdots + c_c) = RT \sum c_j$$

$$P = \frac{RT}{V} \sum n_j$$

Es ist

$$P_j = \frac{RT}{V} n_j$$

Hiermit erhalten wir:

$$P_j = X_j P \qquad [1.38]$$

Der Partialdruck eines jeden Gases in einer idealen Mischung idealer Gase ist **also** gleich seinem Molenbruch multipliziert mit dem Gesamtdruck.

21. Mischungen nichtidealer Gase

Das PVT-Verhalten einer Gasmischung bei irgendeiner vorgegebenen, konstanten Zusammensetzung kann wie bei einem einzelnen, reinen Gas bestimmt werden. Für die erhaltenen Daten kann dann eine Zustandsgleichung angegeben werden. Bei Mischungen verschiedener Zusammensetzung hängen die Parameter der Zustandsgleichung von der Zusammensetzung der Mischung ab.

Zur Darstellung der PVT-Eigenschaften von Gasmischungen eignet sich die Virialgleichung am besten, da aus der statistischen Thermodynamik theoretische Beziehungen zwischen den Koeffizienten erhalten werden können. So gilt für den zweiten Virialkoeffizienten B_m einer binären Gasmischung

$$B_m = X_1^2 B_{11} + 2 X_1 X_2 B_{12} + X_2^2 B_{22} \qquad [1.39]$$

Hierin sind X_1 und X_2 die Molenbrüche der Komponenten 1 und 2. Der Koeffizient B_{12} berücksichtigt den Beitrag spezifischer Wechselwirkungen zwischen unglei-

T K	$B_1(CH_4)$ cm³/mol	$B_2(CF_4)$ cm³/mol	B_{12} cm³/mol
273,15	−53,35	−111,00	−62,07
298,15	−42,82	−88,30	−48,48
323,15	−34,23	−70,40	−37,36
348,15	−27,06	−55,70	−28,31
373,15	−21,00	−43,50	−20,43
423,15	−11,40	−24,40	−8,33
473,15	−4,16	−10,10	1,02
523,15	1,49	1,00	8,28
573,15	5,98	9,80	14,10
623,15	9,66	17,05	18,88

Tab. 1.3 Zweite Virialkoeffizienten für eine äquimolare Mischung von CH_4 und CF_4

chen Gasen zum zweiten Virialkoeffizienten. – Tab. 1.3 zeigt die genau bestimmten zweiten Virialkoeffizienten für eine äquimolare Mischung von CH_4 und CF_4 bei verschiedenen Temperaturen.

22. Wärme und Wärmekapazität

Die experimentellen Beobachtungen, die zum Temperaturbegriff geführt hatten, führten auch zu dem der Wärme. Lange Zeit wurde jedoch nicht klar zwischen diesen beiden Begriffen unterschieden, wobei man oft dieselbe Bezeichnung für beide verwendete, nämlich »calor«.

Das ausgezeichnete Werk von Joseph Blake über die Kalorimetrie, also über die Messung von Wärmeübergängen, wurde vier Jahre nach seinem Tode (1803) veröffentlicht. In seinen »Lectures on the Elements of Chemistry« deutete er auf den Unterschied zwischen dem intensiven Faktor, der Temperatur, und dem extensiven Faktor, der Wärmemenge, hin. Blake zeigte, daß Gleichgewicht eine Gleichheit der Temperatur voraussetzt, nicht aber, daß in verschiedenen Körpern gleiche Wärmemengen enthalten sein müßten.

Er untersuchte anschließend die Wärmekapazität verschiedener Körper. Hierunter versteht man die Wärmemenge, die zur Erhöhung der Temperatur verschiedener Körper um denselben Betrag notwendig ist. Bei der Erklärung seiner Experimente nahm Blake an, daß sich die Wärme wie ein Stoff verhält, der von einem zum anderen Körper fließen kann und dessen Gesamtmenge dabei konstant bleibt. Diese Vorstellung von Wärme als einer Substanz wurde zu jener Zeit allgemein akzeptiert. Lavoisier führte die Wärme (»caloric«) sogar in seiner »Tabelle der chemischen Elemente« an. Bei kalorimetrischen Experimenten verhält sich die Wärme tatsächlich wie ein gewichtsloses Fluidum; dieses Verhalten ist allerdings die Konsequenz besonderer Bedingungen. Um dies zu veranschaulichen, wollen wir einen typischen kalorimetrischen Versuch betrachten.

Wir bringen ein Stück eines Metalls der Masse m_2 und der Temperatur T_2 in einen isolierten Behälter, der eine Wassermenge der Masse m_1 und der Temperatur T_1 enthält. Dabei sollen die folgenden Bedingungen gelten:

1. Das System ist vollständig isoliert von seiner Umgebung.
2. Irgendwelche Veränderungen am Behälter, insbesondere eine Wärmeaufnahme, können vernachlässigt werden.
3. Es finden weder Zustandsänderungen noch chemische Reaktionen statt.

Unter diesen strengen Bedingungen erreicht das System schließlich eine Gleichgewichtstemperatur T, die irgendwo zwischen T_1 und T_2 liegt. Die folgende Gleichung stellt einen Zusammenhang zwischen den gemessenen Temperaturen, den Massen der beteiligten Körper und einer neuen spezifischen Größe her:

$$c_2\, m_2 \cdot (T_2 - T) = c_1\, m_1 \cdot (T - T_1) \qquad [1.40]$$

Hierin bedeuten c_1 und c_2 die spezifischen Wärmen von Wasser und dem verwendeten Metall. Die Produkte $c_1 m_1$ und $c_2 m_2$ nennt man die Wärmekapazität C der beteiligten Stoffe und Stoffmengen. Demnach bedeutet die spezifische Wärme die Wärmekapazität pro Masseneinheit.

[1.32] hat die Form eines Erhaltungssatzes wie [1.10]. Unter den strengen Bedingungen dieses Experiments können wir annehmen, daß die im System enthaltene Wärme konstant bleibt, innerhalb des Systems jedoch so lange vom wärmeren zum kälteren Körper fließt, bis die Temperaturen beider Körper gleich sind. Für die übergegangene Wärmemenge (Wärmefluß) gilt:

$$q = C_2(T_2 - T) = C_1(T - T_1) \qquad [1.41]$$

Eine genauere Definition der Wärme wird uns das nächste Kapitel bringen.
Die Wärmeeinheit wurde ursprünglich durch ein kalorimetrisches Experiment wie das oben beschriebene definiert. Unter einer »Grammkalorie« oder »kleinen Kalorie« (cal) verstand man die Wärmemenge, die von einem Gramm Wasser absorbiert werden mußte, um seine Temperatur um 1 °C zu erhöhen. Hierdurch war auch die spezifische Wärme des Wassers zu 1 cal/°C festgelegt.
Genauere Experimente zeigten, daß die spezifische Wärme selbst eine Funktion der Temperatur ist. Es wurde daher notwendig, die Kalorie neu zu definieren, indem man den Temperaturbereich angab, in dem der Wärmefluß gemessen wurde. Als Standard wurde die »15°C-Kalorie« gewählt, wahrscheinlich, weil zu jener Zeit die europäischen Laboratorien noch keine Zentralheizung besaßen. Die »15 °C cal« ist die Wärmemenge, die notwendig ist, um die Temperatur eines Gramms Wasser von 14,5 °C auf 15,5 °C zu erhöhen. Zu guter Letzt schien eine erneute Festlegung der Kalorie wünschenswert. Elektrische Messungen können mit größerer Genauigkeit durchgeführt werden als kalorimetrische. Die 9. internationale Konferenz über Gewichte und Maße (1948) empfahl daher, das Joule (Volt · Coulomb) als neue Wärmeeinheit[14]. Die SI-Einheit der Wärmekapazität ist das Joule pro Grad Kelvin, (J K^{-1}). Da die Wärmekapazität eine Funktion der Temperatur ist, sollte sie nur als differentieller Wärmefluß dq bei einer differentiellen Temperaturänderung dT definiert werden. Dadurch bekommt [1.41] die folgende Form:

$$\mathrm{d}q = C\,\mathrm{d}T \quad \text{oder} \quad C = \frac{\mathrm{d}q}{\mathrm{d}T} \qquad [1.42]$$

23. Arbeit bei der Veränderung des Volumens

Bei der Diskussion des Wärmeübergangs haben wir unsere Aufmerksamkeit bisher auf ein isoliertes System beschränkt, das keine mechanische Wechselwirkung mit seiner Umgebung ausübt. Wenn wir diese Beschränkung aufheben, dann kann das System entweder Arbeit an seiner Umgebung verrichten, oder diese verrichtet wiederum Arbeit am System. Unter bestimmten Umständen wird also nur ein Teil der dem System zugefügten Wärme zur Temperaturerhöhung benützt, der

---

[14] Die Kalorie ist bei Chemikern allerdings noch sehr populär, und das »National Bureau of Standards« benützt daher eine »definierte Kalorie«, die genau 4,1840 J entspricht. Das NBS plant jedoch, von 1972 an in seinen Publikationen keinen Gebrauch mehr von der Kalorie zu machen.

Rest jedoch in Ausdehnungsarbeit verwandelt. Die Wärmemenge, die man einem System zur Erzielung einer bestimmten Temperaturerhöhung zuführen muß, hängt also von dem Vorgang ab, der diesen Zustand hervorruft.

Ein differentielles Arbeitselement wurde in [1.3] als $dw = \boldsymbol{F}\,d\boldsymbol{r}$ definiert, nämlich als das Produkt einer Kraft und der differentiellen Verschiebung ihres Angriffspunktes, wenn Kraft und Verschiebung in dieselbe Richtung gehen. Abb. 1.4 zeigte ein einfaches thermodynamisches System aus einem zylindrischen Gefäß mit reibungslos beweglichem Stempel und eingeschlossenem Fluidum (Gas oder Flüssigkeit). Der äußere Druck auf die Fläche $\mathscr{A}$ beträgt $P_{ex} = F/\mathscr{A}$. Wenn sich der Stempel um das Wegdifferential $d\boldsymbol{r}$ in Richtung der Kraft $\boldsymbol{F}$ bewegt, dann beträgt die Volumenänderung beim eingeschlossenen Gas $dV = -\mathscr{A}\,d\boldsymbol{r}$. Für das dabei geleistete Arbeitsdifferential gilt also:

$$dw = (F/\mathscr{A})\,\mathscr{A}\,d\boldsymbol{r} = -P_{ex}\,dV$$

Dies ist die Volumenarbeit. In der Mechanik ist Arbeit immer mit Kraft verbunden. Es spielt keine Rolle, worauf die Kraft wirkt, auf einen Massenpunkt, eine Ansammlung von Massenpunkten, einen kontinuierlichen Körper oder ein System. Sind die Kräfte und die Verschiebung ihrer Ansatzpunkte vorgegeben, dann können wir die Arbeit berechnen. In der Mechanik ist also die Größe der Kraft am bewegten Massenpunkt von Bedeutung.

In der Thermodynamik richten wir unsere Aufmerksamkeit auf das System, das einen definierten, abgeschlossenen Teil der Welt darstellt. Wir sprechen von der Arbeit, die *am* System und der Arbeit, die *vom* System an seiner Umgebung verrichtet wird. Bei der Vorzeichensetzung folgen wir der internationalen Gepflogenheit, daß die am System verrichtete Arbeit positiv, die vom System verrichtete Arbeit jedoch negativ gewertet wird. Wir stellen uns also gewissermaßen auf den Standpunkt des Systems und nennen alles, was in das System hineinkommt, positiv und alles, was das System verläßt, negativ. Für die am System verrichtete Arbeit gilt daher:

$$dw = -P_{ex}\,dV \qquad [1.43]$$

Da für eine Kompression dV negativ ist, erhält die durch eine äußere Kraft am System verrichtete Arbeit in Übereinstimmung mit unserer Konvention das positive Vorzeichen.

Zur Berechnung der verrichteten Arbeit müssen wir den *äußeren Druck* P_{ex} auf das System kennen. Es ist jedoch nicht notwendig, daß das System in bezug auf diesen äußeren Druck im Gleichgewicht ist. Wird dieser Druck während einer endlichen Kompression von V_1 auf V_2 *konstant gehalten*, dann erhält man die am System verrichtete Arbeit durch Integration von [1.43]:

$$w = \int_{V_1}^{V_2} -P_{ex}\,dV = -P_{ex}\int_{V_1}^{V_2} dV = -P_{ex}(V_2 - V_1) = -P_{ex}\,\Delta V \qquad [1.44]$$

Wenn wir die Volumenänderung so durchführen, daß wir für jeden der aufeinanderfolgenden Kompressions- oder Expansionsschritte den dazugehörigen äußeren Druck angeben können, dann läßt sich der gesamte Vorgang in der Art eines

Indikatordiagramms (Abb. 1.12a) darstellen. Auf der Ordinate tragen wir den äußeren Druck P_{ex} ab, auf der Abszisse das Volumen V. Die Fläche unter der entstehenden Kurve entspricht der vom System verrichteten Arbeit.

Offenbar hängt die beim Übergang des Systems von A nach B im PV-Diagramm verrichtete Arbeit vom Weg ab, der beim Übergang von einem Zustand in den anderen gewählt wird. Abb. 1.12b zeigt als Beispiel zwei verschiedene Wege von A nach B. Offensichtlich wird vom System über den Weg ADB mehr Arbeit verrichtet als über den Weg ACB. Im ersteren Fall ist die Fläche unter der Kurve größer als beim letzteren. Wenn wir von A über D nach B gehen und von hier aus über C zurück nach A, dann haben wir einen Kreisprozeß durchgeführt. Die bei einem solchen Prozeß vom System verrichtete Arbeit entspricht der Differenz zwischen den Flächen unter den beiden Kurven, also der schattierten Fläche in der Abb. 1.12b.

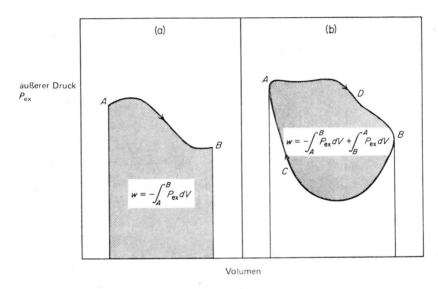

Abb. 1.12 Indikatordiagramme für die Volumenarbeit. **a)** Allgemeiner Übergang von A nach B. **b)** Kreisprozeß $ADBCA$.

Bei einer thermodynamischen Diskussion müssen wir immer genau definieren, was wir unter dem System und seiner Umgebung verstehen. Bei der Diskussion des thermodynamischen Zylinders (Abb. 1.3) setzen wir voraus, daß der Stempel gewichtslos ist und reibungslos arbeitet. Wir haben also das eingeschlossene Gasvolumen als System und Stempel und Zylinder als ideale Grenzen betrachtet, die in den Arbeitstermen vernachlässigt werden können. Bei einem realen Zylinder mit einem Stempel, der eine beträchtliche Reibung mit den Zylinderwänden erzeugt, müssen wir sorgfältig kennzeichnen, ob Stempel und Zylinder zum System gehören oder ein Teil der Umgebung sein sollen. Eine reale Vorrichtung dieser Art ist dadurch gekennzeichnet, daß wir sehr viel Arbeit am Stempel verrichten können, von der nur ein Bruchteil auf das Gas entfällt; der Rest geht durch Reibungswärme zwischen Stempel und Zylinder verloren.

Wenn jeder aufeinanderfolgende Punkt auf der $P_{ex}V$-Kurve einem Gleichgewichtszustand des Systems entspricht, dann haben wir den ganz besonderen Fall, daß P_{ex} immer gleich P ist, also gleich dem Druck innerhalb des Systems. Die Indikatorkurve wird dann zu einer Gleichgewichts-PV-Kurve für das System. Ein solcher Fall ist in Abb. 1.13 gezeigt. Aus den Zuständen P und V des Gases selbst können wir die verrichtete Arbeit also nur dann berechnen, wenn während des gesamten Prozesses die Gleichgewichtsbedingung erfüllt ist.

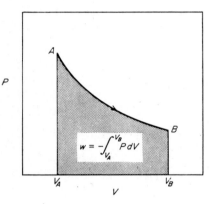

Abb. 1.13 Indikatordiagramm für die von einem System verrichtete Arbeit; das System besteht aus einem Gas im Gleichgewichtszustand, es ist also $P_{ex} = P$.

24. Allgemeiner Begriff der Arbeit

In den beschriebenen mechanischen Systemen haben wir die Arbeit stets als Produkt aus zwei Größen formuliert, und zwar einer intensiven (der Kraft) und einer extensiven (der Verschiebung). Eine solche Formulierung kann man auch auf nichtmechanische Arbeit anwenden.

Hier sei jedoch schon erwähnt, daß bei der Betrachtung der elektrischen Arbeit die allgemeine Größe *Kraft* zur *elektromotorischen Kraft* (*EMK*) E und die allgemeine Größe *Verschiebung* zu der bei der Entladung der Zelle durch den äußeren Leiter *transportierten Ladung* dQ wird ($dQ < 0$). Das an der Zelle verrichtete Arbeitsdifferential ist $E\,dQ$.

Intensiver Faktor	Extensiver Faktor	Arbeitsdifferential dw
Kraft F	Verschiebung $\boldsymbol{r}$	$F\,d\boldsymbol{r}$
Grenzflächenspannung γ	Fläche $\mathscr{A}$	$\gamma\,d\mathscr{A}$
Druck P	Volumen V	$-P\,dV$
Elektromotorische Kraft E	Ladung Q	$E\,dQ$
Magnetische Feldstärke $\boldsymbol{H}$	Magnetisches Moment (Magnetisierung) $\boldsymbol{M}$	$\boldsymbol{H}\,d\boldsymbol{M}$

Tab. 1.4 Beispiele für verschiedene Arten von Arbeit

Ganz ähnlich verhält es sich bei der Betrachtung magnetischer Kräfte; hier ist der intensive Faktor die *magnetische Feldstärke* **H** und der extensive Faktor das *magnetische Moment* **M**.

Tab. 1.4 zeigt verschiedene Beispiele für Arbeit. Es sei noch einmal daran erinnert, daß die an einem System verrichtete Arbeit das positive Vorzeichen erhält.

25. Reversible Vorgänge

Der im PV-Diagramm der Abb. 1.12 gezeigte Weg für eine Zustandsänderung besitzt bei thermodynamischen Betrachtungen eine große Bedeutung. Man spricht von einem *reversiblen Verlauf* und versteht hierunter einen Weg, bei dem die durchlaufenen Zwischenzustände durchweg Gleichgewichtszustände sind. Einen *Vorgang*, den man entlang eines solchen Gleichgewichtsweges durchführt, nennt man *reversibel*.

Um zum Beispiel ein Gas reversibel zu expandieren, muß man den Druck auf dem Stempel so langsam verringern, daß der Druck im gesamten umschlossenen Gasvolumen gleich und gleich groß ist wie der Gegendruck des Stempels; im Grenzfall müßte man also die Verringerung des Druckes in unendlich kleinen Schritten vornehmen. In diesem Fall und nur dann kann man den Zustand des Gases jederzeit durch die Zustandsvariablen P und V beschreiben[15].

Geometrisch ausgedrückt, wird der Zustand des Systems zu einem beliebigen Zeitpunkt durch einen Punkt in der PV-Ebene repräsentiert. Die Linie in einem solchen Zustandsdiagramm verbindet also lauter Gleichgewichtspunkte.

Wir wollen nun den Fall betrachten, daß der Stempel zurückgezogen wird. Das Gas würde mit großer Geschwindigkeit in das Vakuum eindiffundieren; hierbei würden in dem betrachteten Gesamtvolumen Druckdifferenzen und vielleicht sogar Turbulenzen auftreten. Unter solchen Bedingungen können wir natürlich den Zustand des Gases im gesamten System nicht mehr durch die zwei Variablen P und V wiedergeben. In Wirklichkeit würden wir eine enorme Zahl von Variablen benötigen, um die vielen unterschiedlichen Drücke an verschiedenen Punkten des Systems wiederzugeben. Eine solche rasche Expansion ist ein typischer *irreversibler Vorgang*; die Zwischenzustände sind keine Gleichgewichtszustände mehr.

Thermodynamische und andere Vorgänge lassen sich in Wirklichkeit nie streng reversibel führen, da man sie hierzu unendlich langsam ablaufen lassen müßte. Alle natürlich ablaufenden Vorgänge sind daher irreversibel. Einen reversiblen Verlauf können wir nur approximieren, indem wir einen irreversiblen Prozeß unter Bedingungen durchführen, die immer mehr den Gleichgewichtsbedingungen entsprechen. Wir können aber einen reversiblen Verlauf genau definieren und dann die hierbei geleistete Arbeit berechnen, obwohl wir eine wirkliche Veränderung des Systems niemals reversibel durchführen können.

---

[15] Wir können einen irreversiblen Verlauf auf dem Indikatordiagramm durch Abtragen von P_{ex} gegen V wiedergeben. Nur bei reversibler Durchführung ist $P_{ex} = P$, also die Zustandseigenschaft der Substanz selbst.

Der in Abb. 1.13 gezeigte Weg von A nach B ist nur einer von vielen, um von A nach B zu gelangen. Diese Vielzahl von Möglichkeiten ergibt sich aus dem Umstand, daß sowohl das Volumen V als auch der Druck P eine Funktion der Temperatur T sind. Wählt man eine bestimmte Temperatur und hält sie während des ganzen Vorganges konstant, dann ist allerdings nur *ein* reversibler Weg möglich. Unter solch einer *isothermen Bedingung* ist die beim reversiblen Übergang von A nach B am System verrichtete Arbeit die für die betreffende Temperatur überhaupt mögliche minimale Arbeit. Für einen reversiblen Vorgang hat also der Ausdruck $w = - \int_{V_A}^{V_B} P \, dV$ den größtmöglichen negativen Wert. Umgekehrt verrichtet das System beim reversiblen Übergang von B nach A die maximal mögliche Arbeit. Dies wird dadurch ermöglicht, daß die Ausdehnung des Systems gegen den maximal möglichen Außendruck erfolgt, der in jedem Augenblick gleich dem treibenden Innendruck ist.

2. Kapitel
Chemische Energetik; der I. Hauptsatz der Thermodynamik

οὐδὲν γίνεται ἐκ τοῦ μὴ ὄντος
Nichts wird aus dem Nichtseienden

EPIKUR (341–271 v.Chr.)

Der I. Hauptsatz der Thermodynamik ist eine Erweiterung des Prinzips von der Erhaltung der mechanischen Energie. Diese Erweiterung war logisch und zwangsläufig, als man feststellte, daß Arbeit in Wärme verwandelt werden kann. Sowohl Arbeit als auch Wärme sind Größen, die die Energieübertragung von einem System zum anderen beschreiben. Wenn zwischen zwei Systemen, die sich in thermischem Kontakt befinden, ein Temperaturunterschied besteht, wird Energie in Form von Wärme vom einen System zum anderen übertragen. Zwischen offenen Systemen kann Wärme auch durch Stofftransport vom einen System zum anderen übertragen werden. Wenn auf ein System Energie durch Verschiebung von Teilen des Systems unter der Einwirkung äußerer Kräfte übertragen wird, dann nennt man diese Energieform Arbeit. Wir sollten *Wärme* und *Arbeit* nicht als »Energieformen« bezeichnen, da diese Größen nur bei der *Energieübertragung* zwischen Systemen von Bedeutung sind. Wir können nicht von der »Wärme eines Systems« oder der »Arbeit eines Systems« sprechen, obwohl wir sehr wohl von der *Energie eines Systems* sprechen können.

1. Die Geschichte des I. Hauptsatzes

Die ersten quantitativen Untersuchungen zur Verwandlung von Arbeit in Wärme wurden von BENJAMIN THOMPSON durchgeführt. Thompson, später Count Rumford of the Holy Roman Empire, war ein universaler Geist. Geboren in Woburn, Mass., floh er als 23jähriger während des Unabhängigkeitskrieges nach England und trat 1784 in bayerische Dienste. Er führte die Kartoffel in Bayern ein, gründete Arbeitshäuser, reorganisierte das Heer und legte den Englischen Garten in München an. (Selbst den Gourmets ist er durch die Rumfordsuppe in Erinnerung geblieben.)
THOMPSON wurde vom König von Bayern damit beauftragt, das Bohren von Kanonenrohren im Münchner Arsenal zu beaufsichtigen. Bei dieser Arbeit wurde er von der gewaltigen Hitzeentwicklung während des Bohrvorganges beeindruckt. Er stellte 1789 die Vermutung auf, daß die Hitze aus der verbrauchten mechanischen Energie stamme. Er konnte außerdem schon eine Abschätzung der Wärme-

menge geben, die von einem Pferd während einstündiger mechanischer Arbeit produziert wird. In modernen Einheiten würde der von ihm berechnete Wert für das mechanische Wärmeäquivalent 5,46 Joule/cal betragen haben. Zeitgenössische Kritiker dieser Experimente erklärten dagegen, daß die Hitzeentwicklung dadurch zu erklären sei, daß das Metall in Form feiner Bohrspäne eine geringere Wärmekapazität besitze als das massive Metall. RUMFORD setzte daraufhin einen gröberen Bohrer ein und beobachtete, daß dieser mit sehr wenigen Umdrehungen genausoviel Hitze produzierte. Die Anhänger der kalorischen Hypothese machten hierauf geltend, daß die sich entwickelnde Wärme aus der Einwirkung der Luft auf metallische Oberflächen stamme. Ein Jahr später, 1799, lieferte HUMPHRY DAVY eine weitere Stütze für die THOMPSONsche Theorie, indem er zwei Stücke Eis durch ein Uhrwerk in einem Vakuum gegeneinander rieb und dabei ein rasches Abschmelzen beobachtete. Hierdurch war bewiesen, daß latente Wärme auch in Abwesenheit von Luft durch mechanische Arbeit freigesetzt werden konnte.

Trotz alledem war die Zeit wissenschaftlich noch nicht reif für eine mechanische Theorie der Wärme. Erst nach der Aufstellung einer atomistischen Theorie der Materie durch DALTON und andere wuchs allmählich das Verständnis der Wärme als einer molekularen Bewegung.

Etwa um das Jahr 1840 wurde das Gesetz von der Erhaltung der Energie für rein mechanische Systeme akzeptiert. Die gegenseitige Umwandlung von Wärme und Arbeit war hinreichend bewiesen, und schließlich verstand man auch, daß Wärme auf eine Art von Bewegung der kleinsten Teilchen einer Substanz zurückgehen mußte. Dennoch hatte man noch keine Erweiterung des Erhaltungssatzes der Energie unter Einschluß des Wärmeflusses gemacht.

An dieser Stelle müssen wir uns der Arbeit von JULIUS ROBERT MAYER zuwenden. Dieser Forscher gehört zu den eigenartigsten Gestalten in der Geschichte der Wissenschaften. Er wurde 1814 als Sohn eines Apothekers in Heilbronn geboren. Er war stets ein sehr mittelmäßiger Schüler, immatrikulierte sich 1832 an der Universität Tübingen und erhielt bei dieser Gelegenheit durch GMELIN gute Grundlagen in Chemie. 1838 erwarb er sich mit einer kurzen Dissertation über den Effekt des Santonins auf Würmer in Kindern seinen Doktorhut in Medizin. Nichts in seiner akademischen Laufbahn ließ vermuten, daß er jemals einen großen Beitrag für die Wissenschaften liefern würde.

Der junge Mayer wollte die Welt kennenlernen, und so ließ er sich als 26jähriger auf dem Dreimaster Java als Schiffsarzt anheuern. Die Java stach im Februar 1840 in See, und er verbrachte die lange Seereise in Müßigkeit, eingelullt durch die milden Brisen von den Küsten. Ähnlich wie OSTWALD sammelte er auf diese Weise die psychische Energie, die gleich nach seiner Landung ausbrach. Nach Mayers eigenem Bericht begannen seine Gedankengänge plötzlich und unvermittelt im Hafen von Surabaja, als mehrere der Seeleute zur Ader gelassen werden mußten. Das venöse Blut war von einem solchen Hellrot, daß er zunächst befürchtete, eine Arterie geöffnet zu haben. Die örtlichen Ärzte sagten ihm jedoch, daß diese Farbe typisch für das Blut in den Tropen sei. Die Ursache hierfür sei, daß für die Aufrechterhaltung der Körpertemperatur eine geringere Sauerstoff-

Die Geschichte des I. Hauptsatzes

menge nötig sei als in kälteren Gebieten. Man wußte zu jener Zeit schon, daß die animalische Wärme durch die Oxidation der Nahrungsmittel erzeugt wurde. Mayer begann nun darüber nachzudenken, was für Konsequenzen es haben muß, wenn zusätzlich zur Erzeugung von Körperwärme auch noch Arbeit geleistet wird. Von derselben Menge an Nahrung kann man je nach den Umständen einmal mehr, das andere Mal weniger Wärme erzeugen. Wenn aber dieselbe Nahrungsmenge stets dieselbe Energiemenge produzierte, dann müßte man schließen, daß Arbeit und Wärme austauschbare Quantitäten derselben Art sind. Durch das Verbrennen derselben Nahrungsmenge kann der Körper verschiedene Mengen an Wärme und Arbeit produzieren; die Summe der beiden müßte jedoch konstant sein. Mayer verbrachte seine ganzen Tage an Bord und arbeitete fieberhaft an dieser Theorie. Er wurde einer jener Männer, die von einer großen Idee besessen sind und ihr ganzes Leben dieser Idee widmen
Tatsächlich warf Mayer zunächst die Begriffe Kraft, Impuls, Arbeit und Energie völlig durcheinander, und die erste Arbeit, die er schrieb, wurde vom Herausgeber des Journals, an die er sie einschickte, nicht publiziert. POGGENDORF tat die Arbeit zu den Akten, ohne die Briefe Mayers auch nur einer Antwort zu würdigen. Zu Beginn 1842 hatte Mayer seine Ideen geklärt und konnte beweisen, daß Wärme der kinetischen und potentiellen Energie gleichzusetzen sei. Im März 1842 akzeptierte LIEBIG seinen Beitrag für die »Annalen der Chemie und Pharmazie«.

> *Aus der Anwendung der anerkannten Theoreme über die Wärme und über Volumenbeziehungen der Gase findet man, ... daß das Fallen eines Gewichts aus einer Höhe von etwa 365 Metern der Erwärmung einer gleichen Wassermenge von 0 auf 1 °C entspricht.*

Diese Zahl setzt mechanische und thermische Energieeinheiten miteinander in Beziehung. Den Umrechnungsfaktor nennt man das mechanische Wärmeäquivalent j_{mech}. Es gilt daher:

$$w = j_{mech}\, q \qquad [2.1]$$

In modernen Einheiten wird j_{mech} gewöhnlich als Joule/cal ausgedrückt. Um ein Gewicht von einem Gramm auf eine Höhe von 365 Metern zu heben, muß man eine Arbeit von $365 \cdot 10^2 \cdot 981$ erg leisten; daß sind 3,58 Joule. Um die Temperatur eines Gramms Wasser von 0 auf 1 °C zu erhöhen, braucht man 1,0087 cal. Der von Mayer berechnete Wert für j_{mech} entspricht daher 3,56 Joule/cal. Der heute geltende Wert ist 4,184 Joule/cal. Mayer war durch seine Versuchsergebnisse in der Lage, das Prinzip der Erhaltung der Energie, also den I. Hauptsatz der Thermodynamik, in allgemeinen Ausdrücken zu formulieren. Er konnte auch ein, wenn auch ziemlich ungenaues, Zahlenbeispiel für die Anwendung dieses Prinzips geben. Die genaue Bestimmung von j_{mech} und der Beweis, daß es sich hier um eine Konstante handelt, deren Größe unabhängig ist von der Art der Messung, wurde von JOULE erbracht.

2. Die JOULEschen Arbeiten

Obwohl JULIUS ROBERT MAYER der philosophische Vater des I. Hauptsatzes ist, haben erst JOULES hervorragend genauen Experimente dieses Gesetz auf ein solides experimentelles oder induktives Fundament gegründet. JAMES PRESCOTT JOULE wurde 1818 in der Gegend von Manchester als Sohn eines wohlhabenden Bierbrauers geboren. Er studierte bei JOHN DALTON und begann mit 20 Jahren seine unabhängige Forschung in einem Laboratorium, das ihm sein Vater in der Nähe der Brauerei eingerichtet hatte. In späteren Jahren betrieb er zusätzlich zu seinen intensiven Arbeiten auf dem Gebiet der Chemie und Experimentalphysik auch die Bierbrauerei mit großem Erfolg.

1840 publizierte er sein Werk über die Wärmeeffekte des elektrischen Stroms und stellte das folgende Gesetz auf:

> *Wenn ein Strom* VOLTA*scher Elektrizität durch einen metallischen Leiter geführt wird, dann ist die in einer bestimmten Zeit entwickelte Wärme proportional dem Widerstand des Leiters, multipliziert mit dem Quadrat der elektrischen Intensität* [sc.: *Stromstärke*].

Das JOULEsche Gesetz lautet also:

$$q = \frac{I^2 R}{j_{el}} \qquad [2.2]$$

q = Wärmemenge
I = Stromstärke
R = elektrischer Widerstand
j_{el} = elektrisches Wärmeäquivalent
t = Zeit

Diese JOULEsche Wärme, wie man sie nennt, kann als die Reibungswärme betrachtet werden, die durch die Bewegung der Träger des elektrischen Stromes hervorgerufen wird.

Seit 1948 ist international festgelegt, daß 1 Joule = 1 N · m sein soll; damit ist zugleich die Leistung von 1 W = 1 V · A festgelegt. Es ist

$$1 \text{ N} \cdot \text{m} = 10^7 \text{ erg} = 1 \text{ J} \equiv 1 \text{ Ws} = 0{,}239 \text{ cal}_{15°}$$

In einer langen Reihe äußerst sorgfältiger Experimente fuhr Joule fort, die Verwandlung von Arbeit in Wärme auf verschiedene Arten zu messen: durch elektrische Erwärmung, durch die Kompression von Gasen, durch das Pressen von Flüssigkeiten durch enge Röhren und durch die Rotation von Schaufelrädern in Wasser und Quecksilber. Diese Untersuchungen fanden ihre Krönung in dem großen Vortrag, den er vor der Royal Society im Jahre 1849 hielt: *On the Mechanical Equivalent of Heat*. Nach zahlreichen Korrekturen kam er endlich zu dem Ergebnis, daß 772 ft · lb an Arbeit eine Wärmemenge entwickeln, die zur Erwärmung von 1 lb Wasser um 1 °F nötig ist. Dieser Wert entspricht in unseren Einheiten $j_{mech} = 4{,}154$ Joule/cal.

3. Die Formulierung des I. Hauptsatzes

Das philosophische Argument von MAYER und die experimentelle Arbeit von JOULE führten zu der allgemeinen Anerkennung des Postulats von der Erhaltung der Energie. HERMANN VON HELMHOLTZ setzte in seinem Werk »*Über die Erhaltung der Kraft*« (1847) dieses Prinzip auf eine bessere mathematische Basis. Hierdurch wurde die Erhaltung der Energie als ein Prinzip von universeller Gültigkeit und als ein grundlegendes Gesetz herausgestellt, das auf alle Naturphänomene anwendbar ist.

Wir können dieses Prinzip dazu benützen, um eine Funktion U zu *definieren*, die man die *innere Energie* nennt. Für diese Überlegungen wollen wir annehmen, daß irgendein abgeschlossenes System[1] durch einen bestimmten Prozeß aus dem Zustand A in einen Zustand B übergeht. Wenn die einzige Wechselwirkung dieses Systems mit seiner Umgebung darin besteht, daß dem System Wärme (q) oder Arbeit (w) zugeführt wird, dann gilt für die Änderung der inneren Energie des Systems beim Übergang von A nach B:

$$\Delta U = U_B - U_A = q + w \qquad [2.3]$$

Die Änderung der inneren Energie bei einem beliebigen Vorgang hängt also nur vom Ausgangs- und Endzustand des Systems und nicht vom Weg ab, auf dem das System von A nach B gelangt. Sowohl q als auch w können viele verschiedene Werte annehmen, je nachdem, auf welchem Wege das System von A nach B gelangt. Ihre Summe $q + w = \Delta U$ ist aber unveränderlich und unabhängig von diesem Weg. Wenn dies nicht gälte, dann wäre es möglich, zunächst von A nach B auf *einem* Wege zu gelangen, und hernach zurück von B nach A auf einem anderen. Durch einen solchen Kreisprozeß könnte man zu einer Änderung der Gesamtenergie des geschlossenen Systems gelangen und durch Wiederholung dieses Prozesses Energie aus dem Nichts schaffen oder ins Nichts verschwinden lassen. Dies widerspräche aber dem Gesetz von der Erhaltung der Energie. Wir können also sagen, daß [2.3] ein mathematischer Ausdruck des I. Hauptsatzes ist.

Bei einer differentiellen Änderung bekommt [2.3] die Form:

$$dU = dq + dw \qquad [2.4]$$

Hieraus können wir sehen, daß die Energiefunktion insoweit unbestimmt ist, als bei der Integration noch eine willkürlich additive Konstante auftritt. Die Energiefunktion ist also nur in bezug auf die Energiedifferenz zwischen zwei Zuständen definiert. Für bestimmte Zwecke ist es vorteilhaft, für ein System einen Standardzustand festzulegen, dessen Energie willkürlich gleich 0 gesetzt wird. Wir könnten zum Beispiel den Zustand eines Systems bei 0 K und 1 atm Druck als Standardzustand festlegen. Die innere Energie U irgendeines anderen Zustandes wäre dann gleich der Energieänderung, die beim Übergang vom Standardzustand in den betrachteten Endzustand eintritt.

---

[1] *Unter einem abgeschlossenen System* verstehen wir ein System, das während einer bestimmten Umwandlung weder Masse verliert noch Masse dazugewinnt.

Der I. Hauptsatz wurde oft gemäß einer allgemeinen menschlichen Erfahrung so formuliert, daß es unmöglich ist, ein *perpetuum mobile* zu konstruieren; das ist eine Maschine, die Arbeit oder Energie aus Nichts produziert. Um zu sehen, wie diese Erfahrung auch im I. Hauptsatz zum Ausdruck kommt, wollen wir einen Kreisprozeß betrachten, bei dem ein System vom Ausgangszustand A über einen Zwischenzustand B wieder zum Ausgangszustand A zurückkehrt. Wenn ein perpetuum mobile überhaupt möglich wäre, dann müßte es unter bestimmten Bedingungen natürlich auch möglich sein, durch einen solchen Kreisprozeß einen Nettogewinn an Energie zu erzielen; es wäre also $\Delta U > 0$. Gleichung [2.3] postuliert, daß dies unmöglich sei. Sie besagt, daß für jeden beliebigen Zyklus die Beziehung gilt: $\Delta U = (U_B - U_A) + (U_A - U_B) = 0$. Diese Tatsache läßt sich allgemeiner auch so ausdrücken, daß für einen beliebigen Kreisprozeß das Kreisintegral von dU verschwindet:

$$\oint dU = 0 \qquad [2.5]$$

4. Die Natur der inneren Energie

Bisher haben wir unser Interesse auf solche Systeme beschränkt, die sich in Ruhe befinden und weder Gravitations- noch elektromagnetischen Feldern unterworfen sind. Unter Berücksichtigung dieser Einschränkungen bestehen die Änderungen in der inneren Energie U eines Systems in Änderungen seiner potentiellen Energie und in Energieänderungen, die durch Wärmeübertragungen zustande kommen. Änderungen der potentiellen Energie sollen bei unserer Betrachtung auch die Energieänderungen durch das atomare oder molekulare Geschehen mit einschließen, also Änderungen des Aggregatzustandes, sonstige physikalische Umwandlungen und chemische Reaktionen.

Wenn sich das betrachtete System bewegt, wird seine kinetische Energie dem Betrag der inneren Energie U hinzugezählt. Wird die Restriktion hinsichtlich des elektromagnetischen Feldes aufgehoben, dann muß die Definition der inneren Energie U um die elektromagnetische Energie erweitert werden. Dasselbe gilt für Gravitationseffekte; bei Untersuchungen in Zentrifugen muß also die Gravitationsenergie der inneren Energie U hinzugezählt werden, bevor man den I. Hauptsatz anwendet.

In Vorwegnahme späterer Gedankengänge sei erwähnt, daß die gegenseitige Umwandlung von Masse und Energie bei Kernreaktionen leicht gemessen werden kann. Hierdurch erfährt der I. Hauptsatz eine nochmalige Erweiterung; er wird zum *Gesetz der Erhaltung der Energiesumme aus Masse und Energie*. Die mit den Energieänderungen bei chemischen Reaktionen einhergehenden Massenänderungen sind so klein, daß sie gegenwärtig noch außerhalb der Empfindlichkeit unserer Meßmethoden liegen[2].

---

[2] Die einer Massenänderung von Δm entsprechende Energieänderung folgt dem Einsteinschen Gesetz:
$$E = c^2 \Delta m$$
Hierin bedeutet c die Lichtgeschwindigkeit. Die für eine gegebene Masse am stärksten exotherme chemische Reaktion ist die Rekombination zweier Wasserstoffatome:
$$2H \rightarrow H_2$$

5. Eine mechanische Definition der Wärme

Bevor wir in unseren Betrachtungen fortfahren, wollen wir noch eine bessere Definition der Wärme geben. Abb. 2.1 zeigt ein System I, das von seiner Umgebung II durch eine *adiabatische Wand* getrennt ist. Eine solche Wand verhindert Wärmeübergänge zwischen den beiden Systemen; es kann also kein thermisches Gleichgewicht auftreten. Durch diese Definition vermeiden wir die Vorstellung des Wärmeflusses; wie wir im Kapitel 1-7 sehen werden, kann man das thermische Gleichgewicht sogar ohne Bezug auf die Temperatur definieren.

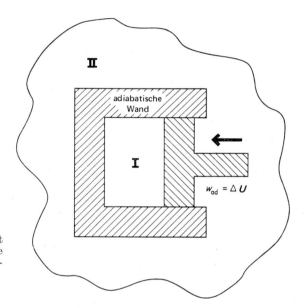

Abb. 2.1 Verrichtung von Arbeit an einem System I, das durch eine adiabatische Wand von der Umgebung II getrennt ist.

Wir bringen nun das System I durch Kompression von seinem ursprünglichen Zustand A zu einem neuen Gleichgewichtszustand B; die herbei am System verrichtete adiabatische Arbeit beträgt w_{ad}. Zur Erläuterung dieses Vorganges benützen wir den I. Hauptsatz in einer anderen Form:

Wenn ein System vom Zustand A in einen Zustand B übergeht, dann hängt die hierbei verrichtete adiabatische Arbeit nur vom Ausgangs- und Endzustand ab; sie ist gleich der Zunahme der Zustandsfunktion U, also der inneren Energie.

(Fortsetzung der Fußnote 2)

Für die Änderung der inneren Energie gilt $\Delta U = -431$ kJ/mol oder $431 \cdot 10^3 \cdot 10^7 \cdot 0,5 = 2,16 \cdot 10^{12}$ erg/g H. Der Massenverlust bei der Rekombination von 1 g Wasserstoffatomen würde $2,16 \cdot 10^{12}/(3 \cdot 10^{10})^2 = 2,4 \cdot 10^{-9}$ g betragen. Dieser Massenverlust ist zu klein, als daß er durch die gegenwärtigen Wägemethoden noch nachgewiesen werden könnte.

Diese Feststellung folgt unmittelbar aus der Unmöglichkeit eines perpetuum mobile. Wir können also schreiben:

$$U = U_B - U_A = w_{\text{ad}} \qquad [2.6]$$

Wir nehmen nun an, das System befinde sich wiederum im Zustand A, die adiabatische Wand sei jedoch durch eine *diathermische Wand* ersetzt. Letztere erlaubt das Zustandekommen eines thermischen Gleichgewichtes zwischen den beiden Systemen. Man bringt nun das System I vom Zustand A in den Zustand B auf einem der unendlich vielen nichtadiabatischen Wege. Die hierbei am System verrichtete Arbeit betrage w. Die Differenz $w_{\text{ad}} - w$ wird *definiert* als die Wärme q, die dem System beim Übergang von A nach B zugeführt wurde:

$$q = w_{\text{ad}} - w \qquad [2.7]$$

oder aus [2.6]:

$$q = U - w$$

Auf diese Weise können wir die bei einem bestimmten Vorgang übertragene Wärmemenge als die Differenz zwischen der adiabatischen Arbeit und einer nichtadiabatischen Arbeit definieren, und zwar jeweils beim Übergang vom Zustand A in den Zustand B. Obwohl der Begriff *Wärme* in seiner historischen Entwicklung sehr verschiedene Wege gegangen ist, verschafft uns diese Definition der Wärme in Begriffen der *Arbeit* eine gewisse logische Befriedigung.

6. Eigenschaften vollständiger Differentiale

Wir haben in Abschnitt 1-23 gesehen, daß die von einem System verrichtete Volumenarbeit vom Weg abhängt, auf dem wir vom einen in den anderen Zustand gelangen, und daß das Kreisintegral $\oint dw$ nicht allgemein null ist. Der Grund hierfür wurde rasch offenbar, als wir einen reversiblen Vorgang betrachteten. In einem solchen Fall ist $\int_A^B dw = \int_A^B - P\,dV$. Der Differentialausdruck $P\,dV$ kann allerdings nicht integriert werden, wenn nur Anfangs- und Endzustand bekannt sind. Dies rührt davon her, daß P nicht nur eine Funktion des Volumens V, sondern auch der Temperatur T ist, und diese Temperatur kann sich bei der Zustandsänderung, also über der integrierten Strecke, ebenfalls ändern. Andererseits kann das Integral über der Änderung der inneren Energie, also $\int_A^B dU$, stets gelöst werden, da U nur eine Funktion des Zustandes des Systems und unabhängig vom Wege ist, auf dem man den neuen Zustand erreicht, und unabhängig auch von der Vorgeschichte des Systems. Das Ergebnis der Integration ist bekanntlich $U_B - U_A$ [3].

---

[3] Im Konzept einer Zustandsfunktion steckt nichts Esoterisches. Temperatur, Volumen und Druck sind sämtlich Zustandsfunktionen wie die Energie U.

Mathematisch unterscheiden wir daher zwei Klassen differentieller Ausdrücke. Differentiale wie dU, dV oder dT nennen wir *vollständige Differentiale*, da wir sie durch Differenzierung der Zustandsfunktion U, V oder T erhalten. Differentiale wie dq oder dw nennen wir unvollständige oder *unbestimmte Differentiale*, da wir sie nicht durch Differenzierung einer Zustandsfunktion des Systems *alleine* erhalten können. Wir können also dq oder dw nicht einfach integrieren, um q oder w zu erhalten. Obwohl also dq und dw keine vollständigen Differentiale sind, sagt uns der I. Hauptsatz, daß die Summe aus beiden ein vollständiges Differential ist:

$$dU = dq + dw$$

Die folgenden Feststellungen sind mathematisch äquivalent:

1. Die Funktion U ist eine eindeutige Funktion von Zustandsvariablen (*Zustandsfunktion*) eines Systems.
2. Das Differential dU ist ein vollständiges Differential.
3. Das Integral von dU über einem Kreisprozeß ist null: $\oint dU = 0$.

Wenn $f(x_1, x_2, \ldots x_n)$ eine Funktion einer Zahl n unabhängiger Variablen $x_1, x_2, \ldots x_n$ ist, dann ist das vollständige Differential df, ausgedrückt durch die partiellen Ableitungen $(\partial f / \partial x_i)_{n \ldots \nu \ldots}$ und die Differentiale der unabhängigen Variablen, $dx_1, dx_2, \ldots dx_n$, definiert als

$$df = \sum \left(\frac{\partial f}{\partial x_i}\right)_{x \ldots \nu \ldots} dx_i \quad (\nu \neq i) \qquad [2.8]$$

Wenn es nur zwei unabhängige Variable x und y gibt, wird aus [2.8]

$$df = \left(\frac{\partial f}{\partial x}\right)_y dx + \left(\frac{df}{dy}\right)_x dy = M\,dx + N\,dy$$

wobei M und N Funktionen von x und y sind.
Da die Reihenfolge der Differenzierung das Ergebnis nicht berührt, gilt:

$$\frac{\partial}{\partial y}\left(\frac{\partial f}{\partial x}\right)_y = \frac{\partial}{\partial x}\left(\frac{\partial f}{\partial y}\right)_x$$

oder

$$\left(\frac{\partial M}{\partial y}\right)_x = \left(\frac{\partial N}{\partial x}\right)_y \qquad [2.9]$$

Dies ist die EULERsche Reziprokitätsbeziehung, die bei einer Anzahl von Herleitungen thermodynamischer Gleichungen von Nutzen sein wird.
Ist umgekehrt [2.9] gültig, dann ist df ein vollständiges Differential.

7. Adiabatische und isotherme Vorgänge

Zwei Arten von Vorgängen begegnen uns häufig sowohl bei Laboratoriumsexperimenten als auch bei thermodynamischen Betrachtungen. *Isotherm* nennen wir einen Vorgang, der bei konstanter Temperatur abläuft: $T =$ constans, $dT = 0$. Um angenähert isotherme Bedingungen zu erhalten, führt man Reaktionen oft in Thermostaten durch. Bei einem *adiabatischen Vorgang* wird dem System Wärme weder zugeführt noch entnommen: $q = 0$. Für einen differentiellen adiabatischen Vorgang gilt entsprechend $dq = 0$; aus [2.4] ergibt sich also $dU = dw$. Für eine adiabatisch-reversible Volumenänderung gilt: $dU = -P\,dV$. Für einen adiabatisch irreversiblen Prozeß würde gelten: $dU = -P_{ex}dV$. Angenähert adiabatische Bedingungen kann man durch sorgfältige thermische Isolation des Systems erreichen. Ein Hochvakuum ist der beste Isolator gegen Wärmeflüsse. Hochpolierte Metalloberflächen oder Versilberungen auf Glas verringern Wärmeverluste durch Strahlung. Aus diesen Gründen werden adiabatische Prozesse meist in Dewar-Gefäßen durchgeführt.

8. Die Enthalpie

Während eines Prozesses, den man bei konstantem Volumen durchführt (isochore Bedingungen), wird keine mechanische Arbeit verrichtet: $V = $ constans, $dV = 0$, $w = 0$. Hieraus folgt, daß die Zunahme an innerer Energie gleich der vom System bei konstantem Volumen aufgenommenen Wärme ist:

$$\Delta U = q_V \qquad [2.10]$$

Hält man den Druck konstant, arbeitet man also zum Beispiel unter Atmosphärendruck und wird keine Arbeit außer der Volumenarbeit $P\Delta V$ verrichtet, dann gilt:

$$U = U_2 - U_1 = q + w = q - P(V_2 - V_1)$$

oder

$$(U_2 + PV_2) - (U_1 + PV_1) = q_P \qquad [2.11]$$

Hierin bedeutet q_P die bei konstantem Druck aufgenommene Wärmemenge. Wir definieren nun eine neue Funktion, die wir die Enthalpie[4] nennen:

$$H = U + PV \qquad [2.12]$$

Es ist also:

$$\Delta H = H_2 - H_1 = q_P \qquad [2.13]$$

Die Enthalpiezunahme ist gleich der vom System bei konstantem Druck aufgenommenen Wärme, wenn keine andere Arbeit als die Volumenarbeit $P\Delta V$ verrichtet wird.

Es sei erwähnt, daß die Enthalpie H wie die Energie U oder die Temperatur T eine Zustandsfunktion des Systems und unabhängig vom Wege ist, auf dem der betrachtete Zustand erreicht wird. Diese Tatsache folgt aus der Definitionsgleichung [2.12], da U, P und V durchweg Zustandsgrößen sind.

[4] $ε\vartheta αλπτω$, ich verberge (etwas in mir, das ich aber wieder abgeben kann).

9. Molwärmen (molare Wärmekapazitäten)

Wärmekapazitäten können entweder bei konstantem Volumen oder bei konstantem Druck gemessen werden. Aus den Definitionsgleichungen [1.34], [2.11] und [2.13] erhalten wir die

Wärmekapazität bei konstantem Volumen: $C_V = \dfrac{dq_V}{dT} = \left(\dfrac{\partial U}{\partial T}\right)_V$ [2.14]

Wärmekapazität bei konstantem Druck: $C_P = \dfrac{dq_P}{dT} = \left(\dfrac{\partial H}{\partial T}\right)_P$ [2.15]

Die Wärmekapazität bei konstantem Druck C_P ist gewöhnlich größer als die bei konstantem Volumen C_V, da bei konstantem Druck ein Teil der dem System zugeführten Wärme in Volumenarbeit verwandelt wird. Unter isochoren Bedingungen wird die gesamte aufgenommene Wärme für eine Temperaturerhöhung verwendet. Für die Differenz zwischen den Wärmekapazitäten bei konstantem Druck und konstantem Volumen gilt die folgende wichtige Gleichung:

$$C_P - C_V = \left(\frac{\partial H}{\partial T}\right)_P - \left(\frac{\partial U}{\partial T}\right)_V = \left(\frac{\partial U}{\partial T}\right)_P + P\left(\frac{\partial V}{\partial T}\right)_P - \left(\frac{\partial U}{\partial T}\right)_V \quad [2.16]$$

Da

$$dU = \left(\frac{\partial U}{\partial T}\right)_T dV + \left(\frac{\partial U}{\partial T}\right)_V dT$$

und

$$dV = \left(\frac{\partial V}{\partial T}\right)_P dT + \left(\frac{\partial V}{\partial P}\right)_T dP$$

gilt auch:

$$\left(\frac{\partial U}{\partial T}\right)_P = \left(\frac{\partial U}{\partial V}\right)_T \left(\frac{\partial V}{\partial T}\right)_P + \left(\frac{\partial U}{\partial T}\right)_V$$

Wenn wir diesen Ausdruck in [2.16] einsetzen, dann erhalten wir:

$$C_P - C_V = \left[P + \left(\frac{\partial U}{\partial V}\right)_T\right] \left(\frac{\partial V}{\partial T}\right)_P \quad [2.17]$$

In dieser Gleichung bedeutet der Ausdruck $P(\partial V/\partial T)_P$ den Anteil der Wärmekapazität C_P, der durch die Volumenänderung des Systems gegen den äußeren Druck P hervorgerufen wird. Der andere Term $(\partial U/\partial V)_T (\partial V/\partial T)_P$ berücksichtigt die Energie, die für die Volumenänderung gegen die inneren Kohäsions- oder Abstoßungskräfte der Substanz nötig ist. Den Ausdruck $(\partial U/\partial V)_T$ nennt man den inneren Druck oder den Binnendruck des Systems[5].
Bei Flüssigkeiten und Festkörpern, die starke Kohäsionskräfte entfalten, ist dieser Term groß. Bei Gasen hingegen ist der Term $(\partial U/\partial V)_T$ gewöhnlich klein im Vergleich zu P. Tatsächlich sind die ersten Versuche zur Messung der Größe $(\partial U/\partial V)_T$ für Gase fehlgeschlagen. Diese Versuche wurden im Jahre 1843 von JOULE durchgeführt.

---

[5] Es ist zu beachten, daß $\partial U/\partial r$, also die Ableitung der Energie gegen eine Wegstrecke, eine Kraft darstellt, während die Ableitung gegen ein Volumen $\partial U/\partial V$, eine Kraft pro Flächeneinheit, also einen Druck darstellt.

10. Das Joulesche Experiment

Abb. 2.2 zeigt die Joulesche Zeichnung seines Apparates; er beschreibt das Experiment folgendermaßen:

> *Ich besorgte noch einen weiteren Kupferbehälter (E), der einen Inhalt von 134 Kubikzoll hatte ... Außerdem ließ ich ein Zwischenstück D anbringen, in dessen Mitte sich eine Bohrung mit einem Durchmesser von 1/8 Zoll befand. Diese Bohrung konnte mit einem Hahn völlig dicht verschlossen werden ... Nachdem der Behälter R mit trockener Luft unter einem Druck von 22 atm gefüllt und nachdem der Behälter E mit einer Luftpumpe leergesaugt worden war, schraubte ich beide Behälter zusammen und steckte sie in einen Zinneimer mit $16^{1}/_{2}$ lb Wasser. Das Wasser wurde zunächst gründlich durchgerührt; hernach wurde seine Temperatur mit demselben feinen Thermometer gemessen, den ich auch in früheren Experimenten über das mechanische Wärmeäquivalent benützt hatte. Anschließend wurde der Hahn mit einem geeigneten Werkzeug geöffnet, wodurch die Luft aus dem vollen in den leeren Behälter strömen konnte, bis zwischen den beiden Behältern Gleichgewicht hergestellt war. Zum Schluß wurde das Wasser erneut umgerührt und seine Temperatur sorgfältig bestimmt.*

Joule fand keine meßbare Temperaturänderung und schloß hieraus, daß »keine Temperaturänderung auftritt, wenn man Luft in einer solchen Weise expandieren läßt, daß keine mechanische Kraft entwickelt wird«. (In moderner Ausdrucksweise: »so, daß keine Arbeit verrichtet wird«.)

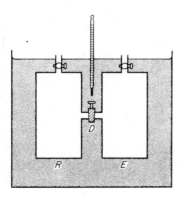

Abb. 2.2   Das Joulesche Experiment.

Die von Joule untersuchte Expansion komprimierter Luft in ein evakuiertes Gefäß ist ein irreversibler Vorgang. Während dieses Vorgangs treten im ganzen System unterschiedliche Temperaturen und Drücke auf; schließlich wird jedoch ein Gleichgewichtszustand erreicht. Die innere Energie des Gases konnte sich offenbar nicht verändert haben, da es keine Arbeit verrichtet hatte und auch keine Arbeit an ihm verrichtet worden war und da außerdem keine Wärmeübertragung zwischen dem Gas und der Umgebung stattgefunden hatte (sonst hätte sich ja die

Temperatur des Wassers geändert haben müssen). Es war daher $dU = 0$. Experimentell konnte keine Änderung der Gleichgewichtstemperatur festgestellt werden ($dT = 0$). Joule schloß hieraus, daß die innere Energie eines Gases nur von der Temperatur und nicht von seinem Volumen abhängt.

Für die Änderung der inneren Energie gilt:

$$dU = \left(\frac{\partial U}{\partial V}\right)_T dV + \left(\frac{\partial U}{\partial T}\right)_V dT = 0$$

Aus $dT = 0$ folgt:

$$\left(\frac{\partial U}{\partial V}\right)_T = -C_V \left(\frac{\partial T}{\partial V}\right)_U$$

Da sich das Volumen des Gases bei der Expansion vergrößert hat, ist $dV \neq 0$, und wir erhalten zwangsläufig

$$\left(\frac{\partial U}{\partial V}\right)_T = 0$$

Das aber heißt: Die innere Energie eines Gases ist von seinem Volumen unabhängig.

Diese Schlußfolgerung gilt aber nur für ein ideales Gas, dessen Moleküln sich untereinander per definitionem nicht beeinflussen. Die Versuchsanordnung von Joule war zu unempfindlich, um den sehr kleinen Arbeitsbetrag kalorimetrisch zu bestimmen, der bei der Expansion der Luft gegen den Binnendruck aufzubringen ist.

11. Das Joule-Thomsonsche Experiment

WILLIAM THOMSON (Lord KELVIN) empfahl eine bessere Methode. In Zusammenarbeit mit JOULE führte er eine Reihe von Experimenten durch (1852 und 1862). Abb. 2.3 zeigt schematisch den Aufbau ihrer Apparatur.

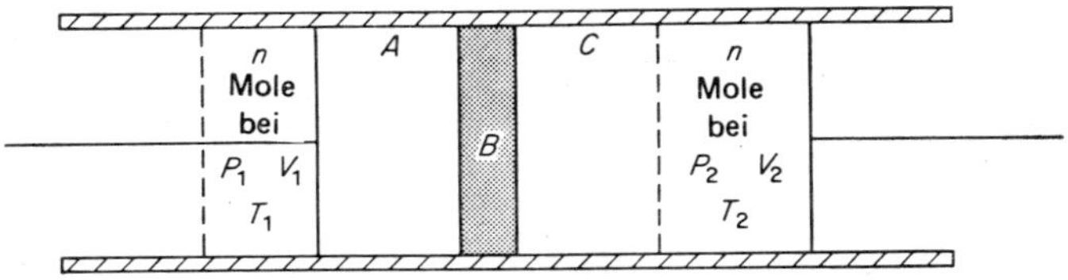

Abb. 2.3
Das Joule-Thomsonsche Experiment.

Ein wichtiges Prinzip war die Drosselung des Gasstromes durch eine poröse Wand B zwischen der Hochdruckseite A und der Niederdruckseite C. Bei den ersten Versuchen bestand diese Trennwand einfach aus einem seidenen Taschentuch; in späteren Experimenten wurde poröser Meerschaum benützt. Auf diese Weise wird erreicht, daß das Gas bei seinem Eintritt in C schon im Gleichgewicht ist; man kann also seine Temperatur unmittelbar messen. Das gesamte System ist thermisch isoliert, der Prozeß ist also adiabatisch ($q = 0$).

Wir nehmen nun an, daß in A ein Anfangsdruck von P_1 geherrscht hat, der Gegendruck in C habe P_2 betragen. Die Volumina der Gase bei diesen Drücken sollen V_1 und V_2 betragen haben. Während das Gas aus dem Behälter mit dem höheren Druck durch die poröse Trennwand gedrückt wird, wird an diesem Gas eine Arbeit von $w_1 = P\,\mathrm dV = P_1 \int_0^{V_1} \mathrm dV = P_1 V_1$ verrichtet. Gleichzeitig verrichtet das expandierende Gas auf der anderen Seite der Trennwand eine Arbeit $w_2 = P_2 \int_0^{V_2} \mathrm dV = P_2 V_2$; es muß sich ja gegen einen Druck von P_2 expandieren. Insgesamt wird also an dem Gas eine Arbeit $w = w_1 - w_2 = P_1 V_1 - P_2 V_2$ verrichtet. Hieraus folgt, daß bei einer JOULE-THOMSON-Expansion die Enthalpie konstant bleibt; es ist ja:

$$\Delta U = U_2 - U_1 = q + w = 0 + w$$
$$U_2 - U_1 = P_1 V_1 - P_2 V_2$$
$$U_2 + P_2 V_2 = U_1 + P_1 V_1$$
$$H_2 = H_1$$

Das oben geschilderte Experiment verläuft zwar bei konstanter Enthalpie, nicht aber bei konstanter Temperatur. Der Joule-Thomson-Koeffizient μ ist definiert als die bei konstanter Enthalpie mit einer differentiellen Druckänderung einhergehende Temperaturänderung:

$$\mu = \left(\frac{\partial T}{\partial P}\right)_H \qquad [2.18]$$

Diese Größe kann man direkt messen aus der Temperaturänderung ΔT eines Gases, das unter Arbeitsverrichtung und Druckverminderung ΔP durch eine poröse Wand diffundiert. Die J.-T.-Koeffizienten sind Funktionen der Temperatur und des Drucks; einige experimentelle Werte für Kohlendioxid sind in Tab. 2.1 gezeigt.

Temperatur (K)	Druck (atm)						
	0	1	10	40	60	80	100
220	2,2855	2,3035					
250	1,6885	1,6954	1,7570				
275	1,3455	1,3455	1,3470				
300	1,1070	1,1045	1,0840	1,0175	0,9675		
325	0,9425	0,9375	0,9075	0,8025	0,7230	0,6165	0,5220
350	0,8195	0,8150	0,7850	0,6780	0,6020	0,5210	0,4340
380	0,7080	0,7045	0,6780	0,5835	0,5165	0,4505	0,3855
400	0,6475	0,6440	0,6210	0,5375	0,4790	0,4225	0,3635

Tab. 2.1 JOULE-THOMSON-Koeffizienten μ (K/atm) für Kohlendioxid[6]

[6] Nach JOHN H. PERRY, *Chemical Engineers' Handbook*, McGraw-Hill, New York 1941. Auszug aus den *International Critical Tables*, Bd. 5.

Wenn sich ein expandierendes Gas abkühlt, dann hat der J.-T.-Koeffizient einen positiven Wert; umgekehrt wird der J.-T.-Koeffizient negativ, wenn sich ein Gas bei einer Expansion erwärmt. Die meisten Gase zeigen bei Zimmertemperatur einen positiven J.-T.-Koeffizienten. Ausnahmen bilden Wasserstoff und Helium. Ersterer erwärmt sich beim Expandieren, wenn die Ausgangstemperatur über $-80\,°C$ liegt. Unterhalb dieser Temperatur kann er jedoch unter Ausnützung des J.-T.-Effekts abgekühlt werden. Allgemein nennt man die Temperatur, bei der $\mu = 0$ ist, die J.-T.-Inversionstemperatur. Noch niedriger als beim Wasserstoff liegt die J.-T.-Inversionstemperatur beim Helium ($-220\,°C$); bei allen anderen Gasen liegt sie beträchtlich höher. Die J.-T.-Expansion ist die wichtigste Methode zur Verflüssigung von Gasen. Am Beispiel des Kohlendioxids ist hier ein allgemeines Phänomen gezeigt: Die J.-T.-Koeffizienten nehmen mit zunehmenden Temperaturen und Drücken ab.

12. Anwendung des I. Hauptsatzes auf ideale Gase

Eine theoretische Betrachtung des JOULE-THOMSON-Experiments müssen wir noch verschieben, bis im nächsten Kapitel der II. Hauptsatz der Thermodynamik behandelt wird. Hier kann jedoch schon gesagt werden, daß die Versuche mit einer porösen Trennwand zeigten, daß die ursprüngliche Annahme von JOULE, daß für alle Gase $(\partial U/\partial V)_T = 0$ sei, nicht streng gilt. Ein reales Gas kann einen beträchtlichen Binnendruck besitzen, was auf die Existenz von Kohäsionskräften schließen läßt. Die Energie eines realen Gases hängt also sowohl von seinem Volumen als auch von seiner Temperatur ab.

Ein *ideales Gas* können wir nun wie folgt in thermodynamischen Ausdrücken definieren:

Aus dem I. Hauptsatz läßt sich eine thermodynamische Definition der Temperatur erhalten. Wir können dann (1) aus (2) oder auch (2) aus (1) und dem BOYLE-schen Gesetz ableiten. Die zweite Forderung genügt also schon alleine, um ein ideales Gas zu definieren.

(1) Es existiert kein Binnendruck; es gilt also:

$$(\partial U/\partial V)_T = 0.$$

(2) Das Gas gehorcht der Zustandsgleichung $PV = nRT$.

Die Energie eines idealen Gases ist nur eine Funktion seiner Temperatur. Für ein ideales Gas gilt also:

$$dU = (\partial U/\partial T)_V\, dT = C_V\, dT; \quad C_V = dU/dT$$

Auch die Wärmekapazität eines idealen Gases hängt nur von seiner Temperatur ab. Diese Schlußfolgerungen vereinfachen die Thermodynamik eines idealen Gases beträchtlich; viele Betrachtungen werden daher auch weiterhin am Modell eines idealen Gases angestellt. Im folgenden seien hierfür einige Beispiele gegeben.

Unterschiede in den Wärmekapazitäten:

Für ein ideales Gas bekommt [2.17] die folgende Form:

$$C_P - C_V = P \left(\frac{\partial V}{\partial T}\right)_P$$

Da

$$PV = nRT$$

gilt auch

$$\left(\frac{\partial V}{\partial T}\right)_P = \frac{nR}{P}$$

und

$$C_P - C_V = nR \qquad [2.19]$$

Temperaturänderungen:

Für ein ideales Gas gilt: $dU = C_V dT$. Es ist also

$$\Delta U = U_2 - U_1 = \int_{T_1}^{T_2} C_V \, dT \qquad [2.20]$$

Analog gilt wiederum für ein ideales Gas[7]:

$$dH = C_P dT$$

$$\Delta H = H_2 - H_1 = \int_{T_1}^{T_2} C_P \, dT \qquad [2.21]$$

Isotherme und reversible Volumen- oder Druckänderungen:

Bei einer isothermen Änderung bleibt die innere Energie eines idealen Gases konstant. Da sowohl dT als auch $(\partial U/\partial V)_T = 0$ sind, gilt die folgende Beziehung:

$$dU = dq - P\,dV = \left(\frac{\partial U}{\partial T}\right)_V dT + \left(\frac{\partial U}{\partial V}\right)_T dV = 0$$

Hieraus folgt:

$$dq = -dw = P\,dV$$

Bei Anwendung des universellen Gasgesetzes

$$P = \frac{nRT}{V}$$

erhält man

$$\int_1^2 dq = \int_1^2 -dw = \int_1^2 nRT \frac{dV}{V}$$

---

[7] Für einen beliebigen Stoff gilt bei konstantem Volumen $dU = C_V dT$ und bei konstantem Druck $dH = C_P dT$. Für ein ideales Gas sind U und H lediglich Funktionen von T; diese Beziehungen gelten also auch dann, wenn V und P nicht konstant sind.

Anwendung des I. Hauptsatzes auf ideale Gase

oder

$$q = -w = nRT \ln \frac{V_2}{V_1} = nRT \ln \frac{P_1}{P_2} \qquad [2.22]$$

Da die Volumenänderung reversibel durchgeführt wurde, hat P stets seinen Gleichgewichtswert nRT/V; die Arbeit w in [2.22] stellt also die bei einer Expansion geleistete maximale Arbeit oder andererseits die minimale Arbeit dar, die man für eine Kompression benötigt. Aus dieser Gleichung geht auch hervor, daß die für die Kompression eines idealen Gases von 10 auf 100 atm benötigte Arbeit so groß ist wie die für eine Kompression von 1 auf 10 atm benötigte.

Adiabatisch-reversible Expansion:

Für diesen Fall gilt $dq = 0$ und $dU = -P\,dV$. Aus [2.20] erhalten wir dann:

$$dw = C_V\,dT \qquad [2.23]$$

Für eine begrenzte Änderung zwischen den Zuständen 1 und 2 gilt:

$$w = \int_1^2 C_V\,dT \qquad [2.24]$$

Wir können [2.23] auch folgendermaßen schreiben:

$$C_V \frac{dT}{T} + nR \frac{dV}{V} = 0 \qquad [2.25]$$

Integriert man in den Grenzen $T_1 \ldots T_2$ und $V_1 \ldots V_2$, also zwischen den Ausgangs- und Endtemperaturen und -volumina, dann gilt:

$$C_V \ln \frac{T_2}{T_1} + nR \ln \frac{V_2}{V_1} = 0 \qquad [2.26]$$

Bei dieser Integration wird vorausgesetzt, daß C_V eine Konstante und nicht etwa eine Funktion der Temperatur ist.

Für das Verhältnis der Wärmekapazität C_P/C_V wird meist das Symbol γ verwendet. Wenn wir dieses Symbol einführen und außerdem nR durch $C_P - C_V$ ersetzen [2.19], dann erhalten wir:

$$(\gamma - 1) \ln \frac{V_2}{V_1} + \ln \frac{T_2}{T_1} = 0$$

Es ist also:

$$\frac{T_1}{T_2} = \left(\frac{V_2}{V_1}\right)^{\gamma - 1} \qquad [2.27]$$

Da für ein ideales Gas $\dfrac{T_1}{T_2} = \dfrac{P_1 V_1}{P_2 V_2}$ ist, gilt außerdem

$$P_1 V_1^\gamma = P_2 V_2^\gamma \qquad [2.28]$$

Wir sehen also, daß für die *adiabatisch-reversible Expansion* eines idealen Gases (mit konstantem C_V) die folgende Beziehung gilt:

$$PV^\gamma = \text{const} \qquad [2.29]$$

Zum Vergleich sei daran erinnert, daß für eine isotherme Expansion die Beziehung gegolten hatte: $PV = \text{const.}$

Abb. 2.4 zeigt die zu diesen Gleichungen gehörenden Kurvenzüge. Wir sehen, daß eine bestimmte Druckverringerung im adiabatisch-reversiblen Fall eine geringere Volumenzunahme verursacht als beim isothermen. Dies rührt davon her, daß bei der adiabatischen Expansion die Temperatur absinkt.

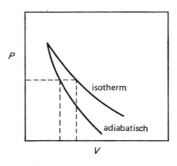

Abb. 2.4 PV-Diagramm für eine isotherme und eine adiabatisch-reversible Expansion.

13. Rechenbeispiele für ideale Gase

Für unsere Versuche nehmen wir 1 m³ eines monatomaren Gases von 273,2 K und 10 atm; dies sind $10^4/22{,}414 \approx 446{,}1$ mol. Wir werden nun das Gas auf drei verschiedene Weisen auf einen Enddruck von 1 atm expandieren und sowohl das Endvolumen als auch die hierbei verrichtete Arbeit berechnen. Die Molwärme eines monatomaren Gases beträgt unabhängig von der Temperatur $C_{V_m} = 3/2\,R$.

Isotherm-reversible Expansion: In diesem Fall beträgt das Endvolumen

$$V_2 = P_1 V_1/P_2 = 10 \cdot 1/1 = 10 \text{ m}^3$$

Die bei der Expansion verrichtete maximale Arbeit ist gleich der Wärme, die das Gas aus seiner Umgebung aufgenommen hat. Aus [2.22] folgt:

$$-w = q = n\,R\,T \ln \frac{V_2}{V_1}$$
$$= 446{,}1 \cdot 8{,}314 \cdot 273{,}2 \cdot 2{,}303 \log 10 \text{ J}$$
$$= 2{,}3285 \cdot 10^6 \text{ J} = 2328{,}5 \text{ kJ}$$

Adiabatisch-reversible Expansion:

Das Endvolumen läßt sich mit [2.28] berechnen. Für ein monatomares Gas gilt:

$$\gamma = \frac{C_P}{C_V} = \frac{\frac{3}{2}R + R}{\frac{3}{2}R} = \frac{5}{3}$$

Es ist also

$$V_2 = \left(\frac{P_1}{P_2}\right)^{1/\gamma} \cdot V_1; \quad V_2 = 10^{3/5} \cdot 1 = 3{,}981 \text{ m}^3$$

Rechenbeispiele für ideale Gase

Die Endtemperatur erhalten wir aus der Beziehung

$$P_2 V_2 = nRT_2$$

zu

$$T_2 = \frac{P_2 V_2}{nR} = \frac{1 \cdot 3{,}981}{446{,}1 \cdot 0{,}08205 \cdot 10^{-3}} = 108{,}8 \,\text{K}$$

(V in l und R in l atm K^{-1} mol^{-1})

Für einen adiabatischen Prozeß ist $q = 0$ und $\varDelta U = q + w = w$.
Da C_V konstant ist, erhalten wir aus [2.20] für die Änderung der inneren Energie:

$$\varDelta U = nC_V \varDelta T = n\frac{3R}{2}(T_2 - T_1) = -914{,}1 \,\text{kJ}$$

Adiabatisch-irreversible Expansion:

Für diesen Fall nehmen wir an, daß der äußere Druck plötzlich auf 1 atm reduziert wird und daß sich das Gas anschließend adiabatisch gegen diesen konstanten Druck ausdehnt. Dies ist keine reversible Expansion, wir können also [2.28] nicht anwenden. Da $q = 0$ ist, ist $\varDelta U = w$. Der Wert von $\varDelta U$ hängt nur vom Ausgangs- und Endzustand ab:

$$\varDelta U = w = C_V(T_2 - T_1)$$

Für eine Expansion bei konstantem äußerem Druck gilt nach [1.36]:

$$-w = P_2(V_2 - V_1) = P_2\left(\frac{nRT_2}{P_2} - \frac{nRT_1}{P_1}\right)$$

Wenn wir diese beiden Ausdrücke für w gleichsetzen, dann erhalten wir:

$$-C_V(T_2 - T_1) = \frac{nRT_2}{P_2} - \frac{nRT_1}{P_1}$$

Die einzige Unbekannte hierin ist T_2. Mit den Zahlenwerten erhalten wir für ein monatomares Gas:

$$-\frac{3}{2}nR(T_2 - 273{,}2) = 1\frac{nRT_2}{1} - \frac{nR\,273{,}2}{10}$$

$$T_2 = 174{,}8 \,\text{K}$$

Diesen Wert können wir in die Gleichung für die Änderung der inneren Energie einsetzen und erhalten:

$$\varDelta U = w = \frac{3}{2}nR(174{,}8 - 273{,}2)$$

$$w = -547{,}4 \,\text{kJ}$$

Aus diesem Ergebnis können wir sehen, daß sich das Gas bei einer irreversiblen adiabatischen Expansion sehr viel weniger abkühlt als bei einer reversiblen und deshalb auch weniger Arbeit verrichtet.

14. Thermochemie, Reaktionswärmen

Die Thermochemie ist die Lehre von den Wärmeeffekten, die chemische Reaktionen, Auflösungsvorgänge und Zustandsänderungen wie Schmelzen oder Verdampfen begleiten. Vorgänge, die mit einer Wärmeentwicklung, also einem Wärmefluß vom System an seine Umgebung, verbunden sind, nennt man *exotherm*. Umgekehrt nennt man Vorgänge, bei denen ein System Wärme von seiner Umgebung aufnimmt, *endotherm*. Ein Beispiel für eine exotherme Reaktion ist die Verbrennung von Wasserstoff (P = const):

$$H_2 + 1/2\,O_2 \rightarrow H_2O \text{ (gasf.)}$$

$$\Delta H = -241750 \text{ J} \quad \text{bei } 18\,°C$$

(Der gasförmige Zustand sei im folgenden mit g, der flüssige mit l gekennzeichnet.)

In diesem Fall wird die Wärme vom System abgegeben und erhält daher das negative Vorzeichen. Endotherm ist die Umkehrung dieser Reaktion, also die Zersetzung des Wasserdampfes:

$$H_2O\,(g) \rightarrow H_2 + 1/2\,O_2 \quad \Delta H = 241750 \text{ J} \quad \text{bei } 18\,°C$$

Wie bei irgendeinem anderen, von Wärmeaustausch verbundenen Vorgang hängt auch bei chemischen Reaktionen die entwickelte Wärmemenge von den Bedingungen ab, unter denen die Reaktion durchgeführt wurde. Es gibt zwei Bedingungen, die deswegen besonders wichtig sind, weil sie zu Reaktionswärmen führen, die bestimmten thermodynamischen Funktionen entsprechen.
Die erste solche Bedingung ist, daß während der Reaktion das *Volumen konstant* bleibt. In einem solchen Fall wird am System keine Volumenarbeit verrichtet. Nach dem I. Hauptsatz der Thermodynamik [2.3] gilt hierfür:

$$\Delta U = q_V \tag{2.30}$$

Die bei konstantem Volumen gemessene Reaktionswärme ist daher gleich der Änderung der inneren Energie ΔU des reagierenden Systems. Diese Bedingung wird ausgezeichnet approximiert, wenn man die Reaktion in einer Kalorimeterbombe durchführt.
Alternativ haben wir eine zweite wichtige Versuchsbedingung, nämlich die des *konstanten Drucks*. Wenn wir einen Versuch unter optimalen Laboratoriumsbedingungen durchführen, dann läßt sich der Druck im Verlauf der Reaktion recht gut konstant halten. Viele Kalorimeter sind so konstruiert, daß sie bei Atmosphärendruck arbeiten. Für diesen Fall gilt nach [2.13]:

$$\Delta H = q_P \tag{2.31}$$

Die bei konstantem Druck gemessene Reaktionswärme ist gleich der Enthalpieänderung ΔH des reagierenden Systems. Es ist oft notwendig, die mit einer Kalorimeterbombe erhaltenen Werte, die unmittelbar nur ΔU liefern, zur Berechnung von ΔH zu verwenden. Aus der Definitionsgleichung von H [2.12] erhalten wir:

$$\Delta H = \Delta U + \Delta(PV) \quad (T = \text{const}) \qquad [2.32]$$

Unter $\Delta(PV)$ verstehen wir die Änderung des Produktes PV im gesamten System, also die Summe der PV-Werte aller Reaktionsprodukte abzüglich der Summe der PV-Werte aller Ausgangsstoffe.

Wenn sowohl die Ausgangsstoffe als auch die Endprodukte flüssig oder fest sind, dann ändern sich, sofern der Druck klein ist (etwa 1 atm), während der Reaktion die PV-Werte nur geringfügig. $\Delta(PV)$ ist also im Vergleich zu ΔH oder ΔU so klein, daß es vernachlässigt werden kann. Für diesen Fall gilt $q_P = q_V$[8]. Für Reaktionen bei hohen Drücken, zum Beispiel im Erdinnern oder am Grunde des Ozeans, kann $\Delta(PV)$ jedoch auch für kondensierte Phasen beträchtliche Werte annehmen.

Wenn in einer Reaktionsgleichung Gase auftreten, dann hängt der Wert von $\Delta(PV)$ von der Änderung der Molzahlen der Gase während der Reaktion ab. Nach dem Gesetz für ideale Gase gilt:

$$\Delta(PV) = \Delta n(RT)$$

Aus [2.32] erhalten wir dann:

$$\Delta H = \Delta U + \Delta n(RT) \qquad [2.33]$$

Unter Δn verstehen wir die Molzahlen der gasförmigen Reaktionsprodukte, verringert um die Molzahlen der gasförmigen Ausgangsprodukte. Als Beispiel wollen wir die folgende Reaktion betrachten:

$$SO_2 + 1/2\, O_2 \rightarrow SO_3$$

Die Reaktion soll in einer Kalorimeterbombe durchgeführt werden; für ΔU wird ein Wert von -97030 J bei 298 K bestimmt. Wie groß ist die Reaktionsenthalpie? Für die Änderung der Molzahlen gilt:

$$\Delta n = 1 - 1 - 1/2 = -1/2$$

Es ist daher:

$$\Delta H = \Delta U - 1/2\, RT$$

$$\Delta H = -97030 - 1/2 \cdot 8{,}314 \cdot 298 = -98270 \text{ J}$$

---

[8] Es muß jedoch beachtet werden, daß wir eine Reaktion nicht einmal bei konstantem P und T und hernach bei konstantem V und T durchführen und zu gleicher Zeit verlangen können, daß die PVT-Werte für den Ausgangs- und Endzustand in diesen beiden Fällen gleich sind. In diesem allgemeinen Fall bekommt [2.32] die folgende Form:

$$q_P = \Delta U_P + P\Delta V$$

oder

$$\Delta H_V = q_V + V\Delta P$$

Die erste Gleichung gilt bei konstantem Druck, die zweite bei konstantem Volumen.

Um die bei einer bestimmten Reaktion auftretende Reaktionswärme angeben zu können, muß man die genaue Reaktionsgleichung anschreiben und für alle Reaktionsteilnehmer deren Zustände angeben; endlich muß auch die Reaktionstemperatur festgelegt werden. Da die meisten Reaktionen unter konstantem Druck durchgeführt werden, ist die gemessene Reaktionswärme gewöhnlich die Reaktionsenthalpie ΔH. Es folgen zwei Beispiele:

$$CO_2\,(1\,\text{atm}) + H_2\,(1\,\text{atm}) \rightarrow CO\,(1\,\text{atm}) + H_2O\,(g, 1\,\text{atm}) \quad \Delta H_{298} = 41\,160\,\text{J}$$

$$AgBr + 1/2\,Cl_2\,(1\,\text{atm}) \rightarrow AgCl + 1/2\,Br_2 \quad\quad\quad\quad \Delta H_{298} = -28\,670\,\text{J}$$

Eine unmittelbare Konsequenz des I. Hauptsatzes ist es, daß für eine beliebige chemische Reaktion ΔU oder ΔH unabhängig vom Reaktionsweg, also unabhängig von irgendwelchen möglichen Zwischenreaktionen ist. Dieses Prinzip, das zum ersten Mal 1840 von G. H. HESS aufgestellt und experimentell geprüft wurde, nennt man den *Satz der konstanten Wärmesummen*.

Unter Verwendung dieses Gesetzes ist es möglich, die Reaktionswärme einer bestimmten Reaktion, die aus irgendeinem Grund nicht direkt gemessen werden kann, auf dem Umwege über andere Reaktionen zu gewinnen. Es ist zum Beispiel:

$$(1) \quad COCl_2 + H_2S \rightarrow 2\,HCl + COS \quad\quad \Delta H_{298} = -78\,705\,\text{J}$$

$$(2) \quad COS + H_2S \rightarrow H_2O\,(g) + CS_2\,(l) \quad\quad \Delta H_{298} = 3420\,\text{J}$$

$$\overline{(3) \quad COCl_2 + 2\,H_2S \rightarrow 2\,HCl + H_2O\,(g) + CS_2\,(l) \quad \Delta H_{298} = -75\,285\,\text{J}}$$

15. Bildungswärmen

Ein leicht zu verwirklichender Standardzustand für eine Substanz ist jener, in welchem diese Substanz bei 25 °C und 1 atm Druck stabil ist. Für Stoffe, die bei 25 °C gasförmig oder flüssig sind, braucht dieser Zustand nicht noch genauer definiert zu werden. Festkörper befinden sich im Standardzustand, wenn sie in der bei 25 °C stabilen Modifikation vorliegen. Durch ein Übereinkommen wurden nun die Enthalpien chemischer Elemente in ihren Standardzuständen = 0 gesetzt. Die Standardenthalpie einer beliebigen Verbindung ist dann die Reaktionswärme, die man bei der Bildung dieser Verbindung aus den Elementen beobachtet; sowohl die Ausgangs- als auch die Endprodukte müssen im Standardzustand vorliegen oder vorgelegen haben. In der Form thermochemischer Gleichungen schreiben wir also:

$$(1)\ S\,(\text{rhomb}) + O_2 \rightarrow SO_2 \quad\quad \Delta H^{\ominus}_{298} = -296{,}9\,\text{kJ}$$

$$(2)\ 2\,Al\,(s) + 3/2\,O_2 \rightarrow Al_2O_3\,(\alpha) \quad \Delta H^{\ominus}_{298} = -1669{,}8\,\text{kJ}$$

Das Symbol »$^{\ominus}$« deutet an, daß es sich bei der angegebenen Reaktionswärme um die *Standardbildungsenthalpie* handelt; die absolute Temperatur wird als Indexzahl geschrieben. Thermochemische Daten werden üblicherweise als Standard-

bildungsenthalpien tabelliert. Tab. 2.2 zeigt eine Auswahl von Beispielen aus einer kürzlich erschienenen Sammlung des National Bureau of Standards[9].
Mit Hilfe solcher Tabellenwerte können wir die Reaktionsenthalpie einer beliebigen Reaktion bei 25 °C als Differenz der Standardbildungsenthalpien der Ausgangs- und Endprodukte berechnen.

Verbindung	Zustand	$\Delta H^{\ominus}_{298}$ kJ/mol	Verbindung	Zustand	$\Delta H^{\ominus}_{298}$ kJ/mol
H_2O	g	$-241{,}826$	H_2S	g	$-20{,}63$
H_2O	l	$-285{,}830$	H_2SO_4	l	$-814{,}00$
H_2O_2	g	$-133{,}2$	SO_2	g	$-296{,}8$
HF	g	$-271{,}1$	SO_3	g	$-395{,}7$
HCl	g	$-92{,}312$	CO	g	$-110{,}523$
HBr	g	$-36{,}40$	CO_2	g	$-393{,}513$
HJ	g	$+26{,}48$	$COCl_2$	l	$-205{,}9$
HJO_3	s	$-238{,}6$	S_2Cl_2	g	$-23{,}85$
NO	g	$+90{,}25$	NH_3	g	$-46{,}11$
N_2O	g	$+85{,}05$	HN_3	g	$+294{,}1$
XeF_4	s	-251			

Tab. 2.2 Standardbildungsenthalpien bei 298,15 K

Viele unserer thermochemischen Daten wurden aus experimentell bestimmten *Verbrennungswärmen* erhalten. Wenn die Bildungswärmen aller Verbrennungsprodukte einer bestimmten Verbindung bekannt sind, dann kann die Bildungsenthalpie dieser Verbindung aus den Verbrennungswärmen berechnet werden. Es gilt zum Beispiel:

(1) $2\,CO_2 + 3\,H_2O\,(l) \rightarrow C_2H_6 + 7/2\,O_2 \qquad \Delta H^{\ominus}_{298} = +1560{,}1$ kJ

(2) $2\,C\,(\text{Graphit}) + 2\,O_2 \rightarrow 2\,CO_2 \qquad 2\,\Delta H^{\ominus}_{298} = -787{,}0$ kJ

(3) $3\,H_2 + 3/2\,O_2 \rightarrow 3\,H_2O\,(l) \qquad 3\,\Delta H^{\ominus}_{298} = -857{,}4$ kJ

(4) $2\,C\,(\text{Graphit}) + 3\,H_2 \rightarrow C_2H_6 \qquad \Delta H^{\ominus}_{298} = -84{,}3$ kJ

Tab. 2.3. zeigt eine Auswahl von Bildungswärmen gasförmiger Kohlenwasserstoffe, die aus Verbrennungswärmen durch F. D. ROSSINI und seine Mitarbeiter im National Bureau of Standards gemessen wurden. Standardzustand des Kohlenstoffs ist Graphit.

Wenn sich bei dem betrachteten Vorgang der Zustand eines Teilnehmers ändert, dann muß der thermochemischen Gleichung der Wert für die jeweilige Enthalpie

---

[9] Das NBS publiziert derzeit eine umfassende Sammlung thermodynamischer Daten. Die neuesten Tabellen finden sich in den Technical Notes 270-3 (1968) und 270-4 (1969). (Zu beziehen durch den Superintendent of Documents, U.S. *Government Printing Office*, Washington, D.C. 20402, für je $ 1,25.) Wenn alle Tabellen vorliegen, werden sie in einem einzelnen Band (etwa 1972) unter dem Titel *Selected Values of Chemical Thermodynamic Properties* publiziert.

Substanz	Formel	$\Delta H_{298}^{\ominus}$ (kJ/mol)
Paraffine:		
Methan	CH_4	$-74{,}75 \pm 0{,}30$
Äthan	C_2H_6	$-84{,}48 \pm 0{,}45$
Propan	C_3H_8	$-103{,}6 \pm 0{,}5$
n-Butan	C_4H_{10}	$-124{,}3 \pm 0{,}6$
Isobutan	C_4H_{10}	$-131{,}2 \pm 0{,}6$
Olefine:		
Äthylen	C_2H_4	$52{,}58 \pm 0{,}28$
Propen	C_3H_6	$20{,}74 \pm 0{,}46$
Buten-1	C_4H_8	$1{,}60 \pm 0{,}75$
cis-Buten-2	C_4H_8	$-5{,}81 \pm 0{,}75$
trans-Buten-2	C_4H_8	$-9{,}78 \pm 0{,}75$
2-Methylpropen	C_4H_8	$-13{,}41 \pm 1{,}25$
Acetylen:		
Acetylen	C_2H_2	$226{,}9 \pm 1{,}0$
Methylacetylen	C_3H_4	$185{,}4 \pm 1{,}0$

Tab. 2.3 Bildungsenthalpien gasförmiger Kohlenwasserstoffe

(Schmelz-, Verdampfungs-, Umwandlungsenthalpie) hinzugefügt werden. Es ist zum Beispiel:

$$S \text{ (rhombisch)} + O_2 \to SO_2 \qquad \Delta H_{298}^{\ominus} = -296{,}90 \text{ kJ}$$

$$S \text{ (rhombisch)} \to S \text{ (monoklin)} \qquad \Delta H_{298}^{\ominus} = -0{,}29 \text{ kJ}$$

$$S \text{ (monoklin)} + O_2 \to SO_2 \qquad \Delta H_{298}^{\ominus} = -297{,}19 \text{ kJ}$$

16. Experimentelle Thermochemie[10]

Einer der Meilensteine in der Entwicklung der Thermochemie war die Publikation von LAVOISIER und LAPLACE *Sur la Chaleur* (1780). Sie beschrieben einen Eiskalorimeter, in dem die durch einen bestimmten Vorgang erzeugte Wärme durch die abgeschmolzene Eismenge bestimmt wurde. Auf diese Weise bestimmten sie die Verbrennungswärme des Kohlenstoffs: »One ounce of carbon in burning melts six pounds and two ounces of ice.« Dieses Ergebnis entspricht einer Verbrennungsenthalpie von $-413{,}6$ kJ/mol; als genauester Wert gilt heute $-393{,}5$ kJ/mol. Abb. 2.5a zeigt das von LAVOISIER und LAPLACE verwendete Kalorimeter. Es wurde in den Bereichen *bbb* und *aaa* mit Eis gefüllt; die äußere Eisschicht sollte die Wärmeübertragung in das Kalorimeter verhindern. LAVOISIER und LAPLACE

---

[10] Beschreibungen kalorimetrischer Geräte und Methoden finden sich in den Publikationen der Abteilung »Thermodynamik« im National Bureau of Standards: *J. Res. NBS* **6** (1931) 1; *13* (1934) 469; *27* (1941) 289. Wohl die beste allgemeine Behandlung der experimentellen Kalorimetrie lieferte J. M. STURTEVANT in *Physical Methods of Organic Chemistry* (3. Auflage), Band 1, Teil 1, 523–654 (Hrsg. A. WEISSBERGER, Interscience, New York 1959).

bestimmten auch die von einem Meerschweinchen im Kalorimeter entwickelte Wärme und verglichen sie mit dem Betrag an »dephlogistierter Luft« (Sauerstoff), die von dem Tier verbraucht wurde. Aus ihrem Versuchsergebnis schlossen sie darauf, daß *Atmung eine Verbrennung darstellt, sicherlich eine sehr langsame, aber andererseits vollständige, ähnlich der des Kohlenstoffs. Sie findet im Innern der Lungen statt,*

Abb. 2.5a   Der Eiskalorimeter von LAVOISIER und LAPLACE (Maßstab in Zoll).

aber ohne daß sichtbares Licht ausgestrahlt würde, da der Feuerstoff bei seiner Freisetzung bald von der Feuchtigkeit dieser Organe absorbiert wird. Die bei dieser Verbrennung entwickelte Wärme wird auf das die Lungen durchströmende Blut übertragen und so auf den ganzen Körper verteilt.

Die Kalorimetrie war stets eines der exaktesten Gebiete der physikalischen Chemie, und ein enormes Maß an experimenteller Kunst wurde der Konstruktion von Kalorimetern gewidmet[11]. Die Messung von Reaktionswärmen besteht aus zwei Teilaufgaben:

1. Sorgfältige Bestimmung des chemischen Vorganges (insbesondere seiner Stöchiometrie), der die zu messende Veränderung im Kalorimeter hervorruft.
2. Messung des Betrages an elektrischer Energie, der für genau dieselbe Veränderung im Kalorimeter notwendig ist.

Die fragliche Änderung im Kalorimeter ist meistens eine Temperaturveränderung. (Eine bemerkenswerte Ausnahme bildet das Eiskalorimeter nach LAVOISIER und LAPLACE.) Zur Eichung eines Kalorimeters benützt man meist elektrische Energie, da sie mit höchster Genauigkeit bestimmt werden kann. Wenn man eine Potentialdifferenz E (Volt) an einen Widerstand R (Ohm) legt und den Strom über einen Zeitraum von t s fließen läßt, dann beträgt die freigesetzte Energie $E^2 t/R \, (= QE)$ Joule oder $E^2 t/4{,}1840 R$ cal (def.). Zur Messung der Wärmekapazität einer Substanz bestimmt man die Menge an elektrischer Energie, die eine bestimmte Temperaturerhöhung hervorruft.

[11] G. T. ARMSTRONG, *J. Chem. Ed.* 41 (1964) 297, *The Calorimeter and Its Influence on the Development of Chemistry.*

Abb. 2.5b zeigt schematisch ein Kalorimeter, das vom National Bureau of Standards für die Messung von Verbrennungswärmen entwickelt wurde. Das Kalorimeter verwendet eine Verbrennungsbombe der Art, die von BERTHELOT 1881 erfunden wurde. Man verbrennt die Probe vollständig in Sauerstoff von 25 atm Druck; der Sauerstoffdruck kann, falls erforderlich, noch gesteigert werden. Das Kalorimeter wird unter isothermen Bedingungen betrieben, wobei die Temperatur des Mantels durch einen besonderen Thermoregulator innerhalb von 0,005 °C konstant gehalten wird. Die Temperatur des Kalorimeters selbst mißt man mit einem Platinwiderstandsthermometer.

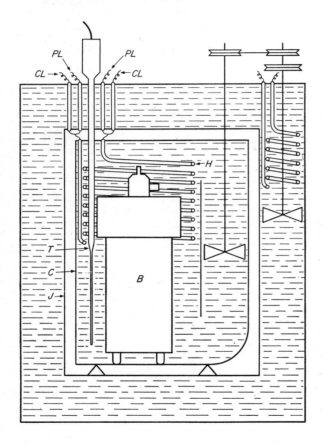

Abb. 2.5b Bombenkalorimeter des National Bureau of Standards.

B: Bombe, H: Heizspirale,
C: Kalorimetergefäß,
T: Widerstandsthermometer,
J: Wassermantel,
CL: Stromzufuhr,
PL: Spannungsabgriff.

Um die Verbrennungswärme einer Substanz zu bestimmen, wägen wir eine kleine Probe der Substanz in einem Platintiegelchen möglichst genau. Flüchtige Substanzen schmilzt man zuvor in eine Glasampulle ein. Der Tiegel wird in die Bombe eingesetzt; hernach verschraubt man den Deckel und füllt die Bombe mit Sauerstoff. Zur Zündung des Inhalts verwendet man einen elektrisch beheizten Eisendraht; die hierbei zusätzlich dem System zugeführte Wärme muß natürlich berücksichtigt werden.

Experimentelle Thermochemie

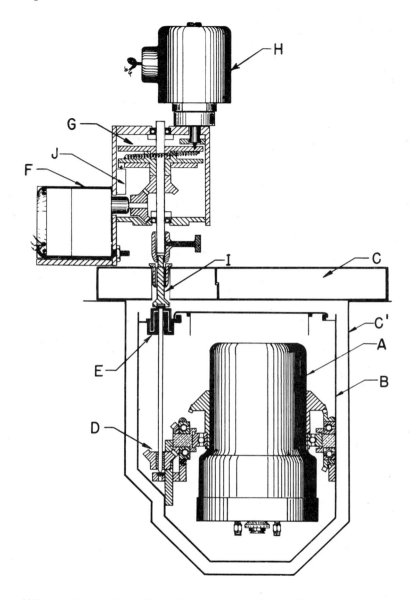

Abb. 2.6 Schematische Darstellung eines modernen Kalorimeters mit rotierender Bombe. *Die Bombe A* befindet sich im Kalorimetergefäß B, welches seinerseits in einem größeren Thermostaten C′ sitzt, welcher von einem thermostatisierten Deckel C verschlossen ist. Die Antriebswelle I wird über ein Getriebe durch einen Synchronmotor F angetrieben. E ist die öldichte Durchführung für die Antriebswelle, D ein weiteres Getriebe. Während die Bombe rotiert, wird durch das Solenoid H ein Arretierstift zurückgehalten, der sonst in einem Loch im Antriebsrad G sitzt. Ein Schalter J wird von einem umlaufenden Nocken betätigt und sendet elektrische Impulse zu einem Zähler, der den Rotor nach einer bestimmten, einstellbaren Zahl von Umdrehungen automatisch abstellt. [W. D. Good, D. W. Scott, G. Waddington, *J. Phys. Chem.* 60 (1950) 1080.]

Die Mehrzahl der tabellierten Bildungswärmen organischer Substanzen wurden aus Verbrennungswärmen ermittelt, die wiederum in solchen Kalorimeterbomben bestimmt wurden. Mit der hier geschilderten Methode erreicht man eine Genauigkeit von etwa $0{,}2^0/_{00}$ (200 ppm). Die so erzielten Werte für ΔU müssen mit [2.32] in Werte von ΔH umgerechnet werden. Die in Tab. 2.3 angegebenen Werte für ΔH wurden aus Verbrennungswärmen berechnet, die auf die hier beschriebene Weise bestimmt worden waren.

Wichtige Voraussetzungen für die genaue Bestimmung des ΔH einer bestimmten chemischen Reaktion ist die Reinheit der Ausgangsstoffe und die genaue Analyse der Reaktionsprodukte. Diese Voraussetzungen lassen sich relativ einfach erfüllen, wenn es sich bei der Reaktion um die Verbrennung einer Verbindung handelt, die nur C, N, O und H enthält. Bei Schwefel-, Halogen- oder Metallverbindungen kann eine uneinheitliche, nichtstöchiometrische Verbrennung zu beträchtlichen Fehlern führen. In bestimmten Fällen muß auch die auftretende Lösungswärme berücksichtigt werden; so erhalten wir bei Stoffen, in deren Verbrennungsprodukten H_2O und SO_3 auftreten, je nach deren relativem Verhältnis unterschiedliche Werte für das gesamte ΔH, da die Lösungswärme des SO_3 in H_2O stark von der Verdünnung, also von der relativen Menge von SO_3 und H_2O abhängt. Ein Teil dieser Schwierigkeiten läßt sich durch das an der Universität Lund entwickelte Kalorimeter mit rotierender Bombe vermeiden, bei dem der Inhalt der Bombe durchgerührt wird. Abb. 2.6 zeigt eine derartige Vorrichtung, die von W. D. Good, D. W. Scott, und G. Waddington entwickelt wurde. Durch die rotierende Bombe wurde der Bereich zuverlässiger thermochemischer Messungen beträchtlich erweitert. So wurde die folgende Reaktion in der Weise untersucht, daß zunächst das Metallcarbonyl in Sauerstoff verbrannt wurde; die Oxidationsprodukte wurden anschließend in HNO_3 gelöst:

$$Mn_2(CO)_{10} + 4\,HNO_3 + 6\,O_2 \rightarrow 2\,Mn(NO_3)_2 + 10\,CO_2 + 2\,H_2O$$

Aus den bekannten Bildungsenthalpien des $Mn(NO_3)_2$, CO_2, H_2O und HNO_3 läßt sich die Bildungsenthalpie des Carbonyls berechnen.

Wenn sich die zu bestimmende Reaktionsenthalpie nicht auf eine Verbrennung bezieht, dann sprechen wir von *Reaktionskalorimetrie*. Ein interessantes Beispiel ist die Bestimmung der Bildungsenthalpie von XeF_4 nach folgender Gleichung:

$$XeF_4(s) + 4\,KJ(aq) \rightarrow Xe + 4\,KF(aq) + 2\,J_2(s)$$

Die Standardbildungsenthalpie ergab sich zu $\Delta H^\ominus_{298}(XeF_4) = -251$ kJ.

17. Wärmeleitungskalorimeter

Die im vorhergehenden Abschnitt beschriebenen Kalorimeter waren im wesentlichen *adiabatisch*, da ihre Konstruktion den Wärmeübergang zwischen Reaktionsgefäß und Umgebung auf ein Minimum reduzieren soll. Wenn man statt dessen eine ziemlich ungehinderte Wärmeübertragung durch eine Kombination aus zahlreichen Thermoelementen zuläßt, dann kann man die Wärmeübertragung vom reagierenden System auf die Umgebung durch einfache zeitliche Integration der Thermospannung messen. Kalorimeter dieser Art nennt man *Wärmeleitungskalorimeter*. Sie können sowohl für stationäre als auch für fließende Systeme verwendet werden. Meist sind sie als Doppelkalorimeter konstruiert, bei denen die Wärmeübertragung aus dem Reaktionsgefäß kontinuierlich durch Wärmeübertragung aus einem Vergleichsgefäß ausgeglichen wird.

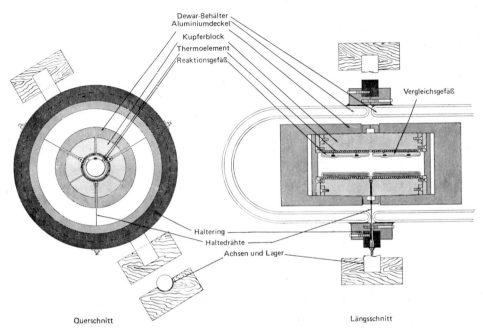

Abb. 2.7a Wärmestoß-(heatburst)-Kalorimeter nach T. H. BENZINGER (Konstruktion von Beckman Instrument Company).

Abb. 2.7a zeigt ein von BENZINGER und KITZINGER[12] konstruiertes Kalorimeter für die Untersuchung biochemischer Reaktionen nach der Methode des Wärmestoßes (*heatburst calorimetry*). Die Anwendung dieser Methode auf die Messung der Reaktionsenthalpie für eine Antigen-Antikörper-Reaktion zeigt Abb. 2.7b. Der gesamte Temperaturanstieg betrug lediglich 10^{-5} K; die gemessene Wärme betrug $-1{,}21 \cdot 10^{-2}$ J. Dies entspricht einem Betrag von $-30{,}5$ kJ/mol Antikörper. Wesentlich einfacher war die Messung der Hydrolyse von Adenosintriphosphat (ATP):

$$\mathrm{ATP^{4-} + H_2O \rightarrow ADP^{3-} + HPO_4^{2-} + H^+}$$

Die Standardenthalpie dieser Reaktion wurde zu $\Delta H^{\ominus}_{298} = -22{,}2$ kJ bei pH 7,0 bestimmt.

[12] *Methods of Biochemical Analysis* 8 (1960) 309.

70   2. Kapitel: Chemische Energetik; I. Hauptsatz

Das Wärmeleitungskalorimeter läßt sich gut für fließende Systeme verwenden, bei denen die reagierenden Stoffe im Kalorimeter gemischt werden. Interessante biochemische Untersuchungen wurden so von J. M. STURTEVANT et al.[13] durchgeführt.

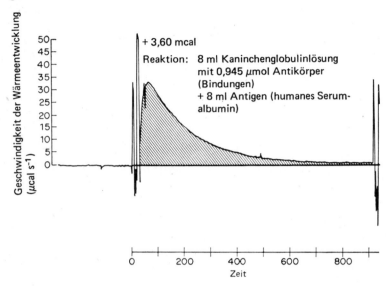

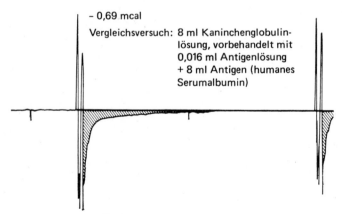

Abb. 2.7b   Messung der Reaktionsenthalpie ΔH einer immunchemischen Reaktion. Oben: Spezifische Antigen-Antikörper-Reaktion. Unten: Wärmeentwicklung nach der Entfernung eines spezifischen Antikörpers durch vorhergehende Reaktion mit einer kleinen Menge Antigen. (Zeitskala in Sekunden.)

[13] J. M. STURTEVANT, *Flow Calorimetry*, Fractions (Beckman Instruments Co.) 1969, No. 1, S. 1;
    J. M. STURTEVANT und P. A. LYONS, *J. Chem. Thermodynamics* 1 (1969) 201;
    R. W. MENKINS et al., *Biochemistry* 8 (1969) 1874.

18. Lösungs- und Verdünnungswärmen

Bei vielen chemischen Reaktionen befinden sich ein oder mehrere Reaktionsteilnehmer in der Lösung; die Untersuchung von Lösungswärmen ist also ein wichtiger Zweig der Thermochemie. Hierbei ist es wichtig, zwischen den *integralen* und den *differentiellen Lösungswärmen* zu unterscheiden.

Ein wohlbekanntes Beispiel ist die Herstellung einer verdünnten Lösung von Schwefelsäure. Wenn wir unter stetigem Rühren die Säure in Wasser gießen, dann wird die Lösung immer heißer. Es läßt sich jedoch leicht beobachten, daß die Erwärmungsgeschwindigkeit um so kleiner wird, je mehr Schwefelsäure die Lösung schon enthält. Für die Herstellung einer Mischung aus 1 Mol H_2SO_4 und n_1 Molen H_2O können wir folgende Gleichung anschreiben:

$$H_2SO_4(l) + n_1 H_2O \rightarrow H_2SO_4 (n_1 H_2O)$$

Die auf 1 mol H_2SO_4 bezogene Lösungsenthalpie ΔH_s nennen wir die *integrale Lösungsenthalpie*; sie hängt von der Zahl von Molen H_2O ab, in denen wir das eine Mol H_2SO_4 lösen. Wenn wir die Zusammensetzung der Mischung in Molenbrüchen angeben, dann haben wir im vorliegenden Fall

$$X_2(H_2SO_4) = \frac{1}{n_1+1} \quad \text{und} \quad X_1(H_2O) = \frac{n_1}{n_1+1}$$

Tab. 2.4 zeigt die gemessenen Werte von ΔH_s für verschiedene Werte von n_1. Mit zunehmendem Wert von n_1 – mit zunehmender Verdünnung der Lösung – nimmt der Wert von ΔH_s/mol H_2SO_4 zu, bis ein Grenzwert von $\Delta H_s = -96{,}19$ kJ/mol erreicht wird. Diesen nennt man die *integrale Lösungsenthalpie bei un-*

n_1/n_2 mol H_2O/mol H_2SO_4	$-\Delta H_s (298{,}15 \text{ K})$ kJ/mol H_2SO_4
0,5	15,73
1,0	28,07
1,5	36,90
2,0	41,92
5,0	58,03
10,0	67,03
20,0	71,50
50,0	73,35
100,0	73,97
1 000,0	78,58
10 000,0	87,07
100 000,0	93,64
∞	96,19

Tab. 2.4 Integrale Lösungsenthalpien für die Reaktion $H_2SO_4(l) + n_1 H_2O \rightarrow H_2SO_4 (n_1 H_2O)$

endlicher Verdünnung. Wenn man die Werte für ΔH_s gegen n_2/n_1, also gegen das Verhältnis von H_2SO_4 zu H_2O abträgt, dann erhält man die in Abb. 2.8 gezeigte Kurve.

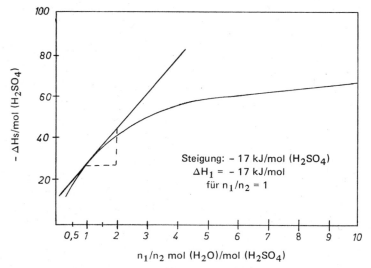

Abb. 2.8 Integrale Lösungsenthalpie für H_2SO_4 in H_2O in Abhängigkeit vom Molverhältnis H_2O/H_2SO_4. Die Steigung der Kurve bei einer bestimmten Zusammensetzung liefert die differentielle molare Lösungsenthalpie ΔH_1 für H_2SO_4 in H_2O. Für $n_1/n_2 = 1$ ist $\Delta H_1 = -17\,\text{kJ/mol}$.

Die Differenz zwischen den integralen Lösungsenthalpien zweier Lösungen verschiedener Konzentration nennt man die *Verdünnungsenthalpie.* Nach Tab. 2.4 ist zum Beispiel

$$H_2SO_4\ (n_1/n_2 = 1{,}0) \to H_2SO_4\ (n_1/n_2 = 5{,}0)$$

oder

$$H_2SO_4\ (1{,}0\,H_2O) + 4\,H_2O \to H_2SO_4\ (5{,}0\,H_2O)$$

$$\Delta H_{\text{dil}} = -29{,}96\ \text{kJ/mol}\ H_2SO_4$$

Die Bezeichnung »integrale Lösungsenthalpie« ergibt sich aus der Summierung aller Werte von ΔH bei der allmählichen Zugabe des Solvendums zum Solvens, bis schließlich die gewünschte Konzentration von einem Mol Solvendum auf n_1 Mole Solvens erreicht ist.

Wir wollen nun die Enthalpieänderung messen, die sich bei Zugabe von 1 Mol H_2SO_4 zu einer Mischung aus n_1 Molen H_2O und n_2 Molen H_2SO_4 ergibt. Offenbar hängt die Enthalpieänderung in diesem Fall von der gewünschten Endkonzentration ab; wir schreiben daher ΔH als Funktion von n_1 und n_2: $\Delta H_2\ (n_1, n_2)$. Die Größe ΔH_2 nennen wir die *differentielle Lösungsenthalpie* der Schwefelsäure für die angegebene Endkonzentration. Natürlich können wir nicht H_2SO_4 in einer

Mischung aus H_2SO_4 und H_2O lösen, ohne daß die Zusammensetzung der Lösung verändert wird; wir müssen die differentielle Lösungsenthalpie daher als den Grenzwert von $\Delta H/\Delta n_2$ bei konstantem n_1 definieren, wenn $\Delta n_2 \to 0$. Es ist daher

$$\Delta H_2 = \lim_{-\Delta n_2} \left(\frac{\Delta H}{\Delta n_2}\right)_{n_1} = \left(\frac{\partial \Delta H}{\partial n_2}\right)_{n_1} \qquad [2.34]$$

Die Steigung der Kurve in Abb. 2.8 (integrale Lösungsenthalpien gegen n_2/n_1) liefert uns also für eine beliebige Zusammensetzung n_2/n_1 die differentielle Lösungsenthalpie ΔH_2 für diesen Punkt.

Der Zusammenhang zwischen der integralen und differentiellen Lösungsenthalpie kann folgendermaßen gezeigt werden. Das integrale ΔH hängt von den Molzahlen n_1 und n_2 beider Komponenten ab:

$$\Delta H_s = \Delta H_s(n_1, n_2)$$

Für eine Änderung bei konstantem T und P gilt daher:

$$d(\Delta H_s) = \left(\frac{\partial \Delta H_s}{\partial n_1}\right)_{n_2} dn_1 + \left(\frac{\partial \Delta H_s}{\partial n_2}\right)_{n_1} dn_2 \qquad [2.35]$$

Die partielle Ableitung $\dfrac{\partial \Delta H_s}{\partial n_1} = \Delta H_1$ ist die differentielle Lösungswärme der Komponente 1, also zum Beispiel des Lösemittels. Analog ist $\dfrac{\partial \Delta H_s}{\partial n_2} = \Delta H_2$ die differentielle Lösungswärme der Komponente 2, also zum Beispiel des Solvendums. Es ist also nach [2.34]:

$$d(\Delta H_s) = \Delta H_1 dn_1 + \Delta H_2 dn_2 \qquad [2.36]$$

Durch Integrieren bei konstanter Zusammensetzung ($\Delta H_1, \Delta H_2 = $ const) erhalten wir:

$$\Delta H_s = \Delta H_1 n_1 + \Delta H_2 n_2 \qquad [2.37]$$

Aus dieser Beziehung können wir ΔH_1 berechnen, wenn wir ΔH_2 und ΔH_s kennen. Andere Methoden zur Bestimmung von ΔH_1 und ΔH_2 werden wir in Kapitel 7 kennenlernen.

19. Temperaturabhängigkeit der Reaktionsenthalpie

Manchmal können wir das ΔH einer Reaktion nur bei *einer* Temperatur messen, wollen es aber für eine andere Temperatur wissen. Diese Situation wird durch das folgende Schema verdeutlicht:

$$T_2: \qquad \text{Ausgangsstoffe} \xrightarrow{\Delta H_{T_2}} \text{Endprodukte}$$
$$C_P^A(T_2 - T_1) \uparrow \qquad\qquad \uparrow C_P^E(T_2 - T_1)$$
$$T_1: \qquad \text{Ausgangsstoffe} \xrightarrow{\Delta H_{T_1}} \text{Endprodukte}$$

Diesem Diagramm liegt zugrunde, daß die Molwärmen C_P über den betrachteten Temperaturbereich konstant sind. C_P^A bedeutet die Summe der Molwärmen für alle Ausgangsstoffe in der stöchiometrischen Reaktionsgleichung; analog bedeutet C_P^E die Summe der Molwärmen der Endprodukte. Nach dem I. Hauptsatz muß nun sein:

$$\Delta H_{T_1} + C_P^E (T_2 - T_1) = C_P^A (T_2 - T_1) + \Delta H_{T_2}$$

oder

$$\Delta H_{T_2} - \Delta H_{T_1} = \left(C_P^E - C_P^A\right)(T_2 - T_1) \qquad [2.38]$$

Wenn wir die Differenz der Molwärmen der Endprodukte und Ausgangsstoffe mit ΔC_P bezeichnen, dann bekommt [2.34] die folgende Form:

$$\frac{\Delta H_{T_2} - \Delta H_{T_1}}{T_2 - T_1} = \Delta C_P \qquad [2.39]$$

Wenn die Temperaturdifferenz $T_2 - T_1$ sehr klein wird, können wir diese Gleichung in differentieller Form schreiben:

$$\left(\frac{\partial \Delta H}{\partial T}\right)_P = \Delta C_P \quad \text{oder} \quad \left(\frac{\partial \Delta U}{\partial T}\right)_V = \Delta C_V \qquad [2.40]$$

Hiernach sind Reaktionsenthalpie und -energie Zustandsfunktionen; ihre Temperaturabhängigkeit wird durch die Temperaturabhängigkeit der Molwärmen bestimmt.

Diese Gleichungen wurden zuerst von G. R. KIRCHHOFF im Jahr 1858 erhalten. Der KIRCHHOFFsche Satz läßt sich folgendermaßen in Worten ausdrücken:

Die Änderung der Reaktionswärmen mit der Temperatur ist gleich der Differenz der Molwärmen von Endprodukten und Ausgangsstoffen.

Der KIRCHHOFFsche Satz enthält insofern eine unzulässige Vereinfachung, als die Molwärmen ihrerseits eine Funktion der Temperatur sind. Dies läßt sich, meist mit hinreichender Genauigkeit, dadurch berücksichtigen, daß man den Mittelwert der Molwärme über dem betrachteten Temperaturbereich einsetzt.

Als praktisches Beispiel für die Verwendung von [2.39] wollen wir die folgende Reaktion betrachten:

$$H_2O\,(g) \to H_2 + \frac{1}{2} O_2 \quad \Delta H^\ominus = 241\,750 \text{ J bei } 18\,°C$$

Welchen Wert würde $\Delta H^\ominus$ bei 25 °C haben?

Wegen der kleinen Temperaturdifferenz können wir die Werte von C_P als konstant ansehen:

$$C_P(H_2O) = 33{,}56;\ C_P(H_2) = 28{,}83;\ C_P(O_2) = 29{,}12 \text{ J K}^{-1}\,\text{mol}^{-1}$$

Es ist also:

$$\Delta C_P = C_P(H_2) + \frac{1}{2} C_P(O_2) - C_P(H_2O) = 28{,}83 + \frac{1}{2} \cdot 29{,}12 - 33{,}56$$
$$= 9{,}83 \text{ J K}^{-1}\,\text{mol}^{-1}$$

Diesen Wert setzen wir in [2.39] ein:

$$\frac{\Delta H^\ominus_{298} - 241\,750}{298 - 291} = 9{,}83$$

$$\Delta H^\ominus_{298} = 241\,820 \text{ J}$$

Um bei der Integration von [2.40] genauere Werte zu erhalten, brauchen wir Ausdrücke für die Molwärmen der Ausgangsstoffe und Endprodukte über den interessierenden Temperaturbereich.

Die experimentell bestimmten Werte für die Molwärmen lassen sich durch eine Exponentialreihe ausdrücken, in der die Temperatur in den additiven Gliedern mit zunehmend höheren Exponenten auftritt:

$$C_P = a + bT + cT^2 + \cdots \qquad [2.41]$$

Einige Zahlenwerte der Konstanten für verschiedene Gase sind in Tab. 2.5 gezeigt. Solche Gleichungen, bei denen man sich mit drei additiven Termen begnügt, geben die experimentellen Werte in einem Temperaturbereich von 273···1500 K innerhalb einer Toleranz von 0,5% wieder. Wenn man diesen Reihenausdruck für C_P in [2.40] einsetzt, dann läßt sich die Integration analytisch durchführen[14].

Gas	a	$b \cdot 10^3$	$c \cdot 10^7$
H_2	29,07	−0,836	20,1
O_2	25,72	12,98	−38,6
Cl_2	31,70	10,14	−2,72
Br_2	35,24	4,075	−14,9
N_2	27,30	5,23	−0,04
CO	26,86	6,97	−8,20
HCl	28,17	1,82	15,5
HBr	27,52	4,00	6,61
H_2O	30,36	9,61	11,8
CO_2	26,00	43,5	−148,3
Benzol	−1,18	32,6	−1100
n-Hexan	30,60	438,9	−1355
CH_4	14,15	75,5	−180

Tab. 2.5 Die Molwärme von Gasen zwischen 273 und 1500 K [nach H. M. Spencer, *J. Am. Chem. Soc. 67* (1945) 1858 sowie Spencer und Justice, *ibid. 56* (1934) 2311]:
$C_P = a + bT + cT^2$ (C_P in J K^{-1} mol^{-1})

Für die Änderung der Standardenthalpie bei konstantem Druck gilt nun:

$$d(\Delta H^\ominus) = \Delta C_P\, dT = (A + BT + CT^2 + \cdots)\, dT$$

$$\Delta H^\ominus_T = \Delta H^\ominus_0 + AT + \frac{1}{2} BT^2 + \frac{1}{3} CT^3 + \cdots \qquad [2.42]$$

[14] Für das ΔC_P der Ammoniaksynthese
  $1/2\, N_2 + 3/2\, H_2 \rightarrow NH_3$
 gilt zum Beispiel:
  $\Delta C_P = C_P(NH_3) - 1/2\, C_P(N_2) - 3/2\, C_P(H_2)$

Hierin sind A, B, C ... die Summen der einzelnen Werte für a, b, c ... in [2.41].
Die Größe $\Delta H_0^\ominus$ ist die Integrationskonstante.

Es ist $\Delta C_P = (C_P)_2 - (C_P)_1 = a_2 - a_1 + (b_2 - b_1) T + (c_2 - c_1) T^2 + \cdots$
Wir setzen $A = a_2 - a_1$, $B = b_2 - b_1$ und $C = c_2 - c_1$.
Da ΔC_P die Differenz der molaren Wärmekapazitäten vom Ausgangs- und Endprodukt ist, bezeichnet der Index 1 den Ausgangsstoff und der Index 2 das Endprodukt.

Mit einer Messung von $\Delta H^\ominus$ bei einer beliebigen, aber bekannten Temperatur T können wir also die Konstante $\Delta H_0^\ominus$ in [2.42] bestimmen. Hiermit können wir wiederum $\Delta H^\ominus$ (innerhalb des Geltungsbereiches der Gleichung für die Wärmekapazität) bei irgendeiner anderen Temperatur berechnen.

Mittlerweile stehen ausführliche Enthalpietabellen zur Verfügung, die $H_T - H_0$ als Funktion von T über einen großen Temperaturbereich angeben. Bei Verwendung dieser Tabellen wird bei der Berechnung von Werten für $\Delta H_T^\ominus$ ein direkter Bezug zu den Molwärmen unnötig.

20. Bindungsenergien

Seit den grundlegenden Untersuchungen von VAN'T HOFF haben die Chemiker danach getrachtet, Struktur und Eigenschaften von Molekeln in Begriffen von Bindungen und Bindungsenergien zwischen Atomen auszudrücken. In vielen Fällen ist es in guter Annäherung möglich, die Bildungsenthalpie einer Molekel als additive Eigenschaft der Bindungen auszudrücken, die den Molekelverband zusammenhalten. Diese Formulierung hat zur Vorstellung der *Bindungsenergie* geführt.

Wir betrachten als Beispiel eine Reaktion, bei der die Bindung in der Molekel A–B gebrochen wird:

$$A\text{–}B(g) \rightarrow A(g) + B(g) \qquad [2.43]$$

Die *Bindungsenergie* A–B wurde nun von verschiedenen Autoren unterschiedlich definiert:

(a) Die *Energieänderung* $\Delta U_0^\ominus$ beim absoluten Nullpunkt.

(b) Die *Enthalpieänderung* $\Delta H_0^\ominus$ beim absoluten Nullpunkt.

(c) Die *Enthalpieänderung* $\Delta H_{298}^\ominus$ bei 298,15 K.

Die ersten beiden Definitionen haben Bedeutung bei der Diskussion von Molekelstrukturen; bei der Berechnung der Dissoziationsenergien von Molekeln bezieht man sich oft auf spektroskopische Daten. Die letzte Definition ist gebräuchlicher im Zusammenhang mit thermochemischen Daten und bei der Berechnung von Reaktionsenthalpien. Bei unseren eigenen Diskussionen bedienen wir uns der Definition (c) und bedienen uns dabei der von BENSON[15] vorgeschlagenen Bezeichnung von Bindungsenergien.

[15] S. BENSON, *J. Chem. Ed. 42* (1965) 502.

Bindungsenergien

Demnach ist die Bindungsenergie (Dissoziationsenergie) $DH^\ominus$ $(A-B)$ der Bindung $A-B$ definiert als die Reaktionsenthalpie $\Delta H^\ominus_{298}$ der Reaktion [2.43]. Diese Größe nennt man korrekterweise *Bindungsenthalpie*, und wir werden diese Bezeichnung im folgenden auch anwenden.

Die Spezies A und B in [2.43] können Atome, aber auch Molekelbruchstücke, zum Beispiel Radikale, sein. Die Bindungsenergie $DH^\ominus$ der C–C-Bindung im Äthan wäre zum Beispiel das $\Delta H^\ominus_{298}$ der Reaktion

$$C_2H_6 \rightarrow 2\,CH_3$$

Der Wert für die Bindungsenergie hängt nicht nur von der Natur der betrachteten Bindung, sondern auch von der intramolekularen Nachbarschaft der Bindung in der betreffenden Molekel ab. Wenn wir zum Beispiel von einer Methanmolekel die Wasserstoffatome einzeln und nacheinander entfernen, dann erhalten wir das folgende Reaktionsschema:

$$DH^\ominus$$

(1) $CH_4 \rightarrow CH_3 + H$ 422 kJ/mol
(2) $CH_3 \rightarrow CH_2 + H$ 364 kJ/mol
(3) $CH_2 \rightarrow CH + H$ 385 kJ/mol
(4) $CH \rightarrow C + H$ 335 kJ/mol

Aus dieser Zusammenstellung sehen wir, daß für jede einzelne dieser Dissoziationsreaktionen eine andere Energie notwendig ist. Besonders stabil dabei die ursprüngliche CH_4-Molekel und das Methylen. Selbstverständlich entfällt bei der unversehrten Methanmolekel auf jede CH-Bindung dieselbe Bindungsenthalpie. Es sei noch erwähnt, daß die Bindungsenergien in Radikalen und sonstigen Molekelbruchstücken nicht auf die übliche Weise, also zum Beispiel aus Verbrennungswärmen, bestimmt werden können. Solche Werte erhält man vor allem aus massenspektrometrischen oder flammenspektroskopischen Daten.

Für viele Zwecke würde uns eine viel einfachere Information genügen. Die vier C—H-Bindungen im Methan sind äquivalent. Wenn wir uns vorstellen, daß ein Kohlenstoffatom mit vier Wasserstoffatomen unter Bildung von Methan reagiert, dann können wir sagen, daß 1/4 dieser gesamten Reaktionswärme der Durchschnittsenergie einer C—H-Bindung im Methan entspräche. Die hier betrachtete Reaktion läßt sich folgendermaßen formulieren:

$$C + 4\,H \rightarrow CH_4$$

Um die Bindungsenergien zu berechnen, gehen wir nicht von den Standardbildungsenthalpien der Molekeln aus ihren Elementen im Standardzustand aus, sondern vielmehr von den atomaren Bildungsenthalpien, die sich beim Vorliegen der Ausgangsstoffe im atomaren Zustand ergeben. Würden wir für alle Elemente die »Atomisierungswärmen« kennen, dann könnten wir hieraus die Bindungsenergien beliebiger Molekeln aus deren Standardbildungswärme berechnen. In den meisten Fällen ist es nicht zu schwierig, die Bildungswärmen für den atomaren Zustand

der Elemente (monatomare Gase) zu erhalten. Da zum Beispiel Metalle im gasförmigen Zustand grundsätzlich monatomar sind, ist ihre atomare Bildungsenthalpie ΔH identisch mit ihrer Sublimationswärme.
Es ist zum Beispiel:

$$\text{Mg(s)} \rightarrow \text{Mg(g)} \quad \Delta H^{\ominus}_{298} = 150{,}2 \text{ kJ}$$

$$\text{Ag(s)} \rightarrow \text{Ag(g)} \quad \Delta H^{\ominus}_{298} = 289{,}2 \text{ kJ}$$

In anderen Fällen können die Atomisierungsenthalpien aus den Dissoziationsenergien diatomarer Gase erhalten werden:

$$\frac{1}{2} \text{Br}_2(\text{g}) \rightarrow \text{Br}(\text{g}) \quad \Delta H^{\ominus}_{298} = 111{,}9 \text{ kJ}$$

$$\frac{1}{2} \text{O}_2(\text{g}) \rightarrow \text{O}(\text{g}) \quad \Delta H^{\ominus}_{298} = 249{,}2 \text{ kJ}$$

In einigen wenigen Fällen war es allerdings extrem schwierig, die Atomisierungswärmen zu bestimmen. Geradezu notorisch ist der Fall des Kohlenstoffs. Die Berechnung aller Bindungsenergien organischer Molekeln hängt von der Sublimationswärme des Graphits ab:

$$\text{C (Graphit)} \rightarrow \text{C(g)}$$

Bis zum heutigen Tage sind sich nicht alle Forscher einig über den korrekten Wert; der zuverlässigste Wert für die Sublimationsenergie des Graphits scheint jedoch zu sein

$$\Delta H^{\ominus}_{298} = 716{,}68 \text{ kJ}$$

Tab. 2.6 zeigt einige Standardbildungsenthalpien von Elementen (*atomare Bildungsenthalpien*). Diese Werte geben an, welche Energie aufgebracht werden muß, um ein Element aus seinem Standardzustand in den gasförmigen, atomaren Zustand überzuführen.

Mit diesen Werten ist es möglich, die Bindungsenergien aus den Standardbildungsenthalpien zu berechnen. Als Beispiel wählen wir die Berechnung der OH-Bin-

Element	$\Delta H^{\ominus}_{298}$ (kJ)	Element	$\Delta H^{\oplus}_{298}$ (kJ)
H	217,97	N	472,70
O	249,17	P	314,6
F	78,99	C	716,68
Cl	121,68	Si	455,6
Br	111,88	Hg	60,84
J	106,84	Ni	425,14
S	278,81	Fe	404,5

Tab. 2.6 Standardenthalpien für die Überführung von Elementen in den atomaren Zustand (nach dem *NBS Circular* 500 und den *NBS Technical Notes* 270-1 und 270-2)

Bindungsenergien

dungsenergie in Wasser aus thermochemischen Daten. Wir stellen hierzu das folgende Reaktionsschema auf:

$$2\,\mathrm{H} \to \mathrm{H}_2 \qquad \Delta H^\ominus_{298} = -436{,}0 \text{ kJ}$$
$$\mathrm{O} \to 1/2\,\mathrm{O}_2 \qquad \Delta H^\ominus_{298} = -249{,}2 \text{ kJ}$$
$$\mathrm{H}_2 + 1/2\,\mathrm{O}_2 \to \mathrm{H}_2\mathrm{O} \qquad \Delta H^\ominus_{298} = -241{,}8 \text{ kJ}$$

$$\overline{2\,\mathrm{H} + \mathrm{O} \to \mathrm{H}_2\mathrm{O} \qquad \Delta H^\ominus_{298} = -927{,}0 \text{ kJ}}$$

Diese atomare Bildungswärme des Wassers ist zugleich auch die Bildungsenthalpie für 2 OH-Bindungen. Die OH-Bindungsenergie in gasförmigem Wasser ist demnach $DH^\ominus = 927{,}0/2 = 463{,}5$ kJ. Man beachte, daß die OH-Bindungsenergie und die Dissoziationsenthalpie des Wassers (HOH → H + OH) verschieden sind; letztere beträgt 498 kJ.

Die wichtigsten Methoden zur Bestimmung von Bindungsenergien sind die Molekelspektroskopie, die Thermochemie und die Elektronenstoßfragmentierung. Bei der letzteren Methode wird der Molekularstrahl in einem Massenspektrometer mit Elektronen beschossen, deren Energie allmählich erhöht wird, bis die Molekeln durch die auftreffenden Elektronen in Bruchstücke zerschlagen werden. Die spektroskopische Methode wird in Abschnitt 17–10 diskutiert. Die aus spektroskopischen Daten berechnete Bindungsenergie ist das $\Delta U^\ominus_0$. Aus diesem Wert läßt sich wiederum die Standardbildungsenthalpie $\Delta H^\ominus_{298}$ berechnen. Nach [2.33] wird für $\Delta n = 0$ $\Delta H^\ominus_0 = \Delta U^\ominus_0$; mit [2.38] erhalten wir daher:

$$\Delta H^\ominus_{298} = \Delta H^\ominus_0 + \Delta C_P \cdot \Delta T$$

Für die Reaktion [2.43] können wir annehmen, daß sich die Ausgangsstoffe und Reaktionsprodukte wie ideale Gase verhalten und daß nur Translations- und Rotationsfreiheitsgrade zur Wärmekapazität bei 298 K beitragen (S. 162f). Es ist daher $C_P = 2\,(5/2)\,R - 7/2\,R = 3/2\,R$ und

$$\Delta H^\ominus_{298} = \Delta U^\ominus_0 + 3/2\,R \cdot 298 = \Delta U^\ominus_0 + 3{,}75 \text{ kJ}$$

Das $\Delta H^\ominus$ bestimmter Bindungen (C—H, C—C, C—O usw.) hat bei verschiedenen Verbindungen in erster Näherung denselben Wert. Diese mittleren Bindungsenthalpien wurden tabelliert und eignen sich für die Abschätzung des $\Delta H^\ominus$ für chemische Reaktionen. Die individuellen Bindungen lassen sich in drei große Klassen einordnen: die Einfach-, Doppel- und Dreifachbindungen. Die Bindungsenergien der Vertreter dieser drei Klassen liegen in drei Bereichen, die sich gegenseitig etwas überlappen. So hat die N=N-Bindung in organischen Verbindungen eine Energie von rund 420 kJ/mol. Dieser Wert wird meist von den meisten X—H-Bindungen erreicht oder übertroffen. Stärkere Abweichungen von der mittleren Bindungsenergie beobachtet man bei stark polarisierten Bindungen, bei Einfachbindungen in Nachbarschaft zu Mehrfachbindungen (H—C≡C—H), bei konjugierten Mehrfachbindungen und bei Verbindungen mit Elektronenlücken am

	S	Si	J	Br	Cl	F	O	N	C	H
H	339	339	299	366	432	563	463	391	413	436
C	259	290	240	276	328	441	351	292	348	
N	...	...	...	...	200	270	...	161		
O	...	369	...	...	203	185	139			
F	...	541	258	237	254	153				
Cl	250	359	210	219	243					
Br	...	289	178	193						
J	...	213	151							
Si	227	177								
S	213									

Tab. 2.7 Mittlere Bindungsenthalpien in kJ/mol von Einfachbindungen (nach L. PAULING, *Die Natur der chemischen Bindung*, 3. Auflage, Verlag Chemie GmbH, Weinheim 1967)

Dreifach-bindungen	$DH^\ominus$	Doppel-bindungen	$DH^\ominus$	Einfach-bindungen	$DH^\ominus$	Einfach-bindungen	$DH^\ominus$
$|N\equiv N|$	946	$CH_2=CH_2$	682	CH_3-CH_3	368	CH_3-H	435
$HC\equiv CH$	962	$CH_2=\underline{O}$	732	H_2N-NH_2	243	NH_2-H	431
$HC\equiv N|$	937	$\cdot\underline{O}=\underline{O}\cdot$	498	$HO-OH$	213	$HO-H\cdot$	498
$|C\equiv O|$	1075	$H\underline{N}=\underline{O}$	481	$F-F$	159	$F-H$	569
		$H\underline{N}=\underline{N}H$	456	CH_3-Cl	349	CH_3-NH_2	331
		$CH_2=\underline{N}H$	644	NH_2-Cl	251	CH_3-OH	381
				$HO-Cl$	251	CH_3-F	452
				$F-Cl$	255	CH_3-J	234
						$F-J$	243

Tab. 2.8 Bindungsenthalpien in kJ/mol von Einfach- und Mehrfachbindungen in bestimmten Verbindungen

Zentralatom, wenn ein nicht bindiges Elektronenpaar teilweise in die Lücke gezogen wird (H_3BO_3). Einen Sonderfall stellen aromatische Verbindungen mit durchgehendem π-Elektronensystem dar.

Tab. 2.7 gibt eine Zusammenstellung der mittleren Bindungsenthalpien $DH^\ominus$ für Einfachbindungen (nach L. PAULING). Die Bindungsenthalpien für Einfach- und Mehrfachbindungen in bestimmten Molekeln zeigt Tab. 2.8.

Als Beispiel für die Verwendung der tabellierten Bindungsenthalpien zur Abschätzung der Standardbildungsenthalpie wollen wir das Äthanol C_2H_5OH betrachten:

$$\begin{array}{c} H\ \ H \\ |\ \ \ | \\ H-C-C-O-H \\ |\ \ \ | \\ H\ \ H \end{array}$$

		$DH^\ominus$, kJ/mol
1 C—C		348
5 C—H	$5 \cdot 413 =$	2065
1 C—O		351
1 O—H		463

Es ist hiernach:

$$2\,C\,(g) + 1\,O\,(g) + 6\,H\,(g) \rightarrow C_2H_5OH\,(g) \quad \Delta H^\ominus_{298} \equiv -\sum DH^\ominus = -3227\,\text{kJ/mol}$$

Als Summe der Atomisierungsenthalpien (Differenzen der Enthalpien der Ausgangsstoffe in den Standardzuständen und im atomaren Zustand) erhalten wir mit Tab. 2.6:

$$
\begin{array}{lll}
2\,\text{C (Graphit)} \rightarrow 2\,\text{C (g)} & 2 \cdot 717 & = 1434 \\
1/2\,\text{O}_2 \rightarrow \text{O} & & 249 \\
3\,\text{H}_2 \rightarrow 6\,\text{H} & 6 \cdot 218 & = 1308 \\
\hline
& & 2991 \text{ kJ/mol}
\end{array}
$$

Für die Standardbildungsenthalpie des Äthanols gilt daher:

$$2\,\text{C (Graphit)} + 1/2\,\text{O}_2 + 3\,\text{H}_2 \rightarrow \text{C}_2\text{H}_5\text{OH (g)} \quad \Delta H^{\ominus}_{298} = -236 \text{ kJ/mol}$$

Der experimentelle Wert beträgt $\Delta H^{\ominus}_{298} = -238$ kJ/mol; die Übereinstimmung ist in diesem Fall besonders gut. In anderen Fällen ist die Differenz weit größer.

21. Die chemische Affinität

Viele der früheren Untersuchungen über Reaktionswärmen wurden von JULIUS THOMSEN und MARCELLIN BERTHELOT in der zweiten Hälfte des 19. Jahrhunderts durchgeführt. Diese Forscher wurden zu ihrem sehr umfangreichen Programm thermochemischer Messungen durch die Überzeugung inspiriert, daß die Reaktionswärme ein Maß für die chemische Affinität der Ausgangsstoffe der betrachteten Reaktion darstelle. BERTHELOT schrieb 1878 in seinem »Essai de Mécanique chimique«:

> *Jede chemische Veränderung, die ohne die Mitwirkung äußerer Energie abläuft, neigt zur Bildung des Stoffes oder des Systems von Stoffen, das mit der stärksten Wärmeentwicklung verknüpft ist.*

Obwohl, wie OSTWALD in einer ungewöhnlich sarkastischen Laune bemerkte, Berthelot nicht die Priorität für dieses irrtümliche Prinzip gebührt, *sind Berthelot jedoch unzweifelhaft die zahlreichen Methoden zuzuschreiben, die er zur Erklärung jener Fälle fand, in denen das sog. Prinzip im Gegensatz zu den Tatsachen steht. Insbesondere fand er in der Annahme der teilweisen Zersetzung oder Dissoziation einer oder mehrerer der reagierenden Substanzen eine nie versagende Methode für die Berechnung der insgesamt entwickelten Reaktionswärme in solchen Fällen, wo die experimentelle Beobachtung direkt zeigte, daß eine Absorption von Wärme stattfand.*
Das Prinzip von THOMSEN und BERTHELOT ist also inkorrekt. Es impliziert, daß keine endotherme Reaktion spontan stattfinden könne, und es berücksichtigt auch nicht die Reversibilität der meisten chemischen Reaktionen. Um die wahre Natur der chemischen Affinität und der treibenden Kraft bei chemischen Reaktionen zu verstehen, müssen wir über den I. Hauptsatz der Thermodynamik hinausgehen und die Ergebnisse des II. Hauptsatzes berücksichtigen.

3. Kapitel
Entropie und freie Energie, der II. Hauptsatz der Thermodynamik

> *Hier strotzt die Backe voller Saft,*
> *da hängt die Hand, gefüllt mit Kraft.*
> *Die Kraft, infolge der Erregung,*
> *verwandelt sich in Schwingbewegung.*
> *Bewegung, die in schnellem Blitze*
> *zur Backe eilt, wird hier zur Hitze.*
> *Ohrfeige heißt man diese Handlung,*
> *der Forscher nennt es Kraftverwandlung.*
>
> WILHELM BUSCH

Die Experimente von JOULE zeigten, daß die Wärme keine »Substanz« ist, die bei physikalischen Vorgängen erhalten bleibt: sie konnte ja durch mechanische Arbeit erzeugt werden. Die Rückverwandlung von Wärme in Arbeit war für den praktischen Ingenieur schon seit der Entwicklung der Dampfmaschine durch JAMES WATT 1769 von größtem Interesse. Solch eine Maschine arbeitet im wesentlichen folgendermaßen:

Eine Wärmequelle, zum Beispiel ein Kohlen- oder Holzfeuer, wird zur Erwärmung eines *arbeitenden Stoffes* verwendet. Dieser besteht zum Beispiel aus Dampf oder Heißluft; er wird in einen Zylinder mit beweglichem Kolben geleitet. Der Expansionsdruck treibt den Kolben voran, und durch eine geeignete Kraftübertragung läßt sich von dieser Maschine mechanische Arbeit gewinnen. Der arbeitende Stoff kühlt sich bei der Expansion ab und wird aus dem Zylinder durch ein Abdampf- oder Auspuffrohr abgeleitet. Der Kolben kehrt, durch Schwungrad und Gestänge getrieben, in seine Ausgangsposition zurück, und der Vorgang kann sich wiederholen. Jede solche Wärmemaschine entzieht also einem Wärmebehälter eine bestimmte Wärmemenge, verwandelt einen Teil davon in mechanische Arbeit und gibt den Rest als »Wärmeabfall« an die Umgebung ab. In der Praxis entstehen durch Reibung in den verschiedenen beweglichen Teilen der Maschine zusätzliche Verluste an mechanischer Arbeit.

Die Dampfmaschine von JAMES WATT leitete zu Beginn des 19. Jahrhunderts in England eine industrielle Revolution ein, in deren Verlauf zahlreiche Verbesserungen an den Dampfmaschinen durchgeführt wurden. Jede Maschine war durch ein besonderes Verhältnis von mechanischer Arbeit und verbrannter Kohle charakterisiert; da sich dieses Verhältnis mit jedem technologischen Fortschritt verbesserte, war keine Grenze des Wirkungsgrades der Maschinen vorherzusehen. Unter dem Wirkungsgrad η einer Maschine verstand und versteht man das Verhältnis aus Nutzarbeit $-w$ und Wärmeaufwand q_2:

$$\eta = \frac{-w}{q_2} \qquad [3.1]$$

Es gab zunächst noch keine allgemeine Theorie für diesen Wirkungsgrad.
Im Jahre 1824 hat sich ein junger französischer Ingenieur, SADI CARNOT, in einer Monographie *Reflexions sur la Puissance Motrice du Feu* mit der Theorie dieser *englischen Maschine* beschäftigt. Mit erstaunlichem Scharfsinn erdachte er ein abstraktes Modell, das die wesentlichen Kennzeichen einer Dampfmaschine besaß, und analysierte die Vorgänge in dieser Maschine mit kühler und fehlerfreier Logik.

1. Der CARNOTsche Kreisprozeß

Der CARNOTsche Kreisprozeß zeigt uns die Wirkungsweise einer idealisierten Maschine, in der Wärme aus einem Wärmbehälter der Temperatur θ_2 teilweise in Arbeit verwandelt und zum anderen Teil an einen kälteren Behälter der Temperatur θ_1 abgegeben wird.

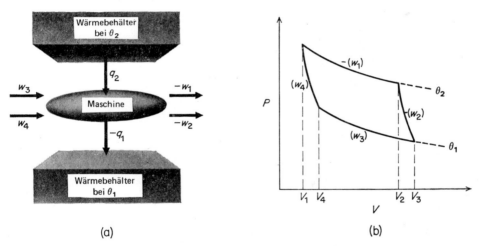

Abb. 3.1 Die CARNOTsche Wärmemaschine (a) und der CARNOTsche Kreisprozeß dieser Maschine, dargestellt auf einem Indikatordiagramm (b).

Der Stoff, der die Wärme transportiert und die Arbeit verrichtet, wird zum Schluß in denselben Zustand zurückgebracht, den er ursprünglich besaß; einen solchen Vorgang nennt man einen *Kreisprozeß*. Wir haben die Temperaturen mit θ_1 und θ_2 bezeichnet, um damit auszudrücken, daß es sich um empirische Temperaturen handelt, die nach einer beliebigen Temperaturskala gemessen werden können.
Die in dem Zyklus auftretenden Reaktionsschritte werden reversibel durchgeführt. Um den Vorgang möglichst eindeutig zu machen, wählen wir als arbeitenden Stoff ein Gas, das nicht ideal zu sein braucht; den Kreisprozeß stellen wir in einem Indikatordiagramm dar (Abb. 3.1 b). Beim Setzen der Vorzeichen gehen wir dabei vom arbeitenden Gas der Maschine als System aus. Wenn wir nun die Maschine einen Zyklus lang betreiben, dann erhalten wir die folgenden Einzelschritte:

(1) *Isotherme und reversible Expansion* des Gases von V_1 auf V_2. Hierbei entzieht das Gas dem Wärmebehälter bei der Temperatur θ_2 die Wärmemenge q_2. Gleichzeitig verrichtet das Gas die Arbeit $-w_1$ an seine Umgebung.

(2) *Adiabatisch-reversible Expansion* von V_2 auf V_3. Hierbei findet kein Wärmeaustausch statt ($q = 0$). Das Gas verrichtet die Arbeit $-w_2$ und kühlt sich von θ_2 auf θ_1 ab.

(3) *Isotherm-reversible Kompression* des Gases von V_3 auf V_4 bei der Temperatur θ_1. Hierbei wird am Gas die Arbeit w_3 verrichtet; gleichzeitig gibt das Gas die Wärmemenge $-q_1$ bei der Temperatur θ_1 an den kälteren Wärmebehälter ab.

(4) *Adiabatisch-reversible Kompression* des Gases von V_4 auf V_1. Hierbei wird am Gas die Arbeit w_4 verrichtet; da kein Wärmeaustausch stattfindet ($q = 0$), erwärmt es sich von θ_1 auf θ_2.

Der I. Hauptsatz der Thermodynamik fordert nun, daß für einen solchen Kreisprozeß $\Delta U = 0$ ist. Nun ist ΔU die Summe aus allen aufgenommenen oder abgegebenen Wärmemengen ($q = q_2 + q_1$) und der vom System aufgenommenen Arbeitsbeträge ($w = w_1 + w_2 + w_3 + w_4$):

$$\Delta U = q + w = q_2 + q_1 + w = 0$$

Die von der Maschine verrichtete Arbeit ist daher gleich der dem Wärmebehälter entnommenen Wärmemenge, verringert um die nach Arbeitsverrichtung an den kühleren Behälter abgegebene Wärmemenge:

$$-w = q_2 - (-q_1) = q_2 + q_1.$$

Der Wirkungsgrad der Maschine ist demnach:

$$\eta = \frac{-w}{q_2} = \frac{q_2 + q_1}{q_2} \qquad [3.2]$$

Da bei diesem Kreisprozeß jeder Schritt reversibel durchgeführt wird, erhalten wir insgesamt auch die maximal mögliche Arbeit, die das System mit dem gewählten arbeitenden Stoff (zum Beispiel einem nichtidealen Gas) und in dem gewählten Temperaturbereich verrichten kann[1].

Bevor wir an die weitere thermodynamische Auswertung des Carnotschen Kreisprozesses gehen, wollen wir noch eine andere Maschine betrachten. Diese zweite Maschine soll zwar im selben Temperaturbereich $\theta_2 - \theta_1$ arbeiten, jedoch einen höheren Wirkungsgrad haben (zum Beispiel durch Verwendung eines anderen Mediums). Dies bedeutet, daß sie mit derselben Wärmemenge q_2, die sie aus dem Wärmebehälter entnimmt, einen größeren Arbeitsbetrag liefert (Abb. 3.2). Ein solcher Prozeß ist natürlich nur möglich, wenn die zweite Maschine einen geringeren Wärmebetrag an den kälteren Behälter abgibt. Wir wollen uns nun vorstellen, daß die zwei Maschinen so zusammengekoppelt sind, daß die wirk-

---

[1] Bei isothermen Schritten wird bei der Expansion die maximale Arbeit verrichtet und bei der Kompression die minimale Arbeit aufgenommen. Bei den adiabatischen Schritten ist $\Delta U = w$; die Arbeitsbeträge sind nur durch den Ausgangs- und Endzustand festgelegt.

samere Maschine zunächst einen Zyklus durchläuft und unsere erste Maschine hernach ihren Zyklus in umgekehrter Richtung anschließt. Die erste Maschine wirkt dadurch als *Wärmepumpe*. Da der ursprüngliche Carnotsche Kreisprozeß reversibel ist, bleiben alle Wärmemengen und Arbeitsbeträge bei einer solchen Umkehrung gleich groß, bekommen aber das umgekehrte Vorzeichen. Die Wärmepumpe nimmt nun einen Arbeitsbetrag w von einer äußeren Quelle und eine Wärmemenge q_1 aus dem kälteren Behälter auf; ein Wärmebetrag von $-q_2$ wird an den heißeren Behälter abgegeben. Es gilt

für den 1. Prozeß (2. Maschine): $\quad -w' = q_2 + q_1'$
für den 2. Prozeß (1. Maschine): $\quad w + q_1 = -q_2$
$$-w' + w = -q_1 + q_1'$$

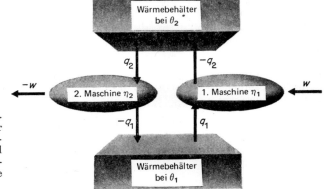

Abb. 3.2 Schematische Darstellung zweier miteinander gekoppelter Maschinen ungleichen Wirkungsgrades und entgegengesetzter Arbeitsrichtungen; die zweite Maschine arbeitet als Wärmepumpe.

Da $w' > w$ und $q_1' < q_1$, besteht der Nettoeffekt beim kombinierten Betrieb der Maschine und der Wärmepumpe in der Entnahme einer Wärmemenge $q'' = q_1' - q_1$ aus dem Wärmebehälter bei der konstanten Temperatur θ_1 und in der Gewinnung einer Arbeit $w'' = w - w'$ (die dieser Wärmemenge entspricht); irgendeine andere Veränderung hat nicht stattgefunden.
Dieses Ergebnis widerspricht nicht dem I. Hauptsatz der Thermodynamik; es wurde ja Energie weder geschaffen noch vernichtet. Die an der Wärmepumpe verrichtete Arbeit wäre äquivalent der Wärme, die aus dem unteren Wärmebehälter entnommen wurde. Dennoch hat seit Menschengedenken niemals jemand die isotherme Verwandlung von Wärme in Arbeit ohne eine nebenherlaufende Änderung des Systems beobachtet. Die Möglichkeit, zwei Wärmekraftmaschinen unterschiedlichen Wirkungsgrades in der beschriebenen Weise zu koppeln, hätte ungeheure Konsequenzen. Es wäre zum Beispiel nicht mehr notwendig, daß Schiffe Brennstoff mit sich führen; sie könnten dem unermeßlichen Wärmevorrat des Ozeans die für den Antrieb der Schiffsschrauben notwendige Wärme entnehmen und den Ozean damit etwas abkühlen. Eine solche kontinuierliche Verwandlung von Wärme aus der Umgebung in Nutzarbeit hat man ein *Perpetuum mobile*

II. Art genannt. Ein *Perpetuum mobile I. Art* ist eine Maschine, die Arbeit aus dem Nichts produziert. Die Unmöglichkeit des letzteren wird durch den I. Hauptsatz, die Unmöglichkeit des ersteren vom II. Hauptsatz der Thermodynamik postuliert.

Wir wollen noch ein weiteres Gedankenexperiment anstellen. Wenn die hypothetische CARNOTsche Maschine mit dem höheren Wirkungsgrad so betrieben würde, daß sie dieselbe Arbeit $-w$ wie die ursprüngliche Maschine lieferte, dann würde sie hierfür nur eine kleinere Wärmemenge $q_2' < q_2$ aus dem Wärmebehälter entnehmen. Wenn wir in diesem Fall die Maschine 2 vorwärts und die Maschine 1 in umgekehrter Richtung, also als Wärmepumpe betreiben würden, dann gälte:

(2) $\qquad -w = q_2' + q_1'$
(1) $\qquad \underline{w + q_1 = -q_2}$

Nettoeffekt: $\quad q_2 - q_2' = q_1' - q_1 = q$

Dies bedeutet nichts anderes, als daß wir mit unserer Anordnung eine Wärmemenge q aus dem kälteren Behälter (θ_1) in den wärmeren Behälter (θ_2) transportiert haben, ohne daß sich irgend etwas anderes im System verändert hätte. Auch dieser Gedankengang widerspricht durchaus nicht dem I. Hauptsatz, sehr wohl jedoch jeder menschlichen Erfahrung, sogar noch mehr als ein Perpetuum mobile II. Art. Wir wissen aus Erfahrung, daß Wärme stets von einem wärmeren zu einem kälteren Bereich fließt. Wenn wir einen heißen mit einem kalten Körper zusammenbringen, dann wird niemals der heiße Körper noch heißer und der kalte noch kälter. In Wirklichkeit müssen wir eine beträchtliche Arbeit aufwenden, um irgend etwas abzukühlen, also Wärme aus einem System herauszupumpen. Wärme fließt nie von alleine »bergauf«, also gegen den Temperaturgradienten.

2. Der II. Hauptsatz der Thermodynamik

Der II. Hauptsatz kann auf verschiedene Weise präzise formuliert werden. Besonders bekannt sind zwei historische, äquivalente Formulierungen:

Das Prinzip von THOMSON (Lord KELVIN): Es ist unmöglich, eine zyklisch arbeitende Maschine zu konstruieren, die keinen anderen Effekt produziert als die Entnahme von Wärme aus einem Behälter und die Verrichtung eines gleichen Betrages an Arbeit.

Das Prinzip von CLAUSIUS: Es ist unmöglich, eine zyklisch arbeitende Maschine zu konstruieren, die keinen anderen Effekt produziert als die Übertragung von Wärme von einem kälteren auf einen wärmeren Körper.

In diesen Formulierungen hat die Forderung, daß die hypothetische Maschine *zyklisch* arbeiten soll, eine besondere Bedeutung. Nur bei einem Kreisprozeß kehrt der arbeitende Stoff in seinen Ausgangszustand zurück; eine zyklisch arbeitende Maschine vollführt eine Reihe von Kreisprozessen. Es ist durchaus kein Problem

und widerspricht auch nicht dem II. Hauptsatz, Wärme in einem nichtzyklischen Prozeß vollständig in Arbeit zu verwandeln: Man braucht nur ein Gas, das in Verbindung mit einem Wärmebehälter steht, expandieren zu lassen.
Aus der Forderung des II. Hauptsatzes, daß es keinen reversiblen Kreisprozeß gibt, der einen höheren Wirkungsgrad besitzt als ein anderer reversibler Kreisprozeß zwischen denselben Temperaturen, ergibt sich zwingend, daß *alle reversiblen* CARNOT*schen Kreisprozesse, die zwischen denselben Ausgangs- und Endtemperaturen ablaufen, denselben Wirkungsgrad besitzen*. Da die Kreisprozesse reversibel geführt werden, ist dieser Wirkungsgrad zugleich der maximal mögliche. Er ist völlig unabhängig vom arbeitenden Stoff und lediglich eine Funktion der beiden Grenztemperaturen:

$$\eta = g\left(\theta_1, \theta_2\right) \qquad [3.3]$$

3. Die thermodynamische Temperaturskala

Das Prinzip von CLAUSIUS besagt, daß Wärme niemals spontan von einem kälteren auf einen wärmeren Körper übergeht. Diese Feststellung enthält eine Definition der Temperatur, und hierbei erinnern wir uns, daß wir den Begriff *Temperatur* zuerst als Ergebnis der Beobachtung einführten, daß alle Körper durch Wärmefluß einen Zustand des thermischen Gleichgewichts erreichen.
WILLIAM THOMSON (Lord KELVIN) war der erste, der den II. Hauptsatz zur *Definierung einer thermodynamischen Temperaturskala* verwendete, die völlig unabhängig von irgendeiner thermometrischen Substanz ist. Nach [3.2] und [3.3] können wir den Wirkungsgrad eines reversiblen Kreisprozesses unabhängig von der Natur des arbeitenden Stoffes folgendermaßen formulieren:

$$\eta = \frac{q_2 + q_1}{q_2} = g\left(\theta_1, \theta_2\right) \qquad [3.4]$$

Da $g\left(\theta_1, \theta_2\right) - 1$ ebenfalls eine universale Funktion der beiden Temperaturen sein muß, die wir $f\left(\theta_1, \theta_2\right)$ nennen wollen, wird aus [3.4]:

$$\frac{q_1}{q_2} = f\left(\theta_1, \theta_2\right) \qquad [3.5]$$

Wir betrachten nun zwei CARNOTsche Kreisprozesse die eine Isotherme bei θ_2 gemeinsam haben (Abb. 3.3). Die vom Gas bei der Expansion entlang den Isothermen bei θ_1, θ_2 und θ_3 aufgenommenen Wärmemengen seien q_1, q_2 und q_3. Aus [3.5] erhalten wir:

$$\frac{q_1}{q_2} = f\left(\theta_1, \theta_2\right); \quad \frac{q_2}{q_3} = f\left(\theta_2, \theta_3\right); \quad \frac{q_1}{q_3} = f\left(\theta_1, \theta_3\right)$$

Die letzte Beziehung gilt für einen zwischen θ_1 und θ_3 operierenden Kreisprozeß. Durch Kombination der ersten beiden Funktionen erhalten wir

$$f\left(\theta_1, \theta_3\right) = f\left(\theta_1, \theta_2\right) \cdot f\left(\theta_2, \theta_3\right) \qquad [3.6]$$

Da θ_2 eine unabhängige Variable ist, können wir [3.6] für irgendeine Wahl von θ_2 nur erfüllen, wenn die Funktion $f(\theta_1, \theta_2)$ die folgende Form hat:

$$f(\theta_1, \theta_2) = F(\theta_1)/F(\theta_2)$$

Aus [3.5] erfolgt:

$$\frac{q_1}{q_2} = \frac{F(\theta_1)}{F(\theta_2)} \qquad [3.7]$$

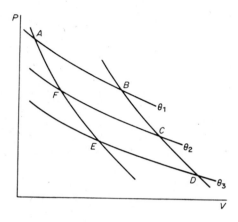

Abb. 3.3 Zwei CARNOTsche Kreisprozesse mit gemeinsamer Isotherme bei θ_2.

Kelvin benützte [3.7] als Basis für eine *thermodynamische Temperaturskala*. Dabei benützte er die Funktionen $F(\theta_1)$ und $F(\theta_2)$, um zur einfachsten Form zu gelangen. Ein Temperaturverhältnis auf der Kelvin-Skala war daher definitionsgemäß gleich dem Verhältnis der Wärmemengen, die bei einem reversiblen Kreisprozeß nach CARNOT aufgenommen und abgegeben werden:

$$\frac{q_2}{-q_1} = \frac{T_2}{T_1} \qquad [3.8]$$

Für den Wirkungsgrad des Kreisprozesses gilt dann nach [3.2]:

$$\eta = \frac{q_2 + q_1}{q_2} = \frac{T_2 - T_1}{T_2} \qquad [3.9]$$

Der Nullpunkt auf der thermodynamischen Skala ist physikalisch fixiert als die Temperatur des kälteren Wärmebehälters, bei der der Wirkungsgrad der Maschine eins wird, wenn also Wärme völlig in Arbeit verwandelt wird. Aus [3.9] geht hervor, daß $\eta \to 1$ wenn $T_1 \to 0$.

Der aus [3.9] berechnete Wirkungsgrad ist der *maximale thermische Wirkungsgrad*, den eine Wärmemaschine überhaupt erreichen kann. Da dieser Wirkungsgrad für einen reversiblen Carnotschen Kreisprozeß berechnet wurde, stellt er ein Ideal dar, das die realen, irreversiblen Kreisprozesse niemals erreichen können. Wenn wir also unsere Maschine bei 393 K betreiben und die Abwärme von einem Wärmebehälter von 293 K aufnehmen lassen, dann beträgt der maximale thermische Wirkungsgrad $100/393 = 25{,}4\%$. Wenn wir die obere Arbeitstemperatur auf

493 K erhöhen, dann steigt der Wirkungsgrad auf 200/493 = 40,6 %. Hieraus können wir leicht sehen, warum bei der Konstruktion von Kraftwerken die Entwicklung zu immer höheren Temperaturen für den Hochdruckteil, also für den »oberen Wärmebehälter« führt. Theoretisch könnte man bei extrem hohen Temperaturen T_1 in [3.9] vernachlässigen und einen Wirkungsgrad nahe 1 erreichen. In der Praxis übersteigt der Wirkungsgrad von Dampfmaschinen selten einen Betrag von 80% des theoretischen Wertes. Dampfturbinen kommen etwas näher an ihren maximalen thermischen Wirkungsgrad heran, da sie weniger bewegliche Teile und daher auch geringere Reibungsverluste erleiden.

Wenn unter Aufwendung von Arbeit eine Abkühlung erzielt werden soll, dann ist der maximale Wirkungsgrad einer solchen Kühlmaschine der eines reversiblen Carnotschen Kreisprozesses, der als Wärmepumpe wirkt. In diesem Fall ist der Wirkungsgrad η' gleich dem Verhältnis aus der Wärmemenge, die dem Wärmebehälter mit der tieferen Temperatur entzogen wurde, und der bei dem Kreisprozeß verrichteten Arbeit:

$$\eta' = \frac{q_1}{w + q_1} = \frac{T_1}{T_2} \qquad [3.10]$$

Wenn wir zum Beispiel ein System in einem Raum von 303 K auf einer Temperatur von 273 K halten wollen, dann beträgt der maximale Wirkungsgrad der Kühlmaschine $\eta' = \dfrac{273}{303} = 90\%$.

4. Anwendung auf ideale Gase

Die Temperatur auf der KELVINschen oder thermodynamischen Skala wurde mit dem Symbol T versehen; das gleiche Symbol hatten wir früher für die absolute Temperaturskala auf der Basis der thermischen Ausdehnung idealer Gase verwendet. Es kann nun gezeigt werden, daß diese beiden Skalen numerisch identisch sind; hierzu führen wir einen CARNOTschen Kreisprozeß mit einem idealen Gas als Arbeitsstoff durch.

Wenn wir [2.22] und [2.24] auf die vier Einzelschritte eines Carnotschen Kreisprozesses anwenden, dann gilt:

(1) Isotherme Expansion: $\quad -w_1 = q_2 = RT_2 \ln(V_2/V_1)$

(2) Adiabatische Expansion: $\quad -w_2 = \int\limits_{T_1}^{T_2} C_V \, dT; \quad q = 0$

(3) Isotherme Kompression: $\quad w_3 = -q_1 = -RT_1 \ln(V_4/V_3)$

(4) Adiabatische Kompression: $\quad w_4 = \int\limits_{T_1}^{T_2} C_V \, dT; \quad q = 0$

Wenn wir diese Einzelausdrücke addieren, dann erhalten wir für die insgesamt verrichtete Arbeit:

$$-w = -w_1 - w_2 - w_3 - w_4 = RT_2 \ln V_2/V_1 + RT_1 \ln V_4/V_3.$$

Nach [2.22] und [3.8] ist $V_2/V_1 = V_3/V_4$; wir können also schreiben:

$$-w = R(T_2 - T_1) \ln(V_2/V_1)$$

und

$$\eta = \frac{-w}{q_2} = \frac{T_2 - T_1}{T_2}$$

Dies ist nichts anderes als [3.9], womit die Identität der thermodynamischen Temperaturskala mit der des idealen Gasgesetzes bewiesen ist.

5. Die Entropie

Wir können das CARNOTsche Theorem [3.9] für einen reversiblen Carnotschen Kreisprozeß in den Temperaturgrenzen T_2 und T_1 unabhängig vom arbeitenden Stoff auch folgendermaßen schreiben:

$$\frac{q_2}{T_2} + \frac{q_1}{T_1} = 0 \qquad [3.11]$$

Wir werden nun dieses Theorem auf einen beliebigen Kreisprozeß ausdehnen und dabei zeigen, daß der II. Hauptsatz der Thermodynamik zu einer neuen Zustandsfunktion führt, der Entropie.
Jeder beliebige zyklische Prozeß kann in eine Anzahl von Carnotschen Kreisprozessen aufgeteilt werden. Abb. 3.4 zeigt einen allgemeinen Kreisprozeß ANA

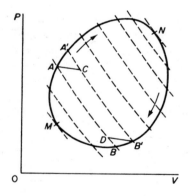

Abb. 3.4 Allgemeiner Kreisprozeß. Der auf einem PV-Diagramm dargestellte Kreisprozeß ANA wird von einer Adiabatenschar durchsetzt (gestrichelte Linien). Dieses Diagramm dient zum Beweis, daß das CARNOTsche Theorem [3.11] auf einen beliebigen Kreisprozeß angewandt werden kann.

in einem PV-Diagramm. In diesen Kreisprozeß wurde ein *System aus Adiabaten* eingezeichnet. Diese können wir beliebig eng zeichnen, so daß der allgemeine Kreisprozeß in eine Vielzahl von Kreisprozessen mit unendlich kleinen Teilabschnitten wie AA' und BB' unterteilt wird, wobei jeder infinitesimale Kreisprozeß durch ein Adiabatenpaar begrenzt wird. Wir brauchen nun eine große Zahl von Wärmebehältern, deren Temperatur sich jeweils nur um einen unendlich kleinen Betrag unterscheidet; aus diesen Behältern wird Wärme auf den arbeitenden Stoff über-

Die Entropie

tragen, wenn dieser auf seinem Weg durch den Kreisprozeß mit den aufeinanderfolgenden Behältern in Kontakt gebracht wird.

Wir ziehen eine infinitesimale *Isotherme* von A nach C. Nun sei dq_2 die Wärmeübertragung auf der Strecke AA' und dq_2' die Wärmeübertragung entlang der Isothermen AC. Wenn wir den I. Hauptsatz der Thermodynamik auf den infinitesimalen Kreisprozeß $AA'CA$ anwenden, dann erhalten wir:

$$-dw = dq_2 - dq_2'$$

Der Betrag von dw wird durch die Fläche des kleinen Kreisprozesses dargestellt; er ist daher eine Infinitesimale zweiter Ordnung und kann im Vergleich zu $dq_2 \approx dq_2'$ vernachlässigt werden. Dies heißt, daß wir die bei jedem Streifen des Kreisprozesses, definiert durch ein Paar benachbarter Adiabaten, auf den arbeitenden Stoff übertragene Wärme einer entsprechenden Wärmeübertragung in einem isothermen Prozeß gleichsetzen können. Dasselbe Argument muß auch für die Wärmemengen dq_1 und dq_1' am anderen Ende jedes Adiabatenpaares gelten.

Da $ACB'D$ ein Carnotscher Kreisprozeß ist, können wir [3.11] anwenden und erhalten dann:

$$\frac{dq_2}{T_2} + \frac{dq_1}{T_1} = 0$$

Wir können nun jeden durch ein Adiabatenpaar definierten Streifen des allgemeinen Kreisprozesses in gleicher Weise behandeln; wir erhalten dann für den gesamten Kreisprozeß:

$$\oint \frac{dq_{rev}}{T} = 0 \quad (q_{rev} = \text{reversibel übertragene Wärme}) \qquad [3.12]$$

Diese Gleichung gilt für *jeden reversiblen Kreisprozeß*.

Hier sei daran erinnert (s. S. 49), daß das Verschwinden eines Kreisintegrals bedeutet, daß der Integrand ein vollständiges Differential irgendeiner Zustandsfunktion des Systems ist. Wir können daher eine neue Zustandsfunktion folgendermaßen definieren:

$$dS = \frac{dq_{rev}}{T} \qquad [3.13]$$

Für einen Übergang vom Zustand A in den Zustand B gilt:

$$\Delta S = \int_A^B dq_{rev}/T$$

Es ist daher:

$$\oint dS = \int_A^B dS + \int_B^A dS = S_B - S_A + S_A - S_B = 0$$

Die Funktion S wurde zuerst von CLAUSIUS (1850) eingeführt; er nannte sie die *Entropie* (von τρεπειν, eine Richtung geben). Die Gleichung [3.13] besagt, daß das unbestimmte Differential dq_{rev} bei Multiplikation mit $1/T$ ein bestimmtes Differential wird; $1/T$ nennt man einen integrierenden Faktor. Der Integrand $\int_A^B \mathrm{d}q_\mathrm{rev}$ hängt vom Reaktionsweg ab, der Integrand $\int_A^B \mathrm{d}q_\mathrm{rev}/T$ jedoch nicht. Dies ist eine weitere, alternative Aussage des II. Hauptsatzes der Thermodynamik.

Es ist informativ, das dem PV-Diagramm der Abb. 3.1 analoge TS-Diagramm (Abb. 3.5) eines Carnotschen Kreisprozesses zu betrachten. Im PV-Diagramm ist die Fläche unter der Kurve ein Maß für die Arbeit, die bei Beschreiten des an-

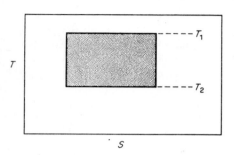

Abb. 3.5 CARNOTscher Kreisprozeß auf einem TS-Diagramm. Die gerasterte Fläche entspricht der reversibel auf das System übertragenen Wärmemenge: $T\,\mathrm{d}S$.

gezeigten Weges verrichtet wird. Im TS-Diagramm ist die von der Kurve eingeschlossene Fläche ein Maß für die vom System aufgenommene Wärme. Temperatur und Druck sind intensive Größen, Entropie und Volumen kapazitive. Die Produkte $P\,\mathrm{d}V$ und $T\,\mathrm{d}S$ haben beide die Dimension einer Energie.

6. Die Kombination des I. und II. Hauptsatzes der Thermodynamik

Aus [3.13] und [2.4] erhalten wir eine wichtige Beziehung, die eine *Kombination des I. und II. Hauptsatzes* darstellt:

$$\mathrm{d}U = T\,\mathrm{d}S - P\,\mathrm{d}V \qquad [3.14]$$

Diese Beziehung läßt sich auf jedes System anwenden, das eine konstante Zusammensetzung besitzt und nur PV-Arbeit erlaubt. Aus der Funktion $U(S, V)$ ergibt sich außerdem:

$$\mathrm{d}U = \left(\frac{\partial U}{\partial S}\right)_V \mathrm{d}S + \left(\frac{\partial U}{\partial V}\right)_S \mathrm{d}V$$

Unter Verwendung von [3.14] erhalten wir für ein isochores System eine neue Beziehung für die Temperatur

$$\left(\frac{\partial U}{\partial S}\right)_V = T \qquad [3.15]$$

und für ein isentropisches System eine neue Beziehung für den Druck:

$$\left(\frac{\partial U}{\partial V}\right)_S = -P \qquad [3.16]$$

Durch diese Gleichungen werden die intensiven Variablen P und T durch die extensiven Variablen U, V und S des Systems ausgedrückt.

7. Die Ungleichung von CLAUSIUS

[3.12] gilt für einen *reversiblen* Kreisprozeß. CLAUSIUS zeigte nun, daß für einen Kreisprozeß, der irgendwo einen irreversiblen Schritt enthält, das Kreisintegral über dq/T stets kleiner als Null ist:

$$\oint \frac{d q_{\text{irrev}}}{T} < 0 \quad (d\,q_{\text{irrev}} = \text{irreversibel übertragene Wärme}) \qquad [3.17]$$

Das T in dieser Beziehung bedeutet die Temperatur des Wärmebehälters, von dem aus die Wärme auf das System übertragen wird, und nicht die Temperatur des Stoffes, der die Wärme aufnimmt. Bei einem reversiblen Vorgang ist diese Unterscheidung unnötig, da sich unter reversiblen (Gleichgewichts-)Bedingungen kein Temperaturgradient ausbilden kann. Der Beweis für [3.17] beruht auf der Tatsache, daß der Wirkungsgrad eines irreversiblen CARNOTschen Kreisprozesses stets kleiner ist, als der eines reversiblen, der im selben Temperaturbereich abläuft. Bei einem reversiblen Kreisprozeß liefert die isotherme Ausdehnung die maximale Arbeit, während andererseits die isotherme Kompression einen minimalen Arbeitsaufwand erfordert; der Wirkungsgrad ist also beim reversiblen Prozeß am höchsten. Für einen irreversiblen Prozeß muß daher nach [3.9] gelten:

$$\frac{q_2 + q_1}{q_2} < \frac{T_2 - T_1}{T_2}$$

Durch Umformulierung erhalten wir hieraus:

$$\frac{q_2}{T_2} + \frac{q_1}{T_1} < 0$$

Diese Beziehung läßt sich für den allgemeinen irreversiblen Kreisprozeß erweitern, indem man dem auf Abb. 3.4 beruhenden Argument folgt. Statt [3.12] für den reversiblen Fall erhalten wir dann die Ungleichung von Clausius [3.17].
In anderer Form lautet diese Ungleichung

$$S_B - S_A > 0$$

Hiernach kann die Entropie eines abgeschlossenen Systems bei einem beliebigen Vorgang ($A \to B$) niemals abnehmen, im unwirklichen Grenzfall streng reversibler Vorgänge allenfalls gleich bleiben. Bei jedem natürlichen Vorgang nimmt die Entropie zu:

Satz von der Vermehrung der Entropie (CLAUSIUS 1854).

Typische irreversible Vorgänge, die ohne Arbeitsverrichtung ablaufen, sind die Ausdehnung eines Gases ins Vakuum oder die Ausfällung eines edleren Metalles durch ein weniger edles Metall aus seiner Lösung.

8. Entropieveränderungen in einem idealen Gas

Die Berechnung von Entropieänderungen ist für ideale Gase besonders einfach, da in diesem Falle $(\partial U/\partial V)_T = 0$ ist; wir brauchen also keine Energieterme aufgrund von Kohäsionskräften zu berücksichtigen. Für einen reversiblen Vorgang in einem idealen Gas verlangt der I. Hauptsatz:

$$\mathrm{d}q = \mathrm{d}U + P\,\mathrm{d}V = C_V\,\mathrm{d}T = nRT\,\mathrm{d}V/V$$

Es ist also

$$\mathrm{d}S = \frac{\mathrm{d}q}{T} = \frac{C_V\,\mathrm{d}T}{T} + \frac{nR\,\mathrm{d}V}{V} \qquad [3.18]$$

Durch Integration erhält man:

$$\Delta S = S_2 - S_1 = \int_1^2 C_V\,\mathrm{d}\ln T + \int_1^2 nR\,\mathrm{d}\ln V$$

Wenn C_V temperaturunabhängig ist, gilt:

$$\Delta S = C_V \ln\frac{T_2}{T_1} + nR \ln\frac{V_2}{V_1} \qquad [3.19]$$

Für die Entropiezunahme bei einer Temperaturerhöhung bei konstantem Volumen gilt daher:

$$\Delta S = C_V \ln\frac{T_2}{T_1} \qquad [3.20]$$

Steigert man zum Beispiel die absolute Temperatur eines Mols eines idealen, monatomaren Gases ($C_V = 12{,}5$ J K^{-1} mol^{-1} = 3 cal K^{-1} mol^{-1}) auf das Doppelte, dann steigt die Entropie um $12{,}5 \ln 2 = 8{,}63$ J K^{-1} ($3 \ln 2 = 2{,}08$ Clausius).
Bei einer isothermen Ausdehnung gilt für die Entropiezunahme:

$$\Delta S = nR \ln\frac{V_2}{V_1} = nR \ln\frac{P_1}{P_2} \qquad [3.21]$$

Wenn man ein Mol eines idealen Gases auf das doppelte Volumen ausdehnt, dann erhöht sich seine Entropie um $R \ln 2 = 5{,}74$ J K^{-1} = $1{,}36$ Clausius.

9. Entropieänderungen bei Zustandsänderungen

Sämtliche Zustandsänderungen (Schmelzen, Verdampfen, Sublimieren, enantiomorphe Umwandlungen in Festkörpern[2]) sind mit Entropieänderungen verknüpft. Beim isobaren Schmelzen eines Festkörpers stehen bei einer definierten Temperatur T_f, der Schmelztemperatur, Festkörper und Schmelze im Gleichgewicht. Um eine bestimmte Menge des Festkörpers aufzuschmelzen, muß dem System eine bestimmte Wärmemenge zugeführt werden. Solange Festkörper und Schmelze im Gleichgewicht stehen, ändert sich bei diesem Vorgang die Temperatur des Systems nicht; die zugefügte Wärme wird als *Schmelzenthalpie* ΔH_f (latente Schmelzwärme) des Festkörpers absorbiert. Da die Zustandsänderung bei konstantem Druck stattfindet, ist diese latente Wärme gemäß [2.13] gleich der Differenz der Enthalpien von flüssiger und fester Phase. Für ein Mol eines Stoffes gilt:

$$\Delta H_f = H_l - H_s$$

Die beim Schmelzvorgang in Erscheinung tretende latente Wärme ist notwendigerweise eine reversible Wärme, da wir uns den Schmelzvorgang in sehr viele aufeinanderfolgende Gleichgewichtszustände aufgeteilt denken können. Wir können daher die Schmelzentropie ΔS_f durch direkte Anwendung der Beziehung $\Delta S = q_{\text{rev}}/T$ bestimmen; diese Beziehung gilt für jeden isotherm-reversiblen Prozeß:

$$S_l - S_s = \Delta S_f = \frac{\Delta H_f}{T_f} \qquad [3.22]$$

Für Eis ist zum Beispiel $\Delta H_f = 5980$ J mol^{-1} (1430 cal mol^{-1}), so daß $\Delta S_f = 5980/273{,}2 = 21{,}90$ J K^{-1} mol^{-1} (5,23 Clausius) ist.

Durch dieselbe Überlegung kommen wir zu einem Ausdruck für die *Verdampfungsentropie* ΔS_v. Bei der Verdampfungstemperatur T_v stehen Flüssigkeit und Dampf im Gleichgewicht. Durch Zufuhr einer kleinen Wärmemenge wird ein bestimmter Bruchteil der Flüssigkeit verdampft; durch Entzug einer kleinen Wärmemenge wird ein entsprechender Betrag des Dampfes kondensiert. Auch die Verdampfungsenthalpie ΔH_v ist also eine reversible Wärme. Es gilt:

$$S_v - S_l = \Delta S_v = \frac{\Delta H_v}{T_v} \qquad [3.23]$$

Eine ähnliche Beziehung gilt für den Übergang eines Festkörpers von der einen in die andere Kristallmodifikation. Wenn die Umwandlung enantiotrop ist, stehen bei der Umwandlungstemperatur T_t und beim Umwandlungsdruck P_t beide Formen miteinander im Gleichgewicht. Graues und weißes Zinn stehen zum Beispiel bei 13 °C und 1 atm im Gleichgewicht; ΔH_t beträgt 2090 J mol^{-1} (500 cal mol^{-1}). Es ist daher $\Delta S_t = \Delta H_t/T_t = 2090/286 = 7{,}31$ J K^{-1} mol^{-1} (1,75 Clausius).

---

[2] Symbolik der Indizes: f = fusio, l = liquidus, s = solidus, v = evaporare, t = transformatio.

10. Entropieänderungen in isolierten Systemen

Die Entropieänderung beim Übergang vom Gleichgewichtszustand A in einen Gleichgewichtszustand B hat unabhängig von dem zwischen A und B eingeschlagenen Weg stets denselben Wert: Die Entropie ist eine eindeutige Zustandsfunktion, ihre Änderung hängt also nur vom Anfangs- und Endzustand des Systems ab. Hierbei ist es ganz gleichgültig, ob der gewählte Vorgang reversibel oder irreversibel ist. Die folgende Beziehung für eine Entropieänderung beim Übergang von A nach B gilt jedoch nur für einen reversiblen Vorgang (Integration [3.13]):

$$\Delta S = S_B - S_A = \int_A^B \frac{\mathrm{d}q}{T} \quad \text{(reversibel)} \qquad [3.24]$$

Wenn wir die Entropieänderung bei einem irreversiblen Prozeß bestimmen wollen, müssen wir uns eine reversible Methode ausdenken, um vom gleichen Ausgangs- zum selben Endzustand zu gelangen; anschließend können wir [3.24] anwenden. Diese Methode ist charakteristisch für die in diesem Kapitel diskutierte Thermodynamik, die manchmal auch *Thermostatik* genannt wird; hier wird die Entropie S nur für Gleichgewichtszustände definiert. Um eine Entropieänderung zu berechnen, müssen wir daher den betrachteten Prozeß so formulieren, daß er in eine Reihe aufeinanderfolgender Gleichgewichtszustände zergliedert wird (reversibler Vorgang).

Bei einem völlig isolierten System sind Wärmeaustauschvorgänge mit der Umgebung ausgeschlossen[3]; in einem solchen Falle sind unsere Betrachtungen also auf adiabatische Prozesse beschränkt.

Für einen *reversiblen* Vorgang in einem isolierten System gilt daher: $\mathrm{d}q = 0$ und $\mathrm{d}S = \mathrm{d}q/T = 0$; durch Integration erhalten wir dann $S = \text{const}$. Nimmt in einem solchen Fall die Entropie in einem Teil des Systems zu, dann muß sie im Rest des Systems um genau denselben Betrag abnehmen.

Ein fundamentales Beispiel für einen irreversiblen Vorgang ist die Wärmeübertragung von einem wärmeren auf einen kälteren Körper. Um diese Wärmeübertragung reversibel durchführen zu können und die Entropieänderung berechnen zu können, benützen wir ein ideales Gas (Abb. 3.6). Wir führen nun nacheinander die folgenden drei Operationen durch:

(1) Das Gas wird in thermischen Kontakt mit dem *heißen Wärmebehälter* (T_2) gebracht und isotherm und reversibel expandiert, bis es die Wärmemenge q aufgenommen hat. (Um unsere Überlegungen zu vereinfachen, nehmen wir an, daß die Wärmekapazitäten der für unseren Versuch verwendeten Wärmebehälter so groß sind, daß die bei Zufuhr oder Entzug der Wärmemenge q auftretenden Temperaturänderungen vernachlässigbar klein sind.)

---

[3] Ein vollständig isoliertes System ist natürlich eine Fiktion. Vielleicht könnte man unser gesamtes Universum als ein isoliertes System betrachten; irgendwelche Teile davon können jedoch nicht streng von ihrer Umgebung isoliert werden. Die Genauigkeit und Empfindlichkeit unserer experimentellen Methode bestimmt also – wie immer – die Definition unseres Systems.

(2) Die diathermische Wand zwischen Gas und Wärmebehälter wird nun durch eine adiabatische Wand ersetzt, und wir lassen das Gas adiabatisch-reversibel expandieren, bis seine Temperatur auf T_1 gefallen ist.

(3) Das Gas wird in thermischen Kontakt mit dem kälteren Wärmebehälter (T_1) gebracht und isotherm-reversibel komprimiert, bis es die Wärmemenge q wieder abgegeben hat.

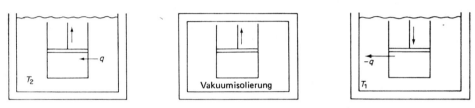

Abb. 3.6a Reversible Wärmeübertragung $T_2 \rightarrow T_1$.

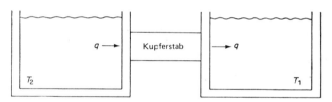

Abb. 3.6b Irreversible Wärmeübertragung $T_2 \rightarrow T_1$.

Der Wärmebehälter hat nun eine Entropie q/T_2 verloren; gleichzeitig hat der kältere Körper die Entropie q/T_1 gewonnen. Die beiden Behälter haben also eine Entropieänderung von $\Delta S = q/T_1 - q/T_2$ erfahren. Da $T_2 > T_1$, ist $\Delta S > 0$; die Gesamtentropie der beiden Körper hat also zugenommen. Für das gesamte isolierte System aus idealem Gas und Wärmebehältern ist im Falle eines reversiblen Vorganges $\Delta S = 0$. Wenn die Wärmeübertragung irreversibel durchgeführt worden wäre, zum Beispiel durch Herstellung eines direkten thermischen Kontaktes, dann wäre die Wärmemenge q über einen endlichen Temperaturgradienten geflossen, und wir hätten keinen kompensierenden Entropieabfall beobachten können. Die Entropie des isolierten Systems hätte sich während des irreversiblen Vorganges um den Betrag $\Delta S = q/T_1 - q/T_2$ vermehrt.

Wir wollen nun beweisen, daß die *Entropie eines isolierten Systems während eines irreversiblen Prozesses stets zunimmt*. Der Beweis dieses Theorems beruht auf der Ungleichung von CLAUSIUS. Abb. 3.7 symbolisiert einen ganz allgemeinen, irreversiblen Vorgang in einem isolierten System, der vom Zustand A zum Zustand B führt (gestrichelte Linie). Das System soll anschließend auf reversiblem Wege (durchgehende Linie) von B nach A zurückkehren. Während des reversiblen Prozesses braucht das System nicht isoliert zu werden und kann mit seiner Umgebung

Wärme und Arbeit austauschen. Da der hier betrachtete Kreisprozeß teilweise irreversibel ist, müssen wir [3.17] anwenden:

$$\oint \frac{dq}{T} < 0$$

Wir formulieren nun den Kreisprozeß als Summe aus zwei Teilvorgängen:

$$\int_A^B \frac{dq_{irrev}}{T} + \int_B^A \frac{dq_{rev}}{T} < 0 \qquad [3.25]$$

Das erste Integral ist null, da das System bei seinem Übergang von A nach B isoliert und daher keine Wärmeübertragung möglich ist. Das zweite Integral ist gemäß [3.24] gleich $S_A - S_B$; [3.25] erhält daher die folgende Form:

$$S_A - S_B < 0 \quad \text{oder} \quad S_B - S_A > 0$$

Wir haben daher bewiesen, daß beim irreversiblen Übergang eines isolierten Systems von A nach B die Entropie des Endzustandes B stets größer als die des Ausgangszustandes A ist.

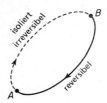

Abb. 3.7 Allgemeiner, irreversibler Kreisprozeß. Formale Teilung in zwei Vorgänge: $A \to B$, irreversibler Vorgang im isolierten System. $B \to A$: reversibler Vorgang im nicht isolierten System.

Da alle natürlichen Vorgänge irreversibel sind, ist jeder spontan in der Natur vorkommende Vorgang von einer Entropieerhöhung begleitet. Dieser Schluß führte Clausius zu seiner berühmten summarischen Interpretation der Gesetze der Thermodynamik:

> Die *Energie* des Universums ist eine Konstante, die *Entropie* des Universums strebt einem Maximum zu.

11. Entropie und Gleichgewicht

Mit der Definierung einer Entropiefunktion und der Ausarbeitung einer Methode zur Bestimmung von Entropieänderungen haben wir ein kraftvolles Werkzeug für die Lösung des grundlegenden Problems des physikalisch-chemischen Gleichgewichtes gewonnen. Im einführenden Kapitel wurde gezeigt, daß die Gleichgewichtslage in einem rein mechanischen System gleichzeitig auch ein Minimum in der potentiellen Energie bedeutet. Was ist nun das Gleichgewichtskriterium für ein thermodynamisches System?

Entropie und Gleichgewicht 99

Bei der Kombination von [3.13] und [3.17] erhalten wir den folgenden Ausdruck:

$$\int \frac{dq}{T} \leqslant \Delta S \qquad [3.26]$$

Für ein isoliertes System mit $dq = 0$ gilt

$$\Delta S \geqslant 0 \text{ (isoliertes System)} \qquad [3.27]$$

Die Entropie eines isolierten Systems kann niemals abnehmen, sehr wohl jedoch zunehmen. Da der Betrag der Entropie nur bei Gleichgewichtszuständen definiert ist, ergibt sich aus der Tatsache der Entropiezunahme in einem isolierten System, daß offenbar irgendwelche Veränderungen stattfinden können, obwohl das System dabei isoliert bleibt.

Was impliziert die Bedingung, daß ein System isoliert sei? Jedes System, das wir zu seiner Untersuchung von der übrigen Welt abtrennen, kann zahlreichen *Beschränkungen* unterworfen sein, die sich beim Auswählen oder beim Aufbau des Systems ergeben. Bestimmte Beschränkungen sind hinreichende und notwendige Bedingungen dafür, daß das System in einem thermodynamischen Sinn isoliert ist; diesen Beschränkungen wollen wir uns zunächst zuwenden. Hernach wollen wir sehen, welche anderen Beschränkungen wir dem System zusätzlich auferlegen oder welche Beschränkungen wir nach Belieben aufheben können. Nach dem I. Hauptsatz muß die Energie U des isolierten Systems konstant sein; es ist also $dU = 0$. Da außerdem für ein isoliertes System $dU = dq - P\,dV$ und $dq = 0$ ist, muß $dV = 0$ sein. Die notwendigen Beschränkungen für ein isoliertes System sind also, daß U und V sich nicht ändern dürfen.

Als ein Beispiel für ein isoliertes System, das einer Beschränkung unterworfen ist, wollen wir bestimmte Volumina von H_2- und Br_2-Gas betrachten, die durch eine verschiebbare Wand getrennt sind. Diese Wand läßt sich von außen so betätigen, daß sich weder U noch V des Systems ändern. Sobald die durch die Trennwand symbolisierte Beschränkung aufgehoben wird, reagieren H_2 und Br_2 miteinander (unter dem Einfluß eines geeigneten Katalysators):

$$H_2 + Br_2 \rightleftharpoons 2\,HBr$$

Durch eine solche Anordnung haben wir eine chemische Reaktion in einem isolierten System durchgeführt. Das System ist hierbei von einem Gleichgewichtszustand (H_2 und Br_2 getrennt) in einen anderen Gleichgewichtszustand (Gleichgewichtsmischung von H_2, Br_2 und HBr) übergegangen. Für diese Änderung muß nach [3.37] $\Delta S > 0$ sein. Die Entropie des Ausgangssystems (mit der auferlegten Beschränkung) stieg nach der Aufhebung der Beschränkung auf einen höheren Wert an.

Wir wollen nun den vom System erreichten, neuen Gleichgewichtszustand untersuchen. Für diesen gelten ebenfalls gewisse Beschränkungen; so ist keine weitere Zustandsänderung des Systems möglich, durch die ein Gleichgewichtszustand niedrigerer Entropie erreicht würde. Nun kann man natürlich einwenden, daß das System im Gleichgewicht ist und eine weitere Änderung nur durch eine neuerliche Aufhebung bestimmter Beschränkungen möglich wäre. Dies ist richtig; zur Beschreibung der Gleichgewichtsbedingungen müssen wir daher die Vorstellung der *virtuellen Veränderungen* der Zustandsvariablen des Systems einführen. Eine virtuelle Veränderung ist keine tatsächliche, physikalische Veränderung, sondern eine mathematische Konstruktion. Nun seien $\delta x_1, \delta x_2, \delta x_3 \ldots$ die virtuellen Veränderungen der Variablen $x_1, x_2, x_3 \ldots$ Für die virtuelle Änderung der Entropie gilt dann:

$$\delta S = \left(\frac{\partial S}{\partial x_1}\right)_{x_2, x_3 \ldots} \delta x_1 + \left(\frac{\partial S}{\partial x_2}\right)_{x_1, x_3 \ldots} \delta x_2 + \left(\frac{\partial S}{\partial x_3}\right)_{x_1, x_2 \ldots} \delta x_3 + \cdots$$

Aufgrund der Gleichgewichtsbedingung für ein isoliertes System muß jede virtuelle Veränderung der folgenden Beziehung gehorchen:

$$(\delta S)_{U,V} \leqslant 0 \quad \text{(im Gleichgewicht)} \qquad [3.28]$$

Dieses Kriterium für das thermodynamische Gleichgewicht in einem isolierten System lautet in Worten:

Ein energie- und volumenkonstantes System erreicht mit seinem thermodynamischen Gleichgewichtszustand auch seinen Maximalwert der Entropie.

Dieses Maximum kann, wie wir gesehen haben, noch von zusätzlichen Beschränkungen abhängen, die wir dem System auferlegt haben. Wenn wir alle Beschränkungen aufheben, dann ist die Gleichgewichtsbedingung natürlich der absolute Maximalwert von S bei konstantem U und V.

Wenn wir statt eines Systems mit konstantem U und V ein solches mit konstantem S und V betrachten, dann gilt das folgende Gleichgewichtskriterium:

Ein entropie- und volumenkonstantes System erreicht mit seinem Gleichgewichtszustand zugleich das Minimum seiner inneren Energie.

Dies entspricht genau der Gleichgewichtsbedingung in der klassischen Mechanik, bei der Wärmeeffekte ausgeschlossen werden. Ausgedrückt in Form einer virtuellen Veränderung von U lautet diese Bedingung:

$$(\delta U)_{V,S} \geqslant 0 \qquad [3.29]$$

12. Thermodynamik und Leben

Eine oft gestellte Frage ist, ob ein lebender Organismus in irgendeiner Weise den strengen Bedingungen der Thermodynamik entrinnen kann. Nehmen wir einmal an, wir würden ein Elefantenbaby von 100 kg in einem isolierten System mit genug Luft, Wasser und Nahrung großziehen. Hätte sich die Entropie des Systems verringert, wenn der Elefant ausgewachsen und 6 t schwer geworden wäre? Sagen wir einmal aufs Geratewohl *nein*. Wenn wir den Elefanten alleine betrachten, und zwar einmal als Baby von 100 kg zusammen mit 5900 kg der Materie in seinem Futter, die das heranwachsende Tier in seinen Körper einbauen wird, und andererseits das erwachsene Tier von 6000 kg, dann hat sich die Entropie dieses Teilsystems zweifellos verringert. Zu gleicher Zeit dürfte aber die Entropie im anderen Teilsystem (feste, flüssige und gasförmige Stoffwechselprodukte, Steigerung der Temperatur) so stark zugenommen haben, daß sich für das Gesamtsystem immer noch eine Entropiezunahme ergibt. In Wirklichkeit ist aber das Problem noch sehr viel verzwickter. Zunächst einmal ist das isolierte System zu keinem Zeitpunkt im Gleichgewicht, weder zu Beginn noch beim Heranwachsen des Elefanten, noch am Schluß, wenn der Elefant seine volle Größe erreicht hat. Obwohl wir also Energie U und Volumen V des Systems definieren können, bleibt die Größe der Entropie S im Ungleichgewichtszustand stets unsicher. Wir besitzen also keine Methode, um die Entropieänderung des Systems zu berechnen. Dieselbe Schwierigkeit tritt auf, wenn der Elefant stirbt und wir nach dem ΔS für diese Änderung fragen:

> Lebender Elefant → Toter Elefant

Obwohl sich der tote Elefant grundsätzlich in einem Gleichgewichtszustand befinden könnte (wenn man ihn tief genug abkühlt, – man denke an den Mammut im sibirischen Eis), gilt dies sicherlich nicht für den lebenden Elefanten. Im optimalen Fall befindet sich der lebende Elefant in einem stationären Zustand im Hinblick auf Futter-, Sauerstoff- und Wasserverbrauch, Produktion von Stoffwechselprodukten sowie von Wärme und Arbeit.

Dasselbe Problem tritt auf, wenn wir die spontane Entstehung des Lebens aus dem »Urschleim« präbiotischer Molekeln betrachten. Wir können weder den Ausgangs- noch den Endzustand als Gleichgewichtszustand definieren. (Selbst wenn wir dies für den Ausgangszustand könnten, gäbe es keine Möglichkeit, die Beschränkung des Systems in der Weise zu lockern, daß es zu einem zweiten Gleichgewichtszustand mit höherer Entropie übergehen könnte. Diese am besonderen Fall gezeigte Schwierigkeit zeigt uns den beschränkten Nutzen eines *isolierten Systems* als Modell für reale Systeme in dieser Welt.)

Entscheidend für unser grundlegendes Problem ist die Bestimmung der Entropie auch für Ungleichgewichtszustände und die Definierung dieser Zustände. (Inwieweit dies möglich ist, werden wir nach der statistisch-mechanischen Behandlung der Entropie wissen.) Die gewöhnliche Gleichgewichtsthermodynamik kann uns also keine unmittelbare Information über Vorgänge in lebenden Systemen liefern; dies schmälert nicht die Anwendungsmöglichkeit auf *in-vitro*-Vorgänge oder auf bestimmte Teilsysteme und deren Veränderungen. Wenn wir thermodynamische Betrachtungen an lebenden Systemen unter stationären Bedingungen anstellen wollen, dann müssen wir eine neue Wissenschaft, die *irreversible Thermodynamik* (Ungleichgewichtsthermodynamik) formulieren (Abschnitt 9-24).

13. Gleichgewichtsbedingungen für abgeschlossene Systeme

Physikochemische Systeme treiben aus zwei Gründen einem Gleichgewicht zu. Der eine ist die Tendenz des Systems, einen Zustand minimaler Energie zu erreichen, also gewissermaßen in eine Energiemulde zu rutschen. Der andere Grund ist die Tendenz jedes Systems, einen Maximalwert der Entropie zu gewinnen. Beide Tendenzen sind implizit im II. Hauptsatz der Thermodynamik enthalten. Nur wenn wir U konstant halten, kann S ein Maximum erreichen; andererseits kann U nur dann ein Minimum erreichen, wenn wir S konstant halten. Was geschieht nun, wenn U und S zu einem Kompromiß gezwungen werden?

Chemische Reaktionen werden selten unter Bedingungen konstanter Entropie oder konstanter Energie untersucht. Ein Physikochemiker stellt seine Systeme gewöhnlich in Thermostaten und untersucht sie unter der Bedingung nahezu konstanter Temperatur und konstanten Druckes. Manchmal wird dasselbe System anschließend bei konstantem Volumen und konstanter Temperatur untersucht, zum Beispiel in einem Bombenkalorimeter. Es ist daher sehr erwünscht, Kriterien für das thermodynamische Gleichgewicht zu erhalten, die unter diesen praktischen Bedingungen anwendbar sind[4]. Ein volumen- und temperaturkonstantes, geschlossenes System ist von diathermischen, starren Wänden umgeben, so daß keine PV-Arbeit am System verrichtet werden kann. Das Reaktionsgefäß sei von einem Wärmebad mit praktisch unendlicher Wärmekapazität bei der konstanten Temperatur T umgeben, so daß zwischen dem System und dem Wärmebad beliebige Wärmeübergänge stattfinden können, ohne daß die Temperatur des letzteren verändert würde. Unter Gleichgewichtsbedingungen beträgt auch die Temperatur des Systems T.

14. Die HELMHOLTZsche Funktion, Gleichgewicht bei konstantem T und V

Für die Diskussion eines isothermen und isochoren Systems, insbesondere für die Spezifizierung des Zustandes eines solchen Systems durch die unabhängigen Variablen T und V sowie durch die Angabe der Zusammensetzung, hat HELMHOLTZ eine neue Zustandsfunktion eingeführt. Diese nennt man die HELMHOLTZsche freie Energie; ihre Definitionsgleichung lautet:

$$A = U - TS \qquad [3.30]$$

Das vollständige Differential dieser Funktion ist:

$$dA = dU - T\,dS - S\,dT \qquad [3.31]$$

Nach dem I. Hauptsatz ist $dU = dq + dw$; hiermit erhalten wir aus [3.31]:

$$dA = dq - T\,dS + dw - S\,dT \qquad [3.32]$$

Wenn wir nur PV-Arbeit zulassen ($dw = -P\,dV$), gilt dann:

$$dA = dq - T\,dS - P\,dV - S\,dT \qquad [3.33]$$

---

[4] Unter diesen Bedingungen nennen wir ein System ein *geschlossenes System*, da über die Grenzen des Systems hinweg zwar ein Energie-, aber kein Massenaustausch stattfindet.

Bei konstantem T und V ist:

$$dA = dq - T\,dS$$

Nach [3.26] war $dq \leqslant T\,dS$; hier bezieht sich das Gleichheitssymbol auf reversible und die Ungleichung auf spontane, irreversible Änderungen. Für konstantes T und V gilt daher:

$$dA \leqslant 0$$

Ausgedrückt durch eine virtuelle Verschiebung δA lautet die Gleichgewichtsbedingung:

$$\delta A \geqslant 0 \quad \text{(keine Arbeit bei konstantem } T \text{ und } V\text{)} \qquad [3.34]$$

In einem isothermen und isochoren System, das sich im Gleichgewicht befindet und das weder Arbeit verrichtet noch Arbeit aufnimmt, befindet sich die HELMHOLTZsche Funktion A in einem Minimum.

15. Die GIBBSsche Funktion, Gleichgewicht bei konstantem T und P

Die in der Praxis wohl am häufigsten vorkommende Bedingung für ein geschlossenes System ist die der Druck- und Temperaturkonstanz. In erster Näherung entspricht dies den Bedingungen in einem Thermostaten bei Atmosphärendruck. Für eine präzisere Definition wäre zu fordern, daß das System sich in einem Wärmebad von praktisch unendlicher Wärmekapazität bei konstanter Temperatur T befinde; zu gleicher Zeit müßte die Versuchsanordnung in einem noch größeren System stehen, das den Druck genau auf dem konstanten Wert P reguliert.

Die für solche Bedingungen (T und P sowie die chemische Zusammensetzung konstant) am besten geeignete Funktion wurde durch J. WILLARD GIBBS eingeführt. Man nennt sie die *Gibbssche freie Energie* oder einfach die *freie Enthalpie*; sie ist durch die folgende Gleichung definiert:

$$G = H - TS = U + PV - TS \qquad [3.35]$$

oder

$$G = A + PV$$

Das vollständige Differential dieser Funktion lautet:

$$dG = dU + P\,dV + V\,dP - T\,dS - S\,dT$$

Bei konstantem T und P gilt:

$$dG = dq + dw + P\,dV - T\,dS$$

Mit [3.26] erhalten wir daher:

$dG \to 0$ (bei konstantem T und P ist nur PV-Arbeit möglich)

Formuliert durch virtuelle Änderungen in G lautet die Gleichgewichtsbedingung:

$\delta G \to 0$ (bei konstantem T und P ist nur PV-Arbeit möglich) [3.36]

Ein geschlossenes, isothermes und isobares System, das nur PV-Arbeit erlaubt, erreicht mit seinem Gleichgewichtszustand zugleich ein Minimum seiner freien Enthalpie.

16. Isotherme Änderungen in A und G, maximale Arbeit

Abb. 3.8 zeigt ein System, das bei konstanter Temperatur auf verschiedene Weise vom Zustand 1 in den Zustand 2 übergehen kann (PV-Diagramm). Es gibt unendlich viele isotherme Wege, auf denen das System vom Zustand 1 in den Zu-

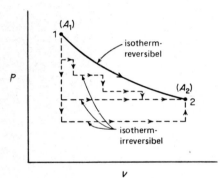

Abb. 3.8 Verschiedene Möglichkeiten eines Systems, isotherm vom Zustand 1 in den Zustand 2 überzugehen.

stand 2 gelangen kann, aber nur einer unter diesen ist reversibel. Da A eine Zustandsfunktion ist, hängt $\Delta A = A_2 - A_1$ nicht vom Weg ab, auf dem man von 1 nach 2 gelangt. Nach [3.30] gilt für diese isotherme Änderung:

$$A_2 - A_1 = U_2 - U_1 - TS_2 + TS_1$$

oder

$$\Delta A = \Delta U - T\Delta S \quad (T = \text{const}) \quad [3.37]$$

Nach [3.32] gilt für die *isotherme und reversible Veränderung* $\Delta A = w_{\text{rev}}$; dies ist die am System reversibel verrichtete Arbeit. Die *vom System* beim Übergang von 1 nach 2 an seiner Umgebung *verrichtete* maximale Arbeit beträgt $-\Delta A = -w_{\text{rev}}$. Die von uns betrachtete Änderung bestehe in der Oxidation eines Mols 2,2,4-Trimethylpentan (Isooctan) bei 298 K und 1 atm:

$$C_8H_{18}(g) + 12\tfrac{1}{2} O_2 \to 8\,CO_2 + 9\,H_2O\,(g)$$

Wir können das ΔU dieser Reaktion durch Messung der Verbrennungswärme im Bombenkalorimeter bestimmen; es ist $\Delta U_{298} = -5109000$ J. Die Reaktionsentropie ΔS ($\Sigma S_{\text{Prod}} - \Sigma S_{\text{Ausg}}$) erhält man aus den kalorimetrisch bestimmbaren Standardentropien der Reaktionsteilnehmer; sie beträgt $\Delta S_{298} = 422$ J K^{-1}. Mit [3.30] erhalten wir:

$$\Delta A_{298} = -5109 - (298 \cdot 0{,}422) \text{ kJ} = -5235 \text{ kJ}$$

Dieser Wert für ΔA ist selbstverständlich unabhängig von der Art (chemisch, elektrochemisch), nach der die Oxidation durchgeführt wurde. 5235 kJ ist also die maximale Arbeit, die wir aus der Oxidation von einem Mol Isooctan bei 298 K und 1 atm gewinnen könnten. Man beachte, daß diese Arbeit größer ist als die Änderung der inneren Energie ($-\Delta U$) für die betrachtete Reaktion; dies ist eine Konsequenz der beträchtlichen Entropiezunahme (Vermehrung der Molzahlen von $13^1/_2$ auf 17). Gegen dieses Ergebnis ist von der Thermodynamik her nichts einzuwenden, da das System ja nicht isoliert war.

Wenn wir das Isooctan einfach in einem Kalorimeter verbrennen würden, dann erhielten wir überhaupt keine Arbeit ($w = 0$). Mit einem Explosionsmotor erhielten wir schon etwas Arbeit, vielleicht etwa 1000 kJ. Wir könnten das Isooctan in einer Brennstoffzelle oxidieren und dabei sehr viel Nutzarbeit gewinnen, möglicherweise etwa 3000 kJ. Es gibt jedoch keinen praktisch beschreitbaren Weg, um den vollen Betrag von $-w_{\text{rev}} = 5235$ kJ zu erhalten: Bei der Verbrennungsmaschine müßten wir alle Reibungsverluste ausschalten und die Abwärme beim absoluten Nullpunkt in einen unendlich großen Behälter leiten; in der elektrolytischen Zelle müßten wir den Prozeß unendlich langsam ablaufen lassen, und zwar unter Anlegung einer Gegen-EMK, die im Grenzfall immer gleich der EMK ist. Immerhin ist es nützlich zu wissen, daß $-\Delta A$ die obere Grenze für den bei einem bestimmten Prozeß überhaupt erzielbaren Arbeitsbetrag ist.

Für die bei einem *isothermen* Prozeß auftretende Änderung der freien Enthalpie eines Systems beim Übergang vom Zustand 1 in den Zustand 2 gilt nach [3.23]:

$$G_2 - G_1 = H_2 - H_1 - T(S_2 - S_1)$$

$$\Delta G = \Delta H - T\Delta S \quad (T = \text{const}) \tag{3.38}$$

Für einen *isobaren* Prozeß gilt nach [3.35]:

$$\Delta G = \Delta A + P\Delta V \quad (P = \text{const})$$

Als Beispiel berechnen wir die freie Enthalpie ΔG für die Verbrennung von Isooctan bei konstantem Druck. Aus der Änderung der Molzahlen bei der Reaktion läßt sich die Volumenarbeit berechnen:

$$P\Delta V = \Delta n RT = (17 - 13{,}5) RT = 3{,}5\, RT$$

$$= 3{,}5 \cdot 8{,}314 \cdot 298 = 8680 \text{ Joule} = 8{,}68 \text{ kJ}$$

Die HELMHOLTZsche freie Energie war $\Delta A = -5235$ kJ; es ist also

$$\Delta G = \Delta A + P\Delta V = (-5235 + 8{,}68) \text{ kJ} \simeq -5226 \text{ kJ}$$

17. Thermodynamische Potentiale

In der Mechanik dient die potentielle Energie E als Potentialfunktion, mit der ein mechanisches Gleichgewicht spezifiziert und mit der Kräfte abgeleitet werden können, die auf das System wirken. Wenn man das Potential E als Funktion der Variablen $r_1, r_2 \ldots r_j$ schreibt, die den Zustand des Systems definieren, dann gilt für eine verallgemeinerte Kraft, die auf das System wirkt:

$$F_j = -(\partial E/\partial r_j)_{r_1, r_2 \ldots}$$

Die Kraft ist der Gradient des Potentials. Wenn die Koordinaten r zum Beispiel gewöhnliche kartesische Koordinaten x, y, z sind, dann stellen die Gradienten

$$F_x = -(\partial E/\partial x)_{y, z} \qquad F_y = -(\partial E/\partial y)_{x, z} \qquad F_z = -(\partial E/\partial z)_{x, y}$$

die Komponenten der Kraft dar, die in jeder der drei **Hauptrichtungen** auf das System wirken.

Aus den beiden ersten Hauptsätzen der Thermodynamik hatten sich zwei neue Funktionen ergeben, die als *thermodynamische Potentiale* aufgefaßt werden können. Für eine reine Substanz lauten diese Funktionen:

$$U(S, V) \quad \text{und} \quad H(S, P)$$

Wir spezifizieren die unabhängigen Variablen in diesen Funktionen für jeden konkreten Fall, da *jede Funktion, ausgedrückt durch ihren natürlichen Satz unabhängiger Variablen, eine einfache Gleichgewichtsbedingung ergibt*. Die beiden neuen Funktionen A und G sind ebenfalls thermodynamische Potentiale, ausgedrückt durch ihre natürlichen Variablen:

$$A(V, T) \quad \text{und} \quad G(P, T)$$

Wir können die Gradienten dieser thermodynamischen Potentiale als generalisierte Kräfte auffassen. Bei isothermen und isobaren Systemen kann man den jeweiligen Gradienten von G als treibende Kraft für den chemischen oder physikalischen Vorgang auffassen; hierauf werden wir später zurückkommen.

18. Legendre-Transformationen

Die totalen Differentiale der thermodynamischen Funktionen können durch *Legendretransformationen* miteinander in Beziehung gesetzt werden. Diese werden wir zuerst mathematisch definieren und hernach auf die thermodynamischen Gleichungen anwenden. Wir wollen eine Funktion $f(x_1, x_2 \ldots x_n)$ annehmen; hierin ist f die abhängige Variable, die Größen $x_1, x_2 \ldots x_n$ sind die unabhängigen Variablen. Das vollständige Differential von f ist

$$df = f_1 dx_1 + f_2 dx_2 + \cdots + f_n dx_n \qquad [3.39]$$

Hierin ist $f_1 = (\partial f/\partial x_1)_{x_2 \ldots x_n}$, usw.

Wir betrachten nun die Funktion

$$g = f - f_1 x_1$$

und ihre Ableitung

$$\begin{aligned} \mathrm{d}g &= \mathrm{d}f - \mathrm{d}(f_1 x_1) \\ &= \mathrm{d}f - f_1 \mathrm{d}x_1 - x_1 \mathrm{d}f_1 \end{aligned}$$

Mit [3.39] erhalten wir:

$$\mathrm{d}g = -x_1 \mathrm{d}f_1 + f_2 \mathrm{d}x_2 \cdots + f_n \mathrm{d}x_n \qquad [3.40]$$

Wir haben damit eine unabhängige Variable von x_1 nach f_1 und die abhängige Variable f nach g verändert. [3.40] nennt man eine *Legendretransformation*.
Wir wollen nun eine Legendretransformation auf die grundlegende Gleichung [3.14] anwenden:

$$U = U(V, S)$$
$$\mathrm{d}U = -P\,\mathrm{d}V + T\,\mathrm{d}S$$

Mit [3.40] erhalten wir:

$$H = U - \left(\frac{\partial U}{\partial V}\right)_S V = U + PV$$

Hieraus ergibt sich $\mathrm{d}H = V\,\mathrm{d}P + T\,\mathrm{d}S$.
Mit $(\partial U/\partial S)_V = T$ ergibt sich analog:

$$A = U - \left(\frac{\partial U}{\partial S}\right)_V S = U - TS \quad \text{und} \quad \mathrm{d}A = \mathrm{d}U - T\,\mathrm{d}S - S\,\mathrm{d}T$$

Mit $(\partial H/\partial S)_P = T$ erhalten wir schließlich

$$G = H - (\partial H/\partial S)_P S = H - TS$$
$$\mathrm{d}G = \mathrm{d}H - T\,\mathrm{d}S - S\,\mathrm{d}T$$
$$\mathrm{d}G = V\,\mathrm{d}P - S\,\mathrm{d}T$$

Die Einführung der neuen thermodynamischen Potentiale H, A und G erreichen wir mathematisch daher durch Legendretransformation der grundlegenden Funktion $U(S, V)$.

19. Die MAXWELLschen Beziehungen

Im folgenden seien die Differentialgleichungen der vier wichtigen thermodynamischen Potentiale zusammengestellt:

$$\begin{aligned} \mathrm{d}U &= -P\,\mathrm{d}V + T\,\mathrm{d}S \\ \mathrm{d}H &= V\,\mathrm{d}P + T\,\mathrm{d}S \\ \mathrm{d}A &= -P\,\mathrm{d}V - S\,\mathrm{d}T \\ \mathrm{d}G &= V\,\mathrm{d}P - S\,\mathrm{d}T \end{aligned} \qquad [3.41]$$

Aus diesen können wir unmittelbar die Beziehungen zwischen den partiellen Differentialkoeffizienten herleiten. Es ist:

$$dU = \left(\frac{\partial U}{\partial V}\right)_S dV + \left(\frac{\partial U}{\partial S}\right)_V dS$$

$$dH = \left(\frac{\partial H}{\partial P}\right)_S dP + \left(\frac{\partial H}{\partial S}\right)_P dS$$

$$dA = \left(\frac{\partial A}{\partial V}\right)_T dV + \left(\frac{\partial A}{\partial T}\right)_V dT$$

$$dG = \left(\frac{\partial G}{\partial P}\right)_T dP + \left(\frac{\partial G}{\partial T}\right)_P dT \qquad [3.42]$$

Wir können dann die Koeffizienten der Differentiale gleichsetzen und erhalten:

$$(\partial U/\partial V)_S = -P \qquad (\partial U/\partial S)_V = T$$
$$(\partial H/\partial P)_S = V \qquad (\partial H/\partial S)_P = T$$
$$(\partial A/\partial V)_T = -P \qquad (\partial A/\partial T)_V = -S$$
$$(\partial G/\partial P)_T = V \qquad (\partial G/\partial T)_P = -S \qquad [3.43]$$

Einige dieser Beziehungen kennen wir schon; es ist aber nützlich, sie einmal gemeinsam zu zeigen.

Durch Anwendung der EULERschen Beziehung [2.9] auf die Differentiale in [3.41] erhalten wir Beziehungen zwischen den ersten partiellen Differentialkoeffizienten, die als MAXWELLsche Gleichungen bekanntgeworden sind:

$$(\partial T/\partial V)_S = -(\partial P/\partial S)_V$$
$$(\partial T/\partial P)_S = (\partial V/\partial S)_P$$
$$(\partial P/\partial T)_V = (\partial S/\partial V)_T$$
$$(\partial V/\partial T)_P = -(\partial S/\partial P)_T \qquad [3.44]$$

Endlich leiten wir noch zwei Gleichungen ab, die man *thermodynamische Zustandsgleichungen* nennt, da sie U und H durch die Variablen P, V und T ausdrücken. Für U gilt nach [3.30]:

$$\left(\frac{\partial U}{\partial V}\right)_T = \left[\frac{\partial(A - TS)}{\partial V}\right]_T = \left(\frac{\partial A}{\partial V}\right)_T + T\left(\frac{\partial S}{\partial V}\right)_T$$

Mit [3.43] und [3.44] erhalten wir:

$$\left(\frac{\partial U}{\partial V}\right)_T = -P + T\left(\frac{\partial P}{\partial T}\right)_V \qquad [3.45]$$

Für H gilt nach [3.35]:

$$\left(\frac{\partial H}{\partial P}\right)_T = \left[\frac{\partial(G - TS)}{\partial P}\right]_T = \left(\frac{\partial G}{\partial T}\right)_T + T\left(\frac{\partial S}{\partial P}\right)_T$$

Mit [3.43] und [3.44] erhalten wir:

$$\left(\frac{\partial H}{\partial P}\right)_T = V - T\left(\frac{\partial V}{\partial T}\right)_P \qquad [3.46]$$

Die Druck- und Temperaturabhängigkeit der freien Enthalpie

Hiermit haben wir wahrscheinlich genug Beispiele gegeben für die Ableitung und Kombination thermodynamischer Funktionen zu einer eindrucksvollen Mannigfaltigkeit von Formen, die gleichermaßen Vergnügen und Nutzen bringen (um eine Formulierung von GUY DE MAUPASSANT zu verwenden). Tab. 3.1 zeigt die thermodynamischen Potentiale und die wichtigsten Beziehungen unter diesen.

Funktion	Symbol und verknüpfte Funktionen	Definition	Differentialausdruck	Zugehörige MAXWELLsche Beziehung
Innere Energie	$U(S, V)$	—	$dU = T dS - P dV$	$\left(\frac{\partial T}{\partial V}\right)_S = -\left(\frac{\partial P}{\partial S}\right)_V$
Enthalpie	$H(S, P)$	$H = U + PV$	$dH = T dS + V dP$	$\left(\frac{\partial T}{\partial P}\right)_S = \left(\frac{\partial V}{\partial S}\right)_P$
Helmholtzsche freie Energie	$A(T, V)$	$A = U - TS$	$dA = -S dT - P dV$	$\left(\frac{\partial S}{\partial V}\right)_T = \left(\frac{\partial P}{\partial T}\right)_V$
Gibbssche freie Energie (freie Enthalpie)	$G(T, P)$	$G = H - TS$	$dG = -S dT + V dP$	$\left(\frac{\partial S}{\partial P}\right)_T = -\left(\frac{\partial V}{\partial T}\right)_P$

Tab. 3.1 Die thermodynamischen Potentiale

20. Die Druck- und Temperaturabhängigkeit der freien Enthalpie

Nach [3.41] ist

$$\left(\frac{\partial G}{\partial P}\right)_T = V \qquad [3.47]$$

Für eine isotherme Änderung vom Zustand 1 in den Zustand 2 ist daher wegen $dG = V dP$:

$$\Delta G = G_2 - G_1 = \int_1^2 V dP \quad (T = \text{const}) \qquad [3.48]$$

Um diese Gleichung integrieren zu können, müssen wir die Änderung von V mit P für die uns interessierende Substanz kennen. Wenn G dann für *einen* Druck und *eine* Temperatur bekannt ist, kann es für jeden anderen Druck bei derselben Temperatur berechnet werden. Wenn eine Zustandsgleichung zur Verfügung steht, läßt sich V als Funktion von P angeben; nachdem man diese Funktion $V(P)$ für V eingesetzt hat, kann man [3.48] integrieren. Für den einfachsten Fall eines idealen Gases ist $V = nRT/P$; hiermit erhalten wir:

$$\Delta G = G_2 - G_1 = \int_1^2 nRT \frac{dP}{P} = nRT \ln \frac{P_2}{P_1} \qquad [3.49]$$

Wenn zum Beispiel ein Mol eines idealen Gases isotherm bei 300 K auf seinen doppelten Druck komprimiert wird, dann beträgt die Änderung in G:

$$\Delta G = (1)\,(8{,}314)\,(300)\,\ln 2 = 1730\text{ J}$$

Entsprechende Betrachtungen gelten auch für Flüssigkeiten. Ein Mol Quecksilber werde von 1 auf 101 atm bei 298 K komprimiert. Das Molvolumen von Quecksilber ist $M/\varrho = 200{,}61/\varrho$; hierin ist ϱ die Dichte. Für die Änderung der freien Enthalpie gilt daher:

$$G = \int_1^2 V\,dP = 200{,}61 \int_1^2 \frac{dP}{\varrho} \qquad [3.50]$$

Um die Integration durchführen zu können, müßten wir die Funktion $\varrho = f(P)$ kennen. Wir wollen einfachheitshalber annehmen, daß ϱ über diesen (für eine Flüssigkeit) verhältnismäßig kleinen Druckbereich konstant ist und $13{,}5$ g cm^{-3} beträgt. Dann ist:

$$\Delta G = \frac{200{,}6}{13{,}5} \cdot 100 = 14{,}86 \text{ cm}^3 \cdot \text{atm} = 1486/9{,}866 \text{ J} = 150{,}6 \text{ J}$$

Die Temperaturabhängigkeit von G bei konstantem P erhalten wir aus [3.43]:

$$(\partial G/\partial T)_P = -S \qquad [3.51]$$

Mit der Definitionsgleichung $G = H - TS$ können wir [3.51] folgendermaßen umformulieren:

$$\left(\frac{\partial G}{\partial T}\right)_P = -S = \frac{G - H}{T} \qquad [3.52]$$

Dies ist eine besondere Form der GIBBS-HELMHOLTZschen Gleichung; graphisch ist diese Funktion in Abb. 3.9 dargestellt (Temperaturabhängigkeit von G und H). Die GH-Gleichung kann auch folgendermaßen formuliert werden:

$$\left[\frac{\partial(G/T)}{\partial T}\right]_P = \frac{1}{T}\;;\quad \left(\frac{\partial G}{\partial T}\right) - \frac{G}{T^2} = \frac{-H}{T^2}$$

oder

$$\left[\frac{\partial(G/T)}{\partial(1/T)}\right]_P = \left[\frac{\partial(G/T)}{\partial T}\right]_P \left[\frac{\partial T}{\partial(1/T)}\right]_P = \left[\frac{\partial(G/T)}{\partial T}\right]_P (-T^2) = H$$

Wenn wir ein System in den Zuständen 1 und 2 mit

$$\Delta G = G_2 - G_1,\quad \Delta H = H_2 - H_1,\quad \Delta S = S_2 - S_1$$

betrachten, dann wird aus [3.52]:

$$\left(\frac{\partial \Delta G}{\partial T}\right)_P = -\Delta S = \frac{\Delta G - \Delta H}{T} \qquad [3.53]$$

Diese Beziehung erweist sich bei chemischen Reaktionen als besonders nützlich. Wir können zum Beispiel die Änderung der freien Enthalpie bei einer chemischen Reaktion ($\Delta G = \Sigma G_\text{Produkte} - \Sigma G_\text{Ausgangsstoffe}$) isobar bei verschiedenen konstanten Temperaturen untersuchen. Mit [3.53] können wir dann die Temperaturabhängigkeit der beobachteten Werte von ΔG berechnen.

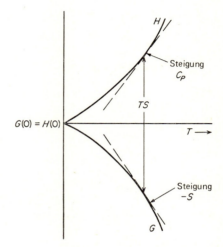

Abb. 3.9 Änderung der Gibbsschen Energie G und der Enthalpie H eines reinen Stoffes T bei konstantem P [3.52]. Die Grenzwerte der Steigung der beiden Kurven bei $T \to 0$ sind null, so daß C_P und $S \to 0$, wenn $T \to 0$.

Als Beispiel für die Anwendung von [3.52] wollen wir das ΔG für die Erwärmung eines Mols N_2 von 298 K auf 348 K bei 2 atm berechnen. Für die Entropie des Stickstoffs gilt $S = A + B \ln T$ mit $A = 25{,}1$ und $B = 29{,}3$ J K^{-1}. (Dies gilt nur näherungsweise.) Es ist dann

$$(\partial G/\partial T)_P = -S = -(A + B \ln T)$$

$$\Delta G = G_2 - G_1 = -\int_{293}^{348}(A + B \ln T)\,\mathrm{d}T = -(A-B)\Delta T - B(T_2 \ln T_2 - T_1 \ln T_1)$$

$$= 210 - 9960 = -9750 \text{ J}$$

21. Druck- und Temperaturabhängigkeit der Entropie

Eine der Maxwellschen Gleichungen [3.44] liefert uns die Druckabhängigkeit der Entropie:

$$(\partial S/\partial P)_T = -(\partial V/\partial T)_P \qquad [3.54]$$

Der Ausdruck $(\partial V/\partial T)_P$ steht mit dem thermischen Expansionskoeffizienten α in folgender Beziehung (vergleiche 1-21):

$$\alpha = \frac{1}{V}\left(\frac{\partial V}{\partial T}\right)_P$$

3. Kapitel: Entropie und freie Energie, der II. Hauptsatz der Thermodynamik

Wir können nun $\left(\frac{\partial V}{\partial T}\right)_P$ in [3.54] eliminieren und erhalten den folgenden Integralausdruck für die Entropieänderung:

$$\Delta S = S_2 - S_1 = - \int_{P_1}^{P_2} \alpha V \, dP \qquad [3.55]$$

Um dieses Integral lösen zu können, müssen wir V und α als Funktionen des Drucks kennen. Diese Werte lassen sich mit einer Zustandsgleichung für die jeweils betrachtete Substanz berechnen. Für ein ideales Gas erhält man das folgende, einfache Ergebnis:

$$PV = nRT \quad \text{und} \quad (\partial V/\partial T)_P = \alpha V = nR/P$$

Aus [3.55] wird dann:

$$\Delta S = - \int_{P_1}^{P_2} nR \frac{dP}{P} = nR \ln \frac{P_1}{P_2} = nR \ln \frac{V_2}{V_1}$$

Dies wurde schon in Abschnitt 3-8 gezeigt.

Mit [3.43] läßt sich die Temperaturabhängigkeit der Entropie entweder bei konstantem Volumen oder noch besser bei konstantem Druck leicht berechnen. Es ist

$$\left(\frac{\partial U}{\partial S}\right)_V = T \quad \text{und} \quad \left(\frac{\partial H}{\partial S}\right)_P = T$$

Es ist daher

$$\left(\frac{\partial S}{\partial U}\right)_V = T^{-1} \quad \text{und} \quad \left(\frac{\partial S}{\partial U}\right)_P = T^{-1}$$

Hieraus folgt:

$$\left(\frac{\partial S}{\partial T}\right)_V = \left(\frac{\partial U}{\partial T}\right)_V \left(\frac{\partial S}{\partial U}\right)_V = T^{-1} C_V \quad \text{und}$$

$$\left(\frac{\partial S}{\partial T}\right)_P = \left(\frac{\partial H}{\partial T}\right)_P \left(\frac{\partial S}{\partial H}\right)_P = T^{-1} C_P \qquad [3.56]$$

Wenn wir die Temperaturabhängigkeit der Wärmekapazitäten kennen, dann können wir [3.56] integrieren und erhalten die Temperaturabhängigkeit der Entropie

bei konstantem Volumen

$$dS = C_V \frac{dT}{T}$$

$$S = \int \frac{C_V}{T} dT$$

$$\Delta S = \int_{T_1}^{T_2} C_V \, d\ln T$$

bei konstantem Druck

$$dS = C_P \frac{dT}{T}$$

$$S = \int \frac{C_P}{T} dT$$

$$\Delta S = \int_{T_1}^{T_2} C_P \, d\ln T \qquad [3.57]$$

Einige Anwendungen für thermodynamische Beziehungen

Diese Integrationen lassen sich graphisch durch Abtragen von C_V/T oder C_P/T gegen T durchführen (Abb. 3.10). Die Fläche unter der Kurve ist ein Maß für das ΔS zwischen dem Ausgangs- und dem Endzustand. Wenn in dem betrachteten Temperaturbereich eine Phasenänderung auftritt, dann muß der entsprechende Entropiebetrag (zum Beispiel $\Delta S_f = \Delta H_f/T_f$) berücksichtigt werden.

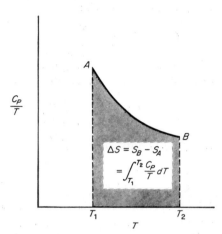

Abb. 3.10 Graphische Bestimmung der Temperaturabhängigkeit der Entropie. Aus der Wärmekapazität C_P einer Substanz als Funktion von T läßt sich ΔS für den Übergang von A nach B durch diese graphische Integration bestimmen.

Als Beispiel soll die Entropieänderung beim Erwärmen eines Mols Wasser von 263 K auf 283 K berechnet werden. Es ist $C_P(\text{Eis}) = 2{,}09 + 0{,}126\,T$ J K^{-1}, $C_P(\text{Wasser}) = 75{,}3$ J K^{-1} und $\Delta H_f = 6000$ J mol^{-1}. Nach [3.57] ist:

$$\Delta S = \int_{263}^{273} (2{,}09 + 0{,}126\,T)\frac{\mathrm{d}T}{T} + \frac{6000}{273} + \int_{273}^{283} 75{,}3\,\frac{\mathrm{d}T}{T}$$

$$= 2{,}09 \ln \frac{273}{263} + 1{,}26 + 22{,}0 + 75{,}3 \ln \frac{283}{273}$$

$$= 26{,}1 \text{ J K}^{-1}$$

22. Einige Anwendungen für thermodynamische Beziehungen

Mit den thermodynamischen Zustandsgleichungen [3.45] auf S. 108 können wir leicht beweisen, daß ein Gas, das der Zustandsgleichung $PV = nRT$ gehorcht, keinen Binnendruck besitzen darf: $(\partial U/\partial V)_T = 0$.
Für ein solches Gas ist

$$\left(\frac{\partial P}{\partial T}\right)_V = \frac{nR}{V}$$

Nach [3.45] gilt daher:

$$\left(\frac{\partial U}{\partial V}\right)_T = -P + T\frac{nR}{V} = -P + P = 0$$

Ebenso können wir mit [3.45] einen sehr nützlichen Ausdruck für $C_P - C_V$ herleiten. Aus [2.17] wird:

$$C_P - C_V = \left[P + \left(\frac{\partial U}{\partial V}\right)_T\right]\left(\frac{\partial V}{\partial T}\right)_P = T\left(\frac{\partial P}{\partial T}\right)_V\left(\frac{\partial V}{\partial T}\right)_P$$

Mit [1.24] erhalten wir:

$$C_P - C_V = \alpha^2 V \frac{T}{\beta} \qquad [3.58]$$

Eine wichtige Anwendung der Beziehung [3.46] ist die theoretische Analyse des JOULE-THOMSON-Koeffizienten. Mit [2.18] erhalten wir:

$$\mu = \left(\frac{\partial T}{\partial P}\right)_H = -\frac{1}{C_P}\left(\frac{\partial H}{\partial P}\right)_T$$

Aus [3.46] ergibt sich:

$$\mu = \frac{T(\partial V/\partial T)_P - V}{C_P} \qquad [3.59]$$

Hieraus geht hervor, daß der Joule-Thomson-Effekt entweder in der Erwärmung oder in der Abkühlung eines Stoffes besteht, je nach der relativen Größe der beiden Terme im Zähler von [3.59]. Allgemein ist zu erwarten, daß ein Gas einen oder mehrere *Inversionspunkte* zeigt, bei dem oder bei denen sich das Vorzeichen des Joule-Thomson-Koeffizienten ändert, – in anderen Worten: bei denen μ durch 0 geht. Nach [3.59] ist die Bedingung für einen Inversionspunkt:

$$T\left(\frac{\partial V}{\partial T}\right)_P = \alpha V T = V \quad \text{oder} \quad \alpha = T^{-1}$$

Für ein ideales Gas ist diese Beziehung stets erfüllt (Gesetz von GAY-LUSSAC); in diesem Falle ist also stets $\mu = 0$. Für andere Zustandsgleichungen (reale Gase) kann man μ aus [3.59] ohne direkte Messung ableiten, wenn man die C_P-Werte kennt. Diese Betrachtungen sind äußerst wichtig bei der Konstruktion von Maschinen zur Verflüssigung von Gasen.

23. Die Annäherung an den absoluten Nullpunkt der Temperatur

Um die Differenz zwischen der Entropie S_0 eines Stoffes bei 0 K und seiner Entropie S bei irgendeiner Temperatur T berechnen zu können, formulieren wir [3.57] folgendermaßen um:

$$S = \int_0^T (Cp/T)\,dT + S_0 \qquad [3.60]$$

Wenn in dem gewählten Temperaturbereich irgendwelche Zustandsänderungen auftreten, dann müssen die zugehörigen Entropieänderungen dem Wert für S hinzuaddiert werden. Für ein Gas bei der Temperatur T erhält der allgemeine

Ausdruck für die Entropie daher die folgende Form:

$$S = \int_0^{T_f} \frac{C_P(\text{s})}{T} \, dT + \frac{\Delta H_f}{T_f} + \int_{T_f}^{T_v} \frac{C_P(\text{l})}{T} \, dT$$

$$+ \frac{\Delta H_v}{T_v} + \int_{T_v}^{T} \frac{C_P(\text{g})}{T} \, dT + S_0 \qquad [3.61]$$

Mit dieser Gleichung können wir die Entropie eines Stoffes berechnen, wenn wir

(1) die Temperaturabhängigkeit seiner Wärmekapazität, beginnend in der Nähe des absoluten Nullpunktes, messen,
(2) die Umwandlungsenthalpien für alle Phasenumwandlungen zwischen 0 K und T bestimmen und
(3) den Wert von S_0 kennen.

Die Wärmekapazitäten und Umwandlungsenthalpien lassen sich kalorimetrisch bestimmen; der Wert für S_0 ergibt sich aus dem dritten grundlegenden Gesetz der Thermodynamik (III. Hauptsatz). Den Grenzwert der Entropie eines Stoffes für $T \to 0$ K nennen wir S_0.

Aus diesen Betrachtungen ergibt sich die Wichtigkeit von Messungen bei sehr tiefen Temperaturen.

Ein Gas kühlt sich bei der Expansion ins Vakuum ab, wenn der JOULE-THOMSON-Koeffizient $\mu > 0$. WILHELM SIEMENS (seit 1883 Sir William Siemens) konstruierte 1860 einen Gegenstrom-Wärmeaustauscher, durch den die Anwendbarkeit der Joule-Thomson-Methode beträchtlich gesteigert wurde. Dieses Gegenstromverfahren wurde bei dem Verfahren von HAMPSON und LINDE für die Verflüssigung von Luft verwendet[5]. Bei diesem Verfahren (Abb. 3.11) wird vorgekühltes, komprimiertes Gas durch ein Drosselventil expandiert und dadurch weiter abgekühlt.

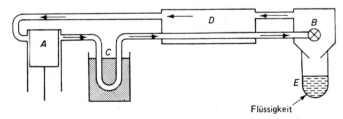

Abb. 3.11 Der HAMPSON-LINDE-Prozeß zur Verflüssigung von Gasen. Das Gas wird in A komprimiert, durch ein Kühlmittel in C gekühlt und anschließend durch das Drosselventil B expandiert (Abkühlung durch den JOULE-THOMSON-Effekt). Das abgekühlte Gas strömt auf seinem Rückweg durch einen Gegenstrom-Wärmeaustauscher B. Nach einer größeren Zahl von Durchgängen genügt die Abkühlung bei B, um einen Teil des Gases zu verflüssigen; die Flüssigkeit sammelt sich in E.

---

[5] Sauerstoff und Stickstoff wurden zuerst von CAILLETET (1877) durch rasche Expansion des kalten, komprimierten Gases verflüssigt. Eine Luftverflüssigung in größerem Maßstab wurde zuerst von CLAUDE (1902) durch Expansion unter Verrichtung von Arbeit (gegen einen Kolben) erzielt.

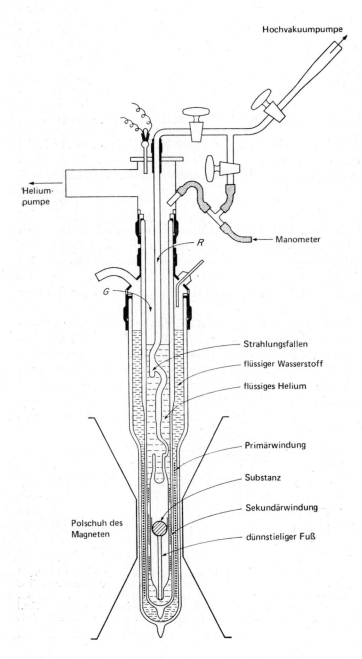

Abb. 3.12a Der in Leiden verwendete Entmagnetisierungskryostat (nach D. DE KLERK und M. J. STEENLAND, Kammerlingh-Onnes Laboratorium, Leiden)

Abb. 3.12b Entmagnetisierungsapparat im großen Elektromagneten des C.N.R.S.-Laboratoriums, Bellevue, Frankreich. Der Durchmesser der Wicklungen beträgt etwa 200 cm. (Nach N. Kurti, Universität Oxford.)

Dieses Gas wird über den Hochdruckteil des Einlaßrohres geführt und kühlt das nicht expandierte Gas weiter ab. Anschließend wird es selbst wieder komprimiert und gekühlt. Durch dieses Verfahren kann die Abkühlung so weit getrieben werden, daß sich das Gas verflüssigt; die Flüssigkeit kann am unteren Teil des Apparates abgezogen werden. Flüssiger Stickstoff siedet bei 77 K, flüssiger Sauerstoff bei 90 K; die beiden Komponenten können leicht durch fraktionierte Destillation getrennt werden.

Um Wasserstoff verflüssigen zu können, muß man ihn zuvor unter seine Joule-Thomson-Inversionstemperatur von 193 K abkühlen. Anschließend kann man den SIEMENS-Prozeß anwenden, um den Wasserstoff unter seine kritische Temperatur von 33 °K abzukühlen (JAMES DEWAR 1889).

Der Siedepunkt des Wasserstoffs unter 1 atm ist 20 °K. KAMMERLINGH-ONNES, der Gründer des berühmten Kältelaboratoriums in Leiden, benützte 1908 flüssigen Wasserstoff zur Abkühlung von Helium unter dessen Inversionspunkt bei 100 K. Anschließend verflüssigte er das Helium durch die Anwendung des Joule-Thomson-Effektes. Flüssiges Helium I siedet unter 1 atm bei etwa 4,2 K. Durch Verdampfen des Heliums unter verringertem Druck gelang eine weitere Abkühlung auf 0,85 K. Damit ist aber auch die Grenze dieser Methode erreicht, da man hier schon gigantische Pumpen zur Wegführung des gasförmigen Heliums benötigt.

Im Jahre 1926 empfahlen unabhängig voneinander WILLIAM GIAUQUE und PETER DEBYE eine neue Kühltechnik, die *adiabatische Entmagnetisierung*. GIAUQUE konnte diese Methode 1933 experimentell realisieren. Bestimmte Salze, insbesondere solche der seltenen Erden, zeigen hohe paramagnetische Suszeptibilitäten. Die Kationen verhalten sich hierbei wie kleine Magneten, die sich in der Richtung eines äußeren magnetischen Feldes ausrichten: Das Salz wird magnetisiert. Wenn man das äußere Feld entfernt, dann orientieren sich die kleinen Kationmagneten wieder aufs Geratewohl, und das Salz entmagnetisiert sich.

Abb. 3.12a zeigt einen für die adiabatische Entmagnetisierung verwendeten Apparat. Das Salz, zum Beispiel Gadoliniumsulfat, bringt man in die innere Kammer eines doppelten DEWAR-Gefäßes. Das Salz wird mit flüssigem Helium (um die innere Kammer herum) gekühlt und gleichzeitig magnetisiert. Hierauf wird das flüssige Helium abgepumpt und das gekühlte magnetisierte Salz durch die adiabatische Wand des evakuierten Raumes thermisch von seiner Umgebung isoliert. Anschließend reduziert man das magnetische Feld auf null; da kein Wärmeübergang stattfindet, ist $q = 0$.

Diese Entmagnetisierung ist nicht streng reversibel; wir machen aber keinen schweren Fehler, wenn wir sie als reversibel ansehen.

Für eine adiabatisch-reversible Entmagnetisierung ist $\Delta S = 0$. Abb. 3.13 stellt das Experiment von GIAUQUE auf einem TS-Diagramm dar. Die obere Kurve in diesem Diagramm zeigt die Temperaturabhängigkeit der Entropie für das magnetisierte Salz in einem Feld von $\boldsymbol{H} = \boldsymbol{H}_i$, die untere Kurve zeigt die entsprechende Abhängigkeit für das entmagnetisierte Salz ($\boldsymbol{H} = 0$). In einem bestimmten Experiment war $\boldsymbol{H}_i = 8000$ Oersted; die erste isotherme Magnetisierung wurde bei 1,5 K durchgeführt.

Bei einer beliebigen, jedoch konstanten Temperatur befindet sich das magnetisierte Salz in einem Zustand niedrigerer Entropie als das entmagnetisierte Salz. Bei konstanter Temperatur bedeutet der Übergang

entmagnetisiertes Salz → magnetisiertes Salz

zugleich einen Übergang von einem Zustand höherer in einen Zustand niedrigerer Entropie und Energie (Übergang 1 → 2). In dieser Hinsicht entspricht die Magnetisierung eines Salzes dem Erstarren einer Schmelze, also dem Übergang flüssig →

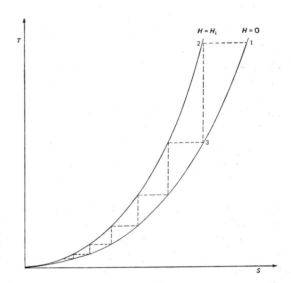

Abb. 3.13 Darstellung der Abkühlung durch adiabatische Entmagnetisierung auf einem TS-Diagramm (Unerreichbarkeit des absoluten Nullpunkts).

fest. Wenn man das magnetische Feld aufhebt, dann erleidet das System eine isentropische Änderung ($\Delta S = 0$); es kehrt also zurück auf die für $H = 0$ geltende Kurve (Übergang 2 → 3). Es ist augenscheinlich, daß bei diesem Übergang die Temperatur absinken muß. Bei dem hier erwähnten Experiment fiel die Temperatur von 1,50 K auf 0,25 K.

Im Jahre 1950 erreichten Forscher in Leiden durch die adiabatische Entmagnetisierung eines paramagnetischen Salzes eine Temperatur von 0,0014 K. Noch niedrigere Temperaturen wurden durch die Anwendung desselben Prinzips auf kernmagnetische Momente erzielt; die gegenwärtig niedrigste, in einem Laboratorium je erzeugte Temperatur beträgt $2 \cdot 10^{-5}$ K. Die Messung solch niedriger Temperaturen stellt natürlich ein besonderes Problem dar. Ein Dampfdruckthermometer auf der Basis von Helium arbeitet befriedigend bis zu Temperaturen von etwa 1 K. Unterhalb dieser Temperatur können uns die magnetischen Eigenschaften selbst eine vernünftige Temperaturskala liefern. So kann zum Beispiel das Gesetz von Curie-Weiss für die paramagnetische Suszeptibilität verwendet werden:

$\chi = \text{const}/T$

24. Der III. Hauptsatz der Thermodynamik

Die Tatsache, daß es möglich war, sich dem absoluten Nullpunkt bis auf $2 \cdot 10^{-5}$ K zu nähern, könnte zu dem Gedanken verführen, daß es bis 0 K nur noch ein kleiner Schritt sei, der leicht getan werden könne. Dies ist keineswegs der Fall. Die eingehende Analyse der im vorhergehenden Kapitel beschriebenen Experimente zeigt vielmehr, daß es unmöglich ist, den absoluten Nullpunkt zu erreichen. Abb. 3.13 zeigt die Situation, der wir hier gegenüberstehen. Die bei den aufeinanderfolgenden Prozessen der isothermen Magnetisierung und adiabatischen Entmagnetisierung erzielbaren Abkühlungsschritte werden von Mal zu Mal kleiner. Selbst wenn wir also diese Schritte vollständig reversibel durchführen könnten, dann würden wir den absoluten Nullpunkt erst mit dem letzten einer unendlich langen Serie von Schritten erreichen. Dabei sind alle möglichen Abkühlungsmechanismen derselben Begrenzung unterworfen. Wir postulieren daher den *III. Hauptsatz der Thermodynamik*, ähnlich wie wir es schon für den I. und II. Hauptsatz getan hatten, als eine induktive Verallgemeinerung:

> *Es ist unmöglich, durch irgendeine Prozedur, und sei sie noch so idealisiert, die Temperatur irgendeinen Systems durch eine endliche Anzahl von Schritten auf den absoluten Nullpunkt der Temperatur zu senken*[6].

Wenn wir uns noch einmal die Abb. 3.13 ansehen, dann bemerken wir, daß die Unmöglichkeit, den absoluten Nullpunkt zu erreichen, mit der Tatsache verknüpft ist, daß sich die zu den magnetisierten und entmagnetisierten Zuständen gehörenden Entropien bei Annäherung an den absoluten Nullpunkt immer mehr angleichen. Die bei einer isothermen Magnetisierung zu beobachtende Entropieabnahme strebt also in der Nähe des absoluten Nullpunkts gegen Null. Dies gilt natürlich nicht nur für den magnetischen, sondern auch für jeden anderen Abkühlungsprozeß; immer werden wir für die beiden Zustände ein TS-Diagramm dieser Art bekommen. Wenn wir also irgendeinen isothermen und reversiblen Übergang $a \to b$ betrachten, dann fordert der III. Hauptsatz der Thermodynamik, daß die mit diesem Übergang verknüpfte Entropieänderung bei Annäherung an den absoluten Nullpunkt gegen 0 strebt; es ist also:

$$S_0^a - S_0^b = \Delta S_0 = 0 \qquad [3.62]$$

Diese Aussage des III. Hauptsatzes entspricht dem berühmten *Wärmetheorem*, das von WALTHER NERNST 1906 aufgestellt wurde:

$$\lim_{T \to 0} \Delta S \to 0$$

Es besagt nur, daß die mit irgendwelchen Zustandsänderungen in unmittelbarer Nähe des absoluten Nullpunktes verknüpften Entropieänderungen gegen null streben. Es sagt also nichts aus über den Absolutwert der Entropie beim absoluten

---

[6] R. H. FOWLER und E. A. GUGGENHEIM, *Statistical Thermodynamics*, Cambridge Univ. Press, London **1940**, S. 224.

Nullpunkt. PLANCK ging einen Schritt weiter und formulierte das NERNSTsche Wärmetheorem folgendermaßen: *Beim absoluten Nullpunkt verschwindet die Entropie reiner fester Körper.*

Wohl die erste befriedigende Formulierung des III. Hauptsatzes wurde von G. N. LEWIS und M. RANDALL in der ersten Auflage ihres Buches *Thermodynamics and the Free Energy of Chemical Substances* (1923) gegeben:

> *Wenn man die Entropie der Elemente in irgendeinem kristallinen Zustand beim absoluten Nullpunkt der Temperatur gleich null setzt, dann hat jeder Stoff eine bestimmte positive Entropie. Am absoluten Nullpunkt der Temperatur kann die Entropie den Wert 0 annehmen; sie tut dies bei völlig geordneten Kristallen*[7].

25. Erläuterung des III. Hauptsatzes der Thermodynamik

Bei unseren bisherigen thermodynamischen Betrachtungen haben nur Änderungen oder Unterschiede der Entropie eine physikalische Bedeutung. Wenn wir von der Entropie einer Substanz bei einer bestimmten Temperatur sprechen, dann meinen wir den Unterschied zwischen ihrer Entropie bei der betrachteten Temperatur und ihrer Entropie bei irgendeiner anderen Temperatur, gewöhnlich 0 K. Da sich die chemischen Elemente bei irgendeinem physikalisch-chemischen Prozeß nicht ändern, können wir irgendwelche willkürlichen Werte auf die Entropien der Elemente bei 0 K beziehen; hierdurch werden die bei einem chemischen oder physikalischen Vorgang beobachteten Entropieänderungen nicht betroffen. Es ist daher sehr bequem, die Nullpunktsentropie S_0 für alle chemischen Elemente gleich 0 zu setzen. Dies wurde zuerst von MAX PLANCK 1912 vorgeschlagen und später in die Formulierung von LEWIS und RANDALL einbezogen.

Aus [3.62] folgt daher, daß die Entropien aller reinen chemischen Verbindungen in ihren stabilen Zuständen bei 0 K ebenfalls den Wert 0 annehmen: sie bilden sich ja aus den Elementen, für die als Nullpunktsentropie der Wert 0 festgelegt wurde. Dies bedeutet, daß wir die Konstante S_0 in [3.61] gleich 0 gesetzt haben.

Als Beispiel für die Diskussion des III. Hauptsatzes wollen wir den elementaren Schwefel betrachten. Wir setzen für den rhombischen Schwefel $S_0 = 0$ und bestimmen für den monoklinen Schwefel experimentell den Wert für S_0. Die Übergangstemperatur für S(rhombisch) $\to S$(monoklin) beträgt 368,5 K; die Umwandlungsenthalpie beträgt 401,7 J/mol. Aus [3.61] erhalten wir:

$$S^{\text{rh}}_{368,5} = S^{\text{rh}}_0 + \int_0^{368,5} \frac{C_P}{T} \, dT$$

$$S^{\text{mono}}_{368,5} = S^{\text{mono}}_0 + \int_0^{368,5} \frac{C_P}{T} \, dT$$

---

[7] Es gibt *einen* Fall, bei dem auch eine Flüssigkeit bei der Annäherung an den absoluten Nullpunkt die Entropie 0 annimmt: *superfluides* Helium.

Um den Wert für S_0^{mono} zu bestimmen, müssen wir die Wärmekapazitäten des unterkühlten monoklinen Schwefels von 0 bis 368,5 K bestimmen. Dies macht keine Schwierigkeiten, da die Umwandlungsgeschwindigkeit des monoklinen in den rhombischen Schwefel bei tiefen Temperaturen sehr klein ist. Es konnten also genaue Werte für die Wärmekapazitäten des monoklinen und des rhombischen Schwefels bestimmt werden. Durch Integration der beiden Temperaturfunktionen von C_P/T erhalten wir:

$$S_{368,5}^{\text{rh}} = S_0^{\text{rh}} + 36{,}86\,(\pm\,0{,}20)\ \text{J K}^{-1}\,\text{mol}^{-1}$$

$$S_{368,5}^{\text{mono}} = S_0^{\text{mono}} + 37{,}82\,(\pm\,0{,}40)\ \text{J K}^{-1}\,\text{mol}^{-1}$$

Es ist daher:

$$S_{368,5}^{\text{rh}} - S_{368,5}^{\text{mono}} = S_0^{\text{rh}} - S_0^{\text{mono}} - 0{,}96 \pm 0{,}65\ \text{J K}^{-1}\,\text{mol}^{-1}$$

Aus den Werten für die Umwandlungsenthalpie und die Umwandlungstemperatur erhalten wir andererseits:

$$S_{368,5}^{\text{rh}} - S_{368,5}^{\text{mono}} = \frac{-401{,}7}{368{,}5} = -1{,}09 \pm 0{,}01\ \text{J K}^{-1}\,\text{mol}^{-1}$$

Es ist daher:

$$S_0^{\text{rh}} - S_0^{\text{mono}} = -0{,}15 \pm 0{,}65\ \text{J K}^{-1}\,\text{mol}^{-1}$$

Innerhalb der Fehlergrenze ist dies gleich 0. Wenn wir also $S_0^{\text{rh}} = 0$ setzen, dann ist auch $S_0^{\text{mono}} = 0$.

Die Gültigkeit des III. Hauptsatzes wurde durch viele Untersuchungen dieser Art nachgewiesen, und zwar sowohl an Elementen als auch an kristallinen Verbindungen. Wir dürfen allerdings dabei nicht vergessen, daß strenggenommen nur für perfekte Einkristalle $S_0 = 0$ ist. Für Gläser, feste Lösungen und Kristalle mit Gitterfehlern, die selbst in der Nähe des absoluten Nullpunktes noch eine gewisse strukturelle Unordnung beibehalten, ist also $S_0 \neq 0$. Die Deutung solcher Ausnahmen folgt so zwanglos aus der statistischen Interpretation der Entropie, daß wir erst im 5. Kapitel hierauf zurückkommen werden.

Zum Schluß dieses Kapitels sei noch erwähnt, daß aus dem Verschwinden der Entropiefunktion beim absoluten Nullpunkt folgt, daß auch die Wärmekapazitäten gegen null streben. Damit werden aber in der Nähe des absoluten Nullpunktes C_P und C_V identisch. Hieraus folgt weiterhin, daß in der Nähe des absoluten Nullpunktes keine thermische Ausdehnung zu beobachten ist.

26. Die Bestimmung absoluter Entropien nach dem III. Hauptsatz

Wir können nun aus der Temperaturabhängigkeit der Wärmekapazitäten und deren Extrapolation auf 0 K *absolute Entropien* oder *Entropien nach dem III. Hauptsatz* berechnen. Diese Werte sind wiederum sehr wichtig bei der Berechnung chemischer Gleichgewichte. Als Beispiel zeigt Tab. 3.2 die Bestimmung der Standardentropie $S_{298}^{\ominus}$ für Chlorwasserstoffgas.

Beitrag	J K^{-1} mol^{-1}
1. Extrapolation von 0···16 K (nach der DEBYEschen Theorie, Abschnitt 16-27)	1,3
2. $\int C_P \, d\ln T$ für HCl I von 16···98,36 K	29,5
3. Übergang HCl I → II, 1190/98,36	12,1
4. $\int C_P \, d\ln T$ für HCl II von 98,36···158,91 K	21,1
5. Schmelzen, 1992/158,91	12,6
6. $\int C_P \, d\ln T$ für HCl (l) von 158,91···188,07 K	9,9
7. Verdampfen, 16150/188,07	85,9
8. $\int C_P \, d\ln T$ für HCl (g) von 188,07···298,15 K	13,5
	$S^\ominus_{298,15} = 185,9$

Tab. 3.2 Standardentropie des gasförmigen HCl aus experimentell bestimmten Wärmekapazitäten

Substanz	$S^\ominus_{298}$	Substanz	$S^\ominus_{298}$
Gas		*Gas*	
H$_2$	130,59	CO$_2$	213,7
D$_2$	144,77	H$_2$O	188,72
HD	143,7	NH$_3$	192,5
N$_2$	191,5	SO$_2$	248,5
O$_2$	205,1	CH$_4$	186,2
Cl$_2$	223,0	C$_2$H$_2$	200,8
HCl	186,6	C$_2$H$_4$	219,6
CO	197,5	C$_2$H$_6$	229,5
Flüssigkeiten		*Flüssigkeiten*	
Quecksilber	76,02	Benzol	173,0
Brom	152,0	Toluol	220,0
Wasser	70,00	Brombenzol	208,0
Methanol	127,0	n-Hexan	296,0
Äthanol	161,0	Cyclohexan	205,0
Festkörper		*Festkörper*	
C (Diamant)	2,44	J$_2$	116,1
C (Graphit)	5,694	NaCl	72,38
S (rhombisch)	31,9	LiF	37,1
S (monoklin)	32,6	LiH	247,0
Ag	42,72	CuSO$_4 \cdot 5$H$_2$O	305,0
Cu	33,3	CuSO$_4$	113,0
Fe	27,2	AgCl	96,23
Na	51,0	AgBr	107,1

Tab. 3.3 Standardentropien nach dem III. Hauptsatz (Standardzustand bei 298,15 K; in J K^{-1} mol^{-1})

Der Wert von $S^\ominus_{298} = 185,8 \pm 0,4$ J K^{-1} mol^{-1} gilt für HCl bei 298,15 K und 1 atm Druck; durch eine kleine Korrektur wegen des nichtidealen Verhaltens des Gases gelangen wir zum tatsächlichen Wert von 186,6 J K^{-1} mol^{-1}. Tab. 3.3

zeigt eine Anzahl von Entropiewerten, die nach dem III. Hauptsatz berechnet wurden.

Die Standardentropieänderung $\Delta S^\ominus$ einer chemischen Reaktion kann unmittelbar berechnet werden, wenn die Standardentropien der Reaktionsprodukte und Ausgangsstoffe bekannt sind:

$$\Delta S^\ominus = \sum \nu_i S_i^\ominus$$

Für ν_i setzen wir die jeweiligen Molzahlen in der Reaktionsgleichung ein, und zwar mit positivem Vorzeichen für Reaktionsprodukte, mit negativem für Ausgangsstoffe.

Der III. Hauptsatz läßt sich experimentell wohl am besten dadurch nachprüfen, daß man die nach den beiden verschiedenen Methoden berechneten Werte für $\Delta S^\ominus$ vergleicht:

$\Delta S^\ominus$ wird einmal nach dem III. Hauptsatz, also aus den bis hinunter zu tiefen Temperaturen (meist 15 K, flüss. H_2), zum anderen aus Gleichgewichtskonstanten und Reaktionsenthalpien oder aus Temperaturkoeffizienten der elektromotorischen Kraft elektrolytischer Zellen berechnet (s. 12-7). Tab. 3.4 zeigt einige solche Vergleiche. Die Abweichungen liegen meist innerhalb der experimentellen Fehlergrenze. Eine Ausnahme bildet das CO, dessen Entropie nach dem III. Hauptsatz um etwa 4,7 J K^{-1} mol^{-1} zu niedrig liegt. Die Ursache für diese Diskrepanz werden wir nach der statistischen Deutung der Entropie (Kapitel 5) verstehen. Hier sei schon vorweggenommen, daß CO bei Annäherung an den absoluten Nullpunkt keinen perfekten Kristall bilden kann, da es zwei mögliche Orientierungen der CO-Molekeln gibt (Kopf-Schwanz und Kopf-Kopf), die sich in ihrer Energie nur wenig unterscheiden.

Reaktion	T K	$\Delta S^\ominus$ (III. Hs.) J K^{-1} mol^{-1}	$\Delta S^\ominus$ (exp.) J K^{-1} mol^{-1}	Methode
Ag (s) + 1/2 Br_2 (l) → AgBr (s)	265,9	−12,6 ± 0,7	−12,6 ± 0,4	EMK
Ag (s) + 1/2 Cl_2 (g) → AgCl (s)	298,15	−57,9 ± 1,0	−57,4 ± 0,2	EMK
Zn (s) + 1/2 O_2 (g) → ZnO (s)	298,15	−100,7 ± 1,0	−101,4 ± 0,2	K und ΔH
C + 1/2 O_2 (g) → CO (g)	298,15	84,8 ± 0,8	89,45 ± 0,2	K und ΔH
$CaCO_3$ (s) → CaO (c) + CO_2 (g)	298,15	160,7 ± 0,8	159,1 ± 0,8	K und ΔH

Tab. 3.4 Nachprüfung des III. Haupsatzes der Thermodynamik

Die Nützlichkeit von Entropiewerten nach dem III. Hauptsatz für die Berechnung chemischer Gleichgewichte hat zu einer intensiven Entwicklung von Methoden zur Messung von Wärmekapazitäten bei tiefen Temperaturen geführt. Als Kühlmittel werden meist flüssiger Wasserstoff und flüssiges Helium verwendet. Das Prinzip dieser Methoden besteht in einer sorgfältigen Messung des Temperaturanstieges, den man in einer völlig abgeschlossenen, gewogenen Probe durch eine bestimmte, genau gemessene Energiemenge (meist elektrische Energie) erzielt.

Für die freie Enthalpie einer Reaktion gilt:

$$\Delta G = \Delta H - T \Delta S$$

Eine Reaktion kann spontan ablaufen, wenn unter den gegebenen Bedingungen ΔG negativ ist. ΔH und $T \Delta S$ stehen dabei in einer gewissen Konkurrenz zueinander. Wenn ΔH stark negativ ist (stark exotherme Reaktion), dann ist ΔG auch dann negativ, wenn bei dem betrachteten Vorgang die Entropie zunimmt.
THOMSEN-BERTHELOTsches Verhalten haben wir dann, wenn sich bei einer Reaktion die Entropie nicht oder nur geringfügig verändert (Reaktion zwischen Komponenten im festen Zustand). Einen entscheidenden Einfluß hat das Entropieglied bei Reaktionen mit geringer oder positiver Reaktionsenthalpie (endotherme Reaktion). So ist die thermische Dissoziation $2 CO_2 \rightarrow 2 CO + O_2$ stark endotherm; trotzdem zerfällt das CO_2 schon bei mäßig hohen Temperaturen weitgehend in CO und O_2. Die Vermehrung der Molzahl des Systems um 50% fördert wegen der großen Entropie gasförmiger Stoffe die (mit steigender Temperatur ohnehin zunehmende) Dissoziation erheblich. Auch die Auflösung von Salzen in Wasser verläuft selbst dann spontan, wenn die Gesamtreaktion endotherm ist: Die Auflösung des Kristallgitters und die Bildung quasi-freier Ionen geschieht unter starker Vermehrung der Entropie.

4. Kapitel
Die kinetische Theorie

> *Und es ist das ewig Eine,*
> *das sich vielfach offenbart:*
> *klein das Große, groß das Kleine,*
> *alles nach der eignen Art;*
> *immer wechselnd, fest sich haltend,*
> *nah und fern und fern und nah,*
> *so gestaltend, umgestaltend –*
> *Zum Erstaunen bin ich da.*
>
> JOHANN WOLFGANG GOETHE

Die Thermodynamik ist eine Wissenschaft, die sich mit makroskopischen Eigenschaften der Dinge befaßt. Die Gegenstände ihres Interesses sind unseren Sinnen noch mehr oder minder zugänglich: Drücke, Volumina, Massen, Temperaturen und Energien. Sie versucht Beziehungen unter diesen Größen aufzustellen, trachtet aber nicht danach, ihre eigentliche Natur aufzuklären. »Die Thermodynamik erfindet nichts, sie schwatzts nur aus« (frei nach SCHILLER, *Die Piccolomini*, 4. Aufzug).

Die Thermodynamik erlaubt uns also, Beziehungen zwischen makroskopischen Eigenschaften von Systemen herzuleiten; sie kann aber nicht erklären, warum ein System einen bestimmten Zahlenwert für eine bestimmte Größe zeigt. So können wir thermodynamisch eine Beziehung zwischen der Schmelztemperatur eines Stoffes und dem äußeren Druck [6.20] ableiten, nicht jedoch die Tatsache, daß der Schmelzpunkt von Silber bei 1 atm 1234 K beträgt. Um die makroskopischen Eigenschaften der Materie und ihren jeweiligen Zahlenwert zu verstehen, müssen wir eine Theorie aufstellen, die eine Deutung des Makrokosmos durch Elementarteilchen, Kraftfelder und andere Struktur- und Wechselwirkungsprinzipien ermöglicht.

1. Atome

Das Wort *Atom* wurde vom griechischen Wort $\alpha\tau o\mu o\sigma$ hergeleitet, welches *unteilbar* bedeutet. Von den Atomen nahm man, gewissermaßen definitionsgemäß, an, daß sie die kleinsten und ewig bestehenden Bausteine der Materie seien. Unsere Kenntnis des griechischen Atomismus stammt hauptsächlich von dem langen Gedicht des römischen Schriftstellers LUCRETIUS (*De Rerum Natura*, 1. Jahrhundert v. Chr.), welcher die Theorien von EPIKUR und DEMOKRIT interpretierte.

DEMOKRIT nahm an, daß die Eigenschaften von Stoffen durch die Form ihrer Atome festgelegt seien. So seien die Atome des Eisens hart und zäh mit einer Art Rückgrat, das sie in einem festen Verband zusammenhielt; Wasserstoffatome seien weich und gleitend wie Mohnsamen; Atome des Salzes seien scharf und eckig und stächen in die Zunge; wirbelnde Luftatome durchdrängen jede Materie.
Spätere Philosophen diskreditierten die Atomtheorie. Sie hielten es für kaum vorstellbar, daß die vielen Qualitäten der Materie durch Atome zu erklären seien. Dieses Problem findet sich schon angedeutet in einem der spärlichen Fragmente des DEMOKRIT (etwa 420 v.Chr.), die bis heute erhalten geblieben sind:

Der Verstand sagt: »Scheinbar gibt es Farbe, scheinbar Süße, scheinbar Bitterkeit. In Wirklichkeit gibt es nur Atome und den leeren Raum.«
Die Sinne sagen: »Armer Verstand, hoffst du, uns zu besiegen, da du doch von uns deine eigentlichen Wahrnehmungen geborgt hast? Dein Sieg ist in Wirklichkeit deine Niederlage.«

Die meisten Naturphilosophen folgten lange Zeit der wegen ihrer Symmetrie verführerischen Auffassung von HERAKLIT und ARISTOTELES, wonach die Materie aus den vier Elementen Feuer, Wasser, Luft und Erde in verschiedenen Zusammensetzungen gebildet wird, wobei sich die vier Eigenschaften heiß, kalt, trocken und feucht zu beliebigen binären Kombinationen vereinigen lassen. Bis zum 17. Jahrhundert waren die Atome fast vergessen, bis zu einer Zeit also, in der die Alchimisten den Stein der Weisen suchten, durch welchen die aristotelischen Elemente so zusammengemischt werden sollten, daß Gold entstünde.
Die Schriften des DESCARTES (1596–1650) verhalfen der Idee der Korpuskularstruktur der Materie wieder zu Ansehen. GASSENDI (1592–1652) führte viele der Konzeptionen der gegenwärtigen Atomtheorie ein; seine Atome waren fest, bewegten sich im leeren Raum nach zufälligen Gegebenheiten, indem sie miteinander zusammenstießen. Diese Vorstellungen wurden durch HOOKE erweitert, der im Jahre 1678 zuerst feststellte, daß die *Elastizität* eines Gases von den Zusammenstößen seiner Atome mit den umgebenden Gefäßwänden herrührten. Im Jahre 1738 lieferte DANIEL BERNOULLI eine mathematische Behandlung dieses Modells und leitete das BOYLEsche Gesetz durch Betrachtung der Zusammenstöße der Atome mit den Gefäßwänden korrekt ab. Diese Arbeit wurde volle 120 Jahre übersehen, bis sie im Jahre 1859 »wiederentdeckt« wurde.

2. Molekeln

BOYLE hatte die alchimistische Vorstellung der Elemente aufgegeben und definierte sie als Stoffe, die im Laboratorium nicht weiter zerlegt werden konnten. Das chemische Denken war jedoch bis zu den Arbeiten von ANTOINE LAVOISIER (zwischen 1772 und 1783) noch beherrscht von der Phlogistontheorie des GEORG STAHL, die recht eigentlich ein Überbleibsel alchimistischer Konzeptionen darstellte. Durch die Arbeiten von LAVOISIER nahm das Wort *Element* seine moderne Bedeutung an, und die Chemie wurde eine quantitative Wissenschaft. Das *Gesetz der konstanten Proportionen* und das *Gesetz der multiplen Proportionen* waren wohlfundiert, als JOHN DALTON 1808 sein *Neues System der chemischen Philosophie* veröffentlichte.

DALTON sagte, daß die Atome jedes Elements eine charakteristische Atommasse besäßen und daß es Atome seien, die sich bei chemischen Reaktionen miteinander vereinigten. Diese Hypothese lieferte eine Erklärung für die Gesetze der konstanten und multiplen Proportionen. DALTON hatte jedoch keine unangreifbare Methode zur Bestimmung von Atommassen, und er machte die nicht begründete Annahme, daß in der »allgemeinsten« (im Sinne von stabilsten) Verbindung zwischen zwei Elementen jeweils ein Atom von jedem Element miteinander verknüpft seien. Nach diesem System hätte das Wasser die Formel HO und Ammoniak die Formel NH. Im DALTONschen System hätte, auf der Basis von $H = 1$, der Sauerstoff die relative Atommasse 8 und der Stickstoff 4,7 bekommen.

Etwa zur selben Zeit studierte GAY-LUSSAC die chemischen Reaktionen von Gasen und fand, daß die Verhältnisse der miteinander reagierenden *Volumina* kleine ganze Zahlen ergaben. Diese Entdeckung lieferte eine logischere Methode für die Ermittlung relativer Atommassen. GAY-LUSSAC, BERZELIUS u.a. hatten die Vorstellung, daß das von den Atomen eines Gases eingenommene Volumen sehr klein sein müsse im Vergleich zu dem gesamten Gasvolumen; dann aber sollten gleiche Volumina irgendeines Gases auch eine gleiche Anzahl von Atomen enthalten. Die Massen solcher gleichen Volumina würden dann auch proportional den Atommassen sein. Diese Vorstellung fand bei Dalton und vielen seiner Zeitgenossen eine kühle Aufnahme; sie beriefen sich dabei auf Reaktionen wie die Oxidation des Stickstoffs, die sie in der folgenden Weise schrieben: $N + O \rightarrow NO$. Experimentell wurde gefunden, daß das Stickoxid dasselbe Volumen einnehme wie der Stickstoff und der Sauerstoff, aus dem es gebildet wurde, – obwohl es offensichtlich nur halb so viele »Atome« enthielt. (Die Elementarteilchen einer Verbindung, die wir Molekeln nennen, wurden damals die »Atome« einer Verbindung genannt.)

Es dauerte noch bis 1860, bis die meisten Chemiker die Lösung dieses Problems verstanden, – obwohl schon ein halbes Jahrhundert zuvor AMADEO AVOGADRO die Lösung gegeben hatte. Er veröffentlichte 1811 im *Journal de physique* einen Aufsatz, in dem *Atome* und *Molekeln* klar unterschieden wurden. Die »Atome« des Wasserstoffs, Sauerstoffs und Stickstoffs sind in Wirklichkeit Molekeln, die jeweils zwei Atome enthalten. Gleiche Volumina beliebiger Gase sollten dieselbe Anzahl an Molekeln enthalten (AVOGADROsches Prinzip).

Da die in Grammen aufgewogene relative Molmasse (1 mol) einer beliebigen Substanz dieselbe Anzahl an Molekeln enthält, müßte nach dem AVOGADROschen Prinzip das Molvolumen aller Gase gleich sein. Inwieweit reale Gase dieser Regel entsprechen, zeigen die in Tab. 4.1 zusammengefaßten Molvolumina verschiedener Gase, die aus den experimentell bestimmten Gasdichten berechnet wurden.

Für ein ideales Gas würde das Molvolumen bei 0 °C und 1 atm 22414 cm³ betragen. Die Zahl der Molekeln in einem Mol nennt man heute die LOSCHMIDTsche (AVOGADROsche) Zahl L.

Die Arbeit von Avogadro wurde ignoriert, bis sie durch CANNIZZARO auf der Karlsruher Konferenz 1860 kraftvoll vorgetragen wurde. Der Grund für diese Vernachlässigung war wahrscheinlich das tiefwurzelnde Gefühl, daß chemische Kombi-

Wasserstoff	22 432	Argon	22 390
Helium	22 396	Chlor	22 063
Methan	22 377	Kohlendioxid	22 263
Stickstoff	22 403	Äthan	22 172
Sauerstoff	22 392	Äthylen	22 246
Ammoniak	22 094	Acetylen	22 085

Tab. 4.1 Molvolumina von Gasen (cm³) bei 0 °C in 1 atm

nationen durch eine Affinität zwischen ungleichen Elementen zustande kämen. Nach den elektrochemischen Entdeckungen von GALVANI und VOLTA wurde diese Affinität allgemein der Anziehungskraft zwischen ungleichen Ladungen zugeschrieben. Die Vorstellung, daß sich zwei gleiche Atome, also zum Beispiel zwei Wasserstoffatome, zu einer Wasserstoffmolekel H_2 zusammenfügen könnten, war für die chemische Philosophie des frühen 19. Jahrhunderts abschreckend.

3. Die kinetische Theorie der Wärme

Selbst die primitivsten Völker kennen den Zusammenhang zwischen Wärme und Bewegung aus dem Phänomen der Reibung: Wohl das erste Feuerzeug bestand aus einem mit Zunder gefüllten Loch in einem Brett, in dem ein Holzstab rasch gedreht wurde. Als die kinetische Theorie im 17. Jh. allgemein anerkannt war, betrachtete man die Wärme als identisch mit der mechanischen Bewegung der Atome oder Korpuskeln. FRANCIS BACON (1561–1626) schrieb:

> *Wenn ich von Bewegung spreche, also von einer Art, zu der auch die Wärme gehört, dann meine ich damit nicht, daß Wärme Bewegung erzeugt oder daß Bewegung Wärme erzeugt (obwohl beides in gewissen Fällen richtig sein kann), sondern daß die Wärme in ihrer Essenz und in ihrem eigentlichen Wesen Bewegung darstellt und nichts sonst ... Wärme ist eine expansive Bewegung, nicht einheitlich in einem ganzen Körper, aber in kleineren Teilen dieses Körpers ... Der Körper nimmt eine wechselnde Bewegung an, die unaufhörlich zittert, strebt und kämpft und die durch Gegenwirkung erzeugt wird, genau so, wie auch die Wut des Feuers und die der Hitze entsteht.*

Obwohl solche Ideen in den vielen Jahren allgemein diskutiert wurden, war die kalorische Theorie, die Wärme als masselose Flüssigkeit auffaßte, die Arbeitshypothese der meisten Naturphilosophen, bis die quantitative Arbeit von RUMFORD und JOULE die allgemeine Anerkennung der mechanischen Theorie der Wärme brachte. Diese mechanische Theorie wurde dann rasch durch BOLTZMANN, MAXWELL, CLAUSIUS und andere in den Jahren von 1860 bis 1890 entwickelt.
Nach den Grundprinzipien der kinetischen Theorie sind sowohl die Temperatur als auch der Druck Manifestationen der Bewegungen der Molekeln. Die Temperatur ist ein Maß für die mittlere kinetische Energie der Translationen der Molekeln; die Ursache des Druckes ist die mittlere Kraft, die sich aus den wiederholten Zusammenstößen der Molekeln mit den Gefäßwänden ergibt.

4. Der Gasdruck

Im folgenden werden wir, in etwas modernerer Formulierung, die BERNOULLIsche Ableitung des Gasdrucks aus den Eigenschaften der Gasmolekeln nachvollziehen. Abb. 4.1 zeigt eine ebene Wand mit der Fläche $\mathscr{A}$ und eine Anzahl N Molekeln, die sich mit zufälligen Geschwindigkeiten in einem Volumen V angrenzend zur Wand bewegen. Beim einfachsten Modell zur kinetischen Theorie der Gase nehmen wir an, daß das von den Molekeln selbst eingenommene Volumen gegenüber dem Gesamtvolumen des Gases vernachlässigt werden kann. Es wird weiterhin angenommen, daß sich die Molekeln wie ideal-elastische Bälle verhalten, zwischen denen keinerlei Anziehungs- oder Abstoßungskräfte herrschen außer jenen, die bei Zusammenstößen auftreten. Ein Gas, das diesem Modell der kinetischen Theorie entspricht, nennen wir ein *perfektes Gas*.

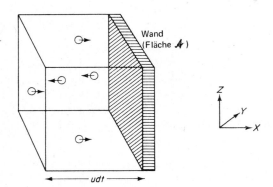

Abb. 4.1 Zusammenstoß von Molekeln, die eine Geschwindigkeitskomponente zwischen u und $u + \mathrm{d}u$ haben, mit einer Wandfläche $\mathscr{A}$, auf die die X-Achse senkrecht steht. Der Druck des Gases auf die Wand läßt sich aus der Geschwindigkeit der Impulsübertragung auf die Wand (Kraft pro Flächeneinheit) berechnen.

Wir betrachten nun alle Molekeln mit einer Geschwindigkeitskomponente in der X-Richtung, die zwischen u und $u + \mathrm{d}u$ liegt. Man beachte, daß die positive X-Achse senkrecht auf der Wand steht. Der Bruchteil $\mathrm{d}N(u)/N$ der Molekeln mit einer Geschwindigkeitskomponente zwischen u und $u + \mathrm{d}u$ wird durch eine *Dichtefunktion* $f(u)$ spezifiziert; es ist:

$$\frac{\mathrm{d}N(u)}{N} = f(u)\,\mathrm{d}u \qquad [4.1]$$

Wir können also $f(u)\,\mathrm{d}u$ als die Wahrscheinlichkeit interpretieren, mit der die molekulare Geschwindigkeitskomponente zwischen u und $u + \mathrm{d}u$ liegt. Da der Wert für u zwischen $-\infty$ und $+\infty$ liegen kann, ist die Wahrscheinlichkeit gleich eins, daß er irgendwo in diesem Bereich liegt:

$$\int_{-\infty}^{+\infty} f(u)\,\mathrm{d}u = 1 \qquad [4.2]$$

Wir werden später in diesem Kapitel einen Ausdruck für $f(u)$ explizit ableiten; für die gegenwärtige Betrachtung brauchen wir diesen noch nicht.

Der Gasdruck

In einem Zeitintervall dt wird jede Molekel mit einer positiven Geschwindigkeitskomponente ($u > 0$) zwischen u und $u + du$ mit der Wand zusammenstoßen, sofern die Molekel ursprünglich einen Abstand von höchstens $u\,dt$ von der Wand hatte. Die Zahl der Molekeln, die mit der Wand (Fläche $\mathscr{A}$) zusammenstoßen, ist also gleich der Zahl jener Molekeln innerhalb des angegebenen Geschwindigkeitsbereiches, die sich zum Zeitpunkt $t = 0$ in einem Volumen der Fläche $\mathscr{A}$ und der Dicke $u\,dt$ befinden, also im Volumen $\mathscr{A}\,u\,dt$. Nach [4.1] beträgt die Zahl der Molekeln in dem angegebenen Geschwindigkeitsbereich pro Volumeneinheit $(N/V) f(u)\,du$; die Zahl dieser besonderen Wandstöße in der Zeit dt beträgt also $(N/V) f(u)\,\mathscr{A}\,u\,du\,dt$. Bei jedem Wandstoß erfährt eine Molekel eine Impulsumkehr von $+mu$ nach $-mu$; die Größe des Impulses ändert sich also um $2\,mu$. Für die Impulsänderung dp aller Wandstöße in der Zeit dt gilt also:

$$dp = 2m\,u\,(N/V) f(u)\,\mathscr{A}\,u\,du\,dt = (2m\,u^2)\,(N/V)\,\mathscr{A}\,f(u)\,du\,dt$$

Der Beitrag dieser Wandstöße zum Druck ist die Kraft (Änderungsgeschwindigkeit des Impulses) pro Flächeneinheit:

$$dP = \left(\frac{dp/dt}{\mathscr{A}}\right)$$

oder

$$dP = \frac{2m\,u^2}{V/N} f(u)\,du \qquad [4.3]$$

Da nur die Molekeln mit positiver Geschwindigkeitskomponente zum Druck beitragen, gilt für den Gesamtdruck:

$$P = 2m\,\frac{N}{V} \int_0^\infty u^2 f(u)\,du$$

Das *mittlere Quadrat* dieser *Geschwindigkeitskomponente* ist definiert als

$$\overline{u^2} = \int_{-\infty}^{\infty} u^2 f(u)\,du$$

Die Dichtefunktion für die positiven Geschwindigkeiten muß dieselbe sein wie die für negative; es ist also

$$\overline{u^2} = 2 \int_0^\infty u^2 f(u)\,du$$

Für den Druck eines perfekten Gases gilt also nach der kinetischen Theorie:

$$P = N m \overline{u^2}/V \qquad [4.4]$$

Der Betrag der Geschwindigkeit einer Gasmolekel steht mit den Geschwindigkeitskomponenten u, v und w in Richtung der drei senkrecht aufeinanderstehenden Achsen in folgender Beziehung:

$$c^2 = u^2 + v^2 + w^2$$

Da es in einem ruhenden Gas keine Vorzugsrichtung gibt (ein solches Gas ist in bezug auf seine Molekelgeschwindigkeiten und sonstige molekularen Eigenschaften isotrop), gilt:

$$\overline{u^2} = \overline{v^2} = \overline{w^2} = \overline{c^2}/3$$

Wenn wir dies in [4.4] einsetzen, dann erhalten wir:

$$P = N m \overline{c^2}/3 V \qquad [4.5]$$

Die skalare Größe $\overline{c^2}$ ist das *mittlere Geschwindigkeitsquadrat* der Gasmolekeln. (Bei diesen Überlegungen ist zu beachten, daß die einzelnen Molekelgeschwindigkeiten und ihre Raumkomponenten Vektoren sind; durch Quadrieren erhält man die – skalaren – Beträge, die anschließend zum mittleren Geschwindigkeitsquadrat gemittelt werden.)
Die gesamte kinetische Translationsenergie der Molekeln beträgt:

$$E_t = N \left(\frac{1}{2} m \overline{c^2} \right)$$

Wenn wir die kinetische Energie in [4.5] einführen, dann erhalten wir

$$P = 2 E_t/3 V \quad \text{oder} \quad P V = \frac{2}{3} E_t \qquad [4.6]$$

Da die kinetische Energie eine von den elastischen Zusammenstößen unabhängige Konstante ist, entspricht [4.6] dem BOYLEschen Gesetz. Ein perfektes Gas ließe sich demnach definieren als ein Gas, dessen Energie nur aus kinetischer Energie besteht.

5. Gasmischungen und Partialdrücke

Wenn wir das Korpuskularmodell eines perfekten Gases (Kapitel 4-5) für die Berechnung des Druckes einer Gasmischung verwenden, dann erhalten wir eine Summe von Ausdrücken wie [4.6], wobei wir für jedes Gas eine Beziehung anschreiben müssen:

$$P_1 = \frac{2}{3} \frac{E_{t_1}}{V}$$

$$P_2 = \frac{2}{3} \frac{E_{t_2}}{V} \quad \text{usw.}$$

$P_1 (P_2, P_3 \ldots)$ ist der Druck, den das Gas 1 (2, 3 ...) ausüben würde, wenn es das angebotene Gesamtvolumen alleine einnehmen würde. Diesen Druck nennen wir den *Partialdruck des Gases* 1 (2, 3 ...).
Unser Modell fordert, daß die Gasmolekeln nur durch elastische Zusammenstöße miteinander in Wechselwirkung treten können. Die kinetische Translationsenergie

der Gasmischung muß also gleich der Summe der einzelnen Translationsenergien sein:

$$E_t = E_{t_1} + E_{t_2} \cdots E_{t_c}$$

Aus [4.6] erhalten wir für den Gesamtdruck der Mischung:

$$P = \frac{2}{3}\frac{E_t}{V}$$

Es ist daher:

$$P = P_1 + P_2 \cdots + P_c \qquad [4.7]$$

Dies ist das DALTONsche Gesetz der Partialdrücke, welches für ideale Mischungen idealer Gase gültig ist. Die Abweichungen bei nichtidealem Verhalten der Gase können beträchtlich sein; dies sei an dem recht typischen Beispiel einer Mischung aus 50,06% Argon und 49,94% Äthylen gezeigt:

aus dem DALTONschen Gesetz berechneter Gasdruck (atm)	30,00	70,00	110,00
tatsächlicher Gasdruck	29,15	64,55	101,85

6. Kinetische Energie und Temperatur

Das Konzept der Temperatur hatten wir zuerst im Zusammenhang mit der Untersuchung des thermischen Gleichgewichts eingeführt. Wenn zwei Körper unterschiedlicher Temperatur miteinander in Berührung gebracht werden, dann fließt Wärmeenergie vom einen zum anderen, bis ein Gleichgewichtszustand erreicht ist. Die zwei Körper haben dann die gleiche Temperatur. Wir hatten weiterhin gefunden, daß die Temperatur bequem durch ein Thermometer auf der Basis eines idealen Gases gemessen werden kann; diese empirische Temperaturskala ist identisch mit der thermodynamischen, die sich vom II. Hauptsatz herleitet.

In der Thermodynamik hatten wir zwischen mechanischer Arbeit und Wärme unterschieden. Nach der kinetischen Theorie ist die Umwandlung mechanischer Arbeit in Wärme einfach die Umwandlung makroskopischer Bewegungsenergie in molekulare oder atomare Bewegungsenergie. Ein Temperaturanstieg in einem Körper ist gleichbedeutend mit einer Zunahme der mittleren Translationsenergie der Molekeln, die diesen Körper bilden. (Wir beschränken uns dabei auf Temperaturen, bei denen noch keine Rotationen oder Schwingungen angeregt werden.) Mathematisch können wir dies ausdrücken, indem wir sagen, daß die Temperatur nur eine Funktion von E_t ist: $T = f(E_t)$. Wir wissen, daß diese Funktion die besondere Form $T = \frac{2}{3}(E_t/nR)$ haben muß, oder

$$E_t = \frac{3}{2}nRT \qquad [4.8]$$

[4.6] muß also eng mit der Beziehung für ideale Gase, $PV = nRT$ zusammenhängen.

Die Temperatur ist nicht nur eine Funktion, sondern in der Tat proportional der mittleren Translationsenergie der Molekeln. Nach der kinetischen Theorie wäre dann der absolute Nullpunkt der Temperatur gleichbedeutend mit dem völligen Aufhören jeder molekularen Bewegung, also auch der absolute Nullpunkt der kinetischen Energie. (Wir werden später sehen, daß dieses Bild durch die Quantentheorie etwas verändert wurde. Nach dieser Theorie haben Körper auch beim absoluten Nullpunkt der Temperatur noch eine Restenergie.)
Wenn die gesamte innere Energie eines Gases gleich seiner Translationsenergie ist, dann gilt:

$$U = E_t = \frac{3}{2} n R T$$

Für die Wärmekapazität eines Gases hatten wir gefunden:

$$C_V = \left(\frac{\partial U}{\partial T}\right)_V = \frac{3}{2} n R \qquad [4.9]$$

Wenn die Wärmekapazität eines Gases diesen Wert überschreitet, dann können wir hieraus schließen, daß das Gas die aufgenommene Energie noch in eine andere Energieform als in Translationsenergie verwandelt.

Die mittlere Translationsenergie kann in drei Komponenten entsprechend den drei *Freiheitsgraden* der Translation aufgegliedert werden; diesen drei Komponenten entsprechen Geschwindigkeiten parallel zu den drei senkrecht aufeinanderstehenden Raumkoordinaten. Wenn wir mit L die LOSCHMIDTsche Zahl bezeichnen, dann gilt für 1 Mol eines Gases:

$$E_t = \frac{1}{2} L m \overline{c^2} = \frac{1}{2} L m \overline{u^2} + \frac{1}{2} L m \overline{v^2} + \frac{1}{2} L m \overline{w^2}$$

Für jeden Translationsfreiheitsgrad gilt daher nach [4.8]:

$$E_{1_t} = \frac{1}{2} L m \overline{u^2} = \frac{1}{2} R T \qquad [4.10]$$

Hierin bedeutet $\overline{u^2}$ das mittlere Geschwindigkeitsquadrat der Teilchen in einer beliebigen Raumkoordinate. Diese Beziehung stellt einen besonderen Fall des viel allgemeineren Theorems dar, das als *Prinzip der Gleichverteilung der Energie* (Äquipartitionsprinzip) bekanntgeworden ist.

7. Molekelgeschwindigkeiten

[4.5] können wir auch in folgender Form schreiben:

$$\overline{c^2} = \frac{3 P}{\varrho} \qquad [4.11]$$

Hierin bedeutet $\varrho = N m / V$ die Dichte des Gases. Aus [1.19] und [4.11] erhalten wir für das *mittlere Geschwindigkeitsquadrat* $\overline{c^2}$, wenn M die Molmasse bedeutet:

$$\overline{c^2} = \frac{3 R T}{L m} = \frac{3 R T}{M}$$

Molekulare Effusion

Die Wurzel des mittleren Geschwindigkeitsquadrats (*root mean square, rms*) ist:

$$(\overline{c^2})^{1/2} = c_{rms} = \left(\frac{3RT}{M}\right)^{1/2} \qquad [4.12]$$

Die mittlere Geschwindigkeit $\bar{c}$ unterscheidet sich, wie wir später noch sehen werden, nur wenig von der Wurzel des mittleren Geschwindigkeitsquadrats

$$\bar{c} = \left(\frac{8RT}{\pi M}\right)^{1/2} \qquad [4.13]$$

Aus [4.12] können wir leicht die *rms*-Geschwindigkeiten (Wurzel der mittleren Geschwindigkeitsquadrate) der Molekeln eines Gases für eine beliebige Temperatur berechnen. (Hier gilt wiederum die Einschränkung, daß die Temperatur nicht so hoch ist, daß außer den Translationen auch noch Rotationen, Schwingungen oder gar höhere Elektronenzustände angeregt werden.) Tab. 4.2 zeigt einige Ergebnisse.

Gas	m/s	Gas	m/s
Ammoniak	582,7	Wasserstoff	1692,0
Argon	380,8	Deuterium	1196,0
Benzol	272,2	Quecksilber	170,0
Kohlendioxid	362,5	Methan	600,6
Kohlenmonoxid	454,5	Stickstoff	454,2
Chlor	285,6	Sauerstoff	425,1
Helium	1204,0	Wasser	566,5

Tab. 4.2 Mittlere Geschwindigkeiten von Gasmolekeln bei 273,15 K

In Übereinstimmung **mit** dem Äquipartitionsprinzip stellen wir fest, daß bei konstanter Temperatur die leichteren Molekeln die höheren mittleren Geschwindigkeiten haben. Die mittlere Molekelgeschwindigkeit von Wasserstoff bei 298 K ist 1768 m/s oder 6365 km/h; das ist etwa die Geschwindigkeit einer Flintenkugel. Die mittlere Geschwindigkeit der Atome von Quecksilberdampf derselben Temperatur beträgt hingegen nur etwa den zehnten Teil, nämlich 638 km/h.

8. Molekulare Effusion

Die verschiedenen Geschwindigkeiten unterschiedlich schwerer Atome oder Molekeln lassen sich direkt durch das Phänomen der *molekularen Effusion* nachweisen. Abb. 4.2 zeigt, wie die Molekeln aus einem gasgefüllten Behälter unter Druck durch eine winzige Öffnung ins Vakuum entkommen. Diese Öffnung muß so klein sein, daß die Geschwindigkeitsverteilung bei den im Gefäß zurückbleibenden Gasmolekeln nicht beeinflußt wird; es darf also kein nennenswerter Massenfluß (durch Druckabfall) in Richtung auf die Öffnung stattfinden. Die Zahl der in der Zeiteinheit effundierenden Molekeln ist dann gleich der Zahl jener Molekeln, die bei ihren zufälligen Bewegungen einmal die Öffnung treffen; diese Zahl ist aber proportional der mittleren Molekelgeschwindigkeit.

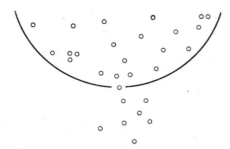

Abb. 4.2 Effusion von Gasen. Bei der molekularen Effusion bewegt sich jede Molekel unabhängig durch die Öffnung. (Kein Druckgefälle im Behälter.)

Nach [4.13] ist die relative Effusionsgeschwindigkeit zweier Gase mit den Molekelmassen M_1 und M_2:

$$\frac{v_1}{v_2} = \frac{\overline{c_1}}{\overline{c_2}} = \left(\frac{M_2}{M_1}\right)^{1/2} \qquad [4.14]$$

Bei konstanter Temperatur ist daher die Effusionsgeschwindigkeit umgekehrt proportional der Quadratwurzel der Molekelmasse. Dies wurde zuerst von THOMAS GRAHAM (1848) nachgewiesen. Tab. 4.3 zeigt einige seiner Ergebnisse.

Gas	Relative Effusionsgeschwindigkeit	
	beobachtet	nach [4.14] berechnet
Luft	(1)	(1)
Stickstoff	1,0160	1,0146
Sauerstoff	0,9503	0,9510
Wasserstoff	3,6070	3,7994
Kohlendioxid	0,8354	0,8087

Tab. 4.3 Die Effusion von Gasen[1]

Schon aus den Arbeiten von GRAHAM und hernach aus den Ergebnissen späterer Forscher geht hervor, daß [4.14] nicht streng erfüllt wird. Diese Beziehung muß naturgemäß versagen, wenn man zu höheren Drücken und größeren Öffnungen übergeht. Unter diesen Bedingungen können die effundierenden Molekeln auf ihrem Weg durch die Öffnung viele Male zusammenstoßen, und in dem Gasbehälter entsteht ein hydrodynamischer Fluß zur Öffnung, so daß sich ein »jet« des ausströmenden Gases ausbildet.

Das GRAHAMsche Gesetz läßt vermuten, daß die Effusion eine gute Methode zur Trennung von Gasen verschiedener Molmassen darstellt. In der Tat hat diese Methode weltgeschichtliche Bedeutung durch die Trennung des ^{235}U vom ^{238}U

---

[1] Nach T. GRAHAM: *On the Motion of Gases*, Phil. Trans. Roy. Soc. (London) *36* (1846) 573.

(in Form von UF_6) erlangt. Bei der Isotopentrennung werden durchlässige Trennwände mit feinen Poren verwendet. Da die Porenlänge sehr viel größer ist als der Porendurchmesser, gehorcht die Strömung von Gasen durch solche Trennwände nicht der einfachen Gleichung für die Effusion aus einer feinen Öffnung. Die Abhängigkeit der Effusionsgeschwindigkeit von der Molmasse ist jedoch dieselbe, da jede Molekel unabhängig von irgendwelchen anderen durch die Poren wandern muß.

9. Imperfekte Gase, die VAN-DER-WAALSsche Gleichung

Die nach der kinetischen Theorie berechneten Eigenschaften des *perfekten Gases* sind dieselben wie die experimentell bestimmten Eigenschaften des *idealen Gases* der Thermodynamik. Eine Erweiterung des Modells des perfekten Gases mag daher eine Erklärung für die beobachteten Abweichungen der Gase vom Idealverhalten liefern.

Eine erste Verbesserung des Modells bedeutet die Aufgabe der Vorstellung, daß das *Eigenvolumen der Molekeln* gegenüber dem gesamten Gasvolumen vernachlässigt werden könne. Durch das endliche Eigenvolumen der Molekeln wird der für die Bewegung der Molekeln zur Verfügung stehende leere Raum verringert. Statt der Größe V in der Gleichung für perfekte Gase müssen wir also $V - nb$ schreiben, wobei b das *molare Covolumen des Gases* ist. Dieses Covolumen ist nicht gleich dem von den Molekeln tatsächlich eingenommenen Volumen, sondern vier-

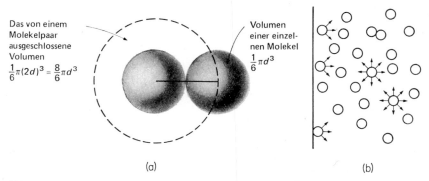

Abb. 4.3 Korrekturen des Gesetzes für perfekte Gase.
(a) Covolumen. (b) Zwischenmolekulare Kräfte.

mal so groß. Eine qualitative Anschauung für diese Tatsache liefert uns die Abb. 4.3a, wobei wir die beiden Molekeln als *starre* Kugeln mit einem *Durchmesser* von d auffassen. Die Mittelpunkte dieser beiden Molekeln können sich nicht näher kommen als bis zum Abstand d; das Covolumen für dieses Molekelpaar ist daher eine Kugel mit dem *Radius* d. Dieses Volumen beträgt daher $8 \cdot \frac{4}{3}\pi r^3$ pro Molekelpaar oder $4 \cdot \frac{4}{3}\pi r^3$ pro Molekel; dies ist aber das vierfache Eigenvolumen der Molekel. Die Berücksichtigung der endlichen Molekelvolumina führt uns daher zu einer Gasgleichung der folgenden Form:

$$P(V - nb) = nRT$$

Eine zweite Korrektur der Gleichung für perfekte Gase berücksichtigt die *Kohäsionskräfte* zwischen den Molekeln. Bei dieser Gelegenheit wollen wir uns daran erinnern, daß bei der thermodynamischen Definition eines idealen Gases gefordert wurde, daß $(\partial U/\partial V)_T = 0$ ist. Wenn diese Bedingung nicht erfüllt ist, dann machen sich irgendwelche Kohäsionskräfte bemerkbar und die innere Energie des Gases ist volumenabhängig. Durch welche Betrachtung wir diese Kräfte in die Gasgleichung einführen, geht aus der Abb. 4.3b hervor. Die vollständig von anderen Gasmolekeln umgebenen Molekeln befinden sich in einem gleichmäßigen Kraftfeld; die mit den Gefäßwänden zusammenstoßenden oder in ihrer unmittelbaren Nachbarschaft befindlichen Molekeln erfahren jedoch als Resultate eine anziehende Kraft in Richtung auf das Innere des Gasbehälters. Hierdurch wird der nach außen wirksame Gasdruck verringert.

Diese nach innen gerichtete Kraft ist proportional zur Zahl der Molekeln (ν) in der Oberflächenschicht und zur Zahl der Molekeln (ν) in der unmittelbar angrenzenden inneren Schicht des Gases. Hierbei wird angenommen, daß die beiden Werte für ν gleich sind. Die nach innen gerichtete Kraft ist demnach proportional ν^2. Bei einer bestimmten Temperatur ist ν umgekehrt proportional dem Quotienten V/n, also dem Molvolumen des Gases. Die aufgrund der Kohäsionskräfte notwendig werdende Druckkorrektur ist daher proportional $(V/n)^{-2}$ oder gleich $a(V/n)^{-2}$, wobei a eine Proporticnalitätskonstante ist. Dem experimentell gemessenen Gasdruck P müssen wir also die Größe $n^2 a/V^2$ (den »Binnendruck«) hinzufügen, um rechnerisch die Kohäsionskräfte zu kompensieren.

Durch diese Überlegungen war VAN DER WAALS 1873 zu seiner berühmten Zustandsgleichung gelangt:

$$\left(P + \frac{n^2 a}{V^2}\right)(V - nb) = nRT$$

Diese Gleichung beschreibt das Verhalten von Gasen bei mäßigen Dichten recht gut; bei höheren Dichten werden die Abweichungen jedoch beträchtlich. Die Werte für die Konstanten a und b lassen sich aus den experimentellen PVT-Werten bei mäßigen Dichten oder noch besser aus den kritischen Konstanten des betrachteten Gases gewinnen. Einige dieser Werte hatten wir schon in Tab. 1.1 kennengelernt.

10. Zwischenmolekulare Kräfte, die Zustandsgleichung

Das VAN-DER-WAALSsche Modell eines realen Gases zeigt bildhaft zwei Ursachen für die Abweichungen vom Verhalten eines perfekten Gases; trotz seiner Einfachheit hat sich dieses Modell als recht erfolgreich erwiesen. Eine eingehendere Analyse des Problems zeigt jedoch rasch die Notwendigkeit, die Kräfte zwischen

Molekeln noch exakter zu behandeln. Die van-der-Waalssche Konstante b berücksichtigt eine Abstoßungskraft, die plötzlich wirksam wird, wenn sich zwei bewegte starre Kugeln – das Bild unserer Molekeln – berühren. Die van-der-Waalssche Konstante a berücksichtigt den Effekt der Anziehungskräfte, sagt jedoch über die Natur dieser Kräfte nicht mehr aus, als daß sie eine Verringerung des Druckes des (perfekten) Gases bewirken, der proportional dem Quadrat der Konzentration der Gasmolekeln ist.

Durch die Wechselwirkung der elektrischen Felder der negativen Elektronen und der positiven Atomkerne der Molekeln entstehen Wechselwirkungskräfte zwischen jedem Molekelpaar, die von der Natur der Molekeln und dem Abstand zwischen diesen abhängt. Für viele Zwecke ist es hinreichend, zwei hauptsächliche Kräfte zu unterscheiden:

1. Eine abstoßende Kraft, die hauptsächlich durch die elektrostatische Abstoßung zwischen den äußeren Elektronenwolken der Molekeln zustande kommt.

2. Eine Anziehungskraft, die aus einer besonderen Elektronenanordnung in einer Molekel relativ zu der in einer anderen Molekel resultiert.

Die quantitative Theorie dieser Kräfte werden wir diskutieren, sobald wir die notwendigen Grundlagen der Quantenmechanik und ihrer Anwendung auf die Molekelstruktur erarbeitet haben. An dieser Stelle wollen wir lediglich die Konsequenzen dieser Theorie beschreiben.

Die Anziehungskräfte (LONDONsche oder Dispersionskräfte, s. Abschnitt 22-7) sind proportional etwa der 7. Potenz des Abstandes. Wenn die Molekeln näherungsweise Kugelsymmetrie besitzen (so daß sie im Kraftfeld keine Vorzugsrichtung annehmen können), dann gilt für die Größe der Anziehungskraft:

$$F_L = -k_L r^{-7}$$

Hierin ist k_L eine positive Konstante. Die Abstoßungskraft hat eine wesentlich kleinere Reichweite, fällt also mit zunehmendem Abstand wesentlich rascher ab. Es gilt näherungsweise:

$$F_R = k_R r^{-13}$$

Hierin ist k_R eine positive Konstante.

Es ist bequemer, statt der Kräfte selbst die von diesen abgeleiteten Funktionen der potentiellen Energie $U(r)$ zu betrachten: $F = -\dfrac{dU}{dr}$.

Für die Summe der Anziehungs- und Abstoßungskräfte gilt:

$$F = k_R r^{-13} - k_L r^{-7}$$

Hieraus folgt:

$$U = \frac{k_R}{12} r^{-12} - \frac{k_L}{6} r^{-6} + \text{const}$$

Bei $r = \infty$ ist $U = 0$; die Integrationskonstante ist also null. Für die zwischenmolekulare potentielle Energie gilt daher:

$$U(r) = k'_R r^{-12} - k'_L r^{-6}$$

Diese Funktion wird gewöhnlich in der folgenden Normalform geschrieben:

$$U(r) = 4\varepsilon \left[\left(\frac{\sigma}{r}\right)^{12} - \left(\frac{\sigma}{r}\right)^{6} \right] \qquad [4.15]$$

Hierin ist ε die maximale Anziehungsenergie (die Tiefe der Potentialmulde); σ ist einer der Werte von r, für den $U(r) = 0$ wird (der andere ist $r = \infty$). Dieses Po-

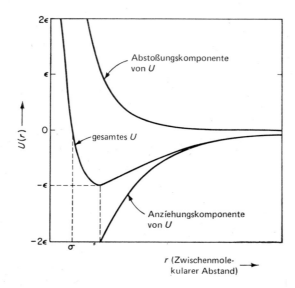

Abb. 4.4a
Das LENNARD-JONESsche 6-12-Potential.

tential nennt man das LENNARD-JONESsche *6-12-Potential*. (LENNARD-JONES war ein englischer Physiker, der dieses Potential zum ersten Mal bei der Theorie imperfekter Gase verwendete.)

Abb. 4.4a zeigt für den allgemeinen Fall die Abhängigkeit der gesamten zwischenmolekularen Energie vom Abstand sowie die entsprechenden Teilfunktionen für die Anziehungs- und Abstoßungsenergie [4.15]. Abb. 4.4b zeigt die Lennard-Jones-Potentiale für verschiedene einfache Molekeln. Die Konstanten ε und σ erhält man empirisch, indem man eine theoretische Zustandsgleichung der Art [4.15] den experimentell erhaltenen PV-Daten anpaßt. Die theoretischen Gleichungen, mit denen sich aus dem zwischenmolekularen Potential eine Zustandsgleichung berechnen läßt, erhält man durch die Anwendung der statistischen Mechanik auf gasförmige Systeme.

Die Zustandsgleichung in virialer Form lautete

$$\frac{PV}{nRT} = 1 + B(T)\frac{n}{V} + \cdots$$

Hierin ist $B(T)$ der zweite Virialkoeffizient. Dieser läßt sich theoretisch erhalten, indem man nur Wechselwirkungen zwischen Molekelpaaren betrachtet. Durch den dritten Virialkoeffizienten würde die Wechselwirkung zwischen jeweils drei

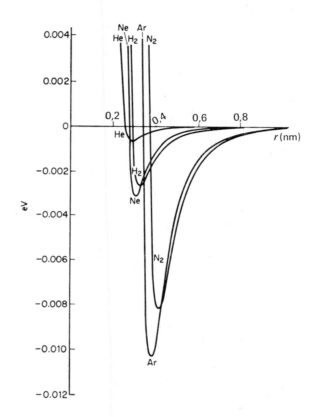

Abb. 4.4b
LENNARD-JONESsche Potentiale für verschiedene Molekeln.

Molekeln berücksichtigt; Entsprechendes gilt für höhere Virialkoeffizienten. Durch eine statistisch-mechanische Berechnung (22-8) erhalten wir für den zweiten Virialkoeffizienten (Wechselwirkungsenergie zwischen Molekelpaaren):

$$B(T) = 2\pi L \int_0^\infty (1 - e^{-U(r)/kT}) r^2 \, dr \qquad [4.16]$$

11. Vektorielle Geschwindigkeiten

Die kinetische Theorie wird uns zeigen, wie sich viele meßbare Eigenschaften theoretisch herleiten lassen, wenn wir das Verhalten der Gasmolekeln angeben können, aus denen das Gas besteht. Was wir brauchen, sind die Massen und Geschwindigkeiten der Gasmolekeln und die Gesetze der Wechselwirkungen zwischen den Molekeln. Wir können natürlich niemals die individuellen Geschwindigkeiten aller Molekeln in einem Gas kennen; für unsere Ableitungen genügt jedoch eine Art Statistik der Molekelgeschwindigkeiten, nämlich die Kenntnis des jeweiligen Bruchteils der Molekeln, deren Geschwindigkeiten innerhalb eines bestimmten Bereiches liegen.

Die Geschwindigkeit ist eine vektorielle Größe; sie hat also sowohl einen Betrag als auch eine Richtung. Abb. 4.5 zeigt die Darstellung eines Geschwindigkeitsvektors durch einen Pfeil, der vom Ursprung ausgeht, eine bestimmte Länge (Betrag) und eine bestimmte Richtung bis zu einem Punkt in einem dreidimensionalen Raum

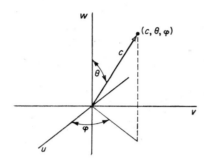

Abb. 4.5 Sphärische Polarkoordinaten im Geschwindigkeitsraum.

besitzt. Dieser Raum ist jedoch nicht unser üblicher dreidimensionaler Raum mit den Koordinaten x, y und z, sondern ein *Geschwindigkeitsraum*, in welchem die Achsenabstände die drei Komponenten u, v, w der Geschwindigkeit in den Richtungen X, Y, Z angeben[2]. Jeder Punkt in diesem Raum gibt uns daher sowohl den Betrag c der Geschwindigkeit:

$$c^2 = u^2 + v^2 + w^2$$

und

$$c = \sqrt{u^2 + v^2 + w^2}$$

als auch deren Richtung. Letztere ergibt sich als Vektor aus dem Ursprung zum Punkt (u, v, w). Diese Richtung kann durch zwei Winkel φ und θ angegeben werden ähnlich wie die Länge und Breite eines Punktes auf der Erdoberfläche bestimmt werden. Durch die Zahlenwerte von c, θ und φ sind also sowohl Größe als auch Richtung des Vektors im Geschwindigkeitsraum festgelegt.

Wenn wir es mit den wirklichen Molekeln einer makroskopischen Gasmenge zu tun haben, ist die Frage nach dem Bruchteil der Molekeln, dessen Geschwindigkeitsvektor genau durch θ und φ festgelegt ist, praktisch nicht zu beantworten.

---

[2] In der analytischen Mechanik ist der Impuls p eine grundlegendere Variable als die Geschwindigkeit. Statt des Geschwindigkeitsraumes wird daher oft ein Impulsraum verwendet; es ist $p_j = m_j v_j$. Der Impuls eines Teilchens wird im Impulsraum durch einen Punkt repräsentiert, zum Beispiel mit den Komponenten p_x, p_y, p_z. Wir können nun die drei Koordinaten q_x, q_y, q_z mit den drei Impulskomponenten p_x, p_y, p_z kombinieren und dadurch einen 6dimensionalen euklidischen Raum definieren, den man einen *Phasenraum* nennt. Ein Punkt in diesem Phasenraum spezifiziert sowohl die Koordinaten als auch die Impulskomponenten des Teilchens.

Vektorielle Geschwindigkeiten

Da sich die Bewegungsrichtungen der Molekeln in einem Gas fortwährend ändern, müssen wir einen bestimmten Raumwinkelbereich zulassen, um die Frage sinnvoll beantworten zu können. Wenn wir um den Ursprung eine Kugelfläche vom Radius c ziehen, dann können wir eine bestimmte Richtung durch das Element eines Raumwinkels zwischen ω und $\omega + \mathrm{d}\omega$ festlegen. Wie ein gewöhnlicher Winkel durch das Verhältnis von Bodenlänge und Radius definiert ist, so wird ein Raumwinkel durch das Verhältnis des zugehörigen Ausschnitts einer Kugelfläche zum Quadrat des Radius festgelegt:

$$\mathrm{d}\omega = \mathrm{d}\mathscr{A}/c^2$$

Die gesamte Oberfläche einer Kugel ist $4\pi c^2$; der gesamte, von einer Kugel umschlossene Raumwinkel beträgt daher $\omega = 4\pi$. Für den von einem Raumwinkel $\mathrm{d}\omega$ bedeckten Bruchteil der gesamten Kugelfläche gilt daher $\mathrm{d}\omega/4\pi$. Nach Abb. 4.6 muß die folgende Beziehung gelten:

$$\mathrm{d}\mathscr{A} = c \sin\theta\, \mathrm{d}\varphi \cdot c\, \mathrm{d}\theta = c^2 \sin\theta\, \mathrm{d}\theta\, \mathrm{d}\varphi$$

Für das Element eines Raumwinkels gilt daher:

$$\mathrm{d}\omega = \sin\theta\, \mathrm{d}\theta\, \mathrm{d}\varphi \qquad [4.17]$$

Diesen Ausdruck werden wir bei der Berechnung der mittleren Zahl von Molekeln brauchen, die sich einer Oberfläche aus einer bestimmten Richtung nähern.

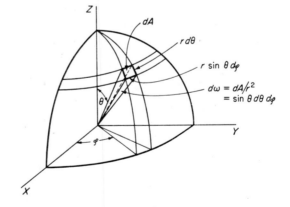

Abb. 4.6 Element eines Raumwinkels ($\mathrm{d}\omega = \mathrm{d}\theta/r^2$) in sphärischen Polarkoordinaten.

In einem ruhenden Gasvolumen, das sich im thermischen Gleichgewicht befindet und auf das keine äußeren Kräfte wirken, sind alle molekularen Bewegungsrichtungen gleich wahrscheinlich. Dies gilt nicht für einen Gasstrahl, ein strömendes Gas oder bei einem abgeschlossenen gasförmigen System, das im thermischen Ungleichgewicht ist oder auf das starke äußere Kräfte wirken.

12. Wandstöße von Gasmolekeln

Abb. 4.7 zeigt die Flächeneinheit einer Wand, an die ein Volumen V eines Gases aus N Molekeln grenzt. Unsere Aufgabe besteht nun in der Berechnung der Häufigkeit von Molekelzusammenstößen mit der Wand, also der Zahl der Wandstöße pro Zeiteinheit. Wir können zunächst einen Ausdruck für die Zahl der Molekeln erhalten, die von einer bestimmten Richtung aus auf die Wand treffen; anschließend integrieren wir über alle möglichen Richtungen. Wir betrachten eine bestimmte Geschwindigkeit, deren Betrag zwischen c und $c + dc$ liegt und die innerhalb eines Raumwinkels $d\omega$ eine Richtung θ zur Wand besitzt. Da in dem be-

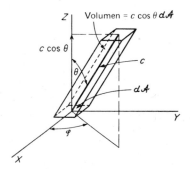

Abb. 4.7 Regelmäßiges Volumenelement aus dem die Molekeln mit bestimmter Richtung (θ,φ) und mit einer Geschwindigkeit c auf eine Oberfläche treffen (in der Zeiteinheit).

trachteten ruhenden System alle Bewegungsrichtungen gleich wahrscheinlich sind, hat ein Bruchteil $d\omega/4\pi$ der Molekelgeschwindigkeiten die angegebene Richtung; ein Bruchteil von $f(c)\,dc$ der Molekeln besitzt Geschwindigkeiten in dem angegebenen Bereich. Hierin ist $f(c)$ die Dichtefunktion. In einem Zeitraum dt treffen alle Molekeln mit der Geschwindigkeit c auf die Wand, sofern sie sich innerhalb eines Abstandes $c\cos\theta\,dt$ von der Wand befinden; hierin ist $c\cos\theta$ die auf der Wand senkrecht stehende Geschwindigkeitskomponente. In der Volumeneinheit sollen sich N/V Molekeln befinden; die Zahl der mit der Flächeneinheit zusammenstoßenden Molekeln beträgt also $(N/V)cf(c)\cos\theta\,dc\,dt$. Für die im Zeitraum dt mit der Wand zusammenstoßende Zahl dN von Molekeln gilt:

$$dN = \frac{N}{V} c \cos\theta \frac{d\omega}{4\pi} f(c)\,dc\,dt$$

Wenn wir in diesem Ausdruck $d\omega$ durch $\sin\theta\,d\theta\,d\varphi$ ersetzen und über alle Richtungen zur Wand integrieren, erhalten wir:

$$dN/dt = Z = \frac{N}{4\pi V} \int_0^\infty \int_0^{2\pi} \int_0^{\pi/2} \sin\theta \cos\theta\,d\theta\,d\varphi\,cf(c)\,dc$$

und da

$$\int_0^{\pi/2} \sin\theta \cos\theta\,d\theta = \frac{1}{2}$$

ist, erhalten wir durch Integration über die verschiedenen Raumwinkel:

$$Z = \frac{N}{4V} \int_0^\infty c f(c) \, dc$$

Nun ist der obige Integralausdruck nichts anderes als die mittlere Molekelgeschwindigkeit im System:

$$\int_0^\infty c f(c) \, dc = \bar{c}$$

Für die Zahl der Zusammenstöße pro Zeiteinheit mit der Flächeneinheit der Wand gilt also:

$$Z_\text{Wand} = \frac{1}{4} \frac{N}{V} \bar{c} \qquad [4.18]$$

Dies ist eine wichtige Formel in der Theorie der Oberflächenreaktionen. Sie läßt sich auch direkt auf das Problem der Effusion von Gasen anwenden. Wenn wir nämlich das in dieser Ableitung betrachtete Flächenelement als Öffnung auffassen, dann ist die Effusionsgeschwindigkeit durch diese Fläche gleich der Häufigkeit, mit der Molekeln mit der betrachteten Fläche zusammenstoßen würden. [4.18] ist also ein quantitativer Ausdruck für die Effusionsgeschwindigkeit pro Flächeneinheit.

Als Beispiel wollen wir mit [4.18] die Häufigkeit von Wandstößen für gasförmigen Stickstoff bei 300 K und 1 atm berechnen. Es ist $PV = nRT$ und $n = N/L$; hieraus folgt:

$$\frac{N}{V} = \frac{PL}{RT} = \frac{1 \,(\text{atm}) \cdot 6{,}02 \cdot 10^{23}}{82{,}05 \,(\text{cm}^3 \,\text{atm/K}) \cdot 300 \,\text{K}} = 2{,}45 \cdot 10^{19} \,\text{cm}^{-3}$$

Für die mittlere Molekelgeschwindigkeit gilt:

$$\bar{c} = (8RT/\pi M)^{1/2} = (8 \cdot 8{,}314 \cdot 10^7 \cdot 300/3{,}142 \cdot 28)^{1/2}$$
$$= 4{,}76 \cdot 10^4 \,\text{cm s}^{-1}$$

und damit:

$$Z_\text{Wand} = \frac{1}{4} (2{,}45 \cdot 10^{19})(4{,}76 \cdot 10^4) = 2{,}92 \cdot 10^{23} \,\text{s}^{-1}\,\text{cm}^{-2}$$

13. Verteilung der Molekelgeschwindigkeiten

Bei ihrer dauernden Bewegung stoßen die Moleküle eines Gases sehr oft zusammen, und diese Zusammenstöße stellen den Mechanismus dar, aufgrund dessen die Geschwindigkeiten der einzelnen Moleküle sich kontinuierlich ändern. Es resultiert daraus eine bestimmte Geschwindigkeitsverteilung der Moleküle; die meisten haben Geschwindigkeiten nahe am Durchschnittswert, und nur relativ wenige haben Geschwindigkeiten, die wesentlich größer oder kleiner als dieser Wert sind.

Die Geschwindigkeitsverteilung der Moleküle in einem Gas wurde von dem schottischen theoretischen Physiker JAMES CLERK MAXWELL teilweise erraten und teilweise berechnet, lange bevor sie experimentell gemessen und exakt hergeleitet wurde. Maxwell war von 1860 bis 1865 Professor der Naturphilosophie am Kings College in London. Während dieser Jahre veröffentlichte er seine Herleitung des Verteilungsgesetzes[3] ebenso wie die berühmte Arbeit, die die Grundlage der Theorie des Elektromagnetismus legte.

Wir betrachten ein bestimmtes Gasvolumen aus N Molekeln bei der Gleichgewichtstemperatur T. Die Molekelgeschwindigkeiten können durch die Komponenten u, v, w parallel zu den drei kartesischen Achsen X, Y, Z spezifiziert werden. Die Geschwindigkeiten lassen sich als Punkte in einem Geschwindigkeitsraum darstellen (Abb. 4.5), so daß Größe und Richtung jeder Molekelgeschwindigkeit durch einen Vektor dargestellt wird, der vom Koordinatenursprung ausgeht und in einem Punkt mit den Koordinaten (u, v, w) endet. Für den Betrag c des Geschwindigkeitsvektors, also für die absolute Molekelgeschwindigkeit, gilt:

$$c^2 = u^2 + v^2 + w^2 \qquad [4.19]$$

Wir wollen nun die Wahrscheinlichkeit angeben, mit der eine Geschwindigkeitskomponente u einer Molekel in einem Bereich zwischen $u + \mathrm{d}u$ liegt. Diese Wahrscheinlichkeit ist also $f(u)\,\mathrm{d}u$. Analog können für die beiden anderen Geschwindigkeitskomponenten die Funktionen $f(v)$ und $f(w)$ definiert werden.

Als nächstes fragen wir nach der Zahl der Molekeln, die *gleichzeitig* Geschwindigkeitskomponenten zwischen u und $u + \mathrm{d}u$, v und $v + \mathrm{d}v$ sowie w und $w + \mathrm{d}w$ besitzen. Hierfür definieren wir eine Dichtefunktion $F(u, v, w)$, die das Ergebnis in folgender Form ausdrückt:

$$N F(u, v, w)\,\mathrm{d}u\,\mathrm{d}v\,\mathrm{d}w$$

An diesem Punkt führt MAXWELL eine scheinbar ganz unerhebliche Annahme ein, die hernach jedoch eine genaue Spezifikation der Funktion $F(u, v, w)$ ermöglicht. Hiernach ist die Wahrscheinlichkeit, daß eine Molekel eine Geschwindigkeitskomponente in einem bestimmten Bereich (zum Beispiel zwischen u und $u + \mathrm{d}u$) hat, völlig unabhängig von der Wahrscheinlichkeit für irgendeine andere Geschwindigkeitskomponente in einem anderen Bereich (zum Beispiel zwischen v und $v + \mathrm{d}v$). Wenn diese Wahrscheinlichkeiten unabhängig sind, dann ist die Gesamtwahrscheinlichkeit einfach das Produkt der unabhängigen Wahrscheinlichkeiten. (So ist die Wahrscheinlichkeit, aus einem Skatspiel eine Herzkarte zu ziehen, 1/4, die, eine Dame zu ziehen. 1/8; die Wahrscheinlichkeit, die Herzdame zu ziehen, ist also $1/4 \cdot 1/8 = 1/32$.) Durch die Annahme der unabhängigen Wahrscheinlichkeiten können wir also schreiben:

$$F(u, v, w) = f(u)\,f(u)\,f(w) \qquad [4.20]$$

Können wir die Annahme unabhängiger Wahrscheinlichkeiten für die Geschwindigkeitskomponenten irgendwie rechtfertigen? Zunächst sei gesagt, daß uns die

---

[3] J. C. MAXWELL, *Phil. Mag.* *19* (1860) 31.

Quantenmechanik eine solche Rechtfertigung liefert. Aus der Lösung des Problems eines *Teilchens in einem Kasten* (Abschnitt 13-20) können wir sehen, daß sich die Schrödingergleichung für die Wellenfunktion ψ dieses Systems in Funktionen der kartesischen Koordinaten x, y, z separieren läßt; es ist also:

$$\psi(x, y, z) = X(x)\, Y(y)\, Z(z)$$

Eine Konsequenz hieraus ist, daß die Geschwindigkeitskomponenten des Teilchens unabhängige Wahrscheinlichkeiten besitzen. Dieses Ergebnis war MAXWELL im Jahre 1860 natürlich unbekannt. Ein befriedigender Beweis des Verteilungsgesetzes kann jedoch auch alleine durch klassisch-mechanische Betrachtungen geführt werden; er wurde zuerst durch BOLTZMANN im Jahre 1896 erbracht. Dieser strenge Beweis ist recht schwierig[4], und wir wollen uns hier mit der MAXWELLschen Ableitung begnügen, die recht einfach ist, wenn man unabhängige Wahrscheinlichkeiten für die Geschwindigkeitskomponenten voraussetzt.

Für die Funktion $F(u, v, w)$ brauchen wir eine weitere Angabe. Da das Gas isotrop und im Gleichgewicht ist, hängt die Funktion $F(u, v, w)$ nur von c ab; die jeweilige Richtung einer Geschwindigkeit kann also ihre Wahrscheinlichkeit nicht beeinflussen. Wenn dies nicht zuträfe, dann begänne das Gas in einer bestimmten Richtung zu fließen; dies widerspricht aber der Annahme des Gleichgewichtszustandes. Wir können also schreiben:

$$F(u, v, w) = F(c) = f(u)\, f(v)\, f(w) \qquad [4.21]$$

Durch Logarithmieren dieser Beziehung erhalten wir:

$$\ln F(c) = \ln f(u) + \ln f(v) + \ln f(w)$$

Differenzierung liefert die folgende Beziehung:

$$\left(\frac{\partial \ln F}{\partial u}\right)_{v,w} = \frac{d \ln F}{d c}\left(\frac{\partial c}{\partial u}\right) = \frac{u}{c}\,\frac{d \ln F}{d c} = \frac{d \ln f}{d u}$$

Durch Umformulieren erhalten wir schließlich:

$$\frac{d \ln F}{c\, d c} = \frac{d \ln f}{u\, d u} \qquad [4.22]$$

Mit den Komponenten v und w würden wir genau dasselbe Ergebnis bekommen; es ist daher:

$$\frac{d \ln F}{c\, d c} = \frac{d \ln f}{u\, d u} = \frac{d \ln f}{v\, d v} = \frac{d \ln f}{w\, d w}$$

oder

$$\frac{d \ln f}{u\, d u} = \text{constans} \equiv -\gamma$$

Durch Integration erhalten wir hieraus:

$$f(u) = a \cdot e^{-\gamma \cdot u^2} \qquad [4.23]$$

---

[4] Eine gute Diskussion dieses Problems findet sich bei E. H. KENNARD, *The Kinetic Theory of Gases*, McGraw Hill, New York 1938.

Den Wert der Konstanten a erhalten wir aus der Bedingung:

$$\int_{-\infty}^{+\infty} f(u)\,du = 1 = a \int_{-\infty}^{+\infty} e^{-\gamma u^2}\,du \qquad [4.24]$$

Diese Beziehung formuliert die selbstverständliche Forderung, daß die Summe der Wahrscheinlichkeiten aller möglichen Geschwindigkeitskomponenten gleich eins sein muß. Da das Integral in [4.24] gleich $(\pi/\gamma)^{1/2}$ ist, muß $a = (\gamma/\pi)^{1/2}$ sein. Wenn wir diesen Wert in unsere Dichtefunktion einsetzen, dann erhalten wir:

$$f(u) = \left(\frac{\gamma}{\pi}\right)^{1/2} e^{-\gamma \cdot u^2}$$

Wir müssen nun noch den Wert der zweiten Konstante γ bestimmen. Dies geschieht durch die Berechnung der mittleren kinetischen Energie, ausgedrückt durch $f(u)$, für einen Freiheitsgrad. Diese Energie kennen wir aber schon; sie beträgt $\tfrac{1}{2}kT$.

Für diese Berechnung bedienen wir uns des *Mittelwertstheorems*: Wenn $p(x)$ die Dichtefunktion irgendeiner Variablen x ist, wobei $p(x)\,dx$ die Wahrscheinlichkeit bedeutet, mit der der Wert dieser Variablen zwischen x und $x + dx$ liegt, dann gilt für den Mittelwert irgendeiner anderen Funktion der Variablen x:

$$\overline{g(x)} = \int_{-\infty}^{+\infty} p(x) \cdot g(x)\,dx \qquad [4.25]$$

Wir verwenden [4.25], um den Mittelwert der kinetischen Energie für einen Freiheitsgrad auszurechnen:

$$\overline{\tfrac{1}{2} m u^2} = \tfrac{1}{2} kT = \int_{-\infty}^{+\infty} \left(\frac{\gamma}{\pi}\right)^{1/2} e^{-\gamma u^2} \left(\tfrac{1}{2} m u^2\right) du$$

oder

$$\frac{kT}{m} \pi^{1/2} = \gamma^{1/2} \int_{-\infty}^{+\infty} e^{-\gamma u^2}\,du$$

Wir können das Mittelwertstheorem aus der üblichen Definition des Mittelwerts in einer bestimmten Verteilung ableiten. Um den Wert für $g(x)$ zu finden, führen wir eine bestimmte Zahl von Rechenoperationen oder Experimenten durch. Wir wollen annehmen, daß wir n_1 mal den Wert für x_1, n_2 mal den Wert für x_2 ... finden. Für den Mittelwert der Funktion $g(x)$ gilt dann:

$$\overline{g(x)} = \frac{\sum n_j g(x_j)}{\sum n_j}$$

Nun ist aber $n_j/\sum n_j$ einfach die Wahrscheinlichkeit p_j für den Wert x_j; es ist also:

$$\overline{g(x)} = \sum p_j(x_j) \cdot g(x_j)$$

Hierbei summiert man über alle diskreten Werte von x_j. Wenn wir nun den Unterschied zwischen den diskreten Werten im Grenzfall gleich null werden lassen, dann wird aus dem Summenzeichen ein Integral über dx:

$$\overline{g(x)} = \int_{-\infty}^{+\infty} p(x) g(x)\,dx \qquad [4.25]$$

Verteilung der Molekelgeschwindigkeiten

Das Integral in dieser Beziehung ist gleich $\frac{\pi^{1/2}}{2}\gamma^{2/3}$; es ist also:

$$\gamma = \frac{m}{2kT}$$

Wir können nun die Dichtefunktion in folgender Form schreiben:

$$\dot{p}(u) = \left(\frac{m}{2\pi kT}\right)^{1/2} \cdot e^{-mu^2/2kT} \qquad [4.26]$$

Die Dichtefunktion für eine molekulare Geschwindigkeitskomponente steht in engem Zusammenhang mit der GAUSSschen *(normalen)* Dichtefunktion $\varphi(x)$ der Wahrscheinlichkeitstheorie; diese ist folgendermaßen definiert:

$$\varphi(x) = \frac{1}{(2\pi)^{1/2}} e^{-x^2/2} \qquad [4.27]$$

Wenn wir x^2 durch mu^2/kT ersetzen, dann erhalten wir:

$$p(u) = \left(\frac{m}{kT}\right)^{1/2} \varphi(x) \qquad [4.28]$$

Das Integral

$$\Phi(x) = \frac{1}{(2\pi)^{1/2}} \int_{-\infty}^{x} e^{-y^2/2} \, dy = \int_{-\infty}^{x} \varphi(y) \, dy \qquad [4.29]$$

nennt man die *GAUSSsche Verteilung* oder die *normale Verteilungsfunktion*. In der Statistik oder der Wahrscheinlichkeitstheorie liefert uns die *Dichtefunktion* den Bruchteil einer Population, der zwischen x und $x + dx$ liegt. Hiergegen liefert uns die *Verteilungsfunktion* den (kumulativen) Bruchteil zwischen $-\infty$ und einer oberen Grenze x. Die Werte für die Funktionen $\varphi(x)$ und $\Phi(x)$ finden sich in Tabellenwerken[5].

Abb. 4.8 zeigt die Form der Funktion $\varphi(x)$ und $\Phi(x)$. Für die von der Kurve $\varphi(x)$ und der x-Achse eingeschlossene Fläche gilt:

$$\Phi(\infty) = \int_{-\infty}^{+\infty} \varphi(x) \, dx = 1$$

Es ist außerdem:

$$\Phi(0) = \int_{-\infty}^{0} \varphi(x) \, dx = \frac{1}{2}$$

---

[5] *Tables of the Error Function and Its Derivative*, National Bureau of Standards Applied Mathematics Series 41, Washington, D.C. 1954.
Die Fehlerfunktion *erf* lautet:

$$erf(x) = \frac{2}{\sqrt{\pi}} \int_{0}^{x} e^{-t^2} \, dt = \frac{1}{\sqrt{\pi}} \int_{-x}^{+x} e^{-t^2} \, dt$$

Hiermit erhalten wir:
$$erf(x) = 2\Phi(\sqrt{2}\,x) - 1$$
Hierbei ist zu beachten, daß $erf(0) = 0$ und $erf(\infty) = 1$ ist.

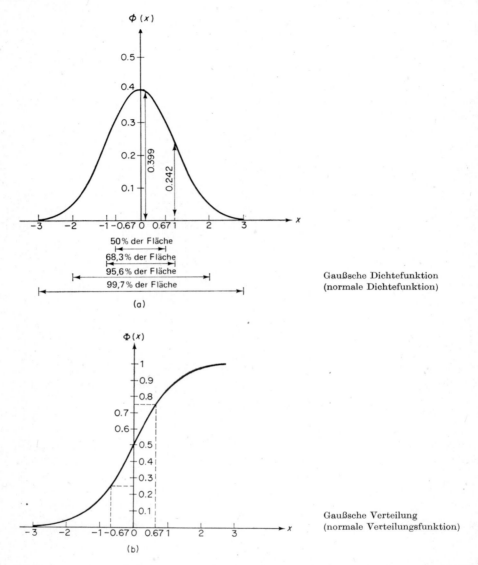

Abb. 4.8 Form der Dichte- und der Verteilungsfunktion (nach W. FELLER, *An Introduction to Probability Theory and Its Applications*, John Wiley, New York 1957).

Statt der normierten Variablen x verwenden wir manchmal eine neue Variable $z = x/h$; die Größe z nennen wir die *Abweichung*. Für die hier uns interessierende Geschwindigkeitsverteilung gilt $z \equiv u = (kT/m)^{1/2} \cdot ox$, der $h = (m/kT)^{1/2}$. Für die *mittlere Abweichung* gilt dann:

$$\bar{z} = \frac{1}{h/\pi} \rightarrow \left(\frac{kT}{\pi m}\right)^{1/2}$$

14. Eindimensionale Geschwindigkeitsverteilung

Es lohnt sich, die eindimensionale Dichtefunktion [4.26] noch etwas eingehender zu diskutieren. Wir betrachten eine eindimensional bewegliche Gasmolekel in einem System mit dem mittleren Geschwindigkeitsquadrat $\bar{u}^2 = kT/m$. Nach [4.27] gilt für die Wahrscheinlichkeit, mit der die Molekel eine Geschwindigkeit u annimmt:

$$p(u) = \left(\frac{m}{2\pi kT}\right)^{1/2} e^{-mu^2/2kT}$$

Durch Zusammenstöße mit den anderen Molekeln schwankt die Geschwindigkeit einer beliebig herausgegriffenen Molekel um einen bestimmten Mittelwert. Wenn wir eine große Population von N_0 Molekeln betrachten, dann ist der Bruchteil dN/N_0 mit einer Geschwindigkeitskomponente zwischen u und $u + du$ einfach die Ableitung von [4.28] nach du:

$$p(u) \cdot du = \left(\frac{m}{2\pi kT}\right)^{1/2} e^{-mu^2/2kT} du$$

Mit anderen Worten: Die Wahrscheinlichkeit, daß irgendeine Molekel in einer Population von N_0 Molekeln eine Geschwindigkeitskomponente zwischen u und $u + du$ besitzt, ist $p(u) du$. Wir wollen nun die Wahrscheinlichkeit berechnen, mit der die Geschwindigkeitskomponente einer N_2-Molekel (in einem System von 300 K) zwischen 999,5 und 1000,5 m s^{-1} liegt. Da der betrachtete Geschwindigkeitsbereich klein ist, ist $du \approx \Delta u = 1$ m s^{-1}. Es gilt nun:

$$p(u) du \equiv p(u) \Delta u = \left(\frac{m}{2\pi kT}\right)^{1/2} \exp\left(\frac{-mu^2}{2kT}\right)$$
$$= \left(\frac{28 \cdot 10^{-3}}{2\pi \cdot 8{,}317 \cdot 300}\right)^{1/2} \exp\frac{-28 \cdot 10^{-3} \cdot 10^6}{2 \cdot 8{,}317 \cdot 300} = 4{,}84 \cdot 10^{-6} \text{ s/m}$$

Hierbei haben wir statt m/kT den Ausdruck M/RT verwendet; hierin ist M die Molmasse des Stickstoffs und R die universelle Gaskonstante. Wir sehen also, daß bei dem gewählten Beispiel auf jede Million fünf Molekeln entfallen, die eine Geschwindigkeitskomponente im angegebenen Bereich haben.

Abb. 4.9 zeigt die eindimensionale Geschwindigkeitsverteilung für Stickstoff bei 273 K und 773 K. Dieser Abbildung können wir die an sich triviale Tatsache entnehmen, daß eine willkürlich herausgegriffene Molekel mit größter Wahrscheinlichkeit den Mittelwert der Geschwindigkeit besitzt. Mit anderen Worten: Der wahrscheinlichste Wert für eine Geschwindigkeitskomponente ist $u = 0$. (Hierbei versetzen wir uns als Betrachter in das eindimensionale System; die Geschwindigkeit der Molekeln relativ zu unserem Standpunkt kann sowohl positiv als auch negativ sein; ihr Mittelwert ist $\bar{u} = 0$.) Der Bruchteil der Molekeln, deren Geschwindigkeit von der mittleren Geschwindigkeit abweicht (Geschwindigkeitskomponente in einem bestimmten Bereich), wird mit zunehmender Abweichung von der mittleren Geschwindigkeit zunächst langsam und dann rasch kleiner.

Aus Abb. 4.9 und [4.26] wird deutlich, daß die Dichtefunktion langsam abfällt, solange $\frac{1}{2}mu^2 < kT$ ist. Wenn $\frac{1}{2}mu^2 = 10\,kT$ ist, dann ist der Bruchteil der Molekeln mit einer Geschwindigkeitskomponente u schon auf e^{-10} abgefallen, das ist 1/20000 des Wertes bei $\frac{1}{2}mu^2 = kT$. Nur ein sehr kleiner Bruchteil aus irgendeiner Anzahl von Molekeln kann kinetische Energien zeigen, die größer sind, als einem Wert von kT für jeden Freiheitsgrad entspräche.

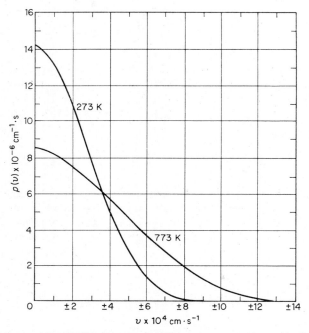

Abb. 4.9 Dichtefunktionen einer Komponente der Molekelgeschwindigkeit für Stickstoff bei 273 K und 773 K. Diese Kurven stellen Beispiele der normalen Dichtefunktion (Abb. 4.8) dar. Sie sind symmetrisch zu der Achse $v = 0$. In dieser Abbildung ist nur eine Hälfte der vollständigen Funktion dargestellt.

15. Geschwindigkeitsverteilung in zwei Dimensionen

Wenn wir anstelle eines eindimensionalen Gases (ein Freiheitsgrad der Translation) ein zweidimensionales Gas betrachten, dann zeigt sich, daß die Wahrscheinlichkeit, mit der eine bestimmte Molekel eine Geschwindigkeitskomponente u hat, in keiner Weise von Geschwindigkeitskomponenten in anderen Richtungen, also zum Beispiel von einer Komponente v in der y-Richtung, abhängt. Der Bruchteil der Molekeln, die gleichzeitig Geschwindigkeitskomponenten zwischen u und $u + du$ sowie zwischen v und $v + dv$ haben, ist dann einfach das Produkt der beiden individuellen Wahrscheinlichkeiten:

$$p(u)\,p(v)\,du\,dv = \frac{m}{2\pi kT} \exp\left[\frac{-m(u^2+v^2)}{2kT}\right] du\,dv \qquad [4.30]$$

Diese Art von Verteilung kann graphisch durch ein zweidimensionales Koordinatensystem mit einer u- und v-Achse dargestellt werden (Abb. 4.10). Jeder Punkt in der u, v-Ebene repräsentiert ein Wertepaar für u und v; die Ebene ist also ein zweidimensionaler Geschwindigkeitsraum. Die Tupfen in unserem Diagramm wurden dabei so gesetzt, daß sie schematisch die zweidimensionale Punktdichte in diesem Raum, also die relative Häufigkeit des Auftretens von Teilpopulationen mit den Geschwindigkeitskomponenten u und v angeben.

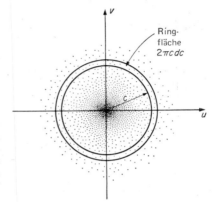

Abb. 4.10 Verteilung der Werte um einen Mittelwert in einem zweidimensionalen Geschwindigkeitsraum (zweidimensionale Dichtefunktion). Die Dichte der Punkte ist proportional der Wahrscheinlichkeit, daß die Geschwindigkeit einer Gasmolekel die angegebenen Werte von u und v hat.

Diese Zeichnung besitzt eine treffende Ähnlichkeit mit einer Zielscheibe, die von einem Schützen einen Nachmittag lang beschossen wurde, der immer genau auf denselben Punkt hielt. Auf molekulare Verhältnisse übertragen bedeutet dies, daß jede molekulare Geschwindigkeitskomponente u oder v auf den Wert Null, also auf den Ursprung des Diagramms zielt. In anderen Worten: Auch im zweidimensionalen Geschwindigkeitsdiagramm ist der wahrscheinlichste Wert der Mittelwert des Systems.

Die in unserer Abbildung gezeigte »Trefferverteilung« stellt die statistische Zusammenfassung der Einzelereignisse dar. Je geübter der Schütze ist, um so näher drängen sich seine Treffer um den Mittelpunkt der Zielscheibe zusammen. In molekularen Verhältnissen entspricht dem Geschick des Schützen die mittlere Geschwindigkeit oder die Temperatur des Gases; zunehmende Treffsicherheit entspricht einer Abnahme der Gastemperatur. Mit der Temperatur nimmt auch die Molekelgeschwindigkeit ab; um so größer wird gleichzeitig die Wahrscheinlichkeit, daß eine bestimmte molekulare Geschwindigkeitskomponente in der Nähe des Mittelwertes (hier des Nullpunktes) liegt.

Wenn wir statt der individuellen Komponenten u und v die resultierende Geschwindigkeit c ($c^2 = u^2 + v^2$) betrachten, dann sehen wir, daß der wahrscheinlichste Wert für c nicht null ist. Dies rührt davon her, daß die Anzahl der verschiedenen Möglichkeiten, c aus u und v zusammenzusetzen, direkt proportional mit c zunimmt, wogegen die Wahrscheinlichkeit für das Auftreten irgendeines Wertes von u oder v mit zunehmender Geschwindigkeit zunächst ziemlich langsam abnimmt.

Aus Abb. 4.10 wird deutlich, daß wir die Verteilung der absoluten Werte von c – unabhängig von der Richtung – durch Integrieren des Ausdrucks $2\pi c \, dc$, also über der Ringfläche zwischen c und $c + dc$, erhalten. Im zweidimensionalen Fall gilt also für den Bruchteil der Molekeln, deren Geschwindigkeit zwischen c und $c + dc$ liegt:

$$\frac{dN}{N_0} = p(c) \cdot dc = \frac{m}{kT} \exp(-mc^2/2kT) \cdot c \cdot dc \qquad [4.31]$$

16. Geschwindigkeitsverteilung in drei Dimensionen

Wir können nun die Dichtefunktion der molekularen Geschwindigkeiten für den dreidimensionalen Raum durch eine einfache Erweiterung unserer Betrachtung erhalten. Für den Bruchteil der Molekeln, die zu gleicher Zeit Geschwindigkeitskomponenten zwischen u und $u + du$, v und $v + dv$ sowie w und $w + dw$ besitzen, gilt:

$$\frac{dN}{N_0} = \left(\frac{m}{2\pi kT}\right)^{3/2} \cdot \exp\left[\frac{-m(u^2 + v^2 + w^2)}{2kT}\right] du \, dv \, dw \qquad [4.32]$$

Wir brauchen nun aber einen Ausdruck für jenen Bruchteil der Molekeln, deren Geschwindigkeit, unabhängig von der Richtung, zwischen c und $c + dc$ liegt; hierbei ist wieder $c^2 = u^2 + v^2 + w^2$. Wir interessieren uns also für jene Molekeln, deren Geschwindigkeitskomponenten innerhalb einer Kugelschale der Dicke dc in einem Abstand c vom Mittelpunkt liegen. Das Volumen dieser Kugelschale beträgt $4\pi c^2 \, dc$; für die dreidimensionale Verteilungsfunktion gilt daher:

$$\frac{dN}{N_0} = 4\pi \left(\frac{m}{2\pi kT}\right)^{3/2} \cdot \exp(-mc^2/2kT) \cdot c^2 \cdot dc \qquad [4.33]$$

Dies ist der übliche Ausdruck für die Verteilungsfunktion, die 1860 von MAXWELL abgeleitet wurde.

Abb. 4.11 zeigt die nach dieser Gleichung berechnete Geschwindigkeitsverteilung für Stickstoff bei drei verschiedenen Temperaturen. Mit steigender Temperatur wird die jeweilige Verteilungskurve breiter und flacher: Die mittlere Molekelgeschwindigkeit steigt, und die Verteilung um den Mittelwert wird breiter.

Wir können nun die (absolute) mittlere Molekelgeschwindigkeit $\bar{c}$ berechnen. Unter Verwendung von [4.33] und [4.25] erhalten wir:

$$\bar{c} = \int_0^\infty f(c) \, c \, dc = 4\pi \left(\frac{m}{2\pi kT}\right)^{3/2} \int_0^\infty e^{-mc^2/2kT} c^3 \, dc$$

Zur Auflösung dieses Integrals bedienen wir uns der folgenden allgemeinen Beziehung:

$$\int_0^\infty e^{-xa^2} x^3 \, dx = \frac{1}{2a^2}$$

Geschwindigkeitsverteilung in drei Dimensionen

Wenn wir $x^2 = z$ setzen, dann ist:

$$\int_0^\infty e^{-ax^2} x \, dx = \frac{1}{2} \int_0^\infty e^{-az} \, dz = \frac{1}{2} \left(\frac{e^{-az}}{a} \right)_0^\infty = \frac{1}{2a}$$

dann ist:

$$\int_0^\infty e^{-ax^2} x^3 \, dx = -\frac{d}{da} \int_0^\infty e^{-ax^2} x \, dx = \frac{1}{2a^2}$$

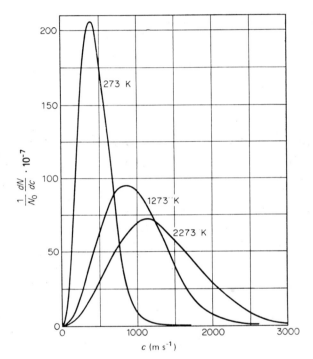

Abb. 4.11 Verteilung der absoluten Molekelgeschwindigkeiten des Stickstoffs bei drei verschiedenen Temperaturen. Die Dichtefunktion [4.32] (Formel wie im Text der Abbildung) ist abgetragen gegen c.

Wenn wir die entsprechenden Substitutionen durchführen, erhalten wir die folgende Beziehung für die mittlere Molekelgeschwindigkeit:

$$\bar{c} = \left(\frac{8\,kT}{\pi\,m} \right)^{1/2} \qquad [4.34]$$

In ähnlicher Weise erhalten wir für die mittlere kinetische Energie:

$$\frac{1}{2} \overline{m c^2} = \frac{m}{2} \int_0^\infty f(c)\, c^2 \, dc = 2\pi m \left(\frac{m}{2\pi kT} \right)^{3/2} \int_0^\infty e^{-mc^2/2kT} c^4 \, dc$$

Dieses Integral läßt sich durch die folgende allgemeine Beziehung lösen:

$$\int_0^\infty e^{-ax^2} x^4 \, dx = \frac{3\,\pi^{1/2}}{8\,a^{5/2}}$$

Durch entsprechende Substitution erhalten wir:

$$\frac{1}{2}\overline{(mc^2)} = \frac{3}{2}kT \qquad [4.35]$$

17. Experimentelle Bestimmung von Molekelgeschwindigkeiten

Zur experimentellen Nachprüfung der MAXWELLschen Gleichungen für Molekelgeschwindigkeiten gibt es verschiedene geistreiche Methoden. Das Schema einer solchen Anordnung zeigt Abb. 4.12.

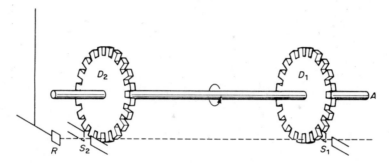

Abb. 4.12 Schema einer experimentellen Anordnung zur Analyse der Molekelgeschwindigkeiten in einem Strahl von Gasmolekeln.

Ein Strahl Gasmolekeln wird durch die Spalte S_1 und S_2 ausgeblendet und trifft den Empfänger R. Der Strahl kann durch zwei Zahnscheiben D_1 und D_2 unterbrochen werden, die auf einer gemeinsamen Achse A sitzen und mit beliebigen Geschwindigkeiten rotiert werden können. Wenn eine Molekel von einer Zahnlücke in D_1 durchgelassen wurde, dann trifft sie in D_2 nur dann wieder auf eine Lücke, wenn die Flugzeit für den Abstand d zwischen den beiden Scheiben ein ganzes Vielfaches der Zeit ist, die beim Weiterdrehen von D_2 von einer Zahnlücke zur anderen verstreicht. Jede Scheibe soll b Zahnlücken im gleichen Abstand besitzen; der Radius jeder Scheibe betrage r. Dann gilt für den Fall, daß eine Molekel eine Geschwindigkeit v in der Richtung $S_1 \ldots S_2$ besitzt und die Winkelgeschwindigkeit der Scheiben ω beträgt, die folgende Beziehung:

$$\frac{d}{v} = n\frac{2\pi r}{b} \cdot \frac{1}{r\omega} \quad \text{oder} \quad v = \frac{db\omega}{2\pi n}$$

In dieser Gleichung sind alle Größen bis auf v experimentell festgelegt; die beschriebene Anordnung eignet sich daher als *Geschwindigkeitsanalysator*. Innerhalb der experimentellen Fehlergrenzen stimmten die gemessenen Geschwindigkeitsverteilungen mit der MAXWELLschen Gleichung überein. Ähnliche Geschwindigkeitsanalysatoren wurden bei kinetischen Untersuchungen mit *Molekularstrahlen* verwendet (Kapitel 9).

18. Die Gleichverteilung der Energie

[4.35] liefert uns die durchschnittliche kinetische Translationsenergie einer Molekel in einem Gas. Hierbei erinnern wir uns daran, daß die Durchschnittsenergie einer Molekel unabhängig von ihrer Masse ist. Für ein Mol eines Gases gilt:

$$E_{\text{trans}} = \frac{3}{2} L k T = \frac{3}{2} R T$$

Für einatomige Gase wie Helium, Argon oder Quecksilberdampf ist diese Translationsenergie gleich der gesamten kinetischen Energie des Gases. Bei zweiatomigen Gasen wie N_2 oder Cl_2 oder bei polyatomigen Gasen wie CH_4 oder N_2O steckt ein Teil der kinetischen Energie in Rotations- und Schwingungszuständen. Durch die Annahme, daß die Massen der Atome in einer Molekel in Punkten konzentriert seien, erhalten wir so ein sehr vereinfachtes, aber nützliches Modell. Tatsächlich ist fast die gesamte Masse eines Atoms im winzigen Atomkern konzentriert; der Durchmesser dieses Kerns beträgt etwa 10^{-13} cm. Da der Durchmesser kleiner Molekeln in der Größenordnung von 10^{-8} cm liegt, ist ein Modell auf der Grundlage von Massenpunkten physikalisch vernünftig. Wir wollen nun eine Molekel aus N Atomen betrachten. Um die jeweilige Anordnung von N Massenpunkten im Raum anzugeben, brauchen wir $3N$ Koordinaten. Die Zahl der für die Festlegung aller Massenpunkte (Atome) in einer Molekel benötigten Koordinaten nennen wir die *Zahl der Freiheitsgrade*. Eine Molekel aus N Atomen hat also $3N$ Freiheitsgrade der Bewegung.

Die Atome, die eine Molekel bilden, bewegen sich als eine verknüpfte Einheit durch den Raum; wir können also die Translationsbewegung der Molekel durch die Bewegung des *Massenschwerpunkts* der Atome in dieser Molekel wiedergeben. Drei Koordinaten (Freiheitsgrade) brauchen wir also, um eine augenblickliche Position des Massenschwerpunkts wiederzugeben. Die noch übrigbleibenden $3N - 3$ Koordinaten stellen demnach die *inneren Freiheitsgrade* der Molekel dar. Diese inneren Freiheitsgrade lassen sich noch weiter unterteilen in *Rotationen* und *Schwingungen*. Jeder Molekel können bestimmte Drehachsen zugeordnet werden; zu jeder solchen Drehachse gehört ein bestimmtes Trägheitsmoment I. Wenn bei einer solchen Molekelrotation die Winkelgeschwindigkeit um eine bestimmte Achse ω beträgt, dann ist die Rotationsenergie, also der auf diese Rotation entfallende Bruchteil der gesamten kinetischen Energie, $\frac{1}{2} I \omega^2$. Bei einer Molekelschwingung bewegen sich die Atome in einer Molekel periodisch um ihre Gleichgewichtslage. Zu einer Molekelschwingung gehört also je ein Anteil an kinetischer und potentieller Energie; in dieser Hinsicht entspricht eine Molekel einer gewöhnlichen Spiralfeder. Auch die zu einer Schwingung gehörende kinetische Energie wird demnach durch einen quadratischen Ausdruck $\frac{1}{2} \mu v^2$ wiedergegeben. Die in einer Schwingung steckende potentielle Energie kann in einigen Fällen ebenfalls durch einen quadratischen Ausdruck wiedergegeben werden, jedoch nicht in Geschwindigkeiten, sondern in Zahlenwerten für die q-Koordinaten, zum Beispiel $\frac{1}{2} x q^2$. Jeder Schwingungsfreiheitsgrad würde also mit zwei quadratischen Termen zur Gesamtenergie der Molekeln beitragen.

Durch eine Erweiterung der Ableitung, die uns zu [4.35] geführt hat, kann gezeigt werden, daß jeder dieser quadratischen Ausdrücke für die Gesamtenergie der Molekel einen mittleren Wert von $\frac{1}{2}kT$ besitzt. Diese Schlußfolgerung ist eine unmittelbare Konsequenz des MAXWELL-BOLTZMANNschen Verteilungsgesetzes und zugleich der allgemeinste Ausdruck für den *Satz von der Gleichverteilung der Energie (Äquipartitionsprinzip)*.

19. Rotation und Schwingung zweiatomiger Molekeln

Wir können uns die Rotation einer zweiatomigen Molekel an dem vereinfachten Modell der Abb. 4.13 vorstellen; durch solche starre Hanteln läßt sich das Rotationsverhalten von Molekeln wie H_2, N_2, HCl oder CO darstellen. Die Massen m_1 und m_2 der Atome sind in Punkten konzentriert, die in den Abständen r_1 und r_2 vom Massenschwerpunkt der Molekeln stehen. Die Molekel besitzt daher Träg-

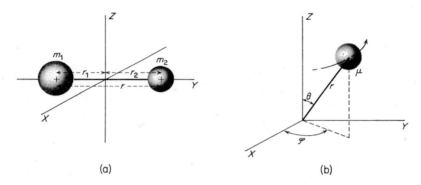

Abb. 4.13 (a) Modell einer zweiatomigen Molekel als starrer Rotor; (b) Modell eines zweiatomigen Oszillators. Die Energie des Systems (a) ist identisch mit der des Systems (b), in welchem eine einzelne Masse μ in einem festen Abstand r um den Ursprung rotiert.

heitsmomente um die X- und Z-Achse, jedoch nicht um die Y-Achse, auf der die Massenpunkte liegen. Das Modell einer Molekel als eine Anzahl von Massenpunkten, deren Abstände festgelegt sind, nennen wir einen *starren Rotor*. Zwei Massenpunkte im Abstand r stellen den einfachsten Fall eines starren Rotors dar.
Für die Rotationsenergie eines beliebigen starren Rotors gilt:

$$E_{\text{rot}} = \frac{1}{2} I_1 \omega_1^2 + \frac{1}{2} I_2 \omega_2^2 + \frac{1}{2} I_3 \omega_3^2 \qquad [4.36]$$

Hierin sind ω_1, ω_2 und ω_3 die Winkelgeschwindigkeiten um die drei Hauptachsen der Rotation, I_1, I_2 und I_3 sind die zugehörigen Trägheitsmomente. Für den starren zweiatomigen Rotor gilt $\omega_1 = \omega_2$, $I_3 = 0$ und $I_1 = I_2 = I$; es ist

$$I = m_1 r_1^2 + m_2 r_2^2$$

Rotation und Schwingung zweiatomiger Molekeln

Für die Abstände der Massen m_1 und m_2 vom Massenschwerpunkt gilt:

$$r_1 = \frac{m_2}{m_1 + m_2} r, \qquad r_2 = \frac{m_1}{m_1 + m_2} r$$

Es ist daher:

$$I = \frac{m_1 m_2}{m_1 + m_2} r^2 = \mu r^2 \qquad [4.37]$$

Die Größe

$$\mu = \frac{m_1 m_2}{m_1 + m_2} \qquad [4.38]$$

nennt man die *reduzierte Masse* der Molekel. Die Rotationsbewegung der Hantel ist äquivalent der einer Masse μ im Abstand r vom Schnittpunkt der Achsen.
Für die vollständige Beschreibung einer solchen Rotation brauchen wir nur zwei Koordinaten; um die Orientierung des Rotors im Raume festzulegen, genügen z.B. die beiden Winkel θ und Φ. Ein zweiatomiger Rotor besitzt also zwei Rotationsfreiheitsgrade. Nach dem Äquipartitionsprinzip der Energie beträgt also die mittlere molare Rotationsenergie in diesem Fall

$$\bar{E}_{\text{rot}} = 2L\left(\frac{1}{2}kT\right) = RT$$

Das einfachste Modell für eine schwingende zweiatomige Molekel (Abb. 4.14) ist der harmonische Oszillator. Aus der Mechanik wissen wir, daß eine periodische, harmonische Bewegung immer dann zu beobachten ist, wenn auf eine Masse eine

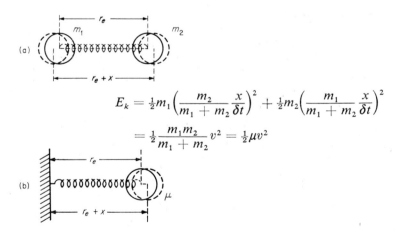

$$E_k = \tfrac{1}{2} m_1 \left(\frac{m_2}{m_1 + m_2} \frac{x}{\delta t}\right)^2 + \tfrac{1}{2} m_2 \left(\frac{m_1}{m_1 + m_2} \frac{x}{\delta t}\right)^2$$

$$= \tfrac{1}{2} \frac{m_1 m_2}{m_1 + m_2} v^2 = \tfrac{1}{2} \mu v^2$$

Abb. 4.14 Modell eines zweiatomigen Oszillators. Der Gleichgewichtsabstand zwischen zwei Atomen mit den Massen m_1 und m_2 beträgt r_e. Während einer Schwingung beträgt der Abstand $r_e + x$, wobei x eine Funktion der Zeit t ist. Die kinetische Energie des Systems im Zustand (a) ist gleich der des Systems im Zustand (b). Im letzteren Falle ist eine einzelne Masse μ mit derselben Spiralfeder an eine starre Wand befestigt.

rücktreibende Kraft wirkt, die direkt proportional dem Abstand dieser Masse von ihrer Gleichgewichtslage ist: $x = r - r_{Gl}$. Es ist also:

$$f = -\varkappa x = m \frac{d^2 x}{d t^2} \qquad [4.39]$$

Dieselbe Gleichung gilt für eine schwingende zweiatomige Molekel, wenn wir $m = \mu$ setzen. Die Konstante $\varkappa$ nennen wir die *Kraftkonstante*. Die Bewegung eines Körpers unter dem Einfluß einer solchen rücktreibenden Kraft können wir durch eine Potentialfunktion $U(x)$ wiedergeben, also durch die Abhängigkeit der potentiellen Energie von der Entfernung der Massen aus ihrer Gleichgewichtslage:

$$f = -\left(\frac{\partial U}{\partial x}\right) = -\varkappa x$$

$$U(x) = \frac{1}{2} \varkappa x^2 \qquad [4.40]$$

Dies ist die Gleichung einer Parabel; Abb. 4.15 zeigt eine solche Potentialkurve. Der zeitliche Bewegungsablauf eines schwingenden Systems und die zu beobachtende Veränderung der potentiellen Energie entspricht der Bewegung eines Balls, der sich unter dem Einfluß der Gravitation auf einer solchen parabolischen Oberfläche bewegt. Wenn wir den Ball in irgendeiner Position x festhalten, dann hat

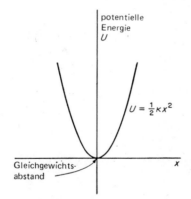

Abb. 4.15 Potentielle Energie eines harmonischen zweiatomigen Oszillators in Abhängigkeit von der Entfernung $\varkappa$ der Massen vom Gleichgewichtsabstand.

er nur die potentielle Energie $U = \frac{1}{2} \varkappa x^2$. Wenn er die Oberfläche hinunterrollt, gewinnt er allmählich an kinetischer Energie, bis in der Position $x = 0$ ein Maximum erreicht ist; dieser Position entspricht der Gleichgewichtsabstand $r = r_{Gl}$ zwischen den Atomen. Der Ball rollt anschließend auf der anderen Seite der Parabolfläche wieder nach oben; hierbei verwandelt sich die kinetische wieder in potentielle Energie. Dieser andere Ast der Potentialkurve entspricht also der Kompression der beiden Massen gegen die abstoßenden Kräfte zwischen den beiden Kernen. Die gesamte Energie ist zu jeder beliebigen Zeit konstant:

$$E_{\text{vib}} = \frac{1}{2}\left(\frac{dx}{dt}\right)^2 + \frac{1}{2}\varkappa x^2$$

Hieraus wird deutlich, daß schwingende Molekeln beim Erwärmen (oder durch eine andere Art der Energieübertragung) die zugeführte Energie zugleich als potentielle und als kinetische Energie ansammeln. Das Äquipartitionsprinzip fordert nun, daß die Durchschnittsenergie für jeden Schwingungsfreiheitsgrad kT beträgt, nämlich $\frac{1}{2}kT$ für die kinetische und $\frac{1}{2}kT$ für die potentielle Energie.
Für die gesamte mittlere molare Energie eines zweiatomigen Gases gilt daher:

$$\bar{E} = \bar{E}_{\text{trans}} + \bar{E}_{\text{rot}} + \bar{E}_{\text{vib}} = \frac{3}{2}RT + RT + RT = \frac{7}{2}RT$$

20. Innere Freiheitsgrade polyatomiger Molekeln

Die Rotationen und Schwingungen polyatomiger Molekeln können ebenfalls durch die einfachen mechanischen Modelle des starren Rotors und des harmonischen Oszillators näherungsweise wiedergegeben werden. Wenn eine Molekel N Atome enthält, dann besitzt sie $3N - 3$ innere Freiheitsgrade. Für eine zweiatomige Molekel ist $3N - 3 = 3$. Zwei der drei inneren Koordinaten brauchen wir zur Wiedergabe der Rotationsbewegung, es bleibt also eine Schwingungskoordinate.
Für eine dreiatomige Molekel ist $3N - 3 = 6$. Um diese sechs inneren Freiheitsgrade auf Rotationen und Schwingungen zu verteilen, müssen wir erst wissen, ob die Molekel linear oder geknickt ist. Wenn sie linear ist, liegen alle Atommassenpunkte auf einer Achse, und wir haben daher kein Trägheitsmoment bei einer Rotation um diese Achse. In bezug auf eine Rotation verhält sich also eine lineare Molekel wie eine zweiatomige Molekel; sie besitzt also nur zwei Rotationsfreiheitsgrade. Eine lineare dreiatomige Molekel ($N = 3$) besitzt daher $3N - 3 - 2 = 4$ Schwingungsfreiheitsgrade. Nach dem Äquipartitionsprinzip gelte also für die molare Durchschnittsenergie derartiger Molekeln (z.B. HCN, CO_2 und CS_2):

$$\bar{E} = \bar{E}_{\text{trans}} + \bar{E}_{\text{rot}} + \bar{E}_{\text{vib}} = \frac{3}{2}RT + \frac{2}{2}RT + 4RT = 6\frac{1}{2}RT$$

Eine nichtlineare (geknickte) dreiatomige Molekel hat drei Rotationsachsen, drei Trägheitsmomente und daher drei Rotationsfreiheitsgrade. Jede nichtlineare polyatomige Molekel hat $3N - 6$, eine geknickte dreiatomige Molekel also drei Schwingungsfreiheitsgrade. Für die molare Durchschnittsenergie eines solchen Molekeltyps (z.B. H_2O und SO_2) gilt nach dem Äquipartitionsprinzip:

$$\bar{E} = \frac{3}{2}RT + \frac{3}{2}RT + 3RT = 6RT$$

Die Schwingungsbewegungen von Massenpunkten, die durch gerichtete Bindungen mit linear-rücktreibenden Kräften (Spiralfedermodell) miteinander verknüpft sind, können sehr kompliziert sein. (Wenn die rücktreibende Kraft der jeweiligen relativen Lageveränderung der Atome in der Molekel proportional ist, dann gehorchen die einzelnen Atombewegungen [4.39]. Es ist jedoch stets möglich, die komplizierte Schwingungsbewegung einer polyatomigen Molekel durch eine bestimmte Anzahl von einfachen Bewegungen, die sogenannten *Normalschwin-*

gungen (Schwingungen im Normalmodus) wiederzugeben. Die isoliert betrachteten Normalschwingungen werden üblicherweise vektoriell dargestellt; jedes Atom in der Molekel schwingt im Normalmodus mit derselben Frequenz. Abb. 4.16 zeigt einige Beispiele für die Normalschwingungen von linearen und geknickten dreiatomigen Molekeln. Die geknickte Molekel hat drei Normalschwingungen mit je einer charakteristischen Schwingungsfrequenz.

Diese Schwingungsfrequenzen haben für verschiedene Verbindungen natürlich auch verschiedene Zahlenwerte. Von den vier Normalschwingungen einer linearen dreiatomigen Molekel entsprechen zwei einer Streckschwingung der Molekel (v_1 und v_3), zwei sind Biegeschwingungen. Die beiden Biegeschwingungen unterscheiden sich nur dadurch, daß die eine in der Papierebene liegt, während die andere (durch plus und minus gekennzeichnete) senkrecht zur Ebene steht. Derartige Schwingungen, die sich durch einfache geometrische Operationen ineinander überführen lassen, nennt man *entartet* oder *degeneriert*.

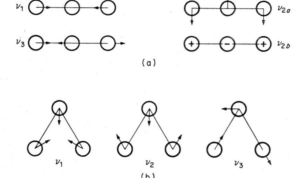

Abb. 4.16 Normalschwingungen dreiatomiger Molekeln.
(a) Lineare Molekeln (Beispiel: CO_2); **(b)** Geknickte Molekeln (Beispiel: H_2O). Die Pfeile bedeuten Bewegungen in der Papierebene, die Zeichen + und − Bewegungen aus der Papierebene heraus.

Bei der Beschreibung der Translationsbewegungen der Molekeln und bei der Diskussion der kinetischen Gastheorie war es vorteilhaft, zunächst ein sehr vereinfachtes Modell anzuwenden. Bei unserer jetzigen Diskussion der inneren Molekelbewegungen haben wir uns derselben Methode bedient. In Wirklichkeit nun verhalten sich zweiatomige Molekeln nicht wie starre Rotoren; bei hohen Rotationsgeschwindigkeiten (hohen Rotationsanregungen) neigen die Zentrifugalkräfte dazu, die Atomabstände durch Streckung der Bindungen zwischen den Atomen zu vergrößern. In ähnlicher Weise zeigt eine eingehendere Theorie, daß die Schwingungen der Atome in Molekeln nicht streng harmonisch sind.

21. Gleichverteilungssatz und Wärmekapazitäten

Nach dem Äquipartitionsprinzip sollte ein Gas beim Erwärmen die aufgenommene Energie zu gleichen Teilen auf alle Freiheitsgrade verteilen, und zwar $\frac{1}{2}RT$ für jede Translations- oder Rotationskoordinate und $\frac{2}{2}RT$ für jede Schwingung (bezogen auf 1 Mol). Man könnte dann die Wärmekapazität bei konstantem Volumen, $C_V = (\partial U/\partial T)_V$, leicht aus der mittleren Energie berechnen.

Nach [4.8] ist der Translationsbeitrag zur Molwärme bei konstantem Volumen $\frac{3}{2} R$. Es ist $R = 8{,}314 \text{ J} \cdot \text{K}^{-1}$; die Molwärme eines Gases, das lediglich Translationsfreiheitsgrade besitzt, beträgt demnach $12{,}48 \text{ J} \cdot \text{K}^{-1}$. Wenn wir diese Zahl mit den in Tab. 4.4 gezeigten experimentellen Werten vergleichen, dann finden wir eine gute Übereinstimmung für einatomige Gase ohne innere Freiheitsgrade (He, Ne, Ar, Hg).

Gas	Temperatur (K)						
	298,15	400	600	800	1000	1500	2000
He	12,48	12,48	12,48	12,48	12,48	12,48	12,48
H_2	20,52	20,87	21,01	21,30	21,89	23,96	25,89
O_2	21,05	21,79	23,78	25,43	26,56	28,25	29,47
Cl_2	25,53	26,99	28,29	28,89	29,19	29,69	29,99
N_2	20,81	20,94	21,80	23,12	24,39	26,54	27,68
H_2O	25,25	25,93	27,98	30,36	32,89	38,67	42,77
CO_2	28,81	33,00	39,00	43,11	45,98	40,05	52,02

Tab. 4.4 Molwärmen von Gasen von konstantem Volumen (C_{Vm}) in $\text{J} \cdot \text{K}^{-1}$ bei verschiedenen Temperaturen.

Die bei zwei- und polyatomigen Gasen beobachteten Molwärmen sind stets größer als die Molwärmen einatomiger Gase und nehmen außerdem mit der Temperatur zu. Dies ist darauf zurückzuführen, daß bei diesen Gasen bei höherer Temperatur auch Rotations- und Schwingungszustände angeregt werden.

Für ein zweiatomiges Gas sagt das Äquipartitionsprinzip eine mittlere Energie von $\frac{7}{2} RT$ voraus; es wäre also $C_{V_m} = \frac{7}{2} R = 29{,}10 \text{ J} \cdot \text{K}^{-1}$. Die Molwärmen von H_2, N_2, O_2 und Cl_2 scheinen sich bei höheren Temperaturen diesem Wert zu nähern; die bei niederen Temperaturen experimentell bestimmten Werte von C_{V_m} liegen jedoch weit unter den theoretischen. Bei polyatomigen Gasen ist die Diskrepanz zwischen den experimentellen Werten und der einfachen Theorie noch ausgeprägter. Das Äquipartitionsprinzip kann nicht erklären, warum die beobachteten Werte von C_{V_m} kleiner sind als die vorhergesagten, warum C_{V_m} mit der Temperatur zunimmt und warum die Zahlenwerte von C_{V_m} für verschiedene zweiatomige Gase stark voneinander abweichen. Diese Theorie trifft also für Translationen zu, ist jedoch sehr unbefriedigend bei Molekeln mit Rotations- und Schwingungsfreiheitsgraden.

Da das Äquipartitionsprinzip eine direkte Konsequenz der kinetischen Theorie und im besonderen des MAXWELL-BOLTZMANNschen Verteilungsgesetzes ist, brauchen wir eine völlig neue und grundlegende Theorie für die Erklärung der anomalen Wärmekapazität. Die im 14. Kapitel behandelte Quantentheorie wird uns eine Erklärung dieses Problems liefern.

22. Zusammenstöße zwischen Molekeln

Die interessantesten Ereignisse im Leben einer Molekel geschehen, wenn sie mit einer anderen Molekel zusammenstößt. Alle *chemischen Reaktionen* zwischen Molekeln sind eine Konsequenz solcher Zusammenstöße. Wichtige *Transportvorgänge* in Gasen, durch welche Energie (durch Wärmeleitung), Masse (durch Diffusion) und Impuls (durch Viskosität) von einem Punkt zu einem anderen übertragen werden, beruhen auf Zusammenstößen zwischen Gasmolekeln. In diesem Abschnitt wollen wir zunächst ein sehr vereinfachtes Modell molekularer Zusammenstöße betrachten, wobei wir die molekulare Geschwindigkeitsverteilung vernachlässigen. Anschließend sollen die Stoßvorgänge unter Berücksichtigung der Geschwindigkeitsverteilung genauer beschrieben werden.

Ein gasförmiges System bestehe aus den Molekelarten A und B, die sich wie starre Kugeln mit einem Durchmesser von d_A und d_B verhalten. Die Wechselwirkungskräfte zwischen den Molekeln seien auf elastische Kräfte beschränkt. Abb. 4.17 zeigt einige »Molekeln« dieses Systems. Kollisionen ereignen sich überall dort, wo sich der Abstand zwischen den Mittelpunkten zweier Molekeln auf $d_{AB} = \dfrac{d_A + d_B}{2}$ verringert. Wir wollen uns nun vorstellen, daß der Mittelpunkt von A von einer Kugel mit dem *Radius* d_{AB} umgeben sei. Ein Zusammenstoß wird nach dieser Modellvorstellung immer dann stattfinden, wenn der Mittelpunkt einer Molekel B in diese Sphäre einzudringen versucht.

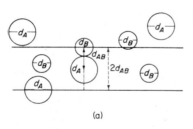

(a) Molekelzusammenstöße (b) Relativgeschwindigkeit

Abb. 4.17

Wir wollen nun annehmen, daß alle Molekeln B an ihren Plätzen festsitzen, wogegen die Molekel A mit einer Durchschnittsgeschwindigkeit $\bar{c}_A$ den Aufenthaltsraum der stationären Molekeln B durcheilt. Die Molekel A durchläuft in der Zeiteinheit ein zylindrisches Volumen $\pi d_{AB}^2 \cdot \bar{c}_A$. Wenn N_B/V die Zahl der Molekeln B in der Volumeneinheit ist, dann berührt die Molekel A in der Zeiteinheit $\pi d_{AB}^2 \bar{c}_A N_B/V$ Mittelpunkte von Molekeln B. Hieraus ergibt sich für die Stoßhäufigkeit einer einzelnen Molekel A:

$$z_{AB} = \pi d_{AB}^2 \bar{c}_A N_B/V$$

Zusammenstöße zwischen Molekeln

Wenn die Volumeneinheit N_A/V Molekeln A enthält, dann beträgt die gesamte Stoßhäufigkeit für die Molekeln A und B in der Volumeneinheit:

$$Z_{AB} = \pi d_{AB}^2 N_A N_B \bar{c}_A/V^2$$

Diese Gleichung vernachlässigt das Covolumen der Molekeln; bei niederen Drücken ist die notwendige Korrektur jedoch klein.

Ein sehr viel gewichtigerer Fehler bei der obigen Ableitung kommt von der Annahme, daß die Molekeln B stationär sind, während die Molekeln A sich durch das Volumen hindurchbewegen. In Wirklichkeit bestimmt natürlich die *Relativgeschwindigkeit* zwischen A und B die Häufigkeit von Zusammenstößen. Diese Relativgeschwindigkeit c_{AB} ist der Wert der *Vektordifferenz* zwischen den (vektoriellen) Geschwindigkeiten von A und B. Im rechten Teil der Abb. 4.17 ist die Abhängigkeit der Größe c_{AB} vom Winkel zwischen c_A und c_B gezeigt. Es ist also:

$$c_{AB} = (c_A^2 + c_B^2 - 2 c_A c_B \cos\theta)^{1/2} \qquad [4.41]$$

Unsere Ausdrücke für die Stoßhäufigkeiten müssen also lauten:

$$z_{AB} = \pi d_{AB}^2 N_B \bar{c}_{AB}/V \qquad [4.42]$$

$$Z_{AB} = \pi d_{AB}^2 N_A N_B \bar{c}_{AB}/V^2 \qquad [4.43]$$

Die Größe $\pi d_{AB}^2 = \sigma_{AB}$ nennt man den Kollisionsquerschnitt für dieses Modell aus starren Kugeln. Aber auch wenn wir dieses Modell verlassen, wird die Größe σ beibehalten, um die experimentellen Ergebnisse für verschiedene Stoßvorgänge durch einen *effektiven Stoßquerschnitt* ausdrücken zu können.

Im nächsten Abschnitt werden wir einen genauen Ausdruck für die Stoßhäufigkeit ableiten; seine Formulierung sei hier schon vorweggenommen:

$$\bar{c}_{AB} = \sqrt{\frac{8\,kT}{\pi\,\mu}}$$

Hierin ist μ die reduzierte Masse [4.38].

Wenn wir ein Gas betrachten, das nur aus einer Molekelart besteht, dann können wir in [4.38] $m_1 = m_2$ setzen; für die Relativgeschwindigkeit erhalten wir dann:

$$\bar{c}_{AA} = \sqrt{2}\,\sqrt{\frac{8\,kT}{\pi\,m}} = \sqrt{2}\,\bar{c}$$

Für die Zahl von Zusammenstößen, die eine einzelne Molekel in der Zeiteinheit erleidet, gilt dann:

$$z_{AA} = \sqrt{2}\,\pi d^2 N_A \bar{c}/V \qquad [4.42a]$$

Die Gesamtzahl der Zusammenstöße in der Volumen- und Zeiteinheit beträgt:

$$Z_{AA} = \frac{1}{2}\sqrt{2}\,\pi d^2 N_A^2 \frac{\bar{c}}{V^2} \qquad [4.43a]$$

(Der Faktor 1/2 ist notwendig, um nicht jeden Zusammenstoß zweimal zu zählen.) Eine wichtige Größe in der kinetischen Theorie ist die mittlere Strecke, die eine Molekel zwischen zwei Zusammenstößen zurücklegt. Diese Strecke nennt man die *mittlere freie Weglänge*. Die mittlere Zahl der Zusammenstöße, die eine Molekel in der Zeiteinheit erleidet, ist die Größe z_{AA} in [4.42a]. In dieser Zeit hat die Molekel außerdem eine Strecke $\bar{c}$ zurückgelegt. Die mittlere freie Weglänge λ ist daher $\bar{c}/z_{AA}$, oder

$$\lambda = \frac{1}{\sqrt{2}\,\pi\,(N/V)\,d^2} \qquad [4.44]$$

Um die mittlere freie Weglänge berechnen zu können, müssen wir den Molekeldurchmesser d und die LOSCHMIDTsche Zahl L kennen. Für ein ideales Gas unter Normalbedingungen ist $N/V = \dfrac{6{,}02 \cdot 10^{23}}{22414}$ Molekeln cm^{-3}. Für eine Molekel mit $d = 4 \cdot 10^{-8}$ cm wäre dann $\lambda = 427 \cdot 10^{-8}$ cm.

23. Strenge Ableitung der Stoßhäufigkeit

Wir wollen wiederum ein bestimmtes Gasvolumen betrachten, das N_A Molekeln A und N_B Molekeln B enthält. Für die Zahl der Molekeln A mit Geschwindigkeitskomponenten zwischen u und $u + du$, v und $v + dv$ sowie w und $w + dw$ gilt nach [4.32]:

$$dN_A = N_A \left(\frac{m_A}{2\pi kT}\right)^{3/2} \exp\left(\frac{-m_A(u^2 + v^2 + w^2)}{2kT}\right) du\,dv\,dw \qquad [4.45]$$

In analoger Weise gilt für die Zahl der Molekeln B mit Geschwindigkeitskomponenten zwischen u' und $u' + du'$, v' und $v' + dv'$ sowie w' und $w' + dw'$:

$$dN_B = N_B \left(\frac{m_B}{2\pi kT}\right)^{3/2} \exp\left(\frac{-m_B(u'^2 + v'^2 + w'^2)}{2kT}\right) du'\,dv'\,dw' \qquad [4.46]$$

Für die Zahl der Zusammenstöße in der Volumen- und Zeiteinheit zwischen jenen Molekeln A und B, die Geschwindigkeitskomponenten in den angegebenen Bereichen haben, gilt nach [4.43]:

$$dZ_{AB} = dN_A\,dN_B\,\pi\,d_{AB}^2\,c_{AB}/V^2 \qquad [4.47]$$

Hierin ist c_{AB} die Relativgeschwindigkeit der Molekeln A und B in dem angegebenen individuellen Geschwindigkeitsbereich:

$$c_{AB} = [(u - u')^2 + (v - v')^2 + (w - w')^2]^{1/2} \qquad [4.48]$$

Um die Gesamtzahl der Zusammenstöße in der Zeiteinheit zwischen allen Molekeln A und B zu berechnen, setzen wir [4.45], [4.46] und [4.48] in [4.47] ein und integrieren über alle Werte von u, v, w sowie u', v' und w':

$$Z_{AB} = \frac{1}{8} N_A N_B \pi d_{AB}^2 \frac{(m_A m_B)^{3/2}}{(\pi kT)^3} \int\int\int\int\int\int_{-\infty}^{+\infty} [(u-u')^2 + (v-v')^2 + (w-w')^2]^{1/2}$$

$$\exp\left[\frac{-m_A(u^2 + v^2 + w^2) - m_B(u'^2 + v'^2 + w'^2)}{2kT}\right] du\,dv\,dw\,du'\,dv'\,dw' \qquad [4.49]$$

Strenge Ableitung der Stoßhäufigkeit 167

Um diese Integration durchführen zu können, müssen wir die in »Laboratoriumskoordinaten« angegebenen Variablen von den sechs gewöhnlichen Geschwindigkeitskomponenten in einen Satz von sechs neuen Geschwindigkeitsvariablen transformieren. Die einen drei von diesen geben die Komponenten der Relativgeschwindigkeit c_{AB} an:

$$u_{AB} = u - u'$$
$$v_{AB} = v - v' \qquad [4.50]$$
$$w_{AB} = w - w'$$

Die anderen drei Variablen liefern uns die Geschwindigkeitskomponenten des Massenzentrums unseres Molekelmodells aus zwei Massenpunkten:

$$U = \frac{m_A u + m_B u'}{m_A + m_B}$$
$$V = \frac{m_A v + m_B v'}{m_A + m_B} \qquad [4.51]$$
$$W = \frac{m_A w + m_B w'}{m_A + m_B}$$

Wir verwenden hier die Koordinaten des Massenzentrums in ähnlicher Weise wie bei der Trennung der translatorischen von den inneren Freiheitsgraden (Abschnitt 4-18). Damit können wir den Anteil der kinetischen Energie, der auf die Bewegung des Massenzentrums entfällt, abtrennen und anschließend die Beziehung [4.49] integrieren. Es ist:

$$Z_{AB} = \frac{1}{8} N_A N_B \pi d_{AB}^2 \frac{(m_A m_B)^{3/2}}{(\pi kT)^3} \iiint\limits_{-\infty}^{+\infty} \exp \frac{-(m_A + m_B)(U^2 + V^2 + W^2)}{2kT} dU\,dV\,dW$$

und

$$\iiint\limits_{-\infty}^{+\infty} (u_{AB}^2 + v_{AB}^2 + w_{AB}^2)^{1/2} \exp \frac{-\mu(u_{AB}^2 + v_{AB}^2 + w_{AB}^2)}{2kT} du_{AB}\,dv_{AB}\,dw_{AB} \qquad [4.52]$$

In dem obigen Ausdruck haben wir wiederum die reduzierte Masse

$$\mu = \frac{m_A m_B}{m_A + m_B}$$

eingesetzt. Beim Fortschreiten von [4.49] nach [4.52] haben wir auch von der Beziehung Gebrauch gemacht:

$$du\,dv\,dw\,du'\,dv'\,dw' = du_{AB}\,dv_{AB}\,dw_{AB}\,dU\,dV\,dW$$

Wir können diese Beziehung für einen Satz von Komponenten beweisen; sie muß dann in gleicher Weise auch für die anderen beiden gelten. Wenn wir von den Variablen u und u' zu den neuen Variablen $u_{AB}(u, u')$ und $U(u, u')$ übergehen, dann stehen die Produkte der Differentiale in folgender Beziehung zueinander:

$$du_{AB}\,dU = \frac{\partial(u_{AB}, U)}{\partial(u, u')} du\,du'$$

Hierin ist $\partial(u_{AB}, U)/\partial(u, u')$ die JACOBIsche Ableitung der Transformation, definiert durch die Determinante

$$\frac{\partial(u_{AB}, U)}{\partial(u, u')} = \begin{vmatrix} \frac{\partial u_{AB}}{\partial u} & \frac{\partial U}{\partial u} \\ \frac{\partial u_{AB}}{\partial u'} & \frac{\partial U}{\partial u'} \end{vmatrix}$$

Für die Determinante gilt in diesem Fall nach [4.50] und [4.51]:

$$\begin{vmatrix} 1 & \frac{m_A}{m_A + m_B} \\ -1 & \frac{m_B}{m_A + m_B} \end{vmatrix} = 1$$

Die ersten drei Integrale in [4.52] haben die folgende Form:

$$\int_{-\infty}^{+\infty} \exp\frac{-(m_A + m_B) U^2}{2 kT} \, dU = \left(\frac{2 \pi kT}{m_A + m_B}\right)^{1/2} \qquad [4.53]$$

Dies ergibt sich aus [4.23], wenn $\gamma = \frac{m_A + m_B}{2 kT}$.

Das zweite Dreifachintegral kann nach der Transformation in Polarkoordinaten gelöst werden. Es ist:

$$u_{AB}^2 + v_{AB}^2 + w_{AB}^2 = c_{AB}^2$$

$$du_{AB} \, dv_{AB} \, dw_{AB} = c_{AB}^2 \sin\theta \, dc_{AB} \, d\theta \, d\Phi$$

Damit erhalten wir für das Dreifachintegral (nach S. 55):

$$\int_0^\infty \int_0^\pi \int_0^{2\pi} c_{AB}^3 \exp\left(\frac{-\mu c_{AB}^2}{2 kT}\right) d\Phi \, d\theta \sin\theta \, dc_{AB} = 4\pi \int_0^{+\infty} c_{AB}^3 \exp\left(\frac{-\mu c_{AB}^2}{2 kT}\right)^2 dc_{AB}$$

$$= 8\pi \left(\frac{kT}{\mu}\right)^2 \qquad [4.54]$$

Wenn wir die Ergebnisse von [4.53] und [4.54] zusammenfassen und in [4.52] einsetzen, dann erhalten wir schließlich:

$$Z_{AB} = \frac{1}{8} N_A N_B \pi d_{AB}^2 \frac{(m_A m_B)^{3/2}}{(\pi kT^3)} \left(\frac{2 \pi kT}{m_A + m_B}\right)^{3/2} 8\pi \left(\frac{kT}{\mu}\right)^2$$

$$Z_{AB} = N_A N_B \pi d_{AB}^2 \left(\frac{8 kT}{\pi \mu}\right)^{1/2} \qquad [4.55]$$

Für den einfachsten Fall, daß alle Molekeln von gleicher Art sind, ist $m_A = m_B = m$ und $N_A = N_B = N/2$; es ist daher $\mu = m_A/2$ und

$$Z_{AA} = \frac{N^2}{2} \pi d^2 \sqrt{2} \left(\frac{8 kT}{\pi m}\right)^{1/2} = \frac{1}{2} \sqrt{2} \, \pi d^2 N^2 \bar{c} \qquad [4.56]$$

24. Die Viskosität eines Gases

Dem Phänomen der Viskosität begegnen wir zum ersten Mal bei der Betrachtung des Strömens von Flüssigkeiten und Gasen. Bei der hydrodynamischen oder aerodynamischen Behandlung wird die Viskosität als ein Maß für den Reibungswiderstand betrachtet, den eine strömende Flüssigkeit oder ein strömendes Gas der wirkenden Scherkraft entgegensetzt. Abb. 4.18a gibt ein Bild von der Natur dieses Strömungswiderstandes. Wenn ein Fluidum (Flüssigkeit oder Gas) an einer feststehenden, ebenen Oberfläche vorüberfließt, dann ist die unmittelbar an die feste Oberfläche angrenzende Schicht stationär; die hierzu parallel liegenden Schichten haben mit größer werdendem Abstand von der Oberfläche zunehmende Geschwindigkeiten. Die Reibungskraft F, die sich der Relativbewegung jeweils aneinandergrenzender Schichten widersetzt, ist proportional der Fläche $\mathscr{A}$ zwischen den beiden bewegten Schichten und dem Geschwindigkeitsgradienten dv/dr zwischen diesen:

$$F = \eta \mathscr{A} \frac{dv}{dr} \qquad [4.57]$$

Dies ist das NEWTONsche Gesetz für eine laminare Strömung. Die Proportionalitätskonstante η nennt man den *Viskositätskoeffizienten*. Ihre Einheit im internationalen Maßsystem ist das kg m^{-1} s^{-1}, im cgs-System g cm^{-1} s^{-1}. Die letztere Einheit nennt man das Poise. Die Größe η ist also (im cgs-System) die Kraft je cm^2, die die Bewegung einer Flüssigkeitsschicht zu hemmen sucht, die mit der Geschwindigkeit von 1 cm s^{-1} parallel zu einer in 1 cm Abstand befindlichen, ruhenden Schicht vorbeigeführt wird.

Die von diesem Gesetz beschriebene Art von Strömung nennt man *laminar* oder stromlinienförmig. Eine Laminarströmung unterscheidet sich dadurch von einer Effusions- oder Diffusionsströmung, daß sich eine Geschwindigkeitskomponente in Richtung des Flusses all den zufälligen Molekularbewegungen überlagert. Eine Laminarströmung ist also eine Massenströmung. Besonders wichtig ist der laminare Fluß durch Röhren, wenn der Durchmesser der Röhre sehr viel größer ist als die mittlere freie Weglänge im strömenden Medium. Die Untersuchung der Strömungen durch Röhren war die Grundlage für viele experimentelle Bestimmungen von Viskositätskoeffizienten. Die Strömungstheorie wurde zum ersten Mal von J. L. POISEUILLE (1844) ausgearbeitet.

Wir wollen eine inkompressible Flüssigkeit betrachten, die durch eine Röhre mit kreisförmigem Querschnitt, dem Radius R und der Länge l fließt. Die Flüssigkeitsschicht direkt an den Röhrenwandungen muß ruhen; die Strömungsgeschwindigkeit nimmt dann vom Rand zum Zentrum der Röhre zu und erreicht dort ein Maximum (Abb. 4.18b). Die Lineargeschwindigkeit im Abstand r von der Röhrenachse sei v; ein Flüssigkeitszylinder mit dem Radius r erfährt dann eine viskose Kraft, für die nach [4.57] die folgende Beziehung gilt:

$$F_r = -\eta \frac{dv}{dr} \cdot 2\pi r l$$

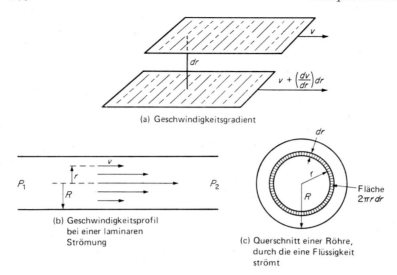

(a) Geschwindigkeitsgradient

(b) Geschwindigkeitsprofil bei einer laminaren Strömung

(c) Querschnitt einer Röhre, durch die eine Flüssigkeit strömt

Abb. 4.18 Viskosität von Flüssigkeiten

Bei einer stationären Strömung muß diese Kraft genau ausgeglichen sein durch die andere Kraft, die die Flüssigkeit in diesem Zylinder vorantreibt. Da der Druck eine Kraft pro Flächeneinheit ist, gilt für die treibende Kraft der Flüssigkeit:

$$F_r = \pi r^2 (P_1 - P_2)$$

Hierin sind P_1 und P_2 die Drücke am Anfang und Ende des Rohrs. Für eine stetige Strömung gilt daher:

$$-\eta \frac{dv}{dr} \cdot 2\pi r l = \pi r^2 (P_1 - P_2)$$

und

$$dv = -\frac{r}{2\eta l}(P_1 - P_2)\, dr$$

Durch Integration erhalten wir:

$$v = -\frac{(P_1 - P_2)}{4\eta l} r^2 + \text{const}$$

Nach unserer Hypothese ist $v = 0$, wenn $r = R$. Durch die Festlegung dieser Grenzbedingung können wir die Integrationskonstante bestimmen; wir erhalten also:

$$v = \frac{(P_1 - P_2)}{4\eta l}(R^2 - r^2) \qquad [4.58]$$

Das Gesamtvolumen der in einer Sekunde durch die Röhre strömenden Flüssigkeit können wir durch Integration über jedes Flächenelement des Röhrenquerschnitts erhalten; ein solches Flächenelement ist $2\pi r\, dr$ (Abb. 4.18c). Es ist daher:

$$\frac{dV}{dt} = \int_0^R 2\pi r v\, dr = \frac{\pi(P_1 - P_2)R^4}{8\eta l} \quad [4.59]$$

Dies ist das Gesetz von HAGEN (1839) und POISEUILLE (1841). Es wurde für ein inkompressibles Fluidum abgeleitet und kann daher mit guter Annäherung auf Flüssigkeiten, nicht aber auf Gase angewendet werden. Bei Gasen ist das Volumen eine strenge Funktion des Drucks. Der mittlere Druck über der gesamten Röhrenlänge ist $\frac{P_1 + P_2}{2}$. Wenn P_0 der Druck ist, bei dem wir das Volumen messen, dann erhält die Hagen-Poiseuillesche Gleichung die folgende Form:

$$\frac{dV}{dt} = \frac{\pi(P_1 - P_2)R^4}{8\eta l} \cdot \frac{P_1 + P_2}{2P_0} = \frac{\pi(P_1^2 - P_2^2)R^4}{16 l \eta P_0} \quad [4.60]$$

Durch Messung der Strömungsgeschwindigkeit eines Gases durch eine Röhre bekannter Dimensionen können wir also die Viskosität η des Gases bestimmen. Die Ergebnisse einiger solcher Messungen zeigt Tab. 4.5.

Gas	Mittlere freie Weglänge λ m · 10^9	Viskosität kg m^{-1}s^{-1} · 10^6	Thermische Leitfähigkeit $\varkappa$ J m^{-1}s^{-1}K^{-1} · 10^3	Spezifische Wärme c_V J kg^{-1}K^{-1} · 10^{-3}	$\frac{\eta c_V}{\varkappa}$
NH_3	44,1	9,76	21,5	1,67	0,76
Ar	63,5	21,0	16,2	0,314	0,41
CO_2	39,7	13,8	14,4	0,640	0,61
CO	58,4	16,8	23,6	0,741	0,43
Cl_2	28,7	12,3	7,65	0,342	0,55
C_2H_4	34,5	9,33	17,0	1,20	0,65
He	179,8	18,6	140,5	3,11	0,41
H_2	112,3	8,42	169,9	10,04	0,50
N_2	60,0	16,7	24,3	0,736	0,51
O_2	64,7	18,09	24,6	0,649	0,50

Tab. 4.5 Transporteigenschaften von Gasen (bei 273 K und 1 atm)

25. Kinetische Theorie der Gasviskosität

Das kinetische Bild der Gasviskosität läßt sich durch die folgende Analogie wiedergeben: Zwei Eisenbahnzüge bewegen sich auf parallelen Schienen in derselben Richtung, aber bei verschiedener Geschwindigkeit. Die Reisenden auf diesen Zügen vergnügen sich damit, zwischen den beiden Zügen hin- und herzuspringen. Wenn ein Passagier vom schnelleren auf den langsameren Zug springt, dann überträgt er einen Impuls der Größe $m\,\Delta v$; hierin ist m seine Masse und Δv die Geschwindigkeitsdifferenz zwischen den beiden Zügen. Durch diesen Impuls wird der langsamere Zug etwas beschleunigt. Umgekehrt wird ein Passagier, der vom langsameren auf den schnelleren Zug springt, den letzteren etwas verlangsamen. Dieses Springspiel verursacht also eine allmähliche Angleichung der Geschwindigkeiten der beiden Züge. Ein Beobachter, der so weit entfernt ist, daß er die hin- und herspringenden Reisenden nicht beobachten kann, wird das beobachtete Phänomen als Reibung zwischen den beiden Zügen deuten.

Der Mechanismus, nach dem eine Schicht eines strömenden Gases eine viskose Kraft an einer benachbarten Schicht ausübt, ist ganz ähnlich dem eben beschriebenen Mechanismus; die Gasmolekeln übernehmen dabei die Rolle der hüpfenden Passagiere. Abb. 4.19 symbolisiert ein Gas in einer laminaren Strömung parallel zur y-Achse. Die beiden Schichten P und Q haben einen Abstand von λ; die Schicht P bewege sich langsamer als die Schicht Q. Die Gasgeschwindigkeit nimmt nun vom Wert Null an der Ebene $x = 0$ in Richtung auf die Schicht Q zu, also mit zunehmenden Werten von x. Wenn eine Molekel von P nach Q überwechselt, ohne in der Zwischenschicht einen Zusammenstoß zu erleiden, dann überträgt sie auf Q einen Impuls, der kleiner ist als der zur Lage Q gehörige Impuls. Umgekehrt überträgt eine Molekel bei einem Sprung von Q nach P, also auf die langsamere Schicht, einen höheren Impuls als jenen, der zur Schicht P gehört. Die ungerichteten thermischen Bewegungen der Molekeln bewirken also eine Verringerung der Durchschnittsgeschwindigkeit der Molekeln in der Schicht Q und eine Erhöhung der Durchschnittsgeschwindigkeit in der Schicht P. Diese Impulsübertragung wirkt dem Geschwindigkeitsgefälle entgegen, das durch die an dem Gas wirksamen Scherkräfte verursacht wird.

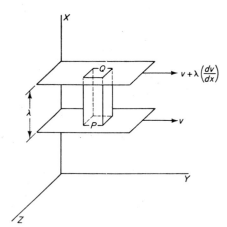

Abb. 4.19 Kinetische Theorie der Gasviskosität. Das Diagramm stellt zwei Schichten eines Gases in laminarer Strömung dar, die durch die mittlere freie Weglänge λ voneinander getrennt sind. Um die Zähigkeit des Gases zu erhalten, berechnet man die Impulsübertragung zwischen den Schichten.

Aus den in Abb. 4.19 symbolisierten Vorstellungen wird deutlich, daß sich ein Gas im Zustand des viskosen Flusses sicherlich nicht in dem von der MAXWELL-BOLTZMANNschen Gleichung beschriebenen Gleichgewichtszustand befindet. Das Auftreten von Transportvorgängen bedeutet, daß das Gas nicht einheitlich ist[6].

---

[6] Eine grundlegende theoretische Untersuchung dieser Probleme stammt von S. CHAPMAN und T. C. COWLING, *The Mathematical Theorie of Non-uniform Gases*, Cambridge University Press, 1952.

Im Falle des viskosen Flusses besteht die Uneinheitlichkeit in einem Geschwindigkeitsgradienten, dessen Richtung in unserem Beispiel in der x-Achse liegt. Dies bedeutet, daß wir einen Massenfluß der Gasmolekeln in der y-Richtung haben. Im selben Maße, wie eine Impulsübertragung von einer Schicht zur anderen stattfindet, wird die gerichtete Bewegung in eine ungerichtete thermische Bewegung der Molekeln verwandelt. Der viskose Fluß wird daher von einer Umwandlung der Energie der Massenbewegung in die Energie der ungerichteten Molekularbewegungen verwandelt: Durch die innere Reibung (Viskosität) wird mechanische Energie in Wärme verwandelt, und die Temperatur des Systems steigt.

Obwohl sich ein strömendes Gas sicherlich nicht in einem Gleichgewichtszustand befindet, können wir trotzdem die für das Gleichgewicht geltenden Mittelwerte solcher Eigenschaften wie Geschwindigkeit und mittlere freie Weglänge verwenden, um eine angenähert gültige kinetische Theorie der Viskosität aufzustellen. Hierbei implizieren wir, daß die MAXWELLsche Verteilung durch den Massenfluß nicht wesentlich gestört wird; wir addieren also einfach die Geschwindigkeit des Massenflusses zu den Maxwellschen Geschwindigkeiten. Wegen des ganz erheblichen mathematischen Aufwandes bei der strengen Formulierung irgendeiner Theorie können wir hier nur eine stark vereinfachte Ableitung bieten, die jedoch einige der grundlegenden Faktoren zeigen kann, die die Viskosität eines Gases beherrschen.

Die mittlere freie Weglänge λ kann als der mittlere Abstand angesehen werden, über den ein Impuls übertragen wird. Wenn der Geschwindigkeitsgradient dv/dx beträgt, dann ist die Geschwindigkeitsdifferenz zwischen den beiden Enden des freien Weges $\lambda \cdot dv/dx$. Eine Molekel der Masse m, die von der oberen zur unteren Schicht überwechselt, transportiert dabei einen Impuls von $m\lambda \cdot dv/dx$. Nach [4.18] ist die Zahl der Molekeln, die die Flächeneinheit in einer Sekunde in beiden Richtungen überqueren, gleich $\frac{1}{2} N \bar{c}/V$. Der in der Zeiteinheit übertragene Impuls ist daher $\frac{1}{2} \frac{N \bar{c} \cdot m \lambda}{V} \frac{dv}{dx}$.

Die in einer bestimmten Zeit zu beobachtende Impulsänderung ist äquivalent der Reibungskraft in [4.57], für die wir $F = \eta \, (dv/dx)$ pro Flächeneinheit gefunden hatten. Es ist daher:

$$\eta \frac{dv}{dx} = \frac{1}{2} \frac{N m \bar{c} \lambda}{V} \frac{dv}{dx}$$

und

$$\eta = \frac{1}{2} \frac{N m \bar{c} \lambda}{V} = \frac{1}{2} \varrho \, \bar{c} \, \lambda \qquad [4.61]$$

Diese Gleichung erweist sich als nützlich bei der Berechnung der mittleren freien Weglänge aus der leicht meßbaren Viskosität. Durch Eliminierung von λ zwischen [4.44] und [4.61] erhalten wir:

$$\eta = \frac{m \bar{c}}{2 \sqrt{2} \, \pi \, d^2} \qquad [4.62]$$

Diese Gleichung zeigt uns, daß die Viskosität eines Gases unabhängig von seiner Dichte ist. Dieses scheinbar unvernünftige Ergebnis wurde von Maxwell vorausgesagt; die anschließende experimentelle Verifizierung war einer der Triumphe der kinetischen Theorie. Der physikalische Grund für dieses Ergebnis wird aus der vorhergehenden Ableitung klar: Je geringer die Dichte eines Gases ist, um so weniger Molekeln springen im strömenden Gas von Schicht zu Schicht; da jedoch in gleichem Maße die mittlere freie Weglänge zunimmt, wird bei jedem Sprung ein entsprechend größerer Impuls übertragen. Bei imperfekten Gasen versagt diese Gleichung jedoch, und die Viskosität nimmt mit der Dichte zu.

Die zweite wichtige Aussage von [4.62] ist, daß die Viskosität eines Gases gleichsinnig mit der Temperatur zunimmt. Wenn alle anderen Größen dieser Gleichung konstant gehalten werden, ist $\eta \propto \bar{c}$; es ist aber auch $\bar{c} \propto T^{1/2}$. Die Zunahme von η mit T ließ sich experimentell gut bestätigen; allerdings steigt die Viskosität mit zunehmender Temperatur etwas schneller an als mit $T^{1/2}$. Dies ist darauf zurückzuführen, daß die Molekeln in Wirklichkeit keine harten Kugeln darstellen, sondern eher als »weiche Bälle« betrachtet werden müssen; jeder Kern ist ja von Kraftfeldern umgeben, die einem bestimmten Abstandsgesetz gehorchen. Je höher die Temperatur ist, um so schneller bewegen sich die Molekeln und um so tiefer können sie ineinander eindringen, bevor sie wieder auseinanderfliegen. Dieser Effekt wurde von SUTHERLAND (1893) in der folgenden Formel berücksichtigt:

$$d^2 = d_\infty^2 \left(1 + \frac{A}{T}\right) \qquad [4.63]$$

Hier sind d_∞ und A Konstanten; d_∞ wird als der Wert interpretiert, den d annimmt, wenn T gegen ∞ strebt.

In jüngeren Arbeiten wurde versucht, den Temperaturkoeffizienten der Viskosität durch Wechselwirkungskräfte zwischen den Molekeln quantitativ zu formulieren. Zu diesem Zweck muß wie bei der Diskussion der Zustandsgleichung das qualitative Bild starrer Molekeln modifiziert werden, um auch die Kraftfelder zwischen den Molekeln zu berücksichtigen.

26. Molekeldurchmesser und zwischenmolekulare Kraftkonstanten

Gasviskositäten und andere Transporteigenschaften von Gasen gehören zu den besten Informationsquellen über zwischenmolekulare Kräfte. Wenn wir das einfache Modell starrer Kugeln anwenden, dann liefern uns die Transportphänomene Werte für (modellhafte) Molekeldurchmesser. Jede Messung, die uns einen Wert für die mittlere freie Weglänge λ liefert, ermöglicht uns zugleich die Berechnung eines Molekeldurchmessers d durch [4.44]. Tab. 4.6 gibt eine Zusammenstellung von Molekeldurchmessern, die auf diese Weise aus Gasviskositäten berechnet wurden.

Die Tabelle enthält auch Werte von d, die nach anderen Methoden bestimmt wurden. Für die VAN-DER-WAALSsche Konstante b gilt $b = 4 L V_m$; hierin ist $V_m = \pi d^3/6$ das Volumen einer Molekel, die als starre Kugel aufgefaßt wird. Auch aus der Vorstellung der dichtesten Kugelpackung von Molekeln in einem Kristall lassen sich Werte für d berechnen. Eine solche Packung (Kapitel 17) besteht zu

Molekel	Gasviskosität	Van-der-Waals-sche Konstante b	Molrefraktion*	Dichteste Packung
Ar	0,286	0,286	0,296	0,383
CO	0,380	0,316	–	0,430
CO_2	0,460	0,324	0,286	–
Cl_2	0,370	0,330	0,330	0,465
He	0,200	0,248	0,148	–
H_2	0,218	0,276	0,186	–
Kr	0,318	0,314	0,334	0,402
Hg	0,360	0,238	–	–
Ne	0,234	0,266	–	0,320
N_2	0,316	0,314	0,240	0,400
O_2	0,296	0,290	0,234	0,375
H_2O	0,272	0,288	0,226	–

Tab. 4.6 Molekeldurchmesser (nm)

26% aus Hohlräumen; es ist also $\pi d^3/6 = 0{,}74 m/\varrho$. Hierin ist ϱ die Dichte des Kristalls in seiner dichtesten Kugelpackung. Die Unterschiedlichkeit der nach verschiedenen Methoden berechneten »Molekeldurchmesser« zeigt, daß die Modellvorstellung starrer Kugeln auch bei einfachen Molekeln nur in erster Näherung gilt.

Wenn man genauere Angaben als jene wünscht, die nach dem einfachen Kugelmodell zu erhalten sind, dann interpretiert man die Werte der Gasviskosität durch Modelle, die zwischenmolekulare Kräfte (z.B. LENNARD-JONES-Potentiale) berücksichtigen. Wenn wir mit Lennard-Jones-Potentialen Transporteigenschaften berechnen wollen, dann empfiehlt sich die Verwendung von Kraftkonstanten, die

Gas	Kraftkonstanten aus Viskositäten		Kraftkonstanten aus 2. Virialkoeffizienten	
	ε/k (K)	σ (nm)	ε/k (K)	σ (nm)
He	10,22	2,576	10,22	2,556
Ne	35,7	2,789	35,6	2,749
A	124	3,418	119,8	3,405
Kr	190	3,61	171	3,60
Xe	229	4,055	221	4,100
H_2	38,0	2,915	37,00	2,928
N_2	91,5	3,681	95,05	3,698
O_2	113	3,433	117,5	3,58
CO_2	190	3,996	189,0	4,486
CH_4	137	3,882	148,2	3,817

Tab. 4.7 Kraftkonstanten für das LENNARD-JONES-Potential [4.15], berechnet nach verschiedenen Methoden.

* Siehe M. KARPLUS und R. N. PORTER, *Atoms and Molecules*, W. A. Benjamin, New York 1970, S. 255.

aus Viskositäten erhalten wurden; für die Berechnung von thermodynamischen Gleichgewichtseigenschaften verwenden wir Kraftkonstanten, die aus den zweiten Virialkoeffizienten von Gasen erhalten wurden. Tab. 4.7 enthält einige Beispiele von Lennard-Jones-Kraftkonstanten, die auf diese Weise erhalten wurden. Die notwendigen theoretischen Ableitungen und vollständigen Tabellen finden sich in Spezialwerken[7].

27. Thermische Leitfähigkeit

Die Gasviskosität hängt von der Impulsübertragung in Richtung eines Geschwindigkeits- und damit Impulsgradienten ab. Thermische Leitfähigkeit und Diffusion können nach einer ähnlichen theoretischen Methode behandelt werden. Die thermische Leitfähigkeit eines Gases ist eine Konsequenz des Transports von kinetischer Energie in Richtung eines Temperaturgradienten; ein Temperaturgradient ist natürlich zu gleicher Zeit auch ein Gradient der kinetischen Energie. Die Diffusion in einem Gas ist der Massentransport in Richtung eines Konzentrationsgradienten.

Der Koeffizient $\varkappa$ der thermischen Leitfähigkeit ist definiert als der Wärmefluß $\dot{q}$ durch die Flächeneinheit in der Zeiteinheit bei einem Temperaturgefälle von 1 °C:

$$\dot{q} = \varkappa \cdot S \cdot \frac{dT}{dx}$$

Durch Vergleich mit [4.61] erhalten wir:

$$\varkappa \frac{dT}{dx} = \frac{1}{2} N V^{-1} \bar{c} \lambda \frac{d\varepsilon}{dx}$$

Hierin ist $d\varepsilon/dx$ der Gradient von ε, der mittleren kinetischen Energie pro Molekel. Es ist nun:

$$\frac{d\varepsilon}{dx} = \frac{dT}{dx} \cdot \frac{d\varepsilon}{dT} \quad \text{und} \quad \frac{d\varepsilon}{dT} = m c_v$$

Hierin ist m die Molekelmasse und c_v die spezifische Wärme (Wärmekapazität pro Masseneinheit). Hieraus folgt:

$$\varkappa = \frac{1}{2} N V^{-1} m c_v \bar{c} \lambda = \frac{1}{2} \varrho c_v \bar{c} \lambda = \eta c_v \qquad [4.64]$$

In Tab. 7.4 finden sich die thermischen Leitfähigkeitskoeffizienten für eine Anzahl von Verbindungen. Hierbei muß hervorgehoben werden, daß diese einfache Theorie der thermischen Leitfähigkeit selbst für ein ideales Gas nur angenähert gilt, da sie von den nicht streng zutreffenden Voraussetzungen ausgeht, daß sich alle Molekeln mit derselben Geschwindigkeit $\bar{c}$ bewegen und daß die Energie bei jedem Zusammenstoß völlig ausgetauscht wird[8].

---

[7] Ein Standardwerk auf diesem Gebiet ist das von J. O. HIRSCHFELDER, C. F. CURTISS und R. B. BIRD, *Molecular Theory of Gases and Liquids*, John Wiley, New York 1954.

[8] Eine verständliche Einführung in exaktere Theorien von Transportprozessen ist das Buch von J. JEANS, *Introduction to the Kinetic Theory of Gases*, Cambridge University Press 1959.

28. Diffusion

Das Phänomen der Diffusion läßt sich theoretisch ähnlich behandeln wie das der thermischen Leitfähigkeit. Abb. 4.20 zeigt zwei verschiedene Gase A und B bei konstantem T und P. Das Gas A befindet sich zwischen $x = -l$ und $x = +l$; das Gas B füllt den übrigen Raum zwischen $-\infty$ und $-l$ sowie von $+l$ bis $+\infty$ aus. Die hier als Beispiel gewählte Geometrie stellt nur eines von vielen Diffusionsproblemen dar, die gelöst wurden. Wir wollen nun annehmen, daß die beiden gasdichten Schieber zwischen den zwei Gasen gleichzeitig und sehr rasch herausgezogen werden. Die thermischen Bewegungen und Zusammenstöße der Gasmolekeln führen dann zu einer allmählichen Vermischung der Gase, bis eine völlig gleichmäßige Zusammensetzung erreicht ist. Bei dem in Abb. 4.20 gezeigten Fall geschieht die Vermischung nur durch Diffusion in der positiven und negativen x-Richtung. Wenn wir eine dünne Gasschicht zwischen x und $x + \mathrm{d}x$ betrachten, dann ist die Zahl der Molekeln von A oder B pro Volumeneinheit zu jedem Zeitpunkt t nur eine Funktion von x; die Ausdrücke $C_A(x, t)$ und $C_B(x, t)$ bezeichnen diese Konzentrationen.

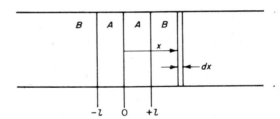

Abb. 4.20 Beispiel für ein Diffusionssystem in einer Dimension. Das Diagramm zeigt die ursprünglichen Trennflächen des Gases A vom Gas B sowie eine Gasschicht zwischen x und $x + \mathrm{d}x$.

Der Diffusionsfluß J_A von Molekeln A durch eine Ebene an der Stelle x hindurch ist definiert als die Zahl der Molekeln von A, die durch die Flächeneinheit in der positiven x-Richtung in der Zeiteinheit wandern, abzüglich der Molekeln A, die in der gleichen Zeit durch die gleiche Fläche in entgegengesetzter Richtung diffundieren. Der Diffusionsfluß ist proportional dem Konzentrationsgefälle von A bei x:

$$J_A = -D_{AB} \frac{\partial C_A}{\partial x} \qquad [4.65]$$

Die Proportionalitätskonstante D_{AB} nennt man den *Diffusionskoeffizienten*. [4.65] nennt man das *1. Ficksche Diffusionsgesetz*.

Wenn im ganzen System T und P konstant sind, ist die Gesamtzahl der Molekeln pro Volumeneinheit unabhängig von x; es ist also:

$$\frac{\partial (C_A + C_B)}{\partial x} = \frac{\partial C_A}{\partial x} + \frac{\partial C_B}{\partial x} = 0 \qquad [4.66]$$

Nach [4.65] und [4.66] muß auch der gesamte Fluß von Molekeln A und B durch eine beliebige Ebene null sein:

$$J_A + J_B = 0 \qquad [4.67]$$

Wenn wir in Übereinstimmung mit [4.65] schreiben:

$$J_B = -D_{BA} \frac{\partial C_B}{\partial x}$$

dann folgt aus [4.66] und [4.67], daß $D_{AB} = D_{BA}$; wir können den Diffusionskoeffizienten also auch einfach mit D bezeichnen. In einer Mischung aus zwei Komponenten brauchen wir also nur einen Diffusionskoeffizienten zu betrachten; man nennt ihn auch den *Interdiffusionskoeffizienten* von A und B. Bei realen Lösungen hängt der Wert dieses Diffusionskoeffizienten in der Regel von der Zusammensetzung der Lösung ab.

Die Tatsache, daß es in einer Mischung aus zwei Komponenten nur einen Diffusionskoeffizienten gibt, wirkt manchmal verwirrend auf Studenten, die sich mit der radioaktiven Markierung und ihrer Anwendung auf Diffusionsprozesse vertraut gemacht haben. Wir können ja in der Tat eine bestimmte Komponente markieren und ihr Vordringen in einer zweiten Komponente messen. Für eine radioaktive Komponente A* und B* können wir dann einen Tracer-*Diffusionskoeffizienten* definieren und messen:

$$J_{A^*} = -D_{A^*} \frac{\partial C_{A^*}}{\partial x}$$

$$J_{B^*} = -D_{B^*} \frac{\partial C_{B^*}}{\partial x}$$

Die Koeffizienten D_{A^*} und D_{B^*} bezeichnen unabhängig voneinander die Diffusion von A* und B* durch die Mischung von A und B. (Da wir nun tatsächlich mehr als die zwei ursprünglichen Komponenten A und B im System haben, widersprechen wir nicht der zuvor getroffenen Feststellung, daß es in einem binären System nur einen einzigen Interdiffusionskoeffizienten D gibt.) Im Idealfall (Gase bei niederem Druck) ist D ein Mittelwert (»Gewichtsmittel«) von D_{A^*} und D_{B^*}:

$$D = \frac{C_A D_{A^*} + C_B D_{B^*}}{C_A + C_B} = X_A D_{A^*} + X_B D_{B^*} \qquad [4.68]$$

Hierin ist X die Molfraktion.

Die grundlegende Differentialgleichung für die Diffusion (in einer Dimension) kann folgendermaßen abgeleitet werden. Wir betrachten ein Volumen im Bereich zwischen x und $x + dx$, dessen Querschnitt die Flächeneinheit besitzt (Abb. 4.20) und schreiben einen Ausdruck für die Zunahme der Konzentration von A mit der Zeit, $\partial C_A/\partial t$. Diese Zunahme muß gleich der Differenz sein zwischen der Zahl der Moleküln A, die in der Zeiteinheit in das betrachtete Volumen eindiffundieren, und der Zahl der Moleküln, die aus dem Volumen herausdiffundieren, dividiert durch das Volumen selbst (dx). Es ist also:

$$\frac{\partial C_A}{\partial t} = \frac{1}{dx}[J_A(x) - J_A(x+dx)]$$

Es ist aber auch:

$$J_A(x+dx) = J_A(x) + \left(\frac{\partial J_A}{\partial x}\right)dx$$

Diffusion

Aus [4.65] erhalten wir daher:

$$\frac{\partial C_A}{\partial t} = -\left(\frac{\partial J_A}{\partial x}\right) = \frac{\partial}{\partial x}\left(D\frac{\partial C_A}{\partial x}\right) \qquad [4.69]$$

Falls D unabhängig von x ist, wird aus [4.69]:

$$\frac{\partial C_A}{\partial t} = D\left(\frac{\partial^2 C_A}{\partial x^2}\right) \qquad [4.70]$$

Diese Gleichung nennt man das *2. Ficksche Diffusionsgesetz*.
Dieses Gesetz hat dieselbe Form wie die partielle Differentialgleichung für die Wärmeleitung:

$$\frac{\partial T}{\partial t} = \beta\left(\frac{\partial^2 T}{\partial x^2}\right)$$

Hierin ist β der thermische Diffusionskoeffizient (Quotient aus thermischer Leitfähigkeit und Wärmekapazität pro Volumeneinheit). Alle Lösungen für Wärmeleitungsprobleme, die für eine Vielzahl von Grenzbedingungen erhalten wurden, können also direkter auch auf Diffusionsprobleme angewandt werden[9].
Bei der Ableitung von [4.61] haben wir den Viskositätskoeffizienten aus dem Impulstransport in Richtung eines Geschwindigkeitsgefälles berechnet. Der Diffusionskoeffizient mißt den Transport von Molekeln in Richtung eines Konzentrationsgefälles. Wenn wir also die mittlere freie Weglänge durch die einfache Beziehung [4.61] einführen, dann erhalten wir:

$$D = \frac{\eta}{\varrho} = \frac{1}{2}\lambda\bar{c} \qquad [4.71]$$

Dieser Ausdruck gilt für den Selbstdiffusionskoeffizienten, den man in reinen Gasen und Flüssigkeiten durch markierte Molekeln bestimmen kann. Für eine Mischung zweier verschiedener Gase gilt nach [4.68]:

$$D = \frac{1}{2}\lambda_1\bar{c}_1 X_1 + \frac{1}{2}\lambda_2\bar{c}_2 X_2$$

Hierin sind X_1 und X_2 die Molfraktionen.
Unsere Ergebnisse bei der Behandlung von Transportvorgängen durch die mittlere freie Weglänge lassen sich folgendermaßen zusammenfassen:

Phänomen	Transportierte Größe	Genauer theoretischer Ausdruck für starre Kugeln	Internationale Einheiten des Koeffizienten
Viskosität	Impuls, mv	$\eta = 0{,}499\,\bar{c}\,\varrho\,\lambda$	kg m^{-1} s^{-1}
Wärmeleitfähigkeit	kinetische Energie, $\frac{1}{2}mv^2$	$\varkappa = 1{,}261\,\varrho\,\bar{c}\,\lambda c_V$	J m^{-1} s^{-1} K^{-1}
Diffusion	Masse, m	$D = 0{,}599\,\bar{c}\,\lambda$	m^2 s^{-1}

Tab. 4.8 Transportvorgänge in Gasen

29. Lösungen der Diffusionsgleichung

Die partielle Differentialgleichung [4.70] ist zweiter Ordnung, linear und homogen. Sie hat die Form einer Parabel, und ihre Lösung muß einer Grenzbedingung und einer Ausgangsbedingung genügen. Die einfachste Grenzbedingung würde die Werte für $C(t)$ zu allen Zeiten an den Grenzen des Bereiches festlegen, durch welchen eine Diffusion stattfindet. Die Ausgangsbedingung würde den Wert von $C(x)$ bei einer bestimmten Zeit (z. B. $t = 0$) festlegen.
Eine Lösung der Gleichung erhalten wir z. B. durch Substitution in [4.70]:

$$C = \alpha \, t^{-1/2} \exp(-x^2/4Dt) \qquad [4.72]$$

Welchen Grenz- und Ausgangsbedingungen entspricht diese Lösung? Für $t \to 0$ ist $C = 0$ für alle Werte von x, ausgenommen $x = 0$; hierfür ist $C \to \infty$. Diese Situation nennt man eine *momentane ebene Quelle* am Ursprung. Sie würde dem Zustand in Abb. 4.20 entsprechen, falls die Breite von $-l$ bis $+l$ bei $x = 0$ in eine Ebene von der Dicke null zusammengepreßt würde. Die Konstante α bezieht sich auf die Stärke der Quelle, also auf die Menge N von B, die ursprünglich an der Stelle $x = 0$ vorhanden ist. Wegen der Erhaltung der Masse können wir für eine beliebige Zeit t schreiben:

$$N = \int_{-\infty}^{+\infty} C \, dx = \alpha \int_{-\infty}^{+\infty} t^{-1/2} \exp(-x^2/4Dt) \, dx$$

$$N = 2\alpha (\pi D)^{1/2}$$

Aus [4.72] wird daher:

$$C = \frac{N}{2(\pi Dt)^{1/2}} \cdot \exp(-x^2/4Dt) \qquad [4.73]$$

Bei diesem eindimensionalen Problem wird die Konzentration C als Zahl von Molekeln pro Längeneinheit angegeben. Wenn wir die Diffusion durch einen Querschnitt mit der Flächeneinheit betrachten würden, dann würden wir die Konzentration in der üblichen Weise als Zahl von Molekeln pro Volumeneinheit angeben.
Abb. 4.21 zeigt die Funktion [4.73] für drei verschiedene Werte von Dt; dies macht deutlich, wie sich die Molekeln B von der ebenen Quelle aus durch Diffusion ausbreiten.
Für den in Abb. 4.21 gezeigten Diffusionsvorgang gibt es eine interessante und wichtige Betrachtungsweise. Wir können nämlich unsere Aufmerksamkeit auf eine individuelle Molekel B richten und nach der Wahrscheinlichkeit fragen, mit der sie innerhalb einer Zeit t eine Strecke x durch Diffusion zurückgelegt hat. Hierbei müssen wir natürlich einen bestimmten Abstandsbereich zulassen; wir nennen also $p(x) \, dx$ die Wahrscheinlichkeit, daß die Molekel bis in einen Bereich zwischen x und $x + dx$ diffundiert ist. Diese Wahrscheinlichkeit ergibt sich einfach aus der

---

[9] J. Crank, *The Mathematics of Diffusion*, The Clarendon Press, Oxford 1956;
H. S. Carslaw und J. C. Jaeger, *Conduction of Heat in Solids*, ibid., 1959.

Menge an Substanz zwischen x und $x + \mathrm{d}x$, dividiert durch die gesamte Substanzmenge in der ursprünglichen Quelle. Es ist also:

$$p(x)\,\mathrm{d}x = \frac{C(x)\,\mathrm{d}x}{N} = \frac{1}{2(\pi Dt)^{1/2}} \exp(-x^2/4Dt)\,\mathrm{d}x$$

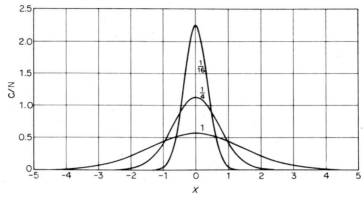

Abb. 4.21 Konzentrationsprofile für die Diffusion von einer momentanen ebenen Quelle. Die Zahlen an den Kurven bedeuten verschiedene Werte von Dt.

Unter Berücksichtigung dieser Interpretation können wir nun nach dem mittleren Abstandsquadrat $\overline{x^2}$ fragen, das eine Molekel im Zeitraum t durch Diffusion zurückgelegt hat. (Wir können hier nicht einfach $\bar{x}$ verwenden, da die Diffusion in positiver oder negativer Richtung gleich wahrscheinlich ist und daher $\bar{x} = 0$.) Es ist:

$$\overline{x^2} = \int_{-\infty}^{+\infty} x^2\,p(x)\,\mathrm{d}x \qquad [4.74]$$

Wenn wir [4.73] in [4.74] substituieren und das Integral lösen, dann erhalten wir:

$$\overline{x^2} = 2Dt \qquad [4.75]$$

Diese einfache Beziehung wird sehr oft für die rasche Abschätzung mittlerer Diffusionsabstände verwendet, und zwar nicht nur in Gasen, sondern auch in Flüssigkeiten und Festkörpern. Geologen beschäftigen sich z.B. mit der Frage, ob Diffusion im festen Zustand ein Mechanismus für den Transport mineralischer Bestandteile sein könnte. Ein recht typischer Diffusionskoeffizient für einen Diffusionsvorgang im festen Zustand bei Umgebungstemperatur ist der für Helium in Turmalin: 10^{-8} cm² s⁻¹. Wie weit würde nun ein Heliumatom in einem Turmalinkristall in einer Million Jahren diffundieren? Mit [4.75] erhalten wir:

$$\overline{x^2} = 2 \cdot 10^{-8} \cdot 10^6 \cdot 3{,}156 \cdot 10^7 = 6{,}212 \cdot 10^5$$
$$\sqrt{\overline{x^2}} = 7{,}88 \cdot 10^2 \text{ cm}$$

Solche Zahlen sind auch für kosmische Forschungen von großer Bedeutung, etwa bei der Frage nach dem Alter von Meteoriten und der Auswirkung kosmischer Strahlung auf Mineralien.

5. Kapitel*
Statistische Mechanik

> *Eine Intelligenz, die alle Kräfte wüßte, durch die die Natur bewegt wird, und mit den verschiedenen Stellungen aller ihrer Teile in irgendeinem gegebenen Moment vertraut wäre – vorausgesetzt, sie wäre umfassend genug, um diese Daten der Analyse zu unterwerfen –, würde in ein und derselben Formel die Bewegungen der größten Körper wie des leichtesten Atoms zusammenfassen. Nichts würde für sie ungewiß sein; die Zukunft wie die Vergangenheit wären gegenwärtig vor ihren Augen.*
>
> PIERRE SIMON LAPLACE
> Essais philosophiques sur les probabilités

> *If anyone has ever maintained that the universe is a pure throw of the dice, the theologians have abundantly refuted him. »How often«, says Archbishop Tillotson, »might a man, after he had jumbled a set of letters in a bag, fling them out upon the ground before they would fall into an exact poem, yea, or so much as make a good discourse in prose! And may not a little book be as easily made by chance as this great volume of the world?«*
>
> CHARLES S. PEIRCE (1878)

Das Hauptproblem der physikalischen Chemie besteht in der Berechnung der makroskopischen Eigenschaften eines Systems aus seinen Strukturmerkmalen und aus den Eigenschaften der Atome und Molekeln, aus welchen das System zusammengesetzt ist[1]. Die makroskopischen Eigenschaften von Systemen, die sich im Gleichgewicht befinden, pflegen wir durch die in der Gleichgewichtsthermodynamik üblichen Variablen zu beschreiben. Die makroskopischen Eigenschaften von Systemen, die sich *nicht* im Gleichgewicht befinden, beschreiben wir durch die bei der Diskussion von Geschwindigkeitsvorgängen und Transportphänomenen eingeführten Variablen. Im Prinzip sollte es möglich sein, die Eigenschaften sowohl von Gleichgewichts- als auch von Ungleichgewichtssystemen aus den Eigenschaften der das System bildenden Molekeln zu berechen. Sollte diese Aufgabe jemals gelöst werden, dann können wir das Kapitel *Physikalische Chemie* im Buch der Wissenschaften als abgeschlossen betrachten. Gegenwärtig sind wir allerdings noch weit von diesem Ziele entfernt. In den folgenden Abschnitten werden wir sehen, daß die Theorie der Gleichgewichtseigenschaften sehr weit entwickelt wurde; im Gegensatz hierzu steht die sehr viel schwierigere Theorie der Ungleichgewichtszustände noch am Beginn ihrer Entwicklung.

---

* Bearbeitung durch J. BESTGEN.
[1] Bei den folgenden Diskussionen wollen wir die Bezeichnung *Molekel* auch für Atome und Ionen verwenden. In einigen Büchern werden diese elementaren Einheiten allerdings *Systeme* genannt; was wir hier unter einem System verstehen, wird dann eine *Ansammlung (assembly)* genannt.

1. Die statistische Methode

Unseren Betrachtungen wollen wir ein System zugrunde legen, das aus einem Gramm Sauerstoff in einem Volumen von 1 l bei 300 K besteht. Wir wollen nun annehmen, wir könnten eine vollständige und quantitative Information über die Eigenschaften aller einzelnen Molekeln und ihrer Wechselwirkungen untereinander als Funktion der Zeit erhalten. Zu diesen Eigenschaften würden alle jene zählen, mit denen die gewöhnliche Mechanik Molekeln beschreiben würde: Lage, Impuls, kinetische und potentielle Energie. Die zu berechnenden thermodynamischen Eigenschaften wären dann jene, die den Zustand des Systems im Gleichgewicht und unter den angegebenen Bedingungen des Drucks P, der Entropie S, der inneren Energie U, der freien Enthalpie G (GIBBSsche freie Energie) usw. beschreiben. Jedes makroskopische System enthält eine beträchtliche Anzahl von Molekeln – ungefähr $1{,}82 \cdot 10^{22}$ in einem Liter Sauerstoff (u. Nb.). Es ist auch nicht angenähert möglich, den zeitlichen Verlauf der Variablen so vieler einzelner Molekeln im Auge zu behalten. Jede Theorie, die versucht, das Verhalten makroskopischer Systeme durch die Eigenschaften von Molekeln zu deuten, muß sich daher auf statistische Methoden stützen. Durch solche Methoden läßt sich das zu erwartende Durchschnittsverhalten einer großen Ansammlung von Teilchen berechnen. In der Tat sind die Ergebnisse aus statistischen Methoden um so zuverlässiger, je größer eine solche Ansammlung ist. So kann niemand im voraus bestimmen, ob ein gegebenes Radiumatom innerhalb der nächsten 10 Minuten, der nächsten 10 Tage oder der nächsten 10 Jahrhunderte zerfallen wird. Wir wissen jedoch, daß von einem Milligramm Radium ziemlich genau $2{,}22 \cdot 10^{10}$ Atome in einem Zeitabschnitt von 10 Minuten zerfallen. Die Disziplin, die es uns erlaubt, die theoretische Verknüpfung zwischen mikroskopischen mechanischen Eigenschaften und makroskopischen thermodynamischen Eigenschaften herzustellen, wird daher richtigerweise statistische Mechanik genannt. Wir können diese Verknüpfung wie folgt symbolisieren:

Mechanische Eigenschaften von Molekeln	Thermodynamische Eigenschaften von Systemen
Lage: x_i, y_i, z_i Impuls: p_{xi}, p_{yi}, p_{zi} Masse: m_i	Temperatur: T Druck: P Masse: m
⟶ (Statistische Mechanik) ⟶	
Kinetische Energie: $(E_{\text{kin}})_i$ Potentielle Energie: U_{ij}	Entropie: S Innere Energie: U Freie Enthalpie (GIBBSsche Funktion): G

Zusätzlich zu den obengenannten Variablen gibt es *äußere Variable*, die sowohl bei der mechanischen als auch bei der thermodynamischen Beschreibung vorkommen.

In den meisten Fällen, die wir betrachten werden, ist die einzige äußere Variable das Volumen V. Bei Problemen, die sich mit Oberflächenfilmen befassen, würde auch die Größe der Oberfläche $\mathscr{A}^\sigma$ auftauchen. Bei anderen Betrachtungen muß ein äußeres elektrisches Feld E berücksichtigt werden.

Welche Vorstellungen und welcher mathematische Formalismus stecken nun in dem dicken Pfeil unseres Schemas? Das Problem fängt schon damit an, daß wir die Einzelwerte der mechanischen Variablen für die Molekeln des Systems nicht kennen, ja grundsätzlich nicht erfahren können. Wir wissen jedoch eine ganze Menge über die *möglichen Werte*, die diese mechanischen Variablen für eine beliebige einzelne Molekel annehmen können. Ein anderer, merkwürdiger und wichtiger Punkt ist der folgende fundamentale Unterschied zwischen Mechanik und Thermodynamik: Thermodynamische Systeme ändern sich spontan immer in derselben Richtung, nämlich zum Gleichgewichtszustand hin. In den mechanischen Eigenschaften einer einzelnen Molekel weist nichts auf ein solches Verhalten des Systems hin. Dieser Unterschied wird beim Vorgang der Diffusion besonders deutlich. Die Abb. 5.1 stellt zwei Gase A und B dar, die unter gegenseitiger Diffusion eine Mischung bilden.

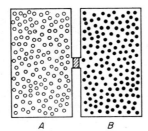
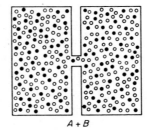

Abb. 5.1 Mischungsbildung durch gegenseitige Diffusion zweier Gase.

Wenn sie einmal gemischt sind, werden sie nicht mehr durch eine Umkehrung des Diffusionsprozesses entmischt. Für irgendeine einzelne Molekel A gibt es jedoch keinen Grund, warum sich nicht alle ihre Geschwindigkeitskomponenten umkehren sollten und sie dadurch auf derselben Strecke, nur in umgekehrter Richtung, zu ihrem (beliebig gewählten) Ausgangspunkt zurückkehren könnte. Thermodynamische Vorgänge sind von Natur aus irreversibel, mechanische jedoch reversibel.

Bei der Mischung idealer Gase durch Diffusion tritt keine Änderung der inneren Energie des Systems auf. Die treibende Kraft bei der Diffusion ist ausschließlich die Entropiezunahme beim Mischungsvorgang. Wie läßt sich nun dieser Zuwachs an Entropie aus den Eigenschaften der Molekeln erklären? Ganz sicher nicht so, daß wir irgendwelche Eigenschaften einzelner, individueller Molekeln betrachten. Wir müssen vielmehr einen Zusammenhang zwischen dieser Entropiezunahme des Systems und irgendeiner Eigenschaft einer Ansammlung von Molekeln herstellen.

2. Entropie und Unordnung

Wir können einen Einblick in den Entropiezuwachs bei der Mischung durch Interdiffusion zweier Gase gewinnen, wenn wir diesen Vorgang zunächst einmal für eine wesentlich geringere Anzahl von Molekeln betrachten. Einen Zustand hoher Ordnung haben wir zum Beispiel bei einem neuen Satz von Skatkarten, in dem alle Karten in der richtigen Rangordnung vom Kreuz As bis zur Karo Sieben liegen. Es gibt natürlich nur eine einzige korrekte Reihenfolge, und wenn wir auch nur *eine* Karte an eine falsche Stelle stecken, dann ist die Ordnung zerstört. Es gibt nun beim Skatspiel 31 »falsche« Stellen für eine bestimmte Karte. Wenn wir nun die zusätzliche Forderung aufstellen, daß jede beliebige Karte umgesteckt werden kann, dann erhalten wir $W = 31^2 = 961$ verschiedene Anordnungen, die dieser Forderung genügen.

In der später noch zu erörternden Nomenklatur thermodynamischer Systeme würden wir sagen, daß es 961 verschiedene *Zustände* (*Mikrozustände*) des Skatspiels gibt, die dieselbe *Verteilung* (*Makrozustand*) realisieren, nämlich die, bei welcher eine Karte umgesteckt ist. (Einige Autoren benutzen den Begriff *Verteilung* im Sinne von Mikrozustand.)

Streng logisch müßte noch zwischen dem hier eingeführten Begriff Makrozustand und dem *thermodynamischen Zustand* unterschieden werden. Der Makrozustand wäre dann die kinetische Deutung des rein phänomenologischen thermodynamischen Zustandes. Praktisch hat diese Unterscheidung keine Bedeutung.

Man beachte, daß jede dieser Anordnungen mit einer »verirrten« Karte genauso definiert ist wie die korrekte Reihenfolge. Es gibt $W = 961$ verschiedene Anordnungen, die sich durch die Angabe charakterisieren lassen, eine Karte sei umgesteckt worden; hierbei wird nicht angegeben, welche Karte dies ist und wo sie jetzt steckt. Da wir auf diese letztere, präzise *Information* verzichten, können wir sagen, daß der etwas geringere Ordnungszustand (eine von 32 Karten hat sich verirrt) 961mal *wahrscheinlicher* ist als die Anordnung, von der wir ausgegangen sind und die wir als die größtmögliche Ordnung des Systems ansehen wollen. Die Wahrscheinlichkeit einer bestimmten Verteilung ist der Zahl der sie realisierenden möglichen Mikrozustände insgesamt (W) proportional; die relative Wahrscheinlichkeit zweier beliebiger Makrozustände beträgt demnach W_1/W_2.

Die Wahrscheinlichkeit ist ein echter Bruch, wohingegen W selbst eine große Zahl sein kann. Im Fall der umgesteckten Karte wäre die Wahrscheinlichkeit $p = W/N!$. Da die Gesamtzahl der Anordnungen des Skatspiels 32! ist, ist für diesen Fall $p = 961/32!$.

Wenn wir nun das Kartenspiel kräftig mischen, wird die vorherige Anordnung völlig zerstört. Wir erhalten dadurch eine der 32! möglichen Anordnungen, wissen aber nicht welche. Wir haben die *gesamte Information verloren*, die wir zuvor über die Anordnung der Karten besaßen. Nun sind ja unsere Karten glücklicherweise gekennzeichnet, und wir erinnern uns an das Ordnungsprinzip; wir können also durch Sortieren die ursprüngliche Reihenfolge herstellen. Wir können aber nicht verlangen, daß wir durch weiteres Mischen des Kartenspiels innerhalb eines vernünftigen Zeitraums zur ursprünglichen Ordnung zurückgelangen. (Die Karten kennen weder ihren Rang noch die vorgegebene Ordnung.)

Warum ist die durch Mischen hergestellte Unordnung ihrer Natur nach irreversibel? Sie ist es nicht etwa, weil irgendeine durch Mischen hergestellte Anordnung wahrscheinlicher wäre als irgendeine andere, die vor dem Mischvorgang bestanden hat. Der Mischvorgang ist deswegen irreversibel, weil die Zahl der »ungeordneten« Zustände, also jener Anordnungen, die von der ursprünglichen abweichen, schon bei Systemen mit einer geringen Zahl von Konstituenten um vieles größer ist als eins. *Jede besondere Reihenfolge – auch die, die wir als geordnet ansehen – hat dieselbe Wahrscheinlichkeit von 1/32!* (Prinzip der gleichen a-priori-Wahrscheinlichkeiten). Wenn wir aber alle anderen außer der einen Reihenfolge als ungeordnet bezeichnen, dann sind die Chancen für die Entstehung ungeordneter Zustände beim Mischvorgang überwältigend groß. Wir können daher die Ergebnisse des Mischens so zusammenfassen:

Abnahme der Ordnung,
Zunahme der Unordnung,
Verlust der Information;

und wir fügen hinzu:

Zuwachs an Entropie.

Die Analogie zwischen dem Mischen der Karten und dem Mischen von Gasen durch gegenseitige Diffusion ist augenscheinlich. Der ursprüngliche Zustand des binären Systems in Abb. 5.1 (beide Komponenten völlig getrennt) entspricht dem Zustand eines Kartenspiels, bei dem alle roten und alle schwarzen Karten aufeinanderliegen. Dem mechanischen Mischvorgang der Karten entspricht die spontane Diffusion der Gasmolekeln aufgrund ihrer thermischen Bewegungen. Die sich ergebende Mischung von Molekeln A und B stellt einen maximalen Unordnungszustand dar. Diese ist zusammen mit allen anderen Mischungszuständen wegen der ungeheuer großen Zahl von Molekeln in unserem System unvorstellbar viel wahrscheinlicher als der einzige ungemischte Zustand. Wir haben zudem Information verloren in dem Sinne, daß wir nicht länger sagen können, in welchem Teil unserer Anordnung eine bestimmte Molekel jetzt ist oder zuvor war.

Der gemischte Zustand hat eine größere Entropie als der ungemischte. Um eine quantitative Beziehung zwischen der Entropie S und der Zahl W der verschiedenen Mikrozustände des Systems herzustellen, erinnern wir uns daran, daß die Entropie additiv, die Zahl W jedoch multiplikativ ist. Wenn wir ein System betrachten, das in zwei Teile geteilt ist, dann ist die Entropie des gesamten Systems die Summe der Entropien seiner Teile: $S = S_1 + S_2$. Andererseits ergibt sich die Zahl W der verschiedenen Zustände des kombinierten Systems aus dem Produkt der Zustände der beiden Teile des Systems. Es ist also $W = W_1 \cdot W_2$, da jeder der W_1 Zustände des Teils I mit jedem der W_2 Zustände des Teils II kombiniert werden kann. Zwischen S und W muß also eine logarithmische Beziehung bestehen, die in ihrer allgemeinen Form folgendermaßen lautet:

$$S = a \ln W + b \qquad [5.1]$$

Entropie und Unordnung

Der Wert der Konstanten a läßt sich herleiten, indem man einen einfachen Vorgang, für den das ΔS thermodynamisch bestimmt werden kann, nach dem Gesichtspunkt seiner Wahrscheinlichkeit analysiert. Dieser Vorgang bestehe in der Expansion eines Mols eines idealen Gases von einem Behälter mit dem Volumen V_1 in einen evakuierten Behälter des Volumens V_2. Dabei soll der Druck von P_1 auf P_2 absinken, das Volumen nimmt von V_1 auf $V_1 + V_2$ zu. Für die Entropiezunahme bei dieser Expansion gilt:

$$\Delta S = S_2 - S_1 = R \ln \frac{V_1 + V_2}{V_1}$$

Es ist $R = Lk$; damit erhalten wir:

$$\Delta S = k \cdot \ln \left(\frac{V_1}{V_1 + V_2}\right)^{-L} \qquad [5.2]$$

Wenn die Behälter miteinander verbunden werden, erhält man die Wahrscheinlichkeit, eine bestimmte Molekel im ersten Behälter anzutreffen, einfach aus dem Verhältnis des Volumens V_1 zum Gesamtvolumen $V_1 + V_2$. Da Wahrscheinlichkeiten multiplikativ sind, ist die Chance, daß sich alle L Molekeln im ersten Behälter aufhalten (Wahrscheinlichkeit p_1 für den ursprünglichen Zustand des Systems):

$$p_1 = \left(\frac{V_1}{V_1 + V_2}\right)^L$$

Der Volumenquotient ist <1; wir sehen also hier schon, daß p_1 eine Zahl ist, die sich nur wenig von null unterscheidet. Im Endzustand müssen sich alle Molekeln im einen oder anderen Behälter (also im Gesamtvolumen) befinden; die Wahrscheinlichkeit für diesen Zustand ist also $p_2 = 1^L = 1$. Demnach ist $p_2/p_1 = W_2/W_1 = [V_1/(V_1 + V_2)]^{-L}$. Man erhält also aus [5.1]:

$$\Delta S = S_2 - S_1 = a \ln \frac{W_2}{W_1} = a \ln \left(\frac{V_1}{V_1 + V_2}\right)^{-L}$$

Dies ist nun die gewünschte Beziehung zwischen der thermodynamischen und der statistischen Definition der Entropie. Ein Vergleich mit [5.2] zeigt, daß die Konstante a gleich der BOLTZMANNschen Konstante k ist. Es ist also

$$S = k \ln W + b \qquad [5.3]$$

Für eine Änderung vom Zustand 1 in den Zustand 2 gilt:

$$\Delta S = S_2 - S_1 = k \ln \frac{W_2}{W_1}$$

Diese Beziehung wurde zuerst von BOLTZMANN (1896) aufgestellt.
Die relative Wahrscheinlichkeit, eine Entropieabnahme ΔS unter den Gleichgewichtswert zu beobachten, ergibt sich aus [5.3]:

$$\frac{W}{W_{Gl}} = e^{-\Delta S/k}$$

Für 1 Mol Helium hat S/k bei 273 K den Wert $9 \cdot 10^{24}$. Die Wahrscheinlichkeit, eine Entropieabnahme um ein Millionstel dieses Betrages beobachten zu können, ist etwa $e^{-10^{19}}$ oder $1/e^{10^{19}}$. Eine solche Schwankung im makroskopischen Maßstab ist so unwahrscheinlich, daß sie »niemals« beobachtet wird. Niemand, der ein Buch auf einem Pult liegen sieht, würde erwarten, daß es spontan wie unter einem Schüttelfrost zur Decke hinauffliegen würde. Jedoch ist es nicht unmöglich, sich eine Situation vorzustellen, bei der alle Molekeln im Buch sich spontan in einer bestimmten Richtung bewegen. Nur ist eine solche Situation extrem unwahrscheinlich, da es unvorstellbar viele Molekeln in einem Buch oder in einem anderen makroskopischen Stück Materie gibt. Jeder, der ein Buch spontan gegen die Decke fliegen sieht, hat es *höchstwahrscheinlich* mit einem Poltergeist und nicht mit einer Energieschwankung zu tun. Nur wenn ein System sehr klein ist, besteht eine gute Chance, eine merkliche *relative Entropieabnahme* beobachten zu können.

3. Entropie und Information

Ordnungszustände in einem System entsprechen einer zusätzlichen, spezifischen Aussage über dieses System. Eine Zunahme an Information entspricht also einer Abnahme der Entropie des Systems. Es erhebt sich nun die Frage, ob sich eine quantitative Beziehung zwischen Entropie und Information erhalten läßt.

Ein erster Schritt in dieser Richtung ist das quantitative Maß für die Information, wie es durch die *Informationstheorie* von WEAVER und SHANNON geliefert wird[2]. Wir gehen von einer bestimmten Situation aus, in der N verschiedene Ereignisse mit derselben a-priori-Wahrscheinlichkeit stattfinden können. Während wir Information über die Situation gewinnen, soll ein bestimmtes Ereignis tatsächlich stattfinden. Je größer die Zahl N der möglichen Ereignisse ist, um so mehr Information gewinnen wir durch das Einengen der Ereignisse von N auf ein einziges. Wir definieren die dabei gewonnene Information durch

$$I = K \ln N \qquad [5.4]$$

Hierin ist K eine noch zu bestimmende Konstante. Der logarithmische Zusammenhang in dieser Beziehung ist notwendig, um aus der Information eine additive Eigenschaft zu machen. Wenn wir nun zwei unabhängige Systeme mit N_1 gleich wahrscheinlichen Ereignissen für das erste und N_2 Ereignissen für das zweite System haben, dann ist die Gesamtzahl der möglichen Ereignisse $N = N_1 N_2$; jedes Ereignis des ersten Systems kann ja mit jedem der N_2 Ereignisse des zweiten kombiniert werden. Es ist daher:

$$I = K \ln N_1 N_2 = K \ln N_1 + K \ln N_2 = I_1 + I_2$$

Die Wahl von K wird durch die Einheit der Information bestimmt. Eine Information wird oft mit Hilfe eines binären Codes übertragen, in einem Computer z. B. mit einem Schaltelement, das entweder eingeschaltet (1) oder ausgeschaltet

---

[2] L. BRILLOUIN, *Science and Information Theory*, Academic Press, New York 1956.

ist (0). Wenn eine Nachricht n solcher Symbole enthält, würde es $N = 2^n$ Möglichkeiten für die Anordnung dieser Symbole geben. Dann ist $I = K \ln N = K \cdot n \ln 2$. Wenn die Konstante K so gewählt wird, daß $K \ln 2 = 1$ ist, dann ist

$$I = n = \log_2 N$$

Die so definierte Einheit der Information nennt man ein *bit*. Diese Bezeichnung ist aus dem englischen Begriff *binary digit* (= Binärziffer) entstanden. Als Beispiel wählen wir wieder einen Satz Karten, in dem wir eine Karte kennzeichnen. Für die dadurch gegebene Information gilt $I = \log_2 32 = 5$ (es ist $2^5 = 32$). Die Kennzeichnung der Karte erfordert also fünf Informationsbits. (Fünf aufeinander folgende Divisionen durch 2 legen eine bestimmte Karte fest.)

Wir können die Information auch in thermodynamischen Einheiten messen, indem wir die Konstante in [5.4] so wählen, daß $K = k$, der BOLTZMANNschen Konstanten, ist. Wenn wir ursprünglich die Information $I_0 = 0$ entsprechend den N_0 Möglichkeiten und am Schluß $I_1 > 0$ entsprechend den N_1 Möglichkeiten haben, dann gilt:

$$I_1 = k \ln \frac{N_0}{N_1}$$

Wenn die hier betrachteten Möglichkeiten den unterscheidbaren Zuständen im thermodynamischen System von BOLTZMANN entsprechen, dann gilt:

$$\Delta S = S_1 - S_0 = k \ln \frac{N_1}{N_0}$$

Hieraus folgt:

$$-I_1 = S_1 - S_0 = \Delta S \qquad [5.5]$$

Wir können also die Entropie als negative Information (*Neginformation*) oder die Information als negative Entropie (*Negentropie*) deuten.

4. Die STIRLING-Gleichung für $N!$

Bei der Berechnung der Anzahl der verschiedenen möglichen Anordnungen elementarer Einheiten (Atome, Molekeln, Ionen, Oszillatoren), die die makroskopischen Systeme bilden, müssen oft die Fakultäten großer Zahlen bestimmt werden. Eine nützliche Gleichung, die wir STIRLING (1730) verdanken, läßt sich folgendermaßen ableiten. Es ist:

$$N! = N(N-1)(N-2)\ldots(2)(1)$$

Hieraus folgt:

$$\ln N! = \sum_{m=1}^{N} \ln m$$

Bei großen Werten von m kann diese Summe durch ein Integral angenähert werden:

$$\ln N! \approx \int_1^N \ln m \, dm$$

Bei der Lösung dieses Integrals wird die Methode der partiellen Integration angewandt.

Aus der Regel für das Differential eines Produktes

$$d(u \cdot v) = u \cdot dv + v \cdot du$$

ergibt sich

$$\int d(u \cdot v) = u \cdot v = \int u \cdot dv + \int v \cdot du$$

und schließlich

$$\int u \, dv = uv - \int v \cdot du \quad [*]$$

Die Berechnung von $\int u \cdot dv$ ist damit zurückgeführt auf die Aufgabe der Bestimmung von $\int dv = v$ und auf die von $\int v \cdot du$.

Im vorliegenden Beispiel läßt sich einsetzen:

$$u = \ln m \quad \text{und} \quad dv = dm$$

damit wird

$$du = \frac{1}{m} dm \quad \text{und} \quad v = m$$

Es ist unnötig, eine Integrationskonstante beizufügen, da diese bei der Rechnung herausfällt.

Es ist (vgl. [*]):

$$\int_1^N \ln m \, dm = \Big| m \ln m \Big|_1^N - \int_1^N dm$$

$$= N \ln N - N + 1$$

Wegen $N \gg 1$ dürfen wir schließlich näherungsweise schreiben:

$$\ln N! = N \ln N - N \qquad [5.6a]$$

oder in anderer Form:

$$N! = \left(\frac{N}{e}\right)^N \qquad [5.6b]$$

Herleitung [5.6a] → [5.6b]:
Aus [5.6a] folgt:

$$N! = e^{(N \ln N - N)}$$

$$N! = \frac{e^{\ln N^N}}{e^N}$$

$$N! = \frac{N^N}{e^N} = \left(\frac{N}{e}\right)^N$$

Diese Näherungsgleichung genügt für unsere Ansprüche, es gibt jedoch eine genauere Gleichung:

$$N! = \sqrt{2\pi N} \cdot \left(\frac{N}{e}\right)^N \qquad [5.7\text{a}]$$

oder noch besser angenähert:

$$N! = \sqrt{2\pi N} \cdot \left(\frac{N}{e}\right)^N \left(1 + \frac{1}{12N} + \frac{1}{288 N^2} + \cdots\right) \qquad [5.7\text{b}]$$

5. Ludwig Boltzmann

Während der letzten Jahre des 19. Jahrhunderts wurde auf dem Feld der wissenschaftlichen Theorie eine große Schlacht ausgetragen; auf der einen Seite standen die Scharen jener, die an Atome als reale Elementarteilchen glaubten, auf der anderen Seite jene, die sie nur für nützliche Denkmodelle für mathematische Diskussionen über eine Welt hielten, die vollständig auf Energieumformungen beruht. Der Anführer der Streitkräfte, die für den Atomismus stritten, war Ludwig Boltzmann von der Universität Wien. Sein Name ist als Mitbegründer der kinetischen Gastheorie, mit dem von Maxwell und, bei der Entwicklung der statistischen Mechanik, mit dem von Gibbs eng verbunden.

Im Jahre 1895 wurde eine Konferenz nach Lübeck einberufen, auf der die widerstreitenden Weltbilder erörtert werden sollten. Den Bericht zugunsten der Energetik machte Helm aus Dresden. Hinter ihm stand Wilhelm Ostwald, und hinter beiden stand das machtvolle positivistische philosophische System des abwesenden Ernst Mach. Der führende Gegner der Energetik war Boltzmann; ihm sekundierte Felix Klein. Arnold Sommerfeld berichtete, daß der Kampf zwischen Boltzmann und Ostwald *dem Kampf des Stiers mit dem geschmeidigen Matador glich. Aber diesmal besiegte der Stier den Matador, trotz all seiner Finessen. Die Argumente von* Boltzmann *drangen durch. Alle jungen Mathematiker standen auf seiner Seite.*

Boltzmann war plötzlichen Gemütsänderungen unterworfen, was er der Tatsache zuschrieb, daß er während der letzten Stunden eines vergnügten Karnevalsballs vor Anbruch des Aschermittwochs geboren wurde. Andere vermuteten, daß seine Depressionen aus der Sorge um die Atomtheorie herrührten. Die Feinde des traditionellen Atomismus, unter der Führung von Mach, nannten Boltzmann die letzte Säule jenes kühnen Gedankengebäudes. Boltzmann selbst spürte jedes Zittern dieses »schwankenden Gebäudes«, für das es damals angesehen wurde. In einem verstärkten Anfall von Niedergeschlagenheit ertränkte er sich während eines Sommerausflugs im Jahre 1906 bei Duino nahe Triest.

Aus unserer gegenwärtigen Sicht der Dinge erscheinen die Angriffe von Mach und Ostwald auf den Atomismus nur als kleinere Rückschläge bei einem Vormarsch der grundlegenden Theorie auf breiter Linie. Diese Theorie erzielte einige ihrer größten Erfolge in der ersten Hälfte des 20. Jahrhunderts. Es mag allerdings unangemessen romantisch erscheinen, BOLTZMANN einen Märtyrer der Atomtheorie zu nennen, wie es einige getan haben. Sein Denkmal ist eine weiße Marmorbüste von AMBROSI, unter der eine kurze Formel eingraviert ist:

$$S = k \ln W \qquad [5.8]$$

6. Definitionen für den Zustand eines Systems

In der nun folgenden Erörterung der statistischen Mechanik wird oft vom *Zustand* oder von den *Zuständen* eines Systems die Rede sein. Thermodynamisch ist der Zustand eines Systems durch die numerischen Werte einer Anzahl von Eigenschaften bestimmt; diese Eigenschaften haben wir *Zustandsfunktionen* genannt. Auch in der statistischen Mechanik definieren wir den Zustand eines Systems dadurch, daß wir die Werte für bestimmte Größen angeben. Da wir uns aber nun mit den einzelnen Molekeln befassen, die insgesamt das System bilden, müssen wir wesentlich mehr Werte angeben. Es kommt noch hinzu, daß die Kennzeichnung eines Zustandes verschieden ist, je nachdem, ob wir die klassische Mechanik oder die Quantenmechanik zur Beschreibung des Systems verwenden. In der klassischen Mechanik ist der Zustand eines Systems aus einzelnen Teilchen bestimmt, wenn wir für jedes Teilchen 3 Raumkoordinaten und 3 Geschwindigkeitskomponenten (oder Impulskomponenten) für jeden gewählten Zeitpunkt angeben. Für ein System aus N Atomen müssen daher die Werte von $6N$ Variablen bekannt sein. Wenn die Atome Bestandteile von Molekeln sind, ändert sich die Zahl der festzulegenden Koordinaten und Geschwindigkeiten nicht, obwohl wir sie, wie beschrieben, in innere Freiheitsgrade und Translationen der Massenschwerpunkte aufteilen können. Die Koordinaten können gewöhnliche kartesische Koordinaten x, y, z oder auch sphärische Polarkoordinaten r, θ, φ sein. Kurzum, wir können ein Triplett verallgemeinerter Koordinaten q_1, q_2, q_3 benützen. Ähnlich können die Geschwindigkeiten als Komponenten $\dot{x}, \dot{z}, \dot{y}$ oder als verallgemeinertes Triplett $\dot{q}_1, \dot{q}_2, \dot{q}_3$ betrachtet werden.

Die klassische Definition des Zustandes eines Systems setzt voraus, daß wir auf irgendeine Weise die Bahn der einzelnen Molekel im Auge behalten können. Die klassische Mechanik fordert nicht, daß die Molekeln selbst irgendwie unterscheidbar wären, sondern nur, daß ein scharfsichtiger Beobachter existiere, der im Prinzip[3] eine gegebene Molekel bei ihren verschiedenen Zusammenstößen und auf ihren Bahnen verfolgen könnte. Nach der klassischen Vorstellung lassen sich die resultierenden Orts- und Impulskoordinaten zweier Molekeln A und B nach einem Zusammenstoß stets dann berechnen, wenn deren Werte vor dem Zusammenstoß bekannt sind.

Die quantenmechanische Beschreibung eines Systems unterscheidet sich beträchtlich von der klassisch-mechanischen Beschreibung. Eine eingehende Diskussion

---

[3] Hier wird der Zyniker bemerken, daß etwas, von dem gesagt wird, es sei »im Prinzip« möglich, in der Praxis unmöglich ist. Es muß eingestanden werden, daß eine Vorrichtung, die gleichzeitig einige 10^{12} Teilchen verfolgen könnte, ein Weltwunder wäre.

quantenmechanischer Betrachtungen bringt uns erst das 14. Kapitel; es ist daher angebracht, hier schon einige Bemerkungen über quantenmechanische Beschreibungen vorwegzunehmen. Die Quantenmechanik spezifiziert den Zustand eines Systems durch die Angabe eines Werts für die Funktion Ψ. Für ein einzelnes Teilchen ist Ψ eine Funktion der Koordinaten q_1, q_2, q_3 und der Zeit t; wir formulieren diese Funktion durch $\Psi(q_1 q_2 q_3 t)$. Wir können den zeitabhängigen Teil der Funktion abtrennen und erhalten dabei:

$$\Psi = \psi(q_1 q_2 q_3)\, \varrho(t)$$

Hierin spezifiziert $\psi(q_1 q_2 q_3)$ einen *stationären Zustand* des Systems. In diesem Kapitel werden wir uns nur mit solchen stationären Zuständen befassen. Man beachte, daß die Funktion, die den stationären Zustand $(q_1 q_2 q_3)$ definiert, nicht von den Geschwindigkeiten oder Impulsen abhängt. Es läßt sich jedoch eine andere Zustandsfunktion $\Phi(p_1 p_2 p_3)$ ableiten, bei der die Impulse anstatt der Koordinaten die unabhängigen Variablen sind[4]. Sowohl ψ als auch Φ genügen zur Definition des Zustands, und man kann aus beiden alle möglichen Informationen über Koordinaten und Impulse gewinnen.

Die Funktion ψ ist eine Wahrscheinlichkeitsamplitude. Sie sagt uns also nicht genau, welches die Koordinaten oder die Impulse für einen gegebenen Zustand sind; sie gestattet nur die Berechnung der Wahrscheinlichkeit, mit der eine Koordinate in einem bestimmten Bereich zwischen q_1 und $q_1 + \mathrm{d}q_1$ oder eine Impulskomponente in einem Bereich zwischen p_1 und $p_1 + \mathrm{d}p_1$ liegt. Im allgemeinen ist ψ eine komplexe Größe mit einem reellen und einem imaginären Anteil:

$$\psi = \alpha + \beta i$$

Die Wahrscheinlichkeit selbst ist dann gegeben durch das Produkt von ψ mit der dazu konjugiert komplexen Funktion

$$\psi^* = \alpha - \beta i$$

Das Produkt $\psi \psi^* \, \mathrm{d}q_1$ liefert uns also die Wahrscheinlichkeit für einen Zustand, für den eine Koordinate zwischen q_1 und $q_1 + \mathrm{d}q_1$ liegt. Man beachte, daß $\psi \psi^*$ immer reell ist. Man könnte nun denken, daß die quantenmechanische Definition eines Zustands ökonomischer ist als die klassische, da nur Ort *oder* Impuls, nicht aber beide Größen angegeben werden müssen. Da wir jedoch sowohl einen realen als auch einen Imaginärteil der ψ-Funktion spezifizieren müssen, brauchen wir in Wirklichkeit genauso viele Größen wie bei der klassischen Definition. Es sei jedoch hervorgehoben, daß die Funktion $\psi(q_1 q_2 q_3)$ bei der Quantenmechanik den Zustand des Teilchens spezifiziert; die Wahrscheinlichkeit, Koordinaten oder Impulse in einem bestimmten Bereich zu finden, wird also aus der Funktion ψ berechnet. Im klassischen Fall hingegen sind die Werte für q_1, q_2, q_3, p_1, p_2, p_3 ge-

---

[4] Die Funktion Φ ergibt sich durch eine Fouriertransformation aus ψ:

$$\Phi(p_1 p_2 p_3) = h^{-3/2} \iiint \psi(q_1 q_2 q_3)\, e^{-\frac{2\pi i}{h}(p_1 q_1 + p_2 q_2 + p_3 q_3)} \, \mathrm{d}q_1\, \mathrm{d}q_2\, \mathrm{d}q_3$$

nau festgelegt und werden so ausgewählt, daß damit der Zustand beschrieben ist. Weiterhin können bei der quantenmechanischen Behandlung Ort (Koordinaten) und Impuls der Teilchen nicht gleichzeitig mit beliebiger Genauigkeit fixiert werden; die Teilchen sind der berühmten HEISENBERGschen Unschärferelation unterworfen:

$$\Delta q_1 \Delta p_1 \geq h/4\pi$$

Hierin bedeuten Δq_1 und Δp_1 die Unbestimmtheiten von q_1 und p_1. Diese Gleichung sagt aus, daß die genaue Festlegung einer Koordinate q_1 ($\Delta q_1 \to 0$) mit einem vollständigen Informationsverlust über den zugehörigen Impuls p_1 ($\Delta p_1 \to \infty$) erkauft wird, und umgekehrt.

Wegen dieser Unsicherheit in der gleichzeitigen Bestimmung von Ort und Impuls eines Teilchens ist es *prinzipiell* unmöglich, das Schicksal einzelner Molekeln quantenmechanisch zu beschreiben. In einigen Fällen ist der Unschärfebereich so groß, daß man z. B. nach einem Zusammenstoß zwischen zwei gleichen Molekeln A und A' nicht mehr sagen kann, welche Molekel zuvor A und welche A' war.

Für ein System aus zwei oder mehr gleichartigen Teilchen wird der quantenmechanische Zustand immer noch durch eine Funktion ψ beschrieben. So würde ψ z. B. für zwei Teilchen eine Funktion der sechs Koordinaten sein:

$$\psi(x_1 y_1 z_1, x_2 y_2 x_2)$$

Stationäre Zustände sind durch genaue Werte für ihre Energien charakterisiert, so daß also ein Zustand ψ_j eine definierte Energie E_j hat. Manchmal können mehrere Zustände ψ denselben Wert für die Energie E haben. In einem solchen Fall sagen wir, daß das Energieniveau g-fach *entartet* ist, entsprechend der Zahl der ψ-Funktionen mit derselben Energie. Bei der nachfolgenden Erörterung und Aufzählung von Zuständen wird es oft von Nutzen sein, sich einen Satz definierter gequantelter Energieniveaus vorzustellen, von denen jedes durch eine Energie E_j und einen Entartungsgrad g_j bestimmt ist.

7. Gesamtheiten

In der ursprünglichen Formulierung der statistischen Mechanik durch BOLTZMANN wurde die Zahl der Zustände (*Mikrozustände*) eines Systems durch die direkte Betrachtung der Molekeln im System und deren *Verteilung* über erlaubte Energieniveaus oder Energiebereiche bestimmt. Jeder besonderen Art, den N Molekeln des Systems die erlaubten molekularen Energiezustände zuzuordnen, entspricht ein *makroskopisch unterscheidbarer Zustand* (*Makrozustand*) des Systems.

J. WILLARD GIBBS (1900) führte die Idee einer *Gesamtheit* (*Ensemble*) von Systemen ein. Dieses Konzept führt zu gewissen Vorteilen bei der Berechnung der Durchschnittseigenschaften von Systemen. Es vermeidet vor allem die *unmögliche Aufgabe der Bildung von Zeitmittelwerten* für Systeme in molarer Größenordnung (L Molekeln). Eine Gesamtheit ist ein Denkmodell, um das statistisch-mechanische Problem mathematisch behandeln zu können. Es besteht aus einer großen Zahl von Abbildungen des zur Diskussion stehenden Systems, von welchen jede denselben thermodynamischen Einschränkungen unterliegt wie das ursprüngliche System.

In der klassischen Mechanik würde der Zustand eines Systems, das durch die Angabe der Koordinaten q_i und p_i jeder Molekel im System bestimmt ist, durch einen Punkt im Phasenraum dargestellt. Die Gesamtheit hingegen wird durch eine Menge von Punkten im Phasenraum dargestellt, entsprechend allen möglichen Verteilungen (hier natürlich nicht im Sinne von Makrozuständen) der Koordinaten und Impulse über die Molekeln des Systems.

Ist das ursprüngliche System eine isolierte Gasmasse, dann sind Molekelzahl N und Volumen V scharf fixierte Größen; auch die Energie der Teilchen hat eine extrem schmale Verteilung. Wir können nun eine Gesamtheit von $\mathcal{N}$ solcher Systeme konstruieren, wobei jedes Einzelsystem dieselben Werte von N, V und E besitzt. Abb. 5.2 zeigt schematisch eine solche *mikrokanonische Gesamtheit*.

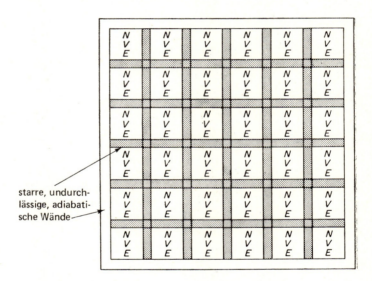

Abb. 5.2 Schematische Darstellung einer mikrokanonischen Gesamtheit von $\mathcal{N}$ Systemen, jedes mit gleichen Werten für N, V und E.

Wir brauchen zwei grundlegende Postulate, um das Konzept einer Gesamtheit mit der praktischen Berechnung von Durchschnittseigenschaften in Beziehung zu setzen:

I. Postulat.

Der Durchschnittswert irgendeiner mechanischen Variablen M über einen längeren Zeitraum im wirklichen System ist gleich dem Durchschnittswert der Gesamtheit für M, vorausgesetzt, daß die Systeme der Gesamtheit den thermodynamischen Zustand und die Umgebung des tatsächlichen Systems zuverlässig wiedergeben. Strenggenommen gilt dies nur für den Grenzfall $\mathcal{N} \to \infty$.

II. Postulat.

In einer Gesamtheit, die ein isoliertes thermodynamisches System darstellt (mikrokanonische Gesamtheit), verteilen sich die Elemente der Gesamtheit mit gleicher Wahrscheinlichkeit über die möglichen *Quantenzustände*, die mit den festgelegten Werten von N, V und E zu vereinbaren sind. Dies nennt man das *Prinzip der gleichen a-priori-Wahrscheinlichkeiten*.

Wir können eine beliebige Anzahl von Elementen der Gesamtheit zur Darstellung jedes Zustands unseres Systems heranziehen (solange es dieselbe Zahl für jeden Zustand ist). Wenn wir die Gesamtheit mit der kleinstmöglichen Zahl $\mathcal{N}$ von Systemen konstruieren, dann enthalten diese Systeme je *eines* für jeden Zustand des ursprünglichen Systems, welches die Grundlage für die Gesamtheit darstellt. Die Möglichkeit, $\mathcal{N} \to \infty$ gehen zu lassen, ist ein wichtiger Vorzug der Methode, mit Gesamtheiten zu rechnen. Dies bedeutet nämlich, daß wir die STIRLING-Näherung für $N!$ bei dieser Methode unbedenklich anwenden können.

Bei einer späteren Behandlung der Quantenmechanik in diesem Buch werden wir sehen, daß für ein System definierten Volumens die erlaubten Energiezustände nur diskrete gequantelte Werte haben können. Dann sind die unterscheidbaren Zustände für uns jetzt die erlaubten, diskreten Energiezustände der Quantentheorie. In der klassischen Mechanik läßt sich der Phasenraum in Volumenelemente $\delta\tau$ aufteilen; ein mikroskopischer Zustand ist dann durch die Angabe des Elements (der Zelle) im Phasenraum definiert, in welchem sich das System befindet.

Das Postulat der gleichen a-priori-Wahrscheinlichkeiten ist für die statistische Mechanik fundamental. Durch dieses Postulat sind wir in der Lage, den Übergang zwischen Mechanik und Thermodynamik zu vollziehen. Dieses Postulat entspricht der vorausgegangenen Deutung der Wahrscheinlichkeit, durch die es uns erst möglich wurde, die Wahrscheinlichkeit, eine bestimmte Karte aus einem Stapel von 32 Spielkarten herauszuziehen, als 1 : 32 anzugeben.

Eine zweite, ebenfalls von GIBBS eingeführte Art von Gesamtheit ist die in Abb. 5.3 schematisch gezeigte *kanonische Gesamtheit*. Diese besteht wiederum aus einer großen Zahl von Systemen, jedoch mit dem Unterschied, daß nun jedes dieselben Werte für N, V und T hat. Die einzelnen Systeme sind diesmal durch diathermische Wände getrennt, die Energie, nicht aber Materieteilchen durchlassen. Im Gleichgewicht wird daher jedes Element der kanonischen Gesamtheit dieselbe Temperatur T, aber nicht notwendigerweise dieselbe Energie E besitzen. Dieser Wert wird um einen Durchschnittswert $\bar{E}$ der Gesamtheit schwanken. $\bar{E}$ bestimmt daher die Temperatur T der Gesamtheit.

Die mikrokanonische Gesamtheit ist schwerfällig im Gebrauch. Für andere Systeme als das des idealen Gases wird die für praktische Rechnungen bequemere kanonische Gesamtheit verwendet. Deren Ergebnisse sind mit denen der mikrokanonischen Gesamtheit äquivalent. Es kann nämlich gezeigt werden, daß die überwiegende Mehrheit der Systeme der kanonischen Gesamtheit die gleiche Energie hat. Diese Energie ist gleich der inneren Energie eines Systems bei der gegebenen Temperatur T.

Man darf also sagen, daß es vom physikalischen Standpunkt aus gleichgültig ist, ob man die Energie eines Systems vorgibt oder seine Temperatur, denn die eine Größe wird durch die andere festgelegt, und in beiden Fällen resultiert das gleiche thermodynamische Verhalten.

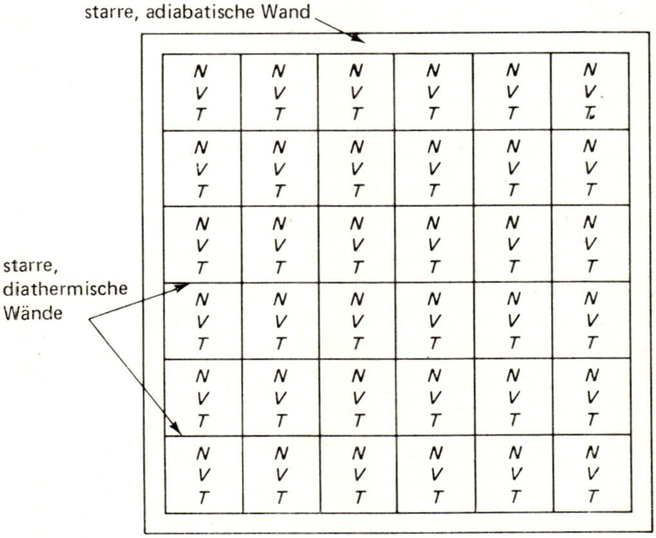

Abb. 5.3 Schematische Darstellung einer kanonischen Gesamtheit von $\mathcal{N}$ Systemen, jedes mit gleichen Werten für N, V und T.

8. LAGRANGE-Multiplikatoren

Wir müssen an dieser Stelle ein mathematisches Verfahren einführen, das für die nachfolgende Abhandlung erforderlich ist. Die Extremwerte (Maximum oder Minimum) einer Funktion $f(x_1, x_2 \ldots x_n)$ mit den unabhängigen Variablen $x_1 \ldots x_n$ lassen sich durch die bekannte Bedingung erfüllen, daß ein Extremwert erreicht ist, wenn die erste Ableitung der Funktion gleich null wird. Es ist also:

$$\delta f = \sum_{j=1}^{n} \frac{\partial f}{\partial x_j} \delta x_j = 0 \qquad [5.9]$$

Hierin bedeuten δx_j die virtuellen Verrückungen der Werte für x. Wären die δx_j unabhängig, dann könnten sie jeden beliebigen Wert annehmen, so daß [5.9] erfüllt wäre, wenn sämtliche Koeffizienten der x_j verschwinden würden:

$$\frac{\partial f}{\partial x_j} = 0 \text{ für alle } j$$

Wenn wir nun der Funktion $f(x_1, x_2 \ldots x_n)$ die Beschränkung auferlegen, daß nicht mehr alle Werte x_j unabhängig variiert werden können, dann können die

Verrückungen δx_i nicht mehr jeden Wert annehmen. Wir können also auch nicht mehr die Forderung aufstellen, daß alle Ableitungen $\partial f/\partial x_i = 0$ werden. Es ist demnach nicht mehr möglich, die Bedingung [5.9] anzuwenden, um die Extremwerte der Funktion zu finden.
Die Nebenbedingung laute:

$$g(x_1, x_2 \ldots x_n) = 0$$

oder

$$\delta g = 0 = \sum_{j=1}^{n} \frac{\partial g}{\partial x_j} \delta x_j \qquad [5.10]$$

Hierin können nicht mehr alle x_j unabhängig variiert werden; wenn wir nämlich $n - 1$ von ihnen kennen, dann können wir die n-te Variable aus [5.10] berechnen. Die LAGRANGE-Methode ermöglicht es nun, auch die Extremwerte einer Funktion $f(x_1, x_2 \ldots x_n)$ zu berechnen, die einer oder mehreren zusätzlichen Bedingungen für die Variablen $x_1 \ldots x_n$ unterworfen ist. Dies geschieht durch die Multiplikation von [5.10] mit einem unbestimmten Parameter λ (LAGRANGE-Multiplikator) und die Addition dieses Produkts zu [5.9]. Dies ergibt:

$$\sum_{j=1}^{n} \left(\frac{\partial f}{\partial x_j} + \lambda \frac{\partial g}{\partial x_j} \right) \delta x_j = 0 \qquad [5.11]$$

Wegen [5.10] sind die δx_j nicht unabhängig variierbar; wir können aber [5.11] als eine Gleichung betrachten, bei der sich ein δx_j als Summe der anderen $n - 1$ Größen ergibt. Wir wollen nun ein bestimmtes δx_n herausgreifen und es als die abhängige Größe bezeichnen. Bisher hatten wir dem Wert von λ keinerlei Beschränkungen auferlegt; nun fordern wir aber, daß

$$\frac{\partial f}{\partial x_n} + \lambda \frac{\partial g}{\partial x_n} = 0 \qquad [5.12]$$

oder

$$\lambda = - \frac{\partial f}{\partial x_n} \cdot \frac{\partial x_n}{\partial g} \quad \text{sei.}$$

Durch diesen Trick erreichen wir, daß der Term in der Summe [5.11], der das δx_n enthält, verschwindet. Die übrigen Summenausdrücke enthalten dann nur noch unabhängige Variationen δx_j. Dasselbe Argument, das schon bei der Behandlung von [5.9] angewandt wurde, fordert nun das Verschwinden der Koeffizienten der $n - 1$ unabhängigen Verrückungen δx_j:

$$\frac{\partial f}{\partial x_j} + \lambda \frac{\partial g}{\partial x_j} = 0 \quad \text{(für alle } j \text{ außer } n\text{)} \qquad [5.13]$$

Wenn wir nun [5.13] mit der Bestimmungsgleichung [5.12] für λ kombinieren, dann erhalten wir:

$$\frac{\partial f}{\partial x_j} + \lambda \frac{\partial g}{\partial x_j} = 0 \quad \text{(für alle } j\text{)} \qquad [5.14]$$

Sollte es mehrere einschränkende Bedingungen geben, dann läßt sich die LAGRANGE-Methode durch Einführung weiterer unbestimmter Multiplikatoren λ_1, λ_2 ... für jede solche Nebenbedingung erweitern.

9. Das BOLTZMANNsche Verteilungsgesetz

Wir kommen nun zu einem der wichtigsten Probleme, die BOLTZMANN untersuchte: die Verteilung einer großen Zahl von Teilchen über die verschiedenen möglichen Energiezustände. Das bereits erörterte MAXWELLsche Verteilungsgesetz, das sich mit den kinetischen Energien befaßt, ist ein Spezialfall dieser Problematik. Boltzmann beschäftigte sich mit dem allgemeineren Problem der Verteilung von Teilchen über eine Zahl von Energiezuständen beliebiger Art. Im Kontext der Quantenmechanik (die später kam) sind diese Energiezustände die diskreten, gequantelten, stationären Zustände des betrachteten Teilchens.

Wir betrachten ein System, das aus N unabhängigen einzelnen Teilchen (Atomen, Molekeln oder irgendwelchen anderen Elementarteilchen) besteht. Um ein Gleichgewicht aufrechterhalten zu können, muß eine, wenn auch geringe, Wechselwirkung zwischen den Teilchen bestehen. Unser System bestehe aus 1 Liter eines Gases, das die Anforderungen für ein perfektes Gas erfüllt; insbesondere sei die potentielle Energie der Gasmolekeln im Vergleich zu ihrer kinetischen Energie vernachlässigbar klein. Die Wechselwirkungen zur Herstellung und Aufrechterhaltung der Gleichgewichtsbedingungen bestehen in Zusammenstößen der Gasmolekeln untereinander oder mit den Gefäßwänden. Unabhängig hiervon, also *ohne Bezug auf die Wechselwirkungsenergien zwischen den Molekeln*, können wir den Energiezustand jeder einzelnen Molekel zu jeder Zeit angeben. In diesem Sinne können wir die Molekeln immer noch als *unabhängige Teilchen* ansehen.

Dieses Problem wurde durch Boltzmann ohne die Verwendung des Konzeptes der Gesamtheit behandelt. In unserem Beispiel kann jedoch die vorgegebene Gasmenge als eine kanonische Gesamtheit betrachtet werden. Die Elemente der Gesamtheit sind die einzelnen Molekeln, die in schwacher Wechselwirkung miteinander stehen. Man muß sich vorstellen, daß sich jede Molekel in einem Wärmebad befinde, welches aus den übrigen $n - 1$ Molekeln besteht; der Wert für T ist also für jede Molekel gegeben.

Die Energie einer Molekel kann zwar in weiten Bereichen schwanken. Da sich die Molekel aber im Gleichgewicht mit dem Wärmebad befindet, ist der Wert für T bestimmt. T ist ein Maß für die Durchschnittsenergie aller Molekeln.

Das Volumen V (das gesamte Gasvolumen) und die Zahl der Teilchen (eines pro Element der Gesamtheit) sind konstant. Jede Molekel hat dieselbe Zahl erlaubter Energiezustände $\varepsilon_1, \varepsilon_2, \varepsilon_3 \ldots \varepsilon_n$. Wir können die Besetzungszahlen N_j als die Zahl der Molekeln definieren, die man in jedem der erlaubten Zustände vorfindet. Diese Energiezustände können entweder die durch die Quantentheorie gegebenen, diskreten Energieniveaus oder die durch einen schmalen Energiebereich (zwischen ε_j und $\varepsilon_j + \mathrm{d}\varepsilon_j$) für jedes Teilchen gegebenen Zellen im Phasenraum sein.

Da die Werte für N, V und E für unsere Gasmenge vorgegeben sind, ist dieses Liter Gas *ein Element einer mikrokanonischen Gesamtheit*. Wir können nun die zwei grundsätzlichen Postulate auf eine mikrokanonische Gesamtheit anwenden, die aus $\mathcal{N}$ Litern eines perfekten Gases besteht. Damit können wir den Durchschnittswert der Gesamtheit für irgendeine Eigenschaft des einen Liters von Gasmolekeln berechnen und diesen Wert mit dem zeitlichen Mittelwert der Eigenschaft gleichsetzen. Bei dieser Mittelwertbildung schreiben wir jedem Mitglied der Gesamtheit gleiche a-priori-Wahrscheinlichkeiten zu. Das Boltzmann-Problem besteht in der Berechnung des Mittelwerts der Gesamtheit für die Besetzungszahl N_j der unabhängigen Teilchen (Molekeln) in einem Zustand mit der Teilchenenergie ε_j, wobei die Bedingung gilt, daß die Gesamtenergie und die Zahl der Teilchen konstant sein sollen:

$$\sum N_j \varepsilon_j = E \qquad [5.15]$$

$$\sum N_j = N \qquad [5.16]$$

Für das Weitere sind folgende Überlegungen von Bedeutung:

1. Der Austausch von Teilchen *innerhalb* eines Niveaus ε_j ergibt *keinen* neuen Mikrozustand und damit natürlich auch keinen weiteren Makrozustand. (Permutationen dieser Art, die ja im Grunde auch verschiedene Mikrozustände erzeugen, lassen sich nicht unterscheiden, da alle betrachteten Teilchen gleich beschaffen sind.)
2. Der wechselseitige Austausch von Teilchen *zwischen* verschiedenen Energieniveaus ergibt einen neuen Mikrozustand, jedoch denselben Makrozustand (Verteilung).
3. Der *alleinige* Wechsel eines Teilchens von einem Niveau zum anderen führt zu einem neuen Mikrozustand und einem anderen Makrozustand.
4. Die Zahl W_n der Möglichkeiten, durch verschiedene (makroskopisch nicht unterscheidbare) Mikrozustände einen bestimmten Makrozustand zu realisieren, entspricht der Wahrscheinlichkeit für diesen Makrozustand. (Es ist zu beachten, daß diese *thermodynamische Wahrscheinlichkeit* als ganze Zahl nicht auf 1 normiert ist.) Diese 4. Annahme ist nur gerechtfertigt, wenn man mit Boltzmann alle Mikrozustände als a priori gleich wahrscheinlich betrachtet.

Die Frage nach der gesuchten Zahl W_n läßt sich nun in folgender Weise formulieren:

Es seien N Teilchen so auf die zur Verfügung stehenden Energieniveaus verteilt, daß N_1 Teilchen auf dem Niveau ε_1, N_2 auf ε_2 oder allgemein N_j auf ε_j sitzen. Wie groß ist dann die mögliche Zahl der Permutationen unter der Voraussetzung, daß Permutationen innerhalb eines Niveaus nicht mitgezählt werden dürfen (s. 1)?

Die Besetzung eines Niveaus durch alle N Teilchen stellt einen Grenzfall dar; hier ist $W_n = 1$. Dies bedeutet, daß der entsprechende Makrozustand sehr unwahrscheinlich ist, da er nur durch einen Mikrozustand realisiert wird. Wären hingegen alle N Teilchen verschieden geartet in dem Sinne, daß sie unterschiedliche Energieniveaus besetzten, dann wäre W_n offenbar gleich $N!$.

Das BOLTZMANN*sche Verteilungsgesetz*

Sind nun allgemein N_j Teilchen dem Niveau ε_j zugeordnet entsprechend einer Verteilung n, so haben diese unter sich keine unterscheidbaren Merkmale mehr. Es fallen dann je $N_j!$ Permutationen in eine zusammen. Wir erhalten also generell:

$$W_n = \frac{N!}{N_1! N_2! \ldots N_j! \ldots} = \frac{N!}{\Pi_j N_j!} \qquad [5.17]$$

Der Index n gibt an, daß dies nur *eine* aus einer großen Zahl möglicher Verteilungen ist. Die Gesamtzahl der verschiedenen n entspricht der Zahl der möglichen Verteilungen, also der verschiedenen makroskopisch unterscheidbaren Zustände. Durch Aufsummieren der Werte von W_n über alle möglichen Verteilungen erhalten wir dann die Gesamtzahl der Möglichkeiten, alle diese Zustände durch Permutationen der Teilchen zu realisieren:

$$W = \sum W_n = \sum_{\substack{(\text{über alle} \\ \text{Verteilungen})}} \frac{N!}{\Pi_j N_j!} \qquad [5.18]$$

Als Beispiel für eine Anwendung dieser Gleichung wollen wir zwei verschiedene Verteilungen von vier Teilchen a, b, c und d auf vier Energiezustände $\varepsilon_1, \varepsilon_2, \varepsilon_3$ und ε_4 betrachten (Tab. 5.1).

Verteilung ($\triangleq$ Makrozustand) (1) $N_1 = 2, \ N_2 = 0, \ N_3 = 1, \ N_4 = 1$				Verteilung ($\triangleq$ Makrozustand) (2) $N_1 = 3, \ N_2 = 0, \ N_3 = 1, \ N_4 = 0$			
Mikrozustände, die (1) realisieren				*Mikrozustände, die (2) realisieren*			
ε_1	ε_2	ε_3	ε_4	ε_1	ε_2	ε_3	ε_4
ab	—	c	d	abc	—	d	—
ab	—	d	c	abd	—	c	—
ac	—	b	d	acd	—	b	—
ac	—	d	b	bcd	—	a	—
ad	—	b	c				
ad	—	c	b				
bc	—	a	d				
bc	—	d	a				
bd	—	a	c				
bd	—	c	a				
cd	—	a	b				
cd	—	b	a				
$W_{(1)} = \dfrac{4!}{2!\,0!\,1!\,1!} = \dfrac{4\cdot 3\cdot 2\cdot 1}{2\cdot 1\cdot 1\cdot 1} = 12$				$W_{(2)} = \dfrac{4!}{3!\,0!\,1!\,0!} = \dfrac{4\cdot 3\cdot 2\cdot 1}{3\cdot 2\cdot 1\cdot 1\cdot 1} = 4$			

Tab. 5.1 Zwei mögliche Verteilungen von vier Molekeln auf vier Energiezustände (Anwendung von [5.18]).

Man beachte, daß der Austausch von Teilchen innerhalb des Niveaus ε_1 ohne Bedeutung ist. Hingegen führt der Übergang von Teilchen *zwischen* den Niveaus ε_1, ε_3 und ε_4 zu neuen Verteilungen. Der wechselseitige Austausch von Teilchen zwischen verschiedenen Energieniveaus führt zu weiteren Mikrozuständen, die jedoch dieselbe Verteilung realisieren.

Es gibt verschiedene Möglichkeiten, das mathematische Problem der Berechnung des Durchschnittswertes der Gesamtheit für N_j zu lösen. Für eine Gesamtheit aus einer großen Zahl von Teilchen können die *Mittelwerte* eines Satzes von N_j *im Gleichgewicht* den *wahrscheinlichsten Werten* für die Besetzungszahlen N_j des Systems gleichgesetzt werden. Der wahrscheinlichste Satz von Werten für die Besetzungszahlen N_j, d.h. die wahrscheinlichste Verteilung, wird die sein, die durch die größte Zahl verschiedener Mikrozustände erzeugt wird. Unser Ziel besteht also darin, die Werte von $N_1, N_2, N_3 \ldots$ zu finden, welche den größten Wert von W_n ergeben. Wir gehen also so vor, daß wir W_n für einen Satz von Besetzungszahlen N_j aufschreiben und dann den Maximalwert von W_n suchen, indem wir alle durch die Nebenbedingungen [5.15] und [5.16] erlaubten Variationen der N_j durchführen.

Man beachte, daß W_n nur *ein* Term in der Summe [5.18] für W ist. Wir maximieren W_n so, daß es dem größten Term in dieser Summe, also der wahrscheinlichsten Verteilung entspricht.

Um hernach die STIRLING-Gleichung anwenden zu können, logarithmieren wir beide Seiten von [5.17]; hierdurch wird das Produkt auf eine Summe zurückgeführt:

$$\ln W_n = \ln N! - \sum_j \ln N_j! \qquad [5.19]$$

Die Bedingung für das Auftreten eines Maximums in W_n ist, daß die Ableitung von W_n und damit auch die von $\ln W_n$ null wird.

Diese Bedingung gilt für beide Extremwerte, also sowohl für ein Maximum als auch für ein Minimum. Durch die Minimalwertbildung von [5.18] würden wir alle Teilchen auf *ein* Niveau setzen; diese Lösung ist jedoch uninteressant. Die Maxima von $\ln x$ *und* von x liegen beim gleichen Wert von x, da $\ln x$ eine monotone Funktion von x ist.

Da $\ln N!$ eine Konstante ist, gilt:

$$\delta \ln W_n = 0 = \sum \delta \ln N_j! \qquad [5.20]$$

Auf diese Beziehung wenden wir nun die Stirling-Gleichung [5.6] an:

$$\delta \sum N_j \ln N_j - \delta \sum N_j = 0$$

und damit

$$\sum \ln N_j \, \delta N_j = 0 \qquad [5.21]$$

Es ist

$$\delta \sum N_j \ln N_j - \delta \sum N_j$$
$$= \sum \ln N_j \, \delta N_j + \sum N_j \, \delta \ln N_j - \delta \sum N_j$$
$$= \sum \ln N_j \, \delta N_j + \sum N_j \, \frac{\delta N_j}{N_j} - \delta \sum N_j$$
$$= \sum \ln N_j \, \delta N_j + \sum \delta N_j - \sum \delta N_j$$
$$= \sum \ln N_j \, \delta N_j$$

Das Boltzmann*sche Verteilungsgesetz*

Da N und E Konstanten sind, können die einschränkenden Bedingungen [5.15] und [5.16] folgendermaßen geschrieben werden:

$$\delta N = \sum \delta N_j = 0$$
$$\delta E = \sum \varepsilon_j \delta N_j = 0$$

Diese beiden Gleichungen werden nun mit zwei beliebigen Lagrange-Konstanten α und β multipliziert und zu [5.21] addiert:

$$\sum \alpha \delta N_j + \sum \beta \varepsilon_j \delta N_j + \sum \ln N_j \delta N_j = 0 \qquad [5.22]$$

Durch diese Lagrange-Operation wurden die einschränkenden Nebenbedingungen beseitigt; es können also beliebige Variationen δN_j durchgeführt werden. Zur Erfüllung von [5.22] muß jeder Term in der Summe verschwinden; als Ergebnis erhalten wir:

$$\ln N_j + \alpha + \beta \varepsilon_j = 0$$

und damit

$$N_j = \exp(-\alpha - \beta \varepsilon_j) \qquad [5.23]$$

Die Konstante α können wir durch Anwendung der Bedingung $\sum N_j = N$ [5.16] erhalten:

$$e^{-\alpha} \sum e^{-\beta \varepsilon_j} = N$$

Damit wird aus [5.23]:

$$\frac{N_j}{N} = \frac{e^{-\beta \varepsilon_j}}{\sum e^{-\beta \varepsilon_j}} \qquad [5.24]$$

Die Konstante β wird durch die Berechnung des Durchschnittswertes einer bestimmten Moleküleigenschaft in einem perfekten Gas bestimmt. Hierzu verwenden wir die Mittelwertgleichung [4.24] zusammen mit [5.24]. Die für uns relevante Eigenschaft ist die mittlere kinetische Energie, die auf einen Freiheitsgrad entfällt ($\bar{\varepsilon} = \frac{1}{2} kT$). Es ist:

$$\bar{\varepsilon} = \frac{\sum \varepsilon_j N_j}{\sum N_j} = \frac{\sum \varepsilon_j e^{-\beta \varepsilon_j}}{\sum e^{-\beta \varepsilon_j}} \qquad [5.25]$$

Unter Verwendung irgendeiner Impulskomponente p_{xj} erhalten wir

$$\varepsilon_j = \frac{1}{2m} p_{xj}^2$$

Aus [5.25] ergibt sich daher:

$$\bar{\varepsilon} = \frac{\sum_j \frac{p_{xj}^2}{2m} \exp\left(-\frac{\beta}{2m} p_{xj}^2\right)}{\sum_j \exp\left(-\frac{\beta}{2m} p_{xj}^2\right)}$$

Wir summieren hierbei über alle Impulskomponenten der Gasmolekel. Bei klassischer Betrachtung lassen sich die Impulse kontinuierlich variieren, die Summen können daher durch Integrale ersetzt werden:

$$\bar{\varepsilon} = \frac{\dfrac{1}{2m}\int\limits_{-\infty}^{+\infty} p_x^2 \exp\left(-\dfrac{\beta}{2m} p_x^2\right) \mathrm{d}p_x}{\int\limits_{-\infty}^{+\infty} \exp\left(-\dfrac{\beta}{2m} p_x^2\right) \mathrm{d}p_x} \qquad [5.26]$$

Nun ist

$$\int\limits_{-\infty}^{+\infty} \mathrm{e}^{-ax^2}\,\mathrm{d}x = \left(\frac{\pi}{a}\right)^{1/2}$$

und

$$\int\limits_{-\infty}^{+\infty} x^2\,\mathrm{e}^{-ax^2}\,\mathrm{d}x = \frac{1}{2}\left(\frac{\pi}{a^3}\right)^{1/2}$$

Hiermit lassen sich die Integrale in [5.26] lösen:

$$\bar{\varepsilon} = \frac{1}{2\beta}$$

Es ist außerdem $\bar{\varepsilon} = \tfrac{1}{2} kT$; hiermit ergibt sich $\beta = 1/kT$. Wenn wir dies in [5.24] einsetzen, dann erhalten wir das berühmte BOLTZMANNsche *Verteilungsgesetz*:

$$\frac{N_j}{N} = \frac{\mathrm{e}^{-\varepsilon_j/kT}}{\sum \mathrm{e}^{-\varepsilon_j/kT}} \qquad [5.27]$$

Der Nenner dieser Gleichung,

$$z = \sum \mathrm{e}^{-\varepsilon_j/kT}\ , \qquad [5.28]$$

wird die Verteilungsfunktion genannt, im Falle von Molekeln die *Verteilungsfunktion für Molekeln*.

Das Boltzmannsche Verteilungsgesetz wird oft zur Berechnung des Verhältnisses der Teilchenzahlen in zwei verschiedenen, diskreten Energiezuständen verwendet. Wenn sich N_0 Teilchen im Energiezustand ε_0 und N_1 im Zustand ε_1 befinden, dann ergibt sich nach [5.27]:

$$\frac{N_1}{N_0} = \mathrm{e}^{-\frac{(\varepsilon_1 - \varepsilon_0)}{kT}} \qquad [5.29]$$

N_0 und N_1 werden meist als die Populationen der Energieniveaus ε_0 und ε_1 bezeichnet. Es ist wichtig, die Bedeutung von [5.27] und [5.29] auseinanderzuhalten. Diese gibt ein Populationsverhältnis für zwei Energiezustände, jene vergleicht die Zahl der Teilchen in einem bestimmten Energiezustand mit der Gesamtzahl der Teilchen im System.

Tab. 5.2 zeigt ein Beispiel einer Boltzmann-Verteilung für einen Satz von Energieniveaus im jeweils gleichen Abstand kT.

Niveau	ε_j/kT	$e^{-\varepsilon_j/kT}$	N_j für $N = 1000$
0	0	1,000	633
1	1	0,368	233
2	2	0,135	85
3	3	0,050	32
4	4	0,018	11
5	5	0,007	4
6	6	0,002	1
7	7	0,001	1
8	8	0,0003	0
9	9	0,0001	0
10	10	0,0000	0

$z = \Sigma \, e^{-\varepsilon_j/kT} = 1{,}582$

Tab. 5.2 Beispiel einer BOLTZMANN-Verteilung auf Grundzustand und zehn angeregte Zustände

Das Boltzmannsche Verteilungsgesetz in der einfachen Form [5.27] gilt nur für nichtentartete Niveaus. Nun gibt es aber zahlreiche Beispiele für die Besetzung eines Niveaus ε_j durch mehrere (g) Zustände. Ein solches Niveau nennt man g-fach *entartet*. Es besitzt ein *statistisches Gewicht* g_j, das gleich der Zahl der energiegleichen, überlagerten Niveaus ist. (Bei einer Aufhebung der Entartung spaltet das Niveau in mehrere energieverschiedene Niveaus auf.) In seiner allgemeinsten Form lautet das Boltzmannsche Verteilungsgesetz demnach:

$$\frac{N_j}{N} = \frac{g_j \, e^{-\varepsilon_j/kT}}{\sum_j g_j \, e^{-\varepsilon_j/kT}} \qquad [5.30]$$

Die Durchschnittsenergie $\bar{\varepsilon}$ wird mit [5.25] gegeben durch

$$\bar{\varepsilon} = \frac{\sum N_j \varepsilon_j}{\sum N_j} = \frac{g_j \varepsilon_j \, e^{-\varepsilon_j/kT}}{g_j \, e^{-\varepsilon_j/kT}} = kT^2 \left(\frac{\partial \ln z}{\partial T}\right)_V \qquad [5.31]$$

Die hier abgeleitete molekulare Verteilungsfunktion kann nur dann zutreffen, wenn das interessierende System wirklich aus unabhängigen Elementen besteht, also z. B. ein perfektes Gas ist. Der Grund für diese Einschränkung ist, daß wir bei Abwesenheit eines Terms für die potentielle Energie die Zustände des Systems ausschließlich durch die quantenmechanischen Energiezustände oder die klassischen Orts- oder Impulskoordinaten der einzelnen Moleküln definieren und statistisch auswerten können. Sobald spezifische Wechselwirkungen zwischen den Teilchen des Systems (Moleküln usw.) auftreten, müssen bei der Beschreibung des Zustandes des Systems auch Terme für die potentielle Energie in der Art $U(r_{ij})$ berücksichtigt werden; diese sind Funktionen der zwischenmolekularen Abstände.

10. Statistische Thermodynamik

Die statistische Behandlung realer Gase, Flüssigkeiten oder Festkörper erfordert wegen der mehr oder minder starken zwischenmolekularen Kräfte in diesen Systemen ein noch allgemeineres Konzept als das im vorhergehenden Abschnitt verwendete.

Die Thermodynamik befaßt sich nicht mit einzelnen Teilchen, sondern mit Systemen, die aus einer sehr großen Zahl von Teilchen bestehen. Bei der Berechnung thermodynamischer Funktionen durch die statistische Mechanik erweist es sich als sehr bequem, die GIBBSsche *kanonische Gesamtheit* zu verwenden. Wir müssen uns vorstellen, daß solch eine Gesamtheit (Abb. 5.3) aus einer großen Zahl von $\mathcal{N}$ Systemen besteht, von denen jedes 1 Mol (L Molekeln) der betrachteten Substanz enthält. Diese Systeme bezeichnen wir als Elemente der Gesamtheit; sie sind durch diathermische Wände voneinander getrennt, die eine Wärmeleitung, nicht aber einen Materiefluß zulassen. Jedes System besitzt dasselbe, konstante Volumen. Die Gesamtheit der Systeme ist ringsum von einer starren adiabatischen Wand umgeben, die es vollständig von der übrigen Welt isoliert. Eine Gesamtheit hat also eine konstante Energie E_t.

Man beachte, daß eine kanonische Gesamtheit selbst ein System mit festen Werten von N, V und E ($= E_t$) und damit ein Element einer *mikrokanonischen Gesamtheit* ist (Abb. 5.2). Jeder mögliche Zustand der kanonischen Gesamtheit hat daher die gleiche a-priori-Wahrscheinlichkeit, wie es das II. Postulat fordert. Wir können daher Durchschnittseigenschaften der kanonischen Gesamtheit berechnen, indem wir jedem *Zustand der Gesamtheit* dasselbe Gewicht beimessen. Wir wollen einmal annehmen, daß unser ursprüngliches System aus einem Mol gasförmigem Sauerstoff besteht. Unsere mikrokanonische Gesamtheit besteht dann aus $\mathcal{N}$ Molvolumina O_2, von denen jedes dieselbe Temperatur T, aber eine eigene Energie E_j besitzt. Wir können das Denkschema der kanonischen Gesamtheit für die Aufstellung statistisch-mechanischer Formeln für die Eigenschaften eines Mols O_2 benützen, ohne irgendwelche Annahmen über das Verhalten der Molekeln in jedem Element der Gesamtheit machen zu müssen. Ob wir die so erhaltenen Formeln auch numerisch auswerten können, ist ein anderes Problem. Wenn wir für alle Systeme in der Gesamtheit einen Mittelwert für eine bestimmte Eigenschaft berechnen können, dann bedeutet dieser Wert zugleich auch das durchschnittliche zeitliche Verhalten des realen thermodynamischen Systems. (Hier wollen wir uns noch einmal daran erinnern, daß wir von Systemen im Gleichgewicht sprechen; die berechneten Eigenschaften sind also die uns geläufigen molaren, thermodynamischen Gleichgewichtsgrößen.)

Die erlaubten Energiezustände irgendeines bestimmten Systems (Elements) in der Gesamtheit seien $E_1, E_2 \ldots E_j$ usw. Da die Systeme alle die gleichen Werte für V, T und N haben, steht ihnen auch derselbe Satz erlaubter Werte E_j zur Verfügung. Diese Niveaus können sie jedoch verschieden besetzen; die Systeme können also verschiedene Verteilungen über die Niveaus E_j annehmen. Ist n_j die Zahl der Systeme der Gesamtheit in einem Zustand mit der Energie E_j, dann gilt für die

Gesamtenergie:

$$E_t = \sum n_j E_j \qquad [5.32]$$

Die Gesamtzahl der Systeme beträgt

$$\mathcal{N} = \sum n_j \qquad [5.33]$$

Da jedes System in der Gesamtheit dasselbe Volumen V und dieselbe Anzahl an Molekeln N hat, beträgt das Volumen der ganzen Gesamtheit $\mathcal{N}V$ und die Gesamtzahl an Molekeln in der Gesamtheit $\mathcal{N}N$. Wenn wir in einem bestimmten Augenblick die Energiezustände E_j für jedes System in der Gesamtheit bestimmen könnten (Momentaufnahme), dann würden wir z.B. n_1 Systeme im Zustand E_1, n_2 in E_2, n_3 in E_3 ... und n_j in E_j finden. Den Satz von Zahlen $n_1, n_2, n_3 \ldots n_j, \ldots$ nennen wir eine *Verteilung*. Es gibt viele verschiedene Möglichkeiten, die Systeme auf die verschiedenen Energiezustände zu verteilen; alle sind jedoch den Beschränkungen [5.32] und [5.33] unterworfen.

Wenn wir eine bestimmte Verteilung $n_1, n_2, n_3 \ldots n_j, \ldots$ mit ν bezeichnen, dann ist leicht zu sehen, daß es viele Möglichkeiten gibt, die Systeme der Gesamtheit mit der Verteilung ν der Gesamtzahl der Energiezustände E_j zuzuordnen. Für diese Zahl von Möglichkeiten gilt die uns schon vertraute Gleichung:

$$W_t(\nu) = \frac{\mathcal{N}!}{n_1! \, n_2! \ldots} = \frac{\mathcal{N}!}{\prod\limits_j n_j!}$$

Wenn wir ein System wahllos aus der kanonischen Gesamtheit herausgreifen, dann ist die Wahrscheinlichkeit, daß es sich im Zustand E_j befindet, gleich dem Quotienten aus dem *Durchschnittswert der n_j* und der Gesamtzahl $\mathcal{N}$ der Systeme:

$$p_j = \frac{\bar{n}_j}{\mathcal{N}} = \frac{1}{\mathcal{N}} \frac{\sum\limits_\nu W_t(\nu) n_j(\nu)}{\sum\limits_\nu W_t(\nu)} \qquad [5.34]$$

Hiernach erhalten wir den über alle möglichen Verteilungen gemittelten Wert von n_j durch Multiplikation der $n_j(\nu)$ einer gegebenen Verteilung mit der Zahl der verschiedenen Zustände $W_t(\nu)$, die eine solche Verteilung bewirken. In Übereinstimmung mit dem II. Postulat hat jeder dieser Zustände dieselbe a-priori-Wahrscheinlichkeit.

Für den Mittelwert einer mechanischen Eigenschaft, wie z.B. der Energie, in der kanonischen Gesamtheit gilt einfach

$$\bar{E} = \sum_j p_j E_j$$

Wenn $\mathcal{N}$ sehr groß wird (im Grenzfall $\mathcal{N} \to \infty$), dann besteht der Satz der Verteilungen in [5.34] nur aus der wahrscheinlichsten und den von ihr praktisch nicht unterscheidbaren Verteilungen mit etwas geringerer Wahrscheinlichkeit. Tatsächlich läßt sich die Beziehung [5.34] nur unter Berücksichtigung der wahrscheinlichsten Verteilung ausrechnen. Dies bedeutet nichts anderes, als daß wir die Summe über sämtlichen Verteilungen dem größten Term in der Summe gleichsetzen. Diese Methode erscheint gewaltsam; sie gilt aber bei $\mathcal{N} \to \infty$ streng[5]. Wenn diese Grenzbedingung erfüllt ist, braucht also nur das Gewicht $W_t(\nu^*)$ berücksichtigt zu werden; hierin bedeutet ν^* die wahrscheinlichste Verteilung. Damit gilt für die Wahrscheinlichkeit, daß sich das willkürlich herausgegriffene System im Zustand E_j befindet:

$$p_j = \frac{\bar{n}_j}{\mathcal{N}} = \frac{n_j^*}{\mathcal{N}}$$

Das mathematische Problem ähnelt nun dem bei der Herleitung der BOLTZMANN-Verteilung; wir müssen nämlich das wahrscheinlichste n_j^* ermitteln, das zugleich den einschränkenden Bedingungen [5.32] und [5.33] gehorcht. Das Ergebnis ist:

$$\frac{n_j^*}{\mathcal{N}} = \frac{e^{-\beta E_j}}{\sum e^{-\beta E_j}}$$

Wir könnten nun wieder zeigen, daß auch in diesem Fall $\beta = 1/kT$ ist. Dieser langwierige Beweis soll jedoch weggelassen werden.
Man erhält so:

$$\frac{n_j^*}{\mathcal{N}} = \frac{e^{-E_j/kT}}{\sum e^{-E_j/kT}} \qquad [5.35]$$

Hierin ist noch nicht die Möglichkeit berücksichtigt, daß verschiedene Zustände dieselbe oder eine Energie besitzen, die innerhalb eines sehr schmalen Energiebereichs liegt (Entartung). Diese Tatsache wird durch einen Faktor g_j (Entartungsgrad) berücksichtigt, der dem jeweiligen Energiezustand E_j das korrekte statistische Gewicht gibt.
Wir definieren nun eine Funktion Z, die wir die *Verteilungsfunktion der kanonischen Gesamtheit* nennen:

$$Z(V, T, N) = \sum g_j e^{-E_j/kT} \qquad [5.36]$$

Da wir durch die Einführung des Faktors g_j alle Zustände mit gleicher Energie zusammengefaßt haben, erstreckt sich die Summenbildung [5.36] nicht mehr über sämtliche, sondern nur noch über die energieverschiedenen Zustände. Für den Mittelwert der Energie gilt nun:

$$\bar{E} = kT^2 \left(\frac{\partial \ln Z}{\partial T}\right)_{V,N} \qquad [5.37]$$

Dieses $\bar{E}$ kann dem thermodynamischen U gleichgesetzt werden.
Aus [5.37] erhält man für die Molwärme bei konstantem Volumen:

$$C_{V_m} = \left(\frac{\partial U}{\partial T}\right)_{V,N} = \frac{\partial}{\partial T}\left(kT^2 \frac{\partial \ln Z}{\partial T}\right)_{V,N} \qquad [5.38\,a]$$

oder

$$C_{V_m} = \frac{k}{T^2} \cdot \left(\frac{\partial^2 \ln Z}{\partial (1/T)^2}\right)_{V,N} \qquad [5.38\,b]$$

---

[5] Wir verzichten hier auf eine Ableitung, die in T. L. HILL, *Introduction to Statistical Thermodynamics*, Addison-Wesley, 1960, nachzulesen ist. Wir sind HILL auch für die im Text gegebene Abhandlung des Problems der kanonischen Gesamtheit zu Dank verpflichtet.

Die Entropie in der statistischen Mechanik

Die Substitution $T \to 1/T'$ ergibt:

$$\partial T = -\frac{1}{T'^2}\partial T'$$

$$\frac{\partial}{\partial T} = -T'^2 \frac{\partial}{\partial T'} \quad \text{bzw.} \quad \frac{\partial}{\partial T'} = -T^2 \frac{\partial}{\partial T}$$

$$\frac{\partial^2}{\partial T^2} = T'^2 \frac{\partial}{\partial T'} T'^2 \frac{\partial}{\partial T'}$$

$$= 2T'^3 \frac{\partial}{\partial T'} + T'^4 \frac{\partial^2}{\partial T'^2}$$

$$= -\frac{2}{T}\frac{\partial}{\partial T} + \frac{1}{T^4}\frac{\partial^2}{\partial(1/T)^2} \quad \text{bzw.} \quad \frac{\partial^2}{\partial(1/T)^2} = T^4 \frac{\partial^2}{\partial T^2} + 2T^3\frac{\partial}{\partial T}$$

Damit wird [5.38 b]

$$\frac{k}{T^2}\frac{\partial^2 \ln Z}{\partial(1/T)^2} = kT^2 \frac{\partial^2 \ln Z}{\partial T^2} + 2kT \frac{\partial \ln Z}{\partial T}$$

$$= \frac{\partial}{\partial T}\left(kT^2 \frac{\partial \ln Z}{\partial T}\right)$$

11. Die Entropie in der statistischen Mechanik

Um die Entropie mit Hilfe der statistischen Mechanik zu berechnen, greifen wir auf das fundamentale Theorem [3.13]

$$dS = \frac{dq_{\text{rev}}}{T}$$

zurück, bei welchem T^{-1} der integrierende Faktor für das Differential dq_{rev} ist. Wir wollen nun versuchen, mit [5.36], der Verteilungsfunktion Z der kanonischen Gesamtheit, einen Ausdruck für dq_{rev} zu erhalten. Hiermit ließe sich dann dS berechnen. Um die mathematische Herleitung zu erleichtern, schreiben wir wiederum $\beta = (kT)^{-1}$ und definieren mit [5.36] eine Funktion[6]

$$B = \ln Z = \ln \sum g_j e^{-E_j/kT} = \ln \sum g_j e^{-\beta E_j}$$

Für die kanonische Gesamtheit (Abb. 5.3) sind Z und damit B Funktionen von T, V und N. Um die Abhängigkeit der Funktion Z von T zu studieren, stellen wir uns vor, daß die Gesamtheit in Wärmebäder bei verschiedenen Werten von T eingetaucht ist. Wir können uns weiter vorstellen, daß alle Elemente der Gesamtheit mit identischen Vorrichtungen zur Verrichtung von Arbeit durch Volumenänderung verbunden sind.

Das vollständige Differential von $B(V, T)$ hat die Form:

$$dB = \left(\frac{\partial B}{\partial \beta}\right)_V d\beta + \sum_j \left(\frac{\partial B}{\partial E_j}\right)_T dE_j \qquad [5.39]$$

---

[6] In der Tat zeigt die nun folgende Ableitung, daß $\beta = (kT)^{-1}$ ist, und ergänzt so die Diskussion in (5-10). Unsere Herleitung der Entropie stützt sich auf jene von ERNST SCHRÖDINGER aus seinem hervorragenden kleinen Buch *Statistische Thermodynamik* (Cambridge University Press, 1946).

Aus [5.37] folgt:

$$\left(\frac{\partial B}{\partial \beta}\right)_V = -U$$

In ähnlicher Weise erhalten wir aus [5.35] und [5.36]:

$$\left(\frac{\partial B}{\partial E_j}\right)_T = -\frac{\beta}{\mathcal{N}} n_j$$

Damit erhält man aus [5.39]:

$$dB = -U \, d\beta - \frac{\beta}{\mathcal{N}} \sum n_j \, dE_j \qquad [5.40]$$

oder

$$d(B + \beta U) = \beta \left(dU - \frac{1}{\mathcal{N}} \sum n_j \, dE_j \right) \qquad [5.41\,a]$$

Wir haben so das sehr interessante Resultat erhalten, daß β für

$$\left[dU - \left(\frac{1}{\mathcal{N}}\right) \sum n_j \, dE_j \right]$$

ein integrierender Faktor ist; es wandelt diesen Term nämlich in das perfekte Differential einer Funktion $(B + \beta U)$ um.

Vergleicht man den Ausdruck

$$dS = \frac{dq_{\text{rev}}}{T} = \frac{dU - dw_{\text{rev}}}{T} \qquad [5.41\,b]$$

mit [5.41a], so ist leicht zu sehen, daß $k\,d(B + \beta U)$ identisch mit dS ist, wenn $(1/\mathcal{N}) \sum n_j \, dE_j$ der Durchschnitt der Gesamtheit für die Arbeit ist, die an einem System in der kanonischen Gesamtheit verrichtet wird.

Tatsächlich würde uns die mathematische Analyse allein schon zu diesem Schluß zwingen, denn wenn wir den thermodynamischen Ausdruck [5.41b] mit dem statistisch-mechanischen [5.41a] in Beziehung setzen wollen, dann gibt es keine passenden Zustandsfunktionen außer dS und $(kT)^{-1} = \beta$. Zum selben Ergebnis gelangen wir, wenn wir den mathematischen Ausdruck [5.41a] als Variation innerhalb der kanonischen Gesamtheit interpretieren.

Wir fordern nun, daß alle Systeme in der Gesamtheit mit denselben Mechanismen von »Schrauben, Kolben oder was auch immer« (wie sich Schrödinger ausdrückte) gekoppelt sind, mit deren Handhabung wir die Zustände des Systems ändern können. Wenn wir dies tun, ändern wir die Energieniveaus E_j. Alle Werte E_j für alle identischen Systeme der Gesamtheit werden so in genau gleicher Weise verändert; wir haben also immer noch eine kanonische Gesamtheit von Systemen.

Es ist evident, daß $\sum n_j \, dE_j$ die Arbeit angibt, die an allen Systemen in der kanonischen Gesamtheit verrichtet wird, und $(1/\mathcal{N}) \sum n_j \, dE_j$ damit die durchschnittliche Arbeit an einem Element der Gesamtheit ist. Nach unserem Grundpostulat entspricht daher $(1/\mathcal{N}) \sum n_j \, dE_j$ dem thermodynamischen Term dw_{rev}.

Der eingeklammerte Term auf der rechten Seite von [5.41a] ist daher die reversible Wärme; β ist ihr integrierender Faktor. Wir haben damit bewiesen, daß

$$dS = k\, d\left(B + \frac{U}{kT}\right)$$

ist. Anschließende Integration und die Substitution $B = \ln Z$ liefern die Gleichung:

$$S = k \ln Z + \frac{U}{T} + \text{const} \qquad [5.42]$$

Dieser Ausdruck enthält eine willkürlich wählbare Konstante; ein absoluter Wert für die Entropie S sollte also nicht bestimmbar sein (vgl. 3-23).
Diese Konstante ist jedoch unabhängig von $B + U/kT$ und damit unabhängig von N, V und T, d.h. den Variablen, von denen jene Funktion abhängt. Damit fällt die Konstante bei den Berechnungen von Entropieänderungen ΔS in einem System stets heraus.

12. Der III. Hauptsatz in der statistischen Thermodynamik

Die Diskussion des III. Hauptsatzes auf der Grundlage der statistischen Mechanik wirft zwei Probleme auf. Als erstes betrachte man die Konstante in [5.42]; die Entropie S hat hiernach kein physikalisch fixiertes Nullniveau. Wenn man der Konstanten den Wert null zuordnete, dann wäre dies gleichbedeutend mit der Annahme, daß in allen Fällen ein solches Nullniveau für die Entropie existiere. Wie in (5-11) gezeigt wurde, ist in der Tat für jedes betrachtete System die Konstante unabhängig von den Parametern des Systems. Die Entropiedifferenz ΔS zwischen zwei beliebigen Zuständen des Systems, die unterschiedliche Werte für die definierenden Parameter (Volumen, Magnetfeld, Druck usw.) besitzen, nähert sich also bei $T \to 0$ dem Wert null. Darüber hinaus läßt sich diese Aussage, daß nämlich $\Delta S \to 0$ bei $T \to 0$, auch auf alle möglichen chemischen Änderungen im System anwenden.
Schrödinger hat diese Problematik in folgender Weise diskutiert:

Ein typischer Fall wäre ein System aus L Eisenatomen und L Schwefelatomen. In einem der zwei thermodynamischen Zustände bilden sie einen kompakten Körper, nämlich 1 Gramm-Mol FeS. Im anderen Zustand liegen 1 Grammatom Fe und 1 Grammatom S vor, getrennt durch ein Diaphragma, so daß sie sich unter keinen Umständen vereinigen können; die wesentlich niedrigeren Energieniveaus der chemischen Verbindung sind dadurch unzugänglich. Nun ist es in allen solchen Fällen nur eine Frage des Glaubens an die Möglichkeit, einen Zustand durch kleine reversible Schritte in den anderen umwandeln zu können, so daß das System niemals den Zustand des thermodynamischen Gleichgewichts verläßt, auf welchen sich ja alle unsere Überlegungen beziehen. Alle die kleinen langsamen Schritte dieses Prozesses können dann als kleine langsame Änderungen bestimmter Parameter betrachtet werden, welche die Werte ε_j ändern. Dann ändert sich die Konstante bei all diesen Prozessen nicht – und die Aussage ist gültig.
In dem erwähnten Beispiel würde man das Mol FeS allmählich erwärmen, bis es verdampft, und dann weiter erhitzen, bis es so vollständig wie gewünscht dissoziiert. Anschließend trennt man die Gase mit Hilfe eines semipermeablen Diaphragmas, kondensiert sie getrennt durch Erniedrigung der Temperatur (natürlich mit einem impermeablen Diaphragma zwischen ih-

nen) und kühlt sie auf null ab. Hat man solche Überlegungen ein- oder zweimal durchgeführt, dann braucht man sich nicht weiter zu mühen, sie im Detail durchzudenken, sondern man erkläre sie einfach als »denkbar« – und die Aussage ist gültig.

Nachdem man dies alles gründlich durchdacht hat, ist die einfachste Weise, es ein für allemal zu kodifizieren, die Konstante in allen Fällen gleich null zu setzen. Dies ist möglicherweise der einzige Weg, um Verwirrung zu vermeiden; es bietet sich keine Alternative an. Dieses »gleich null setzen« jedoch als das Wesentliche zu betrachten ist sicherlich nur dazu geeignet, erneut Verwirrung zu stiften und die Aufmerksamkeit vom wirklichen Kernpunkt abzulenken.

Der zweite Teil der statistischen Behandlung des III. Hauptsatzes ist die Herleitung eines Ausdrucks für S_0, dem Wert der Entropie, der durch [5.42] für $T = 0$ vorhergesagt wurde. Aus [5.36] finden wir[7]

$$S_0 = k \ln g_0 \qquad [5.43]$$

wobei g_0 das statistische Gewicht (der Degenerationsgrad) des niedrigstmöglichen Energiezustandes des Systems ist.

Als ein Beispiel betrachte man einen perfekten Kristall beim absoluten Nullpunkt. Es gibt gewöhnlich eine und nur eine Gleichgewichtsanordnung der ihn aufbauenden Atome, Ionen oder Molekeln. Mit anderen Worten, das statistische Gewicht des niedrigsten Energiezustandes ist eins, und aus [5.43] ergibt sich die Entropie bei 0 K zu null.

In bestimmten Fällen jedoch können die Kristallbausteine beim absoluten Nullpunkt in mehr als einer geometrischen Anordnung verharren. Ein Beispiel hierfür ist das Distickstoffmonoxid, in dessen Kristallgitter zwei benachbarte Molekeln N_2O in den beiden Orientierungen (ONN NNO) und (NNO NNO) auftreten können. Die Energiedifferenz ΔU zwischen diesen beiden Konfigurationen ist so gering, daß ihre relative Wahrscheinlichkeit, $\exp(\Delta U/RT)$, sogar bei niedrigen Temperaturen praktisch gleich eins ist. Zwar würde bei extrem tiefen Temperaturen ein winziges ΔU schon eine beträchtliche Verschiebung des Orientierungsgleichgewichtes hervorrufen; indessen hat die *Geschwindigkeit der Umorientierung* der Molekeln innerhalb des Kristalls in der Nähe des absoluten Nullpunkts einen verschwindend kleinen Wert angenommen, so daß die zufälligen Orientierungen effektiv eingefroren sind. In solchen Fällen muß eine endliche Nullpunktsentropie S_0 auftreten, die der Mischungsentropie der beiden Orientierungen entspricht.

---

[7] Bei $T \to 0$ können wir sicherlich alle Terme in Z außer den ersten beiden vernachlässigen, so daß aus [5.42] folgt:

$$S = \frac{1}{T} \frac{g_0 E_0 e^{-E_0/kT} + g_1 E_1 e^{-E_1/kT}}{g_0 e^{-E_0/kT} + g_1 e^{-E_1/kT}} + k \ln(g_0 e^{-E_0/kT} + g_1 e^{-E_1/kT})$$

Nahe an der Grenze ist

$$e^{-E_1/kT} \ll e^{-E_0/kT}$$

so daß

$$S = \frac{E_0}{T} + \frac{1}{T} \frac{g_1}{g_0} e^{-(E_1 - E_0)/kT} + k \ln g_0 - \frac{E_0}{T} + k \frac{g_1}{g_0} e^{-(E_1 - E_0)/kT}$$

An der Grenze bei $T = 0$ nehmen die übrigbleibenden exponentiellen Terme wesentlich schneller als T ab, so daß schließlich nur noch

$$S_0 = k \ln g_0$$

übrigbleibt.

Diese läßt sich jedoch wegen der eingefrorenen Gleichgewichtslage, die einer höheren Temperatur entspricht, nicht durch Messungen der Wärmekapazität ermitteln. Sie läßt sich jedoch nach [5.3] berechnen ($R = Lk$):

$$S_0 = -R \sum X_i \ln X_i = -R \left(\tfrac{1}{2} \ln \tfrac{1}{2} + \tfrac{1}{2} \ln \tfrac{1}{2}\right) = R \ln 2 = 5{,}77 \text{ J K}^{-1} \text{ mol}^{-1}$$

Der statistisch berechnete Wert der Nullpunktsentropie liegt tatsächlich um 4,77 $\text{J} \cdot \text{K}^{-1} \cdot \text{mol}^{-1}$ über dem nach dem III. Hauptsatz erhaltenen; die Differenz von 1 liegt innerhalb der experimentellen Fehlergrenze von $\pm 1{,}1 \text{ J} \cdot \text{K}^{-1} \cdot \text{mol}^{-1}$. Einige ähnliche Fälle dieser Art wurden sehr eingehend untersucht[7a].

Gas	Entropie $\text{J} \cdot \text{K}^{-1} \cdot \text{mol}^{-1}$	
	statistisch	nach dem III. Hauptsatz
N_2	191,5	192,0
O_2	205,1	205,4
Cl_2	223,0	223,1
HCl	186,8	186,2
HBr	198,7	199,2
HJ	206,7	207,1
H_2O	188,7	185,3
N_2O	220,0	215,2
NH_3	192,2	192,1
CH_4	185,6	185,4
C_2H_4	219,5	219,6

Tab. 5.3 Vergleich der statistisch (aus spektroskopischen Daten) und nach dem III. Hauptsatz (Temperaturabhängigkeit der Wärmekapazität) berechneten Werte für die Entropie von Gasen bei 298,15 K und 1 atm. Hierbei wurde angenommen, daß sich die Gase unter diesen Bedingungen ideal verhalten.

Eine andere Quelle restlicher Mischungsentropie bei 0 K rührt von der Isotopenzusammensetzung der Elemente her. Dieser Effekt kann gewöhnlich vernachlässigt werden, da sich bei den meisten Reaktionen die Isotopenzusammensetzung nur sehr geringfügig ändert.

13. Berechnung von Z für unabhängige Teilchen

Die HELMHOLTZ-Funktion, $A = U - TS$, hat auch in der statistischen Thermodynamik eine große Bedeutung, da sie einen einfachen Zusammenhang zwischen der Verteilungsfunktion Z und der thermodynamischen Zustandsgleichung eines Systems herstellt. Aus [5.42] folgt

$$A = -kT \ln Z \qquad [5.44]$$

und

$$P = -(\partial A/\partial V)_T = kT\, (\partial \ln Z/\partial V)_T \qquad [5.45]$$

[7a] Das besonders interessante Beispiel des Eises wurde von L. PAULING diskutiert, J. Am. Chem. Soc. 57 (1935) 2680.

Die obigen Gleichungen verheißen einen Weg zur theoretischen Berechnung aller thermodynamischen Eigenschaften beliebiger Stoffe, *falls* wir $Z(V, T)$ bestimmen können. Diese Voraussetzung ähnelt nun allerdings etwas dem festen Punkt des ARCHIMEDES, ohne den die Welt nicht aus den Angeln gehoben werden kann. Ohne die Verteilungsfunktion Z lassen sich die Gleichgewichtseigenschaften der Materie nicht berechnen, und wir dürfen uns darauf gefaßt machen, daß es in den meisten Fällen nicht einfach sein wird, das gewünschte Z zu erhalten.

Der einzige Fall, in dem die Berechnung von Z ohne mathematische Schwierigkeiten durchgeführt werden kann, ist ein System unabhängiger Teilchen. In diesem Fall kann die Energie des Systems als die Summe der Energien der einzelnen Teilchen geschrieben werden:

$$E = \varepsilon_a + \varepsilon_b + \varepsilon_c + \cdots$$

Wir wollen zunächst annehmen, daß die einzelnen Teilchen voneinander unterscheidbar sind, so daß die Indices $a, b, c, \ldots$ usw. unterstellen, daß ein System mit einem Teilchen a im Zustand 1 und einem Teilchen b im Zustand 2 physikalisch von einem System mit b in 1 und a in 2 unterschieden werden kann.

Die Definition der Verteilungsfunktion für ein einzelnes Teilchen lautete:

$$z_a = \sum \mathrm{e}^{-\varepsilon_{aj}/kT}, \qquad z_b = \sum \mathrm{e}^{-\varepsilon_{bj}/kT}$$

Wir können sehen, daß in dem Produkt der Verteilungsfunktionen z, wenn zu jedem Teilchen im System eine Funktion z gehört, alle möglichen Werte für die Gesamtenergie auftreten. Es ist

$$Z = \sum \mathrm{e}^{-E_j/kT} = \left(\sum \mathrm{e}^{-\varepsilon_{aj}/kT}\right)\left(\sum \mathrm{e}^{-\varepsilon_{bj}/kT}\right) \ldots = z_a z_b \ldots$$

Wir wollen uns nun ein System aus zwei Teilchen vorstellen, das eine Teilchen mit drei Energiezuständen $\varepsilon_{a1}, \varepsilon_{a2}, \varepsilon_{a3}$, das andere mit zwei Zuständen ε_{b1} und ε_{b2}. Dann ist

$$\begin{aligned} z_a z_b &= (\mathrm{e}^{-\varepsilon_{a1}/kT} + \mathrm{e}^{-\varepsilon_{a2}/kT} + \mathrm{e}^{-\varepsilon_{a3}/kT})(\mathrm{e}^{-\varepsilon_{b1}/kT} + \mathrm{e}^{-\varepsilon_{b2}/kT}) \\ &= \mathrm{e}^{-(\varepsilon_{a1}+\varepsilon_{b1})/kT} + \mathrm{e}^{-(\varepsilon_{a1}+\varepsilon_{b2})/kT} + \mathrm{e}^{-(\varepsilon_{a2}+\varepsilon_{b1})/kT} \\ &\quad + \mathrm{e}^{-(\varepsilon_{a2}+\varepsilon_{b2})/kT} + \mathrm{e}^{-(\varepsilon_{a3}+\varepsilon_{b1})/kT} + \mathrm{e}^{-(\varepsilon_{a3}+\varepsilon_{b2})/kT} \end{aligned}$$

Wir sehen, daß alle möglichen Energiezustände des Zweiteilchensystems in der Summe enthalten sind.

Im oben diskutierten Fall waren alle Molekeln des Systems verschieden, wie es durch die Indices $a, b, c \ldots$ gekennzeichnet ist. Sind jedoch alle Molekeln von derselben Art, dann können sie physikalisch oder chemisch nicht voneinander unterschieden werden. Wenn in einem System aus gasförmigem Sauerstoff zwei O_2-Molekeln im Gasvolumen vertauscht würden, dann wäre der Zustand des Gases nach dem Austausch genau derselbe wie vorher. Der Austausch der Raumkoordinaten zwischen zwei gleichen Atomen führt nicht zu einem neuen Zustand für das System. Ein Energiezustand $\varepsilon_{a1} + \varepsilon_{b2}$ ist in keiner Weise von einem Zustand $\varepsilon_{a2} + \varepsilon_{b1}$ unterscheidbar. Wenn die N Molekeln chemisch gleiche, jedoch energetisch unterscheidbare Einheiten wären, würde aus $Z = z_a z_b z_c \ldots$ einfach $Z = z^N$.

Berechnung von Z für unabhängige Teilchen

Wir müssen diesen Ausdruck jedoch in der Weise korrigieren, daß wir nicht bestimmte Zustände mehrfach zählen, Wenn wir die Verteilungsfunktion

$$Z = \sum e^{-E_j/kT}$$

bilden, dann darf der Zustand $\varepsilon_{a1} + \varepsilon_{b2}$ nur einmal und nicht zweimal gezählt werden. N Molekeln können zwischen den N Zuständen des Systems auf $N!$ Arten ausgetauscht werden. In der Zustandsfunktion Z treten also Terme der folgenden Art

$$e^{-(\varepsilon_{ai} + \varepsilon_{bj} + \varepsilon_{ck} + \cdots)/kT}$$

($i \neq j \neq k$) bei der Summenbildung $N!$-mal auf. Wären Ausdrücke der obigen Art die einzigen Terme in den zu summierenden Zuständen, dann wäre das Problem der Korrektur aufgrund der Ununterscheidbarkeit der Teilchen einfach – man dividiere einfach z^N durch $N!$. Leider gibt es aber auch Summenterme der Art

$$e^{-(\varepsilon_{ai} + \varepsilon_{bi} + \varepsilon_{ci} + \cdots)/kT}$$

Diese berücksichtigen die Tatsache, daß auf demselben Energieniveau i mehrere Molekeln sitzen können.

Bei gewöhnlichen Temperaturen und Gasdichten stehen wesentlich mehr Zustände zur Verfügung als es Molekeln gibt, die sie auffüllen könnten. So ist die Chance sehr gering, daß mehr als eine Molekel denselben Zustand besetzt. Wenn also $\Sigma\varepsilon \gg N$, dann wird die Zahl der mehrfach besetzten Zustände vernachlässigbar klein im Vergleich zur Zahl der einfach besetzten Zustände. Dies sei am folgenden einfachen Beispiel demonstriert.

		\multicolumn{10}{c}{Zustände von *a*}
		1	2	3	4	5	6	7	8	9	10
Zustände von *b*	1	x									
	2		x								
	3			x							
	4				x						
	5					x					
	6						x				
	7							x			
	8								x		
	9									x	
	10										x

Für 10 Zustände sollen nur zwei Teilchen zur Verfügung stehen. Das vorstehende Diagramm zeigt, das es hundert Möglichkeiten gibt, die beiden Teilchen den verschiedenen Zustände zuzuordnen.

Nur die gleichartig gepaarten Zustände in der Diagonalen entsprechen doppelt besetzten Zuständen, hier also 10% aller Zustände. Stellt man den zwei Teilchen hundert Zustände zur Verfügung, dann gibt es insgesamt 10^4 mögliche Paarungen, aber nur 10^2 (1 %) gleichartige.

Wir werden später (Kapitel 13) bei der quantenmechanischen Bestimmung der erlaubten Zustände sehen, daß bei gewöhnlichen Temperaturen und Dichten so viele Zustände für die Gasmolekeln zur Verfügung stehen, daß wir mit Recht mehrfache Besetzungen vernachlässigen können. Wir können daher schreiben:

$$Z = z^N/N! \qquad [5.46]$$

Mit dieser Formel können wir Z für ein System aus unabhängigen, nicht unterscheidbaren Teilchen (perfektes Gas) unter der Voraussetzung ausrechnen, daß wir die molekulare Verteilungsfunktion z kennen. Um z auszurechnen, benötigen wir nur die erlaubten Energiezustände der Molekeln. Diese Energiezustände können experimentell aus hinreichend genau gemessenen spektroskopischen Werten bestimmt werden (Kapitel 17). Für einfache Gasmolekeln können wir sogar quantenmechanisch hergeleitete Ausdrücke für die Energiezustände benützen.

Die Energie einer Molekel läßt sich in die kinetische Translationsenergie ε_t (Translationen des Massenschwerpunkts) und in Energieterme ε_I unterteilen, welche die auf innere Freiheitsgrade entfallende kinetische und potentielle Energie berücksichtigen (siehe Abschnitt 4-18). Es gilt also:

$$\varepsilon = \varepsilon_t + \varepsilon_I \qquad [5.47]$$

Aus [5.28] folgt:

$$z = z_t z_I \qquad [5.48]$$

so daß also der translatorische Teil der molekularen Verteilungsfunktion ($z_t = \Sigma e^{-\varepsilon_{tt}/kT}$) von dem Teil getrennt werden kann, der auf innere Freiheitsgrade zurückzuführen ist.

14. Verteilungsfunktion der Translation

Aus der SCHRÖDINGER-Gleichung läßt sich der folgende Ausdruck für die erlaubten Translationsniveaus eines Teilchens m ableiten, das sich innerhalb eines Parallelepipeds mit den Seitenlängen a, b und c aufhält (siehe Abschnitt 13-20):

$$E = \frac{h^2}{8m}\left(\frac{n_1^2}{a^2} + \frac{n_2^2}{b^2} + \frac{n_3^2}{c^2}\right)$$

Hierin ist h die PLANCKsche Konstante ($6{,}62 \cdot 10^{-34}$ J · s); n_1, n_2 und n_3 sind ganze Zahlen (*Quantenzahlen*), die die erlaubten Energieniveaus bestimmen.

Bei der Formulierung der molekularen Verteilungsfunktion ($z = \Sigma e^{-\varepsilon_i/kT}$) können wir den Translationsanteil von dem Teil trennen, der die inneren Freiheitsgrade berücksichtigt:

$$z_t = \Sigma\Sigma\Sigma \exp\left[-\frac{h^2}{8m\,kT}\left(\frac{n_1^2}{a^2} + \frac{n_2^2}{b^2} + \frac{n_3^2}{c^2}\right)\right]$$

Verteilungsfunktion der Translation

Hierin laufen die Werte für n_1, n_2 und n_3 jeweils von 0 bis ∞. Wegen des kleinen Wertes von h^2 liegen die Energieniveaus so dicht beieinander, daß die Summen durch Integrale ersetzt werden können:

$$z_t = \int_0^\infty \int_0^\infty \int_0^\infty \exp\left[-\frac{h^2}{8mkT}\left(\frac{n_1^2}{a^2} + \frac{n_2^2}{b^2} + \frac{n_3^2}{c^2}\right)\right] dn_1 \, dn_2 \, dn_3$$

Wir erhalten so ein Produkt von drei Integralen, von denen jedes die folgende Form hat:

$$\int_0^\infty e^{-n^2 h^2 / 8mkTa^2} \, dn$$

Da

$$x^2 = \frac{n^2 h^2}{8 m a^2 kT}$$

ist, lautet die Verteilungsfunktion für den eindimensionalen Fall:

$$z_t = \frac{a}{h}(8mkT)^{1/2} \int_0^\infty e^{-x^2} dx = \frac{(2\pi mkT)^{1/2} a}{h}$$

Für jeden der drei Freiheitsgrade der Translation findet man einen ähnlichen Ausdruck. Da $abc = V$ ist, erhalten wir schließlich

$$z_t = \frac{(2\pi mkT)^{3/2} V}{h^3} \qquad [5.49]$$

Die Verteilungsfunktion Z_t pro Mol ist

$$Z_t = \frac{1}{L!} z_t^L = \frac{1}{L!} \left[\frac{(2\pi mkT)^{3/2} V}{h^3}\right]^L \qquad [5.50]$$

Für die molare Translationsenergie gilt daher unter Berücksichtigung von [5.37]:

$$U_m = \bar{E}_t = kT^2 \cdot \frac{\partial \ln Z_t}{\partial T}$$

$$= kT^2 \cdot \frac{\partial \ln\left(\frac{z_t^L}{L!}\right)}{\partial T}$$

$$= kT^2 \cdot \frac{\partial}{\partial T}\left(L \ln z_t + \ln \frac{1}{L!}\right)$$

$$= LkT^2 \cdot \frac{\partial}{\partial T} \ln z_t$$

Damit wird unter Verwendung von [5.49]:

$$U_m = L\,kT^2 \frac{\partial}{\partial T} \ln \frac{(2\pi m\,kT)^{3/2} V}{h^3}$$

$$= L\,kT^2 \frac{\partial}{\partial T} \left[\frac{3}{2} (\ln 2\pi m\,k + \ln T) + \ln V - \ln h^3 \right]$$

$$= L\,kT^2 \frac{\partial}{\partial T} \left(\frac{3}{2} \ln T \right)$$

$$= \frac{3}{2} RT$$

Dies ist das einfache Ergebnis, das nach dem Äquipartitionsprinzip erwartet werden kann.

Wir berechnen nun die Entropie aus [5.42] mit Hilfe der STIRLING-Gleichung $L! \approx (L/e)^L$.

Wir erhalten zunächst

$$Z = \left[\frac{(2\pi m\,kT)^{3/2} e\,V}{L\,h^3} \right]^L$$

und

$$\ln Z = L \ln \left[\frac{e\,V}{L\,h^3} (2\pi m\,kT)^{3/2} \right]$$

Für die molare Entropie gilt daher nach [5.42]:

$$S_m = \frac{3}{2} R + R \ln \frac{e\,V}{L\,h^3} (2\pi m\,kT)^{3/2}$$

$$= R \ln \frac{e^{5/2} V}{L\,h^3} (2\pi m\,kT)^{3/2} \qquad [5.51]$$

SACKUR und TETRODE erhielten als erste (1913) diese berühmte Gleichung, wennschon durch etwas unbefriedigende Argumente. (Hierauf werden wir bald zu sprechen kommen.)

[5.51] wurde in der Zwischenzeit an vielen Beispielen geprüft, bei denen die Translationsentropie nach dem III. Hauptsatz berechnet worden war. Das Resultat war, daß die Gleichung von SACKUR und TETRODE zuverlässige Werte für den Beitrag der Translation zur Gesamtentropie eines idealen Gases liefert. Als Beispiel wollen wir die Entropie des Argons bei 273,2 K und 1 atm berechnen.

$R = 8{,}314$ J K^{-1} $\qquad \pi = 3{,}1416$
$e = 2{,}718$ $\qquad m = 6{,}63 \cdot 10^{-23}$ g
$V_m = 22{,}414$ cm^3 $\qquad k = 1{,}38 \cdot 10^{-22}$ J K^{-1}
$L = 6{,}02 \cdot 10^{23}$ $\qquad T = 273{,}2$ K
$h = 6{,}62 \cdot 10^{-34}$ J · s

Durch Einsetzen dieser Größen in [5.51] berechnet sich die Entropie zu $154{,}8 \pm 0{,}1$ J K^{-1} mol^{-1}. Aus dem III. Hauptsatz berechnet sich bei denselben Bedingungen ein Wert von $154{,}6 \pm 0{,}2$ J K^{-1} mol^{-1}; die Übereinstimmung ist also ausgezeichnet.

15. Verteilungsfunktionen für innere Molekularbewegungen (Rotationen und Schwingungen)

Aus den Spektren einer Molekelart erhalten wir Auskunft über deren innere Energiezustände. Aus diesen läßt sich wiederum eine Verteilungsfunktion herleiten, mit der die Beiträge der inneren Freiheitsgrade zu den thermodynamischen Eigenschaften der Substanz berechnet werden können. Diese Verteilungsfunktion lautet:

$$z_I = \sum g_j e^{-\varepsilon_{Ij}/kT} \qquad [5.52]$$

Die innere Energie läßt sich mit sehr guter Näherung als Summe der Energieanteile der als unabhängig betrachteten Rotationen, Schwingungen und Elektronenübergänge darstellen:

$$\varepsilon_I = \varepsilon_R + \varepsilon_V + \varepsilon_E \qquad [5.53]$$

Die Quantenmechanik liefert theoretische Ausdrücke sowohl für zweiatomige als auch für polyatomige Molekeln. Die Herleitung dieser Formeln stellen wir bis zur Behandlung der quantenmechanischen Energiebeiträge in Kapitel 14 zurück; statt dessen seien die sich schließlich ergebenden Formeln in Tab. 5.4 zusammengestellt.

Diese quantenmechanischen Energieformeln setzen wir in [5.52] ein und erhalten so Ausdrücke für die verschiedenen Beiträge zur Verteilungsfunktion für innermolekulare Übergänge.

$$z_I = z_R z_V z_E \qquad [5.54]$$

Die Formeln aus Tab. 5.4 sind zwar sehr nützlich, sie können jedoch nicht als endgültige Antwort auf die Frage nach der Berechnung thermodynamischer Grö-

Bewegung	Freiheitsgrade	Verteilungsfunktion	Größenordnung
Translation	3	$\dfrac{(2\pi m kT)^{3/2}}{h^3} V$	$10^{24} \ldots 10^{25} V$
Rotation (lineare Molekel)	2	$\dfrac{8\pi^2 I kT}{\sigma h^2}$	$10 \ldots 10^2$
Rotation (nichtlineare Molekel)	3	$\dfrac{8\pi^2 (8\pi^3 ABC)^{1/2} (kT)^{3/2}}{\sigma h^3}$	$10^2 \ldots 10^3$
Schwingung (pro Normalschwingung)	1	$\dfrac{1}{1 - e^{-h\nu/kT}}$	$1 \ldots 10$
Behinderte Rotation	1	$\dfrac{(8\pi^3 I' kT)}{h}$	$1 \ldots 10$

σ: Symmetriezahl, die die Zahl der nicht unterscheidbaren Positionen angibt, in die eine starre Molekel durch Rotationen gedreht werden kann
I: Trägheitsmoment einer linearen Molekel
A, B, C: Trägheitsmomente nichtlinearer Molekeln um 3 Achsen
I': Trägheitsmoment der behinderten Rotation um eine bestimmte Achse

Tab. 5.4 Molekulare Verteilungsfunktionen

ßen aus Daten der Molekularstruktur betrachtet werden. Sie beruhen auf der Annahme völlig unabhängiger Rotations-, Schwingungs- und Elektronenübergänge, was nur eine Näherung darstellt, wie wir in Kapitel 17 sehen werden. Die grundsätzliche und strenge Lösung des Problems für ein Gas aus unabhängigen Teilchen ergibt sich durch die Anwendung von [5.52] unter Verwendung experimentell bestimmter Energieniveaus. Die Formeln in Tab. 5.4, die auf [5.53] und [5.54] beruhen, liefern für einfache Molekeln unter den meisten Bedingungen gute Resultate.

Als Beispiel für die Anwendung dieser Gleichungen wollen wir die molare Entropie von Fluor bei 298,15 K unter der Annahme berechnen, daß nur die Translations- und Rotationsenergie zur Gesamtenergie beitragen. Nach [5.51] errechnet sich die Translationsentropie zu 154,7 J K^{-1}. Für die molare Rotationsentropie gilt:

$$S_{rm} = RT \frac{\partial \ln z}{\partial T} + k \ln z_r^L = R + R \ln z_r = R + R \ln \frac{8\pi^2 I kT}{2h^2}$$

Man beachte, daß die molare Rotationsenergie in Übereinstimmung mit dem Äquipartitionsprinzip für zweiatomige Molekeln einfach RT ist. Durch Einsetzen des Trägheitsmomentes für F_2 von $I = 32,5 \cdot 10^{-40}$ g cm^2 erhalten wir $S = 48,1$ J K^{-1}. Die gesamte molare Entropie ergibt sich dann zu

$$S_m = S_{rm} + S_{tm} = 48,1 + 154,7 = 202,8 \text{ J K}^{-1} \text{ mol}^{-1}$$

Wir wollen nun den Schwingungsbeitrag zur Entropie von F_2 bei 298,15 K berechnen. Die Schwingungsgrundfrequenz beträgt $\nu = 2,676 \cdot 10^{13}$ s^{-1}. Damit wird

$$x = h\nu/kT = \frac{(6,62 \cdot 10^{-27})(2,676 \cdot 10^{13})}{(1,38 \cdot 10^{-16})(298,15)} = 4,305$$

Für die Schwingungsentropie pro Mol gilt:

$$S_{vm} = RT \left(\frac{\partial \ln z_v}{\partial T}\right) + R \ln z_v$$
$$= R \left[\frac{x}{e^x - 1} - \ln(1 - e^{-x})\right]$$

Mit $x = 4,30$ erhalten wir für die Schwingungsentropie

$$S_{vm} = R(0,0590 + 0,0136) = R \cdot 0,0726 = 0,605 \text{ J K}^{-1} \text{ mol}^{-1}$$

Der Anteil der Schwingungsentropie ist bei 298 K noch klein, steigt aber bei höheren Temperaturen rasch an. Für die molare statistische Entropie von F_2 bei 298,15 K gilt nun:

$$S_m = S_{tm} + S_{rm} + S_{vm} = 154,7 + 48,1 + 0,6 = 203,4 \text{ J K}^{-1} \text{ mol}^{-1}$$

Die Übereinstimmung mit dem experimentellen Wert (Temperaturabhängigkeit der Molwärme, III. Hauptsatz) von $S_m = 203,2$ J K^{-1} mol^{-1} ist ausgezeichnet.

Die klassische Verteilungsfunktion

Die statistische Berechnung anderer thermodynamischer Funktionen, insbesondere der Molwärme, müssen wir noch bis zur Diskussion der Quantentheorie der inneren Energieniveaus in Kapitel 14 zurückstellen.

16. Die klassische Verteilungsfunktion

In (4-11) führten wir die Idee des Phasenraumes für ein Teilchen ein. Wir wollen nun annehmen, daß wir statt eines einzelnen Teilchens ein makroskopisches System mit s Freiheitsgraden betrachten, z.B. ein Gas, das $s/3$ Atome enthält. Wir können den Zustand des Systems für jeden Zeitpunkt durch die Bestimmung von s Werten für die Koordinaten und s Werten für die Impulskomponenten definieren. Der zum System gehörende Phasenraum hat dann $2s$ Dimensionen, und jeder Punkt in diesem Raum bestimmt einen Zustand des Systems.

Das Konzept des Phasenraums kann auf Systeme mit einer beliebigen Anzahl von Massenpunkten ausgedehnt werden. So würde z.B. der Phasenraum eines Mols eines monatomaren Gases $6L$ Dimensionen haben, entsprechend den $3L$ Koordinaten q_i und den $3L$ Impulsen p_i. Ein Volumendifferential in diesem Phasenraum ist folgendermaßen definiert:

$$\mathrm{d}\tau = \mathrm{d}q_1 \mathrm{d}q_2 \mathrm{d}q_3 \ldots \mathrm{d}q_{3L-2} \mathrm{d}q_{3L-1} \mathrm{d}q_{3L} \mathrm{d}p_1 \mathrm{d}p_2 \mathrm{d}p_3 \ldots \mathrm{d}p_{3L-2} \mathrm{d}p_{3L-1} \mathrm{d}p_{3L}$$

Der Zustand eines Systems mit s Freiheitsgraden kann durch einen Punkt in einem $2s$-dimensionalen Phasenraum dargestellt werden. Eine kanonische Gesamtheit von Systemen kann durch eine Ansammlung von Punkten im Phasenraum dargestellt werden, wobei jeder Punkt einem Teil der Gesamtheit entspricht. Die Summation über diskrete Energiezustände in [5.36] wird durch eine Integration über das Gesamtvolumen des Phasenraumes ersetzt, und man erhält eine klassische Verteilungsfunktion:

$$Z = \frac{1}{N!h^s} \int \ldots \int_{\text{Phasenraum}} e^{-\hat{H}(q_1 \ldots p_s)/kT} \, \mathrm{d}q_1 \ldots \mathrm{d}p_s \qquad [5.54]$$

wobei $\hat{H}$ (der klassische Hamiltonoperator) die Summe der kinetischen und der potentiellen Energie für das System ist. Man beachte vor allem den Faktor h^s vor dem Integral; er gibt das Volumen einer Zelle im Phasenraum an. Da der Phasenraum ein kombinierter Impuls- und Koordinatenraum ist, hat ein Volumenelement $\mathrm{d}p\,\mathrm{d}q$ die Dimension $m \cdot l^2 \cdot t^{-1}$, eine Größe, die in der Mechanik als *Wirkung* bekannt ist. Da Z in [5.36] dimensionslos ist, ist es augenscheinlich notwendig, einen Faktor mit der Dimension (Wirkung)$^{-s}$ in den klassischen Ausdruck einzuführen, um die Dimensionslosigkeit von Z zu bewahren, da das Integral in [5.54] selbst die Dimension $(pq)^s$ oder (Wirkung)^s hat.

Durch Anwendung von [5.54] auf die Berechnung der molekularen Verteilungsfunktion z für ein Teilchen in einem Kasten läßt sich nun zeigen, daß der Faktor h (Wirkung) in dieser Gleichung nichts anderes ist als die PLANCKsche Konstante.

Das betrachtete Teilchen besitzt nur kinetische Energie; wir erhalten also für jeden Freiheitsgrad (s. S. 216 f.)

$$z = \frac{1}{h} \int_0^a \int_{-\infty}^{+\infty} e^{-p^2/2mkT} \, dp \, dq$$

und

$$z = \frac{(2\pi m kT)^{1/2} a}{h}$$

Die klassische Verteilungsfunktion ist also identisch mit der aus der Quantenmechanik berechneten – wie es auch sein muß, wenn man voraussetzt, daß die Zelle im Phasenraum h^s ist.

Die klassische Verteilungsfunktion [5.54] ist sehr nützlich. In Kapitel 7 werden wir sie bei der Theorie der Lösungen anwenden, in Kapitel 22 bei der Theorie der imperfekten Gase und Flüssigkeiten.

6. Kapitel

Phasengleichgewichte

> *Die Chemie analysiert die Stoffe durch sichtbare Operationen und gliedert sie dadurch in grob-greifbare Prinzipien: Salze, schwefelartige Stoffe und dergleichen. Die Physik hingegen bemächtigt sich durch feinere Spekulationen dieser Prinzipien genauso, wie die Chemie auf die Stoffe selbst eingewirkt hat. Sie löst sie in andere, noch einfachere Prinzipien auf, nämlich in kleine Partikelchen, die unendlich mannigfaltig gestaltet sind und bewegt werden. Dies ist der grundlegende Unterschied zwischen Physik und Chemie. Der Geist der Chemie ist komplexer, abhängiger, verwickelter; er ähnelt jenen Mischungen, in denen die verschiedenen Prinzipien innig miteinander verknüpft sind. Der Geist der Physik ist gefälliger, einfacher und freier: Zu guter Letzt steigt er sogar zu den Ursprüngen hinab. Der andere Geist gelangt nicht zum wirklichen Ende der Dinge.*
>
> BERNARD LE BOVIER FONTENELLE
> (1657–1757)

Veränderungen wie das Schmelzen von Eis, das Auflösen von Zucker in Wasser, die Verdampfung von Benzol oder die Umwandlung von Graphit in Diamant bezeichnen wir als *Änderungen des Aggregatzustandes* oder als *Phasenumwandlungen* (die allgemeinste Bezeichnung *Zustandsänderung* bezieht sich auf die Veränderung einer beliebigen Zustandsvariablen). Phasenumwandlungen zeichnen sich durch die sprunghafte (diskontinuierliche) Veränderung bestimmter Eigenschaften des Systems aus; eine Phasenumwandlung ist durch bestimmte Werte von Zustandsgrößen (Druck, Temperatur) charakterisiert. Die Bezeichnung »Phase« leitet sich von dem griechischen Wort $\phi\alpha\sigma\iota\varsigma$, *Erscheinung*, her. Die Begriffe Phasenumwandlung und chemische Veränderung bezeichnen verschiedene Vorgänge; beide können jedoch gleichzeitig auftreten. Ebenso müssen wir Phasenumwandlungen von anderen physikalischen Veränderungen (z. B. Volumen- oder Druckänderungen) unterscheiden, welche kontinuierliche Funktionen irgendeiner Zustandsgröße sind.

1. Phasen

Wenn ein System »durch und durch einheitlich ist, nicht nur in der chemischen Zusammensetzung, sondern auch in seinem physikalischen Zustand« (J. WILLARD GIBBS), dann besteht es nur aus einer Phase und wir bezeichnen es als *homogen*. Beispiele hierfür sind irgendein Volumen Luft, irgendeine Menge Quecksilber oder ein Glas Wein. Unterschiede in der Form oder im Verteilungsgrad bedingen keine neue Phase. Ob wir also einen einzelnen Eisblock oder eine Schüssel mit Eisstücken haben, ist in diesem Sinne gleichbedeutend; es handelt sich stets nur um eine Phase. (Hierbei haben wir allerdings schon die Vereinfachung gemacht, daß Unterschiede in der spezifischen Oberfläche keinen Einfluß auf die Eigenschaften einer Substanz haben.)

Ein System, das aus mehr als einer Phase besteht, nennen wir heterogen. Jeder physikalisch oder chemisch verschiedene, homogene und mechanisch abtrennbare Teil eines Systems stellt eine besondere Phase dar. Ein Eimer Wasser mit schwimmenden Eisstücken darin ist also ein Zweiphasensystem. Der Inhalt einer Flasche mit flüssigem Benzol, das in Berührung mit Benzoldampf und Luft steht, ist ein Zweiphasensystem. Wenn wir einen Löffel Zucker hinzufügen (Zucker ist praktisch unlöslich in Benzol), dann erhalten wir ein Dreiphasensystem, bestehend aus einem Festkörper, einer Flüssigkeit und einer Dampfphase.

Gase sind notwendigerweise Einphasensysteme, da sämtliche Gase in beliebigen Verhältnissen mischbar sind, vorausgesetzt natürlich, daß keine chemische Reaktion eintritt (z.B. NH_3 + HCl). Diese beliebige Mischbarkeit von Gasen ist eine Konsequenz der kleinen Wechselwirkungskräfte zwischen Gasmolekeln. In Flüssigkeiten sind die Kohäsionskräfte um mehrere Zehnerpotenzen größer; Unterschiede können daher auch stärker ins Gewicht fallen. Es gibt zahlreiche nicht mischbare oder nur begrenzt mischbare Flüssigkeiten; es können also auch mehrere flüssige Phasen miteinander in Gleichgewicht stehen. Benzol und Wasser, Alkohol und Paraffinöl oder auch Milch sind Zweiphasensysteme. Ein besonders kurioses Beispiel für ein flüssiges Vielphasensystem (Reagenzglas mit zehn übereinanderstehenden nicht mischbaren Flüssigkeiten, die sich alle miteinander im Gleichgewicht befinden) stammt von HILDEBRAND[1]. Feste Stoffe zeigen wegen der Unterschiedlichkeit der Kristallgitter meist nur äußerst geringfügige gegenseitige Mischbarkeit; in einem festen System können daher viele feste Phasen miteinander im Gleichgewicht stehen.

2. Komponenten

Die Zusammensetzung eines Systems kann vollständig durch Angabe von Art und Menge der in ihm enthaltenen *Komponenten* beschrieben werden. Bei einem System, das sich im thermodynamischen Gleichgewicht befindet, verstehen wir unter der Zahl seiner Komponenten die minimale Zahl chemisch einheitlicher Bestandteile, die zur Beschreibung der Zusammensetzung jeder Phase im System notwendig ist. Die so ermittelten Bestandteile eines Systems nennt man seine *Komponenten*. Wenn man die Konzentrationen aller Komponenten für jede Phase angibt, dann sind in der Tat für jede Phase auch die Konzentrationen aller Substanzen eindeutig fixiert, die im System vorkommen können. Diese Definition kann man etwas eleganter durch die Feststellung ausdrücken, daß unter den Komponenten jene Bestandteile eines Systems zu verstehen sind, deren Konzen-

---

[1] JOEL H. HILDEBRAND und ROBERTS L. SCOTT: *Regular Solutions*; Prentice-Hall, Englewood Cliffs, N.J. 1962.

trationen in den verschiedenen Phasen *unabhängig* voneinander *variiert* werden können.

Für Systeme, die in einem chemischen Gleichgewicht stehen, gilt:
Die *Zahl der Komponenten* eines Systems im chemischen Gleichgewicht ist gleich der Zahl seiner verschiedenen chemischen Bestandteile abzüglich der Zahl der chemischen Reaktionen (oder chemischen Gleichgewichte), die unter den herrschenden Bedingungen zwischen den Bestandteilen des Systems eintreten können (oder herrschen).

Unter »chemischer Reaktion« im Sinne dieser Definition sei nur eine solche verstanden, die sich nicht formal aus anderen Reaktionen im System ergibt. Am einfachsten ist die Zahl der in einem System möglichen chemischen Reaktionen zu finden, wenn man sie als chemische Gleichgewichte formuliert. Als Beispiel wollen wir ein System aus Calciumcarbonat, Calciumoxid und Kohlendioxid betrachten. Das System kann drei chemische Verbindungen enthalten: $CaCO_3$, CaO und CO_2. In diesem System ist *ein* chemisches Gleichgewicht möglich:

$$CaCO_3 \rightleftharpoons CaO + CO_2$$

Hieraus ergibt sich die Zahl der Komponenten zu $c = 3 - 1 = 2$.

Jedes System aus den obigen drei Bestandteilen läßt sich also durch die Angabe der Konzentration zweier Komponenten genau festlegen; als Komponenten können wir eine beliebige Zweierkombination aus den drei Bestandteilen wählen. Man könnte nun auf die Vermutung kommen, das System ließe sich auch durch die Angabe der Konzentration einer Komponenten nämlich des $CaCO_3$, festlegen. Dies trifft jedoch nicht zu, da $CaCO_3$ stets nur in ein äquimolares Gemisch aus CaO und CO_2 zerfällt; wir können das System also nicht mehr in beliebigen Konzentrationsverhältnissen zusammensetzen.

Ein etwas komplizierteres System ist das aus $NaCl$, KBr und H_2O. Wir wollen einmal annehmen, daß wir aus diesem System auch die Bestandteile KCl, $NaBr$, $NaBr \cdot H_2O$, $KBr \cdot H_2O$ und $NaCl \cdot H_2O$ isolieren können. Die insgesamt möglichen Gleichgewichte lassen sich dann folgendermaßen anschreiben:

$$NaCl + KBr \rightleftharpoons NaBr + KCl$$
$$NaCl + H_2O \rightleftharpoons NaCl \cdot H_2O$$
$$KBr + H_2O \rightleftharpoons KBr \cdot H_2O$$
$$NaBr + H_2O \rightleftharpoons NaBr \cdot H_2O$$

Das System enthält 8 chemisch verschiedene Bestandteile; für die Zahl der Komponenten würde aber formal gelten: $c = 8 - 4 = 4$. Nun muß sich allerdings nach unserer Formulierung das gesamte KCl und $NaBr$ aus den Ausgangsstoffen $NaCl$ und KBr bilden. Wir haben also dem System die zusätzliche Beschränkung einer Stoffkonstanz auferlegt, wonach die Zahl der Mole KCl im System stets gleich der Summe der Mole $NaBr$ und $NaBr \cdot H_2O$ sein muß. Für die Zahl der Komponenten gilt daher unter dieser Bedingung $c = (8 - 1) - 4 = 3$. Wenn wir diese Beschränkung aufheben, also die beliebige Zugabe von $NaBr$ und KCl zum System erlauben, dann ist in der Tat $c = 4$. Diese Zusammenhänge werden noch deutlicher, wenn wir uns vergegenwärtigen, daß die Zusammensetzung jeder Phase im System durch die Konzentration an vier Ionen (Na^+, K^+, Cl^- und Br^-) und durch die Konzentration von H_2O angegeben werden kann. Zugleich muß jedoch die Bedingung der Elektroneutralität erfüllt sein; es gilt also jederzeit: $Na^+ + K^+ = Cl^- + Br^-$.

Ein bei der Berechnung der Zahl der Komponenten berücksichtigtes chemisches Gleichgewicht muß tatsächlich auftreten. Es zählen also keine chemischen Reaktionen, die zwar möglich sind, aber aus irgendeinem Grunde, zum Beispiel wegen der Abwesenheit eines geeigneten Katalysators, nicht eintreten. So wäre eine Mischung aus Wasserdampf, Wasserstoff und Sauerstoff ein Dreikomponentensystem unter der Bedingung, daß weder eine Verbrennung des Wasserstoffs noch eine Dissoziation des Wassers stattfinden könnte. Wenn jedoch ein geeigneter Katalysator zugegen oder die Temperatur hoch genug ist, um die Einstellung des folgenden Gleichgewichts zu gewährleisten:

$$H_2 + \frac{1}{2} O_2 \rightleftharpoons H_2O$$

dann würde das System zu einem Zweikomponentensystem $c = 3 - 1 = 2$. Wenn wir dem System die Bedingung auferlegen, daß alles H_2 und O_2 aus der Dissoziation des H_2O stamme, hätten wir wiederum ein Einkomponentensystem.

Für jedes System gibt es eine optimale Wahl der Komponenten. Es empfiehlt sich ganz allgemein, als Komponenten nur solche Bestandteile zu wählen, die nicht durch irgendwelche möglichen Reaktionen ineinander übergeführt werden können. Als Komponenten für ein System aus $CaCO_3$, CaO und CO_2 könnten wir zwar die ersten beiden Verbindungen wählen; dies wäre aber eine schlechte Wahl, da die Konzentration an CO_2 durch negative Größen ausgedrückt werden müßte. Wie auch immer: Hinsichtlich der Identität der Komponenten eines Systems haben wir bis zu einem gewissen Grade freie Wahl; die Zahl der Komponenten ist jedoch durch das jeweilige System eindeutig festgelegt.

3. Freiheitsgrade

Für die vollständige Beschreibung eines Systems müssen wir die Zahlenwerte bestimmter Variablen angeben. Diese Variablen können wir aus den Zustandsfunktionen des Systems aussuchen; sie sind zum Beispiel Druck, Temperatur, Volumen, Energie, Entropie und die Konzentrationen der verschiedenen Komponenten in verschiedenen Phasen. In anderem Zusammenhang kann es durchaus auch notwendig werden, die elektrische oder magnetische Feldstärke als Zustandsvariable anzugeben. Es ist nicht notwendig, die Zahlenwerte für *alle* möglichen Zustandsvariablen anzugeben, da aufgrund der jeweiligen Zustandsgleichung eine bestimmte Kombination festgelegter Zustandsvariablen auch die Werte für die anderen Zustandsgrößen eindeutig festlegt. Für jede vollständige Beschreibung eines Systems sind jedoch die Zahlenwerte für einen Kapazitätsfaktor (Masse, Molzahl, Molenbruch usw.) notwendig, da sonst die Massen im System unbestimmt bleiben. Wir wären also zum Beispiel nicht in der Lage, zwischen einem System, das eine Tonne Wasser, und einem solchen, das nur einige Tropfen Wasser enthält, zu unterscheiden.

Ein wichtiges Charakteristikum von Phasengleichgewichten ist, daß sie unabhängig von den Mengenverhältnissen der anwesenden Phasen sind[2]. So hängt der Dampfdruck des Wassers über flüssigem Wasser nicht vom Volumen des Gefäßes oder davon ab, ob wenige Milliliter oder viele Liter Wasser im Gleichgewicht mit der Dampfphase stehen. In ähnlicher Weise ist die Konzentration einer gesättigten Salzlösung in Wasser eine festgelegte und definierte Größe, unabhängig davon, ob ein kleiner oder großer Überschuß an ungelöstem Salz vorhanden ist.

Bei der Diskussion der Phasengleichgewichte brauchen wir daher die Kapazitätsfaktoren, die die Masse der Phasen ausdrücken, nicht zu berücksichtigen. Wir betrachten also lediglich die Intensitätsfaktoren, meist die Temperatur und den Druck. Unter diesen Variablen mag eine bestimmte Anzahl unabhängig voneinander variiert werden; der Rest ist durch die für die unabhängigen Variablen gewählten Zahlenwerte und durch die thermodynamischen Gleichgewichtsbedingungen festgelegt. Die Zahl der intensiven Zustandsgrößen, die ohne eine Änderung der Anzahl der Phasen unabhängig voneinander variiert werden können, nennt man die *Zahl der Freiheitsgrade (Varianz)* des Systems.

Als Beispiel wollen wir eine bestimmte Menge eines reinen Gases betrachten. Den Zustand des Systems können wir vollständig durch die Angabe zweier der drei Variablen Druck, Temperatur und Dichte (oder Volumen) spezifizieren. Aus den Zahlenwerten von zweien dieser drei Größen können wir den Zahlenwert für die dritte berechnen. Dies wäre also ein System mit zwei Freiheitsgraden oder ein *bivariantes* System.

Im System Wasser/Wasserdampf müssen wir nur eine Variable angeben, um den Zustand festzulegen. Bei einer festgelegten Temperatur entwickelt festes oder flüssiges Wasser, das im Gleichgewicht mit Wasserdampf steht, einen bestimmten Dampfdruck. Desgleichen legt man die Temperatur durch freie Wahl des Dampfdruckes fest. Dieses System hat also nur einen Freiheitsgrad, es ist *univariant*.

4. Allgemeine Theorie des Gleichgewichts: Das chemische Potential

Bei konstanter Temperatur und konstantem Druck führt jede spontane Änderung in einem System von einem Zustand höherer freier Enthalpie G_1 zu einem Zustand niederer freier Enthalpie G_2. Aus diesem Grund erschien es ganz natürlich, die freie Enthalpie G als ein thermodynamisches Potential aufzufassen; jede spontane Änderung wäre dann ein Übergang von einem Zustand höheren zu einem Zustand niedrigeren Potentials. Die Wahl von G als Potentialfunktion ergibt sich aus der Bindung konstanter Temperatur und konstanten Drucks. Hielte man T und V konstant, dann würde die HELMHOLTZsche freie Energie A die

---

[2] Diese Feststellung wird im nächsten Kapitel bewiesen. Sie gilt nur, solange Änderungen in den Grenzflächen keine Rolle spielen.

angemessene Potentialfunktion sein. Entsprechendes gälte für H, wenn T und S konstant gehalten würden.

Wenn ein System in einer bestimmten Phase mehr als eine Komponente enthält, dann können wir seinen Zustand nicht spezifizieren, ohne die *Zusammensetzung* dieser Phase in irgendeiner Weise anzugeben. Zusätzlich zu P, V und T müssen wir also weitere Variable einführen, die ein Maß für die Menge an verschiedenen chemischen Bestandteilen im System darstellen. Wir wählen wie üblich das Mol als chemische Mengenangabe; die Symbole $n_1, n_2, n_3 \ldots n_i$ stellen die *Molzahlen* der Komponenten 1, 2, 3 ... i in der uns interessierenden Phase dar.

Hieraus folgt, daß jede thermodynamische Funktion nicht nur von P, V und T, sondern auch von den Molzahlen abhängt. Es ist also

$$U = U(V, T, n_i);\ G = G(P, T, n_i),\quad \text{usw.}$$

Ein vollständiges Differential, zum Beispiel für die freie Enthalpie, hat also die folgende Form:

$$\mathrm{d}G = \left(\frac{\partial G}{\partial T}\right)_{P, n_i} \mathrm{d}T + \left(\frac{\partial G}{\partial P}\right)_{T, n_i} \mathrm{d}P + \sum_i \left(\frac{\partial G}{\partial n_i}\right)_{T, P, n_j} \mathrm{d}n_i \qquad [6.1]$$

Nach [3.41] ist für jedes System konstanter Zusammensetzung ($\mathrm{d}n_i = 0$) $\mathrm{d}G = V\,\mathrm{d}P - S\,\mathrm{d}T$. Für [6.1] können wir daher schreiben:

$$\mathrm{d}G = V\,\mathrm{d}P - S\,\mathrm{d}T + \sum \left(\frac{\partial G}{\partial n_i}\right)_{T, P, n_j} \mathrm{d}n_i \qquad [6.2]$$

Der Koeffizient $(\partial G/\partial n_i)_{T, P, n_j}$ wurde von GIBBS eingeführt. Er nannte ihn das *chemische Potential* und gab ihm das Symbol μ_i. Es ist also definitionsgemäß:

$$\mu_i \equiv \left(\frac{\partial G}{\partial n_i}\right)_{T, P, n_j} \qquad [6.3]$$

Dieser Ausdruck bedeutet also die Änderung der freien Enthalpie eines Systems oder einer Phase bei einer Änderung der Molzahl der Komponente i; hierbei werden T, P und die Molzahlen aller anderen Komponenten konstant gehalten. Die chemischen Potentiale sagen uns daher, wie sich die freie Enthalpie einer Phase bei irgendeiner Änderung ihrer Zusammensetzung ändert.

[6.2] kann nun folgendermaßen geschrieben werden:

$$\mathrm{d}G = V\,\mathrm{d}P - S\,\mathrm{d}T + \Sigma \mu_i \mathrm{d}n_i \qquad [6.4]$$

Eine Gleichung wie [6.4], die die Änderung einer thermodynamischen Funktion mit der Molzahl der verschiedenen Komponenten beschreibt, gilt für ein *offenes System*. In einem solchen System können wir die Menge jeder Komponente i durch die Zugabe oder Wegnahme von $\mathrm{d}n_i$ dieser Komponente ändern. Bei konstanter Temperatur und konstantem Druck wird aus [6.4]:

$$\mathrm{d}G = \Sigma \mu_i \mathrm{d}n_i\ (T, P\ \text{konstant}) \qquad [6.5]$$

Eine Gleichung wie diese ließe sich auf jede Phase eines Systems aus mehreren Phasen anwenden; die Masse $\mathrm{d}n_i$ würde dann von der einen in die andere Phase transportiert. Wenn wir die Phase als *geschlossen* betrachten, wenn also kein Massentransport über ihre Grenzen hinweg stattfinden kann, dann gilt [3.41]. Wir erhalten:

$$\Sigma \mu_i \mathrm{d} n_i = 0 \quad (T, P \text{ konstant; geschlossene Phase}) \qquad [6.6]$$

Wir könnten natürlich auch das gesamte System aus mehreren Phasen als geschlossen betrachten. Dann gilt die Beziehung:

$$\sum_i \mu_i^\alpha \mathrm{d} n_i^\alpha + \sum_i \mu_i^\beta \mathrm{d} n_i^\beta + \sum_i \mu_i^\gamma \mathrm{d} n_i^\gamma + \cdots = 0 \qquad [6.7]$$

Hier symbolisieren $\alpha, \beta, \gamma \ldots$ die verschiedenen Phasen. In diesem System können wir Komponenten beliebig über Phasengrenzen hinweg transportieren; das System als Ganzes kann jedoch weder an Masse zunehmen noch an Masse verlieren.

Andere Aspekte und Anwendungen des chemischen Potentials sollen im nächsten Abschnitt diskutiert werden. Zunächst aber wollen wir die neue Funktion μ dazu verwenden, um der GIBBSschen Ableitung des *Phasengesetzes* folgen zu können. GIBBS nannte dieses Gesetz ursprünglich die »Phasenregel«; sie ist das grundlegende Gesetz für Phasengleichgewichte.

5. Bedingungen für das Gleichgewicht zwischen Phasen

In einem System aus mehreren Phasen gelten bestimmte thermodynamische Bedingungen für die Existenz eines Gleichgewichts.

Voraussetzung für ein *thermisches Gleichgewicht* ist, daß die Temperatur aller Phasen gleich sei. Wäre dies nicht der Fall, dann flösse Wärme von einer Phase zur anderen. Diese intuitiv erkannte Bedingung kann durch die Betrachtung zweier Phasen α und β bei den Temperaturen T^α und T^β bewiesen werden. Die Gleichgewichtsbedingung für konstantes Volumen und konstante Zusammensetzung ist $\mathrm{d}S = 0$ [3.28]. S^α und S^β seien die Entropien dieser beiden Phasen. Wir wollen nun annehmen, daß im Gleichgewicht eine virtuelle Wärmemenge δq von α nach β übertragen werde. Dann wäre:

$$\delta S = \delta S^\alpha + \delta S^\beta = 0 \quad \text{oder} \quad -\frac{\delta q}{T^\alpha} + \frac{\delta q}{T^\beta} = 0$$

Hieraus folgt:

$$T^\alpha = T^\beta \qquad [6.8]$$

Die Voraussetzung für *mechanisches Gleichgewicht* ist, daß der Druck in allen Phasen derselbe sei. Wäre das nicht der Fall, dann würde sich eine Phase auf Kosten der anderen ausdehnen. Diese Voraussetzung läßt sich aus der für konstantes Gesamtvolumen und konstante Temperatur geltenden Gleichgewichtsbedingung ableiten: $\mathrm{d}A = 0$. Wenn sich eine Phase um den virtuellen Volumenbruchteil

δV in eine andere Phase hinein ausdehnt, dann gilt:

$$\delta A = P^\alpha \delta V - P^\beta \delta V = 0$$

$$P^\alpha = P^\beta \qquad [6.9]$$

Zusätzlich zu den Bedingungen [6.8] und [6.9] brauchen wir aber noch eine weitere Bedingung für das *chemische Gleichgewicht*. Wir wollen ein System aus den Phasen α und β betrachten, das bei konstanter Temperatur und konstantem Druck gehalten wird. Mit n_i^α und n_i^β bezeichnen wir die Molzahlen einer bestimmten Komponente i in den beiden Phasen. Für die Gleichgewichtsbedingung $\delta G = 0$ gilt dann nach [3.36]:

$$\delta G = \delta G^\alpha + \delta G^\beta = 0 \qquad [6.10]$$

Durch einen bestimmten virtuellen Vorgang (chemische Reaktion oder Änderung des Aggregatzustandes) sollen nun δn_i Mole (der Komponente i) der Phase α entnommen und der Phase β zugeführt werden. Durch Verwendung von [6.7] erhält [6.10] die folgende Form:

$$\delta G = - \mu_i^\alpha \delta n_i + \mu_i^\beta \delta n_i = 0 \qquad [6.11]$$

$$\mu_i^\alpha = \mu_i^\beta$$

Dies ist die allgemeine Gleichgewichtsbedingung für den Stofftransport zwischen verschiedenen Phasen in einem geschlossenen System; sie gilt auch für das chemische Gleichgewicht zwischen verschiedenen Phasen. Für eine beliebige Komponente i im System muß das chemische Potential μ_i für jede Phase gleich sein, wenn das System im Gleichgewicht steht (T und P konstant).

Die folgende Zusammenstellung gibt einen Vergleich zwischen den verschiedenen Gleichgewichtsbedingungen.

Kapazitätsfaktor	*Intensitätsfaktor*	*Gleichgewichtsbedingung*
S	T	$T^\alpha = T^\beta$
V	P	$P^\alpha = P^\beta$
n_i	μ_i	$\mu_i^\alpha = \mu_i^\beta$

6. Das Phasengesetz

In den Jahren 1875/76 veröffentlichte JOSIAH WILLARD GIBBS, Professor für mathematische Physik an der Yale-Universität, in den *Transactions of the Connecticut Academy of Sciences* eine Reihe von Arbeiten mit dem Titel »On the Equilibrium of Heterogeneous Substances«. Mit brillanter Schönheit und Präzision legte Gibbs in diesen Arbeiten die Grundlagen der Wissenschaft heterogener Gleichgewichte.

Das Phasengesetz

Das Gibbssche Phasengesetz liefert eine allgemeine Beziehung zwischen den Freiheitsgraden f eines Systems, der Zahl der Phasen p und der Zahl der Komponenten c. Es ist stets

$$f = c - p + 2 \qquad [6.12]$$

(Die additive Größe hängt von der Zahl der Zustandsgrößen des Systems ab. Unter Berücksichtigung von Temperatur und Druck beträgt sie 2. Mit jeder weiteren Variablen, zum Beispiel dem elektrischen oder magnetischen Feld, nimmt sie um 1 zu.)

Die Zahl der Freiheitsgrade ist gleich der Zahl der intensiven Variablen, die zur Beschreibung des Systems benötigt werden, abzüglich jener Zahl von Variablen, die nicht unabhängig variiert werden können. Der Zustand eines Systems aus p Phasen und c Komponenten, die miteinander im Gleichgewicht stehen, ist normalerweise festgelegt, wenn wir die Temperatur, den Druck und den Anteil jeder Komponente in jeder Phase angeben. Die Gesamtzahl an Variablen beträgt in diesem Falle $pc + 2$.

Das Gibbssche Phasengesetz läßt sich folgendermaßen ableiten. Wir bezeichnen mit n_i^α die Molzahl einer Komponente i in einer Phase α. Da die Gesamtmasse des Systems und die in jeder Phase vorhandene Stoffmenge das Gleichgewicht nicht beeinflussen, sind wir nur an den relativen Mengen der Komponenten in den verschiedenen Phasen und nicht an ihren absoluten Mengen interessiert. Anstelle der Molzahl n_i^α verwenden wir daher die Molenbrüche X_i^α. Diese sind durch die folgende Beziehung gegeben:

$$X_i = \frac{n_i^\alpha}{\sum\limits_i n_i^\alpha} \qquad [6.13]$$

Für jede Phase muß die Summe der Molenbrüche gleich eins sein:

$$X_1 + X_2 + X_3 + \cdots X_c = 1$$

oder

$$\sum X_i = 1 \qquad [6.14]$$

Wenn alle Molenbrüche außer einem angegeben werden, dann kann dieser eine aus [6.14] berechnet werden. Wenn das System aus p Phasen besteht, dann existieren p Gleichungen ähnlich [6.14]. Es existieren dann p Molenbrüche, die nicht spezifiziert werden müssen, da sie berechnet werden können. Die Gesamtzahl unabhängiger Variablen, deren Zahlenwerte noch festgelegt werden müssen, ist dann $pc + 2 - p$ oder $p(c-1) + 2$.

Wenn alle Phasen untereinander im Gleichgewicht stehen, dann legt [6.11] dem System weitere Beschränkungen auf. Diese Gleichung fordert, daß das chemische Potential jeder einzelnen Komponente in jeder Phase gleich groß sei. Diese Bedingung läßt sich durch ein Gleichungssystem der folgenden Art ausdrücken:

$$\begin{aligned}\mu_1^\alpha &= \mu_1^\beta = \mu_1^\gamma = \cdots \\ \mu_2^\alpha &= \mu_2^\beta = \mu_2^\gamma = \cdots \\ &\vdots \quad \vdots \quad \vdots \\ \mu_c^\alpha &= \mu_c^\beta = \mu_c^\gamma = \cdots \end{aligned} \qquad [6.15]$$

Jedes Gleichheitszeichen in diesem Gleichungssystem zeigt eine dem System auferlegte Bedingung an, die seine Varianz um 1 verringert. Die Auswertung zeigt, daß es $c\,(p-1)$ dieser Bedingungen geben muß.

Die Freiheitsgrade eines Systems sind gleich der Gesamtzahl der notwendigen Variablen abzüglich der einengenden Bedingungen. Es ist daher:

$$f = p\,(c-1) + 2 - c\,(p-1)$$

und

$$f = c - p + 2 \qquad [6.16]$$

7. Das Phasendiagramm für Einkomponentensysteme

Für $c = 1$ erhalten wir nach dem Phasengesetz $f = 3 - p$. Es sind also folgende drei Fälle möglich:

$p = 1, \quad f = 2 \quad$ bivariantes System
$p = 2, \quad f = 1 \quad$ univariantes System
$p = 3, \quad f = 0 \quad$ invariantes System

Die Höchstzahl an Freiheitsgraden beträgt in diesem Fall 2; die Gleichgewichtsbedingungen für Einkomponentensysteme können also durch ein zweidimensionales Phasendiagramm wiedergegeben werden. Als Variable treten am häufigsten der Druck und die Temperatur auf. Wenn wir auch die Volumenänderungen im System darstellen wollen, dann konstruieren wir ein dreidimensionales Modell der PVT-Oberfläche. Jeder Punkt in dieser Oberfläche legt die Gleichgewichtswerte für P, V und T der Substanz fest. Üblicherweise trägt man das Molvolumen (V_m) oder das Volumen pro Gramm (v) ab.

Abb. 6.1 zeigt eine solche PVT-Oberfläche für Kohlendioxid; CO_2 zieht sich beim Erstarren zusammen. Bei Stoffen wie Wasser, die sich beim Erstarren ausdehnen, neigt sich die fest-flüssig-Oberfläche in der entgegengesetzten Richtung.

Wir folgen nun einer Isotherme in dieser Oberfläche, indem wir den Druck P bei konstanter Temperatur T erhöhen. Wir beginnen beim Punkt a, der gasförmigem CO_2 bei $P = 1{,}00$ atm, $T = 293{,}15$ K und $V_m = 24570$ cm³ entspricht. Wenn wir den Druck erhöhen, verringert sich das Volumen entlang der Linie ab, bis beim Punkt b die Kondensation von flüssigem CO_2 beginnt. An diesem Punkt beträgt der Druck 56,3 atm; das Molvolumen des Dampfes im Gleichgewicht mit der Flüssigkeit beträgt $V_m = 230{,}4$ cm³. Das Volumen der Flüssigkeit ergibt sich aus dem Punkt c zu $V_m = 56{,}5$ cm³. Die Linie bc nennt man eine Koexistenzlinie, da sie die Punkte verbindet, bei denen sich zwei Phasen im Gleichgewicht miteinander befinden. Auf der Isotherme bei 293,15 K steigt der Druck bis 56,3 atm an und bleibt dann konstant, bis der Dampf bei c völlig in Flüssigkeit verwandelt ist. Jeder Punkt zwischen b und c stellt einen Zweiphasenbereich dar, in dem Flüssigkeit und Dampf koexistent sind. Je nach den relativen Mengen von Flüssigkeit und Dampf kann das Volumen jeden Wert zwischen dem für den reinen Dampf (bei b) und dem für die reine Flüssigkeit (bei c) annehmen. Jenseits von c erhöhen

Das Phasendiagramm für Einkomponentensysteme 233

wir den Druck auf der reinen flüssigen Phase; diese hat eine geringe Kompressibilität, so daß die Isotherme steil ansteigt, bis sie die Schmelzpunktkurve bei d schneidet. Der Schmelzdruck bei 293,15 K beträgt 4950 atm. Die Dichten des flüssigen und festen CO_2 bei diesem Druck wurden noch nicht direkt gemessen. BRIDGMAN bestimmte jedoch die Volumenkontraktion ΔV_m beim Erstarren (von d nach e auf dem Diagramm) zu 3,94 cm$^3 \cdot$ mol^{-1}. Durch eine etwas gewagte Extra-

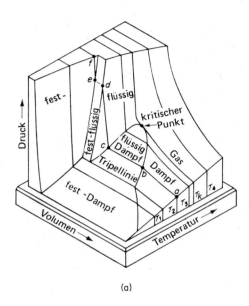

(a)

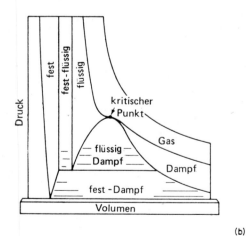
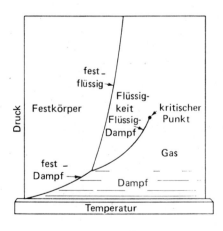

(b)

Abb. 6.1 (a) PVT-Oberfläche eines Stoffes, der sich beim Erstarren zusammenzieht. (b) Projektionen der Oberfläche auf die PT- und PV-Ebene. (Nach F. W. SEARS: *An Introduction to Thermodynamics, The Kinetic Theory of Gases and Statistical Mechanics*; Addison-Wesley, Cambridge, Mass. 1950).

polation der Werte von HOLSER und KENNEDY können wir das Molvolumen des flüssigen CO_2 im Punkt d zu etwa 35 cm³ abschätzen; hieraus würde sich das Molvolumen des festen CO_2 im Punkt e zu etwa 31 cm³ ergeben. Eine weitere Kompression wirkt sich nur noch auf das feste CO_2 aus; wir bewegen uns hierbei entlang der Linie ef (und darüber hinaus).

Abb. 6.1 zeigt auch die Projektionen der PVT-Oberfläche auf die PT- und PV-Ebenen. Zur Diskussion des Phasengesetzes verwendet man meist die PT-Projektion. Dieses Diagramm zeigt die Koexistenzkurven jeweils zweier Phasen. Bei VT- oder VP-Diagrammen werden solche Gleichgewichtszustände durch Flächenausschnitte dargestellt, da zwei Phasen, die sich im Gleichgewicht befinden, zwar denselben Druck, nicht aber dasselbe Molvolumen besitzen.

Sehr interessant ist die Feststellung, daß festes CO_2 bei extrem hohen Drücken einen Existenzbereich hat, dessen Temperaturen weit über der kritischen Temperatur des Überganges Flüssigkeit ⇌ Dampf liegen. Diese Beobachtung führte zu einer lebhaften Debatte über die Frage, ob es für den Übergang Festkörper ⇌ Flüssigkeit überhaupt einen kritischen Punkt gibt. Die besseren Argumente scheinen jene zu haben, die einen solchen kritischen Punkt verneinen. Eines von diesen ist, daß ein Übergang vom festen in den flüssigen Zustand und umgekehrt von einer Symmetrieänderung der Struktur begleitet ist; eine Kontinuität der Zustände zwischen einer symmetrischen Kristallstruktur und einer isotropen Flüssigkeit wäre also nicht möglich. Andererseits bestehen berechtigte Zweifel daran, ob die uns geläufige (und immer noch recht unvollständige) Definition des flüssigen Zustandes auch für Stoffe unter extrem hohen Drücken gültig ist.

8. Thermodynamische Analyse eines PT-Diagramms

Die thermodynamischen Potentiale zweier Phasen, die im Gleichgewicht miteinander stehen, sind gleich:

$$\mu^\alpha = \mu^\beta$$

Nun betrage das thermodynamische Potential der Phase α an einem bestimmten Punkt der PT-Kurve $\mu^\alpha(P_0, T_0)$. Hierbei ist es gleichgültig, ob Flüssigkeit und Dampf, Flüssigkeit und Festkörper, Festkörper und Dampf oder Festkörper und enantiomorphe Phase im Gleichgewicht stehen; die Thermodynamik ist in all diesen Fällen dieselbe. Unser Problem ist nun, $\mu^\alpha(P, T)$ für einen eng benachbarten Punkt zu finden. Hierzu führen wir unter Verwendung des TAYLORschen Theorems eine Reihenentwicklung von $\mu^\alpha(T, P)$ mit $\mu^\alpha(P_0, T_0)$ durch:

$$\mu^\alpha(T, P) = \mu^\alpha(T_0, P_0) + \mathrm{d}P \left(\frac{\partial \mu^\alpha}{\partial P}\right)_T + \mathrm{d}T \left(\frac{\partial \mu^\alpha}{\partial T}\right)_P + \cdots \qquad [6.17]$$

Ähnlich verfahren wir mit $\mu^\beta(T, P)$. Da die beiden Phasen α und β im Gleichgewicht stehen, ist $\mu^\alpha(T_0, P_0) = \mu^\beta(T_0, P_0)$. Wir müssen nun den Quotienten aus $\mathrm{d}P$ und $\mathrm{d}T$ bilden; es ist:

$$\mu^\alpha(P_0 + \mathrm{d}P, T_0 + \mathrm{d}T) = \mu^\beta(T_0 + \mathrm{d}T, P_0 + \mathrm{d}P)$$

Mit den ersten beiden Termen in der Reihe [6.17] erhalten wir:

$$\frac{dP}{dT} = \frac{-\left(\dfrac{\partial \mu^\alpha}{\partial T} - \dfrac{\partial \mu^\beta}{\partial T}\right)}{\left(\dfrac{\partial \mu^\alpha}{\partial P} - \dfrac{\partial \mu^\beta}{\partial P}\right)} \qquad [6.18]$$

Nun ist aber $\partial \mu^\alpha/\partial T = -S^\alpha$ und $\partial \mu^\alpha/\partial P = V^\alpha$ usw. Aus [6.18] erhalten wir dann:

$$\frac{dP}{dT} = \frac{S^\alpha - S^\beta}{V^\alpha - V^\beta} = \frac{\Delta S}{\Delta V} \qquad [6.19]$$

Hierin ist ΔS die Entropieänderung und ΔV die Volumenänderung für den betrachteten Phasenübergang. Die obige Beziehung ist nichts anderes als die bekannte CLAPEYRON-CLAUSIUSsche Beziehung. Diese wurde zuerst von dem französischen Ingenieur Clapeyron im Jahre 1834 aufgestellt und rund 30 Jahre später von Clausius auf eine solide thermodynamische Grundlage gestellt.

Wenn ΔH_t die latente Umwandlungsenthalpie ist, dann ist ΔS_t einfach $\Delta H_t/T$ ($T = $ Umwandlungstemperatur). Hiermit erhält [6.19] die folgende Form:

$$\frac{dP}{dT} = \frac{\Delta H_t}{T \Delta V_t} \qquad [6.20]$$

Diese Gleichung läßt sich auf jede Phasenumwandlung (Schmelzen, Verdampfen, Sublimieren, enantiomorphe Umwandlungen) anwenden, wenn man die jeweilige Umwandlungsenthalpie einsetzt.

Zur Integration von [6.20] müssen wir die Temperatur- und Druckabhängigkeit von ΔH_t und ΔV_t kennen[3]. Wenn die betrachtete Temperaturspanne nur klein ist, können wir sowohl ΔH_t als auch ΔV_t als konstant betrachten.

Als Beispiel wollen wir den Schmelzpunkt des Eises unter einem Druck von 400 atm abschätzen. Die Dichte von Eis bei 273,15 K und 1 atm beträgt $\varrho_s = 0{,}9168$ g cm^{-3}, die des Wassers unter denselben Bedingungen $\varrho_l = 0{,}99987$ g cm^{-3}. Die latente Schmelzwärme beträgt unter diesen Bedingungen $\Delta H_f/M = 333{,}5$ J g^{-1} = 3291 cm^3 atm g^{-1}. Unter der Annahme, daß die Werte von ΔH_f und ϱ über den betrachteten Druckbereich konstant sind, erhalten wir mit [6.20][4]:

$$\frac{\Delta T}{\Delta P} = MT\left(\frac{1}{\varrho_l} - \frac{1}{\varrho_s}\right)\bigg/\Delta H_f$$

$$\Delta T = (399 \cdot 273{,}15)\frac{1{,}00013 - 1{,}09075}{3291}$$

$$= -3{,}00 \text{ K}$$

Der Schmelzpunkt des Eises bei 400 atm wäre demnach 270,15 K.

---

[3] Eine gute Erläuterung der Temperaturabhängigkeit von ΔH_v findet sich in dem Buch von E. A. GUGGENHEIM, *Modern Thermodynamics*, Methuen, London 1933. ΔH_v ist stark temperaturabhängig; seine Druckabhängigkeit ist jedoch bei mäßigen Drücken so gering, daß sie vernachlässigt werden kann.

[4] Bei der hier folgenden Berechnung haben wir $\ln T - \Delta T/T$ durch $-\Delta T/T$ ersetzt. Es ist dann

$$\ln\left(1 - \frac{\Delta T}{T}\right) = -\frac{\Delta T}{T} - \frac{1}{2}\left(\frac{\Delta T}{T^2}\right) - \cdots$$

Der Fehler bei dieser Approximation beträgt etwa $\frac{1}{2}$%.

Für den Übergang Flüssigkeit → Dampf erhalten wir mit [6.20]:

$$\frac{dP}{dT} = \frac{\Delta H_v}{T_e(V_g - V_l)} \qquad [6.21]$$

Wenn wir das Volumen der Flüssigkeit gegenüber dem des Dampfes vernachlässigen und für den letzteren ideales Verhalten annehmen, dann ist $V_g = nRT/P$; hiermit erhalten wir aus [6.21]:

$$\frac{d\ln P}{dT} = \frac{\Delta H_v}{nRT^2} \qquad [6.22]$$

Eine ähnliche Gleichung gilt in guter Näherung auch für die Sublimationskurve. Ähnlich wie [3.54] können wir auch [6.22] umformen:

$$\frac{d\ln P}{d(1/T)} = -\frac{\Delta H_v}{nR} \qquad [6.23]$$

Wenn wir den Logarithmus des Dampfdrucks gegen $1/T$ abtragen, dann liefert uns das Produkt aus $-R$ und der Steigung der Kurve in einem beliebigen Punkt einen Wert für die molare Verdampfungsenthalpie. Da ΔH_v innerhalb kleiner Temperaturbereiche nahezu konstant ist, erhalten wir in vielen Fällen eine lineare Abhängigkeit. Diese Tatsache erweist sich auch bei der Extrapolation von Dampfdruckwerten als nützlich.

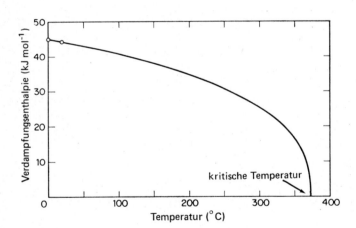

Abb. 6.2 Molare Verdampfungsenthalpie des Wassers als Funktion der Temperatur.

Über einen größeren Temperaturbereich kann die Verdampfungsenthalpie nicht konstant sein. Sie muß vielmehr mit zunehmender Temperatur abnehmen und im kritischen Punkt den Wert null erreichen. Abb. 6.2 zeigt die Temperaturabhängigkeit der molaren Verdampfungsenthalpie des Wassers.

Wenn wir ΔH_v als konstant ansehen, dann erhalten wir durch Integration von [6.23]:

$$\ln\frac{P_2}{P_1} = \frac{\Delta H_v}{nR}\left(\frac{1}{T_2} - \frac{1}{T_1}\right) \qquad [6.24]$$

Einen Näherungswert für ΔH_v kann man oft mit der TROUTONschen Regel (1884) erhalten:

$$\frac{\Delta H_v}{T_v} \simeq 92 \text{ J K}^{-1} \text{ mol}^{-1}$$

Viele unpolare Flüssigkeiten gehorchen dieser Regel recht gut. Sie entspricht der Feststellung, daß die Verdampfungsentropie für alle unpolaren Flüssigkeiten angenähert denselben Wert hat. So hat Benzol eine Verdampfungsenthalpie von 30,75 kJ mol^{-1} und eine Verdampfungstemperatur von 353 K. Dies entspricht einer Verdampfungsentropie von 88 J K^{-1} mol^{-1}.

9. Umwandlungen zweiter Art; Helium-I und Helium-II

Die mit einer latenten Umwandlungsenthalpie verknüpften Zustandsänderungen (Schmelzen, Verdampfen usw.) nennt man *Übergänge 1. Art*. Bei der Umwandlungstemperatur T_t (und bei konstantem Druck) sind die freien Energien der beiden Formen gleich; in der Steigung der GT-Kurve des betrachteten Stoffes tritt jedoch eine Diskontinuität auf. Da $(\partial G/\partial T)_P = -S$ ist, tritt auch in der ST-Kurve eine Unstetigkeit auf, wobei für den Entropiesprung bei T_t (Umwandlungsentropie) die folgende Beziehung gilt: $\Delta S = \Delta H_t/T_t$. Hierin ist ΔH_t die Umwandlungsenthalpie. Da auch die Dichten der beiden Zustände verschieden sind, tritt bei der Temperatur T_t eine Unstetigkeit ΔV auf.

Im Gegensatz zu den bisher betrachteten Umwandlungen gibt es auch solche, die nicht mit einer latenten Umwandlungswärme oder einer Dichteänderung verknüpft sind. Beispiele hierfür sind der Übergang bestimmter Metalle vom ferromagnetischen zum paramagnetischen Zustand am Curiepunkt, der Übergang bestimmter Metalle bei tiefen Temperaturen vom normalleitenden in einen supraleitenden Zustand und der Übergang des (flüssigen) Helium-I in superfluides Helium-II. In diesen Fällen ändert die ST-Kurve bei T_t ihre Steigung, zeigt aber keine Diskontinuität. Da $C_P = T\,(\partial S/\partial T)_P$ ist, muß die $C_P T$-Kurve an einer solchen Stelle eine Unstetigkeit zeigen. Eine solche Änderung nennt man eine *Umwandlung 2. Art*.

Helium zeigt bei tiefen Temperaturen einige erstaunliche Anomalitäten. Alle anderen Stoffe werden bei hinreichend niederer Temperatur unter ihrem eigenen Dampfdruck fest, Helium jedoch nicht. Bei jedem Erstarrungsvorgang gewinnen die Anziehungskräfte, z.B. van-der-Waalssche Kräfte, die Oberhand über die ziellosen Temperaturbewegungen der Atome oder Molekeln: Das System erstarrt. Beim Helium sind die Anziehungskräfte so ungewöhnlich klein, daß sie (unter normalem Druck) auch bei den tiefsten bisher erreichbaren Temperaturen keine Erstarrung des Systems herbeiführen können; sie sind also nicht in der Lage, den Einfluß der (Schmelz-)Entropie zu überwinden. Festes Helium entsteht nur unter Anwendung höherer äußerer Drücke.

Abb. 6.3 zeigt das Phasendiagramm des ^{4}He. Wenn wir entlang der Isobaren bei einem Druck von einer Atmosphäre die Temperatur verringern, dann tritt bei etwa 2 K eine Umwandlung von He-I zu He-II ein. Dies ist das einzige bekannte System, in welchem zwei flüssige Phasen desselben Stoffes koexistieren können[5].

Die Umwandlungskurve (»Koexistenzlinie«) zwischen den beiden Formen des flüssigen Heliums nennt man wegen der Ähnlichkeit mit dem griechischen Buchstaben Lambda die λ-Kurve. Flüssiges Helium-II verhält sich, *als ob* es aus zwei

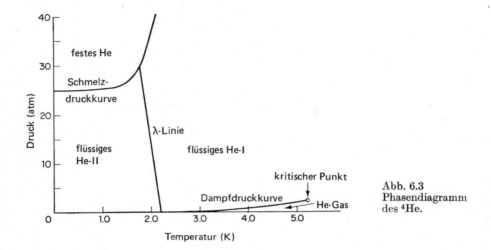

Abb. 6.3
Phasendiagramm des ^{4}He.

Flüssigkeiten zusammengesetzt wäre, die völlig frei mischbar sind und keinerlei Viskositätskräfte untereinander entfalten. Eine der Komponenten nennt man die »normale Flüssigkeit« mit der Dichte ϱ_n, die andere Komponente ist dann die »superfluide Flüssigkeit« mit der Dichte ϱ_s. Für die Dichte des flüssigen He-II gilt $\varrho = \varrho_n + \varrho_s$. Der Wert von ϱ_n nimmt von null bei 0 °K bis ϱ auf der λ-Kurve zu; umgekehrt nimmt ϱ_s vom Wert ϱ bei 0 °K bis null auf der λ-Kurve ab. Die superfluide Komponente hat eine Viskosität $\eta = 0$. Da flüssiges He-II vollständig aus gewöhnlichen ^{4}He-Atomen besteht, können wir natürlich nicht annehmen, daß es zwei physikalisch verschiedene Flüssigkeiten enthält; die Eigenschaften des He-II werden jedoch mathematisch durch solch eine Modellvorstellung repräsentiert.

Der Übergang He-II $\rightleftarrows$ He-I ist nicht von einer Umwandlungsenthalpie ΔH_t und einer Volumenänderung ΔV_t begleitet; es handelt sich also nicht um eine

---

[5] In diesem Zusammenhang muß wohl das mysteriöse *Orthowasser* oder *Polywasser* von DERJAGIN et al. erwähnt werden, das etwa die 1,5fache Dichte des gewöhnlichen Wassers, eine sehr viel höhere Viskosität und eine Art Polymerstruktur besitzen soll. [»Polywasser«, G. R. LIPPINCOTT et al., *Science* **164** (1969) 1482.] Eine solche Form des Wassers scheint, mindestens gegenwärtig, eher zu jenen *Hronir* zu gehören, von denen BORGES in seiner Erzählung »Tlön, Uqbar, Orbis Tertius« berichtet. Erwähnung verdient auch der 1963 veröffentlichte wissenschaftliche Zukunftsroman von KURT VONNEGUT, *Cats Cradle*, in dem von einer neuen Form des Wassers die Rede ist, die unglücklicherweise zusammen mit normalem Wasser beständig ist. Die Konsequenz dieser fiktiven Phasenumwandlung war die Zerstörung allen Lebens auf dieser Erde. »Eis-9 war das letzte Geschenk von Felix Hönikker an die Menschheit, bevor er seine gerechte Belohnung erhielt ... Er hatte ein kleines Stückchen Eis-9 dargestellt. Es war blauweiß. Es hatte einen Schmelzpunkt von einhundertvierzehnkommavier Grad Fahrenheit.«

gewöhnliche Umwandlung 1. Art. Wenn wir die Wärmekapazität C_V gegen T auf beiden Seiten der Umwandlungstemperatur abtragen, dann erhalten wir im λ-Punkt eine Singularität, bei der $C_V \to \infty$.
Nach der Klassifikation von EHRENFEST[6] tritt bei einer Umwandlung 2. Art ein endlicher Sprung in der $C_V T$-Kurve auf. Wegen der logarithmischen Singularität im λ-Punkt können wir den Übergang im flüssigen Helium nicht als Umwandlung 2. Art betrachten; in der Tat scheint sich dieser Übergang der Ehrenfestschen Einteilung überhaupt zu entziehen.

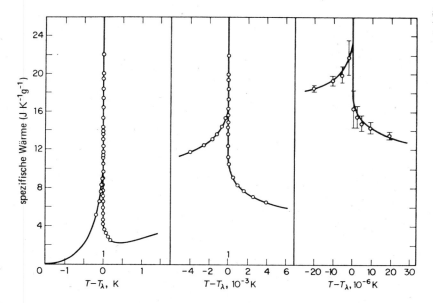

Abb. 6.4 Spezifische Wärme des flüssigen ^{4}He unter seinem eigenen Dampfdruck als Funktion der Differenz $T - T_\lambda$. Die Breite der kleinen vertikalen Linie direkt über dem Ursprung zeigt den Teil des Diagramms an, der nach starker Abszissendehnung jeweils rechts daneben noch einmal gezeigt wird. [Nach M. J. BUCKINGHAM und W. M. FAIRBANK, *Prog. Low Temp. Phys.* 3 (1961) 80.]

10. Dampfdruck und äußerer Druck

Wenn der äußere (hydrostatische) Druck auf eine Flüssigkeit erhöht wird, dann erhöht sich auch deren Dampfdruck. Bildlich gesprochen, werden bei diesem Vorgang Molekeln aus der Flüssigkeit in die Gasphase gedrückt. Abb. 6.5 zeigt eine idealisierte Anordnung mit einem Kolben, der durchlässig ist für den Dampf, jedoch undurchlässig für die Flüssigkeit. Durch diesen Kolben läßt sich unmittelbar auf die Flüssigkeit ein hydrostatischer Druck ausüben. Die thermodynamische Behandlung dieses Problems stammt von GIBBS. Wir beziehen uns wiederum auf

---

[6] Siehe z.B. M. ZEMANSKI, *Heat and Thermodynamics* (5. Aufl.), McGraw-Hill, New York 1968.

[6.17] und auf die Gleichgewichtsbedingung $\mu^g = \mu^l$. Bei konstanter Temperatur brauchen wir nur den zweiten Term in [6.17] zu berücksichtigen und erhalten hierbei:

$$dP^g \left(\frac{\partial \mu^g}{\partial P}\right)_T = dP^l \left(\frac{\partial \mu^l}{\partial P}\right)_T \qquad [6.25]$$

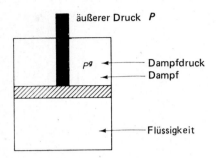

Abb. 6.5 Idealisierte Anordnung für die Ausübung von äußerem Druck auf eine Flüssigkeit durch einen Stempel, der für den Dampf der Flüssigkeit durchlässig ist.

Nach [3.49] ist $(\partial G/\partial P)_T = V_m$, dem Molvolumen einer reinen Substanz. Durch diese Substitution erhalten wir aus [6.25] die Gibbssche Gleichung:

$$V_m^g \, dP^g = V_m^l \, dP^l$$

oder

$$\frac{dP^g}{dP^l} = \frac{V_m^l}{V_m^g} \qquad [6.26]$$

Wenn sich der Dampf wie ein ideales Gas verhält, dann ist $V_m^g = RT/P^g$, und [6.26] erhält die folgende Form:

$$\frac{d\ln P^g}{dP^l} = \frac{V_m^l}{RT} \qquad [6.27]$$

Das Molvolumen von Flüssigkeiten ändert sich nur wenig mit dem Druck; wir können also die Größe V_m^l bei der Integration von [6.27] als konstant ansehen:

$$\ln \frac{P_1^g}{P_2^g} = \frac{V_m^l (P_1^l - P_2^l)}{RT} \qquad [6.28]$$

Zur Nachprüfung dieser Gleichung müssen wir den Dampfdruck der Flüssigkeit unter dem Einfluß eines äußeren hydrostatischen Druckes messen. Dies könnte grundsätzlich auf zwei Weisen geschehen: mit einer Atmosphäre eines inerten Gases oder mit einer ideal-semipermeablen Membran. In der Praxis ist zu berücksichtigen, daß sich auch chemisch indifferente Gase in der Flüssigkeit lösen können und daß reale Membranen nicht ideal-semipermeabel sind. Die Vorstellung einer ideal-semipermeablen Membran findet auch bei der theoretischen Ableitung des osmotischen Druckes Verwendung.

Als Beispiel für die Anwendung von [6.28] wollen wir den Dampfdruck von Quecksilber unter einem äußeren Druck von 1000 atm bei 373 K berechnen. Die Dichte des Quecksilbers beträgt unter normalem Druck 13,353 g cm^{-3}. Es ist also:

$$V_m^l = M/\varrho = 200{,}61/13{,}352 = 15{,}025 \text{ cm}^3$$

und

$$\ln \frac{p_1^g}{p_2^g} = \frac{15{,}025\,(1000 - 1)}{82{,}05 \cdot 373{,}2} = 0{,}4902$$

Hieraus berechnet sich $p_1^g/p_2^g = 1{,}633$. Der Dampfdruck des Quecksilbers bei 1 atm beträgt 0,273 Torr; der berechnete Dampfdruck bei 1000 atm beträgt demnach 0,455 Torr.

11. Statistische Theorie der Phasenumwandlungen

Eines der schwierigsten und zugleich faszinierendsten Probleme der heutigen theoretischen Chemie ist die Ableitung einer quantitativen Theorie für Zustandsänderungen. Die auf Phasenumwandlungen anwendbaren thermodynamischen Beziehungen sind völlig klar, liefern aber für die Zahlenwerte der Schmelzpunkte, Siedepunkte, kritischen Konstanten, Umwandlungsenthalpien und anderen Größen dieser Art keine Erklärung auf der Basis der molekularen Wechselwirkungskräfte und der statistischen Eigenschaften der molekularen Gesamtheit. Ein System geht bei einer isobaren Phasenumwandlung, ganz allgemein ausgedrückt, von einem Zustand niederer Enthalpie H und Entropie S in einen Zustand mit höherem H und S über; die Differenzen dieser Größen bezeichnen wir mit ΔH_t und $\Delta S_t = \Delta H_t/T$. Im Gleichgewicht gilt bei konstantem T und P:

$$\Delta G = 0 = \Delta H - T \Delta S$$

und damit

$$\Delta S_t = \Delta H_t/T_t$$

Der Übergang in einen Zustand höherer Energie ist eng verknüpft mit einer Abnahme der molekularen Ordnung, also mit einer Zunahme der Entropie des Systems. Im Gleichgewicht halten sich die beiden treibenden Kräfte genau die Waage, so daß für die molare freie Enthalpie der Phasen α und β in diesem Fall gilt: $G_m^\alpha = G_m^\beta$.

Die Veränderung der freien Enthalpie bei einer Phasenumwandlung 1. Art, dem Schmelzen eines Kristalls, zeigt Abb. 6.6. Der Übergangspunkt ist durch einen scharfen Knick in der Steigung der GT-Kurve gekennzeichnet. Die Funktion $G(T)$ besitzt also an der Stelle der Phasenumwandlung einen *singulären Punkt*.

Die statistisch-thermodynamische Behandlung von Phasenumwandlungen geschieht in zwei Schritten. Im ersten Schritt wird eine Funktion für die potentielle Wechselwirkungsenergie zwischen den Molekeln, Atomen oder Ionen im System aufgestellt. Im Prinzip lassen sich diese potentiellen Energien quantenmechanisch berechnen. Eine solche Berechnung ist jedoch meist zu schwierig, weshalb man die Potentialfunktionen oft mit empirischen Daten erstellt. Beispiele hierfür sind die

LENNARD-JONES-Potentiale bei nichtidealen Gasen. Ein solches Lennard-Jones-Potential liefert uns eine einfache Beziehung für die Wechselwirkung zwischen Molekelpaaren (dies gilt natürlich auch für Paare von Atomen oder Ionen).

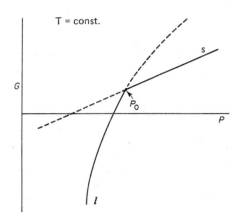

Abb. 6.6 Gibbssche freie Energie als Funktion des Drucks (bei konstantem T) für einen Schmelzvorgang. Die durchgehende Linie stellt die freie Enthalpie der stabilen, die gestrichelte Linie die extrapolierten Werte von G für die metastabile Phase dar. Der Punkt P_0 repräsentiert den Schmelzdruck des Kristalls bei der Temperatur T.

Die Annahme von Wechselwirkungskräften zwischen Molekelpaaren stellt nur eine erste Näherung dar, die für Teilchen in dichteren Medien nicht mehr gilt. In Flüssigkeiten oder Gasen bei höherem Druck wird die Wechselwirkungsenergie zwischen den Spezies i und j durch die Gegenwart anderer Teilchen $k, l \ldots$ modifiziert. Die Potentiale werden also komplizierte Funktionen verschiedener zwischenmolekularer Abstände. Wir begegnen hier einem *Vielkörperproblem* mit all seinen mathematischen Schwierigkeiten. Eine besonders in der Theorie des festen Zustandes auftretende, gravierende Schwierigkeit ist, daß sich die Energie des Systems nicht immer durch die Wechselwirkungsenergie zwischen definierten Teilchen ausdrücken läßt. In vielen Fällen müssen wir *kollektive Wechselwirkungen* annehmen, die sich über das gesamte System erstrecken. In der Theorie der Metalle z. B. wirken die Elektronen kollektiv als eine Art negativ geladenen Plasmas und nicht als individuelle Teilchen.

Der zweite Schritt bei der theoretischen Behandlung von Phasenänderungen ist die Berechnung einer Verteilungsfunktion für das System aus wechselwirkenden Teilchen; wenn die Funktion korrekt ist, müssen sich mit ihr Phasenumwandlungen vorhersagen lassen. Ein Beispiel für eine solche statistische Behandlung ist die Arbeit von JOSEPH MAYER über die Theorie der Kondensation. Mayer konnte zeigen, daß die Funktion $G(P, T)$ unterhalb einer bestimmten Temperatur notwendigerweise eine Singularität besitzt, wenn der Ausdruck für die Wechselwirkungsenergie sowohl einen anziehenden als auch einen abstoßenden Term enthält. Diese Singularität konnte dann als die kritische Temperatur T_c identifiziert werden.

Wir können selbst die einfache VAN-DER-WAALSsche Gleichung benützen, um den Phasenübergang Dampf $\rightleftharpoons$ Flüssigkeit anzuzeigen. Wir erinnern uns daran, daß die van-der-Waalssche Funktion im Zweiphasenbereich ein Maximum und ein Minimum besitzt (Abb. 6.7). Wir mögen diesen eigentümlichen Verlauf als den verzweifelten Versuch der van-der-Waalsschen Kurve in diesem Bereich auffassen, einen Phasenübergang darzustellen; die Abschnitte der Kurve, für die

$(\partial P/\partial V)_T > 0$ ist (Zunahme des Drucks bei Expansion), besitzen natürlich keine physikalische Realität. Das van-der-Waalssche Modell ist also viel zu einfach, um die scharfen Diskontinuitäten eines Phasenübergangs wiedergeben zu können. Dennoch können wir die Endpunkte des Zweiphasenbereichs durch die Bedingung finden, daß die schraffierte Fläche über der Verbindungslinie AB gleich der entsprechenden Fläche unterhalb der Verbindungslinie sein muß. Diese Bedingung ergibt sich einfach aus der Gleichheit der freien Enthalpie für Flüssigkeit und Dampf, die sich im Gleichgewicht befinden:

$$G^g = G^l$$

oder

$$\Delta G = G^g - G^l = 0$$

Nun ist auch

$$\Delta G = \int_l^g V \, dP$$

Durch Anwendung der Regel für partielle Integration erhalten wir:

$$\int_l^g V \, dP = P_e (V^g - V^l) - \int_l^g P \, dV = 0$$

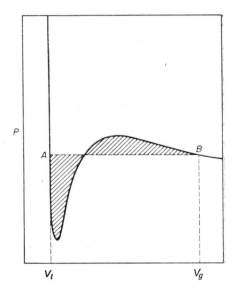

Abb. 6.7 Berechnung des Phasenüberganges Flüssigkeit ⇄ Dampf durch die van-der-Waalssche Gleichung. Die hier gezeigte Isotherme ist die von CO_2 bei 253 K. Die Punkte A und B sind durch die Bedingung festgelegt, daß die beiden schraffierten Flächen gleich sein müssen.

Hierin ist P_e der Gleichgewichtsdruck für das System aus Flüssigkeit und Dampf. Abb. 6.7 zeigt, daß dieser Ausdruck gerade der Differenz zwischen den beiden schraffierten Flächen in der van-der-Waalsschen Kurve entspricht, mit anderen Worten: Die Flächen oberhalb und unterhalb der Verbindungslinie sind gleich.

Es ist $A = -kT \ln Z$ und $G \equiv A + PV$; die Singularität in der Funktion der freien Energie im Übergangspunkt entspricht also einer Singularität in der Verteilungsfunktion Z [5.36].

Die mathematische Schwierigkeit bei der Behandlung eines Phasenübergangs konzentriert sich auf die Frage, wie eine augenscheinlich kontinuierliche Funktion wie Z plötzlich eine Singularität erleiden kann. Wenn Z nämlich einfach die Summe über einer begrenzten Anzahl $\mathcal{N}$ von Exponentialausdrücken wäre, $Z = \Sigma \, e^{-E_i/kT}$, dann würde diese Funktion in der Tat niemals zu einer solchen Singularität führen. Dieses wichtige Theorem wurde von VAN HOVE bewiesen. Nur wenn wir in unserer statistisch-mechanischen Formulierung der thermodynamischen Funktionen an die Grenze $\mathcal{N} \to \infty$ gehen, hier also:

$$A = \lim_{\mathcal{N} \to \infty} -kT \ln \sum_{i=0}^{\mathcal{N}} e^{-E_i/kT}$$

dann tritt die mathematische Möglichkeit eines Phasenüberganges auf. Der Phasenübergang ist ein *kooperatives Phänomen*. Wenn ein kleiner Bereich in einem Kristall schmilzt, dann breitet sich bei weiterer Energiezufuhr der Bereich der Unordnung »wie ein Waldbrand« im gesamten Kristall aus, so daß selbst der zu einem bestimmten kleinen Bereich am weitesten entfernte Teil des Systems zum thermodynamischen Zustand des Systems in eben jenem kleinen Bereich beiträgt. Der Ordnungszustand des Systems ändert sich plötzlich und scharf, eben weil es sich um eine kooperative Eigenschaft des gesamten Systems handelt.

Die theoretische Behandlung des Kondensationsvorganges durch Mayer geschah auf der Basis der Theorie imperfekter Gase. Das Problem der Phasenübergänge läßt sich jedoch auch so behandeln, daß man von einem Modell des festen Zustandes ausgeht, in welchem die Molekeln sich an festen Gitterplätzen befinden. Solche Gittermodelle wurden auch auf Flüssigkeiten, ja selbst auf Gase angewandt. Einige statistische Mechaniker, entschlossen, ein mathematisches Modell zu finden, haben selbst dem Modell des »eindimensionalen Gasgitters« beträchtliche Aufmerksamkeit gewidmet. Das grundlegende Modell für alle diese Gittertheorien wurde ursprünglich von E. ISING bei der Behandlung des Ferromagnetismus geliefert[7].

Ein zweidimensionales Isingmodell zeigt Abb. 6.8. Die Pfeile in (b) stellen die Richtung von Elektronenspins dar. Das Isingsche Problem bestand nun darin, aus einem vorgegebenen Gesetz für die Wechselwirkung zwischen den kleinen Magneten die Magnetisierung des Systems als Funktion von T abzuleiten. Hier sehen wir wieder, daß es bei der Berechnung der Zahl von Konfigurationen für jeden Satz von Spinzuständen ein kombinatorisches Problem gibt. Die Entropie bei der Desorientierung der Spins konkurriert mit der Anziehungsenergie der Elementarmagnete. Deshalb muß eine Temperatur T existieren, bei der ein Übergang vom geordneten (magnetisierten) zum ungeordneten (demagnetisierten) Zustand stattfindet.

---

[7] *Z. Physik 31* (1925) 223.

In Kapitel 11 werden wir bei der Ableitung der Isothermen für die Adsorption eines Gases an die Gitterplätze einer festen Oberfläche eine Lösung des eindimensionalen Isingproblems geben. Eine eindimensionale Behandlung führt uns allerdings nicht zu einem Phasenübergang, da in diesem Fall keine Ordnung über einen größeren Bereich möglich ist. Das Phänomen eines Phasenüberganges taucht zuerst beim zweidimensionalen Problem auf. Die mathematische Lösung wurde

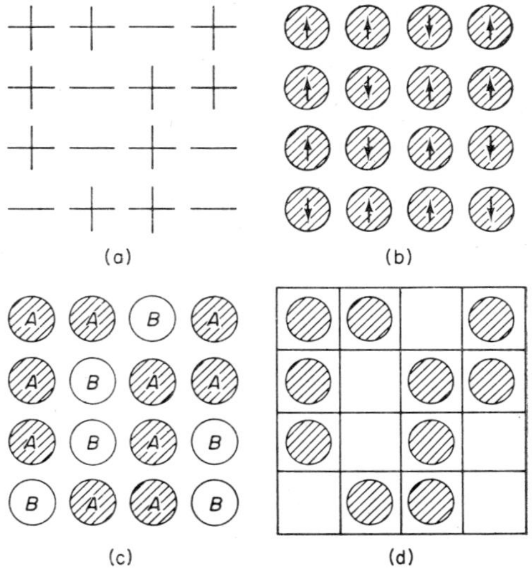

Abb. 6.8 Gittermodell nach ISING. Die Konfiguration (a) kann bedeuten: (b) eine bestimmte Anordnung von Spins, (c) eine Anordnung von Atomen in einer binären Legierung, (d) die Konfiguration eines »Gasgitters«. (Nach J. M. ZIMAN, *Principles of the Theory of Solids*, Cambridge University Press, 1964.)

von LARS ONSAGER 1944 für den Fall $X_A = X_B = \frac{1}{2}$ (gleiche Zahl von positiven und negativen Spins) gegeben. Trotz intensiver Bemühungen durch theoretische Chemiker und Mathematiker wurde das dreidimensionale Problem noch nicht gelöst. Falls sich eine Lösung erzielen ließe, dann würde dies sehr wahrscheinlich einen Durchbruch in Richtung auf eine mathematische Theorie der Phasenübergänge bedeuten.

12. Umwandlungen in Festkörpern: Der Schwefel

Schwefel stellt das klassische Beispiel eines Einkomponentensystems dar, das enantiotrope fest-fest-Umwandlung zeigt. Das von MITSCHERLICH im Jahre 1821 gefundene Phänomen der *Polymorphie* besteht im Auftreten ein und derselben chemischen Substanz in zwei oder mehreren, kristallographisch unterscheidbaren Formen. Bei Elementen spricht man von *Allotropie*.
Schwefel tritt in einer rhombischen und in einer monoklinen Form auf (Abb. 6.9). Die Ordinate (Druck) in diesem Diagramm ist logarithmisch, um die Bereiche niederen Druckes deutlich zu machen.

Die Kurve AB ist die Dampfdruckkurve des festen, rhombischen Schwefels. Sie schneidet bei B die Dampfdruckkurve BE des monoklinen Schwefels und ebenso die Umwandlungskurve BD (Koexistenzkurve für rhombischen und monoklinen Schwefel). Dieser Schnittpunkt B bedeutet zugleich den Tripelpunkt, bei welchem rhombischer und monokliner Schwefel sowie Schwefeldampf koexistieren. Da wir drei Phasen und eine Komponente haben, gilt nach dem Phasengesetz: $f = c - p + 2 = 3 - 3 = 0$; bei B ist das System also invariant. Am Tripelpunkt herrscht ein Druck von 0,01 mm Hg und eine Temperatur von 368,7 K.

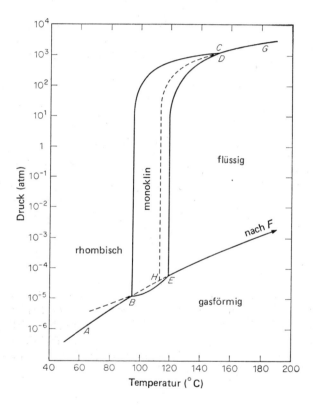

Abb. 6.9 Phasendiagramm des Schwefels.

Die Dichte des monoklinen Schwefels ist geringer als die des rhombischen, die Umwandlungstemperatur ($S_r \to S_m$) nimmt also gleichsinnig mit dem Druck zu. Monokliner Schwefel schmilzt unter seinem eigenen Dampfdruck von 0,025 mm bei 393,2 K (E im Diagramm). Die Dampfdruckkurve des flüssigen Schwefels reicht von E bis zum kritischen Punkt F. Ebenfalls von E aus geht die Schmelzdruckkurve ED des monoklinen Schwefels. Die Dichte des flüssigen ist geringer als die des monoklinen Schwefels; dies ist für fest-flüssig-Umwandlungen der Normalfall. Die Kurve ED neigt sich also nach rechts. Der Punkt E ist ein weiterer Tripelpunkt, in dem monokliner, flüssiger und dampfförmiger Schwefel im Gleichgewicht stehen.

Die Steigung der Kurve BD ist größer als die von ED, beide Kurven schneiden sich im Punkt D. Dies ist der dritte Tripelpunkt in diesem Diagramm; er symbolisiert die Koexistenz von rhombischem, monoklinem und flüssigem Schwefel. Bei D herrscht eine Temperatur von 428 K und ein Druck von 1290 atm. Bei noch höheren Drücken stellt der rhombische Schwefel wieder die stabile Modifikation dar: DG ist die Schmelzdruckkurve des rhombischen Schwefels in diesem Hochdruckbereich. Der monokline Schwefel stellt nur in dem Bereich BED die stabile Modifikation dar.

Außer den stabilen Gleichgewichten (durchgezogene Linien) lassen sich einige metastabile Gleichgewichte leicht beobachten. Bei schnellem Erhitzen findet der rhombische Schwefel keine Zeit zur Umlagerung; er überschreitet also den Punkt B ohne enantiomorphe Umwandlung. Der so über den Umwandlungspunkt hinweggerettete rhombische Schwefel schmilzt bei 387 K (Punkt H). Das Kurvenstück EH stellt die Dampfdruckkurve des metastabilen, unterkühlten flüssigen Schwefels dar. Von H nach D erstreckt sich die Schmelzdruckkurve des metastabilen rhombischen Schwefels. H ist ein metastabiler Tripelpunkt; in ihm sind rhombischer, flüssiger und dampfförmiger Schwefel koexistent.

Zwischen festen Phasen stellt sich das Gleichgewicht nur sehr langsam ein. Alle diese metastabilen Gleichgewichte lassen sich daher ziemlich leicht untersuchen.

13. Untersuchungen bei hohen Drücken

Unsere Einstellung zur physikalischen Welt wird durch die Größenordnungen bestimmt, die unsere irdische Umgebung liefert. Wir neigen zum Beispiel dazu, Drücke oder Temperaturen relativ zum Luftdruck von 10^5 N·m^{-2} und der Temperatur von 293 K an einem sonnigen Frühlingstag im Laboratorium als hoch oder niedrig zu bezeichnen, – ungeachtet der Tatsache, daß fast die ganze Materie des Universums unter Bedingungen vorliegt, die von diesen extrem abweichen. Unsere Erde ist bestimmt kein besonders großer astronomischer Körper, und dennoch herrscht in ihrem Zentrum ein Druck von etwa 4000 kbar (1 Kilobar $= 10^8$ N m$^{-2} = 1{,}01325 \cdot 10^3$ atm). Bei einem solchen Druck zeigen alle Stoffe Eigenschaften, die von den uns vertrauten Eigenschaften stark abweichen. Noch extremer werden die Verhältnisse, wenn wir uns Fixsternen zuwenden. Im Zentrum eines verhältnismäßig kleinen unter diesen, nämlich unserer Sonne, herrscht ein Druck von etwa 10^7 kbar.

Die Pionierarbeit von GUSTAV TAMMANN über Messungen bei hohen Drücken wurde durch P. W. BRIDGMAN und seine Mitarbeiter an der Harvard-Universität fortgesetzt und beträchtlich erweitert. Es wurden Drücke bis zu 400 kbar erreicht und Methoden entwickelt, die die Messung von Stoffeigenschaften bis zu Drücken von 100 kbar erlauben[8]. Solch hohe Drücke ließen sich nur durch die Konstruktion

---

[8] Einzelheiten sind nachzulesen in P. W. BRIDGMAN, *The Physics of High Pressures*, Bell & Co., London 1949, und in seinem Übersichtsartikel, *Rev. Mod. Phys.* 18 (1946) 1. Eine Übersicht über neuere Entwicklungen findet sich in *High Pressure Physics and Chemistry*, Hrsg. R. S. BRADLEY, Academic Press, New York 1963.

von Druckbehältern aus Speziallegierungen wie »Carboloy« (Wolframcarbid, eingebettet in Kobalt) erzielen. Bei der Mehrkammertechnik wird der Behälter für die zu untersuchende Substanz in einen weiteren Behälter eingeschlossen. Anschließend wird der innere Behälter sowohl von innen als auch von außen unter Druck gesetzt, üblicherweise durch hydraulische Pressen. Auf diese Weise wird erreicht, daß die Druckdifferenz, die die Wand des inneren Behälters aushalten muß, nur etwa 50 kbar beträgt, wogegen der absolute Druck im Inneren dieses Behälters 100 kbar erreicht.

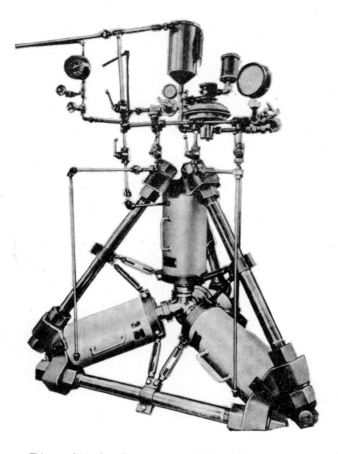

Abb. 6.10 Der tetraedrische Amboß für Untersuchungen bei hohen Drücken und Temperaturen.

Die praktische Grenze jeder Mehrstufenpresse ist bald erreicht, da der Maximaldruck zwar linear mit der Zahl der Stufen, die Masse der gesamten Preßvorrichtung jedoch exponentiell zunimmt. Die meisten modernen Ultrahochdruckpressen beruhen daher auf dem Prinzip, daß ein Teil der mechanischen Kraft, die den Druck hervorruft, gleichzeitig die gesamte Anordnung zusammenzwingt. Ein besonderer Vorzug solcher Vorrichtungen ist, daß Preßstempel auf der Basis von Metallcarbiden nicht durch Materialfluß, sondern durch Bruch unter Scherbeanspruchung ausfallen; letzterer kann aber auf ein Minimum reduziert werden.

Als Drucküberträger hat sich dabei besonders der »Pyrophyllit« (»Wunderstein«) bewährt, ein hydratisiertes Aluminiumsilikat, das den angewandten Druck ohne zu große Reibungsverluste überträgt und unter den meisten Arbeitsbedingungen stabil ist.

Eine besonders gleichmäßige Kraftwirkung auf den inneren Stempel gewährleistet die in Abb. 6.10 gezeigte, von TRACY HALL entworfene Hochdruckpresse (»tetraedrischer Amboß«). Bei einem Vorrücken der vier Einzelstempel wird etwas Pyrophyllit zwischen die Amboßflächen gepreßt; hierdurch werden die Carbidflächen im Bereich höchster Drücke durch eine gleichmäßigere Druckverteilung geschützt. Mit einer solchen tetraedrischen Presse wurden synthetische Diamanten zum ersten Mal kommerziell hergestellt.

Bei Umgebungstemperatur ist Graphit bis zu einem Druck von etwa 20 kbar die stabilere Modifikation des Kohlenstoffs. Diamant läßt sich durch Kompression von Graphit bei höheren Temperaturen herstellen[9]. Abb. 6.11a zeigt das Phasendiagramm des Kohlenstoffs. Es ließ sich abschätzen, daß für eine Umwandlung innerhalb vernünftiger Zeiträume Drücke von etwa 200 kbar und Temperaturen von etwa 4000 K notwendig sein würden. Diesen Bedingungen hält kein Konstruktionsmaterial stand. Durch die Verwendung von Metallkatalysatoren wie Tantal oder Kobalt läßt sich jedoch schon bei 70 kbar und 2300 K eine rasche Umwandlung von Graphit in Diamant erzielen.

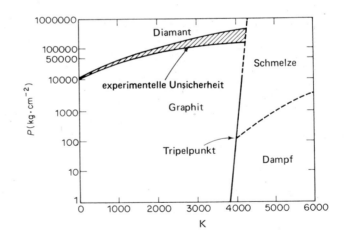

Abb. 6.11a Das Phasendiagramm des Kohlenstoffs mit logarithmischer Druckskala.

Die höchsten Drücke im Laboratoriumsmaßstab (bis etwa 2000 kbar) erhält man durch dynamische Methoden, bei denen eine chemisch oder physikalisch (durch plötzliche Expansion eines komprimierten Gases) ausgelöste Explosion eine Schockwelle auslöst, die durch das zu komprimierende Material läuft. Durch die Trägheit der Atome oder Molekeln des zu komprimierenden Materials entsteht beim Zusammenprall zwischen den hochbeschleunigten Explosionsprodukten (meist unter Verwendung einer Überträgerscheibe) mit dem Untersuchungs-

[9] F. B. BUNDY, *J. Chem. Phys.* **38** (1963) 631.

material innerhalb weniger Mikrosekunden ein extrem hoher Druck, der anschließend als Druckwelle durch das Material läuft. Hierbei nehmen die Teilchen des Materials kurzfristig auch sehr hohe Geschwindigkeiten an. Die Veränderungen im Material, insbesondere seine Bewegungen, werden durch Hochgeschwindigkeits-

Abb. 6.11 b   Synthetische Diamanten in einer Graphitmatrix.
(Aufnahme der General Electric Research Laboratories.)

photographie verfolgt; aus den so erhaltenen Daten kann man den Maximaldruck berechnen. Im Jahre 1961 konnten B. J. ALDER und R. M. CHRISTIAN[10] beweisen, daß sich in Graphit bei höherer Temperatur nach dem Durchlaufen einer Schockwelle Diamant gebildet hatte. ALDER stellte fest: »Wir waren für eine Mikrosekunde lang Millionäre.«
Hochdruckmessungen an Wasser führten zu interessanten Resultaten (Phasendiagramm der Abb. 6.12). Der Schmelzpunkt gewöhnlichen Eises (Eis I) sinkt mit steigendem Druck bis auf einen Wert von $-22{,}0$ °C bei 2040 atm. Weitere Erhöhung des Druckes bewirkt eine Umwandlung von Eis-I in eine neue Modifikation, Eis-III, deren Schmelztemperatur mit dem Druck zunimmt. Es wurden

[10] B. J. ALDER und R. M. CHRISTIAN, *Phys. Rev. Letters* 4 (1961) 450.

insgesamt sechs verschiedene polymorphe Modifikationen des Eises gefunden. Fünf Tripelpunkte finden sich im Phasendiagramm des Wassers. Eis-VII ist eine bei extrem hohen Drücken stabile Form des Wassers, die auf diesem Diagramm nicht gezeigt wird. Unter einem Druck von 20 kbar gefriert flüssiges Wasser bei einer Temperatur von 100 °C. Aus den Arbeiten von TAMMANN geht auch die Existenz einer Modifikation IV des Wassers hervor; sie wird in diesem Diagramm nicht gezeigt, da ihre Existenz von BRIDGMAN nicht bestätigt werden konnte.
Sehr hohe Drücke erzeugen nicht nur physikalische, sondern auch chemische Effekte. So konnte DRICKAMER[11] zeigen, daß kristalline Fe^{3+}-Verbindungen bei Drücken von 100···300 kbar reversibel zu Fe^{2+}-Verbindungen reduziert werden.

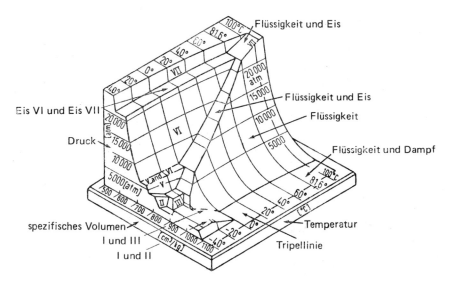

Abb. 6.12 PVT-Oberfläche des Wassers. (Nach ZEMANSKY übernommen aus D. EISENBERG und W. KAUZMANN, *The Structure and Properties of Water*, Oxford University Press, Oxford 1969.)

Polymerisationen verlaufen unter mehr oder weniger starker Volumenkontraktion; sie lassen sich unschwer durch hohe Drücke auslösen.
Wichtige geochemische Probleme beruhen auf der Messung der Hochdruckeigenschaften von Mineralien. Wie Eisberge im Ozean, so schwimmen Gebirge in einer »See« plastischen Gesteins, das unter dem Gebirgsdruck flüssig bleibt. Die Diskontinuität zwischen den leichteren Mineralien der Erdkruste und den darunterliegenden dichteren Materialien nennt man nach MOHOROVIČIČ die M-Diskontinuität. Diese liegt unter den Kontinenten in einer Tiefe von etwa 40 km; am Grunde des Ozeans fände man sie jedoch nur 7···10 km tiefer. Die M-Diskontinuität wurde durch die plötzliche Erhöhung der Geschwindigkeit seismischer Wel-

---

[11] H. G. DRICKAMER, G. K. LEWIS, S. C. FUNG, *Science* **163** (1969) 885.

len in bestimmten Tiefen entdeckt. Frühere Theorien nahmen eine sprunghafte Änderung der Zusammensetzung der Mineralien an der M-Diskontinuität an. Nach der augenblicklich favorisierten Hypothese ist sie jedoch auf einen Phasenübergang zwischen kristallinen Silikaten niederer Dichte wie *Albit* zu Silikaten hoher Dichte wie *Jadeit* zurückzuführen. Innerhalb eines relativ schmalen Tiefenbereiches erhöht sich die Dichte von etwa 2,95 auf 3,30 g cm^{-3}; das dichtere Material ist natürlich das bei höherem Druck stabilere. Der Umwandlungsdruck liegt, je nach der Temperatur, bei 15$\cdots$20 kbar. Nach dieser Theorie ist die M-Diskontinuität einfach ein natürlicher Ausdruck der PT-Umwandlungskurve für diese zwei Arten von Mineralien, also eine Art von geologischem Phasendiagramm. Gebirgsbildung würde hiernach auftreten, wenn großräumige Temperaturverschiebungen unter der Oberfläche ein plötzliches Absinken des stabilen Niveaus der Phasenumwandlung (Koexistenzfläche) zur Folge hätte. Hierbei müßte sich sehr viel neues Material niederer Dichte bilden. Eine Temperaturänderung von 10% an der M-Diskontinuität würde das Gleichgewicht so weit verschieben, daß sich Gebirge von der Höhe der Alpen bilden würden. Gibt es aber wirklich Vorgänge, die eine Temperaturänderung dieses Ausmaßes hervorrufen würden? Nach den gegenwärtig diskutierten Theorien könnte die Vertikalkonvektion heißen Gesteins in äußeren Schichten hinreichend große Temperaturveränderungen erzeugen. Eine solche Fluktuation kann jedoch nicht plötzlich auftreten, sondern wird geologische Zeiträume in Anspruch nehmen, also Millionen Jahre.

7. Kapitel
Lösungen

> *Im Winter des Jahres 1729 setzte ich Bier, Wein, Essig und Salzwasser in großen offenen Gefäßen dem Frost aus; dieser verwandelte nahezu alles Wasser in diesen Flüssigkeiten in eine weiche, schwammige Art von Eis und vereinigte so den starken Geist der vergorenen Flüssigkeiten. Nach dem Durchstoßen des Eises konnte der Spiritus abgegossen und so von dem Wasser getrennt werden, das zuvor den Geist verdünnt hatte. Je intensiver der Frost ist, um so vollkommener ist diese Trennung: So können wir sehen, daß die Kälte das Wasser unfähig macht, Alkohol und den Geist des Essigs zu lösen; es ist wahrscheinlich, daß die stärkstmögliche Kälte in der Natur dem Wasser all seine lösende Kraft rauben würde.*
>
> HERMANN BOERHAAVE
> Elemente der Chemie, 1732

Unter einer Lösung versteht man eine beliebige Phase, die mehr als eine Komponente enthält. Diese Phase kann gasförmig, flüssig oder fest sein. Gase sind in beliebigen Verhältnissen mischbar, sofern sie nicht unter Bildung kondensierter Phasen chemisch miteinander reagieren. Flüssigkeiten sind oft befähigt, Gase, feste Stoffe oder andere Flüssigkeiten zu lösen. Je nach den gegenseitigen Löslichkeitsbeziehungen in dem betrachteten System kann die Zusammensetzung dieser flüssigen Lösungen über einen weiteren oder engeren Bereich verändert werden. Feste Lösungen bilden sich bei der Auflösung eines Gases, einer Flüssigkeit oder eines anderen Festkörpers in einem festen Stoff. Sie sind oft durch sehr beschränkte Konzentrationsbereiche charakterisiert, obwohl binäre Systeme bekannt sind, bei denen beide Komponenten in beliebigen Verhältnissen mischbar sind. Beispiele hierfür sind Silber und Gold oder Kupfer und Nickel.

1. Konzentrationsmaße

Das für theoretische Diskussionen am meisten verwendete und auch bequemste Maß für die Zusammensetzung eines Systems sind die *Molenbrüche* der einzelnen Komponenten. Wenn eine Lösung n_A Mole der Komponente A, n_B Mole der Komponente B, n_C Mole der Komponente C usw. enthält, dann gilt für den Molenbruch der Komponente A:

$$X_A = \frac{n_A}{n_A + n_B + n_C + \cdots} \qquad [7.1]$$

Für ein System aus nur zwei Komponenten gilt:

$$X_A = \frac{n_A}{n_A + n_B}$$

Die *Molalität* m_B einer Komponente B in einer Lösung ist definiert als die Zahl der Mole der Komponente B in 1 kg irgendeiner anderen Komponente, die als Lösemittel dient. Da man eine Lösung bestimmter Molalität leicht durch genaues Einwägen herstellen kann, hat auch dieses Konzentrationsmaß seine Vorzüge. Zwischen der Molalität m_B und dem Molenbruch X_B einer Komponente B in einem binären System, in dem die Komponente A (das Lösemittel) die Molmasse M_A (kg mol^{-1}) besitzt, besteht folgende Beziehung:

$$X_B = \frac{m_B}{(1/M_A) + m_B} = \frac{m_B M_A}{1 + m_B M_A} \qquad [7.2]$$

Wenn in verdünnten Lösungen das Produkt $m_B M_A \ll 1$ ist, dann wird der Molenbruch proportional der Molalität: $X_B \approx m_B M_A$.

Unter der *Konzentration* (*Molarität*) einer Komponente B in einer Lösung versteht man die in einem Einheitsvolumen der Lösung enthaltene Menge der betrachteten Komponente: $c = n/V$. Für bestimmte Zwecke wird als Konzentrationsmaß einfach die Zahl der Teilchen (Atome, Ionen oder Molekeln) pro Volumeneinheit gewählt: $C = N/V$. Für eine Lösung aus zwei Komponenten, in der M_A und M_B die Molmassen von Lösemittel und gelöstem Stoff und ϱ die Dichte der Lösung bedeuten, gilt (c in mol · dm^{-3}):

$$X_B = \frac{c_B}{(\varrho - c_B M_B)/M_A + c_B} = \frac{c_B M_A}{\varrho + c_B (M_A - M_B)} \qquad [7.3]$$

In stark verdünnten Lösungen ist $\varrho \approx \varrho_A$, der Dichte des reinen Lösemittels, und es ist $c_B (M_A - M_B) \ll \varrho_A$; dann gilt:

$$X_B \approx \frac{c_B M_A}{\varrho_A}$$

Bezeichnung	Symbol	Definition	Internationale Einheit
Konzentration	c	Menge an Solvendum in der Volumeneinheit der Lösung	mol dm^{-3}
Molalität	m	Menge an Solvendum in der Masseneinheit des Solvens	mol kg^{-1}
Volumenmolalität	m'	Menge an Solvendum in der Volumeneinheit des Solvens	mol dm^{-3}
Massenprozent	%	Masse des Solvendums in 100 Masseneinheiten der Lösung	dimensionslos
Molenbruch	X_A	Quotient aus der Menge der Komponente A und der Menge aller Komponenten	dimensionslos

Tab. 7.1 Die Zusammensetzung von Lösungen

Partielle molare Größen: partielles Molvolumen 255

In einem solchen Fall ist also der Molenbruch nahezu proportional der Molarität. Für verdünnte wäßrige Lösungen gilt $\varrho \approx \varrho_A \approx 1$, so daß die Molarität nahezu gleich der Molalität wird.

Da sich die Dichte einer Lösung mit der Temperatur ändert, muß sich nach [7.3] auch die Molarität c_B mit der Temperatur ändern. Andererseits sind die Molalität m_B und der Molenbruch X_B temperaturunabhängig [7.2].

Tab. 7.1 gibt eine Zusammenfassung der Methoden zur Beschreibung der Zusammensetzung von Lösungen. Hierin wurden die neueren internationalen Konzentrationseinheiten verwendet.

2. Partielle molare Größen: partielles Molvolumen

Die Gleichgewichtseigenschaften von Lösungen werden durch thermodynamische Zustandsfunktionen wie P, V, T, U, S, G oder H beschrieben. Eines der wichtigsten Probleme in der Theorie der Lösungen ist, wie diese Eigenschaften von der Konzentration der verschiedenen Komponenten abhängen.

Wir wollen eine Lösung aus n_A Molen der Komponente A und n_B Molen der Komponente B betrachten. Das Volumen V der Lösung sei so groß, daß die Zugabe eines weiteren Mols A oder B die Konzentration der Lösung nicht merklich verändert. Wir geben nun ein Mol A zu dieser großen Menge an Lösung und messen die Volumenzunahme der Lösung bei konstanter Temperatur und konstantem Druck. Diese auf ein Mol A bezogene Volumenzunahme nennen wir das *partielle Molvolumen* von A in der Lösung bei festgelegten Werten für Druck, Temperatur und Zusammensetzung. Das partielle Molvolumen erhält das Symbol V_A^m.

Wir haben für das *Molvolumen* eines reinen Stoffes A und für das *partielle Molvolumen* von A in einer Lösung ein sehr ähnliches Symbol verwendet. In der Tat wird ja das partielle Molvolumen für eine reine Komponente zum Molvolumen. Eine Verwechslung zwischen diesen beiden Größen kann nur sehr selten auftreten. In einem solchen Falle wollen wir das Molvolumen des reinen Stoffes A mit $V_A^\bullet$ bezeichnen.

Es ist also:

$$V_A^m = \left(\frac{\partial V}{\partial n_A}\right)_{T, P, n_B} \qquad [7.4]$$

Der Hauptgrund für die Einführung einer solchen Funktion ist die Tatsache, daß das Volumen einer Lösung in der Regel nicht gleich der Summe der Volumina der einzelnen Komponenten ist. Wenn wir zum Beispiel bei 25 °C 100 ml Alkohol mit 100 ml Wasser mischen, dann beträgt das Volumen der Lösung nicht 200 ml, sondern nur etwa 190 ml. Die beim Mischen auftretende Volumenänderung hängt von den relativen Mengen der beiden Komponenten in der Lösung ab.

Wenn wir dn_A Mole eines Stoffes A und dn_B Mole eines Stoffes B zu einer Lösung geben [$V = V(n_A, n_B)$], dann gilt für die Volumenzunahme bei konstanter Temperatur und konstantem Druck das vollständige Differential:

$$dV = \left(\frac{\partial V}{\partial n_A}\right)_{n_B} dn_A + \left(\frac{\partial V}{\partial n_B}\right)_{n_A} dn_B \qquad [7.5]$$

oder mit [7.4]:

$$dV = V_A^m dn_A + V_B^m dn_B \qquad [7.6]$$

Dieser Ausdruck kann integriert werden; dies ist physikalisch gleichbedeutend mit einer Vermehrung des Volumens der Lösung ohne gleichzeitige Änderung ihrer Zusammensetzung. V_A^m und V_B^m sind also konstant. Das Resultat ist:

$$V = V_A^m n_A + V_B^m n_B \qquad [7.7]$$

Mathematisch ist diese Integration äquivalent der Anwendung des EULERschen Theorems auf die homogene Funktion $V(n_A, n_B)$. Eine Funktion $f(x,y,z)$ nennt man eine homogene Funktion n-ten Grades, wenn die Multiplikation von x, y, z mit irgendeiner positiven Zahl k das folgende Resultat liefert:

$$f(kx, ky, kz) = k^n f(x, y, z)$$

Wenn wir diese Gleichung nach k ableiten, dann erhalten wir:

$$\frac{df}{dk} = k\left(x\frac{\partial f}{\partial x} + y\frac{\partial f}{\partial y} + z\frac{\partial f}{\partial z}\right) = n k^{n-1} f$$

Hierbei erinnern wir uns daran, daß

$$\frac{df}{dk} = \frac{\partial f}{\partial(kx)}\frac{d(kx)}{dk} + \frac{\partial f}{\partial ky}\frac{d(ky)}{dk} + \frac{\partial f}{\partial kz}\frac{d(kz)}{dk}$$

Wir setzen nun $k = 1$ und erhalten:

$$x\frac{\partial f}{\partial x} + y\frac{\partial f}{\partial y} + z\frac{\partial f}{\partial z} = n f \qquad [7.8]$$

Dies ist das EULERsche Theorem über homogene Funktionen. Nun ist $V(n_A, n_B)$ eine homogene Funktion 1. Grades der Variablen n_A und n_B. (Wenn alle Werte von n mit k multipliziert werden, dann wird auch V mit k multipliziert.) Aus [7.8] erhalten wir daher:

$$n_A\left(\frac{\partial V}{\partial n_A}\right)_{n_B} + n_B\left(\frac{\partial V}{\partial n_B}\right)_{n_A} = V \qquad [7.9]$$

[7.7] besagt, daß das Volumen der Lösung gleich der Summe aus zwei Produkten ist, nämlich dem Produkt aus der Molzahl von A und dem partiellen Molvolumen von A sowie dem Produkt aus der Molzahl von B und dem partiellen Molvolumen von B. Durch Differenzierung erhalten wir aus [7.7]:

$$dV = V_A^m dn_A + n_A dV_A^m + V_B^m dn_B + n_B dV_B^m$$

Durch Gleichsetzung dieser Beziehung mit [7.6] erhalten wir:

$$n_A dV_A^m + n_B dV_B^m = 0$$

oder

$$dV_A^m = -\frac{n_B}{n_A} dV_B^m = \frac{X_B}{X_B - 1} dV_B^m \qquad [7.10]$$

Dies ist eine spezielle Form der *Gleichung von* GIBBS-DUHEM. Sie gilt in diesem Falle für partielle Molvolumina; an deren Stelle können jedoch beliebige andere

Partielle molare Größen: partielles Molvolumen

partielle molare Größen eingesetzt werden. Wir können diese partiellen molaren Größen für alle extensiven Zustandsfunktionen definieren. Es ist also z.B.:

$$S_A^m = \left(\frac{\partial S}{\partial n_A}\right)_{T,P,n_B} \qquad H_A^m = \left(\frac{\partial H}{\partial n_A}\right)_{T,P,n_B} \qquad G_A^m = \left(\frac{\partial G}{\partial n_A}\right)_{T,P,n_B} \qquad [7.11]$$

Die partiellen molaren Größen sind auf die Menge eines Mols bezogene Kapazitätsfaktoren, in der Tat also intensive Größen. Die partielle molare freie Enthalpie G_A^m ist das chemische Potential μ_A.

Alle in früheren Kapiteln abgeleiteten thermodynamischen Beziehungen können nun auf partielle molare Größen angewandt werden. Es ist also:

$$\left(\frac{\partial G_A^m}{\partial P}\right)_T = \left(\frac{\partial \mu_A}{\partial P}\right)_T = V_A^m; \quad \left(\frac{\partial \mu_A}{\partial T}\right)_P = -S_A^m; \quad \left(\frac{\partial H_A^m}{\partial T}\right)_P = C_{P_A}^m \qquad [7.12]$$

Die allgemeine thermodynamische Theorie der Lösungen wird in diesen partiellen molaren Funktionen und ihren Ableitungen ausgedrückt, genauso, wie die Theorie der reinen Substanzen auf den gewöhnlichen thermodynamischen Funktionen beruht.

Als Beispiel betrachten wir die Bildung einer binären Lösung aus n_A Molen der Komponente A und n_B Molen der Komponente B:

$$n_A A + n_B B \to \text{Lösung}$$

Bei festgelegten Werten für T und P gilt für die freie Enthalpie des Lösungsvorganges:

$$\Delta G = G(\text{Lösung}) - n_A G_A^\bullet - n_B G_B^\bullet$$

Hierin bedeuten $G_A^\bullet$ und $G_B^\bullet$ die molaren freien Enthalpien der reinen Komponenten. Wir schreiben in Analogie zu [7.7]:

$$G(\text{Lösung}) = n_A G_A^m + n_B G_B^m$$

Es ist also:

$$\Delta G = n_A \left(G_A^m - G_A^\bullet\right) + n_B \left(G_B^m - G_B^\bullet\right) \qquad [7.13]$$

Hierbei beachten wir, daß $G_A^m \equiv \mu_A$ und $G_B^m \equiv \mu_B$.

Analoge Gleichungen können wir für die Änderung aller anderen extensiven thermodynamischen Zustandsgrößen U, H, S, V, A, C_V, C_P usw. beim Lösungsvorgang schreiben. Wir können also eine *Lösungsenthalpie, freie Lösungsenthalpie, Lösungsentropie* usw. definieren. Für die Änderung der partiellen molaren Größen beim Lösungsvorgang schreibt man bequemerweise ΔG_A^m, ΔG_B^m usw.; [7.13] erhält hiermit die folgende Form:

$$\Delta G = n_A \Delta G_A^m + n_B \Delta G_B^m \qquad [7.14]$$

(Wir haben eine analoge Gleichung für die Lösungsenthalpie schon in [2.37] kennengelernt.)

17 Moore, Hummel / Physikalische Chemie

3. Aktivitäten und Aktivitätskoeffizienten

Statt des chemischen Potentials μ_A verwendet man oft die *absolute Aktivität*[1] λ_A, die zu μ_A in folgender Beziehung steht:

$$\mu_A = RT \ln \lambda_A \qquad [7.15]$$

Beziehungen für das chemische Potential μ lassen sich also ebenso leicht für die absolute Aktivität λ formulieren. Die Bedingung [6.11] für das Gleichgewicht der Komponente A zwischen Gas- und flüssiger Phase würde z.B. lauten:

$$\lambda_A^g = \lambda_A^l \qquad [7.16]$$

Wenn wir es mit Lösungen zu tun haben, interessieren wir uns oft für die Differenz zwischen dem Wert für μ_A in der Lösung und dem entsprechenden Wert in irgendeinem Bezugszustand. Für diese Differenz können wir schreiben:

$$\mu_A - \mu_A^\ominus = RT \ln \frac{\lambda_A}{\lambda_A^\ominus} \qquad [7.17]$$

Durch das Verhältnis der absoluten Aktivität zur Aktivität in irgendeinem Bezugszustand wird eine relative Aktivität a_A definiert. Bei Lösungen (Mischungen) flüssiger Nichtelektrolyte ist ein bequemer Bezugszustand die reine Flüssigkeit bei $P = 1$ atm und der für die Lösung angegebenen Temperatur. Wenn wir die Werte für diesen Bezugszustand mit $\mu_A^\bullet$ und $\lambda_A^\bullet$ bezeichnen, dann wird aus [7.17]:

$$\mu_A - \mu_A^\bullet = RT \ln \frac{\lambda_A}{\lambda_A^\bullet} = RT \ln a_A$$

Hierin ist

$$a_A = \lambda_A / \lambda_A^\bullet \qquad [7.18]$$

Die auf diese Weise definierte relative Aktivität nennt man meist die *Aktivität* schlechthin.

Das Verhältnis aus der Aktivität a_A und dem Molenbruch X_A nennt man den *Aktivitätskoeffizienten* γ_A:

$$\gamma_A = \frac{a_A}{X_A} \quad \text{und} \quad a_A = \gamma_A X_A \qquad [7.19]$$

4. Die Bestimmung partieller molarer Größen

In diesem Kapitel sei die Bestimmung partieller Größen am Beispiel partieller Molvolumina beschrieben. Die für die Bestimmung von H_A^m, S_A^m, G_A^m usw. verwendeten Methoden entsprechen genau der hier beschriebenen.

---

[1] Das Wort *absolut* bedeutet hier nicht den Bezug auf irgendein frei gewähltes Nullniveau für die Energie oder Entropie. Es wird lediglich verwendet, um λ von der relativen Aktivität a zu unterscheiden.

Die Bestimmung partieller molarer Größen

Das nach [7.4] definierte partielle Molvolumen V_A^m ist gleich der Steigung der Kurve, die man beim Abtragen des Volumens einer Lösung gegen deren molale Konzentration an A(m_A) erhält: m_A ist ja die Anzahl an Molen A in einer konstanten Menge der Komponente B (nämlich 1 kg). Diese Bestimmungsmethode für partielle Molvolumina ist allerdings ziemlich ungenau. Man bevorzugt daher meist die *Methode der Achsenabschnitte*. Hierzu müssen wir zunächst eine neue Größe definieren, nämlich das *Molvolumen der Lösung V_m*. Hierunter verstehen wir den Quotienten aus dem Volumen der Lösung und der Summe der Molzahlen ihrer Bestandteile. Für ein binäres System gilt:

$$V_m = \frac{V}{n_A + n_B} \quad \text{und} \quad V = V_m (n_A + n_B)$$

Unter Verwendung von [7.4] erhalten wir:

$$V_A^m = \left(\frac{\partial V}{\partial n_A}\right)_{n_B} = V_m + (n_A + n_B)\left(\frac{\partial V_m}{\partial n_A}\right)_{n_B} \quad [7.20]$$

In dieser Gleichung wurde das Molvolumen der Lösung nach der Molzahl von A abgeleitet. Wir verwandeln sie in einen Ausdruck, in dem V_m nach dem Molenbruch der Komponente B abgeleitet ist:

$$\left(\frac{\partial V_m}{\partial n_A}\right)_{n_B} = \frac{d V_m}{d X_B}\left(\frac{\partial X_B}{\partial n_A}\right)_{n_B}$$

Mit

$$X_B = \frac{n_B}{n_A + n_B}$$

erhalten wir:

$$\left(\frac{\partial X_B}{\partial n_A}\right)_{n_B} = -\frac{n_B}{(n_A + n_B)^2}$$

[7.20] bekommt damit die folgende Form:

$$V_A^m = V_m - \frac{n_B}{n_A + n_B}\frac{d V_m}{d X_B}$$

und

$$V_m = X_B \frac{d V_m}{d X_B} + V_A^m \quad [7.21]$$

Die Form dieser Gleichung entspricht der Funktion für eine gerade Linie: $y = mx + b$ (hier $S_1 S_2$ in Abb. 7.1).
Die Anwendung dieser Gleichung zeigt Abb. 7.1, in der das Molvolumen V_m einer Lösung gegen den Molenbruch der Komponente B abgetragen ist. Im Punkt P, der einem bestimmten Molenbruch X_B entspricht, legen wir an die Kurve eine Tangente $S_1 S_2$. Der Ordinatenabschnitt $O_1 S_1$ bei $X_B = 0$ ist ein Maß für das partielle Molvolumen V_A^m der Komponente A bei der Zusammensetzung X_B'. Der Abschnitt $O_2 S_2$ auf der anderen Achse ist ein Maß für das partielle Molvolumen V_B^m der Komponente B.

Diese bequeme Methode der Ordinatenabschnitte wird allgemein zur Bestimmung partieller molarer Größen in binären Systemen verwendet. Sie ist nicht auf Volumina beschränkt, sondern kann zur Bestimmung jeder beliebigen extensiven Zustandsfunktion (S, H, U, G usw.) verwendet werden, vorausgesetzt, daß die not-

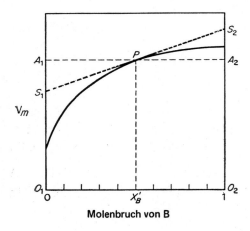

Abb. 7.1 Bestimmung partieller Molvolumina nach der Methode der Achsenabschnitte.

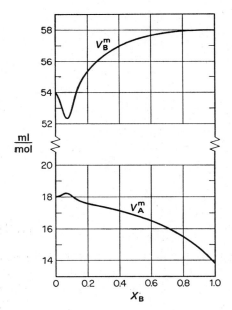

Abb. 7.2 Partielle Molvolumina in Mischungen aus Wasser und Äthanol bei 20 °C (A = Wasser, B = Äthanol).

wendigen experimentellen Werte bestimmt wurden. Sie kann auch zur Bestimmung von Lösungsenthalpien verwendet werden; die so erhaltenen partiellen molaren Lösungsenthalpien sind identisch mit den in Abschn. 7-2 beschriebenen differentiellen Lösungsenthalpien.

Die ideale Lösung, das RAOULT*sche Gesetz*

Wenn die Änderung einer partiellen molaren Größe mit der Konzentration für *eine* Komponente in einer binären Lösung bekannt ist, dann erlaubt die Gleichung von GIBBS-DUHEM [7.10] die Berechnung der entsprechenden Abhängigkeit der anderen Komponente. Diese Berechnung kann durch graphische Integration von [7.10] durchgeführt werden. Es ist z.B.:

$$\int \mathrm{d}V_A^m = - \int \frac{n_B}{n_A} \mathrm{d}V_B^m = \int \frac{X_B}{X_B - 1} \mathrm{d}V_B^m$$

Wenn man das Verhältnis $X_B/(X_B-1) = - X_B/X_A$ gegen V_B^m abträgt, dann ist die Fläche unter der Kurve ein Maß für die Änderung von V_A^m in den beiden Integrationsgrenzen. Das partielle Molvolumen V_A^m der reinen Komponente A ist natürlich nichts anderes als deren Molvolumen $V_A^\bullet$. Es kann als Ausgangspunkt für die Bestimmung von V_A^m bei irgendeiner anderen Konzentration verwendet werden.

Abb. 7.2 zeigt die partiellen Molvolumina beider Komponenten in Gemischen aus Wasser und Äthanol.

5. Die ideale Lösung: Das RAOULTsche Gesetz

Das Konzept des idealen Gases hat bei der Diskussion der Thermodynamik von Gasen und Dämpfen eine überaus wichtige Rolle gespielt. Viele Fälle von praktischer Bedeutung lassen sich in hinreichender Annäherung durch die Gesetze für ein ideales Gas behandeln; selbst Systeme, die stark vom idealen Verhalten abweichen, werden in ihrem Verhalten mit der Norm verglichen, die durch den Idealfall gesetzt ist. Es wäre nun sehr hilfreich, wenn man ein ähnliches Konzept für die Theorie der Lösungen finden könnte, und glücklicherweise ist dies möglich. Da flüssige oder feste Lösungen in einem sehr viel höher kondensierten Zustand als Gase vorliegen, kann man kein ideales Verhalten in dem Sinne erwarten, daß ein solches System einer Zustandsgleichung gehorcht, wie sie das Gesetz für ideale Gase darstellt. Ideales Verhalten eines Gases setzt die vollständige Abwesenheit von Kohäsionskräften voraus; für den Binnendruck gilt also $(\partial U/\partial V)_T = 0$. Ideales Verhalten einer Lösung ist definiert durch die vollständige *Einheitlichkeit der Kohäsionskräfte*. Wenn sich eine Lösung aus den Komponenten A und B ideal verhält, dann sind die Kräfte zwischen A und A, B und B sowie A und B gleich.

Eine wichtige Eigenschaft für die Theorie von Lösungen ist der Dampfdruck einer Komponente über der Lösung. Dieser Partialdruck ist ein gutes Maß für die Tendenz der betrachteten Spezies, aus der Lösung in die Dampfphase zu entkommen. Diese Tendenz ist eine direkte Reflexion der physikalischen Vorgänge in der Lösung. Die Untersuchung des Partialdruckes einer Komponente als Funktion der Temperatur, des Druckes und der Konzentration liefert uns also eine Beschreibung der Eigenschaften der Lösung.

Der Partialdruck einer Komponente A über einer Lösung steht in Zusammenhang mit dem chemischen Potential μ_A dieser Komponente in der Lösung. Wenn die Lösung mit ihrem Dampf im Gleichgewicht steht, dann gilt nach [6.11]:

$$\mu_A^{Lsg} = \mu_A^g \quad \text{und} \quad \mu_B^{Lsg} = \mu_B^g$$

Für eine ideale Gasmischung gilt $dP/P = dP_A/P_A$. Wenn sich in unserem Fall der Dampf wie ein ideales Gas verhält, gilt nach [7.12] bei konstanter Temperatur:

$$d\mu_A^g = V_A^m \, dP = RT \frac{dP}{P} = RT \frac{dP_A}{P_A}$$

Nun sei $\mu_A^{\ominus,g}$ der Wert von μ_A^g für einen Druck von 1 atm. Durch **Integration** erhalten wir dann:

$$\mu_A^g(T,P) = \mu_A^{\ominus,g}(T) + RT \ln P_A$$

Im Gleichgewicht gilt dann auch für die Lösung:

$$\mu_A^{Lsg}(T,P) = \mu_A^{\ominus,g}(T) + RT \ln P_A \qquad [7.22]$$

Für die reine Flüssigkeit A im Gleichgewicht mit ihrem Dampf gilt:

$$\mu_A^{\bullet}(T,P) = \mu_A^{\ominus,g}(T) + RT \ln P_A^{\bullet}$$

Aus den beiden letzten Gleichungen und [7.17] folgt:

$$\mu_A^{\bullet} - \mu_A^{Lsg.} = RT \ln \frac{P_A^{\bullet}}{P_A} = RT \ln \frac{\lambda_A^{\bullet}}{\lambda_A}$$

Es ist also

$$a_A = \frac{\lambda_A}{\lambda_A^{\bullet}} = \frac{P_A}{P_A^{\bullet}} \qquad [7.23]$$

Wenn sich der Dampf über einer Mischung von Flüssigkeiten wie ein ideales Gas verhält, dann kann die relative Aktivität einer Komponente A in Lösung direkt durch das Verhältnis $P_A/P_A^{\bullet}$ (Partialdruck der Komponente A über der Mischung, dividiert durch den Dampfdruck der reinen Substanz A unter denselben Bedingungen) bestimmt werden.

Eine Lösung nennen wir ideal, wenn sie der folgenden Beziehung gehorcht:

$$a_A = X_A \qquad [7.24]$$

oder nach [7.19]

$$\gamma_A = \frac{a_A}{X_A} = 1$$

Nach [7.23] gilt für eine solche ideale Lösung außerdem:

$$P_A/P_A^{\bullet} = X_A \qquad [7.25]$$

Bei einer idealen Lösung ist die Entweichungstendenz jeder Komponente proportional ihrem Molenbruch in der Lösung [7.25]. Für eine ideale Lösung verlangt die Definition, daß eine Molekel der Komponente A immer dieselbe Tendenz hat, in die Gasphase zu entkommen, ganz gleichgültig, ob sie völlig von Molekeln der eigenen Art oder von solchen der Art B oder aber teilweise von A und B umgeben ist (Gleichheit der intermolekularen Kräfte). Der Partialdruck der Komponente A über der idealen Lösung steht also über einen einfachen Propor-

Die ideale Lösung, das Raoult*sche Gesetz*

tionalitätsfaktor (den Molenbruch der Komponente A) in Beziehung zum Dampfdruck über der reinen Flüssigkeit A. Dies ist, in Worten ausgedrückt, das Raoultsche Gesetz.

Es war François Marie Raoult, der 1886 zuerst die Ergebnisse umfangreicher Dampfdruckmessungen an Lösungen publizierte. Diese Ergebnisse gehorchten recht genau der Beziehung [7.25], weswegen man diese das *Raoultsche Gesetz* nennt.

Als Beispiel für die Bestimmung von Aktivitäten aus Dampfdrücken wählen wir das System Wasser/Propanol-1. Bei 298,15 K ist der Dampfdruck des reinen Wassers $P_A^\bullet = 23{,}76$ Torr, der des reinen Propanols $P_B^\bullet = 21{,}80$ Torr. Über einer Lösung mit $X_A = 0{,}400$ herrscht ein Partialdruck des Wassers von 19,86 Torr und des Propanols von 15,2 Torr. Für die Aktivitäten gilt daher:

$$a_A = \frac{19{,}86}{23{,}76} = 0{,}836; \qquad a_B = \frac{15{,}52}{21{,}80} = 0{,}712$$

Die Aktivitätskoeffizienten sind

$$\gamma_A = 0{,}836/0{,}400 = 2{,}09; \qquad \gamma_B = 0{,}712/0{,}600 = 1{,}19$$

Diese Lösung zeigt eine stark positive Abweichung vom Idealverhalten: Die Aktivität des Wassers in der Mischung ist rund doppelt so hoch, die des Propanols um rund 20% höher als bei einer idealen Mischung.

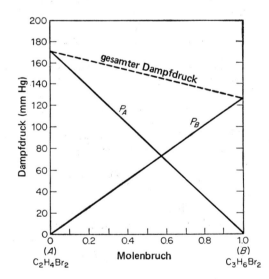

Abb. 7.3 Partialdrücke und gesamter Dampfdruck über Mischungen von Äthylenbromid und Propylenbromid bei 85 °C. Dieses System folgt dem Raoultschen Gesetz streng.

Wenn bei der Zugabe von B zu reinem A der Dampfdruck erniedrigt wird, dann erhält man für die *relative Dampfdruckerniedrigung* den folgenden Ausdruck:

$$\frac{P_A^\bullet - P_A}{P_A^\bullet} = 1 - X_A = X_B \qquad [7.26]$$

Diese Form des Raoultschen Gesetzes ist besonders nützlich für Lösungen eines wenig flüchtigen Stoffes in einem flüchtigen Lösemittel. Abb. 7.3 zeigt die

Dampfdrücke des Systems Äthylenbromid/Propylenbromid. Die experimentellen Werte stimmen nahezu völlig überein mit den nach [7.25] berechneten Kurvenzügen. Chemisch nahe verwandte Verbindungen (benachbarte Glieder in einer homologen Reihe) gehorchen dem Raoultschen Gesetz meist ziemlich streng. Es ist allerdings recht selten zu beobachten, daß sich Mischungen über den gesamten Mischungsbereich ideal verhalten. Dies setzt, wie schon erwähnt, eine völlige Gleichartigkeit der Wechselwirkungen zwischen den Komponenten voraus. Gute Beispiele hierfür, selbst für feste Mischungen, stellen Isotope und deren Verbindungen dar.

6. Thermodynamik idealer Lösungen

Wenn wir das Raoultsche Gesetz [7.25] in [7.22] einsetzen, dann erhalten wir für das chemische Potential einer Komponente A in einer binären Lösung ($\mu_A^\bullet$ = chemisches Potential des reinen Stoffes A):

$$\mu_A(T, P) = \mu_A^\ominus(T, P) + RT \ln P_A^\bullet + RT \ln X_A \qquad [7.27]$$

Die beiden ersten Terme auf der rechten Seite dieser Gleichung sind unabhängig von der Zusammensetzung; wir können sie zu dem Term $\mu_A^\bullet(T, P)$ zusammenfassen. Für eine beliebige Komponente in einer idealen Lösung gilt daher:

$$\mu_A(T, P) = \mu_A^\bullet(T, P) + RT \ln X_A \qquad [7.28]$$

Mit [7.27] können wir das partielle Molvolumen von A in der Lösung berechnen. Nach [7.12] ist:

$$V_A^m = (\partial \mu_A/\partial P)_T$$

Der erste und dritte Term auf der rechten Seite von [7.27] sind druckunabhängig; mit [6.27] erhalten wir daher:

$$V_A^m = RT \left(\frac{\partial \ln P_A^\bullet}{\partial P}\right)_T = V_A^\bullet \qquad [7.29]$$

Das partielle Molvolumen einer Komponente in einer idealen Lösung ist demnach gleich dem Molvolumen der reinen Komponente. Beim Mischen der beiden Komponenten tritt keine Volumenänderung auf.

Aus den Gleichungen $\dfrac{\partial (\mu_A/T)}{\partial T} = -H_A^m/T^2$, [6.22] und [7.28], läßt sich in ähnlicher Weise die folgende Beziehung herleiten:

$$H_A^m(\text{Dampf}) - H_A^m = H_A^m(\text{Dampf}) - H_A^\bullet \quad \text{und} \quad H_A^m = H_A^\bullet \qquad [7.30]$$

Hieraus geht hervor, daß bei der Herstellung einer idealen Lösung keine *Mischungsenthalpie* auftritt ($\Delta H = 0$).

Die bei der Herstellung einer idealen Lösung aus zwei Komponenten auftretende Entropieänderung (*Mischungsentropie*) läßt sich folgendermaßen berechnen. Aus

[7.12] und [7.28] erhalten wir:

$$S_A = -\left(\frac{\partial \mu_A}{\partial T}\right)_P = S_A^\bullet - R \ln X_A$$

Für das Mischen von n_A Molen A und n_B Molen B gilt:

$$\Delta S = n_A(S_A - S_A^\bullet) + n_B(S_B - S_B^\bullet)$$

und

$$\Delta S = -n_A R \ln X_A - n_B R \ln X_B$$

Für die molare Mischungsentropie gilt:

$$\frac{\Delta S}{n_A + n_B} \equiv S_m = -R(X_A \ln X_A + X_B \ln X_B)$$

Dieses Ergebnis kann auf jede beliebige Zahl von Komponenten in einer idealen Mischung ausgedehnt werden. Für diesen allgemeinen Fall gilt:

$$\Delta S_m = -R \sum_i X_i \ln X_i \qquad [7.31]$$

Diese Gleichung gilt auch für Mischungen idealer Gase oder für ideale feste Lösungen. Als Beispiel sei die Entropieänderung beim Mischen von 79% N_2, 20% O_2 und 1% Argon (Mischungsentropie der Luft) berechnet. Es ist:

$$\Delta S_m = -R(0{,}79 \ln 0{,}79 + 0{,}20 \ln 0{,}20 + 0{,}01 \ln 0{,}01)$$

$$= 4{,}60 \text{ J} \cdot \text{K}^{-1} \cdot \text{mol}^{-1} \text{ Mischung.}$$

7. Die Löslichkeit von Gasen in Flüssigkeiten: Das HENRYsche Gesetz

Wir wollen eine Lösung der Komponente B (Solvendum) in A (Solvens) betrachten. Bei hinreichender Verdünnung erreichen wir endlich einen Zustand, bei welchem jede Molekel B vollständig von Molekeln der Komponente A umgeben ist. B befindet sich dann in einer einheitlichen Umgebung, unabhängig von der Tatsache, daß A und B bei höheren Konzentrationen Lösungen bilden mögen, die weit vom idealen Verhalten abweichen.

In einer solchen sehr verdünnten Lösung ist die Entweichungstendenz von B aus ihrer einheitlichen Umgebung proportional dem Molenbruch von B; die Proportionalitätskonstante k ist aber nun nicht mehr $P_B^\bullet$ wie für eine ideale Lösung:

$$P_B = k_H X_B \quad \text{oder} \quad c_B = k_H' P_B \qquad [7.32]$$

Diese Gleichung wurde aufgestellt und eingehend geprüft durch WILLIAM HENRY, der 1803 in einer Reihe von Messungen die Druckabhängigkeit der Löslichkeit von Gasen in Flüssigkeiten untersuchte. Das Henrysche Gesetz ist nicht auf Systeme aus permanenten Gasen und Flüssigkeiten beschränkt; es gilt auch für eine große Zahl verdünnter Lösungen, im Grenzfall für alle extrem verdünnten

Lösungen. In abgewandelter Form gilt es auch für dissoziierbare Solvenda, z.B. Elektrolyte (Abschnitt 10-15).

Einige Daten über die Löslichkeit von Gasen in Wasser über einen weiten Bereich von Drücken zeigt Abb. 7.4. Das Henrysche Gesetz verlangt eine lineare Abhängigkeit der Löslichkeit vom Druck. Tatsächlich sind die Kurven für H_2, He und N_2 bis 100 atm nahezu linear; Sauerstoff hingegen zeigt in diesem Bereich schon beträchtliche Abweichungen.

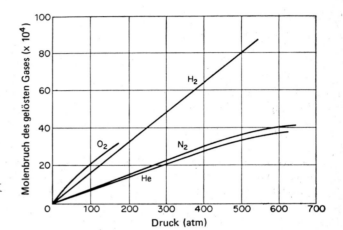

Abb. 7.4 Löslichkeit von Gasen in Wasser bei 298,15 K als Funktion des Drucks.

Auffallend ist die hohe Löslichkeit des Wasserstoffs. Bei mäßigen Drücken sollte die Löslichkeit von der Anziehungsenergie zwischen den Molekeln von Solvens und Solvendum abhängen; wäre dies richtig, dann sollten H_2 und He wegen ihrer Ähnlichkeit etwa dieselbe Löslichkeit besitzen. In der Tat ist Wasserstoff in unpolaren Lösemitteln wie CCl_4 oder Benzol lange nicht so gut löslich (noch weniger als z.B. Stickstoff), und so scheint es plausibel, irgendeine Art von spezifischer Wechselwirkung zwischen den gelösten H_2-Molekeln und den Molekelaggregaten des Wassers anzunehmen.

8. Mechanismus der Anästhesie

Eines der interessantesten Probleme in der medizinischen Physiologie ist der Mechanismus, durch den bestimmte Gase Anästhesie und Narkose hervorrufen. Nicht wenige Anästhetika, z.B. Krypton und Xenon, sind chemisch inert, und es sieht fast so aus, als ob alle Gase bei hinreichend hohem Druck einen anästhetischen Effekt besäßen. COUSTEAU hat in seinem Buch *Die schweigende Welt*[2] einen bemerkenswerten Bericht über die in großen Tiefen zu beobachtende Stickstoffnarkose, *l'ivresse des grandes profondeurs*, gegeben; dieses Phänomen hat

---

[2] Blanvalet, Berlin 1956.

mehr als einen Taucher das Leben gekostet[3]. Tab. 7.2 zeigt einige Versuchsergebnisse an Mäusen; als Kriterium diente die Fähigkeit der Tiere, nach einer Störung ihre physiologische Körperhaltung wieder anzunehmen (*righting reflex*). Die in einer Testkammer sitzenden Mäuse wurden auf den Rücken geworfen; wenn eine Maus nicht innerhalb von 10 s wieder alle vier Füße auf dem Boden hatte, dann wurde sie als anästhesiert betrachtet. Die Ergebnisse zeigen, daß bei hohen Drücken selbst Helium eine Narkose hervorruft.

Nr.	Gas	Druck (atm)	Nr.	Gas	Druck (atm)
1	He	190	10	C_2H_4	1,1
2	Ne	>110	11	C_2H_2	0,85
3	A	24	12	Cyclopropan	0,11
4	Kr	3,9	13	CF_4	19
5	Xe	1,1	14	SF_6	6,9
6	H_2	85	15	CF_2Cl_2	0,4
7	N_2	35	16	$CHCl_3$	0,008
8	N_2O	1,5	17	Halothan	0,017
9	CH_4	5,9	18	Äther	0,032

Tab. 7.2 Beste Schätzwerte des anästhetischen Druckes von Gasen bei Mäusen (Kriterium: *righting reflex*).

Frühe Versuche zur Deutung der Anästhesie durch Gase stammen von MEYER (1899) und OVERTON (1901). Diese Forscher fanden einen direkten Zusammenhang zwischen der Löslichkeit eines Gases in einem »Lipid« (Olivenöl) und seiner narkotischen Wirksamkeit. Da die Membranen von Nervenzellen hauptsächlich aus Lipiden und Proteinen bestehen, wurde die Hypothese aufgestellt, daß sich die Gasmolekeln in den Membranen lösen und die Nervenleitung durch einen noch unbekannten Vorgang blockieren. Die zur Erzeugung einer Anästhesie notwendige Aktivität der gelösten Molekeln beträgt etwa 0,02···0,05; das Anästhetikum kann also zweifellos die Eigenschaften der Membranen beträchtlich ändern.

LINUS PAULING[4] stellt 1961 eine neue Theorie der Anästhesie auf, die auf der Vorstellung beruht, daß gasförmige Anästhetika mit dem Wasser in der Oberfläche der Nervenmembran unter Bildung winziger Kristalle von Gashydraten reagieren. Nun liegen die Partialdrücke der Anästhetika in Nervengewebe bei Körpertemperatur beträchtlich unterhalb des Dissoziationsdrucks der bekannten Gashydrate. Um diese Schwierigkeit zu überwinden nahm Pauling an, daß die Bildung der Hydratkristalle an der Membranoberfläche durch eine kooperative Ausrichtung der Wassermolekeln durch die starken zwischenmolekularen Kräfte an dieser Stelle erleichtert wird.

Nun läßt sich die anästhetische Wirkung ebensogut durch Hydratbildung wie durch die Lipidlöslichkeit der Gase erklären; beide Phänomene stehen ja im Zu-

---

[3] Die Narkose durch inerte Gase darf nicht mit der *Dekompressionskrankheit* (Caisson-Krankheit) verwechselt werden. Letztere wird durch die Bildung von Gasbläschen bei zu raschem Auftauchen hervorgerufen.
[4] L. PAULING, *Science* 134 (1961) 15. Siehe auch S. L. MILLER, *Proc. Nat. Acad. Sci. 47* (1961) 1515.

sammenhang mit den zwischenmolekularen Anziehungskräften. Zum Vergleich zwischen diesen beiden Theorien müßte man Anästhetika finden, die sich leicht in Lipiden lösen, jedoch praktisch keine Hydrate bilden. Eine solche Möglichkeit schienen die Fluorverbindungen CF_4 und SF_6 zu bieten. Die Diagramme der Abb. 7.5 zeigen den Vergleich der anästhetischen Wirkung von Gasen der Tab. 7.2, verglichen einmal mit der Lipidlöslichkeit der Gase, zum anderen mit der Neigung zur Bildung von Salzhydraten[5]. Die fluorierten Verbindungen CF_4 und SF_6 pas-

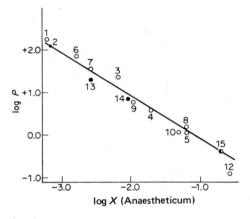

Abb. 7.5a Zusammenhang zwischen dem anästhetischen Druck und der Löslichkeit in Olivenöl bei 37 °C (log-log-Skala). Die Entschlüsselung der Zahlen findet sich in Tab. 7.2; ausgefüllte Kreise gehören zu perfluorierten Verbindungen; der halbausgefüllte Kreis gehört zu einer teilfluorierten Verbindung. Die Gerade hat die Steigung -1.

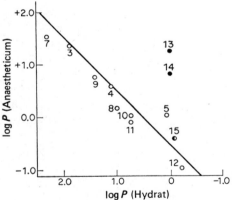

Abb. 7.5b Zusammenhang zwischen dem anästhetischen Druck und dem Dissoziationsdruck der Gashydrate bei 0 °C (log-log-Skala). Die Gerade hat die Steigung -1.

sen gut in das Diagramm (a), nicht jedoch (mit Ausnahme von 15) in das Diagramm (b). Neuere Ergebnisse haben diese Befunde wieder etwas in Frage gestellt[6], so daß weitere Untersuchungen zur Klärung dieses Problems notwendig sein werden.
Von größter Bedeutung in der Natur ist die Löslichkeit des Sauerstoffs im Wasser. Mit der Henryschen Beziehung [7.32] wollen wir das Sauerstoffvolumen berechnen, das bei 23 °C in einem Kilogramm Wasser (im Gleichgewicht mit Luft) gelöst ist.

[5] K. W. MILLER, W. D. M. PATON, E. B. SMITH, Brit. J. Anaesthesia 39 (1962) 910.
[6] S. L. MILLER, E. I. EGER, C. LUNDGREN, Nature 221 (1969) 469.

Für den Molenbruch des Sauerstoffs gilt $X_{O_2} = P_{O_2}/k_H$. P_{O_2} hat den Wert 0,20; die Henrysche Konstante hat für Sauerstoff bei niederem Druck einen Wert von $4{,}58 \cdot 10^4$. Es ist daher $X_{O_2} = 4{,}36 \cdot 10^{-6}$. Ein Kilogramm Wasser enthält $1000/18 = 55{,}6$ Mole. Es ist daher $X_{O_2} = n_{O_2}/(n_{O_2} + 55{,}6)$ oder $n_{O_2} = 2{,}43 \cdot 10^{-4}$. Diese Molzahl entspricht einem Volumen von 5,45 ml unter Normalbedingungen.

9. Zweikomponentensysteme

Im folgenden wollen wir uns noch etwas eingehender mit Zweikomponentensystemen befassen. Für diese gilt nach dem Phasengesetz:

$$f = c - p + 2 = 4 - p$$

Folgende Fälle sind möglich:

$p = 1$, $f = 3$ trivariantes System
$p = 2$, $f = 2$ bivariantes System
$p = 3$, $f = 1$ univariantes System
$p = 4$, $f = 0$ invariantes System

Die Maximalzahl der Freiheitsgrade ist 3. Die vollständige graphische Wiedergabe eines Zweikomponentensystems benötigt daher ein dreidimensionales Diagramm, dessen Koordinaten dem Druck, der Temperatur und der Zusammensetzung des Systems entsprechen. Dreidimensionale Diagramme sind unbequem; wir halten daher in der Regel eine Variable konstant und stellen die gegenseitige Abhängigkeit der anderen beiden zweidimensional dar. Auf diese Weise erhalten wir Diagramme, die die Abhängigkeit des Dampfdrucks von der Zusammensetzung (bei konstanter Temperatur) oder die Temperaturabhängigkeit des Dampfdruckes (bei konstanter Zusammensetzung) zeigen.

10. Abhängigkeit des Dampfdrucks von der Zusammensetzung eines Systems

Das (isotherme) PX-Diagramm in Abb. 7.6 zeigt den Dampfdruck über einem System aus 2-Methylpropanol-1 und Propanol-2. Dieses System gehorcht dem Raoultschen Gesetz ziemlich streng über den gesamten Zusammensetzungsbereich. Die ansteigende Gerade in diesem Diagramm stellt die Abhängigkeit des Gesamtdrucks über der Lösung vom Molenbruch in der Flüssigkeit dar. Die geschwungene, untere Kurve stellt die Abhängigkeit des Kondensationsdruckes von der Zusammensetzung des Dampfes dar.

Wir wollen eine Flüssigkeit der Zusammensetzung X_2 beim Druck P_2 betrachten. Dieser Punkt liegt an einer Stelle, wo das System nur aus einer Phase besteht, also 3 Freiheitsgrade besitzt. Einer dieser Freiheitsgrade ist schon durch die Forderung vergeben, daß das Diagramm für konstante Temperatur gilt. Bei jeder willkürlich gewählten Zusammensetzung X_2 kann also die flüssige Lösung bei konstanter Temperatur über einen bestimmten Druckbereich existent sein.

Reduziert man den Druck entlang der gestrichelten Linie bei konstanter Zusammensetzung, dann passiert so lange nichts, bis bei B die Dampfdruckkurve erreicht wird. An diesem Punkt beginnt die Flüssigkeit zu verdampfen. Der gebildete Dampf hat sich gegenüber der Flüssigkeit an der flüchtigeren Komponente, dem Propanol-2, angereichert. Die Zusammensetzung der zuerst gebildeten kleinen Dampfmenge wird durch den Punkt A auf der Dampfdruckkurve wiedergegeben.

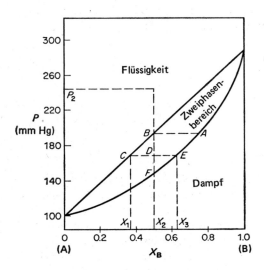

Abb. 7.6 Abhängigkeit des Dampfdrucks von der Zusammensetzung (Molenbruch) bei 60 °C für das System 2-Methylpropanol-1 (A)/Propanol-2 (B). Diese beiden Alkohole bilden praktisch ideale Mischungen.

Wenn man den Dampfdruck noch etwas weiter unter den Punkt B verringert, dann befindet man sich in einem Zweiphasenbereich des Diagramms. In diesem Bereich sind Flüssigkeit und Dampf koexistent. Die gestrichelte Linie, die horizontal durch einen typischen Punkt B im Zweiphasendiagramm läuft, nennt man eine Verbindungslinie. Diese Isobare verbindet die beiden Punkte, die die Zusammensetzung der im Gleichgewicht stehenden flüssigen und Dampfphase angeben.

Im Zweiphasenbereich ist das System bivariant. Einen der beiden Freiheitsgrade haben wir schon für die Forderung konstanter Temperatur geopfert, es bleibt also nur noch einer übrig. Legen wir in diesem Bereich den Druck fest, dann ist damit zugleich auch die Zusammensetzung sowohl der flüssigen als auch der Dampfphase eindeutig festgelegt; ihre Zahlenwerte ergeben sich als die Schnittpunkte der Verbindungslinie (Isobaren) mit der Dampfdruckkurve und der Kondensationsdruckkurve.

Die Zusammensetzung des gesamten Systems im Punkt D im Zweiphasenbereich ist X_2; sie ergibt sich aus der Zusammensetzung X_1 der flüssigen und der Zusammensetzung X_3 der Dampfphase. Wir können die relativen Mengen von Flüssigkeit und Dampf berechnen, die diese Bruttozusammensetzung ergeben. Wenn wir

Siedetemperatur und Zusammensetzung eines Systems

mit n_l die Summe der Molzahlen der beiden Komponenten A und B in der flüssigen und mit n_v die Molzahl in der Dampfphase bezeichnen, dann erhalten wir unter Berücksichtigung der Stoffkonstanz für die Komponente B:

$$X_2(n_l + n_v) = X_1 n_l + X_3 n_v$$

oder

$$\frac{n_l}{n_v} = \frac{X_3 - X_2}{X_2 - X_1} = \frac{DE}{DC} \qquad [7.33]$$

Diesen Ausdruck nennt man die *Hebelregel*. Sie gilt für jedes durch eine Verbindungslinie verknüpfte Zusammensetzungspaar, das wiederum zu zwei im Gleichgewicht stehenden Phasen in einem Zweikomponentensystem gehört. Wenn das Diagramm in Massen- statt in Molenbrüchen aufgetragen ist, dann gibt das Verhältnis der Abschnitte auf der Verbindungslinie das Massenverhältnis der beiden Phasen an.

Wenn man den Druck entlang der Linie BF noch weiter verringert, dann verdampft immer mehr von der flüssigen Phase, bis endlich bei F keine Flüssigkeit mehr vorhanden ist. An diesem Punkt betreten wir wieder einen Einphasenbereich: Das System besteht nur noch aus einer Dampfphase.

11. Abhängigkeit der Siede- und Kondensationstemperatur von der Zusammensetzung

Das isobare Temperatur-Zusammensetzungs-Diagramm eines im Gleichgewicht befindlichen Zweiphasensystems ist nichts anderes als die Siedepunktskurve von Mischungen unterschiedlicher Zusammensetzung bei einem willkürlich gewählten, konstanten Druck. Wenn der äußere Druck 1 atm beträgt, dann zeigt das Diagramm die normalen Siedepunkte. Abb. 7.7 zeigt ein solches Diagramm für ein System aus 2-Methylpropanol-1 und Propanol-2.

Die Siedekurve einer idealen Mischung kann berechnet werden, wenn die Dampfdrücke der reinen Komponenten als Funktion der Temperatur bekannt sind. Die beiden Endpunkte der Siedekurve in Abb. 7.7 bedeuten die Temperaturen, bei denen die reinen Komponenten einen Dampfdruck von 760 mm Hg besitzen, nämlich 82,3 °C und 108,5 °C. Die Zusammensetzung einer Mischung, die irgendwo zwischen diesen beiden Temperaturen, zum Beispiel bei 100 °C, siedet, findet man folgendermaßen.

Wenn X_A der Molenbruch des Isobutanols ist, dann gilt nach dem Raoultschen Gesetz:

$$760 = P_A^\bullet X_A + P_B^\bullet (1 - X_A)$$

Bei 100 °C beträgt der Dampfdruck des Isopropanols 1440 mm Hg, der des Isobutanols 570 mm Hg. Es ist also $760 = 570 X_A + 1440 (1 - X_A)$ oder $X_A = 0{,}781$ und $X_B = 0{,}219$.

Damit haben wir schon einen Punkt auf der Siedekurve bestimmt; die anderen lassen sich in derselben Weise berechnen.

Die Zusammensetzung des Dampfes läßt sich aus dem DALTONschen Gesetz bestimmen:

$$X_A^{Dampf} = \frac{P_A}{760} = \frac{X_A^{Fl} P_A^\bullet}{760} = 0{,}781 \cdot \frac{570}{760} = 0{,}585$$

$$X_B^{Dampf} = \frac{P_B}{760} = \frac{X_B^{Fl} P_B^\bullet}{760} = 0{,}219 \cdot \frac{1440}{750} = 0{,}415$$

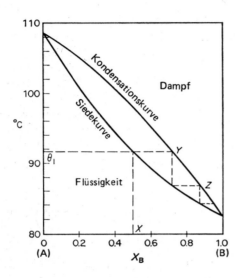

Abb. 7.7 Abhängigkeit der Siede- und Kondensationstemperatur von der Zusammensetzung beim System 2-Methylpropanol-1 (A)/Propanol-2 (B). Diese beiden Alkohole bilden nahezu ideale Lösungen.

Die Zusammensetzungskurve für den Dampf (Kondensationskurve) kann man also leicht aus der Siedekurve konstruieren.

12. Fraktionierte Destillation

Die Anwendung des Siedediagramms für eine vereinfachte Darstellung des Destillationsvorganges zeigt Abb. 7.8. Eine Lösung der Zusammensetzung X beginnt bei der Temperatur θ_1 zu sieden. Die erste sich bildende Dampfmenge hat die Zusammensetzung Y und ist mit der flüchtigeren Komponente etwas angereichert. Wenn diese kleine Dampfmenge kondensiert und erneut bis zum Sieden erhitzt wird, dann hat der daraus wieder entstehende Dampf die Zusammensetzung Z. Dieser Vorgang wird so lange wiederholt, bis das Destillat aus der (nahezu) reinen Komponente B besteht. (Theoretisch gelangt man niemals zu den völlig reinen Komponenten.) In der Praxis überdecken die aufeinanderfolgenden Fraktionen natürlich einen bestimmten Zusammensetzungsbereich, die vertikalen Linien in Abb. 7.7 können jedoch als repräsentativ für die Durchschnittszusammensetzung innerhalb dieser Bereiche angesehen werden.

Fraktionierte Destillation

Eine Fraktionierkolonne ist eine Vorrichtung, die die aufeinanderfolgenden Kondensations- und Verdampfungsschritte, durch die eine fraktionierte Destillation charakterisiert ist, automatisch durchführt. Ein besonders einleuchtendes Beispiel ist der in Abb. 7.8 gezeigte Typ einer Kolonne mit »Blubberhütchen«. Der vom Siedekolben aufsteigende Dampf blubbert durch eine dünne Flüssigkeitsschicht auf der ersten Platte. Diese Flüssigkeit ist etwas kühler als die im Siedekolben, so daß eine partielle Kondensation stattfindet. Der Dampf, der von der ersten Platte aufsteigt, ist daher gegenüber dem ursprünglichen Dampf mit der

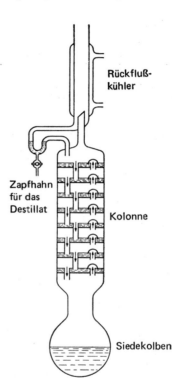

Abb. 7.8 Überlaufkolonne für die fraktionierte Destillation.

flüchtigeren Komponente angereichert. Eine ähnliche Anreicherung findet an jeder aufeinanderfolgenden Platte statt. Jeder Gleichgewichtseinstellung zwischen Flüssigkeiten und Dampf entspricht eine der Stufen in Abb. 7.7.

Die Wirksamkeit einer Destillationskolonne wird durch die Zahl solcher Gleichgewichtsstufen gemessen, die durch die Kolonne erreicht werden können. Jede solche Stufe nennt man einen *theoretischen Boden*. In einer gut entworfenen Blubberkolonne wirkt jede dieser Einheiten nahezu wie ein theoretischer Boden. Wir können also die Wirksamkeit verschiedener Arten gepackter Kolonnen stets durch die Zahl ihrer theoretischen Böden angeben. Die destillative Trennung von Flüssigkeiten, deren Kochpunkte nahe beieinanderliegen, ist nur mit einer Kolonne möglich, die eine beträchtliche Zahl theoretischer Böden besitzt. Die tatsächlich benötigte Bodenzahl hängt auch noch vom »Schnitt« ab, den man vom Kolonnenkopf abzapft, also vom Verhältnis des entnommenen Destillats zu dem wieder in die Kolonne eingespeisten[7].

Wenn wir zum Beispiel mit einer äquimolaren Mischung aus Isobutanol (A) und Isopropanol (B) beginnen ($X_B = 0{,}500$) und diese Mischung in einer Kolonne mit drei theoretischen Böden fraktionieren, dann hat der erste Tropfen Destillat nach Abb. 7.7 einen Molenbruch des Isopropanols von $X_B = 0{,}952$.

13. Flüssige Lösungen von Festkörpern

Löslichkeitskurve und *Schmelzdiagramm* (Kurve für die *Gefrierpunktserniedrigung*) sind zwei verschiedene Namen für ein und dasselbe Phänomen, nämlich die Temperaturabhängigkeit der Zusammensetzung einer binären Schmelze in Gegenwart von Festkörper bei konstantem Druck (gewöhnlich 1 atm). Abb. 7.9a zeigt

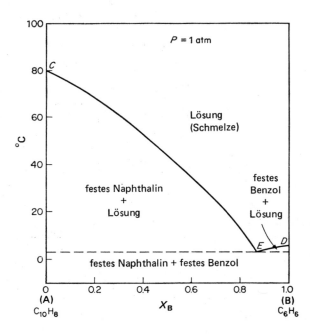

Abb. 7.9a Temperaturabhängigkeit der Zusammensetzung eines binären Systems aus Naphthalin (A) und Benzol (B). Das flüssige Gemisch verhält sich nahezu ideal, wogegen die Festkörper gegenseitig unlöslich sind.

ein solches Diagramm für das System Benzol/Naphthalin. Die Kurve CE kann aufgefaßt werden entweder als die Gefrierpunktsdepression des Naphthalins bei der Zugabe von Benzol oder als die Temperaturabhängigkeit der Löslichkeit von Naphthalin in Benzol; entsprechendes gilt für DE. Beide Deutungen sind grundsätzlich äquivalent; im einen Fall betrachten wir T als Funktion von X, im

---

[7] Einzelheiten über die Bestimmung der Zahl der theoretischen Böden einer Kolonne schildern C. S. ROBINSON und E. R. GILLILAND in ihrem Buch *Fractional Distillation*, McGraw-Hill, New York 1950.

Flüssige Lösungen von Festkörpern

anderen X als Funktion von T. Den tiefsten Punkt E der Schmelzpunktskurve nennen wir den *eutektischen Punkt* (von ευ, gut, und τεχτειν, schmelzen). Dieses Diagramm zeigt die sich abscheidenden festen Phasen als reines Naphthalin (A) auf der einen Seite und reines Benzol (B) auf der anderen. Dies gilt nicht streng, da sich hier wie in anderen Fällen wenigstens eine kleine Menge von B in A und von A in B löst (Mischkristallbildung). Weitgehende Löslichkeit in festem Zustand ist selten; die Annahme der Nichtmischbarkeit im festen Zustand ist daher in vielen Fällen eine sehr gute Annäherung.

Die Bedingung für ein Gleichgewicht zwischen einem reinen Festkörper A und einer Lösung, die A enthält, ist $\mu_A^s = \mu_A^l$; das chemische Potential von A muß also in den beiden Phasen gleich sein. Nach [7.28] gilt für das chemische Potential einer Komponente A in einer idealen Lösung $\mu_A^l = \mu_A^{\bullet l} + RT \ln X_A$; hierin ist $\mu_A^{\bullet l}$ das chemische Potential der reinen flüssigen Komponente A. Wir können daher die Gleichgewichtsbedingung in folgender Form schreiben:

$$\mu_A^s = \mu_A^{\bullet l} + RT \ln X_A$$

Die Größen μ_A^s und $\mu_A^{\bullet l}$ bedeuten die molaren freien Enthalpien des reinen Festkörpers und der reinen Flüssigkeit. Es ist daher

$$\frac{G_A^{\bullet s} - G_A^{\bullet l}}{RT} = \ln X_A \qquad [7.34]$$

Nach [3.54b] ist $\frac{\partial (G/T)}{\partial T} = -H/T^2$. Wenn wir [7.34] nach T ableiten, erhalten wir daher (ΔH_f = Schmelzenthalpie):

$$\frac{H_A^{\bullet l} - H_A^{\bullet s}}{RT^2} = \frac{\Delta H_f}{RT^2} = \frac{d \ln X_A}{dT} \qquad [7.35]$$

Die Schmelzenthalpie ΔH_f können wir innerhalb kleinerer Temperaturbereiche als nahezu konstant ansehen. Wir integrieren nun [7.35] zwischen T_0 (Schmelzpunkt der reinen Substanz A, Molenbruch 1) und T (Temperatur, bei der der reine Festkörper A mit einer Lösung des Molenbruchs X_A im Gleichgewicht steht):

$$\frac{\Delta H_f}{R}\left(\frac{1}{T_0} - \frac{1}{T}\right) = \ln X_A \qquad [7.36]$$

Diese Gleichung gibt uns eine quantitative Abhängigkeit der Löslichkeit eines Stoffes A, ausgedrückt durch den Molenbruch, von der absoluten Temperatur. Sie gilt nur für ideale Lösungen. Abb. 7.9b zeigt, daß die geforderte lineare Beziehung zwischen $\ln X$ und T^{-1} für die Löslichkeit von Naphthalin in Benzol gut erfüllt ist.

Als Beispiel für die Anwendung von [7.36] wollen wir die Löslichkeit von Naphthalin in irgendeinem Solvens unter Bildung einer idealen Lösung bei 25 °C berechnen. Naphthalin schmilzt bei 80 °C, seine Schmelzenthalpie am Schmelzpunkt beträgt 19,29 kJ mol^{-1}. Mit [7.36] erhalten wir daher:

$$\frac{19\,290}{8{,}314}\left(\frac{1}{353{,}2} - \frac{1}{298{,}2}\right) = 2{,}303 \log X_A$$
$$X_A = 0{,}298$$

Dies ist der Molenbruch des Naphthalins in einer idealen Lösung bei 25 °C; die Art des Solvens ist dabei gleichgültig, sofern nur die Lösung sich ideal verhält. Diese Feststellung ist allerdings insofern euphemistisch, als sich beliebige Lösungen nur dann nahezu ideal verhalten, wenn sich Solvendum und Solvens chemisch und physikalisch sehr ähnlich sind. Dies zeigen die folgenden Werte für den Molenbruch X_A des Naphthalins in verschiedenen Lösemitteln bei 25 °C:

Chlorbenzol	0,317	Aceton	0,224
Benzol	0,296	Hexan	0,125
Toluol	0,286		

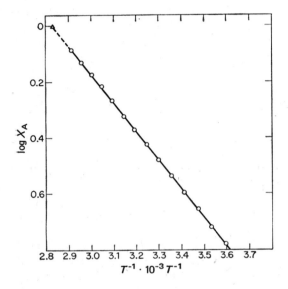

Abb. 7.9b
Temperaturabhängigkeit der Löslichkeit von Naphthalin in Benzol (X_A gegen T^{-1}).

Wenn wir in [7.36] die Substitution $X_B = 1 - X_A$ durchführen, dann erhalten wir:

$$\frac{\Delta H_f}{R} \frac{T - T_0}{T T_0} = \ln(1 - X_B)$$

Die Gefrierpunktserniedrigung $\Delta T_f = T_0 - T$ ist im Vergleich zu T_0 klein; es ist also $T T_0 \approx T_0^2$. Dies setzen wir in die obige Beziehung ein und erweitern zu einer Exponentialreihe:

$$\frac{\Delta H_f (\Delta T_f)}{R T_0^2} = -\ln(1 - X_B) = X_B + \frac{1}{2} X_B^2 + \frac{1}{3} X_B^3 + \cdots$$

Für verdünnte Lösungen ist der Molenbruch des gelösten Stoffes $X_B \ll 1$; wir können also schreiben:

$$\Delta T_f \approx \frac{R T_0^2}{\Delta H_f} \cdot X_B = K_f m_B \qquad [7.37]$$

Flüssige Lösungen von Festkörpern

Hierin ist m_B die Molalität von B. Die hierin auftretende Konstante K_f nennt man die *molale kryoskopische Konstante*; es ist:

$$K_f = \frac{RT_0^2 M_A}{1000 \Delta H_f} \qquad [7.38]$$

Für Wasser ist $K_f = 1,855$, für Benzol 5,12 und für Campher 40,0. Wegen seines hohen Wertes für K_f wird Campher in einer Mikromethode für die Bestimmung der relativen Molekelmasse durch die Gefrierpunktserniedrigung verwendet (Rastsche Methode). Extrem hohe kryoskopische Konstanten zeigen 2,6-Dibromcamphan (80,9) und Dihydro-α-dicyclopentadienon-β (92,0).

Die Beziehungen für die Siedepunktserhöhung lassen sich in genau analoger Weise ableiten.

Wenn wir eine so kleine Menge einer nichtflüchtigen Substanz in einem flüchtigen Lösemittel A auflösen, daß sich die entstehende Lösung ideal verhält, dann gilt für das Verteilungsgleichgewicht von A zwischen der flüssigen und der Dampfphase: $\mu_A^l = \mu_A^{\bullet l} RT \ln X_A$. Hierin bedeutet $\mu_A^{\bullet l}$ das chemische Potential des reinen Lösemittels A ($X_A = 1$). Am Siedepunkt beträgt der Dampfdruck 1 atm, es ist also $\mu_A^v = \mu_A^{\bullet v}$. Wir haben außerdem die Gleichgewichtsbedingung $\mu_A^v = \mu_A^l$; es ist also $\mu_A^{\bullet v} = \mu_A^{\bullet l} + RT \ln X_A$. Mit $\mu_A^{\bullet} = G_A^{\bullet}$ erhalten wir:

$$\frac{G_A^{\bullet v} - G_A^{\bullet l}}{RT} = \ln X_A$$

Diese Beziehung entspricht genau [7.34]. In analoger Weise gelangen wir zu den Beziehungen

$$\frac{d \ln X_A}{dT} = \frac{\Delta H_v}{RT^2}$$

und

$$-\ln X_A = \frac{\Delta H_v}{R}\left(\frac{1}{T_0} - \frac{1}{T}\right) = \frac{\Delta H_v}{R}\left(\frac{T - T_0}{T T_0}\right)$$

Wir ersetzen wiederum TT_0 durch T_0^2 und $-\ln X_A$ durch $-\ln(1 - X_B)$. Hierin ist X_B der Molenbruch des gelösten Stoffes. Durch eine Reihenentwicklung erhalten wir:

$$\frac{\Delta H_v \Delta T_v}{R T_0^2} = X_B + \frac{1}{2} X_B^2 + \frac{1}{3} X_B^3 + \cdots$$

Hierin ist ΔT_v die Siedepunktserhöhung. Wenn die Lösung stark verdünnt ist, dann macht X_B einen so kleinen Bruchteil aus, daß die höheren Exponentialglieder vernachlässigt werden können. Es ist dann

$$\Delta T_v = \frac{RT_0^2}{\Delta H_v} X_B$$

Diese Beziehung wurde zuerst von van't Hoff abgeleitet; man nennt sie daher auch die van't Hoffsche Formel. Für praktische Messungen an verdünnten Lösungen wird meist die folgende Beziehung verwendet:

$$\Delta T_v = \frac{RT_0^2}{l_v} \cdot \frac{m}{1000} = K_v m$$

Hierin sind l_v die Verdampfungsenthalpie pro Gramm und m die Molalität der Lösung. Die Konstante K_v nennt man die molale Siedepunktserhöhung oder die molale ebullioskopische Konstante.

Als praktisches Beispiel wollen wir Wasser mit $T_v = 373{,}2$ K und $l_v = 2250$ J g^{-1} betrachten. Für die molale Siedepunktserhöhung des Wassers gilt:

$$K_v = \frac{8{,}314 \, (373{,}2)^2}{2250 \cdot 1000} = 0{,}514°$$

Für Benzol ist $K_v = 2{,}67$, für Aceton $1{,}67°$.

14. Der osmotische Druck

Siedepunktserhöhung, Gefrierpunktserniedrigung und osmotischer Druck verdünnter Lösungen hängen von der Zahl und nicht von der Art der gelösten Molekeln ab; man nennt diese Phänomene die *kolligativen Eigenschaften* (von lat. *colligatus*, verknüpft). Alle diese Eigenschaften lassen sich mit der Tatsache in Verbindung bringen, daß sich beim Auflösen eines nichtflüchtigen Stoffes in einem Lösemittel der Dampfdruck des letzteren erniedrigt.

Im Jahre 1784 beschrieb J. A. Nollet ein Experiment, bei dem zunächst eine Lösung von »Weingeist« in einen Zylinder gebracht wurde, dessen Öffnung mit einer Schweinsblase verschlossen war. Der Zylinder wurde anschließend in reines Wasser getaucht. Nach einiger Zeit war die Blase prall aufgebläht; in einigen Fällen zerriß sie. Die Erklärung für dieses Phänomen liegt darin, daß die tierische Membran semipermeabel ist: Sie ist durchlässig für Wasser, nicht jedoch für Alkohol. Die Diffusion des Wassers in der Lösung verursachte eine Druckzunahme in der Röhre; diesen Druck nannte man *osmotischen Druck* (nach dem griechischen Wort ωσμός, Stoß).

Die erste eingehende und quantitative Untersuchung des osmotischen Druckes wurde von W. Pfeffer durchgeführt (1887). 10 Jahre vorher hatte Moritz Traube beobachtet, daß kolloidale Filme aus Kupfer(II)hexacyanoferroat sich wie semipermeable Membranen verhielten. Pfeffer erzeugte diesen kolloidalen Niederschlag in den Poren nichtglasierter irdener Töpfe, indem er sie zuerst in eine Lösung von Kupfersulfat und dann in eine solche von Kaliumhexacyanoferroat tauchte.

Sehr eingehende Messungen des osmotischen Druckes wurden von H. N. Morse, J. C. W. Frazer et al. an der Johns-Hopkins-Universität und von R. T. Rawdon (Berkeley) sowie E. G. J. Hartley (Oxford) durchgeführt[8].

Abb. 7.10a zeigt die von der Arbeitsgruppe an der Johns-Hopkins-Universität verwendete Apparatur. Die mit Cupriferrocyanid imprägnierte, poröse Zelle wird mit Wasser gefüllt und in ein Gefäß mit der wäßrigen Lösung getaucht. Zur Mes-

---

[8] Sehr lesenswert ist eine Arbeit von J. C. W. Frazer, *The Laws of Dilute Solutions*, A Treatise on Physical Chemistry, 2nd ed., Hrsg. H. S. Taylor, Van Nostrand, New York 1931. Einen guten Überblick über experimentelle Methoden und Anwendungen gaben R. H. Wagner und L. D. Moore in ihrem Beitrag *Determination of Osmotic Pressure*, in *Physical Methods of Organic Chemistry*, Hrsg. A. Weissberger, Part 1, 3rd ed., Interscience, New York 1959.

Der osmotische Druck 279

sung des Druckes dient ein angeschlossenes Manometer (Steigrohr). Man läßt nun das System stehen, bis keine weitere Druckzunahme zu beobachten ist. In diesem Gleichgewichtszustand wird der osmotische Druck gerade durch den hydro-

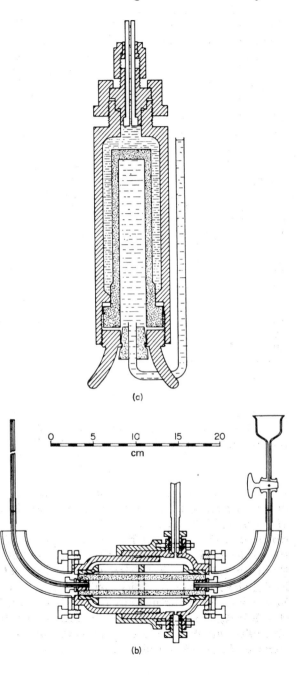

Abb. 7.10
Apparaturen zur Messung des osmotischen Drucks. **(a)** Die statische Methode nach MORSE und FRAZER. Die semipermeable Membran befindet sich in der porösen Wand einer zylindrischen Zelle. Das Innere der Zelle wird mit reinem Lösemittel gefüllt; die zu messende Lösung befindet sich in dem die Zelle umgebenden Raum. **(b)** Dynamische Methode nach RAWDON und HARTLEY. Im Inneren der Zelle befindet sich das reine Lösemittel, die zu messende Lösung umgibt die Zelle. Durch das zylindrische Ansatzstück mit enger Bohrung kann auf die Lösung ein hydrostatischer Druck ausgeübt werden, der den osmotischen Fluß unterbricht.

statischen Druck im Steigrohr ausgeglichen. Sehr viel höhere osmotische Drücke (mehrere 100 atm) lassen sich z.B. durch die Änderung des Brechungsindex von Wasser beim Komprimieren und durch die Anwendung piezoelektrischer Meßprinzipien bestimmen.

Die englischen Forscher benützten die in Abb. 7.10b gezeigte Apparatur. Statt auf die Einstellung des Gleichgewichts zu warten und dann den Druck abzulesen, ließen sie einen äußeren Druck auf die Lösung wirken, der gerade groß genug war, um den osmotischen Druck auszugleichen. Diesen Gleichgewichtszustand konnten sie durch die Beobachtung des Niveaus einer Flüssigkeit in der Kapillarröhre genau beobachten. Der Meniskus in dieser Kapillarröhre würde rasch fallen, wenn Lösemittel in die Lösung diffundieren würde. Auf dem Prinzip eines kompensierenden Außendrucks beruhen die modernsten Osmometer. Tab. 7.3 zeigt Meß-

Molalität (m)	Molare Konzentration (c) (mol dm^{-3})	Beobachteter osmotischer Druck (atm)	Berechneter osmotischer Druck		
			[7.39]	[7.43]	[7.41]
0,1	0,098	2,59	2,36	2,40	2,44
0,2	0,192	5,06	4,63	4,81	5,46
0,3	0,282	7,61	6,80	7,21	7,82
0,4	0,370	10,14	8,90	9,62	10,22
0,5	0,453	12,75	10,9	12,0	12,62
0,6	0,533	15,39	12,8	14,4	15,00
0,7	0,610	18,13	14,7	16,8	17,40
0,8	0,685	20,91	16,5	19,2	19,77
0,9	0,757	23,72	18,2	21,6	22,15
1,0	0,825	26,64	19,8	24,0	24,48

Tab. 7.3 Osmotischer Druck von Saccharoselösungen in Wasser bei 20 °C.

ergebnisse an Saccharoselösungen, die mit künstlichen Membranen erzielt wurden. Im Jahre 1885 zeigte J. H. VAN'T HOFF, daß der osmotische Druck Π in idealen (hochverdünnten) Lösungen der folgenden Beziehung gehorcht:

$$\Pi V = nRT \quad \text{oder} \quad \Pi = cRT \qquad [7.39]$$

Hierin bedeutet $c = n/V$ die molare Konzentration der Lösung. Die Gültigkeit dieser Gleichung kann durch Vergleich der berechneten und experimentellen Werte von Π in Tab. 7.3 beurteilt werden.

Ein osmotischer Druck tritt auf, wenn zwei Lösungen verschiedener Konzentration (oder ein reines Lösemittel und eine Lösung) durch eine semipermeable Membran getrennt sind. Eine dünne Palladiumfolie ist für Wasserstoff durchlässig, nicht jedoch für Stickstoff. Wenn man auf die eine Seite einer solchen Folie reinen Stickstoff und auf die andere ein Gemisch aus Stickstoff und Wasserstoff bringt, dann sind die Voraussetzungen für Osmose erfüllt. Der Wasserstoff diffundiert durch die Palladiumfolie von der wasserstoffreichen auf die wasserstoffarme Seite. Diese Diffusion hält so lange an, bis das chemische Potential des

Wasserstoffs, μ_{H_2}, auf beiden Seiten der Membran gleich groß ist. In diesem Fall ist die Natur der semipermeablen Membran ziemlich klar. An der Palladiumoberfläche werden die Wasserstoffmolekeln katalytisch in Atome gespalten. Diese diffundieren nun, vermutlich als Protonen (das Valenzelektron wird an ein Leitfähigkeitsband abgegeben) durch die Metallfolie.

Für viele Fälle von Semipermeabilität ist wahrscheinlich ein Lösungsmechanismus irgendeiner Art verantwortlich. So können z.B. Proteinmembranen wie die von Nollet verwendeten Wasser lösen, nicht jedoch Alkohol. In anderen Fällen wirkt die Membran wie ein Sieb oder wie ein Bündel von Kapillaren. Der Durchmesser der Sieblöcher oder der Kapillaren kann so klein sein, daß nur kleine Molekeln wie Wasser, aber keine großen Molekeln wie Kohlehydrate oder Proteine hindurchdiffundieren können.

Das Ergebnis ist stets dasselbe, unabhängig von dem Mechanismus, nach dem die semipermeable Membran wirkt. Der osmotische Fluß hält so lange an, bis das chemische Potential der diffundierenden Komponente auf beiden Seiten der Barriere gleich ist. Wenn der Stofftransport in ein geschlossenes Volumen geschieht, dann muß der Druck in diesem Volumen notwendigerweise zunehmen. Der nach Erreichen des Gleichgewichts herrschende osmotische Druck kann durch thermodynamische Methoden berechnet werden.

15. Osmotischer Druck und Dampfdruck

Wir wollen eine reines Lösemittel A betrachten, das von einer Lösung des Stoffes B in A durch eine Membran getrennt ist, die nur für A durchlässig ist. Nach Erreichung des Gleichgewichtes herrscht ein osmotischer Druck Π. Die Gleichgewichtsbedingung ist, daß das chemische Potential von A auf beiden Seiten der Membran gleich groß sei: $\mu_A^\alpha = \mu_A^\beta$. Im Gleichgewicht muß also μ_A in der Lösung ebenso groß sein wie das chemische Potential der reinen Verbindung A. Zwei Faktoren trachten danach, den Wert von μ_A in der Lösung gegenüber dem Wert von μ für die reine Substanz A zu verändern; sie haben einen gleich großen, aber entgegengesetzten Effekt auf μ_A. Der erste Faktor ist die »Verdünnung« von A in der Lösung durch das Hinzukommen von B. Dieser »Verdünnungseffekt« verursacht eine Erniedrigung des chemischen Potentials von A in der Lösung; es ist $\Delta \mu_A = RT \ln P_A/P_A^\bullet$. Diesem Effekt genau entgegengesetzt wirkt der osmotische Druck Π, der zu einer Vergrößerung von μ_A führt.

Nach [7.12] ist $d\mu_A = V_A^m dP$; für diesen zweiten Effekt gilt also:

$$\Delta \mu_A = \int_0^\Pi V_A^m dP$$

Im Gleichgewicht muß μ_A in der Lösung gleich $\mu_A^\bullet$ in der reinen Flüssigkeit sein; es ist daher:

$$\int_0^\Pi V_A^m dP = -RT \ln (P_A/P_A^\bullet)$$

Wir wollen annehmen, daß das partielle Molvolumen V_A^m druckunabhängig ist; die Lösung soll also praktisch inkompressibel sein. Dann gilt:

$$V_A^m \Pi = RT \ln(P_A^\bullet/P_A) \qquad [7.40]$$

Diese Gleichung besagt in Worten: *Der osmotische Druck ist gleich dem äußeren Druck, der auf die Lösung wirken muß, um deren Dampfdruck auf den des reinen Lösemittels A zu erhöhen.* In den meisten Fällen ist das partielle Molvolumen V_A^m des Lösemittels in der Lösung nahezu gleich dem Molvolumen des reinen Lösemittels $V_A^\bullet$. Für den speziellen Fall einer idealen Lösung wird aus [7.40]:

$$\Pi V_A^\bullet = -RT \ln X_A \qquad [7.41]$$

Wenn wir X_A durch $1 - X_B$ ersetzen und die Gleichung wie in Abschnitt 5-12 beschrieben erweitern, dann erhalten wir eine Beziehung für verdünnte Lösungen:

$$\Pi V_A^\bullet = RT X_B \qquad [7.42]$$

Da es sich um eine verdünnte Lösung handelt, gilt:

$$\Pi = \frac{RT}{V_A^\bullet} \cdot \frac{n_B}{n_A} \approx RT m' \qquad [7.43]$$

Dies ist die von FRAZER und MORSE verwendete Gleichung; sie stellt eine bessere Näherung dar als die Gleichung von VAN'T HOFF [7.39]. Bei sehr verdünnten Lösungen wird die Volumenmolalität m' gleich der molaren Konzentration c. Als Resultat einer Reihe von Vereinfachungen erhalten wir also die folgende Beziehung für den osmotischen Druck:

$$\Pi = RTc \qquad [7.39]$$

Inwieweit [7.41], [7.43] und [7.39] die experimentellen Werte wiedergeben, kann aus der Gegenüberstellung in Tab. 7.3 beurteilt werden[9].

16. Abweichungen vom Idealverhalten

Nur wenige der bisher untersuchten flüssigen Lösungen gehorchten dem Raoultschen Gesetz über den gesamten Konzentrationsbereich. Bei höheren Konzentrationen sind die Abweichungen sehr stark; mit zunehmender Verdünnung der Lösung zeigt der gelöste Stoff immer mehr das vom Henryschen Gesetz geforderte Verhalten. Im Grenzfalle der unendlichen Verdünnung $X_B \to 0$ gehorchen alle Stoffe diesem Gesetz. In ähnlicher Weise nähert sich das Verhalten des Lösemittels bei zunehmender Verdünnung der Lösung immer mehr dem vom Raoultschen Gesetz geforderten idealen Verhalten. Bei extremer Verdünnung $X_A \to 1$ gehorchen alle Lösemittel dem Raoultschen Gesetz.

[9] Der osmotische Druck der Lösungen von Hochpolymeren und Proteinen liefert die besten Werte für die thermodynamischen Eigenschaften dieser Verbindungsklassen. Eine wichtige Untersuchung dieser Art ist die von SCHICK, DOTY und ZIMM, *J. Am. Chem. Soc.* 72 (1950) 530.

Das Verhalten nichtidealer Lösungen läßt sich am instruktivsten durch die Beschreibung ihrer Abweichung vom Idealverhalten diskutieren. Die ersten eingehenden Dampfdruckmessungen, die solche Vergleiche erlaubten, wurden von JAN VON ZAWIDSKI um die Jahrhundertwende durchgeführt. Hiernach lassen sich zwei Arten der Abweichung vom Idealverhalten unterscheiden: positive Abweichungen, bei denen $a_A > X_A$ oder $\gamma_A > 1$; und negative Abweichungen, bei denen $a_A < X_A$ oder $\gamma_A < 1$. Gelegentlich kann es vorkommen, daß eine Lösung in *einem* Konzentrationsbereich positiv, in einem anderen negativ vom Idealverhalten abweicht.

Das System Wasser/Dioxan zeigt eine *positive Abweichung* vom Raoultschen Gesetz; Abb. 7.11a zeigt die Abhängigkeit des Dampfdrucks von der Zusammensetzung dieses Systems. Die gestrichelten Linien würden dem Verhalten einer idealen Lösung entsprechen.

Die tatsächlich gemessenen Dampfdrücke sind größer als die einer idealen Mischung. Offenbar ist die Neigung der Komponenten, aus der flüssigen Mischung in die Gasphase zu entkommen, größer als die Verdampfungsneigung der reinen Stoffe. Dieser Effekt wurde so gedeutet, daß die Kohäsionskräfte zwischen den ungleichen Komponenten in der Mischung kleiner sind als die in den reinen Flüssigkeiten; dies deutet auf eine Verringerung der Fähigkeit zu vollständiger Mischbarkeit. Wenn wir dieses Verhalten etwas naiv ausdrücken wollten, dann sind die reinen Komponenten untereinander »glücklicher« als in der Mischung: sie sind ungesellig. Wissenschaftlich ausgedrückt würde dies bedeuten, daß eine »glückliche Komponente« sich in einem Zustand niederer freier Energie befindet. Wir sollten also erwarten, daß sich diese beginnende Nichtmischbarkeit in einer Zunahme des Gesamtvolumens und in einer positiven Mischungsenthalpie (endothermer Prozeß, Wärmeaufnahme aus der Umgebung) ausdrückt.

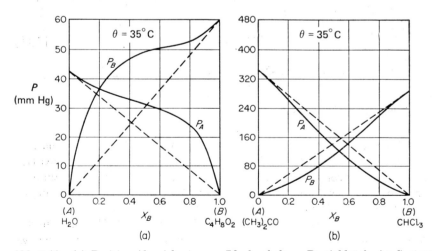

Abb. 7.11 (a) Positive Abweichung vom Idealverhalten; Partialdrücke im System Wasser/Dioxan bei 35 °C. (b) Negative Abweichung vom Idealverhalten; Partialdrücke im System Aceton/Chloroform bei 35 °C. (Die gestrichelten Geraden symbolisieren das Idealverhalten nach dem Raoultschen Gesetz.)

Eine negative Abweichung vom Raoultschen Gesetz zeigt das System Chloroform/Aceton (Abb. 7.11 b). In diesem Falle ist die Entweichungstendenz einer Komponente aus der Lösung geringer, als sie bei der reinen Flüssigkeit beobachtet wird. Diese Tatsache kann darauf zurückgeführt werden, daß die Anziehungskräfte zwischen den ungleichen Molekeln in der Lösung größer sind als die zwischen gleichen Molekeln in den reinen Flüssigkeiten. In einigen Fällen läßt sich in der Lösung eine Assoziation oder Verbindungsbildung beobachten. Wenn also eine Mischung eine negative Abweichung vom Raoultschen Gesetz zeigt, sollten wir beim Mischen eine Volumenkontraktion und eine negative Mischungsenthalpie (Abgabe von Wärme an die Umgebung) beobachten.

Bei einigen nichtidealen Lösungen ist das einfache Bild unterschiedlicher Kohäsionskräfte nicht zutreffend. So lassen sich zum Beispiel bei wäßrigen Lösungen oft positive Abweichungen beobachten. Reines Wasser ist schon von vornherein stark assoziiert; die Zufügung einer zweiten Komponente kann das Wasser teilweise depolymerisieren und dadurch eine Erhöhung des Partialdruckes des Wassers hervorrufen.

Wenn eine Mischung sehr stark positiv vom Idealverhalten abweicht, kann ein Maximum im PX-Diagramm auftreten (Abb. 7.12a); ein stark negatives Abweichen kann ein Minimum hervorrufen. Im Maximum oder Minimum einer Dampfdruckkurve müssen Dampf und Flüssigkeit dieselbe Zusammensetzung haben.

Wenn wir eine der Partialdruckkurven in einem binären System bestimmt haben (Abb. 7.11 und 7.12a), dann können wir die andere durch eine Gleichung von der Art der Gibbs-Duhem-Gleichung berechnen. In Analogie zu [7.10] gilt:

$$\mathrm{d}\ln P_A = \frac{X_B}{X_B - 1}\,\mathrm{d}\ln P_B$$

Durch Umformulierung erhalten wir einen Ausdruck, der explizit die Steigung der jeweiligen PX-Kurve enthält:

$$(1 - X_B)\left(\frac{\partial \ln P_A}{\partial X_B}\right)_T + X_B\left(\frac{\partial \ln P_B}{\partial X_B}\right)_T = 0 \qquad [7.44]$$

Dies ist die Gleichung nach DUHEM-MARGULES.

17. Siedepunktskurven

Unter der Siedepunktskurve (oder einfach Siedekurve) eines binären Systems versteht man die Abhängigkeit der Siede- und Kondensationstemperatur des Systems in Abhängigkeit von seiner Zusammensetzung. Zu dem PX-Diagramm in Abb. 7.12a gehört also das Siedediagramm in Abb. 7.12b. Einem Maximum in der PX-Kurve entspricht ein Minimum in der TX-Kurve.

Eine Lösung mit der Zusammensetzung, die dem Maximum oder Minimum in der Siedekurve entspricht, nennt man eine *azeotropische Lösung* (ζέω, ich koche; α-τρόπος, unverändert), da beim Destillieren keine Veränderung in der Zusammensetzung zu beobachten ist. Solche Lösungen können also bei konstantem Druck nicht fraktioniert destilliert werden. Man hat sogar eine Zeitlang geglaubt, daß azeotropische Mischungen wirkliche chemische Verbindungen sind. Dies trifft nicht zu: Bei einer Änderung des äußeren Druckes ändert sich auch die Zusammensetzung der azeotropischen Mischung.

Die fraktionierte Destillation eines Systems mit einem Maximum oder Minimum in der Siedekurve kann am Beispiel der Abb. 7.12b diskutiert werden. Eine Mischung mit der Zusammensetzung l beginnt bei der Temperatur θ_1 zu sieden. Der erste abdestillierte Dampf hat die Zusammensetzung v und ist gegenüber der

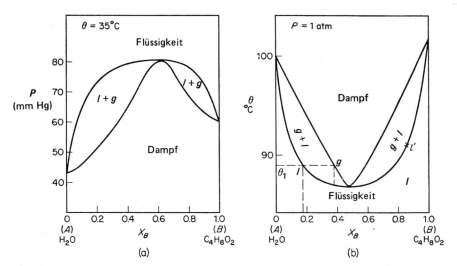

Abb. 7.12 Positive Abweichung vom Idealverhalten nach dem Raoultschen Gesetz: Das System Wasser/Dioxan. (a) PX-Diagramm bei 35 °C, (b) TX-Diagramm bei 1 atm (normales Siedepunktdiagramm).

Flüssigkeit an der Komponente B angereichert. Bei der Destillation reichert sich daher die Flüssigkeit allmählich mit A an. Bei der Destillation, also wenn der Dampf kontinuierlich abgezogen wird, steigt der Siedepunkt im selben Maß an, wie die Zusammensetzung des Systems sich entlang der Liquiduskurve von l nach A, also der reinen Flüssigkeit A, bewegt. Führt man eine fraktionierte Destillation durch, dann läßt sich eine Auftrennung des Systems in die reine Komponente A und die azeotropische Mischung erreichen. In ähnlicher Weise läßt sich eine Mischung der ursprünglichen Zusammensetzung l' in die reine Komponente B und die azeotropische Mischung trennen.

18. Gegenseitige Löslichkeit von Flüssigkeiten, partielle Mischbarkeit

Bei hinreichend starker positiver Abweichung vom Raoultschen Gesetz bilden die Komponenten eines binären Systems keine lückenlose Mischungsreihe mehr. Gibt man nacheinander kleine Mengen der einen Komponente zu einer vorgegebenen

Menge der anderen, dann gelangt man allmählich an eine Löslichkeitsgrenze, bei deren Überschreitung sich zwei ausgeprägte flüssige Phasen bilden. Höhere Temperaturen fördern in der Regel (durchaus jedoch nicht immer) die gegenseitige Löslichkeit, da die höhere kinetische Energie das Widerstreben der Komponenten überwindet, sich gegenseitig zu vermischen. In anderen Worten: Das Entropieglied $T\Delta S$ in der Gleichung $\Delta G = \Delta H - T\Delta S$ wird für den Gesamtvorgang bestimmend. Eine Lösung, die bei höheren Temperaturen eine starke positive Abweichung vom Idealverhalten zeigt, neigt also beim Abkühlen zur Trennung in zwei Phasen.

Ein Beispiel für ein solches Verhalten ist das System n-Hexan/Nitrobenzol (TX-Diagramm der Abb. 7.13a). Bei den durch den Punkt x angezeigten Werten für die Temperatur und die Zusammensetzung sind zwei Phasen koexistent (System mit zwei flüssigen Lösungen). Die eine stellt eine verdünnte Lösung von Nitrobenzol in n-Hexan mit der Zusammensetzung y dar, die andere eine verdünnte Lösung von n-Hexan in Nitrobenzol mit der Zusammensetzung z. Diese beiden Phasen nennt man *konjugierte Lösungen*. Die relativen Mengen der beiden Phasen sind durch das Verhältnis der Abstände xy/xz entlang der Verbindungslinie yz gegeben. Wenn man die Temperatur entlang der Isoplethe XX' erhöht, dann nimmt die relative Länge der hexanreichen Phase ab, wogegen die relative Menge der nitrobenzolreichen Phase zunimmt. Im Punkt Y verschwindet die hexanreiche Phase völlig: Das Gemisch verwandelt sich in ein Einphasensystem.

Dieses allmähliche Verschwinden *einer* Lösungsphase ist charakteristisch für Systeme, die alle Zusammensetzungen haben dürfen bis auf eine: diejenige im Maximum der TX-Kurve. Diese Zusammensetzung nennt man die *kritische Zusammensetzung*; die zu diesem Maximum gehörende Temperatur nennt man die *kritische Mischungstemperatur*. Wenn man ein Zweiphasensystem der kritischen Zusammensetzung allmählich erwärmt (Linie CC' in Abb. 7.13), dann tritt kein allmähliches Verschwinden einer Phase ein. Selbst kurz unterhalb des Maximums d bleibt das Verhältnis der Abschnitte auf der Verbindungslinie praktisch konstant. Die Zusammensetzungen der beiden konjugierten Lösungen werden sich immer ähnlicher, bis beim Punkt d die Phasengrenze plötzlich verschwindet und nur noch eine Phase existent ist.

Wenn man sich der kritischen Temperatur von höheren Temperaturen aus allmählich nähert, dann kann man ein merkwürdiges Phänomen beobachten. Kurz vor dem Übergang des Systems vom Einphasen- in das Zweiphasengebiet überzieht sich die Lösung mit einer perlmutterartigen Opaleszenz. Diese *kritische Opaleszenz* wird durch die Streuung des Lichtes an kleinen Bereichen mit geringfügig verschiedenen Dichten hervorgerufen. Diese Bereiche bilden sich in der Flüssigkeit kurz vor der Trennung der beiden Phasen. Röntgenuntersuchungen haben gezeigt, daß solche Bereiche auch noch mehrere Grade oberhalb der kritischen Temperatur existent sind[10].

Merkwürdigerweise liegt bei manchen Systemen die kritische Lösungstemperatur in einem Minimum. Bei höheren Temperaturen besteht das System aus zwei

---

[10] G. BRADY, *J. Chem. Physics* 32 (1960) 45.

Phasen; bei allmählicher Abkühlung erreicht man eine Temperatur, bei der die beiden Phasen in jedem Verhältnis mischbar sind. Ein Beispiel hierfür ist das System Triäthylamin/Wasser (Abb. 7.13b), das eine untere kritische Lösungstemperatur von 18,5 °C bei 1 atm Druck zeigt. Man beachte den starken Löslichkeitsanstieg, wenn sich die Temperatur diesem Punkt nähert. Dieses eigentümliche Verhalten legt die Vermutung nahe, daß negative Abweichungen vom Raoultschen Gesetz (z. B. Verbindungsbildung) bei tiefen Temperaturen so stark werden, daß sie die für die Nichtmischbarkeit verantwortlichen positiven Abweichungen aufheben.

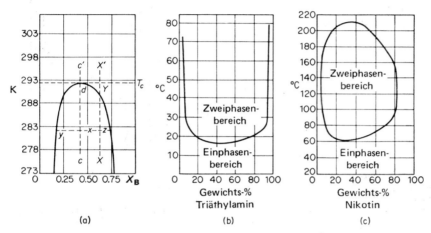

Abb. 7.13 Partielle Mischbarkeit zweier Flüssigkeiten. (a) n-Hexan/Nitrobenzol. (b) Triäthylamin/Wasser. (c) Nikotin/Wasser.

Endlich wurden noch Systeme gefunden, die sowohl eine obere als auch eine untere kritische Lösungstemperatur besitzen. Solche Systeme findet man vor allem bei höheren Drücken, so daß die Annahme recht plausibel ist, daß alle Systeme mit einer unteren kritischen Lösungstemperatur bei hinreichend hohen Temperaturen und Drücken auch eine obere kritische Lösungstemperatur zeigen. Das System Nikotin/Wasser (Abb. 7.13c) zeigt schon bei Atmosphärendruck zwei kritische Temperaturen.

19. Thermodynamische Bedingung für eine Phasentrennung

Die Deutung der *Mischungslücke* in diesem Systemen beruht auf der freien Mischungsenthalpie. Abb. 7.14 zeigt an drei Beispielen, wie sich die freie Mischungsenthalpie ΔG^M ($= \Delta G$ in [7.14]) mit der Zusammensetzung eines binären Systems ändert. (Als Beispiel für diese Diskussion können wir eines der Systeme der Abb. 7.13 bei 3 verschiedenen Temperaturen betrachten; eine dieser Temperaturen ist die kritische Lösungstemperatur.)

Im Falle a sind die Komponenten beliebig miteinander mischbar. Das Kriterium für dieses Verhalten ist, daß die $G^M X$-Kurve über den gesamten Bereich von X konvex verläuft. Bedingung für völlige Mischbarkeit ist also:

$$(\partial^2 G^M/\partial X^2) > 0$$

Die gestrichelte Kurve zwischen den Punkten X'_A und X''_A für den Fall b ist hypothetisch; sie zeigt den berechneten Verlauf von G^M in diesem Bereich für eine ein-

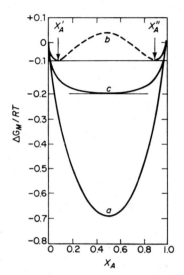

Abb. 7.14 Freie Mischungsenthalpie.
(a) Eine flüssige Phase.
(b) Zwei flüssige Phasen.
(c) System im kritischen Punkt.

zelne flüssige Phase. Sie besitzt zwei Wendepunkte, für die $(\partial^2 G^M/\partial X^2) = 0$ ist. In jedem Punkt zwischen X'_A und X''_A kann G^M erniedrigt werden, wenn das System in zwei flüssige Phasen zerfällt, eine mit der Zusammensetzung X'_A, die andere mit der Zusammensetzung X''_A. Diese Zusammensetzungen entsprechen den Punkten am Ende einer Verbindungslinie zwischen konjugierten Lösungen im üblichen TX-Diagramm.

Der Grenzfall c zeigt ein System im kritischen Punkt, also bei der kritischen Lösungstemperatur. Auf dem Weg zu diesem Zustand sind die Minima in der Kurve allmählich zusammengerückt, bis sie im kritischen Punkt ein einziges, flaches Minimum bilden. Die Bedingung für den kritischen Punkt lautet:

$$(\partial^2 G/\partial X^2) = (\partial^3 G/\partial X^3) = 0$$

Aus theoretischen Überlegungen geht hervor, daß diese höheren Ableitungen von G außerordentlich empfindlich gegenüber kleinen Änderungen in den zwischenmolekularen Kräften sind, mit denen wir die Eigenschaften von Lösungen zu erklären versuchen.

20. Thermodynamik nichtidealer Lösungen

Die thermodynamischen Eigenschaften nichtidealer Lösungen können oft am besten gezeigt werden, indem man die Unterschiede zwischen ihren Werten für den realen Fall und jenen Werten berechnet, die sie bei idealem Verhalten bei derselben Zusammensetzung besäßen. Solche Differenzen nennt man *Überschußfunktionen*. Als Beispiel betrachten wir die freie Enthalpie einer Komponente A:

Reale Lösung: $G_A - G_A^\bullet = RT \ln a_A = RT \ln X_A + RT \ln \gamma_A$

Ideale Lösung: $G_A^{id} - G_A^\bullet = RT \ln X_A$

Überschußfunktion: $G_A^{ex} = G_A - G_A^{id} = RT \ln \gamma_A$

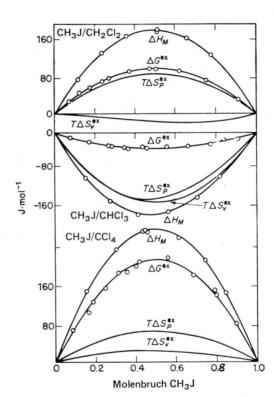

Abb. 7.15 Thermodynamische Überschußfunktionen: CH_3J + Chlormethane bei 298 K.

Die Überschußfunktion für eine binäre Lösung von A und B lautet:

$$\Delta G_M^{ex} = RT (X_A \ln \gamma_A + X_B \ln \gamma_B) \qquad [7.45]$$

Da bei der Herstellung einer idealen Mischung ΔH und ΔV null sind, sind in diesem Fall die Überschußfunktionen ΔH^{ex} und ΔV^{ex} einfach die Mischungsfunktionen. Für die Überschußentropie gilt:

$$\Delta S_M^{\mathrm{ex}} = -\left(\frac{\partial \Delta G_M^{\mathrm{ex}}}{\partial T}\right)_{P,X}$$

HILDEBRAND hat 1929 das Konzept der *regulären Lösung* eingeführt, deren Mischungsentropie virtuell dem Idealfall entspricht, wogegen die Mischungsenthalpie ΔH beträchtlich von null abweichen kann.

Wenn beim Mischungsvorgang eine Volumenänderung auftritt, bewirkt dieses ΔV selbst eine gewisse Entropieänderung. Die bei konstantem Druck bestimmte Überschußentropie ΔS_P^{ex} bedarf also einer Korrektur, durch die man zur Überschußentropie des Mischungsvorgangs bei konstantem Volumen, ΔS_V^{ex} gelangt; diese Größe wird beim Vergleich mit theoretischen Modellen für ΔS (z. B. für Berechnungen auf der Basis der statistischen Mechanik) benötigt. Nach SCATCHARD gilt für diese Korrektur[11]

$$\Delta S_P - \Delta S_V = (\alpha/\beta)\Delta V \qquad [7.46]$$

Hierin sind α der thermische Ausdehnungskoeffizient und β die Kompressibilität.
In Abb. 7.15 sind die Überschußfunktionen für Lösungen von CH_3J in drei verschiedenen Chlormethanen dargestellt[12]. Es ist bemerkenswert, daß die Überschußentropie des Mischungsvorganges bei konstantem Volumen, ΔS_V^{ex}, für die Lösungen in CH_2Cl_2 und CCl_4 sehr klein ist; es handelt sich hier also näherungsweise um reguläre Lösungen nach der Definition von Hildebrand.
Tab. 7.4 zeigt einige Überschußfunktionen für binäre Lösungen von Flüssigkeiten[13]. Wie für eine flüssige Mischung zu erwarten, ist $\Delta G_P \approx \Delta A_V$.

	T (K)	ΔV_P^{ex} ml mol^{-1}	ΔG_P^{ex} J mol^{-1}	ΔA_V^{ex} J mol^{-1}	ΔH_P^{ex} J mol^{-1}	ΔU_V^{ex} J mol^{-1}
Benzol + Äthylenchlorid	298	0,24	25,9	26,8	60,7	−32,6
Benzol + CCl_4	308	0,01	81,6	81,6	109	106
Aceton + CS_2	308	1,06	1050	1040	1460	1120
Pentan + CCl_4	273	−0,5	318	318	314	427
n-Hexan + n-Perfluorhexan	298	4,84	1350	1320	2160	1230

Tab. 7.4 Thermodynamische Funktionen für den Mischvorgang bei konstantem Druck und bei konstantem Volumen für $X = 0,5$

---

[11]
$$S_P = S_V + \int\limits_V^{V+\Delta V} \left(\frac{\partial S}{\partial V}\right)_T \mathrm{d}V'$$

Nach der MAXWELLschen Gleichung [3.46] ist $(\partial S/\partial V)_T = (\partial P/\partial T)_V = \alpha/\beta$. Wenn wir den Quotienten α/β als konstant ansehen, hat das Integral den Wert $(\alpha/\beta)\Delta V$.
[12] E. A. MOELWYN-HUGHES und R. W. MISSEN, *Trans. Faraday Soc.* 53 (1957) 607.
[13] R. L. SCOTT, *J. Phys. Chem.* 64 (1963) 1241.

21. Gleichgewichte zwischen Festkörper und Flüssigkeit: Einfache eutektische Diagramme

Binäre Systeme, bei denen die flüssigen Phasen in jedem Verhältnis mischbar, die festen Phasen jedoch gegenseitig unlöslich sind, zeigen das einfache Schmelzdiagramm der Abb. 7.16. Beispiele für Systeme dieser Art zeigt Tab. 7.5.

Komponente A	Fp. A (K)	Komponente B	Fp. B (K)	Eutektikum	
				Fp. (K)	Mol-% B
$CHBr_3$	280,5	C_6H_6	278,5	247	50
$CHCl_3$	210	$C_6H_5NH_2$	267	202	24
Picrinsäure	395	Trinitrotuluol	353	333	64
Sb	903	Pb	599	519	81
Cd	594	Bi	444	417	55
KCl	1063	AgCl	724	579	69
Si	1685	Al	930	851	89
Be	1555	Si	1685	1363	32

Tab. 7.5 Systeme mit einfachen eutektischen Diagrammen

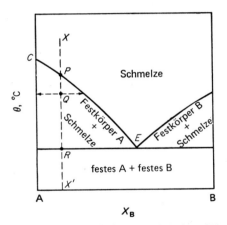

Abb. 7.16a Einfaches eutektisches Diagramm für zwei Komponenten A und B, die in der Schmelze völlig mischbar, als Festkörper jedoch völlig unverträglich sind.

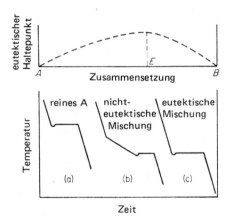

Abb. 7.16b Abkühlungskurven eines binären Systems mit Eutektikum

Wir betrachten das Verhalten einer Lösung der Zusammensetzung X beim Abkühlen entlang der Isoplethe XX'. Wenn der Punkt P erreicht ist, beginnt der reine Festkörper A sich aus der Lösung abzuscheiden. Die verbleibende Lösung reichert sich daher an der Komponente B an; wir bewegen uns hierbei entlang der abfallenden Linie PE. An jedem beliebigen Punkt Q im Zweiphasenbereich sind die relativen Mengen an reiner Komponente A und restlicher Lösung durch das

Verhältnis der Abschnitte auf der Verbindungslinie gegeben. Wenn der Punkt R erreicht ist, dann hat die restliche Lösung die eutektische Zusammensetzung E. Weitere Abkühlung resultiert nun in der gleichzeitigen Abscheidung einer festen Mischung (mikrokristallines Gemisch) aus A und B in relativen Mengen, die sich aus der Lage des Punktes E ergeben.

Im eutektischen Punkt eines isobaren Diagramms herrscht Invarianz. Da drei Phasen miteinander im Gleichgewicht stehen, gilt $f = c - p + 2 = 4 - 3 = 1$; dieser verbleibende Freiheitsgrad wird durch die Bedingung konstanten Druckes aufgebraucht.

Eine wichtige Methode für die Untersuchung binärer Systeme ist die Messung von Abkühlungskurven. Die homogene Schmelze befindet sich in einer Wärmeisolation; während sie sich langsam abkühlt, wird die Temperatur kontinuierlich oder in regelmäßigen Abständen gemessen. Beispiele für solche Abkühlungskurven zeigt Abb. 7.16b. Die Kurve a für den reinen Stoff A fällt allmählich ab, bis der Erstarrungspunkt von A erreicht ist. Hier tritt (meist nach einer kurzen Unterkühlungsperiode) ein Knick in der Kurve auf: Beginn der Erstarrung, Abgabe der Schmelzenthalpie. Die Kurve bleibt nun horizontal, bis die ganze Schmelze erstarrt ist. Anschließend sinkt die Temperatur weiter ab. Die Kurve b zeigt den Abkühlungsprozeß entlang der Isoplethe XX' für ein binäres System. Im Punkt P scheiden sich die ersten Kristallite A aus der Schmelze aus; in der Abkühlungskurve tritt ein Knick auf, und die Temperatur fällt langsamer ab. Wenn die eutektische Temperatur erreicht ist, biegt die Abkühlungskurve in eine Horizontale ein: Das Eutektikum beginnt sich abzuscheiden. Das System wird wieder invariant; die Temperatur bleibt konstant. Wenn das System von vornherein die eutektische Zusammensetzung hat, dann beobachtet man die Abkühlungskurve c.

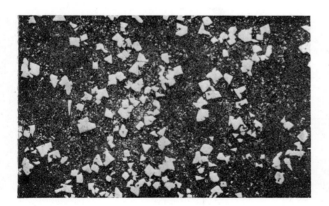

Abb. 7.17 Mikroschliff bei 50facher Vergrößerung einer Legierung aus 80%Pb und 20%Sb; die Kristalle von Sb in einer eutektischen Matrix sind deutlich zu sehen. (ARTHUR PHILLIPS, Yale University).

Zur Strukturuntersuchung von Legierungen bedient man sich meist des Mikroskops. Hierbei zeigt sich oft eine Struktur, wie sie nur durch die Abkühlung einer Schmelze entstanden sein kann, analog der Isoplethe XX' der Abb. 7.16a. Diese Struktur ist dadurch charakterisiert, daß Kristallite des reinen Metalls in einer Matrix der mikrokristallinen, fein verteilten eutektischen Mischung eingebettet sind. Hierfür gibt Abb. 7.17 ein Beispiel.

22. Verbindungsbildung

Wenn man äquimolare Mengen Anilin und Phenol zusammenschmilzt, dann kristallisiert beim Abkühlen eine definierte Verbindung der Zusammensetzung $C_6H_5OH \cdot C_6H_5NH_2$. Reines Phenol schmilzt bei 40 °C, reines Anilin bei $-6{,}1$ °C, die Molekelverbindung bei 31 °C. Das vollständige TX-Diagramm dieses Systems (Abb. 7.18) ist typisch für viele Fälle, in denen stabile Verbindungen als feste Phasen auftreten. Am bequemsten läßt sich ein solches Diagramm betrachten und deuten, wenn man einen vertikalen Schnitt durch das Maximum macht und das Diagramm solchermaßen in zwei Teile teilt. Man erhält zwei direkt aneinander anschließende eutektische Diagramme, links das aus Phenol und der Additionsverbindung, rechts das aus der Additionsverbindung und Anilin. In Abb. 7.18 sind außerdem die Existenzbereiche für die verschiedenen Phasen angegeben. Ein

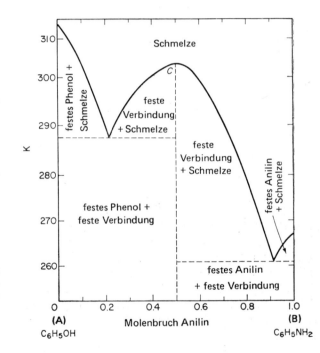

Abb. 7.18 Phasendiagramm eines Systems mit Verbindungsbildung (Phenol/Anilin).

Maximum wie das in Punkt C deutet die Bildung einer Verbindung mit *kongruentem Schmelzpunkt* an; wenn man einen Festkörper $C_6H_5OH \cdot C_6H_5NH_2$ auf 31 °C erhitzt, dann schmilzt er zu einer Flüssigkeit identischer Zusammensetzung. Solche Verbindungen mit kongruentem Schmelzpunkt lassen sich durch die Methode der Abkühlungskurve leicht entdecken. Eine Schmelze zeigt keine plötzliche Abflachung der Abkühlungskurve mit nachfolgendem eutektischem Haltepunkt, sondern lediglich den knickartigen Übergang in die Horizontale. Sie verhält sich also in jeder Hinsicht wie ein reiner Stoff.

In einigen Systemen treten feste Verbindungen auf, die keine Schmelzen mit der Zusammensetzung des Festkörpers bilden. Sie zersetzen sich vielmehr, bevor der Schmelzpunkt erreicht ist. Ein Beispiel hierfür ist das System Quarz/Aluminiumoxid (Abb. 7.19), in dem eine Verbindung $3Al_2O_3 \cdot SiO_2$ (Mullit) auftritt. Wenn man eine Schmelze mit 40% Al_2O_3 langsam abkühlt, dann beginnt bei 1780 °C die Abscheidung von festem Mullit. Isoliert man etwas von dieser festen Verbindung und erhitzt erneut entlang der Linie XX', dann zersetzt sie sich bei 1800 °C in festen Korund und eine flüssige Lösung (Schmelze) mit der Zusammensetzung P. Dieser Vorgang läßt sich folgendermaßen formulieren: $3Al_2O_3 \cdot SiO_2 \rightleftarrows Al_2O_3$ + Lösung. Eine solche Änderung nennt man inkongruentes Schmelzen, da sich die Zusammensetzung der Flüssigkeit von der des Festkörpers unterscheidet.

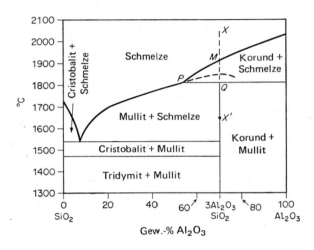

Abb. 7.19 System mit Peritektikum (SiO_2/Al_2O_3).

Den Punkt P nennt man den *inkongruenten Schmelzpunkt* oder den *peritektischen Punkt* ($τεκτειν$, schmelzen; $περι$, rundherum). Daß diese Bezeichnung sehr passend ist, wird klar, wenn man den Ablauf der Ereignisse bei der allmählichen Abkühlung einer Lösung der Zusammensetzung $3Al_2O \cdot SiO_2$ entlang der Linie XX' folgt. Wenn der Punkt M erreicht ist, beginnt fester Korund (Al_2O_3) sich aus der Schmelze abzuscheiden. Diese reichert sich daher mit SiO_2 an; wir bewegen uns entlang der Linie MP. Wenn die Temperatur unter die des Peritektikums bei P fällt, dann reagiert der zuvor abgeschiedene Korund mit der ihn umgebenden Schmelze zu Mullit: Schmelze + $Al_2O_3 \to$ Mullit. Wenn man dem System beim Punkt Q eine Probe entnimmt, dann stellt man fest, daß der Festkörper aus zwei Phasen besteht, nämlich einem Kern aus Korund, der von einer Hülle aus Mullit umgeben ist. Von diesem charakteristischen Phänomen wurde die Bezeichnung *Peritektikum* abgeleitet.

Eine bestimmte Mikrostruktur läßt sich bei Festkörpern oft dadurch erhalten, daß man die Schmelze mit einer bestimmten Geschwindigkeit abkühlt oder abschreckt. Abb. 7.20 zeigt eine ungewöhnliche Struktur, die durch extrem rasches Abkühlen einer Al-Fe-Legierung erhalten wurde.

Abb. 7.20 Legierung aus 90% Al und 10% Fe, abgeschreckt aus der Schmelze (1200 °C) mit einer Geschwindigkeit >500 °C min^{-1}. In einer Matrix aus einer stabilen Verbindung Al$_6$Fe kristallisiert eine metastabile Phase in zehnstrahligen dendritischen Sternen. Eine Elektronenbeugungs Mikroanalyse zeigte, daß die metastabile Verbindung eisenreicher war als Al$_6$Fe. (C. ADAM und L. M. HOGAN, Dept. of Mining and Metallurgical Engineering, University of Queensland.)

23. Feste Lösungen

In der Theorie der Phasengleichgewichte unterscheiden sich feste Lösungen nicht von irgendwelchen anderen Lösungen; sie stellen einfach feste Phasen dar, die mehr als eine Komponente enthalten. Das Phasengesetz macht ja keine Unterscheidung zwischen den verschiedenen Arten von Phasen (Gas, Flüssigkeit oder Festkörper), es beschäftigt sich vielmehr mit der Frage, wieviel Phasen miteinander koexistent sind. Die meisten der in dem vorhergehenden Kapitel als typisch für flüssig-gasförmige oder flüssig-flüssige Systeme beschriebenen Diagramme finden daher ihre Analoga in fest-flüssigen oder fest-festen Systemen.

Aufgrund ihrer Struktur lassen sich zwei Klassen von festen Lösungen unterscheiden. *Substitutionsmischkristalle* entstehen dann, wenn bestimmte Atome oder Atomgruppierungen in einem bestehenden Kristallgitter (dem des »Solvens«) durch andere Atome oder Atomgruppierungen (des Solvendums) ausgetauscht werden. Nickel hat zum Beispiel eine flächenzentriert-kubische Struktur, bei der sich die

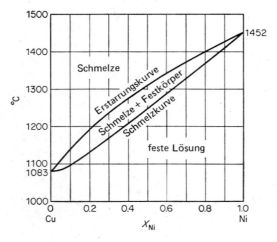

Abb. 7.21 System mit völliger Mischbarkeit im flüssigen und festen Zustand (Kupfer/Nickel).

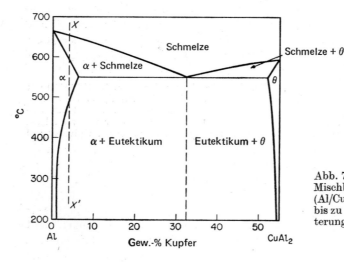

Abb. 7.22 System mit begrenzter Mischbarkeit der Komponenten (Al/CuAl$_2$). Al-Cu-Legierungen mit bis zu 6% Kupfer härten durch Alterung.

Nickelatome beliebig durch Kupferatome ersetzen lassen. Man erhält auf diese Weise eine lückenlose Reihe von Mischkristallen, also feste Lösungen beliebiger Zusammensetzung (Abb. 7.21). Diese Ersetzbarkeit eines Atoms oder einer Atomgruppierung durch ein anderes oder eine andere ist nur möglich, wenn die betrachteten Teilchen nahezu gleich groß sind.

Einlagerungskristalle entstehen dann, wenn die Atome oder Atomgruppierungen des Solvendums auf Zwischengitterplätzen in der Kristallstruktur des »Solvens« eingelagert werden. Eine solche Einlagerung kann in nennenswertem Umfange nur dann eintreten, wenn die Teilchen des Solvendums wesentlich kleiner sind als die des Solvens. Beispiele für Einlagerungsmischkristalle sind Kohlenstoff in Kobalt, Austenit (Kohlenstoff in γ-Eisen) und Platinwasserstoff. Viele technisch wichtige Legierungen sind Substitutionsmischkristalle, so zum Beispiel Constantan (60 Cu, 40 Ni) und Monel (60 Cu, 35 Ni und 5 Fe).

Abb. 7.23 Elektronenmikroskopische Durchstrahlungsaufnahme einer Legierung aus 67% Al und 33% Cu (N. Takahashi und K. Ashinuma, Universität Yamanashi).

Das in Abb. 7.16a gezeigte einfache eutektische Diagramm stellt für intermetallische Systeme meist eine unzulässige Vereinfachung dar. Es impliziert für den festen Zustand eine völlige Nichtmischbarkeit. Die meisten Mehrstoffsysteme zeigen ein Verhalten, das zwischen diesem einen Extrem und dem anderen der völligen gegenseitigen Mischbarkeit liegt; sie zeigen in festem Zustand eine Mischungslücke, die sich mehr oder minder weit durch das Diagramm erstreckt. Diese Mischungslücke nimmt mit abnehmender Temperatur meist beträchtlich zu. Einen besonders interessanten Fall zeigt die Abb. 7.22 am Beispiel des Systems Aluminium/Kupfer. Hierbei ist nur der Teil des Systems berücksichtigt, der sich vom reinen Aluminium bis zu der intermetallischen Verbindung $CuAl_2$ erstreckt. Die feste Lösung des Kupfers in Aluminium nennt man die α-Phase; die feste Lösung des Aluminiums in der Verbindung $CuAl_2$ nennt man die θ-Phase.

Das Phänomen der Härtung durch *Alterung* von Legierungen wird durch den Einfluß der Temperatur auf die Mischungslücke in festen Lösungen erklärt. Wenn man eine Schmelze auf 96% Al und 4% Cu entlang der Linie XX' abkühlt, dann erstarrt sie zunächst zu einer festen Lösung α. Diese feste Lösung ist weich und duktil. Wenn man diese Phase rasch auf Zimmertemperatur abschreckt, dann wird sie metastabil. Da Änderungen in festem Zustand meist sehr langsam vonstatten gehen, kann eine solche metastabile Lösung bei Zimmertemperatur für einige Zeit beständig bleiben. Im Laufe der Zeit verwandelt sie sich jedoch in die stabile Form, die eine Mischung aus zwei Phasen darstellt, nämlich der festen Lösung α und der festen Lösung θ. Diese Zweiphasenlegierung ist härter und weniger duktil als die homogene feste Lösung α. Der genaue Mechanismus dieses Härtungsprozesses ist immer noch nicht aufgeklärt; man weiß jedoch, daß er auf dem Übergang eines Einphasensystems in ein Zweiphasensystem beruht.

Abb. 7.23 zeigt (unter dem Elektronenmikroskop) eine bemerkenswerte Lamellenstruktur in einer Legierung aus 33% Cu und 67% Al. Die dunklen Bänder stellen die θ-Phase dar, die helleren die α-Phase.

24. Das Eisen-Kohlenstoff-Diagramm

Keine Diskussion von Phasendiagrammen wäre vollständig ohne das Eisen-Kohlenstoff-System, das die Basis für die Eisenmetallurgie darstellt. Von größtem Interesse ist jener Teil des Diagramms, der sich vom reinen Eisen bis zur Verbindung Eisencarbid oder Zementit, Fe_3C, erstreckt (Abb. 7.24).

Reines Eisen existiert in drei Modifikationen. Bis 910 °C stabil ist das α-Eisen, das eine kubisch-raumzentrierte Struktur besitzt. Bei 910 °C wandelt sich das α-Eisen in das kubisch-flächenzentrierte γ-Eisen um. Dieses verwandelt sich bei 1401 °C wieder in eine kubisch-raumzentrierte Modifikation, das δ-Eisen. Feste Lösungen von Kohlenstoff in Eisen nennt man *Ferrit*.

Wenn wir einmal von dem kleinen Existenzbereich des δ-Ferrits absehen, dann stellt der obere Teil des Diagramms ein typisches Beispiel für die begrenzte gegenseitige Löslichkeit fester Phasen dar.

Die Kurve qq' zeigt, wie die Umwandlungstemperatur für den Übergang vom α- zum γ-Ferrit durch die Einlagerung von Kohlenstoff auf Zwischengitterplätze des Eisens erniedrigt wird. Die mit α gekennzeichnete Fläche stellt den Existenzbereich fester Lösungen von Kohlenstoff in α-Eisen dar. Die mit γ gekennzeichnete Fläche bedeutet den Existenzbereich fester Lösungen von Kohlenstoff in γ-Eisen (*Austenit*). Die Umwandlungstemperatur $\alpha \to \gamma$ hat bei q' ein Minimum erreicht; hier trifft die Kurve auf eine andere Kurve rq', die die Löslichkeit von Kohlenstoff in festem γ-Eisen repräsentiert. Einen Punkt q', der ein Eutektikum bei koexistenten festen Phasen charakterisiert, nennt man einen *eutektoiden* Punkt.

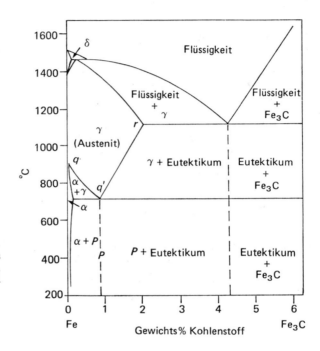

Abb. 7.24 Teil des Eisen-Kohlenstoff-Phasendiagramms (J. B. Austin, *Metals Handbook*, Am. Soc. for Metals, Cleveland 1948).

Beim eutektoiden Zerfall des Austenits entstehen zwei Phasen: das α-Ferrit und das Zementit. Diese Phasen bilden eine Lamellenstruktur alternierender Bänder, die man *Perlit* nennt. Wenn das System die eutektoide Zusammensetzung hat, dann besteht der Stahl vollständig aus Perlit. Ist die Mischung reicher an Kohlenstoff, hat sie also eine *hypereutektoide* Zusammensetzung, dann erhält der Stahl zusätzlich zu den Zementitbändern im Perlit noch weitere Zementitkristallite. Wenn man einen *hypoeutektoiden* Stahl langsam abkühlt, dann können sich zusätzlich Ferritkristallite bilden. Abb. 7.25 zeigt die Bildung und das Aussehen des Perlits. Die erste Stufe bei der Entstehung des Perlits scheint die Bildung eines Mikrokristallits aus Zementit zu sein.
Während dieser allmählich anwächst, entzieht er der austenitischen Umgebung Kohlenstoff. Hierauf bilden sich an der Oberfläche des Zementits Ferritkeime, da niedrige Kohlenstoffkonzentrationen die Umwandlung von α- in γ-Eisen begünstigen.

Das Eisen-Kohlenstoff-Diagramm der Abb. 7.24 erklärt den Unterschied zwischen den verschiedenen Stählen und Gußeisen. Eisen mit weniger als 2% Kohlenstoff liefert beim Erwärmen eine homogene feste Lösung von Kohlenstoff in Eisen, nämlich den Austenit. In diesem Zustand läßt sich das Eisen, oder besser die Eisen-Kohlenstoff-Legierung, leicht schmieden oder irgendeiner anderen Form-

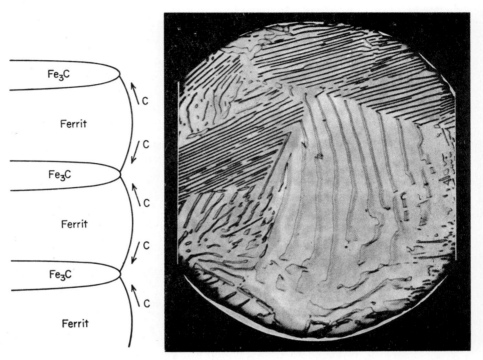

Abb. 7.25 Bildung (schematisch) und Aussehen von Perlit. (Bei 1250facher Vergrößerung.) (U. S. Steel Corporation Research Center.)

veränderung unterwerfen. Beim Abkühlen zerfällt das System in zwei Phasen. Zementit ist ein hartes, sprödes Material; sein Auftreten in perlitischen Stählen ist verantwortlich für deren Härte und mechanische Widerstandsfähigkeit. Die Art des Abkühlens oder Abschreckens bestimmt das Ausmaß der Phasentrennung und der Korngröße der beiden Phasen. Die hierbei erzielten mechanischen Eigenschaften lassen sich noch zusätzlich durch Abschrecken und Tempern modifizieren.

25. Statistische Mechanik von Lösungen

Wenn wir die Eigenschaften zweier reiner Komponenten kennen, dann können wir die Mischungsbildung theoretisch behandeln. Dies kann sogar weniger schwierig sein als die Theorie der Eigenschaften der reinen Komponenten.

Als statistisch-mechanisches Modell legen wir eine perfekte Lösung von N_A Molekeln A in N_B Molekeln B zugrunde. Wenn Z_A und Z_B die Verteilungsfunktionen für die reinen Stoffe A und B sind, dann gilt für die Verteilungsfunktion der Mischung:

$$Z_{AB} = \frac{(N_A + N_B)!}{N_A! N_B!} Z_A Z_B \qquad [7.47]$$

Der kombinatorische Faktor $(N_A + N_B)!/N_A! N_B!$ ist die Zahl der verschiedenen Anordnungen, die die Molekeln A und B durch Platzwechsel innerhalb der Lösung annehmen können. Bei diesem Modell müssen die Molekeln A und B gleiche Eigenschaften besitzen; jede Molekel im System muß sich also im selben intermolekularen Kraftfeld befinden, unabhängig von der Identität ihrer Nachbarn. Diese Situation und die Verteilungsfunktion [7.47] entsprechen genau den Kriterien, die wir früher für eine ideale Lösung aufgestellt haben. Da $A = -kT \ln Z$ ist, liefert die Verteilungsfunktion [7.47] für die HELMHOLTZsche freie Mischungsenergie ΔA^M den folgenden Ausdruck:

$$\Delta A^M = (N_A + N_B) kT (X_A \ln X_A + X_B \ln X_B)$$

Da für eine ideale Mischung $\Delta U^M = 0$ ist und für einen isothermen Mischungsvorgang $\Delta A = \Delta U - T \Delta S$ ist, gilt für die Mischungsentropie nach [7.31]:

$$\Delta S^M = -(N_A + N_B) \cdot k \cdot (X_A \ln X_A + X_B \ln X_B)$$

Bei realen Lösungen ist $\Delta U^M \neq 0$; in diesem Fall muß die Verteilungsfunktion Z_{AB} der Mischung für ein Modell berechnet werden, das Terme für die verschiedenen Wechselwirkungen zwischen A und A, B und B sowie zwischen A und B enthält.

Wir müssen nun einige Annahmen machen, die nur näherungsweise gültig sind. Zunächst trennen wir die Translationsfreiheitsgrade von den inneren Freiheitsgraden, so daß wir wie bei der statistisch-mechanischen Behandlung eines Gases [5.48] für eine Lösung schreiben können:

$$Z = Z_{tr} \cdot Z_{int} \qquad [7.48]$$

Diese Annahme trifft am besten zu für Mischungen mit nahezu kugelförmigen Molekeln wie CCl_4 und $SiCl_4$. Sie ist immer noch recht gut für nichtsphärische, aber unpolare Molekeln; auch in diesem Falle ist die Größe der Wechselwirkungskräfte nur wenig richtungsabhängig. Auf polare Molekeln läßt sich die vereinfachende Annahme [7.48] nicht mehr anwenden, da die Rotation einer Molekel in diesem Fall stark von der Lage und Orientierung ihrer Nachbarn abhängt. Wir werden uns hier auf Fälle beschränken, für die [7.48] eine befriedigende Näherung darstellt; hier hängt die freie Überschußenergie (ΔG^{ex} oder ΔA^{ex}) ausschließlich von der Translationsverteilungsfunktion ab, da sich die Beiträge der inneren Freiheitsgrade gegenseitig aufheben.

Wir wenden nun einfachheitshalber die klassische Form von T_{tr} wie in [5.51] an:

$$Z_{tr} = \frac{1}{N!} \frac{1}{h^{3N}} \int \ldots \int \exp\left(\frac{-\hat{H}}{kT}\right) dp_1 \cdot dp_{3N} dq_1 \ldots dq_{3N} \qquad [7.49]$$

Die Integration der Impulse erstreckt sich von $-\infty$ bis $+\infty$, die der Koordinaten über das gesamte Volumen des Systems. Für den Hamiltonoperator gilt:

$$\hat{H} = \frac{1}{2m} \sum_{i=1}^{3N} p_i^2 + U(q_1 \ldots q_{3N})$$

Wenn wir diesen Ausdruck in [7.49] einsetzen, dann liefert die Integration über die Momente (s. S. 222):

$$\left(\frac{2\pi m kT}{h^2}\right)^{3N/2}$$

Dieser Faktor kann nicht zur freien Mischungsenergie beitragen; normalerweise geht er in die Funktion Z_{int} ein, wobei man die Funktion Z'_{int} erhält. Es bleibt nur noch der Faktor

$$Q = \frac{1}{N!} \int \ldots \int \exp\left(\frac{-U}{kT}\right) dq_1 \ldots dq_{3N} \qquad [7.50]$$

übrig. Man nennt ihn das *Konfigurationsintegral* oder die *Konfigurationsverteilungsfunktion*. Wenn wir diese Funktion aus den Eigenschaften der individuellen Molekeln bestimmen könnten, wären wir einer vollständigen statistisch-mechanischen Theorie der Flüssigkeiten und imperfekten Gase schon recht nahe. Die Ausdehnung von Q auf eine Lösung zweier Komponenten A und B liefert uns:

$$Q = \frac{1}{N_A! N_B!} \int \ldots \int \exp\left(\frac{-U}{kT}\right) dq_1 \ldots dq_{3N} \qquad [7.51]$$

Wir müssen nun die Diskussion der Versuche zur Bestimmung der eigentlichen Funktion Q bis zum 19. Kapitel (Flüssigkeiten) zurückstellen; statt dessen beschränken wir uns auf die Anwendung von [7.51] in der Theorie der Lösungen[14].

Eine brauchbare Basis für die Lösung des Problems liefert uns ein *Gittermodell*. Wir gehen von der Vorstellung aus, daß jede Molekel A und B einen bestimmten Platz in einem starren Raumgitter einnimmt. Das Volumen dieses Modells ist dann durch $N_A + N_B$ sowie durch die Forderung $\Delta V^{ex} = 0$ festgelegt. Wir nehmen nun an, daß die potentielle Energie U in zwei Terme aufgespalten werden kann: (1) Die Wechselwirkungsenergie zwischen den in ihrer Gleichgewichtslage im Gitter ruhenden Molekeln und (2) die auf die Schwingungen der Molekeln um ihre Gleichgewichtslage zurückzuführende Energie. Es ist dann:

$$Q = Q_{Gitter} \cdot Q_{Schwingung}$$

Für den einfachsten Fall nehmen wir an, daß bei der Mischung der Komponenten nur die Gitterenergie Q_{Gitter} verändert wird. Nach diesem einfachsten Modell würde sich also die freie Mischungsenergie als die Gitterenergie ergeben.

Wir vereinfachen nun das Modell ein weiteres Mal, indem wir nur die Wechselwirkungen zwischen unmittelbaren Nachbarn betrachten. Wenn jede Molekel z nächste Nachbarn hat, dann gibt es im System insgesamt $(N_A + N_B) z/2$ Paare

---

[14] Das Standardwerk hierüber stammt von I. PRIGOGINE, *The Molecular Theory of Solutions*, North Holland Publ. Co., Amsterdam 1957.

Statistische Mechanik von Lösungen

nächster Nachbarn, nämlich N_{AA} vom Typ AA, N_{BB} vom Typ BB und N_{AB} vom Typ AB. Es ist dann:

$$z N_A = 2 N_{AA} + N_{AB}$$

und

$$z N_B = 2 N_{BB} + N_{AB}$$

Nun seien u_{AA}, u_{BB} und u_{AB} die Wechselwirkungsenergien zwischen den jeweiligen Paaren. Dann gilt für die Gitterenergie:

$$E_{\text{Gitter}} = N_{AA} u_{AA} + N_{AB} u_{AB} + N_{BB} u_{BB}$$
$$= \frac{1}{2} z N_A u_{AA} + \frac{1}{2} z N_B u_{BB} + N_{AB} \left(u_{AB} - \frac{1}{2} u_{AA} - \frac{1}{2} u_{BB} \right)$$

Demnach ist $w = u_{AB} - \frac{1}{2} u_{AA} - \frac{1}{2} u_{BB}$ die Mischungsenergie, die wir beim Zusammentreten eines Paares nächster Nachbarn vom Typ AB gewinnen. Die Gitterenergien der reinen Komponenten A und B sind also $E_A = \frac{1}{2} z N_A u_{AA}$ und $E_B = \frac{1}{2} z N_B u_{BB}$. Für die Gitterenergie erhalten wir daher:

$$Q_{\text{Gitter}} = N \sum_{AB} g(N_A, N_B, N_{AB}) \exp\left[-(E_A + E_B + N_{AB} w)/kT\right]$$
$$= \exp\left[\frac{-(E_A + E_B)}{kT}\right] \sum_{AB} g(N_A, N_B, N_{AB}) \exp\left(\frac{-N_{AB} w}{kT}\right)$$

Die Summierung führen wir für all die verschiedenen Anordnungen der N_A Molekeln A und N_B Molekeln B durch, die N_{AB} Paare nächster Nachbarn vom Typ AB ergeben.

Für die HELMHOLTZsche freie Mischungsenergie gilt dann:

$$\Delta A^M = -kT \ln \left[\sum g(N_A, N_B, N_{AB}) \exp(-N_{AB} w/kT) \right] \qquad [7.52]$$

Die Bestimmung der Summe in [7.52] entspricht dem im vorhergehenden Kapitel diskutierten *Ising-Problem*. Eine Lösung des eindimensionalen Problems werden wir im 11. Kapitel kennenlernen. Ein zweidimensionales Problem wurde zuerst von ONSAGER 1944 gelöst; diese Lösung ist zu schwierig und umfangreich, als daß sie an dieser Stelle wiedergegeben werden könnte. Das dreidimensionale Problem wurde noch niemals gelöst; es stellt wahrscheinlich die größte mathematische Herausforderung für statistische Mechaniker dar.

Wenn wir in [7.52] $w = 0$ setzen, dann erhalten wir:

$$\sum_{AB} g(N_A, N_B, N_{AB}) = \frac{(N_A + N_B)!}{N_A! N_B!}$$

und, da $N_A + N_B = N$ ist:

$$\Delta A^M = -kT \ln \frac{N!}{N_A! N_B!}$$

Dies entspricht [7.47] für perfekte Lösungen.

26. Das Modell von Bragg-Williams

Die einfachste Annahme für die Verteilung der AB-Paare im System ist die völliger Regellosigkeit bei der Mischung. Dieses Modell wurde zuerst von Bragg und Williams bei der Theorie fester Lösungen von Metallen (Substitutionsmischkristallen) verwendet. Eine völlig regellose Verteilung wäre gleichbedeutend mit dem maximalen Term bei der Summierung von $g\,(N_A N_B N_{AB})$; dieser maximale Ausdruck ist aber $N!/N_A!N_B!$. Hiermit erhalten wir für die Helmholtzsche freie Mischungsenergie:

$$\Delta A^M = -kT \ln \frac{N!}{N_A!N_B!} + \bar{N}_{AB}\,w$$

Hierin ist $\bar{N}_{AB}$ einfach der Durchschnittswert von N_{AB}:

$$\bar{N}_{AB} = z\,\frac{N_A N_B}{N_A + N_B}$$

Für das Bragg-Williams-Modell gilt daher:

$$\Delta A^M = kT\,[N_A \ln X_A + N_B \ln X_B] + zw\,\frac{N_A N_B}{N_A + N_B} \qquad [7.53]$$

Der erste Term in dieser Beziehung gibt den Wert für ideale Lösungen, der zweite Term stellt die freie Überschußenergie ΔA^{ex} dar. Die Überschußentropie ist bei dieser Approximation $\Delta S^{ex} = 0$; die Abweichung vom Idealverhalten wird also nur durch die Überschußenergie ΔU^{ex} berücksichtigt. Nun haben wir in Abb. 7.15 und Tab. 7.4 gesehen, daß sich die freie Überschußenergie ziemlich gleichmäßig in den Entropie- und Energieterm aufteilt; eine Ausnahme bilden nur die *regulären Lösungen*. Für diese liefert das Bragg-Williams-Modell daher vernünftige Lösungen; andere Abweichungen vom Idealverhalten kann es jedoch nicht quantitativ deuten.

Das Bragg-Williams-Modell ist jedoch schon in der Lage, eine Phasentrennung bei niederen Temperaturen für alle jene Fälle vorherzusagen, bei denen $w > 0$ ist. In Abb. 7.26a ist in Übereinstimmung mit der Bragg-Williams-Formel [7.35] $\Delta A^M/kT$ gegen den Molenbruch X_A abgetragen. Wenn die Wechselwirkungsenergie zw wesentlich größer als kT wird, dann zeigt die Funktion der freien Energie genau das in Abb. 7.14 beschriebene Verhalten, das zu einer Phasentrennung führt.

Auch die Dampfdruckkurven können wir nach dem Bragg-Williams-Modell berechnen. Nach [7.53] können wir das chemische Potential einer Komponente A in einer Mischung erhalten, indem wir nach N_A ableiten:

$$\mu_A - \mu_A^\bullet = kT \ln X_A + (1 - X_A)^2\,zw$$

Mit [7.23] erhalten wir daher:

$$a_A = \frac{\lambda_A}{\lambda_A^\bullet} = \frac{P_A}{P_A^\bullet} = X_A \exp \frac{(1 - X_A)^2\,zw}{kT}$$

Das Modell von Bragg-Williams

In Abb. 7.26b wurde das Verhältnis $P_A/P_A^\bullet$ gegen den Molenbruch für $zw/kT = 1, 0$ und -2 abgetragen. Für ideale Mischungen, die dem Raoultschen Gesetz gehorchen, ist $w = 0$. Für $w > 0$ erhalten wir eine positive Abweichung, für $w < 0$ eine negative. Die auf dem Gittermodell beruhende Bragg-Williams-Theorie gibt uns also eine recht gute allgemeine Deutung einiger Eigenschaften von Lösungen. Dennoch sollten wir dieses Modell für flüssige Mischungen nicht allzu ernst nehmen, da in Flüssigkeiten tatsächlich keine geordnete Gitterstruktur vorhanden ist. Andererseits sollte das Modell für feste Lösungen der Wirklichkeit recht nahekommen.

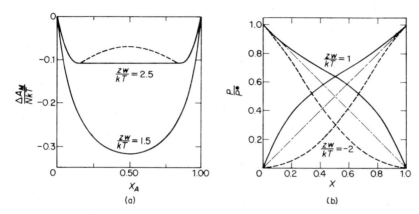

Abb. 7.26 (a) Freie Mischungsenergie in Abhängigkeit von der Zusammensetzung nach der Bragg-Williams-Approximation. (b) Nach der Bragg-Williams-Approximation für $zw/kT = 1, 0$ und -2 berechnete Partialdampfdrücke.

Es wäre nun interessant und folgerichtig, die weiteren Entwicklungen in der statistischen Theorie nichtidealer Lösungen zu verfolgen. Der Gegenstand wird jedoch hier immer komplizierter, und wir müssen uns damit begnügen, einen kleinen Einblick in die Natur der Probleme erhalten zu haben. Sicherlich ist es wichtig, das Modell der regellosen Verteilung der Molekeln zu verlassen und auch Fälle zu betrachten, bei denen die zwischenmolekularen Kräfte so spezifisch werden, daß gewisse Vorzugsorientierungen auftreten. Dies würde sich im Auftreten einer Überschußmischungsentropie (entweder positiv oder negativ) auswirken.
Die Theorie der Lösungen ist von großer Bedeutung für die Auswahl geeigneter Lösemittel für synthetische Reaktionen. Bis heute wurde der synthetisch arbeitende Chemiker nicht von der Theorie der Lösungen, sondern von der Vertrautheit mit einem immensen Schatz an empirischen Daten über Lösemitteleffekte geleitet. Mit zunehmendem Verständnis für die Natur von Lösungen sollte es möglich werden, das geeignete Lösemittel für jede Reaktion durch wohlfundierte theoretische Betrachtungen zu finden.

8. Kapitel
Chemische Affinität

> *Zum Beispiel was wir Kalkstein nennen, ist eine mehr oder weniger reine Kalkerde, innig mit einer zarten Säure verbunden, die uns in Luftform bekanntgeworden ist. Bringt man ein Stück solchen Steines in verdünnte Schwefelsäure, so ergreift diese den Kalk und erscheint mit ihm als Gips; jene zarte, luftige Säure hingegen entflieht. Hier ist eine Trennung, eine neue Zusammensetzung entstanden, und man glaubt sich nunmehr berechtigt, sogar das Wort der Wahlverwandtschaft anzuwenden, weil es wirklich aussieht, als wenn ein Verhältnis dem anderen vorgezogen, eins vor dem anderen erwählt würde.*
>
> *Verzeihen sie mir, sagte Charlotte, wie ich dem Naturforscher verzeihe, aber ich würde hier niemals eine Wahl, eher eine Naturnotwendigkeit erblicken, und diese kaum: denn es ist am Ende vielleicht gar nur die Sache der Gelegenheit. Gelegenheit macht Verhältnisse, wie sie Diebe macht; und wenn von ihren Naturkörpern die Rede ist, so scheint mir die Wahl bloß in den Händen des Chemikers zu liegen, der diese Wesen zusammenbringt. Sind sie aber einmal beisammen, dann gnade ihnen Gott! In dem gegenwärtigen Falle dauert mich die arme Luftsäure, die sich wieder im Unendlichen herumtreiben muß.*
>
> *Es kommt nur auf sie an, versetzte der Hauptmann, sich mit dem Wasser zu verbinden und als Mineralquelle Gesunden und Kranken zur Erquickung zu dienen. Der Gips hat gut reden, sagte Charlotte, er ist nun fertig, ist ein Körper, ist versorgt, anstatt daß jenes ausgetriebene Wesen noch manche Not haben kann, bis es wieder unterkommt.*
>
> JOHANN WOLFGANG VON GOETHE
> Die Wahlverwandtschaften, 1809

Das Problem der chemischen Affinität läßt sich in der Frage zusammenfassen: Welche Faktoren bestimmen die Lage des Gleichgewichts bei chemischen Reaktionen?

Die ersten Überlegungen zur Frage der chemischen Affinität wurden wohl von den Alchimisten angestellt. Diese schrieben den chemischen Stoffen nahezu menschliche Naturen zu und deuteten die chemische Affinität einfach so, daß Reaktionen dann auftreten müßten, wenn sich die Reaktanden gegenseitig »liebten«. ROBERT BOYLE kommentierte diese Theorien in einem Buch »Der skeptische Chemiker« (1661) ohne Gefühlsüberschwang:

> *Ich betrachte Freundschaft und Feindschaft als Gemütsbewegungen intelligenter Lebewesen. Ich habe noch keinen gefunden, der mir hätte erklären können, wie solche Appetenzen in unbeseelten Körpern Platz finden können, die bar jeder Kenntnis und jeder Vernunft sind.*

Im selben Jahr, im Alter von 19 Jahren, trat Isaak Newton ins Trinity College, Cambridge, ein. Er brachte stets großes Interesse für chemisches Experimentieren auf und verbrachte viele Stunden in einem Laboratorium im Garten hinter seinen Wohnräumen in Cambridge. *Er ging selten vor 2 oder 3 Uhr nachts zu Bett, manchmal sogar nicht vor 5 oder 6 Uhr ... Insbesondere pflegte er im Frühjahr oder im Herbst über 6 Wochen in seinem Laboratorium zu verweilen, wo das Licht bei Tag und Nacht kaum ausging, während wir abwechselnd wachten und schliefen, bis er seine chemischen Experimente beendet hatte.* (So berichtete Humphrey Newton, sein Vetter und Assistent.)

Obwohl Newton niemals ein Buch über Chemie veröffentlichte, warf er in den *Queries* am Ende seines Werkes *Opticks* eine Anzahl wichtiger chemischer Fragen auf. Wahrscheinlich war es ein Ergebnis seiner Arbeit über die Gravitationskräfte, daß er die Betrachtung anstellte, ob die Affinität zwischen verschiedenen chemischen Substanzen auf anziehende Kräfte zwischen ihren Atomen oder Korpuskeln zurückzuführen sein könnte. Tatsächlich war es erst im 19. Jahrhundert möglich, solche Unterscheidungen genau zu treffen. In Query 31 fragte Newton: *Haben nicht die kleinen Teilchen der Körper bestimmte Energien, Wirkungen oder Kräfte, mit denen sie über eine Distanz wirksam werden, und zwar nicht nur auf Lichtstrahlen, indem sie sie reflektieren, beugen oder brechen, sondern auch untereinander, indem sie einen großen Teil der Naturphänomene hervorrufen? Denn es ist wohlbekannt, daß sich Körper wegen der Anziehungskräfte der Gravitation, des Magnetismus und der Elektrizität gegenseitig beeinflussen. Diese Beispiele weisen den Inhalt und den Verlauf der Natur auf und sie machen den Schluß nicht unwahrscheinlich, daß es noch mehr solcher anziehenden Kräfte gibt. Denn die Natur ist sehr konstant und mit sich im Einklang. In welcher Weise diese Anziehungskräfte wirken, möchte ich hier nicht untersuchen. Was ich hier Anziehungskraft nenne, kann durch einen Impuls oder irgendeine mir unbekannte Wirkung vollzogen werden ...*

Der Ursprung der Affinität zwischen verschiedenen chemischen Substanzen ist immer noch eines der großen Probleme der chemischen Wissenschaft. Wir sind uns heute gewiß, daß Gravitationskräfte nichts mit der chemischen Affinität zu tun haben, und die neuartigen, von Newton vorgeschlagenen Kräfte sind zur Erklärung der Affinität nicht erforderlich. Wir werden später sehen, wie schließlich die von Newton im Jahre 1714 publizierte Frage im Jahre 1926 durch die Anwendung der Quantentheorie auf chemische Probleme eine Antwort erfuhr: Die chemische Anziehungskraft ist in ihrem Ursprung elektrischer Natur.

Unfähig zwar, den molekularen Mechanismus der chemischen Affinität zu deuten, liefern uns die Methoden der Thermodynamik jedoch eine mathematische Analyse der Phänomene selbst und beschreiben genau, wie die chemische Affinität durch Faktoren wie Temperatur, Druck und Konzentration beeinflußt wird.

Solche Betrachtungen erhielten eine etwas systematischere Form durch die ersten »Affinitätstabellen« wie die von Etienne Geoffroy (1718), auf der die Säuren in der Reihenfolge ihrer Stärke aufgeführt waren. Als Maß für die Stärke diente die Fähigkeit oder Unfähigkeit einer Säure, eine andere Säure aus deren Verbindung mit einer Base auszutreiben.

Noch weitergehend ist die »Tabula affinitatum inter differentes substantias« von TORBERN OLAF BERGMAN (1735–1784), die sich im Museo di Storia delle Scienze (neben dem prachtvollen Experimentiertisch des Großherzogs LEOPOLD II.) befindet. Die auf dieser Tafel angegebenen Affinitätsbeziehungen sind ein Produkt der Zusammenarbeit zwischen BERGMAN und dem Großherzog. Die Tafel trägt das Motto: *Non fingendum aut excogitandum, sed videndum, quid natura ferat, aut faciat.*

CLAUDE LOUIS BERTHOLLET zeigte 1801 in seinem berühmten Buch »Essai de Statique Chimique«, daß diese Tabellen prinzipiell falsch waren, da die Menge der reagierenden Stoffe eine überaus wichtige Rolle spiele und eine Reaktion dadurch umgekehrt werden könne, daß man einen hinreichenden Überschuß eines der Reaktionsprodukte hinzufüge. Während er Napoleon auf seinem ägyptischen Feldzug 1799 als wissenschaftlicher Ratgeber diente, stellte er die Ablagerung von Natriumcarbonat entlang den Küsten der dortigen Salzseen fest. Von der im Laboratorium durchgeführten Reaktion

$$Na_2CO_3 + CaCl_2 \rightarrow CaCO_3 + 2NaCl$$

war bekannt, daß sie mit der Ausfällung des $CaCO_3$ völlig zu Ende geht. BERTHOLLET erkannte, daß der große Überschuß an Natriumchlorid in den eindunstenden Solen die Reaktion umkehren konnte, wobei also der Kalkstein in Natriumcarbonat übergeführt wurde. Unglücklicherweise ging jedoch Berthollet in seiner Argumentation zu weit und behauptete schließlich, daß man auch die *tatsächliche Zusammensetzung* chemischer Verbindungen durch Variation der Mengenverhältnisse in der Reaktionsmischung beeinflussen könne. In der nachfolgenden Kontroverse mit LOUIS PROUST konnte das Gesetz der konstanten Proportionen zweifelsfrei aufrechterhalten werden. Die Ideen Berthollets über das chemische Gleichgewicht, die guten sowohl als auch die falschen, waren diskreditiert und wurden einige 50 Jahre lang vernachlässigt[1].

1. Das dynamische Gleichgewicht

Es ist einigermaßen kurios, daß wir die korrekte Form des *Gesetzes des chemischen Gleichgewichtes* oder des *Massenwirkungsgesetzes* einer Serie von Untersuchungen über die Geschwindigkeit chemischer Reaktionen, und nicht deren Gleichgewicht, verdanken. LUDWIG WILHELMY untersuchte 1850 die Hydrolyse von Zucker durch Säuren und fand, daß die Inversionsgeschwindigkeit proportional der Konzentration des jeweils noch unzersetzten Zuckers war. MARCELLIN BERTHELOT und PÉAN DE ST. GILLES berichteten 1862 ähnliche Ergebnisse bei der Esterhydrolyse; einige ihrer Ergebnisse zeigt Tab. 8.1. Der Einfluß verschiedener Konzentrationen der Reaktionsteilnehmer auf die Mengen an Reaktionsprodukten läßt sich hieraus deutlich ersehen.

---

[1] Mittlerweile kennen wir viele Beispiele für anorganische Verbindungen wie Metalloxide und Sulfide, deren Zusammensetzung von der stöchiometrischen mehr oder minder stark abweicht. Diese Verbindungen nennt man angemessen »BERTHOLLET-Verbindungen«.

Mole Alkohol	Mole Ester	Gleichgewichtskonstante $K = \dfrac{[\text{RAc}][\text{H}_2\text{O}]}{[\text{ROH}][\text{HAc}]}$
0,05	0,049	2,62
0,18	0,171	3,92
0,50	0,414	3,40
1,00	0,667	4,00
2,00	0,858	4,52
8,00	0,966	3,75

Tab. 8.1 Ergebnisse von BERTHELOT und ST. GILLES mit der Reaktion $\text{C}_2\text{H}_5\text{OH} + \text{CH}_3\text{COOH} \rightleftharpoons \text{CH}_3\text{COOC}_2\text{H}_5 + \text{H}_2\text{O}$. Ein Mol Essigsäure wird mit verschiedenen Mengen Alkohol gemischt. Die sich ergebende Menge Ester wird bestimmt

1863 drückten die norwegischen Chemiker C. M. GULDBERG und P. WAAGE diese Beziehungen in einer sehr allgemeinen Form aus und wendeten die Ergebnisse auf das Problem des chemischen Gleichgewichtes an. Sie erkannten, daß das chemische Gleichgewicht dynamisch und nicht statisch ist. Es wird nicht durch das Aufhören aller Reaktionen, sondern durch die Tatsache charakterisiert, daß die Geschwindigkeiten der Hin- und der Rückreaktion gleich geworden sind.

Wir wollen die allgemeine Reaktion $A + B \rightleftharpoons C + D$ betrachten. Nach dem Massenwirkungsgesetz ist die Geschwindigkeit der Hinreaktion proportional den Konzentrationen von A und B. Wenn wir diese als [A] und [B] schreiben, dann ist

$$\vec{v} = \vec{k}\,[\text{A}]\,[\text{B}]$$

In ähnlicher Weise ist

$$\overleftarrow{v} = \overleftarrow{k}\,[\text{C}]\,[\text{D}]$$

Im Gleichgewicht gilt $\vec{v} = \overleftarrow{v}$;
Es ist also:

$$\vec{k} \cdot [\text{A}] \cdot [\text{B}] = \overleftarrow{k} \cdot [\text{C}] \cdot [\text{D}]$$

und

$$\frac{[\text{C}][\text{D}]}{[\text{A}][\text{B}]} = \frac{\vec{k}}{\overleftarrow{k}} = K$$

Wenn die Teilnehmer nicht in äquimolaren Mengen, sondern in beliebigen Mengen miteinander reagieren, dann gilt

$$a\,\text{A} + b\,\text{B} \rightleftharpoons c\,\text{C} + d\,\text{D}$$

und

$$\frac{[\text{C}]^c\,[\text{D}]^d}{[\text{A}]^a\,[\text{B}]^b} = K \qquad [8.1]$$

[8.1] stellt die wesentlichste Aussage des Gesetzes des chemischen Gleichgewichts von GULDBERG und WAAGE dar. Die Konstante K nennt man die *Gleichgewichts-*

konstante der jeweiligen Reaktion. Sie stellt einen quantitativen Ausdruck für die Abhängigkeit der chemischen Affinität von den Konzentrationen der Ausgangsstoffe und Produkte dar. Aufgrund einer Übereinkunft stehen die Konzentrationen der Reaktionsprodukte stets im Zähler, die der Ausgangsstoffe im Nenner des Ausdrucks für die Gleichgewichtskonstante.

Man muß sich darüber im klaren sein, daß diese Arbeiten von Guldberg und Waage keinen allgemeinen Beweis für das Gesetz des chemischen Gleichgewichts darstellen. Sie beruhen auf einer Gleichung für Reaktionsgeschwindigkeiten, die sicherlich nicht immer erfüllt wird, wie wir noch bei unserer Betrachtung der chemischen Kinetik sehen werden. Von Bedeutung ist jedoch, daß Guldberg und Waage erkannten, daß die chemische Affinität durch zwei Faktoren beeinflußt wird, die Konzentration der Reaktionsteilnehmer einerseits und eine »spezifische Affinität« andererseits, die wiederum von der chemischen Natur der reagierenden Stoffe, der Temperatur und dem Druck abhängt. Wir werden später das Gesetz des chemischen Gleichgewichtes thermodynamisch ableiten.

2. Freie Enthalpie und chemische Affinität

Die thermodynamische Funktion »freie Enthalpie«, die wir schon im 3. Kapitel kennengelernt haben, stellt ein echtes Maß für die chemische Affinität bei konstanter Temperatur und konstantem Druck dar. Die mit einer chemischen Reaktion einhergehende Änderung der freien Enthalpie kann definiert werden als $\Delta G = G$ (Produkte) $- G$ (Ausgangsstoffe). Wenn sich bei einem (gedachten) Vorgang die freie Enthalpie des Systems nicht ändert, dann läßt sich durch diesen Vorgang bei konstanter Temperatur und konstantem Druck keine Nutzarbeit erhalten. Das System befindet sich dann im Gleichgewichtszustand. Nimmt bei dem betrachteten Vorgang die freie Energie des Systems zu, ist ΔG also positiv, dann muß von außen her Energie (oder Arbeit) in das System hineingesteckt werden, um die Reaktion oder den Vorgang hervorzurufen. Wenn sich bei dem betrachteten Vorgang die freie Energie des Systems verringert, ΔG also negativ ist, dann kann die Reaktion spontan und unter Verrichtung von Nutzarbeit ablaufen. Je größer diese erzielbare Nutzarbeit ist, desto weiter war das System zu Beginn von seinem Gleichgewichtszustand entfernt. Aus diesem Grunde hat man $-\Delta G$ oft die treibende Kraft einer Reaktion genannt. Das Massenwirkungsgesetz fordert, daß diese treibende Kraft von den Konzentrationen der Ausgangsstoffe und Endprodukte abhängt. Sie ist außerdem eine Funktion des spezifischen Chemismus der Reaktion sowie der Temperatur und des Druckes; durch diese Größen sind die molaren Energien der Ausgangsstoffe und Endprodukte festgelegt.

Wenn wir eine Reaktion bei konstantem Druck und konstanter Temperatur betrachten, sie also in einem Thermostaten ablaufen lassen, dann ist $-\Delta G = -\Delta H + T\Delta S$. Die Größe der treibenden Kraft wird offenbar durch zwei Terme bestimmt, den Enthalpieterm $-\Delta H$ und den Entropieterm $T\Delta S$. Der Enthalpieterm berücksichtigt die Reaktionswärme bei konstantem Druck, der Entropieterm $T\Delta S$ bedeutet die bei reversibler Prozeßführung ausgetauschte Wärmemenge. Die Differenz zwischen den beiden Größen ist jener Bruchteil der Reaktionswärme, der in Nutzarbeit verwandelt werden kann: gesamte Reaktionswärme abzüglich der nichtverwertbaren Wärme.

Wenn man eine Reaktion unter der Bedingung konstanten Volumens und konstanter Temperatur durchführt, dann gilt für die Affinität (die treibende Kraft) der Reaktion: $-\Delta A = -\Delta U + T\Delta S$. In diesem selteneren Falle tritt also an die Stelle der freien Enthalpie die HELMHOLTZsche freie Energie (»Arbeitsfunktion«); an die Stelle der Reaktionsenthalpie tritt die Änderung der inneren Energie.

Wir können nun sehen, warum das Prinzip von THOMSEN und BERTHELOT falsch ist. Diese Forscher betrachteten nur einen der beiden Faktoren, die zusammen die Größe der Affinität einer Reaktion bestimmen, nämlich nur die Reaktionswärme. Sie vernachlässigten den Entropieterm $T\Delta S$. Der Grund dafür, warum das Prinzip von THOMSEN und BERTHELOT für viele Fälle zuzutreffen scheint, liegt darin, daß der Zahlenwert des Enthalpieterms den des Entropieterms bei vielen Reaktionen weit überwiegt. Dies gilt insbesondere für niedrige Temperaturen; der Einfluß des Gliedes $T\Delta S$ nimmt naturgemäß mit steigenden Temperaturen zu.

Wenn der für eine bestimmte Reaktion berechnete Wert für ΔG stark negativ ist, die treibende Kraft für die betrachtete Reaktion also groß sein muß, dann bedeutet dies noch nicht, daß die Reaktion auch unter allen möglichen Bedingungen spontan eintritt. Die freie Reaktionsenthalpie der Knallgasreaktion, $H_2 + \frac{1}{2} O_2 \rightarrow H_2O\,(g)$, beträgt $\Delta G_{298} = -228{,}6$ kJ. Trotz dieses stark negativen Wertes kann Knallgas jahrelang in einem Glasbehälter im Laboratorium aufbewahrt werden, ohne daß eine nennenswerte Bildung von Wasser zu beobachten wäre. Wenn man jedoch nach all den Jahren ein Stückchen Platinschwamm in das Gefäß taucht, dann findet unter heftiger Explosion die Vereinigung von Wasserstoff und Sauerstoff zu Wasser statt. Hieraus ersehen wir, daß die Geschwindigkeit, mit der sich ein System seinem Gleichgewichtszustand nähert, offenbar von ganz anderen Faktoren als von der freien Reaktionsenthalpie abhängt.

Ein anderes Beispiel ist die scheinbare Oxidationsbeständigkeit solcher reaktiver Metalle wie Aluminium und Magnesium. Für die Oxidation des Magnesiums gilt: $2\,Mg + O_2\,(1\,\text{atm}) \rightarrow 2\,MgO\,(s)$; $\Delta G_{298} = 570{,}6$ kJ. Die Oxidationsbeständigkeit kommt dadurch zustande, daß sich das Metall gleich nach dem Luftzutritt mit einer sehr dünnen Oxidschicht überzieht. Diese ist sehr wenig durchlässig für Sauerstoff und Metallatome, die weitere Reaktion verläuft also mit unmeßbar langsamer Geschwindigkeit. Trotzdem wissen wir von der sehr heftig ablaufenden Thermitreaktion, daß das stark negative ΔG für diese Reaktion ein gültiges Maß für ihre Affinität ist

3. Bedingung für das chemische Gleichgewicht

Wir wollen nun eine etwas genauere mathematische Ableitung der Gleichgewichtsbedingung geben. Hierzu wollen wir die folgende, allgemeine chemische Reaktion betrachten:

$$\nu_1 A_1 + \nu_2 A_2 + \cdots \rightarrow \nu_n A_n + \nu_{n+1} A_{n+1} + \cdots \qquad [8.2]$$

Diese Gleichung kann kurz in folgender Form geschrieben werden:

$$\sum v_i A_i = 0 \qquad [8.3]$$

Hierbei wollen wir uns an die Übereinkunft erinnern, daß die stöchiometrischen Molzahlen v_i für Reaktionsprodukte positiv und für Ausgangsstoffe negativ sind.
Wir können nun das Ausmaß, bis zu dem eine Reaktion schon fortgeschritten ist, als ξ, den Grad des Reaktionsfortschritts oder die »Laufzahl« einer Reaktion definieren. Eine chemische Veränderung von ξ nach $\xi + d\xi$ bedeutet, daß $v_1 d\xi$ Mole von A_1, $v_2 d\xi$ Mole von A_2 usw. miteinander reagiert haben, um $v_n d\xi$ von A_n, $v_{n+1} d\xi$ Mole von A_{n+1} usw. zu bilden. Die Größe ξ ist also ein bequemes dimensionsloses Maß für das »Fortgeschrittensein«, also den jeweiligen Stand, einer Reaktion. Für die Anzahl der schon umgesetzten Mole irgendeiner Komponente i gilt:

$$d n_i = v_i d\xi \qquad [8.4]$$

Wir wollen nun ein System betrachten, das die Ausgangsstoffe und Reaktionsprodukte in [8.2] im Gleichgewicht bei konstanter Temperatur und konstantem Druck enthält. Um die Gleichgewichtsbedingung abzuleiten, wenden wir dieselben Überlegungen an, die wir früher bei der Diskussion der Phasengleichgewichte angestellt hatten (6-5). Wir nehmen dabei an, daß eine Reaktion des Ausmaßes $d\xi$ möglich wäre. Für die Änderung der freien Energie des Systems würde nach [6.5] gelten:

$$\delta G = \sum \mu_i \delta n_i$$

Nach [8.4] gilt daher:

$$\delta G = \sum v_i \mu_i \delta \xi$$

Es ist also

$$\delta G / \delta \xi = \sum v_i \mu_i \qquad [8.5]$$

Nun muß sich aber G in einem Minimum befinden, wenn die Reaktion ihr Gleichgewicht erreicht hat:

$$(\delta G / \delta \xi)_{T, P} = 0 \quad \text{(Gleichgewicht)} \qquad [8.6]$$

Für die Gleichgewichtsbedingung gilt daher:

$$(\sum v_i \mu_i) = 0 = \Delta G \quad \text{(Gleichgewicht)} \qquad [8.7]$$

Der belgische Thermodynamiker DE DONDER führte 1922 die Funktion

$$\mathfrak{A} = - \left(\frac{\partial G}{\partial \xi} \right)_{P, T} \qquad [8.8]$$

ein und nannte sie die *Affinität*.
Im Gleichgewicht ist $\mathfrak{A}$ gleich null.

4. Standardwerte für freie Reaktionsenthalpien: Normalaffinitäten

Um das Rechnen mit Energien und Enthalpien zu vereinfachen, definierten wir im 2. Kapitel Standardzustände. Ähnliches gilt für das Rechnen mit freien Energien und freien Enthalpien.

Als Standardzustand für Gase und Gasreaktionen verwendet man häufig den Zustand eines Systems unter einer Atmosphäre Druck und einer Temperatur von 25 °C (298,15 K). Für Reaktionen in anderen Zuständen, zum Beispiel in Lösungen, können andere Standardzustände vorteilhafter sein; sie werden bei Bedarf eingeführt. Ein hochgesetzt quergestrichener Kreis dient als Symbol für den Standardzustand. Die absolute Temperatur gibt man als Indexzahl an.

Durch Übereinkunft hat man der stabilsten Form eines Elements im Standardzustand [1 atm Druck, 25 °C (298,15 K)] die freie Enthalpie null zugeschrieben. Der Standardwert für die freie Bildungsenthalpie einer Verbindung ist dann die Normalaffinität der Reaktion, durch welche diese Verbindung aus ihren Elementen gebildet wird; alle Ausgangsstoffe und Reaktionsprodukte müssen in ihren Standardzuständen vorliegen. Es ist zum Beispiel:

$$H_2 \,(1\text{ atm}) + \frac{1}{2} O_2 \,(1\text{ atm}) \rightarrow H_2O \,(g, 1\text{ atm}) \quad \Delta G^{\ominus}_{298} = -228,6 \text{ kJ}$$

$$S \,(\text{rhombisch}) + 3 F_2 \,(1\text{ atm}) \rightarrow SF_6 \,(g, 1\text{ atm}) \quad \Delta G^{\ominus}_{298} = -983,2 \text{ kJ}$$

Auf diese Weise wird es möglich, Standardwerte für freie Bildungsenthalpien (oder Normalaffinitäten für bestimmte Reaktionen) anzugeben; einige Beispiele finden sich in Tab. 8.2. Bestimmungsmethoden für freie Bildungsenthalpien werden wir in einem späteren Kapitel kennenlernen[2].

Gleichungen für die freie Enthalpie können genauso wie thermochemische Gleichungen addiert und subtrahiert werden, so daß man die freie Enthalpie einer beliebigen Reaktion als Differenz der freien Enthalpien der Reaktionsprodukte und der freien Enthalpien der Ausgangsstoffe berechnen kann:

$$\Delta G^{\ominus} = G^{\ominus} \text{ (Produkte)} - G^{\ominus} \text{ (Ausgangsstoffe)}$$

Wenn wir uns wiederum an die Übereinkunft halten, daß die stöchiometrische Molzahl ν_i eines Reaktionsprodukts i positiv und die Molzahl ν_i eines Ausgangsstoffes bei der Addition negativ sein soll, dann können wir die obige Gleichung folgendermaßen schreiben:

$$\Delta G^{\ominus} = \sum \nu_i \bar{G}_i^{\ominus} \qquad [8.9]$$

---

[2] Ein recht umfangreiches Tabellenwerk bietet W. M. LATIMER, *The Oxidation States of the Elements*, 2. Aufl., Prentice-Hall, New York 1952. Da die Werte für $\Delta G^{\ominus}$ oft sehr stark temperaturabhängig sind, ist die Normalaffinität keine geeignete Funktion für Tabellen mit thermodynamischen Daten. Üblicherweise werden daher die Zahlenwerte der folgenden Ausdrücke tabelliert: $-(G_T^{\ominus} - H_{298}^{\ominus})/T$ oder $-(G_T^{\ominus} - H_0^{\ominus})/T$ (Tab. 8.3). In diesen Funktionen ist die freie Enthalpie in bezug auf die Enthalpie bei 298 K oder 0 K ausgedrückt; s. auch K. S. PITZER und L. BREWER, *Thermodynamics*; Lewis und Randall sowie McGraw-Hill, New York 1961, S. 166 und 669.

Verbindung	Zustand	$\Delta G_b^\ominus$ (298,15) (kJ mol^{-1})	Verbindung	Zustand	$\Delta G_b^\ominus$ (298,15) (kJ mol^{-1})
AgCl	s	−109,70	HCN	g	125,0
AgBr	s	−95,94	HCN	aq	120,0
AgJ	s	−66,32	HCN, dissoz.	aq	172,0
Al$_2$O$_3$	Korund	−1582,0	HDO	l	−241,9
As$_2$O$_5$	s	−782,4	HDO	g	−233,13
B$_2$O$_3$	s	−493,7	HF	g	−273,0
CaCO$_3$	s	−1128,8	HN$_3$	g	328,0
CaSO$_4$	s	−1320,3	HNO$_3$	aq	−111,3
CCl$_4$	l	−65,27	H$_2$O	l	−237,18
CCl$_4$	g	−60,63	H$_2$O	g	−228,59
CF$_4$	g	−879,0	H$_2$O$_2$	l	−120,4
CH$_3$OH	l	−166,4	H$_2$O$_2$	g	−105,6
CH$_4$	g	−40,75	H$_2$S	g	−33,6
CHCl$_3$	l	−73,72	H$_2$SO$_4$	aq	−744,63
CHCl$_3$	g	−70,37	H$_3$PO$_4$	aq	−1142,7
CH$_3$COOH	l	−390,0	H$_3$PO$_4$, dissoz.	aq	−1019,0
CH$_3$COOH, dissoz.	aq	−369,4	NaCl	s	−384,03
			NH$_3$	g	−16,5
CH$_3$COOH, undissoz.	aq	−396,6	NH$_4$Cl	s	−203,00
			NH$_4$CNO	aq	−177,0
C$_2$H$_2$	g	209,2	NH$_4$N$_3$	s	274,0
C$_2$H$_4$	g	68,12	NH$_4$NO$_3$	s	−184,0
C$_2$H$_6$	g	−32,9	NH$_4$OH	aq	−263,8
C$_2$H$_5$OH	l	−174,9	NH$_4$OH, dissoz.	aq	−236,6
C$_2$H$_5$OH	g	−168,6	NO	g	86,57
C$_6$H$_6$	l	124,50	NO$_2$	g	51,30
C$_6$H$_6$	g	129,66	N$_2$O	g	104,2
CO	g	−137,15	N$_2$O$_4$	g	102,0
CO$_2$	g	−394,36	N$_2$O$_5$	g	115,0
CO$_2$	aq	−386,0	N$_2$O$_5$	s	114,0
CO$_3$	aq	−527,9	O	g	231,75
CO(NH$_2$)$_2$	s	−196,8	O$_3$	g	163,0
COS	g	−169,3	OH	g	34,2
CS$_2$	l	−65,27	P$_4$	g	24,5
CS$_2$	g	−67,15	PCl$_3$	l	−272,0
CuO	s	−127,2	PCl$_3$	g	−268,0
Cu$_2$O	s	−146,4	PF$_3$	g	−897,5
CuBr$_2$	s	−127,0	PH$_3$	g	13,4
D	g	206,5	PH$_4$J	s	0,8
D$_2$O	l	−243,49	S$_8$	g	49,66
D$_2$O	g	−234,55	SO$_2$	g	−300,19
Fe$_2$O$_3$	s	−741,0	SO$_3$	g	−371,1
Fe$_2$S$_2$	s	−166,7	SiF$_4$	g	−1572,7
H	g	203,26	SiO$_2$	(α-Quarz)	−856,67
H$^+$	aq	[0,0]	ZnCl$_2$	s	−369,43
Hg	g	1,72	ZnO	s	−318,3
HBr	g	−53,43	ZnSO$_4$	s	−874,5
HCl	g	−95,300	ZnSO$_4 \cdot$ H$_2$O	s	−1132,1
HCl	aq	−131,26	ZnSO$_4 \cdot$ 6 H$_2$O	s	−2324,8
HCO$_3^-$	aq	−586,85	ZnSO$_4 \cdot$ 7 H$_2$O	s	−2563,1

Tab. 8.2 Standardwerte für freie Bildungsenthalpien bei 298,15 K [3]

[3] NBS Technical Note 270-3, 270-4, *Selected Values of Chemical Thermodynamic Properties* (Washington: U.S. Govt. Printing Office 1968, 1969). Die Standardzustände für die in H$_2$O gelösten Säuren dieser Tabelle entsprechen einer Aktivität von 1 auf der Molalitätsskala.

Freie Reaktionsenthalpien: Normalaffinitäten

Verbindung	Zustand	Temperatur in K									
		0	298,15	400	600	800	1000	1500	2000	2500	3000	4000
O_2	g	0	−175,98	−184,56	−196,51	−205,20	−212,12	−225,13	−235,73	−242,38	−248,81	−259,23
H_2	g	0	−102,19	−110,55	−122,19	−130,48	−136,98	−148,91	−157,61	−164,55	−170,37	−179,86
OH	g	0	−154,07	−162,77	−174,77	−183,28	−189,89	−204,70	−210,94	−218,00	−223,93	−233,56
H_2O	g	0	−155,53	−165,30	−178,94	−188,89	−196,72	−211,8	−223,34	−232,84	−240,96	
N_2	g	0	−162,41	−170,96	−182,79	−191,25	−197,93	−210,39	−219,57	−226,89	−232,99	−242,85
NO	g	0	−179,83	−188,84	−201,21	−210,05	−217,00	−229,97	−239,86	−247,04	−253,34	−263,45
C	Graphit	0	−2,164	−3,450	−6,180	−8,945	−11,59	−17,49				
CO	g	0	−168,82	−177,37	−189,21	−197,71	−204,43	−217,00	−226,26	−233,64	−239,80	−249,73
CO_2	g	0	−182,234	−191,74	−206,02	−217,13	−226,39	−244,68	−258,78	−270,29	−280,79	

Tab. 8.3   Temperaturfunktion $\dfrac{G^\ominus - H_0^\ominus}{T}$ zwischen 0 und 4000 K (J · K^{-1} · mol^{-1})*

* Siehe hierzu K. S. Pitzer und L. Brewer, *Thermodynamics*. McGraw-Hill, New York 1961, S. 166 und 669.

Es ist zum Beispiel:

$$Cu_2O\,(s) + NO\,(g) \rightarrow 2\,CuO\,(s) + \frac{1}{2}\,N_2\,(g)$$

Aus der Tab. 8.2 können wir entnehmen:

$$\Delta G^\ominus_{298} = 2\,(-127{,}2) + \frac{1}{2}\,(0) - (-146{,}4) - 86{,}57 = -194{,}6\,\text{kJ}$$

$\Delta G^\ominus$ zeigt oft eine starke Temperaturabhängigkeit; aus diesem Grunde werden in thermodynamischen Tabellenwerken meist die Zahlenwerte für die Funktionen $-\dfrac{G^\ominus_T - H^\ominus_{298}}{T}$ oder $-\dfrac{G^\ominus_T - H^\ominus_0}{T}$ aufgeführt. In diesen Funktionen wird die freie Enthalpie relativ zur Enthalpie bei 298 K oder 0 K ausgedrückt; Beispiele hierfür zeigt Tab. 8.3.

5. Freie Enthalpie und Gleichgewicht bei Reaktionen idealer Gase

Die Gleichgewichtstheorie ist von großer Bedeutung bei homogenen Gasreaktionen, also bei Reaktionen, bei denen sowohl die Ausgangsstoffe als auch die Endprodukte gasförmig sind. In vielen Fällen kann man mit guter Annäherung ideales Verhalten der Gase voraussetzen.

Für die Änderung der freien Enthalpie eines idealen Gases gilt nach [3.51]:

$$dG = V\,dP = nRT\,d\ln P$$

Wenn wir in den Grenzen zwischen $G^\ominus$ und $P^\ominus$, der freien Enthalpie und dem Druck in dem gewählten Standardzustand, und G und P, den Werten in irgendeinem anderen Zustand, integrieren, dann erhalten wir:

$$G - G^\ominus = nRT \ln (P/P^\ominus) \qquad [8.10]$$

Für $P^\ominus$ hatten wir eine Atmosphäre gewählt, es gilt daher:

$$\Delta G = G - G^\ominus = nRT \ln P \qquad [8.11]$$

Nach dieser Gleichung erhalten wir die freie Enthalpie eines idealen Gases (bei konstanter Temperatur) als Differenz zwischen dem Wert beim Druck P und dem Wert beim Standarddruck von 1 atm (Druckabhängigkeit der freien Enthalpie).

Wenn wir eine ideale Mischung idealer Gase betrachten, dann muß das DALTONsche Gesetz der Partialdrücke gelten. Der Gesamtdruck des Gasgemisches ist also gleich der Summe jener Drücke, die jeweils gemessen werden könnten, wenn jede einzelne Komponente das Gesamtvolumen einnehmen würde. Diese Drücke nennt man die *Partialdrücke* $P_1, P_2, \ldots P_n$ der Komponenten in der Mischung. Wenn wir die Molzahl des Gases i in der Mischung mit ν_i bezeichnen, dann gilt:

$$P_i V = \nu_i RT \qquad [8.12]$$

Freie Enthalpie bei Gasreaktionen

[8.11] kann für 1 Mol jeder Komponente i in der idealen Mischung in folgender Form geschrieben werden:

$$G_m^i - G_m^{i\,\ominus} = RT \ln P_i \qquad [8.13]$$

Hierin ist $G_m^{i\,\ominus}$ die molare freie Enthalpie der Komponente i beim Druck $P_i^{\ominus} = 1$ atm. Für ν_i Mole gilt:

$$\nu_i(G_m^i - G_m^{i\,\ominus}) = RT \ln P_i$$

Für eine chemische Reaktion gilt daher nach [8.9]:

$$\Delta G - \Delta G^{\ominus} = RT \sum \nu_i \ln P_i \qquad [8.14]$$

Wenn nun die Drücke P_i die Gleichgewichtsdrücke in der Gasmischung darstellen, dann muß für den Fall, daß sich die Reaktion im Gleichgewichtszustand befindet, ΔG den Wert 0 annehmen [8.7]. Wir erhalten so die wichtige Beziehung:

$$-\Delta G^{\ominus} = RT \nu_i \ln P_i \quad \text{(Gleichgewicht)}$$

oder

$$\sum \nu_i \ln P_i = -\Delta G^{\ominus}/RT \quad \text{(Gleichgewicht)} \qquad [8.15]$$

Da $\Delta G^{\ominus}$ nur eine Funktion der Temperatur ist, stellt die linke Seite dieses Ausdrucks bei konstanter Temperatur eine Konstante dar. Für eine typische Reaktion $aA + bB \rightleftharpoons cC + dD$ können wir den Summenausdruck explizit folgendermaßen schreiben:

$$\sum \nu_i \ln P_i = \ln \frac{(P_C)^c (P_D)^d}{(P_A)^a (P_B)^b}$$

Dieser Ausdruck ist nichts anderes als der Logarithmus der Gleichgewichtskonstante, die wir mit Partialdrücken formulieren und mit K_P bezeichnen. [8.15] erhält daher die folgende Form:

$$-\Delta G^{\ominus} = RT \ln K_P \qquad [8.16]$$

Wir haben in diesem Kapitel zwei wichtige Resultate erzielt. Zunächst haben wir einen strengen thermodynamischen Beweis dafür geliefert, daß für eine Reaktion zwischen idealen Gasen eine Gleichgewichtskonstante K_P existiert, die folgendermaßen definiert ist:

$$K_P = \frac{P_C^c P_D^d}{P_A^a P_B^b} \quad \text{(im Gleichgewicht)} \qquad [8.17]$$

Dies bedeutet also einen thermodynamischen Beweis des Gesetzes des chemischen Gleichgewichtes. Zum zweiten haben wir mit [8.16] einen expliziten Ausdruck abgeleitet, der die Gleichgewichtskonstante einer chemischen Reaktion zu ihrer Normalaffinität (der Änderung der freien Enthalpie unter Standardbedingungen) in Beziehung setzt. Wir sind nun in der Lage, aus thermodynamischen Daten die Gleichgewichtskonstante zu berechnen; hieraus ergeben sich zugleich die Konzentrationen an Reaktionsprodukten für irgendeine gegebene Konzentration aus

Ausgangsstoffen. Dies war eines der grundlegenden Probleme, deren Lösung die chemische Thermodynamik anstrebte[4].

Aus [8.16] können wir ersehen, daß K_P temperaturabhängig ist; $\Delta G^\ominus$ ist aber selbst eine Funktion von T. Der Zahlenwert von K_P ist jedoch unabhängig sowohl vom Gesamtdruck als auch von den einzelnen Partialdrücken. Diese Partialdrücke hängen von den Mengenverhältnissen von Ausgangsstoffen und Endprodukten in der ursprünglichen Reaktionsmischung ab. Wenn die Mischung das chemische Gleichgewicht erreicht hat, dann müssen die Partialdrücke [8.17] gehorchen. Wir sollten allerdings nicht vergessen, daß unsere Gleichgewichtstheorie bisher auf ideale Gasmischungen beschränkt ist.

6. Die in Konzentrationen ausgedrückte Gleichgewichtskonstante

Für ein ideales Gas gilt:

$$P_i = n_i RT/V = c_i RT$$

Wenn wir diesen Ausdruck in [8.17] einsetzen, dann erhalten wir:

$$K_P = \frac{c_C^c \cdot c_D^d}{c_A^a \cdot c_B^b} (RT)^{c+d-a-b} = K_c (RT)^{\Delta \nu} \qquad [8.18]$$

Hierin bedeutet K_c die in Konzentrationen ausgedrückte Gleichgewichtskonstante; die Konzentrationen werden in mol·dm^{-3} angegeben. $\Delta \nu$ bedeutet die Änderung der Molzahlen während der Reaktion, also die Differenz zwischen der Molzahl der Reaktionsprodukte und der Molzahl der Ausgangsstoffe in der stöchiometrischen Reaktionsgleichung.

Man kann die Zusammensetzung der Mischung im Zustand des chemischen Gleichgewichts auch in Molenbrüchen angeben. Für eine ideale Mischung idealer Gase gilt:

$$PV = \left(\sum n_i\right) RT$$

Hierin bedeutet Σn_i die Summe aller Molzahlen. Aus [1.33] und [1.36] erhalten wir daher:

$$P_i = X_i P \quad \text{und} \quad X_i = P_i/P$$

Für die in Molenbrüchen ausgedrückte Gleichgewichtskonstante gilt dann:

$$K_X = \frac{X_C^c \cdot X_D^d}{X_A^a \cdot X_B^b} = K_P P^{-\Delta \nu} \qquad [8.19]$$

---

[4] Die Dimensionen von K_P verursachen manchmal Schwierigkeiten. Aus [8.16] ergibt sich, daß K_P dimensionslos ist; [8.17] scheint jedoch zu implizieren, daß K_P die Dimension $P^{\Delta \nu}$ hat. Dieses scheinbare Paradoxon löst sich auf, wenn wir uns daran erinnern, daß [8.11] aus [8.10] durch Einsetzen von $P^\ominus = 1$ atm erhalten wurde. Die in [8.17] auftretenden »Drücke« sind in Wirklichkeit Verhältnisse irgendwelcher experimenteller Drücke zum Standarddruck von 1 atm; sie sind also dimensionslos. Wir müssen also stets die Atmosphäre als die Druckeinheit in Beziehungen für K_P verwenden, da wir ja $P^\ominus = 1$ atm als Standardzustand gewählt haben.

Da K_P für ideale Gase druckunabhängig ist, muß K_X für $\Delta\nu \neq 0$ eine Funktion des Drucks sein. K_X ist also nur dann eine Konstante, wenn sich die Molzahlen bei einer Reaktion nicht ändern oder die Reaktion bei konstanter Temperatur und konstantem Druck abläuft.

7. Die Messung homogener Gasgleichgewichte

Die experimentellen Methoden zur Messung von Gasgleichgewichten lassen sich in statische und dynamische Methoden einteilen.

Bei der statischen Methode bringt man bestimmte Mengen der Ausgangsstoffe in ein geeignetes Reaktionsgefäß, verschließt dieses und setzt es in einen Thermostaten, bis das chemische Gleichgewicht erreicht ist. Zur Bestimmung der Gleichgewichtskonzentrationen analysiert man hernach die einzelnen Bestandteile im Reaktionsgefäß. Wenn eine Reaktion bei Zimmertemperatur sehr langsam abläuft, dann kann man sich häufig dadurch helfen, daß man die Reaktion bei höheren Temperaturen bis zum Gleichgewichtszustand ablaufen läßt, dann das Reaktionsgefäß sehr rasch auf Zimmertemperatur abschreckt und damit das Gleichgewicht »einfriert«. Diese Methode benützte MAX BODENSTEIN in seiner klassischen Untersuchung des Wasserstoff-Jod-Gleichgewichts: $H_2 + J_2 \rightleftarrows 2 HJ$. Die Reaktionsprodukte wurden mit einem Überschuß an Natronlauge bekannter Konzentration behandelt. Jodid und Jod wurden durch Titration bestimmt, das Wasserstoffgas wurde aufgefangen und volumetrisch bestimmt. Für diese Reaktion ist $\Delta\nu = 0$; es gilt also $K_P = K_C = K_X$. Wenn bei dieser Reaktion a Mole H_2 und b Mole J_2 eingesetzt werden, dann beträgt nach der Bildung von $2x$ Molen HJ die Konzentration an Wasserstoff $a - x$ und die an Jod $b - x$. Die Gesamtzahl an Molen im Gleichgewichtszustand beträgt daher $a + b + c$; c bedeutet hierbei die ursprüngliche Zahl an Molen HJ.

Für die Gleichgewichtskonstante dieser Reaktion gilt:

$$K_P = K_X = \frac{P_{HJ}^2}{P_{H_2} \cdot P_{J_2}} = \frac{(c + 2x)^2}{(a - x)(b - x)}$$

Die für die Umwandlung der Molzahlen in Molenbrüche notwendigen Terme $(a + b + c)$ treten sowohl im Zähler als auch im Nenner auf und heben sich dadurch heraus. In einem bei 448 °C (721 K) durchgeführten Experiment mischte BODENSTEIN 22,13 cm³ (unter Normalbedingungen) an H_2 mit 16,18 cm³ J_2 und fand nach Einstellung des Gleichgewichts 28,98 cm³ HJ. Für die Gleichgewichtskonstante gilt daher:

$$K = \frac{(28{,}98)^2}{(22{,}13 - 14{,}49)(16{,}18 - 14{,}49)} = 65{,}0$$

Bei der dynamischen Methode zur Untersuchung chemischer Gleichgewichte werden die reagierenden Gase durch eine heiße Röhre in einem Thermostaten geleitet, und zwar so langsam, daß sich das chemische Gleichgewicht einstellen kann. Diese Bedingung läßt sich dadurch erreichen, daß man Versuche mit zunehmend langsamer werdender Strömungsgeschwindigkeit durchführt. Wenn sich bei einer weiteren Verlangsamung der Strömungsgeschwindigkeit keine Veränderung der Laufzahl der Reaktion mehr beobachten läßt, dann ist diese Bedingung erfüllt. Die ausströmenden Gase werden abgeschreckt und analysiert. Manchmal muß in die heiße Zone der Versuchsanordnung ein Katalysator eingeführt werden, um die Erreichung des chemischen Gleichgewichtes zu beschleunigen. Dies ist zugleich die sicherste Methode, um die Möglichkeit einer Rückreaktion nach dem Entweichen des Gasgemisches aus der Reaktionszone auf ein Minimum zu reduzieren. Ein Katalysator ändert zwar die Reaktionsgeschwindigkeit, nicht aber die Lage des chemischen Gleichgewichtes.

Sehr eingehenden Gebrauch von diesen Strömungsmethoden machten W. Nernst und F. Haber bei ihren Pionierarbeiten über technisch wichtige Gasreaktionen (um 1900). Ein Beispiel ist das Wassergasgleichgewicht, das in Abwesenheit eines Katalysators sowie in Gegenwart eines Eisenkatalysators studiert wurde. Die Reaktionsgleichung ist:

$$H_2 + CO_2 \rightleftarrows H_2O + CO$$

Es ist also

$$K_P = \frac{P_{H_2O} \cdot P_{CO}}{P_{H_2} \cdot P_{CO_2}}$$

Wenn wir eine Ausgangsmischung aus a Molen H_2, b Molen CO_2, c Molen H_2O und d Molen CO betrachten und außerdem annehmen, daß sich im Gleichgewicht je x Mole H_2O und CO gebildet haben, dann ergeben sich die in der folgenden Tabelle zusammengestellten Beziehungen:

Bestandteil	Ursprüngliche Molzahl	Im Gleichgewicht		
		Molzahl	Molenbruch	Partialdruck
H_2	a	$a - x$	$(a - x)/(a + b + c + d)$	$[(a - x)/n]P$
CO_2	b	$b - x$	$(b - x)/(a + b + c + d)$	$[(b - x)/n]P$
H_2O	c	$c + x$	$(c + x)/(a + b + c + d)$	$[(c + x)/n]P$
CO	d	$d + x$	$(d + x)/(a + b + c + d)$	$[(d + x)/n]P$

Gesamtzahl der Mole im Gleichgewicht: $n = a + b + c + d$

Wenn wir die Partialdrücke einsetzen, dann erhalten wir:

$$K_P = \frac{P_{H_2O} \cdot P_{CO}}{P_{H_2} \cdot P_{CO_2}} = \frac{(c + x)(d + x)}{(a - x)(b - x)}$$

Die durch Analyse der Reaktionsprodukte erhaltenen Werte für die Zusammensetzung im Gleichgewicht wurden zur Berechnung der in Tab. 8.4 wiedergegebenen Konstanten verwendet:

Ursprüngliche Zusammensetzung (mol-%)		Gleichgewichtszusammensetzung (mol-%)			K_P
CO_2	H_2	CO_2	H_2	$CO = H_2O$	
10,1	89,9	0,69	80,52	9,40	1,59
30,1	69,9	7,15	46,93	22,96	1,57
49,1	51,9	21,44	22,85	27,86	1,58
60,9	39,1	34,43	12,68	26,43	1,61
70,3	29,7	47,51	6,86	22,82	1,60

Tab. 8.4 Das Wassergasgleichgewicht, $H_2 + CO_2 = H_2O + CO$ (bei 1259 K und 1 atm)

Zum Vergleich:

$$K_P = \frac{P_J^2}{P_{J_2}} \text{ (727 K)} = 0{,}164 \text{ atm}$$

$$\lg K_P (H_2O) \text{ (1500 K)} = -11{,}46$$

$$\frac{P_{H_2}^2 \cdot P_{O_2}}{P_{H_2O}^2} = 10^{-11,46} = \frac{1}{10^{11,46}} \text{ atm}$$

8. Das Prinzip von LE CHATELIER und BRAUN

Wenn in einem System chemisch miteinander reagierender Stoffe, das sich im Gleichgewicht befindet, eine der Variablen, die den Gleichgewichtszustand definieren, verändert wird, dann drängt das System auf einen neuen Gleichgewichtszustand hin. F. BRAUN (1887) und HENRY LE CHATELIER (1888) betrachteten dieses Problem theoretisch und kamen zu dem allgemeinen Prinzip, daß ein thermodynamisches System danach trachtet, den Folgen eines auferlegten Zwanges entgegenzuwirken. In den Worten von Le Chatelier heißt dies:
Tout système en équilibre chimique éprouve, du fait de la variation d'un seul des facteurs de l'équilibre, une transformation dans un sens tel que, si elle produisait seul, elle amènerait une variation de signe contraire du facteur considéré[5].
Dieses Prinzip sagt zum Beispiel, daß die Erhöhung der Reaktionstemperatur bei einer exothermen Reaktion zu einer Verschiebung des Gleichgewichts in Richtung auf die Ausgangsstoffe führt; die Reaktionsrichtung wird also in zunehmendem Maße umgekehrt. Das Prinzip läßt sich auch auf Reaktionen anwenden, die unter Expansion oder Kontraktion verlaufen. Nimmt das Volumen bei einer Reaktion ab, dann bewirkt eine Erhöhung des äußeren Druckes eine Verschiebung der Gleichgewichtslage zugunsten der Reaktionsprodukte.
Das Prinzip von LE CHATELIER-BRAUN läßt sich in der Form, wie es auf chemische Reaktionen angewandt wird, folgendermaßen beweisen. Aus [8.5] und der

---

[5] Jedes System im chemischen Gleichgewicht wird durch Variation eines der Faktoren, die dieses Gleichgewicht bestimmen, in der Weise verändert, daß, falls diese Änderung von selbst geschehen wäre, sie eine Variation des betrachteten Faktors im entgegengesetzten Sinne verursacht hätte.

GIBBS-Gleichung [6.4] folgt:

$$\mathrm{d}G = -S\,\mathrm{d}T + V\,\mathrm{d}P + \left(\sum_{i=1}^{c} \nu_i \mu_i\right) \mathrm{d}\xi \qquad [8.20]$$

Nach [8.7] und [8.8] muß im Gleichgewicht die Affinität verschwinden; man erhält dann:

$$-\mathfrak{A} = 0 = \left(\frac{\partial G}{\partial \xi}\right)_{T,P} = \sum \nu_i \mu_i \qquad [8.21]$$

Nach [8.20] ist das totale Differential von $-\mathfrak{A} \equiv \dfrac{\partial G}{\partial \xi}$:

$$-\mathrm{d}\mathfrak{A} = \mathrm{d}\left(\frac{\partial G}{\partial \xi}\right)_{T,P} = -\left(\frac{\partial S}{\partial \xi}\right)_{T,P}\mathrm{d}T + \left(\frac{\partial V}{\partial \xi}\right)_{T,P}\mathrm{d}P + \left(\frac{\partial^2 G}{\partial \xi^2}\right)_{T,P}\mathrm{d}\xi \qquad [8.22]$$

Für alle Gleichgewichtszustände ist

$$-\mathrm{d}\mathfrak{A} = 0 = \left(\frac{\partial G}{\partial \xi}\right)_{T,P}$$

so daß [8.22] ergibt:

$$\left(\frac{\partial \xi_e}{\partial T}\right)_P = \frac{(\partial S/\partial \xi)_{T,P}}{(\partial^2 G/\partial \xi^2)_{T,P}} = \frac{T\,(\mathrm{d}q/\mathrm{d}\xi)_{T,P}}{(\partial^2 G/\partial \xi^2)_{T,P}} \qquad [8.23]$$

und

$$\left(\frac{\partial \xi_e}{\partial P}\right)_T = -\frac{(\partial V/\partial \xi)_{T,P}}{(\partial^2 G/\partial \xi^2)_{T,P}} \qquad [8.24]$$

Hierin ist ξ_e die *Laufzahl* der Reaktion (Gleichgewichtswert des Reaktionsumfangs) und $\mathrm{d}P$ die dem System reversibel zugefügte Wärme. Nun ist für ein stabiles Gleichgewicht stets $(\partial^2 G/\partial \xi^2)_{T,P} > 0$ (Minimumbedingung der GIBBSschen freien Energie). Daher zeigt [8.23], daß die Laufzahl in der Richtung zunimmt, bei der Wärme durch das System bei konstantem T und P absorbiert wird, wenn die Temperatur eines Gleichgewichtssystems bei konstantem P erhöht wird. Ähnlich zeigt [8.24], daß eine Zunahme von P bei konstantem T in einer Änderung der Reaktion in der Richtung resultiert, bei der das Volumen des Systems bei konstantem T und P abnimmt.

9. Die Druckabhängigkeit der Gleichgewichtskonstanten

Die Gleichgewichtskonstanten K_P und K_c sind für ideale Gase druckunabhängig. Die Konstante K_X andererseits ist druckabhängig, wenn $\Delta \nu \neq 0$ ist. Aus $K_X = K_P \cdot P^{-\Delta \nu}$ folgt $\ln K_X = K_P - \Delta \nu \ln P$. Hieraus erhalten wir

$$\frac{\mathrm{d}\ln K_X}{\mathrm{d}P} = \frac{-\Delta \nu}{P} \equiv -\frac{\Delta V}{RT} \qquad [8.25]$$

Wenn sich bei einer Reaktion die Gesamtzahl an Molen in einem System nicht ändert, ist $\Delta \nu = 0$. Ein Beispiel hierfür ist die im vorhergehenden Kapitel behandelte Wassergasreaktion. In solchen Fällen hat die Konstante K_P denselben Wert wie K_X oder K_c; bei idealen Gasen ist dann die Lage des Gleichgewichts unabhängig vom Gesamtdruck im System. Wenn sich bei einer Reaktion die Gesamtzahl an Molen im System ändert ($\Delta \nu \neq 0$), dann gibt [8.25] einen Ausdruck für die Druckabhängigkeit von K_X. Nimmt die Gesamtzahl an Molen ab ($\Delta \nu < 0$), verringert sich also bei konstantem Druck das Volumen, dann nimmt K_X gleichsinnig mit dem Druck zu. Wenn sich bei einer Reaktion die Gesamtmolzahl und das Volumen (bei konstantem Druck) vermehren ($\Delta \nu > 0$), dann verringert sich der Zahlenwert von K_X mit zunehmendem Druck.

Unter den Reaktionen mit $\Delta \nu \neq 0$ nehmen die Dissoziationsreaktionen einen besonders wichtigen Platz ein. Ein sehr eingehend studiertes Beispiel ist die Dissoziation des Stickstofftetroxids in das Dioxid: $N_2O_4 \rightleftharpoons 2NO_2$. Für diesen Fall gilt:

$$K_P = P_{NO_2}^2 / P_{N_2O_4}$$

Wenn unter den gewählten Versuchsbedingungen ein Mol N_2O_4 zu einem Bruchteil α dissoziiert ist, dann enthält das System 2α Mole NO_2. Die Gesamtzahl an Molen im Gleichgewicht ist dann $(1-\alpha) + 2\alpha = 1+\alpha$. Hieraus folgt:

$$K_X = \frac{\left(\frac{2\alpha}{1+\alpha}\right)^2}{(1-\alpha)/(1+\alpha)} = \frac{4\alpha^2}{1-\alpha^2}$$

Für diese Reaktion ist $\Delta \nu = +1$. Es gilt daher:

$$K_P = K_X P = \frac{4\alpha^2}{1-\alpha^2} P$$

Wenn $\alpha \ll 1$ ist, dann muß sich der Dissoziationsgrad α nach dieser Gleichung umgekehrt proportional der Quadratwurzel des Druckes verändern.

Aus den experimentellen Befunden ergibt sich, daß N_2O_4 schon bei Zimmertemperatur zu einem meßbaren Bruchteil dissoziiert ist. Der von einer bestimmten Menge an N_2O_4 ausgeübte Druck ist daher größer als der durch das Gesetz für ideale Gase vorhergesagte; ein Mol N_2O_4 enthält nach der Dissoziation $1+\alpha$ Mole gasförmiger Stoffe. Es ist daher $P(\text{ideal}) = nRT/V$ und $P(\text{beobachtet}) = (1+\alpha)nRT/V$. Hieraus folgt:

$$\alpha = \frac{V}{nRT}(P_{\text{beob}} - P_{\text{ideal}})$$

Aus diesem anomalen Druckverhalten läßt sich leicht der Dissoziationsgrad α und hieraus K_X berechnen. In einem Experiment bei 318 K und 1 atm Druck wurde für α ein Wert von 0,38 gefunden. Es ist daher

$$K_X = \frac{4\alpha^2}{1-\alpha^2} = \frac{4 \cdot 0{,}38^2}{1-0{,}38^2} = 0{,}67$$

Bei einem Druck von 10 atm ist $K_X = 0{,}067$ und $\alpha = 0{,}128$.

Die Dissoziation gasförmiger Elemente ist bei Hochtemperaturprozessen und bei der Erforschung höherer atmosphärischer Schichten von großer Bedeutung. Die Konstanten für einige dieser Gleichgewichte finden sich in Tab. 8.5.

Temperatur (K)	K_P (atm)				
	$O_2 \rightleftharpoons 2\,O$	$H_2 \rightleftharpoons 2\,H$	$N_2 \rightleftharpoons 2\,N$	$Cl_2 \rightleftharpoons 2\,Cl$	$Br_2 \rightleftharpoons 2\,Br$
600	$1{,}4 \cdot 10^{-37}$	$3{,}6 \cdot 10^{-33}$	$1{,}3 \cdot 10^{-56}$	$4{,}8 \cdot 10^{-16}$	$6{,}18 \cdot 10^{-12}$
800	$9{,}2 \cdot 10^{-27}$	$1{,}2 \cdot 10^{-23}$	$5{,}1 \cdot 10^{-41}$	$1{,}04 \cdot 10^{-10}$	$1{,}02 \cdot 10^{-7}$
1000	$3{,}3 \cdot 10^{-20}$	$7{,}0 \cdot 10^{-18}$	$1{,}3 \cdot 10^{-31}$	$2{,}45 \cdot 10^{-7}$	$3{,}58 \cdot 10^{-5}$
1200	$8{,}0 \cdot 10^{-16}$	$5{,}05 \cdot 10^{-14}$	$2{,}4 \cdot 10^{-25}$	$2{,}48 \cdot 10^{-5}$	$1{,}81 \cdot 10^{-3}$
1400	$1{,}1 \cdot 10^{-12}$	$2{,}96 \cdot 10^{-11}$	$7{,}5 \cdot 10^{-21}$	$8{,}80 \cdot 10^{-4}$	$3{,}03 \cdot 10^{-2}$
1600	$2{,}5 \cdot 10^{-10}$	$3{,}59 \cdot 10^{-9}$	$1{,}8 \cdot 10^{-17}$	$1{,}29 \cdot 10^{-2}$	$2{,}55 \cdot 10^{-1}$
1800	$1{,}7 \cdot 10^{-8}$	$1{,}52 \cdot 10^{-7}$	$7{,}6 \cdot 10^{-15}$	$0{,}106$	
2000	$5{,}2 \cdot 10^{-7}$	$3{,}10 \cdot 10^{-6}$	$9{,}8 \cdot 10^{-13}$	$0{,}570$	

Tab. 8.5 Gleichgewichtskonstanten von Dissoziationsreaktionen

Ein zu einer Mischung reagierender idealer Gase hinzugefügtes inertes Gas bewirkt keinen Effekt, falls für die Reaktion $\Delta v = 0$ ist. Falls jedoch $\Delta v \neq 0$ ist, wird die Zugabe eines inerten Gases den Reaktionsumfang im Gleichgewicht beeinflussen.

10. Die Temperaturabhängigkeit der Gleichgewichtskonstanten

Ein Ausdruck für die Temperaturabhängigkeit von K_P läßt sich durch Kombination von [8.16] und [3.53] erhalten. Es ist

$$-\Delta G^\ominus = RT \ln K_P \qquad [8.26]$$

und

$$\left[\frac{\partial}{\partial T}\left(\frac{\Delta G^\ominus}{T}\right)\right]_P = \frac{-\Delta H^\ominus}{T^2} \qquad [8.27]$$

Da K_P nur eine Funktion von T ist, gilt:

$$\left(\frac{\partial \ln K_P}{\partial T}\right)_P = \frac{d \ln K_P}{dT} = \frac{\Delta H^\ominus}{RT^2} \qquad [8.28]$$

Durch Integration zwischen 0 und T erhält man:

$$\int d \ln K_P = \int_0^T \frac{\Delta H^\ominus}{RT^2} dT$$

$$\ln K_P = \frac{\Delta H^\ominus}{RT} + \text{const}$$

$$\log K_P = \frac{\Delta H^\ominus}{2{,}303\,R} \cdot \frac{1}{T} + \text{const}$$

Wenn man $\log K_P$ gegen $1/T$ abträgt, dann sollte man eine Gerade mit der Neigung $\dfrac{\Delta H^\ominus}{2{,}303\,R}$ erhalten. Dies trifft für viele Reaktionen näherungsweise zu.

Bei einer endothermen Reaktion ($\Delta H^\ominus$ positiv) nimmt die Gleichgewichtskonstante mit der Temperatur zu. Wenn die Reaktion exotherm ist ($\Delta H^\ominus$ negativ), dann nimmt die Gleichgewichtskonstante mit zunehmender Temperatur ab.
Wir können [8.28] auch in folgender Form schreiben:

$$\frac{d \ln K_P}{d(1/T)} = \frac{-\Delta H^\ominus}{R} \qquad [8.29]$$

Wenn wir also $\ln K_P$ gegen $1/T$ abtragen, dann ist die Steigung der Kurve in jedem Punkt $-\Delta H^\ominus/R$. Als Beispiel für eine solche graphische Bestimmung der Reaktionsenthalpie zeigt Abb. 8.1 die Abhängigkeit von $\ln K_P$ vom Reziprokwert der Temperatur für die Reaktion $2\,HJ \rightleftharpoons H_2 + J_2$ [A. H. TAYLOR und R. H. CHRIST, J. Am. Chem. Soc. 63 (1941) 1377]. Die lineare Abhängigkeit zeigt, daß $\Delta H^\ominus$ in dem betrachteten Temperaturbereich (667···762 K) konstant ist. Aus der Steigung dieser Geraden berechnet sich $\Delta H^\ominus$ zu 12,32 kJ.

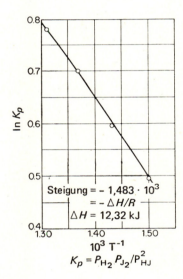

Abb. 8.1 Temperaturabhängigkeit der Beziehung $K_P = P_{H_2} P_{J_2}/P_{HJ}^2$

Alternativ kann man auch die Gleichgewichtskonstante bei *einer* Temperatur und mit einem Wert von $\Delta H^\ominus$ berechnen, den man aus thermochemischen Daten kennt. Die für eine andere Temperatur gültige Gleichgewichtskonstante läßt sich dann berechnen. Durch Integration von [8.28] erhält man in den Grenzen T_1 und T_2:

$$\ln \frac{K_P(T_2)}{K_P(T_1)} = \int_{T_2}^{T_1} \frac{\Delta H^\ominus}{R T^2} \, dT$$

Da $\Delta H^\ominus$ in einem kleinen Temperaturbereich nahezu konstant ist, können wir schreiben:

$$\ln \frac{K_P(T_2)}{K_P(T_1)} = \frac{-\Delta H^\ominus}{R}\left(\frac{1}{T_2} - \frac{1}{T_1}\right) \qquad [8.30]$$

Wenn die Temperaturabhängigkeit der Wärmekapazitäten (Molwärmen) der Ausgangsstoffe und Endprodukte bekannt sind, kann eine explizite Gleichung für die Temperaturabhängigkeit von ΔH aus [2.42] abgeleitet werden. Diesen Ausdruck für die Temperaturabhängigkeit von $\Delta H^\ominus$ setzen wir dann in [8.28] ein, worauf wir durch Integration eine explizite Gleichung für die Temperaturabhängigkeit von K_P erhalten. Diese hat die folgende Form:

$$\ln K_P = -\Delta H_0^\ominus/RT + A \ln T + BT + CT^2 \ldots + I \qquad [8.31]$$

Den Zahlenwert der Integrationskonstanten I können wir entweder experimentell oder rechnerisch aus $\Delta G^\ominus$ erhalten, wenn ein Wert von K_P für irgendeine Temperatur bekannt ist. Hierbei erinnern wir uns daran, daß ein Wert von $\Delta H^\ominus$ notwendig ist, um $\Delta H_0^\ominus$, die Integrationskonstante der Kirchhoffschen Gleichung, zu berechnen.

Wir fassen zusammen: Aus der Kenntnis der Wärmekapazitäten (Molwärmen) der Ausgangsstoffe und der Endprodukte und mit einem Wert von $\Delta H^\ominus$ oder K_P läßt sich die Gleichgewichtskonstante für eine beliebige Temperatur berechnen.

Als Beispiel wollen wir die Temperaturabhängigkeit der Gleichgewichtskonstante der Wassergasreaktion berechnen.

$$CO + H_2O\,(g) \rightarrow H_2 + CO_2; \quad K_P \frac{P_{H_2} P_{CO_2}}{P_{CO} P_{H_2O}}$$

Aus Tab. 8.2 erhalten wir für die Normalaffinität bei 298,15 K:

$$\Delta G_{298}^\ominus = -394{,}36 - (-137{,}28 - 228{,}61) = 28{,}62 \text{ kJ}$$

Es ist daher:

$$\ln K_{P_{298}} = \frac{28{,}62}{298\,R} = 11{,}48 \quad \text{oder} \quad K_{P_{298}} = 9{,}55 \cdot 10^4$$

Aus den Standardbildungsenthalpien der Reaktionsteilnehmer (Tab. 2.2, S. 63) erhalten wir für die Standardreaktionsenthalpie:

$$\Delta H_{298}^\ominus = -393{,}50 - (-242{,}21 - 110{,}54) = -41{,}13 \text{ kJ}$$

Für die Differenz der Molwärmen bei dieser Reaktion erhalten wir nach Tab. 2.5 (S. 75):

$$\Delta C_P = C_P(CO_2) + C_P(H_2) - C_P(CO) - C_P(H_2O)$$
$$= -2{,}155 + 26{,}1 \cdot 10^{-3} T - 12{,}5 \cdot 10^{-6} T^2 \text{ J} \cdot \text{K}^{-1}$$

Nach [2.42] ist nun:

$$\Delta H^\ominus = \Delta H_0^\ominus - 2{,}155\,T + 13{,}1 \cdot 10^{-3} T^2 - 4{,}17 \cdot 10^{-6} T^3 \text{ kJ}$$

Wenn wir nun für $\Delta H^\ominus$ den Wert von $-41{,}15$ kJ und für T 298 K einsetzen, dann erhalten wir für $\Delta H_0^\ominus$ einen Wert von $-41{,}51$ kJ. Mit der Gleichung für die Temperaturabhängigkeit der Gleichgewichtskonstanten [8.25] erhalten wir dann:

$$\ln K_P = \frac{41{,}51}{RT} - \frac{2{,}155}{R} \ln T + \frac{13{,}1 \cdot 10^{-3}}{R} T - \frac{4{,}17 \cdot 10^{-6}}{2R} T^2 + I$$

Wenn wir den Wert von $\ln K_P$ bei 298 K und $R = 8{,}314 \cdot 10^{-3}\,\text{kJ} \cdot \text{K}^{-1} \cdot \text{mol}^{-1}$ einsetzen, dann erhalten wir für die Integrationskonstante $I = -3{,}97$. Wir erhalten dann als endgültigen Ausdruck für die Temperaturabhängigkeit von K_P:

$$\ln K_P = -3{,}97 + \frac{4{,}993}{T} - 0{,}2592 \ln T + 1{,}576 \cdot 10^{-3} T - 2{,}51 \cdot 10^{-7} T^2$$

Bei 880 K ist zum Beispiel $\ln K_P = 1{,}63$ und $K_P = 5{,}10$.

11. Gleichgewichtskonstanten aus Wärmekapazitäten und dem III. Hauptsatz

Im vorhergehenden Abschnitt haben wir gesehen, wie wir aus der Reaktionsenthalpie und der Temperaturabhängigkeit der Wärmekapazitäten von Ausgangsstoffen und Endprodukten die Gleichgewichtskonstante für irgendeine Temperatur berechnen können, vorausgesetzt, daß entweder K_P oder $\Delta G^\ominus$ bei irgendeiner Temperatur gemessen wurde. Wenn wir nun eine unabhängige Methode für die Bestimmung der Integrationskonstante I in [8.31] hätten, könnten wir K_P ohne irgendeinen Rückgriff auf experimentelle Messungen des Gleichgewichts oder der Affinität der Reaktion berechnen. Diese Berechnung entspräche der Bestimmung der Entropieänderung $\Delta S^\ominus$ allein aus thermischen Daten, zum Beispiel aus den Reaktionsenthalpien und Wärmekapazitäten. Wenn wir $\Delta S^\ominus$ und $\Delta H^\ominus$ kennen, dann können wir K_P aus der Beziehung

$$\Delta G^\ominus = \Delta H^\ominus - T \Delta S^\ominus$$

berechnen.

Nach [3.62] ist die Entropie eines Stoffes bei der Temperatur T durch die folgende Beziehung gegeben:

$$S = \int_0^T \frac{C_P}{T}\,\mathrm{d}T + S_0$$

Hierin ist S_0 die Entropie bei 0 K.

Der III. Hauptsatz der Thermodynamik erlaubt uns, für den perfekten Kristall beim absoluten Nullpunkt $S_0 = 0$ zu setzen. Nun können wir $\Delta G^\ominus$ und K_P vollständig aus kalorimetrischen Daten bestimmen. Das alte Problem der Relation zwischen chemischer Affinität und thermischen Eigenschaften der Materie ist damit gelöst.

12. Statistische Thermodynamik der Gleichgewichtskonstanten

In Kapitel 5 stellten wir die Behauptung auf, daß es bei Kenntnis der Verteilungsfunktion Z prinzipiell möglich sei, alle Gleichgewichtseigenschaften einer Substanz auszurechnen. Für eine chemische Reaktion würde dies bedeuten, daß

wir bei Kenntnis der Verteilungsfunktion sowohl für die Produkte als auch für die Ausgangsstoffe die Gleichgewichtskonstante berechnen könnten. Bei einem perfekten Gas ließen sich aus spektroskopischen Daten über die Energieniveaus einzelner unabhängiger Teilchen die Funktion Z und damit K_P berechnen.
Für die freie Enthalpie einer chemischen Reaktion zwischen idealen Gasen gilt:

$$\Delta G^{\ominus} = -RT \ln K_P$$

Nach [5.42] und [5.44] beträgt die molare HELMHOLTZsche freie Energie:

$$A_m = -kT \ln Z = -kT \ln (z^L/L!)$$

Die obige Gleichung verknüpft die Verteilungsfunktionen Z (oder z) eines Mols (oder einer Molekel) eines Gases mit Hilfe der LOSCHMIDTschen Zahl L.
Durch Anwendung der thermodynamischen Beziehung für die molare freie Enthalpie $G_m = A_m + PV_m = A_m + RT$ läßt sich im obigen Ausdruck die HELMHOLTZsche freie Energie eliminieren. Außerdem wenden wir zur Vereinfachung des Klammerausdrucks die STIRLING-Formel $L! = (L/e)^L$ an; hiermit erhalten wir:

$$G_m = -RT \ln (z/L) \qquad [8.32]$$

Es gilt außerdem:

$$Z = z_{\text{int}} \frac{(2\pi m kT)^{3/2} V}{h^3} \qquad [8.33]$$

Hierin bedeutet z_{int} das Produkt $z_r z_v z_e$ der nicht translatorischen Beiträge (Rotationen, Schwingungen und Elektronenübergänge) zur Gesamtenergie. Für ein Mol eines idealen Gases im Standardzustand bei $P = 1$ atm gilt:

$$V_m = RT/P = RT$$

Aus [8.33] erhält man für die Verteilungsfunktion eines idealen Gases im Standardzustand:

$$z^{\ominus} = z_{\text{int}} \frac{(2\pi m kT)^{3/2}}{h^3} (RT) \qquad [8.34]$$

Für die freie Enthalpie eines Gases im Standardzustand gilt demnach (vgl. [8.32]):

$$G_m^{\ominus} = -RT \ln (z^{\ominus}/L) \qquad [8.35]$$

Diese Beziehung gibt den gewünschten Zusammenhang zwischen einer thermodynamischen Größe und einer molekularen Verteilungsfunktion.
Wir wollen diese Theorie nun auf die folgende einfache Reaktion

$$A \rightleftarrows B$$

anwenden. A und B sollen zwei Isomere, z.B. cis- und trans-Buten-2, darstellen. Abb. 8.2 zeigt zwei (willkürliche) Sätze von Energieniveaus $\varepsilon_j(A)$ und $\varepsilon_j(B)$. Das Energieniveau 0 in diesem Diagramm bedeutet die vollständige Dissoziation der Molekeln in Atome im Grundzustand. Die Energiedifferenz zwischen den beiden

Grundzuständen ($j = 0$) beträgt

$$\Delta \varepsilon_0 = \varepsilon_0(B) - \varepsilon_0(A) \qquad [8.36]$$

Im Reaktionsgleichgewicht sind die Molekeln A nach einer BOLTZMANN-Verteilung über die Energieniveaus $\varepsilon_j(A)$ verteilt; dasselbe gilt für die Molekeln B in bezug auf ihre Energieniveaus $\varepsilon_j(B)$.

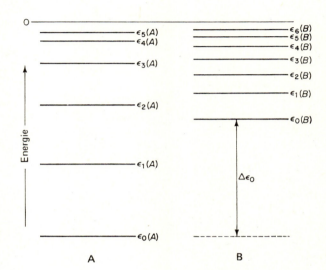

Abb. 8.2 Energieniveauschema für zwei verschiedene Molekeln A und B

Wenn wir das Energieniveau ε_0 für das gesamte System gleich dem tiefsten Energieniveau (Grundzustand) der Molekeln A setzen, dann hat die Verteilungsfunktion für A die folgende einfache Form:

$$z_A = \sum_{j=0}^{\infty} \exp[-\varepsilon_j(A)/kT]$$

Zur Feststellung der Gleichgewichtslage zwischen A und B müssen wir die Energieniveaus für A und B vom selben Nullniveau aus zählen. Dadurch erhalten wir:

$$z_B = \sum_{j=0}^{\infty} \exp(-[\varepsilon_j(B) + \Delta\varepsilon_0]/kT) = \exp(-\Delta\varepsilon_0/kT) \sum_{j=0}^{\infty} \exp[-\varepsilon_j(B)/kT]$$

Den statistischen Ausdruck für die Gleichgewichtskonstante A $\rightleftarrows$ B erhalten wir aus [8.29]:

$$-RT \ln K_P = \Delta G^\ominus = -RT \ln \frac{(z_B^\ominus/L)}{(z_A^\ominus/L)} \exp(-\Delta\varepsilon_0/kT)$$

oder

$$K_P = \frac{z_B^\ominus}{z_A^\ominus} \exp(-\Delta\varepsilon_0/kT)$$

Statistisch gedeutet ist also die Gleichgewichtskonstante die Summe der Wahrscheinlichkeiten, daß man das System im Gleichgewicht in einem der Energieniveaus von B vorfindet, dividiert durch die Summe der Wahrscheinlichkeiten, daß man es in einem der Niveaus A vorfindet.

Bei der hier diskutierten Reaktion blieb die Molzahl des Systems gleich. Wir wollen nun die allgemeine Reaktion

$$a\,A + b\,B \rightleftarrows c\,C + d\,D$$

studieren. Aus [8.29] folgt

$$\Delta G^\ominus = -RT \ln \frac{(z_C^\ominus/L)^c (z_D^\ominus/L)^d}{(z_A^\ominus/L)^a (z_B^\ominus/L)^b} \exp(-\Delta\varepsilon_0/kT)$$

und

$$K_P = \frac{(z_C^\ominus/L)^c (z_D^\ominus/L)^d}{(z_A^\ominus/L)^a (z_B^\ominus/L)^b} \exp(-\Delta\varepsilon_0/kT) \qquad [8.37]$$

Das Produkt $L\Delta\varepsilon_0$ ist identisch mit dem ΔU_0 der Reaktion bei 0 K. Diese Größe wurde für viele Systeme berechnet und findet sich in den Tabellenwerken; sie kann aber auch aus ΔU_{298} oder ΔH_{298} nach der KIRCHHOFFschen Gleichung [2.40] oder durch Messung der Molwärmen bei verschiedenen Temperaturen bestimmt werden.

13. Beispiel einer statistischen Berechnung von K_P

Metallisches Natrium bildet im Dampfzustand eine Molekel, die nach folgender Reaktion in Atome dissoziiert:

$$Na_2 \rightleftarrows 2\,Na$$

Für diese Reaktion wollen wir den Wert von K_P bei 1000 K berechnen.
Die Dissoziationsenergie des Na_2 wurde spektroskopisch zu $\Delta\varepsilon_0^\ominus = 0{,}73$ eV bestimmt. Die Grundschwingungsfrequenz liegt bei $\lambda^{-1} = 159{,}23$ cm^{-1}, der Gleichgewichtskernabstand beträgt 0,3078 nm.
Aus [8.37] ergibt sich:

$$K_P = \frac{[z^\ominus(Na)]^2}{z^\ominus(Na_2)} \cdot \frac{1}{L} \exp\left(\frac{-\Delta\varepsilon_0^\ominus}{kT}\right)$$

Mit [8.34] und Tab. 5.4 erhalten wir:

$$K_P = \frac{(2\pi m_{Na}kT)^3/h^6}{(2\pi m_{Na_2}kT)^{3/2}/h^3} \cdot \frac{(RT)}{L} \cdot \frac{\sigma h^2 \frac{g^2(Na)}{g(Na_2)}}{8\pi^2 I kT} (1 - e^{-h\nu_0/kT}) \exp(-\Delta\varepsilon_0^\ominus/kT) \quad [8.38]$$

$$m_{Na} = \frac{1}{2} m_{Na_2} = 23/6{,}02 \cdot 10^{23} = 3{,}82 \cdot 10^{-23}\,g$$

$$I = \mu r^2 = (1{,}91 \cdot 10^{-23})(3{,}078 \cdot 10^{-8})^2 = 1{,}81 \cdot 10^{-38}\,cm^2\,g$$

$$h\nu_0/kT = \frac{6{,}62 \cdot 10^{-27} \cdot 3 \cdot 10^{10} \cdot 159{,}23}{1{,}38 \cdot 10^{-16} \cdot 10^3} = 0{,}229$$

$$(1 - e^{-h\nu_0/kT}) = 1 - 0{,}795 = 0{,}205$$

$$\exp(-\Delta\varepsilon_0^\ominus/kT) = \exp(-0{,}73 \cdot 1{,}602 \cdot 10^{-12}/1{,}38 \cdot 10^{-16} \cdot 10^3)$$
$$= \exp(-8{,}47) = 2{,}09 \cdot 10^{-4}$$

Man beachte, daß die Gaskonstante R in [8.38] die Dimension cm³ atm K⁻¹ hat, da sie in Verbindung mit der Definition des Standardzustandes von 1 atm eingeführt wurde.

Der Grundzustand von Na_2 ist ein Singulett, der von Na ein Dublett (^2S, s. 14-20). Letzteres zeichnet sich durch zwei nahezu energiegleiche Niveaus aus; damit ist das statistische Gewicht dieses Zustandes $g = 2$. Nach Ausführung der Substitutionen finden wir

$$K_P = 2{,}428 \text{ atm}$$

Hiernach ist bei 1000 K und 1 atm der Partialdruck der Natriumatome im Gleichgewichtsgemisch rund 1,2 mal so groß wie der Partialdruck der Na_2-Molekeln.

14. Gleichgewichte in nichtidealen Systemen: Fugazität und Aktivität

Bei der Entwicklung der Theorie für ideale Gase begannen wir mit der Gleichung

$$dG = V\,dP - S\,dT \qquad [8.39]$$

Wir führten $V_m = RT/P$ ein und erhielten bei konstanter Temperatur:

$$dG_m = RT\,d\ln P \qquad [8.40]$$

Durch Integration fanden wir für die molare freie Enthalpie:

$$G_m = G_m^\ominus + RT \ln P \qquad [8.41]$$

Für den allgemeineren Fall einer Komponente A in einer nichtidealen Lösung gilt anstelle von [8.39]:

$$d\mu_A = V_{m_A}\,dP - S_{m_A}\,dT \qquad [8.42]$$

Bei konstanter Temperatur ist

$$d\mu_A = V_{m_A}\,dP \qquad [8.43]$$

Mit [8.41] lassen sich Ergebnisse erzielen, mit denen sehr bequem Gleichgewichtsberechnungen durchgeführt werden können. Sie gilt zwar nur für ideale Gase; wegen ihrer einfachen Form wäre es jedoch sehr angenehm, sie ohne größere Abwandlung auch für reale Gase verwenden zu können. Zu diesem Zweck führte G. N. Lewis eine neue Funktion ein, die er die Fugazität f nannte. Er definierte sie durch eine Gleichung analog von [8.40]:

$$d\mu_A \equiv dG_{m_A} = RT \ln f_A = V_{m_A}\,dP \qquad [8.44]$$

Durch Integration zwischen dem gegebenen Zustand und irgendeinem beliebig gewählten Standardzustand erhalten wir:

$$\mu_A = \mu_A^\ominus + RT \ln f_A/f_A^\ominus \qquad [8.45]$$

Die Fugazität ist das wahre Maß für die Tendenz einer Komponente, aus einer Lösung zu »entfliehen«. Wir können die Fugazität als eine Art idealisierten Partialdrucks oder Partialdampfdrucks auffassen. Sie wird nur dann gleich dem Partialdruck, wenn sich der Dampf wie ein ideales Gas verhält.

Das Verhältnis der Fugazität f_A einer Komponente A zur Fugazität in einem Standardzustand $f_A^\ominus$ nennt man die Aktivität a_A der Komponente A. Auch diese Funktion wurde von LEWIS eingeführt:

$$a_A = f_A/f_A^\ominus = \lambda_A/\lambda_A^\ominus \qquad [8.46]$$

Wenn wir [8.45] mit Aktivitäten formulieren, dann gilt:

$$\mu_A = \mu_A^\ominus + RT \ln a_A \qquad [8.47]$$

Es ist wichtig sich klarzumachen, daß die Aktivität das Verhältnis einer Fugazität in einem beliebigen Zustand zur Fugazität in einem freigewählten Standardzustand ist. Sie stellt daher eine dimensionslose Größe dar. Wann immer wir über eine Aktivität sprechen, müssen wir wissen, welchen Standardzustand wir gewählt haben. Verschiedene Beispiele hierfür sollen später diskutiert werden.

Die in Abschnitt 5 dieses Kapitels mit Partialdrücken durchgeführte Behandlung des chemischen Gleichgewichts läßt sich auch mit chemischen Potentialen und Aktivitäten machen. Dies führt zu einem Ausdruck K_a für die Gleichgewichtskonstante, die nicht nur für ideale, sondern auch für reale Gase und Lösungen gültig ist:

$$K_a = \frac{a_C^c \cdot a_D^d}{a_A^a \cdot a_B^b} \qquad [8.48]$$

$$\Delta \mu^\ominus = -RT \ln K_a \qquad [8.49]$$

Um die Ergebnisse von Gleichgewichtsberechnungen wieder in meßbare Größen zu übersetzen, müssen wir auf irgendeine Weise die tatsächliche Konzentration in der Reaktionsmischung aus den berechneten Aktivitäten ermitteln.

15. Nichtideale Gase: Fugazität und Standardzustand

Wir definieren den Standardzustand eines realen Gases A als den Zustand, in welchem das Gas die Einheit der Fugazität besitzt, $f_A^\ominus = 1$, und in welchem sich das Gas außerdem verhält, als ob es ideal wäre. Für ein Gas ist daher die Aktivität gleich der Fugazität:

$$a_A = f_A \text{ (Gas)} \qquad [8.50]$$

Diese Definition des Standardzustandes eines Gases mag kurios erscheinen, da dieser Zustand nicht irgendein realer Zustand des Gases, sondern ein »hypothetischer Zustand« ist. Wir möchten das Gas soweit bringen, daß es sich in seinem Standardzustand ideal verhält, so daß wir Eigenschaften verschiedener Gase in idealen Standardzuständen miteinander vergleichen können, und wir möchten diese Ergebnisse mit theoretischen Berechnungen vergleichen.

Abb. 8.3 erläutert die Definition des Standardzustandes mit $f_A^\ominus = 1$. Bei hinreichend niederem Druck verhält sich jedes Gas ideal, und seine Fugazität wird dann gleich seinem Druck. Um die Eigenschaften eines Gases in seinem Standardzustand zu erhalten, müssen wir uns entlang der experimentellen Kurve (als Funktion des Drucks) bewegen, bis sie sich mit der Idealkurve vereinigt; an-

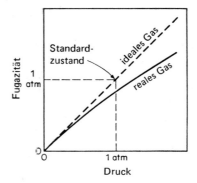

Abb. 8.3 Definition des Standardzustands der Fugazität 1

schließend bewegen wir uns entlang der Idealkurve zurück, bis wir den Punkt mit der Fugazität eins erreichen. Die Berechnung der Änderung einer Eigenschaft entlang der Idealkurve bereitet keine Schwierigkeiten, da wir einfache Gleichungen für die Eigenschaften idealer Gase haben.

Die Fugazität eines reinen Gases oder eines Gases in einer Mischung kann bestimmt werden, wenn hinreichend genaue PVT-Daten zur Verfügung stehen. Für ein reines Gas gilt:

$$dG_m \equiv d\mu = V_m dP \qquad [8.51]$$

Für ein ideales Gas gilt $V_m = RT/P$. Für ein nichtideales Gas führen wie eine neue Größe v ein, die folgendermaßen definiert ist:

$$v = V_m(\text{ideal}) - V_m(\text{real}) = \frac{RT}{P} - V_m$$

oder $V_m = RT/P - v$. Wenn wir diesen Ausdruck in [8.44] einsetzen, dann erhalten wir:

$$RT\, d\ln f = dG_m \equiv d\mu = RT\, d\ln P - v\, dP$$

Diese Gleichung integrieren wir in den Grenzen $P' = 0 \cdots P$:

$$RT \int_{f, P=0}^{f} d\ln f' = RT \int_{P=0}^{P} d\ln P' - \int_0^P v\, dP'$$

Wenn der Druck gegen 0 geht, dann verhält sich ein Gas ideal. Für ein ideales Gas ist aber die Fugazität gleich dem Druck: $f = P$ ([8.10] und [8.45]). Die unteren

334   8. Kapitel: Chemische Affinität

Grenzen der beiden ersten Integrale müssen also gleich sein, so daß wir schreiben können:

$$RT \ln f = RT \ln P - \int_0^P v \, dP' \qquad [8.52]$$

Mit dieser Gleichung können wir die Fugazität bei jedem beliebigen Druck und jeder Temperatur berechnen, vorausgesetzt daß wir zuvor einige PVT-Werte gemessen haben. Wenn wir nun die Abweichung des Gasvolumens vom Idealverhalten gegen den Druck P abtragen, dann können wir das Integral in [8.52] graphisch lösen. Alternativ können wir eine Zustandsgleichung zur Berechnung eines Ausdrucks für die Druckabhängigkeit von v benützen, wodurch es möglich wird, da Integral durch Analysis zu lösen.

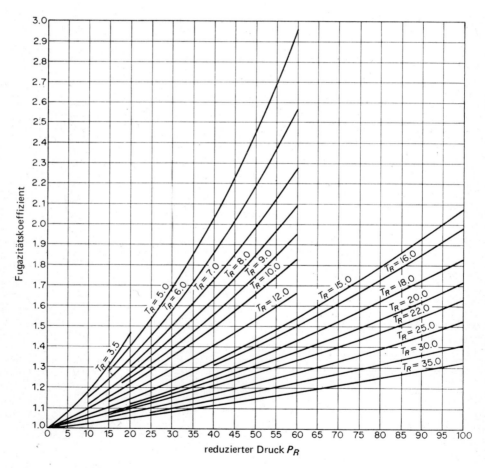

Abb. 8.4a Abhängigkeit des Fugazitätskoeffizienten von Gasen vom reduzierten Druck im Hochtemperaturbereich.

Im ersten Kapitel dieses Buches wurde gezeigt, daß die Abweichung eines beliebigen Gases vom Idealverhalten annähernd davon bestimmt wird, wie weit das jeweilige Gas vom kritischen Punkt entfernt ist. Dieses Verhalten wird durch die Tatsache bestätigt, daß alle Gase beim selben reduzierten Druck annähernd dasselbe Verhältnis von Fugazität zu Druck besitzen. Dieses Verhältnis nennt man den *Aktivitätskoeffizienten* (*Fugazitätskoeffizienten*) eines Gases:

$$\gamma = f/P \qquad [8.53]$$

Für ein ideales Gas ist $\gamma = 1$.

In Kapitel 1 haben wir gesehen, daß alle Gase näherungsweise dieselben Abweichungen vom Idealverhalten zeigen, also derselben Zustandsgleichung gehorchen, wenn sie in vergleichbaren (»korrespondierenden«) Zuständen sind. Dieses Gesetz

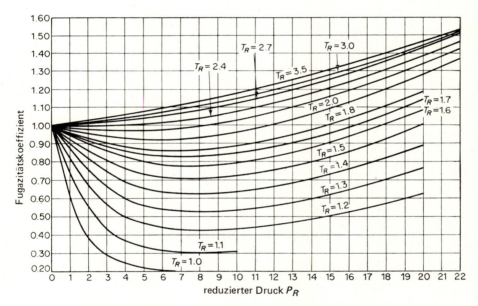

Abb. 8.4b Abhängigkeit des Aktivitätskoeffizienten von Gasen vom reduzierten Druck im Bereich mittlerer Temperaturen.

wird durch die Tatsache belegt, daß verschiedene Gase nahezu denselben Fugazitätskoeffizienten besitzen, wenn sie bei derselben reduzierten Temperatur $T_R = T/T_c$ und beim selben reduzierten Druck $P_R = P/P_c$ gemessen werden.

Die Abb. 8.4a und b zeigen Kurvenscharen, die sich beim Abtragen des Fugazitätskoeffizienten gegen den reduzierten Druck bei verschiedenen reduzierten Temperaturen ergeben. Da das Gesetz der korrespondierenden Zustände recht gut befolgt wird, können diese Kurvenscharen auf alle Gase angewandt werden. Wir können damit die Fugazität eines beliebigen Gases allein aus der Kenntnis seiner kritischen Konstanten T_c und P_c abschätzen.

16. Verwendung der Fugazität in Gleichgewichtsberechnungen

Aus [8.48], [8.50] und [8.53] erhalten wir die folgenden Beziehungen für die Gleichgewichtskonstante einer Reaktion zwischen nichtidealen Gasen:

$$K_f = \frac{f_C^c f_D^d}{f_A^a f_B^b} = \frac{\gamma_C^c \gamma_D^d}{\gamma_A^a \gamma_B^b} \cdot \frac{P_C^c P_D^d}{P_A^a P_B^b} \qquad [8.54]$$

oder

$$K_f = k_\gamma K_P$$

k_γ ist natürlich keine Gleichgewichtskonstante, sondern einfach das Verhältnis der Aktivitätskoeffizienten, die wir für die Umwandlung der Partialdrücke in dem Ausdruck für K_P in die Fugazitäten im Ausdruck für K_f benötigen.
Als Beispiel für die Verwendung von Fugazitäten in Gleichgewichtsbetrachtungen wollen wir die Synthese des Ammoniaks betrachten:

$$\frac{1}{2} N_2 + \frac{3}{2} H_2 \rightleftharpoons NH_3$$

Diese industriell hochbedeutsame Reaktion wird unter so hohen Drücken durchgeführt, daß sich die reagierenden Gase nicht mehr ideal verhalten, unsere Idealapproximation also versagen würde. Das Ammoniakgleichgewicht wurde zuerst von HABER und VAN OORDT (1904), bei hohen Drücken von NERNST und JOST (1907) und später erneut von LARSON und DODGE [*J. Am. Chem. Soc.* **45** (1923) 2918; **46** (1924) 367] studiert; das technische Verfahren wurde von HABER und BOSCH (1909) begründet. Tab. 8.6 zeigt die in einer stöchiometrischen Mischung von Wasserstoff und Stickstoff bei 450 °C bei verschiedenen Drücken im Gleichgewicht auftretenden Konzentrationen an Ammoniak. In der dritten Spalte finden sich die aus diesen Ergebnissen berechneten Werte für

$$K_P = \frac{P_{NH_3}}{P_{N_2}^{1/2} \cdot P_{H_2}^{3/2}}$$

Für ideale Gase sollte K_P druckunabhängig sein; diese Ergebnisse zeigen also die bei höheren Drücken starken Abweichungen dieses Gasgemischs vom Idealverhalten.
Wir wollen nun die Gleichgewichtskonstante K_f unter Verwendung der NEWTONschen Graphen berechnen und hieraus die Aktivitätskoeffizienten erhalten. Zur Vereinfachung nehmen wir an, daß der Aktivitätskoeffizient eines Gases in einer Mischung nur durch die Temperatur und durch den Gesamtdruck bestimmt wird. Diese Approximation vernachlässigt spezifische Wechselwirkungen zwischen den Komponenten in einer Gasmischung.
Für eine Temperatur von 450 °C (723 K) und einem Druck von 600 atm wurden aus den kritischen Daten sowie aus den reduzierten Drücken und Temperaturen die folgenden Aktivitätskoeffizienten erhalten:

	P_c	T_c	P_r	T_r	$\gamma = f/P$
N_2	33,5	126	17,9	5,74	1,35
H_2	12,8	33,3	46,8	21,7	1,19
NH_3	111,5	405,6	5,38	1,78	0,85

Die Aktivitätskoeffizienten γ lassen sich aus den Graphen bei den entsprechenden Werten für den reduzierten Druck P_r und der reduzierten Temperatur T_r ablesen. (Aus Abb. 8.4 lassen sich nur die Werte für NH_3 entnehmen; für die anderen Gase müssen die jeweils zugehörigen Graphen ausgewertet werden.)
Für das Ammoniakgleichgewicht ist

$$k_\gamma = \frac{\gamma_{NH_3}}{\gamma_{N_2}^{1/2} \cdot \gamma_{H_2}^{3/2}}$$

Tab. 8.6 zeigt die Werte für k_γ und K_f. Die Werte für K_f nähern sich stärker als die von K_P einem konstanten Wert. Diese approximierte Behandlung der Fugazitäten versagt offenbar erst von etwa 1000 atm an. Um eine exakte thermodynamische Behandlung durchzuführen, müßten wir die Fugazität jeden Gases für jede Mischung berechnen. Für eine solche Berechnung wären sehr viele und sehr genaue PVT-Daten erforderlich.

Gesamtdruck	% NH_3 im Gleichgewicht	K_P	k_γ	K_f
10	2,04	0,00659	0,995	0,00655
30	5,80	0,00676	0,975	0,00659
50	9,17	0,00690	0,945	0,00650
100	16,36	0,00725	0,880	0,00636
300	35,5	0,00884	0,688	0,00608
600	53,6	0,01294	0,497	0,00642
1000	69,4	0,02496	0,434	0,01010
2000	89,8	0,1337	0,342	0,0458
3500	97,2	1,0751		

Tab. 8.6 Lage des Gleichgewichts bei der Ammoniaksynthese bei 723 K in Abhängigkeit vom Druck (Molverhältnis $H_2 : N_2 = 3$)

Wenn wir für eine bestimmte Reaktion ihre Normalaffinität $\Delta G^\ominus$ kennen, dann möchten wir oft die Gleichgewichtskonzentrationen in einer Reaktionsmischung berechnen. Dies kann so geschehen, daß wir zunächst K_f aus der Beziehung $-\Delta G^\ominus = RT \ln K_f$ erhalten; anschließend entnehmen wir k_γ aus den Graphen und berechnen dann die Partialdrücke aus der Beziehung $K_P = K_f/k_\gamma$.

17. Standardzustände für Komponenten in Lösungen

Der mit [8.48] erhaltene *Ausdruck für die Gleichgewichtskonstante K_a* (ausgedrückt in Aktivitäten) stellt eine ganz allgemeine Lösung des Problems des chemischen Gleichgewichts in Lösungen dar. Bevor wir ihn auf praktische Fälle anwenden, müssen wir allerdings die Standardzustände für Komponenten in einer Lösung wählen und definieren.

Es gibt zwei allgemein eingeführte Standardzustände. Mit zunehmender Verdünnung einer Lösung nähert sich das Lösemittel in seinem Verhalten immer mehr dem durch das RAOULTsche Gesetz spezifizierten Verhalten; zu gleicher Zeit nähert sich der gelöste Stoff in seinem Verhalten immer mehr dem durch das HENRYsche Gesetz spezifizierten Idealverhalten. Unser Standardzustand I beruht daher auf dem Raoultschen Gesetz als einem Grenzgesetz, während der andere Standardzustand II auf dem Henryschen Gesetz beruht. Wir können nun von Fall zu Fall eine Definition wählen, die für irgendeine Komponente in einer bestimmten Lösung besonders geeignet ist.

Fall I: Standardzustand für eine Komponente, die als Lösemittel betrachtet wird. In diesem Falle betrachten wir den Standardzustand einer Komponente A in einer Lösung als den der reinen Flüssigkeit oder des reinen Festkörpers bei einem Druck von 1 atm und bei der betrachteten Temperatur.

Für die Aktivität der Komponente A gilt also:

$$a_A = \frac{f_A}{f_A^\bullet} \approx \frac{P_A}{P_A^\bullet} \qquad [8.55]$$

Hierin bedeutet $P_A^\bullet$ den Dampfdruck der reinen Komponente A unter einem Gesamtdruck von 1 atm (7-5). In fast allen Fällen kann man mit hinreichender Genauigkeit die Aktivität der Komponente A in der Lösung gleich dem Verhältnis des Partialdrucks P_A über der Lösung zum Dampfdruck der reinen Komponente A bei 1 atm Druck setzen. Sollte das Verhalten des Dampfes über der Lösung stark vom Idealverhalten abweichen, dann ist es stets möglich, die Werte für die Dampfdrücke in Fugazitäten zu verwandeln.

Durch die Wahl des Standardzustandes I bekommt das Raoultsche Gesetz die folgende Form:

$$a_A = \frac{P_A}{P_A^\bullet} = X_A$$

Für eine ideale Lösung sowie für jede beliebige Lösung, wenn $X_A \to 1$, gilt $X_A = a_A$.

In Analogie zu [7.19] definieren wir nun einen Aktivitätskoeffizienten $^X\gamma_A$ durch

$$a_A = {}^X\gamma_A X_A \qquad [8.56]$$

Wenn der Molenbruch der Komponente A gegen 1 strebt ($X_A \to 1$), dann wird auch $^X\gamma_A \to 1$.

Fall II: Standardzustand für eine Komponente, die als gelöster Stoff betrachtet wird.
In diesem Falle wählen wir als Standardzustand den extremer Verdünnung, so daß $X_B \to 0$ und $a_B \to X_B$. Solange das Henrysche Gesetz befolgt wird (Abb. 8.5), gilt:

$$f_B = k_H X_B \tag{8.57}$$

Den Standardzustand erhalten wir, indem wir die Henrysche Linie bis $X_B = 1$ extrapolieren. So können wir sehen, daß die Fugazität im Standardzustand $f_B^\ominus$ gleich der Konstante k_H des Henryschen Gesetzes ist:

$$f_B^\ominus = k_H \tag{8.58}$$

Wie bei einem nichtidealen Gas ist auch hier der Standardzustand ein hypothetischer Zustand. Physikalisch können wir uns diesen vorstellen als einen Zustand, in welchem der reine gelöste Stoff B ($X_B = 1$) die Eigenschaften besitzt, die er in einer unendlich verdünnten Lösung im Lösemittel A besitzen würde.

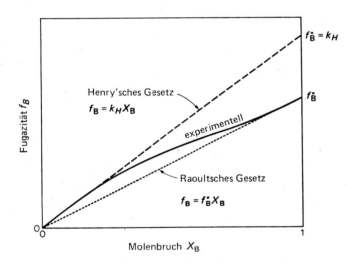

Abb. 8.5 Definition des Standardzustandes für ein Solvendum B auf der Basis des HENRYschen Gesetzes für verdünnte Lösungen.

Bei allen theoretischen Diskussionen könnte die Verwendung der Molenbrüche zur Beschreibung der Zusammensetzung von Lösungen die anderen Konzentrationsgrößen, nämlich die Molalität m und die Molarität c, verdrängen. Gegenwärtig gibt es jedoch einen großen Datenfundus, der in diesen Größen ausgedrückt ist. Wir müssen daher noch auf m und c basierende Aktivitäten und Aktivitätskoeffizienten definieren, die wir als $^m a$, $^m \gamma$, $^c a$, $^c \gamma$ kennzeichnen.

In einer genügend verdünnten Lösung nähern sich die Aktivitätskoeffizienten dem Wert eins, so daß ein Standardzustand gewählt werden kann, der auf dem HENRYschen Gesetz beruht (Abb. 8.5). Hierbei ist nun allerdings die Fugazität gegen m oder c anstatt gegen X aufgetragen:

$$f_B = {}^m k_H m_B \quad \text{oder} \quad f_B = {}^c k_H c_B \tag{8.59}$$

Die experimentellen geraden Linien bei hohen Verdünnungen werden bis $m_B = 1$ oder $c_B = 1$ extrapoliert, um die korrespondierenden Standardzustände zu definieren.

In gleicher Weise definieren wir Aktivitätskoeffizienten $^m\gamma$ und $^c\gamma$ durch

$$^m a = {}^m\gamma\, m \quad \text{und} \quad {}^c a = {}^c\gamma\, c \qquad [8.60]$$

Die Relationen zwischen den drei Aktivitätskoeffizienten sind leicht herzuleiten.

18. Bestimmung der Aktivitäten eines Solvens und eines nichtflüchtigen Solvendums aus dem Dampfdruck einer Lösung

Als Beispiel für diese wichtige Methode wollen wir betrachten, wie man die Aktivitäten von Wasser (A) und Saccharose (B) aus den Dampfdrücken über der Lösung berechnen kann. Die nämliche Methode wurde zur Bestimmung der Aktivitäten von Aminosäuren, Peptiden und anderen gelösten Stoffen von biochemischer Bedeutung angewandt.

Die Saccharose ist nicht flüchtig, so daß der Dampfdruck über der Lösung in diesem Fall gleich dem Partialdruck des Wassers, P_A, ist. Wenn wir die kleine Korrektur für das nichtideale Verhalten des Wasserdampfes vernachlässigen, dann können wir die Aktivitäten a_A des Wassers bei verschiedenen Konzentrationen leicht aus den Dampfdruckverhältnissen gewinnen:

$$a_A = P_A / P_A^\bullet$$

Die Tab. 8.7 zeigt die Aktivitäten von Wasser und Saccharose für verschiedene Konzentrationen bei einer Temperatur von 50 °C. Bei dieser Temperatur ist der Dampfdruck $P_A^\bullet$ des reinen Wassers 92,51 mm Hg. Der Dampfdruck über einer Saccharoselösung mit einem Molenbruch des Wassers von $X_A = 0,9665$ ist $P_A = 88,97$ mm Hg. Es ist daher $a_A = 88,97/92,51 = 0,9617$. Der Aktivitätskoeffizient

Molenbruch des Wassers X_A	Aktivität des Wassers a_A	Molenbruch der Saccharose X_B	Aktivität der Saccharose a_B
0,9940	0,9939	0,0060	0,0060
0,9864	0,9934	0,0136	0,0136
0,9826	0,9799	0,0174	0,0197
0,9762	0,9697	0,0238	0,0302
0,9665	0,9617	0,0335	0,0481
0,9559	0,9477	0,0441	0,0716
0,9439	0,9299	0,0561	0,1037
0,9323	0,9043	0,0677	0,1390
0,9098	0,8758	0,0902	0,2190
0,8911	0,8140	0,1089	0,3045

Tab. 8.7 Aktivitäten von Wasser und Saccharose in Zuckerlösungen bei 50 °C, bestimmt aus der Dampfdruckerniedrigung und der Gleichung von GIBBS-DUHEM

bei dieser Konzentration ist $\gamma_A = 0{,}9617/0{,}9665 = 0{,}9949$. Der Standardzustand für das Lösemittel, also Wasser, wurde als der der reinen Flüssigkeit bei 1 atm Druck gewählt. Wenn X_A gegen 1 strebt, dann ist auch $a_A \to X_A$ und $\gamma_A \to 1$.
Die Aktivität der Saccharose kann offensichtlich nicht aus ihrem Partialdruck über der Lösung bestimmt werden; dieser ist unmeßbar klein. Wenn wir es mit einem flüchtigen Solvendum zu tun hätten, also zum Beispiel mit Alkohol, dann würden wir zweifellos als Standardzustand des Solvendums den reinen Stoff, also reinen Alkohol, wählen und seine Aktivität aus [8.55] berechnen. Für die Saccharose jedoch müssen wir den Standardzustand nach unserer zweiten Definition wählen, also auf der Basis des HENRYschen Gesetzes für das Solvendum.
Wir brauchen nun die Aktivität der Saccharose gar nicht direkt zu bestimmen, da wir sie leicht aus der Gleichung von GIBBS-DUHEM [7.10] berechnen können:

$$n_A \, d\mu_A + n_B \, d\mu_B = 0$$

Diese Beziehung können wir unter Verwendung von [8.47] folgendermaßen formulieren:

$$n_A \, d\ln a_A + n_B \, d\ln a_B = 0$$

Wenn wir durch $n_A + n_B$ dividieren, dann erhalten wir:

$$X_A \, d\ln a_A + X_B \, d\ln a_B = 0$$

Durch Integrieren erhalten wir den folgenden Ausdruck für die Aktivität der Komponente B:

$$\int d\ln a_B = -\int \frac{X_A}{X_B} \, d\ln a_A = -\int \frac{X_A}{1-X_A} \, d\ln a_A \qquad [8.61]$$

Wir wollen nun die Aktivität des gelösten Stoffes a_B aus Werten für a_A als Funktion von X_A berechnen. Bei der Verwendung des obigen Integralausdruckes tritt eine gewisse Schwierigkeit auf, da $X_B \to 0$, wenn $X_A \to 1$; mit zunehmender Verdünnung nähern sich also die Integrale dem Wert $-\infty$. Diese Schwierigkeit läßt sich leicht vermeiden, wenn man die Integration nicht bei $X_A = 1$, sondern bei einem solchen Wert von X_A beginnt, bei dem das Lösemittel eben dem RAOULTschen Gesetz zu gehorchen beginnt, wenn also $X_A = a_A$ wird. Bei dieser Konzentration ist auch $X_B = a_B$, wobei a_B auf der Basis des HENRYschen Gesetzes definiert ist. Die Integrale in [8.61] haben daher als untere Grenze die extrem verdünnter Lösungen. Die Ergebnisse einer solchen Berechnung der Aktivitäten der Saccharose in wäßrigen Lösungen zeigt die Tab. 8.7.
Wegen der Wichtigkeit dieser Methode zur Bestimmung von Aktivitätskoeffizienten sei auch ihre Anwendung beschrieben, wenn die Zusammensetzung der Lösung und die Aktivitätskoeffizienten auf die Molalität m_B bezogen werden. Unter einer molalen Konzentration versteht man die Anzahl von Molen, die in 1 kg Lösemittel gelöst wurden. Bei wäßrigen Lösungen ($A = H_2O$) ist $m_A = 55{,}51$. Für die Aktivität des gelösten Stoffes gilt

$$^m\gamma_B \, m_B = {}^m a_B$$

Mit molalen Größen erhält die GIBBS-DUHEM-Gleichung die folgende Form:

$$m_B\, d\ln a_B + m_A\, d\ln a_A = 0$$

Hieraus folgt:

$$m_B\, d\ln m_B + m_B\, d\ln \gamma_B = -55{,}51\, d\ln a_A = -55{,}51\, d\ln (P_A/P_A^\bullet) \qquad [8.62]$$

Wir definieren nun einen *molalen osmotischen Koeffizienten des Solvendums* φ durch

$$\varphi = \frac{-m_A \ln a_A}{m_B} = \frac{-55{,}51 \ln a_A}{m_B} \qquad [8.63]$$

Damit ist φ durch den Dampfdruck des Solvens und die Molalität des Solvendums bestimmt. Aus [8.63] folgt:

$$d(\varphi m_B) = \varphi\, dm_B + m_B\, d\varphi = -55{,}51\, d\ln{}^m a_B$$

Durch Kombination von [8.62] und [8.63] erhalten wir:

$$d\ln \gamma_B = (\varphi - 1)\, d\ln m_B + d\varphi$$

Bei der nachfolgenden Integration sind die Grenzen durch das reine Lösemittel und durch die Lösung mit der Molalität m_B gesetzt:

$$\int_0^{m_B} d\ln \gamma_B = \int_0^{m_B} (\varphi - 1)\, d\ln m_B' + \int_0^m d\varphi$$

Die Aktivität des reinen Solvens ist 1, so daß $\varphi \to 1$ wenn $m_B \to 0$ [6].
Die Integration ergibt damit

$$\ln{}^m\gamma_B = \int_0^{m_B} \frac{(\varphi - 1)\, dm_B'}{m_B'} + (\varphi - 1) \qquad [8.64]$$

Ein bequemer Weg zur Bestimmung der Aktivität von Wasser zur Verwendung für Rechnungen, die auf [8.64] beruhen, ist die *isopiestische*[7] Methode.
Die Lösung mit unbekannter Aktivität des Wassers und die Vergleichslösung werden in offenen Schalen nebeneinander in ein evakuierbares Gefäß gestellt. (Als Vergleichslösung verwendet man meist Saccharoselösungen, da die Aktivität des Wassers in diesen sehr genau bestimmt wurde.) Nach dem Evakuieren verdampft das Wasser aus der Lösung mit höherem Dampfdruck (höhere Aktivität des Wassers in der Lösung) und kondensiert in die Lösung mit geringerem Dampfdruck. Das Gleichgewicht ist erreicht, wenn der Wasserdampfdruck über beiden Lösungen gleich ist: *isopiestischer Punkt*. An diesem Punkt hat das Wasser in den beiden Lösungen dieselbe Aktivität. Aus der Zusammensetzung der beiden Lösungen am

---

[6] Für diesen Grenzfall gilt:
$$\ln a_A \to \ln X_A \to \ln(1 - X_B) \to -X_B;$$
es ist also
$$\varphi = n_A X_B / n_B \approx 1$$

[7] Von grch. ἴσο gleich, und πίεσις, Druck

isopiestischen Punkt und der Kenntnis der Aktivität der Saccharoselösung läßt sich die Aktivität des Wassers in der anderen Lösung berechnen.

Zur Bestimmung des Aktivitätskoeffizienten $^m\gamma_B$ des gelösten Stoffes bestimmt man die Werte von φ an Lösungen über einen Bereich von Molalitäten, wiederum nach der isopiestischen Methode. Anschließend läßt sich der gewünschte Aktivitätskoeffizient des Solvendums nach [8.64] berechnen. Tab. 8.8 zeigt einige so bestimmte Werte für Verbindungen von biochemischem Interesse.

Verbindung	Molalität					
	0,2	0,3	0,5	1,0	1,5	2,0
Glycin	0,961	0,944	0,913	0,854	0,812	0,782
Alanin	1,005	1,007	1,012	1,024	1,027	—
Threonin	0,989	0,984	0,975	0,959	0,951	0,944
Prolin	1,019	1,028	1,048	1,097	1,149	1,205
ε-Aminocapronsäure	0,971	—	0,951	0,942	1,002	1,072
Glycylglycin	0,912	0,879	0,828	0,745	0,697	—
Glycylalanin	0,935	0,912	0,883	0,855	—	—

Tab. 8.8 Molale Aktivitätskoeffizienten $^m\gamma$ einiger Aminosäuren und Peptide in wäßriger Lösung bei 298,15 K.

19. Gleichgewichtskonstanten in Lösungen

Die Beziehung

$$\Delta G^\ominus = -RT \ln K_a$$

hat allgemeine Gültigkeit; in der Tat faßt sie einfach die mathematische Analyse des Gleichgewichtsproblems zusammen. Wir können nun die Aussage dieser Gleichung folgendermaßen umschreiben und verdeutlichen:

(1) Man definiere zunächst einen Standardzustand für jeden Ausgangsstoff und jedes Reaktionsprodukt in einem chemischen Gleichgewicht $aA + bB \rightleftarrows cC + dD$.

(2) Anschließend berechne man die Normalaffinität $\Delta G^\ominus$ für diese Reaktion unter der Bedingung, daß sich alle Komponenten in diesem Standardzustand befinden.

(3) Unter diesen Voraussetzungen gibt es stets eine Funktion $K_a(T, P)$, die zu den Aktivitäten der Komponenten in der Gleichgewichtsmischung in der folgenden Beziehung steht:

$$K_a = \frac{a_C^c \cdot a_D^d}{a_A^a \cdot a_B^b}$$

Um nun eine Auskunft über die tatsächliche Zusammensetzung dieser Gleichgewichtsmischung zu erhalten oder um K_a und hieraus $\Delta G^\ominus$ aus der Gleichgewichtszusammensetzung zu berechnen, müssen wir die Aktivitäten mit irgendwelchen Zusammensetzungsvariablen (Molenbrüche, Konzentrationen usw.) in Beziehung setzen können. Die logisch befriedigendste Entscheidung ist, einen Aktivitätskoeffizienten $^X\gamma$ in folgender Weise zu definieren:

$$a = {}^X\!\gamma\, X$$

Hierin bedeutet X den Molenbruch. Es ist daher:

$$K_a = \frac{\gamma_C^c \cdot \gamma_D^d}{\gamma_A^a \cdot \gamma_B^b} \cdot \frac{X_C^c \cdot X_D^d}{X_A^a \cdot X_B^b} = k_\gamma\, K_X$$

Hierbei wollen wir uns wiederum ins Gedächtnis zurückrufen, daß K_γ nicht etwa eine Gleichgewichtskonstante, sondern einfach das Produkt der Aktivitätskoeffizienten ist. In der Regel ist auch K_X keine Gleichgewichts-»Konstante«, da es bei unterschiedlicher Zusammensetzung der Gleichgewichtsmischung (jedoch bei konstantem T und P) keine Konstante darstellt. In einigen Fällen können wir jedoch beobachten, daß der Wert für K_γ wenig von der Zusammensetzung der Gleichgewichtsmischung abhängt. Insbesondere bei verdünnten Lösungen, in denen das Solvendum näherungsweise dem HENRYschen Gesetz und das Solvens dem RAOULTschen Gesetz gehorcht, können wir die Standardzustände (wie im vorhergehenden Kapitel gezeigt) so wählen, daß die Werte für γ alle gegen eins streben. In diesem Falle ist $K_a \to K_X$ und

$$\Delta G^\ominus \to -RT \ln K_X$$

Solange diese Approximationen gelten, können wir eine Gleichgewichtskonstante K_X verwenden, die in Molenbrüchen ausgedrückt wird. Wir wollen eine solche angenäherte Gleichgewichtskonstante nicht zu gering schätzen; oft genug rechtfertigen ja die experimentellen Werte keine aufwendigere thermodynamische Behandlung des Gleichgewichtes. Wir müssen jedoch stets im Gedächtnis behalten, welche Standardzustände wir der Definition von $\Delta G^\ominus$ zugrunde gelegt haben. Für alle Reaktanden würde der Standardzustand der des reinen Stoffes sein: $X = 1$. Für das Solvens wäre dies die reine Flüssigkeit, für die gelösten Stoffe jedoch ein hypothetischer Zustand, bei dem $X = 1$, das Solvendum hingegen in einem Zustand ist, der dem bei unendlicher Verdünnung entspricht.

Als Beispiel für die Berechnung von K_X hatten wir in Abschnitt 8 ein Veresterungsgleichgewicht kennengelernt. Tatsächlich gibt es nicht viele sorgfältige Gleichgewichtsuntersuchungen an Lösungen, in denen nicht Elektrolyte und damit Effekte vorkämen, die der elektrolytischen Dissoziation zuzuschreiben sind. (Solche Systeme werden im 10. Kapitel diskutiert.) Ein oft zitiertes Beispiel ist eine frühe Arbeit (1895) von CUNDALL über die Dissoziation von Distickstofftetroxid in Chloroformlösung: $N_2O_4 \rightleftharpoons 2\,NO_2$. Tab. 8.9 zeigt einige seiner experimentellen Ergebnisse zusammen mit den hieraus berechneten Werten für K_X.

Wir haben dieser Tabelle auch noch die berechneten Werte einer Gleichgewichtskonstante auf der Grundlage von Konzentrationen (mol · dm^{-3}) beigefügt:

$$K_c = c_{NO_2}^2 / c_{N_2O_4}$$

$X(N_2O_4)$	$X(NO_2)$	K_X	$c(N_2O_4)$	$c(NO_2)$	K_c (mol dm^{-3})
$1{,}03 \cdot 10^{-2}$	$0{,}93 \cdot 10^{-6}$	$8{,}37 \cdot 10^{-11}$	0,129	$1{,}17 \cdot 10^{-3}$	$1{,}07 \cdot 10^{-5}$
1,81	1,28	9,05	0,227	1,61	1,14
2,48	1,47	8,70	0,324	1,85	1,05
3,20	1,70	9,04	0,405	2,13	1,13
6,10	2,26	8,35	0,778	2,84	1,04
	Durchschnitt	$8{,}70 \cdot 10^{-11}$		Durchschnitt	$1{,}09 \cdot 10^{-5}$

Tab. 8.9 Dissoziation des N_2O_4 in Chloroformlösung bei 8,2 °C

Hier muß gleich deutlich gemacht werden, daß sich die Größe K_c von der Beziehung $\Delta G^\ominus = -RT \ln K_a$ herleitet, bei der wir andere Standardzustände zugrunde gelegt hatten. Wir müssen daher andere Aktivitätskoeffizienten $^c\gamma$ verwenden, für die die folgende Beziehung gilt:

$$a = {}^c\gamma c$$

Wenn $c \to 0$, dann ist $^c\gamma \to 1$ und $K_a \to K_c$. Der zugehörige Standardzustand ist der hypothetische Zustand des Solvens bei einer Konzentration von 1 mol · dm^{-3} ($c = 1$), aber mit einer Umgebung wie bei der extrem verdünnter Lösungen. Wenn wir uns für K_X entscheiden und die Standardzustände entsprechend wählen, dann finden wir für die Dissoziationsreaktion des Distickstofftetroxids

$$\Delta G_X^\ominus = -RT \ln K_X = 53{,}97 \text{ kJ}$$

Wenn wir uns für K_c und die zugehörigen Standardzustände entscheiden, dann finden wir:

$$\Delta G_c^\ominus = -RT \ln K_c = 26{,}74 \text{ kJ}$$

Caveat lector: Es ist sinnlos, Werte von $\Delta G^\ominus$ für Reaktionen in Lösungen zu verwenden, wenn man sich nicht vorher vergewissert hat, welche Standardzustände diesen Werten zugrunde liegen.

20. Thermodynamik biochemischer Reaktionen

Unsere Sonne ist der Energiespender für alles Leben auf der Erde. Durch die Vermittlung photosynthetischer Reaktionen in Pflanzen wird ein Teil dieser Energie in Form chemischer freier Energie in Kohlehydraten gespeichert:

$$n\text{CO}_2 + n\text{H}_2\text{O} \xrightarrow{h\nu} (\text{CH}_2\text{O})_n + n\text{O}_2$$

Durch den Abbau der Kohlehydrate im Stoffwechsel des tierischen und menschlichen Körpers wird Energie frei, die zu folgenden Zwecken verwendet wird:

(1) Aufrechterhaltung der Körpertemperatur (bei Warmblütern),
(2) Verrichtung von Muskelarbeit,
(3) Durchführung chemischer Synthesen im Organismus,
(4) Produktion elektrischer Energie für die Aktivität des Nervensystems und
(5) aktiver Transport (»Pumpen«) von Ionen und Molekeln gegen Konzentrationsgradienten.

Da die Vorgänge im Körper von Warmblütern angenähert isotherm und isobar ablaufen, verwenden wir bei der Diskussion der im Organismus ablaufenden chemischen und physikalisch-chemischen Vorgänge die GIBBSsche freie Energie G als thermodynamisches Potential. Die Änderung dieses Potentials, ΔG, stellt die bei physiologisch-chemischen Reaktionen zur Verfügung stehende Energie dar, also die freie Energie für Muskelarbeit, aktiven Ionentransport oder für die Erzeugung elektrischer Signale.
Chemische Reaktionen in biologischen Systemen sind gewöhnlich dadurch charakterisiert, daß die treibende Kraft einer Reaktion den Forderungen des jeweiligen Prozesses sehr genau angepaßt ist. Auf diese Weise wird sehr wenig freie Energie vergeudet. Auch physiologische Vorgänge sind selbstverständlich irreversibel; die feinen Differenzen zwischen treibender Kraft und entgegengesetzt gerichteter Kraft bei biochemischen Vorgängen sorgen für einen bemerkenswert hohen Wirkungsgrad bei den verschiedenen Verwandlungen der chemischen freien Energie im lebenden Organismus. Kohlehydrate und Fette werden ja im Organismus nicht wie in einer wenig leistungsfähigen Verbrennungsmaschine in einem Zuge, sondern vielmehr in einer ganzen Reihe von Stufen verbrannt, von denen eine jede das thermodynamische Potential G nur um einen relativ kleinen Betrag verringert.
Das menschliche Gehirn enthält etwa $6 \cdot 10^9$ Neuronen (Nervenzellen) und wiegt beim Erwachsenen etwa 1500 g. Die zur Bedienung des elektrischen Systems dieses »Rechenzentrums« notwendige Energie ist überraschend groß. Pro Stunde verbraucht das Gehirn etwa 5,5 g Glucose; dies entspricht einer Leistung von 25 Watt. Dies ist auch der Grund für den beträchtlichen Sauerstoffbedarf des Gehirns. Beim Neugeborenen verbraucht das Gehirn etwa die Hälfte des gesamten vom Körper aufgenommenen Sauerstoffs; beim Erwachsenen sind es immer noch 20···25%.
Die elektrische Aktivität der Gehirnzellen braucht freie Energie, die in Form von Ionenkonzentrationsgradienten zwischen den Zellmembranen gespeichert ist. Die Ionenkonzentrationen in den Zellen selbst betragen 150 mmol dm^{-3} K$^+$ und 15 mmol dm^{-3} Na$^+$; die interzelluläre Flüssigkeit enthält hingegen 5 mmol dm^{-3} K$^+$ und 150 mmol dm^{-3} Na$^+$. Die elektrischen Impulse entlang einer Nervenzelle (*Aktionspotentiale*) kommen primär durch das Eindringen von Na$^+$-Ionen ins Zellinnere durch die zeitweise aktivierten Membranflächen zustande; im nichtaktivierten Zustand ist die Permeabilität der Membranen für Na$^+$ nur klein. Die in die Zellen eingedrungenen Natriumionen müssen *gegen* den hohen Konzentrationsgradienten wieder herausgepumpt werden (aktiver Transport). Dies geschieht durch eine »Natriumpumpe« in den Membranen, deren Wirkungsweise noch nicht

Die freie Bildungsenthalpie biochemischer Stoffe

wirklich aufgeklärt ist. Es ist jedoch bekannt, daß die Zufuhr an freier Energie für die Natriumpumpe durch ATP (Adenosintriphosphat, Abb. 8.6) geschieht. ATP ist auch die Quelle freier Energie für die Muskelkontraktion und die Proteinsynthese. Mehr als 90% der vom Gehirn verbrauchten freien Energie ist zur Steuerung der Natriumpumpe erforderlich.

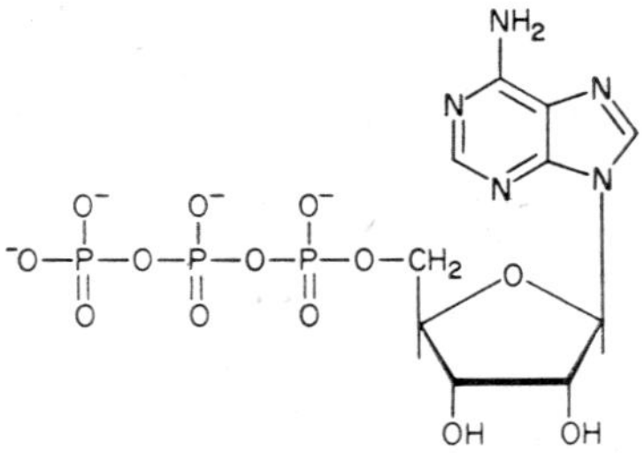

Abb. 8.6   Adenosintriphosphat (ATP).

21. Die freie Bildungsenthalpie biochemischer Stoffe in wäßriger Lösung

Biochemische Reaktionen verlaufen in wäßriger Lösung unter scharfer Kontrolle des pH-Wertes sowie der absoluten und relativen Ionenkonzentrationen. Die Bedingungen, unter denen biochemische Reaktionen ablaufen, unterscheiden sich beträchtlich von den üblichen Standardzuständen für Reaktionen in Gasen oder unpolaren Flüssigkeiten. Unser Problem besteht nun darin, die bei kalorimetrischen Untersuchungen übliche Standardbedingung in physiologisch relevante Bedingungen zu übersetzen. Die freie Standardenthalpie für die Bildung von kristallinen Biochemikalien bei 298,15 K erhalten wir aus den experimentell bestimmten Bildungsenthalpien und den nach dem III. Hauptsatz aus der Temperaturabhängigkeit der Molwärme von Kristallen bestimmten Entropien. Tab. 8.10 zeigt Beispiele für solche thermodynamischen Daten.

Die Affinität biochemischer Reaktionen wird durch das ΔG der Reaktion in einem wäßrigen physiologischen Medium bestimmt. Statt der freien Standardbildungsenthalpie $\Delta G_b^\ominus$ (s) der kristallinen Verbindungen wollen wir daher das $\Delta G_b^\ominus$ (aq) der in Wasser gelösten Stoffe wissen. Der geeignetste biochemische Standardzustand ist gewöhnlich eine Lösung mit einer Aktivität des gelösten Stoffes (im molalen Maßstab) von $^m a = 1$. Die Größe $\Delta G_b^\ominus$ (aq) läßt sich in zwei Schritten leicht aus $\Delta G_b^\ominus$ (s) berechnen:

(1) Herstellung einer gesättigten Lösung der Kristalle in Wasser (Kristalle und Solvendum im Gleichgewicht). Für diesen Gleichgewichtszustand gilt $\Delta G = 0$.
(2) Berechnung von ΔG bei einer Änderung der Aktivität des Solvendums von seinem Sättigungswert a_{sat} in den Wert von $a = 1$ im Standardzustand:

$$\Delta G = RT \ln \frac{1}{a_{\text{sat}}} = -RT \ln (^m\gamma\, m)_{\text{sat}}$$

Um diese Berechnung durchführen zu können, müssen wir neben der Molalität der gesättigten Lösung nur den Aktivitätskoeffizienten bei dieser Molalität kennen. Damit ergibt sich

$$\Delta G_b^\ominus (\text{aq}) = \Delta G_b^\ominus (\text{s}) - RT \ln (^m\gamma m)_{\text{sat}} \quad [8.65]$$

Als Beispiel wollen wir die freie Standardbildungsenthalpie für eine wäßrige Lösung von Glycin berechnen. Eine bei 298,15 K gesättigte wäßrige Lösung von Glycin ist 3,30molal. Nach Tab. 8.10 ist der molale Aktivitätskoeffizient einer gesättigten Lösung von Glycin $^m\gamma = 0{,}729$. Es ist also

$$\Delta G_b^\ominus (\text{s}) = -370{,}7 \text{ kJ mol}^{-1}$$

Verbindung	Kristalliner Zustand			Wäßrige Lösung		
	$\Delta H_b^\ominus$	$\Delta S_b^\ominus$	$\Delta G_b^\ominus$	Löslichkeit (Molalität, gesätt. Lsg.)	m_γ	$\Delta G_b^{\ominus\,8}$
	kJ mol^{-1}	JK^{-1} mol^{-1}	kJ mol^{-1}			kJ mol^{-1}
DL-Alanin	−563,6	−644	−372,0	1,9	1,046	−373,6
DL-Alanylglycin	−777,8	−967	−489,5	3,161	0,73	−491,6
L-Asparaginsäure	−973,6	−812	−731,8	0,0377	0,78	−723,0
Glycin	−528,4	−431	−370,7	3,33	0,729	−372,8
Glycylglycin	−745,2	−854	−490,4	1,7	0,685	−490,8
DL-Leucin	−640,6	−975	−349,4	0,0756	1,0	−343,1
DL-Leucylglycin	−860,2	−1310	−469,9	0,126	1,0	−468,4

Tab. 8.10 Thermodynamische Daten von Aminosäuren und Peptiden bei 298,15 K. [Nach F. H. CARPENTER, *J. Am. Chem. Soc.* 82 (1960) 1120; in dieser Publikation finden sich auch die Hinweise auf Originalarbeiten.]

Damit wird

$$\Delta G_b^\ominus (\text{aq}) = -370{,}7 - (8{,}314) \cdot (298{,}15) \cdot (10^{-3}) \cdot (2{,}303) \cdot \log (3{,}30 \cdot 0{,}729)$$

$$= -370{,}7 - 2{,}2 = -372{,}9 \text{ kJ mol}^{-1}$$

Wir können solche Werte von $\Delta G_b^\ominus (\text{aq})$ dazu benützen, um Gleichgewichtskonstanten K_a für physiologisch-chemische Reaktionen zu berechnen. Für genaue Bestimmungen sollte das physiologische Lösemittel nicht reines Wasser sein; die Lösung sollte vielmehr auch die im betrachteten physiologischen System vorhandenen anorganischen Salze und organische Stoffe enthalten. Dies ist auch bei der Bestimmung der Aktivitätskoeffizienten zu berücksichtigen. Außerdem ist zu bedenken, daß bei vielen biochemischen Vorgängen in vivo (und bei entsprechender Wahl der Versuchsbedingungen auch in vitro) eine Temperatur von 310,7 K (37,5 °C) typischer ist als eine solche von 298,2 K.

---

[8] Diese Werte gelten für die zwitterionische Form im Standardzustand $^ma = 1$ und dem pH-Wert des isoelektrischen Punktes. (Bei diesem pH-Wert erreicht die Löslichkeit von Zwitterionen ein Maximum.)

Viele wichtige Biochemikalien sind Säuren oder Basen, so daß der pH-Wert des Mediums einen beträchtlichen Einfluß auf die Affinitäten und Gleichgewichtskonstanten ausüben kann. Nun ist aber das physiologische Medium auf einen pH-Wert von 7,0 gepuffert; man kann daher bei den meisten Körperflüssigkeiten (ausgenommen natürlich Magensaft und einige andere Verdauungssekrete) davon ausgehen, daß die Wasserstoffionenkonzentration 10^{-7} molal ist. Falls bei einer bestimmten Reaktion jedoch H^+-Ionen verbraucht oder freigesetzt werden, dann hängt ΔG stark vom pH-Wert ab. Bei der Verdünnung oder Neutralisation einer Säure mit einer H^+-Ionenaktivität von 1 auf eine Lösung, die 10^{-7} molal an H^+ ist, gilt bei 300 K:

$$\Delta G = RT \ln \frac{10^{-7}}{1} = -40{,}2 \text{ kJ mol}^{-1}$$

Als Beispiel für die Auswirkungen des pH-Wertes und der Ionenkonzentration auf biochemische Gleichgewichte wollen wir die von ALBERTY analysierte Thermodynamik der Hydrolyse von ATP betrachten. Die Bruttoreaktionsgleichung lautet:

$$ATP^{4-} + H_2O \rightarrow ADP^{3-} + HPO_4^{2-} + H^+ \qquad [8.66]$$

(ADP = Adenosindiphosphat).

Die Hydrolyse von 1 Mol ATP bei pH 9 liefert 1 Mol H^+-Ionen. Analytisch bestimmt werden meist die Gesamtmengen an ATP und ADP (in ionisierter und nichtionisierter Form), so daß die empirische Gleichgewichtskonstante gewöhnlich folgendermaßen formuliert wird:

$$K = \frac{[ADP][P_a]}{[ATP]} \qquad [8.67]$$

(P_a = anorganisches Phosphat).

Sowohl ATP als auch ADP bilden mit einwertigen (Na^+, K^+) und zweiwertigen Ionen (Mg^{2+}, Ca^{2+}) Komplexe, die in physiologischen Medien auftreten. Um die Analyse zu vereinfachen, betrachtete ALBERTY jedoch nur die Wirkungen von Mg^{2+} in einem Medium, dessen Ionenstärke (Abschn. 10-18) durch 0,2 m Tetra-n-propylammoniumchlorid konstant gehalten wurde. TPAC ist ein Salz mit einem großen organischen Kation, das in Gegenwart von H^+ und Mg^{2+} nur in sehr geringem Ausmaß Komplexe mit den Anionen des ATP und ADP bildet.
Durch Computeranalyse aller gleichzeitig auftretenden Gleichgewichte wurden die thermodynamischen Parameter K, $\Delta G^\ominus$, $\Delta H^\ominus$ und $T\Delta S^\ominus$ für die Reaktion [8.66] als Funktion der pH- und pMg-Werte ($-\log[Mg^{2+}]$) berechnet und die Resultate in der Form von Konturdiagrammen aufgezeichnet (Abb. 8.7). Wegen der Schlüsselrolle des ATP als der Quelle der freien Energie für die meisten physiologischen Vorgänge stellen diese Diagramme einen wesentlichen Teil der thermodynamischen Grundlagen für lebende Systeme dar. (Hierbei sind stets die auf S. 100f. erörterten Einschränkungen zu berücksichtigen.)
Eine interessante Frage ist die nach der Spontaneität der Bildung von Polypeptiden aus Aminosäuren und nach der Lage des Gleichgewichts dieser Kon-

densationsreaktion. Als Beispiel diene die folgende Reaktion:

$$\text{Alanin} + \text{Glycin} \rightleftharpoons \text{Alanylglycin} + \text{H}_2\text{O}$$

Die zur Berechnung von $\Delta G^\ominus$ und K_a dieser Reaktion notwendigen Daten entnehmen wir der Tab. 8.10. Wir nehmen außerdem an, daß die Reaktanden und

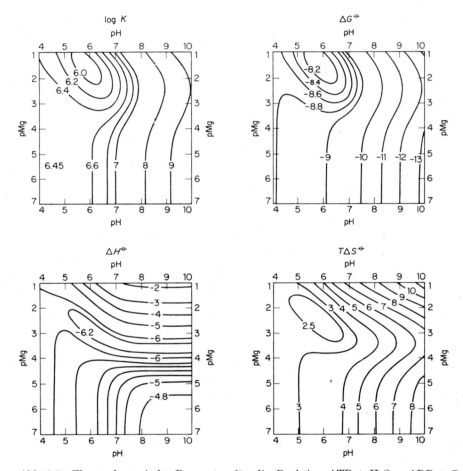

Abb. 8.7 Thermodynamische Parameter für die Reaktion $\text{ATP} + \text{H}_2\text{O} \rightleftharpoons \text{ADP} + P_a$ als Funktion von pH und pMg in einer Lösung von Tetra-n-propylammoniumchlorid mit einer konstanten Ionenstärke von 0,2 [nach R. A. ALBERTY, *J. Biol. Chem.* 244 (1969) 3290]. Die Hydrolyse von 1 Mol ATP bei pH 9 liefert 1 Mol H^+-Ionen (P_a = anorganisches Phosphat).

das Produkt als Zwitterionen vorliegen, die Lösung also neutral reagiert. Den Wert für $\Delta G_b^\ominus$ des flüssigen Wassers entnehmen wir Tab. 8.2 zu $-237{,}2$ kJ mol^{-1}. Damit gilt für die freie Reaktionsenthalpie dieser Reaktion unter Standardbedingungen:

$$\Delta G^\ominus = (-491{,}6 - 237{,}2) - (373{,}6 - 372{,}8) = 17{,}6 \text{ kJ}$$

Für die Gleichgewichtskonstante bei 298,2 K gilt:

$$K_a = e^{-\Delta G^{\ominus}/RT} = 8{,}13 \cdot 10^{-4}$$

Aus beiden Werten können wir schließen, daß das Gleichgewicht so weit auf der Seite der Ausgangsstoffe liegt, daß eine spontane Bildung von Polypeptiden aus Aminosäuren in wäßriger Lösung nur in einem sehr geringen Ausmaße stattfindet. In Wirklichkeit handelt es sich hier ja um einen wesentlich komplizierteren Prozeß, bei dem das ATP als Reaktionsteilnehmer für die notwendige freie Enthalpie sorgt.

In Kapitel 3 wurde kategorisch festgestellt, daß die Gleichgewichtsthermodynamik nichts über die Vorgänge in lebenden Zellen aussagen könne. Dennoch sind wir hier unbekümmert dabei, thermodynamische Argumente bei der Beurteilung biochemischer Reaktionen heranzuziehen. Dies ist kein Widerspruch. Die thermodynamischen Berechnungen zeigen, welche Reaktionen in vitro möglich und welche unmöglich sind. Selbstverständlich können Laborversuche das physiologische Milieu und die Vorgänge in einer lebenden Zelle nur simulieren. Die Anwendung thermodynamischer Betrachtungen auf lebende Zellen macht zusätzliche Postulate notwendig, die in jedem Falle auf ihre Richtigkeit geprüft werden müssen.

Für die Übertragung unserer in-vitro-Ergebnisse müssen wir fordern, daß der Vorgang, den wir in der Zelle beobachten (z.B. die Knüpfung einer Peptidbindung) in keiner Weise mit irgendwelchen anderen physikalischen oder chemischen Prozessen in der Zelle gekoppelt ist. Wenn dies zutrifft, können wir unsere Gleichgewichtsthermodynamik auf die Reaktion in der Zelle anwenden. Der Beweis dafür, daß keine Kopplung vorliegt, ist ein empirisches Problem. Wir wissen z.B., daß Zellen ohne Zufuhr von ATP keine Peptidbindungen synthetisieren.

Eine wesentliche Verbreiterung der theoretischen Basis ließe sich erhalten, wenn die Formulierung der Thermodynamik in der Weise erweitert würde, daß sich Zustandsfunktionen wie G, H und S auch auf Systeme anwenden ließen, die nicht im Gleichgewicht sind. Dies ist das Gebiet der sehr bedeutungsvollen Ungleichgewichtsthermodynamik (Abschn. 9-24 bis 9-27).

22. Die Druckabhängigkeit der Gleichgewichtskonstanten in Lösungen

Mit der Gleichgewichtskonstante K_X (auf der Basis der Molenbrüche) läßt sich der Einfluß des Drucks auf die Lage des Gleichgewichts in idealen Lösungen beschreiben. Aus [7.12] und [8.49] erhalten wir

$$\left(\frac{\partial \ln K_X}{\partial P}\right)_T = -\frac{\Delta V^{\bullet}}{RT}$$

Hierbei ist $\Delta V^{\bullet}$ die Differenz zwischen den Volumina der Reaktionsprodukte und den Volumina der Ausgangsstoffe. Bei nichtidealen Lösungen können die Aktivitäten (mit Aktivitätskoeffizienten auf der Basis der Molenbrüche) zur Formulierung der Gleichgewichtskonstanten verwendet werden. Wir erhalten dann:

$$\left(\frac{\partial \ln K_a}{\partial P}\right)_T = -\frac{\Delta V}{RT} \qquad [8.68]$$

Wenn die Reaktion mit einem starken Volumeneffekt ΔV einhergeht, dann kann ein beträchtlicher Einfluß des Drucks auf die Gleichgewichtskonstante beobachtet werden. Wenn zum Beispiel (beim Einsatz molarer Mengen) ein ΔV von -20 cm³ auftritt, dann würde ein Druck von 1000 atm den Wert von K auf das 2,3fache, ein Druck von 10000 atm seinen Wert auf das 3500fache erhöhen.

Bei Reaktionen von unpolaren Flüssigkeiten oder unpolaren Molekeln in unpolaren Lösemitteln ist ΔV gewöhnlich sehr klein, es sei denn, die Reaktion wäre mit einer Änderung der Zahl der kovalenten Bindungen begleitet. Wenn die Zahl der Bindungen zunimmt, nimmt ΔV ab, und umgekehrt. Die Ursache hierfür ist, daß die Entfernung zwischen kovalent gebundenen Atomen kleiner ist als bei ungebundenen. Polymerisationsreaktionen sind mit einer enormen Zunahme der Bindungen verknüpft und haben daher ein stark negatives ΔV[9]. Sie werden daher durch erhöhten Druck merklich beschleunigt.

Die Dimerisierung von NO_2 in CCl_4-Lösung wurde eingehend studiert (Tab. 8.11):

$$2\,NO_2 \rightleftharpoons N_2O_4$$

Bei 324,7 K steigt K_m bei einer Steigerung des Drucks auf 1500 atm auf das 4fache an; dies entspricht einem Durchschnittswert von $\Delta V = -23$ cm³. Zur Integration von [8.68] müssen wir ΔV als Funktion des Drucks kennen. Diese Funktion ist jedoch innerhalb gewisser Grenzen linear, so daß wir ΔV näherungsweise als konstant ansehen können.

Temperatur (K)	Druck (atm)	$K_m/K_m^\ominus$ ($K_m^\ominus$ bei 1 atm)
295,2	750	2,08
	1500	3,77
324,7	750	2,30
	1500	4,06

Tab. 8.11 Einfluß des Drucks auf das Gleichgewicht $2\,NO_2 \rightleftharpoons N_2O_4$ (in CCl_4-Lösung)

Die Volumenänderung ΔV bei einer chemischen Reaktion kann direkt mit einem Dilatometer gemessen werden, das gewöhnlich aus einem Reaktionskolben mit einem geeichten Kapillarrohr besteht. LINDERSTRØM-LANG und Mitarbeiter haben auf diese Weise das ΔV bei biochemischen Reaktionen bestimmt, z.B. bei der Denaturierung von Proteinen oder der Inaktivierung (Inhibierung) von Enzymen.

[9] Das Schrumpfen von polymerisierenden Gießharzen hat dieselbe Ursache und ist meist unerwünscht.

Einfluß des Drucks auf die Aktivität

Konformationsänderung von Proteinen im wäßrigen Medium verursachen oft merkliche Volumenänderungen. Bei der Hydrolyse einer Peptidbindung tritt fast immer eine Volumenverringerung ein, da neu auftretende, elektrisch geladene Gruppen eine Kontraktion des umgebenden Wassers erzeugen. Diesen Effekt nennt man *Elektrostriktion*. Er wird auch bei der einfachen Reaktion

$$CH_3COOH + NH_3 \rightarrow CH_3COO^- + NH_4^+$$

beobachtet; bei 298 K ist $\Delta V = -17{,}4$ cm^3.

23. Der Einfluß des Drucks auf die Aktivität

Wir haben im Abschnitt 8-16 gesehen, in welcher Weise die Aktivität (Fugazität) einer gasförmigen Komponente von ihrem Druck abhängt. Im Gegensatz zu dieser sehr starken Druckabhängigkeit der Aktivität eines Gases hängt die Aktivität einer Komponente in einer flüssigen oder festen Phase nur wenig vom Druck ab. Bei mäßigem Druck können wir den Einfluß des Drucks auf die Aktivitäten in kondensierten Phasen ohne einen ernstlichen Fehler sogar völlig vernachlässigen. Der Effekt hoher Drücke kann jedoch beträchtlich sein; dies ist vor allem bei geochemischen, ozeanographischen und astrochemischen Theorien und Untersuchungen zu beachten. In jedem Falle sollten wir wissen, wie wir den Einfluß des Drucks auf kondensierte Phasen bei unserer thermodynamischen Theorie des Gleichgewichts berücksichtigen müssen.

Bei jeder konstanten Temperatur können wir die Abhängigkeit der Fugazität einer Komponente A vom Gesamtdruck nach [8.44] berechnen:

$$d\mu_A = RT \, d\ln f_A = V_{m_A} \, dP$$

Das Verhältnis der Fugazität bei irgendeinem Druck P_2 zur Fugazität bei 1 atm hat das Symbol Γ erhalten:

$$\Gamma = f_A^{P_2}/f_A^{1\,atm}$$

Es gilt nun:

$$\ln \Gamma = \ln \frac{f_A^{P_2}}{f_A^{1\,atm}} = \frac{1}{RT} \int_1^{P_2} V_{m_A} \, dP \qquad [8.69]$$

Hieraus folgt:

$$\frac{f_A^{P_2}}{f_A^{\ominus}} = \Gamma \frac{f_A^{1\,atm}}{f_A^{\ominus}}$$

Da $f_A^{\ominus}$ die Fugazität von A in seinem Standardzustand darstellt, gilt:

$$a \, (\text{bei } P_2) = \Gamma \cdot a \, (\text{bei } 1 \text{ atm}) \qquad [8.70]$$

Wenn wir den auf Molenbrüchen beruhenden Standardzustand verwenden, erhält [8.70] die folgende Form:

$$a = \Gamma \gamma X \qquad [8.71]$$

Für eine reine Flüssigkeit oder einen Festkörper ist die Aktivität bei 1 atm = 1, wenn der Standardzustand definiert ist als der der Flüssigkeit oder des Festkörpers bei 1 atm.

Als Beispiel für die Anwendung von [8.69] wollen wir die Daten von BRIDGEMAN (P. W. BRIDGEMAN, *The Physics of High Pressure*; Bell, London 1949) für die Berechnung der Aktivität reinen, flüssigen Wassers bei 50 °C und einem Druck von 10^4 atm berechnen. In diesem Falle ist $V_{m_A} = V_m$, und die Integration in [8.69] kann graphisch durch Abtragen des Molvolumens des Wassers gegen den Druck und Messen der Fläche unter der Kurve geschehen. Diese Art der Bestimmung von Γ ist in Abb. 8.8 gezeigt. Die Integration ergibt $\Gamma = 439$; die Aktivität des reinen flüssigen Wassers bei 50 °C und 10^4 atm ist daher $a = 439$. Bei 100 atm würde die Aktivität etwa 1,40 betragen. Hieraus ist zu ersehen, daß wir bei mäßigen Drücken den Einfluß des Drucks auf die Aktivität einer kondensierten Phase oft vernachlässigen können, keinesfalls jedoch bei sehr hohen Drücken.

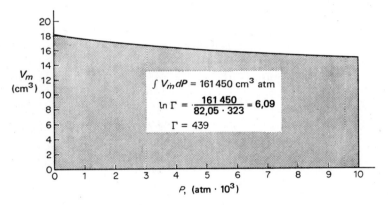

Abb. 8.8 Berechnung der Aktivität des Wassers bei 323,2 K und 10^4 atm durch graphische Bestimmung des Integrals [8.69]. V_m bedeutet das Molvolumen des Wassers.

24. Chemische Gleichgewichte in heterogenen Systemen mit fester Phase

Im einfachsten Falle treten bei reagierenden Systemen dieser Art reine Flüssigkeiten oder Festkörper auf. Als Beispiel wollen wir die Reduktion des Nickeloxids betrachten:

$$\text{NiO(s)} + \text{CO} \rightleftarrows \text{Ni(s)} + \text{CO}_2$$

Der allgemeine Ausdruck für die Gleichgewichtskonstante ist in diesem Falle

$$K_a = \frac{a_{\text{Ni}} \, a_{\text{CO}_2}}{a_{\text{NiO}} \, a_{\text{CO}}}$$

Diesen Ausdruck kann man folgendermaßen umformulieren:

$$K_a = \frac{f_{CO_2}}{f_{CO}} \cdot \frac{\Gamma_{Ni}}{\Gamma_{NiO}}$$

Bei mäßigen Drücken sind Γ_{Ni} und $\Gamma_{NiO} = 1$ (s. u.). Wenn sich die reagierenden Gase ideal verhalten, dann bekommen wir den folgenden, einfachen Ausdruck

$$K_p = P_{CO_2}/P_{CO}$$

Für heterogene Gleichgewichte, an denen reine feste oder flüssige Stoffe teilnehmen, wurde die allgemeine Regel eingeführt, daß die Aktivitäten der reinen, kondensierten Stoffe = 1 gesetzt werden; auf diese Weise treten im Gleichgewichtsausdruck keine Terme für reine kondensierte Phasen auf. Für die Reduktion des Nickeloxids durch Kohlenoxid bei 1500 K gilt $\Delta G^\ominus = -81{,}09$ kJ; es ist daher

$$K_P = P_{CO_2}/P_{CO} = 6{,}68 \cdot 10^2$$

Wenn der Partialdruck des Kohlenoxids so weit ansteigt, daß das Verhältnis P_{CO_2} zu P_{CO} unter den Wert von $6{,}68 \cdot 10^2$ absinkt, dann wird NiO zu Ni reduziert. Wird das Verhältnis größer als der angeführte Wert, dann wird Ni zu NiO oxidiert.

9. Kapitel
Die Geschwindigkeit chemischer Reaktionen

> *Da nun die Elemente keine gemischten Körper bilden können,
> es sei denn, sie würden verändert, da sie aber nicht verändert
> werden können, wenn sie nicht aufeinander einwirken, und
> da sie nicht aufeinander einwirken können, wenn sie sich nicht
> gegenseitig berühren, müssen wir uns zunächst ein wenig mit
> diesem Kontakt oder der gegenseitigen Berührung, der Aktion,
> dem Erleiden und der Reaktion beschäftigen.*
>
> DANIEL SENNERT (1669)

Bei chemischen Reaktionen stellen wir uns zwei grundlegende Fragen: In welche Richtung geht eine chemische Reaktion, und wie rasch verläuft sie? Die erste Frage betrifft die Lage chemischer Gleichgewichte; sie wird beantwortet durch die chemische Thermodynamik. Die zweite Frage stellt sich die *chemische Kinetik*: Mit welcher Geschwindigkeit wird bei einer chemischen Reaktion das Gleichgewicht erreicht?

Die chemische Kinetik befaßt sich mit zwei großen Gebieten: der Geschwindigkeit homogener (*Homogenkinetik*) und heterogener Reaktionen (*Heterogenkinetik*). Homogene Reaktionen verlaufen vollständig in einer Phase, heterogene an der Grenzfläche zwischen zwei Phasen. Nicht wenige Mehrstufenreaktionen beginnen an einer Grenzfläche, setzen sich in einer homogenen Phase fort und werden an einer Grenzfläche abgebrochen.

Die Untersuchung der Kinetik einer chemischen Reaktion geschieht in zwei Schritten:

1. Bestimmung der Reaktionsgeschwindigkeit durch Messung der Konzentrationen von Ausgangsstoffen und Endprodukten zu verschiedenen Zeiten; Berechnung der Geschwindigkeitskonstanten.

2. Herstellung eines Zusammenhangs zwischen den Werten der Reaktionsgeschwindigkeitskonstanten und der Natur der miteinander reagierenden Stoffe sowie der Art ihrer Wechselwirkung.

1. Die Geschwindigkeit einer chemischen Veränderung

Die *Reaktionsgeschwindigkeit* v ist definiert als

$$v \equiv d\xi/dt \qquad [9.1]$$

Die Geschwindigkeit einer chemischen Veränderung

Hierin ist ξ die *Laufzahl* der Reaktion (8-3). Für eine allgemeine stöchiometrische Gleichung gilt:

$$\nu_1 A_1 + \nu_2 A_2 + \cdots \to \nu_1' A_1' + \nu_2' A_2' + \cdots$$

$$v \equiv \frac{d\xi}{dt} = -\frac{1}{\nu_1}\frac{dn_1}{dt} = -\frac{1}{\nu_2}\frac{dn_2}{dt} = \frac{1}{\nu_1'}\frac{dn_1'}{dt} = \frac{1}{\nu_2'}\frac{dn_2'}{dt} = \cdots \quad [9.2]$$

Hierin ist n_1 die Molzahl des Ausgangsstoffs A_1, n_2 die des Ausgangsstoffs $A_2 \ldots$ Bei einem temperatur- und volumenkonstanten System können wir die Reaktionsgeschwindigkeit einfach durch die Konzentrationen und ihre Veränderungen ausdrücken: $c_j = n_j/V$. Es ist dann:

$$v \equiv \frac{d\xi}{dt} = -\frac{V}{\nu_1}\frac{dc_1}{dt} = -\frac{V}{\nu_2}\frac{dc_2}{dt} = \frac{V}{\nu_1'}\frac{dc_1'}{dt} = \frac{V}{\nu_2'}\frac{dc_2'}{dt} = \cdots \quad [9.3]$$

Wenn in der Kinetik von Reaktionsgeschwindigkeiten die Rede ist, dann ist meist die Geschwindigkeit pro Volumeneinheit (v/V) in einem volumenkonstanten System gemeint.

Schon die Metallurgen, Bierbrauer, Weingärtner und Alchemisten des Altertums und Mittelalters machten die Beobachtung, daß chemische Reaktionen eine gewisse Zeit benötigen. Die ersten quantitativen Untersuchungen von Bedeutung stammen jedoch von L. WILHELMY (1850), der die Inversion des Rohrzuckers in sauren Lösungen untersuchte:

$$H_2O + \underset{\text{Saccharose}}{C_{12}H_{22}O_{11}} \to \underset{\text{Glucose}}{C_6H_{12}O_6} + \underset{\text{Fructose}}{C_6H_{12}O_6}$$

Der Fortgang dieser Reaktion läßt sich durch ein Polarimeter verfolgen (Messung der Drehung der Ebene des polarisierten Lichtes durch optisch aktive Stoffe). Die Inversionsgeschwindigkeit der Saccharose zu einem beliebigen Zeitpunkt erwies sich als proportional der Konzentration c der jeweils noch vorhandenen Saccharose. Für die Geschwindigkeit dieser Reaktion gilt also:

$$-dc/dt = k_1 c$$

Die Konstante k_1 nennt man die *Geschwindigkeitskonstante* der Reaktion. Ihr Zahlenwert ist nahezu proportional der jeweiligen Säurekonzentration. Da die Säure nicht in der stöchiometrischen Reaktionsgleichung auftritt, wirkt sie offenbar als Katalysator: Sie erhöht die Reaktionsgeschwindigkeit, ohne selbst verbraucht zu werden.

Durch Integration der differentiellen Gleichung für die Reaktionsgeschwindigkeit erhält man:

$$\ln c = -k_1 t + C$$

Zur Zeit $t = 0$ hat die Konzentration ihren Ausgangswert c_0; es ist also $C = \ln c_0$ und $\ln c = -k_1 t + \ln c_0$, oder

$$c = c_0 \cdot e^{-k_1 t}$$

In der Tat folgt die saure Spaltung der Saccharose an der Acetalbrücke sehr genau diesem kinetischen Gesetz, und so darf man sagen, daß Wilhelmy durch seine Arbeiten zum Gründer der chemischen Kinetik wurde.

In der wichtigen Arbeit von Guldberg und Waage (1863) wurde das chemische Gleichgewicht zum ersten Mal interpretiert. Einige Zeit später setzte van't Hoff die Gleichgewichtskonstante gleich dem Verhältnis der Geschwindigkeitskonstanten für die Hin- und Rückreaktion: $K = \vec{k}/\overleftarrow{k}$.

In den Jahren 1865 bis 1867 untersuchten A. V. Harcourt und W. Esson die Reaktion zwischen Kaliumpermanganat und Oxalsäure (in saurem Medium). Trotz der komplizierten Bruttoreaktionsgleichung

$$2\,MnO_4^- + 5\,(COOH)_2 + 6\,H^+ \rightarrow 2\,Mn^{2+} + 5\,CO_2 + 8\,H_2O$$

ist die Kinetik dieser Reaktion recht einfach; die Reaktionsgeschwindigkeit ist proportional dem Produkt der Konzentrationen der beiden Ausgangsstoffe. Schon diese Autoren bemerkten, daß die stöchiometrische Gleichung solch komplizierter Reaktionen nicht auch den tatsächlichen Reaktionsmechanismus symbolisieren kann; diese Überlegungen führten Harcourt und Esson zu einer Theorie aufeinanderfolgender Reaktionen.

2. Experimentelle Methoden der chemischen Kinetik

Bei quantitativen kinetischen Messungen wollen wir den Einfluß der Konzentrationen im Reaktionsgemisch auf die Reaktionsgeschwindigkeit bestimmen. Alle anderen Größen, die die Reaktionsgeschwindigkeit beeinflussen könnten, insbesondere die Temperatur und der Druck, müssen konstant gehalten werden. Es besteht also die Aufgabe, zu bestimmten Zeiten die Konzentrationen bestimmter Reaktionsteilnehmer zu messen. Letzteres bereitet die größeren Schwierigkeiten. Eine Reaktion kann in der Regel nicht beliebig in Gang gesetzt und wieder unterbrochen werden. Es wurden also besondere Methoden für die kontinuierliche oder diskontinuierliche Messung der Zusammensetzung eines Systems entwickelt. Die letzteren Methoden sind sehr problematisch. Man entnimmt dem reagierenden Gemisch von Zeit zu Zeit kleine Proben, unterbricht darin die Reaktion (z.B. durch Abkühlen oder durch Zugabe von Inhibitoren) und analysiert die Zusammensetzung. Die Probeentnahme soll die Reaktion so wenig wie möglich beeinflussen – eine Bedingung, die nur selten einzuhalten ist. Alternativ kann man die Reaktion unter möglichst gleichen Bedingungen in einer Anzahl gleicher Gefäße zu gleicher Zeit in Gang setzen und nach gewissen Zeiten die Reaktion in jeweils einem Gefäß unterbrechen und die Reaktionsmischung analysieren. Hier ist die Voraussetzung der Gleichheit der Reaktionsbedingungen nur schwierig zu erreichen.

Eleganter ist es, den Reaktionsablauf durch die Veränderung bestimmter physikalischer Eigenschaften des Reaktionsgemisches zu verfolgen. Die zu messende physikalische Größe muß in einem eindeutigen Zusammenhang zum

Fortgang der Reaktion stehen; andere Variable, die die physikalische Messung beeinflussen könnten, müssen konstant gehalten werden. Die wichtigsten Methoden sind (die Messung der optischen Rotation nach WILHELMY wurde schon genannt):

1. Colorimetrie und Absorptionsspektroskopie.
2. Messung der Dielektrizitätskonstanten[1].
3. Messung des Brechungsindex[2].
4. Messung von Volumen- (Dilatometrie) und Druckänderungen.
5. Isotherme Differenzkalorimetrie.

Dilatometrische Methoden haben eine große Bedeutung bei der Verfolgung von Polymerisationsreaktionen gewonnen. Die Polymerisation eines Monomeren wird meist von einer Volumenkontraktion begleitet, die automatisch gemessen und

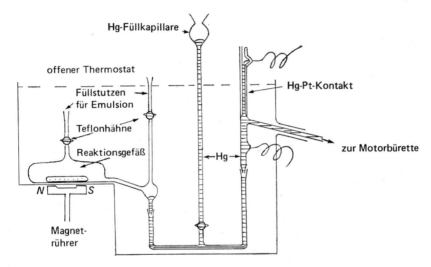

Abb. 9.1a Präzisionsdilatometer für kinetische Messungen an polymerisierenden Systemen [G. J. M. LEY, D. O. HUMMEL, CHRISTEL SCHNEIDER, Adv. Chem. Series 66 (1967) 184–202].

als Maß für den Umsatz verwendet werden kann. Kontinuierliche Meßmethoden sind bei Kettenreaktionen besonders wichtig, da hier eine Probenahme ohne Beeinflussung des Reaktionsgemisches praktisch unmöglich ist. Ein Präzisionsdilatometer für die Verfolgung von Emulsionspolymerisationen haben LEY et al. beschrieben (Abb. 9.1a).

Gasreaktionen, bei denen sich das Gesamtvolumen der Mischung unter isobaren Bedingungen verändert ($\Sigma \nu \neq 0$), lassen sich leicht durch die Druckänderung unter isochoren Bedingungen verfolgen. Bei den Ergebnissen muß natürlich der

---

[1] T. G. MAJURY, H. W. MELVILLE, Proc. Roy. Soc. A 205 (1951) 496
[2] N. GRASSIE, H. W. MELVILLE, ibid. A 207 (1951) 285

jeweils herrschende Druck berücksichtigt werden. Sehr wichtig ist außerdem, daß die Reaktion tatsächlich gemäß der angegebenen stöchiometrischen Gleichung abläuft. So bildet sich bei der thermischen Spaltung des Äthans in Äthylen und Wasserstoff eine kleine Menge an Methan, die eine zusätzliche Drucksteigerung hervorruft und damit eine höhere Reaktionsgeschwindigkeit vortäuscht.

Zur Untersuchung schneller Reaktionen führt man die Messungen häufig an Fließsystemen durch; dies wird in Abschn. 9-22 beschrieben. Will man mit den Messungen am reagierenden System nahe bei den ursprünglichen Konzentrationsbedingungen, also zum Beispiel gleich nach dem Einsetzen der Reaktion, beginnen, dann empfiehlt sich die »stopped-flow«-Methode (Methode des unterbrochenen Fließens). Diese wurde vornehmlich auf Reaktionen in Lösungen, insbesondere auf enzymatische Reaktionen, angewendet. Hier hat sie noch den zusätzlichen Vorzug, mit geringen Stoffmengen auszukommen.

Abb. 9.1b zeigt einen stopped-flow-Apparat für eine Gasreaktion. Er wurde für die Untersuchung der Reaktion $2NO_2 + O_3 \rightarrow N_2O_5 + O_2$ entwickelt, und zwar für Bedingungen, unter denen die Reaktion innerhalb von 0,1 s abläuft. Zwei Gasströme ($O_2 + NO_2$ und $O_3 + O_2$) treten tangential in die Mischzelle ein und mischen sich sehr rasch ($< 0,01$ s). Gleich darauf wird ein Teil des Gasgemisches durch einen magnetisch betriebenen Edelstahlschieber abgesperrt. Das Verschwinden des braunen NO_2 wird durch die Intensitätsänderungen in einem hindurchgeschickten Lichtstrahl bestimmt. Der Strahl wird durch einen rotierenden Sektor von 300 Hz unterbrochen; die Lichtpulse fallen auf einen Sekundärelektronenvervielfacher, dessen Signale von einem Oszillographen wiedergegeben werden. Die Ausschläge der Oszillographenkurve werden fotografiert; aus der Höhe der Ausschläge lassen sich die NO_2-Konzentrationen in einem Abstand von je 1/300 s bestimmen.

Nach demselben Prinzip wurden auch »stopped-flow-Zellen« für Flüssigkeitsreaktionen konstruiert (Abb. 9.1 d). Extrem schnelle Reaktionen lassen sich mit dieser Anordnung nicht messen, da das Füllen der Meßzelle eine gewisse Zeit erfordert und beim Schließen der Zuführungen durch den Stahlschieber eine Unterbrechungsstörung auftritt, die erst abklingen muß. Je größer die Eintrittsgeschwindigkeit der Reaktanden ist, um so größer ist die Störung beim Verschließen der Zelle; macht man also die eine Totzeit minimal, so erreicht die andere einen Maximalwert. Abb. 9.1e zeigt Meßergebnisse, die mit einer solchen Zelle erhalten wurden.

Für Reaktionen, die noch schneller als innerhalb einer Millisekunde ablaufen, wurden verschiedene Relaxationsmethoden entwickelt (17. Kapitel). Bei diesen Methoden wird das Mischproblem, insbesondere das Problem der Mischzeit, durch einen geistreichen Trick völlig vermieden: Das System wird durch einen energischen und sehr kurzzeitigen Eingriff, z.B. durch eine Schockerwärmung unter dem Einfluß einer elektrischen Entladung, aus dem Gleichgewicht gebracht. Anschließend wird die Geschwindigkeit gemessen, mit der das System in den Gleichgewichtszustand zurückkehrt (EIGENsche Methode).

Experimentelle Methoden der chemischen Kinetik 361

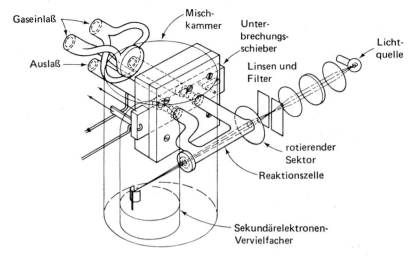

Abb. 9.1b Apparatur nach JOHNSTON und YOST zur Untersuchung schneller Gasreaktionen. Isometrische Projektion der Mischkammer, des Unterbrechungsschiebers und des Reaktionsrohres (2 mm Durchmesser); Lichtquelle, Filter und Linsen sind schematisch dargestellt. [*J. Chem. Phys.* 17 (1949) 386.]

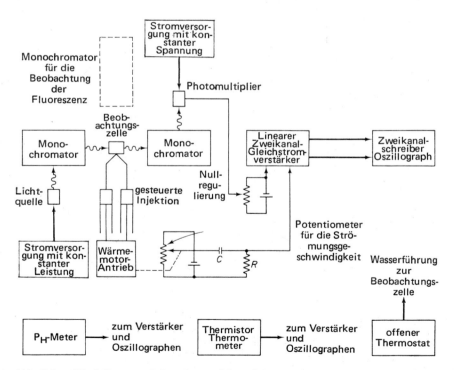

Abb. 9.1c Blockdiagramm einer stopped-flow-Apparatur, wie sie zur Untersuchung schneller Reaktionen in Flüssigkeiten verwendet wird.

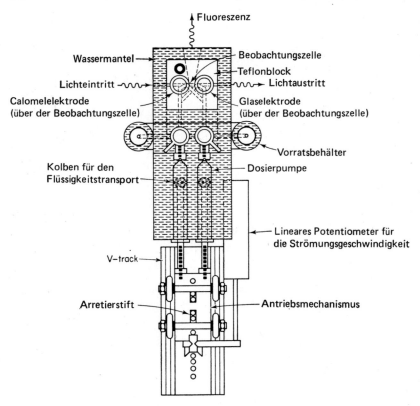

Abb. 9.1 d. Schema eines Teils der stopped-flow-Apparatur (Transport der Meßflüssigkeit) in Abb. 9.1c.

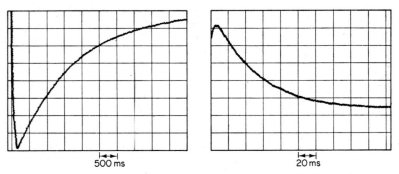

Abb. 9.1 e Oszillographenaufzeichnung der Reaktion eines kurzlebigen Zwischenprodukts: Zeitabhängigkeit der Absorption eines Substratchromophors (Furylacrylamido-Gruppe) bei der Reaktion von N[β(2-Furyl)acryloyl]-L-tryptophan-methylester mit einem molaren Überschuß von α-Chymotrypsin; pH 5,30, 330 nm. (a) Registriergeschwindigkeit 500 ms pro Teilungsstrich. (b) Dieselbe Reaktion bei einer Registriergeschwindigkeit von 20 ms pro Teilungsstrich. Die Zeitspanne zwischen Mischen und Beobachtung liegt in der Größenordnung von einigen Millisekunden.. Hiernach liegt die Zeitauflösung in der Größenordnung von 0,1 ms.

3. Reaktionsordnung

Das kinetische Experiment liefert zunächst nur verschiedene Konzentrationswerte zu verschiedenen Zeiten. Die theoretischen Ausdrücke für die Reaktionsgeschwindigkeit als Funktion der Konzentrationen der Reaktionsteilnehmer haben jedoch die allgemeine Form

$$\frac{dc_1}{dt} = f(c_1, c_2, \ldots, c_n)$$

(Hierin bedeutet c_1 die Konzentration des jeweils interessierenden Ausgangsstoffes oder Reaktionsproduktes.) Um die experimentellen Ergebnisse auswerten zu können, müssen wir also entweder das anzuwendende Gesetz für die Reaktionsgeschwindigkeit integrieren oder die experimentell bestimmte Kurve der Zeitabhängigkeit der Konzentration differenzieren.

Die Gesetze für die Geschwindigkeiten chemischer Reaktionen haben zweifache praktische Bedeutung. Einmal geben sie erschöpfende Auskunft über den Zeitablauf einer Reaktion; sie können also zur Berechnung von Reaktionszeiten, Zeitausbeuten und optimalen wirtschaftlichen Bedingungen verwendet werden. Zum anderen erlauben die experimentell bestimmten Gesetze in einfacheren Fällen einen Einblick in den Chemismus der jeweils betrachteten Reaktion. Allerdings müssen wir uns hier schon verdeutlichen, daß das empirische Geschwindigkeitsgesetz in der Regel die molekularen Details einer Reaktion nicht widerspiegeln kann.

Die Reaktionsgeschwindigkeit (zeitliche Abnahme der Konzentration eines Ausgangsstoffes A) hängt oft vom Produkt einer Anzahl von Konzentrationen ab. Für einen solchen Fall gilt:

$$\frac{-dc_A}{dt} = k' \, c_A^a \, c_B^b \cdots c_N^n$$

Die *Reaktionsordnung* ist definiert als die Summe der Exponenten der Konzentrationsausdrücke in diesem Gesetz.

Für den Zerfall des Distickstoffpentoxids, $2\,N_2O_5 \rightarrow 4\,NO_2 + O_2$, wurde die folgende Gesetzmäßigkeit gefunden:

$$-\frac{d[N_2O_5]}{dt} = k_1 [N_2O_5]$$

In dieser Beziehung bedeuten die eckigen Klammern, wie üblich, molare Konzentrationen. Nach unserer Definition handelt es sich hier also um eine *Reaktion 1. Ordnung*. Der Zerfall des Stickstoffdioxids, $2\,NO_2 \rightarrow 2\,NO + O_2$, gehorcht dem Gesetz:

$$-\frac{d[NO_2]}{dt} = k_2 [NO_2]^2$$

Dies ist eine *Reaktion 2. Ordnung*. (Dieses Beispiel zeigt auch, daß Zerfallsreaktionen mit nur einem Ausgangsstoff durchaus nicht immer einem Geschwindigkeitsgesetz 1. Ordnung gehorchen müssen.)

Die Reaktionsgeschwindigkeit der folgenden Quaternierung (in benzolischer Lösung)

$$(C_2H_5)_3N + C_2H_5Br \rightarrow (C_2H_5)_4NBr$$

gehorcht der Gleichung:

$$-\frac{d[C_2H_5Br]}{dt} = k_2 [C_2H_5Br][(C_2H_5)_3N]$$

Diese Reaktion ist 1. Ordnung in bezug auf C_2H_5Br, 1. Ordnung in bezug auf $(C_2H_5)_3N$ und, gemäß unserer Definition, insgesamt daher 2. Ordnung. Der Zerfall des Acetaldehyds in der Gasphase bei 450 °C, $CH_3CHO \rightarrow CH_4 + CO$, gehorcht der folgenden Gleichung:

$$-\frac{d[CH_3CHO]}{dt} = k_{1,5} [CH_3CHO]^{3/2}$$

Diese Reaktion ist also von der *Ordnung 1,5*. Die Reaktionsordnung braucht demnach keine ganze Zahl zu sein; es gibt auch Reaktionen mit gebrochener Ordnung.

Die Geschwindigkeit der Emulsionspolymerisation des Styrols wird nach der Anlaufperiode unabhängig von der Monomerkonzentration. Es gilt also:

$$-\frac{d[M]}{dt} = k_0 [M]^0 = k_0$$

Gemäß unserer Definition ist diese Reaktion also 0. Ordnung. Dasselbe gilt für die Photosynthese in grünen Pflanzen in Gegenwart von Chlorophyll als Katalysator. Die Bildungsgeschwindigkeit der Glucose ist unabhängig von der Konzentration an CO_2 und Wasser. Der Assimilationsvorgang ist sowohl in bezug auf die einzelnen Ausgangsstoffe als auch insgesamt 0. Ordnung. Ähnliches gilt für andere katalysierte Reaktionen.

Wir haben gesehen, daß die empirisch aus experimentellen Daten bestimmte Reaktionsordnung nicht notwendigerweise ganzzahlig sein muß. Besonders wichtig ist die Tatsache, daß zwischen der Form der stöchiometrischen Gleichung und der Reaktionsordnung kein notwendiger Zusammenhang besteht. So haben die Zerfallsgleichungen für N_2O_5 und NO_2 dieselbe Form; dennoch ist die eine Reaktion 1. Ordnung und die andere 2. Ordnung.

Die Dimension der Geschwindigkeitskonstanten hängt von der Reaktionsordnung ab. Für Reaktionen 1. Ordnung ist $-dc/dt = k_1 c$; k_1 hat also die Dimension einer reziproken Zeit, z.B. s^{-1}. Für Reaktionen 2. Ordnung gilt $-dc/dt = k_2 c^2$; k_2 hat also die Dimension (Konzentration)$^{-1}$ (Zeit)$^{-1}$, z.B. $l\,mol^{-1}\,s^{-1}$. Allgemein ausgedrückt hat die Konstante k_n für eine Reaktion n-ter Ordnung die Dimension (Konzentration)$^{1-n}$ (Zeit)$^{-1}$.

4. Reaktionsmolekularität

Weder die stöchiometrische Gleichung noch das Geschwindigkeitsgesetz einer Reaktion können uns zuverlässige Aussagen über den tatsächlichen Chemismus dieser Reaktion machen. So will die Gleichung für die Hydrierung des Stickstoffs, $N_2 + 3H_2 \to 2NH_3$, nicht behaupten, daß eine Stickstoffmolekel mit drei Wasserstoffmolekeln zusammenstoßen muß, um in einem einzigen Reaktionsschritt zwei Ammoniakmolekeln zu liefern. Der eigentliche Vorgang, der zudem eines Katalysators bedarf, ist sehr viel komplizierter und verläuft über mehrere Hydrierungsstufen des Stickstoffs. Chemische Reaktionen, bei denen mehrere Zwischenstufen mehr oder weniger rasch durchlaufen werden, sind häufig. Reaktionen mit einfachem Mechanismus, insbesondere solche, die in einem Schritt vom Ausgangsstoff zum Endprodukt führen, bilden eher die Ausnahme. Jeden der Einzelschritte in einer komplexen Reaktion nennt man eine *Elementarreaktion*. Wenn eine solche Elementarreaktion im spontanen Zerfall einer Molekel (z. B. einer hochangeregten Molekel bei strahlenchemischen Vorgängen) besteht, dann nennt man sie *unimolekular*. Ist für das Zustandekommen der Elementarreaktion ein Zusammenstoß zweier Molekeln notwendig, dann nennen wir die Reaktion *bimolekular*. Analoges gilt für die – überaus seltenen – Reaktionen höherer Molekularität. Wir sehen also, daß der Begriff der *Reaktionsmolekularität* sinnvoll nur auf die Teilvorgänge (*Elementarreaktionen*) einer komplexen Reaktion, und auf die Reaktion selbst nur dann angewandt werden kann, wenn sie wirklich nur aus einem Vorgang besteht. Die Bestimmung von Reaktionsmechanismen und -molekularitäten bedarf eingehender Untersuchungen; Reaktionsordnungen lassen sich wesentlich leichter bestimmen. Sehr sorgfältig untersucht wurde die folgende Reaktion:

$$NO + O_3 \to NO_2 + O_2$$

Dies ist eine echte bimolekulare Reaktion; bei jeder Elementarreaktion müssen eine NO- und eine O_3-Molekel mit hinreichender kinetischer Energie zusammenstoßen.

Wir werden später sehen, daß eine Molekel oder mehrere an einer Reaktion beteiligte Molekeln in einen Zustand höherer potentieller Energie übergehen müssen, bevor die eigentliche chemische Reaktion stattfinden kann. Eine einzelne Molekel in einem höheren Energiezustand nennt man *aktiviert*; bei bimolekularen Reaktionen treten zwei Molekeln mit hinreichender kinetischer Energie zu einem *aktivierten Komplex* zusammen. Diesen Vorgang zeigt schematisch Abb. 9.2. Ausgangsstoffe und Reaktionsprodukte befinden sich in einem Minimum der potentiellen Energie, also in einem stabilen Zustand; bei jeder Elementarreaktion müssen die reagierenden Molekeln über den Wall der Aktivierungsenergie hinwegkommen, dessen Maximum durch die Energie des labilen aktivierten Komplexes gekennzeichnet ist. Das kurze parabolische Kurvenstück symbolisiert die (nicht meßbare) Potentialkurve des aktivierten Komplexes; sie erreicht ihr Minimum im Energiemaximum der reagierenden Stoffe.

Die Molekularität einer Reaktion kann noch schärfer als zuvor definiert werden als die Zahl der Molekeln (Atome, Ionen) von Ausgangsstoffen, die zu einem aktivierten Komplex zusammentreten. Hiernach muß die Molekularität einer Reaktion ganzzahlig sein (1, 2 oder ganz selten 3).

Experimentelle Untersuchungen zeigten, daß die Geschwindigkeit der Reaktion zwischen NO und O_3 der folgenden Beziehung gehorcht:

$$-\frac{d[NO]}{dt} = k_2 [NO][O_3]$$

Dies ist eine Reaktion 2. Ordnung. Alle bimolekularen Reaktionen sind 2. Ordnung. Die Umkehrung dieses Satzes ist falsch; es gibt zahlreiche Reaktionen 2. Ordnung, die nicht bimolekular verlaufen.

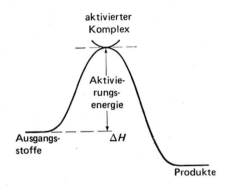

Abb. 9.2 Energiebarriere, die Molekeln bei einer chemischen Reaktion überwinden müssen

Bei unimolekularen Reaktionen gemäß unserer strengen Definition besteht der »aktivierte Komplex« aus einer einzigen, hochangeregten Molekel, die spontan zerfällt. Ein gutes Beispiel für eine physikalische, unimolekulare Reaktion ist der radioaktive Zerfall, z.B. Ra → Rn + α. An jedem Zerfall ist nur ein einziger Atomkern beteiligt; für die Zerfallsgeschwindigkeit gilt die folgende Beziehung:

$$-\frac{dN}{dt} = k_1 N$$

Hierin bedeutet N die Zahl der zu einem beliebigen Zeitpunkt vorhandenen Radiumatome. Die Zerfallsgeschwindigkeit ist also stets proportional der im Beobachtungszeitpunkt noch nicht zerfallenen Atome.

Unimolekulare chemische Reaktionen sind entweder Isomerisierungen oder Dissoziationen. Die Isomerisierung des Cyclopropans zu Propen ist eines der bestuntersuchten Beispiele für eine unimolekulare Reaktion:

$$\underset{CH_2-CH_2}{\overset{CH_2}{\triangle}} \rightarrow CH_3-CH=CH_2$$

Selbst bei einer scheinbar so einfachen Reaktion bestehen begründete Zweifel an der Annahme, man gelange in einer Elementarreaktion vom Cyclopropan zum Propen. Ringöffnung, Wanderung eines Wasserstoffatoms und Konformationsänderung der Molekel sind Vorgänge, die man sich eher hintereinander als zusammen ablaufend denken kann. Nach Stoßanregung des Cyclopropans bildet sich ein Trimethylendiradikal. Durch die β-ständigen Radikalstellen sind die H-Atome der mittleren Methylengruppe stark aufgelockert; eines davon wandert ans eine oder andere Ende der Kette. Gleichzeitig bildet sich eine π-Bindung. Der Gesamtvorgang mag also folgendermaßen formuliert werden:

$$\underset{H_2C-CH_2}{CH_2} \rightarrow \cdot\overset{H}{\underset{H}{C}}\ \overset{H}{\underset{H}{C}}\ \overset{H}{\underset{H}{C}}\cdot \rightarrow (H_3C-CH-CH_2) \rightarrow H_3C-CH=CH_2$$

Die höchste Aktivierungsenergie braucht zweifellos der erste Schritt der Ringöffnung; dieser ist daher auch geschwindigkeitsbestimmend.

Zahlreiche Beispiele für unimolekulare Reaktionen liefert auch die Strahlenchemie. So entsteht z.B. bei der Bestrahlung von Cyclohexan mit γ- oder Elektronenstrahlung in guter Ausbeute Cyclohexen:

$$\bigcirc\!\!\!\!\text{H} \xrightarrow{\gamma,\,e^-} \bigcirc + H_2$$

Hier haben die Reaktionsprodukte eine höhere freie Energie als die Ausgangsstoffe. Die Reaktion wird nur dadurch ermöglicht, daß die absorbierten Strahlungsquanten für einen (lokalen) Überschuß an freier Energie sorgen.

5. Reaktionsmechanismen

Das Wort Reaktionsmechanismus wird in zwei verschiedenen Bedeutungen verwendet. Einmal versteht man hierunter die Folge von Elementarreaktionen, die zu der chemischen Veränderung führt, deren Kinetik untersucht werden soll. In einer noch schärferen Einengung bezeichnet das Wort »Reaktionsmechanismus« die Art und Weise, wie sich bei einer Elementarreaktion die chemischen Bindungen (oder Kerne und Elektronen) umlagern oder verändern, um den aktivierten Komplex zu bilden. Für die gegenwärtige Betrachtung wollen wir den Mechanismus einer Reaktion als geklärt ansehen, wenn wir eine Folge von Elementarreaktionen gefunden haben, die das beobachtete kinetische Verhalten erklärt. Jede dieser Elementarreaktionen hat natürlich auch noch ihren eigenen Mechanismus; die gegenwärtigen Theorien sind allerdings noch nicht ausgereift genug, um das physikalisch-chemische Geschehen im »Reaktionsknäuel« zu deuten. Als Beispiel wollen wir die folgende Gasreaktion betrachten:

$$2 O_3 \rightarrow 3 O_2$$

Wäre dies eine bimolekulare Elementarreaktion, dann würde sie dem folgenden Geschwindigkeitsgesetz gehorchen:

$$-\frac{d[O_3]}{dt} = k_2 \cdot [O_3]^2$$

Eine solche Beziehung ist zwar eine notwendige, nicht aber eine hinreichende Bedingung für eine bimolekulare Reaktion. Tatsächlich liefert uns das Experiment ein ganz anderes Geschwindigkeitsgesetz:

$$-\frac{d[O_3]}{dt} = \frac{k[O_3]^2}{[O_2]}$$

Aus dieser Information können wir einen plausiblen Mechanismus herleiten:

$$O_3 \underset{k_{-2}}{\overset{k_1}{\rightleftarrows}} O_2 + O$$

$$O + O_3 \overset{k'_2}{\longrightarrow} 2O_2$$

Die reversible Dissoziation (obere Gleichung) verläuft vermutlich rasch und führt zu einer Gleichgewichtskonzentration an Sauerstoffatomen:

$$[O] = \frac{K[O_3]}{[O_2]}$$

Hierin ist $K = k_1/k_{-2}$. Der langsamere zweite Schritt bestimmt dann die Gesamtgeschwindigkeit des Zerfalls von Ozon:

$$-\frac{d[O_3]}{dt} = k'_2[O][O_3] = \frac{k'_2 K[O_3]^2}{[O_2]}$$

Der hier vorgeschlagene Reaktionsmechanismus würde zu dem tatsächlich beobachteten Geschwindigkeitsgesetz führen. Dies beweist natürlich noch nicht, daß er auch zutrifft: Die Übereinstimmung zwischen Theorie und Experiment ist auch hier eine notwendige, aber noch nicht hinreichende Bedingung für die Richtigkeit der Theorie.

In der Tat ist es überaus schwierig, die verschiedenen Zwischenprodukte nachzuweisen; Entsprechendes gilt für die Geschwindigkeitskonstanten der Teilreaktionen. Wir müssen uns in der Kinetik oft mit hinreichend plausiblen Mechanismen zufriedengeben, deren »Beweis« auf Evidenz beruht. Wenn man einen Mechanismus gefunden hat, der zu dem beobachteten kinetischen Verhalten führen muß, dann kann man ihn auf verschiedene Weise einer Nachprüfung unterziehen. Man könnte z.B. versuchen, Zwischenprodukte und reaktive Spezies durch ihre Absorptionsspektren nachzuweisen; hier haben Blitzlichtphotolyse und Pulsradiolyse Beträchtliches geleistet. Aus den oszillographischen Abklingkurven lassen sich wiederum Geschwindigkeits- und Gleichgewichtskonstanten der verschiedenen Teilreaktionen bestimmen. Ergibt sich aus der Kinetik der Teilreaktion die des Gesamtvorganges, dann hat man den empirisch aufgestellten Reaktionsmechanismus praktisch bewiesen.

6. Gleichungen für Reaktionen erster Ordnung

Für eine Reaktion 1. Ordnung A → B + C sei A in einer Ausgangskonzentration von a mol·dm^{-3} vorhanden. Nach der Zeit t sollen sich x mol·dm^{-3} der Komponente A umgesetzt haben; die noch vorhandene Konzentration an A beträgt $a - x$; zu gleicher Zeit haben sich je x mol·dm^{-3} der Komponenten B und C gebildet. Die Bildungsgeschwindigkeit von B und C beträgt daher dx/dt; diese

Gleichungen für Reaktionen erster Ordnung

Bildungsgeschwindigkeit ist bei einer Reaktion 1. Ordnung proportional der jeweiligen Konzentration von A:

$$\frac{dx}{dt} = k_1 (a - x) \qquad [9.4]$$

Durch Integration erhalten wir:

$$-\ln(a - x) = k_1 t + C$$

Hierin ist C die Integrationskonstante. Die übliche Ausgangsbedingung ist nun, daß zur Zeit $t = 0$ auch $x = 0$ ist. Damit wird $C = -\ln a$, und die integrierte Gleichung erhält die folgende Form:

$$\ln \frac{a}{a - x} = k_1 t \qquad [9.5]$$

oder

$$x = a(1 - e^{-k_1 t})$$

Wenn man die Zahlenwerte für $\ln \frac{a}{a-x}$ gegen t abträgt, dann erhält man eine Gerade, die durch den Ursprung geht. Die Steigung der Geraden ist gleich dem Zahlenwert der Geschwindigkeitskonstanten k_1 für diese Reaktion 1. Ordnung (Abb. 9.3 nach Tab. 9.1).

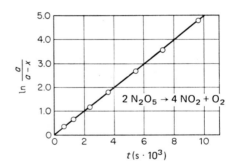

Abb. 9.3 Der thermische Zerfall des Distickstoffpentoxids (Reaktion 1. Ordnung), aufgetragen nach [9.5].

Zeit t (s)	$P_{N_2O_5}$ Torr	k_1 (s^{-1})	Zeit t (s)	$P_{N_2O_5}$ Torr	k_1 (s^{-1})
0	348,4	—	4200	44	0,000478
600	247	—	4800	33	0,000475
1200	185	0,000481	5400	24	0,000501
1800	140	0,000462	6000	18	0,000451
2400	105	0,000478	7200	10	0,000515
3000	78	0,000493	8400	5	0,000590
3600	58	0,000484	9600	3	0,000467
			∞	0	—

Tab. 9.1 Thermischer Zerfall des Distickstoffpentoxids ($T = 318{,}2$ K)

Wenn man [9.4] in den Grenzen $x_1 \ldots x_2$ und $t_1 \ldots t_2$ integriert, dann erhält man:

$$\ln \frac{a - x_1}{a - x_2} = k_1 (t_2 - t_1)$$

Diese Intervallformel kann für die Berechnung der Geschwindigkeitskonstanten aus irgendeinem Paar von Konzentrationswerten verwendet werden.

7. Gleichungen für Reaktionen zweiter Ordnung

Wir betrachten eine Reaktion $A + B \to C + D$; die Ausgangskonzentrationen zur Zeit $t = 0$ seien a mol·dm^{-3} A und b mol·dm^{-3} B. Nach der Zeit t haben sich je x Mole C und D gebildet; gleichzeitig sind je x Mole A und B verschwunden. Wenn die Reaktion 2. Ordnung ist, dann gilt:

$$\frac{\mathrm{d}x}{\mathrm{d}t} = k_2 (a - x) \cdot (b - x) \qquad [9.6]$$

und

$$\frac{\mathrm{d}x}{(a - x) \cdot (b - x)} = k_2 \cdot \mathrm{d}t$$

Der linke Ausdruck wird nach dem Zerlegen in Einzelbrüche[3] integriert:

$$\frac{\ln(a - x) - \ln(b - x)}{a - b} = k_2 t + C$$

Bei $t = 0$ ist $x = 0$; hieraus folgt $C = \ln \frac{a/b}{a - b}$. Die integrierte Form des Gesetzes für Reaktionen 2. Ordnung ist daher:

$$\frac{1}{a - b} \ln \frac{b(a - x)}{a(b - x)} = k_2 t \qquad [9.7]$$

Als Beispiel für eine Reaktion 2. Ordnung wollen wir die zwischen 1,2-Dibromäthan und Kaliumjodid in 99%igem Methanol betrachten:

$$C_2H_4Br_2 + 3\,KJ \to C_2H_4 + 2\,KBr + KJ_3$$

(Mehrstufenreaktion; auch hier besteht zwischen der Form der stöchiometrischen Gleichung und der Reaktionsordnung keine einfache Beziehung.)

Eine Anzahl abgeschmolzener Kölbchen mit der Reaktionsmischung wird bei der Reaktionstemperatur (59,7 °C) gehalten. In Intervallen von 2···3 min wird jeweils ein Kölbchen entnommen und sofort in einen Überschuß an Thiosulfatlösung aus-

---

[3] Es sei:

$$\frac{1}{(a - x) \cdot (b - x)} = \frac{A}{(a - x)} + \frac{B}{(b - x)} = \frac{A(b - x) + B(a - x)}{(a - x) \cdot (b - x)}$$

Damit ist:
$$(bA + aB) - (A + B)x = 1$$
$$bA + aB = 1 \quad \to \quad A = -1/(a - b)$$
$$A + B = 0 \qquad B = 1/(a - b)$$

gegossen. Durch Zurücktitration erhält man die Menge des jeweils gebildeten Jods (KJ_3). Für die Bildungsgeschwindigkeit des Jods gilt:

$$d[J_2]/dt = dx/dt = k_2 [C_2H_4Br_2][KJ] = k_2(a-x)(b-3x)$$

Die integrierte Gleichung lautet:

$$\frac{1}{3a-b} \ln \frac{b(a-x)}{a(b-3x)} = k_2 t$$

(Hierbei ist zu beachten, daß wir alle Konzentrationen in val·dm^{-3} ausdrücken und stets [9.7] verwenden können.)

In Abb. 9.4 sind die Zahlenwerte des Ausdrucks links vom Gleichheitszeichen gegen die Zeit abgetragen. Die ausgezeichnete Linearität bestätigt, daß es sich hier um eine Reaktion 2. Ordnung handelt. Die Steigung der Geraden gibt uns den Zahlenwert für die Geschwindigkeitskonstante zu $k_2 = 0{,}299$ dm^3 mol^{-1} min^{-1}.

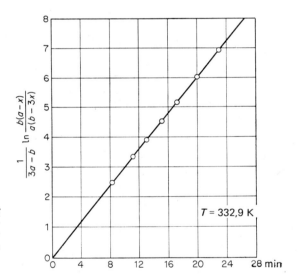

Abb. 9.4 Graphische Bestimmung der Geschwindigkeitskonstanten für eine Reaktion 2. Ordnung: $C_2H_4Br_2 + 3 KJ \rightarrow C_2H_4 + 2 KBr + KJ_3$ [nach R. T. DILLON, J. Am. Chem. Soc. 54 (1932) 952].

Eine besondere Form des Gesetzes [9.6] für Reaktionen 2. Ordnung erhalten wir, wenn beide Ausgangsstoffe in derselben Konzentration vorliegen: $a = b$. Diese Bedingung läßt sich meistens erfüllen; sie ist notwendigerweise erfüllt, wenn das System nur aus einem Ausgangsstoff besteht, der einer Reaktion 2. Ordnung unterliegt. Ein Beispiel hierfür ist der Zerfall gasförmigen Jodwasserstoffs, $2 HJ \rightarrow H_2 + J_2$, der dem folgenden Gesetz gehorcht:

$$-\frac{d[HJ]}{dt} = k_2 [HJ]^2$$

Für $a = b$ kann die integrierte [9.7] nicht angewandt werden, da sie hier die Form $k_2 t = 0/0$ annimmt und damit unbestimmt wird. Wir kehren also zur differentiellen Form zurück und erhalten $dx/dt = k_2(a - x)^2$. Die Integration liefert:

$$\frac{1}{(a - x)} = k_2 t + C$$

Für $t = 0$ ist $x = 0$ und daher $C = a^{-1}$. Damit erhalten wir:

$$\frac{x}{a(a - x)} = k_2 t \qquad [9.8]$$

8. Gleichungen für Reaktionen dritter Ordnung

In Gasphase ablaufende Reaktionen 3. Ordnung sind sehr selten, und alle bisher beobachteten Reaktionen dieser Art sind vom Typus

$$2A \quad + \quad B \quad \rightarrow \quad \text{Reaktionsprodukte}$$
$$a - 2x \quad b - x \quad x$$

Die differentielle Form der Geschwindigkeitsgleichung ist also:

$$dx/dt = k_3(a - 2x)^2 (b - x)$$

Bei $t = 0$ sei $x = 0$. Nach der Zerlegung der obigen Gleichung in Einzelbrüche liefert die Integration den folgenden Ausdruck:

$$\frac{1}{(2b - a)^2} \left[\frac{(2b - a) 2x}{a(a - 2x)} + \ln \frac{b(a - 2x)}{a(b - x)} \right] = k_3 t$$

Diesem Geschwindigkeitsgesetz gehorchen die folgenden Gasreaktionen 3. Ordnung:

$$2NO + O_2 \rightarrow 2NO_2$$
$$2NO + Br_2 \rightarrow 2NOBr$$
$$2NO + Cl_2 \rightarrow 2NOCl$$

In jedem Falle ist

$$-\frac{d[NO]}{dt} = k_3 [NO]^2 \cdot [X_2]$$

Um eine Rekombination von Atomen in der Gasphase zu ermöglichen, muß die freiwerdende Dissoziationsenergie in der Regel innerhalb sehr kurzer Zeit auf einen dritten Körper übertragen werden:

$$A + A + M \rightarrow A_2 + M^*$$

Kombinationen dieser Art sind daher oft 3. Ordnung und gehorchen dem folgenden Geschwindigkeitsgesetz:

$$-\frac{d[A]}{dt} = k_3 [A]^2 \cdot [M]$$

9. Die Bestimmung der Reaktionsordnung

Weitaus die meisten Reaktionen sind niederer (1. oder 2.) Ordnung; hier lassen sich Reaktionsordnung und Geschwindigkeitskonstanten leicht bestimmen. Man setzt dazu die experimentell bestimmten Werte in die verschiedenen integrierten Geschwindigkeitsgleichungen ein, bis man konstante Werte von k findet. Besonders nützlich sind die schon beschriebenen graphischen Methoden, die zu linearen Abhängigkeiten führen müssen.

Sehr nützlich bei der Bestimmung der Reaktionsordnung ist die Halbwertszeit τ. Hierunter versteht man die Zeit, in der die Konzentration eines Ausgangsstoffes A auf die Hälfte des ursprünglichen Wertes abgesunken ist. Wenn wir in [9.5] für Reaktionen 1. Ordnung $x = a/2$ und $t = \tau$ einsetzen, dann erhalten wir:

$$\tau = \frac{\ln 2}{k_1} \qquad [9.9]$$

Die Halbwertszeit einer Reaktion 1. Ordnung ist also unabhängig von der Ausgangskonzentration der reagierenden Stoffe. Zur Verringerung der Konzentration des Ausgangsstoffes von $0,1$ mol·dm^{-3} auf $0,05$ mol·dm^{-3} würde es also genauso lange dauern wie für das Absinken von 10 auf 5 mol·dm^{-3}.

Setzt man in [9.8] für Reaktionen 2. Ordnung (für den Fall $a = b$) $x = a/2$ und $t = \tau$, dann erhält man für die Halbwertszeit einer Zerfallsreaktion nach der 2. Ordnung:

$$\tau = 1/k_2 a \qquad [9.10]$$

Bei Reaktionen 2. Ordnung ist also die Halbwertszeit konzentrationsabhängig geworden, und zwar ist sie umgekehrt proportional zur Ausgangskonzentration. Wenn wir noch einmal den Zerfall des Jodwasserstoffs betrachten, dann würde es für einen Abfall des Partialdrucks von 100 auf 50 Torr doppelt so lange dauern wie für einen Abfall von 200 auf 100 Torr. Abb. 9.5 zeigt den Konzentrations-

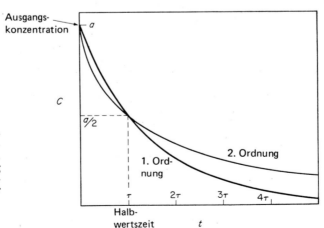

Abb. 9.5 Konzentrationsabfall einer Ausgangskomponente für eine Reaktion 1. und eine solche 2. Ordnung (bei gleicher Ausgangskonzentration und gleicher Halbwertszeit τ).

abfall der Ausgangskomponente für eine Reaktion 1. und eine solche 2. Ordnung mit gleicher Halbwertszeit und gleicher Ausgangskonzentration. Die Reaktion 2. Ordnung ist von der Art $2\,\mathrm{A} \to$ Reaktionsprodukte.

Bei komplizierteren Reaktionen, insbesondere solchen mit gebrochener Ordnung, müssen nicht selten andere Methoden angewandt werden, um wenigstens einen ersten Überblick über die Kinetik zu erhalten. Die *anfängliche Reaktionsgeschwindigkeit* kann uns oft eine wertvolle Information liefern, da bei einer langsamen Reaktion der Zahlenwert für $\mathrm{d}x/\mathrm{d}t$ mit hinreichender Genauigkeit gefunden werden kann, bevor ein nennenswerter chemischer Umsatz stattgefunden hat. In diesem Fall können wir die Konzentrationen der Ausgangsstoffe innerhalb der Meßzeit als konstant ansehen. Wenn die Reaktion z.B. die Form $\mathrm{A} + \mathrm{B} + \mathrm{C} \to$ Reaktionsprodukte hat und die Ausgangskonzentrationen a, b und c mol$\cdot$dm^{-3} betragen, dann können wir die Geschwindigkeitsgleichung in der folgenden Form schreiben:

$$\frac{\mathrm{d}x}{\mathrm{d}t} = k\,(a-x)^{n_1} \cdot (b-x)^{n_2} \cdot (c-x)^{n_3}$$

Wenn x sehr klein ist, gilt für die Anfangsgeschwindigkeit der Reaktion:

$$\frac{\mathrm{d}x}{\mathrm{d}t} = k \cdot a^{n_1} b^{n_2} c^{n_3}$$

Wenn wir nun b und c konstant halten, dann können wir die Abhängigkeit der Anfangsgeschwindigkeit von der Konzentration a messen und hieraus einen Wert für n_1 bestimmen. Anschließend werden a und c konstant gehalten und b variiert; hierdurch erhält man einen Wert für n_2. In analoger Weise erhält man durch Variation von c bei konstantem a und b einen Wert für n_3.

Diese Methode der Anfangsgeschwindigkeit ist besonders nützlich bei solchen Reaktionen, deren Mechanismus bei steigendem Umsatz immer komplizierter wird, z.B. durch den zunehmenden Einfluß von gekoppelten, parallelen oder rückläufigen Reaktionen. Dies gilt insbesondere auch für strahlenchemische Reaktionen, wo die Primärprodukte der Radiolyse ihrerseits einem radiolytischen Prozeß unterliegen (Bestimmung initialer G-Werte). Wenn also die durch Verwendung der ursprünglichen Reaktionsgeschwindigkeiten gefundene Reaktionsordnung von jener abweicht, die man durch die Anwendung der integrierten Geschwindigkeitsgleichung erhält, dann hat sich mit steigendem Umsatz der Chemismus der Reaktion geändert, z.B. durch Reaktion der Produkte mit den Ausgangsstoffen.

Häufig kann die Reaktionsordnung für jeden Reaktionsteilnehmer in systematischer Weise durch die von W. OSTWALD entwickelte Isoliermethode gefunden werden. Man bereitet sich hierzu eine Reaktionsmischung, in der *ein* Ausgangsstoff A relativ zu den anderen nur in geringer Konzentration vorliegt. Beim Fortschreiten der Reaktion ist die relative Konzentrationsänderung von A sehr viel größer als die der anderen Ausgangsstoffe. In der Tat können die Konzentrationen der Ausgangsstoffe B, C usw. mindestens zu Beginn der Reaktion als konstant angesehen werden. Damit vereinfacht sich die Geschwindigkeitsgleichung und stellt immer noch eine gute Näherung dar:

$$\frac{dx}{dt} = k(a-x)^{n_1} b^{n_2} c^{n_3} \dots = k'(a-x)^{n_1}$$

Vergleicht man die so erhaltenen Werte mit den durch Wahl verschiedener Werte von n_1 erhaltenen integrierten Formen dieser Gleichung, dann läßt sich die Ordnung dieser Reaktion in bezug auf die Komponente A bestimmen. In analoger Weise kann die Reaktionsordnung in bezug auf die Komponenten B, C usw. bestimmt werden.

Eine Situation wie die bei der Isoliermethode absichtlich herbeigeführte entsteht oft bei Reaktionen in Lösungen, wenn das Solvens einer der Reaktionsteilnehmer ist. Bei der sauren Hydrolyse des Äthylacetats

$$CH_3COOC_2H_5 + H_2O \rightarrow CH_3COOH + C_2H_5OH$$

ist die Esterkonzentration sehr viel niedriger als die des Wassers, das als Solvens *und* als Hydrolysiermittel dient. Die Wasserkonzentration bleibt daher im wesentlichen konstant und taucht nicht in der Geschwindigkeitsgleichung auf:

$$-\frac{d[CH_3COOC_2H_5]}{dt} = k_2 [CH_3COOC_2H_5][H_2O] = k_1 [CH_3COOC_2H_5]$$

Eine solche Reaktion nennt man manchmal auch eine *Reaktion pseudo-erster Ordnung*.

Die Konzentration eines Ausgangsstoffes läßt sich endlich auch noch dadurch konstant halten, daß man die Reaktion in einer gesättigten Lösung in Gegenwart eines ungelösten Ausgangsstoffes ablaufen läßt.

10. Umkehrbare Reaktionen

Bei vielen Reaktionen liegt das Gleichgewicht unter den gewählten Bedingungen der Temperatur und des Druckes so weit auf der Seite der Reaktionsprodukte, daß man für die meisten praktischen Zwecke so tun kann, als verliefen sie vollständig. Dies trifft für den schon beschriebenen Zerfall des N_2O_5 und für die Oxidation des Jodidions zu. In anderen Fällen sind nach dem Erreichen des Gleichgewichts noch meßbare Konzentrationen an Ausgangsstoffen vorhanden. Ein wohlbekanntes Beispiel hierfür ist die Esterhydrolyse. In solchen Fällen nimmt die Geschwindigkeit der Rückreaktion mit fortschreitendem Umsatz, also mit zunehmender Konzentration an Reaktionsprodukten, zu. Die gemessene Bildungsgeschwindigkeit der Reaktionsprodukte nimmt daher ab, und wir müssen bei der Ableitung einer Geschwindigkeitgleichung, die mit den gemessenen Werten übereinstimmt, die Gegenreaktion mit in Betracht ziehen.

Wir wollen zunächst die in beiden Richtungen nach der 1. Ordnung ablaufende, umkehrbare Reaktion $A \rightleftarrows B$ betrachten. Die Geschwindigkeitskonstante für die (willkürlich gewählte) Vorwärtsreaktion sei k_1, die für die Rückreaktion k_{-1}. Im Ausgangszustand zur Zeit $t = 0$ seien die Ausgangskonzentrationen für A und B

a und b mol·dm^{-3}. Wenn wir ein reagierendes Volumen von 1 dm^{-3} betrachten und sich nach der Zeit t x Mole A in B verwandelt haben, dann beträgt zu diesem Zeitpunkt die Konzentration an A: $a-x$ und die an B: $b+x$. Die differentielle Form der Geschwindigkeitsgleichung lautet dann:

$$\frac{dx}{dt} = k_1(a-x) - k_{-1}(b+x)$$

oder

$$\frac{dx}{dt} = (k_1 + k_{-1})(m-x)$$

Hierin ist

$$m = \frac{k_1 a - k_{-1} b}{k_1 + k_{-1}}$$

Durch Integration erhalten wir:

$$-\ln(m-x) = (k_1 + k_{-1})t + C$$

Für $t=0$ ist $x=0$ und daher $C = -\ln m$.
Für eine umkehrbare Reaktion gilt nun die folgende Geschwindigkeitsgleichung:

$$\ln\frac{m}{m-x} = (k_1 + k_{-1})t \qquad [9.11]$$

Nach dem Prinzip von GULDBERG und WAAGE gilt für die Gleichgewichtskonstante $K = k_1/k_{-1}$. Wir können also Gleichgewichtsmessungen zusammen mit kinetischen Daten zur Trennung der Konstanten für die Hin- und Rückreaktion in [9.11] verwenden.

Beispiele für solche reversible Reaktionen 1. Ordnung sind einige intramolekulare Umlagerungen und Isomerisierungen[4]. Die cis-trans-Isomerisierung des dampfförmigen Styrylcyanids

$$\begin{array}{cc} C_6H_5-CH & C_6H_5-CH \\ \| & \rightleftharpoons \quad \| \\ NC-CH & CH-CN \end{array}$$

läßt sich an der Änderung des Brechungsindex der kondensierten Substanz verfolgen. Das Gleichgewichtsgemisch enthält bei 573 K etwa 80% des trans-Isomeren. Die Kinetik umkehrbarer Reaktionen 2. Ordnung wurde zuerst von MAX BODENSTEIN in seiner klassischen Untersuchung des Jodwasserstoffgleichgewichts untersucht[5]. Zwischen 523 K und 773 K läßt sich die Reaktion $H_2 + J_2 \rightarrow 2HJ$ bequem messen; bei höheren Temperaturen liegt das Gleichgewicht zu weit auf der Seite der Ausgangsstoffe. Für die Konzentrationen zur Zeit t gilt:

$$\underset{a-(x/2)}{H_2} + \underset{b-(x/2)}{J_2} \underset{k_{-2}}{\overset{k_2}{\rightleftharpoons}} \underset{x}{2HJ}$$

---

[4] G. B. KISTIAKOWSKY et al., J. Am. Chem. Soc. 54 (1932) 2208; 56 (1934) 638; 57 (1935) 269; 58 (1936) 2428.

[5] BODENSTEIN, Z. physik. Chem. 13 (1894) 56; 22 (1897) 1; 29 (1898) 295. Der Mechanismus dieser scheinbar einfachen Reaktion ist immer noch nicht völlig aufgeklärt; der gegenwärtige Stand unserer Kenntnisse wird auf S. 388 f. diskutiert.

Für die insgesamt zu beobachtende Bildungsgeschwindigkeit des Jodwasserstoffs gilt:

$$\frac{d[HJ]}{dt} = \frac{dx}{dt} = k_2\left(a - \frac{x}{2}\right)\left(b - \frac{x}{2}\right) - k_{-2}x^2 \qquad [9.12]$$

Wenn wir die Gleichgewichtskonstante $K = k_2/k_{-2}$ in [9.12] einführen und die Gleichung integrieren, dann erhalten wir:

$$k_2 = \frac{2}{mt}\left[\ln\left(\frac{\frac{a+b+m}{1-4K^{-1}} - x}{\frac{a+b-m}{1-4K^{-1}} - x}\right) + \ln\left(\frac{a+b-m}{a+b+m}\right)\right](1 - 4K)^{-1}$$

Hierin ist

$$m = \sqrt{(a+b)^2 - 4ab(1-4K)^{-1}}$$

Tab. 9.2 zeigt Geschwindigkeitskonstanten, die mit dieser recht formidablen Beziehung für eine Anzahl von Temperaturen gewonnen wurden.

T (K)	k_2	k_{-2}	$K = k_2/k_{-2}$
	$cm^3 \cdot mol^{-1} \cdot s^{-1}$		
300	$2,04 \cdot 10^{-16}$	$2,24 \cdot 10^{-19}$	912
400	$6,61 \cdot 10^{-9}$	$2,46 \cdot 10^{-11}$	371
500	$2,14 \cdot 10^{-4}$	$1,66 \cdot 10^{-6}$	129
600	$2,14 \cdot 10^{-1}$	$2,75 \cdot 10^{-3}$	77,8
700	$3,02 \cdot 10^{1}$	$5,50 \cdot 10^{-1}$	54,9

Tab. 9.2 Geschwindigkeitskonstanten für die Reaktion $H_2 + J_2 \rightleftarrows 2HJ$

11. Das Prinzip des »Detailed Balancing«

Wenn ein System seinen Gleichgewichtszustand erreicht, dann wird die Geschwindigkeit der Hinreaktion gleich der der Rückreaktion. Wenn z.B. die gegenseitige Umwandlung von A und C

$$A \underset{k_{-1}}{\overset{k_1}{\rightleftarrows}} C$$

durch Reaktionen 1. Ordnung geschieht, dann gilt für den Gleichgewichtszustand:

$$\frac{d[A]}{dt} = 0 = -k_1[A] + k_{-1}[C]$$

Wir wollen zunächst annehmen, daß es von A nach C noch einen alternativen Reaktionsweg (oder Mechanismus) über die Zwischenverbindung B gibt:

$$\begin{array}{c} B \\ {}^{k'}\nearrow \quad \searrow^{k''} \\ A \underset{k_{-1}}{\overset{k_1}{\rightleftarrows}} C \end{array}$$

Ist es nun möglich, ein Gleichgewicht zwischen A und C aufrechtzuerhalten unter der Bedingung, daß der Weg von A nach C auch über B führen, daß sich C jedoch nur direkt in A zurückverwandeln kann? Sicherlich können wir eine konstante Konzentration von A durch solch einen zyklischen Prozeß aufrechterhalten:

$$\frac{d[A]}{dt} = 0 = -k'[A] + k_{-1}[C]$$

Nichtsdestoweniger ist ein solches zyklisches »Ausbalancieren« der Reaktionsgeschwindigkeiten durch ein allgemeines Prinzip aus der statistischen Mechanik streng verboten. Man nennt es das Prinzip des »detailed balancing«: Unter Gleichgewichtsbedingungen müssen ein beliebiger molekularer Prozeß und seine Umkehrung im Mittel mit derselben Geschwindigkeit ablaufen.

Das Prinzip des »detailed balancing« ist für makroskopische Systeme eine Konsequenz des Prinzips der *mikroskopischen Reversibilität*[6], das für einzelne molekulare Vorgänge gültig ist.

Um dieses Prinzip zu prüfen, wollen wir einen ganz allgemeinen Stoßvorgang zwischen zwei Molekeln betrachten. Die Bewegungszustände dieser Molekeln sind durch die Koordinaten und die Impulse all ihrer Atome definiert. Wir wollen nun annehmen, daß die Vektoren all dieser Impulse umgekehrt werden; hierdurch erzielen wir einen zweiten Stoßvorgang, der genau die Umkehrung des ersten darstellt. Im Gleichgewicht ist die Wahrscheinlichkeit für die Existenz irgendeiner bestimmten Anordnung von Molekeln lediglich eine Funktion des Energieinhalts dieser Molekelanordnung; diese Energie wird aber durch eine einfache Umkehr der Bewegungsrichtungen nicht geändert. Die Wahrscheinlichkeit für die inverse Kollision ist also gleich groß wie die des ursprünglich betrachteten Zusammenstoßes. Dies ist nichts anderes als das Prinzip der mikroskopischen (besser »molekularen«) Reversibilität. Wenn wir dieses Argument auf all die möglichen Zusammenstöße in einem reagierenden System und deren inverse Vorgänge übertragen, dann erhalten wir das allgemeine Prinzip des »detailed balancing«.

Für das Jodwasserstoffgleichgewicht $H_2 + J_2 \rightleftharpoons 2HJ$ konnte gezeigt werden, daß bei 663 K etwa 10% der Hinreaktion als Reaktionskette ablaufen (S. 388 f.). Das Prinzip des »detailed balancing« fordert nun, daß im Gleichgewicht auch die Rückreaktion zu 10% nach diesem Kettenmechanismus in der umgekehrten Lesart ablaufen muß. Dieses Prinzip gilt für Reaktionen im Gleichgewichtszustand streng. Bei der Anwendung auf Reaktionen, die sich nicht im Gleichgewichtszustand befinden, muß man vorsichtig sein[6a]. Ob es wahrscheinlich oder möglich ist, daß Änderungen im Reaktionsmechanismus nicht auftreten, wenn die Reaktionsbedingungen im System von denen der Gleichgewichtsmischung abweichen, läßt sich erst nach einer gründlichen Analyse des jeweiligen Falles entscheiden. Unter solchen Verhältnissen kann uns das Prinzip des »detailed balancing« Hinweise auf jene Reaktionen geben, bei denen nicht nur der Mechanismus der Hinreaktion, sondern auch der der Rückreaktion geklärt werden muß.

---

[6] R. C. TOLMAN, *Principles of Statistical Mechanics*, Oxford University Press, Oxford 1938. Das Prinzip der mikroskopischen Reversibilität kann aus den quantenmechanischen Ausdrücken für Übergangswahrscheinlichkeiten hergeleitet werden.
[6a] R. M. KRUPKA, H. KAPLAN, K. J. LAIDLER, *Trans. Faraday Soc.* 62 (1966) 2755.

12. Geschwindigkeits- und Gleichgewichtskonstanten

Wenn wir eine Reaktion der folgenden Form

$$aA + bB \rightleftharpoons cC + dD$$

bei konstanter Temperatur betrachten, dann können wir – unter Vernachlässigung irgendwelcher Effekte wegen nichtidealen Verhaltens – stets einen Ausdruck für die Gleichgewichtskonstante einer solchen Reaktion schreiben:

$$K_c = \frac{C^c D^d}{A^a B^b} \quad \text{oder} \quad \frac{A^a B^b}{C^c D^d} K_c = 1 \qquad [9.13]$$

Hierin bedeuten A, B, C und D die Gleichgewichtskonzentration der Reaktionsteilnehmer. Im Gleichgewicht muß die Geschwindigkeit der Hin- und die der Rückreaktion gleich groß sein: $\vec{v} = \overleftarrow{v}$. Diese Reaktionsgeschwindigkeiten stellen irgendwelche Funktionen der Konzentration dar; es ist also:

$$\frac{\vec{v}(A, B, C, D)}{\overleftarrow{v}(A, B, C, D)} = 1 \qquad [9.14]$$

Wenn [9.13] und [9.14] gelten sollen, dann ist hierfür eine hinreichende Bedingung[7]:

$$\frac{\vec{v}(A, B, C, D)}{\overleftarrow{v}(A, B, C, D)} = \left[\frac{A^a B^b}{C^c D^d} \cdot K_c\right]^s \qquad [9,15]$$

Hierin ist s irgendeine reale Konstante.
In vielen Fällen wird es sich zeigen, daß $s = 1$ ist oder den Wert irgendeiner anderen, kleinen ganzen Zahl annimmt, so daß man eine einfache Beziehung zwischen den Reaktionsgeschwindigkeiten und dem Gleichgewichtsausdruck herstellen kann. Die Reaktionsgeschwindigkeiten sind oft proportional den Produkten aus Konzentrationen in der 1., 2. ... n. Potenz. [9.15] erhält dann die folgende Form (die Pfeile symbolisieren die Reaktionsrichtung):

$$\frac{\vec{k} A^{n_1} B^{n_2} C^{n_3} D^{n_4}}{\overleftarrow{k} A^{n'_1} B^{n'_2} C^{n'_3} D^{n'_4}} = \left[\frac{A^a B^b}{C^c D^d} K_c\right]^s \qquad [9.16]$$

Es ist also

$$n_1 - n'_1 = a \cdot s$$

$$n_2 - n'_2 = b \cdot s \quad \text{usw.}$$

sowie

$$\vec{k}/\overleftarrow{k} = K_c^s \qquad [9.17]$$

---

[7] [9.14] ist keine notwendige Bedingung; es können sich auch kompliziertere Lösungen ergeben. Siehe hierzu A. HOLLINGSWORTH, *J. Chem. Phys.* 20 (1952) 921.

Diese Beziehungen wurden oft für die Berechnung der Geschwindigkeitskonstanten der Rückreaktion ($\overleftarrow{k}$) aus Werten für $\overrightarrow{k}$ und K_c verwendet. So ist für die Reaktion

$$2\,\mathrm{NO\,(g)} + \mathrm{O_2\,(g)} \rightleftharpoons 2\,\mathrm{NO_2\,(g)}$$

$$K_c = \frac{[\mathrm{NO_2}]^2}{[\mathrm{NO}]^2\,[\mathrm{O_2}]}$$

Für die Geschwindigkeit der Rückreaktion wurde gefunden[8]:

$$-\frac{\mathrm{d}\,[\mathrm{NO_2}]}{\mathrm{d}t} = \overleftarrow{k}\,[\mathrm{NO_2}]^2$$

Aus [9.16] erhalten wir daher:

$$\left[\frac{[\mathrm{NO}]^2\,[\mathrm{O_2}]}{[\mathrm{NO_2}]^2} \cdot K_c\right]^s = \frac{\overrightarrow{k}\,[\mathrm{NO}]^{n_1}\,[\mathrm{O_2}]^{n_2}\,[\mathrm{NO_2}]^{n_3}}{\overleftarrow{k}\,[\mathrm{NO_2}]^2} \qquad [9.18]$$

Es war:

$$n_1 - n_1' = a \cdot s$$
$$n_2 - n_2' = b \cdot s$$
$$n_3 - n_3' = c \cdot s$$

Für diesen Fall ist also:

$$2s = n_1$$
$$s = n_2$$
$$0 = n_3, n_1' \text{ und } n_2'$$
$$2s = n_3' = 2$$

Hieraus erhalten wir $s = 1$, $n_1 = 2$ und $n_2 = 1$; für die Geschwindigkeit der Hinreaktion im Gleichgewichtszustand muß also gelten:

$$\overrightarrow{v} = \overrightarrow{k}\,[\mathrm{NO}]^2\,[\mathrm{O_2}] \text{ und } K = \overrightarrow{k}/\overleftarrow{k}$$

Diese Forderungen ließen sich durch das Experiment bestätigen. Allerdings müssen wir uns hier noch einmal daran erinnern, daß diese Beziehungen für Reaktionsgeschwindigkeiten im Gleichgewichtszustand abgeleitet wurden; bei ihrer Anwendung auf Reaktionen, die noch nicht den Gleichgewichtszustand erreicht haben, ist einige Vorsicht am Platze. Wenn wir z. B. die Reaktionsfolge[9]

$$A \underset{\overleftarrow{k_\alpha}}{\overset{\overrightarrow{k_\alpha}}{\rightleftharpoons}} B \underset{\overleftarrow{k_\beta}}{\overset{\overrightarrow{k_\beta}}{\rightleftharpoons}} C$$

---

[8] Bei diesen »Reaktionsgeschwindigkeiten« wurde das konstante Volumen V nicht ausdrücklich berücksichtigt (9-1).
[9] Dieses Beispiel wird von K. J. LAIDLER in dem Buch *Chemical Kinetics*, McGraw Hill, New York 1963 diskutiert.

betrachten, dann gilt für den Gleichgewichtszustand:

$$\frac{[C]}{[A]} = \frac{\vec{k}_\alpha \vec{k}_\beta}{\overleftarrow{k}_\alpha \overleftarrow{k}_\beta} = K$$

Wenn wir das Verschwinden von A zu Beginn der Reaktion messen, dann erhalten wir die folgende einfache Beziehung:

$$-\frac{d[A]}{dt} = \vec{k}_\alpha [A]$$

In ähnlicher Weise erhielte man für die Umsatzgeschwindigkeit von C den Ausdruck $\overleftarrow{k}_\beta [C]$. Es ist nun offensichtlich irrig, mit [9.17] und $\vec{k}_\alpha$ herzuleiten, daß $\overleftarrow{k}_\beta = K/\vec{k}_\alpha$ sei.

Es läßt sich zeigen, daß im Gleichgewicht die folgenden Bedingungen gelten müssen:

$$\vec{v} = \frac{\vec{k}_\alpha \vec{k}_\beta}{\overleftarrow{k}_\alpha + \vec{k}_\beta} [A]$$

und

$$\overleftarrow{v} = \frac{\overleftarrow{k}_\alpha \overleftarrow{k}_\beta}{\overleftarrow{k}_\alpha + \vec{k}_\beta} [C]$$

Das Verhältnis dieser beiden zusammengesetzten Geschwindigkeitskonstanten ist $\vec{k}_\alpha \vec{k}_\beta / \overleftarrow{k}_\alpha \overleftarrow{k}_\beta = K$; diese Beziehung wird für den Gleichgewichtszustand gefordert.

13. Aufeinanderfolgende Reaktionen

Es kommt oft vor, daß das Produkt einer Reaktion selbst wiederum Ausgangsstoff für eine weitere Reaktion ist. Wenn an den Teilreaktionen eines chemischen Vorganges höchst reaktionsfähige Spezies, z.B. Radikale oder Ionen, teilnehmen, dann lassen sich die Zwischenprodukte nicht isolieren. Erst wenn die einzelnen Reaktionsgeschwindigkeiten vergleichbar werden und die Lebenszeiten der Zwischenprodukte hinreichend lang sind, spricht man von aufeinanderfolgenden Reaktionen.

Zu jeder Einzelreaktion einer Reaktionsfolge gehört eine bestimmte Differentialgleichung. Für die Kinetik des Gesamtvorganges, ausgedrückt durch die Zerfallsgeschwindigkeit eines Ausgangsstoffes oder die Bildungsgeschwindigkeit eines stabilen Endprodukts, müssen die einzelnen Differentialgleichungen zusammengefaßt werden. Bisher konnte nur für die einfachsten Fälle unter den zahlreichen Möglichkeiten für Reaktionsfolgen analytische Lösungen der Differentialgleichungen erhalten werden. Diese sind von besonderer Wichtigkeit bei Polymerisations- und Depolymerisationsvorgängen. Mit modernen Computern lassen sich die kinetischen Gleichungen für derartige Reaktionsfolgen numerisch integrieren, wobei man die Versuchsparameter und die Zeiten einsetzt.

Theoretisch exakt behandeln läßt sich der einfachste Fall aufeinanderfolgender, nicht umkehrbarer Reaktionen 1. Ordnung. Das kinetische Schema entspricht hier genau der Kinetik eines radioaktiven Umwandlungsvorganges, bei dem das Zerfallsprodukt (und dessen Zerfallsprodukt usw.) seinerseits radioaktiv ist. Der allgemeine Fall von n Schritten wurde schon gelöst[10]; hier wollen wir allerdings nur das Beispiel zweier aufeinanderfolgender Reaktionsschritte diskutieren:

$$A \xrightarrow{k_1} B \xrightarrow{k_1'} C$$
$$a \quad\; b \quad\; c$$

Für die Zerfallsgeschwindigkeiten von A und B sowie für die Bildungsgeschwindigkeit von C gelten die folgenden Gleichungen:

$$-\frac{da}{dt} = k_1 a; \quad \frac{db}{dt} = k_1 a - k_1' b; \quad \frac{dc}{dt} = k_1' b$$

Die erste Gleichung kann direkt integriert werden; es ist $-\ln a = k_1 t + C$. Wenn zur Zeit $t = 0$ die Ausgangskonzentration an A gleich a_0 ist, dann wird $C = -\ln a_0$ und $a = a_0 \cdot e^{-k_1 t}$. Die Konzentration an A nimmt also wie bei jeder anderen Reaktion 1. Ordnung exponentiell mit der Zeit ab. Wir können nun den für a erhaltenen Wert in die zweite Gleichung einsetzen und erhalten (als Bildungsgeschwindigkeit für B):

$$\frac{db}{dt} = k_1 a_0 \cdot e^{-k_1 t} - k_1' b$$

Dies ist eine lineare Differentialgleichung 1. Ordnung; ihre Lösung ist:

$$b = e^{-k_1' t} \left[\frac{k_1 a_0 e^{(k_1' - k_1) t}}{k_1' - k_1} + C' \right]$$

Zur Zeit $t = 0$ ist auch $b = 0$; dann wird die Integrationskonstante

$$C' = -\frac{k_1 a_0}{k_1' - k_1}$$

Bei der von uns angenommenen Reaktionsfolge ändert sich die Gesamtzahl der Molekeln nicht; für jede verschwundene Molekel A ist eine Molekel B entstanden, und jedes verschwundene B wird durch ein C ersetzt. Es ist also $a + b + c = a_0$; hieraus ergibt sich für die Konzentration an C zur Zeit t:

$$c = a_0 \left(1 - \frac{k_1' e^{-k_1 t}}{k_1' - k_1} + \frac{k_1 e^{-k_1' t}}{k_1' - k_1} \right) \qquad [9.19]$$

In Abb. 9.6 sind die Konzentrationen a, b und c als Funktionen der Zeit abgetragen; es wurde angenommen, daß die Zerfallsgeschwindigkeit von A doppelt so groß ist wie die von B ($k_1 = 2 k_1'$). Mit fortschreitendem Zerfall von A baut sich allmählich eine Konzentration an B auf; diese geht jedoch wegen des Zerfalls von B über ein Maximum und erreicht asymptotisch wieder den Wert 0. Die

---

[10] H. DOSTAL, *Monatshefte* (Wien) *70* (1937) 324. Aufeinanderfolgende Reaktionen 2. Ordnung wurden von P. J. FLORY, behandelt, *J. Am. Chem. Soc. 62* (1940) 1057, 1561 und 2255.

Konzentration des Endproduktes C steigt allmählich auf ihren Endwert a_0 an; die Kurve hat einen Wendepunkt.
Eine Reaktionsfolge wurde beim thermischen Zerfall des Acetons beobachtet[11]:

$$(CH_3)_2CO \rightarrow CH_2=CO + CH_4$$

$$CH_2=CO \rightarrow 1/2\, C_2H_4 + CO$$

Der Konzentrationsverlauf des Zwischenprodukts (Keten) verhält sich näherungsweise wie der Verlauf von b in Abb. 9.6; die Gesamtreaktion ist allerdings etwas komplizierter und läßt sich durch die oben angeführten Gleichungen nicht mehr genau beschreiben.

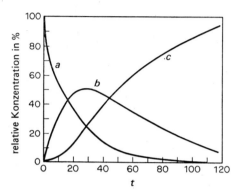

Abb. 9.6 Zeitabhängigkeit der Konzentration von Ausgangsstoff (a), Zwischenprodukt (b) und Endprodukt (c) bei zwei aufeinanderfolgenden Reaktionen 1. Ordnung ($k_1 = 2 k_1'$).

Gute Beispiele für einfache Folgereaktionen liefert auch die Verseifung von Dinitrilen mit Alkali zu Dicarbonsäuren sowie die Verseifung der Ester mehrfunktioneller Alkohole oder Säuren. Im letzteren Fall ist zu beachten, daß die Verseifung je nach der Wahl der Versuchsbedingungen zu einem Gleichgewicht führen kann.
Bei der Behandlung von Reaktionsfolgen 1. Ordnung können wir oft das *Flaschenhalsprinzip* anwenden. Wenn eine der beiden Geschwindigkeitskonstanten wesentlich kleiner ist als die andere, dann bestimmt diese Teilreaktion die Geschwindigkeit der Gesamtreaktion. Wenn, um in unserem Beispiel zu bleiben, $k_1 \ll k_1'$, dann reduziert sich [9.19] zu

$$c = a_0 \left(1 - e^{-k_1 t}\right)$$

Diese Gleichung ist identisch mit [9.5] für einfache Reaktionen 1. Ordnung: Das Zwischenprodukt wird so rasch verbraucht, daß es in der Kinetik nicht mehr in Erscheinung tritt. Umgekehrt kann natürlich auch $k_1 \gg k_1'$ sein; in diesem Falle erreicht die Konzentration an B ihren Maximalwert innerhalb sehr kurzer Zeit und man hat wiederum eine einfache Reaktion 1. Ordnung, diesmal für die Komponente B.

---

[11] C. A. WINKLER und C. N. HINSHELWOOD, *Proc. Roy. Soc. A 149* (1935) 340.

14. Parallelreaktionen

Gelegentlich kann eine bestimmte Verbindung auf mehr als eine Weise reagieren oder zerfallen. Wenn die Reaktionsgeschwindigkeiten nicht zu unterschiedlich sind, dann wird der Ausgangsstoff nach zwei verschiedenen Reaktionsweisen verbraucht und es entstehen verschiedene Endprodukte. Derartige Parallelreaktionen lassen sich kinetisch relativ einfach behandeln, wenn sie nach der gleichen Ordnung verlaufen. Das folgende Schema zeigt zwei Parallelreaktionen 1. Ordnung:

$$A \begin{array}{c} \xrightarrow{k_{\alpha\beta}} B \\ \xrightarrow{k_{\alpha\gamma}} C \end{array}$$

Für die Bildungsgeschwindigkeiten von B und C gilt:

$$\frac{db}{dt} = k_{\alpha\beta}(a_0 - b - c)$$

$$\frac{dc}{dt} = k_{\alpha\gamma}(a_0 - b - c)$$

Hierin bedeuten b und c die Konzentrationen von B und C; a_0 ist die Ausgangskonzentration an A. Für die Zeit $t = 0$ sei $b = c = 0$; dann erhalten wir durch Integration der obigen Ausdrücke:

$$b = \frac{k_{\alpha\beta} a_0}{k_{\alpha\beta} + k_{\alpha\gamma}} (1 - e^{-(k_{\alpha\beta} + k_{\alpha\gamma})t})$$

$$c = \frac{k_{\alpha\gamma} a_0}{k_{\alpha\beta} + k_{\alpha\gamma}} (1 - e^{-(k_{\alpha\beta} + k_{\alpha\gamma})t})$$

[9.20]

Bei solchen Parallelreaktionen bestimmt die höchste Reaktionsgeschwindigkeit den bevorzugten Reaktionsweg. Wenn also $k_{\alpha\beta} \gg k_{\alpha\gamma}$ ist, dann liefert der Zerfall von A hauptsächlich B. Dies kann praktisch von großer Bedeutung sein, wenn es gelingt, Katalysatoren zu finden, die den einen oder den anderen Reaktionsweg begünstigen. So können Alkohole entweder zu Olefinen dehydratisiert oder zu Aldehyden dehydriert werden:

$$C_2H_5OH \begin{array}{c} \xrightarrow{k_{\alpha\beta}} C_2H_4 + H_2O \\ \xrightarrow{k_{\alpha\gamma}} CH_3CHO + H_2 \end{array}$$

Kompliziertere Parallelreaktionen sind bei der Radiolyse organischer Verbindungen zu beobachten.

Die zwei wichtigsten Reaktionswege bei der Radiolyse des Cyclohexans ergeben sich aus dem folgenden Schema:

15. Kettenreaktionen mit niedermolekularen Produkten

Chemische Reaktionen lassen sich thermodynamisch einteilen in solche, bei denen die Produkte eine niedrigere, und in solche, bei denen die Produkte eine höhere freie Enthalpie besitzen als die Ausgangsstoffe. Erstere können spontan ablaufen, bei letzteren muß in das System zuerst ein »Enthalpievorrat« (z.B. thermische oder Strahlenenergie) hineingesteckt werden, damit die Reaktion ablaufen kann. Beispiele für die letztere Art von Reaktionen sind Pyrolysen (Dehydrierungen, Depolymerisationen usw.), Elektrolysen sowie photo- und strahlenchemische Prozesse. Beispiele für spontan ablaufende Reaktionen sind Ionenreaktionen, Oxidationen im weitesten Sinne und Reaktionen, bei denen Mehrfachbindungen aufgerichtet oder Ringe gesprengt werden.

Reaktionen mit stark negativer freier Reaktionsenthalpie verlaufen häufig als Kettenreaktionen und nicht selten unter dramatischen Begleiterscheinungen (Explosionen, Flammen). Das entscheidende Merkmal einer Kettenreaktion ist das intermediäre Auftreten hochreaktiver Spezies (meist Radikale, seltener Ionen), die bei jedem Reaktionszyklus regeneriert werden und für die hohe Reaktionsgeschwindigkeit bei Kettenreaktionen verantwortlich sind. Freie Radikale treten bei der homolytischen Spaltung einer σ-Bindung auf; ihre Reaktionsfähigkeit ist in der Regel um so größer, je höher die ursprüngliche Bindungsenergie war (vgl. Tab. 2.7, S. 80). Die Palette der Reaktivitäten erstreckt sich von den hochreaktiven Wasserstoffatomen und sterisch ungehinderten C-Radikalen über die etwas weniger reaktiven Sauerstoff- und Stickstoffradikale bis hin zu den quasistabilen, sterisch stark gehinderten C- und N-Radikalen.

Jede Kettenreaktion verläuft zeitlich in drei Phasen: der *Startreaktion* (Initiierung), einer Serie von *Reaktionszyklen* (eigentliche Reaktionskette) und der *Abbruchreaktion*. Dies läßt sich an dem schon klassischen Beispiel der Chlorwasserstoffreaktion zeigen, die NERNST (1917) als Kettenreaktion erkannte.

Startreaktion: $Cl_2 \rightarrow 2\,Cl\cdot$

Reaktionszyklus: $Cl\cdot + H_2 \rightarrow HCl + H\cdot$ schwach endotherm

(Wachstum) $H\cdot + Cl_2 \rightarrow HCl + Cl\cdot$ stark exotherm

Abbruchreaktion: $2\,Cl\cdot (+M) \rightarrow Cl_2 (+M^+)$

Sowohl die photoinitiierte Knallgasreaktion als auch die Dunkelreaktion sind empfindlich gegenüber Feuchtigkeit, Sauerstoff und Wandeffekte. Kinetische Untersuchungen an diesem System sind daher sehr schwierig.

Jede *Startreaktion* ist stark endoenergetisch (thermische, photo- oder strahlenchemische Initiierung) und liefert eine meist kleine Population an Radikalen. Diese kann sich durch Erhitzung des Systems oder durch Kettenverzweigung (s. u.) stark vermehren; bei isothermen, unverzweigten Kettenreaktionen (z. B. Polymerisationen) bleibt sie konstant. Die Geschwindigkeit der Startreaktion (»Initiierungsrate«) ist meist klein.

Der *Reaktionszyklus* besteht immer aus einer Reaktion der reaktiven Spezies mit den Molekeln des Ausgangsstoffes (oder der Ausgangsstoffe); er besteht in der Regel (nicht notwendigerweise) aus ebenso vielen Einzelreaktionen, wie Radikalarten vorhanden sind. Die Kette von Reaktionszyklen ist bei einem unbegrenzten Vorrat an Ausgangsstoffen theoretisch unendlich lang; in der Praxis wird die Reaktionskette meist durch Abbruchreaktionen und letzten Endes natürlich immer durch den Verbrauch des Ausgangsmaterials abgebrochen. Wegen der Teilnahme hochreaktiver Spezies ist die Reaktionsgeschwindigkeit innerhalb eines Reaktionszyklus sehr hoch. (Daß bei dem hier gewählten Beispiel eine schwach endotherme Reaktion im Zyklus auftritt, ist wegen der hohen thermischen Energie im System unerheblich.)

Die *Abbruchreaktion* sorgt für die Inaktivierung der reaktiven Spezies im System, sei es durch eine Kombinationsreaktion freier Radikale (in einem Dreierstoß oder an der Gefäßwand), sei es durch Umwandlung in nichtreaktive Radikale (z. B. durch Reaktion mit Inhibitoren, die als Verunreinigung zugegen sein können). Die Abbruchreaktion stellt nicht selten die Umkehrung der Startreaktion dar. In einem System, das keine fremden Radikalfänger enthält, ist sie, solange noch ein genügender Vorrat an Ausgangsstoffen vorhanden ist, aus kinetischen Gründen selten. Wenn nur noch wenig Ausgangsstoff vorhanden ist, dann steigt die Häufigkeit an Abbruchreaktionen rasch an: Die Kettenreaktion geht zu Ende. Enthält das System von vorneherein Inhibitoren, dann tritt Reaktionsverzögerung oder völlige Inhibierung auf. Werden solche Inhibitoren durch die Reaktion selbst produziert (umkehrbarer Schritt im Reaktionszyklus, s. u.), dann kann es zu einem vorzeitigen Abbruch der Reaktion kommen.

Eine sehr wichtige Größe bei Kettenreaktionen ist die *kinetische Kettenlänge*, oft einfach die *Kettenlänge* genannt. Hierunter versteht man die durch ein Primärradikal hervorgerufene mittlere Zahl an Reaktionszyklen, also den durch ein einzelnes Radikal erzielten mittleren molekularen Umsatz.

Die bei einer Kettenreaktion tatsächlich zu beobachtende Kettenlänge wird sehr stark durch *Ketteninhibierung* beeinflußt. Hierbei können wir zwischen Fremd- und Eigeninhibierung unterscheiden; im ersteren Falle enthält das System von vornherein Radikalfänger. Am wirksamsten sind quasistabile Radikale, also solche, die nicht mit sich selbst reagieren (Sauerstoff, sterisch gehinderte Radikale), und Stoffe, die sehr leicht in Radikale zerfallen (Bleitetraäthyl im Ottomotor). Ein außerordentlich wirksamer Inhibitor ist der in einem stabilen Triplettzustand vorliegende Sauerstoff, der praktisch mit jedem Radikal im System reagiert.

So genügen geringe Spuren an Sauerstoff, um die Chlorknallgasreaktion wesentlich zu verlangsamen oder Polymerisationsreaktionen zu inhibieren.

Unter Eigeninhibierung versteht man die Bildung von Radikalfängern im Verlaufe der Kettenreaktion, genauer: bei jedem Reaktionszyklus. Kinetisch formuliert, handelt es sich bei Eigeninhibierung um das Auftreten eines umkehrbaren Vorganges (eines Gleichgewichts) im Reaktionszyklus. Dies sei am Beispiel der ebenfalls schon klassischen Bromwasserstoffkette gezeigt.

BODENSTEIN und LIND (1906) fanden bei der Untersuchung der Reaktion $H_2 + Br_2 \to 2\,HBr$ eine empirische Formel für die Reaktionsgeschwindigkeit, bei der das Reaktionsprodukt noch einmal im Nenner des Geschwindigkeitsausdruckes auftauchte, also als Inhibitor fungierte:

$$\frac{d\,[HBr]}{dt} = \frac{k\,[H_2]\,[Br_2]^{1/2}}{m + [HBr]/[Br_2]}$$

Die Größen k und m sind Konstanten. Zu Beginn der Reaktion ist noch $[HBr]/[Br_2] \ll m$, so daß hier die einfache Beziehung gilt: $d\,[HBr]/dt = \frac{k}{m}[H_2]\,[Br_2]^{1/2}$; die Reaktion ist zu ihrem Beginn also von der Ordnung $\frac{3}{2}$. Zunächst gab es keine Erklärung für dieses merkwürdige Geschwindigkeitsgesetz. Erst 13 Jahre später wurde das Problem unabhängig und nahezu gleichzeitig durch CHRISTIANSEN, HERZFELD und POLANY gelöst. Diese Autoren schlugen eine Kette von Reaktionen mit den folgenden Gliedern vor:

(1) Startreaktion $\qquad Br_2 \xrightarrow{k_1} 2\,Br\cdot$

(2) Reaktionszyklus $\qquad Br\cdot + H_2 \xrightarrow{k_2} HBr + H\cdot$

(3) (Wachstum) $\qquad H\cdot + Br_2 \xrightarrow{k_3} HBr + Br\cdot$

(4) Ketteninhibierung $\qquad H\cdot + HBr \xrightarrow{k_4} H_2 + Br\cdot$

(5) Kettenabbruch $\qquad 2\,Br\cdot \xrightarrow{k_5} Br_2$

(Die Indizes der Reaktionskonstanten bezeichnen hier ausnahmsweise nicht die Reaktionsordnung, sondern dienen nur der Unterscheidung.)

Offenbar ist die erste der beiden Teilreaktionen des Zyklus (2) umkehrbar; in (4) konkurriert der bereits gebildete Bromwasserstoff mit dem molekularen Brom (3) um den atomaren Wasserstoff. Die Ketteninhibierung ist proportional dem Verhältnis $[HBr]/[Br_2]$.

Um aus diesem Kettenmechanismus das kinetische Gesetz abzuleiten, wird die Stationaritätsbedingung auf die reaktiven Atome angewandt; es müssen im stationären Zustand in der Zeiteinheit ebenso viele Wasserstoff- bzw. Bromatome gebildet werden, wie durch die weitere Reaktion verschwinden:

$$\frac{d\,[Br]}{dt} = 0 = 2k_1[Br_2] - k_2[Br][H_2] + k_3[H][Br_2] + k_4[H][HBr] - 2k_5[Br]^2$$

$$\frac{d\,[H]}{dt} = 0 = k_2[Br][H_2] - k_3[H][Br_2] - k_4[H][HBr]$$

Aus diesen beiden Gleichungen, die gleichzeitig erfüllt sein müssen, lassen sich für die Konzentration an Br- und H-Atomen im stationären Zustand die folgenden Beziehungen herleiten:

$$[\text{Br}] = k_1/k_5 [\text{Br}_2]^{1/2}; \quad [\text{H}] = k_2 \frac{(k_1/k_5)^{1/2} [\text{H}_2][\text{Br}_2]^{1/2}}{k_3[\text{Br}_2] + k_4[\text{HBr}]}$$

Für die Bildungsgeschwindigkeit des Bromwasserstoffs gilt:

$$\frac{d[\text{HBr}]}{dt} = k_2[\text{Br}][\text{H}_2] + k_3[\text{H}][\text{Br}_2] - k_4[\text{H}][\text{HBr}]$$

Wenn wir in diese Beziehung die Ausdrücke für [H] und [Br] einsetzen, finden wir:

$$\frac{d[\text{HBr}]}{dt} = 2 \frac{k_3 k_2 k_4^{-1} k_1^{1/2} k_5^{-1/2} [\text{H}_2][\text{Br}_2]^{1/2}}{k_3 k_4^{-1} + [\text{HBr}][\text{Br}_2]^{-1}}$$

Dies ist nichts anderes als der von Bodenstein und Lind empirisch gefundene Ausdruck; lediglich werden nun die Konstanten k und m als die zusammengesetzten Konstanten der einzelnen Reaktionsschritte der Kette interpretiert. Es ist außerdem zu bemerken, daß $k_1/k_5 = K$, der Gleichgewichtskonstanten für die Dissoziationsreaktion des Broms, $\text{Br}_2 \rightleftharpoons 2\,\text{Br}$, ist.

Noch viele Jahre nach den Pionieruntersuchungen Bodensteins am Jodwasserstoffgleichgewicht wurden die hierbei auftretenden Reaktionen $2\,\text{HJ} \rightleftharpoons \text{H}_2 + \text{J}_2$ als molekulare Vorgänge angesehen. ROSENBAUM und HOGNESS beobachteten 1934 jedoch eine merkwürdige Anomalie. Wenn man zu der Gleichgewichtsmischung aus Wasserstoff, Jod und Jodwasserstoff reinen Parawasserstoff gab, dann wurde eine viel höhere Umwandlungsgeschwindigkeit para-$\text{H}_2 \rightarrow$ ortho-H_2 beobachtet, als durch eine molekulare Reaktion hätte erklärt werden können. Es wurde daher vermutet, daß in diesem Gleichgewicht atomares Jod auftritt, das wiederum die Umwandlung von Para- und Orthowasserstoff katalysieren würde. BENSON und SRINIVASAN beobachteten dann 1955, daß die Aktivierungsenergie sowohl der Hin- als auch der Rückreaktion beim Jodwasserstoffgleichgewicht mit steigender Temperatur beträchtlich zunahm. Diese Beobachtung ließ darauf schließen, daß die Jodwasserstoffreaktion bei höheren Temperaturen nach einem Mechanismus mit höherer Gesamtaktivierungsenergie verläuft; es wurde eine Reaktionskette wie bei der Bromwasserstoffreaktion vorgeschlagen:

$$\text{J}_2 \rightleftharpoons 2\,\text{J} \quad \text{(Bestrahlung mit 578 nm)}$$

$$\left.\begin{array}{l} \text{J} + \text{H}_2 \rightarrow \text{HJ} + \text{H} \\ \text{H} + \text{J}_2 \rightarrow \text{HJ} + \text{J} \end{array}\right\} \text{Kettenwachstum}$$

$$\left.\begin{array}{l} \text{H} + \text{HJ} \rightarrow \text{H}_2 + \text{J} \\ \text{J} + \text{HJ} \rightarrow \text{J}_2 + \text{H} \end{array}\right\} \text{Umkehrung}$$

$$\text{H} + \text{J}\,(+\,\text{M}) \rightarrow \text{HJ}\,(+\,\text{M*}) \quad \text{(Abbruch)}$$

J. H. SULLIVAN kam 1967 aufgrund seiner Beobachtungen zu dem Schluß, daß auch bei *dem* Teil der Jodwasserstoffreaktion, der nicht kettenartig abläuft, Jodatome als Zwischenprodukt auftreten:

$$J_2 \rightleftarrows 2J\,(1), \quad J + H_2 \rightarrow (JH_2)\,(2), \quad J + (JH_2) \rightarrow 2HJ\,(3)$$

Die Reaktionen (2) und (3) können zu einer Reaktion 3. Ordnung zusammengefaßt werden:

$$H_2 + 2J \xrightarrow{k_3} 2HJ\,(4)$$

Die kinetische Auswertung ergibt für die Bildungsgeschwindigkeit des Jodwasserstoffs ($K = [J]^2/[J_2]$):

$$\frac{d[HJ]}{dt} = 2k_3[H_2][J]^2 = 2k_3K[H_2][J_2] = k_{exp}[H_2][J_2]$$

Die experimentell bestimmte 2. Reaktionsordnung hat sich demnach als zusammengesetzt erwiesen.

Etwas fraglich war einige Zeit, ob es irgendwelche einfache 4-Zentren-Reaktionen gibt, die nach einem bimolekularen Mechanismus ablaufen. NOYES konnte neuerdings zeigen, daß bestimmte Interhalogenreaktionen in Lösung bimolekular ablaufen:

$$2JCl \rightleftarrows J_2 + Cl_2$$

In Gasphase verläuft vermutlich die folgende Reaktion bimolekular:

$$HCl + Br_2 \rightarrow HBr + BrCl$$

16. Erzeugung von Radikalen, Radikalketten

Da die meisten Kettenreaktionen mit Radikalen als reaktiven Spezies ablaufen, wollen wir uns in diesem Kapitel noch etwas eingehender mit der Entstehung von Radikalen und der Natur von Radikalkettenreaktionen befassen. Während der zwanziger Jahre wurden die Zerfallsreaktionen zahlreicher organischer Molekeln studiert; viele dieser Reaktionen schienen unimolekular zu sein mit einem starken LINDEMANN-Effekt (S. 452 ff.) bei niederen Drücken. Wir wissen heute, daß viele dieser Reaktionen nach komplizierten Kettenmechanismen ablaufen. Zu diesem Schluß kam man durch die Beobachtung kurzlebiger, organischer Radikale. MOSES GOMBERG beobachtet 1900 die homolytische Dissoziation des Hexaphenyläthans in zwei Triphenylmethylradikale:

$$(C_6H_5)_3C\mathrel{\overline{\underline{}}}C(C_6H_5)_3 \rightarrow 2(C_6H_5)_3C\cdot$$

Wegen ihrer starken sterischen Hinderung sind diese Radikale wenig reaktionsfähig. Die Rolle einfacher, hochreaktiver Radikale als Kettenträger bei chemischen Reaktionen wurde 1925 von H. S. TAYLOR am Beispiel von Wasserstoffatomen diskutiert. Wenn man eine Mischung aus Wasserstoff und Quecksilberdampf mit energiereichen Photonen ($\lambda = 253{,}7$ nm) bestrahlt, dann wird ein Teil der Quecksilberatome auf einen höheren Anregungszustand gehoben. Diese Anregungsenergie können sie, vermutlich über intermediäre Hydridbildung, an

Wasserstoff abgeben, wobei Wasserstoffatome entstehen:

$$\text{Hg}\,(^1S_0) + h\nu\,(253{,}7\text{ nm}) \to \text{Hg}\,(^3P_1)$$

$$\text{Hg}\,(^3P_1) + H_2 \to \text{HgH} + H$$

Wenn man dieser bestrahlten Mischung Äthylen zugibt, dann bilden sich sehr rasch Äthan, Butan und höhere Kohlenwasserstoffe. TAYLOR schloß hieraus, daß die Wasserstoffatome mit Äthylen unter Bildung von Äthylradikalen reagieren, die zum Ausgangspunkt von Kettenraktionen werden:

$$\text{H}\cdot + C_2H_4 \to \cdot C_2H_5 \qquad \text{Start}$$

$$\cdot C_2H_5 + C_2H_4 \to \cdot C_4H_9 \quad \text{usw.} \qquad \text{Wachstum}$$

$$R\cdot + H\cdot\,(+M) \to RH\,(+M^*) \qquad \text{Abbruch}$$

F. PANETH und W. HOFEDITZ konnten 1929 zeigen, daß bei der thermischen Spaltung von Metallalkylen wie Quecksilberdimethyl und Bleitetramethyl hochreaktive Radiakale auftreten. Abb. 9.7 zeigt schematisch das PANETHsche Experiment.

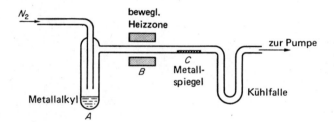

Abb. 9.7 Erzeugung von Alkylradikalen durch thermische Spaltung von Metallalkylen, Bestimmung der Lebensdauer von Radikalen (nach PANETH).

Ein Strom reinen Stickstoffs (2 mm Hg) wird mit Bleitetramethyldampf gesättigt und strömt anschließend durch eine geheizte Zone (B, etwa 450 °C). Durch die Spaltung des Metallalkyls (und die relativ geringe mittlere Geschwindigkeit der Bleiatome) schlägt sich im geheizten Bereich ein Bleispiegel nieder. Anschließend wird die Ringheizung um 10···30 cm vorverlegt; zugleich wird der zuvor niedergeschlagene Spiegel auf etwa 100 °C erwärmt. Die bei der Spaltung des Bleitetramethyls entstehenden Methylradikale werden vom Stickstoff mitgeführt und lösen den Bleispiegel allmählich wieder auf.
Die Bildung flüchtiger Metallalkyle aus Alkylradikalen und Metallspiegeln läßt sich auch an anderen Beispielen zeigen. Wenn der Spiegel aus Zink besteht, dann läßt sich $Zn(CH_3)_2$ nachweisen; besteht er aus Antimon, dann erhält man $Sb(CH_3)_3$. In den Jahren 1932 bis 1934 zeigten F. O. RICE et al., daß bei der Pyrolyse vieler organischer Verbindungen (Äthan, Aceton, Acetaldehyd usw.) hochreaktive Produkte entstehen, die PANETHsche Metallspiegel auflösen können. Hieraus wurde geschlossen, daß bei der thermischen Spaltung all dieser Verbindungen zunächst Radikale entstehen. Für den thermischen Zerfall von Acetaldehyd wurde z. B

folgende Kettenreaktion vorgeschlagen (RICE und HERZFELD, 1935):

Start: $\quad\quad\quad\quad CH_3CHO \xrightarrow{k_i} \cdot CH_3 + \cdot CHO$

Zyklus: $\quad\quad \cdot CH_3 + CH_3CHO \xrightarrow{k_p} CH_4 + \cdot CH_3 + CO$

Abbruch: $\quad \cdot CH_3 + \cdot CHO\,(+\,M) \xrightarrow{k_t} CH_3CHO\,(+\,M^*) \quad$ oder

$$2\cdot CH_3\,(+\,M) \xrightarrow{k_t'} C_2H_6\,(+\,M^*)$$

Da der Kettenträger, das CH_3-Radikal, bei jedem Reaktionszyklus regeneriert wird, kann ein einzelnes Methylradikal den Zerfall von vielen Acetaldehydmolekeln herbeiführen. Für den stationären Zustand muß gelten:

$$\frac{d[CH_3]}{dt} = 0 = k_i\,[CH_3CHO] - 2k_t\,[CH_2]^2$$

(Hier wurde für alle möglichen Abbruchreaktionen die gemeinsame Terminationskonstante k_t eingesetzt.) Für die Konzentration an Methylradikalen im stationären System gilt also:

$$[CH_3] = \left(\frac{k_i}{2k_t}\right)^{1/2} [CH_3CHO]^{1/2} = k'\,[CH_3CHO]^{1/2}$$

Für die Bildungsgeschwindigkeit des Methans gilt:

$$\frac{d[CH_4]}{dt} = k_p\,[CH_3]\,[CH_3CHO] = k_2\left(\frac{k_i}{2k_t}\right)^{1/2}\cdot[CH_3CHO]^{3/2}$$

Die vorhergesagte Reaktionsordnung von $\frac{3}{2}$ steht in guter Übereinstimmung mit den experimentellen Ergebnissen.

Die homolytische Spaltung einer Molekel in Radikale erfordert gewöhnlich eine sehr viel höhere Aktivierungsenergie als der Zerfall in molekulare Produkte (Disproportionierung, Komproportionierung). Dies beeinflußt die Gesamtaktivierungsenergie einer Kettenreaktion jedoch nur wenig, da der eigentliche Reaktionszyklus eine wesentlich niedrigere Aktivierungsenergie benötigt (bei Radikal-Molekel-Reaktionen in der Größenordnung von 50 kJ mol^{-1}). Die Aktivierungsenergie der Abbruchreaktion (Radikalkombination) ist vernachlässigbar klein.

Die Pyrolyse des Acetaldehyds ließe sich auch durch eine Disproportionierung in die molekularen Endprodukte CH_4 und CO erklären. Um von zwei möglichen Mechanismen den richtigen herauszufinden, kann man oft die Isotopenmethode anwenden. In dem vorliegenden Fall erhitzen wir eine Mischung aus CH_3CHO und CD_3CDO. Wenn die Reaktion nur aus einer intramolekularen Disproportionierung besteht, dann muß sich ein Gemisch aus CH_4, CD_4 und CO bilden. Trifft der vorgeschlagene Kettenmechanismus zu, dann muß die Reaktionsmischung CH_3D und CD_3H enthalten:

$$\cdot CH_3 + CD_3CDO \rightarrow CH_3D + CO + \cdot CD_3$$
$$\cdot CD_3 + CH_3CHO \rightarrow CD_3H + CO + \cdot CH_3$$

In der Tat konnten in der Reaktionsmischung die deuterierten Methane gefunden werden, so daß der radikalische Mechanismus als sehr wahrscheinlich angesehen werden muß.

17. Kettenverzweigung, Explosionen

Die Theorie der Kettenreaktionen liefert uns eine gute Erklärung für viele Phänomene, die bei Explosionen zu beobachten sind. Je nach der Natur des Reaktionszyklus spricht man von unverzweigten oder verzweigten Reaktionsketten. Bei *unverzweigten Kettenreaktionen* wird jedes eingesetzte Radikal durch den Reaktionszyklus regeneriert; es kann sich ein stationärer Zustand einstellen, der durch Konstanz der Radikalkonzentration gekennzeichnet ist. Gute Beispiele hierfür liefern Polymerisationen.

Bei Reaktionen mit *verzweigter Kette* vermehren sich bei jedem Reaktionszyklus die reaktiven Radikale; mit jedem neu hinzukommenden Radikal wird also eine neue Kette initiiert, die sich ihrerseits wieder verzweigt. Ununterbrochen verzweigte Kettenreaktionen ähneln daher einer Lawine; sie führen in der Regel zu heftigen Explosionen. Bei verzweigten Kettenreaktionen wirkt häufig der biradikalische Sauerstoff mit.

Ein Sonderfall verzweigter Kettenreaktionen sind solche mit *degeneriert verzweigter Kette*. Bei ihnen tritt in jedem Reaktionszyklus ein molekulares Zwischenprodukt auf, das mit einer gewissen Halbwertzeit in Radikale zerfällt. Dies verursacht eine Verlangsamung der gesamten Reaktionsgeschwindigkeit. Eine Reaktion mit degeneriert verzweigter Kette liegt in ihrem Chemismus meist zwischen

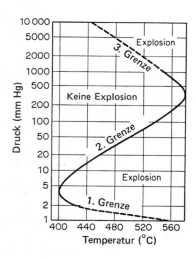

Abb. 9.8 Explosionsgrenzen einer stöchiometrischen Mischung $2H_2 + O_2$ in einer mit KCl ausgekleideten Hohlkugel von 7,4 cm Durchmesser (nach B. Lewis und G. v. Elbe, *Combustion, Flames and Explosions of Gases*, Academic Press, New York 1953).

einer Reaktion mit unverzweigter und einer solchen mit ununterbrochen verzweigter Kette; durch Variation der Versuchsbedingungen läßt sich meist ein Übergang zur einen oder anderen Reaktionsart erzielen.

Zur Diskussion der verschiedenen Arten von Kettenreaktionen eignet sich besonders die Knallgasreaktion $2H_2 + O_2 \rightarrow 2H_2O$. Über die Kinetik dieser Reaktion bei verschiedenen Bedingungen des Drucks und der Temperatur gibt es Hunderte von Publikationen, und immer noch wird intensiv geforscht.

Abb. 9.8 zeigt die Explosionsgrenzen einer stöchiometrischen Mischung $2\,H_2 + O_2$ in Abhängigkeit vom Druck und von der Temperatur.

In den nichtschraffierten Bereichen der Abbildung (unterhalb von 400 °C bei jedem beliebigen Druck) findet eine stille Oxidation in Form einer unverzweigten Kettenreaktion statt, die im wesentlichen zur Bildung von Wasserstoffperoxid führt und sich folgendermaßen formulieren läßt:

$$\left.\begin{array}{l} H_2 \rightarrow 2\,H\cdot \quad \text{oder} \\ H_2 + O_2 \rightarrow HO_2\cdot + H \end{array}\right\} \text{Startreaktionen}$$

$$\left.\begin{array}{l} H\cdot + O_2 \rightarrow HO_2\cdot \\ HO_2\cdot + H_2 \rightarrow H_2O_2 + H\cdot \end{array}\right\} \text{Zyklus}$$

Sowohl das HO_2-Radikal als auch das H_2O_2 sind bei höheren Temperaturen unbeständig und zerfallen in Hydroxylradikale und Sauerstoffatome bzw. nur in Hydroxylradikale. Wenn bei der Knallgasreaktion H_2O_2 als Zwischenprodukt auftritt, dann liegt eine degeneriert-verzweigte Kettenreaktion vor.

Bei höheren Temperaturen treten weder $HO_2\cdot$ noch H_2O_2 als Zwischenprodukte auf. Bei etwa 500 °C und Drücken zwischen etwa 2 und 50 Torr läßt sich die Reaktion folgendermaßen formulieren:

$$\left.\begin{array}{l} H_2 \rightarrow 2\,H\cdot \\ H_2 + O_2 \rightarrow 2\,HO\cdot \end{array}\right\} \text{Startreaktionen}$$

$$\left.\begin{array}{l} H\cdot + O_2 \rightarrow HO\cdot + O \\ HO\cdot + H_2 \rightarrow H_2O + H\cdot \\ O + H_2 \rightarrow HO\cdot + H\cdot \end{array}\right\} \text{Zyklus}$$

Besonders interessant ist die Diskussion der Explosionsgrenzen. Viele reaktionsfähige Gasgemische zeigen bei einer gegebenen Temperatur bestimmte Druckbereiche, in denen sie explosionsfähig sind, und andere Bereiche, in denen die Reaktion »still« abläuft. Beim Knallgas liegt diese Grenze bei einer Temperatur von 500 °C bei etwa 1,5 Torr; dieser Wert hängt jedoch von der Größe des Reaktionsgefäßes ab. Der Explosionsbereich erstreckt sich nun bis zu einem Druck von etwa 50 Torr. Bei weiterer Drucksteigerung wird, diesmal unabhängig von der Größe des Reaktionsgefäßes, eine zweite Grenze erreicht, bei der das Gemisch nicht mehr explosionsfähig ist. Dieser Bereich erstreckt sich (bei 500 °C) bis zu einem Druck von etwa 3 atm, wo eine dritte und letzte Grenze erreicht ist: Das Gemisch ist wieder explosionsfähig.

Um dieses eigentümliche, auch bei technischen Gasreaktionen sehr bedeutungsvolle Verhalten verstehen zu können, müssen wir uns noch eingehender mit den Gründen für explosive Reaktionen befassen. Explosionen treten auf, wenn die Reaktionswärme bei stark exothermen Reaktionen nicht schnell genug aus dem System entfernt wird (*Wärmestau*). Die ansteigende Temperatur bewirkt eine Erhöhung der Reaktionsgeschwindigkeit, diese wiederum einen noch höheren Wärmestau und eine noch rascher ansteigende Temperatur. Es kommt zu einer extremen Drucksteigerung: Das System explodiert. Je höher die Dichte eines

Systems ist, um so schwieriger wird die Wärmeabfuhr und um so wahrscheinlicher die thermische Explosion.

In Systemen mit niederer Dichte ist eine extreme Steigerung der Reaktionsgeschwindigkeit nur bei verzweigten Kettenreaktionen zu erwarten, also bei Reaktionen, deren Geschwindigkeit auch unter isothermen Bedingungen exponentiell zunimmt. Nun sind Radikalkettenreaktionen empfindlich gegen Abbruchreaktionen (Dreierstöße, Wand). Wenn also der explosive Charakter einer Reaktion bei Drucksteigerung oder Verkleinerung des Reaktionsgefäßes verlorengeht, dann hat es sich höchstwahrscheinlich um eine verzweigte Kettenreaktion gehandelt. Der *erste Explosionsbereich* in Abb. 9.8 ist demnach so zu erklären, daß eine verzweigte Kettenreaktion abläuft. Der Bereich der stillen Oxidation bei *mittleren Drücken* erklärt sich durch das Überhandnehmen von Abbruchreaktionen durch Dreierstöße. Der zweite Explosionsbereich bei *hohen Drücken* ist auf Wärmestau zurückzuführen.

Im folgenden wollen wir betrachten, wie eine Kettenverzweigung die Kinetik der Gesamtreaktion beeinflussen kann; R· bedeutet hierin den reaktiven Kettenträger:

$$A \xrightarrow{k_1} R\cdot$$

$$R\cdot + A \xrightarrow{k_2} P + \alpha R\cdot$$

$$R\cdot \xrightarrow{k_3} \text{Inaktivierung}$$

In diesem Schema ist P das Endprodukt und α die Zahl der Kettenträger, die aus jedem ursprünglichen Radikal R· bei der Kettenwachstumsreaktion gebildet werden (*Verzweigungsgrad*). Die Inaktivierung der Kettenträger kann auf zwei verschiedene Weisen geschehen. Entweder diffundieren sie zu den Gefäßwänden und werden dort adsorbiert, oder sie erleiden in der Gasphase Kombinationsreaktionen in Dreierstößen. Wenn die hier dargestellte Reaktion einen stetigen Zustand erreichen soll, dann muß die folgende Beziehung gelten:

$$\frac{d[R\cdot]}{dt} = 0 = k_1[A]^n - k_2[R\cdot][A] + \alpha k_2[R\cdot][A] - k_3[R\cdot]$$

oder

$$[R\cdot] = \frac{k_1[A]^n}{k_2[A](1-\alpha) + k_3}$$

Die Wahrscheinlichkeit der Radikalinaktivierung ist proportional k_3; sie kann als Summe aus zwei Termen geschrieben werden: k_g für die Inaktivierung in der Gasphase und k_w für die Inaktivierung an der Gefäßwand. Es ist dann:

$$[R\cdot] = \frac{k_1[A]^n}{k_2[A](1-\alpha) + k_g + k_w} \qquad [9.21]$$

Bei unverzweigten Kettenreaktionen ist $\alpha = 1$ oder $1 - \alpha = 0$; hier ist also die Radikalkonzentration proportional dem Verhältnis aus Bildungsgeschwindigkeit und Inaktivierungsgeschwindigkeit. Bei Kettenverzweigung ist $\alpha > 1$. Eine kritische Situation entsteht, wenn α so groß wird, daß $k_2[A](\alpha - 1) = k_g + k_w$ ist.

In diesem Falle wird der Ausdruck im Zähler = 0 und die Radikalkonzentration unendlich groß. Da die Reaktionsgeschwindigkeit proportional der Radikalkonzentration ist, wird auch sie unendlich groß: Das System explodiert.

Die Geschwindigkeit der Radikalinaktivierung an den Gefäßwänden (k_w) ist diffusionsabhängig; bei niederen Drücken steigt die mittlere freie Weglänge und die Radikale können rascher zur Wand diffundieren. Es existiert daher eine Druckgrenze, unterhalb welcher die Kettenträger durch Wanddesaktivierung ebenso rasch aus dem System verschwinden, wie sie gebildet werden; eine Explosion ist nicht mehr möglich. Diese untere Explosionsgrenze hängt von der Größe und vom Material des Reaktionsgefäßes ab; in einem größeren Reaktionsgefäß erreicht nur ein geringerer Bruchteil der Radikale die Gefäßwände: Die Wahrscheinlichkeit für eine Explosion nimmt zu. Das Gefäßmaterial spielt insofern eine Rolle, als Metalle, Quarz, Glas usw. eine unterschiedliche Fähigkeit zur Radikalinaktivierung besitzen.

18. Detonationen, Stoßwellen

Detonationen unterscheiden sich grundsätzlich von Explosionen; unter gewissen Bedingungen können diese in jene übergehen. Zur Erläuterung dieses Überganges denken wir uns ein langes Rohr, das mit einem explosionsfähigen Gasgemisch gefüllt ist. Wenn wir das Gemisch an einem Ende anzünden, dann pflanzt sich die Verbrennung mit einer Geschwindigkeit fort, die von der Natur des Gases und der aktiven Teilchen sowie von Druck und Temperatur der Mischung abhängt. Bei der Verbrennung dehnt sich das System beträchtlich aus, der Flammenfront vorweg läuft also eine *Druckwelle*. Bei bestimmten Gasmischungen[12] ($CO + O_2$, $CH_4 + O_2$, als Demonstrationsversuch $CS_2 + NO$) erreichen Flammenfront und Druckwelle rasch Überschallgeschwindigkeit. Die Druckwelle erhitzt dann die vorgelagerte, unverbrannte Gasmasse beträchtlich (*adiabatische Kompression*), so daß die Verbrennungsfront noch rascher voranschreiten kann. Die aufeinanderfolgenden Druckwellen werden immer schneller; sie eilen hintereinander her, bis sie sich weit vor der eigentlichen Explosionsfront einholen und an dieser Stelle einen ungeheuer *schroffen Druckanstieg* (»überadiabatische« Kompression) erzeugen. Die gleichzeitige enorme *Temperatursteigerung* führt zur Auslösung einer *Knallwelle* (mehrere km s^{-1}) und damit zu einer detonationsartigen Reaktion des Gasgemisches.

Detonationen pflanzen sich rund tausendmal schneller fort als Explosionen. Bei der adiabatischen Kompression von Luft von 1 atm auf 100 atm erhöht sich die Temperatur z.B. von 300 K auf 1887 K (Gesetz von POISSON: $T_1 \cdot V_1^{\gamma-1} = T_2 \cdot V_2^{\gamma-1}$; $\gamma = 1{,}40$). Die adiabatische Erwärmung in der Knallwelle kann mehrere tausend Grad betragen; zu einer Temperatur von 2263 K gehört z.B. eine Fortpflanzungsgeschwindigkeit von 2150 m · s^{-1}.

Ein praktisches Beispiel für die Verwandlung einer Explosion in eine Detonation sind *Schlagwetterexplosionen*. Die den Stollen durchlaufende Druckwelle richtet

---

[12] Diese Überlegungen gelten grundsätzlich auch für Flüssigkeiten und Festkörper.

ihre größten Zerstörungen nicht am Entstehungsort, sondern erst in einiger Entfernung davon an, nämlich dann, wenn sich das System der Teildruckwellen zur eigentlichen Knallwelle »zusammengeschoben« oder »versteift« hat.

Stoßwellen lassen sich auch erzeugen, wenn man ein Gas von hohem Druck in ein solches von niedrigem Druck expandieren läßt. Läßt man zum Beispiel Wasserstoff von 10 atm Druck durch ein Berstventil in Xenon mit einem Druck von 10 Torr expandieren, dann erzeugt die durchlaufende Stoßwelle im Xenon Temperaturen von etwa 10^4 K. Dies führt zur Ionisation des Gases und zur Emission von Licht. Mit Hilfe eines Stoßwellenrohres kann man Reaktionen bei sehr hohen Temperaturen und sehr kurzen Zeiten untersuchen. Zur Analyse des zeitlichen Ablaufs der Reaktion kann man durch die Reaktionszone monochromatisches UV-Licht schicken und dessen Absorption in Abhängigkeit von der Zeit messen. Als Registriersystem verwendet man einen Oszillographen.

19. Kettenreaktionen mit makromolekularen Produkten: Polymerisationen

Polymerisationen sind unverzweigte Kettenreaktionen, die sich von den bisher besprochenen Kettenreaktionen dadurch unterscheiden, daß ein *Zyklus nur aus einem Reaktionsschritt* besteht und daß die Produkte der Reaktionskette aneinander hängen bleiben, also *makromolekular* sind. Die reaktiven Kettenträger bei Polymerisationen sind meist Radikale, seltener Ionen. Als Initiatoren können chemische Radikal- oder Ionenbildner, UV-Licht oder ionisierende Strahlung dienen. Ionisierende Strahlung kann sowohl radikalische als auch ionische, UV-Licht nur radikalische Prozesse auslösen. Bei Homopolymerisationen wird in der Regel immer dasselbe radikalische Ende reproduziert; bei binären, ternären usw. *Copolymerisationen* treten (mindestens) zwei, drei usw. verschiedene radikalische Endgruppen auf, die sich meist in ihrer Reaktivität unterscheiden. Die Reaktivität einer radikalischen Stelle ist praktisch unabhängig von der Molekelmasse des Polymeren; die möglicherweise abweichende Reaktivität des Primärradikals und allenfalls des ersten Anlagerungsproduktes RM· fällt bei langen Ketten praktisch nicht ins Gewicht. Die Vorgänge bei einer Polymerisation lassen sich folgendermaßen formulieren (I = Initiator, M = Monomeres):

$$\text{Start:} \qquad I \xrightarrow{k_i} R\cdot + \cdot R'$$

$$\text{Wachstum:} \begin{cases} R\cdot (\cdot R') + M \xrightarrow{k_{p_1}} RM\cdot \\ RM\cdot + n\,M \xrightarrow{k_{p_n}} RM\cdot_{n+1} \end{cases}$$

$$\text{Abbruch:} \qquad 2\,RM\cdot_{n+1} \xrightarrow{k_t} \begin{array}{l} \rightarrow RM_{2n+2}R \quad \text{(Kombination)} \\ \rightarrow 2\,RM_{n+1} \quad (\pm H, \text{Disproportionierung}) \end{array}$$

Die Konstanten k_{p_1} und k_{p_n} werden zu einer gemeinsamen Propagationskonstante k_p zusammengefaßt; k_i und k_t sind die Geschwindigkeitskonstanten für die Initiierungs- und Terminationsreaktion. Bei einer Radikalkettenpolymerisation in homogenem Medium kommt die Abbruchreaktion entweder durch Kombination oder durch Disproportionierung zweier Makroradikale zustande; im letzteren Falle entstehen zu gleichen Teilen gesättigte und ungesättigte Makromolekeln, die nur die halbe mittlere Molmasse im Vergleich zu den bei Abbruch durch Kombination entstehenden Makromolekeln besitzen. Für die Kinetik einer Polymerisationsreaktion in homogener Phase gelten die folgenden Differentialansätze:

$$\frac{d[R]}{dt} = k_i [I]$$

$$-\frac{d[M]}{dt} = k_p [R\cdot][M]$$

$$-\frac{d[R\cdot]}{dt} = 2 k_t [R\cdot]^2$$

Hiernach sind Wachstums- und Abbruchreaktion 2. Ordnung, die Startreaktion ist 1. Ordnung. Im stationären Zustand entstehen ebenso viele Radikale, wie durch die Abbruchreaktion verschwinden. Es ist also:

$$k_i [I] = 2 k_t [R\cdot]^2$$

$$[R\cdot] = \sqrt{\frac{k_i [I]}{2 k_t}}$$

Wenn wir diesen Wert für die Radikalkonzentration im stationären Zustand in den Ausdruck für die Konzentrationsabnahme an Monomeren im stationären Zustand einsetzen, dann erhalten wir:

$$-\frac{d[M]}{dt} = k_p \sqrt{\frac{k_i}{2 k_t} [I]} \cdot [M]$$

$$= \mathrm{const} \sqrt{[I]} [M] \qquad [9.22]$$

Radikalkettenpolymerisationen in homogener Phase sind also dadurch gekennzeichnet, daß ihre Reaktionsgeschwindigkeit im stationären Zustand und bei niedrigem Umsatz (Monomerkonzentration nahezu konstant) proportional der Wurzel aus der Initiatorkonzentration (oder der Wurzel aus der absorbierten Strahlungsenergie) ist: *Quadratwurzelgesetz*.

Bei Ionenkettenpolymerisationen benötigt der Wachstumsschritt nur eine minimale Aktivierungsenergie. Außerdem findet in der Regel keine Abbruchreaktion wie bei Radikalkettenpolymerisationen statt. Ionenkettenpolymerisationen verlaufen daher oft extrem rasch (auch bei tiefen Temperaturen) und zeigen meist eine lineare Abhängigkeit der Gesamtreaktionsgeschwindigkeit von der Initiatorkonzentration.

20. Dreierstöße

Bei der Kombination von Atomen oder Radikalen zu Molekeln wird die Bindungsenergie frei und muß weggeführt werden. Dies kann durch eine dritte Molekel geschehen, die nicht an der Reaktion teilnimmt (Dreierstöße), oder durch Wandreaktionen. In flüssigen Systemen sind Dreierstöße sehr häufig, nicht jedoch in gasförmigen. Kinetische Untersuchungen haben gezeigt, daß Reaktionen wie

$$M + H\cdot + H\cdot \to H_2 + M \quad \text{und} \quad M + Cl\cdot + Cl\cdot \to Cl_2 + M$$

3. Ordnung sind. Die Wirksamkeit der an der eigentlichen chemischen Reaktion unbeteiligten Molekeln M (»dritter Körper«) hängt von deren Struktur ab; derartige Untersuchungen über die relative Wirksamkeit dritter Stoßpartner sind von großer Bedeutung im Zusammenhang mit dem Problem der Energieübertragung zwischen Molekeln. In einer Untersuchung zur Rekombination von Jod- und Bromatomen bestimmte RABINOWITSCH 1937 die Geschwindigkeitskonstanten für die Reaktion

$$X + X + M \to X_2 + M, \quad -d[X]/dT = k_3 [X]^2 [M].$$

Er fand die folgenden relativen Werte für k_3:

M =	He	Ar	H_2	N_2	O_2	CH_4	CO_2	C_6H_6
X = Br	0,76	1,3	2,2	2,5	3,2	3,6	5,4	—
X = J	1,8	3,8	4,0	6,6	10,5	12	18	100

Die Zahl der Dreierstöße in einem gasförmigen System läßt sich nur schwierig berechnen. Ein guter Schätzwert müßte sich jedoch aus der Überlegung ergeben, daß das Verhältnis der binären Stöße Z_{12} zu den Dreierstößen Z_{121} gleich dem Verhältnis der mittleren freien Weglänge zum Molekeldurchmesser sein müßte: $Z_{12}/Z_{121} = \lambda/d$. Da d bei kleinen Molekeln in der Größenordnung von 10^{-8} cm liegt und λ bei 1 atm Druck für die meisten Gase etwa 10^{-5} cm beträgt, müßte dieses Verhältnis der Stoßzahlen etwa 1000 betragen; auf 1000 Zweierstöße kommt also rund ein Dreierstoß. RABINOWITSCH fand nun, daß der Quotient Z_{12}/Z_{121} bei den Rekombinationsreaktionen von Halogenatomen in direkter Beziehung zu den Geschwindigkeitskonstanten steht. Mindestens in diesem Fall scheint also die Wirksamkeit des dritten Körpers hauptsächlich von den Dreierstößen abzuhängen, an denen er beteiligt ist.

Wenn wir von diesen Rekombinationsreaktionen in Dreierstößen absehen, dann scheint die einzige bis heute bekanntgewordene trimolekulare Gasreaktion die auf S. 372 erwähnte Oxidation des Stickstoffoxids zum Stickstoffdioxid zu sein. TRAUTZ zeigte jedoch, daß auch diese Reaktion möglicherweise aus zwei bimolekularen Reaktionsschritten besteht:

(1) $\quad 2 NO \to N_2O_2$

(2) $\quad N_2O_2 + O_2 \xrightarrow{k_2} 2 NO_2$

Die Dimerisierung des Stickstoffoxids führt zu einem Gleichgewicht; es ist also $K = [N_2O_2]/[NO]^2$. Wenn wir dies in (2) einsetzen, dann erhalten wir:

$$\frac{d[NO_2]}{dt} = k_2 [N_2O_2] \cdot [O_2] = k_2 K [NO]^2 [O_2]$$

Die beobachtete Konstante 3. Ordnung wäre also $k_3 = k_2 K$. Bis heute läßt sich noch nicht sagen, welcher der vorgeschlagenen Mechanismen für die Oxidation des Stickstoffoxids der richtige ist.

21. Messung sehr schneller Reaktionen: Chemische Relaxation, Blitzlicht- und Pulsradiolyse

Die Geschwindigkeit chemischer Reaktionen hängt stark von deren Aktivierungsenergie ab; Reaktionen mit hoher Aktivierungsenergie verlaufen langsam, solche mit niederer schnell. Die Geschwindigkeitskonstanten für Reaktionen 1. Ordnung liegen, wenn wir von extremen Reaktionsbedingungen oder ungewöhnlichen Systemen absehen, zwischen etwa 10^{-5} und 10^{-2} s^{-1}. Die Geschwindigkeitskonstanten für Reaktionen 2. Ordnung liegen zwischen etwa 10^{-2} und 10^6 $dm^3\,mol^{-1}\,s^{-1}$; bei Reaktionen zwischen Molekeln und Radikalen können sie bis auf etwa 10^2 $dm^3\,mol^{-1}\,s^{-1}$ ansteigen. Noch schneller verlaufen Kombinationsreaktionen zwischen Radikalen (bis etwa 10^9 $dm^3\,mol^{-1}\,s^{-1}$), am schnellsten solche zwischen entgegengesetzt geladenen Ionen (minimale Aktivierungsenergie, bis etwa 10^{11} $dm^3\,mol^{-1}\,s^{-1}$).

Die Messung der Geschwindigkeit extrem schneller, vorher für »unmeßbar schnell« gehaltener Reaktionen, ist eine noch junge Wissenschaft. Relaxationsmethoden wurden zuerst von MANFRED EIGEN etwa im Jahre 1950 eingeführt; auch viele der nachfolgenden methodischen Entwicklungen wurden an seinem Laboratorium im MPI für physikalische Chemie in Göttingen gemacht. Die Grundidee der Methode ist, ein im Gleichgewicht befindliches System einer schockartigen, also in kürzester Zeit erfolgenden Änderung irgendeiner physikalischen Größe zu unterwerfen, von der wiederum die Gleichgewichtskonstante K des Systems abhängt. Nach dieser schockartigen Änderung ist das System aus dem Gleichgewicht geraten und strebt nun danach, das neue Gleichgewicht zu erreichen, und zwar mit der für den jeweiligen Vorgang charakteristischen Geschwindigkeit. Dieser Vorgang kann, z.B. durch eine spektroskopische Methode, verfolgt werden; aus den Meßergebnissen läßt sich die Geschwindigkeitskonstante für die betreffende Reaktion berechnen. Die wichtigsten Parameter, von denen die Gleichgewichtskonstante abhängt und die sich für die Relaxationsmethode eignen, sind Temperatur, Druck und elektrische Feldstärke. Auch die Messung der durch Relaxationsvorgänge hervorgerufenen Ultraschallabsorption erweist sich manchmal als nützlich bei der Messung schneller Reaktionen; hierbei wirkt auf das System eine Kompressionswelle hoher Frequenz und Amplitude.

Abb. 9.9 zeigt schematisch eine Apparatur für die Temperatursprungmethode. Das Probenvolumen beträgt etwa 1 ml, der T-Sprung wird durch die Entladung eines Kondensators durch die Reaktionsmischung erzeugt. Dabei wird auf das System in einer Zeit von 1 µs eine Energie von 50 J übertragen (entsprechend einer, allerdings sehr kurzzeitigen, Leistung von 50 MW).

Wenn die Verschiebung des chemischen Gleichgewichts klein genug ist, dann folgt die Geschwindigkeit, mit der das neue Gleichgewicht angestrebt wird, stets dem

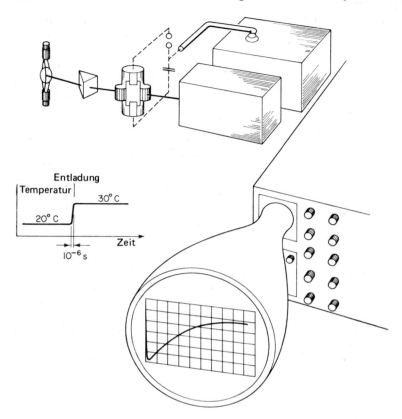

Abb. 9.9 Prinzip der Temperatursprung- und der Feldpulsmethode (auch »Feldimpulsmethode«). Der elektrische Feldstoß kann entweder durch eine Kondensatorentladung (exponentieller oder kritisch gedämpfter Puls) oder durch eine besonders geschaltete Entladung (quadratischer Puls) erzeugt werden. T-Sprünge lassen sich auch durch Mikrowellenentladungen hoher Leistung erzeugen. [M. Eigen, *Nobel Symposium 5* (1967) 333.]

Gesetz für Reaktionen 1. Ordnung, unabhängig von der tatsächlichen Kinetik der Hin- und Rückreaktion. Wenn also die ursprüngliche Gleichgewichtskonzentration c einer für die Mischung charakteristischen Komponente durch den Temperatursprung um den Betrag Δc_0 verschoben wurde, dann gilt für die nach der Zeit t (nach dem Temperatursprung) noch zu beobachtende Verschiebung Δc:

$$\Delta c = \Delta c_0 \, e^{-t/\tau} \qquad [9.23]$$

Hierin bedeutet τ die chemische Relaxationszeit für die im System ablaufende Reaktion. Die Beziehungen zwischen τ und den Geschwindigkeitskonstanten sehr schneller Reaktionen wurden für die meisten interessierenden Systeme ausgearbeitet[13]. Wie dies geschieht, sollen die folgenden zwei Beispiele zeigen.

---

[13] G. H. Czerlinski, *Chemical Relaxation*, Marcel Dekker, New York 1966.

Wir wollen eine reversible Reaktion 1. Ordnung der folgenden Art betrachten:

$$A \underset{k_{-1}}{\overset{k_1}{\rightleftarrows}} B$$

Nun sei a die Konzentration von A + B und b die Konzentration von B alleine zu irgendeiner Zeit t. Dann gilt:

$$\frac{db}{dt} = k_1 (a - b) - k_{-1} b$$

Für die Geschwindigkeit, mit der sich $\Delta b = b - b_e$ (b_e = Gleichgewichtszusammensetzung nach dem Temperatursprung) der neuen Zusammensetzung annähert, gilt:

$$\frac{d(\Delta b)}{dt} = k_1 (a - \Delta b - b_e) - k_{-1} (\Delta b + b_e) \qquad [9.24]$$

Für den neuen Gleichgewichtszustand muß gelten:

$$\frac{db}{dt} = 0 = k_1 (a - b_e) - k_{-1} b_e$$

Hiermit bekommt [9.24] die folgende Form:

$$\frac{d(\Delta b)}{dt} = -(k_1 + k_{-1}) \Delta b$$

Für die chemische Relaxationszeit des Systems gilt daher:

$$\tau = (k_1 + k_{-1})^{-1} \qquad [9.25]$$

Etwas komplizierter ist der Fall eines Gleichgewichts, bei dem die Hinreaktion 1. Ordnung und die Rückreaktion 2. Ordnung ist:

$$A \underset{k_2}{\overset{k_1}{\rightleftarrows}} B + C$$

Ein praktisches Beispiel hierfür wäre die elektrolytische Dissoziation einer schwachen Säure in einem großen Überschuß an Lösemittel:

$$CH_3COOH + H_2O \underset{k_2}{\overset{k_1}{\rightleftarrows}} CH_3COO^- + H_3O^+$$

Nun sei a die Konzentration an $CH_3COOH + CH_3COO^-$ und b die Konzentration an H_3O^+ (= $[CH_3COO^-]$). Wenn wir die konstante Wasserkonzentration in die Konstante k_1 einbeziehen, dann können wir schreiben:

$$\frac{db}{dt} = k_1 (a - b) - k_2 b^2$$

Mit $\Delta b = b - b_e$ gilt daher:

$$\frac{d(\Delta b)}{dt} = k_1 (a - b_e - \Delta b) - k_2 (b_e + \Delta b)^2 \qquad [9.26]$$

Für den Gleichgewichtszustand muß gelten:

$$\frac{db}{dt} = 0 = k_1(a - b_e) - k_2 b_e^2$$

Wenn die Gleichgewichtsverschiebung Δb sehr klein ist, dann kann $(\Delta b)^2$ im Vergleich zu Δb vernachlässigt werden; [9.26] erhält dann die folgende Form:

$$\frac{d(\Delta b)}{dt} = -(k_1 + 2k_2 b_e)\Delta b$$

Hieraus erhält man für die chemische Relaxationszeit des Systems:

$$\tau = (k_1 + 2k_2 b_e)^{-1} \qquad [9.27]$$

Wenn wir diese Gleichung mit der Beziehung $K = k_1/k_2$ kombinieren, dann können wir aus τ und der Gleichgewichtskonstanten K die Geschwindigkeitskonstanten für beide Richtungen dieser Dissoziationsreaktion erhalten.

Durch die verschiedenen Relaxationsmethoden wurden zahlreiche wichtige Geschwindigkeitskonstanten bestimmt; Tab. 9.3 zeigt einige dieser Ergebnisse.

Reaktion	T (K)	Methode	Lit.	k_2 (dm³ mol⁻¹ s⁻¹)
$H^+ + HS^- \rightleftharpoons H_2S$	298	Wien-Effekt	(1)	$7{,}5 \cdot 10^{10}$
$H^+ + N(CH_3)_3 \rightleftharpoons [HN(CH_3)_3]^+$	298	NMR	(2)	$2{,}5 \cdot 10^{10}$
$H^+ + [(NH_3)_5CoOH]^{2+} \rightleftharpoons$ $H_2O + [(NH_3)_5Co]^{3+}$	285	T-Sprung	(3)	$1{,}4 \cdot 10^9$
$H^+ + (AlOH)^{2+} \rightleftharpoons H_2O + Al^{3+}$	298	Wien-Effekt	(4)	$3{,}8 \cdot 10^9$
$OH^- + $ Diäthylmalonsäure $\rightleftharpoons$ $H_2O + $ Diäthylmalonatanion	298	T-Sprung	(5)	$2{,}4 \cdot 10^8$
$H^+ + OH^- \rightleftharpoons H_2O$	298	T-Sprung	(6)	$1{,}5 \cdot 10^{11}$

(1) M. Eigen, K. Kustin, J. Am. Chem. Soc. 82 (1960) 5952
(2) E. Grunwald et al., J. Chem. Phys. 33 (1960) 556
(3) M. Eigen, W. Kruse, Z. Naturforsch. 186 (1963) 857
(4) L. P. Holmes, D. L. Cole, E. M. Eyring, J. Phys. Chem. 72 (1) (1968) 301
(5) M. H. Miles et al., J. Phys. Chem. 70 (1966) 3490
(6) M. Eigen, Disc. Faraday Soc. 17 (1954) 194

Tab. 9.3 Geschwindigkeitskonstanten für sehr schnelle Reaktionen in wäßriger Lösung

Zu den elegantesten Methoden für die Untersuchung sehr schnell ablaufender Reaktionen gehört die von Norrish und Porter entwickelte Blitzlichtphotolyse[14]. Sie wurde zunächst auf Gasreaktionen und später, besonders von Porter et al., auch auf Reaktionen in flüssiger Phase angewandt. Abb. 9.10 zeigt die Versuchsanordnung.

Ein sehr kurzer (einige µs), aber höchst intensiver Lichtblitz wirkt auf das zu untersuchende System und ruft darin eine physikalische oder chemische Ver-

---

[14] G. Porter, Flash Photolyses, in Technique of Organic Chemistry, Vol. VIII, Investigation of Rates and Mechanism of Reactions, 2. Aufl., Interscience Publ. New York 1963.

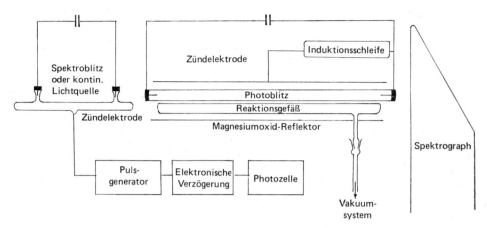

Abb. 9.10 Versuchsanordnung für die Blitzlichtphotolyse von Gasen (nach NORRISH und PORTER).

änderung hervor. Physikalische Veränderungen bestehen vor allem in der Bildung höher angeregter Molekeln, die nach einer gewissen Zeit wieder in den Grundzustand zurückkehren. Chemische Veränderungen bestehen meist in der Erzeugung von Radikalpaaren, deren Rekombinationsgeschwindigkeit gemessen werden kann. Ein Beispiel hierfür ist die photolytische Spaltung von Jod in Hexanlösung. Irreversible Vorgänge treten auf, wenn ein Teil der Radikale aus dem FRANCK-RABINOWITSCH-Käfig herausdiffundiert (*freie Radikale*) und mit anderen Molekeln im System reagiert. Die durch den Blitz hervorgerufenen Änderungen im System werden spektroskopisch gemessen. Eine statische, absorptionsspektroskopische Methode besteht darin, daß mit einer variablen Verzögerung nach dem ersten, photochemisch wirksamen Blitz ein zweiter, der Spektroblitz, ausgelöst wird. Das Spektrum der absorbierenden, instabilen Spezies wird in einem bestimmten Wellenlängenbereich auf eine Photoplatte aufgenommen. Bei der kinetischen Spektroskopie wird der Spektrograph auf die Wellenlänge der Maximalabsorption der interessierenden Spezies eingestellt; sofort nach dem Photoblitz mißt man die zeitliche Änderung der Absorption und kann hieraus Rückschlüsse auf die Reaktionen ziehen, durch die die instabile Spezies gebildet oder verbraucht wird. Eine dritte, technisch besonders anspruchsvolle Methode ist die Messung der Elektronenspinresonanz der gebildeten radikalischen Spezies. Eine Kombination dieser Verfahren liefert ein Maximum an Informationen über die Natur der photolytisch erzeugten Spezies und ihre Reaktionen. Durch die Blitzlichtphotolyse lassen sich noch Reaktionen mit Halbwertszeiten bis etwa 10^{-5} s messen. Die spektroskopische Bestimmung von Geschwindigkeitskonstanten setzt natürlich die Kenntnis des Extinktionskoeffizienten der betrachteten Spezies bei der gewählten Wellenlänge voraus.

Die ersten Blitzlichtuntersuchungen zur Messung der Reaktionen kurzlebiger organischer Radikale wurden Ende der 50er Jahre an Benzylverbindungen durchgeführt. Die Bildung des Benzylradikals konnte eindeutig nachgewiesen werden;

die Geschwindigkeitskonstante der Kombinationsreaktion zum Diphenyläthan wurde zu $10^9 \cdots 10^{10}$ dm^3 mol^{-1} s^{-1} bestimmt. Noch genauere Werte von Geschwindigkeitskonstanten der sehr schnell ablaufenden Radikal-Radikal-Reaktionen wurden in den 60er Jahren durch die Pulsradiolyse bestimmt.

Die *Pulsradiolyse* ist das strahlenchemische Analogon der Blitzlichtphotolyse; der Lichtblitz wird durch einen Puls hochenergetischer Elektronen ersetzt. Das kinetische Prinzip ist hier wie bei allen anderen Methoden zur Messung sehr schneller Reaktionen die Untersuchung von Systemen im nichtstationären Zustand. Ein wesentliches Merkmal der Pulsradiolyse ist die Verwendung extrem kurzer (einige 10^{-9} s) Pulse ionisierender Strahlung (Elektronen im MeV-Bereich) von sehr hoher Intensität. Mit dieser Methode läßt sich in einem reaktionsfähigen System pulsartig eine hohe Population an Ionen, solvatisierten Elektronen, Radikalen und angeregten Molekeln erzeugen; die Folgereaktionen werden wie bei der Blitzlichtphotolyse spektroskopisch gemessen.

Abb. 9.11 zeigt das Prinzip der Pulsradiolyse.

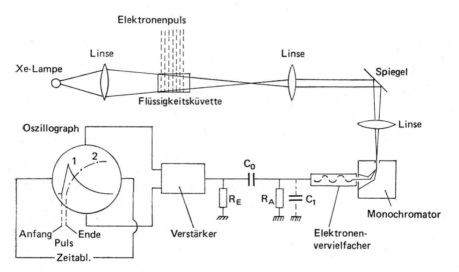

Abb. 9.11 Versuchsanordnung für die pulsradiolytische Untersuchung flüssiger Systeme (aus A. HENGLEIN, W. SCHNABEL, J. WENDENBURG, *Einführung in die Strahlenchemie*, Verlag Chemie, Weinheim 1969).

Die von einem Linearbeschleuniger erzeugten Elektronen ($1 \cdots 10$ MeV) werden auf eine kleine Quarzküvette geschossen, die die zu untersuchende Flüssigkeit (einige 0,1 ml) enthält. Bei jedem Puls absorbiert das System Strahlungsenergie in der Größenordnung von 10 J · kg^{-1} ($6{,}242 \cdot 10^{16}$ eV g^{-1}). Wenn eine bestimmte hochreaktive Spezies mit einer strahlenchemischen Ausbeute von 3 Molekeln/ 100 eV absorbierter Strahlungsenergie produziert wird, dann entsteht bei jedem Puls eine Konzentration von einigen 10^{-6} mol · dm^{-3} dieser Spezies. Zur Verfolgung des Konzentrationsverlaufs in der Probe wird die Küvette senkrecht zum Elektronenstrahl mit einer starken Xenonlampe (kontinuierliches Spektrum) beleuchtet; das Absorptionsspektrum wird durch einen Monochromator mit angeschlossenem Oszillographen gemessen. Bei jedem Puls wird der Spannungsverlauf am Sekundärelektronenvervielfacher in Abhängigkeit von der Zeit gemessen; dies liefert zugleich den Absorptionsverlauf bei einer bestimmten Wellenlänge und damit auch die zeitliche Änderung der Konzentration der absorbierenden Spezies. Um außer den kinetischen Daten auch das Absorptionsspektrum der Probe nach einem Elektronenpuls zu erhalten, müssen zahlreiche Einzelmessungen bei verschiedenen Wellenlängen über den gesamten interessierenden Bereich durchgeführt werden (»Punkt für Punkt«).

Außer dem optischen Verhalten der Probe kann auch noch deren Leitfähigkeit gemessen werden. Hierzu verwendet man eine Küvette, die zwei planparallele Elektroden enthält. An diese Elektroden wird eine Wechselspannung gelegt (z.B. 20 Volt); bei Nichtelektrolyten kann auch eine Gleichspannung verwendet werden. Ein kleiner Teil der durch einen Elektronenpuls erzeugten Ionen und Elektronen wird an den Elektroden entladen; die Änderung der elektrischen Leitfähigkeit (oder der auftretende Spannungsabfall) ist ein Maß für die Konzentration der Ladungsträger in der Küvette.

Eine besondere Leistung der Pulsradiolyse war der Nachweis des hydratisierten Elektrons als hochreaktive Spezies in wäßrigen Systemen bei Zimmertemperatur sowie die Messung zahlreicher extrem schneller Reaktionen des solvatisierten Elektrons mit den verschiedensten Komponenten in wäßrigen Systemen. Einzelheiten hierzu können der Spezialliteratur entnommen werden[15].

22. Reaktionen in Fließsystemen

Kinetische Messungen an kontinuierlich strömenden Systemen wurden zuerst von HARTRIDGE und ROUGHTON (1923) durchgeführt. Die Reaktanden werden unter Druck in ein Mischgefäß gepreßt; sie verlassen dieses nach sehr kurzer Zeit durch ein langes, gerades Rohr. In diesem Rohr herrscht eine laminare Strömung von hoher Geschwindigkeit (mehrere m · s^{-1}). Entlang dieses Rohres können nun physikalische Messungen (elektrische Leitfähigkeit, optische Durchlässigkeit) durchgeführt werden, die Rückschlüsse auf die Konzentration bestimmter Komponenten im System erlauben. Auf diese Weise wird eine Zeit-Umsatz-Kurve des strömenden Systems erhalten. Die Methode des Mischens wurde in den folgenden Jahren durch Verwendung von Mehrdüsenmischgefäßen verbessert. Außerdem konnte durch Verfeinerung der physikalischen Meßmethoden das Strömungsrohr zu einer Kapillaren verkleinert werden; dies erlaubte eine Reduzierung der er-

---

[15] M. EBERT, J. P. KEENE, A. J. SWALLOW, J. H. BAXENDALE, *Pulse Radiolysis*, Academic Press, London 1965.
L. M. DORFMAN, M. S. MATHESON, *Pulse Radiolysis* in *Progress Reaction Kinetics*, Hrsg. G. PORTER und B. STEVANS, Pergamon Press, Oxford 1965.
J. W. HUNT und J. K. THOMAS, *Pulse Radiolysis Studies Using Nanosecond Electron Pulses: Observation of Hydrated Electrons*, Radiat. Res. *32* (1967) 149.

forderlichen Substanzmenge von einigen dm³ auf einige cm³. Auf diese Weise konnten Reaktionen mit einigen ms Halbwertszeit gemessen werden.

Ein besonderes Problem bilden die kinetischen Gleichungen für Fließsysteme[16]. Die in den vorhergehenden Kapiteln diskutierten Geschwindigkeitsgleichungen lassen sich nur auf *statische Systeme* anwenden, bei denen die reagierende Mischung in einem Reaktionsgefäß bei konstantem Volumen und konstanter Temperatur gehalten wird. Bei der theoretischen Behandlung von *Fließsystemen* interessieren wir uns vor allem für zwei Modelle: (1) den Reaktor ohne Rührvorrichtung und (2) den Reaktor, in dem durch einen wirksamen Rührer jederzeit eine völlige Durchmischung gewährleistet ist.

Abb. 9.12 zeigt ein röhrenförmiges Reaktionsgefäß, das von der Reaktionsmischung mit einer Volumengeschwindigkeit u (z.B. 1 cm³ s⁻¹) durchströmt wird. Wir denken uns nun ein Volumenelement dV aus dieser Röhre herausgeschnitten und richten unsere Aufmerksamkeit auf eine Komponente A, deren Konzentration beim Eintritt in dieses Volumenelement a und beim Verlassen desselben $a + da$ betrage.

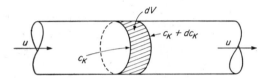

Abb. 9.12 Volumenelement in einem röhrenförmigen Fließsystem.

Wenn in Fließrichtung keine Durchmischung auftritt, dann gilt für die zeitliche Änderung der Molzahl der Komponente A (dn_A/dt) im Volumenelement dV der folgende Ausdruck:

$$\frac{dn_A}{dt} = R_A \, dV - u \, da \qquad [9.28]$$

Der erste Term in diesem Ausdruck berücksichtigt die chemische Reaktion im Volumenelement dV; R_A bedeutet hierbei die *Reaktionsgeschwindigkeit pro Volumeneinheit*. Der zweite Term berücksichtigt die Konzentrationsdifferenz an A zwischen Ein- und Austritt von A ins Volumenelement dV, also den Überschuß an A beim Eintritt in das Reaktionsvolumen. Die explizite Form für R_A wird durch die Reaktionsordnung bestimmt; für eine Reaktion 1. Ordnung in bezug auf A gilt $R_A = -k_1 a$, für eine Reaktion 2. Ordnung gilt $R_A = -k_2 a^2$ usw.

Nach einer gewissen Zeit stellt sich im Fließsystem ein *stationärer Zustand* ein, bei dem sich die Molzahlen jeder Komponente in einem beliebigen Volumenelement nicht mehr ändern. Der Zustrom an Ausgangsstoff (oder an Ausgangsstoffen) ist also so groß wie der Verbrauch in der chemischen Reaktion. Für diesen Zustand gilt dn_A/dt = 0; damit erhält [9.28] die folgende Form:

$$R_A \, dV - u \, da = 0 \qquad [9.29]$$

---

[16] Für ein eingehenderes Studium empfiehlt sich das Buch von K. G. Denbigh, *Chemical Reactor Theory*, Cambridge University Press, 1965.

Nach der Einführung von R_A als Funktion von a läßt sich die Gleichung integrieren. Für $R_A = -k_1 a$ gilt z. B.:

$$-k_1 \frac{dV}{u} = \frac{da}{a}$$

Die Integrationsgrenzen sind durch die Werte am Ein- und Auslaß des Reaktionsgefäßes gegeben:

$$-\frac{k_1}{u} \int_0^{V_0} dV = \int_{a_1}^{a_2} \frac{da}{a}$$

$$-k_1 \frac{V_0}{u} = \ln \frac{a_2}{a_1} \qquad [9.30]$$

Hierin bedeutet V_0 das Gesamtvolumen des Reaktionsgefäßes; a_1 und a_2 sind die Konzentrationen der Komponente A am Einlaß und Auslaß.
[9.30] läßt sich auf die integrierte Form des Geschwindigkeitsgesetzes für Reaktionen 1. Ordnung in einem statischen System reduzieren, wenn man für den Ausdruck V_0/u die Zeit t einsetzt. Die Größe V_0/u nennt man die *Kontaktzeit* für die Reaktion (*Verweilzeit* für das reagierende Medium); sie stellt die Durchschnittszeit dar, die eine Molekel für ihre Wanderung durch das Reaktionsgefäß benötigt. [9.30] erlaubt es uns daher, die Geschwindigkeitskonstante k_1 aus der Verweilzeit und aus den Konzentrationen der Reaktionsteilnehmer am Ein- und Auslaß des Reaktionsgefäßes zu berechnen. Auch für andere Reaktionen läßt sich die korrekte Gleichung für den Durchflußreaktor durch Einsetzen von V_0/u anstelle von t in die Gleichung für das statische System erhalten. Viele Reaktionen, die für eine konventionelle Untersuchung in einem statischen System zu schnell sind, lassen sich leicht in einem Fließsystem mit kleiner Verweilzeit (hohe Durchflußgeschwindigkeit und kleines Reaktionsvolumen) untersuchen (*Techniques of Organic Chemistry*, Interscience, New York 1953).
Bei der Ableitung von [9.29] haben wir stillschweigend vorausgesetzt, daß die Reaktion nicht von einer Volumenänderung ΔV begleitet ist; jedes ΔV würde nämlich die Fließgeschwindigkeit des isobaren Systems beeinflussen. Die Form der jeweiligen Geschwindigkeitsgleichung würde durch ein ΔV bei flüssigen Fließsystemen allerdings kaum, bei gasförmigen Systemen hingegen stark beeinflußt. Eine praktische Zusammenstellung integrierter Geschwindigkeitsgesetze für solche Fälle findet sich bei HOUGEN und WATSON[17].
Abb. 9.13 zeigt schematisch einen *Durchflußreaktor mit Rührvorrichtung*[18]. Die Ausgangsstoffe werden bei A in das Reaktionsgefäß eingeleitet; ein hochtouriger Rührer (3000 U/min) bewirkt eine gründliche Durchmischung innerhalb 1 s. Die Reaktionsmischung wird bei B mit einer Geschwindigkeit abgezogen, die genau dem Zufluß entspricht. Ein stationärer Zustand ist erreicht, wenn sich die Zusammensetzung der Mischung im Reaktionsgefäß bei gleichbleibender Zufuhr von

---

[17] O. A. HOUGEN und K. M. WATSON, *Chemical Process Principles* (Part 3), John Wiley, New York 1947.
[18] K. G. DENBIGH, *Trans. Faraday Soc.* 40 (1944) 352; *Disc. Faraday Soc.* 2 (1947) 263.

Ausgangsstoffen nicht mehr ändert. Auch für diesen Fall können wir [9.29] anwenden; anstelle von dV setzen wir jedoch das gesamte Reaktorvolumen V_0 ein und anstelle von da die Größe $a_2 - a_1$, wobei a_1 und a_2 die Ausgangs- und Endkonzentrationen des Stoffes A darstellen. Es ist also:

$$R_A = \frac{u}{V_0}(a_2 - a_1) = \frac{da}{dt}$$

Wie man sieht, braucht bei dieser Methode die Geschwindigkeitsgleichung nicht integriert zu werden. Aus jeder Messung im stationären Zustand erhält man einen Punkt auf der Geschwindigkeitskurve; zur Bestimmung der Reaktionsordnung braucht man also nur eine Anzahl von Versuchen mit verschiedenen Fließgeschwindigkeiten und Ausgangskonzentrationen durchzuführen.

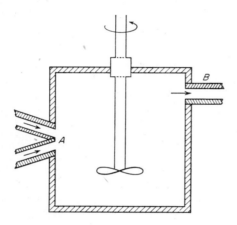

Abb. 9.13 Durchflußreaktor mit Rührvorrichtung.

Ein gerührtes Durchflußreaktionssystem eignet sich sehr gut für die Untersuchung kurzlebiger Zwischenprodukte, deren Konzentration hier konstant ist, während sie in einem statischen System meist rasch ein Maximum erreicht und dann auf 0 abfällt (vgl. Abb. 9.6). So erscheint bei der Reaktion zwischen Fe^{3+} und $Na_2S_2O_3$ eine violette Farbe, die innerhalb von ein oder zwei Minuten wieder verblaßt. Bei einem fließenden System können die Reaktionsbedingungen so eingestellt werden, daß die Färbung konstant ist; die hierfür verantwortliche Zwischenverbindung ($FeS_2O_3^+$) kann durch ihr Absorptionsspektrum charakterisiert werden.

23. Der stationäre Zustand in Fließsystemen, Dissipationsvorgänge

In einem statischen Reaktionssystem verändern sich die vorgegebenen Konzentrationen an Ausgangsstoffen und die hieraus entstehenden Reaktionsprodukte so lange, bis ein chemisches Gleichgewicht erreicht ist; diesem Zustand entspricht bei konstantem T und P ein Minimum an freier Enthalpie.

Bei einem statischen System folgt die Änderung der Zusammensetzung also einer Zeitkoordinate, während sie in einem Fließsystem einer Raumkoordinate folgt, entweder in Richtung der Achse eines röhrenförmigen Durchflußreaktors oder diskontinuierlich von Gefäß zu Gefäß (Autoklav usw.) innerhalb einer Serie kontinuierlich gerührter Reaktionsgefäße. Wenn die Einspeisungsgeschwindigkeit in einem solchen Fließsystem konstant ist, dann nimmt die Zusammensetzung des Systems als Funktion der jeweiligen Raumkoordinate in der Regel (jedoch nicht notwendigerweise) einen konstanten Wert an, der den stationären Zustand charakterisiert. In diesem Zustand befindet sich das System nicht zugleich in einem Minimum seiner freien Enthalpie; der tatsächliche Wert liegt vielmehr irgendwo zwischen dem Ausgangswert und dem durch das chemische Gleichgewicht festgelegten Minimalwert von G, der sowohl von der Fließgeschwindigkeit als auch von der Geschwindigkeitskonstanten des jeweiligen Systems abhängt. Diese Fließsysteme sind offene Systeme (S. 228) in einem thermodynamischen Sinne, und ihre zeitinvarianten Zustände sind nicht *Gleichgewichts-*, sondern *stationäre Zustände*.

Es besteht eine grundlegende Analogie zwischen einer lebenden Zelle und einem kontinuierlichen, gerührten Durchflußreaktor; wir können also oft dieselbe theoretische Analyse auf die chemische Kinetik der Vorgänge in diesen beiden sonst so grundverschiedenen Reaktionsräumen anwenden. Eine Zelle besitzt zwar kein Rührsystem; die maximalen Abstände von einem zum anderen Ende der Zelle sind jedoch gewöhnlich so klein, daß die Diffusion für eine hinreichend rasche Durchmischung des Systems sorgt. (In Ausnahmefällen wie beim Motoneuron zu einem Muskel im Giraffenschwanz werden besondere Mechanismen für den Stofftransport von einem zum anderen Teil der Zelle benötigt.) So beträgt die mittlere Diffusionszeit von Wand zu Wand für eine Zelle mit einem Durchmesser von 10^{-3} cm und für eine Molekel mit dem Diffusionskoeffizienten 10^{-5} cm^2 s^{-1} $\tau \approx (10^{-3})^2/10^{-5} = 10^{-1}$ s. Die Zelle hat auch kein lokalisiertes Einlaß- und Auslaßsystem; indessen übernimmt die gesamte Zellmembran diese Funktionen: Chemische Stoffe können in die Zelle eindringen oder diese wieder verlassen entweder durch passive Diffusion durch die Membran hindurch oder durch einen aktiven Transport (intermediäre Verbindungsbildung an der Membran, Ionenaustausch).

Als physiologisches Beispiel wollen wir die Verteilung einer injizierten Verbindung von radioaktivem Jod zwischen Blut und Schilddrüse betrachten. Unser Ziel ist die Berechnung des Anstiegs und des späteren Abfalls der Konzentration an Radiojod im Blut sowie die Bestimmung der Geschwindigkeit, mit der das Jod durch die Schilddrüse aufgenommen wird. Dieses Problem ist ganz analog dem eines Systems aus gekoppelten chemischen Reaktionen. Der Mechanismus, durch den das Radiojod aus dem Blut in die Schilddrüse transportiert wird, läßt sich nicht angeben; solange jedoch die Geschwindigkeit dieses Transports proportional der Konzentration des Radiojods im Blut ist, kann er formal wie eine Reaktion 1. Ordnung behandelt werden.

Wenn die Beziehungen zwischen den einzelnen Teilen eines solchen Systems linear sind, also nur Vorgänge 1. Ordnung auftreten, kann die mathematische

Behandlung durch die üblichen Methoden für die Lösung von Systemen linearer Differentialgleichungen geschehen[19]. Wenn diese Gleichungen jedoch nichtlinear werden, nehmen die mathematischen Schwierigkeiten beträchtlich zu; für eine numerische Integration braucht man dann in der Regel einen Digitalcomputer. Systeme im stationären Zustand sind manchmal von einem bemerkenswerten Phänomen begleitet, das möglicherweise eng verknüpft ist mit einem anderen Phänomen, das wir *Leben* nennen. Bei den üblichen linearen gekoppelten Prozessen sind sowohl die Gleichgewichts- als auch die stationären Zustände recht stabil gegenüber kleinen Störungen der Parameter, die das System charakterisieren. Wenn wir z.B. in den Zuleitungsstrom einer Serie von Rührautoklaven eine zusätzliche Menge des Ausgangsstoffes A injizieren, dann läuft eine Welle von veränderten Konzentrationen durch diese Reaktoren; der ursprüngliche stationäre Zustand stellt sich jedoch bald wieder ein. Bei bestimmten Systemen nichtlinearer Reaktionen sind nun einige stationäre Zustände instabil in bezug auf kleine Störungen. In solchen Systemen lassen sich daher anhaltende, periodische Konzentrationsschwankungen bei Ausgangsstoffen und Reaktionsprodukten hervorrufen, ja, man kann sogar das ganze System dazu bringen, in einen anderen stationären Zustand überzugehen, der noch weiter vom thermodynamischen Gleichgewicht entfernt ist. Dieses Phänomen steht in einer gewissen Analogie zum BENARD-Effekt bei der Hydrodynamik einer erhitzten Flüssigkeit. Wenn eine ruhende Flüssigkeit von unten erhitzt wird, dann gehorcht sie zunächst den gewöhnlichen Gesetzen der Wärmeleitung. Unter bestimmten Bedingungen geht sie aber in einen anderen Zustand über, in dem Konvektionsströme vorherrschen. Konvektion ist aber eine Massenbewegung, bei der die gesamte Flüssigkeit eine kinetische Energie besitzt. Auf diese Weise wird statistische thermische Energie in makroskopische, mechanische Energie umgewandelt. Da es sich hier nicht um einen Kreisprozeß handelt, steht dieses Phänomen nicht im Widerspruch zum II. Hauptsatz der Thermodynamik. Der beträchtliche Wärmefluß in Richtung des Temperaturgradienten zwischen den verschiedenen Schichten im System schafft die Möglichkeit für einen *Dissipationsprozeß*, der den Massenfluß im Inneren des Systems aufrechterhält, eines Systems, das weit entfernt ist vom thermodynamischen Gleichgewicht oder vom stationären Zustand des Wärmeflusses.

TURING erkannte wohl zum erstenmal die Möglichkeit, daß ein ähnlicher Dissipationsprozeß auch in chemischen Systemen auftreten könnte, bei denen die chemische Reaktion mit der Diffusion der reagierenden Stoffe verknüpft ist[20]. PRIGOGINE hat dann eine allgemeine theoretische Untersuchung solcher Prozesse eingeleitet[21]. Wenn wir eine Reaktionsfolge

$$A \rightleftharpoons X_1 \rightleftharpoons X_2 \cdots \rightleftharpoons B$$

---

[19] Diese Probleme lassen sich ohne Schwierigkeit durch eine **Laplace-Transformation** lösen. Diese verwandelt die Differentialgleichungen in algebraische Simultangleichungen (A. RESCIGNO und G. SEGRE, *Drug and Tracer Kinetics*, Blaisdell Publishing Company, Waltham Mass. 1966).

[20] A. M. TURING, *Phil. Trans. Roy. Soc. London, B 237* (1952) 37. Ob ein »Leben der Dissipation« die Essenz des Lebensbegriffes darstellt, sei dahingestellt.

[21] I. PRIGOGINE, *Dissipative Structures in Chemical Systems*, 5. Nobel-Symposium, John Wiley, New York 1967.

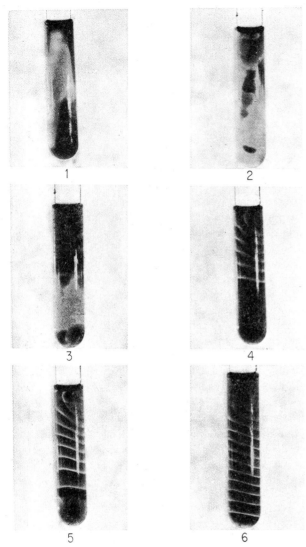

Abb. 9.14 Entwicklung einer Dissipationsstruktur bei einer homogenen chemischen Reaktion, die noch weit von ihrem Gleichgewicht entfernt ist. Die Reaktionsmischung besteht aus gleichen Volumina 1,2 m Malonsäure, 0,35 m $KBrO_3$, $4 \cdot 10^{-3}$ m $Ce_2(SO_4)_3$ und 1,5 m H_2SO_4; als Indikator dienen einige Tropfen Ferroinlösung. Die Reaktion wurde bei 21,0 °C in Reagenzgläsern von 2 cm³ Inhalt durchgeführt. Die Einzelbilder zeigen die Entwicklung der Dissipationsstruktur. Die letzte Struktur (6) hält sich etwa 15⋯30 min lang und verschwindet, wenn sich die Reaktion ihrem Gleichgewicht nähert. Die hellen Bänder stellen blaue Bereiche mit einem Überschuß von Ce^{4+}-Ionen dar; die dunklen Bänder sind rot und gehören zu Bereichen mit einem Überschuß an Ce^{3+}-Ionen. Die wichtigsten Stufen der Reaktion sind vermutlich:

(1) $CH_2(COOH)_2 + 6Ce^{4+} + 2H_2O \rightarrow 2CO_2 + HCOOH + 6Ce^{3+} + 6H^+$
(2) $10Ce^{3+} + 2HBrO_3 + 10H^+ \rightarrow 10Ce^{4+} + Br_2 + 6H_2O$
(3) $CH_2(COOH)_2 + Br_2 \rightarrow CHBr(COOH)_2 + HBr$

betrachten, in der nichtlineare Mechanismen (solche 2. oder 3. Ordnung) auftreten, dann kann es für ein vorgegebenes Ungleichgewichtsverhältnis [A]/[B] mehr als eine Lösung der Gleichung für den stationären Zustand des Systems in Abhängigkeit von der Konzentration der Zwischenprodukte X_1, X_2 usw. geben. Im besonderen mag es vorkommen, daß eine dieser Lösungen zu großen Konzentrationsgradienten für die Werte von $[X_1]$ oder $[X_2]$ usw. im strömenden System führt. Dies bedeutet aber, daß das System in einen stationären Zustand gerät, in welchem die Mischungsentropie ungewöhnlich niedrig, die Negentropie also ungewöhnlich hoch ist. Das System befindet sich dann in einem geordneten Zustand und schafft es auch, in diesem stationären Zustand hoher Ordnung zu bleiben, jedoch nur durch die Dissipation freier Energie, die durch das fixierte Nichtgleichgewichtsverhältnis [A]/[B] für die Reaktionsfolge zur Verfügung steht. Dies aber, möchte uns scheinen, ist im thermodynamischen Sinne genau das, was wir unter einem lebenden System verstehen: ein lokaler Bereich hoher Ordnung, der sich selbst für einige Zeit stabilisiert, indem er aus dem Vorrat an freier Energie seiner Umgebung schöpft.

MARCELLE HERSCHKOWITZ[21a] konnte eine geordnete Struktur in einem Dissipationssystem von der Art nachweisen, wie sie von der Theorie von PRIGOGINE und GLANSDORFF[21b] vorhergesagt wurde; die Zusammensetzung des Systems und die beobachteten Strukturen zeigt Abb. 9.14. Die reagierende Lösung erleidet zunächst periodische Schwankungen, die sich durch Farbänderungen verraten; rote Schichten enthalten einen Überschuß an Ce^{3+}-Ionen, blaue einen solchen an Ce^{4+}-Ionen. Diese Farbumschläge treten nicht in der ganzen Lösung zugleich auf; sie beginnen vielmehr an einem Punkt und setzen sich in alle Richtungen mit unterschiedlicher Geschwindigkeit fort. Nach mehreren solchen Farbumschlägen wird ein kleiner Bereich mit inhomogener Konzentrationsverteilung sichtbar, von dem Schichten mit alternierender roter und blauer Färbung ausgehen, und zwar eine nach der anderen, bis das ganze Reagenzglas davon angefüllt ist. Solche Dissipationsstrukturen lassen sich nur beobachten, wenn das System noch weit von seinem Gleichgewichtszustand entfernt ist. Bei Annäherung an das Gleichgewicht verschwinden die gefärbten Schichten und die Lösung wird wieder homogen.

24. Ungleichgewichtsthermodynamik

Die Gesetze der uns bisher bekannten *Gleichgewichtsthermodynamik* beruhen auf zwei wichtigen Voraussetzungen:

1. Die betrachteten Systeme befinden sich im Gleichgewicht.
2. Die Eigenschaften der Systeme, deren quantitative Beziehungen untereinander wir diskutieren, sind meßbar.

Nun lassen sich auch an Systemen, die sich nicht im Gleichgewicht befinden, zahlreiche Eigenschaften messen (thermische Leitfähigkeit, Diffusionskoeffizient, Vis-

---

[21a] M. HERSCHKOWITZ-KAUFMAN, *C.R. Acad. Sci.* 270 (1970) 1049.
[21b] P. GLANSDORFF und I. PRIGOGINE, *Thermodynamic Theory of Structure, Stability and Fluctuations*, John Wiley, New York 1971.

kosität usw.), die thermodynamischen Eigenschaften wie Temperatur, Dichte oder der Entropie insofern ähneln, als ihre Definitionen nicht auf irgendeinem Modell für die Struktur der Materie beruhen. Solche Eigenschaften nennt man oft *phänomenologisch*. Mit den quantitativen Beziehungen zwischen den phänomenologischen Eigenschaften von Ungleichgewichtssystemen befaßt sich die *Ungleichgewichtsthermodynamik*, oft auch »Thermodynamik der irreversiblen Vorgänge« genannt[22].

Die Thermodynamik beruht auf der Definition einiger weniger Zustandsfunktionen (P, V, T) und auf drei allgemeinen Gesetzen. Die drei Hauptsätze der Thermodynamik sind Postulate von allgemeiner Gültigkeit, sie sind also sicher nicht beschränkt auf reversible Vorgänge oder Gleichgewichtssysteme. Es ist daher eigentlich merkwürdig, daß sich alle Berechnungen und Ableitungen aus thermodynamischen Gesetzen (vor allem in den Kapiteln 3 und 8) ausschließlich auf Gleichgewichtssysteme bezogen. Der Grund hierfür liegt darin, daß einige der Zustandsfunktionen, die für die Beschreibung von Systemen notwendig sind, nur für Gleichgewichtszustände definiert wurden.

Bei näherer Betrachtung zerfallen die Zustandsvariablen in zwei Klassen. Zur einen Klasse gehören solche Größen, mit denen sich auch Ungleichgewichtszustände ohne Schwierigkeit beschreiben lassen. Beispiele sind das Volumen V, die Masse m oder die Molzahl n, die Konzentration c und die Energie U. Diese Funktionen sind für jedes System oder für jeden Teil eines Systems eindeutig definiert, ob sich das System nun im Gleichgewicht befindet oder nicht. Zur zweiten Klasse gehören solche Funktionen, die uns bei dem Versuch in große Schwierigkeiten bringen, sie zur Beschreibung von Ungleichgewichtssystemen anzuwenden. Beispiele hierfür sind der Druck P, die Temperatur T und die Entropie S. Von der Unmöglichkeit, den Druck eines Gases während einer irreversiblen Expansion zu definieren, war schon im Abschnitt 1-7 die Rede. Einem analogen

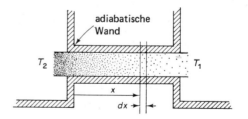

Abb. 9.15 Irreversible Wärmeleitung in einem Metallstab zwischen Wärmebehältern mit den konstanten Temperaturen T_2 und T_1 ($T_2 > T_1$). Zur Definition der Temperatur an irgendeinem Punkt x des Temperaturgefälles denkt man sich den Stab in Scheiben der Dicke dx aufgeteilt.

Problem begegnen wir beim Versuch, die Temperatur T während eines irreversiblen Vorganges zu definieren. Wir betrachten z.B. zwei Wärmebehälter bei T_1 und T_2 ($T_2 > T_1$), die durch einen Metallstab miteinander verbunden sind (Abb. 9.15). Dieser Stab vermittelt einen typisch irreversiblen Vorgang: den Wärmefluß vom heißeren zum kälteren Behälter. Wir haben keinerlei Möglichkeit, die Temperatur

---

[22] I. PRIGOGINE, *Introduction to Thermodynamics of Irreversible Processes*, Charles Thomas, Springfield, Ill., 1967. Mit der grundlegenden Theorie der Ungleichgewichtsthermodynamik befaßt sich das Buch von W. YOURGRAU, A. VAN DER MERWE und G. RAW, *Treatise on Irreversible and Statistical Thermophysics*, Macmillan, New York 1966.

an irgendeinem Punkt des Stabes zu definieren, da T nur für ein System definiert wurde, das sich im thermischen Gleichgewicht befindet.

Um diese Schwierigkeiten zu überwinden und auch Ungleichgewichtssysteme thermodynamischen Berechnungen zugänglich zu machen, müssen wir ein neues Postulat einführen, das uns die Definition von P und T an irgendeinem Punkt in einem System erlaubt, in dem sich ein irreversibler Prozeß vollzieht. Es ist das *Postulat des lokalen Gleichgewichts*. Ein System kann, mindestens in der Vorstellung, in so kleine Zellen aufgeteilt werden, daß jede Zelle zwar noch Tausende von Molekeln enthält, aber de facto nur einen bestimmten Punkt im System repräsentiert. Zu einem Zeitpunkt t isoliert man die Materie in einer bestimmten Zelle von ihrer Umgebung und läßt sie ins Gleichgewicht kommen; zum Zeitpunkt $t + \delta t$ können also P und T der Zelle definiert werden. Das Postulat des lokalen Gleichgewichts besagt nun, daß die tatsächlichen Werte für P und T an irgendeinem Punkt im ursprünglichen Ungleichgewichtssystem zur Zeit t so groß sind wie die von P und T in der entsprechenden Zelle, wenn zur Zeit $t + \delta t$ das Gleichgewicht erreicht ist.

Bevor wir thermodynamische Betrachtungen auch auf ein Ungleichgewichtssystem anwenden können, brauchen wir ein zusätzliches Postulat. Es besagt, daß die durch das Postulat des lokalen Gleichgewichts definierten Beziehungen zwischen P, V, T usw. identisch sind mit den Beziehungen zwischen gewöhnlichen Gleichgewichtsfunktionen und daß außerdem alle Beziehungen zwischen Zustandsfunktionen, die für Gleichgewichtszustände hergeleitet wurden, auch für die Funktionen gelten, die wir nun für Ungleichgewichtszustände definiert haben.

Das Postulat des lokalen Gleichgewichts ist weder unvernünftig noch ungewöhnlich. In der klassischen theoretischen Physik wurde die Temperaturfunktion in genau derselben Weise behandelt: Probleme der Wärmeleitung wurden unter Verwendung einer Temperatur T behandelt, die für jeden Punkt innerhalb eines Temperaturgradienten definiert wurde. Die Vorstellungen, nach denen das Postulat des lokalen Gleichgewichts hergeleitet wurde, erlauben keine kritiklose Anwendung dieses Modells auf *alle* irreversiblen Prozesse. Es muß jedoch für bestimmte Systeme gelten, und zu diesen müßten vor allem solche gehören, in denen sich die Eigenschaften nicht so schnell ändern, daß der Zeitraum δt für die Erreichung eines lokalen Gleichgewichts vergleichbar oder gar größer würde als die Zeit, in der eine meßbare Änderung im System auftritt[23]. Wie bei jeder theoretischen Analyse, die auf Postulaten beruht, bedarf auch das Postulat des lokalen Gleichgewichts der Rechtfertigung durch das Experiment: Die gefundenen theoretischen Beziehungen müssen mit den experimentellen Ergebnissen übereinstimmen.

Ein besonderes Problem scheint die Definition der Entropie S für die Thermodynamik irreversibler Vorgänge zu bilden. Wir hatten ja diese Funktion in der gewöhnlichen Thermodynamik ausdrücklich durch eine reversible Wärmeübertragung definiert: $dS = dq_{rev}/T$. In der Praxis werden die Entropien verschiedener Stoffe jedoch nach anderen Gleichungen berechnet, die von der ursprünglichen Definition abgeleitet wurden, insbesondere nach [3.61]. Wir können daher

---

[23] Unsere neuen Postulate könnten wir z.B. mit gutem Gewissen auf die Wärmeleitung in der Lötstelle eines Thermoelements anwenden, nicht jedoch auf eine Kernexplosion.

unsere zwei Postulate zur Berechnung der Entropie S jeder Zelle eines Systems verwenden, in dem sich ein irreversibler Vorgang vollzieht; hierdurch erhalten wir zugleich die Entropie pro Masseneinheit, $S/m = s$, für jeden Punkt im System. Wir können uns z.B. den Stab in Abb. 9.15 in dünne Scheiben zerschnitten denken, die senkrecht zum Temperaturgefälle stehen; in jeder Scheibe sind T und P definiert und konstant. Nun können wir S für jede Scheibe berechnen, indem wir die Gleichung verwenden, die die Entropie des Metalls zu seiner Wärmekapazität in Beziehung setzt: $S = \int\limits_0^T C_P \, d \ln T$.

Eine Konsequenz des neuen Postulats ist, daß wir die GIBBSsche Gleichung [6.4] auf jeden Punkt des Systems anwenden können:

$$T \, dS = dU + P \, dV - \Sigma \mu_i \, dn_i \qquad [9.31]$$

Als anderes Beispiel für ein Ungleichgewichtssystem betrachten wir eine Mischung aus H_2 und O_2 bei T und P in einem Gefäß, in dem sich eine kleine Menge eines Katalysators für die Reaktion $H_2 + \frac{1}{2} O_2 \to H_2O$ befindet. Zu einer Zeit t enthält das Gefäß bestimmte Mengen an H_2, O_2 und H_2O. Da wir die molaren Entropien dieser Gase kennen, könnten wir die Entropie des Systems berechnen, indem wir die Entropien der zur Zeit t gegenwärtigen Gase addieren und außerdem die Mischungsentropie berücksichtigen; hierbei machen wir die Annahme, daß die Zusammensetzung des Systems im ganzen Gefäß gleich sei. Da die Reaktion bei der gewählten Temperatur T in Abwesenheit eines Katalysators unmeßbar langsam verläuft, könnten wir die Reaktion auch zu einem beliebigen Zeitpunkt unterbrechen und die Zusammensetzung des Systems sowie die Abweichungen vom Idealverhalten bestimmen. Da das Verhalten des hier gewählten, chemisch reagierenden Systems nicht grundsätzlich von dem anderer Systeme abweicht, müßten wir grundsätzlich in der Lage sein, für irgendein chemisch reagierendes System S als Funktion der Zeit t und damit dS/dt, also die Geschwindigkeit der Entropieänderung während einer chemischen Reaktion zu bestimmen. Um die Temperatur des Systems konstant zu halten, setzen wir es in einen Thermostaten; es wird also notwendig sein, den Wärmefluß aus dem System heraus (oder in das System hinein) während der Reaktion zu berücksichtigen. Für die differentielle Änderung der Entropie gilt daher:

$$dS = d_i S + d_e S \qquad [9.32]$$

Hierin berücksichtigt der Ausdruck $d_i S$ die auf die chemische Veränderung des Systems zurückzuführende Entropieänderung, der Ausdruck $d_e S$ die Änderung der Entropie durch den Entropiefluß ins System aus seiner Umgebung.

25. Die ONSAGERsche Methode

Die Ausdehnung der Thermodynamik auf irreversible Vorgänge begann mit den theoretischen Untersuchungen der thermoelektrischen Phänomene in Metallen durch WILLIAM THOMSON (Lord KELVIN, 1854–1857). Er stellte fest, daß zwei irreversible thermische Effekte, nämlich die Entwicklung der JOULEschen Wärme (I^2R) und die Wärmeleitung, zusammen mit zwei reversiblen Vorgängen auftraten, nämlich der PELTIERschen Wärmeübertragung an der Verbindungsstelle und der mit dem Stromfluß zusammenhängenden Thomsonschen Wärme. Bei einer Umkehr der Stromrichtung erfahren die beiden letzteren Effekte eine Vorzeichenumkehrung. Thomson behandelte die reversiblen unter Vernachlässigung der gleichzeitig ablaufenden irreversiblen Vorgänge. Trotz der offensichtlich ungerechtfertigten theoretischen Grundlage ließen sich die Ergebnisse dieser Analyse (Gleichungen für Thermoelemente[24]) durch das Experiment bestätigen. EASTMAN und WAGNER wendeten eine ähnliche Methode auf die Thermodiffusion an. Bei der Weiterführung dieser Arbeiten wurde die Entscheidung jedoch immer schwieriger, welche Phänomene »reversibel« genannt werden konnten und welche »irreversibel« waren; die Theorien wurden mehr spekulativ und weniger überzeugend. Eine angemessene Formulierung der Thermodynamik irreversibler Prozesse wurde erst durch ONSAGER 1931 geliefert. Diese Theorie wurde noch durch CASIMIR verfeinert und bildet bis zum heutigen Tage die Basis für dieses Gebiet.

Die Onsagersche Theorie läßt sich in den folgenden Feststellungen zusammenfassen:

(1) Die Theorie beruht auf dem *Prinzip der mikroskopischen* (molekularen) *Reversibilität*: Unter Gleichgewichtsbedingungen finden ein beliebiger Prozeß und seine Umkehrung im Mittel mit derselben Geschwindigkeit statt.

(2) Man kann *thermodynamische Bewegungsgleichungen* für verschiedene Transportvorgänge formulieren. In diesen Gleichungen sind die *Fließgeschwindigkeiten* (oder *Flüsse*) proportional einer thermodynamischen Kraft[25].

Diese lineare Proportionalität zwischen Flüssen und Kräften ist eine wichtige Begrenzung für den Gültigkeitsbereich der Theorie. In einigen Fällen, z.B. beim Wärmefluß, ist der Fluß über einen weiten Bereich proportional der Kraft, hier also dem Temperaturgradienten. In anderen Fällen, z.B. bei chemischen Reaktionen, gilt die lineare Proportionalität nur für kleine Abweichungen vom Gleichgewicht.

Die allgemeine Form der Bewegungsgleichungen für zwei Flüsse J_1 und J_2 lautet:

$$J_1 = L_{11}X_1 + L_{12}X_2$$
$$J_2 = L_{21}X_1 + L_{22}X_2 \qquad [9.33]$$

J_1 mag z.B. den Wärmefluß und J_2 den Materiefluß bedeuten; X_1 wäre dann der Temperaturgradient und X_2 eine für die Diffusion verantwortliche Kraft, in Abwesenheit äußerer Kräfte z.B. der Gradient des chemischen Potentials. Die Koeffizienten L_{ij} nennt man die *phänomenologischen Koeffizienten*. Die Größen L_{ii} sind die gewöhnlichen, *direkten Koeffizienten*, welche den Fluß irgendeiner Größe

---

[24] Vgl. ZEMANSKY, *Heat and Thermodynamics*, McGraw Hill, New York 1969.
[25] Die für die irreversible Thermodynamik definierten Kräfte sind keine Newtonschen Kräfte, da sie gewöhnlich nicht mit Beschleunigungen verknüpft sind.

als Kraft ausdrücken, die wiederum zum Gradienten eines Intensitätsfaktors für diese Größe in Beziehung steht[26]. Die gekreuzten Terme L_{ij}, nach ECKART auch *Zugkoeffizienten* genannt, geben den Fluß einer Größe in Richtung des Gradienten eines Intensitätsfaktors wieder, der mit dieser Größe nicht in direkter Beziehung steht. So wird z. B. in [9.33] der von einem Temperaturgefälle verursachte Materiefluß durch L_{21} bestimmt; der von einem Gradienten im chemischen Potential verursachte Wärmefluß wird bestimmt durch L_{12}. ONSAGER hat gezeigt, daß bei korrekter Wahl der Flüsse und Kräfte stets $L_{21} = L_{12}$ ist, oder noch allgemeiner:

$$L_{ij} = L_{ji} \qquad [9.34]$$

Unter »korrekter Wahl« versteht man, daß $J = \mathrm{d}F/\mathrm{d}t$ ist; hierin ist F eine *Zustandsfunktion*. [9.34] nennt man die *Onsagersche Reziprozitätsbeziehung*. Die Ableitung dieser Beziehung beruht auf dem Prinzip der mikroskopischen Reversibilität und auf der Anwendung der statistischen Mechanik auf Zustände *in der Nähe des Gleichgewichts*. Das Onsagersche Theorem wurde experimentell an einer Vielzahl von Systemen bestätigt, die zum Teil beträchtlich vom Gleichgewicht abwichen. Es kann also mit einiger Zuverlässigkeit, wenngleich nicht kritiklos, angewandt werden[27].

Tab. 9.4 zeigt einige Beispiele für generalisierte Kräfte und Flüsse bei wichtigen irreversiblen Vorgängen.

Vorgang	Generalisierte Kraft X	Generalisierter Fluß J	Beziehung zwischen konventionellen und phänomenologischen Koeffizienten
Chemische Reaktion $A \underset{k_{-1}}{\overset{k_1}{\rightleftarrows}} B$	Affinität $\mathfrak{A} = -\Sigma \nu_i \mu_i$	$\dfrac{1}{V}\dfrac{\mathrm{d}\xi}{\mathrm{d}t}$	$L = k_1 C_A^{\mathrm{eq}}/RT$ [28]
Wärmeleitung	$-T^1 \operatorname{grad} T$	w (Geschwindigkeit des Energieflusses/Flächeneinheit)	$L_{11} = \lambda T^2$
Binäre Diffusion	$-\operatorname{grad} \mu_i$	J_i (Geschwindigkeit des Materieflusses/Flächeneinheit)	$D = L(\partial \mu/\partial c)$ [29]
Elektrische Leitfähigkeit eines binären Elektrolyten	$-\operatorname{grad} \Phi$	i (Stromdichte)	$\dfrac{\varkappa}{F^2} = z_1^2 L_{11} + 2z_1 z_2 L_{12} + z_2^2 L_{22}$

Tab. 9.4 Beispiele für generalisierte Kräfte und Flüsse bei irreversiblen Vorgängen

[26] Das Produkt aus einem Fluß und seiner konjugierten Kraft muß die Dimension der Geschwindigkeit der Entropiezunahme haben.
[27] D. G. MILLER, *Chem. Rev. 60* (1960) 15.
[28] Diese Gleichung gilt nur in der Nähe des Gleichgewichts.
[29] Hierbei ist zu beachten, daß in einem binären Diffusionssystem keine gekreuzten Terme auftreten (s. S. 177 f).

Einige der wertvollsten Anwendungen der Ungleichgewichtsthermodynamik gilt Systemen, in denen zwei oder mehr Kräfte zu gleicher Zeit wirksam sind. Wenn $L_{ij} \neq 0$ ist, dann treten *gekreuzte Effekte* bei den beobachteten Phänomenen auf. Es gibt ein wichtiges, allgemeines Prinzip, das eine hinreichende Bedingung für den Grenzfall $L_{ij} = 0$ liefert, also für den Fall, daß eine Kraft X_1 keinen Fluß J_i hervorrufen kann (keine Kopplung zwischen den beiden Vorgängen). Dieses Prinzip wurde ursprünglich durch PIERRE CURIE (1908) folgendermaßen formuliert: *Makroskopische Ursachen haben stets weniger Symmetrieelemente als die Effekte, die sie hervorrufen.*

Ein gutes Beispiel für das CURIEsche Prinzip ist die chemische Affinität. Diese besitzt keine Richtungseigenschaften, ist also eine skalare Größe; sie kann keinen gerichteten Fluß an Wärme, Elektrizität oder Materie hervorrufen. Alle diese Flüsse haben vektorielle Eigenschaften und sind daher weniger symmetrisch als die Affinität. Da in diesem Falle $L_{ij} = 0$ ist, folgt aus der Onsagerschen Reziprozitätsbeziehung, daß auch $L_{ji} = 0$ ist. Hiernach kann eine vektorielle Kraft ebensowenig wie ein Temperaturgradient eine chemische Reaktion hervorrufen[30].

26. Entropievermehrung in Ungleichgewichtssystemen

Die Berechnung der Entropievermehrung in einem System, das sich irreversibel verändert, spielt eine wichtige Rolle in der Ungleichgewichtsthermodynamik. Die Entropiezunahme in einem chemisch reagierenden System (T und P = const) läßt sich folgendermaßen berechnen. Es war:

$$\mathrm{d}S = \mathrm{d}_i S + \mathrm{d}_e S$$

Da Wärme reversibel übertragen werden kann, gilt außerdem nach [9.31]:

$$\mathrm{d}_e S = \mathrm{d}q/T = \frac{\mathrm{d}U + P\,\mathrm{d}V}{T}$$

und

$$\mathrm{d}_i S = \frac{T\,\mathrm{d}S - \mathrm{d}U - P\,\mathrm{d}V}{T} = -\frac{1}{T}\sum \mu_i \,\mathrm{d}n_i \qquad [9.35]$$

Für die Änderung der Laufzahl ξ einer chemischen Reaktion gilt nach [8.4]:

$$\mathrm{d}\xi = \frac{\mathrm{d}n_i}{\nu_i}$$

Hiermit erhalten wir aus [9.35] ($\dot{S}$ = Geschwindigkeit der Entropiezunahme):

$$\dot{S} \equiv \frac{\mathrm{d}_i S}{\mathrm{d}t} = -\frac{1}{T} \cdot \frac{\mathrm{d}\xi}{\mathrm{d}t} \sum \nu_i \mu_i \qquad [9.36]$$

---

[30] Wenn allerdings der Raum, in dem ein Fluß auftritt, anisotrop ist, ist die Affinität nicht notwendigerweise ein Skalar. In einer Zellmembran können z.B. Reaktionsgeschwindigkeit und Transport von Komponenten gekoppelt sein; so ist der aktive Transport von Na^+-Ionen mit der Hydrolyse der Adenosintriphosphorsäure gekoppelt.

Stationäre Zustände 419

Hierin sind v_i die stöchiometrischen Koeffizienten der Reaktionsgleichung. Für die Affinität einer chemischen Reaktion gilt:

$$\mathfrak{A} = -\Sigma v_i \mu_i$$

Mit [9.36] erhalten wir nun:

$$\frac{T}{V}\frac{d_i S}{dt} = \frac{d\xi}{dt}\frac{\mathfrak{A}}{V} = v\mathfrak{A} \qquad [9.37]$$

In diesem Fall ist der generalisierte Fluß J die Reaktionsgeschwindigkeit $v = d\xi/dt$ pro Volumeneinheit; die generalisierte Kraft X ist die Affinität $\mathfrak{A}$. Aus [9.37] dürfen wir allerdings nicht folgern, daß v stets eine lineare Funktion von $\mathfrak{A}$ ist; [9.37] gilt streng nur in der Nähe des Gleichgewichts.

27. Stationäre Zustände

Wir haben schon mehrere Beispiele für stationäre Ungleichgewichtszustände diskutiert, die in Systemen mit dissipativen Prozessen vorkommen. In einem *Gleichgewichtszustand* ist die Geschwindigkeit der Entropiezunahme $\dot S = 0$. Im Vergleich hierzu hat $\dot S$ bei einem *stationären Ungleichgewichtszustand* den kleinsten Wert, der mit den Beschränkungen verträglich ist, die dem System von außen auferlegt wurden. Dieses Theorem dürfte wohl zum erstenmal von PRIGOGINE (1947) abgeleitet worden sein. Es gilt jedoch nur, wenn die phänomenologischen Gleichungen linear, die Koeffizienten L_{ij} konstant und die Onsagersche Reziprozitätsbeziehung gültig sind. Solche stationären Ungleichgewichtszustände sind selbststabilisierend im Hinblick auf kleine Störungen der Variablen, die das System definieren.

Zum Beweis dieses Theorems wollen wir ein System betrachten, in dem Materie und Energie bei verschiedenen Temperaturen zwischen zwei Phasen übertragen werden. Die phänomenologischen Gesetze sind

$$J_e = L_{11} X_e + L_{12} X_m \qquad [9.38]$$
$$J_m = L_{21} X_e + L_{22} X_m$$

Hierin bedeuten J_e und J_m die Flüsse von Energie und Materie. Für die Geschwindigkeit der Entropiezunahme gilt:

$$\frac{d_i S}{dT} = J_e X_e + J_m X_m > 0 \qquad [9.39]$$

Unter Verwendung von [9.38] erhalten wir:

$$\frac{d_i S}{dt} = L_{11} X_e^2 + 2 L_{21} X_e X_m + L_{22} X_m^2 > 0 \qquad [9.40]$$

Die partielle Ableitung von [9.40] nach X_m bei konstantem X_e liefert:

$$\frac{\partial}{\partial X_m}\left(\frac{d_i S}{dt}\right) = 2(L_{21} X_e + L_{22} X_m) = 2 J_m$$

Wenn also $\frac{\partial}{\partial X_m}\left(\frac{d_i S}{dt}\right) = 0$ wird, die Geschwindigkeit der Entropiezunahme sich also in einem Minimum[31] befindet, dann muß auch $J_m = 0$ sein. Dies ist aber genau die Bedingung für den stationären Zustand:

$$J_m = 0 = L_{21} X_e + L_{22} X_m$$

In einem solchen System fließt Wärme, jedoch keine Materie, von einer Phase zur anderen. Wir werden hier nicht den Beweis dafür erbringen, daß der stationäre Zustand gegenüber kleinen Störungen stabil ist. Prigogine hat gezeigt, daß die Geschwindigkeit der Entropiezunahme ($\dot{S}$) als Resultat irgendeines irreversiblen Vorgangs in einem System nur abnehmen kann. Wenn also das System einmal einen stationären Zustand erreicht hat, dann kann es nicht durch irgendeinen spontanen, irreversiblen Prozeß wieder gestört werden.

28. Einfluß der Temperatur auf die Reaktionsgeschwindigkeit

Wir verlassen nun den Gegenstand der klassisch chemischen Kinetik und wenden uns dem zu, was man die *Theorie der absoluten Reaktionsgeschwindigkeiten* nennt. Hierunter versteht man die Theorie der Geschwindigkeitskonstanten chemischer Reaktionen. Das letzte Ziel bestünde in der Berechnung der Geschwindigkeitskonstanten irgendeiner Elementarreaktion aus der Struktur der reagierenden Molekeln und aus den Eigenschaften des Mediums, in dem diese Molekeln reagieren. Dies ist nun allerdings eine überaus mühsame Aufgabe, deren Lösung noch jenseits unserer heutigen Möglichkeiten liegt. Immerhin wurde der erste Schritt mit der Berechnung der denkbar einfachsten Reaktion getan:

$$H + H_2 \rightarrow H_2 + H$$

In einem anderen Zusammenhang wurde einmal gesagt, daß es besser sei, hoffnungsvoll zu reisen als anzukommen. Die Hoffnungen auf dieser »Reise« sind sicherlich groß, die Landschaft ist reizvoll, aber das Ziel liegt weit hinter dem Horizont.

Die Temperaturabhängigkeit der Reaktionsgeschwindigkeit war der wichtigste Schlüssel zur Theorie dieser Vorgänge. Die van't-Hoffsche Gleichung für den Temperaturkoeffizienten der Gleichgewichtskonstanten ist, wie wir gesehen haben, $d \ln K/dT = \Delta H/RT^2$; das Massenwirkungsgesetz andererseits stellt eine Beziehung zwischen der Gleichgewichtskonstanten und einem Verhältnis von Geschwindigkeitskonstanten her: $K = \vec{k}/\overleftarrow{k}$. Arrhenius zeigte nun 1889, daß sich unter Berücksichtigung dieser beiden Beziehungen eine plausible Gleichung für die Temperaturabhängigkeit der Geschwindigkeitskonstanten erhalten läßt:

$$\frac{d \ln k'}{dT} = \frac{E_a}{RT^2} \qquad [9.41]$$

---

[31] Da $d_i S/dt$ in [9.40] ein positiver, begrenzter, quadratischer Ausdruck ist, muß die Extrembedingung ein Minimum und nicht ein Maximum oder ein Wendepunkt sein.

ARRHENIUS nannte die Größe E_a die Aktivierungsenergie der Reaktion. Wenn E_a nicht selbst eine Temperaturfunktion ist, dann erhalten wir durch Integration von [9.41]

$$\ln k' = -\frac{E_a}{RT} + \ln A \qquad [9.42]$$

Hierin ist $\ln A$ die Integrationskonstante. Durch Entlogarithmieren erhält man:

$$k' = A \cdot e^{-E_a/RT} \qquad [9.43]$$

Dies ist die berühmte ARRHENIUSsche Gleichung für die Geschwindigkeitskonstante. Sie zeigt uns, daß die Molekeln eine bestimmte kritische Energie E_a besitzen müssen, bevor sie reagieren können. Der Häufigkeitsfaktor A stellt die für die jeweils betrachtete Reaktion maximal mögliche Geschwindigkeitskonstante dar, die sich ergäbe, wenn jeder Molekelzusammenstoß zu einer chemischen Umsetzung führen würde. Der Exponentialausdruck (BOLTZMANNscher Faktor) bedeutet nach der kinetischen Theorie den Bruchteil jener Molekelzusammenstöße, bei denen die gesamte Stoßenergie den Betrag der Aktivierungsenergie übersteigt. Das Produkt aus beiden Größen ist also gleich der Zahl der Stöße, die zu einer chemischen Umsetzung führen.

Die Gleichung [9.42] hat die Form einer Geraden. Wenn man also den Logarithmus der Geschwindigkeitskonstanten einer beliebigen Reaktion gegen den reziproken Wert der absoluten Temperatur abträgt, dann müßte eine gerade

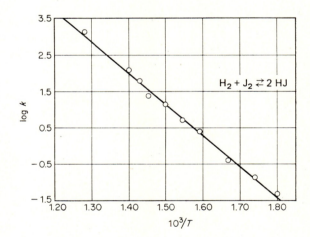

Abb. 9.16 Temperaturabhängigkeit der Geschwindigkeitskonstanten für die Bildung von Jodwasserstoff; Anwendbarkeit der ARRHENIUS-Gleichung.

Linie entstehen. Die Gültigkeit dieser Gleichung wurde für eine große Zahl experimentell bestimmter Geschwindigkeitskonstanten bestätigt. Abb. 9.16 zeigt die Ergebnisse von BODENSTEIN am Jodwasserstoffgleichgewicht. (Wir werden allerdings später sehen, daß die Arrheniusgleichung die Temperaturabhängigkeit von k' nur angenähert wiedergibt.)

Wir hatten die Aktivierungsenergie schon einmal (Abb. 9.2) als Potentialberg dargestellt, dessen Spitze den aktivierten Zustand darstellt. Hiernach ist die

Reaktionsenthalpie gleich der Differenz zwischen den Aktivierungsenergien der Hin- und der Rückreaktion

$$\Delta H = \vec{E} - \overleftarrow{E} \qquad [9.44]$$

Bei einer Änderung der Reaktionstemperatur ändert sich auch die Durchschnittsenergie der reagierenden Stoffe; zu gleicher Zeit ändert sich die MAXWELL-BOLTZMANNsche Energieverteilung der Molekeln.

In den letzten Jahren wurden experimentelle Methoden zur Erzeugung von Molekularstrahlen entwickelt, in denen die Molekeln nahezu dieselbe kinetische Energie besitzen. Durch diese außerordentlich wichtige Methode war es möglich, von der wenig ergiebigen Verteilungsfunktion loszukommen und die Theorie der Reaktionsgeschwindigkeiten mit einer verbesserten Methodik zu überprüfen. Hierauf werden wir noch zurückkommen.

29. Stoßtheorie der Gasreaktionen

Reaktionsgeschwindigkeiten wurden an Gasen, Flüssigkeiten, festen Lösungen sowie in Phasengrenzflächen gemessen. Homogene Reaktionen in flüssigen Lösungen wurden am eingehendsten untersucht, da sie von großer praktischer Bedeutung sind und gewöhnlich nur einfache Methoden erfordern. Im Hinblick auf eine theoretische Deutung haben sie jedoch den Nachteil, daß sich die statistische Mechanik flüssiger Lösungen immer noch in einem recht primitiven Entwicklungszustand befindet, mindestens in bezug auf die hohen Anforderungen bei qualitativen Berechnungen von Geschwindigkeitskonstanten. Homogene Gasreaktionen bereiten zwar größere experimentelle Schwierigkeiten, lassen sich aber eher mit unseren theoretischen Methoden in Einklang bringen. Die statistische Mechanik und die kinetische Theorie der Gase wurden schon bis zu einem Punkt entwickelt, an dem es in einigen Fällen möglich ist, die Geschwindigkeitskonstanten aus molekularen Eigenschaften zu berechnen.

Die ersten Theorien über Gasreaktionen beruhen auf der kinetischen Theorie der Gase. Sie postulierten, daß beim Zusammenstoßen der Gasmolekeln gelegentlich eine Umorientierung der chemischen Bindungen auftritt, so daß neue Molekeln entstehen können. Hieraus ergibt sich die Reaktionsgeschwindigkeit als die Zahl der Zusammenstöße in der Zeiteinheit (Frequenzfaktor), multipliziert mit dem Bruchteil der erfolgreichen Kollisionen.

In der kinetischen Theorie der Gase hatten wir die Häufigkeit der Zusammenstöße zwischen Gasmolekeln auf der Basis eines Modells berechnet, das die Molekeln wie starre Kugeln behandelt. Für diesen Fall kann keine Wechselwirkung zwischen den Molekeln eintreten, bevor sich die Mittelpunkte der Kugeln auf einen Abstand von $\dfrac{d_1 + d_2}{2}$ genähert haben. In diesem Augenblick stoßen die Molekeln elastisch zusammen und prallen wieder mit Geschwindigkeiten auseinander, die aus dem Gesetz der Erhaltung der Translationsenergie und des Impulses berechnet werden können. Ein solcher idealisierter Vorgang kann auch nicht annähernd das wirkliche Geschehen während eines reaktiven Zusammenstoßes zwischen zwei Gasmolekeln wiedergeben, bei dem chemische Bindungen gelöst, gebildet oder umorientiert werden. Es ist also kaum verwunderlich, daß sich das Modell elastischer Zusammenstöße zwischen starren Kugeln nur als eine »nullte« Näherung für die komplexen Vorgänge während eines reaktiven Stoßes erweist.

Eine bequeme und dennoch präzise Art zur Beschreibung der Ergebnisse eines Stoßprozesses besteht in der Definierung eines *Stoßquerschnitts* σ – welches Modell auch immer wir unserer Stoßtheorie zugrunde legen. Ein Stoßquerschnitt ist ein Maß für die *Wahrscheinlichkeit* eines bestimmten Stoßvorganges. Dies wird durch

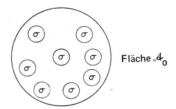

Abb. 9.17 Modell für die Trefferwahrscheinlichkeit $W = \mathscr{A}/\mathscr{A}_0$. Die Gesamtfläche $\mathscr{A}_0$ enthält N kreisförmige Zielscheiben, jede von der Fläche σ (σ = Stoßquerschnitt). Es ist $\mathscr{A} = \Sigma \sigma$.

Abb. 9.17 verdeutlicht, die eine ebene Fläche $\mathscr{A}_0$ mit runden Zielscheiben zeigt. Wenn wir eine Kugel senkrecht auf diese Fläche schießen, dann ist die Trefferwahrscheinlichkeit gleich dem Verhältnis der Fläche der Zielscheiben zur Gesamtfläche dieser Ebene:

$$W = \mathscr{A}/\mathscr{A}_0$$

Wenn wir die Zahl der Zielscheiben pro Flächeneinheit mit N bezeichnen, dann ist $\mathscr{A} = N \sigma \mathscr{A}_0$ und

$$W = N\sigma \qquad [9.45]$$

σ hat also die Dimension einer Fläche, die nach der Multiplikation mit N als Wahrscheinlichkeit W eine Zahl zwischen 0 und 1 liefert.

Abb. 9.18 zeigt einen Molekularstrahl, der auf ein Streuzentrum trifft. Wir können uns dieses Zentrum als eine ruhende Molekel vorstellen, auf die die bewegten Molekeln mit einer Relativgeschwindigkeit v auftreffen. Der Streuvorgang hängt von einer Größe b ab, die man den *Auftreffparameter* nennt. Hierunter versteht man die größte Annäherung der Bahn des auftreffenden Teilchens an das Streuzentrum; zur Bestimmung des Auftreffparameters wird die Teilchenbahn in der ursprünglichen Richtung linear verlängert. Die Linien in der Abbildung geben einen Ausschnitt aus dem auftreffenden Molekularstrahl wieder, definiert durch Auftreffparameter zwischen b und $b + db$. Wir wollen nun annehmen, daß das Streuzentrum nur durch zentrale Kräfte auf die Teilchen des Molekularstrahls wirkt, also durch eine potentielle Wechselwirkungsenergie $U(r)$, die nur vom Abstand zwischen den auftreffenden Teilchen und dem Streuzentrum abhängt. In diesem Falle hat die Summe der Teilchenbahnen für einen bestimmten Wert von b eine zylindrische Symmetrie um die Achse $b = 0$. Der abgelenkte Teil des

Molekularstrahls kann also durch zwei Parameter charakterisiert werden: den kleinsten Abstand r_0 und einen Ablenkungswinkel θ. Ankommende Molekeln mit Auftreffparameter zwischen b und $b + \mathrm{d}b$ werden also unter Winkeln von θ und $\theta + \mathrm{d}\theta$ abgelenkt.

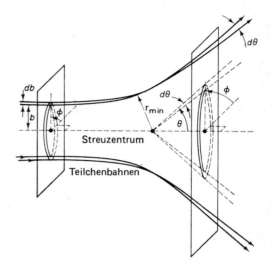

Abb. 9.18 Ablenkung von Teilchenbahnen durch ein Streuzentrum. Die Abbildung illustriert die Beziehung zwischen dem Winkel θ, dem Stoßparameter b und der Zylindersymmetrie eines Satzes von Teilchenbahnen mit gleichen Werten von b, bezogen auf die gerade Linie für $b = 0$. Die stärkste Annäherung dieser Bahnen an das Streuzentrum ist r_0. [Nach einem Aufsatz von E. F. Greene und A. Kuppermann, *J. Chem. Ed.* **45** (1968) 361. Dieser stellt zugleich eine ausgezeichnete Einführung in die Verwendung von Reaktionsquerschnitten bei der chemischen Kinetik dar.]

Jeder Zusammenstoß, bei dem $\theta \neq 0$ ist, entspricht einer Ablenkung des ankommenden Strahls. Wir definieren daher einen differentiellen Stoßquerschnitt als:

$$\mathrm{d}\sigma = 2\pi\, b(\theta)\, \mathrm{d}b \qquad [9.46]$$

Der Gesamtstoßquerschnitt ist dann:

$$\sigma = \int_{b_{\min}}^{b_{\max}} 2\pi\, b(\theta)\, \mathrm{d}b \qquad [9.47]$$

Hierbei gehört $b_{\max}$ zu $\theta = 0$ und $b_{\min}$ zu $\theta = \pi$.

Abb. 9.19 zeigt für drei verschiedene Modelle den Stoßverlauf und die Funktion der intermolekularen potentiellen Energie. Die zentrale Molekel befinde sich wieder in Ruhe, die stoßende Molekel nähere sich mit ihrer ursprünglichen Relativgeschwindigkeit.

Beim Fall *a* wurde das schon im Abschnitt 4-22 diskutierte Modell starrer Kugeln verwendet. Hierbei ist $d_{\min} = 0$ und $d_{\max} = d_{12}$, dem Stoßdurchmesser der starren Kugeln. Mit [9.47] erhalten wir also $\sigma = \pi d_{12}^2$.

Fall *b* sieht ebenfalls starre Kugeln vor, die sich jedoch gegenseitig anziehen. Dieses Anziehungspotential bewirkt die Ablenkung der ankommenden Molekeln in Richtung auf die Zielmolekel. Der Stoßquerschnitt wird also etwas vergrößert, da die starren Kugelmolekeln miteinander in Berührung kommen können, auch wenn der Auftreffparameter $> d_{12}$ ist; die Funktion $U(d_{12})$ ist negativ.

Beim Fall *c* werden Anziehungs- und Abstoßungspotentiale vom Lennard-Jones-Typ berücksichtigt. Hier kommen wir zu keiner einfachen Funktion für σ; der

Zahlenwert dieser Größe kann je nach den relativen Werten für die Anziehungs- oder Abstoßungsterme im Potentialausdruck größer oder kleiner als jener sein, den man für den Fall starrer Kugeln berechnet. Es ist jedoch mit Hilfe eines Computers möglich, für jeden Satz von Parametern die Teilchenbahnen bei einem Stoßvorgang zu berechnen.

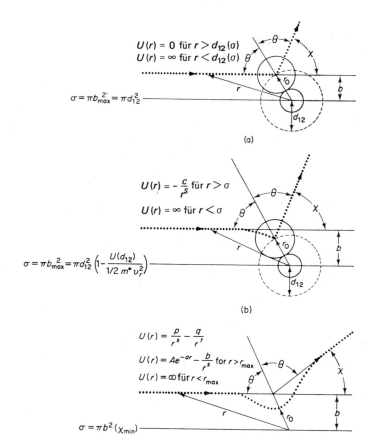

Abb. 9.19 Molekelbahnen für drei verschiedene Modelle molekularer Zusammenstöße. (a) Starre Kugeln, elastischer Stoß; (b) starre Kugeln, elastischer Stoß mit überlagerten, schwachen, zentralen Anziehungskräften; (c) Molekeln mit zentralen, begrenzten Anziehungs- und Abstoßungskräften.

30. Reaktionsgeschwindigkeiten und Reaktionsquerschnitte

Wir können das Konzept eines Stoßquerschnitts erweitern und einen Reaktionsquerschnitt definieren, der ein Maß für die Wahrscheinlichkeit einer chemischen Reaktion während eines bestimmten Stoßvorganges darstellt. Wir wollen wieder die Reaktion A + B → C + D betrachten für den Fall, daß die Molekel A sich der

Molekel B mit der Relativgeschwindigkeit v nähert. Für die Reaktionsgeschwindigkeit in einem bestimmten reagierenden Volumen gilt:

$$-\frac{dC_A}{dt} = \sigma_r(v)\, v\, C_A\, C_B \qquad [9.48]$$

Hierin bedeuten C_A und C_B die Zahl der Molekeln A und B in der Volumeneinheit und σ_r den *Reaktionsquerschnitt*. Es ist $-dC_A/dt = k_2 C_A C_B$; wir können also schreiben:

$$k_2(v) = v\,\sigma_r(v) \qquad [9.49]$$

Hierin ist $k_2(v)$ die Geschwindigkeitskonstante für einen bimolekularen Prozeß zwischen Molekeln mit einem bestimmten Wert v für die Relativgeschwindigkeit.
Solche Wirkungsquerschnitte werden bei der Betrachtung von Kernreaktionen schon lange verwendet, ihre Anwendung auf chemische Reaktionen ist jedoch noch jung. Zur Untersuchung einer Kernreaktion lenkt man einen monoenergetischen Teilchenstrahl auf ein Ziel; ermittelt werden soll die Wahrscheinlichkeit einer bestimmten Kernreaktion bei einem Zusammenstoß, dessen Stoßenergie bekannt ist. Bei chemischen Reaktionen mußten wir uns zunächst mit einer Reaktionsgeschwindigkeit zufriedengeben, die ein Mittel darstellte über all die verschiedenen Arten von Zusammenstößen in einem gasförmigen System; dabei bewegt sich die Molekel in verschiedenen Richtungen mit Relativgeschwindigkeiten, die dem MAXWELL-BOLTZMANNschen Verteilungsgesetz $f(v)$ folgen. In den letzten Jahren wurden Methoden zur Erzeugung *monoenergetischer Molekularstrahlen* entwickelt; hiermit lassen sich chemische Reaktionen beim Zusammenstoß jeweils zweier Molekeln mit definierten Energien und Bewegungsrichtungen studieren. Offensichtlich kann man auf diese Weise sehr viel mehr über Reaktionen erfahren als auf die konventionelle Art, allerdings mit einem ganz erheblich größeren experimentellen Aufwand. Wir sollten also in der Lage sein, die Gesamtreaktionsgeschwindigkeit in einer Gasmischung durch Mittelung aller Einzelzusammenstöße zu erhalten; jeder Einzelzusammenstoß geht dabei mit seinem besonderen Wirkungsquerschnitt in die Rechnung ein. Auf solche Weise sollte es auch möglich sein, die Ursachen für das Versagen verschiedener vereinfachter Modelle für die Kinetik der jeweiligen Reaktion zu finden.
In Übereinstimmung mit [9.49] schreiben wir nun für die gewöhnliche Reaktionskonstante in einer Gasmischung:

$$k_2 = \int_0^\infty f(v)\, \sigma_r(v)\, v\, dv \qquad [9.50]$$

Dieser Ausdruck gilt für eine beliebige Verteilung der Relativgeschwindigkeiten, $f(v)$, ob diese nun einer Maxwellverteilung entspricht oder nicht. Er würde also auch für Molekeln gelten, die bei einer photo- oder strahlenchemischen Reaktion erzeugt wurden, oder für Molekeln in einem Strahl mit einer gewissen Geschwindigkeitsverteilung. Die wenigsten Zusammenstöße in einer reagierenden, isothermen Gasmischung führen zu einer chemischen Reaktion. Die erfolglosen Zusammenstöße sorgen dafür, daß in der Mischung die Maxwellsche Verteilung der Molekulargeschwindigkeiten aufrechterhalten wird. Zwar werden durch die reaktiven

Stöße die energiereichsten Molekeln von einem Ende der Geschwindigkeitsverteilung unaufhörlich »abgerahmt«; die normale Verteilung wird jedoch durch die nichtreaktiven Zusammenstöße der Molekeln untereinander und mit der Gefäßwand rasch wieder hergestellt.

Wenn wir in [9.50] die Relativgeschwindigkeit v durch die relative kinetische Energie $E = \frac{1}{2} \mu v^2$ ersetzen, dann erhalten wir

$$k_2 = \frac{1}{\mu} \cdot \int_0^\infty f(E) \, \sigma_r(E) \, dE \qquad [9.51]$$

Mit dieser Gleichung können wir k_2 für eine bimolekulare Gasreaktion berechnen, wenn wir das Verteilungsgesetz $f(E)$ und den Reaktionsquerschnitt $\sigma_r(E)$ kennen. Die anschließende Entwicklung der Stoßtheorie besteht in der Berechnung der Ergebnisse bei der Anwendung verschiedener Modelle auf jeden dieser Faktoren.

31. Berechnung von Geschwindigkeitskonstanten aus der Stoßtheorie

Bislang haben wir noch wenig quantitative Angaben über die Änderung von σ_r mit E; wir wissen jedoch in einer allgemeinen Art, wie die Funktion aussehen muß. Unterhalb eines Schwellenwertes von E_0 muß $\sigma_r = 0$ sein. Mit zunehmenden Werten von E steigt σ_r zu einem Maximum an und fällt danach wieder ab. Dieser

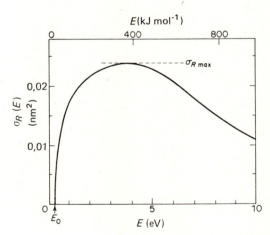

Abb. 9.20 Theoretische Berechnung des Reaktionsquerschnitts für die Reaktion $T + H_2 \rightarrow TH + H$ in Abhängigkeit von der relativen kinetischen Ausgangsenergie E der stoßenden Teilchen.

Abfall des Reaktionsquerschnitts bei hohen Energien wird verständlich, wenn wir die Stoßzeit berücksichtigen. Die Zeit, während der zwei zusammenstoßende Molekeln in unmittelbarer Nachbarschaft sind, wird mit zunehmenden Molekelgeschwindigkeiten immer kürzer; in gleichem Maße nimmt die Reaktionswahrscheinlichkeit ab: Die Umorientierung von Bindungen benötigt eine gewisse Zeit.

Abb. 9.20 zeigt die Abhängigkeit des Reaktionsquerschnitts σ_r von E für die Reaktion $T + H_2 \to HT + H$; ($T = {}^3H$). Diese Kurve wurde durch KARPLUS et al.[32] berechnet und gibt zweifellos ein korrektes allgemeines Bild der Funktion $\sigma_r(E)$ für diese Reaktion. Besonders hervorzuheben ist die Tatsache, daß selbst der Maximalwert von σ_r kleiner ist (rund 1/10) als der Reaktionsquerschnitt, der sich aus der Molekelgröße ergibt, welche durch Transportphänomene wie der Viskosität bestimmt wurde.

Bei den meisten Reaktionen ist die kritische Energie $E_0 (\equiv E_a) \gg RT$. Eine Aktivierungsenergie von 80 kJ·mol^{-1} ist noch recht niedrig; aber selbst bei einer Temperatur von 500 K würde das Verhältnis E_0/RT in diesem Fall immer noch $80000/4157 = 19{,}25$ betragen. Im thermischen Gleichgewicht wird also nur ein kleiner Bruchteil der Molekeln eine Energie besitzen, die wesentlich größer als kT (pro Molekel) ist. Dies ergibt sich aus der Betrachtung der MAXWELL-BOLTZMANNschen Verteilung in zwei Freiheitsgraden [4.30] in der folgenden Form:

$$\frac{\Delta N}{N_0} = \frac{1}{RT} e^{-E/RT} \Delta E$$

Es sei $\Delta E = 4$ kJ bei $E_0 = 80$ kJ·mol^{-1} und $RT = 4$ kJ; dann ist $\frac{\Delta N}{N_0} = e^{-20}$. Für den Bruchteil der Molekeln, deren Energie größer ist als 80 kJ·mol^{-1}, gilt bei gleichem RT:

$$\frac{\Delta N}{N_0} = \frac{1}{RT} \int_{E=E_0}^{\infty} e^{-E/RT} dE = e^{-E_0/RT} = e^{-20}$$

Dies bedeutet: Nahezu alle Molekeln, deren Energie bei 500 K über 80 kJ·mol^{-1} liegt, übertreffen diesen Wert nur geringfügig[33].

Der exponentielle Abfall der Zahl der Molekeln mit $E \gg kT$ ist so steil, daß weitaus die Mehrzahl aller Molekeln, deren Energie den kritischen Wert E_0 übersteigt, immer noch in unmittelbarer Nähe dieses Grenzbetrages liegt. Um eine experimentelle Auskunft über die Energieabhängigkeit des Reaktionsquerschnitts zu bekommen, können wir uns also nicht auf die Ergebnisse gewöhnlicher kinetischer Untersuchungen bei verschiedenen konstanten Temperaturen verlassen. Stattdessen müssen wir uns eine Methode ausdenken, bei der die reagierenden Molekeln Energien in dem jeweils gewünschten Energiebereich besitzen. Dies gelingt mit der im Abschnitt 9-38 beschriebenen Methode der Molekularstrahlung.

Um aus [9.51] eine Geschwindigkeitskonstante zu berechnen, wollen wir zunächst annehmen, daß $f(E)$ der gewöhnliche Maxwellausdruck für die molekulare kinetische Energie in den drei Freiheitsgraden darstellt [4.32]:

$$f_3(E) = \left(\frac{\mu}{\pi}\right)^{1/2} \left(\frac{2}{kT}\right)^{3/2} E \cdot e^{-E/kT} \qquad [9.52]$$

---

[32] M. KARPLUS, R. N. PORTER und R. D. SHARMA, *J. Chem. Phys.* 43 (1965) 3529.
[33] Dieses Ergebnis ist nicht ganz exakt, da wir dN durch ΔN ersetzt haben, statt mit dem Ausdruck
$$\int_{E_0}^{E_0 + \Delta E} f(E) dE$$
zu rechnen.

Ein etwas unterschiedliches Modell der Stoßtheorie postuliert, daß nur zwei Freiheitsgrade verwendet werden; diese können als die Komponenten der Translation jeder Molekel entlang der Verbindungslinie zwischen den Molekelzentren zur Zeit des Zusammenstoßes betrachtet werden. In anderen Worten: Nur die Geschwindigkeitskomponenten in Richtung eines Totalzusammenstoßes (180°) sind wirksam. Diese Restriktion läßt sich zwar nicht streng beweisen; es ist aber trotzdem interessant, ein solches Modell durchzurechnen. Das für diesen Fall gültige Verteilungsgesetz $f(E)$ beruht auf Geschwindigkeitskomponenten in zwei Dimensionen [4.40]:

$$f_2(E) = \frac{1}{kT} e^{-E/kT} \qquad [9.53]$$

Wir können nun eine dieser Verteilungsfunktionen zur Berechnung von k_2 aus [9.51] verwenden; Voraussetzung ist allerdings, daß wir die Funktion $\sigma_r(E)$ erkennen oder eine vernünftige Annahme hierüber machen können.
Dem einfachen Modell starrer Kugeln entsprechen die folgenden Funktionen ($E_a \equiv E_0$):

$$\sigma_r = 0 \quad \text{für} \quad E < E_a$$
$$\sigma_r = \pi d_{12}^2 \quad \text{für} \quad E > E_a \qquad [9.54]$$

Unter Verwendung von [9.52] erhalten wir:

$$k_2 = \left(\frac{1}{\pi\mu}\right)^{1/2} \left(\frac{2}{kT}\right)^{3/2} (\pi d_{12})^2 \int_{E_a}^{\infty} E \cdot e^{-E/kT} dE$$

Integration in den angegebenen Grenzen liefert:

$$k_2 = \left(\frac{8kT}{\pi\mu}\right)^{1/2} (\pi d_{12}^2) \left(1 + \frac{E_a}{kT}\right) e^{-E_a/kT} \qquad [9.55]$$

In ähnlicher Weise erhalten wir aus [9.53] und [9.54]:

$$k_2 = \left(\frac{8kT}{\pi\mu}\right)^{1/2} (\pi d_{12}^2) e^{-E_a/kT} \qquad [9.56]$$

Die aus [9.56] erhaltene Geschwindigkeitskonstante ist offenbar etwas kleiner als die mit [9.55] berechnete; dies war vorauszusehen, da im ersteren Falle ein Freiheitsgrad weniger zur Aktivierungsenergie beiträgt.
Die nach der allgemeinen Beziehung [9.51] unter Verwendung einer geeigneten Verteilungsfunktion formulierte Geschwindigkeitskonstante beruht auf dem Konzentrationsmaß Molekeln/Volumeneinheit. Wenn die Einheiten in [9.51] im cgs-System angegeben werden, dann hat k_2 die Einheit (Molekeln/cm^3)$^{-1}$ s^{-1}. Um dies in die gebräuchlichere Einheit für die Geschwindigkeitskonstante von Reaktionen 2. Ordnung, dm^3 mol^{-1} s^{-1}, zu verwandeln, müssen wir k_2 aus [9.51] mit $L/10^3$ multiplizieren; hierin ist L die LOSCHMIDTsche Zahl. Eine für Gasreaktionen gebräuchliche Einheit ist cm$^3 \cdot$ mol^{-1} s^{-1}; um zu dieser Einheit zu gelangen, wird k_2 (nach [9.51]) mit L multipliziert.

32. Experimentelle Nachprüfung der einfachen Stoßtheorie (Modell starrer Kugeln)

Die einfache Stoßtheorie ließe sich auf mannigfaltige Weise mit experimentellen Ergebnissen vergleichen; am eindeutigsten ist wohl der Vergleich zwischen den berechneten und den experimentellen Werten für den Frequenzfaktor A. Die Arrheniussche Gleichung ist ein empirischer Ausdruck für die Geschwindigkeitskonstante:

$$k_2 \text{ (experimentell)} = A \cdot e^{-E_a/RT} \qquad [9.57]$$

Eine theoretische Gleichung wie [9.56] kann in folgender Weise geschrieben werden:

$$k_2 \text{ (theoretisch)} = B(T) \cdot e^{-U_a/RT} \qquad [9.58]$$

Wegen der Temperaturfunktion im theoretischen präexponentiellen Faktor müssen wir irgendwelche Terme für die Berücksichtigung dieser Temperaturabhängigkeit einfügen, bevor wir aus [9.58] einen theoretischen Wert für A erhalten können. Es ist

$$E_a = RT^2 \frac{d \ln k_2}{dT} = U_a + \theta RT \qquad [9.59]$$

und

$$A = B \cdot e^{\theta}$$

Hierin ist $\theta = T \frac{d \ln B}{dt}$.

Diese Beziehungen können dazu verwendet werden, irgendeinen theoretischen Wert von k_2 (nach [9.58]) mit experimentellen Werten aus der Arrheniusschen Gleichung [9.57] zu vergleichen.

Eine kritische Untersuchung wurde durch Herschbach et al.[34] am Beispiel von 12 bimolekularen Reaktionen durchgeführt. Die zur Berechnung der Stoßdurchmesser $d_{12} = \frac{d_1 + d_2}{2}$ nach dem Modell starrer Kugeln berechneten Molekeldurchmesser d_1 und d_2 wurden aus Elektronenbeugungs- oder spektroskopischen Messungen gewonnen. Hieraus wurde das Molekelvolumen berechnet; der Durchmesser d wurde als der einer Kugel gleichen Volumens angenommen. Tab. 9.5 zeigt das Ergebnis dieser Berechnungen und den Vergleich mit den experimentellen Ergebnissen. Die Tabelle enthält außerdem die Frequenzfaktoren, die nach der später zu diskutierenden *Theorie des Übergangszustandes* berechnet wurden.

Die nach der Stoßtheorie berechneten präexponentiellen Faktoren sind wesentlich größer als die aus experimentellen Messungen erhaltenen. Dieses Versagen des Modells starrer Kugeln wurde schon bald nach der Aufstellung der Stoßtheorie entdeckt. Um die Abweichungen zu erklären, wurde ein *sterischer Faktor p* in den theoretischen Ausdruck eingeführt:

$$k_2 = p B(T) e^{-U_a/RT} \qquad [9.60]$$

[34] D. R. Herschbach, H. S. Johnston, K. S. Pitzer, R. E. Powell, *J. Chem. Phys.* 25 (1956) 736.

Reaktion	Aktivierungsenergie ($kJ \cdot mol^{-1}$)	$\log A$ ($cm^3 \cdot mol^{-1} \cdot s^{-1}$)			Literatur
		beobachtet	nach der Theorie des Übergangszustandes [9.56]	nach der einfachen Stoßtheorie	
1. $NO + O_3 \rightarrow NO_2 + O_2$	10,5	11,9	11,6	13,7	(a)
2. $NO_2 + O_3 \rightarrow NO_3 + O_2$	29,3	12,8	11,1	13,8	(b)
3. $NO_2 + F_2 \rightarrow NO_2F + F$	43,5	12,2	11,1	13,8	(c)
4. $NO_2 + CO \rightarrow NO + CO_2$	132,0	13,1	12,8	13,6	(d)
5. $2 NO_2 \rightarrow 2 NO + O_2$	111,0	12,3	12,7	13,6	(e)
6. $NO + NO_2Cl \rightarrow NOCl + NO_2$	28,9	11,9	11,9	13,9	(f)
7. $2 NOCl \rightarrow 2 NO + Cl_2$	103,0	13,0	11,6	13,8	(g)
8. $NOCl + Cl \rightarrow NO + Cl_2$	4,6	13,1	12,6	13,8	(h)
9. $NO + Cl_2 \rightarrow NOCl + Cl$	84,9	12,6	12,1	14,0	(i)
10. $F_2 + ClO_2 \rightarrow FClO_2 + F$	35,6	10,5	10,9	13,7	(j)
11. $2 ClO \rightarrow Cl_2 + O_2$	0,0	10,8	10,0	13,4	(k)
12. $COCl + Cl \rightarrow CO + Cl_2$	3,5	14,6	12,3	13,8	(h)

(a) H. S. Johnston, H. J. Crosby, *J. Chem. Phys.* 22 (1954) 689
(b) H. S. Johnston, D. M. Yost, *J. Chem. Phys.* 17 (1949) 386
(c) R. L. Perrine, H. S. Johnston, *J. Chem. Phys.* 21 (1953) 2200
(d) H. S. Johnston, W. A. Bonner, D. J. Wilson, *J. Chem. Phys.* 26 (1957) 1002
(e) M. Bodenstein, H. Ramstetter, *Z. Physik Chem.* 100 (1922) 106
(f) E. C. Freiling, H. S. Johnston, R. A. Ogg, *J. Chem. Phys.* 20 (1952) 327
(g) G. Waddington, R. C. Tolman, *J. Am. Chem. Soc.* 57 (1935) 689
(h) W. G. Burns, F. S. Dainton, *Trans. Faraday Soc.* 48 (1952) 39, 52
(i) P. G. Ashmore, J. Chanmugan, *Trans. Faraday Soc.* 49 (1953) 270
(j) P. J. Aynoneno, J. E. Sicre, H. J. Schumacher, *J. Chem. Phys.* 22 (1954) 756
(k) G. Porter, F. J. Wright, *Discussions Faraday Soc.* 14 (1953) 23

Tab. 9.5 Kinetische Parameter für einige bimolekulare Reaktionen

Diesem Korrekturfaktor liegt die Vorstellung zugrunde, daß die Zusammenstöße zwischen den Molekeln nicht die gleiche Wirksamkeit besitzen; vielmehr seien wegen gewisser Richtungsfaktoren einige Stöße wirksamer als die übrigen. So hätte z. B. bei der Reaktion

$$CH_3-CH_2-CH_2-Br + Na \rightarrow NaBr + CH_3-CH_2-CH_2 \cdot$$

ein Natriumatom, das auf die Methylgruppe des Propylbromids trifft, wenig Chance für eine Reaktion mit dem Bromatom. So plausibel dies für eine qualitative Betrachtung sein mag, hat das Konzept eines sterischen Faktors doch wenig oder keinen Wert bei der quantitativen Berechnung von Geschwindigkeitskonstanten. Bis heute gibt es keinen vernünftigen Weg zur Berechnung von p aus Molekeleigenschaften. So ist der sterische Faktor p nichts anderes als ein Maß für das Versagen der einfachen Kollisionstheorie, die ja auf einem viel zu groben Modell für die Abhängigkeit des Reaktionsquerschnitts von der Energie beruht. Wir haben gesehen, daß die nach dieser Stoßtheorie berechneten Geschwindigkeitskonstanten gewöhnlich zu groß sind. Noch schlimmer ist jedoch, daß die *berechneten* präexponentiellen Faktoren A alle etwa gleich groß sind. Die Theorie erklärt also in keiner Weise die beträchtlichen Unterschiede in den Frequenzfaktoren A aufgrund der unterschiedlichen Struktur der Reaktionsteilnehmer. Hierfür brauchen wir präzisere theoretische Vorstellungen, und wir werden sehen, daß die Theorie des Übergangszustandes nicht nur eine bessere quantitative Übereinstimmung für die theoretischen und experimentellen Werte von A bringt, sondern auch eine bessere Erklärung dafür liefert, daß diese Werte für unterschiedliche Molekelarten sehr verschieden sein können.

33. Die Reaktion zwischen H-Atomen und H_2-Molekeln

Die Unzulänglichkeit der einfachen Stoßtheorie mag aus folgendem Bild hervorgehen: Ein roter Billardball trifft einen grünen. Beide verschwinden im selben Augenblick; dafür fliegen zwei gelbe Bälle auseinander. Mit einer solch simplen Modellvorstellungen können wir die komplizierten Veränderungen natürlich nicht deuten, die bei einer tatsächlichen chemischen Reaktion stattfinden. Bei der Reaktion

$$H_2 + D_2 \rightarrow 2\,HD$$

reagieren die Wasserstoff- und Deuteriummolekeln nicht als starre Kugeln. Wenn wir den Bewegungen der beiden Wasserstoff- und Deuteriumkerne in Zeitlupe folgen könnten, dann würden wir im Verlauf der Reaktion eine allmähliche Umgruppierung beobachten können. Bei der Annäherung der Molekeln bilden sich zunächst schwache, dann zunehmend stärker werdende Bindungen zwischen den H- und D-Atomen; zu gleicher Zeit lockern und weiten sich die Bindungen zwi-

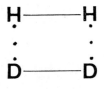

Abb. 9.21 Schema des aktivierten Komplexes für eine bimolekulare 4-Zentren-Reaktion ($H_2 + D_2 \rightarrow 2\,HD$).

schen den Atomen gleicher Art. Je näher sich die Molekeln kommen, um so stärker sind diese Effekte. In den meisten Fällen haben die Molekeln nicht genug kinetische Energie, um ihre gegenseitige Abstoßung zu überwinden und die Reaktion zu vollenden. Manchmal reicht die kinetische Energie jedoch aus, und die Molekeln erreichen eine kritische Konfiguration, von der aus die Reaktion unter Bildung von 2 HD fortschreitet. Die kritische Konfiguration kann formal als ein quadratischer Komplex gezeichnet werden (Abb. 9.21), in dem die H—H- und D—D-Bindungen beträchtlich gestreckt und geschwächt sind und sich zugleich schon definierte H—D-Bindungen auszubilden beginnen. Diese Übergangskonfiguration bildet sich, wenn die Gesamtenergie der beiden Molekeln die Aktivierungsenergie der Reaktion übersteigt ($E > E_a$); man nennt sie den *aktivierten Komplex* oder den *Übergangszustand*. Wenn wir den Vorgang einer einzelnen Elementarreaktion bildhaft gleichsetzen mit der Überwindung des Potentialberges durch die beiden Reaktionspartner, dann stellt der aktivierte Komplex die Konfiguration unseres bimolekularen Systems auf dem höchsten Punkt des Potentialwalles dar. (Derselbe aktivierte Komplex bildet sich übrigens auch bei der Rückreaktion, nur ist hier eine andere Aktivierungsenergie aufzubringen.)

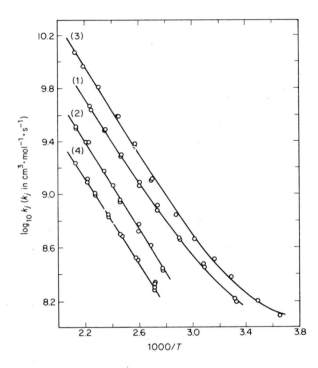

Abb. 9.22 Geschwindigkeitskonstanten für die Reaktionen
(1) $H + H_2 \to H_2 + H$;
(2) $D + D_2 \to D_2 + D$;
(3) $D + H_2 \to DH + H$ und
(4) $H + D_2 \to HD + D$
[H. S. Johnston, H. J. Crosby, *J. Chem. Phys.* **22** (1954) 689].

Eine genaue Berechnung der potentiellen Energie beim Fortschreiten einer Reaktion wurde bis heute nur für 4-Zentren-Austauschreaktionen der folgenden Art

$$H_2 + D_2 \to 2\,HD$$

und für 3-Zentren-Reaktionen der Art

$$H + H_2 \to H_2 + H$$

durchgeführt. Ein Beispiel für den letzteren Reaktionstyp ist die bei höheren Temperaturen ablaufende Austauschreaktion zwischen para- oder ortho-Wasserstoff[35]:

(1) $H + p\text{-}H_2 \to o\text{-}H_2 + H$
(2) $D + o\text{-}D_2 \to p\text{-}D_2 + D$

---

[35] Bei homonuklearen zweiatomigen Molekeln mit Kernspins können die Spins entweder parallel oder antiparallel orientiert sein. Die beiden Zustände sind nicht entartet, besitzen also eine geringfügig verschiedene Energie.

Eine andere experimentelle Methode ist die Untersuchung des Isotopenaustausches bei den folgenden Reaktionen:

(3) $D + H_2 \rightarrow HD + D$

(4) $H + D_2 \rightarrow HD + H$

Analoge Reaktionen lassen sich mit Tritium durchführen. Abb. 9.22 zeigt die bei der Untersuchung dieser Reaktionen an der Universität Toronto erhaltenen Arrheniuskurven.

Eine interessante neue Apparatur für derartige Untersuchungen zeigt Abb. 9.23. Hier werden zur Untersuchung der Reaktion (3) oder (4) H- oder D-Atome in einer elektrischen Entladung erzeugt und anschließend mit molekularem Wasserstoff oder Deuterium gemischt. Die Konzentration an D-Atomen wurde direkt durch die Elektronenspinresonanz (ESR, s. 20-10) bestimmt. Diese Technik läßt sich auf viele Reaktionen mit Atomen anwenden, da diese gewöhnlich ungepaarte Elektronen besitzen und daher einfache und charakteristische ESR-Spektren zeigen. Mit der in Abb. 9.23 gezeigten Versuchsanordnung lassen sich Geschwindigkeitskonstanten zwischen 10^7 und $5 \cdot 10^{11}$ cm^3 mol^{-1} s^{-1} messen.

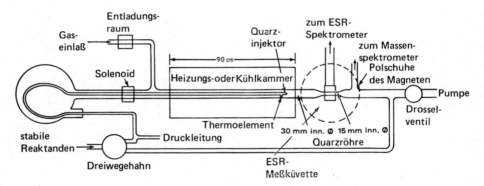

Abb. 9.23 Apparatur für die Untersuchung der Kinetik von Atomreaktionen durch ESR-Messung der Atomkonzentrationen. Anstelle der in dieser Abbildung gezeigten Heizung kann auch eine Kühlkammer verwendet werden, so daß Reaktionen in einem weiten Temperaturbereich studiert werden können. [Applied Physics Laboratory, Johns-Hopkins-Universität, H. S. Johnston, D. M. Yost, J. Chem. Phys. 17 (1949) 386].

Tab. 9.6 zeigt die Arrheniusparameter für diese 3-Zentren-Reaktionen.

Bei der Bestimmung dieser Parameter wurde die Krümmung der Arrheniuskurven bei tiefen Temperaturen vernachlässigt (Abb. 9.22). Diese Krümmung wird auf einen quantenmechanischen *Tunneleffekt* zurückgeführt, bei dem ein Wasserstoffatom durch einen Potentialwall (Aktivierungsenergie) hindurchtunnelt, statt ihn zu übersteigen. Dieser Effekt wird noch eingehender in Abschn. 13-21 diskutiert. Die experimentellen Arbeiten über diese Wasserstoffreaktionen wurden besonders ausführlich diskutiert, da sie sich am besten für eine Überprüfung der verschiedenen Theorien absoluter Reaktionsgeschwindigkeiten eignen.

Reaktion	Aktivierungs-energie E_a (kJ mol^{-1})	log A (cm^3 mol^{-1} s^{-1})	Literatur
(1) H + H$_2$	36,8	13,68	(c)
(2) D + D$_2$	31,9	13,21	(a)
(3) D + H$_2$	37,9	14,08	(c)
	31,8	13,64	(b)
(4) H + D$_2$	30,5	12,64	(a)
	39,3	13,69	(b)

(a) D. J. Leroy, B. A. Ridley, K. A. Quickert, *Disc. Faraday Soc.* 44 (1967) 92
(b) A. A. Westenberg, N. de Haas, *J. Chem. Phys.* 47 (1967) 1393
(c) B. A. Ridley, W. R. Schulz, D. J. le Roy, *J. Chem. Phys.* 44 (1966) 3344

Tab. 9.6 Experimentelle Geschwindigkeitsparameter für 3-Zentren-Reaktionen des Wasserstoffs

34. Die Potentialfläche für das System H + H$_2$

Um zwischen der Zielmolekel und dem auftreffenden Atom besser unterscheiden zu können, wollen wir statt der Reaktion H + H$_2$ das System D + H$_2$ betrachten. Zur Beschreibung der Konfiguration des reagierenden Systems zu einem beliebigen Zeitpunkt brauchen wir drei Raumkoordinaten, die den Atomabstand zwischen H und H, den Abstand zwischen D und dem Mittelpunkt zwischen den beiden H-Atomen sowie den Winkel θ zwischen der H—H-Bindung und dem Mittelpunkt der Bindung in Richtung auf das ankommende D-Atom darstellen. Wenn wir die potentielle Energie dieses Systems als Funktion dieser Koordinaten darstellen wollten, dann müßten wir ein vierdimensionales Diagramm aus diesen drei Raumkoordinaten und der Energie E zeichnen. Da dies nicht möglich ist, wollen wir eine dieser Koordinaten konstant halten und stellen die drei anderen räumlich dar. Der Rechenaufwand für eine vollständige Darstellung des hier betrachteten Systems ist ganz enorm; eine vollständige Berechnung wurde denn auch niemals durchgeführt.
Glücklicherweise vereinfacht sich das Problem ganz erheblich durch die Tatsache, daß eine bestimmte Annäherungsrichtung des D an das H—H energetisch stark bevorzugt ist: wenn sich nämlich das D dem H—H in Richtung der Verbindungslinie der Zentren nähert, wenn also der Winkel θ 180° beträgt. Eine quantitative Rechtfertigung für diese Vereinfachung können wir geben, wenn das Ergebnis der Berechnungen der Energieoberfläche vorliegt.
Der Verlauf der potentiellen Energie bei der oben erwähnten linearen Reaktionskonfiguration stellt den vorteilhaftesten Reaktionsweg dar. In diesem Fall ist E eine Funktion von nur zwei Koordinaten, nämlich den Abständen D—H und H—H. Wenn wir diese beiden Abstände in der Ebene aus Abszisse und Ordinate und die Energie auf einer vertikalen Achse hierzu abtragen, dann erhalten wir die potentielle Energie des Systems als eine dreidimensionale Oberfläche.

Eine solche Potentialberechnung wird überhaupt erst möglich durch die Tatsache, daß man die Bewegungen der Atomkerne von denen der Elektronen getrennt behandeln kann. Diese Unabhängigkeit der elektronischen und Kernbewegungen nennt man die BORN-OPPENHEIMER-*Approximation*. Sie liegt den meisten quantitativen Berechnungen für die Energien molekularer Systeme zugrunde. Wesentlich hierbei ist die vereinfachende Annahme, daß die Atomkerne in bestimmten Lagen fixiert sind; anschließend kann man die Wechselwirkungen zwischen den Elektronen und den Kernen sowie zwischen den Elektronen untereinander berechnen. Die gesamte elektrostatische Energie einer solchen Wechselwirkung läßt sich durch die Methoden der molekularen Quantenmechanik berechnen. Wir wollen sie die potentielle Energie eines Systems von Atomen nennen, bei dem sich die Atome an den für die Kerne vorgesehenen Plätzen befinden. Diese Gesamtenergie schließt die folgenden Energiebeträge ein: die potentielle Energie der Wechselwirkung der Kern- und Elektronenladungen sowie die potentielle und kinetische Energie der Elektronen. Trotzdem ist es üblich geworden, von dieser Energie als *der potentiellen Energie des Systems* zu sprechen. Anschließend bringen wir die Kerne in irgendwelche neue Positionen und wiederholen die Berechnung. Auf diese Weise können wir die potentielle Energie des Systems als Funktion der Lage der Kerne berechnen. Wir können dann den Vorgang so betrachten, als ob sich die Kerne in einem Potentialfeld bewegten, das durch die berechnete Energiefunktion gegeben ist.

Die Vorstellung, daß eine chemische Reaktion durch eine solche Energieoberfläche dargestellt werden kann, stammt von MARCELLIN[36]; die erste solche Energieoberfläche wurde jedoch erst 1931 durch EYRING und POLANYI[37] berechnet. Mit den damaligen Techniken und Rechenautomaten konnten diese Autoren allerdings keine rein theoretische Berechnung durchführen; sie verließen sich vielmehr auf eine halbempirische Methode, bei der spektroskopische Daten verwendet wurden. Dennoch erwies sich die von diesen Autoren durch eine Kombination von Rechnung und Intuition konstruierte Energieoberfläche als im wesentlichen korrekt. Abb. 9.24 zeigt solche Oberflächen als Zeichnungen dreidimensionaler Modelle.

Wir können auf dieser Oberfläche den Reaktionsweg als den Weg von der Seite der Ausgangsstoffe zur Seite der Endprodukte über die Kontur der minimalen potentiellen Energie verfolgen[38]. Wir durchschreiten zunächst ein tiefes Tal $(D + H_2)$, ersteigen einen Gebirgspaß bis zu einem Sattelpunkt, der die lineare Konfiguration des aktivierten Komplexes D—H—H darstellt, und steigen auf der anderen Seite wieder in ein tiefes Tal $(DH + H)$ hinab.

Wir wollen nun den *Reaktionsweg* mit Hilfe einer Konturkarte etwas eingehender betrachten. Diese Karte beruht nicht auf der historischen EYRING-POLANYI-Oberfläche, sondern auf genauen theoretischen Berechnungen von SHAVITT et al.[39]

---

[36] *Ann. Phys. 3* (1915) 158.
[37] H. EYRING, M. POLANYI, *Z. physik. Chem. B 12* (1931) 279.
[38] Wenn wir die Umwandlung von Schwingungs- in Translationsenergie berücksichtigen, dann ähnelt der Reaktionsweg mehr der Bahn eines Bobschlittens in einer Kurve.
[39] I. SHAVITT, R. M. STEVENS, F. L. MINN, M. KARPLUS, *J. Chem. Phys. 48* (1968) 2700.

Die Potentialfläche für das System $H + H_2$

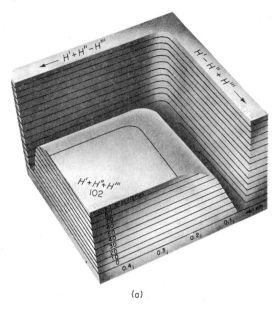

(a)

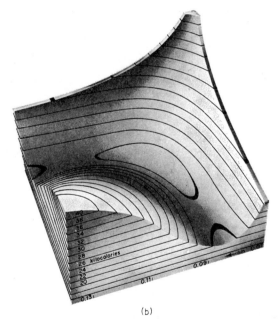

(b)

Abb. 9.24 (a) Projektion der Oberfläche der potentiellen Energie für die Reaktion $H + H_2 \rightarrow H_2 + H$; das zugrunde liegende Modell wurde von GOODEVE (1934) nach den von EYRING und POLANYI (1931) berechneten Konturlinien konstruiert. Bei diesem Modell wurden lediglich die Resonanzkräfte berücksichtigt.
(b) Vergrößerte Darstellung des Sattelbereichs eines Modells, in welchem sowohl Coulombsche als auch Resonanzkräfte berücksichtigt wurden. (JOHNSON, EYRING, POLISSAR, *The Kinetic Basis of Molecular Biology*, John Wiley, New York 1954.)

Wir betrachten einen Schnitt durch das Diagramm bei $r_2 = 0{,}38$ nm, also bei einem H—H-Abstand, der hinreichend groß ist, um die D—H-Molekel praktisch unverändert zu lassen. Der zugehörige Schnitt in Abb. 9.25b entspricht dann einfach der Potentialkurve für die HD-Molekel (s. Abschn. 15-4).

Wenn wir uns entlang der strichpunktierten Linie in (c) durch die Talsohle auf dem Diagramm bewegen (Reaktionsweg), dann sehen die »Ausblicke links und rechts« wie die entsprechenden Querschnitte in 9.25b aus. Die Potentialhöhe

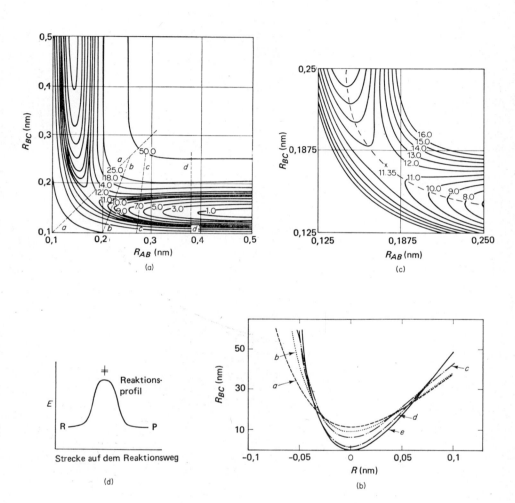

Abb. 9.25 (a) Konturkarte der Energiefläche des linearen H_3-Systems. Durchgezogene Linien: Schnitte durch verschiedene Energieniveaus (Höhenlinien). Gestrichelte Linien: Schnitte senkrecht zur Papierebene; die zugehörigen Potentialkurven zeigt (b). Die Energie ist in kcal/mol relativ zur Energie des Grenzzustandes $H_2 + H$ angegeben. (b) Schnitte durch die Potentialfläche des linearen H_3-Systems senkrecht zum Weg der Minimalenergie. Die Lage der Schnitte $a \cdots d$ wird durch die gestrichelten Linien in (a) angegeben; der Schnitt e gilt für eine isolierte Wasserstoffmolekel. (c) Konturkarte der Potentialfläche im Bereich des Sattelpunktes für das lineare H_3-System; die Energie ist in kcal/mol relativ zum Grenzwert für $H_2 + H$ angegeben. (d) Das Profil der potentiellen Energie entlang des Reaktionsweges.

nimmt bei diesem Weg jedoch allmählich zu und erreicht im Sattelpunkt einen Wert von 47,6 kJ [40].

An diesem Punkt haben wir die Konfiguration des aktivierten Komplexes erreicht; hierfür gilt $r_1 = r_2 = 0{,}093$ nm. Dieser Wert ist beträchtlich größer als der für den normalen Kernabstand der Wasserstoffmolekel (0,074 nm). Wenn das System diese Konfiguration erreicht hat, dann kann es entweder durch Abstieg in die jenseitige Potentialsenke in DH + H zerfallen oder unter Rückkehr auf demselben Wege die Komponenten D + H_2 zurückbilden.

Wenn wir die potentielle Energie entlang des Reaktionsweges (strichpunktierte Linie) aufzeichnen, dann erhalten wir Abb. 9.25d.

Die dreidimensionale Darstellung der potentiellen Energie des Systems (Energiefläche) gibt uns ein Bild der chemischen Reaktion von Anfang bis Ende. Für jede Reaktion gibt es eine bestimmte Konfiguration auf dem Sattelpunkt der potentiellen Energie. Diese Konfiguration von Atomen ähnelt in vieler Hinsicht der einer gewöhnlichen Molekel, mit einer Ausnahme: Sie besitzt keinen stabilen Gleichgewichtszustand. Man nennt diese Konfiguration den *aktivierten Komplex*; seine Eigenschaften kennzeichnet man mit dem Symbol ╪. Wir können nun annehmen, daß jede Reaktion in zwei Teilabschnitten verläuft: (1) Die Reaktanden stoßen zusammen und bilden einen aktivierten Komplex. (2) Der aktivierte Komplex zerfällt in die Endprodukte. Diese beiden Stufen sind natürlich in keiner Weise voneinander zu trennen; dynamisch betrachtet verläuft die Reaktion glatt und kontinuierlich. Wir können jedoch als Übergangszustand des reagierenden Komplexes den höchsten Bereich der Potentialfläche entlang des Reaktionsweges bezeichnen; dieser Weg führt uns vom Tal der Ausgangsstoffe über den Sattelpunkt der potentiellen Energie in das Tal der Reaktionsprodukte.

Bei dieser Diskussion machen wir stets die Annahme, daß der Reaktionsweg kontinuierlich über eine einzelne Potentialfläche führt. In der Theorie der Reaktionsgeschwindigkeiten nennt man eine Reaktion, die dieses Kriterium erfüllt, eine *adiabatische Reaktion*. Es ist denkbar, daß unter ungewöhnlichen Umständen der Reaktionsweg von einer Potentialfläche zu einer anderen wechselt. Einen solchen Reaktionstyp nennt man eine *nichtadiabatische Reaktion*. Der hier verwendete Ausdruck »adiabatisch« hat keinerlei Beziehung zu dem in der Thermodynamik verwendeten Ausdruck.

Die zur Berechnung der Potentialoberfläche bei der Annäherung von D und H_2 entlang der Verbindungslinie der Kerne ($\theta = 180°$) verwendete Methode wurde auch zur Berechnung der Potentialfläche bei Annäherung unter anderen Winkeln angewandt. Obwohl die Ergebnisse dieser Berechnungen unsere Unterstellung bestätigen, daß diese anderen Stoßrichtungen weniger bevorzugt sind (weil die Reaktanden einen höheren Potentialwall übersteigen müssen), ist damit noch nicht gesagt, daß die Stöße unter anderen Winkeln bei der Betrachtung von Reaktionsgeschwindigkeiten völlig vernachlässigt werden können. Bei jeder vollständigen quantitativen Theorie von Reaktionsgeschwindigkeiten müssen also

---

[40] Bei diesem Wert beziehen wir uns auf den für H + H_2 auf der Grundlage derselben Wellenfunktionen berechneten Wert. Es ist bekannt, daß der berechnete Wert für H_2 im Vergleich zum experimentellen oder dem bei einer exakten Berechnung erhaltenen Wert etwas zu hoch liegt; der korrigierte Wert für die berechnete Aktivierungsenergie liegt bei 37,8 kJ/mol.

solche nichtlinearen Molekelzusammenstöße in Betracht gezogen werden. Eine exakte Berechnung wird dadurch noch schwieriger; sie ist schon für das einfachste Modell mit den heutigen Computern und Techniken noch gar nicht möglich.

35. Die Theorie des Übergangszustandes[41]

Unter Verwendung des Modells einer gekrümmten Energiefläche können wir uns den Verlauf einer chemischen Reaktion als die Bahn eines repräsentativen Punktes im Konfigurationsraum von der Seite der Reaktanden auf die der Reaktionsprodukte denken. Die Reaktionsgeschwindigkeit läßt sich jedoch auch ausschließlich durch die Eigenschaften der Reaktanden und des Übergangszustandes formulieren, bei welchem die reagierenden Molekeln den *aktivierten Komplex* für die betrachtete Reaktion gebildet haben. Die Reaktionsgeschwindigkeit ist dann die Zahl der aktivierten Komplexe, die in der Zeiteinheit über den Potentialwall gelangen. Diese Geschwindigkeit ist gleich dem Produkt aus der Konzentration an aktivierten Komplexen und der mittleren Häufigkeit, mit der ein Komplex auf die Seite der Reaktionsprodukte gelangt.

Die Berechnung der Konzentration an aktivierten Komplexen wird wesentlich einfacher durch die Annahme, daß diese im Gleichgewicht mit den Reaktanden stehen. Dieses Gleichgewicht kann mit dem Formalismus der Thermodynamik oder der statistischen Mechanik behandelt werden. Der aktivierte Komplex stellt natürlich nicht den Zustand eines stabilen, sondern den eines labilen Gleichgewichts dar; er befindet sich ja auf einem Maximum und nicht im Minimum der potentiellen Energie. Dennoch haben eingehende Berechnungen gezeigt, daß man wahrscheinlich nur einen geringen Fehler macht, wenn man dieses Gleichgewicht mit gewöhnlichen thermodynamischen oder statistischen Methoden behandelt; eine Ausnahme bilden lediglich extrem schnelle Reaktionen.

Diese Untersuchungen stammen von R. D. PRESENT, *J. Chem. Phys.* 31 (1959) 747. Selbst wenn die Aktivierungsenergie nur $5RT$ beträgt, liegt die Reaktionsgeschwindigkeit nur etwa 8% unter dem von der Gleichgewichtstheorie vorhergesagten Wert. Es ist jedoch möglich, einen Ausdruck für die Geschwindigkeitskonstante einer bimolekularen Reaktion auf der Grundlage des Übergangszustandes abzuleiten, ohne die unhaltbare Hypothese eines Gleichgewichtszustandes einzuführen [J. Ross, P. Mazur, *J. Chem. Phys.* 35 (1961) 19]. Diese Ableitung führt auch zu einem wesentlich tieferen Verständnis der Parameter, die in die Theorie eingeführt werden müssen.

Die grundlegende Schwierigkeit ist also nicht die Annahme eines Gleichgewichts zwischen dem aktivierten Komplex und den Reaktanden, sondern unsere gegenwärtige Unfähigkeit, die Struktur und die Eigenschaften des aktivierten Komplexes zu berechnen.

---

[41] Die quantitative Formulierung absoluter Reaktionsgeschwindigkeiten durch aktivierte Komplexe wurde zuerst ausgiebig in der Arbeit von H. EYRING verwendet [*J. Chem. Phys.* 3 (1935) 107; *Chem. Rev. 17* (1935) 65]. Diese Theorie wurde nicht nur auf chemische Reaktionen, sondern auch auf zahlreiche andere Geschwindigkeitsvorgänge wie das Fließen von Flüssigkeiten, die Diffusion, den dielektrischen Verlust sowie die innere Reibung in Hochpolymeren angewendet. Andere Arbeiten über diese grundlegende Theorie stammen von M. G. EVANS und M. POLANYI [*Trans. Faraday Soc.* 31 (1935) 875] sowie von H. PELZER und E. WIGNER [*Z. physik. Chem.* B 15 (1932) 445].

Wir betrachten eine einfache bimolekulare Reaktion:

$$A + B \rightarrow [AB^{\neq}] \rightarrow \text{Produkte}$$

Um einen Ausdruck für die Geschwindigkeitskonstante k_2 zu erhalten, folgen wir einer Ableitung der Theorie des Übergangszustandes, die von LAIDLER und POLANYI[42] stammt und etwas durchsichtiger ist als die ursprüngliche Theorie. Die Kurve $R \neq P$ in Abb. 9.25d zeigt den Reaktionsweg als Schnitt durch eine Potentialfläche (vgl. Abb. 9.24 und 9.25). Ein kleiner Ausschnitt aus der Paßstrecke mit der willkürlich gewählten Länge δ definiert den Existenzbereich des aktivierten Komplexes; dieser Bereich ist der *Übergangszustand* für die chemische Reaktion.

Wenn die aktivierten Komplexe $AB^{\neq}$ mit den Reaktanden im Gleichgewicht stehen, dann gilt für die Konzentration an aktivierten Komplexen:

$$[AB^{\neq}] = K^{\neq}[A][B]$$

Die Gleichgewichtskonstante $K^{\neq}$ für die Bildung des aktivierten Komplexes können wir durch die molekulare Verteilungsfunktion pro Volumeneinheit ausdrücken; wir erhalten dann die folgende Beziehung:

$$[AB^{\neq}] = [A][B] \frac{z'_{\neq}}{z'_A z'_B} e^{-E_0/kT} \qquad [9.61]$$

Das so definierte $K^{\neq}$ ist die durch Konzentrationen ausgedrückte Gleichgewichtskonstante K_c.

Für irgendeine Reaktion

$$aA + bB \rightleftharpoons cC + dD$$

gilt:

$$K_c = \frac{[C]^c [D]^d}{[A]^a [B]^b} = \frac{(z_C/V)^c (z_D/V)^d}{(z_A/V)^a (z_B/V)^b}$$

Wenn wir z' für die Verteilungsfunktion pro Volumeneinheit setzen, dann gilt:

$$K_c = \frac{z'^c_C z'^d_D}{z'^a_A z'^b_B} \qquad [9.62]$$

Wenn wir die Verteilungsfunktion der Translation [5.49] verwenden, wird das Volumen eliminiert. Wenn die Größen in [5.49] (S. 217) in cgs-Einheiten ausgedrückt werden, dann sind das Volumen in cm³ und die in K_c steckenden Konzentrationen in Molekeln/cm³ angegeben. Zur Umrechnung in cm³ mol⁻¹ s⁻¹ multipliziert man den mit [9.67] erhaltenen Wert mit L.

Hierin ist $z'_{\neq}$ die Verteilungsfunktion pro Volumeneinheit des aktivierten Komplexes und E_0 die Höhe des niedrigsten Energieniveaus des Komplexes über der Summe der niedrigsten Energieniveaus der Reaktanden A + B.

Nach der Theorie des Übergangszustandes gilt für die Reaktionsgeschwindigkeit:

$$-\frac{d[A]}{dt} = k_2 [A][B] = [AB^{\neq}] \nu^{\neq} \qquad [9.63]$$

---

[42] K. J. LAIDLER, J. C. POLANYI, *Prog. Reaction Kinetics 3* (1965) 1

Hierin bedeutet $\nu^{\pm}$ die Häufigkeit, mit der $AB^{\pm}$ über den Potentialwall auf die Produktseite gelangt. Der Komplex zerfällt in die Reaktionsprodukte, wenn eine seiner Schwingungen in eine Translation übergeht, wenn also das, was vorher eine der Bindungen war, die den Komplex zusammenhalten, die Richtung der Translation wird, in der die Bruchstücke des getrennten Komplexes auseinanderfliegen.

Aus [9.61] und [9.63] erhalten wir für die Geschwindigkeitskonstante:

$$k_2 = \nu^{\pm} \frac{z'_{\pm}}{z'_A z'_B} e^{-E_0/kT} \qquad [9.64]$$

Wenn wir den Ausdruck für $z'_{\pm}$ untersuchen, dann sehen wir, daß er wie eine Verteilungsfunktion für eine normale Molekel aussieht mit der Ausnahme, daß einer ihrer Schwingungsfreiheitsgrade sich gerade in eine Translation in Richtung der Reaktionskoordinate verwandelt. Nach Tab. 5.4 würde der gewöhnliche Ausdruck für eine Verteilungsfunktion in einem Schwingungsfreiheitsgrad lauten:

$$z_v^{\pm} = (1 - e^{-h\nu/kT})^{-1} \qquad [9.65]$$

Für diese anomale Schwingung in Richtung der Reaktionskoordinate ist $h\nu/kT \ll 1$. Diese »Zerfallsschwingung« des Komplexes muß ja aufgrund unserer Hypothese bei jeder Temperatur, bei der die Reaktion beobachtbar ist, vollständig angeregt sein. Wenn wir die Verteilungsfunktion in erweiterter Form schreiben:

$$e^{-h\nu^{\ast}/kT} = 1 - \frac{h\nu^{\pm}}{kT} + \frac{1}{2}\left(\frac{h\nu^{\pm}}{kT}\right)^2 - \cdots$$

dann können wir alle Terme mit einer höheren als der 1. Ordnung von $(h\nu^{\pm}/kT)$ vernachlässigen. [9.65] erhält dann die folgende Form:

$$z_v^{\pm} = (h\nu^{\pm}/kT)^{-1} = kT/h\nu^{\pm}$$

Unser nächster Schritt besteht darin, dieses besondere $z_v^{\pm}$ durch geeignete Faktoren aus dem gesamten $z'_{\pm}$ zu eliminieren; es ist dann:

$$z'_{\pm} = z_v^{\pm} z^{\pm\prime} = (kT/h\nu^{\pm}) z^{\pm\prime}$$

Wenn wir diesen Ausdruck in [9.64] einsetzen, dann erhalten wir die berühmte EYRINGsche *Gleichung für die Geschwindigkeitskonstante*:

$$\boxed{k_2 = \frac{kT}{h} \cdot \frac{z^{\pm\prime}}{z_A z_B} e^{-E_0/kT}} \qquad [9.66]$$

Dieser Ausdruck für k_2 muß noch mit einem Faktor $\varkappa$, dem *Transmissionskoeffizienten*, multipliziert werden. Dieser bedeutet die Wahrscheinlichkeit, mit der ein Komplex in seine Produkte zerfällt, anstatt wieder auf die Seite der Reaktanden zurückzufallen. Für die meisten Reaktionen liegt $\varkappa$ zwischen 0,5 und 1. Es ist daher:

$$k_2 = \varkappa \frac{kT}{h} \frac{z^{\pm}}{z_A z_B} e^{-E_0/kT} \qquad [9.67]$$

Dies ist der theoretische Ausdruck, den man aus der Theorie des Übergangszustandes für die Geschwindigkeitskonstante einer bimolekularen Reaktion erhält. Wir können gleich sehen, daß dieser Ausdruck Terme enthält, die die Eigenschaften der reagierenden Molekeln und des aktivierten Komplexes berücksichtigen. Er müßte also der Wirklichkeit wesentlich näher kommen als die auf der einfachen Stoßtheorie (Modell starrer Kugel) beruhende [9.56], die uns ja keine Möglichkeit gab, die beobachteten Unterschiede in den Frequenzfaktoren zu verstehen.

In Tab. 9.5 wurden die experimentell erhaltenen Geschwindigkeitskonstanten für bimolekulare Gasreaktionen mit den nach der einfachen Stoßtheorie (starre Kugeln) berechneten verglichen. Dieselben Autoren berechneten nach der Theorie des Übergangszustandes [9.66] die Verteilungsfunktion für die reagierenden Molekeln aus den bekannten Molekelstrukturen. Die für den aktivierten Komplex angenommenen Strukturen beruhen auf den bekannten Bindungsabständen und -winkeln. Abb. 9.26 zeigt die so konstruierten Modelle für die aktivierten Komplexe in einigen dieser Reaktionen; Tab. 9.5 enthält die berechneten präexponentiellen Faktoren. In fast allen dieser Beispiele stimmen die auf der Basis der Übergangstheorie berechneten Werte wesentlich besser mit dem Experiment überein als die mit der einfachen Stoßtheorie berechneten. Statt eine unbefriedigende Korrektur durch einen willkürlichen sterischen Faktor einzuführen, können wir nun die Abhängigkeit des präexponentiellen Faktors von der Molekelstruktur quantitativ abschätzen; die Theorie des Übergangszustandes hat also die Molekeleigenschaften in einer realistischen Weise berücksichtigt.

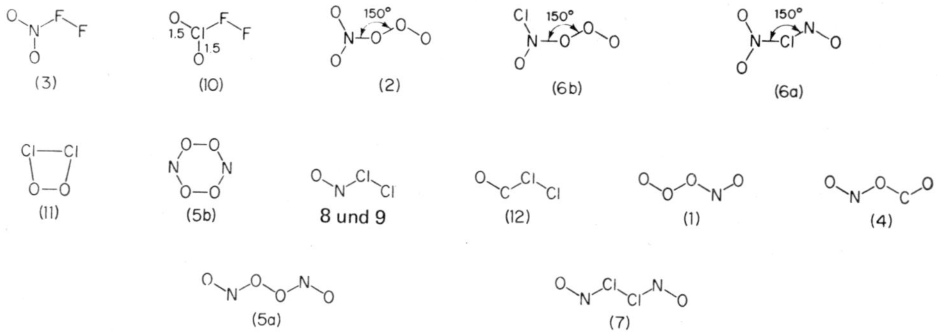

Abb. 9.26 Mögliche Struktur aktivierter Komplexe für die in Tab. 9.5 (S. 431) angeführten Reaktionen.

Als Beispiel für die Berechnung des präexponentiellen Faktors im Ausdruck für k_2 aus der Gleichung für den Übergangszustand [9.66] wollen wir die Reaktion

$$2\,\text{ClO} \rightarrow \text{Cl}_2 + \text{O}_2$$

betrachten. Abb. 9.26 zeigt den zugehörigen aktivierten Komplex. Diese Zusammenstellung gibt uns die notwendigen molekularen Parameter; sie wurden für die

Reaktionsteilnehmer aus spektroskopischen Daten gewonnen und für den aktivierten Komplex aus bekannten Strukturen mit ähnlicher Geometrie und ähnlichen Bindungen abgeschätzt:

$^{35}\text{ClO}: \quad g = 2, \sigma = 1, I = 4{,}3 \cdot 10^{-39} \text{ g cm}^2, \lambda^{-1} = 800 \text{ cm}^{-1}$

$(^{35}\text{ClO})_2^{\ne}: g = 1, \sigma = 2, \text{ABC} = 2{,}20 \cdot 10^{-114} \text{ (g cm}^2)^3,$

$$\lambda_i^{-1} = 1500, 700, 800, 600, 200 \text{ cm}^{-1}$$

Es ist zu beachten, daß die zweiatomige Molekel ClO zwei Rotationsfreiheitsgrade mit einem gemeinsamen Trägheitsmoment I und einen Schwingungsfreiheitsgrad besitzt. Der Komplex hingegen hat drei Rotationsfreiheitsgrade; das Produkt der drei Trägheitsmomente ABC wurde aus den Dimensionen der Molekeln und den Atommassen berechnet. Eine normale vieratomige Molekel hätte $3N - 6 = 6$ Schwingungsfreiheitsgrade; der Komplex hat jedoch nur deren 5, da der Freiheitsgrad in der Reaktionskoordinate verlorengegangen ist. Es zeigte sich, daß der Ausdruck für die Geschwindigkeitskonstante innerhalb gewisser Grenzen nur wenig von den Werten für ν abhängt; es lassen sich also auch mit den geschätzten Schwingungsfrequenzen des Komplexes, die notwendigerweise ziemlich ungenau sind, recht brauchbare Werte erhalten.

Wir formulieren nun den präexponentiellen Faktor in [9.66] explizit, wobei wir die in Tab. 5.4 angegebenen Ausdrücke für die Verteilungsfunktion benützen:

$$\frac{kT}{h} \frac{z'^{\ne}}{(z'_{\text{ClO}})^2} =$$

$$\frac{kT}{h} \cdot \frac{(2\pi m^{\ne} kT)^{3/2}/h^3}{(2\pi m kT)^3/h^6} \frac{g^{\ne}}{g^2} \frac{8\pi^2 (8\pi^3 \text{ABC})^{1/2} (kT)^{3/2}/\sigma^{\ne} h^3}{(8\pi^2 I kT)^2/\sigma^2 h^4} \cdot \frac{\prod_{i=1}^{5} (1 - e^{-h\nu_i^{\ne}/kT})^{-1}}{(1 - e^{-h\nu/kT})^{-2}}$$

Wir setzen zunächst die numerischen Werte für die Konstanten π, k, h ein und erhalten:

$$A = 2{,}649 \cdot 10^{-65} T^{-1} \frac{m^{\ne 3/2}}{m^3} \frac{g^{\ne} \sigma^2}{g^2 \sigma^{\ne}} \frac{(\text{ABC})^{1/2}}{I^2} \frac{\prod_{i=1}^{5} (1 - e^{-\nu_i^{\ne}/\theta T})^{-1}}{(1 - e^{-\nu/\theta T})^{-1}} \quad [9.68]$$

Hierin ist $\theta = 2{,}083 \cdot 10^{10} \text{ K}^{-1} \text{ s}^{-1}$. Wir führen nun die Molekelparameter ein und berechnen den Wert für A bei 400 K zu

$A = (2{,}469 \cdot 10^{-65}) (2{,}5 \cdot 10^{-3}) (3{,}64 \cdot 10^{33}) (1) (5{,}90 \cdot 10^{19}) (2{,}405)$

$= 3{,}20 \cdot 10^{-14} \text{ cm}^3 \text{ s}^{-1}$

Die Klammerausdrücke entsprechen hierbei den Termen in [9.68]. In der Einheit $\text{cm}^3 \text{ mol}^{-1} \text{ s}^{-1}$ erhalten wir:

$A = (3{,}20 \cdot 10^{-14}) (6{,}02 \cdot 10^{23}) = 1{,}93 \cdot 10^{10}$

Für diese **Reaktion** ist $E_0 = 0$ und nach [9.43] daher $\underline{A = k_2}$.

36. Thermodynamisch formulierte Theorie des Übergangszustandes

Der Formalismus der Theorie des Übergangszustandes wird oft mit thermodynamischen anstelle von Verteilungsfunktionen ausgedrückt. Wir betrachten noch einmal die allgemeine Reaktion

$$A + B \rightarrow (AB^{\neq}) \rightarrow \text{Produkte}$$

mit

$$K^{\neq} = \frac{[AB]^{\neq}}{[A][B]}$$

Nach [9.66] gilt für die Geschwindigkeitskonstante

$$k_2 = \frac{kT}{h} K^{\neq} \qquad [9.69]$$

Es muß sein

$$\Delta G^{\ominus \neq} = -RT \ln K^{\neq}$$

und $\qquad [9.70]$

$$\Delta G^{\ominus \neq} = \Delta H^{\ominus \neq} - T \Delta S^{\ominus \neq};$$

[9.69] kann daher in folgender Form geschrieben werden[43]:

$$k_2 = \frac{kT}{h} e^{-\Delta G^{\ominus \neq}/RT} = \frac{kT}{h} e^{-\Delta S^{\ominus \neq}/R} e^{-\Delta H^{\ominus \neq}/RT} \qquad [9.71]$$

Die Größen $\Delta G^{\ominus \neq}$, $\Delta H^{\ominus \neq}$ und $\Delta S^{\ominus \neq}$ nennt man die freie *Aktivierungsenergie*, die *Aktivierungsenthalpie* und die *Aktivierungsentropie*.

Der Temperaturkoeffizient der Geschwindigkeitskonstante läßt sich bequem aus [9.69] durch Logarithmieren und Differenzieren ableiten:

$$\frac{d \ln k_2}{dT} = \frac{1}{T} + \frac{d \ln K^{\neq}}{dT}$$

$K^{\neq}$ ist die mit Konzentrationen formulierte Gleichgewichtskonstante; es gilt daher:

$$\frac{d \ln K^{\neq}}{dT} = \frac{\Delta U^{\neq}}{RT^2}$$

und

$$\frac{d \ln k_2}{dT} = \frac{RT + \Delta U^{\neq}}{RT^2}$$

Für die ARRHENIUSsche Aktivierungsenergie in [9.41] gilt daher:

$$E_a = RT + \Delta U^{\neq}$$

Nach [2.12] muß sein $\Delta U^{\neq} = \Delta H^{\neq} - \Delta(PV)^{\neq}$. In flüssigen und festen Systemen unter normalem Druck kann man den Ausdruck $\Delta(PV)^{\neq}$ vernachlässigen; es ist also:

$$E_a \approx \Delta H^{\neq} + RT \qquad [9.72]$$

[43] Bei dieser Formulierung haben wir die abnorme Schwingung des aktivierten Komplexes in Richtung der Reaktionskoordinate nicht berücksichtigt und den Komplex so behandelt, als ob er eine normale Molekel wäre. Diese Vereinfachung hat keinen nennenswerten Einfluß auf den praktischen Wert dieser Gleichung.

Für Reaktionen idealer Gase gilt nach [2.32]:

$$\Delta H^{\neq} = \Delta U^{\neq} + \Delta n^{\neq} RT$$

Hierin ist $\Delta n^{\neq}$ die Differenz zwischen der Molzahl des Komplexes (definitionsgemäß gleich 1) und der Molzahl der reagierenden Stoffe. Für eine unimolekulare Reaktion ist $\Delta n^{\neq} = 0$, und [9.72] läßt sich direkt anwenden. Für eine bimolekulare Reaktion ist $\Delta n^{\neq} = -1$ und damit

$$E_a = \Delta H^{\neq} + 2RT$$

Der Standardzustand, auf den sich $K^{\neq}$ und $\Delta G^{\ominus \neq}$ beziehen, wird für Gasreaktionen gewöhnlich als 1 mol/cm³ festgesetzt; in diesem Fall hat k_2 in [9.71] die Einheit cm³ · mol⁻¹ · s⁻¹. Wenn wir den Wert für K_c lieber auf molare Konzentrationen beziehen wollen, dann wäre die Einheit von k_2 dm³ · mol⁻¹ · s⁻¹.

Eine experimentelle Aktivierungsentropie (bei $T =$ const) kann aus den gemessenen Werten der Geschwindigkeitskonstante und der Aktivierungsenergie berechnet werden[44]. Als Beispiel wollen wir die Dimerisierung des Butadiens betrachten:

$$2 C_4H_6 \rightarrow C_8H_{12} \text{ (3-Vinylcyclohexen)}$$

Die experimentelle Aktivierungsenergie ist $E_a = 99{,}12$ kJ mol⁻¹. Im Temperaturbereich 440···660 K gilt für die experimentelle Geschwindigkeitskonstante:

$$k_2 = 9{,}2 \cdot 10^9 \exp(-99{,}12/RT) \text{ cm}^3 \text{ mol}^{-1} \text{ s}^{-1}$$

Aus der Beziehung $E_a = \Delta H^{\ominus \neq} + 2RT$ erhalten wir für eine Temperatur von 600 K:

$$\Delta H^{\ominus \neq} = 99{,}12 - 9{,}96 = 89{,}16 \text{ kJ}$$

Mit [9.71]

$$k_2 = e^2 \left(\frac{kT}{h}\right) \exp\left(\frac{\Delta S^{\ominus \neq}}{R}\right) \exp\left(\frac{-Ea}{RT}\right)$$

erhalten wir für 600 K:

$$9{,}2 \cdot 10^9 = (7{,}360)(1{,}25 \cdot 10^{13}) \exp(\Delta S^{\neq}/R) \quad \Delta S^{\ominus \neq} = -76{,}6 \text{ J} \cdot \text{K}^{-1}$$

Der Standardzustand bezieht sich wiederum auf eine Konzentration von 1 mol/cm³.

Die Einführung des Begriffs der *Aktivierungsentropie* stellt eine wesentliche Verbesserung gegenüber dem weniger präzisen Konzept des *sterischen Faktors* dar, der in der einfachen Stoßtheorie verwendet wurde. Der experimentelle Wert für $\Delta S^{\ominus \neq}$ liefert uns bis heute die beste Auskunft über die Natur des Übergangszustandes. Eine positive Aktivierungsentropie $\Delta S^{\neq}$ bedeutet dabei, daß die En-

---

[44] Die Vorstellung einer Aktivierungsentropie wurde von RODEBUSH, LA MER und anderen schon vor der Aufstellung der Theorie des Übergangszustandes entwickelt; letztere verhalf ihr jedoch zu einer präzisen Formulierung. W. H. RODEBUSH, *J. Am. Chem. Soc.* **45** (1923) 606; *J. Chem. Phys.* **4** (1936) 744; V. K. LA MER, *J. Chem. Phys.* **1** (1933) 289.

tropie des Komplexes größer ist als die der reagierenden Stoffe. Ein locker gebundener Komplex hat eine höhere Entropie als ein stark gebundener. Häufiger findet man jedoch eine Entropieabnahme beim Übergang der Ausgangsstoffe in ihren aktivierten Zustand. Bei bimolekularen Reaktionen bildet sich der Komplex durch die Assoziation zweier individueller Molekeln; hierbei gehen Translations- und Rotationsfreiheitsgrade verloren, $\Delta S^{\pm}$ ist also negativ. In einigen Fällen unterscheidet sich allerdings der Wert für $\Delta S^{\pm}$ nicht wesentlich von ΔS für die gesamte Reaktion. Wenn dies für Reaktionen des Typs A + B → AB beobachtet wird, dann ist dies ein Hinweis darauf, daß der aktivierte Komplex (AB$^{\pm}$) in seiner Struktur dem Reaktionsprodukt AB ähnelt. Früher hat man solche Reaktionen als »anomal« angesehen, da sie ungewöhnlich kleine sterische Faktoren besaßen. Durch die Theorie des Übergangszustandes wird deutlich, daß der kleine Wert für den sterischen Faktor auf die Zunahme des Ordnungsgrades und damit auf die Entropieabnahme bei der Bildung des Komplexes zurückzuführen ist.

37. Chemische Dynamik, Monte-Carlo-Methoden

Außer der einfachen Stoßtheorie und der Theorie des Übergangszustandes gibt es noch eine dritte Theorie zur Berechnung von Geschwindigkeitskonstanten, die erst durch die Entwicklung von Digitalrechnern hoher Geschwindigkeit und Kapazität ermöglicht wurde. Diese Methode besteht darin, den Computer ein Experiment durchexerzieren zu lassen, bei dem Tausende Zusammenstöße zwischen den reagierenden Stoffen stattfinden. Die hierbei berechneten Reaktionswahrscheinlichkeiten werden gemittelt und ergeben die Geschwindigkeitskonstante. Der Rechenvorgang besteht dabei in einer Integration der (gewöhnlich klassischen) Simultangleichungen für die Bewegungen der zusammenstoßenden Teilchen.

Bei Berechnungen dieser Art brauchen wir eine mathematische Technik zur statistischen Auswahl der Ausgangsbedingungen (Koordinaten, Energien, Geschwindigkeiten und Stoßparameter); außerdem gilt die Bedingung, daß die ausgewählten Molekeln samt ihren Parametern eine MAXWELL-BOLTZMANN-Gleichgewichtsverteilung besitzen. Die Zufälligkeit in der Auswahl der Ausgangsparameter erhält man am besten, wenn man eine zufällige Zahlenfolge erzeugt. Solche Zahlenfolgen erhält man aber beim Roulette; diese Art eines Computerexperiments bekam daher die Bezeichnung *Monte-Carlo-Rechnung*.

Die für das System H + H$_2$ angestellten Berechnungen haben im Zusammenhang und im Vergleich mit den durch andere Methoden erzielten Ergebnissen sicher ihre Bedeutung; wir dürfen dabei aber zwei wesentliche Einschränkungen nicht außer acht lassen: Es läßt sich nicht ohne weiteres beweisen, daß die Computerexperimente ein zuverlässiges Modell der Stoßvorgänge liefern, und selbst wenn dies zuträfe, dann wäre noch nicht gesagt, daß die Ergebnisse an diesem einfachen System auch auf komplizierte Reaktionen angewendet werden können. Mit diesem Vorbehalt sei in Abb. 9.27 eine Anzahl von berechneten Stößen für diese Reaktion wiedergegeben. Die Kollisionen sind fast immer sehr einfach und zeigen eine Wechselwirkungszeit, die etwa der Zeit entspricht, die ein Atom zum ungehinderten Vorbeiflug an einer Molekel benötigt. Es tritt also kein Stoßkomplex auf, der hinreichend langlebig wäre, um uns durch Anwendung der statistischen Mechanik die Berechnung der Energieverteilung auf die verschiedenen Freiheitsgrade zu ermöglichen. Dieses Ergebnis widerspricht nicht notwendigerweise dem Formalismus der Theorie des Übergangszustands. Es impliziert allerdings, daß [9.67] als eine Art erster Näherung für genauere Ergebnisse angesehen werden muß. Die für reaktive Stöße angestellten Rechnungen zeigten auch, daß zwar Schwingungs-, nicht jedoch Rotationsenergie zu der Energiemenge beiträgt, die zur Überwindung des Aktivierungsberges benötigt wird.

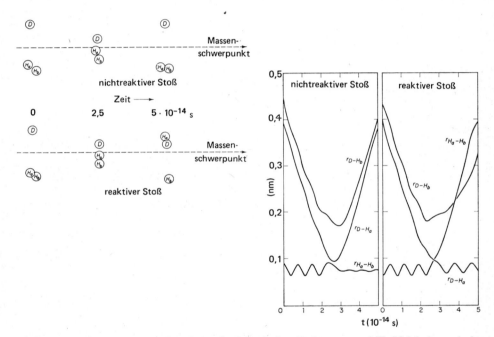

Abb. 9.27 Nichtreaktive und reaktive Stöße zwischen D-Atomen und H_2-Molekeln nach der Monte-Carlo-Methode. Links: Relative Lage der drei Teilchen D, H_a und H_b zu drei aufeinanderfolgenden Zeitpunkten. Rechts: Änderung der drei Kernabstände mit der Zeit für $E = 2\,\text{eV}$ (193 kJ/mol). Man beachte die Rotation der Produktmolekel $H_a D$ nach dem reaktiven Stoß.

Auch für komplexere Reaktionen wurden interessante Monte-Carlo-Berechnungen angestellt, und es sieht so aus, als ob die Methode recht entwicklungsfähig wäre. Die Untersuchung chemischer Reaktionen in Molekularstrahlen liefert experimentelle Daten, die sich direkt mit den Ergebnissen der dynamischen Berechnung individueller Reaktionen vergleichen lassen, insbesondere im Hinblick auf die Winkelverteilung der Reaktionsprodukte[45].

---

[45] Siehe vor allem die Reihe der Publikationen von D. C. BUNKER et al., z.B. *J. Chem. Phys.* **41** (1964) 2377; *Sci. Am.* **211** (1964) 100.

38. Reaktionen in Molekularstrahlen

Abb. 9.28 zeigt eine Versuchsvorrichtung für die Untersuchung chemischer Reaktionen in Molekularstrahlen. Die **Quellen** für die beiden Ausgangsstoffe sowie der Detektor befinden sich in einer **Hochvakuumkammer**; die Quellen sind so montiert, daß sich die beiden Molekularstrahlen kreuzen. Energien und Richtungen der entstehenden Produkte lassen sich durch den Detektor messen. Bei einer

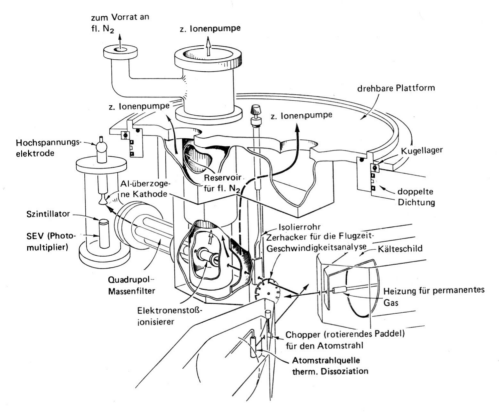

Abb. 9.28 Apparatur zur Messung chemischer Reaktionen in Molekularstrahlen.

anderen Versuchsanordnung durchsetzt ein Molekularstrahl einen Bereich, der den zweiten Ausgangsstoff enthält. **Für sehr** genaue Untersuchungen müssen beide Molekularstrahlen zuerst einer *Geschwindigkeitsanalyse* unterzogen werden, bevor sie in den Reaktionsbereich eintreten. Ideal wäre es natürlich, wenn die Geschwindigkeiten der reagierenden Molekeln **unabhängig** kontrolliert und die Überschneidungsrichtungen der gekreuzten **Molekular**strahlen selektiv bestimmt werden könnten.

Die erste Untersuchung mit gekreuzten Strahlen von TAYLOR und DATZ[46] wurde an der Reaktion

$$K + HBr \rightarrow H + KBr$$

durchgeführt. Die Autoren benutzten *thermische Strahlen*, es wurde also keine Geschwindigkeitsanalyse durchgeführt. Diese Reaktion wurde gewählt, weil ein empfindlicher Detektor zur Verfügung stand, der zwischen K-Atomen und KBr-Molekeln unterscheiden konnte. Dieser KINGDON-LANGMUIR-Oberflächenionisationsdetektor enthält einen geheizten Wolframdraht. Wenn dieser von einem K-Atom getroffen wird, dann verliert letzteres ein Elektron und verläßt den Draht als K^+-Ion. Dieser positive Ionenstrom kann gemessen werden; aus seiner Stärke ergibt sich die Konzentration an K-Atomen.

Um die Versuchsergebnisse zu verstehen, wollen wir zunächst folgende Überlegungen anstellen. Wir bauen unser Experiment im Laboratorium auf; natürlicherweise beschreiben wir dann jedes Ereignis in dem durch das Laboratorium gegebenen Bezugssystem. Zu jedem uns interessierenden Punkt gehört also eine bestimmte Zahl von Laboratoriumskoordinaten (L). Das zu studierende Ereignis bestehe in einem Zusammenstoß zwischen den Molekeln A und B. Diesen Molekeln ist es natürlich gleichgültig, wie wir unsere Koordinaten gelegt haben; die Kinematik dieses Vorgangs eignet sich also nicht notwendigerweise zu einer bequemen Beschreibung mit L-Koordinaten. Umfassender lassen sich die Stoßvorgänge durch ein Bezugssystem wiedergeben, das seinen Ursprung im Massenschwerpunkt der Molekeln A und B hat. Die Koordinaten dieses Bezugssystems mit dem sich bewegenden Ursprung nennt man *Schwerpunktskoordinaten* (C). Bei der Verwendung von L-Koordinaten bewegt sich der Massenschwerpunkt, in C-Koordinaten steht er still. Mit unserer Versuchsvorrichtung messen wir die Geschwindigkeit v in L-Koordinaten. Wenn c die Geschwindigkeit des Massenschwerpunkts ist, dann gilt für die Geschwindigkeit u in C-Koordinaten:

$$u = v + c$$

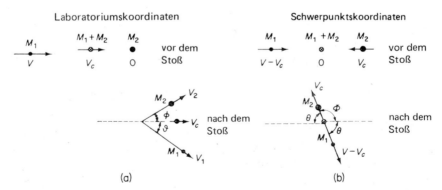

Abb. 9.29 **(a)** In L-Koordinaten bewegt sich das Massenzentrum (⊗) mit konstanter Geschwindigkeit V_c vor, während und nach dem Zusammenstoß. **(b)** In C-Koordinaten bleibt das Massenzentrum (⊗) in Ruhe.

[46] E. H. TAYLOR, S. DATZ, *J. Chem. Phys.* 23 (1955) 1711.

Abb. 9.29 zeigt die Beziehung zwischen diesen Geschwindigkeiten, wie sie sich durch die Anwendung der Erhaltungssätze für Masse und Impuls beim Zusammenstoß gewinnen lassen.

Die in C-Koordinaten ausgedrückte Winkelverteilung der Alkalihalogenide bei den Reaktionen

$$K + Br_2 \rightarrow KBr + Br \qquad (A)$$

$$K + CH_3J \rightarrow KJ + CH_3 \qquad (B)$$

zeigt Abb. 9.30. Die Transformation von L- in C-Koordinaten macht einige Approximationen notwendig; es wird jedoch angenommen, daß das Ergebnis im wesentlichen korrekt ist. Frappierend ist die völlig verschiedene Winkelabhängigkeit für die Verteilung der Reaktionsprodukte bei diesen beiden Reaktionen.

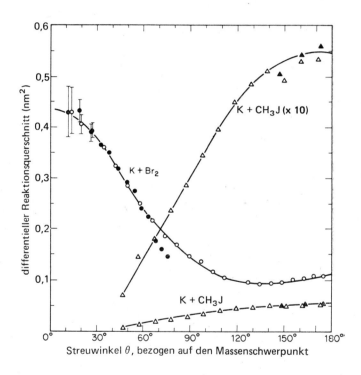

Abb. 9.30
Vergleich der Winkelverteilungen (in einem System mit Massenschwerpunktskoordinaten) des Reaktionsprodukts (Alkalihalogenid) aus den Reaktionen $K + CH_3J$ und $K + Br_2$, abgeleitet unter der Annahme festgelegter Geschwindigkeiten. D. R. Herschbach, *Adv. Chem. Phys.* **10** (1966) 319.

Reaktion A ist eine typische *Abstreif-* oder *stripping-Reaktion*. Das Maximum der Intensität des Reaktionsproduktes finden wir hier bei einem Winkel von 0°, also in der Richtung der Relativgeschwindigkeit der beiden Ausgangsmolekeln. Bei der Reaktion B finden wir dieses Maximum bei 180°, also in entgegengesetzter Richtung. Dies ist bezeichnend für eine Rückstoßreaktion. Das Reaktionsprodukt KJ prallt in die Richtung zurück, aus der das K-Atom kam. Der gesamte Reaktionsquerschnitt σ_r kann leicht durch Integration der Werte für $d\sigma$ über alle Raumwinkel berechnet werden. Für die Reaktion A ist $\sigma_r = 2{,}10\ nm^2$, für B ist $\sigma_r = 0{,}3\ nm^2$.

Der Wert für die Reaktion B entspricht nahezu dem für einen Zusammenstoß starrer Kugeln; der Wert für die Reaktion A liegt jedoch wesentlich höher, so daß wir bei dieser Reaktion weitreichende Kräfte annehmen müssen.

39. Theorie der unimolekularen Reaktionen

In den Jahren 1918 bis 1935 wurde eine Anzahl von Gasreaktionen 1. Ordnung untersucht, die augenscheinlich einfache unimolekulare Zersetzungen darstellten. Das Paradoxe an diesen Reaktionen war jedoch, daß die Reaktionsgeschwindigkeit nicht von der Stoßhäufigkeit abhing, obwohl die notwendige Aktivierungsenergie durch die bei Zusammenstößen übertragene kinetische Energie aufgebracht werden mußte.

F. A. LINDEMANN (Lord CHERWELL) zeigte 1922, daß ein Stoßmechanismus zur Übertragung der Aktivierungsenergie mit einer Kinetik 1. Ordnung verträglich ist[47]. Wenn wir die Zerfallsreaktion 1. Ordnung einer Molekel A betrachten: $A \to B + C$, dann gilt $-d[A]/dt = k_{exp}[A]$. Die Molekelstöße im Reaktionsgefäß sorgen für die Aufrechterhaltung einer kleinen Population an Molekeln, deren kinetische Energie die Aktivierungsenergie erreicht oder übersteigt. Wir wollen nun annehmen, daß zwischen der *Aktivierung* und dem *Zerfall* eine gewisse Zeit verstreicht; die aktivierte Molekel bricht also nicht unmittelbar nach der Aufnahme der Aktivierungsenergie auseinander, sondern legt im System noch eine gewisse Strecke zurück. Hierbei kann es vorkommen, daß die aktivierte Molekel eine energiearme (»kalte«) Molekel trifft und bei diesem Stoßvorgang *desaktiviert* (»abgekühlt«) wird.

Schematisch läßt sich dieser Vorgang folgendermaßen darstellen:

$$A + A \underset{k_{-2}}{\overset{k_2}{\rightleftarrows}} A + A^*$$

$$A^* \overset{k_1}{\to} B + C$$

Aktivierte Molekeln werden mit einem * gekennzeichnet. Die Geschwindigkeitskonstante für die bimolekulare Aktivierungsreaktion ist k_2, die entsprechende Konstante für die Desaktivierung ist k_{-2}.

Der Zerfall einer aktivierten Molekel ist eine echte unimolekulare Reaktion mit der Geschwindigkeitskonstanten k_1.

Der Vorgang der *Aktivierung* besteht im wesentlichen in der Übertragung von Translationsenergie auf eine andere Molekel, die jedoch diese Energie in Rotations-, vor allem aber in Schwingungsenergie verwandelt (innere Freiheitsgrade). Die bloße Tatsache, daß sich eine Molekel schnell bewegt, also eine hohe Translationsenergie besitzt, macht sie noch nicht instabil. Diese Energie muß, um eine chemische Reaktion hervorzurufen, erst einmal in eine chemische Bindung gesteckt werden. Die hierbei erzeugten Schwingungen mit hoher Amplitude führen zum

---

[47] *Trans. Faraday Soc.* 17, (1922) 598. Eine im wesentlichen korrekte Interpretation des Phänomens wurde schon früher durch I. LANGMUIR gegeben, *J. Am. Chem. Soc.* 42 (1920) 2190.

Bruch von Bindungen und zu Umlagerungen. Eine solche Umwandlung von Translations- in Schwingungsenergie kann nur bei Zusammenstößen mit anderen Molekeln oder mit der Gefäßwand stattfinden. Diese Situation ist durchaus vergleichbar mit zwei schnellfahrenden Wagen. Ihre kinetische Energie führt zu keiner Zerstörung, es sei denn, sie stießen gegenseitig oder mit einer Wand zusammen, wobei die kinetische Energie in die innere Energie der Wagenteile verwandelt wird.

Der entscheidende Punkt bei der LINDEMANNschen Theorie ist die Zeitspanne zwischen der Aktivierung der inneren Freiheitsgrade und dem anschließenden Zerfall. Eine polyatomige Molekel kann die bei einem Zusammenstoß übertragene Energie auf die $3N - 6$ Schwingungsfreiheitsgrade verteilen, und es mag eine ganze Weile dauern, bevor ein hinreichender Energiebetrag auf die eine Bindung übertragen wird, die anschließend bricht. Die Gleichungen für den LINDEMANN-Mechanismus lauten in differentieller Form:

$$\frac{d[A^*]}{dt} = k_2[A]^2 - k_{-2}[A^*][A] - k_1[A^*]$$

$$-\frac{d[A]}{dt} = k_2[A]^2 - k_{-2}[A^*][A]$$

$$\frac{d[B]}{dt} = k_1[A^*]$$

Dieses Gleichungssystem ist in geschlossener Form nicht lösbar; wir bedienen uns daher der Approximation des stationären Zustands. Nach einer gewissen Anlaufzeit erreicht die Reaktion einen Zustand, bei dem die Bildungsgeschwindigkeit der aktivierten Molekeln der Geschwindigkeit ihrer Entfernung aus dem System (Zerfall, Desaktivierung) gleichgesetzt werden kann; es ist dann $[dA^*]/dt = 0$. Mit dieser Annahme machen wir sicher keinen großen Fehler, da $[A^*]$ notwendigerweise sehr klein und damit $d[A^*]/dt$ von Null kaum verschieden ist.

Für den stationären Zustand, also bei konstanter Konzentration an aktivierten Molekeln, erhalten wir aus der ersten Gleichung des obigen Gleichungssystems für die Konzentration an A*:

$$[A^*] = \frac{k_2[A]^2}{k_{-2}[A] + k_1}$$

Die Reaktionsgeschwindigkeit ist gleichbedeutend mit der Geschwindigkeit, mit der A in B und C zerfällt; es ist also:

$$\frac{d[B]}{dt} = k_1[A^*] = \frac{k_1 k_2[A]^2}{k_{-2}[A] + k_1}$$

Wenn die Zerfallsgeschwindigkeit von A* sehr viel größer ist als die Desaktivierungsgeschwindigkeit, dann ist $k_1 \gg k_{-2}[A]$; wir erhalten dann für die Reaktionsgeschwindigkeit die folgende einfache Beziehung:

$$\frac{d[B]}{dt} = k_2[A]^2$$

Dies ist aber nichts anderes als das Geschwindigkeitsgesetz für Reaktionen 2. Ordnung.

Wenn andererseits die Desaktivierungsgeschwindigkeit von A* sehr viel größer ist als die Zerfallsgeschwindigkeit, dann ist $k_{-2}[A] \gg k_1$ und wir bekommen für die Reaktionsgeschwindigkeit:

$$\frac{d[B]}{dt} = \frac{k_1 k_2}{k_{-2}}[A] = k[A]$$

Hieraus geht hervor, daß die Reaktionskinetik 1. Ordnung werden kann, wenn die Desaktivierung weit überwiegend durch Zusammenstöße geschieht, wenn also die aktivierten Molekeln so langlebig sind, daß die meisten von ihnen desaktiviert werden, bevor ein Zerfall eintritt.

Mit abnehmendem Druck im reagierenden System muß notwendigerweise auch die Desaktivierungsgeschwindigkeit $k_{-2}[A^*][A]$ kleiner werden; bei hinreichend niederem Druck ist $k_{-2}[A]$ nicht mehr viel größer als k_1, und die Bedingung für eine Reaktion 1. Ordnung ist nicht mehr gegeben. Die bei höheren Drücken bestimmte Geschwindigkeitskonstante (1. Ordnung) sollte also mit abnehmendem Druck kleiner werden, um letztlich den Wert für die Geschwindigkeitskonstante der Reaktion 2. Ordnung anzunehmen.

Wenn wir aus den Versuchsergebnissen eine experimentelle Geschwindigkeitskonstante k_{exp} berechnen:

$$-\frac{d[A]}{dt} = k_{exp}[A]$$

dann ist offenbar

$$k_{exp} = \frac{k_1 k_2 [A]}{k_{-2}[A] + k_1} \qquad [9.73]$$

Der Grenzwert für die Geschwindigkeitskonstante bei hohen Drücken (1. Ordnung) ist

$$k_\infty = k_1 k_2 / k_{-2}$$

Üblicherweise schreibt man [9.73] in der folgenden Form:

$$\frac{1}{k_{exp}} = \frac{1}{k_\infty} + \frac{1}{k_2[A]} \qquad [9.74]$$

Nach der Theorie wäre also eine lineare Beziehung zwischen k_{exp}^{-1} und $[A]^{-1}$ zu erwarten. (Hierbei ist [A] proportional dem Druck von A.)

Cyclopropan isomerisiert sich thermisch zu Propen:

$$\underset{H_2C \longrightarrow CH_2}{\overset{CH_2}{\triangle}} \rightarrow CH_3-CH=CH_2$$

Abb. 9.31 zeigt die von TROTMAN-DICKENSON erhaltenen Geschwindigkeitskonstanten für diese Reaktion in Abhängigkeit vom Druck. Es ist deutlich zu sehen, daß die Werte für k_1 mit geringer werdendem Druck stark abfallen. Dies bestätigt die theoretische Voraussage auf eine qualitative Weise; der von [9.74] vorhergesagte lineare Zusammenhang zwischen den Reziprokwerten von k_{exp} und [A] wurde allerdings nicht gefunden. Dieses Beispiel ist typisch für die meisten bisher untersuchten Reaktionen 1. Ordnung.

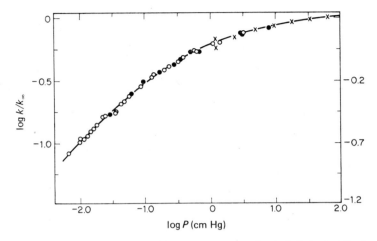

Abb. 9.31 Abhängigkeit der Isomerisierungsgeschwindigkeit des Cyclopropans vom Druck (nach H. O. Pritchard et al.). ○: Versuche mit Umsätzen bis zu 30%; ●: Versuche mit Umsätzen bis zu 70%; ×: Ergebnisse von Chambers und Kistiakowsky.

Wenn dieser Abfall lediglich auf die verringerte Desaktivierungswahrscheinlichkeit zurückzuführen wäre, dann müßte man die ursprüngliche Reaktionsgeschwindigkeit dadurch wieder erzielen können, daß man den vorherigen Druck durch ein inertes Gas wiederherstellt. Diese Wirkung inerter Gase konnte tatsächlich in einer Zahl von Fällen beobachtet werden.

Molekel	Wirksamkeit (Druckverhältnis)	Stoßdurchmesser (nm)	Wirksamkeit (Stoßverhältnis)
Cyclopropan	1,000	0,50	1,000
Helium	0,060 ± 0,011	0,22	0,048
Argon	0,053 ± 0,007	0,36	0,070
Wasserstoff	0,24 ± 0,03	0,27	0,12
Stickstoff	0,060 ± 0,003	0,38	0,070
Kohlenmonoxid	0,072 ± 0,009	0,38	0,084
Methan	0,27 ± 0,03	0,41	0,24
Wasser	0,79 ± 0,11	0,40	0,74
Propen	1,0	0,50	1,0
Benzotrifluorid	1,09 ± 0,13	0,85	0,75
Toluol	1,59 ± 0,13	0,80	1,10
Mesitylen	1,43 ± 0,26	0,90	0,89

Tab. 9.7 Einfluß zugefügter Gase auf die Isomerisierungsgeschwindigkeit des Cyclopropans

In Tab. 9.7 sind die relativen Wirksamkeiten verschiedener Gase bei der Wiederherstellung der Geschwindigkeitskonstante der Cyclopropanisomerisierung (Wert bei hohen Drücken) zusammengestellt.

Die LINDEMANNsche Theorie unimolekularer Reaktionen ist plausibel und liefert die beste Erklärung für viele Experimente. Tab. 9.8 zeigt Werte für eine Anzahl von Reaktionen, die man heute für **unimolekular** hält. Viele andere Reaktionen, die man früher für unimolekulare Zerfallsvorgänge hielt, erwiesen sich später als ziemlich komplexe Kettenreaktionen, **welche oft** genug nach trügerisch einfachen Geschwindigkeitsgesetzen ablaufen.

Ausgangsstoff	Produkte	$\log A$ (s^{-1})	E_a (kJ mol^{-1})
CH_3CH_2Cl	$C_2H_4 + HCl$	14,6	254
CCl_3CH_3	$CCl_2=CH_2 + HCl$	12,5	200
t-Butylbromid	Isobuten + HBr	14,0	177
t-Butanol	Isobuten + H_2O	11,5	228
$ClCOOC_2H_5$	$C_2H_5Cl + CO_2$	10,7	123
$ClCOOCCl_3$	$COCl_2$	13,15	174
Cyclobutan	C_2H_4	15,6	262
Perfluorcyclobutan	C_2F_4	15,95	310
N_2O_4	NO_2	16	54

Tab. 9.8 Unimolekulare Zersetzung von **Gasen** (aus S. W. BENSON, *The Foundations of Chemical Kinetics*, McGraw-Hill, New York 1960)

Wenn die Geschwindigkeitskonstante (**1. Ordnung**) bei niederen Drücken abzunehmen beginnt, dann ist die Bildungsgeschwindigkeit der aktivierten Molekeln nicht mehr viel größer als ihre Zerfallsgeschwindigkeit; die Gesamtgeschwindigkeit der Reaktion wird nun in Wirklichkeit immer mehr von der Nachlieferungsgeschwindigkeit der aktivierten Molekeln bestimmt. Nach der einfachen Stoßtheorie sollte daher die Reaktionsgeschwindigkeit unter diesen Bedingungen etwa $Z_{11} \cdot e^{-E/RT}$ sein. Bei der Nachprüfung dieser Vorhersage durch eine typische Reaktion (z. B. die Cyclopropanisomerisierung) wurde gefunden, daß die Reaktion etwa $5 \cdot 10^5$mal schneller ablief als die einfache Stoßtheorie zulassen würde.

Eine Erklärung für diesen Widerspruch hat HINSHELWOOD gegeben. Der für die Berechnung des Bruchteils der aktivierten Molekeln verwendete Exponentialausdruck $e^{-E/RT}$ gilt nur unter der Bedingung, daß die kritische Energie nur aus zwei Freiheitsgraden der Translation gewonnen wird. Wenn nun bei Molekelzusammenstößen auch Energie aus Schwingungsfreiheitsgraden übertragen werden kann, dann ist die Wahrscheinlichkeit sehr viel größer, daß eine Molekel die notwendige Aktivierungsenergie erhält. Statt des einfachen Exponentialausdrucks erhalten wir dann die folgende Wahrscheinlichkeitsfunktion[48]:

$$W_E = \frac{e^{-E/RT}(E/RT)^{s-1}}{(s-1)!} = f_s\, e^{-E/RT} \qquad [9.75]$$

[48] Diese Formel gilt in guter Näherung, wenn $E \gg RT$. Eine Ableitung findet sich bei E. A. MOELWYN-HUGHES, *Physikalische Chemie*, Georg Thieme Verlag, Stuttgart 1970.

Hierin bedeutet s die Zahl an Schwingungsfreiheitsgraden, die zur Aktivierungsenergie beitragen.

Es ist evident, daß die Aktivierungsgeschwindigkeit durch diesen Mechanismus um einen großen Faktor f_s erhöht werden kann. Für die Isomerisierung des Cyclopropans ist bei 764 K $E_a = 61{,}8$ kJ mol^{-1}; aus dem gemessenen Faktor $f_s = 5 \cdot 10^5$ berechnet sich $s = 7$. Da die Cyclopropanmolekel 9 Atome enthält, besitzt sie insgesamt $3N - 6 = 21$ Schwingungsfreiheitsgrade (Grundschwingungen). Nach der Theorie von Hinshelwood würde also rund $\frac{1}{3}$ dieser Schwingungsfreiheitsgrade am Aktivierungsvorgang teilnehmen. Bis heute war es noch in jedem Falle möglich, einen Wert von $s < 3N - 6$ zu finden, der die beobachtete Aktivierungsgeschwindigkeit erklären konnte.

R. A. OGG, J. Chem. Phys. 21 (1953) 2079, hat für den Zerfall des N_2O_5 einen interessanten Kettenmechanismus vorgeschlagen, den man zuvor als exzeptionell bezeichnet hätte (die Indizes bedeuten hier nicht die Reaktionsordnung):

$$N_2O_5 \underset{k_2}{\overset{k_1}{\rightleftarrows}} NO_2 + NO_3$$

$$NO_2 + NO_3 \xrightarrow{k_3} NO + O_2 + NO_2$$

$$NO + NO_3 \xrightarrow{k_4} 2\,NO_2$$

Die Stationaritätsbedingung liefert für [NO_3] und [NO]:

$$-\frac{d[N_2O_5]}{dt} = k_1'[N_2O_5] = \frac{2k_3 k_1}{k_2 + 2k_3}[N_2O_5]$$

Die Geschwindigkeitskonstante 1. Ordnung k_1' ist also zusammengesetzt.

Da die LINDEMANN-HINSHELWOODsche Theorie den Abfall der Werte für k_{exp} mit Verringerung des Drucks nicht quantitativ erklären konnte, mußte das zugrunde liegende Modell modifiziert werden. Etwa um das Jahr 1928 fanden KASSEL et al. den grundlegenden Fehler des Modells. Es war angenommen worden, daß die Lebenszeiten für alle energiereichen Molekeln A* dieselben seien, und zwar unabhängig vom Betrag an innerer Energie, der bei der Stoßanregung übertragen wurde. Nach dem neueren Modell zerfällt eine Molekel A* um so rascher, je höher der über die Aktivierungsenergie hinaus aufgenommene Energieüberschuß ist; wegen ihrer Kurzlebigkeit haben die höher aktivierten Molekeln nur eine geringere Chance, vor ihrem Zerfall desaktiviert zu werden. Es konnte gezeigt werden, daß die Wahrscheinlichkeit des Zerfalls proportional $\left(1 - \frac{E_a}{E}\right)^{s-1}$ ist; hierin ist E_a die Minimalenergie für einen Zerfall. Die nach diesem Modell erhaltene theoretische Gleichung steht in guter Übereinstimmung mit den experimentellen Ergebnissen (s. z. B. Abb. 9.31).

Bei hohen Drücken kann der Formalismus der Theorie des Übergangszustandes direkt auf unimolekulare Reaktionen angewandt werden, da in diesem Falle ein MAXWELL-BOLTZMANNsches Gleichgewicht zwischen den Molekeln des Ausgangsstoffes A und den aktivierten Komplexen A$^{\pm}$ besteht. Nach MARCUS wird dies folgendermaßen formuliert:

$$A + A \rightleftharpoons A^* + A$$
$$A^* \rightleftharpoons A^{\neq} \rightarrow \text{Produkte}$$

Eine Molekel verändert sich stark bei ihrer Anhebung in den Übergangszustand, von dem aus sie zerfällt. Vom Standpunkt der Übergangstheorie aus sind solche Zwischenprozesse jedoch irrelevant, und wir können schreiben:

$$[A^{\neq}]/[A] = K^{\neq}$$

Durch Einsetzen in [9.69] erhalten wir:

$$k_1 = \frac{kT}{h} K^{\neq} = \frac{kT}{h} \cdot \frac{z^{\neq}}{z} \qquad [9.76]$$

Das schwierigste Problem ist allerdings, aus irgendwelchen Angaben einen vernünftigen Wert für $z^{\neq}$ zu berechnen.

40. Reaktionen in Lösung

Es ist bis heute noch nicht möglich, eine vollständige theoretische Analyse der Reaktionsgeschwindigkeitskonstanten in Lösungen durchzuführen; immerhin versteht man einige besondere Aspekte solcher Reaktionen recht gut. Die Stoßtheorie scheint beim ersten Blick nicht anwendbar zu sein, da es keine eindeutige Methode zur Berechnung der Stoßhäufigkeiten in Flüssigkeiten gibt. Bei genauerer Prüfung zeigt sich jedoch, daß sogar die gaskinetischen Gleichungen manchmal vernünftige Werte für die Frequenzfaktoren ergeben.
Reaktionen 1. Ordnung wie der Zerfall von N_2O_5, Cl_2O oder CH_2J_2 sowie die Isomerisierung des Pinens verlaufen in Gasphase und in Lösung etwa gleich schnell. Augenscheinlich ist die Größe der Geschwindigkeitskonstante unabhängig davon, ob die Molekel durch eine Lösemittelmolekel oder, wie bei der Gasreaktion, durch eine andere Molekel derselben Art aktiviert wird. Noch bemerkenswerter

Reaktion	Lösemittel	E_a (kJ mol^{-1})	A (dm^3 mol^{-1} s^{-1})	$A_{\text{ber}}/A_{\text{exp}}$
$C_2H_5ONa + CH_3J$	C_2H_5OH	81,6	$2,42 \cdot 10^{11}$	0,8
$C_2H_5ONa + C_6H_5CH_2J$	C_2H_5OH	83,3	$0,15 \cdot 10^{11}$	14,5
$NH_4CNO \rightarrow (NH_2)_2CO$	H_2O	97,1	$42,7 \cdot 10^{11}$	0,1
$CH_2ClCOOH + OH^-$	H_2O	108,4	$4,55 \cdot 10^{11}$	0,6
$C_2H_5Br + OH^-$	C_2H_5OH	89,5	$4,30 \cdot 10^{11}$	0,9
$(C_2H_5)_3N + C_2H_5Br$	C_6H_6	46,9	$2,68 \cdot 10^2$	$1,9 \cdot 10^9$
$CS(NH_2)_2 + CH_3J$	$(CH_3)_2CO$	56,9	$3,04 \cdot 10^6$	$1,2 \cdot 10^5$
$C_{12}H_{22}O_{11} + H_2O \rightarrow 2\,C_6H_{12}O_6$ (Saccharose)	$H_2O(H^+)$	107,9	$1,5 \cdot 10^{15}$	$1,9 \cdot 10^{-4}$

Tab. 9.9 Beispiele für Reaktionen in Lösungen

ist, daß viele Lösungsreaktionen 2. Ordnung, die vermutlich auch bimolekular sind, Reaktionsgeschwindigkeitskonstanten besitzen, die den von der gaskinetischen Stoßtheorie vorhergesagten sehr nahe kommen. Einige Beispiele hierfür zeigt die letzte Spalte der Tab. 9.9.

Die Erklärung für eine solche Übereinstimmung mag in folgender Überlegung liegen. Die Molekel irgendeines gelösten Stoffes muß über eine gewisse Strecke durch die Lösung diffundieren, bevor sie eine andere, reaktionsfähige Molekel trifft. Die Zahl solcher Zusammenstöße ist also niedriger als die in der Gasphase. Wenn sie sich aber einmal getroffen haben, dann bleiben die zwei reaktionsfähigen Molekeln ziemlich lange in unmittelbarer Nachbarschaft, umgeben von einem »Käfig« von Lösemittelmolekeln. Es können also wiederholte Zusammenstöße zwischen demselben Paar reaktionsfähiger Molekeln stattfinden. Dies bedeutet aber, daß die Zahl der chemisch wirksamen Stöße in Lösungen nicht stark von der in Gasen abweicht.

Es gibt allerdings auch Fälle, bei denen die berechneten Geschwindigkeitskonstanten um Faktoren zwischen 10^9 und 10^{-9} von den experimentell bestimmten Werten abweichen. Ein großer Wert für den Frequenzfaktor entspricht einem großen positiven Wert von $\Delta S^{\neq}$; ein kleiner Wert für den Frequenzfaktor entspricht einem negativen Wert für $\Delta S^{\neq}$. Die Aktivierungsentropie hat bei Lösungen dieselbe Bedeutung wie bei Gasreaktionen. Bei Assoziationsreaktionen sind wegen der Entropieverringerung bei der Bildung des aktivierten Komplexes kleine Frequenzfaktoren zu erwarten. Ein Beispiel hierfür ist die MENSCHUTKIN-Reaktion, die in der Kombination eines Alkylhalogenids mit einem tertiären Amin besteht:

$$(C_2H_5)_3N + C_2H_5Br \rightarrow (C_2H_5)_4NBr$$

Bei solchen Reaktionen liegen die Werte für $\Delta S^{\neq}$ zwischen -140 und -200 JK^{-1} mol^{-1}; sie sind gewöhnlich nahezu gleich dem Wert für die Reaktionsentropie ($\Delta S^{\ominus}$).

In einem Gas wird die obere Grenze für die Geschwindigkeit einer bimolekularen Reaktion durch die Stoßhäufigkeit gesetzt, in einer Flüssigkeit jedoch durch die Häufigkeit der *ersten Begegnungen* zwischen den reagierenden Molekeln, die sich aufs Geratewohl durch die Lösung bewegen (BROWNsche Bewegung). SMOLUCHOWSKI behandelte 1917 ein ähnliches Problem in einer Theorie des Wachstums kolloidaler Teilchen; hierbei diffundieren kleinere Teilchen durch die Lösung und vereinigen sich zu größeren, die wiederum an ihrer Oberfläche weitere Teilchen anlagern. DEBYE wandte diese Theorie auf Lösungsreaktionen an und berücksichtigte zusätzlich eine zwischenmolekulare potentielle Energie $U(r)$.

Wir wollen ein System aus beweglichen Molekeln A und festsitzenden Molekeln B betrachten. Die Molekeln von A diffundieren aufs Geratewohl durch das System und stoßen mit den Molekeln B zusammen; bei jedem derartigen Zusammenstoß soll eine Reaktion stattfinden. Für den Fluß von A durch die Flächeneinheit gilt (D_A = Diffusionskoeffizient für A, C_A = Konzentration an A):

$$-J_A = -D_A \left[\frac{\partial C_A}{\partial r} + \frac{C_A}{kT} \frac{\partial U}{\partial r} \right] \qquad [9.77]$$

Dies stellt eine Erweiterung des 1. FICKschen Gesetzes [4.65] dar; außer dem ersten Ausdruck in der Klammer, der die Diffusion berücksichtigt, haben wir nun noch einen zweiten Fluß, der durch die Kraft $\partial U/\partial r$ hervorgerufen wird. Die generalisierte Beweglichkeit u_A (Geschwindigkeit pro Krafteinheit) wird durch die Einsteinsche Beziehung [10.19] mit dem Diffusionskoeffizienten verknüpft:

$$D_A/kT = u_A$$

Für den Fluß von A-Molekeln durch die Oberfläche einer Kugel vom Radius r gilt:

$$I_A = 4\pi r^2 J_A = -4\pi r^2 D_A \left[\frac{\partial C_A}{\partial r} + \frac{C_A}{kT} \frac{\partial U}{\partial r} \right] \qquad [9.78]$$

Für $r = \infty$ sei $C_A = C_A^0$ und $U = 0$; wenn $r = d_{12}$ wird, also gleich dem Stoßdurchmesser, dann ist $C_A = 0$ und $U = U(d_{12})$. Wir können nun [9.78] innerhalb dieser Grenzen integrieren[49]:

$$I_A \int_{d_{12}}^{\infty} \frac{e^{U/kT}}{r^2} \, dr = 4\pi D_A \int_0^{C_A^0} d(C_A e^{U/kT})$$

Hieraus erhalten wir:

$$I_A = - \frac{4\pi D_A C_A^0}{\int_{d_{12}}^{\infty} e^{U/kT} \frac{dr}{r^2}}$$

Da in Wirklichkeit nicht nur die Molekeln von A, sondern auch die von B beweglich sind, müssen wir D_A durch $D_A + D_B$ ersetzen. Wenn B in einer Konzentration C_B vorhanden ist, dann ist $I_A C_B^0$ die maximale Reaktionsgeschwindigkeit. Für die Geschwindigkeitskonstante einer Reaktion 2. Ordnung gilt dann:

$$k_2 = \frac{4\pi (D_A + D_B)}{\int_{d_{12}}^{\infty} e^{U/kT} \frac{dr}{r^2}} \qquad [9.79]$$

Wenn keine Wechselwirkungskräfte zwischen den Molekeln zu berücksichtigen sind, ist $U = 0$. Für diesen speziellen Fall ist dann $\int_{d_{12}}^{\infty} dr/r^2 = 1/d_{12}$, und [9.79] erhält die folgende einfache Form:

$$k_2 = 4\pi d_{12} (D_A + D_B)$$

Diese Geschwindigkeitskonstante ist in molekularen Konzentrationen formuliert. Zur Umrechnung in molare Konzentrationen multiplizieren wir mit der Loschmidtschen Zahl:

$$k_2 = 4\pi d_{12} (D_A + D_B) L \qquad [9.80]$$

---

[49] Hierbei beachten wir, daß
$$d(C_A e^{U/kT}) = e^{U/kT} \left(C_A \frac{dU}{kT} + dC_A \right) \text{ ist.}$$

Mit $d_{12} = 5 \cdot 10^{-8}$ cm und $D = 10^{-5}$ cm^2 s^{-1} als typischen Werten für den Stoßdurchmesser und den Diffusionskoeffizienten erhalten wir

$$k_2 = 4 \cdot 10^9 \text{ dm}^3 \text{ mol}^{-1} \text{ s}^{-1}.$$

Aus der Stoßhäufigkeit würde sich für Gasreaktionen ein maximaler Wert für k_2 in der Größenordnung von 10^{11} dm^3 mol^{-1} s^{-1} berechnen. In Lösungen mag wegen des Käfigeffekts die Häufigkeit der chemisch wirksamen Stöße in derselben Größenordnung liegen wie bei Gasen. Die Geschwindigkeitskonstante bei Reaktionen in flüssiger Phase kann den obigen Grenzwert jedoch nicht erreichen, da Reaktionen mit $k_2 > 10^9$ dm^3 mol^{-1} s^{-1} nicht mehr stoß-, sondern diffusionskontrolliert sind.

41. Nichtkatalysierte Reaktionen in heterogenen Systemen, Grenzflächenprozesse

Die Mehrzahl aller in der Natur und in der Technik vorkommenden, physikalischen oder chemischen Vorgänge findet in heterogenen Systemen, also an Grenzflächen statt. Beispiele hierfür sind alle Auflösungs- und Kristallisationsvorgänge, Verdampfung und Kondensation, Adsorption und Desorption. Unter den chemischen Reaktionen in heterogenen Systemen überwiegen wiederum die durch die besondere Natur der Grenzfläche katalysierten Reaktionen. Beispiele hierfür sind die Photosynthese in Pflanzen, die Isomerisierung von Erdölkohlenwasserstoffen, die Hydrierung des Stickstoffs, die Verbrennung des Ammoniaks zu NO_2 (an Pt) und viele andere mehr. Da wir den katalysierten Reaktionen einen besonderen Abschnitt vorbehalten haben, wollen wir uns im folgenden nur mit nichtkatalysierten Reaktionen in heterogenen Systemen befassen. Die Grenzflächenphänomene selbst werden eingehend im 11. Kapitel besprochen.

Homogenreaktionen finden im gesamten System statt. Im Gegensatz hierzu ist in heterogenen Systemen der physikalische oder chemische Vorgang auf die Grenzschicht beschränkt. Für die Kinetik einer Grenzflächenreaktion muß also die Geschwindigkeit eine große Rolle spielen, mit der die Reaktionsteilnehmer an die Grenzfläche befördert werden. Alle von Natur aus hinreichend schnellen physikalischen oder chemischen Grenzflächenprozesse sind daher diffusionskontrolliert.

42. Reaktionen an der Grenzfläche zwischen fester und flüssiger Phase, Kinetik der diffusionskontrollierten Auflösung

Ein physikalischer oder chemischer Auflösungsvorgang wird durch die Geschwindigkeit von drei Einzelvorgängen bestimmt: der Geschwindigkeit der Zuführung des Solvens oder Reagens aus der homogenen Phase, der Geschwindigkeit des eigentlichen Auflösungsvorgangs (Sprengung des Gitters) und der Geschwindigkeit der Wegführung der Reaktionsprodukte oder der solvatisierten Bestandteile des Kristalls. Der langsamste unter diesen drei Vorgängen bestimmt die Geschwindigkeit der Gesamtreaktion. Ist zum Beispiel der eigentliche Lösevorgang, also die Sprengung des Gitters, schnell gegenüber der Diffusionsgeschwindigkeit der Reaktionsteilnehmer in der homogenen flüssigen Phase, dann ist die Kinetik des Gesamtvorganges diffusionskontrolliert. Ist andererseits die Diffusionsgeschwindigkeit der Reaktionsteilnehmer groß gegenüber der Geschwindigkeit der Auflösung, dann bestimmt letztere die Geschwindigkeit des Gesamtvorganges.

Tatsächlich sind die meisten Auflösungsvorgänge diffusionsgesteuert. Auch durch noch so kräftiges Rühren kann man Turbulenz nur bis zu einem gewissen Abstand von der Grenzfläche erzeugen. Die Grenzfläche selbst ist mit einer festhaftenden Schicht überzogen, die sich durch Rühren nicht entfernen läßt. Diese laminare Schicht ist 10–100 μm dick; man kann sie so behandeln, als wäre sie ruhend (NERNST und BRUNNER, 1900). Den Konzentrationsverlauf für Lösemittel (gestrichelte Kurve) und gelösten Stoff (durchgezogene Kurve) zeigt schematisch Abb. 9.32.

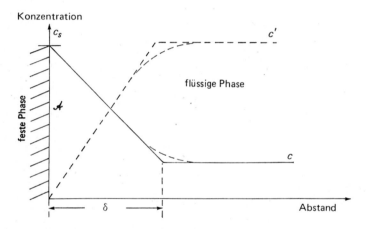

Abb. 9.32   Schematische Darstellung der NERNSTschen Diffusionsschicht.

In der Lösung haben wir zunächst eine konstante Konzentration des Reagens und des gelösten Stoffes. Innerhalb der NERNSTschen Diffusionsschicht nimmt dann die Konzentration an Reagens bis null ab, während gleichzeitig die Konzentration des Reaktionsproduktes (des aufgelösten Stoffes) bis zur Sättigungskonzentration zunimmt.

Die Nernstsche Diffusionsschicht bildet keine neue Grenzfläche. Vielmehr ist der Übergang zwischen der Diffusionsschicht und dem Inneren der Lösung fließend; es ist daher eine Vereinfachung, von einer Diffusionsgrenzschicht zu sprechen.

Da die Geschwindigkeit des Gesamtvorganges, also die Auflösungsgeschwindigkeit des festen Stoffes, diffusionskontrolliert ist, muß sie dem FICKschen Diffusionsgesetz gehorchen. Für die Menge n des Stoffes, die in der Zeiteinheit von der Fläche $\mathscr{A}$ abdiffundiert, gilt daher:

$$\frac{dn}{dt} = -D \cdot \mathscr{A} \frac{dc}{dx}$$

Kinetik der diffusionskontrollierten Auflösung 463

Hierin sind D der Diffusionskoeffizient und $-\mathrm{d}c/\mathrm{d}x$ das Konzentrationsgefälle auf einer Strecke $\mathrm{d}x$. Ein entsprechender Ansatz gilt für das Zudiffundieren des Lösemittels (mit umgekehrtem Vorzeichen, gestrichelte Kurve).
Wenn wir die Dicke der Nernstschen Diffusionsschicht mit δ, die Sättigungskonzentration des gelösten Stoffes mit c_s und die Konzentration dieses Stoffes im Inneren der Lösung mit c bezeichnen, dann ist:

$$-\frac{\mathrm{d}c}{\mathrm{d}x} = \frac{c_s - c}{\delta}$$

Es ist also:

$$\frac{\mathrm{d}n}{\mathrm{d}t} = D \cdot \mathscr{A} \frac{c_s - c}{\delta}$$

Um mit Konzentrationen rechnen zu können, dividieren wir die Menge der abdiffundierenden Teilchen durch das Volumen V, es ist also:

$$\frac{\mathrm{d}n}{V \mathrm{d}t} = -\frac{D}{V} \cdot \mathscr{A} \frac{\mathrm{d}c}{\mathrm{d}x} = \frac{D \mathscr{A}}{V} \cdot \frac{c_s - c}{\delta}$$

Nun ist $\mathrm{d}n/V = \mathrm{d}c$; wir können also schreiben:

$$\frac{\mathrm{d}c}{\mathrm{d}t} = \frac{D \mathscr{A}}{V \delta}(c_s - c) \quad \text{oder} \quad \frac{\mathrm{d}c}{c_s - c} = k_L \mathrm{d}t$$

Hierin ist k_L die Geschwindigkeitskonstante des Auflösungsvorganges. Für diese gilt:

$$k_L = \frac{D \mathscr{A}}{V \delta}$$

Die Auflösungsgeschwindigkeit folgt also dem Gesetz für Reaktionen 1. Ordnung. Sie ist direkt proportional der Grenzfläche und umgekehrt proportional der Dicke der Diffusionsschicht. Die Dicke der Diffusionsschicht hängt ihrerseits von der Rührgeschwindigkeit ab; damit ist auch die Auflösungsgeschwindigkeit abhängig von der Rührgeschwindigkeit. Durch Integrieren der obigen Differentialgleichung erhalten wir:

$$\int_0^c \frac{\mathrm{d}c}{c_s - c} = \int_0^t k_L \mathrm{d}t \quad \text{und} \quad \ln \frac{c_s}{c_s - c} = k_L t$$

oder

$$c_s - c = c_s \cdot \mathrm{e}^{-k_L t}$$

Lösen wir die obige Gleichung für die Konzentration c auf, dann erhalten wir:

$$c = c_s(1 - \mathrm{e}^{-k_L t}) \qquad [9.81]$$

Die obigen Gleichungen gelten natürlich nur für Auflösungsvorgänge, die diffusionsgesteuert sind; mit ihnen läßt sich der Zahlenwert für k_L bestimmen.

Ob ein Auflösungsvorgang diffusionsgesteuert ist, können wir aus seiner Aktivierungsenergie ersehen. Verläuft nämlich der eigentliche Auflösungsvorgang an der Phasengrenzfläche sehr schnell, dann wird die Temperaturabhängigkeit von k_L im wesentlichen durch die Temperaturabhängigkeit des Diffusionskoeffizienten D bestimmt. Dieser aber hängt von der Viskosität der Lösung ab. Der Zahlenwert des Diffusionskoeffizienten D nimmt für eine Temperaturerhöhung von 1 °C um etwa 2,5% zu. Für einen diffusionskontrollierten Auflösungsvorgang muß also gelten:

$$\frac{d k_L}{k_L} \approx 0{,}025 \, dT$$

Wegen der geringfügigen Zunahme des Diffusionskoeffizienten pro Grad Temperaturerhöhung können wir näherungsweise auch schreiben:

$$\frac{d \ln k_L}{dT} \approx 0{,}025$$

Nun ist aber auch

$$\frac{d \ln k_L}{dT} = \frac{E_a}{RT^2} \quad \text{und} \quad E_a \approx 0{,}025 \, R \, T^2$$

Wir können also für die Aktivierungsenergie von diffusionsgesteuerten Auflösungsvorgängen in Wasser einen Wert von

$$E_A \approx 0{,}025 \cdot 8 \cdot 300^2 \, \text{J/mol} \approx 20 \, \text{kJ/mol} \, (300 \, \text{K})$$

berechnen.
Weicht der experimentell bestimmte Wert für die Aktivierungsenergie eines Auflösungsvorganges von diesem Näherungswert ab, dann ist der Vorgang nicht diffusionsgesteuert.

43. Reaktionen an der Grenzfläche zwischen fester und Gasphase

Eine heterogene Reaktion an der Grenzfläche zwischen Gasphase und festem Stoff erkennt man daran, daß ihre Geschwindigkeit von der relativen Größe der Grenzfläche zum Gesamtsystem abhängt. Häufig unterscheidet sich auch die Reaktionsordnung einer Grenzflächenreaktion von der Ordnung einer Reaktion in der homogenen Gasphase. Bei einer Anzahl von Reaktionen hat man gefunden, daß sie bei tieferen Temperaturen hauptsächlich an den Grenzflächen, bei höheren Temperaturen im Gasraum ablaufen. Das Arrheniusdiagramm derartiger Reaktionen besteht aus zwei linearen Abschnitten unterschiedlicher Steigung. Die steilere Gerade gehört zu der Homogenreaktion, die flachere zu der (katalysierten) Wandreaktion. Die Homogenreaktion benötigt also eine größere Aktivierungsenergie als die Wandreaktion.
Zur Diskussion der Druckabhängigkeit einer heterogenen Reaktion benützen wir die LANGMUIRsche Adsorptionsisotherme [11.25] in der folgenden Form:

$$V_{\text{ads}} = \frac{k_1 P}{1 + k_2 P}$$

Hierin ist V_{ads} das adsorbierte Volumen; k_1 und k_2 sind Konstanten, die von der Art des Gases und der festen Phase abhängen. Die Größe P bedeutet den Gasdruck über der festen Oberfläche.

Wenn es sich bei der heterogenen Reaktion z.B. um einen monomolekularen Zerfall von Gasmolekeln handelt, dann muß die Reaktionsgeschwindigkeit proportional der Oberflächenkonzentration des adsorbierten Gases sein, vorausgesetzt, daß sich das Adsorptionsgleichgewicht nach einer chemischen Reaktion unverzüglich wieder einstellt:

$$\frac{dx}{dt} = k \frac{k_1 P}{1 + k_2 P}$$

Hiernach ist nicht nur die Reaktionsgeschwindigkeit, sondern auch die Reaktionsordnung vom Druck des Gases über der Grenzfläche abhängig. Wenn der Druck so klein ist, daß die Grenzfläche nur wenig besetzt ist, dann können wir die Größe $k_2 P$ im Nenner gegen 1 vernachlässigen ($k_2 P \ll 1$). Dann aber ist die Reaktionsgeschwindigkeit proportional dem Gasdruck, sie folgt also dem Gesetz für Reaktionen 1. Ordnung:

$$\frac{dx}{dt} = k \cdot k_1 P$$

Oberhalb eines bestimmten Druckbereiches ist die Oberfläche der festen Phase voll mit den adsorbierten Molekeln besetzt ($k_2 P \gg 1$). Die Oberflächenkonzentration der reagierenden Molekeln und damit auch die Zerfallsgeschwindigkeit sind dann druckunabhängig geworden. Es gilt:

$$\frac{dx}{dt} = k \frac{k_1}{k_2}$$

Eine solche Reaktion ist nullter Ordnung.

Liegt der Gasdruck zwischen diesen beiden Grenzbereichen, dann liegt die Reaktionsordnung zwischen 0 und 1. Die kinetische Gleichung für diese gebrochene Reaktionsordnung lautet dann:

$$\frac{dx}{dt} = k' P^n$$

Der Exponent n hat einen Zahlenwert, der zwischen 0 und 1 liegt.

Die oben abgeleiteten kinetischen Gleichungen gelten ziemlich genau für den Zerfall von AsH_3, PH_3 und $HCOOH$ an irgendwelchen Grenzflächen sowie für den Zerfall von HJ, N_2O und NH_3 an metallischen Oberflächen. Bemerkenswert ist, daß viele Reaktionen, z.B. der Zerfall von HJ und N_2O, in homogener Phase bimolekular, an Grenzflächen jedoch monomolekular verlaufen. Dies ist eine Konsequenz der Bindung eines bestimmten Teils einer adsorbierten Molekel an die feste Oberfläche. Hierbei wird eine Bindung in der adsorbierten Molekel geschwächt; die Aktivierungsenergie für den Zerfall ist also bei einer adsorbierten Molekel kleiner als für eine Molekel in der Gasphase. Bei sehr starker Bindung an die Oberfläche (Chemisorption) kann die adsorbierte Molekel auch ohne einen aktivierenden Zusammenstoß zerfallen (Katalyse). Heterogene Reaktionen dieser Art können gleichzeitig neben einer Reaktion in der Gasphase stattfinden. Dabei überwiegt, wie schon erwähnt, bei höheren Temperaturen die Homogenreaktion und bei niederen Temperaturen die Grenzflächenreaktion.

44. Katalyse

Das Wort *Katalyse* wurde 1835 von BERZELIUS geprägt. Nach ihm sind Katalysatoren, *Stoffe, die durch ihre bloße Gegenwart chemische Reaktionen hervorrufen, welche sonst nicht stattfinden würden.* Die chinesische Bezeichnung *Tsu Mei* ist bildhafter; hierunter versteht man auch einen Heiratsvermittler. (In dieser Wortwahl steckt eine Theorie der katalytischen Wirkung.) Die Vorstellung der Katalyse reicht weit in die Geschichte der Chemie zurück. In einem arabischen Manuskript aus dem 14. Jahrhundert beschrieb AL ALFANI das Xerion, ein Aliksir (»Elixier«), das die Kranken heilt und unedle Metalle in Gold verwandelt, ohne selbst die geringste Veränderung zu erfahren. Forscher aller Zeiten wurden durch die Idee fasziniert, daß die Spur eines Katalysators enorme chemische Umsätze hervorrufen kann.

WILHELM OSTWALD war der erste, der darauf hinwies, daß ein Katalysator zwar die Geschwindigkeit einer chemischen Reaktion, nicht jedoch deren Gleichgewichtslage beeinflußt. Seine berühmte Definition war: *Ein Katalysator ist ein Stoff, der die Geschwindigkeit einer Reaktion verändert, selbst jedoch nicht zu den Produkten dieser Reaktion gehört.*

OSTWALD zeigte durch ein einfaches Argument auf der Basis des 1. Hauptsatzes der Thermodynamik, daß ein Katalysator die Gleichgewichtslage einer chemischen Reaktion gar nicht verändern *kann*. Wir wollen eine Gasreaktion betrachten, die von einer Volumenänderung begleitet ist. Das Gas befinde sich in einem Zylinder, der mit einem beweglichen Kolben verschlossen ist. Der Katalysator sei in einem kleinen Behälter im Innern des Zylinders; dieser Behälter kann beliebig von außen geöffnet oder geschlossen werden. Wenn sich nun die Gleichgewichtslage durch Öffnen des Behälters mit dem Katalysator verändern würde, dann würde sich der Druck ändern, der Kolben würde sich nach innen oder außen bewegen, und man könnte nach diesem Prinzip ein Perpetuum mobile 1. Art konstruieren.

Da nun ein Katalysator keinen Einfluß auf die Lage des Gleichgewichts haben kann, muß er die Hin- und Rückreaktion in gleicher Weise beschleunigen. Wenn ein bestimmter Katalysator also die Esterhydrolyse beschleunigt, muß er andererseits auch die Veresterung von Alkoholen beschleunigen. Die Hydrierungskatalysatoren wie Nickel oder Platin sind auch gute Dehydrierungskatalysatoren: Enzyme wie Pepsin oder Papain, die die Spaltung von Peptiden beschleunigen, müssen auch ihre Synthese aus Aminosäuren katalysieren. In bestimmten Fällen liegt allerdings das Gleichgewicht so weit auf einer Seite, daß die Katalyse der Rückreaktion nicht beobachtet werden kann.

Spätere Untersuchungen haben gezeigt, daß auch die Ostwaldsche Definition noch zu eng ist. Eine ganze Reihe von Reaktionen, insbesondere solche in biologischen Systemen sowie Polymerisationsreaktionen, finden ohne einen »Katalysator« (Enzyme, Initiatoren) überhaupt nicht statt. Außerdem sind viele technische Katalysatoren und praktisch alle Biokatalysatoren hochspezifisch, sie haben also einen Einfluß auf den Reaktionsmechanismus und damit auf die Art der Endprodukte. Mit denselben Ausgangsstoffen, aber unterschiedlichen Katalysatoren, erhält man also die verschiedensten Endprodukte. So liefert Propen mit LEWIS-Säuren (FRIEDEL-CRAFTS-Katalysatoren) ein Gemisch oligomerer Olefine, mit ZIEGLER-NATTA-Katalysatoren hingegen das isotaktische Polypropen (*stereospezifische Katalyse*).

Besonders eingehend hat sich A. MITTASCH in den dreißiger Jahren bei der Badischen Anilin- & Soda-Fabrik mit dem Phänomen der Katalyse beschäftigt. Nach MITTASCH ist ein Katalysator ein Stoff, *der eine Reaktion hervorrufen, ihre Geschwindigkeit verändern und sie einen bestimmten Weg führen kann*. In jedem Falle bildet der Katalysator mit den Ausgangsstoffen *hochreaktive Zwischenprodukte*, die dann unter Regenerierung des Katalysators zu den Endprodukten weiterreagieren.

Wir unterscheiden grundsätzlich zwischen *Homogenkatalyse* und *Heterogenkatalyse*. Im ersteren Fall findet die gesamte Reaktion in *einer* Phase, im letzteren jedoch in Phasengrenzflächen statt. Die Heterogenkatalyse wird daher auch Kontakt- oder Grenzflächenkatalyse genannt; ihre Grundlagen werden im 11. Kapitel diskutiert. Die Homogenkatalyse wurde vor allem an Lösungsreaktionen untersucht. Sehr viele Oxidations-, Reduktions- und hydrolytische Reaktionen sowie zahlreiche organische Umsetzungen sind homogenkatalysierte Reaktionen. Bei sehr vielen Verseifungs- und Kondensationsreaktionen spielen H^- und OH^--Ionen eine große Rolle (Homogenkatalyse durch Säuren und Basen, Abschnitt 10-29).

45. Homogenkatalyse

Bei einem katalysierten Prozeß in homogener Phase findet die Katalyse naturgemäß im ganzen Reaktionsraum gleichmäßig statt. Ein vielzitiertes Beispiel für einen katalytischen Vorgang in der Gasphase ist die Oxidation von SO_2 zu SO_3 in Gegenwart von NO_2. Dieser Vorgang wurde früher zur technischen Herstellung von Schwefelsäure benützt (Bleikammerverfahren) und besteht, formal betrachtet, aus zwei Reaktionsschritten:

$$SO_2 + NO_2 \rightarrow SO_3 + NO$$
$$NO + \tfrac{1}{2} O_2 \rightarrow NO_2$$

Sowohl NO als auch NO_2 enthalten ein ungepaartes Elektron und sind wie andere Radikale sehr reaktionsfähig. Dies zeigt sich an der relativ niedrigen Aktivierungsenergie für die Oxidation des NO zu NO_2; auch die Redoxreaktion zwischen SO_2 und NO_2 hat eine relativ niedere Aktivierungsenergie. Theoretisch könnte man mit einer kleinen Menge NO unbegrenzte Mengen an SO_2 und O_2 umsetzen. In Wirklichkeit wird allerdings ein Teil des NO_2 in der zweiten Reaktionsstufe bis zu elementarem N_2 reduziert; man muß dem System also stets kleine Mengen an NO zusetzen.

Die organische Chemie bietet zahlreiche Beispiele für katalysierte Reaktionen in homogener flüssiger Phase. Hierzu gehört die saure Esterhydrolyse ebenso wie die Veresterung unter dem Einfluß saurer Katalysatoren (10-29), die Kondensation aromatischer Kohlenwasserstoffe mit Alkylchloriden oder -bromiden unter dem

Einfluß von $AlCl_3$ und die Oxidation ungesättigter Fettsäuren durch Luftsauerstoff unter dem Einfluß von Schwermetallionen (oxidative Härtung von Anstrichmitteln).

Bei der Oxidation von SO_2 zu SO_3 und bei der sauren Esterhydrolyse wirkt der Katalysator gemäß der alten, engeren Definition: Er beschleunigt also Hin- und Rückreaktion in gleichem Maße. Zur Erklärung der FRIEDEL-CRAFTS-Kondensation können wir die alte Definition der Katalysatorwirkung schon nicht mehr anwenden. Das Aluminiumchlorid wirkt in gewissen Grenzen spezifisch (intermolekulare HCl- oder HBr-Abspaltung); außerdem kann an dem katalysatorfreien System kein Gleichgewichtszustand definiert werden. Die Reaktion ist auch nicht rückläufig in dem Sinne, daß man dem Reaktionsprodukt, also einem aromatisch-aliphatischen Kohlenwasserstoff, Aluminiumchlorid und HCl zugeben könnte, um zu einem aromatischen Kohlenwasserstoff und einem Alkylchlorid zu gelangen. Ein analoges Beispiel wäre die technisch ebenfalls sehr wichtige Oxidation des Äthylens zu Äthylenoxid unter den Einfluß von Silberkatalysatoren.

Manchmal wirkt eines der Reaktionsprodukte als Katalysator für die Gesamtreaktion; eine solche Reaktion nennt man *autokatalytisch*. Bei normalen, katalysierten oder nichtkatalysierten Reaktionen nimmt die Reaktionsgeschwindigkeit von Anbeginn an langsam ab oder bleibt allenfalls konstant (Reaktionen nullter Ordnung). Bei autokatalytischen Reaktionen steigt die Reaktionsgeschwindigkeit bis zu einem Maximum an, um hernach rasch auf null abzufallen. Autokatalysiert ist zum Beispiel die Redoxreaktion zwischen Permanganationen und Oxalsäure. Die Mangan(II)ionen beschleunigen die Oxidation der Oxalsäure zu CO_2; bei der Titration von Oxalsäure mit $KMnO_4$ entfärbt sich die Lösung nach Zugabe der ersten Tropfen nur langsam. Wenn sich eine gewisse Menge an Mangan(II)ionen gebildet hat, dann verläuft die Reaktion nahezu momentan.

Eine Anzahl von Redoxreaktionen wird in der Weise katalysiert, daß der Katalysator sowohl in seiner oxidierten als auch in seiner reduzierten Form wirkt. Dies zeigt die Disproportionierung von H_2O_2 unter dem Einfluß von Bromidionen:

$$H_2O_2 + Br^- \rightarrow BrO^- + H_2O$$
$$H_2O_2 + BrO^- \rightarrow Br^- + H_2O_2 + O_2$$

Dies kann als eine ionische Kettenreaktion aufgefaßt werden, bei der die Kettenträger (reaktive Spezies) nicht aus dem System selbst stammen, sondern diesem erst zugegeben werden müssen.

Allen katalysierten Reaktionen ist gemeinsam, daß ihre (Gesamt)-Aktivierungsenergie durch die Gegenwart des Katalysators beträchtlich erniedrigt wird. Eingehende Untersuchungen hierüber stammen von SCHWAB et al.[50] Eine noch allgemeinere Aussage liefert die Theorie des Übergangszustandes: Katalyse beruht auf der Existenz eines Mechanismus für die *Erniedrigung der freien Aktivierungsenergie* ($\Delta G^{\pm}$). Dies wird dadurch erreicht, daß die Reaktion einen anderen Weg geleitet wird. Zu dem neuen Mechanismus gehört ein neuer Übergangszustand mit einer niedrigeren freien Energie als der bei der unkatalysierten Reaktion.

[50] G. M. SCHWAB, H. S. TAYLOR, R. SPENCE, *Catalysis*, Van Nostrand, New York 1937.

Aber auch bei der Katalyse kann sich das Entropieglied ($T\varDelta S^{\neq}$) bemerkbar machen; es gibt eine ganze Anzahl katalysierter Reaktionen, bei denen die erhöhte Reaktionsgeschwindigkeit auf die Erhöhung der Aktivierungsentropie in Gegenwart eines Katalysators zurückzuführen ist.

46. Enzymatische Katalyse

Die von den Chemikern entwickelten Katalysatoren werden, so erstaunlich ihre Wirkungen auch sind, von den Enzymen lebender Zellen in ihrer katalytischen Aktivität weit übertroffen. So erfordert die Synthese eines Proteins im Laboratorium ausgeklügelte Apparate und viele mühselige Einzelsynthesen; dieselbe Synthese wird von lebenden Zellen rasch und kontinuierlich in einem »Eintopfverfahren« durchgeführt. Dies ist wegen der kurzen Lebenszeit der Proteine im Körper auch notwendig; so zeigten die Experimente von SCHOENHEIMER mit radioaktiv markierten Substanzen, daß Proteine in Rattenleber eine mittlere Lebenszeit von nur 10 Tagen haben. Die Leberzellen regenerieren sich aber nicht nur dauernd selbst, sie produzieren auch Glykogen (»tierische Stärke«) aus Glukose sowie Harnstoff als Endprodukt des N-Stoffwechsels, und sie »entgiften« zahlreiche physiologisch gefährliche Substanzen (durch chemische Abwandlung in der Weise, daß eine Ausscheidung über die Nieren im Harn ermöglicht wird). Andere Zellen erreichen zwar nicht diese erstaunliche Vielfältigkeit der enzymatischen Leistungen der Leberzellen, führen aber dennoch zahlreiche chemische Synthesen durch.

Die Bezeichnung *Enzym* kommt von dem griechischen Wort für Sauerteig, ζυμη. Synonym wird auch die Bezeichnung *Ferment* gebraucht; das lateinische Wort *fermentum* bedeutet ebenfalls Sauerteig.

Enzyme werden von lebenden Zellen synthetisiert, zeigen ihre Wirkung aber auch unabhängig vom lebenden Organismus. E. BUCHNER konnte als erster zeigen (1897), daß auch zellfreie Filtrate, die die Enzyme in gelöster Form enthielten, ihre spezifische Wirkung ausübten. Alle bekannten Enzyme sind Proteine (Eukolloide) mit Molekelmassen meist zwischen 10^4 und 10^6 und Molekeldurchmessern zwischen 10 nm und 100 nm. Die Katalyse mit diesen »makromolekularen Katalysatoren« stellt einen Übergang von der Homogen- zur Heterogenkatalyse dar; man nennt sie daher manchmal mikroheterogen. Grundlage für eine theoretische Diskussion kann entweder die Bildung einer Zwischenverbindung aus Enzym und Substrat in Lösung oder die Adsorption des Substrats an der Enzymoberfläche sein. Enzyme sind hochwirksam und meist hochspezifisch in ihrer katalytischen Wirkung. Die *Katalase*, ein Eisenporphyrinproteid, bewirkt eine rasche Zersetzung von Wasserstoffperoxid, das ein schweres Gewebegift ist. Eine Katalasemolekel kann in einer Minute bei 30 °C $5 \cdot 10^6$ Molekeln H_2O_2 zersetzen. Die *Urease* katalysiert die Hydrolyse des Harnstoffs zu Ammoniumcarbonat noch in einer Verdünnung von $1 : 10^7$. Sie hat jedoch keinen meßbaren Einfluß auf die Hydrolysegeschwindigkeit substituierter Harnstoffe. *Pepsin* katalysiert die Hydrolyse des

Peptids Glycyl-L-glutamyl-L-tyrosin, es ist jedoch völlig unwirksam, wenn eine der Aminosäuren in diesem Peptid in der D-Konfiguration vorliegt oder wenn das Enzym chemisch etwas abgewandelt wird. Viele Enzyme sind allerdings nicht streng selektiv, sondern zeigen eine gewisse Wirkung auch auf Substrate, die dem natürlichen Substrat chemisch ähnlich sind.

Man kennt heute mehr als 2000 verschiedene Enzyme; viele von diesen wurden in chemisch einheitlicher Form isoliert, etwa 200 davon konnten kristallisiert werden. Die Einteilung der Enzyme geschieht aus verständlichen Gründen nicht nach ihrer chemischen Natur, sondern nach ihrer katalytischen Wirkung. Tab. 9.10 zeigt die internationale Klassifikation der Enzyme.

1. Oxidoreduktasen (Redoxreaktionen); diese wirken auf:	4. Lyasen (Anlagerungen an Doppelbindungen); diese wirken auf:
1.1 $>$CH—OH	4.1 $>$C=C$<$
1.2 $>$C=O	4.2 $>$C=O
1.3 —CH=CH—	4.3 $>$C=N—
1.4 $>$CH—NH$_2$	
1.5 $>$CH—NH—	
1.6 NADH*, NADPH**	
2. Transferasen (Übertragung funktioneller Gruppen)	5. Isomerasen (Isomerisierungsreaktion)
2.1 Gruppen mit 1 C	5.1 Racemasen
2.2 aldehydische oder ketonische Gruppen	
2.3 Acylgruppen	
2.4 Glycosylgruppen	
......	
2.7 Phosphatgruppen	
2.8 S-haltige Gruppen	
3. Hydrolasen (hydrolytische Spaltung); diese wirken auf:	6. Ligasen (Bildung von Bindungen unter gleichzeitiger Spaltung von ATP***)
3.1 Ester	6.1 C—O
3.2 glykosidische Bindungen	6.2 C—S
...	6.3 C—N
3.4 Peptidbindungen	6.4 C—C
3.5 andere C—N-Bindungen	
3.6 Säureanhydride	

* Nikotinamid-Adenin-Dinukleotid, reduzierte Form
** Nikotinamid-Adenin-Dinukleotidphosphat, reduzierte Form
*** Adenosintriphosphat

Tab. 9.10 Internationale Klassifikation und Wirkung der Enzyme

Für eine eingehendere Diskussion sei auf die grundlegenden Lehrbücher der Biochemie verwiesen[51]; dies gilt auch für die folgende Diskussion der Enzymkinetik.

47. Kinetik der enzymatischen Reaktionen

Enzymkatalysierte Reaktionen unterscheiden sich von anderen katalysierten Reaktionen in homogener Phase durch das Phänomen der *Sättigung* an Substrat. Ein analoges Phänomen beobachten wir jedoch bei der heterogenen Katalyse in Anwesenheit eines großen Überschusses an Ausgangsstoffen. Bei niedriger Substratkonzentration ist die Reaktionsgeschwindigkeit v zu jedem Zeitpunkt proportional der jeweiligen Substratkonzentration; die Reaktion ist also 1. Ordnung. Bei zunehmender Ausgangskonzentration an Substrat, jedoch konstanter Enzymkonzentration, geraten wir in einen Bereich gebrochener Ordnung zwischen 1 und 0. Bei sehr hohen Substratkonzentrationen wird die Reaktionsgeschwindigkeit konstant, läßt sich also über einen bestimmten Grenzwert hinaus (v_{max}) nicht mehr steigern: Reaktion nullter Ordnung.

Dieser Effekt der Sättigung wurde zuerst von V. HENRI (1903) durch die Annahme der Bildung eines Komplexes aus Enzym E mit Substrat S (als vorgelagerter Reaktion) gedeutet. Die Formulierung wurde später von MICHAELIS und MENTEN[52] sowie von G. E. BRIGGS und J. B. S. HALDANE (1925) erweitert. HENRI nahm an, daß der Komplex im Gleichgewicht mit den Ausgangsstoffen steht und daß der geschwindigkeitsbestimmende Schritt bei der Enzymreaktion der Zerfall des Komplexes in die Reaktionsprodukte sei. Der einfachste Mechanismus dieser Art läßt sich folgendermaßen formulieren:

$$E + S \underset{k_{-s}}{\overset{k_s}{\rightleftarrows}} ES \underset{k_{-p}}{\overset{k_p}{\rightleftarrows}} E + P$$

Beide Teilreaktionen werden als reversibel betrachtet; das zweite Gleichgewicht liegt jedoch so weit auf der Seite der Produkte, daß die Rückbildung von ES aus E + P in den meisten Fällen vernachlässigt werden kann ($k_{-p} \ll k_p$). Die nun folgende Ableitung stammt von Briggs und Haldane. Es sei [E] die gesamte Enzymkonzentration (Summe aus freiem und gebundenem Enzym), [ES] die Konzentration an Enzym-Substrat-Komplex, [E] − [ES] die Konzentration an freiem Enzym und [S] die Substratkonzentration. Letztere ist relativ zu [E] so groß, daß die im ES-Komplex gebundene Menge an S relativ zur Gesamtmenge an S vernachlässigt werden kann. Für die Bildungsgeschwindigkeit von ES gilt dann:

$$\frac{d\,[ES]}{d\,t} = k_s\,([E] - [ES])\,[S]$$

ES verschwindet nach zwei Mechanismen wieder aus dem System: der Rück-

---

[51] Siehe z.B. A. L. LEHNINGER, *Biochemistry*, Worth Publ., New York 1970;
E. BUDDECKE, *Grundriß der Biochemie*, 2.Aufl., Walter de Gruyter & Co., Berlin 1971
[52] L. MICHAELIS, M. L. MENTEN, *Biochem. Z.* 49 (1913) 333.

bildung von E + S und dem Zerfall in E + P. Es ist also:

$$-\frac{\mathrm{d}[\mathrm{ES}]}{\mathrm{d}t} = k_{-s}[\mathrm{ES}] + k_p[\mathrm{ES}]$$

Nach einer gewissen Anlaufzeit erreicht das System einen stationären Zustand, bei dem in derselben Zeit gleich viele Molekeln des Komplexes ES gebildet werden wie zerfallen; es gilt dann:

$$k_s([\mathrm{E}] - [\mathrm{ES}])[\mathrm{S}] = k_{-s}[\mathrm{ES}] + k_p[\mathrm{ES}]$$

und

$$\frac{[\mathrm{S}]([\mathrm{E}] - [\mathrm{ES}])}{[\mathrm{ES}]} = \frac{k_{-s} + k_p}{k_s} = K_M$$

Die zusammengesetzte Konstante K_M nennt man die MICHAELIS-Konstante. Für die Konzentration des ES-Komplexes im stationären Zustand gilt nun:

$$[\mathrm{ES}] = \frac{[\mathrm{E}][\mathrm{S}]}{K_M + [\mathrm{S}]} \qquad [9.82]$$

Die Anfangsgeschwindigkeit v einer enzymatischen Reaktion ist proportional der Konzentration des ES-Komplexes; es ist also:

$$v = -\frac{\mathrm{d}[\mathrm{S}]}{\mathrm{d}t} = k_p \frac{[\mathrm{E}][\mathrm{S}]}{K_M + [\mathrm{S}]} \qquad [9.83]$$

Diese Beziehung nennt man die *Michaelis-Menten-Gleichung*. Sie enthält in dieser Form noch die gesamte Enzymkonzentration [E]. Diese läßt sich durch folgende

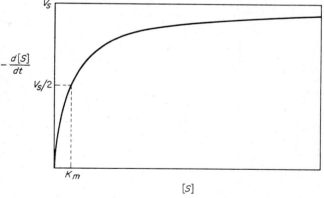

Abb. 9.33 Graphische Darstellung der Michaelis-Menten-Gleichung [9.83]. Man beachte, daß die Substratkonzentration gleich der Michaeliskonstanten wird, $[\mathrm{S}] = K_M$, wenn die Reaktionsgeschwindigkeit auf die Hälfte der Maximalgeschwindigkeit abgesunken ist.

Betrachtung eliminieren. Einen Grenzwert der Reaktionsgeschwindigkeit (Sättigung, vgl. Abb. 9.33) erhält man für $[\mathrm{S}] \gg K_M$, also bei sehr hohen Substratkonzentrationen. Für diese Grenzgeschwindigkeit gilt:

$$v_{\max} = k_p[\mathrm{E}]$$

Wenn wir [9.83] durch diese Gleichung dividieren, dann erhalten wir:

$$\frac{v}{v_{\max}} = \frac{k_p \dfrac{[\text{E}][\text{S}]}{K_M + [\text{S}]}}{k_p [\text{E}]}$$

und

$$v = \frac{v_{\max}[\text{S}]}{K_M + [\text{S}]} \qquad [9.84]$$

Diese abgewandelte Form der Michaelis-Menten-Gleichung enthält nur noch relativ einfach zu bestimmende Größen; sie definiert eine quantitative Beziehung zwischen der Geschwindigkeit der enzymatischen Reaktion und der Substratkonzentration [S], wenn entweder $v_{\max}$ oder K_M bekannt ist.
Eine wichtige Beziehung erhalten wir für den Fall $v = v_{\max}/2$. Es ist dann:

$$\frac{v_{\max}}{2} = \frac{v_{\max}[\text{S}]}{K_M + [\text{S}]}$$

$$\frac{1}{2} = \frac{[\text{S}]}{K_M + [\text{S}]}$$

$$K_M = [\text{S}]$$

Für den besonderen Fall, daß $v = v_{\max}/2$, ist K_M gleich der Substratkonzentration (K_M hat die Dimension einer Konzentration, gewöhnlich $\text{mol} \cdot \text{dm}^{-3}$). Der Zahlenwert von K_M hängt noch vom pH-Wert und von der Temperatur ab. Bei nicht streng substratspezifischen Enzymen gehört zu jedem Substrat ein bestimmter Wert für K_M. Tab. 9.11 zeigt Werte von K_M für einige Enzyme.

Enzym und Substrat	$K_M (\text{mmol} \cdot \text{dm}^{-3})$
Katalase	
H_2O_2	25
Hexokinase	
Glucose	0,15
Fructose	1,5
Chymotrypsin	
N-Benzoyltyrosinamid	2,5
N-Formyltyrosinamid	12,0
N-Acetyltyrosinamid	32
Glycyltyrosinamid	122

Tab. 9.11 Werte für die MICHAELIS-MENTEN-Konstante für einige Enzyme (nach LEHNINGER, *Biochemistry*, loc. cit.)

Bei vielen enzymatischen Reaktionen ist k_s und $k_{-s} \gg k_p$; es gilt dann näherungsweise:

$$K_M = \frac{k_{-s}}{k_s}$$

Unter diesen Bedingungen ist K_M augenscheinlich die Dissoziationskonstante des ES-Komplexes:

$$K_S = \frac{[\text{E}][\text{S}]}{[\text{ES}]}$$

Leider werden in der Literatur K_M und K_S nicht selten verwechselt. K_M sollte nicht als die Dissoziationskonstante des ES-Komplexes aufgefaßt werden, wenn nicht experimentell bestätigt wurde, daß k_p gegenüber k_{-s} und k_s vernachlässigt werden kann.

Für praktische Zwecke wandelt man [9.84] algebraisch in eine der folgenden, linearen Beziehungen um.

LINEWEAVER-BURK:

$$\frac{1}{v} = \frac{K_M}{v_{\max}} \frac{1}{[S]} + \frac{1}{v_{\max}} \qquad [9.85]$$

EADIE-HOFSTEE:

$$v = -\frac{v}{[S]} K_M + v_{\max} \qquad [9.86]$$

Abb. 9.34 zeigt Diagramme, die mit diesen Gleichungen erhalten wurden. Die doppeltreziproke Darstellung der Lineweaver-Burk-Beziehung hat den Vorteil, daß $v_{\max}$ recht genau aus dem Ordinatenabschnitt bestimmt werden kann; Entsprechendes gilt für die Bestimmung von K_M aus dem Abszissenabschnitt. Das Eadie-Hofstee-Diagramm liefert nicht nur $v_{\max}$ und K_M in sehr einfacher Weise, sondern vergrößert auch Abweichungen von der Linearität, die bei einem Lineweaver-Burk-Diagramm möglicherweise nicht beobachtbar sind und die zum Erkennen kooperativer Vorgänge (z.B. Änderung der Enzymaktivität während der katalytischen Reaktion) dienen.

Eine offene Frage ist die mathematische Behandlung des nichtstationären Zustands (Anlaufreaktion) bei einer enzymatischen Reaktion. Endlich ist es leider so, daß die Michaelis-Menten-Kinetik eher die Ausnahme als die Regel darstellt; die meisten Enzyme verhalten sich wesentlich komplizierter.

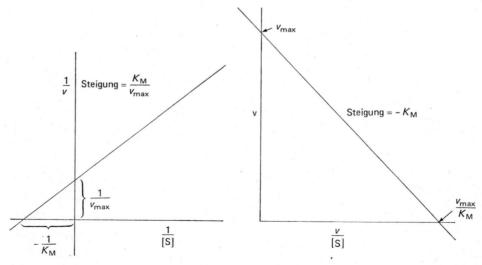

Abb. 9.34 Praktische Bestimmung von K_M und $v_{\max}$ bei enzymatischen Reaktionen. Links: nach LINEWEAVER-BURK. Rechts: nach EADIE-HOFSTEE. (Nach LEHNINGER, *Biochemistry*, loc. cit.).

48. Hemmung der enzymatischen Wirkung

Die Untersuchung der Enzymhemmung hat wesentlich zu unserem Verständnis enzymatischer Mechanismen und zur Aufklärung der molekularen Grundlage für viele biologische Vorgänge beigetragen. Hierzu gehören auch die Kontrollmechanismen in einer Zelle und die Wirkungsweise verschiedener Drogen.
Wir unterscheiden zwei Arten von Enzymhemmung, die *reversible* und die *irreversible Hemmung* (Inhibierung). Die letztere kommt meist durch die Zerstörung oder Modifizierung einer oder mehrerer funktioneller Gruppen des Enzyms zustande. Die reversible Hemmung kann nach zwei verschiedenen Mechanismen geschehen. Bei der *kompetitiven Hemmung* lagert sich die hemmende Molekel selbst an die Stelle des Enzyms, die normalerweise von der Substratmolekel besetzt wird. (In manchen Fällen verbindet sich der »Inhibitor« mit dem Substrat und blockiert damit die Stelle, mit der sich das Substrat sonst mit dem Enzym verbindet.) Der Effekt der kompetitiven Hemmung kann durch eine Erhöhung der Substratkonzentration verringert oder aufgehoben werden. Dies ist bei der *nichtkompetitiven Hemmung* nicht möglich. Bei dieser Art von Hemmung beeinflußt der Inhibitor die Aktivität des Enzyms, ohne die aktive Stelle im eigentlichen Sinne zu blockieren.
Die reversible Hemmung kann quantitativ durch die MICHAELIS-MENTEN-Gleichung behandelt werden. Das kinetische Schema beruht auf den folgenden Reaktionen:

$$E + S \underset{k_{-s}}{\overset{k_s}{\rightleftharpoons}} ES \overset{k_p}{\rightarrow} E + P$$

$$E + I \underset{k_{-i}}{\overset{k_i}{\rightleftharpoons}} EI$$

In der konventionellen Enzymliteratur ist es üblich, Gleichgewichtskonstanten als Dissoziationskonstanten zu formulieren. Für die Enzymhemmung gilt daher:

$$\frac{[E][I]}{[EI]} = K_I$$

K_I ist demnach die Dissoziationskonstante des Enzym-Inhibitor-Komplexes.
Für die Gesamtkonzentration an Enzym gilt:

$$[E] = [ES] + [EI]$$

Für die Reaktionsgeschwindigkeit gilt dann:

$$v = \frac{v_{\max}[S]}{[S] + K_M \left(1 + \frac{[I]}{K_I}\right)} \qquad [9.87]$$

Die Maximalgeschwindigkeit $v_{\max}$ ist dieselbe wie in Abwesenheit eines Inhibitors; die für eine bestimmte Substratkonzentration gemessene Reaktionsgeschwindigkeit ist jedoch kleiner. Wenn wir [9.87] nach LINEWEAVER-BURK umformulieren:

$$\frac{1}{v} = \frac{K_M}{v_{max}} \left(1 + \frac{[I]}{K_I}\right) \frac{1}{[S]} + \frac{1}{v_{max}}$$

dann erhalten wir immer noch eine lineare Beziehung. Die Steigung der Geraden ist nun jedoch eine lineare Funktion der Konzentration an Inhibitor (Abb. 9.35 links).

Als Beispiel für eine nichtkompetitive Hemmung wollen wir die folgenden (zusätzlichen) Reaktionen betrachten:

$$E + I \rightleftharpoons EI$$
$$ES + I \rightleftharpoons ESI$$

Sowohl EI als auch ESI sind inaktiv. Auch die nichtkompetitive Hemmung läßt sich leicht durch Lineweaver-Burk-Diagramme erkennen, in denen $1/v$ gegen $1/[S]$ in Gegenwart verschiedener Konzentrationen an Inhibitor abgetragen ist (Abb. 9.35 rechts). Bei der nichtkompetitiven Hemmung unterscheiden sich die Geraden in ihrer Steigung, besitzen aber keinen gemeinsamen Ordinatenabschnitt. Der Abschnitt auf der $1/v$-Achse ist für gehemmte Systeme größer als bei ungehemmten; dadurch wird angezeigt, daß v_{max} durch den Inhibitor verringert wird und auch durch noch so hohe Substratkonzentrationen nicht seinen alten Wert erhält.

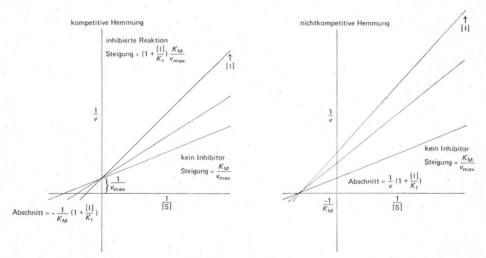

Abb. 9.35 Darstellung der kompetitiven und nichtkompetitiven Enzymhemmung nach LINE-WEAVER-BURK (nach LEHNINGER, *Biochemistry*, loc. cit.).

49. Die Acetylcholinesterase als typisches Beispiel für eine Enzymreaktion

Die Acetylchinolinesterase (ACE) ist ein gutes Beispiel für die Diskussion von Enzymreaktionen. Wegen ihrer physiologischen Bedeutung und wegen der ACE-

Die Acetylcholinesterase

Hemmung durch bestimmte Insektizide und Nervengase wurde sie eingehend untersucht. Die ACE katalysiert die Hydrolyse von Acetylcholin (AC):

$$(CH_3)_3N^+CH_2CH_2O\overset{O}{\overset{\|}{C}}CH_3 + H_2O \rightarrow CH_3COOH + (CH_3)_3N^+CH_2CH_2OH$$

Das AC ist der chemische Überträger an den Synapsen zwischen peripheren Nervenendigungen und Muskeln. Bei der Ankunft eines elektrischen Impulses gibt das Ende eines Nervs AC frei. Dieses diffundiert durch den synaptischen Spalt von etwa 20 nm und depolarisiert die postsynaptische Membran, indem sie deren Leitfähigkeit für Na^+- und K^+-Ionen abrupt erhöht. (Wie dies geschieht, ist noch völlig unbekannt.) Das Enzym ACE katalysiert nun die Entfernung des AC aus der »Übersetzerstation« innerhalb eines Bruchteils einer Millisekunde; hierdurch wird der Kanal wieder für einen weiteren Übertragungsimpuls frei gemacht. ACE gehört zu den aktivsten Enzymen, die wir kennen. Die Enzymaktivität können wir durch die *molekulare Aktivität* (Wechselzahl, turnover number) messen; hierunter verstehen wir die Zahl der Substratmolekeln, die in der Zeiteinheit mit einer einzelnen Enzymmolekel reagieren. Für die ACE beträgt diese Zahl etwa 10^6 min^{-1} bei 37 °C. Tab. 9.12 zeigt die Wechselzahl für eine Anzahl anderer Enzyme.

Die Michaeliskonstante für die Dissoziation des ES-Komplexes (ACE/AC) ist $K_M = 4{,}5 \cdot 10^{-4}$ bei 25 °C. Zu den kompetitiven Inhibitoren für ACE zählen Alkylammoniumionen, z.B. $(CH_3)_4N^+$ mit $K_I = 1{,}62 \cdot 10^{-3}$ und $(C_2H_5)_4N^+$ mit $K_I = 4{,}5 \cdot 10^{-4}$. Ein noch viel wirksamerer kompetitiver Inhibitor ist das Eserin mit $K_I = 6{,}1 \cdot 10^{-8}$.

Kohlensäureanhydrase C	36 000 000
Δ^5-3-Ketosteroidisomerase	17 100 000
β-Amylase	1 100 000
β-Galactosidase	12 500
Phosphoglucomutase	1 240
Succinatdehydrogenase	1 150

Tab. 9.12 Wechselzahl (turnover number) für einige Enzyme (Molekeln · min^{-1} bei 20···38 °C); nach LEHNINGER, *Biochemistry*, loc. cit.

Ein Beispiel für einen nichtkompetitiven Inhibitor, der mit dem Enzym-Substrat-Komplex reagiert, ist das Tensilon mit $K_I = 3{,}3 \cdot 10^{-7}$.

ACE kann auch irreversibel inhibiert werden; hierbei reagiert der Inhibitor mit der aktiven Stelle in einer Weise, daß weder Enzym noch Inhibitor unverändert wiedergewonnen werden können. In diese Verbindungsklasse fallen verschiedene Organophosphorverbindungen, z.B. das als Nervengas entwickelte Sarin:

$$\begin{array}{c} H_3C \\ H_3C\!\!-\!\!CH\!\!-\!\!O \end{array}\!\!>\!\!P\!\!<\!\!\begin{array}{c} O \\ F \end{array} \quad \text{Sarin}$$

Solche irreversiblen Inhibitoren können zur Festlegung der aktiven Stelle(n) der Enzymmolekel benützt werden. Hierzu unterwirft man die EI-Verbindung der partiellen Hydrolyse und untersucht, an welcher Stelle der entstehenden niedermolekularen Peptide der Inhibitor gebunden ist. Die ACE besitzt zwei reaktive Stellen, die anionische und die Esterasestelle. Die Wirksamkeit der Organophosphorinhibitoren beruht darauf, daß sie die OH-Gruppe des für die Hydrolyse von AC verantwortlichen Serinrestes phosphorylieren.

ACE läßt sich in reiner, kristalliner Form erhalten. Allerdings kann gegenwärtig weder seine genaue chemische Struktur noch die der aktiven Stellen mit Sicherheit angegeben werden.

10. Kapitel
Elektrochemie: Ionen

> *Im Universum gibt es nur Alkali und Säure, hieraus setzt die Natur alle Dinge zusammen.*
>
> OTTO TACHENIUS (1671)

Im atomaren Bereich sind alle chemischen Wechselwirkungen elektrischer Natur; in weitestem Sinne ist also alle Chemie Elektrochemie. In einem engeren Sinne versteht man unter Elektrochemie die Wissenschaft, die sich mit der Natur der Elektrolyte und mit den Vorgängen an Elektroden befaßt, welche mit Elektrolyten in Berührung stehen. Unser besonderes Interesse darf dabei die Elektrochemie von Lösungen beanspruchen, da die physikalische Chemie als ausgeprägte Wissenschaft zuerst aus diesem Gebiet hervorging. Das erste Periodikum dieser Wissenschaft, die *Zeitschrift für physikalische Chemie*, wurde 1887 von WILHELM OSTWALD gegründet. In ihren ersten Bänden finden sich vor allem Beiträge über Elektrochemie von OSTWALD, VAN'T HOFF, KOHLRAUSCH, ARRHENIUS und Mitarbeitern dieser Schulen.

1. Elektrizität

WILLIAM GILBERT (1544–1603), der Arzt der Königin Elisabeth, prägte das Wort *elektrisch* im Jahre 1600 nach dem griechischen Wort für Bernstein, $\mathring{\eta}\lambda\varepsilon\varkappa\tau\varrho o\nu$. Er schrieb diese Eigenschaft solchen Körpern zu, die beim Reiben mit Fell die Eigenschaft annahmen, kleine Papierfetzchen oder Pflanzenmark anzuziehen. GILBERT wehrte sich aber gegen die Annahme einer »Fernwirkung«, und in seiner Abhandlung *De Magnete* (1600) präsentierte er eine einfallsreiche Theorie für die elektrische Anziehungskraft.

> *Der Bernstein atmet ein* effluvium *aus, das sich durch Reibung weiterverbreitet. Perlen, Carneol, Achat, Jaspis, Chalcedon, Korallen, Metalle und dergleichen zeigen sich beim Reiben inaktiv; aber ist da nichts, was von ihnen durch Wärme oder Reibung ausgesandt wird? Gewiß; aber was von den dichten Körpern ausgesandt wird, ist dick und dampfförmig (und daher nicht beweglich genug, um Anziehungen hervorzurufen). Ein Hauch also ... erreicht den Körper, der angezogen werden soll, und alsbald wird dieser Körper mit dem anziehenden elektrischen Stoff vereinigt. Da nun die Materie keine Wirkung ausüben kann, es sei denn durch direkten Kontakt, diese elektrischen Körper hingegen nichts zu berühren scheinen, muß denn notwendigerweise irgend etwas von einem zum anderen weitergegeben werden, wodurch enge Berührung hergestellt wird, welche wiederum die Ursache für die Erregung darstellt.*

Weitere Untersuchungen förderten zutage, daß Stoffe wie Glas nach dem Reiben mit Seide Kräfte ausübten, die denen des Bernsteins entgegengesetzt waren. Man unterschied daher zwei verschiedene Arten von elektrischen Wirkungen, die »glasartigen« und die »harzartigen«. Kontinuierlich arbeitende Maschinen wurden ersonnen, um mit Reibungselektrizität hohe elektrostatische Potentiale zu erzeugen, die wiederum zum Aufladen von Kondensatoren in der Form Leidener Flaschen verwendet werden konnten.

Durch die Aufstellung der »one-fluid«-Theorie durch BENJAMIN FRANKLIN im Jahre 1747 vereinfachte sich die Anschauung. Hiernach tritt beim Reiben zweier Körper gegeneinander eine ungleiche Verteilung der Elektrizität auf, wobei der Körper mit höherer Anziehungskraft für Elektrizität einen Überschuß hiervon gewinnt, der andere jedoch ein Defizit hinnehmen muß. Die resultierende Ladungsdifferenz ist die Ursache für die beobachteten Kräfte. Auf FRANKLIN geht auch die Konvention zurück, daß die »glasartige« Elektrizität das positive, die »harzartige« jedoch das negative Vorzeichen bekommt.

Einige Zeit später wurden elektrische Wirkungen durch oder an Lebewesen beobachtet. VAN'S GRAVESANDE und ADANSON entdeckten unabhängig voneinander die intensiven Entladungen elektrischer Fische (1750). LUIGI GALVANI beobachtete 1791 die Wirkung einer elektrischen Entladung auf ein System aus Nerv und Muskel, indem er zufällig den bloßgelegten Nerv eines Froschschenkels mit einer elektrischen Maschine in Verbindung brachte. Das scharfe Zucken der Beinmuskulatur führte zur Erfindung der *galvanischen Elektrizität*; es wurde nämlich bald gefunden, daß die elektrische Maschine durch eine metallische Verbindung, am besten durch zwei verschiedene Metalle hintereinander, ersetzt werden kann, wenn man Nerv und Fußende auf diese Weise metallisch in Verbindung brachte. GALVANI, der ein Arzt war, nannte das neue Phänomen »animalische Elektrizität« und hielt diese für ein Charakteristikum lebenden Gewebes.

Der Physiker ALESSANDRO VOLTA, Professor für Naturphilosophie an der Universität Pavia, entdeckte bald, daß die galvanische Elektrizität auch aus unbelebter Materie entspringen kann. Im Jahre 1800 konstruierte er seine berühmte *Voltasche Säule*, die aus abwechselnd übereinandergeschichteten Silber- und Zinkplatten bestand; zwischen den einzelnen Platten befand sich jeweils ein Tuch, das zuvor in eine Salzlösung getaucht worden war. Mit den beiden Enden einer solchen Säule konnte er elektrische Schocks austeilen und Funken erzeugen, die zuvor nur mit elektrostatischen Vorrichtungen hervorgerufen werden konnten.

Die Nachricht von der Voltaschen Säule entfachte einen Enthusiasmus und ein Erstaunen ähnlich dem, das der Uranmeiler 1945 hervorrief. Im Mai 1800 zersetzten NICHOLSON und CARLISLE Wasser durch den elektrischen Strom; hierbei erschien Sauerstoff an dem Pol, der mit der Silberplatte am einen Ende der Säule verbunden war, Wasserstoff an dem mit der Zinkplatte verbundenen Pol. Bald gelang es auch, Lösungen verschiedener Salze durch den elektrischen Strom zu zersetzen, und schon 1806–1807 konnte HUMPHRY DAVY unter Verwendung einer Voltaschen Säule Natrium und Kalium elektrolytisch aus ihren Hydroxiden abscheiden. Die Vorstellung, daß die Atome in einer Verbindung durch die Anziehungskraft ungleich geladener Teilchen zusammengehalten werden, gewann weite Anerkennung, ohne im eigentlichen bewiesen worden zu sein.

2. Die FARADAYschen Gesetze und das elektrochemische Äquivalent

Im Jahre 1813 ging der 22jährige MICHAEL FARADAY, bis dahin ein Buchbinderlehrling, als Laboratoriumsassistent zu HUMPHRY DAVY an die Royal Institution. In den folgenden Jahren legte er mit einer Serie von Versuchen die Grundlagen der Elektrochemie und des Elektromagnetismus. Er untersuchte eingehend die Zersetzung der Lösungen von Salzen, Säuren und Basen durch den elektrischen Strom. Unter der Mithilfe von WILLIAM WHEWELL schuf FARADAY die Nomenklatur, die bis zum heutigen Tage in der Elektrochemie verwendet wird: *Elektrode, Elektrolyse, Elektrolyt, Ion, Anion, Kation*. Die Elektrode, auf die sich die Kationen in einer elektrolytischen Zelle zubewegen, nennen wir die Kathode. Analog nennen wir die Elektrode, auf die sich die Anionen zubewegen, die Anode.
FARADAY studierte anschließend quantitativ die Beziehung zwischen dem Ausmaß der Elektrolyse, also der durch den elektrischen Strom hervorgerufenen chemischen Wirkung, und der Elektrizitätsmenge, die durch die Lösung hindurchgegangen war. Die Einheit der Elektrizitätsmenge Q nennen wir heute das Coulomb (C) oder die Amperesekunde (A·s). Seine Ergebnisse faßte Faraday folgendermaßen zusammen:

Die chemische Wirkung eines Stromes von Elektrizität steht in direktem Verhältnis zu der absoluten Elektrizitätsmenge, die [durch das System] hindurchgeht ... Die Stoffe, in welche sich diese [Elektrolyte] unter dem Einfluß des elektrischen Stromes zerlegen lassen, bilden eine überaus wichtige allgemeine Klasse. Sie verbinden sich gegenseitig, stehen in direkter Beziehung mit den grundlegenden Teilen der Lehre von der chemischen Affinität und stehen gegenseitig in bestimmten Mengenverhältnissen, die sich bei einer Elektrolyse stets zeigen. Ich habe vorgeschlagen, die Verhältniszahlen, in welchen diese Stoffe gebildet werden, elektrochemische Äquivalente zu nennen. So sind Wasserstoff, Sauerstoff, Chlor, Jod, Blei und Zinn Ionen; die ersteren drei sind Anionen, die zwei Metalle sind Kationen; die Zahlen 1, 8, 36, 125, 104 und 58 sind angenähert ihre elektrochemischen Äquivalente.
Elektrochemische Äquivalente stimmen mit den gewöhnlichen chemischen Äquivalenten überein, ja, sie sind dieselben. Ich denke, daß ich mich nicht selbst täuschen kann, wenn ich die Lehre von der definierten elektrochemischen Wirkung für äußerst wichtig halte. Sie berührt durch ihre Tatsachen noch direkter und unmittelbarer, als dies irgendwelche früheren Tatsachen getan haben, die wundervolle Idee, daß die gewöhnliche chemische Affinität eine bloße Konsequenz der elektrischen Anziehungen zwischen verschiedenen Arten von Materie darstellt.

Wir wissen nun, daß Ionen in Lösungen mehr als eine Elementarladung mit sich tragen können und daß die elektrochemische Äquivalentmasse gleich dem Verhältnis aus der Atommasse und der Zahl der Ladungen $|z|$ ist. Der mit jeder elektrochemischen Reaktion verknüpfte konstante Betrag an Elektrizität ist 96 487 Coulomb; man nennt diese Elektrizitätsmenge in Faraday, F. Die FARADAYschen Gesetze der Elektrolyse können in der folgenden Gleichung zusammengefaßt werden:

$$\frac{m}{M} = \frac{I \cdot t}{|z| \mathrm{F}} = \frac{Q}{|z| \mathrm{F}} \qquad [10.1]$$

Hierin bedeutet m die an einer Elektrode abgeschiedene Menge eines Elements mit der relativen Atommasse M, wenn während einer Zeit t ein Strom von einer Stärke I durch die Zelle floß.

Die Tatsache, daß ein einfacher ganzzahliger Zusammenhang besteht zwischen den elektrisch geladenen Atomen in einer Lösung und der Elektrizitätsmenge, die man zu ihrer Abscheidung braucht, legt die Vermutung nahe, daß auch die Elektrizität aus kleinsten, nicht weiter teilbaren Einheiten besteht, also gewissermaßen aus »Elektrizitätsatomen«. Im Jahre 1874 schrieb G. JOHNSTON STONEY in einem Brief an die British Association:

> *Die Natur bietet uns eine einzelne, definierte Elektrizitätsmenge, die unabhängig ist von den besonderen Stoffen, auf die sie wirkt. Um dies klarzumachen, werde ich das FARADAYsche Gesetz folgendermaßen ausdrücken ... Für jede chemische Bindung, die in einem Elektrolyten gelöst wird, durchquert den Elektrolyten eine bestimmte Elektrizitätsmenge, die in allen Fällen dieselbe ist.*

Im Jahre 1891 schlug STONEY vor, dieser natürlichen Einheit der Elektrizität den Namen *Elektron* zu geben[1].

Ein Mol an Elektronen würde also gleich der Elektrizitätsmenge von einem F sein:

$$\mathrm{F} = Le \qquad [10.2]$$

3. Coulometer

Wenn wir das Ausmaß einer elektrochemischen Reaktion sehr genau messen, dann können wir hierdurch auch sehr genau die Elektrizitätsmenge bestimmen, die durch den Elektrolyten geflossen ist. Eine solche Versuchsvorrichtung zur Messung von Elektrizitätsmengen nennen wir ein *Coulometer*.

Sehr genaue Ergebnisse liefert das Silbercoulometer, bei dem Platinelektroden in eine wäßrige Lösung von Silbernitrat tauchen. Das Silber schlägt sich auf der Kathode nieder; um das Abfallen kleiner Silberkriställchen zu vermeiden, ist die Kathode mit einem Beutel umgeben. Die Massenzunahme an der Kathode ist

---

[1] Später wurde ein Elementarteilchen mit der Ladung $-e$ gefunden; dieses Teilchen erhielt dann den Namen *Elektron*. Die Ladungseinheit e wurde als die Ladung des Protons gewählt; sie beträgt $1{,}6021 \cdot 10^{-19}$ C.

ein Maß für die durch den Stromkreis geflossene Elektrizitätsmenge. Für die Kathodenreaktion gilt:

$$Ag^+ + e^- \rightarrow Ag$$

Durch eine Elektrizitätsmenge von 1 F wird ein Grammatom Silber (107,870 g) abgeschieden. Eine Elektrizitätsmenge von 1 C ist also äquivalent

$$107{,}870/96487 = 1{,}118 \cdot 10^{-3} \text{ g Silber}$$

4. Messung der elektrolytischen Leitfähigkeit

Eines der frühesten theoretischen Probleme der Elektrochemie war die Frage, durch welchen Mechanismus Elektrolyte Strom leiten. Von metallischen Leitern war bekannt, daß sie dem OHMschen Gesetz gehorchen:

$$I = \frac{\Delta \Phi}{R} \qquad [10.3]$$

Hierin sind I die Stromstärke (Ampere), $\Delta \Phi$ die Differenz des elektrischen Potentials zwischen den Meßstellen (Volt) und R (die Proportionalitätskonstante) der elektrische Widerstand (Ohm). Der Widerstand hängt in folgender Weise von den Dimensionen des elektrischen Leiters ab:

$$R = \frac{\varrho\, l}{\mathscr{A}} \qquad [10.4]$$

Hierin sind l die Länge und $\mathscr{A}$ der Querschnitt des Leiters; ϱ ist der spezifische Widerstand des Leiters ($\Omega \cdot m$). Den Reziprokwert des Widerstandes nennen wir die Leitfähigkeit (Ω^{-1}); der Reziprokwert des spezifischen Widerstandes ist dann die spezifische Leitfähigkeit $\varkappa$ ($\Omega^{-1}\, m^{-1}$).

Die ersten Untersuchungen über die Leitfähigkeit von Lösungen wurden mit ziemlich starken Gleichströmen durchgeführt. Der hiermit verknüpfte elektrochemische Umsatz war so groß, daß fehlerhafte Ergebnisse erzielt wurden. Es sah also so aus, als ob das Ohmsche Gesetz nicht erfüllt würde; mit anderen Worten: Die spezifische Leitfähigkeit schien eine Funktion der Spannung zu sein. Diese Beobachtung ist hauptsächlich auf die *Polarisation der Elektroden* der Leitfähigkeitszelle zurückzuführen, also auf ein Abweichen von den Gleichgewichtsbedingungen in dem umgebenden Elektrolyten.

Diese Schwierigkeiten lassen sich durch die Verwendung von Wechselstrom und einer Brückenschaltung (Abb. 10.1) vermeiden. Bei einem Hochfrequenzwechselstrom (1000···4000 Hz) wechselt die Stromrichtung so rasch, daß Polarisationseffekte vermieden werden. Eine gewisse Schwierigkeit bei der Verwendung einer Wechselstrombrücke ist, daß die Zelle wie Kondensator und Widerstand in Reihenschaltung wirkt; selbst wenn die beiden Widerstandszweige abgeglichen sind, bleibt also eine geringe Unbalance durch die nichtausgeglichenen Kapazitäten.

Dieser Effekt kann teilweise durch die Einfügung einer variablen Kapazität (Drehkondensator) im anderen Brückenarm ausgeglichen werden; für sehr genaue Messungen muß die Apparatur jedoch noch weiter verfeinert werden.

Früher wurden für die Abstimmung einer Brücke Kopfhörer verwendet, heute bevorzugt man Kathodenstrahloszillographen. Die von der Brücke abgegriffene Spannung wird gefiltert, verstärkt und auf die vertikale Platte des Oszillographen gegeben. Gleichzeitig wird die gesamte Brückenspannung über eine geeignete Kapazität auf die horizontalen Platten gegeben. Wenn die zwei Signale richtig abgestimmt sind, dann schließt sich die Schleife auf dem Oszillographen (Abgleichung der Kapazitäten); wenn auch die Spannungen richtig abgeglichen sind, dann liegt die Schleife horizontal.

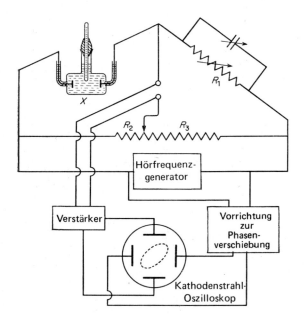

Abb. 10.1 WHEATSTONEsche Wechselstrombrücke für die Messung der Leitfähigkeit von Elektrolyten.

Die in Abb. 10.1 gezeigte Leitfähigkeitszelle ist für Elektrolyte mit hoher Leitfähigkeit. Statt die Dimensionen einer Leitfähigkeitszelle zu messen, kalibriert man sie üblicherweise mit einer Lösung bekannter Leitfähigkeit, z.B. mit einer einmolaren KCl-Lösung. Die Zelle muß genau auf der Meßtemperatur gehalten werden, da die Leitfähigkeit mit der Temperatur zunimmt.

Sobald zuverlässige Leitfähigkeitswerte zur Verfügung standen, wurde es offenbar, daß Lösungen von Elektrolyten dem Ohmschen Gesetz gehorchten. Der Widerstand war unabhängig von der Spannung, und schon die kleinste angelegte Potentialdifferenz genügte zur Erzeugung eines elektrischen Stromes. Jede Leitfähigkeitstheorie wird also die Tatsache berücksichtigen müssen, daß ein Elektrolyt die Fähigkeit zur Leitung des elektrischen Stromes per se besitzt, sie also nicht erst durch das angelegte Feld erhält.

Uns fällt dieses Verständnis leicht; dies gilt nicht für den Beginn des 19. Jahrhunderts. Im Jahre 1805 legte C. J. von Grotthuss eine geistreiche Theorie vor, wonach die Molekeln des Elektrolyten polar sind, also positive und negative Enden besitzen. Durch ein angelegtes elektrisches Feld reihen sie sich zu Ketten, wobei jeweils ein positives an ein negatives Ende anschließt. An den Enden dieser Ketten dissoziieren die Molekeln unter dem Einfluß des elektrischen Feldes; die hierbei gebildeten freien Ionen werden an den Elektroden entladen. Anschließend findet ein Austausch der Partner entlang der Kette statt. Um die elektrische Leitfähigkeit wiederherzustellen, muß sich nach dieser Vorstellung jede Molekel unter dem Einfluß des Feldes drehen, so daß die ursprüngliche Orientierung der Kette entsteht. Die Theorie von Grotthuss beruhte zwar auf einer falschen Modellvorstellung; sie bewies ihren Wert jedoch dadurch, daß sie die Gegenwart freier Ionen in der Lösung für das Phänomen der elektrolytischen Leitfähigkeit postulierte. Wir werden später sehen, daß in einigen Fällen tatsächlich ein Mechanismus auftritt, der dem von Grotthuss angenommenen ähnelt.

Clausius schlug 1857 vor, daß besonders energiereiche Zusammenstöße zwischen undissoziierten Molekeln in einem Elektrolyten ein Gleichgewicht mit einer kleinen Zahl von geladenen Teilchen aufrechterhalten. Für einige Zeit glaubte man, daß diese Teilchen für die beobachtete Leitfähigkeit verantwortlich sind.

5. Äquivalentleitfähigkeit

In den Jahren 1869 bis 1880 veröffentlichten Friedrich Kohlrausch und seine Mitarbeiter eine große Zahl sorgfältiger Untersuchungen über die elektrolytische Leitfähigkeit verschiedener Stoffe in Abhängigkeit von der Temperatur, dem Druck und der Konzentration. Beispielhaft in diesen Untersuchungen war die extreme Sorgfalt, mit der das als Lösemittel verwendete Wasser gereinigt wurde. Nach 42 aufeinanderfolgenden Vakuumdestillationen erhielten die Autoren ein *Leitfähigkeitswasser* mit $\varkappa = 4{,}3 \cdot 10^{-6}\,\Omega^{-1}\,\mathrm{m}^{-1}$ bei 18 °C. Gewöhnliches destilliertes Wasser, das im Gleichgewicht mit dem Kohlendioxid der Luft steht, hat eine Leitfähigkeit von etwa $70 \cdot 10^{-6}\,\Omega^{-1}\,\mathrm{m}^{-1}$.

Um die Leitfähigkeiten auf eine gemeinsame Konzentration beziehen zu können, wurde eine neue Funktion, die *Äquivalentleitfähigkeit* definiert:

$$\Lambda = \frac{\varkappa}{c'} \qquad [10.5]$$

Die in diesem Zusammenhang meist verwendete Konzentrationseinheit c' ist mol cm^{-3} oder val cm^{-3}. Um Λ zu spezifizieren, müssen wir die chemische Formel angeben, auf die sich die Konzentration c' bezieht. Die molare (Äquivalent-)Leitfähigkeit in diesen Einheiten würde die Leitfähigkeit einer Lösung sein, die sich zwischen zwei hinreichend großen Elektroden von 1 cm Abstand befindet und die 1 Mol (1 Val) an gelöstem Elektrolyt enthält.

Abb. 10.2 zeigt die Äquivalentleitfähigkeiten für einige Stoffe. Aufgrund ihrer Leitfähigkeiten unterscheiden wir zwei Klassen von Elektrolyten. *Starke Elek-*

trolyte zeigen hohe Äquivalentleitfähigkeiten, die mit zunehmender Verdünnung der Lösung nur wenig zunehmen; zu dieser Klasse zählen die meisten Salze sowie starke Säuren wie HCl, HNO$_3$ und H$_2$SO$_4$. Schwache Elektrolyte haben bei mitt-

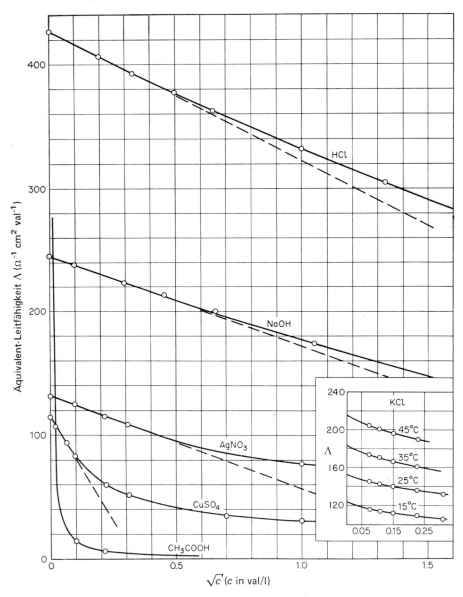

Abb. 10.2 Äquivalentleitfähigkeiten verschiedener Elektrolyte in wäßriger Lösung bei 298,15 K in Abhängigkeit von der Quadratwurzel der Konzentration ($\Lambda = \Lambda_\infty - k_e \sqrt{c}$). Das Diagramm im Kasten zeigt die Temperaturabhängigkeit von Λ für KCl-Lösungen.

leren und höheren Konzentrationen wesentlich kleinere Äquivalentleitfähigkeiten; erst bei sehr hohen Verdünnungen steigen die Werte an und erreichen oder übertreffen die der starken Elektrolyte.

Den auf die Konzentration 0 extrapolierten Wert von Λ nennen wir die *Äquivalentleitfähigkeit bei unendlicher Verdünnung*, Λ_∞. Für starke Elektrolyte läßt sich die Extrapolation wegen der bei höheren Verdünnungen linearen Abhängigkeit der Äquivalentleitfähigkeit Λ von $\sqrt{c}$ leicht durchführen; eine entsprechende Extrapolation ist für schwache Elektrolyte praktisch unmöglich, da Λ erst bei sehr hohen Verdünnungen steil ansteigt. In diesen Bereichen werden aber die experimentellen Ergebnisse sehr unsicher.

KOHLRAUSCH war der erste, der das folgende empirische Gesetz fand (KOHLRAUSCHsches Wurzelgesetz):

$$\Lambda = \Lambda_\infty - k_c \sqrt{c} \qquad [10.6]$$

Hierin ist k_c eine experimentelle Konstante. Kohlrausch machte außerdem die interessante Beobachtung, daß die Unterschiede in den Werten von Λ für Salzpaare mit einem gemeinsamen Ion nahezu konstant sind. Für eine Temperatur von 298,15 K wurden z. B. folgende Werte für Λ_∞ gefunden (in $\Omega^{-1}\,\mathrm{cm}^2\,\mathrm{mol}^{-1}$):

NaCl	128,1	NaNO$_3$	123,0	NaOH	246,5
KCl	149,8	KNO$_3$	145,5	KOH	271,0
	21,7		22,5		24,5

Unabhängig vom Anion ist also die Differenz zwischen den Λ_∞-Werten von Kalium- und Natriumsalzen in erster Annäherung konstant. Dieses Verhalten läßt sich leicht erklären, wenn Λ_∞ als Summe aus zwei unabhängigen Termen aufgefaßt wird, wobei der eine für das Anion, der andere für das Kation charakteristisch ist. Wir könnten also schreiben:

$$\Lambda_\infty = \Lambda_\infty^+ + \Lambda_\infty^- \qquad [10.7]$$

Hierin sind Λ_∞^+ und Λ_∞^- die Leitfähigkeitsanteile von Kation und Anion bei unendlicher Verdünnung. Mit diesem (allerdings nur bei sehr hoher Verdünnung geltenden) *Gesetz von der unabhängigen Ionenwanderung* können wir in bestimmten Fällen den Wert von Λ_∞ für einen schwachen Elektrolyten berechnen. Organische Säuren sind schwache, ihre Salze jedoch starke Elektrolyte. Bei einer Temperatur von 298,15 K gilt z. B.:

$$\Lambda_{\infty(\mathrm{HAc})} = \Lambda_{\infty(\mathrm{NaAc})} + \Lambda_{\infty(\mathrm{HCl})} - \Lambda_{\infty(\mathrm{NaCl})}$$
$$= 91{,}0 + 425{,}0 - 128{,}1 = 387{,}9\ \Omega^{-1}\,\mathrm{cm}^2\,\mathrm{mol}^{-1}$$

6. Die Theorie der elektrolytischen Dissoziation von ARRHENIUS

In den Jahren 1882 bis 1886 publizierte JULIUS THOMSEN seine Messungen zur Neutralisationswärme von Säuren und Basen. Er fand, daß die bei der Neutralisation einer starken Säure mit einer starken Base in verdünnter Lösung auftretende Wärme nahezu konstant war und etwa 57,7 kJ val^{-1} betrug (298,15 K). Die Neutralisationswärmen schwacher Säuren und schwacher Basen waren jedoch wesentlich kleiner, und es schien so, als ob die »Stärke« einer Säure proportional ihrer Neutralisationswärme durch eine starke Base wäre.

Diese Ergebnisse und die bis dahin verfügbaren Leitfähigkeitswerte führten SVANTE ARRHENIUS 1887 zur Aufstellung einer neuen Theorie von Elektrolytlösungen. Er nahm an, daß in der wäßrigen Lösung eines Elektrolyten ein Gleichgewicht zwischen den undissoziierten Molekeln des gelösten Stoffes und seinen Ionen bestehe. Hiernach wären starke Säuren und Basen nahezu vollständig dissoziiert; ihre Neutralisationsreaktion ließe sich also folgendermaßen formulieren:

$$H^+ + OH^- \rightarrow H_2O$$

Dies erklärte auch die konstanten Werte für die Neutralisationswärme.

Während ARRHENIUS an dieser Theorie arbeitete, wurden Messungen von VAN'T HOFF über den osmotischen Druck bekannt, welche eine schlagende Bestätigung dieser neuen Vorstellungen bedeuteten. Wir erinnern uns daran, daß VAN'T HOFF für den osmotischen Druck vieler Nichtelektrolyte in verdünnten Lösungen die folgende einfache Beziehung gefunden hatte: $\Pi = cRT$.

Die osmotischen Drücke von Elektrolyten waren jedoch stets höher als die nach dieser Gleichung berechneten, und zwar häufig doppelt oder dreifach so hoch. VAN'T HOFF modifizierte seine Gleichung hierauf in folgender Weise:

$$\Pi = icRT \qquad [10.8]$$

Der VAN'T HOFFsche i-Faktor für starke Elektrolyte war nahezu gleich der Zahl von Ionen, die sich aus einer Molekel bei ihrer Dissoziation gemäß der ARRHENIUSschen Theorie bildeten. So war für NaCl, KCl und andere 1,1-wertige Elektrolyte $i = 2$; für $BaCl_2$, K_2SO_4 und andere 1,2-wertige Elektrolyte $i = 3$.

Am 13. April 1887 schrieb ARRHENIUS an VAN'T HOFF:

> *Es ist richtig, daß* CLAUSIUS *angenommen hatte, daß nur eine winzige Menge eines gelösten Elektrolyten dissoziiert ist; alle anderen Physiker und Chemiker waren ihm hierin gefolgt. Der einzige Grund für diese Annahme ist jedoch, soweit ich dies beurteilen kann, eine starke Aversion gegen die Annahme einer Dissoziation bei so niedriger Temperatur, wobei jedoch keinerlei wirklichen Tatsachen gegen diese Annahme vorgebracht werden konnten ... Bei extremer Verdünnung sind alle Salzmolekeln vollständig dissoziiert. Der Dissoziationsgrad kann aufgrund dieser Annahme einfach aus dem Verhältnis der Äquivalentleitfähigkeit der fraglichen Lösung zur Äquivalentleitfähigkeit bei höchster Verdünnung gefunden werden.*

ARRHENIUS formulierte den Dissoziationsgrad folgendermaßen:

$$\alpha = \frac{\Lambda}{\Lambda_\infty} \qquad [10.9]$$

Auch der VAN'T HOFFsche i-Faktor kann mit α in Beziehung gesetzt werden. Wenn man ein Mol einer Molekelart, die in ν Ionen pro Molekel dissoziieren kann, auflöst, dann gilt für die Gesamtzahl der Mole in der Lösung $i = 1 - \alpha + \nu\alpha$. Es ist also:

$$\alpha = \frac{i-1}{\nu-1} \qquad [10.10]$$

Die für schwache Elektrolyten aus [10.9] und [10.10] berechneten Dissoziationsgrade stimmten recht gut überein.

OSTWALD berechnete nun Gleichgewichtskonstanten für die elektrolytische Dissoziation und stieß dabei auf sein *Verdünnungsgesetz*, das einen Zusammenhang zwischen der Äquivalentleitfähigkeit Λ und der Konzentration herstellt. Ein binärer Elektrolyt AB habe in Lösung die Konzentration c, der Dissoziationsgrad betrage α. Die verschiedenen gelösten Spezies zeigen dann die folgenden Gleichgewichtskonzentrationen:

$$\begin{array}{ccc} \text{AB} & \rightleftarrows & \text{A}^+ + \text{B}^- \\ c(1-\alpha) & \alpha c & \alpha c \end{array}$$

Es ist also:

$$K = \frac{\alpha^2 c}{(1-\alpha)}$$

Aus [10.9] erhalten wir daher:

$$K = \frac{\Lambda^2 c}{\Lambda_\infty (\Lambda_\infty - \Lambda)} \qquad [10.11]$$

Verdünnte Lösungen schwacher Elektrolyten gehorchten dieser Gleichung recht genau. Ein Beispiel hierfür zeigt Tab. 10.1. Abweichungen machen sich erst bei Konzentrationen $> 0{,}1$-molar bemerkbar.

c (mol dm^{-3})	Λ (Ω^{-1} cm^2 mol^{-1})	% Dissoziation [$100\alpha = 100(\Lambda/\Lambda_\infty)$]	$K \cdot 10^5$ (mol dm^{-3})[10.11]
1,011	1,443	0,372	1,405
0,2529	3,221	0,838	1,759
0,06323	6,561	1,694	1,841
0,03162	9,260	2,389	1,846
0,01581	13,03	3,360	1,846
0,003952	25,60	6,605	1,843
0,001976	35,67	9,20	1,841
0,000988	49,50	12,77	1,844
0,000494	68,22	17,60	1,853

Tab. 10.1 OSTWALDsches Verdünnungsgesetz am Beispiel der Essigsäure (25 °C, $M = 60$, $\Lambda_\infty = 387{,}9\ \Omega^{-1}$ cm^2 mol^{-1})

Durch ihren Erfolg bei der Deutung verschiedener Phänomene gewann die ARRHENIUSsche Theorie allmählich weite Zustimmung, obwohl den Chemikern jener Zeiten die Vorstellung schwerfiel, daß eine stabile Molekel beim Auflösen in

Wasser spontan in Ionen dissoziiere. Diese Kritik war in der Tat gerechtfertigt, und es wurde bald offenbar, daß das Lösemittel bei der Bildung gelöster Ionen mehr als eine passive Rolle spielen müsse.

7. Die Solvatisierung von Ionen

Wir wissen heute, daß Salze schon in fester Form dissoziiert sind. Ihr Gitter wird also schon aus Ionen aufgebaut, und die Frage nach der elektrolytischen Dissoziation beim Auflösen der Salze wird gegenstandslos. Beim Lösevorgang werden also die Ionen (unter Solvatation) nur noch räumlich voneinander getrennt. Bei diesem Vorgang spielt die Dielektrizitätskonstante des Lösemittels eine große Rolle. Wasser hat eine besonders hohe Dielektrizitätskonstante ($\varepsilon = 78{,}5$ bei $298{,}15$ K); es ist besonders leicht in der Lage, Ionengitter aufzulösen. Um eine quantitative Vorstellung hiervon zu bekommen, wollen wir die für die Trennung des Ionenpaares Na$^+$ und Cl$^-$ aus einem Abstand von $0{,}2$ nm bis zum Abstand ∞ notwendige Energie berechnen, und zwar einmal ohne Dielektrikum, das andere Mal mit Wasser.

Vakuum

$$\Delta E = \int_{0,2}^{\infty} F \cdot \mathrm{d}r = \int_{0,2}^{\infty} \frac{e_1 e_2}{4\pi\varepsilon_0 r^2} \cdot \mathrm{d}r$$

$$= \frac{(1{,}60 \cdot 10^{-19})^2}{4\pi (8{,}854 \cdot 10^{-12})(2 \cdot 10^{-1})} \,\mathrm{J}$$

$$= 1{,}15 \cdot 10^{-18} \,\mathrm{J}$$

$$= 7{,}19 \,\mathrm{eV}$$

Wasser

$$\Delta E = \int_{0,2}^{\infty} \frac{e_1 e_2 \,\mathrm{d}r}{4\pi\varepsilon_0 \varepsilon r^2} = \frac{\Delta E\,(\text{Vakuum})}{\varepsilon}$$

$$= \frac{1{,}15 \cdot 10^{-18}}{78{,}5} \,\mathrm{J}$$

$$= 1{,}47 \cdot 10^{-20} \,\mathrm{J}$$

$$= 0{,}0915 \,\mathrm{eV}$$

Ein ähnliches Argument wurde von BORN bei der Abschätzung der freien Lösungsenergie eines Ions vom Radius a verwendet. Wenn das Ion aus einem Medium der Dielektrizitätskonstante ε_1 in ein solches der Dielektrizitätskonstante ε_2 befördert wird, dann gilt für die Änderung der freien elektrischen Energie (ε_0 = Dielektrizitätskonstante des Vakuums, z = Ladungszahl des Ions):

$$\Delta G_e = \frac{-z^2 e^2}{8\varepsilon_0 a}\left(\frac{1}{\varepsilon_1} - \frac{1}{\varepsilon_2}\right) \qquad [10.12]$$

Für ein Ion im Vakuum ist $\varepsilon_1 = 1$; wenn wir als ε_2 die Dielektrizitätskonstante des gewählten Lösemittels einsetzen, dann erhalten wir aus [10.12] die freie Solvatationsenergie des Ions. Diese Beziehung ist allerdings nicht sehr genau, da eine am makroskopischen System gemessene Dielektrizitätskonstante in unmittelbarer Nachbarschaft eines Ions nicht mehr gilt. LATIMER et al. führten zur Korrektur der Feldverzerrung in der Nähe von Ionen einen *effektiven Ionenradius* ein, der größer als der Radius der Ionen im Kristall ist. Jedes Ion umgibt sich also gewissermaßen mit einer Lösemittelhülle, die durch die abweichende Dielektrizitätskonstante ε_2 gekennzeichnet ist. Bei 1,1-wertigen Salzen fügten sie dem Wert von a (Ionenradius im Kristall) für das Kation einen empirischen Betrag von 0,085 nm und für das Anion einen solchen von 0,010 nm hinzu. Tab. 10.2 zeigt die auf diese Weise berechneten freien Hydratationsenergien ΔG_e für eine Anzahl von Ionen.

	Li^+	Na^+	K^+	Rb^+	Cs^+	F^-	Cl^-	Br^-	J^-
Bornsche Gleichung	−1004	−699	−515	−460	−418	−515	−377	−347	−310
Latimer-Gleichung	−481	−377	−305	−280	−255	−477	−351	−326	−293
Mittlere Hydratationszahl	4	3	2	1	—	3	2	—	0,7

Tab. 10.2 Berechnete freie Hydratationsenergien von Ionen (kJ mol^{-1} bei 293 K)

Die Hydratationszahl N_{aq} eines Ions ist definiert als die Zahl der Wassermolekeln, die durch die Assoziation mit dem Ion ihre Translationsfreiheitsgrade verloren haben. Bei gleicher Ladungszahl binden kleinere Ionen mehr Wasser als größere; Kationen binden mehr Wasser als Anionen, da eine positive Ladung die negative Elektronenwolke einer Lösemittelmolekel leichter polarisieren kann.

Der Ionenradius des Na^+ in Kristallen beträgt etwa 0,095 nm, der von K^+ etwa 0,133 nm. In wäßriger Lösung kehrt sich das Verhältnis um: Die effektiven Radien der hydratisierten Ionen sind 0,24 nm für Na^+ und 0,17 nm für K^+. Eine direkte Konsequenz hiervon ist, daß die Membranen lebender Zellen K^+-Ionen sehr viel leichter durchlassen als Na^+-Ionen. Die Konzentration an K^+-Ionen ist im Innern einer Zelle höher als in ihrer Umgebung; das Umgekehrte gilt für die Konzentration an Na^+-Ionen. Solche Konzentrationsgradienten für Ionen sind verknüpft mit Unterschieden im elektrischen Potential an den Zellmembranen. Viele wichtige physiologische Mechanismen beruhen auf der Hydratation von Ionen und auf den hieraus resultierenden Unterschieden in den Ionenbeweglichkeiten.

8. Überführungszahlen und Beweglichkeiten

Den durch eine bestimmte Ionenart durch eine Elektrolytlösung hindurch transportierten Bruchteil der gesamten geflossenen Elektrizitätsmenge nennt man die *Überführungszahl* dieser Ionenart. Nach dem Gesetz für die unabhängige Ionenwanderung [10.7] gilt für die Überführungszahlen t_∞^+ und t_∞^- von Kation und Anion bei unendlicher Verdünnung:

$$t_\infty^+ = \frac{\Lambda_\infty^+}{\Lambda_\infty} \quad \text{und} \quad t_\infty^- = \frac{\Lambda_\infty^-}{\Lambda_\infty}; \quad t_\infty^+ + t_\infty^- = 1 \qquad [10.13]$$

Die *Beweglichkeit* u eines Ions ist definiert als dessen Geschwindigkeit (m·s^{-1}) in einem elektrischen Feld der Stärke 1 (V·m^{-1}). Die internationale Einheit der

Ionenbeweglichkeit ist daher m² · s⁻¹ · V⁻¹. Die Leitfähigkeit $\varkappa$ kann definiert werden durch die Beziehung $i = \varkappa E$; hierin ist i die Stromdichte (A · m⁻²) und E die elektrische Feldstärke. Hieraus folgt für die Leitfähigkeit

$$\varkappa = C \cdot u \cdot |ze| \qquad [10.14]$$

Hierin bedeutet C die Zahl der Ladungsträger in der Volumeneinheit und $|ze|$ deren Ladung. Wenn die Lösung verschiedene Ladungsträger enthält, dann summieren wir ihren Anteil am Stromtransport und erhalten

$$\varkappa = \Sigma C_i \cdot |z_i e| \, u_i$$

Die Größe der elektrolytischen Leitfähigkeit wird also von zwei Faktoren bestimmt: der Zahl der beweglichen Ladungen und der Beweglichkeit der Ladungsträger.

Die auf eine Elektrizitätsmenge von 1 F in der Volumeneinheit bezogene Leitfähigkeit irgendeiner Ionenart i nennen wir die Äquivalentleitfähigkeit Λ_i. Wenn wir in [10.14] $N_i |ze| = F$ setzen, dann ist $\varkappa = \Lambda_i$ und

$$\Lambda_i = F u_i = t_i \Lambda \qquad [10.15]$$

Diese Beziehung gilt für jede Ionenart in einer Lösung. Wenn wir die Überführungszahl t_i einer Ionenart kennen, dann können wir ihre Beweglichkeit aus der Äquivalentleitfähigkeit Λ der Lösung berechnen.

9. Messung der Überführungszahlen nach Hittorf

Die Hittorfsche Methode zur Messung von Überführungszahlen beruht auf den durch den Stromfluß hervorgerufenen Konzentrationsänderungen des Elektrolyten in der Umgebung der Elektroden. Abb. 10.3 zeigt das Prinzip dieser Methode am Beispiel einer dreifach unterteilten elektrolytischen Zelle. Das oberste Schema (a) zeigt die Situation zu Beginn des Versuches; jedes positive oder negative Zeichen deutet ein Äquivalent der zugehörigen Ionenart an.

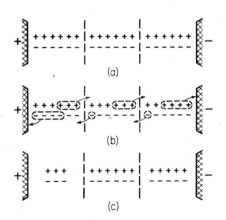

Abb. 10.3 Schematische Darstellung des Hittorfschen Experiments (Überführungszahlen).

Wir wollen nun annehmen, daß die Beweglichkeit der positiven Ionen dreimal so groß ist wie die der negativen Ionen; es ist also $u_+ = 3u_-$. Nach Anlegen einer Gleichspannung soll nun eine Elektrizitätsmenge von 4 F durch die Zelle fließen. Es werden also an der Anode vier Äquivalente an negativen und an der Kathode vier Äquivalente an positiven Ionen entladen. Durch jede Grenzschicht, die wir parallel zu den Elektroden durch den Elektrolyten ziehen, müssen also 4 F fließen. Da die positiven Ionen dreimal schneller als die negativen wandern, werden durch die positiven Ionen 3 F von links nach rechts und durch die negativen Ionen 1 F von rechts nach links durch unsere gedachte Grenzfläche transportiert. (Hierbei findet natürlich keine Ladungstrennung statt; jedes Ion schleppt gewissermaßen sein Gegenion mit, und der Nettoeffekt ist eine Konzentrationsverschiebung.) Dieser Transportvorgang ist im Schema b unserer Abbildung dargestellt; den Zustand am Ende des Transports zeigt c. Für die Änderung an Äquivalenten des Elektrolyten im Anodenraum gilt $\Delta n_A = 6 - 3 = 3$; für den Kathodenraum gilt $\Delta n_K = 6 - 5 = 1$. Das Verhältnis dieser Konzentrationsverschiebungen ist notwendigerweise identisch mit dem Verhältnis der Ionenbeweglichkeiten:

$$\Delta n_A / \Delta n_K = u_+ / u_- = 3$$

Die durch die Zelle geflossene Elektrizitätsmenge Q wollen wir nun durch ein in Serie geschalteten Coulometer messen. Wenn die Elektroden inert sind, dann wurden Q/F Äquivalente Kationen an der Kathode und Q/F Äquivalente Anionen an der Anode entladen. Aus dem Kathodenraum sind also

$$n_K = \frac{Q}{F} - t_+ \frac{Q}{F} = \frac{Q}{F}(1 - t_+) = \frac{Q t_-}{F}$$

Äquivalente des Elektrolyten verschwunden. Für die Überführungszahlen von Anion und Kation gilt daher:

$$t_- = \frac{\Delta n_K}{Q/F} \quad \text{und} \quad t_+ = \frac{\Delta n_A}{Q/F} \qquad [10.16]$$

Hierin bedeutet Δn_A die Zahl der aus dem Anodenraum verschwundenen Äquivalente. Da $t_+ + t_- = 1$ ist, können wir beide Überführungszahlen aus einer einzelnen Konzentrationsmessung entweder im Anoden- oder im Kathodenraum bestimmen. Genaue Ergebnisse erhält man allerdings, wenn man jeweils beide Elektrodenräume analysiert.

10. Die Bestimmung von Überführungszahlen aus der Verschiebung von Grenzflächen

Diese Methode beruht auf einer Arbeit von OLIVER LODGE (1886), der einen Indikator zur Verfolgung der Ionenwanderung in einem leitenden Gel verwendete. Abb. 10.4 zeigt eine modernere Apparatur zur Untersuchung der Geschwindigkeit der Grenzfläche zwischen zwei flüssigen Lösungen. Die zu untersuchende Lösung mit dem Elektrolyten KA wird vorsichtig über eine Salzlösung K'A ge-

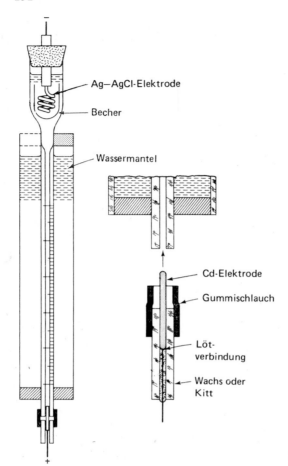

Abb. 10.4 Überführungszelle mit beweglicher Grenzschicht.

schichtet, die sich schon in der Apparatur befindet. Beiden Elektrolyten gemeinsam ist das Anion A; die Beweglichkeit des (unteren) Kations K' ist jedoch wesentlich kleiner als die von K. Ein praktisches Beispiel wäre eine Lösung von KCl über einer solchen von $CdCl_2$; die Beweglichkeit von Cd^{2+}-Ionen ist wesentlich kleiner als die von K^+-Ionen. Wenn man nun einen Strom durch die Zelle schickt, dann wandern A-Ionen zur Anode und K- sowie K'-Ionen zur Kathode. Zwischen den beiden Lösungen bleibt eine scharfe Grenzfläche erhalten, da die langsamer wandernden K'-Ionen die schnelleren K-Ionen niemals überholen. Ebensowenig können die K'-Ionen weit zurückfallen. Die Lösung hinter der Grenzfläche würde sonst immer verdünnter, und wegen ihres höheren elektrischen Widerstandes und des steileren Potentialabfalls innerhalb der verdünnteren Lösung würde sich die Geschwindigkeit der Ionen erhöhen. Die Grenzfläche zwischen den beiden Lösungen läßt sich wegen der verschiedenen Brechungsindices auch bei farblosen Lösungen gut beobachten.

Ergebnisse von Überführungsversuchen

Wir wollen nun annehmen, daß sich beim Durchgang einer Ladung von Q Coulomb die Trennschicht um eine Strecke x bewegt hat. Die Zahl der transportierten Äquivalente ist dann Q/F; der Bruchteil t_+Q/F wurde dabei durch die positiven Ionen befördert. Das beim Durchgang von Q Coulomb von der Grenzfläche durchwanderte Volumen beträgt t_+Q/Fcz_+. Wenn a der Querschnitt der Röhre ist, dann ist $xa = t_+Q/Fcz_+$ oder

$$t_+ = \frac{F\,x\,a\,c'\,z_+}{Q} \qquad [10.17]$$

c' ist hierbei die Konzentration in Äquivalenten/cm³.

11. Ergebnisse von Überführungsversuchen

Tab. 10.3 zeigt die Überführungszahlen für eine Anzahl von Kationen. Mit diesen Werten lassen sich unter Verwendung von [10.15] die Äquivalentleitfähigkeiten von Anionen und Kationen berechnen (Tab. 10.4). Unter Benützung der Regel von KOHLRAUSCH lassen sich hieraus auch die Äquivalentleitfähigkeiten Λ_∞ für eine Anzahl von Elektrolyten berechnen. Für Λ_∞ ($\frac{1}{2}$ BaCl$_2$) würde zum Beispiel gelten: 63,64 + 76,34 = 139,98 ($\Omega^{-1} \cdot \text{cm}^{-1} \cdot \text{val}^{-1}$).

Normalität der Lösung	AgNO$_3$	BaCl$_2$	LiCl	NaCl	KCl	KNO$_3$	LaCl$_3$	HCl
0,01	0,4648	0,440	0,3289	0,3918	0,4902	0,5084	0,4625	0,8251
0,05	0,4664	0,4317	0,3211	0,3876	0,4899	0,5093	0,4482	0,8292
0,10	0,4682	0,4253	0,3168	0,3854	0,4898	0,5103	0,4375	0,8314
0,50	—	0,3986	0,300	—	0,4888	—	0,3958	—
1,0	—	0,3792	0,287	—	0,4882	—	—	—

L. G. LONGSWORTH, *J. Am. Chem. Soc.* 57 (1935) 1185; 60 (1938) 3070.

Tab. 10.3 Überführungszahlen von Kationen in wäßriger Lösung bei 298,15 K

Kation	Λ^+_∞ (Ω^{-1} cm² mol^{-1})	Anion	Λ^-_∞ (Ω^{-1} cm² mol^{-1})
H$^+$	349,82	OH$^-$	198,0
Li$^+$	38,69	Cl$^-$	76,34
Na$^+$	50,11	Br$^-$	78,4
K$^+$	73,52	J$^-$	76,8
NH$_4^+$	73,4	NO$_3^-$	71,44
Ag$^+$	61,92	CH$_3$COO$^-$	40,9
$\frac{1}{2}$Ca^{2+}	59,50	ClO$_4^-$	68,0
$\frac{1}{2}$Ba^{2+}	63,64	$\frac{1}{2}$SO$_4^{2-}$	79,8
$\frac{1}{2}$Sr^{2+}	59,46		
$\frac{1}{2}$Mg^{2+}	53,06		
$\frac{1}{2}$La^{3+}	69,6		

Tab. 10.4 Äquivalentleitfähigkeit bei unendlicher Verdünnung (298,15 K); SI-Einheiten: $\times 10^{-4}$

Da die Ionen in Lösung unzweifelhaft hydratisiert sind, sind die beobachteten Überführungszahlen nicht die der »nackten«, sondern die der solvatisierten Ionen. Ionenbeweglichkeiten lassen sich aus Äquivalentleitfähigkeiten mit Hilfe von [10.15] berechnen; einige solcher Werte zeigt Tab. 10.5. Den Einfluß der Hydratisierung sehen wir an den Werten für Li^+, Na^+ und K^+. Obwohl das unsolvatisierte Li^+-Ion das kleinste Alkalimetallion ist, zeigt es doch die niedrigste Beweglichkeit, also den höchsten Widerstand gegen einen Transport durch die Lösung unter dem Einfluß des Feldes. Dieses Phänomen ist mindestens zum Teil auf die durch das starke elektrische Feld des kleinen Ions gebundene Wasserhülle zurückzuführen.

Kationen	Beweglichkeit	Anionen	Beweglichkeit
H^+	$36{,}30 \cdot 10^{-4}$	OH^-	$20{,}52 \cdot 10^{-4}$
K^+	$7{,}62 \cdot 10^{-4}$	SO_4^{2-}	$8{,}27 \cdot 10^{-4}$
Ba^{2+}	$6{,}59 \cdot 10^{-4}$	Cl^-	$7{,}91 \cdot 10^{-4}$
Na^+	$5{,}19 \cdot 10^{-4}$	NO_3^-	$7{,}40 \cdot 10^{-4}$
Li^+	$4{,}01 \cdot 10^{-4}$	HCO_3^-	$4{,}61 \cdot 10^{-4}$

Tab. 10.5 Beweglichkeit von Ionen in wäßriger Lösung bei 298,15 K ($cm^2\ s^{-1}\ V^{-1}$); SI-Einheiten: $\times 10^{-4}$

12. Beweglichkeiten des solvatisierten Protons und des Hydroxylions

Tab. 10.5 zeigt, daß die Beweglichkeiten der meisten Ionen bei etwa $6 \cdot 10^{-4}$ $cm^2\ s^{-1}\ V^{-1}$ liegen. Ausnahmen bilden Wasserstoff- und Hydroxylionen mit abnorm hohen Beweglichkeiten von $36{,}3 \cdot 10^{-4}$ und $20{,}5 \cdot 10^{-4}\ cm^2\ s^{-1}\ V^{-1}$.
Voraussetzung für die Dissoziation eines Protonendonators in Protonen und Anionen ist eine starke Solvatation der ersteren, meist über Wasserstoffbrücken. Die hohe Beweglichkeit des solvatisierten Protons läßt sich daher praktisch nur in Lösemitteln wie Wasser und Alkoholen beobachten. Es wird angenommen, daß in Wasser ein Leitfähigkeitsmechanismus ähnlich dem von GROTTHUSS formulierten auftritt; dieser Prozeß wäre vermutlich überlagert von einem normalen Transportvorgang. Wassermolekeln sind über Wasserstoffbrücken stark assoziiert. Wir können uns nun sowohl für Protonen als auch für Hydroxylionen einen Leitungsmechanismus vorstellen, bei dem nicht die Teilchen selbst, sondern nur die Ladungen durch das System transportiert werden. Dies geschieht durch eine kooperative Umpolarisation unter dem Einfluß eines Hydronium- oder Hydroxylions (Abb. 10.5).
Die Umpolarisation einer Wasserstoffbrücke ist mit einer Verschiebung des Brückenprotons verknüpft:

$$\underset{+}{H-\underset{|}{\overset{H}{O}}-H} + \underset{|}{\overset{H}{O}}-H \rightarrow H-\underset{|}{\overset{H}{O}} + \underset{+}{H-\underset{|}{\overset{H}{O}}-H}$$

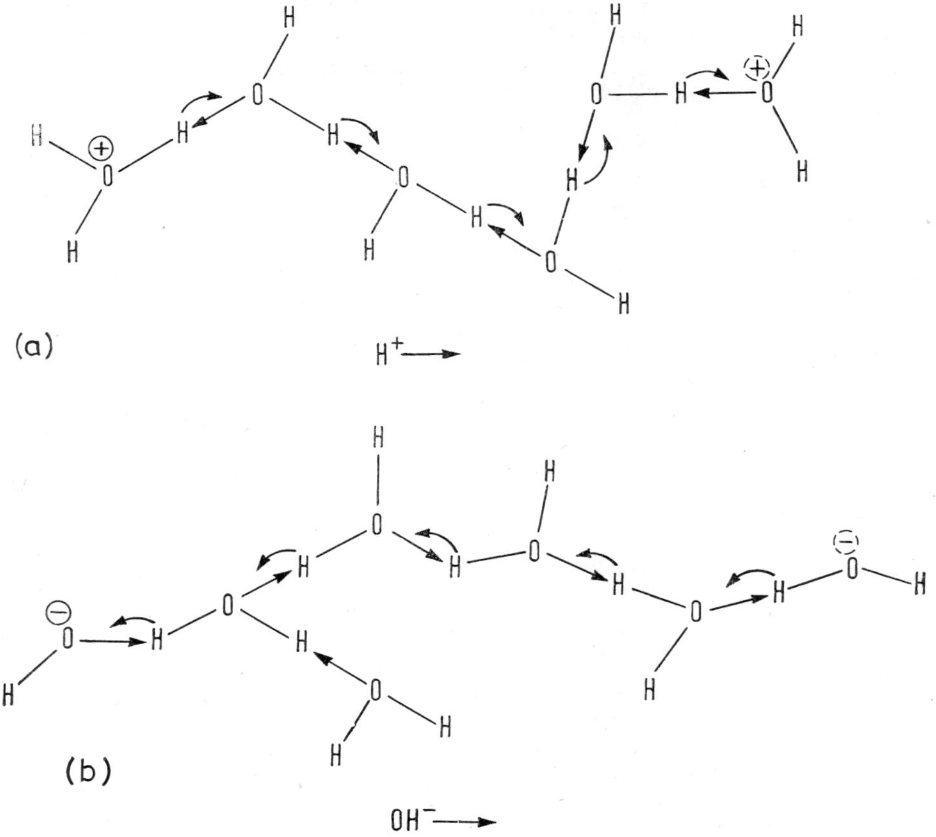

Solvatisiertes Proton und Hydroxylion

Abb. 10.5 »Wanderung« von Wasserstoff- und Hydroxylionen durch ein wäßriges System nach einem GROTTHUSS-Mechanismus (Umpolarisation von Wasserstoffbrücken, Verschiebung der Brückenprotonen).

Protonen spielen eine wichtige Rolle bei elektrischen Phänomenen in lebenden Organismen. Nach EIGEN hat das hydratisierte Proton in Wasser am häufigsten die Zusammensetzung $H_9O_4^+$; es besteht dann aus einem Hydroniumion H_3O^+, das drei Wassermolekeln durch Wasserstoffbrücken in erster Sphäre bindet:

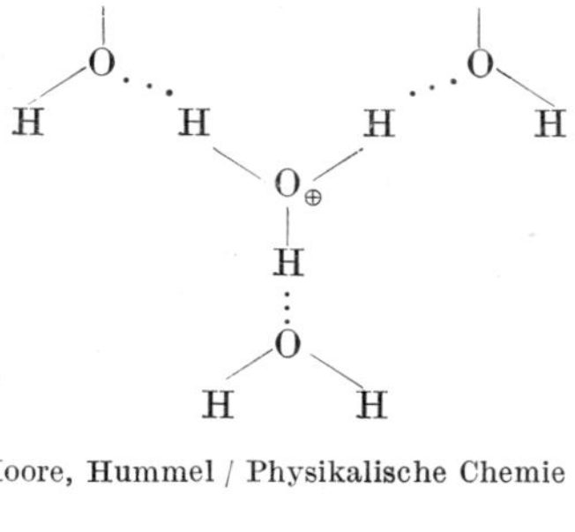

Bei der Dissoziation eines Protondonators bildet sich zunächst ein Hydroniumion. Die nachfolgende Bindung von drei Wassermolekeln an das Zentralion benötigt eine gewisse Zeit, da der Prozeß vermutlich in Stufen abläuft und die vorherige Orientierung der Wasserstoffmolekeln voraussetzt.

Auch bei der Wanderung von hydratisierten Protonen kommt es zur Auflösung alter und zur Bildung neuer Wasserstoffbrücken. Es wird daher vermutet, daß die jeweils notwendig werdende Neubildung des Komplexes $H_9O_4^+$ der langsamste Schritt ist, der die Beweglichkeit von Protonen in Wasser bestimmt. Bemerkenswert ist die Tatsache, daß die Beweglichkeit von Protonen in Eis etwa 50mal größer ist als die in Wasser von 273 K. Im Kristallgitter des Eises können sich die Protonen relativ leicht durch Platzwechselvorgänge bewegen, während die Sauerstoffatome ein starres Gitter bilden; mit dieser Protonenwanderung in Eis ist kein Transport von Wassermolekeln verknüpft. Die hohe Beweglichkeit der Protonen über Wasserstoffbrücken hinweg läßt vermuten, daß es sich hier in Wirklichkeit um ein quantenmechanisches Tunneln zwischen gleichen Energieniveaus unter Vermeidung der Aktivierungsberge handelt (13-22).

13. Diffusion und Ionenbeweglichkeit

Zwischen der Geschwindigkeit v eines Ions mit der Ladung Q in einem elektrischen Feld E und seiner Beweglichkeit u besteht der folgende Zusammenhang: $v = E \cdot u$. Die wirkende Kraft bei einer solchen Ionenwanderung ist der negative Gradient des *elektrischen Potentials* Φ; es ist: $E = -\partial \Phi / \partial x$. Ionen können aber auch in Abwesenheit eines elektrischen Feldes wandern, wenn nämlich Unterschiede im *chemischen Potential* μ zwischen verschiedenen Teilen des Systems bestehen. Eine solche passive Wanderung eines Stoffes in einem chemischen Potentialgefälle nennen wir *Diffusion*. Die auf die Ladungseinheit bezogene, auf ein einzelnes Ion wirkende elektrische Kraft ist gleich dem negativen Gradienten des elektrischen Potentials; in analoger Weise kann man eine Diffusionskraft annehmen, die gleich dem negativen Gradienten des chemischen Potentials ist. (Diese Betrachtung ist rein formal; die Diffusion kommt unter der Wirkung der Brownschen Molekularbewegung zustande und nicht unter der Wirkung einer definierten, gerichteten Kraft.) Für die in einer Dimension auf ein Teilchen wirkende »Diffusionskraft« gilt:

$$F_i = -\frac{1}{L}\left(\frac{\partial \mu_i}{\partial x}\right)_T$$

Da sich das chemische Potential μ_i der Spezies i auf ein Mol bezieht, müssen wir durch die Loschmidtsche Zahl L dividieren, um auf die entsprechende molekulare Größe zu kommen. Wenn auf ein Ion die Einheit der Kraft wirkt, dann nimmt es die Geschwindigkeit u/Q an; hieraus folgt $v_i = (-u_i/LQ_i)(\partial \mu_i/\partial x)_T$. Für die in der Zeiteinheit durch die Flächeneinheit fließende Stoffmenge gilt daher:

$$I_{ix} = -\frac{u_i}{Q_i}\frac{c_i}{L}\left(\frac{\partial \mu_i}{\partial x}\right)_T$$

Hierin ist c_i die molare Konzentration der Spezies i. Für eine hinreichend verdünnte Lösung gilt:

$$\mu_i = RT \ln c_i + \mu_i^\ominus \quad \text{und} \quad \left(\frac{\partial \mu_i}{\partial x}\right)_T = \frac{RT}{c_i}\left(\frac{\partial c_i}{\partial x}\right)_T$$

Es ist daher:

$$I_{ix} = -kT \frac{u_i}{Q_i}\left(\frac{\partial c_i}{\partial x}\right)_T$$

Gemäß dem von FICK empirisch gefundenen 1. Diffusionsgesetz ist der Fluß S_{ix} proportional dem Konzentrationsgradienten:

$$I_{ix} = -D_i \frac{\partial c_i}{\partial x} \qquad [10.18]$$

Für den *Diffusionskoeffizienten* gilt daher:

$$D_i = \frac{kT}{Q_i} u_i \qquad [10.19]$$

Nach [10.15] ist außerdem $u_i = \Lambda_i/\mathrm{F}$. Wir können daher schreiben:

$$D_i = \frac{kT}{Q_i} \frac{\Lambda_i}{\mathrm{F}} = \frac{kT}{e_i|z_i|\mathrm{F}} \Lambda_i = \frac{L\,kT}{Le|z_i|\mathrm{F}} \Lambda_i = \frac{RT}{|z_i|\mathrm{F}^2} \Lambda_i$$

Diese von NERNST 1888 abgeleitete Gleichung zeigt, daß man Ionenbeweglichkeiten auch aus Diffusionsmessungen erhalten kann. [10.19] gilt jeweils nur für die Diffusion einer bestimmten Ionenart. Ein Beispiel wäre die Diffusion einer kleinen Menge an HCl in einer Lösung von KCl. Die Cl$^-$-Konzentration ist also im ganzen System konstant, und wir bestimmen mit unserem Experiment nur die Diffusion der H$^+$-Ionen. Bei der Diffusion von Salzen aus konzentrierteren in weniger konzentrierte Bereiche eines Systems oder in analogen Fällen müssen wir einen geeigneten Mittelwert der Diffusionskoeffizienten der Ionen zur Wiedergabe des gesamten Diffusionskoeffizienten D benützen. Nach NERNST gilt für diesen mittleren Diffusionskoeffizienten bei Elektrolyten des Typs KA:

$$D = \frac{2 D_\mathrm{K}\, D_\mathrm{A}}{D_\mathrm{K} + D_\mathrm{A}}$$

14. Unzulänglichkeiten der ARRHENIUSschen Theorie

Die lebhafte Kontroverse um die Theorie der elektrolytischen Dissoziation führte letztlich zur allgemeinen Anerkennung dieser Theorie. Später stellte sich allerdings heraus, daß die ARRHENIUSsche Theorie in einigen Punkten nicht zufriedenstellend war. So zeigte das Verhalten starker Elektrolyte viele Anomalien. Während schwache Elektrolyte wie Essigsäure dem OSTWALDschen Verdünnungsgesetz ziemlich streng gehorchten, taten dies mittelstarke Elektrolyte wie Dichloressigsäure nicht. Weiterhin stimmten die aus Leitfähigkeitsmessungen erhaltenen Dissoziationsgrade α starker Elektrolyte nicht mit den aus den VAN'T-HOFFschen i-Faktoren bestimmten Werten überein; die aus dem Massenwirkungsgesetz bestimmten »Dissoziationskonstanten« waren durchaus nicht konstant. Weiterhin zeigten die Absorptionsspektren verdünnter Lösungen starker Elektrolyte keine Hinweise auf undissoziierte Molekeln.

Eine andere Diskrepanz bot die Neutralisationswärme starker Säuren und Basen. Obwohl die Konstanz dieser ΔH-Werte für verschiedene Säure-Basen-Paare zu den ersten Argumenten für die Ionisationstheorie gehörte, zeigte eine kritischere Untersuchung, daß diese Werte zu gut übereinstimmten, um die Theorie befriedigen zu können. Nach der ARRHENIUSschen Theorie sollten für jede bestimmte Konzentration an Säuren wie HCl, H_2SO_4 oder HNO_3 kleine Unterschiede im Dissoziationsgrad zu beobachten sein. Diese Unterschiede hätten sich auch in den Werten für die Neutralisationswärme zeigen müssen, was aber nicht beobachtet werden konnte.

Schon im Jahre 1902 lieferte VAN LAAR eine mögliche Erklärung für viele der Unzulänglichkeiten der einfachen Dissoziationstheorie. Er lenkte die Aufmerksamkeit auf die starken elektrostatischen Kräfte, die in Elektrolytlösungen auftreten müssen und das Verhalten der gelösten Ionen beeinflussen. Eine ins einzelne gehende Diskussion dieses Problems wurde 1912 von S. R. MILNER gegeben; seine ausgezeichneten Ergebnisse fanden jedoch nur beschränktes Verständnis.

Im Jahre 1923 stellten P. DEBYE und E. HÜCKEL eine Theorie auf, die bis heute die Grundlage für die theoretische Behandlung starker Elektrolyte darstellt. Sie beginnt mit der Annahme, daß starke Elektrolyte in Lösung völlig dissoziiert sind. Die beobachteten Abweichungen vom Idealverhalten, insbesondere die Beobachtung zu kleiner Leitfähigkeiten und osmotischer Drücke (Dissoziationsgrade < 1), werden gänzlich den elektrischen Wechselwirkungen der gelösten Ionen zugeschrieben. Diese Abweichungen werden daher immer größer, je höher geladen die Ionen und je größer die Konzentration der Lösungen ist.

Die Theorie der elektrischen Wechselwirkung kann auch auf Gleichgewichtsprobleme und auf die wichtigen Transportprobleme in der Theorie der elektrischen Leitfähigkeit angewandt werden. Bevor wir diese Anwendungen beschreiben, müssen wir die Nomenklatur und die Konventionen kennenlernen, die für die thermodynamischen Eigenschaften von Elektrolytlösungen gelten.

15. Aktivitäten und Standardzustände

Der Standardzustand für eine Komponente B, die wir als gelösten Stoff in einem binären System betrachten wollen, beruht auf dem HENRYschen Gesetz. Wenn der Molenbruch von X_B gegen 0 strebt ($X_B \to 0$), dann wird die Aktivität der Komponente B gleich ihrem Molenbruch ($a_B \to X_B$), und der Aktivitätskoeffizient erreicht seinen Grenzwert ($\gamma_B \to 1$). Je mehr der Wert für γ_B von 1 abweicht, um so weniger ideal verhält sich also der gelöste Stoff. Das Henrysche Gesetz impliziert die Abwesenheit von Wechselwirkungen zwischen den Molekeln des gelösten Stoffes; jede Molekel B sieht sich also nur von Lösemittelmolekeln A umgeben und merkt nichts von der Anwesenheit anderer Molekeln B. Die Abweichungen der Aktivitätskoeffizienten von 1 sind also auch ein Maß für die Wechselwirkungen zwischen den Molekeln oder Ionen in der Lösung.

Zur Anwendung auf Elektrolytlösungen müssen wir die früher einmal getroffene Definition des Standardzustandes in zwei Punkten ändern. Die Zusammensetzung von Elektrolytlösungen wird fast immer in Molalitäten anstelle von Molenbrüchen ausgedrückt. Außerdem müssen wir die (schon im Gitter vorhandene oder erst bei der Auflösung eintretende) Dissoziation des Elektrolyten berücksichtigen.

Wir wollen eine Molekel betrachten, die in Lösung in zwei Ionen dissoziiert: $B \to 2A$. Für die in Aktivitäten ausgedrückte Gleichgewichtskonstante gilt dann: $K_a = a_A^2/a_B$. Bei vollständiger Dissoziation in sehr verdünnter Lösung ist $a_A = m_A$. Hieraus folgt $a_B = K_a^{-1} m_A^2$. Bei vollständiger Dissoziation ist m_A doppelt so groß wie die Molalität an ursprünglich zugegebenem B: $m_A = 2 m_B^0$. Es ist also $a_B = K_a^{-1}(2 m_B^0)^2$.

Für eine Lösung von NaCl in Wasser würde das HENRYsche Gesetz also lauten:

$$f_B = k_H m_B^2 \qquad [10.20]$$

Hierin sind f_B die Fugazität und m_B die Molalität des Natriumchlorids. Für einen Elektrolyten, der bei der Dissoziation ν Ionen bildet, gilt:

$$f_B = k_H a_B^\nu$$

Der meist verwendete Standardzustand für einen gelösten Elektrolyten wird in Abb. 10.6 für eine Lösung von NaCl erläutert. Dieser Standardzustand ist auch

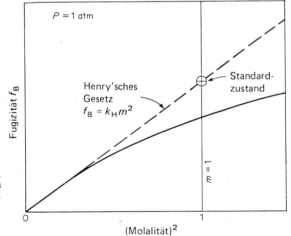

Abb. 10.6 Definition des Standardzustandes für einen 1,1-wertigen Elektrolyten wie NaCl auf der Basis des HENRYschen Gesetzes für verdünnte Lösungen.

hier ein hypothetischer Zustand, in dem der gelöste Stoff einmolal (1 atm) vorliegt, sich aber dennoch verhält wie ein Stoff in einer extrem verdünnten Lösung, die dem HENRYschen Gesetz gehorcht. Für die Aktivität von B gilt daher:

$$a_B = f_B/f_B^\ominus; \quad \text{hierin ist} \quad f_B^\ominus = k_H$$

und

$$a_B = \gamma_B m_B$$

Wir haben keine besonderen Symbole eingeführt zur Unterscheidung dieser Aktivitäten und Standardzustände von jenen, die auf Molenbrüchen zur Angabe der Zusammensetzung des Systems beruhen. Wir wissen, daß es sich hier um verschiedene Begriffe handelt; es kann jedoch keine Verwirrung eintreten, weil wir in diesem Abschnitt nur Molalitäten verwenden werden.

16. Ionenaktivitäten

Bei der Behandlung von Elektrolytlösungen wäre es zweifellos am bequemsten, die Aktivitäten der verschiedenen Ionen zu benützen; hierbei ergeben sich allerdings einige erhebliche Schwierigkeiten. Die strenge Forderung der Elektroneutralität in der Lösung verhindert eine ungleiche Ladungsverteilung oder gar ein Überhandnehmen der einen oder anderen Ionenart. Um zum Beispiel die Konzentration einer Natriumchloridlösung zu erhöhen, können wir nur gleiche Mengen Na^+- und Cl^--Ionen zugeben. Wäre es möglich, Na^+- oder Cl^--Ionen alleine zuzusetzen, dann würde die Lösung eine positive oder negative Ladung annehmen. Die Eigenschaften der Ionen in solch einer geladenen Lösung würden beträchtlich von ihren Eigenschaften in der ungeladenen Lösung abweichen. Es gibt also keine Möglichkeit, individuelle Ionenaktivitäten zu messen.

Trotzdem erweist es sich als bequem, die Aktivität eines Elektrolyten durch die Aktivität der Ionen auszudrücken, in die er zerfällt. Wir wollen als Beispiel noch einmal das NaCl betrachten, das vollständig in seine Ionen zerfallen ist. Wir können die Aktivität a dieses Salzes leicht durch die Messung einer der kolligativen Eigenschaften bestimmen. Wenn wir nun die Aktivität des Kations mit a_+ und die des Anions mit a_- bezeichnen, dann können wir die folgende Definition treffen:

$$a = a_+ a_- = a_\pm^2 \qquad [10.21]$$

An dieser Stelle wollen wir uns daran erinnern, daß eine Aktivität stets das Verhältnis einer Fugazität für einen beliebigen Zustand zur Fugazität im Standardzustand ist; letzteren können wir frei wählen. Wir können also sagen, daß [10.21] die Standardzustände für die konventionellen Ionenaktivitäten a_+ und a_- definiert.

Nach einer anderen Betrachtungsweise bedeutet [10.21], daß wir die freie Energie der Reaktion $NaCl \to Na^+ + Cl^-$ gleich null setzen:

$$\Delta G^\ominus = 0$$

Dann ist nämlich $K = a_+ a_-/a = e^{-\Delta G^\ominus/RT} = 1$. Wir wählen also die Standardzustände von Na^+ und Cl^- so, daß $\Delta G^\ominus = 0$ wird.

Die Größe $a_\pm$ stellt den *geometrischen Mittelwert* von a_+ und a_- dar. Wir nennen sie die *mittlere Aktivität* der Ionen.

Diese Definitionen gelten auch für Elektrolyte mit höheren Ionenladungen. Ein beliebiger Elektrolyt dissoziiere in folgender Weise:

$$K_{\nu_+} A_{\nu_-} \to \nu_+ K^+ + \nu_- A^-$$

Ionenaktivitäten

Die Gesamtzahl an Ionen ist $v_+ = v_+ + v_-$. Für die Aktivität des Elektrolyten gilt dann:

$$a = a_+^{v_+} + a_-^{v_-} = a_\pm^v \qquad [10.22]$$

Für das Lanthansulfat gilt z. B.:

$$La_2(SO_4)_3 \rightarrow 2\,La^{3+} + 3\,SO_4^{2-}$$

$$a = a_{La}^2 \cdot a_{SO_4}^3 = a_\pm^5$$

Wir können nun die Aktivitätskoeffizienten γ_+ und γ_- für Kationen und Anionen genauso definieren, wie wir es für gelöste Nichtelektrolyte getan haben:

$$a_+ = \gamma_+ m_+ \quad \text{und} \quad a_- = \gamma_- m_- \qquad [10.23]$$

Der Aktivitätskoeffizient ist also definitionsgemäß gleich dem Quotienten aus der Aktivität dieser Ionenart und ihrer Molalität. Experimentell gemessen wird der Aktivitätskoeffizient $\gamma_\pm$, also das geometrische Mittel der einzelnen Aktivitätskoeffizienten der Ionen; hierbei ist

$$\gamma_\pm^v = \gamma_+^{v_+} \gamma_-^{v_-} \qquad [10.24]$$

Durch Substitution der Ionenaktivitäten in [10.22] erhalten wir:

$$a = m_+^{v_+} m_-^{v_-} \gamma_+^{v_+} \gamma_-^{v_-}$$

oder

$$a_\pm = a^{1/v} = (m_+^{v_+} m_-^{v_-} \gamma_+^{v_+} \gamma_-^{v_-})^{1/v} \qquad [10.25]$$

Durch Substitution von [10.24] in [10.25] können wir die individuellen Aktivitätskoeffizienten der Ionen eliminieren; für den mittleren Aktivitätskoeffizienten gilt dann:

$$\gamma_\pm = \frac{a_\pm}{(m_+^{v_+} m_-^{v_-})^{1/v}} \qquad [10.26]$$

Diese Gleichung läßt sich auf beliebige Elektrolytlösungen anwenden, also auch auf Elektrolytgemische.

Für die Lösung eines einzelnen Salzes der Molalität m gilt:

$$m_+ = v_+ m \quad \text{und} \quad m_- = v_- m$$

Für diesen Fall vereinfacht sich [10.26] in folgender Weise:

$$\gamma_\pm = \frac{a_\pm}{m\,(v_+^{v_+} v_-^{v_-})^{1/v}} = \frac{a_\pm}{m_\pm} \qquad [10.27]$$

Für das $La_2(SO_4)_3$ ist $v_+ = 2$ und $v_- = 3$; es gilt also:

$$\gamma_\pm = \frac{a_\pm}{m\,(2^2 \cdot 3^3)^{1/5}} = \frac{a_\pm}{108^{1/5}\,m} \qquad [10.28]$$

Der nach [10.27] definierte Aktivitätskoeffizient wird bei unendlicher Verdünnung gleich eins.

Die Aktivitäten gelöster Elektrolyte werden meist durch Messung der kolligativen Eigenschaften der Lösungen bestimmt; sie lassen sich außerdem aus der Löslichkeit schwerlöslicher Salze oder aus der elektromotorischen Kraft elektrochemischer Zellen bestimmen.

17. Bestimmung der Aktivitätskoeffizienten von Elektrolyten aus der Gefrierpunktserniedrigung

Für ein binäres Solvat aus Solvendum (1) und Solvens (0) hat die Gleichung von GIBBS-DUHEM [7.10] die folgende Form:

$$n_1 d\mu_1 + n_0 d\mu_0 = 0$$

Durch Kombination mit [8.41] erhalten wir:

$$n_1 d \ln a_1 + n_0 d \ln a_0 = 0$$

[7.35] (CLAUSIUS-CLAPEYRON) gilt nur für ideale Lösungen. Für nichtideale Lösungen gilt statt dessen:

$$\frac{d \ln a_0}{dT} = \frac{\Delta H_f}{RT^2}$$

Bei einer kleinen Gefrierpunktserniedrigung $\Delta T = T_0 - T$ ist $T^2 \approx T_0^2$. Wir können daher schreiben:

$$-d \ln a_0 = \frac{\Delta H_f}{RT_0^2} d(\Delta T)$$

Hieraus erhalten wir:

$$d \ln a_1 = -\frac{n_0}{n_1} d \ln a_0 = \frac{n_0}{n_1}\left(\frac{\Delta H_f}{RT_0^2}\right) d(\Delta T) = \frac{1}{m_1 K} d(\Delta T)$$

Hierin ist K_f die kryoskopische Konstante (molale Gefrierpunktserniedrigung); m_1 ist die Molalität des gelösten Elektrolyten.
Aus [10.27] erhalten wir:

$$a_1 = a_\pm^\nu = \gamma_\pm^\nu m^\nu (\nu_+^{\nu_+} \nu_-^{\nu_-})$$

Wenn wir dies in den vorhergehenden Ausdruck einsetzen, dann erhalten wir:

$$d \ln a_\pm = d \ln \gamma_\pm m = d \ln \gamma_\pm + d \ln m = \frac{d(\Delta T)}{\nu m K_f} \qquad [10.29]$$

Nun sei $j = 1 - (\Delta T/\nu m K_f)$; dann ist

$$dj = \frac{-d(\Delta T)}{\nu m K_f} + \frac{\Delta T}{\nu m^2 K_f} dm$$

oder

$$\frac{d(\Delta T)}{\nu m K_f} = -dj + (1-j)\frac{dm}{m}$$

Die Ionenstärke

Durch Vergleich mit [10.29] erhalten wir:

$$\mathrm{d}\ln\gamma_{\pm} = -\mathrm{d}j - j\,\mathrm{d}\ln m \qquad [10.30]$$

Für $m \to 0$ ist $\gamma_{\pm} \to 1$; die Lösung wird ideal. Gleichzeitig wird $j \to 0$, da für eine ideale Lösung $\Delta T/\nu m K_f = 1$ ist. Durch Integration von [10.30] erhalten wir daher:

$$\int_{1}^{\gamma_{\pm}} \mathrm{d}\ln\gamma'_{\pm} = \int_{0}^{m} -j\,\mathrm{d}\ln m' - \int_{0}^{j} \mathrm{d}j'$$

und

$$\ln\gamma_{\pm} = -j - \int_{0}^{m} \frac{j}{m'}\,\mathrm{d}m' \qquad [10.31]$$

Die Integration dieses Ausdrucks kann graphisch durchgeführt werden, indem man die Gefrierpunktserniedrigung für eine Serie von Lösungen niederer Konzentration mißt. Anschließend trägt man j/m gegen m ab, extrapoliert auf die Konzentration 0 und mißt die Fläche unter der Kurve. Auf ähnliche Weise lassen sich Werte des osmotischen Druckes von verdünnten Elektrolytlösungen auswerten.

18. Die Ionenstärke

Viele Eigenschaften von Elektrolytlösungen beruhen auf den elektrostatischen Wechselwirkungen zwischen den Ionen. Nach dem COULOMBschen Gesetz

$$F = \frac{Q_1 Q_2}{K r^2}$$

nimmt die elektrostatische Kraft zwischen zwei Ladungen gleicher absoluter Größe mit dem Quadrat der Ladung zu; die elektrostatische Kraft zwischen einem Paar doppelt geladener Ionen ist also viermal so groß wie die zwischen einem Paar einfach geladener Ionen. Solche Effekte der Ionenladung werden durch die Einführung einer neuen Funktion der Ionenkonzentration, der *Ionenstärke*, berücksichtigt; diese ist durch die folgende Beziehung definiert:

$$I = \frac{1}{2} \sum m_i z_i^2 \qquad [10.32]$$

Hierbei wird über alle Ionen in einer Lösung summiert, wobei jeweils die Molalität einer Ionenart mit dem Quadrat ihrer spezifischen Ladung multipliziert wird. Für die Ionenstärke einer einmolalen Lösung von NaCl würde z.B. gelten:

$$I = \frac{1}{2}\cdot 1 + \frac{1}{2}\cdot 1 = 1$$

Für eine einmolale Lösung von $La_2(SO_4)_3$ würde gelten:

$$I = \frac{1}{2}(2\cdot 3^2 + 3\cdot 2^2) = 15$$

In verdünnten Lösungen sind die Aktivitätskoeffizienten der Elektrolyte, die Löslichkeiten schwerlöslicher Salze, die Geschwindigkeiten von Ionenreaktionen und andere Eigenschaften Funktionen der Ionenstärke.

Wenn wir statt der Molalität m die molare Konzentration c verwenden, dann gilt:

$$c = \frac{m \varrho}{1 + m M}$$

Hierin ist ϱ die Dichte der Lösung und M die Molmasse (kg · mol^{-1}) des gelösten Stoffes. Für verdünnte Lösungen gilt angenähert $c = \varrho_0 m$, wobei ϱ_0 die Dichte des Lösemittels ist. Es ist daher:

$$I = \frac{1}{2} \sum m_i z_i^2 \approx \frac{1}{2 \varrho_0} \sum c_i z_i^2 \qquad [10.33]$$

19. Experimentell bestimmte Aktivitätskoeffizienten

Eine Auswahl der nach verschiedenen Methoden erhaltenen Werte für mittlere Aktivitätskoeffizienten[2] zeigen Tab. 10.6 und Abb. 10.7. Zum Vergleich ist in Abb. 10.7 auch die Konzentrationsabhängigkeit des Aktivitätskoeffizienten eines typischen Nichtelektrolyten (Saccharose) gezeigt. Typisch für Lösungen von Elektrolyten ist der mit zunehmender Konzentration stark verdünnter Lösungen zunächst zu beobachtende steile Abfall der Werte für die Aktivitätskoeffizienten. Die Kurve geht anschließend meist durch ein Minimum; mit weiter zunehmender Konzentration steigen dann die Werte für die Aktivitätskoeffizienten wieder an. Die Erklärung dieses Verhaltens stellt eines der wesentlichsten Probleme der Theorie starker Elektrolyte dar.

m	0,001	0,002	0,005	0,01	0,02	0,05	0,1	0,2	0,5	1,0	2,0	4,0
HCl	0,966	0,952	0,928	0,904	0,875	0,830	0,796	0,767	0,758	0,809	1,01	1,76
HNO$_3$	0,965	0,951	0,927	0,902	0,871	0,823	0,785	0,748	0,715	0,720	0,783	0,982
H$_2$SO$_4$	0,830	0,757	0,639	0,544	0,453	0,340	0,265	0,209	0,154	0,130	0,124	0,171
NaOH	—	—	—	—	—	0,82	—	0,73	0,69	0,68	0,70	0,89
AgNO$_3$	—	—	0,92	0,90	0,86	0,79	0,72	0,64	0,51	0,40	0,28	—
CaCl$_2$	0,89	0,85	0,785	0,725	0,66	0,57	0,515	0,48	0,52	0,71	—	—
CuSO$_4$	0,74	—	0,53	0,41	0,31	0,21	0,16	0,11	0,068	0,047	—	—
KCl	0,965	0,952	0,927	0,901	—	0,815	0,769	0,719	0,651	0,606	0,576	0,579
KBr	0,965	0,952	0,927	0,903	0,872	0,822	0,777	0,728	0,665	0,625	0,602	0,622
KJ	0,965	0,951	0,927	0,905	0,88	0,84	0,80	0,76	0,71	0,68	0,69	0,75
LiCl	0,963	0,948	0,921	0,89	0,86	0,82	0,78	0,75	0,73	0,76	0,91	1,46
NaCl	0,966	0,953	0,929	0,904	0,875	0,823	0,780	0,730	0,68	0,66	0,67	0,78

Tab. 10.6 Mittlere molale Aktivitätskoeffizienten von Elektrolyten

[2] Ein umfangreiches Tabellenwerk stammt von H. S. HARNED und B. B. OWEN, *Physical Chemistry of Electrolytic Solutions*; Reinhold Publ. Co., New York 1950.

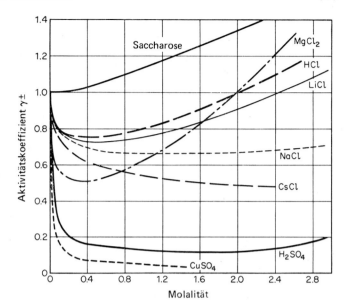

Abb. 10.7
Mittlere molale
Aktivitätskoeffizienten
von Elektrolyten.

Durch eine qualitative Betrachtung können wir sehen, warum der Aktivitätskoeffizient in Abhängigkeit von der Konzentration durch ein Minimum gehen muß. Für das chemische Potential eines dissoziierten Elektrolyten gilt:

$$\mu = \mu^\ominus + RT \ln \gamma m$$

Mit zunehmender Konzentration nehmen auch die zwischenionischen Kräfte zu; im gleichen Maße nimmt die freie Energie der Ionen ab, die Werte für γ werden also kleiner. Andererseits üben die Ionen auch starke Anziehungskräfte auf die Wassermolekeln aus, so daß mit zunehmender Ionenkonzentration die freie Energie des Wassers verringert wird. In Übereinstimmung mit der Gleichung von GIBBS-DUHEM muß also im selben Maße der Aktivitätskoeffizient des gelösten Stoffes zunehmen. Diese beiden entgegengesetzt gerichteten Effekte können zu einem Minimum in der Kurve der Aktivitätskoeffizienten führen. Die in konzentrierten Lösungen auftretenden Effekte sind allerdings zu kompliziert, um durch irgendein einfaches Modell beschrieben werden zu können.

20. Einige Grundprinzipien der Elektrostatik

Die elektrostatischen Kräfte zwischen zwei Ladungen Q_1 und Q_2 werden durch ein Gesetz beschrieben, das genau dieselbe Form hat wie das NEWTONsche Gravitationsgesetz (S. 5):

$$F = \frac{Q_1 Q_2}{K r^2} \qquad [10.34]$$

Dies ist die allgemeine Form des Coulombschen Gesetzes. Die beiden Ladungen befinden sich in einem Abstand von r in einem Vakuum; hinsichtlich der Proportionalitätskonstante K haben wir die Wahl zwischen zwei Möglichkeiten. Wenn wir $K = 1$ setzen, dann definiert [10.34] die Ladungseinheit (LE) in elektrostatischen Einheiten (EstE). Wenn sich zwei Ladungen mit je 1 EstE in einem Abstand von 1 cm befinden, dann üben sie aufeinander eine Kraft von 1 dyn aus. Im internationalen Maßsystem ist die Ladungseinheit das Coulomb (C): 1 C = $3 \cdot 10^2$ LE. In diesem Fall schreibt man die Konstante K als $4\pi\varepsilon_0$. [10.34] erhält dann die folgende Form:

$$F = \frac{Q_1 Q_2}{4\pi\varepsilon_0 r^2} \qquad [10.35]$$

Die Größe ε_0 nennt man die elektrische Feldkonstante (Dielektrizitätskonstante des Vakuums); sie hat den Wert von $8{,}854 \cdot 10^{-12}$ C^2 N^{-1} m^{-2} (oder C^2 J^{-1} m^{-1}). Die Unbequemlichkeit eines besonderen Faktors im Coulombschen Gesetz ist unerheblich gegenüber dem großen Vorzug der Übereinstimmung zwischen elektrischen und mechanischen Einheiten im internationalen Maßsystem. Zwischen zwei Ladungen von einem Coulomb in einem Abstand von 1 m herrscht eine Kraft von 1 Newton (1 Joule = 1 Newton · Meter = 1 Volt · Coulomb).

Unter der elektrischen Feldstärke $\boldsymbol{E}$ an irgendeinem Punkt versteht man die Kraft, die auf die Ladungseinheit ausgeübt würde, wenn sie sich an diesem Punkt befände. Für die Feldstärke im Abstand $\boldsymbol{r}$ von der Ladung Q (die sich im Koordinatenursprung befindet) gilt daher:

$$\boldsymbol{E} = \frac{Q\,\boldsymbol{r}}{4\pi\varepsilon_0 r^3} \qquad [10.36]$$

Diese Gleichung zeigt an, daß der durch eine positive Ladung hervorgerufene Feldvektor dieselbe Richtung hat wie die des Vektors vom Ursprung zum Punkt der Messung (Abb. 10.8a). Für die absolute Feldstärke gilt dann:

$$|\boldsymbol{E}| = \frac{Q}{4\pi\varepsilon_0 r^2}$$

Das von irgendeiner Ansammlung von Ladungen aufgebaute Feld erhält man dann einfach durch Addition der Felder, die von den einzelnen Ladungen stammen. Da sowohl die Kraft als auch die Feldstärke vektorielle Größen sind, muß eine Vektoraddition durchgeführt werden. Ein elektrisches Feld mit der Einheit der Feldstärke übt auf eine Ladung von 1 C eine Kraft von 1 N aus. Die Einheit der Feldstärke ist daher N/C. Da jedoch J = VC = Nm ist, wird die Einheit der Feldstärke gewöhnlich in V/m, also in Volt pro Meter angegeben.

An jedem Punkt im Raum läßt sich das elektrische Feld durch einen einzelnen Vektor darstellen. Wenn wir die gedachte Testladung in dem zu untersuchenden Feld umherbewegen, dann können wir für beliebig viele Punkte die Richtung des Feldes durch Vektoren angeben. Die Summe dieser Vektoren stellt die *Kraftlinien* des elektrischen Feldes dar. Die Feldvektoren geben jeweils die Tangenten an den Kraftlinien für irgendwelche Punkte. Wenn wir eine kleine Flächeneinheit senk-

Einige Grundprinzipien der Elektrostatik

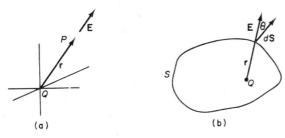

(a) (b)

Abb. 10.8a Das von einer positiven Ladung Q (Koordinatenursprung) im Punkt P erzeugte elektrische Feld ist gleich der Kraft **F**, die es auf eine in den Punkt P gebrachte Einheitsladung ausübt. Die Feldrichtung ist die des Vektors von Q nach P; die Feldstärke ist $|E| = Q/4\pi\varepsilon_0 r^2$.

Abb. 10.8b Das GAUSSsche Theorem. Eine elektrische Ladung Q wird von einer (willkürlich geformten) Oberfläche S umgeben. Zu jedem kleinen Flächenelement d**S** gehört ein hierzu senkrecht stehender Vektor. Für den Feldfluß durch das Flächenelement d**S** gilt dann: $\mathbf{E} \cdot d\mathbf{S} = E \cos\theta\, dS$. Hierin ist θ der Winkel zwischen der Feldrichtung und der Senkrechten auf d**S**.

recht zur Richtung des elektrischen Feldes legen, dann ist die Zahl der Kraftlinien, die durch diese Fläche hindurchgeht, proportional der elektrischen Feldstärke. Abb. 10.9 zeigt die Feldverteilung in der Umgebung verschieden angeordneter Ladungen.

Wie sich die mechanische Kraft als der Gradient eines Potentials U darstellen läßt, so läßt sich auch das elektrische Feld als der Gradient eines elektrischen Potentials Φ darstellen. Unter Berücksichtigung der drei Komponenten für das Vektorfeld erhalten wir:

$$E_x = -\frac{\partial \Phi}{\partial x}, \quad E_y = -\frac{\partial \Phi}{\partial y}, \quad E_z = -\frac{\partial \Phi}{\partial z} \quad [10.37]$$

In vektorieller Darstellung lautet die Beziehung:

$$\mathbf{E} = -\operatorname{grad} \Phi = -\nabla \Phi \quad [10.38]$$

Das negative Vorzeichen bedeutet, daß sich eine positive Ladung vom höheren zu einem niedrigeren Potential bewegen würde und daß eine Bewegung in der entgegengesetzten Richtung nur unter Aufwendung von Arbeit möglich wäre. Es ist nun gewöhnlich einfacher, mathematische Berechnungen mit der skalaren Potentialfunktion $\Phi(x,y,z)$ durchzuführen; wir können dann aus der Größe von Φ mit Hilfe von [10.37] oder [10.38] das Feld an irgendeinem Punkt berechnen. Aus [10.37] geht hervor, daß die Einheit des elektrischen Potentials das *Volt* ist.

Als nächstes wollen wir das GAUSSsche Theorem an einer geschlossenen Oberfläche S um eine Ladung Q diskutieren (Abb. 10.8b). Für die Zahl der Kraftlinien, die das Flächenelement d**S** durchsetzen, gilt:

$$\mathbf{E} \cdot d\mathbf{S} = E \cos\theta\, dS$$

Hier ist θ der Winkel zwischen E und der Senkrechten auf d**S**. Das an der Ladung Q von d**S** umschlossene Differential des Raumwinkels $d\omega$ ist $dS \cos\theta / r^2$; der von der gesamten Oberfläche S umschlossene Raumwinkel ist für jeden Punkt in der Oberfläche 4π. Wir erhalten also aus [10.36]:

$$\int \boldsymbol{E} \cdot \mathrm{d}\boldsymbol{S} = \int E \cos\theta \, \mathrm{d}S = \frac{Q}{4\pi\varepsilon_0} \int \mathrm{d}\omega = Q/\varepsilon_0 \qquad [10.39]$$

Dies ist das Gaußsche Theorem.

radialsymmetrisches Feld einer geladenen Kugel

homogenes Feld einer geladenen Metallplatte

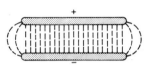

homogenes Feld eines Kondensators mit parallelen Platten

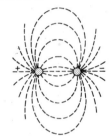

inhomogenes Feld zwischen Ladungen mit entgegengesetztem Vorzeichen

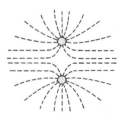

inhomogenes Feld zwischen Ladungen desselben Vorzeichens

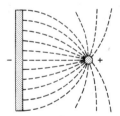

inhomogenes Feld zwischen einer Punktladung und einer Platte

Abb. 10.9 Kraftlinien in verschiedenen elektrischen Feldern.

Wenn die Oberfläche S nicht eine einzelne Punktladung, sondern eine Ladungsverteilung verschiedener Ladungsdichte ϱ umschließt, dann kann das Theorem in folgender Weise geschrieben werden:

$$\int \boldsymbol{E} \, \mathrm{d}\boldsymbol{S} = \frac{1}{\varepsilon_0} \int \varrho \, \mathrm{d}V \qquad [10.40]$$

Hierbei wird die Ladungsdichte über das von der Oberfläche umschlossene Volumen V integriert.

Einige Grundprinzipien der Elektrostatik

Auf diese Gleichung wollen wir nun das Divergenztheorem der Vektoranalysis anwenden. Für die Divergenz irgendeines Vektors $\boldsymbol{E}$ gilt:

$$\operatorname{div} \boldsymbol{E} = \boldsymbol{V} \cdot \boldsymbol{E} = \frac{\partial E_x}{\partial x} + \frac{\partial E_y}{\partial y} + \frac{\partial E_z}{\partial z} \qquad [10.41]$$

Für physikalische Ausdrücke ist die Divergenz eines Vektors ein einfaches Konzept.
Wenn wir ein Volumendifferential $dV = dx\,dy\,dz$ betrachten, dann bedeutet die Divergenz des Vektors $\boldsymbol{E}$ den auf die Volumeneinheit bezogenen Fluß von $\boldsymbol{E}$ aus dV. Dies ist, in anderen Worten, die Differenz zwischen der Zahl der Kraftlinien, die das Volumendifferential dV verlassen, und der Zahl der Kraftlinien, die in dieses eintreten. Hieraus ergibt sich das Divergenztheorem[3]:

$$\int \operatorname{div} \boldsymbol{E}\, dV = \int \boldsymbol{E} \cdot d\boldsymbol{S} \qquad [10.42]$$

Das Integral der Divergenz $\boldsymbol{E}$ über dem von der Fläche $\boldsymbol{S}$ eingeschlossenen Volumen ist gleich dem Integral der senkrechten Komponente von $\boldsymbol{E}$ auf der Fläche $\boldsymbol{S}$. Aus [10.40] und [10.42] erhalten wir:

$$\int \operatorname{div} \boldsymbol{E}\, dV = \frac{1}{\varepsilon_0} \int \varrho\, dV$$

Da der Wert dieser Integrale unabhängig vom betrachteten Volumen ist, gilt:

$$\operatorname{div} \boldsymbol{E} = \varrho/\varepsilon_0$$

Wenn wir nun $\boldsymbol{E}$ gemäß [10.40] durch $-\operatorname{grad}\Phi$ ausdrücken, dann gilt:

$$\operatorname{div}\operatorname{grad}\Phi = \boldsymbol{V}\boldsymbol{V} \cdot \Phi = -\varrho/\varepsilon_0$$

und

$$\boldsymbol{V}^2 \Phi = -\varrho/\varepsilon_0 \qquad [10.43]$$

Dies ist die berühmte POISSONsche Gleichung der Elektrostatik. Den Operator $\operatorname{div}\operatorname{grad} = \boldsymbol{V}^2$ nennt man »Nabla-Quadrat« oder den LAPLACE*schen Operator*. Wenn in irgendeinem Bereich keine Ladung zu finden ist, dann ist $\varrho = 0$, und [10.43] erhält die folgende Form:

$$\boldsymbol{V}^2 \Phi = 0 \qquad [10.44]$$

Dies ist die LAPLACEsche Gleichung.
Den LAPLACEschen Operator $\boldsymbol{V}^2$ können wir in gewöhnlichen kartesischen Koordinaten folgendermaßen ausdrücken:

$$\boldsymbol{V}^2 \equiv \frac{\partial^2}{\partial x^2} + \frac{\partial^2}{\partial y^2} + \frac{\partial^2}{\partial z^2} \qquad [10.45]$$

---

[3] Eingehendere mathematische Ableitungen von [10.42] können in jeder Abhandlung über Vektoranalysis gefunden werden, z.B. in JOOS-KALUZA, *Höhere Mathematik für den Praktiker*, Johann Ambrosius Barth Verlag, Leipzig 1964, oder JOOS-RICHTER, ibid. 1969.

Es ist eine interessante Übung, diese Beziehung in sphärischen Polarkoordinaten auszudrücken[4]. Hierbei erhält man:

$$V^2 \equiv \frac{\partial^2}{\partial r^2} + \frac{2}{r}\frac{\partial}{\partial r} + \frac{1}{r^2}\frac{\partial^2}{\partial \theta^2} + \frac{\cos\theta}{r^2 \sin\theta}\frac{\partial}{\partial \theta} + \frac{1}{r^2 \sin^2\theta}\frac{\partial^2}{\partial \theta^2} \qquad [10.46]$$

21. Die Debye-Hückel-Theorie

Die Theorie von Debye und Hückel beruht auf der Annahme, daß starke Elektrolyte in Lösung vollständig in Ionen dissoziiert sind. Abweichungen vom Idealverhalten müssen dann den elektrischen Wechselwirkungen zwischen den Ionen zugeschrieben werden. Um die Gleichgewichtseigenschaften der Lösungen auf theoretischem Wege zu erhalten, muß die aus diesen elektrostatischen Wechselwirkungen herrührende, zusätzliche freie Energie berechnet werden.

Wenn sich die Ionen in einer Lösung völlig gleichmäßig verteilen würden, dann fänden wir in der Umgebung eines bestimmten Ions mit gleicher Wahrscheinlichkeit positive und negative Ionen. Solch eine zufällige Verteilung besäße keine elektrostatische Energie, da in einem solchen System gleich viele Konstellationen mit Anziehungskräften wie solche mit Abstoßungskräften auftreten würden. Solch zufällige Konstellationen widersprechen ganz offensichtlich der physikalischen Wirklichkeit, da in der unmittelbaren Nachbarschaft eines positiven Ions mit größerer Wahrscheinlichkeit negative als positive Ionen zu finden sein müssen.

Wir dürfen sogar annehmen, daß eine ionische Lösung eine wohlgeordnete Struktur ähnlich der eines Ionenkristalls annehmen würde, wenn nicht die Ionen durch molekulare Zusammenstöße ständig umhergetrieben würden. Diese thermischen Bewegungen verhindern also das vollständige gegenseitige Ordnen; die letztlich erzielte Situation ist ein dynamischer Kompromiß zwischen den elektrostatischen Wechselwirkungen, die geordnete Konstellationen hervorrufen wollen, und den kinetischen Zusammenstößen, die diese Ordnung wieder zerstören wollen. Unser Problem ist nun, das mittlere elektrische Potential Φ eines gegebenen Ions in Lösung zu berechnen, das sich ergibt, wenn wir die Wirkungen aller anderen Ionen in Betracht ziehen. Wenn wir Φ kennen, dann können wir die Arbeit berechnen, die wir aufwenden müssen, um die Ionen reversibel bis zu diesem Potential zu laden. Der so berechnete Arbeitsbetrag ist gleich der auf den elektrostatischen Wechselwirkungen beruhenden freien Energie. Diese zusätzliche elektrische freie Energie steht in direktem Zusammenhang zu dem Aktivitätskoeffizienten der Ionen, da beide ein Maß für die Abweichung vom Idealverhalten darstellen.

Da die Debye-Hückel-Theorie eine *elektrostatische Theorie* ist, hindert uns nichts an der Berechnung der Aktivitätskoeffizienten für einzelne Ionen; wir brauchen also nicht mit den Schwierigkeiten zu rechnen, die bei der thermodynamischen Definition dieser Größen erwähnt wurden. Die Thermodynamik beschäftigt

---

[4] Wie diese Transformation durchgeführt wird, findet sich in H. Hameka: *Introduction to Quantum Theory*, Harper and Row, New York 1967, Anhang A.

sich mit den Beziehungen zwischen meßbaren Größen. Die Elektrostatik beruht auf einem abstrakten Modell für Naturphänomene (Punktladungen, elektrostatische Felder usw.). Wie bei den auf irgendeinem anderen Modell beruhenden Berechnungen müssen wir zum Schluß die berechneten Größen so kombinieren, daß der vorhergesagte Wert irgendeiner *meßbaren Größen* herauskommt.

22. Die Poisson-Boltzmann-Gleichung

Im zeitlichen Durchschnitt ist ein bestimmtes Ion durch eine kugelsymmetrische Verteilung anderer Ionen umgeben, die um das Zentralion eine *Ionenwolke* bilden. Abb. 10.10 zeigt ein Zentralion mit dem Querschnitt dieser Kugelschale im Abstand r. Den kleinstmöglichen Abstand irgendeines Ions zum Zentralion bezeichnen wir mit a. Unser Ziel ist die Berechnung des zum Zentralion mit seiner Ionenwolke gehörenden elektrostatischen Potentials $\Phi(r)$. Der Wert von $\Phi(r)$ wird durch die mittlere Ladungsdichte ϱ bestimmt, die sich von Punkt zu Punkt in der Lösung ändern kann und die jeweils gleich dem Quotienten aus der Zahl der Ladungen in irgendeinem kleinen Bereich der Lösung und dem Volumen ist, in dem sich diese Ladungen befinden. Es ist also $\varrho = Q/\mathrm{d}V$.

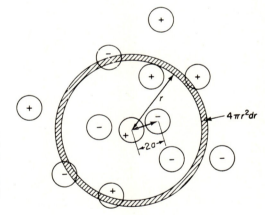

Abb. 10.10 Modell eines positiven Zentralions, das von einer Wolke negativer und positiver Ionen umgeben ist. Unsere Aufgabe ist es, mit Hilfe der elektrostatischen Theorie das elektrische Potential am Zentralion unter Berücksichtigung der Ionenwolke zu berechnen.

Die Poissonsche Differentialgleichung verknüpft nun das Potential Φ mit der Ladungsdichte ϱ. Für eine kugelsymmetrische Ladungsverteilung um ein Zentralion herum ist das Potential Φ nur eine Funktion des Abstandes r. Für diesen Fall hat die Poissonsche Gleichung daher die folgende Form:

$$\frac{1}{r^2} \cdot \frac{\mathrm{d}}{\mathrm{d}r} \cdot \left(r^2 \frac{\mathrm{d}\Phi}{\mathrm{d}r} \right) = \frac{-\varrho}{\varepsilon_0 \varepsilon} \qquad [10.47]$$

Die Verwendung der makroskopischen Dielektrizitätskonstante ε ist ein schon recht grundsätzlicher Schönheitsfehler des Debye-Hückelschen Modells. Die polaren Lösemittelmolekeln in der unmittelbaren Nachbarschaft eines Ions werden sich in einem äußeren elektrischen Feld nicht frei orientieren können, die effektive (mikroskopische) Dielektrizitätskonstante ist daher möglicherweise viel kleiner als die makroskopisch bestimmte Konstante.

Um Lösungen von [10.47] für $\Phi(r)$ zu bekommen, müssen wir die Ladungsdichte ϱ als Funktion von Φ berechnen und dies in [10.47] einsetzen. Debye und Hückel benützten zur Berechnung von ϱ das BOLTZMANNsche Theorem (Abschnitt 5-9). Wenn wir die Größe N_i in [5.29] als die mittlere Zahl von Ionen der Art i in der Volumeneinheit der Lösung auffassen, dann gilt für die Zahl N_i' der Ionen in der Volumeneinheit, die eine Energie E über der Durchschnittsenergie des Systems besitzen:

$$N_i' = N_i \cdot e^{-E/kT} \qquad [10.48]$$

Um ein Ion der Ladung Q_i aus einem potentialfreien Bereich in einen solchen mit dem Potential Φ zu bringen, müssen wir die Arbeit $Q_i \cdot \Phi$ aufwenden. Wenn wir das gesamte System aus gelösten positiven und negativen Ionen betrachten, dann ist diese Arbeit $\sum_{i=1}^{n} N_i Q_i \Phi$ (n = Zahl der Ionenarten in der Lösung) gleich null. Wir können also den besonderen Energiebetrag von E über der Durchschnittsenergie in [10.48] gleich $Q_i \Phi$ setzen; es ist dann:

$$N_i' = N_i \cdot e^{-Q_i \Phi/kT} \qquad [10.49]$$

Die Ladungsdichte in einem Bereich mit dem Potential Φ ergibt sich nach [10.49] als die Summe der Zahl der Ionen, die in der Lösung vorhanden sind; dabei wird jede Ionenart mit ihrer eigenen Ladung Q_i multipliziert. Es ist also:

$$\varrho = \sum N_i' \cdot Q_i = \sum N_i \cdot Q_i e^{-Q_i \Phi/kT} \qquad [10.50]$$

Durch Kombination von [10.47] und [10.50] erhalten wir:

$$\frac{1}{r^2} \cdot \frac{d}{dr} r^2 \left(\frac{d\Phi}{dr}\right) = -\frac{1}{\varepsilon_0 \varepsilon} \sum N_i Q_i e^{-Q_i \Phi/kT} \qquad [10.51]$$

Bei der Behandlung eines starken Elektrolyten nach Debye-Hückel nehmen wir an, daß die Lösung so verdünnt ist, daß die einzelnen Ionen nur selten nahe zueinander kommen. Trifft dies zu, dann ist die potentielle Energie zwischen den Ionen in der Regel sehr viel kleiner als die durchschnittliche thermische Energie; es ist also $Q_i \Phi \ll kT$. Den Exponentialausdruck in [10.50] können wir also folgendermaßen ausdehnen:

$$e^{-Q_i \Phi/kT} = 1 - \frac{Q_i \Phi}{kT} + \frac{1}{2!} \left(\frac{Q_i \Phi}{kT}\right)^2 - \ldots$$

Wenn wir alle Terme nach dem quadratischen Term vernachlässigen, dann erhält [10.50] die folgende Form:

$$\varrho = \sum N_i Q_i - \frac{\Phi}{kT} \sum N_i Q_i^2$$

Durch die Forderung der Elektroneutralität des gesamten Systems verschwindet der erste Term in diesem Ausdruck; mit $Q_i = z_i e$ (e bedeutet hier die positive oder negative Elementarladung) erhalten wir dann:

$$\varrho = -\frac{e^2 \Phi}{kT} \sum N_i z_i^2 \qquad [10.52]$$

Der Ausdruck $\sum N_i z_i^2$ ist offensichtlich eng verwandt mit der *Ionenstärke*, die wir folgendermaßen definiert haben: $I = \frac{1}{2} \sum m_i z_i^2$.

Diese Linearisierung der Boltzmann-Verteilung ist ein zweites ernstes Problem des Debye-Hückelschen Modells. Die Annahme, daß die elektrostatische Energie $z_i e \Phi$ sehr viel kleiner sei als die thermische Energie kT, ist erst in einem Abstand vom Zentralion erfüllt, der etwa dem Durchmesser einer Wassermolekel entspricht. Bei höheren Konzentrationen ($> 10^{-3}\,m$) können wir erwarten, daß in der Umgebung eines Zentralions $z_i e \Phi \geq kT$ ist. In solchen Fällen würde die lineare Verteilungsfunktion

$$\frac{N_i}{N_i'} = 1 + \frac{z_i e \Phi}{kT}$$

sinnlose Werte für die Zahl der Ionen in der Ionenwolke liefern.

Die Schwächen des Debye-Hückelschen Modells bei höheren Werten von N gehen sogar noch tiefer. Die Linearapproximation zu verlassen und statt dessen die genaue Boltzmann-Gleichung [10.49] zu verwenden ist gleichbedeutend mit einem Sprung aus der Bratpfanne direkt ins Feuer. Die Anwendung der Boltzmannschen Gleichung setzte voraus, daß wir die in [10.48] erscheinende potentielle Energie gleich der elektrostatischen Energie $z_i e \Phi$ setzen können, wobei Φ durch die Poissonsche Gleichung gegeben ist. Letztere beruht jedoch auf der Vorstellung einer kontinuierlichen oder zeitgemittelten Verteilung der Ladungsdichte ϱ. Wenn wir aus dem Boltzmannschen Faktor tatsächlich einmal die Beiträge der Ionen in verschiedenen Kugelschalen um das Zentralion herum zum Wert des elektrischen Potentials Φ berechnen, dann finden wir für einen starken 1,1-Elektrolyten bei einer Konzentration von $10^{-2}\,m$, daß 0,8 Ionen in einer ersten Kugelschale schon mit 50% zum gesamten elektrostatischen Potential der Ionenwolke beitragen; es würde also, in anderen Worten, in 80% der Zeit nur ein Gegenion zugegen sein. Solch eine Verteilung aus wenigen lokalisierten Ionen würde starke zeitliche Veränderungen in der Ladungsdichte ϱ mit sich bringen. Wir müssen also feststellen, daß das Debye-Hückelsche Modell mathematisch inkonsistent ist, mindestens bis die Konzentrationen (bei 1,1-Elektrolyten) kleiner als etwa $3 \cdot 10^{-3}\,m$ werden.

Wenn wir nun mit der Ableitung der Debye-Hückel-Gleichungen fortfahren, wollen wir zwei Tatsachen im Auge behalten: (1) Die Linearisierung der Boltzmann-Verteilung läßt sich nur bei großen Ionen und kleinen Konzentrationen ($< 10^{-2} \ldots 10^{-3}\,m$) anwenden. (2) Der Verzicht auf eine Linearisierung bringt auch keine Verbesserung.

Wenn wir [10.51] in [10.47] einsetzen, dann erhalten wir die linearisierte POISSON-BOLTZMANN-Gleichung:

$$\frac{1}{r^2} \cdot \frac{d}{dr}\left(r^2 \frac{d\Phi}{dr}\right) = \frac{e^2 \Phi}{\varepsilon_0 \varepsilon \cdot kT} \sum N_i z_i^2$$

oder

$$\frac{d}{dr}\left(r^2 \frac{d\Phi}{dr}\right) = b^2 r^2 \Phi \qquad [10.53]$$

Hierin ist

$$b^2 = \frac{e^2}{\varepsilon_0 \varepsilon kT} \sum N_i z_i^2 \qquad [10.54]$$

Die Größe b^{-1} hat die Dimension einer Länge; man nennt sie den DEBYEschen *Radius*. Sie ist ein ungefähres Maß für die *Dicke der Ionenwolke*, also des Abstandes, über welchen das elektrostatische Feld eines Zentralions wirksam ist. Tab. 10.7 zeigt Werte für b^{-1} bei verschiedenen Konzentrationen und für verschiedene Elektrolyte.

c (mol · dm^{-3})	Art des Salzes 1 : 1	1 : 2	2 : 2	1 : 3
10^{-1}	0,96	0,55	0,48	0,39
10^{-2}	3,04	1,76	1,52	1,24
10^{-3}	9,6	5,55	4,81	3,93
10^{-4}	30,4	17,6	15,2	12,4

Tab. 10.7 DEBYEscher Radius (nm) (effektiver Radius der Ionenwolke) in wäßrigen Lösungen bei 298 K

[10.53] können wir leicht lösen, indem wir den Ausdruck $r\Phi$ durch die Größe u ersetzen; hiermit wird $d^2u/dr^2 = b^2 u$. Es ist dann

$$u = A e^{-br} + B e^{br} \qquad [10.55]$$

oder

$$\Phi = \frac{A}{r} e^{-br} + \frac{B}{r} e^{br}$$

Hierin sind A und B Integrationskonstanten, die durch Festlegung der Integrationsgrenzen bestimmt werden müssen. Zunächst einmal muß das elektrische Potential Φ verschwinden, wenn $r \to \infty$ geht. Es ist dann

$$\frac{A e^{-\infty}}{\infty} + \frac{B e^{\infty}}{\infty} = 0$$

Dies kann nur dann richtig sein, wenn $B = 0$ ist; der Grenzwert von e^r/r für $r \to \infty$ ist $\neq 0$. Von unserer Beziehung für das elektrostatische Potential bleibt also übrig:

$$\Phi = \frac{A}{r} e^{-br} \qquad [10.56]$$

Die Poisson-Boltzmann-Gleichung

Dieses Potential besteht aus einem gewöhnlichen Coulombpotential A/r, multipliziert mit einem Siebfaktor e^{-br}. Dieses *gesiebte Coulombpotential* wurde auch auf anderen interessanten Gebieten angewandt, so auf Kernzusammenstöße im festen Zustand (durch Niels Bohr) und bei der Theorie der Leitfähigkeit von Legierungen (durch Mott und Friedel).

Der Wert von A läßt sich bestimmen durch Einsetzen von [10.56] in [10.47]; es ist:

$$\varrho = \frac{-A\, b^2\, \varepsilon_0\, \varepsilon}{r} \cdot \mathrm{e}^{-2r}$$

Diese Beziehung gibt uns die Ladungsdichte in der Ionenwolke als Funktion von r. Hier muß allerdings die Gesamtladung der Ionenwolke gerade gleich der Ladung des Zentralions sein, jedoch mit umgekehrtem Vorzeichen. Es ist daher

$$\int_a^\infty 4\pi r^2 \varrho(r)\, \mathrm{d}r = -z_i e$$

und

$$A\, b^2\, \varepsilon_0\, \varepsilon \int_a^\infty 4\pi r\, \mathrm{e}^{-br}\, \mathrm{d}r = z_i e$$

Hieraus erhalten wir durch Integration:

$$A = \frac{z_i e}{4\pi\varepsilon_0\varepsilon} \cdot \frac{\mathrm{e}^{ba}}{1 + ba} \qquad [10.57]$$

Für das Potential Φ erhalten wir schließlich:

$$\Phi = \frac{z_i e}{4\pi\varepsilon_0\varepsilon} \cdot \frac{\mathrm{e}^{ba}}{1 + ba} \cdot \frac{\mathrm{e}^{-br}}{r} \qquad [10.58]$$

Diese Gleichung zeigt, daß das Potential im Abstand r vom Zentralion aus zwei Komponenten besteht: dem vom Zentralion selbst beigesteuerten Anteil $z_i e / 4\pi\varepsilon_0\varepsilon r$ und dem Anteil der Ionenwolke. Für diesen gilt:

$$\Phi' = \frac{z_i e}{4\pi\varepsilon_0\varepsilon r} \cdot \left(\frac{\mathrm{e}^{ba}}{1 + ba} \cdot \mathrm{e}^{-br} - 1 \right) \qquad [10.59]$$

Da kein »Wolkenion« dem Zentralion näher als $r = a$ kommen kann, können wir das von der Ionenwolke herrührende Potential an der Stelle des Zentralions aus [10.59] erhalten, wenn wir $r = a$ setzen:

$$\Phi'_{r=a} = \frac{-z_i e}{4\pi\varepsilon_0\varepsilon} \cdot \frac{b}{1 + ba} \qquad [10.60]$$

In extrem verdünnten Lösungen (vgl. Tab. 10.7) wird $b \approx 10^6\,\mathrm{cm}^{-1}$; mit $a \approx 10^{-8}\,\mathrm{cm}$ wird also $ba \ll 1$. Hiermit erhält [10.60] die folgende Form:

$$\Phi'_{r=a} = \frac{-z_i e b}{4\pi\varepsilon_0\varepsilon} \qquad [10.61]$$

Das von der Ionenwolke stammende zusätzliche Potential steht in Beziehung zur zusätzlichen freien Energie der Lösung eines starken Elektrolyten; aus ihr kann man den Wert des Aktivitätskoeffizienten berechnen.

23. Das Grenzgesetz von Debye-Hückel

Wir wollen uns vorstellen, daß wir ein bestimmtes Ion zunächst in ungeladenem Zustand in eine Lösung einführen; für diesen Vorgang brauchen wir eine verschwindend kleine elektrische Energie. Anschließend wollen wir die Ladung Q des Teilchens vom Wert null allmählich auf den Endwert ze erhöhen. Für eine extrem verdünnte Lösung erhalten wir den Wert für das konstante Potential Φ durch [10.61]; für jedes einzelne Ion müssen wir also die folgende elektrische Energie aufwenden:

$$\Delta G = \int_0^{ze} \Phi \, dQ = \int_0^{ze} \frac{-bQ}{4\pi\varepsilon_0\varepsilon} \, dQ = -\frac{b z^2 e^2}{8\pi\varepsilon_0\varepsilon} \qquad [10.62]$$

Wenn wir Φ nach [10.60] ausdrücken, dann gilt für die zusätzliche freie elektrische Energie:

$$\Delta G = -\frac{z^2 e^2}{8\pi\varepsilon_0\varepsilon} \cdot \frac{b}{1+ba} \qquad [10.62\text{a}]$$

Die schließlich für den Aktivitätskoeffizienten (s. u. [10.65]) erhaltene Beziehung würde dann lauten:

$$\ln\gamma_\pm = -|z_+ z_-| \frac{e^2}{8\pi\varepsilon_0\varepsilon kT} \frac{b}{1+ba} \qquad [10.65\text{a}]$$

Wir setzen nun voraus, daß die Abweichungen der verdünnten ionischen Lösung vom Idealverhalten vollständig auf die elektrischen Wechselwirkungen zurückzuführen sind. Dann kann gezeigt werden, daß diese zusätzliche elektrische freie Energie pro Ion einfach gleich $kT \ln\gamma_i$ ist; hierin bedeutet γ_i den konventionellen Ionenaktivitätskoeffizienten. Für das chemische Potential einer Ionenart i schreiben wir:

$$\mu_i = RT \ln a_i + \mu_i^\ominus$$

$$\mu_i = \mu_i \text{ (ideal)} + \mu_i \text{ (elektrisch)}$$

Da

$$\mu_i \text{ (ideal)} = RT \ln m_i + \mu_i^\ominus$$

und

$$a_i = \gamma_i m_i$$

ist, muß

$$\mu_i \text{ (elektrisch)} = RT \ln\gamma_i$$

sein. Dies ist die zusätzliche elektrische freie Energie pro Mol. Auf ein einzelnes Ion bezogen ist diese Energie $kT \ln\gamma_i$; dies aber ist gleich dem Ausdruck in [10.62]. Es ist also:

$$\ln\gamma_i = -\frac{z_i^2 e_i^2 \cdot b}{8\pi\varepsilon_0\varepsilon kT} \qquad [10.63]$$

Wir können nun aus [10.54] den folgenden Wert für b einsetzen:

$$b = \left(\frac{e^2}{8\pi\varepsilon_0\varepsilon kT} \sum N_i z_i^2\right)^{1/2}$$

Da N_i und c_i durch die Beziehung $N_i = c_i L$ verknüpft sind, können wir auch schreiben:

$$b = \left(\frac{L^2 e^2}{\varepsilon_0 \varepsilon R T} \sum c_i z_i^2\right)^{1/2}$$

Da wir hier nur verdünnte Lösungen betrachten, ist $c_i = m_i \varrho_0$. Hierin ist ϱ_0 die Dichte des Lösemittels, so daß wir nun die Ionenstärke nach [10.32] einführen können:

$$b = \left(\frac{2 L^2 e^2 \varrho_0}{\varepsilon_0 \varepsilon R T}\right)^{1/2} \cdot I^{1/2} = B I^{1/2} \qquad [10.64]$$

Da wir keine individuellen Ionenaktivitätskoeffizienten messen können, berechnen wir den mittleren Aktivitätskoeffizienten, um einen Ausdruck zu erhalten, der mit den experimentellen Werten verglichen werden kann. Durch Umformung von [10.24] erhalten wir:

$$(\nu_+ + \nu_-) \ln \gamma_\pm = \nu_+ \ln \gamma_+ + \nu_- \ln \gamma_-$$

Aus [10.63] wird damit:

$$\ln \gamma_\pm = -\left(\frac{\nu_+ z_+^2 + \nu_- z_-^2}{\nu_+ + \nu_-}\right) \cdot \frac{e^2 b}{8\pi \varepsilon_0 \varepsilon kT}$$

Es ist $|\nu_+ z_+| = |\nu_- z_-|$; wir können daher schreiben:

$$\ln \gamma_\pm = -|z_+ z_-| \cdot \left(\frac{e^2 b}{8\pi \varepsilon_0 \varepsilon kT}\right) \qquad [10.65]$$

Für die verschiedenen Elektrolyten ergeben sich die folgenden Valenzfaktoren:

Salzart	Beispiel	Ionenladungen	Valenzfaktor $|z_+ z_-|$
1,1	NaCl	$z_+ = 1, z_- = -1$	1
1,2	MgCl$_2$	$z_+ = 2, z_- = -1$	2
1,3	LaCl$_3$	$z_+ = 3, z_- = -1$	3
2,2	MgSO$_4$	$z_+ = 2, z_- = -2$	4
2,3	Fe$_2$(SO$_4$)$_3$	$z_+ = 3, z_- = -2$	6

Wir wollen nun den natürlichen Logarithmus in [10.65] in einen dekadischen verwandeln und die Werte für die Naturkonstanten einführen. Wenn wir für e den Wert von $1{,}602 \cdot 10^{-19}$ C wählen, dann ist $R = 8{,}314$ J K^{-1} mol^{-1}. Hiermit erhalten wir das DEBYE-HÜCKELsche Grenzgesetz für den Aktivitätskoeffizienten:

$$\log \gamma_\pm = -1{,}825 \cdot 10^6 |z_+ z_-| \cdot \left(\frac{I \cdot \varrho_0}{\varepsilon^3 T^3}\right)^{1/2} = -A |z_+ z_-| I^{1/2} \qquad [10.66]$$

Für Wasser bei 298 K ist $\varepsilon = 78{,}54$ und $\varrho_0 = 0{,}997$ kg · dm^{-3}; hiermit wird:

$$\log \gamma_\pm = -0{,}509 |z_+ z_-| \cdot I^{1/2} \qquad [10.67]$$

Aufgrund der zuvor gemachten Annahmen gilt diese Beziehung nicht für konzentrierte Lösungen. Es ist jedoch zu erwarten, daß sie bei zunehmender Verdünnung der Lösungen die experimentellen Werte immer genauer wiedergibt. Diese Erwartung ließ sich durch zahlreiche Messungen bestätigen, so daß wir heute annehmen können, daß die DEBYE-HÜCKELsche Theorie das Verhalten sehr verdünnter Lösungen genau wiedergibt. In Abb. 10.11 sind als Beispiele einige experimentell bestimmte Aktivitätskoeffizienten gegen die Quadratwurzel der Ionenstärke abgetragen. Diese Werte wurden aus der Löslichkeit schwerlöslicher Komplexsalze in Gegenwart zugesetzter Salze wie $NaCl$, $BaCl_2$ und KNO_3 erhalten. Die geraden Linien entsprechen den theoretischen Geraden, die vom DEBYE-HÜCKELschen Grenzgesetz vorhergesagt werden. Aus der Neigung der Geraden folgt, daß die theoretische Beziehung bei niederen Ionenstärken streng

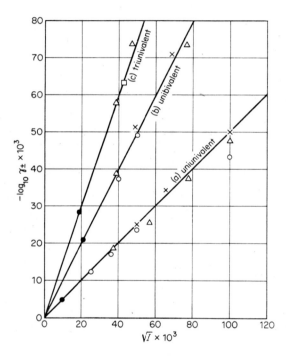

Abb. 10.11 Aktivitätskoeffizienten schwerlöslicher Salze in Salzlösungen [nach BRÖNSTED und LA MER, *J. Am. Chem. Soc.* 46 (1924) 555].

erfüllt wird. Das DEBYE-HÜCKELsche Gesetz läßt sich auch durch die Messung der Aktivitätskoeffizienten für einen bestimmten Elektrolyten in Lösemitteln mit verschiedenen Dielektrizitätskonstanten nachprüfen; auch solche Untersuchungen bewiesen die Gültigkeit des Gesetzes bei verdünnten Lösungen.

Die DEBYE-HÜCKELsche Theorie ist in vieler Hinsicht interessant, obwohl sie nur bei stark verdünnten Lösungen quantitative Ergebnisse liefert. Die Theorie wurde mittlerweile beträchtlich verbessert durch die Theorie der Ionenassoziation (Abschnitt 10-25). Die allgemeine statistische mechanische Theorie der konzentrierten Ionenlösungen bleibt wie die allgemeine Theorie des flüssigen Zustandes eine der stärksten Herausforderungen für zukünftige Generationen theoretischer Chemiker.

24. Theorie der Leitfähigkeit

Die Theorie der zwischenionischen Anziehungskräfte wurde von DEBYE und HÜCKEL auch auf die elektrolytische Leitfähigkeit von Lösungen angewandt. Eine verbesserte Theorie für Punktladungen wurde von LARS ONSAGER schon 1928 gegeben und später (1955) durch FUOSS und ONSAGER auf geladene Kugeln erweitert. Die Berechnung der elektrolytischen Leitfähigkeit ist ein schwieriges Problem, und wir müssen uns deshalb mit einer qualitativen Diskussion begnügen.

Ein Ion bewegt sich unter dem Einfluß eines elektrischen Feldes nicht in einer geraden Linie durch eine Lösung, sondern in aufeinanderfolgenden Zickzackschritten ähnlich jenen der BROWNschen Bewegung. Die stetige Wirkung der Potentialdifferenz sorgt dafür, daß sich die Ionen im Durchschnitt in der Feldrichtung vorwärts bewegen.

Entgegengesetzt gerichtet der elektrischen Kraft am Zentralion ist vor allem der Reibungswiderstand des Lösemittels. Obwohl das Lösemittel kein kontinuierliches Medium darstellt, wird das STOKESsche Gesetz zur Abschätzung dieses Effektes benützt. Es ist $F = 6\pi\eta a v$; hierin bedeuten η die Viskosität des Mediums, a den Ionenradius und v die Geschwindigkeit der Ionen in Feldrichtung. Da die Lösemittelmolekeln und die Ionen etwa dieselbe Größe besitzen, ist es recht wahrscheinlich, daß das Ion von einem »Loch« zum anderen in der Lösung hüpft und sich dadurch voran bewegt.

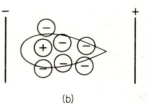

Abb. 10.12 **(a)** Ionenwolke eines ruhenden Zentralions. **(b)** Asymmetrische Ionenwolke um ein sich bewegendes Ion herum.

Zusätzlich zu diesem *Viskositätseffekt* müssen wir zwei wichtige elektrische Effekte betrachten. Abb. 10.12a zeigt schematisch ein ruhendes Ion, das von einer Ionenwolke mit entgegengesetzter Ladung umgeben ist. Wenn das Ion in eine neue Position springt, dann versucht es, seine entgegengesetzt geladene Aura mitzuziehen. Die Ionenwolke besitzt jedoch eine gewisse Trägheit; bis sie sich in der jeweils neuen Lage wieder um das Zentralion herum gebildet hat, vergeht eine gewisse Zeit, die *Relaxationszeit der Ionenwolke*. Die Ionenwolke um ein sich bewegendes Zentralion herum ist asymmetrisch (Abb. 10.12b): Hinter dem sich bewegenden Zentralion sammeln sich Ionen der entgegengesetzten Ladung an, die wie eine elektrostatische Bremse wirken und die Ionengeschwindigkeit in der Feldrichtung verringern. Diese Bremswirkung nennt man den *Relaxations-* oder *Asymmetrieeffekt*. Der Einfluß dieses Effektes nimmt mit steigender Ionenkonzentration zu.

Die Beweglichkeit der Ionen wird noch durch einen zweiten Effekt elektrischer Natur verringert; man nennt ihn den *elektrophoretischen Effekt*. Die Bewegungen der Ionen unter dem Einfluß des elektrischen Feldes sind gegenläufig; wenn wir ein bestimmtes Zentralion betrachten, dann bewegt sich seine Ionenwolke in entgegengesetzter Richtung (die Ionenwolke wird ständig abgebaut und wieder ergänzt). Da die Ionen solvatisiert sind, schleppen sie ihre Solvathülle mit sich. Wenn wir also wieder ein bestimmtes Zentralion betrachten, dann muß es gegen einen Strom von Lösemittelmolekeln ankämpfen, die von der Ionenwolke in entgegengesetzter Richtung transportiert werden; das Zentralion schwimmt also gewissermaßen stromaufwärts.

Den stetigen Bewegungszustand eines Ions kann man durch Gleichsetzen der treibenden elektrischen Kraft einerseits und der Summe der Reibungs-, Asymmetrie- und elektrophoretischen Kräfte erhalten. ONSAGER berechnete jeden dieser Terme und erhielt hierbei eine theoretische Gleichung für die molare Grenzleitfähigkeit in verdünnten Lösungen:

$$\Lambda = \Lambda_0 - (A\Lambda_0 + B)\, c^{1/2} = \Lambda_0 - S c^{1/2} \qquad [10.68]$$

Diese Gleichung enthält einen empirischen Parameter $\Lambda_0(T)$; in den Konstanten A und B stecken die Viskosität η und die Dielektrizitätskonstante ε des Lösemittels, der Ladungstyp des Elektrolyten, die Temperatur sowie Naturkonstanten. Für einen 1,1-Elektrolyten erhält [10.68] die folgende Form:

$$\Lambda = \Lambda_0 - \left(\frac{8{,}204 \cdot 10^5}{(\varepsilon T)^{3/2}} \Lambda_0 + \frac{82{,}50}{(\varepsilon T)^{1/2} \eta}\right) \cdot c^{1/2} \qquad [10.69]$$

In diesen Gleichungen bedeutet c die Konzentration des dissoziierten Elektrolyten in $\text{mol} \cdot \text{dm}^{-3}$. Wenn die Dissoziation nicht vollständig ist, dann muß die Ionenkonzentration aus dem Dissoziationsgrad α berechnet werden. Genaugenommen liefert uns die ONSAGERsche Theorie lediglich die Steigung S der Leitfähigkeitskurve bei Annäherung an unendliche Verdünnung. Theorie und Experiment stimmen in der Tat sehr gut überein für salzartige Elektrolyte in Lösemitteln verschiedener Dielektrizitätskonstanten und bei verschiedenen Temperaturen. Die Theorie versagt jedoch bei der Berechnung von Leitfähigkeiten für Lösungen von 1,1-wertigen Elektrolyten mit einer Konzentration $> 10^{-3}\, m$; bei Elektrolyten mit höheren Ladungszahlen beginnen die Abweichungen von der Theorie bei noch niedrigeren Konzentrationen.

25. Ionenassoziation

Bei der Ableitung der Theorie starker Elektrolyte war vorausgesetzt worden, daß starke Elektrolyte völlig dissoziiert sind. Man hat sich sehr an diese Vorstellung gewöhnt und vergißt leicht, daß es nach wie vor schwierig ist, eine definitive Antwort auf die Frage zu erhalten: Was ist der Dissoziationsgrad eines Elektrolyten in Lösungen? Keine Schwierigkeit haben wir bei der *homolytischen Spaltung* irgendwelcher Gase. Wenn eine N_2O_4-Molekel in zwei NO_2-Molekeln dissoziiert, dann existiert eine bestimmte NO_2-Molekel hinreichend lange (unter bestimmten Versuchsbedingungen einige Sekunden), bevor sie mit einer anderen NO_2-Molekel dimerisiert. Während dieser Zeit wandert die NO_2-Molekel kilometerlang auf ihrem Zickzackweg durch das System und erleidet zahllose Zusammenstöße. Während des weitaus größten Teiles dieser Zeit ist sie entweder eindeutig monomer oder eindeutig dimer. Alle makroskopischen Messungen am Gas (Dichte, Absorptionsspektren, Wärmekapazität usw.) liefern denselben Wert für den Dissoziationsgrad.

Wenn wir statt dessen Molekeln wie HNO_3 und ihre wäßrige Lösung betrachten, dann ergeben sich zwei neue Aspekte. Die *heterolytische Dissoziation* der Molekel unter Bildung eines solvatisierten Protons und des Nitratanions erfordert die Trennung entgegengesetzt geladener Ionen. Die elektrostatische Anziehungskraft zwischen diesen beiden Ionen nimmt im Vergleich zu anderen Anziehungskräften mit zunehmendem Abstand relativ langsam ab, so daß zwischen den beiden Ionen auch dann noch irgendeine Art von Assoziation besteht, wenn sie schon um mehrere Molekeldurchmesser voneinander getrennt sind. Außerdem sind die Dissoziations- und Assoziationsgeschwindigkeiten für gelöste Elektrolyte außerordentlich hoch. So kann die mittlere Lebenszeit eines Komplexes oder eines Ions in der Größenordnung von 10^{-10} s liegen im Vergleich zur Größenordnung von 1 s bei molekularen Gasreaktionen. Innerhalb von 10^{-10} s können sich nur wenige Ionen wirklich »freischwimmen«; am wahrscheinlichsten ist es, daß sich Ionenpaare gleich nach ihrer Trennung wieder vereinigen. Es kann daher sehr wohl sein, daß man mit verschiedenen Methoden verschiedene Dissoziationsgrade der Salpetersäure mißt. So findet man z. B. in den Ramanspektren konzentrierterer Lösungen Linien sowohl für HNO_3 als auch für NO_3^-. So kann man aus den Intensitäten dieser Linien einen Dissoziationsgrad berechnen[5]; dieser unterscheidet sich aber von den Werten, die man aus osmotischen oder Leitfähigkeitsdaten erhält.

Die Röntgenbeugungsdiagramme konzentrierter Elektrolytlösungen können uns eine direkte Information über die ionische Assoziation liefern. Abb. 10.13 zeigt uns einige Ergebnisse, die an einer konzentrierten Lösung von Erbiumchlorid gewonnen wurden.

Um das Er^{3+}-Ion befindet sich eine recht stabile oktaedrische Anordnung von H_2O-Molekeln zusammen mit zwei zum Er^{3+}-Ion koaxialen Cl^--Ionen; in Lösung existiert also ein recht beständiger solvatisierter $Er^{3+}(Cl^-)_2$-Komplex.

Die *Assoziationstheorie der Ionen* für konzentriertere Lösungen wurde unabhängig von N. BJERRUM sowie von R. M. FUOSS und C. KRAUS entwickelt. Diese Autoren nehmen an, daß in Lösung definierte Ionenpaare existieren, die durch elektrostatische Anziehungskräfte zusammengehalten werden. Diese Paare bleiben natürlich nicht auf »Lebenszeit« beieinander, vielmehr findet von Zeit zu Zeit ein Partnerwechsel statt. Eine solche Paarbildung wird um so mehr begünstigt, je niedriger die Dielektrizitätskonstante des Lösemittels und je kleiner die Ionenradien sind (Erhöhung der elektrostatischen Anziehung).

---

[5] Für die Dissoziationskonstante der Salpetersäure

$$K_a = \frac{a_H^+ \cdot a_{NO_3^-}}{a_{HNO_3}}$$

erhält man aus Spektraldaten bei 298 K einen Wert von 21,4 [O. REDLICH, *Chem. Rev. 39* (1946) 333].

Der Assoziationsgrad kann auch in einem Lösemittel mit großer Dielektrizitätskonstante recht beachtlich sein. So hat BJERRUM für einmolare wäßrige Lösungen 1,1-wertiger Ionen mit einem Durchmesser von 0,282 nm einen Assoziationsgrad von 0,138 gefunden (13,8% der Ionen sind assoziiert); bei Ionen mit einem Durchmesser von 0,176 nm steigt unter denselben Bedingungen der Assoziationsgrad auf 0,286. Durch eine solche Assoziation zu Ionenpaaren erniedrigt sich der Wert für die ionischen Aktivitätskoeffizienten drastisch.

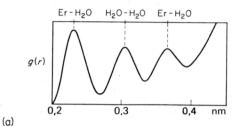
(a)

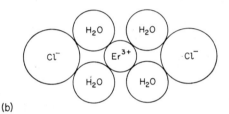
(b)

Abb. 10.13 Messung der Röntgenbeugung an einer konzentrierten ErCl$_3$-Lösung. (a) Radiale Verteilungskurve (s. Abschnitt 17-3). (b) Ebenes Modell eines gelösten Er^{3+}-Ions mit seiner unmittelbaren Umgebung. Sowohl oberhalb als auch unterhalb des Er^{3+}-Ions befinden sich H$_2$O-Molekeln, so daß ein oktaedrischer Komplex entsteht.

Das Versagen der ONSAGERschen Leitfähigkeitsgleichung für verdünnte Lösungen von Salzen mit multivalenten Ionen muß als Evidenz für eine beträchtliche Ionenassoziation angesehen werden; man kann sogar quantitative Assoziationskonstanten aus Leitfähigkeitsdaten bekommen. Wenn wir annehmen, daß ein Ionenpaar nicht zur elektrolytischen Leitfähigkeit beiträgt, dann können wir [10.68] in folgender Form schreiben:

$$\Lambda = \alpha \left[\Lambda_0 - S\left(\alpha |z| c\right)\right]^{1/2} \qquad [10.70]$$

Hierin bedeutet α den Bruchteil an freien Ionen der Ladung z bei der Konzentration c. Für die Dissoziationskonstante eines 2,2-wertigen Salzes

$$MA \rightleftharpoons M^{2+} + A^{2-}$$

gilt

$$K = \frac{\gamma_\pm^2 \cdot \alpha^2 \cdot c}{1 - \alpha} \qquad [10.71]$$

Als Beispiel wollen wir das von DAVIES untersuchte Magnesiumsulfat betrachten. Tab. 10.8 zeigt die bei verschiedenen Konzentrationen gemessenen Werte für Λ.

Für den nach [10.70] bestimmten Dissoziationsgrad für ein 2,2-wertiges Salz gilt:

$$\alpha = \frac{\Lambda}{133{,}06 - 343{,}1\,(\alpha c)^{1/2}}$$

Die hiernach berechneten Werte für α zeigt die dritte Spalte. In der letzten finden wir die Werte für pK', wenn K' die Gleichgewichtskonstante nach [10.71] darstellt (ohne die Korrektur durch das Quadrat des Aktivitätskoeffizienten; pK = $-\log K$). Selbst in so verdünnten Lösungen ist offensichtlich eine beträchtliche Assoziation der Ionen zu beobachten.

$c \cdot 10^4$ (mol·dm^{-3})	Λ ($\Omega^{-1}\cdot$cm$^2\cdot$val^{-1})	α	pK'
1,6196	127,31	0,9891	2,141
3,2672	124,27	0,9791	2,125
5,3847	121,34	0,9689	2,090
8,5946	117,85	0,9563	2,046
12,011	114,92	0,9459	2,003
16,759	111,61	0,9339	1,956

Tab. 10.8 Ionenassoziation in wäßrigen MgSO$_4$-Lösungen bei 298,15 K aus Leitfähigkeitsdaten

Die Ionenassoziation ist ein grundlegender Faktor, den wir bei allen Untersuchungen an wäßrigen Lösungen von Elektrolyten in Betracht ziehen müssen. Dies gilt noch mehr für Lösemittel mit kleinerer Dielektrizitätskonstante. Viele spezifische Faktoren wie z.B. die Ionengröße, die Polarisierbarkeit und der Einfluß von Ionen auf die Wasserstruktur müssen unter Berücksichtigung der pK-Werte für die Ionenassoziation diskutiert werden. Es wäre also gleichermaßen falsch wie bequem, all diese spezifischen Ioneneffekte durch die Ionenstärke erklären zu wollen.

In konzentrierteren Lösungen finden wir eine Konzentrationsabhängigkeit der molaren Leitfähigkeit ähnlich der, die Abb. 10.14 für das Nitrat einer quartären

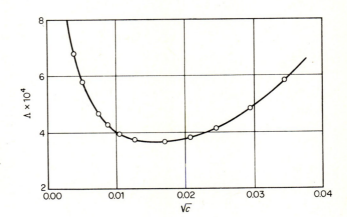

Abb. 10.14 Molare Leitfähigkeit von Tetraisoamylammoniumnitrat in wäßrigem Dioxan.

Ammoniumbase zeigt. Das in solchen Kurven auftretende Minimum läßt sich durch die Theorie der Ionenassoziation erklären. Da die Ionenpaare insgesamt elektrisch neutral sind, tragen sie nicht zur molaren Leitfähigkeit bei; diese nimmt also mit zunehmender Bildung von Ionenpaaren ab. Bei noch höheren Konzentrationen bilden sich durch Anlagerung eines Kations oder Anions an schon bestehende Ionenpaare Tripelionen der folgenden Art: $(+-+)$ oder $(-+-)$. Da diese Dreifachassoziate eine positive oder negative Überschußladung besitzen, tragen sie zur molaren Leitfähigkeit bei; diese steigt daher allmählich wieder an.

26. Effekte hoher Feldstärken in Elektrolytlösungen

Das OHMsche Gesetz kann in folgender Weise geschrieben werden:

$$i = \varkappa E \qquad [10.72]$$

Hierin ist i die Stromdichte in $A \cdot cm^{-2}$, $\varkappa$ die spezifische Leitfähigkeit und E die elektrische Feldstärke. Dieses Gesetz impliziert, daß $\varkappa$ eine Konstante ist und nicht von der Größe des elektrischen Felds E abhängt. Die früheren Messungen, die die Gültigkeit des OHMschen Gesetzes für Elektrolyte bestätigten, wurden bei kleinen Feldstärken durchgeführt. WIEN zeigte dann 1927, daß Abweichungen vom Ohmschen Gesetz [10.72] bei Feldstärken in der Größenordnung von $10^7\,V\,m^{-1}$ zu beobachten sind. Einige dieser Meßergebnisse zeigt Abb. 10.15a am Beispiel des $MgSO_4$.

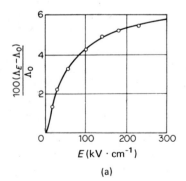

Abb. 10.15a Erster WIEN-Effekt; Einfluß der elektrischen Feldstärke auf die Leitfähigkeit von $MgSO_4$-Lösungen.

Ein solcher Feldstärkeeffekt kann leicht durch das Modell aus Zentralion mit Ionenatmosphäre (Abb. 10.12) erklärt werden. Die Bewegung eines bestimmten Ions durch die Lösung folgt einem Zickzackweg ähnlich dem einer BROWNschen Bewegung, der jedoch eine Geschwindigkeitskomponente in Richtung des angelegten Feldes überlagert ist. Nach jedem kleinen Sprung des Zentralions muß sich die Ionenwolke wieder ordnen; mit diesem Vorgang ist eine charakteristische Relaxationszeit in der Größenordnung von $(10^{-10}/cz)\,s$ verknüpft (25 °C, c in $mol \cdot dm^{-3}$). Wenn das elektrische Feld hinreichend hoch ist, dann wird die Geschwindigkeitskomponente in Feldrichtung immer größer und übertrifft endlich die statistischen thermischen Geschwindigkeitskomponenten beträchtlich. Die Ionenwolke hängt also immer mehr zurück und kann sich endlich nicht mehr ausbilden: Das Zentralion wird aus seiner Ionenwolke gerissen. Dies gilt selbstverständlich für alle Ionen im System. Auf diese Weise verschwindet der Einfluß des Relaxations- und des elektrophoretischen Effektes auf die Ionenbeweglichkeit; die beobachtete Leitfähigkeit $\varkappa$ steigt also stärker an, als nach dem OHMschen Gesetz möglich wäre.

Ein zweiter Effekt hoher Feldstärke, die *Felddissoziation*, wurde ebenfalls von WIEN entdeckt. Hierunter versteht man die Zunahme des Dissoziationsgrades eines schwachen Elektrolyten in einem starken elektrischen Feld. Abb. 10.15b zeigt diesen Effekt am Beispiel der Essigsäure. Eine von ONSAGER 1934 durch-

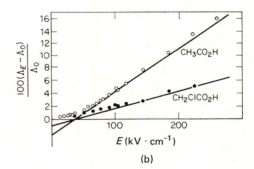

Abb. 10.15b Zweiter WIEN-Effekt; Einfluß der elektrischen Feldstärke auf die Dissoziation schwacher Elektrolyte.

geführte theoretische Analyse wurde später (1968) von BASS erweitert und vereinfacht. Es wird angenommen, daß die Dissoziation eines schwachen Elektrolyten in zwei Stufen stattfindet, nämlich dem Aufbrechen der kovalenten Bindung unter Bildung eines BJERRUMschen Ionenpaares, gefolgt von einer Trennung dieses Ionenpaares. Dies läßt sich für die Essigsäure folgendermaßen formulieren:

$$CH_3COOH \rightleftharpoons CH_3COO^-H^+ \rightleftharpoons CH_3COO^- + H^+$$

Eine hohe Feldstärke wird erst beim zweiten Schritt wirksam. ONSAGER fand nun die folgende Beziehung für das Verhältnis der Dissoziationskonstanten eines schwachen 1,1-Elektrolyten einmal in Gegenwart und das andere Mal in Abwesenheit eines starken elektrischen Feldes:

$$\frac{K_E}{K_0} = (2/\pi)^{1/2} \cdot (8b)^{-3/4} \cdot \exp(8b)^{1/2}$$

Hierin ist

$$b = \frac{e^3 \cdot |E|}{8\pi \varepsilon_0 \varepsilon k^2 T^2} \qquad [10.73]$$

Dieses Ergebnis ist insofern besonders interessant, als es einen nichtlinearen Feldeffekt auf die Dissoziationskonstante vorhersagt. Dies könnte die Grundlage wichtiger physiologischer Mechanismen sein, so z.B. der Auslösung elektrischer Impulse in Nervenfasern. Obwohl die Potentialdifferenz an einer ruhenden Nervenmembran nur etwa $7 \cdot 10^{-2}$ V beträgt, kann wegen der äußerst geringen Dicke der Membran von etwa $7 \cdot 10^{-7}$ cm die effektive elektrische Feldstärke in der Größenordnung von 10^5 V cm^{-1} liegen; eine solche Feldstärke ist aber hinreichend groß für die Auslösung des WIENschen Dissoziationseffekts in den Bestandteilen der Membran. Es wäre wirklich überraschend, wenn es sich erweisen würde, daß dieses esoterische elektrochemische Phänomen die Grundlage der Nervenleitung darstellte.

27. Kinetik der Ionenreaktionen

Wir haben gesehen, daß elektrostatische Kräfte zwischen Ionen bestimmte Eigenschaften wie die Aktivitätskoeffizienten und Leitfähigkeiten in ionischen Lösungen stark beeinflussen. Es zeigt sich nun, daß diese Kräfte auch die Geschwindigkeitskonstanten bei Ionenreaktionen beeinflussen. Es ist zu erwarten, daß Reaktionen zwischen Ionen mit demselben Ladungsvorzeichen sehr viel langsamer sind als solche zwischen Ionen entgegengesetzter Ladung. Die Geschwindigkeit vergleichbarer Reaktionen zwischen ungeladenen Spezies oder zwischen Molekeln und Ionen müßten zwischen diesen beiden Extremen liegen. Bei Ionenreaktionen müßte aber auch die Dielektrizitätskonstante des Mediums eine große Rolle spielen, da mit abnehmendem ε die elektrostatischen Kräfte zwischen den Ionen zunehmen.

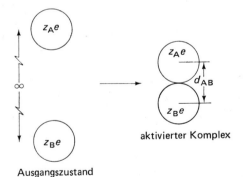

Abb. 10.16 Einfaches Modell für eine Reaktion zwischen zwei Ionen der Ladung $z_A e$ und $z_B e$ in einem Medium der Dielektrizitätskonstanten ε (*Zweikugelmodell*).

Ein einfaches theoretisches Modell (Abb. 10.16) erlaubt uns die Abschätzung der Größe einiger dieser elektrostatischen Effekte. Für die elektrostatische Kraft zwischen zwei Ionen mit den Ladungen $z_A e$ und $z_B e$, die sich in einem Abstand r voneinander befinden, gilt:

$$F = \frac{z_A z_B e^2}{4\pi \varepsilon_0 \varepsilon r^2}$$

Um diesen Abstand um eine Strecke dr zu verringern, müssen wir die folgende Arbeit aufwenden:

$$dw = \frac{-z_A z_B e^2}{4\pi\varepsilon_0 \varepsilon r^2} dr$$

Um die zwei Ionen aus unendlicher Entfernung auf ihren Kollisionsabstand (Stoßdurchmesser) d_{AB} zu bringen, müssen wir den folgenden Betrag an elektrostatischer Arbeit aufwenden:

$$w = -\int_\infty^{d_{AB}} \frac{z_A z_B e^2 \, dr}{4\pi\varepsilon_0 \varepsilon r^2} = \frac{z_A z_B e^2}{4\pi\varepsilon_0 \varepsilon d_{AB}} \qquad [10.74]$$

Um den Einfluß dieses Terms auf die Geschwindigkeitskonstante zu berechnen, benützen wir den Ausdruck [9.71] für die Geschwindigkeitskonstante aus der Theorie des Übergangszustandes:

$$k_2 = \frac{kT}{h} e^{-\Delta G^{\ddagger}/RT}$$

Die freie Aktivierungsenergie $\Delta G^{\ddagger}$ können wir nun auffassen als die Summe aus einem nichtelektrostatischen und einem elektrostatischen Anteil, wobei der letztere durch [10.74] gegeben ist. Es ist also:

$$\Delta G^{\ddagger} = \Delta G_0^{\ddagger} + \Delta G_E^{\ddagger} = \Delta G_0^{\ddagger} + \frac{z_A z_B e^2 L}{4\pi\varepsilon_0 \varepsilon d_{AB}}$$

Wenn wir diesen Ausdruck für $\Delta G^{\ddagger}$ in [9.71] einsetzen und anschließend logarithmieren, dann erhalten wir:

$$\ln k_2 = \ln k_0 - \frac{z_A z_B e^2}{4\pi\varepsilon_0 \varepsilon kT} \qquad [10.75]$$

Nach dieser Beziehung sollte $\ln k_2$ eine lineare Funktion von $1/\varepsilon$ sein, wenn wir die Geschwindigkeiten derselben Reaktion in einer Reihe von Lösemitteln mit unterschiedlichem ε bestimmen. Die experimentellen Befunde stehen in guter Übereinstimmung mit dieser Vorhersage; erst bei kleinen Werten von ε tritt Ionenassoziation auf und führt zu einer Abweichung von diesem Gesetz.

28. Der Einfluß von Salzen auf die Kinetik von Ionenreaktionen

Lange vor der Aufstellung der Debye-Hückelschen Theorie leistete J. N. Brønsted Pionierarbeit über Salzeffekte bei Ionenreaktionen. Diese Untersuchungen stellen eine der frühesten Anwendungen der Hypothese eines aktivierten Komplexes auf die quantitative Interpretation von Reaktionsgeschwindigkeiten dar. Wir selbst wollen das Problem nach der Übergangstheorie formulieren.
Wir betrachten eine Reaktion zwischen zwei Ionen A^{z_A} und B^{z_B}; hierin sind z_A und z_B die Ionenladungen. Diese Reaktion soll über einen aktivierten Kom-

plex $(AB)^{z_A + z_B}$ verlaufen:

$$A^{z_A} + B^{z_B} \to (AB)^{z_A + z_B} \to \text{Produkte}$$

Ein Beispiel hierfür ist die folgende Reaktion:

$$Fe^{3+} + J^- \to (FeJ)^{2+} \to Fe^{2+} + \frac{1}{2} J_2$$

Von diesem Komplex wird angenommen, daß er im Gleichgewicht mit den reagierenden Stoffen steht. Da wir es hier jedoch mit Ionen zu tun haben, müssen wir die Gleichgewichtskonstante durch Aktivitäten ausdrücken:

$$K^{\ddagger} = \frac{a^{\ddagger}}{a_A a_B} = \frac{c^{\ddagger}}{c_A c_B} \cdot \frac{\gamma^{\ddagger}}{\gamma_A \gamma_B}$$

Hierin bedeuten a und γ die Aktivitäten und die Aktivitätskoeffizienten der verschiedenen Reaktionsteilnehmer. Für die Konzentration des aktivierten Komplexes gilt: $c^{\ddagger} = c_A c_B K^{\ddagger} \cdot (\gamma_A \gamma_B)/\gamma^{\ddagger}$. Nach [9.63] und [9.69] gilt für die Reaktionsgeschwindigkeit $-(dc_A/dt) = k_2 c_A c_B = (kT/h) c^{\ddagger}$. Für unseren Fall gilt daher:

$$k_2 = \frac{kT}{h} K^{\ddagger} \frac{\gamma_A \gamma_B}{\gamma^{\ddagger}} = \frac{kT}{h} \cdot \frac{\gamma_A \gamma_B}{\gamma^{\ddagger}} e^{\Delta S^{\ddagger}/R} \cdot e^{-\Delta H^{\ddagger}/RT} \qquad [10.76]$$

Die Terme mit den Aktivitätskoeffizienten lassen sich bei verdünnten Lösungen nach der DEBYE-HÜCKELschen Theorie bestimmen. Für eine wäßrige Lösung bei 298 K gilt nach [10.67] $\log \gamma_i = -0{,}509 z_i^2 I^{1/2}$. Wenn wir [10.76] dekadisch logarithmieren und die DEBYE-HÜCKELschen Ausdrücke für die Aktivitätskoeffizienten einsetzen, dann erhalten wir:

$$\log k_2 = \log \frac{kT}{h} K^{\ddagger} + \log \frac{\gamma_A \gamma_B}{\gamma^{\ddagger}}$$
$$= B + [-0{,}509 z_A^2 - 0{,}509 z_B^2 + 0{,}509 (z_A + z_B)^2] I^{1/2}$$
$$= B + 1{,}018 z_A z_B I^{1/2} \qquad [10.77]$$

Hierin ist

$$B = \log \left(\frac{kT}{h}\right) K^{\ddagger}$$

Die BRØNSTEDsche Gleichung [10.77] sagt voraus, daß $\log k_2$ proportional der Quadratwurzel der Ionenstärke ist. Für eine wäßrige Lösung bei 298 K ist die Steigung dieser Geraden nahezu gleich $z_A z_B$, also gleich dem Produkt der Ionenladungen. Wir können uns nun drei besondere Fälle vorstellen:

1. Wenn z_A und z_B dasselbe Vorzeichen haben, dann ist $z_A z_B$ positiv, und die Geschwindigkeitskonstante nimmt mit der Ionenstärke zu.
2. Wenn z_A und z_B verschiedene Vorzeichen haben, dann ist $z_A z_B$ negativ, und die Geschwindigkeitskonstante nimmt mit der Ionenstärke ab.
3. Wenn einer der Reaktionsteilnehmer ungeladen ist, dann ist $z_A z_B$ null, und die Geschwindigkeitskonstante ist unabhängig von der Ionenstärke.

Diese theoretischen Schlußfolgerungen ließen sich durch eine Anzahl von Experimenten bestätigen. Einige Beispiele zeigt Abb. 10.17. Die Änderung von k_2 mit I nennt man den *primären kinetischen Salzeffekt*. Die Ionenstärke I berechnen wir aus $\frac{1}{2}\Sigma m_i z_i^2$; die Summierung erstreckt sich dabei über alle Ionenarten in der Lösung, also nicht nur auf die reagierenden Ionen.

Noch frühere Arbeiten über Ionenreaktionen sind von geringem Wert, da die Ursachen für den Salzeffekt nicht verstanden wurden. Um zuverlässige Werte bei Ionenreaktionen zu bekommen, setzt man heute dem reagierenden System oft

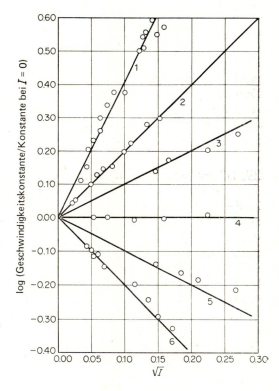

Abb. 10.17
Abhängigkeit der Geschwindigkeitskonstante von der Ionenstärke im System. Die Kreise geben die experimentellen Werte wieder, die Geraden wurden nach [10.77] berechnet.

(1) $2[\mathrm{Co(NH_3)_5Br}]^{2+} + \mathrm{Hg}^{2+} + 2\mathrm{H_2O} \rightarrow 2[\mathrm{Co(NH_3)_5H_2O}]^{3+} + \mathrm{HgBr_2}$
(2) $\mathrm{S_2O_8^{2-}} + 2\mathrm{J}^- \rightarrow \mathrm{J_2} + 2\mathrm{SO_4^{2-}}$
(3) $[\mathrm{NO_2NCOOC_2H_5}]^- + \mathrm{OH}^- \rightarrow \mathrm{N_2O} + \mathrm{CO_3^{2-}} + \mathrm{C_2H_5OH}$
(4) Rohrzuckerinversion
(5) $\mathrm{H_2O_2} + 2\mathrm{H}^+ + 2\mathrm{Br}^- \rightarrow 2\mathrm{H_2O} + \mathrm{Br_2}$
(6) $[\mathrm{Co(NH_3)_5Br}]^{2+} + \mathrm{OH}^- \rightarrow [\mathrm{Co(NH_3)_5OH}]^{2+} + \mathrm{Br}^-$

einen beträchtlichen Überschuß eines inerten Salzes, z.B. NaCl, zu. Auf diese Weise ist die Ionenstärke im System während der gesamten Reaktion praktisch konstant. Enthält das System lediglich die reagierenden Ionen, dann ändert sich während der Reaktion die Ionenstärke meist beträchtlich; im selben Maße ändert sich auch die Geschwindigkeits-»Konstante«.

Die Brønstedsche Gleichung wurde durch zahlreiche Experimente bestätigt. Einige Beispiele zeigt Abb. 10.17.

Hierbei müssen wir uns jedoch darüber im klaren sein, daß die Brønstedsche Gleichung bei Konzentrationen nicht mehr erfüllt sein kann, die wesentlich über dem Geltungsbereich der Debye-Hückel-Theorie liegen. So ist es in konzentrierteren Lösungen nicht möglich, alle Salzeffekte in einem einfachen Faktor für die Ionenstärke zusammenzufassen. Bei höheren Konzentrationen treten spezifische Wechselwirkungen zwischen den Ionen auf und beeinflussen die Reaktionsgeschwindigkeiten. So gehorcht z.B. die Größe des Salzeffektes bei der folgenden Reaktion

$$S_2O_8^{2-} + 2J^- \rightarrow 2SO_4^{2-} + J_2$$

für ein gegebenes System der Brønstedschen Gleichung. Er ist aber stark abhängig von der Art des Kations, wobei der Effekt mit der Größe des Kations abnimmt: $Cs > Rb > K > Na > Li$. Experimentelle Ergebnisse weisen darauf hin, daß der Salzeffekt bei Reaktionen zwischen Ionen desselben Vorzeichens überwiegend durch die Konzentrationen und Ladungen jener zugesetzten Ionen bestimmt wird, deren Ladungsvorzeichen dem der reagierenden Ionen entgegengesetzt ist.

Es sei zum Schluß noch erwähnt, daß Ionenassoziationen die Geschwindigkeit von Ionenreaktionen stark beeinflussen, insbesondere, wenn multivalente Ionen zugegen sind, sei es als Reaktanden oder als scheinbar unbeteiligte »Zuschauer«.

29. Säure-Base-Katalyse (acidalkalische Katalyse)

Zu den interessantesten Beispielen für Homogenkatalyse gehören Reaktionen, die durch Säuren oder Basen katalysiert werden. Diese »acidalkalische« Katalyse ist von größter Bedeutung, da sie die Geschwindigkeiten nicht nur einer großen Zahl organischer Reaktionen, sondern auch vieler physiologischer Prozesse steuert; viele Enzyme sind Säure-Base-Katalysatoren.

Die frühesten Untersuchungen auf diesem Gebiet stammen von KIRCHHOFF (Acidolyse von Stärke zu Glucose, 1812) und THÉNARD (Zersetzung von Wasserstoffperoxid in alkalischen Lösungen, 1818). Später folgten die klassischen Untersuchungen von WILHELMY über die Inversionsgeschwindigkeit von Rohrzucker unter dem Einfluß von Säuren (1850). Die durch Säuren oder Basen katalysierte Esterhydrolyse wurde in der zweiten Hälfte des 19. Jahrhunderts eingehend studiert. Dies hatte unter anderem zur Folge, daß man die katalytische Aktivität einer Säure bei solchen Reaktionen als Maß für die Stärke der Säure benützte (ARRHENIUS und OSTWALD).

Tab. 10.9 zeigt einige der Ergebnisse von OSTWALD über die Rohrzuckerinversion und die Hydrolyse des Methylacetats. Wenn wir die verwendete Säure mit HA symbolisieren, dann verlaufen diese Reaktionen nach folgendem Schema:

$$C_{12}H_{22}O_{11} + H_2O + HA \rightarrow C_6H_{12}O_6 + C_6H_{12}O_6 + HA$$

$$CH_3COOCH_3 + H_2O + HA \rightarrow CH_3COOH + CH_3OH + HA$$

Für die Reaktionsgeschwindigkeit können wir schreiben $dx/dt = k' \cdot [CH_3COOCH_3]$ $[H_2O] [HA]$. Da das Wasser in einem großen Überschuß vorhanden ist, können wir seine Konzentration als konstant ansehen. Für die Reaktionsgeschwindigkeit gilt dann $dx/dt = k'' \cdot [HA] \cdot [CH_3COOCH_3]$. Die *katalytische Konstante* k'' von Salzsäure wurde hier willkürlich gleich 100 gesetzt. Tab. 10.9 zeigt die relativen Werte von k'' für einige andere starke und schwache Säuren.

Säure	Relative Leitfähigkeit	k'' (Ester)	k'' (Zucker)
HCl	100	100	100
HBr	101	98	111
HNO_3	99,6	92	100
H_2SO_4	65,1	73,9	73,2
CCl_3COOH	62,3	68,2	75,4
$CHCl_2COOH$	25,3	23,0	27,1
HCOOH	1,67	1,31	1,53
CH_3COOH	0,424	0,345	0,400

Tab. 10.9 Katalytische Konstanten verschiedener Säuren nach OSTWALD (HCl = 100)

OSTWALD und ARRHENIUS zeigten, daß die katalytische Konstante einer Säure proportional der Äquivalentleitfähigkeit dieser Säure ist. Sie schlossen hieraus, daß der aktive Katalysator lediglich das Wasserstoffion ist, während die Natur des Anions keine Rolle spielt. Bei anderen Reaktionen war es jedoch notwendig, den Einfluß der OH^--Ionen und ebenso die Geschwindigkeit der unkatalysierten Reaktion (k_0) in Betracht zu ziehen. Dies führte zu einer Gleichung mit drei Termen für die beobachtete Geschwindigkeitskonstante: $k_2 = k_0 + k_{H^+}[H^+] + k_{OH^-}[OH^-]$. In wäßrigen Lösungen ist $K_w = [H^+][OH^-]$; es gilt daher:

$$k_2 = k_0 + k_{H^+}[H^+] + \frac{k_{OH^-} \cdot K_w}{[H^+]} \qquad [10.78]$$

K_w hat bei Zimmertemperatur den Wert von 10^{-14}; in 0,1 n Säuren ist $[OH^-] = 10^{-13}$, in 0,1 n Basen $[OH^-] = 10^{-1}$. Wenn man von einer verdünnten Säure zu einer verdünnten Base geht, dann überspringt man rund 12 Zehnerpotenzen für $[OH^-]$ und $[H^+]$. In verdünnten Säuren können wir daher die Katalyse durch OH^- und in verdünnten Basen die Katalyse durch H^+ vernachlässigen – es sei denn, wir hätten den äußerst unwahrscheinlichen Fall, daß sich die katalytischen Konstanten für H^+ und OH^- um einen Faktor von rund 10^{10} unterschieden. Durch Messungen in sauren und basischen Lösungen können wir daher gewöhnlich die Werte für k_{H^+} und k_{OH^-} getrennt bestimmen.

Wenn $k_{H^+} = k_{OH^-}$ ist (Neutralpunkt), dann beobachteten wir ein Minimum der gesamten Reaktionsgeschwindigkeit. Ist entweder k_{H^+} oder k_{OH^-} sehr klein, dann steigen die Werte für k auf der jeweiligen Seite des Neutralpunktes praktisch nicht an. Diese und andere pH-Funktionen der Geschwindigkeitskonstanten zeigt Abb. 10.18 für verschiedene relative Werte von k_0, k_{H^+} und k_{OH^-}.

Wichtige experimentelle Beispiele für acidalkalische Katalyse sind[6]:

(a) Die Mutarotation der Glucose.
(b) Hydrolyse von Amiden, γ-Lactonen und Estern; Halogenierung von Ketonen.
(c) Hydrolyse von Alkylorthoacetaten.
(d) Hydrolyse von β-Lactonen, Zersetzung des Nitramids, Halogenierung von Nitroparaffinen.
(e) Inversion von Zuckern, Hydrolyse des Diazoessigesters und von Acetalen.
(f) Depolymerisation des Diacetonalkohols, Zersetzung des Nitrosoacetonamins.

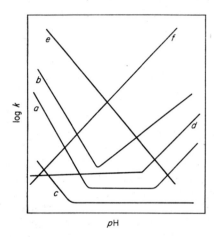

Abb. 10.18
Einfluß des pH-Wertes auf Geschwindigkeitskonstanten (acidalkalische Katalyse)

30. Allgemeine Gesichtspunkte der Säure-Base-Katalyse

Im vorhergehenden Kapitel beschäftigen wir uns mit dem unmittelbaren Einfluß der Ionenstärke auf die Geschwindigkeit von Ionenreaktionen (Salzeffekt). Es gibt nun noch einen indirekten Einfluß der Ionenstärke, der bei katalysierten Reaktionen von Bedeutung ist. In Lösungen schwacher Säuren und Basen können zugesetzte Salze, auch wenn sie kein gemeinsames Ion mit der Säure oder der Base haben, die H^+- oder OH^--Ionen-Konzentration durch ihren Einfluß auf die Aktivitätskoeffizienten ändern. Für die Dissoziation einer schwachen Säure HA gilt:

$$K = \frac{a_{H^+} a_{A^-}}{a_{HA}} = \frac{c_{H^+} c_{A^-}}{c_{HA}} \cdot \frac{\gamma_{H^+} \gamma_{A^-}}{\gamma_{HA}}$$

Irgendeine Änderung in der Ionenstärke der Lösung beeinflußt die γ-Terme und damit die Konzentration an H^+-Ionen. Wenn also irgendeine Reaktion durch H^+ oder OH^- katalysiert wird, dann hängt ihre Geschwindigkeit von der Ionenstärke der Lösung ab; dieses Phänomen nennt man den *sekundären kinetischen Salzeffekt*. Von dem primären Effekt unterscheidet er sich dadurch, daß er auf

---

[6] A. SKRABAL, *Z. Elektrochem.* **33** (1927) 322;
R. P. BELL, *Acid-Base Catalysis*, Oxford Univ. Press, New York 1941, und *The Proton in Chemistry*, Cornell Univ. Press, Ithaca 1959.

die *Geschwindigkeitskonstante* selbst keinen Einfluß hat. Voraussetzung hierfür ist natürlich, daß der Zahlenwert der Geschwindigkeitskonstante aus der wahren H^+- oder OH^--Konzentration berechnet wurde.

Die breitere Definition von Säuren und Basen nach Brønsted und Lowry impliziert, daß nicht nur H^+- oder OH^--Ionen, sondern auch die undissoziierten Säuren und Basen wirksame Katalysatoren sein sollten. Das wesentliche Merkmal der Säurekatalyse ist ja die Übertragung eines Protons von der Säure auf das Substrat. In analoger Weise ist die Basenkatalyse durch die Übertragung eines Protons vom Substrat auf die Base gekennzeichnet. In der Nomenklatur nach Brønsted-Lowry wirkt das Substrat bei der Säurekatalyse als Base oder bei der basischen Katalyse als Säure. Die Säure-Base-Katalyse könnte man also einfach als Protonkatalyse bezeichnen. In wäßriger Lösung wird das einfach hydratisierte Proton, das H_3O^+-Ion übertragen.

Als Beispiel wollen wir die Hydrolyse des Nitramids betrachten. Diese Verbindung zerfällt unter dem Einfluß basischer Katalysatoren in Wasser- und Distickstoffoxid:

$$NH_2NO_2 + OH^- \rightarrow H_2O + NHNO_2^-$$
$$NHNO_2^- \rightarrow N_2O + OH^-$$

Als Katalysatoren können nicht nur das Hydroxylion, sondern auch andere Basen wie z.B. das Acetation wirken:

$$NH_2NO_2 + CH_3COO^- \rightarrow CH_3COOH + NHNO_2^-$$
$$NHNO_2^- \rightarrow N_2O + OH^-$$
$$OH^- + CH_3COOH \rightarrow H_2O + CH_3COO^-$$

Für die in Gegenwart verschiedener Basen B gemessene Reaktionsgeschwindigkeit gilt stets $v = k_B[B] \cdot [NH_2NO_2]$. Brønsted fand die folgende Beziehung zwischen der katalytischen Konstante k_B und der Dissoziationskonstante K_b der Base:

$$k_B = CK_b^\beta \qquad [10.79]$$

oder

$$\log k_B = \log C + \beta \log K_b$$

Hierin sind C und β Konstanten, die für Basen eines bestimmten Ladungstyps charakteristisch sind. Je stärker eine Base ist, um so größer ist ihre katalytische Konstante. (Für mehrsäurige Basen muß eine Korrektur durchgeführt werden.) Abb. 10.19 zeigt, daß die für den Zerfall des Nitramids gefundenen Werte in guter Übereinstimmung mit der Brønsted-Gleichung stehen [10.79].

Die Hydrolyse des Nitramids ist ein Beispiel für die *allgemeine Basenkatalyse*. Andere Reaktionen sind charakteristisch für die *allgemeine Säurekatalyse*, die einem Gesetz analog [10.79] gehorcht: $k_A = C' K_a^\alpha$. Es gibt endlich einige Reaktionen, die im sauren und im basischen Bereich der jeweiligen Beziehung für die allgemein saure oder basische Katalyse gehorchen.

Da ein Lösemittel wie Wasser sowohl als Säure wie auch als Base reagieren kann, wirkt es oft selbst als Katalysator. Was man früher für eine unkatalysierte Reaktion hielt mit einer Geschwindigkeitskonstante k_0 wie in [10.78], ist in den

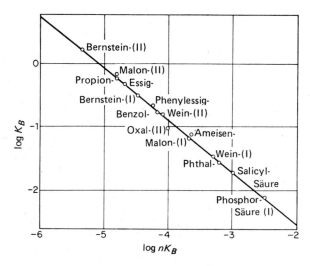

Abb. 10.19 Allgemeine Basenkatalyse des Nitramidzerfalls

meisten Fällen eine durch das Lösemittel katalysierte Reaktion, wobei dieses als Säure oder als Base wirkt.

Die Brønsted-Gleichung ist ein besonderer Fall einer allgemeineren Regel, die als die *lineare Beziehung der freien Energie* bekannt geworden ist. Diese Beziehung zeigt eine lineare Abhängigkeit der freien Aktivierungsenthalpie $\Delta G^{\neq}$ von der freien Reaktionsenthalpie $\Delta G^{\ominus}$ an. Bei einer homologen Reihe von Reaktionen können wir erwarten, daß mit zunehmender freier Enthalpie $\Delta G^{\ominus}$ der Reaktion auch die Reaktionsgeschwindigkeit, gemessen als $\Delta G^{\neq}$, zunimmt. Die Brønsted-Gleichung ist äquivalent dem folgenden Ausdruck:

$$\Delta G^{\neq} = \beta \Delta G^{\ominus} + C$$

Jede Säure-Base-Katalyse bedarf der Vermittlung sowohl einer Säure als auch einer Base. Wenn aber ein Reaktionsschritt eine Geschwindigkeitskonstante hat, die sehr viel kleiner ist als die Geschwindigkeitskonstanten der anderen Reaktionsschritte, dann kann die Kinetik der Gesamtreaktion den Eindruck einer nur durch Säure oder nur durch Base katalysierten Reaktion erwecken, je nachdem, welche Spezies die langsame Reaktion katalysiert. Ein Beispiel hierfür ist die basenkatalysierte Aldolkondensation des Acetaldehyds, die nach dem folgenden Mechanismus verläuft:

$$CH_3CHO + B \underset{k_{-1}}{\overset{k_1}{\rightleftharpoons}} CH_2CHO^- + A$$

$$CH_3CHO + CH_2CHO^- \overset{k_2}{\to} CH_3\underset{|}{C}HCH_2CHO$$
$$\phantom{CH_3CHO + CH_2CHO^- \overset{k_2}{\to} CH_3C}O^-$$

$$CH_3\underset{|}{C}HCH_2CHO + A \rightleftharpoons CH_3CHOHCH_2CHO + B$$
$$O^-$$

Der erste Schritt ist sehr viel langsamer als die beiden folgenden, so daß die Gesamtreaktion den Eindruck einer basenkatalysierten Reaktion erweckt.

11. Kapitel
Grenzflächen

> *Der Körper eines Einhorns ist völlig frei von Gift und stößt alles Giftige ab. Wenn man eine lebende Spinne in einen Ring setzt, der von einem Hautstreifen des Einhorns gebildet wird, dann kommt die Spinne nicht aus diesem Kreis heraus. Wenn dieser Ring aber aus irgendeinem giftigen Stoff gebildet wird, dann kann die Spinne die Linie ohne Schwierigkeit überschreiten, denn sie entspricht ihrer eigenen Natur.*
>
> BASILIUS VALENTINUS
> (*Currus Triumphalis Antimonii*, Hrsg. J. THÖLDE, 1604)

Wenn man den Sehnerv eines Salamanders durchschneidet, dann sprießen aus dem Stumpf neue Nervenfasern und finden ihren Weg zurück ins Gehirn. Auf diese Weise werden die alten Verbindungen wieder hergestellt, und das Tier kann wieder normal sehen. Hierzu müssen Tausende definierter Kontakte geschlossen werden, und dies ist nur möglich durch spezifische Wirkungen zwischen den Enden der Nervenfasern und bestimmten Zelloberflächen im Gehirn. Eine solche Wiederherstellung von Nervenverbindungen wurde bei vielen Wechselwarmblütern beobachtet, nicht jedoch bei Säugetieren. Dies ist nur eins von vielen Beispielen für wichtige Grenzflächenphänomene in lebenden Organismen; das Verständnis der physikalischen Chemie von Grenzflächen ist entscheidend für den Fortschritt in der Molekularbiologie.

Bei der Deutung von Grenzflächenphänomenen besteht das allgemeine theoretische Problem ähnlich wie bei der Theorie von Lösungen in der Berechnung der Eigenschaften des Systems aus den Elektronenstrukturen und den sich hieraus ergebenden Wechselwirkungen der Molekeln. Dies ist schon schwierig genug bei homogenen Lösungen; bei der Betrachtung von Oberflächen und Grenzflächen zwischen zwei verschiedenen Phasen bekommen wir es noch mit weiteren Schwierigkeiten zu tun. Im 6. Kapitel hatten wir eine Phase definiert als einen Teil eines Systems, der »durch und durch homogen« ist. Trotzdem ist es falsch zu sagen, daß die Materie im Innern einer Phase denselben Bedingungen unterworfen sei wie in der Grenzfläche oder in der Nähe der Grenzfläche. So befinden sich die Molekeln oder Atome in der Oberfläche einer Flüssigkeit unter dem Einfluß einer nach innen gerichteten Kraft, der Oberflächenspannung. Ähnliches gilt für die Grenzflächen in flüssigen Mehrphasensystemen. In Abwesenheit äußerer Kräfte neigen also die Ober- und Grenzflächen von Flüssigkeiten dazu, einen minimalen Wert im Verhältnis zum Volumen der Probe anzunehmen. Flüssigkeitströpfchen in Emulsionen oder Flüssigkeiten im schwerelosen Raum nehmen also Kugelgestalt an. Aus diesen Betrachtungen sehen wir, daß wir zur Entwicklung einer thermodynamischen und statistischen Theorie der Grenzflächen eine Anzahl neuer Zustandsvariablen einführen müssen.

THOMAS GRAHAM führte 1861 den Begriff »Kolloid« (23-1) ein, um Dispersionen des einen Materials in einem anderen zu beschreiben, die sich auch bei langem Stehen nicht voneinander trennen. *Kolloide* bestehen also aus einer *dispersen Phase* und aus einem *dispergierenden Medium*. Dispergierte Stoffe mit einer Teilchengröße < 0,2 μm werden als Kolloide klassifiziert; sie befinden sich im *kolloidalen Zustand*. Die Auflösungsgrenze eines gewöhnlichen Lichtmikroskops liegt bei etwa 0,2 μm, so daß wir zur direkten Beobachtung kolloidaler Teilchen entweder ein Ultramikroskop (Beobachtung des Streulichtes bei indirekter Dunkelfeldbeleuchtung) oder ein Elektronenmikroskop benützen müssen. Je nach dem Aggregatzustand der Phasen in einem kolloidalen System unterscheiden wir *Räuche* (fest–gasförmig), *Nebel* (flüssig–gasförmig), *Suspensionen* oder *Sole* (fest–flüssig) und *Emulsionen* (flüssig–flüssig). Wenn sich eine zunächst in ihrer normalen Form vorliegende Phase spontan im dispergierenden Medium verteilt, dann sprechen wir von *lyophilen Solen*. Beispiele hierfür sind Lösungen von Hochpolymeren (Proteine in Wasser oder Kautschuk in Benzin). Diese Lösungen zeigen wegen der hohen Molekelmasse des gelösten Stoffes viele physikalische Eigenschaften kolloidaler Suspensionen. Wenn sich andererseits ein bestimmter Stoff nicht spontan dispergiert, sondern auf irgendeine Weise in kolloidale Verteilung gebracht werden muß, dann entstehen *lyophobe Sole*. Diese lassen sich entweder durch Kondensations- oder Dispersionsmethoden herstellen (Lichtbogen zwischen Metallen im dispergierenden Medium, Verreibungen in Gegenwart von Schutzkolloiden). Derartige Suspensionen verdanken ihre Stabilität, um es etwas vereinfacht auszudrücken, der Tatsache, daß die dispergierten Teilchen elektrische Ladungen desselben Vorzeichens tragen und sich gegenseitig abstoßen. Zu einer Koaleszenz kann es durch Entladungen der Teilchen, z. B. an Elektroden, kommen.

Bei kolloidalen Dispersionen besitzen die Teilchen ein großes Verhältnis von Oberfläche zu Volumen; bei der Untersuchung von Kolloiden spielen die Oberflächeneigenschaften also eine besonders wichtige Rolle.

1. Oberflächen- oder Grenzflächenspannung[1]

Das in Abb. 11.1a gezeigte System ist eine Flüssigkeit, die mit ihrem eigenen Dampf in Kontakt steht. Um die Grenzfläche zu vergrößern, muß man Molekeln aus dem Innern der Flüssigkeit an die Oberfläche bringen; es muß also Arbeit gegen die Kohäsionskräfte in der Flüssigkeit verrichtet werden. Hieraus folgt, daß die molare freie Energie der Flüssigkeitsoberfläche größer ist als die des Flüssigkeitsinnern. THOMAS YOUNG zeigte 1805, daß die mechanischen Eigenschaften einer Oberfläche mit denen einer hypothetischen Membran verglichen werden können, die über irgendeine Oberfläche gebreitet ist. Diese Membran soll sich in einem Spannungszustand befinden. Eine *Spannung* ist ein *negativer Druck*; dieser hat die

---

[1] Es hat sich eingebürgert, die Fläche zwischen unterschiedlichen kondensierten Phasen als *Grenzfläche* und die zwischen kondensierter und Gasphase als *Oberfläche* zu bezeichnen. Oberflächen stellen natürlich ebenfalls Grenzflächen dar.

Dimension einer Kraft pro Flächeneinheit; die *Oberflächenspannung* hingegen ist eine *Kraft pro Längeneinheit*.

Die Oberflächenspannung hat die Richtung einer Oberfläche und wirkt jedem Versuch entgegen, diese Oberfläche zu vergrößern. Die Einheit der Oberflächenspannung im internationalen Maßsystem ist N m^{-1}, im cgs-System dyn cm^{-1}.

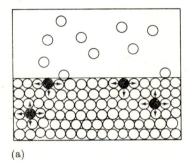
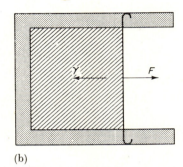

Abb. 11.1a Grenzfläche zwischen Flüssigkeit und Dampf. Um Molekeln aus dem Innern der Flüssigkeit an die Grenzfläche zu bringen, muß Arbeit verrichtet werden.

Abb. 11.1b Blick auf die Grenzfläche zwischen Flüssigkeit und Dampf. Um die Grenzfläche zu vergrößern, muß Arbeit gegen die Grenzflächenspannung verrichtet werden.

Die Grenzfläche zwischen zwei Phasen α und β muß eine definierte Dicke besitzen; auf dem Wege senkrecht durch diese Grenzfläche müssen sich die Eigenschaften von α nach β oder umgekehrt ändern. Young konnte nun zeigen, daß sich die mechanischen Eigenschaften einer solchen Grenzfläche modellmäßig durch die einer gestreckten Membran unmeßbar kleiner Dicke beschreiben lassen. Den Ort dieser Fläche, die die beiden Bereiche trennt, nennt man die *Spannungsfläche*. Es kann streng bewiesen werden, daß die theoretisch abgeleiteten Eigenschaften dieser Grenzschicht die Lage der Spannungsfläche und den Wert der Grenzflächenspannung in dieser Fläche eindeutig festlegen.

2. Die Gleichung von Young und Laplace

Die Einführung des Begriffs der Grenzflächenspannung war eine jener großartigen Vereinfachungen, die den Weg für die weitere Entwicklung eines wissenschaftlichen Gebietes frei machen. Mit diesem Konzept konnten Young und später, unabhängig von ihm, Laplace die Bedingungen für mechanisches Gleichgewicht an einer allgemeinen gekrümmten Grenzfläche zwischen zwei Phasen ableiten. Abb. 11.2 symbolisiert eine Kugelfläche mit einem Grenzflächenradius r. Wir betrachten ein Flächenelement $\delta\mathscr{A}$ der Grenzfläche und die auf dieses Element wirkenden Kräfte. Der Druck (Kraft pro Flächeneinheit) am Flächenelement $\delta\mathscr{A}$ betrage $P'' - P'$; an $\delta\mathscr{A}$ wirkt daher eine Kraft $(P'' - P')\,\delta\mathscr{A}$. Die Kraftkomponente in der z-Richtung ist $(P'' - P')\,\delta\mathscr{A} \cos\alpha = (P'' - P')\,\delta\mathscr{A}'$. Wenn wir diese z-Komponente der Kraft über die gesamte Kugelfläche summieren, dann erhalten wir $(P'' - P')\pi a^2$. Die Grenzflächenspannung γ übt eine Kraft $\gamma \delta l$ auf jedes Längenelement δl des Umfanges an der Basis der Kugelfläche aus; die Komponente dieser Kraft entlang der Linie CZ ist $-\gamma \cos\beta \, \delta l$. Die gesamte Kraft F in der Richtung CZ ist $-\gamma \cos\beta \, (2\pi a)$; da $\cos\beta = a/r$ ist, gilt auch $F = -2\gamma a^2/r$. Da das System symmetrisch zur Achse CZ ist, muß die Summe aller Kräfte, die senk-

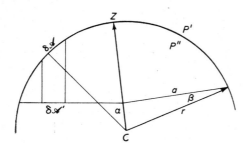

Abb. 11.2 Ableitung der Gleichung von YOUNG und LAPLACE.

recht auf CZ stehen, gleich null sein. Aus dieser mechanischen Gleichgewichtsbedingung folgt, daß sich auch die z-Komponenten gegenseitig aufheben; es muß also sein:

$$(P'' - P')\pi a^2 - 2\pi\gamma a^2/r = 0$$

Hieraus erhalten wir die Gleichung von YOUNG und LAPLACE für eine Kugeloberfläche:

$$P'' - P' = 2\gamma/r \qquad [11.1]$$

Diese Gleichung besagt, daß durch die Grenzflächenspannung in einer Kugelfläche mit dem Radius r ein mechanisches Gleichgewicht zwischen zwei Flüssigkeiten aufrechterhalten wird, die unter den Drücken P'' und P' stehen. (Hierbei wollen wir beachten, daß sich die Flüssigkeit auf der konkaven Seite der Grenzfläche unter einem Druck P'' befindet, der größer ist als der Druck P' auf der konvexen Seite der Grenzfläche.) Für den Fall einer ebenen Grenzfläche ist der Radius der Grenzfläche unendlich und die Gleichgewichtsbedingung ist $P'' = P'$. Eine allgemeine Grenzfläche können wir an jedem Punkt durch zwei Krümmungsradien r_1 und r_2 charakterisieren; für diesen Fall erhält die Gleichung von YOUNG und LAPLACE die folgende Form:

$$P'' - P' = \gamma \left(\frac{1}{r_1} + \frac{1}{r_2} \right) \qquad [11.2]$$

Als Anwendungsbeispiel für [11.1] wollen wir einen Quecksilbertropfen mit $r = 10^{-4}$ m betrachten. Für die Grenzfläche zwischen Quecksilber und Luft gilt

$$\gamma = 476 \cdot 10^{-3} \text{ N} \cdot \text{m}^{-1} \text{ bei 293 K}.$$

Es ist daher:

$$P'' - P' = \frac{2 \cdot 476 \cdot 10^{-3}}{10^{-4}} = 9{,}52 \cdot 10^3 \text{ Pa}$$

oder

$$\frac{9{,}52 \cdot 10^3}{1{,}01325 \cdot 10^5} = 9{,}51 \cdot 10^{-2} \text{ atm}$$

(Dies ist der Unterschied im hydrostatischen Druck an der Grenzfläche zwischen Quecksilber und Luft; mit dem Dampfdruck des Quecksilbers hat dieser nichts zu tun.)

3. Mechanische Arbeit in einem Kapillarsystem

Abb. 11.3 zeigt uns schematisch eine Anordnung aus zwei Zylindern, die mit einer Kapillare verbunden sind und jeweils einen beweglichen Kolben besitzen. Der kleine Kolben im linken Zylinder erlaubt uns eine Veränderung sowohl des Volumens als auch der Grenzfläche im rechten System. Dieses enthält eine Flüssigkeit vom Volumen V'' unter dem Druck P'', die durch die Grenzfläche $\mathscr{S}\mathscr{S}'$ von ihrem

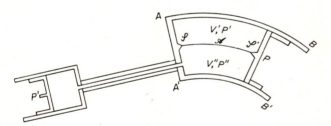

Abb. 11.3 Mechanische Arbeit, die von einem Kapillarsystem verrichtet wird: Im rechten Kolben befindet sich unter der Grenzfläche $\mathscr{S}\mathscr{S}'$ eine Flüssigkeit, darüber der Dampf der Flüssigkeit. Am Kolben P wirken die Grenzflächenspannung und der hydrostatische Druck.

Dampf getrennt ist; dieser nimmt unter dem Druck P' ein Volumen V' ein. Wir wollen nun den linken Kolben so bewegen, daß der rechte Kolben ein wenig zurückgedrückt wird. Wenn sich bei diesem Vorgang die Grenzfläche um den Betrag $d\mathscr{A}$ verändert, dann gilt für die am System verrichtete Arbeit:

$$dw = -P' dV' - P'' dV'' + \gamma \, d\mathscr{A} \qquad [11.3]$$

Diese Gleichung ist ein allgemeiner Ausdruck für die mechanische Arbeit, die an einem Kapillarsystem verrichtet wird. Wenn das Grenzflächenmodell mechanisch äquivalent einem realen System sein soll, dann kann die Grenzfläche $\mathscr{S}\mathscr{S}'$ nicht willkürlich gewählt werden, sondern muß gleich der YOUNGschen Spannungsfläche sein. Die an einer ebenen Grenzfläche verrichtete Arbeit ist jedoch unabhängig von deren Ort, so daß [11.3] für irgendeine willkürlich definierte ebene Grenzfläche $\mathscr{S}\mathscr{S}'$ gültig sein würde.

Wenn wir den I. Hauptsatz der Thermodynamik auf ein System mit der Grenzfläche $\mathscr{S}\mathscr{S}'$ anwenden, dann erhalten wir aus [11.3]:

$$dU = dq + dw = dq - P'dV' - P''dV'' + \gamma\, d\mathscr{A} \qquad [11.4]$$

Mit $dA = dU - T\,dS - S\,dT$ erhalten wir aus [11.4]:

$$dA = -S\,dT - P'dV' - P''dV'' + \gamma\, d\mathscr{A} \qquad [11.5]$$

Mit $dG = dA + V\,dP + P\,dV$ erhalten wir hieraus:

$$dG = -S\,dT + V'dP' + V''dP'' + \gamma\, d\mathscr{A} \qquad [11.6]$$

Unter isothermen und isobaren Bedingungen ist demnach:

$$\left(\frac{\partial G}{\partial \mathscr{A}}\right)_{T,P} = \gamma \qquad [11.7]$$

Diese Gleichung besagt, daß die Grenzflächenspannung gleich der partiellen Ableitung der GIBBSschen freien Energie nach der Größe der Grenzfläche ist (T und P konstant). Diese Oberflächenfunktion der GIBBSschen freien Energie ist im übrigen nicht gleich der freien Energie pro Flächeneinheit, wie manchmal irrtümlicherweise festgestellt wird.

4. Kapillareffekte

Unsere erste Begegnung mit Kapillarphänomenen haben wir als Säuglinge in der Wanne, wenn wir feststellen, daß sich der Waschlappen mit Wasser vollsaugt, nicht jedoch die Plastikente. In der Schule lernen wir dann, daß Wasser in engen Röhrchen emporsteige, daß dies von der »Kapillarwirkung« herrühre, welche eine Konsequenz der Anziehungskraft der festen Oberfläche für die Flüssigkeitsmolekeln sei.

Dies ist qualitativ richtig; wir können aber das Ansteigen oder Abfallen von Flüssigkeiten in Kapillarröhren und die hierauf beruhende Messung der Grenzflächenspannung auch quantitativ mit der grundlegenden [11.2] behandeln. Ob wir eine Kapillaraszension (Wasser in einer Glaskapillare) oder eine Kapillardepression (Quecksilber) beobachten, hängt von der relativen Größe der Kohäsionskräfte zwischen den Flüssigkeitsmolekeln untereinander und den Adhäsionskräften zwischen Flüssigkeit und Rohrwandung ab. Durch diese Kräfte wird auch der Kontaktwinkel θ festgelegt, den die Flüssigkeitsoberfläche mit der Wandung bildet (Abb. 11.4). Wenn dieser Winkel $< 90°$ ist, dann sprechen wir von einer benetzenden Flüssigkeit, und es bildet sich ein konkaver Meniskus; zu einem Kontaktwinkel $> 90°$ gehören ein konvexer Meniskus und eine Kapillardepression. Bei der Ausbildung eines konkaven Meniskus übertrifft der Druck P'' unter dem Meniskus den Druck P' über dem Meniskus (für eine ebene Grenzfläche ist $P'' = P'$). Die Flüssigkeit steigt daher im Kapillarrohr an, bis das Gewicht der Flüssigkeitssäule gerade der Druckdifferenz $P'' - P'$ entspricht. *Die Flüssigkeitssäule dient uns als Manometer für die Messung der Druckdifferenz am gekrümmten Meniskus.*

Kapillareffekte

Abb. 11.4 zeigt eine zylindrische Röhre, deren Radius r so klein ist, daß wir die Oberfläche des Meniskus als Ausschnitt einer Kugeloberfläche vom Radius R ansehen können. Es ist $\cos\theta = r/R$, nach [11.1] muß also sein $P = (2\gamma\cos\theta)/r$. Wenn h die Kapillaraszension, ϱ und ϱ_0 die Dichten von Flüssigkeit und Gas sind,

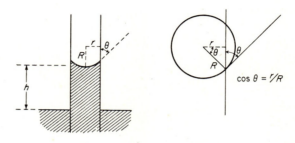

Abb. 11.4 Kapillaraszension einer benetzenden Flüssigkeit

dann ist das Gewicht der zylindrischen Flüssigkeitssäule $\pi \cdot r^2 \cdot gh\,(\varrho - \varrho_0)$; hierin ist g die Schwerebeschleunigung. Die den Druckausgleich schaffende Kraft pro Flächeneinheit ist $gh\,(\varrho - \varrho_0)$; es ist also $\dfrac{2\gamma\cos\theta}{r} = gh\,(\varrho - \varrho_0)$ und

$$\gamma = \frac{1}{2}\,gh\,(\varrho - \varrho_0)\,\frac{r}{\cos\theta} \qquad [11.8]$$

Bei dieser Gleichung ist das Gewicht der Flüssigkeit über dem Minimum des Meniskus noch nicht berücksichtigt worden. In erster Näherung stellt der Meniskus eine Halbkugel vom Radius r und vom Volumen $\frac{2}{3}\pi r^3$ dar; für das zu berücksichtigende Flüssigkeitsvolumen gilt also $\pi r^3 - \frac{2}{3}\pi r^3 = \frac{1}{3}\pi r^3$; mit dieser Korrektur erhalten wir nun für die Grenzflächenspannung:

$$\gamma = \frac{g\,(\varrho - \varrho_0)\,r}{2\cos\theta}\left(h + \frac{r}{3}\right) \qquad [11.9]$$

Bei weiten Kapillaren ist die Annahme einer halbkugeligen Form für den Meniskus nicht mehr genau genug; um dies zu berücksichtigen, wurden Korrekturkurven und tabellierte Korrekturfaktoren berechnet. Berücksichtigt man all die notwendigen Korrekturen, dann erhält man nach der Methode der Kapillaraszension oder Kapillardepression wohl die genauesten Werte für die Grenzflächenspannung; die Abweichungen betragen etwa $2 : 10^4$. Andere Methoden wie die des maximalen Bläschendrucks, des Tröpfchengewichts oder die Ringmethode von Du Noüy werden in der Spezialliteratur beschrieben[2].

Um uns eine Vorstellung von der Größe der Oberflächenspannungen verschiedener Flüssigkeiten gegen Luft machen zu können, wurden in Tab. 11.1 einige charakteristische Werte zusammengestellt. Flüssigkeiten mit starken Kohäsionskräften zeigen auch eine ungewöhnlich hohe Oberflächenspannung. Ein wichtiges theoretisches Problem ist die Berechnung der Oberflächenspannung direkt aus der grundlegenden Theorie der zwischenmolekularen Kräfte. Die besten Ergebnisse lassen sich mit verflüssigten inerten Gasen erhalten.

---

[2] Zum Beispiel durch A. W. ADAMSON, *Physical Chemistry of Surfaces*, Interscience, New York 1968.

A) Oberflächenspannung reiner Stoffe bei 293 K in m N · m⁻¹ (= dyn · cm⁻¹)

Isopentan	13,72	Äthyljodid	29,9
Nickeltetracarbonyl	14,6	Benzol	28,86
Diäthyläther	17,10	Tetrachlorkohlenstoff	26,66
n-Hexan	18,43	Methylenjodid	50,76
Äthylmercaptan	21,82	Schwefelkohlenstoff	32,33
Äthylbromid	24,16	Wasser	72,75

B) Oberflächenspannung von flüssigen Metallen und Salzschmelzen in m N · m⁻¹ (= dyn · cm⁻¹)

	K	γ		K	γ
Ag	1243	800	AgCl	725	126
Au	1343	1000	NaF	1283	260
Cu	1403	1100	NaCl	1273	98
Hg	273	470	NaBr	1273	88

Tab. 11.1 Oberflächenspannung von Flüssigkeiten

5. Erhöhter Dampfdruck kleiner Tröpfchen, die KELVINsche Gleichung

Eine der interessantesten Konsequenzen der Grenzflächenspannung ist die Tatsache, daß der Dampfdruck über einer Flüssigkeit mit abnehmendem Krümmungsradius der Tröpfchen zunimmt. Dies wurde aus theoretischen Überlegungen zuerst von WILLIAM THOMSON (Lord KELVIN) abgeleitet.

Wir wollen einen kugelförmigen Tropfen einer reinen Flüssigkeit betrachten, die mit ihrem Dampf im Gleichgewicht steht; der Radius des Tropfens betrage r. Nach [11.1] ist die Bedingung für mechanisches Gleichgewicht:

$$\mathrm{d}P'' - \mathrm{d}P' = \mathrm{d}\left(\frac{2\gamma}{r}\right) \qquad [11.10]$$

Für das thermodynamische Gleichgewicht zwischen zwei Phasen gilt:

$$\mu_i' = \mu_i'' \quad \text{oder} \quad \mathrm{d}\mu_i' = \mathrm{d}\mu_i''$$

Es ist $\mathrm{d}\mu_i = -S_i \mathrm{d}T + V_i \mathrm{d}P$; bei konstanter Temperatur gilt daher $V_i' \mathrm{d}P' = V_i'' \mathrm{d}P''$. Wenn wir diese Beziehung in [11.10] einsetzen, dann erhalten wir:

$$\mathrm{d}\left(\frac{2\gamma}{r}\right) = \left(\frac{V_i' - V_i''}{V_i''}\right) \mathrm{d}P' \qquad [11.11]$$

Wenn wir das Molvolumen V_i'' der Flüssigkeit gegenüber dem Gasvolumen V_i' vernachlässigen, dann gilt unter der Voraussetzung, daß sich das Gas ideal verhält: $V_i' = RT/P'$. Dies können wir in [11.11] einsetzen und erhalten dann:

$$\mathrm{d}\left(\frac{2\gamma}{r}\right) = \frac{RT}{V_i''} \frac{\mathrm{d}P'}{P'}$$

Wenn wir das Molvolumen V_i'' als konstant ansehen, dann können wir diese Funktion zwischen der Krümmung 0 ($1/r = 0$) und der Krümmung $1/r$ integrieren. Die zugehörigen Dampfdrücke sind $P' = P_0$ (normaler Dampfdruck über einer ebenen Grenzfläche) und P (bei einer Krümmung $1/r$). Hierbei erhalten wir die KELVINsche Gleichung:

$$\ln \frac{P}{P_0} = \frac{2\gamma}{r} \frac{V_i''}{RT} = \frac{2M\gamma}{RT\varrho r} \qquad [11.12]$$

Hierin ist $V_i'' = M/\varrho$, wobei M die Molmasse und ϱ die Dichte der Flüssigkeit ist. Eine ähnliche Gleichung können wir für die Löslichkeit kleiner Teilchen ableiten, indem wir uns der Beziehung zwischen Dampfdruck und Löslichkeit bedienen, die wir in Abschnitt 7-5 entwickelt hatten.

Die Anwendung [11.12] auf Wassertröpfchen liefert uns die folgenden berechneten Druckverhältnisse (293 K, $P_0 = 17{,}5$ mm Hg).

r (mm)	10^{-3}	10^{-4}	10^{-5}	10^{-6}
P/P_0	1,001	1,011	1,114	2,95

Diese Forderungen der KELVINschen Gleichung ließen sich experimentell bestätigen. Es kann also kein Zweifel daran bestehen, daß kleine Flüssigkeitströpfchen einen höheren Dampfdruck haben als größere, zusammenhängende Flüssigkeitsmengen. Ebenso haben feinverteilte Festkörper eine größere Löslichkeit als große Kristalle.

Diese Ergebnisse führten zu der ziemlich kuriosen Frage, wie eigentlich neue Phasen jemals aus älteren Phasen entstehen können. Um uns dieses Problem zu verdeutlichen, wollen wir uns einen Behälter vorstellen, der mit Wasserdampf nahe dem Sättigungsdruck gefüllt ist. Wenn wir nun Behälter samt Wasserdampf plötzlich abkühlen, z.B. durch eine adiabatische Expansion wie in der WILSONschen Nebelkammer, dann entsteht eine Übersättigung mit Wasserdampf. Dieser Zustand ist metastabil, da der Partialdruck in der Gasphase höher ist, als er bei dieser Temperatur über der flüssigen Phase wäre; es müßte also Kondensation eintreten. Ein vernünftiges molekulares Modell des Kondensationsvorganges würde darin bestehen, daß zwei oder drei Wassermolekeln zusammenstoßen und ein Mikrotröpfchen bilden. Dieses »Kondensationsembryo« wächst dann durch die Aufnahme weiterer Wassermolekeln heran, die das Mikrotröpfchen zufällig treffen. Nun können wir nach der KELVINschen Gleichung leicht berechnen, daß unser winziges Tröpfchen mit seinem Durchmesser $< 10^{-6}$ mm einen Dampfdruck hat, der ein Mehrfaches so hoch ist wie der Dampfdruck über einer größeren Flüssigkeitsmenge. Wenn wir also den Zustand unseres Systems nach der adiabatischen Expansion betrachten, dann ist die Gasphase durchaus nicht übersättigt, wenn wir uns auf den Partialdruck über unseren »Kondensationsembryos« beziehen. Wenn sich diese also überhaupt bilden, dann sollten sie unverzüglich wieder verdampfen, und die Bildung einer neuen Phase beim Gleichgewichtsdruck oder sogar bei mäßig höheren Drücken sollte unmöglich sein.

Diesem Dilemma können wir auf zwei Weisen entgehen. Zunächst einmal kennen wir die statistische Basis des II. Hauptsatzes der Thermodynamik. In jedem System, das sich im Gleichgewichtszustand befindet, gibt es Fluktuationen bestimmter Systemparameter um die Gleichgewichtswerte. Wenn das System also nur wenige Molekeln enthält, dann können diese Fluktuationen relativ groß werden (s. Kapitel 5). Nun gibt es immer eine reale Chance, daß bei einer solchen Fluktuation der Keim einer neuen Phase gebildet wird, wenngleich diese nur eine kurze Lebenszeit hätte. Die Wahrscheinlichkeit einer solchen Fluktuation ist $e^{-\Delta S/k}$, wobei ΔS die Abweichung der Entropie von ihrem Gleichgewichtswert ist. Diesen auf der statistischen Fluktuation beruhenden Mechanismus nennen wir *spontane Keimbildung*. In vielen Fällen ist allerdings die Wahrscheinlichkeit $e^{-\Delta S/k}$ sehr klein, und es ist dann sehr viel wahrscheinlicher, daß irgendwelche Staubteilchen als Keime für die Kondensation in übersättigten Dämpfen oder Lösungen dienen.

6. Die Oberflächenspannung von Lösungen

Jeder reine, flüssige Stoff, der im Gleichgewicht mit seinem Dampf steht, besitzt bei einer gegebenen Temperatur eine charakteristische Oberflächenspannung. Entsprechendes gilt für die Grenzfläche zwischen zwei nichtmischbaren Flüssigkeiten. Der Wert dieser Ober- oder Grenzflächenspannung wird durch gelöste Stoffe mehr oder minder stark beeinflußt. Wenn wir zunächst Wasser betrachten, dann finden wir, daß bestimmte Stoffe wie anorganische Elektrolyte, Salze organischer Säuren mit kleinem organischem Rest oder auch stark hydrophile Stoffe wie Zucker oder Glycerin die Oberflächenspannung nur wenig beeinflussen; man nennt sie *kapillarinaktiv*. Im Gegensatz hierzu senken schon geringe Konzentrationen an langkettigen aliphatischen Säuren oder Alkoholen die Oberflächenspannung des Wassers beträchtlich; man nennt solche Stoffe *kapillaraktiv* oder *oberflächenaktiv*. In jüngerer Zeit hat sich für die letztere Gruppe von Stoffen die Bezeichnung *Tenside* (GÖTTE) durchgesetzt (v. *tensus*, lat., gespannt). Tenside haben eine außerordentliche technische Bedeutung als Wasch- und Reinigungsmittel sowie als Emulgatoren und Dispergatoren gefunden. Zu den oberflächenaktivsten Tensiden gehören solche mit langem aliphatischem Rest und ionisiertem Ende. Den stärksten Effekt zeigten bisher die Salze perfluorierter Fettsäuren; sie senken die Oberflächenspannung des Wassers auf rund 1/10 des ursprünglichen Wertes.
Alle stark grenzflächenaktive Stoffe zeigen eine Besonderheit in ihrer chemischen Struktur: Sie besitzen einen stark hydrophilen »Kopf« (Hydroxyl, Carboxyl, Carboxylat, Sulfonat usw.) und einen langen, hydrophoben »Schwanz« (meist Alkylkette). Dieses Strukturmerkmal führt uns zum Wesen der Oberflächenwirksamkeit. Kohlenwasserstoffreste hätten im Innern einer wäßrigen Lösung einen Zustand hoher freier Energie, es bedarf also nur eines geringen Arbeitsbetrages, um sie aus dem Innern an die Oberfläche zu bringen. Umgekehrt neigen hydrophile Stoffe dazu, sich mit einer Wasserhülle zu umgeben. Je stärker hydrophil sie sind, um so dicker ist diese Wasserhülle und um so mehr Arbeit müssen wir aufwenden,

um diese polaren Molekeln in die Grenzfläche zu bringen. Polare Stoffe neigen sogar dazu, Wassermolekeln ins Innere der Lösung zu ziehen; sie erhöhen also die Oberflächenspannung um einen gewissen (nicht sehr großen) Betrag. Wenn nun eine Molekel einen hydrophilen Kopf und einen hydrophoben Schwanz besitzt, dann kann die wäßrige Lösung einer solchen Molekelart ein Minimum der freien Energie nur dann erreichen, wenn sich die Molekeln in der Nähe der Oberfläche so orientieren, daß die hydrophilen Köpfe ins Innere der Lösung ragen, die hydrophoben Schwänze hingegen in die Grenzschicht streben und dort eine neue Oberfläche bilden. Tab. 11.1 zeigt, daß die Oberflächenspannung aliphatischer Kohlenwasserstoffe nur 1/4 bis 1/5 der Oberflächenspannung des Wassers beträgt. Die »neue Oberfläche« der Lösung eines oberflächenaktiven Stoffes hat also eine niedrigere Oberflächenspannung als das reine Lösemittel, ganz gleich, ob die Oberfläche völlig oder nur unvollständig mit den Molekeln des betreffenden Stoffes belegt ist.

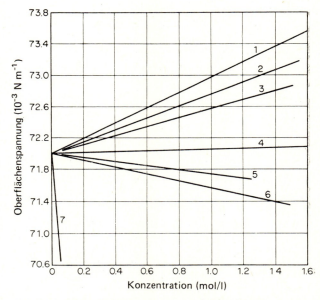

Abb. 11.5 Oberflächenspannung wäßriger Lösungen von Aminosäuren bei 298 K. (1) Glycin, (2) β-Alanin, (3) α-Alanin, (4) β-Aminobuttersäure, (5) ε-Aminocapronsäure, (6) 1-Aminobuttersäure, (7) 1-Aminocapronsäure.

Ausgeprägte Tenside zeigen schon bei geringen Konzentrationen eine starke Grenzflächenwirkung. Mit steigender Konzentration an Tensid wird oft ein eigentümliches Phänomen beobachtet. Von einer gewissen Konzentration an nimmt die Oberflächenspannung nicht weiter ab; gleichzeitig lassen sich durch Röntgenkleinwinkelstreuung oder bei geeigneter Präparation auch elektronenmikroskopisch kleine Assoziate nachweisen, die man *Micellen* nennt. Diese bestehen aus einer Anzahl von Tensidmolekeln, die sich angesichts der bedeckten Oberfläche nicht anders zu helfen wußten, als sich in der Art einer Wagenburg zusammenzulagern: hydrophile Köpfe nach außen, hydrophobe Schwänze nach innen. Diese Micellen spielen wegen ihrer Fähigkeit, hydrophobe Monomere aufnehmen zu können, bei der Emulsionspolymerisation eine große Rolle.

Ein eigentümliches Grenzflächenphänomen ist zu beobachten, wenn man die wäßrige Lösung eines Tensids, z.B. einer Seife, mit einer unpolaren Flüssigkeit, z.B. Benzol, überschichtet. Die lipophile Grenzschicht der wäßrigen Lösung wird nun in die organische Phase hineingezogen, so daß die Oberflächenspannung der wäßrigen Phase wieder erhöht wird.

Abb. 11.5 zeigt Beispiele der Konzentrationsabhängigkeit der Oberflächenspannung für Lösungen verschiedener Aminosäuren. Diese Werte demonstrieren den Einfluß der zunehmenden Länge des hydrophoben Restes.

7. Thermodynamik von Grenzflächen; die GIBBSsche Adsorptionsisotherme

Um die Oberflächeneigenschaften von Lösungen quantitativ diskutieren zu können, wollen wir der eleganten thermodynamischen Behandlung von Grenzflächen nach J. WILLARD GIBBS folgen.

Abb. 11.6 zeigt schematisch ein System aus zwei Phasen α und β, die durch eine Grenzschicht getrennt sind. Die genauen Abmessungen dieser Grenzschicht wäh-

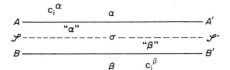

Abb. 11.6 System aus zwei Phasen α und β, fiktiver Grenzfläche $\mathscr{S}\mathscr{S}'$ und einer Grenzschicht $AA'\,BB'$.

len wir einigermaßen willkürlich durch die Festlegung der Begrenzungsflächen AA' und BB'. Wir wollen aber diese Ebenen so legen, daß die folgenden Bedingungen erfüllt sind: Die Eigenschaften der beiden Phasen α und β sollen homogen sein bis zu den Flächen AA' und BB'; insbesondere soll die Konzentration irgendeiner Komponente i in der Phase α bis zur Fläche AA' einheitlich c_i^α und die in β bis zur Fläche BB' einheitlich c_i^β betragen. Innerhalb der Grenzschicht ändern sich die Eigenschaften des Systems kontinuierlich von denen der reinen Phase α bis zu denen der reinen Phase β. Wegen der kurzen Reichweite der zwischenmolekularen Kräfte beträgt die Dicke der Grenzschicht gewöhnlich nicht mehr als einige Molekeldurchmesser.

Die Phasen α und β können nun willkürlich durch eine Grenzfläche $\mathscr{S}\mathscr{S}'$ innerhalb der Grenzschicht und parallel zu den Flächen AA' und BB' getrennt werden. Solch eine Fläche $\mathscr{S}\mathscr{S}'$ stellt eine streng zweidimensionale *Grenzflächenphase* dar; sie wird durch ein hochgestelltes σ charakterisiert. Die Fläche dieser Phase bezeichnen wir mit $\mathscr{A}$.

Die Gibbssche Adsorptionsisotherme

Nach dem Gesetz von der Erhaltung der Masse gilt für die Gesamtmenge an Komponente i im System:

$$n_i = n_i^\alpha + n_i^\beta + n_i^\sigma \qquad [11.13]$$

In Konzentrationen ausgedrückt, lautet diese Beziehung:

$$n_i^\alpha = c_i^\alpha V^\alpha \quad \text{und} \quad n_i^\beta = c_i^\beta V^\beta$$

Wir definieren also n_i^α und n_i^β durch die Konvention, daß die Zusammensetzung der homogenen Phasen konstant ist bis genau zur Grenzfläche $\mathscr{S}\mathscr{S}'$. Zugleich muß im System die Masse von i (n_i in [11.13]) konstant sein; der Zahlenwert für n_i^σ kann daher positiv oder negativ sein.

Gibbs definierte die Menge an Molen der Komponenten i, die in der Grenzschicht gegenüber der mittleren Konzentration c_i in einer der beiden Phasen überwiegen oder fehlen, in folgender Weise:

$$\Gamma_i = n_i^\sigma / \mathscr{A} \qquad [11.14]$$

Diese Größe hat die Dimension einer Flächenkonzentration (Menge pro Flächeneinheit); sie kann entweder positiv (Adsorption) oder negativ (negative Adsorption) sein, je nach dem Vorzeichen von n_i^σ.

Wir können nun [11.13] oder [11.14] auch auf andere extensive Variable des Systems anwenden. So gilt für die

Grenzflächenenergie: $U^\sigma = U - U^\alpha - U^\beta$

und für die

Grenzflächenentropie: $S^\sigma = S - S^\alpha - S^\beta$

Bis hierher konnten wir die Lage der Grenzfläche im System noch frei wählen. Um jedoch die mechanischen Eigenschaften unseres gedachten Modellsystems mit denen eines realen Systems in Übereinstimmung zu bringen, müssen wir die Teilung der beiden Phasen genau an der im Abschnitt 11-1 definierten Spannungsfläche durchführen. Bei einer ebenen Grenzfläche hängt jedoch die zur Vergrößerung der Oberfläche notwendige Arbeit nicht von der Lage der Spannungsfläche ab, und wir können daher die Gibbssche Grenzfläche $\mathscr{S}\mathscr{S}'$ beliebig legen. Nach [11.7], [6.4] und [11.13] gilt für die Gibbssche Grenzflächenfunktion:

$$dG^\sigma = -S^\sigma dT + \gamma d\mathscr{A} + \sum \mu_i d n_i^\sigma \qquad [11.15]$$

Im Gleichgewicht muß sein $\mu_i^\sigma = \mu_i^\alpha = \mu_i^\beta$. Bei konstanter Temperatur gilt daher:

$$dG^\sigma = \gamma d\mathscr{A} + \sum \mu_i d n_i^\sigma \qquad [11.16]$$

Wenn wir diesen Ausdruck bei konstantem γ und μ_i integrieren (oder das Eulersche Theorem anwenden, S. 256), dann erhalten wir:

$$G^\sigma = \gamma \mathscr{A} + \sum \mu_i n_i^\sigma$$

Durch Differentiation erhalten wir hieraus:

$$dG^\sigma = \gamma \, d\mathscr{A} + \mathscr{A} \, d\gamma + \sum \mu_i \, dn_i^\sigma + \sum n_i^\sigma \, d\mu_i \qquad [11.17]$$

Wenn wir die beiden Ausdrücke für dG^σ gleichsetzen [11.17] mit [11.16], dann erhalten wir:

$$\sum n_i^\sigma \, d\mu_i + \mathscr{A} \, d\gamma = 0 \qquad [11.18]$$

(Die hier gegebene Ableitung ist ähnlich der, die uns zu der Gleichung von GIBBS-DUHEM geführt hat; s. S. 255 f.) Wenn wir diese Beziehung durch $\mathscr{A}$ dividieren und die Größe Γ_i aus [11.14] einsetzen, dann erhalten wir die wichtige GIBBSsche Gleichung für die Grenzflächenspannung:

$$d\gamma = -\sum \Gamma_i \, d\mu_i \qquad [11.19]$$

Die explizite Form dieser Gleichung für eine Lösung aus zwei Komponenten lautet:

$$d\gamma = -\Gamma_1 d\mu_1 - \Gamma_2 d\mu_2 \qquad [11.20]$$

Beim ersten Blick hat es den Anschein, als ob wir mit der GIBBSschen Gleichung die Adsorption jeder Komponente in der Grenzschicht aus der Änderung der Oberflächenspannung mit der Zusammensetzung der Lösung erhalten könnten, so z. B. aus [11.20]:

$$\Gamma_1 = -\left(\frac{\partial \gamma}{\partial \mu_1}\right)_{T, \mu_2}$$

Dies gelingt allerdings nicht, da wir ja μ_1 und μ_2 nicht unabhängig voneinander verändern können. Wenn die Grenzfläche nichtplanar wäre, dann hätten wir in der Tat einen weiteren Freiheitsgrad, nämlich die Krümmung der Grenzfläche; mit planaren Grenzflächen können wir jedoch die absolute Adsorption Γ_i aus der GIBBSschen Gleichung nicht bestimmen.

8. Relative Adsorptionen

GIBBS umging die Schwierigkeit der Bestimmung absoluter Adsorptionen, indem er relative Adsorptionen einführte. Hierzu wird die Grenzfläche in Abb. 11.6 so gelegt, daß die Adsorption einer Komponente (z. B. der Komponente 1) 0 ist. Die Adsorption $\Gamma_{i,1}$ aller anderen Komponenten $i \neq 1$ an dieser Grenzfläche beziehen wir nun auf die Adsorption der Komponente 1. Da $\Gamma_{1,1} = 0$ ist, erhalten wir aus [11.20]:

$$d\gamma = -\Gamma_{2,1} d\mu_2$$

oder

$$\Gamma_{2,1} = -\left(\frac{\partial \gamma}{\partial \mu_2}\right)_T \qquad [11.21]$$

Diese Gleichung nennt man die GIBBSsche *Adsorptionsisotherme* (für relative Adsorptionen). Für eine durch die Beziehung $\mu_2 = \mu_2^\ominus + RT \ln c_2$ definierte ideale Lösung gilt:

$$\Gamma_{2,1} = -\frac{1}{RT}\left(\frac{\partial \gamma}{\partial \ln c_2}\right)_T \qquad [11.22]$$

Ein Beispiel für die Anwendung dieser Gleichung ist die Behandlung der Werte für die Oberflächenspannung von Mischungen aus Äthanol (2) und Wasser (1) bei 25 °C. Wenn sich der Dampf, in dem das Äthanol einen Partialdruck P_2 besitzt, wie ein ideales Gas verhält, dann ist $\mu_2 = \mu_2^\ominus(T) + RT \ln P_2$; aus [11.22] wird dann:

$$\Gamma_{2,1} = -\frac{1}{RT}\left(\frac{\partial \gamma}{\partial \ln P_2}\right) \qquad [11.22\,\text{a}]$$

Wenn wir γ gegen $\ln P_2$ abtragen und die Steigung der Geraden bestimmen, dann erhalten wir die in den letzten beiden Spalten von Tab. 11.2 gezeigten Werte für $\Gamma_{2,1}$.

Molenbruch X_2 des Äthanols	Partialdruck (Torr)		Oberflächenspannung γ (dyn · cm^{-1})	$-\mathrm{d}\gamma/\mathrm{d}\ln P_2$	Oberflächenadsorption $\Gamma_{2,1}$	
	H_2O P_1	C_2H_5OH P_2			(10^{-6} mol · cm^{-2})	Molekeln (nm^{-2})
0	23,75	0,0	72,2	0,0	0,0	0,0
0,1	21,7	17,8	36,4	15,6	6,3	3,8
0,2	20,4	26,8	29,7	16,0	6,45	3,9
0,3	19,4	31,2	27,6	14,6	5,9	3,6
0,4	18,35	34,2	26,35	12,6	5,1	3,1
0,5	17,3	36,9	25,4	10,5	4,25	2,6
0,6	15,8	40,1	24,6	8,45	3,4	2,06
0,7	13,3	43,9	23,85	7,15	2,9	1,75
0,8	10,0	48,3	23,2	6,2	2,5	1,50
0,9	5,5	53,3	22,6	5,45	2,2	1,33
1,0	0,0	59,0	22,0	5,2	2,1	1,27

Tab. 11.2 Dampfdruck und Oberflächenspannung von Äthanol-Wasser-Gemischen sowie die nach [11.22a] berechneten Werte für die GIBBSsche Oberflächenadsorption (Grenzflächenkonzentration) des Äthanols in der Oberfläche der Lösungen*

Zur experimentellen Nachprüfung der GIBBSschen Adsorptionsisothermen wurden verschiedene Methoden entwickelt. Eine der ersten war die von J. W. MCBAIN, der ein sehr rasch arbeitendes Mikrotom konstruierte, mit dem man die Oberflächenschicht einer Lösung in einer Dicke von etwa 0,05 mm abheben und in ein Probenröhrchen transportieren konnte. Durch die Analyse der gesammelten

* E. A. GUGGENHEIM, N. K. ADAM, *Proc. Roy. Soc.* (London) A 139 (1933) 231.

Fraktionen konnte McBain Werte von $\Gamma_{2,1}$ aus der Beziehung

$$\Gamma_{2,1} = \frac{m_1}{\mathscr{A}}\left(\frac{m_2}{m_1} - \frac{c'_2}{c'_1}\right)$$

bestimmen. Hierin bedeuten m_2/m_1 das Verhältnis der Massen von gelöstem Stoff und Lösemittel in der Oberflächenschicht und c'_2/c'_1 das Verhältnis ihrer Konzentrationen (in Massen pro Volumeneinheit) im Innern der Lösung. Eine andere Methode beruht auf der Verwendung eines radioaktiv markierten Solvendums, das β-Strahlung von geringer Reichweite aussendet. Durch all diese Methoden konnten Adsorptionen bestimmt werden, die in guter Übereinstimmung mit den nach Gibbs berechneten Werten stehen.

9. Unlösliche Oberflächenfilme

Im Jahre 1765 beobachtete Benjamin Franklin die Ausbreitung von Öl auf der Oberfläche des Teiches bei Clapham Common; anschließend berechnete er für die Dicke der dünnstmöglichen Schicht einen Wert von (umgerechnet in moderne Einheiten) 2,5 nm. Viel später beobachteten Pockels und Rayleigh die Ausbreitung schwerlöslicher flüssiger Stoffe auf Wasser unter Bildung von *unimolekularen Schichten*. Hierunter versteht man Grenzschichten, die aus genau einer dichtgepackten Molekelschicht bestehen.

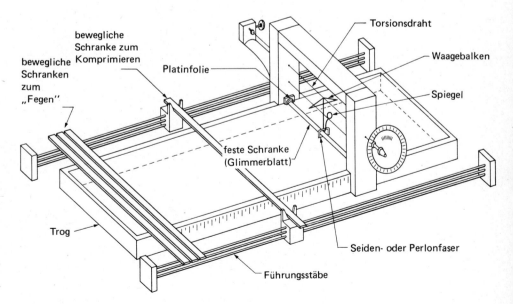

Abb. 11.7 Moderne Ausführung der Langmuirschen Waage.

Im Jahr 1917 publizierte LANGMUIR eine Methode zur direkten Messung des *Oberflächendruckes*, den Oberflächenfilme auf Flüssigkeiten ausüben. Die Versuchsanordnung besteht im wesentlichen aus einem schon von AGNES POCKELS entwickelten, flachen Glastrog, der für die quantitative Messung des Ausbreitungsdruckes von Oberflächenfilmen weiterentwickelt wurde (LANGMUIR-Waage, Abb. 11.7). Der Trog wird mit reinem Wasser bis zum Rand gefüllt; die Wasseroberfläche wird auf der einen Seite durch eine feste und auf der anderen Seite durch eine bewegliche Schranke begrenzt. Die feste Schranke, die z.B. aus einem Glimmerstreifen oder aus paraffiniertem Papier bestehen kann, schwimmt auf der Wasseroberfläche, gehalten von einem Torsionsdraht. An beiden Enden dieser Schranke befinden sich Streifen von Platinfolie oder paraffinierte Fäden, die auf der Wasseroberfläche liegen und die Enden der Schranke mit den Seiten des Troges verbinden; auf diese Weise wird ein Lecken des Oberflächenfilms durch die Seiten der Schranke hindurch vermieden. Die bewegliche Schranke ruht auf den Seiten des Troges, liegt aber ebenfalls flach auf der Wasseroberfläche. Weitere bewegliche Schranken werden zum »Sauberfegen« der Oberfläche verwendet.

Zur Messung des Oberflächendruckes bringt man eine winzige Menge des unlöslichen Stoffes auf die reine Wasseroberfläche. Zur gleichmäßigeren Verteilung, insbesondere bei festen Stoffen, löst man die Probe in einem flüchtigen Lösemittel auf. So kann man einen Tropfen einer benzolischen Lösung von Stearinsäure auf die Wasseroberfläche bringen; das Benzol verdampft rasch und hinterläßt einen Film von Stearinsäure. Anschließend verschiebt man die bewegliche Schranke um definierte Strecken auf die feste Schranke zu. Letztere wird, da sie ja nicht fest verankert ist, bei jeder Verschiebung unter dem Druck des zweidimensionalen Oberflächenfilms etwas zurückgeschoben, kann jedoch durch Drehungen am Torsionsdraht wieder in ihre ursprüngliche Stellung gebracht werden. Die hierfür aufzuwendende Kraft kann an einer kalibrierten Kreisskala abgelesen werden. Wenn man diese Kraft durch die Breite der schwimmenden Schranke dividiert, dann erhält man die Kraft pro Längeneinheit, den *Oberflächendruck*.

Diese Definition des Oberflächendruckes ist lediglich eine andere Weise, die Verringerung der Oberflächenspannung durch den Oberflächenfilm auszudrücken. Auf der einen Seite der Schranke haben wir eine reine Wasseroberfläche mit der Spannung γ_0, auf der anderen Seite eine Wasseroberfläche, die bis zu einem gewissen Grad mit Stearinsäuremolekeln bedeckt ist; letztere hat die kleinere Oberflächenspannung γ. Der Oberflächendruck p ist einfach gleich der Änderung der Oberflächenspannung mit umgekehrten Vorzeichen:

$$p = -\Delta\gamma = \gamma_0 - \gamma \qquad [11.23]$$

Der Verlauf der mit der Filmwaage gemessenen p-$\mathscr{A}$-Isothermen (Abhängigkeit des Oberflächendruckes von der Größe der Oberfläche) hängt von der Natur der gespreiteten Substanz und von der gewählten Versuchstemperatur ab. Manchmal verhält sich der Oberflächenfilm wie ein zweidimensionales Gas, manchmal wie eine zweidimensionale Flüssigkeit oder ein Festkörper. Außerdem gibt es noch andere Arten von Monoschichten, für die es kein genaueres Analogon in der dreidimensionalen Welt gibt. Sie können jedoch als gut abgegrenzte Oberflächenphasen betrachtet werden, da sie charakteristische Unstetigkeitsstellen im p-$\mathscr{A}$-Diagramm verursachen. Abb. 11.8 zeigt eine Anzahl von p-$\mathscr{A}$-Isothermen.

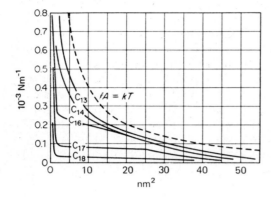

Abb. 11.8 Kraft-Flächen-Diagramm (p-$\mathscr{A}$-Isothermen) bei niedrigen Filmdrücken für verschiedene geradkettige aliphatische Fettsäuren auf Wasser.

Wenn sich ein Oberflächenfilm wie ein ideales zweidimensionales Gas verhält, dann können wir in Analogie zu der Beziehung für ein dreidimensionales ideales Gas, $PV = nRT$, schreiben:

$$p\mathscr{A} = n^\sigma RT \qquad [11.24]$$

Wenn wir den Begriff der bei monomolekularer Belegung unbedeckten Fläche b^σ einführen – ein zweidimensionales Analogon des VAN-DER-WAALSschen Covolumens b –, dann erhalten wir eine korrigierte Zustandsgleichung für das zweidimensionale Gas:

$$p(\mathscr{A} - n^\sigma b^\sigma) = n^\sigma RT \qquad [11.25]$$

10. Struktur von Oberflächenfilmen

Die Form einer p-$\mathscr{A}$-Isotherme, die man beim Spreiten einer organischen Verbindung auf eine Wasseroberfläche beobachtet, hängt von der Struktur der Verbindung ab. Es ist jedoch nicht einfach, aus einer solchen Isotherme die genaue Konformation und die Packung der Molekeln in der Oberflächenschicht abzuleiten. Bei Molekeln mit polaren Endgruppen und langen Kohlenwasserstoffketten ragt das hydrophile Ende ins Wasser, die hydrophobe Kette in die Luft. Zu diesem Schluß kam LANGMUIR aufgrund seiner frühen Beobachtung, daß die von einer Molekel eingenommene Oberfläche für dichtgepackte Filme aller normalen Fettsäuren von C_{14} bis C_{18} gleich groß war, nämlich etwa 0,20 nm².

Abb. 11.9a zeigt die p-$\mathscr{A}$-Isothermen von Stearinsäure und n-Hexatriacontansäure ($C_{35}H_{71}COOH$) im Vergleich zu der von Isostearinsäure. Wenn man den steilen,

Struktur von Oberflächenfilmen

linearen Abschnitt der p-$\mathscr{A}$-Kurve, der mit der Kompression einer dichtgepackten Oberflächenschicht zusammenhängt, bis $p = 0$ extrapoliert, dann erhält man für die beiden geradkettigen Säuren als Schnittpunkt mit der Abszisse etwa denselben Flächenbedarf pro Molekel (0,20 nm²). Dieser ist für die Säure mit einer einzelnen Verzweigung am Ende der Kohlenwasserstoffkette wesentlich größer (etwa 0,32 nm²). Abb. 11.9b zeigt die Struktur dieser Molekeln in einer Orientierung zur Oberfläche, die bei der dichtesten Packung auftritt. Zum Vergleich sind auch die Ergebnisse mit Tri-p-kresylphosphat gezeigt.

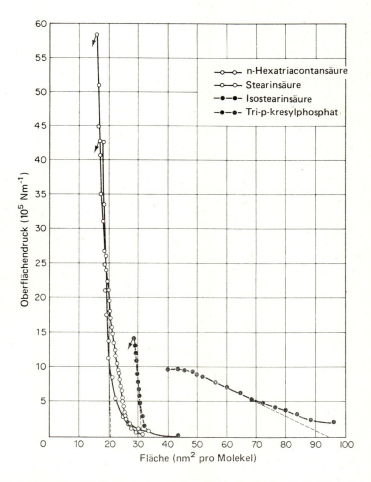

Abb. 11.9a Abhängigkeit des Oberflächendruckes von der Größe der Oberfläche für gespreitete Oberflächenfilme von 4 verschiedenen Stoffen. Die Grenzdrücke, bei denen sich die Molekeln übereinanderschieben, sind durch kleine Pfeile gekennzeichnet; der Schnittpunkt der gestrichelten Extrapolationsgeraden mit der Abszisse zeigt den Flächenbedarf für eine einzelne Molekel in der Oberfläche an. Je steiler die Kurve ist, um so geringer ist die Kompressibilität des Films. Ein Film aus Tri-p-kresylphosphat schiebt sich nicht plötzlich, sondern allmählich übereinander.

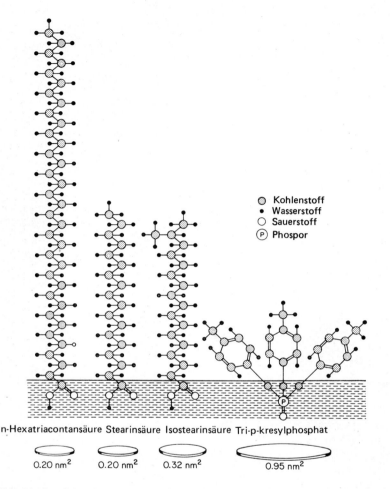

Abb. 11.9b Orientierung organischer Molekeln mit polarer Endgruppe und unpolarem Kohlenwasserstoffrest an einer Wasseroberfläche; letzterer ragt in die Luft. Die 4 Molekeln sind (von links nach rechts): n-Hexatriacontan, Stearinsäure, Isostearinsäure und Tri-p-kresylphosphat. Die von jeweils 1 Molekel eingenommene Fläche auf der Wasseroberfläche ist jeweils unter dem Molekelsymbol angegeben.

Diese monomolekularen Filmstrukturen sind mit den Strukturen von Seifenfilmen eng verwandt. Wenn eine Seifenlamelle immer dünner wird, dann verliert sie plötzlich ihre Interferenzfarben (»schwarzer Film«). Die Grenzdicke für solche Lamellen aus einer Lösung von Natriumstearat beträgt etwa 5,0 nm. Dies ist etwa die doppelte Länge der völlig gestreckten Molekel; als plausibelste Struktur des Filmes darf man eine doppelte Reihe von Molekeln annehmen, bei der die polaren Endgruppen, vermutlich über eine Wasserschicht, miteinander verknüpft sind, während die unpolaren Ketten nach außen schauen (Abb. 11.10a).

Dynamische Eigenschaften von Grenzflächen

Eine sehr interessante Anwendung der Untersuchungen an Oberflächenfilmen stammt von GORTER und GRENDEL (1925). Diese Forscher fanden, daß die aus den Membranen roter Blutkörperchen extrahierten Lipide auf Wasser eine dichteste Schicht bilden, deren Dicke etwa halb so groß ist wie die der Membran selbst. Wenn wir mit LANGMUIR annehmen, daß diese Lipidschicht monomolekular ist, dann muß die Membran im wesentlichen aus einer Doppelschicht von Lipidmolekeln bestanden haben, wahrscheinlich mit irgendeinem Protein an beiden

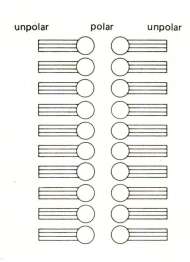

Abb. 11.10a   Seifenfilm minimaler Dicke und maximaler Packung

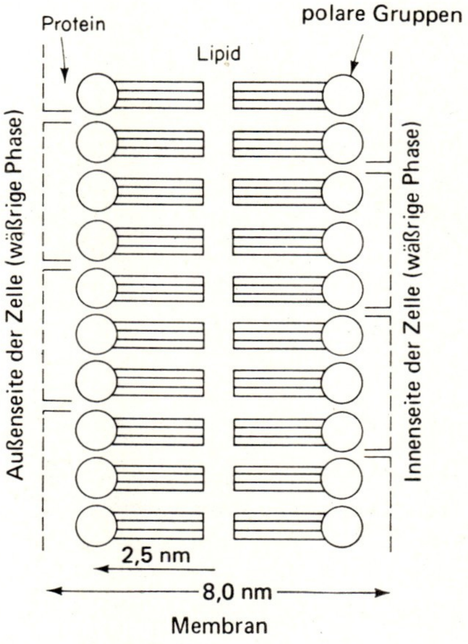

Abb. 11.10b   Das »paucimolekulare« Modell einer Zellmembran

Oberflächen. Auf der Grundlage dieser Arbeit und mit Werten über die ungewöhnlich niedrige Oberflächenspannung von Membranen kamen DAVSON und DANIELLI 1943 zu einem Modell für die äußeren Membranen tierischer Zellen, das schematisch Abb. 11.10b zeigt. Dieses Modell fand die allgemeine Zustimmung der Biologen, wird gegenwärtig aber stark angegriffen, hauptsächlich wegen des elektronenmikroskopischen Befundes, daß die Mikrostruktur der Membranen auch dann noch erhalten bleibt, wenn die Hauptmenge der Lipide extrahiert worden war. Nach diesen neueren Untersuchungen bilden Membranproteine ein Raumnetz, in dessen Zwischenräumen die Lipide festgehalten werden.

11. Dynamische Eigenschaften von Grenzflächen

Wenn wir die Oberflächenspannung γ einer Lösung gleich nach dem Abheben der Oberflächenschicht durch ein MCBAIN-Mikrotom messen könnten, dann würden wir einen Wert finden, der sich vom Gleichgewichts- odei statischen Wert unterscheidet. Die Ursache dieses Effekts ist augenscheinlich: Es braucht eine gewisse Zeit, bis sich eine Grenzschicht durch Diffusion des gelösten Stoffes aus dem Innern der Lösung an die Grenzfläche gebildet hat. Eine rein *dynamische Grenzflächenspannung* würden wir beobachten, wenn die GIBBSsche Grenzflächenadsorption für alle Komponenten $\Gamma_{i,1} = 0$ wäre, wenn also die Lösung in der Grenzfläche dieselbe Zusammensetzung hätte wie im Innern. Die dynamische Grenzflächenspannung spielt eine bedeutende Rolle in der Theorie der Geschwindigkeitskonstanten von Grenzflächenprozessen. Letztere beschäftigt sich mit solch hochinteressanten Phänomenen wie oszillierenden »Jets«, dem Auftreffen von Jets auf Oberflächen sowie mit Oberflächenwellen. Eine andere wichtige dynamische Eigenschaft ist die Grenzflächenviskosität. Der belgische Physiker PLATEAU untersuchte die Dämpfung der Schwingungen von Kompaßnadeln, die auf Flüssigkeitsoberflächen schwammen oder in Flüssigkeiten eingetaucht waren; hierbei beobachtete er 1869 einen Unterschied zwischen den Viskositäten an der Oberfläche und im Innern der Flüssigkeiten. Wenn ein Oberflächenelement $dx\,dy$ in seiner Ebene xy mit einer Geschwindigkeit $u(y)$ in x-Richtung fließt, dann erfährt es von den benachbarten Molekelschichten eine Reibungskraft (Reibungswiderstand) F_r, für die die folgende Beziehung gilt:

$$F_r = \eta^\sigma \frac{du}{dy} dx\,dy$$

Hierin ist η^σ der Koeffizient der Oberflächenviskosität (4-24).
Für die Untersuchung von Monoschichten sind Messungen der Grenzflächenviskosität sehr wichtig, da Änderungen im Wert von η^σ ein Anzeichen für Phasenübergänge in Grenzflächen sind. Auch molekulare Wechselwirkungen in Filmen von Proteinen und Proteolipiden spiegeln sich in den Werten von η^σ; es ist gut möglich, daß man durch solche Messungen den Schlüssel zu wichtigen Faktoren bei der Bildung natürlicher Membranen erhält. Bis jetzt gibt es jedoch noch keine eingehende molekulare Theorie der Oberflächenviskosität. Dieses Problem ist noch schwieriger als die Berechnung einer Gleichgewichtseigenschaft wie der Oberflächenspannung, und eine befriedigende Lösung dieses Problems ist noch nicht in Sicht.
Bei reinen Flüssigkeiten konnte noch keine Oberflächenviskosität η^σ beobachtet werden, die sich von der Viskosität η des Flüssigkeitsinnern unterschieden hätte. Die von PLATEAU beobachteten Effekte waren, wie sich später herausstellte, auf die Adsorption gelöster Verunreinigungen an der Oberfläche zurückzuführen. Der italienische Physiker MARANGONI zeigte zum ersten Mal, daß eine Kompaßnadel, die sich auf einer Flüssigkeitsoberfläche bewegt, eine reingefegte Oberfläche mit der Oberflächenspannung γ_2 hinter sich läßt; wie die bewegliche Schranke der LANGMUIR-Waage schiebt die Kompaßnadel die an der Oberfläche adsorbierten Stoffe vor sich her und erhöht damit deren Oberflächenkonzentration; die Fläche vor der Nadel hat dann eine Oberflächenspannung von γ_1 (Abb. 11.11). Es ist also $\gamma_1 < \gamma_2$, und die Bewegung der Nadel wird durch den resultierenden Oberflächendruck gedämpft. Dieser MARANGONI-Effekt stabilisiert Filme und Grenz-

flächen gegen Deformationen, die mit einer Änderung der Flächenausdehnung verbunden sind. Durch diesen Effekt läßt sich meist auch die Ausdehnungsviskosität von Oberflächenfilmen erklären (diese Art der Viskosität unterscheidet sich von der zuvor diskutierten Scherviskosität).

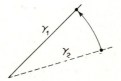

Abb. 11.11 »Fegen« einer Oberfläche durch eine schwimmende Nadel (MARANGONI-Effekt). Während sich die Nadel im Gegenuhrzeigersinn bewegt, hinterläßt sie eine gereinigte Oberfläche mit $\gamma_2 > \gamma_1$.

Viele faszinierende dynamische Oberflächenphänomene lassen sich auf solche lokale Unterschiede in der Oberflächenspannung zurückführen. Klassische Beispiele sind der Camphertanz, bei dem ein kleines Kriställchen aus Campher in Zickzackbewegungen über die Wasseroberfläche saust, und die »Tränen«, in denen starker Wein nach dem Neigen des Glases an den Wandungen herunterrinnt. Auch bei biologischen Transportvorgängen spielen Bewegungen durch Unterschiede in der Oberflächenspannung eine Rolle, so beim Transport von Bakterien oder subzellulären Einheiten in Geweben, bei der Pinozytose und Phagozytose (Transport größerer Teilchen in eine Zelle durch Einstülpung und anschließende Abschnürung der Zellmembran) und dem entgegengesetzten Vorgang; vielleicht läßt sich auch das Verhalten der Schleimabsonderungen in der Lunge durch ein solches Grenzflächenphänomen erklären. Bei solchen biologischen Systemen sorgen die Grenzflächen zwischen Zellmembranen aus Proteolipiden und dem Zytoplasma für die Möglichkeit solcher dynamischer Effekte der Grenzflächenspannung.

12. Adsorption von Gasen an Festkörpern

Die experimentellen Methoden zur Untersuchung der Adsorption in heterogenen Systemen aus Gas und Festkörper unterscheiden sich so stark von denen bei Systemen aus Gas und Flüssigkeit, daß man meinen könnte, es mit zwei ganz verschiedenen Disziplinen zu tun zu haben; dennoch gilt für beide Phänomene dieselbe thermodynamische Theorie. Einen gebräuchlichen volumetrischen Apparat zur Messung spezifischer Oberflächen zeigt Abb. 11.12. Das zu adsorbierende Gas (Adsorbendum) befindet sich in einer Gasbürette, der Druck wird mit einem Manometer gemessen. Das Adsorbens befindet sich in einem evakuierten, thermostatisierten Probengefäß, das durch einen Hahn von der Bürette getrennt ist. Alle Volumina in diesem Apparat müssen zuvor bestimmt werden. Wenn man nun dem Gas den Weg zum adsorbierenden Festkörper öffnet, dann stellt sich ein Adsorptionsgleichgewicht ein. Die adsorbierte Menge läßt sich aus der Druckdifferenz bestimmen. Durch eine Meßreihe bei verschiedenen Ausgangsdrücken kann man die Adsorptionsisotherme bestimmen.

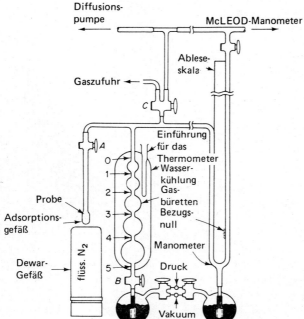

Abb. 11.12 Apparat zur Messung spezifischer Oberflächen von Festkörpern durch Adsorption von Stickstoff bei 78 K.

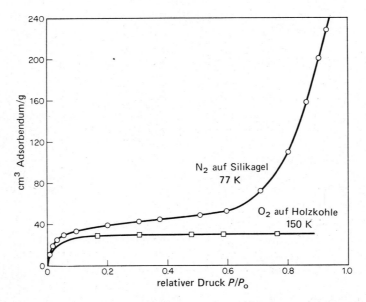

Abb. 11.13 Beispiele für Physisorption (N_2 auf Silikagel bei 77 K) und Chemisorption (O_2 auf Holzkohle bei 150 K); Adsorptionsisothermen. Die Druckskala für O_2 ist auf das Zehnfache gedehnt (Bereich von 0 bis 0,1).

Abb. 11.13 zeigt zwei Isothermen dieser Art. Statt des Druckes ist auf der Abszisse der relative Druck P/P_0 abgetragen; hierin bedeutet P_0 den Dampfdruck des Adsorbats bei der für den Versuch gewählten Temperatur. Diese Isothermen illustrieren zwei grundsätzlich verschiedene Arten des Adsorptionsverhaltens. Das System Stickstoff/Silikagel bei 77 K ist ein Beispiel für *physikalische Adsorption (Physisorption)*; ein Beispiel für chemische Absorption oder *Chemisorption* ist das System Sauerstoff/Holzkohle bei 150 °K.

Physikalische Adsorption kommt durch die Wirkung von Kräften zwischen der Oberfläche des Festkörpers und den Molekeln des Adsorbendums zustande. Diese Kräfte ähneln den zwischen Molekeln herrschenden VAN-DER-WAALSschen Kräften. Sie sind nicht gerichtet und relativ unspezifisch. Sie führen letzten Endes zur Kondensation des Dampfes, also zur Bildung einer flüssigen Phase, wenn $P = P_0$ wird. Die mit der Adsorption verknüpfte Adsorptionsenthalpie liegt im Bereich von $300 \cdots 3000$ J · mol^{-1}, also in der Größenordnung der Kondensationsenthalpie von Dämpfen. Die adsorbierte Menge nimmt mit zunehmenden Werten von P/P_0 rasch zu und führt endlich zu einem Kondensationsvorgang an der Oberfläche. Schon bevor eine eigentliche Kondensation zu beobachten ist (gewöhnlich bei relativen Drücken von etwa 0,8), bilden sich Mehrfachschichten des Adsorbendums auf der Oberfläche aus. Eine physikalische Adsorption ist im allgemeinen reversibel; wenn man also den Druck über der Grenzfläche verringert, dann verläuft die Desorption des Gases entlang derselben Isothermen. Eine Ausnahme von dieser Regel ist zu beobachten, wenn das Adsorbens viele feine Poren oder Kapillaren enthält.

Der Dampfdruck über Flüssigkeiten mit konvexer Oberfläche (Tropfen) ist größer als der über einer ebenen Fläche; umgekehrt herrscht über konkaven Oberflächen ein geringerer Dampfdruck. Den quantitativen Zusammenhang zwischen Krümmungsradius und Dampfdruck gibt die KELVINsche Gleichung. Eine Konsequenz hiervon ist, daß Kondensation in Kapillaren erleichtert wird, die Evaporation aus Kapillaren heraus jedoch erschwert. Beim Auftreten von Kapillarkondensation zeigt die Adsorptionsisotherme bei der Desorption eine Hysterese.

Die *Chemisorption* ist im Gegensatz zur physikalischen Adsorption das Ergebnis wesentlich stärkerer Bindekräfte, die in ihrer Stärke mit der chemischer Bindungen verglichen werden kann. Eine solche Absorption kann als die Bildung einer Oberflächenbindung betrachtet werden. Die Oberflächenenergien reichen in diesem Falle von etwa 40 kJ · mol^{-1} bis 400 kJ · mol^{-1}. Bei tiefen Temperaturen ist die Chemisorption selten reversibel. Wenn ein chemisorbiertes Gas überhaupt entfernt werden kann, dann muß die feste Phase im Hochvakuum auf höhere Temperaturen erhitzt werden. Oft gewinnt man bei dieser Operation nicht das Gas zurück, was zuvor chemisorbiert worden war. So läßt sich der bei 150 K an Holzkohle chemisorbierte Sauerstoff nur noch teilweise desorbieren; beim Erhitzen und Abpumpen entsteht Kohlenmonoxid. Andererseits kann der an Nickel oder Platinmetalle chemisorbierte Wasserstoff durch Desorption wiedergewonnen werden; dieser Vorgang muß als umkehrbare Grenzflächenreaktion aufgefaßt werden. Die Chemisorption kann nicht weiter als bis zur vollständigen Belegung der Oberfläche mit einer Monoschicht gehen. Manchmal bildet sich dann noch eine physikalisch adsorbierte Schicht auf der darunter liegenden Chemisorptionsschicht. Außerdem kann es sein, daß dasselbe System bei einer Temperatur Physisorption und bei einer anderen, höheren Temperatur Chemisorption zeigt. So wird Stickstoff auf Eisen bei 78 K physisorbiert und bei 800 K chemisorbiert; im letzteren Falle bildet sich als Oberflächenverbindung ein Eisennitrid. Chemisorption spielt eine sehr große Rolle bei der heterogenen Katalyse.

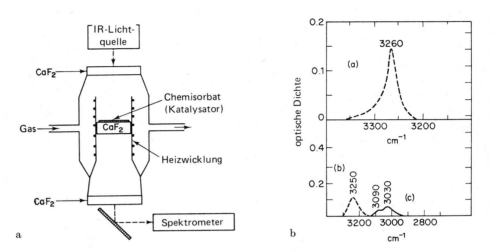

Abb. 11.14a Zelle für die Untersuchung des IR-Spektrums chemisorbierter Gase.
Abb. 11.14b CH-Streckschwingung des Acetylens: **(a)** in gelöstem Zustand; **(b)** auf porösem Quarzglas adsorbiert; **(c)** chemisorbiert auf porösem Quarzglas mit Palladiumüberzug.

Der direkteste Weg zur Unterscheidung der physikalischen Adsorption von der Chemisorption besteht in der Untersuchung der Infrarotspektren der adsorbierten Molekeln. Abb. 11.14b zeigt als Beispiel die IR-Spektren von Acetylen, einmal in Lösung und zum Vergleich adsorbiert an Silikagel und an einen Palladiumüberzug auf Silikagel. Das an Silikagel adsorbierte Acetylen zeigt eine CH-Streckschwingung, die nur um 10 cm^{-1} gegenüber der entsprechenden Schwingung des gelösten Acetylens nach längeren Wellen verschoben ist. Das an Palladium chemisorbierte Acetylen zeigt ein völlig verschiedenes Spektralverhalten: Die CH-Streckschwingung ist unter Aufspaltung in 2 Komponenten um rund 200 cm^{-1} ins Langwellige gerückt (Schwächung der C—H-Bindung). Diese Beobachtung spricht eindeutig für Chemisorption.

13. Die LANGMUIRsche Adsorptionsisotherme

Die erste quantitative Theorie der Adsorption von Gasen an Festkörpern stammt von IRVING LANGMUIR (1916), der für diese Theorie die folgenden Annahmen machte:

1. Die feste Oberfläche enthält eine bestimmte Anzahl von Adsorptionsstellen. Für jeden Gasdruck stellt sich bei konstanter Temperatur ein Adsorptionsgleichgewicht ein, unter dem der Bruchteil θ der Adsorptionsstellen in der Oberfläche durch die Molekeln des Gases besetzt ist, während ein Bruchteil $1 - \theta$ frei geblieben ist.
2. Jede Adsorptionsstelle kann nur eine Molekel festhalten.
3. Die Adsorptionsenthalpie ist für alle Adsorptionsstellen gleich und hängt nicht vom Wert für θ ab.
4. Zwischen den adsorbierten Molekeln bestehen keine Wechselwirkungen. Die Wahrscheinlichkeit, mit der eine Molekel adsorbiert wird oder wieder desorbiert, hängt nicht davon ab, ob die benachbarten Adsorptionsstellen besetzt sind oder nicht.

Wir können nun die LANGMUIRsche Adsorptionsisotherme aus einer kinetischen Betrachtung des Adsorptions- und Desorptionsvorganges der Gasmolekeln an der Oberfläche des Festkörpers ableiten. Wenn wir unter θ den Bruchteil der Oberfläche verstehen, der zu irgendeinem Zeitpunkt von adsorbierten Molekeln bedeckt ist, dann ist die Desorptionsgeschwindigkeit der Molekeln proportional diesem Bruchteil, also gleich $k_d \theta$; hierin ist k_d die Desorptionskonstante ($T = \text{const}$). Umgekehrt ist die Adsorptionsgeschwindigkeit der Molekeln an der Oberfläche proportional der noch freien Oberfläche $1 - \theta$ und ebenso proportional der Häufigkeit, mit der die Molekeln auf die Oberfläche stoßen. Diese Stoßhäufigkeit ist direkt proportional dem Gasdruck. Die Adsorptionsgeschwindigkeit bei konstanter Temperatur ist also gleich $k_a P (1 - \theta)$. Das Gleichgewicht ist erreicht, wenn die Adsorptions- gleich der Desorptionsgeschwindigkeit geworden ist:

$$k_d \theta = k_a P (1 - \theta)$$

Für den Bruchteil der von Molekeln besetzten Oberfläche erhalten wir daher:

$$\theta = \frac{k_a P}{k_d + k_a P} = \frac{bP}{1 + bP} \qquad [11.26]$$

Hierin ist $b = k_a/k_d$; man nennt diese Konstante den *Adsorptionskoeffizienten*. Abb. 11.15a zeigt die LANGMUIRsche Adsorptionsisotherme [11.26]. Manchmal ist es vorteilhafter, diese Beziehung in der folgenden Form zu verwenden:

$$\frac{1}{\theta} = 1 + \frac{1}{bP} \qquad [11.27]$$

Abb. 11.15b zeigt die Isothermen für O_2 und CO an Quarzpulver; die genau linearen Beziehungen zwischen $1/V$ und $1/P$ zeigen, daß die LANGMUIRsche Isotherme für diese beiden Fälle gut erfüllt ist.

Zwei Grenzfälle der LANGMUIRschen Isotherme sind oft von besonderem Interesse. Bei sehr kleinen Drücken oder kleinem Adsorptionskoeffizienten ist $bP \ll 1$; in diesem Falle gilt:

$$\theta = bP$$

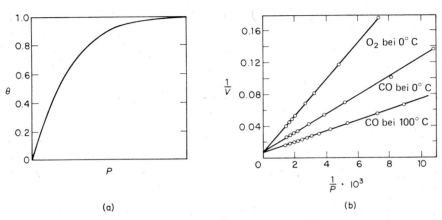

Abb. 11.15 (a) LANGMUIRsche Adsorptionsisotherme. (b) Adsorption von Gasen auf Quarz, abgetragen gemäß [11.27].
Als adsorbiertes Volumen wurde der Wert in cm³ unter 1 atm/g Adsorbens eingesetzt; der bei der Messung herrschende Druck wurde in Torr angegeben. [E. C. MARKHAM, A. F. BENTON, J. Am. Chem. Soc. 53 (1931) 497.]

Im Bereich niederer Drücke ist die Adsorptionsisotherme tatsächlich linear (Abb. 11.15a). Bei sehr hohen Drücken oder einem sehr großen Adsorptionskoeffizienten ist $bP \gg 1$; für diesen Fall gilt:

$$1 - \theta = \frac{1}{bP}$$

Diese Beziehung gilt für den flachen oberen Bereich der Isothermen bei hohen Drücken; in diesem Falle ist der Bruchteil der unbedeckten Oberfläche umgekehrt proportional dem Gasdruck. Ein Grenzwert wird erreicht, wenn bP so groß geworden ist, daß man in [11.26] die additive Größe 1 vernachlässigen kann. Es ist dann $\theta = 1$: Die Oberfläche ist vollständig mit adsorbierten Molekeln bedeckt.

14. Adsorption an uneinheitlichen Oberflächen

Auch eine hochpolierte feste Oberfläche ist im atomaren Maßstab noch rauh. Die Untersuchung der Spaltfläche von Kristallen durch die feinsten optischen Methoden zeigt terrassenähnliche Oberflächen. Die Art der photoelektrischen oder thermionischen Emission von Metallen zeigt, daß deren Oberfläche aus einer »Flickendecke« von Flächen mit verschiedenen Arbeitsfunktionen besteht. Kristalle im Gleichgewicht mit ihrem Dampf oder mit der gesättigten Lösung wachsen oft nach einem Mechanismus, den F. C. FRANK aufgeklärt hat: Neue Atome oder Molekeln werden nicht auf den ebenen Flächen, sondern an Unebenheiten dieser Oberfläche abgelagert, welche von Versetzungen in der Kristallstruktur hervorgerufen wurden. Eine solche durch Spiralwachstum entstandene Struktur ist eine Abbildung en miniature des Babylonischen Turmes (Abschn. 21-23).

Die molare Adsorptionsenthalpie nimmt oft mit zunehmender Oberflächenbedeckung stark ab. Einige typische Versuchsergebnisse zeigt Abb. 11.16. Dieser Effekt ist offensichtlich auf eine uneinheitliche Oberfläche zurückzuführen. Diese Uneinheitlichkeit kann nun allerdings entweder von vornherein bestehen, also auf eine Verschiedenartigkeit der Adsorptionsstellen zurückzuführen sein, oder aber erst beim eigentlichen Adsorptionsvorgang entstehen, nämlich durch die Abstoßungskräfte zwischen den adsorbierten Atomen oder Molekeln. Diese Abstoßungskräfte durch eine partiell bedeckte Oberfläche können besonders groß werden, wenn die Bindung zwischen dem Adsorbendum und der Oberfläche teilweise ionischen Charakter besitzt; in diesem Falle nimmt die Adsorptionsenthalpie bei dichterer Bedeckung besonders stark ab.

Die Ableitung der LANGMUIRschen Adsorptionsisotherme beruht auf der Annahme gleichartiger Adsorptionsstellen bei beliebiger Flächenbedeckung; angesichts der Uneinheitlichkeit wirklicher Oberflächen ist es also nicht über-

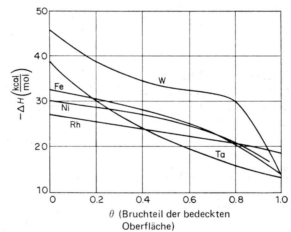

Abb. 11.16 Adsorptionsenthalpie des Wasserstoffs an reinen Metalloberflächen. [O. BEECK, *Disc. Faraday Soc.* **8** (1950) 118.]

raschend, daß insbesondere Systeme mit starker Adsorption diesem Gesetz nicht mehr gehorchen. In besonderen Fällen hat sich die empirisch gefundene FREUNDLICHsche Adsorptionsisotherme besser bewährt:

$$\theta = K_F P^{1/m} \qquad [11.28]$$

Hierin bedeutet K_F eine Konstante, außerdem ist $m \geq 1$. (Der Grenzfall $m = 1$ gilt für kleine Werte von $K_F P$.) Es kann gezeigt werden, daß [11.28] für eine nicht einheitliche Oberfläche gilt, bei der die Adsorptionswärme q_a mit $\log \theta$ abnimmt. Experimentell beobachtet man recht häufig einen linearen oder nahezu linearen Abfall von q_a mit θ:

$$q_a = q_a^0 (1 - \alpha \theta)$$

Dieser Abhängigkeit von q_a von der Bedeckungsdichte entspricht die TEMKINsche Isotherme:

$$\theta = \frac{RT}{q_a^0 \alpha} \ln (A_0 P) \qquad [11.29]$$

Hierin sind α und A_0 spezifische Konstanten für das jeweilige System bei konstanter Temperatur. Systeme, die Chemisorption zeigen, gehorchen häufig der

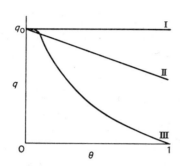

Abb. 11.17 Abhängigkeit der Adsorptionswärme (q) von der Flächenbedeckung (θ) gemäß verschiedenen Adsorptionsisothermen. I. LANGMUIR; II. TEMKIN; III. FREUNDLICH.

TEMKINschen Isotherme (z.B. die Chemisorption des Stickstoffs oder Wasserstoffs an Eisen). Abb. 11.17 zeigt die Abhängigkeit der Adsorptionsenthalpie von der Oberflächenbedeckung für die drei verschiedenen, in diesem Kapitel diskutierten Adsorptionsisothermen.

15. Grenzflächenkatalyse (heterogene Katalyse)

Viele Reaktionen zeigen in homogener Phase eine höhere Aktivierungsenergie, verlaufen also langsamer als an bestimmten Grenzflächen. Das früheste Beispiel einer *Kontaktkatalyse* ist die Dehydrierung von Alkoholen durch Metalle (VAN MARUM, 1796). DAVY und DÖBEREINER untersuchten 1817 das Aufglühen bestimmter Metalle in einer Mischung aus Luft und brennbaren Gasen; eine gewisse Berühmtheit erlangte das DÖBEREINERsche Feuerzeug aus Wasserstoff und Platinmohr. Eingehender beschäftigte sich FARADAY 1825 mit der katalytischen Vereinigung von Wasserstoff und Sauerstoff; diese Untersuchungen legten den Grund für das Forschungsgebiet der Heterogenkinetik.

Ein interessantes Beispiel ist die Bromierung des Äthylens: $C_2H_4 + Br_2 \rightarrow C_2H_4Br_2$. Diese Reaktion verläuft recht glatt in einem Glasgefäß bei 200 °C. Man hielt sie zunächst für eine gewöhnliche homogene Reaktion; es wurde allerdings beobachtet, daß die Reaktionsgeschwindigkeit in kleineren Reaktionsgefäßen größer war. Wenn man nun das Reaktionsgefäß vollpackt mit Glasröhren oder Glasperlen, dann steigt die Reaktionsgeschwindigkeit ganz beträchtlich an. Dies ist ein Beweis dafür, daß die Reaktion oberflächenkatalysiert ist. Diese Methode wird häufig zum Nachweis der Heterogenkatalyse verwendet.

Grenzflächenkatalyse (heterogene Katalyse)

Die Heterogenkatalyse ist oft recht spezifisch; ein Beispiel hierfür ist der thermische Zerfall der Ameisensäure. Wenn man dampfförmige Ameisensäure durch ein erhitztes Glasrohr leitet, dann beobachtet man zu etwa gleichen Teilen zwei Parallelreaktionen, Dehydratisierung und Dehydrierung:

(1) $HCOOH \rightarrow H_2O + CO$

(2) $HCOOH \rightarrow H_2 + CO_2$

Wenn man das Rohr mit Al_2O_3 füllt, dann tritt nur die Reaktion 1 auf; mit ZnO ist nur die Reaktion 2 zu beobachten. Wegen der unterschiedlichen Natur der Chemisorbate an verschiedenen Oberflächen kann es also zu völlig verschiedenen Reaktionsmechanismen und unterschiedlichen Reaktionsprodukten kommen. Eine kontaktkatalytische Reaktion verläuft gewöhnlich nach dem folgenden Mechanismus:

(1) Diffusion der Ausgangsstoffe an die Oberfläche.
(2) Chemisorption der Ausgangsstoffe an der Oberfläche.
(3) Chemische Reaktion der chemisorbierten Stoffe untereinander oder mit nachgelieferten Ausgangsstoffen.
(4) Desorption der Reaktionsprodukte von der Oberfläche.
(5) Diffusion der Reaktionsprodukte in die homogene Phase hinein.

Dies ist im Prinzip eine Reaktionsfolge; wenn diese also einen besonders langsamen Schritt enthält, dann bestimmt dieser die Gesamtgeschwindigkeit der Reaktion. Die Schritte 1 und 5 verlaufen gewöhnlich schnell; sie können nur mit extrem aktiven Katalysatoren geschwindigkeitsbestimmend werden. Die Diffusionsgeschwindigkeit ist proportional $\sqrt{T}$, die chemische Reaktionsgeschwindigkeit ist proportional $e^{-E/RT}$. Wenn also eine katalysierte Reaktion mit zunehmender Temperatur nur wenig schneller wird, dann ist sie möglicherweise diffusionskontrolliert. Die Schritte 2 und 4 (Adsorption und Desorption) haben im allgemeinen größere Geschwindigkeitskonstanten als die eigentliche chemische Reaktion 3; man kennt allerdings Reaktionen, bei denen 2 und 4 die Gesamtgeschwindigkeit bestimmen. Normalerweise bestimmt jedoch die tatsächliche chemische Reaktion an der Grenzfläche (3) die Gesamtgeschwindigkeit. Dabei muß die Reaktion nicht notwendigerweise zwischen chemisorbierten Molekeln (die ja an der Oberfläche nicht sonderlich beweglich sind) stattfinden; es können auch Molekeln aus der flüssigen oder Gasphase mit der adsorbierten Spezies reagieren. Die Kinetik vieler Grenzflächenreaktionen kann aufgrund der folgenden Annahmen behandelt werden:

1. Der geschwindigkeitsbestimmende Schritt ist die chemische Reaktion der adsorbierten oder chemisorbierten Molekeln.
2. Die Reaktionsgeschwindigkeit pro Flächeneinheit ist proportional dem Bruchteil der von Molekeln bedeckten Oberfläche (θ).
3. Der Wert für θ ergibt sich aus einer LANGMUIRschen Adsorptionsisotherme.

16. Aktivierte Adsorption

Nicht selten ist der Potentialwall, den eine Molekel vor ihrer Adsorption überwinden muß, so klein, daß er vernachlässigt werden kann; in diesem Falle wird die Geschwindigkeit der Adsorption durch die Nachlieferungsgeschwindigkeit aus der Gasphase bestimmt. Manchmal kommt es jedoch auch vor, daß der Adsorptionsvorgang mit einer beträchtlichen Aktivierungsenergie E_a verknüpft ist. In diesem Falle kann die Geschwindigkeitskonstante für den Adsorptionsvorgang, $k_a = A \exp(-E_a/RT)$, so klein werden, daß sie die Gesamtgeschwindigkeit einer Grenzflächenreaktion bestimmt. Wir nennen den Adsorptionsmechanismus, der mit einer beträchtlichen Aktivierungsenergie verknüpft ist, eine *aktivierte Adsorption*.

Die Chemisorption von Gasen an Metalloberflächen benötigt gewöhnlich keine nennenswerte Aktivierungsenergie. Aus den Arbeiten von J. K. Roberts geht hervor, daß die Adsorption von Wasserstoff an sorgfältig gereinigten Metallfäden auch bei einer Temperatur von 25 K noch rasch vonstatten geht; hierbei bilden sich festhaftende Monoschichten adsorbierter Wasserstoffatome. Die gemessene Adsorptionsenthalpie entspricht dabei etwa der Bildungsenthalpie für kovalente Metall-Wasserstoff-Bindungen.

Eine wichtige Ausnahme von diesem Verhalten bildet die Adsorption von Stickstoff an einen Eisenkatalysator bei etwa 373 K. Dieser Vorgang verläuft langsam und ist offensichtlich eine aktivierte Adsorption; er scheint der geschwindigkeitsbestimmende Schritt bei der Synthese des Ammoniaks an diesen Katalysatoren zu sein. Wenn wir mit * eine aktive Stelle der Katalysatorenoberfläche bezeichnen, dann sind zwei bevorzugte Mechanismen für die Bildung teilhydrierter, chemisorbierter Zwischenstufen denkbar:

$$N_2 + 2* \rightarrow *N-N*$$
$$H_2 + 2* \rightarrow 2H*$$
$$*N-N* + 2H* \rightarrow 2HN* + 2*$$

oder

$$N_2 + 2* \rightarrow 2N*$$
$$N* + H* \rightarrow HN* + *$$

Die beiden Mechanismen unterscheiden sich dadurch, daß die Chemisorption des Stickstoffs im ersteren Falle nichtdissoziativ, im zweiten dissoziativ abläuft. Die Reaktion geht anschließend nach folgendem Schema zu Ende:

$$HN* + H* \rightarrow H_2N* + *$$
$$H_2N* + H* \rightarrow H_3N + 2*$$

Die Austauschreaktion $H_2 + D_2 \rightleftharpoons 2HD$ verläuft an der Katalysatoroberfläche auch bei der Temperatur des flüssigen Stickstoffs noch mit meßbarer Geschwindigkeit, vermutlich wegen der Dissoziation der H_2- und D_2-Molekeln in Atome; die

Chemisorption und Aktivierung des Wasserstoffs kann also bei der Hydrierung des Stickstoffs nicht der geschwindigkeitsbestimmende Schritt sein. Später wurde gefunden, daß sich die Wasserstoffatome im NH$_3$ an der Katalysatoroberfläche schon bei Zimmertemperatur gegen D$_2$ austauschen lassen. Dies zeigt an, daß auch die Hydriervorgänge rasch verlaufen und daher nicht geschwindigkeitsbestimmend sein können. Als einzig möglicher, geschwindigkeitsbestimmender Schritt bleibt demnach nur die aktivierte Chemisorption des N$_2$ übrig. Diese Vorstellung von einer langsamen katalytischen Aktivierung des Stickstoffs wurde noch gestützt durch die Messung der Adsorptionsgeschwindigkeit des Stickstoffs mit Hilfe einer Mikrowaage. Eine gewisse Schwierigkeit in der Deutung des Mechanismus der aktivierten Adsorption entstand jedoch durch die Beobachtung, daß die Chemisorption des N$_2$ durch die gleichzeitige Chemisorption des H$_2$ begünstigt wird. Bei der praktischen Synthese des Ammoniaks ist die Adsorptionsgeschwindigkeit des Stickstoffs etwa 10mal so groß wie die Bildungsgeschwindigkeit des Ammoniaks.

Eine neue Untersuchung dieses Mechanismus durch TAYLOR et al. ergab, daß die Hauptmenge des Stickstoffs an der Katalysatoroberfläche in der Form chemisorbierter NH-Molekeln (Imin) vorliegt. Dies wurde bei den oben formulierten Mechanismen berücksichtigt.

17. Statistische Mechanik der Adsorption

Die auf der Basis der statistischen Mechanik abgeleitete Theorie der isothermen Adsorption ist ein eindrucksvolles Beispiel dafür, wie die theoretische Behandlung eines bestimmten Vorganges auch auf andere Gebiete angewandt werden kann, hier nämlich auf Lösungen von Hochpolymeren, auf Phasenumwandlungen und auf den Ferromagnetismus. Abb. 11.18 zeigt das unseren Überlegungen zugrunde liegende eindimensionale Modell und die verwendeten Symbole. Dieses Modell besteht aus einer linearen Aneinanderreihung von Gitterplätzen, von denen einige

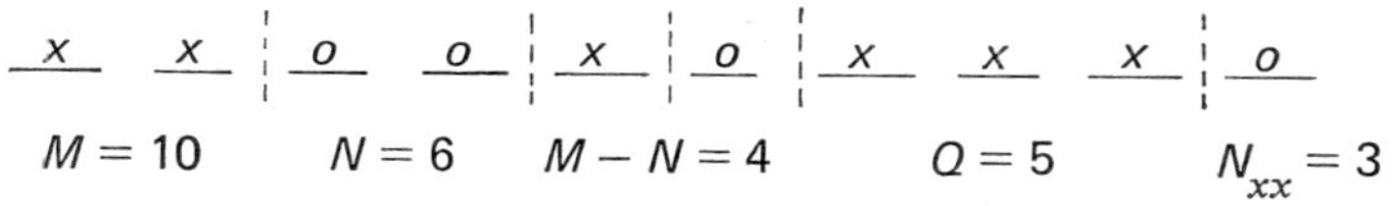

$$\underline{\quad \times \quad \quad \times \quad} \mid \underline{\quad o \quad \quad o \quad} \mid \underline{\quad \times \quad} \mid \underline{\quad o \quad} \mid \underline{\quad \times \quad \quad \times \quad \quad \times \quad} \mid \underline{\quad o \quad}$$

$M = 10 \qquad N = 6 \qquad M - N = 4 \qquad Q = 5 \qquad N_{xx} = 3$

Abb. 11.18 Schematischer Längsschnitt durch ein eindimensionales Gitter mit M Plätzen und N adsorbierten Molekeln. Besetzte Plätze werden mit ×, leere mit o gekennzeichnet. (Von den beiden endständigen Plätzen wird angenommen, daß sie ein o×-Paar bilden.)

besetzt, einige unbesetzt sind. Zwischen zwei unmittelbar benachbarten Gitterpunkten soll eine Wechselwirkungsenergie $U = w$ bestehen; weiter voneinander entfernte Molekeln sollen keine gegenseitigen Wechselwirkungen ausüben. Dieses Modell nennt man ein *eindimensionales Gasgitter*, da die an den Gitterplätzen sitzenden Atome ungehindert gegenseitige Platzwechselvorgänge durchführen können. Dieses statistische Problem wurde zuerst 1925 von ISING im Zusammenhang mit der Theorie des Ferromagnetismus diskutiert; in diesem Buch wird es in Abschnitt 6-11 beschrieben.

Unser Problem der eindimensionalen Anordnung macht die Aussagekraft der Methode der *kanonischen Gesamtheit* (kanonisches Ensemble) der statistischen Mechanik besonders deutlich. Da wir bei unserer Aufgabe eine *Wechselwirkung zwischen den Teilchen* zu berücksichtigen haben, könnten wir sie kaum durch die Methode der mikrokanonischen Gesamtheit (mikrokanonisches Ensemble) lösen. Wir wollen nun der von HILL gegebenen Ableitung folgen.

Eine Anordnung von N Molekeln auf M Gitterplätzen mit Q Paaren der Art ○× (○: unbesetzter Platz, ×: besetzter Platz) hat eine gesamte Wechselwirkungsenergie von

$$N_{\times\times} w = \left(N - \frac{Q}{2}\right) w$$

Nun sei $g(N, M, Q)$ das statistische Gewicht dieses Energiezustandes; es gibt also g verschiedene Möglichkeiten, N Molekeln auf M Plätzen so zu verteilen, daß Q Paare des Typs ○× entstehen.

Für die Verteilungsfunktion Z gilt dann nach [5.36]:

$$Z(N, M, T) = z^N \sum_Q g(M, N, Q) \exp\left[-\left(N - \frac{Q}{2}\right) w/kT\right]$$

$$= (z e^{-w/kT})^N \sum_Q g(M, N, Q) (e^{w/2 kT})^Q \qquad [11.30]$$

Hierin bedeutet z die Verteilungsfunktion für eine einzelne adsorbierte Molekel, anschließend summiert man über alle möglichen Werte von Q für gegebene Werte von M und N.

Wie verändert sich nun [11.30], wenn $w = 0$ ist, also keine Wechselwirkungsenergie zwischen den Molekeln zu berücksichtigen ist (LANGMUIRsches Modell der Adsorption)? Die Gesamtzahl der möglichen Anordnungen für vorgegebene Werte von M und N ist $\dfrac{M!}{N!(M-N)!}$ (Zahl der Permutationen von M Stellen, dividiert durch das Produkt aus der Zahl der Permutationen der besetzten Plätze und der Zahl der Permutationen der unbesetzten Plätze). Für den LANGMUIRschen Grenzfall erhalten wir daher aus [11.30]:

$$Z(N, M, T) = z^N \sum_Q g(M, N, Q) = z^N \frac{M!}{N!(M-N)!} \qquad [11.31]$$

Die Oberfläche $\mathscr{A}$ ist proportional der Zahl der Plätze M; wir können also schreiben: $d\mathscr{A} = \alpha \, dM$; hierin ist α ein Proportionalitätsfaktor. Wenn wir das chemische Potential μ pro Molekel einführen, dann erhalten wir aus [11.15]:

$$dG^\sigma = -S^\sigma dT + \gamma \, d\mathscr{A} + \Sigma\mu \, dN$$

Für die Grenzflächenphase sind die GIBBSsche und die HELMHOLTZsche freie Energie identisch; nach [5.44] gilt daher:

$$G^\sigma = -kT \ln Z^\sigma$$

und
$$\left(\frac{\partial G^\sigma}{\partial N}\right)_T = \mu = -kT\left(\frac{\partial \ln Z^\sigma}{\partial N}\right)_T$$

Aus [11.31] und der STIRLING-Formel erhalten wir:
$$\mu/kT = -\left(\frac{\partial \ln Z}{\partial N}\right)_{M,T} = \ln\frac{N}{z(M-N)} = \ln\frac{\theta}{z(1-\theta)}$$

Hierin ist $\theta = N/M$, also der Bruchteil der besetzten Plätze.
Wenn das Adsorbat im Gleichgewicht mit einem Gas vom Druck P steht, dann gilt:
$$\mu = \mu^0 + kT\ln P$$

oder
$$\frac{\mu}{kT} = \frac{\mu^0}{kT} + \ln P = \ln\frac{\theta}{z(1-\theta)}$$

Hierfür können wir auch schreiben:
$$\theta(P,T) = \frac{b(T)P}{1+b(T)P}$$

Dies ist nichts anderes als die LANGMUIRsche Adsorptionsisotherme [11.26] mit
$$b(T) = z(T)\,e^{\mu^0/kT} \qquad [11.32]$$

Wir wollen nun zu dem Fall $w > 0$ zurückkehren, bei dem eine Wechselwirkungsenergie zwischen Molekeln auf benachbarten Plätzen berücksichtigt wird. Wenn wir ein System aus etwa molaren Mengen an Gasmolekeln und Adsorptionsplätzen berücksichtigen, dann bedeuten die Größen M, N und Q in dem Summenausdruck in [11.30] ungeheuer große Zahlen. Wir wollen nun den Ausdruck $g(M,N,Q)$ in [11.30] bestimmen, indem wir die lineare Anordnung der Plätze in Gruppen von ×- und ○-Stellen aufbrechen (Abb. 11.18). An dem in dieser Abbildung gezeigten Beispiel können wir sehen, daß zu jeder Grenze zwischen einer ×- und einer ○-Gruppe ein ○×-Paar gehört; wir haben also insgesamt $(Q+1)/2$ ×-Gruppen und $(Q+1)/2$ ○-Gruppen. Wie viele Möglichkeiten gibt es nun, die N ×-Stellen in $(Q+1)/2$ Gruppen zu ordnen? Jede ×-Gruppe muß mindestens 1 × enthalten; die Zahl der möglichen Anordnungen ist also gleich der Zahl der Möglichkeiten, die restlichen $[N-(Q+1)]/2$ ×-Stellen auf die $(Q+1)/2$ Gruppen zu verteilen. Die Zahl der möglichen Anordnungen ist also, wenn wir die Größe 1 gegenüber den großen Zahlenwerten vernachlässigen:

$$\frac{N!}{\left(\frac{Q}{2}\right)!\left(N-\frac{Q}{2}\right)!}$$

Die entsprechende Zahl von $(M-N)$ ○-Stellen wird durch denselben Ausdruck geliefert, wenn wir N durch $(M-N)$ ersetzen. Da jede gegebene lineare Anordnung sowohl vorwärts als auch rückwärts geschrieben werden kann, ist g das Zweifache des Produktes dieser beiden Verteilungszahlen. Wir können also schreiben:

$$g(N, M, Q) = \frac{2 N!(M-N)!}{\left(N - \frac{Q}{2}\right)! \left(M - N - \frac{Q}{2}\right)! \left[\left(\frac{Q}{2}\right)!\right]^2} \qquad [11.33]$$

Wir setzen nun diesen Ausdruck für g in [11.30] ein und bestimmen den maximalen Term im Summenausdruck

$$Z(N, M, T) = (z \, e^{-w/kT})^N \sum_Q t(N, M, Q) \qquad [11.34]$$

mit

$$t(N, M, Q) = g \, (e^{w/2kT})^Q \qquad [11.35]$$

Als Bedingung dafür, daß t seinen Maximalwert t^* annimmt, gilt nach [11.35]:

$$\frac{\partial \ln t}{\partial Q} = 0 = \frac{\partial \ln g}{\partial Q} + \frac{w}{2kT} \qquad [11.36]$$

Wenn wir die STIRLING-Gleichung auf [11.33] anwenden, dann erhalten wir für die nichtkonstanten Terme mit Q:

$$\ln g = -\left(N - \frac{Q}{2}\right) \ln \left(N - \frac{Q}{2}\right) - \left(M - N - \frac{Q}{2}\right) \ln \left(M - N - \frac{Q}{2}\right) - Q \ln \left(\frac{Q}{2}\right)$$

Unter Verwendung von [11.36] erhalten wir:

$$\frac{\partial \ln g}{\partial Q} = -\frac{w}{2kT} = \frac{1}{2} \ln \left(N - \frac{Q^*}{2}\right) + \frac{1}{2} \ln \left(M - N - \frac{Q^*}{2}\right) - \ln \left(\frac{Q^*}{2}\right) \qquad [11.37]$$

Hierin ist Q^* der Wert für Q, der dem maximalen Term t^* in dem Summenausdruck entspricht.

Wenn wir mit θ den Bruchteil N/M der besetzten Plätze bezeichnen und für den Ausdruck $Q^*/2M$ das Symbol y einführen, dann erhalten wir aus [11.37]:

$$\frac{(\theta - y)(1 - \theta - y)}{y^2} = e^{-w/kT} \qquad [11.38]$$

Durch Auflösung dieser quadratischen Gleichung erhalten wir:

$$y = \frac{2\theta(1-\theta)}{\beta + 1} \qquad [11.39]$$

Hierin ist

$$\beta = [1 - 4\theta(1-\theta)(1 - e^{-w/kT})]^{1/2}$$

Wir haben nun einen Ausdruck für den Wert von Q, mit dem man einen Maximalwert von t, ausgedrückt in Q und w erhält. Wie auch bei der Ableitung der BOLTZMANN-Verteilung (5-9) ersetzen wir nun die Summe in [11.34] durch ihren Maximalterm; anschließend können wir den Logarithmus der Verteilungsfunktion Z bestimmen:

$$\ln Z = N \ln (z \, e^{-w/kT}) + \ln t^*$$

Für das chemische Potential der adsorbierten Spezies gilt dann:

$$-\frac{\mu}{kT} = \left(\frac{\partial \ln Z}{\partial N}\right)_{M,T} = \ln(z\,e^{-w/kT}) + \left(\frac{\partial \ln t^*}{\partial N}\right)_{M,T}$$

oder

$$-\frac{\mu}{kT} = \ln(z\,e^{-w/kT}) + \left(\frac{\partial \ln g^*}{\partial N}\right)_{M,T}$$

Hierin ist g^* der zu dem Maximalterm t^* gehörende Wert von g. Aus [11.33] und [11.38] erhalten wir:

$$\frac{\partial \ln g^*}{\partial N} = \frac{N\left(M - N - \dfrac{Q^*}{2}\right)}{(M-N)\left(N - \dfrac{Q^*}{2}\right)} = \frac{\theta(1 - \theta - y)}{(1-\theta)(\theta - y)}$$

Es ist daher:

$$-\frac{\mu}{kT} = \ln(z\,e^{-w/kT}) + \frac{\theta(1-\theta-y)}{(1-\theta)(\theta-y)}$$

oder

$$\lambda z\,e^{-w/kT} = \frac{1-\theta}{\theta}\cdot\left(\frac{\theta - y}{1 - \theta - y}\right)$$

Hierin ist $\lambda = e^{\mu/kT}$. Wenn wir hierin den Ausdruck für y aus [11.39] einsetzen, dann erhalten wir:

$$x \equiv \lambda z\,e^{-w/kT} = \frac{\beta - 1 + 2\theta}{\beta + 1 - 2\theta} \qquad [11.40]$$

Für ein ideales Gas gilt:

$$\mu = \mu^0 + kT\ln P$$

oder

$$\lambda = e^{\mu/kT} = e^{\mu^0/kT}\cdot P$$

In einem Adsorptionssystem ist also λ proportional dem Gasdruck; [11.40] ist demnach die Gleichung der Adsorptionsisotherme auf der Grundlage des eindimensionalen ISING-Modells. Abb. 11.19 zeigt zwei nach diesem Gesetz berechnete Adsorptionskurven, die eine für den Fall $w = 0$ (LANGMUIRsche Adsorptionsisotherme) und die andere für den Fall einer Anziehungskraft zwischen den adsorbierten Teilchen. Eine physikalische Situation, die dem eindimensionalen Modell gerecht würde, wäre z.B. die Adsorption irgendeines Gases an den Einheiten einer langen Polymerkette.

Der Vorgang der Adsorption einer Molekel aus der Gasphase an eine Festkörperoberfläche ist stets mit einer Entropieverringerung verknüpft, da bei der Adsorption einige Freiheitsgrade der Gasmolekel verlorengehen. Dennoch kann die

Entropieverringerung bei der Adsorption geringer sein als die bei der Verflüssigung eines Gases. Bei der Adsorption von Molekeln ist gewöhnlich $\Delta U < 0$. Wir können das ΔU als Maß für die Abnahme der potentiellen Energie der Molekeln beim Übergang in den adsorbierten Zustand ansehen. Die mit der Annäherung einer

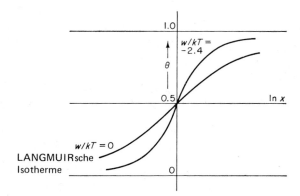

Abb. 11.19 Berechnete Adsorptionsisothermen nach dem eindimensionalen ISING-Modell

Molekel an eine feste Oberfläche verknüpfte Potentialfunktion dürfte den in Abb. 4.4 gezeigten Potentialkurven für die Wechselwirkung eines Molekelpaares sehr ähnlich sein; bei der Wechselwirkung zwischen Molekel und Festkörperfläche dürften die Wechselwirkungskräfte jedoch eine größere Reichweite haben. Die Hauptterme in dieser Funktion für die Anziehungskraft entsprechen LONDONschen oder VAN-DER-WAALSschen Dispersionskräften. Die Größe des LONDONschen Potentials zwischen einem Molekelpaar ist proportional r^{-6}; in unserem Falle der Wechselwirkung zwischen einer Molekel und einer Festkörperfläche ist das LONDONsche Potential proportional r^{-3} (Abb. 11.20). Diese weitreichende

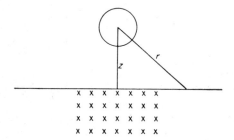

Abb. 11.20 Berechnung der Wechselwirkung einer Gasmolekel mit einer ausgedehnten festen Oberfläche. Durch Integration einer potentiellen Energie $U = Ar^{-6}$ über alle möglichen Wechselwirkungen zwischen der Gasmolekel und der ausgedehnten Oberfläche in einem Abstand z führt zu einer Wechselwirkungsenergie der Form Bz^{-3}.

Wechselwirkungsenergie ist der Hauptgrund für die Adsorption von Gasen an Festkörperoberflächen bei Drücken weit unterhalb jenen, die zur Verflüssigung oder Verfestigung des Gases führen. Bei polaren Molekeln haben wir zusätzlich noch eine elektrische Wechselwirkung zwischen den adsorbierten Dipolen und dem elektrischen Feld an der Festkörperoberfläche.

18. Elektrokapillareffekte

Wenn eine bestimmte Oberfläche, z. B. die eines Wassertröpfchens, elektrisch geladen ist, dann ist die Oberflächenspannung niedriger als bei der ungeladenen Oberfläche. Dies ist auf die Abstoßungskräfte zwischen den gleichen Ladungen zurückzuführen. G. LIPPMANN machte 1875 mit seinem bekannten *Kapillarelektrometer* die ersten quantitativen Messungen dieses Effekts (Abb. 11.21). Diese Vorrichtung besteht aus einer elektrochemischen Zelle mit einer Quecksilberelektrode in einer Kapillarröhre und einer unpolarisierbaren Bezugselektrode (z. B. einer Kalomelelektrode). Mit einer äußeren Gleichstromquelle läßt sich das elektrische Potential zwischen der Quecksilberkapillarelektrode und der Vergleichselektrode regulieren.

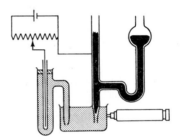

Abb. 11.21 LIPPMANNsches Kapillarelektrometer zur quantitativen Messung des Elektrokapillareffektes. Der Quecksilbermeniskus in der Kapillarelektrode wird mit einem schwach vergrößernden Mikroskop beobachtet.

Die mit einer nichtreaktiven Salzlösung in Kontakt stehende Quecksilberelektrode können wir als eine *ideal polarisierbare Elektrode* auffassen. Zwischen dem Quecksilber und der Lösung findet kein Übergang von Elektronen oder Ionen statt; eine von außen angebrachte elektrische Potentialdifferenz $\Delta\Phi$ hat also den einzigen Effekt, die Ladungsdichte $Q/\mathscr{A}$ an der Quecksilberoberfläche zu verändern. Mit der Ladungsdichte ändert sich aber auch die Oberflächenspannung γ des Quecksilbers; dies macht sich an einer Verschiebung des Quecksilbermeniskus in der Kapillare bemerkbar (zu beobachten mit einem schwach vergrößernden Mikroskop). Die ursprüngliche Höhe des Meniskus in der Kapillare läßt sich durch eine entsprechende Vertikalverstellung des Quecksilberreservoirs wieder herstellen; die Höhendifferenz des Reservoirs ist ein Maß für die Änderung der Oberflächenspannung γ. Man erhält auf diese Weise γ als Funktion von Φ; dies nennt man eine *Elektrokapillarkurve* (Abb. 11.22).
Die ideal nichtpolarisierbare Elektrode und die ideal polarisierbare Elektrode sind Grenzfälle, die sich exakt thermodynamisch behandeln lassen. DAVID GRAHAME und andere Forscher lieferten eine genaue thermodynamische Behandlung der elektrischen Doppelschicht an ideal polarisierbaren Elektroden.
Grundlegend ist die LIPPMANNsche Gleichung:

$$\left(\frac{\partial \gamma}{\partial \Phi}\right)_{T,P,\mu} = -\frac{Q}{\mathscr{A}} \qquad [11.41]$$

Hiernach ist die Ladungsdichte auf der Elektrodenoberfläche gleich der Steigung der Elektrokapillarkurve. Diese Gleichung beruht auf der GIBBSschen Gleichung [11.19]; ihre Aussage wird noch deutlicher, wenn wir sie als Gleichgewichtsbedingung schreiben:

$$\mathscr{A}\,\mathrm{d}\gamma + Q\,\mathrm{d}\Phi = 0 \quad (T, P \text{ und Zusammensetzung konstant})$$

Diese Gleichung besagt, daß die mit der Änderung der Oberflächenspannung verknüpfte Änderung der freien Energie gleich der Änderung des elektrischen Potentials durch die Oberflächenladung Q ist.

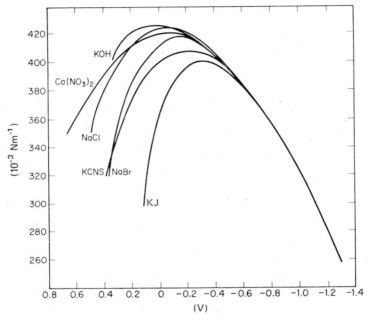

Abb. 11.22 Elektrokapillarkurven für Quecksilber im Kontakt mit verschiedenen Elektrolyten bei 18 °C. Die Potentiale wurden auf das Potential Φ eines Elektrolyten (NaF) ohne spezifische Adsorption bezogen. [D. C. GRAHAME, *Chem. Revs. 41* (1947) 441.]

Aus [11.41] ergibt sich, daß dem Maximum einer Elektrokapillarkurve eine Ladungsdichte null entspricht. Für viele Elektrolyte beträgt das bei einer Ladungsdichte null an der Quecksilberoberfläche herrschende Potential 0,5 V (bezogen auf eine n KCl-Kalomelelektrode). Bei einigen Elektrolyten weicht das gemessene Potential beträchtlich von diesem Wert ab; dies ist meist auf eine spezifische Adsorption von Ionen an der Quecksilberoberfläche zurückzuführen. Für die meisten dieser Untersuchungen wurden Quecksilberelektroden verwendet, da sie einheitlich, rein und frei von mechanischen Spannungen sind. Die grundlegende Theorie läßt sich jedoch ebensogut auf andere Elektroden und auf die

Struktur der elektrischen Doppelschicht

Oberfläche von Membranen anwenden; die experimentellen Probleme sind allerdings erheblich schwieriger.
Die Kapazität der elektrischen Doppelschicht ist definiert als

$$C = \frac{1}{\mathscr{A}}\left(\frac{\partial Q}{\partial \Phi}\right)_{T,P,\mu} = \left(\frac{\partial^2 \gamma}{\partial \Phi^2}\right)_{T,P,\mu} \qquad [11.42]$$

Messungen der Kapazität durch Wechselstrom-Brückenschaltungen werden oft zur Erzielung experimenteller Daten über Doppelschichten angewandt.
Polarisierbare Elektroden wurden bei physiologischen Untersuchungen ausgiebig verwendet, so z. B. zur Messung der Ruhepotentiale an Nervenmembranen und Muskelzellen sowie der Aktionspotentiale, die für die Nervenleitfähigkeit und die Muskelkontraktion verantwortlich sind.

19. Struktur der elektrischen Doppelschicht

Die thermodynamische Theorie der elektrischen Doppelschicht kann uns zwar Informationen über die relative Adsorption von Ionen an einer Grenzfläche liefern, sie kann jedoch nichts über die statistische Verteilung der Ionenladungen aussagen. Wie bei der Theorie der Lösungen starker Elektrolyte von MILNER, DEBYE und HÜCKEL müssen wir auch hier elektrostatische Gleichungen einführen, um eine statistische Theorie der elektrischen Doppelschicht zu entwickeln. Die elektrostatische Theorie der Doppelschicht ist dabei in einer Hinsicht flexibler als die Theorie von Elektrolytlösungen: Jedes Ion kann unabhängig von seiner Wechselwirkung mit anderen Ionen mit der Elektrodenoberfläche in Wechselwirkung treten. Wir können also die vom elektrischen Feld herrührenden Effekte abtrennen von jenen, die auf die Konzentration an Ionen zurückzuführen sind; eine solche Unterscheidung erlaubt uns die Theorie von Elektrolytlösungen mit gegenseitig sich beeinflussenden Ionen nicht.
Das früheste Modell einer elektrischen Doppelschicht lieferte HELMHOLTZ (1879). Hiernach ist die Elektrodenoberfläche von einer dichten Schicht von Ionen bedeckt, die wiederum eine Schicht gelöster Ionen entgegengesetzter Ladung festhält (Abb. 11.23). Mit Hilfe dieses Modells läßt sich das aus einer solchen Ladungs-

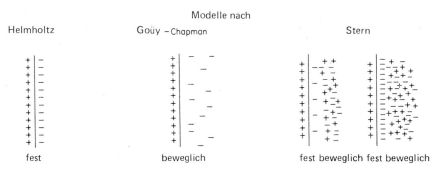

Abb. 11.23 Verschiedene Modelle für eine elektrische Doppelschicht.

verteilung sich ergebende elektrische Potential berechnen. Die Helmholtzsche Doppelschicht entspricht einem einfachen Kondensator mit parallelen Platten. Wenn λ der Abstand der entgegengesetzt geladenen Kondensatorplatten ist und ε die Dielektrizitätskonstante des Mediums, dann ergibt sich die Kapazität pro Flächeneinheit der Grenzschicht zu $\varepsilon/4\pi\lambda$. Wenn $Q/\mathscr{A}$ die Ladungsdichte der Grenzschicht ist, dann gilt für die Potentialdifferenz innerhalb der Doppelschicht:

$$\Delta\Phi = \frac{\lambda Q}{\varepsilon_0\,\varepsilon\,\mathscr{A}}$$

Das Helmholtzsche Modell der elektrischen Doppelschicht kann nur in erster Annäherung gelten, da die thermischen Bewegungen der Flüssigkeitsmolekeln und Ionen die Ausbildung einer solchen starren Ladungsanordnung in der Grenzschicht verhindern.

Dies berücksichtigten GOÜY (1910) und CHAPMANN (1913) in ihrer Theorie der diffusen Doppelschicht mit einer statistischen Verteilung der Ionen im elektrischen Feld. Es ist zu beachten, daß diese Arbeiten gleichzeitig mit denen von MILNER über Elektrolytlösungen (1912) und lange vor der Aufstellung der Theorie der starken Elektrolyte von DEBYE und HÜCKEL (1923) durchgeführt wurden.

Für diesen Fall gilt die eindimensionale POISSON-BOLTZMANN-Gleichung (10-22). Für die zweite Ableitung des Potentials nach dem Abstand x von der Elektrodenoberfläche gilt unter der Voraussetzung, daß $\Phi \to 0$ wenn $x \to \infty$:

$$\frac{d^2\Phi}{dx^2} = -\frac{1}{\varepsilon_0\,\varepsilon}\sum z_i e \cdot n_i^0 \exp(-z_i e\Phi/kT) \qquad [11.43]$$

Hierin bedeuten n_i^0 die Konzentration der Ionen von der Art i im Inneren der Lösung, e die Elementarladung und z_i die Ladungszahl der Ionen von der Spezies i. In dieser Beziehung steckt wieder die unbefriedigende Annahme einer konstanten effektiven Dielektrizitätskonstante ε im ganzen System, also auch in der unmittelbaren Umgebung der geladenen Elektrode.

Für einen symmetrischen binären Elektrolyten mit $z_- = -z_+$ gilt nach [11.43]:

$$\frac{d^2\Phi}{dx^2} = -\frac{1}{\varepsilon_0\,\varepsilon}z\cdot e\cdot n^0\left[\exp\left(-\frac{ze\Phi}{kT}\right) - \exp\left(\frac{ze\Phi}{kT}\right)\right]$$

und

$$\frac{d^2\Phi}{dx^2} = \frac{2ze n^0}{\varepsilon_0\,\varepsilon}\sinh\left(\frac{ze\Phi}{kT}\right) \qquad [11.44]$$

Nach VERWEY und OVERBEEK schreiben wir

$$y = \frac{ze\Phi}{kT}, \quad w = \frac{ze\Phi_0}{kT}, \quad \varkappa^2 = \frac{2n^0 e^2 z^2}{\varepsilon_0\,\varepsilon\,kT} \quad \text{und} \quad \xi = \varkappa x \qquad [11.45]$$

Hierin ist Φ_0 das Potential an der Grenzfläche ($z = 0$). [11.44] können wir nun in der folgenden Form schreiben:

$$\frac{d^2 y}{d\xi^2} = \sinh y$$

Durch einmaliges Integrieren erhalten wir:

$$\frac{dy}{d\xi} = -2 \sinh\left(\frac{y}{2}\right) + C_1$$

Für $\xi = 0$, $dy/d\xi = 0$ und $y = 0$ erhalten wir als Integrationskonstante $C_1 = 0$. Durch erneutes Integrieren erhalten wir

$$\ln \frac{e^{y/2} - 1}{e^{y/2} + 1} = -\xi + C_2$$

Den Wert für C_2 finden wir durch Einsetzen der anderen Grenzbedingung:

$y = w$ bei $\xi = 0$:

$$C_2 = \ln \frac{e^{w/2} - 1}{e^{w/2} + 1}$$

Die endgültige Lösung ist also

$$e^{y/2} = \frac{e^{w/2} + 1 + (e^{w/2} - 1)e^{-\xi}}{e^{w/2} + 1 - (e^{w/2} - 1)e^{-\xi}} \qquad [11.46]$$

Dies ist zwar eine recht stattliche Gleichung; bei ihrer graphischen Darstellung finden wir jedoch, daß sie einen angenähert exponentiellen Abfall des Potentials

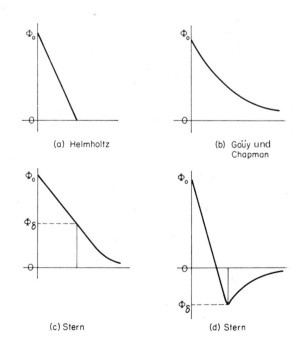

Abb. 11.24 Potentialverlauf in Abhängigkeit vom Abstand von der Elektrodenoberfläche für verschiedene Modelle elektrischer Doppelschichten.

Φ in der Doppelschicht liefert (Abb. 11.24). Die Größe $\varkappa^{-1}$ ist ein Maß für die Dicke der elektrischen Doppelschicht und damit analog der DEBYEschen Dicke der Ionenwolke. Tab. 11.3 zeigt die für 25 °C berechneten Werte für verschiedene Ionenkonzentrationen und Ionenwertigkeiten.

c (mol·dm^{-3})	$z = 1$ ($\varkappa^{-1}$ cm)	$z = 2$ ($\varkappa^{-1}$ cm)
10^{-5}	10^{-5}	$0,5 \cdot 10^{-5}$
10^{-3}	10^{-6}	$0,5 \cdot 10^{-6}$
10^{-1}	10^{-7}	$0,5 \cdot 10^{-7}$

Tab. 11.3 Dicke der elektrischen Doppelschicht, berechnet nach der Theorie von GOÜY-CHAPMAN

Wenn wir die Potentialfunktion $\Phi(x)$ kennen, dann können wir die Ladung pro Flächeneinheit an der Elektrodenoberfläche (oder in der diffusen Grenzschicht) berechnen:

$$\frac{Q}{\mathscr{A}} = - \int_0^\infty \varrho\, \mathrm{d}x = -\varepsilon_0\, \varepsilon \int_0^\infty \frac{\mathrm{d}^2 \Phi}{\mathrm{d}\,x^2}\, \mathrm{d}x = -\varepsilon_0\, \varepsilon \left(\frac{\mathrm{d}\Phi}{\mathrm{d}x}\right)_{x=0}$$

Die Ladungsdichte in der Grenzfläche kann also aus der initialen Neigung der Potentialfunktion erhalten werden.

Ein recht schwerwiegender Nachteil der Theorie von GOÜY und CHAPMAN ist, daß sie Ionen wie Punktladungen behandelt. Sie ergibt daher viel zu hohe Werte für die Ladungskonzentration in der unmittelbaren Nachbarschaft der Elektrodenoberfläche. Den endlichen Ionendurchmesser berücksichtigte STERN (1924) durch die Einführung einer adsorbierten Ionenschicht der Dicke δ; diese Dicke sollte etwa dem Ionendurchmesser entsprechen.

Außerdem wurde angenommen, daß diese Ionenschicht fest an der Elektrodenoberfläche hafte. Abb. 11.24c zeigt den Potentialverlauf $\Phi(x)$ für die Sternsche Modifikation des Goüy-Chapmann-Modells. Zunächst fällt das Potential in der festhaftenden STERNschen Schicht linear ab; anschließend gehorcht der Potentialverlauf dem Typ Goüy-Chapman für eine diffuse Ionenschicht. Den gesamten Potentialabfall in der diffusen Schicht nennt man Φ_δ.

Die Eigenschaften elektrischer Doppelschichten sind grundlegend für die theoretische Analyse des Verhaltens von Kolloiden; die Abstoßung zwischen gleichartig geladenen Doppelschichten ist verantwortlich für die Stabilität lyophober Sole.

20. Kolloidale Verteilungen

Bei der Herstellung lyophober Sole verwendet man Dispersions- oder Kondensationsmethoden[3]. Dispersionen lassen sich durch einfaches Mahlen in Kugelmühlen, durch Lichtbögen zwischen dem zu dispergierenden Material im flüssigen Dispersionsmittel oder durch Ultraschalleinwirkung auf gröbere Suspensionen erzielen. Bei den Kondensationsmethoden wird der umgekehrte Weg von der molekularen zur kolloidalen Verteilung beschritten. Dies geschieht entweder auf physikalischem

---

[3] Eine eingehende Diskussion findet sich in 23-1.

oder auf chemischem Wege. Im ersteren Fall wird der im Dispersionsmittel unlösliche Stoff aus der Dampfphase im Dispersionsmittel kondensiert, oder man erzielt die kolloidale Verteilung durch Abschreckung einer Lösung (bei positivem Temperaturkoeffizienten der Löslichkeit). Sehr zahlreich sind die auf chemischen Fällungsreaktionen beruhenden Methoden zur Herstellung lyophober Sole. In vielen Fällen ist zur Stabilisierung des Sols die Gegenwart eines Schutzkolloids notwendig.

Ob bei der Kondensation einer zweiten Phase in einem Dispersionsmittel eine stabile kolloidale Verteilung entsteht oder nicht, ist ein komplexes Problem. Eine große Rolle spielt die Kinetik der Keimbildung in einer homogenen, übersättigten Phase und das anschließende Wachstum der Kristallkeime durch Diffusion der Kristallbildner an ihrer Oberfläche. Die Stabilität der Dispersionen hängt von der Geschwindigkeit ab, mit der die kolloidalen Teilchen zusammenwachsen und zum Schluß Aggregate bilden, die aus dem Sol ausfallen. Ein wichtiger Faktor ist das Maß der ursprünglichen Übersättigung. Je höher diese ist, um so mehr Kristallkeime werden gebildet; dann aber bleiben die Teilchen beim nachfolgenden Wachstum wegen der vorgegebenen Menge an ausfallendem Stoff kleiner. Bei Fällungsreaktionen wird die Solbildung durch niedrige Elektrolytkonzentrationen begünstigt. Ionen neigen nämlich dazu, die elektrischen Ladungen an den Kolloidteilchen zu neutralisieren; damit wird aber ihre Koagulation erleichtert. Aus diesem Grunde entstehen bei der Reaktion

$$2\,H_2S + SO_2 \rightarrow 3\,S + 2\,H_2O$$

stabile Schwefelsole: Die Ionenkonzentration in diesem System ist verschwindend klein. Andererseits beobachten wir bei der Reaktion

$$AgNO_3 + KBr \rightarrow AgBr + KNO_3$$

die Ausfällung von AgBr, da sowohl die K^+- als auch die NO_3^--Ionen die elektrische Abstoßung zwischen den AgBr-Teilchen verringern.

Die Teilchen in einem Sol haben gewöhnlich eine ziemlich breite Größenverteilung; es wurden jedoch Methoden zur Herstellung *monodisperser Sole* von einheitlicher Teilchengröße entwickelt. Solche Sole lassen sich für theoretische Untersuchungen sehr gut gebrauchen. Die grundlegende Idee bei diesen Methoden ist die Schaffung von Kondensations- oder Fällungsbedingungen, bei denen die Keimbildung schlagartig einsetzt und nur für eine sehr kurze Zeit anhält; anschließend wachsen die Mikrokristallite in einer Lösung geringerer Übersättigung. Gute Beispiele für diese Methode finden sich in der Arbeit von LA MER. Zur Untersuchung der so erzielten Kolloidteilchen wird vor allem die Elektronenmikroskopie eingesetzt. Abb. 11.25 zeigt als Beispiel die Aufnahme eines Goldsols.

Der Grund für die Stabilität lyophober Sole (in Abwesenheit von Schutzkolloiden) ist die elektrische Doppelschicht, von der die Teilchen umgeben sind; wegen der gleichartigen Ladung der äußeren Schicht stoßen sich die Teilchen gegenseitig ab. Ein derartiges Sol ist also extrem empfindlich gegenüber der Konzentration und der Ladung von Ionen im dispergierenden Medium. Wenn man z.B. eine

10^{-3}-molare KJ-Lösung mit einer 10^{-1}-molaren Lösung von $AgNO_3$ titriert, dann bildet sich ein AgJ-Sol, bei dem die Teilchen eine negativ geladene, diffuse Doppelschicht besitzen. Dies ist auf die bevorzugte Adsorption von J^--Ionen zurückzuführen. Wenn man die Konzentration an J^- in der Lösung auf etwa 10^{-10} Val reduziert, dann koaguliert das Sol rasch. Wenn man jedoch 10^{-3} n $AgNO_3$ mit 10^{-1} n KJ titriert, dann bildet sich durch die Adsorption von Ag^+-Ionen ein positiv geladenes Sol. Dieses Sol koaguliert, wenn die J^--Konzentration der Lösung einen Wert von 10^{-6} val·dm^{-3} überschreitet.

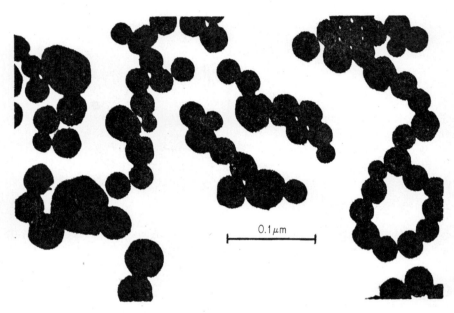

Abb. 11.25 Annähernd monodisperses Goldsol, das kurz vor der Koagulation durch die Adsorption von Kationen geschützt wurde (H. THIELE, Universität Kiel).

21. Elektrokinetische Effekte

Wenn zwei Elektrolytlösungen durch eine Membran oder ein poröses Diaphragma getrennt sind, dann beobachtet man beim Anlegen eines elektrischen Feldes oder einer Druckdifferenz einige interessante elektrokinetische Effekte. Abb. 11.26 zeigt schematisch zwei experimentelle Anordnungen zur Messung elektroosmotischer Effekte. Temperatur und Zusammensetzung der Lösungen sind konstant und gleich; die beiden Bereiche unterscheiden sich nur im hydrostatischen Druck ΔP und im elektrischen Potential $\Delta \Phi$. Ein derartiger Fall verlangt offensichtlich die Anwendung der Ungleichgewichtsthermodynamik.

Wenn wir unter dem Ladungsfluß die elektrische Stromstärke I und unter dem Materiefluß die Fließgeschwindigkeit J der Flüssigkeit verstehen, dann können die phänomenologischen Gleichungen in der folgenden Form geschrieben werden:

$$I = L_{11}\Delta\Phi + L_{12}\Delta P$$
$$J = L_{21}\Delta\Phi + L_{22}\Delta P$$

Für die Größen L_{12} und L_{21} gilt die ONSAGERsche Beziehung:

$$L_{12} = L_{21}$$

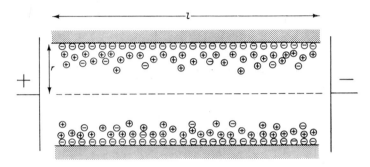

Abb. 11.26a Elektroosmotischer Fluß und elektroosmotischer Druck in einem Kapillarröhrchen (nach G. KORTÜM, *Lehrbuch der Elektrochemie*, Verlag Chemie GmbH, Weinheim/Bergstr. 1966).

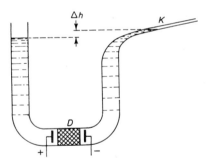

Abb. 11.26b Vorrichtung zur Messung des elektroosmotischen Druckes. Ein elektrisches Feld, das an beiden Seiten der porösen Trennwand (D) angelegt wird, verursacht im Gleichgewicht eine Druckdifferenz von Δh. (*Lehrbuch der Elektrochemie*, Verlag Chemie GmbH, Weinheim/Bergstr. 1966).

Die elektrokinetischen Effekte sind nun folgendermaßen definiert:

(1) *Das Strömungspotential* ist die Potentialdifferenz bei einer Druckdifferenz von 1 und einer elektrischen Stromstärke von 0:

$$\left(\frac{\Delta\Phi}{\Delta P}\right)_{I=0} = -\frac{L_{12}}{L_{11}}$$

(2) *Die Elektroosmose* ist der Materiefluß in einem System von einheitlichem Druck, der von einem elektrischen Strom der Stärke 1 hervorgerufen wird:

$$\left(\frac{J}{I}\right)_{\Delta P=0} = \frac{L_{21}}{L_{11}}$$

(3) *Der elektroosmotische Druck* ist die von einer Potentialdifferenz von 1 hervorgerufene Druckdifferenz, wenn der Materiefluß 0 ist:

$$\left(\frac{\Delta P}{\Delta \Phi}\right)_{J=0} = -\frac{L_{21}}{L_{22}}$$

(4) *Der elektrophoretische Strom* ist der mit einem Materiefluß von 1 bei einer Potentialdifferenz von 0 verknüpfte Elektrizitätstransport:

$$\left(\frac{I}{J}\right)_{\Delta \Phi = 0} = \frac{L_{12}}{L_{22}}$$

Die ONSAGERsche Beziehung fordert, daß jeder osmotische Effekt mit einem Strömungseffekt verknüpft ist:

$$\left(\frac{\Delta \Phi}{\Delta P}\right)_{I=0} = -\left(\frac{J}{I}\right)_{\Delta P = 0} \qquad [11.47]$$

$$\left(\frac{\Delta P}{\Delta \Phi}\right)_{J=0} = -\left(\frac{I}{J}\right)_{\Delta \Phi = 0} \qquad [11.48]$$

Alle diese vier Effekte sind unabhängig voneinander meßbar; experimentelle Untersuchungen zeigten, daß die obigen Beziehungen gut erfüllt werden. Da sie aus der Ungleichgewichtsthermodynamik abgeleitet wurden, sollten sie für alle Systeme gültig sein, unabhängig von der Natur des Diaphragmas, das die beiden Lösungen trennt.

Elektrokinetische Phänomene wurden oft verwendet, um Informationen über die Eigenschaften elektrischer Doppelschichten an den Grenzflächen zwischen Elektrolytlösungen und Membranen zu gewinnen. Für Berechnungen dieser Art muß ein Modell der Doppelschicht eingeführt werden, und zwar in der Regel das von HELMHOLTZ oder von STERN (Abb. 11.24). Eine derartige Rechnung ergab für den elektroosmotischen Druck in einer Kapillarröhre der Länge l und des Durchmessers r die folgende Beziehung:

$$\left(\frac{\Delta P}{\Delta \Phi}\right)_{J=0} = \frac{8 \varepsilon_0 \varepsilon \zeta l}{r^2}$$

Hierin ist ζ das *Zeta-Potential* der Grenzfläche zwischen Flüssigkeit und festem Stoff. Die in der Doppelschicht wirksame Dielektrizitätskonstante ε des Lösemittels hat wahrscheinlich nicht denselben Wert wie die Dielektrizitätskonstante im Innern der Lösung; das ζ-Potential ist also das Ergebnis einer groben Mittelung, die man auf die Doppelschicht in einem fließenden Ungleichgewichtssystem angewandt hat. Der Zahlenwert von ζ ist in erster Näherung gleich dem Wert von Φ_δ in Abb. 11.24.

12. Kapitel

Elektrochemie II:
Elektroden und Elektrodenreaktionen

> *If a piece of zinc and a piece of copper be brought in contact with each other, they will form a weak electrical combination, of which the zinc will be positive, and the copper negative; this may be learnt by the use of a delicate condensing electrometer; or by pouring zinc filings through holes, in a plate of copper, upon a common electrometer; but the power of the combination may be most distinctly exhibited in the experiments, called Galvanic experiments, by connecting the two metals, which must be in contact with each other, with a nerve and muscle in the limb of an animal recently deprived of life, a frog for instance; at the moment the contact is completed, or the circuit made, one metal touching the muscle, the other the nerve, violent contractions of the limb will be occasioned.*
>
> HUMPHRY DAVY (1812)*

Im 10. Kapitel haben wir uns mit der physikalischen Chemie von Elektrolytlösungen befaßt, im folgenden wollen wir uns der Thermodynamik und Kinetik von Elektrodenreaktionen zuwenden. Diese kommen zustande, wenn man metallisch leitende Elektroden in elektrolytisch verbundene Elektrolytlösungen taucht und die Elektroden ihrerseits metallisch leitend verbindet. Die Reaktion an der Oberfläche einer Elektrode besteht immer in einer Ladungsübertragung, gewöhnlich in einer Übertragung von Elektronen auf neutrale Molekeln oder Ionen, oder umgekehrt in einer Übertragung von Elektronen auf eine Elektrode. Eine Elektrode, die als Elektronenquelle wirkt, nennt man eine *Kathode*; sie wirkt reduzierend. Eine Elektrode, die Elektronen aufnimmt, nennen wir eine *Anode*; sie wirkt oxidierend.

Wenn man zwei Elektroden in eine gemeinsame Elektrolytlösung oder in zwei elektrolytisch miteinander verbundene Elektrolytlösungen taucht und metallisch verbindet, dann erhält man eine *elektrochemische Zelle*. Wenn die Zelle so zusammengestellt ist, daß sie die freie Energie eines physikalischen oder chemischen Vorganges in freie elektrische Energie verwandelt, dann nennen wir sie eine *galvanische Zelle*. Eine Zelle, bei der unter Zufuhr äußerer elektrischer Energie ein physikalischer oder chemischer Vorgang erzielt wird, nennt man eine *elektrolytische Zelle*.

---

* *Elements of Chemical Philosophy*; J. Johnson & Co., London 1812. Diese interessante Arbeit wurde das »erste Lehrbuch für physikalische Chemie« genannt.

1. Definitionen für Potentiale

Um Elektrodenphänomene diskutieren zu können, müssen wir zunächst die verschiedenen Potentialdifferenzen, die in dem ziemlich komplizierten System aus mehreren Phasen und Grenzflächen entstehen können, genau definieren. Wir folgen dabei den weithin akzeptierten Definitionen und Symbolen, die im wesentlichen auf ERICH LANGE zurückgehen.

Wir wollen zunächst rein elektrostatische Effekte betrachten. Hierbei erinnern wir uns daran, daß es stets möglich ist, eine Differenz des elektrostatischen Potentials zwischen zwei Punkten in der gleichen Phase oder zwischen zwei Stücken derselben chemischen Substanz zu definieren und zu messen. Eine Differenz des elektrostatischen Potentials zwischen zwei Punkten in verschiedenen Phasen oder zwischen zwei Stücken verschiedener chemischer Stoffe können wir jedoch nicht messen. Eine Potentialdifferenz messen wir durch die Arbeit, die wir aufbringen müssen, um eine Vergleichsladung von einem Punkt zu einem anderen Punkt zu bringen. In der elektrostatischen Theorie ist dieser Arbeitsbetrag festgelegt durch die Verteilung der elektrischen Punktladungen in dem Medium, durch welches die Vergleichsladung bewegt wird. Wenn diese Vergleichsladung jedoch durch die Grenzschicht zwischen zwei verschiedenen Phasen hindurchbewegt wird, dann tragen auch Unterschiede des chemischen Potentials zu diesem Arbeitsbetrag bei. Da die Vergleichsladung physikalisch-chemisch in Wechselwirkung mit dem Medium steht, wirken sich Unterschiede im chemischen Potential auch auf den Arbeitsbetrag für das Verschieben der Vergleichsladung aus. Es gibt nun keinerlei Möglichkeit, den »chemischen« vom rein »elektrostatischen« Arbeitsbetrag zu unterscheiden. Dies ist auch der Grund dafür, weswegen es unmöglich ist, eine rein elektrostatische Potentialdifferenz zwischen verschiedenen Phasen zu messen. Auf diese Restriktion hat zuerst GIBBS hingewiesen; sie wurde später erneut von GUGGENHEIM bekräftigt.

Unter Berücksichtigung dieser Einschränkung wollen wir uns nun mit den Definitionen verschiedener Potentiale beschäftigen. Abb. 12.1a zeigt eine Kugel aus einem homogenen Material (Phase α), die sich im Vakuum befindet.

Die Kugel soll elektrisch leitend sein und eine (Überschuß-)Ladung Q tragen. Für irgendeinen Punkt im Abstand r vom Mittelpunkt der Kugel ist das elektrostatische Potential $\mathscr{V}$ dann gleich $Q/4\pi\varepsilon_0 r$. (Im Abstand $r = \infty$ sei $\mathscr{V} = 0$.) Wir wollen nun eine Vergleichsladung ($Q = 1$) aus unendlicher Entfernung ($\mathscr{V} = 0$) bis auf einen Abstand von etwa 10^{-6} cm an die Oberfläche der Phase α bringen; in diesem Falle spielen induzierte Kräfte und chemische Veränderungen in der Phase α, die von der sich nähernden Ladung hervorgerufen werden könnten, noch keine Rolle. Anschließend bewegen wir die Ladung weiter durch das Gebiet kurzreichender Wechselwirkungskräfte in Richtung auf die Phase α. Abb. 12.1b zeigt, daß das Potential $\mathscr{V}$ bei Annäherung der Vergleichsladung an die Oberfläche zunächst proportional $1/r$ zunimmt; unterschreitet der Abstand 10^{-5} bis 10^{-6} cm, dann bleibt das Potential zunächst nahezu konstant. Das *äußere Potential* oder VOLTA-*Potential* ψ ist nun als die Arbeit definiert, die notwendig ist, um die Vergleichsladung aus unendlicher Entfernung bis an die Grenze der kurzreichenden Wechselwirkungskräfte (etwa 10^{-6} cm) zu bringen. Diese Größe ψ ist meßbar, da sie nichts anderes ist als die Potentialdifferenz zwischen zwei Punkten im gleichen Medium (in diesem Falle das Vakuum).

Die Oberfläche der Phase α stellt gewöhnlich eine elektrische Doppelschicht dar, für deren Bildung es verschiedene Ursachen gibt. In einer Wasseroberfläche z.B. orientieren sich die Molekeldipole so, daß die negativen Enden (Sauerstoffatome) ins Innere, die positiven hingegen nach außen zeigen. Bei Metalloberflächen können sich besonders energiereiche Elektronen aus dem Gitter lösen und bilden dann

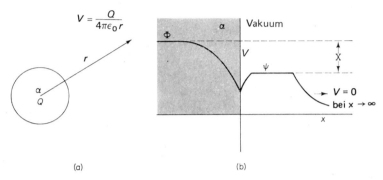

Abb. 12.1 (a) Elektrostatisches Potential im Abstand r vom Mittelpunkt einer einheitlich geladenen Kugel aus der Phase α (Vakuum). (b) Elektrostatische Potentiale, gemessen als die an einer positiven Vergleichsladung verrichtete Arbeit, wenn die Vergleichsladung aus unendlicher Entfernung ins Innere der Phase α gebracht wird.

eine negative Schicht auf der Metalloberfläche; die positive Gegenschicht wird durch direkt darunterliegende Metallionen gebildet. Dipolare Schichten dieser Art tragen zur Gesamtladung nicht bei; dennoch muß beim Transport einer Ladung durch solch eine Schicht Arbeit verrichtet werden. Um unsere Vergleichsladung von einem Punkt gerade außerhalb der Oberfläche durch die Grenzschicht hindurch ins Innere der Phase α zu transportieren, müssen wir also weitere Arbeit aufwenden. Die auf diese dipolare Grenzschicht zurückzuführende Änderung des elektrischen Potentials nennen wir das *Oberflächenpotential* χ.

Das *innere Potential* oder GALVANI-*Potential* ist nun folgendermaßen definiert:

$$\Phi = \psi + \chi$$

Hierin wird ψ durch die Oberflächenladung Q und χ durch die elektrische Doppelschicht bestimmt. Weder Φ noch χ lassen sich experimentell bestimmen; die Vergleichsladung im Medium α verändert nämlich die Elektronstruktur in ihrer unmittelbaren Nachbarschaft, also die Struktur des realen Stoffes α, in einer Weise, die wir chemisch nennen. Chemische Arbeitsbeträge aber können wir nicht von solchen unterscheiden, die auf die rein elektrostatischen Potentiale χ und Φ zurückzuführen sind. Das Ergebnis der chemischen Wechselwirkung können wir jedoch durch das chemische Potential μ ausdrücken.

Obwohl wir den elektrostatischen und den chemischen Anteil nicht getrennt bestimmen können, ist natürlich die Gesamtarbeit, die wir an unserer Vergleichsladung beim Transport aus unendlicher Entfernung ins Innere der Phase α verrichten, eine meßbare Größe. Diese meßbare Arbeit erlaubt uns die Definition eines elektrochemischen Potentials $\bar{\mu}_i$. Wenn wir $\bar{\mu}_i$ auf 1 Mol einer Komponente i in der Phase α beziehen, dann können wir formal schreiben:

$$\bar{\mu}_i = \mu_i + z_i F \Phi \qquad [12.1]$$

Hierin bedeutet z_i die Ladungszahl (mit Vorzeichen) der Ionen der Komponente i und F die Ladung von einem Faraday. Der Index »i« bezieht sich auf eine chemische Spezies, die nun an die Stelle unserer abstrakten elektrostatischen Vergleichsladung tritt. Diese Spezies könnte z.B. ein Na^+-Ion und die Phase α eine NaCl-Lösung sein. Alternativ könnte die geladene Spezies ein Ag^+-Ion und die Phase α ein Stück Silber sein. Nicht selten wird die Spezies »i« ein Elektron sein. In der Festkörperphysik nennt man das elektrochemische Potential eines Elektrons die FERMI-*Energie*.

Die Gleichgewichtsbedingung für ungeladene Komponenten (Abschnitt 6-4) kann nun verallgemeinert und auch auf Ionen angewandt werden. Im Gleichgewicht gilt für die Verteilung einer Komponente i zwischen den Phasen α und β:

$$\bar{\mu}_i^\alpha = \bar{\mu}_i^\beta \qquad [12.2]$$

Mit den meßbaren Größen $\bar{\mu}_i$ und ψ läßt sich ein weiteres meßbares Potential formulieren, das einige Bedeutung erlangt hat:

$$\mathsf{T}_i = \bar{\mu}_i - z_i F \psi \qquad [12.3]$$

Die Größe T_i nennt man das *wirkliche Potential* oder die *Arbeitsfunktion*. Dieses Potential wird gemessen durch die Arbeit, die man verrichten muß, um eine geladene Komponente i aus dem Inneren einer Phase bis zu einem Punkt zu bringen, der sich gerade außerhalb des Bereiches der eigentlichen Grenzschicht befindet, also etwa 10^{-6} cm von der Oberfläche entfernt. Diese Arbeitsfunktion kann durch thermionische oder photoelektrische Methoden bestimmt werden.

Wenn eine Phase α nicht an das Vakuum, sondern an eine zweite Phase β grenzt, dann können wir die oben definierten Potentiale zur Definition von Potentialdifferenzen zwischen verschiedenen Phasen verwenden. Wenn sich an der Oberfläche der Phase α festsitzende Ladungen mit einer Konzentration σ befinden, dann dürfen wir im allgemeinen erwarten, daß sich in der Phase β Ladungen entgegengesetzten Vorzeichens in unmittelbarer Nachbarschaft zur Grenzschicht so anordnen, daß die lokale Elektroneutralität so genau wie möglich erreicht wird. Es wird sich also eine *elektrische Doppelschicht* ausbilden; die Natur dieser Schicht ist von großer Bedeutung bei vielen Grenzflächenphänomenen und für das Verhalten von Kolloiden. Das Potential dieser Doppelschicht ist wiederum das Galvani-Potential Φ; es kann nicht direkt gemessen werden.

Die schon vom Konzept her gegebene Schwierigkeit bei der Betrachtung von Galvani-Potentialen besteht in der Anwendung von Differentialgleichungen, die sich aus einer elektrostatischen Theorie von Punktladungen in homogenen, strukturlosen, flüssigen oder gasförmigen Medien, die durch die Dielektrizitätskonstante ε charakterisiert sind, herleiten. Die realen chemischen Systeme, auf die diese Differentialgleichungen angewandt werden, bestehen aber aus Molekeln und Ionen mit einer elektrischen »Mikrostruktur«, die sich gegenüber den Vergleichsladungen nicht inert verhält. Glücklicherweise zeigt sich, daß viele traditionelle, begriffliche Schwierigkeiten an Bedeutung verlieren, je vertrauter der Betrachter mit den Definitionen und der Nomenklatur wird. Dies ermöglicht auch eine Klärung der historischen Kontroverse über die Frage, ob das Galvani- oder das Volta-Potential die elektromotorische Kraft einer elektrochemischen Zelle bestimmt; es sollte also möglich sein, das diesem Kapitel vorangestellte, im Grunde paradoxe Zitat von Davy zu interpretieren.

2. Die Differenz der elektrischen Potentiale (Spannung) einer galvanischen Zelle

Das in Abb. 12.2 als Beispiel für eine typische elektrochemische Zelle gezeigte Daniell-Element besteht aus einer Zinkelektrode, die in eine Lösung von 1,0 m $ZnSO_4$, und aus einer Kupferelektrode, die in eine Lösung von 1,0 m $CuSO_4$ taucht.

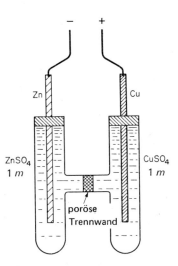

Abb. 12.2 Das Daniell-Element als typische elektrochemische Zelle.

Die beiden Lösungen stehen über eine poröse Trennwand in Verbindung; diese ermöglicht die Ionenwanderung, verhindert aber eine schnelle Durchmischung der Lösungen durch gegenseitige Diffusion. Für dieses Element gilt das folgende Zellensymbol:

$$\text{Zn} \mid \text{Zn}^{2+} \,(1{,}0\ m) \mid \text{Cu}^{2+} \,(1{,}0\ m) \mid \text{Cu} \qquad \text{(A)}$$

Die senkrechten Striche charakterisieren Phasengrenzen. Wenn die Elektrolytbrücke zugleich das Diffusionspotential eliminiert (12-5, 12-16), dann wird für sie ein Doppelstrich ‖ gesetzt.

Es ist stets möglich, die Potentialdifferenz zwischen zwei Kontaktstellen zu messen, die aus demselben Metall bestehen. Wir befestigen daher an jeder Elektrode ein Stück Kupferdraht und führen diesen zu einem Voltmeter oder irgendeinem anderen Instrument zur Messung dieser Potentialdifferenz. Im Daniell-Element bildet die Kupferelektrode den positiven Pol.

Die Differenz ($\Delta\Phi$) der Galvani-Potentiale dieser elektrochemischen Zelle ist in Vorzeichen und Größe gleich dem elektrischen Potential eines metallischen Leiters auf der rechten Seite des Zellensymbols, minus dem elektrischen Potential eines gleichen Leiters auf der linken Seite des Zellensymbols (»rechts minus links«):

$$\Delta\Phi = \Phi_{\text{rechts}} - \Phi_{\text{links}} \qquad [12.4]$$

Hierbei wollen wir uns wieder daran erinnern, daß wir zwar nicht die absoluten Beträge der Einzelpotentiale, wohl aber ihre Differenz direkt messen können.

Wir benötigen nun noch eine weitere Konvention, die die tatsächlich stattfindende Zellenreaktion zum Zellensymbol in der jeweils gewählten Schreibweise in Beziehung setzt. Schreiben wir die chemische Reaktion folgendermaßen:

$$\frac{1}{2}\text{Zn} + \frac{1}{2}\text{Cu}^{2+} \rightarrow \frac{1}{2}\text{Zn}^{2+} + \frac{1}{2}\text{Cu} \qquad (B)$$

dann impliziert das Zellensymbol (A), daß die Reaktion (B) stattfindet, wenn positive Elektrizität von links nach rechts durch die Zelle fließt. Wenn wir die Elektroden der Zelle gemäß dem Zellensymbol A mit einem metallischen Leiter verbinden, dann fließt positive Elektrizität durch den Elektrolyten von links nach rechts, und $\Delta\Phi$ erhält das positive Vorzeichen. (Wenn wir allerdings das Verhältnis $\text{Cu}^{2+}/\text{Zn}^{2+}$ extrem klein machen würden, dann flösse der Strom in umgekehrter Richtung.) Durch den äußeren Stromkreis fließen die Elektronen von links nach rechts.

Wir können diese Regel auch folgendermaßen ausdrücken: Das Zellensymbol wird so geschrieben, daß bei der Reaktion an der linken Elektrode Elektronen an den äußeren Stromkreis abgegeben werden, wogegen bei der Reaktion an der rechten Elektrode Elektronen aus dem äußeren Stromkreis aufgenommen werden. An der linken Elektrode findet daher eine Oxidation, an der rechten eine Reduktion statt.

Schreiben wir jedoch unsere Zellenreaktion in der folgenden Weise:

$$\frac{1}{2}\text{Cu} + \frac{1}{2}\text{Zn}^{2+} \rightarrow \frac{1}{2}\text{Cu}^{2+} + \frac{1}{2}\text{Zn} \qquad (C)$$

dann ist das zugehörige Zellensymbol in folgender Weise zu schreiben:

$$\text{Cu} \mid \text{Cu}^{2+} \mid \text{Zn}^{2+} \mid \text{Zn} \qquad (D)$$

Auf diese Weise würde sich eine negative Potentialdifferenz ergeben und damit eine Umkehrung des Stromflusses (bezogen auf die gewählte Schreibweise für die Zelle). Der in der wirklichen elektrochemischen Zelle zu beobachtende Vorgang ist, unabhängig von der Schreibweise, natürlich derselbe.

3. Die elektromotorische Kraft (EMK) und ihre Messung

Die elektromotorische Kraft E einer Zelle ist definiert als der Grenzwert, den die Potentialdifferenz $\Delta\Phi$ annimmt, wenn die Stromstärke gegen 0 geht:

$$E = \Delta\Phi_{(I \to 0)} \qquad [12.5]$$

Die praktisch stromlose Messung der EMK ist mit einer Potentiometerschaltung möglich, die von Poggendorf beschrieben wurde (Abb. 12.3). Der Schleifdraht hat eine gleichmäßige Dicke und ist mit Hilfe einer Skala so kalibriert, daß zu jeder Einstellung des Schleifkontakts eine bestimmte Spannung gehört. Zunächst stellen wir den zweipoligen Schalter auf die Position S (Normalelement) und setzen den Schleifkontakt auf die Spannung des Normalelements; anschließend wird der Rheostat so eingestellt, daß kein Strom durch das Galvanometer G fließt. Bei die-

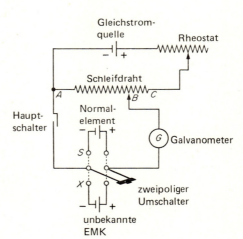

Abb. 12.3 Poggendorfsche Kompensationsschaltung für die Messung einer unbekannten EMK (Potentiometerschaltung).

ser Einstellung ist die Potentialdifferenz zwischen A und B, also das Produkt IR über dem Abschnitt AB des Schleifdrahtes, gerade so groß (jedoch mit umgekehrtem Vorzeichen) wie die EMK des Normalelements. Anschließend schalten wir um auf die Position X (unbekannte EMK) und stellen den Schleifkontakt wiederum so ein, daß kein Strom durch das Galvanometer fließt. Die zu messende EMK können wir nun direkt an der Skala des Schleifdrahtes ablesen.

Am häufigsten wird das Weston-Normalelement verwendet (Abb. 12.4). Es besteht aus einer Cadmiumamalgam- und einer Quecksilberelektrode; der gemeinsame Elektrolyt besteht aus einer gesättigten Lösung von Cadmiumsulfat und Mercurosulfat. Das Zellsymbol ist daher

$$\text{Cd(Hg)} \,|\, \text{CdSO}_4 \cdot \tfrac{8}{3}\text{H}_2\text{O(s)}, \; \text{Hg}_2\text{SO}_4\text{(s)} \,|\, \text{Hg}$$

Für die Zellenreaktion gilt:

$$\mathrm{Cd(Hg)} + \mathrm{Hg_2SO_4(s)} + \frac{8}{3}\mathrm{H_2O\,(l)} \rightarrow \mathrm{CdSO_4} \cdot \frac{8}{3}\mathrm{H_2O(s)} + 2\,\mathrm{Hg\,(l)}$$

Für die EMK dieses Elements bei θ °C gilt die folgende Beziehung:

$$E = 1{,}01845 - 4{,}05 \cdot 10^{-5}\,(\theta - 20) - 9{,}5 \cdot 10^{-7}\,(\theta - 20)^2\,\mathrm{Volt}$$

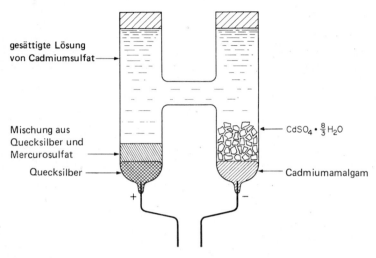

Abb. 12.4 Das WESTONsche Normalelement.

Die EMK dieses Elements beträgt bei 20 °C daher 1,01845 V, bei 25 °C 1,01832 V. Ein besonderer Vorzug dieses Elements ist der kleine Temperaturkoeffizient der EMK. Da die in verschiedenen Laboratorien verwendeten WESTON-Elemente geringfügig in ihrer EMK abweichen können, sollten die für Präzisionsmessungen verwendeten Elemente von Zeit zu Zeit geeicht werden (z. B. durch die Physikalisch-Technische Bundesanstalt in Braunschweig) oder durch Vergleich mit einem geeichten Element).

Die Genauigkeit der Kompensationsmethode für EMK-Messungen wird nur durch die Genauigkeit der Vergleichs-EMK und der verschiedenen Widerstände im Stromkreis begrenzt. Die Empfindlichkeit der Methode wird wiederum durch die Empfindlichkeit des Galvanometers begrenzt, mit dem unbekannte und Vergleichs-EMK aufeinander abgestimmt werden, sowie durch die Genauigkeit der Temperaturkontrolle. Ein solcher Kompensationsstromkreis läßt sich ohne große Schwierigkeiten so abgleichen, daß die Stromstärke unter 10^{-12} A liegt. Damit ist für alle praktischen Zwecke die Bedingung der Stromlosigkeit für die Messung elektromotorischer Kräfte hinreichend genau erfüllt.

Wir können eine EMK formal als die Differenz zwischen den Galvani-Potentialen der verschiedenen Phasen in einer elektrochemischen Zelle ausdrücken. Für das Daniell-Element (Abb. 12.2) können wir z. B. schreiben:

$$E = (\Phi_{\mathrm{Cu}} - \Phi_{\mathrm{Cu}^{2+}}) + (\Phi_{\mathrm{Cu}^{2+}} - \Phi_{\mathrm{Zn}^{2+}}) + (\Phi_{\mathrm{Zn}^{2+}} - \Phi_{\mathrm{Zn}}) + (\Phi_{\mathrm{Zn}} - \Phi'_{\mathrm{Cu}})$$

Die Größe Φ'_{Cu} bezieht sich auf das Potential zwischen der Kupferableitung und der Zinkelektrode. Es ist daher:

$$E = \Phi_{Cu} - \Phi'_{Cu} = \Delta\Phi_1 + \Delta\Phi_2 + \Delta\Phi_3 + \Delta\Phi_4$$

Jede Potentialdifferenz $\Delta\Phi$ trägt also zur EMK der Anordnung bei; damit reduziert sich aber die alte Kontroverse um den Ursprung der EMK auf die Frage der relativen Größen der einzelnen Potentialdifferenzen $\Delta\Phi$. Diese können jedoch nicht gemessen werden, und so bliebe als einziger Weg zur Lösung der Frage die Berechnung der Werte für $\Delta\Phi$ nach irgendwelchen Modellvorstellungen.

4. Die Polarität einer Elektrode

Beim Anschließen einer elektrochemischen Zelle an ein Potentiometer müssen wir natürlich die positiven und negativen Ableitungen der Zelle mit den positiven und negativen Ausgängen des Potentiometers verbinden. Die Polung der Potentiometerausgänge wird durch die des Normalelements bestimmt. Um Gleichgewicht zu erzielen, muß die positive Elektrode des Normalelements durch den äußeren Stromkreis mit der positiven Elektrode des zu messenden Elements verbunden werden. Wir brauchen uns dabei keine Gedanken darüber zu machen, welche Elektrode der zu messenden Zelle + und welche − ist. Wenn sich die Stromkreise auskompensieren lassen, dann war die Polung richtig; läßt sich eine Auskompensation nicht erreichen, dann war sie falsch. Die richtige Polung läßt sich also empirisch in wenigen Minuten feststellen.

Man könnte sich nun fragen, woher EDUARD WESTON 1892 bei der Zusammenstellung seiner Normalelemente wußte, daß die Cadmiumelektrode den negativen Pol bildete. Die Antwort hierauf führt uns zurück zum Zeitpunkt der Entscheidung über das Vorzeichen der beiden Arten von Elektrizität, nämlich der durch Reiben von Glas und der durch Reiben von Bernstein oder anderen Harzen gewonnenen Elektrizität. Als FRANKLIN seine Theorie des elektrischen Flusses aufstellte, wählte er die vom Glas herrührende als die eigentliche Elektrizität; diese bekam also das positive Vorzeichen. Die bei Harzen beobachtete Art von Elektrizität wurde daher als Defektelektrizität aufgefaßt und erhielt das negative Vorzeichen. FRANKLIN hätte natürlich geradesogut die umgekehrte Wahl treffen können − die Zuordnung der Bezeichnungen war gänzlich willkürlich.

Später stellte sich dann heraus, daß wir in einer Welt leben, die in bezug auf die Vorzeichen der Elektrizität nicht symmetrisch ist. Die Träger der positiven Elektrizität sind die mit Masse behafteten positiven Ionen; Träger der negativen Elektrizität sind jedoch im einfachsten Falle die viel leichteren Elektronen. Ein positives Ion ist ein Atom, das eines oder mehrere Elektronen verloren hat. Wenn wir heute vor der Wahl stünden, die FRANKLIN damals hatte, dann würden wir zweifellos die von ihm gewählten Vorzeichen umkehren und damit die semantische Schwierigkeit vermeiden, negative Träger eines positiven Fluidums annehmen zu müssen.

Wie auch immer, in der Elektrizitätslehre werden die positiven und negativen Vorzeichen übereinstimmend gesetzt. Wenn wir sagen, daß der mit der Cadmiumelektrode im WESTON-Element verbundene Kupferdraht negativer ist als der mit der Quecksilberelektrode verbundene Kupferdraht, dann verstehen wir hierunter, daß der erstere einen Überschuß an jener Art von Elektrizität besitzt, die auch beim Reiben von Bernstein mit einem Katzenfell entsteht.

5. Reversible Zellen

Eine Elektrode, die in eine Lösung taucht, nennt man eine *Halbzelle*; das Symbol für eine Halbzelle ist z.B. $Zn\,|\,Zn^{2+}$ (0,1 m). Eine elektrochemische Zelle entsteht durch Kombination von zwei Halbzellen. Im folgenden wollen wir uns vor allem mit *reversiblen Zellen* befassen. Diese entstehen durch die Kombination von zwei reversiblen Halbzellen und müssen die folgende experimentelle Bedingung erfüllen. Die Zelle wird zunächst in eine Potentiometerschaltung eingebaut. Anschließend mißt man die EMK der Zelle unter drei verschiedenen Bedingungen: (a) mit einem kleinen Stromfluß in einer Richtung, (b) unter möglichst vollständiger Kompensation (minimaler Stromfluß) und (c) unter einem kleinen Stromfluß in der Gegenrichtung. Wenn eine Zelle reversibel ist, dann ändert sich die Zellenspannung bei diesen Versuchen nur wenig; außerdem stellt die bei Stromlosigkeit gemessene EMK keine Diskontinuität in den Meßwerten für die Zellenspannung unter verschiedenen Bedingungen dar. Reversibilität von Halbzellen und Zellen impliziert, daß die Elektrodenreaktionen durch Stromumkehr völlig rückgängig gemacht werden können, im Grenzfalle unter Aufwendung des gleichen Arbeitsbetrages, den die Reaktion in der einen Richtung geliefert hatte. Bei völliger Stromlosigkeit entspricht die freie Energie der Zellenreaktion genau der kompensierenden EMK des Potentiometers.

Eine Quelle der Irreversibilität bei Zellen ist die Elektrolytbrücke. An der Grenzfläche zwischen der $ZnSO_4$- und $CuSO_4$-Lösung eines DANIELL-Elements (Abb. 12.2) haben wir die folgende Situation:

$$\begin{array}{c|c} Zn^{2+} & Cu^{2+} \\ (1,0\text{ m}) & (1,0\text{ m}) \\ SO_4^{2-} & SO_4^{2-} \end{array}$$

Wenn wir einen schwachen Strom von links nach rechts durch die Zelle schicken, dann wird der Strom in dieser Richtung durch Zn^{2+}- und SO_4^{2-}-Ionen transportiert. Wenn wir den Strom jedoch in der umgekehrten Richtung fließen lassen, dann wird er von rechts nach links durch Cu^{2+}- und SO_4^{2-}-Ionen durch die poröse Wandung transportiert. Eine Zelle mit einem solchen Diaphragma ist also notwendigerweise irreversibel, es sei denn, der Elektrolyt wäre auf beiden Seiten derselbe.

Bevor wir also auf solche Zellen die thermodynamischen Gesetze für reversible Prozesse anwenden können, müssen wir einen *Stromschlüssel* oder eine *Salzbrücke* anwenden, die zu gleicher Zeit das Diffusionspotential (12-16) eliminiert. Ein solcher Stromschlüssel besteht aus einem U-förmigen Heber, der mit einer konzentrierten Salzlösung (meist KCl oder NH_4Cl) gefüllt ist. Die entgegengesetzt geladenen Ionen dieses Salzes sollten angenähert dieselbe Beweglichkeit haben. Um die Vermischung der Salzlösung mit dem Elektrolyten in den beiden Halbzellen auf ein Minimum herabzudrücken, kann die Salzlösung zu einem Gel verdickt werden, z.B. mit Agar-Agar. Die Hauptmenge des Stromes wird nun durch K^+- und Cl^--Ionen durch die Brücke transportiert. An der Stelle, wo die Schenkel des Hebers in die Halbzelle eintauchen, finden zwar immer noch irreversible Vorgänge statt; diese können jedoch so gering gehalten werden, daß ihr Einfluß vernachlässigt werden kann. Wenn bei Zellen durch einen derartigen Stromschlüssel irreversible Prozesse und das Diffusionspotential eliminiert wurden, setzt man für diesen Stromschlüssel einen senkrechten Doppelstrich:

$$Zn \mid Zn^{2+} \mid\mid Cu^{2+} \mid Cu$$

Irreversible Vorgänge in einer Zelle lassen sich auch dadurch vermeiden, daß ein gemeinsamer Elektrolyt verwendet wird. Ein Beispiel hierfür ist das WESTON-Normalelement. Aber auch in solchen Zellen können Änderungen in der Elektrolytkonzentration um die Elektroden herum kleine, irreversible Effekte hervorrufen.

6. Freie Energie und reversible EMK

Die an einer Ladung Q bei einer Veränderung des Potentials um einen Betrag von $\Delta\Phi$ verrichtete Arbeit ist $Q\Delta\Phi$. Wir wollen eine Zelle betrachten, in der $|z|$ Äquivalente der Ausgangsstoffe in Reaktionsprodukte verwandelt werden. Hierzu muß eine Elektrizitätsmenge von $|z|F$ Coulomb durch die Zelle fließen. Gleichzeitig werden durch den äußeren Stromkreis $|z|F$ Coulomb an Elektronen transportiert. Für die an der Zelle verrichtete elektrische Arbeit gilt daher $-|z|FE$.
Unter reversiblen Bedingungen ist die an der Zelle verrichtete Arbeit gleich der HELMHOLTZschen freien Energie: $w = \Delta A$ (3-13). Wenn wir die mechanische Arbeit $(P\Delta V)$ berücksichtigen, die bei konstantem Druck an den verschiedenen Phasen in der Zelle verrichtet wird, dann gilt:

$$\Delta A = -\sum_\alpha P^\alpha \Delta V^\alpha - |z|FE$$

Nach [3.35] ist aber

$$\Delta G = \Delta A + \sum_\alpha P^\alpha \Delta V^\alpha$$

Es ist daher:

$$\Delta G = -|z|FE \qquad [12.6]$$

Die reversible EMK ist also gleich der Änderung der freien Energie beim Ablauf der Zellenreaktion pro Ladungseinheit. (Wenn wir die Ladungseinheit in Coulomb angeben, dann erhalten wir die freie Energie in Joule.) Bei 25 °C hat das DANIELL-Element eine EMK von 1,100 V. Für die Zellenreaktion gilt also:

$$Zn + CuSO_4 \,(1\ m) \rightarrow Cu + ZnSO_4 \,(1\ m)$$

$$\Delta G = -2 \cdot 96487 \cdot 1{,}100 = -212\,300 \text{ Volt} \cdot \text{Coulomb} \,(= \text{Joule})\,{}^1$$

Eine Reaktion kann nur dann spontan ablaufen, wenn $\Delta G < 0$ ist. Folglich kann eine Zellenreaktion nur dann spontan eintreten, wenn $E > 0$ ist; in diesem Fall kann eine Zelle als Quelle elektrischer Energie dienen. Die Zellenreaktion verläuft dann in der angeschriebenen Weise von links nach rechts. Die linke Elektrode wird oxidiert; die hierbei entstehenden positiven Ionen wandern durch die Zelle von links nach rechts. In gleicher Richtung fließen die Elektronen durch den äußeren, metallischen Leiter. Wenn ein Daniell-Element als galvanische Zelle wirkt, dann gilt das folgende Symbol:

$$\begin{array}{c|cc|c}
 & \multicolumn{2}{c}{-e \rightarrow} & \\
- & \overline{\leftarrow SO_4^{2-} \ | \ \leftarrow SO_4^{2-}} & & + \\
Zn & Zn^{2+} \rightarrow & | \ Cu^{2+} \rightarrow & Cu
\end{array}$$

7. Entropie und Enthalpie von Zellenreaktionen

Mit der GIBBS-HELMHOLTZschen Gleichung [3.52] und der im vorhergehenden Abschnitt abgeleiteten Beziehung $\Delta G = -|z|FE$ können wir die Enthalpie und Entropie einer Zellenreaktion aus dem Temperaturkoeffizienten der EMK berechnen. (Hierbei ist zu beachten, daß die von reversiblen Zellen bei der Zellenreaktion aufgenommene Wärme $T\Delta S$ und nicht ΔH ist.) Es gilt:

$$\Delta S = -\left(\frac{\partial \Delta G}{\partial T}\right)_P = zF\left(\frac{\partial E}{\partial T}\right)_P \qquad [12.7]$$

Bei konstanter Temperatur ist:

$$\Delta H = \Delta G + T\Delta S$$

Für einen elektrochemischen Vorgang können wir also schreiben:

$$\Delta H = -|z|FE + |z|FT\left(\frac{\partial E}{\partial T}\right)_P \qquad [12.8]$$

Wir wollen diese Beziehungen auf das WESTON-Element anwenden. Experimentell bestimmt wurden für 25 °C $E = 1{,}01832$ V und $dE/dT = -5{,}00 \cdot 10^{-5}$ V·K^{-1}. Hiermit erhalten wir $\Delta G = -2 \cdot 96487 \cdot 1{,}01832 = -196\,509$ J und $\Delta S = 2\,(96487)\,(-5{,}00 \cdot 10^{-5}) = -9{,}65$ J·K^{-1}.

---

[1] Eine andere nützliche Einheit für die elektrische Arbeit ist das Volt · Faraday (VF); es ist 1 VF = 96487 Joule. Ein VF pro Mol ist gleich 1 eV pro Molekel. Für das Daniell-Element ist $\Delta G = -2 \cdot 1{,}100 = -2{,}200$ VF bei 25 °C.

Es ist also $\Delta H = -196509 - 2876 = -199385$ J.
Für dieses Beispiel ist $T\Delta S = 298{,}5\,(-9{,}649)$ J $= -2876$ J.
Die Untersuchung der Temperaturabhängigkeit der EMK galvanischer Zellen führte NERNST zur Entdeckung des III. Hauptsatzes der Thermodynamik.

8. Verschiedene Arten von Halbzellen (Elektroden)

Die einfachsten Halbzellen bestehen aus einer *Metallelektrode*, die in eine Lösung mit Ionen dieses Metalls eintaucht, also z.B. aus einem Silberblech in einer Lösung von Silbernitrat. Das Elektrodensymbol für den einfachsten Fall einwertiger Metallionen ist Me|Me$^+(c)$. Hierin bedeutet c die molare Konzentration an Metallionen; der senkrechte Strich kennzeichnet die Phasengrenze. Die Elektrodenreaktion besteht in der Auflösung oder Abscheidung des Metalls: Me $\rightleftharpoons$ Me$^+$ + e$^-$.
Manchmal ist es nützlich oder notwendig, statt des reinen Metalls ein Amalgam dieses Metalls zu verwenden. Mit flüssigen Amalgamen lassen sich nichtreproduzierbare Effekte vermeiden, die bei festen Metalloberflächen von mechanischen Spannungen oder durch eine Polarisierung der Elektrodenoberfläche (irreversible Elektroden) hervorgerufen werden können. In einigen Fällen ist eine verdünnte Amalgamelektrode die einzige Möglichkeit, einigermaßen reversible Elektroden mit hochreaktiven Metallen zu erhalten und damit Potentialmessungen durchzuführen. Ein Beispiel hierfür sind die Amalgamelektroden mit Alkali- und Erdalkalimetallen. Die hohe Überspannung des Wasserstoffs an Quecksilber (Abschnitt 12-26) ist bei allen Amalgamelektroden sehr nützlich, da auf diese Weise eine Polarisierung mit Wasserstoff vermieden wird. Wenn das Amalgam mit dem gelösten Metall gesättigt ist, dann ist diese Elektrode äquivalent einer festen Metallelektrode, da das chemische Potential einer Komponente in gesättigter Lösung gleich dem chemischen Potential des reinen Stoffes ist[2].
Wenn das Amalgam nicht gesättigt ist, dann läßt sich die EMK einer reinen Metallelektrode empirisch aus einer Serie von Messungen bei verschiedenen Amalgamkonzentrationen bestimmen.
Gaselektroden bestehen aus einem Blech aus nichtreaktivem Metall, gewöhnlich Platin oder Gold, das in einen Elektrolyten taucht und von einem Gasstrom umspült wird. Die Wasserstoffelektrode besteht aus einem Platinblech, das von molekularem Wasserstoff umströmt wird und teilweise in eine saure Lösung taucht. Der molekulare Wasserstoff wird an der Oberfläche des Platins teilweise in Atome gespalten; letztere lösen sich vermutlich unter Abgabe des Elektrons an das gemeinsame Elektronengas im Platingitter auf. Da der Wasserstoff sehr viel unedler als das Platin ist, verhält sich diese Elektrode praktisch wie eine Elektrode aus »metallischem Wasserstoff«. Die Elektrodenreaktion besteht aus zwei Teil-

---

[2] Die feste Phase kann selbst eine Legierung aus Quecksilber und irgendeinem Metall sein. In einem solchen Falle ist die Aktivität des Metalls im flüssigen Amalgam niedriger als die des reinen Metalls. Ein Beispiel hierfür ist das Cadmium-Quecksilber-System.

schritten:

$$\frac{1}{2} H_2 \rightarrow H$$
$$H \rightarrow H^+ + e^-$$

Die Gesamtreaktion ist:

$$\frac{1}{2} H_2 \rightarrow H^+ + e^-$$

Eine Chlorelektrode besteht analog aus einem Platinblech, das in eine Lösung von Chloridionen taucht und von molekularem Chlor umspült wird. Für die Elektrodenreaktion gilt:

$$e^- + \frac{1}{2} Cl_2 \rightarrow Cl^-.$$

Bei *Nichtmetallelektroden* (ohne Teilnahme eines Gases) befindet sich ein flüssiges oder festes Nichtmetall über die Lösung im Kontakt mit einer Edelmetallelektrode. Ein Beispiel hierfür ist die Brom-Bromid-Halbzelle: $Pt\,|\,Br_2\,|\,Br^-$.

Bei einer *Redoxelektrode* taucht ein Edelmetall in eine Lösung, die Ionen in zwei verschiedenen Oxidationszuständen enthält. Ein Beispiel hierfür ist die Eisen(II)-Eisen(III)-Elektrode $Pt\,|\,Fe^{2+},\,Fe^{3+}$. Wenn die Elektrode negativ polarisiert wird (Zufuhr von Elektronen) dann tritt folgende Elektrodenreaktion auf: $Fe^{3+} + e^- \rightarrow Fe^{2+}$. Im weiteren Sinne sind natürlich alle Elektroden Redoxelektroden. Elektroden, bei denen ein Teilnehmer an der Elektrodenreaktion im nullwertigen Zustand auftritt, pflegt man jedoch nicht als Redoxelektroden zu bezeichnen, da man die Konzentration des nullwertigen Elements (z. B. Silber) in der Regel nicht verändern kann.

Bei *Elektroden zweiter Art* taucht ein Metall in eine Lösung, die mit einem schwerlöslichen Salz dieses Metalls gesättigt ist und einen Überschuß dieses Salzes als Bodenkörper enthält. Der Elektrolyt einer solchen Halbzelle enthält außerdem noch ein leichtlösliches Salz (meist ein Alkalisalz), das ein gemeinsames Anion mit dem schwerlöslichen Salz besitzt. Das Potential einer solchen Elektrode ist in Gegenwart eines Überschusses des schwerlöslichen Salzes konstant und festgelegt durch das Löslichkeitsprodukt dieses Salzes. Wegen dieser Konstanz des Potentials werden Elektroden zweiter Art als Normalelektroden oder zum Zusammenstellen von Normalelementen verwendet. Als Beispiel sei die Silber-Silberchlorid-Halbzelle erwähnt: $Ag\,|\,AgCl\,|\,Cl^-(c_1)$. Formal kann man die Elektrodenreaktion als Zweistufenprozeß auffassen:

$$AgCl(s) \rightleftarrows Ag^+ + Cl^-$$
$$Ag^+ + e^- \rightleftarrows Ag(s)$$

Der Gesamtvorgang ließe sich demnach folgendermaßen formulieren:

$$AgCl(s) + e^- \rightleftarrows Ag(s) + Cl^-$$

Eine solche Elektrode ist thermodynamisch äquivalent einer Chlorelektrode $(Cl_2\,|\,Cl^-)$, bei der der Chlordruck gleich dem Dissoziationsdruck des Chlors über Silberchlorid entsprechend dem folgenden Gleichgewicht ist: $AgCl \rightleftarrows Ag + \frac{1}{2} Cl_2$.

Diese Tatsache ist sehr nützlich, da Gaselektroden nur mit ziemlichen experimentellen Schwierigkeiten betrieben werden können. Die üblichen Elektroden zweiter Art aus Metall und schwerlöslichem Metallsalz sind reversibel in bezug auf das gemeinsame Anion.

Metall-Metalloxid-Elektroden stellen einen Sonderfall von Elektroden zweiter Art dar; hierbei ist die Metallelektrode von dem schwerlöslichen Metalloxid überzogen. Ein Beispiel ist die Antimon-Antimonoxid-Elektrode, $Sb\,|\,Sb_2O_3\,|\,OH^-$. Hierbei taucht ein mit einer dünnen Schicht Sb_2O_3 überzogener Antimonstab in eine Lösung, die Hydroxylionen enthält. Für die Elektrodenreaktion gilt:

$$Sb(s) + 3\,OH^- \rightleftarrows \frac{1}{2}Sb_2O_3 + \frac{3}{2}H_2O(l) + 3e^-$$

Diese Elektrode kann als eine Art Sauerstoffelektrode aufgefaßt werden; sie ist reversibel in bezug auf die Hydroxylionen und (über das Ionenprodukt des Wassers) auch in bezug auf H^+-Ionen.

9. Einteilung elektrochemischer Zellen

Bei der Vereinigung zweier Halbzellen erhalten wir eine elektrochemische Zelle. Wenn beide Halbzellen denselben Elektrolyten enthalten, dann entsteht an der Stelle, wo die beiden Elektrolyten miteinander in Verbindung stehen, keine Grenzschicht, und wir haben eine *überführungsfreie Zelle*. Wenn die Elektrolyte von verschiedener Art oder verschiedener Konzentration sind, dann ist der Transport von Ionen durch die Grenzschicht mit irreversiblen Veränderungen in den beiden Elektrolyten verknüpft, und wir haben eine *Zelle mit Überführung*.

Der mit einer spontanen Zellenreaktion verknüpfte Abfall in der freien Enthalpie ($-\varDelta G$) kann von einer chemischen Reaktion oder von einer physikalischen Veränderung herrühren. Das bekannteste Beispiel für Zellen der letzteren Art sind Konzentrationszellen; die treibende Kraft der Zelle ist hierbei eine Konzentrationsänderung in den beiden Elektrolyten, meist ein Konzentrationsausgleich. Die Konzentrationsänderung kann übrigens sowohl in Elektrolyten als auch in den Elektroden stattfinden. Beispiele für die letztere Art sind Amalgam- oder Legierungselektroden mit einer unterschiedlichen Konzentration des gelösten Metalles sowie Gaselektroden mit unterschiedlichem Gasdruck.

Das folgende Schema zeigt eine einfache Klassifikation elektrochemischer Zellen.

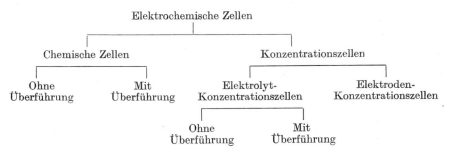

10. Die Normalspannung (Standard-EMK) von Zellen

Für die freie Enthalpie einer allgemeinen Zellenreaktion aA + bB ⇌ cC + dD gilt (vgl. [8.14]):

$$\Delta G = \Delta G^\ominus + RT \ln \frac{a_C^c a_D^d}{a_B^b a_A^a}$$

Für die freie Enthalpie gilt aber auch

$$\Delta G = -|z|FE$$

Wir können also schreiben:

$$E = E^\ominus - \frac{RT}{|z|F} \ln \frac{a_C^c a_D^d}{a_B^b a_A^a} \qquad [12.9]$$

Diese Gleichung wurde zuerst von NERNST durch eine thermodynamische Betrachtung abgeleitet; sie wurde daher unter der Bezeichnung *Nernstsche Gleichung* bekannt.

Wenn sowohl die Ausgangsstoffe als auch die Reaktionsprodukte die Aktivität 1 besitzen, dann wird $E = E^\ominus$ und $E^\ominus = -\Delta G^\ominus/|z|F$. Der Wert für $E^\ominus$ nennen wir die Standard-EMK oder *Normalspannung* einer Zelle. Sie steht zur Gleichgewichtskonstanten der Zellenreaktion in der folgenden Beziehung:

$$E^\ominus = -\frac{\Delta G^\ominus}{|z|F} = \frac{RT}{|z|F} \ln K_a \qquad [12.10]$$

Diese Beziehung ist von außerordentlicher Bedeutung, da wir nun aus einer elektrochemischen Messung die Gleichgewichtskonstante einer Reaktion berechnen können. Die Bestimmung der Standard-EMK einer Zelle gehört daher zu den wichtigsten elektrochemischen Methoden.

Als Beispiel soll eine Zelle aus einer Wasserstoffelektrode und einer Silber-Silberchlorid-Elektrode mit Salzsäure als gemeinsamem Elektrolyten diskutiert werden (Abb. 12.5). Das Zellensymbol lautet:

$$\text{Pt}(H_2) \mid \text{HCl}(m) \mid \text{AgCl} \mid \text{Ag}$$

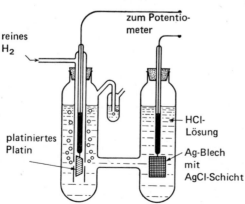

Abb. 12.5 Die Bestimmung der Standard-EMK einer Zelle aus einer Wasserstoffelektrode und einer Silber-Silberchlorid-Elektrode.

Diese elektrochemische Zelle ist wegen des gemeinsamen Elektrolyten überführungsfrei. Für die Elektrodenreaktionen gilt:

$$\frac{1}{2} H_2 \rightleftarrows H^+ + e^-$$

$$AgCl + e^- \rightleftarrows Ag + Cl^-$$

Als Zellenreaktion haben wir daher

$$AgCl + \frac{1}{2} H_2 \rightleftarrows H^+ + Cl^- + Ag$$

Nach [12.9] gilt für die EMK dieser Zelle:

$$E = E^\ominus - \frac{RT}{F} \ln \frac{a_{Ag} a_{H^+} a_{Cl}}{a_{AgCl} a_{H_2}^{1/2}}$$

Wenn wir die Aktivitäten der festen Phasen einer Konvention gemäß gleich 1 setzen und einen solchen Wasserstoffdruck wählen, daß $a_{H_2} = 1$ ist (für ein ideales Gas $P = 1$ atm), dann gilt:

$$E = E^\ominus - \frac{RT}{F} \ln a_{H^+} a_{Cl^-}$$

Wenn wir die durch [10.21] definierte mittlere Aktivität der Ionen einführen, dann erhalten wir:

$$E = E^\ominus - \frac{2RT}{F} \ln a_\pm = E^\ominus - \frac{2RT}{F} \ln \gamma_\pm m \qquad [12.11]$$

und

$$E + \frac{2RT}{F} \ln m = E^\ominus - \frac{2RT}{F} \ln \gamma_\pm$$

Nach der DEBYE-HÜCKELschen Theorie ist in verdünnten Lösungen $\ln \gamma_\pm = A m^{1/2}$; hierin ist A eine Konstante. Für verdünnte Lösungen erhalten wir daher aus der obigen Gleichung:

$$E + \frac{2RT}{F} \ln m = E^\ominus - \frac{2RTA}{F} m^{1/2}$$

Wenn wir den Ausdruck links vom Gleichheitszeichen gegen $m^{1/2}$ abtragen und bis $m = 0$ zurückextrapolieren, dann erhalten wir als Ordinatenabschnitt bei $m = 0$ den Wert für $E^\ominus$. Für die hier beschriebene Zelle ist $E^\ominus = 0{,}2225$ V bei 25 °C.

Wenn man einmal die Standard-EMK auf diese Weise bestimmt hat, dann kann [12.11] zur Berechnung der mittleren Aktivitätskoeffizienten für HCl aus den gemessenen EMK-Werten bei Lösungen mit verschiedenen Molalitäten m berechnet werden. Mit dieser Methode wurden die genauesten Werte für die Aktivitätskoeffizienten von Ionen erhalten.

11. Normalpotentiale (Standard-Elektrodenpotentiale)

Es wäre sehr unpraktisch, all die experimentellen Werte für die EMK der verschiedensten Kombinationen von Halbzellen in Tabellenwerken zusammenzufassen. Sehr viel vorteilhafter wäre es, statt dessen die Einzelpotentiale aller möglichen Halbzellen tabellarisch zusammenzustellen; man könnte dann die EMK beliebig zusammengestellter Zellen einfach aus der Differenz dieser Elektrodenpotentiale berechnen. Mit den Elektrodenpotentialen verhält es sich nun allerdings ähnlich wie mit den Einzelaktivitäten bestimmter Ionen. GIBBS zeigte 1899, daß es unmöglich ist, sich irgendeine experimentelle Anordnung auszudenken, mit der man eine elektrische Potentialdifferenz zwischen zwei Punkten in Medien verschiedener chemischer Zusammensetzung messen könnte, also z.B. zwischen einer Metallelektrode und dem die Elektrode umgebenden Elektrolyten. Was wir in Wirklichkeit immer messen, ist eine Potentialdifferenz zwischen zwei Punkten derselben chemischen Zusammensetzung, so z.B. zwischen den beiden Messingkontakten eines Potentiometers.

Um dies noch etwas anschaulicher zu machen, wollen wir ein Kupferion in unterschiedlicher Umgebung betrachten, und zwar einmal in metallischem Kupfer, zum anderen in einer Lösung von Kupfersulfat. Der Zustand des Kupferions wird durch seine chemische und elektrische Umgebung bestimmt; erstere legt sein chemisches Potential μ, letztere sein elektrisches Potential Φ fest. Es gibt aber keinerlei Möglichkeit, diese beiden Faktoren experimentell zu trennen. Es ist ja auf keine Weise möglich, reale Materie in reine Elektrizität und elektrizitätsfreie Materie zu trennen; alle »chemischen« Phänomene sind ja »elektrischer« Natur. Wir können also nur das *elektrochemische Potential* eines Ions messen; hierfür gilt: $\bar{\mu} = \mu + zF\Phi$. Es kann manchmal von Vorteil sein, das elektrochemische Potential willkürlich in zwei Anteile zu trennen; irgendeine experimentelle Bedeutung hat diese Trennung jedoch nicht.

Obwohl wir demnach keine absoluten Einzelpotentiale (Elektrodenpotentiale) messen können, lösen wir die praktische Seite des Problems, indem wir alle Elektrodenpotentiale auf die gleiche Standardelektrode beziehen. Die so bestimmten »Potentiale« sind natürlich die stromlos gemessenen Zellenspannungen zweier Halbelemente, bei denen das eine aus dem gewählten Bezugspotential besteht. Durch eine internationale Übereinkunft wurde die *Normalwasserstoffelektrode* als Bezugselektrode gewählt; ihr Potential wurde zu $E^\ominus = 0$ festgelegt. Dieses Potential besitzt eine Platinelektrode, die im Gleichgewicht mit einer Lösung der mittleren Wasserstoffionenaktivität $(a_\pm)$ von 1 und außerdem im Gleichgewicht mit molekularem Wasserstoff der Fugazität 1 steht. (Unter diesen Bedingungen verhält sich der Wasserstoff praktisch ideal; statt die Fugazität zu bestimmen, kann also einfach der Druck gemessen werden.) Das Symbol für die Normalwasserstoffelektrode ist also

$$\text{Pt} \,|\, \text{H}_2 \,(1 \text{ atm}) \,|\, \text{H}^+ \,(a_\pm = 1)$$

Wenn wir irgendeine Elektrode X mit der Standardwasserstoffelektrode zu einer elektrochemischen Zelle zusammenstellen, dann nennen wir die EMK dieser Anordnung das *relative Elektrodenpotential* oder kurz das Elektrodenpotential der Elektrode X. Wenn also die fragliche Elektrode in Kombination mit der Normalwasserstoffelektrode den positiven Pol bildet, dann nennen wir das Potential dieser Elektrode positiv; Entsprechendes gilt für den umgekehrten Fall. Das Vorzeichen des Elektrodenpotentials wird also stets durch das Vorzeichen der Polarität der fraglichen Elektrode bestimmt, wenn diese mit der Standardwasserstoffelektrode zu einer Zelle zusammengestellt wird.

Die hier gegebene Definition des Elektrodenpotentials entspricht der Stockholmer Konvention von 1953. Sie ist auch ähnlich der von Gibbs gegebenen Definition. Das Elektrodenpotential ist demnach eine vorzeicheninvariante Größe. Hierunter verstehen wir, daß es ein bestimmtes Vorzeichen besitzt, welches nicht von der Formulierung der Elektrode, also z.B. von der Schreibweise des Elektrodensymbols, abhängt. Dieses Vorzeichen ist die *experimentelle Polarität* der Elektrode, wenn sie mit einer Normalwasserstoffelektrode zu einer Zelle zusammengestellt wird. Gemäß unserer Definition ist das Elektrodenpotential die *Halbzellen*-EMK der Elektrode $X^+|X$. Hierunter verstehen wir die EMK der Zelle

$$\mathrm{Pt}\,|\,\mathrm{H}_2\,|\,\mathrm{H}^+\,||\,X^+\,|\,X$$

mit der Zellenreaktion:

$$\frac{1}{2}\mathrm{H}_2 + X^+ \to \mathrm{H}^+ + X$$

Die EMK dieser Zelle ist:

$$E = \Phi_\text{rechts} - \Phi_\text{links}$$

Für das Einzelpotential der Elektrode X gilt daher

$$E\,(X^+/X) - E^\ominus\,(\mathrm{H}_2/\mathrm{H}^+) = E\,(X^+, X)$$

Wenn die fragliche Elektrode unter Standardbedingungen betrieben wird (25 °C, Aktivität der an der Elektrodenreaktion beteiligten Ionen = 1), dann ist das so bestimmte Potential das *Normalpotential* dieser Elektrode. Wenn wir von einem Elektrodenpotential sprechen, dann meinen wir gewöhnlich dieses Normalpotential, das in Tabellenwerken zu finden ist. Das unter anderen Bedingungen herrschende Elektrodenpotential können wir aus [12.9] berechnen.
Als praktisches Beispiel wollen wir eine Zinkelektrode betrachten, deren Symbol wir folgendermaßen schreiben: $\mathrm{Zn}^{2+}|\mathrm{Zn}$. Beim Vergleich mit der Normalwasserstoffelektrode steht das Symbol der fraglichen Halbzelle rechts, wir schreiben also: $\mathrm{Pt}\,|\,\mathrm{H}_2\,|\,\mathrm{H}^+\,||\,\mathrm{Zn}^{2+}\,|\,\mathrm{Zn}$. In dieser Formulierung würden also die Zinkionen zu metallischem Zink reduziert: $\mathrm{Zn}^{2+} + 2\mathrm{e}^- \to \mathrm{Zn}$. An der Wasserstoffelektrode würde zu gleicher Zeit Wasserstoff zu Wasserstoffionen oxidiert: $\mathrm{H}_2 \to 2\mathrm{H}^+ + 2\mathrm{e}^-$.
Für die Zellenreaktion können wir daher schreiben:

$$\mathrm{Zn}^{2+} + \mathrm{H}_2 \to \mathrm{Zn} + 2\mathrm{H}^+$$

Wenn sich alle Komponenten in der Zelle in ihrem Standardzustand befinden, dann bestimmen wir experimentell eine EMK von $-0{,}763$ V. Dies ist zugleich das Normalpotential der Zinkelektrode. Das negative Vorzeichen bedeutet, daß die Zellenreaktion in der angegebenen Schreibweise nicht spontan ablaufen kann, wenn sich die Komponenten im Standardzustand befinden; in der Tat würde unter

Elektrode	Elektrodenreaktion	$E^\ominus$ (Volt)
	Saure Lösungen	
Li^+/Li	$Li^+ + e^- \rightleftarrows Li$	$-3{,}045$
K^+/K	$K^+ + e^- \rightleftarrows K$	$-2{,}925$
Cs^+/Cs	$Cs^+ + e^- \rightleftarrows Cs$	$-2{,}923$
Ba^{2+}/Ba	$Ba^{2+} + 2e^- \rightleftarrows Ba$	$-2{,}906$
Ca^{2+}/Ca	$Ca^{2+} + 2e^- \rightleftarrows Ca$	$-2{,}866$
Na^+/Na	$Na^+ + e^- \rightleftarrows Na$	$-2{,}714$
Mg^{2+}/Mg	$Mg^{2+} + 2e^- \rightleftarrows Mg$	$-2{,}363$
Al^{3+}/Al	$Al^{3+} + 3e^- \rightleftarrows Al$	$-1{,}662$
Zn^{2+}/Zn	$Zn^{2+} + 2e^- \rightleftarrows Zn$	$-0{,}7628$
Fe^{2+}/Fe	$Fe^{2+} + 2e^- \rightleftarrows Fe$	$-0{,}4402$
Cd^{2+}/Cd	$Cd^{2+} + 2e^- \rightleftarrows Cd$	$-0{,}4029$
Sn^{2+}/Sn	$Sn^{2+} + 2e^- \rightleftarrows Sn$	$-0{,}136$
Pb^{2+}/Pb	$Pb^{2+} + 2e^- \rightleftarrows Pb$	$-0{,}126$
Fe^{3+}/Fe	$Fe^{3+} + 3e^- \rightleftarrows Fe$	$-0{,}036$
$D^+/D_2/Pt$	$2D^+ + 2e^- \rightleftarrows D_2$	$-0{,}0034$
$H^+/H_2/Pt$	$2H^+ + 2e^- \rightleftarrows H_2$	0
$Sn^{4+}, Sn^{2+}/Pt$	$Sn^{4+} + 2e^- \rightleftarrows Sn^{2+}$	$+0{,}15$
$Cu^{2+}, Cu^+/Pt$	$Cu^{2+} + e^- \rightleftarrows Cu^+$	$+0{,}153$
$S_2O_3^{2-}, S_4O_6^{2-}/Pt$	$S_4O_6^{2-} + 2e^- \rightleftarrows 2S_2O_3^{2-}$	$+0{,}17$
Cu^{2+}/Cu	$Cu^{2+} + 2e^- \rightleftarrows Cu$	$+0{,}337$
$J^-/J_2/Pt$	$J_2 + 2e^- \rightleftarrows 2J^-$	$+0{,}5355$
$Fe(CN)_6^{4-}, Fe(CN)_6^{3-}/Pt$	$Fe(CN)_6^{3-} + e^- \rightleftarrows Fe(CN)_6^{4-}$	$+0{,}69$
$Fe^{2+}, Fe^{3+}/Pt$	$Fe^{3+} + e^- \rightleftarrows Fe^{2+}$	$+0{,}771$
Ag^+/Ag	$Ag^+ + e^- \rightleftarrows Ag$	$+0{,}7991$
Hg^{2+}/Hg	$Hg^{2+} + 2e^- \rightleftarrows Hg$	$+0{,}854$
$Hg_2^{2+}, Hg^{2+}/Pt$	$2Hg^{2+} + 2e^- \rightleftarrows Hg_2^{2+}$	$+0{,}92$
$Br^-/Br_2/Pt$	$Br_2 + 2e^- \rightleftarrows 2Br^-$	$+1{,}0652$
$Mn^{2+}, H^+/MnO_2/Pt$	$MnO_2 + 4H^+ + 2e^- \rightleftarrows Mn^{2+} + 2H_2O$	$+1{,}23$
$Cr^{3+}, Cr_2O_7^{2-}, H^+/Pt$	$Cr_2O_7^{2-} + 14H^+ + 6e^- \rightleftarrows 2Cr^{3+} + 7H_2O$	$+1{,}33$
$Cl^-/Cl_2/Pt$	$Cl_2 + 2e^- \rightleftarrows 2Cl^-$	$+1{,}3595$
$Ce^{3+}, Ce^{4+}/Pt$	$Ce^{4+} + e^- \rightleftarrows Ce^{3+}$	$+1{,}61$
$Co^{2+}, Co^{3+}/Pt$	$Co^{3+} + e^- \rightleftarrows Co^{2+}$	$+1{,}808$
$SO_4^{2-}, S_2O_8^{2-}/Pt$	$S_2O_8^{2-} + 2e^- \rightleftarrows 2SO_4^{2-}$	$+2{,}01$
	Basische Lösungen	
$OH^-/Ca(OH)_2/Ca/Pt$	$Ca(OH)_2 + 2e^- \rightleftarrows 2OH^- + Ca$	$-3{,}02$
$H_2PO_2^-, HPO_3^{2-}, OH^-/Pt$	$HPO_3^{2-} + 2e^- \rightleftarrows H_2PO_2^- + 3OH^-$	$-1{,}565$
$ZnO_2^{2-}, OH^-/Zn$	$ZnO_2^{2-} + 2H_2O + 2e^- \rightleftarrows Zn + 4OH^-$	$-1{,}215$
$SO_3^{2-}, SO_4^{2-}, OH^-/Pt$	$SO_4^{2-} + H_2O + 2e^- \rightleftarrows SO_3^{2-} + 2OH^-$	$-0{,}93$
$OH^-/H_2/Pt$	$2H_2O + 2e^- \rightleftarrows H_2 + 2OH^-$	$-0{,}82806$
$OH^-/Ni(OH)_2/Ni$	$Ni(OH)_2 + 2e^- \rightleftarrows Ni + 2OH^-$	$-0{,}72$
$CO_3^{2-}/PbCO_3/Pb$	$PbCO_3 + 2e^- \rightleftarrows Pb + CO_3^{2-}$	$-0{,}509$
$OH^-, HO_2^-/Pt$	$HO_2^- + H_2O + 2e^- \rightleftarrows 3OH^-$	$+0{,}878$

Tab. 12.1 Normalpotentiale verschiedener Elektroden bei 25 °C

diesen Bedingungen das metallische Zink in Lösung gehen, während zu gleicher Zeit an der Wasserstoffelektrode solvatisierte Protonen reduziert würden. – Tab. 12.1 zeigt die Normalpotentiale für die wichtigsten Elektroden[3].

12. Berechnung der EMK einer Zelle

Als typisches Beispiel wollen wir wieder das Daniell-Element bei 25 °C wählen, und zwar mit etwas veränderten Konzentrationen:

$$\text{Zn} \mid \text{ZnSO}_4 \ (1{,}0 \ m) \mid\mid \text{CuSO}_4 \ (0{,}1 \ m) \mid \text{Cu}$$

Für die Zellenreaktion gilt:

$$\text{Zn} + \text{CuSO}_4 \rightarrow \text{ZnSO}_4 + \text{Cu}$$

Für die Normalspannung $E^\ominus$ dieses Elements gilt nach [12.4], wenn wir aus Tab. 12.1 die Elektrodenpotentiale entnehmen:

$$E^\ominus = E^\ominus_{\text{rechts}} - E^\ominus_{\text{links}} = +0{,}337 - (-0{,}763) = +1{,}100 \text{ V}$$

Mit der NERNSTschen Gleichung erhalten wir dann:

$$E = E^\ominus - \frac{RT}{2F} \ln \frac{a(\text{ZnSO}_4)\, a(\text{Cu})}{a(\text{CuSO}_4)\, a(\text{Zn})}$$

Da $a(\text{Cu}) = a(\text{Zn}) = 1$ ist, können wir schreiben:

$$E = 1{,}100 - 0{,}0295 \log \frac{a^2_\pm(\text{ZnSO}_4)}{a^2_\pm(\text{CuSO}_4)}$$

Nach [10.25] ist

$$a_\pm = \gamma_\pm m$$

Aus Tab. 10.6 können wir die folgenden Aktivitätskoeffizienten entnehmen:

für $0{,}10\, m$ CuSO_4, $\gamma_\pm = 0{,}41$;
für $1{,}0\, m$ ZnSO_4, $\gamma_\pm = 0{,}045$;
es ist daher $E = 1{,}100 - 0{,}059 \log \dfrac{0{,}045}{0{,}041} = 1{,}098$ V

Dieses Beispiel zeigt, daß wir die EMK beliebiger elektrochemischer Zellen aus den Normalpotentialen mit Hilfe der Nernstschen Gleichung berechnen können, falls die Aktivitätskoeffizienten der verwendeten Elektrolyten bekannt sind. In vielen Fällen erhält man auch beim Einsetzen der Konzentrationen anstelle der Aktivitäten (unter der Annahme, daß alle Aktivitätskoeffizienten 1 sind) hinreichend genaue Werte für E.

---

[3] Die umfassendste Zusammenstellung von Daten über Elektrodenreaktionen stammt wohl von A. J. DE BETHUNE und N. A. S. LOUD: *Standard Aqueous Electrode Potentials and Temperature Coefficients at 25 °C*; C. A. Hampel, Skokie, Ill. 1964. Das Büchlein enthält außerdem eine theoretische Diskussion und viele Probleme (mit Lösungen) chemischer Anwendungen von Elektrodenpotentialen.

13. Berechnung von Löslichkeitsprodukten

Wir haben gesehen, daß sich aus den Normalpotentialen von Elektroden Werte von $E^\ominus$ für Zellen und aus diesen wiederum die freie Enthalpie $\Delta G^\ominus$ und die Gleichgewichtskonstante für Zellenreaktionen berechnen lassen. Auf diese Weise können wir auch die Löslichkeit von Salzen berechnen, selbst wenn diese so gering ist, daß sie sich auf direktem Wege nicht bestimmen läßt.

Als Beispiel wollen wir eine Lösung von Silberjodid betrachten. Für das *Löslichkeitsprodukt* gilt $L_{AgJ} = a(Ag^+)\, a(J^-)$. Wir können nun durch Kombination einer Ag|AgJ-Elektrode (Elektrode zweiter Art) mit einer Ag-Elektrode ein Element zusammenstellen, dessen EMK durch das Löslichkeitsprodukt des Silberjodids bestimmt wird:

$$Ag\,|\,Ag^+\,|\,J^-,\,AgJ(s)\,|\,Ag$$

Es spielen sich folgende Reaktionen ab:

	Elektrodenpotentiale
$AgJ(s) + e^- \rightarrow Ag + J^-$	$E^\ominus = -0{,}1518$ V
$Ag \rightarrow Ag^+ + e^-$	$E^\ominus = +0{,}7991$ V
Gesamtreaktion: $AgJ(s) \rightarrow Ag^+ + J^-$	$E^\ominus = -0{,}9509$ V $(E_r - E_l)$

Unter Verwendung der Beziehung $\Delta G^\ominus = -|z|FE^\ominus = -RT \ln L_{AgJ}$ erhalten wir:
$\log L_{AgJ} = \dfrac{-0{,}9509 \cdot 96487}{2{,}303 \cdot 8{,}314 \cdot 298{,}2} = -16{,}07$. Bei einer so geringen Konzentration von AgJ können wir eine vollständige Dissoziation und einen Aktivitätskoeffizienten von 1 annehmen. Aus dem Wert für das Löslichkeitsprodukt berechnen wir also eine Löslichkeit des Silberjodids von $2{,}17 \cdot 10^{-6}$ g · dm^{-3} bei 25 °C.

14. Standardwerte der Entropie und der freien Enthalpie von Ionen in wäßriger Lösung

Die theoretisch interessierende Größe $\Delta G_i^\ominus$ kann für individuelle Ionen nicht absolut bestimmt werden. Wie in dem analogen Fall von Einzelpotentialen ist es jedoch möglich, Relativwerte zu bestimmen, die sich auf einen willkürlich festgelegten Wert für ein Vergleichsion beziehen. Dieses Bezugsnormal ist das Wasserstoffion bei einer Aktivität von 1 ($a_\pm = 1$); für die freie Energie dieses Ions wurde der Wert 0 festgelegt: $\Delta G_{H^+}^\ominus = 0$. Als Beispiel wollen wir die folgende Reaktion betrachten:

$$Cd - 2H^+ \rightarrow Cd^{2+} + H_2 \quad E^\ominus = 0{,}403 \text{ V } (25\,°C)$$

Wenn sich alle Reaktionsteilnehmer in ihrem Standardzustand befinden, dann gilt

$$-|z|FE^\ominus = \Delta G^\ominus = \bar\mu^\ominus(Cd^{2+}) + \bar\mu^\ominus(H_2) - \bar\mu^\ominus(Cd) - \bar\mu^\ominus(H^+)$$

Nach einer Übereinkunft setzt man die freien Energien der Elemente in ihrem Standardzustand bei 25 °C = 0; es ist also $\bar{\mu}^{\ominus}(H_2) = \bar{\mu}^{\ominus}(Cd) = 0$. Außerdem ist gemäß unserer Konvention auch $\bar{\mu}^{\ominus}(H^+) = 0$. Es ist also

$$\bar{\mu}^{\ominus}(Cd^{2+}) = \Delta G^{\ominus} = -|z|FE^{\ominus} = -2 \cdot 0{,}403 \cdot 96487 = -77{,}74 \text{ kJ} \cdot \text{mol}^{-1}$$

Es ist nützlich, außer den Standardwerten für die freie Energie von Ionen auch deren Standardentropien $S_i^{\ominus}$ zu kennen. Diese stellen die partiellen molaren Entropien der Ionen in Lösung relativ zu einem willkürlich gewählten Standard dar. Dieser ist wiederum das Wasserstoffion bei einer Aktivität von 1; seine Entropie unter Standardbedingungen wurde willkürlich gleich null gesetzt: $S^{\ominus}(H^+) = 0$. Als Beispiel für die Berechnung einer Ionenentropie sei wiederum die folgende Reaktion gewählt: $Cd + 2H^+ \rightarrow Cd^{2+} + H_2$. Für die Änderung der Standardentropie bei dieser Reaktion gilt:

$$\Delta S^{\ominus} = S^{\ominus}(Cd^{2+}) + S^{\ominus}(H_2) - 2S^{\ominus}(H^+) - S^{\ominus}(Cd)$$

Die Standardentropien für Cadmium und Wasserstoff wurden unabhängig nach dem III. Hauptsatz und aus statistischen Betrachtungen berechnet; die entsprechenden Werte betragen $S^{\ominus}(Cd) = 51{,}5$ und $S^{\ominus}(H_2) = 130{,}7 \text{ J} \cdot \text{K}^{-1} \cdot \text{mol}^{-1}$ bei 25 °C. Nach unserer Konvention ist $S^{\ominus}(H^+) = 0$. Es ist daher $S^{\ominus}(Cd^{2+}) = \Delta S^{\ominus} - 79{,}2 \text{ J} \cdot \text{K}^{-1} \cdot \text{mol}^{-1}$. Der Wert für $\Delta S^{\ominus}$ kann aus der folgenden Beziehung berechnet werden: $\Delta S^{\ominus} = (\Delta H^{\ominus} - \Delta G^{\ominus})/T$. Wenn man Cadmium in einem großen Überschuß verdünnter Säure auflöst, dann ist die molare Lösungswärme des Cadmiums zugleich die Standardenthalpie $\Delta H^{\ominus}$ der Reaktion (mit umgekehrtem Vorzeichen); bei extrem verdünnten Lösungen werden ja alle Aktivitätskoeffizienten = 1. Für die Auflösung von Cadmium erhalten wir so einen Wert von $\Delta H^{\ominus} = -69{,}87$ kJ. Für die freie Energie dieser Reaktion erhalten wir aus EMK-Messungen einen Wert von $\Delta G^{\ominus} = -77{,}74$ kJ. Es ist daher

$$\Delta S^{\ominus} = 7870/298{,}2 = 26{,}4 \text{ J} \cdot \text{K}^{-1} \cdot \text{mol}^{-1}$$

Es ist also $S^{\ominus}(Cd^{2+}) = -53{,}1 \text{ J} \cdot \text{K}^{-1} \cdot \text{mol}^{-1}$.

Die Tab. 12.2 zeigt einige Werte für die Standardentropien von Ionen, die auf diese Weise bestimmt wurden. Hierbei müssen wir uns allerdings stets darüber klar sein, daß sich diese Werte auf das hydratisierte H^+-Ion als Standard beziehen. Der Wert für das K^+-Ion ist also $S^{\ominus}(K^+) - S^{\ominus}(H^+)$, der Wert für das Mg^{2+}-Ion ist $S^{\ominus}(Mg^{2+}) - 2S^{\ominus}(H^+)$. Entsprechendes gilt für Anionen; so ist der Wert für das Cl^--Ion $S^{\ominus}(Cl^-) + S^{\ominus}(H^+)$.

Der Absolutwert für die Entropie des H^+-Ions in wäßriger Lösung kann recht genau abgeschätzt werden. Verschiedene Berechnungen ergaben einen Mittelwert von etwa $-21 \text{ J} \cdot \text{K}^{-1} \cdot \text{mol}^{-1}$. Die Entropien gasförmiger Ionen lassen sich leicht aus der SACKUR-TETRODE-Gleichung [5.51] berechnen. Hiernach gilt für ein beliebiges Ion bei 298 K die folgende Beziehung:

$$S_i(g) = 108{,}8 + 28{,}7 \log M$$

Hierin ist M das Molekulargewicht. Die Standardentropien gasförmiger Ionen und die zugehörigen Hydratationsentropien zeigt Tab. 12.2. Die Hydratationsentropien sind stets negativ: Die Auflösung eines gasförmigen Ions unter Hydratisierung ist stets mit dem Verlust der Translationsentropie verknüpft. Außerdem ist die Hydratisierung eines Ions durch die Wirkung seines elektrischen Feldes mit einer Erhöhung der Ordnung verknüpft. Dieser Effekt ist bei mehrfach geladenen Ionen besonders stark; man kann hier von einer teilweisen Immobilisierung oder einem »Einfrieren« der Wasserstruktur um das Zentralion herum sprechen.

Kation	$S^\ominus(g)$	$S^\ominus_{aq}$ *	Anion	$S^\ominus(g)$ **	$S^\ominus_{aq}$ *
H_3O^+	108,8	0	F^-	145,6	$-9,6$
Li^+	133,1	19,7	Cl^-	153,6	56,5
Na^+	147,7	58,6	Br^-	159,4	82,4
K^+	154,4	101,3	J^-	169,0	105,9
Rb^+	164,4	120,1	OH^-	—	10,4
Cs^+	169,9	133,1	HSO_4^-	—	128,0
Ag^+	166,9	73,2	SO_4^{2-}	—	18,4
Mg^{2+}	148,5	$-132,2$	NO_3^-	—	125,1
Ca^{2+}	154,8	$-53,1$	PO_4^{3-}	—	$-217,6$
Cu^{2+}	161,1	$-110,9$	HCO_3^-	—	92,9
Zn^{2+}	161,1	$-107,5$	CO_3^{2-}	—	$-54,4$
Fe^{2+}	159,0	$-108,4$			
Fe^{3+}	159,0	$-255,2$			
Al^{3+}	149,8	$-318,0$			

* Die für wäßrige Lösungen angegebenen Werte beziehen sich auf $S^\ominus_{aq} = 0$ für das H_3O^+-Ion.
** Werte für Molekelionen wurden nicht angegeben, da hier Beiträge von Rotationen und Schwingungen zur Gesamtentropie zu berücksichtigen wären; Daten hierüber stehen aber nicht zur Verfügung.

Tab. 12.2 Standardentropien gasförmiger und gelöster Ionen bei 25 °C ($J \cdot K^{-1} \cdot mol^{-1}$)

15. Elektrodenkonzentrationszellen

Wir wollen eine Zelle aus zwei Wasserstoffelektroden betrachten, die unter verschiedenem Wasserstoffdruck stehen, jedoch in Salzsäure derselben Konzentration tauchen. Das Zellensymbol lautet:

$$Pt \mid H_2(P_1) \mid HCl(a) \mid H_2(P_2) \mid Pt$$

linke Elektrode: $\quad \frac{1}{2} H_2(P_1) \to H^+(a_\pm) + e^-$

rechte Elektrode: $\quad H^+(a_\pm) + e^- \to \frac{1}{2} H_2(P_2)$

Zellenreaktion: $\quad \frac{1}{2} H_2(P_1) \to \frac{1}{2} H_2(P_2)$

Die Zellenreaktion besteht also in der Expansion eines Äquivalents Wasserstoff vom Druck P_1 auf den Druck P_2. Für die EMK dieser Zelle gilt:

$$E = \frac{-RT}{2F} \ln \frac{P_2}{P_1}$$

Als Beispiel für eine Elektrodenkonzentrationszelle aus zwei Amalgamelektroden unterschiedlicher Konzentration wollen wir eine Zelle aus Cadmiumamalgamelektroden betrachten:

$$\text{Cd}(a_1),\ \text{Hg} \mid \text{CdSO}_4 \mid \text{Cd}(a_2),\ \text{Hg}$$

Die EMK dieser Zelle stammt vom Unterschied in der freien Energie der beiden Amalgame, für die EMK gilt daher:

$$E = \frac{-RT}{2F} \ln \frac{a_2}{a_1}$$

Wenn sich die beiden Amalgame wie ideale Lösungen verhalten, dann können wir die Aktivitäten durch die Molenbrüche ersetzen. Tab. 12.3 zeigt einige experimentelle Werte für diese Zellen, zusammen mit den unter der Annahme idealer Lösungen berechneten Werten für die EMK. Theoretische und experimentelle Werte nähern sich immer mehr, je verdünnter das Amalgam ist.

g Cd pro 100 g Hg		EMK (V)	
Elektrode 1	Elektrode 2	beobachtet	berechnet
1,000	0,1000	0,02966	0,02950
0,1000	0,01000	0,02960	0,02950
0,010000	0,001000	0,02956	0,02950
0,001000	0,0001000	0,02950	0,02950

Tab. 12.3 Cadmiumamalgamzellen als Beispiel für Elektrodenkonzentrationszellen [nach G. HULETT, *J. Am. Chem. Soc. 30* (1908) 1805].

16. Elektrolytkonzentrationszellen

Wenn wir eine Wasserstoffelektrode und eine Silber-Silberchlorid-Elektrode zu einem Element zusammenstellen:

$$\text{Pt} \mid \text{H}_2 \mid \text{HCl}(c) \mid \text{AgCl} \mid \text{Ag}$$

dann gilt für die Zellenreaktion:

$$\frac{1}{2}\text{H}_2 + \text{AgCl} \rightarrow \text{Ag} + \text{HCl}(c)$$

Messungen bei zwei verschiedenen HCl-Konzentrationen lieferten bei 25 °C die folgenden Ergebnisse:

c (mol·dm^{-3})	E (V)	$-\Delta G$ (J)
0,0010	0,5795	55 920
0,0539	0,3822	36 880

Wenn wir nun zwei solche Zellen gegeneinanderschalten, dann entsteht eine interessante Kette, für die wir das folgende Symbol anschreiben können:

$$\text{Ag} \mid \text{AgCl} \mid \text{HCl}(c_2) \mid \text{H}_2 \mid \text{HCl}(c_1) \mid \text{AgCl} \mid \text{Ag}$$

Die treibende Kraft bei dieser Kette besteht in dem Konzentrationsunterschied der Salzsäure in den beiden Zellen; beim Durchgang einer Elektrizitätsmenge von 1 F wird 1 Mol HCl von der Konzentration c_2 auf die Konzentration c_1 gebracht: $\text{HCl}(c_2) \to \text{HCl}(c_1)$. Eine direkte Überführung des Elektrolyten von der einen in die andere Zelle ist hierbei, wohlgemerkt, nicht möglich. Auf der linken Seite wird die Salzsäure durch die folgende Reaktion entfernt: $\text{HCl} + \text{Ag} \to \text{AgCl} + \frac{1}{2}\text{H}_2$; genau dieselbe Menge wird auf der rechten Seite durch die Umkehrung dieser Reaktion hinzugefügt. Für $c_1 = 0,001$ und $c_2 = 0,0539$ berechnet sich die freie Verdünnungsenthalpie zu $\Delta G = -19040$ J; hiermit erhalten wir für die EMK dieser Zelle $E = 19040/96487 = 0,1973$ V. Die hier beschriebene Zellenanordnung ist ein Beispiel für eine *überführungsfreie Konzentrationskette*.

Wenn wir zwei Silber-Silberchlorid-Halbelemente von unterschiedlicher Salzsäurekonzentration direkt zu einem Element zusammenfügen, z. B. mit einem Diaphragma aus Sinterglas, dann haben wir eine Konzentrationskette mit Überführung:

$$\text{Ag} \mid \text{AgCl} \mid \text{HCl}(c_2) \vdots \text{HCl}(c_1) \mid \text{AgCl} \mid \text{Ag}$$

An der elektrolytischen Verbindungsstelle zwischen den beiden Lösungen können nun Ionen von der einen zur anderen Seite überwechseln. Beim Durchgang von 1 F wird ein Bruchteil von $t_+ F$ durch die H$^+$-Ionen und ein Bruchteil von $t_- F$ durch die Cl$^-$-Ionen transportiert; hierbei sind t_+ und t_- die Überführungszahlen. Bei der hier gezeigten Zelle sind die Elektroden reversibel in bezug auf die Cl$^-$-Ionen, so daß ein Äquivalent (1 F) an Cl$^-$-Ionen von rechts nach links transportiert wird; für die EMK dieser Konzentrationskette gilt also:

$$E = \left[t_+ \frac{RT}{F} \ln \frac{a_2}{a_1} \right. \tag{12.12}$$

Sie ist also ein Bruchteil von t_+ der EMK einer Konzentrationskette ohne Überführung.

Die hier gegebene Beweisführung ist in Wirklichkeit nicht streng, da eine Zelle mit Überführung keine reversible Zelle ist. Wir haben ja an dem Diaphragma stets einen Diffusionsvorgang in beiden Richtungen, der zum Auftreten eines *Diffusionspotentials* führt; dieses kann aber nicht mit Methoden der Gleichgewichtsthermodynamik behandelt werden. Genauere Berechnungen zeigten jedoch, daß [12.12] schon in sehr guter Näherung zum Wert der Zellen-EMK führt. Für Elektroden, welche reversibel in bezug auf das H^+-Ion sind (Wasserstoffelektroden), würde die Überführungszahl t_- in [12.12] auftreten.

17. Nichtosmotisches Membrangleichgewicht

Die Abb. 12.6 zeigt zwei Lösungen α und β, die durch eine Membran voneinander getrennt sind. Die Membran soll undurchlässig für das Lösemittel sein, so daß wir Effekte des osmotischen Druckes vernachlässigen können. Die Konzentrationen der positiven Ionen seien c_{i+} und c'_{i+}, die der negativen Ionen c_{k^-} und c'_{k^-}. (Die apostrophierten Symbole gelten für die Phase β.) Im Gleichgewichtszustand muß der Ionenstrom durch die Membran zum Stillstand kommen, es ist also

$$I_{i+} = 0 \quad \text{und} \quad I_{k^-} = 0 \quad \text{(für alle } i \text{ und } k\text{)}$$

Bei einer für alle Ionenarten durchlässigen Membran ist das Gleichgewicht erreicht, wenn sich alle Ionenkonzentrationen in den Phasen α und β durch Diffusion durch die Membran hindurch ausgeglichen haben und wenn an der Membran keine Potentialdifferenz mehr auftritt: $\Delta\Phi = 0$.

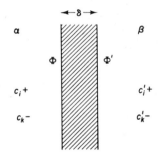

Abb. 12.6 Zwei Lösungen α und β sind durch eine Membran der Dicke δ getrennt. Innerhalb jeder der beiden Phasen α und β ist die Konzentration c und das Galvani-Potential Φ gleich.

Wenn die Membran für eine oder mehrere Ionenarten undurchlässig ist, dann bleibt auch im Gleichgewicht eine Potentialdifferenz bestehen; es ist also $\Delta\Phi \neq 0$. Das einfachste Beispiel hierfür wurde von NERNST 1888 beschrieben: Die Membran soll nur für die Ionenart j durchlässig sein. Die Gleichgewichtsbedingung lautet dann:

$$\bar\mu_j = \bar\mu'_j \;:$$

Aus [12.1] erhalten wir:

$$\mu_j + z_j F \Phi = \mu'_j + z_j F \Phi' \qquad [12.13]$$

Es ist $\mu_j = \mu_j^\ominus + RT \ln a_j$; wir können daher auch schreiben:

$$\Delta\Phi = \frac{RT}{z_j F} \ln \frac{a_j}{a'_j} \qquad [12.14]$$

Zwei Lösungen α und β sind durch eine Membran der Dicke δ getrennt. Innerhalb der Phasen α und β sind die Konzentrationen c und die Galvani-Potentiale Φ einheitlich.

Für stark verdünnte Lösungen können wir schreiben:

$$a_j/a_j' = c_j/c_j'$$

und

$$\Delta \Phi = \frac{RT}{z_j F} \ln \frac{c_j}{c_j'} \qquad [12.15]$$

Wir können die Größe $\Delta\Phi$ als die Potentialdifferenz auffassen, die wir an die Membran anlegen müssen, um einen Ausgleich der Konzentrationen von j durch Diffusion gerade zu verhindern. Wir können ein bestimmtes Verhältnis c_j/c_j' der Ionenkonzentrationen vorgeben; anschließend stellt sich an der Membran ein Potential $\Delta\Phi$ ein, das diesem Konzentrationsverhältnis entspricht. Hierbei wollen wir uns vergegenwärtigen, daß dies nur mit einer Membran möglich ist, die nur für eine Ionenart durchlässig ist. Wenn verschiedene Ionen durch die Membran hindurchdiffundieren könnten, dann würde ein auftretendes Gleichgewichtspotential $\Delta\Phi$ nicht mehr irgendeinem vorgegebenen Verhältnis der Ionenkonzentrationen entsprechen.

Die Membranen der Nervenzellen von Säugetieren sind durchlässig für K^+-Ionen, in ihrem Ruhezustand jedoch relativ undurchlässig für Na^+-, Cl^-- und andere Ionen. Das Konzentrationsverhältnis für Kaliumionen innerhalb und außerhalb der Zellen beträgt etwa 20. Nach [12.15] erhalten wir daher für das Nernstsche Gleichgewichtspotential an der Membran bei 25 °C:

$$\Delta\Phi = \frac{8{,}314 \cdot 298{,}2}{96487} \ln \frac{1}{20} = 25{,}7 \ln \frac{1}{20} \text{ mV} = -77{,}5 \text{ mV}$$

Dies bedeutet, daß die zum Zellinneren gekehrte Seite der Membran negativ gegenüber der Außenseite aufgeladen ist. Dieses aus dem Konzentrationsverhältnis für K^+-Ionen berechnete Potential ließ sich experimentell gut bestätigen; wir können das Potential an Nervenmembranen daher in erster Annäherung als ein Gleichgewichtspotential für K^+-Ionen auffassen.

Eine nähere Untersuchung zeigte allerdings, daß die Nervenmembranen bis zu einem gewissen Grad auch für andere Ionen durchlässig sind. Das beobachtete Potential muß daher als das zu einem stationären Zustand gehörige Potential für ein System aufgefaßt werden, in dem die Durchlässigkeit der Membran für K^+-Ionen wesentlich größer ist als die für irgendeine andere Ionenart. Es ist nicht möglich, die [12.15] zugrunde liegende Gleichgewichtsbedingung für alle Ionen gleichzeitig zu erfüllen.
Die individuellen Ionenaktivitäten in [12.14] sind keine meßbaren Größen, wir können also die elektrische Potentialdifferenz zwischen zwei verschiedenen Phasen α und β nicht messen. Wenn die Lösung so verdünnt ist, daß wir statt des Verhältnisses der Aktivitäten das Konzentrationsverhältnis einsetzen können, dann läßt sich aus [12.15] ein Wert von $\Delta\Phi$ berechnen. Wenn wir inerte Elektroden, z. B. Platindrähte, in die zwei Lösungen tauchen, dann können wir den Potentialsprung zwischen den beiden Platindrähten messen. Dieses $\Delta\Phi$ kann nur angenähert der Potentialdifferenz zwischen den beiden Lösungen α und β gleichgesetzt werden; diese Approximation gilt jedoch etwa bis zum gleichen Grade wie die bei der Berechnung von $\Delta\Phi$ aus dem Konzentrationsverhältnis akzeptierte Annäherung. Bei den meisten experimentellen Daten in der Elektrophysiologie verläßt man sich auf Annäherungen dieser Art.

Osmotische Membrangleichgewichte 613

Es muß noch erwähnt werden, daß die an den Platindrähten auf den beiden Seiten der Membran gemessene Potentialdifferenz 0 wäre, wenn die beiden Elektroden reversibel in bezug auf das durch die Membran wandernde Ion wären (in unserem obigen Beispiel das K^+-Ion). Jede Elektrode würde dann mit der jeweiligen Lösung in ein Gleichgewicht kommen, und im Gleichgewicht ist für die Zelle $\Delta G = 0$.

18. Osmotische Membrangleichgewichte

Für diesen Fall wollen wir annehmen, daß die Membran durchlässig ist für das Lösemittel sowie für einige (nicht für alle) Ionen. Eine Theorie für solche Membrangleichgewichte wurde zuerst von F. G. DONNAN aufgestellt; man spricht daher oft von Donnan-Gleichgewichten und Donnan-Potentialen. Ein einfaches Beispiel zeigt Abb. 12.7; hier enthält die Lösung auf der einen Seite ein Kation P^{z+}, das

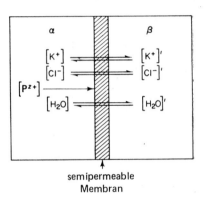

Abb. 12.7 Modell eines Systems mit semipermeabler Membran zur Diskussion eines DONNAN-Gleichgewichts mit hochpolymeren Kationen P^+ und KCl als Neutralsalz. (Die für die Phase β geltenden Größen sind apostrophiert.)

von der Membran nicht durchgelassen wird. Dieses Kation mag eine makromolekulare Verbindung, z.B. ein Protein, sein. Die Gegenwart von Ionen, die nicht von der Membran durchgelassen werden, verursacht eine ungleiche Verteilung der anderen Ionen auf den beiden Seiten der Membran. Die Gleichgewichtsbedingungen sind

$$\bar{\mu}_{K^+} = \bar{\mu}'_{K^+}, \quad \bar{\mu}_{Cl^-} = \bar{\mu}'_{Cl^-} \quad \text{und} \quad \mu_{H_2O} = \mu'_{H_2O}$$

Wenn die Aktivitäten der Wassermolekeln auf den beiden Seiten der Membran verschieden sind, dann entsteht ein osmotischer Druck, für den nach [7.40] im Gleichgewicht die folgende Beziehung gilt:

$$\Pi = \frac{RT}{V(H_2O)} \ln \frac{a'(H_2O)}{a(H_2O)} \qquad [12.16]$$

Wenn wir in diese Beziehung die Aktivität der Ionen einsetzen, dann gilt nach [12.1], [8.44] und [8.46]:

$$\Pi V(K^+) - RT \ln \frac{a'(K^+)}{a(K^+)} = F \Delta \Phi \qquad [12.17]$$

und
$$\Pi V(\text{Cl}^-) - RT \ln \frac{a'(\text{Cl}^-)}{a(\text{Cl}^-)} = -F \Delta \Phi \qquad [12.18]$$

Wenn wir den Ausdruck für Π nach [12.16] entweder in [12.17] oder [12.18] einsetzen, dann erhalten wir:

$$\Delta \Phi = \frac{RT}{F} \ln \frac{a'(\text{K}^+)}{a(\text{K}^+)} \frac{[a(\text{H}_2\text{O})]^{r^+}}{[a'(\text{H}_2\text{O})]^{r^+}} = \frac{RT}{F} \ln \frac{a(\text{Cl}^-)}{a'(\text{Cl}^-)} \frac{[a'(\text{H}_2\text{O})]^{r^-}}{[a(\text{H}_2\text{O})]^{r^-}} \qquad [12.19]$$

Hierin sind

$$r^+ = \frac{V(\text{K})^+}{V(\text{H}_2\text{O})} \quad \text{und} \quad r^- = \frac{V(\text{Cl}^-)}{V(\text{H}_2\text{O})}$$

Bei verdünnten Lösungen können wir mit hinreichender Approximation annehmen, daß die Aktivität des Wassers in den beiden Lösungen gleich ist. [12.19] vereinfacht sich dann zu der folgenden Beziehung:

$$\Delta \Phi = \frac{RT}{F} \ln \frac{a'(\text{K}^+)}{a(\text{K}^+)} = \frac{RT}{F} \ln \frac{a(\text{Cl}^-)}{a'(\text{Cl}^-)}$$

Wenn das nichtpermeierende Ion P^{z+} nur in niedriger Konzentration vorliegt, dann können die Aktivitätsverhältnisse für die kleinen Ionen durch die Konzentrationsverhältnisse ersetzt werden; es ist dann:

$$\Delta \Phi = \frac{RT}{F} \ln \frac{c'(\text{K}^+)}{c(\text{K}^+)}$$

und
$$c(\text{K}^+) c(\text{Cl}^-) = c'(\text{K}^+) c'(\text{Cl}^-) = c'^2$$

Unter Berücksichtigung der Elektroneutralitätsbedingungen erhalten wir:

$$c(\text{K}^+) + zc(P^+) = c(\text{Cl}^-)$$

und
$$c'(\text{K}^+) = c'(\text{Cl}^-) = c'$$

Es ist daher
$$c'^2 = c(\text{K}^+)[c(\text{K}^+) + zc(P^{z+})]$$

Wenn wir auf beiden Seiten die Quadratwurzel ziehen und quadratische und höhere Ausdrücke für $c(P^+)$ vernachlässigen, dann erhalten wir:

$$\frac{c'}{c(\text{K}^+)} = 1 + \frac{zc(P)}{2c(\text{K}^+)} \qquad [12.20]$$

Tab. 12.4 zeigt die berechneten Donnan-Effekte für verschiedene Ionenkonzentrationen. Besonders beachtlich ist, daß wir als Konsequenz der Anwesenheit nichtpermeierender Makroionen auf der einen Seite der Membran große Konzentrationsunterschiede bei diffusionsfähigen Ionen erhalten können. Gleichzeitig können beträchtliche Donnan-Potentiale auftreten[4].

---

[4] Einen ähnlichen Effekt könnten wir auch beobachten, wenn die Membran undurchlässig für das Lösemittel wäre. In diesem Falle würde natürlich kein osmotischer Gleichgewichtsdruck auftreten.

zc (P^{z+})	$c'_+ + c'_-$	c_+	c_-	$c'_+/c_+ = c_-/c'_-$	$\Delta\varphi$ (mV)
0,002	0,0010	0,00041	0,00241	2,44	22,90
	0,0100	0,00905	0,01105	1,10	2,56
	0,100	0,0990	0,1010	1,01	2,58
0,02	0,0010	0,00005	0,02005	20,05	76,96
	0,0100	0,00414	0,02414	2,41	22,65
	0,100	0,0905	0,1105	1,10	2,56

Tab. 12.4 Beispiele für DONNAN-Membrangleichgewichte bei 25 °C (nach CHARLES TANFORD, *Physical Chemistry of Macromolecules*, John Wiley, New York 1961). Die Konzentrationen sind in mol · dm^{-3} angegeben.

19. Membranpotentiale bei stationären Zuständen

Wenn zwei verschiedene Elektrolytlösungen durch eine permeable Wand getrennt sind, dann kann zwischen ihnen eine Potentialdifferenz auftreten. Solche Potentiale treten in galvanischen Zellen auf, bei denen die Halbzellen mit Salzbrücken oder porösen Diaphragmen verbunden sind. Ähnliche Potentiale beobachtet man an den äußeren Membranen lebender Zellen; sie sind eng mit wesentlichen physiologischen Vorgängen wie der Fortpflanzung elektrischer Impulse durch Nervenzellen und dem *aktiven Transport* von Ionen und Stoffwechselprodukten gegen den Konzentrationsgradienten durch Zellwände hindurch verknüpft. Da sich lebende Organismen nicht im thermodynamischen Gleichgewicht befinden, stellen solche Potentiale keine Gleichgewichtspotentiale dar. In vielen Fällen können sie jedoch wie Potentiale stationärer Zustände behandelt werden.

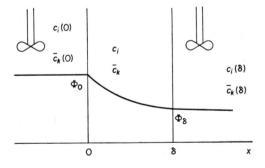

Abb. 12.8 PLANCKsches Modell eines Systems im stationären Zustand zur Ableitung der Membranpotentiale. Die Membran erstreckt sich von $x = 0$ bis $x = \delta$. Die Lösungen auf beiden Seiten der Membran werden gut gerührt, so daß die Ionenkonzentration innerhalb jeder Lösung konstant ist.

Die Bewegung von Ionen durch eine Membran unter dem vereinigten Einfluß elektrischer Felder und Konzentrationsgradienten führt uns zu einem typischen Problem der *Elektrodiffusion*. Die im Jahre 1890 von MAX PLANCK gegebene Analyse dieses Phänomens war der Ausgangspunkt für alle weitere theoretische Arbeit auf diesem Gebiet. Abb. 12.8 zeigt schematisch das von PLANCK studierte System. Die Konzentrationen der positiven Ionen werden mit c_i bezeichnet, mit

$i = 1 \ldots n$; die Konzentrationen der negativen Ionen sind $\bar{c}_k$ mit $k = 1 \ldots m$.
Bei der Planckschen Behandlung des Problems wurde angenommen, daß alle Ionen dieselbe absolute Ladungszahl $|z|$ besitzen. Eine Erweiterung dieser Betrachtung auf verschiedene Werte von $|z|$ wurde von Schlögl durchgeführt.

Die Membran in Abb. 12.8 wird als ein unendlicher, ebener Bereich zwischen $x = 0$ und $x = \delta$ mit der Dielektrizitätskonstante ε betrachtet. Die Ionenkonzentrationen auf beiden Seiten der Membran werden konstant und einheitlich gehalten. Im Falle einer galvanischen Zelle mit einer Elektrolytbrücke konnte diese Bedingung durch eine Art von fließendem Kontakt zwischen den beiden Elektrodenabteilen erzielt werden.

Bei lebenden Zellen sorgt der aktive Ionentransport durch die Membranen hindurch für konstante Konzentrationen. Da wir stetige Flüsse J_i und J_k individueller Ionen durch die Membranen annehmen müssen, befindet sich das System nicht in einem Gleichgewichts-, sondern in einem stationären Zustand; letzterer ist dadurch charakterisiert, daß der gesamte elektrische Strom durch die Membran gleich null ist. Für den stetigen Fluß jeder ionischen Spezies gilt:

$$J_i = -D_i \frac{d c_i}{d x} + u_i c_i E = \text{const} \qquad [12.21]$$

Hierin bedeutet u_i die Beweglichkeit der Spezies i. Nach [10.19] ist

$$\frac{u_i}{D_i} = \frac{z_i e}{kT}$$

Hiermit erhält [12.21] die folgende Form:

$$J_i = -D_i \frac{d c_i}{d x} + \frac{D_i z_i e c_i E}{kT}$$

Wenn wir durch D_i dividieren, dann erhalten wir:

$$-\frac{d c_i}{d x} + \frac{z_i e}{kT} E c_i = A_i; \quad i = 1 \ldots n \qquad [12.22]$$

Hierin ist A_i eine Konstante. In ähnlicher Weise gilt für die Komponente a:

$$-\frac{d \bar{c}_k}{d x} + \frac{z_k e}{kT} E \bar{c}_k = B_k; \quad k = 1 \ldots m \qquad [12.23]$$

Zusätzlich zu den $m + n$ Gleichungen für die Flüsse muß auch an jedem Punkt der Membran die Poissonsche Gleichung gelten:

$$\frac{dE}{dx} = \frac{-d^2 \Phi}{dx_2} = \frac{e}{\varepsilon_0 \varepsilon} \sum (z_i c_i + z_k \bar{c}_k) \qquad [12.24]$$

Wir müssen also insgesamt $m + n + 1$ Differentialgleichungen lösen; hierbei tritt dieselbe Zahl von Integrationskonstanten auf.

In Abwesenheit eines äußeren elektrischen Feldes findet im stationären Zustand kein Nettoladungstransport statt; es gilt daher

$$\sum (I_i + I_k) = \sum (z_i e J_i + z_k e J_k) = 0$$

Außerdem haben die Ionenkonzentrationen bei $x = 0$ und $x = \delta$ bestimmte Werte, so daß auch die Werte für $c_i(0)$, $c_i(\delta)$, $\bar{c}_k(0)$ und $\bar{c}_k(\delta)$ vorgeschrieben sind. Insgesamt gibt es also $2(m + n) + 1$ Bedingungen, die genügen, um die $m + n + 1$ Integrationskonstanten und $m + n$ Flüsse (oder die Konstanten A_i und B_k) festzulegen. Das Problem ist also mathematisch gut definiert; gleichwohl bereitet die allgemeine Integration des Gleichungssystems große Schwierigkeiten.

Wir wollen nun den von Planck behandelten, vereinfachten Fall betrachten, bei dem die Ionen dieselbe absolute Ladung tragen:

$$z_i = 1 \quad \text{und} \quad z_k = 1$$

Wir führen zunächst dimensionslose Variable ein:

$$\zeta = \frac{x}{\delta} \qquad \varphi = \frac{e\Phi}{kT}$$

$$p = \frac{\Sigma c_i}{\bar{C}} \qquad n = \frac{\Sigma \bar{c}_k}{\bar{C}}$$

Hierin ist $\bar{C} = \Sigma c_i + \Sigma \bar{c}_k$. Mit diesen dimensionslosen Größen erhält die POISSONsche Gleichung die folgende Form:

$$\frac{\bar{\lambda}^2}{\delta^2} \frac{d^2\varphi}{d\zeta^2} = -(p - n) \tag{12.25}$$

Hierin ist $\bar{\lambda}^2 = \varepsilon_0 \varepsilon kT/e^2 C$. Der Ausdruck $(p - n)$ bedeutet den Überschuß an positiven gegenüber der negativen Ladungen in der Membran, λ ist die Dicke der Ionenwolke, wie sie in der DEBYE-HÜCKELschen Theorie definiert ist. Die bekanntgewordenen Näherungslösungen der PLANCKschen Gleichung beruhen auf verschiedenen Annahmen über das Verhältnis $\bar{\lambda}^2/\delta^2$ in [12.25].

Der von Planck selbst durchgeführten Näherungslösung (1890) liegt die Annahme zugrunde, daß die Membran sehr viel dicker ist als die Debye-Hückelsche Ionenwolke:

$$\bar{\lambda}^2/\delta^2 \ll 1$$

Diese Näherungslösung müßte also bei relativ dicken Membranen oder hohen Ionenkonzentrationen gut erfüllt sein. Aus [12.25] würde dann folgen, daß $p \approx n$ (Elektronenneutralität innerhalb der Membran), obwohl $d^2\varphi/d\zeta^2 \neq 0$ ist (elektrisches Feld innerhalb der Membran nicht konstant).

D. GOLDMAN führte 1943 eine Näherungslösung mit der entgegengesetzten Annahme durch, nämlich $\bar{\lambda}^2/\delta^2 \gg 1$ (extrem dünne Membran oder sehr niedrige Ionenkonzentration). Mit dieser Annahme erhalten wir aus [12.25]:

$$\frac{d^2\varphi}{d\zeta^2} = -(p - n)\frac{\delta^2}{\bar{\lambda}^2} \approx 0$$

Dies bedeutet, daß das Potential $E = -d\Phi/dx$ durch die Membran hindurch konstant ist, selbst wenn die Membran nicht elektroneutral ist ($p \neq n$). Die Goldmansche Näherung liefert also das Modell eines konstanten Feldes. Sie bietet den großen praktischen Vorzug, daß sie einen expliziten Ausdruck für das Membranpotential $\Delta\Phi$ liefert, das in der Planckschen Gleichung nur implizit als ein **Paar** transzendenter Gleichungen enthalten ist.

Die Ergebnisse der Näherungsgleichungen von Planck und Goldman stimmen für den besonderen Fall $\bar{C}(0) = \bar{C}(\delta)$ überein ([12.26]), wenn also die Gesamtionenkonzentration auf beiden Seiten der Membran gleich ist. In diesem Falle liefert auch das Plancksche Modell ein konstantes Feld innerhalb der Membran.

Tab. 12.5 zeigt einige Beispiele von Ionenkonzentrationen an Zellmembranen. Bei Nervenzellen sind unter physiologischen Bedingungen die Gesamtionenkonzentrationen auf beiden Seiten der Membran etwa gleich groß, wobei jedoch im Inneren der Zelle ein Überschuß an K^+-Ionen und außerhalb der Zelle ein Überschuß an Na^+-Ionen besteht. Die Ruhepotentiale an natürlichen Membranen können unter diesen Bedingungen entweder nach Goldman oder nach Planck recht genau berechnet werden. Eine Klärung des Problems, welches der beiden Modelle die Natur selbst bevorzugt, ist aus diesem Ergebnis allerdings nicht zu erhoffen. Letztlich reduziert sich das Problem auf die Frage, welche Ionenkonzentrationen im Innern der 10 nm dicken Membran herrschen.

Präparat	Ionenkonzentrationen in mmol/kg					
	[K^+]		[Na^+]		[Cl^-]	
	innen	außen	innen	außen	innen	außen
Nervenstamm vom Tintenfisch	410	10	49	460	40	540
Froschnerv	110	2,5	37	120	—	120
Froschmuskel	125	2,5	15	120	1,2	120
Rattenmuskel	140	2,7	13	150	—	140
Pflanzenzellen:						
Nitella Clavata	54	0,005	10	0,02	91	1
Chara Ceratophylla	88	1,2	142	60	225	75

Tab. 12.5 Ionenkonzentrationen an Zellmembranen

Wenn wir annehmen, daß innerhalb der Membran Elektroneutralität herrscht, dann erhalten wir durch Integrieren der Planckschen Gleichung:

$$\frac{\xi V_\delta - V_0}{U_\delta - \xi U_0} = \frac{\ln\frac{C_\delta}{C_0} - \ln\xi}{\ln\frac{C_\delta}{C_0} + \ln\xi} \frac{\xi C_\delta - C_0}{C_\delta - \xi C_0} \quad [12.26]$$

Hierin ist

$$U = \sum D_i C_i \quad \text{und} \quad V = \sum D_k \bar{C}_k$$

Für die Potentialdifferenz zwischen den beiden Seiten der Membran gilt die folgende Beziehung:

$$\Delta\Phi = \Phi_\delta - \Phi_0 = \frac{kT}{e}\ln\xi \quad [12.27]$$

Zur praktischen Anwendung der Planckschen Theorie muß man zunächst [12.26] nach ξ auflösen. Dies geschieht durch die NEWTONsche Methode und unter Anwendung eines einfachen Computerprogramms[5]. Anschließend berechnet man die Potentialdifferenz $\Delta\Phi$ nach [12.27]. Diese beiden Planckschen Gleichungen wurden häufig zur Berechnung von Potentialen an elektrolytischen Grenzschichten verwendet[6].

Bei der Goldmanschen Näherung können wir nicht einfach [12.22] und [12.23] addieren, um einen einzelnen Ausdruck für $C(x)$ zu bekommen; der Hinderungsgrund hierfür ist die Ungültigkeit der Elektroneutralitätsbedingung $\Sigma c_i = \Sigma \bar{c}_k$. Andererseits können wir jede der beiden Gleichungen unmittelbar integrieren, da das Feld in der Membran konstant ist ($E = \text{const}$). Die Bedingungen $c_i(0)$, $c_i(\delta)$ usw. bestimmen dabei die $m + n$ Integrationskonstanten und die $n + m$ Ionenflüsse. Zur Berechnung von $\Delta\Phi$ wenden wir nun die Bedingung für den stetigen Zustand an, daß der Nettoladungstransport $= 0$ sei. Es ist dann:

$$\Delta\Phi = \frac{kT}{e} \ln \frac{\Sigma D_i C_i(\delta) + \Sigma D_k C_k(0)}{\Sigma D_i C_i(0) + \Sigma D_k C_k(\delta)} \qquad [12.28]$$

Diese Goldmansche Gleichung ist nicht auf AB-Elektrolyte beschränkt, kann also auch auf Mischungen von Ionen verschiedener Ladung angewendet werden.

20. Nervenleitfähigkeit

Im Jahre 1850 führte HELMHOLTZ erfolgreich ein Experiment aus, das bis dahin als aussichtslos angesehen worden war: Er bestimmte die Geschwindigkeit der Reizleitung in einem Froschnerv zu etwa 30 m s^{-1}. 16 Jahre später begann BERNSTEIN seine Untersuchungen über den Ursprung der Nervenreizung. Diese Arbeiten wurden noch vor der Aufstellung der Dissoziationstheorie durch ARRHENIUS im Jahre 1883 und vor den glänzenden elektrochemischen Untersuchungen des ausgehenden 19. Jahrhunderts durchgeführt. Die NERNSTsche Arbeit über elektrochemische Zellen erschien 1888, die PLANCKsche Analyse der Elektrodiffusion 1890. Schon im Jahre 1902 publizierte Bernstein definitive Resultate seiner Membrantheorie der Nervenreizung, die auf der Depolarisation einer Nervenzellmembran beruht, die selektiv für K$^+$-Ionen durchlässig ist. Noch im selben Jahr zeigte jedoch OVERTON, daß Na$^+$-Ionen eine wesentliche Rolle bei der Auslösung eines *Aktionspotentials* spielen, wie man den sich durch einen Nerv fortpflanzenden Impuls nannte.

Experimentelle Untersuchungen der Potentiale an Nervenmembranen und der Ionenströme durch diese Membranen wurden durch die Kleinheit der Nervenzellen erheblich erschwert und verzögert. Rasche Fortschritte wurden jedoch möglich, nachdem J. Z. YOUNG im Jahre 1936 auf die ungewöhnliche Größe der Nervenstränge in bestimmten Tintenfischen hingewiesen hatte; diese Nerven-

---

[5] E. L. STIEFEL, *An Introduction to Numerical Mathematics*; Academie Press, New York 1963, S. 79.
[6] Siehe z. B. D. MACINNES, *The Principles of Electrochemistry*; Dover Publications, New York 1961, Kap. 13.

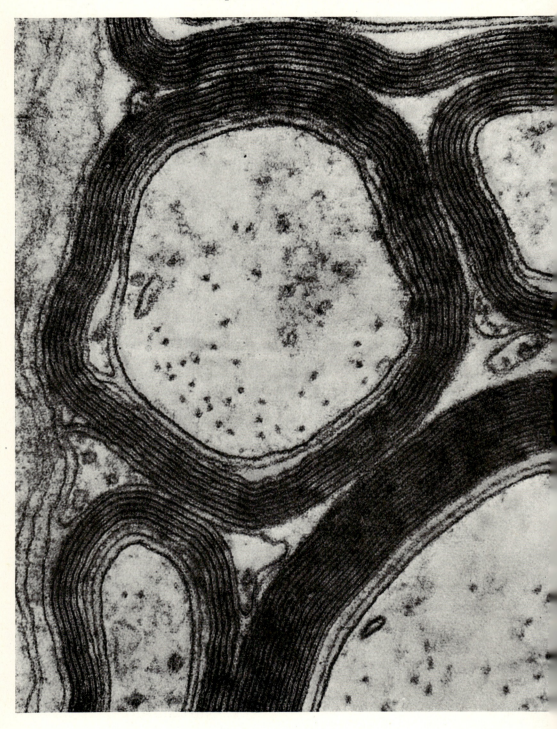

stränge hatten Durchmesser bis zu 10^3 μm im Vergleich zu dem normalen Durchmesser von $0{,}1 \cdots 20$ μm. In diese geradezu gigantischen Nervenstränge konnten nun Elektroden eingeführt werden, ja es war möglich, das Medium der Nervenzellen (das Zytoplasma) herauszudrücken und durch beliebige Elektrolytlösungen zu ersetzen. Durch die brillanten Arbeiten von HODGKIN und HUXLEY sowie von COLE konnten die wichtigsten Mechanismen der Nervenimpulse aufgeklärt werden. Bis zum heutigen Tage blieb jedoch ein großes Problem ungelöst: die Erklärung der elektrischen Eigenschaften der Nervenmembranen durch die Struktur der sie bildenden Proteine und Lipide. Abb. 12.9 zeigt die elektronenmikroskopische Aufnahme des Querschnitts durch das Axon einer Nervenzelle.
Abb. 12.10 zeigt eine Nervenfaser mit einer schematischen Darstellung der Ionenverteilung an der Zellmembran. Im Ruhezustand beträgt die Potentialdifferenz etwa -70 mV bei 25 °C; dies ist ziemlich genau der für ein NERNSTsches Gleichgewichtspotential berechnete Wert:

$$\Delta \Phi = \frac{-RT}{F} \ln \frac{[K^+]_{innen}}{[K^+]_{außen}}$$

Aus diesem Ergebnis dürfen wir allerdings nicht schließen, daß sich das System im Gleichgewicht befinde. Die Anwendung der Gleichungen von PLANCK oder GOLDMAN für den stationären Zustand würden nahezu dasselbe Ergebnis bringen, vorausgesetzt, daß die Beweglichkeit der K^+-Ionen in der Membran viel größer ist als die der anderen Ionen, z. B. Na^+ und Cl^-.
Wenn man einen depolarisierenden Spannungsstoß von mindestens 20 mV anlegt, so daß das Membranpotential $\Delta \Phi$ z. B. von -70 auf etwa -50 mV abfällt, dann wird nahezu momentan die Durchlässigkeit der Membran für Na^+-Ionen und etwas langsamer auch die für K^+-Ionen erhöht (Abb. 12.10). Als eine Konsequenz dieser weitergehenden Depolarisation werden auch solche Membranflächen depolarisiert, die dem Bereich des ursprünglichen Depolarisationspulses benachbart sind, und zwar wegen des Spannungsabfalls entlang der Nervenfaser durch einen höheren als den kritischen Betrag von $I \cdot R$, der für die Auslösung eines Aktionspotentials benötigt wird. Das Ergebnis hiervon ist eine rasch voranschreitende Depolarisationswelle, die den eigentlichen Nervenimpuls darstellt.

Abb. 12.9 Elektronenmikroskopische Aufnahme (126000fach) eines dünnen Querschnitts durch den Sehnerv einer erwachsenen Ratte. Ein Axon (mit Myelin) ist zusammen mit Teilen von vier anderen Axonen gezeigt. Der eigentliche Nervenstrang besteht aus mehreren tausend solcher Axonen. Die spiraligen Schichten des Myelins werden von den äußeren Membranen besonderer Zellen gebildet, welche man *Oligodendrozyten* nennt, die sich um die Axonen der Neuronen winden und dadurch eine isolierende Hülle bilden. In regelmäßigen Intervallen von jeweils etwa dem 100fachen des Durchmessers des Axons finden sich entlang des Neurons Öffnungen in dieser Hülle, die man RANVIERsche Schnürringe nennt. Der Depolarisationsstoß des Aktionspotentials springt von einem Schnürring zum nächsten; diesen Vorgang nennt man *saltatorische Leitung*. Im *Axoplasma* verteilt finden sich dunkle kreisförmige Stellen, welche Querschnitte durch die *Neurotubuli* darstellen; diese durchsetzen das Axon zwischen dem eigentlichen Körper des Neurons und den Synapsen am Ende des Axons. Die Neurotubuli stellen ein Transportmittel für irgendwelche Stoffe vom Zellkörper zu den Synapsen dar. (Fotografie von ALAN PETERS, Department of Anatomy, Boston University School of Medicine, aus *The Fine Structure of the Nervous System* von A. PETERS, S. L. PALAY und H. DE F. WEBSTER, Harper and Row, New York 1970).

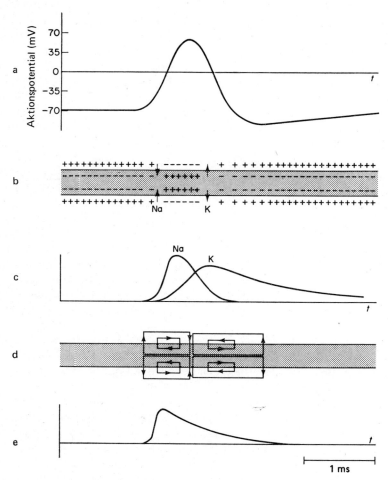

Abb. 12.10 Schematische Darstellung der Ereignisse während der Fortpflanzung eines Nervenreizes entlang einer Nervenfaser. (a) Aktionspotential (zeitliche Änderung des Potentials an einer Nervenfaser); (b) Orientierung der Potentialdifferenz an der Membran; (c) Zeitliche Änderung der Durchlässigkeit der Membran für Na$^+$- und K$^+$-Ionen; (d) Richtung lokaler Kreisströme; (e) Zeitliche Änderung der gesamten Membranleitfähigkeit.

21. Elektrodenkinetik

Wir wenden uns nun einer Betrachtung der Geschwindigkeit der Vorgänge an Elektrodenoberflächen zu, dem Forschungsobjekt der *elektrochemischen Kinetik*.
Eine chemische Reaktion an einer Elektrode ähnelt in vieler Hinsicht einer Reaktion an einer festen Katalysatoroberfläche. Wir können eine Metallelektrode in der Tat als eine katalytische Oberfläche auffassen, die die Übertragung von Elektronen auf Molekeln und Ionen oder von dieser auf die Elektrode katalysiert. Eine

Elektrodenreaktion besteht daher aus einer Anzahl von Einzelschritten, ganz ähnlich denen bei der heterogenen Katalyse:

(1) Diffusion der reagierenden Stoffe an die Elektrode
[(2) Reaktion in der Flüssigkeitsschicht direkt über der Elektrode]
(3) Adsorption der reagierenden Stoffe an die Elektrode
(4) Übertragung von Elektronen auf die adsorbierten Spezies (Reduktion) oder von diesen Spezies auf die Elektrode (Oxidation)
(5) Desorption der Reaktionsprodukte von der Elektrode
[(6) Reaktion in der Elektrodengrenzschicht]
(7) Wegdiffusion der Produkte von der Elektrode

(Die Schritte 2 und 6 gehören nicht notwendigerweise zu dieser Reaktionsfolge; sie wurden daher in Klammern gesetzt. Ein Beispiel für einen solchen Schritt wäre die Zersetzung oder Bildung eines komplexen Ions in der Lösung vor oder nach dem elektrolytischen Vorgang.)

Die allgemeine Theorie der Reaktionsgeschwindigkeiten zeigte, wie sich ein System bei einer chemischen Reaktion auf einer Fläche, die die potentielle Energie repräsentiert, zwischen zwei Minima der freien Energie bewegt. Da die mittlere Energie im System in der Regel niedriger ist als die Energie auf dem Potentialberg, muß dem System Energie zur Überwindung dieses Berges zugeführt werden. Für Molekeln gibt es grundsätzlich drei verschiedene Möglichkeiten zur Gewinnung der notwendigen Aktivierungsenergie. Die allgemeinste Möglichkeit ist, das System zu erwärmen. Hierbei werden höhere Translations-, Rotations- und Schwingungsniveaus besetzt. Eine weitere Möglichkeit ist die Aktivierung der Molekeln bei der Absorption von Strahlungsenergie (Licht, UV, ionisierende Strahlung). Bei der dritten Aktivierungsmöglichkeit wird die Energie eines elektrischen Feldes zur Aktivierung geladener Spezies ausgenützt. Zu dieser elektrochemischen Aktivierung trägt naturgemäß stets auch ein Anteil an thermischer Aktivierung bei. Die Kinetik elektrochemischer Prozesse beruht daher auf einer Kombination thermischer und elektrischer Aktivierung. Das grundlegende theoretische Problem der elektrochemischen Kinetik besteht in der Tat in der Aufklärung des Mechanismus, wie thermische und elektrische Aktivierungsenergie zusammenwirken, um die tatsächliche Reaktionsgeschwindigkeit zu bestimmen. Dieses Problem führt uns zur Theorie des *Übertragungskoeffizienten* α, den wir später diskutieren werden. Zuvor wollen wir aber die verschiedenen Einzelschritte bei Elektrodenreaktionen betrachten.

22. Polarisation

Im Gleichgewicht wird die Geschwindigkeit der Elektronenübertragung durch eine Elektrode genau durch die Elektronenübertragung auf diese Elektrode ausgeglichen; es ist also $\overrightarrow{I} = \overleftarrow{I}$ (I = Stromstärke).

Die im Gleichgewicht herrschende Potentialdifferenz $\Delta\Phi_e$ wird durch diese Bedingung bestimmt. Wie bei jeder chemischen Reaktion besteht der Gleichgewichtszustand nicht im Aufhören jeglichen Austausches, sondern in der Gleichheit der Geschwindigkeiten des betrachteten Vorgangs und seiner Umkehrung. Die Stromdichte des Austauschstromes im Gleichgewicht bezeichnet man mit dem Symbol i_0. Da weder in der einen noch in der anderen Richtung ein Nettostrom zu beobachten ist, können wir i_0 nicht direkt messen; wir können die Austauschstromdichte jedoch aus der Austauschgeschwindigkeit radioaktiv markierter Stoffe zwischen Elektroden und Lösung berechnen. Tab. 12.6 zeigt Werte von i_0 für einige Elektrodenreaktionen. Es ist sehr interessant, daß sich diese Austauschreaktionsgeschwindigkeiten um viele Zehnerpotenzen unterscheiden können.

Metall	System	Medium	$\log i_0 (\text{A cm}^{-2})$
Quecksilber	Cr^{3+}/Cr^{2+}	KCl	−6,0
Platin	Ce^{4+}/Ce^{3+}	H_2SO_4	−4,4
Platin	Fe^{3+}/Fe^{2+}	H_2SO_4	−2,6
Palladium	Fe^{3+}/Fe^{2+}	H_2SO_4	−2,2
Gold	H^+/H_2	H_2SO_4	−3,6
Platin	H^+/H_2	H_2SO_4	−3,1
Quecksilber	H^+/H_2	H_2SO_4	−12,1
Nickel	H^+/H_2	H_2SO_4	−5,2

Tab. 12.6 Austauschstromdichten i_0 bei 25 °C für einige Elektrodenreaktionen (nach J. O'M. BOCKRIS, *Modern Electrochemistry*, Plenum Press, New York 1970).

Wenn eine elektrochemische Zelle unter Ungleichgewichtsbedingungen arbeitet, dann ist $\vec{i} \neq \overleftarrow{i}$ und wir können eine Nettostromdichte beobachten: $i = \vec{i} - \overleftarrow{i}$. Unter diesen Bedingungen weicht die gemessene Potentialdifferenz zwischen den Elektroden vom Gleichgewichtswert $\Delta \Phi_e = E$ ab. Wenn die Zelle chemische freie Energie in elektrische Energie verwandelt, dann ist $\Delta \Phi < E$. Umgekehrt ist $\Delta \Phi > E$, wenn die Zelle unter Zufuhr elektrischer Energie eine chemische Reaktion gegen das Gefälle der freien Energie bewerkstelligt. Der tatsächlich gemessene Wert von $\Delta \Phi$ hängt von der Stromdichte i an den Elektroden ab. Die Differenz

$$\Delta \Phi (i) - \Delta \Phi (0) = \eta \qquad [12.29]$$

nennt man die *Polarisation* der Zelle. Der Wert von η wird teilweise durch die Größe des Potentials $I \cdot R$ bestimmt, das zur Überwindung des Widerstandes R im Elektrolyten und in den Zuleitungen notwendig ist. Die entsprechende elektrische Energie $I^2 R$ wird in Wärme verwandelt (JOULEsche Wärme) und ist damit analog den Reibungsverlusten bei irreversiblen mechanischen Vorgängen. Von eigentlichem theoretischem Interesse ist der andere Bruchteil von η, der auf geschwindigkeitsbestimmende Elektrodenvorgänge zurückzuführen ist. Die zugehörige elektrische Energie wird hier zur Lieferung der freien Aktivierungsenergie eines oder mehrere Schritte der Elektrodenreaktion gebraucht.

In der elektrochemischen Kinetik wollen wir gewöhnlich die Reaktionen an einer bestimmten Elektrode, also in einer bestimmten Halbzelle untersuchen. Hierzu führen wir in die Zelle eine Hilfselektrode ein, deren elektrolytische Verbindung unmittelbar an der Oberfläche der zu untersuchenden Elektrode endet. Eine solche Anordnung ist in Abb. 12.11 gezeigt. Die mit einer solchen Anordnung gemessenen wahren Elektrodeneigenschaften sind für eine ganze Reihe technischer Probleme von Bedeutung.

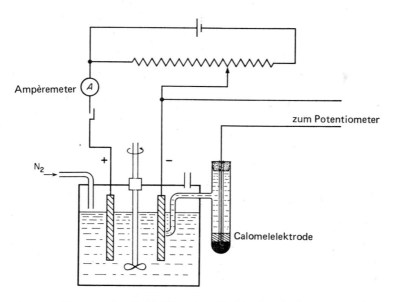

Abb. 12.11 Apparatur zur Messung des Potentials einer Elektrode relativ zu dem einer Standardbezugselektrode. Das Potential wird als Funktion der Stromdichte an der zu untersuchenden Elektrode bestimmt.

23. Diffusionsüberspannung

Wenn die verschiedenen elektrochemischen Reaktionsschritte (2···6 nach obigem Schema) hinreichend schnell sind, dann kann die Gesamtgeschwindigkeit der Elektrodenreaktion diffusionskontrolliert sein. Hierbei erinnern wir uns daran, daß auch schnelle Reaktionen in Lösung und an katalytischen Oberflächen ebenfalls von der Diffusionsgeschwindigkeit abhängig werden können. Der Diffusionsvorgang an Elektroden hängt von der Form der Elektrode, von ihrem Bewegungszustand sowie von der Stärke des Rührens des Elektrolyten ab.

Wohl zum ersten Mal hat sich NERNST 1904 mit der Diffusion in Richtung auf eine ruhende, planare Elektrode in einer kräftig gerührten Lösung beschäftigt (9-42); unter diesen Umständen bleibt nur eine etwa $10^{-2}\ldots10^{-3}$ cm dicke Schicht über der Elektrode in Ruhe und wirkt als eine Diffusionsbarriere. Als Beispiel wollen wir die Entladung von Cu^{2+}-Ionen und die Abscheidung von Kupfer an der Kathode betrachten. In einer stationären Schicht der Dicke δ wird eine Verarmung an Cu^{2+}-Ionen eintreten. Für die Geschwindigkeit, mit der das Kupfer abgeschieden wird (n bezeichnet die Menge an Kupfer), gilt:

$$-\frac{dn}{dt} = D \cdot \mathscr{A} \frac{dc}{dx} = D \cdot \mathscr{A} \frac{c_0 - c_1}{\delta}$$

Hierin bedeutet $\mathscr{A}$ die Oberfläche der Elektrode; c_0 und c_1 sind die Konzentrationen von Cu^{2+}-Ionen im Innern der Elektrolytlösung und an der Elektrodenoberfläche. Hierbei wird angenommen, daß der Diffusionskoeffizient D der Cu^{2+}-Ionen unabhängig von deren Konzentration ist. Wenn die Diffusion stationär geworden ist, haben wir im Innern der Grenzschicht δ einen linearen Konzentrationsgradienten.

Für den Stromfluß zur Kathode gilt:

$$I_\delta = -zF \frac{dn}{dt} = \frac{zFD\mathscr{A}(c_0 - c_1)}{\delta} \qquad [12.30]$$

Hierbei ist z die Ladungszahl der in dieser Halbreaktion abzuscheidenden Ionen, in unserem Falle also 2.

Der Abfall der Aktivität der Cu^{2+}-Ionen in der Diffusionsgrenzschicht führt zu einer Potentialdifferenz, wie wir sie schon bei den Konzentrationszellen kennengelernt haben:

$$\eta_D = \frac{RT}{zF} \ln \frac{a_1}{a_0} \qquad [12.31]$$

Die Größe η_D nennt man die *Konzentrations-* oder *Diffusionsüberspannung*.

Da diese Polarisation der Elektrode mit Unterschieden in der Konzentration der elektroaktiven Spezies, also z. B. Cu^{2+}-Ionen, an der Elektrodenoberfläche und im Innern der Lösung verknüpft ist, wurde sie früher als *Konzentrationspolarisation* bezeichnet. Die meisten Elektrochemiker bezeichnen die Größe η_D nun als Konzentrationsüberspannung.

Aus [12.31] folgt:

$$c_1 = c_0 \frac{\gamma_0}{\gamma_1} \exp \frac{zF\eta_D}{RT} \qquad [12.32]$$

Hierin ist γ_0/γ_1 das Verhältnis der Aktivitätskoeffizienten entsprechend dem Konzentrationsverhältnis c_0/c_1.

Aus [12.30] und [12.32] erhalten wir:

$$\eta_D = \frac{RT}{zF} \ln \left[\frac{\gamma_1}{\gamma_0} \left(1 - \frac{\delta I_\delta}{\mathscr{A} c_0 D |z| F} \right) \right]$$

Der Grenzwert von I_δ würde einer Entladung jedes Ions entsprechen, das die Elektrode trifft, so daß $c_1 = 0$ wäre. Für diesen Fall gilt:

$$I_{max} = \frac{zFD\mathscr{A} c_0}{\delta} \qquad [12.33]$$

Für $I \to I_{max}$ ist $\eta \to -\infty$; bevor es soweit käme, würde allerdings irgendeine andere Ionenart entladen werden. Die Werte für δ liegen bei etwa 10^{-2} cm, die von D bei ungefähr 10^{-5} cm^2 s^{-1}; nach [12.33] liegt daher das Verhältnis $I_{max}/\mathscr{A}$ gewöhnlich bei etwa $10^2 c_0$ (A · cm^{-2}) (c_0 in mol · cm^{-3}).

24. Diffusion ohne stationären Zustand: Polarographie

Es gibt zahlreiche interessante Beispiele für elektrochemische Reaktionen, deren Geschwindigkeit durch zeitabhängige Diffusionsvorgänge (nichtstationäre Zustände) bestimmt wird. Beispiele hierfür sind die Anlauf- oder Abklingvorgänge zu Beginn oder bei Beendigung einer Reaktion, außerdem Systeme, bei denen die Elektrolytlösung nicht gerührt wird, und solche, bei denen die Elektrodenoberfläche kontinuierlich erneuert wird. Diese Probleme sind oft von praktischer Bedeutung in der angewandten Elektrochemie, sie führen jedoch keine neuen elektrochemischen Prinzipien oder Konzepte ein. Wir wollen sie daher an dieser Stelle nicht diskutieren, mit einer Ausnahme: der Polarographie. Diese Technik soll uns auch einige Fußangeln bei der Behandlung nichtstationärer Zustände verdeutlichen.

Wir wollen die Elektrolyse einer Lösung mit verschiedenen Kationen (Cu^{2+}, Tl^+, Zn^{2+} usw.) betrachten. Es gibt ein bestimmtes reversibles Potential, bei dem gleichartige Ionen an der Kathode entladen werden. Dieses Potential hängt vom Normalpotential der Elektrode M^{z+}/M und von der Konzentration von M^{z+} in der Lösung ab. Für die Reduktion von M^{z+} zu M gilt bei 25 °C:

$$E = E^\ominus + \frac{0{,}0592}{|z|} \log a\,(M^{z+})$$

Eine Änderung der Ionenaktivität um eine Zehnerpotenz ändert daher das Abscheidungspotential der Ionen um $0{,}0592/|z|$ Volt, einer Änderung der Aktivität um zwei Zehnerpotenzen würde eine Änderung des Abscheidungspotentials um $2 \cdot 0{,}0592/|z|$ Volt entsprechen (25 °C).

Wenn wir die an unsere elektrolytische Zelle gelegte Spannung allmählich erhöhen, dann scheidet sich an der Kathode das am leichtesten reduzierbare Kation, also das mit dem »positivsten« Abscheidungspotential, zuerst ab. Bei weiterer Erhöhung der angelegten Spannung erhöht sich auch die Stromstärke. Mit zunehmender Stromstärke nimmt aber die Konzentration der gerade abzuscheidenden Ionenart in der Nachbarschaft der Kathode immer mehr ab, insbesondere wenn die Lösung nicht gerührt wird. Diese *Konzentrationspolarisation* führt zu einer Konzentrationsüberspannung. Schließlich wird der Grenzwert von I_δ erreicht, der durch [12.33] für den Fall einer stationären Elektrode gegeben ist; die Strom-Spannungs-Kurve wird allmählich flach und verläuft horizontal, bis das angelegte Potential den Wert erreicht, der dem Abscheidungspotential des nächsten Kations entspricht. Hier beginnt sich nun das zweite Ion an der Kathode abzuscheiden, obwohl immer noch eine beträchtliche Konzentration des ersten Ions im Innern der Lösung vorhanden ist. Gleichzeitig beginnt nun die Stromstärke wieder anzusteigen; die Strom-Spannungs-Kurve verläuft wieder flacher, bis ein erneuter Potentialanstieg zu einem neuen Grenzwert von I_δ führt, der durch die Summe der c_0-Werte für die beiden reduzierbaren Kationen bestimmt wird. Auf diese Weise lassen sich noch weitere Ionen in der Lösung am Verlauf der Strom-Spannungs-Kurve erkennen.

Es ist leicht zu sehen, daß die durch die aufeinanderfolgende Abscheidung von Ionen festgelegte Strom-Spannungs-Kurve zur Identifizierung der Ionen und zur Messung ihrer Konzentration in der Lösung benützt werden kann. Im Jahre 1922 entwickelte JAROSLAV HEYROVSKY in Prag eine elegante Methode, für die in den folgenden Jahren ein automatisches Analysengerät konstruiert wurde, der *Polarograph* (HEYROVSKY und SHIKATA, 1924).

Wenn wir verschiedene reduzierbare Stoffe in einer Lösung an der von ihnen hervorgerufenen Konzentrationspolarisation unterscheiden wollen, dann müssen wir eine Kathode von sehr kleiner Fläche benützen, da sonst die durch die Zelle fließende Stromstärke außerordentlich hoch würde. Wir müssen außerdem jede mechanische Bewegung des Elektrolyten, vor allem aber eine aktive Wanderung der abzuscheidenden Ionen unter dem Zug des elektrischen Feldes vermeiden; die jeweils gemessene Stromstärke muß also ausschließlich durch einen diffusionskontrollierten Prozeß bestimmt werden. Weiterhin sollte die Kathodenoberfläche rein, reproduzierbar und insbesondere leicht zu erneuern sein. Alle diese Bedingungen lassen sich durch eine *Quecksilbertropfelektrode* erfüllen, von der in konti-

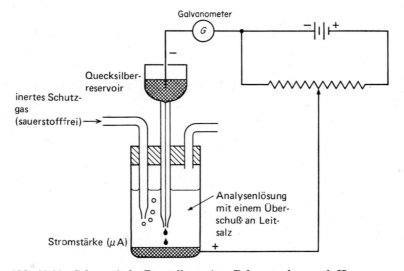

Abb. 12.12 Schematische Darstellung eines Polarographen nach HEYROVSKY

nuierlicher Folge kleine Quecksilbertröpfchen mit einem Durchmesser von etwa 0,5 mm abtropfen. Ein breiter Quecksilbersee auf dem Boden der Zelle dient als Vergleichselektrode und Anode. Wegen ihrer großen Fläche wird sie nur sehr geringfügig polarisiert. Alternativ können auch Normalelektroden mit großer Fläche als Bezugsanoden verwendet werden.

Abb. 12.12 zeigt das Schema eines Polarographen. Da sich Sauerstoff leichter als viele andere elektroaktiven Spezies reduzieren läßt, muß die Lösung sorgfältig von Spuren Sauerstoff befreit werden, indem man ganz reinen Stickstoff oder ganz

Diffusion ohne stationären Zustand: Polarographie

reines Argon hindurchleitet. Abb. 12.13 zeigt eine typische Strom-Spannungs-Kurve für eine Lösung, die $10^{-4}\,m$ Cu^{2+}, Tl^+ und Zn^{2+} sowie $0{,}1\,m$ KNO_3 enthält. Das Kaliumnitrat wird in einem großen Überschuß als Leitsalz zugesetzt; es soll die Hauptmenge der Elektrizität transportieren. Obwohl nun der Strom durch K^+- und NO_3^--Ionen durch die Lösung transportiert wird, werden trotz ihrer hohen Konzentrationen doch keine K^+-Ionen entladen, da sie ein außerordentlich hohes negatives Abscheidungspotential besitzen. Auch die stets vorhandenen H^+-Ionen können nicht entladen werden, da sie am Quecksilber eine hohe Überspannung haben; dies ist ein großer Vorzug der Polarographie. Auf diese Weise lassen sich

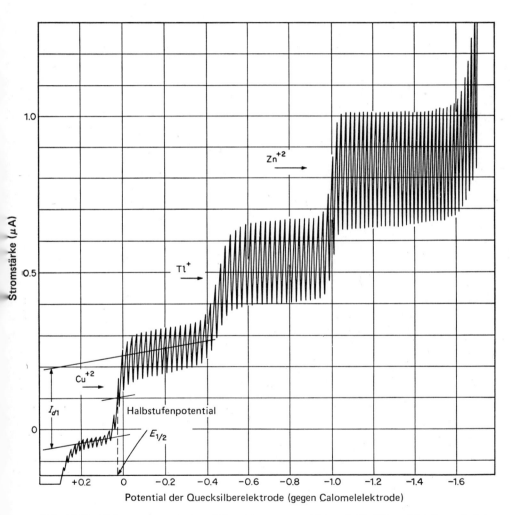

Abb. 12.13 Polarogramm einer wäßrigen Lösung von $10^{-4}\,m$ Cu^{2+}, Tl^+ und Zn^{2+} sowie $0{,}1\,m$ KNO_3 (Leitelektrolyt). Die angegebenen Spannungen beziehen sich auf die gesättigte Kalomelelektrode als Bezugselektrode (W. B. SCHAAP, Indiana-University).

viele Ionen, unter bestimmten Bedingungen selbst Na$^+$- und K$^+$-Ionen, untersuchen, die normalerweise wesentlich negativere Abscheidungspotentiale als das H$^+$ haben.

Während ein hängender Quecksilbertropfen anwächst, steigt der Strom bis zu einem Maximum an; beim Abfallen des Tropfens sinkt die Stromstärke auf ein Minimum. Ein Polarogramm besteht daher aus einer Folge scharfer Maxima und Minima in der Strom-Spannungs-Kurve; den analytisch auszuwertenden Kurvenverlauf erhält man durch Verbinden der Mittelwerte. Die mittlere Stromstärke ist in jedem Augenblick der an der Tropfelektrode in der Zeiteinheit umgesetzten Stoffmenge proportional. Da die Wanderung des *Depolarisators* zur Tropfelektrode diffusionskontrolliert ist, hängt die Geschwindigkeit, mit der er an die Elektrode gelangt, nur von der Differenz der Konzentrationen zwischen dem Innern der Lösung und der Elektrodenoberfläche ab. Die Stromstärke erreicht jeweils das nächsthöhere Plateau, wenn die Konzentration des gerade reduzierten (oder oxidierten) Ions an der Elektrodenoberfläche null geworden ist. Den zu einem solchen Plateau gehörenden Grenzwert nennt man die Grenzstromstärke. Den gesamten Anstieg vom einen flachen Bereich der Strom-Spannungs-Kurve zum nächsten nennt man eine *polarographische Stufe* oder Welle. Ihre Höhe ist proportional der Konzentration des jeweils an der Tropfelektrode umgesetzten Stoffes.

Unter dem *Halbstufen-* oder *Halbwellenpotential* versteht man das zum Wendepunkt in einer Stufe gehörende Potential. In der genauen Definition ist es dasjenige Potential der Tropfelektrode, bei dem die mittlere Stromstärke gleich der halben Grenzstromstärke ist. Das Halbstufenpotential ist charakteristisch für die Art der Ionen oder Molekeln, deren Reduktion oder Oxidation an der Tropfelektrode gerade beginnt.

Bei der Frage nach der theoretischen Berechnung des Diffusionsstroms stoßen wir auf ein sehr schwieriges Problem: die Lösung einer Diffusionsgleichung mit einer ungewöhnlichen Grenzbedingung, die durch die Änderung der Oberfläche des wachsenden Tropfens bestimmt wird. Wenn wir annehmen, daß der wachsende Quecksilbertropfen Kugelgestalt hat, dann gilt für seine Oberfläche zum Zeitpunkt t:

$$\mathscr{A} = 4\pi r^2$$

Nun sind sowohl die Oberfläche als auch der Radius dieser Kugel eine Funktion der Zeit; es ist

$$r = \sqrt[3]{\frac{3V}{4\pi}} \quad \text{mit} \quad V = \frac{u}{\varrho} t \quad \text{und} \quad u = \frac{m}{t}$$

r = Tropfenradius
V = Tropfenvolumen
u = Ausströmungsgeschwindigkeit des Quecksilbers an der Kapillare
m und ϱ = Masse und Dichte des Quecksilbers
t = Zeit

Hiermit erhalten wir für die Oberfläche des Quecksilbers zu einem Zeitpunkt t:

$$\mathscr{A} = (36\,\pi/\varrho^2)^{1/3}\,u^{2/3}\,t^{2/3} = 0{,}85\,u^{2/3}\,t^{2/3}\ \mathrm{cm}^2\,\mathrm{g}^{-2/3}. \qquad [12.34]$$

Für die Stromstärke zum Zeitpunkt t gilt nach [12.30], wenn man für die Schichtdicke im nichtstationären Fall nach ILKOVIC[7] $\delta = (\tfrac{3}{7}\,\pi\,D\,t)^{1/2}$ einsetzt,

$$I = |z|\,F\,\mathscr{A}\,D\,\frac{c_0 - c}{\left(\dfrac{3}{7}\,\pi\,D\,t\right)^{1/2}} \qquad [12.35]$$

Hierin ist $\mathscr{A}$ die Fläche des Quecksilbertropfens zur Zeit t nach dem Beginn seines Anwachsens; D ist der Diffusionskoeffizient der an der Elektrode umzusetzenden Ionenart, c_0 und c sind die Konzentrationen dieser Ionenart im Inneren der Lösung und an der Oberfläche des Quecksilbertropfens.
Diese ILKOVIČ-Gleichung beschreibt die Faktoren, die die Höhe der polarographischen Stufe, also die Diffusionsstromstärke, bestimmen. Eine andere Gleichung nach HEYROVSKY und ILKOVIČ beschreibt die Form der Stufe und ihre Lage relativ zur Spannungskoordinate. Wir können diese Gleichung aus der Nernstschen Gleichung für die Elektrodenreaktion und aus dem Diffusionsgesetz ableiten. Für die kathodische Reduktion eines Ions an der Quecksilbertropfelektrode (TE) gilt:

$$E_{TE} = E_{1/2} - \frac{R\,T}{|z|\,F}\,\ln\frac{I}{I_\delta - I} \qquad [12.36]$$

Hierin ist die I_δ die mittlere kathodische Grenzstromstärke (Diffusionsstrom, vgl. Abb. 12.13); $E_{1/2}$ ist das Halbstufenpotential.

25. Aktivierungsüberspannung

Die Kinetik von Elektrodenreaktionen ist abhängig von der Stromdichte. Bei niederen Stromdichten können verschiedene Phänomene die Geschwindigkeit einer Elektrodenreaktion bestimmen. Erst bei hohen Stromdichten wird die Geschwindigkeit der Ionenwanderung unter dem Einfluß des elektrischen Feldes der geschwindigkeitsbestimmende Schritt. Abb. 12.14 zeigt, wie ein äußeres elektrisches Feld die reagierenden Spezies aktivieren kann; auf der Ordinate ist die freie Energie des Systems abgetragen, die Abszisse bedeutet irgendeine Reaktionskoordinate, z.B. den Abstand von der Elektrode. Die unterste Kurve zeigt schematisch den Verlauf der freien Energie für eine rein thermische, chemische Reaktion, bei der also eine Wirkung des elektrischen Feldes praktisch ausgeschlossen werden kann. Für eine elektrochemische Reaktion mit ionischen Ausgangsstoffen erleichtert die GALVANI-Potentialdifferenz $\Delta\Phi$ an der elektrischen Doppelschicht der Elektrode den Übergang eines Ions durch die Doppelschicht in der einen Richtung, erschwert ihn jedoch in der anderen. Wir kennen nun allerdings den Potentialverlauf in der

---

[7] D. ILKOVIČ, *J. Chim. Phys.* **35** (1938) 129.

Doppelschicht nicht genau; wenn sich die reagierenden Spezies also im Maximum der Kurve für die freie Energie befinden (Bildung irgendeines aktivierten Komplexes), dann wurde nur ein Bruchteil α der freien elektrischen Energie $zF\Delta\Phi$ für diese Aktivierung verwendet.

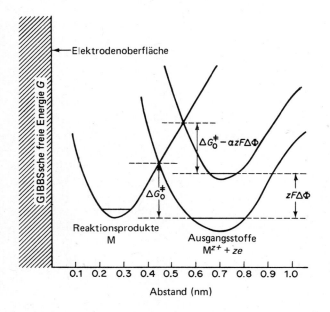

Abb. 12.14 Schema des Verlaufs der freien Energie in Abhängigkeit von einer Reaktionskoordinate für die Elektrodenreaktion $M^{z+} + ze^- \to M$. Die Kurven zeigen, wie die elektrische Potentialdifferenz $\Delta\Phi$ die freie Aktivierungsenergie $\Delta G_0^{\ddagger}$ um einen Betrag $\alpha z F \Delta\Phi$ verringert.

Den Bruchteil α nennt man den *Übertragungskoeffizienten*. Im allgemeinen liegt der Zahlenwert für α bei etwa 0,5; seine genaue Berechnung ist eines der ungelösten Probleme der elektrochemischen Kinetik. Tab. 12.7 zeigt einige experimentell bestimmte Werte für α.

Elektrodenmetall	Reaktion	α
Platin	$Fe^{3+} + e^- \to Fe^{2+}$	0,58
Platin	$Ce^{4+} + e^- \to Ce^{3+}$	0,75
Quecksilber	$Ti^{4+} + e^- \to Ti^{3+}$	0,42
Quecksilber	$2H^+ + 2e^- \to H_2$	0,50
Nickel	$2H^+ + 2e^- \to H_2$	0,58
Silber	$Ag^+ + e^- \to Ag$	0,55

Tab. 12.7 Experimentell bestimmte Werte des Übertragungskoeffizienten α (nach J. O'M. BOCKRIS und A. K. N. REDDY, *Modern Electrochemistry*, Plenum Press, New York 1970).

Im Gleichgewicht müssen die Ionenströme zur Elektrode und von der Elektrode weg für jede Ionenart gleich sein. Wenn wir z. B. eine Kupferelektrode betrachten, die im Gleichgewicht mit einer Kupfersulfatlösung steht, dann ist der kathodische

Aktivierungsüberspannung

Strom von Cu^{2+}-Ionen, die sich durch die Doppelschicht hindurch zur Elektrode bewegen, um dort reduziert zu werden, so groß wie der anodische Strom, der von der Oxidation des Kupfers zu Cu^{2+}-Ionen herrührt und bei dem sich die Kupferionen von der Elektrode lösen und durch die Doppelschicht hindurch in die Lösung gelangen:

$$I_{\text{kathodisch}} = I_{\text{anodisch}} = I_0$$

Hierin ist I_0 der Austauschstrom. Nun gibt es im Gleichgewicht zwar keinen Nettostrom von der Elektrode weg oder auf die Elektrode zu; wenn jedoch die Potentialdifferenz $\Delta\Phi$ von ihrem Gleichgewichtswert abweicht, dann haben wir entweder einen anodischen oder kathodischen (Überschuß-)Strom, der ein Maß für die Geschwindigkeit der Elektrodenreaktion ist. Dieser Strom stellt also die Differenz zwischen dem kathodischen und dem anodischen Strom dar:

$$I = I_{\text{kathodisch}} - I_{\text{anodisch}}$$

Die Ursache für diesen Nettostrom ist eine zusätzliche elektrische Potentialdifferenz (mit positivem oder negativem Vorzeichen), die sich dem Gleichgewichtswert $\Delta\Phi$ addiert; diese zusätzliche Potentialdifferenz nennt man die *Aktivierungsüberspannung* oder das *Aktivierungsüberpotential* η_t; es ist

$$\eta_t = \Delta\Phi - \Delta\Phi_{\text{rev}}$$

Abb. 12.14 zeigt, wie eine Abweichung vom Gleichgewichtspotential den Strom in der einen Richtung erhöht und in der anderen erniedrigt. Konventionsgemäß betrachten wir einen Strom, der zu einer Reduktion führt, als positiv, einen oxidierenden Strom jedoch als negativ. Der Übertragungskoeffizient α entspricht daher dem kathodischen (Reduktions-)Vorgang, $1 - \alpha$ dem anodischen (Oxidations-)Vorgang.

Nach den allgemeinen Gleichungen der Theorie des Übergangszustandes für Geschwindigkeitsvorgänge können wir die Stromdichten i für den anodischen und kathodischen Vorgang als die Geschwindigkeit der Ionenübertragung über die Barriere der freien Energie direkt über der Elektrodenoberfläche formulieren:

anodischer Strom: $\quad i^- = zFk^- c_{\text{red}}^0 \exp\left(\dfrac{-\Delta G_a^{\ddagger} - (1-\alpha)zF\Delta\Phi}{RT}\right)$

kathodischer Strom: $\quad i^+ = zFk^+ c_{\text{ox}}^0 \exp\left(\dfrac{-\Delta G_k^{\ddagger} + \alpha zF\Delta\Phi}{RT}\right)$

In diesen Ausdrücken bedeuten k^- und k^+ die präexponentiellen Anteile der Geschwindigkeitskonstanten für die Elektronenübertragung auf die Elektrode und weg von der Elektrode; c_{red}^0 und c_{ox}^0 bedeuten die Oberflächenkonzentrationen der reduzierten Ausgangsstoffe und der oxidierten Reaktionsprodukte der elektrochemischen Reaktion: $\text{ox} + ze^- \to \text{red}$. Die Größen $\Delta G_a^{\ddagger}$ und $\Delta G_k^{\ddagger}$ bedeuten die (thermische) freie Aktivierungsenergie für die anodische und die kathodische Elektrodenreaktion. Unter Bedingungen, bei denen die Diffusionsüberspannung vernachlässigt werden kann, können die Ionenkonzentrationen unmittelbar an der

Elektrode als konstant angesehen werden, und zwar innerhalb gewisser Grenzen auch unabhängig von der Stromdichte i und von der Zeit t (bei kleinen Umsätzen).

Im Gleichgewicht gilt also für die Austauschstromstärke:

$$i_0 = z F k^- c_{\text{red}}^0 \exp - \left[\frac{\Delta G_a^{\neq} + (1 - \alpha) z F \Delta \Phi_{\text{rev}}}{RT} \right]$$

$$= z F k^+ c_{\text{ox}}^0 \exp - \left[\frac{\Delta G_k^{\neq} - \alpha z F \Delta \Phi_{\text{rev}}}{RT} \right]$$

Wenn wir die Aktivierungsüberspannung $\eta_t = \Delta \Phi - \Delta \Phi_{\text{rev}}$ einführen, dann gilt für die Stromdichte:

$$i = i^+ - i^- = i_0 \left[\exp \frac{\alpha z F \eta_t}{RT} - \exp \frac{(1 - \alpha) z F \eta_t}{RT} \right] \qquad [12.37]$$

Diese wichtige Beziehung, die BUTLER-VOLMER-Gleichung, zeigt die Abhängigkeit der Stromdichte von der Aktivierungsüberspannung. Abb. 12.15 zeigt die Form dieser Funktion für verschiedene Werte des Übertragungskoeffizienten α.

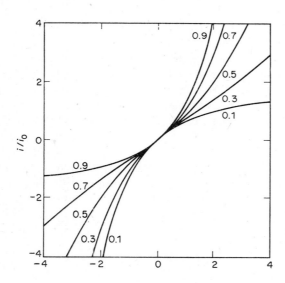

Abb. 12.15 Graphische Darstellung der BUTLER-VOLMER-Gleichung; Abhängigkeit der Stromdichte von der Überspannung für verschiedene Werte des Übertragungskoeffizienten α [nach H. GERISCHER und W. VIELSTICH, Z. physik. Chemie NF 3 (1955) 16].

Die Steigung der Kurve bei $\eta_t = 0$ liefert uns die Austauschstromstärke:

$$\left(\frac{\partial i}{\partial \eta} \right)_{\eta \to 0} = \frac{zF}{RT} i_0 \qquad [12.38]$$

In diesem Punkt hängt i_0 nicht von α ab.

Wenn die Überspannung große positive oder negative Werte hat ($|\eta| \gg RT/zF$), dann wird einer der Teilströme soviel größer als der andere, daß dieser vernachlässigt werden kann. Für diesen Fall gilt:

$$\ln i^- = \ln i_0 - \frac{(1-\alpha)zF}{RT}\eta \qquad [12.39]$$

oder

$$\ln i^+ = \ln i_0 + \frac{\alpha zF}{RT}\eta \qquad [12.40]$$

Eine solche logarithmische Abhängigkeit der Stromstärke i von η wurde 1905 empirisch von TAFEL gefunden; [12.39] und [12.40] werden daher auch als TAFEL-Gleichungen bezeichnet. Wenn man $\log i$ gegen η abträgt, dann kann man aus der Steigung dieser Geraden den Übertragungskoeffizienten α bestimmen. Eine solche lineare Abhängigkeit beweist allerdings noch nicht, daß η eine Aktivierungsüberspannung ist; eine ähnliche Abhängigkeit kann man nämlich auch mit einer Diffusionsüberspannung finden.

Es sei noch erwähnt, daß Überspannungen durch langsame Reaktionen in der Lösung unmittelbar über der Elektrode (Reaktionsüberspannung η_R) oder durch die Abscheidung eines festen Reaktionsproduktes an der Elektrode (Kristallisationsüberspannung η_C) hervorgerufen werden können. In vielen Fällen tritt eine Diffusionsüberspannung (Konzentrationspolarisation) zusammen mit einer Aktivierungsüberspannung auf, und es gibt schon Methoden, um diese beiden Komponenten zu trennen. Wir können also die chemische Kinetik einer Vielzahl von homogenen oder heterogenen Reaktionen schon durch die Messung der Elektrodenvorgänge studieren. Es ist leicht vorauszusehen, daß die praktische Bedeutung dieser Art von kinetischen Untersuchungen noch beträchtlich zunehmen wird, vor allem wegen der Entwicklung von Brennstoffzellen, Akkumulatoren für Straßenfahrzeuge und neuer elektrochemischer Synthesen. Letztere haben den beträchtlichen Vorzug einer großen Selektivität, bei entsprechender Wahl des Elektrodenmaterials und genauer Einhaltung bestimmter Potentiale.

26. Kinetik der Entladung von Wasserstoffionen

Wir wollen ein besonders interessantes Beispiel für die Kinetik einer Elektrodenreaktion etwas eingehender betrachten, nämlich die Entladung von Wasserstoffionen und die hierbei beobachtete Überspannung. Seit den grundlegenden Arbeiten von TAFEL wurde viel Mühe darauf verwendet, die Entladung von H_3O^+-Ionen an Metallelektroden zu studieren. Noch wurde aber kein umfassendes theoretisches Modell geschaffen, das all die bei verschiedenen Metallen beobachteten Phänomene erklären könnte. Abb. 12.16 zeigt die Abhängigkeit der experimentell gemessenen Überspannung von der Stromdichte für einige Metalle. Die Gesamtreaktion läßt sich folgendermaßen formulieren:

$$2\,H_3O^+ + 2\,e^- \rightarrow H_2 + 2\,H_2O$$

Nach den zuvor entwickelten Vorstellungen über den Mechanismus dieser Reaktion können wir folgende Einzelschritte annehmen:

(1) Transport der H_3O^+-Ionen zur Phasengrenze.
(2) Entladung der H_3O^+-Ionen durch einen der folgenden Mechanismen:
   a) Bildung chemisorbierter H-Atome an Stellen der Elektrodenoberfläche, die noch nicht völlig bedeckt sind (VOLMER-Reaktion):

$$H_3O^+ + Me + e^- \rightleftarrows Me\text{---}H + H_2O$$

Hierbei ist Me das Elektrodenmetall.
   b) Reaktion mit H-Atomen, die schon an der Elektrodenoberfläche chemisorbiert sind (HEYROVSKY-Reaktion):

$$H_3O^+ + MeH + e^- \rightleftarrows Me + H_2 + H_2O$$

(3) Rekombination zweier chemisorbierter H-Atome unter Bildung von H_2 (TAFEL-Reaktion):

$$Me\text{---}H + Me\text{---}H \rightleftarrows 2Me + H_2$$

(4) Desorption von H_2 von der Oberfläche in die Lösung.

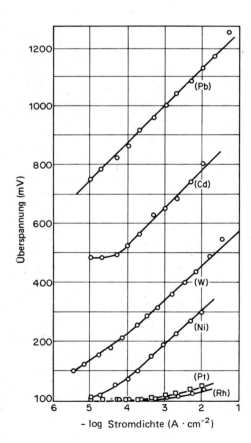

Abb. 12.16 Abhängigkeit der Wasserstoffüberspannung von der Stromdichte (nach J. O'M. BOCKRIS, loc. cit.). Bei hohen Stromdichten weichen die experimentell bestimmten Kurven oft beträchtlich von der TAFEL-Funktion [12.40] ab.

(5) Wegtransport der H_2-Molekeln von der Elektrode,
   a) durch Diffusion,
   b) durch die Entwicklung von Gasbläschen.

Welcher dieser Schritte geschwindigkeitsbestimmend ist, hängt von der Art des Metalls und zu einem beträchtlichen Maße auch von der Natur der Metalloberfläche ab. Letzteres hat seine Ursache im Auftreten aktiver Zentren mit hoher katalytischer Aktivität für einen bestimmten Reaktionsschritt; die Oberflächenkonzentration solcher Zentren hängt aber vom Zustand der Oberfläche ab.
Mit platinierten Platinelektroden in saurer Lösung läßt sich bei extrem hohen Stromdichten (etwa 100 A cm^{-2} bei einer Säurekonzentration von etwa 1 val · dm^{-3}) eine diffusionskontrollierte Entladung der H_3O^+-Ionen beobachten. Diese Beobachtung ist nicht nur vom Phänomen her interessant, sie beweist auch, daß die an der Kathode entladene Spezies H_3O^+ und nicht H_2O ist (etwa nach $2H_2O + 2e^- \to H_2 + 2OH^-$). Der Einfluß des anderen Transportvorgangs (Schritt 5) läßt sich bei starker anodischer Polarisation von Metallelektroden beobachten, die die Aufspaltung von H_2 in $2H$ katalysieren. An diesen Metallen ist die folgende Reaktion diffusionskontrolliert:

$$H_2 + 2H_2O \to 2H_3O^+ + 2e^-$$

Die Entladung von H_3O^+-Ionen liefert ein gutes Beispiel für die interessanten Probleme, denen wir beim Versuch einer Aufklärung des Mechanismus einer Elektrodenreaktion begegnen. Im weiteren Sinne darf gesagt werden, daß die Elektrodenkinetik als Teilgebiet der physikalischen Chemie sowohl theoretisch als auch hinsichtlich technologischer Anwendungen hochinteressant, aber im ganzen wohl noch unterbewertet ist.

13. Kapitel
Teilchen und Wellen

> *Wenn also Engel nicht aus Materie und Form bestehen, dann ist es auch unmöglich, zwei Engel derselben Art zu haben ... Die Bewegung eines Engels kann stetig oder unstetig sein, ganz nach Wunsch ... So kann ein Engel auch in einem bestimmten Augenblick an einem Platz sein und im nächsten Augenblick schon an einem anderen, ohne daß er zu irgendeiner dazwischen liegenden Zeit existiert hätte.*
>
> THOMAS VON AQUIN, *Summa Theologiae* (1225–1274)

> *Wieviel Engel sitzen können*
> *auf der Spitze einer Nadel –*
> *wolle dem dein Denken gönnen,*
> *Leser sonder Furcht und Tadel!*
> *»Alle!« wirds dein Hirn durchblitzen.*
> *»Denn die Engel sind doch Geister!*
> *Und ein ob auch noch so feister*
> *Geist bedarf schier nichts zum Sitzen.«*
> *Ich hingegen stell den Satz auf:*
> *Keiner! – Denn die nie Erspähten*
> *können einzig nehmen Platz auf*
> *geistlichen Lokalitäten.*
>
> CHRISTIAN MORGENSTERN (1871–1914)

Nach KARL MARX (*Kampf ist der Motor des Fortschritts*) kann man die historische Entwicklung der physikalischen Wissenschaften als Dialektik zwischen zwei entgegengesetzten Konzepten über die letzte Grundlage der physikalischen Wirklichkeit auffassen. Das eine Konzept ist der *Atomismus* mit seiner alten Tradition. Die Atomlehre versuchte, die Materie und ihre Wechselwirkungen aus der Annahme von Elementarteilchen zu verstehen. Diesen Teilchen hat man nur einige wenige grundlegende Eigenschaften zugeordnet, so vor allem Masse, Ladung, Spin, Geschwindigkeit und Orientierung im Raum. Das andere Konzept lieferten die wohlfundierten *Kontinuums-* oder *Feldtheorien*. Die Feldtheorien fanden ihren Ausdruck in partiellen Differentialgleichungen, die das Verhalten von Funktionen beschrieben, die kontinuierlich in Raum und Zeit und frei von irgendwelchen besonderen Eigenschaften sind. Beispiele für diese Funktionen waren die Feldstärken elektrischer, magnetischer und Gravitationsfelder.

Wegen der Unverträglichkeit ihrer logischen Voraussetzungen war ein Konflikt zwischen der Teilchentheorie und der Feldtheorie unausweichlich. Das mathematische Konzept eines kontinuierlichen Raumes ist unverträglich mit dem Konzept eines Elementarteilchens; was hinderte uns denn, ein Teilchen in zwei Hälften zu teilen, diese wiederum zu teilen und damit ad infinitum fortzufahren? Dieses Dilemma konnte durch das Postulat gelöst werden, daß der Raum selbst nicht unendlich teilbar ist, sondern daß vielmehr ein kleinster Abstand, also eine Elementarlänge existiere, und daß auch die Zeit aus kleinsten Elementarzeiten, also Zeitquanten bestehe. Ein Beweis dieses Postulats durch hochauflösende Verfahren wäre ein Triumph der Teilchentheorie. Andererseits würde es einen Sieg für die Feldtheorie bedeuten, wenn sie zeigen könnte, daß Elementarteilchen einfach irgendwelche Knoten, Löcher oder sonstige Unstetigkeitsstellen in ansonsten kontinuierlichen Feldern seien.

Unsere gegenwärtige Situation ist dadurch gekennzeichnet, daß mit Hilfe eines gewaltigen mathematischen Aufwands die Konzepte der Teilchen- und der Feldtheorie soweit verträglich gemacht wurden, daß eine halbwegs befriedigende Synthese möglich war. Mit diesem mathematischen Apparat läßt sich eine begrenzte Zahl von Problemen lösen; viele andere wichtige physikalische Phänomene, insbesondere solche, mit denen sich die Relativitäts- und Gravitationstheorie beschäftigen, standen jedoch recht trostlos außerhalb der Reichweite dieser Synthese und bezeugten damit die Unvollkommenheit der Quantenmechanik als einer physikalischen Theorie. Was immer jedoch die Fehler der Quantenmechanik als einer allgemeinen Theorie des Universums sein mögen, ihr Erfolg bei der Analyse atomarer und molekularer Phänomene war höchst eindrucksvoll. Im Prinzip[1] läßt sich die ganze Chemie aus der Quantenmechanik und einigen zusätzlichen Kenntnissen über empirische Eigenschaften von Elektronen, Protonen und Neutronen ableiten. In der Praxis sind solche Ableitungen auf ganz einfache Systeme beschränkt; schon das chemische Verhalten von Molekeln wie Sauerstoff oder Wasser bereitet die größten theoretischen Schwierigkeiten.

Der Erfolg der Quantenmechanik bei der Lösung einiger der Rechenprobleme bei der Dualität zwischen Welle und Korpuskel hat eine weitreichende philosophische Methode ins Leben gerufen, die man *Komplementarität* nennt. Diese Philosophie postuliert, daß eine solche Synthese logischerweise nicht zu vereinbarender Gegensätze eine notwendige und dauernde Spannung in unserer Welt hervorruft. So scheint die Synthese zwischen Gerechtigkeit und Gnade die Welle-Partikel-Dualität des Elektrons zu reflektieren. Im Lichte unserer kurzen Geschichte als denkende Lebewesen ist es allerdings recht unwahrscheinlich, daß eine dauerhafte Lösung auch nur der Dialektik von Welle und Korpuskel schon gefunden wäre.

1. Einfache harmonische Bewegung

Bevor wir uns mit der Entwicklung der Quantentheorie befassen, wollen wir uns kurz einige elementare Aspekte von Schwingungen und Wellen ins Gedächtnis zurückrufen.

Die Schwingung eines einfachen harmonischen Oszillators (Abschnitt 4-19) ist ein Beispiel für eine periodische Bewegung. Das einfachste Modell eines solchen

---

[1] Das Sprachgefühl kennt diese höfliche Verneinung: »Im Prinzip – ja«.

Systems (Abb. 13.1a) ist eine Masse m, die mit einer Spiralfeder der Kraftkonstante $\varkappa$ an einer festen Wand aufgehängt ist. Die Spiralfeder sei masselos und völlig elastisch.

Für die ungedämpfte harmonische Schwingung, die diese Anordnung auszuführen vermag, hat die Bewegungsgleichung ($f = ma$) die folgende Form:

$$m \frac{d^2 x}{dt^2} = -\varkappa x \qquad [13.1]$$

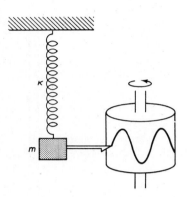

Abb. 13.1a Modell eines einfachen harmonischen Oszillators. Die Auslenkung einer Masse m, die über eine masse- und reibungslose Feder mit der Kraftkonstante $\varkappa$ an einer festen Wand aufgehängt ist, läßt sich als Sinusfunktion auf einer Trommel schreiben, die sich mit konstanter Winkelgeschwindigkeit dreht.

Hierin ist x die Auslenkung der Masse m aus ihrer Ruhelage. Dies ist eine einfache lineare Differentialgleichung. Sie läßt sich lösen, indem man zunächst die Substitution $v = \frac{dx}{dt}$ durchführt. Dann ist $\frac{d^2 x}{dt^2} = \frac{dv}{dt} = \frac{dv}{dx}\left(\frac{dx}{dt}\right) = v \cdot \left(\frac{dv}{dx}\right)$; hiermit erhält die Gleichung die folgende Form:

$$v \frac{dv}{dx} + \frac{\varkappa}{m} x = 0$$

Die Integration liefert dann

$$v^2 + \frac{\varkappa}{m} x^2 = C$$

Die Integrationskonstante C kann aus der Grenzbedingung bestimmt werden, daß die kinetische Energie des Oszillators gleich null ist ($v = 0$), wenn er seine maximale Elongation erreicht hat ($x = A$). Es ist dann

$$C = \frac{\varkappa}{m} A^2$$

und

$$v^2 = \left(\frac{dx}{dt}\right)^2 = \frac{\varkappa}{m}(A^2 - x^2)$$

$$\frac{dx}{dt} = \left[\frac{\varkappa}{m}(A^2 - x^2)\right]^{1/2}$$

$$\frac{dx}{(A^2 - x^2)^{1/2}} = (\varkappa/m)^{1/2} dt$$

$$\sin^{-1}\frac{x}{A} = (\varkappa/m)^{1/2} t + C'$$

Einfache harmonische Bewegung

Wenn wir als Ausgangsbedingung die Gleichgewichtslage wählen ($x = 0$ zur Zeit $t = 0$), dann ist die Integrationskonstante $C' = 0$.
Die Lösung der Bewegungsgleichung des einfachen harmonischen Oszillators lautet also:

$$x = A \sin (\varkappa/m)^{1/2} t \qquad [13.2]$$

Wenn wir

$$(\varkappa/m)^{1/2} = 2\pi\nu \qquad [13.3]$$

setzen, dann wird aus [13.2]:

$$x = A \sin 2\pi\nu t \qquad [13.4]$$

Diese einfache harmonische Schwingung kann graphisch durch eine Sinusfunktion wiedergegeben werden (Abb. 13.1 b). Die Konstante ν stellt die *Frequenz* des Schwingungsvorgangs dar, also die Zahl der Schwingungen in der Zeiteinheit. Der Reziprokwert der Frequenz, $\tau = 1/\nu$, ist die *Schwingungsperiode*, also die für eine einzelne Schwingung benötigte Zeit.

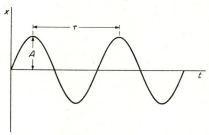

Abb. 13.1 b Graphische Darstellung einer einfachen harmonischen Schwingung.

Zu jedem Zeitpunkt $t = n\,(\delta/2)$, wobei n eine ganze Zahl ist, bewegt sich die Masse durch ihre Gleichgewichtslage ($x = 0$). Es ist zu beachten, daß die Frequenz des Oszillators für einen konstanten Wert von $\varkappa$ umgekehrt proportional der Quadratwurzel der Masse ist:

$$\nu = \frac{1}{2\pi} \sqrt{\frac{\varkappa}{m}} \qquad [13.5]$$

Die maximale Auslenkung A der Masse nennt man die *Amplitude der Schwingung*. In der Position $x = A$ kehrt der Oszillator seine Bewegungsrichtung um. An diesem Punkt ist die kinetische Energie des Oszillators daher null, und die Gesamtenergie steckt in der potentiellen Energie E_p. In der Position $x = 0$ ist die gesamte Energie des Oszillators die kinetische Energie E_k. Da die Gesamtenergie $E = E_p + E_k$ stets konstant ist, muß sie gleich der potentiellen Energie bei $x = A$ sein. In einem früheren Kapitel (S. 160) haben wir gezeigt, daß die potentielle Energie eines harmonischen Oszillators gleich $\frac{1}{2}\varkappa x^2$ ist; für die Gesamtenergie gilt dann

$$E = \frac{1}{2} \varkappa A^2 \qquad [13.6]$$

Die Gesamtenergie ist also proportional dem Quadrat der Amplitude. Diese Beziehung gilt für alle periodischen Bewegungen.

2. Die Wellenbewegung

Der in Abb. 13.1 gezeigte Bewegungsvorgang ist eine Schwingungs-, nicht aber eine Wellenbewegung; es findet keine Energieübertragung über die Spiralfeder statt.

Ein einfaches Beispiel für eine Wellenbewegung in einer Dimension liefert die Schwingung einer Saite (Abb. 13.2a), also die seitliche Auslenkung, die sich entlang der Saite bewegt. Für die transversale Auslenkung der Saite im Punkt x zur Zeit t gilt die Funktion $u = f(x, t)$. Wir wollen nun unsere Aufmerksamkeit auf

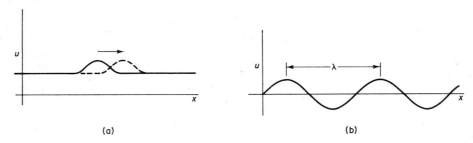

Abb. 13.2 (a) Schema eines Wellenvorgangs, der aus einem einzelnen Puls besteht, der sich in der x-Richtung bewegt. Die durchgehende Linie zeigt den Puls zu einer Zeit t, die gestrichelte Linie denselben Puls bei einer späteren Zeit $t + \Delta t$. (b) Profil einer Sinuswelle der Wellenlänge λ.

eine ganz bestimmte Auslenkung richten, z.B. auf die maximale Auslenkung $u = A$. Wenn dieser Zustand mit einer Geschwindigkeit v in der (positiven) x-Richtung wandert, dann gilt für irgendeine Zeit t:

$$u = f(x, t) = f(x - vt) \qquad [13.7]$$

Dies ist die mathematische Definition einer *Welle*.

Wir wollen nun annehmen, daß die Welle zur Zeit $t = 0$ die besondere Form

$$u = A \sin 2\pi \tilde{\nu} x \qquad [13.8]$$

hat (Abb. 13.2b). Einen solchen momentanen »Schnappschuß« der Wellenform nennen wir das *Wellenprofil*. Wenn wir eine Sinuswelle um einen Betrag λ auf der x-Achse verschieben, dann überlagert sie sich genau ihrem ursprünglichen Profil. Diese Größe λ nennen wir die *Wellenlänge*. Sie ist ein Maß für die Periodizität der Welle im Raum. Das Profil einer Sinuswelle hat die Form

$$u = A \sin 2\pi \frac{x}{\lambda} \qquad [13.9]$$

Die Größe $\tilde{\nu} = 1/\lambda$ nennen wir die *Wellenzahl*. Mit [13.7] und [13.9] erhalten wir eine weitere Beziehung für das Wellenprofil:

$$u = A \sin \frac{2\pi}{\lambda} (x - vt) \qquad [13.10]$$

Die Wellenbewegung 643

Die Geschwindigkeit v nennen wir die Phasengeschwindigkeit der Welle; sie stellt die Fortpflanzungsgeschwindigkeit einer bestimmten Phase der Welle dar. Wir sehen nun gleich, daß $\lambda/v = \tau$ ist, also gleich der Periode der Welle. Dies ist die Zeit, die zwischen dem Durchlaufen zweier benachbarter Wellenmaxima an irgendeinem Punkt x verstreicht. Für die Frequenz gilt daher:

$$\nu = \frac{1}{\tau} = \frac{v}{\lambda}$$

Damit erhält [13.10] die folgende Form:

$$u = A \sin 2\pi \, (\tilde{\nu} x - \nu t) \qquad [13.11]$$

Die durch [13.11] beschriebene Wellenbewegung nennen wir eine *ebene Welle*; bei dieser ist die Auslenkung in irgendeiner Ebene senkrecht zur Fortpflanzungsrichtung der Welle konstant. Das Wellenprofil u ist also nur eine Funktion einer Raumkoordinate x.

Wenn wir die Größe u in [13.11] zweimal nach t und zweimal nach x ableiten, dann erhalten wir:

$$\frac{\partial^2 u}{\partial x^2} = \frac{1}{v^2} \frac{\partial^2 u}{\partial t^2} \qquad [13.12]$$

Dies ist die allgemeine, partielle Differentialgleichung für eine Wellenbewegung in einer Dimension.

Wir haben die allgemeine Beziehung [13.12] an dem besonderen Fall einer schwingenden Saite abgeleitet. In den Lehrbüchern für theoretische Physik leitet man diese Gleichung direkt aus dem zweiten Newtonschen Gesetz ab, indem man es auf ein Element der Saite mit der Masse μ pro Längeneinheit unter einer Spannung γ anwendet.

Durch eine direkte Substitution läßt sich zeigen, daß [13.12] durch irgendeine Funktion der Form [13.7] erfüllt wird. Sie wird jedoch auch durch eine Funktion der Form

$$u = g\,(x + vt) \qquad [13.13]$$

erfüllt. In gleicher Weise, wie [13.7] eine Welle repräsentiert, die in der positiven x-Richtung wandert, so stellt [13.13] eine Welle dar, die in der negativen x-Richtung wandert. Die allgemeine Lösung von [13.12] lautet daher:

$$u = f\,(x - vt) + g\,(x - vt) \qquad [13.14]$$

Hierin sind f und g willkürliche Funktionen.

Diese allgemeine Lösung einer partiellen Differentialgleichung zweiter Ordnung enthält stets zwei willkürliche Funktionen, genauso wie die allgemeine Lösung einer gewöhnlichen Differentialgleichung zweiter Ordnung stets zwei willkürliche Konstanten enthält.

41*

3. Stehende Wellen

Bisher hatten wir stillschweigend angenommen, daß unsere schwingende Saite unendlich lang ist; in diesem Falle können die Wellen nach beiden Seiten beliebig lang wandern. Welcher Art wäre nun die Wellenbewegung, wenn die Saite eine begrenzte Länge l hat?

Offenbar liefert weder [13.7] noch [13.13] eine befriedigende Lösung; von dem hier betrachteten Wellenvorgang wird ja verlangt, daß er bei $x = 0$ und $x = l$ abrupt endet. Dies bedeutet gleichzeitig, daß die Auslenkungen an diesen beiden Punkten gleich null sind. Auf welche Weise können wir nun diese Grenzbedingungen mathematisch erfüllen?

In der mathematischen Physik haben wir oft die Situation, daß wir zunächst eine Lösung für eine Differentialgleichung finden müssen, um hernach diese Lösung so anzupassen, daß sie ganz bestimmte Randbedingungen erfüllt. In vielen Fällen enthält die Lösung einige Parameter, deren Werte so gewählt werden können, daß die Randbedingungen erfüllt sind. Solcherart ausgewählte Werte nennt man die *Eigenwerte* oder *charakteristischen Werte* für das jeweilige Problem. Die zu den jeweiligen Eigenwerten gehörenden Lösungen nennt man die *Eigenfunktionen* oder *charakteristischen Funktionen*.

Statt die Lösung in willkürlichen Funktionen zu geben, können wir die Wellengleichung [13.12] auch auf eine Weise lösen, die bei der Betrachtung quantenmechanischer Probleme besonders nützlich ist. Da [13.12] eine lineare Differentialgleichung mit konstantem Koeffizienten ist, können wir die Variablen so trennen, daß die Lösung in der folgenden Form geschrieben werden kann:

$$u(x, t) = X(x)\, T(t) \qquad [13.15]$$

So formuliert ist die Auslenkung u das Produkt einer Funktion von x und einer Funktion von t. Hieraus erhalten wir:

$$\frac{\partial^2 u}{\partial x^2} = T(t)\, \frac{\partial^2 X}{\partial x^2}$$

$$\frac{\partial^2 u}{\partial t^2} = X(x)\, \frac{\partial^2 T}{\partial t^2}$$

Unter Verwendung von [13.12] erhalten wir dann:

$$\frac{1}{X}\frac{\partial^2 X}{\partial x^2} = \frac{1}{v^2 T}\frac{\partial^2 T}{\partial t^2}$$

Der Zahlenwert der linken Seite dieser Gleichung hängt nur von x ab, der der rechten Seite nur von t. Die beiden Seiten dieser Beziehung sollen nun stets gleich groß sein; dies ist aber nur möglich, wenn sie in bezug auf dieselbe Konstante gleich sind. Diese Konstante bezeichnen wir mit $-\omega^2/v^2$. Die Größe der *Separationskonstanten* ω wurde bis jetzt noch nicht bestimmt.

Es ist also:

$$\frac{1}{X}\frac{d^2 X}{d x^2} = \frac{1}{v^2 T}\frac{d^2 T}{d t^2} = -\frac{\omega^2}{v^2} \qquad [13.16]$$

Stehende Wellen

Die Gleichungen [13.16] sind zwei gewöhnlichen (nicht partiellen!) Differentialgleichungen äquivalent. Wir haben also durch die Substitution [13.15] tatsächlich die »Variablen sepapriert«; wir erhalten damit:

$$\frac{d^2 T}{dt^2} = -\omega^2 T \quad \text{und} \quad \frac{d^2 X}{dx^2} = -\frac{\omega^2}{v_2} X \qquad [13.17]$$

Lösungen von [13.17] sind (vgl. Abschnitt 13.1):

$$T = e^{\pm i\omega t} \quad \text{und} \quad X = e^{\pm i\omega x/v} \qquad [13.18]$$

(Der Leser möge sich die Mühe machen, die Richtigkeit dieser Lösungen durch Einsetzen in [13.17] zu zeigen.) Eine Lösung für [13-12] ist also:

$$u = T(t) \cdot X(x) = e^{\pm i\omega t} \cdot e^{\pm i\omega x/v} \qquad [13.19]$$

Wir können jede der vier möglichen Kombinationen von Vorzeichen benützen und diese Gleichung zudem mit irgendeiner willkürlichen komplexen Konstante $A \cdot e^{i\delta}$ multiplizieren, um eine Lösung für eine frei ausgewählte Amplitude und Phase zu erhalten. Hierbei müssen wir natürlich daran denken, daß [13.19] eine Wellenbewegung darstellt, für die

$$v = \frac{\omega}{2\pi} \lambda$$

oder

$$\omega = \frac{2\pi}{\lambda} v = 2\pi\nu$$

ist (ω = Winkelgeschwindigkeit). Wir können die Lösungen auch in der Form realer Sinus- oder Cosinusfunktionen verwenden; für diesen Fall schreiben wir [13.19] in der folgenden Form

$$u = \genfrac{}{}{0pt}{}{\sin}{\cos} \omega\left(t \pm \frac{x}{v}\right) \quad \text{oder} \quad \genfrac{}{}{0pt}{}{\sin}{\cos} \omega t \genfrac{}{}{0pt}{}{\sin}{\cos} \frac{\omega x}{v} \qquad [13.20]$$

Wir können diese Lösung ohne weiteres so anpassen, daß die folgenden Randbedingungen erfüllt sind:

$$u = 0 \text{ bei } x = 0 \text{ und } x = l \text{ für alle } t \geq 0$$

Wenn u bei $x = 0$ verschwinden soll, dann muß die cos-Funktion von x eliminiert werden. Hierbei erhalten wir:

$$u = \sin\frac{\omega x}{v} \genfrac{}{}{0pt}{}{\sin}{\cos} \omega t$$

Wenn für $x = l$ zugleich $u = 0$ sein soll, dann muß sein:

$$\sin\frac{\omega l}{v} = 0$$

oder

$$\frac{\omega l}{v} = n\pi$$

Hierin ist n eine ganze Zahl. Durch diese Bedingung wird die Zahl der erlaubten Werte für ω beschränkt. [13.20] erhält damit die folgende Form:

$$u_n = \genfrac{}{}{0pt}{}{\sin}{\cos} \omega_n t \sin \frac{n \pi x}{l} \qquad [13.21]$$

Dies bedeutet, daß wir entweder die sin- oder die cos-Funktion von t oder irgendeine gewünschte Kombination der folgenden Form

$$u_n = (A_n \sin \omega_n t + B_n \cos \omega_n t) \sin \frac{n \pi x}{l} \qquad [13.22]$$

benützen können. Damit aber haben wir die Funktion einer *stehenden Welle* gewonnen. Die Funktion von x hat unabhängig vom Wert für t stets dieselbe Form. Wenn also $\sin \frac{n \pi x}{l} = 0$ ist, dann haben wir jederzeit einen Knoten des Wellenvorgangs. Wenn $\sin \frac{n \pi x}{l} = 1$ ist, dann haben wir stets einen Schwingungsbauch, obwohl der Wert für diese Amplitude eine zeitabhängige Schwankung zeigt, die der in [13.22] gezeigten Funktion entspricht. Strenggenommen ist eine stehende Welle eine Schwingungsbewegung und keine Welle. Es wird ja keine Energie über die Länge der Saite hinweg übertragen; vielmehr haben wir einen Austausch zwischen kinetischer und potentieller Energie ähnlich wie bei einem harmonischen Oszillator (Abb. 13.1).

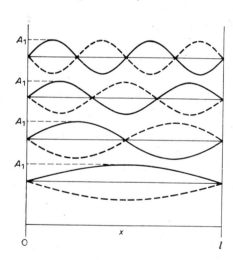

Abb. 13.3 Beispiele für stehende Wellen in einer Saite der Länge l; die gestrichelten Linien zeigen die um $\lambda/2$ phasenverschobenen Teilwellen. Voraussetzung für das Auftreten einer stehenden Welle ist, daß sie der Bedingung $n\lambda/2 = l$ gehorcht.

Abb. 13.3 zeigt einige stehende Wellen auf einer Saite der Länge l. Alle stehenden Wellen müssen die folgende Bedingung erfüllen:

$$n \frac{\lambda}{2} = l \qquad [13.23]$$

Dies ist die einfachste Form der Eigenwertbedingung, die sich aus dem Problem der Randbedingungen für eine schwingende Saite ergibt. Die Funktionen u_n in [13.22] sind also die Eigenfunktionen für diesen Vorgang. Mit abnehmender Wellenlänge nimmt die Zahl der erlaubten stehenden Wellen auf einer Saite der Länge l zu.

Die Zahl der möglichen hochfrequenten Schwingungen ist also wesentlich größer als die der niederfrequenten. Nach [13.23] können auf einer Saite der Länge l nur dann stehende Wellen auftreten, wenn die Wellenlänge der folgenden Beziehung gehorcht:

$$\lambda = 2l/n$$

Wenn l sehr viel größer ist als λ, dann können wir die jeweilige Zahl der ganzzahligen Werte von n näherungsweise durch eine kontinuierliche Funktion $n(\lambda)$ ersetzen. Für die Zahl der stehenden Wellen, die in einem beliebigen Wellenlängenbereich zwischen λ und $\lambda + d\lambda$ auftreten, gilt dann:

$$dn = -\frac{2l}{\lambda^2} d\lambda \qquad [13.24]$$

Das negative Vorzeichen zeigt an, daß die Zahl der in dem gewählten Wellenlängenbereich auftretenden stehenden Wellen mit zunehmender Wellenlänge abnimmt.

Unsere bisherige Betrachtung erstreckte sich auf eindimensionale Wellenvorgänge. Bei einer Erweiterung auf den dreidimensionalen Raum müssen wir die Zahl der stehenden Wellen im Innenraum einer Kugel des Volumens V betrachten. Hierfür gilt:

$$dn = -\frac{4\pi V}{\lambda^4} d\lambda \qquad [13.25]$$

Die Beziehung [13.22] ist nicht die allgemeinste Lösung von [13.12]; irgendeine lineare Kombination der Lösungen für [13.22] würde nämlich ebenfalls eine Lösung für [13.12] darstellen. Dies ist ein Beispiel für das *Prinzip der Überlagerung*.
Die allgemeine Lösung für [13.12] können wir also folgendermaßen schreiben:

$$u = \sum_{n=1}^{\infty} (A_n \cos \omega_n t + B_n \sin \omega_n t) \sin \frac{n\pi x}{l} \qquad [13.26]$$

Die willkürlichen Konstanten dieser allgemeinen Lösung können dadurch bestimmt werden, daß man die Ausgangsbedingungen des Problems $u(x, 0)$ und $\dot{u}(x, 0)$ so wählt, daß [13.26] erfüllt wird.
Eine beliebige Funktion mit einer Periode von $2l$ kann als eine Fourierreihe der Form [13.26] ausgedrückt werden. Die durch [13.14] mit willkürlichen Funktionen gegebene Lösung ist daher völlig äquivalent der in [13.26] gegebenen Lösung, die wir durch Separieren der partiellen Differentialgleichungen in zwei gewöhnliche Differentialgleichungen erhalten hatten.

4. Interferenz und Beugung

Die Interferenz kohärenten Lichtes wurde zuerst von HUYGENS beschrieben und gedeutet. Abb. 13.4 zeigt die Huygenssche Anordnung: eine ebene Platte mit einer Serie von Spalten gleichen Abstands, auf die eine ebene Wellenfront trifft, die von einer einzelnen Lichtquelle ausgeht. Jeder Spalt kann nun als eine neue Lichtquelle betrachtet werden, von der aus sich eine achsensymmetrische, halbzylindrische Welle ausbreitet. Von oben betrachtet können wir das sich hinter der Beugungsanordnung ausbreitende Licht als eine Folge konzentrischer Halbkreise der Radien λ, 2λ, 3λ usw. betrachten (λ = Wellenlänge des Lichts). Punkte auf diesen Kreisen stellen die aufeinanderfolgenden Amplituden (Schwingungsmaxima) der jeweiligen Wellenzüge dar. Nach Huygens bilden sich nun durch Überlagerung dieser Wellenzüge neue Wellenfronten als Kurven oder Oberflächen, die gemeinsame Tangenten für jeweils zwei benachbarte Wellenzüge darstellen. Eine solche neue Wellenfront nennt man die Umhüllende für jeweils benachbarte Wellenzüge.

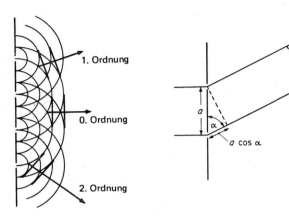

Abb. 13.4 Beugung von Licht an engen Spalten. (a) Huygenssche Anordnung; (b) Weglängendifferenz zweier gebeugter Strahlen.

Ein wichtiges Ergebnis dieser Betrachtung ist, daß es eine Anzahl möglicher Umhüllender gibt. Den in der Richtung des einfallenden Lichtes wandernden Strahl nennen wir die *Interferenz nullter Ordnung*. Auf den beiden Seiten dieses Strahls breiten sich die Interferenzen *erster, zweiter, dritter* usw. *Ordnung* aus. Der Winkel, um den eine bestimmte Interferenz von der ursprünglichen Richtung abweicht, hängt offensichtlich von der Wellenlänge der einfallenden Strahlung ab. Je größer diese Wellenlänge ist, um so größer ist der *Beugungswinkel*. Aus diesem Grunde ist es möglich, die Wellenlänge von Strahlung durch Beugungsgitter zu messen.

Wir können die Beugungsbedingung mit Hilfe einer einfachen Betrachtung ableiten; Abb. 13.4 zeigt zur Verdeutlichung zwei benachbarte Spalte vom Abstand a, auf die ein paralleler Lichtstrahl fällt. Wenn sich die beiden gebeugten Strahlen verstärken sollen, dann müssen sie in Phase stehen; unter anderen Bedingungen würden sie sich sonst durch Interferenz abschwächen oder auslöschen. Die Bedingung für eine solche Verstärkung ist daher, daß die Differenz in der Weglänge der beiden Strahlen ein ganzzahliges Vielfaches der Wellenlänge ist. Für einen Beugungswinkel von α beträgt diese Wegdifferenz $a \cos\alpha$; die Bedingung für die Bildung eines Beugungsgrades lautet daher:

$$a \cos\alpha = h\lambda \qquad [13.27]$$

Hierin ist h eine ganze Zahl.

Diese Gleichung läßt sich auf eine lineare Anordnung von Spalten anwenden. Für ein zweidimensionales ebenes Gitter müssen zwei ähnliche Gleichungen erfüllt werden. Wenn das Licht senkrecht zum Gitter einfällt, dann lauten diese beiden Gleichungen:

$$a \cos\alpha = h\lambda$$
$$b \cos\beta = k\lambda$$

Bei höheren Beugungsordnungen haben die gebeugten Strahlen nur dann eine nennenswerte Energie, wenn der Abstand der Spalte nicht viel größer ist als die Wellenlänge des einfallenden Lichts. Um z.B. mit Röntgenstrahlung gut meßbare Beugungseffekte zu bekommen, müssen die Abstände der beugenden Elemente in der Größenordnung von 0,1 nm liegen.

Man kann jedoch auch mit Beugungsgittern arbeiten, deren Linienabstand relativ groß ist im Vergleich zur Wellenlänge der Strahlung. Hier ist es jedoch notwendig, das Licht unter einem extrem kleinen Winkel, z.B. streifend, einfallen zu lassen. Die ersten Messungen mit kurzwelliger Strahlung wurden auf eine solche Weise durchgeführt. Für einen Einfallswinkel von α_0 gilt eine [13.27] entsprechende Beziehung:

$$a (\cos\alpha - \cos\alpha_0) = h\lambda$$

MAX VON LAUE konnte 1912 zeigen, daß die Atomabstände in Kristallgittern wahrscheinlich in der Größenordnung der Wellenlänge von Röntgenstrahlung liegen. Es sollte daher möglich sein, Kristalle als dreidimensionale Beugungsgitter für Röntgenstrahlen zu verwenden. Diese Vorhersage ließ sich gleich darauf durch ein Experiment von FRIEDRICH, KNIPPING und LAUE bestätigen. Ein Beispiel für ein Röntgenbeugungsdiagramm zeigt Abb. 18.16.

5. Strahlung eines schwarzen Körpers

Die alte Wellentheorie des Lichtes versagte zum ersten Mal bei der quantitativen Deutung der *Strahlung eines schwarzen Körpers*. Jede Art von Materie absorbiert und emittiert ständig Strahlung, wenngleich je nach Art der Materie in sehr unterschiedlichem Maße. So absorbiert Fensterglas fast kein sichtbares Licht, jedoch alle Ultraviolettstrahlung. Eine Metallfolie absorbiert sowohl sichtbare als auch ultraviolette Strahlung, ist aber ziemlich durchlässig für Röntgenstrahlung.

Wenn ein Körper im Strahlungsgleichgewicht mit seiner Umgebung steht, dann ist die von ihm emittierte Strahlung in Wellenlänge und Energie gleich der von ihm absorbierten Strahlung. Von der Physik her kennen wir das Konzept der *idealschwarzen Körper* oder der idealen Schwarzstrahler, deren Absorptions- und Emissionsvermögen für Strahlen »ideal« ist, also dem Strahlungsgesetz streng gehorcht. Nun gibt es keine Stoffe, die dieser Forderung über einen größeren Wellenlängenbereich nahekämen. Ein idealer Schwarzstrahler läßt sich im Laboratorium am besten durch einen geschwärzten Hohlraum verifizieren, der an irgendeiner Stelle eine kleine Öffnung besitzt (punktförmige Strahlungsquelle). Im Innern des Hohlraums stellt sich bei jeder Temperatur ein Strahlungsgleichgewicht ein, so daß die aus der Öffnung austretende Strahlung schon sehr nahe der (hypothetischen) Strahlung eines idealen schwarzen Körpers kommt.

Zwischen dem Verhalten der Strahlung in einem solchen Hohlraum und der einer Gasmolekel in einem Behälter besteht eine Analogie. Sowohl die Molekeln als auch die Strahlung sind durch ihre »Dichte« gekennzeichnet, und beide üben einen Druck auf die umgebenden Wände aus. Ein Unterschied besteht darin, daß die Dichte eines Gases eine Funktion des Volumens und der Temperatur ist, während die Strahlungsdichte (Intensität) nur eine Funktion der Temperatur ist. Die Analogie geht aber noch weiter: So wie es innerhalb der Gasmolekeln in einem System bei einer bestimmten Temperatur eine Geschwindigkeitsverteilung gibt, so gibt es auch innerhalb der von einem Schwarzstrahler ausgesandten Strahlung eine Frequenzverteilung. Zu jeder Temperatur gibt es eine charakteristische Maxwellsche Verteilung der Molekelgeschwindigkeiten.

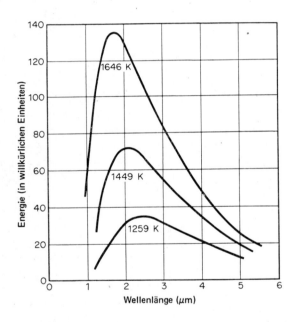

Abb. 13.5 Experimentelle Ergebnisse von Lummer und Pringsheim über die spektrale Verteilung der Strahlung eines schwarzen Körpers bei drei verschiedenen Temperaturen.

Das analoge Problem der spektralen Verteilung in der Strahlung aus einem schwarzen Körper wurde experimentell zuerst von O. Lummer und E. Pringsheim untersucht (1877–1900). Abb. 13.5 zeigt einige Ergebnisse dieser Forscher. Mit steigenden Temperaturen verschiebt sich das Maximum der emittierten Strahlung nach kürzeren Wellenlängen. Diese Kurven zeigen eine gewisse Ähnlichkeit zu den Maxwellschen Verteilungskurven. Als die Ergebnisse von Lummer und Pringsheim publiziert waren, fehlte es nicht an Versuchen, sie auf der Grundlage der Wellentheorie des Lichts und des Äquipartitionsprinzips der Energie zu erklären.

Alle diese Bemühungen schlugen fehl, und wir können heute auch sehen, warum. Nach dem Äquipartitionsprinzip sollte ein Oszillator, der im thermischen Gleichgewicht mit seiner Umgebung steht, eine mittlere Energie von kT besitzen, $\frac{1}{2}kT$ für seine kinetische und $\frac{1}{2}kT$ für seine potentielle Energie; hierin ist k die BOLTZMANNsche Konstante. Nach dieser klassischen Theorie hängt die mittlere Energie in keiner Weise von der *Frequenz* des Oszillators ab. In einem System aus 100 Oszillatoren sollen 20 eine Frequenz von 10^{10} Hz und 80 eine solche von 10^{14} Hz besitzen. Das Äquipartitionsprinzip sagt voraus, daß 20% der Energie in den niederfrequenten und 80% in den hochfrequenten Oszillatoren steckt. Nun kann eine Hohlraumstrahlung als zusammengesetzte Strahlung aus stehenden Wellen verschiedener Frequenzen aufgefaßt werden. Nach der klassischen Theorie reduziert sich also das Problem der Verteilung der Energie über die verschiedenen Frequenzen (Intensität I in Abhängigkeit von ν) auf die Bestimmung der Zahl der erlaubten Schwingungen in den verschiedenen Frequenzbereichen.

Für eine elektromagnetische Welle der Geschwindigkeit c ist $\nu = c/\lambda$; aus [13.25] erhalten wir daher

$$\mathrm{d}n = \frac{4\pi V}{c^3} \nu^2 \, \mathrm{d}\nu \qquad [13.28]$$

Da im Hochfrequenzbereich sehr viel mehr Frequenzen als im niederfrequenten Bereich zur Verfügung stehen, und da weiterhin nach dem Äquipartitionsprinzip alle Frequenzen dieselbe mittlere Energie haben, sollte die Intensität I der Strahlung eines schwarzen Körpers mit zunehmender Frequenz kontinuierlich zunehmen. Dieser Schluß folgt unausweichlich aus der klassischen Newtonschen Mechanik, und doch steht er in völligem Gegensatz zu den experimentellen Ergebnissen von Lummer und Pringsheim; diese zeigen nämlich, daß die Intensität der Strahlung mit zunehmender Frequenz zunächst bis zu einem Maximum ansteigt und dann scharf abfällt. Dieser Zusammenbruch der klassisch-mechanischen Prinzipien bei der Anwendung auf Strahlung wurde von den Physikern jener Zeit mit großem Widerwillen betrachtet. Sie nannten ihn die *ultraviolette Katastrophe*.

6. Das Energiequantum

MAX PLANCK wurde 1858 als Sohn eines Professors der Rechte an der Universität Kiel geboren. Er wollte zunächst Musiker werden, wandte sich aber bald dem Studium der Physik zu, obwohl man ihm dies mit der Feststellung ausreden wollte, die Physik sei ein abgeschlossenes Gebiet, in dem neue Entdeckungen von einiger Bedeutung kaum erwartet werden könnten.

Die Faszination des philosophischen und naturwissenschaftlichen Denkens Plancks ist unvermindert wirksam; einige Zitate mögen dies beweisen:

> *Eine jede wissenschaftliche Idee, die dem Gehirn eines Forschers entspringt, knüpft stets an ein konkretes Erlebnis an, – an eine Entdeckung, eine Beobachtung, eine Feststellung irgendwelcher Art, ob es sich um eine physikalische oder astronomische Messung, eine chemische oder biologische Beobachtung,*

> *einen archivalischen Fund oder um ein ausgegrabenes Kulturdenkmal handelt, und der Inhalt der Idee besteht darin, daß sie dies Erlebnis im Zusammenhang und im Vergleich bringt mit gewissen bereits vorliegenden andersartigen tatsächlichen Erlebnissen, daß sie also eine Brücke schlägt von einem zum andern und dadurch die zunächst lose nebeneinanderstehenden Tatsachen durch eine feste Beziehung miteinander verbindet. Die Fruchtbarkeit der Idee und damit ihre Bedeutung für die Wissenschaft beruht dann auf der Verallgemeinerung des so hergestellten Zusammenhanges auf eine Reihe anderer verwandter Tatsachen. Denn Zusammenhang schafft Ordnung und damit Vereinfachung und Vervollkommnung des wissenschaftlichen Weltbildes ... So finden wir bei jeder in der Wissenschaft neu auftauchenden Idee als Charakteristikum eine gewisse originelle Kombination zweier verschiedener Tatsachenreihen ... Es gibt Ideen, welche nach längerer oder kürzerer Zeit derartig Gemeingut der Wissenschaft geworden sind, daß man sie schließlich zu den Selbstverständlichkeiten zählt und gar nicht mehr besonders hervorhebt ...*
>
> (Vortrag im VDI, Berlin, 17. 2. 1933)

Aber auch:

> *Es gehört mit zu den schmerzlichsten Erfahrungen der ersten Jahrzehnte meines wissenschaftlichen Lebens, daß es mir nur selten, ja, ich möchte sagen, niemals gelungen ist, eine neue Behauptung, für deren Richtigkeit ich einen vollkommen zwingenden, aber nur theoretischen Beweis erbringen konnte, zur allgemeinen Anerkennung zu bringen.*

Und an anderer Stelle:

> *Eine neue große wissenschaftliche Idee pflegt sich nicht in der Weise durchzusetzen, daß ihre Gegner allmählich überzeugt und bekehrt werden – daß aus einem Saulus ein Paulus wird, ist eine große Seltenheit –, sondern vielmehr in der Weise, daß die Gegner allmählich aussterben und daß die heranwachsende Generation von vornherein mit der Idee vertraut gemacht wird.*

Im Jahre 1892 wurde PLANCK Professor für Physik in Berlin und griff bald das Problem der Interpretation der Messungen von LUMMER und PRINGSHEIM auf. Am 19. Oktober 1900 konnte er der Physikalischen Gesellschaft in Berlin die mathematische Form des Gesetzes ankündigen, das die Energieverteilung in Strahlung beschreibt. Um dieses Gesetz zu erhalten, mußte er eine neue physikalische Konstante h einführen, deren Bedeutung er jedoch nicht aus seinen thermodynamischen Theorien ableiten konnte. Er kehrte daher zur Atomtheorie zurück, um einen Weg zur Erklärung dieser Konstante zu finden und ein physikalisches Modell zu erhalten, das zu dem nach ihm benannten Energiegesetz führte.

Die klassische Mechanik wurde auf der altehrwürdigen Maxime gegründet: *natura non facit saltus*. Von einem Oszillator wurde also angenommen, daß er die Energie kontinuierlich in beliebig kleinen Mengen aufnehmen könne. Obwohl man der Materie atomistische Natur zuschrieb, nahm man von der Energie an, sie sei streng kontinuierlich. Planck verwarf diese Annahmen und postulierte, daß ein

Das Plancksche Verteilungsgesetz

Oszillator Energie nur in diskreten Einheiten, sogenannten *Quanten* aufnehmen könne. Die Quantentheorie begann daher als eine *Atomtheorie der Energie*. Planck führte das Postulat ein, daß die Größe des Energiequantums ε nicht fixiert sei, sondern von der Frequenz des Oszillators abhänge:

$$\varepsilon = h\nu \qquad [13.29]$$

Die Plancksche Konstante h hat die Dimension des Produktes aus Energie und Zeit, stellt also eine Wirkung dar. (Das Drehmoment hat übrigens dieselbe Dimension.) Sie ist eine universelle Konstante und hat die Größe

$$h = (6{,}6262 + 0{,}0001) \cdot 10^{-34} \, \text{J} \cdot \text{s}$$
$$= 6{,}623 \cdot 10^{-27} \, \text{erg} \cdot \text{s}$$

Ein Oszillator mit der Grundfrequenz ν würde also Energien von $h\nu, 2h\nu, 3h\nu \ldots n h\nu$ aufnehmen können, jedoch nicht weniger als eine ganze Zahl von Energiequanten.

7. Das Plancksche Verteilungsgesetz

Wenn N Oszillatoren mit der Grundfrequenz ν Energie nur in Beträgen von $h\nu$ aufnehmen können, dann sind die erlaubten Energiebeträge $0, h\nu, 2h\nu, 3h\nu \ldots n h\nu$. Wenn N_0 die Zahl der Spezies im niedrigsten Energiezustand ist, dann gilt für die Spezies mit einer Energie von ε_i oberhalb dieses Grundzustandes:

$$N_i = N_0 \, \text{e}^{-\varepsilon_i/kT} \qquad [13.30]$$

Für den von uns betrachteten Satz von Oszillatoren gilt z. B.:

$$N_1 = N_0 \, \text{e}^{-h\nu/kT}$$
$$N_2 = N_0 \, \text{e}^{-2h\nu/kT}$$
$$N_3 = N_0 \, \text{e}^{-3h\nu/kT}$$

Für die Gesamtzahl der Oszillatoren in allen Energiezuständen gilt daher:

$$N = N_0 + N_0 \, \text{e}^{-h\nu/kT} + N_0 \, \text{e}^{-2h\nu/kT} + \cdots = N_0 \sum_{i=0}^{\infty} \text{e}^{-ih\nu/kT}$$

Die gesamte Energie E all dieser Oszillatoren ist gleich der Summe der Energiebeträge, die sich durch Multiplikation der Energie jedes Zustandes mit der Zahl der Oszillatoren in diesem Zustand ergibt:

$$E = 0 N_0 + h\nu N_0 \, \text{e}^{-h\nu/kT} + 2h\nu N_0 \, \text{e}^{-2h\nu/kT} + \cdots = N_0 \sum_{i=0}^{\infty} i h\nu \, \text{e}^{-ih\nu/kT}$$

Für die mittlere Energie eines Oszillators gilt daher:

$$\bar{\varepsilon} = \frac{E}{N} = \frac{h\nu \sum i \, \text{e}^{-ih\nu/kT}}{\sum \text{e}^{-ih\nu/kT}}$$

Wenn wir für den Quotienten $h\nu/kT$ die Größe x setzen, dann gilt:

$$\bar{\varepsilon} = h\nu \frac{\sum i e^{-ix}}{\sum e^{-ix}} = \frac{h\nu}{e^x - 1} = \frac{h\nu}{e^{h\nu/kT} - 1} \qquad [13.31]$$

In [13.31] sei $e^{-x} = y$; dann gilt für den Nenner $\sum y^i = 1 + y + y^2 + \cdots = \dfrac{1}{1-y}$ (für $y < 1$).
Für den Zähler gilt: $\sum i y^i = y(1 + 2y + 3y^2 + \cdots) = \dfrac{y}{(1-y)^2}$ (für $y < 1$). [13.31] erhält also die folgende Form: $\dfrac{h\nu y}{1-y} = \dfrac{h\nu}{e^{h\nu/kT} - 1}$.

Nach diesem Ausdruck nähert sich die mittlere Energie eines Oszillators mit der Grundfrequenz ν dem klassischen Wert von kT, wenn $h\nu \ll kT$ wird[2].
Durch Verwendung dieser Gleichung (anstelle der klassischen Beziehung für die Gleichverteilung der Energie) leitete Planck eine Beziehung für die Energieverteilung in der Strahlung ab, die in ausgezeichneter Übereinstimmung mit den experimentellen Ergebnissen für die Strahlung eines schwarzen Körpers stand. Hierbei ist die Energiedichte $E(\nu)\,d\nu$ einfach die Zahl der Oszillatoren pro Volumeneinheit zwischen ν und $\nu + d\nu$ (nach [13.28][3]), multipliziert mit der mittleren Energie eines Oszillators. Das PLANCKsche Gesetz lautet daher:

$$E(\nu)\,d\nu = \frac{8\pi h \nu^3}{c^3} \frac{d\nu}{e^{h\nu/kT} - 1} \qquad [13.32]$$

Die nach dieser Gleichung berechneten Werte stimmen gut mit den experimentellen Ergebnissen von Lummer und Pringsheim überein; die Quantentheorie hatte also ihren ersten großen Erfolg erzielt.

8. Der photoelektrische Effekt

Im Jahre 1887 beobachtete HEINRICH HERTZ, daß ein Funke zwischen zwei Elektroden leichter übersprang, wenn die Elektroden nicht im Dunkeln gehalten, sondern mit dem Licht einer zweiten Funkenentladung bestrahlt wurden. Die in den nächsten 15 Jahren durchgeführten Forschungsarbeiten zeigten, daß dieses Phänomen auf die Emission von Elektronen aus Festkörperoberflächen zurückzuführen war, wenn diese Oberflächen mit Licht geeigneter Wellenlänge bestrahlt wurden. Abb. 13.6 zeigt eine Apparatur zur Untersuchung des photoelektrischen Effektes. Durch geeignete Wahl der Spannung Φ, die am Kollektor angelegt wird, lassen sich Photoelektronen abstoßen, die eine kinetische Energie von weniger als $\frac{1}{2}mv^2 = e\Phi$ besitzen. Auf diese Weise läßt sich also die maximale kinetische Energie von Photoelektronen bestimmen. LENARD fand 1902, daß die maximale kinetische Energie von der Frequenz ν des auffallenden Lichtes abhängt und daß unterhalb einer bestimmten Frequenz ν_0 keine Elektronen herausgeschlagen werden.

---

[2] Wenn $h\nu \ll kT$, dann ist $\exp h\nu/kT \approx 1 + h\nu/kT$.
[3] Bei elektromagnetischer Strahlung tritt ein Faktor 2 in [13.28] auf, da sowohl die elektrischen als auch die magnetischen Felder oszillieren.

Im Jahre 1905 entwickelte ALBERT EINSTEIN, der damals beim Patentbüro in Zürich angestellt war, in seiner Freizeit eine Theorie des photoelektrischen Effektes. PLANCK hatte angenommen, daß die Oszillatoren eines Schwarzstrahlers gequantelt sind; Einstein erweiterte dieses Konzept noch durch die Annahme, daß die Strahlung selbst gequantelt sei. Demnach sollte das Licht, das auf das Metallblech in Abb. 13.6 auftrifft, selbst aus Quanten der Energie $h\nu$ zusammengesetzt

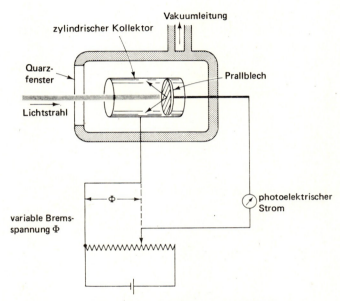

Abb. 13.6 Versuchsanordnung zur Messung des photoelektrischen Effekts.

sein. Wenn sie die Metalloberfläche treffen, dann wird ein Teil der Energie zur Überwindung des Potentials T gebraucht, das die Elektronen im Metall festhielt. Der Rest der Energie wurde in die kinetische Energie der herausgeschlagenen Elektronen verwandelt. Nach Einstein ist daher:

$$h\nu = \frac{1}{2} m v^2 + e\,\mathsf{T} \qquad [13.33]$$

oder

$$\frac{1}{2} m v^2 = h\nu - e\,\mathsf{T} = h(\nu - \nu_0)$$

Diese EINSTEINsche Gleichung für den photoelektrischen Effekt wurde durch viele sorgfältige Untersuchungen bestätigt. Diese Messungen stellen auch einen bequemen Weg zur Bestimmung der Planckschen Konstante h dar.

9. Spektroskopie

Im Alter von 20 Jahren begann Isaac Newton im Jahre 1663 seine optischen Untersuchungen, indem er zunächst Linsen für die Konstruktion eines Teleskops schliff. Bald begegnete er dem Problem der chromatischen Aberration und kaufte 1666 ein Glasprisma, »um damit die Phänomene der Farben zu untersuchen«.

> *Having darkened my chamber, and made a small hole in the window shuts, to let in a convenient quantity of the sun's light, I placed my prism at his entrance, that it might thereby be refracted to the opposite wall.*

Er fand, daß die Länge der farbigen Fläche viel größer war als deren Breite, und schloß aus weiteren Experimenten, daß weißes Licht durch das Prisma in das *Spektrum* der Farben aufgelöst wurde, wie er es nannte. Das »Phänomen der Farben« war schon lange bekannt, Newton war aber der erste, der es richtig deutete, nämlich als die Folge einer unterschiedlichen Brechkraft (»refrangibility«) des Glases für die verschiedenen Farben des Lichtes.

Diese Experimente stellten den Beginn der Spektroskopie dar, aber noch ein Jahrhundert lang nach Newton wurden nur bescheidene Fortschritte auf diesem Gebiet gemacht. Carl Scheele untersuchte 1777 die Schwärzung von Silberchlorid durch Licht verschiedener Farbe und fand, daß die Strahlung am violetten Ende des Spektrums am wirksamsten war. Im Jahre 1803 sprach Inglefield die Vermutung aus, daß es jenseits dieses violetten Endes noch andere, unsichtbare Strahlung gebe, die das Silberchlorid ebenfalls schwärzen müßte. Die Existenz solcher *ultravioletten Strahlen* wurde durch Ritter und Wollaston nachgewiesen. Schon im Jahre 1800 hatte William Herschel eine unsichtbare, *infrarote* Strahlung jenseits des roten Endes des Spektrums entdeckt, indem er sie auf die Quecksilberkugel eines Thermometers konzentrierte und einen Erwärmungseffekt beobachtete.

Einen großen Fortschritt in den experimentellen spektroskopischen Methoden erzielte Josef Fraunhofer. Dieser wurde 1787 in Straubing als Sohn eines Glasers geboren. Die Familie war groß und arm, und Josef erhielt praktisch keine formale Ausbildung. Im Alter von 11 Jahren wurde er zu einem Spiegelmacher in München in die Lehre gegeben und es stellte sich bald heraus, daß der junge Fraunhofer ein experimenteller Genius war. Mit 20 Jahren war er optischer Vorarbeiter, mit 22 ein Direktor seiner Firma, und mit 24 war er alleinverantwortlich für die Herstellung des Glases. Im Jahre 1814 stellte sich ihm das Problem, die Farben des Lichtes, das zur Messung der Eigenschaften verschiedener Gläser verwendet wurde, genauer zu definieren. Zu diesem Zwecke führte er eine gründliche Untersuchung des Spektrums des Sonnenlichtes durch. Das von Newton verwendete Spektroskop bestand lediglich aus einem Spalt, einem Prisma und einer Linse, die so aufgestellt wurde, daß ein Abbild des Spalts auf einem Schirm entstand. Fraunhofer hatte die ausgezeichnete Idee, den Spalt mit dem Teleskop eines Theodoliten zu beobachten; mit diesem Instrument konnte er also genaue Messungen der Winkel durchführen. Bei der Beobachtung des Sonnenspektrums fand er, daß es von zahllosen dunklen, unterschiedlich starken, vertikalen Linien unterbrochen war. Er bewies, daß diese dunklen Linien tatsächlich ein Bestandteil des Sonnenlichts waren, und maß etwa 700 davon genau. Diese Linien lieferten den ersten genauen Standard für die Messung der Dispersion optischer Gläser. Mit den Fraunhoferschen Arbeiten begann die Geschichte der Spektroskopie als einer exakten Wissenschaft.

Fraunhofer entdeckte auch das Transmissionsgitter, und im Jahre 1823 konstruierte er das erste Glasgitter, indem er mit einer Diamantspitze Linien ins Glas ritzte. Auf diese Weise gelang es ihm, die genaue Wellenlänge der Spektrallinien zu messen, während vorher nur die Winkel bekannt gewesen waren.

Fraunhofer hatte natürlich keine Vorstellung vom Ursprung der dunklen Linien im Sonnenspektrum. In vielen Laboratorien begannen jedoch eingehende Untersuchungen über die Spektren von Flammen und über die charakteristischen hellen Linien, die beim Verdampfen verschiedener Salze in der Flamme zu beobachten waren. FOUCAULT beobachtete 1848, daß eine Natriumflamme, die die bekannte D-Linie emittiert, dieselbe Linie absorbiert, wenn man einen Lichtbogen mit Natriumdämpfen hinter ihr aufstellt. Es war dann KIRCHHOFF, der aufgrund dieser experimentellen Beobachtungen ein allgemeines Gesetz aufstellte, das die Emission und Absorption von Licht beschrieb. Er war zu jener Zeit Professor für Physik in Heidelberg, und im Jahre 1859 publizierte er sein berühmtes Gesetz:

Bei einer gegebenen Temperatur ist für alle Körper das Verhältnis von Emission und Absorption für Strahlung derselben Wellenlänge konstant.

Wenn ein Körper Licht einer bestimmten Wellenlänge absorbiert, dann emittiert er auch Licht dieser Wellenlänge. Die Fraunhoferschen Linien sind also auf die Absorption von Licht bestimmter Wellenlängen durch die Sonnenatmosphäre zurückzuführen. Man kann auf diese Weise entdecken, welche Elemente in der Sonnenatmosphäre existieren, wenn man nur einen Spektralatlas für die irdischen Elemente als Vergleich besitzt.

Den Lehrstuhl für Chemie an der Universität Heidelberg hatte zu gleicher Zeit ROBERT BUNSEN inne, und dieser tat sich mit KIRCHHOFF zu eingehenden Untersuchungen über die Spektren von Elementen zusammen. Bei der Untersuchung der Alkalimetalle Li, Na und K beobachteten sie 1861 bestimmte neue Linien, welche sie zwei bis dahin noch unbekannten Alkalimetallen, Rb und Cs, zuordneten. Diese Beobachtung ließ sich chemisch bestätigen, und seit jener Zeit ist die spektroskopische Identifizierung die beste und empfindlichste Methode für den Nachweis eines Elements.

Ein monumentales Werk über das Sonnenspektrum wurde 1868 von A. J. ÅNGSTRÖM in Uppsala publiziert. In dieser Arbeit teilte er die Wellenlängen von etwa 1000 Fraunhoferschen Linien mit, und zwar mit einer Genauigkeit von sechs Stellen in Einheiten von 10^{-10} m. Zu seinen Ehren wurde diese Einheit später die Ångström-Einheit genannt.

Im Jahre 1885 entdeckte J. J. BALMER eine gesetzmäßige Beziehung zwischen den Frequenzen der Linien im sichtbaren Bereich des Spektrums atomaren Wasser-

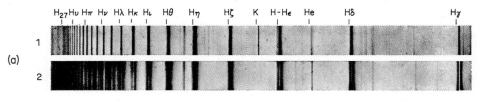

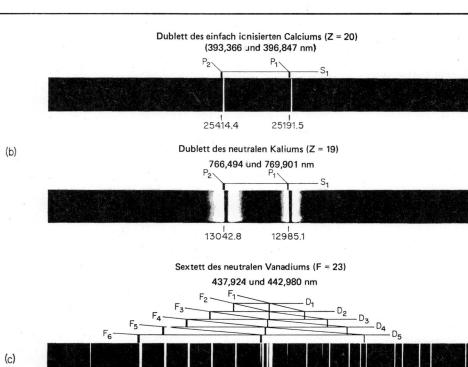

Abb. 13.7 Beispiele für Atomspektren (nach CHARLOTTE SITTERLY, National Bureau of Standards, Washington).
(a) BALMER-Serie des Wasserstoffs, wie man sie in den Spektren zweier Sterne beobachten kann. Nr. 1 ist das Spektrum von Zeta Tauri; man beachte die aufeinanderfolgenden Wasserstofflinien, die zu einer Seriengrenze konvergieren. Nr. 2 ist das Spektrum von 11 Camelopardalis; man beachte die ausgeprägte Selbstabsorption der Wasserstofflinien durch atomaren Wasserstoff in der stellaren Atmosphäre. (Nach Beobachtungen am Observatorium der Universität von Michigan.)
(b) Die Dubletts des Kaliums und des einfach ionisierten Calciums (Ca^+) bei hoher Auflösung. Diese Linien entstehen aus Übergängen zwischen dem Grundzustand $^2S_{1/2}$ und den zwei angeregten Zuständen $^2P_{3/2}$ und $^2P_{1/2}$ (siehe Abschnitt 14-20). (Aus der Sammlung von W. F. MEGGERS.)
(c) Ausschnitt aus dem Atomspektrum des Vanadiums mit Linien, die durch eine Kombination von D- und F-Zuständen entstehen. (Aus der Sammlung von W. F. MEGGERS.)

stoffes. Die Wellenzahlen gehorchen der folgenden Beziehung (für die »Balmer-Serie«):

$$\tilde{v} = \mathscr{R}\left(\frac{1}{2^2} - \frac{1}{n_1^2}\right)$$

Hierin bedeutet n_1 die Serie der ganzen Zahlen, beginnend mit 3 (3, 4, 5 ...). Die hellrote H_α-Linie bei 656,28 nm entspricht einem Wert von $n_1 = 3$, die blaue H_β-Linie bei 486,13 nm einem solchen von $n_1 = 4$. Die Konstante $\mathscr{R}$ nennt man die RYDBERGsche Konstante; sie hat den Wert von 109677,581 cm^{-1}. Sie gehört zu den am genauesten bekannten physikalischen Konstanten.

Andere, später entdeckte Wasserstoffserien gehorchten der allgemeineren Beziehung:

$$\tilde{v} = \mathscr{R}\left(\frac{1}{n_2^2} - \frac{1}{n_1^2}\right) \qquad [13.34]$$

Die Größe n_2 nennt man den konstanten Term, n_1 ist der sogenannte Laufterm. Weitere Serien von Linien wurden später in anderen Bereichen des Spektrums entdeckt: die LYMAN-Serie (1916) im kurzwelligen UV mit $n_2 = 1$, die PASCHEN-Serie (1908) im nahen Infrarot mit $n_2 = 3$, die BRACKETT-Serie (1922) im mittleren IR mit $n_2 = 4$ und endlich der Beginn einer Serie im fernen IR (PFUND-Serie, 1924) mit $n_2 = 5$. Auch in den Atomspektren anderer Elemente wurden viele ähnliche Serien beobachtet. Abb. 13.7 zeigt einige Beispiele für Atomspektren.

10. Die Deutung von Spektren

Obwohl sich die empirische Spektroskopie nach den grundlegenden Arbeiten von KIRCHHOFF und BUNSEN rasch entwickelte, verstand man zunächst noch wenig vom Ursprung der Spektren. Während des ganzen 19. Jahrhunderts nahm man an, daß die Linienspektren der Atome von jedem einzelnen Atom gleichzeitig produziert wurden; jedes Atom sollte sich also wie ein Oszillator mit einer großen Zahl verschiedener Schwingungsperioden verhalten. ARTHUR CONWAY schlug 1907 statt dessen vor, daß ein einzelnes Atom jeweils nur eine einzelne Spektrallinie zu gleicher Zeit produzieren könne. Er postulierte, daß in einem strahlenden Atom jeweils ein einzelnes Elektron in einem »abnormen Zustand« sei, der Schwingungen einer spezifischen Frequenz produzieren könne. Im Jahre 1908 zeigte WALTER RITZ, daß die beobachteten Frequenzen die Differenzen zwischen bestimmten paarweisen Spektraltermen darstellen. Im Jahre 1911 wandte JOHN NICHOLSON in Cambridge das RUTHERFORDsche Atommodell auf die Deutung von Spektren an und postulierte, daß Quantensprünge nur zwischen definierten Zuständen entsprechend den Termwerten von Ritz stattfinden können; er übernahm aber offensichtlich nicht die Conwaysche Idee, daß bei einem strahlenden Atom jeweils nur ein einzelnes Elektron beteiligt sei.

Trotz dieser starken wissenschaftlichen Aktivität und dem stetigen Fortschritt wurde die Quantentheorie zur Interpretation von Atomspektren in korrekter Weise erst im Zusammenhang mit der Diskussion der Absorptionsspektren von Molekeln herangezogen. Diesen Fortschritt verdanken wir dem dänischen Chemiker NIELS BJERRUM, der in einer 1912 publizierten Arbeit *Über die Infrarotspektren von Gasen* zeigte, daß die Infrarotabsorption von Molekeln durch die Aufnahme von Rotations- und Schwingungsenergie in definierten Quanten zu erklären ist. Wir werden solche Molekelspektren eingehender im Abschnitt 17 diskutieren, da wir hieraus die vollständigste Information über die innere Struktur und über die Bewegungen der Molekeln erhalten können.

11. Die Arbeit von BOHR über Atomspektren

Das Problem der Interpretation von Atomspektren wurde schließlich durch eine geniale Arbeit des jungen Dänen NIELS BOHR gelöst, der zu jener Zeit einer der Forschungsstudenten von RUTHERFORD in Manchester war. Bohr gehörte zu den einflußreichsten Physikern unserer Zeit; er entdeckte eine neue Weltanschauung und gründete eine philosophische Schule, die (von Physikern) mit der Platonischen Schule verglichen wurde.

NIELS BOHR wurde 1885 als Sohn eines Professors der Physiologie an der Universität Kopenhagen geboren. Er brachte als Junge, zusammen mit seinem Bruder Harald, der später ein bekannter Mathematiker wurde, viele Stunden im Laboratorium seines Vaters zu. »Ich wuchs«, so berichtete Bohr, »in einem Haus mit einem reichen intellektuellen Leben auf, in dem wissenschaftliche Diskussionen alltäglich waren. In der Tat machte mein Vater kaum eine Unterscheidung zwischen seiner eigenen wissenschaftlichen Arbeit und seinem lebhaften Interesse an allen Problemen des menschlichen Lebens.«

Niels Bohr schaffte es, zwei Hauptströme der Physik, die Deutsche Schule der theoretischen Physiker, vor allem vertreten durch PLANCK und EINSTEIN, und die Englische Schule der Experimentalphysik von THOMSON und RUTHERFORD zu vereinigen. Das von Rutherford 1911 aufgestellte Atommodell gründete sich fest auf experimentelle Tatsachen; es enthielt wenig von den theoretischen Ideen, die damals schon allgemein akzeptiert waren. Nach der elektromagnetischen Theorie war das Rutherfordsche Atom nicht lebensfähig. Die um den Atomkern kreisenden Elektronen stellen bewegte Ladungen dar; sie sollten daher ständig Strahlung aussenden, dabei Energie verlieren und sich in immer engeren Spiralen bewegen, bis sie endlich in den positiven Kern hineinfallen. Die Elektronen wußten aber offensichtlich nicht, was man von ihnen erwartete: Sie emittierten auf ihren Umläufen keine kontinuierliche Strahlung und fielen durchaus nicht in den Kern. Andererseits sprachen jedoch viele chemische und physikalische Tatsachen für das Rutherfordsche Modell. Diese Widersprüche brachten Bohr zu dem Schluß, daß die alten Prinzipien der theoretischen Physik falsch sein mußten.

Bohr »löste« das Problem der Atomspektren, indem er das, was er von den alten Vorstellungen für richtig hielt, übernahm und eine Reihe von Postulaten einführte, die er zwar zunächst nicht beweisen konnte, die jedoch eine überzeugende Lösung ermöglichten. So übernahm er die Prinzipien von CONWAY:

(1) Ein bestimmtes Atom kann gleichzeitig immer nur eine Spektrallinie aussenden.
(2) Für jede Linie ist jeweils ein einzelnes Elektron verantwortlich.

Er behielt weiterhin die Prinzipien von NICHOLSON bei:

(3) Das Rutherfordsche Atommodell aus einem kleinen zentralen Kern und einer voluminösen Elektronenhülle ist korrekt.
(4) Die Quantengesetze lassen sich auch auf die Übergänge (»Sprünge«) der Elektronen zwischen verschiedenen Zuständen anwenden. Diese Zustände sind durch diskrete Werte des Drehimpulses und, wie Bohr hinzufügte, der Energie gekennzeichnet.

Er wendete die EHRENFESTsche Regel auf den Bahndrehimpuls des Elektrons an:

(5) Der Drehimpuls der Elektronen beträgt $P = n\dfrac{h}{2\pi}$; hierbei ist n eine ganze Zahl.

Von hier an postulierte er völlig neue Prinzipien:

(6) Die Elektronen in einem Atom können sich nur in ganz bestimmten, erlaubten Zuständen befinden. In diesen einzig möglichen Zuständen beträgt der Drehimpuls des Elektrons ein ganzzahliges Vielfaches von $h/2\pi$ (vgl. 5). Die Ritzschen Spektralterme entsprechen diesen Zuständen.
(7) Für die Emission und Absorption von Licht gilt die PLANCK-EINSTEINsche Gleichung $\varepsilon = h\nu$. Wenn also ein Elektron von einem Zustand der Energie E_1 in einen solchen der Energie E_2 übergeht, dann gilt für die Frequenz der hierbei emittierten oder absorbierten Spektrallinie:

$$h\nu = E_1 - E_2 \qquad [13.35]$$

Schließlich machte Bohr noch eine revolutionäre Feststellung, die auf erheblichen Widerspruch seitens der Wissenschaftler und Philosophen traf:

(8) Wir müssen alle Versuche aufgeben, uns das Verhalten eines aktiven Elektrons während eines Übergangs vom einen in den anderen stationären Zustand modellhaft vorzustellen oder auf klassische Weise zu erklären.

12. Das BOHRsche Modell am Beispiel des Wasserstoffatoms; Ionisationspotentiale

Für den Bahndrehimpuls eines Teilchens der Masse m, das sich mit der Geschwindigkeit v auf einer Kreisbahn des Radius r befindet, gilt $L = mvr$. Für den Drehimpuls eines Elektrons auf einer erlaubten Bahn um den Kern gilt nach BOHR:

$$mvr = \dfrac{nh}{2\pi} \qquad [13.36]$$

Den ganzzahligen Wert von n nennt man die *Hauptquantenzahl*.

Das Elektron wird auf seinem Umlauf durch die elektrostatische Kraft des positiv geladenen Kerns festgehalten. Wenn dieser eine Ladungszahl von Ze besitzt, dann ist jene Kraft nach dem Coulombschen Gesetz gleich

$$\frac{Z\,e^2}{4\pi\,\varepsilon_0\,r^2}$$

Für einen stationären Zustand muß diese Kraft gleich der Zentrifugalkraft mv^2/r sein:

$$\frac{Z\,e^2}{4\pi\,\varepsilon_0\,r^2} = \frac{m\,v^2}{r}$$

und damit

$$r = \frac{Ze^2}{4\pi\,\varepsilon_0\,m\,v^2} \qquad [13.37]$$

Aus [13.36] erhalten wir:

$$r = \frac{\varepsilon_0\,n^2\,h^2}{\pi\,m\,e^2\,Z} \qquad [13.38]$$

Für den Wasserstoff ist $Z = 1$; die kleinste Umlaufbahn würde die mit $n = 1$ sein; für den Radius dieser Umlaufbahn gilt:

$$a_0 = \frac{\varepsilon_0\,h^2}{\pi\,m\,e^2} = 5{,}292 \cdot 10^{-9}\,\text{cm} = 0{,}05292\,\text{nm} \qquad [13.39]$$

Diesen Wert von a_0 nennt man den Radius des ersten *Bohrschen Orbitals* oder der ersten Bohrschen Bahn. Aus der kinetischen Theorie der Gase wurde für den Radius des Wasserstoffatoms ein ähnlicher Wert erhalten; diese Übereinstimmung mit seiner theoretischen Berechnung zeigte Bohr an, daß er mit seiner Theorie auf dem richtigen Wege war.

Er konnte nun zeigen, daß die BALMER-Serie durch Übergänge zwischen einer Bahn mit $n = 2$ und äußeren Bahnen zustande kam. Bei der LYMAN-Serie (im UV) entspricht der niedrigere Term einer Umlaufbahn mit $n = 1$; die anderen Serien lassen sich in ähnlicher Weise erklären. Bohr konnte nun die Energie des Elektrons in jeder erlaubten Bahn und hieraus nach [13.35] die Frequenzen der verschiedenen Linien berechnen. Abb. 13.8 zeigt die so erhaltenen Energieniveaus zusammen mit den Übergängen, die für die Absorption oder Emission eines Strahlungsquants verantwortlich sind (vertikale Linien).

Diese Berechnung geschieht auf folgende Weise. Die Gesamtenergie E irgendeines Zustandes ist die Summe aus der jeweiligen kinetischen und potentiellen Energie:

$$E = E_{\text{kin}} + E_{\text{pot}} = \frac{1}{2}\,m\,v^2 - \frac{Z\,e^2}{4\pi\,\varepsilon_0\,r}$$

Wenn wir hierin den Ausdruck für die kinetische Energie nach [13.37] einsetzen, dann erhalten wir:

$$E = \frac{-Z\,e^2}{4\pi\,\varepsilon_0\,r} + \frac{Z\,e^2}{8\pi\,\varepsilon_0\,r} = \frac{-Z\,e^2}{8\pi\,\varepsilon_0\,r}$$

Hiernach hat die potentielle Energie den doppelten Wert der kinetischen Energie, jedoch mit umgekehrtem Vorzeichen. Dieses Ergebnis trifft für jedes System mit Zentralkräften zu, das sich im Gleichgewicht befindet. Wenn wir den Radius durch [13.38] eliminieren, dann erhalten wir:

$$E = -\frac{Z^2 e^4 m}{8 \varepsilon_0^2 h^2} \left(\frac{1}{n^2}\right)$$

Dieser Ausdruck enthält bis auf die Hauptquantenzahl n nur Konstanten; die Gesamtenergie eines Elektrons auf einer bestimmten Bahn ist also umgekehrt proportional dem Quadrat der Quantenzahl für diese Bahnen.

Für die Frequenz einer Spektrallinie, die durch den Übergang eines Elektrons zwischen Niveaus mit den Quantenzahlen n_1 und n_2 zustande kommt, gilt:

$$\nu = \frac{1}{h}(E_{n_1} - E_{n_2}) = \frac{Z^2 e^4 m}{8 \varepsilon_0^2 h^3}\left(\frac{1}{n_2^2} - \frac{1}{n_1^2}\right) \quad [13.40]$$

Dieser theoretische Ausdruck hat genau die Form des von RYDBERG gefundenen empirischen Gesetzes; wir können damit also einen theoretischen Wert für die Rydbergkonstante gewinnen:

$$\mathscr{R} = \frac{e^4 m}{8 \varepsilon_0^2 h^3 c} = 109\,737\,\text{cm}^{-1} \quad [13.41]$$

Die gute Übereinstimmung mit dem experimentell bestimmten Wert von $109\,677{,}576 + 0{,}012\,\text{cm}^{-1}$ war ein Triumph für die Bohrsche Theorie.

Durch eine kleine Korrektur können wir die Übereinstimmung zwischen der Theorie und dem Experiment so genau machen, daß die erhaltenen Werte innerhalb der Bestimmungsgenauigkeit der Konstanten und innerhalb des Meßfehlers liegen. In [13.41] wurde die Masse m des Elektrons eingesetzt. Nun rotiert das Elektron genaugenommen nicht um einen stationären Massenpunkt, der durch das Zentrum des Protons gebildet wird, sondern um das gemeinsame Massenzentrum des Systems aus Proton und Elektron. Statt der Elektronenmasse müssen wir daher die reduzierte Masse μ der beiden Teilchen einsetzen (Abschn. 4-19); hierbei ist

$$\mu = \frac{m\, m_p}{m + m_p}$$

Die Elektronenmasse m (genauer: die Ruhmasse des Elektrons) beträgt $9{,}190 \cdot 10^{-28}\,\text{g}$, die Ruhmasse m_p des Protons $1{,}6725 \cdot 10^{-24}\,\text{g}$. Hiermit erhält man als korrigierte Beziehung für die Rydbergsche Konstante für das H-Atom:

$$\mathscr{R} = \frac{9{,}190 \cdot m \cdot e^4}{8 \varepsilon_0^2 h^3 c \left(1 + \dfrac{m}{m_p}\right)} = 109\,678\,\text{cm}^{-1}$$

Für wasserstoffähnliche Atome hat die Rydbergsche Konstante einen etwas abweichenden Wert, da in der obigen Beziehung für die reduzierte Masse statt der Masse des Protons die des jeweiligen Kerns eingesetzt werden muß.

664   13. Kapitel: Teilchen und Wellen

Aus Abb. 13.8a können wir sehen, daß die Energieniveaus immer näher zusammenrücken, je höher sie über dem niedrigsten Energieniveau (*Grundzustand*) liegen. Schließlich konvergieren sie in einem Niveau, dessen Höhe über dem Grundzustand gleich der Energie ist, die man zur vollständigen Entfernung des Elektrons aus dem Kernfeld aufbringen muß. In dem tatsächlich beobachteten Spektrum (mit linearer Energieskala) folgen die Linien mit höherer Energie also immer dichter aufeinander, bis sie endlich an einer definierten Grenze in ein *Kontinuum* über-

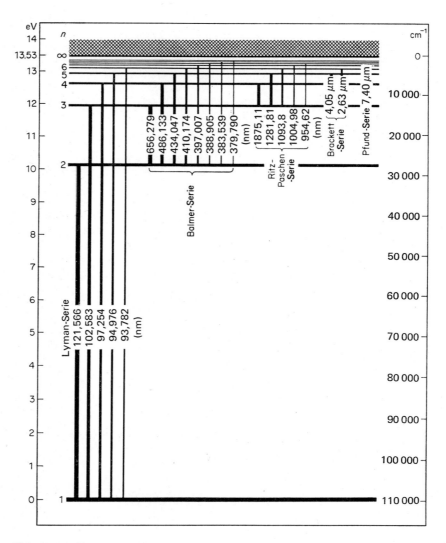

Abb. 13.8a Energieniveaus des Wasserstoffatoms. (Die Zahlen ohne weitere Bezeichnung geben die Wellenlängen der zu verschiedenen Übergängen gehörenden Spektrallinien in Å; 1 Å = 0,1 nm.)

gehen, also in einen Bereich kontinuierlicher Absorption oder Emission von Strahlungsenergie, ohne irgendeine Linienstruktur.

Der Grund für das Auftreten dieses Kontinuums ist die Ionisation des Atoms und die damit verbundene Aufhebung der strengen Quantenbedingung für das vom Kern losgelöste Elektron. Seine Energie besteht nun aus der gewöhnlichen kinetischen Energie der Translation, $\frac{1}{2}mv^2$, die praktisch kontinuierlich aufgenommen werden kann.

Element	Z Ordnungszahl	Konfiguration der äußeren Elektronen	I_1	I_2	I_3	I_4	I_5	I_6	I_7	I_8
H	1	s	0,50							
He	2	s^2	0,92	2,00						
Li	3	s	0,20	3,00	4,5					
Be	4	s^2	0,35	0,67	5,65	8,0				
B	5	s^2p	0,31	0,93	1,4	9,65	12,5			
C	6	s^2p^2	0,42	0,90	1,76	2,37	12,0	18,0		
N	7	s^2p^3	0,54	1,09	1,75	2,72	3,60	20,3	24,5	
O	8	s^2p^4	0,50	1,29	2,02	2,85	4,04	5,07	27,3	32
F	9	s^2p^5	(0,67)	1,29	2,31	3,20	3,78	5,50	6,8	35
Ne	10	s^2p^6	0,79	1,51	2,34					
Na	11	s	0,19	1,75	2,62					
Mg	12	s^2	0,28	0,55	2,95					
Al	13	s^2p	0,22	0,69	1,05	4,5				
Si	14	s^2p^2	0,30	0,60	1,23	1,66	6,24			
P	15	s^2p^3	0,40	0,73	1,11	1,77	2,39			
S	16	s^2p^4	0,38	0,86	1,29	1,74	2,47	3,24		
Cl	17	s^2p^5	0,48	0,87	1,47	1,75	2,50	(3,4)	4,0	
Ar	18	s^2p^6	0,58	1,03	1,51	6,3				
K	19	s	0,16	1,17	1,74					
Ca	20	s^2	0,23	0,44	1,88					
Sc	21	s^2d	0,25	0,48	0,91	2,67				
Ti	22	s^2d^2	0,25	0,50	1,02	1,59	3,54			
V	23	s^2d^3	0,25	0,52	0,98	1,80	2,53	4,53		
Cr	24	sd^5	0,25	0,62	(1,0)	(1,85)	(2,7)			
Mn	25	s^2d^5	0,25	0,58	(1,2)	(1,86)	(2,8)			

Tab. 13.1 Ionisationsenergien von Atomen, bezogen auf das Wasserstoffatom (Atomeinheiten der Energie; 1 AE der Energie 27,21 eV).

Die Energiedifferenz zwischen der *Seriengrenze* und dem Grundzustand nennen wir das *Ionisationspotential* oder die *Ionisierungsenergie*. Wenn ein Atom mehr als ein Elektron enthält, dann gibt es Ionisationsenergien für die jeweilige erste, zweite, dritte usw. Ionisation. Das erste Ionisationspotential eines Lithiumatoms ist also die für den folgenden Vorgang aufzubringende Energie: $Li \rightarrow Li^+ + e^-$.

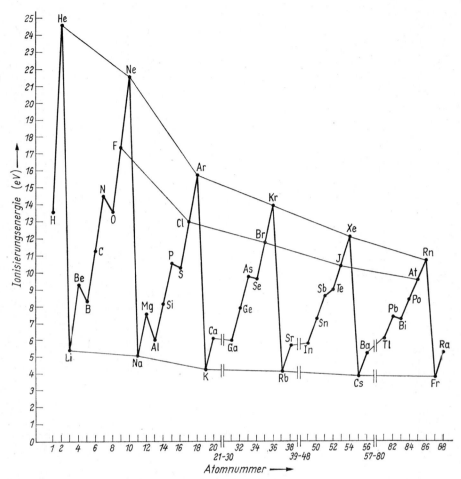

Abb. 13.8b Ionisationtspotentiale (in eV) der Hauptgruppenelemente (aus HOLLEMANN-WIBERG, *Lehrbuch der anorganischen Chemie*, Walter de Gruyter, Berlin 1971).

Das zweite Ionisationspotential ist dann die für den folgenden Vorgang aufzubringende Energie: $Li^+ \rightarrow Li^{2+} + e^-$.

Für die *potentielle* Energie eines Elektrons in der ersten BOHRschen Bahn des Wasserstoffatoms gilt:

$$-\frac{e^2}{4\pi\varepsilon_0 a_0} = -4{,}359 \cdot 10^{-18} \text{ J} = -2{,}178 \cdot 10^{-11} \text{ erg}$$
$$= -27{,}21 \text{ eV}$$

Diese Energie definiert die *Atomeinheit der Energie*; man nennt sie manchmal 1 Hartree. In ähnlicher Weise definiert der Bohrsche Radius des Wasserstoffatoms, $a_0 = 0{,}052917$ nm, eine *atomare Längeneinheit*, die manchmal 1 Bohr genannt wird.

Tab. 13.1 zeigt Beispiele für Ionisierungspotentiale in atomaren Einheiten; anschaulicher ist die graphische Darstellung der Abhängigkeit des Ionisierungspotentials von der Ordnungszahl (Abb. 13.8b). Die für die völlige Ablösung des am lockersten gebundenen Elektrons in einem elektrisch neutralen, freien Atom aufzuwendende Energie (Ionisierungsenergie) ist am kleinsten bei den Alkalimetallen; dies steht in Übereinstimmung mit deren Tendenz, einfach-positive Ionen zu bilden (stark elektropositiver Charakter). Die größten Ionisierungsenergien zeigen die Edelgase, die auf der äußersten, noch besetzten »Schale« die besonders stabile $s^2 p^6$-Konfiguration (beim He s^2) besitzen. Dieses Diagramm veranschaulicht zugleich die Periodizität im Aufbau der Elemente.

13. Welle und Korpuskel

Bei den intensiven Arbeiten an der Bohrschen Theorie in den Jahren 1913 bis 1926 wurden nicht nur einige wichtige Erfolge erzielt, man hatte auch eine ganze Anzahl von Mißerfolgen zu verzeichnen. So konnte diese Theorie z. B. schon das Spektrum von Helium nicht mehr deuten, ganz zu schweigen von den Spektren noch schwererer Atome. Es wurde auch immer deutlicher, daß die logischen Grundlagen der Theorie unvollständig waren. Jede Theorie stellt gewisse unbewiesene Postulate auf; bei der Bohrschen Theorie waren es aber besonders viele. Die Erfolge dieser Theorie ließen aber vermuten, daß es irgendeinen Weg geben müßte, wenigstens einige dieser Postulate durch noch elementare Prinzipien zu beweisen. Diese Hoffnung wurde realisiert durch revolutionäre Arbeiten, an denen Bohr selbst einen wichtigen Anteil hatte. Die grundlegenden Entdeckungen wurden jedoch durch drei jüngere Männer gemacht, de Broglie, Heisenberg und Schrödinger.

Die Lösung des Problems mußte dort zu finden sein, wo in bestimmten physikalischen Funktionen ganze Zahlen natürlicherweise auftreten. Dies ist aber, wie wir gesehen haben, der Fall bei den Lösungen der Gleichung für Wellenbewegungen in stationärem Zustand, also für stehende Wellen. Damit war der Weg für den nächsten großen Fortschritt in der physikalischen Theorie geebnet: der Idee, daß Elektronen und darüber hinaus alle Materieteilchen Wellencharakter besitzen. Es war schon bekannt, daß Strahlung sowohl Wellen- als auch Teilchencharakter besaß. Nun mußte gezeigt werden, zunächst theoretisch und hernach experimentell, daß dasselbe auch für Materie galt, also für das, was man als reine Teilchenstrahlung ansah.

Diese neue Denkweise wurde zuerst von Louis de Broglie 1923 angewendet. Er beschrieb dies später in seinem Nobel-Vortrag:

> *Als ich diese Schwierigkeiten* [der gegenwärtigen Physik] *zu überdenken begann, war ich vor allem von zwei Tatsachen betroffen. Einerseits können wir die Quantentheorie des Lichts nicht als zufriedenstellend ansehen, da sie die Energie eines Lichtquants durch die Gleichung $E = h\nu$ definiert, und diese Gleichung enthält die Frequenz ν. Nun steckt in einer rein korpuskulären Theo-*

rie nichts, womit man eine Frequenz definieren könnte; aus diesem Grunde allein sind wir schon gezwungen, für das Licht die Vorstellung von Korpuskeln und zugleich die eines periodischen Vorgangs einzuführen.

Andererseits werden bei der Bestimmung der stabilen Bewegung der Elektronen im Atom ganzzahlige Faktoren eingeführt, und bis zu diesem Punkt waren in der Physik die einzigen, mit ganzen Zahlen verknüpften Phänomene die der Interferenz und der Normalschwingungen. Diese Tatsache drängte mir die Vorstellung auf, daß auch Elektronen nicht einfach als Korpuskeln betrachtet werden können, sondern daß man ihnen auch eine Periodizität zuschreiben muß.

Eine einfache zweidimensionale Erläuterung dieser Vorstellung von der Komplementarität von Welle und Korpuskel zeigt Abb. 13.9. Wir sehen hier zwei Elektronenwellen verschiedener Wellenlänge, die ein Elektron darstellen sollen, das einen Atomkern umkreist. Im einen Falle ist der Umfang der Elektronenbahn ein ganzes Vielfaches der Wellenlänge dieser Elektronenwelle. Im anderen Falle ist diese Bedingung nicht erfüllt, und die Welle löscht sich durch Interferenz selbst

Abb. 13.9 Schematische Darstellung einer Elektronenwelle, die sich um einen Kern herumbewegen soll. Die durchgehende Linie stellt eine mögliche stehende Welle dar. Die gestrichelte Linie zeigt, wie sich eine Welle von abweichender Wellenlänge durch Interferenz selbst auslöscht.

aus; der hier angenommene Zustand ist also nichtexistent. Die Einführung ganzer Zahlen im Zusammenhang mit den erlaubten Zuständen für die Elektronen eines Atoms erscheint also ganz natürlich, wenn man den Elektronen Welleneigenschaften zubilligt. Die Situation ist ganz analog dem Auftreten von stehenden Wellen in einer schwingenden Saite. Die notwendige Bedingung für eine stabile Umlaufbahn des Radius r_e ist:

$$2\pi r_e = n\lambda \qquad [13.42]$$

Ein freies Elektron ist mit einer fortschreitenden Welle verknüpft; wir können ihm also jede beliebige Energie zubilligen. Einem gebundenen Elektron in einem Atom müssen wir jedoch eine stehende Welle zuordnen, die zwangsläufig nur bestimmte Frequenzen oder Energien besitzen kann.

Bei einem Photon müssen zwei grundlegende Gleichungen erfüllt sein: $\varepsilon = h\nu$ und $\varepsilon = mc^2$. Wenn wir diese beiden Gleichungen verbinden, dann erhalten wir die Beziehung: $h\nu = mc^2$ oder $\lambda = c/\nu = h/mc = h/p$. Hierin ist p der Impuls des

Welle und Korpuskel

Photons. De Broglie nahm an, daß eine ähnliche Gleichung die Wellenlänge der Elektronenwelle bestimmt. Demnach wäre:

$$\lambda = \frac{h}{mv} = \frac{h}{p} \qquad [13.43]$$

Wenn wir [13.42] und [13.43] unter Eliminierung von λ kombinieren, dann erhalten wir $mvr_e = nh/2\pi$; dies ist aber nichts anderes als die ursprüngliche Bohrsche Bedingung [13.36] für eine erlaubte Elektronenbahn. Die Vorstellung, daß Elektronen Wellennatur besitzen, genügt also zur direkten Ableitung des recht mysteriösen Bohrschen Postulats.

Teilchen	Masse (kg)	Geschwindigkeit (m · s^{-1})	Wellenlänge (nm)
Elektron, 1 V	$9{,}1 \cdot 10^{-31}$	$5{,}9 \cdot 10^5$	$1{,}2$
Elektron, 100 V	$9{,}1 \cdot 10^{-31}$	$5{,}9 \cdot 10^6$	$0{,}12$
Elektron, 10 kV	$9{,}1 \cdot 10^{-31}$	$5{,}9 \cdot 10^7$	$0{,}012$
Proton, 100 V	$1{,}67 \cdot 10^{-7}$	$1{,}38 \cdot 10^5$	$2{,}9 \cdot 10^{-3}$
α-Teilchen, 100 V	$6{,}6 \cdot 10^{-7}$	$6{,}9 \cdot 10^4$	$1{,}5 \cdot 10^{-3}$
H$_2$-Molekel bei 200 °C	$3{,}3 \cdot 10^{-7}$	$2{,}4 \cdot 10^3$	$8{,}2 \cdot 10^{-3}$
α-Teilchen aus Radium	$6{,}6 \cdot 10^{-7}$	$1{,}51 \cdot 10^7$	$6{,}6 \cdot 10^{-6}$
Flintenkugel	$1{,}9 \cdot 10^{-3}$	$3{,}2 \cdot 10^2$	$1{,}1 \cdot 10^{-24}$
Golfball	$45 \cdot 10^{-3}$	30	$4{,}9 \cdot 10^{-25}$ [4]
Schnecke	$10 \cdot 10^{-3}$	10^{-3}	$6{,}6 \cdot 10^{-20}$ [4]

Tab. 13.2 Wellenlänge verschiedener Materieteilchen bei verschiedenen Geschwindigkeiten ($\lambda = h/mv$)

Die DE-BROGLIE-Gleichung [13.43] liefert uns eine grundlegende Beziehung zwischen dem Impuls eines Elektrons, wenn wir es als Teilchen betrachten, und der Wellenlänge desselben Elektrons, wenn wir es als Wellenvorgang betrachten. Als Beispiel wollen wir ein Elektron betrachten, das durch eine Potentialdifferenz $\Delta\Phi$ von 10 kV beschleunigt wurde. Dann ist $\Delta\Phi = \frac{1}{2}mv^2$; hieraus läßt sich die Geschwindigkeit des Elektrons zu $5{,}9 \cdot 10^9$ cm s^{-1} berechnen (etwa ein Fünftel der Lichtgeschwindigkeit). Für die Wellenlänge eines solchen Elektrons gilt:

$$\lambda = \frac{h}{mv} = \frac{6{,}62 \cdot 10^{-27}}{9{,}11 \cdot 10^{-28} \cdot 5{,}9 \cdot 10^9} \text{ cm} = 1{,}2 \cdot 10^{-9} \text{ cm} = 0{,}012 \text{ nm}$$

Diese Wellenlänge besitzen auch ziemlich harte Röntgenstrahlen. Tab. 13.2 zeigt die theoretischen Wellenlängen für verschiedene Elementarteilchen und andere Objekte.

---

[4] Diese Werte haben keine praktische physikalische Bedeutung. Einmal können Phänomene des atomaren Bereiches nicht ohne weiteres auf die makroskopische Welt übertragen werden, zum anderen verliert der Begriff *Länge* bei kleineren Werten als der (noch etwas hypothetischen) Elementarlänge von 10^{-15} m seinen Sinn. Mit einer Auslöschung gegeneinander gerichteten Maschinengewehrfeuers durch Interferenz ist nicht zu rechnen.

14. Elektronenbeugung

Wenn Elektronen Wellencharakter besitzen, dann sollten Elektronen mit einer Wellenlänge von etwa 10^{-2} nm in derselben Weise wie Röntgenstrahlung an Kristallgittern gebeugt werden. Experimente dieser Art wurden zuerst von zwei Gruppen von Wissenschaftlern durchgeführt, die sich hernach in den Nobelpreis teilten. C. DAVISSON und L. H. GERMER arbeiteten in den Bell Telephone Laboratories in New York, und G. P. THOMSON (der Sohn von J. J. THOMSON) und A. REID arbeiteten an der Universität Aberdeen. Eines der ersten Beugungsdiagramme, das Thomson mit Elektronen an dünnen Goldfolien erhielt, zeigt Abb. 13.10. Mit diesen Untersuchungen wurde die Wellennatur der Elektronen eindeutig bewiesen.

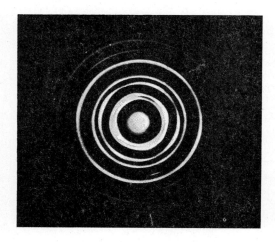

Abb. 13.10 Elektronenbeugung an einer Goldfolie, eines der ersten Elektronenbeugungsdiagramme, das die Wellennatur von Elektronen zeigte (nach G. P. THOMSON).

Welche Möglichkeiten diese Methode bietet, zeigt Abb. 13.11 am Beispiel dreier Elektronenbeugungsdiagramme (von E. ZEHENDER, Robert Bosch GmbH, Stuttgart). Das Diagramm 13.11 (a) zeigt eine rasch aufgedampfte, kubisch-flächenzentrierte Al-Schicht. Die Kristallite sind relativ groß und zeigen keine Vorzugsorientierung (scharfe, gleichmäßig dicke Ringe). Das Diagramm 13.11 (b) stammt von einer aufgedampften, hexagonalen Zn-Schicht. Die Kriställchen der Schicht sind nicht völlig regellos, sondern mit ihrer hexagonalen Basisebene bevorzugt parallel zur Schichtebene orientiert. Dies läßt sich dadurch erkennen, daß man die Schicht bei der Aufnahme nicht senkrecht, sondern geneigt (hier um 30°) durchstrahlt: Die DEBYE-SCHERRER-Ringe lösen sich in sichelförmige Reflexe auf. Die schwachen, diffusen Reflexe gehören zum ZnO; dieses ist feiner kristallin als das Zn und wächst mit ähnlicher Orientierung (epitaktisch) auf der Zn-Schicht auf. Das Diagramm 13.11 (c) gehört zu einer Ge-Schicht (Diamantgitter, oktaedrisch), die auf eine 500 °C heiße, einkristalline NaCl-Platte aufgedampft wurde. Diese Schicht ist durch das epitaktische Aufwachsen auf der einkristallinen Unterlage

Elektronenbeugung

nahezu einkristallin; zu einem kleinen Teil besteht sie aus regellos orientierten Kriställchen (scharfe Beugungsringe).

Elektronenstrahlen zeigen wegen ihrer negativen Ladung einen wesentlichen Vorzug gegenüber Röntgenstrahlen bei der Untersuchung der Feinstruktur der Materie. Sie lassen sich nämlich, ähnlich wie optische Strahlung durch Linsen, durch eine entsprechende Anordnung von elektrischen und magnetischen Feldern

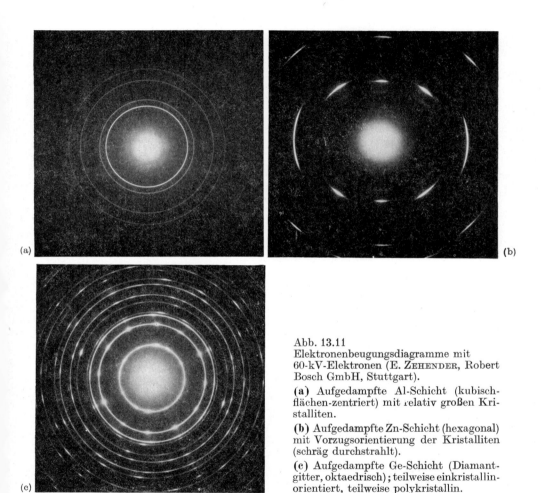

Abb. 13.11
Elektronenbeugungsdiagramme mit 60-kV-Elektronen (E. Zehender, Robert Bosch GmbH, Stuttgart).

(a) Aufgedampfte Al-Schicht (kubisch-flächen-zentriert) mit relativ großen Kristalliten.

(b) Aufgedampfte Zn-Schicht (hexagonal) mit Vorzugsorientierung der Kristalliten (schräg durchstrahlt).

(c) Aufgedampfte Ge-Schicht (Diamantgitter, oktaedrisch); teilweise einkristallinorientiert, teilweise polykristallin.

ablenken und konzentrieren. Diese Technik führte zur Entwicklung von Elektronenmikroskopen, die eine Auflösung in der Größenordnung von 1 nm besitzen. Abb. 13.12 zeigt ein modernes Elektronenmikroskop, das in seinem Aufbau dem von E. Ruska und B. von Borries entwickelten Mikroskop ähnelt. Elektronenmikroskopische Aufnahmen finden sich an verschiedenen Stellen in diesem Buch.

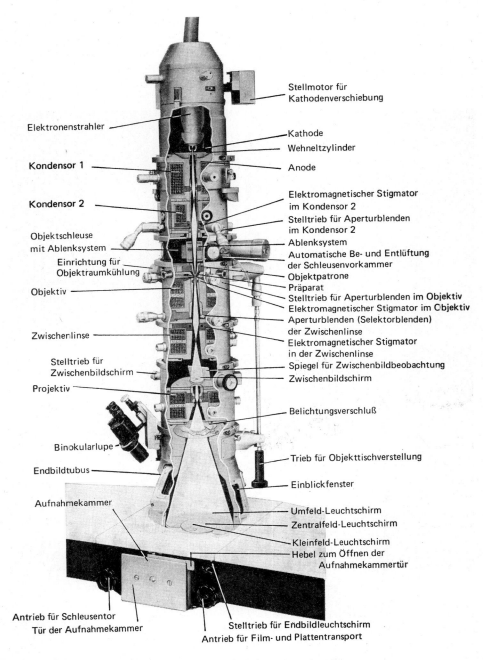

Abb. 13.12 Längsschnitt durch ein modernes Elektronenmikroskop (Elmiskop 101, Siemens AG).

15. Die HEISENBERGsche Unschärferelation

Die DE-BROGLIE-Wellenlängen gewöhnlicher Objekte sind verschwindend klein. In der atomaren und subatomaren Welt ist die Größe h/mv jedoch nicht mehr so klein, daß man sie vernachlässigen könnte. In der Tat werden Elektronen mit geeigneten DE-BROGLIE-Wellenlängen an Kristallen und Molekeln gebeugt.
Nach einem Grundsatz der klassischen Mechanik lassen sich Ort und Impuls eines Körpers gleichzeitig bestimmen; auf diesem Prinzip beruht der strikte Determinismus der Mechanik. Wenn man Ort und Geschwindigkeit eines Teilchens sowie die an ihm wirkenden Kräfte zu einem bestimmten Zeitpunkt wüßte, dann könnte man aus der Newtonschen Mechanik Ort und Geschwindigkeit dieses Teilchens zu irgendeiner anderen, vergangenen oder zukünftigen Zeit angeben. Mechanische Systeme wären dann in bezug auf die Zeit völlig reversibel; frühere Konfigurationen erhielt man einfach durch Substitution der Zeit t in den dynamischen Gleichungen durch $-t$. Wie verhält es sich aber mit einem Teilchen, das zu gleicher Zeit Wellencharakter besitzt? Kann man auch bei ihm gleichzeitig Ort und Impuls bestimmen? Um diese Frage beantworten zu können, müssen wir zunächst die möglichen Meßmethoden für diese Größen im atomaren Bereich diskutieren.

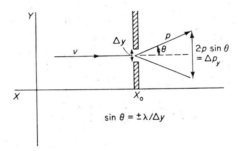

Abb. 13.13 Erläuterung der Heisenbergschen Unschärferelation durch die Beugung eines Teilchens an einem Spalt. Der Impuls der Teilchen im auftreffenden Strahl liegt in der x-Richtung. Durch die Beugung am Spalt haben die Teilchen hinter dem Spalt einen Impuls p mit Komponenten sowohl in der x- als auch in der y-Richtung.

In Abb. 13.13 ist ein Teilchen der Masse m gezeigt, das sich in der (positiven) x-Richtung mit einer Geschwindigkeit v bewegt. Wir wissen, daß die y-Komponente seines Impulses gleich null ist ($p_y = 0$); über die Koordinate y wissen wir jedoch überhaupt nichts. Nun versuchen wir, den Wert für y an irgendeinem Punkt x_0 zu messen, indem wir einen Spalt mit einer Breite von Δy in die Teilchenbahn setzen. Teilchen mit einem Impuls mv haben eine de-Broglie-Wellenlänge von $\lambda = h/mv$; am Spalt tritt also eine Beugung der Teilchen auf.
Das Beugungsbild können wir auf einem Schirm hinter dem Spalt betrachten. Aus der Diskussion der Abb. 13.4 wissen wir, daß der Abstand zwischen dem ersten und dem zweiten Minimum im Beugungsdiagramm einer Differenz von einer Wellenlänge in der Wegstrecke entspricht, die zwei an einem Spalt gebeugte Wellenzüge hinter dem Spalt zurückgelegt haben. Nach Abb. 13.13 gilt daher:

$$\Delta y \cdot \sin \theta = \lambda$$

Wegen der Beugung am Spalt kann die neue Richtung des Impulses nicht genauer als mit einer Winkelunsicherheit von $\pm \theta$ angegeben werden; aus unserer Abbildung können wir also die folgende Beziehung entnehmen:

$$\Delta p_y = 2p \sin\theta = 2p\lambda/\Delta y$$

Für das Produkt aus der Unbestimmtheit in der y-Koordinate (Δy) und der Unbestimmtheit im zugehörigen Impuls (Δp_y) gilt daher:

$$\Delta y \cdot \Delta p_y \approx 2p\lambda = 2h$$

Das Produkt dieser beiden Unbestimmtheiten liegt daher in der Größenordnung von h. In einer genaueren Formulierung lautet diese Beziehung:

$$\Delta y \cdot \Delta p_y \geqslant h/4\pi = \frac{1}{2}\hbar \qquad [13.44]$$

Hierin ist $\hbar \equiv h/2\pi$.

Dies ist die berühmte *Unschärferelation* (Prinzip der Unbestimmtheit), die zuerst von WERNER HEISENBERG im Jahre 1926 ausgesprochen wurde. Sie bedeutet in ihrer knappsten Formulierung, daß es unmöglich ist, zu gleicher Zeit Ort und Impuls eines Teilchens genau zu bestimmen. Wenn wir also den Ort eines Teilchens so genau wie möglich angeben wollen, dann müssen wir alle Informationen über seinen Impuls (oder seine Geschwindigkeit) opfern. Wenn wir aus einem Experiment genaue Angaben über die Geschwindigkeit eines Teilchens gewonnen haben, dann können wir nicht zugleich auch noch seine Raumkoordinaten bestimmen.

Als Anwendungsbeispiel für [13.44] wollen wir ein mikroskopisches Teilchen mit einem Durchmesser von 10^3 nm betrachten, das eine Masse von $6 \cdot 10^{-13}$ g besitzen soll. Für dieses Teilchen ist

$$\Delta y \cdot \Delta v_y \approx \frac{h}{m} \approx \frac{6 \cdot 10^{-27}}{6 \cdot 10^{-13}} \approx 10^{-14} \text{ cm}^2 \text{ s}^{-1}$$

Wenn wir also den Ort des Teilchens mit einer Genauigkeit von 1,0 nm bestimmen würden, also mit einer Ungenauigkeit, die dem Auflösungsvermögen eines Elektronenmikroskops entspricht, dann ist $\Delta y = 10^{-7}$ cm und $\Delta v_y = 10^{-7}$ cm s^{-1}. Wenn wir diese Unbestimmtheit in der Geschwindigkeit berücksichtigen, dann wäre der Ort des Teilchens 1 s später nur noch mit einer Unsicherheit von 2 nm zu bestimmen; das sind 0,2 % des Teilchendurchmessers. Selbst bei einem ganz gewöhnlichen mikroskopischen Teilchen kann also das Prinzip der Unbestimmtheit genauen Messungen eine Grenze setzen. Bei Teilchen von atomaren oder subatomaren Ausmaßen wäre der Effekt natürlich noch viel größer.

Wir haben gesehen, daß die Unschärferelation eine notwendige Konsequenz der Wellennatur von Teilchen ist. Wenn die Wellenlänge oder die Frequenz eines Elektrons einen definierten Wert besitzen soll, dann muß die Elektronenwelle eine unendliche Ausdehnung besitzen. Wenn wir eine Welle in einem bestimmten Raum einschließen wollen, dann muß an den Wänden dieses Raums Auslöschung durch Interferenz eintreten, um die Wellenamplitude an dieser Wand auf null zu bringen. Unser Dilemma läßt sich also folgendermaßen beschreiben: Entweder wollen wir der Elektronenwelle eine genau definierte Frequenz oder einen genau definierten Impuls zuordnen, dann muß diese Welle unendlich ausgedehnt sein; das Elektron hat also einen völlig unbestimmten Ort. Oder aber wir wollen den Ort des Elektrons genau angeben, dann erhalten wir bei unserem Versuch überlagerte Wellen verschiedener Frequenzen; je genauer wir also den Ort angeben, um so weniger genau ist die Frequenz und damit der Impuls definiert.

Die überlagerten Elektronenwellen verschiedener Frequenz bilden ein *Wellenpaket*. Ein lokalisiertes Elektron, das durch den Raum wandert, wird also nicht durch eine Welle definierter Frequenz, sondern durch ein solches Wellenpaket definiert. Die Vorstellung des Wellenpakets spielt eine wichtige Rolle in der Wellenmechanik.

Die Unschärferelation kann auch mit der Energie und der Zeit ausgedrückt werden. Es ist dann:

$$\Delta E \cdot \Delta t \geqslant h/4\pi \qquad [13.45]$$

Um die Energie eines Systems mit einer Genauigkeit von ΔE zu bestimmen, muß sich die Messung über eine Zeitspanne in der Größenordnung von $h/\Delta E$ erstrecken. Die obige Gleichung wird benützt, um die Schärfe von Spektrallinien zu bestimmen. Im allgemeinen sind die Linien, die bei Übergängen vom Grundzustand aus entstehen, scharf. Dies ist darauf zurückzuführen, daß das optische Elektron eine relativ lange Zeit Δt im Grundzustand verbringt; die Unbestimmtheit dieses Energieniveaus ist also klein. Zwischen der Linienbreite und der Unbestimmtheit der Energie besteht die folgende Beziehung: $\Delta \nu = \Delta E/h$. Die Lebenszeit angeregter Zustände kann sehr klein sein; Übergänge zwischen angeregten Zuständen sind daher oft mit einer beträchtlichen Unbestimmtheit der Energieniveaus behaftet und führen dann zu diffusen Spektrallinien.

Dies ist allerdings nicht die einzige Ursache für die Verbreiterung von Spektrallinien. Es gibt zusätzlich noch eine *Druckverbreiterung*, die auf die Wechselwirkung mit den elektrischen Feldern benachbarter Atome oder Molekeln zurückzuführen ist, und eine DOPPLER-Verbreiterung, die auf die Relativbewegung der strahlenden Spezies zum Beobachter zurückzuführen ist.

16. Die Nullpunktsenergie

Nach der alten Quantentheorie gilt für die Energieniveaus eines harmonischen Oszillators $E_v = vh\nu$. Wenn dies richtig wäre, dann wäre das niedrigste Energieniveau das mit $v = 0$, es hätte daher die Energie 0. In diesem Zustand befände sich z.B. eine Molekel in völliger Ruhe, also im Minimum ihrer Potentialkurve (Abb. 4.13).

Die Unschärferelation erlaubt einen solchen Zustand mit völlig definierten Raumkoordinaten und ebenso definiertem Impuls nicht (letzterer wäre hier null). Eine Konsequenz hiervon ist, daß wir immer dann eine *Nullpunktsenergie* finden, wenn ein Teilchen sich nicht in einem unendlichen Raum bewegen kann (unendlich ausgedehnte Materiewelle), sondern auf einen bestimmten Raum beschränkt ist (stehende Welle). Die quantenmechanische Behandlung eines harmonischen Oszillators liefert für dessen Energie die folgende Beziehung:

$$E_v = \left(v + \frac{1}{2}\right) h\nu \qquad [13.46]$$

Für den Grundzustand ist $v = 0$; hier haben wir also immer noch eine Nullpunktsenergie des Oszillators von

$$E_0 = \frac{1}{2} h\nu \qquad [13.47]$$

Diesen Betrag müssen wir dem nach der PLANCKschen Gleichung [13.32] berechneten Betrag für die mittlere Energie eines Oszillators hinzurechnen.

17. Wellenmechanik, die SCHRÖDINGER-Gleichung

Im Jahre 1926 entdeckten ERWIN SCHRÖDINGER und WERNER HEISENBERG unabhängig voneinander die grundlegenden Prinzipien für eine neue Art von Mechanik, mit deren mathematischem Rüstzeug die Dualität von Welle und Korpuskel, Energie und Materie, behandelt werden konnte. Schrödinger nannte seinen Formalismus die *Wellenmechanik*, Heisenberg den seinen die *Matrizenmechanik*. Trotz ihres unterschiedlichen mathematischen Formalismus sind die beiden Methoden in ihrem grundlegenden physikalischen Konzept äquivalent. Sie repräsentieren zwei verschiedene Formen der grundlegenden Theorie der *Quantenmechanik*.
Die Mathematik der Schrödingerschen Methode ist dem Chemiker etwas vertrauter, und es ist daher üblich geworden, die Schrödingersche Wellengleichung als Basis für die chemische Anwendung der Quantenmechanik zu benützen. Strenggenommen können wir die Wellengleichung nicht aus irgendwelchen noch grundlegenderen Postulaten ableiten. Sie nimmt in der Quantenmechanik eine Stellung ein wie die der Newtonschen Gleichung $F = m \, (\mathrm{d}^2 x/\mathrm{d}t^2)$ in der klassischen Mechanik.
Die Fama berichtet, die Theorie der Wellenmechanik sei dem Geist ihres Schöpfers an einem einzigen, sonnigen Tag am Ostseestrand in der Nähe von Kiel entsprungen. Wie dem auch sei – wir wollen hier versuchen, eine logische Entwicklung zu geben. Die allgemeine Differentialgleichung [13.12] für eine eindimensionale Wellenbewegung lautet:

$$\frac{\partial^2 u}{\partial x^2} = \frac{1}{v^2} \frac{\partial^2 u}{\partial t^2}$$

Hierin bedeutet $u(x, t)$ die Auslenkung und v die Geschwindigkeit. Zur Separierung der Variablen schreiben wir $u(x, t) = w(x) \, e^{2\pi i \nu t}$ ([13.19]). Durch Substitution in die ursprüngliche Gleichung erhalten wir als zeitunabhängige Funktion $w(x)$:

$$\frac{\mathrm{d}^2 w}{\mathrm{d} x^2} + \frac{4\pi^2 \nu^2}{v^2} w = 0 \qquad [13.48]$$

Dies ist die zeitunabhängige Wellengleichung.

Um diese Gleichung auch auf *Materiewellen* anwenden zu können, führen wir die
DE-BROGLIE-Beziehung auf die folgende Weise ein. Die Gesamtenergie E eines
bewegten Teilchens der Masse m ist die Summe aus seiner potentiellen Energie U
und seiner kinetischen Energie $p^2/2m$:

$$E = \frac{p^2}{2m} + U$$

oder

$$p = [2m(E - U)]^{1/2}$$

Wenn wir diesen Ausdruck für p in die Beziehung $\lambda = h/p$ einsetzen, dann erhalten
wir:

$$\lambda = h[2m(E - U)]^{-1/2}$$

oder

$$v^2 = \frac{v^2}{\lambda^2} = 2mv^2(E - U)/h^2$$

Wenn wir dies in [13.48] einsetzen und anstelle der Größe w die Amplitude ψ der
Materiewelle setzen, dann erhalten wir:

$$\frac{d^2\psi}{dx^2} + \frac{8\pi^2 m}{h^2}(E - U)\psi = 0 \qquad [13.49]$$

Dies ist die berühmte Schrödingergleichung in der eindimensionalen Form. Für
ein dreidimensionales System erhält sie die Form:

$$\nabla^2\psi + \frac{8\pi^2 m}{h^2}(E - U)\psi = 0 \qquad [13.50]$$

Der Operator ∇^2 ist in kartesischen Koordinaten folgendermaßen definiert
([10.45]):

$$\nabla^2 \equiv \frac{\partial^2}{\partial x^2} + \frac{\partial^2}{\partial y^2} + \frac{\partial^2}{\partial z^2}$$

Die Definition für den *Hamiltonoperator* $\widehat{H}$ lautet:

$$\widehat{H} = -\frac{h^2}{8\pi^2 m}\nabla^2 + U$$

Unter Verwendung des Hamiltonoperators gewinnt die Schrödingergleichung die
folgende einfache Form:

$$\widehat{H}\psi = E\psi \qquad [13.51]$$

Die Lösungen dieser Gleichung müssen den besonderen Randbedingungen genügen, die dem jeweiligen System auferlegt sind. Wir haben gesehen, wie die einfache Wellengleichung für eine schwingende Saite einen bestimmten Satz von Lösungen für den stationären Zustand liefert, wenn die Eigenwertbedingung [13.23] erfüllt ist; in genau derselben Weise erhält man Lösungen für die Schrödingergleichung beim Einsetzen bestimmter Werte für die Energie E.

Wenn wir die Schrödingergleichung auf ein Elektron anwenden, dann erhalten wir diskrete Energiewerte immer dann, wenn das Elektron sich in einem umgrenzten Raum befindet, also eine stehende Welle bilden muß. Andererseits erhalten wir einen kontinuierlichen Bereich von Werten für E, wenn sich das Elektron frei im Raume bewegt. Die erlaubten Energiewerte nennt man die charakteristischen Werte oder *Eigenwerte* für das jeweilige System. Die entsprechende *Wellenfunktion* nennt man die charakteristische Funktion oder Eigenfunktion.

18. Interpretation der ψ-Funktionen

Die Wellenfunktion ψ ist eine Art von Amplitudenfunktion. Bei einer Lichtwelle ist die Lichtintensität oder die Energie des elektromagnetischen Feldes an irgendeinem Punkt proportional dem Quadrat der Wellenamplitude an diesem Punkt. Wir können die Lichtintensität auch durch Lichtquanten ausdrücken; je höher die Lichtintensität an irgendeinem Ort ist, um so mehr Photonen ($h\nu$) treffen an dieser Stelle in der Zeiteinheit auf. (Man spricht ja auch vom »Lichteinfall«.) Dieser Zusammenhang läßt sich endlich auch so ausdrücken, daß mit zunehmender Amplitude einer Lichtwelle auch die Wahrscheinlichkeit zunimmt, ein Photon in dem jeweiligen Bereich zu finden.

Diese letztere Formulierung hat sich für die Interpretation der Eigenfunktionen ψ der Schrödingergleichung als besonders nützlich erwiesen. Man nennt diese Funktionen daher manchmal auch Wahrscheinlichkeitsamplitudenfunktionen. Wenn $\psi(x)$ eine Lösung für die Wellengleichung eines Elektrons ist, dann ist die relative Wahrscheinlichkeit, ein Elektron im Bereich zwischen x und $x + dx$ zu finden, $\psi^2(x)\,dx$.

Da die Funktion ψ meist eine komplexe Größe ist, müssen wir anstelle des Quadrats ψ^2 die allgemeinere Formulierung $\psi\psi^* = |\psi|^2$ verwenden, um zu einem reellen Ausdruck mit physikalischer Bedeutung zu gelangen. Die Größe $\psi\psi^*$ nennt man das Produkt der konjugiert komplexen Funktionen. Wenn z.B. $\psi = e^{-ix}$ ist, dann ist $\psi^* = e^{ix}$. Das Quadrat der Wellenfunktion, ψ^2, wurde von MAX BORN als die *Wahrscheinlichkeitsdichte* $p(x, y, z)$ für das Auftreten eines Teilchens im Punkt (x, y, z) gedeutet. Bei eindimensionaler Betrachtung ist die tatsächliche Wahrscheinlichkeit, ein Elektron zwischen x und $x + dx$ zu finden:

$$\frac{\psi^2(x)\,dx}{\int_{-\infty}^{+\infty} \psi^2(x)\,dx}$$

Die Wahrscheinlichkeit, daß ein Teilchen im Volumenelement $d\tau$ auftritt, ist entsprechend

$$\frac{|\psi(x, y, z)|^2\,d\tau}{\iiint \psi^2(x, y, z)\,d\tau}$$

In kartesischen Koordinaten ist $d\tau = dx\,dy\,dz$. Für jeden Fall, den eines freien Teilchens im unendlichen Raum ausgenommen, muß die Wellenfunktion quadratisch integrierbar sein, so daß man diese Wahrscheinlichkeit ausrechnen kann.

Die physikalische Erklärung der Wellenfunktion als Wahrscheinlichkeitsdichte impliziert, daß sie bestimmten mathematischen Bedingungen gehorchen muß. So muß die Funktion $\psi(x)$ für alle physikalisch möglichen Werte von x kontinuierlich und endlich sein und jeweils nur einen einzelnen Wert liefern. Letzteres muß gefordert werden, da die Wahrscheinlichkeit, das Elektron an irgendeinem Punkt x zu finden, einen und nur einen Wert haben kann. Die Funktion kann auch nicht an irgendeinem Punkt ins Unendliche gehen (unendliche Wahrscheinlichkeit für das Auffinden des Elektrons an eben diesem Punkt), da das Elektron in diesem Falle ja an eben diesen Punkt fixiert wäre, was aber im Widerspruch zu seinen Welleneigenschaften steht. Durch die Forderung der Kontinuität können wir physikalisch vernünftige Lösungen für die Wellengleichung aussuchen.

19. Lösung der SCHRÖDINGER-Gleichung; das freie Teilchen

Am einfachsten ist die Anwendung der Schrödingergleichung auf ein freies Teilchen; hierunter wollen wir ein Teilchen verstehen, das sich in einem potentialfreien Raum bewegt. Für diesen Fall können wir in [13.49] $U = 0$ setzen; die eindimensionale Gleichung erhält dann die folgende Form:

$$\frac{d^2 \psi}{dx^2} + \frac{8\pi^2 m}{h^2} E \psi = 0 \qquad [13.52]$$

Diese Gleichung hat dieselbe Form wie [13.1]; ihre Lösung lautet:

$$\psi = A \sin kx + B \cos kx \qquad [13.53]$$

Hierin ist

$$k = \frac{2\pi}{h} (2mE)^{1/2} \qquad [13.54]$$

In diesem und in den beiden folgenden Abschnitten darf k nicht mit der Boltzmannschen Konstante verwechselt werden.
Unter Berücksichtigung der Beziehung von sin und cos zu komplexen Exponentialfunktionen können wir [13.53] in folgender Form schreiben:

$$\psi = C e^{ikx} + D e^{-ikx} \qquad [13.55]$$

Hierin sind C und D willkürliche Konstanten. Wenn $D = 0$ ist, dann entspricht die Lösung $\psi = C e^{ikx}$ einem Teilchenstrahl, der sich in der positiven x-Richtung bewegt. Wenn $C = 0$ ist, dann entspricht die Lösung $\psi = D e^{-ikx}$ einem Teilchenstrahl, der sich in der negativen x-Richtung bewegt. Für die de-Broglie-Wellenlänge der Teilchen gilt:

$$\lambda = \frac{2\pi}{k}$$

Der Impuls der Teilchen ist daher:

$$p_x = \frac{kh}{2\pi} \quad \text{oder} \quad = -\frac{kh}{2\pi}$$

Die Summe der beiden Funktionen in [13.53] sowie *entweder* die sin- *oder* die cos-Funktion in [13.53] stellen eine Überlagerung von zwei Materiewellen dar, die sich in entgegengesetzter Richtung bewegen.

Wir können diesen Beziehungen entnehmen, daß es für ein freies Teilchen keine Beschränkungen in bezug auf die Werte von k gibt. Die Wellenfunktion ψ in [13.55] erfüllt stets die Bedingung, daß sie beschränkt, stetig und eindeutig ist. Die kinetische Energie E eines freien Teilchens kann also jeden positiven Wert besitzen. Dieses Ergebnis entspricht der Beobachtung, daß die Ionisation eines Atoms im Spektrum durch den Beginn eines *Kontinuums* gekennzeichnet ist. Solange das Elektron an das Atom gebunden ist, sind seine Energieniveaus diskret und gequantelt. Sobald das Elektron völlig frei ist, ist seine Energie kontinuierlich und nicht gequantelt.

20. Lösung der Wellengleichung: Das Teilchen im Kasten

Welche Konsequenzen hat es, wenn das Teilchen sich nicht mehr völlig frei bewegen kann, sondern in bestimmten Grenzen »eingesperrt« ist? Bei eindimensional gesetzten Grenzen würde dies bedeuten, daß sich das Teilchen nur zwischen zwei Punkten auf einer geraden Linie bewegen kann. Im dreidimensionalen Fall hätten wir das Problem eines Teilchens, das in einem »Kasten« eingeschlossen ist.

Die Potentialfunktion für diesen Fall zeigt Abb. 13.14. Für Werte von x zwischen 0 und a ($0 < x < a$) ist das Teilchen völlig frei, es ist $U = 0$. An den Grenzen trifft das Teilchen jedoch auf einen unendlich hohen Potentialwall, den es nicht überwinden kann; für $x = 0$ und $x = a$ ist also $U = \infty$. Außerhalb des Bereiches $0 < x < a$ ist also die Wellenfunktion $\psi = 0$.

Diese Situation ist ähnlich der einer schwingenden Saite, die wir zu Beginn dieses Kapitels schon diskutiert haben. Das Elektron auf festgesetzte Grenzen zu beschränken ist gleichbedeutend mit dem Fixieren der beiden Enden einer Saite; bei Werten von $x = 0$ und $x = a$ ist also $\psi = 0$. Nur stehende Wellen löschen sich nicht selbst durch Interferenz aus. Dies bedeutet aber eine Restriktion der erlaubten Wellenlängen: Nur wenn die Strecke a ein ganzzahliges Vielfaches von $\lambda/2$ ist, kann sich eine stehende Welle ausbilden. Es muß also sein:

$$n(\lambda/2) = a$$

Abb. 13.14 zeigt einige der erlaubten Elektronenwellen, eingezeichnet in das Diagramm der potentiellen Energie.

Die erlaubten Energiewerte, also die *Eigenwerte* der Lösung der Schrödingergleichung, können aus [13.53] erhalten werden. Wenn bei $x = 0$ zugleich auch $\psi = 0$ sein soll, dann muß die cos-Funktion verschwinden; hierzu muß aber die Konstante $B = 0$ sein. Es ist also

$$\psi = A \sin \frac{2\pi}{h} (2mE)^{1/2} x \qquad [13.56]$$

Für $x = a$ muß aber ψ ebenfalls gleich null sein; die Bedingung hierfür ist

$$\sin \frac{2\pi}{h} (2mE)^{1/2} a = 0$$

oder

$$\frac{2\pi}{h} (2mE)^{1/2} a = n\pi \qquad [13.57]$$

Diese Bedingung beschränkt daher die erlaubten Werte von E auf bestimmte diskrete Eigenwerte, für die nach [13.57] gilt:

$$E_n = \frac{n^2 h^2}{8 m a^2} \qquad [13.58]$$

Abb. 13.14 zeigt die ersten vier dieser Energieniveaus.

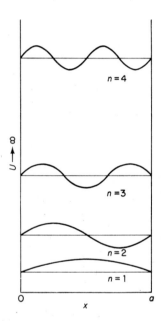

Abb. 13.14 Erlaubte Wellenzustände (stehende Wellen) und Energieniveaus eines Elektrons im eindimensionalen Kasten.

Aus [13.58] können zwei wichtige Konsequenzen abgeleitet werden, die für die Energie der Elektronen nicht nur in diesem besonderen Fall, sondern ganz allgemein gelten. Zunächst können wir sehen, daß mit zunehmendem Wert von a die kinetische Energie E_n abnimmt. Unter sonst gleichen Bedingungen gilt also, daß die kinetische Energie des Elektrons um so niedriger ist, je mehr Raum das Elektron zur Verfügung hat. Je mehr es also in seiner Bewegung lokalisiert ist, um so höher ist seine kinetische Energie. Bei dieser Gelegenheit wollen wir uns daran erinnern, daß ein System um so stabiler ist, je niedriger seine Energie ist. Solch eine *Delokalisierung* der Bewegung eines Elektrons kann in Molekeln mit bestimmten Strukturen, vornehmlich bei Kohlenstoffverbindungen mit konjugierten Ketten oder aromatischen Ringen, auftreten; sie führt immer zu einer erhöhten

Stabilität der betreffenden Verbindung. Die zweite wichtige Feststellung ist, daß die ganzen Zahlen n typische *Quantenzahlen* darstellen, die sich nun ganz natürlich ergeben und ihre Existenz nicht irgendeiner ad-hoc-Hypothese verdanken. Die physikalische Bedeutung dieser Quantenzahlen ist die *Zahl der Knoten* in der Elektronenwelle. Für $n = 1$ haben wir keine Knoten. Bei $n = 2$ existiert ein Knoten in der Mitte der stehenden Welle; für $n = 3$ haben wir zwei Knoten und so weiter. Der Wert für die Energie der Elektronenwelle steigt mit n^2 an, nimmt also mit der Zahl der Knoten rasch zu. Dies ergeben auch die Lösungen der SCHRÖDINGER-Gleichung für andere Systeme.

Wir können nun die an einem eindimensionalen System erhaltenen Ergebnisse auch auf den Fall eines dreidimensionalen Behälters in der Form eines Parallelepipeds mit den Seiten a, b, c ausdehnen. Überall im Innern des Behälters ist das Potential $U = 0$; für diesen Fall hat die Schrödingergleichung [13.50] die folgende Form:

$$\nabla^2 \psi \equiv \left(\frac{\partial^2 \psi}{\partial x^2} + \frac{\partial^2 \psi}{\partial y^2} + \frac{\partial^2 \psi}{\partial z^2} \right) = - \frac{8\pi^2 m}{h^2} E \psi \qquad [13.59]$$

Auch diese Gleichung separieren wir durch die Substitution

$$\psi(x, y, z) = X(x)\, Y(y)\, Z(z) \qquad [13.60]$$

Hiermit erhalten wir:

$$\frac{1}{X} \frac{\partial^2 X}{\partial x^2} + \frac{1}{Y} \frac{\partial^2 Y}{\partial y^2} + \frac{1}{Z} \frac{\partial^2 Z}{\partial z^2} = - \frac{8\pi^2 mE}{h^2} \qquad [13.61]$$

Da diese Gleichung für alle Werte der unabhängigen Variablen x, y und z gültig sein muß, können wir schließen, daß jeder Term auf der linken Seite dieser Beziehung konstant ist. Wir können also schreiben:

$$\begin{aligned}
\frac{1}{X} \frac{d^2 X}{dx^2} &= -k_x^2 \\
\frac{1}{Y} \frac{d^2 Y}{dy^2} &= -k_y^2 \\
\frac{1}{Z} \frac{d^2 Z}{dz^2} &= -k_z^2
\end{aligned} \qquad [13.62]$$

Hierin ist $k_x^2 + k_y^2 + k_z^2 = -8\pi^2 mE/h^2 = k^2$.

Die Gleichungen in diesem Gleichungssystem ähneln [13.52] für den eindimensionalen Fall, die wir schon gelöst haben. Wir können also schreiben:

$$\begin{aligned}
X(x) &= A_x \sin k_x x + B_x \cos k_x x \\
Y(y) &= A_y \sin k_y y + B_y \cos k_y y \\
Z(z) &= A_z \sin k_z z + B_z \cos k_z z
\end{aligned} \qquad [13.63]$$

Die Grenzbedingungen sind $\psi(x, y, z) = 0$ bei $x = 0$, $y = 0$ und $z = 0$. Voraussetzung für deren Befriedigung ist, daß $X(x) = 0$ bei $x = 0$, $Y(y) = 0$ bei $y = 0$ und $Z(z) = 0$ bei $z = 0$; hierzu müssen die Koeffizienten der cos-Funktionen ver-

Das Teilchen im Kasten

schwinden und $B_x = B_y = B_z = 0$ sein. Die Grenzbedingung, daß $\psi(x, y, z) = 0$ ist, wann immer $x = 0$ oder a, $y = 0$ oder b und $z = 0$ oder c ist, erfordert, daß

$$k_x = \frac{n_1 \pi}{a}, \quad k_y = \frac{n_2 \pi}{b} \quad \text{und} \quad k_z = \frac{n_3 \pi}{c} \qquad [13.64]$$

Die Lösungen für die Differentialgleichung [13.61] sind also die Eigenfunktionen

$$\psi_{n_1 n_2 n_3}(x, y, z) = A \sin \frac{n_1 \pi x}{a} \sin \frac{n_2 \pi y}{b} \sin \frac{n_3 \pi z}{c} \qquad [13.65]$$

Diese sind durch einen Satz von drei Quantenzahlen, n_1, n_2, n_3 bestimmt. Für die erlaubten Energieniveaus gilt nach [13.62] und [13.64]:

$$E = \frac{h^2 k^2}{8 \pi^2 m} = \frac{h^2}{8 m} \left(\frac{n_1^2}{a^2} + \frac{n_2^2}{b^2} + \frac{n_3^2}{c^2} \right) \qquad [13.66]$$

Die Eigenwerte E für das Elektron im begrenzten dreidimensionalen Raum hängen von der Größe der drei ganzzahligen Quantenzahlen n_1, n_2 und n_3 ab.
Die Amplitude A in [13.65] ist durch die Normierungsbedingung festgelegt; letztere besteht in der notwendigen Voraussetzung, daß die Wahrscheinlichkeit, das Elektron irgendwo in dem umschlossenen Raum zu finden, gleich eins ist:

$$\int_0^c \int_0^b \int_0^a \psi^2(x, y, z) \, \mathrm{d}x \, \mathrm{d}y \, \mathrm{d}z = 1$$

Aus [13.65] erhalten wir damit

$$A = (8/abc)^{1/2}$$

Wenn der Behälter ein Würfel mit der Kantenlänge a ist, dann wird aus [13.66] die folgende Beziehung:

$$E = \frac{h^2}{8 m a^2} (n_1^2 + n_2^2 + n_3^2) \qquad [13.67]$$

Hier begegnen wir einer wichtigen neuen Tatsache: dem Auftreten von mehr als einer bestimmten Eigenfunktion für ein und denselben Eigenwert der Energie. So entsprechen z.B. die drei Eigenfunktionen

$$\psi_{1,2,1}, \quad \psi_{2,1,1} \quad \text{und} \quad \psi_{1,1,2}$$

verschiedenen Verteilungen im Raum, sie haben aber alle dieselbe Energie

$$E = \frac{h^2}{8 m a^2} \cdot 6$$

Von dem Energieniveau E_{211} sagt man, daß es dreifach *entartet* (degeneriert) sei. Bei jeder statistischen Behandlung der Energieniveaus im System hätte dieses Niveau ein *statistisches Gewicht* von $g_k = 3$.

Abb. 13.15 zeigt einige der Energieniveaus für einen würfelförmigen Kasten der Kantenlänge a; die Quantenzustände sind mit n_x, n_y und n_z angegeben, der Degenerationsgrad beträgt g_k.

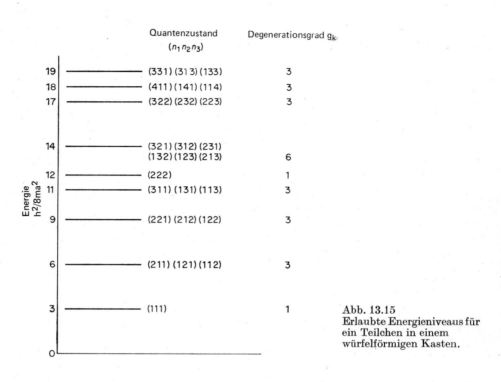

Abb. 13.15
Erlaubte Energieniveaus für ein Teilchen in einem würfelförmigen Kasten.

21. Durchwanderung eines Potentialwalls

Das Modell eines Teilchens auf einer eindimensionalen Linie oder in einem dreidimensionalen Kasten erlaubt dem Teilchen keine Möglichkeit des Entkommens über die gesetzten Grenzen hinweg. Die Linie oder der Kasten war also eine perfekte Falle, da das Potential U an den Begrenzungen definitionsgemäß gegen ∞ ging.

Wir wollen uns nun wieder einer eindimensionalen Materiewelle zuwenden, bei der jedoch der Potentialwall nicht unendlich hoch sei, sondern eine bestimmte Höhe U und eine Breite a haben soll. Abb. 13.16 verdeutlicht diese Situation. Wir nehmen an, daß ein Teilchen, z. B. ein Elektron, von links mit einer bestimmten kinetischen Energie $E < U$ ankommt und auf den Potentialwall trifft. In der klassischen Mechanik ist das Ergebnis dieses Vorgangs einfach und sicher. Das Elektron würde einen elastischen Zusammenstoß mit der Wand erfahren und in die negative x-Richtung zurückgeworfen werden. Solange $E < U$ ist, wäre die Wahrscheinlichkeit für ein Entkommen des Elektrons durch den Wall hindurch oder über ihn hinweg gleich null. Das quantenmechanische Ergebnis ist geradezu erstaunlich verschieden von dem der klassischen Mechanik. Es besagt, daß für das Elektron stets eine endliche Wahrscheinlichkeit dafür besteht, den Potentialwall zu durchqueren und auch jenseits des Punktes $x = a$ auf seinem Weg in der positiven x-Richtung weiterzuwandern, – ausgenommen den Grenzfall, daß der Potentialwall unendlich hoch oder unendlich dick ist. Dieses Phänomen wird der *Tunneleffekt* genannt.

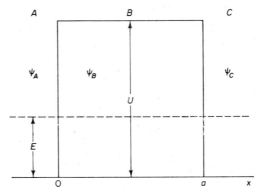

Abb. 13.16 Schematische Darstellung einer Elektronenwelle der kinetischen Energie E, die auf einen quadratischen Potentialwall der Höhe $U > E$ und der Breite a trifft.

Um zu diesem Resultat zu gelangen, schreiben wir die Schrödingergleichung zunächst in der folgenden Form:

$$\frac{d^2 \psi}{dx^2} = -\frac{8\pi^2 m}{h^2}(E - U)\psi$$

Hierin sei $U = 0$, ausgenommen für $0 \leq x \leq a$. Wir wollen nun die Lösung dieser Gleichung für einen Bereich A (links von der Barriere), einen Bereich B (in der Barriere) und einen Bereich C (rechts von der Barriere) betrachten. Im Bereich A haben wir eine einfallende und eine reflektierte Welle; hierfür können wir nach [13.55] schreiben:

$$\psi_A = A_1 e^{ik_1 x} + B_1 e^{-ik_1 x} \qquad [13.68]$$

Hierin ist $k_1^2 = 8\pi^2 mE/h^2$. Im Bereich B, wo $E < U$ ist, würde die der Größe k_1 in [13.68] entsprechende Konstante eine imaginäre Zahl sein; es ist daher gebräuchlich, sie folgendermaßen zu definieren:

$$k_2^2 = 8\pi^2 m(U - E)/h^2$$

Die Lösung schreibt man dann in der folgenden Weise:

$$\psi_B = A_2 e^{k_2 x} + B_2 e^{-k_2 x} \qquad [13.69]$$

Im Bereich C gibt es nur eine imaginäre Wellenfunktion mit

$$\psi_C = A_3 e^{ik_1 x} \qquad [13.70]$$

Unser Problem besteht nun darin, diese Gleichungen so zusammenzufügen, daß wieder eine kontinuierliche Beziehung entsteht; nach unseren grundlegenden Voraussetzungen für eine erlaubte Wellenfunktion müssen die Funktion ψ und ebenso ihre erste Ableitung kontinuierlich sein. Es ist daher

$$\begin{aligned}\text{bei}\quad x=0:&\quad \psi_A=\psi_B \quad\text{und}\quad d\psi_A/dx = d\psi_B/dx\\ \text{bei}\quad x=a:&\quad \psi_B=\psi_C \quad\text{und}\quad d\psi_B/dx = d\psi_C/dx\end{aligned} \qquad [13.71]$$

Dies sind vier unabhängige Bedingungen, so daß wir in [13.67] alle willkürlichen Konstanten bis auf eine bestimmen können; diese eine finden wir dann aus einer Normierungsbedingung. Wir benutzen nun die vier Gleichungen [13.68] bis [13.71], um die vier Konstanten A_1, B_1, A_2 und B_2 durch eine fünfte A_3 auszudrücken; das Ergebnis hiervon ist:

$$\begin{aligned}A_1 &= e^{ik_1 a}\left[\cosh k_2 a + \frac{i}{2}\left(\frac{k_2}{k_1}-\frac{k_1}{k_2}\right)\sinh k_2 a\right]\cdot A_3\\ B_1 &= -\frac{i}{2}\,e^{ik_1 a}\left(\frac{k_2}{k_1}+\frac{k_1}{k_2}\right)\sinh k_2 a \cdot A_3\\ A_2 &= \frac{1}{2}\,e^{ik_1 a}e^{-k_2 a}\left(1+\frac{ik_1}{k_2}\right)\cdot A_3\\ B_2 &= \frac{1}{2}\,e^{ik_1 a}e^{k_2 a}\left(1-\frac{ik_1}{k_2}\right)\cdot A_3\end{aligned} \qquad [13.72]$$

cosh = *cosinus hyperbolicus*
sinh = *sinus hyperbolicus*

Da die Wahrscheinlichkeit, ein Teilchen in einem bestimmten Bereich zu finden, proportional dem Amplitudenquadrat der Wellenfunktion ist, können wir die Wahrscheinlichkeit, mit der das Elektron die Barriere durchtunnelt, durch Berechnung der Größe

$$D=\left|\frac{A_3}{A_1}\right|^2 \qquad [13.73]$$

bestimmen. Die Wahrscheinlichkeit für diese Durchquerung des Potentialwalls ist also gegeben durch das Quadrat des absoluten Wertes des Quotienten aus der Amplitude der auf den Potentialwall treffenden Elektronenwelle und der Amplitude der Elektronenwelle, die die Barriere durchsetzt. Aus dem Gleichungssystem [13.72] erhalten wir als Lösung für [13.73]:

$$D=\frac{1}{1+\frac{1}{4}\left(\frac{k_2}{k_1}+\frac{k_1}{k_2}\right)^2 \sinh^2 k_2 a} \qquad [13.74]$$

Wir können nun sehen, daß es tatsächlich eine endliche Wahrscheinlichkeit für die Durchquerung der Barriere gibt (Tunneleffekt). Wir erinnern uns, daß für den Sinus hyperbolicus gilt:

$$\sinh x = \frac{e^x - e^{-x}}{2}$$

Mit dieser Beziehung können wir eine Näherungsform von [13.74] erhalten; diese gilt, wenn $k_2 a \gg 1$ und daher $\sinh k_2 a \approx e^{k_2 a}/2$ ist. Es ist also näherungsweise:

$$D=\left[\frac{4}{\left(\frac{k_2}{k_1}\right)+\left(\frac{k_1}{k_2}\right)}\right]^2 e^{-2k_2 a} \qquad [13.75]$$

Aus dieser Beziehung können wir sehen, daß für $a \to \infty$ oder $(U - E) \to \infty$ zugleich $D \to 0$ strebt; die Barriere ist also völlig undurchdringlich wie für den Fall eines Teilchens in einem abgeschlossenen Kasten. Als ein Beispiel für [13.75] wollen wir einen Fall betrachten, bei dem die Barriere 1 nm dick und um 1,0 eV höher ist als die Energie des einfallenden Elektrons, das selbst eine Energie von 1 eV haben soll. Dann ist

$$k_2/k_1 = \left(\frac{U-E}{E}\right)^{1/2} = (1)^{1/2} = 1$$

$$D = \left(\frac{4}{1^{1/2} + 1^{1/2}}\right)^2 \cdot e^{-2 \cdot 5,1}$$
$$= 1,4 \cdot 10^{-4}$$

Unter diesen Bedingungen besteht also für das Elektron eine Wahrscheinlichkeit von $1,4 \cdot 10^{-4}$ für die Durchdringung des Potentialwalls.

Bei vielen wichtigen Phänomenen spielt der Tunneleffekt eine Rolle. Ein alltägliches Beispiel haben wir beim Schließen eines elektrischen Stromkreises, wenn wir zwei metallische Leiter miteinander verbinden. Die Elektronen fließen über die Kontaktstelle, obwohl die Drähte mit einer dünnen, isolierenden Oxidschicht überzogen sind. Die Elektronen tunneln durch eine solche Barriere ohne weiteres hindurch; sie brauchen also nicht den Potentialberg zu übersteigen.

Bei vielen Elektrodenvorgängen tunneln die Elektronen durch Potentialwälle an der Elektrodenoberfläche. Das in Abb. 12.13 gegebene Bild einer Elektronenübertragung über einen Berg der potentiellen Energie hinweg gibt also nicht immer die wirkliche Situation wieder. Die Wahrscheinlichkeit eines solchen Übergangs über einen Aktivierungsberg der Höhe E_a wäre proportional dem Boltzmannschen Faktor $\omega = \exp(-E_a/kT)$. (Hier ist k natürlich die Boltzmannsche Konstante.) Die klassische Wahrscheinlichkeit für die Überwindung einer Barriere von 1,0 eV wäre etwa $5 \cdot 10^{-12}$. Andererseits beträgt die Wahrscheinlichkeit, daß ein Teilchen durch eine solche Barriere tunnelt, nach unserer obigen Rechnung etwa $1,4 \cdot 10^{-4}$. Der Tunneleffekt ist also von ganz grundlegender Bedeutung für solche Elektronenübertragungsreaktionen. Für die meisten Ionenübertragungen kann er natürlich vernachlässigt werden, da die Masse eines Ions etwa 10^5mal größer ist als die eines Elektrons. Bei Protonen kann dieser Effekt jedoch von Bedeutung sein, wie die hohe Beweglichkeit von Protonen in bestimmten Systemen zeigt. Dies hat zu eingehenden Untersuchungen über den Anteil des Tunneleffekts bei thermischen Reaktionen mit Protonen oder Wasserstoffatomen geführt. Die notwendig werdende Korrektur der klassischen Theorie der Reaktionskinetik für diesen speziellen quantenmechanischen Effekt ist oft beträchtlich. Eine Probe aufs Exempel läßt sich durch Substitution des Wasserstoffs durch Deuterium machen. Hierbei geht ein Massenfaktor von $\sqrt{2}$ in die Konstanten k_2 der Theorie ein, und es ist ein ungewöhnlich großer Isotopeneffekt zu beobachten. H-Atome können also oft durch Barrieren hindurch tunneln, die D-Atome nur selten durchdringen können.

14. Kapitel
Quantenmechanik und Atomstruktur

> *Here is this quite beautiful theory, perhaps one of the most perfect, most accurate, and most lovely that man has discovered. We have external proof, but above all internal proof, that it has only a finite range, that.it does not describe everything that it pretends to describe. The range is enormous, but internally the theory is telling us, "Do not take me absolutely or seriously. I have some relation to a world that you are not talking about when you are talking about me."*
>
> J. ROBERT OPPENHEIMER (1957)

Im letzten Kapitel hatten wir gezeigt, welche Entwicklungen in der Geschichte der Wissenschaft zur Aufstellung der Quantenmechanik geführt haben. Diese Theorie wurde auf Systeme angewandt, die einige der wichtigen Konsequenzen der Welleneigenschaften von Elektronen zeigen konnten. In diesem Kapitel wollen wir die Mindestzahl grundlegender Postulate aufstellen, die wir für die Formulierung der Quantenmechanik brauchen. Diese werden wir dann auf einige Probleme anwenden, die genaue analytische Lösungen der SCHRÖDINGER-Gleichung ermöglichen. Schließlich wollen wir Methoden diskutieren, die zwar nur Näherungslösungen darstellen, sich aber auf eine Vielzahl chemischer Probleme anwenden lassen, erstaunlich oft mit großer Genauigkeit.

1. Postulate der Quantenmechanik

Das mathematische Gerüst der Quantenmechanik beruht auf einigen Postulaten. Unter einem wissenschaftlichen Postulat wollen wir einen Satz verstehen, den wir zwar nicht beweisen können und der auch nicht unmittelbar einsichtig ist, von dem wir aber quantitative Beziehungen ableiten können, die in Übereinstimmung mit den Ergebnissen physikalischer Beobachtungen stehen.

Aus Gründen der Einfachheit und Verständlichkeit wollen wir die quantenmechanischen Postulate zunächst für spinfreie Teilchen aufstellen und erst später durch weitere Postulate ergänzen, die sich auf die grundlegende Eigenschaft des Spins beziehen. Auf diese Weise verlieren wir zwar etwas von der Eleganz der auf Postulaten ruhenden Formulierung; bei einer ersten Diskussion unseres Gegenstandes scheint diese Methode jedoch die größeren Vorzüge zu besitzen.

Getreu dieser Maxime wollen wir also die Postulate für eine logische Entwicklung der Quantenmechanik zunächst für ein einzelnes Teilchen ohne Spin aufstellen. Die anschließende Verallgemeinerung für Systeme aus zwei oder mehr Teilchen ist dann folgerichtig. Ebenso werden wir unsere Postulate zunächst für ein eindimensionales System (ein Freiheitsgrad) aufstellen, das durch eine Koordinate x gekennzeichnet ist. Die Ausdehnung auf ein dreidimensionales System ist dann nicht schwierig. Wir beginnen also mit dem

I. Postulat:

Der physikalische *Zustand* eines Teilchens zur Zeit t wird so vollständig wie möglich durch eine komplexe Wellenfunktion $\Psi(x, t)$ beschrieben.

II. Postulat:

Die Wellenfunktion $\Psi(x, t)$ und ihre erste und zweite Ableitung $\partial \Psi(x, t)/\partial x$ und $\partial^2 \Psi(x, t)/\partial x^2$ müssen kontinuierlich, beschränkt und eindeutig für alle Werte von x sein.

III. Postulat:

Jede Größe, die sich physikalisch beobachten läßt, kann in der Quantenmechanik durch einen HERMITE-*Operator* wiedergegeben werden. Dieser ist ein linearer Operator $\hat{F}$, der für ein beliebiges Paar von Funktionen ψ_1 und ψ_2, die physikalische Zustände des Teilchens repräsentieren, die folgende Bedingung erfüllt:

$$\int \psi_1^* \hat{F} \psi_2 \, dx = \int \psi_2 (\hat{F} \psi_1)^* \, dx \qquad [14.1]$$

IV. Postulat:

Zulässige Resultate einer Beobachtung der Größe, die durch den Hermiteoperator $\hat{F}$ repräsentiert wird, sind alle die mit den Eigenwerten f_i von $\hat{F}$; hierbei ist

$$\hat{F} \psi_i = f_i \psi_i$$

Wenn ψ_i eine Eigenfunktion von $\hat{F}$ mit dem Eigenwert f_i ist, dann liefert eine Messung von F mit Sicherheit den Wert f_i.

V. Postulat:

Der mittlere Wert oder *Erwartungswert* $\langle F \rangle$ irgendeiner beobachtbaren Größe F, die zu einem Operator $\hat{F}$ gehört, läßt sich aus der folgenden Formel berechnen:

$$\overline{F} \equiv \langle F \rangle = \int_{-\infty}^{\infty} \psi^* \hat{F} \psi \, dx \qquad [14.2]$$

Bei dieser Formulierung wird vorausgesetzt, daß die Wellenfunktion *normiert* ist:

$$\int_{-\infty}^{\infty} \psi^* \psi \, dx = 1 \qquad [14.3]$$

Hierin ist ψ^* die konjugiert komplexe Form von ψ, die man durch Substitution von i durch $-i$ erhält, wann immer i in der ψ-Funktion auftritt[1].

VI. Postulat:

Ein quantenmechanischer Operator, der zu einer physikalischen Größe gehört, läßt sich dadurch konstruieren, daß man den klassischen Ausdruck mit den Variablen x, p_x, t und E schreibt und diesen Ausdruck dann mit Hilfe der folgenden Regeln in einen Operator verwandelt:

Klassische Variable	Quantenmechanischer Operator	Ausdruck für den Operator	Operation
x	$\hat{x}$	x	mit x multiplizieren
p_x	$\hat{p}_x$	$\dfrac{\hbar}{i}\dfrac{\partial}{\partial x}$	nach x ableiten und diese Ableitung mit $\hbar/i$ multiplizieren
t	$\hat{t}$	t	mit t multiplizieren
E	$\hat{E}$	$-\dfrac{\hbar}{i}\dfrac{\partial}{\partial t}$	nach t ableiten und mit $-\hbar/i$ multiplizieren

VII. Postulat:

Die Wellenfunktion $\Psi(x,t)$ ist eine Lösung der zeitabhängigen Schrödingergleichung

$$\hat{H}(x,t)\,\psi(x,t) = \frac{i\hbar\,\partial\Psi(x,t)}{\partial t} \qquad [14.4]$$

Hierin ist $\hat{H}$ der Hamiltonoperator.

---

[1] In der Quantenmechanik ist die gleichzeitige Verwendung einer Reihe bestimmter klassischer Korpuskulargrößen (z.B. p_x und x) nicht möglich, da diese Größen nicht gleichzeitig beobachtbar sind (HEISENBERGsche Unschärferelation). Es müssen daher Darstellungen, die die Gesamtheit der Teilchen durch deren Koordinaten x, y, z oder beliebige Funktionen $F(x,y,z)$ von ihnen, z.B. die potentielle Energie $U(x,y,z)$, beschreiben (Koordinatendarstellung), von solchen unterschieden werden, bei denen die Impulse die Basis der Darstellung bilden (Impulsdarstellung). In diesem Kapitel wird durchweg die Koordinatendarstellung verwendet.
Hierbei wird die Wellenfunktion also als Funktion der Teilchenkoordinaten aufgefaßt. Der Operator der Koordinaten x ist die Zahl x selbst. Wenn man die Aussage der Funktion $F(x,y,z)$ über die Teilchenkoordinaten als Operator ausübt, so reduziert sie sich einfach auf eine Multiplikation von $F(x,y,z)$ mit $\psi(x,y,z)$. An dieser Stelle ist ein Hinweis zur Nomenklatur angebracht: Wir wollen im folgenden die zuletzt beschriebenen Operatoren nicht mehr als solche kennzeichnen, da dies zu einer unnötigen Komplizierung der Gleichungen führen würde.
Eine Normierung ist notwendig, um ψ als Wahrscheinlichkeitsamplitude interpretieren zu können (13-18). Das Integral der Wahrscheinlichkeit für das Auffinden des Teilchens zwischen x und $x + dx$ (gebildet über den ganzen Raum) muß gleich eins sein: Das Teilchen muß sich notwendigerweise *irgendwo* aufhalten. Bei Problemen der Streuung sind die Wellenfunktionen jedoch nicht quadratisch integrierbar, und man hat es mit einem *Wahrscheinlichkeitsfluß* zu tun, der, im Gegensatz zu der divergierenden Wahrscheinlichkeit selbst, endlich ist.

Diskussion der Operatoren

Diesen Operator erhält man aus dem klassischen **Hamilton**ausdruck (formuliert in kartesischen Koordinaten) mit Hilfe der im VI. Postulat gegebenen Korrespondenzregel. Für den Fall eines Teilchens, das nur konservativen **Kraft**feldern unterworfen ist, ergibt sich der klassische Hamiltonoperator als Summe der Operatoren der kinetischen und potentiellen Energie des Teilchens:

$$\hat{H} = \frac{\hat{p}_x^2}{2m} + \hat{U}(x,t)$$

Nach dem VI. Postulat erhalten wir daher:

$$\hat{H} = -\frac{\hbar^2}{2m} \frac{\partial^2}{\partial x^2} + U(x,t) \qquad [14.5]$$

Durch Substitution von $\hat{H}$ in [14.4] erhalten wir die eindimensionale, zeitabhängige Schrödingergleichung [13.49].

2. Diskussion der Operatoren

Im 1. Kapitel haben wir die Postulate der Quantenmechanik so kurz und präzise wie möglich dargestellt. Zu einer Vertiefung des Verständnisses müssen wir uns noch etwas eingehender mit den Größen befassen, die in diesen Postulaten auftreten.

Die Anwendung von *Operatoren* ist grundlegend für die Quantenmechanik. Man könnte die Schrödingergleichung zwar auch noch in anderer Weise ausdrücken; am wichtigsten ist jedoch die unter Verwendung von Operatoren. Wie der Name andeutet, ist ein Operator die Beschreibung einer mathematischen Operation, die man auf eine bestimmte Funktion anwendet, um damit eine neue Funktion zu erhalten; die ursprüngliche Funktion nennt man den *Operanden*. Als Beispiel wollen wir den Ausdruck $\frac{d}{dx} f(x)$ wählen; hier ist der Operator d/dx und der Operand $f(x)$. Wenn $f(x) = x^2$ ist, dann haben wir als Lösung:

$$\frac{d}{dx} f(x) = \frac{d}{dx} x^2 = 2x$$

In dem Ausdruck $x \cdot f(x)$ können wir x als Operator auffassen, der uns sagt, wir sollen $f(x)$ mit x multiplizieren. Das Produkt von zwei Operatoren $\hat{O}_1$ und $\hat{O}_2$ schreiben wir dann $\hat{O} = \hat{O}_1 \hat{O}_2$. Das Operatorprodukt sagt uns, daß wir zunächst die Operation $\hat{O}_2$ am Operanden und am Resultat dieser Operation dann die Operation $\hat{O}_1$ durchführen sollen. Es sei z.B.

$$\hat{O}_2 = d/dx, \quad \hat{O}_1 = x \quad \text{und} \quad f(x) = x^2$$

Dann ist

$$\hat{O}_1 \hat{O}_2 f(x) = x \frac{d}{dx} x^2 = 2x^2$$

Wenn wir die Operationen umgekehrt durchführen würden, dann erhielten wir:

$$\hat{O}_2 \hat{O}_1 f(x) = \frac{\mathrm{d}}{\mathrm{d}x} x \cdot x^2 = 3 x^2$$

Die sehr wichtige Konsequenz ist also, daß $\hat{O}_2 \hat{O}_1 \neq \hat{O}_1 \hat{O}_2$. Diese Operatoren *kommutieren* nicht; das Ergebnis hängt also davon ab, in welcher Reihenfolge die Operationen durchgeführt werden. (Es gibt allerdings auch kommutierende Paare von Operatoren.)

Von einem Operator $\hat{O}$ sagt man, er sei *linear*, wenn für irgendein Paar von Funktionen f und g die folgende Beziehung gilt:

$$\hat{O}(\lambda f + \mu g) = \lambda (\hat{O} f) + \mu (\hat{O} g) \qquad [14.6]$$

Hierin sind λ und μ willkürliche, entweder komplexe oder reelle Zahlen. $\mathrm{d}^2/\mathrm{d}x^2$ ist z. B. ein linearer Operator; ein Operator $\hat{Q}$, der die Anweisung erteilt: »Quadriere die folgende Funktion«, wäre nichtlinear.

Wenn wir physikalische Größen mit linearen Operatoren in Verbindung bringen, dann muß der durch [14.2] gegebene Erwartungswert dieser Größe notwendigerweise real sein; wir messen ihn ja mit irgendeiner physikalischen Apparatur. Wenn $\langle F \rangle$ reell sein soll, dann muß er gleich seiner konjugiertkomplexen Form sein: $\langle F \rangle = \langle F \rangle^*$. Die konjugiertkomplexe Form von $\langle F \rangle$ erhält man definitionsgemäß, indem man die konjugiertkomplexe Funktion für jeden Teil des Integrals in [14.2] bildet:

$$\langle F \rangle = \langle F \rangle^* = \int_{-\infty}^{\infty} \psi \hat{F}^* \psi^* \mathrm{d}x \qquad [14.7]$$

Aus [14.2] und [14.7] erhalten wir daher:

$$\langle F \rangle = \int_{-\infty}^{\infty} \psi^* \hat{F} \psi \, \mathrm{d}x = \langle F \rangle^* = \int_{-\infty}^{\infty} \psi (\hat{F} \psi)^* \mathrm{d}x \qquad [14.8]$$

Aus der Definition eines Hermiteoperators [14.1] sehen wir, daß $\hat{F}$ in [14.8] ebenfalls ein Hermiteoperator ist. Dies ist eine hinreichende Bedingung dafür, daß der Erwartungswert $\langle F \rangle$ real ist.

Wir können z. B. zeigen, daß auch der Operator $\hat{p}_x$ diese Voraussetzung erfüllt. Es ist

$$\langle p_x \rangle = \int_{-\infty}^{\infty} \psi^* \frac{h}{i} \frac{\partial}{\partial x} \psi \, \mathrm{d}x$$

Durch partielles Integrieren ($\int u \, \mathrm{d}v = uv - \int v \, \mathrm{d}u$) erhalten wir:

$$\langle p_x \rangle = \frac{h}{i} \psi^* \psi \bigg|_{-\infty}^{+\infty} - \frac{h}{i} \int_{-\infty}^{+\infty} \psi \frac{\partial}{\partial x} \psi^* \, \mathrm{d}x$$

Da bei $\pm \infty$ die Wahrscheinlichkeitsdichte $\psi^* \psi \to 0$ geht und damit der erste Term verschwindet, können wir sehen, daß $\langle p_x \rangle$ gleich seiner konjugiertkomplexen Form und $\hat{p}_x$ daher ein Hermiteoperator ist.

Erweiterung auf drei Dimensionen

Wenn eine Funktion f und ein Operator $\hat{O}$ in folgender Beziehung zueinander stehen (c = ganzzahliger Wert):

$$\hat{O}f = cf \qquad [14.9]$$

dann nennen wir f die *Eigenfunktion* des Operators $\hat{O}$ und c den *Eigenwert* des Operators $\hat{O}$. (Bei Hermiteoperatoren müssen die Eigenwerte c reelle Zahlen sein.) Die Begriffe Eigenfunktion und Eigenwert haben wir im vorhergehenden Kapitel im Zusammenhang mit den Lösungen von Differentialgleichungen mit Randbedingungen eingeführt. Wenn $\hat{O}$ ein differentieller Operator ist, dann ist [14.9] ein Ausdruck für die Differentialgleichung in der Form eines Operators. Das Problem, die Eigenfunktionen und Eigenwerte in [14.9] zu finden, ist mathematisch äquivalent der Lösung der Differentialgleichung und des Grenzwertproblems.

3. Erweiterung auf drei Dimensionen

Die Postulate der Quantenmechanik wurden für ein einzelnes Teilchen aufgestellt, das sich nur in einer Dimension bewegen kann, also nur einen Freiheitsgrad besitzt. Bei der Erweiterung auf drei Dimensionen wird die Funktion $\Psi(x, t)$ zur Funktion $\Psi(x, y, z, t)$; für den Hamiltonoperator gilt dann die folgende Beziehung:

$$\hat{H} = -\frac{\hbar^2}{2m}\left(\frac{\partial^2}{\partial x^2} + \frac{\partial^2}{\partial y^2} + \frac{\partial^2}{\partial z^2}\right) + U(x, y, z, t)$$

Dem hier auftretenden LAPLACE-Operator $\nabla^2 \equiv \frac{\partial^2}{\partial x^2} + \frac{\partial^2}{\partial y^2} + \frac{\partial^2}{\partial z^2}$ (oder $\Delta = \frac{\partial^2}{\partial x^2} + \frac{\partial^2}{\partial y^2} + \frac{\partial^2}{\partial z^2}$) sind wir schon früher in der elektrostatischen Theorie begegnet (S. 511); man liest ihn gewöhnlich als »Nabla-Quadrat«.
Für die dreidimensionale Schrödingergleichung gilt nun:

$$-\frac{\hbar^2}{2m}\nabla^2 \Psi + U(x, y, z, t)\,\Psi = i\hbar\frac{\partial \Psi}{\partial t} \qquad [14.10]$$

Wenn das Potential U zeitunabhängig ist, dann können wir die Variablen in dieser Gleichung leicht separieren:

$$\Psi(x, y, z, t) = \psi(x, y, z)\,e^{-iEt/\hbar}$$

Die zeitfreie Schrödingergleichung erhält dann die folgende Form:

$$-\frac{\hbar^2}{2m}\nabla^2 \psi + U\psi = E\psi \qquad [14.11]$$

oder

$$\hat{H}\psi = E\psi \qquad [14.12]$$

Die Separationskonstante E in dieser Beziehung kann, als eine Konsequenz des IV. Postulats, als stationärer Energiewert für das System interpretiert werden.

[14.12] hat genau die Form von [14.9], so daß ψ eine Eigenfunktion, $\hat{H}$ ein Hermiteoperator und E ein Eigenwert des Systems sind. Im weiteren Verlauf dieses Abschnitts wollen wir Lösungen der [14.12] für zeitfreie Eigenfunktionen ψ betrachten. Im 16. Kapitel werden wir jedoch zur zeitabhängigen Wellengleichung [14.10] zurückkehren, um das Problem der Geschwindigkeit des Überganges zwischen stationären Zuständen zu lösen.

4. Der harmonische Oszillator

Durch eine geeignete Transformation der Variablen lassen sich alle Probleme, die nach genauen Lösungen der Schrödingergleichung verlangen, auf dasselbe mathematische Problem reduzieren. Von der physikalischen Theorie her gesehen ist es jedoch lehrreicher, jedes Problem getrennt zu behandeln. Die lösbaren Probleme sind: der harmonische Oszillator, der starre Rotor, das Wasserstoffatom (Bewegung eines Teilchens in einem COULOMBschen Kraftfeld), das Wasserstoffmolekelion H_2^+ (Bewegung eines Teilchens in den überlagerten Coulombschen Feldern zweier Kerne). Außerdem gibt es noch einige andere spezielle Potentialfunktionen, die einer exakten Lösung zugänglich sind.

Das Problem des eindimensionalen, harmonischen Oszillators ist besonders interessant, da es einerseits hinreichend schwierig ist, um ein Beispiel für die meisten interessanten Details abzugeben, andererseits aber einfach genug ist, um eine vollständige Behandlung des mathematischen Problems zu erlauben.

Der lineare harmonische Oszillator stellt das einfachste Modell für die schwingende zweiatomige Molekel dar. Darüber hinaus läßt sich durch geeignete Wahl der Koordinaten (Normalkoordinaten) die Bewegung eines beliebigen Teilchensystems, das kleine Schwingungen vollführt, auf die Bewegung einer Gesamtheit unabhängiger Oszillatoren zurückführen. Eine Schwingung wird dann als harmonisch bezeichnet, wenn die rücktreibende Kraft stets der Auslenkung aus der Ruhelage proportional ist (HOOKEsches Gesetz). Es muß beachtet werden, daß es sich bei der Vorstellung einer harmonischen mechanischen Schwingung um eine Idealisierung handelt, da ja bei diesem Modell die Kraft mit unendlicher Entfernung von der Ruhelage unendlich groß wird. In allen realen Fällen nämlich strebt die Wechselwirkungskraft für größer werdende Amplitudenwerte gegen null. Für kleine Schwingungsamplituden ist jedoch die Vorstellung eines harmonischen Oszillators durchaus gerechtfertigt.

Für die potentielle Energie in Abhängigkeit von der Auslenkung gilt (vgl. S. 160):

$$U(x) = \frac{1}{2} \varkappa x^2$$

Für die Kraftkonstante $\varkappa$ gilt nach [13.3]:

$$\varkappa = 4\pi^2 \mu \nu_0^2 \qquad [14.13]$$

Hierin ist μ die reduzierte Masse und ν_0 die Grundschwingungsfrequenz. Hiermit erhält die Schrödingergleichung [14.11] die folgende Form:

$$\frac{d^2 \psi}{d x^2} + \frac{8 \pi^2 \mu}{h^2} (E - U) \psi = 0 \qquad [14.14]$$

Zur Vereinfachung der Rechenoperationen führen wir die folgenden neuen Parameter ein:

$$\alpha^4 = \frac{\hbar^2}{\varkappa \mu} \quad \text{und} \quad \varepsilon = \frac{2 \alpha^2 \mu E}{\hbar^2} \qquad [14.15]$$

Durch Einsetzen in [14.14] erhalten wir:

$$\alpha^2 \frac{d^2 \psi}{d x^2} + \left(\varepsilon - \frac{x^2}{\alpha^2} \right) \psi = 0 \qquad [14.16]$$

Anschließend transformieren wir die unabhängige Variable x in eine neue Variable y:

$$x = \alpha y$$

Wir nützen nun die Tatsache aus, daß der Operator

$$\frac{d^2}{d x^2} = \alpha^{-2} \frac{d^2}{d y^2}$$

ist; hiermit erhalten wir:

$$\frac{d^2 \psi}{d y^2} + (\varepsilon - y^2) \psi = 0 \qquad [14.17]$$

Dies ist ein Beispiel für eine lineare Differentialgleichung zweiter Ordnung. Die Lösung solcher Gleichungen ist mit interessanten mathematischen Problemen verknüpft. Die theoretische Diskussion beruht auf der Zahl und der Art *singulärer Punkte* der jeweiligen Funktion. Ein singulärer Punkt ist jeder Punkt, der nicht ein *regulärer Punkt* ist. In der Funktion [14.17] ist z.B. ein regulärer Punkt $y = y_1$ jeder Punkt, für den ψ und $d\psi/dy$ jedes Paar von Werten annehmen kann, ohne daß $d^2\psi/dy^2$ unendlich wird. Eine wichtige Eigenschaft linearer Differentialgleichungen ist, daß ihre singulären Punkte fixiert sind. Die Theorie zeigt dann, daß an irgendeinem regulären Punkt oder in seiner Nähe die allgemeine Lösung der Gleichung als Exponentialreihe für diesen Punkt geschrieben werden kann; dessen Konvergenzradius ist dann der Abstand zur nächsten Singularität.
In [14.17] ist $y = \infty$ ein singulärer Punkt, da wir der Größe ψ bei $y = \infty$ nicht einen beliebigen Wert geben und zugleich fordern können, daß $d^2\psi/dy^2$ nicht nach ∞ geht. In der Tat müssen wir fordern, daß bei $y = \infty$ zugleich $\psi = 0$ ist. Wir wählen daher eine Funktion, mit der ψ diese Bedingung bei $y = +\infty$ erfüllt, und multiplizieren diese Funktion mit einer Exponentialreihe, mit der wir die Gleichung im Bereich $-\infty < y < \infty$ lösen können.
Wenn y sehr groß wird, dann reduziert sich [14.17] zu

$$\frac{d^2 \psi}{d y^2} - y^2 \psi = 0 \qquad [14.18]$$

Wenn $y \to \pm\infty$, dann hat die obige Beziehung die asymptotische Lösung

$$\psi = e^{\pm y^2/2} \qquad [14.19]$$

Da mit einem positiven Exponentialausdruck kein vernünftiges Ergebnis herauskommt, versuchen wir eine Lösung der ursprünglichen Gleichung [14.17] zu finden, die die folgende Form hat:

$$\psi = \mathscr{H}(y) e^{-y^2/2} \qquad [14.20]$$

Wenn wir diesen Ausdruck für ψ in [14.17] einsetzen, dann erhalten für die Differentialgleichung, die durch die Funktion $\mathscr{H}(y)$ befriedigt werden muß:

$$\frac{d^2\mathscr{H}}{dy^2} - 2y\frac{d\mathscr{H}}{dy} + (\varepsilon - 1)\mathscr{H} = 0 \qquad [14.21]$$

Für diese Gleichung ist $y = 0$ ein regulärer Punkt, so daß wir die Funktion $\mathscr{H}(y)$ als Exponentialreihe in y ausdrücken können:

$$\mathscr{H}(y) = \sum_\nu a^\nu y^\nu \equiv a_0 + a_1 y + a_2 y^2 + a_3 y^3 + \cdots \qquad [14.22]$$

Hieraus erhalten wir:

$$\frac{d\mathscr{H}}{dy} = \sum \nu a_\nu y^{\nu-1} \equiv a_1 + 2a_2 y + 3a_3 y + \cdots$$

und

$$\frac{d^2\mathscr{H}}{dy^2} = \sum_\nu \nu(\nu - 1) a_\nu y^{\nu-2} = 1 \cdot 2 a_2 + 2 \cdot 3 a_2 y + \cdots$$

Wenn wir diese Beziehungen und [14.22] in [14.21] einsetzen und in der Reihenfolge zunehmender Potenzen von y ordnen, dann erhalten wir:

$$[1 \cdot 2a_2 + (\varepsilon - 1) a_0] + [2 \cdot 3a_3 + (\varepsilon - 1 - 2) a_1] y$$
$$+ [3 \cdot 4a_4 + (\varepsilon - 1 - 2 \cdot 2) a_2] y^2 + \cdots = 0$$

Wenn diese Reihe für alle Werte von y verschwinden soll, dann muß jeder einzelne Term für sich alleine verschwinden; wir können ja y als einer unabhängigen Variablen jeden beliebigen Wert beiordnen. Es muß also sein:

$\nu = 0 \qquad 1 \cdot 2a_2 + (\varepsilon - 1) a_0 = 0$

$\nu = 1 \qquad 2 \cdot 3a_3 + (\varepsilon - 1 - 2) a_1 = 0$

$\nu = 2 \qquad 3 \cdot 4a_4 + (\varepsilon - 1 - 2 \cdot 2) a_2 = 0$

$\nu = 3 \qquad 4 \cdot 5a_5 + (\varepsilon - 1 - 2 \cdot 3) a_3 = 0$ usw.

Dieser Satz von Bedingungen gehorcht der allgemeinen Regel, daß für den ν-ten Koeffizienten von y^ν

$$(\nu + 1)(\nu + 2) a_{\nu+2} + (\varepsilon - 1 - 2\nu) a_\nu = 0$$

oder

$$a_{\nu+2} = -\frac{\varepsilon - 2\nu - 1}{(\nu + 1)(\nu + 2)} a_\nu \qquad [14.23]$$

Der harmonische Oszillator 697

ist. Dieser Ausdruck ist ein Beispiel für eine *Rekursionsformel*. Wenn wir die Werte für a_0 und a_1 kennen, dann erlaubt uns [14.23] die Berechnung aller anderen Koeffizienten in der Exponentialreihe. Die Werte von a_0 und a_1 sind die zwei willkürlichen Konstanten, die stets in der Lösung einer gewöhnlichen Differentialgleichung zweiter Ordnung auftreten.

Wir haben nun eine Lösung für [14.17]; gehorcht sie aber auch der Grenzbedingung, daß $\psi \to 0$, wenn $y \to \infty$? Das tut sie leider im allgemeinen nicht, da die unendliche Reihe in [14.22] zugleich mit $e^{y^2} \to \infty$ geht; sie würde also den Faktor $e^{-y^2/2}$ in [14.20] überwiegen.

Hierzu wollen wir die Reihe für $\mathscr{H}(y)$ mit der für e^{y^2} vergleichen:

$$e^{y^2} = 1 + y^2 + \frac{y^4}{2!} + \cdots + \frac{y^\nu}{(\nu/2)!} + \frac{y^{\nu+2}}{\left(\dfrac{\nu}{2}+1\right)!} + \cdots$$

Die höheren Ausdrücke in dieser Reihe unterscheiden sich von denen für $\mathscr{H}(y)$ in [14.22] einfach durch eine multiplikative Konstante.

Um die Grenzbedingung festzulegen, können wir diese Reihe bei irgendeiner endlichen Zahl von Termen beendigen. In diesem Falle sorgt der Faktor $e^{-y^2/2}$ dafür, daß $\psi \to 0$, wenn $y \to \infty$. Der Abbruch der Reihe nach dem v-ten Term kann durch eine solche Auswahl des Energieparameters ε in [14.23] zuwege gebracht werden, daß der Zähler $\to 0$ geht, wenn $\nu = v$ und zugleich eine ganze Zahl ist. Als Bedingung können wir daher schreiben:

$$\varepsilon - 2v - 1 = 0 \quad \text{oder} \quad \varepsilon = 2v + 1 \qquad [14.24]$$

Diese Bedingung wird entweder die Reihen mit ungeraden Werten für v oder die mit geraden Werten für v abbrechen, nicht jedoch beide. Wenn also v ungerade ist, dann setzen wir $a_0 = 0$; wenn v gerade ist, dann setzen wir $a_1 = 0$.

[14.24] ist eine typische Eigenwertbedingung. Sie zeigt, daß wir passende Wellenfunktionen ψ nicht mit irgendwelchen willkürlichen Werten der Energie, sondern nur mit diskreten Werten erhalten können, die durch die Bedingung [14.24] gegeben sind. Wenn wir nun $\varkappa$ aus [14.15] einführen, dann wird aus [14.24]:

$$E = \left(v + \frac{1}{2}\right) h \nu_0 \qquad [14.25]$$

Die Kombination von [14.24] und [14.15] ergibt:

$$\frac{2\alpha^2 \mu E}{\hbar^2} = 2v + 1$$

mit

$$\alpha^4 = \frac{\hbar^2}{\varkappa \mu} \quad \text{und} \quad \varkappa = 4\pi^2 \mu \nu_0^2$$

Daraus folgt zunächst:

$$\alpha^2 = \frac{\hbar}{2\pi \mu \nu_0}$$

und schließlich:

$$2 \cdot \frac{\hbar}{2\pi \mu \nu_0} \cdot \mu \cdot \frac{E}{\hbar^2} = 2v + 1$$

$$2 \cdot \frac{E}{\hbar \cdot 2\pi \cdot \nu_0} = 2v + 1$$

$$E = \left(v + \frac{1}{2}\right) h \nu_0$$

Gleichung [14.25] stellt den quantenmechanischen Ausdruck für die Energieniveaus eines eindimensionalen, harmonischen Oszillators dar. Die Quantenzahl v tritt mathematisch als das Ergebnis der Randbedingung für die Lösung der Schrödingergleichung auf. Diese Beziehung macht deutlich, daß die Energiedifferenz zwischen aufeinanderfolgenden Schwingungszuständen der Eigenfrequenz ν_0 proportional ist. Daraus wird verständlich, daß eine Energiequantelung nur bei extrem kleinen schwingenden Massen bemerkbar wird, da ν_0 der Quadratwurzel der Masse umgekehrt proportional ist, was aus [14.13] hervorgeht. Weiter läßt sich aus der Gleichung die empirisch bereits bekannte sogenannte Nullpunktsenergie herleiten, die von der alten Quantentheorie nicht erklärt werden konnte. Es ist nämlich für den energetisch tiefstmöglichen Zustand bei $v = 0$ immer noch Schwingungsenergie vom Betrage $E_0 = \frac{1}{2} h\nu_0$ vorhanden. Den experimentellen Beweis dafür erbrachten Messungen der Lichtstreuung in Kristallen. Sie erwiesen, daß die Gitterbausteine der Kristalle auch bei den niedrigsten Temperaturen noch Schwingungen ausführen.

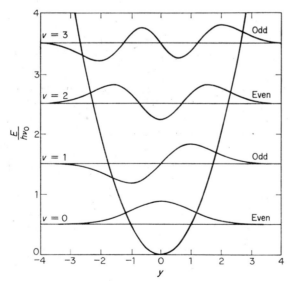

Abb. 14.1a Die Potentialfunktion und die Wellenfunktionen für einen harmonischen Oszillator. Die Ordinate gibt die Energie in Einheiten von $E/h\nu_0$ wieder. Die Amplituden der $\psi(y)$-Funktionen sind so aufgetragen, daß $\psi_v(y)$ für jedes Energieniveau normalisiert ist. Hierbei erinnern wir uns daran, daß $y = x/\alpha$ ist, wobei $\alpha = (\hbar^2/\varkappa\mu)^{1/4}$ ist. (H. L. STRAUSS: *Quantum Mechanics, An Introduction*; Prentice-Hall, Engleword Cliffs, N. J., 1968.)

Abb. 14.1a zeigt die möglichen Energieniveaus im gleichen Diagramm mit der durch [4.39] gegebenen Funktion der potentiellen Energie.

$$\begin{aligned}\mathscr{H}_0 &= 1 \\ \mathscr{H}_1 &= 2y \\ \mathscr{H}_2 &= 4y^2 - 2 \\ \mathscr{H}_3 &= 8y^3 - 12y \\ \mathscr{H}_4 &= 16y^4 - 48y^2 + 12 \\ \mathscr{H}_5 &= 32y^5 - 160y^3 + 120y\end{aligned}$$

Tab. 14.1 Die ersten 6 Polynome $\mathscr{H}_v(y)$ (gemäß [14.21] und [14.23])

5. Wellenfunktionen des harmonischen Oszillators

Die den Energieniveaus mit der Quantenzahl v [14.25] entsprechenden Wellenfunktionen ψ_v sind die Eigenfunktionen für einen harmonischen Oszillator. Tab. 14.1 zeigt die ersten sechs Polynome $\mathscr{H}_v(y)$, wie man sie aus [14.21] und [14.23] erhalten kann. Für die Eigenfunktionen gilt dann:

$$\psi_v = N_v \mathrm{e}^{-y^2/2} \mathscr{H}_v(y) \qquad [14.26]$$

Hierin ist N_v der geeignete Normierungsfaktor, den man aus den folgenden Bedingungen erhält:

$$\int_{-\infty}^{\infty} \psi_v^*(x)\,\psi_v(x)\,\mathrm{d}x = 1 \qquad N_v = \left(\frac{\alpha}{\pi^{1/2}\,2^v\,v!}\right)^{1/2}$$

Die Polynome $\mathscr{H}_v(y)$ waren schon vor der Aufstellung der Quantenmechanik als *Hermitesche Polynome* bekannt, die bei der Lösung einer Differentialgleichung ähnlich der Hermiteschen Gleichung auftraten. Die Polynome können leicht auch durch eine andere Definition erhalten werden:

$$\mathscr{H}_v(y) = (-1)^v \mathrm{e}^{y^2} \frac{\mathrm{d}^v \mathrm{e}^{-y^2}}{\mathrm{d}y^v} \qquad [14.27]$$

Wir erinnern uns hier an die Interpretation von ψ_v als Wahrscheinlichkeitsamplitude (13-18), so daß $\psi^*\psi\,\mathrm{d}x$ die Wahrscheinlichkeit darstellt, mit der das Teilchen zwischen x und $x + \mathrm{d}x$ gefunden wird. In Abb. 14.1b wurden Werte für $\psi_v^*\psi_v$ für zunehmende Werte der Schwingungsquantenzahl v aufgetragen. Diese Kurven zeigen daher die Wahrscheinlichkeit, mit der ein schwingender Massenpunkt in einem Abstand von $x\,(= \alpha y)$ von seiner Gleichgewichtslage zu finden ist.
In der klassischen Mechanik gilt, daß ein Oszillator am häufigsten in seinen Extremzuständen (minimale und maximale Auslenkung) anzufinden ist, da bei der Umkehr der Bewegungsrichtung die kinetische Energie null wird. Für kleine Werte von v unterscheidet sich das quantenmechanische Ergebnis auf schlagende Weise von der klassischen Voraussage. So ist z. B. für $v = 0$ der wahrscheinlichste Zustand die Gleichgewichtslage ($y = 0$). Die quantenmechanische Nullschwingung

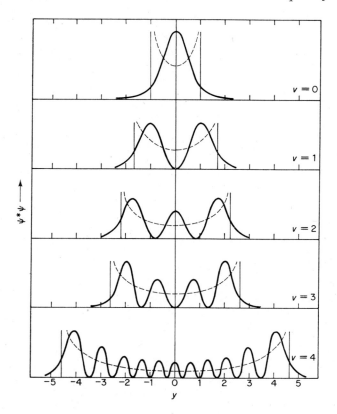

Abb. 14.1b
Darstellung der quantenmechanischen Wahrscheinlichkeitsdichte für einen harmonischen Oszillator. Die gestrichelte Kurve bedeutet jeweils die Wahrscheinlichkeitsdichte für den klassischen Oszillator mit gleichen physikalischen Konstanten und gleicher Energie. (Nach C.W. Sherwin: *Introduction to Quantum Mechanics*, Holt, Rinehart & Winston, New York, 1959.)

hat natürlich kein klassisches Analogon; in der klassischen Mechanik würde sich ein Oszillator im niedrigsten Energiezustand in völliger Ruhe befinden, jede Schwingung hätte also aufgehört. Wir sehen jedoch aus der Abb. 14.1a, daß der Oszillator auch für $v = 0$ noch eine Energie von $E_0 = \frac{1}{2} h\nu_0$, die sogenannte Nullpunktschwingungsenergie, besitzt.

Wenn wir in der Abb. 14.1b die Funktionen der Wahrscheinlichkeitsdichte des klassischen (gestrichelte Kurve) und des wellenmechanischen Oszillators vergleichen, dann stellen wir mit höheren Werten der Schwingungsquantenzahl eine immer stärkere Angleichung fest, sofern wir den Mittelwert der hochfrequenten Schwingungen der Wellenfunktion nehmen. Eine solche asymptotische Annäherung des quantenmechanischen an das klassische Verhalten bei großen Quantenzahlen ist ein Beispiel für das *Korrespondenzprinzip*.

Interessant ist weiterhin die Feststellung, daß die Wahrscheinlichkeitsfunktion bei ungeraden Werten von v beim Durchgang durch die Gleichgewichtslage durch null geht, während sie bei geraden Werten von v beim Durchgang durch die Gleichgewichtslage ein Maximum durchläuft (*Nullzweig*).

Die räumliche Verteilung der Werte von ψ wird bei der Berechnung der Übergangswahrscheinlichkeit von einem bestimmten Zustand in einen höheren oder

Der harmonische Oszillator

niedrigeren Zustand (unter Absorption oder Emission eines Energiequantums $h\nu$) verwendet. Mit Hilfe des FRANCK-CONDON-Prinzips (17-17) kann man die Ergebnisse solcher spektraler Übergänge ableiten.

6. Verteilungsfunktion und Thermodynamik des harmonischen Oszillators

Eine wichtige Anwendung des Modells des harmonischen Oszillators ist die statistisch-mechanische Berechnung der Verteilungsfunktion f_v (Tab. 5.4). Die aus dieser Verteilungsfunktion berechneten thermodynamischen Funktionen sind von großem Wert bei der Betrachtung der Schwingungszustände von Molekeln und Kristallen.
Nach [5.28] und [14.24] gilt für die Verteilungsfunktion eines bestimmten Oszillators:

$$z_v = \sum_v \exp\left[-\left(v + \frac{1}{2}\right) h\nu/kT\right] = \exp(-h\nu/2kT) \sum_v \exp(-v h\nu/kT)$$

$$z_v = \exp(-h\nu/2kT)(1 - e^{-h\nu/kT})^{-1} \qquad [14.28]$$

Die gesamte Verteilungsfunktion für die Schwingung einer Molekel oder eines Kristalls ist das Produkt aus Termen wie [14.28], wobei zu jeder Normalschwingung ein Term gehört:

$$z_v = \prod_j z_{v,j} \qquad [14.29]$$

Für die tabellarische Zusammenstellung der Schwingungsbeiträge zur Gesamtenergie und zur Erleichterung von Berechnungen kann die Beziehung für Schwingungsbeiträge in eine etwas bequemere Form gebracht werden.
Nach [14.24], [5.37] und [14.28] gilt für die Schwingungsenergie pro Mol:

$$U_m = RT^2 \frac{\partial \ln z}{\partial T} = L\frac{h\nu}{2} + \frac{L h\nu e^{-h\nu/kT}}{1 - e^{-h\nu/kT}}$$

Nun bedeutet der Ausdruck $L\dfrac{h\nu}{2}$ die molare Nullpunktsenergie U_{m0}. Wenn wir nun diese Größe und zur Vereinfachung außerdem $h\nu/kT = x$ einführen, dann ist

$$\frac{U_m - U_{m0}}{T} = \frac{R x e^{-x}}{1 - e^{-x}} \qquad [14.30]$$

Für den auf die Schwingungsanregung entfallenden Teil der Molwärme gilt:

$$\left(\frac{\partial U_m}{\partial T}\right) = C_{V_m} = \frac{R x^2}{2(\cosh x - 1)} \qquad [14.31]$$

An dieser Stelle müssen wir auf [5.44] zurückgreifen. Da die Größe z_v keine Funktion des Volumens V ist, ist $P = 0$ (s. Ge. [5.45]) und $G \equiv A + PV = A$. Für einen harmonischen Oszillator gilt daher:

$$\frac{G_m - U_{m0}}{T} = R \ln(1 - e^{-x}) \qquad [14.32]$$

Für den Beitrag eines Schwingungsvorgangs zur Entropie gilt daher schließlich:

$$S = \frac{U - U_0}{T} - \frac{G - U_0}{T} \qquad [14.33]$$

Eine ausgezeichnete Tabellierung dieser Funktionen stammt von J. G. Aston; eine gekürzte Zusammenstellung zeigt Tab. 14.2. Wenn die Schwingungsfrequenz aus spektroskopischen Beobachtungen bekannt ist, dann können diese Tabellen zur Berechnung des Beitrages einer Schwingung zur Energie, Entropie, freien Energie und Wärmekapazität benutzt werden. Die Anwendung dieser Ergebnisse auf das Problem der Wärmekapazität von Festkörpern wird in 21-25 beschrieben. Um genauere Werte zu erhalten, müssen wir noch berücksichtigen, daß Molekel- und Gitterschwingungen anharmonisch sind.

Als Beispiel wollen wir nun die Schwingungsentropie der Fluormolekel F_2 bei 298,2 K berechnen. Die Grundschwingungsfrequenz ist $\tilde{\nu} = 892{,}1$ cm^{-1}. Es ist daher:

$$x = \frac{h\nu}{kT} = \frac{hc\tilde{\nu}}{kT} = \frac{6{,}62 \cdot 10^{-27} \cdot 3{,}00 \cdot 10^{10} \cdot 892{,}1}{1{,}38 \cdot 10^{-16} \cdot 298{,}2} = 4{,}305$$

Aus Tab. 14.2 und mit [14.33] erhalten wir den folgenden Wert für die molare Schwingungsentropie:

$$S_m = \frac{U - U_0}{T} - \frac{G - U_0}{T} = 0{,}5004 + 0{,}1167 = 0{,}6171 \text{ J} \cdot \text{K}^{-1} \cdot \text{mol}^{-1}$$
$$= 0{,}147 \text{ cal K}^{-1} \text{mol}^{-1}$$

$x = \frac{h\nu}{kT}$	C_V	$\frac{(U-U_0)}{T}$	$\frac{-(G-U_0)}{T}$	$x = \frac{h\nu}{kT}$	C_V	$\frac{(U-U_0)}{T}$	$\frac{-(G-U_0)}{T}$
0,10	8,305	7,912	19,56	1,70	6,573	3,159	1,677
0,15	8,297	7,707	16,39	1,80	6,393	2,958	1,502
0,20	8,289	7,510	14,20	1,90	6,209	2,778	1,347
0,25	8,272	7,318	12,55	2,00	6,021	2,603	1,209
0,30	8,251	7,130	11,23	2,20	5,640	2,279	0,976
0,35	8,230	6,945	10,14	2,40	5,255	1,991	0,7907
0,40	8,205	6,761	9,230	2,60	4,870	1,734	0,6418
0,45	8,176	6,586	8,439	2,80	4,494	1,507	0,5213
0,50	8,142	6,410	7,753	3,00	4,125	1,307	0,4246
0,60	8,071	6,067	6,615	3,50	3,270	0,9062	0,2552
0,70	7,983	5,740	5,708	4,00	2,528	0,6204	0,1535
0,80	7,883	5,427	4,962	4,50	1,913	0,4204	0,0933
0,90	7,774	5,125	4,339	5,00	1,420	0,2820	0,0556
1,00	7,657	4,841	3,816	5,50	1,036	0,1878	0,0338
1,10	7,523	4,565	3,366	6,00	0,7455	0,1238	0,0209
1,20	7,385	4,301	2,982	6,50	0,5296	0,0815	0,0125
1,30	7,234	4,049	2,645	7,00	0,3723	0,0531	0,0075
1,40	7,079	3,810	2,355	8,00	0,1786	0,0221	0,0025
1,50	6,916	3,582	2,099	9,00	0,0832	0,0092	0,0016
1,60	6,745	3,365	1,875	10,00	0,0376	0,0037	0,0004

Tab. 14.2 Molare thermodynamische Funktionen eines harmonischen Oszillators (Energieeinheiten in Joule)

7. Der starre, zweiatomige Rotor

Die wellenmechanische Behandlung des starren Rotors (klassische Diskussion in 4-19) führt zu derselben mathematischen Formulierung wie das Problem der Winkelabhängigkeit der Wellenfunktion des Elektrons im Wasserstoffatom. Wir wollen an dieser Stelle daher zunächst den starren Rotor behandeln und die Ergebnisse später auf das Wasserstoffatom anwenden.

Die Bewegung zweier Massenpunkte m_1 und m_2, die starr in einem Abstand von R gehalten werden, ist der Bewegung eines einzelnen Teilchens mit der reduzierten Masse μ in einem Abstand R vom Koordinatenursprung äquivalent (s. S. 159). Bei einer solchen reinen Rotationsbewegung tritt keine potentielle Energie auf ($U = 0$), so daß die Schrödingergleichung [14.11] die folgende Form enthält:

$$-\frac{\hbar^2}{2\mu}\nabla^2\psi = E\psi \qquad [14.34]$$

Diese Beziehung können wir mit Hilfe von [10.46] in Polarkoordinaten ausdrücken; außerdem stellen wir die Bedingung, daß $r = R = $ const sei. Hiermit erhalten wir:

$$\left(\frac{\partial^2}{\partial\theta^2} + \frac{\cos\theta}{\sin\theta}\frac{\partial}{\partial\theta} + \frac{1}{\sin^2\theta}\frac{\partial^2}{\partial\varphi^2}\right)\psi(\theta,\varphi) + \beta\psi(\theta,\varphi) = 0 \qquad [14.35]$$

Hierin ist $\beta = 2\mu R^2 E/\hbar^2$.

Anschließend separieren wir die Variablen, wie im Abschnitt 13-20 beschrieben, durch eine Substitution:

$$\psi(\theta,\varphi) = \Theta(\theta)\Phi(\varphi)$$

Hiermit erhalten wir zwei gewöhnliche Differentialgleichungen:

$$\frac{d^2\Phi}{d\varphi^2} + m_l^2\Phi = 0 \qquad [14.36]$$

$$\frac{d^2\Theta}{d\theta^2} + \frac{\cos\theta}{\sin\theta}\frac{d\Theta}{d\theta} + \left(\beta - \frac{m_l^2}{\sin^2\theta}\right)\Theta(\theta) = 0 \qquad [14.37]$$

Bis hierher ist m_l eine willkürliche Separierungskonstante. Die Lösungen für [14.36] lauten, wie wir schon früher für [13.52] gesehen hatten:

$$\Phi(\varphi) = \exp(i\cdot m_l\varphi) \qquad [14.38]$$

Hierin kann m_l sowohl positive als auch negative Werte annehmen. Wir finden nun, daß die erlaubten Werte für m_l beschränkt sind durch die Forderung, daß die Wellenfunktion und ihre Ableitung an jeder Stelle eindeutig, beschränkt und kontinuierlich ist. Aus der Forderung, daß $\Phi(\varphi)$ eindeutig ist, folgt für die Funktionen [14.38]

$$\Phi(\varphi) = \Phi(\varphi + 2\pi)$$

und

$$\exp(i\cdot m_l\varphi) = \exp[i\cdot m_l(\varphi + 2\pi)]$$

so daß

$$\exp(i \cdot m_l 2\pi) = 1$$

Die erlaubten Werte für m_l sind daher:

$$m_l = 0, \pm 1, \pm 2, \pm 3 \quad \text{usw.} \tag{14.39}$$

Die Konstante m_l hat sich demnach als *Quantenzahl* entpuppt.

Wir wenden nun unsere Aufmerksamkeit wieder [14.37] für $\Theta(\theta)$ zu und führen die folgende Transformation der Variablen ein:

$$s = \cos\theta$$

$$g(s) = \Theta(\cos\theta)$$

Es ist

$$\frac{d\Theta}{d\theta} = -\sin\theta \frac{dg}{ds}$$

$$\frac{d^2\Theta}{d\theta^2} = \sin^2\theta \frac{d^2g}{ds^2} - \cos\theta \frac{dg}{ds}$$

Hiermit erhalten wir aus [14.37]

$$(1-s^2)\frac{d^2g}{ds^2} - 2s\frac{dg}{ds} + \left(\beta - \frac{m^2}{1-s^2}\right)g = 0 \tag{14.40}$$

Eine ausführliche Beschreibung der Lösung dieser Gleichung können wir an dieser Stelle nicht geben; sie findet sich in jedem Buch über Quantenmechanik. [14.40] ist eine wohlbekannte Beziehung, deren Lösungen die *assoziierten* LEGENDRE-*Polynome* $P_l^{m_l}$ darstellen; hierin steht der Parameter l mit der Größe β in folgender Beziehung:

$$\beta = l(l+1) \tag{14.41}$$

Die Lösungen von [14.40] haben die Form einer unendlichen Reihe; sie gehen gewöhnlich gegen unendlich, wenn für $m_l \neq 0 \ s \to 1$. Wir können dies wie im Falle der HERMITEschen Polynome beim harmonischen Oszillator nun dadurch verhindern, indem wir die Reihe vorzeitig abbrechen und damit ein Polynom mit einer endlichen Zahl von Termen erhalten. Die Bedingung für solche Polynomlösungen ist, daß l null oder positiv ganzzahlig ist: $l \geq |m_l|$. Für die Eigenwertbedingung des Energieparameters in [14.41] gilt entsprechend

$$E_l = l(l+1)\frac{\hbar^2}{2\mu R^2} \quad l = 0, 1, 2, 3, \ldots \tag{14.42}$$

Die Eigenfunktionen sind:

$$\Psi_{l,m_l}(\theta,\varphi) \equiv Y_{l,m_l}(\theta,\varphi) = P_l^{|m_l|}(\cos\theta)\exp(im_l\varphi)$$
$$m_l = -l, -l+1 \ldots 0, 1 \ldots l \tag{14.43}$$

Der starre, zweiatomige Rotor

Dieser Beziehung können wir entnehmen, daß zu jedem Energieniveau, das durch den Wert l in [14.42] spezifiziert ist, $2l + 1$ verschiedene Eigenfunktionen gehören, die durch die erlaubten Werte für m_l für einen vorgegebenen Wert von l bestimmt sind. Die Energieniveaus des starren Rotors haben daher einen Degenerationsgrad von $2l + 1$.

Im Falle zweiatomiger und linearer Molekeln mit nur einem Trägheitsmoment $I = \mu R^2$ schreibt man [14.42] gewöhnlich unter Verwendung der Rotationsquantenzahlen J (anstelle von l):

$$E = J(J+1)\frac{\hbar^2}{2I} \qquad [14.44]$$

Diese Gleichung haben wir schon in 5-15 zur Berechnung der Verteilungsfunktion für die Rotation linearer Molekeln verwendet. Wir werden sie auch im Kapitel 17 zur Diskussion der Rotationsniveaus von Molekeln verwenden.

Die Funktionen $Y_{l,m_l}(\theta, \varphi)$ nennt man *harmonische Kugelfunktionen*. Sie treten in den Lösungen vieler interessanter Probleme sowohl der klassischen Physik als auch der Quantenmechanik auf. Ein Beispiel ist das Problem der Wellen auf einem überfluteten Planeten. Wir wollen einmal annehmen, die Erde wäre eine vollkommene Kugel, die gänzlich mit einer Wasserschicht gleichmäßiger Dicke bedeckt ist. Die Oberflächenwellen dieses idealisierten Ozeans würden durch harmonische Kugelfunktionen wiedergegeben. Tab. 14.3 zeigt diese Funktionen sowohl in Polarkoordinaten als auch in kartesischen Koordinaten.

l	m_l	$P_l^{m_l}(s)$	Kugelfunktionen in Polarkoordinaten		in kartesischen Koordinaten
0	0	1	$f_{00} = 1$		$s = 1$
1	0	s	$f_{10} = \cos\theta$		$p_z = z/R$
1	1	$(1-s^2)^{1/2}$	$f_{11} =$	$\begin{cases} \sin\theta \sin\varphi \\ \sin\theta \cos\varphi \end{cases}$	$p_y = y/R$ $p_x = x/R$
2	0	$\frac{1}{2}(3s^2 - 1)$	$f_{20} = 3\cos^2\theta - 1$		$d_{z^2} = (3z^2 - R^2)/R^2$
2	1	$3s(1-s^2)^{1/2}$	$f_{21} =$	$\begin{cases} \sin\theta \cos\theta \sin\varphi \\ \sin\theta \cos\theta \cos\varphi \end{cases}$	$d_{yz} = yz/R^2$ $d_{xz} = xz/R^2$
2	2	$3(1-s^2)$	$f_{22} =$	$\begin{cases} \sin^2\theta \sin 2\varphi \\ \sin^2\theta \cos 2\varphi \end{cases}$	$d_{xy} = xy/R^2$ $d_{x^2-y^2} = (x^2 - y^2)/R^2$
3	0	$\frac{1}{2}(5s^2 - 3s)$	$f_{30} = 5\cos^3\theta - 3\cos\theta$		$f_{z^3} = (5z^3 - 3R^2 z)/R$
3	1	$\frac{3}{2}(1-s^2)^{1/2}(5s^2 - 1)$	$f_{31} =$	$\begin{cases} \sin\theta (5\cos^2\theta - 1)\sin\varphi \\ \sin\theta (5\cos^2\theta - 1)\cos\varphi \end{cases}$	$f_{yz^2} = y(5z^2 - R^2)/R^3$ $f_{xz^2} = x(5z^2 - R^2)/R^3$
3	2	$15(1-s^2)s$	$f_{32} =$	$\begin{cases} \sin^2\theta \cos\theta \sin 2\varphi \\ \sin^2\theta \cos\theta \cos 2\varphi \end{cases}$	$f_{xyz} = xyz/R^3$ $f_{z(x^2-y^2)} = z(x^2 - y^2)/R^3$
3	3	$15(1-s^2)^{3/2}$	$f_{33} =$	$\begin{cases} \sin^3\theta \sin 3\varphi \\ \sin^3\theta \cos 3\varphi \end{cases}$	$f_{y^3} = y(y^2 - 3x^2)/R^3$ $f_{x^3} = x(x^2 - 3y^2)/R^3$

Tab. 14.3 Harmonische Schwingungen in einer Kugeloberfläche

8. Verteilungsfunktion und Thermodynamik des zweiatomigen, starren Rotors

Die diskreten Energiezustände eines linearen, starren Rotors folgen aus [14.44]. Wenn das Trägheitsmoment I dieses Rotors genügend groß ist, dann liegen diese Energieniveaus so nahe beieinander, daß das ΔE zwischen benachbarten Zuständen selbst bei Temperaturen von wenigen Graden über dem absoluten Nullpunkt viel kleiner ist als kT. Dies trifft in der Tat für alle zweiatomigen Molekeln außer H_2, HD und D_2 zu. Für die F_2-Molekel ist $I = 25{,}3 \cdot 10^{-40}$ g cm² und für N_2 $13{,}8 \cdot 10^{-40}$ g cm²; für die H_2-Molekel ist das Trägheitsmoment jedoch sehr viel kleiner, nämlich $0{,}47 \cdot 10^{-40}$ g cm². Diese Werte wurden aus den Atomabständen und den Atommassen berechnet.

Über die *Multiplizität* der Rotationsniveaus müssen wir uns noch einige Gedanken machen. Insgesamt haben wir $2J + 1$ Möglichkeiten, eine Zahl von J Rotationsquanten auf zwei Rotationsachsen zu verteilen; in jedem Falle außer $J = 0$ haben wir ja zwei Alternativen für jedes von der Molekel aufgenommene Rotationsquantum. Das statistische Gewicht g eines Rotationsniveaus J ist daher $2J + 1$.

Für die Verteilungsfunktion der Rotationszustände gilt nun nach [5.52]:

$$z_r = \sum (2J + 1) \exp[-J(J+1)\hbar^2/2IkT] \qquad [14.45]$$

Da der Abstand der Rotationsniveaus sehr viel kleiner ist als kT, können wir statt der Summierung eine Integration durchführen. Es ist

$$z_r = \int_0^\infty (2J + 1) \exp[-J(J+1)\hbar^2/2IkT] \, dJ$$

und

$$z_r = \frac{2IkT}{\hbar^2} \qquad [14.46]$$

Wir müssen jedoch noch eine weitere Komplikation berücksichtigen. Bei zweiatomigen Molekeln aus Atomen gleicher Ordnungszahl und gleicher Masse (homonukleare Molekeln, $^{14}N^{14}N$, $^{35}Cl^{35}Cl$ usw.) sind je nach den Symmetrieeigenschaften der molekularen Eigenfunktionen entweder nur alle ungeraden oder nur alle geraden Werte von J erlaubt. Bei heteronuklearen zweiatomigen Molekeln ($^{35}Cl^{37}Cl$, HCl, NO usw.) bestehen keine Beschränkungen hinsichtlich der erlaubten Werte von J. Wir müssen daher eine Symmetriezahl σ einführen, die entweder den Wert 1 (für heteronukleare Molekeln) oder den Wert 2 (für homonukleare Molekeln) annehmen kann. Wir müssen daher [14.46] folgendermaßen erweitern:

$$z_r = \frac{2IkT}{\sigma \hbar^2} \qquad [14.47]$$

Als ein Beispiel für die Anwendung dieser Gleichung wollen wir die Berechnung des Rotationsbeitrages zur molaren Entropie betrachten. Hierfür erhalten wir unter Verwendung von [5.41]:

$$S_r = RT \frac{\partial \ln z_r}{\partial T} + k \ln z_r^L = R + R \ln z_r = R + R \ln \frac{2 I k T}{\sigma \hbar^2}$$

Hieraus können wir sehen, daß die molare Rotationsenergie in Übereinstimmung mit dem Äquipartitionsprinzip gleich RT ist.

9. Das Wasserstoffatom

Wenn wir die Translationsbewegung des ganzen Atoms sowie die Relativbewegungen des Atomkerns vernachlässigen, dann können wir das Problem des Wasserstoffatoms auf das eines einzelnen Elektrons der Masse m in einem COULOMBschen Feld reduzieren. Für eine genauere Betrachtung können wir noch die Bewegungen des Atomkerns durch Einführung der reduzierten Masse μ [4.37] von Kern und Elektron anstelle von m in Rechnung setzen. Das Problem ist ähnlich dem eines Teilchens in einem dreidimensionalen Kasten mit dem einen Unterschied, daß wir nun eine Kugelsymmetrie haben. Wir haben also nun nicht mehr das Modell eines Kastens mit undurchdringlichen Wänden und einem Innenraum ohne potentielle Energie; statt dessen müssen wir einen allmählichen Anstieg der potentiellen Energie mit zunehmendem Abstand vom Kern annehmen. Bei $r = \infty$ ist $U = 0$, bei $r = 0$ ist $U = -\infty$. Die potentielle Energie des Elektrons im Kernfeld gehorcht der Beziehung $U = -e^2/r$ (Abb. 14.2).

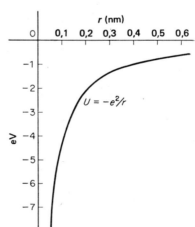

Abb. 14.2 Potentielle Coulombenergie eines Elektrons im Feld des Protons.

Die Schrödingergleichung für diesen Fall lautet:

$$\frac{\partial^2 \psi}{\partial x^2} + \frac{\partial^2 \psi}{\partial y^2} + \frac{\partial^2 \psi}{\partial z^2} + \frac{2\mu}{\hbar^2} \left(E + \frac{ze^2}{r}\right)\psi = 0 \qquad [14.48]$$

Zur Vereinfachung der Symbolik schreiben wir diese Gleichung in atomaren Einheiten des Abstandes und der Energie:

$$\nabla^2 \psi + 2\left(E + \frac{Z}{r}\right)\psi = 0 \qquad [14.49]$$

Die Funktion der potentiellen Energie des Wasserstoffatoms ist kugelsymmetrisch; die Gleichung läßt sich also am einfachsten mit den sphärischen Polarkoordinaten r, θ und φ lösen (vgl. Abb. 14.3).

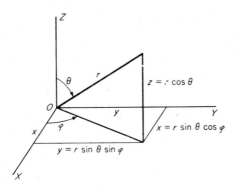

Abb. 14.3 Sphärische Polarkoordinaten.

Die Koordinate r ist der radiale Abstand vom Koordinatenursprung; θ ist die geographische Breite und φ die geographische Länge. Da sich das Elektron in drei Dimensionen bewegt, brauchen wir drei Koordinaten zur Beschreibung seines Orts zu einer beliebigen Zeit.

Wenn wir den LAPLACE-Operator in [14.49] in Polarkoordinaten schreiben, dann erhalten wir die folgende Beziehung:

$$\frac{1}{r^2}\frac{\partial}{\partial r}\left(r^2 \frac{\partial \psi}{\partial r}\right) + \frac{1}{r^2 \sin^2 \theta}\frac{\partial^2 \psi}{\partial \varphi^2} + \frac{1}{r^2 \sin \theta}\frac{\partial}{\partial \theta}\left(\sin \theta \frac{\partial \psi}{\partial \theta}\right) \\ + 2\left(E + \frac{Z}{r}\right)\psi = 0 \qquad [14.50]$$

Die Variablen in dieser Gleichung lassen sich separieren, da die potentielle Energie nur eine Funktion des Abstandes r des Elektrons vom Atomkern ist. Wir machen nun den folgenden Ansatz:

$$\psi(r, \theta, \varphi) = R(r)\,\Theta(\theta)\,\Phi(\varphi) = R(r)\,Y(\theta, \varphi)$$

Die Wellenfunktion ist also ein Produkt aus drei Funktionen; die erste von diesen hängt nur von r ab, die zweite nur von θ und die dritte nur von φ.

Wir finden nun für die separierte Winkelfunktion $Y(\theta, \varphi)$ und für die Radialfunktion $R(r)$:

$$\frac{1}{\sin\theta}\frac{\partial}{\partial \theta}\left(\sin\theta \frac{\partial Y}{\partial \theta}\right) + \frac{1}{\sin^2\theta}\frac{\partial^2 Y}{\partial \varphi^2} + l(l+1)\,Y = 0 \qquad [14.51]$$

$$\frac{1}{r^2}\frac{d}{dr}\left(r^2 \frac{dR}{dr}\right) + \left(2E + \frac{2Z}{r} - \frac{l(l+1)}{r^2}\right)R = 0 \qquad [14.52]$$

Hierin wurde die Separierungskonstante als $l(l+1)$ geschrieben. Die Gleichung für die Winkelfunktion $Y(\theta, \varphi)$ ist identisch mit der nach [14.37] für den starren Rotor gefundenen Funktion, so daß wir den winkelabhängigen Teil der Wellenfunktion für das Wasserstoffatom bereits kennen.

Das Wasserstoffatom

Die Radialfunktion [14.52] läßt sich leicht durch eine schon früher benützte Methode bestimmen. Diese Lösung beruht auf den *assoziierten Laguerrepolynomen*. Die Funktion

$$L_r(\varrho) = e^\varrho \frac{d^r}{d\varrho^r}(\varrho^r e^{-\varrho}) \qquad [14.53]$$

stellt die Laguerrepolynome des Grades r dar. Wenn man die Funktion $L_r(\varrho)$ s-mal nach ϱ differenziert, dann erhält man die assoziierten Laguerrepolynome der Ordnung s und des Grades $r - s$:

$$L_r^s(\varrho) \equiv \frac{d^s}{d\varrho^s} L_r(\varrho) \qquad [14.54]$$

Durch Normierung erhält die Funktion $R(r)$ die folgende Form:

$$R_{nl}(r) = \left[\frac{(n-l-1)!}{2n[(n+l)!]^3}\right]^{1/2} \left(\frac{2Z}{na_0}\right)^{l+3/2} r^l e^{-Zr/na_0} L_{n+l}^{2l+1}\left[\left(\frac{2Z}{na_0}\right)r\right] \qquad [14.55]$$

Tab. 14.4 gibt alle Wellenfunktionen des Wasserstoffs für $n = 1$ und $n = 2$ an.

Die Lösung der Differentialgleichung [14.52] wird uns die Energiestufen des Wasserstoffatoms liefern, welche sich in der alten Quantenmechanik aufgrund der Bohrschen Postulate ergeben.

Wir werden hierzu die Funktion $R(r)$ in der Form $R(r) = \dfrac{e^{-\alpha r} \cdot f(r)}{r}$ ansetzen mit der Auf-

	K-Schale
$n = 1, \quad l = 0, \quad m_l = 0$:	$\psi_{1s} = \dfrac{1}{\sqrt{\pi}}\left(\dfrac{Z}{a_0}\right)^{3/2} e^{-Zr/a_0}$
	L-Schale
$n = 2, \quad l = 0, \quad m_l = 0$:	$\psi_{2s} = \dfrac{1}{4\sqrt{2\pi}}\left(\dfrac{Z}{a_0}\right)^{3/2}\left(2 - \dfrac{Zr}{a_0}\right) e^{-Zr/2a_0}$
$n = 2, \quad l = 1, \quad m_l = 0$:	$\psi_{2p_z} = \dfrac{1}{4\sqrt{2\pi}}\left(\dfrac{Z}{a_0}\right)^{3/2}\dfrac{Zr}{a_0} e^{-Zr/2a_0} \cos\theta$
$n = 2, \quad l = 1, \quad m_l = \pm 1$ [2]	$\psi_{2p_x} = \dfrac{1}{4\sqrt{2\pi}}\left(\dfrac{Z}{a_0}\right)^{3/2}\dfrac{Zr}{a_0} e^{-Zr/2a_0} \sin\theta \cos\varphi$
	$\psi_{2p_y} = \dfrac{1}{4\sqrt{2\pi}}\left(\dfrac{Z}{a_0}\right)^{3/2}\dfrac{Zr}{a_0} e^{-Zr/2a_0} \sin\theta \sin\varphi$

Tab. 14.4 Wellenfunktionen wasserstoffähnlicher Atome

---

[2] Diese Funktionen sind reale, lineare Kombinationen der Wellenfunktionen mit $m = +1$ und $m = -1$ (s. 14-14).

lage, daß sie im Intervall von $r = 0$ bis $r = \infty$ eindeutig und endlich ist (notwendige Anforderung an eine Wellenfunktion). Mit der Umformung

$$\frac{1}{r^2}\frac{d}{dr}\left(r^2\frac{dR}{dr}\right) = \frac{d^2 R}{dr^2} + \frac{1}{r^2}2r\frac{dR}{dr}$$

$$= \frac{d^2 R}{dr^2} + \frac{2}{r}\frac{dR}{dr}$$

erhält man aus [14.52]:

$$\frac{d^2 R}{dr^2} + \frac{2}{r}\frac{dR}{dr} + \left(2E + \frac{2Z}{r} - \frac{l(l+1)}{r^2}\right)R = 0 \qquad [14.52\,\text{a}]$$

Eine Vereinfachung dieser Differentialgleichung ergibt sich durch die Substitution:

$$R(r) = \frac{u(r)}{r}$$

Die 1. und 2. Ableitung von R nach r ergeben damit die Terme:

$$\frac{dR}{dr} = \frac{1}{r}\frac{du}{dr} - \frac{u}{r^2}$$

und

$$\frac{d^2 R}{dr^2} = \frac{1}{r}\frac{d^2 u}{dr^2} - \frac{1}{r^2}\frac{du}{dr} - \frac{du}{dr}\cdot\frac{1}{r^2} + \frac{2\cdot u}{r^3}$$

$$= \frac{1}{r}\frac{d^2 u}{dr^2} - \frac{2}{r^2}\cdot\frac{du}{dr} + \frac{2}{r^3}\cdot u$$

Durch Einsetzen in [14.52a] erhalten wir so eine Gleichung, in der die 1. Ableitung nicht mehr auftritt

$$\frac{1}{r}\frac{d^2 u}{dr^2} - \frac{2}{r^2}\frac{du}{dr} + \frac{2}{r^3}u + \frac{2}{r^2}\frac{du}{dr} - \frac{2u}{r^3} + \left(\frac{2E}{r} + \frac{2Z}{r^2} - \frac{l(l+1)}{r^3}\right)u = 0$$

Daraus folgt nach Multiplikation mit r:

$$\frac{1}{r}\cdot\frac{d^2 u}{dr^2} + \left(\frac{2E}{r} + \frac{2Z}{r^2} - \frac{l(l+1)}{r^3}\right)u = 0$$

und endlich:

$$\frac{d^2 u}{dr^2} + \left(2E + \frac{2Z}{r} - \frac{l(l+1)}{r^2}\right)u = 0 \qquad [14.52\,\text{b}]$$

Die weitere Substitution:

$$u(r) = e^{-\alpha r}\cdot f(r)$$

mit

$$\alpha = \sqrt{-2E}$$

soll uns schließlich zu einer Gleichung führen, deren Lösung wir in Form einer Potenzreihe suchen.

Das Wasserstoffatom

Bei dem hier untersuchten Fall ist $E < 0$. Dies entspricht dem gebundenen Zustand eines Elektrons im COULOMB-Feld des Kerns.

$$\frac{du}{dr} = -\alpha e^{-\alpha r} \cdot f + e^{-\alpha r} \cdot \frac{df}{dr}$$

$$\frac{d^2 u}{dr^2} = \alpha^2 e^{-\alpha r} \cdot f - \alpha e^{-\alpha r} \cdot \frac{df}{dr} - \alpha e^{-\alpha r} \frac{df}{dr} + e^{-\alpha r} \frac{d^2 f}{dr^2}$$

$$= \alpha^2 \cdot f \cdot e^{-\alpha r} - 2\alpha \frac{df}{dr} \cdot e^{-\alpha r} + \frac{d^2 f}{dr^2} \cdot e^{-\alpha r}$$

Aus [14.25b] erhält man damit:

$$\alpha^2 f - 2\alpha \frac{df}{dr} + \frac{d^2 f}{dr^2} + \left(-\alpha^2 + \frac{2Z}{r} - \frac{l(l+1)}{r^2}\right) \cdot f = 0$$

$$\frac{d^2 f}{dr^2} - 2\alpha \frac{df}{dr} + \left(\frac{2Z}{r} - \frac{l(l+1)}{r^2}\right) \cdot f = 0 \qquad [14.52\,\mathrm{c}]$$

Ansatz zur Lösung dieser Gleichung:

$$f(r) = r^{l+1} \cdot \sum_{i=0}^{\infty} c_i r^i \qquad [14.52\,\mathrm{d}]$$

Einsetzen von [14.52a] in [14.52c] und Zusammenfassen gleicher Potenzen von r ermöglicht die Bestimmung der Entwicklungskoeffizienten c_i:

$$\sum_i [c_{i+1}\{(i+l+2)\cdot(i+l+1) - l(l+1)\} +$$
$$+ c_i\{2Z - 2\alpha(i+l+1)\}] \cdot r^{i+l} = 0 \qquad [14.52\,\mathrm{e}]$$

Da [14.52e] bei allen Werten für i von 0 bis ∞ identisch erfüllt sein muß, sind die Koeffizienten jeder Potenz von r gleich null.
Also

$$c_{i+1}\{(i+l+2)(i+l+1) - l(l+1)\} + c_i\{2Z - 2\alpha(i+l+1)\} = 0 \qquad [14.52\,\mathrm{f}]$$

für alle Werte von i.
Diese Formel gibt eine Rekursionsformel für die c_i und c_{i+1}:

$$c_{i+1} = \frac{2\alpha(i+l+1) - 2Z}{\{(i+l+2)(i+l+1) - l(l+1)\}} c_i; \quad i = 0,1,2,3,\ldots \qquad [14.52\,\mathrm{g}]$$

Da diese Gleichung homogen ist, ist der erste Koeffizient c_0 willkürlich wählbar.
Mit dem so berechneten c_i konvergiert $R = e^{-\alpha r} f/r$ bei allen Werten von r, wird aber unendlich für $r \to \infty$.
Damit die Forderung nach der Beschränktheit von R für alle Werte von r erfüllt wird (Postulat II), muß die Reihe [14.52g] bei irgendeinem Glied abbrechen.
Dann wird R bei $r \to \infty$ null werden.
Diese Lösung liefert uns dann eine geeignete Wellenfunktion, da sie im ganzen Intervall $r = 0$ bis $r = \infty$ auch eindeutig und stetig ist.
Nimmt man an, daß der Koeffizient c_{i^*} noch von null verschieden ist, dann wird c_{i^*+1} nach [14.52g] gleich null, wenn $2\alpha(i^* + l + 1) = 2Z$ gesetzt wird, d.h.,

$$\alpha = \frac{Z}{i^* + l + 1} \qquad [14.52\,\mathrm{h}]$$

Mit c_{i^*+1} werden natürlich auch alle folgenden Koeffizienten verschwinden.
Es ist $\alpha^2 = -2E$.

Setzt man $n = i^* + l + 1$, dann erhält man aus [14.52h]

$$E_n = -\frac{Z^2}{2\,n^2} \quad \text{(Atomeinheiten)}; \quad n = 1, 2, 3, \ldots \qquad [14.56]$$

In den vorausgegangenen Ableitungen wurden atomare Energie- und Längeneinheiten verwendet. Diese sind dimensionslos und sind mit den cgs-Größen folgendermaßen verknüpft:

$$r_{(a)} = \frac{r_{(\text{cgs})}}{a_0} \quad \{a_0 = 0{,}529 \cdot 10^{-8} \text{ cm} = \text{Bohrscher Radius}\}$$

$$E_{n\,(a)} = \frac{E_{n\,(\text{cgs})}}{E_1} \left\{ E_1 = \frac{e^2}{a_0} = \frac{\mu\,e^4}{\hbar^2} = 27{,}2 \text{ eV} \right\}$$

Aus [14.56] ergibt sich damit für E_n in cgs-Einheiten:

$$E_n = -\frac{Z^2}{2\,n^2} \cdot \frac{\mu \cdot e^4}{\hbar^2} \quad n = 1, 2, 3, \ldots \qquad [14.57]$$

Die Zahl n, die die Energie des Elektrons bestimmt, nennt man die Hauptquantenzahl. Hierin ist μ die reduzierte Masse des Protons und des Elektrons. Dieser Ausdruck für E_n ist identisch mit dem aus der alten Bohrschen Quantentheorie.

10. Der Drehimpuls

Die Definition des Drehimpulses durch die klassische Mechanik zeigt Abb. 14.4. Der Drehimpuls $\boldsymbol{L}$ eines Teilchens der Masse m am Ende eines Vektors $\boldsymbol{r}$, dessen Ursprung in O liegt, ist definiert durch das Vektorprodukt:

$$\boldsymbol{L} \equiv \boldsymbol{r} \times \boldsymbol{p} \equiv \boldsymbol{r} \times m\,\boldsymbol{v} \qquad [14.58]$$

Hierin ist $\boldsymbol{p}$ der lineare Impuls und $\boldsymbol{v}$ die Geschwindigkeit des Teilchens.

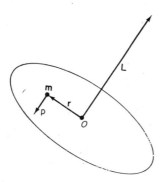

Abb. 14.4 Definition des Drehimpulses $\boldsymbol{L}$ eines Teilchens der Masse m relativ zum Punkt O auf der Drehachse:

$$\boldsymbol{L} \equiv \boldsymbol{r} \times \boldsymbol{p} \equiv \boldsymbol{r} \times m\,\boldsymbol{v}$$

Hierin ist $\boldsymbol{p}$ der lineare Impuls des Teilchens und $\boldsymbol{r}$ der Vektor von O zum Teilchen. Der Vektor $\boldsymbol{L}$ steht senkrecht zu der durch $\boldsymbol{r}$ und $\boldsymbol{p}$ definierten Ebene. Er weist in die Richtung, die auf $\boldsymbol{r}$ und $\boldsymbol{p}$ in positiven Sinne folgt (Rechtsschraube). Seine Länge ist gegeben durch die Fläche des Parallelogramms, das die Vektoren $\boldsymbol{r}$ und $\boldsymbol{p}$ bilden.

Diese Beziehung soll in kartesischen Koordinaten geschrieben werden. Hierzu müssen wir wissen, daß jeder Vektor $\boldsymbol{A}$ durch die kartesischen Komponenten $\boldsymbol{A} = A_x\,\boldsymbol{i} + A_y\,\boldsymbol{j} + A_z\,\boldsymbol{k}$ geschrieben werden kann; hierin bedeuten $\boldsymbol{i}$, $\boldsymbol{j}$ und $\boldsymbol{k}$ die Einheitsvektoren in Richtung der x-, y- und z-Achse. Es ist daher:

$$\boldsymbol{r} \times \boldsymbol{p} = (x\,\boldsymbol{i} + y\,\boldsymbol{j} + z\,\boldsymbol{k}) \times (p_x\,\boldsymbol{i} + p_y\,\boldsymbol{j} + p_z\,\boldsymbol{k})$$

Der Drehimpuls

Das Vektorprodukt gehorcht dem Verteilungsgesetz der Multiplikation:

$$A \times (B + C) = A \times B + A \times C$$

Es ist:

$$\begin{aligned}
i \times j &= k & j \times i &= -k \\
j \times k &= i & k \times j &= -i \\
k \times i &= j & i \times k &= -j
\end{aligned}$$

Für das Produkt $r \times p$ gilt daher:

$$r \times p = i\,(y\,p_z - z\,p_y) + j\,(z\,p_x - x\,p_z) + k\,(x\,p_y - y\,p_x)$$

[14.58] lautet in kartesischen Koordinaten:

$$\begin{aligned}
L_x &= y\,p_z - z\,p_y \\
L_y &= z\,p_x - x\,p_z \\
L_z &= x\,p_y - y\,p_x
\end{aligned} \qquad [14.59]$$

Durch die Anwendung des VI. Postulats verwandeln wir die Beziehung für den Drehimpuls in einen Operator:

$$\hat{L} = i\,\hbar\,(r \times \nabla) \qquad [14.60]$$

Für die einzelnen Komponenten können wir schreiben:

$$\begin{aligned}
\hat{L}_x &= -i\,\hbar\left(y\,\frac{\partial}{\partial z} - z\,\frac{\partial}{\partial y}\right) \\
\hat{L}_y &= -i\,\hbar\left(z\,\frac{\partial}{\partial x} - x\,\frac{\partial}{\partial z}\right) \\
\hat{L}_z &= -i\,\hbar\left(x\,\frac{\partial}{\partial y} - y\,\frac{\partial}{\partial x}\right)
\end{aligned} \qquad [14.61]$$

Da die Eigenfunktionen gewöhnlich in sphärischen Polarkoordinaten angegeben werden, ist es ratsam, auch die Operatoren dieser Beziehung in diesen Koordinaten auszudrücken:

$$\begin{aligned}
\hat{L}_x &= i\,\hbar\left(\cot\theta \cos\varphi\,\frac{\partial}{\partial \varphi} + \sin\varphi\,\frac{\partial}{\partial \theta}\right) \\
\hat{L}_y &= i\,\hbar\left(\cot\theta \cos\varphi\,\frac{\partial}{\partial \varphi} - \cos\varphi\,\frac{\partial}{\partial \theta}\right) \\
\hat{L}_z &= -i\,\hbar\left(\frac{\partial}{\partial \varphi}\right)
\end{aligned} \qquad [14.62]$$

Der Operator

$$\hat{L}^2 = \hat{L}_x^2 + \hat{L}_y^2 + \hat{L}_z^2$$

lautet in Polarkoordinaten:

$$\hat{L}^2 = -\hbar^2 \left\{ \frac{1}{\sin\theta}\,\frac{\partial}{\partial \theta}\left(\sin\theta\,\frac{\partial}{\partial \theta}\right) + \frac{1}{\sin^2\theta}\,\frac{\partial^2}{\partial \varphi^2} \right\} \qquad [14.63]$$

Dieser Ausdruck ist identisch mit dem winkelabhängigen Teil des LAPLACE-Operators in sphärischen Koordinaten; dies ist ein sehr nützliches Ergebnis.

Wir können nun leicht zeigen, daß die Wellenfunktionen für das Wasserstoffatom (und ähnliche Atome) Eigenfunktionen für die Operatoren $\hat{L}_z$ und $\hat{L}^2$ darstellen. Jede Eigenfunktion entspricht daher einem definierten, meßbaren Wert des gesamten Drehimpulses und der z-Komponente des Drehimpulses. (Eine nützliche Übung ist die Ableitung von [14.64] und [14.65] aus [14.62] und [14.63].) Es ist also

$$\hat{L}^2 \psi = l(l+1)\hbar^2 \psi \qquad [14.64]$$

und

$$\hat{L}_z \psi = m_l \hbar \psi \qquad [14.65]$$

11. Drehimpuls und magnetisches Moment

Lösungen der Schrödingergleichung für ein Elektron in einem definierten Energiezustand liefern Wahrscheinlichkeitsfunktionen für Ort und Geschwindigkeit dieses Elektrons. Ein sich bewegendes Elektron ist ein elektrischer Strom, und jeder elektrische Strom erzeugt ein magnetisches Feld. Wenn sich ein Elektron im Abstand r und mit einer Geschwindigkeit v um einen stationären Kern (den Koordinatenursprung) dreht, dann produziert es am Ort des Kerns ein magnetisches Feld

$$\boldsymbol{B}(r) = -\frac{\mu_0}{4\pi} \cdot \frac{e(\boldsymbol{r} \times \boldsymbol{v})}{r^3} = -\frac{\mu_0}{4\pi} \frac{e\boldsymbol{L}}{mr^3} \qquad [14.66]$$

In dieser Gleichung ist $\boldsymbol{L} = m\boldsymbol{r} \times \boldsymbol{v}$ das Drehmoment und μ_0 die Permeabilität des Vakuums, $\mu_0 = 4\pi \cdot 10^{-7}$ J s$^2 \cdot$ C$^{-2} \cdot$ m^{-1}. In internationalen Einheiten wird die Ladung in Coulomb und der Abstand in Metern gemessen; für $\boldsymbol{B}$ ergibt sich dann als Einheit [kg s^{-2} A^{-1}]. Diese Einheit nennt man das Tesla (T), es ist 1 T = 10^4 Gauß (elektromagnetische Einheiten).

In der klassischen Betrachtungsweise und aus großem Abstand gesehen ist die magnetische Induktion eines bewegten Elektrons äquivalent der eines winzigen Stabmagneten mit dem magnetischen Moment $\boldsymbol{p}_m$. Für das magnetische Feld eines solchen Magneten gilt:

$$\boldsymbol{B}(r) = -\frac{\mu_0 \boldsymbol{p}_m}{2\pi r^3} \qquad [14.67]$$

Aus [14.66] und [14.67] erhalten wir als Verhältnis von magnetischem Moment zu Drehimpuls:

$$\gamma = \boldsymbol{p}_m/\boldsymbol{L} = e/2m$$

Die Größe γ nennt man das magnetogyrische Verhältnis. Die Vektoren $\boldsymbol{p}_m$ und $\boldsymbol{L}$ sind parallel und stehen senkrecht zur Ebene des Stromkreises (Abb. 14.5).

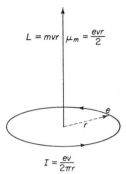

Abb. 14.5 Aus großem Abstand gesehen ist das magnetische Feld eines Elektrons, das im Abstand r um einen Kern kreist, äquivalent dem eines magnetischen Dipols mit dem magnetischen Moment $\boldsymbol{p}_m$ parallel zum Drehmoment $\boldsymbol{L}$. (I = Stromstärke.) (Es ist hierbei $\boldsymbol{v} \times \boldsymbol{r} = v \cdot r$, da $\boldsymbol{v} \perp \boldsymbol{r}$ steht)

Der Drehimpuls des Elektrons im Wasserstoffatom kann nur die gequantelten Werte $\sqrt{l(l+1)} \cdot \hbar$ annehmen; seine Komponente in Feldrichtung kann nur die Werte $m_l \hbar$ annehmen. Die Kopplung des Bahndrehimpulses mit dem äußeren magnetischen Feld bedeutet physikalisch die magnetische Wechselwirkung zwischen dem magnetischen Moment $\boldsymbol{p}_m$ mit dem Magnetfeld $\boldsymbol{B}'$; zu dieser Wechselwirkung gehört die potentielle Energie

$$U = -\boldsymbol{p}_m \cdot \boldsymbol{B}' = -p_m B'_z \cos\theta \qquad [14.68]$$

Hier bedeutet θ den Winkel zwischen der Feldrichtung und der Richtung des magnetischen Momentes.

Für die erlaubten Werte der Komponente des magnetischen Moments in der Feldrichtung gilt daher:

$$p_{m,z} = \frac{m_l \hbar e}{2m}$$

An dieser Beziehung können wir sehen, daß es eine natürliche Einheit des magnetischen Momentes gibt:

$$\mu_B = \frac{e\hbar}{2m} \qquad [14.69]$$

Diese Einheit nennt man das BOHRsche *Magneton*:

$$\mu_B = 9{,}2732 \pm 0{,}0006 \cdot 10^{-24}\,[\mathrm{J \cdot T^{-1}}] \text{ oder } [\mathrm{m^2 \cdot A}]$$

Im alten Maßsystem ist

$$\mu_B = \frac{g\hbar}{4\pi mc} = 0{,}92732 \cdot 10^{-20}\,\mathrm{erg \cdot Gauß^{-1}}$$

12. Die Quantenzahlen

Die Eigenfunktionen ψ_{n,l,m_l} für ein einzelnes Elektron im Kernfeld werden durch drei Quantenzahlen bestimmt; dies ergibt sich aus den Randbedingungen bei der wellenmechanischen Behandlung dieses dreidimensionalen Problems.

Die *Hauptquantenzahl* n tritt nun an die Stelle der schon von BOHR in seiner Theorie des Wasserstoffatoms eingeführten Zahl n. Die Gesamtzahl der Knotenflächen in der Wellenfunktion ist $n - 1$. (Wenn wir annehmen, daß die Radialfunktion auch bei $r = \infty$ eine Knotenfläche besitzt, dann ist die Gesamtzahl der Knotenflächen gleich n.) Diese Knoten finden sich entweder in der Radialfunktion $R(r)$ oder in der Azimutalfunktion $\Theta(\theta)$.

Die Quantenzahl l nennt man die *Nebenquantenzahl* oder die *azimutale Quantenzahl*. Sie ist gleich der Zahl der Knoten in der Funktion $\Theta(\theta)$ oder gleich der Zahl der Knotenflächen, die durch den Ursprung gehen. (Für den Fall $n_l = l$ wird die Knotenfläche zu einer Knotenlinie.) Da die Gesamtzahl der Knoten $n - 1$ ist, gehen die erlaubten Werte für l von 0 bis $n - 1$. Für $l = 0$ ist die Funktion $\Theta(\theta)$ knotenfrei und die Wellenfunktion ist kugelsymmetrisch in bezug auf den Atomkern. Für den Bahndrehimpuls $|\boldsymbol{L}|$ des Elektrons gilt die folgende Quantenbeziehung:

$$|\boldsymbol{L}| = \sqrt{l(l+1)}\,\hbar \qquad [14.70]$$

Zustände mit $l = 0$ haben daher keinen Bahndrehimpuls.

Elektronenzustände mit $l = 0, 1, 2, 3$ bezeichnet man als s-, p-, d- und f-Zustände. Zur Bezeichnung von Elektronenzuständen gibt man zunächst die Hauptquantenzahl und hernach die azimutale oder Nebenquantenzahl an. Ein Zustand mit $n = 1$ und $l = 0$ ist also ein 1s-Zustand; einen Zustand mit $n = 2$ und $l = 1$ bezeichnet man mit 2p.

Die Quantenzahl m_l nennt man die *magnetische Quantenzahl*. Wenn sich das Elektron im ungestörten Wasserstoffatom in einem Zustand mit $l \neq 0$ befindet, dann besitzt es einen durch [14.64] gegebenen Drehimpuls. Die z-Komponente des Drehimpulses ist $m_l \hbar$. Dies bedeutet, daß wir einen Vektor der klassischen Länge $\sqrt{l(l+1)}\,\hbar$ mit einer z-Komponente $m_l \hbar$, jedoch mit keinen Komponenten in der x- und y-Richtung haben. Dies kann nur dann einen Sinn haben, wenn der Drehimpuls eine Präzessionsbewegung um die z-Achse durchführt, wobei die x- und y-Komponenten sich ausmitteln.

Wir haben gesehen, daß man ein Elektron, das sich auf einer bestimmten Bahn um den Kern bewegt, als Kreisstrom auffassen kann, der ein bestimmtes magnetisches Moment hervorruft. Wenn man nun ein Wasserstoffatom mit seinem umlaufenden Elektron in ein äußeres Magnetfeld bringt, dann ist zu erwarten, daß dieses äußere Magnetfeld die Lage der Bahnebene ändert. Dies bedeutet also, daß der Vektor des Bahndrehimpulses eine bestimmte Lage zur Richtung des äußeren Magnetfeldes annimmt. Außerdem präzediert der Vektor des Drehimpulses um die Feldrichtung. Die Lösungen der Schrödingergleichung für diesen Fall zeigen, daß nicht jede beliebige Orientierung zwischen dem Vektor des Drehimpulses und der Feldrichtung erlaubt ist. Die einzig erlaubten Richtungen sind die, bei denen der Betrag L_z der zur Feldrichtung parallelen Komponente des Bahndrehimpulsvektors ein ganzzahliges Vielfaches von $\hbar$ ist [14.65]:

$$L_z = m_l \hbar$$

Die Quantenzahlen 717

Ein solches Verhalten nennt man *Raumquantelung*. Dies bedeutet, daß der Vektor des Drehimpulses eines umlaufenden Elektrons in Gegenwart eines elektrischen oder magnetischen Feldes nur bestimmte Orientierungen zur Feldrichtung annehmen kann. Dies wird durch Abb. 14.6 für ein Elektron mit der Nebenquantenzahl $l = 2$ verdeutlicht. Für diesen Fall kann die magnetische Quantenzahl m_l die Werte $-1, -2, 0, 1$ und 2 annehmen. Für irgendeinen Wert von l, durch den der gesamte Drehimpuls festgelegt ist, gibt es $2l + 1$ Werte für die magnetische Quantenzahl m_l; durch diese Werte werden die erlaubten Komponenten des Drehimpulses in der Feldrichtung festgelegt.

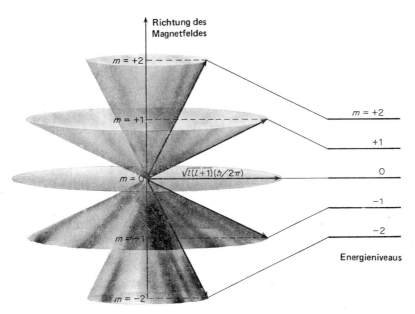

Abb. 14.6 Raumquantelung des Drehimpulses in einem magnetischen Feld für den Fall $l = 2$.

Die Bezeichnung Raumquantelung ist etwas irreführend. Sie impliziert sicher nicht eine Quantelung des Raumes selbst; gequantelt ist in Wirklichkeit die Energie der Präzessionsbewegung. Die erlaubten Energieniveaus liegen in einem solchen Abstand, daß die Beziehung $\varepsilon = m_l h \nu$ gilt; hierin ist ν die Frequenz der Präzessionsbewegung des Drehimpulsvektors im magnetischen Feld. Diese Frequenz nennt man die *Larmorfrequenz*:

$$\nu = \frac{eB}{4\pi m} \qquad [14.71]$$

Abb. 14.6 zeigt diese Energieniveaus für $l = 2$.

13. Die radialen Wellenfunktionen

Abb. 14.7a zeigt die radialen Komponenten der Wellenfunktion $|\psi|^2$ des Elektrons im Wasserstoffatom für einige Werte von n und l. Diese Diagramme zeigen deutlich die Wellenknoten sowie die Tatsache, daß die Zahl der Knoten in der Radialfunktion gleich $n - l - 1$ ist. Die Amplitude ψ des Elektrons kann positiv oder negativ sein. Die Wahrscheinlichkeit, das Elektron im Bereich zwischen r und $r + \mathrm{d}r$ zu finden, ist $\psi^*\psi = |\psi|^2$, also proportional dem Quadrat des Absolutwertes der Amplitude. In vielen Fällen genügt es uns, die Wahrscheinlichkeit für das Auftreten des Elektrons in einem bestimmten Abstand r vom Kern zu kennen, unabhängig von der Richtung; dies wäre also die Wahrscheinlichkeit, mit der das Elektron in einer Kugelschale mit dem Radius r und $r + \mathrm{d}r$ anzutreffen ist. Das Volumen dieser Kugelschale ist $4\pi r^2 \mathrm{d}r$. Die Wahrscheinlichkeit, das Elektron irgendwo in dieser Kugelschale zu finden, ist also $4\pi r^2 \psi^*\psi \, \mathrm{d}r$. Die Funktion $4\pi r^2 \psi^*\psi$ nennen wir die radiale Verteilungsfunktion $D(r)$. Abb. 14.7b zeigt diese Funktion für die Werte von n und l, die schon für die Diagramme der Abb. 14.7a ausgewählt wurden.

Wir wollen zunächst den Zustand 1s mit $n = 1$ und $l = 0$ betrachten. Dies ist der energetisch niedrigste Zustand des Elektrons; man nennt ihn den *Grundzustand* des Wasserstoffatoms. Nach der alten Bohrschen Vorstellung bewegt sich das Elektron in diesem Zustand auf einer Kreisbahn mit einem Radius $a_0 = 0{,}0529$ nm um den Kern. Die radiale Verteilungsfunktion zeigt nun tatsächlich ein Maximum an der Stelle des Bohrschen Radius. Links und rechts von diesem Maximum fällt aber die Aufenthaltswahrscheinlichkeit des Elektrons nicht sofort auf null ab; vielmehr zeigt unsere quantenmechanische Behandlung, daß das Elektron eine endliche Aufenthaltswahrscheinlichkeit für ein großes Volumen um den Atomkern herum besitzt. Mit zunehmendem Abstand vom Bohrschen Radius nimmt allerdings die Aufenthaltswahrscheinlichkeit für das Elektron sehr rasch ab. Als Beispiel wollen wir die Wahrscheinlichkeit berechnen, mit der sich das Elektron in einem Abstand von $10 a_0$ (0,529 nm) vom Kern befindet. Für den Zustand 1s gilt $\psi_{1\mathrm{s}} = (\pi a_0^3)^{-1/2} \mathrm{e}^{-r/a_0}$; die relative Wahrscheinlichkeit $(r^2\psi^2)$, das Elektron bei $10 a_0$ und nicht bei a_0 zu finden ist $10^2 (\mathrm{e}^{-10}/\mathrm{e}^{-1})^2 = 1{,}52 \cdot 10^{-6}$. Dieses Ergebnis kann man auch so ausdrücken, daß zu irgendeinem Zeitpunkt im Mittel *eins* von $7 \cdot 10^5$ Wasserstoffatomen in einem Zustand ist, bei dem sein Elektron einen Abstand von $10 a_0$ vom Kern hat. Wenn ein Wasserstoffatom in seinem wahrscheinlichsten Zustand die Größe eines Tischtennisballs besäße, dann hätte es in dem oben beschriebenen Zustand geringer Wahrscheinlichkeit die Größe eines Fußballs. Dieser Ausnahmezustand dauert natürlich nur kurz. Wenn wir einen Moment später von unserem System einen Schnappschuß machen würden, dann würde der »Fußball« wieder die wahrscheinlichste Größe der Wasserstoffatome annehmen, während irgendein anderes dieser Atome z.B. auf die Größe einer Erbse zusammengeschrumpft wäre. Das wellenmechanische Wasserstoffatom stellt also kein starres Gebilde mit gegebener Form dar, sondern ein Gebilde mit stets wechselnder Form und Größe.

Die radialen Wellenfunktionen

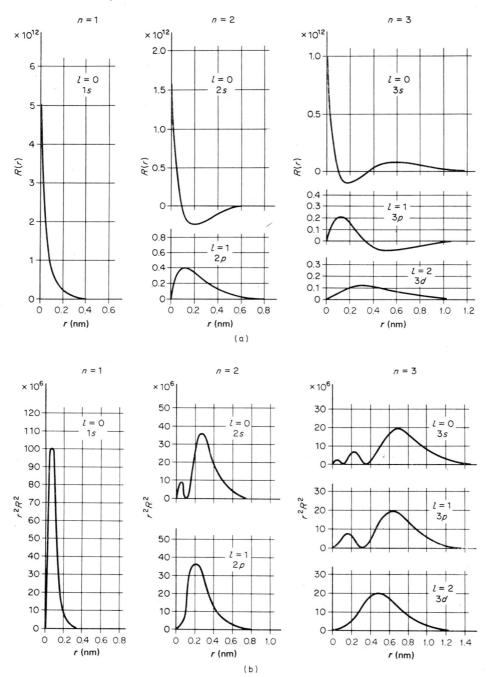

Abb. 14.7 (a) Radiale Komponente der Wellenfunktionen für das Wasserstoffatom.
(b) Radiale Verteilungsfunktionen, durch die die Wahrscheinlichkeit gegeben ist, mit der man ein Elektron in einem bestimmten Abstand vom Kern findet (nach G. HERZBERG, *Atomic Spectra*, Dover, New York 1944).

Wenn wir in Abb. 14.7b die radialen Aufenthaltswahrscheinlichkeitsdichten für die Zustände 2s und 3s betrachten, dann fällt uns zunächst auf, daß das Hauptmaximum nach außen rückt und breiter wird. Die Lage des Maximums entspricht dabei jeweils genau der betreffenden Bohrschen Bahn. Weiterhin finden wir beim 2s-Zustand ($n = 2$, $l = 0$) zusätzlich zum Hauptmaximum (bei $r = 5{,}2a_0$) ein weiteres, niedrigeres Maximum bei $r = 0{,}8a_0$. Diesen Effekt nennt man *Penetration* oder *Durchdringung*; er gibt uns eine wichtige neue Einsicht in das Verhalten von Elektronen in der Atomhülle. Offensichtlich verbringen Elektronen in bestimmten Zuständen einen kleinen Teil ihrer Zeit sehr nahe am Kern. Bei einem gegebenen Wert von n ist die Durchdringung um so größer, je kleiner der Wert der azimutalen Quantenzahl l ist. Da ein Elektron in unmittelbarer Nachbarschaft des Kerns eine starke elektrostatische Anziehung erfährt, bewirkt die Durchdringung eine beträchtliche Erniedrigung der Energie eines Elektrons; derartige Elektronenzustände sind also recht stabil.

Eine Wellenfunktion für ein einzelnes Elektron nennt man ein Orbital. Die wellenmechanischen Orbitale entsprechen den *Bahnen* der Elektronen der alten Bohrschen Theorie, wonach die Elektronen wie winzige Planeten um den Kern als Sonne kreisen. Die neue Theorie hat diese Vorstellung aufgegeben, und die gesamte Information über Lage und Energie eines Elektrons steckt in seinem Orbital ψ.

Orbitale mit $l = 0$ nennt man s-Orbitale; sie sind stets kugelsymmetrisch. In diesem Falle ist ψ eine Funktion lediglich von r und hängt nicht von θ oder φ ab. Orbitale mit $l = 1$ (p-Orbitale) sind nicht mehr kugelsymmetrisch, sondern räumlich orientiert, da die ψ-Funktion von θ und φ abhängt. Dasselbe gilt für die d-Orbitale ($l = 2$).

14. Winkelabhängigkeit der Wasserstofforbitale

In dem winkelabhängigen Teil der Wellenfunktionen für das Wasserstoffatom erscheint die Funktion $\Phi(\varphi)$ in der komplexen Form

$$\Phi_{m_l}(\varphi) = \frac{1}{\sqrt{2\pi}} \cdot e^{i m_l \varphi} \qquad [14.72]$$

Hierin kann die magnetische Quantenzahl m_l die Werte 0, ± 1, ± 2, ± 3, ... $\pm l$ annehmen. Für Zustände mit $l = 2$ (d-Orbitale) kann m_l die Werte -2, -1, 0, $+1$ und $+2$ annehmen. Um die Winkelabhängigkeit dieser Orbitale zu zeigen, ist es nützlich, neue, *reale* Eigenfunktionen durch lineare Kombination der komplexen Eigenfunktionen in [14.72] zu bilden. (Die allgemeine Eigenschaft der Superposition von Lösungen linearer Differentialgleichungen gewährleistet hier, daß solche lineare Kombinationen von Lösungen selbst Lösungen darstellen.) Tab. 14.5 zeigt die linearen Kombinationen der $\Phi(\varphi)$-Funktionen, die wir als Grundlage für die Diskussion der Winkelabhängigkeit benützen. Die Indizes an den Orbitalen in komplexer Form bezeichnen den Wert der Quantenzahl m_l des jeweiligen Orbitals. Die Indizes an den realen, durch lineare Kombination erhaltenen Orbitalen bezeichnen die Richtungseigenschaften des jeweiligen Orbitals oder, genauer gesagt, in welcher Weise sie bei der Symmetrieoperation der Rotation transformieren.

Komplexe Form	Reale Form (durch Linearkombination)
p-Orbitale	
$p_{+1} = \dfrac{1}{\sqrt{2\pi}} e^{i\varphi}$	$p_x = \dfrac{1}{\sqrt{2}}(p_1 + p_{-1})$
$p_0 = \dfrac{1}{\sqrt{2\pi}}$	$p_z = p_0$
$p_{-1} = \dfrac{1}{\sqrt{2\pi}} e^{-i\varphi}$	$p_y = \dfrac{-i}{\sqrt{2}}(p_1 - p_{-1})$
d-Orbitale	
$d_{+2} = \dfrac{1}{\sqrt{2\pi}} e^{i2\varphi}$	$d_{z^2} = d_0$
$d_{+1} = \dfrac{1}{\sqrt{2\pi}} e^{i\varphi}$	$d_{xz} = \dfrac{1}{\sqrt{2}}(d_{+1} + d_{-1})$
$d_0 = \dfrac{1}{\sqrt{2\pi}}$	$d_{yz} = \dfrac{-i}{\sqrt{2}}(d_{+1} - d_{-1})$
$d_{-1} = \dfrac{1}{\sqrt{2\pi}} e^{-i\varphi}$	$d_{xy} = \dfrac{-i}{\sqrt{2}}(d_{+2} - d_{-2})$
$d_{-2} = \dfrac{1}{\sqrt{2\pi}} e^{-i2\varphi}$	$d_{x^2-y^2} = \dfrac{1}{\sqrt{2}}(d_{+2} - d_{-2})$

Tab. 14.5 Die Winkelfunktionen $\Phi(\varphi)$ in den Orbitalen wasserstoffähnlicher Atome

Als Beispiel wollen wir zunächst ein Orbital betrachten, das wir mit $p_0 = p_z$ bezeichnen; für die Orientierung dieses Orbitals gilt:

$$\Theta(\theta)\,\Phi(\varphi) = \frac{1}{\sqrt{2\pi}} \cos\theta$$

Für die Transformation von kartesischen in Kugelkoordinaten gelten die folgenden Beziehungen (s. Abb. 14.3):

$$x = r\sin\theta\,\cos\varphi$$
$$y = r\sin\theta\,\sin\varphi$$
$$z = r\cos\theta$$

Hiermit erhalten wir

$$p_0 = p_z = \frac{1}{\sqrt{2\pi}}\,\frac{1}{r}\,z$$

Wir sehen jetzt, warum dieses Orbital mit p_z bezeichnet wurde: Es hat die Richtungseigenschaften der z-Koordinate.

Eine analoge Untersuchung wollen wir für p_x durchführen. Es ist

$$p_x = \frac{1}{\sqrt{2}} \sin\theta \, \frac{1}{\sqrt{2\pi}} (e^{i\varphi} + e^{-i\varphi})$$

Nun ist

$$\frac{e^{i\varphi} + e^{-i\varphi}}{2} = \cos\varphi$$

Hiermit erhalten wir

$$p_x = \frac{1}{\sqrt{\pi}} \sin\theta \cos\varphi = \frac{1}{\sqrt{\pi}} \frac{1}{r} x$$

Durch ähnliche Transformationen können wir die Indizes auch der anderen Orbitale in Tab. 14.5 zuordnen.

Es gibt verschiedene Möglichkeiten, die Winkelabhängigkeit der Orbitale zu verdeutlichen. Wir könnten z.B. die Funktion $\Theta\Phi\,(\theta\,\varphi)$ auf zwei getrennten Gra-

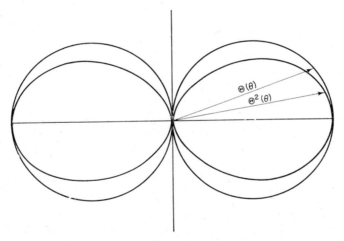

Abb. 14.8 Darstellung der Funktionen $\Theta_{11}(\theta)$ und $\Theta_{11}^2(\theta)$ in Abhängigkeit vom Winkel θ. Diese Funktionen sind einfach die grafischen Darstellungen von $\sin\theta$ und $\sin^2\theta$ in Polarkoordinaten, wobei die Amplitude einer Funktion an irgendeinem Punkt gleich dem Abstand vom Ursprung ist.
Diese Diagramme zeigen die Winkelabhängigkeit eines p-Orbitals sowie die Winkelabhängigkeit der Elektronendichte (Aufenthaltswahrscheinlichkeit des Elektrons) $\Theta^2\Phi^2$.

phen in Polarkoordinaten darstellen. Als Beispiel hierfür seien die Funktionen $\Theta_{11}(\theta)$ ($l = 1$, $m_l = 1$) und $\Theta_{11}^2(\theta)$ gezeigt (Abb. 14.8). Diese Funktionen des Winkels Θ sind einfach $\sin\theta$ und $\sin^2\theta$ (nach Tab. 14.3).

Besonders anschaulich läßt sich die Winkelabhängigkeit der Orbitale durch eine dreidimensional-perspektivische Darstellung der Oberflächen $\Theta(\theta)\Phi(\varphi)$ zeigen (harmonische Kugelflächenfunktionen). Abb. 14.9 zeigt in dieser perspektivischen

Winkelabhängigkeit der Wasserstofforbitale

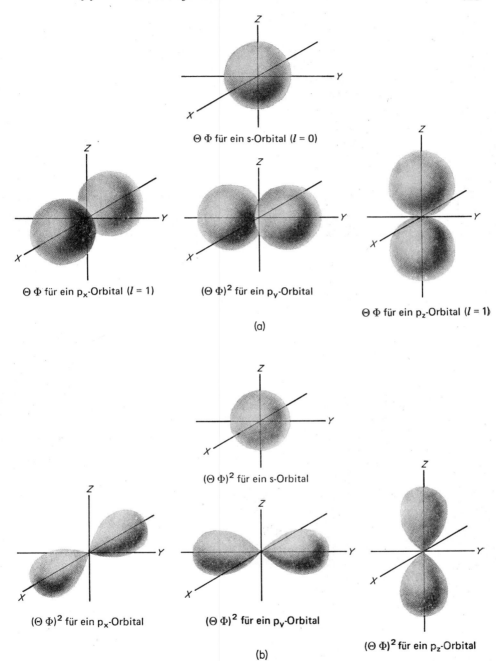

Abb. 14.9 Perspektivische, polare Darstellung wellenmechanischer Winkelfunktionen. (a) Absolute Werte des winkelabhängigen Teils $\Theta\Phi$ der Wellenfunktion des Wasserstoffatoms für $l = 0$ (s-Orbital) und $l = 1$ (p-Orbital). (b) Wahrscheinlichkeitsdichte $(\Theta\Phi)^2$ für s- und p-Elektronen.

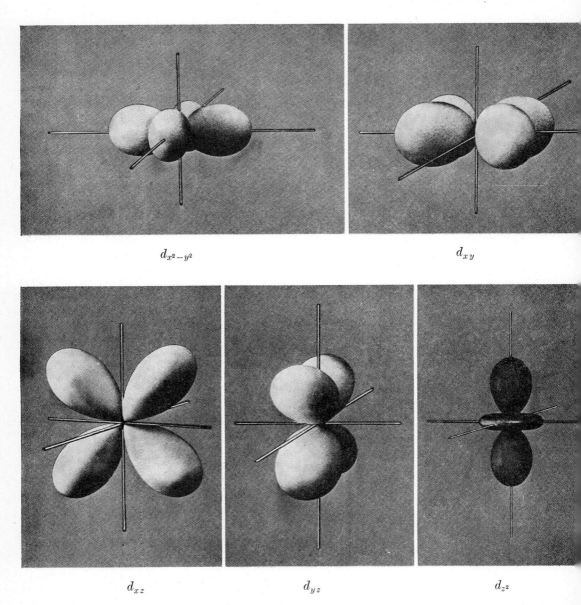

Abb. 14.10 d-Orbitale wasserstoffähnlicher Atome (nach R. G. Pearson, Northwestern University, ACS).

Darstellung zunächst die absoluten Werte von $\Theta\Phi$ (Kugelflächen) für die Orbitale mit $l = 0$ (s-Orbitale) und $l = 1$ (p-Orbitale). In derselben Abbildung sind auch die Funktionen $\Theta^2\Phi^2$ gezeigt, sie stellen die Aufenthaltswahrscheinlichkeit des Elektrons im s-Orbital und in den orientierten p-Orbitalen dar.

Um die tatsächliche Amplitude der jeweiligen Wellenfunktion zu erhalten, müssen wir den winkelabhängigen Anteil $\Theta(\theta)\Phi(\varphi)$ (Abb. 14.9) mit der Radialfunktion $R(r)$ (Abb. 14.7) multiplizieren. Auf dieselbe Weise können wir die Wahrscheinlichkeitsdichten für das Elektron in Abhängigkeit vom Kernabstand erhalten, indem wir $\Theta^2\Phi^2$ mit $R^2(r)$ multiplizieren. Die Winkelabhängigkeit ist für alle Werte von r gleich. Die festen Umrisse in Abb. 14.9 implizieren also *nicht*, daß die Orbitale im Raum scharf definiert sind. Diese Figuren zeigen lediglich die Winkelabhängigkeit der Orbitale für einen willkürlich gewählten Wert von r.

Es gibt insgesamt 5 d-Orbitale mit der Nebenquantenzahl $l = 2$; die zugehörigen magnetischen Quantenzahlen sind $m_l = -2, -1, 0, 1$ und 2. Diese Orbitale lassen sich auf verschiedene Weise linear und unabhängig kombinieren, um reale Funktionen zu erzielen. Tab. 14.5 zeigt die bekannteste Lösung, Abb. 14.10 die zugehörigen Oberflächen als dreidimensionale Modelle der Winkelabhängigkeit von $\Theta^2\Phi^2$.

15. Der Elektronenspin

Im Jahre 1921 hatte ARTHUR COMPTON, ein junger amerikanischer Physiker im Laboratorium Rutherford in Cambridge, die Idee, daß ein Elektron einen Eigendrehimpuls oder einen Spin besitzt und damit wie ein kleiner Magnet wirkt. Anschaulich läßt sich dies als die Auswirkung einer Rotation des Elektrons um die eigene Achse deuten. WOLFGANG PAULI untersuchte 1925 den Grund für die *Feinstruktur* der Alkalimetallspektren, also für die Aufspaltung jeder Linie in zwei nahe benachbarte Komponenten (ein Beispiel hierfür zeigt Abb. 13.7). Er zeigte, daß diese von der BOHRschen Theorie nicht vorgesehene Dublettaufspaltung durch die Existenz zweier verschiedener Energiezustände des Elektrons erklärt werden kann.

Im selben Jahr deuteten G. E. UHLENBECK und S. GOUDSMIT in Leiden diese beiden Zustände als Zustände mit verschiedenem Drehimpuls. Sie schrieben dem Elektron daher einen Eigendrehimpuls oder *Spin* zu, der durch die Spinquantenzahl s gekennzeichnet ist. In Analogie zu der Beziehung zwischen der Nebenquantenzahl l und dem Bahndrehimpuls wurde dem Elektronenspin eine Größe $|s| = \sqrt{s(s+1)}\,\hbar = \frac{\sqrt{3}}{2}\hbar$, zugeschrieben, da s stets $= 1/2$ ist. In den Alkalimetallspektren treten Dubletts auf, wenn der Drehimpuls des Valenzelektrons zwei und nur zwei verschiedene Orientierungen zu irgendeiner physikalisch gegebenen Achse annehmen kann; in diesem Falle sind die Komponenten in Richtung dieser Achse durch eine Quantenzahl m_s (analog zu m_l) spezifiziert; diese *Spinquantenzahl* kann nur die Werte $+1/2$ oder $-1/2$ annehmen. Abb. 14.11 zeigt eine Zusammenstellung dieser Beziehungen.

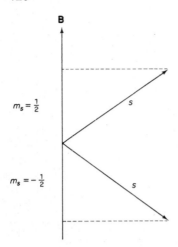

Abb. 14.11 Der Spin s in einem magnetischen Feld B kann sich, entsprechend der magnetischen Spinquantenzahl $m_s = +1/2$ oder $-1/2$, nur in zwei Richtungen orientieren. Dem magnetischen Bahnmoment des Valenzelektrons bei Alkalimetallen überlagert sich das Spinmoment, so daß die Spektrallinien als Dubletts auftreten.

Das magnetogyrische Verhältnis für den Elektronenspin ist $\gamma_s = e/m$, also gerade doppelt[3] so groß wie das für das magnetische Bahnmoment ($\gamma = e/2m$, S. 714). Für das magnetische Moment des Elektrons gilt daher

$$|\boldsymbol{m}| = \gamma_s |\boldsymbol{s}| = \frac{e}{m} \cdot \frac{\sqrt{3}}{2} \hbar$$

Eine glänzende experimentelle Demonstration der Tatsache, daß das »sich um seine Achse drehende Elektron« sich wie ein kleiner Magnet verhält, ist der berühmte STERN-GERLACH-*Versuch*: Ein feiner Strahl von Alkalimetallatomen wird durch ein starkes inhomogenes Magnetfeld in zwei Einzelstrahlen aufgetrennt.
Die Deutung dieses Versuches zeigte, daß der Effekt nur vom äußersten Elektron, also vom Valenzelektron, des Alkalimetallatoms herrühren kann; dieses Elektron kann die Spinquantenzahl $m_s = +1/2$ oder $-1/2$ besitzen. Die Aufspaltung der Atome in zwei verschiedene Strahlen ist also eine Konsequenz der zwei verschiedenen Spinorientierungen der ungepaarten Elektronen.
Das Konzept des Elektronenspins erschien zunächst wie eine unabhängige Hypothese, die auf irgendeine Weise in die Theorie eingefügt werden mußte. Da in der Theorie der Wellenmechanik zu jeder Dimension, in der sich ein Elektron bewegen kann, eine Quantenzahl gehört, würden den vier Quantenzahlen n, l, m_l und m_s vier Dimensionen entsprechen.
Die Einbeziehung einer vierten Dimension bei physikalischen Betrachtungen wurde berühmt durch die Einsteinsche Relativitätstheorie, bei der physikalische Ereignisse in einer vierdimensionalen Welt aus drei Raumkoordinaten und einer Zeitkoordinate beschrieben werden. Als der Engländer PAUL DIRAC, ein theoretischer Physiker, eine relativistische Form der Wellenmechanik für das Elektron ausarbeitete, fand er, daß die Spineigenschaft eines Elektrons eine natürliche Kon-

---

[3] Sehr genaue experimentelle Untersuchungen zeigten, daß der Wert dieses Faktors, in Übereinstimmung mit der Relativitätstheorie, $g_e = 2{,}0023$ ist.

sequenz seiner Theorie ist; eine besondere Spinhypothese war also nicht mehr notwendig.

Für eine eingehendere Diskussion der DIRACschen Theorie empfiehlt sich der ausgezeichnete Beitrag von R. R. POWELL, *Relativistic Quantum Chemistry*, J. Chem. Ed. 45 (1968) 558. POWELL zeigt, daß die wasserstoffähnlichen Orbitale (Orbitale ungepaarter Elektronen) in der DIRACschen Theorie keine Knoten haben. Wenn wir uns hier auf das Zitat zu Beginn dieses Abschnitts beziehen, dann müssen wir schließen, daß sich Engel wie Teilchen ohne Spin verhalten.

16. Spinpostulate

Um die Spineigenschaften von Teilchen in einer nichtrelativistischen Quantenmechanik unterzubringen, müssen wir noch zwei weitere Postulate zu den bisherigen sieben Postulaten für Teilchen ohne Spin hinzufügen.

VIII. Postulat:

Die Operatoren für den Eigendrehimpuls des Elektrons kommutieren und kombinieren in derselben Weise wie die für gewöhnliche Drehimpulse.

In Analogie zu den Gleichungen im Abschnitt 14-10 können wir also Gleichungen für den Eigendrehimpuls schreiben, indem wir die neue Größe $\hat{s}$ anstelle des Bahndrehimpulses $\hat{L}$ einfügen.

IX. Postulat:

Für ein einzelnes Elektron gibt es nur zwei mögliche Eigenfunktionen von $\hat{s}^2$ und $\hat{s}_z$. Diese Eigenfunktionen nennen wir α und β. Die Eigenwertgleichungen lauten:

$$\hat{s}_z \alpha = \frac{1}{2} \hbar \alpha, \qquad \hat{s}_z \beta = -\frac{1}{2} \hbar \beta \qquad [14.73]^4$$

und

$$\hat{s}^2 \alpha = \sqrt{\frac{1}{2}\left(\frac{1}{2}+1\right)} \hbar^2 \alpha, \qquad \hat{s}^2 \beta = \sqrt{\frac{1}{2}\left(\frac{1}{2}+1\right)} \hbar^2 \beta \qquad [14.74]$$

Üblicherweise sagt man, daß ein Elektron mit der Spineigenfunktion α einen Spin von $+1/2$ hat; ein Elektron mit der Spineigenfunktion β hätte dann den Spin $-1/2$. Wir müssen uns jedoch darüber klar sein, daß die z-Komponente des Eigendrehimpulses nur dann eine physikalische Bedeutung hat, wenn es irgendeine physikalische Möglichkeit gibt, die z-Achse festzulegen. Es ist daher üblich geworden, die Vektoren für den Eigendrehimpuls so darzustellen, wie es in Abb. 14.11 gezeigt ist; hierin ist die z-Achse durch die Richtung des magnetischen Feldes B festgelegt.

---

[4] α und β stellen keine Eigenfunktionen für $\hat{s}_x$ und $\hat{s}_y$ dar; es ist vielmehr

$$\hat{s}_x \alpha = \frac{1}{2} \hbar \beta \qquad \hat{s}_x \beta = \frac{1}{2} \hbar \alpha$$

$$\hat{s}_y \alpha = \frac{1}{2} i \hbar \beta \qquad \hat{s}_y \beta = -\frac{1}{2} i \hbar \alpha$$

Die Wellenfunktion für ein Elektron kann nun dargestellt werden als das Produkt aus einer Orbitalfunktion und einer Spinfunktion: $\Psi(x, y, z, t)\,\alpha$ oder $\Psi(x, y, z, t)\,\beta$. Da die Spinfunktionen α und β keine Funktionen der Raumkoordinaten x, y und z sind, kommutieren der Operator $\hat{L}$ für den Bahndrehimpuls und der Operator $\hat{s}$ für den Eigendrehimpuls miteinander.

17. Das Paulische Ausschließungsprinzip (Pauliverbot)

Bis heute wurde die Schrödingersche Wellengleichung exakt nur für das einfachste Atom gelöst: das aus einem einzelnen Elektron und dem positiv geladenen Proton bestehende Wasserstoffatom. Eine wellenmechanische Diskussion komplizierterer Atome aus positivem Kern und mehreren Elektronen in der Atomhülle bereitet zwar keine grundsätzlichen Schwierigkeiten; die Schrödingergleichung läßt sich jedoch für solche Fälle nicht mehr exakt lösen. Recht befriedigende Näherungslösungen werden jedoch durch bestimmte vereinfachende Annahmen ermöglicht. Eine gute Approximation besteht in der Annahme, daß schwerere Kerne von einer kugelsymmetrischen Atomhülle umgeben sind, die alle positiven Ladungen bis auf eine abschirmt. Das Valenzelektron bewegt sich dann im kugelsymmetrischen Feld dieses abgeschirmten Kerns. Wenn man diese *Zentralfeld-Approximation* oder 1-Elektron-Näherung anwendet, dann kann man die erlaubten stationären Zustände des äußeren Elektrons immer noch durch die vier Quantenzahlen n, l, m_l und m_s klassifizieren.

Es gibt nun eine wichtige Regel für die erlaubten Quantenzahlen, also für die erlaubten Zustände der Elektronen in einem Atom. Dieses *Ausschließungsprinzip* wurde von Wolfgang Pauli 1924 zunächst in einer eingeschränkten und später in einer allgemeineren Form ausgesprochen. Das Pauliverbot besagt, daß es in der Atomhülle keine Elektronen geben kann, die in allen Quantenzuständen über-

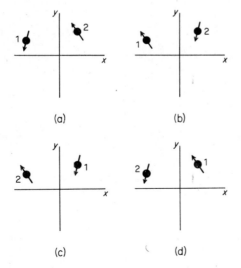

Abb. 14.12 Austausch der Raum- und Spin-Koordinaten für zwei Elektronen. (a) Ursprüngliche Konfiguration; (b) Spinkoordinaten nach dem Austausch; (c) Raumkoordinate nach dem Austausch; (d) Spin- und Raumkoordinate nach dem Austausch.

einstimmen. Zwei beliebig herausgegriffene Elektronen müssen sich also in mindestens einer der vier Quantenzahlen unterscheiden.

Abb. 14.12 zeigt zwei Elektronen 1 und 2. Zu jedem Elektron gehören drei Raumkoordinaten (x, y und z, von denen hier jedoch nur x und y gezeigt sind) und eine Spinkoordinate, die nur einen von zwei Werten annehmen kann, gekennzeichnet durch einen Pfeil im Diagramm. Wenn wir nun die Raum- und/oder die Spinkoordinaten der zwei Elektronen austauschen, wie diese Abbildung zeigt, dann muß wegen der Nichtunterscheidbarkeit der Elektronen die Wellenfunktion ψ des Systems entweder gleichbleiben ($\psi \to \psi$) oder lediglich das Vorzeichen ändern ($\psi \to -\psi$). Die erste Operation nennen wir ψ-symmetrisch, die zweite ψ-antisymmetrisch. Die gesamte Wellenfunktion eines Elektrons kann als Produkt der Spinkomponente σ (α oder β) und dem Anteil φ der Raumkoordinaten geschrieben werden:

$$\psi = \varphi(x, y, z)\,\sigma$$

In seiner allgemeinen Formulierung (unabhängig von der 1-Elektron-Näherung) lautet nun das PAULI-Prinzip:

Eine Wellenfunktion für ein System von Elektronen muß in bezug auf den Austausch der Raum- und Spinkoordinaten für ein beliebiges Paar von Elektronen antisymmetrisch sein ($\psi \to -\psi$).

Hiernach bedingen sich folgende Übergänge gegenseitig:

$$\left.\begin{array}{ll} \varphi \to -\varphi & \sigma \to \sigma \\ \varphi \to \varphi & \sigma \to -\sigma \end{array}\right\} \psi \to -\psi$$

Die ursprüngliche Formulierung des PAULI-Prinzips stellt einen Sonderfall der allgemeinen Formulierung dar. Als Beispiel wollen wir zwei Elektronen in Zuständen betrachten, die nach der 1-Elektron-Näherung durch die Quantenzahlen $n_1, l_1, m_{l_1}, m_{s_1}$ und $n_2, l_2, m_{l_2}, m_{s_2}$ spezifiziert sind. Für diesen Fall wäre eine antisymmetrische Funktion:

$$\psi = \psi_{n_1, l_1, m_{l_1}, m_{s_1}}(1)\,\psi_{n_2, l_2, m_{l_2}, m_{s_2}}(2) - \psi_{n_1, l_1, m_{l_1}, m_{s_1}}(2)\,\psi_{n_2, l_2, m_{l_2}, m_{s_2}}(1)$$

Wenn wir nun die Koordinaten für die beiden Elektronen (1 und 2) austauschen, dann muß $\psi \to -\psi$ sein. Wir wollen jedoch einmal annehmen, daß für die beiden Elektronen alle vier Quantenzahlen gleich seien. Für diesen Fall ist $\psi = 0$; ein solcher Zustand kann also nicht existieren.

J. C. SLATER hat nun gezeigt, daß wir die antisymmetrische Wellenfunktion für ein System aus N Elektronen am bequemsten in der Form einer Determinanten schreiben können:

$$\psi(1, 2, \ldots N) = \frac{1}{\sqrt{N}} \begin{vmatrix} \psi_a(1) & \psi_a(2) & \ldots & \psi_a(N) \\ \psi_b(1) & \psi_b(2) & \ldots & \psi_b(N) \\ \cdot & & & \\ \cdot & & & \\ \cdot & & & \\ \psi_n(1) & \psi_n(2) & \ldots & \psi_n(N) \end{vmatrix}$$

Hierin bedeuten die Indizes zu den Funktionen ψ die vier Quantenzahlen, die ein Orbital spezifizieren. Wenn wir nun zwei beliebige Kolonnen austauschen, dann ändern wir das Vorzeichen der Determinanten. Die Forderung der Antisymmetrie ist also erfüllt. Wenn aber irgendein Satz aus vier Quantenzahlen gleich würde, z. B. $a = b$, dann würden auch zwei Zeilen gleich und die Determinante würde verschwinden.

18. Spin-Bahn-Wechselwirkung

Die Dublettstruktur der Atomspektren der Alkalimetalle lieferte den ersten spektroskopischen Hinweis auf den Elektronenspin. Denselben Effekt kann man jedoch auch im Spektrum atomaren Wasserstoffes sehen, vorausgesetzt, man arbeitet mit einem Spektrographen hohen Auflösungsvermögens. Als Beispiel wollen wir die H_α-Linie der BALMER-Serie betrachten, die eine charakteristische Fein-

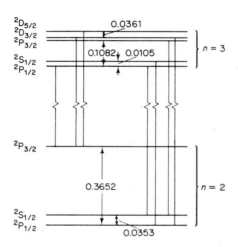

Abb. 14.13 Feinstruktur der H_α-Linie in der BALMER-Serie des Wasserstoffatoms. Die auf die verschiedenen Werte von j zurückzuführende Aufspaltung der Niveaus ist eine Folge der Spin-Bahn-Wechselwirkung. Die Aufspaltung der $^2S_{1/2}$- und $^2P_{1/2}$-Niveaus kommt durch einen elektrodynamischen Quanteneffekt, die LAMB-Verschiebung zustande. [W. E. LAMB, R. C. RETHERFORD, Phys. Rev. 72 (1947) 241. Siehe auch H. G. KUHN, G. W. SERIES, Proc. Roy. Soc. A 202 (1950) 127.]

struktur besitzt (Abb. 14.13). Diese Linien entstehen durch Übergänge zwischen Energieniveaus mit $n = 2$ und $n = 3$. In der BOHRschen Theorie sowie in den Lösungen der Schrödingergleichung für ein spinfreies Elektron sind diese Energieniveaus entartet; zu jedem Energieniveau gehören also mehrere Wellenfunktionen:

$$n = 2 \quad l = 0, 1 \quad 2s, 2p$$
$$n = 3 \quad l = 0, 1, 2 \quad 3s, 3p, 3d$$

In der konventionellen Schreibweise wird ein atomares Energieniveau oder ein Term mit einem Großbuchstaben bezeichnet, und zwar entsprechend der Größe des Bahndrehimpulses $\boldsymbol{L} = \sum \boldsymbol{l}_i$; hierin bedeutet $\boldsymbol{l}_i$ die l-Werte der individuellen Elektronen. Wenn $L = 0, 1, 2$ oder 3 ist, dann ist das entsprechende Termsymbol S, P, D oder F.

Das Wasserstoffatom besitzt nur ein Elektron und es ist $L = l$. Der Einheitlichkeit zuliebe werden dennoch die gleichen Termsymbole verwendet:

$n = 2$ S, P
$n = 3$ S, P, D

Wir haben gesehen, daß bei einem Elektron ohne Spin die Energieniveaus mit $n = 2$ und $n = 3$ entartet sind. Wenn wir nun den Elektronenspin berücksichtigen, dann tritt ein neuer Effekt ein, der die *Entartung aufhebt*; die Terme S, P und D unterscheiden sich nun geringfügig in ihrer Energie. Dieser Effekt, den man *Spin-Bahn-Wechselwirkung* oder *Spin-Bahn-Kopplung* nennt, besteht in einer magnetischen Wechselwirkung zwischen dem magnetischen Spinmoment und dem magnetischen Bahnmoment. Diese Wechselwirkung drückt man gewöhnlich als Beitrag zum Hamiltonoperator in der folgenden Form aus:

$$\hat{H}_{S-B} = \xi(r)\,\hat{l}\cdot\hat{s} \qquad [14.75]$$

Hierin ist $\hat{l}$ der Operator des Bahndrehimpulses und $\hat{s}$ der des Eigendrehimpulses des Elektrons.

Die Spin-Bahn-Wechselwirkung kommt folgendermaßen zustande. Das Elektron mit seinem Spin bewegt sich mit der Geschwindigkeit v im elektrostatischen Feld E des abgeschirmten Kerns. Würde sich umgekehrt der Kern um das stationäre Elektron bewegen, dann würde offensichtlich der Kern ein magnetisches Feld erzeugen, das auf das Elektron einwirkt. Es macht nun keinen Unterschied, welche Ladung wir als bewegt ansehen; das effektive magnetische Feld ist immer dasselbe: $B' = (v/c \times E)$.

Die Wechselwirkungsenergie des magnetischen Spinmoments μ des Elektrons mit diesem Magnetfeld ist $\mu \cdot B'$. Für ein kugelsymmetrisches elektrisches Potential Φ gilt $E = -(\partial\Phi/\partial r)(r/r^2)$; B' ist also proportional $r \times mv = L$. Da weiterhin μ proportional s ist, gilt für die Form der Wechselwirkung $\lambda\,l \cdot s$.

Das Ergebnis der magnetischen Wechselwirkung für das Elektron in einem Wasserstoffatom mit dem Kernfeld ist also, daß l und s magnetisch gekoppelt sind, wodurch wir eine neue, innere Quantenzahl $j = l \pm s$ erhalten; hierin ist $s = 1/2$. Aus diesem Grunde spalten die P- und D-Terme (für $n = 2$) in zwei Komponenten auf, entsprechend den zwei Möglichkeiten für die innere Quantenzahl $j = l + s = 3/2$ und $j = l - s = 1/2$. Den j-Wert schreibt man als Index zum Termsymbol:

$n = 2$ $S_{1/2}, P_{1/2}, P_{3/2}$
$n = 3$ $S_{1/2}, P_{1/2}, P_{3/2}, D_{3/2}, D_{5/2}$

Die in Abb. 14.13 gezeigte Feinstruktur ist damit zufriedenstellend erklärt.

19. Das Spektrum des Heliums

Das Spektrum des Heliums erwies sich als unerwartet kompliziert. Nach mühseliger Arbeit konnten die zahlreichen Linien Übergängen zwischen Paaren von Energieniveaus zugeordnet werden, die mit ihren Termsymbolen bezeichnet wurden (Abb. 14.14). Das Spektrum muß offenbar durch zwei getrennte Termschemata erklärt werden; spektrale Übergänge sind offensichtlich nur zwischen Termen desselben Schemas möglich. Diese Trennung in zwei Termschemata war so eindeutig, daß frühere Forscher glaubten, sie hätten es mit zwei verschiedenen Arten von Helium zu tun, die sie *Parahelium* (Parhelium) und *Orthohelium* nannten. Heute wissen wir, daß das Parahelium den Singulett- und das Orthohelium den stabilen Triplettzustand des Heliums darstellen.

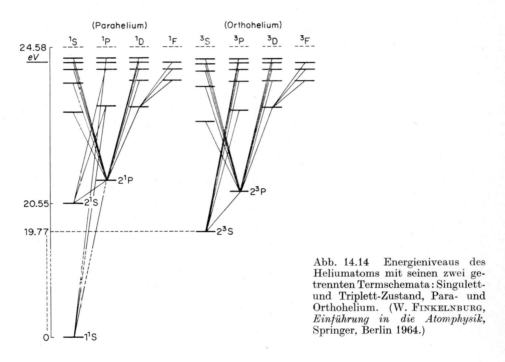

Abb. 14.14 Energieniveaus des Heliumatoms mit seinen zwei getrennten Termschemata: Singulett- und Triplett-Zustand, Para- und Orthohelium. (W. FINKELNBURG, *Einführung in die Atomphysik*, Springer, Berlin 1964.)

In erster Näherung können wir eine Wellenfunktion ψ, also ein Atomorbital, für jedes Elektron im Heliumatom angeben; in dieser Funktion kommen dieselben vier Quantenzahlen n, l, m_l und m_s vor, die in der Lösung der Schrödingergleichung für das Wasserstoffatom gefunden wurden. Nun können wir natürlich die für das Wasserstoffatom gefundenen Lösungen nicht mehr verwenden, und für das Heliumatom selbst existiert noch keine exakte Lösung dieser Art. Wir können uns aber mit der Vorstellung helfen, daß man ein Elektron im Heliumatom ganz allmählich entweder in den Kern hinein oder vom Kern weg bis zu einem unendlich entfernten Punkt bewegen kann, ohne daß man an irgendeiner Stelle dieses imaginären Vorgangs eine abrupte Änderung in der Wellenfunktion für das andere Elektron finden würde. Aus diesem Grunde kann man eine direkte Analogie annehmen zwischen den Wasserstofforbitalen und einigen angenäherten Heliumorbitalen (1-Elektron-Wellenfunktion). Man spricht also von 1s-, 2s-, 2p- usw. Orbitalen im Helium und in noch komplizierteren Atomen, obwohl man die exakte

Form der Wellenfunktion nicht kennt und möglicherweise sogar das ganze Orbitalmodell zusammenbricht, wenn man versucht, quantitative Berechnungen durchzuführen. Auf die letztere Tatsache werden wir später zurückkommen.

Der Grundzustand des Heliumatoms hat die Elektronenkonfiguration $1s^2$. Zu den zwei Elektronen gehören die folgenden Quantenzahlen:

$$n = 1 \quad l = 0 \quad m_l = 0 \quad m_s = 1/2$$
$$n = 1 \quad l = 0 \quad m_l = 0 \quad m_s = -1/2$$

Wir sehen, daß sich die beiden Elektronen im Grundzustand, in Übereinstimmung mit dem Pauliprinzip, durch eine Quantenzahl (m_s) unterscheiden.

Das Termsymbol für den Grundzustand ist ^1S. Die allgemeine Formulierung des Termsymbols ist:

$$^{2S+1}L$$

Den Wert für L (Quantenzahl des Gesamtdrehimpulses aller Elektronen) erhält man aus der Vektorsumme der azimutalen Quantenzahlen l_i, die den Bahndrehimpuls der einzelnen Elektronen angeben. Die zu $L = 0, 1, 2, 3$ gehörenden Zustände nennt man S, P, D, F. Die links an diesem Zustandssymbol hochgestellte Zahl bedeutet die Multiplizität $2S + 1$ des Terms; hierin bedeutet S die Gesamtspinquantenzahl, die noch durch die Addition der jeweiligen Werte von m_s festgelegt werden muß. Für den Grundzustand des Heliums ist $L = 0$ und $S = 0$; das Zustandssymbol lautet daher ^1S.

Der niedrigste Anregungszustand des Heliums ist der, bei welchem sich ein Elektron in einem Orbital mit der Hauptquantenzahl $n = 2$ befindet. Die zwei möglichen Elektronenzustände sind $1s^1 2s^1$ und $1s^1 2p^1$. Beim H-Atom hängen die nach der Schrödingergleichung berechneten Energieniveaus nur vom Wert für n und nicht von dem für l ab. Bei Mehrelektronenatomen hängen die nach der 1-Elektron-Wellengleichung berechneten Energieniveaus jedoch stark von den Werten für l ab. Das Termsymbol bezeichnet den Wert von L, so daß die angeregten Zustände S- ($L = 0$) und P-Zustände ($L = 1$) sind. Beim Helium liegen die S-Terme stets unter den P-Termen mit derselben Hauptquantenzahl.

Die Existenz von Singulett- und Triplettzuständen des Heliums läßt sich leicht aus der Tatsache erklären, daß die beiden Elektronenspins entweder antiparallel ($S = 0$) oder parallel ($S = 1$) sein können. In jedem Zustand, jedoch nicht im Grundzustand, spaltet also jeder Term in ein Singulett und ein Triplett auf; für den Grundzustand verbietet das Pauliprinzip den Zustand mit $S = 1$. Wir können dem Termschema entnehmen, daß die Triplettzustände (für gegebene Werte von n und L) stets niedriger liegen als die Singulettzustände. So liegt z. B. für $n = 2$ der ^3S-Zustand um 6422 cm^{-1} niedriger als der ^1S-Zustand.

Was ist nun der Grund für diese starke Aufspaltung von Termen, die dieselbe Elektronenkonfiguration und dieselben Werte für L besitzen, sich jedoch in ihrem Gesamtspin unterscheiden? Zunächst wollen wir in aller Deutlichkeit feststellen, daß diese Energiedifferenz *nicht* auf irgendeine magnetische Wechselwirkung zwischen den magnetischen Momenten der Spins zurückzuführen ist. Eine solche magnetische Wechselwirkung existiert, sie ist jedoch verschwindend klein gegenüber den beobachteten Energiedifferenzen der Zustände $1s^1\,2s^1\,{}^1S$ und $1s^1\,2s^1\,{}^3S$. Diese Termaufspaltung ist tatsächlich zurückzuführen auf Unterschiede in der elektrostatischen Wechselwirkung in einem System, das aus einem zweifach positiv geladenen Kern und zwei Elektronen in der Atomhülle besteht. Für die elektrostatische Energie der beiden Zustände können wir schreiben:

$${}^1S \quad E = F_0 + G_0$$

$${}^3S \quad E = F_0 + G_0$$

Die beiden Energiegrößen F_0 und G_0 stellen Integrale dar, die man bei der quantenmechanischen Berechnung der Energie des Systems erhält. F_0 nennt man das *Coulombsche Integral* und G_0 das *Austauschintegral*. Eine theoretische Berechnung dieser Energieintegrale wäre für die meisten Zustände sehr schwierig, aus spektroskopischen Daten können wir jedoch genaue experimentelle Werte entnehmen.

Die Austauschenergie ist ein spezifisch quantenmechanischer Effekt; wir können aber versuchen, ihn qualitativ zu deuten. Im ${}^3S$-Zustand haben die beiden Elektronen denselben Spin. Da sie sich auf verschiedenen Orbitalen befinden, nämlich 1s und 2s, wird das Paulische Prinzip nicht verletzt. Dennoch müssen sich die beiden Elektronen mit demselben Spin voneinander fernhalten. Die Angabe der Orbitale stellt einfach die Beschreibung von Ort und Geschwindigkeit der Elektronen in »Kurzschrift« dar. Wenn das 1s- und 2s-Elektron mit ihrem parallelen Spin versuchen würden, »sich im selben Bereich des Atoms aufzuhalten«, dann würde das strenge Pauliverbot dies verhindern. Andererseits besteht für den ${}^1S$-Zustand, in dem die beiden Elektronen antiparallelen Spin besitzen, kein Pauliverbot; sie können sich also im selben Bereich aufhalten. Die elektrostatische Abstoßung wird also im Singulettzustand wesentlich höher sein als im Triplettzustand. Wir können also sehen, daß die Singulett-Triplett-Aufspaltung auf eine elektrostatische Wechselwirkung zurückzuführen ist; grundsätzlich wird sie jedoch durch quantenmechanische Effekte beherrscht. Es handelt sich um eine nichtklassische Wechselwirkung, man sollte also eigentlich nicht versuchen, hier eine konventionell-physikalische Deutung zu geben.

Zusammenfassend können wir sagen, daß sowohl die (notwendige) Antisymmetrie der Wellenfunktion als auch die verschiedene Form der Singulett- und Triplettfunktionen für den Spin dafür verantwortlich sind, daß sich die Raumkomponenten der Singulett- und Triplettfunktionen unterscheiden und damit zu einer verschiedenen räumlichen Ladungsverteilung führen.

Wir haben nun die allgemeine Struktur des Termdiagramms des Heliums erklärt, – einmal durch eine starke elektrostatische Coulombwechselwirkung, die zur Aufspaltung von Termen mit verschiedenem L führt, sowie durch eine starke elektrostatische Austauschwechselwirkung, die zu einer Aufspaltung der Terme mit gleichem L, aber verschiedenem S führt. Noch nicht in unsere Betrachtungen einbezogen haben wir die Spin-Bahn-Wechselwirkung, die für die Feinstruktur im Spektrum des atomaren Wasserstoffs verantwortlich ist. Man sollte erwarten, daß solche Spin-Bahn-Wechselwirkungen auch beim Helium auftreten und zu einer

Feinstruktur führen. Dies trifft zu; die Aufspaltung ist allerdings zu klein, als daß man sie im Termdiagramm der Abb. 14.14 zeigen könnten.

Die Gesamtdrehimpulsquantenzahl L und die Gesamtspinquantenzahl S für einen Term können zu einer neuen *inneren Quantenzahl* J kombiniert werden; Zustände mit verschiedenen Werten von J spalten durch die Spin-Bahn-Wechselwirkung auf. Bei den ^{1}S-Zuständen des Heliums kann J nur den Wert 0 annehmen, da $L = 0$ und $S = 0$ sind. Für den ^{3}S-Term mit $L = 0$ und $S = 1$ muß $J = 1$ sein. Auch für den ^{1}P-Zustand mit $L = 1$ und $S = 0$ kann J nur den Wert 1 annehmen. Für den Zustand ^{3}P kann J jedoch die Werte 2, 1 oder 0 annehmen. Abb. 14.15 zeigt, wie man die innere Quantenzahl als Ergebnis einer Vektoraddition aus L und S erhalten kann.

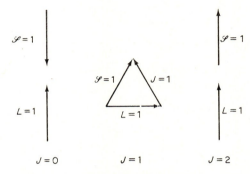

Abb. 14.15 Ermittlung der inneren Quantenzahl J durch Vektoraddition von L und S

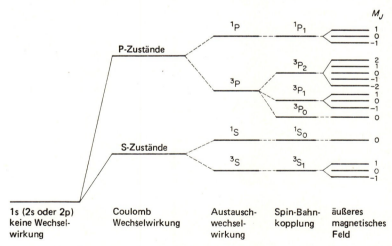

Abb. 14.16 Schematisches Diagramm für die Aufspaltung eines angeregten Zustandes des Heliumatoms (1 Elektron angehoben von $n = 1$ auf $n = 2$) in verschiedene energetische Unterniveaus durch interne elektrostatische und magnetische Wechselwirkungen sowie durch ein äußeres magnetisches Feld. Wenn alle Entartungen aufgehoben sind, dann können 16 verschiedene Energieniveaus beobachtet werden. Dies folgt aus den 8 verschiedenen Orbitalen für ein angeregtes Elektron ($n = 2$) unter Berücksichtigung des Elektronenspins. (Die Energieskala dieses Diagramms ist nicht maßstäblich.)

Das Termschema für die erste Gruppe angeregter Zustände des atomaren Heliums zeigt Abb. 14.16. Zunächst werden in diesem Schema alle Möglichkeiten der inneren Wechselwirkung berücksichtigt; in der letzten Spalte wird dann auch die Wirkung eines äußeren magnetischen Feldes gezeigt. Wenn durch das äußere Feld eine Vorzugsachse eingeführt wird, dann kann der kombinierte Gesamtdrehimpuls (aus Bahn- und Eigendrehimpuls, gekennzeichnet durch den Wert von J) nur die Richtungen relativ zur Feldrichtung annehmen, die Komponenten der Größe $M_J \hbar$ ($M_J = J, J-1, \ldots, -J$) in der Feldrichtung besitzen. Dieser Effekt ist völlig analog der »Raumquantelung« durch die azimutale Quantenzahl l, die bei der Diskussion des Wasserstoffatoms auftrat (s. Abb. 14.6).

20. Vektormodell des Atoms

Das am Beispiel des Heliumatoms entwickelte Bild für die verschiedenen Wechselwirkungen zwischen zwei Elektronen kann auf Atome mit beliebiger Zahl von Elektronen erweitert werden. Eine anschauliche Methode zur Betrachtung dieser Wechselwirkungen liefert auch das *Vektormodell* des Atoms.

Wir haben gesehen, wie der Vektor eines Drehimpulses mit einem äußeren Feld in Wechselwirkung tritt und um seine Achse präzediert. In ähnlicher Weise können die Vektoren der Drehimpulse zweier Elektronen in einem Atom koppeln und einen resultierenden Gesamtdrehimpuls liefern; jeder der individuellen Vektoren präzediert dann um den resultierenden Vektor. Wir müssen jedoch die zwei verschiedenen Arten des Drehimpulses im Auge behalten, nämlich den Eigendrehimpuls oder Spin des Elektrons und den durch die Bewegung des Elektrons um den Kern hervorgerufenen Bahndrehimpuls.

Die Art der Wechselwirkung zwischen diesen Drehimpulsen ist unter der Bezeichnung RUSSELL-SAUNDERS-Kopplung[5] bekannt geworden. Das folgende Schema zeigt, wie hiernach die Momente der verschiedenen Elektronen kombinieren.

a) Die einzelnen Elektronenspins s_i kombinieren unter Bildung eines resultierenden Gesamtspins

$$\sum_i s_i = S$$

Der Wert der Gesamtspinquantenzahl muß ein Vielfaches von 1/2 oder 1 betragen, er kann auch 0 sein. Drei Spins von $+1/2$ geben z.B. einen Gesamtspin von 3/2 oder 1/2. Zwei Spins von 1/2 geben einen Gesamtspin von 1 oder 0.

b) Die einzelnen Bahndrehimpulse kombinieren unter Bildung eines resultierenden Gesamtdrehimpulses L:

$$\sum_i l_i = L$$

Durch die Raumquantelung kann die Quantenzahl L nur Werte ganzer Zahlen annehmen. Die Kombination der Werte von l_i kann als eine gequantelte Vek-

---

[5] Das RUSSELL-SAUNDERS-Schema läßt sich nur auf leichtere Atome anwenden. Bei schwereren Atomen führt die höhere Kernladung zu einer starken Kopplung zwischen den Eigendrehimpulsen s_i und den Bahndrehimpulsen l_i jedes Elektrons. Dies ist auf Spin-Bahn-Wechselwirkung zurückzuführen und liefert eine Resultierende j_i.

toraddition der zugehörigen Drehimpulse aufgefaßt werden, die um die Resultierende L präzedieren. Dies zeigt Abb. 14.17. Als Beispiel wollen wir die Konfiguration $2p^1 3p^1$ betrachten. Die azimutalen Quantenzahlen $l_1 = 1$ und $l_2 = 1$ können vektoriell addiert werden und geben dabei Werte für L von 0, 1 oder 2; diese charakterisieren den S-, P- und D-Zustand.

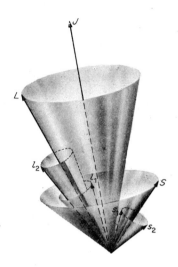

Abb. 14.17 Die RUSSELL-SAUNDERS-Kopplung. Durch Vektoraddition von l_1 und l_2 entsteht der resultierende Bahndrehimpuls L. Durch Kombination von s_1 und s_2 erhält man den resultierenden Eigendrehimpuls S. Aus L und S erhält man den resultierenden Gesamtdrehimpuls J; L und S präzedieren um den Vektor von J.

c) Die zwei Resultierenden L und S stellen den gesamten Bahndrehimpuls und das gesamte Spinmoment der Elektronen im Atom dar. Die zugehörigen Vektoren für Bahn- und Spinmoment entsprechen Vektoren des magnetischen Feldes, die magnetische Kräfte aufeinander ausüben. Sie können zu einem resultierenden Gesamtdrehimpuls J zusammengefaßt werden, dem die *innere Quantenzahl* J zugeordnet wird. Dieser Gesamtdrehimpuls stellt die totale Resultierende sämtlicher Drehimpulse der Elektronen im Atom dar und ist in den Werten $J(J+1)\hbar$ gequantelt.

In Abwesenheit eines äußeren Feldes muß der totale Drehimpuls des Atoms konstant sein. L und S präzedieren daher um ihre Resultierende J (Abb. 14.17).

Die verschiedenen Energieniveaus oder Spektralterme eines Atoms werden mit Symbolen bezeichnet, die auf diesem Modell beruhen. Das Termsymbol lautet in allgemeiner Form:

$$^{2S+1}L_J$$

Die resultierende Bahndrehimpulsquantenzahl L (für Atome und Ionen mit mehreren Elektronen) und die Bahndrehimpulsquantenzahl l (bei wasserstoffähnlichen Atomen und Ionen) entsprechen einander; sie legen den Termcharakter des jeweiligen Atoms oder Ions fest. Bei Werten von $L = 0, 1, 2, 3$ spricht man von S-, P-, D-, F-Termen. Links oben an das Termsymbol schreibt man die *Multiplizität* des Terms, rechts unten die resultierende innere Quantenzahl. Die Multiplizität der

738 14. Kapitel: Quantenmechanik und Atomstruktur

Spektralterme wird also von der resultierenden Spinquantenzahl S bestimmt. Bei gerader Elektronenzahl kann $S = 0, 1, 2, 3$ sein; dies entspricht Singulett-, Triplett-, Quintett- und Septettzuständen. (Diese Bezeichnung entspricht der Aufspaltung der Spektrallinien.) Bei ungerader Elektronenzahl kann $S = 1/2, 3/2, 5/2, 7/2$ sein; dies entspricht Dublett-, Quartett-, Sextett- und Oktettzuständen. Wenn $L > S$, dann gibt die Multiplizität zugleich die Zahl der Werte von J für den betreffenden Zustand.

Nach unserer Übereinkunft würde das Termsymbol $^2S_{1/2}$ einen Zustand mit der Multiplizität $2S + 1 = 2$ (Dublett), also mit $S = 1/2$ bezeichnen; außerdem sind $L = 0$ und $J = 1/2$. Ausgesprochen wird dieses Symbol »Dublett-S-einhalb«.

Wir wollen nun versuchen, mit dem Vektormodell das Spektrum des Lithiumatoms zu deuten. Die Elektronenkonfiguration des Lithiums im Grundzustand ist $1s^1\,2s^1$. Bei abgeschlossenen Elektronenschalen sind alle bei einer vorgegebenen Hauptquantenzahl n möglichen Zustände besetzt (z.B. $1s^2$ beim Li). In diesem

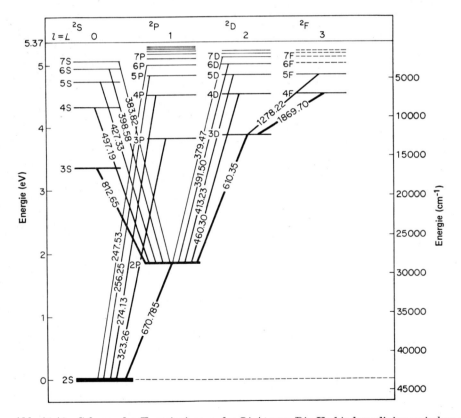

Abb. 14.18 Schema der Energieniveaus des Li-Atoms. Die Verbindungslinien zwischen den Niveaus bedeuten die Übergänge; die Wellenlängen (in nm) der zugehörigen Spektrallinien sind jeweils angegeben. Die Dublettstruktur der Linien wurde nicht berücksichtigt. Gestrichelt eingetragene Niveaus kennzeichnen berechnete, jedoch noch nicht beobachtete Niveaus.

Falle kompensieren sich die Bahn- und die Eigendrehimpulse der Elektronen gegenseitig; dies bedeutet aber, daß der resultierende Gesamtdrehimpuls für diese abgeschlossene Elektronenschale null ist und im Termschema nicht berücksichtigt zu werden braucht. Für das 2s-Elektron ist $l = 0$ und $s = 1/2$. Hiernach ist $L = 0$, $S = 1/2$ und $J = 1/2$. Der Grundzustand des Lithiums ist daher $1s^2\,2s$ oder $^2S_{1/2}$. Wir wollen nun annehmen, daß sich das *Leuchtelektron* im angeregten Zustand $1s^2\,2p$ befindet. Dann ist $L = 1$, $S = 1/2$ und $J = 3/2$ oder $1/2$. Die Elektronenzustände sind also $1s^2\,2p$ oder, in anderer Bezeichnung, $^2P_{3/2,\,1/2}$. Sie müssen sich etwas in ihrer Energie unterscheiden; die einem Übergang zwischen dem Grundzustand ^2S und dem ersten angeregten Zustand ^2P entsprechende Spektrallinie muß also ein nahe beieinanderliegendes Dublett sein. Dies trifft zu; die erste Beobachtung solcher Dubletts in den Spektren der Alkalimetalle führte zur Entdeckung des Elektronenspins. (Das Absorptionsspektrum des Kaliumdampfes wurde schon in Abb. 13.7 gezeigt.)

Die verschiedenen Energieniveaus des Lithiumatoms sind in Abb. 14.18 gezeigt. Für die Übergänge zwischen diesen Niveaus gelten bestimmte *Auswahlregeln*. Diese lauten

$$\Delta J = 0, \pm 1$$

$$\Delta L = \pm 1$$

Dies bedeutet, daß nur solche Übergänge möglich sind, bei denen sich die resultierende innere Quantenzahl J nicht oder um einen Wert von 1, und die resultierende Bahndrehimpulsquantenzahl L um 1 ändert. In Abb. 14.18 sind einige der niederen Übergänge im Lithiumatom gezeigt; jedem solchen Übergang entspricht eine Linie im Spektrum des Lithiums (Übergang von unten nach oben: Absorption, von oben nach unten: Emission.)

21. Atomorbitale und Energieniveaus: Die Variationsmethode

Die Quantenmechanik liefert uns eine exakte Lösung für das Wasserstoffatom. Sowohl die berechneten Energieniveaus als auch die Elektronenverteilungen sind exakt. Experimentelle Messungen dieser Größen können nur annähernd so gut sein wie diese theoretischen Werte. Nicht so rosig ist die Situation schon beim nächsten Atom, dem Helium mit zwei Elektronen und einer Kernladung von $+2$. Hier begegnen wir der harten Tatsache, daß wir die Schrödingergleichung für das System zwar formulieren, jedoch nicht exakt durch analytische Methoden lösen können.

Abb. 14.19 zeigt schematisch das Helium als System aus einer doppelt geladenen, positiven Punktladung und zwei Elektronen. In atomaren Einheiten gilt für die potentielle Energie dieses Systems:

$$U = -\frac{2}{r_1} - \frac{2}{r_2} + \frac{1}{r_{12}} \qquad [14.76]$$

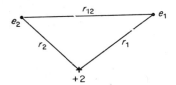

Abb. 14.19 Koordinaten für das Heliumatom.

Die Schrödingergleichung für diesen Fall lautet daher:

$$\left[\nabla_1^2 + \nabla_2^2 + 2\left(E + \frac{2}{r_1} + \frac{2}{r_2} - \frac{1}{r_{12}}\right)\right]\psi = 0 \qquad [14.77]$$

In dieser Gleichung bedeuten ∇_1^2 und ∇_2^2 die LAPLACE-Operatoren für die Koordinaten der Elektronen 1 und 2.
Die Schwierigkeit liegt in dem Term $1/r_{12}$ für die Wechselwirkung zwischen zwei Elektronen. Wegen dieses Terms können wir die Variablen – die Koordinaten der Elektronen 1 und 2 – nicht separieren.
Glücklicherweise gibt es sehr gute Näherungsmethoden, mit denen sich brauchbare und in einigen Fällen sogar nahezu exakte Lösungen für solche Fälle erhalten lassen. Zunächst wollen wir die *Variationsmethode* kennenlernen. Sie stellt eine der modernsten theoretischen Methoden zur Berechnung von Atom- und Molekelstrukturen dar und sollte daher von jedem Chemiestudenten verstanden werden.
Die Schrödingergleichung lautet in der Operatorform der Gl. [13.51]:

$$\hat{H}\psi = E\psi$$

Wir multiplizieren nun jede Seite der Gleichung mit ψ^* und integrieren anschließend über alle Raumkoordinaten:

$$\int \psi^* \hat{H} \psi \, d\tau = \int \psi^* E \psi \, d\tau$$

Da E eine Konstante ist, können wir sie vor die Integrale setzen:

$$E = \frac{\int \psi^* \hat{H} \psi \, d\tau}{\int \psi^* \psi \, d\tau} \qquad [14.78]$$

In dieser Gleichung wird die Energie des Systems durch die korrekte Wellenfunktion ψ, die Lösung der Schrödingergleichung, ausgedrückt. (Die Gültigkeit dieser Beziehung kann gezeigt werden, wenn man sie auf das Wasserstoffatom anwendet und $\psi_{1s} = \pi^{-1/2} e^{-r}$ setzt.)
Was nützt uns jedoch [14.78], wenn wir nicht die korrekte Lösung für ψ kennen? Nehmen wir einmal an, wir hätten einen geschätzten Näherungswert $\psi^{(1)}$, der eine ebenfalls angenommene, plausible Elektronenverteilung ausdrückt. Wenn wir diesen Schätzwert $\psi^{(1)}$ in [14.78] einsetzen, dann erhalten wir:

$$E^{(1)} = \frac{\int \psi^{*(1)} \hat{H} \psi^{(1)} \, d\tau}{\int \psi^{*(1)} \psi^{(1)} \, d\tau}$$

Das Variationsprinzip besagt nun, daß die mit einem Schätzwert von $\psi^{(1)}$ berechnete Energie des Systems größer als die tatsächliche Energie oder im Grenzfalle gleich groß ist wie diese:

$$E^{(1)} \geqq E$$

Dieses Prinzip läßt sich jedoch nur für den niedrigsten Zustand einer bestimmten Elektronenkonfiguration anwenden. Die geschätzte Funktion $\psi^{(1)}$ muß außerdem einigen Beschränkungen unterworfen sein, die durch die gegebene Elektronensymmetrie, das Pauliprinzip und andere Faktoren gegeben sind.

Die Variationsmethode ist nicht auf die Schrödingergleichung beschränkt; sie wurde zuerst von Rayleigh und Ritz gefunden und auf Schwingungsprobleme angewandt. Nach H. Shull läßt sich das Variationstheorem folgendermaßen beweisen. Wir gehen von einem vollständigen Satz von Eigenfunktionen ψ_i von $\hat{H}$ aus; es sei $\hat{H}\psi_i = E_i\psi_i$. Wir wollen nun den Erwartungswert für die Energie einer willkürlichen, normierten Funktion Φ für den Raum betrachten, der durch die Eigenfunktionen von $\hat{H}$ ausgefüllt wird. Wir können diese Raumfunktion dann folgendermaßen darstellen:

$$\Phi = \sum_{i=0}^{\infty} c_i \psi_i \quad \text{mit} \quad \int \Phi^* \Phi \, d\tau = 1$$

Es ist nun:

$$\begin{aligned} J &= \int \Phi^* \hat{H} \Phi \, d\tau \\ &= \int (\sum c_i \psi_i^*) \hat{H} (\sum c_j \psi_j) \, d\tau \\ &= \sum c_i^2 E_i \end{aligned} \tag{A}$$

Wenn nämlich $i \neq j$ ist, dann ist

$$\int \psi_i^* \psi_j \, d\tau = 0$$

Folglich ist

$$J = \sum c_i^2 E_i$$

Wir ordnen nun die Werte für E_i in einer monotonen, nicht abnehmenden Reihenfolge $E_0 \leqslant E_1 \leqslant E_2 \leqslant \cdots$
Anschließend kann in jedem Term der Summe (A) der Wert für E_i durch E_0 ersetzt werden, vorausgesetzt, daß wir den Wert der Summe niemals haben zunehmen, möglicherweise jedoch abnehmen lassen. Es ist daher

$$J = \sum c_i^2 E_i \geqslant \sum c_i^2 E_0 = E_0 \sum c_i^2$$

Aus der Normierungsbedingung für Φ folgt $\sum c_i^2 = 1$; es ist also $J \geqslant E_0$. Hiermit ist das Variationsprinzip bewiesen, welches besagt, daß der aus der Funktion Φ berechnete Erwartungswert von E einen oberen Grenzwert für die wirkliche Energie E_0 des Grundzustandes darstellt.

Die Prozedur der Variationsmethode ist nun deutlich geworden. Wir müssen so lange neue Werte für ψ ausprobieren, bis sich die berechnete Energie nicht mehr ändert oder bis wir uns damit zufriedengeben, daß die von uns versuchsweise eingesetzte Funktion die Grenze ihrer Möglichkeiten erreicht hat. Für das Auffinden des besten Wertes von ψ für jede besondere Form gibt es systematische mathematische Methoden. Wir können die Variationsmethode als eine mit System betriebene Bemühung auffassen, die Elektronenverteilung zu finden, die die Natur für ein bestimmtes Atom oder eine bestimmte Molekel gewählt hat. Dabei ist die Elektronenverteilung des Grundzustandes natürlich die mit der niedrigstmöglichen Energie.

22. Das Heliumatom

Gerüstet mit der Variationsmethode können wir nun erneut das Heliumatom in Angriff nehmen. Wenn wir den Einfluß des einen Elektrons auf die Bewegung des anderen einfach vernachlässigen würden, dann könnten wir annehmen, daß sich jedes Elektron im Felde eines He$^+$-Ions bewegt und ein wasserstoffähnliches Atomorbital besitzt. Unter Berücksichtigung der richtigen Spinfunktion würden wir dann für den ^{1}S-Grundzustand die folgende Beziehung bekommen:

$$^1\text{S}: \psi = \text{e}^{-Zr_1} \cdot \text{e}^{-Zr_2} \cdot \frac{1}{2} \left[\alpha(1)\beta(2) - \alpha(2)\beta(1) \right] \qquad [14.79]$$

Hierin bedeutet Z die Kernladungszahl ($Z = 2$). Die nach [14.79] und [14.78] berechnete Energie beträgt $-74{,}81$ eV; der experimentelle Wert ist $-78{,}99$ eV. Die Diskrepanz zwischen den beiden Werten zeigt, daß der Effekt der Wechselwirkung zwischen den beiden Elektronen beträchtlich ist und nicht vernachlässigt werden kann; durch diese Wechselwirkung wird die gesamte Elektronendichteverteilung verändert. Die sich hieraus ergebende Änderung der Energie des Systems nennt man die *Korrelationsenergie*.

Als nächstes wollen wir es mit der folgenden Wellenfunktion versuchen:

$$\psi^{(2)} = \text{e}^{-Z'r_1} \cdot \text{e}^{-Z'r_2} \qquad [14.80]$$

Dies ist nahezu dieselbe Funktion wie die zunächst angewendete; lediglich ist jetzt Z' ein variabler Parameter, den man so lange verändern kann, bis ein Minimalwert der Energie gefunden wird[6].

Die Einführung eines solchen variablen Parameters Z' ist bei der Anwendung der Variationsmethode auf Atome und Molekeln sehr gebräuchlich. Durch eine Veränderung von Z' verändert man auch die Elektronenverteilung; diese dehnt sich aus für $Z' < Z$, sie zieht sich zusammen für $Z' > Z$. Wir nennen diese Operation daher die *Anpassung des Skalenfaktors*. In dem hier behandelten Fall erhalten wir ein Minimum der Energie für $Z' = Z - 5/16 = 27/16$. Der hiernach berechnete Energiebetrag ist $E^{(2)} = -77{,}47$ eV.

Wir können die Wellenfunktion [14.80] mit $Z' < 2$ so deuten, als ob jedes Elektron den Kern partiell vom anderen Elektron abschirmt, so daß die wirksame Ladung von $+2$ auf $+27/16$ verringert wird. Man könnte nun denken, daß die niedrigere Effektivladung eine höhere und nicht eine niedrigere Energie bewirkt; je niedriger die effektive Kernladung, um so weniger negativ ist ja die Energie des Elektrons im Kernfeld. Die Antwort auf dieses Paradoxon liegt darin, daß die niedrigere Effektivladung eine *niedrigere kinetische Energie* des Elektrons zur Folge hat; dadurch wird der Effekt der höheren potentiellen Energie mehr als ausgeglichen. Die niedrigere Effektivladung führt zu einer Ausdehnung der »Elektronenwolke« im Umkreis des Kerns; das Elektron verfügt also über einen größeren Bewegungsraum. Wie schon am Beispiel des »Teilchens im Kasten« gezeigt wurde,

---

[6] Es empfiehlt sich sehr, die Lösung dieses Problems in dem Lehrbuch von PAULING und WILSON, *Quantum mechanics*, zu verfolgen.

bewirkt die zunehmende Delokalisierung des Elektrons eine Erniedrigung der kinetischen Energie.

Das Ergebnis unserer Rechnung zeigt, daß wir durch die Einführung des Skalenfaktors immer noch nicht die höchste Stabilität für dieses System erreicht haben. Höchstwahrscheinlich haben wir unserem Modellheliumatom erlaubt, sich zu sehr auszudehnen. Wir möchten also gerne, daß sich das Heliumatom etwas weniger ausdehnt und daß gleichzeitig ein Elektron vom anderen so weit wie möglich entfernt bleibt. Wir machen also unsere Rechnung mit einer nochmals veränderten Wellenfunktion, in die wir einen Ausdruck eingefügt haben, der die beiden Elektronen gewissermaßen in maximalem Abstand hält:

$$\psi^{(3)} = (1 + b\, r_{12}) \cdot e^{-Z' r_1} e^{-Z' r_2} \qquad [14.81]$$

Diese Funktion wird mit zunehmendem Wert für r_{12} größer, sie tendiert also in die gewünschte Richtung. Die Parameter zur Minimierung der Energie haben die Werte $b = 0{,}364$ und $Z' = 2 - 0{,}151$. Die hiermit berechnete Energie beträgt $-78{,}64$ eV, liegt also ganz nahe bei dem experimentell bestimmten Wert von $-78{,}99$ eV. Wohl die genaueste Variationsfunktion hat HYLLERAAS 1930 aufgestellt; diese enthält 14 Parameter und liefert eine Energie, die mit dem experimentellen Wert genau übereinstimmt.

23. Schwerere Atome, das selbstkonsistente Feld

Mit zunehmender Ordnungszahl Z und daher mit zunehmender Elektronenzahl wird die Anwendung der Quantenmechanik auf Atome immer schwieriger. Einige besondere Fälle erlauben eine vereinfachte Behandlung; hierzu gehören Edelgase und Ionen mit abgeschlossener äußerer Elektronenschale, Atome mit einem Valenzelektron wie die Alkalimetalle sowie Atome, denen in der äußersten Schale nur noch ein Elektron bis zum Abschluß dieser Schale fehlt (Halogene).

Die meisten theoretischen Berechnungen an Atomen mit vielen Elektronen beruhen auf der von DOUGLAS HARTREE entwickelten Methode des *selbstkonsistenten Feldes*; dieses stellt eine Abwandlung der Variationsmethode dar. Hartree machte die vereinfachende Annahme, daß sich jedes Elektron in einem kugelsymmetrischen Feld bewegt, das durch die Überlagerung des Kernfeldes und des durch alle Elektronen erzeugten Feldes entsteht; von letzterem wird angenommen, daß es durch zeitliche Mittelung kugelsymmetrisch ist, daß man also gewissermaßen eine verschmierte Ladungsverteilung hat. Der große Vorzug dieser Approximation ist, daß man nun die Schrödingergleichung numerisch lösen kann. Solange nämlich ein Elektron eine potentielle Energie $U(r_j)$ mit Kugelsymmetrie besitzt, kann man die Schrödingergleichung für alle N Elektronen des Atoms in N Gleichungen zerlegen; zu jedem Elektron gehört dann eine Gleichung. Man bestimmt also die Ladungsverteilung, die durch alle Elektronen mit Ausnahme des jeweils interessierenden zustande kommt, näherungsweise durch 1-Elektron-Wellenfunktionen (wasserstoffähnliche Wellenfunktionen) unter Verwendung *effektiver* Kernladungszahlen Z. Die Wellenfunktion des interessierenden Elektrons erhält man dann durch eine numerische Lösung der Schrödingergleichung. Diesen Prozeß kann man beliebig oft wiederholen; durch Iteration werden die Wellenfunktionen so lange verbessert, bis die Veränderungen vernachlässigt werden können. Einen auf diese Weise erhaltenen Satz von Orbitalen nennt man selbstkonsistent.

Die auf diese Weise erhaltenen 1-Elektron-Wellenfunktionen (Orbitale) lassen sich auf gewohnte Weise durch die vier Quantenzahlen n, l, m_l und m_s spezifizieren. Die Eigenschaft der Selbstkonsistenz solcher Orbitalsätze darf uns natürlich nicht darüber hinwegtäuschen, daß sie keine exakte Lösung des Problems darstellen; die Elektronen erfahren ja in Wirklichkeit eine Folge momentaner Feldveränderungen durch benachbarte Elektronen und nicht die Wirkung eines gemittelten, »verschmierten« Feldes. Die Schrödingergleichung für ein Atom mit N Elektronen kann also nach Hartree aus einem Hamiltonoperator der folgenden Form erhalten werden:

$$\widehat{H} = \sum_{j=1}^{N} \widehat{H}_j = \sum_{j=1}^{N} [\widehat{p}_j^2/2m + U_j(r_j)] \qquad [14.82]$$

Unser Problem besteht also in der Lösung von N Funktionen für die einzelnen Elektronen. Da

$$\widehat{H}_j \psi_j(r_j) = E_j \psi_j(r_j)$$

ist, stellt die Wellenfunktion für ein System aus N Elektronen das Produkt der Orbitale dar:

$$\psi_N(r_1 \ldots r_N) = \psi_1(r_1) \psi_2(r_2) \ldots \psi_N(r_N) \qquad [14.83]$$

In dieser vereinfachten Formulierung wurde keine direkte Elektron-Elektron-Wechselwirkung berücksichtigt. Jedes beliebig herausgegriffene Elektron spürt also nur das mittlere Potential aller übrigen Elektronen. Der Beitrag eines Elektrons k zu diesem mittleren Potential kann aus seinem Orbital ψ_k berechnet werden. Unter $\psi_k^* \psi_k d\tau_k$ verstehen wir die Wahrscheinlichkeit, mit der wir das Elektron k in einem Raumbereich $d\tau_k = dx_k dy_k dz_k$ finden; die vom Elektron k beigesteuerte Ladungsdichte im Bereich $d\tau_k$ ist also $-e\psi_k^* \psi_k d\tau_k$. Wenn wir nun ein Elektron j herausgreifen, dann gilt für das elektrostatische Potential, das dieses Elektron vom anderen Elektron k erfährt:

$$U_{jk}(r_{jk}) = \int \psi_k^* \psi_k \frac{e^2}{r_{jk}} d\tau_k \qquad [14.84]$$

Für die gesamte potentielle Energie des Elektrons gilt dann:

$$U_j(r_j) = -\frac{Ze}{r_j} + \sum_{j \neq k} \int \frac{\psi_k^* \psi_k}{r_{jk}} e^2 d\tau_k \qquad [14.85]$$

Nach Hartree wird nun folgende Variationsmethode angewandt:

(1) Man sucht sich für die N Elektronen des Atoms einen Satz aus N Funktionen ψ_j heraus; diese »Nullfunktionen« wollen wir mit $\psi_1^{(0)}, \psi_2^{(0)}, \ldots \psi_N^{(0)}$ bezeichnen.
(2) Nach [14.85] wird die potentielle Energie des ersten Elektrons aus dem Satz von $N-1$ Orbitalen $[\psi_2^{(0)}$ bis $\psi_N^{(0)}]$ berechnet.

(3) Man löst die Schrödingergleichung für das erste Elektron, um einen neuen Wert für ψ_1 zu erhalten; diesen wollen wir $\psi_1^{(1)}$ nennen.

(4) Mit diesem neuen Wert $\psi_1^{(1)}$ und den alten $\psi_j^{(0)}$-Werten – ausgenommen $\psi_2^{(0)}$ – berechnen wir das Potential für das zweite Elektron; hierdurch erhalten wir einen neuen Wert $\psi_2^{(1)}$.

(5) Diese Prozedur wird so lange wiederholt, bis ein ganzer neuer Satz von Orbitalen $\psi_j^{(1)}$ für die N Elektronen vorliegt.

(6) Den gesamten Zyklus beginnt man nun wieder mit dem zweiten Schritt, wobei die $\psi_j^{(1)}$-Werte zur Berechnung eines neuen Wertes $\psi_1^{(2)}$ verwendet werden.

(7) Diese zyklische Serie von Rechenoperationen wird so lange wiederholt, bis sich keine weitere Veränderung in der für die einzelnen Elektronen berechneten potentiellen Energie mehr ergibt.

Wir haben nun also die potentielle Energie des selbstkonsistenten Feldes bestimmt und ein Produkt der 1-Elektron-Wellenfunktionen der Form [14.28] erhalten; letztere wollen wir als HARTREE-Funktion ψ_H bezeichnen. Hiermit kann man die Energie eines Atoms unter Verwendung der folgenden Beziehung berechnen:

$$E = \frac{\int \psi_H^* \cdot \widehat{H} \psi_H \, d\tau}{\int \psi_H^* \psi_H \, d\tau}$$

Aus der Hartreefunktion ψ_H kann man auch eine ganze Anzahl anderer Atomeigenschaften berechnen, mit Hilfe moderner Computer sogar in recht kurzer Zeit.

Die ursprüngliche Hartreesche Wellenfunktion für ein Atom mit N Elektronen war einfach ein Produkt aus 1-Elektron-Wellenfunktionen. FOCK zeigte dann 1930, daß die Auswirkungen des Elektronenspins auf die Wellenfunktionen noch besser berücksichtigt werden können, wenn man statt der Produkte SLATER-Determinanten verwendet (s. S. 729. Auf diese Weise werden die Wellenfunktionen für die Elektronen antisymmetrisch, wie es ja auch vom Pauliprinzip gefordert wird. Die Methode, ein selbstkonsistentes Feld mit Wellenfunktionen auf der Basis antisymmetrischer Determinanten zu berechnen, nennt man die HARTREE-FOCK-Methode.

Bei den ursprünglichen Hartree-Energien wurden lediglich die Coulomb-Terme F_{ik} berücksichtigt; in den Hartree-Fock-Energien stecken außerdem die Austauschenergien G_{ik}. Bei nicht abgeschlossenen Elektronenschalen muß man mehr als eine Determinantenfunktion anwenden, um Wellenfunktionen zu erhalten, bei denen der gesamte Bahndrehimpuls L und der gesamte Eigendrehimpuls (Gesamtspin S) gequantelt sind. Die azimutale Quantenzahl m_l und die magnetische Quantenzahl m_s der individuellen Elektronen sind nun keine guten Quantenzahlen mehr, das Konzept eines individuellen Orbitals für jedes Elektron kann also nicht mehr aufrechterhalten werden. Als Beispiel wollen wir die Konfiguration 1s 2s ^{3}S des Heliumatoms betrachten. Die SLATERsche Wellenfunktion bestünde aus der Summe zweier Determinantenfunktionen:

$$\psi = \frac{1}{\sqrt{2}} \left\{ \frac{1}{\sqrt{2}} \begin{vmatrix} 1s\,\alpha(1) & 2s\,\beta(1) \\ 1s\,\alpha(2) & 2s\,\beta(2) \end{vmatrix} + \frac{1}{\sqrt{2}} \begin{vmatrix} 1s\,\beta(1) & 2s\,\alpha(1) \\ 1s\,\beta(2) & 2s\,\alpha(2) \end{vmatrix} \right\}$$

Diese beiden Anordnungen unterscheiden sich nur dadurch, daß alle Spins umgeklappt (»flipped«), die magnetischen Quantenzahlen m_s also unterschiedlich zugeordnet wurden; sie müssen in der Wellenfunktion mit gleichem Gewicht berücksichtigt werden, da es keinen physikalischen Grund für die bevorzugte Wahl der einen oder anderen Anordnung gibt.

Die Hartree-Fock-Theorie lieferte Ergebnisse, die in guter Übereinstimmung mit experimentell bestimmten Elektronendichten in Atomen stehen; diese wurden durch Röntgen- und Elektronenbeugungsmessungen gewonnen. In Abb. 14.20 werden die experimentellen und theoretischen Werte für das Argon verglichen.

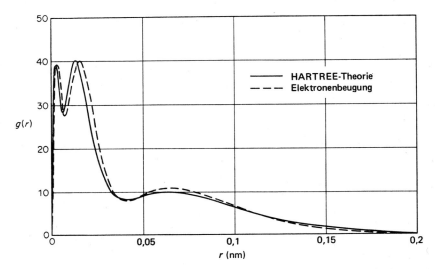

Abb. 14.20 Radialverteilung der Elektronen im Argonatom; Vergleich der experimentell (durch Elektronenbeugung) bestimmten mit den quantenmechanisch berechneten Werten. [L. S. BARTELL, L. O. BROCKWAY, *Phys. Rev. 90* (1953) 833.]

Die Differenz zwischen der wahren Energie eines Atoms oder einer Molekel und der nach Hartree-Fock berechneten Energie hat drei Ursachen:

(1) im Auftreten relativistischer Terme, die für Elektronen auf inneren Schalen wegen ihrer hohen Geschwindigkeit wichtig sind, die jedoch auf das chemische Verhalten des jeweiligen Atoms nur einen geringen Einfluß haben;
(2) in der *Korrelationsenergie*; durch die Wechselwirkungen zwischen den Elektronen weicht das elektrostatische Feld, das auf die Elektronen wirkt, vom mittleren Hartree-Fock-Feld ab;
(3) in den magnetischen Wechselwirkungen zwischen den Elektronen.

Für das chemische Verhalten der Atome und Molekeln ist vor allem die Korrelationsenergie von großer Bedeutung; sie liegt in der Größenordnung von 1 eV, bezogen auf ein Valenzelektronenpaar mit entgegengesetztem Spin, und damit genau im Energiebereich chemischer Reaktionen. Korrelationsenergien sind auch im wesentlichen verantwortlich für zwischenmolekulare Kräfte von der Art der LONDONschen oder Dispersionskräfte. Wir haben bei der Diskussion des Heliumatoms gesehen, wie man Korrelationsenergien durch die Annahme einer *Konfigurationswechselwirkung* oder durch die direkte Einführung von Termen für den zwischenelektronischen Abstand r_{ij}^{-1} in die Hamiltonsche Beziehung behandelt. Für eine eingehendere Diskussion von Korrelationsenergien sei der interessierte Leser auf die Diskussion »Bond Orbitals, The Correlation Problem« von R. S. BERRY in dessen sehr empfehlenswerter Arbeit *Atomic Orbitals, J. Chem. Ed.*, 43 (1966) 283 verwiesen.

24. Energieniveaus der Atome, das Periodensystem

Die Erklärung der Periodizität im chemischen Verhalten der Atome war einer der größten Erfolge in der Geschichte der Chemie. Heute wissen wir, daß das *Periodensystem*, also die Periodizität in Aufbau und Eigenschaften der Atome, auf zwei Ursachen zurückzuführen ist. Die erste ist das PAULI-Prinzip, das ein bestimmtes Orbital, gekennzeichnet durch die Quantenzahlen n, l, m_l und m_s, jeweils nur einem Elektron vorbehält. Der zweite Grund (der im übrigen eng mit dem ersten zusammenhängt) liegt in der Anordnung der Energieniveaus, wie sie vom *Zentralfeldmodell* vorhergesagt werden. Formal betrachtet bringen wir ja die verschiedenen Orbitale, die jeweils durch einen Satz von vier Quantenzahlen charakterisiert und energetisch festgelegt sind, in eine Reihenfolge zunehmender Energie und setzen dann die Elektronen, eins nach dem anderen, in diese Orbitale ein, bis wir sie alle unter Berücksichtigung des Pauliverbots bequem untergebracht haben. Dieses uns von der Natur vorgegebene Prinzip beim Aufbau der Atome nannte Pauli das *Aufbauprinzip*.

Abb. 14.21 zeigt die nach der Methode des selbstkonsistenten Feldes berechneten Energieniveaus von Atomorbitalen als Funktion von Z. Im Bereich niederer Ordnungszahlen konvergieren die Energiekurven für Orbitale mit derselben Hauptquantenzahl n, mit anderen Worten: Bei niederen Ordnungszahlen sind Orbitale mit derselben Hauptquantenzahl energiegleich, da es zu wenige Elektronen gibt, um eine Aufspaltung der Niveaus zu ermöglichen.

Im Bereich hoher Ordnungszahlen konvergieren die Energiekurven für innere Orbitale mit derselben Hauptquantenzahl erneut. Diese Angleichung der Energien ist darauf zurückzuführen, daß die Anziehungskraft des Kerns nun so groß geworden ist, daß Wechselwirkungen zwischen Elektronen in derselben Schale praktisch vernachlässigt werden können. In der Tat kann man bei Röntgenlinien, die ja inneren Übergängen entsprechen, eine Aufspaltung nur noch bei sehr hoher Auflösung wahrnehmen. Übergänge von äußeren Schalen in die Schale mit $n = 1$ führen zur K-Serie, Übergänge von höheren Schalen auf die Schale mit $n = 2$ geben die L-Serie und so fort.

Bei mittleren Werten der Ordnungszahl kann die Aufeinanderfolge der Energieniveaus beträchtlich durcheinander kommen. Dies ist der Bereich, in welchem

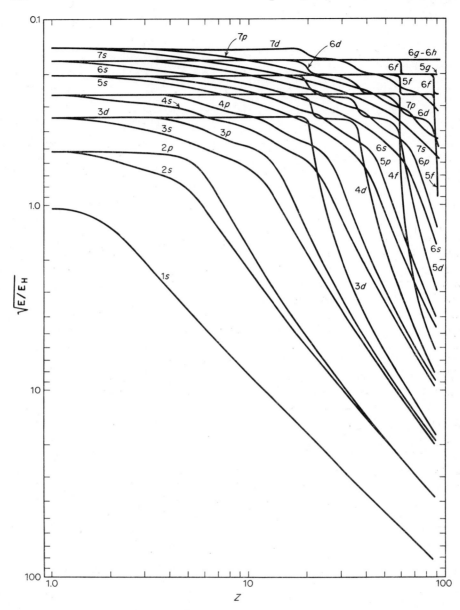

Abb. 14.21 Berechnete Energieniveaus an Atomorbitalen als Funktion der Kernladungszahl (umgezeichnet von M. Kasha nach einer Arbeit von R. Latter). Die Energie E ist in Einheiten von E_H angegeben; E_H ist die Energie des Wasserstoffatoms im Grundzustand (13,6 eV).

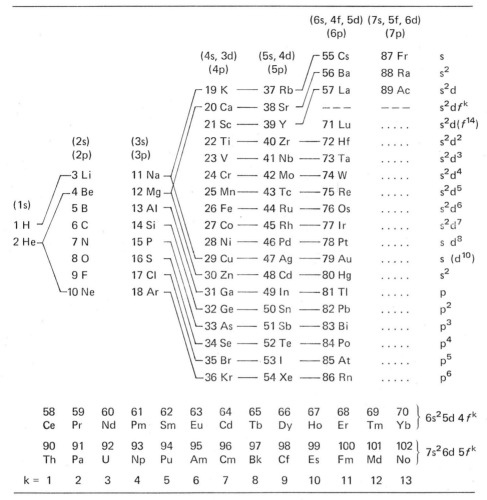

Tab. 14.6 Periodensystem der Elemente.

Wechselwirkungen zwischen den Elektronen, so z. B. Durchdringungseffekte, so stark werden können, daß der Einfluß der Hauptquantenzahl überspielt und die Reihenfolge der Energieniveaus verändert wird. Ein Elektron auf dem 3d-Orbital erfährt wegen der Abschirmung des Kerns durch innere Elektronen bis zu einer Ordnungszahl von $Z = 20$ (Ca) eine nahezu konstante Anziehungskraft durch den Kern. Mit weiter zunehmendem Z fällt die Energie eines 3d-Elektrons rasch ab. Nach der Berechnung schneidet die Energiekurve des 3d-Elektrons die des 4s-Elektrons bei $Z = 28$ (Ni); aus chemischen und spektroskopischen Beobachtungen wissen wir, daß diese Überschneidung tatsächlich bei $Z = 21$ (Sc) stattfindet. Dies bedeutet, daß beim Scandium das 3d- und das 3s-Niveau energiegleich sind. Wie die Abb. 14.21 zeigt, sind solche Überschneidungen der Energiekurven bei mittleren Ordnungszahlen recht häufig. (Die berechneten Werte dieser Abbildung liegen im Vergleich zu den experimentellen Werten bei etwas höheren Ordnungszahlen.)

Tab. 14.6 zeigt in gedrängter Form das Periodensystem mit der jeweiligen Spezifikation der Elektronenorbitale.

25. Die Störungstheorie

In der mathematischen Physik begegnen wir oft der Situation, daß die Differentialgleichung für ein bestimmtes System nicht exakt lösbar ist, während sich Lösungen für ein etwas vereinfachtes System erhalten lassen. So kennen wir z.B. die Lösung der Schrödingergleichung für ein Wasserstoffatom in Abwesenheit irgendwelcher äußerer Felder, und wir könnten uns nun die Aufgabe stellen, den Einfluß eines elektrischen oder magnetischen Feldes auf die Eigenwerte und Eigenfunktionen des feldfreien Systems zu berechnen. Die allgemeine mathematische Methode für die Behandlung solcher Probleme liefert uns die Störungstheorie. Diese Methode gibt uns bei minimalem Rechenaufwand recht gute Ergebnisse, vorausgesetzt, daß die Störung des ursprünglichen Systems klein ist. In den vorhergehenden Diskussionen haben wir schon mehrfach Ergebnisse der Störungstheorie benützt, ohne schon Bezug auf diese Methode zu nehmen.

In der Schrödingergleichung

$$\hat{H}\psi = E\psi \qquad [14.86]$$

wird der Hamiltonoperator als Reihenentwicklung geschrieben:

$$\hat{H} = \hat{H}^0 + \lambda \hat{H}' + \lambda^2 \hat{H}'' + \cdots \qquad [14.87]$$

Hierin ist λ der *Störparameter*. Für $\lambda \to 0$ erhalten wir die Gleichung für das ungestörte System:

$$\hat{H}^0 \psi^0 = E^0 \psi^0$$

Wir wollen annehmen, daß wir für ein solches System eine exakte Lösung erhalten können. Die Terme $\lambda \hat{H}' + \lambda^2 \hat{H}''+$ usw. sollen klein sein im Vergleich zu $\hat{H}^0$; man nennt sie die Störungen.

Da die Störung des Systems klein sein soll, können wir sowohl die Wellenfunktionen als auch die Energien durch Multiplikation mit λ erweitern:

$$\begin{aligned} \psi_j &= \psi_j^0 + \lambda \psi_j' + \lambda^2 \psi_j'' + \cdots \\ E_j &= E_j^0 + \lambda E_j' + \lambda^2 E_j'' + \cdots \end{aligned} \qquad [14.88]$$

Wir setzen nun die Ausdrücke für $\hat{H}, \psi$ und E in [14.86] ein und erhalten nach der Zusammenfassung der Koeffizienten für dieselben Potenzen von λ:

$$\begin{aligned} (\hat{H}^0 \psi_j^0 - E_j^0 \psi_j^0) + (\hat{H}^0 \psi_j' + \hat{H}' \psi_j^0 - E_j^0 \psi_j' - E_j' \psi_j^0)\lambda + \\ (\hat{H}^0 \psi_j'' + \hat{H}' \psi_j' + \hat{H}'' \psi_j^0 - E_j^0 \psi_j'' - E_j' \psi_j' - E_j'' \psi_j^0)\lambda^2 + \cdots = 0 \end{aligned} \qquad [14.89]$$

Störung eines entarteten Zustandes

Da diese Terme unabhängig voneinander sind, und da [14.89] für eine beliebige Wahl von λ gültig sein muß, muß jeder Koeffizient von λ unabhängig von den anderen verschwinden. Für die Störungsgleichung 1. Ordnung erhalten wir daher:

$$(\hat{H}^0 - E_j^0)\, \psi_j' = (E_j' - \hat{H}')\, \psi_j^0 \qquad [14.90]$$

Die unbekannte Funktion ψ_j' kann durch den kompletten Satz der bekannten Funktionen ψ_j^0, die das Spektrum der Werte von $\hat{H}^0$ lieferten, in eine Reihenfunktion umgewandelt werden:

$$\psi_j' = \sum_l a_{lj}\, \psi_l^0 \qquad [14.91]$$

Wenn wir diese Reihenfunktion für ψ_j' in [14.90] einsetzen, dann erhalten wir:

$$\sum a_{lj}(E_l^0 - E_j^0)\, \psi_l^0 = (E_j' - \hat{H}')\, \psi_j^0 \qquad [14.92]$$

Wir multiplizieren nun [14.90] mit ψ_j^{*} und integrieren über alle Dimensionen des Raumes. Da das Integral $\int \psi_j^{0*} \psi_l^0 \mathrm{d}\tau$ nur für $l = j$ nicht verschwindet, und da für diesen Wert $E_l^0 - E_j^0 = 0$ ist, verschwindet das Integral der linken Seite von [14.92]. Es ist also

$$0 = \int \psi_j^{0*} (E_j' - \hat{H}')\, \psi_j^0 \, \mathrm{d}\tau$$

Da E_j' eine Konstante ist, gilt für das Korrekturglied 1. Ordnung für die Energie:

$$\lambda E_j' = \lambda \int \psi_j^{0*} \hat{H}' \psi_j^0 \, \mathrm{d}\tau \qquad [14.93]$$

Dieses Ergebnis zeigt, daß der Ausdruck 1. Ordnung für die Störenergie gleich dem Mittelwert der Störungsfunktion $\lambda H'$ über dem ungestörten Zustand des Systems ist. Für Integrale in der Art des Integrals in [14.93] verwendet man die folgende vereinfachte Formulierung:

$$\hat{H}'_{jk} = \int \psi_j^{0*} \hat{H}' \psi_k^0 \, \mathrm{d}\tau \qquad [14.94]$$

Auf die mathematische Ableitung der gestörten Wellenfunktion ψ_j' aus [14.91] und der Korrektur 2. Ordnung für die Energie, $\lambda^2 \hat{H}''$, müssen wir hier verzichten; diese Ableitungen finden sich in jedem Lehrbuch der Quantenmechanik.

26. Störung eines entarteten Zustandes

Eine wichtige Anwendung findet die Störungstheorie für den Fall, daß zwei oder mehr ungestörte Eigenfunktionen denselben (ungestörten) Eigenwert für die Energie besitzen. Wir sagen dann, daß dieser Zustand g-fach entartet sei; hierin ist g die Zahl der konkreten Eigenfunktionen mit derselben Energie. Durch eine solche Störung wird oft die Entartung des Systems aufgehoben; das zuvor gemeinsame Energieniveau spaltet nun in mehrere verschiedene Energieniveaus auf. Ein Beispiel dieses Effektes haben wir bei der Diskussion der Abb. 14.16 kennengelernt.

Wir wollen nun den Fall untersuchen, daß wir zwei Eigenfunktionen nullter Ordnung $\psi_1^{(0)}$ und $\psi_2^{(0)}$ haben, die dieselbe Energie $E^{(0)}$ besitzen. Wie wirkt sich hier eine Störung 1. Ordnung aus? Die im Abschnitt 14-25 beschriebene Methode können wir hier nicht anwenden, da [14.88] auf der Vorstellung beruht, daß sich die gestörte Wellenfunktion nur wenig von einer *einzelnen* ungestörten Funktion $\psi_k^{(0)}$ unterscheidet. Hier haben wir jedoch zwei völlig verschiedene Wellenfunktionen nullter Ordnung, $\psi_1^{(0)}$ und $\psi_2^{(0)}$. In dem Maße, wie der Störungsparameter $\lambda \to 0$ geht, muß sich die Lösung für die gestörte Schrödingergleichung der Lösung für den ungestörten Zustand annähern; sie wird sich jedoch in der Regel weder der Lösung für $\psi_1^{(0)}$ noch der für $\psi_2^{(0)}$ angleichen. Die allgemeinste Lösung der Gleichung für den ungestörten Zustand wird in der Regel irgendeine Linearkombination für $\psi_1^{(0)}$ und $\psi_2^{(0)}$ sein:

$$\chi_1^{(0)} = a_{11}\psi_1^{(0)} + a_{12}\psi_2^{(0)}$$
$$\chi_2^{(0)} = a_{21}\psi_1^{(0)} + a_{22}\psi_2^{(0)}$$
[14.95]

Nun können wir die Wellenfunktionen für den gestörten Zustand folgendermaßen formulieren:

$$\psi_1 = \chi_1^{(0)} + \lambda \psi_1' + \lambda^2 \psi_1'' + \cdots$$
$$\psi_2 = \chi_2^{(0)} + \lambda \psi_2' + \lambda^2 \psi_2'' + \cdots$$
[14.96]

Wir sehen nun, daß sich für $\lambda \to 0$ die gestörte Wellenfunktion auf eine der korrekten Wellenfunktionen nullter Ordnung reduziert; zu ihrer genauen Bestimmung müssen jedoch noch die Koeffizienten a_{lj} in [14.95] berechnet werden.

Auf die nun folgende mathematische Entwicklung müssen wir hier verzichten; sie kann in jedem Lehrbuch für Quantenmechanik nachgelesen werden (z. B. PAULING und WILSON, loc. cit.). Wir wollen jedoch das Ergebnis festhalten, daß die Störung einen zweifach entarteten Zustand in zwei energetisch verschiedene Zustände aufspaltet, von denen der eine in seiner Energie höher, der andere niedriger als der ursprüngliche Zustand liegt.

15. Kapitel
Die chemische Bindung

> *Es ist an sich einleuchtend, daß man die Stellung der Atome im Raume, selbst wenn man sie erforscht hätte, nicht auf der Ebene des Papiers durch nebeneinandergesetzte Buchstaben darstellen kann; daß man vielmehr dazu mindestens einer perspektivischen Zeichnung oder eines Modells bedarf ... Es muß ... für eine Aufgabe der Naturforschung gehalten werden, die Konstitution der Materie, also wenn man will, die Lagerung der Atome zu ermitteln.*
>
> FRIEDRICH AUGUST KEKULÉ VON STRADONITZ

Die Entdeckung der VOLTAschen Säule und der Wirkungen des elektrischen Stromes zu Beginn des 19. Jahrhunderts haben die Vorstellungen von der Natur der chemischen Bindung stark beeinflußt. BERZELIUS hat schon 1812 die Vermutung ausgesprochen, daß alle chemischen Verknüpfungen durch elektrostatische Anziehungskräfte zustande kommen. 115 Jahre später stellte es sich heraus, daß die Theorie richtig ist, wenngleich nicht im Sinne von BERZELIUS. Die damalige Vorstellung von der chemischen Bindung trug viel dazu bei, die Erkenntnis der zweiatomigen Struktur gasförmiger Elemente wie H_2, N_2 und O_2 zu verzögern. Auch die meisten organischen Verbindungen paßten wenig in die Vorstellung von der elektrostatischen Natur der chemischen Bindung. Bis zum Jahr 1828 glaubte man ziemlich allgemein, daß organische Verbindungen durch »Vitalkräfte« zusammengehalten werden, die ihren Ursprung in der Bildung dieser Verbindungen aus lebenden Organismen haben sollte. In diesem Jahr gelang WÖHLER die Synthese des Harnstoffs aus Ammoniumcyanat; er hob damit die Unterscheidung zwischen organischen und anorganischen Verbindungen auf, und die Vitalkräfte mußten sich allmählich auf ihr gegenwärtiges bedrohtes Refugium in lebenden Zellen zurückziehen[1].

1. Die Valenztheorie

Im Laufe der Zeit kam man dazu, chemische Verbindungen in zwei Hauptgruppen einzuteilen; außerdem blieben aber viele Verbindungstypen übrig, die sich nicht so recht klassifizieren ließen. Zu der ersten großen Klasse gehören *polare Verbin-*

---

[1] Als Einführung in den zeitgenössischen Vitalismus kann der Beitrag von E. WIGNER, »The Probability of the Existence of a Self-Reproducing Unit«, in dem Buch *»Symmetries and Reflections«* (Indiana University Press, Bloomington, 1967) empfohlen werden.

dungen, die aus positiven und negativen Ionen gebildet und durch COULOMBsche Kräfte zusammengehalten werden; das Paradebeispiel für diese Verbindungsklasse ist das Natriumchlorid. Die andere große Verbindungsklasse wird von den unpolaren Verbindungen wie Methan gebildet; die Natur der chemischen Bindung blieb in diesem Falle jedoch lange Zeit dunkel. Eine besonders bemerkenswerte Tatsache war aber, daß die sich aus der Stellung eines Elements im Periodensystem nach MENDELEJEV ergebende Wertigkeit bei polaren und unpolaren Verbindungen häufig gleich war; ein Beispiel hierfür ist die Wertigkeit des Sauerstoffs in Metalloxiden und Äthern oder die des Siliciums in SiO_2 und SiH_4.

Im Jahre 1904 formulierte ABEGG die Achterregel: Viele Nichtmetalle der ersten Perioden besitzen, formal betrachtet, gegenüber anderen Nichtmetallen eine positive und gegenüber Metallen und Wasserstoff eine negative Valenz; die Summe der negativen und der maximalen positiven Wertigkeit beträgt acht. Beispiele hierfür sind das Chlor in Cl_2O_7 und LiCl oder der Stickstoff in N_2O_5 und NH_3. DRUDE deutete die positive Wertigkeit als die Zahl der locker gebundenen Elektronen, die ein Atom bei der Verbindungsbildung abgeben konnte, während die negative Wertigkeit als die Zahl der Elektronen zu deuten sei, die ein Atom bei der Verbindungsbildung aufnehmen konnte.

Als MOSELEY 1913 die Identität von Ordnungszahl und Kernladungszahl der Elemente erkannt hatte, war auch die Gesamtzahl der Elektronen in den verschiedenen Elementen bekannt und die Oktettregel konnte neu gedeutet werden: Eine Konfiguration aus 8 Elektronen in der äußersten Schale eines Elements ist besonders stabil. Ein schlagendes Beispiel für diese Regel sind die Edelgase; so besitzt das Neon 2 + 8 und das Argon 2 + 8 + 8 Elektronen. Eine scheinbare Ausnahme bildet nur das Helium mit seinen zwei äußeren Elektronen.

Im Jahre 1916 wurden zwei bedeutsame Fortschritte erzielt. W. KOSSEL leistete einen wichtigen Beitrag zur Theorie der »elektrovalenten« Bindung, und G. N. LEWIS stellte eine Theorie für die unpolare Bindung auf. KOSSEL erklärte die Bildung stabiler Ionen durch die Tendenz eines Atoms, so viele Elektronen aufzunehmen oder abzugeben, bis die Elektronenkonfiguration eines Edelgases erreicht ist. So hat das metallische Kalium in den ersten vier Schalen 2 + 8 + 8 + 1 Elektronen. Die nächste Edelgaskonfiguration ist am leichtesten durch die Abgabe des äußersten Elektrons zu erzielen; hierbei entsteht das K^+-Ion mit der Argonkonfiguration. Chlor hat 2 + 8 + 7 Elektronen und hat daher das Bestreben, ein Elektron aufzunehmen und damit ebenfalls die Argonkonfiguration zu erreichen. Wenn also ein Chloratom und ein Kaliumatom zusammentreffen, dann gibt das Kalium ein Elektron an das Chlor ab und es entsteht K^+Cl^-. Hierin hat also das Kalium die Wertigkeit $+1$, das Chlor die Wertigkeit -1.

G. N. LEWIS deutete die in unpolaren Verbindungen auftretenden Bindungen so, daß die Atome eine Anzahl von Elektronenpaaren gemeinsam besitzen, und zwar so, daß möglichst jedes Atom in der äußersten Schale von einem stabilen Oktett umgeben ist. So hat das Kohlenstoffatom in der äußersten Schale ($n = 2$) vier Elektronen, es fehlen also weitere vier Elektronen bis zur stabilen Konfiguration des Neons. Der Kohlenstoff kann nun seine Elektronen mit denen des Wasserstoffs so zusammentun, daß er diese Konfiguration erreicht; der Wasserstoff hingegen erreicht die stabile Heliumkonfiguration:

$$\text{H} \\ \text{H} : \overset{..}{\underset{..}{\text{C}}} : \text{H} \\ \text{H}$$

Jedes gemeinsame Elektronenpaar stellt eine einzelne *kovalente Bindung* dar. Die Lewis-Theorie konnte also erklären, warum die Kovalenz und die Elektrovalenz eines Atoms meist gleich sind; ein Atom nimmt ja gewöhnlich für jede entstehende kovalente Bindung ein Elektron auf. Die Zahl gemeinsamer Elektronenpaare in einer Bindung nennt man die *Bindungsordnung*; eine Einfachbindung besteht also aus einem einzelnen Elektronenpaar, eine Doppelbindung aus zwei Elektronenpaaren, eine Dreifachbindung aus drei Elektronenpaaren.

2. Ionische Bindung und Ionenbeziehung

Am einfachsten zu verstehen ist eine Verbindungsbildung zwischen zwei Atomen, von denen das eine stark elektropositiv (niedriges Ionisationspotential) und das andere stark elektronegativ ist (hohe Elektronenaffinität); durch Elektronenübergang zwischen den beiden Atomen entsteht ein Ionenpaar. Wegen der starken Coulombschen Kräfte zwischen den Ionen besitzen solche salzartigen Verbindungen hohe Schmelz- und Siedepunkte. In den Kristallgittern solcher einfacher Salze, z.B. NaCl, treten keine Molekeln auf, da die Anziehungskräfte in gleicher Stärke in alle Raumrichtungen wirken. Da im Gegensatz hierzu die Bindungen in Molekeln gerichtet sind, spricht man bei reinen Ionengittern besser von einer *Ionenbeziehung* als von einer ionischen Bindung. Andererseits konnte nachgewiesen werden, daß gasförmiges Natriumchlorid aus NaCl-Molekeln besteht. Die Ionen werden hier paarweise durch Coulombsche Kräfte zusammengehalten; diese sind jedoch gerichtet, so daß man hier tatsächlich von einer Ionenbindung sprechen kann. Eine Konsequenz hiervon ist, daß sich die Spektren von gasförmigem und festem NaCl grundlegend unterscheiden.

Die Anziehungskraft zwischen zwei Ionen mit den Ladungen Q_1 und Q_2 ist bei nicht zu geringem Abstand durch die Coulombsche Beziehung $Q_1 Q_2/r^2$ gegeben; für das Potential zwischen den beiden Ionen gilt $U = -Q_1 Q_2/r$. Wenn die beiden Ionen so nahe zusammengebracht werden, daß sich ihre Elektronenwolken zu überlappen beginnen, dann macht sich die gegenseitige Abstoßung der positiv geladenen Kerne bemerkbar. Born und Mayer schlugen für dieses Abstoßungspotential eine Funktion der Form $U = b \cdot e^{-r/a}$ vor; hierin sind a und b Konstanten.

Für das Gesamtpotential zwischen den beiden Ionen gilt daher

$$U = \frac{-Q_1 Q_2}{r} + b \cdot e^{-r/a} \qquad [15.1]$$

Diese Funktion ist für das NaCl in Abb. 15.1 gezeigt; das Minimum in der Kurve stellt den Gleichgewichtsabstand der Atomkerne in dieser Molekel dar. Bemerkens-

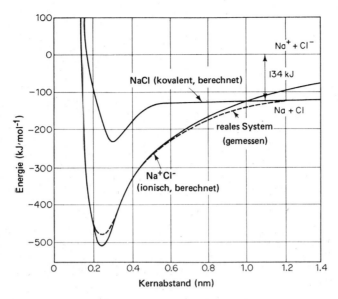

Abb. 15.1 Die potentielle Energie von NaCl als Funktion des Atomabstandes. Die Potentialkurve für die ionischen Spezies wurde nach [15.1] berechnet.

Molekel	Kernabstand im Gleichgewicht r_e (nm)	Grundschwingung σ (cm^{-1})	Dipolmoment μ (D)**	Dissoziationsenergie D_e (kJ · mol^{-1})
LiF	0,15639	910,34	6,3248	577
LiCl	0,20207	641	7,1289	469
LiBr	0,21704	563	7,268	423
LiJ	0,23919	498	6,25	351
NaF	0,19260	536,1	8,1558	477
Na^{35}Cl	0,23609	364,6	9,0020	406
Na^{79}Br	0,25020	298,5	9,1183	360
NaJ	0,27114	259,2	9,2357	331
KF	0,21716	426,0	8,5926	490
K^{35}Cl	0,26668	279,8	10,269	423
K^{79}Br	0,28028	219,17	10,628	377
KJ	0,30478	186,53	11,05	335
RbF	0,22704	373,3	8,5465	485
Rb^{35}Cl	0,27869	223,3	10,515	414
Rb^{79}Br	0,29447	169,46		377
RbJ	0,31768	138,51		318
CsF	0,23455	352,6	7,8839	498
Cs^{35}Cl	0,29064	214,2	10,387	444
Cs^{79}Br	0,30722	149,50		406
CsJ	0,33152	119,20	12,1	343

* Nach M. KARPLUS und R. N. PORTER, *Atoms and Molecules*, W. A. Benjamin, New York 1970, S. 263.
** Siehe Abschn. 15-15.

Tab. 15.1 Experimentelle Eigenschaften von Alkalihalogenidmolekeln*

wert ist jedoch, daß bei größeren Abständen ein System aus Na- und Cl-Atomen stabiler ist als ein solches aus Na$^+$- und Cl$^-$-Ionen; die gasförmige NaCl-Molekel dissoziiert also in Atome.

Die Alkalihalogenidmolekeln sind gründlich studiert worden, da sie ausgezeichnete Daten für eine detaillierte Überprüfung theoretischer Modelle liefern. Einige ihrer experimentellen Eigenschaften sind in Tab. 15.1 zusammengefaßt. Die chemische Bindung in diesen Molekeln ist niemals rein ionischer Natur. Insbesondere neigen die kleineren positiven Ionen dazu, die elektronische Ladungsverteilung der größeren negativen Ionen zu verzerren, ein Effekt, der die Elektronendichte im Bereich zwischen den beiden Kernen verstärkt. Man könnte sagen, daß solche Bindungen einen *partiell kovalenten Charakter* haben.

3. Das Wasserstoff-Molekelion

Das klassische Beispiel einer kovalenten Bindung liefert uns die Wasserstoffmolekel, die ein System aus zwei Protonen und zwei Elektronen darstellt. Es gibt aber eine noch einfachere Molekel, die aus einem System aus zwei Protonen und einem Elektron besteht: das Wasserstoff-Molekelion H_2^+. Diese Spezies läßt sich natürlich nicht isolieren, sie bildet auch keine stabilen Salze $H_2^+ X^-$. Bei elektrischen Entladungen durch gasförmigen Wasserstoff tritt H_2^+ jedoch in hohen Konzentrationen auf, und man kann die Spektren und kinetischen Eigenschaften dieser Spezies ohne große Schwierigkeiten untersuchen. Die Dissoziationsenergie ($H_2^+ \to H^+ + H$) beträgt 2,78 eV, der Kernabstand beträgt 0,106 nm und ist damit fast genau doppelt so groß wie der BOHRsche Radius a_0.

Das H_2^+ ist für theoretische Betrachtungen außerordentlich interessant, da die SCHRÖDINGER-Gleichung für diese Spezies separiert und gelöst werden kann. Wir können daher die Ergebnisse verschiedener Näherungsrechnungen, z.B. der Variationsmethode, mit der exakten Lösung vergleichen. Die für die Diskussion des H_2^+ verwendeten Koordinaten zeigt Abb. 15.2.

Wir haben es hier offensichtlich mit einem Dreikörperproblem zu tun, für das es keine allgemeine, analytische Lösung gibt.

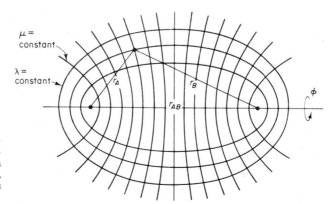

Abb. 15.2 Sphäroidkoordinaten für das Zweizentrenproblem des H_2^+. Auf den Rotationsellipsoiden ist λ, auf den Hyperboloiden μ konstant.

Wenn wir uns eine modellmäßige Betrachtung erlauben wollen, dann besteht eine durch kovalente Bindungen zusammengehaltene Molekel aus einer Anzahl von Kernen, um die sich Elektronen auf verschiedenen Bahnen bewegen; die Valenzelektronen umlaufen die gebundenen Kerne auf gemeinsamer Bahn. Die Bewegungen der Elektronen sind im Vergleich zu denen der Kerne außerordentlich schnell. Wir können also die Elektronenzustände näherungsweise unter der Annahme berechnen, daß die Kerne völlig stillestünden. Diese Methode nennt man die BORN-OPPENHEIMER-*Approximation*; sie ist grundlegend für die meisten quantenmechanischen Berechnungen über Molekeleigenschaften. Für ein System aus Kernen mit fixierten Kernabständen und Elektronen lassen sich die Wellenfunktionen für stehende Elektronenwellen und die Energieniveaus der Elektronen berechnen. Wenn wir die Born-Oppenheimer-Approximation auf das H_2^+-Molekelion (Abb. 15.2) anwenden, dann wird der Abstand r_{AB} festgelegt, wogegen r_A und r_B variiert werden können. Hat man nun das Problem für einen zunächst gewählten Wert für r_{AB} gelöst, dann sucht man sich einen neuen Wert für r_{AB} aus und rechnet die Elektronenfunktionen für diesen neuen Kernabstand aus. Bei jeder derartigen Rechnung ist also der internukleare Abstand r_{AB} ein konstanter Parameter.

Man kann nun die Energie E des Systems als Funktion von r_{AB} angeben; diese Funktion nennt man gewöhnlich die *Potentialkurve* des Systems. (Abb. 15.4 zeigt diese Kurve für das H_2.) Die Steigung der Kurve in jedem Punkt ist ein Maß für die jeweils zwischen den Kernen herrschende Kraft: $f = -(\partial E/\partial r_{AB})$. Die Energie E setzt sich aus der kinetischen und potentiellen Energie der Elektronen sowie der potentiellen Energie der Kerne zusammen; in bezug auf die Bewegungen der Kerne kann E als die effektive potentielle Wechselwirkungsenergie betrachtet werden. Die Schrödingergleichung für das H_2^+ lautet:

$$\nabla^2 \psi + \frac{8\pi^2 m}{h^2} \left(E + \frac{e^2}{r_A} + \frac{e^2}{r_B} - \frac{e^2}{r_{AB}} \right) \psi = 0 \qquad [15.2]$$

Hierin ist m die Masse eines Elektrons. Diese Gleichung kann separiert werden, wenn man die unabhängigen Variablen in ein System mit den Kugelkoordinaten λ, μ, φ transformiert (s. Abb. 15.2). Es ist also

$$\psi(\lambda, \mu, \varphi) = L(\lambda) M(\mu) \Phi(\varphi) \qquad [15.3]$$

Durch mathematische Methoden ähnlich jenen, die auf den starren Rotor und auf Zentralfeldprobleme angewandt wurden, können wir Lösungen für die drei gewöhnlichen Differentialgleichungen erhalten, die sich durch Substitution von [15.3] in [15.2] ergeben (zuvor müssen natürlich ∇^2, r_A und r_B in die neuen Koordinaten transformiert werden). Wir können die ziemlich umfangreichen mathematischen Details dieser analytischen Behandlung hier nicht wiedergeben; statt dessen benützen wir einfach ihre Ergebnisse, um die Elektronendichteverteilung des H_2^+-Molekelions zu zeigen (Abb. 15.3).

Abb. 15.3 zeigt die Wellenfunktion ψ in zwei Schnitten; einer geht durch die Verbindungslinie der beiden Protonen, einer steht senkrecht hierzu und geht durch den Mittelpunkt auf dieser Verbindungslinie. Wir sehen, daß die Maxima dieser

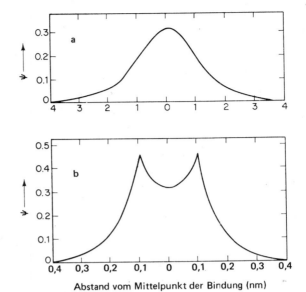

Abb. 15.3 Die exakte Wellenfunktion des Grundzustandes des H_2^+-Molekelions. (a) Werte der Wellenfunktion entlang einer Schnittlinie senkrecht zur H–H-Bindung, die durch den Mittelpunkt dieser Bindung geht.
(b) Werte der Wellenfunktion entlang der Verbindungslinie der beiden Protonen; die Maxima zeigen die Lage der Protonen.

Abstand vom Mittelpunkt der Bindung (nm)

Funktion ψ am Ort der Protonen liegen; sie steigt jedoch auch im Bereich zwischen den beiden Protonen zu einer beträchtlichen Amplitude an. Da die Ladungsdichte (die Aufenthaltswahrscheinlichkeit für das Elektron) proportional $|\psi^2|$ ist, erreicht die negative Raumladung im Bereich zwischen den beiden positiven Ladungen der Protonen einen beträchtlichen Wert. Der Grund für die beträchtliche Bindungsenergie im H_2^+ ist uns nun klar: Die Bindung hat ihre Ursache in der elektrostatischen potentiellen Wechselwirkungsenergie zwischen den Protonen und den Elektronen. Für eine 1-Elektron-Bindung ist die Bindungsenergie erstaunlich hoch: 268,2 kJ/mol.

Die exakte quantenmechanische Behandlung des H_2^+ hat uns ein genaues Bild über die Natur der chemischen Bindung in diesem Molekelion geliefert. An diesem Bild ändert sich nichts Wesentliches, wenn wir zu Molekeln mit mehr Kernen und mehr Elektronen übergehen; eine chemische Bindung kommt immer durch eine Konzentration der Elektronenverteilung zwischen den positiven Kernen zustande, die Bindungsenergie ist die elektrostatische potentielle Energie dieser Elektronendichteverteilung. Es gibt also keine geheimnisvollen Kräfte irgendwelcher Art, die die Atome in einer Molekel zusammenhalten.

Die exakte Theorie für das H_2^+ liefert uns in der Teilfunktion $\Phi(\varphi)$ der Wellenfunktion eine wichtige Information. Die Wellenfunktion muß axialsymmetrisch sein, so daß $\Phi(\varphi) = C e^{i\lambda\varphi}$ ist. Hierin ist C eine Konstante; λ ist eine Quantenzahl, die die ganzzahligen Werte 0, 1, 2 usw. annehmen kann. Der Operator für die z-Komponente (in Richtung der Verbindungslinie der beiden Kerne) des Drehimpulses ist

$$\hat{L}_z = \frac{\hbar}{i} \frac{\partial}{\partial \varphi}$$

$\Phi(\varphi)$ ist also eine Eigenfunktion für $\hat{L}_z$, mit

$$\hat{L}_z \Phi(\varphi) = \lambda \hbar \Phi(\varphi)$$

Die Werte des Drehimpulses in bezug auf die Molekelachse sind also in Einheiten von $\hbar$ gequantelt.

Die Quantenzahl λ liefert uns die Basis für eine Klassifizierung der Molekelorbitale des H_2^+-Molekelions und anderer zweiatomiger Molekeln. Die Bezeichnungsweise ist ähnlich der für Atomorbitale auf der Basis der azimutalen Quantenzahl l, nur daß wir für Molekelorbitale griechische Buchstaben verwenden:

$\lambda = \quad 0, 1, 2, \ldots$

Orbital: $\sigma, \pi, \delta, \ldots$

Eine zweite wichtige Eigenschaft der Molekelorbitale in H_2^+ (und in anderen homonuklearen zweiatomigen Molekeln) ist ihre Symmetrie in bezug auf eine Inversion im Mittelpunkt zwischen den beiden identischen Kernen. Aus Abb. 15.3 können wir entnehmen, daß das Orbital des Grundzustandes symmetrisch in bezug auf eine solche Inversion ist; es wird daher als das $1\sigma_g$-Orbital bezeichnet. (Der Buchstabe g kommt aus dem Wort »gerade«.) Der erste angeregte Zustand ist unsymmetrisch in bezug auf diese Inversion (»ungerade«); die Vorzeichen kehren sich also um ($\psi \to -\psi$, $-\psi \to \psi$). Dieses Orbital nennt man das $1\sigma_u$-Orbital.

4. Einfache Variationstheorie des H_2^+-Molekelions

Obwohl wir die exakten Lösungen der Wellenfunktionen des H_2^+ besitzen, ist es höchst instruktiv, eine einfache Variationsbehandlung dieser Molekel durchzuexerzieren. Bei der Behandlung komplizierterer Molekeln müssen wir uns ohnehin hauptsächlich auf die Variationsmethode stützen, und ihre Anwendung auf das H_2^+ hat den doppelten Vorzug, sehr einfach zu sein und zudem den Vergleich zwischen den angenäherten und den exakten Ergebnissen zu ermöglichen. Die nun folgende Diskussion beruht auf einer von LINUS PAULING gegebenen Analyse.

Als Variationsfunktion wählen wir eine lineare Kombination der beiden normierten 1s-Atomorbitale des Wasserstoffs, mit den Protonen a und b in den jeweiligen Zentren (vgl. 14-9):

$$\psi = c_1 \psi_{1sa} + c_2 \psi_{1sb} \qquad [15.4]$$

Mit [14.78] erhalten wir:

$$E = \frac{\int \psi^* \hat{H} \psi \, d\tau}{\int \psi^* \psi \, d\tau} \qquad [15.5]$$

Hierin ist $\hat{H}$ durch [15.2] gegeben.

Einfache Variationstheorie des H_2^+-Molekelions

Wir führen nun die folgende Bezeichnung ein (Abk. $\psi_{1sa} = \psi_a$; $\psi_{1sb} = \psi_b$):

$$H_{aa} = H_{bb} = \int \psi_a^* \hat{H} \psi_a \, d\tau = \int \psi_b^* \hat{H} \psi_b \, d\tau$$
$$H_{ab} = H_{ba} = \int \psi_a^* \hat{H} \psi_b \, d\tau = \int \psi_b^* \hat{H} \psi_a \, d\tau \qquad [15.6]$$
$$S = \int \psi_a^* \psi_b \, d\tau$$

Damit erhalten wir aus [15.5]:

$$E = \frac{c_1^2 H_{aa} + 2 c_1 c_2 H_{ab} + c_2^2 H_{bb}}{c_1^2 + 2 c_1 c_2 S + c_2^2} \qquad [15.7]$$

Um nun den Minimalwert der Energie in bezug auf c_1 und c_2 zu erhalten, setzen wir die ersten Ableitungen von E nach diesen beiden Koeffizienten gleich null:

$$\frac{\partial E}{\partial c_1} = 0 = c_1 (H_{aa} - E) + c_2 (H_{ab} - SE)$$
$$\frac{\partial E}{\partial c_2} = 0 = c_1 (H_{ab} - SE) + c_2 (H_{bb} - E) \qquad [15.8]$$

Dies sind lineare, homogene Simultangleichungen. Wenn wir versuchen würden, sie in der üblichen Weise zu lösen, nämlich durch die Aufstellung der Determinanten der Koeffizienten und durch deren Teilung durch die Determinante, in welcher eine bestimmte Spalte durch die konstanten Terme ersetzt wurde (CRAMERsche Regel), dann würden wir nur die trivialen Lösungen $c_1 = c_2 = 0$ bekommen. Nur wenn die Determinante der Koeffizienten selbst gleich null ist, können wir nichttriviale Lösungen erhalten und dann auch nur für bestimmte Werte von E, die die *Eigenwerte* dieses Problems sind. Die Bedingung für nichttriviale Lösungen ist daher das Verschwinden der Determinante der Koeffizienten, die zu dem Satz inearer homogener Gleichungen gehören:

$$\begin{vmatrix} H_{aa} - E & H_{ab} - SE \\ H_{ab} - SE & H_{aa} - E \end{vmatrix} = 0 \qquad [15.9]$$

In diesem Falle ist die resultierende Gleichung quadratisch in bezug auf E. In dem allgemeinen Fall von N Simultangleichungen hätten wir eine Gleichung N-ten Grades in bezug auf E. Eine Gleichung dieser Art nennt man eine *Säkulargleichung*[2].

Die Lösungen von [15.9] lauten:

$$E_g = \frac{H_{aa} + H_{ab}}{1 + S}$$
$$E_u = \frac{H_{aa} - H_{ab}}{1 - S} \qquad [15.10]$$

Wenn man diese Eigenwerte wieder in [15.18] einsetzt, dann lassen sich die Glei-

---

[2] Von lat. saeculum, das Zeitalter, die irdische Welt. Der Ausdruck *säkulare Störungen* wurden zuerst in die Himmelsmechanik zur Beschreibung von Störungen eingeführt, die einen schwachen, aber kumulativen Einfluß auf die Umlaufbahnen haben.

chungen für das Verhältnis c_2/c_1 lösen:

$$c_1/c_2 = \pm 1$$
$$\psi_g = c_1 (\psi_{1sa} + \psi_{1sb})$$
$$\psi_u = c_1 (\psi_{1sa} - \psi_{1sb})$$

Die noch übrigbleibende Konstante läßt sich durch die Normierungsbedingungen eliminieren; für jedes Molekelorbital muß ja die Wahrscheinlichkeit, das Elektron irgendwo zu finden, gleich 1 sein. Es ist also:

$$\int \psi_g^2 \, d\tau = 1 \qquad \int \psi_u^2 \, d\tau = 1$$
$$c_1^2 \left[\int \psi_{1sa}^2 \, d\tau \pm \int 2\psi_{1sa}\psi_{1sb} \, d\tau + \int \psi_{1sb}^2 \, d\tau \right] = 1$$
$$c_1^2 [1 \pm 2S + 1] = 1$$
$$c_1 = \frac{1}{\sqrt{2 \pm 2S}}$$

Die beiden Wellenfunktionen sind daher:

$$\psi_g = \frac{1}{\sqrt{2 + 2S}} (\psi_{1sa} + \psi_{1sb})$$
$$\psi_u = \frac{1}{\sqrt{2 - 2S}} (\psi_{1sa} - \psi_{1sb})$$
[15.11]

Dies sind offensichtlich die Näherungsfunktionen, die den Funktionen $1\sigma_g$ und $1\sigma_u$ der exakten Lösung entsprechen.

Die Integrale H_{aa}, H_{ab} und S lassen sich folgendermaßen auswerten. Ein Teil des Hamiltonoperators in [15.2] ist identisch mit dem Hamiltonoperator für das Wasserstoffatom. Es ist also

$$-\frac{h^2}{8\pi^2 m} \nabla^2 \psi_{1sa} - \frac{e^2}{r_A} \psi_{1sa} = E_H \psi_{1sa}$$

Hierin ist E_H die Energie des Wasserstoffatoms. Für den Integralausdruck H_{aa} gilt:

$$H_{aa} = \int \psi_{1sa} \left(E_H - \frac{e^2}{r_B} + \frac{e^2}{r_{AB}} \right) \psi_{1sa} \, d\tau = E_H + J + \frac{e^2}{a_0 D}$$

Hierin ist

$$J = \int \psi_{1sa} \left(-\frac{e^2}{r_B} \right) \psi_{1sa} \, d\tau = \frac{e^2}{a_0} \left\{ -\frac{1}{D} + e^{-2D} \left(1 + \frac{1}{D} \right) \right\}$$

und

$$D = r_{AB}/a_0$$

In ähnlicher Weise finden wir

$$H_{ab} = \int \psi_{1sb} \left(E_H - \frac{e^2}{r_B} + \frac{e^2}{r_{AB}} \right) \psi_{1sa} \, d\tau = S E_H + K + \frac{S e^2}{a_0 D}$$

Hierin ist

$$S = e^{-D}\left(1 + D + \frac{D^2}{3}\right)$$

und

$$K = \int \psi_{1sb}\left(-\frac{e^2}{r_B}\right)\psi_{1sa}\,d\tau = -\frac{e^2}{a_0}e^{-D}(1+D)$$

Für die beiden gesuchten Energien erhalten wir also schließlich

$$E_g = E_H + \frac{e^2}{a_0 D} + \frac{J+K}{1+S}$$
$$E_u = E_H + \frac{e^2}{a_0 D} + \frac{J-K}{1-S}$$

[15.12]

Das Integral J nennt man das *Coulombsche Integral*; es liefert uns die Coulombsche Wechselwirkung zwischen dem Kern a und einem Elektron im 1s-Orbital des Kerns b (oder umgekehrt). Das Integral K nennt man das *Resonanz-* oder *Austauschintegral*, da beide Wellenfunktionen ψ_{1sa} und ψ_{1sb} in ihm auftreten. Diese einfache Variationsbehandlung liefert uns eine Dissoziationsenergie von 1,77 eV für H_2^+ statt 2,78 eV, dem genauen Wert. Als Gleichgewichtsabstand ergibt sich aus dieser Näherungsrechnung ein Wert von 0,132 nm statt dem genauen Wert von 0,106 nm.

5. Die kovalente Bindung

Der schönste Erfolg der Quantenmechanik in der Chemie war die Aufklärung der Natur der kovalenten Bindung. LEWIS deutete 1918 diese Bindung als ein gemeinsames Elektronenpaar. Die erste quantenmechanische Behandlung dieses Problems stammt von W. HEITLER und F. LONDON (1927); sie lieferte die erste quantitative Theorie der kovalenten Bindung.
Wenn zwei Wasserstoffatome weit voneinander entfernt sind, dann ist ihre gegenseitige Wechselwirkung verschwindend klein; für $r \to \infty$ ist $U \to 0$. Wenn wir nun die beiden Atome bis auf einen sehr kleinen Abstand zusammenbringen, dann tritt eine starke Coulombsche Abstoßungskraft zwischen den beiden Kernen ein; für $r \to 0$ ist $U \to \infty$. Wir wissen nun, daß sich zwei Wasserstoffatome unter Bildung einer stabilen Wasserstoffmolekel zusammenfügen können; die Dissoziationsenergie dieser Molekel beträgt 458,1 kJ/mol. Der internukleare Abstand in dieser Molekel beträgt 0,0740 nm. Die hier kurz skizzierten Verhältnisse zeigt Abb. 15.4 in der Potentialkurve der Wasserstoffmolekel.
Ein aus zwei Protonen und zwei Elektronen bestehendes System nebst den zugehörigen Koordinaten zeigt Abb. 15.5. Dieses System ist recht ähnlich einem solchen aus zwei Elektronen und einem doppelt positiv geladenen Kern, nämlich dem Heliumatom (Abb. 14.19). Die Wasserstoffmolekel unterscheidet sich vom Heliumatom nur dadurch, daß die beiden positiven Ladungen auf zwei Kerne ver-

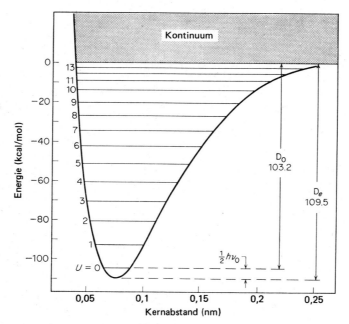

Abb. 15.4 Potentialkurve der Wasserstoffmolekel; die eingezeichneten Horizontalen sind die Schwingungsniveaus der Molekel.

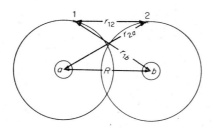

Abb. 15.5 Schematische Darstellung der Wechselwirkungen in einem System aus zwei Elektronen und zwei Protonen (Wasserstoffmolekel).

teilt sind. Statt dem Ausdruck [14.77] für die potentielle Energie des Heliums erhalten wir nun einen solchen für die potentielle Energie der Wasserstoffmolekel (in atomaren Einheiten):

$$U = r_{12}^{-1} - r_{1a}^{-1} - r_{2b}^{-1} - r_{1b}^{-1} - r_{2a}^{-1} + R^{-1}$$

Zur gesamten potentiellen Energie tragen die folgenden einzelnen Terme bei:

$$
\begin{aligned}
U_1 &= r_{12}^{-1} & &\text{Elektron 1 stößt Elektron 2 ab} \\
U_2 &= -r_{1a}^{-1} & &\text{Elektron 1 zieht Kern } a \text{ an} \\
U_3 &= -r_{2b}^{-1} & &\text{Elektron 2 zieht Kern } b \text{ an} \\
U_4 &= -r_{1b}^{-1} & &\text{Elektron 1 zieht Kern } b \text{ an} \\
U_5 &= -r_{2a}^{-1} & &\text{Elektron 2 zieht Kern } a \text{ an} \\
U_6 &= R^{-1} & &\text{Kern } a \text{ stößt Kern } b \text{ ab}
\end{aligned}
$$

[15.13]

Die kovalente Bindung

In diesen Atomeinheiten lautet die Schrödingergleichung:

$$\{\nabla_1^2 + \nabla_2^2 + (E - U)\}\psi = 0 \qquad [15.14]$$

Hierin beziehen sich ∇_1^2 und ∇_2^2 auf die Koordinaten von Elektron 1 und Elektron 2.

Die Hauptschwierigkeit bei diesem Problem wird durch den Term r_{12}^{-1} verursacht. Wenn dieser Term nicht wäre, dann könnten wir die Gleichung, ähnlich wie die für das H_2^+, in Sphäroidkoordinaten separieren. Nun können wir uns allerdings mit recht gutem Gewissen darauf verlassen, daß wir das meiste, was wir über die kovalente Bindung im H_2^+ gelernt haben, auch auf das H_2 anwenden können. Die chemische Bindung wird also auch hier auf eine hohe Wahrscheinlichkeitsdichte der negativen Ladung zwischen den beiden Kernen zurückzuführen sein. Die Tatsache, daß beim H_2 die Bindungsenergie 458,1 kJ/mol und der Kernabstand 0,0740 nm beträgt (268,2 kJ/mol und 0,106 nm beim H_2^+), zeigt deutlich, daß die kovalente Bindung aus zwei Elektronen stärker ist als die Einelektronbindung.

Um die theoretisch berechnete Energie mit der experimentellen Kurve nach Abb. 15.4 vergleichen zu können, müssen wir die Energie des Systems für verschiedene Kernabstände R berechnen. Die Abstoßung zwischen den Kernen steuert stets einen Term $U_6 = R^{-1}$ bei. Um die Energie der Elektronen zu berechnen, wenden wir wie im Falle des He-Atoms und des H_2^+-Molekelions die Variationsmethode an.

Bevor wir zu rechnen anfangen, müssen wir uns für eine vernünftige Form der Wellenfunktion für die beiden Elektronen in der Molekel, also für ein *Molekelorbital* entscheiden. Was wäre nun eine Näherung erster Ordnung für ein Molekelorbital in der H_2-Molekel? Wenn wir die Kerne weit auseinanderziehen, dann begleitet jeden Kern ein Elektron; wir können das System dann als die Summe aus zwei H-Atomen darstellen. Das Molekelorbital würde demnach aus einer Überlagerung von zwei 1s-Orbitalen für H-Atome bestehen; das Zentrum des einen Orbitals wäre der Kern a und das Zentrum des anderen der Kern b:

$$\psi^{(1)} = 1s_a(1) + 1s_b(1) \qquad [15.15]$$

$(1s_a \equiv \psi_{1sa})$

Genau dieselbe Form hatten wir bei der Anwendung der Variationsmethode auf das H_2^+ angewendet. In Atomeinheiten ist $1s_a = \exp(-r_{1a})$ und $1s_b = \exp(-r_{1b})$; hiermit erhalten wir

$$\psi^{(1)} = e^{-r_{1a}} + e^{-r_{1b}}$$

[15.15] ist ein Beispiel für die Bildung eines Molekelorbitals durch lineare Kombination von Atomorbitalen. Diese Methode nennt man MO-LCAO-Näherung (Molecular Orbitals by Linear Combination of Atomic Orbitals).

Unsere erste Näherungsfunktion für die H_2-Molekel können wir daher folgendermaßen schreiben:

$$\psi_{Mo}^{(1)} = [1\,s_a(1) + 1\,s_b(1)]\,[1\,s_a(2) + 1\,s_b(2)] \qquad [15.16]$$

Wir haben also beide Elektronen in demselben Molekelorbital $\psi_{Mo}^{(1)}$ untergebracht. Dies geht, ohne Verletzung des PAULI-Verbots, aber nur, wenn die beiden Elektronen antiparallelen Spin haben.

Zur Berechnung der Energie setzen wir nun den Ausdruck für $\psi_{Mo}^{(1)}$ aus [15.16] in [15.5] ein. Der Rechenvorgang entspricht im wesentlichen dem für das H_2^+; auf die Details müssen wir hier verzichten. Die hiernach berechnete Dissoziationsenergie D_e ($H_2 \to 2H$) beträgt 258,6 kJ/mol; der berechnete Kernabstand ist $r_e = 0,0850$ nm. Die experimentell bestimmten Werte sind 458,1 kJ/mol und 0,0740 nm. Die Übereinstimmung ist nicht sehr gut; allein die Tatsache, daß die Berechnung eine sehr stabile Molekel anzeigt, ist aber schon ein hinreichender Beweis dafür, daß unser Modell recht vernünftig gewählt ist.

Der nächste Schritt besteht nun, wie bei der Behandlung des He-Atoms, in der Einführung eines Skalenfaktors. Hiermit erhalten wir für das Molekelorbital:

$$\psi^{(2)} = e^{-Z\,r_a} + e^{-Z\,r_b} \qquad [15.17]$$

Ein Energieminimum finden wir für $Z = 1{,}197$; hiermit erhalten wir für D_e 334,7 kJ/mol und für $r_e = 0{,}0732$ nm. Zum Unterschied vom He-Atom ist hier die effektive Ladung größer als die Ladung am jeweiligen Kern. Die Elektronen werden also in ein kleineres Volumen hineingepreßt, und zwar in größerer Nachbarschaft zu den Kernen; hierdurch verringert sich ihre potentielle Energie. Gewiß, damit steigt auch ihre kinetische Energie; dennoch verringert sich die Gesamtenergie der Elektronen, wenn sie näher zu den Kernen gezogen werden. Die Verbesserung im Wert für D_e ist aber immer noch recht bescheiden. Die Ursache hierfür liegt auf der Hand; wir haben den Effekt der Wechselwirkung zwischen den beiden Elektronen noch nicht berücksichtigt. Das Molekelorbital [15.17] zwingt in der Tat beide Elektronen für eine beträchtliche Zeit in die Nähe desselben Kerns, überschätzt also die zwischenelektronische Abstoßung beträchtlich.

Wenn wir die gegenseitige Abstoßung der Elektronen in der Weise berücksichtigen wollen, daß die Elektronen stets möglichst weit voneinander entfernt sind, dann können wir die Wellenfunktion mit einem zusätzlichen Term schreiben, der die *Konfigurationswechselwirkung* berücksichtigt. Das Molekelorbital [15.15] ist eine Linearkombination der 1s-Orbitale des atomaren Wasserstoffs (MO-LCAO). Wenn man nun auch noch 2s- und andere höhere Zustände berücksichtigt, dann können die Elektronen noch weitere Plätze finden, um sich gegenseitig aus dem Wege zu gehen. Auf diese Weise bringen wir den Wert für D_e auf 386,2 kJ/mol.

Bis jetzt haben wir es vermieden, den Elektronenabstand r_{12} in irgendeiner Weise in unsere Wellenfunktionen einzuführen. Wenn wir dies aber nicht tun, dann kommen wir auch mit den kompliziertesten Funktionen mit unserer Dissoziationsenergie nicht über 410 kJ/mol, also noch 10% unter dem experimentellen Wert. JAMES und COOLIDGE haben nun eine komplizierte Funktion aufgestellt, die

Die kovalente Bindung

einen Term für den Elektronenabstand r_{12} enthält:

$$\psi = e^{-\delta(\mu_1 + \mu_2)} \sum_{m,n,j,k,p} C_{mnjkp} [\mu_1^m \mu_2^n \nu_1^j \nu_2^k + \mu_1^n \mu_2^m \nu_1^k \nu_2^j] r_{12}^p \qquad [15.18]$$

Die Exponenten m, n, j, k und p sind ganze Zahlen, die Konstante δ hat einen Wert von 0,75. Die Größen C_{mnjkp} sind variable Parameter. Das beste Ergebnis ($D_e = 455{,}2$ kJ/mol) erzielten diese Autoren mit einem Ausdruck, der 13 Terme, darunter 5 Terme mit r_{12}, enthielt. KOLOS und ROOTHAAN erweiterten die Funktion auf 50 Terme und erhielten $D_e = 457{,}8$ kJ/mol und $r_e = 0{,}0741$ nm. Abb. 15.6 zeigt die Wellenfunktionen dieser Forscher und darin die Tendenz der beiden Elektronen, sich so weit wie möglich aus dem Wege zu gehen.

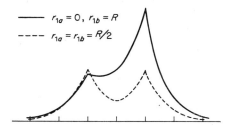

Abb. 15.6 Aufenthaltswahrscheinlichkeit des zweiten Elektrons entlang der Verbindungsachse der beiden Kerne in der Wasserstoffmolekel (für zwei verschiedene, festgelegte Aufenthaltspunkte r_{1a} und r_{1b} des ersten Elektrons).

Eine Wellenfunktion wie die von KOLOS und ROOTHAAN muß in der Tat eine Elektronenverteilung beschreiben, die praktisch identisch ist mit der in der H_2-Molekel. Die Funktion ist aber so kompliziert, daß eine einfache physikalische Interpretation ihrer Terme nicht möglich ist. *Ein einfaches physikalisches Bild kovalenter Bindungen kann man sich nur auf der niedrigen Ebene einfacher Näherungsfunktionen machen.* Die qualitative Ursache für eine chemische Bindung ist uns klar: Zwei Kerne bauen um sich herum eine gemeinsame Elektronenwolke auf, und das System wird durch die elektrostatische potentielle Energie stabilisiert (es »rutscht in eine Potentialmulde«). Die Bindung selbst, als ein einfach zu verstehendes Modell, hat sich jedoch in den undurchdringlichen Dschungel der Wellenfunktionen geflüchtet.

Recht anschaulich lassen sich die Ergebnisse quantenmechanischer Berechnungen an einfachen Molekeln durch eine Art Karte mit Höhenlinien darstellen. A. C. WAHL hat derartige Konturkarten für eine Anzahl von Molekeln publiziert; die zugrundeliegenden Daten wurden von einem Computer berechnet. Abb. 15.7 zeigt eine solche Darstellung für die Wasserstoffmolekel; der gewählte Schnitt geht durch die beiden Kerne. Von außen nach innen nimmt die Elektronendichte von Linie zu Linie jeweils auf das Doppelte zu. Wir haben also eine geometrische Reihe von Elektronendichten, im Gegensatz zu den gewöhnlichen geographischen Karten, bei denen die Höhenlinien in einer arithmetischen Reihe dargestellt sind. Die der Abb. 15.7 zugrunde liegenden Wellenfunktionen sind nicht ganz so gut wie die KOLOS-ROOTHAAN-Funktionen; sie zeigen jedoch mit hinreichender Annäherung die Elektronenverteilung in einfachen zweiatomigen Molekeln.

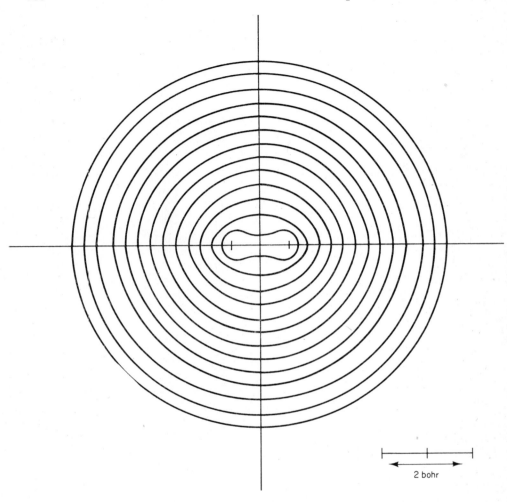

Abb. 15.7 Gesamte Elektronendichte in der Wasserstoffmolekel in der Ebene der Kernverbindungsachse. (Die Elektronendichte nimmt von Linie zu Linie um einen Faktor 2 zu oder ab.)

6. Die Valenz-Bindungs-Methode

Die von HEITLER und LONDON für die Berechnung der Energie der H_2-Molekel verwendete Methode unterschied sich von der eben beschriebenen Methode der Molekelorbitale. Sie war das erste Beispiel der heute in der molekularen Quantenmechanik verwendeten *Valenz-Bindungs-Methode* (valence-bond-method). Diese Methode ist eng verwandt mit der klassischen Strukturtheorie der organischen Chemie, bei der Molekeln formal aus Atomen und chemischen Bindungen in bestimmten Raumwinkeln konstruiert werden. Um es etwas genauer auszudrücken:

Die Atome stellen einige ihrer äußeren oder Valenzelektronen für die Knüpfung von Bindungen zu anderen Atomen zur Verfügung; Molekeln bestehen also aus Atomrümpfen und den zwischen diesen Atomrümpfen geknüpften Bindungen. Beim H_2 steuert jedes Atom ein Valenzelektron bei, die Protonen stellen die Atomrümpfe dar.

Die von HEITLER und LONDON verwendete, angenäherte Wellenfunktion lautete:

$$\psi_{VB}^{(1)} = 1\,s_a(1)\,1\,s_b(2) + 1\,s_a(2)\,1\,s_b(1) \qquad [15.19]$$

Das Argument für die Wahl dieser Funktion ist sehr interessant. Sie begannen mit der Betrachtung von zwei einzelnen H-Atomen, zu denen je ein Elektron gehört. Eine Wellenfunktion, die das Elektron 1 dem Kern a und das Elektron 2 dem Kern b zuordnet, ist dann das Produkt

$$\varphi_1 = 1\,s_a(1)\,1\,s_b(2)$$

Aus der Tatsache, daß Elektronen ununterscheidbare Teilchen sind, wurde dann die Forderung abgeleitet, daß die Wellenfunktion für zwei eng benachbarte Wasserstoffatome diese Tatsache berücksichtigen muß. Dies wird durch zwei einfache Wellenfunktionen der folgenden Art erfüllt:

$$\begin{aligned}\psi_s &= 1\,s_a(1)\,1\,s_b(2) + 1\,s_a(2)\,1\,s_b(1) = \varphi_1 + \varphi_2 \\ \psi_a &= 1\,s_a(1)\,1\,s_b(2) - 1\,s_a(2)\,1\,s_b(1) = \varphi_1 - \varphi_2 \end{aligned} \qquad [15.20]$$

Die Funktion ψ_s nennt man *symmetrisch* in bezug auf die Koordinaten der Elektronen, da sie sich nicht verändert, wenn die Indizes (1) und (2) ausgetauscht werden. Die Funktion ψ_a nennt man *antisymmetrisch* in bezug auf die Elektronenkoordinaten, da sie das Vorzeichen ändert, wenn wir die Indizes (1) und (2) austauschen. Da die Elektronendichte durch $|\psi^2|$ ausgedrückt wird, wird die Elektronenverteilung durch die Änderung von ψ in $-\psi$ nicht beeinflußt.

Wenn wir die obigen Wellenfunktionen [15.20] in die Formel für die Variationsmethode [14.78] einsetzen, dann erhalten wir:

$$E = \frac{\int (\varphi_1 \pm \varphi_2)\,\hat{H}\,(\varphi_1 \pm \varphi_2)\,d\tau}{\int (\varphi_1 \pm \varphi_2)^2\,d\tau} \qquad [15.21]$$

7. Der Einfluß des Elektronenspins

Um eine korrekte Wellenfunktion zu erhalten, müssen wir noch die Spineigenschaften der Elektronen berücksichtigen. Die Spinquantenzahl m_s erlaubt Werte von $+1/2$ und $-1/2$; sie bestimmt Größe und Richtung des Spins. Wir führen nun zwei Spinfunktionen α und β entsprechend den beiden Werten für die Spinquantenzahl ein. Für Zweielektronensysteme sind also vier komplette Spinfunktionen möglich:

Spinfunktion	Elektron 1	Elektron 2
$\alpha(1)\,\alpha(2)$	$+1/2$	$+1/2$
$\alpha(1)\,\beta(2)$	$+1/2$	$-1/2$
$\beta(1)\,\alpha(2)$	$-1/2$	$+1/2$
$\beta(1)\,\beta(2)$	$-1/2$	$-1/2$

Wenn die Spins dieselbe Richtung haben, nennt man sie *parallel*, wenn sie entgegengesetzte Richtungen haben, nennt man sie *antiparallel*.

Die Ununterscheidbarkeit von Elektronen zwingt uns wieder, entweder symmetrische oder antisymmetrische Linearkombinationen für unser Zweielektronensystem zu wählen. Es gibt drei Möglichkeiten für symmetrische Spinfunktionen, jedoch nur eine antisymmetrische Spinfunktion:

$$\left.\begin{array}{l} \alpha(1)\,\alpha(2) \\ \beta(1)\,\beta(2) \\ \alpha(1)\,\beta(2) + \alpha(2)\,\beta(1) \end{array}\right\} \text{symmetrisch}$$

$$\alpha(1)\,\beta(2) - \alpha(2)\,\beta(1) \quad \text{antisymmetrisch}$$

Die komplette Wellenfunktion für das H_2-System erhält man nun durch Kombination dieser vier Spinfunktionen mit den zwei Wellenfunktionen der Atomorbitale. Damit erhalten wir insgesamt 8 Funktionen.

An dieser Stelle müssen wir uns an das PAULIsche Ausschlußprinzip erinnern, das die Zahl der möglichen Wellenfunktionen entscheidend einschränkt. Es lautet hier: *Jede erlaubte Wellenfunktion für ein System aus zwei oder mehr Elektronen muß antisymmetrisch sein in bezug auf den gleichzeitigen Austausch von Lage und Spinkoordinate für irgendein Paar von Elektronen.*

In unserem Falle sind also nur solche Wellenfunktionen erlaubt, die entweder aus symmetrischen Orbitalen und antisymmetrischen Spins oder aus antisymmetrischen Orbitalen und symmetrischen Spins gebildet werden. Für das H_2-System gibt es vier Kombinationen dieser Art:

Orbital	Spin	Gesamtspin	Term
$a(1)\,b(2) + a(2)\,b(1)$	$\alpha(1)\,\beta(2) - \alpha(2)\,\beta(1)$	0 (Singulett)	$^1\Sigma$
$a(1)\,b(2) - a(2)\,b(1)$	$\begin{cases}\alpha(1)\,\alpha(2)\\ \beta(1)\,\beta(2)\\ \alpha(1)\,\beta(2) + \alpha(2)\,\beta(1)\end{cases}$	1 (Triplett)	$^3\Sigma$

Das Termsymbol Σ drückt die Tatsache aus, daß der molekulare Zustand, der sich in diesem Falle ja aus den zwei atomaren S-Termen zusammensetzt, einen Drehimpuls von 0 um die Molekelachse (Verbindungslinie der beiden Atome) besitzt[2a].

[2a] Die Quantenzahlen λ_i der individuellen Elektronen addieren sich vektoriell zu einer Resultierenden Λ. Die zu den Werten $\Lambda = 0, 1, 2$ gehörenden Zustände bezeichnet man mit Σ, Π, Δ.

Die Multiplizität des Terms, also die Zahl der zu einem Term gehörenden Wellenfunktionen, bezeichnet man durch eine links hochgesetzte Zahl. Diese Multiplizität ist stets $2S + 1$; hierbei bedeutet S die Gesamtspinquantenzahl.

8. Ergebnisse der Methode von HEITLER und LONDON

Wenn wir die Energie aus [15.21] und die VB-Wellenfunktionen nach [15.20] berechnen, dann finden wir für den $^1\Sigma$-Zustand (Funktionen $\varphi_1 + \varphi_2$) ein tiefes Minimum in der Kurve für die potentielle Energie der Molekel. Die Funktion $\varphi_1 - \varphi_2$ ($^3\Sigma$- oder Triplettzustand) führt zu einer Abstoßung bei allen Werten von R. Abb. 15.8 zeigt die theoretischen zusammen mit den experimentellen Ergebnissen.

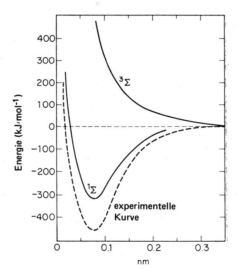

Abb. 15.8 Potentialkurve der H_2-Molekel nach HEITLER und LONDON für den Singulett- ($^1\Sigma$) und den Triplettzustand ($^3\Sigma$).

Eine kovalente Bindung zwischen zwei Atomen besteht nach dieser Formulierung in einem Paar gemeinsamer Elektronen mit entgegengesetztem Spin. Nur unter der Voraussetzung antiparallelen Spins können die beiden Elektronenwellen im Bereich zwischen den Kernen in Phase stehen und sich gegenseitig verstärken, so daß die anziehenden Kräfte im System überwiegen. Wenn die Spins parallel sind, dann löschen sich die Elektronenwellen im Bereich zwischen den beiden Protonen durch Interferenz gegenseitig aus. Es bleibt dann also nur noch eine geringe Elektronendichte übrig, um die Protonen zusammenzuhalten; die positiv geladenen Kerne stehen sich also nahezu »nackt« gegenüber und die Abstoßungskräfte überwiegen. Es ist interessant sich vorzustellen, daß die Chancen für das Auftreten von Anziehungskräften, wenn wir zwei Wasserstoffatome zusammenbringen, nur 1 : 3 stehen: Der stabile Zustand ist ein Singulett, der abstoßende Zustand ein Triplett.

Die mit der einfachen VB-Behandlung erhaltene Bindungsenergie beträgt 303,3 kJ/mol; der berechnete Wert von r_e beträgt 0,080 nm. Dieses Resultat ist tatsächlich etwas besser als das nach der einfachsten MO-Behandlung erhaltene. Der Grund hierfür liegt darin, daß die VB-Wellenfunktion der Möglichkeit, daß zwei Elektronen einmal zum selben Kern gehören, kein so großes Gewicht beimißt. Leider ist aber das physikalische Bild der einfachen HEITLER-LONDON-Theorie nicht korrekt. Es führte zur Vorstellung einer Bindungsenergie, die ihre Ursache vor allem in dem größeren verfügbaren Raum für die Elektronen hat; dies bedeutet aber eine Verringerung der *kinetischen Energie* des Systems. In Wirklichkeit ist die Bindungsenergie jedoch, wie wir zuvor gesehen haben, auf eine Verringerung der elektrostatischen *potentiellen Energie* zurückzuführen.
Als nächstes müssen wir daher den Skalenfaktor auf die Heitler-London-Funktionen anwenden, indem wir die modifizierten Atomorbitale $e^{-Z'r_a}$ einsetzen. Mit einem Wert von $Z' = 1{,}166$ ziehen wir die Elektronenverteilung etwas stärker zusammen. Hierdurch steigt die kinetische Energie etwas an, zu gleicher Zeit fällt die potentielle Energie jedoch praktisch ab. Als Ergebnis dieser Rechnung erhält man eine Bindungsenergie von 363,2 kJ/mol bei $r_e = 0{,}0743$ nm. Um zu wirklich genauen Ergebnissen zu kommen, müssen wir wie bei der MO-Methode Terme für die Elektronenkorrelation einführen. Schließlich gelangen wir sowohl mit der VB- als auch mit der MO-Methode zu denselben Werten für die Elektronendichten, die Energien und andere berechnete Eigenschaften der H_2-Molekel.

9. Vergleich der MO- und der VB-Methode

Die Molekelorbital- und die Valenzbindungsmethode stellen zwei grundlegende Möglichkeiten der quantenmechanischen Behandlung von Molekeln dar. Wie lassen sie sich jedoch untereinander vergleichen?
Bei der VB-Methode beginnt man mit individuellen Atomen und betrachtet die Wechselwirkungen zwischen diesen. Eine erlaubte Wellenfunktion für zwei Atome a und b und zwei nicht unterscheidbare Elektronen (1) und (2) ist $\psi_2 = a(2)\,b(1)$, wobei $a(1)$ eine Wellenfunktion für das Elektron (1) beim Kern a und $b(1)$ eine Wellenfunktion für Elektron (1) am Kern b ist. Für die VB-Wellenfunktion gilt:

$$\psi_{VB} = a(1)\,b(2) + a(2)\,b(1)$$

Bei der MO-Behandlung der Molekel beginnen wir mit den zwei Kernen. Dann können wir die Wellenfunktion für ein einzelnes Elektron, das sich im Feld der beiden Kerne bewegt, als eine lineare Kombination der Atomorbitale (LCAO) schreiben:

$$\psi_1 = c_1 a(1) + c_2 b(1)$$

Analog gilt für das zweite Elektron

$$\psi_2 = c_1 a(2) + c_2 b(2)$$

Die kombinierte Wellenfunktion für zwei Elektronen und zwei Kerne ist das Produkt dieser beiden Einzelfunktionen:

$$\psi_{MO} = \psi_1 \psi_2 = c_1^2 a(1) a(2) + c_2^2 b(1) b(2) + c_1 c_2 [a(1) b(2) + a(2) b(1)]$$

Von den beiden Funktionen ψ_{VB} und ψ_{MO} gibt die letztere den Konfigurationen, bei denen beide Elektronen sich um denselben Kern bewegen, ein großes statistisches Gewicht. Diese Konfigurationen entsprechen bei einer Molekel AB den ionischen Strukturen A^+B^- und A^-B^+. Die Funktion ψ_{VB} vernachlässigt diese ionischen Terme völlig. Gemessen an der Wirklichkeit ist es so, daß die einfache MO-Methode die ionischen Terme beträchtlich überschätzt, während die einfache VB-Methode sie beträchtlich unterschätzt. Der wahre Beitrag der ionischen Strukturen stellt gewöhnlich einen Kompromiß zwischen diesen beiden Extremen dar. Die Behandlung dieses Kompromisses erfordert natürlich einen höheren mathematischen Aufwand: Den Ausdrücken für die Wellenfunktionen müssen weitere Terme beigefügt werden, so z.B. ionische Terme zu den VB-Funktionen.

10. Chemie und Mechanik

The underlying physical laws necessary for the mathematical theory of a large part of physics and the whole of chemistry are thus completely known, and the difficulty is only that the exact application of these laws leads to equations much too complicated to be soluble. Diese vielzitierte Feststellung wurde schon 1929 von DIRAC gemacht, etwa 3 Jahre nach der Entdeckung der Quantenmechanik. Sie ist heute genauso wahr und herausfordernd wie damals. Wir haben heute Computer von sehr hoher Geschwindigkeit, die in einigen Minuten Rechnungen ausführen können, für die man früher 1 Jahr brauchte. Trotzdem sind exakte Berechnungen erst bei den allereinfachsten Molekeln möglich, und es sieht so aus, als ob Molekeln mit etwa 20 Elektronen noch für eine gute Weile die obere Grenze dessen darstellen, was überhaupt einer genauen quantenmechanischen Berechnung unterzogen werden kann[3].

Die Natur dieses Problems sei an der Methanmolekel diskutiert. Das CH_4 besteht aus 5 Kernen und 10 Elektronen. Die exakte Schrödingergleichung für dieses System bestünde aus einer partiellen Differentialgleichung mit 45 Variablen. Selbst wenn wir die BORN-OPPENHEIMER-Approximation anwenden, dann bleiben noch 30 Variable für die Elektronenbewegungen übrig. Auch wenn wir berücksichtigen, daß die hohe Symmetrie der Molekel eine weitere Vereinfachung des Problems darstellt, wäre eine vollständige MO-Behandlung des CH_4 zu schwierig, als daß man sie mit den gegenwärtigen Rechenmöglichkeiten lösen könnte. Die Theoretiker begnügen sich daher in diesem Fall, und erst recht bei noch komplizierteren Molekeln, mit den experimentellen Werten über die Gleichgewichtslagen der Kerne und berechnen dann die Energie und die Wellenfunktionen für diese bestimmte Konfiguration.

---

[3] Nach C. A. COULSON: *Present State of Molecular Structure Calculations*; Rev. Mod. Phys. 32 (1960) 170.

Wir dürfen aber hoffen, aus quantenmechanischen Berechnungen genaue Informationen über die Elektronenverteilung wenigstens in leichten Atomen und Molekeln zu erhalten. Solche Informationen sollten uns dann ein tieferes Verständnis der Faktoren vermitteln, die für das Zustandekommen von Molekelstrukturen verantwortlich sind. Anschließend können wir versuchen, diese quantenmechanischen Informationen in halbempirische Konzepte umzumünzen, mit denen der Chemiker umgeht: die Natur der chemischen Bindungen, Elektronegativitäten, angeregte Zustände und ähnliche Begriffe. Auf diese Weise könnten wir das chemische Verhalten auch komplizierterer Molekeln auf einer quantenmechanischen Grundlage diskutieren.

EINSTEIN schrieb einmal den Satz:

> *Being is always something which is mentally constructed by us. The nature of such constructs does not lie in their derivation from what is given by the senses. Such a type of derivation is nowhere to be had. The justification of these constructs, which represent »reality« for us, lies above all in quality of making intelligible what is sensually given.*

(»Etwas ›Seiendes‹ ist für uns stets eine geistige Konstruktion, eine Wahrnehmung. Die Natur solcher Wahrnehmungen oder geistiger Konstruktionen liegt nicht in ihrer Ableitung von dem, was die Sinne uns übermitteln. Eine solche Art von Ableitung können wir nirgendwo bekommen. Die Rechtfertigung solcher geistiger Synthesen, die für uns ja die ›Wirklichkeit‹ bedeuten, liegt vor allem darin, daß sie uns verständlich machen, was die Sinne uns vermitteln.«)

Das Konzept der *chemischen Bindung* ist ein gutes Beispiel für eine spezifisch chemische Gedankenkonstruktion, die uns die Ergebnisse chemischer Experimente verständlich macht und uns damit in die Lage versetzt, neue chemische Experimente auszudenken. Für einen Chemiker, der an der Chlorophyllsynthese arbeitet, ist die chemische Bindung »realer« als molekulare Wellenfunktionen, die nur als mathematische Ausdrücke verständlich sind, – so z. B. die JAMES-COOLIDGE-Wellenfunktionen für die Wasserstoffmolekel.

Sinneswahrnehmungen und Erfahrungen stellen zunächst ein undifferenziertes Kontinuum dar; aus dieser Fülle extrahiert der menschliche Geist bestimmte, logisch zusammenhängende Einheiten. Ob er sie selber schafft oder ob er sie entdeckt, ist eine paradoxe Frage. Imitiert die Natur die Kunst, oder schildert die Kunst die Natur? Irgendeine individuelle, in sich geschlossene Einheit ist stets in einem gewissen Sinne unverträglich mit dem kontinuierlichen Feld, aus dem man sie herausgelöst hat. KANT drückte dies im Hinblick auf den Atomismus so aus: Die Vorstellung einer letzten unteilbaren Einheit, dem Atom, und unsere unmittelbare Erkenntnis des Raums sind unverträglich. In anderer Form drückt dies WEIZSÄCKER aus: Chemie und Mechanik sind *komplementär*. Wenn wir die Mechanik soweit treiben, als es irgend geht, dann verschwindet die Chemie. Wenn wir die Chemie an ihre äußersten Grenzen treiben, dann verschwindet die Mechanik. Wenn wir bei dem oben gewählten Bild bleiben wollen, dann ist die Berechnung der H_2-Struktur nach JAMES und COOLIDGE reine Mechanik ohne Chemie, die Synthese des Chlorophylls oder die Strukturaufklärung des Insulins reine Chemie ohne Mechanik. Wer sagt, die Chemie sei angewandte Mathematik oder angewandte Physik, der sagt etwas ähnlich Sinnvolles wie »die Dichtkunst ist angewandte Musik«.

11. Molekelorbitale für homonukleare zweiatomige Molekeln

Die VB-Methode beruht auf dem chemischen Konzept, daß in den Molekeln in irgendeiner Weise auch die Atome existieren, und daß die Struktur einer Molekel aus den Atomen, die sich zur Molekel zusammentun, und aus den Bindungen zwischen diesen Atomen erklärt werden kann. Die MO-Methode trachtet danach, die Vorstellung von Atomen innerhalb der Molekeln aufzugeben; sie beginnt mit dem Konzept positiv geladener Kerne, die eine bestimmte räumliche Anordnung besitzen. In dieses elektrostatische Feld bringt man anschließend die Gesamtzahl der Elektronen, und zwar eins nach dem anderen. In ihrer Auffassung der Molekelstruktur ist die MO-Theorie wesentlich stärker physikalisch als chemisch orientiert; sie sieht keine Atome, die durch Bindungen verknüpft sind, sondern einen Elektronenpudding unterschiedlicher Dichte, in dem sich da und dort einige positive Kerne wie Rosinen finden.

Ein Orbital ist eine 1-Elektron-Wellenfunktion, also eine Funktion der Koordinaten eines einzelnen Elektrons, $\psi(x_1, y_1, z_1)$. Wenn eine Molekel mehr als ein Elektron enthält, dann kann die Orbitalbehandlung allenfalls eine erste Annäherung an die exakte Wellenfunktion darstellen, die ja für eine Molekel mit N Elektronen eine Funktion der Koordinaten all dieser Elektronen wäre: $\psi(x_1 y_1 z_1, x_2 y_2 z_2 \ldots x_N y_N z_N)$.

Eine zweite Näherung für die Molekel mit N Elektronen wären die Zweielektronen-Wellenfunktionen, diese nennt man, analog den Orbitalen, nach einem geistreichen Vorschlag von SHULL [*J.Chem.Phys.* 30 (1959) 1405] *Geminale* (von lat. gemini, Zwillinge). Eine Geminalfunktion wäre z.B. eine Funktion der Form $\psi(x_1 y_1 z_1 x_2 y_2 z_2)$. Das Konzept der Geminale betont die Bedeutung der Elektronenpaare bei der Festlegung von Molekelstrukturen. Rein intuitiv scheint es vernünftig zu sein, Geminale zur quantenmechanischen Behandlung chemischer Bindungen zu benützen. Es bedarf aber noch beträchtlicher theoretischer Arbeit, bevor man entscheiden kann, ob Geminale die gebräuchlicheren Orbitale in der molekularen Quantenmechanik ersetzen können.

Wir haben gesehen, daß sich die Elektronen in einem Atom nur auf ganz bestimmten Energieniveaus, den Atomorbitalen, befinden können, die durch die Quantenzahlen n, l und m_l charakterisiert sind. In genau derselben Weise können die Elektronen in einer Molekel definierten Molekelorbitalen zugeordnet werden; in Übereinstimmung mit dem Pauliprinzip können sich höchstens jeweils zwei Elektronen auf einem bestimmten Molekelorbital befinden; sie besitzen dann antiparallelen Spin.

Wir wollen nun die *Molekelorbitale der Wasserstoffmolekel* betrachten. Wenn man diese Molekel auseinanderzieht, dann trennt sie sich in zwei Wasserstoffatome

H$_a$ und H$_b$, wobei zu jedem dieser Atome ein einzelnes 1s-Atomorbital gehört. Wenn man diesen Vorgang umkehrt und die Wasserstoffatome zusammendrückt, dann verschmelzen diese Atomorbitale in ein Molekelorbital, das von den Elektronen der Wasserstoffmolekel eingenommen wird. Ein Molekelorbital kann daher, wir wir schon gesehen haben, durch lineare Kombination der Atomorbitale konstruiert werden (LCAO). Es ist also

$$\psi = c_1(1s_a) + c_2(1s_b) \qquad [15.22]$$

Da die H$_2$-Molekeln axialsymmetrisch sind, muß $c_1 = \pm c_2$ sein. Aus den beiden 1s-Atomorbitalen erhalten wir zwei mögliche Molekelorbitale (wenn wir die Normierungsfaktoren außer acht lassen):

$$\begin{aligned}\psi_g &= 1s_a + 1s_b \\ \psi_u &= 1s_a - 1s_b\end{aligned} \qquad [15.23]$$

Abb. 15.9a zeigt schematisch diese beiden Molekelorbitale. Die 1s-Atomorbitale sind kugelsymmetrisch (vgl. 14-14). Wenn die zwei sich überlappenden Orbitale in Phase stehen, dann entspricht die resultierende Funktion ψ_g einer Erhöhung der Ladungsdichte der Elektronen zwischen den Kernen. Wenn die beiden Atomorbitale in ihrer Phase entgegengesetzt sind, dann entspricht die resultierende Funktion ψ_u einer Verdünnung der Ladungsdichte zwischen den Kernen. Beide Molekelorbitale, ψ_g und ψ_u, sind symmetrisch in bezug auf die Molekelachse (die Verbindungslinie der beiden Kerne); der Drehimpuls um diese Achse ist 0 ($\lambda = 0$), es handelt sich also um σ-Orbitale. Das erste von den beiden bezeichnen wir als 1sσ_g-Orbital. Wir nennen dies ein *bindendes Orbital*, da die Konzentration der negativen Ladung zwischen den beiden Kernen diese zusammenbindet. Das andere Orbital symbolisieren wir durch 1sσ_u. Wir nennen es ein *antibindendes Orbital*, da sich die beiden positiv geladenen Kerne wegen des Fehlens einer elektronischen Abschirmung gegenseitig abstoßen.

Die hier für die H$_2$-Molekel beschriebenen Molekelorbitale gelten qualitativ nebst ihrer Symbolik auch für andere homonukleare zweiatomige Molekeln wie Li$_2$ oder N$_2$. In ähnlicher Weise wurden ja auch die Atomorbitale für schwerere Atome aus der exakten Theorie für das Wasserstoffatom abgeleitet. In der Reihe der homonuklearen zweiatomigen Molekeln bewirkt eine Zunahme der Kernladung eine Erniedrigung des Gleichgewichtsabstandes.

Das Aufbauprinzip der Molekeln ist nun ähnlich dem der Atome. Man hält die Kerne in ihren Positionen fest und setzt die Elektronen eins nach dem anderen in die verfügbaren Molekelorbitale der jeweils niedrigsten Energie ein. Hierbei fordert das Pauliprinzip wieder, daß sich auf einem beliebigen Orbital jeweils maximal zwei Elektronen mit antiparallelem Spin befinden können.

Bei der H$_2$-Molekel befinden sich die beiden Elektronen im 1sσ_g-Orbital. Die zugehörige Konfiguration $(1s\sigma_g)^2$ entspricht einer Einfachbindung zwischen den beiden H-Atomen, also einem bindenden Elektronenpaar.

Die nächstgrößere Molekel wäre eine solche mit insgesamt drei Elektronen, nämlich das He$_2^+$. Das Helium-Molekelion hat die Konfiguration $(1s\sigma_g)^2(1s\sigma_u)^1$. In

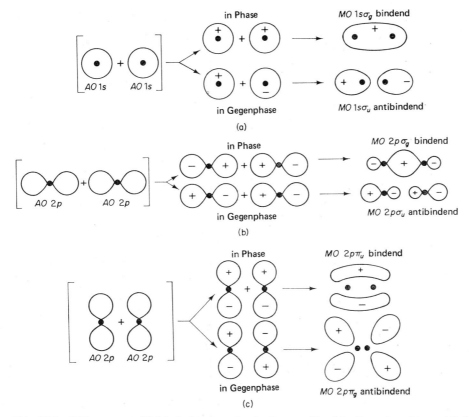

Abb. 15.9 Bildung von Molekelorbitalen durch lineare Kombination der Atomorbitale (LCAO). Die Vorzeichen in den Orbitalen (+ und −) geben die Vorzeichen (Phasen) der Wellenfunktionen an.

diesem System haben wir also zwei bindende Elektronen und ein antibindendes Elektron; es ist also zu erwarten, daß die bindenden Kräfte überwiegen. Dieses Molekelion wurde tatsächlich durch sein Spektrum identifiziert; es hat eine Dissoziationsenergie von 3,0 eV.

Wenn man zwei Heliumatome zusammenbringt, dann erhält man die Konfiguration $(1s\sigma_g)^2(1s\sigma_u)^2$. Die Wirkung der zwei bindenden wird durch die Wirkung der antibindenden Elektronen kompensiert; es bildet sich also keine stabile He_2-Molekel.

Die nächsthöheren Atomorbitale sind die 2s-Orbitale. Diese verhalten sich wie die 1s-Orbitale; sie stellen die $2s\sigma_g$- und $2s\sigma_u$-Molekelorbitale zur Verfügung, welche die Aufnahme von vier weiteren Elektronen erlauben. Wenn wir zwei Lithiumatome mit ihren je drei Elektronen zusammenbringen, dann bildet sich die Li_2-Molekel. Dieser Vorgang läßt sich folgendermaßen formulieren:

$$Li\,[1s^2\,2s^1] + Li\,[1s^2\,2s^1] \rightarrow Li_2[(1s\sigma_g)^2(1s\sigma_u)^2(2s\sigma_g)^2]$$

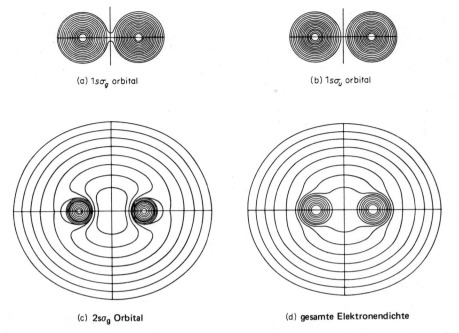

(a) $1s\sigma_g$ orbital (b) $1s\sigma_u$ orbital

(c) $2s\sigma_g$ Orbital (d) gesamte Elektronendichte

Abb. 15.10 Konturkarten der Elektronendichten für einzelne Orbitale und der gesamten Elektronendichte der Li$_2$-Molekel. Benachbarte Konturlinien unterscheiden sich um einen Faktor 2. Die äußerste Konturlinie entspricht einer Elektronendichte von $6{,}1 \cdot 10^{-5}\,\text{e}^-\,(\text{bohr})^{-3}$. Als Kernabstand wurde der experimentell bestimmte Wert von 0,2672 nm gewählt. [Nach A. C. WAHL; für eine Diskussion sei auf die Publikation in *Science 151* (1966) 961 verwiesen.]

Da wir uns nur für das chemische Verhalten, also für das Auftreten von Bindungen interessieren, brauchen wir nur die Elektronen in der äußersten Schale (die Valenzelektronen) zu berücksichtigen. Beim Li$_2$ brauchen wir also die Molekelorbitale der Elektronen auf der K-Schale nicht zu bezeichnen, wir schreiben die Li$_2$-Konfiguration daher als $[KK\,(2s\sigma_g)^2]$. Die Molekel hat eine Dissoziationsenergie von 1,14 eV. Abb. 15.10 zeigt die Konturen der Elektronendichte für das Li$_2$.

Die hypothetische Molekel Be$_2$ mit ihren 8 Elektronen ist nichtexistent, da ihre Konfiguration $[KK\,(2s\sigma_g)^2(2s\sigma_u)^2]$ sein würde und sich damit die bindenden und antibindenden Kräfte aufheben würden.

Die nächsten Atomorbitale sind die in Abb. 15.9 gezeigten 2p-Orbitale. Diese drei Orbitale (p_x, p_y, p_z) stehen jeweils senkrecht aufeinander; die Elektronendichteverteilung zeigt die charakteristische »Wespentaille« der p-Orbitale. Das stabilste MO, das aus diesen atomaren p-Orbitalen gebildet werden kann, ist das mit der stärksten Überlappung in Richtung der internuklearen Achse (Abb. 15.9b). Dieses bindende Orbital und die zugehörigen antibindenden Orbitale werden folgendermaßen geschrieben:

$$\psi_g = \psi_a(2\,p_x) + \psi_b(2\,p_x) \quad 2\,p\,\sigma_g$$
$$\psi_u = \psi_a(2\,p_x) - \psi_b(2\,p_x) \quad 2\,p\,\sigma_u$$

Diese Orbitale haben dieselbe Symmetrie in bezug auf die internukleare Achse wie die σ-Orbitale, die sich aus den atomaren s-Orbitalen bilden. Ihr Drehimpuls um diese Achse ist also ebenfalls 0 ($\lambda = 0$), es handelt sich also um σ-Orbitale.

Die Molekelorbitale, die sich aus den p_y- und p_z-Atomorbitalen bilden, unterscheiden sich in ihrer Form deutlich von den eben beschriebenen σ-Orbitalen (Abb. 15.9c). Wenn die beiden Atome zusammengebracht werden, dann verschmelzen die Flanken der p_y- oder p_z-Orbitale; hierbei bilden sich zwei wurstförmige Ladungsverteilungen, eine oberhalb und eine unterhalb der internuklearen Achse. Diese Orbitale haben einen Drehimpuls von 1 ($\lambda = 1$), es handelt sich also um π-Orbitale.

12. Das Zuordnungsdiagramm

Das Verständnis der Molekelorbitale und der Vergleich zwischen den Energieniveaus dieser Orbitale mit den entsprechenden Niveaus in den Atomen wird durch das Modell des *vereinigten Atoms* beträchtlich erleichtert. Bei dieser Modellvorstellung beginnen wir mit 2 H-Atomen im selben Quantenzustand (z.B. 1s); diese Atome drücken wir nun allmählich zusammen, bis durch Vereinigung der Kerne und der Elektronenhüllen das Heliumatom entsteht. Auf diese Weise können wir die ursprünglichen Atomorbitale im Wasserstoffatom mit den Atomorbitalen des Heliums vergleichen. Bei dieser Operation der Vereinigung zweier Wasserstoffatome zum Heliumatom müssen wir zwangsläufig den Zustand der Wasserstoffmolekel durchschreiten, wenn nämlich der Abstand der beiden Protonen dem Kernabstand in der Wasserstoffmolekel entspricht.

Abb. 15.11 zeigt ein solches *Zuordnungsdiagramm*. Die Zusammenhänge zwischen den Orbitalen der isolierten Atome und den Orbitalen des »vereinigten Atoms« werden meist deutlich, wenn wir die Symmetrieeigenschaften der Orbitale berücksichtigen. Wir wollen einmal annehmen, daß die Atome A und B, jeweils im $1s\sigma_u$-Orbital (Abb. 15.9), zusammengedrückt werden. Das Ergebnis wäre offensichtlich ein Orbital mit der typischen Form der p-Orbitale, das niedrigste p-Orbital des vereinigten Atoms wäre also das 2p-Orbital des Heliums. Die Regel, daß sich Energiefunktionen derselben Symmetrie nicht kreuzen, ist auch bei der Aufstellung dieses Zuordnungsdiagramms nützlich: Die beiden Energiefunktionen (Energie in Abhängigkeit vom Kernabstand) von Orbitalen derselben Symmetrie können sich nicht kreuzen. Ein σ_g kann niemals ein anderes σ_g kreuzen, sehr wohl jedoch ein σ_u. Ob ein Molekelorbital bindend oder antibindend ist, können wir ebenfalls einem solchen Zuordnungsdiagramm entnehmen: Voraussetzung für ein bindendes Orbital ist, daß die Energie des Systems bei der Vereinigung der Atome sinkt. Unser Zuordnungsdiagramm (15.11) zeigt die folgenden bindenden Orbitale: $1s\sigma_g$, $2s\sigma_g$, $2p\sigma_g$, $2p\pi_u$, $3s\sigma_g$, $3p\sigma_g$, $3p\pi_u$, $3d\sigma_g$, $3d\pi_u$, $3d\delta_g$.

Eingehende Berechnungen der Orbitalenergien (1-Elektron-Funktionen) wurden mit Hilfe der Methode des selbstkonsistenten Feldes durchgeführt; Tab. 15.2 zeigt die Ergebnisse dieser Rechnungen. Beim Stickstoff ist das $3s\sigma_g$-Orbital besetzt; seine Energie liegt niedriger als die des $2p\pi_u$-Orbitals. Beim O_2 und F_2 liegt

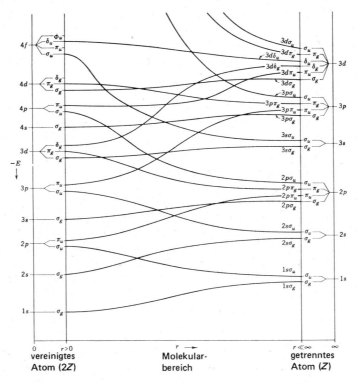

Abb. 15.11 Zuordnungsdiagramm zur Erläuterung der Bildung von Molekelorbitalen aus den Orbitalen der getrennten Atome; im selben Diagramm ist zum Vergleich gezeigt, welche Atomorbitale sich beim Zusammentreten zweier Kerne (mit der Kernladungszahl Z) zum größeren Atom ($2Z$) ausbilden (nach M. Kasha, *Molecular Electronic Structure*).

die Energie der σ-Orbitale unter der der π-Orbitale. Dieser Effekt ist dem der *Durchdringung (Penetration) von Atomorbitalen* mit niedriger azimutaler Quantenzahl l zu vergleichen (s. 14-13).

Wir können nun die Konfigurationen anderer homonuklearer zweiatomiger Molekeln dadurch beschreiben, indem wir einfach ein Elektron nach dem anderen in ein noch freies Orbital mit der jeweils niedrigsten Energie einfügen.

Auf diese Weise läßt sich die Bildung der N_2-Molekeln aus den Atomen folgendermaßen beschreiben:

$$N\,[1s^2\,2s^2\,2p^3] + N\,[1s^2\,2s^2\,2p^3] \rightarrow N_2\,[KK(2s\sigma_g)^2(2s\sigma_u)^2(2p\overline{\pi}_u)^4(2p\sigma_g)^2]$$

In der N_2-Molekel haben wir insgesamt 6 Elektronen in bindenden Zuständen; diese können wir (in der Formulierung der Chemiker) als Dreifachbindung zwischen den beiden N-Atomen bezeichnen. Eine unter diesen ist eine σ-Bindung; die beiden anderen sind π-Bindungen, die in rechten Winkeln zueinander stehen. (Wir können jedoch ebenso drei identische, *äquivalente Bindungsorbitale* konzipieren, die in ihrem Charakter eine Mischung aus σ- und π-Bindungen wären.)

Molekel	Lit.	$1\sigma_g$	$1\sigma_u$	$2\sigma_g$	$2\sigma_u$	$1\pi_u$	$3\sigma_g$	$1\pi_g$	$3\sigma_u$
Li$_2$	(1)	−4,8806	−4,8802	−0,3604	0,0580	0,1282	0,1834	0,3206	0,7230
	(2)	−4,8710	−4,8705	−0,3627	0,0551		0,2158		0,7918
Be$_2$	(2)	−9,4187	−9,4181	−0,8512	−0,4416		0,1110		1,0882
B$_2$	(3)	−15,3530	−15,3514	−1,3552	−0,6990	−0,6824	0,0172		1,2898
C$_2$	(2)	−22,6775	−22,6739	−2,0567	−0,9662	−0,8407	−0,0444	0,5295	2,2598
N$_2$	(4)	−31,4438	−31,4396	−2,9054	−1,4612	−1,1595	−1,0892	0,5459	2,2054
	(2)	−31,2911	−31,2885	−2,8421	−1,4274	−1,6908	−1,1110	0,6004	2,2454
O$_2$	(5)	−41,1902	−41,1854	−3,0438	−1,9564	−1,0998	−1,1128	−0,7888	1,4784
F$_2$	(2)	−52,7191	−52,7187	−3,2517	−2,7225	−1,2159	−1,0922	−0,9489	0,6848

Literatur
(1) E. Ishiguro, K. Kayama, M. Kotani und Y. Mizuno, J. Phys. Soc. Japan 12 (1957) 1355
(2) B. J. Ransil, Rev. Modern Phys. 32 (1960) 239, 245
(3) A. A. Padgett und V. Griffing, J. Chem. Phys. 30 (1959) 1286
(4) C. W. Scherr, J. Chem. Phys., 23 (1955) 569
(5) M. Kotani, Y. Mizuno, K. Kayama und E. Ishiguro, J. Phys. Soc., Japan, 12 (1957) 707

Tab. 15.2 1-Elektron-Energie der Elektronen in homonuklearen zweiatomigen Molekeln, berechnet nach der auf Molekelorbitale angewandten Methode des selbstkonsistenten Feldes; die Energien sind in Rydberg-Einheiten angegeben. Besetzte Orbitale finden sich links von der Stufenlinie, unbesetzte rechts davon, die eingeschlossenen Werte gelten für halbbesetzte Orbitale.

Ein singulärer und sehr interessanter Fall ist der molekulare Sauerstoff, dessen Bildung aus den Atomen sich folgendermaßen formulieren läßt:

$$O\,[1s^2\,2s^2\,2p^4] + O\,[1s^2\,2s^2\,2p^4] \rightarrow$$
$$O_2\,[KK\,(2s\sigma_g)^2(2s\sigma_u)^2(2p\sigma_g)^2(2p\pi_u)^4(2p\pi_g)^2]$$

Insgesamt haben wir vier bindende Elektronen; wir können dies als eine Doppelbindung aus einer σ- und einer π-Bindung auffassen. Eine Einfachbindung besteht gewöhnlich aus einer σ-Bindung; eine Doppelbindung wird jedoch nicht aus zwei σ-Bindungen, sondern aus einer σ- und einer π-Bindung gebildet. Im O$_2$ ist das $2p\pi_g$-Orbital, das insgesamt vier Elektronen aufnehmen kann, nur halb aufgefüllt. Wegen der gegenseitigen elektrostatischen Abstoßung der Elektronen wäre der stabilste Zustand der mit der Elektronenkonfiguration $(2p_y\pi_g)^1(2p_z\pi_g)^1$. Der Gesamtspin der O$_2$-Molekel ist daher $S = 1$, die Multiplizität $2S + 1 = 3$. Der Grundzustand des Sauerstoffs ist $^3\Sigma$. Wegen der ungepaarten Elektronenspins ist der Sauerstoff paramagnetisch und als stabiles Biradikal anzusehen; er reagiert sehr schnell mit anderen Radikalen.

Bei der MO-Methode wird angenommen, daß alle Elektronen, die sich außerhalb abgeschlossener Elektronenschalen befinden, zur Bindungsenergie der Molekel beitragen. Die aus einem gemeinsamen Elektronenpaar bestehende Bindung wird also nicht besonders bevorzugt. In welcher Weise das Überwiegen der bindenden gegenüber den nichtbindenden Elektronen die Festigkeit einer Bindung bestimmt, wird aus den in Tab. 15.3 gezeigten Werten für verschiedene Molekeln verständlich.

Molekel	Dissoziationsenergie (kJ/mol)	Kernabstand nm	Grundschwingungsfrequenz (s^{-1})	Grundzustand
B_2	347	0,1589	$3,152 \cdot 10^{13}$	$^3\Sigma$
C_2	531	0,1312	4,921	$^1\Sigma$
N_2	711	0,1098	7,074	$^1\Sigma$
O_2	494	0,1207	4,738	$^3\Sigma$
F_2	289	0,1418	2,67	$^1\Sigma$
Na_2	72	0,3078	0,477	$^1\Sigma$
P_2	485	0,1894	2,340	$^1\Sigma$
S_2	347	0,1889	2,176	$^3\Sigma$
Cl_2	239	0,1988	1,694	$^1\Sigma$

Tab. 15.3 Eigenschaften homonuklearer zweiatomiger Molekeln

13. Heteronukleare zweiatomige Molekeln

Eine zweiatomige Molekel mit zwei verschiedenen Atomkernen hat im Vergleich zu einer homonuklearen zweiatomigen Molekel eine geringere Symmetrie; sie besitzt z.B. kein Symmetriezentrum zwischen den Kernen mehr, so daß wir die Orbitale nicht mehr in g- und u-Orbitale einteilen können. Andererseits ist die Verbindungslinie der beiden Kerne immer noch eine Symmetrieachse (c_∞, zylindrische Symmetrie); λ ist also immer noch eine gute Quantenzahl und wir können die Molekelorbitale in σ-, π- und δ-Orbitale einteilen.

Die einfachste heteronukleare zweiatomige Molekel aus zwei verschiedenen Kernen und zwei Elektronen ist das HeH^+. Für dieses System läßt sich die Schrödingergleichung nicht separieren; eine Näherungsrechnung nach der Variationsmethode lieferte jedoch in guter Übereinstimmung mit dem Experiment eine Dissoziationsenergie von 182,8 kJ/mol und einen Kernabstand von 0,143 nm. Erwartungsgemäß zieht der doppelt geladene Heliumkern Elektronen stärker an als das einfach geladene Proton.

Die einfachste *elektroneutrale*, heteronukleare zweiatomige Molekel ist das LiH. Wir haben nun immerhin vier Elektronen zu berücksichtigen; dennoch hat sich das MO-Modell als recht erfolgreich erwiesen, insbesondere bei der Bezeichnung der höher angeregten Elektronenzustände der Molekel für spektroskopische Zwecke. Wir schreiben die Molekelorbitale wieder als eine lineare Kombination der Atomorbitale (MO-LCAO). Abb. 15.12 zeigt schematisch die Ergebnisse dieses Vorgehens. Das mit σ^b bezeichnete niedrigste Molekelorbital wird im wesentlichen durch eine Kombination des 1s-Orbitals des H-Atoms und des 2s-Orbitals des Lithiumatoms gebildet; das σ^b-Molekelorbital enthält außerdem einen kleinen Anteil des 2p-Atomorbitals des Lithiums, das dieselbe Orientierung wie

Heteronukleare zweiatomige Molekeln 783

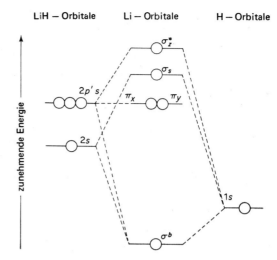

Abb. 15.12 Relative Orbitalenergien im LiH.

die Bindungsachse besitzt. Für das niedrigste Molekelorbital des LiH können wir daher schreiben:

$$\sigma^b = c_1(1s_a) + c_2(2s_b) + c_3(2p)$$

Die ersten beiden Elektronen des LiH besitzen das im wesentlichen atomare 1s-Orbital des Lithiums; die beiden nächsten Elektronen besitzen die σ^b-Orbitale und haben daher die Konfiguration $(\sigma^b)^2$. Da die Elektronenspins jeweils gepaart sind, ist $\Lambda = l_1 + l_2 = 0$; der Grundzustand ist daher $^1\Sigma$.

Abb. 15.13 zeigt die berechnete Elektronenverteilung im LiH. Im Grundzustand ist eine Ladungstrennung zu beobachten; die LiH-Molekel ist also ein permanenter Dipol. Dieser Dipol besitzt, formal gesehen, an der Stelle des Li-Kerns eine Ladung von $+\delta$ und an der Stelle des H-Kerns eine Ladung von $-\delta$. Die Elektronegativität des H-Atoms ist geringer als die des Li-Atoms; die beiden bindenden

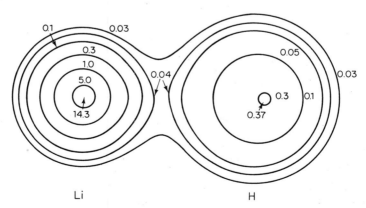

Abb. 15.13 Gesamte elektronische Dichteverteilung im LiH. [P. POLITZER und R. E. BROWN, *J. Chem. Phys.* 45 (1966) 451.]

σ^b-Elektronen verteilen sich also nicht gleichmäßig auf die beiden Atomrümpfe, vielmehr deformiert sich die Elektronenwolke etwas zugunsten des Protons. In einem solchen Falle sprechen wir von einer *Bindung mit partiell ionischem Charakter*.

14. Elektronegativität

Zu Beginn des 19. Jahrhunderts, inspiriert vor allem durch die elektrolytischen Versuche DAVYS, stellte BERZELIUS seine elektrochemische Theorie der Elemente auf. Hiernach sind alle Atome »elektrisch«, sind also je nach der Art des Elements positiv oder negativ geladen. Es sind dann auch elektrische Kräfte, welche die Atome in den Molekeln zusammenhalten, und da sich gleiche elektrische Ladungen abstoßen, können nach dieser Vorstellung zwei gleiche Atome keine Molekel bilden. Trotz ihrer offensichtlichen Beschränktheiten konnte diese Theorie in vielen Fällen erklären, warum bestimmte Verbindungen zustande kamen, andere jedoch nicht.

Seit jener Zeit ist den Chemikern der Begriff der relativen Elektropositivität oder Elektronegativität hilfreich gewesen, obwohl er sich durchaus nicht einfach definieren läßt. Auch die PAULINGsche Definition der *Elektronegativität* ist etwas vage und läßt sich nur schwierig quantitativ fassen: *Electronegativity is the power of an atom in a molecule to attract electrons to itself*. Diese, relativ zu den anderen Atomen in einer Molekel gesehene, elektronenanziehende Kraft eines Atoms ist als Metapher aufzufassen; da sich diese Qualität nur in Molekeln zeigt, muß es sich um irgendeine *Bindungseigenschaft* und nicht um eine Eigenschaft der isolierten Atome handeln.

Als PAULING dann eine numerische Skala der Elektronegativitäten von Elementen aufstellte, geschah dies auf der Grundlage der Bindungsenergien. Er definierte zunächst eine Energiegröße Δ' als die Differenz zwischen der Bindungsenergie einer Molekel A–B und dem geometrischen Mittel aus den Bindungsenergien der Molekeln A–A und B–B:

$$\Delta' = D_e(\text{A–B}) - [D_e(\text{A–A}) \cdot D_e(\text{B–B})]^{1/2} \qquad [15.24]$$

Es konnte nun gezeigt werden, daß der Zahlenwert von Δ' um so größer ist, je mehr sich die Atome A und B in der Molekel in ihrer Fähigkeit unterscheiden, die (Bindungs-)Elektronen auf ihre Seite zu ziehen – also in ihrer »Elektronegativität«. Pauling hat nun einen empirischen Ausdruck aufgestellt, der die experimentellen Daten befriedigend wiedergeben konnte:

$$\Delta'(\text{A–B}) = 30\,(X_A - X_B)^2 \qquad [15.25]$$

Hierin ist $X_A - X_B$ die Differenz der beiden Elektronegativitäten, $\Delta'(\text{A–B})$ wird in kcal ausgedrückt. Der Faktor 30 wurde willkürlich eingeführt, um die Skala der Elektronegativitäten in einen bequemen numerischen Bereich zu bringen. Aus der obigen Definitionsgleichung entnehmen wir außerdem, daß die Paulingschen Elektronegativitäten die Dimension $\sqrt{\text{Energie}}$ besitzen; als Einheiten verwendet man meist $\sqrt{\text{kcal}/30}$.

Elektronegativität

Zu einer anderen und physikalischeren Definition der Elektronegativität kam MULLIKEN. Hiernach ist das arithmetische Mittel aus dem ersten Ionisationspotential I und der Elektroaffinität A ein Maß für die Elektronegativität eines Atoms. Die Elektronegativität eines Atoms M berechnet sich also folgendermaßen:

$$M \rightarrow M^+ + e^- \qquad I_M$$
$$e^- + M \rightarrow M^- \qquad A_M$$

Elektronegativität des Atoms M: $\dfrac{I_M + A_M}{2}$

Da die Elektronegativität eine Bindungseigenschaft darstellt, müssen sich die Werte für I und A in der Beziehung von MULLIKEN auf *Bindungszustände* des Atoms beziehen. Als Beispiel wollen wir das Kohlenstoffatom betrachten, das im Grundzustand auf der L-Schale je zwei Elektronen in s- und p-Zuständen besitzt. Bevor der Kohlenstoff vier kovalente Bindungen ausbilden kann, muß ein Elektron auf ein höheres Orbital gehoben werden ($2s^2\,2p^2 \rightarrow 2s\,2p^3$); der Valenzzustand des Kohlenstoffs ist also ^5S, der Grundzustand ^2P. Die nach MULLIKEN definierte Elektronegativität hat die Dimension einer Energie, sie kann also nicht direkt mit der PAULINGschen Elektronegativität verglichen werden. Dennoch sind die nach MULLIKEN berechneten absoluten Werte der Elektronegativität in grober Näherung proportional den nach PAULING berechneten Werten, – wahrscheinlich aus Zufall.

I	II	III	II	II	II	II	II	II	II	I	II	III	IV	III	II	I
H 2,20																
Li 0,98	Be 1,57											B 2,04	C 2,55	N 3,04	O 3,44	F 3,98
Na 0,93	Mg 1,31											Al 1,61	Si 1,90	P 2,19	S 2,58	Cl 3,16
K 0,82	Ca 1,00	Sc 1,36	Ti 1,54	V 1,63	Cr 1,66	Mn 1,55	Fe 1,83	Co 1,91	Ni 1,90	Cu 1,65	Zn 1,81	Ga 2,01	Ge 2,01	As 2,18	Se 2,55	Br 2,96
Rb 0,82	Sr 0,95	Y 1,22	Zr 1,33		Mo 2,16			Rh 2,28	Pd 2,20	Ag 1,93	Cd 1,69	In 1,78	Sn 1,96	Sb 2,05	Te	I 2,66
Cs 0,79	Ba 0,89	La 1,10	Hf		W 2,36			Ir 2,20	Pt 2,28	Au 2,54	Hg 2,00	Tl 2,04	Pb 2,33	Bi 2,02		
		Ce 1,12	Pr 1,13	Nd 1,14	Pm	Sm 1,17	Eu	Gd 1,20	Tb	Dy 1,22	Ho 1,23	Er 1,24	Tm 1,25	Yb	Lu 1,27	
			U 1,38	Np 1,36	Pu 1,28											

Tab. 15.4 Mittlere Elektronegativitäten gebundener Atome [aus thermochemischen Daten; nach A. L. ALLRED, *J. Inorg. Nucl. Chem.* 17 (1961) 215]. In der obersten Zeile ist der Oxidationsgrad der jeweiligen Elemente angegeben.

Tab. 15.4 zeigt eine neuere Zusammenstellung von Elektronegativitäten, die aus thermochemischen Daten berechnet wurden. Es ist bemerkenswert, daß diese Werte mit zahlreichen anderen Bindungseigenschaften in einem quantitativen Zusammenhang stehen, so z.B. mit den Kernquadrupol-Kopplungskonstanten, der diamagnetischen Abschirmung der Protonen (NMR-Spektroskopie) und mit den charge-transfer-Spektren von Molekeln mit Metall-Liganden.

15. Dipolmomente

Zwischen zwei Atomen verschiedener Elektronegativität bildet sich eine polare Bindung in der Weise aus, daß die Elektronenverteilung asymmetrisch zugunsten des elektronegativeren Atoms ist. Wenn wir also einen Schnitt in den halben Abstand zwischen den beiden Atomen legen, dann hat das elektronegativere Atom

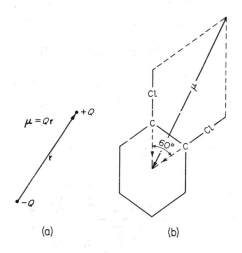

Abb.15.14 (a) Definition des Dipolmoments; (b) Berechnung des molekularen Dipolmoments von o-Dichlorbenzol durch Vektoraddition der Bindungsdipolmomente.

eine negative, das elektropositivere Atom eine positive Überschußladung vom gleichen Betrag. Die Molekel stellt also einen elektrischen Dipol dar, der definitionsgemäß aus zwei gleich großen Ladungen unterschiedlichen Vorzeichens besteht, die sich in einem gegenseitigen Abstand von r befinden. Ein solcher Dipol (Abb. 15.14a) ist durch sein *Dipolmoment* μ charakterisiert; dies stellt einen Vektor der Größe $Q \cdot r$ in Richtung der Verbindungslinie zwischen negativer und positiver Ladung dar. Ein Dipol aus den Elementarladungen $+e$ und $-e$ (je $4{,}80 + 10^{-10}$ estE), die sich in einem Abstand von $0{,}1$ nm befinden, würde ein Dipolmoment von $4{,}80 \cdot 10^{-18}$ estE $\cdot$ cm besitzen. Die Einheit von 10^{-18} estE $\cdot$ cm nennt man das *Debye* (D).

Als Länge r eines molekularen Dipols, der mit einer chemischen Bindung verknüpft ist, wählt man einfachheitshalber den Kernabstand, auch wenn die Ladungsschwerpunkte nicht mit den Massenschwerpunkten zusammenfallen. Wenn eine polyatomige Molekel mehrere Dipole enthält, die zu verschiedenen Bindungen gehören, dann ergibt sich das gesamte Dipolmoment der Molekel durch Vektoraddition der einzelnen Bindungsmomente. Ein Beispiel hierfür zeigt die Abb. 15.14b.

Die experimentelle Bestimmung der Dipolmomente von Molekeln hat uns viele wichtige Erkenntnisse über die Natur der heteronuklearen Bindungen gebracht. Wir wollen uns daher zunächst der experimentellen Methodik zuwenden und erst später zur theoretischen Diskussion komplizierterer Molekeln zurückkehren.

16. Dielektrische Polarisation

Um die Methoden zur Bestimmung von Dipolmomenten diskutieren zu können, wollen wir uns zunächst einige Aspekte der Theorie der Dielektrika ins Gedächtnis zurückrufen. Im Innern eines Kondensators mit planparallelen Platten steht das elektrische Feld senkrecht zur Plattenebene; im Vakuum und bei einer spezifischen Flächenladung von $+\sigma$ an der einen und $-\sigma$ an der anderen Plattenoberfläche hat die elektrische Feldstärke den Betrag $E_0 = \varepsilon_0^{-1} \sigma$. Für die Kapazität des Kondensators gilt dann:

$$C_0 = \frac{Q}{\Delta \Phi} = \frac{\sigma \mathscr{A}}{\varepsilon_0^{-1} \sigma d} = \frac{\varepsilon_0 \mathscr{A}}{d} \qquad [15.26]$$

Hierin ist Q die Ladung des Kondensators, $\Delta \Phi$ die Potentialdifferenz zwischen den Platten, $\mathscr{A}$ die Fläche und d der Abstand der Platten.

Wir wollen nun den Raum zwischen den Platten mit irgendeinem *Dielektrikum* ausfüllen, also mit einem Stoff, der die Elektrizität nicht leitet. Bei metallischen Leitern genügt ein minimales Potentialgefälle, um die Elektronen in Richtung dieses Gefälles in Bewegung zu setzen. Im Gegensatz hierzu bewirkt eine angelegte Spannung bei *Dielektrika* nur eine gewisse Verschiebung der Elektronen, nicht jedoch einen elektrischen Strom. Die Wirkung des elektrischen Feldes auf ein Dielektrikum besteht also in einer gewissen Trennung der positiven und negativen Ladungen; diesen Vorgang nennt man die *Polarisation des Dielektrikums* (Abb. 15.15a).

Nun besteht der Gesamteffekt des elektrischen Feldes meist nicht nur in einer Verschiebung der Ladungen (*Verschiebungspolarisation*), sondern außerdem noch

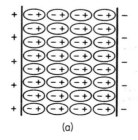
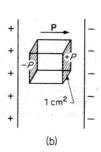

Abb. 15.15 (a) Polarisation eines Dielektrikums;
(b) Definition des Polarisationsvektors **P**.

in einer Ausrichtung der Molekeln (*Orientierungspolarisation*). Ein elektrisches Feld induziert in einem System stets Dipole, auch wenn dieses zuvor dipolfrei war. Wenn nun das Dielektrikum von vornherein Molekeln mit permanenten Dipolen enthält, dann orientieren sich diese Dipole teilweise in Feldrichtung. Das System wird also elektrisch anisotrop. Diesem Orientierungsvorgang entgegengesetzt gerichtet ist die thermische Bewegung der Molekeln. Unser Hauptinteresse gilt den permanenten Dipolen; um diese verstehen zu können, müssen wir uns jedoch zuvor mit den induzierten Dipolen, also mit dem Induktionseffekt befassen.

Wenn man ein Dielektrikum zwischen die Platten eines Kondensators bringt, dann erhöht sich die Kapazität um einen Faktor ε, die *Dielektrizitätskonstante*. Wenn also C_0 die Kapazität im Vakuum ist, dann gilt für die Kapazität in Gegenwart eines Dielektrikums: $C = \varepsilon C_0$. Da sich an den Ladungen auf den Kondensatorplatten nichts ändert, sinkt die Feldstärke zwischen den Kondensatorplatten um den Faktor ε; es ist also $E = E_0/\varepsilon$.

Aus unserer Vorstellung von einem polarisierten Dielektrikum wird die Verringerung der Feldstärke verständlich: Die induzierten Dipole sind alle in Feldrichtung orientiert und führen so zu einem gesamten Dipolmoment, durch das die Feldstärke verringert wird. Um dies quantitativ zu fassen, wollen wir einen Würfel mit der Kantenlänge von 1 cm aus dem Dielektrikum zwischen die Kondensatorplatten bringen (Abb. 15.15b) und eine vektorielle Größe **P** definieren, die wir die *dielektrische Polarisation* nennen wollen; hierunter ist das Dipolmoment pro Volumeneinheit zu verstehen. Die dielektrische Polarisation hat nun denselben Einfluß auf das elektrische Feld, als wenn auf den Würfelflächen, die den Kondensatorplatten zugewandt sind, jeweils eine Ladung von $+P$ oder $-P$ säße. Das Feld im Dielektrikum wird nun durch die Ladungsdichte auf den Platten bestimmt, so daß wir schreiben können[4]:

$$\varepsilon_0 E = \sigma - P \qquad [15.27]$$

Es ist nun nützlich, eine neue vektorielle Größe einzuführen, die nur von der Ladung σ abhängt. Dies ist die elektrische Verschiebung D; sie ist folgendermaßen definiert: $D = \sigma/\varepsilon_0$. Mit [15.27] erhalten wir:

$$D = E + \frac{P}{\varepsilon_0} \quad \text{und} \quad \frac{D}{E} = \varepsilon \qquad [15.28]$$

Hieraus folgt

$$\varepsilon - 1 = \frac{P}{\varepsilon_0 E} \qquad [15.29]$$

Im Vakuum ist $\varepsilon = 1$ und damit $P = 0$ und $D = E$.

---

[4] Bei den folgenden Betrachtungen interessiert uns nur der Betrag von **E**, **P**, **D** und anderen vektoriellen Größen. Da die Richtung dieser Vektoren gleichbleibt, können wir von hier an auf die Kennzeichnung vektorieller Größen verzichten.

17. Die induzierte Polarisation (Verschiebungspolarisation)

Die gesamte Polarisation eines Dielektrikums ist, wie schon erwähnt, die Summe zweier Terme: $P = P_i + P_0$. Unter P_i verstehen wir die *induzierte* oder *Verschiebungspolarisation*; sie ist auf die teilweise Trennung der negativen von den positiven Ladungen durch den Einfluß des elektrischen Feldes zurückzuführen. Unter der *Orientierungspolarisation* P_0 verstehen wir die unter dem Einfluß des elektrischen Feldes zustande kommende Vorzugsorientierung der permanenten Dipole des Systems in Richtung des elektrischen Feldes.

Zur Berechnung von P_i müssen wir die Größe des Dipolmomentes μ_i berücksichtigen, das vom Feld in einer Molekel induziert wird. Wir dürfen annehmen, daß dieses induzierte Moment proportional der Feldstärke F ist und daß es dieselbe Richtung wie das Feld besitzt; es ist also

$$\mu_i = \alpha \cdot F \qquad [15.30]$$

Der Proportionalitätsfaktor α stellt das von einem elektrischen Feld der Feldstärke 1 induzierte Moment dar; wir nennen ihn die *molekulare Polarisierbarkeit*[5]. Wir wollen hier schon vermerken, daß der Quotient α/ε_0 die Dimension eines Volumens besitzt; es ist ja $\dfrac{Q\,r}{Q/\varepsilon_0\,r^2} = \varepsilon_0 r^3$. Die Polarisierbarkeit eines Wasserstoffatoms berechnet sich zu $4,5\,a_0^3\varepsilon_0$; dies ist nahezu das Volumen einer Kugel mit dem Halbmesser der BOHRschen Bahn: $\frac{4}{3}\pi a_0^3 \varepsilon_0 = 4{,}19\,a_0^3\varepsilon_0$. Die Polarisierbarkeit ist ein gutes Maß für das Volumen eines Atoms oder Ions.

In einem Gas von niederem Druck sind die Molekeln so weit voneinander entfernt, daß sie keine merklichen elektrischen Kräfte aufeinander ausüben. Hier ist also das Feld, das eine Molekel polarisiert (F in [15.30]) einfach gleich dem äußeren Feld E:

$$F = E \quad \text{(Gas bei niederem Druck)} \qquad [15.31]$$

Wenn M die Molmasse, L die Loschmidtsche Zahl und ϱ die Dichte des Gases ist, dann befinden sich in der Volumeneinheit $L\varrho/M$ Molekeln. Für die induzierte Polarisation gilt dann:

$$P_i = (L\varrho/M)\,\mu_i = (L\varrho/M)\,\alpha \cdot E$$

Aus [15.29] erhalten wir dann für die Dielektrizitätskonstante des Gases unter niederem Druck:

$$\varepsilon = 1 + \frac{L\varrho\,\alpha}{\varepsilon_0 M} \qquad [15.32]$$

Für ein Gas unter niederem Druck können wir also die induzierte Polarisation leicht berechnen.

---

[5] Für den allgemeinen Fall, daß die Richtung des induzierten Momentes nicht mit der des Feldes übereinstimmt, müssen wir schreiben $\boldsymbol{\mu}_i = \boldsymbol{\alpha}' \cdot \boldsymbol{F}$; hierin ist α' ein *Tensor*.

Bei jedem anderen Dielektrikum müssen wir den Einfluß der umgebenden Molekeln berücksichtigen, um das auf eine bestimmte Molekel wirkende, polarisierende Feld bestimmen zu können. Dieses schwierige Problem konnte bis jetzt noch nicht völlig gelöst werden, indessen konnten für verschiedene Sonderfälle Näherungsformeln entwickelt werden. Bei Gasen unter höherem Druck sowie bei unpolaren Flüssigkeiten und verdünnten Lösungen polarer Stoffe in unpolaren Lösemitteln wird für die effektive Feldstärke F gewöhnlich die folgende Formel verwendet:

$$F = E + \frac{P}{3\varepsilon_0} \qquad [15.33]$$

Hieraus folgt für das induzierte Dipolmoment:

$$\mu_i = \alpha \left(E + \frac{P}{3\varepsilon_0} \right)$$

Anstelle von [15.32] erhalten wir dann:

$$\frac{\varepsilon - 1}{\varepsilon + 2} \frac{M}{\varrho} = \frac{L\alpha}{3\varepsilon_0} = P_M \qquad [15.34]$$

Die Größe P_M wird manchmal die *Molpolarisation* oder die *molare Polarisierbarkeit* genannt. In dieser Form berücksichtigt sie allerdings nur den Beitrag der induzierten Dipole; um die gesamte Molpolarisation zu erhalten, muß noch der Beitrag der permanenten Dipole durch einen additiven Term berücksichtigt werden. [15.34] wurde zuerst von O. F. Mosotti (1850) gefunden.

18. Die Bestimmung von Dipolmomenten

Wenn man eine Molekel in ein elektrisches Feld bringt, dann wird im selben Augenblick ein Dipolmoment in Richtung des Feldes induziert. Dies ist temperaturunabhängig; wenn sich nämlich die Orientierung der Molekel durch thermische Zusammenstöße verändert, dann nimmt im selben Augenblick der induzierte Dipol die Richtung des neuen Feldes an. Im Gegensatz hierzu ist der Anteil der permanenten Dipole an der gesamten Polarisation temperaturabhängig. Er nimmt mit steigender Temperatur ab, da die thermischen Zusammenstöße der Molekeln die Orientierung der permanenten Dipole in Feldrichtung behindert.
Wir müssen nun die mittlere Komponente eines permanenten Dipols in Feldrichtung als Funktion der Temperatur berechnen. Im feldfreien Raum sind sämtliche möglichen Orientierungen eines Dipols gleich wahrscheinlich. Dies läßt sich so ausdrücken, daß die Zahl der Dipole in einem System, die nach einem Raumwinkel $d\omega$ ausgerichtet sind, einfach gleich $A d\omega$ ist; hierin ist A eine Konstante, die von der Zahl der Molekeln im System abhängt.
Wenn eine Molekel mit dem Dipolmoment μ in einem Winkel θ zur Feldrichtung orientiert ist, dann gilt für ihre potentielle Energie $U = -\mu F \cos\theta$. Nach der Boltzmannschen Gleichung gilt für die Zahl der Molekeln, deren Dipolmoment

in den Raumwinkel $d\omega$ zeigt:

$$A \exp(-U/kT)\,d\omega = A \exp(\mu F \cos\theta/kT)\,d\omega$$

In Analogie zu [4.24] können wir für den Durchschnittswert des Dipolmoments in Feldrichtung schreiben:

$$\bar{\mu} = \frac{\int_0^{4\pi} A \exp(\mu F \cos\theta/kT)\,\mu \cos\theta\,d\omega}{\int_0^{4\pi} A \exp(\mu F \cos\theta/kT)\,d\omega}$$

Um bei der Auflösung dieser Gleichung einfacher rechnen zu können, setzen wir $\mu F/kT = x$ und $\cos\theta = y$; dann ist $d\omega = 2\pi \sin\theta\,d\theta = 2\pi\,dy$. Hiermit erhalten wir

$$\frac{\bar{\mu}}{\mu} = \frac{\int_{-1}^{+1} e^{xy} y\,dy}{\int_{-1}^{+1} e^{xy}\,dy}$$

Es ist

$$\int_{-1}^{+1} e^{xy}\,dy = \frac{e^x - e^{-x}}{x}$$

und

$$\int_{-1}^{+1} e^{xy} y\,dy = \frac{e^x + e^{-x}}{x} + \frac{e^x - e^{-x}}{x^2}$$

Hiermit erhalten wir

$$\frac{\bar{\mu}}{\mu} = \frac{e^x + e^{-x}}{e^x - e^{-x}} - \frac{1}{x} = \coth x - \frac{1}{x} \equiv \mathscr{L}(x)$$

Die Funktion $\mathscr{L}(x)$ nennen wir die LANGEVIN-*Funktion*, da P. LANGEVIN (1905) eine analoge Funktion für die Berechnung des mittleren magnetischen Moments von Gasmolekeln mit einem permanenten magnetischen Moment ableitete.
Wenn wir $\bar{\mu}/\mu$ gegen $\mu F/kT$ abtragen, dann erhalten wir den in Abb. 15.16a gezeigten Kurvenverlauf.
In den meisten Fällen ist $x = \mu F/kT$ nur ein kleiner Bruchteil von eins[6]. Dies vereinfacht die mathematische Behandlung der Langevinfunktion. Zunächst führen wir für den Integranden e^{xy} eine Reihenentwicklung durch:

$$e^{xy} = 1 + xy + \frac{x^2 y^2}{2!} + \frac{x^3 y^3}{3!} + \cdots$$

---

[6] Die Werte für molekulare Dipolmomente liegen im Bereich von 10^{-18} estE $\cdot$ cm. Wenn man einen Kondensator mit einem Plattenabstand von 1 cm auf 3000 V auflädt, dann ist $\mu F = 10^{-18} \cdot \dfrac{3 \cdot 10^3}{3 \cdot 10^2}$ $= 10^{-17}$ erg; bei Zimmertemperatur ist $kT = 10^{-14}$ erg. Für die Langevinfunktion ist dann $\mathscr{L}(x) = 3{,}33 \cdot 10^{-4}$; das mittlere Moment $\bar{\mu}$ in Feldrichtung ist also nur dieser kleine Bruchteil des permanenten Dipolmoments μ.

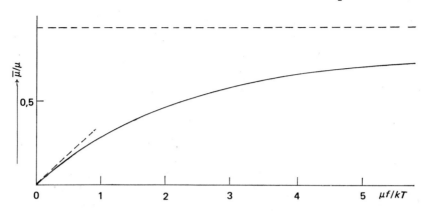

Abb. 15.16a Bei kleinen Feldstärken oder höheren Temperaturen ist der Zahlenwert des Quotienten $\mu F/kT$ klein; in diesem Falle ist, wie unsere Abbildung zeigt, das Verhältnis $\bar{\mu}/\mu$ proportional dem Quotienten $\mu F/kT$.

Wenn die obige Voraussetzung erfüllt ist, brauchen wir nur die beiden ersten Glieder zu berücksichtigen. Die Integration liefert dann:

$$\int_{-1}^{+1} e^{xy} y \, dy = \left(\frac{1}{2} y^2\right)_{-1}^{+1} + \left(\frac{x}{3}\right)_{-1}^{+1} = \frac{2}{3} x$$

und

$$\int_{-1}^{+1} e^{xy} \, dy = (y)_{-1}^{+1} + \left(\frac{x}{2} y^2\right)_{-1}^{+1} = 2$$

Die Langevinfunktion vereinfacht sich nun zu

$$\frac{\bar{\mu}}{\mu} \equiv \mathscr{L}(x) = \frac{x}{3}$$

Es ist also

$$\bar{\mu} = \frac{\mu^2 F}{3kT} \quad \text{und} \quad \frac{\bar{\mu}}{F} = \frac{\mu^2}{3kT} \qquad [15.35]$$

Den Quotienten $\bar{\mu}/F$ nennen wir den Orientierungsanteil der molekularen Polarisierbarkeit. Für die gesamte molare Polarisierbarkeit (Orientierungs- und Verschiebungsanteil) können wir nun anstelle von [15.34] schreiben:

$$\frac{\varepsilon - 1}{\varepsilon + 2} \frac{M}{\varrho} = P_M = \frac{L}{3\varepsilon_0} \cdot \left(\alpha + \frac{\mu^2}{3kT}\right) \qquad [15.36]$$

Diese Gleichung wurde zuerst von P. Debye abgeleitet.
Wenn wir nun die Molpolarisation P_M gegen $1/T$ abtragen (Abb. 15.16b), dann können wir die Polarisierbarkeit α aus dem Ordinatenabschnitt und das Dipolmoment μ aus der Steigung der so erhaltenen Geraden bestimmen. Experimentell geht man so vor, daß man das zu untersuchende System (Dampf, Lösung,

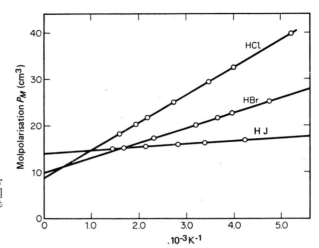

Abb. 15.16b Anwendung der DEBYEschen Gleichung [15.36] auf die molare Polarisierbarkeit von Halogenwasserstoffen.

Schmelze, Polymerfolie usw.) zwischen die Platten eines Kondensators mit bekannter Vakuumkapazität bringt und erneut die Kapazität mißt. Auf diese Weise lassen sich die Elektrizitätskonstanten des untersuchten Stoffes bei verschiedenen Temperaturen bestimmen. Aus diesen Werten lassen sich wiederum die Dipolmomente mit Hilfe der DEBYEschen Gleichung berechnen (Tab. 15.5).

Verbindung	μ (Debye)	Verbindung	μ (Debye)
HCN	2,93	CH_3F	1,81
HCl	1,03	CH_3Cl	1,87
HBr	0,78	CH_3Br	1,80
HJ	0,38	CH_3J	1,64
H_2O	1,85	C_2H_5Cl	2,05
H_2S	0,95	$n\text{-}C_3H_7Cl$	2,10
NH_3	1,49	$i\text{-}C_3H_7Cl$	2,15
SO_2	1,61	CHF_3	1,61
CO_2	0,00	CH_2Cl_2	1,58
CO	0,12	$CH \equiv CCl$	0,44
NO	0,16	CH_3COCH_3	2,85
KF	8,62	CH_3OH	1,69
KCl	10,48	C_2H_5OH	1,69
KBr	10,41	C_6H_5OH	1,70
LiH	5,883	$C_6H_5NO_2$	4,08
B_2H_6	0,00	CH_3NO_2	3,50
H_2O_2	2,20	$C_6H_5CH_3$	0,37

Tab. 15.5 Dipolmomente

Genaue Werte für Dipolmomente lassen sich auch durch die Analyse des Effektes elektrischer Felder auf Molekelspektren (STARK-Effekt) und aus der Anwendung der Methode der elektrischen Resonanz auf Molekularstrahlen erhalten.

19. Dipolmomente und Molekelstruktur

Aus den Dipolmomenten können wir zwei verschiedene Informationen über die Molekelstruktur erhalten:

1. Polarität chemischer Bindungen (permanente Polarisation);
2. Molekelgeometrie, insbesondere Bindungswinkel.

An dieser Stelle wollen wir nur einige typische Beispiele diskutieren.
Kohlendioxid hat trotz der sehr verschiedenen Elektronegativitäten von Kohlenstoff und Sauerstoff kein Dipolmoment. Hieraus können wir schließen, daß die Molekel linear gebaut ist; nur in diesem Falle heben sich die Dipolmomente der beiden CO-Bindungen durch Vektoraddition heraus.
Die Wassermolekel hat ein Dipolmoment von 1,85 D, muß also gewinkelt sein. Für jede OH-Bindung läßt sich ein Dipolmoment von 1,60 D abschätzen; wenn man mit diesem Wert und dem Gesamtmoment ein Vektordiagramm zeichnet, dann ergibt sich ein Bindungswinkel von 105°.
Benzol und einige seiner Derivate zeigen die folgenden Dipolmomente:

| $\mu = 0$ | 1,70 | 0 | 0 | 1,40 | 1,64 |

Das Fehlen eines Dipolmoments beim Benzol selbst sowie beim p-Dichlor- und beim sym-Trichlorbenzol zeigt an, daß der Benzolring eben ist und daß die C—Cl-Bindungsmomente in der Ringebene liegen; auf diese Weise heben sie sich gegenseitig auf. Das Dipolmoment des Hydrochinons zeigt, daß die OH-Bindungen nicht an der Ringebene liegen, sondern so herausgedreht sind, daß ein Dipolmoment entsteht.
Das Dipolmoment des Chloräthans (2,05 D) ist wesentlich größer als das des Chlorbenzols (1,70 D). Eigentlich wäre zu erwarten gewesen, daß das stark elektronegative Chloratom Elektronen aus den π-Orbitalen des Benzols abzieht, so daß das aromatisch gebundene Chlor eine höhere effektive negative Ladung als das aliphatisch gebundene Chlor besäße. Offenbar ist aber ein noch stärkerer, entgegengesetzt gerichteter Mechanismus wirksam, durch den die effektive negative Ladung am aromatisch gebundenen Chlor verringert wird. Am einfachsten ließe sich dieses Phänomen durch die Annahme der folgenden, relativ stabilen Reso-

nanzstrukturen erklären:

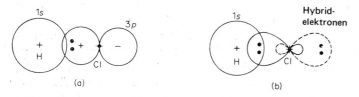

Der Kernabstand in der HCl-Molekel beträgt 0,126 nm. Hätte diese Molekel die Struktur H^+Cl^-, dann hätten wir ein Dipolmoment von $\mu = 1{,}26 \cdot 4{,}80 = 6{,}05\,D$. Tatsächlich haben wir aber nur ein Dipolmoment von 1,03; dies entspräche also einer Ladungstrennung von etwa $\bar{e}/6$.

Wie kann eine solche Ladungstrennung zustande kommen? Eine sehr vereinfachte und formale Deutung wäre die, daß durch den Unterschied in den Elektronegativitäten des H- und des Cl-Atoms das negative Ladungszentrum des *Elektronenpaars* der H—Cl-Bindung zum Chlor hin verschoben wird (Abb. 15.17a). In unserer Abbildung ist die Bindung als ein Elektronenpaar aus dem 1s-Elektron des H mit einem der 3p-Elektronen des Cl gezeigt. Bei einem solchen Modell verteilen sich die übrigbleibenden nichtbindenden Elektronen des Chlors symmetrisch um den Cl-Kern und tragen somit nicht zum Dipolmoment bei.

Abb. 15.17 2 Modelle für die Ursache des Dipolmoments im CHl.

Wir wissen jedoch, daß wir eine stärkere Überlappung der bindenden Orbitale und damit eine stärkere Bindung erhalten können, wenn wir zunächst sp-Hybridorbitale aus den 3s- und den $3p_x$-Orbitalen des Chlors bilden. Eines der Hybridorbitale überlappt dann mit dem 1s-Orbital des Wasserstoffs unter Bildung des bindenden Orbitals, in dem sich das Elektronenpaar aufhält. Abb. 15.17b zeigt dieses Modell. Es zeigt sich nun, daß das Elektronenpaar im nichtbindenden sp-Hybridorbital nicht mehr symmetrisch um den Cl-Kern verteilt ist; es muß also einen beträchtlichen Beitrag zum Dipolmoment der HCl-Molekel liefern. Höchstwahrscheinlich tragen solche atomaren Dipole in vielen Fällen zum Gesamtdipolmoment bei. Wir sollten also nicht versuchen, gemessene Dipolmomente ausschließlich durch eine Verschiebung der bindenden Elektronen zu erklären.

Mit Hilfe gemessener Dipolmomente läßt sich ausgezeichnet überprüfen, ob die quantenmechanisch für eine bestimmte Molekel berechnete Elektronenverteilung auch wirklich korrekt ist. Wir verwenden die allgemeine Gleichung [14.2] zur Berechnung des Dipolmomentes aus den bestangenäherten Wellenfunktionen. Den *Operator für das Dipolmoment* schreiben wir folgendermaßen:

$$\hat{\mu} = \sum_{l=1}^{n} \bar{e}_l (x_l \boldsymbol{i} + y_l \boldsymbol{j} + z_l \boldsymbol{k})$$

Hierin ist e_l die Ladung der Teilchen, $\boldsymbol{i}, \boldsymbol{j}$ und $\boldsymbol{k}$ sind Einheitsvektoren. Summiert wird über alle Kerne und Elektronen in der Molekel.

20. Polyatomige Molekeln

Mit zunehmender Zahl von Kernen und Elektronen in einer Molekel übersteigen die Rechenschwierigkeiten bei der quantenmechanischen Berechnung der Eigenschaften von Molekeln bald das Vermögen auch der größten und schnellsten Computer. Immerhin ist auch bei einer polyatomigen Molekel noch das Denkmodell nichtlokalisierter Molekelorbitale möglich; wir bringen hierzu die Kerne in festgelegte Positionen und fügen zu diesem Muster positiver Ladungen allmählich die zugehörigen Elektronen. Ebenso ist es möglich, die Molekelorbitale näherungsweise mit der LCAO-Methode zu beschreiben; allerdings nimmt mit wachsender Größe der Molekeln die Zahl der einzusetzenden Atomorbitale (*basis set*) sehr rasch zu. Die in einer solchen MO-LCAO-Berechnung zu bestimmende Zahl von Integralen steigt mit der vierten Potenz der Zahl der Funktionen im *basis set*. Für eine so einfache Molekel wie C_2H_6 müssen wir etwa 10^6 Integrale lösen. Wenn die Molekel aus mehr als zwei Atomen besteht, dann haben wir es mit *Multizentrenintegralen* zu tun, deren Lösung auch für die besten Computerprogramme außerordentliche Schwierigkeiten bereitet. Bei hochsymmetrischen Molekeln wie CH_4 oder NH_3 kann das Rechenproblem allerdings durch die weitreichenden Theoreme der Gruppentheorie vereinfacht werden. Dennoch enthalten solche Rechnungen schwerwiegende Approximationen, und solange man sich mit diesen behelfen muß, baut man sie vernünftigerweise auf die schon vorhandenen chemischen Kenntnisse auf. Über Molekeln können wir also immer noch am besten nachdenken, wenn wir sie als Systeme aus Atomen und chemischen Bindungen ansehen.

Den Vorzug dieser Betrachtungsweise können wir ausnützen durch die Einführung von *Bindungsorbitalen* oder *lokalisierten Molekelorbitalen*. Wenn wir als Beispiel die Wassermolekel betrachten, so werden deren Bindungen aus den 1s-Orbitalen der beiden Wasserstoffatome und den $2p_x$- und $2p_y$-Orbitalen des Sauerstoffs gebildet. Eine stabile Molekel erhalten wir dann, wenn diese Atomorbitale maximal überlappen. Anstatt nun die Molekelorbitale durch eine lineare Kombination aller vier Atomorbitale aufzubauen, können wir sie paarweise so zusammensetzen, daß zwei lokalisierte Molekelorbitale entsprechend den beiden OH-Bindungen entstehen.

$$\psi_I = 1s(H_a) + 2p_x(O)$$
$$\psi_{II} = 1s(H_b) + 2p_y(O)$$

Polyatomige Molekeln

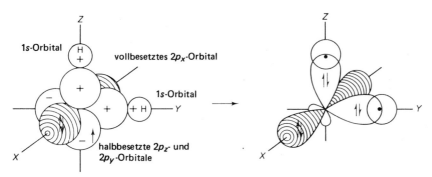

Abb. 15.18 Bildung eines Molekelorbitals für H$_2$O durch Überlappung der 2p-Orbitale des Sauerstoffatoms und des 1s-Orbitals der beiden Wasserstoffatome.

Abb. 15.18 zeigt schematisch die Bildung dieser Bindungsorbitale. Jedes der Orbitale wird mit einem Elektronenpaar von antiparallelem Spin besetzt.

Dieses Modell der Wassermolekel fordert einen Bindungswinkel von 90°; tatsächlich beobachtet wird ein solcher von 105°.

Diese Abweichung kann teilweise der polaren Natur der Bindung zugeschrieben werden; die Elektronen werden etwas zum Sauerstoffrumpf hinübergezogen, und die positive Überschußladung an den Wasserstoffatomen verursacht deren gegenseitige Abstoßung. (Zu berücksichtigen ist außerdem, daß die 2s-Elektronen des Sauerstoffs ebenfalls an der Bindung teilnehmen, indem sie ähnlich wie die 2s-Elektronen des Kohlenstoffatoms Hybridorbitale bilden.) Die Bindungen in der H$_2$S-Molekel sind weniger polar, der Bindungswinkel beträgt 92°.

Wir haben gesehen, wie man eine gerichtete Bindung durch die Form der Atomorbitale erklären kann. Wohl das wichtigste Beispiel für gerichtete Bindungen ist die tetraedrische Orientierung der Valenzen des Kohlenstoffs in aliphatischen Verbindungen. Diese Bindungswinkel werden durch die Bildung von *Hybridorbitalen* erklärt. Der Grundzustand des Kohlenstoffatoms ist $1s^2\,2s^2\,2p^2$. Da wir zwei ungepaarte Elektronen haben ($2p_x$ und $2p_y$), sollte der Kohlenstoff eigentlich zweiwertig sein. Zur Erklärung der Vierwertigkeit des Kohlenstoffs müssen wir vier ungepaarte Elektronen mit ungekoppelten Spins annehmen. Dies können wir am einfachsten durch die Anhebung eines der beiden 2s-Elektronen auf das 2p-Niveau erreichen; wir haben dann insgesamt vier 2p-Elektronen mit ungekoppelten Spins. Der aliphatisch gebundene Kohlenstoff hätte dann auf der L-Schale die Elektronenkonfiguration $2s\,2p^3$ (im einzelnen: $2s^1\,2p_x^1\,2p_y^1\,2p_z^1$). Für die Hybridisierung der bindenden Elektronen brauchen wir eine Energie von etwa 272 kJ/mol; die Bindungsenergie der zusätzlich gewonnenen zwei Bindungen übersteigt jedoch den aufzuwendenden Energiebetrag beträchtlich; Kohlenstoff ist daher normalerweise vierwertig.

Wenn wir die $2s\,2p^3$-Orbitale des Kohlenstoffs mit dem 1s-Orbital von vier Wasserstoffatomen vereinigen, dann sollte man denken, daß der entstehende Kohlenwasserstoff CH$_4$ eine CH-Bindung besitzt, die in ihren Eigenschaften von den anderen drei Bindungen abweicht. Wir wissen jedoch, daß das Methan eine genaue Tetraedersymmetrie besitzt und daß daher die Bindungen genau gleich sein müssen.

In einem solchen Fall spricht man von Hybridorbitalen, die eine lineare Kombination von s- und p-Orbitalen darstellen. Beim Kohlenstoff sind diese Hybridorbitale in die Ecken eines gleichseitigen Tetraeders gerichtet; man nennt sie die *Tetraederorbitale* t_1, t_2, t_3 und t_4 (Tab. 15.6). Wenn von einem Atom vier Bindungen ausgehen, dann ist die tetraedrische Anordnung der Orbitale die stabilste Elektronenkonfiguration; bei ihr haben die Aufenthaltsräume der Elektronen den größtmöglichen Abstand voneinander. Um noch einmal auf den einfachsten Fall des Methans zurückzukommen: Hier verbinden sich die hybriden t-Orbitale des Kohlenstoffs mit den 1s-Orbitalen von vier Wasserstoffatomen unter Bildung von

---

Tetraedrische Hybridisierung

Vom Koordinatenursprung gehen vier Hybridorbitale t_1, t_2, t_3 und t_4 aus, die in die Ecken eines gleichseitigen Tetraeders zeigen. Die Achse des ersten Hybridorbitals ist zugleich die dreizählige Symmetrieachse des Koordinatensystems (x, y, z).

$$t_1 = (1/2)\,(s + p_x + p_y + p_z)$$
$$t_2 = (1/2)\,(s + p_x - p_y - p_z)$$
$$t_3 = (1/2)\,(s - p_x + p_y - p_z)$$
$$t_4 = (1/2)\,(s - p_x - p_y + p_z)$$

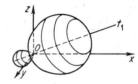

Darstellung der tetraedrischen Hybridisierung in Polarkoordinaten

Trigonale Hybridisierung

Die drei Hybridorbitale T_1, T_2 und T_3 liegen in der xy-Ebene. Die x-Achse ist zugleich die Längsachse von T_1; die beiden anderen stehen in einem Winkel von 120° zueinander und in einem Winkel von 60° zur x-Achse.

$$T_1 = (1/\sqrt{3})\,s + (\sqrt{2}/\sqrt{3})\,p_x$$
$$T_2 = (1/\sqrt{3})\,s - (1/\sqrt{6})\,p_x + (1/\sqrt{2})\,p_y$$
$$T_3 = (1/\sqrt{3})\,s - (1/\sqrt{6})\,p_x - (1/\sqrt{2})\,p_y$$

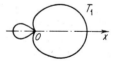

Darstellung der trigonalen Hybridisierung in Polarkoordinaten

Digonale Hybridisierung

Die beiden Hybridorbitale D_1 und D_2 zeigen in entgegengesetzte Richtungen; die z-Achse ist die gemeinsame Symmetrieachse dieser Orbitale.

$$D_1 = (1/\sqrt{2})\,(s + p_z)$$
$$D_2 = (1/\sqrt{2})\,(s - p_z)$$

Darstellung der diagonalen Hybridisierung in Polarkoordinaten

---

Tab. 15.6 Hybridisierung von s- und p-Orbitalen (nach R. Daudel, R. Lefebvre, C. Moser, *Quantum Chemistry*. Interscience, New York 1959).

Polyatomige Molekeln

vier lokalisierten Molekelorbitalen des Methans; für jedes dieser Orbitale gilt also $\psi_\nu = c_1(t_\nu) + c_2(1s_\nu)$.

Außer der tetraedrischen Hybridisierung gibt es auch noch andere Möglichkeiten zur Hybridisierung der Orbitale des Kohlenstoffs. Bei den *trigonalen Hybriden* sp^2 werden die 2s-, $2p_x$- und $2p_y$-Orbitale unter Bildung von 3 Hybridorbitalen kombiniert, die in einer Ebene liegen und in einem Winkel von 120° zueinander stehen (Tab. 15.6). Das vierte Atomorbital ($2p_z$) steht senkrecht zur Ebene der hybridisierten Orbitale. Das einfachste Beispiel für diese Art von Hybridisierung ist das Äthylen. Die Doppelbindung im Äthylen besteht aus einer sp^2-hybridisierten σ-Bindung und einer π-Bindung, die durch die Überlappung der p-Orbitale zustande kommt. Bei der Kombination eines 2s- mit einem 2p-Orbital erhalten wir das *digonale Hybrid* sp (Tab. 15.6). Das einfachste Beispiel für diese Art von Hybridisierung ist das Acetylen. Tab. 15.7 führt einige Eigenschaften von C—H-Bindungen verschiedener Hybridisierungstypen auf.

Hybridisierung	Beispiel	Bindungslänge (nm)	Scherkraft-konstante ($N \cdot m^{-1}$)	Bindungs-energie (kJ)
sp	Acetylen	0,1060	$6,937 \cdot 10^2$	506
sp^2	Äthylen	0,1069	$6,126 \cdot 10^2$	443
sp^3	Methan	0,1090	$5,387 \cdot 10^2$	431
p	CH-Radikal	0,1120	$4,490 \cdot 10^2$	330

Tab. 15.7 Eigenschaften von C–H-Bindungen

Abb. 15.19 Richtungseigenschaften von Hybridorbitalen aus s-, p- und d-Atomorbitalen (nach M. KASHA, *Molecular Electronic Structure*).

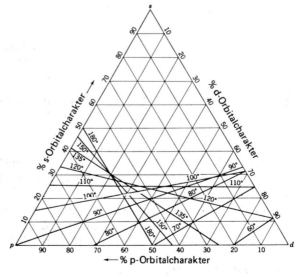

Das Auftreten von Hybridorbitalen ist keineswegs auf Kohlenstoffatome beschränkt. Durch ein Hybridorbital erhalten wir fast immer eine stärker kovalente Bindung zwischen zwei Atomen, da die strenge Ausrichtung des Orbitals eine optimale Überlappung der Atomorbitale zwischen den gebundenen Atomen ermöglicht. Abb. 15.19 zeigt, welche Bindungswinkel für verschiedene hybridisierte Bindungen auftreten.

So können wir z. B. den Bindungswinkel von 105° in der H_2O-Molekel durch Hybridorbitale mit 20% s-Charakter und 80% p-Charakter erreichen. Die Energie dieser Bindungen wäre außerdem höher als die Energie der in Abb. 15.18 gezeigten reinen p-Bindungen für die H_2O-Molekel.

Als Beispiel für die Anwendung des Diagramms 15.19 wollen wir den Bindungswinkel der Hybridorbitale d^2sp^3 voraussagen; diese Hybridisierung ist von großer Bedeutung bei den Koordinationsverbindungen der Übergangsmetalle. Für Hybridorbitale aus $33^1/_3$% d, $16^2/_3$% s und 50% p ergeben sich Bindungswinkel von 90° und 180°; ein solcher Komplex hat also die Konfiguration eines regulären Oktaeders. Ein Beispiel hierfür ist die oktaedrische Molekel SF_6 (Abb. 15.20).

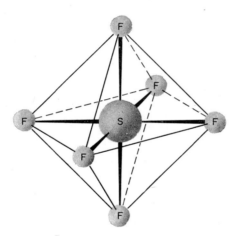

Abb. 15.20 Die oktaedrische Molekel SF_6 mit den sechs Hybridorbitalen d^2sp^3.

Die »Erklärung« gerichteter Valenz- und Bindungswinkel durch Hybridorbitale ist seit der Publikation der ersten Ausgabe des Buches *The Nature of the Chemical Bond* im Jahre 1939 durch LINUS PAULING ein sehr populäres Modell unter Chemikern gewesen. Dennoch sollte man den quantitativen Wert des Hybridmodells nicht überbewerten. Andere allgemeine Konzeptionen wurden vorgeschlagen, die gleichermaßen zufriedenstellend experimentelle Daten gerichteter Bindungen korrelieren und »erklären« konnten.

Im Jahre 1957 zeigten R. J. GILLESPIE und R. S. NYHOLM[7], daß Bindungswinkel in anorganischen Verbindungen durch Betrachtung der günstigsten Unterbringung aller Elektronenpaare in einer Valenzschale um das Zentralatom herum kon-

---

[7] *Quart Rev. London* 11 (1957) 339.

struiert werden können, wobei man insbesondere nichtbindige (»freie«) Elektronenpaare einbeziehen muß. Die tatsächliche Struktur ist gewöhnlich die, bei der unter Berücksichtigung des Pauliprinzips die elektrostatische Abstoßung zwischen den Elektronenpaaren ein Minimum hat. So besteht für Elektronen mit gleichem Spin die maximale Wahrscheinlichkeit, sich an entgegengesetzten Seiten des zentralen Kerns aufzuhalten (für die Elektronen an den Eckpunkten eines gleichseitigen Dreiecks, für vier Elektronen an den Eckpunkten eines Tetraeders und für sechs Elektronen an den Eckpunkten eines Oktaeders).

Als Beispiel betrachte man die Molekeln $SnCl_4$, $SbCl_3$ und $TeCl_2$ in Abb. 15.21. Diese haben alle eine im wesentlichen tetraedrische Struktur, jedoch sind einer der Eckpunkte im $SbCl_3$ und deren zwei im $TeCl_2$ durch freie Elektronenpaare besetzt.

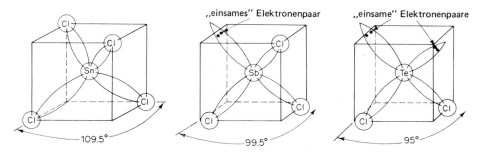

Abb. 15.21 Strukturen des $SnCl_4$, $SbCl_3$ und $TeCl_2$. Im Einklang mit den Prinzipien von GILLESPIE und NYHOLM bestimmt die elektronische Abstoßung die Molekelgeometrie.

In Übereinstimmung mit dem Gillespie-Nyholm-Prinzip, daß nichtbindige Elektronenpaare benachbarte Elektronenpaare stärker abstoßen, als dies bindige Elektronenpaare tun, verringert sich der Bindungswinkel im $SbCl_3$ von den exakten 109,5° des Tetraeders auf 99,5°.

Das Gillespie-Nyholm-Konzept läßt sich so lange gut anwenden, wie das Zentralatom groß ist. Wenn das Zentralatom jedoch klein ist, gewinnen Effekte an Bedeutung, die nicht von Bindungs- oder Elektronenwechselwirkungen herrühren. Die Struktur wird dann weitgehend durch die Forderung nach der günstigsten Packung bestimmt, für die die abstoßenden van-der-Waals-Kräfte zwischen nichtgebundenen Atomen entscheidend sind. L. S. BARTELL hat überzeugend dargelegt, daß solche Effekte bei der Interpretation beobachteter Bindungswinkel beachtet werden müssen[8].

Möglicherweise könnten genaue quantenmechanische Berechnungen diese verschiedenen qualitativen Modelle der Molekulargeometrie ersetzen, doch ist ein solches Ziel wegen des erforderlichen enormen rechnerischen Aufwandes noch sehr fern. Auf dem Weg dahin werden weiterhin die traditionellen einfachen Modelle für das Planen neuer Experimente herangezogen werden müssen.

---

[8] J. Chem. Educ. 45 (1968) 754.

21. Bindungsabstände, Bindungswinkel und Elektronendichten

Die heutige chemische Literatur enthält eine Fülle von Informationen über die Struktur polyatomiger Molekeln. Die wichtigsten Methoden der Strukturaufklärung von Molekeln lassen sich in zwei große Gruppen einteilen: die spektroskopischen Methoden und die Beugungsmethoden. Zu den ersteren gehören vornehmlich die Schwingungsspektroskopie im engeren Sinne (Infrarot- und Ramanspektroskopie), die Ultraviolett-Absorptionsspektroskopie und die Kernresonanzspektroskopie. Die Beugungsmethoden beruhen auf der Beugung von elektromagnetischer oder Teilchenstrahlung an Atomen oder Kernen. Größte Bedeutung haben die Röntgenbeugung, die Elektronen- und die Neutronenstreuung erreicht. Die Röntgenbeugungsanalyse wird vor allem zur Aufklärung von Kristallstrukturen verwendet. Eine gute Ergänzung zu dieser Methode ist die Neutronenbeugungsanalyse; diese eignet sich vor allem zur Bestimmung der Lage von Wasserstoffatomen in Molekelverbänden (Streuung der Neutronen an den Protonen). Da die Streuung elektromagnetischer Strahlung eine Funktion der Elektronendichte ist, werden Röntgenstrahlen durch Wasserstoffatome kaum gebeugt. Für Beugungsuntersuchungen an Gasen eignen sich vor allem Elektronenstrahlen, da diese sehr stark durch die Atome gestreut werden.

Aus der Streuung von Röntgen- und Elektronenstrahlen können wir Auskunft über die Verteilung der Elektronendichten in einer Molekel erhalten. In Abb. 14.21 hatten wir das erste Beispiel für die experimentelle Bestimmung der Elektronendichte in einem Atom (Argon) kennengelernt. Mittlerweile wurden verfeinerte Methoden der Elektronenbeugung entwickelt, um die Verteilung der Elektronendichte in Molekeln und insbesondere in chemischen Bindungen zu studieren. Die relative Intensität der gestreuten Elektronen läßt sich schon mit einer Genauigkeit von 0,1 % bestimmen. Eine quantitative Bestimmung der Elektronendichten in den Bindungen zwischen leichteren Elementen wird möglich sein, wenn die Genauigkeit auf etwa 0,01 % erhöht worden ist. Abb. 15.10 zeigte die nach der HARTREE-FOCK-Methode für eine einfache Molekel berechnete Verteilung der Elektronendichten. Aus der experimentell bestimmten Elektronenbeugung ließen sich Elektronendichten von vergleichbarer Genauigkeit ermitteln. Wir werden bald soweit sein, mit den experimentell bestimmten Elektronendichten die Ergebnisse theoretischer Rechnungen überprüfen zu können.

Der Wert von Beugungsmethoden zur Bestimmung der Elektronenverteilung ergibt sich auch im Vergleich zur Bestimmung des Dipolmoments. Das Dipolmoment stellt im Grunde nur *einen* Punkt in der Funktion der Elektronendichte dar. Aus den Ergebnissen der Streuungsmessung läßt sich die Elektronenverteilung in einer chemischen Bindung bestimmen; dies ist natürlich eine viel wertvollere Information.

22. Elektronenbeugung an Gasen

Elektronen mit einer Energie von 40 kV haben eine Wellenlänge von 6,0 pm. Dies ist etwa 1/20 der Atomabstände in Molekeln. Dies führt, wie wir gesehen haben, zur Beugung schneller Elektronen an Kernen. In 13-4 hatten wir nach HUYGENS die Beugung an einer Reihe von Spalten diskutiert. Wenn wir nun statt der Spalte eine Anzahl von Atomen, die festgelegte Abstände haben, in einen Elektronenstrahl bringen, dann kann jedes Atom als eine unabhängige Quelle von Kugelwellen angesehen werden. Eine Molekel kann näherungsweise als eine solche Atomanordnung mit festgelegten Abständen angesehen werden. Aus dem Beugungsdiagramm, das diese sich überlagernden Kugelwellen liefern, können wir also die Anordnung der Streuzentren, nämlich der Atome, bestimmen. Abb. 15.22 zeigt eine experimentelle Anordnung für die Bestimmung der Elektronenbeugung durch Gase.

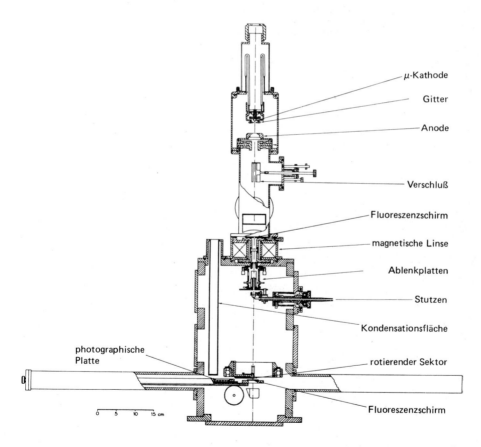

Abb. 15.22 Apparatur zur Bestimmung der Elektronenbeugung durch Gase (nach L. S. BARTELL, Univ. of Michigan).

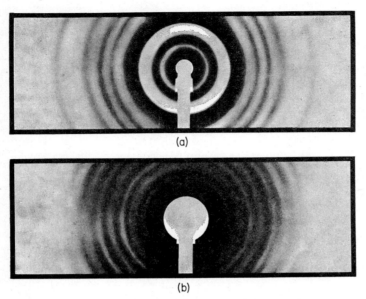

Abb. 15.23 Elektronenbeugungsdiagramm von Gasen. (a) Coronen; (b) Phosphortrichlorid (nach OTTO BASTIANSEN, Norges Tekniske Høgskole, Trondheim).

Mit zunehmendem Streuwinkel nimmt die Intensität der gestreuten Elektronenstrahlung rasch ab. Um die sich hieraus ergebenden Schwärzungsunterschiede auszugleichen, wird vor der fotografischen Platte ein herzförmiger, rotierender Sektor angebracht. Charakteristische Beugungsdiagramme gasförmiger Molekeln zeigt Abb. 15.23.

Der Elektronenstrahl trifft auf seinem Weg durch das gasförmige System auf viele Molekeln; die Orientierung dieser Molekeln zur Richtung des Strahls ist rein zufällig. Trotzdem können wir im Beugungsdiagramm Maxima und Minima beobachten. Dies ist darauf zurückzuführen, daß die Streuzentren als Gruppe von Atomen auftreten, welche jeweils dieselbe räumliche Anordnung besitzen. Die erste theoretische Behandlung der Beugungserscheinungen an molekularen Gasen stammt von DEBYE (1915, Röntgenbeugung). Elektronenbeugungsexperimente wurden jedoch erst 1930 durch WIERL durchgeführt. Die wichtigsten Merkmale der Beugungstheorie zeigen sich uns schon bei der Betrachtung des einfachsten Falles, nämlich der Beugung an einer zweiatomigen Molekel. Abb. 15.24 zeigt schematisch eine Molekel AB; das Atom A befindet sich im Koordinatenursprung und das Atom B in einem Abstand von r. Die Orientierung der Molekel AB wird durch die Winkel α und φ festgelegt. Der Elektronenstrahl fällt parallel zur Y-Achse ein, die Beugung geschieht in eine Richtung mit dem Winkel θ zur Y-Achse.

Streuzentren sind die Atome A und B; die Interferenz zwischen den hiervon ausgehenden Wellen hängt von der Differenz der Weglängen der beiden Wellenzüge ab. Zur Berechnung der Weglängendifferenz δ müssen wir Punkte auf den ge-

Elektronenbeugung an Gasen

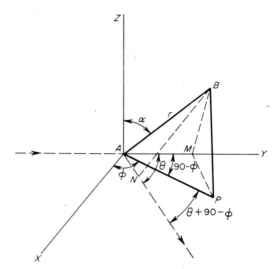

Abb. 15.24 Streuung von Elektronen durch eine zweiatomige Molekel.

beugten und ungebeugten Strahlen finden, die in Phase zueinander stehen. Hierzu fällen wir von B aus das Lot (BN) auf die Linie, die die Richtung des gebeugten Strahles angibt; ebenso fällen wir das Lot (BM) auf die Linie, die die Strahlrichtung ohne Berücksichtigung der Beugung angibt. Die Punkte M und N stehen nun in Phase; die Weglängendifferenz ist $\delta = AN - AM$. Nun steht BM senkrecht auf AY und BN senkrecht auf dem gebeugten Strahl. Die durch den Punkt B führende Parallele zur Z-Achse schneidet die XY-Ebene in P. Für die Weglängendifferenz gilt daher:

$$\delta = AN - AM = AP \cos(\theta + \varphi - 90°) - AP \cos(90° - \varphi)$$

Nun ist aber auch $AP = r \sin \alpha$ und damit

$$\delta = r \sin \alpha \left[\sin(\theta + \varphi) - \sin \varphi \right]$$

$$\delta = 2 r \sin \alpha \cos\left(\varphi + \frac{\theta}{2}\right) \sin \frac{\theta}{2}$$

Um Wellenzüge addieren zu können, die sich in Phase und Amplitude unterscheiden, stellt man sie am besten in einer komplexen Ebene dar und addiert vektoriell. Die Phasendifferenz zwischen den beiden gestreuten Wellen beträgt $(2\pi/\lambda)\,\delta$. Einfachheitshalber wollen wir nun annehmen, daß die Atome A und B identisch sind. Für die resultierende Amplitude im Punkt B gilt dann $A = A_0 + A_0 e^{2\pi i \delta/\lambda}$. Die Größe A_0 nennen wir den Atomformfaktor für die Elektronenstreuung; A_0 ist eine Funktion der Kernladungszahl des Atoms[9].

---

[9] Röntgenstrahlen werden hauptsächlich durch die Elektronen in einem Atomverband, schnelle Elektronen vor allem durch die Kerne gestreut.

Die Intensität der Strahlung ist proportional dem Quadrat der Amplitude, oder in diesem Falle proportional A^*A, dem Produkt aus der Amplitude und ihrer komplex-konjugierten Größe. Es ist also:

$$I \sim A^*A = A_0^2 (1 + e^{-2\pi i \delta/\lambda})(1 + e^{2\pi i \delta/\lambda})$$
$$= A_0^2 (2 + e^{-2\pi i \delta/\lambda} + e^{2\pi i \delta/\lambda})$$
$$= 2 A_0^2 \left(1 + \cos \frac{2\pi \delta}{\lambda}\right) = 4 A_0^2 \cos^2 \frac{\pi \delta}{\lambda}$$

Um nun die notwendige Beziehung für die Intensität der durch eine zufällig orientierte Gruppe von Molekeln gestreute Strahlung zu erhalten, müssen wir den Ausdruck für die Intensität bei einer ganz bestimmten Orientierung (α, φ) über alle möglichen Orientierungen mitteln. Das differentielle Element des Raumwinkels ist $\sin\alpha \, d\alpha \, d\varphi$, der gesamte Raumwinkel um die Molekel AB herum ist 4π. Für die mittlere Intensität $\bar{I}$ gilt daher

$$\bar{I} \sim \frac{4 A_0^2}{4\pi} \int_0^{2\pi} \int_0^{\pi} \cos^2 \left[2\pi \frac{\delta}{\lambda} \sin \frac{\theta}{2} \sin\alpha \cos\left(\varphi + \frac{\theta}{2}\right)\right] \sin\alpha \, d\alpha \, d\varphi$$

Durch Integration erhalten wir[10]:

$$\bar{I} = 2 A_0^2 \left(1 + \frac{\sin s r}{s r}\right) \qquad [15.37]$$

Hierin ist

$$s = \frac{4\pi}{\lambda} \sin \frac{\theta}{2}$$

In Abb. 15.25a ist $\bar{I}/A_0^2$ gegen s abgetragen; die entstehende Kurve hat die Form einer gedämpften Schwingung, die Maxima entsprechen den Schwärzungsmaxima auf der fotografischen Platte.

---

[10] Es sei

$$\bar{I} = \frac{A_0^2}{\pi} \int_0^{\pi} \int_0^{2\pi} \cos^2 (A \cos\beta) \, d\beta \sin\alpha \, d\alpha$$

Hierin ist

$$A = (2\pi r/\lambda) \sin \frac{\theta}{2} \sin\alpha \quad \text{und} \quad \beta = \varphi + \frac{\theta}{2}$$

Es ist $\cos^2\beta = \dfrac{1 + \cos 2\beta}{2}$; hieraus folgt:

$$\bar{I} = \frac{A_0^2}{\pi} \int_0^{\pi} \int_0^{2\pi} \left(\frac{d\beta}{2} + \cos(2 A \cos\beta) \, d\beta\right) \sin\alpha \, d\alpha$$

Dieses Doppelintegral kann nun bestimmt werden, indem man zunächst eine Reihenentwicklung der cos-Funktion $\left[\cos x = 1 - \dfrac{x^2}{2!} + \dfrac{x^4}{4!} - \cdots\right]$ durchführt und hernach eine Integration der Terme zunächst über β und hernach über α durchführt.

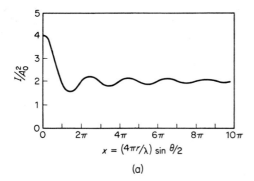
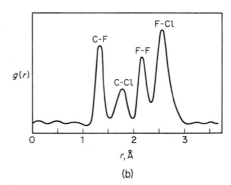

Abb. 15.25 (a) Streukurve für zweiatomige Molekeln (Gl. [15.37]); (b) Radiale Verteilungsfunktion für das CF_3Cl.

Bei komplizierteren Molekeln aus den Atomen j, k mit den Streufaktoren A_j, A_k und einem Abstand von r_{jk} gilt für die Winkelabhängigkeit der Intensität der gebeugten Strahlung:

$$I(\theta) = \sum_j \sum_k A_j A_k \frac{\sin s r_{jk}}{s r_{jk}} \qquad [15.38]$$

Die Summierung muß über alle Atompaare in der Molekel durchgeführt werden. Diese Beziehung wurde zuerst von WIERL abgeleitet.

23. Deutung der Elektronenbeugungsdiagramme

Bei der Methode der Elektronenbeugung ist es die Streuung der Elektronen an den Atomkernen, die uns die Information über die Molekelstruktur liefert. Die Streuung durch die Elektronenhülle ist wesentlich schwächer; die Überlagerung des Beugungsdiagramms durch den Effekt der Elektronenhülle kann bei der Auswertung berücksichtigt werden. In ähnlicher Weise kann auch die inkohärente Untergrundstreustrahlung von der gesamten Streukurve abgezogen werden, bevor man diese für die Strukturaufklärung der streuenden Molekeln auswertet. Man verwendet daher die molekulare Streuung $M(s) = (I_G/I_U) - 1$. Hierin ist I_G die Gesamtintensität und I_U die Untergrundintensität.

Dieser Wert für die molekulare Streuung $M(s)$ kann mit einer radialen Verteilungsfunktion $g(r)$ in Verbindung gebracht werden; damit erhalten wir die Wahrscheinlichkeit, mit der ein Kern j in einem Abstand r vom Kern k in der Molekel zu finden ist:

$$g(r) = \int_0^{s(\max)} s M(s) \exp(-b s^2) \sin s r \, ds \qquad [15.39]$$

Die Funktion $g(r)$ hat also ein Maximum für jeden Wert von r, der einem bestimmten Atomabstand in der Molekel entspricht. Integriert wird zwischen $s = 0$

und dem gemessenen maximalen Streuwinkel. Der Korrekturfaktor $\exp(-bs^2)$ wurde eingeführt, um die Konvergenz des Integrals zu verbessern. Die Berechnung dieser Integrale kann nun schnell mit einem Computer geschehen.

Ein Beispiel für eine radiale Verteilungsfunktion zeigt Abb. 15.25b für das CF_3Cl; in Wirklichkeit sind die Peaks allerdings nicht immer so gut aufgelöst. Auch die Bindungswinkel in einer Molekel können berechnet werden, wenn die Atomabstände in den jeweiligen Gruppen bekannt sind.

Die Meßergebnisse von Elektronenbeugungsversuchen lassen sich auch durch einen direkten Vergleich zwischen der experimentellen $M(s)$-Kurve und den nach der WIERL-Gleichung für ausgesuchte Werte der Molekelparameter (Atomabstände und Winkel) auswerten.

Zweiatomige Molekeln

Molekel	Bindungsabstand (nm)	Molekel	Bindungsabstand (nm)
NaCl	0,0251	N_2	0,1095
NaBr	0,0264	F_2	0,1435
NaJ	0,0290	Cl_2	0,2009
KCl	0,0279	Br_2	0,2289
RbCl	0,0289	J_2	0,2660

Polyatomige Molekeln

Molekel	Konfiguration	Bindung	Bindungsabstand (nm)
$CdCl_2$	linear	Cd—Cl	0,2235
$HgCl_2$	linear	Hg—Cl	0,227
BCl_3	planar	B—Cl	0,173
SiF_4	tetraedrisch	Si—F	0,155
$SiCl_4$	tetraedrisch	Si—Cl	0,201
P_4	tetraedrisch	P—P	0,221
Cl_2O	gewinkelt $111 \pm 1°$	Cl—O	0,170
SO_2	gewinkelt $120°$	S—O	0,143
CH_2F_2	C_{2v}	C—F	0,1360
CO_2	linear	C—O	0,1162
C_6H_6	planar	C—C	0,1393
		C—H	0,108

Tab. 15.8 Elektronenbeugung durch Gasmolekeln

Tab. 15.8 zeigt einige Ergebnisse von Elektronenbeugungsuntersuchungen. Je komplizierter die Molekeln sind, um so schwieriger läßt sich eine genaue Struktur bestimmen. Gewöhnlich lassen sich nur etwa ein Dutzend Maxima messen; damit kann man aber nicht mehr als 5 oder 6 Parameter genau berechnen; dabei bildet jeder Atomabstand oder jeder Bindungswinkel einen Strukturparameter. Es ist jedoch möglich, aus Messungen an einfachen Verbindungen zuverlässige Werte für Atomabstände und Winkel zu erhalten, die man dann für die Aufklärung der Struktur komplizierterer Molekeln verwenden kann.

24. Delokalisierte Molekelorbitale: Das Benzol

Nicht immer können wir die Elektronen in einer Molekel Orbitalen zuordnen, die jeweils zwischen zwei Kernen lokalisiert sind. Wir können vielmehr recht häufig die Beobachtung machen, daß die Elektronen über einen größeren Bereich der Molekel »verschmiert« sind. Das berühmteste Beispiel für eine *Elektronendelokalisierung* ist das Benzol. Nach der Kekuléschen Formel müßte man je nach der Lage der konjugierten Doppelbindungen in einem o-disubstituierten Benzolderivat zwei Isomere unterscheiden können; statt dessen beobachtet man wegen der auftretenden Mesomerie nur eines:

Elektronendelokalisierung findet man vor allem in Verbindungen mit konjugierten Mehrfachbindungen und in Molekeln mit aromatischen Ringsystemen.
Das Benzol läßt sich in folgender Weise diskutieren. Zunächst bauen wir die Atomorbitale des Kohlenstoffs als trigonale sp²-Hybridorbitale auf und bringen sie anschließend jeweils mit einem Wasserstoffatom zusammen. Die lokalisierten σ-Orbitale liegen in einer Ebene (Abb. 15.26a). Die tropfenförmigen, atomaren p-Orbitale stehen senkrecht zur Ebene der Kohlenstoffatome (Abb. 15.26b). Durch Überlappung bilden sie die molekularen π-Orbitale oberhalb und unterhalb der Ringebene; in diesen Orbitalen halten sich sechs bewegliche, delokalisierte Elektronen auf. Abb. 15.26c zeigt die Form der drei niedrigsten π-Orbitale.
Wir können nun das π-Molekelorbital des Benzols als eine lineare Kombination aus sechs p-Atomorbitalen betrachten:

$$\psi = c_1\psi_1 + c_2\psi_2 + c_3\psi_3 + c_4\psi_4 + c_5\psi_5 + c_6\psi_6 \qquad [15.40]$$

Dieses ψ ist eine 1-Elektron-Wellenfunktion oder ein Orbital, was die Tatsache ausdrückt, daß sich das Elektron im Benzolring frei bewegen kann. Den Grundzustand können wir so berechnen, daß wir die Koeffizienten c_1, c_2 usw. so lange ändern, bis wir eine ψ-Funktion gefunden haben, die den niedrigsten Energiewert liefert.
Wenn wir die Wellenfunktion [15.40] in die grundlegende Energiegleichung der Variationsmethode [14.78] einsetzen, dann erhalten wir[11]:

$$E = \frac{\int (\sum c_j \psi_j) H (\sum c_j \psi_j)\, d\tau}{\int (\sum c_j \psi_j)^2\, d\tau} \qquad [15.41]$$

---

[11] Um mit den mathematischen Operationen dieser Theorie vertraut zu werden, sollte man ein Beispiel ohne die Summenzeichen durchrechnen, wobei man $\psi = c_1\psi_1 + c_2\psi_2$ wählt. In [13.13] wählen wir die reale Form der Wellenfunktionen ψ_j.

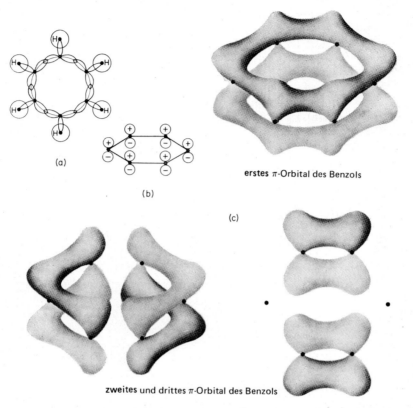

Abb. 15.26 Molekelorbitale des Benzols: **(a)** Überlappung von sp²σ-Orbitalen; **(b)** p_z-Orbitale überlappen sich zu π-Orbitalen; **(c)** Darstellung der drei niedrigsten π-Orbitale.

Die Summenausdrücke gehen von $j = 1$ bis $j = 6$. Zur Vereinfachung bedienen wir uns dabei der folgenden Schreibweise:

$$H_{jk} = \int \psi_j H \psi_k \, d\tau$$
$$S_{jk} = \int \psi_j \psi_k \, d\tau \qquad [15.42]$$

Es läßt sich zeigen, daß $S_{jk} = S_{kj}$ und $H_{jk} = H_{kj}$ ist. Wir können dann [15.41] folgendermaßen schreiben:

$$E = \frac{\sum_j \sum_k c_j c_k H_{jk}}{\sum_j \sum_k c_j c_k S_{jk}} \qquad [15.43]$$

Um nun durch Variation der Koeffizienten c_i den Minimalwert der Energie zu finden, setzen wir die Ableitungen der Energie E nach den verschiedenen Koeffizienten c_i gleich null, $\partial E/\partial c_i = 0$, und lösen das hierbei resultierende System

Delokalisierte Molekelorbitale

aus sechs Simultangleichungen nach den Werten von c_i auf. So liefert z.B. die Differenzierung des Ausdrucks

$$E \sum_j \sum_k c_i c_k S_{jk} = \sum_j \sum_k c_j c_k H_{jk}$$

nach c_i mit $\partial E/\partial c_i = 0$ das folgende Ergebnis:

$$E \sum_k c_k S_{ik} + E \sum_j c_j S_{ji} = \sum_k c_k H_{ik} + \sum_j c_j H_{ji}$$

Es ist $S_{ij} = S_{ji}$ und $H_{ij} = H_{ji}$; wir können also schreiben:

$$E \sum_j c_j S_{ji} = \sum_j c_j H_{ji}$$

oder

$$\sum_j c_j (H_{ji} - E S_{ji}) = 0 \qquad [15.44]$$

Wenn wir nun i alle Werte von eins bis sechs annehmen lassen, dann bekommen wir ein System aus sechs Gleichungen, das dem Vorgang der Minimalisierung der Energie in bezug auf jeden der sechs Koeffizienten c_i entspricht. In ausgeschriebener Form sieht unser System aus sechs Simultangleichungen folgendermaßen aus:

$$c_1(H_{11} - S_{11}E) + c_2(H_{21} - S_{21}E) + \cdots + c_6(H_{61} - S_{61}E) = 0$$
$$c_1(H_{12} - S_{12}E) + c_2(H_{22} - S_{22}E) + \cdots + c_6(H_{62} - S_{62}E) = 0$$
$$\vdots$$
$$c_1(H_{16} - S_{16}E) + c_2(H_{26} - S_{26}E) + \cdots + c_6(H_{66} - S_{66}E) = 0$$

Es handelt sich hier um *lineare homogene Gleichungen*. Die Bedingung für nichttriviale Lösungen eines solchen Systems ist das Verschwinden der Determinanten der Koeffizienten (s. 15-4):

$$\begin{vmatrix} H_{11} - S_{11}E & H_{21} - S_{21}E \ldots H_{61} - S_{61}E \\ H_{12} - S_{12}E & H_{22} - S_{22}E \ldots H_{62} - S_{62}E \\ H_{13} - S_{13}E & H_{23} - S_{23}E \ldots H_{63} - S_{63}E \\ H_{14} - S_{14}E & H_{24} - S_{24}E \ldots H_{64} - S_{64}E \\ H_{15} - S_{15}E & H_{25} - S_{25}E \ldots H_{65} - S_{65}E \\ H_{16} - S_{16}E & H_{26} - S_{26}E \ldots H_{66} - S_{66}E \end{vmatrix} = 0 \qquad [15.45]$$

Wenn wir diese Säkulargleichung ausmultiplizieren, dann erhalten wir eine Gleichung 6. Grades für E; sie besitzt daher 6 Wurzeln.
Wegen der Schwierigkeiten der Bestimmung der Integrale in dieser Säkulargleichung verwendet man recht allgemein ein Näherungsverfahren, das von E. Hück-

KEL entwickelt wurde. Es sei näherungsweise

(1) $H_{jj} = \alpha$, dem *Coulombschen Integral* für alle Werte von j;
(2) $H_{jk} = \beta$, dem Resonanzintegral für Atome, die gegenseitig gebunden sind;
(3) $H_{jk} = 0$ für Atome, die nicht miteinander verknüpft sind;
(4) $S_{jj} = 1$ und
(5) $S_{jk} = 0$ für $j \neq k$.

Mit diesen Approximationen vereinfacht sich die Säkulargleichung beträchtlich; sie hat nun die folgende Form:

$$\begin{vmatrix} \alpha - E & \beta & 0 & 0 & 0 & \beta \\ \beta & \alpha - E & \beta & 0 & 0 & 0 \\ 0 & \beta & \alpha - E & \beta & 0 & 0 \\ 0 & 0 & \beta & \alpha - E & \beta & 0 \\ 0 & 0 & 0 & \beta & \alpha - E & \beta \\ \beta & 0 & 0 & 0 & \beta & \alpha - E \end{vmatrix} = 0$$

Die Wurzeln dieser Gleichung 6. Grades sind:

$$E_1 = \alpha + 2\beta \quad E_{2,3} = \alpha + \beta \text{ (zweimal)} \quad E_{4,5} = \alpha - \beta \text{ (zweimal)}$$

und $E_6 = \alpha - 2\beta$

Die Größe β ist negativ, diese Beziehungen stehen also in der Reihenfolge steigender Energien. Wenn man die Werte für E wieder in das System linearer Gleichungen einsetzt, dann kann man diese für die Koeffizienten c_j auflösen. Wir erhalten dann Ausdrücke in expliziter Form für die Molekelorbitale (Wellenfunktionen).
Es zeigt sich nun, daß für das niedrigste Molekelorbital die folgende Beziehung gilt:

$$\psi_A = 6^{-1/2} (\psi_1 + \psi_2 + \psi_3 + \psi_4 + \psi_5 + \psi_6)$$

Auf diesem Orbital können sich zwei Elektronen mit antiparallelem Spin aufhalten; Abb. 15.26c zeigt seine Form. Die beiden nächsthöheren Molekelorbitale ψ_B und $\psi_{B'}$ enthalten insgesamt vier Elektronen. Tatsächlich befinden sich die sechs π-Elektronen des Benzols auf den drei Orbitalen niederer Energie; wir haben also die ungewöhnliche Stabilität aromatischer Systeme theoretisch erklärt.

25. Die Ligandenfeldtheorie

Schon als im 19. Jahrhundert die Theorie der chemischen Wertigkeiten entwickelt wurde, machten Chemiker die Beobachtung, daß viele Verbindungen, insbesondere Salzhydrate, Metallaminosalze und Doppelsalze, den gewöhnlichen Valenzregeln nicht gehorchen. Zur Erklärung dieses Verhaltens stellt ALFRED WERNER

1893 die Hypothese auf, daß in solchen *Komplexverbindungen* ein bestimmtes Element zusätzlich zu seiner normalen Wertigkeit noch Nebenvalenzen besitzt. Die auf solchen Nebenvalenzen beruhenden Bindungen mußten ebenfalls gerichtet sein, so daß bei Komplexverbindungen mit verschiedenen *Liganden* die geometrische und optische Isomerie zu beobachten sein müßte. Dies konnte bestätigt werden. So gibt es nicht weniger als neun verschiedene, wohldefinierte Verbindungen mit der Summenformel $Co(NH_3)_3(NO_2)_3$.

Lewis und Kossel berücksichtigten 1916 die Wernerschen Komplexverbindungen in ihrer Elektronentheorie der chemischen Wertigkeit. Sie machten dabei die Annahme, daß jede Bindung aus einem Elektronenpaar besteht, das vom Liganden zur Verfügung gestellt wird und an dem hernach Zentralion und Liganden teilhaben. Um diese Tatsache auszudrücken, pflegt man die auf solche Weise zustande gekommenen Bindungen in Koordinationskomplexen mit Pfeilen zu kennzeichnen. Die Richtung des Pfeiles zeigt die Richtung der Elektronenübertragung:

$$\left[\begin{array}{c} NH_3 \\ H_3N \searrow \downarrow \swarrow NH_3 \\ Co \\ H_3N \nearrow \uparrow \nwarrow NH_3 \\ NH_3 \end{array}\right]^{+3} 3\,Cl^-$$

Eine Möglichkeit zur Beschreibung dieser Bindungen ist die Bildung von Hybridorbitalen aus den verfügbaren Atomorbitalen; hieraus ergibt sich dann die räumliche Richtung der koordinativen Bindungen. Das freie Kobaltion Co^{3+} hat die folgende Elektronenkonfiguration:

| 1s | 2s | 2p | 3s | 3p | 3d | 4s | 4p |

Wenn wir nun die zwei 3d-, das eine 4s- und die drei 4p-Orbitale vereinigen, dann erhalten wir sechs Hybridorbitale d^2sp^3, die in die Ecken eines regulären Oktaeders gerichtet sind. Für das Hexamminokobaltion würden wir nach dem Valenzbindungsmodell diese sechs Hybridorbitale brauchen, um die sechs Elektronenpaare von sechs NH_3-Molekeln aufzunehmen. Die so entstehenden kovalenten Bindungen wären stark polarisiert, hätten also einen beträchtlichen Anteil an Ionencharakter; sie würden sich aber in ihrer Art nicht von den oktaedrischen d^2sp^3-Hybridorbitalen der SF_6-Molekel (Abb. 15.20) unterscheiden.

Es gibt aber noch eine andere Möglichkeit, komplexe Ionen zu betrachten. Man geht hierbei von der Vorstellung aus, daß das positiv geladene Zentralion die aus Ionen oder Dipolmolekeln bestehenden *Liganden* durch elektrostatische Kräfte festhält. Das von diesen Liganden um das Zentralion herum aufgebaute elektrostatische Feld verursacht einen zusätzlichen Bindungseffekt; die zugehörige Bindungsenergie nennt man die *Ligandenfeld-Stabilisierungsenergie* (LFSE). Diese LFSE hat ihre Ursache in der Wechselwirkung des Ligandenfeldes mit den d-Orbitalen des Zentralions.

814   15. Kapitel: Die chemische Bindung

Um diesen wichtigen Effekt zu verstehen, müssen wir uns noch einmal mit den Eigenschaften der d-Orbitale befassen (Abb. 14.11). In Abwesenheit eines äußeren Feldes haben alle fünf 3d-Orbitale dieselbe Energie, sie sind also fünffach degeneriert. Sobald man diese Orbitale nun in ein elektrostatisches Ligandenfeld bringt, das nicht kugelsymmetrisch ist, sind ihre Energien nicht mehr gleich; diese Aufspaltung des zuvor gemeinsamen Energieniveaus nennt man die Aufhebung der Entartung. Die in Richtung der Liganden liegenden Orbitale werden wegen der Abstoßung zwischen der negativen Raumladung in den d-Orbitalen und der gleichsinnigen Raumladung der polarisierten Liganden in ihrer Energie erhöht. Diesen Effekt zeigt Abb. 15.27 für den Fall eines oktaedrischen Feldes (sechs Li-

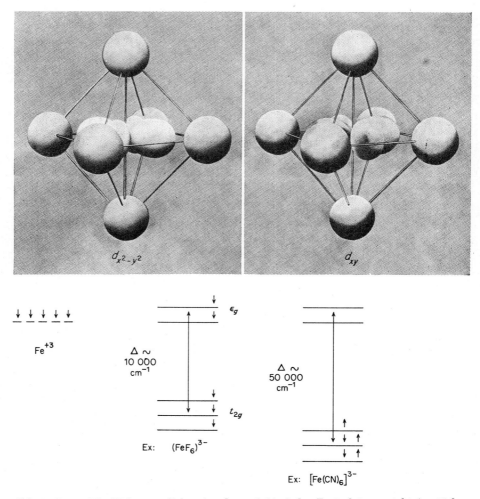

Abb. 15.27   Die Elektronendichte im $d_{x^2-y^2}$-Orbital des Zentralatoms steht in stärkerer Wechselwirkung mit dem Ligandenfeld, als dies die Elektronendichte im d_{xy}-Orbital tut (R. G. PEARSON).

ganden an den Ecken eines regulären Oktaeders). Wir sehen, daß die Energie der $d_{x^2-y^2}$- und der d_{z^2}-Orbitale ansteigt, während die der d_{xy}-, d_{xz}- und d_{yz}-Orbitale erniedrigt wird. Die Aufspaltung der d-Orbitale im oktaedrischen Feld kann auch direkt aus der Gruppentheorie abgeleitet werden. Der Vorteil der modellmäßigen Betrachtung (Abb. 15.27) ist jedoch, daß wir den physikalischen Grund für die beobachtete Aufspaltung unmittelbar einsehen können. Die Bezeichnung der Orbitale im Ligandenfeld leitet sich von ihren Symmetrieeigenschaften nach der Gruppentheorie ab. Die drei niedrigeren Orbitale nennt man t_{2g}, die oberen Orbitale e_g.

Die Elektronenkonfiguration des Komplexes hängt von der Größe der durch das Ligandenfeld verursachten Aufspaltung ab. Ein gutes Beispiel für die Auswirkung eines schwachen Feldes ist das $[FeF_6]^{3-}$-Ion mit einer Aufspaltung von etwa 10 000 cm^{-1}. Ein starkes Ligandenfeld haben wir beim $[Fe(CN)_6]^{3-}$-Ion; die Aufspaltung ist hier etwa fünfmal so groß.

In Übereinstimmung mit der HUNDschen Regel streben die d-Elektronen danach, solche Orbitale einzunehmen, bei denen die Spins parallel bleiben können. Auf diese Weise werden die Orbitale soweit wie möglich auseinandergehalten; gleichzeitig erreichen die elektrostatischen Abstoßungskräfte ein Minimum. Wenn allerdings die Aufspaltung der d-Niveaus durch das Ligandenfeld sehr groß wird, dann reicht dieser elektrostatische Effekt nicht mehr zur Kompensation der Energie aus, die zur Beförderung der Elektronen in die höheren Orbitale notwendig ist.

Abb. 15.27 zeigt Beispiele für diese beiden verschiedenen Situationen. Die fünf d-Elektronen im $[FeF_6]^{3-}$ haben die Konfiguration $t_{2g}^3 e_g^2$ mit völlig entkoppelten Spins. Im $[Fe(CN)_6]^{3-}$ ist die Konfiguration t_{2g}; hier sind vier Spins gekoppelt. Jedes »einsame« Elektron mit seinem ungekoppelten Spin wirkt wie ein kleiner Magnet; wir können solche Konfigurationen also experimentell durch die Messung der magnetischen Suszeptibilität der Komplexe nachweisen.

26. Andere Symmetrien

Schwache Ligandenfelder führen zu Komplexen mit hohem Gesamtspinmoment, starke Ligandenfelder zu solchen mit niederem Gesamtspinmoment. Die Spinverhältnisse in oktaedrischen Komplexen verschiedener Übergangsmetalle zeigt Tab. 15.9.

Abb. 15.28 zeigt, wie die fünf d-Orbitale durch Felder verschiedener Symmetrien aufgespalten werden. Das Maß der Aufspaltung hängt natürlich von der Stärke des elektrostatischen Feldes der Liganden ab. Eine interessante Situation haben wir, wenn ein d-Orbital mit einem Elektronenpaar ganz und ein anderes d-Orbital gleicher Energie mit einem einzelnen Elektron nur halb gefüllt ist. Wegen der Energiegleichheit wäre diese Konfiguration degeneriert. Für die Elektronen im Cu^{2+} könnten wir z. B. zwei verschiedene Konfigurationen angeben,

entweder $\quad t_{2g}^6 d_{z^2}^2 d_{x^2-y^2}^1$

oder $\quad\quad\;\, t_{2g}^6 d_{z^2}^1 d_{x^2-y^2}^2$

Zahl der d-Elektronen	Spinanordnung im schwachen Ligandenfeld					n	μ	Spinanordnung im starken Ligandenfeld					n	μ
	t_{2g}			e_g				t_{2g}			e_g			
1	↑			—		1	1,73	↑			—		1	1,73
2	↑	↑		—		2	2,83	↑	↑		—		2	2,83
3	↑	↑	↑	—		3	3,87	↑	↑	↑	—		3	3,87
4	↑	↑	↑	↑		4	4,90	↑↓	↑	↑	—		2	2,83
5	↑	↑	↑	↑	↑	5	5,92	↑↓	↑↓	↑	—		1	1,73
6	↑↓	↑	↑	↑	↑	4	4,90	↑↓	↑↓	↑↓	—		0	0
7	↑↓	↑↓	↑	↑	↑	3	3,87	↑↓	↑↓	↑↓	↑		1	1,73
8	↑↓	↑↓	↑↓	↑	↑	2	2,83	↑↓	↑↓	↑↓	↑	↑	2	2,83
9	↑↓	↑↓	↑↓	↑↓	↑	1	1,73	↑↓	↑↓	↑↓	↑↓	↑	1	1,73

Beispiele

	Schwaches Feld hohes Spinmoment	Starkes Feld niedriges Spinmoment
d^4	$CrSO_4$	$K_2Mn(CN)_6$
d^5	$[Fe(H_2O)_6]^{3+}$	$K_3Fe(CN)_6$
d^6	$[Co(H_2O)_6]^{3+}$	$K_4Fe(CN)_6$
d^7	$[Co(H_2O)_6]^{2+}$	Co^{2+}-Phthalocyanin

Tab. 15.9 d-Elektronen in oktaedrischen Komplexen
n = Zahl der ungepaarten Spins; μ = magnetisches Moment in BOHRschen Magnetonen (berechnet aufgrund der Spinorientierung)

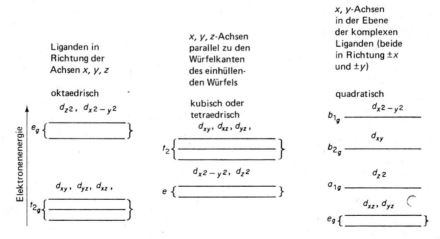

Abb. 15.28 Energieniveaus der d-Orbitale in Ligandenfeldern unterschiedlicher Symmetrie. Zusammengeklammerte Orbitale sind energiegleich.

In einem solchen Fall kann es passieren, daß sich die Geometrie des Komplexes so ändert, daß die Entartung aufgehoben wird; die beiden Elektronenniveaus unterscheiden sich nun also etwas in ihrer Energie. Diese Änderung der Geometrie nennt man den *Jahn-Teller-Effekt*. Im Falle der Cu^{2+}-Komplexe finden wir oft, daß die Liganden nicht die reguläre oktaedrische Anordnung, sondern eine irreguläre oktaedrische Struktur annehmen, bei der vier Liganden in quadratischer Anordnung in einer Ebene mit dem Cu^{2+} liegen, während die beiden restlichen in einem größeren Abstand oberhalb und unterhalb des Zentralions liegen.

27. Elektronenüberschußverbindungen

Eine Anzahl interessanter chemischer Verbindungen hat offensichtlich »zu viele Elektronen«; wenn wir versuchen, die üblichen Strukturen mit Elektronenpaaren als Bindungen aufzuzeichnen, dann bleiben stets Elektronen übrig. Ein bekanntes Beispiel ist das Ion J_3^-, das für die braune Färbung der Jodtinktur verantwortlich ist. Sowohl das J_2 als auch das J^- haben ganz aufgefüllte Valenzorbitale, und dennoch vereinigen sie sich begierig unter Bildung des komplexen Ions J_3^-. Eine befriedigende Lösung dieses Problems liefert uns eine einfache MO-Betrachtung. Zunächst wollen wir von jedem der drei Jodatome ein p_x-Atomorbital herausgreifen; die drei Orbitale bezeichnen wir mit p_x', p_x'' und p_x'''. Durch Linearkombination dieser drei AO erhalten wir drei MO vom σ-Typ:

$$\sigma_1 = p_x' + (p_x'' + d_x''')$$
$$\sigma_N = p_x'' - p_x'''$$
$$\sigma_2^\star = p_x' - (p_x'' + p_x''')$$

Eine bildliche Darstellung dieser Orbitale bringt Abb. 15.29. Das σ_1-Orbital ist bindend, $\sigma_2^\star$ ist antibindend; σ_N ist ein nichtbindendes Orbital, da es das Zentral-

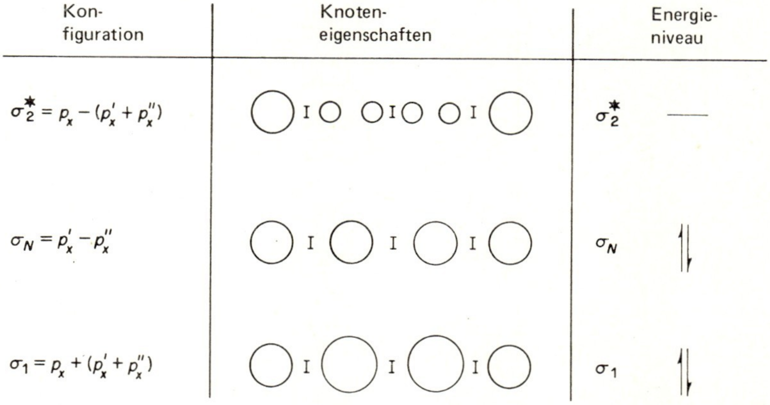

Konfiguration	Knoteneigenschaften	Energieniveau
$\sigma_2^\star = p_x - (p_x' + p_x'')$	◯ I ◯ ◯ I ◯ ◯ I ◯	$\sigma_2^\star$ ————
$\sigma_N = p_x' - p_x''$	◯ I ◯ I ◯ I ◯	σ_N ⇅
$\sigma_1 = p_x + (p_x' + p_x'')$	◯ I ◯ I ◯ I ◯	σ_1 ⇅

Abb. 15.29 Axiale Molekelorbitale für das Trijodion, J_3^-. Ein Elektronenpaar geht in das bindende σ_1-Orbital und ein weiteres Paar in das nichtbindende Orbital σ_N. Das antibindende Orbital $\sigma_2^\star$ ist leer. (Nach G. C. PIMENTEL und R. D. SPRATLEY, *Chemical bonding clarified through quantum mechanics*, Holden-Day, San Francisco 1969.)

atom nicht mit einschließt und sich die AO deutlich voneinander unterscheiden. Die drei J-Atome liefern uns aus den 5s- und 5p-Niveaus insgesamt $3 \cdot 7 = 21$ Valenzelektronen; zusätzlich haben wir noch das Elektron aus dem einfach negativ geladenen J_3^-. Wir bringen nun sechs Elektronen in die drei 5s-Orbitale und zwölf Elektronen in die $2p_y$- und $3p_z$-Orbitale. Es bleiben nun vier Elektronen übrig, von denen zwei in das bindende Orbital σ_1 und zwei in das nichtbindende Orbital σ_N gehen. Das Resultat dieser Betrachtung ist, daß das J_3^- zwei Bindungen der Ordnung 1/2 besitzt, es ist also eine stabile Molekel.

Das brillanteste Beispiel für Elektronenüberschußverbindungen sind die Edelgasverbindungen, von denen wir hier XeF_2, XeF_4 und XeF_6 betrachten wollen. Nach der Entdeckung der Edelgase gehörte es zum Glaubensbekenntnis der Chemiker, daß diese Gase keine chemischen Verbindungen eingehen können, und es war eine beliebte Prüfungsfrage, warum dies so sein müsse. In der Tat hat die heuristische Art des Chemieunterrichts, die Erreichung einer Edelgaskonfiguration als das höchste Ziel bei jeder Verbindungsbildung anzusehen, viel zu diesem unreflektierten Glauben beigetragen. Aufgrund theoretischer Überlegungen kam PAULING 1933 zu dem Schluß, daß Xenon eine Verbindung XeF_6 bilden müsse. Erst 1962 gelang es dann nahezu gleichzeitig und unabhängig voneinander HOPPE in Münster und CHERNICK am Argonne National Laboratory, Xenonfluoride durch elektrische Entladungen darzustellen.

Alle drei Xenonfluoride sind thermodynamisch stabil (negative freie Bildungsenthalpie); die Energie der XeF-Bindung beträgt etwa 125 kJ/mol.

XeF_2 ist linear, XeF_4 bildet ein ebenes Quadrat mit dem Xenon im Zentrum, und XeF_6 besitzt wahrscheinlich nichtreguläre Oktaedersymmetrie. Die XeF_2-Molekel läßt sich nach der MO-Methode wie das J_3^- beschreiben. Allerdings sind in diesem Falle die p-Orbitale nicht gleich; vielmehr stammen zwei vom F und eines vom Xe.

28. Die Wasserstoffbrückenbindung

Nach der klassischen Valenztheorie hat Wasserstoff die Wertigkeit 1 und kann nur eine kovalente Bindung ausbilden, indem es sein Orbital mit einem Elektronenpaar von antiparallelem Spin auffüllt. Dieselbe Wertigkeit war bei der Bildung des H^+- oder H^--Ions zu beobachten (Abgabe oder Aufnahme eines Elektrons). In Wirklichkeit kann jedoch der Wasserstoff auch als Brückenatom auftreten und hat dann die formale Wertigkeit 2; wie wir wissen, hängt das organische Leben von der Fähigkeit des Wasserstoffatoms ab, als Brückenglied zwischen zwei anderen Atomen zu wirken.

Wenn man Natriumfluorid in wäßriger Flußsäure auflöst, dann bildet sich in der Hauptmenge nicht etwa das F^--Ion, sondern das HF_2^--Ion:

$$F^-_{aq} + HF \rightarrow HF_2^-{}_{aq} \qquad \Delta H = -155 \text{ kJ/mol}$$

Dieses Anion bildet auch gut kristallisierte, stabile Salze ($NaHF_2$, KHF_2 usw.). Das $(F-H-F)^-$ ist linear und symmetrisch; der F—H-Abstand beträgt 0,113 nm (vergleichsweise im HF-Gas 0,092 nm). Es sind auch noch einige andere Hydrodihalogenid-Ionen bekannt; die Bindungen sind jedoch viel schwächer als beim HF_2^-.

Die Struktur des HF_2^- läßt sich nach der MO-Theorie analog der Struktur des J_3^- diskutieren. Auch das HF_2^- ist eine typische Elektronenüberschußverbindung. Die σ-Molekelorbitale bilden sich aus dem 1s-Atomorbital des Wasserstoffs und den 2p-Orbitalen des Fluors:

$$\sigma_1 = 1\,s_H + (2\,p'_{xF} + 2\,p''_{xF})$$
$$\sigma_N = 2\,p'_{xF} - 2\,p''_{xF}$$
$$\sigma_2^\star = 1\,s_H - (2\,p'_{xF} + 2\,p''_{xF})$$

Die vier Elektronen (je eins von den beiden H, eins vom F und eines von der negativen Ladung) werden im bindenden σ_1- und im nichtbindenden σ_N-Orbital untergebracht.

Die Wasserstoffbindung im HF_2^- ist ungewöhnlich stark. Ein wohlbekanntes Beispiel aus der organischen Chemie sind Carbonsäuren, die in folgender Weise dimerisieren:

$$R-C\begin{array}{c}O-H\cdots O\\\\O\cdots H-O\end{array}C-R$$

Wegen der beiden Wasserstoffbrücken ist diese zyklische Struktur sehr stabil; bei der dimeren Ameisensäure hat jede der beiden Wasserstoffbindungen eine Energie von etwa 20 kJ/mol. Ganz allgemein können Wasserstoffbrücken zwischen elektronegativen Elementen von relativ kleinem Atomvolumen (N, O, F und in geringerem Maße auch Cl) auftreten. Man unterscheidet außerdem intermolekulare und intramolekulare Wasserstoffbindungen. Bekannte Beispiele für den letzteren Fall sind phenolische Verbindungen mit einer Carbonylfunktion (oder einer anderen stark elektronegativen Funktion) in o-Position:

Wasserstoffbrücken lassen sich allgemein an der starken Rotverschiebung der Streckschwingung der durch die Brücke gelockerten —X—H····-Bindung erkennen. So liegt $\nu(OH)$ eines Alkohols in stark verdünnter Lösung (CCl_4, CS_2) bei etwa 3600 cm^{-1}; die entsprechende Schwingung beim reinen (assoziierten) Alkohol findet sich als breite Bande bei etwa 3300 cm^{-1}. Intramolekulare unterscheiden sich von zwischenmolekularen Wasserstoffbrücken dadurch, daß sie sich nicht durch den Einfluß von Lösemitteln sprengen lassen.

Wenn eine Molekel die Fähigkeit besitzt, mehrere Wasserstoffbrücken auszubilden, dann können sich dreidimensionale Strukturen ausbilden; wohl die bekanntesten Beispiele sind flüssiges Wasser und Eis. Wegen der Stärke der Wasserstoffbrücken haben derartige Strukturen eine beträchtliche Stabilität; die Molekeln werden also in bestimmten räumlichen Orientierungen festgehalten. Ein biologisch außerordentlich wichtiges Beispiel für Strukturen dieser Art sind die hochpolymeren Nukleinsäuren, die die Bausteine der Gene darstellen. Abb. 15.30 zeigt einen Ausschnitt aus der von WATSON und CRICK vorgeschlagenen Struktur für die Desoxyribonukleinsäure. Die beiden miteinander verdrehten Bänder symbolisieren Ribosepolyphosphatketten. Zwischen diesen Ketten sind in regelmäßigen Abständen Brücken aus Purin- und Pyrimidin-Basen geschlagen; zu jeder solchen Brücke gehört ein Basenpaar. Jeweils eine Base ist mit Hauptvalenzen an eine Polyphosphatkette gebunden; untereinander sind die Basen durch Wasserstoffbrücken verknüpft. Durch die räumliche Fixierung dieser Brückenglieder wird eine charakteristische Makrokonformation, die Doppelwendel, erzielt.

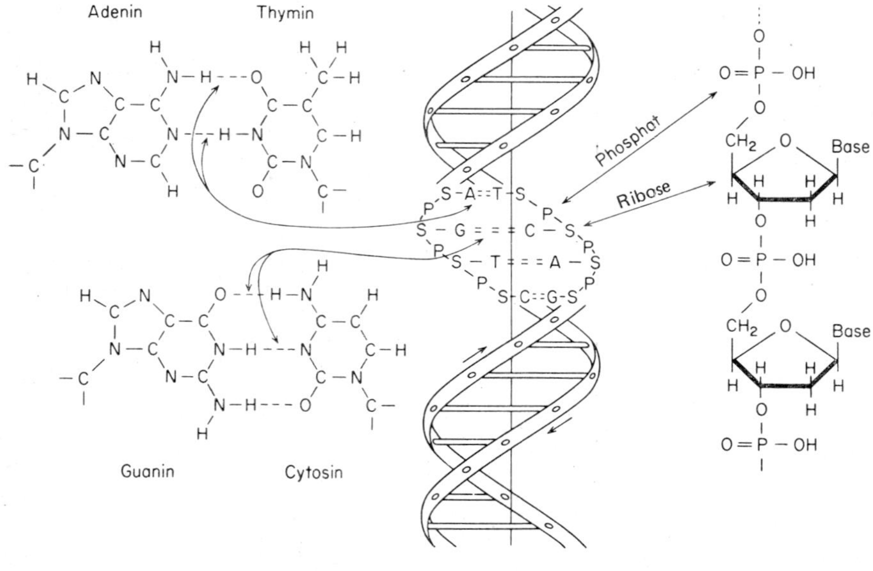

Abb. 15.30 Strukturmodell der Desoxyribonukleinsäure (DNS) nach WATSON und CRICK. Durch die Verknüpfung zweier Basenpaare in regelmäßigen Abständen entsteht eine Doppelhelix.

16. Kapitel
Symmetrie und Gruppentheorie

> *Tyger, Tyger burning bright*
> *In the forests of the night.*
> *What Immortal hand and eye*
> *Dare frame thy fearful symmetry?*
>
> WILLIAM BLAKE (1793)

Dieses kurze Kapitel soll uns mit einigen Vorstellungen und mathematischen Techniken vertraut machen, die für das Verständnis der Strukturen und Eigenschaften von Molekeln und Kristallen wichtig sind. Das Wort *Symmetrie* stammt aus dem Griechischen ($\sigma\upsilon\nu$ = gleich, $\tau\grave{o}\ \mu\acute{\epsilon}\tau\varrho o\nu$ = Maß) und bedeutet »das rechte Maß haben«. Der Begriff Symmetrie hat viel mit dem so unwissenschaftlichen Begriff *Schönheit* zu tun, und es ist nicht zuviel gesagt, daß der mathematische Formalismus des Symmetriebegriffs seine eigene Schönheit besitzt. Wir müssen uns hier mit einer schematischen Betrachtung anhand einiger anschaulicher Beispiele bescheiden; für eine eingehendere Beschäftigung mit Symmetrie und Gruppentheorie sei der Leser auf einige ausgezeichnete elementare Abhandlungen verwiesen[1].

1. Symmetrieoperationen und Symmetrieelemente

Das Phänomen der Symmetrie wird durch *Symmetrieoperationen* und *Symmetrieelemente* beschrieben. Durch eine Symmetrieoperation wird eine bestimmte räumliche Anordnung systematisch so verändert, daß die neue Anordnung sich nicht von der ursprünglichen unterscheidet. Unter einem Symmetrieelement verstehen wird die Menge der Punkte, die beim Durchführen der zugehörigen Symmetrieoperation raumfest bleiben. Wenn wir z.B. ein gleichseitiges Dreieck betrachten (Abb. 16.1), dann gibt es sechs verschiedene Operationen, durch die eine räumliche Orientierung entsteht, die der ursprünglichen gleich ist. (Hierbei legen wir uns jedoch die Beschränkung auf, das Dreieck nicht aus seiner ursprünglichen Ebene zu entfernen.) Diese Operationen lassen sich durch ihre Wirkung auf

---

[1] F. A. COTTON, *Chemical Applications of Group Theory*, Interscience, New York 1963.
  D. SCHONLAND, *Molecular Symmetry, An Introduction to Group Theory and Its Uses in Chemistry*, Van Nostrand, Princeton, N.J. 1965;
  für tieferes Verständnis:
  K. MATHIAK, P. STINGL: Gruppentheorie, Vieweg/Akad. Verlagsges., Braunschweig/Frankfurt 1969;
  H. W. STREITWOLF: Gruppentheorie in der Festkörperphysik, Akad. Verlagsges. Geest & Portig KG, Leipzig 1967.

einen willkürlich gewählten Punkt X in dem gleichseitigen Dreieck deutlich machen (Abb. 16.1). Insgesamt kennen wir folgende Symmetrieoperationen:

E Dies ist die aus formalen Gründen notwendige *Identitätsoperation*, bei der jeder Punkt unverändert bleibt.

C_3 Rotation um eine dreizählige Symmetrieachse, die senkrecht durch den Mittelpunkt des gleichseitigen Dreiecks geht. Bei dieser Operation wird ein repräsentativer Punkt X jeweils um einen Winkel von $2\pi/3$ (120°) in positiver Richtung (im Gegenuhrzeigersinn) gedreht.

$\bar{C}_3$ Rotation um eine dreizählige Symmetrieachse, die senkrecht durch den Mittelpunkt des gleichseitigen Dreiecks geht. Bei dieser Operation wird ein repräsentativer Punkt X jeweils um einen Winkel von $2\pi/3$ (120°) in negativer Richtung (im Uhrzeigersinn) gedreht. (Diese Operation könnte auch als eine Rotation in positiver Richtung um $4\pi/3$ aufgefaßt und mit C_3^2 symbolisiert werden.)

σ_1 Reflexion an einer Spiegelebene. Bei dieser Operation wandert ein repräsentativer Punkt auf die andere Seite der Spiegelebene und hat dann wieder den gleichen Abstand von dieser. Im vorliegenden Fall geht die Spiegelebene durch die rechte untere Spitze des Dreiecks und halbiert dieses in zwei gleiche Teile.

σ_2 Diese Operation ist wie σ_1; die Spiegelebene geht diesmal jedoch durch die obere Spitze des Dreiecks.

σ_3 Auch diese Operation ist wie σ_1; die Spiegelebene geht nun jedoch durch die linke untere Ecke des Dreiecks.

Wir werden später noch einige weitere Symmetrieoperationen kennenlernen; zuvor wollen wir jedoch einige Eigenschaften des Satzes von Symmetrieelementen für das gleichseitige Dreieck untersuchen. Zunächst definieren wir das Produkt AB als eine Folge zweier Symmetrieoperationen, wobei wir zunächst die Operation B

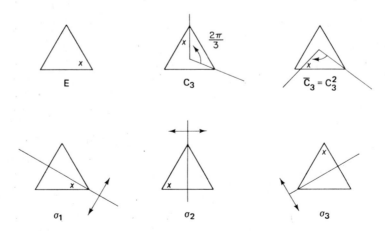

Abb. 16.1 Symmetrieoperationen an einem gleichseitigen Dreieck (Punktgruppe C_{3v}).

Definition einer Gruppe

und hernach am Resultat die Operation A durchführen. Wenn wir nun alle Produkte AB aus den sechs Symmetrieoperationen für das gleichseitige Dreieck untersuchen, dann finden wir, daß das Produkt eines beliebigen Paars von Operationen stets ein Resultat liefert, das auch eine der Operationen im ursprünglichen Satz von Symmetrieoperationen ergibt. Dies wird durch die *Multiplikationstafel* für die Symmetrieoperationen am gleichseitigen Dreieck verdeutlicht (Tab. 16.1).

		Operation S					
		E	C_3	$\bar{C}_3 = C_3^2$	σ_1	σ_2	σ_3
Operation Z	E	E	C_3	$\bar{C}_3$	σ_1	σ_2	σ_3
	C_3	C_3	$\bar{C}_3$	E	σ_3	σ_1	σ_2
	$\bar{C}_3 = C_3^2$	$\bar{C}_3$	E	C_3	σ_2	σ_3	σ_1
	σ_1	σ_1	σ_2	σ_3	E	C_3	$\bar{C}_3$
	σ_2	σ_2	σ_3	σ_1	$\bar{C}_3$	E	C_3
	σ_3	σ_3	σ_1	σ_2	C_3	$\bar{C}_3$	E

Tab. 16.1 Multiplikationstafel für die Symmetriegruppe $\mathbf{C_{3v}}$

Diese Tabelle folgt der Konvention, daß der Schnittpunkt einer Zeile mit einer Spalte das Produkt ZS des Zeilenelements Z und des Spaltenelements S liefert. Aus unserer Tabelle ergibt sich, daß ZS nicht notwendigerweise gleich SZ ist. Wenn beide jedoch zum gleichen Ergebnis führen, dann sind Z und S austauschbar; wir sagen, sie *kommutieren*. So ist z.B. $C_3\bar{C}_3 = \bar{C}_3C_3 = E$. Nicht austauschbar sind die Operationen σ_1 und C_3; es ist $\sigma_1 C_3 = \sigma_2$ und $C_3\sigma_1 = \sigma_3$.

2. Definition einer Gruppe

Gegeben sei eine Menge von beliebigen Symmetrieelementen, zu denen wiederum bestimmte Symmetrieoperationen gehören. Durch Verknüpfung von Elementen erhält man weitere Elemente: $AB = C$. (Die durch das Produkt AB symbolisierte Symmetrieoperation wurde im vorhergehenden Abschnitt definiert.) Ist nun das bei der Verknüpfung zweier beliebiger Elemente der Menge erhaltene Element C selbst ein Element dieser Menge, so bilden A, B und C eine Gruppe, wenn folgende zusätzlichen Bedingungen erfüllt sind:

(1) Der betrachtete Satz von Symmetrieelementen enthält ein Identitätselement E, das mit jedem Element A ein kommutierendes Produkt bildet: $EA = AE = A$.
(2) Zu jedem Element A gehört ein inverses Element A^{-1}, das ebenfalls zu dem jeweiligen Satz gehört und folgende Bedingung erfüllt: $A^{-1}A = AA^{-1} = E$.
(3) Für die Elemente A, B und C gilt das assoziative Multiplikationsgesetz: $A(BC) = (AB)C$.

Zwei beliebige Elemente der Menge sind in der Regel nicht kommutierbar: $AB \neq BA$.

Eine Untersuchung der Multiplikationstafel der Symmetrieoperationen am gleichseitigen Dreieck zeigt, daß diese Forderungen erfüllt sind; die Symmetrieoperationen für das gleichseitige Dreieck bilden also eine Gruppe. Bei jeder Symmetrieoperation bleibt der Mittelpunkt des Dreiecks unverändert. Symmetrieoperationen, bei denen ein Punkt des betrachteten Gebildes invariant bleibt, fassen wir zu einer *Punktgruppe* zusammen. Die Punktgruppe des hier als Beispiel verwendeten gleichseitigen Dreiecks ist C_{3v}; die Systematik dieser Bezeichnungsweise werden wir später kennenlernen.

Aus den eine Gruppe darstellenden Symmetrieoperationen eines Gebildes können wir oft eine bestimmte Anzahl auswählen, die ihrerseits die Bedingung einer Gruppe erfüllen; eine solche Kollektion nennen wir eine *Untergruppe* der ursprünglichen Gruppe. Aus der Multiplikationstafel (16.1) können wir sehen, daß die Operationen E, C_3 und $\bar{C}_3$ eine Untergruppe von C_{3v} bilden.

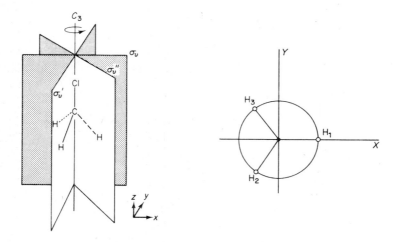

Abb. 16.2 Symmetrieelemente der Punktgruppe C_{3v} am Beispiel des Methylchlorids. (Das Koordinatensystem wurde so gelegt, daß es auch für spätere Diskussionen verwendet werden kann.)

Die Symmetriegruppen von Molekelstrukturen sind Punktgruppen. Beispiele für die Punktgruppe C_{3v} sind Ammoniak und Methylchlorid. Letzteres ist, zusammen mit den Symmetrieelementen der Punktgruppe C_{3v}, in Abb. 16.2 dargestellt.

3. Weitere Symmetrieoperationen

Als Symmetrieelemente haben wir bis jetzt die n-zählige Drehachse C_n und die Spiegelebene σ kennengelernt. Weitere wichtige Symmetrieelemente sind die Drehspiegelachse und das Symmetriezentrum.

(a) Bei einer Drehspiegelung S_n wird ein repräsentativer Punkt um eine bestimmte Achse um den Winkel $2\pi/n$ gedreht und anschließend an einer Spiegelebene σ_h senkrecht zu dieser Achse gespiegelt. Die Reihenfolge dieser Operationen spielt keine Rolle. Die Operation der Drehspiegelung kann als $S_n = \sigma_h C_n$ symbolisiert werden. Ein Beispiel für eine Molekel mit einer vierzähligen Drehspiegelachse S_4 ist das Methan (Abb. 16.3).

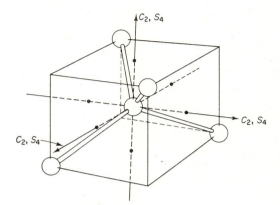

Abb. 16.3 Symmetrieelemente der Methanmolekel; die C_2-Achsen fallen mit den S_4-Achsen zusammen.

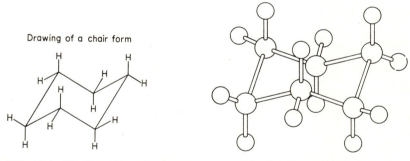

Abb. 16.4 Die Sesselform des Cyclohexans als Beispiel für eine Molekel mit Inversionszentrum.

(b) Die Inversion an einem Symmetriezentrum O wird mit i bezeichnet. Bei dieser Operation wandert ein repräsentativer Punkt P in eine Position P', die denselben Abstand von O hat; eine gedachte Verbindungslinie zwischen P und P' geht durch O. Ein Symmetriezentrum ist gleichbedeutend mit einer zweizähligen Drehspiegelachse: $i = S_2$. Ein Beispiel für eine Molekel mit einem Symmetriezentrum ist die Sesselform des Cyclohexans (Abb. 16.4).

Außer den bisher genannten Symmetrieelementen gibt es noch zwei weitere, die vor allem bei Hochpolymeren mit regulärer Kettenkonformation auftreten: Die

Gleitspiegelebene und die Schraubenachse. Die ebene Zick-Zack-Kette einer Polyäthylenmolekel besitzt eine Gleitspiegelebene. Die zugehörige Symmetrieoperation besteht in einer Verschiebung der Polymerkette in Richtung der Kettenachse und anschließender Spiegelung an einer Symmetrieebene, die in der Kettenachse liegt. Schraubenachsen kommen bei natürlichen und synthetischen Helixmolekeln vor. Die Symmetrieoperation beim isotaktischen Polypropylen mit seiner dreizähligen Schraubenachse besteht in einer Drehung der unendlich lang gedachten Polymermolekel um einen Betrag von $2\pi/3$ (120°) um die Kettenachse und einer anschließenden Verschiebung in Richtung der Kettenachse um einen bestimmten Betrag.

Zur besseren Übersicht wollen wir noch einmal sämtliche Symmetrieoperationen mit den zugehörigen Symmetrieelementen aufzählen, die zu beliebigen Gebilden gehören können; die Symbole beziehen sich auf die Symmetrieoperation.

Symbol	Symmetrieoperation	Symmetrieelement
E	Identität	Identität
i	Inversion	Inversions-(Symmetrie-)Zentrum
σ	Spiegelung	Spiegel-(Symmetrie-)Ebene
C_n	Drehung um $2\pi/n$	n-zählige Drehachse
S_n	Drehung um $2\pi/n$ und nachfolgende Spiegelung	n-zählige Drehspiegelachse
	Verschiebung (einer Kette) um einen bestimmten Betrag und Spiegelung	Gleitspiegelebene
	Verschiebung um einen bestimmten Betrag und Drehung um $2\pi/n$	n-zählige Schraubenachse

Mit diesen Operationen lassen sich viele verschiedene Gruppen bilden; diese nennen wir die molekularen Punktgruppen. Wenn wir die Gleichgewichtslagen der Kerne in einer Molekel betrachten, dann können wir zu jeder Molekel eine bestimmte Punktgruppe zuordnen.

4. Molekulare Punktgruppen

In diesem Abschnitt werden wir die verschiedenen Arten molekularer Punktgruppen kennenlernen; hierbei verwenden wir eine von SCHÖNFLIES stammende Symbolik (SCHÖNFLIES-Indizes). Eine andere, von Kristallographen bevorzugte Symbolik (HERMANN-MAUGUIN) werden wir im 21. Kapitel über den festen Zustand kennenlernen.

(a) Molekeln ohne Symmetrieachse gehören zu den Punktgruppen:
  C_1: keine nichttrivialen Symmetrieelemente (zu dieser Gruppe gehören lediglich Molekeln mit E, Identität);
  C_s: Symmetrieebene als einziges Element und
  C_i: Inversionszentrum als einziges Symmetrieelement.

Molekulare Punktgruppen

(b) Molekeln mit einer n-zähligen Symmetrieachse als einzigem Symmetrieelement gehören zur Punktgruppe C_n. Beispiele für Molekeln der Punktgruppen C_2 bzw. C_3 sind das H_2O_2 bzw. das Cl_3C-CH_3 (Abb. 16.5).

(c) Molekeln mit einer einzelnen Drehspiegelachse mit gerader Zähligkeit ($2n$) gehören zur Punktgruppe S_{2n}.

(d) Molekeln mit einer Symmetrieachse der Zähligkeit $n > 1$ und einer (horizontalen) Symmetrieebene senkrecht dazu gehören zur Punktgruppe C_{nh}. (Die Bezeichnung »horizontal« ergibt sich dadurch, daß die Symmetrieachse senkrechtstehend gedacht wird.) Ein Beispiel für eine Molekel der Punktgruppe C_{2h} ist das trans-Buten-2. (Diese Molekel besitzt als niedrigere Symmetrie außerdem ein Symmetriezentrum und eine zweizählige Drehspiegelachse.)

(e) Molekeln mit einer Symmetrieachse und einer (oder mehreren) Symmetrieebene(n), durch die zugleich die Symmetrieachse läuft, gehören zur Punktgruppe C_{nv}. (Die Symmetrieebene ist »vertikal«, da sie zugleich die Symmetrieachse enthält.) Für den Fall $n > 2$ werden durch die Symmetrieoperation C_n weitere äquivalente, vertikale Symmetrieebenen produziert. Die Elemente der Gruppe C_{nv} sind die Drehungen um die n-zählige Symmetrieachse und die Spiegelungen σ_v an den vertikalen Ebenen. Wenn n eine gerade Zahl ist, dann existieren $n/2$ Symmetrieebenen; bei ungeraden Werten von n haben wir auch n Symmetrieebenen. Ein Beispiel für eine C_{2v}-Molekel ist das cis-Buten-2 (Abb. 16.5); ein Beispiel für C_{3v} ist das Methylchlorid (Abb. 16.2).

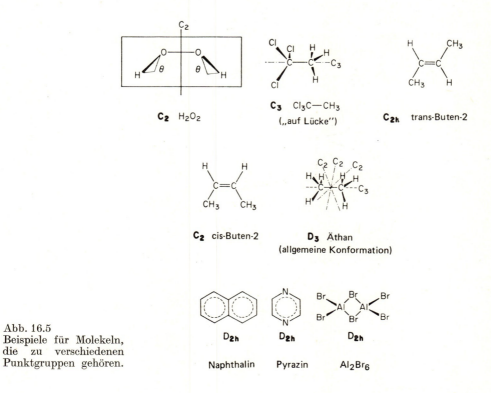

Abb. 16.5
Beispiele für Molekeln, die zu verschiedenen Punktgruppen gehören.

(f) Molekeln mit mehr als einer Symmetrieachse gehören zu den Punktgruppen **D**. Wenn eine Molekel mit einer n-zähligen Symmetrieachse (C_n) außerdem eine zweizählige Symmetrieachse senkrecht zu der Hauptachse besitzt, dann gehört sie zur Punktgruppe $\mathbf{D_n}$; hierin ist $n \geqslant 2$. Wenn wir die Operation C_n an der zweizähligen Achse durchführen, dann erhalten wir n zweizählige Achsen senkrecht zu C_n. Zur Punktgruppe $\mathbf{D_2}$ würden als Symmetrieoperationen Drehungen von 180° um drei jeweils senkrecht aufeinanderstehende Achsen gehören. Ein Beispiel für $\mathbf{D_3}$ wäre die Äthanmolekel in einer allgemeinen Konformation, bei der die Wasserstoffatome der beiden CH$_3$-Gruppen sich weder genau gegenüber noch auf Lücke (*gauche*) stehen (Abb. 16.5). (Die bei tiefen Temperaturen stabilste Konformation des Äthans ist allerdings die *gauche*-Konformation.)

(g) Bei den Molekeln, die zu den Punktgruppen $\mathbf{D_{nh}}$ gehören, ist die horizontale Ebene, die die zweizählige Achse der Gruppe $\mathbf{D_n}$ enthält, eine Symmetrieebene. Beispiele für die Punktgruppe $\mathbf{D_{2h}}$ zeigt Abb. 16.5.

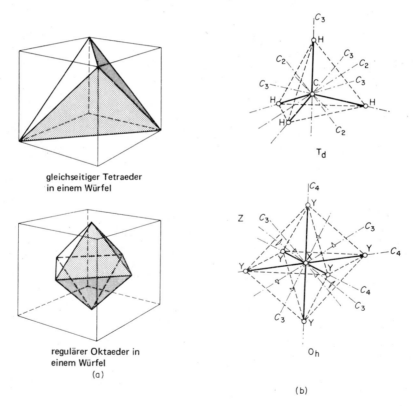

Abb. 16.6 (a) Geometrische Beziehungen des gleichseitigen Tetraeders und des regulären Oktaeders zum Würfel.
(b) Symmetrieelemente des gleichseitigen Tetraeders (Punktgruppe $\mathbf{T_d}$) und des regulären Oktaeders (Punktgruppe $\mathbf{O_h}$).

Molekulare Punktgruppen 829

(h) Molekeln der Punktgruppen $\mathbf{D_{nv}}$ besitzen zusätzlich zu den Elementen von $\mathbf{D_n}$ noch n vertikale Symmetrieebenen. Diese Ebenen schneiden die Hauptachse und halbieren die Winkel zwischen benachbarten zweizähligen Achsen. Zur Gruppe $\mathbf{D_n}$ gehören außerdem zwei Drehspiegelachsen der Art S_{2n}.

(i) Als nächstes wollen wir Molekeln betrachten, die mehr als eine Symmetrieachse mit einer Zähligkeit von $n > 2$ besitzen. Die wichtigsten dieser Punktgruppen sind jene, die sich vom gleichseitigen Tetraeder und vom regulären Oktaeder ableiten (Abb. 16.6a). Ihre reinen Rotationsgruppen — dies sind Gruppen von Operationen, die nur in Drehungen um Symmetrieachsen bestehen — werden mit $\mathbf{T}$ (Tetraeder) und $\mathbf{O}$ (Oktaeder) bezeichnet. Die Gruppe des regulären Oktaeders ist zugleich die des Würfels, da letztere dieselben Symmetrieelemente besitzt. Außerdem kann ein regulärer Oktaeder so in einen Würfel eingezeichnet werden, daß Flächen und Ecken des Würfels in bezug auf den Oktaeder äquivalent sind. $\mathbf{O}$ ist also die reine Rotationsgruppe des Würfels. Auch ein gleichseitiger Tetraeder kann in einen Würfel eingezeichnet werden. Die Ecken des Würfels sind nun jedoch nicht mehr äquivalent (vier sind zugleich Ecken des Tetraeders, vier sind frei). Der gleichseitige Tetraeder hat also eine niedrigere Symmetrie; $\mathbf{T}$ muß also eine Untergruppe von $\mathbf{O}$ sein.

Wie wir aus Abb. 16.6a sehen können, gehören zur Gruppe $\mathbf{T}$ vier dreizählige Achsen (C_3), die Raumdiagonalen des Würfels darstellen, und drei zweizählige Achsen (C_2), die senkrecht durch den Mittelpunkt jeder Würfelfläche gehen. In der Gruppe $\mathbf{O}$ werden aus den zweizähligen Achsen vierzählige (C_4). Außerdem treten sechs zweizählige Achsen (C_2) auf.

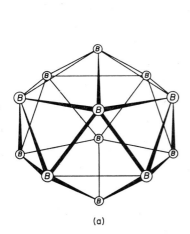
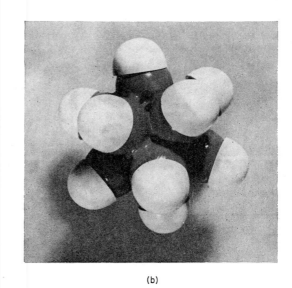

(a) (b)

Abb. 16.7 (a) Anordnung der Boratome im ikosaedrischen Ion $[B_{12}H_{12}]^{2-}$ (Punktgruppe $\mathbf{I_h}$). (b) Modell des $B_{12}H_{12}^{2-}$-Ions.

Der gleichseitige Tetraeder und der reguläre Oktaeder besitzen auch Spiegelebenen. Die vollständige Symmetriegruppe des gleichseitigen Tetraeders ($\mathbf{T_d}$) besteht also aus den Rotationselementen der Gruppe $\mathbf{T}$ sowie aus sechs Spiegelebenen σ und sechs vierzähligen Drehspiegelachsen S_4. Viele Molekeln besitzen die wichtige Punktgruppe $\mathbf{T_d}$; Beispiele sind CH_4, P_4, CCl_4 und eine Anzahl tetraedrischer komplexer Ionen.

Wenn wir zur Punktgruppe $\mathbf{O}$ alle neun Spiegelebenen des Würfels hinzufügen, dann erhalten wir die wichtige Gruppe $\mathbf{O_h}$. Beispiele hierfür sind das SF_6 (15-20), das $(PtCl_6)^{2-}$ und zahlreiche oktaedrische Koordinationsverbindungen. Die zur Gruppe $\mathbf{O_h}$ gehörenden Spiegelebenen bedingen die zusätzlichen Symmetrieelemente $6S_4$, $8S_6$ und i.

Es gibt zwei weitere reguläre Polyeder, nämlich den regulären Ikosaeder und den regulären Dodekaeder. Beide Strukturen gehören zur Punktgruppe $\mathbf{I_h}$. Bis heute sind nur wenige Molekeln bekannt, die zu dieser Symmetriegruppe gehören; ein Beispiel ist das ikosaedrische Ion $[B_{12}H_{12}]^{2-}$ (Abb. 16.7).

5. Die Transformation von Vektoren durch Symmetrieoperationen

Die mathematische Beschreibung der Symmetrie einer Molekel durch Symmetrieoperationen (Drehungen, Spiegelungen usw.) zeigt schon viele Eigenschaften der molekularen Punktgruppen. Wenn wir die Theorie der Punktgruppen weiter entwickeln wollen, müssen wir jedoch eine abstrakte mathematische Formulierung der Transformationen einführen, welche durch die Symmetrieoperationen herbeigeführt werden.

Wir legen unseren Betrachtungen ein kartesisches Koordinatensystem mit den Achsen X, Y und Z zugrunde. Wir können dann die Lage dieses Atoms in der Molekel durch die Koordinaten x_i, y_i und z_i festlegen. Wenn man dies für jedes Atom in der Molekel gemacht hat, dann ist zugleich auch die Lage der Molekel genau festgelegt. Nun definiert der Koordinatensatz $x_i y_i z_i$ für jedes Atom den Vektor vom Koordinatenursprung zu dem jeweilig betrachteten Atom i. Diesen Vektor können wir folgendermaßen schreiben:

$$\begin{pmatrix} x_i \\ y_i \\ z_i \end{pmatrix}$$

Wenn wir nun die Molekel einer Symmetrieoperation unterwerfen, dann werden die Koordinaten $x_i y_i z_i$ transformiert zu solchen mit den neuen Werten $x'_i y'_i z'_i$. Eine Koordinatentransformation kann stets als ein System linearer Gleichungen der folgenden, allgemeinen Form geschrieben werden:

$$x'_i = a_{11} x_i + a_{12} y_i + a_{13} z_i$$
$$y'_i = a_{21} x_i + a_{22} y_i + a_{23} z_i$$
$$z'_i = a_{31} x_i + a_{32} y_i + a_{33} z_i$$

Die Transformation von Vektoren

Eine solche lineare Transformation wird üblicherweise folgendermaßen formuliert:

$$\begin{pmatrix} x'_i \\ y'_i \\ z'_i \end{pmatrix} = \begin{pmatrix} a_{11} & a_{12} & a_{13} \\ a_{21} & a_{22} & a_{23} \\ a_{31} & a_{32} & a_{33} \end{pmatrix} \begin{pmatrix} x_i \\ y_i \\ z_i \end{pmatrix}$$

Den neuen Vektor erhält man durch Multiplikation des ursprünglichen Vektors mit der Transformationsmatrix. Diese ist für alle Vektoren der Molekel gleich und läßt sich auf einen allgemeinen Vektor (x, y, z) anwenden. Als Beispiel für eine Koordinatentransformation wollen wir die Molekel CH_3Cl betrachten, die zur Punktgruppe C_{3v} gehört. Die Molekel sei so orientiert, daß die C—Cl-Bindung in der Z-Achse liegt (Abb. 16.2). Für die Koordinaten der drei H-Atome gilt dann:

	x	y	z
H_1	1	0	0
H_2	$-1/2$	$\sqrt{3}/2$	0
H_3	$-1/2$	$-\sqrt{3}/2$	0

Die zur Gruppe C_{3v} gehörenden Symmetrieoperationen sind E, C_3, C_3^2, σ_1, σ_2 und σ_3. Jede dieser Operationen kann durch eine Matrix repräsentiert werden, welche die durch die Symmetrieoperation herbeigeführte Transformation der Koordinaten von H_1, H_2 und H_3 bedeutet. Für die Matrix, die die Identitätsoperation E repräsentiert, gilt offensichtlich:

$$M(E) = \begin{pmatrix} 1 & 0 & 0 \\ 0 & 1 & 0 \\ 0 & 0 & 1 \end{pmatrix}$$

Die Matrix $M(C_3)$ für die Operation C_3 können wir finden, wenn wir die Auswirkung einer Drehung um die dreizählige Achse an den Koordinaten von jedem der drei Wasserstoffatome betrachten. Die Koordinaten von H_1 sind ursprünglich $x = 1$, $y = 0$ und $z = 0$. Aus Abb. 16.2 können wir sehen, daß eine Drehung um 120° die Transformation der Koordinaten von H_1 in die von H_2 bewirkt; analog wird H_2 zu H_3 und H_3 zu H_1. Eine kleine Betrachtung zeigt, daß für die Matrix der Operation C_3 der folgende Ausdruck gilt:

$$M(C_3) = \begin{pmatrix} -1/2 & -\sqrt{3}/2 & 0 \\ \sqrt{3}/2 & -1/2 & 0 \\ 0 & 0 & 1 \end{pmatrix}$$

Zu diesem Ergebnis kommen wir folgendermaßen. Wir betrachten die Vektoren für H_1, H_2 und H_3 getrennt und nacheinander. Der Vektor für H_1 ist ursprünglich $\begin{pmatrix} 1 \\ 0 \\ 0 \end{pmatrix}$. Den Einfluß der Drehung berücksichtigen wir durch Multiplikation mit der Matrix $M(C_3)$; hierdurch werden die ursprünglichen Koordinaten in die neuen Koordinaten $\begin{pmatrix} -1/2 \\ \sqrt{3}/2 \\ 0 \end{pmatrix}$ transformiert. Es ist also $\begin{pmatrix} -1/2 \\ \sqrt{3}/2 \\ 0 \end{pmatrix} = M(C_3) \begin{pmatrix} 1 \\ 0 \\ 0 \end{pmatrix}$. Die erste Spalte der Matrix $M(C_3)$ muß daher lauten: $\begin{pmatrix} -1/2 \\ \sqrt{3}/2 \\ 0 \end{pmatrix}$.

Analog gilt: $\begin{pmatrix} -1/2 \\ -\sqrt{3}/2 \\ 0 \end{pmatrix} = M(C_3) \begin{pmatrix} -1/2 \\ \sqrt{3}/2 \\ 0 \end{pmatrix}$ und $\begin{pmatrix} 1 \\ 0 \\ 0 \end{pmatrix} = M(C_3) \begin{pmatrix} -1/2 \\ -\sqrt{3}/2 \\ 0 \end{pmatrix}$.

Die Matrix, welche die Operation $\bar{C}_3 = C_3^2$ repräsentiert, läßt sich nun leicht durch Matrixmultiplikation erhalten. Dies geschieht durch Multiplikation von $M(C_3)$ mit sich selbst:

$$M(C_3^2) = \begin{pmatrix} -1/2 & -\sqrt{3}/2 & 0 \\ \sqrt{3}/2 & -1/2 & 0 \\ 0 & 0 & 1 \end{pmatrix} \begin{pmatrix} -1/2 & -\sqrt{3}/2 & 0 \\ \sqrt{3}/2 & -1/2 & 0 \\ 0 & 0 & 1 \end{pmatrix} = \begin{pmatrix} -1/2 & \sqrt{3}/2 & 0 \\ -\sqrt{3}/2 & -1/2 & 0 \\ 0 & 0 & 1 \end{pmatrix}$$

Die Matrix für die Operation σ_1 können wir mit der Methode berechnen, nach der wir auch $M(C_3)$ erhielten. Anschließend werden die Matrizen für σ_2 und σ_3 durch Matrixmultiplikation erhalten; hierbei machen wir Gebrauch von der Tab. 16.1. Auf diese Weise erhalten wir eine Gruppe von Matrizen (Tab. 16.2), die nichts anderes ist als eine *Darstellung* (Repräsentation) der Symmetriegruppe C_{3v}. Da wir von den Vektoren für H_1, H_2 und H_3 ausgegangen sind, bezeichnen wir diese als die *Basis* für diese Darstellung. Eine Darstellung auf der Basis der Wasserstoffatome (Tab. 16.2) ist offensichtlich nicht die einzig mögliche; jede Gruppe von Matrizen, die wir unter Verwendung der Multiplikationstafel für die Symmetriegruppe C_{3v} erhalten, würde eine Darstellung dieser Gruppe sein.

$$E = \begin{pmatrix} 1 & 0 & 0 \\ 0 & 1 & 0 \\ 0 & 0 & 1 \end{pmatrix} \quad C_3 = \begin{pmatrix} -1/2 & -\sqrt{3}/2 & 0 \\ \sqrt{3}/2 & -1/2 & 0 \\ 0 & 0 & 1 \end{pmatrix} \quad \bar{C}_3 = \begin{pmatrix} -1/2 & \sqrt{3}/2 & 0 \\ -\sqrt{3}/2 & -1/2 & 0 \\ 0 & 0 & 1 \end{pmatrix}$$

$$\sigma_1 = \begin{pmatrix} 1 & 0 & 0 \\ 0 & -1 & 0 \\ 0 & 0 & 1 \end{pmatrix} \quad \sigma_2 = \begin{pmatrix} -1/2 & -\sqrt{3}/2 & 0 \\ -\sqrt{3}/2 & 1/2 & 0 \\ 0 & 0 & 1 \end{pmatrix} \quad \sigma_3 = \begin{pmatrix} -1/2 & \sqrt{3}/2 & 0 \\ \sqrt{3}/2 & 1/2 & 0 \\ 0 & 0 & 1 \end{pmatrix}$$

Tab. 16.2 Matrixdarstellung der Gruppe C_{3v} auf der Basis der Vektoren für die Wasserstoffatome im CH_3Cl

6. Nichtreduzierbare Darstellungen

Für jede Gruppe gibt es viele verschiedene Basen, und für jede Basis läßt sich ein Satz von Matrizen ableiten, der die jeweilige Symmetriegruppe repräsentiert. Einige unter diesen möglichen Darstellungen haben eine grundlegende Bedeutung, und mit diesen wollen wir uns im folgenden etwas eingehender befassen.

Wenn wir die besondere Darstellung der Gruppe C_{3v} in Tab. 16.2 etwas eingehender betrachten, dann stellen wir fest, daß alle Matrizen die folgende einfache Form haben:

$$M(R) = \begin{pmatrix} a_{11} & a_{12} & 0 \\ a_{21} & a_{22} & 0 \\ 0 & 0 & 1 \end{pmatrix}$$

Diese Matrix können wir folgendermaßen symbolisieren:

$$M(R) = \left(\begin{array}{c|c} M'(R) & 0 \\ \hline 0 & M''(R) \end{array} \right)$$

In einem solchen Fall sagen wir, daß die Matrix $M(R)$ die direkte Summe der Matrizen $M'(R)$ und $M''(R)$ ist. Es ist leicht zu sehen, daß jeder Satz von Matrizen $M'(R)$ oder $M''(R)$ jeweils eine Darstellung der Gruppe bedeutet.
Eine Darstellung (Repräsentation) wird oft mit dem Symbol Γ versehen; die verschiedenen Darstellungsmöglichkeiten für C_{3v} werden üblicherweise folgendermaßen formuliert:

$$\Gamma = \Gamma_3 + \Gamma_1$$

Hierin ist Γ_3 die durch $M'(R)$ und Γ_1 die durch $M''(R)$ gegebene Darstellung. Wir sagen, daß die Darstellung von C_{3v}, wie sie in Tab. 16.2 gegeben ist, auf die Summe aus einer zweidimensionalen Darstellung Γ_3 und einer eindimensionalen Darstellung Γ_1 reduziert wurde.
Eine genaue Untersuchung der Gruppe von Matrizen, die Γ_3 darstellen, zeigt uns, daß keine weitere Reduktion möglich ist; Γ_3 ist also nicht die direkte Summe zweier eindimensionaler Darstellungen. Γ_3 und Γ_1 sind demnach *nichtreduzierbare Darstellungen*.
Die Gruppentheorie liefert uns eine Anzahl interessanter und wichtiger Theoreme, die sich mit nichtreduzierbaren Darstellungen und ihren Eigenschaften befassen; leider können wir in diese Materie hier nicht tiefer eindringen. Es sei jedoch erwähnt, daß alle Symmetriegruppen eingehend untersucht und ihre verschiedenen nichtreduzierbaren Darstellungen ermittelt wurden. Ebenso wurden verschiedene Methoden zur Reduzierung allgemeiner Darstellungen in direkte Summen nichtreduzierbarer Darstellungen ausgearbeitet. Wir können diese Ergebnisse für unsere eigenen Betrachtungen verwenden, wenn wir uns ihrer Bedeutung bewußt sind.
Für viele Anwendungen im Zusammenhang mit der Aufklärung von Molekelstrukturen, z.B. bei der Schwingungsspektroskopie und bei quantenmechanischen Betrachtungen, ist es noch nicht einmal notwendig, die nichtreduzierbaren Darstellungen direkt zu verwenden; oft genügen für diese Zwecke ihre *Charaktere* χ. Der Charakter einer Symmetrieoperation in einer Darstellung ist die *Spur der Matrix* für dieses Element. Die Spur einer Matrix ist die Summe ihrer diagonalen Elemente. Diese Definition wird uns klar, wenn wir die schon für die Punktgruppe C_{3v} abgeleitete, zweidimensionale nichtreduzierbare Darstellung Γ_3 betrachten.

Dies ist in Tab. 16.3 zusammen mit ihren Charakteren dargestellt (Charaktertafel) – für die anderen nichtreduzierbaren Darstellungen von C_{3v}, also für Γ_1, sind offensichtlich alle Charaktere gleich eins.

$$E = \begin{pmatrix} 1 & 0 \\ 0 & 1 \end{pmatrix} \quad C_3 = \begin{pmatrix} -1/2 & -\sqrt{3}/2 \\ \sqrt{3}/2 & -1/2 \end{pmatrix} \quad \bar{C}_3 = \begin{pmatrix} -1/2 & \sqrt{3}/2 \\ \sqrt{3}/2 & -1/2 \end{pmatrix}$$

$$\chi(E) = 2 \qquad \chi(C_3) = -1 \qquad \chi(\bar{C}_3) = -1$$

$$\sigma_1 = \begin{pmatrix} 1 & 0 \\ 0 & -1 \end{pmatrix} \quad \sigma_2 = \begin{pmatrix} -1/2 & -\sqrt{3}/2 \\ \sqrt{3}/2 & 1/2 \end{pmatrix} \quad \sigma_3 = \begin{pmatrix} -1/2 & \sqrt{3}/2 \\ \sqrt{3}/2 & 1/2 \end{pmatrix}$$

$$\chi(\sigma_1) = 0 \qquad \chi(\sigma_2) = 0 \qquad \chi(\sigma_3) = 0$$

Tab. 16.3 Die nichtreduzierbare Darstellung Γ_3 der Gruppe C_{3v} sowie ihre Charaktere χ

Es erhebt sich natürlich die Frage, ob es außer Γ_3 und Γ_1 noch mehr nichtreduzierbare Darstellungen der Punktgruppe C_{3v} gibt. Es gibt ein allgemeines Theorem der Gruppentheorie, wonach eine Gruppe aus g Elementen nur eine begrenzte Zahl k verschiedener nichtreduzierbarer Darstellungen besitzt; die Dimensionen n_i dieser Darstellungen müßten außerdem die folgende Gleichung erfüllen:

$$n_1^2 + n_2^2 + \cdots + n_k^2 = g \qquad [16.1]$$

Da jedes n_i positiv und ganzzahlig ist, bedeutet diese Beziehung, daß k nicht größer als g sein kann; oft wird jedoch $k < g$ sein. Für C_{3v} ist $g = 6$; zwei nichtreduzierbare Darstellungen haben wir schon gefunden, eine mit $n_1 = 1$ und eine mit $n_3 = 2$. Nach [16.1] gilt also:

$$1^2 + n_2^2 + 4 = 6 \qquad [16.2]$$

Eine weitere, nichtreduzierbare Darstellung mit $n_2 = 1$ müssen wir also noch finden.
Wenn wir eine allgemeinere Basis für die Darstellung von C_{3v} gewählt hätten, dann hätten wir die andere nichtreduzierbare Darstellung ebenfalls gefunden. Wir könnten z.B. jedes Wasserstoffatom zum Ausgangspunkt von drei senkrecht aufeinanderstehenden Vektoren machen und anschließend die Matrix der Transformation dieser drei Vektoren bestimmen. Auf diese Weise erhielten wir 9 · 9 Matrizen für die Darstellung, und diese Matrizen würden bei der Reduktion alle drei nichtreduzierbaren Darstellungen liefern (einige sogar mehrfach).

C_{3v}		E	$2C_3$	3σ
Γ_1	A_1	1	1	1
Γ_2	A_2	1	1	−1
Γ_3	E	2	−1	0

Tab. 16.4 Charaktertafel für die Gruppe C_{3v}

In der Charaktertafel Tab. 16.4 für die Gruppe C_{3v} finden wir nun die zwei uns schon bekannten nichtreduzierbaren Darstellungen Γ_1 und Γ_3 zusammen mit der jetzt hinzugekommenen Darstellung Γ_2.

An dieser Charaktertafel können wir zwei Besonderheiten feststellen, die stets gültig sind. Die Zahl der nichtreduzierbaren Darstellungen ist gleich der Zahl der physikalisch zusammengehörigen Arten von Symmetrieoperationen. Alle Operationen derselben Art bilden jeweils eine *Symmetrieklasse*, und jedes Symmetrieelement in einer bestimmten Klasse hat stets denselben Charakter.

Die heute gebräuchlichsten Symbole für die nichtreduzierbaren Darstellungen stammen ursprünglich von MULLIKEN; sie wurden in Tab. 16.4 ebenfalls angegeben (A_1, A_2, E). Wir müssen uns jedoch davor in acht nehmen, das Symbol E mit dem gleichen Symbol für die Symmetrieoperation der Identität zu verwechseln. Die Symbole A und B bezeichnen eine eindimensionale, E eine zweidimensionale und F eine dreidimensionale, nichtreduzierbare Darstellung. A wird verwendet, wenn der Charakter für eine Drehung um die Hauptsymmetrieachse (in unserem Beispiel C_3) $+1$ ist; B wird verwendet, wenn dieser Charakter -1 ist. Der Index 1 bezeichnet Symmetrie, der Index 2 Antisymmetrie in bezug auf eine C_2-Achse senkrecht auf der Hauptachse oder, wenn eine solche C_2-Achse fehlt, in bezug auf eine vertikale Symmetrieebene. Die Indizes g (für »gerade«) oder u (für »ungerade«) werden zur Bezeichnung einer Darstellung verwendet, für die der Charakter einer Inversion am Symmetriezentrum $+1\,(g)$ oder $-1\,(u)$ ist, vorausgesetzt natürlich, daß die Operation i überhaupt in der Gruppe auftritt.

Die nichtreduzierbaren Darstellungen sind von großem Wert für die Klassifizierung von Molekelschwingungen, Orbitalen, Quantenzuständen und all den anderen Eigenschaften von Molekeln und Kristallen, die eng mit der Symmetrie der jeweiligen Strukturen verknüpft sind; Charaktertafeln finden sich zum Beispiel in jedem Lehrbuch der Molekelspektroskopie.

17. Kapitel
Molekelspektroskopie

> Do not all fix'd Bodies when heated beyond a certain degree, emit Light and shine, and is not this Emission performed by the vibrating Motions of their parts? ... As for instance; sea Water in a raging Storm; Quicksilver agitated in vacuo; the Back of a cat, or Neck of a Horse obliquely struck or rubbed in a dark place; Wood, Flesh und Fish while they putrefy; Vapours arising from putrefy'd Waters, usually called Ignes Fatui; stacks of moist Hay or Corn growing hot by fermentation; Glow-worms and the Eyes of some Animals by vital motions; The vulgar Phosphorus agitated by the attrition of any Body, or by the acid Particles of the Air; Ambar and some Diamonds by striking, pressing or rubbing them; Iron hammer'd very nimbly till it become so hot as to kindle Sulphur thrown upon it; the Axle trees of Chariots taking fire by the rapid rotation of the Wheels; and some Liquors mix'd with one another whose Particles come together with an Impetus, as Oil of Vitriol distilled from its weight of Nitre, and then mix'd with twice its weight of Oil of Anniseeds.
>
> ISAAC NEWTON
> *Opticks, or A Treatise of the Reflections, Refractions, Inflections and Colours of Light*, 2nd ed. (1718) Query 8.

Das Gebiet der Spektroskopie ist die Messung der definierten, frequenzabhängigen Wechselwirkung zwischen elektromagnetischer Strahlung und Materie. (Nicht zu diesem Gebiet soll die Wechselwirkung zwischen hochenergetischer Strahlung, z.B. γ-Strahlung, und Materie gehören, die zum Auftreten des COMPTON- und Photoeffektes führt.) Aus der Frequenz ν der absorbierten oder emittierten Strahlung können wir mit Hilfe der Beziehung $\Delta E = h\nu$ Rückschlüsse auf die Energieniveaus in Atomen und Molekeln ziehen. Die theoretische, meist quantenmechanische Deutung der Energieniveaus erlaubt weitgehende Aussagen über die Struktur der Molekeln oder Kristalle, von denen die Spektren stammen.

Die Spektroskopie ist auch in einem anderen Zusammenhang von großem Interesse für den Chemiker. Sie stellt nämlich die Grundlage für das Gebiet der Photochemie (Kapitel 18) dar, also für das Studium chemischer Reaktionen, die durch die Absorption elektromagnetischer Strahlung ausgelöst werden. Große Bedeutung hat die Spektroskopie auch im Zusammenhang mit der Untersuchung der Kinetik sehr schneller Reaktionen gewonnen (Blitzlicht- und Pulsradiolyse, Temperatursprungmethode). Spektroskopische Messungen können nicht nur zur Gewinnung kinetischer Daten, sondern auch zur Identifizierung kurzlebiger Spezies dienen.

1. Molekelspektren

Unter einem Spektrum verstehen wir die zweidimensionale Darstellung des Absorptions-, Emissions- oder Streuverhaltens von Materie in Abhängigkeit von der Wellenlänge der mit der Materie in Wechselwirkung stehenden Strahlung. Im weiteren Sinne wird die Bezeichnung »*Spektrum*« auch für die zweidimensionale Darstellung anderer atomarer oder molekularer Eigenschaften in Abhängigkeit von irgendwelchen Parametern verstanden (Kernresonanzspektroskopie, Streuneutronenspektroskopie, Massenspektrometrie usw.). Unter einem Molekelspektrum im engeren Sinne wollen wir das Absorptions- oder Emissionsverhalten molekularer Stoffe gegenüber elektromagnetischer Strahlung im Wellenlängenbereich zwischen etwa 10 mm (Mikrowellen) und 100 nm (Vakuumultraviolett) verstehen. Im weiteren Sinne könnte man auch die Streuneutronenspektroskopie (als Schwester der Ramanspektroskopie), die Kern- und Elektronenspinresonanzspektroskopie und die neuerdings ins Blickfeld gerückte Messung der induzierten Elektronenemission als molekelspektroskopische Methoden verstehen. Tab. 17.1 zeigt die wichtigsten Methoden der Molekelspektroskopie.

Atomspektren bestehen, wenn man vom Ionisationskontinuum absieht, aus scharfen Linien. Wegen der außerordentlich großen Zahl quantenmechanisch möglicher Übergänge bestehen Molekelspektren aus *Banden*, welche sich aus dichtgepackten Linien zusammensetzen, die zu Übergängen verschiedener Wahrscheinlichkeit gehören. Diese Linienstruktur läßt sich in bestimmten Fällen, z.B. bei Gasen, mit Spektrometern hohen Auflösungsvermögens erkennen. Die den Atomspektren zugrunde liegenden Energieniveaus repräsentieren die verschiedenen erlaubten Zustände der Orbitalelektronen. Ebenso kann in einer Molekel die Absorption oder Emission von Energie mit Übergängen zwischen verschiedenen elektronischen Energieniveaus verknüpft sein (Spektren im UV und im sichtbaren Bereich). Solche Niveaus würden z.B. mit den verschiedenen Molekelorbitalen zusammenhängen, die wir in Abschnitt 15-11 diskutiert haben. Eine Molekel kann ihren Energiezustand jedoch auch noch auf zwei andere Weisen ändern, die bei Atomen nicht möglich sind: durch Änderungen im Schwingungs- und Rotationszustand. Diese inneren Energien sind wie die Elektronenenergie gequantelt; die Molekel kann also nur in bestimmten Schwingungs- und Rotationsniveaus existieren.

In der Theorie der Molekelspektren ist es üblich, die Energie einer Molekel in guter Annäherung als die Summe aus elektronischer, Schwingungs- und Rotationsenergie zu betrachten:

$$E = E_{\text{elektron}} + E_{\text{vib}} + E_{\text{rot}} \qquad [17.1]$$

Diese Auftrennung der Gesamtenergie in drei verschiedene Kategorien ist nicht ganz gerechtfertigt. Die Aufführung der Elektronenenergie in einem besonderen Term beruht im wesentlichen auf der BORN-OPPENHEIMER-Approximation, die wir in Abschnitt 15-3 diskutiert hatten. Rotations- und Schwingungsenergien können deshalb nicht streng voneinander getrennt werden, weil die Atome in einer schnellrotierenden Molekel durch die Zentrifugalkräfte auseinandergetrieben werden.

Art der Spektroskopie	Wellenlänge, Frequenz			Energie		Art der Molekelenergie	Informationen aus dem Spektrum
	λ (nm)	ν (s^{-1})	$\tilde{\nu}$ (cm^{-1})	kcal/mol	kJ/mol		
Mikrowellen	$3 \cdot 10^8 \cdots 3 \cdot 10^6$	$10^9 \cdots 10^{11}$	$0{,}03 \cdots 3$	$9{,}6 \cdot 10^{-5} \cdots 9{,}6 \cdot 10^{-3}$	$4 \cdot 10^{-4} \cdots 4 \cdot 10^{-2}$	Rotationen schwerer Molekeln	Atomabstände, Dipolmomente, nukleare Wechselwirkungen
Fernes IR	$3 \cdot 10^6 \cdots 3 \cdot 10^4$	$10^{11} \cdots 10^{13}$	$3 \cdots 300$	$9{,}6 \cdot 10^{-3} \cdots 0{,}96$	$4 \cdot 10^{-2} \cdots 4$	Rotationen leichterer Molekeln, Schwingungen schwerer Molekeln	Atomabstände, Kraftkonstanten
Mittleres IR	$3 \cdot 10^4 \cdots 3 \cdot 10^3$	$10^{13} \cdots 10^{14}$	$300 \cdots 3000$	$0{,}96 \cdots 9{,}6$	$4 \cdots 40$	Schwingungen leichterer Molekeln	Atomabstände, Kraftkonstanten, molek. Ladungsverteilungen
Nahes IR	$3 \cdot 10^3 \cdots 10^3$	$10^{14} \cdots 3 \cdot 10^{14}$	$3000 \cdots 10^4$	$9{,}6 \cdots 28{,}8$	$40 \cdots 120$	Oberschwingungen	Anharmonizitätsfaktoren
Raman	$3 \cdot 10^6 \cdots 3 \cdot 10^3$	$10^{11} \cdots 10^{14}$	$3 \cdots 3000$	$9{,}6 \cdot 10^{-3} \cdots 9{,}6$	$4 \cdot 10^{-2} \cdots 40$	Rotationen und Schwingungen	viele Molekeleigenschaften, π-Elektronensysteme
Sichtbarer Bereich, UV	$600 \cdots 30$	$5 \cdot 10^{14} \cdots 10^{16}$	$1{,}67 \cdot 10^4 \cdots 3 \cdot 10^5$	$48 \cdots 960$	$200 \cdots 4000$	Elektronenübergänge	Dissoziationsenergien

Tab. 17.1 Molekelspektren im Bereich der elektromagnetischen Strahlung

Molekelspektren

Hierdurch werden sowohl die Schwingungsamplituden als auch die Schwingungsenergien beeinflußt. Dennoch genügt die Näherungsbeziehung [17.1] zur Erklärung vieler Besonderheiten der Molekelspektren.

Die Energiesprünge zwischen den Elektronenniveaus sind gewöhnlich sehr viel größer als die zwischen den Schwingungsniveaus; diese sind wiederum in den meisten Fällen viel größer als die Differenz zwischen den Rotationsniveaus. Man kann also einen Schwingungszustand nicht anregen, ohne zu gleicher Zeit auch Rotationszustände anzuregen. Ebenso kann man keinen Elektronenübergang anregen, ohne zugleich auch Schwingungs- und Rotationsvorgänge anzuregen. Nur Rotationszustände sind, wenn man von den Translationen absieht, frei von anderen Energieanteilen. Auf diese Weise entsteht ein recht kompliziertes Energiediagramm; Abb. 17.1 zeigt als Beispiel mehrere elektronische Energieniveaus der CO-

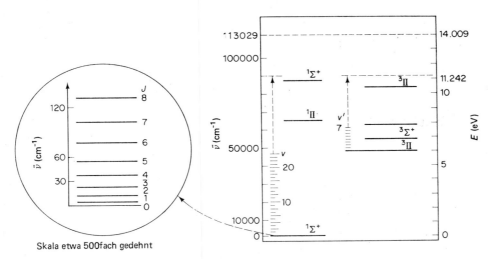

Abb. 17.1 Diagramm der Energieniveaus der CO-Molekel. Es werden mehrere elektronische Singulett- und Triplettzustände gezeigt, desgleichen die Schwingungsniveaus, die jeweils mit dem niedrigsten Singulett- und Triplettzustand verknüpft sind. Diese Serie von Energieniveaus setzt sich in Wirklichkeit nach immer höheren Energien fort, bis die Molekel bei einem Energieniveau von 11,242 eV in ein C- und ein O-Atom zerfällt, beide im ^{3}P-Zustand. Die Ionisationsenergie (CO → CO$^+$ + e$^-$) liegt noch höher als die Dissoziationsenergie, nämlich bei 14,009 eV. Das linke Diagramm stellt, mit gedehnter Energieskala, die mit dem niedrigsten ($v = 0$) Schwingungsniveau verknüpften Rotationszustände dar.

Molekel, zusammen mit den überlagerten Schwingungs- und Rotationsniveaus (letztere im linken Diagramm). Der elektronische Grundzustand einer Molekel wird üblicherweise mit X bezeichnet; angeregte Zustände charakterisiert man mit den Buchstaben $A, B, C \ldots$ Das Symbol $X\{^1\Sigma^+\}$ bezeichnet den Grund-(Singulett-)Zustand des σ-Elektrons des CO. Analog bedeutet das Symbol $^3\Pi$ einen Triplettzustand des π-Elektrons. Die verschiedenen Schwingungszustände v werden arabisch numeriert. Zu jedem Elektronenniveau gehört ein Satz von Schwingungsniveaus; zu jedem Schwingungsniveau gehört wiederum ein Satz von Rotations-

niveaus. Die Rotationsstruktur der Schwingungsspektren flüssiger oder fester Stoffe läßt sich, von einigen ganz wenigen Ausnahmen abgesehen, nicht auflösen.
Übergänge zwischen verschiedenen Elektronenniveaus führen zu Spektren im sichtbaren oder UV-Gebiet (*Elektronenspektren*). Übergänge zwischen Schwingungsniveaus desselben Elektronenzustandes sind für die Spektren im nahen und mittleren Infrarot verantwortlich (*Rotationsschwingungsspektren*). Absorptionen bei kürzeren Wellen als etwa 2,5 μm (>4000 cm^{-1}) stammen von Oberschwingungen (Übergänge vom Grundzustand zu höheren Schwingungsniveaus). Die Rotationen gasförmiger Molekeln führen zu Spektren im langwelligen IR und im Mikrowellenbereich (*reine Rotationsspektren*). Bei diesen Angaben müssen wir uns darüber im klaren sein, daß keine säuberliche Trennung der Spektralbereiche und der zugehörigen Molekelzustände existiert. Im nahen IR können sowohl energiearme Elektronenübergänge als auch höhere Oberschwingungen auftreten. Im mittleren IR finden sich neben Grundschwingungen auch Obertöne, im langwelligen IR (in weiterem Bereich von 100 μm) können sowohl Biege- und Torsionsschwingungen schwerer Atomgruppierungen als auch reine Rotationen leichterer Molekeln auftreten. Im Mikrowellengebiet endlich gibt es einen Übergangsbereich zwischen Resonanz und Relaxation.

2. Lichtabsorption

Licht kann bei der Wechselwirkung mit Materie reflektiert, durchgelassen, gebrochen und gestreut oder absorbiert werden. Beim Phänomen der Absorption wissen wir aus Erfahrung, daß es z.B. stark und schwach absorbierende Sonnenbrillen gibt, und daß der Bruchteil des absorbierten Lichtes mit der Dicke des absorbierenden Mediums zunimmt. Das zuerst von BOUGUER im Jahre 1729 gefundene und auf einem Merkzettel festgehaltene Absorptionsgesetz wurde später von LAMBERT wiederentdeckt. In differentieller Form lautet es

$$-\mathrm{d}I/I = b \cdot \mathrm{d}x \quad \text{oder} \quad -\frac{\mathrm{d}I}{\mathrm{d}x} = b \cdot I \qquad [17.2]$$

Hierin bedeutet I die Lichtintensität und $\mathrm{d}x$ eine Wegstrecke des Lichts im absorbierenden Medium. In Worten sagt dieses Gesetz, daß die auf einer Wegstrecke $\mathrm{d}x$ absorbierte Lichtmenge $\mathrm{d}I$ proportional der jeweiligen Lichtintensität I ist. Den Proportionalitätsfaktor b nennt man den NAPIERschen Absorptionskoeffizienten. Wenn die Lichtintensität beim Eintritt ins Medium ($x = 0$) I_0 ist, dann erhalten wir durch Integration innerhalb dieser Grenzen:

$$I = I_0 \cdot e^{-bx}$$

oder

$$\ln \frac{I}{I_0} = \ln T = -bx \qquad [17.3]$$

Hierin ist T die *innere Lichtdurchlässigkeit* (*Transmission*).

In dekadischen Logarithmen lautet diese Beziehung:

$$\log \frac{I}{I_0} = \log T = -a\,x \qquad [17.4]$$

Hierin ist a der (lineare) *Absorptionskoeffizient*.
Im Jahre 1852 untersuchte BEER Lösungen absorbierender Stoffe in lichtdurchlässigen Lösemitteln und fand, daß der Koeffizient a in den meisten Fällen proportional der Konzentration c an absorbierendem Stoff ist. Demnach lautet das BEERsche Gesetz:

$$\log \frac{I}{I_0} = -\varepsilon\,c\,x \qquad [17.5]$$

Hierin ist c die molare Konzentration und ε der *molare Absorptionskoeffizient*. Diese Absorptionsgesetze bilden die Grundlage für viele spektrophotometrische Analysenmethoden. Sie gelten streng nur für monochromatisches Licht. Bei der Nachprüfung des BEERschen Gesetzes findet man außerdem häufig, daß die *Extinktion* $\log \frac{I_0}{I}$ eine nichtlineare Funktion der Konzentration ist. Dies ist auf die mit zunehmender Konzentration stärker werdende Wechselwirkung zwischen den Molekeln des gelösten Stoffes zurückzuführen, die in besonderen Fällen (Fähigkeit zur Ausbildung von Wasserstoffbrücken) zur Assoziation führen kann.
Die zur Messung von I_0, also der ursprünglichen Lichtintensität, verwendeten Vorrichtungen nennt man *Aktinometer*. Die *Aktinometrie* ist eine notwendige Voraussetzung für quantitative Absorptionsmessungen und für die quantitative Untersuchung photochemischer Reaktionen. Ein häufig verwendetes Aktinometer ist das Thermoelement oder die Thermosäule. Letztere besteht aus einer Anzahl von Thermoelementen, die in Serie geschaltet und deren geschwärzte Lötstellen so angeordnet sind, daß praktisch alles einfallende Licht absorbiert und in Wärme verwandelt wird. In modernen Spektrophotometern werden als *Lichtdetektoren* Vakuumthermoelemente von sehr geringer Wärmekapazität oder pneumatische Detektoren vom Typ der GOLAY-Zelle verwendet, welche auf der Ausdehnung eines Gases durch Erwärmung beruhen. Für photochemische Zwecke läßt sich ein Thermoelement oder eine Thermosäule so eichen, daß man zunächst mit einem Intensitätsnormal (Standardlampe) und hernach mit der Lichtquelle unbekannter Intensität arbeitet; das Verhältnis der beiden EMK liefert den erwünschten Korrekturfaktor.

3. Quantenmechanik der Lichtabsorption

In vorhergehenden Kapiteln haben wir die Anwendung der Quantenmechanik auf die Struktur von Atomen und Molekeln in ihrem stationären, zeitunabhängigen Zustand diskutiert. Wenn ein Atom oder eine Molekel Strahlungsquanten absorbiert oder emittiert, dann geht sie vom einen in den anderen stationären Zustand über. Für derartige energetische Änderungen lassen sich allgemeine Beziehungen ableiten, die eine quantitative Deutung des Absorptions- oder Emissionsverhaltens ermöglichen.

Den folgenden Überlegungen liegt die *Theorie der zeitabhängigen Störungen* zugrunde. Wir betrachten ein Atom oder eine Molekel im stationären Zustand als ein ungestörtes System; anschließend untersuchen wir quantenmechanisch den Einfluß eines zeitlich veränderlichen elektromagnetischen Feldes, z.B. des periodischen Feldes eines Lichtbündels, das durch das System wandert.
In Abwesenheit störender Einflüsse können wir ein Atom oder eine Molekel durch die folgende Wellengleichung darstellen:

$$(i\hbar)\frac{\partial \Psi}{\partial t} = \hat{H}_0 \Psi \qquad [17.6]$$

Hierin ist $\hat{H}_0$ der Hamiltonoperator (s. 14-1) des ungestörten Systems. Die Lösung dieser Gleichung liefert uns eine Reihe von Wellenfunktionen, die den erlaubten Energieniveaus E_n des stationären Zustandes entsprechen:

$$\Psi_n^0(q,t) = \psi_n(q)\exp\left(\frac{iE_n t}{\hbar}\right) \qquad [17.7]$$

Hierin ist $\psi_n(q)$ eine zeitunabhängige Funktion der Raumkoordinaten, die alle formal durch q dargestellt werden.
Zur Berücksichtigung eines zeitabhängigen Störfeldes führen wir einen zusätzlichen Term $U(q,t)$ in die Hamiltonsche Beziehung ein; die Wellengleichung erhält dann die folgende Form:

$$i\hbar\frac{\partial \Psi}{\partial t} = (\hat{H}_0 + \hat{U})\Psi \qquad [17.8]$$

Wir wollen nun annehmen, daß zur Zeit $t = 0$ der Zustand des Systems durch die Beziehung $\Psi(q,0)$ beschrieben werden kann. Mit [17.8] können wir dann die Wellenfunktion $\Psi(q,t)$ zu einer beliebigen späteren Zeit t berechnen. Hierzu entwickeln wir die Funktion $\Psi(q,t)$ als eine Reihe der zeitabhängigen Wellenfunktionen $\Psi_n^0(q,t)$ des ungestörten Systems:

$$\Psi(q,t) = \sum_n a_n(t)\,\Psi_n^0(q,t) \qquad [17.9]$$

Hierin bedeuten $\Psi_n^0(q,t)$ die Wellenfunktionen für das ungestörte System.
Um diese Funktionen für die Koeffizienten a_n zu lösen, setzen wir [17.9] in [17.8] ein. Unter Verwendung der Wellenfunktion [17.6] für das ungestörte System erhalten wir dann:

$$i\hbar\sum\frac{da_n}{dt}\Psi_n^0(q,t) = \hat{U}\Psi(q,t)$$

Wir multiplizieren nun jede Seite mit $\Psi_m^{0*}(q,t)$, also mit der komplexen Konjugierten von Ψ_m^0, und integrieren über alle Werte von q. Da die Wellenfunktionen orthogonal sind, verschwinden bei der Summenbildung im linken Ausdruck alle Terme mit $m \neq n$. Wenn aber $m = n$ ist, dann wird das Integral gleich eins; dies ist eine Konsequenz der Normierung der Wellenfunktionen. Es gilt daher:

$$i\hbar\frac{da_n}{dt} = \int \Psi_n^{0*}(q,t)\,\hat{U}\,\Psi(q,t)\,dq \qquad [17.10]$$

Mit dieser Beziehung könnten wir nun grundsätzlich den Übergang vom einen in den anderen stationären Zustand ausdrücken. Wir wollen einmal annehmen, daß sich das System ursprünglich im Zustand $\Psi_1^0(q,t)$ befinde. In diesem Falle wären $a_1 = 1$ und alle anderen Koeffizienten $a_n = 0$. Durch die Absorption von Licht soll nun das System in einen Zustand $\Psi_2^0(q,t)$ übergehen. In diesem neuen Zustand ist nun $a_2 = 1$, und alle anderen Koeffizienten a_n sind null. Wir wollen nun annehmen, daß die Störung U so klein ist, daß die Änderung in der Wellenfunktion ebenfalls klein ist. Wir können dann $\Psi(q,t)$ durch den Ausdruck $\Psi_0(q,t)$ für den ungestörten Zustand ersetzen; hierdurch erhalten wir:

$$i\hbar \frac{da_n}{dt} = \int \Psi_n^{0*}(q,t)\, \hat{U}\, \Psi_0^0(q,t)\, dq \qquad [17.11]$$

Zur Vereinfachung setzen wir nun

$$\int \psi_n(q)\, \hat{U}\, \psi_0(q)\, dq \equiv U_{n0} \qquad [17.12]$$

Unter Verwendung von [17.7] erhalten wir dann:

$$i\hbar \frac{da_n}{dt} = U_{n0} \exp[i(E_0 - E_n)t/\hbar] \qquad [17.13]$$

Durch Integration zwischen den Zeitgrenzen $t_0 = 0$ und t erhalten wir:

$$a_n(t) = \frac{1}{i\hbar} \int_0^t U_{n0} \exp\frac{i(E_0 - E_n)t'}{\hbar}\, dt' \qquad [17.14]$$

Diese wichtige Gleichung zeigt in guter Näherung, wie sich die Koeffizienten in [17.9] in Abhängigkeit von der Zeit ändern; damit wird gleichzeitig beschrieben, wie das System in Abhängigkeit von der Zeit vom einen in den anderen Zustand übergeht.

Wir können nun gleich eine wichtige Konsequenz ableiten. Wenn das Störpotential durch elektromagnetische Strahlung verursacht wird, z.B. durch ein Lichtbündel der Frequenz ν, das durch die betrachtete Materie hindurchgeht, dann wird die Zeitabhängigkeit der Störung U einem Ausdruck der folgenden Art gehorchen:

$$U(q,t) = F(q) \cdot (e^{2\pi i \nu t} + e^{-2\pi i \nu t}) \qquad [17.15]$$

Die mit der Lichtquelle der Frequenz ν wandernden elektrischen und magnetischen Vektoren zeigen dieselbe Periodizität wie die Welle und eine Amplitude, die proportional $F(q)$ ist. Da wir in [17.10] nur über die Raumkoordinaten integriert hatten, muß der Faktor U_{n0} dieselbe Zeitabhängigkeit besitzen wie die Größe U in [17.15]. Das Integral in [17.14] enthält daher Terme der folgenden Form:

$$\int \exp(2\pi i\nu t) \cdot \exp\left(\frac{2\pi i (E_0 - E_n)t}{h}\right) dt$$

Normalerweise werden sich nun die beiden harmonischen Faktoren in diesem Integral durch Interferenz gegenseitig auslöschen; hierdurch wird der Integralausdruck gleich null. Dies geschieht aber nicht, wenn die folgende Bedingung erfüllt ist:

$$\nu = \frac{E_0 - E_n}{h} \qquad [17.16]$$

Dies ist nun nichts anderes als die BOHRsche Bedingung für einen spektralen Übergang. Wir sehen also, daß auch bei der Anwendung der Theorie der zeitabhängigen Störung ein Übergang unter dem Einfluß eines Störpotentials (Zunahme von a_n) nur dann erfolgen kann, wenn die grundlegende BOHRsche Forderung [17.16] erfüllt ist.

Zwischen der Übergangswahrscheinlichkeit (der »*Intensität*« der absorbierten oder emittierten Strahlung) und der Größe U_{n0}, die wir das Matrixelement des Übergangsmomentes nennen wollen, muß nun ein bestimmter Zusammenhang bestehen. Da die Größe a_n die Amplitude eines Terms n in den Wellenfunktionen [17.7] bestimmt, gilt für die Wahrscheinlichkeit, daß sich das System zur Zeit t im Zustand n befindet, die folgende Beziehung:

$$P_n = |a_n(t)|^2$$

Für die Übergangswahrscheinlichkeit in der Zeiteinheit gilt dann:

$$\frac{P_n}{t} = \frac{|a_n|^2}{t} = \frac{1}{\hbar^2} |U_{n0}|^2 \qquad [17.17]$$

4. Die Einsteinkoeffizienten

Für die folgenden Überlegungen wollen wir zwei energetisch verschiedene Zustände m und n betrachten (Abb. 17.2). Unter dem Einfluß des periodischen Störfeldes elektromagnetischer Strahlung können in dem molekularen System Übergänge zwischen diesen beiden Zuständen stattfinden. Die Zahl der Molekeln, die

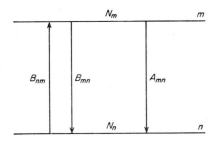

Abb. 17.2 Übergänge zwischen zwei Molekelzuständen; $E_m - E_n = h\nu_{nm}$.

unter Absorption eines Lichtquants $h\nu_{nm}$ von n nach m übergehen, ist proportional der Zahl N_n der Molekeln im Zustand n und der Strahlungsdichte ϱ bei der Frequenz ν_{nm}. Es gilt also:

Zahl der Molekeln, die in der Zeiteinheit von n nach m übergehen
$= B_{nm} N_n \varrho(\nu_{nm})$

Die Einsteinkoeffizienten

Die Größe B_{nm} nennt man die EINSTEINsche *Übergangswahrscheinlichkeit für eine Absorption*. Für den durch das Störfeld verursachten umgekehrten Vorgang gilt:

Zahl der Molekeln, die in der Zeiteinheit von m nach n übergehen
$= B_{mn} N_m \varrho\,(\nu_{nm})$

Der Übergang von m nach n wird von einer spontanen Emission $h\nu$ mit einer Einsteinschen Übergangswahrscheinlichkeit begleitet, die hier das Symbol A_{mn} erhält. Diese Größe läßt sich zwar nicht aus der einfachen Strahlungstheorie berechnen, wir erhalten sie jedoch indirekt aus der Beziehung zwischen A_{mn} und B_{mn}. Im stationären Zustand muß die Zahl der Molekeln, die in der Zeiteinheit von n nach m übergehen, genauso groß sein wie die Zahl der Molekeln, die in derselben Zeit von m nach n übergehen. Es gilt also:

$$N_m [A_{mn} + \varrho\,(\nu_{nm})\,B_{mn}] = N_n B_{nm} \varrho\,(\nu_{nm})$$

Aus der allgemeinen Eigenschaft des Matrixelements $U_{n0} = U_{0n}$ wissen wir, daß $B_{mn} = B_{nm}$ sein muß[1]. Für das Verhältnis der Populationen in den Zuständen m und n gilt aufgrund der BOLTZMANNschen Gleichung:

$$N_m/N_n = \exp\,(-h\nu_{nm}/kT)$$

Wenn wir diese Beziehung mit dem PLANCKschen Strahlungsgesetz [13.32]

$$\varrho\,(\nu) = \frac{8\pi h \nu^3}{c^3} (e^{h\nu/kT} - 1)^{-1}$$

vereinigen, dann erhalten wir:

$$A_{mn}/B_{mn} = \frac{8\pi h \nu_{nm}^3}{c^3} \qquad [17.18]$$

Mit dieser Beziehung können wir die Einsteinsche Übergangswahrscheinlichkeit für eine spontane Emission, A_{nm}, aus dem Wert für B_{mn} berechnen. Eine direkte Berechnung von A_{nm} erlaubt die DIRACsche Strahlungstheorie.

Wir wollen nun ein molekulares System betrachten, in dem sich eine Anzahl von Molekeln in angeregten Zuständen befindet; das Besondere sei aber, daß die von außen wirkende Anregung gerade unterbrochen wurde. Wir können den nun folgenden Abklingvorgang als eine Reaktion erster Ordnung auffassen; der Einsteinsche Koeffizient A_{mn} für eine spontane Emission entspräche dann der Geschwindigkeitskonstanten für diese Reaktion:

$$-\mathrm{d}N_m/\mathrm{d}t = A_{mn} N_m$$

---

[1] Für irgendwelche Lösungen Ψ_n, Ψ_m der Schrödingergleichung und für einen beliebigen HERMITE-Operator $\hat{M}$ gilt:

$$\int \Psi_n^* \hat{M} \Psi_m\,\mathrm{d}\tau = \int \Psi_m^* \hat{M}^* \Psi_n\,\mathrm{d}\tau$$

Diese Hermitesche Eigenschaft der Matrixelemente ist die quantenmechanische Grundlage des Prinzips der molekularen (mikroskopischen) Reversibilität.

Wenn N_m^0 die Zahl der Molekeln ist, die sich zur Zeit $t = 0$ im oberen Zustand befunden haben, dann gilt für die Population auf dem Niveau m zur Zeit t:

$$N_m = N_m^0 \, e^{-A_{mn} t}$$

Nach der Zeit $\tau = 1/A_{mn}$ ist die Zahl der Molekeln im angeregten Zustand auf einen Bruchteil von $1/e$ des ursprünglichen Wertes abgesunken. Für erlaubte Übergänge hat diese Zeit τ die Größenordnung von 10^{-8} s.

Wir wollen nun sehen, wie der Wert der *Übergangswahrscheinlichkeit* U_{n0} [17.12] bestimmt werden kann. Hierzu denken wir uns eine einfache zweiatomige Molekel, deren Achse in der x-Achse liegt und das einem elektrischen Feld E_x ausgesetzt ist. Jedes Elektron in der Molekel erfährt nun eine Kraft $-E_x e$, die einer potentiellen Energie $E_x e x$ ($F = -\partial U/\partial x$) entspricht. Auf alle Elektronen in der Molekel wirkt daher das folgende Störpotential:

$$U = E_x \sum_j e \, x_j$$

Hierbei wird über alle x-Koordinaten der Elektronen (x_j) summiert. Die Summanden haben die Dimension [Ladung × Abstand], es ist also $e x_j = \mu_j$. Letzteres bedeutet den Beitrag des Elektrons j zu der x-Komponente des Dipolmoments der Molekel. Der Beitrag zur Übergangswahrscheinlichkeit U_{n0} ist

$$\int \psi_n(q) \, (E_x \sum - e x_j) \, \psi_0(q) \, dq = \mu_x(no) \, E_x \qquad [17.19]$$

Die Übergangswahrscheinlichkeit hängt von der Größe $\mu_x(no)$ ab, die man das *Übergangsmoment* nennt. Für die Einsteinsche Übergangswahrscheinlichkeit für eine Absorption ergibt sich letztlich:

$$B_{nm} = \frac{8 \pi^3}{3 h^2} [\mu_x^2(mn) + \mu_y^2(mn) + \mu_z^2(mn)] \qquad [17.20]$$

Hierbei werden die Quadrate der drei verschiedenen Komponenten des Übergangsmoments addiert.

Aus [17.20] können wir verschiedene *Auswahlregeln* für spektrale Übergänge ableiten. Wenn wir uns für reine Rotationsspektren interessieren, dann setzen wir die Wellenfunktion für Rotationen in diese Gleichung ein. Um die Auswahlregeln für Schwingungs- und Elektronenspektren zu bekommen, setzen wir in analoger Weise die Wellenfunktionen für die jeweiligen Schwingungs- oder Elektronenzustände ein. Es muß nun deutlich gemacht werden, daß diese Betrachtungen auf dem Effekt des Dipolmoments beruhen, daß aber die zeitliche Änderung des Dipolmoments zwar den stärksten, nicht aber den einzigen Einfluß auf die Auswahlregeln hat. Wenn also nach den oben angestellten Betrachtungen ein bestimmter Übergang verboten ist, dann können immer noch andere, kleinere Terme zum Störpotential beitragen und dadurch zu Übergängen führen; diese haben in der Regel sehr viel geringere Wahrscheinlichkeiten (»Intensitäten«). Solche Effekte können Quadrupolwechselwirkungen oder magnetische Dipolwechselwirkungen mit dem magnetischen Feld der elektromagnetischen Strahlung sein.

5. Rotationsniveaus, Spektren im fernen Infrarot

Die quantenmechanische Theorie des starren linearen Rotors wurde in Abschnitt 14-7 behandelt. Da sich die Rotationsenergie in recht guter Näherung als unabhängig vom Schwingungszustand erweist, lassen sich Rotationen linearer Molekeln nach dieser Theorie gut beschreiben. Das Trägheitsmoment einer starren Molekel um eine Achse, die durch den Schwerpunkt geht, ist definiert als

$$I = \sum m_i r_i^2 \qquad [17.21]$$

Hierin ist m_i die Masse des i-ten Atoms und r_i dessen Abstand von der Achse. Bei einer linearen Molekel steht die Rotationsachse des größten Trägheitsmomentes senkrecht auf der Verbindungslinie der Atome und geht durch den Massenschwerpunkt. Lineare Molekeln gehören zur Punktgruppe $D_{\infty h}$, wenn sie eine Symmetrieebene senkrecht zur Verbindungslinie der Atome besitzen (Beispiel: $^{12}C^{16}O_2$). In Abwesenheit einer solchen Symmetrieebene gehören sie zur Punktgruppe $C_{\infty v}$ (Beispiel: OCS).
Als Beispiel für die Berechnung eines Trägheitsmomentes wollen wir die Molekel $^{16}O^{12}C^{32}S$ betrachten (Abb. 17.3). Als Ursprung der Koordinaten r' wollen wir das Zentrum des S-Atoms ansehen. Wenn das Massenzentrum an der Stelle $r' = \Delta$ liegt, dann können wir mit neuen Koordinaten r arbeiten, deren Ursprung im Massenzentrum liegt; es ist also $r' = r - \Delta$. Wir finden Δ aus der Bedingung $\sum m_i r_i = 0$; es muß also sein:

$$-m_S \Delta + m_O (r_{CS} + r_{CO} - \Delta) + m_C (r_{CS} - \Delta) = 0$$

$$\Delta = \frac{m_O (r_{CS} + r_{CO}) + m_C r_{CS}}{m_S + m_C + m_O}$$

Für das Trägheitsmoment gilt nun:

$$I = \sum m_i r_i^2 = m_S \Delta^2 + m_O (r_{CS} + r_{CO} - \Delta)^2 + m_C (r_{CS} - \Delta)^2$$

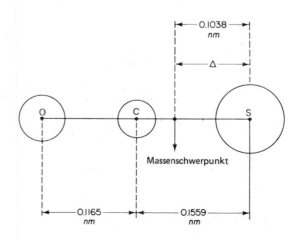

Abb. 17.3 Dimensionen der OCS-Molekel zur Berechnung des Trägheitsmomentes.

Durch Eliminierung von Δ und Umformulierung erhalten wir:

$$I = \frac{m_C m_O r_{CO}^2 + m_C m_S r_{CS}^2 + m_O m_S (r_{CO} + r_{CS})^2}{m_C + m_O + m_S} \qquad [17.22]$$

Wenn wir die in Abb. 17.3 angegebenen numerischen Werte einsetzen, dann erhalten wir

$$I_{OCS} = 1{,}384 \cdot 10^{-45} \text{ kg} \cdot \text{m}^2 = 1{,}384 \cdot 10^{-37} \text{ g cm}^2$$

Für die Energieniveaus des starren Rotors gilt nach [14.44]:

$$E_r = \frac{\hbar^2 J (J+1)}{2I} = B\,h\,c\,J\,(J+1) \qquad [17.23]$$

Die *Rotationskonstante* B hat einen Wert von $\hbar/4\pi c I$ und wird meist in cm^{-1} angegeben. Die *Rotationsquantenzahl* J kann nur ganzzahlige Werte annehmen. Die Wellenfunktionen für die Rotation lauten (s. 14-7; $k \neq$ Boltzmannsche Konstante):

$$\psi_r^{J,k}(\theta,\varphi) = P_J^{|k|}(\cos\theta)\,e^{ik\varphi}$$

Für jeden Wert von J gibt es $2J+1$ Wellenfunktionen, die durch die erlaubten Werte für k ($-J$ bis $+J$) charakterisiert sind. Jedes durch J spezifizierte Rotationsniveau hat daher einen Degenerationsgrad von $2J+1$.
Mit dem Wert von J sind auch die erlaubten Werte für den Drehimpuls der Rotation (L) festgelegt:

$$L = \hbar\,\sqrt{J(J+1)}$$

Dieser Ausdruck entspricht genau dem für den Bahndrehimpuls eines Elektrons im Wasserstoffatom; letzterer wird durch die Quantenzahl l spezifiziert.
Es stellt sich nun die Frage der Anregungsbedingung für ein Rotationsspektrum: Unter welchen Voraussetzungen kann eine rotierende Molekel Strahlungsquanten absorbieren oder emittieren und dabei vom einen in das andere Rotationsniveau übergehen? Zur Beantwortung dieser Frage bedienen wir uns des allgemeinen theoretischen Ausdrucks für das Übergangsmoment [17.19]. Wenn wir die Rotationswellenfunktionen einsetzen, dann finden wir für einen Übergang zwischen den Zuständen J', k' und J'', k'' die folgende Bedingung:

$$\mu(J'k', J''k'') = \int \psi_r^{J'k'} (\mu_x + \mu_y + \mu_z)\,\psi_r^{J''k''}\,d\tau \qquad [17.24]$$

Als Beispiel wollen wir die z-Komponente des Dipolmomentes herausgreifen; die folgende Betrachtung gilt jedoch auch für die anderen Komponenten. Es ist

$$\mu_z = ez = er\cos\theta = \mu^0 \cos\theta$$

Hierin bedeutet μ^0 die Größe des molekularen Dipolmoments. Es ist dann

$$\mu_z(J'k', J''k'') = \mu^0 \int \psi_r^{J'k'} \cos\theta\,\psi_r^{J''k''}\,d\tau \qquad [17.25]$$

Wenn $\mu^0 = 0$ ist, dann wird der ganze rechte Ausdruck gleich null. Dies bedeutet, daß auch die Übergangswahrscheinlichkeit null ist und keine Emission oder Absorption von Strahlung stattfinden kann. Die *Anregungsbedingung für ein reines Rotationsspektrum* ist also, daß die als starrer Rotor aufgefaßte Molekel ein permanentes Dipolmoment besitzt. Heteroatomige Molekeln vom Typ AB zeigen also ein FIR-Spektrum, homoatomige vom Typ A_2 jedoch nicht.

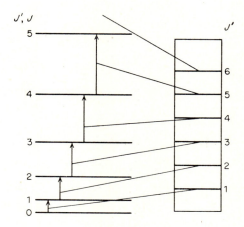

Abb. 17.4 Abstand der Rotationsenergieniveaus und der Linien eines reinen Rotationsspektrums für Übergänge zwischen den Niveaus J und $J' = J + 1$.

Wenn wir die Rotationswellenfunktionen in [17.25] einsetzen und die Übergangswahrscheinlichkeit berechnen, so finden wir, daß diese nur dann nicht verschwindet, wenn sich die Quantenzahl J bei einem Übergang um eine Einheit ändert:

$$\Delta J = \pm 1$$

Einen Ausdruck für die Übergangsenergie ΔE eines starren Rotors können wir leicht aus [17.23] herleiten. Für zwei Niveaus mit den Quantenzahlen J und J' gilt:

$$\Delta E = h\nu = hcB[J'(J'+1) - J(J+1)] \qquad [17.26]$$

Da

$\nu = \Delta E/h$ und $J' - J = 1$, gilt auch

$$\nu = 2BcJ' \qquad [17.27]$$

Der Abstand zwischen den Energieniveaus nimmt linear mit J zu (Abb. 17.4). Absorptionsspektren entstehen durch Übergänge von einem dieser Niveaus auf das nächsthöhere. Mit einem Spektrographen hohen Auflösungsvermögens läßt sich zeigen, daß die Absorptionsbande aus einer Serie von äquidistanten Linien besteht; für den Linienabstand gilt nach [17.27]:

$$\Delta \nu = \nu - \nu' = 2Bc$$

6. Bestimmung von Kernabständen aus Rotationsspektren

Aus Rotationsspektren können wir genaue Werte für die Trägheitsmomente und damit auch für die Abstände und die Anordnung der Atome in Molekeln erhalten. Als Beispiel wollen wir die Molekel HCl betrachten.
Das HCl absorbiert im FIR im Bereich von etwa 50 μm (200 cm^{-1}). Der Abstand zwischen aufeinanderfolgenden Linien liegt zwischen 20,1 und 20,7 cm^{-1}. Eine genauere Untersuchung zeigt, daß der Übergang von $J = 0$ nach $J = 1$ einer Wellenzahl von $\tilde{\nu} = 1/\lambda = 20,6$ cm^{-1} entspricht. Für die Frequenz gilt daher:

$$\nu = \frac{c}{\lambda} = 3,00 \cdot 10^{10} \cdot 20,6 \approx 6,20 \cdot 10^{11}\,\text{s}^{-1}$$

Das erste Rotationsniveau $J = 1$ liegt also bei einer Energie von

$$h\nu = 6,20 \cdot 10^{11} \cdot 6,62 \cdot 10^{-34} = 4,10 \cdot 10^{-22}\,\text{Joule}$$

Aus [17.23] und [17.26] erhalten wir für den Übergang von $J = 0$ nach $J' = 1$

$$\Delta E = \frac{\hbar^2}{I} = 4,10 \cdot 10^{-22}\,\text{Joule}$$

Es ist also

$$I = 2,72 \cdot 10^{-47}\,\text{kg} \cdot \text{m}^2 = 2,71 \cdot 10^{-40}\,\text{g} \cdot \text{cm}^2$$

Nun ist $I = \mu r_e^2$, wobei μ die reduzierte Masse darstellt. Für diese gilt (H^{35}Cl):

$$\mu = \frac{35,0 \cdot 1}{35,0 + 1} \cdot \frac{1}{6,02 \cdot 10^{23}} = 1,61 \cdot 10^{-24}\,\text{g}$$

Wir können daher den Kernabstand r_e im HCl folgendermaßen berechnen:

$$r_e = \left(\frac{2,72 \cdot 10^{-47}}{1,61 \cdot 10^{-27}}\right)^{1/2} = 1,30 \cdot 10^{-10}\,\text{m} = 0,130\,\text{nm}$$

7. Rotationsspektren polyatomiger Molekeln

Die Rotationsenergieniveaus linearer polyatomiger Molekeln können wir nach [17.23] bestimmen. Das in dieser Gleichung auftretende Trägheitsmoment I kann jedoch von zwei oder noch mehr verschiedenen Kernabständen abhängen. Als Beispiel wollen wir die Molekel OCS betrachten, deren Trägheitsmoment von den beiden Kernabständen O—C und C—S abhängt. Diese zwei Parameter können wir aber nicht aus einem einzelnen Trägheitsmoment bestimmen, das wir aus dem Rotationsspektrum erhalten.
In solchen Fällen verwendet man die Methode der Isotopensubstitution. Die Kernabstände werden durch die elektrostatische Konfiguration der Kerne und Elektronen in der Molekelstruktur bestimmt, sie hängen jedoch praktisch nicht von den Kernmassen ab. Durch die Substitution eines Isotops durch ein anderes erhalten wir also neue Trägheitsmomente bei unveränderten Kernabständen. So

wurde die OCS-Molekel bei zwei verschiedenen Isotopenzusammensetzungen untersucht, und man erhielt die folgenden Rotationskonstanten:

$^{16}O^{12}C^{32}S \quad B = 0{,}202864 \text{ cm}^{-1}$

$^{16}O^{12}C^{34}S \quad B = 0{,}197910 \text{ cm}^{-1}$

Das Trägheitsmoment der linearen dreiatomigen Molekel erhält man aus [17.22]. Wenn wir den nach $I = \hbar/4\pi c B$ bestimmten Wert einsetzen, dann erhalten wir zwei Gleichungen mit zwei Unbekannten, nämlich r_{CO} und r_{CS}. Obwohl die Gleichungen in bezug auf die Werte für r nichtlinear sind, können sie durch sukzessive Näherungsrechnungen oder andere Methoden gelöst werden und liefern dann die Werte für r_{CO} und r_{CS}. Die Ergebnisse solcher Rechnungen mit Paaren von isotopensubstituierten OCS-Molekeln zeigt Tab. 17.2. Die auf diese Weise erhaltenen Kernabstände stimmen für verschiedene Molekelpaare nicht genau überein; dies ist darauf zurückzuführen, daß r_e sich mit den Kernmassen etwas ändert. Um dies zu verstehen, ist es nützlich, ein Diagramm der potentiellen Energie für die verschiedenen Molekelarten zu zeichnen.

Bei nichtlinearen Molekeln werden die mathematischen Beziehungen für die Rotationsenergieniveaus komplizierter, und die Rotationsspektren lassen sich oft nur noch mit Schwierigkeiten entwirren. Nichtlineare Molekeln haben grundsätzlich

Isotopenmassen für Molekelpaare						Kernabstand	
O	− C	− S	und O	− C	− S	C−O nm	C−S nm
16	12	32	16	12	34	0,1165	0,1558
16	12	32	16	13	32	0,1163	0,1559
16	12	34	16	13	34	0,1163	0,1559
16	12	32	18	12	32	0,1155	0,1565

Tab. 17.2 Die aus den reinen Rotationsspektren des OCS durch die Methode der Isotopensubstitution erhaltenen Kernabstände.

drei Trägheitsmomente; wenn zwei davon gleich sind, sprechen wir von einem *symmetrischen Kreisel* (symmetrictop). Bei dem in Abb. 17.5 gezeigten CH$_3$Cl geht eine Achse durch die Verbindungslinie Cl—C; die beiden anderen stehen senkrecht auf dieser Verbindungslinie und senkrecht zueinander. Für die Rotationsniveaus eines solchen starren Rotors können wir schreiben:

$$E_r = \frac{\hbar^2}{2 I_b} J(J+1) + \frac{\hbar^2}{2}\left(\frac{1}{I_a} - \frac{1}{I_b}\right) K^2 \qquad [17.28]$$

Da K die z-Komponente des durch J spezifizierten Drehimpulses angibt, sind die erlaubten Werte von K

$K = J, \; J-1, \; J-2 \ldots -J$

Alle Zustände mit $|K| > 0$ sind also zweifach degeneriert. Wenn $A > B$ ist, haben wir einen gestreckten symmetrischen Kreisel (CH$_3$Cl), wenn $A < B$ ist, einen ab-

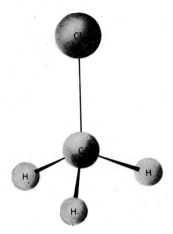

Abb. 17.5 Methylchlorid als Beispiel für einen *symmetrischen Kreisel (symmetrictop)*.

geflachten (BCl_3). Wie bei linearen Molekeln können wir auch bei symmetrischen Kreiseln nur dann ein Rotationsspektrum beobachten, wenn die Molekel ein permanentes Dipolmoment hat. (Bei gleichatomigen Molekeln können bei hohen Drücken auch rasch wechselnde, induzierte Dipolmomente auftreten.) Wenn die Hauptachse der Molekel zugleich auch eine Symmetrieachse ist, dann muß das Dipolmoment auch in dieser Achse liegen. Die Auswahlregeln für diesen Fall lauten:

$$\Delta K = 0, \quad \Delta J = 0 \quad \text{oder} \quad \pm 1$$

Es können also nur benachbarte Niveaus mit demselben Wert von K miteinander kombinieren. Nach [17.28] liegen daher die Linien im Rotationsspektrum bei folgenden Frequenzen:

$$\nu = h^{-1}[E_r(J', K') - E_r(J'', K'')] = 2Bc(J'' + 1) = 2BcJ'$$

Dies ist genau dieselbe Formel wie die für eine lineare Molekel.

Bei einer Molekel mit drei verschiedenen Trägheitsmomenten lassen sich die Rotationsenergieniveaus nicht mehr nach einer einfachen, allgemeinen Formel berechnen. In vielen Fällen ist jedoch eines der Trägheitsmomente viel kleiner als die anderen beiden, wodurch wir bei niedriger Auflösung ein relativ einfaches Spektrum erhalten.

Das Modell des starren Rotors trifft die Wirklichkeit nur näherungsweise. In einer rasch rotierenden Molekel streben die Atome auseinander, so daß die Bindungen etwas gedehnt werden. Bei hohen Rotationsenergien (höheren Rotationszuständen) nimmt also das Trägheitsmoment zu und die Energieniveaus rücken näher zusammen. Die folgende Gleichung für die Rotationsniveaus berücksichtigt diesen Effekt:

$$E_r = B_0 hc J(J+1) - C_0 hc [J(J+1)]^2 \qquad [17.29]$$

Die Größe C_0 nennt man die Konstante für die Zentrifugalverformung. Sie beträgt etwa $10^{-4} B_0$. Bei der Untersuchung des symmetrischen Kreisels hatten wir angenommen, daß sich die Molekel wie ein starrer Rotor verhält. Wenn man hier die Bindungsstreckung durch die Zentrifugalkräfte berücksichtigt, dann spalten die Rotationsniveaus mit verschiedenen Werten von K auf, und die einzelnen Linien zeigen nun eine Feinstruktur.

8. Mikrowellenspektroskopie

Das Trägheitsmoment des linearen $^{16}O^{12}C^{32}S$ beträgt $I = 138{,}4 \cdot 10^{-40}$ g cm^2 (s. 17-5). Die Rotationskonstante des OCS wäre demnach

$$B = \frac{\hbar}{4\pi c I} = 0{,}20286 \text{ cm}^{-1}$$

Spektren in diesem Frequenzbereich können mit den üblichen optischen Methoden entweder gar nicht oder nur mit äußerst großen Schwierigkeiten gemessen werden; sie sind jedoch durch einen Mikrowellenspektrometer recht gut zugänglich. Mikrowellen haben eine Wellenlänge im Bereich von etwa 1 ··· 10 mm. Bei der gewöhnlichen Absorptionsspektroskopie ist die Strahlenquelle meist ein elektrisch erhitzter fester Körper (Nernststift, Silitstab usw.) oder ein Hochdruckgasentladungsrohr; in beiden Fällen erhält man eine weite Verteilung der emittierten Wellenlängen. Diese polychromatische Strahlung wird nun durch die absorbierende Materie geschickt; anschließend mißt man die Intensität der durchgelassenen Strahlung bei verschiedenen Wellenlängen, z.B. durch Vergleich mit dem ungeschwächten Strahl (Doppelstrahlspektrophotometer). Als dispergierendes Prinzip dient ein Gitter oder ein Prisma. Bei der Mikrowellenspektroskopie sendet die Quelle monochromatische Strahlung aus, deren gutdefinierte Wellenlänge jedoch durch Frequenzmodulation rasch geändert werden kann. Der »Sender« ist ein elektronisch gesteuerter Oszillator, der einen gewissen Frequenzbereich überstreicht und dessen Strahlung durch eine Wellenschiene (wave guide) weitergeleitet werden kann. Die Strahlung durchsetzt die Zelle mit der zu untersuchenden Substanz und trifft dann auf einen Empfänger, meist von der Art eines Kristallempfängers. Das Signal wird anschließend verstärkt und auf einen Kathodenstrahloszillographen gegeben, der als Detektor oder als Registriervorrichtung dient. Das Auflösungsvermögen einer solchen Anordnung ist etwa 10^5mal größer als das des besten IR-Gitterspektrophotometers. Den Aufbau eines typischen Mikrowellenspektrographen zeigt Abb. 17.6.
Eine der nützlichsten Modifikationen der Mikrowellentechnik ist die Einführung einer metallischen Trennwand in die Zelle mit dem zu untersuchenden Gas. Auf diese Weise kann ein elektrisches Feld angelegt werden, während man das Spektrum der jeweiligen Substanz mißt.
Die Aufspaltung von Spektrallinien durch ein elektrisches Feld nennt man den STARK-Effekt. Dabei werden die durch die Rotationsquantenzahl J spezifizierten Niveaus in $J + 1$ Unterniveaus aufgespalten, die durch die Quantenzahlen $M_J = 0, 1, 2 \ldots J$ gekennzeichnet sind. Die Auswahlregel für M_J hängt von der

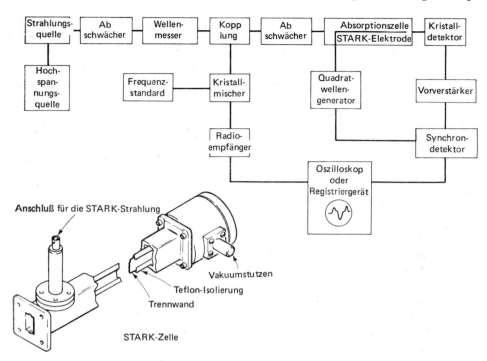

Abb. 17.6 Schematische Darstellung eines Mikrowellenspektrometers mit Stark-Modulation. Eine Mikrowellenabsorptionszelle für Gase hat z.B. einen Querschnitt von $4 \cdot 10$ mm^2 und eine Länge von 2 m. Der Frequenzbereich liegt zwischen 8 und 40 GHz, die Stark-Modulation (in Rechteckform) beträgt 0···2000 V bei 33,333 kHz.

Orientierung des elektrischen Starkfeldes relativ zum elektrischen Vektor des Mikrowellenfeldes ab. Wenn diese elektrischen Felder parallel liegen, dann ist $\Delta M_J = 0$; wenn sie senkrecht aufeinanderstehen, dann ist $\Delta M_J = \pm 1$. Abb. 17.7. zeigt den Starkeffekt beim Mikrowellenspektrum des OCS zusammen mit dem Termschema, das die beobachtete Aufspaltung erläutert. Die Rotationsenergie einer Molekel in einem elektrischen Feld hängt vom Dipolmoment dieser Molekel ab; wohl die beste Methode für die Bestimmung von Dipolmomenten ist heute die Messung des Starkeffektes in Mikrowellenspektren.

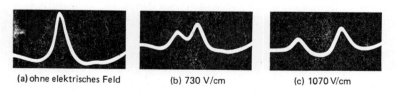

(a) ohne elektrisches Feld (b) 730 V/cm (c) 1070 V/cm

Abb. 17.7a–c Aufspaltung der Rotationslinie für den Übergang $J = 1 \to 2$ im elektrischen Feld bei der Molekel OCS (Stark-Effekt).

Abb. 17.7d Termschema für die Aufspaltung der Rotationslinie des OCS für den Übergang $J_2 \leftarrow J_1$ durch den Stark-Effekt. Das elektrische Feld steht parallel zum elektrischen Vektor der polarisierten Mikrowellenstrahlung. [Nach DAKIN, GOOD und COLES, *Phys. Rev. 70* (1946) 560.]

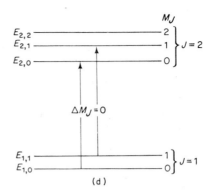

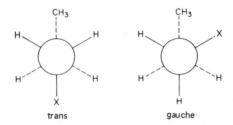

(a) Rotationsisomeren der n-Propylhalogenide

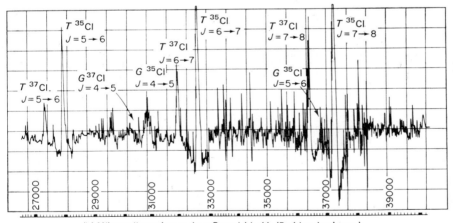

(b) Mikrowellenspektrum des n-Propylchlorids (Breitbandspektrum)

Abb. 17.8 Mikrowellenspektrum des *n*-Propylchlorids mit den verschiedenen Übergängen der trans- und gauche-Form; die Feinaufspaltung ist auf den Isotopeneffekt (^{35}Cl und ^{37}Cl) in den Molekeln zurückzuführen. Die Übergangsfrequenzen gehorchen der einfachen Form $\nu(J) = B^*(J+1)$. Hierin ist J der Ausgangswert der Rotationshauptquantenzahl; B^* ist die Rotationskonstante für einen *pseudosymmetrischen Kreisel*. Letzterer setzt sich additiv aus den zwei kleinsten Rotationskonstanten für den nahezu gestreckten Rotor zusammen: $B^* = B + C$. Hierin sind $B = \hbar^2/2I_b$ und $C = \hbar^2/2I_c$. Der Wert von I_a läßt sich aus diesen Spektren nicht bestimmen. (Hewlett-Packard Inc., Palo Alto, Calif., USA.)

Zu den interessantesten Anwendungen der Mikrowellenspektroskopie gehört die Untersuchung der Rotationsisomerie. Als Beispiel wollen wir das n-Propylchlorid, $CH_3-CH_2-CH_2-Cl$ betrachten. Diese Molekel besitzt zwei *Rotationsisomere (Konformere)*, die man als *trans*- und *gauche*-Konformation bezeichnet (Abb. 17.8a). Das Mikrowellenspektrum von 27 bis 39 GHz ist in Abb. 17.8b gezeigt. Die sehr scharfen Rotationslinien gehören zum trans-Isomeren, die etwas breiteren Linien zum gauche-Isomeren. Die Feinaufspaltung der Linien ist auf die unterschiedlichen Trägheitsmomente der Molekeln mit ^{35}Cl und ^{37}Cl zurückzuführen (*Isotopeneffekt*).

Lineare Molekeln

Molekel	Bindung	$[r_0$ nm]	Bindung	r_0 [nm]
ClCN	C—Cl	0,1629	C—N	0,1163
BrCN	C—Br	0,1790	C—N	0,1159
HCN	C—H	0,1064	C—N	0,1156
OCS	C—O	0,1161	C—S	0,1560
NNO	N—N	0,1126	N—O	0,1191

Symmetrische Kreisel

Molekel	Bindungswinkel	Bindung	r_0 [nm]	Bindung	r_0 [nm]
$CHCl_3$	Cl—C—Cl 110° 24′	C—H	0,1073	C—Cl	0,1767
CH_3F	H—C—H 110° 0′	C—H	0,1109	C—F	0,1385
SiH_3Br	H—Si—H 111° 20′	Si—H	0,157	Si—Br	0,2209

Tab. 17.3 Bindungslängen (Gleichgewichtskernabstände) und Bindungswinkel, berechnet aus Mikrowellenspektren. (Eine umfassende, 5bändige Sammlung von Mikrowellenspektren mit Quantenzahlen, Frequenzangaben und daraus berechneten Molekelkonstanten wurde als NBS Monograph 70, *Microwave Spectral Tables* (1964–1969) publiziert; zu beziehen durch US Government Printing Office, Washington, D.C.)

Schwere Molekeln haben große Trägheitsmomente [17.22]; die Energie ihrer reinen Rotationsübergänge ist daher niedrig und liegt so weit im fernen IR, daß die gewöhnlichen IR-Spektrophotometer (4000–200 cm^{-1}) zu ihren Messungen nicht ausreichen. Durch die Entwicklung von Mikrowellentechniken ist jedoch der FIR-Bereich leicht zugänglich geworden. Mit den aus den Mikrowellenspektren erhaltenen Trägheitsmomenten können wir die Kernabstände in Molekeln mit einer Genauigkeit von ± 0,2 pm (2 · 10^{-4} nm) bestimmen. Tab. 17.3 zeigt einige Beispiele.

9. Innere Rotationen

Bei bestimmten mehratomigen Molekeln lassen sich die inneren Freiheitsgrade nicht in Schwingungen und Rotationen trennen. Als Beispiele wollen wir Äthylen und Äthan betrachten. Die Orientierung der zwei Methylengruppen im $CH_2=CH_2$

Innere Rotationen

wird durch die Doppelbindung festgelegt; wir haben also eine Torsionsschwingung (twisting) um die Bindung, aber keine vollständige Rotation. Beim Äthan haben wir jedoch eine *innere Rotation* der Methylgruppen um die Einfachbindung. Hierbei geht also ein Schwingungsfreiheitsgrad verloren, dafür tritt ein Freiheitsgrad der inneren Rotation auf. Eine solche Rotation ließe sich theoretisch leicht behandeln, wenn sie völlig ungehindert stattfinden könnte. In Wirklichkeit müssen jedoch bei solchen Rotationen mehrere Energiebarrieren überwunden werden; so zeigt die Potentialkurve des Äthans bei der Drehung einer Methylgruppe um 360° drei gleich hohe Maxima.

Wenn diese Potentialwellen $\ll kT$ sind (freie innere Rotation), dann gilt für die Energieniveaus

$$\varepsilon = h^2 K^2 / 8\pi^2 I_r \qquad [17.30]$$

Hierin sind K eine Quantenzahl und I_r das *reduzierte Trägheitsmoment*. Wenn die beiden Teile der Molekel koaxiale symmetrische Kreisel sind (CH_3-CCl_3), dann gilt die folgende Beziehung:

$$I_r = \frac{I_A I_B}{I_A + I_B}$$

Hierin sind I_A und I_B die Trägheitsmomente der beiden rotierenden Gruppen um die gemeinsame, innere Drehachse. Aus [14.46] erhalten wir für die Verteilungsfunktion der freien inneren Rotation:

$$z_{fr} = \frac{1}{\sigma'} \int_{-\infty}^{+\infty} \exp(-K^2 h^2 / 8\pi^2 I_r kT)\, dK$$

$$z_{fr} = \frac{1}{\sigma'} \left(\frac{8\pi^2 I_r kT}{h^2} \right) \qquad [17.31]$$

Als Beispiel für eine Molekel mit freier innerer Rotation wurde das Cadmiumdimethyl gefunden: $H_3C-Cd-CH_3$.

Für diese Molekel wurden die folgenden Entropiebeiträge berechnet (298 K):

Translation und Rotation	253,80 J K^{-1} mol^{-1}
Schwingung	36,65 J K^{-1} mol^{-1}
Freie innere Rotation	12,26 J K^{-1} mol^{-1}
Gesamte statistische Entropie $S_{298}^{\ominus}$	302,71 J K^{-1} mol^{-1}

Die nach dem III. Hauptsatz berechnete Entropie betrug 302,92 J K^{-1} mol^{-1}; die ausgezeichnete Übereinstimmung mit dem statistischen Wert bestätigt für diesen Fall die Hypothese der freien inneren Rotation.

Wenn die unter der Annahme freier Rotation berechnete Entropie von dem nach dem III. Hauptsatz berechneten Wert abweicht, dann müssen wir die Möglichkeit einer *gehinderten inneren Rotation* mit einer Energiebarriere $> kT$ in Betracht ziehen. Als Beispiel wollen wir das Äthan betrachten (Abb. 17.9a). Die gezeigte Konformation entspricht einem Minimum der potentiellen Energie ($U = U_0$).

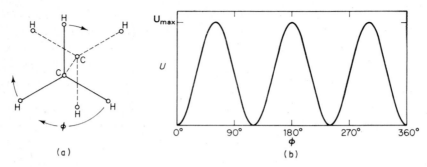

Abb. 17.9 (a) Orientierung der CH_3-Gruppen im CH_3–CH_3; (b) Potentielle Energie des Äthans als Funktion der Orientierung der CH_3-Gruppen.

Wenn wir eine CH_3-Gruppe relativ zur andern um 60° drehen, dann stehen die H-Atome der beiden Methylgruppen jeweils übereinander und die potentielle Energie der Molekel hat ein Maximum erreicht ($U = U_{max}$). Abb. 17.9(b) zeigt die Änderung von U mit dem Drehwinkel φ. Die potentielle Energie in Abhängigkeit vom Drehwinkel gehorcht der folgenden Beziehung:

$$U = \frac{1}{2} U_{max} (1 - \cos \sigma' \varphi) \qquad [17.32]$$

Hierin ist σ' ein Strukturfaktor. Tab. 17.4 zeigt einige Werte von U_{max} für verschiedene Molekeln.

Molekel	Bindung	Barriere $kJ \cdot mol^{-1}$
$(CH_3)_2O$	C—O	10,8
CH_3—CH_3	C—C	11,5
CH_3CCl_3	C—C	11,3
$(CH_3)_2S$	C—S	8,79
$(CH_3)_3SiH$	C—Si	7,66
CH_3SiH_3	C—Si	6,99
$(CH_3)_2SiH_2$	C—Si	6,95
CH_3SH	C—S	5,36
CH_3OH	C—O	4,48
CH_3COF	C—C	4,35
CH_3—CHO	C—C	4,90
CH_3—CFO	C—C	4,35
CH_3—$CH_2 \cdot CH_3$	C—C	14,9
CH_3—$CH=CH_2$	C—C	8,28
CH_3—$CH_2 \cdot Cl$	C—C	15,4

Tab. 17.4 Höhe der Energiebarriere bei der inneren Rotation verschiedener Molekeln um eine einfache Bindung

Für den Fall einer gehinderten inneren Rotation gibt es keine einfache Formel für die Verteilungsfunktion. Es ist in jedem Fall notwendig, das quantenmechanische Problem für die Energieniveaus zu lösen und anschließend die Summierung für z durchzuführen. Die Ergebnisse solcher Rechnungen werden in Tabellen zusammengefaßt.

Die Mikrowellenspektroskopie hat sich auch bei der Untersuchung innerer Rotationen als sehr wichtiges Werkzeug erwiesen. Bei einfachen Molekeln mit Methylgruppen spalten einige der reinen Rotationsübergänge in Dubletts auf, die gewöhnlich einen Abstand von einigen MHz besitzen. Diese Aufspaltung ist auf eine Rotation der Methylgruppen zurückzuführen; die jeweilige Höhe der Energiebarriere läßt sich aus dem Abstand der Dubletts mit einer Genauigkeit von 5% berechnen. Einige der so bestimmten Werte finden sich in Tab. 17.4. Solche experimentelle Werte stellen einen Ansporn für die molekulare Quantenmechanik dar, und es ist zu hoffen, daß sie sich bei einer Verbesserung der theoretischen Methodik auch berechnen lassen werden[2].

10. Rotationsschwingungsspektren und Schwingungsniveaus

Wenn wir von den $3N$ Freiheitsgraden der N Atome in einer nichtlinearen Molekel drei Translationen und drei (äußere) Rotationen abziehen, dann bleiben $3N-6$ *Grundschwingungen* der Molekel übrig. Welche hiervon durch Absorption von Infrarotlicht oder durch Ramanstreuung kurzwelliger Strahlung aktiviert werden können, bestimmen die Molekelsymmetrie und die Symmetrie der betrachteten Schwingungen (*Auswahlregeln*). Für die Anregung durch Absorption (Auftreten einer Absorptionsbande) ist es notwendig, daß sich das Dipolmoment der Molekel im Ablauf der Schwingung ändert. Für die Anregung durch Streuung (Auftreten einer Ramanlinie) ist es notwendig, daß sich die Polarisierbarkeit der Molekel im Ablauf der betrachteten Schwingung ändert.

Grundschwingungen treten im mittleren Infrarotbereich auf, der von modernen Gitterspektrophotometern ganz überstrichen wird (meist $4000 \cdots 200$ cm^{-1}). Noch etwas weiter ins Langwellige erstreckt sich der Meßbereich der eigentlichen FIR- und der Ramanspektrophotometer.

Das Schwingungsspektrum einer Molekel ist – mit kleinen Einschränkungen – ein getreues Abbild der Molekelstruktur. Die Methoden der Schwingungsspektroskopie, vor allem die IR-Spektroskopie, haben daher eine außerordentliche Bedeutung sowohl für die Entwicklung der Theorien über die Molekularstruktur als auch in der praktischen analytischen Chemie (*angewandte Spektroskopie*) gewonnen.

Zu jedem Schwingungsniveau gehört ein Satz von Rotationsniveaus; ein bestimmter Schwingungsübergang erscheint im Spektrum daher nicht als einzelne Linie, sondern als mehr oder minder breite »Bande«. Bei Gasen läßt sich die Bandenstruktur in eine Vielzahl nahe beieinander liegender Linien auflösen, die zu den verschiedenen Rotationsniveaus gehören. Molekeln in kondensiertem Zu-

---

[2] Über die Mikrowellenspektroskopie bei der Untersuchung innerer Rotationen berichtete E. B. WILSON, *Science 162* (1968) 59. Mit der theoretischen Berechnung der Rotationsbarrieren beim Äthan befaßte sich R. M. PITZER, *J. Chem. Phys. 39* (1963) 1995.

stand üben starke Wechselwirkungen aufeinander aus und können keine freien Rotationen durchführen; die Zahl der – gehinderten – Rotationszustände wird daher so groß, daß die Bandenstruktur nicht mehr aufgelöst werden kann.

Eine schwingende Molekel, die vor allem Übergänge zwischen dem Grundzustand und dem ersten Schwingungsniveau erleidet, kann in erster Näherung als harmonischer Oszillator aufgefaßt werden. Das quantenmechanische Problem des eindimensionalen, harmonischen Oszillators hatten wir in Kapitel 14 behandelt; hiernach gilt für die Schwingungsniveaus die folgende Beziehung:

$$E_{\text{vib}} = \left(v + \frac{1}{2}\right) h \nu_0$$

Die rücktreibende Kraft ist bei harmonischen Schwingungen direkt proportional der Elongation r. Die Potentialkurve hat daher die Form einer Parabel; ein (hypothetischer) harmonischer Molekeloszillator kann daher auch bei den höchsten Schwingungsamplituden nicht dissoziieren. Wir wissen, daß dies in Wirklichkeit nicht zutrifft. In klassischer Ausdrucksweise können wir sagen, daß mit zunehmender Elongation, also mit zunehmendem Kernabstand, die rücktreibende Kraft nicht mehr direkt mit der ersten, sondern mit einer kleineren Potenz der Elongation zunimmt. Endlich braucht für eine weitere Vergrößerung des Kernabstandes keine Energie mehr aufgewendet zu werden: Die Atome fliegen auseinander, die Molekel dissoziiert. Die Potentialkurven realer Molekeln sehen daher aus wie die in Abb. 15.4; je höher die Schwingungsniveaus in dieser Potentialkurve liegen, um so kleiner wird das ΔE zwischen ihnen.

Mit einer solchen Potentialkurve lassen sich zwei verschiedene Dissoziationsenergien definieren. Die spektroskopische Dissoziationsenergie D_e wird vom Minimum der Potentialkurve bis zur Asymptote gemessen. Die chemische Dissoziationsenthalpie D_0 ist definiert als die Energiedifferenz zwischen dem Grundzustand der Molekel ($v = 0$) und dem Energieniveau, bei dem die Dissoziation beginnt. Es ist daher definitionsgemäß

$$D_e = D_0 + \frac{1}{2} h \nu_0 \qquad [17.33]$$

Für die Energieniveaus in der Potentialkurve eines anharmonischen Oszillators gilt die folgende Exponentialreihe:

$$E_v = h \nu_0 \left[\left(v + \frac{1}{2}\right) - x_e \left(v + \frac{1}{2}\right)^2 + y_e \left(v + \frac{1}{2}\right)^3 - \cdots \right]$$

Wenn wir nur den ersten anharmonischen Term mit der *Anharmonizitätskonstante* x_e betrachten, dann erhalten wir die folgende einfache Beziehung:

$$E_v = h \nu_0 \left[\left(v + \frac{1}{2}\right) - x_e \left(v + \frac{1}{2}\right)^2\right] \qquad [17.34]$$

Mit zunehmender Quantenzahl rücken die Energieniveaus zusammen (vgl. Abb. 15.4). Da zu jedem dieser Schwingungsniveaus ein Satz nahe beieinander liegender Rotationsniveaus gehört, kann man nicht selten jenes Energieniveau bestimmen, das kurz vor dem Beginn des Kontinuums liegt. Auf diese Weise läßt sich dann die Dissoziationsenergie einer Molekel bestimmen. Die für eine solche Berechnung notwendigen Daten lassen sich aus den langen Progressionen von Rotationsschwingungsbanden in elektronischen Absorptions- oder Emissionsspektren erhalten (Abschnitt 17-19).

11. Rotationsschwingungsspektren zweiatomiger Molekeln

Eine zweiatomige Molekel hat nur einen Schwingungsfreiheitsgrad und daher auch nur eine Grundschwingung mit der Frequenz v_0. Um Schwingungsquanten hv_0 absorbieren oder emittieren zu können, muß die Molekel ein permanentes Dipolmoment besitzen. Dies geht auch aus [17.19] hervor, in der beim Fehlen eines Dipolmomentes die Übergangswahrscheinlichkeit verschwindet. Molekeln wie NO und HCl absorbieren und emittieren daher IR-Strahlung, homonukleare Molekeln wie H_2 und Cl_2 jedoch nicht[3].

Für den harmonischen Oszillator gilt die Auswahlregel $\Delta v = \pm 1$; es dürfen also nur Übergänge zwischen benachbarten Schwingungsniveaus stattfinden. Diese Auswahlregel ist für den anharmonischen Oszillator nicht so streng, es finden also auch Übergänge mit $\Delta v = \pm 2, \pm 3 \ldots$ statt (Obertöne). Bei diesen ist jedoch die Übergangswahrscheinlichkeit sehr viel kleiner, so daß Oberschwingungen sehr viel kleinere Intensitäten besitzen als Grundschwingungen mit $\Delta v = \pm 1$ (Ausnahme: FERMI-Resonanz). Ähnliches gilt für Kombinationsschwingungen in polyatomigen Molekeln.

Das Schwingungsspektrum einer zweiatomigen Molekel besteht, wie schon erwähnt, nicht aus einer einzigen Linie, sondern aus einer Reihe von nahe beieinander liegenden Linien unterschiedlicher Intensität. Dies ist darauf zurückzuführen, daß das Rotationsschwingungsspektrum durch Übergänge zwischen Rotationsniveaus zustande kommt, die zu verschiedenen Schwingungsniveaus gehören. Für ein Rotationsschwingungsniveau gilt, wenn man das Modell eines harmonischen Oszillators und starren Rotors zugrunde legt:

$$E_{vr} = \left(v + \frac{1}{2}\right) h v_0 + B h c J (J + 1) \qquad [17.35]$$

Für einen Übergang zwischen einem höheren Niveau v', J' und einem niedrigeren Niveau v'', J'' gilt daher in erster Näherung:

$$E_{vr} = (v' - v'') h v_0 + B' h c J' (J' + 1) - B'' h c J'' (J'' + 1) \qquad [17.36]$$

Hierbei ist zu beachten, daß wir für den oberen und unteren Zustand verschiedene Rotationskonstanten B' und B'' verwenden, da die Trägheitsmomente der Molekel in verschiedenen Schwingungszuständen einen unterschiedlichen Wert besitzen.

Für Übergänge zwischen den Rotationsschwingungsniveaus gemäß [17.36] gilt die Auswahlregel $\Delta v = \pm 1, \Delta J = \pm 1$. In den Ausnahmefällen, wenn die Molekel

---

[3] Dies gilt nicht für höhere Drücke, bei denen durch die häufigen Zusammenstöße so viele Molekeln ein schwaches induziertes Dipolmoment erhalten, daß auch homonukleare Molekeln IR-Absorptionen zeigen.

ein Trägheitsmoment bei Rotation um die Molekelachse besitzt ($\Lambda \neq 0$), haben wir auch $\Delta J = 0$. Ein Beispiel hierfür ist das NO mit seinem $^2\Pi$-Grundzustand[4]. Eine Rotationsschwingungsbande kann also aus insgesamt drei Zweigen bestehen:

$$J' - J'' = \Delta J = +1 \quad R\text{-Zweig}$$
$$J' - J'' = \Delta J = -1 \quad P\text{-Zweig}$$
$$J' - J'' = \Delta J = 0 \quad Q\text{-Zweig}$$

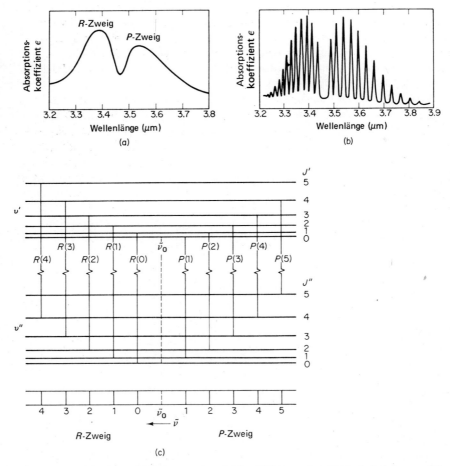

Abb. 17.10 (a) Grundschwingungsbande des HCl im nahen IR bei niedriger Auflösung. (b) Dieselbe Bande bei hoher Auflösung (Rotationsstruktur). (c) Diagramm der Energieniveaus des HCl mit den aufgelösten P- und R-Zweigen. Hierbei ist zu beachten, daß die Abstände zwischen den Niveaus mit $v'' = 0$ und $v' = 1$ in Wirklichkeit viel größer sind; dies ist durch die Zickzacklinien angedeutet. Den *Bandenursprung* kennzeichnet man mit σ_0 (an der Stelle des hier fehlenden Q-Zweigs).

---

[4] Andere Beispiele mit einem $^2\Pi$-Grundzustand sind SnF, PO, CH, OH und HCl$^+$; einen $^3\Pi$-Grundzustand haben TiO, C_2 und BN.

Als Beispiel für ein Rotationsschwingungsspektrum ohne Q-Zweig ist in Abb. 17.10 das Absorptionsspektrum des HCl im Bereich um 2886 cm^{-1} gezeigt. Diese Bande ist auf Übergänge zwischen $v'' = 0$ und $v' = 1$ zurückzuführen. Bei niedriger Auflösung hat diese Bande die Form einer BJERRUMschen Doppelbande (a). Bei hoher Auflösung (b) wird die Feinstruktur sichtbar. Jede Linie gehört zu einem bestimmten Wert von J' oder J''. Offensichtlich sind die Übergangswahrscheinlichkeiten verschieden; dabei fällt auf, daß die Linien größter Intensität nicht die mit $J = 0$, sondern die mit $J = 3$ und 4 sind.

Für den Übergang $v\ (1 \leftarrow 0)$ in HCl gilt:

$$\nu = c\sigma = (3 \cdot 10^{10}\ \text{cm} \cdot \text{s}^{-1})\ (2886\ \text{cm}^{-1}) = 8{,}65 \cdot 10^{13}\ \text{Hz}$$

Diese Grundschwingungsfrequenz ist etwa 100mal so groß wie die aus dem FIR-Spektrum gefundene Rotationsfrequenz. Für die Kraftkonstante eines harmonischen Oszillators dieser Frequenz erhalten wir nach [14.13]:

$$\varkappa = 4\pi^2 \nu^2 \mu = 4{,}81 \cdot 10^2\ \text{N} \cdot \text{m}^{-1}$$

Wenn man sich die chemische Bindung wie eine Spiralfeder vorstellt, dann entspricht die Bindungskraftkonstante der Kraftkonstante der Feder.
Potentialkurven wie die in Abb. 15.4 gezeigte sind bei chemischen Diskussionen so nützlich, daß wir einen bequemen analytischen Ausdruck für sie brauchen. Die folgende empirische Funktion von P. M. MORSE gibt die Wirklichkeit recht gut wieder:

$$U(r - r_e) = D_e [1 - \exp -\beta (r - r_e)]^2 \qquad [17.37]$$

Für die hierin auftretende Konstante β gilt in molekularen Parametern:

$$\beta = \pi \nu_0 \left(\frac{2\mu}{D_e}\right)^{1/2}$$

Hierin ist μ die reduzierte Masse der Molekel. Wenn man die Morsefunktion als potentielle Energie in der Schrödingergleichung verwendet, dann entsprechen die für den Oszillator erhaltenen Energieniveaus jenen in [17.34].

12. Schwingungsspektrum des Kohlendioxids

Eine polyatomige Molekel braucht kein permanentes Dipolmoment, um ein Schwingungsspektrum zu besitzen; gefordert wird jedoch, daß sich bei jeder Schwingung, in deren Verlauf Strahlung emittiert oder absorbiert wird, das Dipolmoment der Molekel oder der schwingenden Molekelgruppe ändert. So ist CO_2 eine lineare Molekel ohne permanentes Dipolmoment. Sie muß $3N - 5 = 4$ Grundschwingungen besitzen (Abb. 17.11). Im Verlauf der symmetrischen Streckschwingungen ν_1 kann kein Dipolmoment auftreten; diese Schwingung nennt man daher *infrarotinaktiv*. Die zweifach degenerierte Biegeschwingung ν_2 führt jedoch ein Dipolmoment herbei; sie ist daher *infrarotaktiv* und verursacht eine Grundschwingungsbande bei 667 cm^{-1}. Auch bei der antisymmetrischen Streckschwingung ν_3 wird

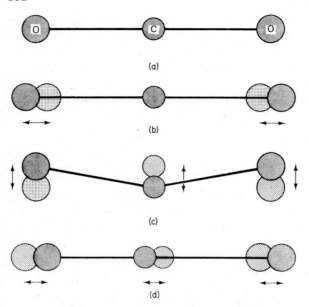

Abb. 17.11 Die CO_2-Molekel und ihre Schwingungsmöglichkeiten. **(a)** Im Grundzustand ist die Molekel linear und besitzt ein Symmetriezentrum. **(b)** Bei der ramanaktiven, symmetrischen Streckschwingung bewegen sich die O-Atome gegenläufig in der Hauptachse der Molekel. **(c)** Bei der IR-aktiven, zweifach degenerierten Biegeschwingung schwingen die Atome senkrecht zur Molekelachse, die O-Atome jeweils in einer, das C-Atom in entgegengesetzter Richtung. Die hier in der Papierebene liegende Schwingung kann durch einfache Transformation in eine senkrecht durch die Papierebene gehende Schwingung verwandelt werden. **(d)** Bei der antisymmetrischen Streckschwingung schwingen die Atome wieder in der Molekelachse, die O-Atome jedoch gleichsinnig in der einen, das C-Atom in der entgegengesetzten Richtung. Der Schwingungszustand der CO_2-Molekel läßt sich durch drei Quantenzahlen v_1, v_2 und v_3 beschreiben und wird gewöhnlich in der Form $(v_1 v_2 v_3)$ geschrieben. Hierin bedeutet v_1 die Zahl der Schwingungsquanten für symmetrische Streckschwingung, v_2 die Zahl der Schwingungsquanten für die Biegeschwingung und v_3 die Zahl der Schwingungsquanten für die antisymmetrische Streckschwingung. Wegen der zweifachen Entartung hat die Biegeschwingung das doppelte statistische Gewicht wie jede der beiden anderen Schwingungen.

ein Dipolmoment induziert; die zugehörige Absorptionsbande liegt bei 2349 cm^{-1}. Die Streckschwingung hat hier, wie bei allen anderen Fällen, eine wesentlich höhere Frequenz als irgendeine Biegeschwingung der Molekel. Dies ist darauf zurückzuführen, daß sich eine Molekel leichter durch Biegen von Valenzen als durch Strecken oder Stauchen deformieren läßt; Valenzkraftkonstanten sind also größer als die Deformationskraftkonstanten derselben Molekel. (Unter einer Deformation in diesem Sinne wollen wir das Resultat der Veränderung eines Winkels zwischen zwei Bindungen ansehen.)

Im IR-Spektrum des CO_2 treten zusätzlich zu den Absorptionsbanden der Grundschwingungen viele Kombinationsschwingungen und Obertöne auf; diese besitzen jedoch niedrigere Intensitäten als die Grundschwingungen. Ihr Auftreten zeigt, daß die für den harmonischen Oszillator gültige Auswahlregel $\Delta v = \pm 1$ auf den anharmonischen Oszillator nicht streng angewandt werden kann. Bei der

Analyse eines IR-Spektrums diskutiert man zunächst die verschiedenen möglichen Molekelstrukturen der untersuchten Substanz und die sich daraus ergebenden Grundschwingungen. Aus der jeweils betrachteten Molekelsymmetrie ergeben sich die Auswahlregeln für das IR- und Ramanspektrum; bei kristallinen Stoffen ist die röntgenographische Einheitszelle zugrunde zu legen. Die Auswahlregeln sind um so strenger, je höher die Symmetrie einer Molekel ist. Bei Vorhandensein eines Symmetriezentrums gilt das Ausschlußprinzip: eine bestimmte IR-aktive Schwingung ist ramaninaktiv und umgekehrt. Durch Vergleich des gemessenen Spektrums – unter Berücksichtigung von Lage, Intensität und Form der Banden – mit den für verschiedene Strukturen geforderten Schwingungen ergibt sich oft schon ohne genauere Berechnungen eine Präferenz für eine bestimmte Struktur. – Die Zuordnung einiger Banden im CO_2-Spektrum zeigt Tab. 17.5.

Wellenzahl (cm^{-1})	Schwingungsquantenzahlen $(v_1 v_2 v_3)$		Zuordnung*
	Ausgangszustand	Endzustand	
667	000	010	Grundschwingung δ (Biegeschwingung)
961	100	001	Kombinationsschwingung $v_{as} - v_s$
1063	020	001	Kombinationsschwingung $v_{as} - 2\delta$
1932	000	030	Oberschwingung (Oberton) 3δ
2076	000	110	Kombinationsschwingung $v_s + \delta$
2136	010	200	Kombinationsschwingung $2v_s - \delta$
2352	000	001	Grundschwingung v_{as} (antisymmetrische Streckschwingung)
4405	000	021	Kombinationsschwingung $2\delta + v_{as}$
4985	000	121	Kombinationsschwingung $v_s + 2\delta + v_{as}$
5109	000	201	Kombinationsschwingung $2v_s + v_{as}$
6353	000	221	Kombinationsschwingung $2v_s + 2\delta + v_{as}$
6978	000	003	Oberschwingung $3v_{as}$
11496	000	005	Oberschwingung $5v_{as}$

* s: symmetrisch, as: antisymmetrisch

Tab. 17.5 Zuordnung der IR-Schwingungsbanden des CO_2. (Aus dem Tabellenwerk Landolt-Börnstein, 6. Auflage, Springer, Berlin 1951)

13. Laser

Das Wort *Laser* ist ein Akronym der englischen Bezeichnung »Light Amplification by Stimulated Emission of Radiation«. Die stimulierte Emission von Laserlicht wird durch die Größe des EINSTEINschen Koeffizienten B_{mn} gemessen (Abschn. 17-3). Abb. 17.12 zeigt schematisch, wie eine Lichtquelle mit der charakteristischen Frequenz v in ein Medium eindringen und eine elektromagnetische Störung solcher Molekeln bewirken kann, die sich in einem angeregten Zustand befinden; durch diese elektromagnetische Stimulierung emittieren die Molekeln eine Strahlung mit der gleichen Frequenz v, die mit der einfallenden Strahlung genau in Phase steht. Die stimulierte Emission ist genau invers zur Absorption. Wenn, nach der klassischen Vorstellung, eine Lichtquelle ein bestimmtes Medium durchsetzt, und dieses Medium einen Teil des Lichtes absorbiert, dann hat die durchgelassene Lichtquelle eine niedrigere Amplitude, bleibt aber in Frequenz und Phase unverändert. Bei einer stimulierten Emission hat die durchgelassene Welle eine höhere Amplitude, ist aber in Frequenz und Phase ebenfalls unverändert.

Bei normalen Bedingungen (Umgebungstemperatur) befindet sich in einem System nur ein kleiner Bruchteil der Molekeln in einem höher angeregten elektro-

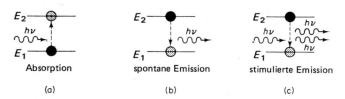

Abb. 17.12 Vergleich der stimulierten Photonenemission (Laser-Mechanismus) mit Absorption und spontaner Emission. Wenn eine Molekel, die sich im Grundzustand befindet (schwarzer Punkt links), ein Photon absorbiert (gewellter Pfeil), dann wird sie angeregt, also in einen Zustand höherer Energie versetzt. Die angeregte Molekel kann anschließend Strahlung spontan emittieren, also unter Emission eines Photons in den Grundzustand zurückkehren (b). Eine angeregte Molekel kann aber auch durch ein auftreffendes Photon zur Emission stimuliert werden. Zusätzlich zum stimulierenden Photon erhalten wir dann noch ein weiteres Photon derselben Wellenlänge (c); die Molekel kehrt in den Grundzustand zurück. Dieser Vorgang ist von besonderer Bedeutung bei Molekeln, die einen angeregten Zustand von hoher Lebensdauer besitzen.

nischen Zustand. Um durch ein solches System eine Lichtverstärkung durch stimulierte Emission zu erhalten, müssen wir zuvor eine *Populationsinversion* in den Molekeln des Mediums erzeugen; es sollen sich also mehr Molekeln im oberen als im unteren Zustand des betrachteten Überganges befinden. Seit der Entdeckung der Laserwirkung durch CHARLES H. TOWNES an der Columbia University (1954)[5] wurden viele Arten von Lasern untersucht. Manchmal erzielt man die Populationsinversion durch *optisches Pumpen*, manchmal durch elektrische Entladungen und in gewissen Fällen – dies ist für den Chemiker besonders interessant – durch eine chemische Reaktion, die Molekeln in einem angeregten Zustand erzeugt.

Wir wollen das Laserprinzip an einem besonderen Beispiel erläutern. Der Kohlendioxidlaser beruht auf den Schwingungsniveaus der CO_2-Molekel (Abb. 17.13). Die drei Quantenzahlen $(v_1 v_2 v_3)$ beziehen sich auf die symmetrische Streckschwingung, die Biegeschwingung und die antisymmetrische Streckschwingung (Abb. 17.11). In Abb. 17.13 wurde die Rotationsfeinstruktur nicht gezeigt; tatsächlich gehört aber zu jedem Schwingungsniveau ein Satz von nahe beieinander liegenden Rotationsniveaus. In dieser Abbildung findet sich auch das erste Schwin-

---

[5] TOWNES untersuchte das Phänomen im Mikrowellenbereich und nannte es »Maser action«. Der erste Laser mit sichtbarem Licht wurde 1960 von MAIMAN gebaut.

Laser 867

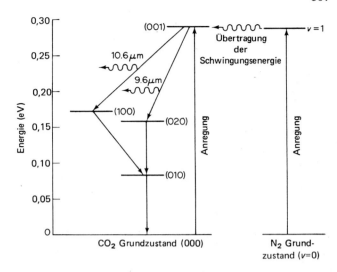

Abb. 17.13 Energieniveaus beim CO_2-Laser. Durch Zugabe von Stickstoff zu einem CO_2-Laser erzielt man eine selektive Anregung der CO_2-Molekeln (Anhebung auf das obere Laserniveau). Der Stickstoff als zweiatomige Molekel hat nur einen Schwingungsfreiheitsgrad; mit einer Schwingungsquantenzahl (v) lassen sich seine Schwingungsenergieniveaus vollständig beschreiben. N_2-Molekeln lassen sich durch Elektronenstoßanregungen bei niederem Druck (Glimmentladung) leicht vom Grundzustand ($v = 0$) auf den ersten Anregungszustand ($v = 1$) anheben. Da die hierbei aufgenommene Anregungsenergie nahezu so groß ist wie die Anregungsenergie der CO_2-Molekel im (001)-Zustand, kann die Schwingungsenergie beim Zusammenstoß zwischen angeregten N_2-Molekeln ($v = 1$) und CO_2-Molekeln im Grundzustand (000) übertragen werden. Bei solch einem Zusammenstoß kehrt die N_2-Molekel in ihren Grundzustand zurück, indem sie ein $h\nu$ an die CO_2-Molekel abgibt. Die CO_2-Molekel kehrt dann über den (100)- und (010)- oder über den (020)- und (010)-Zustand in den Grundzustand (000) zurück. Am häufigsten findet der mit einer Emission von 10,6 μm verknüpfte Übergang statt. Die niedrigeren Zustände werden durch Kollisionen desaktiviert, bei denen Schwingungsenergie in Translationsenergie verwandelt wird. (Aus *Lasers and Light*, Hrsg. A. L. SCHAWLOW, W. H. Freeman & Co., San Francisco 1969. Copyright 1969 bei *Scientific American*, alle Rechte vorbehalten.)

gungsniveau des N_2, welches nahezu dieselbe Energie wie das (001)-Niveau des CO_2 besitzt.

Das (001)-Niveau des CO_2 (Anregung der antisymmetrischen Streckschwingung) ist ideal als oberes Niveau für einen Laser. Es kann direkt angeregt werden, wenn man eine elektrische Entladung durch CO_2 schickt; noch wirksamer ist jedoch eine Mischung aus N_2 und CO_2. Zunächst wird das N_2 durch Elektronenstoßanregung auf sein erstes Schwingungsniveau gehoben; anschließend gibt es die Schwingungsenergie an CO_2 ab und hebt es damit vom Grundzustand auf den (001)-Zustand. Da N_2 eine homonukleare zweiatomige Molekel ohne Dipolmoment ist, kann sie keine Schwingungsübergänge durch Absorption oder Emission von Strahlung erleiden. Das N_2 kann also seine Anregungsenergie nicht durch Strahlung, sondern nur durch Kollisionen mit CO_2-Molekeln loswerden. Wenn die jeweiligen Energieniveaus gleich oder nahezu gleich sind, spricht man von *Resonanzkollisionen* (CO_2/N_2). Die Grundvoraussetzung für den Lasereffekt, die Populationsinversion, erzielt man durch die elektrische Entladung; auf diese Weise wird eine hohe Konzentration an CO_2-Molekeln im (001)-Schwingungszustand erzeugt. Vom Zustand (001) aus sind zwei mit Emission von Strahlung verknüpfte Übergänge möglich (Abb. 17.13), entweder auf den Zustand (100) (10,6 µm) oder auf den Zustand (020) (9,6 µm). Der erstere Übergang hat die etwa 10fache Wahrscheinlichkeit. Die in niedrigeren Schwingungsniveaus befindlichen CO_2-Molekeln verlieren ihre Anregungsenergie meist durch Kollisionen, bei denen Schwingungsenergie in Translationsenergie verwandelt wird.

Für praktische Zwecke ist es möglich, die Leistung des CO_2-Lasers fast ausschließlich auf den zum P-Zweig gehörenden Übergang einzustellen, meist vom Rotationsschwingungszustand P ($J = 20$) aus (10,59 µm). Typische CO_2-Laser sind etwa 2 m lang und besitzen eine Leistung von etwa 150 W. Es sind jedoch auch schon gewaltige CO_2-Laser mit Leistungen bis 3 kW konstruiert worden. Mit diesen schon furchterregenden Strahlern lassen sich innerhalb weniger Sekunden Stahlplatten von 1 cm Dicke durchbohren. Möglichkeiten der Nachrichtenübermittlung und anderer Anwendungen für Laserstrahlung werden derzeit untersucht.

14. Normalschwingungen (normal modes)

Das Modell des harmonischen Oszillators eignet sich nicht für die Darstellung höherer Schwingungsniveaus und für quantitative Aussagen über IR-Spektren. Dennoch ist dieses Modell sehr nützlich, ja bis heute das einzig brauchbare bei der Behandlung des mathematischen Problems der Schwingungen polyatomiger Molekeln. Nur wenn wir lineare rücktreibende Kräfte annehmen (HOOKEsches Gesetz, harmonischer Oszillator), läßt sich die analytische Mechanik des Problems lösen. Es kommt hinzu, daß wir uns meist für niedere Schwingungsübergänge interessieren, die in der Tat noch recht genau dem Modell des harmonischen Oszillators entsprechen.

Wir wollen eine Molekel mit N Kernen betrachten. Die Gleichgewichtslage jedes Kerns kann durch einen Satz von drei Koordinaten x'_i, y'_i, z'_i beschrieben werden; wir brauchen also $3N$ Koordinaten für alle Kerne in der Molekel. Die Kerne in der Molekel schwingen um bestimmte Gleichgewichtslagen; die Schwingungen jedes einzelnen Kerns können durch einen Satz von Koordinaten $x_i, y_i . z_i$ dargestellt werden, die die Verschiebung aus dem Gleichgewicht angeben. Die tatsächlichen kartesischen Koordinaten eines Kerns, bezogen auf irgendeinen Ursprung, werden also durch die Veränderung dieser Koordinaten in bezug auf irgendeinen Gleichgewichtswert ersetzt.

In der für Schwingungen mit kleinen Amplituden gültigen Theorie setzen wir voraus, daß die zu einer bestimmten Koordinatenverschiebung gehörende rücktreibende Kraft linear proportional zu jeder der anderen Koordinatenverschiebungen ist. Wenn wir z. B. den Kern 1 um den Betrag x_1 in Richtung auf die x-Koordinate verschieben, dann gilt für die rücktreibende Kraft:

$$F^1_x = -\varkappa^{11}_{xx} x_1 - \varkappa^{11}_{xy} y_1 - \varkappa^{11}_{xz} z_1 - \varkappa^{12}_{xx} x_2 - \varkappa^{12}_{xy} y_2 \ldots \varkappa^{1N}_{xz} z_N \qquad [17.38]$$
($\varkappa$ = Kraftkonstanten)

Normalschwingungen (normal modes)

Wenn wir, entsprechend den drei Koordinaten x, y, z für jeden Kern drei solche Gleichungen schreiben (Hookesches Gesetz in entwickelter Form), dann erhalten wir einen Satz dynamischer Simultangleichungen für die Bewegungen aller Kerne. In dieser Formulierung trägt jede Verschiebung eines Kerns j zur rücktreibenden Kraft an jedem Kern i (natürlich unter Einschluß des Kernes j selbst) bei.

Unter bestimmten Bedingungen können die Kerne in der Molekel eine einfache harmonische Bewegung ausführen, bei der jeder Kern harmonisch und in Phase mit jedem anderen Kern mit der Frequenz ν schwingt. Solche Schwingungen nennt man *Normalschwingungen (Schwingungen im Normalmodus, normal modes of vibration)*. Für die Verschiebung des Kernes i aus seiner Gleichgewichtslage würde z. B. gelten:

$$x_i = x_{i_0} \cos(2\pi \nu t + \varphi) \qquad [17.39]$$

Hierin ist x_{i_0} die Amplitude und φ die Phase der Schwingung. Wenn wir zweimal nach der Zeit differenzieren, dann erhalten wir nach [17.39] für die Beschleunigung

$$b_i = \ddot{x}_i = -4\pi^2 \nu^2 x_i$$

Es ist $F = mb$; hieraus folgt:

$$F_i = m\ddot{x}_i = -4\pi^2 m \nu^2 x_i$$

Wenn wir einen solchen Ausdruck für die Kraft in die verallgemeinerte Hookesche Gleichung [17.38] einführen, dann erhalten wir ein System aus $3N$ homogenen, linearen Gleichungen:

$$-4\pi^2 \nu^2 m_1 = -\varkappa_{xx}^{11} x_1 - \varkappa_{xy}^{11} y_1 - \cdots - \varkappa_{xz}^{1N} z_N$$
$$-4\pi^2 \nu^2 m_1 = -\varkappa_{yx}^{11} x_1 - \varkappa_{yy}^{11} y_1 - \cdots - \varkappa_{yz}^{1N} z_N$$
$$\vdots$$
$$-4\pi^2 \nu^2 m_N = -\varkappa_{zx}^{N1} x_1 - \varkappa_{zy}^{N1} y_1 - \cdots - \varkappa_{zz}^{NN} z_N$$

Ein solches Gleichungssystem hat nur dann eine nichttriviale Lösung, wenn die Determinante der Koeffizienten verschwindet (vgl. 14-24).

$$\begin{vmatrix} (\varkappa_{xx}^{11} - 4\pi^2 \nu^2 m_1) & \varkappa_{xy}^{11} \cdots & \varkappa_{xz}^{1N} \\ & & \vdots \\ \varkappa_{yx}^{11} & \varkappa_{yy}^{11} - 4\pi^2 \nu^2 m_i \cdots \varkappa_{yz}^{1N} & \\ \vdots & & \\ \varkappa_{zx}^{1N} & \varkappa_{zy}^{1N} \cdots & (\varkappa_{zz}^{NN} - 4\pi^2 \nu^2 m_N) \end{vmatrix} = 0 \qquad [17.40]$$

Dies ist eine Gleichung des Grades $3N$ für ν^2, das Quadrat der Frequenzen, also eine Art von Säkulargleichung. Wenn wir nach ν^2 auflösen würden, dann erhielten wir die Werte für die Frequenzen aller Normalschwingungen. Bei nichtlinearen Molekeln sind 6, bei linearen Molekeln 5 der Quadratwurzeln gleich null, entsprechend den Freiheitsgraden der Translation und Rotation. Um nun durch

Lösung von [17.40] zu numerischen Werten für die Normalfrequenzen zu gelangen, müßten wir alle Kraftkonstanten kennen; eine solche Information steht aber selten zur Verfügung. Obwohl diese Gleichung also wegen der mathematischen Formulierung der Normalschwingungsfrequenzen wichtig und interessant ist, besitzt sie doch wenig praktischen Wert für Schwingungsberechnungen.

In Wirklichkeit ist unser Problem meist entgegengesetzt gelagert: Aus unseren spektroskopischen Messungen kennen wir die Frequenzen der Normalschwingungen, und wir wollen nun diese Frequenzen den zugehörigen Schwingungen zuordnen und anschließend einen Satz von Kraftkonstanten berechnen. Da die Kraftkonstanten zahlreicher sind als die Schwingungsfrequenzen, können wir dieses Problem offensichtlich nicht mit [17.40] alleine lösen. Durch Messung der Spektren isotopensubstituierter Molekeln lassen sich zusätzliche Daten gewinnen; außerdem lassen sich Beziehungen zwischen den verschiedenen Kraftkonstanten aus Modellvorstellungen der Wechselwirkungen zwischen Atomen gewinnen. Bei etwas komplizierteren Molekeln $N > 4$) wird eine drastische Reduzierung der Zahl der Kraftkonstanten notwendig. Für den Chemiker am geläufigsten ist die modellmäßige Gliederung der Kernverschiebungen in solche, die durch

1. Bewegung in Richtung der chemischen Bindungen (Streckschwingung),
2. Veränderung der Bindungswinkel (Biegeschwingungen),
3. Verdrehung von Bindungen (Torsionsschwingungen) und
4. durch nichtbindige Wechselwirkungen zwischen eng benachbarten Atomen in der Molekel

zustande kommen. Die letztere Modellvorstellung beruht vor allem auf den van-der-Waalsschen Wechselwirkungen zwischen Molekeln, die wir im 19. Kapitel eingehender diskutieren werden. Wir müssen uns allerdings darüber im klaren sein, daß die hier beschriebene Kategorisierung der Schwingungen wegen der Kopplungsmöglichkeiten zwischen den einzelnen Typen eine sehr starke, in vielen Fällen unzulässige Vereinfachung darstellt.

Wir wollen nun annehmen, daß auf irgendeine Weise die Normalfrequenzen in einem Spektrum identifiziert wurden. Wir können diese Frequenzen nun wieder in [17.38] einsetzen; anschließend können die Gleichungen in der Weise gelöst werden, daß man die gegenseitigen *Verhältnisse der Kernverschiebungen* erhält. Diese Verhältnisse geben die *Normalkoordinaten* für die Schwingungen; sie zeigen uns, wie sich die Kerne bei jeder der Normalschwingungen bewegen.

15. Molekelsymmetrie und Normalschwingungen

Für praktische Zwecke ist es oft nicht notwendig, eine Berechnung der Normalkoordinaten durchzuführen. Die Form der Normalschwingungen läßt sich nämlich oft aus einfachen Symmetriebetrachtungen ableiten; hierbei bedient man sich der Charaktertafel für die Punktgruppe, zu der die Molekel gehört. Wenn eine Normalschwingung nicht degeneriert ist, wenn ihre Frequenz ν also nur zu *einer* Normalschwingung gehört, dann läßt sich die Voraussetzung für Symmetrie durch einen ganz einfachen Gedankengang herleiten. Die Gesamtenergie einer schwingenden Molekel darf sich bei irgendeiner Symmetrieoperation, die man an der Molekel durchführt, nicht ändern. Diese Gesamtenergie läßt sich durch die Normalschwingungskoordinaten q_i folgendermaßen ausdrücken:

$$E = \sum \frac{1}{2} m_i \dot{q}_i^2 + \sum \frac{1}{2} \varkappa_i q_i^2$$

Jede der Normalkoordinaten q_i muß entweder symmetrisch ($q_i \to q_i$) oder antisymmetrisch ($q_i \to -q_i$) in bezug auf jede Symmetrieoperation sein, da nur dann E unverändert bleibt. Als Beispiel zeigt Abb. 17.14 den Einfluß einer Symmetrieebene auf eine der Normalschwingungen einer Molekel XYZ_2, z. B. OCH_2. Das Symmetrieproblem wird etwas komplizierter, wenn die Normalschwingung degeneriert ist. In diesem Falle muß eine Linearkombination der Normalschwingungen durchgeführt werden, und die Symmetrieoperation bewirkt gewöhnlich mehr als nur eine Vorzeichenänderung.

Aus der Diskussion der Gruppendarstellung im vorhergehenden Kapitel können wir sehen, daß jede Normalschwingung als Basis für die Darstellung der Symmetriegruppe der Molekel dienen kann. Diese Darstellung können wir reduzieren auf einen Satz von nichtreduzierbaren Darstellungen. In diesem Falle wird die Normalschwingung (oder, bei einer degenerierten Schwingung, eine Linearkombination der Normalschwingungen) durch die Symmetrieoperationen genau so transformiert, wie es durch die Charaktere der nichtreduzierbaren Darstellung gefordert wird, zu welcher sie gehört.

Als Beispiel wollen wir die Molekel H_2CO betrachten, deren Normalschwingungen ($3N - 6$) wir in Abb. 17.14 sehen. Die Punktgruppe des Formaldehyds ist C_{2v}; hierzu gehört die folgende Charaktertafel:

C_{2v}	E	C_2	$\sigma_v(xz)$	$\sigma_v(yz)$
A_1	1	1	1	1
A_2	1	1	−1	−1
B_1	1	−1	1	−1
B_2	1	−1	−1	1

Alle nichtreduzierbaren Darstellungen sind eindimensional, deshalb müssen auch alle Normalschwingungen nichtdegeneriert sein. Die drei Normalschwingungen ν_1, ν_2, ν_3 sind totalsymmetrisch und gehören zur Klasse A_1. Wenn wir die Molekelebene in die XZ-Ebene legen, dann gehören die Schwingungen ν_4 und ν_5 zur Klasse B_1; ν_6 ist antisymmetrisch in bezug auf die Reflexion $\sigma'_v(xz)$ in der Molekelebene und daher von der Klasse B_2.

In dem grundlegenden Buch von HERZBERG[6] finden sich viele weitere Beispiele für die Symmetrie von Normalschwingungen. Auf weitere Details können wir hier verzichten; wir wollen uns jedoch das folgende Grundprinzip einprägen: *Die Cha-*

[6] G. HERZBERG, *Infrared and Raman Spectra*, Van Nostrand, Princeton 1945.

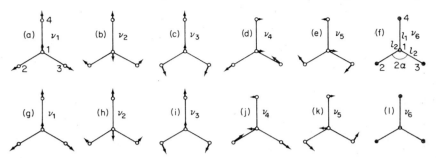

Abb. 17.14 Normalschwingungen einer XYZ_2-Molekel und ihr Verhalten bei einer Reflexion an der Symmetrieebene durch XY senkrecht zur Molekelebene. Senkrecht zur Papierebene stehende Schwingungen werden durch + oder − in den Kreisen gekennzeichnet, die die jeweiligen Kerne darstellen.
(Aus G. HERZBERG, *Molecular Spectra and Molecular Structure*, D. van Nostrand, Princeton N. J. 1945.)

raktertafel der nichtreduzierbaren Darstellungen einer Punktgruppe führt zur Klassifizierung der Normalschwingungen.

Von einer *Grundschwingung* sprechen wir dann, wenn eine bestimmte Normalschwingung so angeregt wird, daß die schwingende Gruppe vom Grundzustand $v_i = 0$ in den ersten Schwingungszustand $v_i = 1$ übergeht, während alle anderen Normalschwingungen im Grundzustand bleiben. In der Wellenfunktion einer Schwingung kann die Anregung einer Grundschwingung durch den Übergang $\psi_v^1 \leftarrow \psi_v^0$ dargestellt werden. Die physikalische Voraussetzung für die Anregung einer Grundschwingung ist, daß die Schwingung von einer periodischen Änderung der Polarisierbarkeit oder des Dipolmoments begleitet wird; das oszillierende Dipolmoment kann mit dem elektrischen Vektor des elektromagnetischen Feldes in Wechselwirkung treten. Die mathematische Formulierung der Bedingung, daß das *Übergangsmoment* einer IR-aktiven Schwingung $\neq 0$ sei, zeigt [17.19]. Im Hinblick auf die drei Komponenten des Vektors des Dipolmoments muß daher eines der folgenden Integrale von 0 verschieden sein:

$$\int \psi_v^0 x \psi_v^1 \mathrm{d}t, \quad \int \psi_v^0 y \psi_v^1 \mathrm{d}t, \quad \int \psi_v^0 z \psi_v^1 \mathrm{d}t \qquad [17.41]$$

Aus den Diskussionen des Abschnitts 14-5 wissen wir, daß die Wellenfunktionen des harmonischen Oszillators die folgende Form haben:

$$\psi_v = N_v \cdot \mathrm{e}^{-q^2/2\alpha^2} H_v(q/\alpha) \qquad [17.42]$$

Hierin sind H_v die Hermiteschen Polynome und $\alpha^2 = \hbar/2\pi\mu\nu_0$. Im Grundzustand ist $v = 0$ und $H_v = 1$; für diesen Zustand gilt daher $\psi_v^0 = N_0 \mathrm{e}^{-q^2/2\alpha^2}$.

Bei einer Normalschwingung stellt q eine der *Normalkoordinaten* dar. Eine beliebige Symmetrieoperation an der Molekel kann daher bei einer Normalschwingung die Verrückung q nur um einen Faktor ± 1 verändern; die Größe ψ_v^0 bleibt also unverändert[7].

---

[7] Diese Regel gilt für alle nichtdegenerierten Schwingungen.

Molekelsymmetrie und Normalschwingungen

Wir können daher folgende Regel aufstellen:

Alle Wellenfunktionen für den Grundzustand von Normalschwingungen stellen die Basis für die totalsymmetrische Darstellung der Punktgruppe der jeweils betrachteten Molekel dar.

Nach [17.42] hat die Wellenfunktion für den ersten angeregten Schwingungszustand die folgende Form:

$$\psi_v^1 = N_v (2x) e^{-q^2/2\alpha^2}$$

Da der Exponentialausdruck völlig symmetrisch ist, hat die Wellenfunktion für den ersten angeregten Zustand selbst die Symmetrie der Normalkoordinate q; die Wellenfunktion für diesen Zustand ($v = 1$) hat also stets die Symmetrie der Normalkoordinate selbst. Wenn wir also die Zuordnung der Normalschwingungen zu ihrer gruppentheoretischen Darstellung getroffen haben, dann haben wir damit auch die Symmetrie des ersten Anregungszustandes jeder Normalschwingung.
Das Integral des Produktes zweier Funktionen, $\int f_A f_B d\tau$, verschwindet, es sei denn, der gesamte Integralausdruck oder irgendein Term in diesem ist völlig symmetrisch. Die Bedingung für das Nichtverschwinden eines der Integrale in [17.41] ist daher, daß das Produkt von x, y oder z mit ψ_v^1 zur totalsymmetrischen Darstellung der Gruppe gehört. Mit anderen Worten, ψ_v^1 muß zur selben Darstellung wie eine der kartesischen Koordinaten x, y oder z gehören. Die Charaktertafeln für die verschiedenen Gruppen enthalten stets die Information, zu welcher Darstellung die kartesischen Koordinaten gehören.
Als Beispiel wollen wir wieder die C_{2v}-Molekel H_2CO (Abb. 17.14) betrachten, zu der die obige Charaktertafel gehört. Welche dieser Normalschwingungen ist nun IR- oder ramanaktiv? Dies ist die grundlegende Frage bei der Deutung eines IR- oder Ramanspektrums. Mit Hilfe der Charaktertafel können wir die Normalschwingungen und die kartesischen Koordinaten folgendermaßen zuordnen:

v_1	A_1	x	B_1
v_2	A_1	y	B_2
v_3	A_1	z	A_1
v_4	B_1		
v_5	B_1		
v_6	B_2		

Für diesen Fall finden wir, daß zu jeder Darstellung einer Normalschwingung eine entsprechende Darstellung für das Schwingungsdipolmoment (x, y, z) gehört; alle Normalschwingungen des Formaldehyds sind daher IR-aktiv und müssen im Spektrum als Grundschwingungsbanden zu finden sein.
Als zweites Beispiel wollen wir das trans-Dichloräthylen betrachten (Abb. 17.15). Die Symmetrien der Normalschwingungen dieser C_{2h}-Molekel erhalten wir aus der Charaktertafel für diese Punktgruppe. Die Normalschwingungen gehören daher

zu folgenden Schwingungsklassen:

$\nu_1,$	$\nu_2,$	$\nu_3,$	$\nu_4,$	ν_5	A_g	x	B_u
$\nu_6,$	ν_7				A_u	y	B_u
ν_8					B_g	z	A_u
$\nu_9,$	$\nu_{10},$	$\nu_{11},$	ν_{12}		B_u		

Die Gegenüberstellung zeigt, daß die zwei A_u-Schwingungen (ν_6, ν_7) und die vier B_u-Schwingungen ($\nu_9, \nu_{10}, \nu_{11}, \nu_{12}$) IR-aktiv sind und daher als Grundschwingungsbanden zu finden sein müssen. (Bei einer Strukturanalyse geht man den umgekehrten Weg: Man mißt das IR-Spektrum der fraglichen Substanz und diskutiert an ihm die verschiedenen Strukturmöglichkeiten.)

Charaktertafel der Gruppe C_{2h}

C_{2h}	E	C	i	σ_h	
A_g	1	1	1	1	x^2, y^2, z^2, xy
B_g	1	−1	1	−1	xz, yz
A_u	1	1	−1	−1	z
B_u	1	−1	−1	1	x, y

Abb. 17.15 *oben:* Charaktertafel der Gruppe C_{2h}; *unten:* Normalschwingungen des trans-$C_2H_2Cl_2$, C_{2h}. (G. HERZBERG, Molecular Spectra and Molecular Structure, vol. II, van Nostrand, Princeton N. J. 1945.)

16. Ramanspektren

Wenn ein Lichtstrahl ein Medium durchsetzt, dann wird ein Teil des Lichts absorbiert, ein anderer Bruchteil wird gestreut, und der Rest wird durchgelassen. Das Streulicht kann unter jedem Winkel zum einfallenden Strahl beobachtet werden, meist mißt man es aber senkrecht zum einfallenden Strahl. Ein Teil des Streulichts besitzt dieselbe Wellenlänge wie das einfallende Licht; dieser Anteil an RAYLEIGH-Strahlung ist um so größer, je mehr Phasengrenzen der Lichtstrahl zu überwinden hat. Ein anderer Teil der Strahlung wird unter Veränderung der Wellenlänge gestreut. Wenn das einfallende Licht monochromatisch ist (isolierte Linie aus einem Atomspektrum, Laserlicht), dann zeigt das Spektrum der Streustrahlung eine Zahl von Linien in unterschiedlichem Abstand zur Erregerlinie. Dieser Effekt wurde von A. SMEKAL (1923) vorausgesagt und von C. V. RAMAN und K. S. KRISHNAN (1928) experimentell bestätigt; man nennt ihn daher den Raman- oder Smekal-Raman-Effekt.

Ein Beispiel für ein einfaches Raman-Spektrum zeigt Abb. 17.16.

Beim Ramaneffekt stößt ein Lichtquant $h\nu$ inelastisch mit einer Molekel zusammen. Tritt die Wechselwirkung mit einem Quantenzustand $v = 0$ ein, dann wird dieser angeregt ($v = 1$), und das Quant wird unter Verlust des entsprechenden Energiebetrages gestreut (STOKESsche Linie). Tritt eine Wechselwirkung mit einem höheren Quantenzustand ein, dann kann Energie auf das Lichtquant übertragen werden und es wird violettverschoben gestreut (anti-STOKESsche Linie). Für die Quantenenergie des gestreuten Photons gilt also $h\nu' = E_1 - E_2$. Hierin bedeuten E_1 und E_2 zwei stationäre Energiezustände der Molekel, z.B. zwei definierte Schwingungsenergieniveaus. Für die Frequenz der Ramanstreustrahlung gilt:

$$\nu'' = \nu \pm \nu'$$

Die Ramanfrequenz ν' ist völlig unabhängig von der Frequenz ν des einfallenden Lichtes. Wir können reine Rotations- oder auch Rotationsschwingungs-Ramanspektren beobachten, die den Absorptionsspektren im fernen und mittleren Infrarot entsprechen. (Obertöne und Kombinationsschwingungen lassen sich im Ramanspektrum meist nicht beobachten.) Ramanspektren lassen sich mit sichtbarem oder UV-Licht messen; dieser Vorzug ist auch der Grund dafür, weswegen die Ramanspektroskopie in Methodik und Anwendung die (ältere) IR-Spektroskopie zeitweilig weit überholte. In vielen Fällen sind Raman- und IR-Spektren einer Molekel komplementär; bei Molekeln mit hoher Symmetrie sind viele Schwingungen und Rotationen IR-inaktiv, aber ramanaktiv. So zeigt gasförmiger Sauerstoff bei mäßigen Drücken kein IR-Spektrum (homonukleare, zweiatomige Molekeln besitzen kein Übergangsmoment); mit UV-Licht läßt sich jedoch ein Ramanspektrum anregen (Abb. 17.16a), das die Rotationsniveaus des Sauerstoffs zeigt. Abb. 17.16c zeigt das Ramanspektrum der Benzolmolekel. Diese besitzt ein Symmetriezentrum. Es gilt also das Ausschlußprinzip: Keine der eingezeichneten IR-Absorptionsbanden stimmt mit einer Ramanlinie genau überein. In derselben Abbildung unten ist ein Polymeres mit sehr geringer Molekelsymmetrie gezeigt; hier entspricht nahezu jede Ramanlinie einer IR-Absorptionsbande.

Abb. 17.16d illustriert auch die Tatsache, daß die Intensitäten von IR-Banden und Ramanlinien völlig verschiedenen Gesetzmäßigkeiten gehorchen. Die integrale Absorption einer IR-Bande ist eine Funktion des Übergangsmomentes, die Intensität einer Ramanlinie ist ein Maß für die Polarisierbarkeit der Molekel. (Dies ist auch eine Konsequenz der Anregungsbedingungen.)

Es erscheint nützlich, auf den Unterschied zwischen *Ramanstreuung* und *Fluoreszenz* hinzuweisen. In beiden Fällen wird ein Lichtquant erzeugt, dessen Frequenz sich von der des einfallenden Lichtes unterscheidet. Ein fluoreszierendes System absorbiert jedoch zunächst die Quanten $h\nu$ und emittiert anschließend

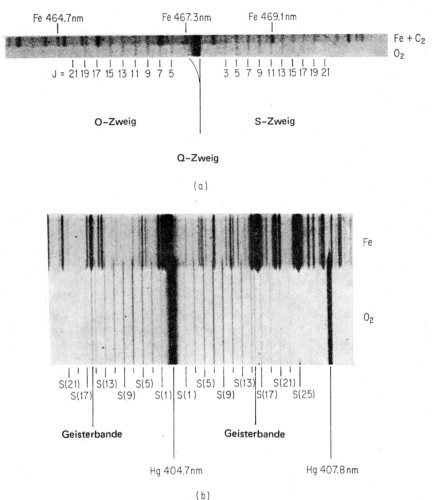

Abb. 17.16 (a) Rotationsschwingungsspektrum des gasf. O_2, angeregt durch die Hg-Linie bei 435,80 nm. Die Kante des Q-Zweigs liegt bei 467,51 nm; die Wellenzahl des reinen Schwingungsübergangs $v = 0 \rightarrow v = 1$ beträgt daher $\Delta \bar{v} = 10^7 \, (\lambda_1^{-1} - \lambda_2^{-1}) = 10^7 \, (435{,}8^{-1} - 467{,}51^{-1})$ = 1556,25 cm^{-1}. Zur Kalibrierung der Wellenlängenskala wurde das Emissionsspektrum des Eisens überlagert. Die mit O und S bezeichneten Zweige entsprechen den Ramanauswahlregeln $\Delta J = +2$ und $\Delta J = -2$; für den Q-Zweig gilt wie im IR-Spektrum $\Delta J = 0$. Im $^{16}O_2$ sind nur die ungeraden Rotationsniveaus besetzt. (Nach HERZBERG, *Molecular Spectra and Molecular Structure*, Teil 1, 2. Auflage, van Nostrand & Co., New York 1950.) (b) Reines Rotationsspektrum des O_2, angeregt durch die Hg-Linie bei 404,7 nm. Die Stokesschen Linien liegen auf der langwelligen Seite der Anregungslinien, die anti-Stokesschen Linien auf der kurzwelligen Seite. Die Auswahlregel ist $\Delta J = \pm 2$. Für jede Linie ist der niedrigere J-Wert des Übergangs angegeben. Der tatsächliche elektronische Grundzustand des O_2 ist ein Triplett ($^3\Sigma_g^-$); in diesen Spektren ist die Triplettstruktur jedoch nicht aufgelöst, so daß die Quantenzahl J erhalten bleibt. (Eine Diskussion hierzu findet sich in dem Buch von I. N. LEVINE, *Quantum Chemistry*, Band 2, *Molecular Spectroscopy*; Allyn and Bacon, Boston 1970.) Die als »Geist« bezeichneten Linien gehören nicht zum Sauerstoffspektrum, sondern entstehen durch Interferenz an Unregelmäßigkeiten im Beugungsgitter des Spektrographen. (ALFONS WEBER, Fordham University.)

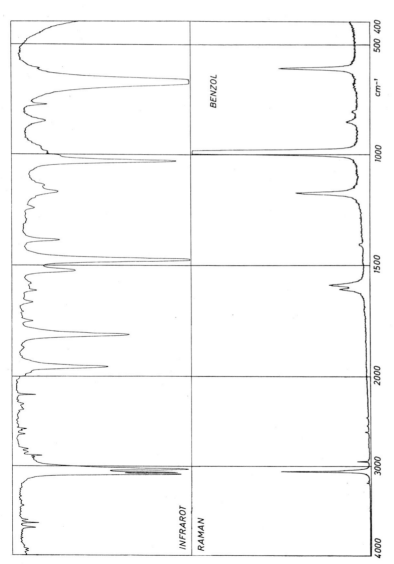

Abb. 17.16 (e) Infrarot- und Ramanspektrum einer Molekel mit Symmetriezentrum (Ausschlußprinzip): Benzol (K. Holland-Moritz, Universität Köln).

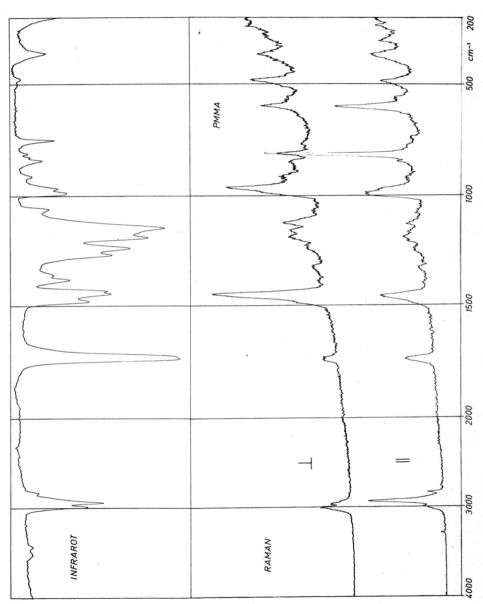

Abb. 17.16 (d) Infrarot- und Ramanspektrum des Polymethylmethacrylats (K. Holland-Moritz, Universität Köln).

Quanten mit der Energie hv''; das einfallende Licht muß daher in Resonanz mit dem System stehen, also eine Absorptionsfrequenz besitzen. Das Fluoreszenzlicht wiederum entspricht einem bestimmten Elektronenübergang. Bei der Ramanstreuung kann das einfallende Licht eine beliebige Frequenz besitzen; entsprechend ist das Ramanstreulicht in seiner Frequenz auch nur durch die obige Differenzbedingung festgelegt.

Auch bei der Ramanstreuung wird in der Molekel ein Dipolmoment induziert. Dieses hängt über [15.30] mit der elektrischen Feldstärke $\boldsymbol{F}$ zusammen:

$$\boldsymbol{\mu} = \alpha \boldsymbol{F}$$

Hierin ist α die Polarisierbarkeit der Molekel. Für die Übergangswahrscheinlichkeit beim Ramaneffekt erhalten wir daher nach [17.17]:

$$|\boldsymbol{\mu}|^{nm} = |\boldsymbol{F}| \int \psi_n^* \alpha \, \psi_m \, d\tau \qquad [17.43]$$

Wegen der Orthogonalität der Wellenfunktionen verschwindet dieses Integral, wenn α konstant ist. Wenn also eine Schwingung oder Rotation ramanaktiv sein soll, dann muß sich im Ablauf der Rotation oder Schwingung die Polarisierbarkeit der Molekel ändern.

Bei jeder rotierenden, nichtsphärischen Molekel ändert sich bei einem Rotationsübergang die Polarisierbarkeit. Rotationsramanspektren können wir daher von praktisch allen Molekeln erhalten. Dies ist von besonderer Bedeutung bei der Bestimmung von Rotationsenergieniveaus; die Ramanspektroskopie ist also komplementär auch zur Mikrowellenspektroskopie. Abb. 17.17 zeigt das Rotationsramanspektrum von N_2O bis zu einer Rotationsquantenzahl von etwa $J = 40$.

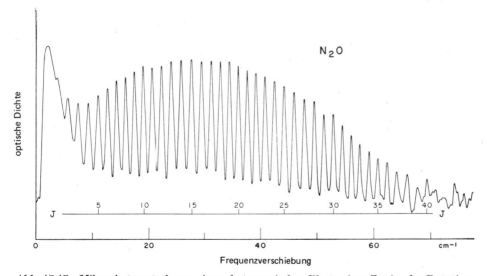

Abb. 17.17 Mikrophotometerkurve einer photograpischen Platte eines Zweigs des Rotationsramanspektrums des N_2O. Auf der Abszisse sind die Rotationsfrequenzen und die Rotationsquantenzahlen abgetragen. (BORIS STOICHEFF, National Research Council, Ottawa.)

17. Auswahlregeln für Ramanspektren

Sowohl das induzierte Dipolmoment μ als auch das induzierende Feld F sind *Vektoren*; zwischen ihnen besteht die folgende Beziehung:

$$\mu = \tilde{\alpha} F \qquad [17.44]$$

Die Polarisierbarkeit $\tilde{\alpha}$ ist ein *Tensor*. Wenn sowohl μ wie F durch ihre x-, y-, z-Koordinaten ausgedrückt werden, dann erhält [17.44] die folgende Form:

$$\begin{aligned}\mu_x &= \alpha_{xx} F_x + \alpha_{xy} F_y + \alpha_{xz} F_z \\ \mu_y &= \alpha_{yx} F_x + \alpha_{yy} F_y + \alpha_{yz} F_z \\ \mu_z &= \alpha_{zx} F_x + \alpha_{zy} F_y + \alpha_{zz} F_z\end{aligned} \qquad [17.45]$$

Die neun Komponenten des Polarisierbarkeitstensors werden durch die einschränkende Forderung reduziert, daß $\alpha_{xy} = \alpha_{yx}$, $\alpha_{yz} = \alpha_{zy}$ und $\alpha_{xz} = \alpha_{zx}$. Die sechs verbleibenden Komponenten

$$\alpha_{xx}, \ \alpha_{xy}, \ \alpha_{xz}, \ \alpha_{yy}, \ \alpha_{yz}, \ \alpha_{zz}$$

bestimmen die Größe der einzelnen Komponenten des induzierten Dipolmoments. Aus [17.43] wird deutlich, daß eine bestimmte Normalschwingung im Ramanspektrum nur dann sichtbar wird, wenn eine der sechs Komponenten des Polarisierbarkeitstensors von null verschieden ist.

In Analogie zur Anregungsbedingung für eine Infrarotabsorption ist ein Ramanübergang zwischen zwei Schwingungsniveaus v' und v'' nur dann erlaubt, wenn das Produkt $\psi'_v \cdot \psi''_v$ dieselbe Symmetrie besitzt, wie mindestens eine der Komponenten des Polarisierbarkeitstensors. Die Symmetrieeigenschaften der Polarisierbarkeitskomponenten für nichtdegenerierte Schwingungen lassen sich leicht finden. Als Beispiel wollen wir das Moment in der x-Richtung betrachten, das durch ein Feld in der y-Richtung induziert wird:

$$\mu_x = \alpha_{xy} F_y$$

Da μ_x und F_y bei einer Symmetrieoperation entweder ihr Vorzeichen ändern oder invariant sind, und da sich μ_x wie eine Translation x und F_y wie eine Translation y verhalten, muß sich α_{xy} wie das Produkt xy verhalten. Diese Regel läßt sich auch auf degenerierte Schwingungen anwenden. Die Symmetrieeigenschaften der Komponenten α_{xy}, α_{xz} usw. lassen sich daher unmittelbar als die Produkte von Koordinatenpaaren x, y usw. erhalten.

Wir wollen diese Regel nun auf die zwei Molekeln anwenden, deren IR-Spektren wir schon diskutiert haben. Beim Formaldehyd (Punktgruppe C_{2v}) lassen sich die Koordinatenprodukte den folgenden nichtreduzierbaren Darstellungen (Schwingungsklassen) zuordnen:

$$\begin{array}{llllll}xx & A_1 & yy & A_1 & zz & A_1 \\ xy & A_2 & yz & B_2 & & \\ xz & B_1 & & & & \end{array}$$

Molekelkonstante aus spektroskopischen Daten

In dieser Zuordnung kommen alle Symmetrieklassen vor, die auch die Normalschwingungen des Formaldehyds (C_{2v}, Abschnitt 17-15) charakterisieren. Hieraus können wir schließen, daß alle Normalschwingungen des Formaldehyds ramanaktiv sind (bei Grundschwingungsübergängen). Für das trans-Dichloräthylen (C_{2h}) finden wir jedoch die folgenden Zuordnungen der Koordinatenprodukte:

$$xx \quad A_g \quad yy \quad A_g \quad zz \quad A_g$$
$$xy \quad A_g \quad yz \quad B_g$$
$$xz \quad B_g$$

Hiernach können nur die Schwingungen der Klassen A_g und B_g ramanaktiv sein (ν_1, ν_2, ν_3, ν_4 und ν_6). Aus dieser Zusammenstellung geht auch hervor, daß die ramanaktiven Schwingungen des trans-$C_2H_2Cl_2$ IR-aktiv sind. In der Tat hat das trans-Dichloräthylen ein Symmetriezentrum, wodurch wieder die allgemeine Regel bestätigt wird, daß bei Molekeln mit einem Symmetriezentrum (z. B. D_{2h}-Molekeln) die IR-aktiven Schwingungen ramaninaktiv sind und umgekehrt (spektroskopisches Ausschlußprinzip). Für eine vollständige Schwingungsanalyse ist es daher stets erforderlich, sowohl das IR- als auch das Ramanspektrum zu messen.

18. Die Berechnung von Molekelkonstanten aus spektroskopischen Daten

Tab. 17.6 zeigt eine Zusammenstellung von Daten, die aus molekelspektroskopischen Beobachtungen gewonnen wurden.

Zweiatomige Molekeln

Molekel	Gleichgewichts-kernabstand r_e (nm)	Dissoziations-energie D_0 (eV)	Grund-schwingung $\tilde{\nu}$ (cm^{-1})	Trägheits-moment (kg m$^2 \cdot 10^{-47}$)
Cl_2	0,1989	2,481	564,9	114,8
CO	0,11284	9,144	2168	14,48
H_2	0,07414	4,777	4405	0,459
HD	0,07413	4,513	3817	0,611
D_2	0,07417	4,556	3119	0,918
HBr	0,1414	3,60	2650	3,30
H^{35}Cl	0,1275	4,431	2989	2,71
J_2	0,2667	1,542	214,4	748
Li_2	0,2672	1,14	351,3	41,6
N_2	0,1095	7,384	2360	13,94
Na^{35}Cl	0,251	4,25	380	145,3
NH	0,1038	3,4	3300	1,68
O_2	0,12076	5,082	1580	19,34
OH	0,0971	4,3	3728	1,48

Tab. 17.6 (Fortsetzung S. 882)

Dreiatomige Molekeln

Molekel XYZ	Gleichgewichts-kernabstand (nm)		Bindungs-winkel	Trägheitsmoment (kg m² · 10⁻⁴⁷)			Grundschwingungen $\tilde{\nu}$ (cm⁻¹)		
	r_{xy}	r_{yz}		I_A	I_B	I_C	$\tilde{\nu}_1$	$\tilde{\nu}_2$	$\tilde{\nu}_3$
O=C=O	0,1162	0,1162	180°	—	71,67	—	1320	668	2350
H—O—H	0,096	0,096	105°	1,024	1,920	2,947	3652	1595	3756
D—O—D	0,096	0,096	105°	1,790	3,812	5,752	2666	1179	2784
H—S—H	0,135	0,135	92°	2,667	3,076	5,845	2611	1290	2684
O=S=O	0,140	0,140	120°	12,3	73,2	85,5	1151	524	1361
N=N=O	0,115	0,123	180°	—	66,9	—	1285	589	2224

Tab. 17.6 Spektroskopische Daten über Molekel-Eigenschaften[8]

19. Elektronische Bandenspektren

Die Energiedifferenzen ΔE zwischen verschiedenen elektronischen Zuständen in einer Molekel sind im allgemeinen viel größer als die Differenzen zwischen verschiedenen Schwingungszuständen. Elektronenspektren von Molekeln lassen sich daher im sichtbaren oder UV-Bereich beobachten. Das ΔE zwischen molekularen

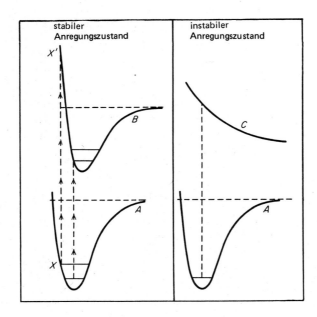

Abb. 17.18
Übergänge zwischen verschiedenen Elektronenniveaus in Molekeln. Die Darstellung der Übergänge durch vertikale Linien beruht auf dem FRANCK-CONDON-Prinzip, wonach die Wahrscheinlichkeit für einen bestimmten elektronischen Übergang am größten ist, wenn sich der internukleare Abstand bei diesem Übergang gar nicht oder nur geringfügig ändert.

[8] Nach G. HERZBERG, *Molecular Spectra and Molecular Structure*, 2 Bde., D. van Nostrand, New York 1950

Elektronenniveaus liegt im Energiebereich von 1 bis 10 eV, also etwa im selben Energiebereich, in dem auch die atomaren Übergänge zu finden sind. Abb. 17.18 zeigt den Grundzustand einer Molekel (Kurve A) und zwei grundsätzlich verschiedene Möglichkeiten für einen angeregten Zustand. Im einen Fall (B) tritt ein Minimum in der Potentialkurve auf; der Anregungszustand B ist also stabil. In der Kurve C tritt kein Minimum auf, der Zustand ist also für alle internuklearen Abstände instabil.

Ein Übergang vom Grundzustand in einen instabilen Zustand hat eine sofortige Dissoziation der Molekel zur Folge. Derartige Übergänge führen von einem energetisch definierten in einen undefinierten Zustand, sind also im Spektrum durch ein Kontinuum gekennzeichnet. Übergänge zwischen zwei stabilen Elektronenzuständen führen zu mehr oder minder breiten Banden im Spektrum; in diesem Falle kann die Bande jedoch – mindestens theoretisch – in nahe beieinander liegende Linien aufgelöst werden, die den verschiedenen oberen und unteren Schwingungs- und Rotationsniveaus entsprechen.

Das Verständnis elektronischer Übergänge wird durch eine Regel erleichtert, die als FRANCK-CONDON-Prinzip bekanntgeworden ist. Ein Elektronenübergang braucht viel weniger Zeit als eine Schwingung der sehr viel schwereren Atomkerne (etwa 10^{-13} s). Während eines Elektronenüberganges bleiben daher Lage und Geschwindigkeit der Kerne nahezu unverändert. Wir können demnach einen Elektronenübergang durch eine vertikale Linie darstellen, die wir zwischen zwei Potentialkurven (von Schwingungsniveau zu Schwingungsniveau) ziehen[9]. Das FRANCK-CONDON-Prinzip zeigt, wie Übergänge zwischen stabilen elektronischen Zuständen manchmal ebenfalls zur Dissoziation führen können. Der Übergang XX' in Kurve A der Abb. 17.18 führt z. B. (im oberen Zustand) zu einem Schwingungsniveau, das über dem asymptotischen Zweig der Potentialkurve liegt. Ein solcher Übergang führt zur Dissoziation der Molekel im Ablauf der nächsten Schwingung.

Recht eingehend untersucht wurden verschiedene wichtige Elektronenanregungszustände der Sauerstoffmolekel (Abb. 17.19).

Der Grundzustand der O_2-Molekel ist $^3\Sigma_g^-$; das zugehörige Molekelorbital wurde in Abschnitt 15-12 diskutiert. Die Sauerstoffmolekel kann in zwei niedrig liegenden Singulettzuständen $^1\Delta_g$ und $^1\Sigma_g^+$ vorkommen. Wenn das O_2 in einem dieser Zustände dissoziiert, dann entstehen zwei Sauerstoffatome im Grundzustand ^3P. Diese niedrigsten Sigulettzustände sind wegen ihrer langen Halbwertzeit (7 s und 2700 s) besonders interessant; der Übergang von hier in den Triplettgrundzustand (unter Emission von Strahlung) ist durch eine strenge Auswahlregel verboten (Spinumkehr).

---

[9] Der Abb. 17.18 ist zu entnehmen, daß die vertikale Linie für einen Elektronenübergang von der Mitte des untersten Schwingungsniveaus des elektronischen Grundzustandes zu einem Punkt auf der höher liegenden Potentialkurve gezogen wird, der wiederum einen bestimmten Schwingungsniveau entspricht. Dies steht in Übereinstimmung mit der Tatsache, daß das Maximum der Ψ-Funktion im Grundzustand im zeitlichen Mittelpunkt des Ablaufes einer Schwingung liegt. Die höheren Schwingungszustände ähneln mehr dem klassischen Fall; **das Maximum der Wahrscheinlichkeitsfunktion liegt hier in der Nähe der Umkehrpunkte der Schwingung, bei unserer Darstellung also auf der Potentialkurve.**

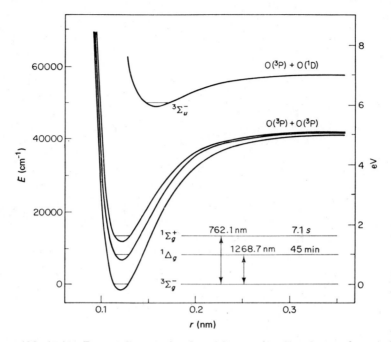

Abb. 17.19 Potentialkurven für den elektronischen Grundzustand, zwei niedrig liegende Singulett-Anregungszustände und einen höheren, stabilen Triplett-Anregungszustand des Sauerstoffs. Bei der Schwingungsdissoziation der Sauerstoffmolekel in einem der drei unteren Zustände entstehen Sauerstoffatome in ihrem ^3P-Grundzustand. Bei der Dissoziation einer Sauerstoffmolekel im $^3\Sigma_u^-$-Triplett-Zustand entstehen ein ^3P-Sauerstoffatom und ein Sauerstoffatom in einem angeregten ^1D-Zustand (nach Kasha und Khan).

Es ist schon lange bekannt, daß eine schwache rote Chemilumineszenz bei etwa 633 nm die folgende Reaktion begleitet:

$$H_2O_2 + OCl^- \to O_2 + Cl^- + H_2O$$

Kasha und Khan konnten zeigen, daß diese Chemilumineszenz durch einen bimolekularen Zusammenstoß zweier O_2-Molekeln im Singulettzustand hervorgerufen wird:

$$(^1\Delta_g)\,(^1\Delta_g) \to (^3\Sigma_g^-)\,(^3\Sigma_g^-) + h\nu\ (633{,}4\ \text{nm})$$

Sauerstoff im Singulettzustand dürfte eine Rolle bei verschiedenen biologischen Oxidationsvorgängen, bei Strahlungseffekten auf organisches Gewebe und bei der Bildung von Smog durch die Photooxidation organischer Verbindungen in der Atmosphäre spielen.

Wenn eine Molekel in einem elektronisch angeregten Zustand dissoziiert, dann sind die Fragmente (bei zweiatomigen Molekeln die Atome) nicht immer in ihrem Grundzustand. Um den korrekten Wert für die Dissoziationsenergie (Bildung der Atome in ihrem Grundzustand) zu erhalten, müssen wir daher bei der Bildung

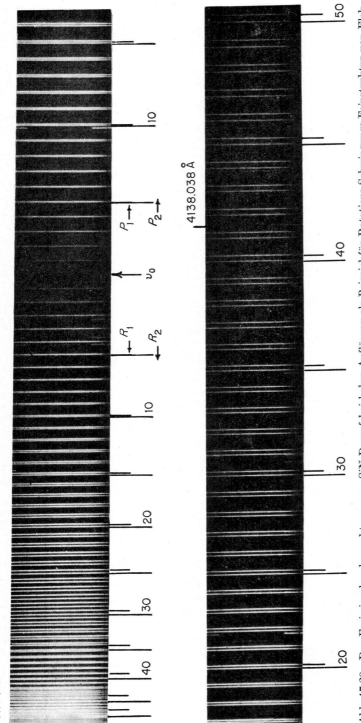

Abb. 17.20 Das Emissionsbandenspektrum von SiN-Dampf bei hoher Auflösung als Beispiel für Rotations-Schwingungs-Feinstruktur von Elektronenspektren. Das Spektrum zeigt die 0,0-Bande (Molekel in beiden elektronischen Zuständen im Schwingungsgrundzustand, $v = 0$) des $^2\Sigma \to {}^2\Sigma$-Übergangs der zweiatomigen Molekel SiN im violetten Bereich des Spektrums. Die Zahlen beziehen sich auf die Gesamtdrehimpulsquantenzahl J. Man erhält für $J = +1$ einen R-Zweig, für $J = -1$ einen P-Zweig (vgl. 17-11). In diesem Spektrum sind jedoch beide Zustände Dubletts; es ist also $2S + 1 = 2$ und $S = 1/2$. Dieser Elektronenspin rührt von einem ungepaarten Elektron außerhalb der abgeschlossenen Schalen her. Die Rotationsquantenzahl K kombiniert mit der Spinquantenzahl zu $J = K \pm S$. Der Fall $J + K + 1/2$ liefert die P_1- und R_1-Zweige, der Fall $J = K - 1/2$ die P_2- und R_2-Zweige. Durch diesen Effekt der *Spinverdopplung* ist jede Linie in ein Dublett aufgespalten. Die *Bandenlücke* von etwa $4B$ (B ist die in 17-5 definierte Rotationskonstante) im Zentrum ν_0 ist ein charakteristisches Merkmal des Spektrums und eine Konsequenz der Auswahlregel, wonach Übergänge zwischen $K' = 0$ und $K'' = 0$ verboten sind. Die Wellenlängenangaben am oberen Ende des Spektrums beziehen sich auf Standard-Thoriumlinien. (Dieses Spektrum wurde freundlicherweise von T. DUNN, University of Michigan, zur Verfügung gestellt.)

angeregter Atome deren Anregungsenergie abziehen. Im UV-Absorptionsspektrum des Sauerstoffs z. B. findet sich eine Reihe von Banden, die zu Übergängen vom Grundzustand in den angeregten Zustand $^3\Sigma_u^-$ gehören (Abb. 17.19). Diese Banden konvergieren, bis bei 175,9 nm (7,05 eV) ein Kontinuum erreicht ist. Bei dieser Dissoziation wird ein normales Atom im ^{3}P-Zustand und ein angeregtes Atom im ^{1}D-Zustand gebildet. Das Atomspektrum des Sauerstoffs zeigt, daß dieser ^{1}D-Zustand um 1,97 eV über dem Grundzustand liegt. Die Dissoziationsenergie des molekularen Sauerstoffs in zwei nicht angeregte Atome [$O_2 \rightarrow 2O\,(^3P)$] beträgt also 7,05 − 1,97 = 5,08 eV (490 kJ/mol).

Die Schwingungs- und Rotationsfeinstruktur eines Elektronenspektrums im sichtbaren und UV-Bereich liefert uns Informationen über die Struktur der Molekel in ihrem Grundzustand und in den elektronisch angeregten Zuständen. Elektronenspektren sind komplizierter und schwieriger zu deuten als IR- und Ramanspektren. Die Analyse solcher Spektren ist jedoch für Chemiker von besonderer Wichtigkeit, da auf diese Weise der Mechanismus photochemischer Reaktionen gedeutet werden kann. Abb. 17.20 zeigt einen Ausschnitt aus einer Schwingungsbande im Spektrum von SiN-Dampf. Die Rotationsfeinstruktur konnte noch gut aufgelöst werden.

Der Wellenlängenbereich vom roten Ende des sichtbaren Spektrums bei 0,8 μm bis zum violetten Ende bei 0,4 μm entspricht einem Energiebereich von 145 bis 290 kJ/mol. Diese Energie reicht noch nicht aus, um ein Elektron einer kovalenten Bindung in einer kleinen Molekel anzuregen. Die meisten Verbindungen niedrigen Molekulargewichts mit gepaarten Elektronen sind daher farblos.

Molekeln mit ungepaarten (»einsamen«) Elektronen (NO_2, ClO_2, Triphenylmethyl und andere Radikale) sind gewöhnlich gefärbt. Auch chromophore Gruppen wie —NO_2, $>$C=O oder —N=N— verschieben den Hauptabsorptionsbereich ins Langwellige, oft bis in den sichtbaren Bereich hinein (Färbung). Chromophore Gruppen enthalten Elektronen in π-Orbitalen; zur Anregung solcher π-Elektronen bedarf es nur einer geringeren Energie. Konjugation von Mehrfachbindungen bewirkt eine weitere Verschiebung des Absorptionsbereiches ins Langwellige. In einem elektronisch angeregten Zustand kann eine Molekel eine andere Symmetrie (Konfiguration) als im Grundzustand besitzen. Ein Beispiel hierfür ist das Acetylen in seinem Grundzustand und im ersten Anregungszustand:

	normal	angeregt
C—C-Bindungslänge	0,1208 nm	0,1385 nm
C—H-Bindungslänge	0,1058 nm	0,1080 nm
C—C—H-Winkel	180°	120°

Im Grundzustand ist das H—C≡C—H linear; im angeregten Zustand ist es gewinkelt und hat größere Atomabstände. Die Anregung geschieht in diesem Falle durch Anhebung eines π-Elektrons auf ein höheres σ-Orbital.

18. Kapitel
Photochemie

1. Reaktionswege elektronisch angeregter Molekeln

Das Interesse des Chemikers an der Theorie molekularer Anregungszustände beginnt, überspitzt ausgedrückt, an der Stelle, wo der Physiker sein Interesse verliert. Jenseits der Spektroskopie liegt das weite, komplexe und lebenswichtige Gebiet der Photochemie. Das Leben in der uns bekannten Form hängt von der Nutzung der Sonnenenergie durch photosynthetische Prozesse ab; trotz intensiver Bemühungen vieler Wissenschafter und zahlreichen Teilerfolgen sind wir aber heute noch weit davon entfernt, den Mechanismus der Photosynthese voll zu verstehen. Es sind aber nicht nur die natürlichen, photochemischen Großprozesse wie die Assimilation des Kohlendioxids der Luft oder die Ozonsynthese und andere photochemische Prozesse in höheren Schichten der Atmosphäre, die den Photochemiker interessieren. Auch besondere Leistungen höher entwickelter Organismen hängen von photochemischen Synthesen ab, so der Gesichtssinn von den photochemischen Vorgängen in den Augenpigmenten. Auch in der chemischen Technologie haben einige photochemische Prozesse große Bedeutung erlangt, so vor allem der photographische Prozeß, photochemisch ausgelöste Kettenreaktionen (Oxidation, Sulfoxidation, Sulfochlorierung) und photochemische Umlagerungsvorgänge.

Es gibt zwei Kategorien photochemischer Prozesse. Bei der einen handelt es sich um thermodynamisch spontane Vorgänge (Verringerung der freien Enthalpie), bei denen das Licht nur als Initiator (Kettenreaktionen) oder als eine Art Katalysator (cis-trans-Umlagerungen und dergleichen) wirkt. Derartige photochemische Reaktionen sind insofern unspezifisch, als sie auch mit anderen Initiatoren oder Katalysatoren durchgeführt werden können und zum selben Ergebnis führen. Grundsätzlich verschieden hiervon ist eine zweite Kategorie photochemischer Reaktionen, bei denen die freie Enthalpie des Systems zunimmt. Das Kardinalbeispiel hierfür ist die Assimilation. Offenbar wird hier ein mehr oder weniger großer Bruchteil der Strahlungsenergie in chemische Energie verwandelt. Dies geschieht über reaktive Spezies (Molekeln und Atome in den verschiedensten Anregungszuständen, seltener auch Radikale oder Ionen), die oft in sehr spezifischer Weise reagieren. Die zweite Kategorie photochemischer Prozesse zeichnet sich also nicht selten durch spezifische Mechanismen aus, die zu einem oder wenigen Reaktionsprodukten führen.

In der photochemischen Kinetik spielen solche Molekeln in besonderen Anregungszuständen, freie Radikale und Übergangsverbindungen eine große Rolle. Wie kompliziert die Mechanismen sein können, mag Abb. 18.2b zeigen (S. 892). In diesem Diagramm wurden die verschiedenen nachgewiesenen Anregungszustände

und sonstigen reaktiven Spezies sowie die bekannten Mechanismen so zusammengestellt, daß plausible Reaktionswege entstanden. Die Mechanismen, die letztlich zum chemischen Effekt führen, lassen sich meist sehr viel einfacher erklären; immerhin muß an jedem Fall einer photochemischen Reaktion geprüft werden, welche der hier gezeigten Spezies und Mechanismen eine Rolle spielen.
Wir wollen einmal annehmen, die Molekel AB befinde sich in einem Singulettgrundzustand S_0. Durch Absorption eines Quants $h\nu$ kann sie in einen angeregten Singulettzustand S_1^z übergehen, der aber instabil sein soll und bei der ersten Schwingung zerfällt. Das Absorptionsspektrum für den Übergang ($S_1^z \leftarrow S_0$) wäre also diffus. Alternativ könnte die Absorption ($S_1^w \leftarrow S_0$) zu einem schwingungsangeregten, aber stabilen höheren Singulettzustand führen (Absorptionsbande). Ein Singulett-Triplett-Übergang ($T_1^y \leftarrow S_0$) ist zwar verboten, findet aber schon bei einfachen Molekeln mit einer gewissen Wahrscheinlichkeit statt. Bei komplizierteren organischen Molekeln sind solche Übergänge gar nicht selten. Diese angeregten Triplettzustände haben eine höhere Lebensdauer und können bei photochemischen Mechanismen durchaus eine Rolle spielen. Der photochemischen Reaktion entgegen wirken zahlreiche Möglichkeiten der Desaktivierung: Fluoreszenz (Übergang in den Grundzustand ohne Änderung der Multiplizität), Phosphoreszenz (Übergang von einem Triplett- in den Grundzustand), strahlungslose Übergänge, Excitonenübertragung, Stoßdesaktivierung. Diese Vorgänge sollen in den nächsten Abschnitten noch etwas eingehender diskutiert werden.

2. Grundlagen der Photochemie

Das *Grundprinzip der photochemischen Aktivierung* wurde 1818 von Grotthuss und Draper formuliert und ist nichts anderes als eine besondere Aussage des I. Hauptsatzes der Thermodynamik:

> *Nur das von einem Stoff absorbierte Licht kann eine photochemische Veränderung hervorrufen.*

Dieses Prinzip war eine Zeitlang recht hilfreich, da man bis zur Aufstellung der Quantentheorie den Unterschied zwischen Streuvorgängen und Quantenübergängen nicht verstand.
Die Vorstellung des Energiequantums wurde von Stark (1908) und Einstein (1912) auf photochemische Reaktion von Molekeln angewandt. Das von diesen Autoren aufgestellte *Prinzip der Quantenaktivierung* lautet:

> *Beim Primärschritt eines photochemischen Prozesses wird jeweils eine Molekel durch ein absorbiertes Strahlungsquant aktiviert.*

Es ist wichtig, zwischen dem Primärschritt der Lichtabsorption und den nachfolgenden chemischen Reaktionen zu unterscheiden. Eine aktivierte Molekel unterliegt nicht notwendigerweise einer nachfolgenden chemischen Reaktion; andererseits kann bei Kettenreaktionen eine einzige reaktive Spezies den Umsatz zahlreicher anderer Molekeln bewirken. Das Prinzip der Quantenaktivierung kann also

Grundlagen der Photochemie

keinesfalls so verstanden werden, daß für jedes absorbierte Lichtquant eine Molekel reagiert.

Die Gültigkeit des STARK-EINSTEIN-Prinzips beruht u.a. darauf, daß die Lebensdauer angeregter Zustände gewöhnlich kurz und die in der Zeiteinheit absorbierte Lichtenergie ziemlich gering ist. Mit Lasern und anderen Lichtquellen hoher Intensität lassen sich auch photochemische Primärprozesse auslösen, bei denen durch eine bestimmte Molekel mehr als ein Quant absorbiert wird.

Die Energiemenge $E = Lh\nu$ (L = Loschmidtsche Zahl) nennt man ein *Einstein*. Die Energie eines »Mols Lichtquanten« hängt von der Wellenlänge ab. Für $\lambda = 0{,}6\,\mu\mathrm{m}$ (orange) gilt:

$$E = \frac{6{,}02 \cdot 10^{23} \cdot 6{,}62 \cdot 10^{-27} \cdot 3{,}0 \cdot 10^{10}}{0{,}6 \cdot 10^{-4} \cdot 10^7 \cdot 10^3} = 199\,\mathrm{kJ}.$$

Diese Energie reicht aus, um ein Mol schwacher kovalenter Bindungen zu sprengen. Für die Dissoziation von C—C- und anderen energiereichen Bindungen werden Energien von mehr als 300 kJ pro Mol, also UV-Strahlung benötigt.

Unter der *Quantenausbeute* einer photochemischen Reaktion verstehen wir die Zahl der pro absorbiertem Strahlungsquant chemisch veränderten Molekeln. Meist wird die Quantenausbeute auf die Zahl der Molekeln des gewünschten Reaktionsproduktes oder auf die Zahl der umgesetzten Molekeln des Ausgangsstoffs bezogen. Eine weitere Definition der Quantenausbeute werden wir treffen müssen, sobald wir den Mechanismus der photochemischen Aktivierung etwas eingehender kennengelernt haben.

Abb. 18.1 zeigt eine photochemische Versuchsvorrichtung. Das Licht einer intensiven Lichtquelle geht zunächst durch einen Monochromator, der ein schmales Wellenlängenband im gewünschten Bereich liefert. Das monochromatische Licht durchsetzt die Reaktionszelle; das vom chemischen System durchgelassene Licht wird mit einem *Aktinometer* (Thermoelement, Bolometer oder dergleichen) gemessen.

Als Beispiel für einen einfachen (energiespeichernden) photochemischen Prozeß wollen wir die Photodissoziation des gasförmigen Jodwasserstoffs mit UV-Licht

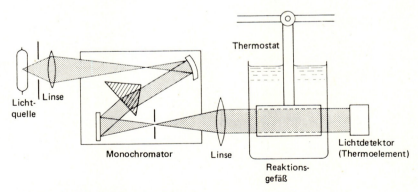

Abb. 18.1 Photochemische Versuchsanordnung

(0,2537 μm) betrachten: $2\,HJ \to H_2 + J_2$. Bei der Absorption von 307 J an Strahlungsenergie hatten sich $1{,}30 \cdot 10^{-3}$ Mole HJ zersetzt. UV-Licht einer Wellenlänge von 0,2537 μm hat eine Quantenenergie von $h\nu = (6{,}62 \cdot 10^{-34}) \times (3{,}0 \cdot 10^{10}/2{,}537 \cdot 10^{-5}) = 7{,}83 \cdot 10^{-19}$ J. Das System hat daher $307/7{,}83 \cdot 10^{-19} = 3{,}92 \cdot 10^{20}$ Quanten oder $3{,}92 \cdot 10^{20}/6{,}02 \cdot 10^{23} = 6{,}51 \cdot 10^{-4}$ Einstein absorbiert. Die Quantenausbeute (Zahl der umgesetzten Mole/Einstein) für die Photodissoziation des Jodwasserstoffs beträgt daher $\Phi = 1{,}30/0{,}651 = 2{,}00$. Dieses Ergebnis zeigt, daß es sich hier um eine kurze Reaktionsfolge handeln muß:

$$HJ \xrightarrow{h\nu} H + J$$

$$H + HJ \to H_2 + J$$

$$2\,J\,(+M) \to J_2\ .$$

Unter Photosensibilisierung versteht man eine indirekte Strahlenwirkung. Hierbei wird die Strahlungsenergie zunächst durch eine nicht unmittelbar am Reaktionsgeschehen beteiligte Spezies aufgenommen und anschließend an eine Molekel abgegeben, die dann Photodissoziation erleidet oder eine andere chemische Reaktion eingeht. Photodissoziation spielt naturgemäß dann eine große Rolle, wenn das photochemische System (ohne Sensibilisator) im Bereich der zur Verfügung stehenden Strahlung nicht absorbiert. Beispiele sind die durch Quecksilberatome sensibilisierte Photodissoziation gasförmigen Wasserstoffs durch kurzwelliges UV-Licht und die Sensibilisierung von Photoplatten für langwelliges Licht.

Wenn eine photosensibilisierte chemische Reaktion streng reproduzierbar ist, dann kann sie als *chemisches Aktinometer* verwendet werden. Ein bekanntes Beispiel ist die durch Uranylionen sensibilisierte Photolyse der Oxalsäure. Das UO_2^{++}-Ion absorbiert Strahlung zwischen 0,25 und 0,47 μm. Das angeregte Ion überträgt seine Energie entweder direkt oder über eine Wassermolekel auf die gelöste Oxalsäure, welche anschließend in CO_2, CO und H_2O zerfällt:

$$UO_2^{++} + \xrightarrow{h\nu} (UO_2^{++})^*$$

$$(UO_2^{++})^* + (COOH)_2 \to UO_2^{++} + CO_2 + CO + H_2O$$

Ausgangs- und Endkonzentration der Oxalsäure lassen sich leicht durch Titration mit Permanganat bestimmen. Die Quantenausbeute ist wellenlängenabhängig (254 nm: 0,60; 366 nm: 0,49; 435 nm: 0,58). Neuerdings wird Kaliumferrioxalat als aktinometrische Substanz verwendet (Reduktion zu Fe^{++}).

3. Aufteilung der Anregungsenergie in einer Molekel

Die Absorption eines Lichtquants durch eine Molekel führt meist zu einem Übergang vom Singulettgrundzustand zu einem höher angeregten Singulettzustand. Die meisten Molekeln besitzen einen angeregten Triplettzustand etwas unterhalb des niedrigst angeregten Singulettzustandes. Wenn das angeregte Elektron (eines aus dem bindigen Elektronenpaar) antiparallelen Spin behält, dann nennt man den Anregungszustand ein Singulett. Wenn bei der Elektronenanregung jedoch eine Spinumkehr[1] stattfindet, so daß die beiden ursprünglich bindigen Elektronen parallelen Spin besitzen, dann nennt man diesen Anregungszustand ein Triplett. Diese Situation wird durch Abb. 18.2a symbolisiert. Mit diesem vereinfachten Diagramm der Elektronenzustände einer Molekel können wir die Primärvorgänge der photochemischen Aktivierung deuten. Die Deutung der Phosphoreszenz als der Strahlung, die mit einem Übergang von einem metastabilen Zustand (Triplettzustand) zum Grundzustand[1] verknüpft ist, stammt von JABLONSKI (1935).

Unmittelbar nach dem ersten Quantensprung finden physikalische Vorgänge statt, die um viele Zehnerpotenzen schneller als die schnellste Reaktion sind. Unter *innerer Umwandlung* verstehen wir einen strahlungslosen, isoenergetischen Übergang zwischen zwei Zuständen gleichen Spins ($S_2 \to S_1$ oder $T_2 \to T_1$); der Übergang führt vom niedrigsten Schwingungszustand eines höheren Elektronenzustands zu einem energiegleichen höheren Schwingungszustand des nächstniederen Elektronenzustands. Der Übergang von einem höheren Singulett- zum Grundzustand ist mit der Emission von *Fluoreszenzlicht* verknüpft. Ebenfalls strahlungslos ist der Übergang von einem höheren Singulettzustand in einen energiegleichen Triplettzustand (*intersystem crossing* unter Spinumkehr). Der Übergang von hier in den Singulettgrundzustand ist wiederum nur unter Spinumkehr möglich. Schon bei einfacheren Molekeln ist Spinumkehr nicht streng verboten; bei größeren organischen Molekeln kommt sie recht häufig vor. Immerhin können Triplettzustände eine lange Lebensdauer haben; der Übergang in den Grundzustand ist mit der Emission von *Phosphoreszenzlicht* verknüpft.

Aus diesen Ausführungen geht hervor, daß das von einer angeregten Molekel emittierte Phosphoreszenzlicht immer, das Fluoreszenzlicht meistens rotverschoben ist gegenüber der Wellenlänge des anregenden Lichtes. Ausnahmen sind die Resonanzfluoreszenz (Anregung von Natriumdampf durch NaD-Strahlung) und die anti-STOKESsche Fluoreszenz (die Molekel befindet sich bei der Anregung schon in einem höher angeregten Zustand und kehrt anschließend in den Grundzustand zurück).

Unser Anregungsschema für eine Molekel zeigt drei wichtige Zustände: den Singulettgrundzustand, das erste angeregte Singulett und das erste angeregte Triplett. Jedes von einer normalen polyatomigen Molekel absorbierte Quant wird also mit einer gewissen Wahrscheinlichkeit aufgeteilt zwischen dem jeweils niedrigst angeregten Singulett oder Triplett. Die gesamte emittierte Strahlung nennen wir Lumineszenz; sie besteht aus zwei Komponenten, der Fluoreszenz und Phosphoreszenz. Wir können nun auch eine Quantenausbeute der Lumineszenz definieren. Hierunter verstehen wir das Verhältnis der Zahl der Strahlungsübergänge zur Gesamtzahl der Übergänge (strahlende oder strahlungslose). Wenn wir also mit f die Wahrscheinlichkeit eines Strahlungsüberganges aus dem angeregten in den

---

[1] »Verbotene« Übergänge (Änderung der Multiplizität).

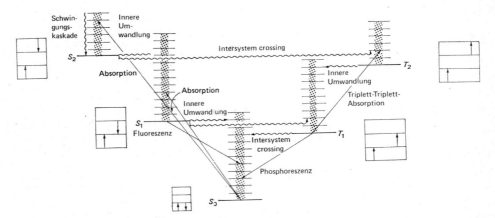

Abb. 18.2a Elektronen- und Schwingungsübergänge in einer Molekel. Die Absorption oder Emission eines Photons wird durch gerade Pfeile angezeigt; strahlungslose Übergänge sind durch Wellenlinien gekennzeichnet. (Aus F. DANIELS und R. A. ALBERTY, *Physical Chemistry*; mit freundlicher Genehmigung des Verlags John Wiley, New York.)

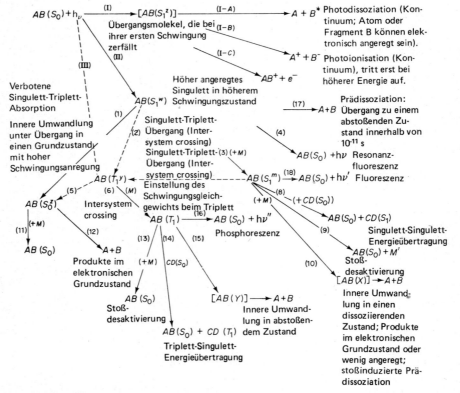

Abb. 18.2b Reaktionswege einer elektronisch angeregten einfachen Molekel. (Aus der Monographie von J. G. CALVERT und J. N. PITTS: *Photochemistry*, John Wiley, New York 1966.)

Grundzustand (unter Emission eines Lichtquants) und mit g die Wahrscheinlichkeit für einen strahlungslosen Übergang der Molekel bezeichnen, dann gilt für die Lumineszenzausbeute Φ_L:

$$\Phi_L = \frac{f}{f+g}$$

Tab. 18.1 zeigt einige quantitative spektroskopische Eigenschaften aromatischer Verbindungen, die in glasförmig eingefrorenem Alkohol-Äther dispergiert sind (77 K). Unter diesen Bedingungen kann eine Stoßdesaktivierung stattfinden, und die Phosphoreszenzspektren (und ihr Abklingen) lassen sich leicht beobachten.

Verbindung	Niedrigster Triplettzustand $\tilde{\nu}$ (cm^{-1})	Niedrigster Singulettzustand $\tilde{\nu}$ (cm^{-1})	Lebensdauer T der Phosphoreszenz (s)	Quantenausbeute der Phosphoreszenz Φ_P	Quantenausbeute der Fluoreszenz Φ_F
Benzaldehyd	24950	26750	$1,5 \cdot 10^{-3}$	0,49	0,00
Benzophenon	24250	26000	$4,7 \cdot 10^{-3}$	0,74	0,00
Acetophenon	25750	27500	$2,3 \cdot 10^{-3}$	0,62	0,00
Phenanthren	21700	28900	3,3	0,14	0,12
Naphthalin	21250	31750	2,3	0,03	0,29
Diphenyl	23000	33500	3,1	0,17	0,21
Decadeuterodiphenyl	23100	33650	11,3	0,34	0,18

Tab. 18.1 Spektroskopische Eigenschaften aromatischer Verbindungen (dispergiert in Alkohol-Äther-Glas bei 77 K) [nach V. L. ERMOLAEV, *Soviet Physics 80* (1963) 333].

4. Lumineszenz

In diesem Abschnitt wollen wir uns noch etwas eingehender mit den Leuchterscheinungen bei angeregten Systemen befassen. Die Bezeichnungen *Fluoreszenz* (Übergang ohne Änderung der Multiplizität) und *Phosphoreszenz* (Übergang mit Änderung der Multiplizität) gehen auf G. N. LEWIS zurück. Fluoreszenz unterscheidet sich von der RAYLEIGH-*Streuung* dadurch, daß bei jener zuvor ein Lichtquant absorbiert werden muß. Der niedrigst angeregte Singulettzustand hat bei den meisten Molekeln eine Lebensdauer von etwa 10^{-8} s, genauer gesagt: Zwischen dem primären Anregungsvorgang und der Emission von Fluoreszenz verstreichen bei den meisten Molekeln 10^{-8} s. Bei einem Druck von 1 atm erleidet eine Molekel in einem gasförmigen System etwa 100 Zusammenstöße in 10^{-8} s. Die Folge hiervon ist, daß angeregte Molekeln in den meisten gasförmigen Systemen bei gewöhnlichem Druck ihre Anregungsenergie durch Stoßdesaktivierung verlieren, bevor sie überhaupt fluoreszieren können. Diesen Vorgang bezeichnet man als *Fluoreszenzlöschung*. Bei zahlreichen Systemen kann Fluoreszenz beobachtet werden, wenn man den Druck hinreichend verringert.

Ein Beispiel ist die Fluoreszenz von NO_2, das mit Licht der Wellenlänge 436 nm angeregt wurde. Das Absorptionsspektrum von NO_2 (Abb. 18.3a) zeigt viele scharfe Banden im sichtbaren Bereich; diese sind auch die Ursache für die rotbraune Färbung des Gases. Im UV (370 nm) werden die Banden jedoch diffus, und von 330 nm an beobachtet man nur noch eine kontinuierliche Absorption. Dies ist darauf zurückzuführen, daß die Quantenenergie schon bei 395 nm hinreicht, um eine N—O-Bindung zu sprengen:

$$NO_2 \xrightarrow{h\nu} NO\,(^2\Pi) + O\,(^3P)$$

Wenn man NO_2-Gas mit violettem Licht (436 nm) bestrahlt, dann tritt eine stark druckabhängige Fluoreszenz auf. In Abb. 18.3b ist die Quantenausbeute Φ_F für die Fluoreszenz (in willkürlichen Einheiten) gegen den Druck abgetragen; es wird deutlich, daß mit steigendem Druck zunehmende Fluoreszenzlöschung eintritt. Bemerkenswert ist die relativ große Lebensdauer von 10^{-5} s des angeregten Zustandes von NO_2.

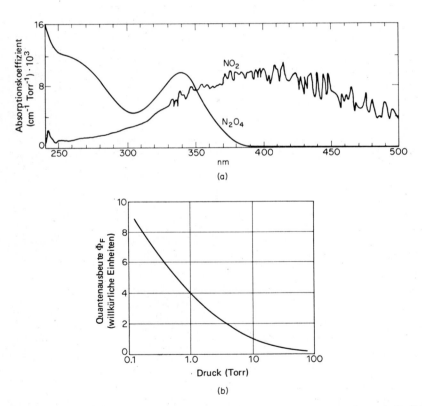

Abb. 18.3 (a) Absorptionsspektren des NO_2 und des N_2O_4 bei 25 °C [nach T. C. Hall und F. E. Blacet, *J. Chem. Phys.* **20** (1952) 1945]. Die Spektren der reinen Verbindungen wurden durch Separieren des überlagerten Spektrums erhalten. (b) Relative Quantenausbeute für die Fluoreszenz des NO_2.

Einen kinetischen Ausdruck für die Fluoreszenzlöschung erhält man durch Betrachtung der beiden parallelen Vorgänge für die Desaktivierung einer angeregten Molekel M^*:

Fluoreszenz $\qquad M^* \xrightarrow{k_1} M + h\nu$

Löschung $\qquad M^* + Q \xrightarrow{k_2} M + Q + $ kinetische Energie

Für die Geschwindigkeit der Desaktivierung gilt dann:

$$-\frac{d[M^*]}{dt} = k_1[M^*] + k_2[M^*][Q]$$

Wenn wir die Intensität des absorbierten Lichtes mit I_0 und die Intensität der Fluoreszenz mit I bezeichnen, dann gilt für die *Fluoreszenzausbeute* A_F (Bruchteil der angeregten Molekeln, die unter Fluoreszenz in den Grundzustand übergehen):

$$A_F = \frac{I}{I_0} = \frac{k_1[M^*]}{k_1[M^*] + k_2[M^*][Q]} = \frac{1}{1 + (k_2/k_1)[Q]} \qquad [18.1]$$

Wenn wir k_1 aus einer unabhängigen Bestimmung der Lebenszeit τ des angeregten Zustandes in Abwesenheit einer Löschsubstanz Q kennen ($k_1 = \tau^{-1}$), dann können wir die Geschwindigkeitskonstante k_2 des Löschvorganges bestimmen. Üblicherweise drückt man das Ergebnis dieser Rechnung als *Wirkungsquerschnitt für den Löschvorgang* σ_Q aus. Der Wert dieses Löschquerschnitts steht für den Wirkungsquerschnitt $\pi d_{12}^2/4$, so daß der aus der einfachen Stoßtheorie berechnete Wert für k_2 genau dem experimentellen Wert entspricht. Da für eine Energieübertragung keine Aktivierungsenergie benötigt wird ($E = 0$), erhalten wir aus [9.45]:

$$\sigma_Q = \frac{1}{4L}\left(\frac{\pi\mu}{8kT}\right)^{1/2} k_2 \qquad [18.2]$$

Hierin ist k_2 die Geschwindigkeitskonstante für einen Vorgang zweiter Ordnung mit der üblichen Einheit l mol^{-1} s^{-1}.

Tab. 18.2 zeigt als Beispiel für solche Berechnungen die Löschung der Resonanzfluoreszenz des Quecksilbers ($^1S_0 \leftarrow {}^3P_1$) durch zugesetzte Gase. Die starke Wirkung des Wasserstoffs und bestimmter Kohlenwasserstoffe beruht auf der Sensibilisierung von Dissoziationsreaktionen:

$$Hg^* + H_2 \rightarrow HgH + H \quad \text{und} \quad Hg^* + RH \rightarrow HgH + R$$

Gas	σ_Q (10^{-16} cm^2)	Gas	σ_Q (10^{-16} cm^2)
O_2	13,9	CO_2	2,48
H_2	6,07	PH_3	26,2
CO	4,07	CH_4	0,06
NH_3	2,94	$n\text{-}C_7H_{16}$	24,0

Tab. 18.2 Effektive Wirkungsquerschnitte für die Löschung der Resonanzfluoreszenz des Quecksilbers

5. Photochemisch ausgelöste Kettenreaktionen

Bei der Photodissoziation einer Molekel entstehen häufig hochreaktive Atome oder Radikale. Unter bestimmten Voraussetzungen sind diese zudem in einem höher angeregten Zustand; man nennt sie dann *heiße Atome* oder *Radikale*. Wenn das System, in dem diese Atome oder Radikale gebildet werden, eine Reaktion mit stark negativer freier Enthalpie durchführen kann und zudem die reaktiven Spezies (*Kettenträger*) reproduziert, dann schließt sich an die photochemische Initiierungsreaktion eine *Kettenreaktion* an (9-15).

Als Beispiel wollen wir die bekannte Chlorknallgasreaktion betrachten. Wenn man eine Mischung aus Chlor und Wasserstoff mit Licht im Absorptionsbereich des Chlors ($\lambda < 480$ nm) bestrahlt, dann bildet sich explosionsartig Chlorwasserstoff. Unter Laborbedingungen beträgt die Quantenausbeute $10^4 \cdots 10^6$ (in einem unendlich großen Reaktionsgefäß beträgt sie ∞). Der hohe Wert für Φ wurde von NERNST (1918) durch eine lange Reaktionskette gedeutet. Die Kinetik der Reaktion ergibt sich aus den folgenden Reaktionsschritten (die Zahlenindizes bedeuten in diesem Falle nicht die Reaktionsordnung):

(1) $Cl_2 \xrightarrow{h\nu} 2\,Cl$ $\Phi_1 I_a$ Startreaktion

(2) $Cl + H_2 \rightarrow HCl + H$ k_2 $\Big\}$ Wachstumsreaktion

(3) $H + Cl_2 \rightarrow HCl + Cl$ k_3 (Reaktionszyklus)

(4) $Cl \rightarrow Cl$-Wand k_4 Abbruchreaktion an der Gefäßwand

Durch Einführung der Stationaritätsbedingung für [Cl] und [H] (9-15) erhalten wir die folgende Differentialgleichung für die Geschwindigkeit der HCl-Bindung

$$\frac{d[HCl]}{dt} = k_2 [Cl][H_2] + k_3 [H][Cl_2]$$

$$= \frac{2 k_2 \Phi_1 I_a}{k_4} [H_2]$$

Je nach den Reaktionsbedingungen müssen wir statt der Abbruchreaktion an der Gefäßwand (4) auch eine Rekombination der Chloratome in der Gasphase in einem Dreierstoß (mit einer inerten Molekel) in Betracht ziehen:

(5) $Cl + Cl\,(+M) \rightarrow Cl_2 (+M^*)$ k_5 Umkehr der Startreaktion

In diesem Falle lautet die Differentialgleichung für die Bildungsgeschwindigkeit von HCl:

$$\frac{d[HCl]}{dt} = k_2 [H_2] \left[\frac{\Phi_1 I_a}{k_5} [M] \right]^{1/2}$$

Bei Untersuchungen im Labormaßstab mit reinem H_2 und Cl_2 ist die Reaktionsgeschwindigkeit proportional I_a^n, wobei n einen Wert zwischen 1/2 und 1 besitzt. Es ist also sehr wahrscheinlich, daß die Reaktionen 4 und 5 als Abbruchreaktionen miteinander konkurrieren. Die Reaktion ist empfindlich gegenüber Verunreinigungen, insbesondere Sauerstoff. Der Grundzustand des O_2 ist ein stabiles Triplett (Biradikal); Sauerstoff wirkt also als Radikalfänger und fängt aus dem System die H-Atome heraus:

$$H + O_2 \to HO_2$$

Ein weiteres Beispiel für eine photochemisch ausgelöste Kettenreaktion ist die Chlorierung von Kohlenwasserstoffen (am Beispiel des Methans):

$$\left.\begin{array}{l} Cl + CH_4 \to CH_3 + HCl \\ CH_3 + Cl_2 \to CH_3Cl + Cl \end{array}\right\} \text{Reaktionszyklus}$$

Endlich können auch zahlreiche Polymerisationen photochemisch ausgelöst werden. Diese Tatsache zeigt übrigens, daß Kettenreaktionen nicht notwendigerweise von freien Radikalen, sondern auch von angeregten Molekeln (z. B. in einem Triplettzustand) ausgelöst werden können. Die Energie sichtbaren Lichts reicht nämlich bei weitem nicht aus, um eine Bindung in einer Monomermolekel zu sprengen. Reaktionen zwischen Radikalen und Molekeln haben eine relativ kleine Aktivierungsenergie; sie liegt meist zwischen 40 und 80 kJ · mol^{-1}. Noch niedriger ist die Aktivierungsenergie für die Kombination von Radikalen (im Dreierstoß); sie braucht bei kinetischen Betrachtungen meist nicht berücksichtigt zu werden.

6. Blitzlichtphotolyse

Die Bedeutung dieser photochemischen Methode für die Messung sehr schneller Reaktionen wurde schon in 9-21 diskutiert. Eine Batterie von Kondensatoren hoher Kapazität wird durch ein mit Argon oder Krypton (oder ein anderes inertes Gas) gefülltes Rohr entladen. Es entsteht ein sehr energiereicher Lichtblitz (bis 10^5 J), der nur etwa 10^{-4} s dauert. Der Lichtstrahl wird durch eine Küvette geleitet, die das zu untersuchende System enthält. Im nämlichen Augenblick entsteht durch eine Reihe photolytischer Reaktionen eine hohe Population an Radikalen und Atomen. Nach jedem Lichtblitz wird die Konzentration der absorbierenden Spezies im Reaktionsgefäß mit einem Doppelstrahlspektrometer hoher Auflösung gemessen.
Abb. 18.4 zeigt schematisch eine von BAIR entworfene Apparatur für kinetische Messungen bei rasch aufeinanderfolgenden Lichtblitzen. In der Pionierarbeit von NORRISH und PORTER[2] wurden die Spektren in bestimmten Intervallen nach dem ersten Blitz photographiert. Diesem folgte in genau festgelegten, sehr kurzen Abständen ein elektronisch ausgelöster zweiter Blitz (*specflash*). Dieser zweite, polychromatische und photochemisch nicht wirksame Blitz durchsetzte ebenfalls die Küvette mit der Probe, durchlief ein optisches System mit dispergierendem Prinzip (Gitter oder Prisma) und traf endlich die Photoplatte. Die Zeiten zwischen dem

---

[2] R. G. W. NORRISH und G. PORTER, *Nature* 164 (1950) 685;
G. PORTER. *Proc. Roy. Soc. A* 200 (1950) 284;
O. OLDENBURG, *J. Chem. Phys.* 3 (1935) 266.

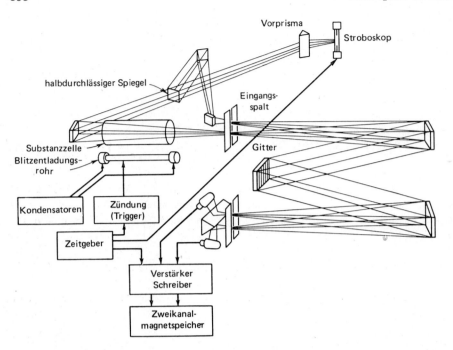

Abb. 18.4 Apparatur für die repetierende stroboskopische Blitzlichtphotolyse bei hoher Auflösung für kinetische Untersuchungen (E. J. BAIR, Indiana University).

ersten und dem zweiten Blitz betrugen $10^{-6} \cdots 10^{-3}$ s. Jeder zeitliche Punkt in einer Reaktionsfolge erforderte daher ein besonderes Experiment. Abb. 18.5 zeigt als Beispiel aus der Arbeit von G. PORTER und F. J. WRIGHT Bildung und Zerfall des ClO in Mischungen von Cl_2 und O_2. Das System war völlig reversibel; während des photochemischen Blitzes wurde nur das Chlormonoxyradikal ClO gebildet, und dieses zerfiel anschließend wieder in $Cl_2 + O_2$.

Die Bildung des ClO geschieht vermutlich nach dem folgenden Mechanismus:

$$Cl_2 \overset{h\nu}{\rightarrow} 2\,Cl$$

$$Cl + O_2 \rightarrow ClOO$$

$$ClOO + Cl \rightarrow ClO + ClO$$

Das ClO zerfällt in einer sehr wahrscheinlich bimolekularen Reaktion zweiter Ordnung:

$$-\frac{d[ClO]}{dt} = k_2 [ClO]^2$$

$$k_2 = 4{,}8 \cdot 10^7 \; l \cdot mol^{-1} \cdot s^{-1} \quad (298 \text{ K})$$

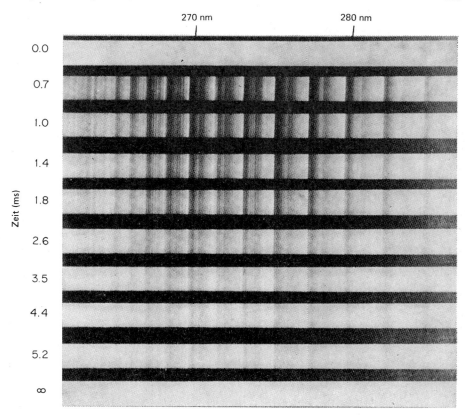

Abb. 18.5 Bandenspektrum des ClO nach der Blitzlichtphotolyse einer Chlor-Sauerstoff-Mischung. Aus der zeitlichen Veränderung des Spektrums läßt sich ein bimolekularer Zerfall herleiten.

7. Photolyse in Flüssigkeiten

Wenn eine Gasmolekel durch Photodissoziation in zwei Radikale zerfällt, dann haben diese nur eine geringe Chance, sich wieder zu treffen und in einem Dreierstoß zu rekombinieren. Eine Flüssigkeit ist rund 10^3mal dichter als ein Gas unter Normalbedingungen; eine bestimmte Molekel erleidet in einer Sekunde in einem Gas (1 atm) etwa 10^{10}, in einer Flüssigkeit etwa 10^{13} binäre Zusammenstöße. Im selben Maß nehmen auch die selteneren Dreierstöße zu. Endlich liegt die mittlere freie Weglänge der Molekeln in einer Flüssigkeit nur noch in der Größenordnung des Moleküldurchmessers. Ein zusammengehöriges Radikalpaar befindet sich also gewissermaßen in einem Käfig; die Wahrscheinlichkeit einer Rekombination ist sehr groß. (Tatsächlich finden sich die beiden Radikale meist schon nach wenigen Zusammenstößen mit anderen Molekeln wieder, also innerhalb von einigen 10^{-13} s.) Nach einer halbquantitativen Abschätzung von

R. Noyes beträgt z. B. bei der Photodissoziation des Jods in Hexanlösung die Wahrscheinlichkeit für die Rekombination zusammengehöriger Paare von Jodatomen etwa 0,5. Diese Rekombination von Radikalpaaren, die zuvor dieselbe Molekel gebildet haben, nennt man *geminale Rekombination*.

Ein bestimmter Bruchteil primärer Radikale entkommt dem »Käfig« (*freie Radikale*). Dieser Bruchteil läßt sich durch die Zugabe von *Radikalfängern* bestimmen; dies sind »stabile« (wenig reaktive) Radikale wie Diphenylpicrylhydrazyl (DPPH) und Sauerstoff oder Molekeln, die unter Zerfall (J_2) oder Anlagerung (radikalisch polymerisierende Stoffe) mit den freien Radikalen reagieren. Abb. 18.6 zeigt die Quantenausbeute einer radikalischen Reaktion in Abhängigkeit von der Konzentration eines angegebenen Radikalfängers.

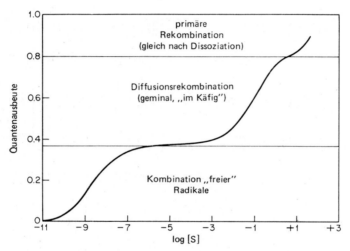

Abb. 18.6 Quantenausbeute für eine Photolyse in flüssiger Phase in Abhängigkeit von der Konzentration des Radikalfängers.

Das folgende Schema zeigt die Reaktionsmöglichkeiten nach einer Photodissoziation in flüssiger Phase (S = Radikalfänger, X = reaktive Molekel):

$AB \xrightarrow{h\nu} (A + B)$ Photodissoziation, primäre Radikalpaare im Käfig

$(A + B) \to AB$ geminale Rekombination

$(A + B) \to A + B$ Trennung der Radikale durch Diffusion (freie Radikale)

$\left.\begin{array}{l} A + S \to AS \\ B + S \to BS \end{array}\right\}$ Reaktion mit Radikalfängern

$\left.\begin{array}{l} A + B \to AB \\ 2A \to A_2 \\ 2B \to B_2 \end{array}\right\}$ Kombination freier Radikale

$\left.\begin{array}{l} A + X \to \text{Produkte} \\ B + X \to \text{Produkte} \end{array}\right\}$ Radikal-Molekel-Reaktionen

8. Energieübertragung in kondensierten Systemen

Eine elektronisch angeregte Molekel in Gasphase kann ihre Energie durch zwei Mechanismen auf andere Molekeln übertragen: entweder durch Emission eines Photons, das von einer anderen Molekel wieder absorbiert wird, oder durch direkte Energieübertragung bei einem Zusammenstoß. In kondensierten Systemen gibt es auch weitere Mechanismen der Energieübertragung über größere Distanzen.

Ein solcher Mechanismus der Energieübertragung wurde zuerst 1924 von JEAN PERRIN in einer allgemeinen Diskussion der Depolarisation der Fluoreszenz berichtet. Spätere, eingehendere Untersuchungen stammen von WAWILOW und GALANIN. Wenn man einen Farbstoff in stark verdünnter Lösung mit polarisiertem Licht bestrahlt, dann ist das emittierte Licht ebenfalls polarisiert. Mit zunehmender Konzentration des Farbstoffs in der Lösung wird jedoch das Fluoreszenzlicht zunehmend depolarisiert. PERRIN schloß aus dieser Beobachtung, daß es *eine* Molekel ist, die das Energiequant des polarisierten Lichts absorbiert, und eine andere, die depolarisiertes Fluoreszenzlicht emittiert. Diese Annahme schließt also die Vorstellung einer Übertragung der Elektronenanregungsenergie von einer Molekel zu einer anderen über beträchtliche Distanzen (bis 10 nm) ein.

Spätere Untersuchungen wurden an verdünnten Lösungen zweier verschiedener Stoffe durchgeführt; hierbei wurden Systeme gefunden, bei denen das Licht vom einen Stoff absorbiert und vom anderen als Fluoreszenzlicht wieder emittiert wurde. Hierdurch wurde eine zwischenmolekulare Übertragung der Anregungsenergie bewiesen; dieses Phänomen nennt man *sensibilisierte Fluoreszenz*. Ein gutes Beispiel hierfür ist eine Lösung von 1-Chloranthracen und Perylen; der größte Teil der Energie wird vom 1-Chloranthracen absorbiert, das Perylen hingegen emittiert die Energie wieder als Fluoreszenzlicht.

Die Theorie der zwischenmolekularen Energieübertragung über größere Bereiche wurde hauptsächlich von T. FÖRSTER[3] (von 1948 an) entwickelt. Die Übertragung wird durch eine Überlappung zwischen der Emissionsbande des Donors und der Absorptionsbande des Rezeptors ermöglicht. Der angeregte Donor tritt mit dem nicht angeregten Rezeptor durch einen Dipol-Dipol-Mechanismus in Wechselwirkung, ähnlich dem Mechanismus, der für die LONDONschen Kräfte (Abschnitt 22-7) verantwortlich ist. Das Wechselwirkungspotential bei derartigen Kräften ist proportional r^{-6}; hierbei ist r der zwischenmolekulare Abstand. Nach dieser Theorie beträgt die mittlere Energieübertragungszeit zwischen Molekelpaaren 10^{-11} bis 10^{-8} s.

9. Photosynthese in Pflanzen (Assimilation)

Die photochemischen Mechanismen bei der Assimilation des CO_2 sind noch nicht völlig geklärt; es ist jedoch recht wahrscheinlich, daß zu den ersten physikalisch-chemischen Schritten eine PERRIN-FÖRSTERsche Energieübertragung gehört, wie

---

[3] T. FÖRSTER, *Radiation Research, Suppl.* 2 (1960) 326.

sie bei der sensibilisierten Fluoreszenz beobachtet wurde. Sowohl höhere Pflanzen als auch bestimmte Protozoen und Bakterien können photochemische Reaktionen ausführen, bei denen Strahlungsenergie der Sonne in freie chemische Energie verwandelt wird (Bildung von Kohlehydraten und anderen Produkten). Die Photosynthese geschieht nach heutiger Auffassung in zwei Stufen, die man schematisch so formulieren kann:

$$H_2O \rightarrow 2(H) + 1/2\,O_2$$

und

$$CO_2 + 2(H) \rightarrow (CHOH)$$

Hierbei wird natürlich nicht impliziert, daß der Wasserstoff an irgendeiner Stelle des Assimilationsmechanismus in Form von Atomen auftaucht; er symbolisiert hier lediglich die Übertragung negativer Ladungen. Ebensowenig tritt das Reduktionsprodukt (CHOH) als freie Molekel auf. Die Reduktionsgleichung des CO_2 berücksichtigt die Tatsache, daß der gesamte, bei der Assimilation frei werdende Sauerstoff aus dem Wasser stammt; dies haben Studien mit $H_2^{18}O$ ergeben. Letzlich wird natürlich das bei jeder CO_2-Reduktion überschüssige Sauerstoffatom zu Wasser reduziert.

In grünen Pflanzen und Algen kommt vor allem das Chlorophyll a (Abb. 18.7) und in wesentlich geringeren Konzentrationen das Chlorophyll b vor. Außer diesen beiden gibt es noch zahlreiche andere Pigmente, die in pflanzlichen photosynthetischen Systemen Licht absorbieren; sie scheinen jedoch nur als »Hilfsarbeiter bei der Lichternte« zu wirken. Das Absorptionsmaximum dieses Chlorophyllgemischs liegt im gelb-roten Bereich des sichtbaren Spektrums; die Absorption eines einzelnen Quants reicht also niemals aus, um CO_2 unter Sauerstoffentwicklung zu reduzieren. Bevor irgendeine chemische Reaktion auftreten kann, muß also die Anregungsenergie zuerst einmal an bestimmte aktive Zentren oder Strahlungsfallen übertragen und gesammelt werden (Abb. 18.7). Die Natur dieser katalytischen Zentren ist noch nicht bekannt: es mag sich um einen besonderen Triplettzustand des Chlorophylls, um eine Verbindung zwischen Chlorophyll a und einem Protein oder Lipoid oder um ein Derivat mit der Chlorophyllstruktur handeln.

Dieser Mechanismus der Energiespeicherung ist erstaunlich wirksam. Die Gesamtreaktion $CO_2 + H_2O \rightarrow (CH_2O) + O_2$ hat einen (molekularen) Energiebedarf von 4,8 eV. Rotes Licht (680 nm) hat eine Quantenenergie von etwa 1,8 eV; bei einer Quantenausbeute von 1 würden also 2,6 Quanten für eine Reaktionseinheit in der obigen Formulierung benötigt. In Wirklichkeit ist die Quantenausbeute bei der Assimilation $\Phi = 0{,}125$; es werden also etwa 8 Quanten pro Reaktionseinheit benötigt. Dies sind immerhin 32,5% der theoretischen Ausbeute. Durch diese Assimilationsreaktion, durch die auf unserer Erde organisches Leben überhaupt erst ermöglicht wurde, werden jährlich mindestens 10^{13} kg organische Materie gebildet.

Die Absorptionsbanden des Chlorophylls a bei 680 nm und des Chlorophylls b bei 644 nm [Abb. 18.7 (c), ätherische Lösungen] sind für die Photosynthese entscheidend. In der Pflanze ist das gesamte Chlorophyll in besonderen Organellen ver-

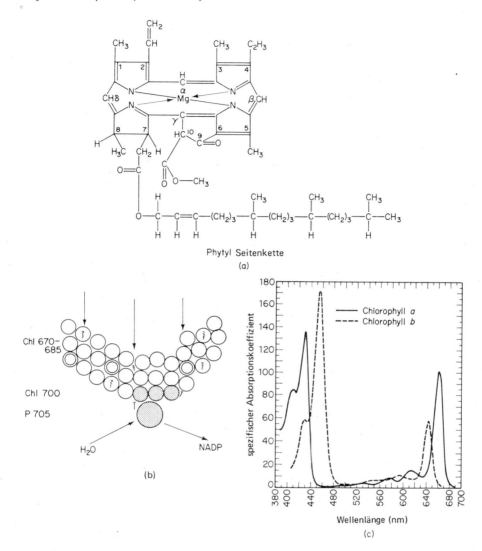

Abb. 18.7 Modellvorstellung der Wirkung des Chlorophylls bei der Photosynthese. (a) Struktur des Chlorophylls a. Im Chlorophyll b sitzt an der Stelle 3 CHO statt CH_3.
(b) Schema des »Trichtereffekts« *(funneling)*: Die vom Chlorophyll (Chl 670–685) und anderen Pigmenten (Doppelkreise) in den Plastiden absorbierte Strahlungsenergie wird in bestimmte Energiesenken oder -fallen (Chl 700 – P 705) weitergeleitet; diese verwenden die gespeicherte Energie für die Elektronenübertragung vom H_2O zum Nicotinsäureamid-adenin-dinucleotidphosphat (NADP).
(c) Absorptionsspektren des Chlorophylls a und b [F. P. ZSCHEILE und C. L. COMAR, *Bat. Gaz.* 102 (1941) 463]. Ordinate: spezifischer Absorptionskoeffizient · 10^{-3}, Abszisse: Wellenlänge (nm). Um zu den molaren Absorptionskoeffizienten zu kommen, müssen die Werte für das Chlorophyll a mit 902,5 und die für Chlorophyll b mit 907,5 multipliziert werden.

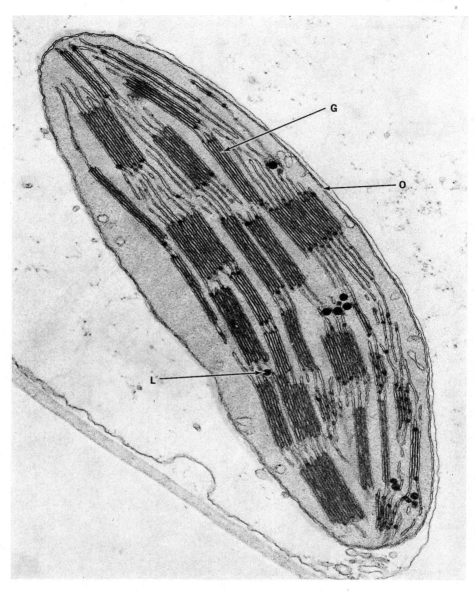

Abb. 18.8a Elektronenmikroskopische Aufnahme (33150fach) eines der Chloroplasten aus Lattich (Dünnschnitt, gefärbt durch Osmiumtetroxid). G kennzeichnet einen Stapel von Granamembranen im Querschnitt. Diese Membranen enthalten Chlorophyll, andere Pigmente und verschiedene Proteine, die als Elektronenträger dienen. O markiert die äußere Chloroplastmembran, die teilweise dazu dient, die im Chloroplast enthaltenen Enzyme für die Fixierung des CO_2 festzuhalten. Nichtfunktionelle Lipidtröpfchen wurden mit L gekennzeichnet. (R. A. DILLEY, C. J. ARNTZEN und R. FELOWS.)

Abb. 18.8b Elektronenmikroskopische Aufnahmen (69550fach, R. A. DILLEY) eines Chloroplasten aus Spinat, sichtbar gemacht durch Gefrierätzung. Bei dieser Präparation zeigt ein Kohlenstoff-Platin-Abdruck der durch Brechen eines gefrorenen Chloroplasten erhaltenen Oberfläche tangentiale Einblicke in das Innere der Granamembranen (1 und 2). Ein eben noch sichtbarer Querschnitt durch mehrere Granamembranen (Pfeil), kann mit denen in Abb. 18.8a verglichen werden. Die im Inneren der Granamembranen gefundenen Teilchen 1 und 2 sind wahrscheinlich ein Teil des photochemischen und/oder enzymatischen Apparates der Membranen.

teilt, den *Chloroplasten*. Innerhalb der Chloroplaste sind die Pigmentmolekeln relativ fest mit Membranstrukturen verbunden, die man *Grana* nennt. Abb. 18.8 zeigt das elektronenmikroskopische Bild eines bestimmten Ausschnitts eines Chloroplasten. Es wird angenommen, daß die besondere Anordnung der Chlorophyllmolekeln in den Grana die zwischenmolekulare Energieübertragung erleichtert. Der Absorption eines Quantums $h\nu$ in irgendeiner Molekel folgt unmittelbar die zwischenmolekulare Wanderung der Anregungsenergie; diese wird so lange von Molekel zu Molekel weitergegeben, bis sie ein aktives Zentrum (Energiefalle) erreicht hat. In diesem Zusammenhang ist es sehr bezeichnend, daß die Quantenausbeute der Fluoreszenz (Φ_F) des Chlorophylls in lebenden Zellen sehr klein ist; die zu beobachtende schwache Fluoreszenz ist stark depolarisiert. Diese Beobachtungen unterstützen die Annahme, daß die Übertragung der Strahlungsenergie in assimilierenden Organismen durch den FÖRSTERschen Mechanismus geschieht.

Die Forschung auf dem Gebiet der Photosynthese ist noch in vollem Gange; es ist also wahrscheinlich, daß bei Erscheinen dieses Buches viele Details der Photosynthese besser verstanden werden, als hier beschrieben ist.

Ein weiteres, hochinteressantes photochemisches Problem ist die Aufklärung des Mechanismus, durch den eine Rezeptorzelle des Auges nach der Absorption eines einzelnen Lichtquants ein elektrisches Signal von $5 \cdots 10$ mV produzieren kann. Diese Leistung wird nur von den wirksamsten Sekundärelektronenvervielfachern erreicht. Wir wissen, daß der primäre photochemische Schritt beim Sehvorgang die Absorption eines Lichtquants durch das Augenpigment Rhodopin ist. Dieses wurde als die 11-cis-Form des Vitamin-A-Aldehyds identifiziert; dieses Pigment ist, ähnlich wie das Chlorophyll in der lebenden Zelle, an eine Membran gebunden. Die wichtigste photochemische Leistung dieses Pigments ist seine Umwandlung von der cis- in die all-trans-Konfiguration. Wir wissen jedoch noch nicht, in welcher Weise der Aldehyd an die Membran gebunden ist und wie die Änderungen in der Membran, die von der cis-trans-Umlagerung hervorgerufen werden, letztlich zu einem elektrischen Signal der Rezeptorzelle führen.

19. Kapitel
Strahlenchemie

1. Einführung

Unter *Strahlenchemie* wollen wir die Wissenschaft verstehen, die sich mit den chemischen Wirkungen ionisierender Strahlung befaßt. Die Ionisationsenergien der Valenzelektronen von Atomen und Molekeln liegen zwischen etwa 8 eV (aromatische Kohlenwasserstoffe) und 24,6 eV (Helium). Bei der Wechselwirkung energiereicher Strahlung (elektromagnetische Strahlung, Korpuskularstrahlung) mit Materie entstehen Ionen und angeregte Molekeln. Um einen größeren Anteil an Ionen zu erzielen, muß die Photonen- oder Teilchenenergie mindestens in der Größenordnung 100 eV liegen. Dies entspricht einer Energie von 9650 kJ/mol oder einer Wellenlänge von 12,4 nm (weiche Röntgenstrahlung). Die Energie der bei strahlenchemischen Untersuchungen verwendeten Strahlung liegt meist um mehrere Zehnerpotenzen über diesem Grenzwert.

Die Abgrenzung zur Photochemie ergibt sich aus der Tatsache, daß weichere Photonenstrahlung (UV-Licht) nur elektronisch angeregte Spezies zu erzeugen vermag; auf ein absorbiertes Photon kommt in der Regel eine angeregte Molekel. Im Gegensatz hierzu erzeugt jedes energiereiche Photon oder Teilchen entlang seiner Bahn im System eine große Zahl an Ionen und angeregte Molekeln. Die Primärprozesse bei photochemischen Reaktionen finden daher gleichmäßig ver-

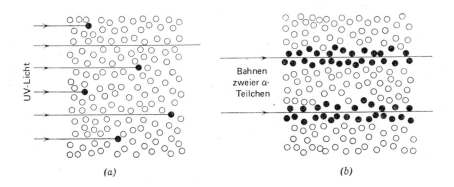

Abb. 19.1 Verteilung der Primärprozesse bei der Absorption von UV-Photonen (**a**) und α-Teilchen (**b**). (SPINKS und WOODS, *An Introduction to Radiation Chemistry*, John Wiley, New York 1964.)

teilt im gesamten durchstrahlten Raum statt; bei strahlenchemischen Vorgängen sind sie jedoch im wesentlichen auf die Bahn des Primärteilchens und die Bahnen besonders energiereicher Sekundärelektronen beschränkt (Abb. 19.1).

Wohl die erste, eingehender untersuchte strahlenchemische Reaktion war die Zersetzung des Wassers durch natürliche α-Strahler. Zu Beginn dieses Jahrhunderts fanden GIESEL (an Radiumsalzlösungen) sowie MARIE CURIE und DEBIERNE (an einem hydratisierten Radiumsalz) die Zerlegung des Wassers in Wasserstoff und Sauerstoff unter dem Einfluß von α-Strahlung. Einige Jahre später zeigte BRAGG, daß die durch Radonstrahlung in Wasserdampf zersetzte Zahl von Wassermolekeln nahezu mit der Zahl an Ionen übereinstimmt, die durch die gleiche Strahlungsdosis in Luft erzeugt werden. Sehr eingehende Untersuchungen über die Wirkung von α-Strahlung in gasförmigen Systemen wurden von LIND durchgeführt. Dieser war es auch, der an der Bildung von Ozon aus Sauerstoff und an anderen Beispielen den quantitativen Zusammenhang zwischen der Zahl der erzeugten Ionenpaare und der chemischen Wirkung feststellte. Die ersten eingehenderen Untersuchungen über die Strahlenchemie wäßriger Lösungen stammen aus den 30er Jahren; wichtig war hierbei die Entdeckung der *indirekten Strahlenwirkung* durch hochreaktive Radiolyseprodukte des Wassers.

Einen starken Auftrieb erhielt die Strahlenchemie durch die Entwicklung der Kerntechnik nach 1945. Die enorme Intensität der nun zur Verfügung stehenden Strahlenquellen (Kernreaktoren, radioaktive Spaltprodukte, ^{60}Co und Teilchenbeschleuniger) ermöglichten strahlenchemische Synthesen im präparativen Maßstab. In die jüngste Zeit fallen Synthesen im technischen Maßstab, insbesondere strahlungsinduzierte Kettenreaktionen, so die Erzeugung von Polyäthylen in einem kontinuierlichen Dispersionssystem und die Polymerisation von festem Trioxan zu Polyoxymethylen, die Erzeugung von Holzkunststoffen oder Betonkunststoff durch Polymerisation von Monomeren in porösen Konstruktionsmaterialien. Von großer Bedeutung sind schließlich die Untersuchungen zur Aufklärung biologischer Strahlenwirkungen (Strahlenwirkung auf lebende Organismen und Zellen, Schutzstoffe beim Strahlensyndrom usw.).

2. Arten der Wechselwirkung zwischen ionisierender Strahlung und Materie

Die bei der Absorption von Photonen- oder Teilchenenergie zeitlich aufeinanderfolgenden Vorgänge kann man schematisch einteilen in physikalische, physikalisch-chemische und chemische Prozesse. Die Art der physikalischen Primärprozesse hängt von der Photonenenergie beziehungsweise von Ladung, Masse und Energie der Teilchen ab. Die Art der Materie, durch die die Strahlung absorbiert wird, spielt eine untergeordnete Rolle.

Energiereiche *Photonen* (z.B. γ-Strahlung im MeV-Bereich) verlieren bei jeder Wechselwirkung einen relativ hohen Bruchteil ihrer Energie. Zunächst überwiegt der COMPTON-Effekt, bei dem das Photon mit der Ausgangsenergie E_0 ein Elektron aus der Materie herausschlägt, das die kinetische Energie E_e besitzt.

Das gestreute Photon besitzt die verringerte Energie E_γ. Für die Energiebilanz gilt:

$$E_e = E_0 - E_\gamma$$

Für die Energie des gestreuten Photons gilt die folgende Beziehung:

$$E_\gamma = \frac{E_0}{1 + (E_0/m_0 c^2)(1 - \cos\theta)}$$

Hierin ist $m_0 c^2$ die der Ruhemasse des Elektrons entsprechende Energie. Je größer also die Ablenkung Θ ist, um so stärker ist der Energieverlust des Photons. Photonen geringerer Energie ($< 10^5$ eV) werden hauptsächlich durch den photoelektrischen Effekt absorbiert. Für die Energiebilanz gilt:

$$E_e = E_\gamma - E_a$$

Hierin bedeutet E_a die Ablösearbeit des Elektrons; sie macht sich erst bei relativ geringen Photonenenergien bemerkbar.
Die Wechselwirkung schneller *Elektronen* mit Materie geschieht vor allem durch inelastische und elastische Zusammenstöße sowie durch die Erzeugung von Bremsstrahlung; der letztere Effekt überwiegt bei hoher Elektronenenergie (in der Größenordnung von 10 MeV).
In den meisten praktischen Fällen geschieht die Energieübertragung von schnellen Elektronen auf eine absorbierende Substanz weitaus überwiegend durch die Coulombsche Wechselwirkung zwischen den schnellen und den »ruhenden« Elektronen des Systems, also durch Ionisation und Anregung. Für den spezifischen Energieverlust (abgegebene Energie pro Wegstrecke dx) eines geladenen schnellen Teilchens durch Ionisation und Anregung gilt nach BETHE:

$$-\frac{dE}{dx} = \frac{4\pi e^4}{m_0} \frac{z^2}{v^2} NB \quad (\text{erg cm}^{-1})$$

v = Geschwindigkeit des schnellen Teilchens
z = Zahl der Elementarladungen e des schnellen Teilchens
m_0 = Ruhemasse des Elektrons
N = Zahl der Atome in 1 cm³ des absorbierenden Materials
B = $Z \ln \frac{2 m_e v^2}{\bar{I}}$ (Z = Kernladungszahl)

Die Größe B nennt man den *Stoppfaktor* des absorbierenden Materials. $\bar{I}$ ist der Mittelwert der Ionisierungsenergien der Elektronen des absorbierenden Materials. Für diese gilt nach BLOCH: $\bar{I} = KZ$. Die »Konstante« K hat je nach der Art des Elements einen Wert zwischen 8 und 16 eV (C: 12,7; H: 15,6, schwere Elemente: 8,8, eV). Für $Z < 30$ setzt man $K \approx 11,5$.
Das Bremsvermögen einer molekularen Substanz ist gleich der Summe des Bremsvermögens der atomaren Komponenten (Regel von BRAGG); für die abbremsende Wirkung eines Mediums spielt also der Bindungszustand der Atome im System praktisch keine Rolle.

Die obige Formel gilt streng für schwere Teilchen, deren Geschwindigkeit wesentlich kleiner ist als die Lichtgeschwindigkeit. Bei schnellen Elektronen mit Energien in der Größenordnung von 10^5 eV und darüber ist die relativistische Massenzunahme zu berücksichtigen. Die abgewandelte Bethesche Formel hierfür lautet ($\beta = v/c$):

$$-\frac{dE}{dx} = \frac{2\pi e^4}{mv^2} N_e \left[\ln \frac{mv^2 E}{2\bar{I}^2(1-\beta^2)} - (\sqrt{1-\beta^2} - 1 + \beta^2)\ln 2 \right.$$
$$\left. + 1 - \beta^2 + \frac{1}{8}(1 - 1 - \beta^2)^2 \right] \quad (\text{erg cm}^{-1})$$

Für das Verhältnis der durch Abbremsung der Elektronen (Erzeugung von Bremsstrahlung) und der durch inelastische Zusammenstöße dissipierten Energie gilt schließlich die folgende Näherungsbeziehung:

$$\frac{(dE/dx)_{\text{brems}}}{(dE/dx)_{\text{koll}}} \approx \frac{EZ}{1600 \, m_0 c^2}$$

E = Elektronenenergie in MeV

Der spezifische Energieverlust eines Teilchens hängt von dessen Geschwindigkeit ab (über weite Bereiche von $1/v^2$). Da sich die Geschwindigkeit jedoch längs einer Teilchenbahn mit jedem Wechselwirkungsakt ändert, ist es sinnvoller, von einer mittleren Energieübertragung (linearer Energietransfer, LET) zu sprechen. Dies ist der Quotient aus der Anfangsenergie des schnellen Teilchens und der Länge seiner Bahn im absorbierenden Material. Beispiele hierfür zeigt Abb. 19.2.

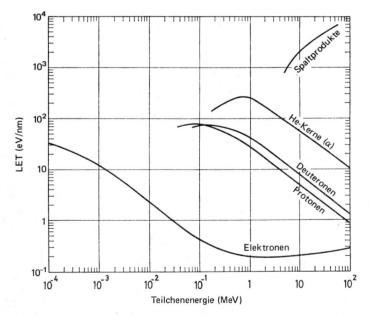

Abb. 19.2 Mittlerer spezifischer Energieverlust (LET) für schnelle Teilchen in Abhängigkeit von der Teilchenenergie; absorbierendes Medium: H_2O (HENGLEIN, SCHNABEL und WENDENBURG, *Einführung in die Strahlenchemie*, Verlag Chemie, Weinheim 1969).

3. Physikalisch-chemische und chemische Folgeprozesse

Die im vorhergehenden Abschnitt geschilderten physikalischen Effekte bei der Wechselwirkung zwischen ionisierender Strahlung und Materie, insbesondere die Bildung von Ionen und angeregten Molekeln, verlaufen sehr rasch (10^{-18} bis 10^{-16} s). Die Rekombination von primärem Ion und Elektron (unter Bildung einer hochangeregten Molekel, die in aller Regel homolytisch in Radikale zerfällt) sowie der Zerfall der unmittelbar durch den Strahlungseinfluß angeregten Molekeln dauern wesentlich länger ($10^{-14} \ldots 10^{-12}$ s). Zu den chemischen Folgeprozessen wollen wir Radikal-Radikal- und Radikal-Molekel-Reaktionen sowie die Bildung molekularer Produkte im »spur« zählen; diese brauchen, soweit sie schon analysiert wurden, etwa $10^{-7} \ldots 10^{-4}$ s.

Im selben Maße, wie die Energie eines schnellen geladenen Teilchens, z.B. eines Elektrons, durch Wechselwirkung mit Materie abnimmt, nehmen diese Prozesse an Häufigkeit zu. Während zunächst die Ionisationen vorwiegen, nehmen mit abnehmender Energie die Anregungsvorgänge zu; schließlich wird das Elektron thermisch. Bis zu seiner Kombination mit einem positiven Ion oder seinem Einfang durch eine neutrale Molekel erleidet es elastische Zusammenstöße. In kondensierter Phase ist die Reichweite von Elektronen mit einer Energie unterhalb von etwa 100 eV sehr klein geworden; gleichzeitig ist die Zahl der Wechselwirkungen so groß geworden, daß auf engstem Raum eine Schar (*cluster*) angeregter Molekeln und Ionen gebildet wird; diese lokalen Bereiche mit hoher mittlerer Energie haben einen Durchmesser von etwa 2 nm und werden meistens mit dem englischen Ausdruck *spur* bezeichnet. (Dies hat in seiner Bedeutung nichts mit dem deutschen Wort Spur zu tun; den Weg eines schnellen Teilchens bezeichnet man als Bahn, engl. *track*.) Die Konzentration an spurs in einem bestrahlten System nimmt mit dem LET der verwendeten Strahlung zu; sie ist am höchsten bei schweren geladenen Teilchen und am niedrigsten bei elektromagnetischer Strahlung (γ- oder harte Röntgenstrahlung). Ein großer Prozentsatz der chemi-

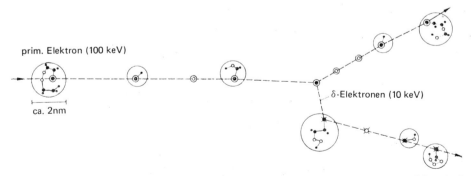

Abb. 19.3 Schematische Darstellung der Bahn eines energiereichen Elektrons in Materie der Dichte 1; die Abstände zwischen benachbarten *spurs* in der Bahn des primären Elektrons sind um den Faktor 20, in der Bahn des δ-Elektrons um den Faktor 6 zu klein gezeichnet (nach HENGLEIN et al., loc. cit.).

schen Vorgänge findet in den spurs oder in ihrer unmittelbaren Nachbarschaft statt. In den spurs selbst überwiegen »molekulare« Vorgänge; Radikale, denen es gelingt, aus den spurs herauszudiffundieren, nennt man *freie Radikale*. Abb. 19.3 zeigt schematisch die Bahn eines energiereichen Elektrons mit den spurs.

4. Strahlenchemische Ausbeute und Dosimetrie

Bei der Angabe der strahlenchemischen Ausbeute könnte man die Zahl der chemisch umgesetzten Molekeln ähnlich wie bei der photochemischen Ausbeute auf die Zahl der absorbierten Strahlungsquanten (oder abgebremsten schnellen Teilchen) beziehen. Dies stößt jedoch auf grundsätzliche Schwierigkeiten, da insbesondere bei Verwendung von Strahlung mit niederer Ionisationsdichte (γ-Strahlung) ein Teil der Strahlung gar nicht vollständig vom System absorbiert wird, sondern dieses geschwächt verläßt. Außerdem käme man bei einem solchen Maß zu sehr hohen Zahlen. Das heute allgemein akzeptierte Maß für die strahlenchemische Ausbeute ist der *G-Wert* (nach einem Vorschlag von M. BURTON):

$$G(\pm A) = \frac{\text{Zahl der } \genfrac{}{}{0pt}{}{\text{gebildeten}}{\text{verbrauchten}} \text{ Molekeln A}}{\text{absorbierte Strahlungsenergie in eV}} \cdot 100$$

Eine absorbierte Strahlungsenergie von 100 eV erzeugt im Mittel etwa 3 Ionenpaare und die gleiche bis doppelte Anzahl von angeregten Molekeln. Der G-Wert einer Reaktion liegt daher meist unter 10; ist er wesentlich größer, dann liegt eine Kettenreaktion vor.

Die Bestimmung der Zahl der chemisch umgesetzten Molekeln bereitet mit den üblichen Analysenmethoden meist keine größeren Schwierigkeiten; problematischer ist die Bestimmung der absorbierten Strahlungsenergie. Hierzu steht eine Anzahl von Methoden der *physikalischen Dosimetrie* zur Verfügung, die nicht unbeträchtliche experimentelle Schwierigkeiten mit sich bringen. Aus diesem Grunde eicht man eine möglichst eindeutige strahlenchemische Reaktion mit einem physikalischen Dosimeter. Das bekannteste *chemische Dosimeter* ist das FRICKE-Dosimeter, das auf der Oxidation von Fe^{2+} zu Fe^{3+} in einer belüfteten wäßrigen Lösung durch die Radiolyseprodukte des Wassers beruht. Der G-Wert des Frickedosimeters hängt von der Art der verwendeten Strahlung ab; für energiereiche Elektronen und γ-Strahlen ist $G = 15,5$.

5. Wasser und wäßrige Lösungen

Der Mechanismus der Radiolyse reinen flüssigen Wassers war Gegenstand zahlreicher Untersuchungen, insbesondere auch im Zusammenhang mit der Deutung strahlenbiologischer Vorgänge. Bei der Bestrahlung reinen Wassers in einem offenen System lassen sich als Endprodukte der Radiolyse Wasserstoff, Wasserstoffperoxid und Sauerstoff nachweisen. Die strahlenchemische Ausbeute und die rela-

Wasser und wäßrige Lösungen

tiven Mengen hängen stark von der Art der Strahlung ab; außerdem erwiesen sich die Reaktionen als sehr empfindlich gegenüber geringen Mengen an Ionen oder bestimmten organischen Stoffen. Endlich zeigte sich bei Zugabe von Radikalfängern, daß die Bildung von H_2 und H_2O_2 nur teilweise unterdrückt werden kann. Radikalfänger können die in den *spurs* stattfindenden Radikalkombinationen nur wenig, nichtradikalisch verlaufende Vorgänge gar nicht beeinflussen. Von Radiolyseprodukten, die sich trotz der Gegenwart von Radikalfängern bilden, sagt man, sie bildeten sich nach einem »molekularen« Mechanismus. Tab. 19.1 zeigt diese Zusammenhänge am Beispiel der Radiolyse des Wassers durch Strahlung verschiedener *Ionisationsdichte* (mittlere spezifische Ionisation, Ionenpaare pro µm).

Strahlung		Mittlere Energie	Ionisationsdichte (Ionenpaare pro µm)	G-Wert für Zersetzung des Wassers			$G_{Fe^{3+}}$ (0,8n H_2SO_4)
Art	Quelle			$G(-H_2O)$	$G_R(-H_2O)$ in %	$G_M(-H_2O)$ in %	
γ	^{60}Co	1,2 MeV	10	3,88	77	23	15,45
β	^{3}H	5,65 keV	200	3,37	70	30	12,9
α	^{210}Po	5,3 MeV	4000	3,57	12	88	6,1
α u. ^{7}Li	^{10}B (n,α) ^{7}Li	1,47 (α) 0,85 (Li) MeV	10000	3,20	8	92	4,2

Tab. 19.1 Einfluß der Ionisationsdichte der Strahlung auf die Radiolyse des Wassers (nach einer Aufstellung von A. Henglein). (G_R = G-Wert für die radikalischen und G_M = G-Wert für die »molekularen« Prozesse bei der Radiolyse des Wassers)

Wasser höchster Reinheit entwickelt in einem abgeschlossenen System praktisch keine Radiolyseprodukte. Dies ist von größter Bedeutung für den Betrieb wassergekühlter Reaktoren.

Die experimentellen Befunde lassen sich durch das folgende, vereinfachte Schema für die Radiolyse des Wassers deuten:

$$H_2O \rightsquigarrow \begin{cases} \rightarrow H_2O^+ + e^- \rightarrow H_2O^{**} \\ \rightarrow H_2O^* \end{cases}$$

$$\begin{aligned} H_2O^{**} &\rightarrow H_2 + H_2O_2 \quad \text{(molekularer Prozeß)} \\ H_2O^* &\rightarrow H\cdot + \cdot OH \rightarrow H_2, H_2O_2, H_2O \quad \text{(radikalischer Mechanismus)} \end{aligned}$$

Die Radiolyse des Wassers kann als Disproportionierung aufgefaßt werden. In einem abgeschlossenen System werden die Endprodukte H_2 und H_2O_2 durch die oxidierende ($\cdot$OH) und reduzierende Spezies ($\cdot$H) in der folgenden Kettenreaktion verbraucht:

$$\cdot OH + H_2 \rightarrow H_2O + H\cdot$$
$$H\cdot + H_2O_2 \rightarrow H_2O + \cdot OH$$
$$\overline{H_2 + H_2O_2 \rightarrow 2H_2O}$$

Bei dem obigen, vereinfachten Radiolyseschema wurden einige wichtige Reaktionsmöglichkeiten der primären geladenen Spezies vernachlässigt. Nach dem Abbremsen auf thermische Energie werden sowohl das H_2O^+ (»hydratisierte positive Ladung«) als auch das Elektron hydratisiert[1]. Außer der schon formulierten Rekombinationsreaktion, die wegen des Freiwerdens der Ionisationsenergie in einem Dreierstoß erfolgen muß und zu einer hochangeregten Wassermolekel führt, sind noch zahlreiche andere Reaktionen möglich, von denen nur die folgenden angeführt seien:

$$H_2O^+ \xrightarrow{10^{-13}\,s} H^+ + \cdot OH$$
$$e^-_{aq} \rightarrow H\cdot + OH^-$$
$$2\,e^-_{aq} \rightarrow H_2 + 2\,OH^-$$
$$e^-_{aq} \underset{}{\overset{H^+}{\rightleftharpoons}} H\cdot \underset{}{\overset{H^+}{\rightleftharpoons}} H_2^+ \quad (k_2 \text{ für } e^-_{aq} + H^+ : 2{,}36 \cdot 10^{10}\,l\,mol^{-1}\,s^{-1})$$

Beträchtliche Bedeutung besitzt das Gleichgewicht zwischen dem solvatisierten Elektron und dem Wasserstoffatom. (Solvatisierte Elektronen treten übrigens nicht nur bei strahlenchemischen Prozessen auf; ein Beispiel aus der anorganischen Chemie sind Lösungen von Alkalimetallen in flüssigem, wasserfreiem NH_3.) Dieses Gleichgewicht ist offensichtlich pH-abhängig; in saurer Lösung reagieren praktisch ausschließlich H-Atome, in stark alkalischer Lösung solvatisierte Elektronen. Ein instruktives Beispiel ist die Radiolyse der Chloressigsäure. In saurer, wäßriger Lösung findet die folgende Reaktion statt:

$$ClCH_2-COOH + \cdot H \rightarrow H_2 + Cl\dot{C}H-COOH$$

In alkalischer Lösung führen solvatisierte Elektronen zur Abspaltung von Cl^-:

$$ClCH_2-COO^- + e^-_{aq} \rightarrow Cl^- + \cdot CH_2COO^-$$

Bestrahltes Wasser kann sowohl oxidierend als auch reduzierend wirken. Das Oxidationspotential wird ganz beträchtlich gesteigert, wenn man die bestrahlte Lösung mit Sauerstoff sättigt. Der Sauerstoff reagiert wegen seiner biradikalischen Natur sehr rasch mit den Wasserstoffatomen und bildet dabei das HO_2-Radikal. Hierbei wird also eine reduzierende Spezies mit dem Reduktionsäquivalent 1 in eine oxidierende mit den Oxidationsäquivalent 3 verwandelt. Sauerstoffgesättigtes Wasser nimmt bei γ-Bestrahlung ein Oxidationspotential von etwa $+0{,}9$ V

---

[1] Der Nachweis des solvatisierten Elektrons in bestrahltem, alkalischem Eis und die Bestimmung der Geschwindigkeitskonstanten zahlreicher Reaktionen dieser Spezies gehört zu den schönsten Erfolgen der Strahlenchemie.

Reine organische Stoffe

an; Strahlung höherer Ionisationsdichte verursacht ein etwas höheres Oxidationspotential.

Reaktionsmöglichkeiten der mit Strahlung niederer Ionisationsdichte überwiegend entstehenden H-Atome und OH-Radikale lassen sich folgendermaßen zusammenfassen (Beispiele in Klammern):

Ladungsübertragung (Redoxreaktionen):

$$H\cdot + M^{n+} \to H^+ + M^{(n-1)+} \qquad (H\cdot + Ag^+ \to Ag\cdot + H^+)$$
$$\cdot OH + M^{n-} \to OH^- + M^{(n-1)-} \qquad (\cdot OH + Br^- \to OH^- + Br\cdot)$$

Abstraktion (Übertragung):

$$H\cdot + MH \to H_2 + M\cdot \qquad (H\cdot + CH_3OH \to H_2 + \cdot CH_2OH)$$
$$H\cdot + MOH \to H_2O + M\cdot \qquad (H\cdot + HOOH \to H_2O + \cdot OH)$$
$$\cdot OH + MH \to H_2O + M\cdot \qquad (\cdot OH + HCOOH \to H_2O + \cdot COOH)$$

Anlagerung:

$$H\cdot + M \to HM\cdot \qquad (H\cdot + CO_2 \to HO{-}C{=}O)$$
$$HO\cdot + M \to HOM\cdot \quad \text{(Initiierung von Polymerisationen)}$$

Das in Gegenwart von Sauerstoff entstehende Hydroperoxyradikal hat zwei grundsätzlich verschiedene Reaktionsmöglichkeiten:

$$HO_2\cdot \begin{cases} \xrightarrow{-e^-} H^+ + O_2 \\ \xrightarrow{+e^-} HO_2^- \; (+ H^+ \to H_2O_2) \end{cases}$$

Je nach dem Oxidationspotential des gelösten Stoffes kann dieses Radikal also oxidierend oder reduzierend wirken. Ein Beispiel für den letzteren Fall ist die folgende Reaktion:

$$HO_2\cdot + Ce^{4+} \to Ce^{3+} + H^+ + O_2$$

Metallionen in einer niederen Oxidationsstufe werden nach folgendem Mechanismus oxidiert (Reaktion im FRICKE-Dosimeter):

$$HO_2\cdot + Fe^{2+} \to HO_2^- + Fe^{3+}$$
$$(HO_2^- + H^+ \to H_2O_2)$$
$$H_2O_2 + Fe^{2+} \to Fe^{3+} + OH^- + \cdot OH$$
$$Fe^{2+} + \cdot OH \to Fe^{3+} + OH^-$$

6. Reine organische Stoffe

Bei der Bestrahlung organischer Systeme finden überwiegend radikalische und molekulare, in untergeordnetem Maße jedoch auch ionische Prozesse statt. Letztere können in stark polaren Medien (geringere Reichweite der Coulombschen

Kräfte) oder bei tiefen Temperaturen (Unterdrückung radikalischer Prozesse) große Bedeutung erlangen. Strahlung niederer Ionisationsdichte (γ-Strahlung) begünstigt radikalische Vorgänge.

Die von einer Molekel aufgenommene Energie führt häufig zur Dissoziation, gelegentlich auch zur Umlagerung der Molekel. So lagern sich cis-Äthylenderivate unter dem Einfluß von γ-Strahlung in trans-Derivate um. In erster Näherung ist die Spaltungswahrscheinlichkeit für eine bestimmte Bindung in einer Molekel um so höher, je geringer ihre Bindungsenergie relativ zu den anderen Bindungen ist. Hierbei spielt naturgemäß die Geschwindigkeit der intramolekularen Energieverteilung eine große Rolle. Ähnliches gilt bei Gemischen für die zwischenmolekulare Energieübertragung; so zeigen Stoffe mit konjugiertem π-Elektronensystem (konj. Olefine, Aromaten) eine deutliche Schutzwirkung für Stoffe, in denen sie gelöst sind.

Die initialen strahlenchemischen Vorgänge sind oft sehr einfach; hingegen können die Folgeprozesse wegen der zahlreichen Reaktionsmöglichkeiten von Radikalen recht kompliziert sein.

Bei aliphatischen Kohlenwasserstoffen konkurrieren die molekulare Abspaltung von Wasserstoff, die Abspaltung von Wasserstoffatomen, die molekulare Umlagerung und der Kettenbruch; dies sei am Beispiel des Cyclohexans gezeigt:

$$G = 2{,}6 \ldots 3{,}3$$
$$G = 2{,}0$$
$$G = 0{,}3$$
$$\text{Hexen und niedr. KW} \quad \Sigma G \approx 0{,}4$$

Die radikalischen Folgereaktionen lassen sich durch Zugabe von Radikalfängern in eine bestimmte Richtung lenken, was auch Bedeutung bei der präparativen Strahlenchemie hat. Beispiele für solche Radikalfänger (mit recht unterschiedlicher Wirksamkeit) sind: O_2 (Oxidation), SO_2 (Sulfinierung), $SO_2 + O_2$ (Sulfoxidation), CO (Carbonylierung), CO_2 (Carboxylierung), Monomere (Polymerisation). Aromatische Verbindungen sind gegenüber ionisierender Strahlung wesentlich beständiger als aliphatische. Dies beruht auf der raschen Verteilung der aufgenommenen Strahlungsenergie durch das π-Elektronensystem. So ist flüssiges Benzol gegenüber schnellen Elektronen rund 10mal beständiger als Cyclohexan. Aromatische Verbindungen reagieren jedoch leicht mit Radikalen, weswegen sie vor allem in Mischungen zahlreiche strahlenchemische Reaktionen eingehen. Ein Beispiel hierfür ist die Oxidation von Benzol zu Phenol in wäßriger Lösung in Gegenwart von Sauerstoff.

Reine organische Stoffe

Die geringe Strahlungsempfindlichkeit aromatischer Verbindungen hat zur Entwicklung organischer Moderatoren und Kühlmittel für Reaktoren sowie von strahlungsbeständigen Schmiermitteln geführt. Für den ersteren Zweck werden vor allem Biphenyl und Polyphenyle eingesetzt. Biphenyl liefert beim Bestrahlen weit überwiegend Wasserstoff mit einem G-Wert von $6{,}7 \cdot 10^{-3}$. Gleichzeitig entstehen höher kondensierte Polyphenyle (nachgewiesen bis zum Hexaphenyl) sowie Hydrierungsprodukte des Biphenyls. Als strahlungsbeständige Schmiermittel sind Polyphenyle nicht geeignet; statt ihrer verwendet man Mischungen aus Polyphenyläthern.

Wegen der hohen Lebensdauer ihrer angeregten Zustände haben aromatische Stoffe auch Verwendung als organische Szintillatoren gefunden. Die schwache Lichtemission nach Bestrahlung vieler organischer Flüssigkeiten läßt sich durch die Zumischung geringer Mengen fluoreszierender Stoffe wesentlich steigern. Dieses Phänomen wird durch die Energieübertragung vom angeregten Lösemittel auf den gelösten Stoff erklärt; letztere geht anschließend unter Emission von Fluoreszenzlicht in den Grundzustand über. Als Lösemittel werden z.B. Benzol, Toluol oder Xylol verwendet, als fluoreszierende Stoffe Naphthalin, Anthracen, Oligophenyle und ihre Derivate. Besonders wirksam ist eine Lösung von p-Terphenyl in Xylol.

Sehr kompliziert und weithin noch ungeklärt ist die Wirkung ionisierender Strahlung auf Organismen. Erstaunlich ist deren große Empfindlichkeit gegenüber Ganzkörperbestrahlung[2] (Tab. 19.2).

Organismus	DL_{50} (J · kg^{-1})
Schwein	2,75
Mensch	5,0
Frosch	7,0
Schildkröte	15
Eschericha coli	60
Amöbe	1000
B. mesentericus	1500
Infusorien	3000

Tab. 19.2 Empfindlichkeit verschiedener Organismen gegenüber Ganzkörperbestrahlung, ausgedrückt durch die Dosis, welche für 50% der Organismen tödlich ist (1 J · kg^{-1} ≙ 100 rd).

Wenn ein 90 kg schwerer Mensch die tödliche Strahlungsdosis von 10 J · kg^{-1} absorbiert hat, dann entspricht dies einer aufgenommenen Strahlungsenergie von $5{,}5 \cdot 10^{21}$ eV oder, bei einem angenommenen G-Wert für die strahlenbiologischen

---

[2] Die Strahlenbelastung bei diagnostischen Röntgenaufnahmen (Oberflächendosis je Aufnahme) beträgt bei den üblichen Röhrenspannungen (50···95 kV) höchstens einige 10^{-2} J · kg^{-1}. Die höchsten Werte werden erreicht bei Unterleibsdurchleuchtungen ($3 \cdots 6 \cdot 10^{-2}$ J · kg^{-1}) und Kontaktaufnahmen der Stirnhöhle (bis zu 0,75 J · kg^{-1}).

Reaktionen von 6, einer Menge von $3,3 \cdot 10^{20}$ chemisch veränderten Molekeln ($\frac{1}{2}$ mmol). Die deletäre Wirkung einer so geringen Strahlungsdosis läßt sich nur durch die Annahme erklären, daß die strahlenchemische Wirkung an besonders empfindlichen Stellen des Organismus (Steuermechanismen, z. B. Enzymsystem) wirksam wird. Eingehende Untersuchungen haben gezeigt, daß verschiedene Körperzellen recht unterschiedliche Strahlungsempfindlichkeit zeigen. Zu den empfindlichsten Zellen gehören Lymphozyten, Spermatogonien und Follikelzellen ($3 \cdots 4$ J · kg^{-1} bis zum Absterben der meisten Zellen); wenig empfindlich sind Nervenzellen, Muskelzellen und Bindegewebszellen ($30 \cdots 60$ J · kg^{-1} bis zum Absterben der meisten Zellen).

Wir müssen es uns hier versagen, auf die beiden wichtigsten Theorien zur biologischen Strahlenwirkung, die Treffertheorie und die Theorie der indirekten Strahlenwirkung, näher einzugehen. Es sei nur erwähnt, daß wegen des hohen Anteils an Wasser in den meisten Organismen die Radiolyse des Wassers selbst und die Weiterleitung von Strahlungsenergie durch das Wasser sicher eine große Rolle spielt.

7. Kettenreaktionen

Ionisierende Strahlung produziert in einem chemischen System eine Vielfalt aktiver Spezies und eignet sich daher ausgezeichnet zur Auslösung und zur Untersuchung von Kettenreaktionen. Da der physikalisch-chemische Vorgang, durch den geladene, radikalische oder angeregte Spezies entstehen, praktisch temperaturunabhängig ist, können Kettenreaktionen auch noch bei sehr tiefen Temperaturen, also unter Bedingungen ausgelöst werden, bei denen die üblichen chemischen Initiatoren nicht mehr wirksam sind. Ein weiterer großer Vorzug, vor allem bei grundlegenden Untersuchungen, ist die Möglichkeit, ohne Eingriff in das System während des Ablaufs einer Kettenreaktion die Initiierung zu unterbrechen oder die Bildungsgeschwindigkeit der aktiven Spezies zu steigern; dies hat besondere Bedeutung für kinetische Untersuchungen im nichtstationären Zustand[3]. Da sich die Kettenträger bei strahlenchemisch oder konventionell ausgelösten Kettenreaktionen in nichts unterscheiden, sind auch Kinetik und Mechanismus der beiden Prozesse (nahezu) gleich.

Ionisierende Strahlung ist zwar kein sehr spezifischer, aber ein Initiator mit großer Wirkungsbreite. Dies haben in den letzten Jahren vor allem die Ergebnisse der Tieftemperaturpolymerisation des Isobutens, Acrylnitrils und anderer Monomerer, der Polymerisation von Styrol und α-Methylstyrol in hochreinem Zustand sowie die Polymerisation des Trioxans, Diketens, β-Propiolactons und 3,3-Bis-(chlormethyl)oxetans im festen Zustand gezeigt. Eine eingehende Diskussion dieser Untersuchungen stammt von POTTER et al.[4] Ein besonders interessantes Phänomen ist der Übergang von der radikalischen zur ionischen Polymerisation mit zunehmendem Reinheitsgrad des Monomeren. Abb. 19.4 zeigt die $\lg v/I$-Abhängig-

---
[3] Siehe z.B. G. J. M. LEY et al., *J. Polymer Sci.* 27 (1969) 119–137.
[4] R. C. POTTER et al., *Angew. Chem.* 80 (1968) 921–932.

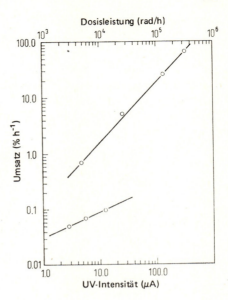

Abb. 19.4 Ionische (oben) und radikalische (unten) Polymerisation des Styrols in ein und demselben Dilatometer mit hochgereinigtem Monomeren. Obere Kurve: γ-induzierte Polymerisation, Steigung 1,1; untere Kurve: UV-induzierte Polymerisation (relative UV-Intensität mit einer Solarzelle bestimmt), Steigung 0,45. [R. C. POTTER, C. L. JOHNSON, D. J. METZ, R. H. BRETTON, J. Polymer Sci., A-1 4 (1966) 419.]

keit von hochgereinigtem Styrol in einem völlig trockenen Dilatometer, einmal mit γ-Strahlung (obere Gerade), das andere Mal mit UV-Licht als Initiator. Die durch die ionisierende Strahlung ausgelöste ionische Polymerisation geht nicht durch eine binäre Abbruchreaktion zu Ende; ihre Geschwindigkeit (v) ist daher direkt proportional der Initiierungsrate (I). Die durch die UV-Strahlung im selben System ausgelöste radikalische Polymerisation ist nicht nur wesentlich langsamer (höhere Aktivierungsenergie der Wachstumsreaktion), sie besitzt auch eine binäre Abbruchreaktion (Kombination oder Disproportinierung der Makroradikale; theoretisch geforderte Steigung der $\lg v/I$-Kurve: 0,5).

20. Kapitel

Magnetismus und magnetische Resonanzspektroskopie[1]

1. Magnetismus und Elektrizität in Materie

Zur Bestimmung magnetischer und elektrischer Eigenschaften von Kernen und Elektronen mißt man die Wechselwirkung ihrer magnetischen oder elektrischen Momente mit äußeren Feldern. Hierfür gibt es zwei Methoden, die sich grundsätzlich unterscheiden: (1) Man kann die freien Teilchen in Form eines Strahls im äußeren Feld untersuchen (z.B. im STERN-GERLACH-Experiment). (2) Man kann die Teilchen im Stoffverband unter den dort herrschenden Feldbedingungen untersuchen (z.B. durch die magnetische Kernresonanz). Diese Unterscheidung zwischen den tatsächlich auf die Teilchen einwirkenden Feldern führt zu den bekannten Größen H und B für Magnetfelder beziehungsweise D und E für elektrische Felder. In Tab. 20.1 zeigt die Gegenüberstellung magnetischer und elektrischer Eigenschaften der Materie die vielfachen Ähnlichkeiten, die zwischen Magnetismus und Elektrizität bestehen.

Der Vektor B ist die *magnetische Induktion*, H ist die *magnetische Feldstärke*. Diese magnetischen Größen entsprechen den elektrischen Größen E und D (im Vakuum ist eine Unterscheidung zwischen B und H sowie E und D natürlich nicht sinnvoll). Für das Feld, das ein Teilchen »spürt«, wenn man es im Stoffverband einem äußeren Feld aussetzt, gelten die in Tab. 20.1 (Zeilen 2, 3 und 4) angegebenen Werte und Analogien. Läßt man also ein Magnetfeld auf Materie einwirken, so hängen die zu beobachtenden Effekte von der Größe der magnetischen Induktion B ab, und es wäre falsch, in diesem Zusammenhang H zu verwenden.

Das magnetische Analogon zur *elektrischen Polarisation* P ist die *magnetische Polarisation (Magnetisierung)* M. Die *Permeabilität* η entspricht der reziproken *Dielektrizitätskonstanten* $1/\varepsilon$. Die *magnetische Suszeptibilität pro Mol* $\varkappa$ ist das magnetische Analogon zur *elektrischen Polarisierbarkeit pro Mol* χ.

Bei einer *unpolaren* Molekel entspricht dem induzierten elektrischen Dipolmoment (Verschiebungspolarisation) p_{ind} das *induzierte magnetische Dipolmoment (Diamagnetismus)* μ_{ind} und der elektrischen Polarisierbarkeit der Molekel α_e die *magnetische Polarisierbarkeit der Molekel* α_m.

Bei einer *polaren* Molekel entspricht dem mittleren permanenten elektrischen Dipolmoment in Feldrichtung (Orientierungspolarisation) p_{perm} das *mittlere permanente magnetische Dipolmoment in Feldrichtung (Paramagnetismus)* μ_{perm} und dem permanenten elektrischen Dipolmoment p_0 das *permanente magnetische Dipolmoment* μ_0.

---

[1] Von J. BESTGEN und G. SIELAFF, Inst. f. Phys. Chemie, Universität Köln.

Phänomenologie des Dia- und Paramagnetismus

		Magnetische Größen*	Elektrische Größen**
Vakuum	Feldgrößen	H (magnetische Feldstärke)	D (elektrische Feldstärke)
Stoffverband	induzierte Polarisation eines Teilchens	$\mu_{\text{ind}} = \alpha_m B$	$p_{\text{ind}} = \alpha_e E$
	permanente Polarisation eines Teilchens in Feldrichtung	$\mu_{\text{perm}} = \dfrac{\mu_0^2}{3kT} B$	$p_{\text{perm}} = \dfrac{p_0^2}{3kT} E$
	makroskopische Polarisation	$M = L(\mu_{\text{ind}} + \mu_{\text{perm}}) = \varkappa B$ mit $\varkappa = L\left(\alpha_m + \dfrac{\mu_0^2}{3kT}\right)$	$P = L(p_{\text{ind}} + p_{\text{perm}}) = \chi E$ mit $\chi = L\left(\alpha_e + \dfrac{p_0^2}{3kT}\right)$
	Feldgrößen	$B = H + 4\pi M = \eta H$ mit $\varkappa = \dfrac{1}{4\pi}\left(\dfrac{1}{\eta} - 1\right)$	$E = D - 4\pi P = \dfrac{1}{\varepsilon} D$ mit $\chi = \dfrac{1}{4\pi}\left(\dfrac{1}{1/\varepsilon} - 1\right)$
	Wechselwirkungsenergie eines Dipols im Feld	$E_m = -\boldsymbol{\mu} \cdot \boldsymbol{B}$ mit $\boldsymbol{\mu} = \mu_{\text{ind}} + \mu_{\text{perm}}$	$E_e = -\boldsymbol{p} \cdot \boldsymbol{E}$ mit $\boldsymbol{p} = p_{\text{ind}} + p_{\text{perm}}$

* in magnetostatischen Einheiten
** in elektrostatischen Einheiten

Tab. 20.1 Vergleich magnetischer und elektrischer Größen

Wie im elektrischen Fall können die Anteile der induzierten und der permanenten magnetischen Momente zur makroskopischen Polarisation oder *Magnetisierung* durch Messung der Temperaturabhängigkeit von $\varkappa$ bestimmt werden. PIERRE CURIE fand bereits 1895, daß für Gase, Lösungen und einige kristalline Stoffe

$$\varkappa = D + \frac{C}{T} \qquad [20.1]$$

gilt. Hierin sind C und D Konstanten. Die theoretische Analyse dieser Beziehung durch P. LANGEVIN (1905) führte dann zu den in Tab. 20.1 gegebenen Ausdrücken für C und D. Hiernach hat C den Wert $L\mu_0^2/(3k)$; man nennt C die *Curie-Konstante*.

2. Phänomenologie des Dia- und Paramagnetismus

Ein bedeutender Unterschied zwischen Magnetismus und Elektrizität drückt sich dadurch aus, daß die magnetische Suszeptibilität $\varkappa$ sowohl negativ als auch positiv sein kann. (Die elektrische Polarisierbarkeit χ ist stets von gleichem Vorzeichen; üblicherweise wird sie als positiv angenommen, obwohl die Richtung von P der des elektrischen Feldes E entgegengesetzt ist.) Wenn $\varkappa$ negativ ist, nennt man das Medium *diamagnetisch*, wenn $\varkappa$ positiv ist, nennt man es *paramagnetisch*. Beispiele dieser zwei Arten magnetischen Verhaltens zeigt Abb. 20.1 anhand des ungestörten und gestörten Verlaufes der magnetischen Feldlinien. Im diamagnetischen Medium ist die magnetische Induktion kleiner, im paramagnetischen größer als im Vakuum.

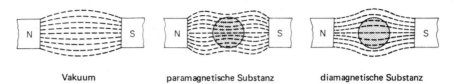

Abb. 20.1 Feldlinien zwischen zwei Magnetpolen im Vakuum, in Gegenwart einer diamagnetischen und in Gegenwart einer paramagnetischen Substanz. Im diamagnetischen Stoff laufen die Feldlinien auseinander, im paramagnetischen konzentrieren sie sich.

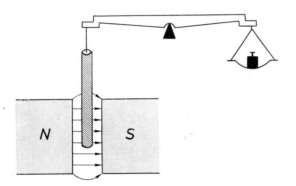

Abb. 20.2 Goüysche Methode der Suszeptibilitätsbestimmung.

Alle Stoffe zeigen grundsätzlich einen diamagnetischen, temperaturabhängigen Anteil zu ihrer gesamten magnetischen Suszeptibilität; zusätzlich kann ein paramagnetischer Anteil auftreten. Da die paramagnetische Suszeptibilität oft 10^3–10^4mal so groß ist wie die diamagnetische, läßt sich der diamagnetische Anteil zur Suszeptibilität nicht nachweisen.

Die magnetische Suszeptibilität kann mit einer magnetischen Waage (Abb. 20.2) quantitativ bestimmt werden. Nach der Methode von C. R. Goüy hängt man eine lange zylindrische Probe zur Hälfte in ein starkes Magnetfeld B; beim Einschalten befindet sich dann das eine Ende im maximalen Feld, das andere in einem Bereich, wo $|B| = 0$ ist. Eine paramagnetische Probe wird in das Feld hineingezogen, eine diamagnetische wird herausgestoßen. Die Kraft, die man anwenden muß, um das ursprüngliche Gleichgewicht wieder herzustellen, ist

$$F = m \cdot g = \frac{1}{2} \mathscr{A} \left(\chi_1 - \chi_2 \right) |B|^2 \qquad [20.2]$$

wobei $\mathscr{A}$ die Fläche des Probenquerschnitts ist und $(\chi_1 - \chi_2)$ die Abweichung der Probensuszeptibilität von der der umgebenden Atmosphäre.

3. Atomtheoretische Deutung des Dia- und Paramagnetismus

Zur Erklärung dieser magnetischen Phänomene geht man von der modellhaften Vorstellung aus, daß die physikalischen Gesetze eines elektrischen Kreisstromes das Verhalten eines Elektrons im Atom beschreiben. Das *magnetische Moment* μ eines Kreisstromes hat den Betrag

$$|\mu| = \mathscr{A} I \qquad [20.3]$$

Hierin ist $\mathscr{A}$ die vom Kreisstrom umflossene Fläche und I die Stromstärke. Für ein Elektron der Ladung $-e$, der Masse m und der Geschwindigkeit v ist die Stromstärke $I = -ev/2\pi r$, wenn es eine Kreisbahn vom Radius r beschreibt. Somit wird der Betrag des magnetischen Moments

$$\mu = \pi r^2 \left(-\frac{ev}{2\pi r}\right) = -\frac{evr}{2} \qquad [20.4]$$

Nach den Gesetzen der klassischen Mechanik hat eine kreisende Masse m den Bahndrehimpuls l, dessen Betrag

$$l = mvr \qquad [20.5]$$

ist. Bildet man das Verhältnis aus magnetischem Moment und Bahndrehimpuls[2], so erhält man eine neue Naturkonstante γ:

$$\frac{\mu}{l} = \gamma = -\frac{e}{2m} \qquad [20.6]$$

Man nennt γ das *magnetogyrische Verhältnis*.
Wenn man das Atom einem äußeren Magnetfeld aussetzt, so führt der Bahndrehimpulsvektor l eine Präzessionsbewegung um die Feldrichtung aus; dieser Bewegung folgt nach [20.6] das magnetische Moment μ (Abb. 20.3). Quantenmechanische Gesetze erlauben für den Betrag von l nur die diskreten Werte $\sqrt{l(l+1)}\,\hbar$, wobei l die Bahndrehimpulsquantenzahl ist. Ferner ist die Komponente von l in

Abb. 20.3 Präzessionskegel des Bahndrehimpulses l und des magnetischen Momentes μ im Magnetfeld.

---

[2] Das magnetische Moment μ und der Bahndrehimpuls l sind anti*parallele* Vektoren (die entgegengesetzte Richtung hat ihre Ursache in der negativen Elektronenladung); deshalb kann man einfach mit ihren Beträgen rechnen, und γ ist eine Konstante (nicht ein Tensor höherer Stufe).

Feldrichtung auf die Werte $m_l \hbar$ beschränkt (m_l ist die magnetische Quantenzahl; sie kann die $(2l + 1)$ Werte $+l, \ldots, -l$ annehmen). Dies führt zu Einschränkungen für die Winkel zwischen l und B (Richtungsquantelung, s. auch Abschnitt 20-5).

Nach [20.6] sind also auch nur ganz diskrete Werte für die Komponente des magnetischen Bahndrehmomentes der Elektronen in Feldrichtung möglich:

$$\mu_B = \gamma\, l_B = \gamma\, m_l \hbar = -m_l \hbar \cdot \frac{e}{2m} = -m_l \beta \qquad [20.7]$$

So wie man die atomaren Drehimpulsgrößen in Einheiten von $\hbar$ angibt, existiert auch für die magnetischen Momente der Elektronen eine natürliche Einheit von der Größe $\beta = e\hbar/2m$. Wenn man in [20.4] und [20.5] als Radius r den der ersten BOHRschen Elektronenbahn wählt, dann ist β das BOHRsche *Magneton*[2a].

Neben diesem Bahndrehimpuls l haben die Elektronen einen *Eigendrehimpuls* oder *Spin* s, der zur Rotation um ihre eigene Achse gehört. Auch diese Rotation ruft ein magnetisches Dipolmoment hervor. Das Experiment zeigt, daß dem Spin s das Moment

$$\mu = \gamma\, s = -\frac{e}{m} s \qquad [20.8]$$

zukommt; der Wert dieses magnetogyrischen Verhältnisses ist also doppelt so groß wie der zwischen Bahndrehimpuls und zugehörigem magnetischem Moment (magnetomechanische Anomalie des Spins). Auch $|s|$ wird in Einheiten von $\hbar$ angegeben und hat die Größe

$$|s| = \hbar\, \sqrt{s(s+1)} \qquad [20.9]$$

mit s als Spinquantenzahl ($s = \pm 1/2$).

In einem äußeren Feld erfährt das durch den Spin hervorgerufene magnetische Moment der Elektronen auch eine Richtungsquantelung. Die erlaubten Werte seiner Komponenten in Feldrichtung sind

$$\mu_B = \begin{cases} +\dfrac{1}{2} \hbar \cdot \dfrac{e}{m} = +\beta \\[1ex] -\dfrac{1}{2} \hbar \cdot \dfrac{e}{m} = -\beta \end{cases} \qquad [20.10]$$

also dem Betrag nach gleich dem Bohrschen Magneton.

Bisher wurde das Verhalten eines einzelnen Elektrons diskutiert. Da Atome und Molekeln in der Regel Mehrelektronensysteme darstellen, muß man bei der Frage nach ihrem magnetischen Verhalten folgende Möglichkeiten in Betracht ziehen (zunächst für Atome):

(1) Sowohl der sich aus der vektoriellen Addition der einzelnen Spinvektoren s_i ergebende Gesamtspin S als auch der analog gebildete Gesamtbahndrehimpuls L sind null; folglich kann das System ohne äußeres Feld kein *permanentes* magnetisches Moment besitzen.

[2a] Um Verwechslungen zu vermeiden, erhält das Bohrsche Magneton in diesem Kapitel das Symbol β.

In einem äußeren Magnetfeld hingegen werden von je zwei Elektronen, deren Bahnmomente sich wegen des entgegengesetzten Umlaufsinnes kompensierten, das eine beschleunigt und das andere gebremst, so daß ein resultierendes magnetisches Moment induziert wird, das dem erzeugenden Feld entgegengerichtet ist und es abschwächt (entsprechend der LENZschen Regel). Dieses Verhalten nennt man *diamagnetisch*.

(2) Der Gesamtspin S und/oder der Gesamtdrehimpuls L eines Atoms sind von null verschieden; folglich besitzt das Atom bereits ohne äußeres Magnetfeld ein permanentes magnetisches Moment. Infolge der Wärmebewegung ist aber jede Richtung dieser atomaren Momente gleich wahrscheinlich, so daß die makroskopische Substanz kein resultierendes magnetisches Moment aufweist. Ein äußeres Magnetfeld erzwingt eine teilweise Ausrichtung der Elementarmagnete (in Feldrichtung), die um so vollständiger ist, je stärker das äußere Feld und je tiefer die Temperatur ist. Dieses Verhalten nennt man *paramagnetisch*.

Die Anwendbarkeit dieser einfachen Modellvorstellungen auf *Molekeln* ist nicht ohne weiteres möglich. Innerhalb einer Molekel herrschen nämlich starke inhomogene elektrische Felder in Richtung der chemischen Bindungen, die aus quantenmechanischen Gründen zur Auslöschung der Bahndrehimpulskomponenten führen (*quenching*). Es verbleibt dann lediglich ein vom Gesamtelektronenspin herrührender Effekt, der durch das interne Feld nicht beeinflußt wird. Die Messung des permanenten magnetischen Dipolmomentes einer Molekel gibt also Auskunft über die Anzahl der ungepaarten Elektronenspins.

4. Kernmomente

Molekelspektroskopische Experimente sind hauptsächlich auf die Erforschung der *räumlichen Anordnung* der Kerne in der Molekel, d.h. auf *Kernabstände* und *Bindungswinkel*, ausgerichtet. Weiterhin interessiert man sich für die *Verteilung* der Elektronen in der Molekel; diese gibt Auskunft über die Natur der Bindungen und sollte letzlich die Reaktivität der Molekel erklären. Messungen des Dipolmomentes, der magnetischen Suszeptibilität und der Röntgen- und Elektronenbeugung geben Auskunft über die Elektronenstruktur. Alle diese Methoden beruhen auf der Wechselwirkung der Molekel mit einem elektromagnetischen Feld. Oft sind diese Mittel jedoch zu grob, um feinere Details der Elektronenverteilung zu enthüllen.

Einen entscheidenden Durchbruch zu empfindlicheren Meßmethoden brachte die Idee, die Kerne selbst als *Sonden* zu verwenden, um die sie umgebende Elektronenverteilung zu studieren. Jeder Kern besitzt ganz spezifische Eigenschaften, die ihn mit elektromagnetischen Feldern in Wechselwirkung treten lassen; zu diesen gehören das *magnetische Kerndipolmoment* und das *elektrische Kernquadrupolmoment*. Wie im oben behandelten Fall der Elektronen besitzen bestimmte Kerne (s. Abschnitt 20-5) einen *Eigendrehimpuls* (*Spin*) I, mit dem in entsprechender

Weise ein magnetisches Dipolmoment μ verknüpft ist. Ein elektrisches Kerndipolmoment ist aus Paritätsgründen ausgeschlossen, nicht jedoch ein elektrisches Kernquadrupolmoment eQ, das für Kerne mit der Spinquantenzahl $I > 1/2$ auftritt. Anschaulich läßt sich ein solches Moment durch eine von der Kugelsymmetrie abweichende Ladungsverteilung erklären (Abb. 20.4).

Im folgenden sollen das magnetische Kerndipolmoment und seine Bedeutung für die Erforschung der Molekelstruktur ausführlich behandelt werden.

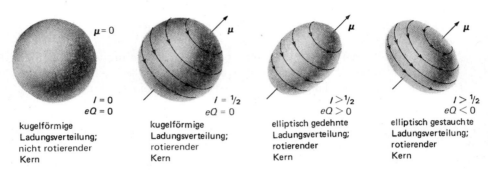

Abb. 20.4 Einteilung der Kerne nach ihren magnetischen Dipol- (μ) und Quadrupolmomenten (eQ).

5. Paramagnetismus der Kerne

Ein Kern kann als System gekoppelter Nukleonen aufgefaßt werden, deren Spins sich vektoriell zu einem Gesamtkernspin I addieren. Das damit verbundene resultierende Kerndipolmoment μ ist oft parallel[3] zu I (im Gegensatz zum negativ geladenen Elektron, bei dem μ und s antiparallel sind).

Es gilt:

$$\mu = \gamma I \quad \text{mit} \quad |I| = \sqrt{I(I+1)}\,\hbar \qquad [20.11]$$

γ ist hier das magnetogyrische Verhältnis der betrachteten Kernart. In Tabellen findet man entweder γ oder die *größtmögliche* Komponente von μ in vorgegebener Richtung (Feldrichtung), also das *Kernmoment* μ. Zur *Kernspinquantenzahl (Kernspin)* I, der größtmöglichen Komponenten von I in vorgegebener Richtung, besteht der Zusammenhang

$$\mu = \gamma \hbar I \qquad [20.12]$$

Die Kernmomente mißt man in Einheiten des *Kernmagnetons* μ_K. Dieses ist im Verhältnis der Protonenmasse/Elektronenmasse um den Faktor 1837mal kleiner als das Bohrsche Magneton β.

---

[3] In den Fällen, wo der Anteil des magnetischen Momentes der Neutronen den der Protonen überwiegt, können magnetische Kernmomente auch negatives Vorzeichen haben.

Ursprünglich nahm man an, daß ein Proton genau das magnetische Moment eines Kernmagnetons aufweist, da es den Kernspin $I = 1/2$ hat:

$$\mu_K = \frac{e}{2m_p}\hbar = 5{,}049 \cdot 10^{-27}\,\text{J} \cdot \text{T}^{-1} \qquad [20.13]$$

Tatsächlich fand man aber einen Wert von $2{,}7927\,\mu_K$. Eine ähnliche *Anomalie* besteht für das Neutron, dem man zunächst kein magnetisches Moment zuschrieb, für das man jedoch einen Wert von $-1{,}9130\,\mu_K$ experimentell bestimmen konnte. Die Kriterien für das Auftreten von magnetischen Kerndipolmomenten sind in Tab. 20.2 wiedergegeben. Atomkerne, bei denen wenigstens eine der charakteristischen Zahlen (Massenzahl oder Kernladungszahl) ungerade ist, besitzen einen Spin. Dies läßt sich auch so ausdrücken: Nur jene Kerne haben keinen Spin, deren Massenzahl durch 4 teilbar ist, z.B. ^{12}C, ^{16}O, ^{28}Si, ^{32}S.

Protonen-zahl*	Neutronen-zahl*	Protonen-spins	Neutronen-spins	Kernspin I	Kernmoment μ
g	g	↑↓	↑↓	0	0
g	u	↑↓	↑	halbzahlig	i.a. <0
u	g	↑	↑↓	halbzahlig	i.a. >0
u	u	↑	↑	geradzahlig	i.a. >0

* g: gerade Anzahl, u: ungerade Anzahl.

Tab. 20.2 Kriterien für magnetische Kerndipolmomente

6. Verhalten eines Kerns im Magnetfeld

Aufgrund des magnetischen Spinmomentes der Kerne bewirkt ein homogenes äußeres Magnetfeld $\boldsymbol{B}_0$ eine Präzession des durch seinen Spin I gekennzeichneten atomaren Kreisels um die Feldrichtung. Die Kreisfrequenz ω_0 der Präzessionsbewegung (*Larmorfrequenz*) eines magnetischen Dipols läßt sich klassisch herleiten und beträgt

$$\omega_0 = \gamma\,|\boldsymbol{B}_0| \qquad [20.14]$$

wobei alle Winkel zwischen der Achse des magnetischen Dipols und dem Feld möglich sind. Im Falle eines Kerns – oder allgemein eines mikrokosmischen Systems, für das die Gesetze der Quantenmechanik anzuwenden sind – ist jedoch nicht jeder Winkel zwischen I und $\boldsymbol{B}_0$ erlaubt, sondern nur solche Winkel, für die die Komponente von I in Feldrichtung ein ganz- oder halbzahliges Vielfaches von $\hbar$ ist, je nachdem, ob der Kernspin I ganz- oder halbzahlig ist (*Richtungsquantelung*). Das magnetische Kernmoment in Feldrichtung kann somit nur die Werte

$$\mu_{B_0} = \gamma\,\hbar\,M_I \qquad [20.15]$$

annehmen, wobei die *Orientierungsquantenzahl* M_I gegeben ist durch

$$M_I = I, I-1, \ldots, -I+1, -I \qquad [20.16]$$

(Im Falle $M_I = I$ ist $\mu_{B_0} = \mu$, dem *Kernmoment*).
In Abb. 20.5 sind für einen Kern mit $I = 3/2$ die erlaubten Präzessionskegel dargestellt.

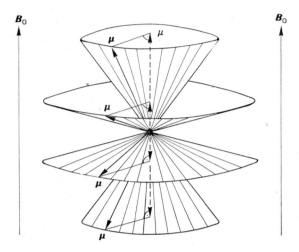

Abb. 20.5 Richtungsquantelung eines präzedierenden Kerns mit $I = 3/2$ im homogenen äußeren Magnetfeld.

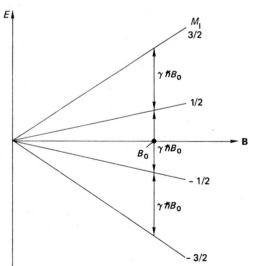

Abb. 20.6 Energieaufspaltung im Magnetfeld für einen Kern mit $I = 3/2$.

Unter spektroskopischen Gesichtspunkten sind die diesen Zuständen zuzuordnenden *Energien* interessant. Ein magnetisches Dipolmoment erfährt nämlich in einem äußeren Magnetfeld $\boldsymbol{B}_0$ eine Wechselwirkungsenergie der Größe

$$E = -\boldsymbol{\mu} \cdot \boldsymbol{B}_0 = -\mu_{B_0} B_0 = -\gamma \hbar M_I B_0 \qquad [20.17]$$

Diese nennt man auch ZEEMAN-Energie. In Abb. 20.6 sind die nach dieser Gleichung unter Berücksichtigung von [20.16] erlaubten Energieniveaus in Abhängigkeit von $|B_0|$ aufgetragen. Die Energieniveaus liegen äquidistant im Abstand von

$$\Delta E = \gamma \hbar B_0 \qquad [20.18]$$

Ein Übergang zwischen zwei Energieniveaus läßt sich induzieren, wenn man gemäß der BOHRschen Bedingung

$$\Delta E = \hbar \omega \qquad [20.19]$$

ein magnetisches Wechselfeld von solcher Frequenz einwirken läßt, daß

$$\hbar \omega = \Delta M_I \gamma \hbar B_0 \qquad [20.20]$$

Für magnetische Dipolübergänge gilt die Auswahlregel

$$\Delta M_I = \pm 1 \qquad [20.21]$$

und somit

$$\omega = \gamma B_0 \qquad [20.22]$$

Durch Vergleich dieser Beziehung mit [20.14] sieht man, daß die Frequenz ω des magnetischen Wechselfeldes für den angenommenen Fall einer Übergangsinduzierung genau gleich der Larmorfrequenz ω_0 sein muß. Diesen Fall nennt man *Resonanz*; [20.22] ist die *Resonanzbedingung*.

Da das magnetogyrische Verhältnis γ für jede Kernsorte charakteristisch ist, ist ω_0 von Kern zu Kern verschieden. In Tab. 20.3 sind für einige wichtige Kerne

Kern*	Natürliche Häufigkeit %	Kernspin I ($\hbar$)	Magnetisches Kernmoment μ (μ_K)	Elektrisches Kernquadrupolmoment eQ ($e \cdot 10^{-24}$ cm^2)	Kernresonanzfrequenzen im 20-kG-Feld (MHz)
^{1}H	99,9844	1/2	2,79270	—	85,154
^{2}H	0,0156	1	0,85738	$2,77 \cdot 10^{-3}$	13,072
^{10}B	18,83	3	1,8006	$1,11 \cdot 10^{-2}$	9,150
^{11}B	81,17	3/2	2,6880	$3,55 \cdot 10^{-2}$	27,320
^{13}C	1,108	1/2	0,70216	—	21,410
^{14}N	99,635	1	0,40357	$2 \cdot 10^{-2}$	6,152
^{15}N	0,365	1/2	$-0,28304$	—	8,630
^{17}O	0,07	5/2	$-1,8930$	$-4,0 \cdot 10^{-3}$	11,544
^{19}F	100	1/2	2,6273	—	80,110
^{31}P	100	1/2	1,1305	—	34,470
^{33}S	0,74	3/2	0,64272	$-6,4 \cdot 10^{-2}$	6,532
^{39}K	93,08	3/2	0,39094	—	3,974
Freies Elektron	—	1/2	$-1837,0$	—	55980,0

* Eine vollständige Tabelle ist in dem Buch von J. A. POPLE, W. G. SCHNEIDER und H. J. BERNSTEIN, *High Resolution Nuclear Magnetic Resonance*, McGraw-Hill, New York 1959, S. 480, zu finden.

Tab. 20.3 Kerneigenschaften und Resonanzfrequenzen

neben ihren magnetischen Dipolmomenten und elektrischen Quadrupolmomenten auch die Resonanzfrequenzen $v_0 = \omega_0/2\pi$ für ein Magnetfeld der Stärke 20 kG zusammengestellt: Man sieht, daß für Kerne in Feldern dieser Größenordnung die Frequenzen im HF- und VHF-Band[4] liegen.

Die wesentlichen Aussagen dieser Tabelle sind für einige Kerne mit $I = 1/2$ in Abb. 20.7 in grafischer Form nochmals gegenübergestellt. Man sieht, daß für alle Kerne (mit $I = 1/2$) die magnetischen Dipolmomente μ die gleiche Richtung bezüglich B_0 aufweisen (die Richtung ist ausschließlich durch die Größe der Kernspinquantenzahl I bestimmt); die kernspezifische Größe γ beeinflußt die *Länge* der Vektoren μ, folglich die Länge ihrer Komponenten in Feldrichtung und damit letztlich die Energieaufspaltung beziehungsweise die Resonanzfrequenzen.

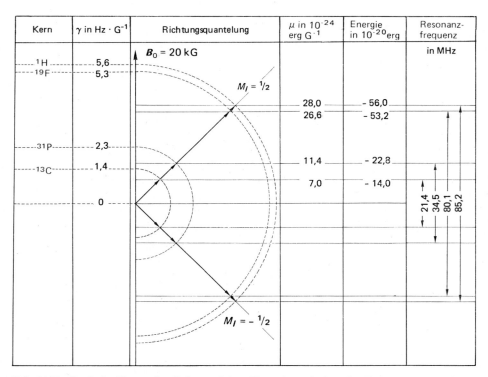

Abb. 20.7 Grafische Veranschaulichung einiger Kerneigenschaften für Kerne mit $I = 1/2$.

7. Übergang zum makroskopischen System

Wie gezeigt wurde (Abb. 20.5 sowie [20.16] und [20.17]), kann ein isolierter Kern mit dem Kernspin I im äußeren Magnetfeld eines seiner $2I + 1$ Energieniveaus einnehmen. Hat man (wie im Fall eines makroskopischen Systems) viele Kerne

[4] HF = High Frequency (3 MHz bis 30 MHz)
VHF = Very High Frequency (30 MHz bis 300 MHz)

gleicher Sorte vorliegen, so erhebt sich die Frage, wie sich diese Kerne zahlenmäßig auf ihre Energieniveaus verteilen. Der Übersichtlichkeit halber sei im folgenden nur von Kernen mit $I = 1/2$ die Rede. Entsprechend ihren zwei Einstellmöglichkeiten $M_I = +1/2$ und $M_I = -1/2$ wird dann im thermischen Gleichgewicht zwischen den Kernspins und ihrer Umgebung[5] das Verhältnis der beiden Besetzungszahlen $N(M_I)$ bei der absoluten Temperatur T durch das BOLTZMANNsche Verteilungsgesetz beschrieben:

$$\frac{N(M_I = +1/2)}{N(M_I = -1/2)} = e^{\frac{2\mu B_0}{kT}} \qquad [20.23]$$

Da bei den gebräuchlichen Feldstärken und bei Zimmertemperatur im allgemeinen $2\mu B_0 \ll kT$ ist, darf man die Reihenentwicklung nach dem ersten Glied abbrechen

$$\frac{N(M_I = +1/2)}{N(M_I = -1/2)} \approx 1 + \frac{2\mu B_0}{kT} \qquad [20.24]$$

So gilt z.B. für Protonen in einem Feld von 10 kG bei Raumtemperatur

$$\frac{N(M_I = +1/2)}{N(M_I = -1/2)} \approx 1{,}000\,007$$

d.h., von $2 \cdot 10^6$ Kernen befinden sich nur 7 mehr auf dem energetisch stabileren Niveau (das durch $M_I = +1/2$ gekennzeichnet ist).

Ist die Anzahl der Kerne sehr groß, z.B. in der Größenordnung der Loschmidtschen Zahl, so hat diese ungleiche Verteilung der Spins über die verschiedenen Zustände zur Folge, daß sich ein resultierendes makroskopisches magnetisches Moment $\boldsymbol{M_0}$ in Feldrichtung bildet (Abb. 20.8). Die Richtung von $\boldsymbol{M_0}$ ist parallel zu $\boldsymbol{B_0}$, da man annehmen darf, daß die Kernmomente μ_i gleichmäßig »dicht« über den Kegelmantel verteilt sind.

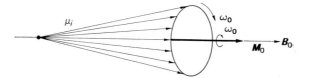

Abb. 20.8 Kernmagnetisierung $\boldsymbol{M_0}$, aufgebaut aus den überschüssigen Kernmomenten μ_i in Feldrichtung, im äußeren Magnetfeld $\boldsymbol{B_0}$.

Dieser Magnetisierung entspricht – analog der paramagnetischen Suszeptibilität ungepaarter Elektronenspins – eine temperaturabhängige paramagnetische Suszeptibilität der Kerne[6]. Für $I = 1/2$ beträgt die Magnetisierung pro Volumeneinheit unter Anwendung von [20.24]:

$$M_0 = n\left[\frac{1}{2}\left(1 + \frac{\mu B_0}{kT}\right)\mu - \frac{1}{2}\left(1 - \frac{\mu B_0}{kT}\right)\mu\right] = \frac{n\mu^2}{kT}B_0 \qquad [20.25]$$

[5] Siehe dazu Abschnitt 20-8.
[6] Der Kernparamagnetismus ist bei gleichzeitigem Vorhandensein des Elektronenparamagnetismus etwa im Verhältnis μ_K/β kleiner und deshalb für die atomare Gesamtsuszeptibilität vernachlässigbar.

mit n als Anzahl der Kerne pro Volumeneinheit. Der Faktor $n\mu^2/kT$ stellt die magnetische Suszeptibilität der Kerne dar.

Es erhebt sich nun die Frage, wie man das Resonanzphänomen in einer *makroskopischen* Probe erzeugen und nachweisen kann. Wie im Falle des isolierten Kerns (Abschnitt 20-5) zur Induzierung eines Übergangs ein geeignetes Wechselfeld nötig war, so ist auch zur Messung eines von der makroskopischen Magnetisierung M_0 herrührenden Signals die Einstrahlung eines solchen Feldes erforderlich. Dies geschieht in Abb. 20.9 mittels einer Senderspule, die senkrecht zur Richtung des konstanten homogenen Feldes B_0 ein Wechselfeld $B_1 = 2B_1 \sin \omega t$ auf die Probe einstrahlt.

Ein linear polarisiertes Wechselfeld läßt sich stets in zwei gegenläufige zirkular polarisierte Wechselfelder zerlegen; eines der beiden hat denselben Drehsinn wie die präzedierenden Kernmomente, das andere gegenläufige Feld hat keinen Einfluß auf die Kerne und kann vernachlässigt werden. Wenn das gleichsinnig rotierende Feld eine Frequenz ω hat, die sehr verschieden von der Präzessionsfrequenz

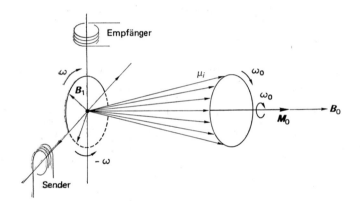

Abb. 20.9 Prinzip der Meßanordnung.

ω_0 ist, so ist wegen der *schnellen zeitlichen Änderung der Phasenbeziehungen* zwischen B_1 und den einzelnen Kernmomenten μ_i eine Richtungsänderung der makroskopischen Magnetisierung M_0 nicht zu beobachten.

Wählt man aber $\omega \equiv \omega_0$, so findet wegen der nun *festen Phasenbeziehungen* eine zeitlich konstante Wechselwirkung zwischen B_1 und den μ_i statt. Je nach Betrag der μ_i-Komponenten in der momentanen B_1-Richtung ist diese Wechselwirkung verschieden stark [$E_i = -\mu_i \cdot B_1 = -\mu_i B_1 \cos \sphericalangle (\mu_i, B_1)$] und führt anschaulich zu einer resultierenden Verdichtung der einzelnen Momente auf dem betrachteten Kegelmantel. Diese Verdichtung aber bedingt ein Ausschwenken der Magnetisierung M aus ihrer Ruhelage M_0. Der Vorgang ist in Abb. 20.10 dargestellt.

Die Komponente dieser Magnetisierung in y-Richtung M_y bewirkt in der dort angebrachten Empfängerspule eine Induktionsspannung, die man nach Verstärkung registrieren kann.

Erhöht man die Amplitude des Wechselfeldes B_1 bei fester Frequenz $\omega = \omega_0$, so treten zwei konkurrierende Effekte auf:

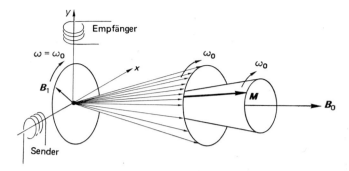

Abb. 20.10 Kernmagnetisierung im Resonanzfall (für $I = 1/2$ und eine bestimmte Orientierungsquantenzahl M_F des Gesamtspins des Systems).

Ein System vieler wechselwirkender Teilchen, die alle einen Spin besitzen, erfährt entsprechend seiner hohen Gesamtspinzahl F eine sehr fein aufgefächerte, quasi-kontinuierliche Orientierungsquantelung. Im Fall »unendlich« hoher Teilchenzahlen sind alle Öffnungswinkel der Präzessionskegel zwischen 0 und 180 Grad möglich (Kontinuum).
Der hier eingezeichnete Kegel soll repräsentativ für alle möglichen Kegel angesehen werden, auf denen sich die Kernmomente in einer makroskopischen Probe bewegen können. Er ist charakterisiert durch eine der – praktisch unendlich vielen – $(2F + 1)$ Orientierungsquantenzahlen M_F.

(1) Der Winkel zwischen M und B_0 wird vergrößert; damit wird auch M_y größer: Die Induktionsspannung erhöht sich.
(2) Der Betrag der Magnetisierung $|M|$ nimmt wegen der Verringerung des Besetzungszahlunterschiedes der Energieniveaus (aufgrund der größeren Übergangswahrscheinlichkeit bei höheren Amplituden) ab; folglich sinkt auch M_y.

Abb. 20.11 zeigt die Abhängigkeit des resultierenden M_y bei Änderung von B_1. Wenn man B_1 von 0 aus erhöht, dann nimmt M_y zunächst proportional zu (Effekt 1 dominiert). Nach Erreichen eines Maximalwertes von M_y bei $B_1 = B_1^{\mathrm{opt}}$ bewirkt eine weitere Amplitudenerhöhung einen allmählichen Abfall von M_y (Effekt 2 dominiert); in diesem Bereich der B_1-Werte spricht man von *Sättigung*.
Entfernt man sich nun bei fester Amplitude des B_1-Feldes (z.B. $B_1 = B_1^{\mathrm{opt}}$) mit ω langsam von der Resonanzfrequenz ω_0, so verwischen sich die festen Phasenbeziehungen zwischen B_1 und den μ_i, und M_y nimmt ab. M_y verschwindet völlig, wenn die Änderung der Phasenbeziehungen so rasch erfolgt, daß wegen

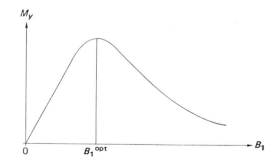

Abb. 20.11 Intensität der Magnetisierung in y-Richtung in Abhängigkeit von der Größe der eingestrahlten Feldstärke B_1 (für $\omega = \omega_0$).

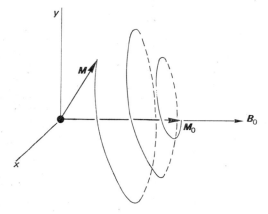

Abb. 20.12 Bahn des Magnetisierungsvektors M bei Änderung der Strahlenfrequenz ω.

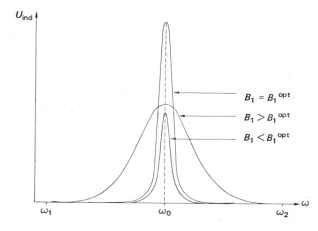

Abb. 20.13 Resonanzlinie für verschiedene Amplituden B_1.

der »Trägheit« der Kernmomente keine meßbare Wechselwirkung mehr erfolgt. Im allgemeineren Fall variiert man ω langsam von $\omega_1 \ll \omega_0$ zu einem $\omega_2 \gg \omega_0$: Dann bewegt sich der Magnetisierungsvektor M aus seiner feldparallelen Lage bei $\omega_1 \ll \omega_0$ für $\omega \to \omega_0$ schraubenförmig auf einer Halbkugel, bis er bei $\omega = \omega_0$ seine maximale Komponente in y-Richtung erreicht hat (Abb. 20.12). Für $\omega > \omega_0$ schraubt sich M unter Beibehaltung des Drehsinns wieder zurück in die Gleichgewichtslage.

Registriert man die bei diesem Vorgang in der Empfängerspule induzierte Spannung in Abhängigkeit von ω, so erhält man eine *Resonanzlinie* (Abb. 20.13).

8. Relaxation und Linienbreite

Bisher wurde stillschweigend vorausgesetzt, daß bei der Induzierung von Übergängen die Besetzungszahldifferenz der Energieniveaus, die ja M erzeugte, für festes B_1 erhalten bleibt. Tatsächlich müßte jedoch die Einstrahlung des Wechsel-

Relaxation und Linienbreite

feldes für $\omega \to \omega_0$ zu einem Abbau dieser Differenz und damit nach kurzer Zeit zum Verschwinden der Magnetisierung führen. Bei stationären Experimenten lassen sich aber zeitlich konstante Signale registrieren; es muß also ein Mechanismus vorhanden sein, der diesem Abbau entgegenwirkt.

Dieser Mechanismus wird verständlich, wenn man das willkürlich herausgegriffene Spinsystem nicht länger als isoliert von seiner atomaren und molekularen Umgebung (»Gitter«) ansieht.

In Wirklichkeit verursacht die BROWNsche Molekularbewegung schnelle, regellose Bewegungen der magnetischen Momente und damit statistische Schwankungen des am Ort eines betrachteten Kerns herrschenden effektiven Wechselfeldes B_1^*. Eine Komponente dieses magnetischen »Rauschens«, die gerade die Frequenz ω_0 hat, kann Energieübergänge vom betrachteten Spinsystem auf die Umgebung (Gitter) erzeugen. Diese strahlungslosen Übergänge (Energieabgabe des Spinsystems an das Gitter, Wiederherstellung der Gleichgewichtsbesetzung nach [20.24]) sind um so wahrscheinlicher, je stärker dieses Gleichgewicht gestört wurde (*Spin-Gitter-Relaxation*).

Dieser Relaxationsmechanismus läßt sich auch im Rahmen des Konzeptes der *Spintemperatur* erklären: Anhand des BOLTZMANNschen Verteilungsgesetzes ([20.23] und [20.24]) kann man eine Spintemperatur T_S definieren: $\dfrac{N(M_I = 1/2)}{N(M_I = -1/2)} \approx 1 + \dfrac{2\mu B_0}{k T_S}$, wobei im thermischen Gleichgewicht T_S gleich der Temperatur T des Gitters (Probe) ist. Wenn die Überschußbesetzung $[N(M_I = +1/2) - N(M_I = -1/2)]$ durch eine Störung kleiner geworden ist als im Gleichgewicht, so kann man das auch dadurch ausdrücken, daß man sagt, die Spintemperatur sei größer als die Gittertemperatur. Die *Spin-Gitter-Relaxation* sorgt dann für den Temperaturausgleich zwischen Spinsystem und Gitter. Die für diesen Prozeß charakteristische Zeitkonstante heißt *Spin-Gitter-Relaxationszeit* τ_1.

Die Spin-Gitter-Relaxation beschreibt den Aufbau des Magnetisierungsvektors M_0 in Feldrichtung; deshalb nennt man die Spin-Gitter-Relaxationszeit oft auch *longitudinale Relaxationszeit* (Abb. 20.14).

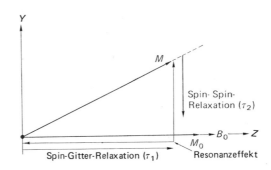

Abb. 20.14 Wirkungsschema der Relaxationsmechanismen.
(1) Der Resonanzeffekt versucht die Überschußbesetzung und somit den *Betrag* der Magnetisierung in Feldrichtung abzubauen; die Spin-Gitter-Relaxation wirkt dem entgegen, und es bildet sich eine Gleichgewichtslänge für M.
(2) Der Resonanzeffekt läßt M aus seiner Ruhelage M_0 ausschwenken; die Spin-Spin-Relaxation wirkt dem entgegen, und es bildet sich ein Gleichgewichtswinkel für M.

Ganz analoge Überlegungen kann man im Hinblick auf die Dauer der Phasenkohärenz zwischen den Kernmomenten und dem Wechselfeld B_1 anstellen: Außerhalb der Resonanz bestand eine Gleichgewichtsverteilung, die zu einer Magnetisierung in B_0-Richtung führte. In Resonanz wurde dieser Zustand gestört; es entstand eine Verdichtung, und M schwenkte aus der B_0-Richtung aus. Auch dieser Störung wirkt ein Mechanismus entgegen: Durch Wechselwirkung mit benachbarten Dipolmomenten unterliegt ein betrachteter Kern zusätzlich zum äußeren Feld B_0 inneren statischen Feldern, die von Kern zu Kern verschieden sind. Diesem Bereich ΔB_0 entspricht ein $\Delta \omega_0 = \gamma \Delta B_0$, d. h., die einzelnen Kerne haben je nach ihrer Umgebung etwas unterschiedliche Larmorfrequenzen. Das hat zur Folge, daß beim Abschalten des Wechselfeldes die Verdichtung nicht unendlich lange bestehen bleiben wird, sondern innerhalb eines bestimmten Zeitraums verschwindet und damit auch M wieder in die B_0-Richtung fällt. Bei dauernder Einstrahlung des B_1-Feldes ist dieser Relaxationsmechanismus natürlich auch wirksam und führt zu einem Gleichgewichtswert für $\frac{d}{dt}M_y$, wodurch eine stationäre Messung ermöglicht wird. Diesen Vorgang nennt man *Spin-Spin-Relaxation* oder *transversale Relaxation*, die für seinen Ablauf charakteristische Zeitkonstante die *Spin-Spin-Relaxationszeit* τ_2.

Beide Relaxationsmechanismen wirken also dem das Gleichgewicht störenden Strahlungsfeld B_1 entgegen. Abb. 20.14 zeigt zusammenfassend die oben besprochenen Erscheinungen.

Wie schon angedeutet, tritt der Resonanzeffekt nicht bei einer einzigen scharfen Frequenz $\omega = \omega_0$ auf, sondern in einem Bereich $\Delta \omega_0$ um die Larmorfrequenz ω_0. Die Breite $\Delta \omega_0$ hängt von verschiedenen Faktoren ab. Meist ist die Spin-Relaxationszeit τ_2 bestimmend für die Linienbreite, und es gilt

$$\Delta \nu = \frac{1}{\pi \tau_2} \qquad [20.26]$$

wobei $\Delta \nu$ die Halbwertsbreite der Resonanzlinie in Frequenzeinheiten ist. Bei Flüssigkeiten und Gasen liegt τ_2 in der Größenordnung von 10^{-2} s, bei Festkörpern hingegen etwa bei 10^{-4} s.

Diese Unterschiede werden verständlich, wenn man bedenkt, daß mit zunehmender Viskosität die zusätzlichen inneren Felder für immer längere Zeiträume (aufgrund der verminderten Beweglichkeit) auf die Kerne einwirken können: Die Präzessionsfrequenzen werden unterschiedlicher, und die Phasenkohärenz geht schneller verloren.

Die Spin-Gitter-Relaxationszeit τ_1 liegt bei Festkörpern (je nach Art des Kerns, dessen Umgebung und der Probentemperatur) in der Größe von 10^{-1} s bis 10^4 s, ist also erheblich länger als τ_2. Deshalb wird hier die Linienbreite allein durch τ_2 bestimmt, solange keine zusätzlichen Effekte (wie magnetische Dipol- oder elektrische Quadrupolwechselwirkung) für Energieübergänge sorgen und τ_1 stark verkürzen. In Flüssigkeiten und Gasen ist τ_1 in der Größenordnung von τ_2; deshalb sind im Vergleich zum Festkörper nur geringe Linienbreiten zu erwarten. Sie liegen meist unter der durch die experimentelle Anordnung bedingten Verbreiterung (die vor allem durch die nie völlig zu kompensierende B_0-Feldinhomogenität bestimmt ist).

9. Resonanzspektroskopie

Mit diesen Kenntnissen sind nun die Voraussetzungen gegeben, einen Einblick in die Anwendbarkeit der magnetischen Elektronen- und Kernmomente innerhalb der Resonanzspektroskopie zu bekommen. Die Methode der Resonanzspektroskopie beruht auf der Möglichkeit, Übergänge zwischen verschiedenen Energieniveaus eines Systems durch Einstrahlung eines elektromagnetischen Wechselfeldes zu induzieren. Die erforderlichen Frequenzen, die den einzelnen Resonanzlinien entsprechen, geben Auskunft über die spezifische Struktur des Systems, die dessen Energieniveauschema (*Termschema*) bestimmt.

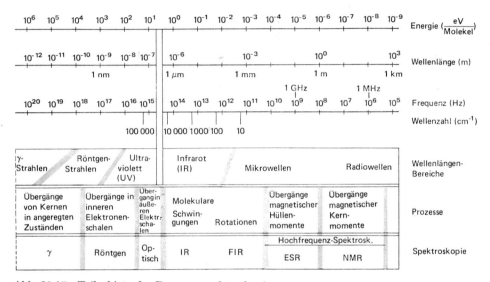

Abb. 20.15 Teilgebiete der Resonanzspektroskopie.

In der historischen Entwicklung steht die *optische Spektroskopie* als Teilgebiet der Resonanzspektroskopie am Anfang. Hier sind bekanntlich Übergänge zwischen den äußeren Elektronenschalen für Strahlungsabsorption und Emission verantwortlich (Abb. 20.15 und 20.16). Die Energieunterschiede liegen hier im Bereich von 1 eV bis etwa 10 eV. Bei hinreichender Auflösung des Spektrometers (*Quarzspektrometer, Interferometer*) kann man die *Feinstruktur* der Spektrallinien erkennen, die von der Spin-Bahn-Wechselwirkung der Elektronen herrührt. Die Weiterentwicklung der Interferenzspektrometer führte schließlich zur Auflösung der *Hyperfeinstruktur*, die auf der Wechselwirkung zwischen den Elektronen- und Kernspins basiert.

So stellte man fest, daß der Grundzustand des Wasserstoffatoms $1^2S_{1/2}$ tatsächlich ein Dublett (Protonenspin $I = 1/2$) ist und der Energieunterschied zwischen beiden Niveaus $5{,}9 \cdot 10^{-6}$ eV beträgt (entsprechend einer Frequenz von 1,4 GHz).

Damit war die Grenze des Auflösungsvermögens der optischen Spektrometer erreicht, die etwa bei $\Delta E/E = 10^{-6}$ liegt. Um zu empfindlicheren Methoden zu kommen, durfte man nicht länger diese geringen Energieunterschiede ΔE zwischen den energiereichen Übergängen betrachten, sondern man mußte Übergänge *innerhalb* eines Multipletts induzieren (Abb. 20.16). Diesen Teilbereich der Spektroskopie nennt man *Hochfrequenzspektroskopie*.

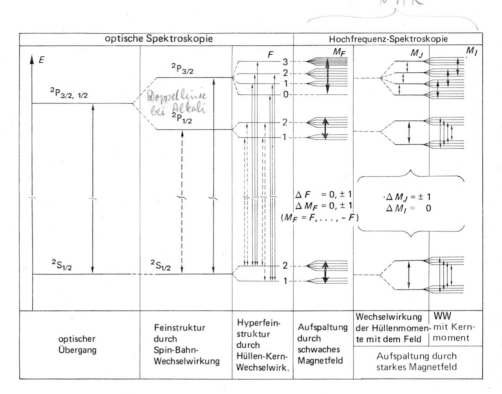

Abb. 20.16 Termschema eines Atoms mit Elektronenspin $S = 1/2$ und Kernspin $I = 3/2$ (nicht maßstabgetreu).

Durch schwache oder starke[7] äußere Felder läßt sich die $(2F+1)$-fache Entartung der einzelnen Multiplettniveaus (aufgrund der Wechselwirkung der Elektronenspins mit dem Feld) aufheben; dadurch kann auch bei diesen Übergängen der magnetischen Elektronenmomente eine Hyperfeinstruktur gefunden werden, die aus der Elektronenspin-Kernspin-Wechselwirkung resultiert (*Multiplettstruktur der Elektronenübergänge*).

---

[7] In diesem Zusammenhang nennt man Felder *stark*, wenn die Zeemanenergie sehr groß ist gegenüber der Elektronenspin-Kernspin-Wechselwirkung (der Gesamtdrehimpuls J der Hülle und der Kernspin I präzedieren dann in erster Näherung unabhängig voneinander, und M_J und M_I sind *gute Quantenzahlen*). Im Falle *schwacher* Felder ist diese Wechselwirkungsenergie groß gegenüber der Zeemanenergie, und man kann *einen* atomaren Gesamtdrehimpuls F bilden, der um die Feldrichtung präzediert (M_F ist eine gute Quantenzahl).

Die Frequenz der Elektronenspinübergänge liegt für eine Feldstärke von 3,4 kG bei 9,4 GHz; dies entspricht einer Energiedifferenz von $4,3 \cdot 10^{-5}$ eV. Den Bereich der Resonanzspektroskopie, der sich mit diesen Energiewerten befaßt, nennt man *Elektronen-Spin-Resonanz* (ESR).

10. Elektronenspinresonanz (ESR)

Die in den Abschnitten 20-6 bis 20-8 erarbeiteten Grundlagen für Kernspins sind natürlich auch für Elektronenspins gültig, wenn man überall für γ das magnetogyrische Verhältnis der Elektronen einsetzt.

Der Anwendungsbereich der ESR-Spektroskopie ist beschränkt auf Substanzen, die ungepaarte Elektronenspins aufweisen (paramagnetische Substanzen).

Diese kann man in verschiedene Gruppen aufteilen:
1. Substanzen, die Atome der Übergangselemente mit unvollständig besetzten inneren Schalen enthalten (z.B. Eisengruppe, seltene Erden).
2. Gewöhnliche Metalle.
3. Ferromagnetika.
4. Isolatoren mit Fehlstellen.
5. Organische und anorganische Radikale.

Im folgenden soll nun aufgezeigt werden, welche Information aus einem ESR-Spektrum entnommen werden können. Zunächst kann die *Radikalkonzentration*[8] bestimmt werden. Die ESR-Methode ist hier um mehrere Zehnerpotenzen empfindlicher als die Suszeptibilitätsbestimmung mit der Goüyschen Waage (Abschnitt 20-2) und gestattet zudem den Nachweis äußerst geringer Radikalkonzentrationen in diamagnetischen Substanzen (bei 9,4 GHz lassen sich mit handelsüblichen ESR-Geräten schon $5 \cdot 10^{10}$ Spins/Gauß nachweisen). Wichtiger aber ist die Anwendung der ESR zur Analyse der Elektronenstruktur der untersuchten Molekel.

Die Wechselwirkung zwischen dem ungepaarten Elektronenspin und dem Kernspin einer Molekel verursacht, wie oben schon erwähnt, eine Aufspaltung des ESR-Signals in ein *Spektrum* von bisweilen 100 Linien. Diese Aufspaltung, die nicht von der Stärke des angelegten B_0-Feldes abhängt, ist charakteristisch für die Elektronenstruktur. Enthält eine Molekel K Sätze von je n_k ($k = 1, \ldots, K$) unter sich äquivalenten Kernen mit dem Kernspin I_k, so beträgt die Anzahl N der Multiplettlinien

$$N = \prod_{k=1}^{K} (2 n_k I_k + 1) \qquad [20.27]$$

Jeder Gesamtquantenzahl $n_k I_k$, $n_k I_k - 1$, $\ldots$, $-n_k I_k + 1$, $-n_k I_k$ ist eine bestimmte Linie im ESR-Spektrum zugeordnet. Bei $n_k = 4$ äquivalenten Kernen eines Satzes mit $I_k = 1/2$ sind also 5 Linien zu erwarten, denen die Gesamt-

---

[8] Nach [20.25] ist das in Empfängerrichtung induzierte Signal proportional zur Anzahl n der Spins pro Volumeneinheit, die dieses Signal erzeugen.

quantenzahlen 2, 1, 0, −1, −2 zugeordnet sind (s. Tab. 20.4). Die Intensitätsverteilung unter den Linien ist davon abhängig, wie viele Permutationen unter den einzelnen Quantenzahlen zur selben Gesamtquantenzahl führen. Bei vier äquivalenten Kernen eines Satzes mit $I_k = 1/2$ erhält man also die relativen Intensitäten 1 : 4 : 6 : 4 : 1 des Multipletts, wie in Tab. 20.4 gezeigt ist.

Spektrum	Intensität	Kernspin-Orientierungsmöglichkeiten*
B_0 ↑	1	↓↓↓↓
	4	↓↓↓↑ ↓↓↑↓ ↓↑↓↓ ↑↓↓↓
	6	↓↓↑↑ ↓↑↓↑ ↑↓↓↑ ↓↑↑↓ ↑↓↑↓ ↑↑↓↓ ↑↑↓↓
	4	↑↑↑↓ ↑↑↓↑ ↑↓↑↑ ↓↑↑↑
	1	↑↑↑↑

* ↑ Kernspin parallel zu B_0, ↓ Kernspin antiparallel zu B_0.

Tab. 20.4 Grafische Darstellung der Linienzahl und der Intensitätsverteilung eines ESR-Multipletts (für 4 äquivalente Kerne).

Vor der Diskussion eines einfachen ESR-Spektrums soll kurz die Meßtechnik beschrieben werden. Als Strahlungsquelle im Mikrowellenbereich verwendet man *Klystrons*, die Frequenzen von 9,4 GHz (X-Band), 24 GHz (K-Band) oder 35 GHz

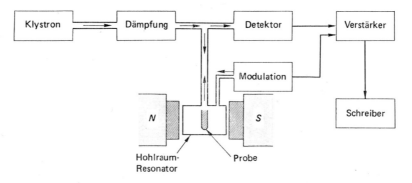

Abb. 20.17 Blockschaltbild eines ESR-Spektrometers.
Aus dem Klystron treffen die Mikrowellen, durch Hohlrohre geleitet, über ein Dämpfungsglied (zur Amplitudenregulierung) auf eine T-förmige Brücke, die ihren Wellenwiderstand ändert, falls im Resonator Absorption von Mikrowellen durch Elektronenresonanz auftritt. Diese Änderung wird in einem Kristalldetektor empfangen und nach Verstärkung einem Schreiber zugeführt. Zur Verbesserung des Signal/Rausch-Verhältnisses moduliert man das B_0-Feld mit einem Hochfrequenzfeld (100 kHz).

(Q-Band) aussenden. Aus technischen Gründen variiert man bei einer dieser festen Frequenzen dann die Feldstärke B_0 (3,4 kG bei 9,4 GHz), um die Resonanzbedingung $\nu_0 = \frac{\gamma}{2\pi} B_0$ zu durchfahren. Das Blockschaltbild eines ESR-Spektrometers ist in Abb. 20.17 gegeben.

Am Beispiel des Radikalanions des Benzols soll nun gezeigt werden, welche Interpretation ein ESR-Spektrum bezüglich der Elektronenstruktur zuläßt (Abb. 20.18). Die sechs Ringprotonen spalten die Resonanzlinie des Elektronenspinübergangs (des ungepaarten Elektrons) in sieben äquidistante Linien mit den relativen Intensitäten (Flächen unter den Resonanzsignalen) 1 : 6 : 15 : 20 : 15 : 6 : 1 auf. Aus dem Auftreten dieser Hyperfeinstruktur muß gefolgert werden, daß das ungepaarte π-Elektron eine von null verschiedene Aufenthaltswahrscheinlichkeit am Ort aller sechs Ringprotonen hat. Neben den sp²-hybridisierten C-Atomen liegen aber auch die Protonen in der Knotenebene der π-Orbitale, so daß überhaupt keine Kopplung auftreten dürfte, wenn man die Spindichte $\varrho(\mathbf{r})$ dem Quadrat des einfach besetzten π-Orbitals gleichsetzt[9]. Dieser Widerspruch verschwindet erst dann, wenn man die Wechselwirkung des Spins des π-Elektrons mit den gepaarten Spins der σ-Elektronen berücksichtigt.

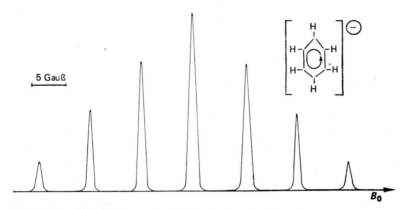

Abb. 20.18 ESR-Spektrum des Radikalanions des Benzols in Lösung (schematisch).

Betrachtet man eine C—H-Bindung eines aromatischen Radikalions, so sind die Spins der beiden σ-Elektronen stets entgegengesetzt (PAULI-Prinzip); in der Nähe des C-Atoms können die Spins des π-Elektrons und eines σ-Elektrons parallel oder antiparallel sein (Abb. 20.19). Nach der HUNDschen Regel ist der Zustand höherer Spinmultiplizität energetisch bevorzugt, d.h., am C-Atom wird eine Überschußdichte an $\sigma_{I\pi}^{(2)}$ (parallel zu π) vorhanden sein (σ-π-*Spinpolarisation*).
Demnach ist am Proton eine Überschußdichte von $\sigma_I^{(1)}$ zu erwarten, mit der der Protonenspin in Wechselwirkung treten kann.

[9] Im planaren Ringsystem muß ein ungepaartes Elektron im π-Orbital lokalisiert sein.

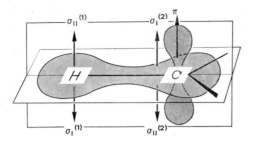

Abb. 20.19 σ- und π-Orbitale um eine CH-Bindung eines aromatischen Radikalions.

Die für die Stärke der Wechselwirkung zwischen einem Protonenspin und einem ungepaarten Elektronenspin charakteristische Kopplungskonstante A_H ist mit der Dichte des π-Elektrons am Ort des Protons $\varrho^\pi(o)$ (π-*Spindichte*) verknüpft durch die Beziehung

$$A_H = Q_{CH}\, \varrho^\pi(o) \qquad [20.28]$$

d.h., die Größe der Abstände der Hyperfeinstrukturlinien eines ESR-Spektrums ist direkt proportional der π-Spindichte am Ort der Protonen. Die Konstante Q_{CH} ist für alle aromatischen Radikale gleich und hat eine Größe von 20 $\cdots$ 30 G.

Die MO-Theorie fordert für Q_{CH} ein negatives Vorzeichen gemäß der Vorstellung, daß die im σ-Orbital polarisierte Spindichte am Proton entgegengesetzt gleich der im π-Orbital am benachbarten C-Atom ist.

Wenn sich das π-Elektron über lange Zeit an nur einer einzigen CH-Bindung aufhält, so kann es nur mit diesem einen Proton koppeln, und man muß im ESR-Spektrum 2 Linien ($I_{Proton} = 1/2$ und $M_I = \pm\, 1/2$) mit einem Abstand $A_H \equiv |Q_{CH}|$ erwarten, denn das Elektron ist dann lokalisierbar und somit $\varrho^\pi(o) = 1$.

Wenn sich aber das π-Elektron nicht an einem festen Ort befindet, dann wird $\varrho^\pi(o) < 1$ und $A_H < |Q_{CH}|$; es treten dann mehrere Hyperfeinstrukturlinien – wegen der zusätzlich zur Kopplung fähigen Kerne – auf, und lediglich der Abstand der beiden äußersten Linien bleibt bei $|Q_{CH}|$. Wenn also, wie im obigen Fall des Radikalanions des Benzols, 7 Linien im Spektrum auftreten, so ist das ein Beweis dafür, daß das π-Elektron über den ganzen Ring »verschmiert« ist.

Dieses Beispiel soll hier genügen; über die Bedeutung, die die ESR-Spektroskopie neben der Untersuchung freier Radikale in Lösung bei paramagnetischen Ionen im kristallinen Zustand, reaktiven Radikalen in bestrahlten und polymerisierenden Systemen und photochemischen Reaktionen aufgrund der dort auftretenden Triplettzustände gefunden hat, muß auf weiterführende Literatur verwiesen werden[10].

---

[10] D. J. E. INGRAM: *Free Radicals as studied by ESR*, Butterworth, London 1958;
  G. E. PAKE: *Paramagnetic Resonance*, Benjamin, New York 1962;
  CH. P. SLICHTER: *Principles of Magnetic Resonance*, Harper and Row, New York 1963;
  F. GERSON: *Hochauflösende ESR-Spektroskopie*, Verlag Chemie, Weinheim 1967.

11. Kernspinresonanz

Aufbauend auf den physikalischen Grundlagen der Abschnitte 20-5 bis 20-8 soll zunächst umrissen werden, welche Informationen die magnetischen Kerndipolmomentübergänge zu liefern in der Lage sind. Das Teilgebiet der Hochfrequenzspektroskopie, das sich mit solchen Übergängen befaßt, nennt man *Kernspinresonanz* (oder *Kern-Magnetische Resonanz KMR*; die gebräuchlichste Abkürzung ist *NMR*, von *Nuclear Magnetic Resonance*). Die NMR-Spektroskopie läßt sich ihrerseits in mehrere Teilgebiete untergliedern, von denen in Tab. 20.5 die wichtigsten zusammengestellt sind.

Im folgenden soll ausschließlich auf die hochauflösende Kernspinresonanz eingegangen werden.

	Hochauflösende NMR		Breitlinien-NMR		Impulsspektroskopie			
Anwendbar auf	Flüssigkeiten		Festkörper		Flüssigkeiten		Festkörper	
Meßparameter	1. 2. 3. 4. 5.	Resonanzfrequenz Signalintensität Linienbreite Chemische Verschiebung Indirekte Spin-Spin-Kopplung	6. 7.	Dipol-Dipol-Kopplung Quadrupolkopplung	8.	Relaxationszeit	8.	Relaxationszeit
Information aus	1. 2. 3. 4. u. 5.	Kernsorte Anzahl der das Signal erzeugenden Kerne Dipol-Dipol-Wechselwirkung und zeitabhängige Phänomene Chemische Zusammensetzung der Probe (quantitativ u. qualitativ). Konfiguration und Konformation der Molekel. Innere Bewegung. Wasserstoffbrücken.	6. u. 7.	Konfiguration der Molekel. Kristallstruktur. Symmetrie und Fehlordnung in Festkörpern. Metallzustand. Innere Rotation.	8.	Molekelbewegung. Diffusion. Lösemitteleffekte. Chemischer Austausch.	8.	Spindiffusion. Rotationen. Kopplung zwischen verschiedenen Freiheitsgraden im Festkörper.

Tab. 20.5 Einige wichtige Teilgebiete der NMR-Spektroskopie

12. Hochauflösende Kernspinresonanz

Von hochauflösender Kernspinresonanz spricht man, wenn man *Flüssigkeiten* oder *gelöste Substanzen* NMR-spektroskopisch untersucht: Die schnelle Brownsche Molekularbewegung mittelt lokale Zusatzfelder, die in Festkörpern wegen der räum-

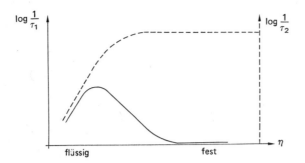

Abb. 20.20 Abhängigkeit der reziproken Relaxationszeiten von der Viskosität η (schematische Darstellung).

lich fixierten Momente der Nachbarkerne am Ort des betrachteten Kerns stationär sind, heraus. Die Linienbreiten liegen in der Größenordnung von 10^{-4} Gauß (bei Festkörpern sind 10 G möglich). Die Relaxationszeiten τ_1 und τ_2 sind in Flüssigkeiten etwa gleich groß, während in Festkörpern wegen der starken Kopplung der Spins (über die Dipolmomente) τ_2 sehr kurz wird und τ_1 sehr lang sein kann: Wegen der fehlenden Bewegungsmöglichkeit der Kerne ist die Kopplung des Spinsystems an das Gitter nur schwach (Abb. 20.20 und Abschnitt 20-8). Entsprechend diesen Unterschieden sind spezielle Anforderungen an das NMR-Spektrometer zu stellen.

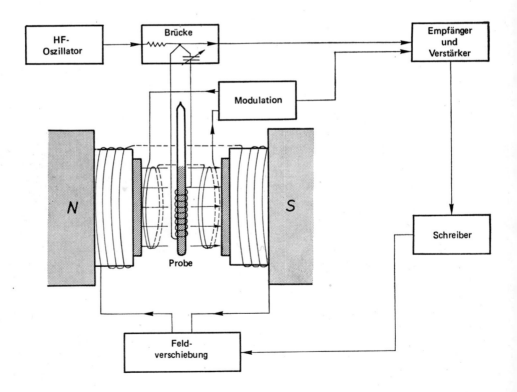

So ist bei einem hochauflösenden NMR-Spektrometer vor allem die Homogenität des B_0-Feldes entscheidend, während man bei Breitlinien-NMR-Spektrometern auf hohe zeitliche Konstanz des Spektrometers achten muß. Das Blockschaltbild eines typischen Spektrometers ist in Abb. 20.21 wiedergegeben.
Die handelsüblichen NMR-Spektrometer arbeiten für Protonenresonanz bei Frequenzen von 60, 100 und 220 MHz entsprechend Magnetfeldern von 14 kG, 23,5 kG und 51,7 kG (letzteres ist nur mit *supraleitenden* Magneten realisierbar).

13. Chemische Verschiebung und Spin-Spin-Kopplung

Im folgenden sollen am Spektrum des trans-Crotonaldehyds die bei der hochauflösenden NMR-Spektroskopie wichtigen Meßgrößen erläutert werden. In Abb. 20.22 ist das 100-MHz-Spektrum der Protonen des trans-Crotonaldehyds bei nicht optimaler Auflösung gezeigt. Man sieht, daß die Protonen nicht alle bei derselben Feldstärke zur Resonanz kommen; es liegt nahe, die verschiedenen Resonanzlinien den Protonen in den verschiedenen Molekelgruppen zuzuordnen.
In der Tat erfahren die Protonen aufgrund ihrer unterschiedlichen chemischen Umgebung geringfügig verschiedene Felder

$$B_0^{\text{eff}} = B_0 + B_{\text{lok}} \qquad [20.29]$$

wobei das lokale Sekundärfeld B_{lok} proportional dem äußeren Feld B_0 ist:

$$B_{\text{lok}} = -\sigma B_0 \qquad [20.30]$$

σ nennt man die *Abschirmungskonstante*; sie ist stets positiv und variiert von 10^{-2}

Abb. 20.21 Blockschaltbild eines typischen NMR-Spektrometers.
Senkrecht zum B_0-Feld wird das Hochfrequenz-(HF-)Feld B_1 auf die in einem Glasröhrchen befindliche Probe eingestrahlt; die Brücke wird durch einen Drehkondensator auf null abgeglichen (Stromlosigkeit). Wenn die Resonanzbedingung erfüllt ist (z. B. durch Variieren des B_0-Feldes mittels Feldverschiebung), absorbiert die Probe Energie aus dem HF-Feld, und die Brücke wird verstimmt. Diese Änderung leitet man über Empfänger und Verstärker zur Registrierung weiter (Schreiber oder Oszilloskop). Aus meßtechnischen Gründen[11] moduliert man das B_0-Feld mit einem zusätzlichen Wechselfeld von etwa 4 kHz. Bei Registrierung des NMR-Spektrums mit einem Schreiber ist dessen x-Achse entweder mit der Feldverschiebung gekoppelt (*field sweep*), und die Frequenz wird konstant gehalten, oder man hält das Feld auf einem konstanten Wert und koppelt den Schreibervorschub mit einer Frequenzänderung des Modulationsfeldes (*frequency sweep*), um die Resonanzbedingung zu erfüllen. Eine dritte Methode arbeitet mit zwei voneinander unabhängigen Modulationsfeldern; eines wird mit konstanter Frequenz betrieben, das andere wird in seiner Frequenz verschoben. Man verwendet die variable Modulationsfrequenz einerseits zur Stabilisierung, indem man das Feld/Frequenz-Verhältnis auf dem Resonanzwert einer Standardsubstanz hält und Abweichungen davon zur Regelung des B_0-Feldes nimmt (die konstante Modulationsfrequenz hat die gleiche Funktion wie oben), andererseits wird diese Frequenz durch Kopplung an den Schreibervorschub geändert und damit wegen des konstanten Feld/Frequenz-Verhältnisses das Feld durchfahren. In diesem Fall spricht man von *Field/Frequency-Sweep*. Diese Methode wird wegen der mit ihr erreichbaren hohen Stabilität meist angewandt.

---

[11] Erhöhung der Grundlinienstabilität, Verbesserung des Signal/Rausch-Verhältnisses und Stabilisierung des Feld/Frequenz-Verhältnisses.

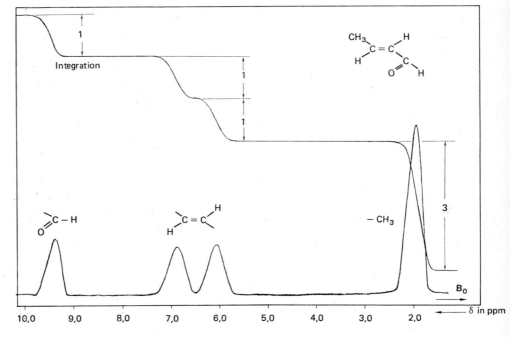

Abb. 20.22 100-MHz-NMR-Spektrum geringer Auflösung des trans-Crotonaldehyds (Protonenresonanz). (J. BESTGEN und G. SIELAFF, Inst. f. Phys. Chem., Universität Köln.)

für schwere Atome bis 10^{-5} für leichte Atome. Für ein spezielles Atom, z.B. ein Wasserstoffatom, sind die Unterschiede in seinen σ-Werten charakteristisch für Art und Struktur der Molekelgruppe, der es angehört. Es lassen sich eine Reihe von Beziehungen finden, die Rückschlüsse auf den Bau der ganzen Molekel gestatten.

Die Größe der Abschirmungskonstanten σ wird von folgenden Faktoren bestimmt:

(1) Elektronendichte am Kernort.

Wie im Abschnitt 20-3 erwähnt, werden in der Elektronenwolke eines Atoms Kreisströme induziert, wenn man ein Magnetfeld einwirken läßt. Diese Ströme erzeugen kleine, entgegengerichtete Felder B_{lok} am Kernort des betrachteten Atoms (Abb. 20.23).

Der Beitrag dieser von den Elektronen herrührenden Abschirmung σ_{el} zu σ ist positiv und proportional zur Elektronendichte am Kernort.

Das Feld B_{lok} ist kugelsymmetrisch (isotrop), und im flüssigen oder gelösten Zustand bewirkt die stets wechselnde Orientierung der Molekel bezüglich B_0, daß der Einfluß dieses Sekundärfeldes auf die *Nachbarkerne* innerhalb der Molekel herausgemittelt wird. Somit bleibt die Wirkung von B_{lok} begrenzt auf den Kern, an den die Elektronen gebunden sind.

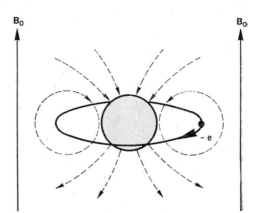

Abb. 20.23 Induzierte Abschirmung eines Protons durch ein Elektron.

Diese Elektronendichte wird nun von benachbarten Bindungen und Atomen beeinflußt. So läßt sich am Beispiel der Reihe CH_3—J, CH_3—Br, CH_3—Cl und CH_3—F der Einfluß der *Elektronegativität* des Substituenten zeigen: Die Methylprotonen sind entsprechend der zunehmenden Elektronegativität der Halogene wegen der sich am Ort der Protonen verringernden Elektronendichte schwächer abgeschirmt. Ebenso reduzieren elektronenaffine Gruppen wie —O—, —OH, —NO_2 usw. die Abschirmung der benachbarten Protonen.
Auftretende Abweichungen von dieser Gesetzmäßigkeit hängen mit der Wirkung *anisotroper* Magnetfelder zusammen, die von den Elektronen der Nachbargruppen (innerhalb der Molekel) verursacht werden und auf die Elektronendichte am betrachteten Kern einwirken. Diese lokalen Zusatzfelder mitteln sich wegen ihres anisotropen Charakters nicht heraus, wie unter (2) gezeigt werden wird.

(2) Anisotrope Zusatzfelder am Kernort.

Zum isotropen Sekundärfeld B_{lok} kann ein zweites, wesentlich kleineres anisotropes Sekundärfeld B_{lok}^* hinzutreten; es wird hervorgerufen durch die Präzession der Bindungselektronen im B_0-Feld. (Dieses B_{lok}^* hat also denselben Ursprung wie das oben angesprochene anisotrope Feld, nur wird hier seine Wirkung auf den betrachteten Kern – nach Durchdringung und Beeinflussung der Elektronenwolke des Kerns – betrachtet.) B_{lok}^* wird besonders groß im Fall von π-Bindungen. In Abb. 20.24 ist am Beispiel der π-Bindung der Aldehydgruppe veranschaulicht, wie das anisotrope Feld B_{lok}^* durch Wirkung von B_0 zustande kommt. Innerhalb des »Doppelkegels« wirkt B_{lok}^* dem B_0-Feld entgegen; würde sich ein Kern der Molekel in dieser Zone befinden, so würde er eine Abschirmung erfahren. Im ganzen Raum außerhalb des Doppelkegels verstärkt B_{lok}^* das B_0-Feld, und Kerne der Molekel innerhalb dieses Raums werden entschirmt. Diese Beiträge zu σ werden σ_{magn} genannt.

Ändert man die Richtung zwischen der Molekelebene und B_0, so wird – im Gegensatz zu isotropen Feldern – wegen der Fixierung der π-Bindung an die Molekelebene B_{lok}^* in seinem Betrag geändert, nicht jedoch das Vorzeichen seiner Komponente in B_0-Richtung.

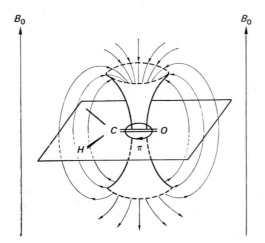

Abb. 20.24 Anisotropes Feld, von der π-Bindung der Aldehydgruppe ausgehend.

Die Abschirmung σ eines Kerns setzt sich also additiv aus σ_{el} und σ_{magn} zusammen. In der Praxis gibt man nicht den absoluten Wert von σ für eine bestimmte Molekelgruppe an, sondern man bezieht die Lage der Resonanzstelle auf die Resonanzstelle einer Standardsubstanz und spricht von der *chemischen Verschiebung* δ der einzelnen Gruppen bezüglich des Standards:

$$\delta = (\sigma_{st} - \sigma) \cdot 10^6 = \frac{B^{eff} - B_{st}^{eff}}{B_0} \cdot 10^6 \, \text{ppm} \qquad [20.31]$$

δ ist dimensionslos und wird in *ppm* (*p*arts *p*er *m*illion) angegeben, da die Größenordnung der Abschirmungsfelder im mG-Bereich und B_0 im kG-Bereich liegt. Bei Protonenresonanzexperimenten verwendet man als Standard meist das Tetramethylsilan (TMS) und setzt

$$\delta_{TMS} = 0 \, \text{ppm}^{12}$$

Alle Protonen in Molekelgruppen, die im NMR-Spektrum bei schwächeren Feldstärken als TMS zur Resonanz kommen, sind also weniger abgeschirmt als die 12 Methylprotonen des TMS. Genaue quantitative Berechnungen der chemischen Verschiebungen sind in den meisten Fällen nicht durchführbar, jedoch kann man oft schon anhand empirischer Daten, die in Tafeln (wie z.B. Tab. 20.6) zusammengestellt sind, gesicherte Zuordnungen treffen.

Betrachtet man wieder das Spektrum des trans-Crotonaldehyds (Abb. 20.22), so ist leicht eine Zuordnung zu treffen: Die Resonanz bei $\delta = 9,5$ ppm stammt vom Proton der Aldehydgruppe (Abb. 20.24); die beiden Resonanzen um $\delta = 6,5$ ppm von den beiden verschiedenen Methinprotonen (ihre genaue Zuordnung erfolgt später) und die Resonanz bei $\delta = 2,0$ ppm von den Methylprotonen. Diese Zuordnung wird bestätigt durch Vergleich der Flächen unter den Resonanzsignalen (Integration der Resonanzsignale); sie sind ein Maß für die Stöchiometrie der

---

[12] Statt der δ-Skala verwendet man auch oft die τ-Skala, die definiert ist durch $\tau = 10 - \delta$ (in ppm); dann setzt man $\tau_{TMS} = 10$ ppm.

Chemische Verschiebung und Spin-Spin-Kopplung

Struktur	δ in ppm
$-CH_3$	0–2
$-CH_3-C\!\!<$	0.5–1.5
$-CH_3-S-$	2–2.5
$-CH_3-O-$	3–4
$>CH_2$	1–4
$>C-CH_2-C\!\!<$	1–2
$>C-CH_2-S-$	2.5–3
$>C-CH_2-O-$	3–4
$=CH_2$	4–5
$>CH$	1–5
$\equiv CH$	2–3
$\geqslant CH$	4–9
⬡ (Benzol)	6–7

Tab. 20.6 Chemische Verschiebung δ bei Protonenresonanz, bezogen auf $\delta_{TMS}=0$ (empirische Wertebereiche für verschiedene Proben)

Protonen in der Molekel, da die Fläche unter jedem Signal proportional zur Anzahl der das Signal hervorrufenden Kerne ist. Dabei werden alle Kerne, die zur selben Resonanzlinie führen, als *äquivalent* bezeichnet.

Man unterscheidet 3 Arten der Äquivalenz:
(1) Äquivalenz der Kerne bezüglich ihrer chemischen Verschiebung: Kerne dieser Art können sich in völlig verschiedenen chemischen Umgebungen befinden und dennoch gleiche chemische Verschiebung im NMR-Spektrum zeigen (siehe auch Tab. 20.5). Diese »zufällige« Äquivalenz kann durch andere Wahl des B_0-Feldes (da die chemische Verschiebung ja feldabhängig ist) oder durch geeignete Wahl eines Lösemittels aufgehoben werden.
(2) Äquivalenz der Kerne aufgrund der Molekelsymmetrie: Kerne gleicher Sorte, deren Positionen in der Molekel durch eine Symmetrieoperation (z. B. Spiegelung) ineinander übergeführt werden können, müssen die gleiche chemische Verschiebung besitzen (z. B. die Protonen in 1,1-Difluoräthylen in Abb. 20.26a).
(3) Magnetische Äquivalenz der Kerne: Diese Art der Äquivalenz wird erst nach Einführung der Spin-Spin-Kopplung der Kerne verständlich und soll weiter unten erklärt werden.

Ausgangspunkt der bisherigen Überlegungen war, daß den Protonen (als Beispiel für irgendeine Art magnetischer Kerne) einer jeden Gruppe der Molekel eine – für sie spezifische – Resonanzlinie im NMR-Spektrum zuzuordnen war. Viele Molekelgruppen haben jedoch die Eigenschaft, nicht nur eine Resonanzlinie, sondern ein *Multiplett* von Resonanzlinien zu zeigen, das man bei genügend hoher Auflösung des Spektrometers erkennen kann. So weisen auch die vier Linien im Spektrum des trans-Crotonaldehyds (Abb. 20.22) je ein Multiplett von Resonanzlinien auf, wenn man das Spektrum bei hoher Auflösung registriert (Abb. 20.25).

Diese Aufspaltung beruht auf der (indirekten) Wechselwirkung zwischen den verschiedenen Protonen innerhalb der Molekel: Magnetische Kerne können untereinander Information austauschen, wenn geeignete (magnetische) Träger dieser Information zwischen ihnen vermitteln.

Die direkte Kopplung von magnetischen Kernmomenten (Dipol-Dipol-Kopplung) ist nicht auf einen »Vermittler der Information« angewiesen; sie wirkt direkt über den Raum zwischen den Kernen. Dieser Effekt mittelt sich jedoch in Flüssigkeiten und Lösungen durch die Brownsche Bewegung heraus.

Die Vermittlerrolle fällt den Elektronen zu, über die die Kerne aneinander gebunden sind. Die Wechselwirkung wird durch *Polarisation* des magnetischen Moments der Valenzelektronen erreicht.

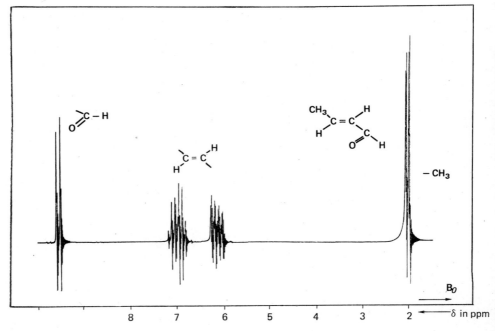

Abb. 20.25 100-MHz-Protonen-Resonanzspektrum des trans-Crotonaldehyds bei hoher Auflösung (J. BESTGEN und G. SIELAFF, Inst. f. Phys. Chem., Universität Köln).
Bei hoher Auflösung sind an jeder Resonanzlinie gedämpfte Nachschwingungen (*wiggles*) zu erkennen. Sie sind so erklärbar: Während M nach dem Resonanzeffekt aufgrund der Relaxation mit $\exp(-t/\tau_2)$ in die Ruhelage M_0 zurückkehrt, erhöht sich der Wert von B_0 auf $B_0 + dB_0$; entsprechend erhöht sich die Larmorfrequenz von M auf $\omega_0 + d\omega_0 = \omega_0 + \gamma\, dB_0$. Da die Senderfrequenz aber konstant auf ω_0 gehalten wird, treten nun Schwebungen zwischen M_y und dem B_1-Feld mit der Schwebungsfrequenz $\omega_0 - (\omega_0 + \gamma\, dB_0) = \gamma\, dB_0$ auf.

Betrachtet man z.B. die Protonenresonanz einer HF-Molekel, so versucht ein Fluorkern, den Spin des sich gerade in seiner Nähe befindlichen Elektrons antiparallel zu seiner eigenen Spinorientierung im B_0-Feld auszurichten. Folglich muß gemäß dem PAULI-Prinzip das zweite Bindungselektron sich antiparallel zum ersten einstellen, und so wird dem Proton die Orientierung des Fluorkernspins mitgeteilt. Der gleiche Mechanismus teilt natürlich auch dem Fluorkern mit, wie der Protonenspin orientiert ist, und man kann tatsächlich von einer Wechselwirkung der Kernspins sprechen.

Die Polarisation der Bindungselektronen nimmt mit zunehmender Bindungszahl zwischen den koppelnden Kernen ab und ist nach mehr als drei σ-Bindungen gewöhnlich nicht mehr nachweisbar (der räumliche Abstand hat im allgemeinen keinen Einfluß auf die Spin-Spin-Kopplung). Die Polarisation ist unabhängig von der zufälligen Orientierung der Molekel zu B_0 und unabhängig von der Stärke von B_0.

Ein beliebiger Kern, der an einen zweiten Kern mit dem Spin $I = 1/2$ gebunden ist, erfährt wegen den zwei Einstellmöglichkeiten dieses Nachbarkerns zwei schwache, aber unterschiedliche lokale Zusatzfelder B_{lok}. Er kann also bei den zwei Feldstärken $B^{eff} \pm B_{lok}$ zur Resonanz kommen, d.h., sein Spektrum besteht aus zwei Linien (*Dublett*), die symmetrisch zu B^{eff}, dem »Schwerpunkt« des Dubletts liegen. Die Zahl der Linien eines Multipletts bei Kopplung des betrachteten Kerns mit K Gruppen von je n_k ($k = 1, \ldots, K$) untereinander äquivalenten Kernen (mit dem Kernspin I_k) ist, analog der Überlegung für ESR-Multipletts, durch [20.27] gegeben. In gleicher Weise sind auch die Gesetzmäßigkeiten der Intensitätsverteilung unter den Linien eines Multipletts von der ESR auf die NMR übertragbar. Als Maß für die Stärke der Spin-Spin-Wechselwirkung definiert man die *Spin-Spin-Kopplungskonstante J*, gemessen in Hz; sie kann aus dem Abstand benachbarter Linien bestimmt werden.

Diese einfachen Regeln für NMR-Multipletts sind jedoch nur dann anwendbar, wenn das Verhältnis aus dem Betrag der Kopplungskonstanten J_{AB} zwischen zwei koppelnden Gruppen A und B und ihrer relativen chemischen Verschiebung $\Delta \nu_{AB} = |\nu_A - \nu_B|$, gemessen in Hz, sehr klein gegen 1 ist:

$$\frac{|J_{AB}|}{\Delta \nu_{AB}} \ll 1$$

Unter dieser Bedingung spricht man auch von *Spektren 1. Ordnung*. Wenn J und $\Delta \nu$ gleiche Größenordnung annehmen oder J größer als $\Delta \nu$ ist (Spektren höherer Ordnung), weisen die Multipletts im allgemeinen erheblich kompliziertere Strukturen auf, und meist sind die Parameter J und $\Delta \nu$ nicht mehr direkt aus dem Spektrum ablesbar. Die Zahl der Multiplettlinien einer Gruppe *äquivalenter* Kerne wird andererseits dadurch reduziert, daß die Kopplungskonstanten zwischen diesen äquivalenten Kernen selbst keinen Einfluß auf das Spektrum haben.

Bevor nun die Multiplettstrukturen im Spektrum des trans-Crotonaldehyds näher erklärt werden, soll zunächst die noch ausstehende Definition der magnetischen Äquivalenz nachgeholt werden: Kerne, die dieselbe chemische Verschiebung haben und die, von einem jeden der mit ihnen koppelnden Kerne aus betrachtet, dieselbe Kopplungskonstante haben, nennt man *magnetisch äquivalent*. In Abb. 20.26a ist diese letzte Bedingung offensichtlich nicht erfüllt, da – von einem jeden der Fluorkerne aus betrachtet – zwei verschiedene Kopplungskonstanten vorhanden sind. In Abb. 20.26b hingegen ist z.B. der in der vertikalen Ebene oben eingezeichnete Fluorkern zu jedem der Protonen mit derselben Kopplungskonstanten J verknüpft (der untere Fluorkern besitzt zu beiden Protonen auch gleiche Kopplungskonstanten J', die aus Symmetriegründen zudem noch gleich der Kopplungskonstanten J sind).

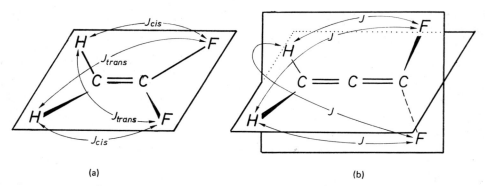

Abb. 20.26 (a) Äquivalenz der Protonen bzw. der Fluorkerne bezüglich der Molekelsymmetrie (keine magnetische Äquivalenz!).
(b) Magnetische Äquivalenz der Protonen (bzw. der Fluorkerne).

Eine Nomenklatur der koppelnden Kernspins in einer Molekel (*Spinsystem*) dient dazu, die auftretenden $J/\Delta\nu$-Verhältnisse, die die allgemeine Struktur und Ordnung des Spektrums charakterisieren, in gekürzter Form anzugeben:

(1) Nichtäquivalente Kerne werden mit verschiedenen großen Buchstaben bezeichnet; Kerne, die große Unterschiede in ihren chemischen Verschiebungen aufweisen, werden durch Buchstaben bezeichnet, die im Alphabet weit voneinander entfernt sind. Bei kleinen chemischen Verschiebungsunterschieden benutzt man benachbarte Buchstaben.
(2) Äquivalente Kerne werden mit denselben Buchstaben bezeichnet; ihre Anzahl wird als Index angehängt (in Abb. 20.26b z.B. A_2X_2, in Abb. 20.26a aber AA'XX').

Die Molekel des trans-Crotonaldehyds stellt ein Spinsystem der Art A_3MNX dar (Abb. 20.27): Die drei Methylprotonen sind äquivalent aufgrund der schnellen Rotation um die C—C-Bindung, und ihre Kopplung mit dem Aldehydproton H^X ist klein gegen den Unterschied ihrer chemischen Verschiebungen; zwischen beiden liegen die Methinprotonen H^M und H^N, die geringe Unterschiede in ihrer chemischen Verschiebung im Verhältnis zu ihrer Kopplung aufweisen. Die Aufgabe der NMR-Analyse besteht nun darin, die Parameter δ_A, δ_M, δ_N, δ_X sowie J_{AM}, J_{AN}, J_{AX}, J_{MN}, J_{MX} und J_{NX} zu bestimmen. Dann lassen sich Aussagen über die räumliche Anordnung der Kerne in der Molekel machen.
Um die NMR-Analyse zu vereinfachen, kann man – neben einer günstigen Wahl von Lösemittel und Meßtemperatur – verschiedene Tricks anwenden, z.B.:

Chemische Verschiebung und Spin-Spin-Kopplung

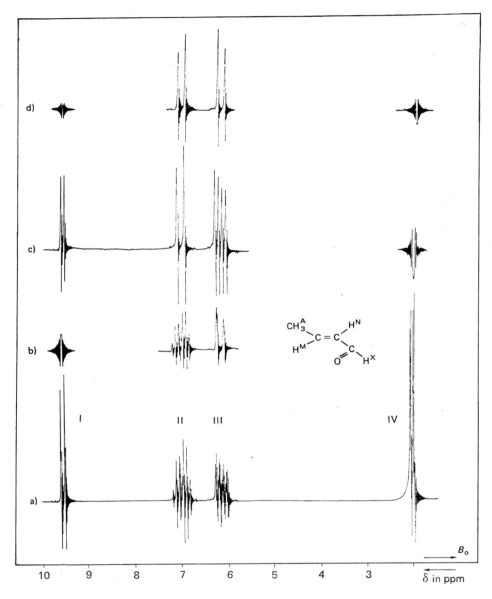

Abb. 20.27 100-MHz-Protonenresonanzspektrum des trans-Crotonaldehyds (bei hoher Auflösung). a) Normalspektrum; b) Methinprotonen, vom Aldehydproton entkoppelt; c) Methinprotonen, von den Methylprotonen entkoppelt; d) Methinprotonen, von Aldehyd- und Methylprotonen entkoppelt (Tripelresonanz). (J. BESTGEN und G. SIELAFF, Inst. f. Phys. Chemie, Universität Köln.)

zu Abb.	Spinkopplungen	Teilspektren		Interpretation	
20.27 a	(Struktur mit CH_3^A, H^N, H^M, H^X, Kopplungen J_{AN}, J_{AM}, J_{MN}, J_{AX}, J_{NX}, J_{MX}; IV, III oder II, II oder III, I)	I	Dublett	$I \leftrightarrow CHO$	Zuordnung gemäß den chemischen Verschiebungen
		II	Oktuplett*		
		III	vier Quartetts*		
		IV	Quartett*	$IV \leftrightarrow CH_3$	
20.27 b	(wie oben, B_2 bei I)	I	wird bestrahlt	$J_{I\,II} = 0$	
		II	unverändert	$J_{I\,III} \neq 0$, da Vereinfachung bei Aufhebung dieser Kopplung	
		III	zwei Quartetts*	$J_{II\,III} \neq 0$, da Aufspaltung in zwei Liniengruppen	
				$J_{III\,IV} \neq 0$, da Quartettaufspaltung nur durch CH_3 möglich	
		IV	unverändert**	$J_{I\,IV} = 0 \longleftrightarrow J_{AX} = 0$ Hz	
20.27 c	(wie oben, B_3 bei IV)	I	unverändert	$J_{I\,IV} = 0 \longleftrightarrow J_{AX} = 0$ Hz	
				$J_{II\,III} \neq 0$, da nur zwei Linien	
		II	Dublett	$J_{II\,IV} \neq 0$, da Vereinfachung bei Aufhebung dieser Kopplung	
				$J_{I\,II} = 0$, da nur zwei Linien	
		III	Quartett	$J_{II\,III} \neq 0$ $J_{I\,III} \neq 0$ damit Aufspaltung in vier Linien möglich wird	
		IV	wird bestrahlt		
20.27 d	(wie oben, B_3 bei IV und B_2 bei I)	I	wird bestrahlt		
		II	Dublett	$J_{II\,III} \neq 0 \longleftrightarrow$ typisches MN-Quartett; daraus sind δ_M, δ_N und J_{MN} (= 15,5 Hz) leicht berechenbar	
		III	Dublett		
		IV	wird bestrahlt		

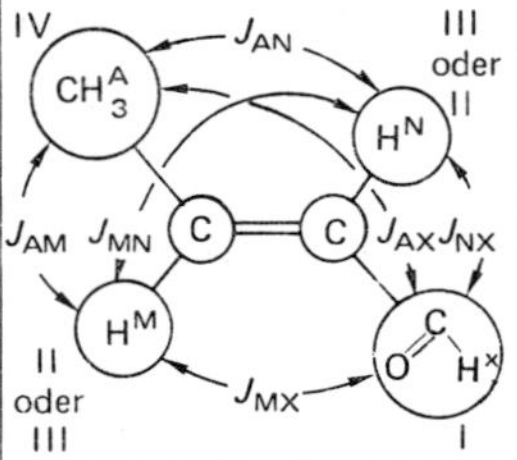

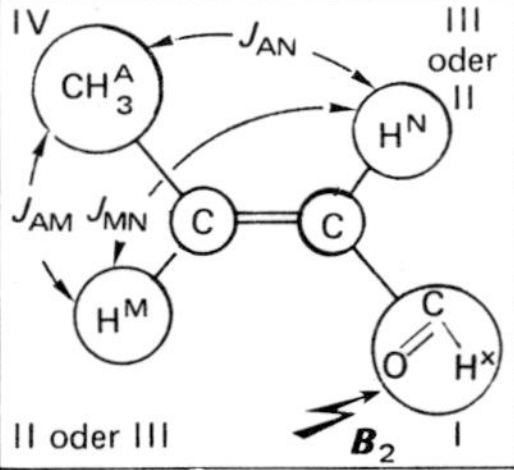

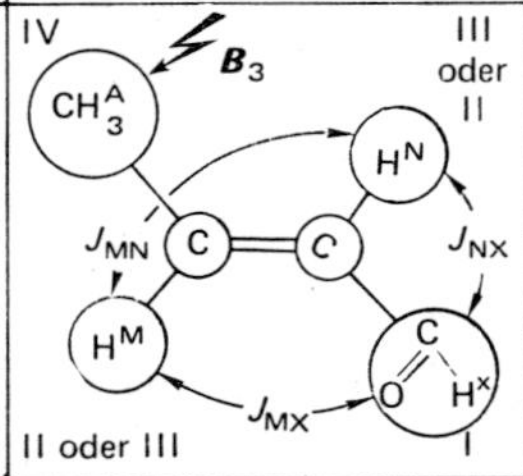

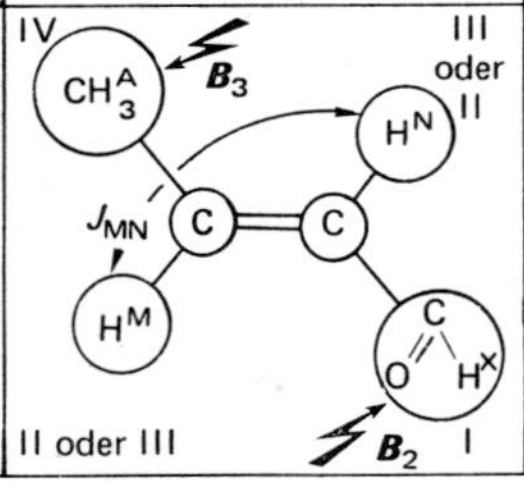

* Im gespreizten Spektrum in Abb. 20.28b erkennbar ** Hier nicht registriert

Abb. 20.28a Strukturaufklärung der Multipletts des trans-Crotonaldehydspektrums.

(1) *Deuterierung:*

Durch gezielten Austausch eines (oder mehrerer) Protonen in der Molekel mit Deuterium erreicht man, daß – aufgrund der kleineren Larmorfrequenz von ^2H gegenüber ^1H (Tab. 20.3) – diese Resonanzlinien im Protonenresonanzspektrum verschwinden. Die Struktur des Spinsystems wird zusätzlich vereinfacht, da die Kopplungskonstante J_{HH} zwischen zwei Protonen im Verhältnis der magnetogyrischen Konstanten γ_H/γ_D (Faktor 6,5) zu J_{HD} reduziert wird (es gilt allgemein: $J_{AB} \sim \gamma_A \gamma_B$). Andererseits werden die hier interessierenden chemischen und physikalischen Eigenschaften der Molekel durch Deuterierung nicht wesentlich verändert, so daß die Strukturaussagen der NMR über deuterierte Molekeln auf die nichtdeuterierte Molekel übertragen werden können.

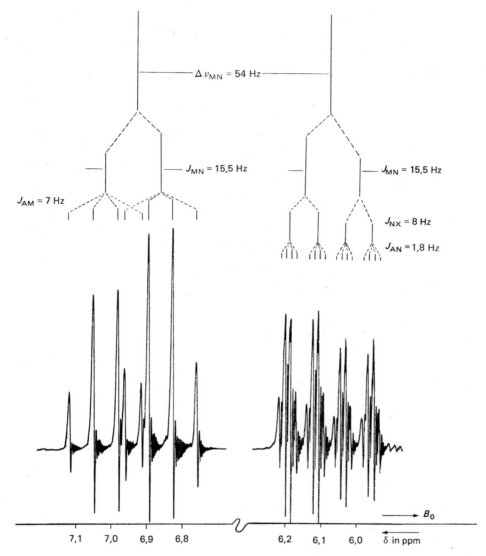

Abb. 20.28b Gespreizte Methinresonanzen und ihr Strichspektrum zur Bestimmung der Kopplungskonstanten. (J. Bestgen und G. Sielaff, Inst. f. Phys. Chemie, Universität Köln.)

(2) *Übergang zu höheren Resonanzfrequenzen«*

Je höher die Resonanzfrequenz ν_0 (und damit B_0) gewählt wird, um so mehr vereinfacht sich wegen der Abnahme des Verhältnisses $J/\Delta\nu$ die Analyse des Spektrums.

(3) *Spinentkopplung durch Doppelresonanz:*

Die Methode der Doppelresonanz ermöglicht die Aufhebung der Spinkopplung eines Kerns (oder einer Kerngruppe) mit der Umgebung durch Bestrahlung dieses Kerns mit einem zusätzlichen, starken Hochfrequenzfeld B_2: Der bestrahlte Kern oszilliert dann schnell zwischen seinen Einstellmöglichkeiten und ist für seine Umgebung gleich oft parallel und antiparallel zu B_0, wodurch sich alle Spinwechselwirkungen dieses Kerns herausmitteln[13]. Strahlt man zwei zusätzliche Hochfrequenzfelder B_2 und B_3 ein (*Tripelresonanz*), so lassen sich zwei nichtäquivalente Kerne (oder Kerngruppen) von ihrer Umgebung entkoppeln, und das Spektrum wird weiter vereinfacht.

Von dieser Spinentkopplung wird im folgenden Gebrauch gemacht, um das Spektrum des trans-Crotonaldehyds zu vereinfachen; Abb. 20.27a zeigt noch einmal das bei Raumtemperatur aufgenommene Protonenresonanzspektrum. In den Teilspektren b und c wurden jeweils einmal die CHO-Gruppe (I) und die CH_3-Gruppe (IV) mit dem Entkopplungsfeld B_2 bzw. B_3 bestrahlt und die Methinresonanzen (II und III) betrachtet. Man sieht, daß die Aldehydgruppe mit dem Methinproton (III) bei $\delta = 6{,}2$ ppm gekoppelt gewesen sein muß, da sich die Linienzahl des ursprünglichen Multipletts erheblich verringerte, während die des zweiten Methinprotons (II) unverändert bleibt; andererseits wird bei Bestrahlung der Methylgruppe die Methingruppe (II) bei $\delta = 7{,}0$ ppm zu einem Dublett und die Methingruppe (III) zu einem Quartett vereinfacht. In Abb. 20.27d ist eine Tripelresonanz durchgeführt. Die Methyl- und die Aldehydgruppe werden gleichzeitig mit je einem Entkopplungsfeld bestrahlt, und es verbleibt nur die Kopplung zwischen den beiden Methinprotonen. In Abb. 20.28 ist eine Auswertung der Teilspektren

Kopplungskonstanten	Alternative Zuordnungen	
	II ↔ H^N und III ↔ H^M	II ↔ H^M und III ↔ H^N
$J_{I\,II} = 0$ Hz	nicht wahrscheinlich, da hier Kopplung nur über 3 Bindungen	sehr wahrscheinlich, da hier Kopplung über 4 Bindungen
$|J_{I\,III}| = 8$ Hz	nicht wahrscheinlich, da hier Kopplung über 4 Bindungen	sehr wahrscheinlich, da hier Kopplung über 3 Bindungen
$|J_{IV\,II}| = 7$ Hz	nicht wahrscheinlich, da 4 Bindungen	sehr wahrscheinlich, da nur 3 Bindungen
$|J_{IV\,III}| = 1{,}8$ Hz	nicht wahrscheinlich, da nur 3 Bindungen	sehr wahrscheinlich, da 4 Bindungen

Tab. 20.7 Zuordnung der Resonanzen II, III zu H^M, H^N

[13] Eine andere, detailliertere Erklärung ist in dem Buch von J. W. EMSLEY, J. FEENEY u. L. H. SUTCLIFF, *Progress in Nuclear Magnetic Resonance Spectroscopy*, Pergamon Press, Oxford 1966, Vol. 1, S. 38ff., zu finden.

gegeben. Um die noch ausstehende Zuordnung

$$\text{II, III} \leftrightarrow \text{H}^\text{M}, \text{H}^\text{N}$$

zu treffen, müssen die Größen der Kopplungskonstanten in Beziehung gesetzt werden zu den Bindungszahlen zwischen den jeweiligen Substituenten. Die Auswertung ergibt: II $\leftrightarrow$ H$^\text{M}$ und III $\leftrightarrow$ H$^\text{N}$ (Tab. 20.7).
Die Größe der Kopplungskonstanten J_MN von 15,5 Hz ist, wie aus Tab. 20.8 entnehmbar, charakteristisch für die trans-Stellung der Methinprotonen. Bereits an diesem Beispiel ist zu erkennen, daß die NMR-Spektroskopie Konfigurationsaussagen gestattet. In manchen Fällen sind auch Konformationsanalysen möglich; ein Beispiel hierfür ist im unteren Teil der Tab. 20.8 gegeben (KARPLUS-Kurve für vicinale HC—CH-Kopplung).

Konformation	$\|J_\text{HH}\|$ in Hz
H,R C=C H,R' (cis)	8 ... 11
H,R C=C R',H (trans)	15 ... 18
Konfiguration	Winkelabhängigkeit v. J_HH
H-C-C-H mit φ	Karplus-Kurve: J_HH in Hz vs. φ (0°, 90°, 180°)

Tab. 20.8 Strukturanalyse am Beispiel vicinaler H–H-Kopplung

14. Austauschphänomene

Wie oben gezeigt, kann durch den schnellen Wechsel eines Kerns zwischen seinen Einstellmöglichkeiten im B_0-Feld seine Spinwechselwirkung mit der innermolekularen Umgebung aufgehoben werden. Der gleiche Effekt wird aber auch erreicht, wenn Kerne einen chemischen Austausch zwischen zwei Molekeln oder auch innerhalb einer Molekel erfahren. Als Beispiele für dieses Phänomen sind in Abb. 20.29 drei Spektren des Äthanols unter verschiedenen Meßbedingungen gezeigt. Im Spektrum des reinen Äthanols (99,5%) stellt man für die Hydroxylgruppe eine Triplettstruktur fest, die offensichtlich durch die Kopplung der OH-Protonen mit den CH$_2$-Protonen verursacht wird. Die Aufspaltung verschwindet, wenn man ent-

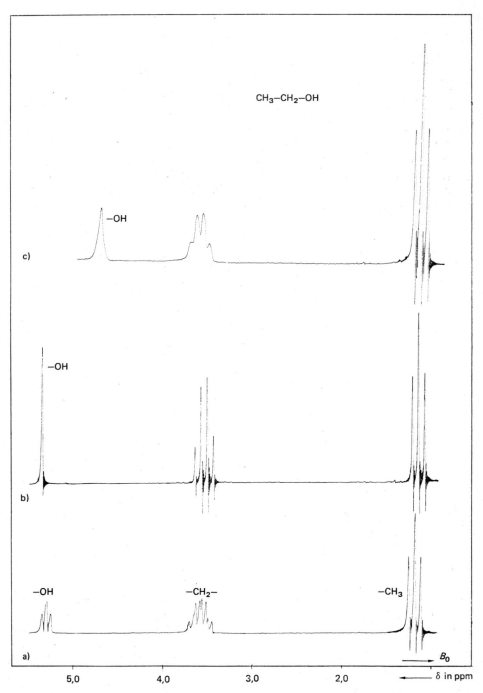

Abb. 20.29 100-MHz-Protonenresonanzspektrum des Äthanols. **a)** Reines Äthanol (99,5%) bei Raumtemperatur; **b)** nach Zugabe einer Spur von HCl; **c)** bei einer Meßtemperatur von 70 °C. (J. Bestgen und G. Sielaff, Inst. f. Phys. Chemie, Universität Köln.)

weder eine geringe Menge einer Säure zugibt (z. B. HCl in Teil b) oder wenn man die Meßtemperatur erhöht (Teil c). In beiden Fällen ist die vorher »fixierte« Position des Hydroxylprotons durch raschen Austausch aufgehoben worden.

Wenn die mittlere Verweilzeit der OH-Protonen in ihren jeweiligen Positionen lang ist gegen die Relaxationszeiten, erfahren die OH-Protonen entsprechend den drei verschiedenen lokalen Feldern, die die CH_2-Protonen aufgrund ihrer drei möglichen Spinanordnungen hervorrufen, eine Triplettaufspaltung im Spektrum. Wenn aber die mittlere Verweilzeit kurz ist, ändert sich der OH-Spinzustand für eine Molekel so rasch, daß die Kopplung zwischen OH und CH_2 zu null gemittelt wird und ein Singulett entsteht. Die durch den Austauschvorgang bedingte Änderung der chemischen Umgebung des Hydroxylprotons ruft auch eine Änderung der chemischen Verschiebung hervor (Abb. 20.29).

15. Mikrostrukturanalyse von Polymeren

Die NMR-Spektroskopie wurde seit Beginn der 60er Jahre sehr erfolgreich auch zur Erforschung der Kettenstruktur von Makromolekeln angewandt. Am Beispiel des Polyvinylchlorids (PVC) soll im folgenden eine solche Analyse durchgeführt werden.
Radikalisch hergestelltes PVC hat Kopf-Schwanz-Struktur:

$$\cdots -CH_2-CHCl-CH_2-CHCl-CH_2-CHCl- \cdots$$

Jede Monomereinheit besitzt ein pseudoasymmetrisches Zentrum, das entweder in *meso*- oder in *racemischer* Konfiguration mit dem pseudoasymmetrischen Zentrum der benachbarten Monomereinheit verknüpft sein kann (Abb. 20.30); da es

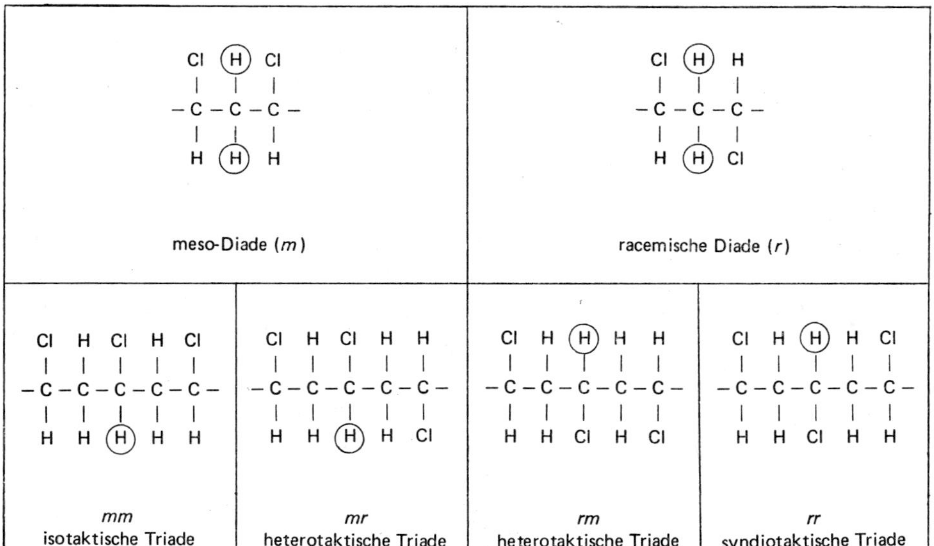

Abb. 20.30 Konfigurative Sequenzen (Projektion in die Ebene).

sich hierbei um zwei Monomerbausteine handelt, spricht man von *Diaden*. Betrachtet man drei Monomereinheiten (*Triaden*), so können die Verknüpfungen mm, mr, rm[14] und rr auftreten (Abb. 20.30). Die Protonen in den zentralen Einheiten verschiedener Sequenzen befinden sich in unterschiedlichen molekularen Umgebungen und sind damit auch verschiedenartig magnetisch abgeschirmt. Man kann erwarten, daß die zugehörigen Resonanzlinien voneinander getrennt im NMR-Spektrum erscheinen. Auf diese Weise können also charakteristische Monomerfolgen (wie die als Beispiel angeführten Diaden und Triaden) als Strukturelemente der Kette bestimmt werden. Die normierten Intensitäten ihrer Resonanzlinien entsprechen den relativen Konzentrationen der zugehörigen Monomerfolgen. Dabei hängt es vom chemischen Aufbau der Monomereinheit und insbesondere von der Auflösung des verwendeten Spektrometers ab, wie lang die Sequenzen sind, die tatsächlich noch getrennt erfaßt werden können.

Ein wichtiger Unterschied zwischen den Spektren von Polymeren in Lösung und den Spektren von niedermolekularen Verbindungen ist die relativ große Linienbreite der Polymerresonanzen. Polymerlösungen (für NMR z. B. 20 mg/0,4 ml) sind viskos. Dies bedingt eine Linienverbreiterung, da die relativ langsamen Segmentalbewegungen der Polymerketten die Dipol-Dipol-Wechselwirkung nicht restlos herausmitteln. Die Viskosität nimmt bei höherer Temperatur rasch ab; man arbeitet daher häufig (unter Verwendung hochsiedender Lösemittel) bei 100 bis 200 °C und erhält dann schmalere Linien und höhere Auflösung.

Das 100-MHz-Protonenresonanzspektrum des PVC, gelöst in o-Dichlorbenzol und gemessen bei 140 °C, ist in Abb. 20.31a wiedergegeben. Es besteht aus zwei Multipletts; das bei $\delta = 4,5$ ppm ist nach Tab. 20.6 und aufgrund des Intensitätsverhältnisses der Resonanzen eindeutig den Methinprotonen zuzuordnen, das bei $\delta = 2,1$ ppm den Methylenprotonen. Die komplizierte Struktur der Multipletts hat – neben der erwähnten »natürlichen« Breite jeder Polymerresonanzlinie – zwei weitere Ursachen: Die konfigurativ unterscheidbaren Sequenzen führen zu verschiedenen chemischen Verschiebungen, und die Spin-Spin-Kopplung spaltet jede dieser Linien in ein Multiplett auf. Es entsteht eine Vielzahl von Linien, die nicht mehr getrennt registriert werden können. Man muß dann zu den oben erwähnten »Tricks« greifen, um ein solches Spektrum zu analysieren.

Hier wurde wieder die Methode der Spin-Entkopplung gewählt (Abb. 20.31 b). Die Entkopplung der Methinprotonen von den je vier benachbarten Methylenprotonen vereinfacht das Multiplett erheblich; es verbleiben drei recht gut aufgelöste Resonanzlinien. Diese »Aufspaltung« ist nun offensichtlich durch die konfigurativen Sequenzen rr, $mr + rm$ und mm[15] bedingt, in deren Zentrum sich die Methinprotonen befinden (Abb. 20.30).

Die Breiten dieser drei Resonanzlinien sind nicht ausschließlich auf die Viskosität zurückzuführen. Man muß beachten, daß auch die übernächsten Monomereinheiten diese Resonan-

---

[14] Die beiden heterotaktischen Verknüpfungen mr und rm sind nur unterschiedliche »Lesearten« ein und derselben Struktur und zeigen daher das gleiche NMR-Spektrum.
[15] Aus Symmetriegründen können Methinprotonenresonanzen nur in Triaden und höheren ungeradzahligen Sequenzen untersucht werden, die Methylenprotonen nur in Diaden und höheren geradzahligen Sequenzen.

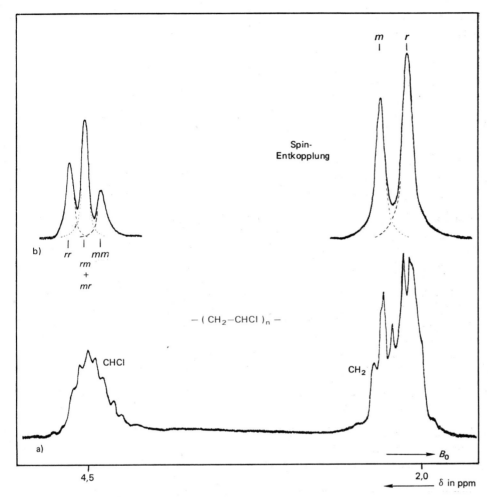

Abb. 20.31 100-MHz-Protonenresonanzspektrum des PVC (strahlenchemisch in Substanz bei −10 °C polymerisiert) bei 140 °C in Dichlorbenzol. (a) Normalspektrum; (b) Methin-Methylen-Entkopplung. (J. BESTGEN und G. SIELAFF, Inst. f. Phys. Chem., Universität Köln.)

zen noch beeinflussen können (Pentadeneinflüsse). Diese sind jedoch bei der hier erreichten Auflösung nicht getrennt von der Triadenaufspaltung erkennbar, bedingen aber zum Teil die Linienverbreiterung.

Die Zuordnung dieser Triaden zu den Resonanzlinien erreicht man durch Vergleich mit Spektren niedermolekularer Modellsubstanzen bekannter Konfiguration (2,4-Dichlorpentan oder 2,4,6-Trichlorheptan) oder durch gezielte Deuterierung des PVC. So folgt, daß das zentrale Methinproton in der syndiotaktischen Triade (rr) am stärksten entschirmt und in der isotaktischen Triade (mm) am stärksten abgeschirmt ist; die Resonanz der Methinprotonen beider (magnetisch nicht unterscheidbaren) heterotaktischen Triaden (rm und mr) muß zwischen diesen liegen. Entkoppelt man die Methylenprotonen von den beiden benachbarten Methinprotonen, so vereinfacht sich ihr Spektrum zu zwei Linien (Abb. 20.31 b). Sie sind analog den obigen Überlegungen den zwei möglichen Diaden m und r zuzuordnen.

Zur quantitativen Auswertung des Spektrums muß man zunächst die sich überlagernden Kurven in Abb. 20.31 b trennen. Dann erhält man die relativen Konzentrationen (oder Auftrittswahrscheinlichkeiten P) der Diaden und Triaden:

$$\begin{aligned} P(m) &= 0{,}42 \\ P(r) &= 0{,}58 \\ P(mm) &= 0{,}19 \\ P(mr+rm) &= 0{,}46 \\ P(rr) &= 0{,}35 \end{aligned}$$

Zwischen diesen Größen müssen folgende Beziehungen gelten:

$$\begin{aligned} P(m) &= \tfrac{1}{2} P(mr+rm) + P(mm) \\ P(r) &= \tfrac{1}{2} P(mr+rm) + P(rr) \\ P(m) + P(r) &= 1 \end{aligned} \qquad [20.32]$$

Die Auftrittswahrscheinlichkeiten für Triaden und längere Sequenzen sind davon abhängig, nach welchen statistischen Gesetzen die Polymerisation abgelaufen ist. Im einfachsten Fall ist die Konfiguration einer sich bildenden Verknüpfung unabhängig von der Konfiguration der vorhergehenden Verknüpfung (MARKOV-Statistik 0. Ordnung oder BERNOULLI-Statistik). Dann gilt:

$$\begin{aligned} P(mm) &= P^2(m) \\ P(mr+rm) &= 2\,P(m)\,P(r) \\ P(rr) &= P^2(r) \end{aligned} \qquad [20.33]$$

Es genügt also die Kenntnis von $P(m)$ – oder $P(r)$ –, um die Konfiguration längerer Sequenzen berechnen zu können. Setzt man den gemessenen Wert $P(m) = 0{,}42$ in diese Gleichungen ein, so erhält man die in Tab. 20.9 gegebenen Vergleichswerte.

	Gemessene Wahrscheinlichkeiten	Nach Markov-Statistik 0. Ordnung berechnete Wahrscheinlichkeiten
$P(mm)$	0,19	0,18
$P(mr+rm)$	0,46	0,48
$P(rr)$	0,35	0,34

Tab. 20.9 Vergleich der gemessenen und nach der Markov-Statistik 0. Ordnung berechneten Triadenwahrscheinlichkeiten

Man sieht, daß nur geringfügige Abweichungen zwischen den wahren Triadenhäufigkeiten und den nach der Markov-Statistik 0. Ordnung vorhergesagten bestehen. Wenn man die Wahrscheinlichkeiten längerer Sequenzen messen kann, ist mit letzter Sicherheit zu sagen, ob nicht auch Markov-Prozesse höherer Ordnung auf die Konfiguration der Kette Einfluß nehmen.

21. Kapitel
Der feste Zustand

> *Textbooks & Heaven only are Ideal*
> *Solidity is an imperfect state.*
> *Within the cracked and dislocated Real*
> *Nonstoichiometric crystals dominate.*
> *Stray Atoms sully and precipitate;*
> *Strange holes, excitons, wander loose; because*
> *of Dangling Bonds, a chemical Substrate*
> *Corrodes and catalyzes – surface Flaws*
> *Help Epitaxial Growth to fix adsorptive claws.*
>
> JOHN UPDIKE
> (*The Dance of the Solids*, 1968)

Kristalle sind von ebenen Flächen umgrenzt. Die Wissenschaft der Kristallographie begann mit den ersten quantitativen Messungen an diesen Kristallflächen und mit der Erforschung der Beziehungen unter diesen Flächen. Im Jahre 1669 bestimmte NIELS STENSEN, Professor der Anatomie an der Universität Kopenhagen, die Winkel zwischen den Kristallflächen des Quarzes. Er fand, daß die entsprechenden Winkel in Kristallen gleicher Art stets gleich waren. Nach der Erfindung des Kontaktgoniometers im Jahre 1780 wurde diese Beobachtung systematisch auch bei einer großen Zahl anderer Kristalle überprüft und als korrekt befunden; die Konstanz der Flächenwinkel in Kristallen hat man den *Ersten Hauptsatz der Kristallographie* genannt.

Wenn wir irgendwelche Stoffe aus ihrer Lösung oder ihrer Schmelze ungestört kristallisieren lassen, dann bilden sie unter gegebenen Bedingungen stets dieselbe Kristallform; diese ist zugleich ein Bild der räumlichen Anordnung der Molekeln, Ionen oder Atome, die den Kristall bilden. Der Übergang vom amorphen in den kristallinen Zustand erfolgt spontan und – mindestens bei niedermolekularen Substanzen – innerhalb eines sehr engen Temperaturbereiches. Auch bei Abkühlung in die Nähe des absoluten Nullpunkts geht die Materie in keinen anderen Zustand mehr über; ein vollkommener Einkristall stellt also unter gegebenen Bedingungen den Zustand mit der niedrigsten inneren Energie dar.

Der Nachweis der Kristallinität ist das Kriterium für das Vorliegen eines Stoffes im festen Zustand; *fest* und *kristallin* sind daher im strengen Sinne synonym. Da die Unnachgiebigkeit und Formbeständigkeit fester Körper den Sinnen unmittelbar zugänglich ist, bezeichnen wir allerdings oft auch solche Stoffe als fest, bei denen der innere Ordnungszustand nicht ohne weiteres definierbar ist (Gläser, Polymere usw.).

1. Wachstum und Form der Kristalle

Ein Kristall wächst, indem sich Molekeln, Ionen oder Atome aus der Lösung oder Schmelze des Materials auf den Kristallflächen absetzen. Im atomaren Maßstab gesehen, geschieht diese Anlagerung unvorstellbar schnell; Kinetik und Mechanismus des Kristallisationsvorganges sind gerade in den letzten Jahren Gegenstand eingehender Untersuchungen gewesen[1].

Da das Dickenwachstum eines Kristalls an allen Flächen gleichmäßig geschehen muß, die Flächenzunahme bei Kristallen mit unterschiedlich großen Flächen je-

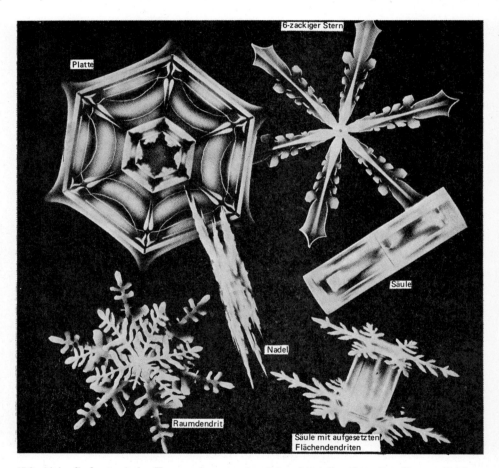

Abb. 21.1 Sechs typische Formen hexagonaler Schneekristalle. Derartige Formen bilden sich in verschiedenen Höhen der Atmosphäre, wobei die Lufttemperatur der wichtigste Faktor für die Art des Kristallwachstums ist. [Nach einer Zeichnung von H. WIMMER in *Natural History* 71 (1962) 24.]

[1] Siehe z.B. R. REICH und M. KAHLWEIT, *Ber. Bunsenges. Phys. Chem.* 72 (1968) 66–74; S. HAUSSÜHL, *N. Jb. Miner. Abh.* 101 (1964) 343–366.

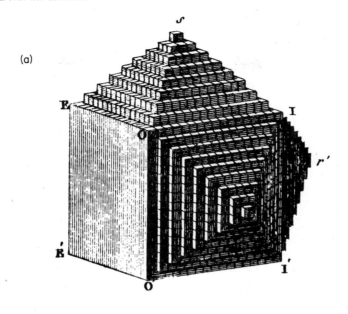

Abb. 21.2 (a) Modell einer von RENÉ HAÜY vorgeschlagenen Kristallstruktur (*Traite élémentaire de Physique*, Vol. 1, Imprimerie de Delance et Leseur, Paris 1803);
(b) Rhombischer Kristall des Tabakmosaikvirus, der eine besonders hohe molekulare Ordnung demonstriert; Vergrößerung: 42000fach. (Nach RALPH W. G. WYCKOFF und L. W. LABAW, National Institutes of Health, Bethesda, Md., USA.)

doch mit verschiedener Geschwindigkeit erfolgt, muß die Materialanlagerung an den verschiedenen Flächen bestimmten quantitativen Gesetzen gehorchen. Eine veränderte Anlagerungsgeschwindigkeit kann die Form, oder den *Habitus*, eines Kristalls völlig ändern. Einen großen Einfluß auf den Mechanismus der Ablagerung hat das Medium, aus dem sich der Kristall bildet. So scheidet sich Natriumchlorid aus wäßriger Lösung in Form von Würfeln ab; wenn die Lösung außerdem noch 15% Harnstoff enthält, dann bildet es Oktaeder. Offensichtlich unterscheiden sich verschiedene Kristallflächen auch in der Oberflächenenergie; ein zugesetzter dritter Stoff wird daher unterschiedlich adsorbiert und beeinflußt so das Flächenwachstum. Zu den schönsten Kristallen zählen die, welche durch das *dendritische Wachstum* entstehen. Die Schneekristalle in Abb. 21.1 zeigen alle die Symmetrie des gewöhnlichen Eises, jedoch mit den mannigfaltigsten Variationen des hexagonalen Systems. Bei einem solchen dendritischen Wachstum ist eine bestimmte kristallographische Achse zugleich die Hauptachse jedes wachsenden Zweiges; an den Spitzen solcher Dendrite läßt sich die Kristallisationswärme am raschesten abführen[2].

Schon im Jahre 1665 kam ROBERT HOOKE aufgrund seiner Überlegungen zu dem Schluß, daß die regelmäßige Form der Kristalle eine Konsequenz der regelmäßigen Packung kleinster kugelförmiger Teilchen sei.

> *... So I think, had I time and opportunity, I could make probable that all these regular Figures that are so conspicuously various and curious, and do so adorn and beautify such multitudes of bodies ... arise only from three or four several positions or postures of Globular particles ... And this I have ad oculum demonstrated with a company of bullets, and some few other very simple bodies, so that there was not any regular Figure, which I have hitherto met withal ... that I could not with the composition of bullets or globules, and one or two other bodies, imitate, and even almost by shaking them together.*

In einer Weiterentwicklung der Gedanken von HOOKE stellt RENÉ JUST HAÜY, Professor der Humanwissenschaften an der Universität Paris, die Vermutung auf, daß die regelmäßige äußere Form der Kristalle das Ergebnis einer regelmäßigen inneren Anordnung kleiner Würfel oder Polyeder sei, welche er die *molécules intégrantes* des jeweiligen kristallinen Stoffes nannte. Abb. 21.2a zeigt ein von Haüy gezeichnetes Modell einer Kristallstruktur, Abb. 21.2b die elektronenmikroskopische Aufnahme eines Kristalls des Tabakmosaikvirus. Das Modell von Haüy ließ sich also, wenngleich an einem Kristall aus extrem großen Molekeln, durch direkte Beobachtung bestätigen.

2. Kristallebenen und ihre Orientierung

Kristallflächen und Ebenen innerhalb eines Kristalls können durch einen Satz von drei nicht koplanaren Achsen charakterisiert werden. Abb. 21.3a zeigt 3 Achsen mit den zugehörigen Längen a, b und c, die durch die Ebene ABC so geschnitten werden, daß die Abschnitte OA, OB und OC entstehen. Wenn wir a,

---

[2] BRUCE CHALMERS, in *Growth and Perfection of Crystals*, John Wiley, New York 1958.

b und c als Längeneinheiten wählen, dann können wir die Länge der Abschnitte durch die Brüche OA/a, OB/b und OC/c ausdrücken. Die Reziprokwerte dieser Strecken sind dann a/OA, b/OB und c/OC. Es hat sich nun gezeigt, daß sich stets ein Satz von Achsen finden läßt, bei dem die Reziprokwerte der durch die Kristallflächen verursachten Achsenabschnitte kleine ganze Zahlen sind.
Wenn wir diese kleinen ganzen Zahlen mit h, k, l bezeichnen, dann ist:

$$\frac{a}{OA}=h,\quad \frac{b}{OB}=k,\quad \frac{c}{OC}=l$$

Diese Formulierung ist gleichbedeutend mit dem *Gesetz der rationalen Achsenabschnitte*, das zuerst von Haüy ausgesprochen wurde. Es besagt für unser Beispiel, daß die Achsenabschnitte, die zur schraffierten Pyramidenfläche der Abb. 21.3a gehören, in einem ganzzahligen Verhältnis zu den Achsenabschnitten aller abgeleiteten Pyramidenflächen des gleichen Kristalls stehen. Die Verwendung der reziproken Achsenabschnitte (hkl) als Indizes zur Definition der Kristallflächen wurde zuerst von W. H. Miller 1839 vorgeschlagen. Wenn eine Kristallfläche

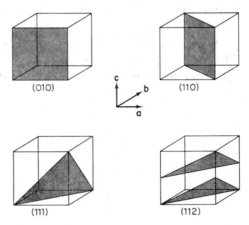

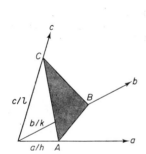

(a) Kristallachsen a, b und c, die durch eine Kristallfläche geschnitten werden.

(b) Millersche Indizes der Ebenen in einem kubischen Gitter.

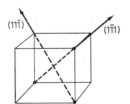

(c) Beispiel für die Notierung von Richtungen in einer Kristallstruktur.

Abb. 21.3 *Ebenen* in Kristallen werden durch die Reziprokwerte der Achsenabschnitte festgelegt, welche durch die Schnittpunkte zwischen den Ebenen und bestimmten Kristallachsen entstehen. *Richtungen* in Kristallen werden durch die jeweilige Komponente des Vektors in Richtung einer bestimmten Kristallachse festgelegt.

parallel zu einer Achse liegt, dann ist der Achsenabschnitt unendlich lang; der Millersche Index wird dann $1/\infty$, also 0. Diese Notierung läßt sich auch auf Ebenen anwenden, die man durch den Kristall legt. Zur Erläuterung der Millerschen Indizes zeigt Abb. 21.3b einige der Ebenen in einem Würfel.

Für eine bestimmte Kristallfläche ist nur das Verhältnis der Millerschen Indizes $h:k:l$ bezeichnend. Mit dem Index (420) ließe sich also dieselbe Kristallfläche beschreiben wie mit dem Index (210). Wenn wir die Millerschen Indizes für Ebenen innerhalb eines Kristalls mit einer ganzen Zahl multiplizieren, dann verändern wir den Abstand zwischen den Ebenen. Die Ebenen 420 enthalten also alle Ebenen 210 und außerdem noch einen Satz von Ebenen zwischen diesen. Nach der geläufigen kristallographischen Bezeichnung bezieht sich (hkl) auf eine Kristallfläche und hkl (ohne Klammern) auf einen Satz von Ebenen. Geschwungene Klammern werden zur Bezeichnung aller äquivalenten Flächen, also der *Form* eines Kristalls verwendet. Wir sagen z. B., daß das kubische Natriumchlorid die $\{100\}$-Form hat.

Die Richtung einer Geraden in einem Kristall wird durch die Koordinaten $[uvw]$ (in eckigen Klammern) gekennzeichnet. Wir setzen den Koordinatenursprung in einen Punkt der betrachteten Geraden; dann ist $[uvw]$ die Richtung vom Koordinatenursprung zu einem Punkt auf der Geraden, der durch die Koordinaten $(u\mathbf{a} + v\mathbf{b} + w\mathbf{c})$ gekennzeichnet ist. Hierin sind $\mathbf{a}$, $\mathbf{b}$ und $\mathbf{c}$ die Einheitsvektoren der kristallographischen Achsen. Abb. 21.3c zeigt die Richtungen $[\bar{1}11]$ und $[1\bar{1}1]$ für einen kubischen Kristall.

Die erste, heute weniger gebräuchliche systematische Bezeichnung der Kristallflächen durch das Verhältnis der Abschnitte auf den Kristallachsen stammt von C. S. WEISS (1809). Dieser teilte auch zum ersten Mal die Kristalle nach ihrer Symmetrie in 6 Grundsysteme ein (s. u.).

3. Kristallsysteme

Aufgrund der Kristallachsen, die wiederum die Kristallflächen charakterisieren, können die natürlich vorkommenden Kristalle in 7 Systeme eingeteilt werden

System	Achsen	Winkel	Beispiel
Kubisch (regulär)	$a = b = c$	$\alpha = \beta = \gamma = 90°$	Steinsalz
Tetragonal	$a = b; c$	$\alpha = \beta = \gamma = 90°$	weißes Zinn, TiO_2, $PbWO_4$
Rhombisch (orthorhombisch)	$a; b; c$	$\alpha = \beta = \gamma = 90°$	S (< 95 °C), KNO_3, $BaSO_4$, K_2SO_4
Monoklin	$a; b; c$	$\alpha = \gamma = 90°; \beta$	S oberhalb von 95 °C, $CaSO_4 \cdot 2 H_2O$, $Na_2B_4O_7$, Na_3AlF_6
Trigonal (rhomboedrisch)	$a = b = c$	$\alpha = \beta = \gamma$	Calcit, α-SiO_2 (Quarz), $Mg(CO_3)_2$ (Magnesit), $NaNO_3$, As, Sb, Bi
Hexagonal	$a = b; c$	$\alpha = \beta = 90°$; $\gamma = 120°$	Eis, Graphit, β-SiO_2, Zn, Cd, Mg
Triklin	$a; b; c$	$\alpha; \beta; \gamma$	$K_2Cr_2O_7$, $CuSO_4 \cdot 5 H_2O$

Tab. 21.1 Die 7 Kristallsysteme

(Tab. 21.1). Sie reichen von dem System mit der höchsten Symmetrie aus drei aufeinander senkrecht stehenden Achsen gleicher Länge bis zu dem System niedrigster Symmetrie mit drei Achsen verschiedener Länge, die in verschiedenen Winkeln zueinander stehen (triklines System, zugleich allgemeinster Fall für die Charakterisierung eines Kristalls).

4. Geometrische Gitter und Kristallstrukturen

Für die Betrachtung der verschiedenen Kristallstrukturen ist es vorteilhaft, das ursprüngliche Konzept von HAÜY der Packung von elementaren Materieeinheiten zu verlassen und statt dessen eine geometrische Idealisierung einzuführen, die lediglich aus einer regelmäßigen Anordnung von Punkten im Raum besteht. Eine solche Anordnung nennen wir ein *Gitter*; ein zweidimensionales Beispiel hiervon zeigt Abb. 21.4. Die Gitterpunkte können durch ein regelmäßiges Netzwerk von

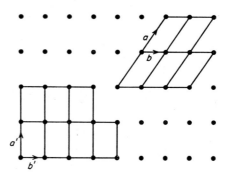

Abb. 21.4 Zweidimensionales Gitter mit zwei Beispielen für Einheitszellen.

Linien auf verschiedene Weise miteinander verbunden werden. Das Gitter wird dadurch in eine Anzahl von *Einheitszellen* zerlegt. Einige Beispiele hierfür zeigt Abb. 21.4. Jede dieser zweidimensionalen Einheitszellen braucht zwei Vektoren (**a** und **b**) zu ihrer Beschreibung. In analoger Weise kann ein dreidimensionales *Raumgitter* in räumliche Einheitszellen zerlegt werden, die sich durch drei Vektoren beschreiben lassen.

Wenn man die analogen Punkte in einem Raumgitter mit den gleichen Atomen, Ionen oder Molekeln besetzt, dann erhält man die *Kristallstruktur*. Das Gitter selbst ist eine Folge von Punkten; in der realen Kristallstruktur wurde jeder Punkt durch eine Materieeinheit ersetzt. (Bei den folgenden Betrachtungen wollen wir einfachheitshalber annehmen, daß die Gitterpunkte mit Atomen besetzt sind.) Die Positionen der Atome in einer Einheitszelle werden durch Koordinaten bezeichnet, die Bruchteile der Dimensionen der Einheitszelle darstellen. Wenn eine Einheitszelle z.B. die Kantenlängen a, b, c besitzt, dann würde ein Atom mit den Koordinaten (1/2, 1/4, 1/2) an den Positionen ($a/2$, $b/4$, $c/2$) relativ zum Ursprung (0, 0, 0) sitzen; den Ursprung legt man in eine Ecke der Einheitszelle.

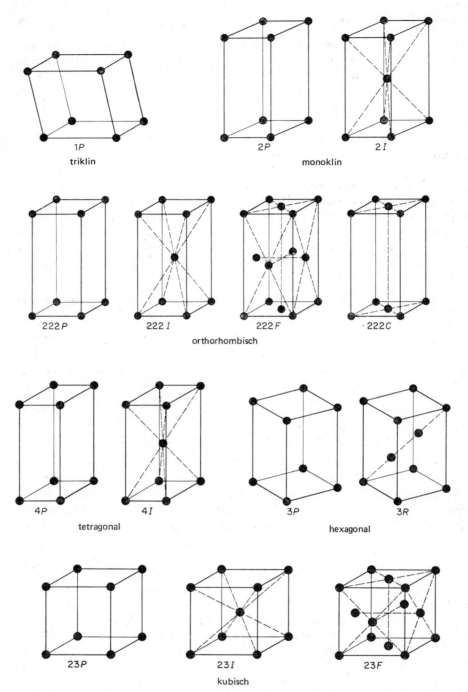

Abb. 21.5 Die 14 Kristallgitter nach BRAVAIS. Das für die Bezeichnung eines Gitters verwendete Symbol besteht jeweils aus einer Zahl, die die Symmetrieachsen angibt, und einem Buchstaben für eine zusätzliche Charakterisierung: P (primitiv), I (raumzentriert), F (flächenzentriert), C (endzentriert), R (rhomboedrisch).

Im Jahre 1848 zeigte A. BRAVAIS, daß alle möglichen Raumgitter in nur 14 Klassen untergebracht werden können (Abb. 21.5). Diese Bravaisgitter legen die verschiedenen erlaubten Translationsbeziehungen zwischen Punkten in einer unendlich ausgedehnten, regelmäßigen dreidimensionalen Anordnung fest. Die Wahl der 14 Gittertypen ist übrigens etwas willkürlich, da in bestimmten Fällen auch andere Möglichkeiten zur Beschreibung existieren.

5. Symmetrieeigenschaften

Wenn man einen realen Kristall untersucht, dann kann es sein, daß einige der Flächen so schlecht ausgebildet sind, daß es schwierig oder unmöglich ist, die gesamte Symmetrie dieses Kristalls zu bestimmen. Es ist aber notwendig, einen *idealen* Kristall zu betrachten, in dem alle Flächen derselben Art gleich weit entwickelt sind. Die Symmetrie eines Kristalls wird nun nicht allein in der Entwicklung der Kristallflächen deutlich, sondern ebenso in all seinen physikalischen Eigenschaften, z.B. der elektrischen und thermischen Leitfähigkeit, dem piezoelektrischen Effekt und dem Brechungsindex. Diese Eigenschaften können also bei der Bestimmung der Symmetrie unvollkommen ausgebildeter Kristalle sehr nützlich sein.

Eine nähere Betrachtung der Kristallsysteme oder der BRAVAIS-Gitter enthüllt eine merkwürdige und wichtige Tatsache. Diese Systeme erlauben verschiedene Symmetrieelemente in Kristallen; die einzigen auftretenden Symmetrieachsen sind jedoch von der Art C_2, C_3, C_4 oder C_6. Wir finden also niemals Kristalle mit 5-, 7- oder 8-zähligen Symmetrieachsen oder irgendeiner anderen Achsensymmetrie als eben einer von den vier erwähnten. Es gibt aber sehr wohl einzelne *Molekeln* mit der C_5-, C_7- oder einer anderen Axialsymmetrie. So hat z.B. das Ferrocen eine 5-zählige Symmetrieachse. Warum können C_5-Achsen in Molekeln, nicht jedoch in Kristallen auftreten? Der Grund hierfür liegt in der Unmöglichkeit, den gesamten zur Verfügung stehenden Raum mit geometrischen Figuren zu füllen, die eine C_5- (C_7- usw.) Symmetrie besitzen. Dies ist besonders leicht zu verstehen, wenn wir unser Problem auf zwei Dimensionen reduzieren. Wir können einen Fußboden lückenlos mit Parallelogrammen [C_2], gleichseitigen Dreiecken [C_3], Quadraten [C_4] oder regulären Sechsecken [C_6] belegen. Es ist aber unmöglich, einen Fußboden mit regulären Fünfecken, Siebenecken usw. so zu belegen, daß keine Lücken im Belag auftreten. Die Tatsache, daß reale Kristalle niemals irgendeine Axialsymmetrie zeigen außer C_2, C_3, C_4 und C_6, führt uns zu dem folgenden Schluß: Kristalle müssen aus regelmäßigen Untereinheiten gebildet werden, die den gesamten zur Verfügung stehenden Raum in einer bestimmten geometrischen Anordnung ausfüllen. Die in der Natur beobachteten regelmäßigen Kristallformen sind äußere Manifestationen innerer Strukturregelmäßigkeit. Die Bedeutung der 14 Systeme von Bravais ist nun noch klarer geworden: Sie stellen die 14 Möglichkeiten dar, einen Raum durch regelmäßige Anordnung von Punkten auszufüllen. Reale Kristalle können nur die folgenden Symmetrieelemente besitzen: σ, C_2, C_3, C_4, C_6, i, E. Die kristallographischen Punktgruppen sind somit auf jene beschränkt, die aus diesen Symmetrieelementen gebildet werden können. Es gibt genau 32 kristallographische Punktgruppen, die den 32 *Kristallklassen* zugrunde liegen.

System	Kristallklassen*						
Triklin	$C_1 = 1$	$C_s = \bar{1}$					
Monoklin	$C_2 = 2$	$C_s = m = \bar{2}$	$C_{2h} = 2/m$				
Orthorhombisch				$C_{2v} = 2mm$	$D_2 = 222$	$D_{2h} = mmm$	
Rhomboedrisch	$C_3 = 3$	$C_{3i} = \bar{3}$		$C_{3v} = 3mm$	$D_3 = 32$	$C_{3d} = \bar{3}m$	
Tetragonal	$C_4 = 4$	$S_4 = \bar{4}$	$C_{4h} = 4/m$	$D_{2d} = \bar{4}2m$	$C_{4v} = 4mm$	$D_4 = 42$	$D_{4h} = 4/mmm$
Hexagonal	$C_6 = 6$	$C_{3h} = \bar{6}$	$C_{6h} = 6/m$	$D_{3h} = \bar{6}m$	$C_{6v} = 6mm$	$D_6 = 62$	$D_{6h} = 6/mmm$
Kubisch	$T = 23$		$T_h = m3$	$T_d = \bar{4}3m$		$O = 43$	$O_h = m3m$

* Diese Zusammenstellung zeigt sowohl die SCHOENFLIESsche als auch die internationale Symbolik nach HERMANN-MAUGUIN. In der letzteren Notation wird der Satz von Symmetrieelementen angegeben, welcher die Punktgruppe bestimmt. Das Symbol für eine Kristallklasse enthält die zu drei wichtigen Richtungen im Kristall gehörenden Symmetrieelemente.
Monoklin: eine Achse steht senkrecht auf den beiden anderen.
Orthorhombisch: drei Achsen a, b und c.
Tetragonal: c-Achse, a-Achse und eine Achse $\perp c$ und unter 45° zu a.
Hexagonal: c-Achse, a-Achse $\perp c$ sowie eine Achse $\perp c$ und unter 30° zu a.
Rhomboedrisch: Raumdiagonale und eine Achse senkrecht zu dieser (oder Haupt- und Nebenachsen des hexagonalen Systems).
Kubisch: die Richtungen $|001|$, $|111|$ und $|110|$.
Wenn eine Spiegelebene senkrecht zu einer Drehachse steht, schreibt man sie als den Nenner eines Bruchs. So ist z.B. $4/mm$ die holoedrische Klasse des tetragonalen Systems mit einer 4-zähligen c-Achse, einer Spiegelebene m senkrecht hierzu und weiteren Spiegelebenen m senkrecht zu jeder der beiden anderen Standardrichtungen.

Tab. 21.2 Kristallklassen und Kristallsysteme

Obwohl die in Kapitel 16 eingeführten SCHÖNFLIESschen Symbole immer noch gebräuchlich sind, bevorzugen Kristallographen neuerdings die von HERMANN und MAUGUIN[3] vorgeschlagenen und international eingeführten Symbole (Tab. 21.2).
Alle Kristalle lassen sich notwendigerweise in den 7 *Kristallsystemen* unterbringen; in jedem System gibt es mehrere *Klassen*. Nur eine von diesen besitzt jeweils die gesamte Symmetrie des Systems; man nennt sie die *holoedrische Klasse*. Als Beispiel wollen wir 2 Kristalle betrachten, die zum kubischen System gehören, näm-

[3] W. F. DE JONG, *General Crystallography*, W. H. FREEMAN, San Francisco 1959.

Die Symmetrieelemente der Kristalle (Symbole nach HERMANN und MAUGUIN)

Keine Symmetrie (Identitätselement)	1	4-zählige Drehachse (Rotor)	4
Spiegelebene (Symmetrieebene)	m	4-zählige Drehspiegelachse	$\bar{4}$
2-zählige Drehachse (Rotor)	2	6-zählige Drehachse (Rotor)	6
3-zählige Drehachse (Rotor)	3	6-zählige Drehspiegelachse	$\bar{6}$
3-zählige Drehspiegelachse	$\bar{3}$	Symmetriezentrum (Inversionszentrum)	$\bar{1}$

lich Steinsalz (NaCl) und Pyrit (FeS$_2$). Steinsalz besitzt die vollständige Symmetrie des Würfels: drei 4-zählige Achsen, vier 3-zählige Achsen, sechs 2-zählige Achsen, drei Spiegelebenen senkrecht zu den 4-zähligen Achsen, sechs Spiegelebenen senkrecht zu den 2-zähligen Achsen und ein Inversionszentrum. Der Kristall gehört zur Punktgruppe O_h. Die kubischen Kristalle des Pyrits scheinen auf den ersten Blick ebenfalls alle diese Symmetrieelemente zu besitzen. Eine nähere Untersuchung zeigt jedoch, daß die Würfelflächen des Pyrits nicht äquivalent sind; dies zeigt sich z.B. in einer charakteristischen, feinen Furchung (in Abb. 21.6 durch die Schraffur angedeutet).

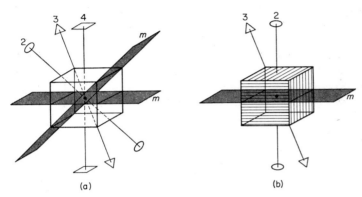

Abb. 21.6 Symmetrieelemente zweier kubischer Kristalle. (a) Steinsalz, O_h; (b) Pyrit, T_h.

Pyritkristalle besitzen also nicht die sechs 2-zähligen Achsen mit den sechs Ebenen senkrecht dazu; die 4-zähligen wurden zu 2-zähligen Achsen reduziert und das Element 3 wurde zu $\bar{3}$. Die zugehörige Punktgruppe ist T_h.

In anderen Fälle lassen sich solche Abweichungen von der vollen Symmetrie nur durch besondere Verfahren entdecken, z.B. durch Anätzen der Kristallflächen und Feststellen der Richtung der Ätzfiguren. Unabhängig von der äußeren Erscheinung des Kristalls oder ihrer absichtlichen Veränderung sind physikalische Methoden, z.B. die Untersuchung der Pyroelektrizität. Wenn man einen Kristall, der kein Symmetriezentrum besitzt, erhitzt, dann bilden sich zwischen seinen Flächen Potentialdifferenzen aus. Dies kann z.B. durch die auftretende elektrostatische Anziehung zwischen verschiedenen Kristallen beobachtet werden.

Interessant ist auch die unterschiedliche mechanische Widerstandsfähigkeit, z.B. gegenüber Abschleifen, verschiedener Flächen desselben Kristalls. Dies hat große praktische Bedeutung bei der Diamantschleiferei bekommen.

Alle diese Symmetrieunterschiede leiten sich von der Tatsache her, daß die volle Symmetrie des Punktgitters in der realen Kristallstruktur modifiziert wurde durch das Ersetzen der geometrischen Punkte (des Gitters) durch Gruppen von Atomen, Ionen oder Molekeln (im Kristall). Da diese Gruppen nicht notwendigerweise dieselbe hohe Symmetrie wie das ursprüngliche Gitter besitzen, können bei jedem System Klassen mit niedrigerer als der holoedrischen Symmetrie auftreten.

6. Raumgruppen

Wir verstehen unter Kristallklassen die verschiedenen Gruppen von Symmetrieoperationen an umgrenzten räumlichen Figuren, also vornehmlich an realen Kristallen. Bei den Symmetrieoperationen bleibt mindestens 1 Punkt im Kristall invariant; aus diesem Grund nennt man eine solche Gruppe von Symmetrieoperationen eine *Punktgruppe* (vgl. Kap. 16).

Bei einer Kristallstruktur, die wir als räumlich unbegrenzt ansehen, sind neue Arten von Symmetrieoperationen zulässig, bei denen kein Punkt des Systems invariant bleibt. Derartige Operationen nennt man *Raumoperationen*; an die Stelle der Punktgruppe tritt die Raumgruppe. Zu den Rotationen und Spiegelungen treten als neue Symmetrieoperationen nun vor allem *Translationen*. Es ist evident, daß wir nur an einer ausgedehnten Struktur eine Raumoperation (Translation) als Symmetrieoperation durchführen können. Durch Kombination einer Translation mit den Symmetrieoperationen der Punktgruppen erhalten wir als neue Symmetrieelemente die *Gleitspiegelebenen und Schraubenachsen*. Derartige Symmetrieoperationen spielen vor allem bei kristallinen Hochpolymeren eine große Rolle; Beispiele zeigt die Abb. 21.7.

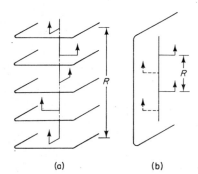

Abb. 21.7 **(a)** Schraubenachse mit einer Translationskomponente von $R/4$; **(b)** Gleitspiegelebene mit einer Translationskomponente von $R/2$.

Die mit einer Gleitspiegelebene verknüpfte Operation ist eine Spiegelung an der Symmetrieebene, gefolgt von einer bestimmten Translation parallel zur Ebene. Bei verschiedenen Arten von Gleitebenen kann die Translation die Hälfte einer bestimmten axialen Länge, die Hälfte oder ein Viertel einer Flächendiagonalen betragen. Das Symmetrieelement der Schraubenachse verbindet eine Rotation um die Achse mit einer Translation in Richtung der Achse, wobei die Translation einen Bruchteil des Gitterabstandes in dieser Richtung beträgt.

Die möglichen Gruppen von Symmetrieoperationen an unendlich ausgedehnten Strukturen nennt man *Raumgruppen*. Diese entstehen formal durch Kombination der 14 Bravaisgitter mit den 32 Punktgruppen[4].

---

[4] Ein gutes Beispiel für die Konstruktion von Raumgruppen findet sich in dem Buch von LAWRENCE BRAGG, *The Crystalline State*, G. Bell and Sons, London 1933 (S. 82). Eine Beschreibung der Symbolik der Raumgruppen findet sich in den *International Tables for the Determination of Crystal Structure*, Vol. 1. Insgesamt gibt es genau 230 mögliche kristallographische Raumgruppen.

Eine Raumgruppe läßt sich als eine Art von kristallographischem Kaleidoskop auffassen. Wenn man eine Struktureinheit in die Einheitszelle einführt, dann reproduzieren die Operationen der Raumgruppe unmittelbar die gesamte Kristallstruktur, geradeso wie die Spiegel eines Kaleidoskops ein symmetrisches Bild aus einigen regellos verteilten Stückchen gefärbten Papiers erzeugen. Die Raumgruppe drückt die Gesamtheit der Symmetrieeigenschaften einer Kristallstruktur aus; die Beschreibung der äußeren Form oder der makroskopischen Eigenschaften genügen nicht für ihre Bestimmung. Es ist vielmehr notwendig, die innere Struktur des jeweiligen Kristalls zu bestimmen, und dies wird durch die Methoden der Röntgenbeugung ermöglicht.

7. Kristallographie durch Röntgenbeugungsdiagramme

Im Jahre 1912 gab es an der Universität München eine Gruppe von Physikern, die sich sowohl für Kristallographie als auch für das Verhalten von Röntgenstrahlung interessierte. P. P. EWALD und A. SOMMERFELD untersuchten den Durchgang von Lichtwellen durch Kristalle. Bei einem Kolloquium über einige Details dieser Arbeiten bemerkte MAX VON LAUE, daß sich mit Kristallen Beugungsdiagramme erzielen lassen müßten, wenn die Wellenlänge der Strahlung so klein wie der Abstand zwischen den Atomen in den Kristallen wäre. Es gab zu jener Zeit schon einige Hinweise dafür, daß die Wellenlänge von Röntgenstrahlung in diesem Bereich liegt, und W. FRIEDRICH machte sich daran, dies experimentell zu prüfen. Die Versuchsanordnung bestand aus einem Kristall aus Kupfersulfat, der von einem polychromatischen Röntgenstrahl durchsetzt wurde; mit Hilfe einer Fotoplatte ließ sich tatsächlich ein ausgeprägtes Beugungsdiagramm erhalten. Abb. 21.8 zeigt ein modernes Beispiel für ein Röntgenbeugungsdiagramm, das nach der LAUEschen Methode erzielt wurde. Durch die damaligen Versuche wurde die Wellennatur der Röntgenstrahlung eindeutig bewiesen; die Fundamente für die Röntgenkristallographie als neuer Wissenschaft waren gelegt.

Die Bedingung für das Auftreten von Beugungsmaxima beim Durchgang von Strahlung durch eine eindimensionale Anordnung von Streuzentren wurde in 13-4 beschrieben. Für eine dreidimensionale Anordnung gilt die folgende Beugungsbedingung:

$$a(\cos\alpha - \cos\alpha_0) = h\lambda$$
$$b(\cos\beta - \cos\beta_0) = k\lambda \qquad [21.1]$$
$$c(\cos\gamma - \cos\gamma_0) = l\lambda$$

In diesen Gleichungen bedeuten α_0, β_0 und γ_0 die Winkel, die der einfallende Röntgenstrahl mit den Reihen der streuenden Zentren bildet; diese liegen jeweils parallel zu einer der drei Kristallachsen. Die jeweiligen Beugungswinkel werden mit α, β und γ bezeichnet.

Wenn man monochromatische Röntgenstrahlen benützen würde, dann bestünde nur eine geringe Chance dafür, daß der Kristall so orientiert wäre, daß ein Rönt-

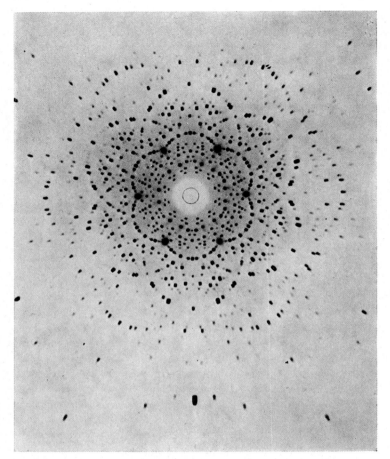

Abb. 21.8 Röntgenbeugungsdiagramm eines Berylliumkristalls nach der LAUEschen Methode (Eastman Kodak Research Laboratories).

genbeugungsdiagramm entstünde. Bei der Laueschen Methode wird jedoch kontinuierliche Röntgenbremsstrahlung mit einem breiten Bereich von Wellenlängen verwendet (*weiße Strahlung*), die man z. B. mit hochbeschleunigten Elektronen und einer Wolframantikathode erzielt. In einem solchen Fall hat mindestens ein Teil der Strahlung die richtige Wellenlänge, um unabhängig von der Orientierung des Kristalls gebeugt zu werden.

8. Die BRAGGsche Methode

Als die Münchner Arbeiten in England bekannt wurden, wurden sie unverzüglich von WILLIAM BRAGG und seinem Sohn LAWRENCE aufgenommen, die sich mit einer Korpuskulartheorie der Röntgenstrahlen befaßt hatten. Lawrence Bragg

Die Braggsche Methode

analysierte unter Verwendung von Lauediagrammen die Strukturen von NaCl, KCl und ZnS (1912 und 1913). In der Zwischenzeit (1913) hatte der ältere Bragg ein Spektrometer konstruiert, bei dem sich die Intensität der Röntgenstrahlung durch die von ihr erzeugte Ionisationsstärke messen ließ. Es gelang ihm, einzelne Linien aus dem charakteristischen Röntgenspektrum zu isolieren und für die kristallographische Arbeit nutzbar zu machen. Er wurde damit der Vater der *Braggschen Methode*, bei der ein Strahl monochromatischer Röntgenstrahlung verwendet wird.

Bragg Vater und Sohn entwickelten eine mathematische Behandlung der Röntgenstreuung durch einen Kristall, die viel leichter als die Lauesche Theorie anzuwenden war, obwohl die beiden Methoden im wesentlichen äquivalent sind. Es konnte gezeigt werden, daß die Streuung von Röntgenstrahlen an Kristallgittern als »Reflexion« durch aufeinanderfolgende Ebenen von Atomen im Kristall aufgefaßt werden kann. Abb. 21.9 zeigt einige parallele Ebenen in der Kristallstruktur und

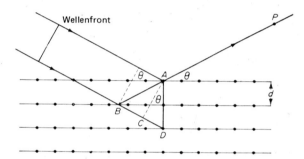

Abb. 21.9
Ableitung der Braggschen Streubedingung für Röntgenstrahlung. Die von den Kristallebenen hervorgerufene Röntgenstreuung ist äquivalent einer »Reflexion« des Röntgenstrahls durch aufeinanderfolgende Gitterebenen.

einen Röntgenstrahl, der unter einem Winkel von θ einfällt. Ein gewisser Anteil des Strahls wird von der obersten Atomschicht »reflektiert«; Einfalls- und Austrittswinkel sind gleich. Von der tiefer eindringenden Röntgenstrahlung wird wiederum ein Teil an der zweiten Atomschicht »reflektiert«, dasselbe gilt für die dritte und alle folgenden Schichten. (Von der Absorption der Röntgenstrahlung durch Anregungs- und Ionisationsvorgänge wollen wir hier absehen.) Alle von einer einzelnen Kristallebene »reflektierten« Wellen stehen in Phase. Die an *verschiedenen*, untereinanderliegenden Schichten »reflektierten« Wellen stehen untereinander nur dann in Phase, wenn die Weglängendifferenz zwischen Wellen, die an aufeinanderfolgenden Ebenen gestreut werden, ein ganzzahliges Vielfaches der Wellenlänge beträgt ($n \cdot \lambda$). Wenn wir die »reflektierten« Wellen am Punkt P betrachten, dann beträgt die Weglängendifferenz für die ersten zwei Ebenen $\delta = \overline{AB} - \overline{BC}$. Da $\overline{AB} = \overline{BD}$, $\delta = \overline{CD}$ und $\overline{CD} = \overline{AD} \sin\theta$, ist $\delta = 2d \sin\theta$.
Die Bedingung für das Auftreten eines Beugungsmaximums (maximale Verstärkung, Braggsche »Reflexion«) ist also:

$$n\lambda = 2d \sin\theta \qquad [21.2]$$

Diese Beziehung macht deutlich, daß es verschiedene *Beugungsordnungen* gibt, die durch die Werte $n = 1, 2, 3 \ldots$ gekennzeichnet sind. Das Beugungsmaximum zweiter Ordnung von den Ebenen (100) kann daher als eine »Reflexion« an einer Reihe von Ebenen (200) mit dem halben Abstand der Ebenen (100) aufgefaßt werden.

Die Braggsche Gleichung besagt, daß es für jede Röntgenwellenlänge eine untere Grenze für die Gitterabstände gibt, bei der noch Beugungsdiagramme zu beobachten sind. Der Maximalwert von $\sin \theta$ ist 1; für diese Grenze gilt daher die folgende Beziehung:

$$d_{\min} = \frac{n\lambda}{2 \sin \theta_{\max}} = \frac{\lambda}{2}$$

9. Beweis der Braggschen Beziehung und ihrer Grundannahme

Die Braggsche Gleichung ist so fundamental, daß wir uns nicht mit der unbewiesenen Grundannahme zufriedengeben können, daß Röntgenstrahlung, die an einer regelmäßigen Kristallstruktur gestreut wird, sich so verhält, als ob sie an einer Reihe paralleler Ebenen reflektiert würde. Wir werden daher die Laueschen Beugungsbedingungen in Vektorform ableiten und zeigen, wie man von hier aus zu der Braggschen Gleichung gelangt.

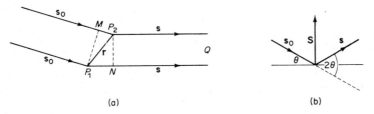

Abb. 21.10 Modelle für die Ableitung der Braggschen Beziehung. (a) Die an den Punkten P_1 und P_2 gestreuten Röntgenstrahlen haben eine Weglängendifferenz von $\boldsymbol{r} \cdot (\boldsymbol{s} - \boldsymbol{s}_0)$. (b) Der einfallende Strahl $\boldsymbol{s}_0$ wird an einer Kristallebene so reflektiert, daß diese den Winkel zwischen den beiden Vektoren (2θ) halbiert.

Für unsere Betrachtungen wollen wir uns ein einfaches System aus zwei Gitterpunkten P_1 und P_2 vorstellen, an denen die Röntgenstrahlung gestreut wird (Abb. 21.10). (Als streuendes Prinzip mag man sich in P_1 und P_2 je ein Elektron vorstellen.)

Es sei $\boldsymbol{s}_0$ ein Einheitsvektor senkrecht zur Ebene der einfallenden Wellen und $\boldsymbol{s}$ ein Einheitsvektor senkrecht zur Ebene der gestreuten Welle. Wenn nun die gestreute Strahlung in einem Punkt Q gemessen wird, dessen Abstand zu P_1 und P_2 sehr viel größer ist als r (dem Abstand $P_1 P_2$), dann können wir die gestreuten Strahlen $P_1 Q$ und $P_2 Q$ als parallel ansehen. Für die Wegdifferenz der beiden Strah-

Die Braggsche *Beziehung und ihre Grundannahme*

lengänge gilt dann:

$$\delta = P_1 N - P_2 M$$

$$\delta = \boldsymbol{r} \cdot \boldsymbol{s} - \boldsymbol{r} \cdot \boldsymbol{s}_0 = \boldsymbol{r} \cdot (\boldsymbol{s} - \boldsymbol{s}_0) = \boldsymbol{r} \cdot \boldsymbol{S}$$

Den Vektor $\boldsymbol{r}$ zwischen zwei Gitterpunkten können wir stets durch $(m\boldsymbol{a} + n\boldsymbol{b} + p\boldsymbol{c})$ ausdrücken; hierin sind m, n, p ganze Zahlen und $\boldsymbol{a}, \boldsymbol{b}$ und $\boldsymbol{c}$ die Einheitsvektoren der Kristallachsen.

Abb. 21.10b verdeutlicht die Beziehung zwischen $\boldsymbol{s}_0, \boldsymbol{s}$ und der Differenz zwischen diesen beiden Vektoren: $\boldsymbol{S} = \boldsymbol{s} - \boldsymbol{s}_0$. Wir sehen nun, daß $\boldsymbol{S}$ die Richtung der Senkrechten auf einer Ebene besitzt, welche resultieren würde, wenn $\boldsymbol{s}_0$ unter einem Winkel von 2θ in die Richtung von $\boldsymbol{s}$ reflektiert würde. Die Beziehung zwischen den einfallenden und den gestreuten Wellenfronten kann also durch das geometrische Äquivalent einer Reflexion an einer Ebene repräsentiert werden.

Wenn die an den Punkten P_1 und P_2 gestreuten Wellen in Phase sein sollen, dann muß die Wegdifferenz δ ein ganzzahliges Vielfaches N der Wellenlänge λ sein:

$$\delta = \boldsymbol{r} \cdot \boldsymbol{S} = (m\boldsymbol{a} + n\boldsymbol{b} + p\boldsymbol{c}) \cdot \boldsymbol{S} = N\lambda$$

Da dieser Ausdruck für alle ganzzahligen Werte von m, n oder p korrekt sein muß, muß auch jedes der Produkte gleich einem ganzzahligen Vielfachen der Wellenlänge sein. Es ist also:

$$\boldsymbol{a} \cdot \boldsymbol{S} = h\lambda$$
$$\boldsymbol{b} \cdot \boldsymbol{S} = k\lambda \qquad [21.3]$$
$$\boldsymbol{c} \cdot \boldsymbol{S} = l\lambda$$

Diese Beziehungen sind die Laue-Gleichungen in vektorieller Form.

Bragg identifizierte nun die ganzzahligen Multiplikatoren h, k, l in den Laue-Gleichungen mit den Millerschen Indizes einer Gitterebene. Wir wissen, daß $\boldsymbol{S}$ die Richtung der Winkelhalbierenden des normalen und des einfallenden Strahles besitzt. Aus [21.3] erhalten wir:

$$\left(\frac{\boldsymbol{a}}{h} - \frac{\boldsymbol{b}}{k}\right) \cdot \boldsymbol{S} = 0$$

$$\left(\frac{\boldsymbol{a}}{h} - \frac{\boldsymbol{c}}{l}\right) \cdot \boldsymbol{S} = 0$$

Wenn das skalare Produkt zweier Vektoren null ist, dann stehen diese Vektoren senkrecht aufeinander. $\boldsymbol{S}$ steht daher senkrecht auf der Ebene hkl, da es senkrecht auf zwei Vektoren in dieser Ebene steht.

Wenn wir uns vor Augen halten, daß $\boldsymbol{s}$ und $\boldsymbol{s}_0$ Einheitsvektoren sind, dann können wir aus [21.3] entnehmen, daß der senkrechte Abstand der Ebene vom Ursprung

$$d = \frac{\frac{\boldsymbol{a}}{h} \cdot \boldsymbol{S}}{|\boldsymbol{S}|} = \frac{\lambda}{|\boldsymbol{S}|} = \frac{\lambda}{2\sin\theta}$$

ist. Hiermit ist der Beweis der Braggschen Beziehung vollständig.

10. Fourier-Transformationen und reziproke Gitter

Jede periodische Funktion $f(x)$ mit einer Periode L kann als eine Fourierreihe dargestellt werden:

$$f(x) = \sum_n a_n e^{2\pi i n x/L} \qquad [21.4]$$

Die Koeffizienten a_n sind durch die folgende Beziehung gegeben:

$$a_n = \frac{1}{L} \int_{-L/2}^{+L/2} f(x) e^{-2\pi i n x/L} \, dx$$

Wenn $L \to \infty$, dann kann der Summenausdruck in [21.4] durch ein Integral ersetzt werden; wir erhalten dann:

$$f(x) = \frac{1}{2\pi} \int_{-\infty}^{+\infty} g(\xi) e^{i x \xi} \, d\xi$$

Hierin ist

$$g(\xi) = \int_{-\infty}^{+\infty} f(x) e^{-i x \xi} \, dx$$

Die Funktionen $f(x)$ und $g(\xi)$ sind ein Paar von Fouriertransformationen. Wir sagen z.B., daß $g(\xi)$ die Fouriertransformation von $f(x)$ ist und umgekehrt. Wir können nun leicht die Definitionen auf drei Dimensionen erweitern und erhalten dabei:

$$f(x,y,z) = \frac{1}{2\pi} \iiint_{-\infty}^{+\infty} g(\xi,\eta,\zeta) e^{i(x\xi + y\eta + z\zeta)} \, d\xi \, d\eta \, d\zeta \qquad [21.5]$$

und

$$g(\xi,\eta,\zeta) = \iiint_{+\infty}^{+\infty} f(x,y,z) e^{-i(x\xi + y\eta + z\zeta)} \, dx \, dy \, dz \qquad [21.6]$$

Wir können nun x, y, z und ξ, η, ζ als die Koordinaten von zwei dreidimensionalen Räumen auffassen. Der Raum mit den Koordinaten x, y, z ist durch drei Einheitsvektoren a, b, c so definiert, daß für jeden Vektor r, der vom Koordinatenursprung ausgeht, die folgende Beziehung gilt:

$$r = x a + y b + z c \qquad [21.7]$$

In ähnlicher Weise kann der Raum mit den Koordinaten ξ, η, ζ durch drei Einheitsvektoren A, B, C definiert werden; für irgendeinen Vektor R, der vom Koordinatenursprung ausgeht, gilt dann:

$$R = \xi A + \eta B + \zeta C$$

Ein Volumenelement im xyz-Raum wäre

$$dv = a \cdot (b \times c) \, dx \, dy \, dz$$

Für ein entsprechendes Volumenelement im $\xi\eta\zeta$-Raum gilt

$$\mathrm{d}V = \boldsymbol{A} \cdot (\boldsymbol{B} \times \boldsymbol{C})\,\mathrm{d}\xi\,\mathrm{d}\eta\,\mathrm{d}\zeta$$

Gesetzt nun den Fall, wir wollten $f(x, y, z)$ in [21.5] in vektorieller Form als $f(\boldsymbol{r})$ darstellen. Eine solche Darstellung setzt die Gültigkeit der folgenden Beziehungen zwischen den Standardvektoren des xyz-Raumes und des $\xi\eta\zeta$-Raumes voraus:

$$\boldsymbol{a} \cdot \boldsymbol{A} = \boldsymbol{b} \cdot \boldsymbol{B} = \boldsymbol{c} \cdot \boldsymbol{C} = 1$$

$$\boldsymbol{a} \cdot \boldsymbol{B} = \boldsymbol{a} \cdot \boldsymbol{C} = \boldsymbol{b} \cdot \boldsymbol{A} = \boldsymbol{b} \cdot \boldsymbol{C} = \boldsymbol{c} \cdot \boldsymbol{A} = \boldsymbol{c} \cdot \boldsymbol{B} = 0$$

Wenn die Vektoren $\boldsymbol{a}$, $\boldsymbol{b}$, $\boldsymbol{c}$ die Dimension einer Länge haben, dann besitzen die Vektoren $\boldsymbol{A}$, $\boldsymbol{B}$, $\boldsymbol{C}$ die Dimension einer reziproken Länge. Wir nennen also den xyz-Raum den *physikalischen Raum* und den $\xi\eta\zeta$-Raum den *reziproken Raum*. Funktionen im reziproken Raum sind Fouriertransformationen von Funktionen im physikalischen Raum und umgekehrt.

Zu jedem der 14 Bravaisgitter im physikalischen Raum gibt es nun ein reziprokes Gitter. Für die Punkte $\boldsymbol{p}$ eines Raumgitters gilt:

$$\boldsymbol{p} = m\,\boldsymbol{a} + n\,\boldsymbol{b} + p\,\boldsymbol{c}$$

Hierin sind m, n, p ganze Zahlen. (Diese Beziehung ist nur ein Sonderfall der auf Gitterpunkte angewandten Gl. [21.7].) Für die Punkte $\boldsymbol{P}$ im reziproken Gitter gilt:

$$\boldsymbol{P} = h\,\boldsymbol{A} + k\,\boldsymbol{B} + l\,\boldsymbol{C} \qquad [21.8]$$

Für das skalare Produkt $\boldsymbol{p} \cdot \boldsymbol{P}$ gilt:

$$\boldsymbol{P} \cdot \boldsymbol{p} = (h\,\boldsymbol{A} + k\,\boldsymbol{B} + l\,\boldsymbol{C})(m\,\boldsymbol{a} + n\,\boldsymbol{b} + p\,\boldsymbol{c}) = (h\,m + k\,n + l\,p) = N$$

Hierin ist N eine ganze Zahl. Es ist daher

$$\exp(2\pi i\,\boldsymbol{P} \cdot \boldsymbol{p}) = 1 \qquad [21.9]$$

Dieses Ergebnis zeigt, daß wir den reziproken Raum einen *Fourierraum* nennen können. Die Bedeutung des Fourierraums liegt darin, daß zu jeder Kristallstruktur, die im realen Raum existiert, ein *Röntgenbeugungsdiagramm* im reziproken Raum (Fourierraum) gehört. Jedem Punkt in einem Röntgenbeugungsdiagramm entspricht ein Satz von ganzen Zahlen hkl, durch den ein Vektor im Fourierraum festgelegt ist. Zu jedem Punkt im reziproken Gitter gehört also eine Folge von Ebenen hkl im realen Gitter. Mit einem unschärfefreien Mikroskop hinreichender Auflösung – das natürlich nie existieren wird – könnten wir die reale Kristallstruktur sehen. Das Röntgenbeugungsdiagramm ist eine Fouriertransformation dieser realen Struktur.

11. Kristallstruktur des NaCl und KCl

Zu den ersten Kristallen, die mit der BRAGGschen Methode studiert wurden, gehörten NaCl und KCl. Hierzu wurde ein Einkristall, wie in Abb. 21.11a gezeigt, so in der Achse eines drehbaren Tisches befestigt, daß der ausgeblendete Röntgenstrahl auf die Mitte einer der natürlichen Kristallflächen (100), (110) oder (111) gerichtet war. Der Winkel zwischen einfallendem Strahl und Kristallfläche wurde

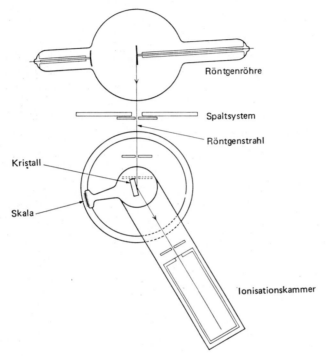

Abb. 21.11a BRAGGscher Röntgenspektrometer.

an einem Goniometer abgelesen. Die gestreute Röntgenstrahlung trat in eine Ionisationskammer ein, die mit gasförmigem Methylbromid gefüllt und mit einem Plättchenelektroskop verbunden war. Die Entladungsgeschwindigkeit des Elektroskops ist ein Maß für die Intensität der gestreuten Röntgenstrahlen. Bei der Messung wurden Kammer und Kristall um eine gemeinsame Achse gedreht, jedoch in der Weise, daß der Winkel zwischen der Kristallfläche und der Achse der Ionisationskammer gleich dem Winkel zwischen der Kristallfläche und einfallendem Strahl ist. Der Drehwinkel der Kammer muß daher stets doppelt so groß sein wie der des Kristalls.

Abb. 21.12 zeigt die mit KCl und NaCl erhaltenen Versuchsergebnisse; auf der Ordinate ist die Intensität des gestreuten Strahls, auf der Abszisse der doppelte

Kristallstrukturen des NaCl und KCl

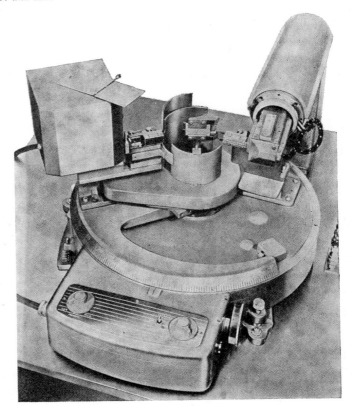

Abb. 21.11b Modernes Röntgenspektrometer (General Electric Company). Der Kopf der Röntgenröhre befindet sich rechts hinten. Die Intensität der gebeugten Strahlung wird durch das Zählrohr links gemessen.

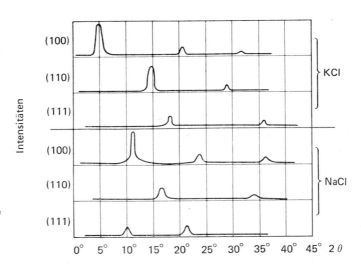

Abb. 21.12 BRAGGsche Beugungsmaxima, $I/2\vartheta$-Diagramm.

Wert des Winkels abgetragen, den der einfallende Strahl mit der Kristallfläche bildet. Wenn man nun den in der Tellerachse montierten Kristall dreht, so wird immer dann ein Strahlungsmaximum gemessen, wenn ein Winkel erreicht ist, der der Braggschen Bedingung [21.2] genügt. Bei diesen ersten Experimenten wurde die monochromatische Röntgenstrahlung aus einer Palladium-Antikathode erhalten.

Zu Beginn seiner Untersuchungen kannte Bragg weder die Wellenlänge der verwendeten Röntgenstrahlung noch die untersuchten Kristallstrukturen. Aus der äußeren Form konnte er vermuten, daß sowohl NaCl als auch KCl eines der kubischen Gitter besaßen: einfach, raumzentriert oder flächenzentriert. Aus den Röntgenbeugungsdiagrammen ließe sich der Abstand der reflektierenden Gitterebenen und aus diesem die Röntgenwellenlänge berechnen. Nun muß aber eine der beiden Unbekannten (d und λ) in der Braggschen Gleichung bekannt sein, um die andere berechnen zu können. Wir werden sehen, wie Bragg unter der Annahme eines bestimmten Kristallgitters aus dem Molvolumen die Gitterabstände berechnete und durch Vergleich mit den Röntgenbeugungsdiagrammen einen korrekten Wert für die Röntgenwellenlänge berechnen konnte.

Der Abstand zwischen den Ebenen (hkl) in einem kubischen Gitter ist:

$$d_{hkl} = \frac{a_0}{(h^2 + k^2 + l^2)^{1/2}} \qquad [21.10]$$

Für die Ebene hkl gilt die Gleichung $hx + ky + lz = a_0$. Der Abstand von irgendeinem Punkt (x, y, z) zu der Ebene beträgt

$$d = \frac{hx_1 + ky_1 + lz_1 - a_0}{\sqrt{h^2 + k^2 + l^2}}$$

Für den Fall, daß sich der Punkt im Ursprung befindet, gilt daher

$$d = \frac{a_0}{\sqrt{h^2 + k^2 + l^2}}$$

Wenn wir [21.10] mit der Braggschen Beziehung kombinieren, dann erhalten wir:

$$\sin^2\theta = (\lambda^2/4a_0^2)(h^2 + k^2 + l^2)$$

Wir können nun jeden Wert von $\sin\theta$, der zu einem bestimmten Beugungsmaximum gehört, dadurch *indizieren*, daß wir ihm *den* Wert von hkl für einen Satz von Ebenen zuordnen, der die Braggsche Bedingung erfüllt. Ein einfaches kubisches Gitter kann die folgenden Abstände besitzen:

hkl	100	110	111	200	210	211	220	221	300	usw.
$h^2 + k^2 + l^2$	1	2	3	4	5	6	8	9		usw.

Wenn wir für das beobachtete Röntgenbeugungsdiagramm eines einfachen kubischen Kristalls die Intensität gegen $\sin^2\theta$ abtragen würden, dann würden wir eine Reihe von sechs äquidistanten Maxima finden. Ein siebentes äquidistantes Maximum sollte fehlen, da es keinen Satz ganzer Zahlen hkl gibt, für den

$h^2 + k^2 + l^2 = 7$ wäre. Anschließend würden sieben äquidistante Maxima folgen, das Maximum an der 15. Stelle würde fehlen; weitere fehlende Maxima wären an der 23. Stelle, der 28. Stelle und so fort.
In Abb. 21.13a sehen wir die Ebenen 100, 110 und 111 für ein einfaches kubisches Gitter. Aus diesem Gitter würde eine reale Kristallstruktur entstehen, wenn wir an jeden Gitterpunkt ein Atom, Ion oder eine Molekel setzen würden.

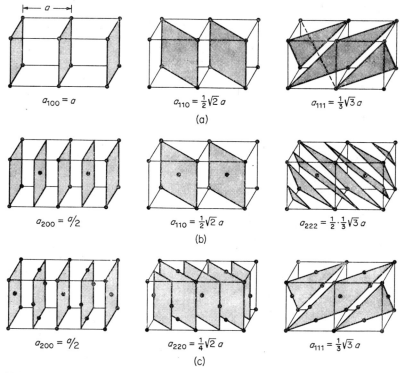

Abb. 21.13 Netzebenenabstände in kubischen Gittern. (a) einfach kubisch; (b) raumzentriert kubisch; (c) flächenzentriert kubisch.

Wenn ein Röntgenstrahl in eine solche Kristallstruktur unter dem Braggschen Winkel von $\theta = \sin^{-1}(\lambda/2a)$ eindränge, dann würde die an der 100-Ebene reflektierte Strahlung genau in Phase mit der an den nachfolgenden 100-Ebenen reflektierten Strahlung stehen. Das unter diesem Glanzwinkel auftretende Beugungsmaximum nennt man die *Reflexion erster Ordnung* an den 100-Ebenen. Ein ähnliches Ergebnis erhalten wir bei den 110- und 111-Ebenen. Mit einer einfachkubischen Struktur würden wir für jeden Satz von hkl-Ebenen ein Beugungsmaximum bekommen, da für jeden gegebenen Wert von hkl alle Gitterpunkte in den zugehörigen parallelen Ebenen liegen.
Abb. 21.13b zeigt eine Kristallstruktur mit einem kubisch-raumzentrierten Gitter. Die 110-Ebenen gehen wie beim einfach-kubischen Gitter durch alle Gitterpunkte;

es tritt also eine starke 110-Reflexion erster Ordnung auf. Für die 100-Ebenen finden wir jedoch eine verschiedene Situation. Genau in der Mitte zwischen jeweils zwei 100-Ebenen liegt eine weitere Atomschicht. Wenn die an den 100-Ebenen gestreute Strahlung in Phase steht und sich gegenseitig verstärkt, dann ist die an den Zwischenschichten gestreute Strahlung genau um $\lambda/2$ phasenverschoben. Die Intensität der im Diagramm zu beobachtenden 100-Beugungsmaxima muß also gleich der Differenz der Streuintensität an den zwei Reihen paralleler Ebenen sein. Wenn die Atome des Gitters alle von gleicher Art sind und damit dieselbe Streukraft besitzen, dann wird die resultierende Intensität durch die destruktive Interferenz zwischen der an den ineinandergeschobenen Gitterebenen gestreuten Strahlung auf null absinken.

Die Beugung zweiter Ordnung an den 100-Ebenen, die bei einem Braggschen Winkel mit $n = 2$ in [21.2] auftritt, kann ebensogut ausgedrückt werden wie die Streuung an einem Satz von Ebenen, die man die 200-Ebenen nennt und die gerade den halben Abstand der 100-Ebenen besitzen.

Bei einer kubisch-raumzentrierten Struktur liegen alle Atome in diesen 200-Ebenen; die gesamte Streustrahlung ist also in Phase und man beobachtet eine starke Beugung. Dieselbe Situation finden wir bei den 111-Ebenen: Die Beugung erster Ordnung 111 ist schwach oder fehlt ganz; die Beugung zweiter Ordnung 111, also die Beugung an den 222-Ebenen, verursacht starke Beugungsmaxima. Wenn wir in dieser Weise aufeinanderfolgende Ebenen hkl untersuchen, dann finden wir für die kubisch-raumzentrierte Struktur die in Tab. 21.3 gezeigten Ergebnisse; die punktierten Linien sollen Ebenen anzeigen, die wegen Interferenzauslöschung der gestreuten Strahlung nicht zu Beugungsmaxima führen.

Bei einer kubisch-flächenzentrierten Struktur (Abb. 21.3c) fehlen die Maxima an den Stellen 100 und 110; die 111-Ebenen geben jedoch ein starkes Maximum. Die Ergebnisse für nachfolgende Ebenen zeigt Tab. 21.3.

Wie schon erwähnt, war bei den ersten Arbeiten an NaCl und KCl die Wellenlänge

hkl	100	110	111	200	210	211	—	220	300 / 221	310
$h^2 + k^2 + l^2$	1	2	3	4	5	6	—	8	9	10
Einfach-kubisch	|	|	|	|	|	|	—	|	|	|
Raumzentriert-kubisch	:	|	...	|	:	|	—	|	:	|
Flächenzentriert-kubisch	:	:	|	|	:	:	—	|	:	:
NaCl	:	:	|	|	:	:	—	|	:	:
	200	220	222	400	420	422	—	440	600	620
KCl	|	|	|	|	|	|	—	|	422	|

* Eine durchgezogene vertikale Linie zeigt an, daß an der angegebenen Ebene Braggreflexion beobachtet wird; eine gepunktete Linie zeigt an, daß eine Reflexion nicht auftritt.

Tab. 21.3 Berechnete und beobachtete Beugungsmaxima*

der verwendeten Röntgenstrahlung nicht bekannt, so daß die den verschiedenen Beugungsmaxima entsprechenden Netzebenenabstände nicht berechnet werden könnten. Direkt aus dem Experiment ergaben sich jedoch die Werte für $\sin\theta$. Die bei NaCl und KCl beobachteten Maxima (Tab. 21.3) ergaben beim Vergleich mit den für verschiedene kubische Gitter berechneten Werten das merkwürdige Ergebnis, daß NaCl offensichtlich flächenzentriert, KCl jedoch einfach-kubisch ist.

Dieses Resultat läßt sich beim KCl durch die nahezu gleich große Streukraft der K^+- und Cl^--Ionen erklären; beide Ionen haben eine Argon-Konfiguration mit 18 Elektronen. Na^+ und Cl^- unterscheiden sich jedoch in ihrer Streukraft, so daß eine flächenzentrierte Struktur gefunden werden konnte. Unter den beobachteten Maxima für die 111-Fläche des NaCl fand sich ein schwaches Maximum bei etwa 10° und außerdem noch ein stärkeres bei etwa 20°, das dem im Beugungsdiagramm des KCl auftretenden entsprach.

Alle diese Ergebnisse lassen sich durch die NaCl-Struktur der Abb. 21.14 erklären. Sie besteht aus einer kubisch-flächenzentrierten Anordnung von Na^+-Ionen und einem auf Lücke gesetzten, kubisch-flächenzentrierten Gitter von Cl^--

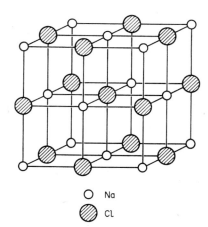

Abb. 21.14 Steinsalzstruktur; sowohl NaCl als auch KCl haben diese Struktur.

Ionen. Jedes Na^+-Ion ist in gleichen Abständen von 6 Cl^--Ionen umgeben; in gleicher Weise ist jedes Cl^--Ion von 6 äquidistanten Na^+-Ionen umgeben. Die 100- und 110-Ebenen enthalten eine gleiche Anzahl beider Arten von Ionen; die 111-Ebenen enthalten jedoch entweder alle Na^+- oder alle Cl^--Ionen. Wenn die Röntgenstrahlung nun von den 111-Ebenen des NaCl gestreut wird und wenn die Streustrahlung von aufeinanderfolgenden Na^+-Ebenen genau in Phase ist, dann ist die aus den dazwischenliegenden Cl^--Ebenen gestreute Strahlung um $\lambda/2$ verschoben und damit genau in Gegenphase. Das Beugungsmaximum 111 erster Ordnung ist daher beim NaCl schwach, da es durch Differenz zwischen diesen beiden Beugungen zustande kommt. Beim KCl ist die Streukraft der beiden Ionenarten nahezu gleich, die Beugungsmaxima erster Ordnung haben sich daher durch Interferenz gegenseitig fast völlig ausgelöscht. Die korrekte Deutung der Röntgenbeugungsdiagramme führt uns also zu dem Schluß, daß NaCl und KCl dieselbe Kristallstruktur besitzen.

Als die Struktur des NaCl einmal mit Sicherheit aufgeklärt worden war, konnte man auch die Wellenläge der verwendeten Röntgenstrahlung bestimmen. Aus der Dichte des kristallinen NaCl ($\varrho = 2{,}163$ g cm^{-3}) läßt sich das Molvolumen zu $M/\varrho = 58{,}45/2{,}163 = 27{,}02$ cm^3 mol^{-1} berechnen. Ein Na$^+$Cl$^-$-Ionenpaar nimmt also einen Raum von $27{,}02/6{,}02 \cdot 10^{23} = 44{,}88 \cdot 10^{-24}$ cm^3 ein. An den Ecken der Einheitszelle des NaCl sitzen 8 Na$^+$-Ionen; jedes dieser Ionen gehört gleichzeitig den Ecken von 8 Einheitszellen an. In der Mitte der Würfelflächen sitzen 6 Na$^+$-Ionen; jedes von diesen gehört zwei Einheitszellen an. Pro Einheitszelle haben wir also $8/8 + 6/2 = 4$ Na$^+$-Ionen. Jede Einheitszelle enthält natürlich auch 4 Cl$^-$-Ionen und damit insgesamt 4 NaCl-Einheiten ($Z = 4$). Das Volumen der Einheitszelle beträgt daher

$$4 \cdot 44{,}88 \cdot 10^{-24} \text{ cm}^3 = 179{,}52 \cdot 10^{-24} \text{ cm}^3$$

Für den Abstand der 200-Ebenen gilt

$$d_{200} = \frac{1}{2} a = \frac{1}{2} (179{,}52 \cdot 10^{-24} \text{ cm}^3)^{1/3} = 2{,}82 \cdot 10^{-8} \text{ cm} = 0{,}282 \text{ nm}$$

Damit ist nun eine der beiden Unbekannten in der Braggschen Beziehung auf eine unabhängige Weise bestimmt worden. Wenn man diesen Wert und den durchs Experiment bestimmten Beugungswinkel in die Braggsche Gleichung einsetzt, dann ergibt sich die Wellenlänge der Pd-K_{α_1}-Strahlung zu

$$\lambda = 2 \cdot 0{,}282 \sin 5° 58' = 0{,}0586 \text{ nm}$$

Die auf diese Weise bestimmte Wellenlänge kann zur Bestimmung des Gitterebenenabstandes in anderen Kristallstrukturen benützt werden. Umgekehrt kann man mit Kristallen, von denen man die Gitterkonstanten kennt, die Wellenlänge anderer Röntgenlinien bestimmen. Das in Röntgenröhren am häufigsten verwendete Antikathodenmaterial ist Kupfer; seine K_{α_1}-Linie hat eine besonders günstige Wellenlänge ($\lambda = 0{,}1537$ nm) für die Bestimmung interatomarer Abstände. Wenn besonders kleine Gitterabstände bestimmt werden sollen, dann ist Molybdän (0,0708 nm) nützlich; für die Untersuchung größerer Gitterabstände wird häufig Chrom (0,2285 nm) verwendet.

Die meisten Röntgenbeugungsuntersuchungen an Kristallen wurden nicht mit einer Ionisationskammer als Detektor, sondern mit Filmen oder Photoplatten durchgeführt. Neuere Röntgenbeugungsgeräte verwenden meist ein GEIGER-Zählrohr und eine automatische Registriervorrichtung.

12. Die Pulvermethode

Die einfachste experimentelle Technik zur Erzielung von Röntgenbeugungsdaten an kristallinem Material ist die von P. DEBYE und P. SCHERRER entwickelte Pulvermethode. Anstelle eines einzelnen Kristalls mit einer bestimmten Orientierung zum Röntgenstrahl wird hier ein fein zerkleinertes Kristallpulver mit einer statistischen Orientierung der Kristallflächen zum Röntgenstrahl verwendet. Die experimentelle Anordnung zeigt Abb. 21.15a. Das Kristallpulver wird in eine dünnwandige, enge Kapillare aus Glas oder Collodium gefüllt und genau in der Achse der kreisrunden DEBYE-SCHERRER-Kammer befestigt. Bei sehr geringen Mengen kann man das kristalline Material auch auf die Oberfläche einer Glasfaser bringen. Polykristalline Metalle untersucht man in der Form feiner Drähte (eine Vorzugsorientierung der Kristallite ist hier jedoch kaum zu vermeiden). Der fein ausgeblendete Röntgenstrahl wird auf die Probe gerichtet; während der Aufnahme wird diese rotiert, so daß eine unterschiedliche Orientierung der Kristallite so gut wie möglich ausgeglichen wird.

Unter den vielen Kristalliten mit statistischer Orientierung findet sich stets ein bestimmter Bruchteil, der die richtige Orientierung zum Röntgenstrahl besitzt, um für einen bestimmten Satz von Netzebenen maximale Beugung hervorzurufen (Glanzwinkel). Die Richtung des reflektierten Strahls ist nur durch die Forderung begrenzt, daß der Reflexionswinkel gleich dem Einfallswinkel ist. Wenn also der Einfallswinkel (zur Kristallfläche) einen Betrag von θ hat, dann bildet der reflektierte Strahl einen Winkel von 2θ zur Richtung des einfallenden Strahls (Abb. 21.15b). Dieser Winkel 2θ kann wegen der statistischen Orientierung der einzelnen Kristallite im Kristallpulver alle Richtungen zum einfallenden Strahl besitzen. Für jeden Satz paralleler Gitterebenen bildet die Gesamtzahl der reflektierten Strahlen daher einen Kegel, dessen Spitze in der Probe liegt. Dieser Strahlenkegel schneidet den zylindrisch um die Probe gelegten Film und bildet auf diesem zwei gekrümmte Linien. Auf einem flachen Film würde das Beugungsdiagramm aus einer Reihe konzentrischer Ringe bestehen, deren Mittelpunkt der Brennfleck des ungebeugt die Probe durchsetzenden Strahls ist. Abb. 21.15c zeigt die auf diese Weise erhaltenen Pulverdiagramme verschiedener wichtiger kubischer Kristallstrukturen. Diese Diagramme können mit den in Tab. 21.3 aufgeführten theoretischen Vorhersagen verglichen werden.

Nachdem wir nun unser Pulverdiagramm erhalten haben, müssen wir die Linien des Diagramms dem jeweils zugehörigen Satz von Gitterebenen zuordnen. Man mißt sorgfältig den Abstand x jeder Linie vom Brennfleck, meist in der Weise, daß man den Abstand zwischen zwei zusammengehörigen Reflexen auf beiden Seiten des Zentrums mißt und halbiert. Wenn der Halbmesser des Films (der Kamera) r ist, dann entspricht der Umfang $2\pi r$ einem Streuwinkel von 360°. Es ist dann $x/2\pi r = 2\theta/360°$. Auf diese Weise können wir θ und aus [21.2] den zugehörigen Gitterabstand berechnen.

Um bei einem Pulverdiagramm die Reflexe indizieren zu können, müssen wir das Kristallsystem kennen, zu welchem die Probe gehört. Dies gelingt manchmal durch eine mikroskopische Untersuchung. Pulverdiagramme monokliner, orthorhombischer oder trikliner Kristalle lassen sich nur mit großen Schwierigkeiten oder gar nicht indizieren. Für die einfacheren Systeme existieren Methoden, nach denen die Indizierung durchgeführt werden kann. Wenn wir einmal die Dimensionen der Einheitszelle aus einigen großen Gitterabständen (100, 110, 111 usw.) bestimmt haben, dann können wir alle übrigen Gitterabstände berechnen und mit

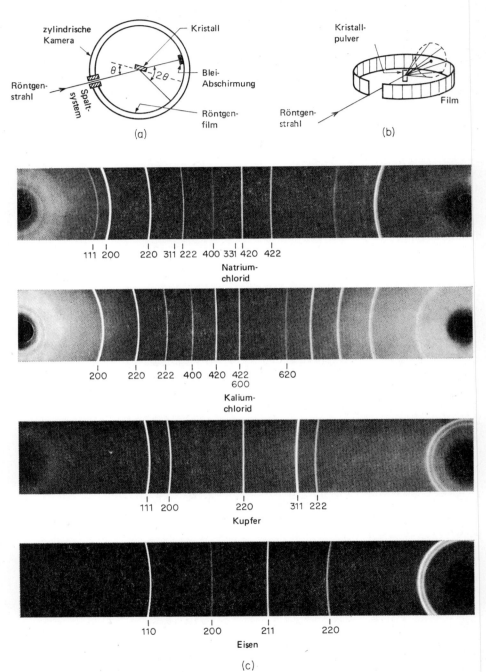

Abb. 21.15 DEBYE-SCHERRER-Kamera und Röntgenbeugungsdiagramme, die nach der Pulvermethode erhalten wurden (nach A. LESSOR, I.B.M. Laboratories).

denen vergleichen, die im Beugungsdiagramm auftreten; auf diese Weise läßt sich dann eine vollständige Indizierung vornehmen. Anschließend können wir die Dimensionen der Einheitszelle noch genauer aus den Gitterabständen mit höheren Indizes berechnen. Die allgemeinen Formeln für die Abstände der Gitterebenen lassen sich aus der analytischen Geometrie ableiten.

Für einige Kristallsysteme seien hier die Formeln angegeben.

Tetragonal: $\quad d_{hkl}^{-2} = \dfrac{h^2 + k^2}{a^2} + \dfrac{l^2}{c^2}$

Orthorhombisch: $\quad d_{hkl}^{-2} = \left(\dfrac{h}{a}\right)^2 + \left(\dfrac{k}{b}\right)^2 + \left(\dfrac{l}{c}\right)^2$

Hexagonal: $\quad d_{hkl}^{-2} = \dfrac{4}{3}\dfrac{h^2 + hk + k^2}{a^2} + \left(\dfrac{l}{c}\right)^2$

Die übrigen Formeln finden sich in den *International Tables for Determination of Crystal Structures* (1952).

13. Die Methode des rotierenden Kristalls

Diese Methode, bei der ein kleiner Einkristall benötigt und das Beugungsdiagramm photographisch registriert wird, wurde etwa 1919 von E. SCHIEBOLD entwickelt. Sie wurde in der Zwischenzeit modifiziert und weiterentwickelt und war die am häufigsten benützte Technik für genaue Strukturuntersuchungen.
Der vorzugsweise kleine und gut ausgebildete Kristall, z.B. eine Nadel von etwa 1 mm Länge und 1/2 mm Dicke, wird auf einer Achse befestigt, die genau senkrecht zum Röntgenstrahl steht. Der Film befindet sich meist in einer zylindrischen Kamera. Während der Exposition wird der Kristall langsam um seine Achse gedreht; hierbei durchlaufen die verschiedenen Gitterebenen ihre Glanzwinkel gemäß der BRAGGschen Beziehung. Manchmal nimmt man auf einem einzelnen Film nur einen Teil der Information auf, indem man den Kristall um einen Winkel hin- und herbewegt, der kleiner als 360° ist. Bei der Methode der bewegten Kamera (nach WEISSENBERG und anderen Autoren) wird der Film mit einer Frequenz hin- und herbewegt, die mit der Drehung des Kristalls synchron geht. Auf diese Weise zeigt die Lage eines Flecks auf dem Film unmittelbar die Orientierung des Kristalls an, bei welcher sich dieser Fleck bildete.
Wir können hier keine ins einzelne gehende Deutung der verschiedenen, durch die Rotationsmethode erhaltenen Diagramme geben. Als Beispiel sei in Abb. 21.16 ein Diagramm gezeigt, das von einem Kristall eines Enzyms, dem Lysozym, erhalten wurde.
Die Beugungsmaxima (Flecke) wurden indiziert, ihre Intensität wurde gemessen. Derartige Werte stellen das Rohmaterial für die Bestimmung von Kristallstrukturen dar. Selbst Strukturen von so komplizierten Molekeln wie Proteinen und synthetischen Hochpolymeren können aus den Informationen ermittelt werden, die in solchen Versuchsergebnissen stecken.

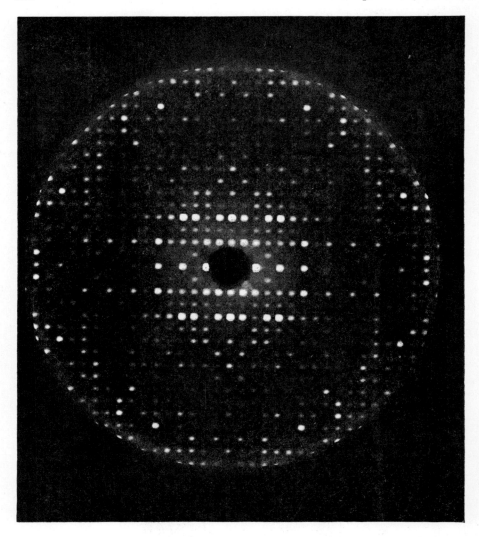

Abb. 21.16 Röntgenbeugungsdiagramm eines monoklinen Kristalls des Lysozymjodids, aufgenommen mit einer Präzessionskamera (L. K. STEINRAUF, Indiana University). Aus der Lage und der Intensität der Beugungsmaxima in einem derartigen Diagramm wurde die dreidimensionale Kristallstruktur und hierdurch die Molekelstruktur des Lysozyms 1965 durch D. C. PHILIPS et al. in der Royal Institution in London bestimmt. Lysozym war das erste Enzym und das zweite Protein, dessen Struktur durch Röntgenkristallographie bestimmt wurde. Die Molekel enthält 1950 Atome. Details über diese Arbeit finden sich in einem hervorragend illustrierten Beitrag von PHILIPS (*Scientific American*, Nov. 1966).

14. Die Bestimmung von Kristallstrukturen

Die Rekonstruktion einer Kristallstruktur aus Lage und Intensität der verschiedenen Röntgenbeugungsmaxima ist analog der Entstehung eines Abbilds im Mikroskop. Nach der ABBEschen Theorie des Mikroskops sammelt das Objektiv die verschiedenen Ordnungen von Lichtstrahlen, die vom Objekt gestreut wurden, und setzt sie wieder zu einem Bild zusammen. In der Optik ist diese Synthese möglich, weil zwei Bedingungen erfüllt sind: Einmal werden die Phasenbeziehungen zwischen den verschiedenen Ordnungen des gestreuten Lichtes jederzeit erhalten, zum anderen gibt es optische Linsen, die Strahlung mit der Wellenlänge des sichtbaren Lichts fokussieren und Abbilder erzeugen können. Elektronenstrahlen können mit elektrostatischen und magnetischen Linsen fokussiert werden; für Röntgenstrahlen gibt es aber keine derartigen Linsen. Es kommt noch hinzu, daß durch die Art und Weise, auf welche Röntgenbeugungsdaten gewonnen werden – nämlich einzeln hintereinander –, alle Phasenbeziehungen verlorengehen.

Ein *Hologramm* ist eine optische Darstellung, von der man sagen könnte, sie stelle ein Zwischending zwischen der Darstellung einer Kristallstruktur und einem Beugungsdiagramm dar. Um ein Hologramm zu erzeugen, wird eine dreidimensionale Struktur mit einer starken Quelle kohärenten Lichtes (Laser) beleuchtet. Durch die Interferenz zwischen dem vom Objekt gestreuten und dem kohärenten einfallenden Licht entsteht ein Beugungsbild, das Hologramm. Dieses Bild wird mit einer photographischen Platte reproduziert und in ein Diapositiv verwandelt. Wenn man nun das positive Hologramm mit dem ursprünglichen kohärenten Licht durchstrahlt, dann kann man das durchgelassene Licht mit einer geeigneten Optik so fokussieren, daß ein dreidimensional erscheinendes Abbild des ursprünglichen Objektes entsteht. Eine derartige Möglichkeit bietet sich für die Darstellung eines Röntgenbeugungsdiagrammes leider nicht, da keine kohärente Hintergrundstrahlung zur Verfügung steht.

Das Abbild, das sich als Sinneswahrnehmung im Netzwerk der Nervenzellen des Gehirns bildet, wurde neuerdings als eine Art von *Hologramm* gedeutet. Der Vorgang des Abrufens eines Ereignisses oder eines Objekts aus dem Gedächtnis wäre dann analog der Rekonstruktion eines Objekts aus einem Hologramm. Wenn dieses Modell zutrifft, dann wären unsere Gedächtnisinhalte in einen FOURIER-Raum transformiert, ähnlich der Transformation einer realen Kristallstruktur in ein Röntgenbeugungsdiagramm.

Das zentrale Problem bei der Bestimmung einer Kristallstruktur aus dem Röntgenbeugungsdiagramm ist die Wiedergewinnung der in den verlorengegangenen Phasenbeziehungen enthaltenen Informationen und die Synthese eines Abbilds der Kristallstruktur aus den Amplituden und Phasen der gebeugten Wellen.

Wir werden uns mit diesem Problem bald eingehender beschäftigen; zuvor müssen wir aber noch sehen, auf welche Weise die Kristallstruktur die Intensität der verschiedenen Flecke oder Linien in einem Röntgenbeugungsdiagramm bestimmt[5]. Durch die Braggsche Beziehung ist die Abhängigkeit des Streuwinkels vom jeweiligen Gitterabstand festgelegt; die Gitterabstände wiederum werden von der Anordnung der Punkte im Kristallgitter bestimmt. In einer realen Struktur wird jeder Gitterpunkt durch ein Atom, ein Ion oder eine Molekel besetzt. Anordnung

---

[5] Hierbei folgen wir einem Gedankengang von M. J. BUERGER in seinem Buch *X-Ray Crystal Structure Analysis* (10. Kap.), John Wiley, New York 1960.

und Natur dieser Gruppen sind hauptsächlich für die relative Intensität der gebeugten Röntgenstrahlen (jeweils unter der Braggschen Bedingung) verantwortlich.

Als Beispiel wollen wir in Abb. 21.17a eine Kristallstruktur betrachten, die dadurch entsteht, daß wir in jeden Gitterpunkt in einem raumzentrierten orthorhombischen Gitter zwei Atome setzen, z. B. jeweils eine zweiatomige Molekel. (Um die beiden Atome in einer Molekel bei der nun folgenden Diskussion unterscheiden zu können, wurde das eine weiß, das andere schwarz gedruckt.) Wir können nun sowohl durch die weißen als auch durch die schwarzen Atome einen Satz paralleler Ebenen legen; diese beiden Reihen von Gitterebenen sind auch untereinander parallel und unterscheiden sich nur durch eine geringfügige Versetzung. Unter den Braggschen Bedingungen (Abb. 21.17b) stehen die an den »schwarzen« und die an den »weißen« Gitterebenen entstehenden Reflexe jeweils untereinander in Phase. Eine geringe Phasenverschiebung haben wir jedoch zwischen den Reflexen an einer »schwarzen« und der nächst benachbarten »weißen« Ebene. Die resultierende Amplitude (Intensität) zeigt daher eine verringerte Intensität.

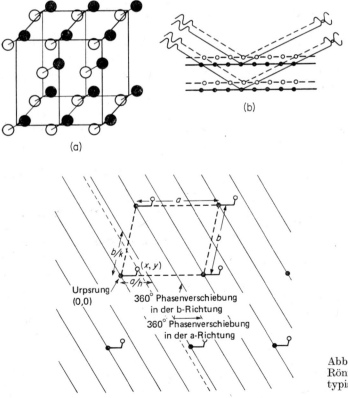

Abb. 21.17
Röntgenbeugung durch eine typische Kristallstruktur

Wir haben nun das Problem, einen allgemeinen Ausdruck für die Phasendifferenz zu gewinnen. Abb. 21.17c zeigt einen vergrößerten Querschnitt durch die uns hier interessierende Struktur, wobei die schwarzen Atome an den Ecken einer Einheitszelle mit den Kantenlängen a und b und die weißen Atome jeweils etwas verschoben hierzu sitzen. In eine durch ein schwarzes Atom gebildete Ecke legen wir den Koordinatenursprung $(0,0)$; die Koordinaten für das benachbarte weiße Atom seien (x, y). Die durch die Abbildung gelegten Parallelen symbolisieren die Netzebenen hk, für die die Braggsche Bedingung erfüllt ist. Die Abstände a/h in a-Richtung und b/k in b-Richtung entsprechen nun den Positionen, deren Streustrahlung einen Phasenunterschied von genau $360°$ hat; die von diesen Punkten ausgehende Streustrahlung befindet sich also genau in Phase. Die Phasendifferenz zwischen diesen Ebenen und jenen, die durch die weißen Atome gehen, ist proportional der Versetzung der weißen Atome. Für die zu einer Versetzung x in a-Richtung gehörende Phasendifferenz gilt:

$$\frac{x}{a/h} = \frac{\varphi_x}{2\pi} \quad \text{oder} \quad \varphi_x = 2\pi h \frac{x}{a}$$

Für die gesamte Phasendifferenz, die sich aus einer Verschiebung sowohl in der a-Richtung als auch in der b-Richtung ergibt, gilt:

$$\varphi_x + \varphi_y = 2\pi \left(h\frac{x}{a} + k\frac{y}{b} \right)$$

Wenn wir unsere Betrachtung auf drei Dimensionen erweitern, dann ist die gesamte Phasenverschiebung, die ein Atom mit den Koordinaten (x, y, z) in der Einheitszelle relativ zur Ebene (hkl) verursacht:

$$\varphi = 2\pi \left(\frac{hx}{a} + \frac{ky}{b} + \frac{lz}{c} \right) \qquad [21.11]$$

Hier erinnern wir uns daran (vgl. 15-22), daß die Überlagerung von Wellen verschiedener Amplitude und Phase durch eine Vektoraddition dargestellt werden kann. Wenn f_1 und f_2 die Amplituden der an den Atomen 1 und 2 gestreuten Wellen und φ_1 und φ_2 die zugehörigen Phasen sind, dann gilt für die resultierende Amplitude $F = f_1 e^{i\varphi_1} + f_2 e^{i\varphi_2}$. Für alle Atome in einer Einheitszelle gilt:

$$F = \sum_j f_j e^{i\varphi_j} \qquad [21.12]$$

Wenn wir die Phase φ_j aus [21.11] einführen, dann erhalten wir einen Ausdruck für die resultierende Amplitude der Wellen, die an den Ebenen hkl durch alle Atome in einer Einheitszelle gestreut wurden:

$$F(hkl) = \sum_j f_j e^{2\pi i (hx_j/a + ky_j/b + lz_j/c)} \qquad [21.13]$$

Den Ausdruck $F(hkl)$ nennt man den *Strukturfaktor* des Kristalls. Sein Wert wird durch die additiven Ausdrücke im Exponenten – deren Größe von der Lage der Atome abhängt – und durch den *Atomstreufaktor* f_j bestimmt, dessen Größe von der Zahl und der Verteilung der Elektronen in den Atomen und vom Streuwinkel θ abhängt. Ausdrücke für die Strukturfaktoren aller Raumgruppen wurden in Tabellenwerken zusammengefaßt[6].

Die Intensität der Streustrahlung ist proportional dem absoluten Wert des Amplitudenquadrats $|F(hkl)|^2$. Wenn also die Braggsche Beziehung für einen Satz von hkl-Ebenen erfüllt ist, dann erlaubt uns der Strukturfaktor die Berechnung der Intensität der an hkl entstehenden Streustrahlung. In der Beziehung zwischen der Intensität und dem Strukturfaktor strecken etliche physikalische Terme, für welche explizite Formeln aufgestellt wurden (s. Fußnote 5, Kap. 7 und 8). Als ein Beispiel für die Verwendung des Strukturfaktors wollen wir $F(hkl)$ für die 100-Ebenen in einer kubisch-flächenzentrierten Struktur berechnen, und zwar für metallisches Gold. Die Einheitszelle des Goldes enthält 4 Atome ($Z=4$), deren Koordinaten ($x/a, y/b, z/c$) wir folgendermaßen zuordnen können: $(0\,0\,0)$, $(\tfrac{1}{2}\,\tfrac{1}{2}\,0)$, $(\tfrac{1}{2}\,0\,\tfrac{1}{2})$ und $(0\,\tfrac{1}{2}\,\tfrac{1}{2})$. Nach [21.13] gilt dann:

$$F(100) = f_{Au}(e^{2\pi i \cdot 0} + e^{2\pi i \cdot 1/2} + e^{2\pi i \cdot 1/2} + e^{2\pi i \cdot 0})$$
$$= f_{Au}(2 + 2e^{\pi i}) = 0$$

Hierbei machen wir Gebrauch von der folgenden Beziehung:

$$e^{\pi i} = \cos \pi + i \sin \pi = -1$$

Hiernach verschwindet also der Strukturfaktor, und die Streuintensität von den 100-Ebenen ist null. Dies ist fast ein trivialer Fall; bei einer kubisch-flächenzentrierten Struktur haben wir ja jeweils in der Mitte zwischen den 100-Ebenen einen zweiten, äquivalenten Satz von Gitterebenen, so daß die resultierende Amplitude durch Interferenz verschwindet. In komplizierteren Fällen ist es jedoch wichtig, den Strukturfaktor zu einer quantitativen Abschätzung der Streuintensität zu benützen, die man von irgendeinem Satz von Ebenen hkl in irgendeiner postulierten Kristallstruktur erwartet. Dabei führt man die Summation über alle Werte von h, k und l durch, so daß wir einen Term für jeden Satz von Ebenen hkl und damit für jedes Beugungsmaximum im Röntgenbeugungsdiagramm erhalten.

15. Fouriersynthese einer Kristallstruktur

Für die Streuung von Röntgenstrahlen sind die Elektronen in den Kristallen verantwortlich. Es ist also ziemlich unwirklich, eine Kristallstruktur als eine Anordnung von Atomen in den Punkten (xyz) darzustellen. Der physikalischen Wirklichkeit wesentlich näher kommt die Darstellung einer kontinuierlichen Dichteverteilung $\varrho(x,y,z)$ der Elektronen. Der in [21.13] gegebene Ausdruck für den Strukturfaktor – ausgedrückt als Summe über diskreten Atomen – wird dann zu

---

[6] *International Tables for the Determination of Crystal Structures* (1952). Die Auswahl der Raumgruppen läßt sich gewöhnlich auf eine Zahl von zwei oder drei verringern, wenn man die fehlenden Reflexe (hkl) aufsucht und mit den Tabellen vergleicht.

einem Integral über die kontinuierliche Verteilung des streuenden Prinzips, also der Elektronen[7]:

$$F(hkl) = \int_0^a \int_0^b \int_0^c \varrho(x,y,z) e^{2\pi i(hx/a + ky/b + lz/c)} dx\,dy\,dz \qquad [21.14]$$

Da die Elektronendichte $\varrho(xyz)$ eine Funktion mit der Periodizität des Gitters ist, kann sie als eine dreidimensionale Fourierreihe geschrieben werden:

$$\varrho(x,y,z) = \sum\sum\sum A(pqr) \exp^{+2\pi i(px/a + qy/b + rz/c)} \qquad [21.15]$$

Um den Fourierkoeffizienten $A(pqr)$ zu bestimmen, setzen wir [21.15] in [21.14] ein und erhalten:

$$F(hkl) = \int_0^a \int_0^b \int_0^c \sum\sum\sum A(pqr) \exp[2\pi i(hx/a + ky/b + lz/c)]$$
$$\times \exp[2\pi i(px/a + qy/b + rz/c)] dx\,dy\,dz \qquad [21.16]$$

Die Integrale von Exponentialfunktionen über eine vollständige Periode verschwinden immer; der einzige verbleibende Term in [21.16] ist jener, für den $p = -h$, $q = -k$ und $r = -l$ ist. Wir erhalten also

$$F(khl) = \int_0^a \int_0^b \int_0^c A(\bar{h}\bar{k}\bar{l}) dx\,dy\,dz = VA(\bar{h}\bar{k}\bar{l})$$

Wenn wir diesen Wert für den Fourierkoeffizienten in [21.15] einsetzen, dann erhalten wir:

$$\varrho(x,y,z) = \frac{1}{V} \sum\sum\sum F(hkl) \exp\left[-2\pi i\left(\frac{hx}{a} + \frac{ky}{b} + \frac{lz}{c}\right)\right] \qquad [21.17]$$

Diese sehr wichtige Gleichung enthält das gesamte Problem einer Strukturbestimmung, da sich alle Kristallstrukturen durch die Funktion $\varrho(xyz)$ darstellen lassen. Die Positionen einzelner Atome stellen Maxima in der Funktion der Elektronendichte ϱ [21.17] dar; die Höhe eines Maximums ist proportional der Ordnungszahl (Zahl der Elektronen) des jeweiligen Atoms. Wenn wir alle Werte für $F(hkl)$ wüßten, dann könnten wir unmittelbar die Kristallstruktur darstellen. Alles was wir wissen, sind jedoch die Intensitäten der Beugungsmaxima, die jeweils proportional $|F(hkl)|^2$ sind. Wie schon zuvor festgestellt, wissen wir zwar die Amplituden, beim Aufnehmen des Röntgenbeugungsdiagramms haben wir aber die Phasenbeziehungen verloren.

Bei einer der Lösungsmethoden wird zunächst eine wahrscheinliche Struktur angenommen, für die man anschließend die Intensität berechnet. Wenn die angenommene Struktur auch nur angenähert stimmt, dann müßten sich für die stärksten beobachteten Beugungsmaxima auch große berechnete Intensitäten ergeben. Anschließend berechnen wir die Fourierreihen unter Verwendung der *beobachteten* Werte von F für diese Reflexe mit den *berechneten* Phasen. Wenn wir auf dem richtigen Weg sind, dann liefert uns das Diagramm der Fouriersum-

---

[7] [21.14] gilt für Einheitszellen mit Achsen, die aufeinander senkrecht stehen. Für andere Einheitszellen muß diese Beziehung etwas modifiziert werden, die Veränderung besteht vor allem in der Einführung neuer Variablen x, y, z für einen neuen Satz von Achsen.

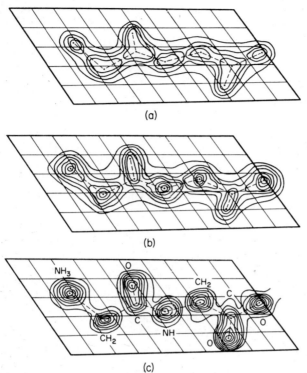

Abb. 21.18
FOURIER-Diagramm (»Höhenlinien«) der Elektronendichte in Glycylglycin, projiziert auf die Basis der Einheitszelle:
(a) mit 40 Termen;
(b) mit 100 Termen;
(c) mit 160 Termen.

mierung neue Positionen für die Atome, aus denen wir wieder neue Werte für F berechnen können; aus diesen können wir wiederum die genauen Phasenbeziehungen berechnen. Je mehr Terme man bei der Fouriersynthese verwendet, um so mehr verbessert sich die Auflösung der Struktur, genau wie sich die Auflösung eines Mikroskops mit Objektiven verbessert, mit denen sich immer mehr Ordnungen des gestreuten Lichtes einfangen lassen. Abb. 21.18 zeigt 3 Fouriersynthesen für die Struktur des Glycylglycins. Bei der ersten (a) wurden 40 Terme bei der Summation verwendet, wodurch sich eine Auflösung von etwa 0,25 nm ergab; bei der zweiten (b) mit 100 Termen wurde eine Auflösung von etwa 0,15 nm erreicht; mit 160 Termen (c) ließ sich endlich eine Auflösung von etwa 0,11 nm erzielen.

Bei schwierigen Strukturen bedeutet es oft eine große Hilfe, wenn ein schweres Atom eine bekannte Lage in der Kristallstruktur einnimmt. Das Röntgenbeugungsdiagramm wird nun fast ein Hologramm, da die von dem schweren Atom verursachte Streuung mit ihrer bekannten Phase bei der Rekonstruktion der Struktur dieselbe Rolle spielt wie die kohärente Hintergrundstrahlung beim Hologramm. Wir haben natürlich immer noch keine Röntgenlinsen, um das Abbild der Struktur direkt zu projizieren; es gibt aber andere Möglichkeiten für eine optische Synthese einer Kristallstruktur.

Die Methode, sich der starken Beugung an einem schweren Atom zu bedienen, fand ihre erste direkte Anwendung bei der Strukturaufklärung des Phthalocyanins durch ROBERTS und WOODWARD (1940). Diese hochsymmetrische Molekel hat ein »Loch« in der Mitte und bildet koordinative Bindungen zwischen Stickstoff und Metall, wenn man irgendwelche Metallionen in das System einführt.

Eine ganz besonders wichtige Anwendung fand diese Methode in der Arbeit von DOROTHY HODGKIN und BARBARA ROGERS LOW über die Struktur des Penicillins. Gemessen wurden die Röntgenbeugungsdiagramme der Na-, K- und Rb-Salze des Penicillins.

Je mehr Atomlagen man bei einer Strukturanalyse bestimmen muß, um so mehr Terme müssen bei einer Fouriersummation zur Erzielung einer bestimmten Auflösung eingeführt werden. Für ein Protein mit einem Molekulargewicht von $2 \cdot 10^4$ braucht man etwa 10 000 Terme für eine Auflösung von 0,20 nm.

Abb. 21.19 stellt eine Projektion des dreidimensionalen Fourierdiagramms (Elektronendichtenverteilung) der Ribonuclease S dar [7a].

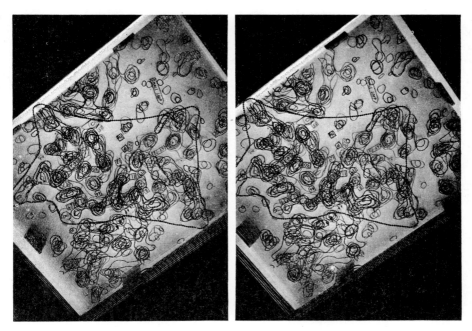

Abb. 21.19 Stereoskopische Darstellung der dreidimensionalen Elektronendichteverteilung (»Höhenlinien«) in einem Kristall von Ribonuclease-S (Fouriersynthese der Röntgenbeugungsdiagramme). Dieses Protein hat ein Molekulargewicht von 12 000 und besteht aus 124 Aminosäureeinheiten. Für dieses Diagramm wurden die Amplituden und Phasen von 6000 Röntgenbeugungsmaxima benötigt. Kristalline Schwermetallderivate wurden mit dem Uranylkation, dem Tetracyanoplatinat(II)anion und dem Dichloräthylendiaminplatin(II)kation erhalten. Die Auflösung beträgt etwa 0,20 nm. Der Stereoeffekt läßt sich beim Betrachten dadurch herbeiführen, daß man die Augen auf ∞ akkomodieren läßt (Kurzsichtige nehmen die Brille ab); manchmal hilft die Trennung der beiden Bilder durch eine Karte. [H. W. WYCKOFF, D. TSERNOGLU, A. W. HANSON, J. R. KNOX, B. LEE, F. M. RICHARDS, Department of Molecular Biophysics and Biochemistry, Yale University, J. Biol. Chem. 245 (1970) 305.]

[7a] F. M. RICHARDS, J. Biol. Chem. 242 (1967) 3485.

Die dreidimensionalen Strukturen von Proteinen lassen sich durch Modelle verdeutlichen; bei niedriger Auflösung (0,5 nm) können z.B. Balsaholzschnitte für die Darstellung der Linien gleicher Elektronendichte (»Höhenlinien« des Modells) verwendet werden. Aus solchen Konturkarten lassen sich auch die van-der-Waalsschen Radien der Atome entnehmen. Abb. 21.20a zeigt das Strukturmodell des Ferricytochroms c bei einer Auflösung von 0,40 nm. Bei verbesserter Auflösung können die einzelnen Atome der Polypeptidkette unterschieden werden. Als Beispiel zeigt Abb. 21.20b dieselbe Molekel als Drahtskelett bei einer Auflösung von 0,28 nm. Die Hauptkette des Polypeptids wird durch weißes Garn symbolisiert.

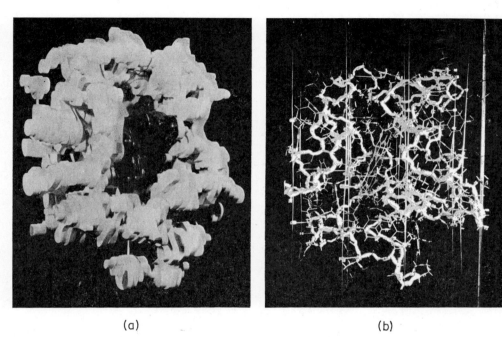

(a) (b)

Abb. 21.20 (a) Räumliches Modell des Ferricytochroms aus dem Pferdeherzen bei 0,40 nm Auflösung. Der schwarz dargestellte Hohlraum, in dem die Häm-Molekel sitzt, ist eine vertikale Öffnung mit einer Länge von etwa 2,1 nm. Das Häm liegt parallel zu dieser Öffnung und senkrecht zu der Oberfläche der Apoproteinmolekel. Die Porphyrinringe des Häms erstrecken sich ins Innere des Apoproteins, welches als eine hydrophobe Tasche für die Ringe dient. Das Häm ist kovalent über Thioätherbrücken mit zwei Schwefelatomen des Apoproteins verknüpft, und zwar ausgehend von den Vinylseitenketten des Häms zu den Cysteinresten im Apoprotein. (b) Die gleiche Struktur ist hier mit einer Auflösung von 0,28 nm als Modell gezeigt, in welchem die Bindungen durch dünne Stäbchen und die Hauptkette des Polypeptids durch weißes Garn dargestellt ist. Das Häm hat in dieser Darstellung die Lage wie in dem Hohlraum des Apoproteins. [R. E. DICKERSON, M. L. KOPKA, J. WEINZIERL, J. VARNUM, D. EISENBERG, E. MARGOLIASH, *J. Biol. Chem.* 242 (1967) 3014.]

16. Neutronenbeugung

Nicht nur Röntgen- und Elektronenstrahlen, sondern auch Strahlen aus schwereren Teilchen können Beugungsdiagramme liefern, wenn sie an den regelmäßig angeordneten Atomen in einem Kristall gebeugt werden. Neutronenstrahlen haben sich in vielen Fällen als besonders nützlich erwiesen. Ihre Wellenlänge ergibt sich aus der Neutronenmasse und der Geschwindigkeit durch die Gleichung von DE BROGLIE: $\lambda = h/mv$. Ein Neutron mit einer kinetischen Energie von 0,08 eV, entsprechend einer Geschwindigkeit von $3,9 \cdot 10^5$ cm s^{-1}, würde eine Wellenlänge von 0,10 nm besitzen. Röntgenstrahlen werden weitaus überwiegend durch die Elektronen in der Atomhülle gestreut; die Atomkerne tragen praktisch nichts zur Streuung bei. Neutronen hingegen werden weitaus überwiegend durch zwei andere Effekte gestreut: durch Zusammenstöße mit den Atomkernen (*Kernstreuung*) und durch die Wechselwirkung der magnetischen Momente der Neutronen mit den permanenten magnetischen Momenten der Atome oder Ionen (*magnetische Streuung*).

In Abwesenheit eines äußeren magnetischen Feldes sind die magnetischen Momente der Atome in paramagnetischen Kristallen statistisch orientiert, so daß auch die magnetische Streuung von Neutronen durch solch einen Kristall statistisch ist. Sie trägt also zur Gesamtstreuung nur durch einen diffusen Untergrund bei, auf dem die scharfen Maxima der Kernstreuung an den Stellen aufwachsen, für die die BRAGGsche Bedingung erfüllt ist. Bei *ferromagnetischen Stoffen* (im magnetisierten Zustand) haben die magnetischen Momente jedoch eine solche Orientierung, daß die resultierenden Spins der benachbarten Atome parallel sind, selbst in Abwesenheit eines äußeren Magnetfeldes. Die magnetischen Momente haben auch bei *antiferromagnetischen Stoffen* eine bestimmte Orientierung; die Spins von jeweils benachbarten Atomen liegen jedoch antiparallel. Die Neutronen »merken« dies; die Neutronenbeugungsdiagramme solcher unterschiedlichen magnetischen Strukturen unterscheiden sich also ebenfalls und lassen Aussagen über die Anordnung der Spins im Kristall zu.

So hat z.B. das Manganoxid, MnO, die Steinsalzstruktur (Abb. 21.14) und ist antiferromagnetisch. Die durch die Neutronenbeugungsanalyse aufgeklärte magnetische Struktur zeigt Abb. 21.21. Das Manganoion Mn^{2+} hat die elektronische Struktur $3s^2 3p^6 3d^5$. Die fünf 3d-Elektronen sind alle ungepaart, und das resultierende magnetische Moment hat einen Betrag von $2\sqrt{\frac{5}{2}\left(\frac{5}{2}+1\right)} = 5{,}91$ BOHRschen Magnetonen. Wenn wir die in aufeinanderfolgenden 111-Ebenen des Kristalls liegenden Mn^{2+}-Ionen betrachten, dann sind die resultierenden Spins in positiver und negativer [111]-Richtung orientiert.

Die Neutronenbeugungsanalyse eignet sich auch vorzüglich zur Lokalisierung der Wasserstoffatome in Kristallstrukturen. Dies hat besondere Bedeutung, da Wasserstoffatome nur mit einem Elektron zum Röntgen- oder Elektronenstreuvermögen einer Struktur beitragen und daher in Röntgen- oder Elektronenbeugungsdiagrammen meist von den Beugungen schwererer Atome überstrahlt werden. Wegen ihrer nahezu gleichen Masse streuen die in einem Kristall fixierten Protonen die auftreffenden Neutronen sehr stark. Mit der Neutronenbeugungsanalyse konnte so die Kristallstruktur von solchen Verbindungen wie UH$_3$ und KHF$_2$ aufgeklärt werden.

Es ist in diesem Zusammenhang nicht möglich, noch eingehender über diese sehr interessante Methode zu berichten; es sei jedoch noch auf die Verwandtschaft zur

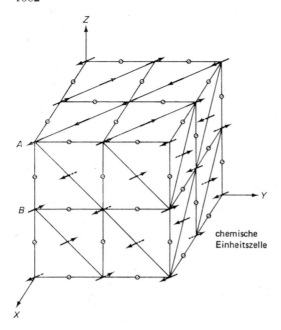

Abb. 21.21 Magnetische Struktur der Übergangselementoxide am Beispiel des MnO; die »magnetische Einheitszelle«, die sich bei Berücksichtigung der Richtung der magnetischen Momente ergibt, ist (lateral) doppelt so groß wie die chemische Einheitszelle. Die an der Stelle der Metallionen gezeichneten Pfeile geben die Richtungen der magnetischen Momente an; die kleinen Kreise symbolisieren die zwischen den Metallionen liegenden Sauerstoffionen. Diese Struktur besteht formal aus ferromagnetischen Schichten von Ionen parallel zur (111)-Ebene. Beim MnO und NiO liegen die Momente in dieser Ebene, beim FeO stehen sie senkrecht zu dieser. (G. E. Bacon, *Applications of Neutron Diffraction in Chemistry*, Pergamon Press, London 1963.)

Raman-Spektroskopie hingewiesen. Bei dieser verändert sich der Schwingungszustand durch die Wechselwirkung mit den das System durchsetzenden Photonen; die gestreuten Photonen verlassen das System entweder energieärmer oder energiereicher (anti-Stokessches Verhalten); die Energiedifferenz entspricht dem jeweiligen Schwingungsübergang. Auch bei der Wechselwirkung von Neutronen mit Molekeln verändert sich deren Schwingungszustand; auch hier gibt es Stokessches und anti-Stokessches Verhalten. Der besondere Vorteil der Schwingungsanalyse durch Neutronenstreuung liegt jedoch im Fehlen jeglicher Auswahlregeln. Die Neutronen verhalten sich beim Zusammenstoß mit Molekeln wie kleine Hämmer, die alle Schwingungszustände anregen (oder auch einmal Schwingungsenergie vom System übernehmen und dieses energiereicher verlassen).

17. Dichteste Kugelpackungen

Eine ganze Zeit vor der ersten Röntgenstrukturanalyse wurden einige kluge Theorien über die Anordnung von Atomen und Molekeln in Kristallen aus rein geometrischen Überlegungen entwickelt. So diskutierte W. Barlow in den Jahren 1883 bis 1897 eine Anzahl von Strukturen auf der Grundlage der Packung von Kugeln. Er befand sich hier also auf den Spuren von Haüy, der seine Untersuchungen ein Jahrhundert zuvor angestellt hatte.

Es gibt zwei und nur zwei einfache Möglichkeiten, Kugeln derselben Größe so zu packen, daß ein Minimum an leerem Raum übrigbleibt, – in jedem Fall 25,9%. Diese beiden Packungen nennt man die hexagonal dichteste (HDP) und die ku-

Dichteste Kugelpackungen 1003

bisch dichteste Packung (KDP); Abb. 21.22 zeigt Ausschnitte aus diesen Strukturen.

Bei diesen dichtestgepackten Strukturen steht jede Kugel im Kontakt mit 12 anderen Kugeln: ein Sechseck von Kugeln in derselben Ebene, und zwei gleichseitige Dreiecke mit je drei Kugeln, eines über und eines unter der willkürlich herausgegriffenen zentralen Kugel. Bei der HDP liegen die Kugeln im oberen

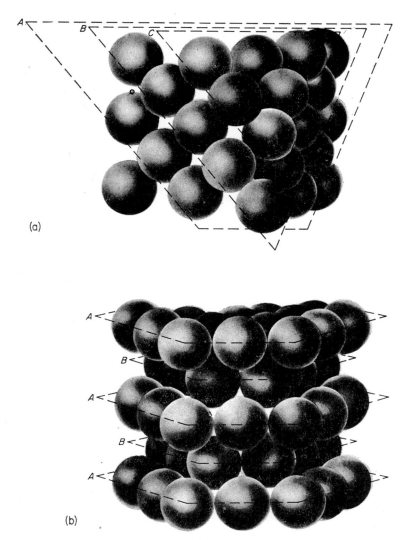

Abb. 21.22 Ausschnitte aus den beiden Strukturen, die bei dichtester Kugelpackung entstehen können. (a) Kubisch dichteste Packung. Die am nächsten beieinanderliegenden Schichten sind die 111-Ebenen in der flächenzentriert-kubischen Struktur. (b) Hexagonal dichteste Packung. Die am nächsten beieinanderliegenden Schichten sind die 001-Ebenen. (Nach L. V. AZAROFF, *Introduction to Solids*, McGraw-Hill, New York 1960.)

Dreieck direkt über jenen im unteren Dreieck; die Schichten wiederholen sich also in der Ordnung AB, AB, AB. Bei der KDP ist das obere Dreieck relativ zum unteren, um einen Winkel von 60° um die c_3-Achse gedreht. Die Schichten wiederholen sich also in der Reihenfolge ABC, ABC, ABC.

Die KDP besitzt eine flächenzentriert-kubische Einheitszelle. Die 111-Ebenen dieser Struktur bilden die am dichtesten gepackten Schichten; sie sind also senkrecht zu den [111]-Richtungen aufeinander gestapelt. Die HDP beruht auf einer hexagonalen Einheitszelle. Hier sind die 001-Ebenen am dichtesten gepackt; sie sind senkrecht zur c_6-Achse aneinandergereiht.

Die KDP wird von kugelförmigen Atomen oder Molekeln bevorzugt, die VAN-DER-WAALSsche Kräfte aufeinander ausüben. Dies sind vor allem die Edelgase und das Methan. H_2, N_2 und O_2 kristallisieren zunächst in einer HDP.

Die meisten typischen Kristalle kristallisieren in der KDP, der HDP oder einer kubisch-raumzentrierten Struktur; einige Beispiele zeigt die Tab. 21.4. Etwas seltener kommen die folgenden Strukturen vor: diamantartig-kubisch (graues Zinn und Germanium), flächenzentriert-tetragonal – eine Verformung der flächen-

Kubisch dichteste Packung (KDP)		Hexagonal dichteste Packung (HDP)		Kubisch-raumzentrierte Strukturen	
Ag	γ-Fe	α-Be	Os	Ba	Mo
Al	Ni	γ-Ca	α-Ru	α-Cr	Na
Au	Pb	Cd	β-Sc	Cs	Ta
α-Ca	Pt	α-Ce	α-Ti	α-Fe	β-Ti
β-Co	Sr	α-Co	α-Tl	δ-Fe	V
Cu	Th	β-Cr	Zn	K	β-W
		Mg	α-Zr	Li	β-Zr

Tab. 21.4 Kristallstrukturen der wichtigsten Metalle

zentrierten KDP-Struktur (γ-Mangan und Indium); rhomboedrische Schichtenstrukturen (Wismut, Arsen, Antimon); raumzentriert-tetragonal (weißes Zinn); einfach-kubisch (Polonium). Hier wollen wir uns daran erinnern, daß viele Metalle polymorph sind, also in Abhängigkeit von der Temperatur und vom Druck zwei oder noch mehr verschiedene Kristallstrukturen auszubilden vermögen.

Die Natur des metallischen Zustandes wollen wir später diskutieren. Hier wollen wir soviel vorwegnehmen, daß ein Metallgitter aus einem dreidimensionalen Netzwerk positiver Metallionen besteht, die im wesentlichen nach geometrischen Gesichtspunkten angeordnet sind, während die Valenzelektronen delokalisiert sind und ein *Elektronengas* bilden.

18. Bindung in Kristallen

In Kapitel 15 hatten wir zwei verschiedene theoretische Methoden zur Behandlung der chemischen Bindung in Molekeln kennengelernt. Bei der Valenzbindungsmethode (VB) gehen wir von individuellen Atomen aus, denen wir die Bindungselektronen zuschreiben. Bei der Molekelorbitalmethode (MO) werden die bindenden Elektronen nicht den einzelnen Atomen zugeordnet. Für die Untersuchung der Bindungen in Kristallen bieten sich wiederum diese beiden grundlegenden Modelle an. Im einen Falle faßt man die Kristallstruktur als eine regelmäßige Anordnung von Atomen auf, von denen jedes Elektronen besitzt, mit denen es Bindungen zu Nachbaratomen knüpft. Diese Bindungen mögen ihrer Natur nach ionisch, kovalent oder eine Mischung aus beiden sein. Diese Bindungen erstrecken sich in drei Dimensionen und halten den Kristall zusammen. Die alternative Möglichkeit besteht wiederum darin, die Kerne in feste Positionen zu bringen und dann, bildhaft gesprochen, den Elektronenzement allmählich in diese periodische Anordnung der nuklearen Ziegelsteine zu schütten.

Beide Methoden liefern brauchbare Ergebnisse, die unsere Vorstellungen von der Natur des kristallinen Zustandes ergänzen. Die aus der ersten Methode hervorgehenden Vorstellungen nennen wir das *Bindungsmodell* des festen Zustandes. Die zweite Methode, eine Erweiterung der MO-Methode, nennen wir aus später zu erläuternden Gründen das *Bändermodell* des festen Zustandes.

19. Das Bindungsmodell

Wenn wir uns einen festen Körper als von chemischen Bindungen zusammengehalten denken, dann ist es nützlich, die verschiedenen Bindungstypen zu klassifizieren. Eine solche Einteilung kann zweifellos nicht sehr scharf sein, sie ist es ja auch nicht bei der Betrachtung einzelner Molekeln. Als einfaches Denkschema hat sie sich jedoch bei der Unterscheidung verschiedener Arten von Festkörpern bewährt. Bei den nun folgenden Betrachtungen wollen wir versuchen, gerichtete Bindungen von ungerichteten Wechselwirkungen (Kräften) zu unterscheiden.

(a) VAN-DER-WAALSsche *Kräfte.* Der Zusammenhalt in Kristallen aus chemisch inerten Atomen oder unpolaren, gesättigten Molekeln geschieht im wesentlichen durch Kräfte, die dieselbe Natur besitzen wie die für die Korrekturgröße a in der van-der-Waalsschen Gleichung verantwortlichen Kräfte. Kristalle dieser Art nennt man manchmal *Molekelkristalle*. Beispiele hierfür sind fester Stickstoff, CCl_4 und Benzol. Diese Molekeln neigen dazu, sich so dicht zusammenzupacken, wie es ihre Geometrie erlaubt. Der Zusammenhalt zwischen den Molekeln in Molekelkristallen kommt durch eine Kombination von Dipol-Dipol- und Dipol-Polarisations-Wechselwirkungen sowie durch quantenmechanische *Dispersionskräfte* zustande. Die letzteren wurden von F. LONDON theoretisch behandelt und ihrer Natur nach aufgeklärt; sie stellen bei Edelgasen und kugelförmigen, unpolaren Molekeln die stärkste Komponente unter den Wechselwirkungskräften dar. Die Theorie dieser Kräfte wollen wir im nächsten Kapitel diskutieren.

(b) Die *Bindung in Ionenkristallen; Ionenbeziehungen.* Einen echten Fall einer gerichteten *Ionenbindung* haben wir beim gasförmigen NaCl (s. 15-2). In Ionenkristallen führt die COULOMBsche Wechselwirkung zwischen entgegengesetzt geladenen Ionen zu einer regelmäßigen, dreidimensionalen Struktur. Beim NaCl ist jedes Na$^+$-Ion von sechs negativ geladenen Cl$^-$-Ionen umgeben; umgekehrt ist jedes Cl$^-$ von 6 Na$^+$ umgeben. Im Kristall existieren also keine NaCl-Molekeln. Die Ionenkräfte in Kristallen sind kugelsymmetrisch und ungerichtet; ein bestimmtes Ion ist von so viel entgegengesetzt geladenen Ionen umgeben, die bequem untergebracht werden können, vorausgesetzt natürlich, daß für den gesamten Kristall die Elektroneutralität gewahrt bleibt. Reine Ionenkristalle sind praktisch auf die Salze der Alkali- und Erdalkalimetalle beschränkt.

(c) Die *kovalente Bindung*. Diese Bindungen sind gerichtet; sie entstehen, wenn Atome Elektronen zu einem gemeinsamen bindenden Orbital zur Verfügung

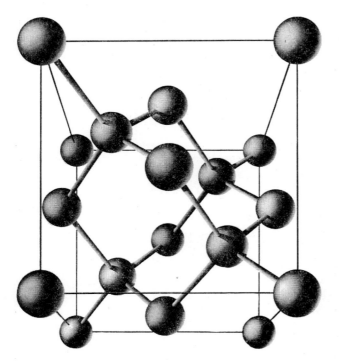

Abb. 21.23 Kubische Einheitszelle der Diamantstruktur (gezeichnet von F. M. THAYER; nach G. H. WANNIER, *Solid State Theory*, Cambridge University Press, 1959). Wenn die vier Atome, die das Zentralatom tetraedrisch umgeben, sich von diesem unterscheiden, dann entsteht die Kristallstruktur der Zinkblende (ZnS).

stellen. Wenn sie sich in drei Dimensionen erstrecken, dann können sie, in Abhängigkeit von der Zahl der für die Ausbildung von Bindungen zur Verfügung stehenden Elektronen, zu einer Vielfalt von Kristallstrukturen führen.

Ein gutes Beispiel ist die in Abb. 21.23 gezeigte Diamantstruktur. Diese kann aufgefaßt werden als zwei ineinandergeschachtelte, kubisch-flächenzentrierte Gitter. Jedes Atom des einen Gitters wird tetraedrisch von vier äquidistanten Atomen des anderen Gitters umgeben. Diese Anordnung stellt ein dreidimensionales polymeres Netzwerk von Kohlenstoffatomen dar, die untereinander mit tetraedrisch orientierten Einfachbindungen verknüpft sind. Die Konfiguration der Kohlenstoffbindungen im Diamant ist also ähnlich der in aliphatischen Verbindungen wie Äthan. Germanium, Silizium und graues Zinn kristallisieren ebenfalls in der Diamantstruktur.

Eine ähnliche Kristallstruktur besitzen Verbindungen wie ZnS (Zinkblende), AgJ, AlP und SiC. Bei all diesen Strukturen ist jedes Atom von 4 andersartigen Atomen umgeben, die in den Ecken eines regulären Tetraeders sitzen. In jedem Falle ist die Bindung gerichtet und hauptsächlich kovalent. Diese Struktur kann immer dann auftreten, wenn die Gesamtzahl der Elektronen auf der äußeren Schale viermal so groß ist wie die Zahl der Atome im Gitterverband; es ist nicht notwendig, daß jedes Atom dieselbe Anzahl von Valenzelektronen zur Verfügung stellt.

Im Graphit, der stabileren allotropen Modifikation des Kohlenstoffs, ähneln die Bindungen jenen in carbozyklischen aromatischen Verbindungen. Abb. 21.24 zeigt die Kristallstruktur des Graphits. Innerhalb jeder Schicht von Kohlenstoffatomen wirken starke Bindungen; die Bindungen zwischen den Schichten sind wesentlich schwächer. Dies erklärt, warum der Graphit aus Blättchen be-

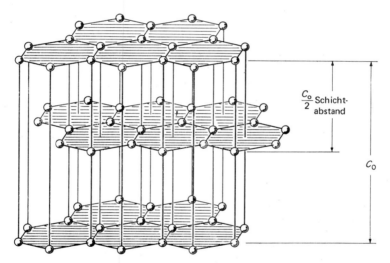

Abb. 21.24 Die hexagonale Struktur des Graphits.

steht, die sich leicht gegeneinander verschieben lassen. Der C—C-Bindungsabstand innerhalb einer Graphitschicht beträgt 0,134 nm und ist damit gleich groß wie der in Anthracen. Wie bei den aromatischen Kohlenwasserstoffen (15-24 und 15-25) können wir innerhalb der Graphitstruktur zwei Arten von Elektronen unterscheiden. Die σ-Elektronen sind jeweils gepaart und bilden lokalisierte sp^2-Bindungen; die π-Elektronen sind delokalisiert und können sich frei innerhalb der Ebenen aus C_6-Ringen bewegen. Atome mit nur zwei Valenzen können keine isotropen dreidimensionalen Strukturen bilden; sehr wohl hingegen können lange Atomketten gebildet werden. Dies zeigen die interessanten Strukturen von Selen (Abb. 21.25) und Tellur, die aus endlosen Atomketten bestehen, die sich durch den ganzen Kristall erstrecken. Die Ketten untereinander werden durch wesentlich schwächere (zwischenmolekulare) Kräfte zusammengehalten. Das Problem kann aber auch so gelöst werden wie beim rhombischen Schwefel (Abb. 21.26). Hier haben sich die Ketten zu achtgliedrigen Ringen aus Schwefelatomen geschlossen, die eine definierte, nichtplanare Konformation besitzen. Die Zweiwertigkeit des Schwefels bleibt erhalten; die S_8-Molekeln werden untereinander durch van-der-Waalssche Kräfte zusammengehalten. Elemente wie Arsen und Antimon, die in ihren Verbindungen eine Kovalenz von 3 zeigen, kristallisieren in Strukturen aus gut definierten Schichten von Atomen (Blätterstrukturen).

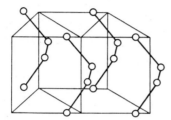

Abb. 21.25
Kristallstruktur des Selens.

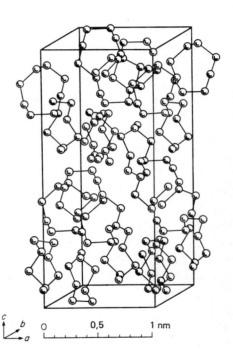

Abb. 21.26
Struktur des rhombischen Schwefels.

(d) *Bindungen gemischter Natur.* Derartige Bindungen treten sowohl in Festkörpern als auch in individuellen Molekeln auf; sie können als das Ergebnis einer Resonanz zwischen kovalenten und ionischen Anteilen betrachtet werden. Alternativ können wir die Polarisation eines einzelnen Ions durch ein benachbartes, entgegengesetzt geladenes Ion zur Erklärung heranziehen. Von einem Ion sagen wir, es sei polarisiert, wenn seine Elektronenwolke durch die Nähe eines entgegengesetzt geladenen Ions deformiert ist. Je größer ein Ion ist, um so leichter läßt es sich polarisieren; je kleiner ein Ion ist, um so stärker ist sein elektrisches Feld und um so größer sein Polarisierungsvermögen. In der Regel werden daher die größeren Anionen durch die kleineren Kationen polarisiert. Auch wenn wir vom Einfluß der Ionengröße absehen, können wir sagen, daß sich Kationen weniger leicht polarisieren lassen als Anionen; erstere haben eine positive Überschußladung, die die »Elektronenwolke« konzentrisch zusammenzieht. Von Einfluß ist auch die Struktur eines Ions. So haben Kationen mit Edelgasstruktur wie die Alkalimetallkationen eine geringere polarisierende Kraft als die Kationen der Übergangsmetalle (z. B. Ag^+), da ihre positiven Kerne wirksamer abgeschirmt sind.

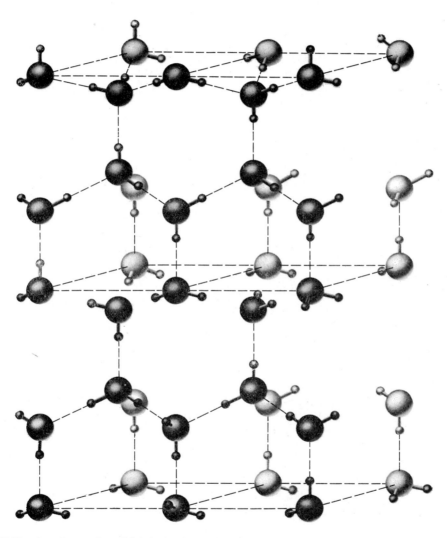

Abb. 21.27 Anordnung der Molekeln in einem Eiskristall. Die in dieser Zeichnung gezeigte Orientierung der Wassermolekeln ist willkürlich; auf jeder Verbindungslinie zwischen zwei Sauerstoffatomen sitzt ein Proton, und zwar etwas näher bei einem der beiden Sauerstoffatome. (Nach LINUS PAULING, *The Nature of the Chemical Bond*, Cornell University Press, 1960.)

Den Einfluß der Polarisation können wir an der Struktur der Silberhalogenide studieren. AgF, AgCl und AgBr haben die Steinsalzstruktur. Mit zunehmender Größe des Anions nimmt auch dessen Polarisierung durch das kleine Ag^+-Ion zu. Wir haben hier also einen Übergang von einem überwiegend ionischen Gitter zu einem kovalenten Gitter. Im AgJ ist das J^--Ion so stark polarisiert, daß die Bindung kaum mehr Ionencharakter hat; der Kristall besitzt die Struktur der Zinkblende. Durch spektroskopische Untersuchungen konnte bestätigt werden, daß das kristalline Silberiodid aus Atomen und nicht aus Ionen zusammengesetzt ist.

(e) Die *Wasserstoffbindung*. Die in 15-28 diskutierte Wasserstoffbindung spielt bei vielen Kristallstrukturen eine große Rolle, so bei anorganischen und organischen Säuren, Salzhydraten, Eis und Alkoholen. Die Struktur des gewöhnlichen Eises zeigt Abb. 21.27.

Das Gitter ist ähnlich dem des Wurtzits, der hexagonalen Form des Zinksulfids. Jedes Sauerstoffatom ist tetraedrisch von vier nächstbenachbarten Sauerstoffatomen in einem Abstand von 0,276 nm umgeben. Die Wasserstoffbindungen halten die Sauerstoffatome so zusammen, daß eine recht weiträumige Struktur entsteht. Im Vergleich hierzu hat der feste Schwefelwasserstoff eine kubisch dichteste Packung, bei der jede Molekel 12 nächste Nachbarn hat.

(f) Der *metallische Zustand*. Die metallische »Bindung« ist eng mit der gewöhnlichen kovalenten Bindung aus einem Elektronenpaar verwandt. Jedes Atom in einem Metall bildet kovalente Bindungen aus, indem es mit seinen nächsten Nachbarn gemeinsame Orbitale anteilig mit Elektronen beschickt. Nun übersteigt aber bei den Metallen die Zahl der bindenden Orbitale die Zahl der Elektronenpaare, mit denen man sie füllen könnte. Aus diesem Grunde stehen die kovalenten Bindungen in Resonanz mit den verfügbaren interatomaren Positionen. Bei einem Kristall erstreckt sich diese Resonanz durch die gesamte Struktur, wodurch deren Stabilität beträchtlich erhöht wird. Die leeren Orbitale (»Leitfähigkeitsbänder«) erlauben einen ungehinderten Fluß der Elektronen unter dem Einfluß eines angelegten elektrischen Feldes; dieses Phänomen bezeichnet man als metallische Leitfähigkeit.

20. Elektronengastheorie der Metalle

Das Elektronen- oder Bändermodell für Festkörper hat seinen Ausgangspunkt in der Theorie der Metalle. Die große Kohäsionsenergie der Metalle sowie ihre hohe elektrische und thermische Leitfähigkeit blieb bis zur Entdeckung des Elektrons 1895 ohne Erklärung. Im Jahre 1905 publizierte DRUDE eine Modellvorstellung, wonach ein Stück Metall wie eine dreidimensionale Potentialquelle oder ein Kasten aufzufassen ist, der ein frei bewegliches Elektronengas enthält. Wenn man ein äußeres elektrisches Feld anlegt, dann bewegen sich die Elektronen in Richtung des Gradienten des elektrischen Potentials; es fließt also ein elektrischer Strom. Die Leitfähigkeit σ ist das Verhältnis der Stromstärke pro Flächeneinheit (Stromdichte j) zur Feldstärke E: $\sigma = j/E$. Wie wir bei der Diskussion der Ionenleitfähigkeit gesehen haben, ist auch $\sigma = N|Q|u$. Hierin ist N die Konzentration der Ladungsträger, $|Q|$ der absolute Wert ihrer Ladung und u ihre Beweglichkeit. Das Drudesche Modell könnte nun die elektrische Leitfähigkeit der Metalle erklären, wenn man annehmen dürfte, daß N gleich der Summe aller Valenzelektronen und daß die Beweglichkeit u so groß ist, daß die Elektronen über Hunderte von Atomabständen frei beweglich sind, ohne durch Zusammenstöße mit Kernen oder anderen Elektronen abgelenkt zu werden. Wenn dies alles zuträfe, dann wäre der Ausdruck *Elektronengas* nicht mehr nur eine phantasiereiche Redewendung; Elektronen in Metallen hätten dann tatsächlich kinetische Eigenschaften ähnlich jenen von Gasmolekeln.

Es ergab sich allerdings bald eine ernsthafte Einwendung gegen die Drudesche Theorie. Wenn sich Elektronen wirklich wie Gasmolekeln verhalten würden, dann sollte ihre kinetische Energie bei der Erwärmung eines Metalls zunehmen. In Übereinstimmung mit dem Gleichverteilungssatz der Energie (4-18) sollte die Translationsenergie eines Mols Elektronen $\frac{3}{2}LkT$ betragen. Hierin ist L die Loschmidtsche Zahl und k die Boltzmannsche Konstante. Wir würden also den folgenden Beitrag der Elektronen zur Molwärme der Metalle bekommen: $C_{V_m} = (\partial U/\partial T)_V = \frac{3}{2}Lk = \frac{3}{2}R$. Experimentell konnte aber keine elektronische Wärmekapazität dieser Größenordnung nachgewiesen werden. Die Molwärmen von Metallen liegen bei gewöhnlichen Temperaturen vielmehr in der Nähe des Wertes, den die alte Regel von Dulong und Petit angibt: $C_{V_m} \approx 3R \approx 6 \text{ cal K}^{-1}$. (»Das Produkt aus der spezifischen Wärme und der Molmasse der Elemente ist annähernd konstant und beträgt im Durchschnitt etwa $6{,}2 \text{ cal K}^{-1}$.«) Diese Regel wird so interpretiert, daß die Atome in Festkörpern in drei Dimensionen um die jeweiligen Gitterpunkte schwingen können; auf jedes Atom entfällt also eine Energie von $3kT$. – Bei sehr tiefen Temperaturen konnte ein kleiner Betrag für die Molwärme der Elektronen gemessen werden, und bei einigen Metallen (z.B. Nickel) schien bei sehr hohen Temperaturen der elektronische Anteil zur Molwärme zuzunehmen. Insgesamt jedoch konnte der von der Drudeschen Theorie vorhergesagte Anteil der Elektronen an der gesamten Molwärme experimentell auch nicht angenähert bestätigt werden.

Dieses paradoxe Versagen der Elektronengastheorie war in Wirklichkeit ein Versagen der statistischen Mechanik bei der Berechnung eines korrekten Wertes von C_{V_m}. Die Lösung des Problems, die zuerst von Sommerfeld (1928) gegeben wurde, setzt eine gründliche Analyse und letztlich die Revision des Boltzmannschen Gesetzes der statistischen Mechanik voraus.

21. Quantenstatistik

Hier müssen wir zunächst bis zu jener Stelle im Kapitel 13 zurückgehen, an der wir eine Lösung für die Bewegung eines Teilchens in einem dreidimensionalen Kasten gefunden hatten. Wir hatten dabei spinfreie Teilchen betrachtet, auf die das Paulische Ausschlußprinzip nicht angewandt werden konnte. Wenn wir also unter diesen Voraussetzungen und unter Vernachlässigung der elektrostatischen

Wechselwirkung zwischen den Elektronen N Elektronen auf die Energieniveaus der Abb. 13.15 verteilen sollen, dann müßten wir dies nach dem BOLTZMANNschen Verteilungssatz tun:

$$N_i = g_i N_0 \exp(-\varepsilon_i/kT)$$

Dieser Ausdruck gibt uns die Zahl N_i der Elektronen in einem Niveau mit der Energie ε_i und dem Entartungsgrad g_i. Bei 0 K müßte für alle $i > 0$ $N_i = 0$ sein; alle Elektronen würden also das niedrigste Energieniveau $\varepsilon_0 = 0$ einnehmen. Nun können sich die Elektronen in Wirklichkeit gar nicht so verhalten, da sie Elementarteilchen mit dem Spin $s = 1/2$ sind; das Pauliprinzip erlaubt ja nur $2g_i$ Elektronen in jedem Energieniveau ε_i. Es muß also selbst beim absoluten Nullpunkt noch eine Vielzahl von besetzten Energieniveaus geben. Dabei werden die jeweils niedrigsten Energiezustände mit Elektronenpaaren besetzt, bis irgendein maximales Energieniveau E_F erreicht ist. Wenn wir nun die Verteilungsfunktion zeichnen, also die Wahrscheinlichkeit $P(E)$ der Besetzung eines Niveaus als Funktion der Energie E dieses Niveaus, dann finden wir das durch die gestrichelte Linie in Abb. 21.28 symbolisierte Ergebnis: Es ist $P(E) = 1$, bis wir das Niveau E_F erreichen; hernach wird $P(E) = 0$.

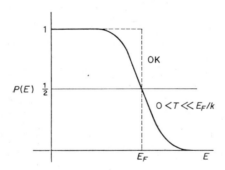

Abb. 21.28 Die FERMI-DIRACsche Verteilungsfunktion für die Energien der Elektronen in einem Metall.

Diese Funktion $P(E)$ ist ein Beispiel für eine FERMI-DIRAC-Verteilungsfunktion. Wir haben sie immer dann zu erwarten, wenn Elementarteilchen, die dem Paulischen Ausschlußprinzip gehorchen, auf verschiedene Translationsenergieniveaus verteilt werden sollen. Bei jeder Temperatur oberhalb von 0 K wird ein bestimmter Bruchteil der Elektronen in höhere Energieniveaus wandern; bei Temperaturen, die immer noch klein sind im Verhältnis zu E_F/k, hat die Verteilungsfunktion das Aussehen der durchgezogenen Kurve in Abb. 21.28.
Der mathematische Ausdruck für die Verteilungsfunktion ist[8]

$$P(E) = \frac{1}{e^{(E-E_F)/kT} + 1} \qquad [21.18]$$

---

[8] Das Fermi-Diracsche Verteilungsgesetz kann unmittelbar aus der Großen Verteilungsfunktion abgeleitet werden. Dies ist nachzulesen in LANDAU und LIFSHITZ, *Statistical Physics*, Pergamon Press, London 1958, S. 152. Die Ableitung zeigt, daß das maximale Energieniveau E_F gleich dem chemischen Potential des Elektrons ist: $E_F = \mu_e$.

Als besonders wichtigen Fall wollen wir uns $P(E) = 1/2$ merken; dann ist $E = E_F$, wobei wir E_F die FERMI-Energie nennen. In Metallen stellt die Fermienergie ein effektives Grenzniveau für die erlaubten Energien von Elektronen dar.
Solange $E_F \gg kT$ ist, hat die $P(E)$-Funktion die in Abb. 21.28 gezeigte allgemeine Form. Wenn jedoch $E_F \leqslant kT$ ist, dann wird die Verteilungsfunktion ähnlich der klassischen Boltzmannverteilung. Bei 1000 K ist $kT = 0{,}086$ eV. Für Natrium ist z.B. $E_F = 3{,}12$ eV, was einen typischen Wert für ein Metall darstellt. Wir sehen also, daß das Elektronengas in Metallen dem quantenmechanischen (Fermi-Dirac-)Verteilungsgesetz folgt. Wir können nun auch sehen, warum das Elektronengas nicht nennenswert zur Molwärme der Metalle beiträgt. Wenn ein Metall erhitzt wird, dann hat irgendein Elektron nur eine Möglichkeit, an Energie zuzunehmen, indem es nämlich in ein höheres Energieniveau übergeht. Wenn sich aber unser Elektron – wie die meisten – tief in der »FERMI-See« befindet, dann sieht es über sich praktisch keine leeren Niveaus, da fast alle höheren Niveaus schon mit Elektronen angefüllt sind. Nur verhältnismäßig wenige Elektronen an der Spitze der Verteilungsfunktion können leere, höhere Niveaus finden, die sie besetzen können. Sie füllen dabei das aus, was man den MAXWELLschen *Schwanz* der *Fermi-Dirac-Verteilung* nennt. Bei gewöhnlichen Temperaturen ist die elektronische Wärmekapazität daher verschwindend klein.

22. Die Kohäsionsenergie der Metalle

Die Kohäsion der Metalle kann qualitativ gedeutet werden als das Ergebnis der elektrostatischen Anziehung zwischen den positiv geladenen Atomrümpfen und den negativen Elektronen, die ein bewegliches Fluidum bilden. Für eine quantitative Diskussion muß die SCHRÖDINGER-Gleichung für ein System aus vielen Elektronen in einem periodischen elektrischen Feld gelöst werden, welches durch die Kristallstruktur des betrachteten Metalls vorgegeben ist.
Abb. 21.29a zeigt ein vereinfachtes, eindimensionales Modell einer Metallstruktur. Die Atomkerne sollen aus Natriumkernen mit einer Ladung von +11 bestehen. Die Position jedes Atomkerns stellt eine tiefe Potentialmulde für die Elektronen dar. Wenn diese »Schluchten« weit genug auseinanderliegen, dann fallen alle Elektronen in vorgegebene Positionen (Energieniveaus) an den Natriumkernen, so daß sich jeweils $1s^2\,2s^2\,2p^6\,3s^1$-Konfigurationen ergeben, die typisch für isolierte Natriumatome sind. Dies ist die in Abb. 21.29a gezeigte Situation.
In einem Metallverband sind nun die Potentialmulden nicht weit voneinander entfernt und auch nicht unendlich tief; die tatsächliche Situation ähnelt mehr der in Abb. 21.29b gezeigten. Die Elektronen können mit einer gewissen Wahrscheinlichkeit durch die Potentialbarrieren hindurchtunneln; je höher das Energieniveau eines Elektrons ist, um so größer ist die Wahrscheinlichkeit für einen solchen Tunneleffekt. Ein Elektron, das einen solchen Platzwechselvorgang vollzogen hat, nimmt im nächsten Natriumatom dasselbe Niveau ein. Wir haben es also nicht mehr mit den Energieniveaus einzelner Natriumatome, sondern mit Niveaus im ganzen Kristallverband zu tun. Nun sagt uns das PAULI-Prinzip, daß sich auf

einem bestimmten Niveau, dessen Quantenzahlen bis auf die Spinquantenzahl gleich sind, nicht mehr als zwei Elektronen aufhalten können (Spin $+1/2$ und $-1/2$). Sobald wir also zulassen, daß sich Elektronen durch den beschriebenen Effekt durch die ganze Struktur bewegen, müssen wir die Vorstellung von scharf definierten Energieniveaus aufgeben. Das in einem einzelnen Natriumatom scharf definierte 1s-Niveau verbreitert sich bei einem Natriumkristall in ein Band dicht beieinanderliegender Energieniveaus. Dies gilt auch für die höheren Energieniveaus, wobei die so entstehenden Bänder immer breiter werden (Abb. 21.29 b).

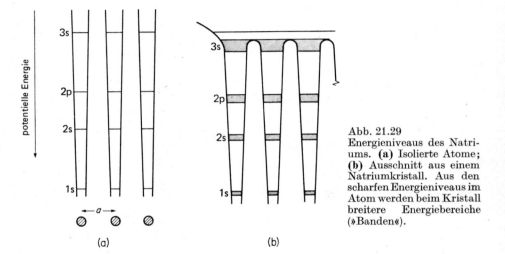

Abb. 21.29
Energieniveaus des Natriums. **(a)** Isolierte Atome; **(b)** Ausschnitt aus einem Natriumkristall. Aus den scharfen Energieniveaus im Atom werden beim Kristall breitere Energiebereiche (»Banden«).

Jedes Atomorbital trägt mit einem Niveau zu einem solchen Band bei. In den tieferen Bändern (1s, 2s, 2p) haben wir gerade genug Niveaus, um die Zahl der zur Verfügung stehenden Elektronen unterzubringen; diese Bänder sind also vollständig gefüllt. Wenn man ein äußeres elektrisches Feld anlegt, dann können sich die Elektronen in den gefüllten Bändern unter dem Einfluß des Feldes nicht bewegen. Wenn sie es nämlich tun wollten, dann müßten sie sich auf etwas höhere Niveaus begeben, und dies geht nicht, weil auch die etwas höheren Energieniveaus im jeweils betrachteten Band schon besetzt sind. Dies gilt auch für die Elektronen im obersten Niveau eines gefüllten Bandes, da es für diese ja keine höheren Niveaus mehr gibt, in die sie sich begeben könnten. Gelegentlich allerdings kann es vorkommen, daß ein Elektron in einem bestimmten Band (aufgrund der Boltzmannschen Energieverteilung) einen solchen Energiestoß bekommt, daß es aus seinem Band hinausfliegt und in irgendeinem höheren, nicht voll besetzten Band landet.

Wenn wir uns nun den Elektronen im obersten Band zuwenden, dann treffen wir eine völlig verschiedene Situation. Das 3s-Niveau ist nur halb aufgefüllt. Zwar kann ein Elektron im Innern des 3s-Bandes unter dem Einfluß eines äußeren elektrischen Feldes immer noch nicht wandern; die Niveaus direkt über ihm sind ja noch aufgefüllt. Elektronen in der Nähe der Oberfläche des aufgefüllten Bereiches können sich jedoch schon durch geringfügige Energieaufnahme leicht in höhere, nicht völlig aufgefüllte Niveaus innerhalb des Bandes begeben. Tatsächlich hat sich das oberste Band in vertikaler Richtung so sehr verbreitert, daß die Gipfel der Potentialwälle erreicht werden und die Elektronen in den obersten Niveaus »überschwappen« können; diese Elektronen müßten sich also völlig frei durch die Kristallstruktur bewegen können. Nach diesem idealisierten Modell, in dem sich die Kerne stets an den Punkten eines perfekt-periodischen Gitters befinden, würde sich dem Fluß eines elektrischen Stromes kein Widerstand entgegenstellen. Der tatsächlich auftretende Widerstand wird durch die Abweichungen von der perfekten Periodizität hervorgerufen. Eine auch bei Einkristallen zu beobachtende, sehr bedeutungsvolle Abweichung von dieser Periodizität stammt von den thermischen Schwingungen der Atomkerne. Diese Schwingungen »verstimmen« die scharfe Resonanz zwischen den elektronischen Energieniveaus und behindern damit den Fluß der Elektronen. Hiernach ist zu erwarten, daß der von diesem Mechanismus hervorgerufene elektrische Widerstand mit steigender Temperatur zunimmt.

Nach diesem Modell muß der Widerstand auch dann zunehmen, wenn man ein reines Metall mit irgendeiner anderen Komponente legiert; auch hier wird ja die regelmäßige Periodizität der Struktur durch andersartige Atome verringert. Eine Ausnahme von dieser Regel müßten die metallischen Substitutionsmischkristalle sein.

An dieser Stelle mögen dem Leser gewisse Bedenken kommen. Die hier entwickelten Vorstellungen sind zwar für einwertige Metalle wie Natrium sehr pausibel; wie verhält es sich aber mit Metallen, deren s-Niveaus völlig aufgefüllt sind? Ein Beispiel hierfür wäre das Magnesium mit zwei 3s-Elektronen, das bei strenger Anwendung dieser Vorstellungen ein Isolator sein müßte. Nun zeigten genauere

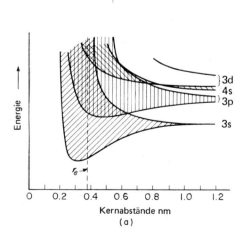
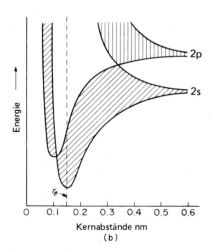

Abb. 21.30 Approximative quantenmechanische Berechnung der Bildung von Energiebanden bei der Zusammenfügung von Atomen zu einem Kristall. (a) Natrium; (b) Diamant.

Berechnungen, daß in solchen Fällen das 3p-Band niedrig genug liegt, um mit dem obersten Niveau des 3s-Bandes zu überlappen; auf diese Weise werden für die Leitfähigkeitselektronen zahlreiche leere Niveaus zur Verfügung gestellt. In Wirklichkeit trifft dies auch schon für Alkalimetalle zu. Fügt man Natriumatome, aus größerem Abstand kommend, zu einem Gitter zusammen, dann verbreitern sich die 3s- und 3p-Bänder so sehr, daß sie einen breiten Überlappungsbereich zeigen (Abb. 21.30). Die Kernabstände im Natriumgitter bei 1 atm Druck und 298 K betragen $r_e = 0{,}38$ nm. Unserer Abbildung können wir entnehmen, daß bei diesem Abstand zwischen dem 3s- und dem 3p-Band keine Energielücke mehr besteht. Im Gegensatz hierzu zeigt z.B. der Diamant (bei $r_e = 0{,}15$ nm) eine große Energielücke zwischen dem gefüllten *Valenzband* und dem leeren *Leitfähigkeitsband*.

Elektrische Leiter sind also gekennzeichnet entweder durch die nur partielle Auffüllung von Bändern oder durch die Überlappung der obersten Bänder. Isolatoren haben vollständig aufgefüllte niedere Niveaus mit einer breiten Energielücke zwischen dem höchsten aufgefüllten Niveau und dem niedrigsten, leeren Leitfähigkeitsband. Abb. 21.31 gibt eine schematische Darstellung dieser Modelle.

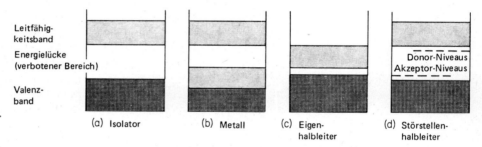

Abb. 21.31 Schematische Bändermodelle für das elektrische Verhalten von Festkörpern.

23. Wellenfunktionen für Elektronen in Festkörpern

Die Existenz von Bändern mit nahe beieinanderliegenden Energieniveaus, die durch verbotene Energiebereiche (Zonen) getrennt sind, gilt für Kristalle; sie wurde qualitativ aus dem einfacheren Modell diskreter Energiezustände für Elektronen in isolierten Atomen abgeleitet. Eine auf diesem Modell beruhende, quantitative Näherungsrechnung nennt man die *tight-binding-Approximation*. Es ist jedoch auch möglich, vom freien Elektronengas und einem vorgegebenen Gitter von Atomkernen auszugehen und die Existenz von Energiebändern mit dazwischenliegenden, verbotenen Zonen aus dem Effekt des periodischen Potentials der Atomkerne herzuleiten. Aus einem grundlegenden Theorem der Differentialgleichungen[9] können wir das folgende wichtige Ergebnis herleiten:

---

[9] Das FLOQUETsche Theorem; siehe z.B. E. T. WHITTAKER und G. N. WATSON, *Modern Analysis*, Cambridge University Press 1952.

Wellenfunktionen für Elektronen in Festkörpern

Wenn $\psi_0(x)$ eine Lösung der eindimensionalen Schrödingergleichung für ein freies Elektron ist, dann läßt sich stets eine Lösung für die Bewegung des Elektrons in einem periodischen Potential $U(x)$ mit einer Periode a [d.h. $U(x) = U(x-a)$] in der folgenden Form erhalten:

$$\psi(x) = \psi_0(x)\, u(x-a) \qquad [21.19]$$

Hierin hat $u(x-a)$ dieselbe Periode a wie das Potential U.

In der Theorie der Festkörper nennt man dieses Ergebnis das BLOCHsche *Theorem*; Funktionen der Form [21.19] nennt man *Blochfunktionen*. Sie bilden die mathematische Basis vieler quantenmechanischer Berechnungen von Kristalleigenschaften.
Eine Lösung für das freie Elektron als eine sich ausbreitende Welle hatten wir schon in 13-19 [13.55] in der folgenden Form erhalten:

$$\psi_0 = e^{ikx}$$

wobei $k = 2\pi\sigma = 2\pi/\lambda = 2\pi p/h$ ist. Hierin sind λ die *de-Broglie-Wellenlänge* und p der Impuls des Elektrons. Die Blochfunktion erhält dann die folgende Form:

$$\psi(x) = e^{ikx}\, u(x-a)$$

Da u sich periodisch ändert (mit der Periode a des Potentials), kann es in einer Fourierreihe entwickelt werden:

$$u(x-a) = \sum A_n e^{-2\pi i n x/a}$$

Wenn das Störpotential $U(x-a)$ klein ist, dann können wir, den Fall $k = \pi n/a$ ausgenommen, die Terme nach A_0 vernachlässigen. Es ist also näherungsweise:

$$\psi = A_0 e^{ikx} + A_n e^{ik_n x} \qquad [21.20]$$

Hierin ist $k_n = k - 2\pi n/a$. Wir wollen nun die Energie E der Elektronen gegen die verschiedenen Werte von k abtragen. Da $p = hk/2\pi$ ist, gilt für das freie Elektron:

$$E = \frac{p^2}{2m} = \frac{h^2 k^2}{8\pi^2 m}$$

Dies ist die Gleichung einer Parabel (Abb. 21.32). Das periodische Potential wirkt sich so aus, daß verbotene Energiezonen bei $k = \pm\pi/a,\ \pm 2\pi/a \pm \cdots n\pi/a$ entstehen.
Für die niedrigeren Werte von k koinzidiert die Kurve $E(k)$ mit der Parabel für freie Elektronen. Wenn sich jedoch k dem Wert von $\pm\pi/a$ nähert, dann nimmt die Steigung der Funktion $E(k)$ ab, bis bei $k = \pm\pi/a$ eine Diskontinuität der Werte von E über einen bestimmten Bereich von Werten eintritt. Diese stellen die *verbotenen Energiezustände* für das Elektron in der periodischen Struktur dar. Einem Band mit erlaubten Energiezuständen folgt also ein Lücke, anschließend kommt wieder ein erlaubtes Band usw.

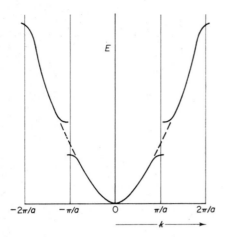

Abb. 21.32 Darstellung der Bewegung eines Elektrons im eindimensionalen periodischen Potential der Gleichung [21.20]. Der Bereich der erlaubten k-Werte von $-\pi/a$ bis π/a ist die erste BRILLOUIN-Zone für dieses System. Eine durchgehende Parabel (Verbindung der unterbrochenen Kurvenstücke durch die gestrichelten Linien) würde die Energiekurve des freien Elektrons in Übereinstimmung mit [21.21] bedeuten.

Die Voraussetzung für eine Diskontinuität in der Energie, $k = \pm n\pi/a$, ist nichts anderes als die BRAGGsche Bedingung $n\lambda = 2d \sin\theta$; es ist nämlich $k = 2\pi/\lambda$ und $a = d \sin\theta$, mit $\theta = 90°$ für den eindimensionalen Fall. Die Diskontinuitäten treten bei solchen Wellenlängen auf, bei denen die auf eine Kette von Atomen auftreffenden Elektronen der Braggschen Beugungsbedingung genügen. Elektronen mit diesen Wellenlängen können also das Gitter nicht durchsetzen, sondern werden (im Braggschen Sinne) »reflektiert«.

Die erlaubten Energiebänder nennt man BRILLOUIN-Zonen. Diese Zonen existieren im k-Raum; dies ist nach [21.9] und [21.10] eindeutig ein reziproker Raum oder FOURIER-Raum. Beim eindimensionalen Modell sind die Brillouinzonen also Segmente eines eindimensionalen Fourierraums für die Elektronen. Die erste Zone erstreckt sich von $k = -\pi/a$ bis $k = +\pi/a$. Die zweite Zone ist der k-Raum von $-2\pi/a$ bis $-\pi/a$ plus dem von π/a bis $2\pi/a$. Dieses Konzept läßt sich ohne weiteres auf den dreidimensionalen Raum ausdehnen. Die Brillouinzonen sind dann Volumina im k-Raum, welche von Ebenen begrenzt sind, für die die folgende Bedingung gilt:

$$k_x n_1 + k_y n_2 + k_z n_3 = \frac{\pi}{a}(n_1^2 + n_2^2 + n_3^2)$$

Dies sind aber gerade die Werte für k (k_x, k_y, k_z), bei denen *Braggsche Reflexion* auftreten würde[10].

---

[10] Für eine genauere Diskussion mit Beispielen siehe W. J. MOORE, *Seven Solid States*, Benjamin, New York 1967.

24. Halbleiter

Festkörper lassen sich aufgrund ihrer elektrischen Leitfähigkeit in drei Klassen einteilen:
(1) *Metallische Leiter.* Diese bieten, bei angelegter Potentialdifferenz, dem Fluß der Elektronen nur einen geringen Widerstand. Der spezifische Widerstand von Metallen liegt bei Zimmertemperatur im Bereich von $10^{-6} \cdots 10^{-8}\,\Omega \cdot \mathrm{m}$; er nimmt mit steigender Temperatur zu.
(2) *Isolatoren.* Diese zeigen nur eine äußerst geringe elektrische Leitfähigkeit; ihr spezifischer Widerstand liegt bei Zimmertemperatur zwischen 10^8 und 10^{20} $\Omega \cdot \mathrm{m}$.
(3) *Halbleiter.* Der spezifische Widerstand von Halbleitern liegt zwischen dem der Metalle und dem der Isolatoren; er nimmt mit steigender Temperatur ab, gewöhnlich mit $e^{\varepsilon/kT}$.

Die elektrischen Eigenschaften von Kristallen hängen von der Größe der verbotenen Zone zwischen dem aufgefüllten Valenzband und den höheren Leitfähigkeitsbändern ab. Eine Methode zur Bestimmung dieser Zone ist die Bestimmung der *Absorptionskonstante*, nämlich der Wellenlänge, bei der in der kristallinen Substanz die optische Absorption beginnt. Die Energie, bei der die Absorption beginnt, sollte der für die Anhebung eines Elektrons von der Spitze des aufgefüllten Valenzbandes zum untersten Niveau des Leitfähigkeitsbandes notwendigen Energie entsprechen. Für Kristalle mit der Siliciumstruktur wurden die folgenden Werte für die Zonenbreite ε (Bandlücke) bestimmt:

$$\text{C (Diamant): } 5{,}2\,\mathrm{eV} \quad \text{Si: } 1{,}09\,\mathrm{eV} \quad \text{Ge: } 0{,}60\,\mathrm{eV} \quad \text{Sn (grau): } 0{,}08\,\mathrm{eV}$$

Das Verhältnis der Zahl der Elektronen, die durch thermische Anregung bis ins Leitfähigkeitsband angehoben wurden, zur Zahl der Elektronen im Valenzband wird durch den BOLTZMANNschen Faktor $e^{-\varepsilon/2kT}$, bestimmt. Beim Diamanten ist der Wert von ε so hoch, daß Elektronen durch thermische Anregung nur selten das Leitfähigkeitsband erreichen; Diamant ist also ein guter Isolator. Beim Silicium und Germanium liegt dieser Wert jedoch wesentlich niedriger, so daß eine beträchtliche Zahl von Elektronen durch thermische Anregung vom Valenzband ins Leitfähigkeitsband angehoben werden (*Leitungselektronen*). Diese Kristalle sind typische *Eigenhalbleiter*.

Wenn ein Elektron in einem Eigenhalbleiter ins Leitfähigkeitsband springt, dann hinterläßt es ein *Loch* im Valenzband. Elektronen in einem ganz aufgefüllten Valenzband leisten keinen Beitrag zur Leitfähigkeit. Sobald aber solche Löcher auftreten, finden Elektronen aus tieferen Zuständen leere, höhere Niveaus und können auf diese Weise zur Leitfähigkeit beitragen. Ein Loch in einem Band negativer Elektronen ist aber nichts anderes als eine positive Punktladung. Der Sprung eines Elektrons in solch ein Loch ist äquivalent dem Sprung einer positiven Ladung in die vom Elektron freigegebene Position. Wir können daher die Bewegung von Elektronen in einem fast aufgefüllten Band so behandeln, als ob die Löcher positive Ladungen wären, die sich in einem fast leeren »Löcherband« befinden. Elektronen und Löcher (*Defektelektronen*) haben nicht nur entgegengesetzte Ladung, sie können auch verschiedene effektive Beweglichkeiten u_- und u_+ besitzen. Wenn N_- und N_+ die Konzentrationen von Elektronen und Löchern sind, dann gilt für die elektrische Leitfähigkeit:

$$\varkappa = |e|\,(N_-\,u_- + N_+\,u_+) \qquad [21.21]$$

Hierin ist $|e|$ der absolute Wert der Elektronenladung. Bei reinem Silicium sollten wir erwarten, daß $N_- = N_+$ ist. Bei anderen Substanzen weichen die beiden Werte jedoch beträchtlich voneinander ab. Bei $N_- > N_+$ sprechen wir von *Überschußhalbleitern* (*n*-Halbleiter), bei $N_- < N_+$ von *Defekthalbleitern* (*p*-Halbleiter). Eine Anhebung von Elektronen aus dem Valenzband in das Leitfähigkeitsband kann nicht nur durch thermische Energie, sondern in bestimmten Fällen auch durch Bestrahlung mit Licht erreicht werden (*innerer Photoeffekt*).

25. Dotierung von Halbleitern

Es gibt eine Analogie zwischen einem Eigenhalbleiter wie Silicium und einem schwach ionisierten Lösungsmittel wie Wasser:

$$H_2O \rightleftarrows H^+ + OH^- \qquad K_w = [H^+]\,[OH^-]$$
$$Si \rightleftarrows l^+ + e^- \qquad K_i = [l^+]\,[e^-]$$

Hierin symbolisiert l^+ ein positives Loch. Für hochgereinigtes Silicium (Eigenhalbleiter) gilt:

$$[l^+] = [e^-] = K_i^{1/2} = A\,(T) \cdot e^{-\varepsilon/2\,kT}$$

Die Lösung einer schwachen Base in Wasser entspricht dann einer Lösung von Atomen wie As, Sb, P in Silicium oder Germanium. Diese zur Dotierung verwendeten Elemente haben mehr Valenzelektronen als das Silicium oder Germanium. Es besteht die folgende Analogie:

$$NH_3 + H_2O \rightarrow NH_4^+ + OH^-$$
$$As + Ge \rightarrow As^+ + Ge^-$$

Der Lösung einer schwachen Säure in Wasser entspricht eine Lösung von B oder In in Silicium oder Germanium; Atome dieser Art haben weniger Valenzelektronen als im Silicium oder Germanium. Es besteht die folgende Analogie:

$$CO_2 + H_2O \rightarrow HCO_3^- + H^+$$
$$In + Si \rightarrow In^- + Si^+$$

Abb. 21.33 zeigt die Dotierung von Silicium; die zugehörigen Donor- und Akzeptorniveaus waren in Abb. 21.31 gezeigt.

Wenn in einem Siliciumgitter ein Si-Atom durch ein P-Atom ersetzt wird, dann können sich vier der Valenzelektronen des P in das Valenzband eingliedern; das fünfte Elektron muß sich jedoch auf irgendein höheres Niveau begeben. In diesem

Dotierung von Halbleitern

Fall liegt dieses höhere Energieniveau nur um 0,012 eV unter dem Niveau des Leitfähigkeitsbandes. Die in den *Donorniveaus* sitzenden Elektronen können also leicht durch thermische Anregung auf ein Leitfähigkeitsband angehoben werden. Auf diese Weise hat der dotierte Halbleiter gegenüber dem reinen Eigenhalbleiter Silicium eine beträchtlich erhöhte Leitfähigkeit. Halbleiter dieser Art (Si dotiert mit P) nennt man *n*-Halbleiter, weil die Mehrzahl der Ladungsträger negativ geladen ist (Elektronen). Ein Dotierelement wie P oder As, das Elektronen an das Leitfähigkeitsband abgeben kann, nennt man einen *Donor*; die zusätzlichen Energieniveaus direkt unterhalb des Leitfähigkeitsbandes nennt man *Donorniveaus*.

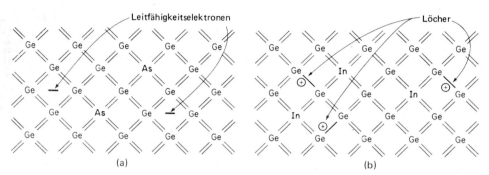

Abb. 21.33 Schema der Überschuß- oder Defektleitung. (a) Das Ge-Gitter wurde mit Spuren von Elementen der V. Gruppe (Donoren) dotiert; (b) Dotierung mit Elementen der III. Gruppe (Akzeptoren).

Wenn das Dotierelement weniger Valenzelektronen als der Eigenhalbleiter (Si, Ge) besitzt (B oder In), dann entsteht eine Struktur wie in Abb. 21.33b. In den tetraedrischen Bindungen um das B-Atom herum fehlt also ein Elektron. In der verbotenen Zone muß also ein neues Niveau auftreten. Bei der Einlagerung von B in Si liegt dieses Niveau nur um 0,01 eV über dem obersten Niveau des Valenzbandes. Elektronen können also leicht thermische Sprünge vom obersten Niveau

	In Silicium	In Germanium
Donoren		
Li^+	0,0093	0,033
P^+	0,012	0,045
As^+	0,0127	0,049
Sb^+	0,0096	0,039
Akzeptoren		
B^-	0,0104	0,045
As^-	0,0102	0,057
In^-	0,0112	0,16
Ca^-	0,04	0,49

Tab. 21.5 Ionisationsenergien von Dotierelementen in Silicium und Germanium (in eV).

des Valenzbandes in das leere *Akzeptorniveau* machen. Die im Valenzband auftretenden positiven Löcher erhöhen die elektrische Leitfähigkeit beträchtlich; mit Bor dotiertes Silicium wird also ein *p-Halbleiter* ($p = positiv$).
Tab. 21.5 zeigt einige Ionisationsenergien von Dotierelementen in Silicium und Germanium.

26. Nichtstöchiometrische Verbindungen

Es gibt eine ganze Reihe von Verbindungen, deren Zusammensetzung sich bei genauer Analyse als nichtstöchiometrisch erweist. So enthält Zinkoxid gewöhnlich mehr Zn als O, während Nickeloxid (NiO) gewöhnlich mehr O als Ni enthält. Eine solche nichtstöchiometrische Zusammensetzung ist auf den zusätzlichen Einbau von Atomen in den Kristall, z.B. in Zwischengitterplätzen, oder auf Leerstellen[11] im Gitter zurückzuführen.
Es gibt eine Reihe von Hinweisen dafür, daß das überschüssige Zink in ZnO hauptsächlich auf Zwischengitterplätzen sitzt. Im Gegensatz hierzu ist der Sauerstoffüberschuß im NiO hauptsächlich auf Ni^{2+}-Leerstellen (nicht besetzte Gitterplätze) zurückzuführen. Im NiO und ZnO sind die Abweichungen von der Stöchiometrie, selbst bei Temperaturen bis 1000 °C, ziemlich klein, nämlich etwa 0,1 Atom-%. Bei anderen Metalloxiden und Metallchalkogeniden können die Abweichungen von der stöchiometrischen Zusammensetzung jedoch wesentlich größer sein.
Das überschüssige Zn im ZnO wirkt als typischer Donor und führt zu n-Leitfähigkeit. Beim NiO gehören zu jeder Ni^{2+}-Leerstelle zwei Ni^{3+}-Ionen (an irgendeiner anderen Stelle des Gitters), um die Elektroneutralität zu wahren. Hierdurch entstehen typische Akzeptorniveaus, die zu p-Leitfähigkeit führen.

27. Punktdefekte

Im Jahre 1896 zeigte der englische Metallurg ROBERTS-AUSTEN, daß Gold bei 300 °C in Blei schneller diffundiert als Natriumchlorid bei 15 °C in Wasser. Dies ist nur *ein* Beispiel für die überraschende Leichtigkeit, mit der Atome manchmal im festen Zustand wandern können. Die Untersuchung von Geschwindigkeitsvorgängen wie Diffusion, Sintern und Tempern in Luft (Anlaufenlassen) liefert weitere Beweise für diese Tatsache. Etwas problematisch war die Auffindung einer plausiblen Theorie. Platzwechselvorgänge als Hauptursache für diese Phänomene waren wenig wahrscheinlich, da die hierfür benötigte Energie ziemlich hoch ist.
Wahrscheinlichere Mechanismen wurden von I. FRENKEL (1926) und W. SCHOTTKY (1930) vorgeschlagen. Beide Modelle gehen von der Annahme von *Punktdefekten* in Kristallen aus. Der von Frenkel zunächst für das Silberchlorid vorgeschlagene Defekt (Abb. 21.34a) besteht darin, daß ein Ag^+-Ion seinen Gitterplatz verlassen

---

[11] Wir unterscheiden in der Nomenklatur zwischen einer *Leerstelle* und einem *Loch*. Erstere kommt durch das Fehlen eines Atoms oder Ions an einer Stelle zustande, wo es eigentlich hingehört. Ein Loch bedeutet die Abwesenheit eines Elektrons in einem Valenzband oder bindenden Orbital.

Punktdefekte

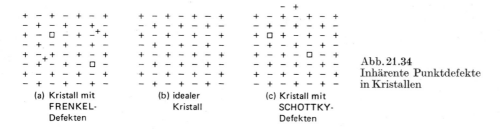

Abb. 21.34
Inhärente Punktdefekte in Kristallen

hat und an einem Zwischengitterplatz sitzt. Ein Kristall mit Frenkeldefekten enthält also eine Anzahl von Gitterleerstellen und besetzten Zwischengitterplätzen. Einen Schottkydefekt zeigt die Abb. 21.34c für den Fall des Natriumchlorids. Allgemein unterscheiden sich Schottkydefekte von den ersteren dadurch, daß beim Aufbau eines Gitters bestimmte Gitterplätze gar nicht besetzt wurden; zur Aufrechterhaltung der Elektroneutralität müssen den positiven Gitterleerstellen negative Gitterleerstellen mit derselben Zahl von Ladungen entgegenstehen. Die beiden hier beschriebenen Defekte sind inhärente oder *Eigendefekte*; durch sie wird die Stöchiometrie des Kristalls nicht geändert. Es ist leicht zu sehen, daß Defekte dieser Art die Diffusion von Atomen oder Ionen in einem Kristall erheblich erleichtern. Eine unter Benützung von Leerstellen stattfindende Diffusion bedarf einer erheblich geringeren Aktivierungsenergie als eine Diffusion nach dem Mechanismus der Platzwechselvorgänge. Beim letzteren muß jeweils eines der beiden Atome auf einen energetisch höher liegenden Zwischengitterplatz, bevor das andere Atom die freigewordene Stelle besetzen kann[12].

Wir können die Konzentration solcher Defekte durch einfache statistische Betrachtungen berechnen. Um einen bestimmten Defekt hervorzurufen, müssen wir eine Energie ΔU aufwenden; gleichzeitig tritt wegen der Verringerung der Ordnung im Kristallgitter ein Entropiezuwachs von ΔS ein. Wenn ein Kristall N Gitterplätze und n Defekte enthält, dann gilt für die Entropiezunahme im Vergleich zur Entropie des fehlerfreien Kristalls:

$$\Delta S = k \cdot \ln W = k \cdot \ln \frac{N!}{(N-n)!\,n!}$$

Wenn wir die Energiezunahme pro Defekt mit ε bezeichnen und den Energiebeitrag durch eine Änderung der Schwingungsfrequenzen in der Umgebung des Defektes vernachlässigen, dann gilt für die Änderung in der HELMHOLTZschen freien Energie:

$$\Delta A = \Delta U - T\Delta S$$

$$\Delta A = n\varepsilon - kT\frac{\ln N!}{(N-n)!\,n!}$$

---

[12] Es gibt Schiebespiele mit wenigen Leerstellen, bei denen durch systematische Verschiebung aus einem ungeordneten ein geordneter Zustand hergestellt werden muß. Diese Spiele stellen ein sehr gutes zweidimensionales Modell für eine Rekristallisation im festen Zustand unter Verwendung von Gitterleerstellen dar.

Im Gleichgewicht muß sein: $(\partial \Delta A/\partial n)_T = 0$. Durch Anwendung der STIRLING-Formel ($\ln X! = X \ln X - X$) erhalten wir:

$$\ln \frac{n}{N-n} = -\varepsilon/kT$$

Für $n \ll N$ gilt:

$$n = N\, e^{-\varepsilon/kT} \qquad [21.22]$$

Wenn ε z.B. 1 eV beträgt, dann gilt für eine Temperatur von 1000 K:

$$n/N \approx 10^{-5}$$

Für ein einzelnes Paar von Leerstellen wird der Ausdruck für die Zahl der Möglichkeiten zur Bildung des Defektes quadriert, und wir erhalten schließlich für Schottkydefekte:

$$n = N\, e^{-\varepsilon/2kT} \qquad [21.23]$$

Für Frenkeldefekte gilt entsprechend

$$n = (N N')^{1/2}\, e^{-\varepsilon/2kT} \qquad [21.24]$$

Hierin bedeutet N' die Zahl der verfügbaren Zwischengitterplätze.

28. Lineare Defekte: Versetzungen

In diesem und im folgenden Abschnitt wollen wir uns mit Formänderungen an Kristallen, insbesondere Metallen, befassen. Abb. 21.35 zeigt schematisch die Span-

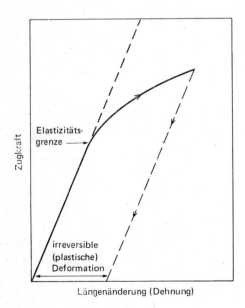

Abb. 21.35 Schematisches Spannungs-Dehnungs-Diagramm eines Metallstabes.

nungs-Dehnungs-Kurve für ein Metall. Innerhalb eines gewissen Bereiches ist die Dehnung dem angelegten Zug proportional (linearer Teil der Kurve); der Effekt ist eine *elastische Deformation*. Wenn man innerhalb dieses Bereiches die Zugkraft auf null reduziert, zieht sich das Material auf seine ursprüngliche Länge zusammen. Bei länger anhaltender Zugspannung kann jedoch als Folge des *Kriechens* eine permanente Formänderung zurückbleiben. Bei kurzzeitig wirkenden Kräften beginnt die irreversible Deformation, die wir *plastische Deformation* nennen, erst bei einer bestimmten, kritischen Zugspannung. Technische Beispiele für die plastische Deformation sind sämtliche Präge- und Tiefziehvorgänge (Prägen von Münzen, Ziehen von Kochtöpfen und Autokarosserien).

Unser Problem bei der Deformation von Metallen ist nicht etwa, daß Metalle so hart und zäh sind, sondern warum ihre mechanischen Eigenschaften nicht noch viel besser sind. Die berechnete Elastizitätsgrenze eines perfekten Kristalls liegt $10^2 \cdots 10^4$ mal höher als die tatsächlich beobachtete Grenze. Es müssen also irgendwelche Unvollkommenheiten oder Defekte in den realen kristallinen Stoffen auftreten, welche schon bei vergleichsweise niedrigen Zugkräften zu einer plastischen Deformation führen.

Eine Lösung dieses Problems wurde 1934 weitgehend unabhängig von TAYLOR, OROWAN und POLANYI erarbeitet. Reale Kristalle enthalten Defekte, die man heute

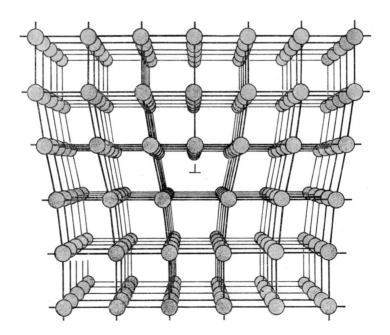

Abb. 21.36 Modell einer Randversetzung. Die Versetzungslinie steht senkrecht zur Papierebene an dem mit ⊥ markierten Punkt. Die Deformation entsteht durch die Einfügung einer zusätzlichen Atomschicht von oben her bis zur Hälfte des Modells. Die Atomabstände im oberen Teil des Modellkristalls sind verkleinert, die im unteren Teil vergrößert. (N. B. HANNAY, *Solid Stata Chemistry*, Prentice-Hall, Englewood Cliffs, N.J., 1967.)

Versetzungen nennt. MOTT hat diese Defekte – beim zweidimensionalen Modell – einmal mit Teppichfalten verglichen. Diesem Bild am ehesten entspricht die in Abb. 21.36 an einem Schnitt durch die dreidimensionale Kristallstruktur gezeigte *Randversetzung*. Die Versetzungslinie steht senkrecht auf der Ebene des Schnitts im Koordinatenursprung. Durch die Anwesenheit dieser Versetzung läßt sich der Kristall leicht durch die gleichzeitige, gleitende Versetzung einer Ebene von Atomen deformieren.

Die andere grundlegende Art einer Versetzung ist die *Schraubenversetzung*. Derartige Versetzungen lassen sich an der Oberfläche oder an Bruchflächen von Kristallen beobachten; ein Modell zeigt Abb. 21.37.

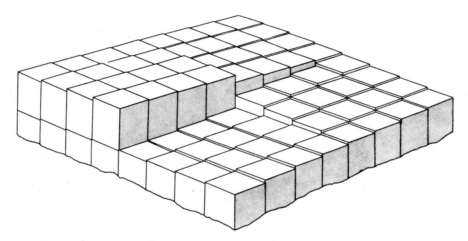

Abb. 21.37 Modell einer schraubenförmigen Versetzung, wie sie sich an der Oberfläche eines Kristalls bemerkbar macht. (Eine solche Versetzung erfaßt natürlich große Kristallbereiche.) Die Atome (oder Molekeln) werden durch kleine Würfel dargestellt.

29. Auf Versetzungen zurückzuführende Effekte[13]

Sogar ein metallischer Einkristall kann so gebogen werden, daß gekrümmte Kristallflächen entstehen. Eine solche irreversible Verbiegung wird erst durch die Versetzungen in der Kristallstruktur möglich. Dasselbe Problem löst ein Maurer, wenn er aus rechteckigen Ziegelsteinen einen Bogen mauern soll. Die Lösung besteht darin, von Schicht zu Schicht in Richtung auf die konvexe Seite einen Ziegelstein zuzulegen (N, $N+1$, $N+2$ usw.).

Die Kohäsionskräfte zwischen den Atomrümpfen in einem metallischen Kristall bieten einer gleitenden Bewegung der Versetzungen nur einen geringen Widerstand, und nur ein Kristall ohne Versetzungen besäße die maximale theoretische

---

[13] Dieser Abschnitt stellt ein gekürztes Kapitel aus dem Buch von W. J. MOORE, *Seven Solid States*, dar; Benjamin, New York 1967.

Stärke. Unter gewissen Bedingungen gelingt es, feine, einkristalline, metallische Whisker (nadelförmig gewachsene Kristallite) zu züchten, die praktisch frei von Versetzungen sind. Reine Eisenwhisker zeigen Zugbeständigkeiten bis $1{,}4 \cdot 10^8$ N cm^{-2} im Vergleich zu höchstens $3 \cdot 10^7$ N cm^{-2} für den besten Stahldraht. Das vielleicht unerreichbare Ziel der Metallurgen ist es, Metalle in so hoher Reinheit zu erzeugen, daß sie ihre theoretischen Festigkeitseigenschaften auch bei praktischen Anwendungen behalten. Eine sehr bedeutsame Entwicklung in diesem Zusammenhang sind die durch Karbonisierung von orientierten Polymerfasern gewonnenen Graphitfasern, die eine sehr hohe eindimensionale Ordnung und überragende Festigkeitseigenschaften besitzen[14].

Die bleibende Deformation von Metallen besteht nicht nur im Gleiten schon vorhandener Versetzungen; der so ermöglichte Deformationsvorgang produziert selbst weitere Versetzungen. Es gibt eine ganze Anzahl verschiedener Mechanismen für die Vermehrung von Versetzungen; die meisten von ihnen beruhen auf dem Vorhandensein einer bestimmten Strukturbesonderheit im Kristall, die das Gleiten einer Versetzung verhindert.

Der einfachste Mechanismus für die Vermehrung von Versetzungen wurde 1950 von Frank und Read beschrieben. Er beruht, ganz grob gesprochen, auf der Bildung von *Versetzungsschleifen* durch mechanischen Druck auf kurze Segmente von Versetzungen, die in ihrer Gleitbewegung gehindert sind (*Frank-Read-Quellen*).

Wir beginnen nun zu verstehen, warum nicht selten durch die Zugabe einer kleinen Menge an bestimmten Legierungsbestandteilen (Kohlenstoff in Eisen, Kupfer in Aluminium, Beryllium in Kupfer) eine so beträchtliche Steigerung der mechanischen Festigkeit erzielt wird. Da die Deformierung eines Metalls auf den Gleitbewegungen in Versetzungen beruht, wird jeder Mechanismus, der eine solche Gleitbewegung verhindert, den mechanischen Widerstand des Metalls gegenüber einer Deformation erhöhen. Wenn man ein andersartiges Atom in eine Metallstruktur einbaut, dann wird dieses danach trachten, sich in eine Position mit minimaler freier Energie zu begeben. Für Fremdatome stellen aber Positionen im Bereich von Versetzungen solche Plätze mit niederer freier Energie dar. Ein in geringer Menge zugefügter Legierungsbestandteil wird also nicht selten die Neigung haben, sich bei der Erstarrung der Schmelze bevorzugt in Versetzungen abzuscheiden. Auf diese Weise entstehen Störstellen, die nicht mehr ausheilen können. Bei einem Gleitvorgang an einer Versetzung müßte also das Fremdatom mitgeführt (was sehr schwierig ist) oder an einer normalen Gitterstelle eingebaut werden; letzteres bedarf aber einer zusätzlichen Arbeit. In geringen Mengen zugefügte Legierungselemente können also die mechanische Widerstandsfähigkeit des Grundmetalls erhöhen, indem sie die Wanderungsfähigkeit der Versetzungen verringern.

Gitterstörstellen sind auch besonders bevorzugt bei physikalischen Änderungen (Phasenübergänge, Auflösungs- und Abscheidungsvorgänge) und chemischen Reaktionen. Ein ausgezeichnetes Beispiel bietet die Arbeit von Hedges und Mitchell über den Mechanismus der photographischen Empfindlichkeit. Sie setzten

---

[14] O. Vohler et al., *Angew. Chem.* 11 (1970) 401–412.

dünne Einkristalle von Silberbromid einer mechanischen Spannung aus und belichteten sie. Eine sorgfältige photographische Entwicklung zeigte anschließend die bevorzugte Ablagerung von Silber an den Versetzungslinien im Kristall (*Dekoration* der Versetzung). Versetzungsbänder können auch elektronenmikroskopisch entdeckt werden.

Die Empfindlichkeit von Versetzungen gegenüber chemischen Agentien läßt sich durch Ätzen der Oberflächen zeigen; auf diesem Effekt beruht eine der wichtigsten Untersuchungsmethoden der Metallographie. Diese Methode läßt sich übrigens auch auf nichtmetallische Kristalle, ja auf teilkristalline Hochpolymere anwenden. So zeigt Mylarfolie beim Ätzen mit bestimmten Lösemitteln charakteristische Figuren, die Rückschlüsse auf die Orientierung der Kristallite im Polymeren erlauben.

Wir haben gesehen, daß die chemisch aktivsten Stellen in einer Kristalloberfläche die Versetzungen sind. Dies kann sogar dazu verwendet werden, um durch Anätzen der Oberfläche die Zahl der Versetzungen zu bestimmen. (Sie beträgt bei den besten, größeren Silber- oder Germaniumeinkristallen 10^2 cm^{-2} und liegt bei mechanisch beanspruchten Oberflächen um viele Zehnerpotenzen höher.) Abb. 21.38 zeigt ein Beispiel einer Untersuchung von Versetzungen durch selektive Ätzung und Dekoration. Wegen ihrer Reaktivität sind die Defekte in der Oberfläche einer Kristallstruktur aber nicht nur beim Ablösen von Atomen, sondern auch beim Niederschlagen aus der flüssigen oder Gasphase die bevorzugten Stellen. Im Abschnitt 11-5 haben wir gesehen, daß die spontane Keimbildung, also die Bildung einer zweiten Phase in einem homogenen System, sehr wenig wahrscheinlich ist. Dies gilt auch für die Kondensation einzelner Atome auf einer perfekten Kristallfläche. Je vollkommener eine Fläche ist, um so geringer ist ihre innere Energie. Bei der Demobilisierung eines Atoms tritt eine beträchtliche Entropieverringerung ein, die durch die Verringerung der freien Energie durch die Wechselwirkung mit der Oberfläche nur teilweise kompensiert wird, – es sei denn, eine neue Schicht hätte sich schon teilweise gebildet[15]. Wenn nun aber die Oberfläche eine Störstelle, z.B. eine an die Oberfläche tretende Schraubenversetzung zeigt, dann können sich die neuen Atome leicht am Rande dieser sich entwickelnden Schraube niederschlagen. In einem solchen Falle wächst der Kristall zweidimensional in der Form einer Helix. (Wegen der hohen, zweidimensionalen Beweglichkeit einzelner Atome auf einer perfekten Kristallfläche ist es

---

[15] Die hohe Energie einzelner Atome in Oberflächen findet eine technische Anwendung z.B. bei der »Vorbekeimung« von Kondensatorpapier durch Niederschlagung äußerst geringer Silbermengen aus der Gasphase. Diese Ag-Atome dienen bei der nachherigen Bedampfung mit Zn oder Cd als Kondensationskeime, die eine gleichmäßige Verteilung des aufgedampften Metalls gewährleisten.

Abb. 21.38 Schraubenversetzungen und andere Defekte in gespaltenen Graphitoberflächen lassen sich durch Ätzen und »Dekorieren« entdecken. Ein Graphitblättchen mit einer Dicke von etwa 30 nm wird in CO_2 bei 1150 °C etwa 40 min lang geätzt. Das CO_2 greift an linearen Stufen in der Oberfläche rascher an als an stark gekrümmten (selektive Ätzung) und enthüllt damit eine Versetzung. Anschließend ätzt man kurz in Ozon und in einer Mischung aus O_2 und Cl_2; hierdurch werden Leerstellen in der Oberfläche vergrößert. Endlich wird eine winzige Menge Gold auf die Oberfläche aufgedampft; hierbei schlagen sich die Goldatome vorzugsweise an Oberflächendefekten nieder (»Dekoration«). Das Graphitblättchen kann nun elektronenmikroskopisch (im durchfallenden Strahl) untersucht werden. Bei dem hier gezeigten Bild ist die Vergrößerung etwa 100000fach. Die Oberflächenkonzentration an Schraubenversetzungen in synthetischen, pyrolytischen Graphitkristallen lag zwischen 10^6 und $5 \cdot 10^8$ cm^{-2}; in natürlichem Graphit sind sie sehr selten. (G. R. HENNING, Argonne National Laboratory.)

übrigens sehr wahrscheinlich, daß Atome durch Diffusion in der Fläche zur Störstelle gelangen.) Bilder eines solchen helikalen Kristallwachstums waren schon längere Zeit bekannt; eine Erklärung fanden sie dann durch den 1949 von F. C. Frank vorgeschlagenen Mechanismus. Abb. 21.39 zeigt ein solches spiraliges Wachstum am Beispiel eines Siliciumcarbidkristalls.

Abb. 21.39 Der Durchstoßpunkt eines Paars von Schraubenversetzungen bildet das Zentrum einer Doppelspirale in der Oberfläche eines Kristalls von Siliciumcarbid (300fach). [W. F. Knippenberg, *Philips Research Reports* 18 (1963) 161. Eine weiterführende Diskussion findet sich bei A. Rabenou, »Chemical Problems in Semiconductor Research«, *Endeavour* 26 (1966) 158.]

30. Ionenkristalle[16]

In den meisten anorganischen Kristallen hat die Bindung überwiegend oder ausschließlich ionischen Charakter. Da Coulomb-Kräfte keine Vorzugsrichtung besitzen, spielt die relative Größe der Ionen eine wichtige Rolle bei der Festlegung der Kristallstruktur. Es wurden schon verschiedene Versuche unternommen, die Ionenradien in einer homologen Reihe zu berechnen; aus diesen Ionenradien können dann die Kernabstände in Ionenkristallen ermittelt werden. Die erste Berechnung dieser Art stammt von V. N. Goldschmidt (1926); sie wurde später von Pauling modifiziert (Tab. 21.6).

[16] Zum Studium der verschiedenen anorganischen Kristallstrukturen empfiehlt sich das Standardwerk von A. F. Wells, *Structural Inorganic Chemistry*, Oxford Univ. Press, Oxford 1961.

Ionenkristalle 1031

Li^+	0,060	Na^+	0,095	K^+	0,133	Rb^+	0,148	Cs^+	0,169
Be^{++}	0,031	Mg^{++}	0,065	Ca^{++}	0,099	Sr^{++}	0,113	Ba^{++}	0,135
B^{3+}	0,020	Al^{3+}	0,050	Sc^{3+}	0,081	Y^{3+}	0,093	La^{3+}	0,115
C^{4+}	0,015	Si^{4+}	00,41	Ti^{4+}	0,068	Zr^{4+}	0,080	Ce^{4+}	0,101
O^{2-}	0,140	S^{2-}	0,184	Cr^{6+}	0,052	Mo^{6+}	0,062		
F^-	0,136	Cl^-	0,181	Cu^+	0,096	Ag^+	0,126	Au^+	0,137
				Zn^{++}	0,074	Cd^{++}	0,097	Hg^{++}	0,110
				Se^{2-}	0,198	Te^{2-}	0,221	Tl^{3+}	0,095
				Br^-	0,195	J^-	0,216		

Tab. 21.6 Berechnete Ionenradien (nm) in Kristallen (nach L. PAULING, *The Nature of the Chemical Bond*, Cornell Univ. Press, Ithaca, 1960).

Wir wollen zunächst Ionenkristalle mit der allgemeinen Formel $K^{h+}A^{n-}$ betrachten. Sie lassen sich nach der *Koordinationszahl* der Ionen klassifizieren. Unter der Koordinationszahl versteht man die Zahl der Ionen entgegengesetzter Ladung, die ein bestimmtes Ion umgeben. In der in Abb. 21.40a gezeigten Cs-Struktur haben die Ionen die Koordinationszahl 8. Die Ionen in einer NaCl-Struktur (Abb. 21.40a) haben die Koordinationszahl 6. Obwohl das ZnS kovalent gebunden und das Zinkblendegitter (Abb. 21.41c) daher ein Molekelgitter ist, gibt es einige ionische Kristalle (z. B. BeO) mit dieser Struktur (Koordinationszahl 4). Kleine positive Ionen können wegen des starken Feldes, das sie um sich herum aufbauen, eine Anzahl größerer, negativer Ionen anlagern und damit ihr Feld abschirmen. Die Koordinationszahl in einer Struktur wird also hauptsächlich durch die Zahl der großen

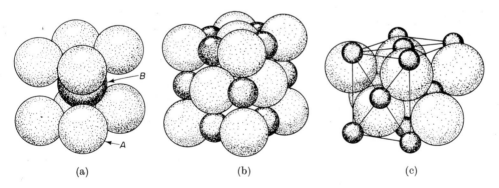

(a)   (b)   (c)

Abb. 21.40 Modelle für drei wichtige Kristallstrukturen des Typs KA (nach R.W.G. WYCKOFF, *Crystal Structures*, John Wiley, New York 1963). (a) Perspektivische Zeichnung der in einem Einheitswürfel der CsCl-Struktur enthaltenen Ionen. Diese Struktur beruht auf einem einfachkubischen Gitter, in welchem jeder Gitterpunkt mit einem Ion der CsCl-Einheit besetzt ist, z.B. Cl^- bei (0, 0, 0) und Cs^+ bei $(\frac{1}{2}, \frac{1}{2}, \frac{1}{2})$. (b) Perspektivische Zeichnung des Einheitswürfels der NaCl-Struktur. Die größeren Kugeln stellen Cl^--Ionen, die kleineren Na^+-Ionen dar (vgl. Abb. 21.14). (c) Perspektivische Zeichnung der Packung von Be^{2+}- (kleine Kugeln) und O^{2-}-Ionen (große Kugeln) in der Kristallstruktur des BeO (Koordinationszahl 4). Diese Struktur entspricht der der Zinkblende (ZnS), in welcher die Bindungen jedoch überwiegend kovalent sind und die Atome nahezu dieselbe Größe besitzen. Eine solche Struktur ähnelt der des Diamanten (Abb. 21.23).

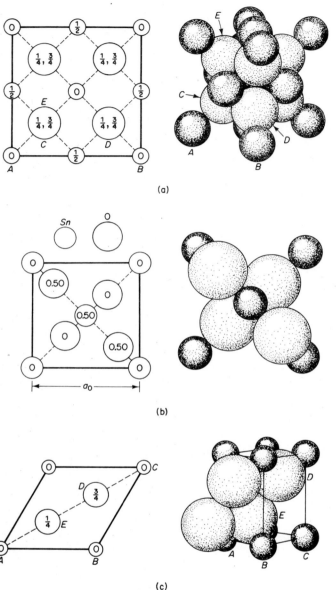

Abb. 21.41 Modelle für drei wichtige Kristallstrukturen des Typs KA$_2$ (nach R. W. G. WYCKOFF, *Crystal Structures*, 2. Aufl., Bd. 1, John Wiley, New York 1963). **(a)** Kristallstruktur des Fluorits, CaF$_2$, in perspektivischer Darstellung und projiziert auf die 100-Ebene. Die kleineren, dunklen Kugeln stellen die Ca^{2+}-Ionen dar. **(b)** Kristallstruktur vieler Oxide 4-wertiger Metalle (Cassiterit, SnO$_2$; Rutil, TiO$_2$; und andere). Die kleinen dunklen Kugeln stellen die Metallionen dar. Die Projektion geschieht auf die 100-Ebene der tetragonalen Einheitszelle. **(c)** Kristallstruktur des Cadmiumjodids, CdJ$_2$. Die großen Kugeln stellen die Jodidionen dar; wegen des starken kovalenten Anteils an den Bindungen ist der Größenunterschied zwischen den Ionen in Wirklichkeit nicht so groß wie hier in diesem rein ionischen Modell. Die Projektion geschieht auf die Basis der hexagonalen Einheitszelle.

Ionen bestimmt, die um ein kleineres Ion herum Platz finden. Die Koordinationszahl sollte daher vom *Radiusverhältnis* $r_\text{Kation}/r_\text{Anion}$ abhängen. Ein kritisches Radiusverhältnis ist erreicht, wenn die um ein Kation herumgelagerten Anionen in Kontakt sowohl mit der Elektronenhülle des Kations als auch mit sich selbst stehen.

Die Ionenkristallstrukturen des Typs KA_2 werden von denselben Koordinationsprinzipien bestimmt. Abb. 21.41 zeigt drei häufige Strukturen dieses Typs. Im Fluorit ist jedes Ca^{++}-Ion von acht F^--Ionen in der Ecke eines Würfels umgeben; umgekehrt ist jedes F^- von vier Ca^{++} in den Ecken eines Tetraeders umgeben. Dies ist ein Beispiel für eine 8:4-Koordination. Die Struktur des Cassiterits ist ein Beispiel für eine 6:3-Koordination. Die Cadmiumjodidstruktur kann kaum mehr als Ionengitter bezeichnet werden. Die voluminösen Jodionen werden im starken Feld der Cadmiumionen so stark polarisiert, daß eine Überlappung der Orbitale eintritt. In der Kristallstruktur kann man definierte CdJ_2-Gruppen identifizieren, die eine Art von Schichtengitter bilden.

31. Kohäsionsenergie (Gitterenergie) von Ionenkristallen

Unter der Energie eines Ionengitters verstehen wir die zur Überführung des kristallinen ionisierten Stoffes in die freien Ionen notwendige Arbeit. Diese können wir formal, am Beispiel des Natriumchlorids, durch die folgende Betrachtung gewinnen. (Eine eingehende Diskussion des BORN-HABERschen Kreisprozesses wird der nächste Abschnitt bringen.)

Wir bilden kristallines Natriumchlorid aus Natrium und Chlor im Standardzustand, jedoch einmal in fünf Einzelschritten, zu denen jeweils definierte Reaktionsenthalpien gehören, das andere Mal direkt in einem Schritt (Standardbildungsenthalpie); die eckigen Klammern sollen den kristallinen Zustand symbolisieren:

$$[\text{Na}] \rightarrow \text{Na} + \Delta H_1 \quad \text{(Sublimationsenergie des Na)}$$
$$\tfrac{1}{2}\text{Cl}_2 \rightarrow \text{Cl} + \Delta H_2 \quad \text{(Dissoziationsenergie des Cl}_2\text{)}$$
$$\text{Na} \rightarrow \text{Na}^+ + e^- + \Delta H_3 \quad \text{(Ionisationsenergie des Na)}$$
$$\text{Cl} + e^- \rightarrow \text{Cl}^- + \Delta H_4 \quad \text{(Elektronenaffinität des Cl)}$$
$$\text{Na}^+ + \text{Cl}^- \rightarrow [\text{NaCl}] + \Delta U_g \quad \text{(Gitterenergie)}$$

$$[\text{Na}] + \tfrac{1}{2}\text{Cl}_2 \rightarrow [\text{NaCl}] + \Sigma \Delta H_i + \Delta U_g$$

(Bei der Summierung beachten wir, daß ΔH_4 und ΔU_g ein negatives Vorzeichen bekommen, – exotherme Reaktionen.)

Wenn wir die Reaktion direkt durchführen, erhalten wir die Standardbildungsenthalpie:

$$[\text{Na}] + \tfrac{1}{2}\text{Cl}_2 \rightarrow [\text{NaCl}] + \Delta H^\ominus$$

Nach dem Heßschen Satz muß nun gelten:

$$\Delta U_g = \Delta H^\ominus + \Sigma \Delta H_i$$

(Hier wurden die Vorzeichen thermodynamisch korrekt gesetzt.)
ΔH_1 und $\Delta H^\ominus$ lassen sich kalorimetrisch, ΔH_2 und ΔH_3 spektroskopisch bestimmen. In den letzten Jahren wurden auch für die genaue Bestimmung von Elektronenaffinitäten spektroskopische Methoden entwickelt[17].
Eine theoretische Ableitung der Gitterenergie von Ionenkristallen erhalten wir durch die Betrachtung der anziehenden und abstoßenden Kräfte in einer regelmäßigen dreidimensionalen Anordnung von Ionen. In [15.1] wurde die Wechselwirkungsenergie eines Ionenpaars als die Summe einer elektrostatischen Anziehung und einer auf kurze Distanzen wirkenden Abstoßung ausgedrückt. Die Energie eines Kristalls, der aus einer regelmäßigen Folge positiver und negativer Ionen besteht, kann durch Summation der Wechselwirkungsenergien aller Ionen im Gitter berechnet werden. Um die Rechnung nicht unnötig zu komplizieren, wollen wir uns auf kubische Kristalle beschränken, die zwei Ionenarten gleichgroßer, aber entgegengesetzter Ladung enthalten. Dieses relativ einfache Beispiel zeigt alle Grundzüge der Theorie.
Die Bildungsenergie eines Kristalls aus gasförmigen Ionen, die zuvor unendlichen Abstand hatten, nennt man die Kristallenergie (Gitterenergie) ΔU_g.
Für die COULOMBsche Wechselwirkungsenergie zwischen zwei Ionen gilt die folgende Beziehung:

$$\Delta U_1 = -\frac{Q_i Q_j}{r_{ij}}$$

Außer den Coulombschen machen sich auch Abstoßungskräfte bemerkbar, die mit abnehmendem Kernabstand rasch zunehmen. (Diese Kräfte können wir formal als den Widerstand deuten, den die beiden Ionen einer gegenseitigen Durchdringung der Elektronenhüllen entgegensetzen.) Die Abhängigkeit der potentiellen Energie der Abstoßung vom Kernabstand der beiden Ionen können wir entweder durch eine Exponentialfunktion mit r im Exponenten oder durch eine Funktion ausdrücken, in der r einen höheren negativen Exponenten hat:

$$\Delta U_2 = b \cdot e^{-r/\varrho} \quad \text{oder} \quad \Delta U_2 = \frac{b'}{r^n}$$

Hierin sind ϱ, b, b' und n empirische Konstanten, die sich nach verschiedenen Methoden bestimmen lassen. ϱ hat die Dimension eines Abstandes und liegt meist bei $0{,}3 \cdot 10^{-8}$ cm. Der Wert des Exponenten n läßt sich aus der Kompressibilität des jeweils betrachteten Kristalls bestimmen. Er nimmt mit wachsender Elektronenzahl der Ionen im Gitter zu und hat für alle bekannten Kristallgitter Werte zwischen 6 und 10.
Um die Kristallenergie zu erhalten, summieren wir nun die Terme für Anziehungs- und Abstoßungspotentiale. Dabei gehen wir zunächst von einem willkürlich herausgegriffenen, einzelnen Ion im Kristall aus, auf das die Coulombschen Wechsel-

---

[17] Siehe z.B. R. S. BERRY und C. W. REIMANN, *J. Chem. Phys. 38* (1963) 1540.

wirkungskräfte aller anderen Ionen wirken. Als stärkste Komponente muß man dabei zunächst die Anziehungskraft zwischen diesem Ion und den in erster Sphäre um das Zentralion herum gelagerten Ionen entgegengesetzter Ladung betrachten. Da hierdurch noch keine völlige Ladungsabschirmung stattgefunden hat, muß man als nächstes die abstoßenden Kräfte zwischen diesem Ion und den Ionen gleichen Ladungsvorzeichens in zweiter Sphäre berücksichtigen. Anschließend kämen wieder Anziehungskräfte zu den entgegengesetzt geladenen Ionen in dritter Sphäre und so fort. Für jedes Ion stellt also der Ausdruck für die elektrostatische Wechselwirkung eine Summe von Termen dar, die alternierend das positive und negative Vorzeichen tragen und deren Größe nach dem r^{-1}-Gesetz abnimmt. Bei praktischen Berechnungen lassen sich die abstoßenden Kräfte zwischen einem Zentralion und dem Nachbarn in zweiter Sphäre schon vernachlässigen. Wir berücksichtigen dann also nur die Wechselwirkungskräfte zwischen unmittelbaren Nachbarn und summieren nur über Kräfte zwischen Ionenpaaren.

Für das einzelne Ion lautet die allgemeine Summierung der Coulomb-Energien:

$$(\Delta U_1)_i = -Q_i \sum_{j \neq i} \pm \frac{Q_j}{r_{ij}}$$

Das wechselnde Vorzeichen hinter dem Summensymbol berücksichtigt die alternierende Anziehung und Abstoßung des betrachteten Ions i durch aufeinanderfolgende Schichten von Ionen. (Der Wert für die Ladung Q wird hierbei absolut aufgefaßt, also stets positiv eingesetzt.)

Hierin bedeuten Q_i die Ladung des betrachteten Ions und r_{ij} den Abstand von diesem Ion zum j-ten Ion mit der Ladung Q_j. Zur Vereinfachung wollen wir nun die zahlreichen interionischen Abstände auf die Dimensionen der Einheitszelle des Kristalls beziehen. Wir führen also den Gitterparameter a (die Länge der kubischen Einheitszelle) ein und erhalten dann den folgenden Energieausdruck:

$$(\Delta U_1)_i = \frac{Q_i}{a} \sum_{j \neq i} \frac{Q_j}{r_{ij}/a} = -\frac{Q^2}{a} \sum \pm \frac{1}{r_{ij}/a} \qquad [21.25]$$

Die in dem Summenausdruck vorkommenden Terme r_{ij}/a gehören zu benachbarten Ionen und sind dimensionslose Faktoren, die nur von der Geometrie des Kristalls und nicht von den Dimensionen der Einheitszelle abhängen. Die Größe des ebenfalls dimensionslosen Summenausdrucks ist also eine Eigenschaft der Kristallgeometrie, und der jeweilige Wert kann für jeden Gittertyp berechnet werden. Diese charakteristische Konstante wurde von MADELUNG eingeführt; ihre Definition lautet:

$$\mathcal{M} = \sum_i \pm \frac{1}{r_{ij}/a} \qquad [21.26]$$

Für die von uns gewählte kubische Einheitszelle mit einem Gitterparameter von 1 gilt $\mathcal{M} = \Sigma \pm 1/r_{ij}$. Tab. 21.7 zeigt die Madelungkonstanten für einige wichtige Ionenkristallstrukturen.

Um die gesamte Anziehungsenergie in einem Mol unseres kubischen Kristalls zu erhalten, multiplizieren wir [21.25] mit der Gesamtzahl der Ionen $(2L)$; um nicht

Kristallstruktur	$\mathcal{M}$
NaCl	1,74756
CsCl	1,76267
Zinkblende (ZnS)	1,63805
Wurtzit (ZnS)	1,64132
Fluorit (CaF$_2$)	5,03878
Rutil (TiO$_2$)	4,7701
Korundum (Al$_2$O$_3$)	25,0312

Tab. 21.7 Madelungkonstanten $\mathcal{M}$ für den Kation-Anion-Gleichgewichtsabstand a_0 ($\mathcal{M}$ ist eine dimensionslose Zahl)

jede Wechselwirkung ij doppelt zu zählen (einmal als ij und einmal als ji), müssen wir durch 2 dividieren. Wir erhalten also:

$$\Delta U_1 = - \frac{L \mathcal{M} Q^2}{a} \qquad [21.27]$$

Wir müssen nun noch die abstoßenden Kräfte berücksichtigen. Wenn wir den Exponentialausdruck (s. o.) wählen, dann erhalten wir für ein Mol des Kristalls:

$$\Delta U_2 = B \cdot e^{-a/\varrho} \qquad [21.28]$$

Durch Addition von [21.27] und [21.28] erhalten wir einen Ausdruck für die Kristallenergie, bezogen auf ein Mol:

$$\Delta U_g = - \frac{L \mathcal{M} Q^2}{a} + B \cdot e^{-a/\varrho} \qquad [21.29]$$

Bevor wir nun die Kristallenergie berechnen können, müssen wir den Zahlenwert der empirischen Konstanten B und ϱ kennen, die im Abstoßungsterm stecken. Eine von diesen Konstanten können wir durch eine Gleichgewichtsbedingung eliminieren und hernach die andere aus der Kompressibilität des Kristalls berechnen. Diese Methode ist zulässig, da die Kompressibilität hauptsächlich durch die Abstoßungskräfte zwischen den Ionen bestimmt wird.

Wenn $a = a_0$ wird (Gleichgewichtswert des Gitterparameters), dann geht die Kristallenergie durch ein Minimum: $\partial \Delta U_g / \partial a = 0$. Mit [21.29] erhalten wir dann:

$$\left(\frac{\partial \Delta U_g}{\partial a} \right)_{a=a_0} = \frac{L \mathcal{M} Q^2}{a_0^2} - \frac{B \exp(-a_0/\varrho)}{\varrho} = 0$$

$$B = \varrho \frac{L \mathcal{M} Q^2}{a_0^2} \exp \frac{a_0}{\varrho}$$

$$\Delta U_g = - L \mathcal{M} \frac{Q^2}{a_0} \left(1 - \frac{\varrho}{a_0} \right)$$

Für die Kompressibilität β gilt die folgende Beziehung:

$$\frac{1}{\beta} = V_m \left(\frac{\partial^2 \Delta U_g}{\partial V_m^2} \right) T$$

Das Molvolumen V_m ist außerdem gleich La_0^3/Z; Z ist die Anzahl der Ionen pro Einheitszelle. Hiermit können wir einen Ausdruck erhalten, aus dem sich der Wert für ϱ berechnen läßt:

$$\frac{1}{\beta} = \frac{Z\mathcal{M}Q^2}{9\,a_0^4}\left(-2 + \frac{6\varrho}{a_0}\right) \qquad [21.30]$$

32. Der BORN-HABERsche Kreisprozeß

Die nach [21.26] berechneten Gitterenergien von Ionenkristallen können mit experimentellen, thermodynamischen Daten verglichen werden, die man durch Anwendung eines BORN-HABERschen Kreisprozesses erhält. Als Beispiel diene wiederum Natriumchlorid (s. 21-31):

$$\begin{array}{ccc}
[\mathrm{Na}] + \tfrac{1}{2}\mathrm{Cl}_2 & \xrightarrow[+\Delta H_2]{+\Delta H_1} & \mathrm{Na} + \mathrm{Cl} \\
{\scriptstyle -\Delta H^\ominus}\Big\downarrow & & \Big\downarrow{\scriptstyle +\Delta H_3}\quad\Big\downarrow{\scriptstyle -\Delta H_4} \\
[\mathrm{NaCl}] & \xrightarrow{-\Delta U_g} & \mathrm{Na}^+ + \mathrm{Cl}^-
\end{array}$$

(Thermodynamische Vorzeichensetzung).

Tab. 21.8 gibt eine Zusammenstellung der Werte für verschiedene Kristalle. Wenn der berechnete Wert für die Kristallenergie stark vom experimentellen Wert (Born-Haberscher Kreisprozeß) abweicht, dann ist dies in der Regel auf nichtionische Beiträge zur Kohäsionsenergie des Kristalls zurückzuführen. Zweifellos gibt die Theorie der Kohäsionsenergie von Ionenkristallen zufriedenstellende Ergebnisse, sofern es sich wirklich um Ionenkristalle handelt. Aufgrund ihrer Voraussetzungen kann sie jedoch keine korrekten Ergebnisse mehr liefern, wenn z.B. durch starke Polarisation der Anionen zusätzliche Kräfte und Energien auftreten. Die Energiedifferenzen zwischen verschiedenen möglichen Strukturen sind in der

Kristall	$-\Delta H^\ominus$	ΔH_3	ΔH_1	ΔH_2	$-\Delta H_4$	$-\Delta U_g$ (theor.)	$-\Delta U_g$ (exp.)
NaCl	414	490	109	226	347	779	795
NaBr	377	490	109	192	318	754	757
NaJ	322	490	109	142	297	695	715
KCl	435	414	88	226	347	674	724
KBr	406	414	88	192	318	686	695
KJ	356	414	88	142	297	632	665
RbCl	439	397	84	226	347	686	695
RbBr	414	397	84	192	318	673	673
RbJ	364	397	84	142	297	619	644

Tab. 21.8 Vergleich der theoretischen (nach [21.28]) mit den nach dem BORN-HABERschen Kreisprozeß ermittelten Werte für die Kristallenergie. Die verschiedenen Energiegrößen sind in kJ mol^{-1} angegeben (die Bedeutung der Symbole ergibt sich aus dem Reaktionsschema in 21-31).

Regel klein, etwa in der Größenordnung von 40 kJ mol^{-1} oder darunter. Welche dieser Strukturen in einem bestimmten Fall am stabilsten ist, läßt sich durch theoretische Berechnungen – unter der Annahme starrer, kugelförmiger Ionen – nicht mit Sicherheit entscheiden, da derartige Berechnungen zu ungenau sind. So liegt die MADELUNG-Energie eines NaCl-Kristalls in der CsCl-Struktur nur um 10 kJ mol^{-1} höher als in der tatsächlichen Struktur, vorausgesetzt, daß die Ionen in den beiden Strukturen dieselben Abstände haben. Um bei der Berechnung von Kristallenergien zu genaueren Ergebnissen zu kommen, müssen in der Theorie noch Terme für die gegenseitige Polarisation der Ionen sowie für Dipol-, Quadrupol- und Quadrupol-Quadrupol-Wechselwirkungen berücksichtigt werden. Außerdem würde eine genauere Behandlung der abstoßenden Kräfte noch zu einer Verbesserung der Ergebnisse führen.

33. Statistische Thermodynamik der Kristalle: Das EINSTEINsche Modell

Mit einer genauen Verteilungsfunktion für einen Kristall könnten wir dessen thermodynamischen Eigenschaften mit Hilfe der allgemeinen Formeln des 5. Kapitels berechnen.

Die L Atome in einem Mol eines monatomaren Kristalls haben $3L$ Freiheitsgrade der Bewegung. Ein solcher Kristall muß auch (nahezu) $3L$ Schwingungsfreiheitsgrade besitzen, da $3L - 6$ praktisch so groß ist wie $3L$. Die genaue Bestimmung der $3L$ Normalschwingungen für ein solches System wäre eine undurchführbare Aufgabe; glücklicherweise gibt es einfache Näherungsverfahren, mit denen sich dieses Problem lösen läßt.

Zunächst wollen wir annehmen, daß die $3L$ Schwingungen von unabhängigen, harmonischen Oszillatoren ausgeführt werden. Die Annahme harmonischer Oszillatoren ist eine gute Näherung bei tiefen Temperaturen (kleinen Amplituden). Das von EINSTEIN 1906 aufgestellte Modell schrieb sämtlichen Oszillatoren dieselbe Frequenz ν zu.

Für die Verteilungsfunktion eines Kristalls nach dem Einsteinschen Modell gilt (nach [14.28]):

$$Z = e^{-3L(h\nu/2kT)}(1 - e^{h\nu/kT})^{-3L} \qquad [21.31]$$

Hieraus folgt unmittelbar:

$$U - U_0 = 3Lh\nu(e^{-h\nu/kT} - 1)^{-1}$$

$$S = 3Lk\left[\frac{h\nu/kT}{e^{h\nu/kT} - 1} - \ln(1 - e^{-h\nu/kT})\right]$$

$$G - U_0 = 3LkT\ln(1 - e^{-h\nu/kT})$$

$$C_{V_m} = 3Lk\left(\frac{h\nu}{2kT}\operatorname{csch}\frac{h\nu}{2kT}\right)^2 \qquad [21.32]$$

Besonders interessant ist die theoretische Vorhersage der Temperaturabhängigkeit von C_{V_m}. Schon 1819 stellten DULONG und PETIT fest, daß die Molwärme von Metallen, aber auch die einiger anderer Stoffe, meist etwa $3R = 6$ cal K^{-1} beträgt. Spätere Messungen zeigten, daß dies lediglich ein Grenzwert ist, der mit steigender Temperatur allmählich erreicht wird; die Grenztemperatur hat für verschiedene Stoffe unterschiedliche Werte. Wenn wir für die Funktion der Molwärme [21.32] eine Reihenentwicklung durchführen und die erhaltene Formel etwas vereinfachen[18], dann erhalten wir den folgenden Ausdruck:

$$C_{V_m} = \frac{3R}{1 + \frac{1}{12}(h\nu/kT)^2 + \frac{1}{360}(h\nu/kT)^4 + \cdots}$$

Für große Werte von T reduziert sich dieser Ausdruck aus $C_{V_m} = 3R$. Für kleinere Werte von T erhält man jedoch eine Kurve wie die in Abb. 21.42. Hiernach ist die Wärmekapazität eine universelle Funktion von ν/T. Die Frequenz ν läßt sich aus einem experimentellen Punkt bei tiefer Temperatur erhalten; anschließend kann die ganze Kurve für die Temperaturabhängigkeit der Molwärme für die jeweilige Substanz konstruiert werden. Mit Ausnahme des Abschnitts bei sehr tiefen Temperaturen ist die Übereinstimmung mit den experimentellen Werten gut. Je höher die Grundfrequenz ν ist, um so größer ist auch die Schwingungsenergie; folglich steigt mit der Grundfrequenz auch die Temperatur an, bei der C_{V_m} den klassischen Wert von $3R$ erreicht. So liegt die Grundfrequenz des Diamanten bei $2{,}78 \cdot 10^{13}$ s^{-1}; beim Blei liegt sie nur bei $0{,}19 \cdot 10^{13}$ s^{-1}. Der experimentell bestimmte Wert für C_{V_m} bei Zimmertemperatur liegt beim Diamanten bei $1{,}3$, beim Blei jedoch bei $6{,}0$ cal K^{-1} Grammatom^{-1}. Die Elemente, die der Regel von Dulong und Petit schon bei Zimmertemperatur gehorchen, sind also jene mit relativ niedriger Grundschwingungsfrequenz.

34. Das DEBYEsche Modell

Das EINSTEINsche Modell ließe sich noch verbessern, wenn man statt einer einzelnen Grundfrequenz ein ganzes Spektrum von Frequenzen berücksichtigen würde. Das statistische Problem wird dann etwas komplizierter. Eine Möglichkeit der Lösung besteht in der Annahme, daß die Verteilung der Frequenzen demselben Gesetz gehorcht, dem die Strahlung eines schwarzen Körpers gehorcht (13-5). Das Modell von DEBYE beruht auf dieser Annahme.
Statt [21.32] zu benützen, müssen wir nun die Schwingungsenergie durch die Bildung eines Mittelwerts aus all den möglichen Schwingungsfrequenzen ν_i des Festkörpers gewinnen – von $\nu = 0$ bis zum Maximalwert ν_max (die Existenz einer Maximalfrequenz wird im nächsten Abschnitt bewiesen). Hierbei erhalten wir:

$$U - U_0 = \frac{1}{3L}\sum_{i=0}^{\text{max}} \frac{3Lh\nu_i}{e^{h\nu_i/kT} - 1} = \sum_{i=0}^{\text{max}} \frac{h\nu_i}{e^{h\nu_i/kT} - 1} \qquad [21.33]$$

[18] Hierbei verwenden wir die Beziehungen: $\operatorname{csch} x = 2/(e^x - e^{-x})$ und $e^x = 1 + x + (x^2/2!) + (x^3/3!) + \cdots$

Da die Frequenzen de facto ein Kontinuum bilden, kann die Summierung durch eine Integration ersetzt werden, wenn wir die uns schon bekannte Verteilungsfunktion für die Frequenzen [13.28] verwenden. Diese Funktion müssen wir allerdings mit 3/2 multiplizieren, da wir jetzt eine Longitudinal- und zwei Transversalschwingungen anstelle von zwei Transversalschwingungen im Falle der Strahlungsemission haben. Es ist also:

$$dN = f(\nu)\,d\nu = 12\pi \frac{V}{c^3} \nu^2\,d\nu \qquad [21.34]$$

Hierin ist c die Geschwindigkeit der elastischen Wellen im Kristall. Für [21.33] schreiben wir nun:

$$U - U_0 = \int_0^{\nu_{\max}} \frac{h\nu}{e^{h\nu/kT} - 1} f(\nu)\,d\nu \qquad [21.35]$$

Bevor wir [21.33] in [21.34] einsetzen, eliminieren wir c unter Verwendung von [13.28]. Wenn $N = 3L$ ist, dann wird für jede Schwingungsrichtung $\nu = \nu_{\max}$. Es ist also

$$3L = \frac{4\pi}{c^3} V \nu_{\max}^3;\quad c^3 = \frac{4\pi}{3L} V \nu_{\max}^3;\quad f(\nu) = \frac{9L}{\nu_{\max}^3} \nu^2\,d\nu \qquad [21.36]$$

Aus [21.35] erhalten wir dann:

$$U - U_0 = \frac{9Lh}{\nu_{\max}^3} \int_0^{\nu_{\max}} \frac{\nu^3\,d\nu}{e^{h\nu/kT} - 1} \qquad [21.37]$$

Die Ableitung nach T liefert:

$$C_{V_m} = \frac{9Lh^2}{kT^2 \nu_{\max}^3} \int_0^{\nu_{\max}} \frac{\nu^4 e^{h\nu/kT}\,d\nu}{(e^{h\nu/kT} - 1)^2} \qquad [21.38]$$

Zur Vereinfachung setzen wir nun $x = h\nu/kT$; hiermit wird aus [21.38]:

$$C_{V_m} = 3Lk\left(\frac{kT}{h\nu_{\max}}\right)^3 \int_0^{h\nu_{\max}/kT} \frac{e^x x^4\,dx}{(e^x - 1)^2} \qquad [21.39]$$

Die Debyesche Theorie sagt voraus, daß die Molwärme eines Festkörpers als Funktion der Temperatur nur noch von der charakteristischen Frequenz $\nu_{\max}$ abhängt. Wenn man also die Molwärmen verschiedener Festkörper gegen $kT/h\nu_{\max}$ abträgt, dann sollten alle Werte auf einer einzelnen Kurve liegen (Abb. 21.42). Hiernach hat sich die Theorie gut bestätigt. Debye hat nun für praktische Rechnungen eine *charakteristische Temperatur (Debye-Temperatur)* $\theta_D = h\nu_{\max}/k$ definiert; Tab. 21.9 zeigt Werte dieser Temperatur für eine Anzahl metallischer und nichtmetallischer Stoffe.

Das DEBYE*sche Modell*

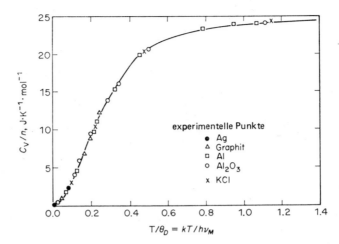

Abb. 21.42 Molwärme von Festkörpern als Funktion der Temperatur. Ordinate: Molwärme, dividiert durch die Zahl n der Atome pro Mol; Abszisse: absolute Temperatur, dividiert durch die DEBYE-Temperatur für den Festkörper. Die Werte für die Molwärmen fester Körper liegen sehr genau auf der theoretischen Kurve; dies zeigt die Richtigkeit der Deutung der Molwärme durch DEBYE. (Das EINSTEINsche Modell ist nicht so gut wie das DEBYEsche, besonders bei tiefen Temperaturen.)

Substanz	θ_D	Substanz	θ_D	Substanz	θ_D
Na	159	Be	1000	Al	398
K	100	Mg	290	Ti	350
Cu	315	Ca	230	Pb	88
Ag	215	Zn	235	Pt	225
Au	180	Hg	96	Fe	420
KCl	227	AgCl	183	CaF_2	474
NaCl	281	AgBr	144	FeS_2	645

Tab. 21.9 Charakteristische DEBYE-Temperaturen (K)

Von besonderem Interesse ist die Anwendung von [21.39] auf die beiden Grenzfälle hoher und sehr tiefer Temperaturen. Mit zunehmender Temperatur wird der Ausdruck $e^{h\nu/kT}$ immer kleiner und endlich gleich eins. Es läßt sich zeigen, daß sich die Gleichung für diesen Grenzfall auf die Regel von DULONG und PETIT reduziert: $C_{V_m} = 3R$. Bei sehr tiefen Temperaturen können wir das Integral zu einer Exponentialreihe entwickeln, wobei wir die folgende Näherungsbeziehung erhalten:

$$C_{V_m} = aT^3$$

Dieses T^3-Gesetz gilt unterhalb von 30 K und erweist sich bei der Berechnung absoluter Entropien nach dem III. Hauptsatz der Thermodynamik als außerordentlich nützlich. Durch dieses Gesetz lassen sich nämlich Molwärmen in der Nähe des absoluten Nullpunktes durch Extrapolation von Werten erhalten, die man bei etwas höherer Temperatur bestimmt hat.

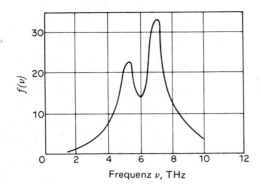

Abb. 21.43 Verteilung der Schwingungsfrequenzen in festem Vanadium, bestimmt durch die inkohärente Streuung von Neutronen; Ordinate: willkürliche Einheiten, Abszisse: Terahertz (10^{12} Hz). (Nach P. A. EGELSTAFF, *Thermal Neutron Scattering*, Academic Press, New York 1965.)

Eine direkte experimentelle Bestimmung der Verteilung der Schwingungsfrequenzen in einem Festkörper ist neuerdings durch die Messung der Streuung langsamer Neutronen an einem Einkristall möglich geworden. Abb. 21.43 zeigt dies am Beispiel des Vanadiums.

Solche Resultate lassen vermuten, daß die in der Debyeschen Theorie der Wärmekapazitäten benutzte Verteilungsfunktion nur eine grobe Näherung der Realität darstellt.

Das gesamte Forschungsgebiet der Schwingungsspektren von Festkörpern, die Deutung dieser Spektren durch zwischenatomare Kräfte und das Studium der Auswirkung solcher Kräfte auf thermodynamische Eigenschaften befinden sich gegenwärtig in rascher Entwicklung.

22. Kapitel
Zwischenmolekulare Kräfte und der flüssige Zustand

> *Mein Körper schwebte gewichtslos durch den Raum. Das Wasser ergriff Besitz von meiner Haut, die scharfen Konturen von Meerestieren schienen mir fast herausfordernd, und die Ökonomie der Bewegung gewann moralische Bedeutung. Schwerkraft – dies begriff ich blitzartig – war die Erbsünde, welche die ersten Lebewesen begingen, als sie das Meer verließen. Unsere Erlösung würde erst kommen, wenn wir in den Ozean zurückkehren, wie es zuvor die Säugetiere des Meeres getan haben.*
>
> JACQUES Y. COUSTEAU (1963)

Auf der Skala der molekularen Ordnungszustände stehen Gase an dem Ende das die geringste Ordnung anzeigt. Ideal ungeordnet sind Gase bei hohen Temperaturen und niedrigen Drücken. Den höchsten, in der Natur überhaupt vorkommenden Ordnungszustand zeigen fehlerfreie Einkristalle; diese kommen dem hypothetischen Zustand des idealen Kristalls schon sehr nahe. Systeme in der Nähe dieser beiden Grenzzustände lassen sich mathematisch relativ einfach behandeln; die Gastheorie und die Theorie der Kristalle haben sich daher rasch entwickelt. In den Übergangsbereichen der Ordnungsskala befinden sich die so schwierig zu definierenden Gläser, Flüssigkeiten und flüssigen Kristalle. Besonders die von uns physiologisch als *flüssig* charakterisierten Systeme stellen einen merkwürdigen Kompromiß zwischen Ordnung und Unordnung dar, der einer eingehenden theoretischen Behandlung nur schwer zugänglich ist.

Ideal nennen wir ein Gas, das dem Gesetz für ideale Gase gehorcht; es nimmt jeden dargebotenen Raum ein, die Molekeln haben praktisch kein Eigenvolumen und üben keine Kräfte aufeinander aus. Beim kinetischen Modell des *perfekten Gases* kommt noch die Forderung hinzu, daß sich die Molekeln in einer stetigen, statistischen Bewegung befinden und untereinander sowie mit den Gefäßwänden völlig elastische Zusammenstöße ausführen. Die Energie eines perfekten Gases ergibt sich einfach als Summe der kinetischen Energie der einzelnen Molekeln; eine zwischenmolekulare potentielle Energie existiert nicht. Für ein solches Gas können wir also eine Verteilungsfunktion wie [5.44] aufstellen, aus der wir alle Gleichgewichtseigenschaften des Gases ableiten können. Im Gegensatz zu einem Gas können wir bei einem Kristall die kinetische Energie der Translation gewöhnlich vernachlässigen. Die Molekeln, Atome oder Ionen schwingen um ihre Gleichgewichtslage, in der sie durch starke Wechselwirkungskräfte zwischen den Gitterbausteinen festgehalten werden. Auch für diesen Fall läßt sich eine Verteilungsfunktion wie z. B. [20.28] erhalten. Wenn wir uns nun den Flüssigkeiten zuwenden, dann finden wir einen viel schwieriger zu definierenden Zustand. Die Wechselwirkungskräfte (Kohäsionskräfte) sind zwar stark genug, um den kondensierten Zustand herbeizuführen (mit Kernabständen, die nur wenig um einen Mittelwert schwanken), sie sind aber nicht stark genug, um die Teilchen im System an ihrem jeweiligen Ort festzuhalten. Es finden also beträchtliche Translationsbewegungen statt, die natürlich mit einer bestimmten Translationsenergie verbunden sind. Durch die thermischen Bewegungen in einer Flüssigkeit wird ein Unordnungszustand eingeführt, der keine Strukturregelmäßigkeit (wenigstens nicht über größere Distanzen) erlaubt. Es kann also keine einfache Verteilungsfunktion für eine Flüssigkeit geben.

Man kann sich nun so helfen, daß man Flüssigkeiten wie Kristalle nach der Art der Kohäsionskräfte klassifiziert, also nach einem eher chemischen Einteilungsprinzip. Hiernach hätten wir ionische Flüssigkeiten (geschmolzene Salze), metallische Flüssigkeiten, die aus Ionen und beweglichen Elektronen bestehen, Flüssigkeiten aus Molekeln, die Wasserstoffbrücken ausbilden können, und endlich die Flüssigkeiten, die durch Dipol-Wechselwirkungskräfte oder VAN-DER-WAALSsche Kräfte zusammengehalten werden (Molekeln mit oder ohne permanentes Dipolmoment). Zahlreiche Flüssigkeiten gehören zur letzteren Kategorie, und selbst in Gegenwart anderer Kräfte kann der Beitrag der van-der-Waalsschen Kräfte beträchtlich sein.

1. Ordnung und Unordnung im flüssigen Zustand

Ein Kristall mit seinem hohen Ordnungszustand ist energetisch gegenüber seiner Schmelze stets bevorzugt. Um einen Kristall zu schmelzen, müssen wir also stets Energie (die Schmelzenthalpie) aufwenden. Das Gleichgewicht wird jedoch durch den Unterschied in der freien Enthalpie, $\Delta G = \Delta H - T \Delta S$, bestimmt. Wegen der größeren Unordnung in der Flüssigkeit ist die Schmelzentropie ΔS ziemlich groß; andererseits ist aber bei tiefen Temperaturen das Übergewicht der Schmelzenthalpie ΔH wegen der hohen Gitterenergie beträchtlich. Wenn wir nun die Temperatur eines Kristalls steigern, dann wird der Einfluß des Entropiegliedes immer stärker, bis er endlich überwiegt: Der Kristall schmilzt. Für den Schmelzvorgang gilt also die folgende Bedingung:

$$T (S_l - S_s) = H_l - H_s$$

(l = liquidus, s = solidus).

Besonders bemerkenswert ist die Schärfe des Schmelzpunktes; es gibt also keine allmähliche Annäherung der Eigenschaften von Kristall und Flüssigkeit. Es bestehen ja sehr strenge geometrische Bedingungen für die Ausbildung eines Kristalls; wenn diese wegen der noch zu hohen Energie der Gitterbausteine nicht gänzlich erfüllt werden, tritt auch noch keine Erstarrung ein. (Dieses Bild trifft nicht mehr zu für kristallisierbare Hochpolymere und gewisse andere Systeme aus großen Molekeln, bei deren Kristallisation kinetische Probleme eine große Rolle spielen.)

Dies läßt sich auch so ausdrücken, daß es nicht möglich ist, kleine Unordnungsbereiche in eine Kristallstruktur einzuführen, ohne damit große Bereiche des Kristalls zu beeinflussen. Abb. 22.1 zeigt zweidimensionale Modelle des gasförmigen, flüssigen und kristallinen Zustandes. Das Modell der Flüssigkeit wurde von J. D.

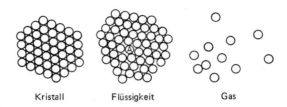

Abb. 22.1 Zweidimensionale Modelle der Aggregatzustände der Materie.

Kristall   Flüssigkeit   Gas

BERNAL so konstruiert, daß er um ein kugelförmiges »Atom« A statt der für eine dichteste Packung notwendigen sechs nur fünf weitere Atome lagerte. Anschließend wurde versucht, den Rest der Atome in einer höchstmöglichen Ordnung in der Umgebung dieser gestörten zentralen Struktur unterzubringen. Es stellte sich heraus, daß die eine anomale Koordination ausreichte, um in einem (zweidimensionalen) Bereich von einigen hundert Atomen einen Unordnungszustand hervorzurufen, der jenem in der flüssigen Phase ähnlich war. Wenn also die thermischen Bewegungen die regelmäßige Struktur an einer Stelle eines Kristalls zerstören, dann breitet sich diese Unregelmäßigkeit rasch durch den ganzen Kristall aus, – Unordnung ist ansteckend. Hierbei implizieren wir natürlich nicht, daß Kristalle nur existieren können, wenn sie ideale Struktur besitzen. Gewisse Unregelmäßigkeiten der Struktur sind erlaubt; wenn aber eine gewisse Grenze überschritten wird, dann schmilzt der Körper.

2. Röntgenbeugung von Flüssigkeiten

Die Entwicklung der Röntgenbeugungsanalyse von Flüssigkeiten verlief parallel mit der Entwicklung der Kristallpulvermethode nach DEBYE und SCHERRER. Mit abnehmender Kristallitgröße nimmt die Linienbreite im Röntgenbeugungsdiagramm zu. Bei einem Teilchendurchmesser von etwa 10 nm sind aus den scharfen Linien diffuse Halos geworden; bei weiterer Verringerung der Teilchengröße verwischen sich die Maxima völlig.

Wäre eine Flüssigkeit völlig amorph, also ohne jede Regelmäßigkeit in der Struktur, sollte sie eine kontinuierliche Röntgenstreuung ohne Beugungsmaxima oder -minima hervorrufen. Dies trifft aber nicht zu. Abb. 22.2 zeigt das Beugungsdiagramm flüssigen Quecksilbers in der Form einer Mikrophotometerkurve der photographischen Platte. Es tritt eine Reihe von rasch schwächer werdenden Beugungsmaxima auf, deren Lage recht gut mit der Lage von Beugungsmaxima im Diagramm des Kristalls übereinstimmt, die zu höheren Netzebenenabständen gehören. Bei Flüssigkeiten mit geringerer Nahordnung treten weniger Beugungsmaxima auf, oft nur ein einziges.

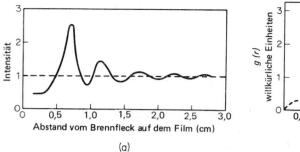 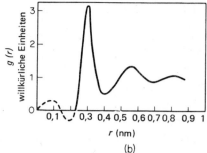

Abb. 22.2 Röntgenbeugungsdiagramm des flüssigen Quecksilbers. (a) Photometerkurve des Beugungsdiagramms; (b) Radiale Verteilungsfunktion des flüssigen Quecksilbers.

Die Tatsache, daß in den Röntgendiagrammen von Flüssigkeiten nur wenige Beugungsmaxima auftreten, steht in Übereinstimmung mit dem Bild einer Nahbereichsordnung und einer bei größeren Distanzen rasch abnehmenden Ordnung. Um nämlich die zu kleinen Netzebenenabständen gehörenden Maxima zu erhalten, muß eine Ordnung über weite Bereiche vorhanden sein, die nur bei Kristallen zu finden ist.

Die Anordnung von Atomen in einer solchen monatomaren Flüssigkeit wird durch eine *radiale Verteilungsfunktion* $g(r)$ beschrieben. Wenn wir einen beliebigen Atomkern als Ursprung nehmen, dann gibt uns die Funktion $g(r)$ die Wahrscheinlichkeit, einen weiteren Atomkern am Ende eines Vektors der Länge r zu finden, der vom Ursprung ausgeht. Für die Wahrscheinlichkeit, ein weiteres Atom im Bereich zwischen r und $r + dr$ zu finden, beträgt also unabhängig von der eingeschlagenen Richtung $4\pi r^2 g(r)\,dr$ (vgl. 14-13). Wir können nun für die Intensität der gestreuten Röntgenstrahlung einen Ausdruck ähnlich [15.39] erhalten; an die Stelle einer Summierung über einzelne Streuzentren haben wir hier jedoch eine Integration über eine kontinuierliche Verteilung von streuender Materie, die wir durch die Funktion $g(r)$ spezifizieren. Es ist also:

$$I(\theta) \sim \int_0^\infty 4\pi r^2 g(r)\,\frac{\sin sr}{sr}\,dr \qquad [22.1]$$

Hierin ist

$$s = (4\pi/\lambda)\sin\theta/2 \qquad [22.2]$$

Durch die Anwendung des FOURIERschen Integraltheorems können wir das obige Integral umformen; das Ergebnis lautet:

$$4\pi r^2 g(r) \sim \frac{2}{\lambda}\int_0^\infty I(\theta)\,\frac{\sin sr}{sr}\,d\theta \qquad [22.3]$$

Mit dieser Beziehung können wir aus einer experimentellen Streukurve (z. B. wie in Abb. 22.2a) die Kurve für die radiale Verteilung berechnen (Abb. 22.2b).

Aus dieser Verteilungskurve geht die relativ hohe Nahordnung in der dichtgepackten Struktur des Quecksilbers deutlich hervor. Andererseits fällt die Intensität der Maxima bei höheren Werten von r rasch ab; die Abweichungen von einer regulären Anordnung der Atome werden also immer größer, je weiter man sich von dem gewählten Zentralatom entfernt. Die Struktur flüssiger Metalle weicht in der Regel nur wenig von der dichtestgepackten Struktur des zugehörigen Kristalls ab; die Kernabstände sind in der Schmelze meist um etwa 5% größer als im Kristall. (Eine Ausnahme bildet das Wismut, das im kristallinen Zustand eine ziemlich lockere, komplizierte Struktur besitzt und beim Schmelzen unter Bildung einer dichtergepackten Struktur kontrahiert.) In einer dichtestgepackten Kristallstruktur beträgt die Koordinationszahl 12. Die mittlere Koordinationszahl in Metallschmelzen liegt meist etwas niedriger; beim flüssigen Natrium beträgt sie z. B. 10. Eine der interessantesten Strukturen besitzt das flüssige Wasser. Die erste eingehende Röntgenbeugungsuntersuchung flüssigen Wassers wurde von MORGAN und WARREN im Jahre 1938 durchgeführt. NARTEN, DANFORD und LEVY haben später die Genauigkeit der Methode wesentlich verbessert und die radialen Verteilungsfunktionen für eine Anzahl verschiedener Temperaturen berechnet (Abb. 22.3)[1]. Bei Werten von $r < 0{,}25$ nm verschwindet die Funktion $g(r)$. Dies zeigt, daß der effektive Durchmesser einer Wassermolekel im flüssigen Zustand bei 0,25 nm liegt; die Schwerpunkte von Wassermolekeln können sich also – freiwillig – nie näher als 0,25 nm kommen. Bei 4 °C und $r > 0{,}80$ nm hat die Funktion $g(r)$ schon nahezu den Wert 1. Dies bedeutet, daß die von einer willkürlich herausgegriffenen Zentralmolekel ihrer Umgebung auferlegte Nahordnung nur einen Bereich von etwa 0,8 nm besitzt; außerhalb dieses Bereiches haben benachbarte Molekeln die makroskopische Dichte des Wassers. (Wir müssen uns bei diesen Betrachtungen darüber im klaren sein, daß sich die Positionen der Nahordnungsbereiche in Flüssigkeiten wegen der lebhaften thermischen Molekelbewegungen rasch ändern.) Bei höheren Temperaturen nimmt die Nahbereichsordnung ab; bei 200 °C hat sie nur noch eine Reichweite von 0,6 nm. In der Nähe der kritischen Temperatur muß sie völlig verschwinden.
Die scharfe Spitze in der Verteilungsfunktion (0,29 nm bei 4 °C und 0,3 nm bei 200 °C) wird von den nächsten Nachbarn der Zentralmolekel hervorgerufen. Wenn man $g(r)$ über das Volumenelement $4\pi r^2 \mathrm{d}r$ dieser Schale integriert, dann erhält man für die mittlere Anzahl der nächsten Nachbarn rund 4,4 (für den Bereich von 4 bis 200 °C). Einer Koordinationszahl von 4 entspricht aber eine tetraedrische Struktur, wie wir sie vom Eis-I kennen (Abb. 18.29). Die in der radialen Verteilungsfunktion des Wassers zwischen 0,45 und 0,53 nm sowie zwischen 0,64 und 0,78 nm gefundenen Maxima stimmen mit der Annahme einer (im Mittel) tetraedrischen Anordnung gut überein.
Der deutliche, wenngleich schwache Peak bei 0,35 nm kann durch die Annahme einer tetraedrischen Struktur nicht erklärt werden. Eis-I hat jedoch 6 Zwischengitterplätze (»Hohlraumzentren«) in einem Abstand von 0,348 nm von der zentralen Mo-

---

[1] Wir folgen hier einer Diskussion dieser Ergebnisse durch D. EISENBERG und W. KAUZMANN, *The Structure and Properties of Water*, Oxford University Press 1969.

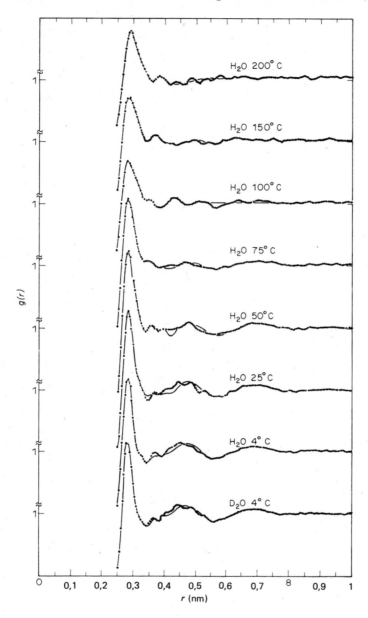

Abb. 22.3 Experimentell bestimmte Verteilungsfunktionen $g(r)$ für flüssiges H_2O bei verschiedenen Temperaturen und für flüssiges D_2O bei 4 °C. Die Grundlinien der Kurven (Ausläufer bei hohen Werten von r) sind um jeweils eine Einheit vertikal verschoben. Die Messungen bis 100 °C wurden bei Atmosphärendruck durchgeführt, jene oberhalb von 100 °C beim jeweiligen Dampfdruck der Probe. [Nach A. H. Narten, M. D. Danford und H. A. Levy, *Disc. Faraday Soc.* **43** (1967) 97.]

lekel. Es wurde daher vermutet, daß beim Schmelzen von Eis einige der Wassermolekeln aus ihren Tetraederplätzen in Zwischengitterplätze wandern; auf diese Weise könnte dann der Peak bei 0,35 nm [in der Funktion $g(r)$] erklärt werden. Dies wird auch durch die Volumenkontraktion um etwa 9% beim Schmelzen des Eises plausibel. Nach den Röntgendaten nimmt die Besetzung der Zwischengitterplätze von 45% bei 4 °C auf 57% bei 200 °C zu.

3. Flüssige Kristalle

Sämtliche Kristalle zeigen wegen ihrer Gitterstruktur irgendeine Art von Anisotropie. Am auffälligsten ist die mechanische Anisotropie, die sich z.B. in einer bevorzugten Spaltbarkeit äußert, gewöhnlich parallel zu einer Kristallfläche. Alle Kristalle außer denen des kubischen Systems zeigen außerdem optische Anisotropie (Doppelbrechung). Im Gegensatz hierzu sind die meisten Flüssigkeiten isotrop, zeigen also keine Richtungsabhängigkeit z.B. der mechanischen und optischen Eigenschaften. Der Schmelzvorgang selbst ist, abgesehen von allen anderen ihn begleitenden Phänomenen, durch den Übergang von der Anisotropie zur Isotropie gekennzeichnet. In gewissen Fällen zeigen jedoch auch Schmelzen oder Lösungen Anisotropieerscheinungen (z.B. Doppelbrechung). Diese Anisotropie verschwindet meist allmählich mit steigender Temperatur.
Offensichtlich durchlaufen derartige Systeme beim Aufschmelzen zunächst einen Übergangszustand, den man einen *mesomorphen* (G. FRIEDEL) oder *parakristallinen Zustand* nennt; dieser Zustand geht erst bei höherer Temperatur in den »echt« flüssigen Zustand über. Da diese Übergangszustände Eigenschaften sowohl des festen als auch des flüssigen Zustandes besitzen, nennt man sie *flüssige Kristalle*[2]. So fließen bestimmte parakristalline Stoffe etwa in der Art, wie sich ein Kartenspiel verschiebt, und bilden Tropfen, deren Oberfläche sich unter dem Mikroskop als terrassenförmig erweist. Andere flüssige Kristalle fließen völlig frei, verraten aber ihre Anisotropie durch Interferenzfiguren unter dem Polarisationsmikroskop. Ein Beispiel hierfür zeigt Abb. 22.4.
Die Fähigkeit, flüssige Kristalle zu bilden, ist eng mit der chemischen Struktur verknüpft. Als Regel gilt, daß stark asymmetrische Molekeln, vornehmlich Fadenmolekeln, und solche, die aufgrund starker zwischenmolekularer Wechselwirkungen *Schichten* oder *Schwärme* bilden können, auch mesomorphe Phasen bilden. Ein Modell des allmählichen Aufschmelzens eines Systems aus Fadenmolekeln, z.B. einer Seife, zeigt Abb. 22.5. Der Stoff bildet im kristallinen Zustand zunächst ein Schichtengitter (a). Mit steigender Temperatur erreicht die kinetische Energie einen Wert, der für die Überwindung der Kräfte zwischen den Molekelenden ausreicht, nicht aber zur Überwindung der starken lateralen Anziehungskräfte zwischen den langen Ketten. In der smektischen[3] Form (b) sind die Molekeln in gut definierten Ebenen angeordnet. In Gegenwart von Scherkräften können sich die

---
[2] Das Phänomen der flüssigen Kristalle wurde von F. REINITZER (1888) entdeckt und später von O. LEHMANN, D. FORLÄNDER und anderen systematisch untersucht.
[3] von griech. σμηγμα, Seife

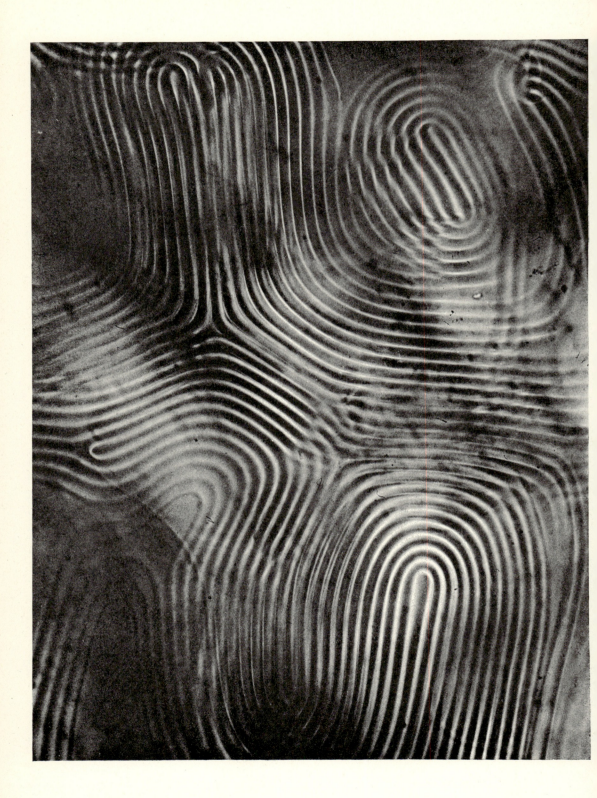

Flüssige Kristalle

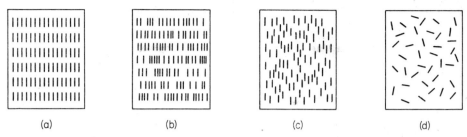

Abb. 22.5 Ordnungsgrade von Stäbchenmolekeln in kondensiertem Zustand. **(a)** Kristallin – Orientierung und Periodizität; **(b)** Smektisch – Orientierung und Anordnung in Ebenen gleichen Abstands, keine Periodizität innerhalb der Ebenen; **(c)** Nematisch – Orientierung ohne Periodizität; **(d)** Isotrope Flüssigkeit – weder Orientierung noch Periodizität.

Ebenen gegeneinander verschieben. Im nematischen[4] Zustand (c) ist die Ausbildung von Schichten verlorengegangen, aber die parallele Orientierung der Molekeln erhalten geblieben. Bei weiterer Steigerung der Temperatur oder, in gewissen Fällen, bei hoher Verdünnung der Lösung wird endlich der Zustand der isotropen Flüssigkeit erreicht (d).

Eine in ihren parakristallinen Zuständen recht eingehend untersuchte Verbindung ist das *p*-Azoxyanisol,

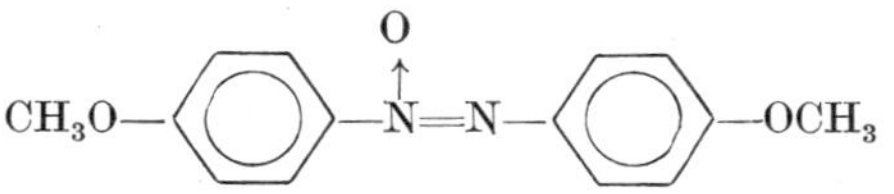

$$CH_3O-\langle\bigcirc\rangle-\overset{O\uparrow}{N}=N-\langle\bigcirc\rangle-OCH_3$$

Die kristalline Form schmilzt bei 357 K zu einem flüssigen Kristall, der sich bei 423 K in eine isotrope Flüssigkeit umwandelt. Ein etwas komplizierteres Verhalten zeigt das Äthyl-*p*-anisalaminocinnamat

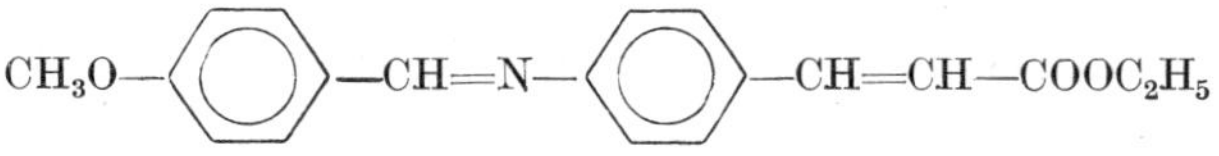

$$CH_3O-\langle\bigcirc\rangle-CH=N-\langle\bigcirc\rangle-CH=CH-COOC_2H_5$$

Dieses durchläuft zwischen 356 K und 412 K drei verschiedene parakristalline Zustände. Noch eigentümlicher verhält sich das Cholesterylbromid. Die kristalline Substanz schmilzt bei 367 K unter Bildung einer isotropen Schmelze. Diese Schmelze kann auf 340 K unterkühlt werden und bildet dann eine metastabile, flüssig-kristalline Form.

---

[4] von griech. νῆμα, Faden

Abb. 22.4 Mikroskopisch mit natürlichem Licht aufgenommene Struktur der Lösung eines Polypeptids in Dichloressigsäure; Beispiel für die Bildung flüssiger Kristalle durch natürliche Makromolekeln. [Nach C. ROBINSON, J. C. WARD und R. B. BEEVERS, *Disc. Faraday Soc.* **25** (1958) 29.]

Der Begriff *mesomorphe Struktur* muß wesentlich weiter gespannt werden, als es hier geschehen ist. Ein weites Feld für Untersuchungen dieser Art sind *synthetische Hochpolymere und Biopolymere*. Wegen der großen Viskosität synthetischer Hochpolymerer dauert hier der Kristallisationsvorgang wesentlich länger als bei niedermolekularen Stoffen. Wegen sterischer und kinetischer Hinderungen führt er auch nie zu einer völligen Kristallinität. Je nach der thermischen und mechanischen Vorgeschichte enthalten kristallisierbare Hochpolymere daher verschiedene Arten und verschiedene Anteile mesomorpher Strukturen. Wegen der ausgeprägten Neigung bestimmter Polymerer mit hochgeordneter Struktur (Beispiel: *eutaktische Polymere* mit asymmetrischen oder pseudoasymmetrischen C-Atomen), bestimmte Kettenkonformationen, z.B. Helices, anzunehmen, bleiben solche geordnete Strukturen häufig auch nach dem Aufschmelzen der kristallinen Bereiche in Polymeren teilweise erhalten. Derartige Strukturen gleichen am ehesten dem klassischen Bild der flüssigen Kristalle.

Auch bei Biopolymeren spielen mesomorphe Zustände, die z.B. unter dem Polarisationsmikroskop studiert werden können, eine große Rolle. Beispiele sind die doppeltbrechenden Bereiche an gestreiften Muskelfasern und Molluskeneiern, Axonen von Nervenzellen oder Spermatozoen von Cephalopoden. Mesomorphe Zustände erweisen sich für bestimmte biologische Funktionen als besonders vorteilhaft, da die relativ niedrige Viskosität von Stoffen in solchen Zuständen für ein gewisses Maß an Fluidität und Diffundierbarkeit sorgt, ohne daß dabei die innere Struktur verlorengeht.

4. Gläser

Der Glaszustand der Materie ist ein weiteres Beispiel für einen Kompromiß zwischen Kristall- und Flüssigkeitseigenschaften. Die Struktur anorganischer Gläser ähnelt der stark assoziierter Flüssigkeiten (Wasser, Glykole, geschmolzener Zucker). In der Tat lassen sich z.B. Alkohole durch Eintauchen in flüssige Luft leicht in den glasartigen Zustand überführen. *Organische Gläser* wie technisches Polymethylmethacrylat oder Polystyrol bestehen aus langen Fadenmolekeln und zeigen keine Röntgenkristallinität. (Milchig getrübte Hochpolymere wie Polyäthylen, Polypropylen oder Polyvinylchlorid sind teilkristallin.) Es gibt aber auch einige Beispiele für *anorganische Gläser* mit Fadenmolekeln (plastischer Schwefel, Polysilikate, Metaborsäure, Polyphosphorsäure, Polydichlorphosphazen).

Die in Abb. 22.6 gezeigten zweidimensionalen Modelle von W. H. Zachariasen illustrieren den Unterschied zwischen einem Glas und einem Kristall.

Bei dem hier gewählten Beispiel des Siliciumdioxids sind die Bindungen in beiden Zuständen dieselben, nämlich starke elektrostatische Si—O-Bindungen. Sowohl Quarzkristalle als auch Quarzglas sind daher hart und mechanisch widerstandsfähig. Die Bindungen im Glas unterscheiden sich jedoch beträchtlich in ihrer Länge und daher auch in ihrer Stärke; in einem Glas gibt es also Bereiche unterschiedlicher Energie. Da sich wegen des ungeordneten Zustandes in einem Glas die Gitterkräfte nicht voll auswirken können, liegt seine innere Energie höher als die des Kristalls derselben Zusammensetzung. Ein Glas zeigt daher auch keinen scharfen Schmelzpunkt, sondern einen größeren Erweichungsbereich.

Der sehr niedrige thermische Ausdehnungskoeffizient einiger Gläser, insbesondere des Quarzglases und bestimmter Metaboratgläser, läßt sich durch das Strukturmodell der Abb. 22.6 erklären. Diese Struktur ist, wie beim flüssigen Wasser, sehr »offen«, enthält also viele Leerräume. Bei einer Steigerung der Temperatur besteht also innerhalb eines gewissen Bereiches die Möglichkeit einer engeren Koordination. In einem solchen Fall expandiert die Struktur also »in sich hinein«. Dieser Effekt wirkt der normalen Expansion einer Struktur durch Dehnung der zwischenatomaren Abstände entgegen.

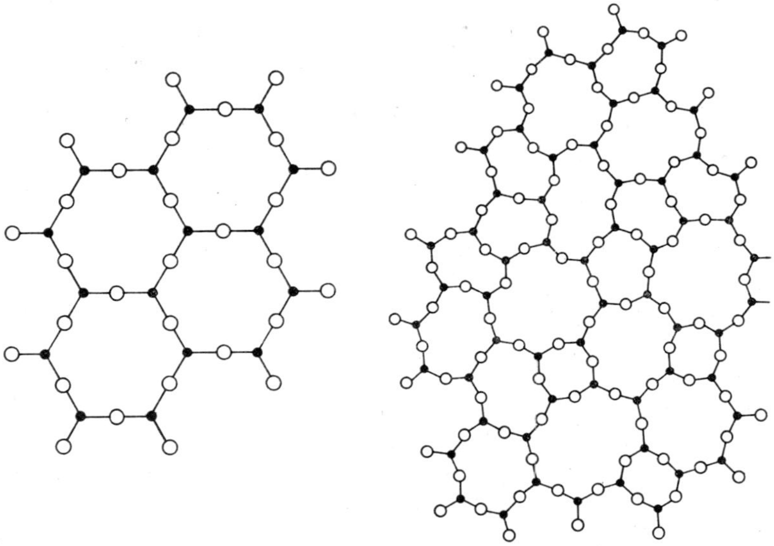

Abb. 22.6 Zweidimensionale Modelle für den kristallinen (links) und den Glaszustand (rechts). (Der glasartige Zustand von Systemen aus Fadenmolekeln mit kovalenten Bindungen ist hier nicht berücksichtigt.) Punkte symbolisieren Atome des Siliciums; Kreise symbolisieren Sauerstoffatome. (W. H. Zachariasen, *J. Am. Chem. Soc.* 54 (1932) 3841.]

5. Der Schmelzvorgang

Tab. 22.1 zeigt die Schmelzpunkte sowie die Enthalpien und Entropien des Schmelzens und Verdampfens für eine Anzahl metallischer und nichtmetallischer Stoffe. Die Schmelzenthalpien liegen viel niedriger als die Verdampfungsenthalpien. Es bedarf also einer geringeren Energie, einen Kristall in eine Flüssigkeit (beides sind kondensierte Zustände) zu verwandeln als eine Flüssigkeit in den Gaszustand überzuführen. Auch die Schmelzentropien sind wesentlich kleiner als die Verdampfungsentropien. Die Verdampfungsentropien unpolarer oder wenig polarer Stoffe sind ziemlich konstant und betragen $90 \cdots 100$ J $\cdot$ mol^{-1} (Troutonsche Regel). Die Schmelzentropien spiegeln die Unterschiede in Packungsdichte, Symmetrie und in den Gitterkräften der verschiedenen Kristalle wider; es findet sich daher keine solche Häufung von Werten in einem bestimmten Bereich wie bei den Verdampfungsenthalpien. (Flüssigkeiten sind untereinander eher vergleichbar als Kristalle.) Immerhin liegen die Schmelzentropien der meisten Metalle mit dichtester Kugelpackung in einem relativ engen Bereich von $7 \cdots 11$ J $\cdot$ mol^{-1}.

Substanz	Schmelz-enthalpie (kJ·mol⁻¹)	Ver-dampfungs-enthalpie (kJ·mol⁻¹)	Schmelz-punkt (K)	Schmelz-entropie (J·K⁻¹·mol⁻¹)	Ver-dampfungs-entropie (J·K⁻¹·mol⁻¹)
Metalle					
Na	2,64	103	371	7,11	88,3
Al	10,7	283	932	11,4	121
K	2,43	91,6	336	7,20	87,9
Fe	14,9	404	1802	8,24	123
Ag	11,3	290	1234	9,16	116
Pt	22,3	523	2028	11,0	112
Hg	2,43	64,9	234	10,4	103
Ionenkristalle					
NaCl	30,2	766	1073	28,1	456
KCl	26,8	690	1043	25,7	389
AgCl	13,2		728	18,1	
KNO$_3$	10,8		581	18,5	
BaCl$_2$	24,1		1232	19,5	
K$_2$Cr$_2$O$_7$	36,7		671	54,7	
Molekelkristalle					
H$_2$	0,12	0,92	14	8,4	66,1
H$_2$O	5,98	47,3	273	22,0	126
Ar	1,17	7,87	83	14,1	90,4
NH$_3$	7,70	29,9	198	38,9	124
C$_2$H$_5$OH	4,60	43,5	156	29,7	124
C$_6$H$_6$	9,83	34,7	278	35,4	98,3

Tab. 22.1 Kalorische Daten von Elementen und Verbindungen

6. Kohäsionskräfte in Flüssigkeiten, der Binnendruck

Im Gegensatz zu Gasen zeigt das Volumen von Flüssigkeiten nur eine geringe Abhängigkeit vom äußeren Druck. Dies zeigt das Vorhandensein starker Kohäsionskräfte, und jedes Modell des flüssigen Zustandes muß diese Kräfte berücksichtigen. Wenn wir zunächst einmal die Frage nach dem Ursprung dieser Kräfte beiseitestellen, dann können wir doch ihre Größe durch thermodynamische Betrachtungen abschätzen. Diese quantitative Betrachtung beruht auf der Annahme eines *Binnendrucks*.

Für die Abhängigkeit der inneren Energie vom Druck hatten wir die Beziehung [3.45] abgeleitet:

$$\left(\frac{\partial U}{\partial V}\right)_T = T\left(\frac{\partial P}{\partial T}\right)_V - P$$

Bei einem idealen Gas treten keine zwischenmolekularen Kräfte auf, seine innere Energie ist daher unabhängig von seinem Volumen. Für den Binnendruck eines idealen Gases gilt daher $P_i = (\partial U/\partial V)_T = 0$. Bei einem realen Gas treten schon merkliche zwischenmolekulare Kräfte auf, die mit steigendem Druck zunehmen; es ist daher $(\partial U/\partial V)_T \neq 0$. Bei Flüssigkeiten ist der Binnendruck um Größenordnungen stärker als bei realen Gasen und kann auch den äußeren Druck beträchtlich übertreffen.

Dies geht auch aus der Betrachtung der kritischen Daten von Stoffen hervor. Wasser hat ein kritisches Molvolumen von 45 ml, als ideales Gas ein solches von 22400 ml; das Volumenverhältnis beträgt also etwa 1:500. Um eine solche Kompression bei einem idealen Gas zu erzeugen, müßte ein Druck von 500 atm aufgewandt werden; tatsächlich beträgt der kritische Druck des Wassers nur 218 atm. Es wirkt also schon an der Grenze zwischen gasförmigem und flüssigem Zustand beim Wasser ein Binnendruck von 282 atm. Dieser nimmt bei der Kontraktion der kritischen Flüssigkeit auf das normale Molvolumen des Wassers von 18 cm³ noch um ein Mehrfaches zu.

Der Binnendruck ergibt sich als die Differenz aus den Anziehungs- und Abstoßungskräften zwischen den Molekeln in einer Flüssigkeit. Er hängt daher stark vom Volumen und damit vom äußeren Druck P ab. Diesen Effekt zeigt die folgende Zusammenstellung von Daten für den Diäthyläther bei 298 K.

P (atm):   200   800   2000   5300   7260   9200   11100
P_i (atm): 2790 2840 2530   2020   40   −1590 −4380

Mit zunehmendem äußerem Druck nimmt der Binnendruck zunächst nur allmählich, hernach aber rasch ab und kann bei sehr hohem äußerem Druck hohe negative Werte erreichen: Die abstoßenden Kräfte überwiegen stark.
Der Binnendruck hängt auch stark von der Natur der Flüssigkeit ab. Tab. 22.2 gibt eine Zusammenstellung von J. H. HILDEBRAND des Binnendrucks verschiedener Flüssigkeiten bei 1 atm und 298 K. Bei linearen aliphatischen Kohlenwasserstoffen nimmt P_i allmählich mit der Kettenlänge zu. Polare Flüssigkeiten haben nicht selten einen höheren Binnendruck als unpolare.

Verbindung	P_i (atm)
Diäthyläther	2370
n-Heptan	2510
n-Oktan	2970
Zinntetrachlorid	3240
Kohlenstofftetrachlorid	3310
Benzol	3640
Chloroform	3660
Kohlenstoffdisulfid	3670
Quecksilber	13200
Wasser	20000

Tab. 22.2   Binnendruck von Flüssigkeiten bei 298 K und 1 atm

Einen sehr starken Einfluß haben Wasserstoffbrücken; aus diesem Grunde ist der Binnendruck von Wasser rund 8mal größer als der anderer Stoffe niederen Molekulargewichts.

Hildebrand hat zuerst auf die Bedeutung des Binnendrucks von Flüssigkeiten für deren Löslichkeitsverhalten hingewiesen. Wenn zwei Flüssigkeiten ähnlichen Binnendruck besitzen, dann sind sie meist ineinander löslich; die Lösung selbst gehorcht recht gut dem RAOULTschen Gesetz. Die Lösung zweier Flüssigkeiten, deren Binnendruck stark voneinander abweicht, zeigt gewöhnlich starke positive Abweichungen vom Idealverhalten, also eine gewisse Tendenz zur Entmischung.

7. Zwischenmolekulare Kräfte

Alle Kräfte zwischen Atomen, Ionen und Molekeln sind elektrostatischer Natur. Letzlich beruhen sie alle auf dem COULOMBschen Gesetz, wonach sich ungleiche Ladungen anziehen, gleiche jedoch abstoßen. Man spricht oft von weitreichenden und Nahbereichskräften. Diese qualitative Unterscheidung bezieht sich auf die Potenz des Abstandes, mit der die Kraft ab- oder zunimmt. Eine mit r^{-2} abnehmende Kraft wirkt also über weitere Entfernungen als eine solche, die mit r^{-6} abnimmt. Alle diese Kräfte lassen sich als Gradienten der potentiellen Energie, $F = -\partial U/\partial r$, darstellen. Es ist oft bequemer, mit potentiellen Energien als mit den Kräften zu rechnen. Auf dieser Basis können wir die folgenden Arten intermolekularer und interionischer potentieller Energien unterscheiden:

(1) Coulombsche Wechselwirkung zwischen Ionen, $U \sim r^{-1}$.
(2) Ion-Dipol-Wechselwirkungen, $U \sim r^{-4}$.
(3) Dipol-Dipol-Wechselwirkungen, $U \sim r^{-6}$.
(4) Wechselwirkungen zwischen Molekeln mit permanentem Dipolmoment und solchen ohne Dipolmoment, $U \sim r^{-6}$.
(5) Wechselwirkungen zwischen dipolfreien Atomen oder Molekeln (z. B. zwischen Edelgasen, Dispersionskräfte), $U \sim r^{-6}$.
(6) Überlappungsenergie durch die Wechselwirkungen der positiven Kerne und der Elektronenhülle zweier eng benachbarter Molekeln; die Überlappung führt zur Abstoßung bei sehr kleinen intermolekularen Abständen mit $U \sim r^{-9}$ bis r^{-12}.

Bei dieser Aufstellung ist berücksichtigt, daß Ionen oder permanente Dipole bei der Wechselwirkung mit dipolfreien Molekeln ein Dipolmoment induzieren.
Zu den VAN-DER-WAALSschen Kräften wollen wir die Wechselwirkungen der Kategorien 3 bis 5 zählen. Der erste Versuch, solche Kräfte durch die Wechselwirkung zwischen permanenten Dipolen zu erklären, stammt von W. H. KEESOM[5] (1912). Zwei Dipole, die sich in rascher thermischer Bewegung befinden, ziehen sich je nach ihrer augenblicklichen Orientierung an oder stoßen sich ab. Im ersteren Falle sind sie etwas näher beieinander; für die zu dieser Orientierung gehörende Anziehungsenergie gilt nach LENNARD-JONES:

$$U_d = -\frac{2\,\mu_1^2\,\mu_2^2}{3\,k\,T\,r^6} \qquad [22.4]$$

[5] Eine etwas vereinfachte Berechnung stammt von M. W. WOLKENSTEIN, *loc. cit.*

Hierin sind μ_1 und μ_2 die Dipolmomente der Molekeln. Die hierdurch ausgedrückte Abhängigkeit der potentiellen Energie mit r^{-6} stimmt mit den experimentellen Beobachtungen überein. Diese Theorie kann uns natürlich noch keine allgemeine Erklärung der van-der-Waalsschen Kräfte liefern; es werden ja auch zwischen Molekeln ohne permanentes Dipolmoment beträchtliche Anziehungskräfte beobachtet. DEBYE dehnte 1920 die Dipoltheorie durch die Berücksichtigung des *Induktionseffektes* aus. Ein permanenter Dipol induziert in einer anderen Molekel ebenfalls einen Dipol, wodurch eine gegenseitige Anziehung entsteht. Die Stärke dieser Wechselwirkung hängt von der Polarisierbarkeit α der Molekeln ab; hieraus ergibt sich als Energiebetrag für den Induktionseffekt:

$$U_i = - \frac{\alpha_2 \mu_1^2 + \alpha_1 \mu_2^2}{r^6} \qquad [22.5]$$

Dieser Effekt ist ziemlich klein und hilft uns überdies immer noch nicht bei der Erklärung des Verhaltens von Edelgasen.
Die primäre Ursache für die Anziehungskräfte zwischen Molekeln ohne Dipolmoment ist die Dispersionswechselwirkung. Diese läßt sich folgendermaßen deuten. Bei einer Edelgasmolekel wie Argon ist die Elektronenverteilung um den Kern nur im Zeitmittel kugelsymmetrisch. Wenn wir das Atom jedoch in kleinen Zeitdifferentialen betrachten würden, dann fänden wir wechselnde Asymmetrien der Elektronenverteilung. Diese wirken sich so aus, daß sich das Atom wie ein schwacher Dipol verhält, dessen Orientierung sich dauernd verändert. Das zeitliche Mittel dieser kleinen Dipolmomente ist null. Wenn wir nun ein System aus Atomen oder Molekeln ohne permanentes Dipolmoment betrachten, dann könnte man auf die Idee kommen, daß die schwachen Dispersionsdipole benachbarter Molekeln unter Ausbildung eines Anziehungspotentials in Wechselwirkung treten. Dies kann aber nicht zutreffen, da im Zeitmittel ebenso viele anziehende wie abstoßende Orientierungen vorkommen; für die Ausbildung von Dipolketten sind die einzelnen Dipole nicht langlebig genug. Es tritt jedoch eine Wechselwirkung aufgrund einer nahezu trägheitsfreien Verschiebungspolarisation auf. Jeder momentane Argondipol induziert nämlich ein entsprechend orientiertes Dipolmoment in einem benachbarten Atom, und auf diese Weise entsteht eine kurzzeitige Anziehungskraft, die *Dispersionskraft*.
Dieses Phänomen wurde von F. LONDON quantenmechanisch behandelt (1930). Die durch diese Theorie quantitativ formulierten Kräfte nennt man daher oft *London-Kräfte*; den Ausdruck *van-der-Waalssche Kräfte* wollen wir für die Summe aller Wechselwirkungen zwischen ungeladenen Molekeln beibehalten.
LONDON konnte zeigen, daß die Natur der Dispersionswechselwirkungen eng mit dem quantenmechanischen Phänomen der Nullpunktsenergie verbunden ist. Wir betrachten zwei wechselwirkende Molekeln als quantenmechanische, harmonische Oszillatoren. Hierbei führen die Elektronen Schwingungen um ihre Gleichgewichtslage durch. Wegen dieser Schwingungen kommt es zu augenblicklichen Abweichungen von der Kugelsymmetrie. Das Paar äquivalenter Oszillatoren soll nun mit einer charakteristischen Frequenz ν_0 schwingen; eine quantenmechani-

sche Berechnung ergibt dann für die Londonsche Wechselwirkungsenergie[6]:

$$U_L = -\frac{3}{4} h \nu_0 \alpha^2 / r^6 \qquad [22.6]$$

In dieser Gleichung ist ν_0 eine unbekannte Größe. Noch nützlicher ist daher die folgende, allgemeine Formel für die Wechselwirkung zweier verschiedener Molekeln A und B:

$$U_L = -\frac{3 I_A I_B}{2(I_A + I_B)} \frac{\alpha_A \alpha_B}{r^6} \qquad [22.7]$$

Hierin bedeuten I_A und I_B die ersten Ionisationspotentiale und α_A und α_B die Polarisierbarkeiten der Molekeln. [22.7] unterscheidet sich von der vorhergehenden Beziehung durch die Substitution der charakteristischen Frequenz ν_0 durch den Quotienten I/h.

Alle von van-der-Waalsschen Wechselwirkungen herrührenden Energiebeträge zur intermolekularen Anziehung zeigen die r^{-6}-Abhängigkeit. Der vollständige Ausdruck für die zwischenmolekulare Energie muß auch noch einen Ausdruck für die Überlappungsenergie enthalten, die den Anziehungsenergien entgegenwirkt und bei sehr kleinen Abständen beträchtliche Werte annehmen kann. Der Ausdruck für die gesamte Wechselwirkungsenergie lautet also:

$$U = -A \cdot r^{-6} + B \cdot r^{-n} \qquad [22.8]$$

Der Wert des Exponenten n liegt je nach der Art des Systems zwischen 9 und 12. Abb. 4.4 zeigte die Potentialkurven für eine Anzahl von Gasen mit $n = 12$. Die Konstanten A und B lassen sich aus den Zustandsgleichungen berechnen. Tab. 22.3 zeigt die verschiedenen Beiträge zur zwischenmolekularen Wechselwirkung für eine Anzahl von Gasen.

Molekel	Dipolmoment μ (D)	Polarisierbarkeit α (10^{-30} m³)	Energie $h\nu_0$ (eV)	Orientierung* $\frac{2}{3}\mu^4/kT$	Induktion* $2\mu^2\alpha$	Dispersion* $\frac{3}{4}\alpha^2 h\nu_0$
CO	0,12	1,99	14,3	0,0034	0,057	67,5
HJ	0,38	5,4	12	0,35	1,68	382
HBr	0,78	3,58	13,3	6,2	4,05	176
HCl	1,03	2,63	13,7	18,6	5,4	105
NH$_3$	1,5	2,21	16	84	10	93
H$_2$O	1,84	1,48	18	190	10	47
He	0	0,20	24,5	0	0	1,2
Ar	0	1,63	15,4	0	0	52
Xe	0	4,00	11,5	0	0	217

* 10^{-79} J · m⁶

Tab. 22.3 Relative Größe der zwischenmolekularen Wechselwirkung [nach J. A. V. BUTLER, Ann. Rep. Chem. Soc. (London) *34* (1937) 75]

[6] Eine einfache Ableitung dieser Gleichung findet sich in W. KAUZMANN, *Quantum Chemistry*, Academic Press, New York 1957.

8. Zustandsgleichung und zwischenmolekulare Kräfte

Die Berechnung der Zustandsgleichung eines Stoffes aus der Größe der zwischenmolekularen Kräfte ist ein sehr komplexes Problem. Das Grundprinzip der Methode ist zwar bekannt, die mathematischen Schwierigkeiten erwiesen sich jedoch als so monströs, daß eine Lösung nur für einige sehr einfache Fälle gefunden werden konnte. Die Zustandsgleichung eines Systems zu berechnen bedeutet letztlich, seine Verteilungsfunktion Z zu bestimmen. Hieraus läßt sich dann die HELMHOLTZsche freie Energie A unmittelbar ableiten und aus dieser wiederum der Druck; es ist $P = -(\partial A/\partial V)_T$.

Zur Bestimmung der Verteilungsfunktion $Z = \Sigma e^{-E_i/kT}$ müssen die Energieniveaus des Systems bekannt sein. Bei idealen Gasen und Kristallen können wir die Energieniveaus der einzelnen Bestandteile des Systems (Molekeln oder Oszillatoren) verwenden und die Wechselwirkungen zwischen diesen vernachlässigen. Bei Flüssigkeiten ist eine solche Vereinfachung nicht möglich, da in diesem Falle gerade die zwischenmolekularen Wechselwirkungen für die charakteristischen Eigenschaften der Flüssigkeit verantwortlich sind.

Einfachheitshalber wollen wir zunächst ein Gas aus Massenpunkten betrachten; diesem Bild entspräche ein monatomares Gas schon recht genau. Nach einer sehr eleganten Ableitung von LANDAU und LIFSHITZ[7] wird die Energie als die Summe der kinetischen und potentiellen Energie geschrieben:

$$E(p,q) = \sum_{j=1}^{N} \frac{p_j^2}{2m} + U(q)$$

Hierin bedeuten p, q generalisierte Koordinaten; für N Atome existieren je $3N$ Werte für p und q. Die kinetische Energie erhält man nun einfach durch Summierung der unabhängigen kinetischen Energien aller Atome; die potentielle Energie ist jedoch im allgemeinen eine Funktion aller Koordinaten.

Die Verteilungsfunktion wird in ihrer integralen Form angewendet:

$$Z = \int e^{-E(p,q)/kT} d\tau \qquad [22.9]$$

Hierin enthält $d\tau$ alle Impuls- und Koordinatendifferentiale. Das Integral in dieser Gleichung ist das Produkt aus einem Term für die kinetische und einem solchen für die potentielle Energie; der letztere Term kann in folgender Weise geschrieben werden:

$$Q = \int \cdots \int e^{-U/kT} dV_1 dV_2 \cdots dV_N \qquad [22.10]$$

Dies bedeutet, daß über die Volumenelemente jedes Atoms integriert wird.

Bei einem perfekten Gas gibt es keine zwischenmolekulare potentielle Energie ($U = 0$); in diesem Falle ist Q einfach V^N. Der Term für die kinetische Energie

---

[7] L. S. LANDAU und E. M. LIFSHITZ, *Statistical Physics*, Pergamon Press, London 1959.

ist für perfekte und imperfekte Gase derselbe. Wir können also schreiben:

$$A = -kT \ln Z = A^p - kT \ln \frac{1}{V^N} \int \cdots \int e^{-U/kT} dV_1 \cdots dV_N$$

Hierin ist A^p die HELMHOLTZsche freie Energie für ein perfektes Gas. Durch Addition und Subtraktion von 1 vom Integranden erhalten wir:

$$A = A^p - kT \ln \left\{ \frac{1}{V^N} \int \cdots \int (e^{-U/kT} - 1) dV_1 \cdots dV_N + 1 \right\} \qquad [22.11]$$

Wir nehmen nun an, daß das Gas von so geringer Dichte ist, daß wir nur *Zweierstöße* zu berücksichtigen haben. Desgleichen nehmen wir an, daß die Gasprobe so klein ist, daß zu gleicher Zeit immer nur ein solcher Zusammenstoß zwischen Molekelpaaren stattfinden kann. (Durch eine solche Annahme verlieren wir nichts von der Allgemeingültigkeit der Ableitung, da A eine extensive Zustandsgröße ist. Eine Verdoppelung der Menge an Gas bedeutet einfach eine Verdoppelung von A.) Das zusammenstoßende Paar können wir nun auf $\frac{1}{2} N(N-1)$ verschiedene Weisen aus den N Atomen aussuchen. Wenn die Wechselwirkungsenergie der Paare U_{12} beträgt, dann erhält das Integral in [22.11] die folgende Form:

$$\frac{N(N-1)}{2} \int \cdots \int (e^{-U_{12}/kT} - 1) dV_1 \cdots dV_N$$

Da U_{12} nur von den Koordinaten der beiden Atome abhängt, können wir über alle anderen integrieren und erhalten dabei V^{N-2}. Da N sehr groß ist, können wir ohne nennenswerten Fehler $N(N-1)$ durch N^2 ersetzen; hierdurch erhalten wir:

$$\frac{N^2 V^{N-2}}{2} \int\int (e^{-U_{12}/kT} - 1) dV_1 dV_2$$

Wir führen diesen neuen Ausdruck für das Integral nun in [22.11] ein und erhalten:

$$A = A^p - kT \ln \left\{ \frac{N^2}{2 V^2} \int\int (e^{-U_{12}/kT} - 1) dV_1 dV_2 + 1 \right\} \qquad [22.12]$$

Wir benützen nun die Tatsache, daß für sehr kleine Werte von x ($x \ll 1$)

$$\ln(1+x) \approx x$$

ist. Hiermit erhalten wir aus [22.12]:

$$A = A^p - \frac{kT N^2}{2 V^2} \int\int (e^{-U_{12}/kT} - 1) dV_1 dV_2 \qquad [22.13]$$

Statt der Koordinaten der beiden Atome können wir die Koordinaten ihrer Massenzentren und ihre relativen Koordinaten (4-23) einführen. Durch Integration über die relativen Koordinaten erhalten wir V; [22.13] vereinfacht sich also zu der folgenden Beziehung:

$$A = A^p - \frac{kT N^2}{2 V} \int (e^{-U_{12}/kT} - 1) dV \qquad [22.14]$$

Dieser Ausdruck wird gewöhnlich in der folgenden Form geschrieben:

$$A = A^p + \frac{N^2 kT}{V} \cdot B(T) \qquad [22.15]$$

Hierin ist

$$B(T) = \frac{1}{2} \int (1 - e^{-U_{12}/kT}) \, dV \qquad [22.16]$$

Für den Druck gilt

$$P = -(\partial A/\partial V)_T \qquad [22.17]$$

oder

$$P = \frac{NkT}{V}\left[1 + \frac{NB(T)}{V}\right] \qquad [22.18]$$

Für den Druck eines perfekten Gases gilt $P^p = NkT/V$; diese Ableitung hat uns daher eine Beziehung für den zweiten Virialkoeffizienten $B(T)$ geliefert, ausgedrückt durch die potentielle Wechselwirkungsenergie U_{12} zwischen einem Molekelpaar. Dies ist ein sehr erfreuliches Ergebnis, es gilt aber nur für Gase, die nur wenig von Idealverhalten abweichen. Um die Theorie auch auf Gase höherer Dichte oder gar auf Flüssigkeiten anwenden zu können, muß erst das Konfigurationsintegral Q für allgemeinere Wechselwirkungen bestimmt werden. Für Gase bei höherer Dichte läßt sich eine Reihenentwicklung von Q durchführen, wobei die empirisch gefundenen Ausdrücke für die dritten, vierten und höheren Virialkoeffizienten eingesetzt werden. Bei Flüssigkeiten konvergiert diese Reihe jedoch nicht, so daß dieser Lösungsweg verschlossen ist.

9. Theorie der Flüssigkeiten

Nachdem sich die Bestimmung des allgemeinen Konfigurationsintegrals als mathematische Sackgasse erwiesen hatte, blieben den Theoretikern noch drei Wege zur Entwicklung einer Theorie des flüssigen Zustandes:

(1) Die Konstruktion eines vereinfachten Modells, für das das Konfigurationsintegral noch bestimmt werden kann, und Vergleich der mit diesen Modellen erzielten Resultate mit dem Experiment.
(2) Versuch einer Berechnung der radialen Verteilungsfunktion, mit deren Hilfe die thermodynamischen Eigenschaften bestimmter einfacher Flüssigkeiten (z.B. Argon) berechnet werden könnten.
(3) Numerische Berechnungen mit großen Digitalcomputern unter Verwendung einer Monte-Carlo-Methode.

Bei der Monte-Carlo-Methode beginnt man mit einer zufälligen Anordnung von Molekeln. Die Molekeln werden durch ihre Koordinaten $x_1 y_1 \cdot x_2 y_2 \cdots x_j y_j$ gekennzeichnet. Die Wechselwirkungen zwischen beliebigen Molekelpaaren werden durch entsprechende Wahl der Potentialfunktion für die zwischenmolekulare

Energie, $U(r_{ij})$, gekennzeichnet. Der Computer sucht nun aufs Geratewohl eine Molekel heraus, z.B. mit den Koordinaten $x_j y_j$, und bewegt sich in eine neue Position $x'_j = x_j = \alpha \delta x$ und $y'_j = y_j + \beta \delta y$. Hierbei sind α und β zufällig ausgewählte Bruchteile, δx und δy sind die maximalen Koordinatenverschiebungen bei einer Bewegung. Der Computer kann nun die gesamte zwischenmolekulare Energie durch Summierung der Einzelenergien $U(r_{ij})$ sämtlicher Molekelpaare berechnen:

$$U = \sum_{\text{Paare}} U(r_{ij})$$

Der Mittelwert der potentiellen Energie des Systems läßt sich dann aus der folgenden allgemeinen Formel berechnen (vgl. [5.25]):

$$\langle U \rangle = \frac{\sum U \exp(-U/kT)}{\sum \exp(-UkT)}$$

Diese Berechnung wird fortgesetzt, bis genug Konfigurationen für eine vernünftige statistische Mittelung ausgesucht wurden. Bei praktischen Berechnungen werden die »Schachzüge« des Computers übrigens durch die Bedingung eingeschränkt, daß keine Molekel sich einer anderen so weit nähern darf, daß starke Abstoßung auftreten würde.

Bei dieser Methode wird viel kostspielige Computerzeit verbraucht. Für ein System aus beispielsweise 108 Molekeln müssen mindestens 50000 Konfigurationen für eine zufriedenstellende Mittelwertsbildung berechnet werden.

Mit Hilfe eines Computers lassen sich auch die Ungleichgewichtsanordnungen von Molekeln durch die Methode der *Molekulardynamik* berechnen. Bei dieser Methode wird die für das System gültige Bewegungsgleichung numerisch für jede einzelne Molekel gelöst. Dies geschieht dadurch, daß man zunächst die Kraft F bestimmt, die auf jede Molekel durch den Einfluß aller anderen Molekeln wirkt; anschließend wird die Gleichung $F = mb$ gelöst (m = Masse, b = Beschleunigung). Schließlich werden alle Molekelbahnen aufgezeichnet; hierdurch erhält man ein dynamisches Bild der zeitlichen Veränderung der Molekelansammlung.

Abb. 22.7 zeigt die Ergebnisse der Berechnungen von WAINWRIGHT und ALDER. Die hellen Linien stellen die von einem Kathodenstrahloszillographen aufgezeichnete Berechnung der Bewegungen eines Molekelpaares dar. Die obere Figur symbolisiert einen Festkörper, in welchem die Molekeln nur um ihre Gleichgewichtslage schwingen können. Das untere Bild zeigt die Molekelbahnen für den Schmelzvorgang. Die Berechnungen beruhen auf dem einfachen Modell starrer Kugeln, die miteinander in Wechselwirkung treten. Interessanterweise zeigt die Molekulardynamik selbst bei einem solch einfachen Modell die Existenz eines scharfen Phasenüberganges fest → flüssig an.

Seit 1933 haben EYRING und seine Mitarbeiter nach einem einfachen Modell für die Struktur von Flüssigkeiten gesucht, welches die Vertracktheiten der allgemein statistischen Theorie vermeidet[8]. Sie betrachteten zunächst das *freie Volumen* der Flüssigkeiten, also den Raum, der nicht von Molekeln eingenommen wird. Eine

---

[8] H. EYRING und M. S. JHON, *Significant Liquid Structures*, John Wiley, New York 1969.

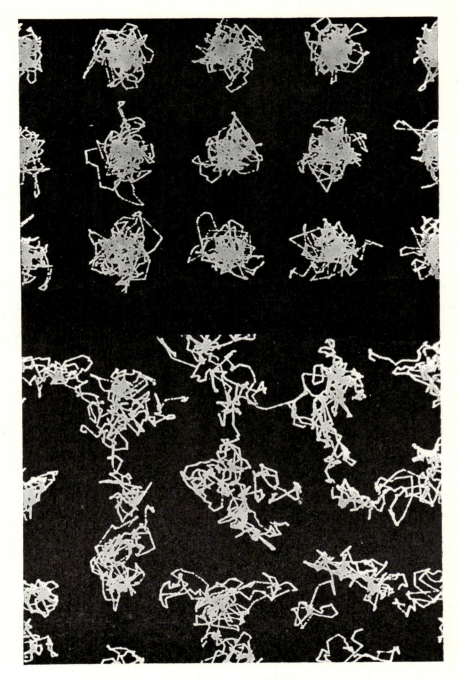

Abb. 22.7 Computersimulation des Überganges vom festen in den flüssigen Zustand nach einer Berechnung der Molekelbahnen nach der Methode der Molekulardynamik. Obere Hälfte: Verhalten der Molekeln im festen Zustand; untere Hälfte: Verhalten im flüssigen Zustand. [Nach B. J. ALDER und T. E. WAINWRIGHT, *J. Chem. Phys. 31* (1959) 459; *Scientific American*, Oktober 1959, S. 113.]

Flüssigkeit besitzt bei Zimmertemperatur und Atmosphärendruck etwa 3% leeres Volumen. Dies läßt sich z.B. aus den Untersuchungen von BRIDGMAN über die Kompressibilität β von Flüssigkeiten ableiten. Solange eine Kompression im wesentlichen daraus besteht, die Hohlräume in der Flüssigkeit zusammenzupressen, hat β noch einen relativ hohen Wert. Sobald das freie Volumen verbraucht ist, fällt β rapide ab.

Abb. 22.8 zeigt das Eyringsche Modell für eine Flüssigkeit.

Ein Gas besteht hauptsächlich aus leerem Raum, in dem sich einige *Molekeln* aufs Geratewohl bewegen. Eine Flüssigkeit besteht hauptsächlich aus einem mit Molekeln gefüllten Raum, in dem sich einige *Leerstellen* (Löcher) aufs Geratewohl bewegen. Wenn die Temperatur der Flüssigkeit steigt, dann nimmt die Konzentration an Molekeln in der Gasphase zu, desgleichen aber auch die Konzentration an Leerstellen in der Flüssigkeit. Im selben Maße, wie die Dichte des Dampfes zunimmt, nimmt die der Flüssigkeit ab; bei der kritischen Temperatur werden sie gleich.

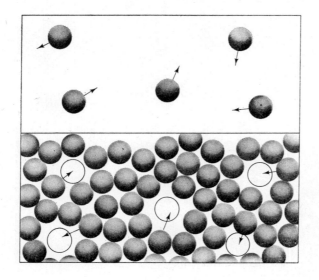

Abb. 22.8 Die Leerstellen (Löcher) in einer Flüssigkeit verhalten sich wie die Molekeln eines Gases. In einem Gas bewegen sich die Molekeln durch leere Räume, in einer Flüssigkeit die leeren Räume durch Molekeln. (Nach *International Science and Technology*, März 1963.)

Die mittlere Dichte $\bar{\varrho}$ von Flüssigkeit und Dampf im Gleichgewicht sollte annähernd konstant sein. Tatsächlich ist jedoch mit zunehmender Temperatur ein geringer, linearer Dichteabfall zu beobachten. Es gilt also

$$\bar{\varrho} = \varrho_0 - aT \qquad [22.19]$$

Hierin sind ϱ_0 und a substanzspezifische Konstanten. Diese Beziehung wurde 1886 von L. CAILLETET und E. MATHIAS gefunden und heißt das *Gesetz der geradlinigen Mittellinie*. Die Aussage dieses Gesetzes wird in Abb. 22.9 an den Beispielen Helium, Argon und Diäthyläther verdeutlicht. Um die Werte für Dichte

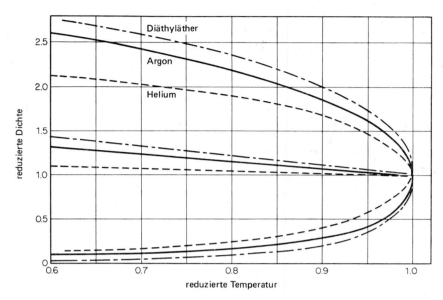

Abb. 22.9 Gesetz der geradlinigen Mittellinie.

und Temperatur auf denselben Maßstab zu bringen, wurden jeweils die reduzierten Größen gegeneinander abgetragen.

Wie groß sind nun diese Leerstellen und wie verteilt sich das freie Volumen in einer Flüssigkeit? Die wahrscheinlichste Größe einer Leerstelle ist nach Eyring etwa das Volumen einer Molekel. Eine direkt neben einer solchen Leerstelle sitzende Molekel hätte in gewissem Sinne die Eigenschaften einer Gasmolekel; die Einführung solcher Leerstellen würde also die höchste Entropiezunahme, bezogen auf einen bestimmten Energieaufwand zur Erzeugung freien Volumens, gewährleisten. Eine von allen Seiten von anderen Molekeln umgebene Molekel hätte die Eigenschaften einer Molekel im Kristallverband.

Wenn wir keine Leerstellen außer solchen mit etwa molekularen Abmessungen zulassen und zudem annehmen, daß diese Löcher statistisch in der Flüssigkeit verteilt sind, dann gilt für den Bruchteil der Molekeln, die direkt an einer solchen Leerstelle sitzen: $(V_l - V_s)/V_l$. Hierin sind V_l und V_s die Molvolumina im flüssigen und festen Zustand. Während der obige Ausdruck den Bruchteil gasähnlicher Molekeln in der Flüssigkeit angibt, gibt der Quotient V_s/V_l den Anteil an kristallähnlichen Molekeln an. Nach Eyring und Ree sollte daher die Molwärme einer monatomaren Flüssigkeit wie Argon durch die folgende Beziehung gegeben sein:

$$C_{Vm} = \frac{V_s}{V_l} 3R + \frac{V_l - V_s}{V_l} \cdot \frac{3}{2} R \qquad [22.20]$$

Die Übereinstimmung mit dem Experiment war recht ermutigend. Eyring und

Ree haben daher die Verteilungsfunktion Z einer Flüssigkeit als das Produkt aus zwei Termen geschrieben, die das kristallähnliche und gasähnliche Verhalten der Molekeln in einer Flüssigkeit berücksichtigen.

10. Fließeigenschaften von Flüssigkeiten

Wenn wir die mechanischen Eigenschaften eines Stoffes untersuchen wollen, dann pflegen wir ihn irgendwelchen makroskopischen mechanischen Belastungen auszusetzen. Die dabei ausgeübten Kräfte werden üblicherweise in zwei Klassen eingeteilt: in die *Scherkräfte* und die *Druckkräfte* (Abb. 22.10) (der Sprachgebrauch ist hier nicht korrekt; beide Größen haben die Dimension eines Drucks). Bei bei-

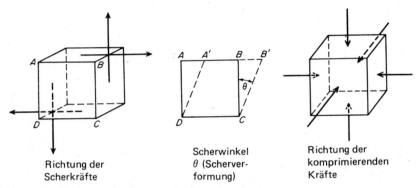

Abb. 22.10 Verhalten eines Probekörpers bei Scherbeanspruchung und gleichförmiger Kompression.

den Arten mechanischer Beanspruchung wirkt eine Kraft auf eine Flächeneinheit des Körpers. Eine hierdurch verursachte Dimensionsänderung des Probekörpers nennt man allgemein eine Verformung; je nach der Art der Beanspruchung spricht man z.B. von einer Scherung, einer Dehnung oder einer Kompression. Das Verhältnis zwischen Druck und erzieltem Effekt nennt man den *Elastizitätsmodul*. Wir wollen unsere Aufmerksamkeit auf isotrope Körper beschränken. Wenn wir auf alle Flächen unseres Probekörpers denselben spezifischen Druck ausüben, dann erreichen wir eine gleichförmige Kompression. Der Kompressionsmodul K ist dabei definiert als das Verhältnis

$$K = \frac{\text{Kompressionskraft pro Flächeneinheit}}{\text{Volumenänderung pro Volumeneinheit}}$$

oder

$$K = V(\partial P/\partial V)_T$$

Es ist außerdem

$$K = \beta^{-1}$$

Hierin ist β die Kompressibilität.

Fließeigenschaften von Flüssigkeiten

Eine Scherbeanspruchung erzeugt eine Winkeldeformation θ (Abb. 22.10). Durch die Scherung wird eine Ebene im Probekörper gegenüber anderen parallelen Ebenen in diesem Körper parallel verschoben. Der Scherdruck ist die auf die Flächeneinheit der *verschobenen Ebene* wirkende Kraft F; die Schernachgiebigkeit ist das Verhältnis der Verschiebung zwischen zwei beliebigen Ebenen und dem Abstand zwischen diesen Ebenen. Das Maß für die Schernachgiebigkeit ist $\tan\theta = x'$.

Wohl die bezeichnendste Eigenschaft von Flüssigkeiten ist ihre große Schernachgiebigkeit; sie beginnen schon bei der Anlegung geringer Scherkräfte zu fließen. Ein Festkörper hingegen stellt den Scherkräften beträchtliche elastische Kräfte entgegen, die nach dem HOOKEschen Gesetz proportional dem Scherdruck sind: $F' = -\varkappa' x'$. In Wirklichkeit fließen allerdings auch Festkörper in einem gewissen Ausmaß; allerdings müssen die Scherkräfte gewöhnlich für längere Zeit aufrechterhalten werden, bevor ein meßbarer Fluß auftritt. Dieses langsame Fließen von Festkörpern nennt man *Kriechen*. Bei hohen mechanischen Beanspruchungen geht das Kriechen in eine *plastische Deformation* der Festkörper über, so beim Walzen, Ziehen oder Schmieden der Metalle. Solche Operationen werden durch die gegenseitige Verschiebung von Gleitebenen möglich. Obwohl das Ausmaß des Kriechens gewöhnlich klein ist, legt sein Vorhandensein doch die Vermutung nahe, daß sich die Fließeigenschaften von Flüssigkeiten und Festkörpern nur im Ausmaß, nicht aber in der Art unterscheiden.

Der geringe Scherwiderstand der Flüssigkeiten bedeutet nicht notwendigerweise, daß es in der Flüssigkeitsstruktur keine elastischen, rücktreibenden Kräfte gibt. Diese Kräfte lassen sich unter den normalen Umständen oft nur deswegen nicht beobachten, weil der Fließprozeß schneller ist als die Scherbeanspruchung. Ein einfaches Beispiel für die Demonstration der Elastizität einer Flüssigkeit ist das Hüpfen eines tangierend geworfenen, dünnen Steines auf einer Wasseroberfläche. Es gibt jedoch auch interessante Beispiele für Stoffe, die schon unter dem Einfluß der Schwerkraft fließen, bei raschen Einwirkungen sich jedoch hochelastisch verhalten. So ist ein bestimmter Silikonkautschuk so weich, daß er auf dem Tisch zu einer formlosen Masse zerfließt. Rollt man ihn jedoch zu einem Ball und wirft ihn auf den Boden, dann springt er elastisch viele Male wie ein gewöhnlicher Gummiball. Ein anderes Beispiel ist ein mit wenig Wasser angerührter Brei aus Maisstärke. Dieser läßt sich gießen und zerfließt leicht unter seinem eigenen Gewicht. Unter einem Hammerschlag zerspringt er in Stücke, die gleich hernach wieder zerfließen.

Normalerweise lassen sich die elastischen Eigenschaften von Flüssigkeiten unter Scherbeanspruchung nur schwierig messen, da sie durch die irreversible *Scherviskosität* weit übertroffen werden. Der Versuch mit dem hüpfenden Stein, dem Silikonkautschuk und dem Maisstärkebrei zeigt, daß es auch für Flüssigkeiten eine *Relaxationszeit* gibt. Für diese gilt nach MAXWELL: $\tau = \eta/\varkappa'$. Hierin ist η die Scherviskosität und $\varkappa'$ die Scherelastizität. Für leichtflüssige Stoffe mit $\varkappa' \approx 10^{10}$ dyn cm^{-2} und $\eta \approx 10^{-2}$ Poise ist $\tau \approx 10^{-12}$ s (die Scherelastizität von Flüssigkeiten hat übrigens etwa dieselbe Größenordnung wie die von locker gebundenen Kristallen). Bei leichtflüssigen Stoffen liegt also die Relaxationsfrequenz (10^{12} s^{-1})

außerhalb der Meßbarkeit. Bei Polymerlösungen ist η jedoch sehr viel größer, so daß die Relaxationsfrequenz durch Ultraschallmessungen bestimmt werden kann.

Der *Viskositätskoeffizient* (oder einfach die Viskosität) einer Flüssigkeit oder eines Gases ist definiert durch die folgende Beziehung:

$$f = \eta \cdot \mathscr{A} \cdot \frac{dv}{dr}$$

Hierin ist f die Kraft, die notwendig ist, um der Flüssigkeit oder dem Gas mit dem Viskositätskoeffizienten η einen Geschwindigkeitsgradienten dv/dr an einer Fläche $\mathscr{A}$ parallel zur Fließrichtung zu verleihen. Den Kehrwert der Viskosität nennt man die Fluidität; es ist $\varphi = \eta^{-1}$. Eine der bequemsten Methoden zur Bestimmung der Viskosität von Flüssigkeiten und Gasen besteht darin, die Fließgeschwindigkeit durch zylindrische Röhren (Kapillaren) zu messen. Für praktische Messungen benützt man das POISEUILLEsche Gesetz in der folgenden Umformung:

$$\eta = \frac{\pi r^4 \Delta P}{8 l (v)}$$

Hierin ist r der Halbmesser und l die Länge der Kapillare; ΔP ist die Druckdifferenz an der Kapillare und $v = dV/dt$ die durch die Druckdifferenz erzeugte Fließgeschwindigkeit.

Im OSTWALDschen *Viskosimeter* mißt man die Zeit, die eine bestimmte Flüssigkeitsmenge unter ihrem eigenen Druck braucht, um durch eine Kapillare zu fließen. Üblicherweise werden mit diesem Viskosimeter keine absoluten, sondern relative Messungen durchgeführt; die Dimensionen des Kapillarrohrs und das Meßvolumen brauchen dann nicht bekannt zu sein. Man bestimmt zunächst die Zeit t_0, die das Meßvolumen einer Flüssigkeit mit bekannter Viskosität η_0, meist Wasser, zum Ausfließen durch die Kapillare benötigt. In gleicher Weise wird die Zeit t für die unbekannte Flüssigkeit bestimmt. Für die Viskosität der unbekannten Flüssigkeit gilt dann:

$$\eta = \eta_0 \cdot \frac{\varrho t}{\varrho_0 t_0}$$

Hierin sind ϱ_0 und ϱ die Dichten der Vergleichsflüssigkeit (z. B. Wasser) und der unbekannten Flüssigkeit.

Bei Flüssigkeiten mit hoher Viskosität wird das umgekehrte Prinzip angewandt. Beim Ostwaldschen Viskosimeter wird die Scherkraft dadurch erzeugt, daß eine Flüssigkeit an einer festen Grenzfläche vorübergeführt wird. Beim HÖPPLER-*Viskosimeter* wird eine Kugelfläche mit konstanter Kraft durch die ruhende Flüssigkeit gezogen, deren Viskositätskoeffizient bestimmt werden soll. Für diese Anordnung gilt das STOKESsche Gesetz:

$$\eta = \frac{F}{6 \pi r v} = \frac{g (m - m_0)}{6 \pi r v} \qquad [22.21]$$

Man benützt Metallkugeln von bekanntem Halbmesser r und bekannter Masse m und bestimmt deren Grenzgeschwindigkeit (im stationären Ungleichgewichtszustand) beim freien Fall durch die Flüssigkeit. Die an den Kugeln wirkende

Fließeigenschaften von Flüssigkeiten

Kraft F ist gleich $g\,(m - m_0)$; hierin ist m_0 die Masse der durch die Kugel verdrängten Flüssigkeit.

Die hydrodynamischen Theorien für das Fließen von Gasen und Flüssigkeiten sind sehr ähnlich, obwohl der kinetisch-molekulare Mechanismus in beiden Fällen sehr verschieden ist. Dies beruht im wesentlichen auf dem unterschiedlichen Einfluß von Temperatur und Druck auf die Viskosität von Gasen und Flüssigkeiten. Bei einem Gas nimmt die Viskosität mit der Quadratwurzel der Temperatur zu und ist praktisch unabhängig vom absoluten Druck des Gases. Bei einer Flüssigkeit nimmt die Viskosität mit zunehmender Temperatur ab. Dies ist darauf zurückzuführen, daß die Anziehungskräfte zwischen den Molekeln infolge der lebhafteren Wärmebewegung geschwächt werden; im selben Maße nimmt die innere Reibung ab.
Wenn man die Viskosität einer Flüssigkeit bei verschiedenen Temperaturen mißt, dann erhält man eine charakteristische Abhängigkeit, die sich durch die folgende empirische Funktion ausdrücken läßt:

$$\log \eta = \frac{A}{T} + B$$

Die erste theoretische Deutung dieser Beziehung stammt von J. DE GUZMAN CARRANCIO (1913). Hiernach gehorcht der Viskositätskoeffizient der folgenden Beziehung:

$$\eta = A \cdot e^{\Delta E_{\text{vis}}/RT}$$

Für theoretische Betrachtungen ist es vorteilhafter, diese Gleichung für die Fluidität zu formulieren:

$$\varphi = \frac{1}{\eta} = \frac{1}{A} \cdot e^{-\Delta E_{\text{vis}}/RT}$$

Dieser Beziehung liegt die folgende Deutung des Fließvorganges zugrunde. Wegen der starken zwischenmolekularen Kräfte in Flüssigkeiten muß eine Molekel eine bestimmte Energie $\Delta E_{\text{vis}}/L$ aufbringen, bevor sie sich an den sie umgebenden Molekeln vorbeischieben kann. Bezogen auf ein Mol einer Flüssigkeit ist dies die Aktivierungsenergie ΔE_{vis} für den viskosen Fluß. Die Energiegröße RT im Nenner des Exponenten berücksichtigt die Tatsache, daß die mit steigender Temperatur zunehmende, regellose Molekelbewegung den viskosen Fluß erleichtert. Der Exponentialausdruck $\exp(-\Delta E_{\text{vis}}/RT)$ ist dann ein BOLTZMANN-Faktor, der uns den Bruchteil jener Molekeln liefert, die eine hinreichende Energie für die Überwindung des Fließwiderstandes (rücktreibende elastische Kräfte) besitzen. A ist eine substanzspezifische Konstante. Bei sehr hohen Temperaturen oder verschwindend kleiner Aktivierungsenergie für den viskosen Fluß (Superfluidität) wird der Boltzmannsche Faktor gleich 1 und $\varphi = 1/A$. Dies ist der Zustand, bei dem sämtliche Molekeln im System ohne die geringste Schwierigkeit aneinander vorbeigleiten können; schon der kleinste Energieaufwand bringt das System zum Fließen. Umgekehrt strebt der Exponentialausdruck (und damit auch die Fluidität) bei sehr niederen Temperaturen oder sehr hohen Werten von ΔE_{vis} gegen null.
Abb. 22.11 zeigt die Viskositäten verschiedener Flüssigkeiten als Funktion der Temperatur ($\log \eta$ gegen T^{-1}). Bei praktisch allen nichtassoziierten Flüssigkeiten

ergeben sich auf diese Weise lineare Abhängigkeiten. Eine Ausnahme bilden stark assoziierende Flüssigkeiten, insbesondere Wasser. Dies ist darauf zurückzuführen, daß der Assoziationsgrad des Wassers mit steigender Temperatur rasch abnimmt. Sehr viel schwächer, aber noch gut wahrnehmbar ist dieser Effekt beim Äthanol. Durch Logarithmieren der obigen Exponentialgleichung erhalten wir die folgenden Beziehungen:

$$\ln(\varphi A) = -\Delta E_{vis}/RT$$

$$\ln \frac{\eta}{A} = \Delta E_{vis}/RT$$

$$\log \eta - \log A = \frac{\Delta E_{vis}}{2{,}303\, RT}$$

Hiernach erhalten wir die Aktivierungsenergie des viskosen Flusses aus der Steigung der Geraden ($\log \eta$ gegen T^{-1}), die Konstante $\log A$ als Ordinatenabschnitt. Die Aktivierungsenergien ΔE_{vis} betragen meist etwa 1/3 bis 1/4 der Verdampfungsenthalpie.

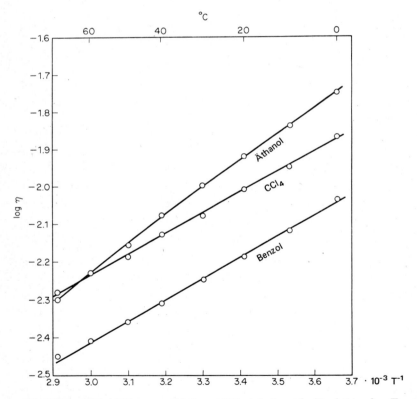

Abb. 22.11 Viskositäten verschiedener Flüssigkeiten als Funktion der Temperatur ($\log \eta$ gegen T^{-1}). Die Werte für CCl_4 und Benzol liegen auf geraden Linien. Auch die Werte für Äthanol liegen zunächst auf einer Geraden; bei höheren Temperaturen weichen sie jedoch in Richtung auf niedrigere Viskositäten ab.

23. Kapitel
Kolloidchemie, Makromolekeln

1. Kolloide

Die Kolloidchemie befaßt sich mit Zweiphasensystemen, wobei die eine Phase (Dispersum) mit einem besonderen Verteilungsgrad in einer zweiten (Dispersionsmittel) dispergiert ist. Tab. 23.1 zeigt eine Anzahl charakteristischer Eigenschaften kolloiddisperser Systeme im Vergleich mit groben und niedermolekularen Dispersionen. Die Bezeichnung »Kolloid« stammt von TH. GRAHAM, dem Begründer der Kolloidchemie, und ist abgeleitet von der griechischen Bezeichnung für Leim, κόλλα. Graham führte seine Untersuchungen an wäßrigen Leimlösungen durch und berichtete über seine Ergebnisse in einer grundlegenden Abhandlung[1]. Eine neuere Definition des Begriffes »Kolloid« stammt von J. STAUFF[2].
Die dispersen Phasen in kolloiden Systemen lassen sich in drei Kategorien einteilen (Tab. 23.1): Dispersions-, Assoziations- und Eukolloide (Molekelkolloide). *Dispersionskolloide* entstehen durch mechanische Verteilung (Kolloidmühle), elektrische Zerstäubung zwischen zwei Elektroden im Dispersionsmittel oder durch chemische Methoden (Fällung). Wenn hydrophobe Stoffe in Wasser dispergiert werden sollen, benötigt man zur Stabilisierung der kolloiden Verteilung meist ein *Schutzkolloid* aus der Klasse der Eukolloide (Gelatine, Polyvinylalkohol usw.). *Assoziationskolloide* rekrutieren sich im wesentlichen aus Seifen und anderen Tensiden. In wäßriger Lösung und bei hoher Verdünnung liegen die Tensidmolekeln zunächst moleculardispers vor. Erhöht man die Tensidkonzentration allmählich, dann kommt man zu einer Grenzkonzentration (*kritische Micellbildungskonzentration*), bei deren Überschreitung einige eigentümliche Effekte zu beobachten sind, insbesondere ein sprunghaftes Ansteigen des Lichtstreuvermögens, ein ebenso sprunghafter Abfall der Äquivalentleitfähigkeit und endlich ein Abfall des osmotischen Druckes. Diese Effekte werden durch die Assoziation der einzelnen Seifenmolekeln zu Molekelhaufen, den sogenannten *Micellen*, hervorgerufen. Ist das Dispersionsmittel stark polar (Wasser), dann orientieren sich die Fadenmolekeln mit ihren unpolaren Enden zueinander und kehren andererseits die Carboxylatgruppen dem Dispersionsmittel zu. Tenside aller Art haben große technische Bedeutung als Emulgatoren, Dispergatoren, Wasch- und Reinigungsmittel erlangt.
Eine besonders wichtige Gruppe bilden die *Molekelkolloide*, die ihr besonderes Verhalten ihrer makromolekularen Struktur verdanken. Je nach ihrem Polymerisationsgrad lassen sich Linearkolloide nach STAUDINGER noch in Hemikolloide (relativ niedermolekulare Fadenmolekeln, die niederviskose Lösungen bilden), Mesokolloide (Polymere mit mittlerem Polymerisationsgrad) und Eukolloide

---

[1] *Trans. Roy. Soc.* (London) *151* (1861) 183
[2] *Kolloid-Z. 168* (1960) 1

Verteilung	grobdispers	kolloid			niedermolekular
		Dispersionskolloide	Assoziationskolloide	(Eukolloide) Molekelkolloide	
Herstellung und Natur der Dispersion	mechanisch	mechanisch oder chemisch (Fällung)	spontan durch Bildung von Micellen (Tenside)	spontan durch Bildung lyophiler Gele oder Sole (Polymerlösungen)	spontan durch physikalische oder chemische Auflösung
Teilchendurchmesser	> 100 nm	$10^3 \ldots 10^9$ Teilchen im Verband	$1 \ldots 100$ nm		< 100 nm
Natur des Teilchens	$> 10^9$ Atome oder Molekeln im Verband		etwa 10^4 Tensidmolekeln pro Micelle	Makromolekeln mit > 100 Monomereinheiten, durch Hauptvalenzen zusammengehalten	einzelnes Atom oder Ion, einzelne (kleine) Molekel
Sichtbarkeit	mikroskopisch		ultra- oder elektronenmikroskopisch	in bestimmten Fällen im Elektronenmikroskop sichtbar	
Filtrierbarkeit	Papierfilter ($5 \cdot 10^{-6}$ m)	Membranfilter ($10^{-7} \ldots 10^{-8}$ m)	nicht filtrierbar	wegen Gelbildung meist nicht filtrierbar	nicht filtrierbar
Ultrazentrifuge	sedimentiert	sedimentiert			sedimentiert nicht

Tab. 23.1 Einteilung der dispersen Phasen

(Hochpolymere, die hochviskose Lösungen liefern) einteilen. Wir selbst wollen hier auf diese Unterteilung verzichten und unter Eukolloiden alle makromolekularen Systeme schlechthin verstehen.

Kolloide Dispersionen lassen sich durch geeignete Methoden aus Stoffen in nahezu beliebigen Zuständen erhalten (Tab. 23.2); die eingehendsten Untersuchungen wurden allerdings an Systemen mit flüssigem Dispersionsmittel und festem, flüssigem oder gasförmigem Dispersum durchgeführt.

Für ein Studium der Kolloidchemie muß auf Standardwerke verwiesen werden[3].

Zustand des Dispersionsmittels	Zustand des Dispersums	Bezeichnung	Beispiele
fest	fest	Kristallosole, Vitreosole	Rubinglas (Gold in Glas), med. Zäpfchen
	flüssig	feste Emulsionen	Butter (Wasser in Fett), Opal, Milchquarz
	gasförmig	feste Schäume	Meerschaum, Bims (z.T. grobdispers)
flüssig	fest	kolloide Sole	kolloide Dispersionen von Schwefel, Silber, Gold, Eisenhydroxid usw. in Wasser
	flüssig	Emulsionen	Milch, pharmazeutische und kosmetische Emulsionen
	gasförmig	Schäume	Seifenschaum
gasförmig	fest	Räuche	Salmiakrauch, Rußqualm
	flüssig	Nebel	natürlicher Nebel, Lokomotivdampf, Schwefelsäurenebel
	gasförmig	völlig mischbar, daher keine Dispersionen	

Tab. 23.2 Kolloide Dispersionen

2. Geschichtliche Entwicklung der Makromolekularchemie

Der üppigste und billigste Produzent für makromolekulare Stoffe ist die Natur selbst. Gemessen an dem, was in den Wäldern der Erde an Zellulose und in tierischen Organismen an Eiweißstoffen gebildet wird, ist die technische Jahresproduktion von immerhin etwa 40 Millionen Tonnen an makromolekularen Werkstoffen aller Art bescheiden. Täglich werden allein in den Nutzwäldern der Erde etwa 4 Millionen Tonnen an Holz gebildet; das übertrifft die Jahresproduktion an Polyäthylen aller Industriestaaten.

Die drei wichtigsten makromolekularen Naturstoffe sind die Zellulose, die Poly-

[3] Zum Beispiel Wo. OSTWALD, *Die Welt der vernachlässigten Dimensionen*; Steinkopff, Dresden 1944.
J. STAUFF, *Kolloidchemie*; Springer, Berlin–Göttingen–Heidelberg 1960.
B. JIRGENSONS, M. E. STRAUMANIS, *A Short Textbook of Colloid Chemistry*; Pergamon Press, Oxford 1962.

peptide und der Kautschuk. Holz, tierisches Horn, Wolle und Seide gehören zu den ältesten Werkstoffen. Sehr viel später wurde der aus dem Milchsaft von Hevea brasiliensis und anderen Gummibäumen gewonnene Kautschuk verwertet. Von Kolumbus wird erzählt, daß er auf seiner zweiten Amerikareise von den Eingeborenen auf Haiti Spielbälle aus geräuchertem Kautschuk als Geschenk bekam (in der Sprache der Tupi-Indianer bedeutet *kau-utschu* »weinender Baum«.) Nach vielen empirischen Versuchen gelang es 1839 dem Amerikaner Goodyear, den Kautschuk durch Erhitzen mit Schwefel in einen nichtklebrigen, unlöslichen, elastischen Stoff zu verwandeln. Im selben Jahr hielt der deutsche Apotheker Simon das erste synthetische Hochpolymere in Händen (ohne es zu wissen), das Polystyrol. Das monomere Styrol hatte er zuvor durch Pyrolyse des Naturharzes Styrax gewonnen. Um die Jahrhundertwende begann mit den Phenol-Formaldehyd-Harzen des flämischen Chemikers Baekeland die Entwicklung der synthetischen Harze. Im ersten Weltkrieg begann mit dem Methylkautschuk, einem Polydimethylbutadien, die Entwicklung der Synthesekautschuke.

Die Neigung der Chemiker, sich eingehender mit der Natur harz- und kautschukartiger Körper zu beschäftigen, war lange Zeit gering, vermutlich weil es sich um Substanzen handelte, die nicht kristallisieren wollten, daher auch keinen definierten Schmelzpunkt zeigten und sich auch im Hochvakuum nicht destillieren ließen. Schon gegen Ende des vorigen Jahrhunderts fuhr man auf Fahrrädern und Automobilen spazieren, die mit Gummireifen ausgerüstet waren. Aber man wußte weder, daß das Mastizieren ein Molekelabbau, noch, daß das Vulkanisieren ein Vernetzungsprozeß, noch endlich, daß Kautschukmolekeln überhaupt Riesenmolekeln sind. Man hielt sie vielmehr für Assoziationskolloide, also im Prinzip für niedermolekulare Körper.

Um ein Beispiel zu geben: Schon 1826 hatte man die Zusammensetzung des gereinigten Naturkautschuks analytisch als C_5H_8 bestimmt. 1860 erhielt man durch trockene Destillation des Kautschukkohlenwasserstoffs in hoher Ausbeute das Isopren, C_5H_8, als wesentlichen Baustein der Kautschukmolekel. Zu Anfang des 20. Jahrhunderts fand man endlich als Struktureinheit das 2-Isopentenamer

$$-CH_2-\underset{\underset{CH_3}{|}}{C}=CH-CH_2-$$

Da chemisch keine Endgruppen festgestellt werden konnten und man sich zur Hypothese von Riesenmolekeln, die durch Hauptvalenzen zusammengehalten werden, noch nicht entschließen wollte, setzte sich zeitweilig die Annahme durch, die Kautschukmolekel bestünde aus Dimethylcyclooctadien, das in Lösung wiederum als Assoziationskolloid vorliege:

$$\begin{array}{c} CH_3 \\ | \\ CH_2-C=CH-CH_2 \\ | \qquad\qquad\quad | \\ CH_2-C=CH-CH_2 \\ | \\ CH_3 \end{array}$$

Einige wenige synthetische Polymeren wanderten nicht wie ihre als Teere oder Harze bezeichneten Schicksalsgenossen zum Abfall, sondern fanden begrenztes Interesse. Dazu gehören das etwa 1860 mit einem Polymerisationsgrad von 6 dargestellte Polyoxyäthylenglykol, das 1879 aus Isopren hergestellte Polyisopren und die 1880 hergestellte Polymethacrylsäure. Von den zu Beginn dieses Jahrhunderts hergestellten Phenol-Formaldehyd-Harzen Baekelands war schon die Rede.

Die entscheidende Wende kam in den zwanziger Jahren dieses Jahrhunderts, als STAUDINGER und seine Mitarbeiter die langkettige, makromolekulare Struktur des Naturkautschuks, des Polystyrols, des Polyoxymethylens und der Polysaccharide postulierten und daran gingen, diese Hypothese durch systematischen Aufbau der Makromolekeln zu beweisen. Wenig später, nämlich 1929, begann der amerikanische Chemiker W. H. CAROTHERS eine nicht weniger glanzvolle Versuchsserie über Polykondensationsreaktionen, die zu hochmolekularen Reaktionsprodukten führten. Das bestbekannte und technisch erfolgreichste Produkt seiner Versuche war das Polyamid aus ε-Aminocapronsäure, dem man die Handelsbezeichnung »Nylon« gab. Ein identisches Produkt, jedoch auf der Basis von Caprolactam, wurde Anfang 1938 von dem deutschen Chemiker PAUL SCHLACK entwickelt (»Perlon«).

Ein beträchtliches Hindernis für die allgemeine Anerkennung der Staudingerschen Hypothese der makromolekularen Natur von Eukolloiden waren die Fehlschläge beim Versuch des Nachweises der Endgruppen in Polymeren. Mittlerweile ist es geglückt, die Art der Endgruppen selbst in Hochpolymeren mit einem Polymerisationsgrad bis etwa 5000 zu bestimmen. Man bedient sich hierbei z. B. markierter Verbindungen, die mit den Endgruppen reagieren; auch infrarotspektroskopische Methoden oder die Anwendung reaktiver Farbstoffe führten zum Erfolg. Damals waren die angewandten Methoden nicht empfindlich genug und man unterschätzte außerdem den Polymerisationsgrad von Hochpolymeren. Einen Ausweg aus dem Dilemma schien die Annahme Staudingers zu bieten, daß zur Erklärung der linearen Struktur der Hochpolymeren kein Terminationsschritt vonnöten sei, da die reaktive Endgruppe von einer gewissen Größe der Makromolekel an unreaktiv werde, etwa durch Einbettung in die verknäulte Makromolekel. In der Tat wurde diese Annahme sehr viel später für einige Sonderfälle bestätigt (Fällungspolymerisation, »lebende Polymere« bei der ionischen Polymerisation).

Staudinger bot aber Ende der zwanziger Jahre noch eine Alternativerklärung mit der Annahme von makromolekularen Ringstrukturen. Diese wurde als hinreichend plausibel erachtet, bis FLORY 1937 in einer grundlegenden Arbeit die Vorgänge von Polymerisationsreaktionen in drei Teilreaktionen gliederte, die Startreaktion, die Wachstumsreaktion und die Abbruchreaktion (9-19). Flory konnte zwingend beweisen, daß die Endgruppen in Hochpolymeren aus, im Sinne der Valenztheorie, normalen chemischen Gruppen bestehen. Damit war die makromolekulare Natur der Eukolloide endgültig bewiesen. Von Flory wurde außerdem zum ersten Mal die durch Übertragungsmechanismen hervorgerufene Verzweigung der Polymerketten nachgewiesen.

Ein weiteres, bis zum heutigen Tage sehr schwieriges Problem war noch die Bestimmung des Molekulargewichts der Hochpolymeren. Staudinger hat als erster systematisch die Abhängigkeit der Viskosität der Lösungen von Polymeren von deren Molekulargewicht untersucht; er fand eine quantitative Beziehung zwischen der Viskositätserhöhung durch ein Polymeres, dessen Konzentration (in Grundmolen) und dessen mittlerem Molekulargewicht.

Dies war der Stand Ende der dreißiger Jahre. In den folgenden zwei Jahrzehnten wurde viel systematische Arbeit an den unterschiedlichsten Monomeren geleistet. Insbesondere wurden die Reaktionsmechanismen bei der radikalischen, der anionischen und der kationischen Polymerisation, bei der Cyclopolymerisation und bei den Polyadditionsreaktionen der Isocyanate weitgehend aufgeklärt. Ein ungelöstes Problem jedoch war die Frage, wie man bei der Polymerisation von Dienen, insbesondere von Butadien und Isopren, sterisch einheitliche Polymere erhalten könne. Ein weiteres, diesem verwandtes Problem war die Darstellung von Vinylpolymeren mit regelmäßiger Konfiguration an den pseudoasymmetrischen C-Atomen in der Kette. Beide Probleme ließen sich mit den ZIEGLERschen Koordinationskatalysatoren [zunächst $Al(C_2H_5)_3$ und $TiCl_4$] lösen; der Nachweis der sterischen Einheitlichkeit der mit Zieglerkatalysatoren polymerisierten α-Olefine und Diolefine war dann das Verdienst des kongenialen Italieners NATTA.

3. Polymere, Makromolekeln und Polyreaktionen

Unter einem Polymeren versteht man eine Substanz, deren Molekeln ihrer Formel nach ein Vielfaches eines Grundbausteins, des Monomeren, darstellen (A_n). Die Werte für n besitzen eine gewisse Verteilung. Binäre, ternäre usw. Copolymere sind solche Polymere, die zwei, drei usw. verschiedene Grundbausteine enthalten. Je nach der Verteilung dieser Einheiten in einer Kette spricht man von alternierenden $[(AB)_n]$, statistischen $[(A_mB_n)_x$, m und n bedeuten unterschiedliche kleine Zahlen] oder Blockcopolymeren (wie zuvor; m und n bedeuten hier jedoch große Zahlen). Unter Pfropfcopolymeren versteht man Polymere, bei denen auf eine Hauptkette, die aus einem Homo- oder Copolymeren bestehen kann, lange Seitenketten aufgepfropft sind.

Die Bezeichnung »Polymeres« sollte nicht mehr verwendet werden, wenn bei einer Polyreaktion so zahlreiche Nebenreaktionen (Abspaltung kleiner Molekeln, Umlagerung, Vernetzung usw.) eintreten, daß das entstehende Produkt die unterschiedlichsten Strukturmerkmale besitzt und mit keiner einfachen Formel mehr beschrieben werden kann. In diesem Falle sprechen wir einfach von Makromolekeln.

Eine Makromolekel kann aus einem oder mehreren *Grundbausteinen* aufgebaut sein. Bei den durch Polymerisation (s. u.) entstandenen Makromolekeln ist der Grundbaustein identisch mit der *Monomereinheit*. Copolymere enthalten naturgemäß so viele verschiedene Grundbausteine, wie bei ihrer Herstellung Monomere verwendet wurden. Dasselbe gilt für Polykondensationsprodukte aus verschiedenen Ausgangsstoffen (Polyester aus mehrwertigen Säuren und Alkoholen, Polyamide aus Diaminen und Dicarbonsäuren). Die Molmasse des Grundbausteins wird als *Grundmol* bezeichnet.

Das *Strukturelement* ist die kleinste chemische Gruppierung einer Makromolekel, die sich periodisch wiederholt. Entsteht durch eine regelmäßige Konformation der Strukturelemente eine übergeordnete Struktur, z.B. eine Helix, dann tritt ein zusätzliches Strukturmerkmal auf, die *Identitätsperiode*.
Bei den (amorphen und ataktischen) Vinylpolymeren ist das Strukturelement identisch mit dem Grundbaustein und der Monomereinheit. Beim linearen Polyäthylen ist es allerdings kleiner: —CH_2—. Bei binären Polyestern und Polyamiden ist das Strukturelement naturgemäß größer, als es die Grundbausteine sind:

$$\underbrace{-NH-(CH_2)_6-\underbrace{NH-CO}_{}-(CH_2)_4-CO-}_{\text{Strukturelement}}$$
$$\underbrace{\qquad\qquad\qquad}_{\text{Grundbaustein 1}}\underbrace{\qquad\qquad\qquad}_{\text{Grundbaustein 2}}$$

Polymerhomologe sind Makromolekeln, die dasselbe Strukturelement besitzen und sich nur im *Polymerisationsgrad* unterscheiden. Dieser gibt die Zahl der in einer Makromolekel gebundenen Strukturelemente an.
Der *mittlere Polymerisationsgrad* polymolekularer, hochpolymerer Systeme ist eine Durchschnittsgröße; er kann aus dem mittleren Molekulargewicht des makromolekularen Systems und dem Grundmol berechnet werden. Da das *mittlere Molekulargewicht* je nach der Bestimmungsmethode und dem jeweils ins Auge gefaßten Mittelwert (Zahlenmittel, Massenmittel) verschiedene Werte annimmt, ist auch der mittlere Polymerisationsgrad von dem zugrunde gelegten mittleren Molekulargewicht abhängig.

Von der Raumerfüllung linearer Polymeren mag die folgende Betrachtung ein Bild geben. $8 \cdot 10^4$ C-Atome, paraffinisch gebunden und linear angeordnet, ergeben eine Fadenmolekel von etwa 10 µm Länge. Dies entspricht einer Polyäthylenmolekel vom Molekulargewicht 960000. Packt man dieselbe Anzahl von C-Atomen in Diamantbindung in einen Würfel, dann hat dieser eine Kantenlänge von lediglich 7,7 nm. Mit einer Polyäthylenmolekel vom Polymerisationsgrad 10^{18} käme man bis zum Mond; diese Fadenbrücke wöge weniger als 1/20 mg. Sie brauchte allerdings 100 Jahre, bis sie sich zum Mond durchpolymerisiert hätte.

Man unterscheidet drei Arten von Polyreaktionen, die Polymerisation, die Polykondensation und die Polyaddition. Die *Polymerisation* ist eine Kettenreaktion (9-19), bei der sich ungesättigte oder zyklische Molekeln aneinanderlagern; der Mechanismus kann radikalisch oder ionisch sein. (Die Polymerisation mit Komplexkatalysatoren kann als ein Sonderfall der ionischen Polymerisation aufgefaßt werden.)
Bei der *Polykondensation* reagieren die niedermolekularen Ausgangsstoffe unter Abspaltung kleiner Molekeln, meist H_2O. Die Zwischenprodukte sind beständige Spezies, und die Reaktion führt in der Regel zu einem Gleichgewicht. Wenn beide Ausgangsstoffe bifunktionell sind, dann entstehen lösliche, lineare Hochpolymere. Ein Beispiel ist das von CAROTHERS 1934 synthetisierte Polyamid-6,6:

n $H_2N(CH_2)_6NH_2$ + n $HOCO(CH_2)_4COOH$ →
 Hexamethylendiamin Adipinsäure
$\qquad\qquad\qquad HO[CO(CH_2)_4CONH(CH_2)_6NH]_nH + 2n\ H_2O$

(Im Reaktionsprodukt wurden auch zyklische Oligomere nachgewiesen.)

Die *Polyaddition* kann als ein Sonderfall der Polymerisation aufgefaßt werden; bei der Aneinanderlagerung der Monomereinheiten findet jedoch eine Verschiebung von Atomen oder kleinen Gruppen statt. Das bekannteste Beispiel ist die Polyaddition von Diisocyanaten mit Dialkoholen oder anderen Molekeln mit zwei oder mehreren aktiven Wasserstoffatomen:

$$n + 2\,\text{OCN—R—NCO} + n\text{HX—R'—XH} \rightarrow$$
$$\text{OCN [R—NHCO—X—R'—X—CONH] R—NCO}$$

Bei Verwendung mehrwertiger Alkohole entstehen Polyurethane, bei Verwendung von Diaminen Polyharnstoffe.

4. Konfiguration und Konformation

Bei Homopolymeren (und erst recht bei Copolymeren) gibt es zahlreiche Möglichkeiten der *Strukturisomerie*. Sehr allgemein ist die auf Übertragungsvorgänge zurückzuführende Lang- und Kurzkettenverzweigung. Bei Vinyl- und Vinylidenpolymeren führt die unterschiedliche Verknüpfung von Monomereinheiten zu den folgenden Strukturisomeren:

```
—CH₂—CH—CH₂—CH—CH₂—CH—        Kopf-Schwanz-Anordnung
      |       |       |
      R       R       R

—CH₂—CH—CH—CH₂—CH₂—CH—        Kopf-Kopf-Schwanz-Schwanz-
      |   |           |       Anordnung
      R   R           R
```

Alle bisher untersuchten Vinyl- und Vinylidenpolymeren besitzen weit überwiegend Kopf-Schwanz-Struktur.

Eine andere Art der Strukturisomerie tritt bei polymeren Olefinen auf, die durch Polymerisation von konjugierten Dienen (Butadien, Isopren) entstehen:

1,4-cis   1,4-trans

1,2   3,4

(Beim Polybutadien sind die 1,2- und 3,4-Strukturen identisch.)

Naturkautschuk aus Hevea brasiliensis ist ein reines cis-1,4-Polyisopren. Das trans-Isomere, Guttapercha, wird vor allem aus Palaquium gutta und P. oblongifolia gewonnen und ist bei Zimmertemperatur kristallin. Beide Isomeren lassen sich mittlerweile in reinem Zustand durch Verwendung stereospezifischer Katalysatoren herstellen. Die Herstellung sterisch reiner 1,2- oder 3,4-Polyisoprene ist noch nicht geglückt. Hingegen wurde sowohl das isotaktische als auch das syndiotaktische (s. unten) 1,2-Polybutadien synthetisiert (Tab. 23.3).

Polymeres	Schmelzpunkt (°C)	Identitätsperiode (nm)		Dichte (g cm^{-3})
trans-Polybutenamer [4]	146	0,845	Form I	0,97
		0,465	Form II	0,93
cis-Polybutenamer	2	0,86		1,01
Isotaktisches Poly-(1-vinyl)äthamer	126	0,65		0,96
Syndiotaktisches Poly(1-vinyl)äthamer	156	0,514		0,96

Tab. 23.3 Physikalische Eigenschaften der vier stereoregulären Butadienpolymeren

Besonders interessant und von großer technischer Bedeutung ist die *Stereoisomerie* von Hochpolymeren aus Vinylmonomeren des Typs $CH_2=CHX$ [5]. Das tertiäre C-Atom in diesen Polymeren ist pseudoasymmetrisch: Wiewohl die beiden Nachbarn in der Polymerkette gleich sind (Methylengruppen), können die beiden unterschiedlich langen Kettenreste formal als unterschiedliche Substituenten aufgefaßt werden; es besteht also die Möglichkeit der D- und der L-Konfiguration. Bei der üblichen radikalischen Polymerisation entstehen in einer Polymerkette gleich viele, aufs Geratewohl aufeinanderfolgende D- und L-Strukturen, vorausgesetzt, daß nicht andere Faktoren eine Folge gleicher oder alternierender sterischer Strukturen begünstigen. Mit stereospezifischen Ziegler-Natta-Katalysatoren gelingt es jedoch, Polymere mit durchgehender D-(L-) oder alternierender D,L-Struktur herzustellen. Natta nannte die ersteren *isotaktisch*, die letzteren *syndiotaktisch*. Bei planarer Darstellung der Ketten und ebener Projektion ergeben sich die in Abb. 23.1 gezeigten Strukturbilder.

Derartige sterisch einheitliche Vinylpolymere sind optisch inaktiv. *Optisch aktive Polymere* lassen sich jedoch durch Polymerisation optisch aktiver Monomerer mit asymmetrischem Kohlenstoffatom erhalten; Beispiele für solche Monomere sind 1,2-Propylenoxid (asymmetrische C-Atome in der Hauptkette) und Menthylmethacrylat (asymmetrische C-Atome in den Seitengruppen).

---

[4] Das trans-Polybutenamer existiert in zwei kristallinen Formen. Die Form I ist stabil unterhalb 75 °C, die Form II zwischen 75 °C und dem Schmelzpunkt.
[5] G. Natta, *Angew. Chem. 68* (1956) 393. Für ein eingehendes Studium hervorragend geeignet ist das von A. D. Ketley herausgegebene Buch *The Stereochemistry of Macromolecules* (3 Bde.), Marcel Dekker, New York 1967.

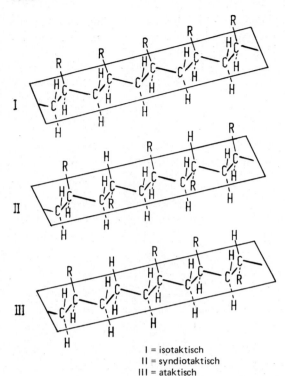

Abb. 23.1 Stereoisomerie bei Vinylpolymeren in planarer Darstellung (nach Natta, loc. cit.).

I = isotaktisch
II = syndiotaktisch
III = ataktisch

Verschiedene *Konfigurationen* lassen sich nur durch Bruch von Hauptvalenzen ineinander überführen. Im Gegensatz hierzu entstehen die verschiedenen *Konformationen* einer Molekel durch Verdrehung bestimmter Gruppen um Einfachbindungen. Beispiele hierfür sind die gauche- und trans-Konformationen in ω-disubstituierten Alkanen (n-Propychlorid, 17-8) und die Sessel- und Wannenform des Cyclohexans. Bestimmte Strukturregelmäßigkeiten, insbesondere aber Stereoregularität (Isotaxie, Syndiotaxie) neigen dazu, eine Polymerkette in eine bestimmte konformative Ordnung zu zwingen. Dies gilt vor allem für den festen Zustand; es wurden aber auch schon in Lösungen und Schmelzen persistierende Helices beobachtet. Die regelmäßige Aufeinanderfolge bestimmter Konformationen in einer Fadenmolekel führt zu einem Zustand, der als eindimensionale Kristallinität (ebenes Zickzack, schraubenförmige oder Helixkonformationen) aufgefaßt werden kann. Dies zeigt Abb. 23.2 am Beispiel dreier verschiedener Helixkonformationen bei isotaktischen Vinylpolymeren. Eine regelmäßige Kettenkonformation ist wiederum Voraussetzung für eine dreidimensionale Ordnung.

Ein besonders interessantes Phänomen ist die eindimensionale Polymorphie, welche darauf beruht, daß eine bestimmte Polymerkette, oder aber die Substituenten an dieser Kette, unterschiedliche definierte Konformationen annehmen können. Ein Beispiel hierfür ist das Polybuten-1, welches bei Zimmertemperatur aus 3_1-Helices besteht; aus der Schmelze kristallisiert jedoch eine nur bei höherer Tem-

Konfiguration und Konformation

peratur beständige Modifikation mit 4_1-Helices. Ein anderes Beispiel ist das syndiotaktische Polypropen, welches in einer ebenen Zickzack- und in der Konformation einer Doppelspirale vorkommen kann.

Manchmal wird eine bestimmte Kettenkonformation durch die Richtung der Dipolmomente polarer Gruppen in den Monomereinheiten erzwungen. Ein gutes Beispiel hierfür sind aliphatische Polyäther[6]. Wäre das Polyoxymethylen planar, dann hätten die durch die Sauerstoffbrücken hervorgerufenen Dipolmomente alle dieselbe Richtung. Ein Ausgleich läßt sich erzielen, wenn die Polymerkette eine Helixkonformation annimmt; in der Tat bildet das Polyoxymethylen eine (sehr enge und steife) 9_5-Helix. Das Polyoxyäthylen könnte planar gebaut sein, da die Dipolmomente in diesem Fall alternierend in entgegengesetzte Richtungen zeigen würden. In Wirklichkeit nimmt eine Polyoxyäthylenmolekel eine lockere 7_2-Helix an; dies zeigt, daß bei der Entscheidung, welche Kettenkonformation eingenommen wird, auch noch andere Gesichtspunkte eine Rolle spielen, insbesondere die Möglichkeit, dicht gepackte dreidimensionale Anordnungen zu erreichen. Das Polytrimethylenoxid kann drei Konformationen annehmen: eine Helix (ähnlich wie syndiotaktisches Polypropen), eine nichtebene und eine ebene Konformation (letztere nur in Gegenwart von Wasser, das die Sauerstoffatome benachbarter Ketten verknüpft). Alle höheren Polyäther haben planare Konformation.

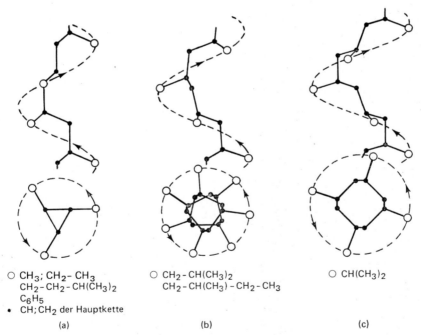

Abb. 23.2 Verschiedene Schraubenkonformationen bei isotaktischen Vinylpolymeren mit verschiedenen Substituenten; (a) 3_1-Helix, (b) 7_2-Helix, (c) 4_1-Helix (nach NATTA, loc. cit.).

[6] H. TADOKORO, Y. TAKAHASHI, Y. CHOTANI, H. KAKIDA, *Makromolekulare Chem.* **109** (1967) 96.

Der Zusammenhang zwischen Stereoregularität (*Taxie*) und regelmäßiger Kettenkonformation findet sich auch bei Biopolymeren. Alle 20 natürlichen Aminosäuren haben L-Konfiguration; die hiervon abgeleiteten Polypeptide sind daher stereoregulär und können unter bestimmten Voraussetzungen reguläre Konformationen annehmen. Dies hängt sehr wesentlich von der Primärstruktur (Aminosäuresequenz) und vom Zustand der Probe, z.B. von der Art des Lösemittels und der Temperatur, ab. Bestimmte Proteine nehmen in Lösung eine Helixkonformation an; bei höheren Temperaturen, oft innerhalb eines schmalen Bereiches, findet dann ein Übergang von der regulären in eine irreguläre Konformation (statistisches Knäuel) statt. Dieser Übergang wird von einer charakteristischen Umwandlungsenthalpie begleitet. Diese Helix-Knäuel-Umwandlung ist ein typisches kooperatives Phänomen, das in mancher Hinsicht dem Schmelzen eines Festkörpers ähnelt.

Zu den bekanntesten Beispielen für reguläre Konformationen in Biopolymeren zählen die von PAULING und COREY (1966) aufgeklärte Helixstruktur des α-Keratins (Abb. 23.3), die »Plissee«-Struktur des β-Keratins und bestimmter synthetischer Polyamide und endlich die von WATSON und CRICK aufgeklärte Doppel-

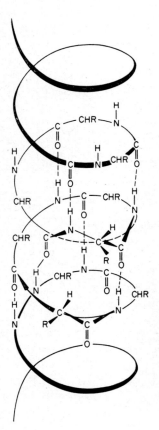

Abb. 23.3 α-Helix des α-Keratins nach PAULING und COREY. Durchmesser: 0,181 nm; Länge einer Windung: 0,544 nm; Zahl der Aminosäureeinheiten pro Bindung: 3,6; Translation pro Einheit: 0,147 nm; Rotation zwischen zwei Einheiten: 97,2°. Diese Helix wird bevorzugt, da sie die Bildung durchgehender, intramolekularer Wasserstoffbrücken zwischen aufeinanderfolgenden Windungen der Helix erlaubt. Jede Peptidbindung in der Kette nimmt an einer Wasserstoffbrücke teil. (C. SADRON, *Macromolecular Chemistry*; Butterworth, London 1966.)

helix der Desoxyribonucleinsäure (Abb. 23.12). Wegen der Möglichkeit der Ausbildung intra- und intermolekularer Wasserstoffbrücken können Polypeptide äußerst komplizierte Konformationen annehmen; ein Beispiel hierfür ist das Insulin (F. SANGER, DOROTHY CRAWFOOT-HODGKIN).

5. Die Makromolekel in Lösung[7]

Das Auflösen eines Verbandes von makromolekularen Fadenmolekeln ist ein langsamer Vorgang, der sich in zwei Stufen vollzieht. Zunächst dringt das Lösemittel langsam in das Material ein, wobei ein gequollenes Gel entsteht (bei teilkristallinen Polymeren quellen zunächst überwiegend die amorphen Bereiche). Hernach zerfällt das Gel; die Makromolekeln diffundieren in die flüssige Phase, und es entsteht eine echte Lösung. Lediglich dieser zweite Prozeß läßt sich durch Rühren beschleunigen; die Geschwindigkeit des ersten hängt im wesentlichen vom Ausmaß der Wechselwirkung zwischen Lösemittel und Polymeren sowie von der Größe der Lösemittelmolekel ab. Beide Vorgänge sind temperaturabhängig. Bei Makromolekeln mit extrem hohem Molekulargewicht und selbstverständlich bei vernetzten Polymeren tritt lediglich der erste, also die Quellung zu einem Gel, ein. Bei einigen Hochpolymeren, so beim Polyvinylchlorid, wurde eine gewisse Assoziation der Makromolekeln in Lösung beobachtet.

Eine Fadenmolekel bildet in Lösung ein statistisches Knäuel, das unter dem Einfluß der Wärmebewegung alle möglichen Konformationen annimmt. Man kann sich den gesamten Knäuel aus einzelnen Kettensegmenten unterschiedlicher Konformation zusammengesetzt denken. Die mittlere Dichte eines Kettensegments in einem gelösten Polymeren liegt in der Größenordnung von 0,01 g cm^{-3}. Volumen und Gestalt des Molekelknäuels werden hauptsächlich durch die Solvatation bestimmt. In einem thermodynamisch »guten« Lösemittel, das starke Solvatation hervorruft, sind die Molekelknäuel verhältnismäßig locker und ausgestreckt. Bei einem thermodynamisch »schlechten« Lösemittel ist die Solvatation geringer; das Molekelknäuel ist dichter gepackt und nimmt ein kleineres Volumen ein.

Eine geknäuelte Makromolekel läßt sich mit der Irrflugstatistik beschreiben. Wenn eine Molekel in einem gasförmigen System bei ihren unregelmäßigen Zickzackbewegungen von A nach B gelangt, hierbei n-mal von ihrer jeweiligen Richtung abgelenkt wird und von Knickpunkt zu Knickpunkt im Mittel den Weg $\overline{\Delta x}$ zurücklegt, dann gilt für das mittlere Abstandsquadrat zwischen A und B:
$\overline{x^2} = n \, \overline{\Delta x^2}$.

Bei einer Fadenmolekel, z.B. Polyäthylen, ist der Abstand zwischen zwei und der Winkel zwischen drei aufeinanderfolgenden C-Atomen festgelegt. Um die Irrflugstatistik anwenden zu können, müssen wir uns ein Polymerknäuel aus

---

[7] Siehe hierzu H. A. STUART (Hrsg.), Die Physik der Hochpolymeren, Bd. 2: *Das Makromolekül in Lösung*; Springer, Berlin 1953.
Zur physikalischen Chemie der Hochpolymeren s. z.B. C. TANFORD, *Physical Chemistry of Macromolecules*; John Wiley, New York 1961, und H.-G. ELIAS, *Makromoleküle*, Hüthig & Wepf, Basel 1971.

Kettensegmenten zusammengesetzt denken, die jeweils so viele Strukturelemente enthalten, daß jedes Segment die Bedingung der freien Orientierung im Raum erfüllt.

Dieses *Segmentmodell* vernachlässigt das Eigenvolumen der Kette, also die Tatsache, daß zwei Struktureinheiten an Überschneidungsstellen nicht denselben Raum einnehmen können. Außerdem wird vernachlässigt, daß die Rotation benachbarter Gruppen behindert und damit nicht jede beliebige Folge von Mikrokonformationen möglich ist.

Die Länge $\bar{l}$ eines solchen Kettensegments hängt von der Natur des Polymeren, insbesondere von der Steifigkeit seiner Kette, ab. ($\bar{l}$ ist in Analogie zu $\overline{\Delta x}$ ebenfalls ein Mittelwert; man nimmt aber aus rechnerischen Gründen an, daß die Segmentlängen für ein bestimmtes Polymeres unter festgelegten Bedingungen gleich sind.) Wenn eine Fadenmolekel $\bar{n}$ Kettensegmente enthält, dann gilt für das mittlere Abstandsquadrat der Fadenenden:

$$\overline{h^2} = \bar{n}\,\overline{l^2} \qquad [23.1]$$

Zwischen $\overline{h^2}$ und dem Quadrat des Trägheitsradius $\overline{r^2}$ des Knäuels besteht die Beziehung[8] $\overline{h^2} = 6\,\overline{r^2}$. Die Bedeutung dieser Größen zeigt Abb. 23.4 am Beispiel einer hypothetischen Polymerkette aus 23 Gliedern.

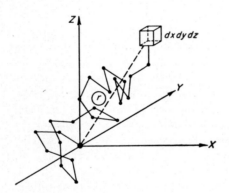

Abb. 23.4 Konformation einer frei rotierenden Polymerkette aus 23 Gliedern; das eine Kettenende wird im Ursprung festgehalten. Dieses Problem entspricht dem des dreidimensionalen Irrflugs.

Für die Länge der – gestreckt gedachten – Fadenmolekel gilt:

$$\mathscr{L} = \bar{n}\,\bar{l}$$

Mit $\bar{n} = \mathscr{L}/\bar{l}$ erhalten wir aus [23.1]:

$$\sqrt{\overline{h^2}} = \sqrt{\overline{l^2}}\,\sqrt{\mathscr{L}} = \text{const}\,\sqrt{\overline{M}} \qquad [23.2]$$

Nach diesem KUHNschen Wurzelgesetz ist der wahrscheinlichste Fadenendenabstand (Wurzel aus dem Quadrat des mittleren Fadenendenabstandes) proportional der Fadenlänge und damit der Wurzel aus dem Molekulargewicht.

---

[8] Die Ableitung dieser Beziehung kann z.B. dem Buch von H.-G. ELIAS, loc. cit., entnommen werden.

Die Makromolekel in Lösung

Wegen des statistischen Charakters des mittleren Endgliederabstandes stehen h und r bei einer *einzelnen* Molekel zu einem gegebenen Zeitpunkt in keiner Beziehung zu $\mathscr{L}$ und zur Größe des Knäuels. Bei einer Lösung von Fadenmolekeln, also bei einer sehr großen Zahl von Knäueln, sind $\sqrt{\overline{h^2}}$ und $\sqrt{\overline{r^2}}$ jedoch ein Maß für den mittleren Knäueldurchmesser. Da dieser bei gegebenem mittlerem Molekulargewicht vor allem durch die Wechselwirkung zwischen Polymermolekel und Lösemittel bestimmt wird, muß die Größe $\sqrt{\overline{h^2}}/\sqrt{\overline{M}}$ spezifisch sein für die Natur der jeweils betrachteten Makromolekeln und für die Art des Lösemittels.

Die Größe von $\sqrt{\overline{h^2}}$ läßt sich aus Lichtstreumessungen, $\mathscr{L}$ aus dem Polymerisationsgrad und der Länge einer Struktureinheit bestimmen. Mit [23.2] läßt sich dann für ein gegebenes Polymeres unter festgelegten Bedingungen ein Wert für $\bar{l}$ berechnen. Große Werte für $\bar{l}$ zeigen erwartungsgemäß Polymere mit steifen Ketten wie Cellulose oder Vinylpolymere mit sperrigen Seitengruppen.

Aus [23.2] geht hervor, daß der mittlere Endgliederabstand und damit auch der Trägheitsradius mit $\overline{M}^{1/2}$ zunimmt; der Durchmesser einer Kugel wächst jedoch mit $m^{1/3}$ (m = Kugelmasse). Die stets wechselnde Gestalt des statistischen Knäuels ist eher länglich als kugelförmig[9]; dennoch wird eine mittlere Knäueldichte in der Weise *definiert*, daß man annimmt, das Knäuel erfülle einen Kugelraum, dessen Durchmesser proportional $\sqrt{\overline{h^2}}$ ist. Für die Masse einer einzelnen Kettenmolekel gilt $m = M/L$ (L = Loschmidtsche Zahl). Dann gilt für die mittlere Dichte des (leeren) Knäuels:

$$\varrho_{\text{Knäuel}} = \frac{\overline{M}}{\frac{1}{6}\pi d^3 L} = \text{const}\,\frac{\overline{M}}{\left(\sqrt{\overline{h^2}}\right)^3} = \text{const}'\,\frac{1}{\sqrt{\overline{M}}} \qquad [23.3]$$

Bei statistischen Knäueln ist also – im Gegensatz zu kondensierter Materie – die Dichte eine Funktion des Molekulargewichts. Bei einem Polymeren mit vorgegebenen Strukturelementen nimmt die Knäueldichte mit der Wurzel des Molekulargewichts ab.

Bei unseren bisherigen Betrachtungen mußten wir voraussetzen, daß sich die Segmente der Fadenmolekel beliebig oft kreuzen können und sich weder an den Kreuzungspunkten noch überhaupt in irgendeiner Weise beeinflussen. Diese Forderung wird von einer realen Makromolekel natürlich nicht erfüllt. Einmal nimmt sie, zusammen mit dem in der Solvathülle festgehaltenen Lösemittel, ein bestimmtes Volumen ein (*ausgeschlossenes Volumen, excluded volume*); zum anderen besteht eine Wechselwirkung der verschiedenen Kettensegmente sowohl untereinander als auch zum Lösemittel.

Wenn die Assoziationstendenz der Segmente überwiegt, zieht sich das Knäuel zusammen und drückt einen Teil des Lösemittels heraus; hat der solvatisierte Zustand die niedrigere freie Energie, dann weitet sich das Knäuel aus. Eine zwischenmolekulare Assoziationstendenz kann

---

[9] Nach Untersuchungen von H. KUHN läßt sich die wahrscheinlichste Form eines statistischen Knäuels bei Hochpolymeren am ehesten als bohnenförmiges Ellipsoid beschreiben, das etwa doppelt so lang wie dick ist. Für den maximalen Durchmesser eines statistischen Knäuels gilt nach diesen Untersuchungen die Näherungsbeziehung $d_{\max} \approx 1{,}38\sqrt{\overline{h^2}}$.

zur Bildung von Molekelverbänden führen (*Multimerisation*). Diese wird besonders deutlich in konzentrierten Lösungen (und letztlich Schmelzen) und kann als Vorstufe der Kristallisation aufgefaßt werden.

Endlich ist zu berücksichtigen, daß einer Makromolekel durch das Auftreten weitgehend starrer Valenzwinkel und durch die Begrenzung der freien Drehbarkeit um die Einfachbindungen (insbesondere bei tiefen Temperaturen) Beschränkungen hinsichtlich ihrer Orientierung im Raum auferlegt sind. Die manchmal beträchtlichen Unterschiede in der inneren Energie bei verschiedenen Mikrokonformationen und die Abhängigkeit der Energie einer bestimmten Konformation (z.B. gauche oder trans) von der Konformation der vorhergehenden Einheit führen zum bevorzugten Auftreten bestimmter Folgen von Mikrokonformationen der Kette (*Persistenz*).

Die Berücksichtigung all dieser Phänomene bei der realen Makromolekel führt zu einem mathematisch recht komplizierten Modell. Für das Studium dieses Modells muß auf die Spezialliteratur hingewiesen werden, z.B. auf das schon zitierte Lehrbuch von ELIAS.

6. Mittelwerte des Molekulargewichts

Die Abbruchreaktionen bei einer radikalischen Polymerisation geschehen zufällig, das Polymere besteht daher aus Polymerhomologen in irgendeiner statistischen Verteilung. Analoge Betrachtungen können für andere Polyreaktionen angestellt werden. Zur vollständigen Beschreibung eines Systems aus Polymerhomologen unterschiedlichen Polymerisationsgrades muß der Anteil jeder durch einen bestimmten Polymerisationsgrad definierten Spezies am makromolekularen System ermittelt werden. Dies ist gleichbedeutend mit der Bestimmung einer Verteilungsfunktion $Z_P(P)$ oder $m_P(P)$ (Z_P = Zahl und m_P = Masse der Spezies vom Polymerisationsgrad P). Dies setzt eine scharfe Fraktionierung des Systems voraus, der experimentelle Grenzen gesetzt sind. So muß man sich meist mit der Angabe eines Mittelwertes des Polymerisationsgrades oder des Molekulargewichts[10] begnügen. Je nach der experimentellen Methode erhält man Mittelwerte, die sich nicht nur quantitativ, sondern auch in ihrer Bedeutung unterscheiden können. Für Molekulargewichtsbestimmungen am wichtigsten sind die von den gelösten Makromolekeln hervorgerufenen kolligativen Phänomene, gefolgt von der Lösungsviskosität, der Streulichtintensität und der Sedimentationsgeschwindigkeit in einem Schwerefeld.

Unter *kolligativen Eigenschaften* versteht man die nach VAN'T HOFF zusammengehörigen Phänomene des osmotischen Drucks, der Dampfdruckerniedrigung, der Siedepunkterhöhung und der Gefrierpunkterniedrigung. Die letzteren drei Größen können zur Bestimmung von

---

[10] Das *Molekulargewicht* oder, korrekter, die *relative Molekelmasse* M_N ist das Verhältnis der mittleren Masse pro Molekel (bei natürlicher Isotopenzusammensetzung der betrachteten Substanz) zu 1/12 der Masse eines ^{12}C-Atoms. M_N ist also eine dimensionslose Zahl. Im Gegensatz hierzu hat die *Molmasse M* die Einheit g · mol^{-1} (oder kg · mol^{-1}), stellt also den Quotienten aus der Masse der Substanz und der Molzahl dar.

Molekulargewichten bis höchstens $3 \cdot 10^4$ dienen, während mit Hilfe des wesentlich genauer zu bestimmenden osmotischen Druckes Molekulargewichte bis etwa 10^6 bestimmt werden können. Alle kolligativen Phänomene sind proportional der Gesamtzahl N der in einem bestimmten Volumen gelösten Molekeln.

Ein polymerhomologes System enthalte N_1 Molekeln vom Polymerisationsgrad P_1, N_2 Dimermolekeln vom Polymerisationsgrad P_2, N_3 Trimere mit P_3 usw.; für das arithmetische Mittel des Polymerisationsgrades gilt dann:

$$\overline{P}_N = \frac{N_1 P_1 + N_2 P_2 + N_3 P_3 + \cdots}{N_1 + N_2 + N_3 + \cdots} = \frac{\sum\limits_{i=1}^{i=\infty} N_i P_i}{\sum\limits_{i=1}^{i=\infty} N_i} \equiv \frac{\sum\limits_{i=1}^{i=\infty} n_i P_i}{\sum\limits_{i=1}^{i=\infty} n_i}$$

Hierin ist die Molzahl $n_i = N_i/L$.

Das *Zahlenmittel* $\overline{M}_n$ des Molekulargewichts ist definiert als der Quotient aus der Masse des Polymeren und der Summe der Molzahlen in den Fraktionen mit gegebenem Molekulargewicht:

$$\overline{M}_n = L \frac{\sum N_i m_i}{\sum N_i} = \frac{\sum n_i M_i}{\sum n_i} \qquad [23.4]$$

Hierin ist $N_i m_i$ die Masse einer Fraktion aus N_i Molekeln mit der Einzelmasse m_i. Durch Messung einer kolligativen Eigenschaft einer Polymerlösung erhält man einen Wert für $\overline{M}_n$.

Das Zahlenmittel des Molekulargewichts überbewertet die kleinen Massen. Wenn wir jeweils gleiche Zahlen zweier verschiedener Molekelarten betrachten, von denen die eine eine Molmasse von $Lm_1 = 100$ g mol^{-1}, die andere eine solche von $Lm_2 = 10000$ g mol^{-1} besitze, dann würde das Zahlenmittel $\overline{M}_n = 5050$ g mol^{-1}

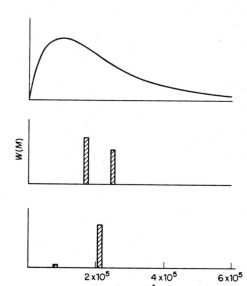

Abb. 23.5a Drei verschiedene Verteilungen von Molmassen, die jeweils zu einem Zahlenmittel des Molekulargewichts von $\overline{M}_n = 10^5$ und einer mittleren Molmasse von $\overline{M}_m = 2 \cdot 10^5$ g mol^{-1} führen.

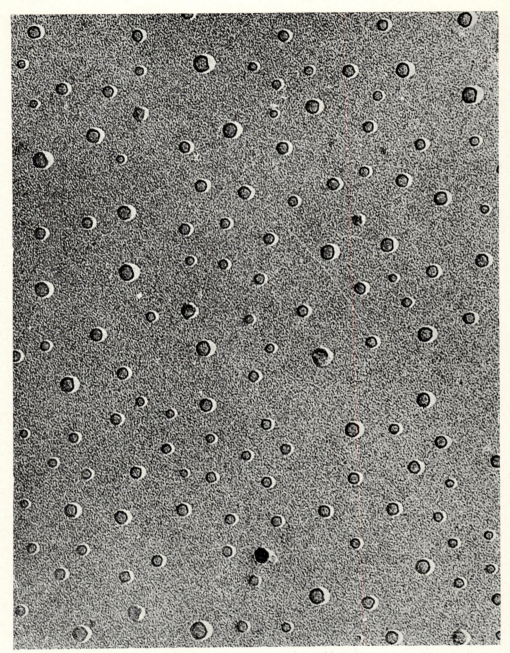

Abb. 23.5b Elektronenmikroskopische Aufnahme der Molekeln von bromiertem Naturkautschuk bei 100000facher Vergrößerung. Dieses Bild zeigt die bei Hochpolymeren gewöhnlich auftretende Verteilung der Molmassen und die Notwendigkeit, für die jeweils betrachtete und von den Molmassen abhängige Eigenschaft den angemessenen Mittelwert zu wählen. (Photographie von S. NAIR, The Rubber Research Institute of Malaya.)

betragen, obwohl sich 99% der Gesamtmasse der Substanz in den schwereren Molekeln befindet.

Bei anderen Methoden, insbesondere bei der Lichtstreuung durch Makromolekeln, hängt das Meßergebnis von dem jeweiligen Massenbruchteil des Materials in den verschiedenen Fraktionen ab. Durch diese Methoden erhält man das folgendermaßen definierte Massenmittel:

$$\overline{M}_m = L \frac{\sum N_i m_i m_i}{\sum N_i m_i} = L \frac{\sum N_i m_i^2}{\sum N_i m_i} = \frac{\sum n_i M_i^2}{\sum n_i M_i} \qquad [23.5]$$

Wir betrachten nun eine Substanz, deren Masse zu 1/10 aus einem Polymeren mit $Lm_1 = 10\,000$ g mol^{-1} und zu 9/10 aus einem Polymeren mit $Lm_2 = 100\,000$ g mol^{-1} besteht. Dann ist

$$\overline{M}_m = \frac{0{,}1\,(10\,000) + 0{,}9\,(100\,000)}{1} = 91\,000 \text{ g mol}^{-1}$$

Im Vergleich hierzu ist

$$\overline{M}_n = \frac{0{,}1\,(10\,000) + 0{,}09\,(100\,000)}{0{,}19} = 52\,500 \text{ g mol}^{-1}$$

Abb. 23.5 zeigt drei verschiedene Verteilungen von Molekelmassen, von denen jede ein Zahlenmittel von $\overline{M}_n = 10^5$ g mol^{-1} und ein Massenmittel von $\overline{M}_m = 2 \cdot 10^5$ g mol^{-1} besitzt.

7. Der osmotische Druck von Polymerlösungen

Alle kolligativen Phänomene beruhen auf dem nach [3.41] formulierten II. Hauptsatz:

$$dG = V\,dP - S\,dT$$

Für endliche Differenzen der freien Enthalpien, z.B. zwischen einer Lösung und dem reinen Lösemittel, gilt bei isothermem Arbeiten:

$$\Delta G = V \Delta P = V \Pi$$

Hierin ist Π der als *osmotischer Druck* bezeichnete Druckunterschied zwischen Lösung und Lösemittel, der sich mit Hilfe einer Membran messen läßt, die nur für die Lösemittelmolekeln durchlässig ist.

Wenn wir für V das partielle Molvolumen des Lösemittels einsetzen, dann erhalten wir mit [7.40] und [8.55]:

$$\Pi V_1^m = -RT \ln a_1 \approx -RT \ln X_1 = -RT \ln(1 - X_2) \approx RT X_2 \qquad [23.6]$$

(a_1 = Aktivität des Lösemittels, X_1 = Molenbruch des Lösemittels, X_2 = Molenbruch des gelösten Stoffes.)

Bei stark verdünnten Lösungen wird $V_1^m = V$ und $X_2 = V(c_2/M_2)$. Aus [23.6] wird dann:

$$\lim_{c_2 \to 0} (\Pi/c_2) = RT/M_2 \qquad [23.7]$$

Dieser VAN'T-HOFFschen Gleichung gehorchen Lösungen niedermolekularer Stoffe bis zu Konzentrationen von etwa 1 Mol-%.
Der osmotische Druck von nichtassoziierenden Nichtelektrolyten läßt sich durch einen Reihenausdruck wiedergeben, der die Konzentration in zunehmenden, ganzen Potenzen enthält, analog der Virialgleichung für ein reales Gas (c = molare Konzentration des Polymeren):

$$\Pi/c = A_1 + A_2 c + A_3 c^2 + \cdots = RT/(\overline{M}_n)_{\exp} \qquad [23.8]$$

Hierin ist $(\overline{M}_n)_{\exp}$ der bei der Konzentration c experimentell bestimmte Wert des Zahlenmittels des Molekulargewichts. Die Größe A_1 ergibt sich aus [23.7] zu RT/M_2. Der Zahlenwert dieser Größe läßt sich erhalten, indem man den osmotischen Druck bei verschiedenen Konzentrationen c des Polymeren mißt und anschließend Π/c gegen c abträgt. Durch Extrapolation auf die Konzentration null erhält man als Ordinatenabschnitt einen Wert für A_1. Hieraus läßt sich der tatsächliche Wert für $M_2 = \overline{M}_n$ berechnen. Die Ergebnisse eines solchen Experiments zeigt Abb. 23.6. Die Werte für $\overline{M}_n$ liegen in diesem Beispiel zwischen 11 600 und 75 500 für die verschiedenen Fraktionen.
Als Membranen bei osmotischen Messungen können feinste Glas- und Metallfritten oder organische Stoffe wie Cellulose oder Cellulosederivate dienen. Für organische Polymerlösungen werden meist Folien aus regenerierter Cellulose verwendet, für wäßrige Lösungen solche aus Cellulosenitrat oder Celluloseacetat. Organische Membranen sind quellbar und müssen vor Gebrauch mit dem Lösemittel in Gleichgewicht gebracht werden. Wegen ihrer mechanischen Empfindlichkeit werden sie im Osmometer zusammen mit einer metallischen Lochplatte oder einer Platte aus konzentrisch verbundenen Kreisbögen befestigt.
Die Forderung der Semipermeabilität der Membran kann oft nicht streng erfüllt werden, sei es wegen der besonderen Natur der Membran, sei es wegen des zu untersuchenden Systems. Für natürliche Proteine (in wäßriger Lösung) lassen sich wegen ihrer Molekulareinheitlichkeit und ihrer kugelähnlichen Form leicht semipermeable Membranen finden, sofern deren Porendurchmesser kleiner als der Durchmesser der Proteinmolekeln ist (< 5 nm). Das statistische Knäuel von Fadenmolekeln ist hingegen locker und ändert stets seine Gestalt, so daß es trotz des sehr viel größeren Knäueldurchmessers leicht durch Membranen mit Porenweiten von etwa 2 nm treten kann. Bei polymerhomologen Mischungen durchsetzen vor allem die Molekeln der niedermolekularen Fraktionen die Membran und verteilen sich im osmotischen Gleichgewicht auf beiden Seiten der Membran in einem DONNAN-Gleichgewicht. Durch die oben beschriebene Extrapolationsmethode erhält man in diesem Fall das Zahlenmittel des Anteils, der die Membran nicht zu durchsetzen vermag. Ob in einem makromolekularen System »permeierbare« Anteile enthalten sind, läßt sich oft daran erkennen, daß der nach dem Einsetzen der

Meßzelle mit der Lösung in das Lösemittel ansteigende Druck nicht einem Grenzwert, sondern einem Maximum zustrebt, hernach etwas abfällt und endlich einem Grenzwert zustrebt, der dem Donnangleichgewicht entspricht. Dieser Verlauf wird durch das Entgegenwirken der Diffusion von Lösemittel und niedermolekularem Solvendum durch die Membran (in entgegengesetzter Richtung) erklärt.

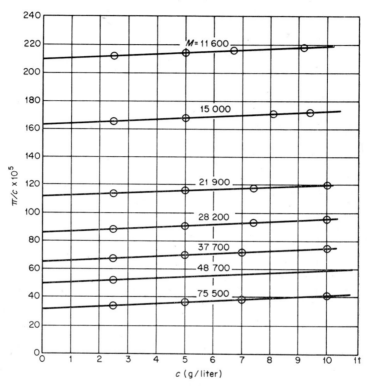

Abb. 23.6 Reduzierter osmotischer Druck wäßriger Polyvinylpyrrolidonlösungen bei 298 K nach [23.8]. An den einzelnen Kurven ist das Zahlenmittel $\bar{M}_n$ angegeben. [J. HENGSTENBERG, *Makromolekulare Chem.* 7 (1953) 572.]

8. Das RAYLEIGHsche Gesetz der Lichtstreuung

Die Lichtstreuung durch eine Kolloidlösung wurde zuerst 1871 durch TYNDALL beschrieben. Er schickte einen weißen Lichtstrahl durch ein Goldsol und beobachtete ein bläuliches Streulicht senkrecht zum einfallenden Strahl. Abb. 23.7 zeigt das Schema einer Anordnung für die Untersuchung der Lichtstreuung. Der Detektor ist so angeordnet, daß die Intensität des Streulichts in Abhängigkeit vom Streuwinkel θ gemessen werden kann.

Bei hinreichend verdünnten Lösungen oder Solen stellt das gesamte Streulicht die Summe des Lichtes dar, das von den einzelnen Teilchen gestreut wurde. Die-

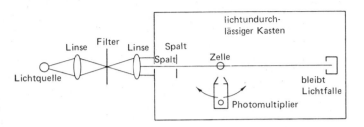

Abb. 23.7 Schema einer Apparatur zur Messung der Lichtstreuung.

ses von einem einzelnen Teilchen gestreute Licht hängt von der durch das Teilchen ausgeschnittenen Fläche und damit vom Quadrat des effektiven Teilchenradius, a^2, ab.

Eine Theorie der Lichtstreuung wurde zuerst 1871 von RAYLEIGH für isotrope Teilchen ausgearbeitet, deren Dimensionen klein sind im Vergleich zur Wellenlänge λ des Lichts. Die von einem einzelnen Teilchen in einen Winkel θ gestreute Lichtintensität I_θ hängt von der Intensität I_0 des einfallenden Lichtes, dem Abstand r_s vom streuenden Volumen und von der Polarisierbarkeit α des Teilchens ab. Für unpolarisiertes Licht lautet die Beziehung[11]:

$$R_\theta = \frac{I_\theta r_s^2}{I_0} = \frac{8\pi^4 \alpha^2}{\lambda^4}(1 + \cos^2 \theta) \qquad [23.9]$$

Die Größe R_θ nennt man das Rayleigh-Verhältnis.

Besonders hervorzuheben ist, daß die Intensität des gestreuten Lichtes umgekehrt proportional zur vierten Potenz der Wellenlänge ist. Bei Konstanz aller anderen Größen wird also blaues Licht sehr viel stärker als rotes Licht gestreut. Bei Tage erscheint uns der Himmel blau, da das Sonnenlicht dann durch Gasmolekeln und einen relativ kleinen Anteil an Staubteilchen gestreut wird. Bei Sonnenuntergang verfärbt sich der Horizont grünlich (stärkerer Anteil der Staubteilchen am Streuvorgang); gleichzeitig erscheint uns die Sonne rot.

9. Lichtstreuung durch Makromolekeln

Das von einem einfallenden Lichtstrahl durch eine Suspension in alle Richtungen gestreute Licht mißt man durch die *Trübung (Turbidität)* τ. Wenn sich die ursprüngliche Intensität I_0 des einfallenden Strahls nach Durchlaufen der Strecke x auf die Intensität I reduziert hat, dann gilt die folgende Beziehung:

$$\frac{I}{I_0} = e^{-\tau x} \qquad [23.10]$$

Dieser Ausdruck entspricht formal dem LAMBERT-BOUGUERschen Gesetz für die Lichtabsorption.

---

[11] Eine Ableitung dieser Formel gibt P. J. FLORY, *Principles of Polymer Chemistry*; Cornell University Press, Ithaca 1953.

Lichtstreuung durch Makromolekeln

Wenn N Teilchen einheitlicher Größe in einem Volumen V gleichmäßig verteilt sind, also eine Konzentration pro Volumeneinheit von N/V besitzen, dann ist nach [23.9] das Rayleighsche Verhältnis für die Intensität des pro Volumeneinheit der Suspension gestreuten Lichtes:

$$R'_\theta = \frac{I_\theta\, r_s}{I_0} = \frac{8\,\pi^2\,\alpha^2\,N}{\lambda^4\,V}\,(1 + \cos^2\theta) \qquad [23.11]$$

Für das Verhältnis der Trübung dieser Suspension zum Rayleighschen Verhältnis bei 90° gilt:

$$\tau = \left(\frac{16\,\pi}{3}\right) R'_{90} \qquad [23.12]$$

Die Lichtstreuung wird nicht unmittelbar als Trübung, sondern durch die Intensität des Streulichts bei 90° und anderen Winkeln relativ zum einfallenden Strahl bestimmt. Die Meßergebnisse werden jedoch oft mit [23.12] in Trübungswerte umgerechnet.

Im Jahre 1947 dehnte DEBYE die Rayleighsche Theorie auf Lösungen von Makromolekeln aus. Die Polarisierbarkeit α ist keine bequeme Meßgröße; sie ist jedoch durch die Theorie von CLAUSIUS und MOSOTTI (Abschnitt 15-17) mit dem Brechungsindex n der Lösung verknüpft. Wenn wir die Differenz der Polarisierbarkeit der Lösung und der des Lösemittels mit α bezeichnen, dann besteht die folgende Beziehung zur Differenz der Dielektrizitätskonstanten ε der Lösung und ε_0 des Lösemittels:

$$\varepsilon - \varepsilon_0 = 4\,\pi\,\frac{N}{V}\,\alpha$$

Für das hochfrequente sichtbare Licht ist $\varepsilon \approx n^2$, wir können also schreiben:

$$n^2 - n_0^2 = 4\,\pi\,\frac{N}{V}\,\alpha$$

und

$$\alpha = \frac{(n + n_0)(n - n_0)}{4\,\pi}\,\frac{V}{N}$$

Wenn wir mit c die Konzentration in Masse pro Volumeneinheit bezeichnen, dann ist die Größe $(n - n_0)/c$ das *Inkrement des Brechungsindex* des gelösten Stoffes; für eine lineare Änderung kann es in differentieller Form geschrieben werden: $\mathrm{d}n/\mathrm{d}c$. Für eine verdünnte Lösung ist $n + n_0 \approx 2 n_0$; demnach gilt:

$$\alpha = \frac{n_0}{2\,\pi}\left(\frac{\mathrm{d}n}{\mathrm{d}c}\right)\frac{M}{L}$$

Hierin ist M die Molmasse. Durch Einsetzen in [23.11] erhalten wir:

$$R_\theta = \frac{2\,\pi^2\,n_0^2\,(\mathrm{d}n/\mathrm{d}c)^2}{L\,\lambda^4}\,c\,M\,(1 + \cos^2\theta) = K\,c\,M\,(1 + \cos^2\theta) \qquad [23.13]$$

Hierin ist K die definierte Kombination der Parameter

$$\frac{2\,\pi^2\,n_0^2\,(\mathrm{d}n/\mathrm{d}c)^2}{L\,\lambda^4}$$

Durch eine Messung von R_θ können wir also die Molmasse M (oder, unter Berücksichtigung der korrekten Einheiten, das Molekulargewicht) errechnen.

Für konzentriertere Lösungen gilt die korrigierte Form von [23.13]:

$$K \frac{c}{R_\theta}(1 + \cos^2\theta) = \frac{1}{M} + 2Bc \qquad [23.14]$$

Diese Gleichung hat dieselbe Form wie die für den osmotischen Druck. Lichtstreuwerte von Polymerlösungen liefern das Massenmittel der Molekelmassen[12], $\overline{M}_m$, wogegen aus Werten des osmotischen Druckes das Zahlenmittel $\overline{M}_N$ berechnet werden kann.

Durch Vergleich des Zahlenmittels mit dem Massenmittel einer Polymerlösung erhält man Informationen über die tatsächliche Verteilung der Molekelmassen.

Wenn die Abmessungen der streuenden Teilchen nicht mehr klein sind im Vergleich zur Wellenlänge λ, dann wird die Streutheorie etwas komplizierter. In diesem Falle muß die Interferenz zwischen Lichtwellen berücksichtigt werden, die an verschiedenen Stellen desselben Teilchens gestreut wurden. Die Theorie für einen solchen Streuvorgang wurde 1908 durch GUSTAV MIE für den Fall sphärischer Teilchen ausgearbeitet[13a].

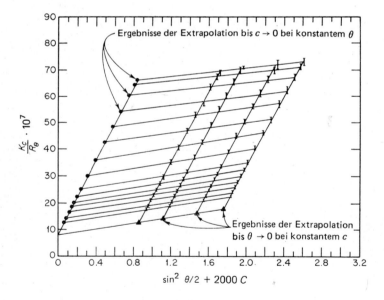

Abb. 23.8 ZIMM-Diagramm der Lichtstreuung einer acetonischen Cellulosenitratlösung bei 25 °C.

---

[12] Wenn [23.4] auf eine Verteilung von Polymermolekeln mit den Konzentrationen c_i und den Molekulargewichten M_i angewandt wird, dann ist der Grenzwert von R_θ, wenn die Konzentration $c \to 0$ geht, $R_\theta = K \sum c_i M_i$. Der Grenzwert von Kc/R_θ ist daher:

$$\frac{\sum c_i}{\sum c_i M_i} = \frac{1}{M_m}$$

[13a] *Ann. Physik* (4) *25* (1908) 377. Siehe auch H. C. VAN DE HULST, *Light Scattering by Small Particles*, John Wiley, New York 1957.

Kolloidteilchen können unterschiedliche Gestalt besitzen; dies wurde in der Theorie von ZIMM berücksichtigt[13b]. Größe und Gestalt der Teilchen werden in dieser Theorie durch den *Teilchenstreufaktor* $P(\theta)$ berücksichtigt; es ist:

$$K\frac{c}{R_\theta}(1+\cos^2\theta) = \frac{1}{MP(\theta)} + 2Bc \qquad [23.15]$$

Genaue Werte für M lassen sich aus Lichtstreuwerten erhalten, indem man die Lösungen über einen gewissen Bereich von Konzentrationen c und Winkeln θ mißt. Man extrapoliert die Werte dann auf eine Konzentration null und den Winkel null. Diese graphische Extrapolation wurde zuerst von ZIMM durchgeführt, man nennt sie daher ein ZIMM-Diagramm. Abb. 23.8 zeigt die von DOTY und seinen Mitarbeitern[14] erhaltenen Ergebnisse an einer fraktionierten Probe Cellulosenitrat, gelöst in Aceton. Es wurden die Werte von Kc/R_θ gegen $\sin^2(\theta/2) + kc$ abgetragen; hierbei ist k eine willkürliche Konstante, um das Diagramm etwas auseinanderzuziehen (in diesem Falle war $k = 2000$). Jede bei konstanter Konzentration erhaltene Reihe von Meßpunkten wird bis $\theta = 0$ extrapoliert; ebenso wird jede Serie von Meßpunkten bei konstantem Winkel bis $c = 0$ extrapoliert. Hierbei

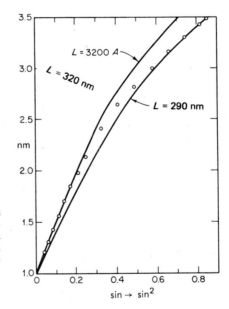

Abb. 23.9 Lichtstreuwerte einer Lösung des Tabakmosaikvirus; Abhängigkeit des Reziprokwertes des Teilchenstreufaktors $P(\theta)$ gegen $\sin^2(\theta/2)$. Die theoretischen Streukurven für zwei verschieden lange Stäbchenmolekeln werden mit den Meßpunkten verglichen.

erhält man wiederum zwei Serien von Grenzwerten, die bis zum Ordinatenwert null extrapoliert werden. Die Kurven sollten die Abszisse bei einem Wert von $1/\overline{M}_m$ schneiden, der nicht mehr von der Wechselwirkung zwischen den Teilchen (c) oder der Interferenz der an verschiedenen Stellen desselben Teilchens gestreu-

---

[13b] B. H. ZIMM, *J. Chem. Phys.* **16** (1948) 1093.
[14] A. M. HOLTZER, H. BENOIT, P. DOTY, *J. Phys. Chem.* **58** (1954) 624.

ten Strahlen (θ) beeinflußt ist. Im vorliegenden Fall wurde $\overline{M}_m = 4 \cdot 10^5$ g mol^{-1} gefunden. Der aus osmotischen Messungen berechnete Wert für $\overline{M}_N$ betrug $2{,}34 \cdot 10^5$ g mol^{-1}. Dieser große Unterschied deutet eine breite Verteilung der Molekelmassen in dieser Fraktion an.

In Cellulosetrinitrat hat jede Monomereinheit die relative Molekelmasse 297 und eine Länge von 0,515 nm. Eine Kette mit $M = 4 \cdot 10^5$ enthält dann 1350 Monomereinheiten. In völlig gestrecktem Zustand wäre diese Kette 695 nm lang. Der aus den Lichtstreudaten berechnete Wert für die Wurzel aus dem mittleren Abstandsquadrat der Kettenenden, $(\overline{r^2})^{1/2}$, beträgt 150 nm. Für eine solch relativ kurze Molekel ist dieser Wert ziemlich groß; dies bedeutet, daß die Fadenmolekel des Cellulosenitrats ziemlich steif und gestreckt ist. Die meisten Polymeren bilden in Lösung kompaktere statistische Knäuel.

Abb. 23.9 zeigt für den Tabakmosaikvirus einige aus Lichtstreudaten erhaltene Werte für $P(\theta)$ zusammen mit den theoretischen Kurven für Stäbchen von 290 und 320 nm. Hieraus ergibt sich eine Länge des Virus von etwa 300 ± 5 nm. Für $\overline{M}_m$ ergibt sich ein Wert von $3{,}95 \cdot 10^7$ g mol^{-1}. Aus Länge, Masse und Dichte können wir einen effektiven Durchmesser der Makromolekel von 15 nm berechnen. Die Ergebnisse dieser Arbeit stellen ein gutes Beispiel für die Nützlichkeit von Lichtstreumessungen bei der Charakterisierung einer Makromolekel in Lösung dar (s. a. Abb. 23.14, S. 1104).

10. Sedimentationsmethoden: Die Ultrazentrifuge

Die Bewegungen eines Gas- oder Flüssigkeitsteilchens unter dem Einfluß eines Gravitationsfeldes werden durch das Gleichgewicht zwischen Gravitationskraft und Reibungswiderstand des Mediums bestimmt. Ein Teilchen der Masse m befinde sich in einem Medium der Dichte ϱ und besitze das partielle spezifische Volumen v_1 (dies ist gleich V_1^m/M_1, wobei V_1^m das partielle Molvolumen und M_1 die Molmasse sind). Wenn sich das Teilchen in einem Gravitationsfeld mit der Konstante g befindet, dann wirkt an ihm eine Gravitationskraft von $(1 - v_1\varrho)\,mg$. Das Gewicht der vom Teilchen verdrängten Flüssigkeitsmenge beträgt dann $v_1\varrho mg$. Wenn das Teilchen eine Sedimentationsgeschwindigkeit von dx/dt besitzt, dann ist die Reibungskraft $f\,(dx/dt)$; hierin ist f der Reibungskoeffizient. Im stationären Zustand fällt das Teilchen mit einer konstanten Geschwindigkeit; Reibungskraft und Gravitationskraft müssen dann gleich groß sein:

$$f\left(\frac{dx}{dt}\right) = (1 - v_1\varrho)\,mg \qquad [23.16]$$

JEAN PERRIN untersuchte 1908 die Sedimentation sorgfältig fraktionierter Mastixkügelchen einheitlicher Größe in einer wäßrigen Suspension unter dem Einfluß des natürlichen Schwerefelds. Aus dem Sedimentationsgleichgewicht (»künstliche Atmosphäre«) und der Barometerformel ließ sich ein Wert für die Loschmidtsche Zahl berechnen. Durch Erhöhung des Wertes für g lassen sich auch mit kleineren Teilchen Sedimentationsgleichgewichte erzielen. Die Entwicklung von Ultrazentrifugen mit Gravitationsbeschleunigungen bis etwa $3 \cdot 10^5\,g$ geht im wesentlichen auf THE SVEDBERG in Uppsala zurück. Er begann seine Untersuchungen etwa 1923 und widmete sich zunächst vor allem der Charakterisierung von Makromolekeln, besonders Proteinen, durch Sedimentation in der Zentrifuge. Wenn wir das in einer Zentrifuge auftretende Kraftfeld betrachten, ersetzen wir g in [23.16] durch $\omega^2 x$; hierin ist ω die Winkelgeschwindigkeit und x der Abstand des betrachteten Teilchens von der Rotationsachse. Es ist also:

$$f\left(\frac{dx}{dt}\right) = (1 - v_1 \varrho)\, m\, \omega^2 x \qquad [23.17]$$

Die Größe

$$s = \frac{dx/dt}{\omega^2 x} \qquad [23.18]$$

nennt man die *Sedimentationskonstante*. Sie ist gleich der Sedimentationsgeschwindigkeit bei einer Zentrifugalbeschleunigung von 1. Für ein bestimmtes Teilchen (Makromolekel, Kolloid usw.) in einem bestimmten Dispersionsmittel bei konstanter Temperatur ist s eine charakteristische Konstante. Sie wird oft in Svedberg-Einheiten (10^{-13} s) ausgedrückt.

Nach STOKES gilt für die Kraft, mit der ein kugelförmiges Teilchen des Halbmessers r mit konstanter Geschwindigkeit v durch ein Medium der Zähigkeit η bewegt wird:

$$F = 6\pi \eta r v$$

Der Quotient aus der Kraft F und der Geschwindigkeit v ist der Reibungskoeffizient f; es ist also:

$$f = 6\pi \eta r$$

Wenn die Gestalt der Teilchen von der Kugelgestalt abweicht, dann können wir diese Formel nicht mehr anwenden. Glücklicherweise können wir f eliminieren, wenn wir irgendeine andere Eigenschaft messen können, die von f abhängt. Für den Diffusionskoeffizienten D der Teilchen in einer verdünnten Lösung gilt:

$$D = \frac{RT}{Lf} = \frac{kT}{f} \qquad [23.19]$$

Diese Beziehung wurde 1905 durch EINSTEIN abgeleitet[15]. Sie ergibt sich direkt aus [10.19], wenn wir u_i/Q durch f^{-1} ersetzen.

Wenn wir nun annehmen, daß die Konstante f im Diffusionsgesetz und im Gesetz für die Sedimentation dieselbe ist, können wir sie zwischen [23.17] und [23.19] eliminieren und erhalten:

$$M = \frac{RTs}{D(1 - v_1 \varrho)} \qquad [23.20]$$

[15] A. EINSTEIN, *Ann. Physik* **17** (1905) 549; ibid. **19** (1906) 371.

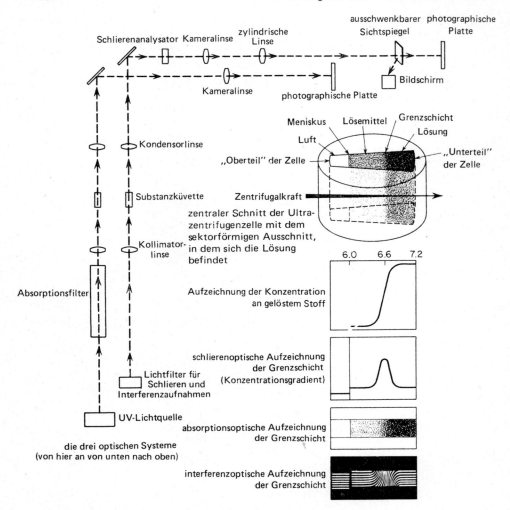

Abb. 23.10 Zusammenstellung der für die Untersuchung von Hochpolymeren in der analytischen Ultrazentrifuge verwendeten Methoden (Beckman Instruments).

Nach dieser von Svedberg 1929 abgeleiteten Gleichung wurden viele Molekulargewichte aus Sedimentationsgeschwindigkeiten bestimmt. Für besonders genaue Bestimmungen extrapoliert man die Werte für s, D und v_1 auf unendliche Verdünnung. Tab. 23.4 zeigt Werte, die auf diese Weise für eine Anzahl von Proteinmolekeln erhalten wurden; Abb. 23.10 und 23.11 erläutern die Methodik.

Eine zweite Zentrifugenmethode zur Untersuchung von Makromolekeln beruht auf der Einstellung eines *Sedimentationsgleichgewichts*. Im Gleichgewicht ist die Geschwindigkeit, mit der die dispergierten Molekeln durch die Zentrifugalkräfte nach außen getrieben werden, ebenso groß wie die Geschwindigkeit, mit der sie unter dem Einfluß des Konzentrationsgradienten nach innen diffundieren.

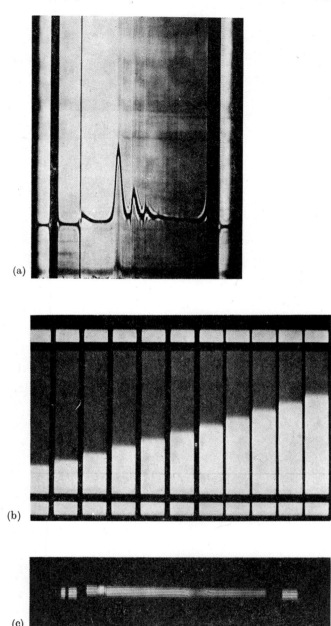

Abb. 23.11 (a) Schlierenbild einer Lösung mehrerer Komponenten. Präparation der Ribosomen aus Escherichia coli (29 500 U/min). (b) UV-Absorption einer zentrifugierten Lösung einer gereinigten DNA aus der Thymusdüse des Kalbs; 0,004% in 0,2m NaCl, pH 7,0, 59 780 U/min. Die Photos wurden jeweils in Intervallen von 2 min nach Erreichung der maximalen Geschwindigkeit gemacht. (c) RAYLEIGH-Interferenzmuster des bushy-stunt-Virus; 0,5 g/ml in einer auf pH 4,1 gepufferten Lösung, 14 290 U/min (nach 105 min).

Protein	v_1 (cm³ g⁻¹)	s (10⁻¹³ s)	D (10⁻⁷ cm² s⁻¹)	M (kg · mol⁻¹)
Myoglobin (Rinderherz)	0,741	2,04	11,3	16,9
Hämoglobin (Pferd)	0,749	4,41	6,3	68
Hämoglobin (Mensch)	0,749	4,48	6,9	63
Hämocyanin (Octopus)	0,740	49,3	1,65	2800
Serumalbumin (Pferd)	0,748	4,46	6,1	70
Serumalbumin (Mensch)	0,736	4,67	5,9	72
Serumglobulin (Mensch)	0,718	7,12	4,0	153
Lysocym (Eigelb)	(0,75)	1,9	11,2	16,4
Edestin	0,744	12,8	3,18	381
Urease (Jackbohne)	0,73	18,6	3,46	480
Pepsin (Schwein)	(0,750)	3,3	9,0	35,5
Insulin (Rind)	(0,749)	3,58	7,53	46
Botulinustoxin A	0,755	17,3	2,10	810
Tabakmosaikvirus	0,73	185	0,53	31400

Tab. 23.4 Charakteristische Konstanten von Proteinmolekeln bei 20 °C (s. Abb. 23.14).

Für die Sedimentationsgeschwindigkeit gilt:

$$\frac{\mathrm{d}n}{\mathrm{d}t} = \frac{c\,\mathrm{d}x}{\mathrm{d}t} = c\,\omega^2\,x\,M\,(1 - v_1\varrho)\left(\frac{1}{f}\right)$$

Für die Diffusionsgeschwindigkeit gilt:

$$\frac{\mathrm{d}n}{\mathrm{d}t} = -\left(\frac{RT}{f}\right)\frac{\mathrm{d}c}{\mathrm{d}x}$$

Im Gleichgewicht sind diese Geschwindigkeiten ausgeglichen; wir erhalten dann:

$$-\frac{\mathrm{d}c}{c} = \frac{\omega^2 M (1 - v_1\varrho)}{RT} x\,\mathrm{d}x$$

Durch Integration zwischen x_1 und x_2 erhalten wir:

$$M = \frac{2\,RT\,\ln(c_2/c_1)}{(1 - v_1\varrho)\,\omega^2\,(x_2^2 - x_1^2)} \qquad [23.21]$$

Die nach dieser Methode erhaltene Molmasse ist offenbar das Massenmittel $\overline{M}_m$.
Die Methode des *Sedimentationsgleichgewichts* hat den Vorzug, daß für die Bestimmung eines Molekulargewichts keine unabhängige Messung des Diffusionskoeffizienten D benötigt wird. Nachteilig ist der große Zeitbedarf für die Einstellung des Gleichgewichts; die Methode wurde daher kaum für Stoffe mit Molmassen über 5 kg mol⁻¹ verwendet.
Bedingung für das Sedimentationsgleichgewicht ist, daß durch kein Flächenelement irgendeiner koaxialen Zylinderfläche ein Materiefluß geht, der nicht durch einen Materiefluß gleicher Größe in umgekehrter Richtung ausgeglichen würde. Da am oberen Meniskus der Flüssigkeit und am Boden der Zelle kein Materiefluß auftreten kann, gilt die Gleichgewichtsbedingung für diese Flächen zu jeder Zeit. Kurz nachdem die Zentrifuge auf ihre Arbeitsgeschwindigkeit gebracht wurde,

liefert eine Bestimmung der Konzentrationen an diesen besonderen Ebenen die Gleichgewichtswerte für die Sedimentation. Durch diese Modifikation wird die Anwendungsbreite der Gleichgewichtsmethode beträchtlich erhöht. Abb. 23.10 zeigt einige der verschiedenen optischen Hilfsmittel, durch die sich die Konzentrationen der Suspension während der Sedimentation bestimmen lassen.

Wenn die Lösung einer niedermolekularen Substanz zentrifugiert wird, erhält man im Gleichgewicht einen Dichtegradienten von der Gefäßwand zur Rotationsachse. Wenn diese Lösung außerdem eine Substanz von hohem Molekulargewicht enthält, sollten die Makromolekeln in dieser Lösung mit einem Dichtegradienten an die Stelle getrieben werden, an der die Dichte der schwebenden Makromolekeln gleich der Dichte der Lösung ist. Wenn die makromolekulare Substanz Frak-

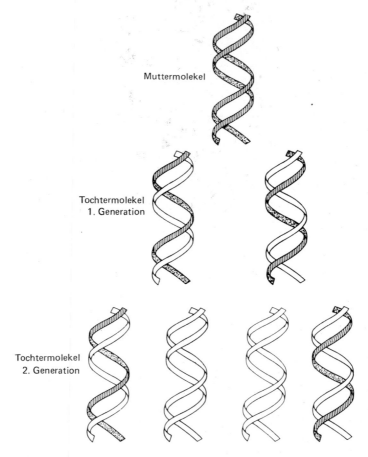

Abb. 23.12 Erläuterung des von WATSON und CRICK vorgeschlagenen Mechanismus der Duplikation der Desoxyribonucleinsäure (DNA). Jede Tochtermolekel enthält eine der Elternketten (schwarz), gepaart mit einer neuen Kette (weiß). Bei fortgesetzter Reproduktion bleiben die zwei ursprünglichen Elternketten intakt, so daß man stets zwei Molekeln findet, jede mit einer Elternkette. (M. S. MESELSON und F. W. STAHL, California Institute of Technology.)

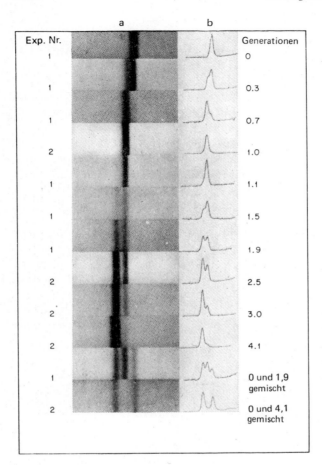

Abb. 23.13 Anwendung der Methode des Dichtegradienten in der Ultrazentrifuge. (a) UV-Absorptionsspektren der DNA-Schichten, die bei der Ultrazentrifugierung von lysierten Bakterienproben entstehen, die zu unterschiedlichen Zeiten nach der Zugabe eines Überschusses von ^{14}N-Substraten zu einer wachsenden, mit ^{15}N markierten Kultur entnommen wurden. Jede Aufnahme wurde nach 20stündiger Zentrifugierung bei 44770 U min^{-1} unter den im Text beschriebenen Bedingungen gemacht. Die Dichte der CsCl-Lösung nimmt nach rechts zu. Bereiche gleicher Dichte haben auf jeder Aufnahme dieselbe horizontale Lage. Die Zeit für die Probenahme bemißt sich vom Zeitpunkt der Zugabe von ^{14}N an in Einheiten der Generationszeit. Die Generationszeiten wurden aus Messungen des Bakterienwachstums abgeschätzt. (b) Mikrodensitometerkurven der DNA-Schichten, deren UV-Spektren hier gezeigt sind. Die Auslenkung des Mikrodensitometerschreibers über der Grundlinie ist direkt proportional der Konzentration an DNA. Das Ausmaß der Markierung einer DNA-Spezies entspricht der relativen Lage ihrer Schicht zwischen den Schichten vollständig markierter und nicht markierter DNA, wie sie in dem untersten Rahmen gezeigt ist, der als Bezugslinie für die Dichte dient. Eine Gegenprobe für den Schluß, daß die DNA in der Schicht mittlerer Dichte gerade halb markiert ist, liefert der vorletzte Streifen, der die Mischung aus 0 und 1,9 zeigt. Wenn man die relativen Mengen der DNA in den drei Peaks berücksichtigt, liegt der Peak mittlerer Dichte in einem Abstand von 50 ± 2% zwischen den ^{14}N- und ^{15}N-Peaks. (M. S. MESELSON und F. W. STAHL.)

tionen unterschiedlichen Molekulargewichts enthält, dann sollte jede Fraktion eine Schicht in einer besonderen Zylinderebene der Zelle bilden. Diese *Methode des Dichtegradienten* hat sich bei der Untersuchung der Reproduktion der Nucleinsäuren in vivo und in vitro bewährt. Eines der großen Probleme in der Biochemie ist der Mechanismus der genetischen Kontrolle der Vererbung. Das genetische Material ist die Desoxyribonucleinsäure (DNA). Die beiden Fadenmolekeln dieses gewendelten Leiterpolymeren bestehen aus einem Polyester der Phosphorsäure mit Ribose; die »Leitersprossen« bestehen aus stickstoffhaltigen organischen Basen. Abb. 23.12 zeigt das von Watson und Crick vorgeschlagene Modell für die Reproduktion der DNA-Molekel. Zur Lösung dieses Problems wurde die Methode des Dichtegradienten folgendermaßen angewandt. Zunächst wurde eine Bakterienkultur in einem Medium entwickelt, das schweren Stickstoff ^{15}N enthielt. Anschließend wurden die markierten Bakterien schnell in ein Medium gebracht, das nur ^{14}N enthielt. Wenn sich die DNA-Molekeln nach dem Modell von Watson und Crick reproduzieren, dann wird am Ende der ersten Generation das mit ^{15}N markierte Material erschöpft sein; gleichzeitig haben sich Molekeln gebildet, die eine Mischung aus ^{14}N und ^{15}N enthalten. In der zweiten Generation sollten $^{14}N^{15}N$- und $^{14}N^{14}N$-Molekeln auftreten. Abb. 23.13 zeigt die Ergebnisse eines dieser Experimente. Die im Dichtegradienten in der Zentrifuge beobachteten Schichten entsprechen den Voraussagen des Watson-Crick-Modells für die Reproduktion.

11. Viskosität

Die ersten systematischen Untersuchungen über den Zusammenhang zwischen Molekelgröße und Lösungsviskosität stammen von Berl, Biltz, Ostwald und hernach vor allem von Staudinger, Mark und Houwink. Schon frühzeitig wurde erkannt, daß sich Eukolloide und Assoziationskolloide in ihrem Viskositätsverhalten unterscheiden. Die eingehenden Untersuchungen Staudingers über die Viskosität von Polymerlösungen führten zum Staudingerschen Viskositätsgesetz, das einen einfachen Zusammenhang zwischen der Grenzviskositätszahl dieser Lösungen und dem mittleren Molekulargewicht des gelösten Polymeren herstellt.

Die Nomenklatur in der Viskosimetrie ist etwas verwirrend, da für ein und denselben Begriff manchmal verschiedene Bezeichnungen existieren. In Tab. 23.5 seien daher für die wichtigsten Begriffe die deutschen und englischen Bezeichnungen angegeben.

Das empirisch gefundene Staudingersche Viskositätsgesetz läßt sich aus dem Einsteinschen Viskositätsgesetz für kugelförmige Teilchen herleiten, wenn man einige Zusatzannahmen für fadenförmige Teilchen macht. Das Einsteinsche Viskositätsgesetz lautet:

$$\eta_r - 1 \equiv \eta_{sp} = K \frac{Nv}{V} = K\varphi \qquad [23.22]$$

Hierin ist N die Zahl und v das Eigenvolumen der gelösten Teilchen; V ist das Volumen der Lösung. Der Quotient $\varphi = Nv/V$ ist der Volumenbruchteil des ge-

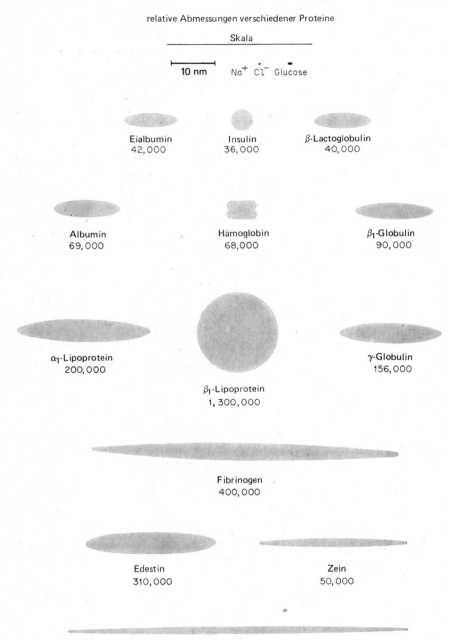

Abb. 23.14 Geschätzte Abmessungen der verschiedenen Proteinmolekeln, dargestellt in der Projektion. Die meisten Proteinmolekeln stellen Rotationsellipsoide dar. Das β-Lipoprotein ist kugelförmig. (J. L. Oncley, Harvard University.) Unter jeder Bezeichnung steht das Molekulargewicht $\overline{M}_n$.

Viskosität

Deutsche Bezeichnung	Übliche englische Bezeichnung	Empfohlene englische Bezeichnung	Symbol und Definition*
Relative Viskosität	relative viscosity	viscosity ratio	$\eta_r = \eta/\eta_0 \approx t/t_0$
Spezifische Viskosität	specific viscosity	specific viscosity	$\eta_{sp} = \eta_r - 1 \equiv \dfrac{\eta - \eta_0}{\eta_0}$ $\approx (t - t_0)/t_0$
Viskositätszahl	reduced specific viscosity	viscosity number	$\eta_{red} = \eta_{sp}/c$
Grenzviskositätszahl**	intrinsic viscosity	limiting viscosity number	$[\eta] = (\eta_{sp}/c)_{c \to 0}$

* η_0 = Viskosität des reinen Lösemittels, η = Viskosität der Lösung; t_0 = Zeit, die ein bestimmtes Lösemittelvolumen zum Durchströmen einer Kapillare braucht, t = Durchströmzeit der Lösung.
** Durch Extrapolation auf unendliche Verdünnung erhaltener Grenzwert der Viskositätszahl, auch Staudinger-Index genannt.

Tab. 23.5 Nomenklatur der Lösungsviskosität.

lösten Stoffes; K ist eine Konstante. Aus dieser Gleichung geht hervor, daß der Verteilungsgrad bei kugelförmigen Teilchen keinen Einfluß auf die Viskosität hat; 10^3 Teilchen vom Einzelvolumen 1 ergeben also dieselbe Viskositätserhöhung wie 1 Teilchen vom Volumen 10^3.

Da $N = aL/M$ ist (a = Menge der gelösten Substanz, M = Molmasse), kann man die Einsteinsche Gleichung auch folgendermaßen schreiben:

$$\eta_{sp} = K \frac{aL}{VM} v$$

Da $a/V = c$ ist, gilt:

$$\eta_{sp} = K \frac{cL}{M} v$$

Das Eigenvolumen v einer Fadenmolekel kann dem eines langen Zylinders vom Durchmesser d und der Höhe $\mathscr{L}$ gleichgesetzt werden; die Einsteinsche Gleichung erhält dann die folgende Form:

$$\eta_{sp} = K \frac{cL}{M} (d/2)^2 \pi \mathscr{L}$$

Da der Durchmesser d der Makromolekeln konstant und $\mathscr{L}$ proportional dem Molekulargewicht ist, kann die obige Gleichung für Fadenmolekeln in der folgenden einfachen Form geschrieben werden:

$$\eta_{sp} = K' \cdot c_{gm}$$

Hierin ist c_{gm} die auf das Grundmol bezogene Konzentration. Die spezifische Viskosität einer Lösung von Fadenmolekeln sollte also nur von der Konzentration, nicht aber von der Kettenlänge $\mathscr{L}$ abhängig sein. Polymerlösungen gleicher Grundmolarität sollten also dieselbe spezifische Viskosität zeigen, ob sie nun 10^4 Molekeln vom Polymerisationsgrad 10^2 oder 10^2 Molekeln vom Polymerisationsgrad 10^4 enthalten.

Das trifft nun keineswegs zu. In Wirklichkeit nimmt η_{sp} von Lösungen gleicher Grundmolarität mit der Kettenlänge zu; unter gewissen Voraussetzungen – lokkere, gut solvatisierte Knäuel – ist die spezifische Viskosität (bei gleicher Grundmolarität) direkt proportional dem Molekulargewicht des gelösten Polymeren. Der Grund hierfür ist die uns schon vertraute Tatsache (Abschnitt 5), daß eine Fadenmolekel in Lösung ein größeres als ihr Eigenvolumen beansprucht und daß die Dichte des (leeren) Knäuels eine Funktion des Molekulargewichts ist. Damit ist aber eine wichtige Voraussetzung für die Gültigkeit von [23.22] auch für gelöste Fadenmolekeln nicht erfüllt.

Unter gewissen Voraussetzungen – lockere, gut solvatisierte Knäuel – kann man annehmen, daß das mittlere Knäuelvolumen φ mit dem Quadrat der Molekellänge wächst. Dann läßt sich φ durch das Volumen einer Scheibe wiedergeben, deren Höhe gleich der Dicke d der Molekel ist und deren Grundfläche $(\mathscr{L}/2)^2 \pi$ beträgt. Mit der Einsteinschen Gleichung erhalten wir:

$$\eta_{sp} = K \frac{cL}{M} (L/2)^2 \pi d$$

Da $\mathscr{L}$ bei Fadenmolekeln proportional M ist, gilt auch:

$$\eta_{sp} = K'' \frac{cL}{4} M \pi d \qquad [23.23]$$

Der Ausdruck $K'' (L/4) \pi d$ kann zu einer neuen Konstante K_m, der Viskositätsmolekulargewichtskonstanten, zusammengefaßt werden. Wir erhalten also:

$$\eta_{sp} \doteq K_m c \overline{M}$$

Da das statistische Knäuelvolumen beträchtliche Werte annehmen kann, treten bei endlichen Konzentrationen Wechselwirkungen zwischen den Knäueln auf. Die obige Beziehung kann also – wenn alle anderen Annahmen zutreffen – nur bei unendlicher Verdünnung streng gültig sein. Wir schreiben also:

$$\left(\frac{\eta_{sp}}{c}\right)_{c \to 0} \equiv [\eta] = K_m \cdot \overline{M} \qquad [23.24]$$

Dieses von STAUDINGER ursprünglich empirisch aufgestellte Gesetz gilt näherungsweise, wenn die Viskositätsmessungen in einem »guten« Lösemittel durchgeführt werden, in dem die Molekeln weitgehend gestreckt sind.

Legen wir unseren Betrachtungen die Annahmen zugrunde, die zu [23.3] geführt hatten, dann ist $(\overline{r^2})^{1/2} \sim \overline{M}^{1/2}$ und $\varphi \sim (\overline{r^2})^{3/2} \sim \overline{M}^{3/2}$ (statt, wie zunächst angenommen, $\varphi \sim \overline{M}^2$). Hiermit gelangen wir zu der folgenden Beziehung:

$$[\eta]_\theta = K_\theta \cdot M^{0,5} \qquad [23.25]$$

Dies ist das KUHNsche Viskositätsgesetz für Lösungen idealer statistischer Knäuel Dieser »Theta-Zustand« wird für ein gegebenes Polymeres mit bestimmten Lösemitteln (θ-*Lösemittel*) bei einer definierten Temperatur (θ- oder FLORY-Temperatur) erreicht. Beispiele sind Benzol für Polyisobuten bei 24 °C oder Cyclohexan

für Polystyrol bei 34 °C. Mit zunehmender Temperatur steigt der Wert des Exponenten an (Aufweitung des Knäuels), oft bis etwa 0,7.
Den Einfluß der unterschiedlichen Konformation der Fadenmolekeln unter verschiedenen Bedingungen (Lösemittel, Temperatur) auf das Knäuelvolumen φ und damit auf die Form der Viskositäts-Molekulargewichts-Beziehung berücksichtigten MARK und HOUWINK durch einen allgemeinen Exponenten a des Molekulargewichts:

$$[\eta] = K_m \cdot t \overline{M}^a \qquad [23.26]$$

Für viele Systeme liegt der Wert von a zwischen 0,6 und 0,8. Langkettenverzweigung hat – im Gegensatz zu Kurzkettenverzweigung – einen starken Einfluß auf die Viskosität und damit auf die Größe von K_m und a. Bei gleichem Molekulargewicht haben langkettenverzweigte Polymere geringere Viskositätszahlen und einen kleineren Wert des Exponenten a.

In besonderen Fällen, nämlich bei unsolvatisierten »Einstein-Kugeln«, kann a den Wert null annehmen. Bei diesen ist die Dichte der Makromolekel konstant, also unabhängig vom Molekulargewicht; damit ist auch die Grenzviskositätszahl eine Konstante und unabhängig vom Molekulargewicht. Beispiele hierfür sind kugelähnliche Proteine und das Glykogen der Leber. So unterscheiden sich β-Lactoglobulin ($M = 35000$) und Katalase ($M = 250000$) beträchtlich in ihrem Molekulargewicht, jedoch nur wenig in ihrer Grenzviskositätszahl (3,4 und 3,9 ml/g).

Das durch Viskositätsmessungen ermittelte Molekulargewicht $\overline{M}_v$ ist nicht genau definiert. Der Zahlenwert von $\overline{M}_v$ liegt gewöhnlich zwischen dem Zahlenmittel und dem Massenmittel des Molekulargewichts, in der Regel jedoch näher beim Massenmittel. Wenn $a = 1$ ist, wird $\overline{M}_v = \overline{M}_m$.

Nach [23.26] ist die Grenzviskositätszahl $[\eta]$ eine lineare Funktion des Logarithmus des Molekulargewichts. Abb. 23.15(a) zeigt in dieser Darstellung einige Vis-

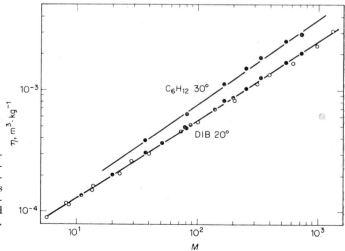

Abb. 23.15a Zusammenhang zwischen Grenzviskositätszahl und Molmasse für Lösungen des Polyisobutens in Diisobuten (DIB) bei 20 °C und in Cyclohexan bei 30 °C.

kositätswerte von Lösungen eines Polyisobutens in zwei verschiedenen Lösemitteln. Für ein bestimmtes Polymeres und Lösemittel wird die Beziehung recht gut erfüllt, wenn $\overline{M}$ über 30 kg mol^{-1} liegt.

In Abb. 23.15(b) sind die Grenzviskositätszahlen der Lösungen von 17 verschiedenen Proteinen gezeigt, deren Molekeln statistische Knäuel bilden. Das Lösemittel war eine wäßrige, 6molare Guanidinchloridlösung mit 0,5 m β-Mercaptoäthanol.

Ein besonderes Verhalten zeigen Polyelektrolyte wie die Salze der Polyacrylsäure oder quartäre Polyvinylpyridiniumsalze. Bei Konzentrationen im Bereich von 1% unterscheidet sich der Wert für die spezifische Viskosität nur wenig von dem am nichtionogenen Produkt, etwa der Polyacrylsäure, gemessenen Wert. Offenbar werden die Gegenionen unter diesen Verhältnissen in der Nähe der Polymerionen fixiert. Beim Verdünnen treten die Polymerketten auseinander, und ein Teil der kleinen Gegenionen kann den Bereich der Polymerketten verlassen. Dies führt gleichzeitig zu einer Streckung der Polymerketten. Beide Effekte machen sich bemerkbar in einer Zunahme des reduzierten osmotischen Druckes Π/c und in einer Zunahme der spezifischen Viskosität.

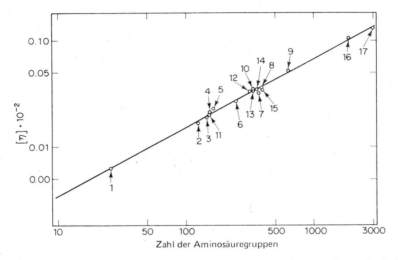

Abb. 23.15b Grenzviskositätszahlen der Lösungen von 17 Proteinen, die statistische Knäuel bilden: (1) Insulin, (2) Ribonuclease, (3) Hämoglobin, (4) Myoglobin, (5) β-Lactoglobulin, (6) Chymotrypsinogen, (7) Pepsinogen, (8) Aldolase, (9) Serumalbumin des Schafs, (10) Glyzerinaldehyd-3-phosphatdehydrogenase, (11) Methämoglobin, (12) Lactatdehydrogenase, (13) Enolase, (14) Alkoholdehydrogenase, (15) Ovalbumin, (16) schwere Untereinheit des Myosins, (17) 51A-Protein. (A. H. REISNER, J. ROWE.)

12. Gummielastizität

Ein *Elastomeres* ist charakterisiert durch seine Fähigkeit, seine Gestalt unter dem Einfluß einer deformierenden Kraft beträchtlich zu verändern und nach dem Aufhören der Krafteinwirkung die ursprüngliche Gestalt wieder anzunehmen. In seiner Deformierbarkeit gleicht ein Elastomeres einer Flüssigkeit, in seiner Ela-

Gummielastizität

stizität einem Festkörper. Gummielastizität wird meist durch Vernetzung eines amorphen, weichen Polymeren (cis-1,4-Polyisopren, cis-1,4-Polybutadien, cis-Polypentenamer, Polyisobuten usw.) erreicht. Bei extrem hohen Molekulargewichten sind die Fadenmolekeln so ineinander verwickelt, daß auch ohne eine Vernetzung Gummielastizität besteht.

Abb. 23.16 zeigt schematisch die Änderung, die beim Dehnen eines Elastomeren auftritt. Im mechanischen Gleichgewichtszustand sind die Polymerketten mehr oder weniger statistisch verknäult. Beim Dehnen entwirren und strecken sich die Knäuel beträchtlich; gleichzeitg orientieren sie sich teilweise in Streckrichtung. Im

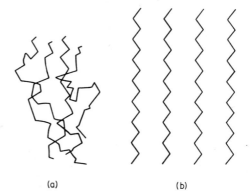

Abb. 23.16 Idealisierte Modelle der Molekelketten in Gummi:
(a) kontrahiert; **(b)** gereckt.

Gegensatz zu diesem Zustand höherer Ordnung stellt die ungereckte, ungeordnete Konformation des Elastomeren einen Zustand höherer Entropie dar. Beim Nachlassen der wirkenden Kraft kehrt der gedehnte Gummi daher spontan in seinen ursprünglichen Zustand zurück.

Die durch starkes Dehnen erzielte Ordnung in einem Elastomeren bedeutet noch keine Kristallinität, begünstigt aber die Kristallisation. Die mesomorphen Strukturen und die Kristallite lassen sich durch Röntgenbeugung, Elektronenbeugung und Elektronenmikroskopie nachweisen. Abb. 23.17 zeigt amorphe und geordnete Bereiche in einem Gummi aus Naturkautschuk, der sich im mechanischen Gleichgewicht befand. In derselben Abbildung ist die elektronenmikroskopische Aufnahme eines Gummibandes gezeigt, das gereckt und anschließend kristallisiert wurde.

ROBERT BOYLE und seine Zeitgenossen sprachen von der »Elastizität eines Gases«. In der Tat werden die Elastizität eines Gases und die eines Elastomeren thermodynamisch in gleicher Weise interpretiert. Eine bestimmte Gasmenge hat in expandiertem Zustand eine höhere Entropie als im komprimierten Zustand. Mit abnehmendem Druck nimmt die Unordnung zu, da jede Gasmolekel einen größeren Bewegungsraum zur Verfügung hat. Ein gerecktes Gummiband ist wie ein komprimiertes Gas; beim Aufhören der äußeren Kraft nimmt es spontan eine Form an, in der die Makromolekeln die geringstmögliche Ordnung besitzen.

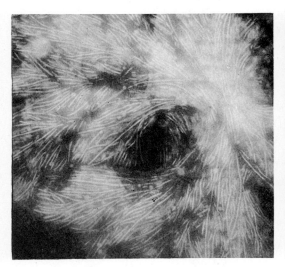 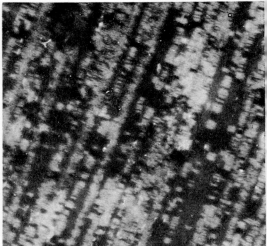

Abb. 23.17 Elektronenmikroskopische Aufnahmen von Gummi. Links: kristalline Sphärulite in einem dünnen Film vernetzten Naturkautschuks nach Behandlung mit OsO$_4$ (20000fach). Die dunklen Bereiche sind amorph, die hellen kristallin. Rechts: kristalline Bereiche in einem dünnen Film von Naturkautschuk, der vor der Kristallisation um 200% gereckt wurde. Die langen Reihen zeigen die Streckrichtung; senkrecht hierzu stehen die kurzen Kristallite aus Fadenbündeln (nach Behandlung mit OsO$_4$, 10000fach). (E. H. ANDREWS, Department of Materials, Queen Mary College, London.)

Nach [3.43] gilt für den Druck:

$$P = -\left(\frac{\partial A}{\partial V}\right)_T = T\left(\frac{\partial S}{\partial V}\right)_T - \left(\frac{\partial U}{\partial V}\right)_T \qquad [23.27]$$

Bei einem Gas ist die Abhängigkeit der inneren Energie vom Volumen, $(\partial U/\partial V)_T$, klein; für den Druck können wir daher näherungsweise schreiben: $P = T\,(\partial S/\partial V)_T$. Der Druck ist also proportional T; der Proportionalitätsfaktor ist die Volumenabhängigkeit der Entropie. Die Analogie zu [23.27] für einen Gummistreifen der Länge l, der unter einer Spannung K steht, ist:

$$-K = T\left(\frac{\partial S}{\partial l}\right)_T - \left(\frac{\partial U}{\partial l}\right)_T$$

Das Experiment zeigt, daß $K \sim T$ ist; wie bei einem Gas ist also der Energieterm von untergeordneter Bedeutung.

Wir können nun die statistische Theorie der Polymeren anwenden, um die Wahrscheinlichkeiten W für die Konformationen im gedehnten und ungedehnten Zustand zu berechnen. Wir erhalten dann aus der Boltzmannschen Beziehung $S = k \ln W$ die Änderung der Entropie[16].

[16] W. KUHN, F. GRÜN, J. Polymer. Sci. 1 (1946) 183.

13. Kristallinität bei Hochpolymeren

Das physikalische und technologische Verhalten von Hochpolymeren wird nicht nur von deren chemischer Struktur und besonderen Strukturmerkmalen im molekularen Bereich (Taxie, reguläre Konformation), sondern in ganz erheblichem Maße auch von Ordnungszuständen beeinflußt, die sich über Bereiche erstrecken, die mehrere Zehnerpotenzen größer sind und elektronen- oder lichtmikroskopisch

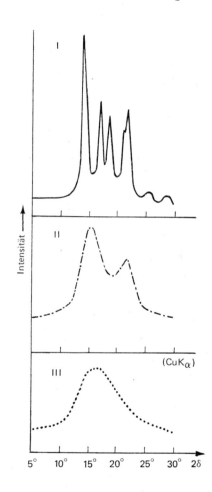

Abb. 23.18 Röntgenbeugungsdiagramme von Polypropylen in verschiedenen Zuständen: I isotaktisch monoklin; II isotaktisch smektisch; III ataktisch. [G. NATTA, *Makromolekulare Chem.* 35 (1960) 94.]

zugänglich sind. Der experimentelle Nachweis unterschiedlicher Ordnungszustände in Hochpolymeren gelingt mit verschiedenen Methoden, insbesondere durch Röntgen- und Elektronenbeugung, Schwingungsspektroskopie (IR und Raman), Streuneutronenspektroskopie, Elektronenmikroskopie und Mikroskopie unter polarisiertem Licht. Sehr viel schwieriger ist die Definition dieser Ordnungszustände, insbesondere die der »Kristallinität«[17]. In der Tat erhält man durch die verschiedenen Methoden recht unterschiedliche Kristallinitätsgrade, so daß man etwas überspitzt sagen kann, Kristallinität bei Hochpolymeren sei auch eine Funktion der Bestimmungsmethode.

Bei den uns vertrauten Kristallgittern sitzen die Gitterbausteine (Atome, Ionen oder kleinen Molekeln) an bestimmten Gitterplätzen; beim eigentlichen Kristallisationsvorgang behalten diese Bausteine relativ lange eine hohe Beweglichkeit, so daß das Anwachsen eines Kristalls ein sehr rascher Vorgang ist. Im Gegensatz hierzu sind bei einer Fadenmolekel die Gruppen, welche eine bestimmte räumliche Ordnung annehmen sollen, in einer Dimension festgelegt. Dies verringert die Beweglichkeit der einzelnen Molekelgruppen, begünstigt andererseits jedoch durch diese vorgegebene Ordnung kooperative Prozesse beim Kristallisationsvorgang. Im allgemeinen ist die Kristallisationsgeschwindigkeit beim Abkühlen einer Schmelze bei Hochpolymeren sehr viel kleiner als bei niedermolekularen Stoffen; so gelingt es sehr häufig, den niedrigen Ordnungszustand der Makromolekeln durch Abschrecken einer Schmelze einzufrieren.

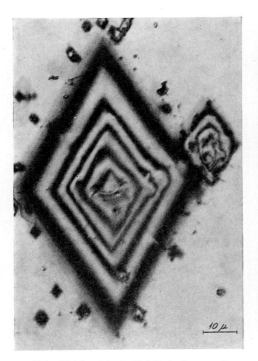

Abb. 23.19 (a) Auflichtinterferenzmikroskopische Abbildung eines Polyäthyleneinkristalls (E. W. Fischer, Mainz).

Abb. 23.19 (b) Elektronenmikroskopische Aufnahme des Oberflächenabdrucks eines Polyoxymethyleneinkristalls (E. W. Fischer, Mainz).

[17] Sehr empfehlenswerte Übersichtsberichte mit umfangreichem Literaturteil stammen von A. Keller, Reports on Progress in Physics 31 (1968) 623; G. C. Oppenlander, Science 159, No. 3821 (1968) 1311; E. W. Fischer, Kolloid-Z. Z. Polymere 231 (1969) 458.

Noch mehr als der kristalline ist der amorphe Zustand bei Hochpolymeren ein hypothetischer Grenzzustand. Die gelegentlich noch anzutreffende Feststellung, die Struktur »organischer Gläser« sei der Struktur gefrorener Flüssigkeiten vergleichbar, ist irreführend. Durch das in einer Dimension festgelegte Ordnungsprinzip hat jedes System aus langen Fadenmolekeln eine höhere Ordnung und damit eine niedrigere Entropie als ein analoges System, das dieselben Bausteine in ungebundener Form enthält. Die Definition des amorphen Zustands bei Hochpolymeren ist mit einer experimentellen Methode verknüpft; »amorph« nennt man in der Regel jenes Polymere, das im Röntgenbeugungsdiagramm nur ein diffuses Halo und keine scharfen Reflexe zeigt. Abb. 23.18 zeigt als Beispiel die Röntgenbeugungsdiagramme von Polypropylen in drei verschiedenen Formen und Zuständen: isotaktisch monoklin (hochkristallin, daher scharfe Reflexe), isotaktisch smektisch (mesomorph, zwei relativ breite Halos) und ataktisch (röntgenamorph). Ein erstaunliches Phänomen, das allerdings auf Polymere mit regelmäßiger Struktur beschränkt ist, ist die Bildung von Einkristallen bei der Kristallisation aus Lösung. Abb. 23.19 zeigt links die interferenzmikroskopische Aufnahme eines Polyäthyleneinkristalls und rechts die elektronenmikroskopische Aufnahme eines Oberflächenabdrucks von Polyoxymethyleneinkristallen. Bei den letzteren ist deutlich ein spiraliges Wachstum zu erkennen, das eine Parallele zu entsprechenden Phänomenen bei niedermolekularen Substanzen darzustellen scheint.

Die uns im täglichen Leben begegnenden Hochpolymeren befinden sich, soweit sie überhaupt kristallisierbar sind, in einem thermodynamischen Ungleichgewichtszustand, in dem mehrere Phasen verschiedenen Ordnungszustandes nebeneinander liegen. Die Morphologie solcher teilkristalliner Polymerer wurde lange Zeit durch ein einfaches Zweiphasenmodell gedeutet, nach dem ein solches Polymeres aus kristallinen und amorphen Bereichen zusammengesetzt sei (»Fransenmicellen«). Als jedoch gezeigt werden konnte, daß die meisten kristallisierbaren Polymeren bei sehr langsamem Erstarren einer Schmelze kristalline Sphärolithe bilden (Abb. 23.20), die aus polykristallinen Aggregaten bestehen, mußte ein neues Modell gesucht werden. Etwa zu gleicher Zeit und unabhängig voneinander fanden TILL, FISCHER und KELLER[18] aufgrund eingehender elektronenmikroskopischer Untersuchungen, daß die aus Lösungen erhaltenen Kristallite eine morphologische Feinstruktur besitzen (Lamellen- oder Stufenstruktur). FISCHER machte diese Beobachtung auch an Sphärolithen (Abb. 23.21). Die Höhe dieser Lamellen liegt in der Größenordnung von 10 nm; die Polymerketten liegen *senkrecht* zur Lamellenebene. Da die Lamellenhöhe offensichtlich nur einen kleinen Bruchteil der Länge einer Fadenmolekel darstellt, müssen sich die Polymerketten bei der Kristallisation falten (Abb. 23.22). In derselben Abbildung ist gezeigt, wie benachbarte Lamellen durch mehr oder minder amorphe Bereiche miteinander verknüpft sein können. Durch ein solches Modell lassen sich viele Erscheinungen bei teilkristallinen Polymeren erklären, so z. B. das Auftreten von Schraubenversetzungen, rotierten Terrassen und (bei Einkristallen) Hohlpyramiden. Die Entwick-

---

[18] P. H. TILL, *J. Polymer Sci.* 24 (1957) 301; E. W. FISCHER, *Z. Naturforschg.* 12A (1957) 753; A. KELLER, *Phil. Mag.* 2 (1957) 1171.

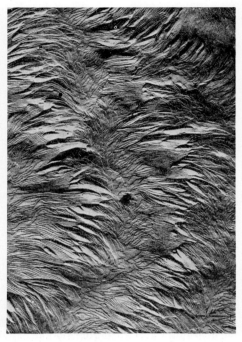

Abb. 23.20 Sphärolithe in einem Polyäthylen-Schmelzfilm (polarisationsmikroskopische Aufnahme, E. W. Fischer, Mainz).

Abb. 23.21 Elektronenmikroskopische Aufnahme des Oberflächenabdrucks eines Polyäthylen-Sphärolithen; das Zentrum des Sphärolithen liegt rechts außerhalb der Abbildung (E. W. Fischer, Mainz).

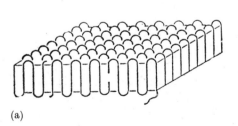
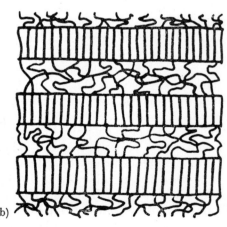

Abb. 23.22 **(a)** Einfachstes Modell für die Entstehung von Lamellenstrukturen durch Kettenfaltung. **(b)** Modell für ein teilkristallines Polymeres aus Lamellen, die durch lockere Kettenabschnitte mit niederem Ordnungsgrad verknüpft sind. Eine Kette, die an der Oberfläche einer Lamelle heraustritt, kann entweder unter Faltung wieder in dieselbe Lamelle eintreten oder die amorphe Schicht zwischen den Lamellen durchsetzen und in eine benachbarte Lamelle eintreten.

Kristallinität bei Hochpolymeren

lung auf diesem Gebiet ist noch im vollen Gang; insbesondere bedarf der eigentliche Kristallisationsvorgang noch einer gründlicheren Untersuchung.

Von besonderer theoretischer und praktischer Bedeutung sind Hochpolymere in Faserform; eingehende molekelspektroskopische und Röntgenbeugungsuntersuchungen haben wichtige Strukturmerkmale enthüllt. Natürliche oder synthetische Fasern von technischer Bedeutung sind meist kristallin. Die Röntgenbeugungsdiagramme zeigen in vielen Fällen eine gut definierte Periodizität parallel zur Faserachse und geringere Regelmäßigkeit der Anordnung in anderen Richtungen. Röntgenbeugungsdiagramme von Fasern lassen sich nach dem Modell einer linearen Anordnung von Streuzentren deuten (13-4). Als Beispiel wollen wir eine Serie von Streuzentren mit einem Abstand (Identitätsperiode) c in Richtung der c-Achse betrachten. Wenn bei einem Glanzwinkel θ die BRAGGsche

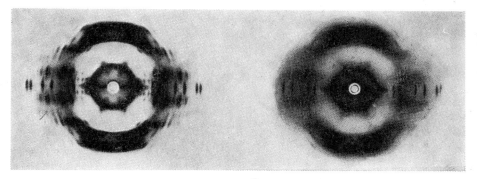

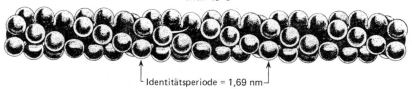

Abb. 23.23 Röntgenbeugungsdiagramm orientierter Fasern von Polytetrafluoräthylen oberhalb und unterhalb der Übergangstemperatur von 292 °K. Modellartige Ausschnitte des Polymeren sollen die Art des Übergangs zeigen. (C. A. SPERATI, H. W. STARKWEATHER, Du Pont Experimental Station, Wilmington, Delaware.)

Bedingung erfüllt ist, gilt zugleich:

$$c \sin\theta = l\lambda.$$

Hierin ist l eine ganze Zahl. Das Beugungsdiagramm unserer »Perlenkette« besteht also aus einem Satz von Beugungsmaxima mit einem Abstand a; es ist dabei:

$$\tan\theta = a/R$$

Hierin ist R der Abstand zwischen der Probe und dem Film.

Abb. 23.23 zeigt als Beispiel das Faserdiagramm von Polytetrafluoräthylen. Dieses Polymere zeigt bei 292 K einen Übergang im festen Zustand, der mit einer Vergrößerung der Identitätsperiode von 13 auf 15 Monomereinheiten innerhalb der (schwach gewendelten) Polymerkette verknüpft ist. Röntgenbeugungsdiagramme dieser Art haben sich auch bei der Aufklärung der Struktur von Proteinen und Nucleinsäuren als sehr nützlich erwiesen. Eine vollständige Strukturanalyse läßt sich allerdings meist nur durch die Untersuchung der Einkristalline von Komplexverbindungen des Proteins mit Schwermetallionen erzielen (Beispiel: Insulin).

24. Kapitel
Anhang

1. Internationale physikalische Einheiten (Auszug)[1]

1.1 Basisgrößen und -einheiten sowie deren Definitionen

Basisgröße	Basiseinheit	Einheitszeichen
Länge	Meter	m
Masse	Kilogramm	kg
Zeit	Sekunde	s
Elektrische Stromstärke	Ampere	A
Thermodynamische Temperatur	Kelvin	K

Definitionen

1 m ist das 1650763,73fache der Wellenlänge der von ^{86}Kr-Atomen beim Übergang vom Zustand 5 d^5 zum Zustand 2 p^{10} ausgesandten, sich im Vakuum ausbreitenden Strahlung.

1 kg ist die Masse des internationalen Prototyps, eines Pt-Zylinders im Bureau International des Poids et Mesures in Sèvres bei Paris.

1 s ist das 9192631770fache der Periode einer Strahlung, die dem Übergang zwischen den beiden Hyperfeinstrukturniveaus des Grundzustandes von ^{133}Cs entspricht.

1 A ist die Stärke eines konstanten elektrischen Stromes, der, durch zwei im Vakuum parallel im Abstand von 1 m voneinander angeordnete, geradlinige, unendlich lange Leiter von vernachlässigbar kleinem, kreisförmigem Querschnitt fließend, zwischen diesen Leitern je 1 m Länge elektrodynamisch eine Kraft von $2 \cdot 10^{-7}$ kg $\cdot$ m $\cdot$ s^{-2} ($\equiv 2 \cdot 10^{-7}$ N) hervorrufen würde.

1 K ist der 273,16te Teil der thermodynamischen Temperatur des ersten Tripelpunktes des Wassers.

1 Mol ist die Stoffmenge in einem System bestimmter Zusammensetzung, das aus ebensovielen Teilchen besteht, wie Atome in 0,012000 kg ^{12}C enthalten sind.

---

[1] Système International d'Unités (SI); Bundesgesetz über Einheiten im Meßwesen v. 2. 7. 1969, Bundesgesetzblatt 1969, Teil I, Nr. 55, S. 709ff. (s. z.B. *Werkstattblatt 548*, Carl Hanser Verlag, München 1972, oder *Gesetz über Einheiten im Meßwesen – eine Übersicht*, Cornelsen, Velhagen & Klasing GmbH & Co., Berlin 1972).

1.2 Dezimale Vielfache und Teile von Einheiten

Multiplikator	Vorsatz	Vorsatzzeichen	Multiplikator	Vorsatz	Vorsatzzeichen
10^{12}	Tera	T	10^{-1}	Dezi	d
10^{9}	Giga	G	10^{-2}	Zenti	c
10^{6}	Mega	M	10^{-3}	Milli	m
10^{3}	Kilo	k	10^{-6}	Mikro	µ
10^{2}	Hekto	h	10^{-9}	Nano	n
10^{1}	Deka	da	10^{-12}	Piko	p
			10^{-15}	Femto	f
			10^{-18}	Atto	a

1.3 Abgeleitete Einheiten nebst Umrechnungsfaktoren

Größe	Einheit	Einheitszeichen (Beziehung zur Basiseinheit)	Beziehungen zu alten Einheiten
Kraft	Newton	N (kg · m · s^{-2})	1 N = 10^5 dyn = 0,10197 kp
Druck	Pascal	Pa (N · m^{-2})	1 Pa = 10^{-5} bar = 0,987 · 10^{-5} atm = 0,0075 Torr
Arbeit (Energie)	Joule	J (N · m ≡ W · s)	1 J = 0,238845 cal = 2,78 · 10^{-7} kW · h
Leistung	Watt	W (N · m · s^{-1} ≡ J · s^{-1})	1 W = 859,8 cal · h^{-1} = 1,35962 · 10^{-3} PS
Aktivität einer radioaktiven Substanz		(s^{-1})	1 Curie (Ci) = 3,700 · 10^{10} s^{-1}
Energiedosis		(J · kg^{-1})	1 rd = 0,01 J · kg^{-1}
Energiedosisleistung		(W · kg^{-1})	
Stoffmenge	Mol	mol (Definition s. 1.1)	
Stoffmengenbezogene Masse (Molmasse)		M (kg · mol^{-1})	Die alte Einheit ist (g · mol^{-1}); sie kann weiterhin verwendet werden
Stoffmengenkonzentration (Molarität)		c (mol · m^{-3})	Die alte Einheit ist (mol · dm^{-3}); sie kann weiterhin verwendet werden

2. Physikalische Konstanten in SI-Einheiten[2]

Größe	Symbol	Zahlenwert	SI-Einheiten
Lichtgeschwindigkeit	c	2,997925	10^8 m · s^{-1}
Elementarladung	e	1,602192	10^{-19} C
Plancksche Konstante	h	6,62620	10^{-34} J · s
Loschmidtsche Zahl	L	6,02217	10^{23} mol^{-1}
Ruhmasse des Elektrons	m_e	9,10956	10^{-31} kg
Ruhmasse des Protons	m_p	1,67261	10^{-27} kg
Atomare Masseneinheit	amu	1,66053	10^{-27} kg
Faradaysche Konstante	F	9,64867	10^4 C · val^{-1}
Rydbergsche Konstante	R_∞	1,0973731	10^7 m^{-1}
Bohrscher Radius	a_0	5,291772	10^{-11} m
Bohrsches Magneton[3]	μ_B	9,27410	10^{-24} J · T^{-1}
Kernmagneton[3]	μ_N	5,05095	10^{-27} J · T^{-1}
Gaskonstante	R	8,3143	J · K^{-1} · mol^{-1}
Boltzmannsche Konstante	k	1,38062	10^{-23} J · K^{-1}

Nach B. N. TAYLOR, W. H. PARKER, D. N. LANGENBERG; *Rev. Mod. Phys. 41* (1969) 375.
1 T (Tesla, magnetische Flußdichte) = 10^4 Gauß.

Sachregister

Abschirmung 946f.
Absorptionsgesetze 840
Abweichung, mittlere 150
Acetylcholinesterase 476
Achsenabschnitte, Methode der 259f.
Adenosintriphosphat 347
adiabatische Vorgänge 49, 395
Adsorption
   aktivierte 568
   Gase an Festkörper 559
   relative 550
   statistische Mechanik 569
Adsorptionsisotherme
   FREUNDLICH 565f.
   LANGMUIR 464, 562, 565, 571, 574
   TEMKIN 566
Affinität 81, 306–355, 419
   Definition 312
   und freie Enthalpie 310
   und Laufzahl 312, 322
Aktinometer 889f.
Aktionspotential 619
aktivierter Komplex 365f., 432, 440, 443
Aktivierungsenergie 421, 431, 445
Aktivierungsenthalpie 445
Aktivierungsentropie 445f.
Aktivierungsüberspannung 631
Aktivität 258, 331, 340, 353
   von Ionen 502
   molekulare 477
   und Standardzustände 500
Aktivitätskoeffizient 258, 338f., 343
   von Elektrolyten 503, 504, 506, 520
Alkalihalogenid-Molekeln 755f.
Allotropie 245
Amalgamelektroden 609
Amboß, tetraedrischer 248
Anästhesie 266
Anharmonizitätskonstante 860
Anode 585
Antigen-Antikörper-Reaktion 69
Äquipartitionsprinzip 157f., 161f., 650f.
Äquivalent, elektrochemisches 481
Äquivalentleitfähigkeit 485

Äquivalenz, magnetische 949, 952
Arbeit 5, 38, 83
   maximale 104
   in Kapillarsystemen 541
ARRHENIUS-Gleichung 421, 430
ARRHENIUSsche Theorie 487
   Unzulänglichkeit 499
Assimilation 901
Asymmetrieeffekt (Ionenwolke) 521
Atome 126
   Abstände 802
   Energieniveaus 748
   Vektormodell 736
Atomreaktionen 434
Atomspektren 657ff.
   BOHRsche Postulate 660
   Wasserstoffatom 661
Atomstreufaktor 995
Atomstruktur 688–752
Aufbauprinzip 747
Auflösung, diffusionskontrollierte, Kinetik 461
Austauschintegral 734
Austauschphänomene, kernmagnetische und chemische 957
Austauschstromdichte 624, 634
Austenit 299
Auswahlregeln 846
   harmonischer Oszillator 861
   Ramanspektren 880
AVOGADROsches Prinzip 128
azeotropische Mischung 284f.

Bahndrehimpuls 712, 716, 731, 923
   gesamter 737
Benzol
   Orbitale 809
   Radikalanion (ESR) 941
   Ramanspektrum 877
BeO, Kristallstruktur 1031
Beugung 647, 670, 673
Bildungsenthalpie 63, 78f.
   freie 313
   und Gleichgewicht 316

Bildungswärme 62
  atomare 78
Bindung, chemische 753–820
  Abstände 802
  Elektronendichten 802
  Energie 76
  Ionen 755
  kovalente 763, 771
  Ordnung 755
  Winkel 802
Bindungstypen 1005
Binnendruck
  in Flüssigkeiten 1054
  in Gasen 27, 138
biochemische Reaktionen
  Thermodynamik 345
  freie Enthalpie 347
Blitzlichtphotolyse 402–404, 897
BLOCHsches Theorem 1017
Boden, theoretischer 273
BOHRsche Postulate 661, 709
BOLTZMANNsches Verteilungsgesetz 199
BORN-HABERscher Kreisprozeß 1033, 1037
BORN-OPPENHEIMER-Approximation 758
BRAGGsche Beziehung 978
BRAGGsche Regel (Bremsvermögen für Strahlung) 909
BRAGG-WILLIAMS-Modell 304
BRAVAIS-Gitter 970f.
Brechungsindex 1093
BRILLOUIN-Zonen 1018
Bromwasserstoffkette 387

CaF_2, Kristallstruktur 1032
CARNOTscher Kreisprozeß 83, 87
CdJ_2, Kristallstruktur 1032
CH_4
  Bindungsenergien 77
  Chlorierung 897
C_2H_2, Geometrie 886
C_2H_5OH, NMR 957f.
trans-$C_2H_2Cl_2$ 874, 881
Charaktertafel 834, 871, 874
chemisches Potential 227
Chemisorption 560f.
Chlorknallgaskette 896
Chlorophyll 902f.
Chloroplast 904ff.
CLAPEYRON-CLAUSIUSsche Beziehung 235

CLAUSIUS, Prinzip von 86
  Ungleichung von 93
ClO 898f.
cluster 911
COMPTON-Effekt 908f.
COULOMBsches Integral 734, 763
Coulometer 482
Covolumen 137
Crotonaldehyd, NMR 946, 950, 953f.
CURIE-Konstante 921
CURIEsches Prinzip 418

DALTONsches Gesetz der Partialdrücke 32, 133
Dampfdruck
  Abhängigkeit vom äußeren Druck 239
  von der Temperatur 235
  von der Zusammensetzung 269
  Bestimmung von Aktivitäten 340
  Erniedrigung 263
DANIELL-Element 589, 605
Darstellung, nichtreduzierbare 832, 871
DEBYEscher Radius 516
DEBYE-HÜCKEL-Theorie 512, 601
  Schwächen 513ff.
DEBYE-SCHERRER-Diagramme 988ff.
DEBYE-Temperatur 1040f.
Deckoperationen 821
Defekte in Kristallen 1022, 1024
Definitionen 1117
Delokalisierung 681
Desoxyribonucleinsäure (DNS) 820, 1082f., 1101
Destillation, fraktionierte 272
detailed balancing 377
Detonationen 395
Diamagnetismus 921
Diamant
  Potentialkurven 1015
  Struktur 1006
  Synthese 249f.
Dichtefunktion 149
Dichtegradient 1102
dielektrische Polarisation 787
Differentiale, vollständige 48
Diffusion 177–181, 459f., 627, 1097
  bei Auflösungsvorgängen 462f.
  Elektro- 615
  und Ionenbeweglichkeit 498

Diffusion
　Makromolekeln 1097, 1100
Diffusionsschicht 462
Diffusionsüberspannung 625
Dilatometer 359
Dipolmoment 786
　Bestimmung 790
　magnetisches 920
　und Molekelstruktur 794
　Ramanstreuung 879f.
　Zahlenwerte 793
disperse Phasen 1072
Dispersionen, kolloide 1073
Dispersionskräfte 139, 1005, 1057
Dissipation 408
Dissoziation
　elektrolytische 487
　bei hoher Feldstärke 527
　homolytische 323
Dissoziationsenergie 76
　aus spektroskopischen Daten 881
Dissoziationsgrad
　elektrolytischer 488f.
　homolytischer 323
DONNAN-Gleichgewicht 613
DONNAN-Potential 614
Doppelschicht, elektrolytische 577, 588
Dosimetrie 912
Drehimpuls 712, 923
　Gesamt- 924f.
　und magnetisches Moment 714
Dreierstöße 394, 397
Dreizentrenreaktionen 434f.
Drosseleffekt 53
Druck 12, 14
　anästhetischer 267f.
　hoher 247, 354
　osmotischer 278
Dualismus Welle–Korpuskel 638, 667
DULONG und PETIT, Regel 1011, 1039
Dynamik, chemische 447

ebullioskopische Konstante 278
Edelgashalogenide 818
Effusion, molekulare 135
Eigendrehimpuls s. Elektron, Kern, Spin
Eigenfunktion 644, 678, 693, 704
Eigenvolumen 137
Eigenwerte 678, 680

Einheiten, internationale 1117
Einheitszelle 969
Einkomponentensysteme 232
Einstein (Einheit) 889
EINSTEINsche Übergangswahrscheinlichkeit 845f.
Eisen-Kohlenstoff-Diagramm 298
Elastizitätsmodul 1066
Elastomere 1108
Elektrizität, Geschichtliches 479
Elektrochemie
　Ionen 479–536
　Elektroden und Elektrodenreaktionen 585–637
Elektroden 585–637
　Arten 597
　-kinetik 622
　-polarisation 623
　Polarität 593
Elektrodiffusion 615
Elektrokapillareffekte 575
Elektrokinese 582
elektromotorische Kraft 591
　Berechnung 605
　und freie Energie 595
　Standard-EMK 600
Elektron(en)
　Beugung 670
　an Gasen 803
　Delokalisierung 681
　in Festkörpern 1016
　Masse 663
　solvatisiertes 914
　Spin 725, 730, 769, 924
Elektronegativität 784, 947
Elektronenmikroskop 671f.
Elektronenspektren 882
Elektronenspinresonanz 939
Elektronenüberschußverbindungen 817
Elektroosmose 583f.
elektrophoretischer Effekt 521
Elektrostatik 507
Elektrostriktion 353
Energie 7
　Atomeinheit 666
　freie 102f., 109, 1059f.
　und EMK 595
　Gitter- 302f.
　innere 45

Energie
  Nullpunkts- 675
  potentielle 436 ff., 666
    bei Rotation 858
  Übertragung 901, 909
Energiequantum 651
Entartung 205, 684, 751
Enthalpie
  Bildungs- 62
  Definition 50
  freie 103, 109–111, 242, 313
    und chemische Affinität 310
  Lösungs- 71, 257
  Mischungs- 288, 305
  Verdünnungs- 72
  der Zellenreaktion 596
Entmagnetisierung, adiabatische 116–119
Entropie 90
  Änderungen 94
  Berechnung (III. HS) 122–125, 857, 1041
  Druck- und Temperaturabhängigkeit 111–113
  und Gleichgewicht 98
  und Information 188
  Lösungs- 257
  Schwingungs- 702
  in der statistischen Mechanik 209
  Ungleichgewichtssysteme 418
  und Unordnung 185
  Zellenreaktion 596
Enzyme 469 f.
ESR-Spektrometer 940
Eutektikum 291 f.
eutektische Diagramme 291
eutektischer Punkt 275, 292
eutektoider Punkt 299
Expansion, irreversible 52
Explosionen 392
extensive Eigenschaften 13

Fadenendenabstand 1084
Faltung (Polymere) 1113 f.
FARADAYsche Gesetze 481
Fehlerfunktion 149
Feinstruktur (Spektrallinien) 937
Feld, selbstkonsistentes 743
Feldpulsmethode 400
Feldstärke 508
  magnetische 920 f.

FERMI-DIRAC-Verteilungsfunktion 1012
Ferricytochrom, Strukturmodell 1000
Ferrit 298
Festkörper 963–1042
FICKsches Diffusionsgesetz 177, 179
Flaschenhalsprinzip 383
Fließsysteme 405, 408
FLORY-Temperatur 1106
Fluidität 1069
Fluoreszenz 891 ff.
  Löschung 893, 895
  sensibilisierte 901
Flüsse 416
flüssiger Zustand 1043–1070
Flüssigkeiten 1043–1070
  Binnendruck 1054
  Fließeigenschaften 1066
  Kohäsionskräfte 1054
  Löchermodell 1064
  Röntgenbeugung 1045
  Theorie 1061
  Viskosität 1068 f.
  zwischenmolekulare Kräfte 1056
FOURIER-Raum 981, 1018
FOURIER-Synthese 996
FOURIER-Transformationen 980
FRANCK-CONDON-Prinzip 882 f.
FRAUNHOFERsche Linien 657
freie Energie
  GIBBSsche 103, 242
  HELMHOLTZsche 102, 304, 1059 f.
  Zellenreaktion 595
Freiheitsgrade 157, 226
  innere 161
  in Kristallen 1038
FRICKE-Dosimeter 912, 915
Fugazität 331, 332, 339, 353
  bei Gleichgewichtsberechnungen 336
Fugazitätskoeffizient 334 f.

Gase
  chemische Gleichgewichte 316, 319
  Druck, kinetisch 130
  ideale
    Anwendung I. HS 55
    Entropie 94
    Mischungen 32, 132
    Volumenarbeit 52, 89
    Zustandsgleichung 19

Sachregister 1125

Gase
  imperfekte 137
  Löslichkeit in Flüssigkeiten 265
  reale
    Fugazität und Standardzustand 332
    Mischungen 33
    Zustandsgleichungen 23
  perfekte 130, 1059f.
  Transportvorgänge 179
  Verflüssigung 29, 115
  Viskosität 169, 171
GAUSSsches Theorem (Elektrostatik) 509f.
GAUSSsche Verteilung 149
Gefrierpunktserniedrigung 276
Gesamtheiten 194
Geschwindigkeit chemischer Reaktionen 356–478
Geschwindigkeitskonstante 357, 402
  Berechnung 427, 442
Geschwindigkeitsquadrat, mittleres 134
Geschwindigkeitsraum 142
Geschwindigkeitsverteilung
  eindimensionale 151
  zweidimensionale 152
  dreidimensionale 154
Gesetz (s.a. Gleichung)
  BOYLE 14
  CAILLETET-MATHIAS 1064
  CURIE-WEISS 119, 921
  DALTON 32, 133
  DEBYE-HÜCKEL 518
  EINSTEIN (Diffusion) 1097
  EINSTEIN (Viskosität) 1103
  FICK 177, 179
  GAY-LUSSAC 16
  GIBBS 230
  HAGEN-POISEUILLE 171
  HENRY 265, 339, 501
  korrespondierende Zustände 24
  KUHN 1084, 1106
  LAMBERT-BEER-BOUGUER 840
  NEWTON (Strömung) 169
  PLANCK (Energiequantum) 653
  PLANCK (Schwarzstrahler) 653, 845
  RAOULT 261
  RAYLEIGH 1091
  STAUDINGER 1106
GIBBSsche Funktion 103
Gitterenergie 302f.

Gittermodell 245, 305, 969f.
Gitterstörungen 1027 ff.
Gläser 1052
Gleichgewicht 9, 98, 101, 227, 229
  chemisches 311
  dynamisches 308
  in heterogenen Systemen 354
  lokales 414
Gleichgewichtskonstante 309f., 318
  Druckabhängigkeit 322, 351
  in Lösungen 343
  statistische Berechnung 330
  statistische Thermodynamik 327
  Temperaturabhängigkeit 324
Gleichung (s.a. Gesetz)
  ARRHENIUS 421, 430
  BERTHELOT 27
  BETHE 909f.
  BOLTZMANN (Entropie) 187, 192
  BRÖNSTED 530
  BUTLER-VOLMER 634
  DE BROGLIE 669
  DUHEM-MARGULES 284
  EINSTEIN (Photoeffekt) 655
  GIBBS (Dampfdruck) 239
  GIBBS (Grenzflächenspannung) 550
  GIBBS-DUHEM 256, 261, 284, 550
  GIBBS-HELMHOLTZ 110
  ILKOVIĆ 631
  KELVIN 544
  KIRCHHOFF 74
  LAPLACE 511
  LIPPMANN 575
  MARK-HOUWINK 1107
  MAXWELL 108
  MICHAELIS-MENTEN 472f.
  NERNST (EMK) 600
  POISSON-BOLTZMANN 513, 516, 616
  SCHRÖDINGER 676
  VAN DER WAALS 27, 29, 137f.
  YOUNG-LAPLACE 539
Gleichverteilung der Energie 157, 161f., 650f.
Glycylglycin, Struktur 998
Graphit 249f.
  -fasern 1027
  Molwärme 1041
  Struktur 1007
Grenzflächen 537–584

Grenzflächen
  dynamische Eigenschaften 557
  Thermodynamik 548
Grenzflächenprozesse 461
Grenzflächenspannung 538, 551, 558
  von Lösungen 546
GROTTHUSS-Mechanismus 497
Grundbaustein 1076f.
Grundschwingung 862f.
Gruppentheorie 821–835
Gummielastizität 1108
G-Wert 912

Halbleiter 1019
  Dotierung 1020
Halbstufenpotential 630
HAMPSON-LINDE-Prozeß 115
HARTREE-FOCK-Methode 745f., 802
HARTREE-Funktion 745
Hauptquantenzahl 661
Hauptsätze der Thermodynamik
  I. Hauptsatz 41, 45
  II. Hauptsatz 82, 86
  Kombination von I. u. II. Hs. 92
  III. Hauptsatz 120–125, 211, 327
Hebelregel 271
HEISENBERGsches Prinzip 673
HEITLER-LONDON-Funktion 768f., 771
Helium
  ortho- und para- 732
  Spektrum 731
  superfluides 121, 237
  Wellenfunktion 739, 742
HELMHOLTZsche Funktion 102, 213, 1059f.
Helix 1080ff., 1115
Hemmung, enzymatische 475
HENRYsches Gesetz 265, 339, 501
HERMANN-MAUGUIN-Symbole 972
heterogene Systeme
  Katalyse 566
  Kinetik 461, 464
Hg, Röntgenbeugungsdiagramm 1046
Hochdruck 247, 354
Hohlraumstrahler 649, 653
Hologramm 993
Homogenkatalyse 467
Hybridisierung von Orbitalen 798
Hydroxylion, Beweglichkeit 496
Hyperfeinstruktur 937

Identitätsperiode 1077, 1115
Induktion, magnetische 920f.
Induktionseffekt 1057
Information 188
Infrarot, fernes 847
Inhibierung
  biochemischer Reaktionen 475
  von Kettenreaktionen 386
inkongruentes Schmelzen 294
innere Umwandlung 891f.
intensive Eigenschaften 13
Interferenz 647
intersystem crossing 891f.
Ionen
  Aktivitäten 502
  Assoziation 522
  Beweglichkeiten 491, 496
  Entropie und Enthalpie 606
  Radien 1031
  Solvatisierung 490
  Überführungszahlen 491
Ionenbeziehungen 1005
Ionenbindung 755, 1005
Ionenkristalle 1030
  Kohäsionsenergie 1033
Ionenreaktionen
  Kinetik 528
  Salzeffekt 529
Ionenstärke 505, 515
Ionenwolke 513, 516, 521, 617
Ionisierungsenergie 665f.
irreversible Thermodynamik 413
ISINGsches Gittermodell 245, 574
isopiestische Methode 342
isotherme Vorgänge 49

J_3^- 817
Jodwasserstoffkette 388
JOULE, Definition 35
JOULE-THOMSON-Koeffizient 54, 114f.

Kalorie, Definition 35
Kalorimetrie 64
Kapillareffekte 542, 546
  Elektro- 575
  mechanische Arbeit 541
Kapillarelektrometer 575
Katalyse 466
  enzymatische 469

Sachregister

Katalyse
 heterogene 566
 homogene 467
 Säure–Base 532, 534
Kathode 585
KCl
 Kristallstruktur 982, 987
α-Keratin 1082
Kern
 Dipolmoment 920, 926f., 929
 Magneton 926
 Momente 925
 Quadrupolmoment 925f., 929
 Spin 925ff.
Kernabstände 881
Kernspinresonanz, magnetische 929, 943
 Frequenzen 929
Kettenlänge, kinetische 386
Kettenreaktionen
 mit niedermolekularen Produkten 385
 mit makromolekularen Produkten 396
 photochemische ausgelöste 896
 strahlenchemisch ausgelöste 918
 Verzweigung 392
Kinetik, chemische 356–478
 Elektroden- 622, 635
 enzymatische Reaktionen 471
 heterogene Systeme 461, 464
 Ionenreaktionen 528
 Methoden 358
kinetische Theorie 126–181
KIRCHHOFFscher Satz 74
Knallgaskette 392f.
Knäuel, statistisches 1084f.
Knoten 646, 681f.
Kohäsionskräfte 51, 138, 261
Kohlenmonoxid, Energieniveaus 839
Kohlenstoff, Phasendiagramm 249
kolligative Eigenschaften 1086
Kolloide 580, 1071
Kompensationsschaltung 591
Komplementarität 639, 774
Komplexverbindungen 813
Komponente 224
Kompressibilität 1066
Kompressibilitätsfaktor 24
Kondensationstemperatur
 Abhängigkeit von der Zusammensetzung 271

Konfiguration 1078
Konformation 1078
 Polymerkette 1084
Konsekutivreaktionen 381
Konstanten, physikalische 1119
Konzentrationsmaße 253
Konzentrationszellen
 Elektroden- 608
 Elektrolyt- 609
Koordinaten
 generalisierte 1059
 Normal- 872
 Polar- 143, 708, 713
 Sphäroid- 757
Koordinationszahl 1031
korrespondierende Zustände 24
Kräfte 4, 8
 generalisierte 417
 zwischenmolekulare 174, 1043, 1056, 1059
Kraftkonstanten
 zwischenmolekulare 174f.
 Oszillator 160, 640, 694
Kreisel 851f.
Kreisprozeß 37, 86, 90
 BORN-HABERscher 1033, 1037
 CARNOTscher 83
Kristall
 -bindung 1004
 -ebenen 966
 -energie 1037
 -gitter 969f.
 -klassen 972
 -strukturen 969, 1031
  Bestimmung 993
  FOURIER-Synthese 996
 -systeme 968, 972
Kristalle 963–1042
 Defekte 1022, 1024
 flüssige 1049
 Form 964
 rotierende 991
 statistische Thermodynamik 1038ff.
 Strukturfaktor 995
 Symmetrieeigenschaften 971
 Wachstum 964
Kristallographie
 1. Hauptsatz 963
 durch Röntgenbeugung 975
kritischer Bereich 25, 27

kryoskopische Konstante 277
Kugelfunktionen 705
Kugelpackungen 175, 1002

LAGRANGE-Multiplikatoren 197
Längeneinheit, atomare 666
LANGEVIN-Funktion 791
LANGMUIR-Waage 552f.
Larmorfrequenz 717, 927
Laser 865
LAUE-Diagramm 975f.
Laufzahl 312, 322, 356f., 418
Leben, thermodynamische Behandlung 100
LE CHATELIER und BRAUN, Prinzip 321
LEGENDRE-Transformationen 106
Leitfähigkeit, elektrolytische Äquivalent- 485
  Messung 483
  Theorie 521
Leitfähigkeit
  thermische 176
Leitfähigkeitswasser 485
LENNARD-JONES-Potential 140f.
LET 910
Lichtstreuung (Makromolekeln) 1091, 1093, 1089
Ligandenfeldtheorie 812
LiH 782
Li-Molekel 778, 781
LINDEMANNsche Theorie 452ff.
linearer Energietransfer 910
Linearkombination von Atomorbitalen 765
Löchermodell (Flüssigkeiten) 1064
LONDONsche Kräfte 139, 901, 1057f.
LOSCHMIDTsche Zahl 128, 134
Löslichkeitskurve 274
Löslichkeitsprodukt 606
Lösungen 253–305
  feste 295
  ideale 261
  konjugierte 286
  nichtideale 282
  Thermodynamik 264, 289
  von Makromolekeln 1083
Lösungsenthalpie 71f., 257
Lösungsentropie 257
Lumineszenz 893
Lysozymjodid, Röntgenbeugungsdiagramm 992

MADELUNG-Konstante 1035ff.
magnetische Resonanz 937–962
magnetisches Moment 714
Magnetisierung 920, 931
Magnetismus 920–962
magnetogyrisches Verhältnis 714, 923
Magneton, BOHRsches 715, 924
Makromolekeln 1071–1116
Makrozustand 185
MARANGONI-Effekt 558f.
Masse, reduzierte 159, 165
Massenwirkungsgesetz 309, 379
  Gasreaktionen 316
  Lösungen 318
Maßsystem, internationales 1117
Materiewellen 669
Matrix 833
Matrizenmechanik 676
MAXWELLsche Beziehungen 107
MAXWELLsche Verteilungsfunktion 154, 428
M-Diskontinuität 251
Mechanik 5
  Chemie und – 773
  statistische 182–222
  von Lösungen 300
Membran 557
  -Gleichgewicht 611, 613
  -Potential 615
mesomorphe Phase 1049, 1052
Metalle
  Bändermodell 1014ff.
  Elektronengastheorie 1010
  Kohäsionsenergie 1013
  Quantenstatistik 1011
Micellbildungskonzentration 1071
Micellen 547f., 1071
MICHAELIS-MENTEN-Gleichung 472f.
Mikrowellenspektroskopie 853
Mikrozustand 185
Mischkristalle 275, 296f.
Mischung
  azeotropische 284f.
  kritische Zusammensetzung 286
  Phasentrennung (Mischungslücke) 287
Mischungsenthalpie, freie 288, 305
MnO, magnetische Struktur 1002
Mol 18
MO–LCAO 765, 772, 777
  heteronukleare Molekeln 782

Sachregister

MO–LCAO
  homonukleare Molekeln 775
  polyatomige Molekeln 796
  Zuordnungsdiagramm 779
Molekelorbitale 765ff., 772
  Benzol 809
  delokalisierte 809
  in Elektronenüberschußverbindungen 817
  hetero-binukleare Molekeln 782
  homo-binukleare Molekeln 775
  Hybridorbitale 797f.
  in Ligandenfeldern 816
Molekelgeschwindigkeiten 134
  experimentelle Bestimmung 156
  vektorielle 141
  Verteilung 145, 151
Molekeln 127
  Covolumen 137
  Durchmesser 164, 166, 174
  Eigenvolumen 137
  Konstanten aus spektroskopischen Daten 881
  Stöße 164
  Symmetrie 870
Molekelspektren 837
  Spektralbereich 838
Molekelspektroskopie 836–886
Molekulardynamik 1062
Molekulargewicht
  Ebullioskopie 278
  Kryoskopie 277
  mittleres (Polymere) 1086ff., 1107
  osmotischer Druck 280
  aus Zustandsgleichung 19f.
Molekularstrahl
  Reaktionen in – 449
  Streuung 423f.
Molmasse 1086f.
Molrefraktion 175
Molvolumen 19, 129
  partielles 255
Molwärmen
  Definition 51
  Festkörper 1041
  Gase 75
  Gleichgewichtskonstanten aus – 327
Moment
  magnetisches 923

Monte-Carlo-Methoden 447, 1061ff.
MORSE-Funktion 863
Multiplizität 737, 770f.

N_2, Orbitale 780
NaCl
  Kohäsionsenergie 1033, 1037
  Kristallstruktur 982, 987, 1031
  Molekeln 755
  Potentialkurve 755f.
Natrium
  Bändermodell 1014
  potentielle Energie 756, 1015
Negentropie 189
Neginformation 189
nematische Phase 1051
NERNSTsche Diffusionsschicht 462
NERNSTsches Wärmetheorem 120
Nervenleitfähigkeit 619
Netzebenen 985, 967f.
Neutronenbeugung 1000
NMR-Spektrometer 944
N_2O, Rotationsramanspektrum 879
NO_2, Elektronenspektrum 894
Normal- (s. a. Standard-)
Normalaffinität 313
Normalelement 591f.
Normalkoordinaten 872
Normalpotential 602
Normalschwingungen 868, 870
Normalspannung 600
Nullpunkt, absoluter Annäherung 114–119
Nullpunktsenergie 675, 700f.
Nylon 1075, 1077

O_2
  Grundzustand 883
  Orbitale 781
  Potentialkurven 884
  Rotationsramanspektrum 876
Oberflächen
  -druck 553, 555
  dynamische Eigenschaften 557
  -filme 552, 554
  -spannung 538
  s. Grenzflächenspannung
  spezifische 560
ONSAGERsche Reziprozitätsbeziehung 417
Operator 691

Operator
  Drehimpuls- 713f.
  HAMILTON 221, 677, 690f.
  HERMITE 689
  LAPLACE 511, 677, 693
Orbital 720 (s. a. Molekel-)
  Atomorbitale 723f., 739
    Energieniveaus von – 748
    Linearkombination von – 765
  BOHRsches – 662
  Wasserstoffionen 709, 720, 723f.
Ordnung – Unordnung 186, 1044
osmotischer Druck 278
  und Dampfdruck 281
  Polymerlösungen 1089
OSTWALDsches Verdünnungsgesetz 489
Oszillator, harmonischer 158–160, 639ff., 694
  Verteilungsfunktion und Thermodynamik 701
  Wellenfunktionen 699

Parakristallinität 1049, 1051
Paramagnetismus 921
  Kerne 926
Partialdrücke 32, 133, 263
partielle Mischbarkeit 285
partielle molare Größen 255
  Bestimmung 258
PAULIsches Prinzip 729, 747
Periodensystem 747, 749
Peritektikum 294
Perlit 299f.
Perlon 1075
Perpetuum mobile
  1. Art 46
  2. Art 85
PERRINsche Atmosphäre 1096
Persistenz 1086
PFEFFER-Zelle 278
Phase 223
Phasenbeziehungen 993
Phasengesetz 230
Phasengleichgewichte 223–252
Phasenraum 142, 221
Phasentrennung 287
Phasenumwandlungen 235, 237
  statistische Theorie 241
Phosphoreszenz 891ff.
Photochemie 887–906

Photochemie
  Grundlagen 888
photoelektrischer Effekt 654
  innerer 1020
Photolyse 402f.
  in Flüssigkeiten 899
Photosynthese 901
Physisorption 560f.
POCKELS-Trog 552f.
POGGENDORFsche Kompensationsschaltung 591
Polarisation
  dielektrische 787
  Elektroden- 623
  induzierte 789
  magnetische 920
Polarisierbarkeit 789, 792, 879f.
Polarität einer Elektrode 593
Polarkoordinaten, sphärische 143, 708, 713
Polarographie 627
Polyäther 1081
Polyäthylen, Kristallstruktur 1112
Polybutadien 1079
Polyisopren 1078f.
Polymere 1052
  Kernresonanz 959
  Konfiguration 959, 1079ff.
  Kristallinität 1111
  Molgewicht 1086
  natürliche 1073
  osmotischer Druck 1089
  Sedimentation 1096
  Stereoisomerie 1079
  Taxie 1079ff.
  Viskosität 1103
Polymerisation
  Kinetik 396, 1075
Polymerisationsgrad 1077
Polymethylmethacrylat
  IR-Spektrum 878
  Ramanspektrum 878
Polymorphie 245
Polynome 696f., 699, 704, 709
Poly-α-olefine 1080f.
Polyoxymethylen 1081, 1112
Polypropylen, Röntgenbeugung 1111
Polyreaktionen 1076
Polytetrafluoräthylen 1115
Polyvinylchlorid, Mikrostruktur 959ff.

Potential
  chemisches 227
  Elektroden- 586
  LENNARD-JONES- 140f., 175
  thermodynamisches 106, 109
Potentialwall 684, 858
potentielle Energie 435 ff., 858
Proteinmolekeln 1100, 1104
Pulsradiolyse 404f.
Pulverdiagramme (Röntgen) 988 ff.
Punktdefekte 1022
Punktgruppen 826, 824, 872, 974
PVT-Beziehungen 20
PVT-Oberfläche 21, 233

Quadratwurzelgesetz
  KOHLRAUSCHsches 486f.
  KUHNsches 1084, 1106
  bei Polymerisation 397
Quantenausbeute 889f.
Quantenmechanik 676, 688–752
  der Lichtabsorption 841
  Postulate 688
Quantenzahl 715
  Bahndrehimpuls- 923f.
  Gesamtdrehimpuls- 733
  Haupt- 659, 661
  innere 735
  Neben- 715
  Rotations- 704, 848
  Spin- 725f., 924
Quantenzustände 684

Radikale
  Erzeugung 389
  Ketten 389
  Messung (ESR) 939
  Rekombination 900
Radikalfänger 900, 916
Radiolyse 404f.
  C_6H_{12} 916
  H_2O 912
Ramanspektren 874
Randversetzung 1025
RAOULTsches Gesetz 261, 339
Raumgruppen 974
Raumoperationen 974
Reaktionen
  Abstreif- 451

Reaktionen
  aufeinanderfolgende 381
  in Fließsystemen 405, 408
  in heterogenen Systemen 461, 464
  in Lösung 458
  nullter Ordnung 465
  Parallel- 384
  sehr schnelle 399
  strahlenchemische 374
  umkehrbare 375, 401
  unimolekulare, Theorie 452
Reaktionsenthalpie 60
  freie 313
  Temperaturabhängigkeit 73
Reaktionsgeschwindigkeit 356
  initiale 374
  und Reaktionsquerschnitt 425
  Temperaturabhängigkeit 420
Reaktionsmechanismen 367
Reaktionsmolekularität 364
Reaktionsordnung 363
  1. Ordnung 368
  2. Ordnung 370
  3. Ordnung 372
  experimentelle Bestimmung 373
Reaktionsquerschnitt 425
Relaxation
  chemische 399
  Ionenwolke 521
  und Linienbreite (NMR) 934
Relaxationszeit 1067
Repräsentation
  s. Darstellung
Resonanzspektroskopie 937
Reversibilität, mikroskopische 416
reversible Vorgänge 39
reziproke Gitter 980
reziproker Raum 981, 1018
Reziprozitätsbeziehung, Eulersche 49
Ribonuclease-S, Elektronendichteverteilung 999
Röntgenbeugung (Polymere) 1111, 1115f.
Röntgenspektrometer 983
Röntgenstreuung nach BRAGG 976
Rotation 158
  innere 857f.
Rotationsenergie 705, 707, 848
Rotationsniveaus 847, 849
Rotationsschwingungsspektren 859

Rotationsschwingungsspektren
  2-atomige Molekeln 861
  CO_2 863
Rotationsspektren
  Anregungsbedingung 849
  Bestimmung von Kernabständen 850
  polyatomige Molekeln 850
Rotor 158, 703, 847
RUSSELL-SAUNDERS-Kopplung 737
RYDBERGsche Konstante 663

Salzeffekt bei Ionenreaktionen 529
Sarin 478
Sättigung 933
Säure-Base-Katalyse 532, 534
Scherkräfte 1066
SCHIEBOLD-Kamera 991
Schlierenbild 1099
Schmelzdiagramm 274
Schmelzenthalpie 1053f.
Schmelzentropie 1053f.
Schmelzvorgang 1053
Schnee 964
SCHÖNFLIES-Symbole 972
Schraubenversetzung 1026, 1028ff., 1112
SCHRÖDINGER-Gleichung 676
  Lösung 679, 680
  Oszillator 695
  Rotor 703
  Wasserstoffatom 707
Schwarzstrahler 649, 653
Schwefel
  Entropie 121
  Phasendiagramm 246
  Struktur 1008
Schwingung, harmonische
  s. Oszillator
Schwingungen in Festkörpern
  DEBYEsches Modell 1039
  EINSTEINsches Modell 1038
Schwingungsenergie 698, 860f.
Schwingungsniveaus 859
Sedimentationsgleichgewicht 1098
Segmentmodell 1084
selbstkonsistentes Feld 743
Selen, Struktur 1008
Seriengrenze 664f.
Siedepunktskurven 284

Siedetemperatur
  Abhängigkeit von der Zusammensetzung 271
Silber-Silberchlorid-Elektrode 598, 600, 609f.
SiN, Emissionsbandenspektrum 885
Singulett 732, 734, 770
Skatspiel 185
SMEKAL-RAMAN-Effekt 875
smektische Phase 1049, 1051
Solvatisierung 490
Spannung, galvanische 589
Spannungsreihe 604
Spektroskopie 656, 937
  Elektronen- 882
  Elektronenspinresonanz 939
  Infrarot 859, 877ff.
    fernes Infrarot 847
  Mikrowellen- 853
  Raman- 874
  Ultraviolett 882
Sphärolithe 1113f.
Spin s. a. Elektron
  -moment, gesamtes 737
  Postulate 727
Spin-Bahn-Kopplung 730
Spinentkopplung 955f., 961
Spin-Gitter-Relaxation 935
Spin-Spin-Kopplung 945, 951
Spinumkehr 891f.
spur 911
Standardbildungsenthalpien 63, 78
Standardzustände 313, 332, 338, 446, 500, 606
STARK-Effekt 853f.
STARK-EINSTEINsches Prinzip 888f.
stationärer Zustand 409, 419
statistische Mechanik 182–222, 300
  der Adsorption 569
statistische Thermodynamik 206, 327
Stereoisomerie 1079ff.
STERN-GERLACH-Effekt 726
stopped-flow-Methode 360–362
Stoppfaktor 909
Störungstheorie 750
Stoßhäufigkeit 166
Stoßquerschnitt 165, 423
Stoßtheorie
  Berechnung von Geschwindigkeits-konstanten 427

Stoßtheorie
  Gasreaktionen 422
Stoßwellen 249f., 395
Strahlenchemie 907–919
  organische Stoffe 915
  Wasser, wäßrige Lösungen 912
Strahlungsempfindlichkeit von Organismen
Strömungspotential 583   [917
Strukturelement 1077
Styrol
  Polymerisation 918f.
Superfluidität 237f.
Suszeptibilität, magnetische 920
  Bestimmung nach Goüy 922
Symmetrie 821–835
  -elemente 821, 826
  -gruppe 823
  -operationen 821, 824, 826

Tabakmosaikvirus 965, 1095
Teilchen
  freies 679
  im Kasten 680
  und Welle 638, 667
Teilchenstreufaktor 1095
Temperatur 14
Temperaturskala, thermodynamische 87
Temperatursprungmethode 399
Tenside 546f.
Tensilon 477
Termschemata
  Helium 732
  Lithium 738
  Wasserstoff 664
Termsymbol 737ff., 770
Tetramethylsilan, NMR 948
Thermochemie 60, 64
Thermodynamik 3f.
  biochemische Reaktionen 345
  im Ungleichgewicht 412
  statistische 206, 327
Theta-Lösemittel 1106
Thomson, Prinzip von 86
Trägheitsmoment 705, 847, 851, 853
  reduziertes 857
  aus spektroskopischen Daten 881
Trägheitsradius 1084
Translation 134
  Verteilungsfunktion 216

Trefferverteilung 153, 423
Triplett 732, 734, 770
Tropfelektrode 628
Tunneleffekt 434, 685
Turbidität 1092

Überführungszahlen 491, 495
  Messung 492, 493
Übergangswahrscheinlichkeit 844ff.
Übergangszustand 433
  Theorie 440
  thermodynamische Formulierung 445
Überschußfunktionen 289, 304
Ultrazentrifuge 1096
Umwandlung
  1. Art 223, 241
  2. Art 237
  innere (elektronisch) 892
Umwandlungsentropie 95
Ungleichgewichtsthermodynamik 412
unimolekulare Reaktionen, Theorie 452
Unschärferelation 673

Valenz-Bindungs-Methode 768
  vgl. mit MO 772
Valenztheorie 753
Van-der-Waalssche Gleichung 27, 29, 137f., 243
  – Konstante 175
  – Kräfte 1005, 1056f.
Varianz 227
Variationsmethode 739
  Anwendung auf
    schwerere Atome 744
    das H_2^+ 760
Vektoren
  Transformation 830
Vektormodell des Atoms 736
Verbindungen, nichtstöchiometrische 1022
Verbindungsbildung 293
Verdampfungsenthalpie 1053f.
Verdampfungsentropie 1053f.
Verdünnungsgesetz 489
Verdünnungswärme 72
Verschiebung, chemische 948ff.
Versetzungen 1024
Verteilungsfunktion 149
  Boltzmannsche 199, 428
  Fermi-Diracsche 1012

Verteilungsfunktion
  Flüssigkeiten 1059 ff.
  GAUSSsche 149
  innere Freiheitsgrade 219
  klassische 221
  MAXWELLsche 154, 428
  radiale 807, 1046, 1048
  Translation 216
Virialkoeffizient 140 f.
Viskosimeter 1068
Viskosität
  Flüssigkeiten 1068 f.
  Gase 169
  Nomenklatur 1105
  Oberflächen 558
  Polymere 1103
  und Relaxationszeit (NMR) 944
Viskositätskoeffizient 169, 558, 1068 f.
Volumen
  ausgeschlossenes 1085
  freies 1062
Volumenarbeit 35

Wahrscheinlichkeitsdichte 678
Wandstöße 144
Wärme 34, 47
  kinetische Theorie 129
Wärmeäquivalent
  mechanisches 43
  elektrisches 44
Wärmekapazität (s. a. Molwärme) 34, 51, 134, 162, 327
Wasser
  hexagonale Kristalle 964
  Molekelanordnung in Eis 1009
  Molekelorbitale 797
  Phasendiagramm 251
  radiale Verteilungsfunktion 1048
Wassergasgleichgewicht 320 f.
Wasserstoff
  BOHRsches Modell 661
  ortho- und para- 433
  Spektrum 662 ff.
  Überspannung 636
Wasserstoffatom
  orbitale 723 f.
  quantenmechanische Behandlung 707

Wasserstoffaustauschreaktion 432, 435, 448
Wasserstoffbrücke 818
Wasserstoffelektrode 602 f., 600, 608
Wasserstoffion
  Beweglichkeit 496
  Entladung (Kinetik) 635
Wasserstoffmolekel 763
  Elektronendichte 768
  Orbitale 775
  Potentialkurve 764, 771
Wasserstoffmolekelion 757
  Variationstheorie 760
Wechselwirkungsenergie 1058 f.
Wechselzahl 477
Welle – Korpuskel 638, 667
Wellen
  -funktion, radiale 718
  -gleichung, zeitunabhängige 676
  Materie – 669
  -mechanik 676
  stehende 644, 668
  -vorgang 642
  -zahl 642
WESTON-Element 592
WHEATSTONEsche Brücke 484
WIEN-Effekte 526
Winkelfunktionen, wellenmechanische 721, 723 f.
Wirkungsgrad 82, 84, 88–90
Wissenschaft 1

Xenonfluoride 818

Zellen 585
  Einteilung 599
  galvanische 589
  reversible 594
Zellenreaktionen
  Entropie und Enthalpie 596
Zementit 298
Zetapotential 584
ZIMM-Diagramm 1094
Zugfestigkeit 1024, 1027
Zuordnungsdiagramm für MO–LCAO 779
Zustandsgrößen 11
Zwang, kleinster 321
Zweikomponentensysteme 269
zwischenmolekulare Kräfte 1059